기계설계 산업기사

국가기술시험연구회 엮음

일진사

이 책을 내면서

한 나라의 경제가 고도로 성장하기까지 그 이면에는 반드시 산업발달의 꾸준한 노력이 뒤따랐음은 틀림없는 사실이다. 특히, 기계공학의 괄목할 만한 성장은 선진 대열에 진입하려는 우리 국력의 상징이며, 계속 발전·신장되고 있는 오늘날의 추세라 할 수 있다. 또한, 산업분야가 기계화됨에 따라 기계설계는 모든 산업의 중추적인 역할을 담당하면서 더욱 성능이 우수하고 경제성이 있는 기계의 제작이 요구되고 있다.

이 책은 기계설계 분야에 종사하고 있는 현장 실무자나 국가기술 자격시험을 준비하는 수험생들에게 도움을 주고자 출간되었다. 광범위한 내용을 체계적이고 간결하게 해석함으로써 최소의 시간으로 최대의 효과를 거둘 수 있도록 구성하였다. 특히, 기계설계 산업기사 시험에 합격할 수 있도록 핵심내용을 새로운 한국산업인력공단 출제기준에 맞추어 체계적으로 간추렸고, 그에 따른 문제를 정확하게 해설하였다. 본서의 특징은 다음과 같다.

첫째, 한국산업인력공단의 출제기준에 따라 단원을 구성하여 핵심적이고 출제 가능한 내용을 요약·정리하였다.
둘째, 학습의 합리화를 위하여 간단명료한 내용과 공식을 다양하게 제시하였으며, 내용에 따른 도표와 그림을 상세히 실어 이해도를 높였다.
셋째, 과년도 출제문제를 철저히 분석하여 기초적인 문제부터 응용문제까지 적응할 수 있도록 모든 문제를 순차적으로 간추려 예상문제로 수록하였다.
넷째, 최근에 시행된 과년도 출제문제를 수록함으로써 수험생 스스로가 자신의 실력 평가는 물론, 출제경향도 파악할 수 있게 하였다.

끝으로, 이 한 권의 책이 나오기까지 여러모로 도움을 주신 모든 분들께 고마움을 표하며, 특히 본서를 출간하는 데 아낌없는 노력을 쏟아주신 도서출판 **일진사** 임직원 여러분께 깊은 감사를 드린다.

저자 씀

◑ 기계설계 산업기사 출제기준 ◑

시험과목	출제 문제수	출 제 기 준	
		주요 항목	세 부 항 목
기계가공법 및 안전관리	20	1. 기계가공	(1) 공작기계 및 절삭제 (2) 기계가공
		2. 측정, 손다듬질 가 공 및 안전	(1) 측정 및 손다듬질 가공 (2) 기계안전작업
기계제도	20	1. 제도 개요	(1) 기계제도 일반
		2. 기계제도	(1) 기계요소제도 (2) 도면해독
기계설계 및 기계재료	20	1. 기계설계	(1) 기계요소설계의 기초 (2) 재료의 강도 및 변형 (3) 체결용 기계요소 (4) 동력전달용 기계요소 (5) 완충 및 제동용 기계요소
		2. 기계재료	(1) 기계재료의 성질과 분류 (2) 철강 재료의 기본 특성과 용도 (3) 비철금속 재료의 기본 특성과 용도 (4) 비금속 기계재료 (5) 열처리와 신소재
컴퓨터 응용설계	20	1. 컴퓨터 응용설계 관련 기초	(1) CAD용 H/W (2) CAD용 S/W
		2. 컴퓨터 응용설계 관련 응용	(1) 그래픽과 관련된 수학 및 용어

제 1 편   기계 가공법 (기계 공작법)

제 2 편 　안전 관리

제 3 편 기계 제도 (절삭 부분)

■■◇ C O N T E N T S [차 례]

제 4 편 　기계 설계

제 5 편 기계 재료

□□◇ **C O N T E N T S** [차 례]

I

기계 가공법
(기계 공작법)

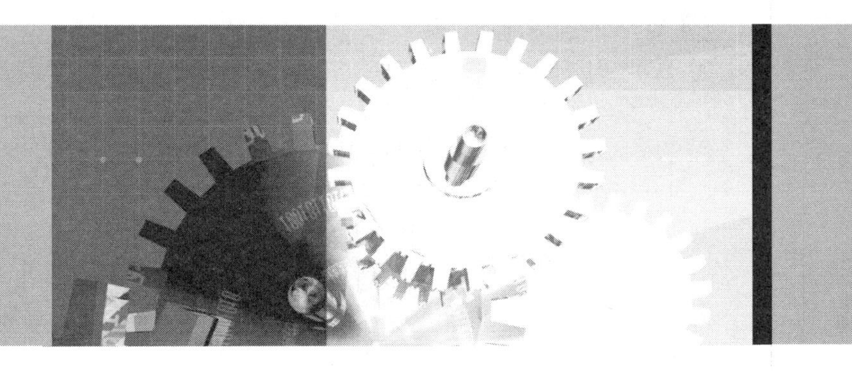

01 절삭 이론

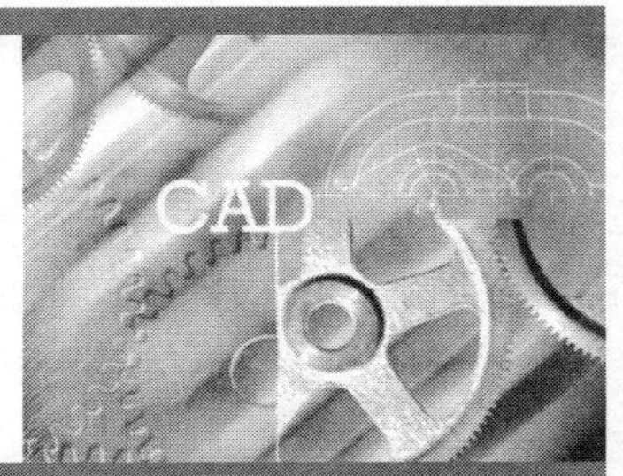

● 1. 기계 공작 일반

1-1 절삭 가공의 종류

1 절삭 가공 방법의 종류

① **선삭** : 선반(lathe)을 사용하여 공작물의 회전 운동과 바이트의 직선 이송 운동에 의하여 바깥지름과 안지름의 정면 가공과 나사 가공 등을 하는 가공법을 말한다[그림 (a)].

② **평삭** : 평삭은 셰이퍼나 플레이너, 슬로터에 의한 가공법으로 바이트 또는 공작물의 직선 왕복 운동과 직선 이송 운동을 하면서 절삭하는 가공법이며, 절삭 행정과 급속 귀환 행정이 필요하다[그림 (b)].

③ **밀링(milling)** : 밀링 머신에 의하여 가공하는 방법으로 원주형에 많은 절삭날을 가진 공구의 회전 절삭 행정과 공작물의 직선 이송 운동의 조합으로 평면, 측면, 기어, 모방 절삭 등을 할 수 있다[그림 (c)].

④ **구멍 뚫기** : 드릴링이라고도 하며 드릴 머신에 의하여 드릴 공구의 회전 상하 직선 운동으로 가공물에 구멍을 뚫는 가공법이다[그림 (d)].

⑤ **보링(boring)** : 드릴링된 구멍을 보링 바(boring bar)에 의해 좀더 크고 정밀하게 가공하는 방법으로, 여기에 사용하는 기계를 보링 머신이라 한다[그림 (e)].

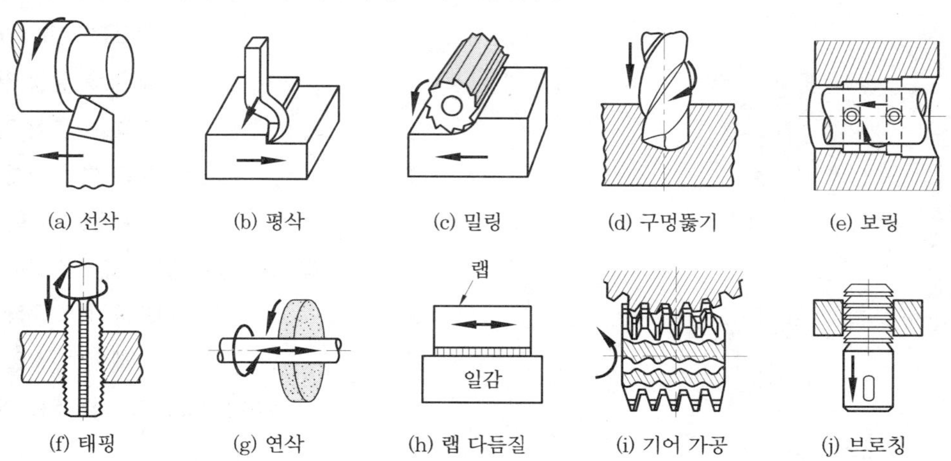

| (a) 선삭 | (b) 평삭 | (c) 밀링 | (d) 구멍뚫기 | (e) 보링 |
| (f) 태핑 | (g) 연삭 | (h) 랩 다듬질 | (i) 기어 가공 | (j) 브로칭 |

공작 기계의 대표적인 작업

⑥ **태핑(tapping)** : 뚫린 구멍에 나사를 가공하는 방법으로 대량 나사 절삭이 필요한 경우 전용 태핑 머신을 사용하면 편리하다[그림 (f)].

⑦ **연삭(grinding)** : 입자에 의한 가공으로 연삭 숫돌에 고속 회전 운동을 주어 입자 하나하나가 절삭 날의 역할을 하면서 가공하게 된다[그림 (g)].

⑧ **래핑(lapping)** : 미립자인 랩(lap)제를 사용하여 초정밀 가공을 하는 방법으로 습식법과 건식법이 있으며, 래핑 머신을 사용하면 편리하다[그림 (h)].

⑨ **기타** : 기어 가공, 브로치 가공, 호닝 등이 있다.

 1-2 공작 기계의 종류

■1 공작 기계의 구비조건
① 절삭 가공 능력이 좋을 것
② 제품의 치수 정밀도가 좋을 것
③ 동력 손실이 적을 것
④ 조작이 용이하고 안전성이 높을 것
⑤ 기계의 강성(굽힘, 비틀림, 외력에 대한 강도)이 높을 것

■2 공작 기계의 3대 기본 운동
① **절삭 운동(cutting motion)** : 공작 기계는 절삭 공구로서 일감을 깎는 기계이고, 절삭 운동은 절삭 공구가 가공물의 표면을 깎는 운동을 말한다. 일반적으로 절삭은 회전 운동과 직선 운동 또는 이 두 운동이 복합된 형식의 운동이 있고, 운동 방식에 따라 공작 기계의 형식도 달라진다. [그림]에서 $O-y$ 방향으로 깎은 깊이를 절삭 깊이, 깎인 부스러기를 칩(chip), $O-x$ 방향을 절삭 방향이라 한다.

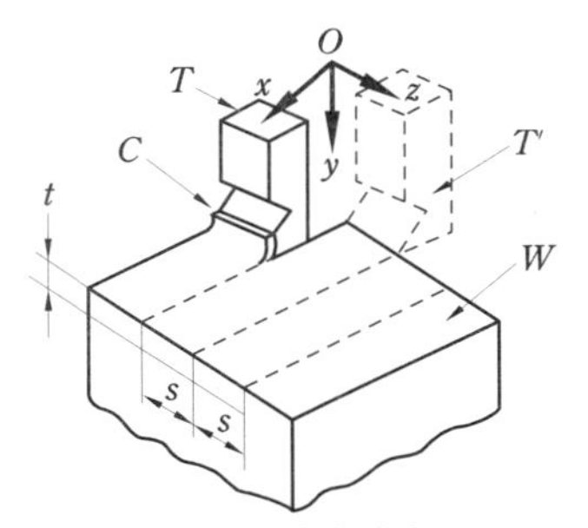

T : 바이트 T' : 제2회 절삭 위치 W : 공작물
C : 절삭 칩 t : 절삭 깊이 x : 절삭 방향 y : 절삭 깊이 z : 이송 방향 s : 절삭 폭

절삭 운동과 이송 운동

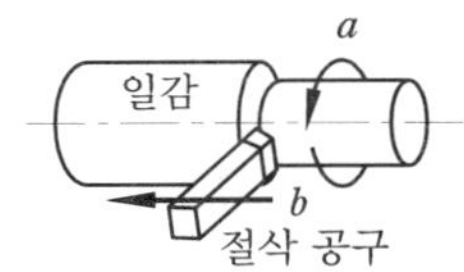

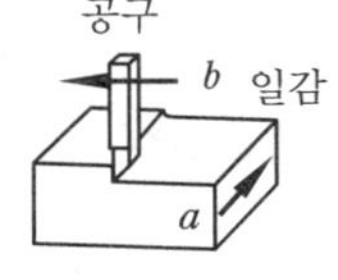

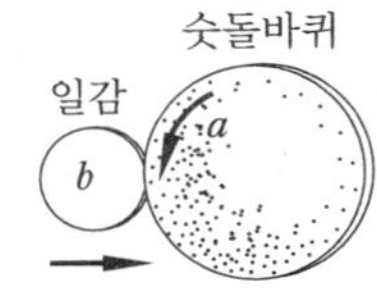

(a) 회전 운동과 직선 운동 (b) 직선 운동과 직선 운동 (c) 회전 운동과 회전 운동
(a는 절삭 운동, b는 이송 운동)

공작 기계의 기본 절삭 운동

＊절삭 운동의 3가지 방법
㈎ 공구는 고정하고 가공물을 운동시키는 절삭 운동
㈏ 가공물을 고정하고 공구를 운동시키는 절삭 운동

(대) 가공물과 공구를 동시에 운동시키는 절삭 운동
② **이송 운동(feed motion)** : 절삭 운동과 함께 절삭 위치를 바꾸는 것으로 공구 또는 일감을 이동시키는 운동이다. [그림]에서처럼 O–z 방향으로 s만큼 이동시키면서 절삭을 반복하는 것을 말한다. 이송 속도는 절삭 운동 1회전 또는 1왕복당 이송량(mm 또는 inch)으로 표시한다.
③ **조정 운동(위치 결정 운동)** : 일감을 깎기 위해서는 공구의 고정, 일감의 설치, 제거, 절삭 깊이 등의 조정이 필요하다. 이와 같은 조작은 보통 절삭 작업 중에는 하지 않지만, 최근에는 운전을 멈추지 않고 자동으로 조정하는 방법도 사용하고 있다.

❸ 공작 기계의 종류

① 절삭 운동에 의한 분류
(개) 공구에 절삭 운동을 주는 기계 : 드릴링 머신, 밀링, 연삭기, 브로칭 머신
(내) 일감에 절삭 운동을 주는 기계 : 선반, 플레이너
(대) 공구 및 일감에 절삭 운동을 주는 기계 : 연삭기, 호빙 머신, 래핑 머신

② 사용 목적에 의한 분류
(개) 일반 공작 기계 : 선반, 수평 밀링, 레이디얼 드릴링 머신(소량 생산에 적합)
(내) 단능 공작 기계 : 바이트 연삭기, 센터링 머신, 밀링 머신(간단한 공정 작업에 적합)
(대) 전용 공작 기계 : 모방 선반, 자동 선반, 생산형 밀링 머신(특수한 모양, 치수의 제품 생산에 적합)
(래) 만능 공작 기계 : 1대의 기계로 선반, 드릴링 머신, 밀링 머신 등의 역할을 할 수 있는 기계

 **1–3 절삭 속도와 회전수**

기계 가공 시에는 공구와 가공물 사이에 상대 운동을 하게 되는데, 이때 가공물이 단위시간에 공구의 인선을 통과하는 원주 속도 또는 선속도를 절삭 속도라고 하며 공작 기계의 동력을 결정하는 요소이다.
[절삭 깊이×이송]이 일정하다면 절삭 속도가 클수록 절삭량도 증가한다.

① 절삭 속도의 단위 : m/min, ft/min
② 절삭 속도와 회전수 계산 공식
(개) 절삭 속도를 구하는 공식

$$V = \frac{\pi DN}{1000} \, [\text{m/min}]$$

여기서, V : 절삭 속도(m/min), D : 가공물의 지름(mm : 선반일 경우), N : 가공물 회전수(rpm)

(내) 회전수를 구하는 공식

$$N = \frac{1000V}{\pi D} \, [\text{rpm}]$$

여기서, V : 절삭 속도(m/min), D : 회전하는 공구의 지름(mm : 밀링, 드릴 연삭의 경우), N : 공구의 회전수(rpm)

● 2. 절삭 공구

 **2-1 절삭 공구와 공구 재료**

1 절삭 공구(cutting tool)

① **바이트** : 선반. 셰이퍼, 슬로터, 플레이너 등에서 사용하는 공구이다.

② **드릴(drill)** : 드릴링 머신에서 구멍을 뚫는 공구로서 $\phi 13$mm까지는 탁상 드릴링 머신의 척(chuck)에 끼워서 사용하고 드릴의 표준 선단각은 $118°$이다.

③ **커터(cutter)** : 밀링 머신에서 절삭 공구로 사용되며, 회전 절삭 운동을 한다.

④ **연삭 숫돌** : 연삭 입자를 결합재로 결합시켜 굳힌 것으로 고속 강력 절삭에 편리하다.

⑤ **탭, 리머, 보링 바** : 구멍에 나사를 내는 공구를 탭, 드릴 구멍을 정밀하게 다듬는 공구를 리머, 구멍을 더욱 크고 정밀하게 넓히는 공구를 보링 바라 한다.

2 공구의 수명

공구의 수명이란 새로 연마한 공구를 사용하여 동일한 가공물을 일정한 조건으로 절삭을 시작하여 더 이상 깎여지지 않을 때까지 절삭한 시간으로 표시한다. 드릴의 경우는 절삭한 구멍 길이의 총계, 또는 더 이상 깎여지지 않을 때까지의 가공물 개수로 표시하기도 한다.

① **절삭 속도와 공구 수명 관계** : 절삭 속도와 공구 수명 사이에는 다음 식이 성립된다.

$$VT^{\frac{1}{n}} = C$$

여기서, V : 절삭 속도(m/min), C : 상수, T : 공구 수명(min), $\frac{1}{n}$: 지수. 보통의 절삭 조건 범위에서는 1/10~1/5의 값

② **공구 수명과 절삭 온도의 관계** : 공작물과 공구의 마찰열이 증가하면 공구의 수명이 감소되므로 공구 재료는 내열성이나 열전도도가 좋아야 하는 것은 물론이며, 온도 상승이 생기지 않도록 하는 방법도 공구 수명 연장의 한 방법이다. 고속도강은 600℃ 이상에서 급격히 경도가 떨어지며 공구 수명이 떨어진다.

③ **공구 수명 판정 방법**

㈎ 공구 날끝의 마모가 일정량에 달했을 때

㈏ 완성 가공면 또는 절삭 가공한 직후에 가공 표면에 광택이 있는 색조나 반점이 생길 때

㈐ 완성 가공된 치수의 변화가 일정 허용범위에 이르렀을 때

㈑ 절삭 저항의 주분력에는 변화가 없으나 배분력 또는 횡분력이 급격히 증가하였을 때

3 절삭 공구 재료

① **공구 재료의 구비 조건**

㈎ 피절삭재보다 굳고 인성이 있을 것

㈏ 절삭 가공 중 온도 상승에 따른 경도 저하가 적을 것

㈐ 내마멸성이 높을 것

㈑ 쉽게 원하는 모양으로 만들 수 있을 것

㈒ 값이 쌀 것

② 공구 재료

㈎ 탄소 공구강(STC)

㉮ 탄소량 0.6~1.5% 정도이며, 탄소량에 따라 1~7종으로 분류되고, 1.0~1.3% C를 함유한 것이 많이 쓰인다.

㉯ 열처리가 쉽고 값이 싸나 경도가 떨어져 고속 절삭용으로는 부적당하다.

㉰ 용도는 바이트, 줄, 펀치, 정 등에 쓰인다.

㈏ 합금 공구강(STS)

㉮ 탄소강에 합금 성분인 W, Cr, W-Cr 등을 1종 또는 2종을 첨가한 것으로 STS 3, STS 5, STS 11종이 많이 사용된다.

㉯ 700~850℃에서 급랭 담금질하고 200℃ 정도에서 뜨임하여 취성을 방지하여 내절삭성과 내마멸성이 좋다.

㉰ 용도는 바이트, 냉간, 인발, 다이스, 띠톱, 탭 등에 쓰인다.

㈐ 고속도강(SKH)

㉮ 대표적인 것으로 W 18-Cr 4-V1이 있고, 표준 고속도강(하이스 ; H.S.S)이라고도 하며, 600℃ 정도에서 경도 변화가 있다.

㉯ 담금질 온도는 1250~1300℃에서, 유냉 560~660℃에서 뜨임하여 사용한다.

㉰ 용도는 강력 절삭 바이트, 밀링 커터, 드릴 등에 쓰인다.

㈑ 주조 경질 합금

㉮ C-Co-Cr-W을 주성분으로 하며 스텔라이트(stellite)라고도 한다.

㉯ 800℃에서도 경도 변화가 없고 주용도는 Al합금, 청동, 황동, 주철, 주강, 절삭에 쓰인다.

㉰ 용융 상태에서 주형에 주입 성형한 것으로, 고속도강 몇 배의 절삭 속도를 가지며 열처리가 필요 없다.

㈒ 초경합금

㉮ W, Ti, Ta, Mo, Co가 주성분이며 고온에서 경도 저하가 없고 고속도강의 4배의 절삭 속도를 낼 수 있어 고속 절삭에 널리 쓰인다.

㉯ 초경 바이트 스로 어웨이 타입의 특징

• 재연삭이 필요 없으나 공구비가 비싸다.

• 공장 관리가 쉽다.

• 취급이 간단하고 가동률이 향상된다.

• 절삭성이 향상된다.

㈓ 세라믹 : 세라믹 공구는 무기질의 비금속 재료를 고온에서 소결한 것으로 최근 그 사용이 급증하고 있다. 세라믹 공구로 절삭할 때는 선반에 진동이 없어야 하며, 고속 경절삭에 적당하다.

㉮ 세라믹의 특징

• 경도는 1200℃까지 거의 변화가 없다(초경합금의 2~3배 절삭).

• 내마모성이 풍부하여 경사면 마모가 적다.

• 금속과 친화력이 적고 구성 인선이 생기지 않는다(절삭면이 양호).

• 원료가 풍부하여 다량 생산이 가능하다.

㉯ 세라믹의 결점
- 인성이 작아 충격에 약하다.
- 팁의 땜이 곤란하다.
- 열 전도율이 낮아 내열 충격에 약하다.
- 냉각제를 사용하면 쉽게 파손한다.

㈆ 다이아몬드(diamond) : 다이아몬드는 내마모성이 뛰어나 거의 모든 재료 절삭에 사용된다. 그 중에서도 경금속 절삭에 매우 좋으며, 시계, 카메라, 정밀기계 부품 완성에 많이 사용된다.

다이아몬드의 장·단점

장　　　점	단　　　점
㉮ 경도가 크고 열에 강하며, 고속 절삭용으로 적당하고, 수명이 길다.	㉮ 바이트가 비싸다.
㉯ 잔류응력이 적고 절삭면에 녹이 생기지 않는다.	㉯ 대단히 부서지기 쉬우므로 날끝이 손상되기 쉽다.
㉰ 구성 인선이 생기지 않기 때문에 가공면이 아름답다.	㉰ 기계 진동이 없어야 하므로 기계 설치비가 많이 든다.
	㉱ 전문적인 공장이 아니면 바이트의 재연마가 곤란하다.

2-2 바이트의 모양과 종류

1 바이트 크기 및 각부 명칭

① **크기** : 폭, 높이, 길이로 표시한다. **예** $15 \times 20 \times 130$

② **자루** : 바이트 날부가 아닌 고정되는 부분, 공구대에 설치하는 부분이다.

③ **밑면** : 자루의 밑면으로 절삭 시 수직 압력을 받는다.

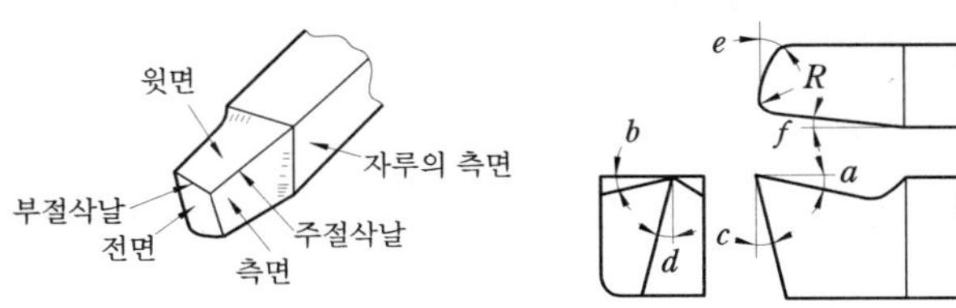

바이트 각

바이트 각도의 명칭

각도명	기호	의　　미	작　　용
측면 경사각 (side rake angle)	b	자루의 중심선과 수직인 면상에 나타나는 경사면과 밑면에 평행인 평면이 이루는 각(6°)	• 절삭 저항의 증감을 결정한다. • 칩의 유동 방향을 결정한다. • 크레이터 마모의 가감을 결정한다. • 날의 강도를 결정한다.

전방 경사각 (front rake angle)	a	자루의 중심선을 포함하는 수직인 단면상에 나타나는 경사면과 밑면에 평행인 평면과 이루는 각(6°)	• 칩의 유출 방향을 결정한다. • 떨림의 방지 등 절삭 안정성과 관계된다. • 다듬질면의 거칠기를 결정한다. • 날의 강도를 결정한다.
전방각 (front angle)	e	부절삭날과 자루의 중심선과 수직인 면이 이루는 각	• 떨림의 방지 등의 절삭 안정성과 관계된다. • 다듬질면의 거칠기를 결정한다. • 날의 강도를 결정한다. • 칩의 배출성을 결정한다.
전방 여유각 (front clearance angle)	c	바이트의 선단에서 그은 수직선과 여유면과의 사이 각도(5~10°)	• 날의 강도를 결정한다. • 다듬질면의 거칠기를 결정한다.
측면 여유각 (side clearance angle)	d	측면 여유면과 밑면에 수직인 직선이 형성하는 각(6°)	• 공구의 수명을 좌우한다.
측면각 (side cutting edge angle)	f	주절삭날과 자루의 측면이 이루는 각	• 날의 강도를 결정한다. • 날끝의 온도 상승을 완화한다. • 절삭 저항의 증감을 결정한다.
노즈 반경 (nose radius)	R	주절삭날과 부절삭날이 만나는 곳의 곡률 반경(0.8mm)	• 다듬질면의 거칠기를 결정한다. • 날끝의 강도를 좌우한다.

2 바이트의 종류

① 바이트 제작 과정에 따른 분류

(가) 완성 바이트(ground tool) : 날과 자루가 일체로 된 것으로 사용 시 날을 만든다.

(나) 단조 바이트(forged tool) : 단조에 의하여 만들어진 바이트

(다) 용접 바이트(tipped tool) : 자루에 팁을 황동 용접(신주 용접)이나 은납땜하는 방법이다. 용접 바이트의 바이트와 자루의 두께 비는 1 : 3 정도이다.

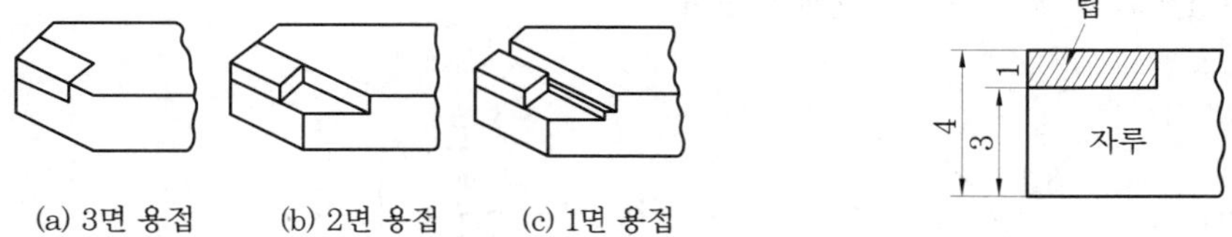

용접한 팁의 모양   **팁과 자루의 두께 비**

(라) 비트 바이트(bit bite) : 용접 팁의 용접열에 의한 나쁜 영향을 없게 하기 위하여 팁을 자루에 클램핑하거나 스로 어웨이(throw away) 바이트로 사용한다. 바이트가 마모되면 팁만 버리면 된다.

비트 바이트의 장단점

장 점	단 점
• 용접열에 의한 경도 변화가 없어 수명이 연장된다. • 칩 브레이커 조정이 가능하고, 연삭 시간이 불필요하다. • 용접 및 연삭 시간이 단축된다. • 바이트 교환 시간이 절약된다. • 공구 관리가 용이하다.	• 처음 공구비가 비교적 많이 필요하다. • 바이트의 모양이 제한되어 있다. • 공구 관리를 하지 않는 공장에서는 적당하지 않다.

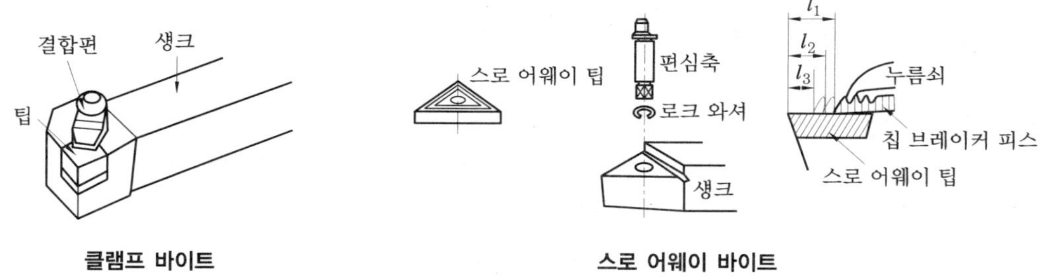

❸ 각종 바이트의 날끝 각도

각종 바이트의 날끝 각도

일감의 재질	고 속 도 강 바 이 트				초 경 바 이 트			
	전방여유각	측면여유각	전방경사각	측면경사각	전방여유각	측면여유각	전방경사각	측면경사각
주 철 경	8	10	5	12	4~6	4~6	0~6	0~10
주 철 연	8	10	5	12	4~10	4~10	0~6	0~12
가단주철					4~8	4~8	0~6	0~10
탄소강 경	8	10	8~12	12~14	5~10	5~10	0~10	4~12
탄소강 연	8	10	12~16.5	14~22	6~12	6~12	10~15	8~15
쾌 삭 강	8	12	12~16.5	18~22	6~12	6~12	0~15	8~15
특수강 경	8	10	8~10	12~14	5~10	5~10	0~10	4~12
특수강 연	8	10	10~12	12~14	6~12	6~12	0~15	8~15
청동·황동 경	8	10	0	−0~0	4~6	4~6	0~5	4~8
청동·황동 연	8	10	0	−4~0	6~8	6~8	0~10	4~16
동	12	14	16.5	20	7~10	7~10	6~10	15~25
알루미늄	8	12	35	5	6~10	6~10	5~15	8~15
플라스틱	8~10	12~15	−5~16.5	0~10	6~10	6~10	0~10	8~15

❹ 바이트 날의 손상

바이트 날의 손상의 형태는 다음 표와 같다.

바이트 날 부분 손상의 대표적 형태

날 손상의 분류	날의 선단에서 본 그림	날 손상으로 생기는 현상
날의 결손(치핑(chipping)이라고도 함.)		바이트와 일감과의 마찰 증가로 다음 현상이 생긴다. ① 절삭면의 불량 현상이 생긴다. ② 다듬면 치수가 변한다(마모, 압력 온도에 의하여). ③ 소리가 나며 진동이 생길 수 있다. ④ 불꽃이 생긴다. ⑤ 절삭 동력이 증가한다.
여유면 마모(플랭크 마모(flank wear) 라고도 함.)		
경사면 마모(크레이터 마모(cratering)라고도 함.)		처음에는 바이트의 절삭 느낌이 좋지만 그 후 시간이 경과함에 따라 손상이 심해진다. ① 칩의 꼬임이 작아져서 나중에는 가늘게 비산한다. ② 칩의 색이 변하고 불꽃이 생긴다. ③ 시간이 경과하면 날의 결손이 된다.

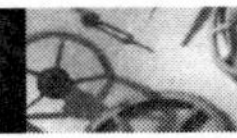 ## 2-3 절삭 칩의 생성과 구성 인선

1 절삭 칩의 생성

절삭 칩은 공구의 모양, 일감의 재질, 절삭 속도와 깊이, 절삭유제의 사용 유무 등에 따라 그 모양이 달라지며 그 형태와 발생 원인, 특징은 다음 [표]와 같다.

절삭 칩의 발생 원인과 특징

칩의 모양		발생 원인	특징(칩의 상태와 다듬질면, 기타)
유동형 칩		① 절삭 속도가 클 때 ② 바이트 경사각이 클 때 ③ 연강, AI 등 점성이 있고 연한 재질일 때 ④ 절삭 깊이가 낮을 때 ⑤ 윤활성이 좋은 절삭제의 공급이 많을 때	① 칩이 바이트 경사면에 연속적으로 흐른다. ② 절삭면은 광활하고 날의 수명이 길어 절삭 조건이 좋다. ③ 연속된 칩은 작업에 지장을 주므로 적당히 처리한다(칩 브레이커 등에 이용).
전단형 칩		① 칩의 미끄러짐 간격이 유동형보다 약간 커진 경우 ② 경강 또는 동합금 등의 절삭각이 크고 (90° 가깝게) 절삭 깊이가 깊을 때	① 칩은 약간 거칠게 전단되고 잘 부서진다. ② 전단이 일어나기 때문에 절삭력의 변동이 심하게 반복된다. ③ 다듬질면은 거칠다(유동형과 열단형의 중간).
열단(긁기)형 칩		① 경작형이라고도 하며 바이트가 재료를 뜯는 형태의 칩 ② 극연강, AI합금, 동합금 등 점성이 큰 재료의 저속 절삭 시 생기기 쉽다.	① 표면에서 긁어낸 것과 같은 칩이 나온다. ② 다듬질면이 거칠고, 잔류 응력이 크다. ③ 다듬질 가공에는 아주 부적당하다.
균열형 칩		메진 재료(주철 등)에 작은 절삭각으로 저속 절삭을 할 때에 나타난다.	① 날이 절입되는 순간 균열이 일어나고, 이것이 연속되어 칩과 칩 사이에는 정상적인 절삭이 전혀 일어나지 않으며 절삭면에도 균열이 생긴다. ② 절삭력의 변동이 크고, 다듬질면이 거칠다.

※ 절삭각 = 90° - 경사각(α)

2 구성 인선(built up edge)

연강, 스테인리스강, 알루미늄처럼 바이트 재료와 친화성이 강한 재료를 절삭할 경우, 절삭된 칩의 일부가 날 끝부분에 부착하여 대단히 굳은 퇴적물로 되어 절삭날 구실을 하는 것을 구성 인선이라 한다.

① **구성 인선의 발생 주기** : 발생 - 성장 - 분열 - 탈락 과정을 반복하며, 1/10~1/200초를 주기적으로 반복한다.

② **구성 인선의 장 · 단점**

㈎ 치수가 잘 맞지 않으며 다듬질면을 나쁘게 한다.

㈏ 날 끝의 마모가 크기 때문에 공구의 수명을 단축한다.

㈐ 표면의 변질층이 깊어진다.

㈑ 날 끝을 싸서 날을 보호하며, 경사각을 크게 하여 절삭열의 발생을 감소시킨다.

③ 구성 인선의 방지책

㈎ 30° 이상 바이트의 전면 경사각을 크게 한다.

㈏ 120m/min 이상 절삭 속도를 크게 한다(임계 속도).

㈐ 윤활성이 좋은 윤활제를 사용한다.

㈑ 절삭 속도를 극히 낮게 한다.

㈒ 절삭 깊이를 줄인다.

㈓ 이송 속도를 줄인다.

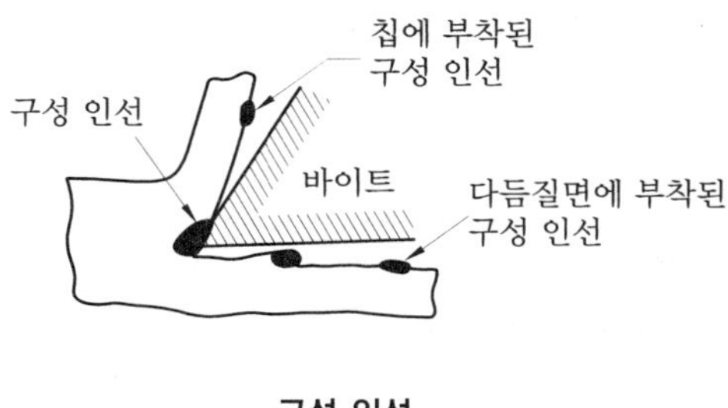

구성 인선

2-4 절삭 저항의 3분력

절삭 중에 받는 저항에는 주분력, 배분력, 이송 분력(횡분력)의 3가지가 있다.

1 주분력

절삭 방향과 평행하는 분력을 말하며 공구의 절삭 방향과는 반대 방향으로 작용한다. 배분력·횡분력보다 현저히 크며 공구 수명과 관계가 깊다(그림에서 P_1).

2 배분력

절삭 깊이에 반대 방향으로 작용하는 분력(그림에서 P_2)이며, 주분력에 비해 매우 작지만 바이트가 파손되는 순간에는 현저히 크다.

3 이송 분력

이송 방향과 반대 방향으로 작용하는 분력으로 횡분력이라고도 한다(그림에서 P_3).

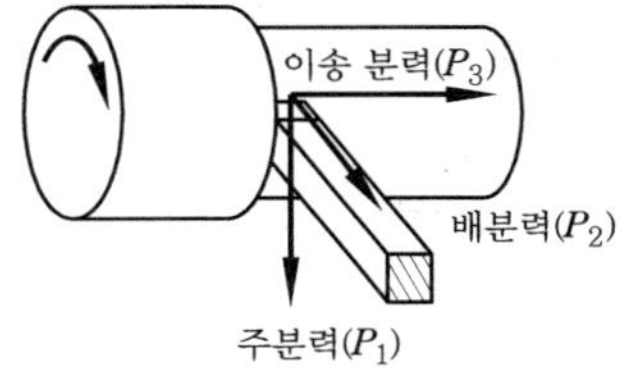

절삭 저항

▶ 3. 절삭제 및 윤활제

 **3-1 절삭제**

❶ 절삭유

일감의 가공면과 공구 사이에는 절삭 및 전단 작용에 의해서 온도가 상승하여 나쁜 영향을 주게 된다. 이와 같은 나쁜 영향을 방지하기 위하여 절삭유를 사용한다.

① 절삭유의 작용과 구비 조건

절삭유의 작용	절삭유의 구비 조건
㉮ 냉각 작용 : 절삭공구와 일감의 온도 상승을 방지한다. ㉯ 윤활 작용 : 공구날의 윗면과 칩 사이의 마찰을 감소한다. ㉰ 세척 작용 : 칩을 씻어 버린다.	㉮ 칩 분리가 용이하여 회수하기가 쉬워야 한다. ㉯ 기계에 녹이 슬지 않아야 한다. ㉰ 위생상 해롭지 않아야 한다.

② 절삭유 사용 시 장점

(가) 절삭 저항이 감소하고, 공구의 수명을 연장한다.

(나) 다듬질면의 상처를 방지하므로 다듬질면이 좋아진다.

(다) 일감의 열 팽창 방지로 가공물의 치수 정밀도가 좋아진다.

(라) 칩의 흐름이 좋아지기 때문에 절삭 작용을 쉽게 한다.

③ 절삭유의 종류

절삭유의 분류

구 분	종 류	특 성
수용성 절삭유	W 1 종	광유 및 계면 활성제를 주성분으로 하고 물에 희석시키면 백색의 현탁액이 됨. 1~3호 통칭 : 에멀션형 수용성 절삭유제
	W 2 종	계면 활성제를 주성분으로 하고 물을 가하여 희석하면 투명 또는 반투명으로 됨. 1~3호 통칭 : 솔류블형 수용성 절삭유제
	W 3 종	무기염류를 주성분으로 하고 물을 가하여 희석하면 투명하게 됨. 1~2호 통칭 : 설류션형 불용성 절삭유제
불수용성 절삭유	1 종	광유 또는 광유와 지방유로 되고 극압 첨가제 불포함. 1~6호 통칭 : 혼성유
	2 종	광유 또는 광유와 지방유로 되고 염소, 유황계 및 기타의 극압 첨가제를 포함한 것 통칭 : 불활성형 불수용성 절삭유제
	3 종	2종과 같으며 1~8호 통칭 : 활성형 불수용성 절삭유제

(가) 알칼리성 수용액 : 냉각 작용이 큰 물에 방청을 목적으로 알칼리를 가한 것으로 냉각과 칩의 흐름을 쉽게 하며, 주로 연삭 작업에 사용한다.

(나) 광물유 : 머신유, 스핀들유, 경유 등을 말하며, 윤활 작용은 크나 냉각 작용은 작으므로 경절삭에 쓰

인다.

㈐ 동식물유 : 라드유, 고래기름, 어유, 올리브유, 면실유, 콩기름 등이 있으며 광물성보다 점성이 높으므로 유막의 강도는 크나 냉각 작용은 좋지 않으며 중절삭용에 쓰인다.

㈑ 동식물유＋광물성유(혼합유) : 작업 내용에 따라 혼합 비율을 달리하여 사용하며 냉각 작용과 윤활 작용으로 만들어 사용한다.

㈒ 극압유 : 절삭 공구가 고온, 고압 상태에서 마찰을 받을 때 사용하는 것으로 윤활 목적으로 사용한다. 광물유, 혼합유 극압 첨가제로 황(S), 염소(Cl), 납(Pb), 인(P) 등의 화합물을 첨가한다.

㈓ 유화유 : 냉각 작용 및 윤활 작용이 좋아 절삭 작업에 널리 사용하는 것으로 물에 원액을 혼합하여 사용한다. 절삭용은 10~30배, 연삭용은 50~100배로 혼합하여 사용한다. 색깔은 광물성 기름을 비눗물에 녹인 것으로 유백색 색깔을 띠고 있다.

㈔ 염화유 : 염소를 파라핀 또는 지방유에 결합시키고 다시 광유로 희석한 것이다. 절삭분과 공구 사이의 고온 고압하에서 염화철의 고체 막을 만들어 윤활을 좋게 하는 작용을 한다. 온도는 약 400℃까지이므로 기어 절삭 가공 또는 비철금속의 절삭에 적당하다.

㈕ 유화염화유 : 유화유와 염화유의 혼합유 또는 염화유황을 지방유에 결합시키고 광유로 희석한 것이 있다. 중절삭용의 절삭유제의 대부분은 유화 염화유이다.

④ **절삭유의 선택** : 절삭유 선정은 일반적으로 피삭재의 재질, 절삭 속도, 이송량, 이송 깊이와 폭, 절삭 칩의 배제 양부, 기타 절삭 조건에 따라 알맞은 것을 택해야 하며, 절삭유의 점도가 낮을수록 고속 절삭 작업에 적당하다. 절삭유는 낮은 온도에 저장하고 먼지나 잡물이 들어가지 않게 해야 한다.

절삭유 선정

공작물 재료 ＼ 절삭 종류	황삭가공	사상가공	나사가공	절단가공	구멍가공	널 링	리 머	테이퍼 연삭가공
연 강	유화유	광 유	광 유	광유, 유화유	광 유	광 유	광 유	광 유
경 강	유화유	광 유	광 유	유화유, 광유	광 유	광 유	광 유	광 유
주 철	사용안함	사용안함	사용안함	사용안함	사용안함	사용안함	사용안함	광유(경유)
황동, 청동	유화유만	유화유만	유화유만	유화유만	유화유만	유화유만	유화유만	광 유

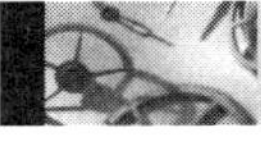 ## 3-2 윤활제

❶ 윤활제 (lubricant)

① **윤활 작용** : 윤활 작용이란 고체 마찰을 유체 마찰로 바꾸어 동력 손실을 줄이기 위한 것이며 이때 사용하는 것이 윤활제이다. 윤활에 사용되는 윤활제로는 액체(광물유, 동식물유 등), 반고체(그리스 등), 고체(흑연, 활석, 운모 등)가 있다.

② **윤활제의 구비 조건**

㈎ 양호한 유성을 가진 것으로 카본 생성이 적어야 한다.　　㈏ 금속의 부식성이 적어야 한다.

㈐ 열전도가 좋고 내하중성이 커야 한다.　　㈑ 열이나 산에 대하여 강해야 한다.

㈒ 가격이 저렴하고 적당한 점성이 있어야 한다.　　㈓ 온도 변화에 따른 점도 변화가 작아야 한다.

③ **윤활의 목적**

㈎ 윤활 작용 : 두 금속 상호간의 상대 운동 부분의 마찰면에 유막(oil film)을 형성하여 마찰, 마모 및 용착을 막는다.

㈏ 냉각 작용 : 마찰면의 마찰열을 흡수한다.

㈐ 밀폐 작용 : 밖에서 들어가는 먼지 등을 막는다(그리스 등). 피스톤링과 실린더 사이에 유막을 형성하여 가스의 누설 방지 등 밀봉 작용을 한다.

㈑ 청정 작용 : 윤활제가 마찰면의 고형 물질을 청정하게 하여 녹스는 것을 방지한다.

④ **윤활 방법**

㈎ 완전 윤활 : 유체 윤활이라고도 하며 충분한 양의 윤활유가 존재할 때 접촉면에 두 금속면이 분리되는 경우를 말한다.

㈏ 불완전 윤활 : 상당히 얇은 유막으로 쌓여진 두 물체간의 마찰로 상대 속도나 점성은 작아지지만 충격이 가해질 때 유막이 파괴되는 정도의 윤활로 경계 윤활이라고도 한다.

㈐ 고체 윤활 : 금속간의 마찰로 발열, 용착 등이 생기는 윤활로 절대 금지해야 한다.

⑤ **윤활제의 종류**

㈎ 액체 윤활제 : 광물성유와 동물성유가 있으며 점도, 유동성은 동물성유가 우수하고, 고온에서의 변질이나 금속의 내부식성은 광물성유가 우수하다.

㈏ 고체 윤활제 : 흑연, 활석, 비누돌, 운모 등이 있으며 그리스(grease)는 반 고체유이다.

㈐ 특수윤활제 : P(인), S(황), Cl(염소) 등의 극압제를 첨가한 극압 윤활유와 응고점이 $-35 \sim 50\,^\circ\mathrm{C}$인 부동성 기계유, 내한(耐寒)이나 내열(耐熱)에 우수한 실리콘유 등이 있다.

2 급유 방법의 종류

① **적하 급유법(drop feed oiling)** : 마찰면의 넓은 부분 또는 시동 빈도가 많을 때 사용하고, 저속 및 중속축의 급유에 사용된다.

② **오일링 급유법(oiling lubrication)** : 고속축의 급유를 균등히 할 목적으로 사용 회전축보다 큰 링을 축에 걸쳐 기름통을 통하여 축 위에 급유한다.

③ **배스 오일링 및 스플래시 오일링(bath oiling and splash oiling)** : 베어링 및 기어류의 저속, 중속의 경우 사용 회전수가 클수록 유면을 낮게 한다.

④ **강제 급유법(circulating oiling or forced oiling)** : 고속 회전에 베어링의 냉각 효과를 원할 때, 경제적으로 대형 기계에 자동 급유할 때 사용한다. 최근 공작 기계는 대부분 강제 급유 방식을 채택하고 있다.

⑤ **분무 급유법(oil mist lubrication)** : 분무 상태의 기름을 함유하고 있는 압축 공기를 공급하여 윤활하는 방법이며, 냉각 효과가 크기 때문에 온도 상승이 매우 적다.

⑥ **튀김 급유법(splash oiling)** : 커넥팅 로드 끝에 달린 기름 국자로부터 기름을 퍼올려 비산시켜 급유하는 방법이다.

⑦ **패드 급유법(pad oiling)** : 무명과 털을 섞어서 만든 패드(pad)의 일부를 기름통에 담가 저널의 아랫면에 모세관 현상으로 급유하는 방법이다.

⑧ **담금 급유법(oil bath oiling)** : 마찰부 전체를 기름 속에 담가서 급유하는 방식으로 피벗 베어링에 사용한다.

예 상 문 제

1. 바이트 섕크의 재료로서 적당한 것은?

㉮ 탄소강
㉯ 합금 공구강
㉰ 연강
㉱ 극연강

2. 다음 중 바이트 마모 시 연삭하여 사용하지 않는 바이트는?

㉮ 완성 바이트
㉯ 용접 바이트
㉰ 스로 어웨이 바이트
㉱ 스프링 바이트

3. 스로 어웨이 바이트가 사용할 수 있는 날은?(단, 사각형일 때)

㉮ 2개 ㉯ 4개 ㉰ 6개 ㉱ 8개

4. 팁을 기계적으로 고정할 때의 단점은?

㉮ 용접 응력이 생기지 않는다.
㉯ 칩 브레이커를 조정할 수 있다.
㉰ 바이트 교환 시간이 절약된다.
㉱ 바이트 모양이 제한되어 있다.

5. 초경 팁 용접에 사용하는 땜납으로 가장 부적당한 것은?

㉮ 은납 ㉯ 주석납 ㉰ 연납 ㉱ 동납

6. 바이트의 팁 두께와 자루 두께와의 비는?

㉮ 1:1 ㉯ 1:2 ㉰ 1:3 ㉱ 1:4

7. 바이트에서 칩이 흐르는 면을 무엇이라 하는가?

㉮ 여유면
㉯ 부절인각
㉰ 경사면
㉱ 플랭크

8. 노즈 반경이 크면 어떤 현상이 일어나는가?

㉮ 떨림 발생
㉯ 절삭 저항 감소
㉰ 절삭 깊이 증가
㉱ 날의 수명 감소

9. 칩 브레이커의 역할은?

㉮ 연속 칩 발생
㉯ 연속 칩 절단
㉰ 칩 두께 증가
㉱ 칩 두께 감소

10. 선반 바이트로서 요구되는 성질에 적합하지 않은 것은?

㉮ 마모 저항이 적을 것

㉯ 사용상 취급이 용이할 것
㉰ 경도가 높을 것
㉱ 점성 강도가 높을 것

[해설] 바이트는 상온 및 고온 경도에 견고하여 피삭재보다 단단해야 하고 절단 가공 시 충격에 의하여 굴절되지 않아야 하며, 바이트의 수명을 연장하고 가공 정도를 높이기 위하여 마모 저항이 커야 한다.

11. 다음 절삭 공구 중 냉각액을 사용해서는 안 되는 것은?

㉮ 고속도강
㉯ Al_2O_3
㉰ 초경합금
㉱ 스텔라이트

12. 다음 중 핸드 래퍼(hand lapper)는 어느 때 사용하는가?

㉮ 날끝을 다듬을 때
㉯ 거친 연삭을 할 때
㉰ 모떼기 할 때
㉱ 로렛 작업할 때

13. 바이트에서 경사각을 크게 하면 전단각과 칩은 어떻게 되는가?

㉮ 전단각은 작아지고 칩은 두껍고 짧다.
㉯ 전단각은 커지고 칩은 얇게 된다.
㉰ 전단각과 칩이 모두 커진다.
㉱ 전단각과 칩이 얇아진다.

[해설] 그림과 같이 바이트로 절삭을 하면 경사각과 전단각은 서로 비례하며, 칩은 경사각이 클수록 두께가 얇아진다.

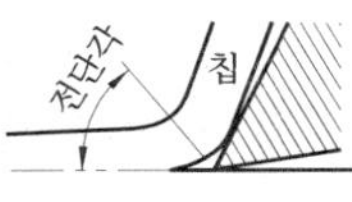

14. 공구에 관한 사항 중 적합하지 않은 것은?

㉮ 공구 고정 시 돌출량은 섕크 높이보다 적을 것
㉯ 절삭 공구의 날끝은 뾰족할수록 좋다.
㉰ 공구각은 공작 조건에 적합할 것
㉱ 절삭 저항에 충분히 견딜 수 있는 강성이 있을 것

15. 다음 중 칩 브레이커란?

㉮ 칩의 한 종류
㉯ 칩 절단 장치
㉰ 바이트 날 끝각
㉱ 바이트 섕크의 일종

[해설] 칩 브레이커란 초경 바이트에 의한 고속 절삭 시에 칩이 연속적으로 흘러서 그 처리가 어렵고 위험하므로 칩을 작은 조각으로 만들기 위한 것이다.

---

16. 바이트의 전면 여유각에 대해서 옳은 것은?

㉮ 절삭 칩 제거를 용이하게 한다.
㉯ 바이트 날 끝에 충격을 감소시킨다.
㉰ 바이트와 가공물의 마찰을 적게 한다.
㉱ 날끝을 튼튼하게 한다.

17. 바이트의 공구각 중 바이트와 공작물과의 접촉을 방지하기 위한 것은?

㉮ 경사각 ㉯ 절삭각
㉰ 여유각 ㉱ 날끝각

18. 나사 절삭용 바이트에서 절삭성을 좋게 하는 각은 어느 것인가?

㉮ 앞면 여유각 ㉯ 옆면 여유각
㉰ 경사각 ㉱ 옆면 절인각

19. 보링 바이트는 어느 때 사용하는가?

㉮ 나사를 깎기 전에 일단 공작물을 한번 가공하는 데 사용한다.
㉯ 뚫린 구멍을 크게 하거나 내면을 다듬질하는 데 사용한다.
㉰ 공작물을 거칠게 깎을 때 사용한다.
㉱ 공작물의 끝면 가공에 사용한다.

20. 보링 바이트의 결점을 열거한 것 중 틀린 것은 어느 것인가?

㉮ 절삭 저항에 잘 견딘다.
㉯ 진동이 발생하기 쉽다.
㉰ 막힌 구멍의 구석을 다듬질하는데 불편하다.
㉱ 바이트의 수명이 짧다.

[해설] 보링 바이트는 약간의 절삭 저항에도 휘기 쉽고, 진동의 발생, 공작 정밀도와 절삭 능률의 악화, 바이트의 수명 단축 등의 단점이 있다.

21. 바이트 연삭 시 널리 쓰이는 숫돌차는?

㉮ 컵형 숫돌바퀴 ㉯ 센터리스 숫돌바퀴
㉰ 원판형 숫돌바퀴 ㉱ 내면연삭 숫돌바퀴

22. 나사 깎기 바이트는 윗면 경사각을 주지 않는다. 그 까닭은?

㉮ 떨림이 일어나기 때문에
㉯ 바이트 연삭이 곤란하기 때문에
㉰ 나사면을 좋게 하기 위해서

㉱ 나사산의 각도가 변하기 때문에

23. 다음 그림에서 바이트 연삭이 가장 잘된 것은?

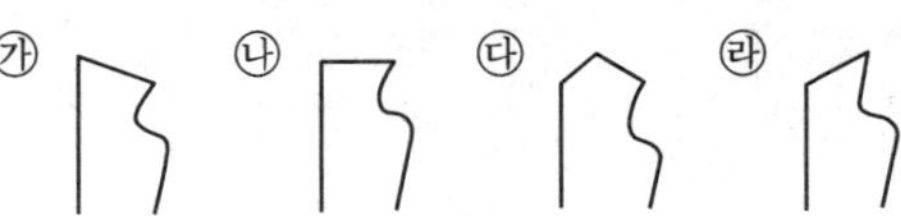

24. GC 숫돌로 연삭하여야 제일 좋은 바이트의 재질은?

㉮ 고속도강 ㉯ 초경바이트 섕크부분
㉰ 초경바이트 팁부분 ㉱ 탄소 공구강

25. 절삭공구 재질로서 맞지 않는 것은?

㉮ 탄소 공구강 ㉯ 합금 공구강
㉰ 고속도강 ㉱ 백심 가단 주철

26. 경도가 큰 바이트로 공작물을 절삭할 때, 고려할 사항이 아닌 것은?

㉮ 바이트에 진동이 없어야 한다.
㉯ 선반의 정도가 좋아야 한다.
㉰ 절삭 저항이 커야 한다.
㉱ 절삭 속도를 잘 선정해야 한다.

27. 다음 고속도강 바이트 중 가장 절삭 속도를 빠르게 할 수 있는 것은?

㉮ SKH 1 ㉯ SKH 2 ㉰ SKH 3 ㉱ SKH 5

[해설] 고속도강은 철과 W, Cr, V, Mo, Co 등의 합금으로 1종~7종까지 있으며, 번호가 클수록 굳어지므로 절삭 속도를 빨리 할 수 있다.

28. 초경 바이트에 대한 설명 중 해당 없는 것은?

㉮ 600℃ 정도에서 경도가 급격히 감소한다.
㉯ 고속도강보다 고속 절삭이 가능하다.
㉰ 충격에 약하다. ㉱ 고온 경도가 크다.

[해설] 고속도강은 온도가 600℃를 넘으면 급격히 경도가 저하되나, 초경합금에서는 800℃가 되어도 별로 저하되지 않으므로 절삭 속도도 크게 할 수 있고 절삭 능력도 증대된다.

29. 절삭유 사용 목적 중 틀린 것은?

㉮ 공구의 냉각을 돕는다.
㉯ 공작물의 냉각을 돕는다.
㉰ 공구와 칩의 친화력을 돕는다.

㉣ 가공 표면의 방청 작용을 돕는다.

30. 다음 중 구성 인선의 임계 속도는 보통 얼마인가?
㉮ 170m/min ㉯ 200m/min
㉰ 120m/min ㉣ 50m/min

31. 선반 주축대(기어식)의 급유법은?
㉮ 손 급유법 ㉯ 튀김 급유법
㉰ 적하 급유법 ㉣ 중력 급유법

32. 극압 첨가제를 첨가한 절삭유의 용도가 잘못 쓰여진 것은?
㉮ 저속 경절삭에 사용
㉯ 난삭 재질의 절삭에 사용
㉰ 저속 중절삭에 사용
㉣ 스테인리스강, 열처리강 절삭에 사용

33. 절삭유의 구비 조건 중 잘못된 것은?
㉮ 유동성이 좋을 것 ㉯ 냉각성이 좋을 것
㉰ 윤활성이 좋을 것
㉣ 인화점 및 발화점이 낮을 것

34. 절삭유의 3가지 작용이 아닌 것은?
㉮ 윤활 작용 ㉯ 냉각 작용
㉰ 칩의 소착 방지 작용 ㉣ 고체 마찰 작용

35. 빌트업 에지(built-up edge)가 나타나는 칩의 생성 모양은?
㉮ 유동형 ㉯ 전단형 ㉰ 열단형 ㉣ 균열형
[해설] 유동형 칩이 나타날 때 공구 날 끝에 빌트업 에지가 나타난다.

36. 절삭유에 대한 설명 중 잘못된 것은?
㉮ 저속 중절삭에는 윤활성이 큰 것을 사용한다.
㉯ 절삭제는 충분한 양을 주는 것이 좋다.
㉰ 절삭제를 너무 많이 주면 재료에 녹슬기 쉽다.
㉣ 고속 경절삭에는 냉각성이 좋은 것을 사용한다.

37. 비열이 크고 냉각 작용도 비교적 크며, 광물성유를 화학적으로 처리하여 사용하는 절삭유는?
㉮ 수용성 절삭유 ㉯ 알칼리성 절삭유
㉰ 동식물성유 ㉣ 혼합유

38. 다음 중 수용성 절삭유는 어떤 때 사용하는 것이 적당한가?
㉮ 고속 경절삭 ㉯ 저속 경절삭
㉰ 저속 중절삭 ㉣ 중절삭

39. 연삭 작업에 주로 사용되는 절삭유는?
㉮ 유화유 ㉯ 알칼리성 수용액
㉰ 광유 ㉣ 동식물유

40. 광유에 속하지 않는 절삭제는?
㉮ 경유 ㉯ 머신 오일
㉰ 올리브유 ㉣ 석유

41. 동식물과 관계가 없는 절삭제는?
㉮ 돈유 ㉯ 종자유
㉰ 피마자유 ㉣ 중 크롬산 수용액

42. 비교적 다량의 광물성 기름에 소량의 유화제, 방청제 등을 첨가한 것으로 10~20배의 물로 희석하여 사용하는 것은?
㉮ 수용성 절삭유 ㉯ 혼합유
㉰ 동물성유 ㉣ 식물성유

43. 광유에 비눗물을 가한 것으로 널리 쓰이는 것은?
㉮ 알칼리성 수용액 ㉯ 유화유
㉰ 광물유 ㉣ 동식물유

44. 절삭 시 절삭열을 냉각시키기 위한 절삭제 중에서 수용성 절삭유가 아닌 것은?
㉮ 에멀션형 ㉯ 극압유형
㉰ 설루션형 ㉣ 솔류블형

45. 수용성 절삭유가 불수용성 절삭제보다 우수한 점이 아닌 것은?
㉮ 윤활성 ㉯ 소포성 ㉰ 안정성 ㉣ 연기 발생
[해설] 수용성 절삭제는 윤활성, 침윤성, 방청성이 부족하나 냉각성이 좋고 ㉯, ㉰, ㉣의 성질이 좋다.

46. 다음 조성의 절삭유 중에서 공구의 평균수명이 가장 긴 것은?
㉮ 스핀들유
㉯ 에멀션 20배액
㉰ 설루션 100배액

㉑ 스핀들유 80%, 염화 파라핀 20%

47. 공구 수명면에서는 수용성이 우수하다. 그 이유는 무엇인가?

㉮ 윤활 작용이 좋기 때문
㉯ 냉각성이 크기 때문
㉰ 안정성이 크기 때문
㉱ 유동성이 좋기 때문

[해설] 공구 수명은 고온에 의한 경도 저하가 주원인이며 수용성은 냉각성이 불수용성보다 좋다.

48. 광유에 지방유를 5~30% 혼합한 것으로 선삭 밀링 가공 시 중간 절삭이나 비철 금속의 절삭에 효과적인 절삭유는?

㉮ 유화유
㉯ 염화유
㉰ 혼합유
㉱ 유화 염화유

49. 주철의 절삭유에 대한 설명이다. 맞는 것은?

㉮ 어떤 경우에도 사용하지 않는다.
㉯ 지름이 큰 태핑 시에만 사용한다.
㉰ 황삭할 경우에만 사용한다.
㉱ 보링 작업에만 사용한다.

[해설] 주철 절삭에는 일반적으로 절삭유를 사용하지 않지만 큰 나사를 내는 머신 탭에서는 탭의 날 끝 수명을 길게 하기 위해서 윤활성이 높은 기름을 사용한다.

50. 저속 중절삭을 할 때에는 어떤 절삭유를 사용하면 좋은가?

㉮ 윤활성이 좋은 것
㉯ 방청성이 좋은 것
㉰ 냉각성이 큰 것
㉱ 점성이 작은 것

[해설] 절삭제의 선택
① 저속 경절삭 : 절삭유 효과의 기대가 적으므로 사용하지 않아도 좋다. ② 저속 중절삭 : 윤활성에 중점을 둔 절삭유를 택한다. ③ 고속 경절삭 : 냉각성에 중점을 두나 어느 정도 윤활성이 있어야 한다. ④ 고속 중절삭 : 냉각성과 윤활성이 동시에 요구된다.

51. 다음 설명 중 맞는 것은?

㉮ 수용성 절삭유에는 식물성 기름이 있다.
㉯ 절삭유는 냉각 효과와는 관계가 없다.
㉰ 수용성 절삭유는 불수용성보다 윤활 효과가 좋다.
㉱ 수용성 절삭유는 불수용성보다 냉각 효과가 좋다.

52. 광유 중에서 절삭 속도가 큰 것에 사용하는 것은?

㉮ 석유 · 경유
㉯ 스핀들유
㉰ 파라핀유
㉱ 머신유

53. 절삭유의 선정 조건이 될 수 없는 것은?

㉮ 피삭재의 재질
㉯ 절삭 속도
㉰ 절삭 깊이와 폭
㉱ 바이트 경사각

54. 절삭유에 사용되는 극압 첨가제로 적당하지 않은 것은?

㉮ 붕소
㉯ 인
㉰ 황
㉱ 납

55. 절삭유 중에 물을 혼합해서 사용하는 것이 아닌 것은?

㉮ 에멀션형
㉯ 솔류블형
㉰ 설류션형
㉱ 광물유

56. 동물성 절삭유에 대한 설명 중 틀린 것은?

㉮ 저속 절삭에 좋다.
㉯ 변질이 잘 된다.
㉰ 냉각성이 좋다.
㉱ 윤활성이 좋다.

57. 절삭유를 사용함으로써 절삭 저항을 감소시킨다. 다음 사항 중 틀린 것은?

㉮ 절삭 칩의 흐름이 좋아지므로
㉯ 날 끝과 칩, 다듬면 사이의 윤활 작용으로
㉰ 마찰이 적어지므로
㉱ 소비 동력이 적어지므로

58. 절삭제의 사용 목적과 관계 없는 것은?

㉮ 공구의 온도상승 저하
㉯ 가공물의 정밀도 저하 방지
㉰ 공구 수명 연장
㉱ 절삭 저항의 증가

59. 절삭유의 작용 중에서 공구날의 윗면과 칩 사이의 마찰을 작게 하는 작용은?

㉮ 냉각 작용
㉯ 역마찰 작용
㉰ 세척 작용
㉱ 윤활 작용

60. 알루미늄을 선삭할 때에 적당한 절삭유는?

㉮ 소다수
㉯ 경유
㉰ 기계유
㉱ 건식 절삭

정답 47. ㉯ 48. ㉰ 49. ㉯ 50. ㉮ 51. ㉱ 52. ㉮ 53. ㉱ 54. ㉮ 55. ㉱ 56. ㉰ 57. ㉱ 58. ㉱
59. ㉱ 60. ㉯

61. 그리스 윤활의 이점으로 틀린 것은?

㉮ 베어링 하우징에서 새지 않는다.
㉯ 잡물이 많이 들어간다.
㉰ 점도가 커서 비산되지 않는다.
㉱ 장시간 사용에 적합하다.

62. 기어의 윤활 방법으로 관계가 없는 것은?

㉮ 밀봉형 윤활   ㉯ 개방형 윤활
㉰ 경계 윤활   ㉱ 나사형 윤활

[해설] 경계 윤활은 슬라이딩 베어링 윤활에 사용하는 오일 윤활법으로 유성이 우수해야 하며, 유막이 얇고 강해야 한다.

63. 절삭제의 구비 조건이 아닌 것은?

㉮ 방청, 방식성이 좋을 것
㉯ 인화점, 발화점이 낮을 것
㉰ 냉각성이 충분할 것
㉱ 장시간 사용해도 변질하지 않을 것

64. 절삭유의 종류로 부적당한 것은?

㉮ 광유   ㉯ 아세톤
㉰ 식물유   ㉱ 수용성유

65. 다음 중 윤활유의 노화 현상을 구별하는 방법이 아닌 것은?

㉮ 비중 증가   ㉯ 인화점 저하
㉰ 점도 증가   ㉱ 산성 감소

[해설] 기름의 노화 현상
① 비중의 증가   ② 인화점의 저하
③ 색이 진하여 투명도 저하   ④ 점도의 증가
⑤ 산성의 증가   ⑥ 냉각성의 증가

66. 윤활제의 구비 조건 중 틀린 것은?

㉮ 유성이 좋을 것
㉯ 온도 변화에 따라 점도 변화가 클 것
㉰ 화학적으로 안정할 것
㉱ 인화점이 높을 것

67. 다음 중 반고체 윤활제는 어느 것인가?

㉮ 흑연   ㉯ 활석   ㉰ 운모   ㉱ 그리스

68. 그리스 윤활의 일반적인 특징이 아닌 것은?

㉮ 점도 변화가 크다.
㉯ 저속 베어링용이다.

㉰ 액체 급유가 곤란할 때 사용한다.
㉱ 주유를 자주 해야 한다.

69. 윤활유의 성질에서 요구되는 사항이 될 수 없는 것은?

㉮ 비중이 적당할 것
㉯ 인화점과 발화점이 낮을 것
㉰ 점성과 온도 관계가 민감하지 않을 것
㉱ 카본의 생성이 적고 유막형성이 좋을 것

[해설] 윤활유의 구비 조건은 ㉮, ㉰, ㉱ 외에 열이나 산에 강하며 부식성이 적고 열전도가 좋을 것, 내하중성이 클 것 등이 있다.

70. 윤활유의 성질 중 가장 중요한 것은?

㉮ 온도   ㉯ 습도   ㉰ 점도   ㉱ 열효율

71. 오일이 금속의 마찰면에 윤활 피막을 이루는 성질은?

㉮ 점성   ㉯ 유성   ㉰ 방기성   ㉱ 유동성

72. 윤활유의 점도에 대한 설명이다. 틀린 것은?

㉮ 윤활유의 점도가 높을수록 유막은 강하다.
㉯ 여름철에는 윤활유 점도가 높은 것을 쓴다.
㉰ 겨울철에는 점도가 높은 것을 쓰면 응고하기 쉽다.
㉱ 윤활유의 점도 지수가 클수록 온도의 변화에 대하여 점도 변화가 적다.

[해설] 윤활유 점도와 유막과는 관계가 없으나 유성과 유막과는 직접적인 관계로서 유성이 크면 유막 형성이 크다.

73. 윤활유의 첨가제로서 부적당한 것은?

㉮ 부식 방지제   ㉯ 산화 촉진제
㉰ 유성 향상제   ㉱ 유동점 강하제

[해설] 윤활유 첨가제에는 ㉮, ㉰, ㉱와 산화 방지제, 점도 지수 향상제, 청정제, 소포제 등이 있다.

74. 윤활제에 사용하는 극압 첨가물은?

㉮ P와 S   ㉯ Cu와 S
㉰ Fe와 P   ㉱ Cu와 Sb

75. 내한, 내열에 적합한 윤활유는?

㉮ 극압 윤활유   ㉯ 부동성 기계유
㉰ 방청유   ㉱ 실리콘유

정답 61. ㉯   62. ㉰   63. ㉯   64. ㉯   65. ㉱   66. ㉯   67. ㉱   68. ㉱   69. ㉯   70. ㉰   71. ㉯   72. ㉮
73. ㉯   74. ㉮   75. ㉱

76. 부동성 기계유의 응고점은 얼마 정도인가?

㉮ -10~20℃   ㉯ -20~-35℃
㉰ -35~-50℃   ㉱ -50~-75℃

77. 완전 윤활과 불완전 윤활의 한계점을 무엇이라고 하는가?

㉮ 윤활점   ㉯ 임계점
㉰ 경계점   ㉱ 유성점

78. 극압 첨가제의 종류가 아닌 것은?

㉮ 유화물   ㉯ 흑연   ㉰ 아연분   ㉱ 석유

[해설] 극압 첨가제란 고압 및 고온 상태의 마찰일 때 첨가하는 것으로 유화물, 흑연, 아연분, 인산염, 규산염 등을 첨가한다.

79. 윤활제의 사용 목적이 아닌 것은?

㉮ 세정 방지   ㉯ 소착(burn) 방지
㉰ 냉각 작용   ㉱ 마찰 및 마모 방지

[해설] 불순물을 씻어내는 작용(세정 작용)도 한다.

80. 다음 중 저속 중절삭할 때 가장 적합한 절삭제는 어느 것인가?

㉮ 유동성이 큰 것   ㉯ 마찰성이 큰 것
㉰ 점성이 큰 것   ㉱ 냉각성이 큰 것

81. 다음 중 윤활유의 사용 목적이 아닌 것은?

㉮ 감마 효과   ㉯ 충격 방지 효과
㉰ 기밀 효과   ㉱ 방진 효과

[해설] 윤활유의 사용 효과
① 감마 효과 : 마찰 저항을 작게 하여 기계의 운동을 가볍게 한다.
② 냉각 효과 : 마찰열에 의한 늘어 붙음을 방지한다.
③ 기밀 효과 : 실린더와 피스톤 등의 가스 누설을 방지한다.
④ 응력의 분산 효과 : 기계적 압력의 크기나 방향을 변화시켜 응력을 분산하여 재료의 피로 파손을 방지한다.
⑤ 방청 효과 : 마찰면이 녹슬지 않게 한다.
⑥ 방진 효과 : 운전 중에 생성되어 혼입하는 고형물을 부착시키지 않는다.

82. 점성이 낮고 윤활작용이 좋아 주로 경절삭에 쓰이며, 경유 스핀들유 머신유 등이 그 종류인 불수용성 절삭유는?

㉮ 광물성유   ㉯ 동·식물성유
㉰ 혼합유   ㉱ 극압유

83. 그리스에 대한 설명 중 틀리는 것은?

㉮ 그리스는 반고체 상태의 윤활유이다.
㉯ 그리스는 절삭유로 사용하여도 괜찮다.
㉰ 보통 일반 윤활유보다 점도가 높다.
㉱ 저속 중하중에 많이 사용된다.

84. 고속 회전에 알맞은 윤활유의 성질은?

㉮ 고 점도의 윤활유   ㉯ 고 온도의 윤활유
㉰ 저 점도의 윤활유   ㉱ 저 비중의 윤활유

85. 윤활유 첨가제 중 유동점 강하제는?

㉮ 유황 화합물   ㉯ 파라핀 화합물
㉰ 고분자 화합물   ㉱ 규소유

[해설] ㉮ 산화방지제 ㉯ 유성 향상제 ㉱ 소포제

86. 윤활의 종류가 아닌 것은?

㉮ 기체 윤활   ㉯ 경계 윤활
㉰ 완전 윤활   ㉱ 고체 윤활

87. 다음 윤활유 중에서 겨울철에 적당한 것은?

㉮ 10W   ㉯ 30W
㉰ 40W   ㉱ 50W

[해설] 겨울철에는 5~20W, 여름철에는 점도가 큰 20~50W의 것이 쓰인다. 여기서 숫자는 점도 지수이며, 겨울에 점도 지수가 큰 것을 사용하면 쉽게 응고되므로 기계에 무리한 부하가 걸린다.

88. 다음 중 맞는 것은?

㉮ 그리스의 양을 가득 채우면 발열이 없다.
㉯ 윤활유의 점도가 크면 유막을 유지하기 힘들다.
㉰ 그리스는 절삭제 역할을 한다.
㉱ 압력이 큰 마찰면에는 점도가 높은 윤활유가 적당하다.

89. 고속 내연 기관의 급유법으로 널리 사용되는 것은 다음 중 어느 것인가?

㉮ 튀김 급유법   ㉯ 원심 급유법
㉰ 펌프 급유법   ㉱ 중력 급유법

90. 경·중하중에 사용되며 원주 속도 6~7m/s까지에 사용되는 급유법은 다음 중 어느 것인가?

㉮ 적하 급유법   ㉯ 손 급유법

정답 76. ㉰ 77. ㉯ 78. ㉱ 79. ㉮ 80. ㉰ 81. ㉯ 82. ㉮ 83. ㉯ 84. ㉰ 85. ㉰ 86. ㉮ 87. ㉮
88. ㉱ 89. ㉰ 90. ㉱

㉡ 중력 급유법　　㉣ 링 급유법

91. 강제 급유는 주속도를 얼마까지 할 수 있는가?
㉮ 40m/s　　㉯ 50m/s
㉡ 66m/s　　㉣ 70m/s

92. 선반 주축대(기어식)의 급유법은?
㉮ 손 급유법　　㉯ 튀김 급유법
㉡ 적하 급유법　　㉣ 중력 급유법
[해설] 기어 박스 내의 기어가 회전함에 따라 기어 박스에 있는 기름을 튀겨 급유한다.

93. 간단한 급유법으로 오일 컵, 기름 구멍, 기름 받개, 나사 구멍 등에 급유하는 윤활법은?
㉮ 핸드 오일링법　　㉯ 적하 급유법
㉡ 오일링 급유법　　㉣ 배스 오일링법

94. 선반의 급유 시 잘못된 것은?
㉮ 주유는 주유구로 약간 넘칠 정도로 충분히 한다.
㉯ 주유구 또는 기름 탱크 뚜껑을 잘 닫는다.
㉡ 지정된 기름을 사용한다.
㉣ 회전 부분, 활동 부분의 주유를 정기적으로 한다.

95. 최근 공작 기계에서 많이 사용하는 것으로 대형 자동 급유에 사용되는 급유법은?
㉮ 강제 급유법　　㉯ 분무 급유법
㉡ 적하 급유법　　㉣ 오일링 급유법

96. 공작 기계에서 할 수 없는 작업은 다음 중 어느 것인가?
㉮ 선삭　　㉯ 연삭
㉡ 전조　　㉣ 보링

97. 다음 중 절삭 작업에서 공구가 이송하지 않는 작업은?
㉮ 선삭　　㉯ 연삭
㉡ 밀링　　㉣ 보링

98. 다음 절삭 공구가 직선 왕복 운동을 하면서 절삭하는 것은?
㉮ 연삭　　㉯ 선삭
㉡ 보링　　㉣ 브로칭

99. 절삭 공구와 일감이 서로 회전을 하면서 절삭하는 것은 다음 중 어느 것인가?
㉮ 평면 깎기　　㉯ 태핑
㉡ 밀링 깎기　　㉣ 연삭 가공

100. 압력과 양을 조절하여 펌프의 힘으로 급유하는 방법은?
㉮ 강제 급유식　　㉯ 튀김 급유식
㉡ 적하 급유식　　㉣ 패드 급유식

101. 절삭공구 재료 중 고온에서 가장 높은 경도를 유지하며 고속 절삭을 할 수 있는 공구 재료는?
㉮ 초경합금　　㉯ 저탄소강
㉡ 고탄소강　　㉣ 합금 공구강

102. 공작 기계의 구비 조건으로 적당하지 않은 것은?
㉮ 동력 손실이 적을 것
㉯ 조작이 용이하고 안정성이 높을 것
㉡ 기계의 강성을 적게 할 것
㉣ 절삭 가공 능력이 좋을 것
[해설] 기계의 강성이란 굽힘 강도, 비틀림 강도, 외력에 대한 강도를 말하며 강성은 높아야 좋다.

103. 다음 중 공작 기계의 3대 운동이 아닌 것은?
㉮ 절삭 운동　　㉯ 이송 운동
㉡ 전단 운동　　㉣ 위치 결정 운동
[해설] 공작 기계의 기본 운동에는 ㉮, ㉯, ㉣가 있으며, ㉣는 조정 운동이라고도 한다. ㉡는 판을 자르는 운동으로 전단기의 운동이다.

104. 다음 중에서 공작 기계의 기본 절삭 운동이 아닌 것은?
㉮ 공구는 고정, 가공물은 운동시키는 절삭 운동
㉯ 가공물은 고정, 공구는 운동시키는 절삭 운동
㉡ 가공물과 공구를 고정시키고 기계를 운동시키는 절삭 운동
㉣ 공구와 가공물을 동시에 운동시키는 절삭 운동

105. 다음 중 절삭 공구로 일감을 깎는 운동을 무엇이라 하는가?
㉮ 이송 운동　　㉯ 절삭 운동
㉡ 위치 결정 운동　　㉣ 조정 운동
[해설] 절삭 운동과 함께 절삭 위치를 바꾸는 운동이며

정답　91. ㉯　92. ㉯　93. ㉮　94. ㉮　95. ㉮　96. ㉡　97. ㉡　98. ㉣　99. ㉣　100. ㉮　101. ㉮　102. ㉡
103. ㉡　104. ㉡　105. ㉯

이송 속도는 절삭 운동 1회전 또는 1왕복당 이송량으로 표시한다.

106. 일감을 깎기 위해 공구의 고정, 일감의 설치, 제거 등의 운동이 필요하다. 이것을 무엇이라 하는가?

㉮ 조정 운동
㉯ 절삭 운동
㉰ 이송 운동
㉱ 귀환 운동

107. 공작 기계의 종류 중에서 전용 공작 기계에 속하지 않는 것은?

㉮ 모방 선반
㉯ 수평 밀링
㉰ 생산형 밀링
㉱ 자동 선반

108. 절삭 저항을 측정하는 방법이 아닌 것은?

㉮ 브레이크법
㉯ 압전기법
㉰ 타성 변압법
㉱ 열전쌍법

[해설] 절삭저항을 측정하는 방법은 ㉮, ㉯, ㉰항 이외에 액압법이 있다.

109. 다음 중 절삭 가공 시 회전수를 구하는 공식으로 알맞은 것은?

㉮ $N = 1000V$
㉯ $N = 1000\pi d$
㉰ $N = \dfrac{1000V}{\pi d}$
㉱ $N = \dfrac{\pi d}{1000V}$

[해설] 절삭 속도 : 회전수를 구하는 공식은 선반과 밀링에 있어 선반에서는 N : 공작물 회전수, d : 공작물 지름, 밀링에서는 N : 공구 회전수, d : 공구 지름을 나타낸다.

110. 다음 중 절삭 가공용 공구로 사용하지 않는 것은 어느 것인가?

㉮ 연삭 숫돌
㉯ 연삭 입자
㉰ 바이트
㉱ 펀치

111. 공작 기계의 절삭 속도와 공구의 수명 관계로 맞는 것은?

㉮ $VT^{\frac{1}{n}} = C$
㉯ $Vn^{\frac{1}{n}} = C^t$
㉰ $VN^{\frac{1}{T}} = C$
㉱ $V = T^{\frac{1}{n}}C$

112. 다음 중 공구의 수명을 연장하는 방법이 아닌 것은?

㉮ 온도 상승을 작게 한다.
㉯ 과대 속도를 내지 않는다.
㉰ 재질에 맞는 공구를 사용한다.
㉱ 이송과 절삭 깊이를 크게 한다.

113. 공작물은 회전시키고 절삭 공구는 전후 좌우 이송하는 공작 기계는?

㉮ 밀링 머신
㉯ 드릴링 머신
㉰ 선반
㉱ 연삭기

114. 다음 중에서 절삭 깊이×이송이 일정할 때 절삭 속도가 크면 절삭량은?

㉮ 증가한다.
㉯ 저하한다.
㉰ 일정하다.
㉱ 알 수 없다.

[해설] 절삭 속도가 크면 절삭량은 증가한다. 그리고 절삭 깊이와 절삭 속도는 반비례한다.

115. 절삭 속도 $V = \dfrac{\pi d n}{1000}$ 에서 d를 사용하는 기계에 따라 표시한 것 중 잘못된 것은?

㉮ 드릴—공작물 지름
㉯ 선반—공작물 지름
㉰ 밀링—커터의 지름
㉱ 리밍—리머 지름

116. 면을 매끈하게 하기 위한 절삭 조건이다. 적합하지 않은 것은?

㉮ 이송 속도를 느리게 한다.
㉯ 절삭 속도를 빠르게 한다.
㉰ 절삭 깊이를 크게 한다.
㉱ 절삭 방향의 이송량을 적게 한다.

117. 일감이 1회전하는 사이에 측면으로 바이트가 이동하는 거리를 무엇이라 하는가?

㉮ 절삭량
㉯ 이송량
㉰ 회전량
㉱ 회전 속도

118. 절삭 속도를 나타내는 단위는?

㉮ m/min
㉯ ft/cm²
㉰ cm²/h
㉱ in²/s

119. 절삭 공구 수명의 설명 중 틀린 것은?

㉮ 절삭 속도가 느리면 길어진다.
㉯ 이송이 느리면 길어진다.
㉰ 공구 경도가 높으면 짧아진다.
㉱ 공구 수명의 판정은 날끝의 마멸 정도로 정한다.

[해설] 절삭 속도와 공구 수명은 서로 반비례한다. 즉,

<정답> **106.** ㉮ **107.** ㉯ **108.** ㉱ **109.** ㉰ **110.** ㉱ **111.** ㉮ **112.** ㉱ **113.** ㉰ **114.** ㉮ **115.** ㉮ **116.** ㉰
117. ㉯ **118.** ㉮ **119.** ㉰

$TV^{\frac{1}{n}} = C$ 이다.

120. 공구 수명의 판정 방법이 아닌 것은?
㉮ 절삭 가공 직후 가공 표면에 광택이 생길 때
㉯ 공구 날의 마모가 일정량에 달했을 때
㉰ 가공물의 온도가 일정량에 달했을 때
㉱ 완성 가공된 치수의 변화가 일정량에 달했을 때

121. 절삭 공구 재료의 구비 조건으로 틀린 것은?
㉮ 피절삭제보다 연하고 인성이 있을 것
㉯ 절삭 가공 중에 온도 상승에 따른 경도 저하가 적을 것
㉰ 내마멸성이 높을 것
㉱ 쉽게 바라는 모양으로 만들 수 있을 것
[해설] 공구는 깎으려는 재질보다 강한 것이어야 한다.

122. 절삭 가공을 할 경우 아무런 영향을 미치지 않는 것은?
㉮ 절삭 속도　　　㉯ 절삭 시간
㉰ 공구의 날끝 강도　㉱ 가공물의 재질

123. 초경합금의 점결제로 적당한 것은?
㉮ Co　　　　　㉯ Mg
㉰ Si　　　　　㉱ Mn
[해설] Si와 Mg은 세라믹 공구의 점결제이다.

124. 표준 고속도강의 성분은?
㉮ W : 18%, Cr : 4%, V : 1%
㉯ W : 25%, Cr : 8%, V : 1%
㉰ W : 18%, Cr : 5%, V : 2%
㉱ W : 16%, Cr : 4%, V : 1%

125. 고속도강의 담금질 온도는?
㉮ 1000~1200℃　㉯ 1250~1300℃
㉰ 1350~1400℃　㉱ 1450~1500℃

126. 다음 중 초경합금을 소결 성형하고자 한다. 적당한 온도는?
㉮ 800~900℃　　㉯ 1000~1100℃
㉰ 1400~1500℃　㉱ 1600~1700℃

127. 다음 중 소결합금으로 된 바이트의 재료는?
㉮ 탄소강　　　　㉯ 고속도강
㉰ 공구강　　　　㉱ 초경합금

128. 다음 중 초경합금 바이트의 주성분은?
㉮ WC, Co　　　㉯ WC, Cr
㉰ Co, V　　　　㉱ Co, W, Cr

129. 다음 중 초경합금의 상품명이 아닌 것은?
㉮ 텅갈로이　　　㉯ 스텔라이트
㉰ 비디아　　　　㉱ 카볼로이

130. 다음 절삭 저항 중 가장 큰 분력은?
㉮ 주분력　　　　㉯ 횡분력
㉰ 이송 분력　　　㉱ 배분력

131. 다음 중 세라믹 바이트의 주성분은?
㉮ 텅스텐　　　　㉯ 니켈
㉰ 산화알루미늄　㉱ 구리

132. 다음 절삭 중 고온에서 경도가 제일 큰 것은?
㉮ 탄소 공구강　　㉯ 고속도강
㉰ 초경질 합금　　㉱ 세라믹

133. 세라믹에 대한 설명 중 잘못된 것은?
㉮ 고온 경도는 1200℃까지 거의 변화가 없다.
㉯ 금속 가공 시 구성 인선이 생기지 않는다.
㉰ 보통강의 절삭 속도는 300m/min 정도이다.
㉱ 주성분은 Cr_2O_3이다.
[해설] 세라믹의 주성분은 Al_2O_3로서 알루미나 공구라고도 한다.

134. 다음 절삭 공구 중 주조 합금인 것은?
㉮ 초경합금　　　㉯ 세라믹
㉰ 텅갈로이　　　㉱ 스텔라이트
[해설] 스텔라이트의 주성분은 C 2~3%, Co 40~50%, Cr 25~30%, W 12~20%, Fe<6%로서 고속도강보다 20~30%로 고속 절삭할 수 있다.

135. 스텔라이트에 대한 설명 중 잘못된 것은?
㉮ 주조 합금이다.
㉯ 알루미늄 합금, 청동의 절삭에 좋다.
㉰ 비자성체이다.
㉱ 담금질한 후 뜨임한다.

136. 절삭 면적은?

㉮ 절삭 속도×이송　㉯ 절삭폭×이송
㉰ 절삭 깊이×이송　㉱ 절삭 저항×이송

137. 초경합금(절삭 공구용)을 I.S.O에서는 몇 가지로 분류하고 있는가?

㉮ 3가지(S.G.D)　㉯ 3가지(P.M.K)
㉰ 2가지(G.D)　㉱ 2가지(P.M)

138. 초경합금과 같은 공구의 사용으로 절삭 시 갖추어야 할 조건 중 잘못된 것은?

㉮ 기계의 진동이 적어야 한다.
㉯ 절삭 속도가 커야 한다.
㉰ 충격적인 힘이 작용하지 않아야 한다.
㉱ 바이트와 일감이 끼워진 상태에서 기계를 정지시켜야 한다.

139. 세라믹 바이트의 장점이 아닌 것은?

㉮ 절삭면이 매끈하지 않다.
㉯ 금속과의 친화력이 적어 구성 날끝이 잘 생기지 않는다.
㉰ 경도가 높고 마모가 적다.
㉱ 초경합금보다 2~3배 고속 절삭이 가능하다.

140. 다음의 칩 모양은 어느 형태의 칩인가?

㉮ 유동형 칩　㉯ 전단형 칩
㉰ 열단형 칩　㉱ 균열형 칩

[해설] 메진 재료(취성 재료)에 절삭각이 작은 공구로 저속 절삭 시 생긴다.

141. 다음 중 절삭 가공 시 칩의 형태에 영향을 주지 않는 것은?

㉮ 공구의 모양　㉯ 일감의 재질
㉰ 절삭 속도　㉱ 절삭 온도

142. 연한 재질의 일감을 고속 절삭할 때 생기는 칩의 형태는?

㉮ 유동형　㉯ 균열형
㉰ 열단형　㉱ 전단형

143. 다음 중 연속형 칩은?

㉮ 유동형　㉯ 열단형
㉰ 균열형　㉱ 전단형

144. 취성이 있는 재료를 큰 경사각의 바이트로 저속 절삭할 때 칩의 형태는?

㉮ 유동형　㉯ 전단형
㉰ 열단형　㉱ 균열형

145. 유동형 칩의 발생 원인이다. 관계없는 것은?

㉮ 경한 재료를 절삭할 때
㉯ 경사각이 클 때
㉰ 절삭 깊이가 낮을 때
㉱ 전연성이 클 때

[정답] 136. ㉰ 137. ㉯ 138. ㉱ 139. ㉮ 140. ㉱ 141. ㉱ 142. ㉮ 143. ㉮ 144. ㉱ 145. ㉮

02 선반 가공법

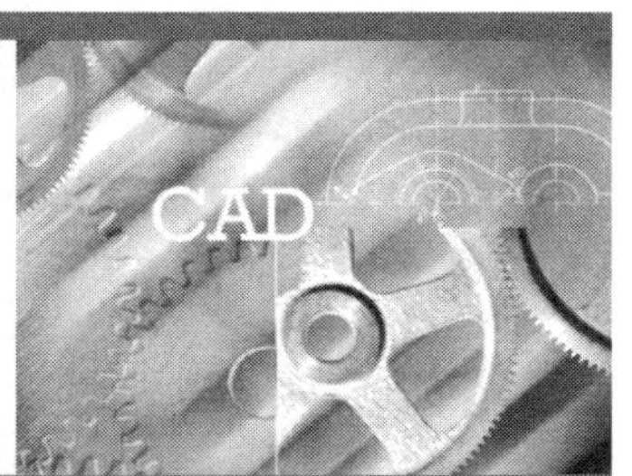

▶ 1. 선반의 종류와 구조

1-1 선반의 종류와 특징 및 용도

선반이란, 공작물을 주축에 고정하여 회전하고 있는 동안 바이트에 이송을 주어 외경 절삭, 보링, 절단, 단면 절삭, 나사 절삭 등의 가공을 하는 공작 기계이다.

선반의 종류와 특징

선반의 종류	특 징
보통 선반 (engine lathe)	가장 일반적으로 베드, 주축대, 왕복대, 심압대, 이송 기구 등으로 구성되며, 주축의 스윙을 크게 하기 위하여 주축 밑부분의 베드를 잘라낸 절락(切落) 선반도 있다.
탁상 선반 (bench lathe)	탁상 위에 설치하여 사용하도록 되어 있는 소형의 보통 선반. 구조가 간단하고 이용 범위가 넓으며, 시계·계기류 등의 소형물에 쓰인다.
모방 선반 (copying lathe)	제품과 동일한 모양의 형판에 의해 공구대가 자동으로 이동하며, 형판과 같은 윤곽으로 절삭하는 선반으로 형판 대신 모형이나 실물을 이용할 때도 있다.
터릿 선반 (turret lathe)	보통 선반의 심압대 대신 여러 개의 공구를 방사상으로 설치하여 공정 순서대로 공구를 차례대로 사용할 수 있도록 되어 있는 선반. 터릿은 모양에 따라 6각형과 드럼형이 있으나 6각형이 주로 쓰이며, 형식에 따라 램형(소형 가공)과 새들형(대형 가공)이 있다. 사용되는 척은 콜릿 척이다.
공구 선반 (tool room lathe)	주로 절삭 공구 또는 공구의 가공에 사용되는 정밀도가 높은 선반. 테이퍼 깎기 장치, 릴리빙 장치가 부속되어 있으며, 주로 저속 절삭 작업을 한다.
차륜 선반 (wheel lathe)	철도 차량 차륜의 바깥 둘레를 절삭하는 선반
차축 선반 (axle lathe)	철도 차량의 차축을 절삭하는 선반
나사 절삭 선반 (thread cutting lathe)	나사를 깎는 데 전문적으로 사용되는 선반
리드 스크루 선반 (lead screw cutting lathe)	주로 공작 기계의 리드 스크루를 깎는 선반으로 피치 보정 기구가 장치되어 있다.
자동 선반 (automatic lathe)	공작물의 고정과 제거까지 자동으로 하며, 터릿 선반을 개량한 것으로 대량 생산에 적합하다.
다인 선반 (multi cut lathe)	공구대에 여러 개의 바이트가 부착되어 이 바이트의 전부 또는 일부가 동시에 절삭 가공을 한다.

NC 선반 (munerical control lathe)	정보의 명령에 따라 절삭 공구와 새들의 운동을 제어하도록 만든 선반으로 자기 테이프, 수치적인 부호의 모양으로 되어 있는 선반
정면 선반 (face lathe)	외경은 크고 길이가 짧은 가공물의 정면을 깎는다. 면판이 크며, 공구대가 주축에 직각으로 광범위하게 움직이는 선반이다. 보통 공구대가 2개이고 리드 스크루가 없다.
수직 선반 (vertical lathe)	주축이 수직으로 되어 있으며, 대형이나 중량물에 사용된다. 공작물은 수평면에서 회전하는 테이블 위에 장치하고, 공구대는 크로스 레일(cross rail) 또는 칼럼상을 이송 운동한다. 보링 가공이 가능하여 수직 보링 머신이라고도 한다.
롤 선반 (roll turning lathe)	압연용 롤러를 가공한다.

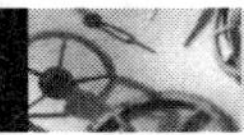

1-2 선반의 각부 명칭 및 구조

1 선반의 구조와 기능

선반은 주축대, 심압대, 왕복대, 베드의 4개 주요부와 그밖의 부분으로 구성되어 있다.

① **주축대(head stock)** : 선반의 가장 중요한 부분으로서 공작물을 지지, 회전 및 변경을 하거나 또는 동력 전달을 하는 일련의 기어 기구로 구성되어 있다.

② **왕복대 (carriage)** : 왕복대는 베드 위에 있으며, 바이트 및 각종 공구를 설치한 공구대를 평행하게 전후, 좌우로 이송시키며, 새들과 에이프런으로 구성되어 있다.

㈎ 새들(saddle) : H자로 되어 있으며, 베드면과 미끄럼 접촉을 한다.

㈏ 에이프런(apron) : 자동장치, 나사 절삭 장치 등이 내장되어 있으며, 왕복대의 전면, 즉 새들 앞쪽에 있다.

㈐ 하프 너트(half nut) : 나사 절삭 시 리드 스크루와 맞물리는 분할된 너트(스플리트 너트)이다.

㈑ 복식 공구대 : 임의의 각도로 회전시키면 테이퍼 절삭을 할 수 있다.

③ **심압대(tail stock)** : 심압대는 오른쪽 베드 위에 있으며, 작업 내용에 따라서 좌우로 움직이도록 되어 있다.

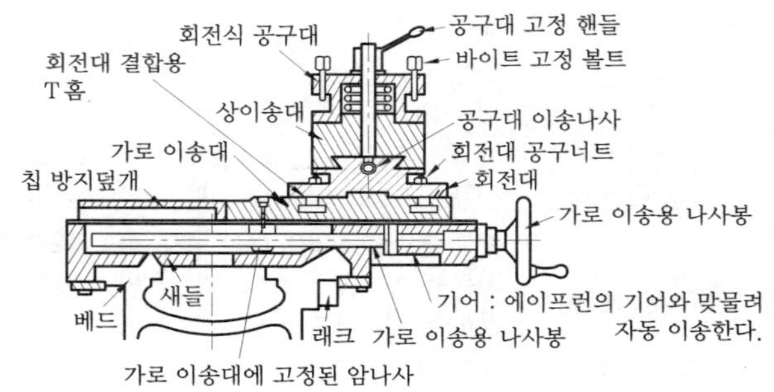

공구대의 단면도

④ **베드(bed)** : 베드는 주축대, 왕복대, 심압대 등 주요한 부분을 지지하고 있는 곳으로 절삭력 및 중량을 충분히 견딜 수 있도록 강성 정밀도가 요구된다. 베드의 재질은 고급주철, 칠드주철 또는 미하나이트 주철, 구상 흑연 주철을 많이 사용하고 있다.

선반 베드의 종류

구 분	수압 면적	단면 모양	용 도	사용 범위
영식	크다	평면	강력 절삭용	대형 선반
미식	작다	산형	정밀 절삭용	중 · 소형 선반

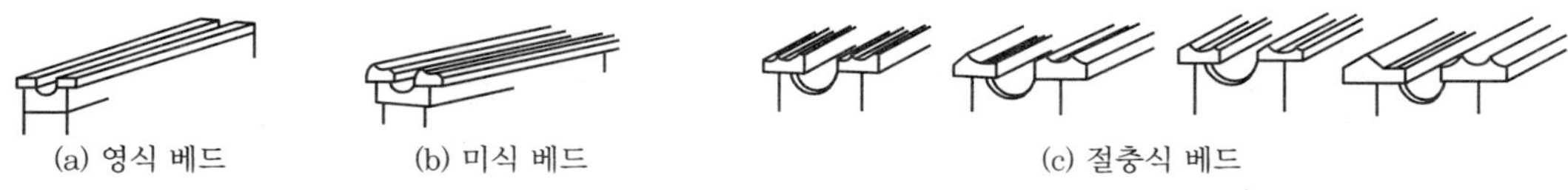

베드의 종류

⑤ **이송 장치** : 왕복대의 자동 이송이나 나사 절삭 시 적당한 회전수를 얻기 위해 주축에서 운동을 전달
받아 이송축 또는 리드 스크루까지 전달하는 장치를 말한다.

❷ 선반의 각부 명칭
선반의 각부 명칭은 다음 [그림]과 같다.

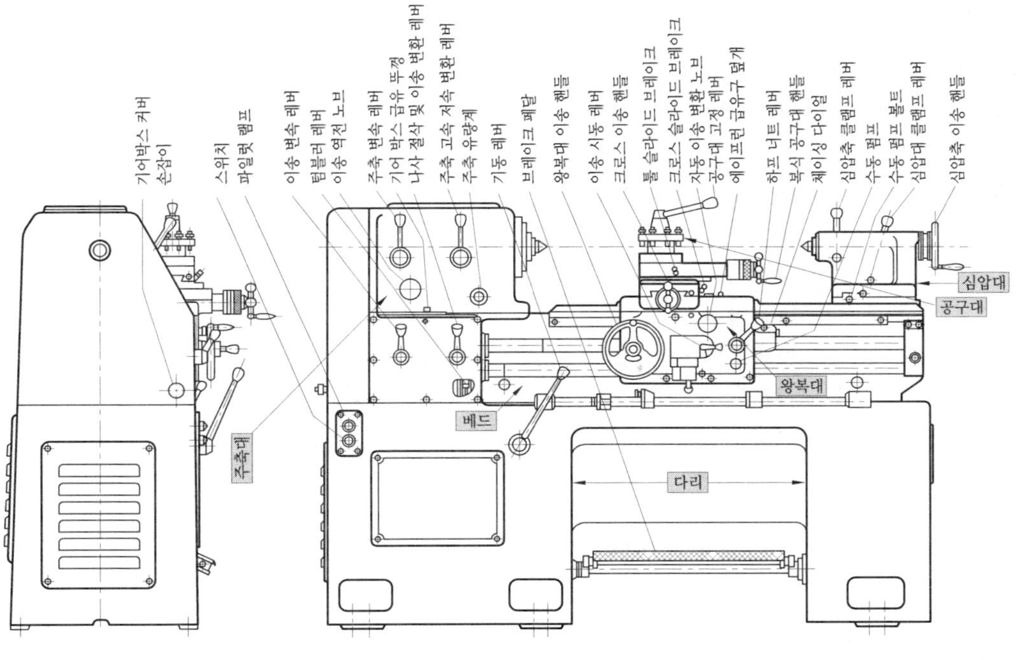

고속 정밀 선반

❸ 선반의 크기 표시
선반은 다음과 같은 크기로 그 규격을 정하고 있다.

① **스윙(swing)** : 베드상의 스윙 및 왕복대상의 스윙을 말한다. 즉, 물릴 수 있는 공작물의 최대 지름을
말한다. 스윙은 센터와 베드면과의 거리의 2배이다.

② **양 센터간의 최대 거리** : 라이브 센터(live center)와 데드 센터(dead center)간의 거리로서 공작물
의 길이를 말한다.

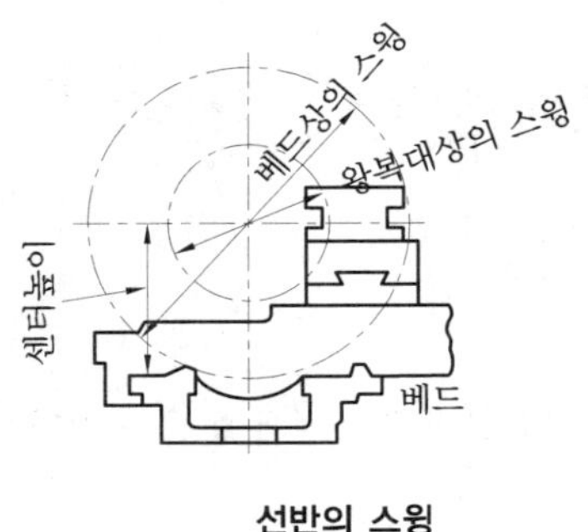

선반의 스윙

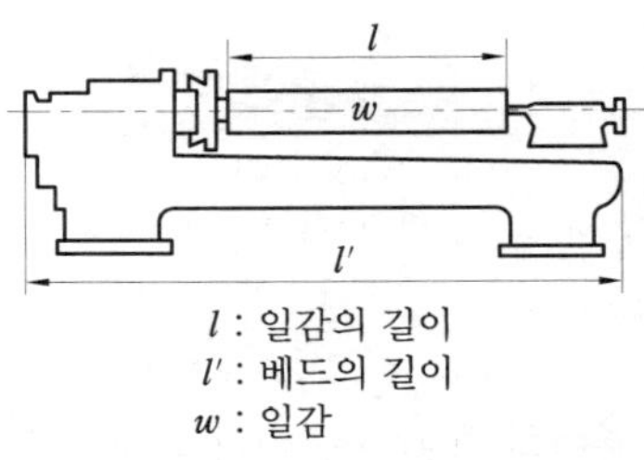

l : 일감의 길이
l' : 베드의 길이
w : 일감

선반의 크기

1-3 선반의 부속 장치

1 면판(face plate)

면판은 척을 떼어내고 부착하는 것으로 공작물의 모양이 불규칙하거나 척에 물릴 수 없을 때 사용한다. 특히 엘보 가공 시 많이 사용한다. 이 때는 반드시 밸런스를 맞추는 다른 공작물을 설치하여야 한다. 공작물 고정 시 앵글 플레이트와 볼트를 이용한다.

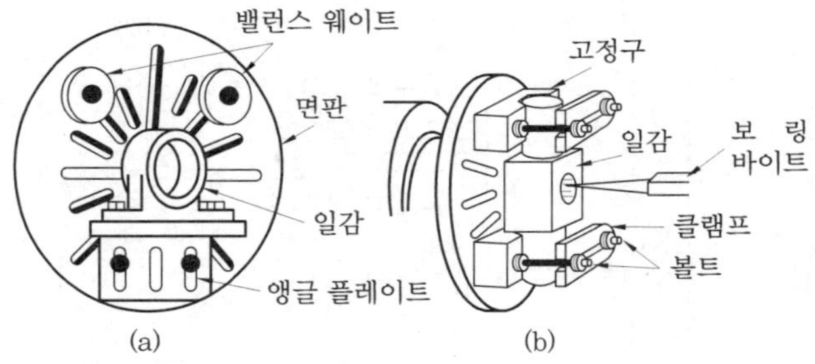

면판과 고정구에 의한 일감 고정

2 회전판(driving plate)

양 센터 작업 시 사용하는 것으로 일감을 돌리개에 고정하고 회전판에 끼워 작업한다.

3 돌리개(dog)

양 센터 작업 시 사용하는 것으로 각종 형태는 [그림]과 같으며, 굽힌 돌리개를 가장 많이 사용한다.

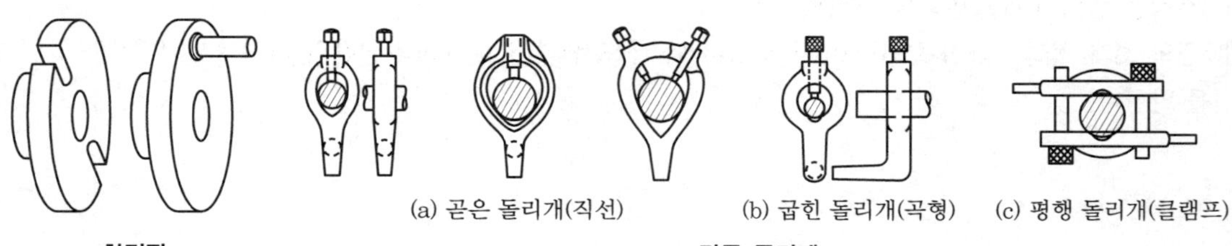

④ 센터(center)

양 센터 작업 시 또는 주축쪽은 척으로 고정하고, 심압대 쪽은 센터로 지지할 경우 사용한다. 센터는 양질의 탄소공구강 또는 특수공구강으로 만들며, 보통 $60°$ 의 각도가 쓰이나 중량물 지지에는 $75°$, $90°$ 가 쓰이기도 한다. 센터는 자루부분이 모스 테이퍼로 되어 있으며, 모스 테이퍼는 0~7번까지 있다.

- 종류 ┌ 회전 센터(live center) : 주축 쪽의 센터
       └ 정지 센터(dead center) : 심압대 쪽의 센터
- 각도 ┌ 미식 : $60°$ … 소형, 정밀 가공(보통)
       └ 영식 : $75°$, $90°$ … 대형, 중량물 가공

① 중심 구하기

(개) 사이드 퍼스에 의한 방법

(내) 콤비네이션 세트에 의한 방법

(대) 서피스 게이지에 의한 방법

② 센터 구멍 :
센터 구멍은 일감의 중심과 센터 구멍의 중심이 일치하여야 한다. 중심을 구한 후 센터 드릴에 의해 구멍을 뚫거나 기타 방법에 의한다.

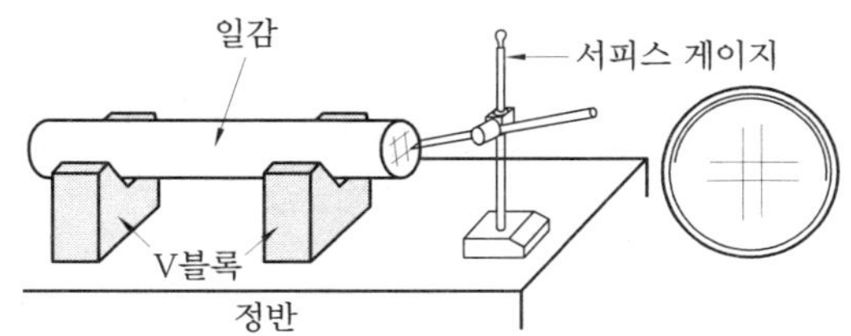

서피스 게이지에 의한 중심내기

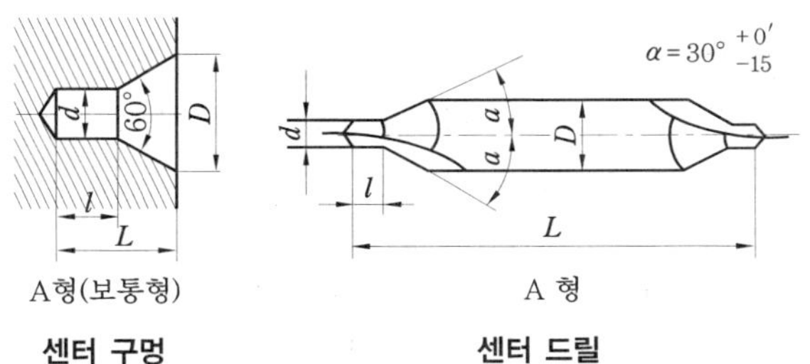

A형(보통형)

센터 구멍

A 형

센터 드릴

각종 센터

주축측 회전 센터			심압대측 고정 센터		
보 통 센 터	보통 센터	가장 일반적인 것 회전 센터, 고정 센터 공용	보 통 센 터	보통 센터	가장 일반적인 것 회전 센터, 고정 센터 공용
	보통 센터 (머리에 나사 달린 센터)	너트를 사용하여 풀게 되어 있다.		초경 센터	고속 회전에 사용
	보통 센터 (각으로 된 센터)	머리의 각 부분에 스패너를 사용하여 푼다.	단 이 있 는 센 터	하프 센터	단면과 끝면 다듬질에 사용
	접시머리 센터 (네거티브 센터)	접시형으로 된 끝이 작은 것을 절삭할 때 사용		소경(小徑) 센터	지름이 작은 공작물에 사용
스 프 링 식 센 터	조붙이 센터	주물 가공에 적당	회 전 식 센 터	베어링 센터	볼 베어링에 의해 센터의 끝이 회전된다. 고속 절삭용
	라이브 센터	위치를 정할 때 사용		파이프 센터	파이프와 같이 구멍이 큰 공작물에 사용. 스러스트 베어링을 이용

⑤ 심봉(mandrel)

정밀한 구멍과 직각 단면을 깎을 때 또는 외경과 구멍이 동심원이 필요할 때 사용하는 것이다. 심봉의 종류는 단체 심봉, 팽창 심봉, 나사 심봉, 원추 심봉 등이 있다.

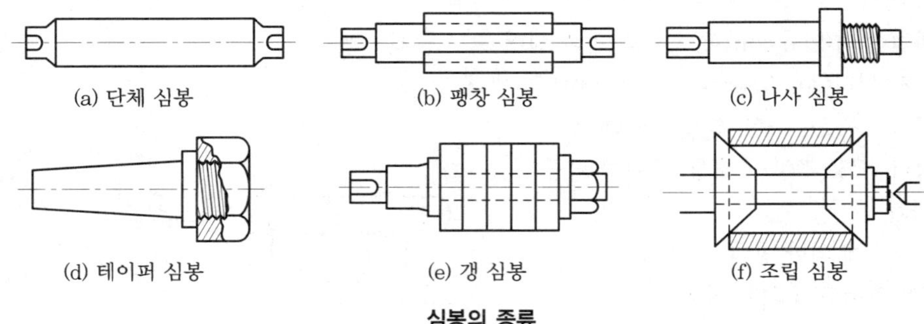

심봉의 종류

🟦 • 표준 심봉의 테이퍼 : 1/100, 1/1000   • 심봉의 호칭경 : 작은 쪽의 지름

⑥ 척(chuck)의 종류와 특징

일감을 고정할 때 사용하며, 고정 방법에는 조(jaw)에 의한 기계적인 방법과 전기적인 방법이 있다.

① 단동식 척(independent chuck)

(가) 강력 조임에 사용하며, 조가 4개 있어 4번 척이라고도 한다.

(나) 원, 사각, 팔각 조임 시에 용이하다.

(다) 조가 각자 움직이며, 중심 잡는데 시간이 걸린다.

(라) 편심 가공 시 편리하다.

(마) 가장 많이 사용한다.

단동 척

② 연동 척(universal chuck ; 만능 척)

(가) 조가 3개이며, 3번척, 스크롤 척이라 한다.

(나) 조 3개가 동시에 움직인다.

(다) 조임이 약하다.

(라) 원, 3각, 6각봉 가공에 사용한다.

(마) 중심을 잡기 편리하다.

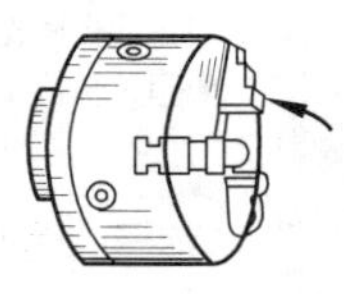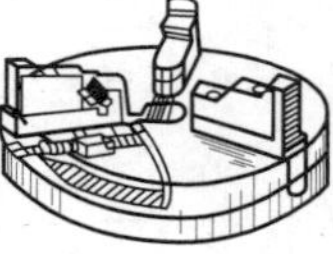

연동 척

③ 마그네틱 척(magnetic chuck ; 전자 척, 자기 척)

(가) 직류 전기를 이용한 자화면이다.

(나) 필수 부속장치 : 탈 자기장치

(다) 강력 절삭이 곤란하다.

(라) 사용 전력은 200~400W이다.

④ 공기 척(air chuck)

(가) 공기 압력을 이용하여 일감을 고정한다.

(나) 균일한 힘으로 일감을 고정한다.

(다) 운전 중에도 작업이 가능하다.

(라) 조의 개폐 신속

⑤ 콜릿 척(collet chuck)

(개) 터릿 선반이나 자동 선반에 사용된다.

(내) 직경이 적은 일감에 사용한다.

(대) 중심이 정확하고, 원형재, 각봉재 작업이 가능하다.

(래) 다량 생산에 가능하다.

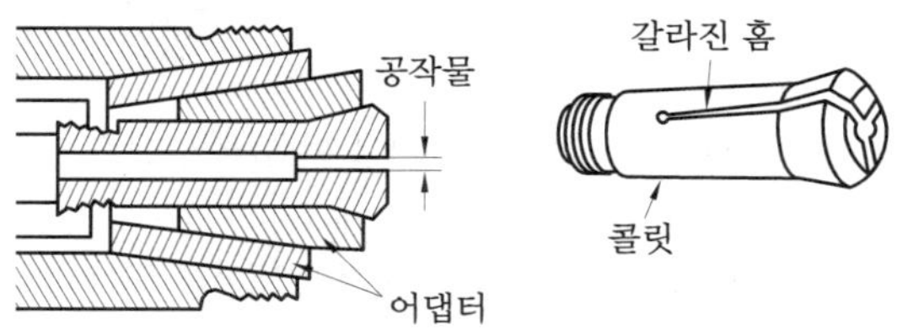

콜릿 척

7 특수 가공 장치

① **모방 절삭 장치** : 제품과 동일한 모형을 갖는 형판을 만들어 모방 절삭 장치의 촉침을 접촉한 후 이동시키면 바이트가 모형에 따라 움직이면서 서서히 절삭하도록 되어 있다.

② **테이퍼 절삭 장치** : 모방 절삭 장치의 원리로 테이퍼 절삭 장치를 설치, 가이드로 안내되면 공구대가 따라 움직이고, 가이드 끝에는 각도 눈금이 있어 적당한 각도로 회전하도록 되어 있다.

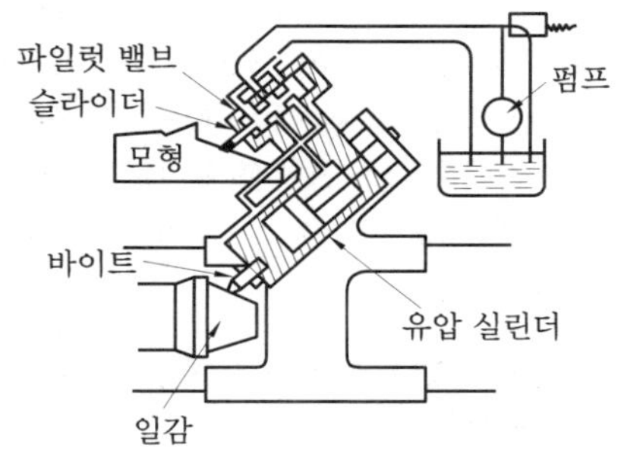

모방 절삭 장치의 구조

8 방진구(work rest)

지름이 작고 긴 공작물을 절삭할 때 생기는 떨림을 방지하기 위한 장치이며, 보통 지름에 비해 길이가 20배 이상 길 때 쓰인다. 이동식과 고정식이 있다.

① **이동식 방진구** : 왕복대에 설치하여 긴 공작물의 떨림을 방지. 왕복대와 같이 움직인다(조의 수 : 2개).

② **고정식 방진구** : 베드면에 설치하여 긴 공작물의 떨림을 방지해 준다(조의 수 : 3개).

③ **롤 방진구** : 고속 중절삭용

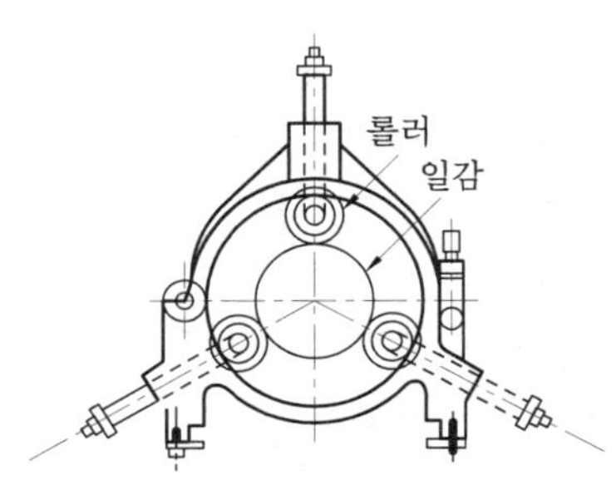

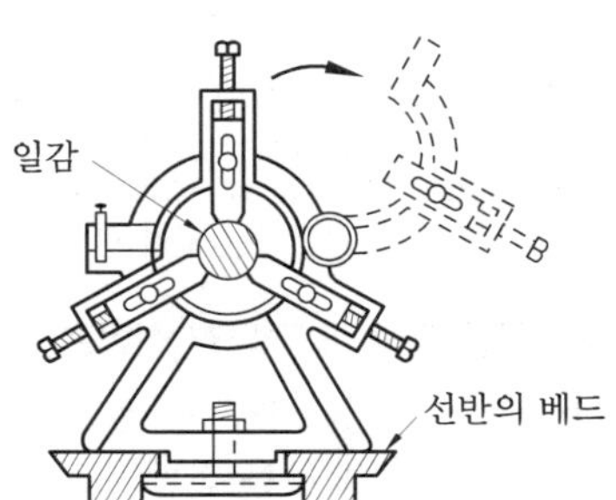

고정식 방진구

 예 상 문 제

1. 선반의 크기 표시 방법 중 가장 부적당한 것은?

㉮ 베드상의 스윙　　　㉯ 무게
㉰ 양 센터간 거리　　　㉱ 왕복대상의 스윙

2. 다음 중 미·영식 선반의 차이점에 대하여 옳게 설명한 것은?

㉮ 미식은 회전이 빠르고 영식은 회전이 느리다.
㉯ 미식은 주축에 롤러 베어링을 사용하고 영식은 슬라이딩 베어링을 사용한다.
㉰ 미식은 베드면이 평형이고 영식은 산형이다.
㉱ 미식은 어미 나사가 미터식이고 영식은 인치식이다.

3. 밀링 커터나 탭의 공구 여유각 작업을 할 때 사용하는 선반은?

㉮ 수직 선반　　　　　㉯ 터릿 선반
㉰ 릴리빙 선반　　　　㉱ 다인 선반

[해설] 수직 선반은 바이트의 움직임이 칼럼 위를 상하로 이송하면서 가공되며, 터릿 선반은 터릿 베드가 있고 여기에 각종 바이트 및 공구를 고정시켜 순차적으로 작업을 한다.

4. 다음 중 특수 선반이 아닌 것은?

㉮ 차륜 선반　　　　　㉯ 자동 선반
㉰ 다인 선반　　　　　㉱ 정면 선반

[해설] 다인 선반, 자동 선반, 차륜 선반, 크랭크축 선반, 차축 선반, 릴리빙 선반, 스크루 커팅 선반, 만능 선반, 모방 선반 등은 특수 목적으로 사용되는 선반이며, 정면 선반은 지름이 큰 것을 절삭하는 일반 선반이다.

5. 지름이 큰 공작물을 깎을 때 적당한 선반은?

㉮ 정면 선반　　　　　㉯ 크랭크축 선반
㉰ 자동 선반　　　　　㉱ 보통 선반

6. 심압대, 리드 스크루가 없는 선반은?

㉮ 자동 선반　　　　　㉯ 차축 선반
㉰ 터릿 선반　　　　　㉱ 정면 선반

7. 각종 공구를 많이 고정시키고 작업할 수 있는 선반은?

㉮ 터릿 선반　　　　　㉯ 공구 선반
㉰ 고속 선반　　　　　㉱ 모방 선반

[해설] 터릿 선반은 보통 선반의 심압대 대신 터릿 왕복대가 있으며, 터릿과 사각 공구대에 여러 개의 공구를 고정하여 작업하므로 능률적이다.

8. 다음 중 터릿 선반의 장점이 아닌 것은?

㉮ 동일 제품 가공 시 드릴링 및 연삭 작업 가능
㉯ 공구 교체 시간 단축
㉰ 절삭 공구를 방사형으로 장치
㉱ 대량 생산에 적합

[해설] 터릿 선반에서는 연삭 작업을 하지 않는 것이 보통이다.

9. 대량 생산에 사용되는 것으로서 재료의 공급만 하여 주면 자동적으로 가공되는 선반은?

㉮ 자동 선반　　　　　㉯ 탁상 선반
㉰ 모방 선반　　　　　㉱ 다인 선반

[해설] 탁상 선반은 시계 부속 등 작고 정밀한 공작물 가공에 편리하고, 모방 선반은 형판에 따라 바이트대가 자동적으로 절삭 및 이송을 하면서 형판과 닮은 공작물을 가공하며, 다인 선반은 공구대에 여러 개의 바이트를 장치하여 한꺼번에 여러 곳을 가공하게 한 선반이다.

10. 단차식 선반의 장점으로 옳은 것은?

㉮ 기계의 배치가 자유롭다.
㉯ 주축의 회전이 빠르다.
㉰ 집합 운전을 할 수 있다.
㉱ 기중기를 사용하기 편리하다.

11. 다음 중 미식 베드의 장점은?

㉮ 진동이 적고 정밀 가공에 적합하다.
㉯ 강력 절삭에 적합하다.
㉰ 구조가 간단하다.
㉱ 압력을 받는 면적이 크다.

[해설] 베드의 재질은 고급 주철, 가공은 표면 스크레이핑하고 주조 응력에 의한 변형을 방지하기 위해 시즈닝 처리한다. 종류에는 미식과 영식이 있으며, 미식은 3각형의 홈에 맞추어져 진동이 적고, 영식은 면이 평판하여 수압면적이 크고 구조가 간단하다.

12. 올 기어식 선반의 효율은?

㉮ 60%　　㉯ 70%　　㉰ 80%　　㉱ 90%

[해설] 올 기어식(all gear type)은 주축의 변속이나 회전이 전부 기어에 의해 이루어지는 방식이다.

13. 선반 주축에서 3점 지지에 대해 설명한 것이다. 잘못 설명한 것은?

(정답)　1. ㉯　2. ㉱　3. ㉰　4. ㉱　5. ㉮　6. ㉰　7. ㉮　8. ㉮　9. ㉮　10. ㉰　11. ㉮　12. ㉱　13. ㉱

㉮ 2점 지지보다 강성이 크다.
㉯ 2점 지지보다 진동이 적다.
㉰ 3점 지지쪽이 제조원가가 비싸다.
㉱ 3점 지지쪽은 주축에 추력이 발생하지 않는다.

14. 심압대에 대한 설명에서 맞는 것은?

㉮ 심압대는 작업 중에 반드시 베드에 고정시킨다.
㉯ 심압대의 센터는 공작물과 같이 회전하므로 기름을 잘 친다.
㉰ 선반 작업 시에는 반드시 심압대를 사용해야 한다.
㉱ 심압축을 너무 길게 하여 작업하면 공작물 절삭 결과가 좋지 않다.

15. 백기어가 있는 주축대는 어느 것인가?

㉮ 전기어식 주축대
㉯ 단차식 주축대
㉰ 유압 전동식 주축대
㉱ 변속 전동기식 주축대

16. 선반에서 백기어를 설치하는 목적은?

㉮ 소비 동력을 줄이기 위하여
㉯ 주축의 회전수를 높이기 위하여
㉰ 저속 강력 절삭을 위하여
㉱ 가공 시간을 단축하기 위하여

[해설] 백기어를 설치하면 회전 속도가 낮아지므로 저속 강력 절삭에 사용한다.

17. 다음 선반 부속공구 중 주축 쪽에 장착할 수 없는 것은?

㉮ 도그
㉯ 정지 센터
㉰ 면판
㉱ 회전판

18. 다음 중 선반의 왕복대에 있는 것은?

㉮ 변속 기어
㉯ 회전 센터
㉰ 에이프런
㉱ 리드 스크루

19. 선반 주축이 중공으로 되어 있는 이유 중 틀린 것은?

㉮ 무게 감소
㉯ 마찰열을 쉽게 발산시키려고
㉰ 강성 유지

㉱ 긴 재료를 가공할 수 있게 하려고

20. 스플리트 너트는 선반의 어느 부분에 있는가?

㉮ 백 기어 축의 핸들 부분에 있다.
㉯ 회전 공구대에 있다.
㉰ 심압대의 하부에 있다.
㉱ 에이프런 내부에 있다.

21. 다음 중 지름이 큰 원통물을 가공하는 데 사용하는 심봉은?

㉮ 조립 심봉　　　㉯ 갱 심봉
㉰ 솔리드 심봉　　㉱ 테이퍼 심봉

22. 선반 베드의 표면을 경화시키는 가장 효과적인 방법은?

㉮ 화염 경화법　　㉯ 염욕법
㉰ 질화법　　　　㉱ 고주파 열처리법

23. 다음 심봉 중 바깥 둘레를 넓혀 공작물을 지지하는 것은?

㉮ 테이퍼 심봉　　㉯ 팽창 심봉
㉰ 갱 심봉　　　　㉱ 조립 심봉

24. 선반에서 모방 절삭 장치를 설치하는 곳은?

㉮ 베드　　㉯ 주축　　㉰ 왕복대　　㉱ 심압대

25. 다음 중 선반 새들의 위치는?

㉮ 심압대의 하부 베드와 접촉부
㉯ 바이트 받침대 부분
㉰ 왕복대와 베드 접촉부
㉱ 주축대의 단차 측면

26. 긴 공작물을 절삭할 경우 사용하는 방진구 중 이동형 방진구는 어느 부분에 설치하는가?

㉮ 심압대　㉯ 왕복대　㉰ 베드　　㉱ 주축대

[해설] 이동형 방진구는 왕복대에, 고정형 방진구는 베드에 설치하여 사용한다.

27. 길고 가는 봉재(보통 지름의 20배 이상)를 깎으려 할 때 사용하는 것은?

㉮ 심봉　　　　　㉯ 방진구
㉰ 에이프런　　　㉱ 돌리개

28. 다음 중 선반에서 절삭이 가장 곤란한 것은 어

정답 **14.** ㉱ **15.** ㉯ **16.** ㉰ **17.** ㉯ **18.** ㉰ **19.** ㉯ **20.** ㉱ **21.** ㉮ **22.** ㉮ **23.** ㉯ **24.** ㉰ **25.** ㉰ **26.** ㉯ **27.** ㉯
28. ㉰

느 것인가?

㉮ 보링　　　　　　㉯ 총형 깎기
㉰ 평기어 깎기　　　㉱ 리밍

29. 선반에서 할 수 없는 작업은?

㉮ 인덱싱　　　　　㉯ 나사 절삭
㉰ 드릴 작업　　　　㉱ 리밍 작업

30. 다음 중 기어식 선반의 장점이 아닌 것은?

㉮ 단독 운전이 가능하다.
㉯ 기동 정지가 용이하다.
㉰ 값이 싸다.
㉱ 안전하다.

31. 다음 중 선반의 부속장치가 아닌 것은?

㉮ 방진구　　　　　㉯ 센터
㉰ 돌림판　　　　　㉱ 베드

32. 선반에서 면판을 이용하여 공작물을 고정할 때 필요 없는 것은?

㉮ 앵글 플레이트　　㉯ 볼트
㉰ 콜릿 척　　　　　㉱ 밸런스 웨이트

33. 선반에서 자동 이송 장치가 설치된 부분은?

㉮ 주축대　　　　　㉯ 새들
㉰ 에이프런　　　　㉱ 공구대

34. 선반 센터의 일반적인 센터 각도는?

㉮ 40°　　㉯ 50°　　㉰ 60°　　㉱ 75°

35. 선반 주축에 사용하는 센터는?

㉮ 리브 센터　　　　㉯ 데드 센터
㉰ 하프 센터　　　　㉱ 연강 센터

36. 양 센터 작업 시 필요 없는 것은?

㉮ 회전판　㉯ 센터　㉰ 콜릿 척　㉱ 돌리개

37. 보통 선반의 주축 회전수는 다음 중 어느 것을 많이 채용하고 있는가?

㉮ 등차급수적 속도열
㉯ 등비급수적 속도열
㉰ 선택 등비급수적 속도열
㉱ 대수급수적 속도열

38. 다음 그림은 무슨 센터인가?

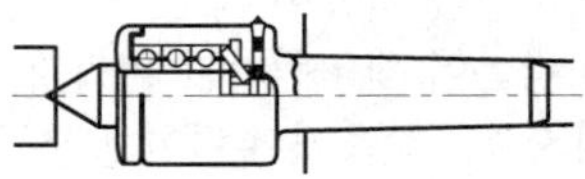

㉮ 고정 센터(dead center)
㉯ 하프 센터(half center)
㉰ 베어링 센터(bearing center)
㉱ 캡 센터(cap center)

39. 보통 선반을 3S 선반이라고 한다. 3S와 관계없는 것은?

㉮ 슬라이딩(sliding)
㉯ 서페이싱(surfacing)
㉰ 슬로팅(slotting)
㉱ 스크루 커팅(screw cutting)

40. 선반 베드에서 리브의 역할은?

㉮ 강성 부여
㉯ 내마모성 부여
㉰ 정밀도 부여
㉱ 가공을 쉽게 하기 위하여

41. 선반의 베드에 쓰이는 4가지 리브 중 비틀림에 대하여 가장 강한 것은?

㉮ 평행형　　　　　㉯ 지그재그형
㉰ X형　　　　　　㉱ 방형

42. 선반 주축 뒤에 사용하는 베어링은?

㉮ 볼 베어링　　　　㉯ 스러스트 베어링
㉰ 저널 베어링　　　㉱ 피벗 베어링

43. 대형 공작물의 센터 각도로 적당한 것은 어느 것인가?

㉮ 75°　　　㉯ 60°　　　㉰ 120°　　　㉱ 150°

[해설] 공작물의 중량 100kg 이하에는 60°, 100kg 이상인 대형 공작물에는 75°, 90°의 것이 쓰인다.

44. 다음은 공작 기계의 조작 기호이다. 선반 주축을 표시한 것은?

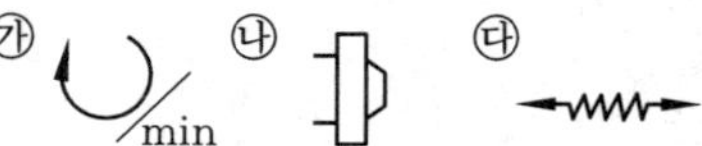

[해설] ㉮항은 매분회전수, ㉯항은 선반 주축, ㉰항은

종(가로) 이동, ㉑항은 중립의 기호이다.

45. 규칙적인 형태의 일감을 고정하기 편리한 척은?

㉮ 연동 척
㉯ 단동 척
㉰ 공기 척
㉑ 마그네틱 척

46. 단동 척의 장점이 아닌 것은?

㉮ 연동 척보다 강력하게 고정한다.
㉯ 무거운 공작물이나 중절삭을 할 수 있다.
㉰ 이형 공작물의 고정이 가능하다.
㉑ 조가 3개 있으므로 원통형 공작물 고정이 용이하다.

47. 선반용 센터 자루는 주로 무슨 테이퍼를 사용하는가?

㉮ 브라운 샤프
㉯ 내셔널 테이퍼
㉰ 모스 테이퍼
㉑ 자노 테이퍼

48. 모스 테이퍼에 대하여 옳게 설명한 것은?

㉮ 0번부터 3번까지 있고 0번이 가장 가늘다.
㉯ 0번에서 7번까지 있고 0번이 가장 가늘다.
㉰ 1번에서 7번까지 있고 1번이 가장 굵다.
㉑ 3번에서 10번까지 있고 10번이 가장 굵다.

49. 마그네틱 척에 사용하는 전류는?

㉮ 직류
㉯ 교류
㉰ 직류, 교류
㉑ 맥류

50. 선반 베드를 시즈닝하는 목적은?

㉮ 외관 결함 제거
㉯ 주조 응력 제거
㉰ 무게 경감
㉑ 재료비 절감

51. 바이트를 고정시키는 공구대는 무엇 위에 설치되어 있는가?

㉮ 가로 이송대
㉯ 에이프런
㉰ 베드
㉑ 방진구

52. 단동 척의 조는 몇 개인가?

㉮ 2개 ㉯ 3개 ㉰ 4개 ㉑ 6개

53. 선반의 주축대 중 백기어를 사용하는 것은?

㉮ 단차식
㉯ 올기어식
㉰ 변동 전동기식
㉑ 무단 변속식

54. 척 표면에 여러 개의 동심원이 있는 것은?

㉮ 연동 척
㉯ 콜릿 척
㉰ 단동 척
㉑ 각형 마그네트 척

55. 왕복대를 크게 분류한 것 중 옳게 표시한 것은?

㉮ 에이프런과 리드 스크루
㉯ 복식 공구대와 새들
㉰ 에이프런, 새들, 공구대
㉑ 복식 공구대와 크로스 핸들

56. 척으로 고정할 수 없는 큰 공작물이나 불규칙한 일감을 고정할 때 사용하는 부속품은?

㉮ 돌리개 ㉯ 면판 ㉰ 방진구 ㉑ 심봉

57. 다음 중 선반에서 끝면 깎기에 쓰이는 센터는?

㉮ 회전 센터
㉯ 하프 센터
㉰ 베어링 센터
㉑ 45° 센터

58. 척에 대한 설명 중 옳지 않은 것은?

㉮ 단동 척은 조가 4개 있다.
㉯ 단동 척은 조가 1개 있다.
㉰ 연동 척은 조가 3개 있다.
㉑ 복동 척은 단동 척과 연동 척의 기능을 겸비한 척이다.

정답 ╱ 45. ㉮ 46. ㉑ 47. ㉰ 48. ㉯ 49. ㉮ 50. ㉯ 51. ㉮ 52. ㉰ 53. ㉮ 54. ㉰ 55. ㉰ 56. ㉯ 57. ㉯ 58. ㉯

▶ 2. 선반 작업

2-1 선반 가공의 종류

① 외경 절삭(turning)　② 내경 절삭(boring)　③ 테이퍼 절삭(taper turning)
④ 단면 절삭(facing)　⑤ 총형 절삭(formed cutting)　⑥ 구멍 뚫기(drilling)
⑦ 모방 절삭(copying)　⑧ 절단 작업(cutting)　⑨ 나사 절삭(threading)
⑩ 리밍(reaming)　⑪ 광내기 작업(polishing)　⑫ 널링(knurling)
⑬ 편심 작업

(a) 외경 절삭

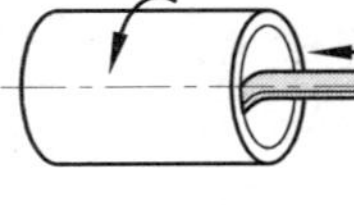

(b) 내경 절삭

(c) 테이퍼 절삭

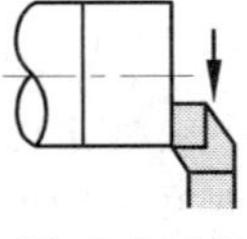

(d) 단면 절삭

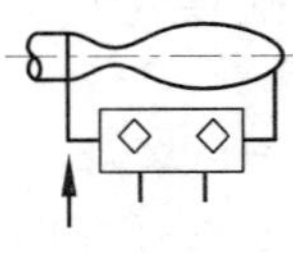

(e) 총형 절삭

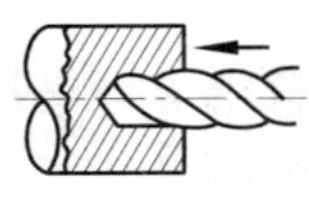

(f) 드릴링(구멍 뚫기)

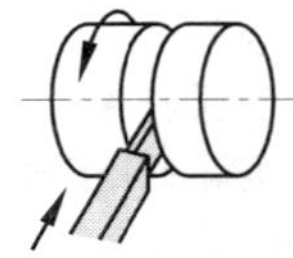

(g) 절단

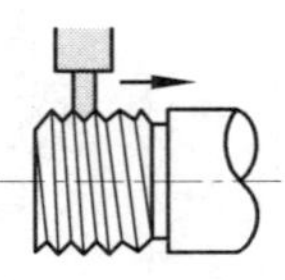

(h) 나사 절삭

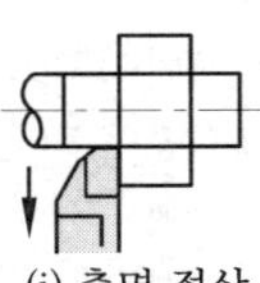

(i) 측면 절삭

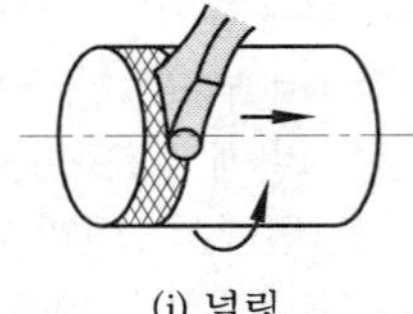

(j) 널링

선반 작업의 종류

■ 외경 절삭

① **바이트의 설치** : 바이트는 공구대에 설치하며, 설치할 때에는 반드시 주축의 중심과 바이트의 높이가 같아야 한다.

② **바이트 설치 요령**

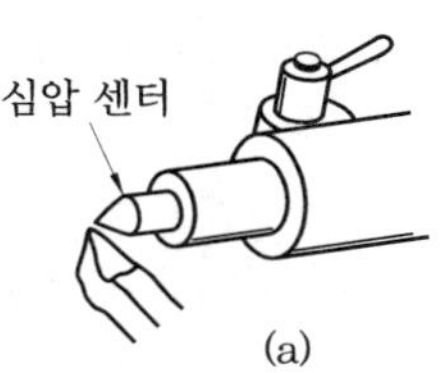

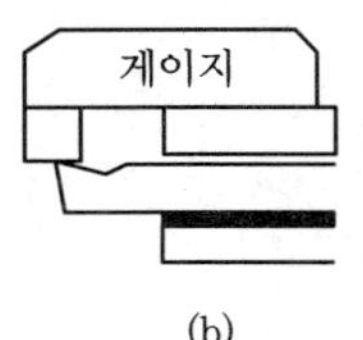

바이트 높이 맞추기

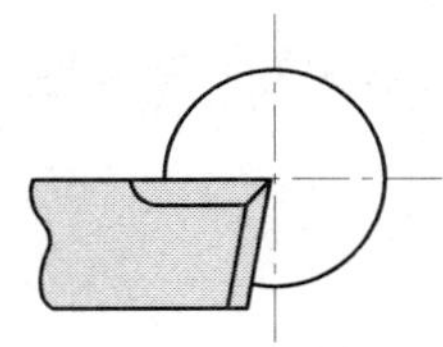

바이트 설치 방법

㈎ 바이트 돌출은 초경 바이트의 경우 섕크 높이의 1.5배 이하로 한다(고속도강은 2배).
㈏ 받침쇠는 바이트 밑면과 평행하게 설치하여야 한다.
㈐ 바이트의 고정 볼트는 3점이 같은 힘이 되도록 평행하게 고정한다.
㈑ 바이트 중심은 심압 센터에 맞추거나 센터 높이 게이지를 이용한다.

❷ 내경 절삭

드릴로 뚫은 구멍을 넓히거나 구멍을 다듬질하는 작업으로서 보링이라 한다.

[보링 바이트 날의 모양과 영향]

① 구명의 깊이가 깊어짐에 따라 지름이 작아진다[그림 (a)].

② 구명의 지름이 변하지 않으며, 가장 이상적이다[그림 (b)].

③ 바이트가 파고들어 구멍의 깊이가 깊어짐에 따라 지름이 커진다[그림 (c)].

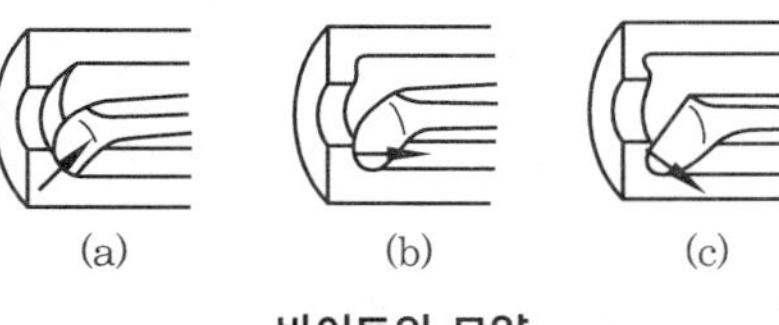

바이트의 모양

❸ 단면 절삭

단면 절삭은 바이트를 2~5° 정도 경사시켜 절삭하여야 하며, 센터를 지지할 경우에는 하프 센터를 사용하여야 한다.

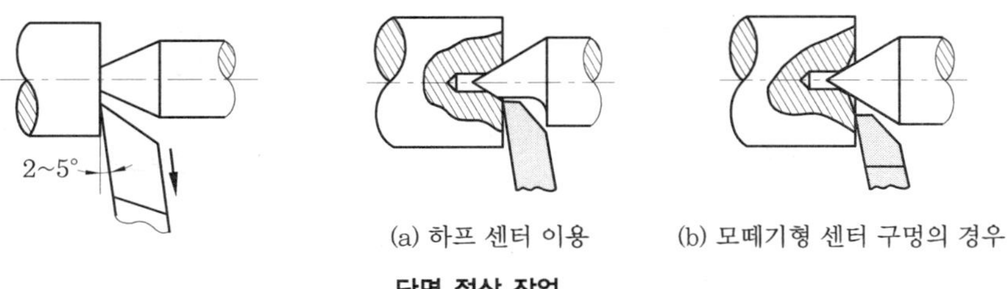

(a) 하프 센터 이용　　(b) 모떼기형 센터 구멍의 경우

단면 절삭 작업

❹ 절단 작업

일감이 회전할 때 바이트가 직각으로 진행하면서 절단한다.

① **절단 작업과 절단 바이트 각도** : 절단 작업 시 절삭 속도는 외경 절삭 속도의 1/2 정도로 하며, 이송량은 0.07~0.2mm/rev 정도로 한다.

② **절단 바이트의 홈가공** : 홈가공을 할 때에는 다음 [그림]과 같은 요령으로 작업한다.

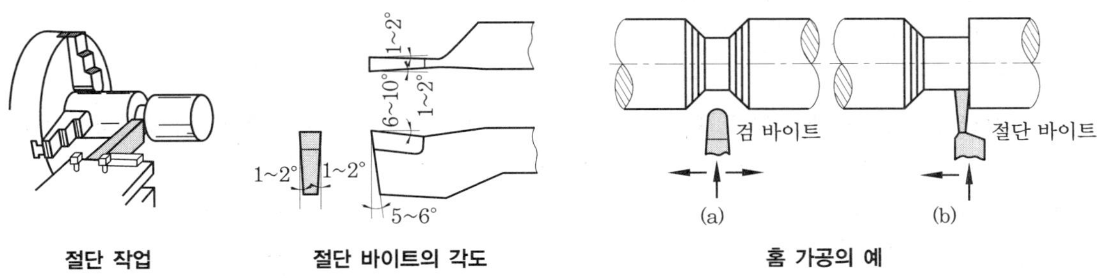

절단 작업　　　　절단 바이트의 각도　　　　홈 가공의 예

❺ 널링 작업(knuring)

로렛트(roulette) 작업이라고도 하며, 핸들, 게이지 손잡이, 둥근 너트 등에 미끄럼을 방지하기 위해 일감의 표면에 깔쭉이를 하는 작업이다. 다음은 널의 종류와 널의 치수이다.

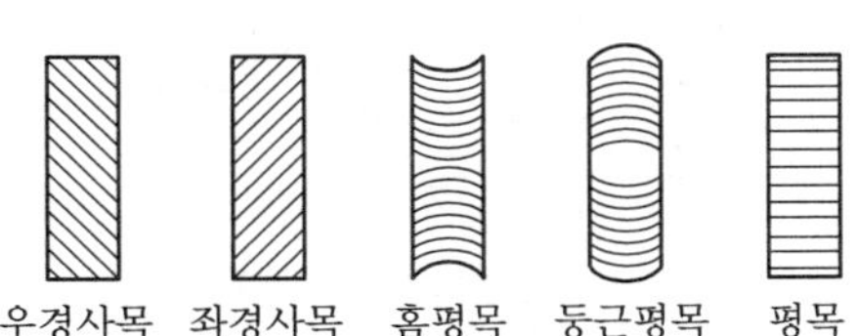

우경사목　좌경사목　홈평목　둥근평목　평목

로렛트의 종류

로렛트의 치수

모듈(m)	0.2	0.3	0.5
피치(πm)	0.628	0.942	1.571

① 공작물 지름을 구하는 법

(가) 널링을 할 공작물의 지름은 널링 후에 커질 것을 생각하여 널링된 치수보다 작지 않으면 안된다.

(나) 널링을 할 때 공작물의 원주에 2중, 3중의 무늬가 겹쳐지지 않도록 하기 위해서는 지름의 치수가 모듈의 정수배로 되지 않으면 안되므로, 일자형은 $D = n \cdot m$, 다이아몬드형은 $D = n \cdot m / \cos 30°$

여기서, D : 널링 후에 커진 지름(mm), m : 모듈, n : 정수

② 널링 작업 방법

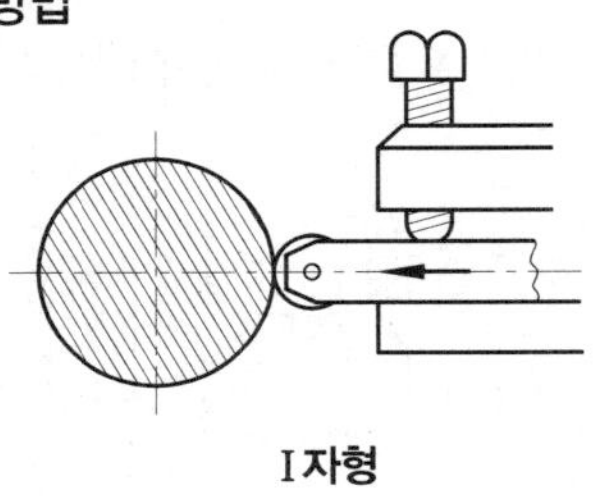

I자형

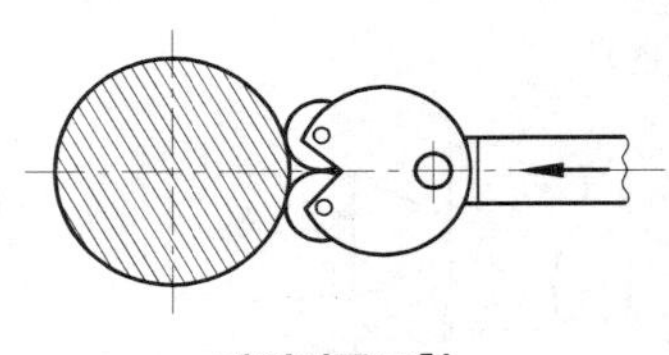

다이아몬드형

6 편심 작업

하나의 중심에 대해 공작물 일부가 다른 중심을 갖게 되어 중심이 두 개 또는 그 이상으로 되게 작업하는 것이다.

① 다이얼 게이지에 의한 편심 작업

② 금긋기 후 센터 드릴에 의한 편심 작업

③ 편심 심봉을 이용한 편심 작업

편심축

7 테이퍼 절삭 작업(taper cutting work)

선반 작업으로 테이퍼를 깎는 방법에는 심압대 편위법, 복식 공구대 이용법, 테이퍼 절삭 장치 이용법, 총형 바이트에 의한 법이 있다. 테이퍼 $T = \dfrac{(D-d)}{L}$ 이다.

① **심압대를 편위시키는 방법** : 심압대를 선반의 길이 방향에 직각 방향으로 편위시켜 절삭하는 방법이다. 이 방법은 공작물이 비교적 길고 테이퍼가 작을 때 사용한다.

주 심압대를 작업자 앞으로 당기면 심압대축 쪽으로 가공 지름이 작아지고, 뒤쪽으로 편위시키면 주축대축 쪽으로 가공 지름이 작아진다.

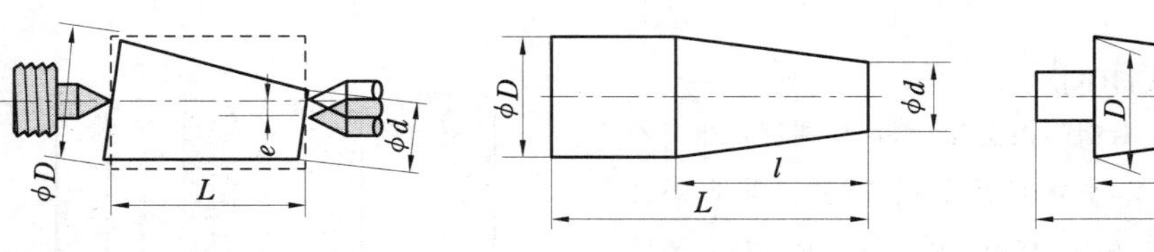

(a) 전체가 테이퍼일 경우　　　(b) 일부분만 테이퍼일 경우　　　(c) 가운데가 테이퍼일 경우

심압대를 편위시켜 테이퍼 절삭

앞의 [그림]에서 편위량 e는 다음과 같다.

(a) $e = \dfrac{D-d}{2}$ (전체가 테이퍼일 경우)　　(b) $e = \dfrac{L(D-d)}{2l}$ (일부분만 테이퍼일 경우)

(c) $e = \dfrac{(D-d)L}{2l}$ (가운데가 테이퍼일 경우)

② **복식 공구대 회전법** : 베벨 기어의 소재와 같이 비교적 크고 길이가 짧은 경우에 사용되며, 손으로 이송하면서 절삭하는데, 복식 공구대 회전각도는 다음 식으로 구한다.

$$\tan \frac{\alpha}{2} = \tan\theta = \frac{D-d}{2L}$$

③ **테이퍼 절삭 장치(taper attachment) 이용법** : 전용 테이퍼 절삭 장치를 만들어 테이퍼 절삭을 하는 방법이며, 이송은 자동 이송이 가능하고, 절삭 시에 안내판 조정, 눈금 조정을 한 후 자동 이송시킨다. 심압대 편위법보다 넓은 범위의 테이퍼 가공이 가능하며, 공작물 길이에 관계없이 같은 테이퍼 가공이 가능하다.

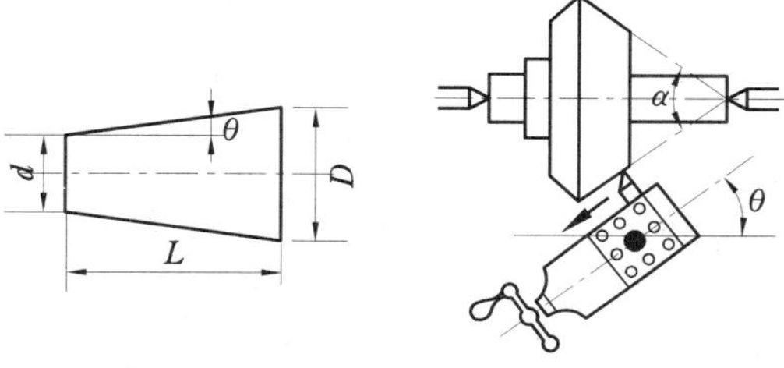

복식 공구대 회전에 의한 테이퍼 절삭

④ **총형 바이트에 의한 법** : 테이퍼용 총형 바이트를 이용하여 비교적 짧은 테이퍼 절삭을 하는 방법이다.

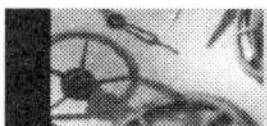 2-2 나사 절삭

1 나사 절삭의 원리

공작물이 1회전하는 동안 절삭되어야 할 나사의 1피치만큼 바이트를 이송시키는 동작을 연속적으로 실시하면 나사가 절삭된다.

다음 [그림]은 나사의 절삭 원리를 나타낸 것으로 주축의 회전이 중간축을 지나 리드 스크루 축에 전달되며, 리드 스크루 축은 하프 너트를 통하여 왕복대에 이송을 주어 절삭된다.

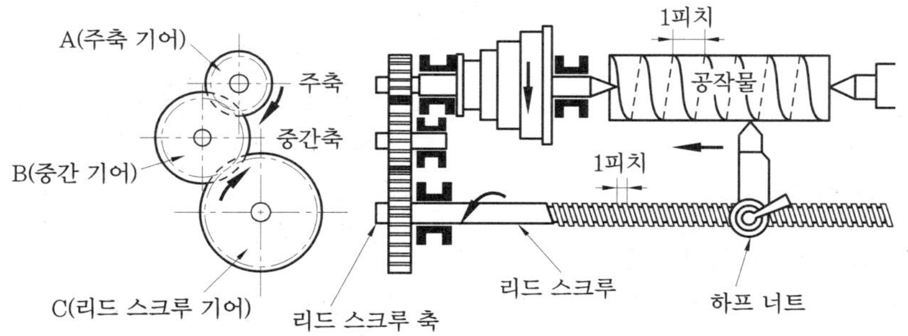

나사 절삭 원리

예 상 문 제

1. 선반에서 일감의 고정 방법으로서 가장 부적당한 방법은?

㉮ 척에 의한 고정 방법
㉯ 양 센터에 의한 고정 방법
㉰ 척과 데드 센터에 의한 고정 방법
㉱ 지그에 의한 고정 방법

2. 다음 중 선반 작업 시 공작물의 중심을 구하는 방법이 아닌 것은?

㉮ 사이드 퍼스에 의한 방법
㉯ 서피스 게이지에 의한 방법
㉰ 강철자에 의한 방법
㉱ 콤비네이션 세트에 의한 방법

3. 센터 구멍의 형별이 아닌 것은?

㉮ A형   ㉯ B형   ㉰ C형   ㉱ D형

4. 센터 구멍 뚫기 작업으로서 부적당한 것은?

㉮ 센터링 머신에 의한 방법
㉯ 드릴 머신에 의한 방법
㉰ 선반에 의한 방법
㉱ 밀링에 의한 방법

5. 절삭 조건과 절삭 속도와의 관계로 틀린 것은?

㉮ 절삭 깊이를 깊게 하면 절삭 속도는 느리게 한다.
㉯ 공구가 굳을 때에는 절삭 속도를 빠르게 한다.
㉰ 어려운 절삭을 할 때는 절삭 속도를 느리게 한다.
㉱ 절삭유를 사용할 때는 절삭 속도를 느리게 한다.

6. 선반에서 백래시를 방지하는 장치를 설치하는 위치로서 알맞은 곳은?

㉮ 주축대 쪽
㉯ 심압대 쪽
㉰ 베드의 아래쪽
㉱ 주축대와 심압대의 양쪽

7. 모스 테이퍼에 대하여 옳게 말한 것은?

㉮ 0번에서 7번까지 있고, 0번이 가장 가늘다.
㉯ 1번에서 7번까지 있고, 1번이 가장 굵다.
㉰ 0번에서 3번까지 있고, 0번이 가장 가늘다.
㉱ 3번에서 10번까지 있고, 10번이 가장 굵다.

8. 면판으로 일감을 고정할 때 필요 없는 것은?

㉮ 앵글 플레이트   ㉯ 콜릿 척
㉰ 클램프   ㉱ 볼트

9. 선반에서 가로 이송 핸들을 오른쪽으로 1회전했더니 5mm 전진했다. 이 축의 나사는 다음 중 어느 것인가?

㉮ 리드 3mm 왼나사
㉯ 리드 5mm 오른나사
㉰ 리드 0.5mm 오른나사
㉱ 리드 0.5mm 왼나사

10. 선반의 이송 핸들의 리드 스크루의 리드는 4mm이고, 이에 연결된 마이크로 핸들은 100등분되었을 때, 이 핸들을 돌려서 눈금이 25개 움직였다면 왕복대의 이동량은?

㉮ 0.04mm   ㉯ 0.025mm
㉰ 1mm   ㉱ 0.2mm

[해설] 핸들 한 눈금의 간격은 $4 \times \frac{1}{100}$ mm $= 0.04$mm 이므로, 25눈금이 움직였다면 $0.04 \times 25 = 1$mm

11. 선반의 회전 센터의 재질은?

㉮ 연강   ㉯ 특수강
㉰ 초경질 합금   ㉱ 경강

[해설] 회전 센터는 공작물과 함께 회전함으로써 마찰에 의한 마모가 고정 센터보다 적으므로 제작 및 가공이 쉬운 연강으로 만든다.

12. 정밀 가공 또는 소·중형 가공물에 사용하는 센터 각도는?

㉮ 30°   ㉯ 45°   ㉰ 60°   ㉱ 75°

13. 선반에서 사용되는 바이트 자루의 밑면은 어떤 모양으로 가공해야 하는가?

㉮ 경사지게   ㉯ 원형
㉰ 각이 지게   ㉱ 평면

14. 선반에서 절삭 가공만으로 완전하게 가공을 끝낼 수 없는 것은?

정답 **1.** ㉱ **2.** ㉰ **3.** ㉱ **4.** ㉱ **5.** ㉱ **6.** ㉰ **7.** ㉮ **8.** ㉯ **9.** ㉯ **10.** ㉰ **11.** ㉮ **12.** ㉰ **13.** ㉱ **14.** ㉱

㉮ 핸들 손잡이　　　㉯ 테이퍼 원통
㉰ 나사　　　㉱ 베벨 기어

15. 주축이 수직이고 지름이 크며 무거운 공작물을 절삭하는 데 적합한 선반은?

㉮ 다인 선반　　　㉯ 자동 선반
㉰ 직립 선반　　　㉱ 터릿 선반

16. 보통 선반에서 왕복대 상의 스윙이 330mm일 때 깎을 수 있는 공작물의 최대 지름은 얼마인가?

㉮ 330mm　　　㉯ 495mm
㉰ 660mm　　　㉱ 990mm

17. 선반의 바이트 공구각 중 직접 절삭력에 영향을 주는 각도는?

㉮ 옆면 여유각　　　㉯ 날끝각
㉰ 전면 여유각　　　㉱ 윗면 경사각

18. 선반에서 구멍 뚫린 소재의 외면을 구멍과 동심이 되도록 깎고자 할 때 사용되는 공구는?

㉮ 심봉　　　㉯ 회전 면판
㉰ 센터　　　㉱ 돌리개

19. 척 작업으로 부적당한 것은?

㉮ 공작물이 짧은 경우
㉯ 단면 절삭 작업의 경우
㉰ 드릴 작업의 경우
㉱ 일정하지 않은 공작물인 경우

20. 일감이 1회전하는 사이에 바이트가 이동하는 거리는?

㉮ 절삭량　　　㉯ 이송량
㉰ 회전량　　　㉱ 회전수

21. 칩이 공작물에 감길 때는 어떤 조치를 취해야 하는가?

㉮ 이송을 빨리하고 칩 브레이커의 폭을 좁힌다.
㉯ 이송을 빨리하고 칩 브레이커의 폭을 넓힌다.
㉰ 이송을 느리게 하고 칩 브레이커의 폭을 좁힌다.
㉱ 이송을 느리게 하고 칩 브레이커의 폭을 넓힌다.

22. 절삭 조건이 맞지 않을 경우에 나타나는 현상 중 틀린 것은?

㉮ 치수 정밀도가 저하된다.
㉯ 공구의 수명이 단축된다.
㉰ 가공 표면이 나빠진다.
㉱ 절삭성이 좋고 바이트 수명이 길어진다.

23. 면판에 고정구를 써서 가공물을 고정할 경우의 설명으로 옳은 것은?

㉮ 저속 회전 때는 밸런스를 정확히 잡지 않아도 된다.
㉯ 고속에서는 정확히 밸런스를 잡으면 치수의 정밀도가 저하된다.
㉰ 고속 회전 시에도 밸런스를 정확히 잡지 않아도 된다.
㉱ 고속 시보다 저속 회전 시에 밸런스를 더욱 정확히 잡아야 한다.

[해설] 고속 회전 시에 밸런스가 맞지 않으면 치수의 정밀도가 저하되므로 정확히 밸런스를 맞추어야 하나, 극히 저속 회전 시는 밸런스를 정확히 맞추지 않아도 가공도에 큰 영향이 없다.

24. 선반으로 주철의 흑피를 깎는 요령 중 가장 알맞은 방법은?

㉮ 절삭 깊이를 얕게 한 후 이송은 느리게 한다.
㉯ 절삭 깊이를 얕게 한 후 이송을 빠르게 한다.
㉰ 절삭 깊이를 깊게 하여 깎는다.
㉱ 절삭 깊이를 얕게 하여 몇 번으로 나누어 깎는다.

[해설] 주철의 흑피는 단단하고 거칠기 때문에 절삭 깊이를 크게 하는 것이 보통이다.

25. 바이트를 연삭 숫돌로 연삭할 때 발생된 열을 급랭시켜서는 안 되는 바이트의 재질은?

㉮ 고속도강　　　㉯ 탄소 공구강
㉰ 합금 공구강　　　㉱ 초경합금

26. 바이트에서 경사각과 절삭 저항과는 어떤 관계가 있는가?

㉮ 경사각이 20° 까지는 절삭 저항이 곡선으로 감소한다.
㉯ 경사각이 30° 까지는 절삭 저항이 직선으로 감소한다.
㉰ 경사각이 40° 까지는 절삭 저항이 곡선으로 증가한다.

㉰ 경사각이 50°까지는 절삭 저항이 직선으로 증가한다.

[해설] 절삭 저항은 경사각이 30°까지는 직선으로 감소되며, 이 이상이 되면 예리한 날끝을 유지하기 어렵기 때문에 절삭 저항의 감소가 완만해진다.

27. 다음 중 절삭 속도를 가장 빠르게 절삭할 수 있는 재질은?

㉮ 황동   ㉯ 청동
㉰ 연강   ㉱ 알루미늄

28. 바이트의 경사면에 생기는 마모는?

㉮ 치핑   ㉯ 크레이터 마모
㉰ 플랭크 마모   ㉱ 브레이킹 마모

29. 바이트 설치가 가장 이상적인 것은?

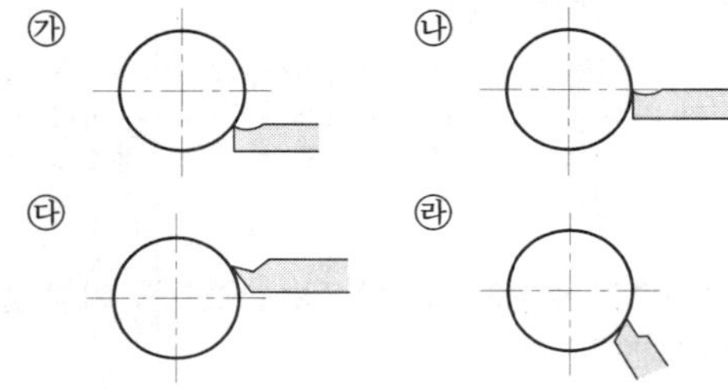

30. 절단 작업을 할 때 바이트가 파손되는 원인이 아닌 것은?

㉮ 절삭 깊이가 작을 때
㉯ 바이트의 연삭 불량
㉰ 바이트 고정의 부정확
㉱ 공작물 고정이 불확실

31. 단동식 척으로 일감을 물릴 때 물리는 양은 최소 얼마 이상이어야 하나?

㉮ 10mm   ㉯ 15mm
㉰ 20mm   ㉱ 25mm

32. 가공 표면에 3/φ20이라 쓰여 있다. 그 뜻은?

㉮ 3mm 홈을 판다.
㉯ 20mm 홈을 3개 판다.
㉰ 외경 20mm로 폭 3mm의 홈을 판다.
㉱ 외경 3mm로 폭 20mm의 홈을 판다.

33. 다음 그림은 선반에 의한 보링 작업을 그린 것이다. 절삭량이 많을 때 구멍의 입구만 커지는 바이트의 모양은?

㉮ 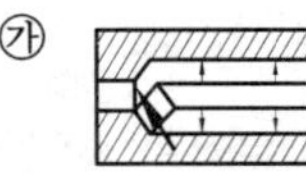   ㉯ 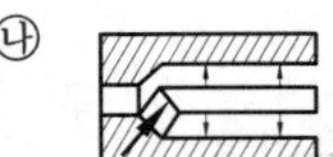
㉰ 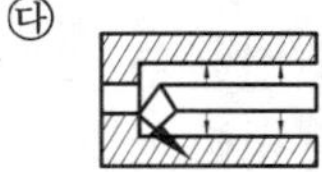   ㉱ 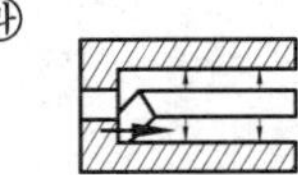

[해설] ㉯의 그림은 깊이 들어갈수록 지름이 작아진다. ㉰의 그림은 반대로 바이트가 공작물을 파고 들어가 깊이 들어갈수록 지름이 커진다.

34. 다음 중 선반 작업에서 바이트의 센터가 맞지 않을 때 나타나는 현상이 아닌 것은?

㉮ 센터가 높으면 경사각이 커진다.
㉯ 외주를 깎을 때는 측면 마멸이 빨라진다.
㉰ 테이퍼 깎기에서는 테이퍼가 커진다.
㉱ 센터가 낮으면 경사각이 작아진다.

35. 선반의 심압대 센터가 주축대 센터보다 높거나 낮을 때 절삭된 둥근 막대는?

㉮ 포물선형   ㉯ 원형
㉰ 쌍곡선형   ㉱ 타원형

36. 다음은 SWC에 대한 설명이다. 틀린 것은?

㉮ silver white chip cutting(은백색 절삭)의 머리글자이다.
㉯ SWC 절삭은 바이트의 수명을 길게 한다.
㉰ SWC 절삭은 절삭 온도가 오르지 않는다.
㉱ 날끝을 마이너스 각도로 하여, 구성 날끝으로 가공하는 방법이다.

37. 채터(chatter) 발생 원인과 관계가 없는 것은?

㉮ 공작물이 가늘고 길 때
㉯ 절삭날이 공구로부터 길게 나왔을 때
㉰ 공구와 공작물이 견고히 고정되었을 때
㉱ 공구의 마모에 의해서 절삭 저항이 증가했을 때

38. 면을 매끈하게 하기 위한 절삭 조건이다. 적합하지 않은 것은?

㉮ 절삭 속도를 크게 한다.
㉯ 이송 속도를 적게 한다.
㉰ 절삭 방향의 이송량을 적게 한다.
㉱ 절삭 깊이를 크게 한다.

39. 선반 작업 중 밸런스 웨이트를 설치할 작업은?

㉮ 척 작업 ㉯ 양 센터 작업
㉰ 면판 작업 ㉱ 보링 작업

40. 선반 작업에서 할 수 없는 것은?

㉮ 외경 절삭 ㉯ 테이퍼 절삭
㉰ 기어 절삭 ㉱ 나사 절삭

41. 선반에서 사용하는 테이퍼는?

㉮ 브라운 샤프 테이퍼 ㉯ 내셔널 테이퍼
㉰ 모스 테이퍼 ㉱ 자노 테이퍼

42. 도면에서 편심량을 3±0.02mm로 주었을 때 다이얼 게이지 눈금의 변위량은 얼마인가?

㉮ 3.5mm ㉯ 5mm
㉰ 6mm ㉱ 7mm

43. 테이퍼 가공 작업 방법이 잘못된 것은?

㉮ 복식 공구대(tool post)의 회전에 의한 방법
㉯ 테이퍼 절삭 장치(taper attachment)로 가공하는 방법
㉰ 방진구(work rest)에 의한 방법
㉱ 심압대(tail stock)를 편위시켜 가공하는 방법

44. 다음 그림과 같이 1/20 테이퍼를 검사할 때 다이얼 게이지의 눈금 이동량은 얼마이어야 하는가?

㉮ 2.5mm
㉯ 3.0mm
㉰ 3.5mm
㉱ 4.0mm

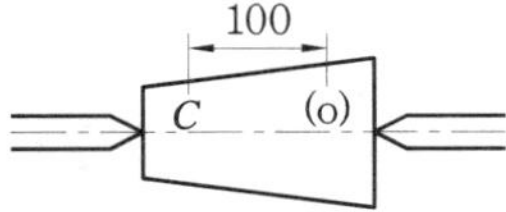

45. 선반 작업 시간의 계산식은?

㉮ 절삭 깊이×이송
㉯ 이송
㉰ 절삭길이/(이송×rpm)
㉱ 절삭 속도×이송×절삭 깊이

46. 선반에서 각도가 작고 길이가 긴 공작물의 테이퍼를 가공할 때 주로 어떤 방법을 사용하는가?

㉮ 심압대를 편심시키는 방법
㉯ 복식 공구대를 회전시키는 방법
㉰ 총형 바이트에 의한 방법
㉱ 왕복대와 공구대를 동시에 작동시키는 방법

47. 선반에서 각도가 크고 길이가 20mm인 테이퍼 가공을 할 때 어떻게 하는가?

㉮ 심압축을 편위시킨다.
㉯ 복식 공구대를 이용한다.
㉰ 테이퍼 절삭 장치에 의한다.
㉱ 총형 바이트에 의한다.

48. 선반에서 다음과 같은 테이퍼를 절삭하려고 할 때 편위량은?

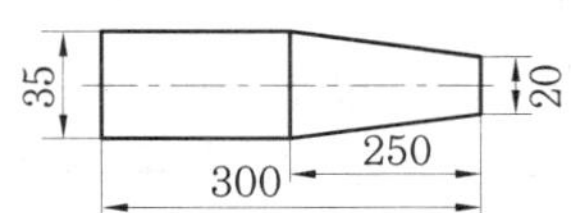

㉮ 9.0 ㉯ 10.2 ㉰ 12.5 ㉱ 14.3

[해설] 편위량$(e) = \dfrac{L(D-d)}{2l} = \dfrac{300(35-20)}{2 \times 250} = 9.0$mm

03 밀링 가공법

▶ 1. 밀링 머신의 개요

1-1 밀링 머신의 종류 및 특성과 용도

밀링 머신(milling machine)이란 원판 또는 원통체의 외주면이나 단면에 다수의 절삭날을 가진 공구(커터)에 회전 운동을 주어 평면, 곡면 등을 절삭하는 기계를 말하며, 그 응용범위가 매우 넓다.

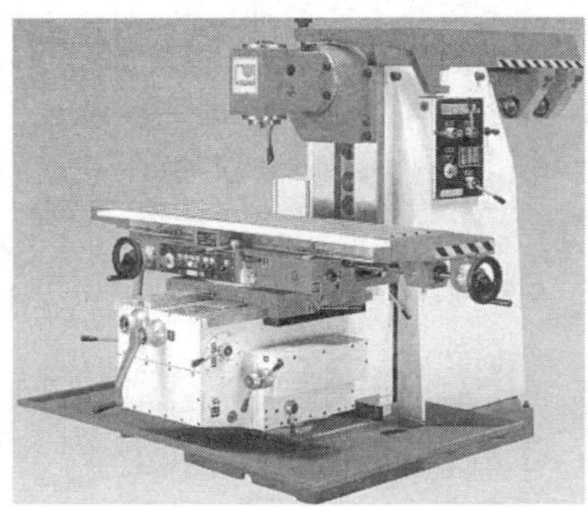

밀링 머신

1 밀링 머신의 종류

① **사용 목적에 의한 분류** : 일반형, 생산형, 특수형
② **테이블 지지 구조에 의한 분류** : 니형, 베드형, 플레이너형
③ **주축 방향에 의한 분류** : 수평형, 수직형, 만능형
④ **용도별 분류** : 공구 밀링, 형조각 밀링, 나사 밀링
⑤ **기타** : 모방 밀링, NC(수치 제어) 밀링

2 밀링 머신의 특성과 용도

① **니형 밀링 머신** : 칼럼의 앞면에 미끄럼면이 있으며 칼럼을 따라 상하로 니(knee)가 이동하며, 니 위를 새들과 테이블이 서로 직각 방향으로 이동할 수 있는 구조로 수평형, 수직형, 만능형 밀링 머신이 있다.

㈎ 수평형 밀링 머신

㉮ 주축이 칼럼에 수평으로 되어 있다.

㉯ 니(knee)는 칼럼의 전면의 안내면을 따라 상하 운동한다.

㈏ 수직형 밀링 머신 : 주축이 테이블에 대하여 수직이며 기타는 수평형과 거의 같다.

㈐ 만능형 밀링 머신 : 수평형과 유사하나 테이블이 45° 이상 회전하며, 주축 헤드가 임의의 각도로 경사가 가능하며 분할대를 갖춘 것이다.

② **베드형 밀링 머신** : 일명 생산형 밀링 머신이라고도 하는데 용도에 따라 수평식, 수직식, 수평 수직 겸용식이 있다. 사용 범위가 제한되지만 대량 생산에 적합한 밀링 머신이다.

③ **보링형 밀링 머신** : 구멍깎기(boring) 작업을 주로 하는 것으로 보링 헤드에 보링 바(bar)를 설치하고 여기에 바이트를 끼워 보링 작업을 한다.

④ **평삭형 밀링 머신** : 플레이너의 바이트 대신 밀링 커터를 사용한 것으로 테이블은 일정한 속도로 저속 이송을 한다. 단순한 평면, 엔드밀에 의한 측면 및 홈 가공 등의 작업에 주로 쓰인다.

❸ 니형 밀링 머신의 구성

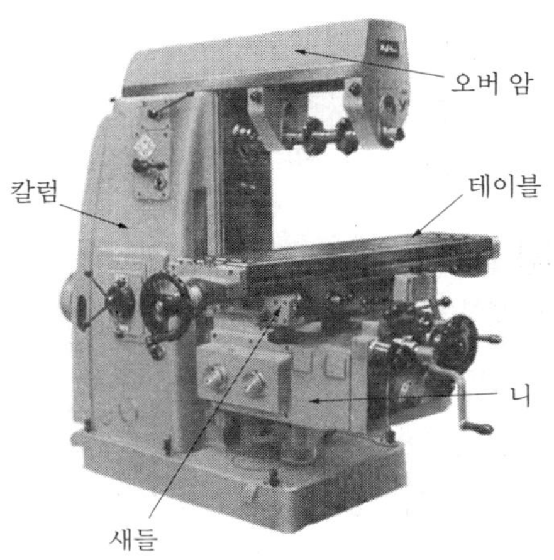

니형 밀링 머신

① **칼럼(column)** : 밀링 머신의 본체로서 앞면은 미끄럼면으로 되어 있으며, 아래는 베이스를 포함하고 있다. 미끄럼면은 니를 상하로 이동할 수 있도록 되어 있으며, 베이스와 니 사이에 잭 스크루를 지지하고 있어 니의 상하 이송이 가능하도록 되어 있다.

② **오버 암(over arm)** : 칼럼의 상부에 설치되어 있는 것으로 플레인 밀링 커터용 아버(arbor)를 아버 서포터가 지지하고 있다. 아버 서포터는 임의의 위치에 체결하도록 되어 있다.

③ **니(knee)** : 니는 칼럼에 연결되어 있으며 위에는 테이블을 지지하고 있다. 또한 니는 테이블의 좌우, 전후, 상하를 조정하는 복잡한 기구가 포함되어 있다.

④ **새들(saddle)** : 새들은 테이블을 지지하며, 니의 상부 미끄럼면 위에 얹혀 있어 그 위를 앞뒤 방향으로 미끄럼 이동하는 것으로서 윤활 장치와 테이블의 어미나사 구동 기구를 속에 두고 있다.

⑤ **테이블** : 공작물을 직접 고정하는 부분이며, 새들 상부의 안내면에 장치되어 수평면을 좌우로 이동한다.

❹ 니형 밀링 머신의 크기

① **테이블의 이동량** : 테이블의 이동량(전후×좌우×상하)을 번호로 표시하며 0번~4번까지 번호가 클수록 이동량도 크다.

② **테이블 크기** : 테이블의 길이×폭

③ 테이블 위에서 주축 중심까지 거리

1-2 밀링 절삭 조건

❶ 절삭 방법

① **상향 절삭** : 공구의 회전 방향과 공작물의 이송이 반대 방향인 경우

② **하향 절삭** : 공구의 회전 방향과 공작물의 이송이 같은 방향인 경우

③ **절삭의 합성** : 상향 절삭과 하향 절삭이 합성인 경우

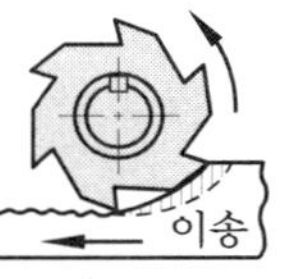

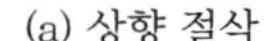
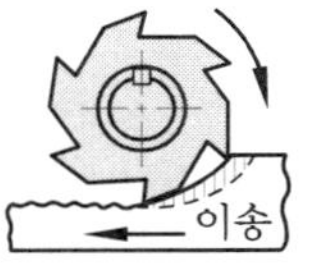

(a) 상향 절삭　　(b) 하향 절삭

절삭 방향

④ **절삭 방향의 특징** : 절삭 방향에 따라 각각 장단점이 있으며, 다음 [표]와 같다.

상 향 절 삭	하 향 절 삭
㉮ 칩이 잘 빠져나와 절삭을 방해하지 않는다. ㉯ 백래시가 제거된다. ㉰ 공작물이 날에 의하여 끌려 올라오므로 확실히 고정해야 한다. ㉱ 커터의 수명이 짧다. ㉲ 동력 소비가 크다. ㉳ 가공면이 거칠다.	㉮ 칩이 잘 빠지지 않아 가공면에 흠집이 생기기 쉽다. ㉯ 백래시 제거 장치가 필요하다. ㉰ 커터가 공작물을 누르므로 공작물 고정에 신경 쓸 필요가 없다. ㉱ 커터의 마모가 적다. ㉲ 동력 소비가 적다. ㉳ 가공면이 깨끗하다.

❷ 절삭 속도

① 절삭 속도 계산식

$$V = \frac{\pi DN}{1000}\,(\text{m/min})$$

여기서, V : 절삭 속도 D : 밀링 커터의 지름(mm) N : 밀링 커터의 1분간 회전수(rpm)

가령, 지름 150mm의 밀링 커터를 매분 220회전시켜 절삭하면 그 절삭 속도는

$$V = \frac{\pi \times 150 \times 220}{1000} = 103.5(\text{m/min})$$

② 절삭 속도의 선정

㈎ 공구 수명을 길게 하려면 절삭 속도를 낮게 정한다.

㈏ 같은 종류의 재료에서 경도가 다른 공작물의 가공에는 브리넬 경도를 기준으로 하면 좋다.

㈐ 처음 작업에서는 기초 절삭 속도에서 절삭을 시작하여 서서히 공구 수명의 실적에 의해서 절삭 속도를 상승시킨다.

㈑ 실제로 절삭해 보고 커터가 쉽게 마모되면 즉시 속도를 낮춘다(커터의 회전을 늦춘다).

㈒ 좋은 다듬질면이 필요할 때에는 절삭 속도는 빠르게 하고 이송은 늦게 한다(능률은 저하한다).

❸ 이송량

밀링 커터의 날수 Z, 커터의 회전수 n(rpm), 커터날 1개에 대한 이송량을 f_z(mm)라고 하면,

$$f_z = \frac{f_r}{Z} = \frac{f}{Zn}\,(\text{mm/날}), \quad f = f_z \cdot Z \cdot n$$

단, f_r은 커터 1회전에 대한 이송(mm/rev)

예 상 문 제

1. 지름 4cm인 탄소강으로 스퍼 기어를 가공할 때 V = 62.8m/min이다. 커터 지름이 2cm일 때 적당한 회전수는?

㉮ 1000rpm　　㉯ 1500rpm
㉰ 1750rpm　　㉱ 2000rpm

[해설] $n = \frac{1000V}{\pi d} = \frac{1000 \times 62.8}{3.14 \times 20} \fallingdotseq 1000(\text{rpm})$

2. 밀링 머신의 주 절삭 작업은?

㉮ 나사 가공　　㉯ 연삭 가공
㉰ 평면 가공　　㉱ 태핑

3. 니형 밀링 머신과 관계없는 것은?

㉮ 플레인 밀링 머신　　㉯ 만능 밀링 머신
㉰ 수직형 밀링 머신　　㉱ 베드형 밀링 머신

4. 다음 중 양두식과 단두식 밀링 머신은 어느 종류에 속하는가?

㉮ 베드형 밀링 머신　　㉯ 평삭형 밀링 머신
㉰ 니형 밀링 머신　　㉱ 만능 밀링 머신

5. 수직형 밀링 머신의 종류이다. 관계없는 것은?

㉮ 주축대 이동식　　㉯ 스위블식
㉰ 쌍주형　　㉱ 퀼 이동식

6. 특수형 밀링 머신과 관계없는 것은?

㉮ 회전 테이블형
㉯ 키 전용 밀링 머신
㉰ 스플라인 전용 밀링 머신
㉱ 바닥 설치형 밀링 머신

7. 만능 밀링 머신은 테이블이 평면상 몇 도를 선회하는가?

㉮ 30°　　㉯ 40°　　㉰ 45°　　㉱ 50°

8. 니형 밀링 머신의 구조와 관계없는 것은?

㉮ 칼럼　　㉯ 베이스
㉰ 니　　㉱ 에이프런

9. 다음 중 니형 밀링 머신에서 테이블은 어느 곳에 위치하는가?

㉮ 칼럼 윗면　　㉯ 니의 윗면
㉰ 오버 암 옆면　　㉱ 새들 윗면

10. 니형 밀링 머신에서 새들의 위치는?

㉮ 칼럼과 베이스 사이　㉯ 니와 테이블 사이
㉰ 베이스과 니 사이　㉱ 테이블과 아버 사이

11. 플레인 밀링 커터는 어느 곳에 설치하는가?

㉮ 칼럼　　㉯ 오버 암　　㉰ 니　　㉱ 새들

12. 롱 아버를 지지하는 것은 어느 것인가?

㉮ 아버 서포트　　㉯ 어댑터
㉰ 아버 칼라　　㉱ 퀵체인지 홀더

13. 주로 플레인 커터를 사용하는 밀링 머신은?

㉮ 수평 밀링 머신　　㉯ 수직 밀링 머신
㉰ 보링형 밀링 머신　　㉱ 특수 밀링 머신

14. 밀링 머신의 크기를 나타내는 호칭의 기준은?

㉮ 칼럼의 길이　　㉯ 스핀들의 지름
㉰ 테이블의 이동량　　㉱ 절삭 능력

15. 밀링 머신 크기의 호칭은?

㉮ No.1~No.3　　㉯ No.2~No.6
㉰ No.0~No.4　　㉱ No.3~No.8

16. 밀링 작업 시 정밀도 불량의 원인이 아닌 것은?

㉮ 아버와 밀링 커터의 부정확
㉯ 밀링 커터의 연삭 불량
㉰ 무리한 절삭으로 아버가 휨.
㉱ 절삭량이 너무 적을 때

17. 플레인 커터 설치 순서 중 필요 없는 것은?

㉮ 서포트를 분리한다.
㉯ 아버와 커터를 설치한다.
㉰ 아버에 칼라를 넣는다.
㉱ 주축의 중심을 편위시킨다.

18. 밀링 머신에서 사용하는 테이퍼는?

㉮ 모스 테이퍼　　㉯ 자노 테이퍼
㉰ 내셔널 테이퍼　　㉱ 브라운 샤프트 테이퍼

19. 수직 밀링 머신에서 아버의 분리 순서이다. 관계가 없는 것은?

㉮ 클램프 너트를 3~5회 푼다.

[정답] 1. ㉮　2. ㉰　3. ㉱　4. ㉮　5. ㉱　6. ㉱　7. ㉰　8. ㉱　9. ㉱　10. ㉯　11. ㉯　12. ㉮　13. ㉮　14. ㉰　15. ㉰　16. ㉱　17. ㉱　18. ㉰　19. ㉰

㉯ 드로잉 볼트를 가볍게 두들겨 아버를 뺀다.
㉰ 롱 아버와 서포트를 분리한다.
㉱ 테이블을 내려 아버를 뺀다.

20. 밀링 머신에서 전후 이송을 하는 안내면의 명칭은 다음 중 어느 것인가?

㉠ 기둥   ㉡ 니   ㉢ 새들   ㉣ 테이블

21. 밀링 머신의 기둥에는 무엇이 내장되어 있는가?

㉠ 주축 변속 장치   ㉡ 테이블 자동 이송 장치
㉢ 급송 장치   ㉣ 절삭유 탱크

22. 수평식 밀링 머신에서 작업이 곤란한 것은?

㉠ 구멍 절삭   ㉡ 단면 절삭
㉢ 기어 절삭   ㉣ 평면 절삭

23. 밀링 머신의 일반적인 크기 표시 방법이 아닌 것은?

㉠ 테이블의 이동량
㉡ 테이블의 크기
㉢ 테이블 윗면에서 주축 중심까지의 거리
㉣ 기계 자체의 중량

24. 밀링 머신에서 승강 나사에 의해 상하 운동을 하는 안내면의 명칭은?

㉠ 테이블 ㉡ 새들   ㉢ 칼럼   ㉣ 니

25. 다음 밀링 머신 중에서 일반적으로 가장 큰 공작물을 절삭할 수 있는 것은?

㉠ 생산형   ㉡ 니형
㉢ 플레이너형   ㉣ 베드형

26. 다음 중 특수 밀링 머신이 아닌 것은?

㉠ 모방 밀링 머신   ㉡ 나사 밀링 머신
㉢ 만능 밀링 머신   ㉣ 공구용 밀링 머신

[해설] 특수 밀링 머신에는 모방 밀링 머신, 나사 밀링 머신, 탁상 밀링 머신, 공구 밀링 머신 등이 있다.

27. 밀링 머신의 크기를 나타낸 것이다. 옳은 것은?

㉠ 테이블의 길이가 200mm인 것을 No.1이라 하고, 이것보다 50mm씩 길어짐에 따라 No.2, No.3이라 한다.
㉡ 테이블의 가로 피드 약 200mm인 것을 No.1이라 하고, 이것보다 50mm씩 길어짐에 따

라 No.2, No.3이라 하며, 그와 반대인 것을 No.0이라 한다.
㉢ 테이블의 길이 약 300mm의 것을 No.0이라 하고, 여기서 50mm씩 증가함에 따라 No.1, No.2로 표시한다.
㉣ 테이블의 가로 피드가 약 300mm인 것을 No.1이라 하고, 이것보다 100mm씩 길어짐에 따라 No.2, No.3라 한다.

28. 밀링 작업에서 상향 절삭의 이점을 말한 것은?

㉠ 공작물 고정이 간편하다.
㉡ 절삭 중의 진동이 적다.
㉢ 절삭날에 마모가 적다.
㉣ 피드 기구에 다소 유동이 있어도 관계없다.

29. 외형적인 구조가 만능 밀링 머신과 가장 유사한 밀링 머신은?

㉠ 모방 밀링 머신   ㉡ 수직 밀링 머신
㉢ 생산 밀링 머신   ㉣ 수평 밀링 머신

30. 많은 날을 가진 커터를 회전시키고, 테이블 위에 고정한 공작물에 이송을 주어 절삭하는 공작 기계는?

㉠ 밀링 머신   ㉡ 셰이퍼
㉢ 슬로팅   ㉣ 선반

31. 밀링 가공면에 눈으로 식별할 수 없는 회전 마크가 있다. 그와 같은 것이 생기는 원인이 아닌 것은?

㉠ 커터가 진원이 아니던가 구멍이 편심되어 있을 때
㉡ 구멍이 아버의 지름보다 큰 경우
㉢ 아버가 편심되었을 경우
㉣ 상향 절삭을 하는 경우

32. 각도 홈을 가공할 때 사용하는 앵글 커터는 주로 어떤 밀링 머신에서 사용되는가?

㉠ 키홈 밀링 머신   ㉡ 수직 밀링 머신
㉢ 수평 밀링 머신   ㉣ 조각 밀링 머신

33. 경질 재료를 절삭할 때 틀린 사항은?

㉠ 저속   ㉡ 저 이송
㉢ 고 이송   ㉣ 절삭 깊이를 작게

34. 다음 중 밀링 작업에서 절삭 조건의 기본 요소

가 아닌 것은?

㉮ 절삭 깊이 　　　㉯ 날 하나에 대한 이송
㉰ 절삭 속도 　　　㉰ 가공면의 거칠기

35. 밀링 작업 시 절삭 속도의 선정 방법이다. 아닌 것은?

㉮ 공구 수명을 길게 하려면 속도를 낮게
㉯ 같은 종류의 재질은 브리넬 경도를 기준으로 선정
㉰ 다듬질면을 얻을 때는 절삭 속도를 빠르게, 이송은 늦게
㉰ 커터 마모가 심하면 속도를 높게

36. 다음 중 밀링 작업 시 떨림(chattering)과 관계 없는 것은 어느 것인가?

㉮ 가공면을 거칠게 한다.
㉯ 하향 절삭 시에만 나타난다.
㉰ 생산 능률을 저하시킨다.
㉰ 밀링 커터의 수명을 단축시킨다.

37. 다음 밀링 머신의 절삭 방법인 것은?

㉮ 형삭　　㉯ 선삭　　㉰ 셰이핑　㉰ 전조

38. 밀링에서 절삭 폭이 100mm, 절삭 깊이가 2mm, 이송량이 230mm/min라면 매분 절삭량은?

㉮ $0.5\text{cm}^3/\text{min}$ 　　㉯ $4.6\text{cm}^3/\text{min}$
㉰ $46\text{cm}^3/\text{min}$ 　　㉰ $460\text{cm}^3/\text{min}$

[해설] $Q = \dfrac{t \cdot b \cdot f}{1000} = \dfrac{2 \times 100 \times 230}{1000} = 46\text{cm}^3/\text{min}$

39. 날 1개당 이송량을 구하는 식은?

㉮ $S_z = \dfrac{F}{Nn}$ 　　　㉯ $S_z = \dfrac{Nn}{F}$

㉰ $S_z = F \cdot N \cdot n$ 　　㉰ $S_z = F\dfrac{n}{N}$

[해설] $S_z = \dfrac{F}{Nn}$

S_z: 한 날당 이송량, F: 1분 동안 이송량, N: 밀링 커터의 회전수, n: 밀링 커터의 날 수

40. 밀링 절삭에서 하향 절삭의 특징이 아닌 것은?

㉮ 가공면이 깨끗하다.
㉯ 동력 소비가 적다.
㉰ 날 끝의 마멸이 적다.
㉰ 뒷틈 제거 장치가 필요없다.

41. 밀링 커터의 날수 12개, 1날당 이송량 0.15mm, 회전수가 780rpm일 때 이송량은?

㉮ 약 800mm/min 　　㉯ 약 1000mm/min
㉰ 약 1200mm/min 　　㉰ 약 1400mm/min

[해설] $f = f_z \cdot Z \cdot n = 0.15 \times 12 \times 780 = 1400\text{mm/min}$

42. 한 개의 날이 이송하면서 그리는 곡선을 무엇이라 하는가?

㉮ 쌍곡선 　　　㉯ 스로코이드 곡선
㉰ 회전적 　　　㉰ S곡선

43. 공구의 회전 방향과 공작물의 이송이 반대 방향인 절삭 방법은?

㉮ 상향 절삭 　　㉯ 하향 절삭
㉰ 복합 절삭 　　㉰ 테이퍼 절삭

44. 기계 동작을 미리 결정한 프로그램으로 자동 제어되는 형으로 범용 밀링과 NC 밀링의 중간에 해당되는 특수 밀링 머신은?

㉮ 프로콘 밀링 　　㉯ NC 밀링
㉰ 조각 밀링 　　　㉰ 모방 밀링

45. 다음 중 밀링 작업에 있어서 절삭 조건의 기본 요소가 아닌 것은?

㉮ 공작물의 재질 　　㉯ 절삭 속도
㉰ 날 하나의 이송 　　㉰ 절삭 깊이

46. 다음의 작업 중 밀링에서 곤란한 것은?

㉮ 스퍼 기어 　　㉯ 내접 기어
㉰ 키홈 절삭 　　　㉰ 나사 절삭

47. 다음 중 기어를 가공할 수 있는 공작기계는 어느 것인가?

㉮ 호닝 머신 　　㉯ 보링 머신
㉰ 선반 　　　　　㉰ 밀링 머신

48. 초경질 합금의 정면 커터를 사용하여 작업할 때 알맞은 절삭제는?

㉮ 석유 　　　　㉯ 황화유
㉰ 중유 　　　　㉰ 사용하지 않아도 좋다.

49. 플레이너의 공구대 대신 밀링 커터를 붙이는 주

축대가 있어 대형 공작물의 강력 절삭에 적합한 밀링은?

㉮ 플래노밀러   ㉯ 모방 밀링 머신
㉰ 탁상 밀링 머신   ㉱ 회전 밀러

50. 만능 밀링 머신으로 가공할 수 없는 것은?

㉮ 헬리컬 기어   ㉯ 트위스트 드릴의 홈
㉰ 테이퍼   ㉱ 나선 홈

51. 만능 밀링 머신은 어느 종류에 속하는가?

㉮ 생산 밀링 머신   ㉯ 니형 밀링 머신
㉰ 특수 밀링 머신   ㉱ 모방 밀링 머신

52. 밀링 머신에서 오버 암이 있는 것은?

㉮ 니형 수평 밀링 머신
㉯ 니형 수직 밀링 머신
㉰ 모방 밀링 머신
㉱ 생산형 밀링 머신

53. 니형 밀링 머신에 속하지 않는 것은?

㉮ 다두형   ㉯ 수직형
㉰ 수평형   ㉱ 만능형

54. 밀링 머신의 주축 구멍에 쓰이는 내셔널 테이퍼의 테이퍼 값은?

㉮ 1/24   ㉯ 3/24   ㉰ 6/24   ㉱ 7/24

[해설] ① 모스 테이퍼 : 1/20 ② 브라운 샤프 테이퍼 : 1/24 ③ 내셔널 테이퍼 : 7/24

55. 밀링의 상향 절삭 중 옳은 것은?

㉮ 커터의 회전 방향과 공작물의 이송 방향이 같다.
㉯ 커터의 회전 방향과 공작물의 이송 방향이 직각이다.
㉰ 커터의 회전 방향과 공작물의 이송 방향이 45°이다.
㉱ 커터의 회전 방향과 공작물의 이송 방향이 반대이다.

56. 절삭 조건의 결정으로 틀린 것은?

㉮ 날 끝이 약한 커터는 저속으로 이송을 작게 한다.
㉯ 지름이 작은 커터는 저속으로 이송을 크게 한다.
㉰ 경질 재료에는 저속으로 이송을 작게 한다.
㉱ 연질인 공작물에는 고속으로 절삭한다.

[해설] 지름이 작은 커터도 고속으로 이송을 작게 한다.

57. 다음 중 하향 절삭의 장점이 아닌 것은?

㉮ 커터의 수명이 연장되고 동력의 소비도 적다.
㉯ 가공면이 깨끗하다.
㉰ 절삭량이 상향 절삭보다 많다.
㉱ 백래시 제거 장치가 필요 없다.

58. 하향 절삭의 장점을 열거한 것 중 틀린 것은 어느 것인가?

㉮ 절삭량을 많이 할 수 있다.
㉯ 날끝의 열 발생이 적다.
㉰ 가공면이 비교적 깨끗하다.
㉱ 절삭 칩의 제거가 쉽다.

59. 밀링 작업 시 하향 절삭의 장점에 해당되지 않는 것은?

㉮ 이송 기구에 다소 유동이 있어도 좋다.
㉯ 동력 손실이 적다.
㉰ 커터의 수명이 연장된다.
㉱ 가공면이 아름답다.

60. 다음 중 상향 절삭과 관계 없는 사항은?

㉮ 공작물을 견고하게 고정해야 한다.
㉯ 칩이 절삭을 방해한다.
㉰ 가공면이 깨끗하지 못하다.
㉱ 이송 기구의 백래시가 자연히 제거된다.

● 2. 밀링 부속 장치

기계가 능률적이며, 정확한 제품을 만들기 위하여 공구 및 고정을 위한 부속 장치가 필요하다.

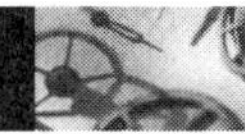 **2-1 바이스(vice)**

바이스는 밀링 머신의 부속품 중에서 가장 일반적인 것이며 여러 가지 용도에 쓰이고 있다. 밀링의 T 홈에 가이드 블록과 클램핑 볼트를 이용하여 세팅하고 공작물을 물리는 것이다.

① **수평 바이스(plane vise)** : 보통형(바이스 중에서 가장 간단한 것)이다.
② **회전 바이스(swivel vise)** : 테이블에 고정한 회전대상에서 바이스가 임의 각도로 회전할 수 있다.
③ **만능 바이스(universal type vise)** : 회전 바이스 역할 및 수평에서 회전과 경사가 되는 바이스이다.
④ **유압식 바이스(hydraulic type vise)** : 유압에 의하여 클램핑하며, 보통 바이스의 2.5배 이상 죔력
   을 얻는다.

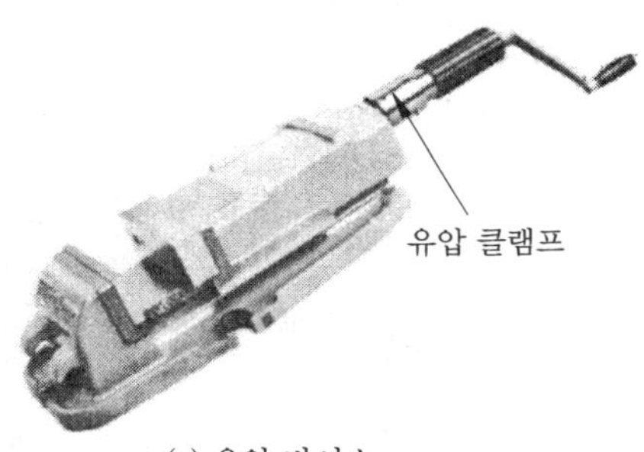

(a) 수평 바이스   (b) 만능(경사) 바이스   (c) 유압 바이스

밀링 바이스의 종류

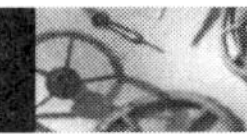 **2-2 부속 장치**

① **수직 밀링 장치(vertical attachment)** : 수평 밀링 머신이나 만능 밀링 머신의 주축단 칼럼면에 장
   치하여 밀링 커터축을 수직의 상태로 사용하는 것이다. 주축의 중심을 좌우로 90° 씩 경사할 수 있다.
   절삭 능력은 본 기계의 50% 정도이다.
② **만능 밀링 장치(universal attachment)** : 수평 밀링 머신이나 만능 밀링 머신의 주축 끝 칼럼면에
   장치된다. 커터축은 칼럼면과 평행한 면과 그에 직각인 면내에 있어서 360° 선회할 수 있다. 절삭 능
   력은 30~40% 정도이다.
③ **슬로팅 장치** : 수평 밀링 머신이나 만능 밀링 머신의 주축 회전 운동을 직선 운동으로 변환하여 슬로
   터 작업을 할 수 있다. 슬로팅 부속 장치는 주축을 중심으로 좌우 90° 씩 선회할 수 있다.

슬로팅 장치

스파이럴 래크 기어 절삭 장치

④ **래크 밀링 장치** : 수평 밀링 머신이나 만능 밀링 머신의 주축단에 장치하여 기어 절삭을 하는 장치이다. 테이블의 선회 각도에 의하여 45° 까지의 임의의 헬리컬 래크도 절삭이 가능하다.

⑤ **래크 인디케이팅 장치(rack indicating attachment)** : [그림]과 같이 래크 가공 작업을 할 때 합리적인 기어열을 갖추어 변환 기어를 쓰지 않고도 모든 모듈을 간단하게 분할할 수가 있다.

⑥ **회전 원형 테이블(circular table attachment)** : [그림]과 같이 가공물에 회전 운동이 필요할 때 사용하며 가공물을 테이블에 고정하고 원호의 분할 작업, 연속 절삭, 기타 광범위하게 쓰인다.

⑦ **기타 부속 장치**

㈎ 아버(arbor) : 커터를 고정할 때 사용한다.

㈏ 어댑터(adapter)와 콜릿(collet) : 자루가 있는 커터를 고정할 때 사용한다.

래크 인디케이팅 장치

회전 원형 테이블

예 상 문 제

1. 평행대의 요구 조건이다. 관계없는 것은?

㉮ 탄소강을 사용하여야 한다.
㉯ 두께와 폭이 다양하여야 한다.
㉰ 육면체가 직각이 되어야 한다.
㉱ 표면 거칠기는 거칠수록 좋다.

2. 밀링 바이스에서 일정한 길이로 절단할 경우 사용하는 것으로 옳은 것은?

㉮ 스토퍼   ㉯ 노스 키   ㉰ 탱   ㉱ 랜드

3. 밀링 작업을 설치 방법으로 분류하였다. 관계없는 것은?

㉮ 전용 지그와 설치 도구를 사용하는 작업
㉯ 바이스에 의한 작업
㉰ 볼트와 죄임쇠 등 설치 도구만을 사용하는 작업
㉱ 픽스추어 작업

4. 설치 공구로서 적당하지 않은 것은?

㉮ 정확하게 설치할 수 있을 것
㉯ 가공물의 설치, 분리가 쉬울 것
㉰ 가능한 한 한번에 많이 설치할 수 있을 것
㉱ 가공이 쉬울 것

5. 범용성 있는 설치 공구로서 관계가 없는 것은?

㉮ 처킹 테이블   ㉯ 기둥 바이스
㉰ 인덱스   ㉱ 전자 척

6. 수평 및 만능 밀링 머신의 기둥에 장치하고, 스핀들의 회전 운동을 왕복 운동으로 변환시키는 부속 장치는?

㉮ 만능 밀링 장치   ㉯ 래크 밀링 장치
㉰ 슬로팅 장치   ㉱ 로터리 테이블

7. 수평 밀링 머신이나 만능 밀링 머신의 주축 헤드에 부착시켜 수직 밀링 머신의 역할을 할 수 있게 하는 부속 장치는?

㉮ 아버   ㉯ 분할대
㉰ 회전 테이블 장치   ㉱ 수직축 장치

8. 밀링 머신에서 회전 운동을 할 수 있도록 만든 부속 장치는?

㉮ 아버   ㉯ 슬로팅 장치
㉰ 회전 테이블   ㉱ 만능 밀링 장치

9. 래크를 절삭하는 데 사용되는 장치이며, 테이블을 요구하는 피치만큼 정확히 이송하여 분할할 수 있는 부속 장치는?

㉮ 수직 밀링 장치   ㉯ 래크 절삭 장치
㉰ 만능 분할 장치   ㉱ 회전 테이블 장치

10. 다음 중 밀링 머신에서 백래시를 제거하는 방식이 아닌 것은?

㉮ 스프링 방식   ㉯ 나사식
㉰ 유압식   ㉱ 공기압식

11. 다음 중 커터의 고정구가 아닌 것은?

㉮ 아버   ㉯ 어댑터
㉰ 콜릿   ㉱ 밀링 바이스

12. 밀링 머신의 부속 장치가 아닌 것은?

㉮ 아버   ㉯ 어댑터
㉰ 피드박스   ㉱ 래크 장치

13. 밀링 머신의 부속 장치가 아닌 것은?

㉮ 회전 테이블   ㉯ 슬로팅 장치
㉰ 분할대   ㉱ 면판

14. 바이스의 스위블은 몇 도까지 회전할 수 있는가?

㉮ 60°   ㉯ 90°   ㉰ 120°   ㉱ 360°

15. 바이스 조는 밑면과 직각도가 어느 정도 숙여지도록 하면 좋은가?

㉮ $\frac{1}{100} \sim \frac{2}{100}\,mm$ ㉯ $\frac{2}{100} \sim \frac{3}{100}\,mm$

㉰ $\frac{3}{100} \sim \frac{4}{100}\,mm$ ㉱ $\frac{4}{100} \sim \frac{5}{100}\,mm$

16. 바이스의 조임 상태가 가장 양호한 것은?

㉮ 손바닥으로 힘차게 탁하고 친 상태
㉯ 바이스 핸들을 파이프로 강하게 조이는 상태
㉰ 바이스 핸들을 해머로 두들긴 상태
㉱ 바이스 핸들 길이를 최대한 길게 하여 조이는 상태

정답 **1.** ㉱ **2.** ㉮ **3.** ㉱ **4.** ㉰ **5.** ㉰ **6.** ㉰ **7.** ㉱ **8.** ㉰ **9.** ㉯ **10.** ㉱ **11.** ㉱ **12.** ㉰ **13.** ㉱ **14.** ㉱
15. ㉯ **16.** ㉮

17. 바이스 고정 조는 어느 방향으로 맞추는가?

㉮ 관계가 없다.
㉯ 가공물 이송 방향이 직각으로 한다.
㉰ 가공물 이송 방향이 같은 방향으로 한다.
㉱ 가공물과 이송 방향이 45°로 한다.

18. 각도, 면, 더브테일, 리머의 날, 커터의 날 등을 절삭하는 커터는?

㉮ 각 커터
㉯ T 슬로터
㉰ 셸 엔드밀
㉱ 총형 커터

19. 다음 중 밀링 머신에서 공작물의 고정 방법이 아닌 것은?

㉮ 바이스
㉯ 회전 테이블
㉰ 어댑터
㉱ 센터로지지

20. 밀링의 부속 명칭이다. 관계가 없는 것은?

㉮ 롱 아버
㉯ 칼라
㉰ 드로잉 볼트
㉱ 드레서

21. 플레인 커터를 설치할 때 필요 없는 것은?

㉮ 롱 아버
㉯ 칼라
㉰ 아버 서포트
㉱ 엔드밀

22. 정면 커터를 설치할 때 없어도 되는 것은?

㉮ 스위블
㉯ 클램프 너트
㉰ 어댑터
㉱ 드로잉 볼트

23. 엔드밀은 보통 몇 mm 이하의 것에 많이 사용하는가?

㉮ 10mm
㉯ 15mm
㉰ 20mm
㉱ 25mm

24. 엔드밀을 설치할 때 필요 없는 것은?

㉮ 퀵 체인지 어댑터
㉯ 콜릿
㉰ 드로잉 볼트
㉱ 칼라

25. 다음 중 밀링 머신의 부속 장치가 아닌 것은?

㉮ 분할대
㉯ 래크 절삭 장치
㉰ 아버
㉱ 에이프런

26. 밀링 머신의 절삭량 $W[\text{cm}^3]$를 계산하는 식은?

(단, t: 절삭 깊이, w: 절삭 폭, f: 이송량)

㉮ $\dfrac{twf}{1000}$
㉯ $\dfrac{1000}{twf}$
㉰ $1+\dfrac{twf}{1000}$
㉱ $1-\dfrac{twf}{1000}$

27. 다음 중 밀링 머신의 부속 장치가 아닌 것은?

㉮ 만능 밀링 장치
㉯ 슬로팅 장치
㉰ 래크 밀링 장치
㉱ 셰이핑 장치

28. 회전 테이블은 어디에 장치하는가?

㉮ 전동기 옆
㉯ 암 위
㉰ 새들 위
㉱ 테이블 위

29. 아버의 설치는 어디에 하는가?

㉮ 새들 위
㉯ 아버 암
㉰ 스핀들 구멍
㉱ 테이블 위

30. 오버 암의 중간 또는 끝부의 2개소에 아버 베어링으로 고정하는 이유는?

㉮ 아버가 굽는 것을 방지하기 위하여
㉯ 고속 절삭을 하기 위하여
㉰ 작업을 편리하게 하기 위하여
㉱ 회전 속도를 높이기 위하여

31. 오버 암 또는 아버 지지부와 니를 오버 암 브레이스로 연결하여 보강하는 목적은?

㉮ 회전 속도를 늘리기 위하여
㉯ 회전 속도를 줄이기 위하여
㉰ 강력 절삭을 하기 위하여
㉱ 기계를 튼튼하게 보이기 위하여

32. 밀링 머신용 바이스의 올바른 설치 위치는?

㉮ 테이블의 아무데나 설치한다.
㉯ 테이블의 우측에 설치한다.
㉰ 테이블의 좌측에 설치한다.
㉱ 테이블의 중앙에 설치한다.

33. 헬리컬 기어, 래크를 절삭하는 장치로 수평 밀링 머신에 장치하는 부속 장치는?

㉮ 슬로팅 장치
㉯ 래크 밀링 장치
㉰ 만능 밀링 장치
㉱ 회전 테이블

정답 / **17.** ㉯ **18.** ㉮ **19.** ㉰ **20.** ㉱ **21.** ㉱ **22.** ㉮ **23.** ㉰ **24.** ㉱ **25.** ㉱ **26.** ㉮ **27.** ㉱ **28.** ㉱ **29.** ㉰ **30.** ㉮
31. ㉰ **32.** ㉰ **33.** ㉯

▶ 3. 밀링 커터

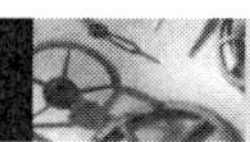
3-1 밀링 커터의 종류와 용도

▮1 평면 커터(plain cutter)
원주면에 날이 있고 회전축과 평행한 평면 절삭용이며, 고속도강, 초경합금으로 만든다.

▮2 측면 커터(side cutter)
원주 및 양측면에 날이 있고 평면과 측면을 동시 절삭할 수 있어 단 달린 면, 또는 홈 절삭에 쓰인다.

▮3 정면 커터(face milling cutter)
① 재질 : 본체는 탄소강, 팁은 초경팁을 경납 또는 기계적으로 고정한다.
② 용도 : 평면 가공, 강력 절삭을 할 수 있다.

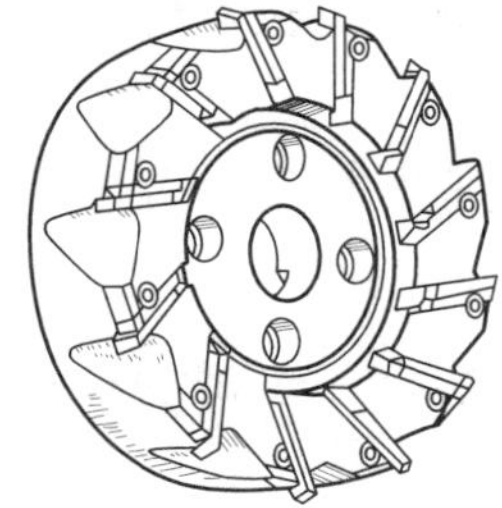

평면 커터   측면 커터   정면 커터

▮4 엔드밀(end mill)
① 용도 : 드릴이나 리머와 같이 일체의 자루를 가진 것으로 평면 구멍 등을 가공할 때 쓰인다.
② 자루 모양 : 섕크의 모양이 곧은 것과 테이퍼부로 되어 있다.
③ 비틀림각 : $12 \sim 18^\circ$(보통), $20 \sim 25^\circ$(거친날), $40 \sim 60^\circ$
　(스파이럴 엔드밀)
④ 날수 : 2날, 4날
⑤ 엔드밀의 종류 : 셀 엔드밀(날과 자루 분리), 볼 엔드밀
　(금형 가공용)

▮5 총형 커터(formed cutter)
① 재질 : 고속도강, 초경합금
② 용도 : 기어 가공, 드릴의 홈 가공, 리머, 탭 등 형상 가
　공에 쓰인다.
③ 종류 : 볼록 커터(convex milling cutter), 오목 커터

엔드밀과 커터

(concave milling cutter), 인벌류트 커터 (involute gear cutter)

⑥ 각형 커터 (angular cutter)
① **재질** : 고속도강, 초경합금
② **용도** : 각도, 홈, 모떼기 등에 쓰인다.
③ **종류** : 등각 밀링 커터, 부등각 밀링 커터, 편각 커터

⑦ 메탈 슬리팅 소 (metal slitting saw)
① **재질** : 고속도강, 초경합금
② **용도** : 절단, 홈파기

⑧ T홈 커터 (T-slot cutter)
① **재질** : 고속도강, 초경합금
② **용도** : T홈 가공

여러 가지 커터

⑨ 더브테일 커터 (dove tail cutter)
① **재질** : 고속도강
② **용도** : 더브테일 홈 가공, 기계 조립 부품에 많이 사용된다.

3-2 밀링 커터의 각도

① 날의 각부 명칭
밀링 커터의 날은 사용 목적에 따라 여러 가지 종류가 있으나 대표적인 치수 및 형상은 KS에 규정되어 있다. 다음 그림은 대표적인 주요 공구각을 나타낸 것이다.

① **커터의 본체** : 밀링 커터의 주체를 형성하는 것으로 재질에 적응한 열처리를 하여 내부 변형을 완전히 제거할 필요가 있다. 솔리드 밀링 커터와 같이 본체 자신에 절삭날이 있으며, 열처리를 한 후에 인선 연삭을 하여 사용하는 것이 있으나 이러한 본체에는 고속도강 제2종(SKH 2)부터 제4종 (SKH 4)이 일반적으로 쓰이고 있다. 대형 커터에는 초경 팁을 탄소 공구강 주위에 심는 것도 있다.

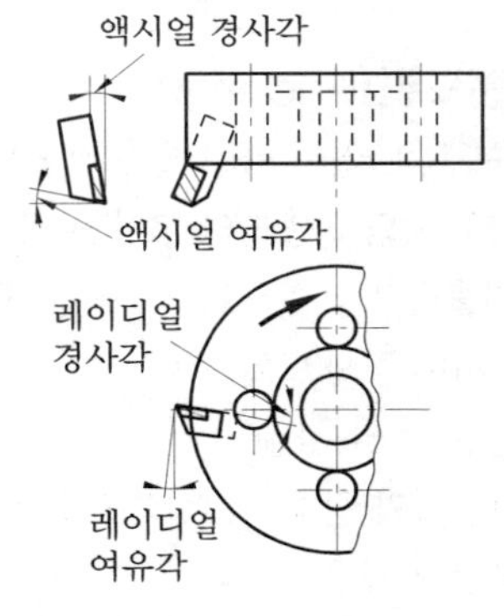

정면 밀링 커터의 주요 공구각

② **인선** : 경사면과 여유면이 교차하는 부분으로서 절삭 기능을 충분히 발휘하기 위해서는 연삭을 잘 해야 된다.
③ **랜드** : 여유각에 의하여 생기는 절삭날 여유면의 일부로서 랜드의 나비는 작은 커터가 0.5mm 정도이고 지름이 큰 커터는 1.5mm 정도이다.
④ **경사각** : 절삭날과 커터의 중심선과의 각도를 경사각이라 한다.

⑤ **여유각** : 커터의 날 끝이 그리는 원호에 대한 접선과 여유면과의 각을 여유각이라 한다. 일반적으로 재질이 연한 것은 여유각을 크게, 단단한 것은 작게 한다.

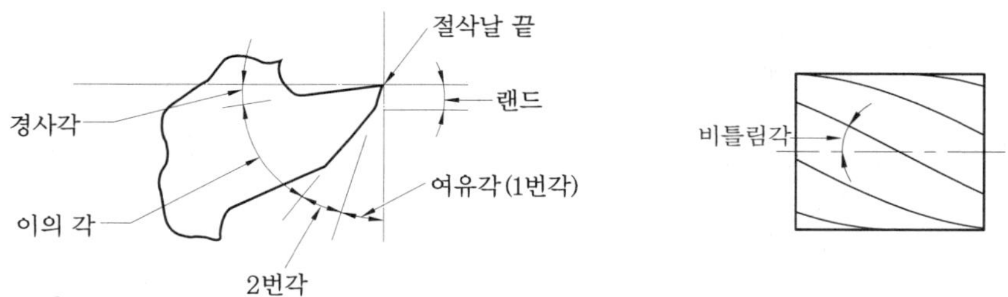

평면 밀링 커터의 주요 공구각

⑥ **비틀림각** : 비틀림각은 인선의 접선과 커터 축이 이루는 각도이다.

⑦ **바깥둘레** : 커터의 절삭날 선단을 연결한 원호이며, 밀링 커터의 지름을 측정하는 부분이다. 정면 밀링 커터의 지름 D와 일감의 나비 w와의 관계는 $\dfrac{D}{w} = \dfrac{5}{3} \sim \dfrac{3}{2}$ 정도로 하는 것이 좋다.

⑧ **날 수** : 커터의 강도, 절삭 칩의 모양, 사용하는 밀링 머신의 마력 등에 의해서 결정된다. 초경질 커터의 날수는 초경질 팁을 경납땜하거나 죄어서 심은날로 하기 때문에 적게 할 필요가 있다.

예 상 문 제

1. 평면 절삭에 적당한 커터는?

㉮ 플레인 커터 　　　　㉯ 사이드 커터
㉰ 메탈 소 　　　　㉱ 엔드밀

2. 플레인 커터의 여유각은 얼마 정도인가?

㉮ 0~5° 　　　　㉯ 3~6°
㉰ 6~9° 　　　　㉱ 10~30°

[해설] ㉮는 플레인 커터의 경사각, ㉱는 플레인 커터의 비틀림각이다.

3. 플레인 커터로 강인한 금속을 가공하고자 한다. 비틀림각은 얼마 정도로 하면 좋은가?

㉮ 20° 　　㉯ 25° 　　㉰ 30° 　　㉱ 35°

4. 홈 절삭에 적당한 커터는?

㉮ 플레인 커터 　　　　㉯ 엔드밀
㉰ 메탈 소 　　　　㉱ 총형 커터

5. V형 또는 세레이션 절삭에 적당한 커터는?

㉮ 앵귤러 커터 　　　　㉯ 엔드밀
㉰ 플레인 커터 　　　　㉱ 페이스 커터

6. 큰 평면 절삭에 적당한 커터는?

㉮ 엔드밀 　　　　㉯ 셸 엔드밀
㉰ 정면 커터 　　　　㉱ 사이드 커터

7. 플레인 커터에서 직선날과 비틀림날이 있다. 비틀림날은 폭이 몇 mm 이상으로 되어 있는가?

㉮ 15mm 　　　　㉯ 20mm
㉰ 25mm 　　　　㉱ 30mm

8. 밀링 커터를 구조별로 분류하면 다음과 같다. 관계가 없는 것은?

㉮ 단체 커터 　　　　㉯ 용접 커터
㉰ 앵귤러 커터 　　　　㉱ 심은날 커터

9. 밀링 작업에서 2개 이상의 커터를 동시에 사용하여 1회에 가공 완성하는 커터는?

㉮ 플레인 커터 　　　　㉯ 앵귤러 커터
㉰ 총형 커터 　　　　㉱ 정면 커터

10. 경사면이나 리머, 커터 등의 날 홈 가공에 쓰이는 커터는?

㉮ 메탈 소 　　　　㉯ T-슬롯 커터
㉰ 플레인 커터 　　　　㉱ 앵귤러 커터

11. 앵귤러 커터의 각도 중에서 관계가 없는 것은?

㉮ 등각 　　㉯ 부등각 　　㉰ 편각 　　㉱ 엇각

12. 수직식 밀링 머신에는 어떤 공구를 주로 이용하는가?

㉮ 엔드밀 　　　　㉯ 기어 커터
㉰ 각 커터 　　　　㉱ 측면 커터

13. 다음 중 셸 엔드밀에 관계없는 것은?

㉮ 자루와 엔드밀이 분리된다.
㉯ 엔드밀의 지름이 50mm 이상이다.
㉰ 갱 커터를 말한다.
㉱ 경제적이다.

14. 다음 중 지름에 비해서 길이가 긴 커터를 무엇이라 하는가?

㉮ 슬리팅 커터 　　　　㉯ 메탈 소
㉰ 엔드밀 　　　　㉱ 헬리컬 커터

15. 다음 중 엔드밀이 사용되는 곳은 어느 것인가?

㉮ 드릴로 뚫은 구멍을 다듬는 공구이다.
㉯ 평면을 다듬질할 때만 사용된다.
㉰ 밀링 머신에서 홈을 파거나 다듬질할 때 사용된다.
㉱ 밀링 머신에서 평면 가공할 때 쓴다.

16. 엔드밀 보통날의 비틀림각은 얼마 정도인가?

㉮ 8~12° 　　　　㉯ 12~18°
㉰ 20~25° 　　　　㉱ 40~60°

[해설] ㉰는 막깎기날 엔드밀 비틀림각이며, ㉱는 스파이럴 엔드밀의 비틀림각이다.

17. 커터의 랜드는 작은 지름인 경우 나비가 얼마 정도 되는가?

㉮ 0.5mm 　　　　㉯ 1mm
㉰ 1.5mm 　　　　㉱ 2mm

[해설] • 지름이 작은 것 : 0.5mm / • 지름이 큰 것 : 1.5mm

[정답] 　1. ㉮　2. ㉯　3. ㉱　4. ㉯　5. ㉮　6. ㉰　7. ㉮　8. ㉰　9. ㉯　10. ㉱　11. ㉱　12. ㉮　13. ㉰　14. ㉱
15. ㉰　16. ㉯　17. ㉮

18. 엔드밀의 용도로 부적당한 것은?

㉮ 윤곽 가공　　　　㉯ 모따기
㉰ 홈　　　　　　　　㉱ 곡면 가공

19. 엔드밀 샹크가 테이퍼로 된 것은 지름이 얼마 초과일 때인가?

㉮ 10mm　　　　　㉯ 15mm
㉰ 20mm　　　　　㉱ 25mm

[해설] 엔드밀은 자루(샹크)가 20mm 이하는 곧은 자루, 20mm 초과는 테이퍼 샹크로 되어 있다.

20. 판 캠을 밀링에서 절삭할 때 가장 효과적인 커터는?

㉮ 플레인 커터　　　㉯ 엔드밀
㉰ 앵글 커터　　　　㉱ 사이드 커터

21. 커터의 지름 D와 피삭 재료의 나비 W와의 관계로 맞는 것은?

㉮ $\dfrac{D}{W} = \dfrac{1}{2} \sim \dfrac{1}{3}$　　㉯ $\dfrac{D}{W} = \dfrac{3}{5} \sim \dfrac{1}{3}$

㉰ $\dfrac{D}{W} = \dfrac{5}{3} \sim \dfrac{3}{2}$　　㉱ $\dfrac{D}{W} = \dfrac{1}{3} \sim \dfrac{1}{4}$

22. 날의 비틀림각을 45~75°로 크게 하여 진동이 적고 깨끗한 가공면을 얻도록 한 커터는?

㉮ 평면 커터　　　　㉯ 헬리컬 커터
㉰ 엔드밀　　　　　　㉱ 측면 커터

23. 헬리컬 커터는 비틀림각이 얼마 이상인가?

㉮ 30°　　㉯ 35°　　㉰ 40°　　㉱ 45°

24. 수직면과 폭이 좁은 평면을 깎을 때 다음 중 어느 커터가 적당한가?

㉮ 평면 커터　　　　㉯ 정면 커터
㉰ 각 커터　　　　　㉱ 엔드밀

25. 드릴의 홈 가공에 적합한 커터는?

㉮ 콘케이브 커터　　㉯ 콘벡스 커터
㉰ 앵글 커터　　　　㉱ 엔드밀

26. 정면 커터의 그물자리가 생기는 원인이다. 아닌 것은?

㉮ 커터의 결함
㉯ 공작물 설치상의 결함

㉰ 절삭 조건의 부적당
㉱ 공작물 재질

27. 밀링 커터의 날이 교대로 15° 정도의 각도로 경사진 것은?

㉮ 스태거트 투드 커터　㉯ 플레인 커터
㉰ 셸 엔드밀　　　　　　㉱ 메탈 소

28. KS에서 밀링 커터의 테이퍼 샹크는 무엇으로 규정하고 있는가?

㉮ 브라운 샤프 테이퍼　㉯ 내셔널 테이퍼
㉰ 자콥스 테이퍼　　　　㉱ 모스 테이퍼

29. 다음은 플레인 커터에 대한 사항이다. 해당 없는 것은?

㉮ 여유각　　　　　　㉯ 경사각
㉰ 입도　　　　　　　㉱ 랜드

30. 메탈 소의 두께는 몇 mm 이하인가?

㉮ 3mm　㉯ 5mm　㉰ 8mm　㉱ 12mm

31. 밀링 머신에서 커터 고정에 사용하는 기구가 아닌 것은?

㉮ 아버　　　　　　　㉯ 어댑터
㉰ 콜릿　　　　　　　㉱ 섹터

32. 각종 곡면을 가공하는 커터는?

㉮ 앵귤러 커터　　　㉯ 메탈 소
㉰ 총형 커터　　　　㉱ 플레인 커터

33. 커터의 요소와 관계없는 것은?

㉮ 지름　　　　　　　㉯ 랜드
㉰ 비틀림각　　　　　㉱ 재질

34. 커터의 본체는 어느 재료의 재종을 많이 사용하는가?

㉮ SKH 1　　　　　㉯ SKH 2
㉰ SKH 5　　　　　㉱ SKH 6

35. 커터의 바깥둘레는 무엇으로 측정하는가?

㉮ 커터 절인의 앞 끝을 연결한 원호
㉯ 커터의 랜드를 연결한 원호
㉰ 커터의 여유각을 연결한 원호

정답 18. ㉯ 19. ㉰ 20. ㉯ 21. ㉰ 22. ㉯ 23. ㉱ 24. ㉱ 25. ㉯ 26. ㉱ 27. ㉮ 28. ㉱ 29. ㉰ 30. ㉯ 31. ㉱
　　32. ㉰ 33. ㉱ 34. ㉯ 35. ㉮

㉑ 커터의 경사면을 연결한 원호

36. 커터용 재료 구비 조건이다. 아닌 것은?

㉮ 상온 및 고온에서 경도가 높을 것
㉯ 마모 저항이 클 것
㉰ 인성이 클 것
㉱ 가격이 비쌀 것

37. 정면 커터는 플레인 커터보다 다음과 같은 이점이 있다. 아닌 것은?

㉮ 절삭 저항이 적다.
㉯ 강력 절삭이 가능하다.
㉰ 뒤틈과 관계없다.
㉱ 가장 많이 사용한다.

38. 본체에 심은날의 설치 방법으로 틀린 것은?

㉮ 키에 의한 설치
㉯ 나사에 의한 설치
㉰ 톱 베카일에 의한 설치
㉱ 용접에 의한 설치

39. T홈 절삭에 사용하는 커터는?

㉮ T-슬롯 커터　　㉯ 더브테일 커터
㉰ 셸 엔드밀　　㉱ 앵귤러 커터

40. 재료 절단용으로 사용하는 커터는?

㉮ 플레인 커터　　㉯ 메탈 소
㉰ 사이드 커터　　㉱ 총형 커터

41. 바깥 지름이 150mm인 메탈 소는 날 나비가 얼마 이하로 되어 있는가?

㉮ 2mm　　㉯ 3mm
㉰ 4mm　　㉱ 6mm

42. 메탈 소는 어떻게 되어 있는가?

㉮ 중심쪽보다 날쪽의 두께가 두껍다.
㉯ 중심쪽보다 날쪽의 두께가 얇다.
㉰ 중심쪽과 날쪽의 두께는 같다.
㉱ 일감에 따라 다르다.

[해설] 메탈 소는 절단용 밀링 커터이므로 절삭날이 있는 곳으로부터 중심으로 들어감에 따라 2/1000의 구배가 되어 있으므로 두께가 얇아진다.

43. 사이트 커터의 인터 로킹이란?

㉮ 2장의 사이드 커터를 조합한 것
㉯ 2장의 앵귤러 커터를 조합한 것
㉰ 1장의 사이드 커터를 사용한 것
㉱ 3장의 사이트 커터를 조합한 것

44. 기어 절삭에 사용되는 공구가 아닌 것은?

㉮ 래크 커터　　㉯ 피니언 커터
㉰ 호브　　㉱ 혼

45. 다음 총형 밀링 커터의 종류가 아닌 것은 어느 것인가?

㉮ 기어 커터　　㉯ 오목 커터
㉰ 플레인 커터　　㉱ 각 커터

46. 페이스 커터의 실험에 의한 날수 계산식은?

㉮ $T = \dfrac{2\pi D}{W}$　　㉯ $T = 2\pi DW$

㉰ $T = \dfrac{W}{\pi D}$　　㉱ $T = \dfrac{D}{\pi W}$

[해설] T:날수, D:커터 지름(in), W:절삭 나비(in)일 때, $T = \dfrac{2\pi D}{W}$ 가 된다.

47. 초경질 합금 커터로 거친 절삭을 할 때 절삭 속도가 제일 빠른 것은?

㉮ 황동　　㉯ 경강
㉰ 주철　　㉱ 가단 주철

48. 날의 나비 20mm 이상이며, 모두 비틀림 날로 된 커터는?

㉮ 플레인 밀링 커터　　㉯ 정면 밀링 커터
㉰ 총형 밀링 커터　　㉱ 갱 커터

4. 밀링 가공법

4-1 밀링 작업

1 기본 밀링 작업

① **평면 절삭 작업(face milling)** : 밀링 머신은 평면을 절삭할 때 매우 위력을 발휘하는 기계이다. 수평형에서는 플레인 밀링 커터, 수직형에서는 정면 밀링 커터(페이스 커터)를 사용하는 것이 일반적이지만 능률이 좋은 것은 수직형으로 정면 밀링 커터를 사용하는 경우이다. 평면을 절삭할 때는 그 폭은 커터 지름의 60~70%로 하는 것이 보통이다. 절삭 폭을 커터 지름과 같게 하면 커터 밑의 중앙에서 칩이 배출되지 않으므로 칩에 의한 흠집이 생기고 커터의 수명도 단축된다.

② **홈파기**

㈎ 엔드밀이나 사이드 커터를 사용한다. 환봉에 홈을 팔 때는 먼저 환봉 중심에 엔드밀 커터를 맞춘 다음 홈 폭보다 약간 작게 상면을 깎아준다.

㈏ 니(knee)를 올려서 깊이를 정하고 길이는 테이블의 이동으로 정한다.

㈐ 수평 밀링으로 사이드 커터를 사용할 경우는 주로 긴 홈을 팔 때이다.

③ **T홈 파기**

㈎ T형 홈을 팔 때는 T형 커터를 사용한다. T형 밀링 커터는 절삭 시 절삭날 주위에 칩이 완전히 쌓여 있으므로 칩의 배출이 나쁘다.

㈏ 먼저 직선 홈을 파고 칩을 제거한다.

㈐ 다음에 T홈 밀링 커터를 윗면에 맞춘다.

㈑ 깊이만큼 니를 올려서 절입(약간 절입하여 접촉면을 확인해 본 다음 절입)한다.

㈒ 완성 가공한다.

④ **정면 절삭과 원통 절삭** : 공작물의 평면을 절삭하는 것으로 정면 커터와 플레인 커터가 있다. 선반과는 달리 공구를 회전시켜서 공작물을 이송하여 절삭한다.

⑤ **측면 절삭 작업** : 측면 절삭이라 하여도 대부분은 단절삭의 일부이다. 단절삭 가운데에서 측면이 크거나, 측면을 다듬질하거나, 피삭재의 자세로 측면이 되었을 뿐이다. '측면'이라 해도 평면이란 점만은 변하지 않는다. 단, 평면이 테이블에 수직이 되었다는 것뿐이다.

⑥ **비틀림 홈 절삭** : 비틀림 홈 절삭은 밀링 머신에서 드릴, 헬리컬 기어 등을 절삭할 때 공작물을 θ각 만큼 회전시키는 동시에 테이블을 이송시켜야 한다. 이 때는 만능 머신을 사용해야 한다.

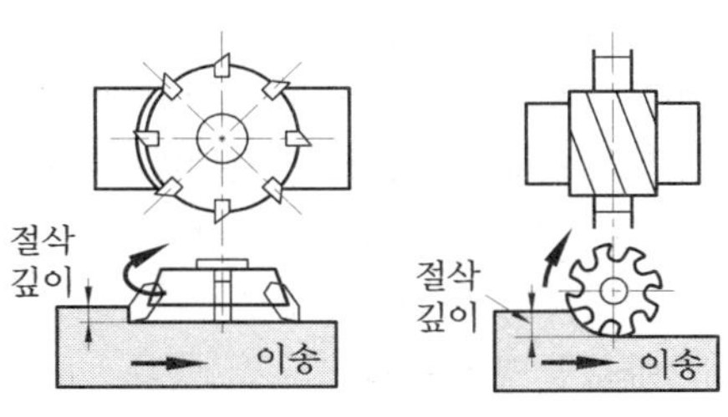

정면 절삭과 원통 절삭

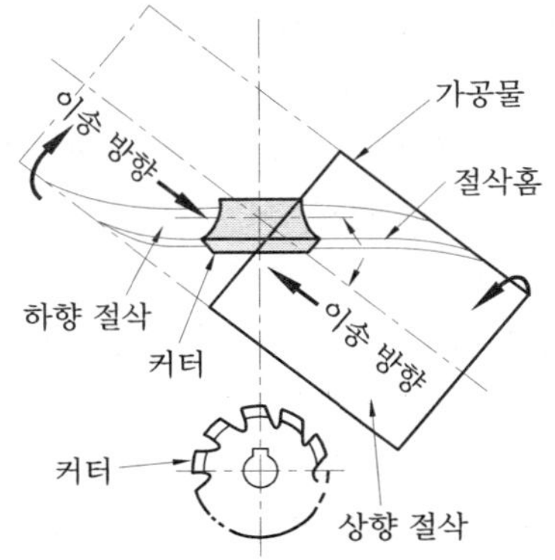

비틀림 홈의 절삭

공작물의 지름 d(mm), 리드 L(mm), 비틀림각 θ라 하면,

$$\tan\theta = \frac{\pi d}{L}, \quad L = \frac{\pi d}{\tan\theta} = \pi d \cot\theta$$

또 웜과 웜 기어의 회전비 $\frac{1}{40}$, 분할대에 고정할 변환기어의 잇수 W_1, 테이블의 이송 나사에 고정할 변환 기어의 잇수 S라고 하면 변환 기어의 잇수비 i는 다음과 같다.

$$i = \frac{W}{S} = \frac{L}{p} \times \frac{1}{40}$$

여기서, p : 테이블의 이송 나사의 리드(mm), L : 공작물의 리드(mm)

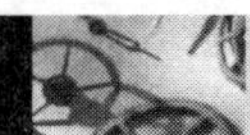

4-2 분할대와 분할 작업

분할대의 사용 목적으로는 첫째, 공작물의 분할 작업(스플라인 홈작업, 커터나 기어 절삭 등), 둘째, 수평, 경사, 수직으로 장치한 공작물에 연속 회전 이송을 주는 가공 작업(캠 절삭, 비틀림 홈 절삭, 웜 기어 절삭 등) 등이 있다.

1 분할대의 종류와 특성

① 분할대의 분류

(개) 직접 분할대 : 분할 수가 적은 것으로 단순 직선 절삭

(내) 만능 분할대 : 직선 및 구배 절삭, 비틀림 절삭

(대) 광학적 분할대 : 광학적인 원리에 의해 직접 분할

〈현재 많이 쓰이고 있는 대표적인 분할대〉

㉮ 신시내티형 만능 분할대

㉯ 트아스형 광학 분할대

㉰ 밀워키형 만능 분할대

㉱ 브라운 샤프형 만능 분할대

㉲ 라이비켈형 분할대

② 밀워키형 만능 분할대

(개) 미국 카이비 엔드 트레커사 제품으로서 구조는 신시내티형과 거의 같다.

(내) 크랭크 핸들과 주축이 하이포이드 기어에 의하여 구성되어 있다. 기어의 잇수는 100매이며, 20장의 피니언에 의해 전달된다.

(대) 주축 테이퍼는 내셔널 테이퍼 No.50을 갖고 있다.

(래) 분할판은 2장 표준의 것은 2~100까지 분할, 차동 분할은 500까지 분할이 가능하다.

③ 브라운 샤프형 만능 분할대

(개) 분할판 3장을 사용한다.

(내) 주축 끝을 수평 이하 5°에서 수직을 넘어 100°까지 임의의 각도로 선회한다.

(대) 주축의 직접 분할에 쓰이는 24등분된 핀 구멍이 있다.

(래) 분할판 표준형

- 제1매 : 15, 16, 17, 18, 19, 20
- 제2매 : 21, 23, 27, 29, 31, 33
- 제3매 : 37, 39, 41, 43, 47, 49

㈐ 단순 분할, 차동 분할 730까지 분할 가능

④ 트아스형 광학 분할대

㈎ 기계 구조는 만능 분할대와 같다.

㈏ 선회대는 눈금판과 부척에 의해 5분까지 정밀도로 임의의 각도로 회전할 수 있다.

㈐ 주축에는 유리제의 눈금판과 자리잡기 현미경이 구성되어 있어 15초까지 정확히 구할 수 있다.

㈑ 현미경 접안경은 수직축 중심으로 360° 회전할 수 있다.

❷ 분할대의 구조

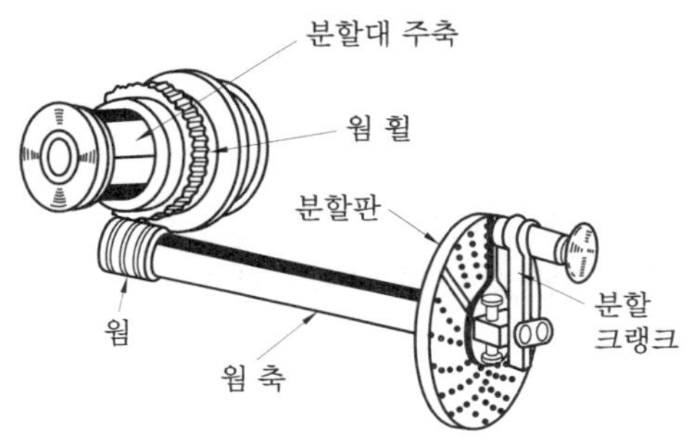

분할대의 구조

분할대 (만능형)

분할대의 구조는 신시내티형 분할대의 구조이며, 브라운 샤프형과 같이 주축에 40개의 이를 가진 웜 기어가 고정되어 있고, 웜 축에는 1줄의 웜이 있어 웜 축을 1회전시키면 주축은 1/40회 회전한다. 즉 웜을 40회전시키면 분할대 주축은 1회전한다. 따라서 공작물이 $\frac{1}{N}$ 회전하게 되면 핸들은 $\frac{40}{N}$ 회전시켜야 하므로 분할 크랭크 핸들의 회전수 n은 다음과 같다.

$$n = \frac{40}{N}$$ 여기서, N은 분할수이다.

① **분할판** : 분할하기 위하여 판에 일정한 간격으로 구멍을 뚫어 놓은 판을 말한다.

② **섹터** : 분할 간격을 표시하는 기구이다.

③ **선회대** : 주축을 수평에서 위로 110°, 아래로 10°로 경사시킬 수 있다.

❸ 밀링 분할 작업

분할대는 분할 작업 및 속도 변위가 요구될 때 즉, 기어나 드릴 홈을 깎을 때 이용되며 분할법은 다음과 같다(브라운 샤프형 분할대를 기준).

① **직접 분할법**(direct dividing method) : 직접 분할법은 주축 앞 부분에 있는 24개의 구멍을 이용하여 분할하는 방법으로 24의 약수인 2, 3, 4, 6, 8, 12, 24로 등분할 수 있다(7종 분할이 가능).

예제 1 원주를 8등분하시오.

[해설] 24÷8=3 즉, 3구멍씩 회전시켜 가며 절삭하면 원주는 8등분된다.

② 간접 분할법(indirect dividing method)

㈎ 단식 분할법(simple dividing) : 단식 분할법은 분할판과 크랭크를 사용하여 분할하는 방법으로 다음과 같이 할 수 있다. [그림, 분할대의 구조]와 같은 구조의 분할 장치를 이용하면 된다. [그림]에서 보는 것과 같이 인덱스 크랭크를 1회전시키면 인덱스 스핀들에 붙어 있는 잇수 40의 웜 휠이 1/40 회전한다. 다시 말해 인덱스 크랭크 40회전에 웜 휠(인덱스 스핀들도 같음.)이 1회전 한다. 따라서 필요한 분할수 계산은 다음과 같다. 또한 분할판의 종류와 구멍수는 [표]와 같다.

분할판의 종류와 구멍수

종 류	분할판	구 멍 수
브라운 샤프형	No. 1	15, 16, 17, 18, 19, 20
	No. 2	21, 23, 27, 29, 31, 33
	No. 3	37, 39, 41, 43, 47, 49
신시내티형	앞면	24, 25, 28, 30, 34, 37, 38, 39, 40, 42, 43
	뒷면	46, 47, 49, 51, 53, 54, 57, 58, 59, 62, 66
밀워키형	앞면	100, 96, 92, 84, 72, 66, 60
	뒷면	98, 88, 78, 76, 68, 58, 54

$$n = \frac{R}{N} = \frac{40}{N} \,(\text{브라운 샤프형과 신시내티형})$$

$$n = \frac{R}{N} = \frac{5}{N} \,(\text{밀워키형})$$

여기서, n은 핸들의 회전수, N은 분할수이다. R은 워엄기어의 회전비이다.

㈏ 차동 분할법(differential dividing) : 차동 분할법은 단식 분할이 불가능한 경우에 차동 장치를 이용하여 분할하는 방법이다. 이때 사용하는 변환 기어의 잇수로는 24(2개), 28, 32, 40, 48, 56, 64, 72, 86, 100이 있다.

㉮ 분할수 N에 가까운 수로 단식 분할할 수 있는 N'를 가정한다.

㉯ 가정수 N'로 등분하는 것으로 하고 분할 크랭크 핸들의 회전수 n을 구한다.

$$n = \frac{40}{N'}$$

㉰ 변환 기어의 차동비 i를 구한다.

$$i = 40 \times \frac{N'-N}{N'} = \frac{S}{W} \cdots\cdots\cdots 2단$$

$$i = 40 \times \frac{N'-N}{N'} = \frac{S \times B}{W \times A} \cdots\cdots\cdots 4단$$

㉱ 여기서 차동비가 +값일 때에는 중간 기어 1개, −값일 때에는 중간 기어 2개를 사용한다.

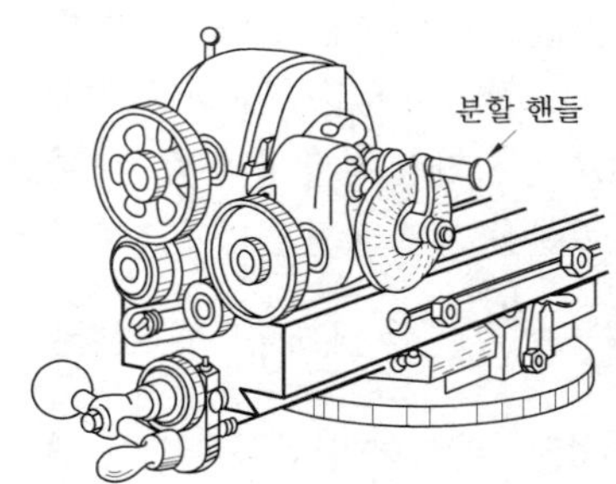

차동 분할 장치

예제 2 브라운 샤프형 분할대를 사용하여 잇수가 92개인 스퍼 기어를 절삭하려 할 때, 분할 크랭크의 회전수를 구하시오.

[해설] $n = \dfrac{40}{N} = \dfrac{40}{92} = \dfrac{10}{23}$

즉, 분할핀 No.2, 23 구멍짜리를 사용하여 10구멍씩 회전시켜 절삭한다.

예제 3 원주를 239등분하시오.

[해설] ① $N' = 240$으로 하면 분할판의 구멍수와 크랭크 회전수 n은,

$$n = \frac{40}{N'} = \frac{40}{240} = \frac{1}{6} = \frac{3}{18}$$

② 변환 기어 계산

$$\frac{S}{W} = \frac{40(N'-N)}{N'} = \frac{40(240-239)}{240} = \frac{40}{240}$$

$$= \frac{4}{24} = \frac{1\times4}{3\times8} = \frac{1\times24}{3\times24} \times \frac{4\times6}{8\times6} = \frac{24\times24}{72\times48}$$

즉, $W=72$, $A=48$, $S=24$, $B=24$로 한다.

중간 기어는 $N'-N>0$이므로 같은 방향으로 돌도록 1개를 사용한다.

㈐ 섹터의 사용 : 분할 구멍의 위치를 기억하고 움직이는 구멍수를 세는 것은 번거롭다. 이 때 섹터를 사용하면 쉽게 해결할 수 있다.

㈑ 각도 분할법 : 분할에 의해서 공작물의 원둘레를 어느 각도로 분할할 때에는 단식 분할법과 마찬가지로 분할판과 크랭크 핸들에 의해서 분할한다.

다음은 신시내티형 분할대에 대한 설명이다.

분할대의 주축이 1회전하면 $360°$가 되며, 크랭크 핸들의 회전과 분할대 주축과의 비는 40:1이므로 주축의 회전 각도는 다음과 같다.

$$\frac{360°}{40} = 9°$$

여기서, n : 구하고자 하는 분할 크랭크의 회전수, D : 분할 각도라 하면, $n = \dfrac{D°}{9°}$가 된다.

이상의 공식은 (°)로 나타낸 것이며, 분(′)과 초(″)단위로 환산하면 다음과 같다.

$$n = \frac{D}{9\times60} = \frac{D'}{540'}, \qquad n = \frac{D}{9\times60\times60} = \frac{D''}{32400''}$$

가령, 54서클의 분할판 1피치의 각도(分)를 보기로 하면, 분할대 주축의 회전 각도는 다음과 같다.

$D' = 540/54 = 10'$

예 상 문 제

1. 밀링에서 절삭하기가 가장 곤란한 것은?
㉮ 나사 절삭 ㉯ 스퍼 기어 절삭
㉰ 키 홈 절삭 ㉱ 내접 기어 절삭

2. 다음 밀링 작업에서 틀린 것은?
㉮ 기계를 사용하기 전에 주유를 확인한다.
㉯ 커터는 항상 예리한 날 끝을 가진 것을 사용한다.
㉰ 아버 요크와 아버 사이에 흔들림이 없도록 한다.
㉱ 칼럼과 아버는 가능한 한 길고 가는 것을 사용한다.

3. 밀링 머신에서 커터 고정 시에 흔들림의 원인이 아닌 것은?
㉮ 아버 휨
㉯ 커터를 칼럼 가까이 설치
㉰ 커터 설치 시 잡물이 들어감.
㉱ 주축의 흔들림

4. 밀링 작업에서 커터 사용에 대한 것 중 틀린 것은?
㉮ 커터는 가능한 한 칼럼에 가까이 고정하는 것이 좋다.
㉯ 주물의 표면을 깎을 때에는 절삭 깊이를 얕게, 그리고 천천히 이송하는 것이 좋다.
㉰ 얇은 메탈 소의 회전 방향으로 이송하는 것이 좋다.
㉱ 커터 아버의 칼럼 측면이 평평하면 구멍은 동심원이 아니라도 좋다.

5. 커터를 설치하는 방법이다. 설치하는 형이 아닌 것은?
㉮ 아버 타입 커터 ㉯ 생크 타입 커터
㉰ 정면 커터 타입 ㉱ 어댑터 타입 커터

6. 다음 커터의 고정 방법이 될 수 없는 것은?
㉮ 스트레이트 생크는 콜릿 척에 고정한다.
㉯ 테이퍼 생크 드릴은 소켓에 고정한다.
㉰ 생크가 없는 것은 아버에 고정한다.
㉱ 셀 엔드밀은 특별히 자루를 만들 필요 없이 직접 콜릿에 고정한다.

7. 다음 중 밀링 머신 작업이 아닌 것은?
㉮ 홈 가공 ㉯ 캠의 모방 가공
㉰ 원통 테이퍼 가공 ㉱ 평면 가공

8. 다음 중 밀링 머신에서 할 수 없는 작업은?
㉮ 나사 절삭 ㉯ 기어 절삭
㉰ 키홈 절삭 ㉱ 바깥지름 절삭

9. 다음 중 밀링 머신에서 깎을 수 없는 기어는?
㉮ 직선 베벨 기어 ㉯ 스퍼 기어
㉰ 하이포이드 기어 ㉱ 헬리컬 기어
[해설] 밀링 머신에서는 평기어, 웜기어, 헬리컬 기어, 직선 베벨 기어 가공이 가능하다.

10. 일감에 회전운동을 주고 분할, 윤곽 가공을 할 수 있는 밀링 머신의 부속 장치는?
㉮ 면판 ㉯ 원형 테이블
㉰ 머신 바이스 ㉱ 슬로팅 장치

11. 밀링에서 상향 절삭의 장점은?
㉮ 칩이 잘 빠진다.
㉯ 백래시 제거 장치가 필요하다.
㉰ 공작물 고정에 신경 쓸 필요가 없다.
㉱ 커터의 마모가 적다.

12. 밀링 작업에서 하향 절삭 시 백래시 장치를 설치한다. 어느 곳에 하는가?
㉮ 주축 구멍 ㉯ 테이블 이송 나사
㉰ 주축 변속 기어 ㉱ 테이블 변속 기어

13. 밀링 작업에서 회전자리가 나타나는 이유가 아닌 것은?
㉮ 아버의 편심
㉯ 커터의 연삭 정밀도 불량
㉰ 절삭 저항에 의한 아버의 변형
㉱ 날 피치가 균일하기 때문에

14. 밀링 커터의 부착법에 대한 설명이다. 틀린 것은?
㉮ 추력을 상쇄하는 방법을 택한다.
㉯ 주축 테이퍼 구멍을 깨끗이 닦는다.
㉰ 아버 노치를 커터의 키 홈에 맞춘다.
㉱ 가공이 쉬운 위치를 정하면 칼라 개수가 결

정된다.

15. 밀링 바이스에 가공물을 고정하는 방법으로 적당하지 않은 것은?

㉮ 긴 가공물엔 바이스를 중심부에 하나 설치한다.

㉯ 바이스로 물리기 힘든 얇은 가공물에는 전자적을 사용한다.

㉰ 평행면이 없는 경우 넓은 쪽을 고정 조(jow)에 대고 고정한다.

㉱ 동일 규격, 다수 절삭 시 클램프 사용이 능률적이다.

16. 밀링의 절삭 조건과 관계가 없는 것은?

㉮ 가공면의 거칠기 ㉯ 이송 속도

㉰ 절삭 깊이 ㉱ 절삭 속도

[해설] 가공면의 거칠기는 ㉯, ㉰, ㉱항의 절삭 조건에 대한 결과일 뿐이다.

17. 자동 사이클 장치 조작 기호 설명 중 틀린 것은?

㉮ ◄─── : 테이블 진행 방향

㉯ ● : 푸시 버튼 기동

㉰ ─ᴡᴡᴡ─ : 급속 이송

㉱ ⊢◄─ : 테이블 스토퍼

[해설] ──── : 급속 이송 ─ᴡᴡᴡ─ : 절삭 이송

18. NC 가공의 장점이 될 수 없는 것은?

㉮ 누구든 동일한 속도, 방법으로 제품을 만든다.

㉯ 시간과 인건비가 절약된다.

㉰ 생산비와 가격이 싸진다.

㉱ 복잡한 모양 절삭에 실용적이다.

19. 밀링 조작기호 중에서 수동 조작을 뜻하는 것은?

㉮  ㉯  ㉰  ㉱ 

[해설] ㉮는 주축 속도, ㉯는 조정, ㉱는 각 테이블

20. 헬리컬 기어나 드릴의 비틀림 홈을 가공하려면 다음 어느 것이 가장 적당한가?

㉮ 만능 밀링 머신과 분할대와 지그를 사용한다.

㉯ 수평 밀링 머신과 분할대와 변환 기어를 사용한다.

㉰ 수평 밀링 머신과 분할대와 지그를 사용한다.

㉱ 만능 밀링 머신과 분할대와 변환 기어를 사용한다.

21. 밀링 머신에서 절삭률이 7.5cm³/min이고, 1kW당 매분 절삭량이 1.5cm³/min/kW일 때, 이 기계의 소요 동력은?

㉮ 3kW ㉯ 4kW ㉰ 5kW ㉱ 6kW

[해설] $P = \dfrac{W}{S} = \dfrac{7.5}{1.5} = 5\text{kW}$

22. 이송 나사의 피치가 6mm인 밀링 머신에서 지름 20mm의 공작물에 리드 75mm의 비틀림 홈을 깎을 경우, 테이블의 선회 각도와 변환 기어의 잇수는?

㉮ 각도 40°, 잇수 40, 64, 28, 56

㉯ 각도 35°, 잇수 40, 60, 32, 56

㉰ 각도 40°, 잇수 40, 60, 32, 56

㉱ 각도 35°, 잇수 40, 64, 28, 56

[해설] $\tan\theta = \dfrac{\pi d}{L} = \dfrac{\pi \times 20}{75} = 0.837$ ∴ $\theta = 40°$ 이다.

변환 기어 $\dfrac{W}{S} = \dfrac{L}{p \times 40} = \dfrac{75}{6 \times 40} = \dfrac{5}{16} = \dfrac{5 \times 1}{8 \times 2} = \dfrac{40 \times 28}{64 \times 56}$ 이 된다. 따라서, $W = 40$, $S = 56$, 중간 기어 잇수는 64, 28이 된다.

23. 이송 나사 4산/in인 밀링 머신에서 리드 24인치의 드릴을 절삭하려고 할 때, 변환 기어 잇수를 구하면?

㉮ 60, 36, 52, 36 ㉯ 56, 40, 52, 40

㉰ 64, 32, 48, 40 ㉱ 60, 38, 42, 50

[해설] $\dfrac{W}{S} = \dfrac{L}{p \times 40} = \dfrac{L}{1/4 \times 40} = \dfrac{L}{10} = \dfrac{24}{10} = \dfrac{4 \times 6}{2 \times 5}$

$= \dfrac{64 \times 48}{32 \times 40}$

24. 메탈 소의 설치 방법으로 옳은 것은?

㉮ 커터는 칼럼 가까이 설치한다.

㉯ 커터는 칼럼 쪽에서 멀리 설치한다.

㉰ 커터는 아버 중간에 설치한다.

㉱ 커터는 아무 곳이나 설치한다.

25. 다음 중 분할대의 종류가 아닌 것은?

㉮ 브라운 샤프형 ㉯ 인덱스형

㉰ 신시내티형 ㉱ 밀워키형

26. 다음 중 밀링 작업의 분할법 종류가 아닌 것은?

㉮ 직접 분할법 ㉯ 복동 분할법

㉰ 단식 분할법 ㉱ 차동 분할법

[정답] **15.** ㉮ **16.** ㉮ **17.** ㉰ **18.** ㉱ **19.** ㉰ **20.** ㉱ **21.** ㉰ **22.** ㉮ **23.** ㉰ **24.** ㉮ **25.** ㉯ **26.** ㉯

27. 분할판의 24구멍을 8구멍씩 이동할 때만 필요한 것은?

㉮ 섹터
㉯ 복동 분할법
㉰ 단식 분할법
㉱ 차동 분할법

28. 정면 밀링 커터의 재료로 가장 적당한 것은?

㉮ 소르바이트
㉯ 초경질 합금
㉰ 산화 알루미늄
㉱ 니켈

29. 직접 분할법에 의해 분할할 수 없는 수는?

㉮ 3등분 ㉯ 6등분 ㉰ 8등분 ㉱ 9등분

30. 분할대의 크기는 무엇으로 나타내는가?

㉮ 양 센터 사이의 거리
㉯ 테이블상의 스윙
㉰ 분할할 수 있는 수
㉱ 공작물을 회전시킬 수 있는 각도

31. 밀워키형 분할대의 웜 축과 웜 기어의 회전비는?

㉮ 2:1 ㉯ 20:1 ㉰ 5:1 ㉱ 40:1

[해설] 분할대의 종류 중 신시내티형과 브라운 샤프형의 회전비는 40:1이다. 즉, 크랭크 1회전에 주축은 1/40 회전하게 되나 밀워키형의 회전비는 5:1이다. 그러므로 크랭크 1회전에 주축은 1/5회전을 하게 되므로 분할판을 선정하는 방법은 다음과 같다.

$$n = \frac{R}{N} = \frac{5}{N}$$

32. 분할대를 이용하여 원주를 7등분하고자 한다. 브라운 샤프형의 21구멍 분할판을 사용하여 단식 분할하면?

㉮ 5회전하고 3구멍씩 전진시킨다.
㉯ 3회전하고 7구멍씩 전진한다.
㉰ 3회전하고 5구멍씩 전진시킨다.
㉱ 5회전하고 15구멍씩 전진한다.

[해설] $n = \frac{40}{N} = \frac{40}{7} = 5\frac{5}{7}$ 이므로 브라운 샤프형 No.2 분할에서 7의 3배인 21이 있으므로 $\frac{5}{7} = \frac{15}{21}$ 가 된다.

즉, 21구멍의 분할판을 써서 크랭크를 5회전하고 15 구멍씩 돌리면 7등분이 된다.

33. 다음 중 분할대에서 하는 일이 아닌 것은?

㉮ 각도 분할 작업
㉯ 원주 분할 작업
㉰ 외면 작업
㉱ 나선 작업

[해설] 분할대를 이용하는 작업에는 원주 분할, 각도 분할, 기어 가공, 나선 가공, 캠 가공 등이 있다.

34. 분할대에 부속되는 변환 기어의 개수는 보통 몇 개인가?

㉮ 14개 ㉯ 12개 ㉰ 10개 ㉱ 8개

35. 원판 주위에 5°의 눈금을 넣으려 할 때 사용하는 분할판은 어느 것인가?(단, 브라운 샤프형임.)

㉮ 15구멍 ㉯ 21구멍 ㉰ 27구멍 ㉱ 41구멍

[해설] 각도의 분할에는 단식 분할법을 응용하는 경우와 각도 분할 장치를 사용하는 2가지 방법이 있다. 단식 분할법은 분할 핸들을 40회전하면 주축은 1회전하므로, 분할 핸들을 1회전하면 주축 공작물은 360°/40 = 9° 회전한다.

$$\therefore n = \frac{A°}{9} \ (A°: 분할하고자 하는 각도) \quad n = \frac{5°}{9} = \frac{15}{27}$$

즉, 브라운 샤프형 No.2의 27구멍판을 사용하여 15구멍씩 돌린다.

36. 플레인 밀링 커터에서 나선날이 직선날에 비해 가진 이점이 아닌 것은?

㉮ 진동이 적다.
㉯ 절삭 저항이 감소된다.
㉰ 커터날의 수를 증가시킬 수 있다.
㉱ 강력 절삭이 가능하다.

37. 만능 분할대의 구성 요소가 아닌 것은?

㉮ 주축대
㉯ 심압대
㉰ 회전대
㉱ 변환 기어

38. 밀링 머신의 테이퍼 구멍에 사용되는 내셔널 테이퍼 중 지름이 가장 큰 것은?

㉮ 30번 ㉯ 40번 ㉰ 50번 ㉱ 60번

[해설] 내셔널 테이퍼의 테이퍼 값은 1/24이며, 6종류가 있다. 이 중 30번, 40번, 50번, 60번을 많이 사용하며, 번호가 커지면 지름은 커진다.

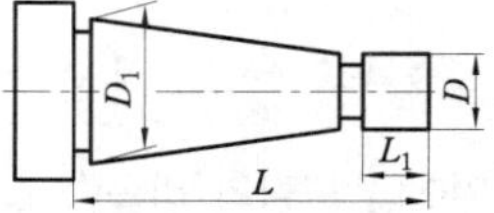

다음은 내셔널 테이퍼의 크기를 표시한 것이다.

내셔널 테이퍼

번호	D_1	D	L	L_1	적용밀링머신의 크기
30	31.750	17.40	70	20	0번
40	44.450	25.32	95	25	1번
50	69.850	39.60	130	25	2번
60	107.950	60.20	210	45	대형 기계

39. 인덱스를 사용하여 원주를 61등분하려면?

크랭크 회전	변환 기어 W	S	중간 기어 개수
㉠ 30공 짜리로 20	27치	18치	2개
㉡ 30공 짜리로 20	30치	18치	1개
㉢ 62공 짜리로 60	27치	18치	2개
㉣ 62공 짜리로 60	30치	18치	1개

[해설] 차동 분할법은 다음 요령으로 계산한다.
① 분할할 수 N에 가까운 수로 단식 분할될 때, 수 N'를 가정한다. ② 가정 분할수 N'를 단식 분할하는 것으로 계산한다. ③ 변환 기어비 i를 구해 차동 변환 기어를 정한다.
가정 분할수 N'=60으로 하면,

$$n = \frac{40}{N'} = \frac{40}{60} = \frac{20}{30}$$

분할판의 구멍수 30을 택해 20구멍씩 돌린다.

$$i = 40 - \frac{N'-N}{N'} = 40 \times \frac{60-61}{60} = \frac{-40}{60} = \frac{-2}{3}$$

$$= \frac{-2 \times 9}{3 \times 9} = \frac{18}{27}$$

Z_a=18, Z_b=27이며, $i<0$이므로 반대 방향으로 회전시키기 위해 중간 기어 2개를 사용한다.

40. 다음 단식 분할 작업에서 분할수에 관한 사항 중 틀린 것은?

㉠ 2~60까지의 모든 수
㉡ 120 이상의 수로 $40/N$에서 분모가 분할판의 구멍수가 될 수 있는 수(N:등분수)
㉢ 60~120까지는 2와 5의 배수
㉣ 모든 자연수

41. 차동 분할 기구에서 분할 크랭크를 돌리면 회전은 분할판까지 전달된다. 그 순서가 바른 것은? (단, 신시내티형이다.)

㉠ 크랭크축-중간기어-웜-웜휠-스핀들-분할판
㉡ 크랭크축-웜휠-웜-스핀들-중간기어-분할판
㉢ 크랭크축-스핀들-웜-웜휠-중간기어-분할판
㉣ 크랭크축-웜-웜휠-스핀들-중간기어-분할판

42. 브라운 샤프형 분할대의 인덱스 크랭크를 1회전시키면 주축은 몇 회전하는가?

㉠ 40회전
㉡ 1/40회전
㉢ 24회전
㉣ 1/24회전

[해설] 인덱스 크랭크 1회전에 웜이 1회전하고, 웜 기어가 1/40회전(웜 기어 잇수가 40개이므로)하며 스핀들의 회전 각도는 9°이다.

43. 다음 중 원주를 233등분하려고 할 때 사용되는 부속 장치는?

㉠ 회전 테이블
㉡ 슬로팅 장치
㉢ 체이싱 다이얼
㉣ 분할대

44. 공작물을 고정한 회전 테이블을 연속 회전시키고, 2개의 스핀들 헤드를 써서 두 종류의 가공을 동시에 할 수 있는 고성능 밀링 머신은?

㉠ 모방 밀링 머신
㉡ 탁상 밀링 머신
㉢ 플레인 밀링 머신
㉣ 회전 테이블 밀링 머신

[해설] 회전 테이블 밀링 머신은 직립 드릴링 머신과 비슷하며 테이블이 회전한다. 직립 스핀들이 2개가 있는 것은 정면 밀링 커터를 설치하여 거친 절삭과 다듬질 절삭을 동시에 할 수 있다.

45. 다음 설명 중 틀린 것은?

㉠ 칼라가 길 경우, 구멍과 단면의 직각도가 정확해야 한다.
㉡ 칼라는 바깥 지름의 치수가 정확해야 한다.
㉢ 아버 칼라는 양 단면의 평행도가 정확해야 한다.
㉣ 아버에 쓰는 칼라는 긴 것보다 짧은 것을 겹쳐 쓰는 편이 좋다.

46. 차동 분할 시 분할판은 슬리브에 고정되어 있다. 체인지 기어의 중간 기어를 1개 끼웠을 때 크랭크를 시계 방향으로 회전시키면 분할판의 회전 방향은 어느 쪽인가?

㉠ 시계 방향
㉡ 시계의 반대 방향
㉢ 움직이지 않는다.
㉣ 시계 방향으로 회전하다가 반시계 방향으로 회전한다.

47. 다음 중 차동 분할법으로 최고 얼마까지 분할할 수 있는가?

㉠ 1008
㉡ 1110
㉢ 910
㉣ 180

48. 차동 분할을 할 때 제일 먼저 해야 할 사항은 어느 것인가?

㉠ 분할되는 수와 근사한 수를 정한다.
㉡ 중간 기어의 개수를 정한다.
㉢ 분할 크랭크의 구멍열을 택한다.
㉣ 차동비를 정한다.

[정답] **39.** ㉠ **40.** ㉣ **41.** ㉣ **42.** ㉡ **43.** ㉣ **44.** ㉣ **45.** ㉡ **46.** ㉠ **47.** ㉠ **48.** ㉠

04 연삭 가공법

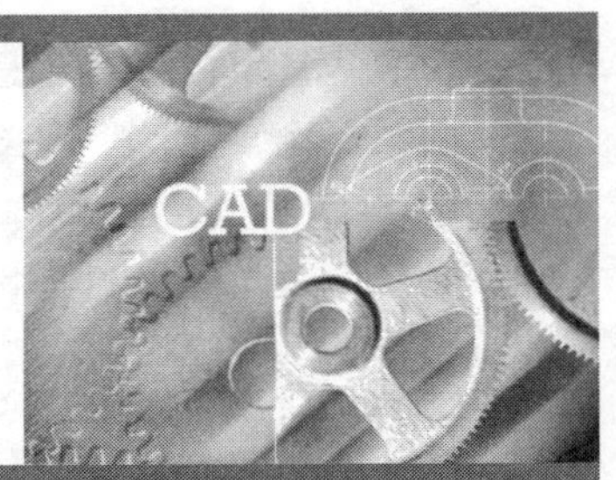

▶ 1. 각종 연삭기

1-1 연삭 가공

1 개 요

연삭 작업은 여러 가지 모양의 연삭 숫돌을 고속으로 회전시켜 이것을 공구로 사용하여 가공물(공작물)에 상대 운동을 시켜 정밀하게 가공하는 작업을 말하며, 이에 사용되는 기계를 연삭기(그라인딩 머신 : grinding machine)라 한다.

2 연삭 가공의 이점

① 입자는 단단한 광물질이기 때문에 초경합금이나 담금질강, 주철, 구리 등의 금속류와 고무, 유리, 플라스틱, 석재에 이르기까지 연삭할 수가 있다.

② 선반이나 밀링 머신에 의해서 가공된 공작물보다 훨씬 정밀도가 높으며 우수한 다듬질 면을 능률적이고 경제적으로 만들 수가 있다. 특히 공구나 게이지류, 기타 담금질로 경화된 부품의 다듬질에는 연삭 가공이 가장 효과적이다.

1-2 각종 연삭기의 특징 및 용도

1 원통 연삭기(cylindrical grinder)

원통 연삭기는 연삭 숫돌과 가공물을 접촉시켜 연삭 숫돌의 회전 연삭 운동과 공작물의 회전 이송 운동에 의하여 원통형 공작물의 외주 표면을 연삭 다듬질하는 기계이다.

① 연삭 이송 방법

(개) 테이블 이동형 : 노튼 방식이라고도 하며, 소형 공작물의 연삭에 적당하고 숫돌은 회전 운동, 공작물은 회전, 좌우 직선 운동을 한다.

(내) 숫돌대 왕복형 : 렌디스 방식이라고도 하며 대형 공작물의 연삭에 사용한다. 공작물은 회전 운동, 숫돌대는 수평 이송 운동을 한다.

(대) 플런지 커트형 : 짧은 공작물의 전길이를 동시에 연삭하기 위하여 숫돌에 회전 운동만을 주며, 좌우 이송 없이 숫돌차를 절삭 깊이 방향으로 이송하는(윤곽 가공) 방식이다.

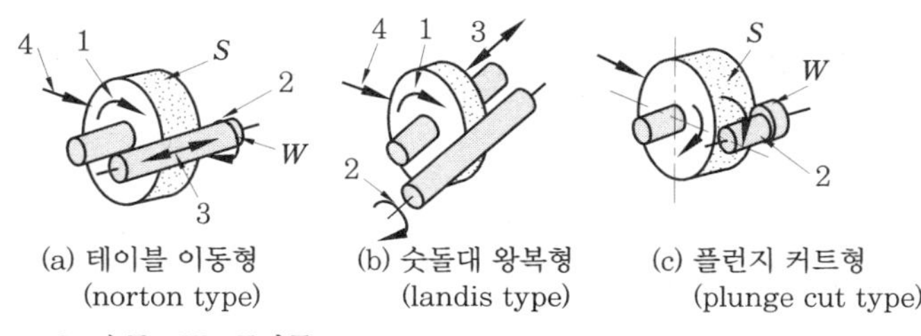

(a) 테이블 이동형
(norton type)

(b) 숫돌대 왕복형
(landis type)

(c) 플런지 커트형
(plunge cut type)

S : 숫돌 W : 공작물
1 : 절삭 운동 2 : 주 이송 운동 3 : 부 이송 운동 4 : 절삭 깊이 운동

원통 연삭기의 이송 방식

② 센터리스 연삭기(centerless grinding m/c)

① 원통 연삭기의 일종이며, 센터 없이 연삭 숫돌과 조정 숫돌 사이를 지지판으로 지지하면서 연삭하는 것으로 주로 원통면의 바깥면에 회전과 이송을 주어 연삭하며 통과 · 전후 · 접선 이용법이 있다.

② 용도에 따라 외면용, 내면용, 나사 연삭용, 단면 연삭용이 있다.

③ 이 점

(가) 연속 작업이 가능하다.

(나) 공작물의 해체 · 고정이 필요 없다.

(다) 대량 생산에 적합하다.

(라) 기계의 조정이 끝나면 초보자도 작업을 할 수 있다.

(마) 고정에 따른 변형이 적고 연삭 여유가 작아도 된다.

(바) 가늘고 긴 핀, 원통, 중공 등을 연삭하기 쉽다.

(사) 센터나 척에 고정하기 힘든 것을 쉽게 연삭할 수 있다.

③ 내면 연삭기

① **용도** : 원통이나 테이퍼의 내면을 연삭하는 기계로서 구멍의 막힌 내면을 연삭하며, 단면 연삭도 가능하다.

② **연삭 방법**

(가) 보통형 연삭 : 공작물에 회전 운동을 주어 연삭한다.

(나) 플래니터리(planetary)형 : 공작물은 정지하고, 숫돌은 회전 연삭 운동과 동시에 공전 운동을 한다.

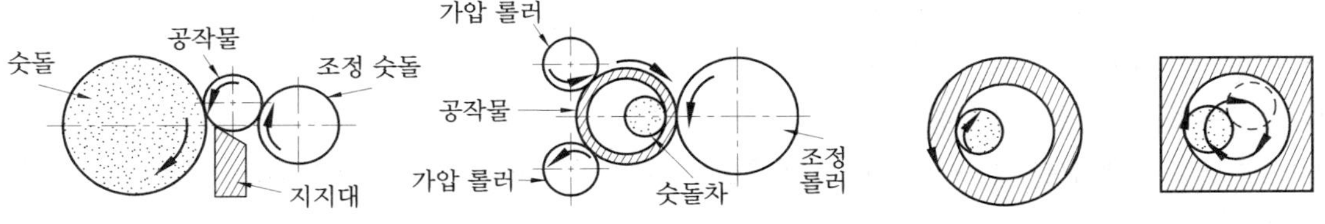

(a) 외면용 센터리스 연삭

(b) 내면용 센터리스 연삭

(a) 공작물 회전식

(b) 공작물 고정식

센터리스 연삭

내면 연삭 방법

4 만능 연삭기(universal grinding m/c)

① **외관** : 원통 연삭기와 유사하나 공작물 주춧대와 숫돌대가 회전하고 테이블 자체의 선회 각도가 크며 또 내면 연삭 장치를 구비한 것이다.

② **용도** : 원통 연삭, 테이퍼, 플런지 커트 등의 원통과 측면의 동시 연삭이 가능하고 척 작업, 평면·내면 연삭이 가능하다.

③ **연삭 방법**

(개) 테이블 회전 연삭

(내) 숫돌대(주축대) 회전 연삭

(대) 내면 연삭 장치에 의한 내면 연삭

(래) 모방 숫돌 튜링 장치에 의한 모방 연삭

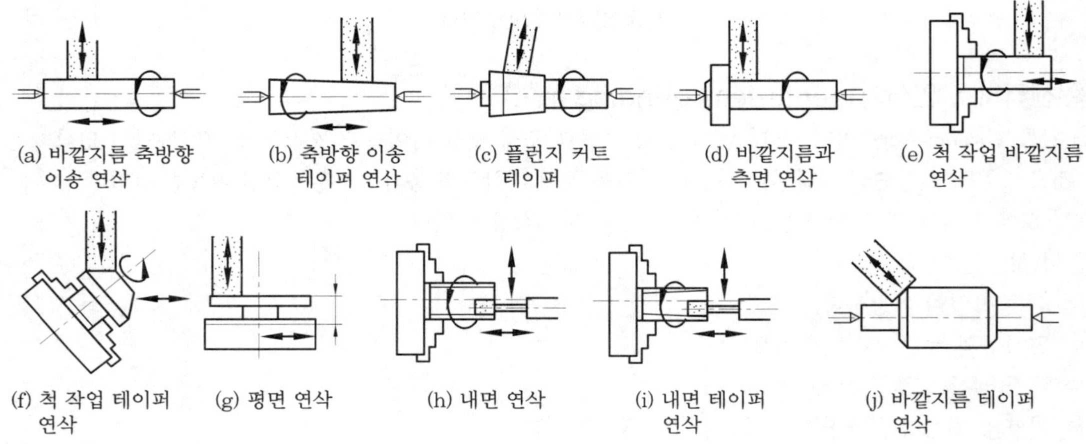

(a) 바깥지름 축방향 이송 연삭
(b) 축방향 이송 테이퍼 연삭
(c) 플런지 커트 테이퍼
(d) 바깥지름과 측면 연삭
(e) 척 작업 바깥지름 연삭
(f) 척 작업 테이퍼 연삭
(g) 평면 연삭
(h) 내면 연삭
(i) 내면 테이퍼 연삭
(j) 바깥지름 테이퍼 연삭

만능 연삭기의 연삭 가공

5 평면 연삭기(surface grinding m/c)

테이블에 T홈을 두고 마그네틱척, 고정구, 바이스 등을 설치하고 이곳에 일감을 고정시켜 평면 연삭을 하며, 테이블 왕복형과 테이블 회전형이 있다.

① **용도** : 평면 연삭, 각도 연삭, 성형 연삭

② **연삭 방식**

(개) 숫돌의 원주면으로 연삭하는 형식

㉮ 수평축 긴 테이블형 : 주축은 수평이고 4각 테이블이 왕복하면서 숫돌축이 테이블 윗면에 평행하는 형식이다.

㉯ 수평축 원형 테이블형 : 주축은 수평, 테이블은 원형으로 회전하며 숫돌축이 테이블 윗면에 평행하는 형식이다.

(내) 숫돌의 측면으로 연삭하는 형식

㉮ 수직축 긴 테이블형 : 주축은 수직, 테이블은 4각형이고 왕복 운동을 하며 숫돌축이 테이블 윗면에 수직한다.

㉯ 수직축 원형 테이블형 : 주축은 수직, 테이블은 원형이고 회전하며 숫돌축이 테이블 윗면에 수직한다.

㉰ 수평축 긴 테이블형 : 주축은 수평, 테이블은 4각형이고 왕복 운동을 하며 숫돌축이 테이블 윗면에 평행한다.

㉱ 수평축 원형 테이블형 : 주축은 수평, 테이블은 원형이고 회전하며 숫돌축이 테이블 윗면에 평행한다.

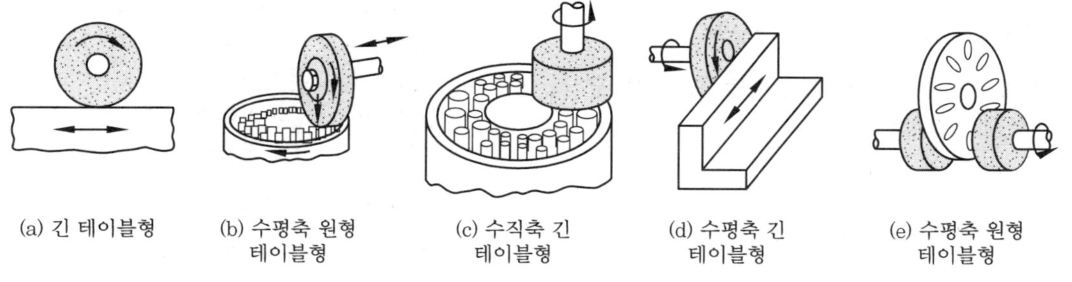

각종 평면 작업

6 공구 연삭기(tool grinding m/c)

① 바이트 연삭기

㉮ 공작 기계의 바이트 전용 연삭기이며 기타 용도로도 쓰인다.

㉯ 바이트 이송, 절삭 깊이 조절은 작업자 손으로 가감한다.

② 드릴 연삭기 : 보통 드릴의 날끝 각, 선단 여유각 등 드릴 전문 연삭기이다.

③ 만능 공구 연삭기 : 여러 가지 부속 장치를 써서 드릴, 리머, 탭, 밀링 커터, 호브 등의 연삭을 하며 숫돌대, 공작물 설치대의 회전 및 상하 운동이 되는 연삭기이다.

④ 기타 특수 공구 연삭기 : 나사 연삭기, 기어 연삭기, 크랭크축 연삭기, 캠 연삭기, 롤러 연삭기 등이 있다.

1. 원통 연삭기에서 세로 이송 없이 절삭 깊이만 주어 연삭하는 방법은?

㉮ 플런지 커트　　㉯ 테이블 왕복형
㉰ 숫돌대 왕복형　　㉱ 센터리스 연삭형

2. 플래니터리형 내면 연삭기는 다음 중 무엇을 연삭하는 데 사용하는가?

㉮ 정밀 기계 부품의 연삭
㉯ 암나사의 연삭
㉰ 대형 공작물의 내면 연삭
㉱ 링 게이지의 연삭

3. 만능 연삭기에서만 가공이 가장 잘 되는 것은?

㉮ 나사 연삭　　㉯ 단면 연삭
㉰ 테이퍼 연삭　　㉱ 외경 연삭

4. 만능 연삭기란?

㉮ 테이블, 연삭 숫돌대가 선회하고 내면 연삭이 가능한 것
㉯ 테이블만 회전하고 주축대, 연삭 숫돌대는 회전할 수 없는 것
㉰ 연삭 숫돌대만 회전하고 테이블은 회전할 수 없는 것
㉱ 주축대만 회전하고 테이블 연삭 숫돌대는 회전할 수 없는 것

5. 센터리스 연삭기가 쓰이는 곳은?

㉮ 직경이 불규칙한 가공물
㉯ 척에 고정하기 어려운 외경
㉰ 단면이 4각형인 가공물
㉱ 일반적으로 평면인 가공물

6. 센터리스 연삭기에 대해 틀린 설명은?

㉮ 센터 구멍을 만들 필요가 없다.
㉯ 길이가 긴 가공물의 연삭에 좋다.
㉰ 중공의 원통 연삭에 좋다.
㉱ 정밀한 소량 제품 생산에 좋다.

7. 센터리스 연삭기의 단점이 아닌 것은?

㉮ 고도의 기술을 요하기 때문에 불편하다.
㉯ 긴 홈이 있는 공작물은 연삭이 불가능하다.
㉰ 대형의 공작물은 연삭이 안 된다.
㉱ 숫돌의 나비보다 긴 공작물은 전후 이송법으로는 연삭이 안 된다.

8. 센터리스 연삭기의 장점이 아닌 것은?

㉮ 일감의 고정 시간이 감소된다.
㉯ 가늘고 긴 것은 연삭할 수 있다.
㉰ 연속적인 연삭 작업을 할 수 있다.
㉱ 단이 붙은 일감을 연속적으로 연삭할 수 있다.

9. 센터리스 연삭기에 없는 것은?

㉮ 연삭 숫돌　　㉯ 조정 숫돌
㉰ 양 센터　　㉱ 일감 지지판

10. 다음 중 일반용 연삭기의 종류가 아닌 것은?

㉮ 내면 연삭기　　㉯ 나사 연삭기
㉰ 평면 연삭기　　㉱ 센터리스 연삭기

[해설] • 전용 연삭기 : 나사 연삭기, 기어 연삭기, 크랭크 축 연삭기, 캠 연삭기 / • 일반용 연삭기 : 원통 연삭기, 내면 연삭기, 평면 연삭기, 센터리스 연삭기

11. 센터리스 연삭기는 다음 중 어느 연삭기에 속하는가?

㉮ 내면 연삭기　　㉯ 원통 연삭기
㉰ 평면 연삭기　　㉱ 성형 연삭기

12. 다음 중 평면을 가공할 수 없는 기계는?

㉮ 밀링 머신　　㉯ 선반
㉰ 센터리스 연삭기　　㉱ 플레이너

13. 다음 중 단능 연삭기에 속하는 것은?

㉮ 원통 연삭기　　㉯ 내면 연삭기
㉰ 캠 연삭기　　㉱ 평면 연삭기

14. 다음 중 평면 연삭기의 크기를 표시하는 방법이 아닌 것은?

㉮ 테이블의 최대 이동 거리
㉯ 테이블의 크기
㉰ 숫돌차의 크기
㉱ 숫돌의 재질

15. 외경 연삭기에 방진구를 사용하는 이유는?

㉮ 지름에 비하여 길이가 긴 공작물을 연삭할 경우

정답　1. ㉮　2. ㉰　3. ㉰　4. ㉮　5. ㉯　6. ㉱　7. ㉮　8. ㉱　9. ㉰　10. ㉯　11. ㉯　12. ㉰　13. ㉰　14. ㉱　15. ㉮

㉯ 단면만 연삭할 경우
㉰ 지름이 큰 경우
㉱ 지름이 큰 공작물을 연삭할 경우

16. 연삭 작업에서 입도가 가장 거친 작업은?

㉮ 내면 연삭　　　　㉯ 평면 연삭
㉰ 원통 연삭　　　　㉱ 센터리스 연삭

17. 탈자기를 사용하는 목적은 무엇인가?

㉮ 공작물을 자화시키기 위해서
㉯ 공작물의 잔류자기를 없애기 위해서
㉰ 마그네틱 척의 보조기를 사용하기 위해서
㉱ 공작물을 마그네틱 척에서 떼어낼 때 사용
　하기 위하여

18. 플래니터리형(유성형) 연삭기는 다음 중 어느 것
에 해당되는가?

㉮ 공작물 회전형　　㉯ 공작물 고정형
㉰ 테이블 왕복형　　㉱ 숫돌대 왕복형

19. 원통 연삭기의 주요 구성 요소가 아닌 것은?

㉮ 공작물 지지대　　㉯ 주축대
㉰ 숫돌대　　　　　　㉱ 심압대

20. 연삭기의 종류에 속하지 않는 것은?

㉮ 공구 연삭기　　　㉯ 외경 연삭기
㉰ 내면 연삭기　　　㉱ 측면 연삭기

21. 평면 연삭에서 회전 테이블형과 왕복 테이블형
의 다른 점을 기록한 것이다. 이 중 틀린 것은?

㉮ 왕복 테이블형은 가장 일반적인 평면 연삭
　에서 사용된다.
㉯ 왕복 테이블형은 돌아오는 시간의 낭비가
　있는 단점을 가진다.
㉰ 회전 테이블형은 중심에 가까워짐에 따라
　일감의 절삭 속도가 빨라진다.
㉱ 회전 테이블형은 중심에 가까울수록 연삭
　능률이 저하된다.

[해설] 중심에 가까워짐에 따라 일감의 절삭 속도가 늦
어지므로 연삭 능률은 저하되고 가공면의 상태가 나빠
진다.

22. 밀링 커터 연삭에 필요한 연삭기는?

㉮ 평면 연삭기　　　㉯ 센터리스 연삭기

㉰ 외경 연삭기　　　㉱ 만능 공구 연삭기

23. 다음에서 공구 연삭기가 아닌 것은?

㉮ 드릴 연삭기　　　㉯ 커터 연삭기
㉰ 평면 연삭기　　　㉱ 바이트 연삭기

24. 다음 중 내면 연삭 방식이 아닌 것은?

㉮ 보통형　　　　　　㉯ 플런지형
㉰ 유성형　　　　　　㉱ 센터리스형

25. 다이아몬드 숫돌의 설명 중 틀린 것은?

㉮ 기공이 작다.
㉯ 눈메움이 잘 일어난다.
㉰ 열에 대하여 불안정하다.
㉱ 연삭액을 적게 쓴다.

26. 유압식 연삭기의 단점은?

㉮ 속도 조정을 무단계로 할 수 있다.
㉯ 효율이 나쁘다.
㉰ 운전이 확실하며 원활하다.
㉱ 부하에 견딜 수 있다.

27. 공작물이 정지하고 숫돌바퀴축이 자전과 공전으
로 연삭하는 연삭기는 어느 것인가?

㉮ 공작물 고정형 연삭기
㉯ 공작물 회전형 평면 연삭기
㉰ 평면 연삭기
㉱ 플래니터리형 내면 연삭기

28. 평면 연삭기를 써서 작고 얇은 가공물을 대량
생산하는 데 알맞은 것은?

㉮ 수평축 쌍두형
㉯ 수평축 회전 테이블형
㉰ 수평축 각 테이블형
㉱ 수직축 회전 테이블형

29. 연삭기에서 스윙이란 무엇인가?

㉮ 숫돌차의 크기
㉯ 양 센터간의 길이
㉰ 테이블의 폭과 길이
㉱ 테이블에서 센터까지 높이의 두 배

30. 조정 숫돌에 의해 일감에 회전과 이송을 주는
연삭기는?

[정답]　**16.** ㉯　**17.** ㉯　**18.** ㉯　**19.** ㉮　**20.** ㉱　**21.** ㉰　**22.** ㉱　**23.** ㉰　**24.** ㉯　**25.** ㉱　**26.** ㉯　**27.** ㉱　**28.** ㉮　**29.** ㉱
30. ㉱

⑦ 원통 연삭기   ④ 공구 연삭기
⑤ 평면 연삭기   ④ 센터리스 연삭기

31. 연삭을 할 때 숫돌차가 일감의 끝에서 어느 정도 나가면 역전시키는가?

⑦ $\frac{1}{2}$ ④ $\frac{1}{3}$ ⑤ $\frac{1}{4}$ ④ $\frac{1}{5}$

32. 센터리스 연삭기에서 조정 연삭 숫돌(regulating wheel)의 기능을 가장 바르게 나타낸 것은?

⑦ 일감의 회전과 이송
④ 일감의 회전과 지지
⑤ 일감의 지지와 이송
④ 일감의 절삭량 조정

33. 평면 연삭 시 숫돌차의 적당한 원주 속도는 얼마인가?

⑦ 600~1800m/min
④ 1100~1400m/min
⑤ 900~1400m/min
④ 1200~1800m/min

34. 원통 연삭기 중에서 공작물이 이동하도록 되어 있는 것은?

⑦ 테이블 이동형
④ 숫돌대 이동형
⑤ 숫돌대 전후 이송법
④ 총형 연삭기

[해설] 원통 연삭 방식은 트래버스 커트와 플런지 커트가 있는데, 트래버스 커트에는 공작물이 이동하는 테이블 이동형과 숫돌차가 이동하는 숫돌대 이동형이 있다.

35. 센터리스 연삭기에 있는 조정 숫돌바퀴의 결합재는 무엇으로 제작되는가?

⑦ 고무 결합재   ④ 금속 결합재
⑤ 비닐 결합재   ④ 셀락 결합재

36. 외경 연삭에서 플런지 커트 방식이란?

⑦ 연삭 숫돌을 절입하고 공작물을 세로 이송만 하는 방식
④ 연삭 숫돌은 세로와 가로 이송을 하고 공작물은 회전만을 하는 방식
⑤ 연삭 숫돌에 절입만 주고 세로 이송은 없는 방식
④ 연삭 숫돌은 세로 이송만 하고 공작물은 회전만 하는 방식

37. 조정 숫돌바퀴에 의하여 일감의 회전 이송 운동을 조정하며 연삭하는 것은 다음 중 어느 것인가?

⑦ 공구 연삭기   ④ 센터리스 연삭기
⑤ 평면 연삭기   ④ 외경 연삭기

38. 원통 연삭기와 만능 연삭기는 무엇에 의해 구분하는가?

⑦ 숫돌대의 수
④ 양 센터 사이의 거리
⑤ 주축대, 숫돌대의 선회 유무
④ 왕복대 유무

39. 센터리스 연삭기에서 전후 이송법이 쓰이지 않는 곳은?

⑦ 턱붙이 부분 연삭
④ 테이퍼가 있는 것
⑤ 곡선 윤곽들이 있는 것
④ 가늘고 긴 봉

◉ 2. 연삭 숫돌

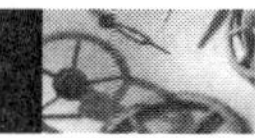 ## 2-1 연삭 숫돌의 구성

1 연삭 숫돌의 3요소

연삭 숫돌의 3요소는 숫돌 입자, 결합재, 기공을 말하며, 입자는 숫돌 재질을, 결합재는 입자를 결합시키는 접착제를, 기공은 숫돌과 숫돌 사이의 구멍을 말한다.

2 연삭 숫돌의 5대 성능 요소

숫돌바퀴는 숫돌 입자의 종류, 입도, 결합도, 조직, 결합재의 종류에 의하여 연삭 성능이 달라진다.

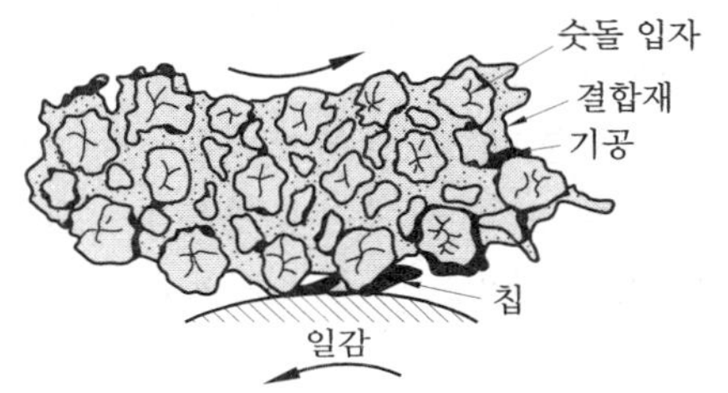

숫돌바퀴의 요소

① **숫돌 입자** : 인조산과 천연산이 있는데, 순도가 높은 인조산이 구하기 쉽기 때문에 널리 쓰이며 알루미나와 탄화규소가 많다.

㈎ 알루미나(Al_2O_3) : WA 입자와 A 입자가 있으며, 순도가 높은 WA는 담금질강으로, 갈색의 A는 일반 강재의 연삭에 쓰인다.

㈏ 탄화규소(SiC) : C 입자와 GC 입자가 있으며 암자색의 C 입자는 주철, 자석, 비철금속에 쓰이며, 녹색인 GC 입자는 초경합금의 연삭에 쓰인다.

숫돌 입자의 종류와 용도

연삭 숫돌		숫돌 기호	용　도	비 고
인조연삭숫돌	산화알루미늄 (Al_2O_3)	A 숫돌	중연삭용, 일반 강재, 가단 주철, 청동, 사포	갈색
		WA 숫돌	경연삭용, 담금질강, 특수강, 고속도강	백색
	탄화규소질 (SiC)	C 숫돌	주철, 동합금, 경합금, 비철금속, 비금속	흑색
		CG 숫돌	경연삭용, 특수 주철, 칠드 주철, 초경합금, 유리	녹색
	탄화붕소질(BC)	B 숫돌	메탈 본드 숫돌, 일레스틱 본드 숫돌, D 숫돌의 대용, 래핑재	
	다이아몬드(MD)	D 숫돌	D 숫돌용	
천연연삭숫돌	다이아몬드(MD)	D 숫돌	메탈, 일레스틱 비트리파이드 숫돌, 석재, 유리, 보석 절단, 연삭, 각종 래핑제, 연질 금속, 절삭용 바이트, 초경합금 연삭	
	에머리, 가닛 프린트, 카보런덤		숫돌에는 사용하지 않고 연마재나 사포에 쓰임.	

② **입도(grain size)** : 입자의 크기를 번호(#)로 나타낸 것으로 입도의 범위는 #10~3000번이며, 번호가 커지면 입도는 고와진다. #10~220까지는 체로 분별하며, 그 이상의 것은 평균 지름의 μ으로 나타낸다. 다음 [표]는 입도의 표시이다.

숫돌의 입도

호칭	거 친 눈	보 통 눈	가 는 눈	아주 가는눈	극히 가는눈
입도	10, 12, 14, 16, 20, 24	30, 36, 46, 54, 60	70, 80, 90, 100 120, 150, 180, 200	240, 280, 320, 400 500, 600, 700, 800	1000, 1200, 1500 2000, 2500, 3000
용도	막 다 듬 질	다 듬 질	경 질 다 듬 질	광 내 기	

③ **결합도(grade)** : 숫돌의 경도를 말하며 입자가 결합하고 있는 결합재 세기를 말한다.

결 합 도

결합도 번호	E, F, G	H, I, J, K	L, M, N, O	P, Q, R, S	T, U, V, W, X, Y, Z
호 칭	극히 연함	연 함	보 통	단 단 함	극히 단단함

④ **조직(structure)** : 숫돌바퀴에 있는 기공의 대소 변화, 즉 단위 부피 중 숫돌 입자의 밀도 변화를 조직이라 한다.

㈎ 거친 조직(W) : 숫돌 입자율 42% 미만

㈏ 보통 조직(M) : 숫돌 입자율 42~50%

㈐ 치밀 조직(C) : 숫돌 입자율 50% 이상

조 직

입자의 밀도	조 밀	보 통	거 침
KS 기호	C	M	W
노튼(norton) 기호	0, 1, 2, 3	4, 5, 6	7, 8, 9, 10, 11, 12
숫돌 입률(%)	62, 60, 58, 56 (56% 이상)	54, 52, 50 (50~54%)	48, 46, 44, 42, 40, 38 (48% 미만)

※ 숫돌 입률이란 숫돌 전용적에 대한 숫돌 입·용적의 백분율이다.

⑤ **결합재(bond)** : 숫돌을 성형하는 재료로서 연삭 입자를 결합시킨다.

⑥ **구비 조건**

㈎ 결합력의 조절 범위가 넓을 것

㈏ 열이나 연삭액에 안정할 것

㈐ 적당한 기공과 균일한 조직일 것

㈑ 원심력, 충격에 대한 기계적 강도가 있을 것

㈒ 성형이 좋을 것

결합재의 종류와 용도

결합재의 종류	기호	재 질	제 조	용 도
비트리파이드	V	장석점토	형에 넣어 성형하여 1300℃로 굽는다.	숫돌 전량의 80% 이상을 차지하며 거의 모든 재료의 연삭
실리케이트	S	규산소다 (물초자)	프레스 성형하여 적열로 소성한다.	주수 연삭, 물초자의 용출로 윤활성이 있으며 대형 숫돌을 만들고 절삭 공구나 연삭균열이 잘 일어나는 재료의 연삭

탄성숫돌	고　무	R	생고무 인조고무	고무 만드는 것과 같다.	얇은 숫돌, 절단용 쿠션의 작용이 있으며 유리면 다듬질
	레지노이드	B	합성수지	합성수지의 제작과 동일하다.	강도가 커지고 안전 숫돌, 주물 덧쇠떼기, 빌릿의 흠 없애기, 석재 연삭
	셸　락	E	천연 셸락	가열 압착한다.	고무 숫돌보다 탄성이 있으며, 유리면 다듬질에는 최고이다.
	폴리비닐알코올	PVA	폴리비닐 알코올	PVA를 아세틸화하여 성형한다.	독특한 탄성 작용으로 연금속이나 목재 다듬질
메　탈		M	연강, 은, 동, 황동, 니켈	금속분과 함께 소결 또는 연금속으로 압입한다.	초경합금, 세라믹 보석, 유리 등의 연삭

 2-2 숫돌바퀴의 모양과 표시

◢ 바퀴의 모양

연삭 목적에 따라 여러 가지 모양으로 만들어져 왔으나 근래에 규격을 통일하였다.

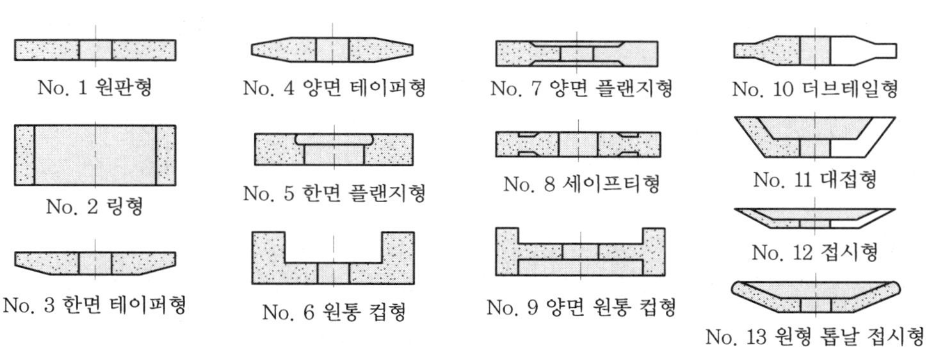

숫돌의 표준 모양

◢ 표 시

숫돌바퀴를 표시할 때에는 구성 요소를 부호에 따라 일정한 순서로 나열한다.

숫돌의 표시법

WA	70	K	m	V	ㅣ호	A	205	×	19	×	15.88
↑	↑	↑	↑	↑	↑	↑	↑		↑		↑
숫돌 입자	입도	결합도	조직	결합제	숫돌 형상	연삭면 형상	바깥지름		두께		구멍지름

2-3 다이아몬드 숫돌

초경합금 공구류가 대량 생산됨에 따라 다이아몬드 숫돌의 사용이 많아지고 있으며, 다이아몬드 숫돌은 일반 연삭 숫돌과 같이 입도, 결합도, 집중도, 결합제의 종류 등에 의해서 분류된다. 또한 다이아몬드층의 두께를 명시한다.

1 다이아몬드의 종류

현재 사용되고 있는 다이아몬드의 종류는 천연 다이아몬드와 합성 다이아몬드가 대표적이며, 표시 기호는 [표]와 같다.

다이아몬드의 종류

종 류	천연 다이아몬드	합성 다이아몬드	금속 피복 합성 다이아몬드	보라존
표시 기호	D 또는 ND	SD 또는 MD	SDC	CBN

2 결합도와 집중도

① 결합도 : 연한 쪽으로부터 순차로 H, J, N, O, P, R, T의 8가지로 분류되어 있다.

② 집중도 : 다이아몬드가 본드 중의 함유율이 $1cm^3$ 중에 4.4캐럿이 함유된 것을 100%라 표시하며, 그의 반인 2.2캐럿의 것을 50으로 하고 있으며, 표시 숫자와 함유율의 관계는 [표]와 같다.

집중도의 표시

표시 기호(%)	25	50	75	100	125	150	175	200
캐럿(cts/cm^3)	1.1	2.2	3.3	4.4	5.5	6.6	7.7	8.8

3 입 도

입도는 대부분 메시로 나타내지만, 입자의 지름을 미크론(μ:1/1000mm) 단위로 나타내는 경우도 있다.

다이아몬드의 입도 사용 범위

입도 표시 범위	다이아몬드 입도 사용 범위(mesh)	입도 표시 범위	다이아몬드 입도 사용 범위(μ)
20	20 ~ 30	400	40 ~ 60
30	30 ~ 40	500	30 ~ 40
40	40 ~ 50	600	20 ~ 30
50	50 ~ 60	700	12 ~ 25
60	60 ~ 80	1800	10 ~ 20
80	80 ~ 100	1000	8 ~ 16
100	100 ~ 120	1200	6 ~ 12
120	120 ~ 140	1500	5 ~ 10
140	140 ~ 170	2000	4 ~ 8
170	170 ~ 200	2500	2 ~ 6
200	200 ~ 230	3000	2 ~ 4
230	230 ~ 270		
270	270 ~ 325		
320	325 ~ 400		

④ 결합제

① **메탈 결합제(metal bond)** : 은·구리·황동 등의 금속 분말을 사용하며 다이아몬드 입자를 소결하는 결합제로 주로 사용되는 것으로서 내열, 내마모성이 우수하고 수명이 길며, 변형이 잘 안되므로 중연삭과 정밀 연삭에 사용된다. 특히 애자, 렌즈(lens), 세라믹(ceramic), 석재, 콘크리트의 연삭, 절단에 우수하다. 메탈 결합제 숫돌은 충분한 냉각액을 공급하여 습식으로 사용한다.

② **레지노이드 본드(resinoid bond)** : 합성수지로 결합시킨 것으로, 특히 연삭성이 우수하며 가공면의 조도가 요구될 때 우수하여 습식, 건식에 많이 사용된다.

③ **비트리파이드 결합제(vitrified bond)** : 다이아몬드 입자의 결합력이 높아 열에 강하며, 메탈 결합제에 비하여 연삭면이 좋고 레지노이드 결합제에 비하여 수명이 길다.

⑤ 다이아몬드의 두께와 숫돌 표시

① **다이아몬드층의 두께** : 다이아몬드층의 두께는 직각 방향의 두께를 표시한다.

② **다이아몬드 숫돌의 표시 방법**

다이아몬드 숫돌의 표시 예

다이아몬드의 종류	입 도	결합도	집중도	본 드	다이아몬드의 층	냉각 방법
D	120	N	100	B	2.0	W

예 상 문 제

1. 숫돌차의 표시에서 표시되지 않아도 되는 것은?

㉮ 종류

㉯ 결합도

㉰ 사용 원주 속도의 넓이

㉱ 사용 전동 마력수

2. 숫돌 입자의 순도가 가장 높은 것은?

㉮ A　　㉯ 2A　　㉰ 3A　　㉱ 4A

[해설] 산화 알루미늄계의 숫돌 입자의 종류는 A(1A, 2A)와 WA(3A, 4A)가 있고, 순도는 4A, 3A, 2A, 1A 순서로 되어 있다. 더불어 탄화규소계에서도 C는 1C와 2C가 있고, GC는 3C와 4C가 있다.

3. 초경합금의 연삭에 쓰이며 색깔이 녹색인 숫돌은?

㉮ A 숫돌

㉯ B 숫돌

㉰ GC 숫돌

㉱ WA 숫돌

[해설] 숫돌 재료를 크게 나누면, A, WA로 불리는 산화 알루미늄질 숫돌 재료와 C, GC로 불리는 탄화규소질 숫돌 재료가 있다.

4. 결합제의 표시 기호가 잘못된 것은?

㉮ 비트리파이드 : V　　㉯ 셸락 : E

㉰ 실리케이트 : S　　㉱ 러버 : B

[해설] 러버(Rubber)는 R이고, B는 레지노이드를 표시한다.

5. 탄성 숫돌의 용도는?

㉮ 평면 연삭

㉯ 절단

㉰ 원통 연삭

㉱ 내경 절단

6. 숫돌바퀴의 검사 방법에 해당되지 않는 것은?

㉮ 균형 검사

㉯ 음향 검사

㉰ 색도 검사

㉱ 속도 시험

7. 다음에서 숫돌의 자생 작용에 가장 크게 영향을 주는 것은?

㉮ 입도

㉯ 입자의 종류

㉰ 결합도

㉱ 결합제의 종류

8. 탄성 숫돌은 다음 어느 경우에 가장 좋은가?

㉮ 연삭 시 발열을 피할 경우

㉯ 지름이 큰 평면의 연삭 시

㉰ 절단할 경우

㉱ 얇은 재료의 연삭 시

9. 다음 중 유기질 결합제가 아닌 것은?

㉮ 고무(R)　　　　㉯ 셸락(E)

㉰ 실리케이트(S)　　㉱ 레지노이드(B)

[해설] 실리케이트와 비트리파이드(V)는 무기질 결합제이다.

10. 숫돌차의 치수 표기법 중 맞는 것은?(단, D : 숫돌차의 지름, T : 숫돌차의 두께, H : 숫돌차 바퀴의 구멍 지름)

㉮ $D \cdot T \cdot H$　　　　㉯ $D \cdot H$

㉰ $T \cdot D \cdot H$　　　　㉱ $H \cdot D \cdot T$

11. 거친 가공물의 연삭이나 절단에 사용되는 것은?

㉮ WA　　㉯ A　　㉰ C　　㉱ GC

12. 전연성이 큰 비철금속, 고무, 자기 등을 연삭할 때 사용하는 입자는?

㉮ A　　㉯ WA　　㉰ C　　㉱ GC

[해설] C 입자는 주철과 같이 인장 강도가 작고 취성이 있는 재료, 전연성이 높은 비철금속, 석재, 플라스틱, 유리, 도자기 등의 연삭에 쓰인다.

13. 거울면 연삭에 쓰이는 결합제는?

㉮ 폴리비닐알코올

㉯ 셸락

㉰ 레지노이드

㉱ 레버

14. 강의 원통 거친 연삭할 때의 절삭 깊이는?

㉮ 0.01~0.04mm　　㉯ 0.3~0.5mm

㉰ 1mm　　　　　　㉱ 1.2~1.5mm

[해설] 숫돌의 절입량은 아래와 같다.

가공 정도	절입량(mm)	가공 정도	절입량(mm)
막다듬질	0.01~0.05	정밀다듬질	0.002~0.003
중다듬질	0.015~0.025	거울면다듬질	0.0005~0.001
상다듬질	0.005~0.01		

※절입량은 반지름으로 한 것임.

15. 연삭 숫돌의 고정 방법 중 숫돌 구멍과 축과의 적당한 틈새는?

㉠ 0.1~0.15mm ㉡ 0.15mm 이하
㉢ 0.07~0.1mm ㉣ 0.1~0.3mm

16. 장석, 점토를 재료로 하여 강도가 충분하지는 못하나 널리 쓰이는 결합제는?

㉠ 비트리파이드 ㉡ 실리케이트
㉢ 레지노이드 ㉣ 레버

[해설] 결합제는 대별해서 불연성의 무기질과 연소성의 유기질 및 기타 다이아몬드 숫돌에 사용되는 메탈 본드가 있으며 대략 아래와 같다.

결합제(본드) 종류	표시 기호	기재(基材)
비트리파이드	V	점 토
실리케이트	S	규산소다
셀 락	E	천연수지셀락
레 버	R	고 무
레지노이드	B	베이클라이트
비 닐	PVA	폴리비닐알코올
메 탈	M	구리, 은, 철

17. 흑자색으로 된 연삭 숫돌은?

㉠ GC 숫돌 ㉡ WA 숫돌
㉢ C 숫돌 ㉣ A 숫돌

18. WA 숫돌 입자의 연삭에 부적합한 재료는?

㉠ 청동 ㉡ 담금질강
㉢ 고속도강 ㉣ 특수강

19. 숫돌의 입자 중 산화 알루미늄계에서 가장 순도가 높은 것은?

㉠ WA 숫돌 ㉡ A 숫돌
㉢ C 숫돌 ㉣ GC 숫돌

20. 초경합금을 연삭하려 할 때 가장 적합한 연삭 숫돌 입자는?

㉠ WA ㉡ A ㉢ C ㉣ GC

21. 탄성 숫돌 결합제가 아닌 것은?(단, 연삭 숫돌 바퀴에서)

㉠ S ㉡ R ㉢ B ㉣ E

22. C 숫돌 입자의 연삭 용도가 아닌 재료는?

㉠ 주철 ㉡ 합금강
㉢ 경합금 ㉣ 비금속

23. 연삭 숫돌의 3대 요소에 해당하지 않는 것은?

㉠ 입자 ㉡ 기공 ㉢ 결합도 ㉣ 결합제

[해설] 숫돌의 3요소는 입자, 기공, 결합제이고, 5요소는 입자, 입도, 조직, 결합도, 결합제이다.

24. WA 54L 6V의 연삭 숫돌 표시 기호에서 6은 무엇을 뜻하는가?

㉠ 결합도가 높은 것을 표시한다.
㉡ 결합제가 메탈이다.
㉢ 숫돌 입자의 재질이 메탈이다.
㉣ 조직이 중간 정도이다.

[해설] WA : 입자(종류), 54 : 입도(보통), L : 결합도(보통), 6 : 조직(보통), V : 결합제(비트리파이드)

25. 연삭 숫돌의 결합제가 갖추어야 할 조건이 아닌 것은?

㉠ 회전에 따른 원심력에 충분히 견디어야 한다.
㉡ 입자의 탈락이 되지 않아야 한다.
㉢ 연삭 시 충격에 견디어야 한다.
㉣ 적당한 기공을 가지고 있어야 한다.

26. 숫돌 조직에 대한 설명에서 틀린 것은?

㉠ W는 입자율이 42% 이상이다.
㉡ M은 입자율이 42~50%이다.
㉢ C는 입자율이 50% 이상이다.
㉣ W는 입자율이 42% 미만이다.

[해설] 숫돌 입자의 조직을 나타낼 때 입자와 입자 사이의 간격이 가까운 것을 C로 표시하고 조직이 치밀하다고 하며, 반대인 것을 W로 표시하고 조라 하며, 중간 것을 M으로 표시한다. 또, 이들을 입자율로 나타내면 W는 42% 미만, M은 42% 이상 50% 미만, C는 50% 이상이다.

27. 다음 중 비트리파이드 연삭 숫돌의 결합제는 어느 것인가?

㉠ 인조 수지 ㉡ 합성수지
㉢ 규산소다 ㉣ 자기질

[해설] 비트리파이드 숫돌은 각종 점토와 입자를 배합해서 약 1300℃로 가열하면 점토가 용해됨으로써 자기질이 되어 입자를 결합한다.

28. 일반적으로 숫돌의 경도는 결합제에 따라 어떻게 되는가?

㉠ 결합제의 양이 많은 것이 경도가 크다.
㉡ 결합제의 양이 적은 것이 경도가 크다.
㉢ 결합제와 경도는 관계가 없다.

㉠ 결합제의 양이 많아도 경도는 떨어진다.

29. 연삭 숫돌의 조직은 어떻게 표시하는가?

㉮ 알파벳이나 번호　　㉯ 상·하 두 단계
㉰ 조직의 명칭　　　　㉱ 색깔

[해설] 숫돌의 조직은 다음과 같다.

분 류		조직의 표시
치 밀	C	0, 1, 2, 3
중 간	M	4, 5, 6
거 침	W	7, 8, 9, 10, 11, 12

30. 연삭 숫돌의 조직이란 무엇을 말하는가?

㉮ 숫돌차의 단위 체적에 대한 입자의 밀도
㉯ 입자의 결합 능력
㉰ 결합제가 숫돌 입자를 지지하는 힘
㉱ 결합제에 따른 결합 능력

31. 다음 숫돌바퀴의 결합제 구비 조건 중 틀린 것은 어느 것인가?

㉮ 열이나 연삭액에 안전해야 한다.
㉯ 기공이 전혀 없어야 한다.
㉰ 숫돌 입자의 접착력이 강해야 한다.
㉱ 적당한 기공과 균일한 조직이어야 한다.

● 3. 연삭 작업

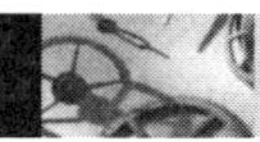

3-1 연삭 가공의 일반 사항

1 연삭 숫돌의 드레싱

① **자생 작용** : 연삭 시 숫돌의 마모된 입자가 탈락되고 새로운 입자가 나타나는 현상을 말한다.

② **로딩(loading)** : 숫돌 입자의 표면이나 기공에 칩이 끼어 연삭성이 나빠지는 현상으로 눈메움이라고도 하며, 다음과 같은 경우에 발생한다.

　(개) 입도의 번호와 연삭 깊이가 너무 클 경우

　(내) 조직이 치밀할 경우

　(대) 숫돌의 원주 속도가 너무 느린 경우

③ **글레이징(glazing)** : 자생 작용이 잘 되지 않아 입자가 납작해지는 현상을 말하며, 이로 인하여 연삭열과 균열이 생긴다. 이 현상은 다음과 같은 경우에 발생한다(날의 무딤).

　(개) 숫돌의 결합도가 클 경우

　(내) 원주 속도가 클 경우

　(대) 공작물과 숫돌의 재질이 맞지 않을 경우

④ **드레싱(dressing)** : 글레이징이나 로딩 현상이 생길 때 강판 드레서 또는 다이아몬드 드레서 (dresser)로 숫돌 표면을 정형하거나 칩을 제거하는 작업을 드레싱이라고 하며, 절삭성이 나빠진 숫돌의 면에 새롭고 날카롭게 입자를 발생시키는 것이다. 드레서는 강판(별꼴 드레서)이나 다이아몬드 (입자봉 드레서)로 만든다.

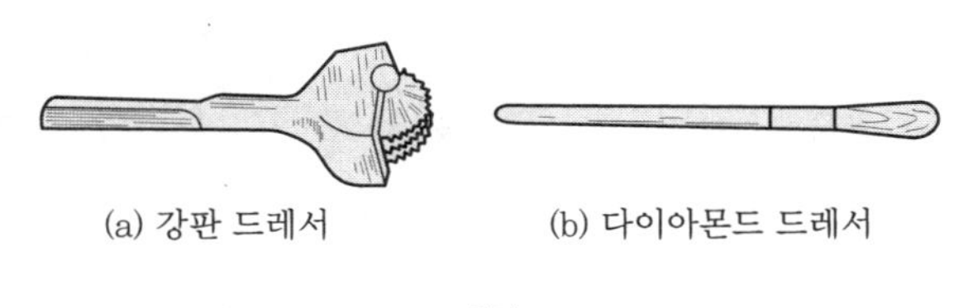

(a) 강판 드레서　　(b) 다이아몬드 드레서

드레서

2 트루잉(truing)

모양 고치기라고도 하며, 연삭조건이 좋더라도 숫돌바퀴의 질이 균일하지 못하거나 공작물이 영향을 받아 모양이 좋지 못할 때 일정한 모양으로 고치는 방법이다.

트루잉에 쓰는 공구는 다이아몬드 드레서를 많이 사용하고, 총형 연삭 시에는 숫돌을 일감의 반대 모양으로 성형하는 크러시 롤러(crush roller)를 사용하며, 흔히 드레싱과 병행하여 실시한다.

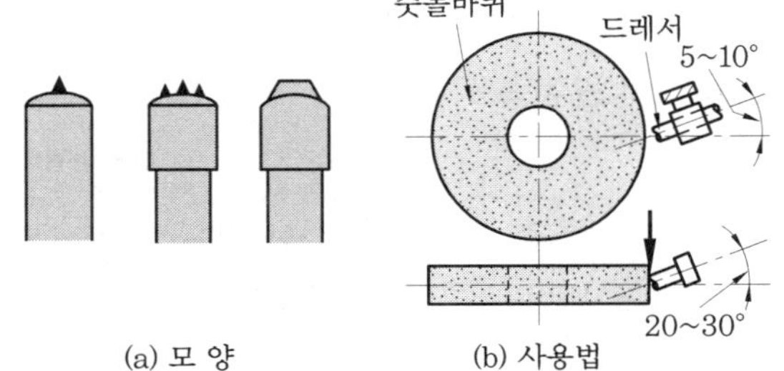

다이아몬드 드레서

3 연삭 숫돌 고정법

연삭 숫돌을 회전축에 고정할 때, 고정법이 불량하면 파손되거나 진동이 생겨 공작물에 충격을 주는 등의 사고가 일어나는 원인이 되므로 준수사항에 따라 고정하도록 한다.

① **설치 전에 홈·균열의 조사** : 육안 및 나무 해머로 두드려 그 음향으로 검사를 실시한다.

② 스핀들(축)의 턱에 내측 플랜지를 끼우고 종이 와셔(압지)나 고무판 와셔를 끼운 후 휠을 끼우고 외측에 와셔·플랜지·너트 순으로 조인다.

③ 너트는 숫돌차에 변형이 생기지 않을 정도로 조인다.

④ 숫돌바퀴의 구멍은 축 지름보다 0.1mm 정도 큰 것이 좋다.

⑤ 설치 후 3분 정도 공회전시켜 본다.

⑥ 받침대와 휠 간격은 3mm 이내로 해야 한다.

⑦ 받침대는 휠의 중심에 맞추어 단단히 고정한다.

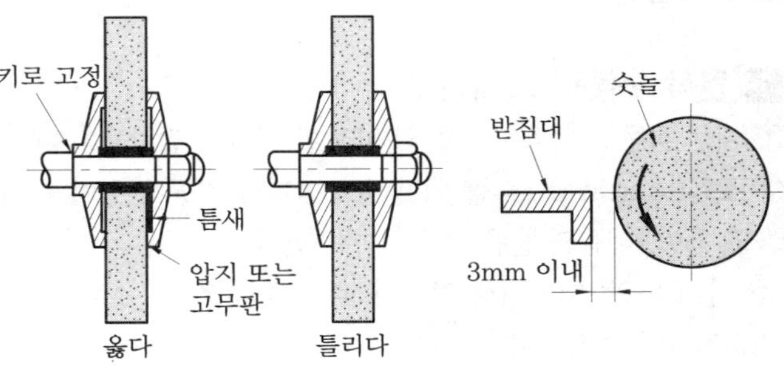

3-2 연삭 작업

1 연삭 조건

① **연삭 깊이** : 거친 연삭 시 깊이를 깊게 주고 다듬질 연삭 시는 얕게 준다.

강을 연삭할 때 절삭 깊이

구 분	원통 연삭	내면 연삭	평면 연삭	공구 연삭
거친 연삭	0.01 ~ 0.04	0.02 ~ 0.04	0.01 ~ 0.07	0.07
다듬질 연삭		0.0025 ~ 0.005		0.02

② **이송** : 원통 연삭에서 일감 1회전마다의 이송은 숫돌바퀴의 접촉나비 B[mm]보다 작아야 한다. 이송을 f라 하면,

 ㈎ 거친 연삭 : ㉮ 강철 : $f=(1/3 \sim 3/4)B$

     ㉯ 주철 : $f=(3/4 \sim 4/5)B$

 ㈏ 다듬질 연삭 : $f=(1/4 \sim 1/3)B$

③ **숫돌바퀴의 원주 속도**

숫돌바퀴의 원주 속도

작업의 종류	원주 속도 범위(m/min)	작업의 종류	원주 속도 범위(m/min)
원 통 연 삭	1700 ~ 2000	공 구 연 삭	1400 ~ 1800
내 면 연 삭	600 ~ 1800	초경합금 연삭	900 ~ 1400
평 면 연 삭	1200 ~ 1800		

 ① 숫돌바퀴의 원주 속도가 지나치게 빠르면 파괴 위험이 있다.

 ② 반대로 속도가 느리면 숫돌바퀴의 마모가 심하다.

예 상 문 제

1. 연삭 작업의 특징을 설명한 것 중 틀린 것은?

㉮ 절삭날에 자생 작용이 있다.

㉯ 다듬질 정도가 양호하다.

㉰ 절삭 속도가 빠르다.

㉱ 담금질강은 절삭이 잘 되지만 경합금엔 별
도의 장치가 필요하다.

2. 숫돌바퀴와 플랜지 사이에 접촉을 좋게 하기 위해
사용되는 것 중 좋지 않은 것은?

㉮ 가죽　　　　　㉯ 얇은 나무판

㉰ 얇은 종이　　　㉱ 고무판

3. 연삭 작업 시 공작물 이송량을 연삭 숫돌 폭의
1/2로 하면 어떤 현상이 발생하는가?

㉮ 연삭량이 증가한다.

㉯ 다듬면이 깨끗하게 된다.

㉰ 숫돌 연삭면의 양끝이 빨리 마모된다.

㉱ 글레이징 현상이 일어난다.

4. 연삭 작업 시 숫돌이 어떻게 되었을 때 다듬질 면
에 떨림 현상이 생기는가?

㉮ 습식 연삭을 할 때

㉯ 숫돌의 밸런스가 맞지 않을 때

㉰ 숫돌의 주속도가 빠를 때

㉱ 숫돌을 새것으로 바꿨을 때

5. 다음 중 숫돌의 자생 작용에 가장 크게 영향을 주
는 것은?

㉮ 결합도　　　　　㉯ 입자의 종류

㉰ 결합제의 종류　　㉱ 입도

6. 숫돌차 검사 방법이 아닌 것은?

㉮ 균형 검사　　　㉯ 속도 시험

㉰ 색도 시험　　　㉱ 음색 시험

7. 숫돌차에 글레이징이나 로딩이 생겼을 때 하는 작
업은?

㉮ 래핑　　　　　㉯ 드레싱

㉰ 트루잉　　　　㉱ 채터

[해설] 채터(chatter) : 원통 연삭의 경우 가공면이 고
르게 윤활되지 못하고 잔잔한 물결 모양의 흔적이 남는
것을 채터라 한다. 이는 연삭반이 불균형되었거나 진동

또는 공작물의 고정이 잘못되었을 때 일어난다.

8. 연삭 숫돌의 입자 틈에 칩이 막혀 광택이 나며 잘
깎이지 않는 현상을 무엇이라고 하는가?

㉮ 로딩　　　　　㉯ 드레싱

㉰ 트루잉　　　　㉱ 글레이징

9. 글레이징(glazing) 연삭의 원인이 아닌 것은?

㉮ 결합도가 너무 높다.

㉯ 숫돌의 주속도가 너무 크다.

㉰ 구리와 같이 연성이 풍부한 재질의 연삭시
발생한다.

㉱ 숫돌 재질과 연삭 재질이 적합하지 않다.

10. 다음 중 센터리스 연삭기는 어디에 속하는가?

㉮ 평면 연삭기　　㉯ 공구 연삭기

㉰ 내면 연삭기　　㉱ 원통 연삭기

11. 연삭 작업 시 태리 모션(tarry motion)이란?

㉮ 공작물의 이송을 양끝에서 잠시 정지시킨 후
반대 방향으로 이송시키는 것

㉯ 거친 공작물의 연삭 시 주속도를 크게 하는 것

㉰ 최종 다듬 연삭 시 불꽃이 없어질 때까지 하
는 것

㉱ 숫돌 표면의 정형이나 칩을 제거하는 것

12. 연삭 숫돌이 자동적으로 닳아 떨어져 새로운 입
자가 생성되는 현상은?

㉮ 드레싱(dressing)　㉯ 트루잉(truing)

㉰ 글레이징(glazing)　㉱ 자생 작용

13. 연삭 숫돌의 외형을 수정하여 소정의 모양으로
만드는 것을 무엇이라고 하는가?

㉮ 로딩(loading)　　㉯ 글레이징(glazing)

㉰ 드레싱(dressing)　㉱ 트루잉(truing)

14. 트루잉은 어떤 공구로 하는가?

㉮ 드레서　　　　㉯ 바이트

㉰ 커터　　　　　㉱ 리머

15. 평면 연삭기에서 주로 사용되고 있는 척은?

정답　1. ㉱　2. ㉯　3. ㉰　4. ㉯　5. ㉮　6. ㉰　7. ㉯　8. ㉮　9. ㉰　10. ㉱　11. ㉮　12. ㉱　13. ㉱　14. ㉮
15. ㉰

㉮ 공기 척　　　　　㉯ 콜릿 척
㉰ 마그네틱 척　　　　㉱ 단동 척

16. 평형 숫돌차로 밀링 커터의 랜드만을 연삭할 때 날 끝과 연삭 숫돌의 위치는?

㉮ 서로 같게 한다.
㉯ 숫돌의 중심을 높게 한다.
㉰ 일정하지 않다.
㉱ 커터 중심의 높이를 높게 한다.

17. 원통 연삭 작업에서 연삭 숫돌과 공작물의 중심과의 관계는?

㉮ 숫돌과 공작물 중심의 높이는 관계가 없다.
㉯ 숫돌의 높이를 낮게 한다.
㉰ 숫돌과 공작물의 높이를 같게 한다.
㉱ 숫돌의 높이를 높게 한다.

18. 로딩의 원인 중 틀린 것은?

㉮ 연삭 깊이가 너무 깊다.
㉯ 숫돌차의 속도가 너무 느리다.
㉰ 숫돌의 입자가 너무 크다.
㉱ 숫돌의 조직이 너무 치밀하다.

19. 주철의 다듬질 연삭을 할 때 연삭 깊이(mm)는?

㉮ 0.005~0.02　　　㉯ 0.005~0.01
㉰ 0.005~0.1　　　㉱ 0.0025~0.1

20. 얇은 판 또는 소형 일감을 동시에 대량으로 연삭하고자 할 때 가장 적당한 척은?

㉮ 단동 척　　　　　㉯ 만능 척
㉰ 콜릿 척　　　　　㉱ 마그네틱 척

21. 연삭액의 역할이 아닌 것은?

㉮ 냉각성　　　　　㉯ 유동성
㉰ 흡수성　　　　　㉱ 방식성

22. 연삭 숫돌은 자동적으로 닳아 떨어져서 바이트나 커터와 같이 갈지 않아도 된다. 이 현상은?

㉮ 드레싱　　　　　㉯ 트루잉
㉰ 글레이징　　　　㉱ 자생작용

23. 진원도와 직각도, 평면도의 수정이 가능한 것은?

㉮ 브로치 절삭　　　㉯ 버핑

㉰ 연삭　　　　　　㉱ 쇼트 피닝

[해설] 브로치(broach) : 봉의 둘레에 다수의 닮은꼴 날을 축에 따라 내려오면서 치수의 순서로 배열한 공구로써 각 홈구멍, 키웨이 기타 여러 가지 모양의 구멍을 뚫을 수 있으며, 이를 사용하는 작업을 브로치 절삭(broaching)이라 한다.

24. 원통 연삭에서 숫돌 회전 방향과 공작물 회전 방향은 어떠한가?

㉮ 동일 방향이다.
㉯ 반대 방향이다.
㉰ 공작물의 재질에 따라 달리한다.
㉱ 숫돌 종류에 따라 방향을 달리한다.

25. 자기 선별기(magnetic separator)가 제거할 수 있는 것은?

㉮ 쇳가루　　　　　㉯ 숫돌 입자
㉰ 흙　　　　　　　㉱ 비철금속 가루

26. 다이아몬드 드레서 사용 방법으로 틀린 것은?

㉮ 연삭액은 사용하지 않도록 한다.
㉯ 숫돌차의 원주면에 날 끝이 일정하게 접촉되게 한다.
㉰ 드레서의 이송 속도는 약 25mm/min이 넘지 않게 한다.
㉱ 드레서의 절입은 적당한 양(0.02~0.03mm)이어야 한다.

27. 다이아몬드 숫돌에 대한 설명으로 틀린 것은?

㉮ 드레서는 숫돌면에 직각으로 고정한다.
㉯ 드레서는 1점만 사용하지 말고 가끔 조금씩 돌려 사용한다.
㉰ 끝이 둥글게 된 드레서를 사용하면 숫돌이 잘 갈리지 않는다.
㉱ 크기가 작은 다이아몬드를 지름이 큰 숫돌에 사용하지 않는다.

28. 플랜지와 숫돌 사이에 접촉 효율을 좋게 하기 위하여 종이나 고무판을 끼울 때 이들의 두께는?

㉮ 0.1~0.5mm　　　㉯ 0.5~1.0mm
㉰ 1~1.5mm　　　　㉱ 1.5~2mm

29. 내면 연삭에 사용하는 숫돌의 지름은 가공물 지름의 얼마 정도가 좋은가?

정답 **16.** ㉯ **17.** ㉰ **18.** ㉰ **19.** ㉮ **20.** ㉱ **21.** ㉰ **22.** ㉱ **23.** ㉰ **24.** ㉯ **25.** ㉮ **26.** ㉮ **27.** ㉮ **28.** ㉯ **29.** ㉰

㉮ $\frac{1}{2}$ 정도   ㉯ $\frac{2}{3}$ 정도

㉰ $\frac{3}{4}$ 정도   ㉱ $\frac{4}{5}$ 정도

30. 연삭 시 공작물의 정밀도가 불량하게 되었을 때 그 원인이 아닌 것은?

㉮ 이송이 적다.

㉯ 연삭액이 불량

㉰ 숫돌의 드레싱 불량

㉱ 숫돌 고정 불량

[해설] 공작물의 정밀도가 불량한 원인은 다음과 같다. ① 센터 또는 방진구의 맞춤 불량 ② 윤활 불량 ③ 드레싱 불량 ④ 연삭 작업 불량

31. 연삭 번(grinding burn)이란 무엇인가?

㉮ 칩이 탄 상태

㉯ 공작물 표면이 국부적으로 갈색으로 타는 현상

㉰ 숫돌바퀴가 타는 현상

㉱ 절삭유가 타는 현상

32. 연삭 작업 중 사고의 원인이 되지 않는 것은?

㉮ 숫돌에 균열이 있는 경우

㉯ 숫돌이 규정 이상으로 회전하는 경우

㉰ 숫돌과 축 사이에 약간 여유를 두었을 경우

㉱ 무거운 물체가 충돌했을 때

33. 연삭 번이 일어나는 이유가 아닌 것은?

㉮ 숫돌의 원주 속도, 절삭 깊이가 클 때

㉯ 입도가 작고, 결합도가 높을 때

㉰ 피삭재의 발열성이 클 때

㉱ 숫돌을 새것으로 바꿨을 때

34. 다음 연삭비를 나타낸 것 중 맞는 것은 어느 것인가?

㉮ $\dfrac{\text{공작물의 원주 속도}}{\text{숫돌차의 원주 속도}}$ ㉯ $\dfrac{\text{공작물의 연삭된 체적}}{\text{숫돌차의 마모된 체적}}$

㉰ $\dfrac{\text{공작물의 이송량}}{\text{숫돌차의 이송량}}$ ㉱ $\dfrac{\text{숫돌차의 마모된 체적}}{\text{공작물의 연삭 체적}}$

35. 공작물을 연삭했을 때 치수 정도가 불량하게 되는 원인이 아닌 것은?

㉮ 센터 불량   ㉯ 전동기 불량

㉰ 숫돌차 불균형   ㉱ 주축 및 베어링 마모

36. 숫돌 구멍의 지름은 축의 지름보다 어떤 것이 좋은가?

㉮ 약간 큰 것   ㉯ 아주 큰 것

㉰ 약간 작은 것   ㉱ 똑같은 치수

37. 연삭 숫돌의 원주 속도가 너무 느리면 어떤 현상이 발생하는가? (단, 기타 조건은 일정)

㉮ 진동이 발생   ㉯ 위험성이 증가

㉰ 연삭 정도 증가   ㉱ 숫돌의 소모가 증가

38. 바깥지름 연삭 시 숫돌차의 원주 속도는?

㉮ 1700∼2000m/min

㉯ 800∼1000m/min

㉰ 2000∼4000m/min

㉱ 200∼800m/min

39. 일반적인 연삭 작업 시 숫돌의 회전수가 가장 빠른 경우는?

㉮ 외경 연삭   ㉯ 내경 연삭

㉰ 평면 연삭   ㉱ 금속 절단

40. 연삭 가공 시 연삭액을 사용한 이유 중 잘못 설명한 것은?

㉮ 탈락된 숫돌 입자를 씻어낸다.

㉯ 연삭열의 상승을 방지한다.

㉰ 정밀도가 낮아진다.

㉱ 로딩을 방지한다.

41. 센터리스 연삭 작업 중 통과 이송법에서 조정 숫돌의 기울기 각도는?

㉮ $1\sim3^\circ$ ㉯ $8\sim15^\circ$

㉰ $5\sim12^\circ$ ㉱ $3\sim5^\circ$

[해설] 전후 이송법의 경우, 조정 숫돌 기울기의 각도는 약 $1\sim3^\circ$ 정도이다.

42. 연삭 작업에서 가공물이 1회전할 때의 이송량은?

㉮ 숫돌차의 폭과 같게 한다.

㉯ 숫돌차 폭보다 작게 한다.

㉰ 숫돌차 폭의 2배로 한다.

㉱ 숫돌차 폭의 $1\frac{1}{2}$ 배로 한다.

43. 연삭액 중 물을 넣어서 사용할 수 없는 것은 어느 것인가?

㉮ 물   ㉯ 수용액
㉰ 유화유   ㉱ 불수용성유

[해설] 연삭액으로는 물, 석유, 수용액, 유화유, 불수용성유 등이 사용된다.

44. 연삭액의 구비 조건 중 틀린 것은?

㉮ 냉각성이 우수할 것
㉯ 인체에 해가 없을 것
㉰ 윤활성은 적고 유동성은 우수할 것
㉱ 화학적으로 안정될 것

[해설] 연삭액의 구비 조건
① 냉각성이 우수할 것 ② 부식 등 유해 작용이 없을 것 ③ 화학적으로 안정될 것 ④ 인체에 해가 없고 악취가 없을 것 ⑤ 윤활성 및 유동성이 우수할 것 ⑥ 연삭 칩의 침전과 분리가 빠를 것

45. 숫돌바퀴를 연삭기에 고정하기 전에 무슨 검사를 해야 하는가?

㉮ 파괴 검사   ㉯ X선 검사
㉰ 음향 검사   ㉱ 초음파 검사

46. 지름이 50mm인 연삭 숫돌로 지름이 10mm인

일감을 연삭할 때 숫돌바퀴의 회전수는?(단, 숫돌바퀴의 원주 속도는 1500m/min이다.)

㉮ 47770rpm   ㉯ 9554rpm
㉰ 5800rpm   ㉱ 4750rpm

[해설] 숫돌바퀴의 원주 속도와 회전수의 관계는 다음 식과 같다.

$$V = \frac{\pi d n}{1000} \text{ m/sec에서,} \quad n = \frac{1000V}{\pi d}$$

$$\therefore n = \frac{1000 \times 1500}{\pi \times 50} = \frac{1500000}{157} = 9554\text{rpm}$$

47. 숫돌 바퀴의 균형이 불안정했을 때에 뒤따르는 문제점 중 관련이 제일 없는 것은?

㉮ 소요 동력이 커진다.
㉯ 좋은 연삭면을 얻을 수 없다.
㉰ 진동을 수반하게 된다.
㉱ 연삭 균열이 일어난다.

48. 다음 연삭액을 사용하여 연삭 가공을 할 때 연기가 나는 것은?

㉮ 수용액   ㉯ 불수용액
㉰ 물   ㉱ 유화액

05 기타 범용 기계 가공

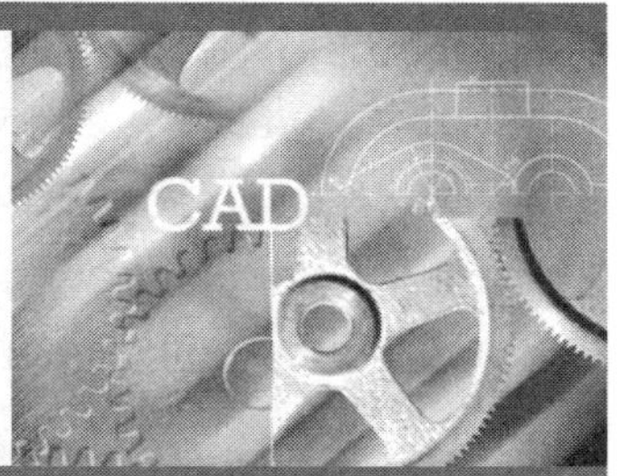

● 1. 드릴링 · 보링 · 브로치

1-1 드릴링 머신

1 드릴링 머신의 종류

① 탁상 드릴링 머신(bench drilling machine) : 소형 드릴링 머신으로서 주로 지름이 작은 구멍의 작업 시에 쓰이며, 공작물을 작업대 위에 설치하여 사용한다.

② 레이디얼 드릴링 머신(radial drilling machine) : 비교적 큰 공작물의 구멍을 뚫을 때 쓰이며, 공작물을 테이블에 고정시켜 놓고 필요한 곳으로 주축을 이동시켜 구멍의 중심을 맞추어 사용한다.

③ 다축 드릴링 머신(multiple spindle drilling machine) : 많은 구멍을 동시에 뚫을 때 쓰이며, 공정의 수가 많은 구멍의 가공에는 많은 드릴 주축을 가진 다축 드릴링 머신을 사용한다.

④ 직립 드릴링 머신(up-right drilling machine) : 주축이 수직으로 되어 있고 기둥, 주축, 베이스, 테이블로 구성되어 있으며, 소형 공작물의 구멍을 뚫을 때 쓰인다. 크기는 스핀들(spindle)의 지름과 스윙으로 표시하며, 탁상 드릴 머신보다 크다.

⑤ 심공 드릴링 머신(deep hole drilling machine) : 내연 기관의 오일 구멍보다 더 깊은 구멍을 가공할 때에 사용한다.

⑥ 다두 드릴링 머신(multi-head drilling machine) : 나란히 있는 여러 개의 스핀들에 여러 가지 공구를 꽂아 드릴링, 리밍, 태핑 등을 연속적으로 가공한다.

2 드릴링 머신의 크기 표시

① 스윙, 즉 스핀들 중심부터 기둥까지 거리의 2배 정도가 된다.

② 뚫을 수 있는 구멍의 최대 지름으로 나타낸다.

③ 스핀들 끝부터 테이블 윗면까지의 최대 거리로 표시한다.

3 드릴링 머신으로 할 수 있는 작업

① 드릴링(drilling) : 드릴링 머신의 주된 작업으로서 드릴을 사용하여 구멍을 뚫는 작업이다.

② 리밍(reaming) : 드릴을 사용하여 뚫은 구멍의 내면을 리머로 다듬는 작업이다.

③ **태핑(tapping)** : 드릴을 사용하여 뚫은 구멍의 내면에 탭을 사용하여 암나사를 가공하는 작업이다.

④ **보링(boring)** : 드릴을 사용하여 뚫은 구멍이나 이미 만들어져 있는 구멍을 넓히는 작업이다.

⑤ **스폿 페이싱(spot facing)** : 너트 또는 볼트 머리와 접촉하는 면을 고르게 하기 위하여 깎는 작업이다.

⑥ **카운터 보링(counter boring)** : 볼트의 머리가 일감 속에 묻히도록 깊게 스폿 페이싱을 하는 작업이다.

⑦ **카운터 싱킹(counter sinking)** : 접시머리 나사의 머리 부분을 묻히게 하기 위하여 자리를 파는 작업이다.

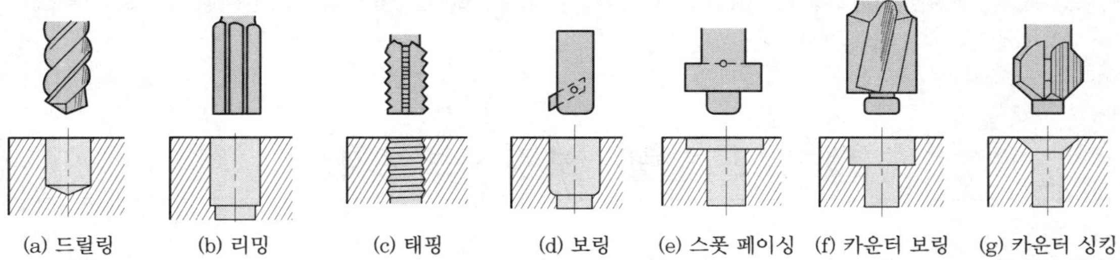

(a) 드릴링   (b) 리밍   (c) 태핑   (d) 보링   (e) 스폿 페이싱   (f) 카운터 보링   (g) 카운터 싱킹

드릴링 머신으로 할 수 있는 작업

4 드릴의 종류와 용도

① **트위스트 드릴(twist drill)** : 가장 널리 쓰이는 드릴로서, 2개의 비틀림날이 회전 날끝으로 되어 있어 절삭성이 매우 좋다.

② **평 드릴(flat drill)** : 둥근 봉의 선단을 납작하게 만들어 날을 붙인 것이며, 가장 간단한 형식으로 보통 연한 재질을 가진 공작물의 구멍을 뚫을 때 사용된다.

③ **센터 드릴(center drill)** : 공작물을 선반이나 연삭기에 고정할 때 공작물에 지지가 되는 센터 구멍을 뚫을 때 사용된다.

④ **곧은 홈 드릴(straight flute drill)** : 홈이 직선으로 파여진 드릴로서 선단의 각도가 $0°$이므로 황동이나 얇은 판의 구멍을 뚫을 때 사용된다.

⑤ **유공 드릴(oil tublar drill)** : 트위스트 드릴의 내부에 기름 구멍을 만든 것으로서 기름의 공급과 칩의 배출이 용이하므로 깊은 구멍을 뚫을 때 사용한다.

⑥ **반원 드릴(rifle barvel drill)** : 드릴의 선단이 1개의 날로 되어 있으며, 날끝은 드릴의 중심부에 대해 편위되어 있다.

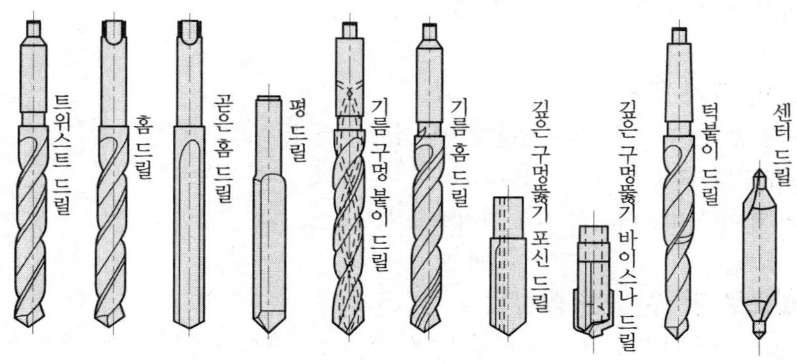

드릴의 종류

5 드릴의 각부 명칭

① **드릴 끝(drill point)** : 드릴의 끝 부분으로써 원뿔형으로 되어 있으며, 2개의 날이 있다.

② **날끝 각도(drill point angle)** : 드릴의 양쪽 날이 이루고 있는 각도를 날끝 각도라고 하며, 보통 118° 정도이다.

③ **날 여유각(lip clearance angle)** : 드릴이 재료를 용이하게 파고들어갈 수 있도록 드릴의 절삭날에 주어진 여유각을 절삭날각이라고 하며, 보통 10~15° 정도이다.

④ **비틀림각(angle of torsion)** : 드릴에는 두 줄의 나선형 홈이 있으며, 이것이 드릴축과 이루는 각도를 비틀림각이라고 한다. 일반적으로 비틀림각은 20~35° 정도이며, 단단한 재료에는 각도가 작은 것을, 연한 재료에는 큰 것을 사용한다.

공작물의 재료와 드릴 날끝각과 여유각

공작물 재질	날끝각	절삭 여유각
일반재료	118°	12~15°
연　강	90~120°	12°
경　강	120~140°	10°
주　철	90~118°	12~15°
구　리	100°	12°
황　동	118°	12~15°
고무파이버	60°	12°

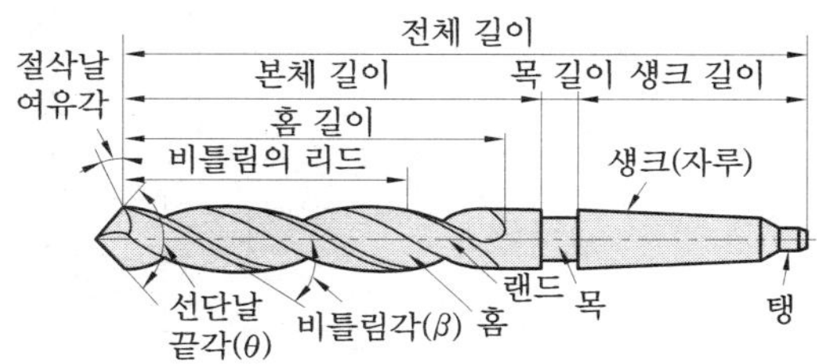

드릴의 각부 명칭

⑤ **백 테이퍼(back taper)** : 드릴의 선단보다 자루 쪽으로 갈수록 약간씩 테이퍼가 되므로 구멍과 드릴이 접촉하지 않도록 한 테이퍼이다(끝에서 자루 쪽으로 0.025~0.5mm/100mm).

⑥ **마진(margin)** : 예비 날의 역할 또는 날의 강도를 보강하는 역할을 한다.

⑦ **랜드(land)** : 마진의 뒷부분이다.

⑧ **웨브(web)** : 홈과 홈 사이의 두께를 말하며 자루 쪽으로 갈수록 두꺼워진다.

⑨ **탱(tang)** : 드릴 소켓이나 드릴 슬리브에 드릴을 고정할 때 사용하며, 테이퍼 생크 드릴 맨 끝의 납작한 부분이다.

⑩ **시닝(thinning)** : 드릴이 커지면 웨브가 두꺼워져서 절삭성이 나빠지게 되면 치즐 포인트를 연삭할 때 절삭성이 좋아지는데, 이와 같은 것을 시닝이라 한다.

⑪ **드릴의 크기 표시** : 드릴 끝 부분의 지름을 mm 또는 inch로 표시하며 인치식의 작은 드릴의 경우 번호로 표시하기도 한다.

6 드릴의 부속품

① **드릴 척** : 직선 자루 드릴(ϕ 13 이하)을 고정하는 것으로서, 상부는 주축에 연결되고 드릴 고정은 드릴 핸들을 사용한다.

② **드릴 소켓** : 테이퍼 자루 드릴을 고정하는 것으로, 드릴 제거 시에는 소켓 중간부의 구멍에 쐐기를 박아 뺀다.

1-2 보링 머신

1 보링 머신에 의한 가공

보링의 원리는 선반과 비슷하나 일반적으로 공작물을 고정하여 이송 운동을 하고 보링 공구를 회전시켜 절삭하는 방식이 주로 쓰인다.

이 기계는 보링을 주로 하지만 드릴링, 리밍, 정면 절삭, 원통 외면 절삭, 나사깎기(태핑), 밀링 등의 작업도 할 수 있다.

2 보링 머신의 종류

① **수평 보링 머신(horizontal boring machine) :** 주축대가 기둥 위를 상하로 이동하고, 주축이 동시에 수평 방향으로 움직인다. 공작물은 테이블 위에 고정하고 새들을 전후, 좌우로 이동시킬 수 있으며, 회전도 가능하므로 테이블 위에 고정한 공작물의 위치를 조정할 수 있다.

보링 머신의 크기는 ㉮ 테이블의 크기 ㉯ 스핀들의 지름 ㉰ 스핀들의 이동 거리 ㉱ 스핀들 헤드의 상하 이동 거리 및 테이블의 이동 거리로 표시한다.

② **정밀 보링 머신(fine boring machine) :** 다이아몬드 또는 초경합금 공구를 사용하여 고속도와 미소 이송, 얕은 절삭 깊이에 의하여 구멍 내면을 매우 정밀하고 깨끗한 표면으로 가공하는 데 사용한다. 크기는 가공할 수 있는 구멍의 크기로 표시한다.

③ **지그 보링 머신(jig boring machine) :** 주로 일감의 한 면에 2개 이상의 구멍을 뚫을 때, 직교 좌표 XY 두 축 방향으로 각각 $2\sim10\mu$의 정밀도로 구멍을 뚫는 보링 머신이다. 크기는 테이블의 크기 및 뚫을 수 있는 구멍의 최대 지름으로 표시한다. 이 기계는 정밀도 유지를 위해 20℃ 항온실에 설치해야 한다.

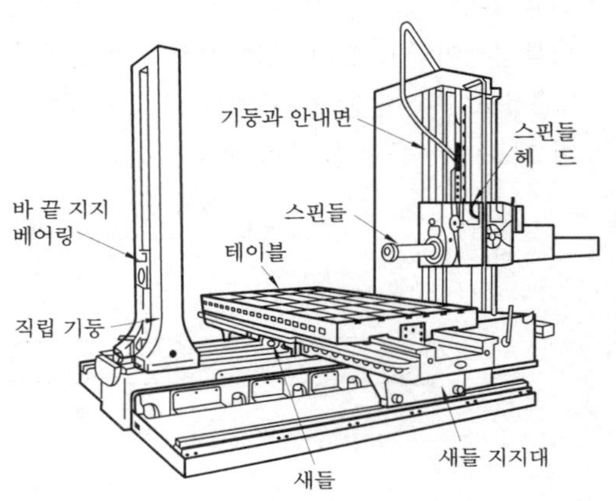

수평식 테이블 보링 머신

3 보링 공구

보링 작업 시 사용하는 공구는 다음과 같다.

① **보링 바이트(boring bite) :** 보링 바이트의 재질은 다이아몬드, 초경합금 등을 사용하고, 날끝은 원형 또는 각형이다.

② **보링 바(boring bar) :** 보링 바이트를 장치하는 봉으로 한쪽은 모스 테이퍼로 되어 있으며, 반대쪽은 보링 바 지지대로 지지하고 그 사이에 바이트를 고정한다[그림].

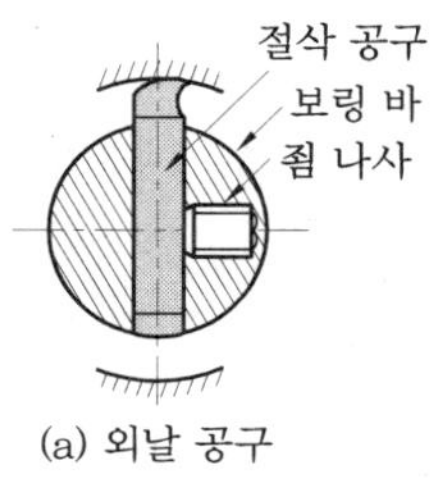
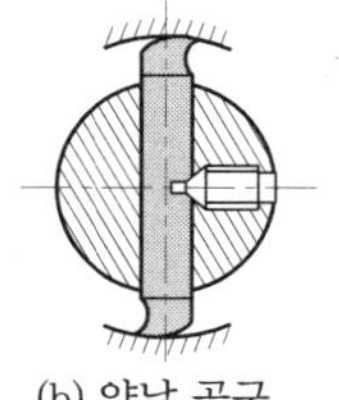
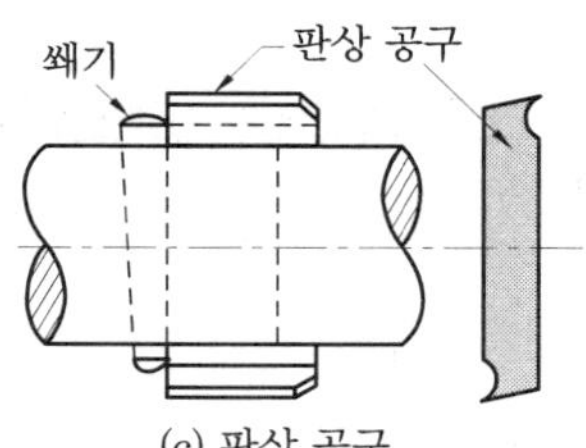

(a) 외날 공구   (b) 양날 공구   (c) 판상 공구

보링용 절삭 공구

③ **보링 헤드(boring head)** : 지름이 큰 공작물을 가공할 때 사용하며, 보링 바에 고정한다.
④ **센터링 인디케이터** : 보링 축의 중심과 공작물의 구멍 중심이 일치하는가를 조사하는 공구이다.
⑤ **바이트 세팅 게이지** : 바이트를 바에 장치할 때에 소요의 보링경에 정확하게 맞추기 위하여 사용한다.
⑥ **센터 펀치** : 지그 보링 머신에서 표점 각인, 중심표시 금긋기 등에 쓰인다.
⑦ **원형 테이블** : 지그 보링 머신에서 분할 작업에 쓰인다.

 1-3 브로치 작업(broaching)

1 브로치 작업

브로치라는 공구를 사용하여 표면 또는 내면을 필요한 모양으로 절삭 가공하는 기계이다.

① **내면 브로치 작업** : 둥근 구멍에 키 홈, 스플라인 구멍, 다각형 구멍 등을 내는 작업을 말한다.
② **표면 브로치 작업** : 세그먼트(segment) 기어의 치통형이나 홈, 특수한 모양의 면 [그림]을 가공하는
  작업을 말한다.

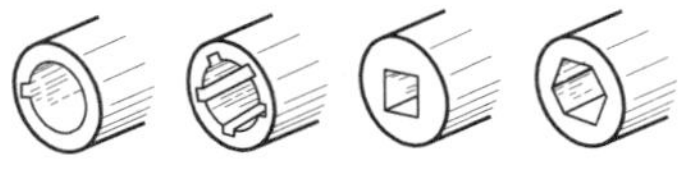

(a) 내면 브로치 작업   (b) 표면 브로치 작업

내면 브로치 작업과 표면 브로치 작업

2 브로치의 구분 및 각부 명칭

브로치는 [그림]과 같이 자루부, 안내부, 절삭날부, 뒷부분 안내부로 되어 있으며, 앞쪽 안내부는 미리
가공한 구멍과 같은 치수로 되어 있으며 절삭날부 쪽으로 갈수록 날이 차차 커지고 있다. 그림은 □ 가
공을 할 경우 날이 ○에서 → ⬠ → □ 모양으로 되어 있음을 나타낸 것이다.

① **당기는 브로치** : 작은 구멍, 절삭량이 많은 구멍 가공
② **밀어 넣는 브로치** : 큰 구멍, 절삭량이 적은 구멍, 다듬질 가공
③ **브로치 구조**

　㈎ **일체 브로치** : 보통 브로치　　　　　㈏ **심은날 브로치** : 특수 브로치
　㈐ **조립식 브로치** : 특수 브로치

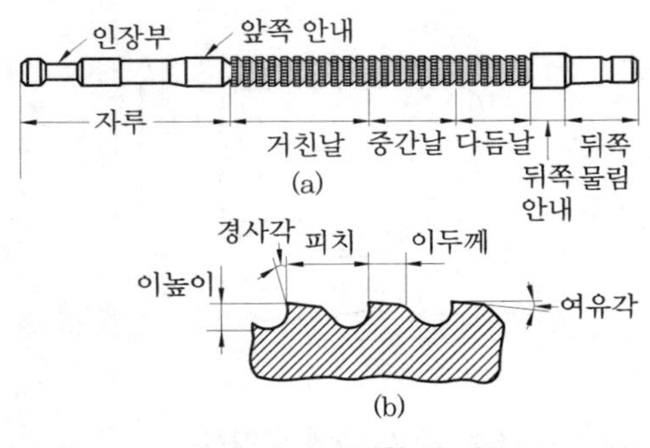

브로치 각부 명칭 및 자루

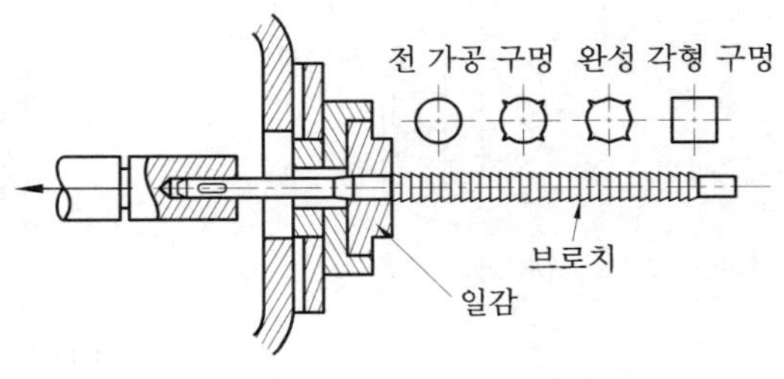

각형 구멍 브로칭 가공의 보기

❸ 절삭 속도 및 크기

① 절삭 속도는 5~10m/min이고, 후진 속도는 15~40m/min이다.

② 크기는 최대 인장력과 브로치를 설치하는 슬라이드의 행정 길이로 표시한다.

예 상 문 제

1. 드릴 머신에서 할 수 없는 작업은?

㉮ 태핑
㉯ 리밍
㉰ 센터 구멍내기
㉱ 릴리빙

2. 다음 수직 드릴링 머신의 크기 표시법 중 잘못된 것은?

㉮ 테이블의 크기
㉯ 스윙
㉰ 기계 자체의 중량
㉱ 뚫을 수 있는 구멍의 최대 지름

3. 일반적으로 많이 사용되는 드릴의 명칭은?

㉮ 직선홈 드릴
㉯ 플랫 드릴
㉰ 비틀림 드릴
㉱ 센터 드릴

4. 비틀림 드릴 날끝의 표준 각도는?

㉮ 118°
㉯ 100°
㉰ 130°
㉱ 170°

5. 이미 뚫린 구멍을 넓히는 가공은?

㉮ 드릴링
㉯ 보링
㉰ 밀링
㉱ 호빙

6. 일반 재료의 구멍을 뚫을 때 구멍이 불량하게 되는 원인은?

㉮ 날의 경사각이 다를 때
㉯ 재질이 고르지 못할 때
㉰ 작은 드릴 척에 물리고 작업을 할 때
㉱ 드릴이 가공면에 직각이 되었을 때

7. 얇은 철판에 구멍을 뚫을 때 적당한 드릴은?

㉮ 60° 이하
㉯ 90° 이하
㉰ 118°
㉱ 120° 이상

8. 드릴의 선단각이 0°이고 황동 또는 얇은 판의 구멍 뚫기에 많이 사용되고 있는 드릴은?

㉮ 트위스트 드릴
㉯ 평 드릴
㉰ 직선홈 드릴
㉱ 심공 드릴

9. 일반적으로 드릴의 여유각은 약 얼마인가?

㉮ 2~5°
㉯ 5~10°
㉰ 10~15°
㉱ 15~20°

[해설] 여유각은 KS에서 10~15°이며, 원칙적으로 변하지 않는다. 단, 단단한 재료에는 여유각을 작게 하고 연한 재료에는 크게 하는 것이 좋다.

10. 드릴의 절삭날 길이가 같을 경우, 드릴 축을 중심으로 한(드릴 날끝 각도의 1/2) 양쪽 각도가 다를 경우 뚫은 구멍의 크기는?

㉮ 드릴 지름과 같아진다.
㉯ 드릴 지름보다 커진다.
㉰ 드릴 지름보다 작아진다.
㉱ 절삭 조건에 따라 다른 현상이 발생한다.

11. 주철에는 어떤 절삭유를 사용하는가?

㉮ 물
㉯ 사용하지 않는다.
㉰ 수용성 절삭유
㉱ 기름

12. 일반 드릴링 머신으로 가공하기 힘든 좁은 공간의 구멍 뚫기에 적당한 것은?

㉮ 드릴 유닛
㉯ 포터블 드릴링
㉰ 만능 드릴링
㉱ 다축 드릴링

[해설] 휴대용 드릴(fortable drilling)은 좁은 공간의 구멍을 주로 고속 회전에 의해 가공한다.

13. 소형 공작물의 구멍 뚫기에 가장 간단한 드릴링 머신은?

㉮ 다축 드릴링 머신
㉯ 드릴 유닛
㉰ 레이디얼 드릴링 머신
㉱ 드릴 프레스

14. 다음 중 너트가 닿는 부분을 절삭하여 자리를 만드는 것은?

㉮ 스폿 페이싱
㉯ 카운터 보링
㉰ 카운터 싱킹
㉱ 태핑

15. 접시머리 나사머리를 묻히게 원뿔형으로 자리를 만드는 것은?

㉮ 스폿 페이싱
㉯ 카운터 보링
㉰ 카운터 싱킹
㉱ 리밍

[해설] 가는 볼트 머리와 접촉하는 부분을 고르게 깎는 작업이다.

16. 드릴링 구멍을 뚫을 때 편심이 생겼다. 가장 적합한 수정 방법은?

㉮ 완전히 구멍을 뚫고 정으로 따낸다.
㉯ 더 큰 드릴로 수정한다.

[정답] **1.** ㉱ **2.** ㉰ **3.** ㉰ **4.** ㉮ **5.** ㉯ **6.** ㉮ **7.** ㉱ **8.** ㉰ **9.** ㉰ **10.** ㉯ **11.** ㉯ **12.** ㉯ **13.** ㉱ **14.** ㉮ **15.** ㉰ **16.** ㉱

㉢ 리머로 수정한다.

㉣ 드릴의 날이 들어가기 전에 펀치로 수정한다.

17. 일감의 재질이 구리일 경우 드릴의 날끝 각도로 적당한 것은?

㉮ 90° ㉯ 135°

㉰ 150° ㉱ 110°

[해설] 일감의 재질에 따른 드릴의 날끝 각도는 다음과 같다. 표준 각도 : 118°, 강재 : 118~125°, 알루미늄 합금 : 120~130°, 구리 : 110~115°, 주철류 : 90~118°, 구리·구리 합금 : 100~120° 등을 주되 일반 재료에 비해 연질이면 작게, 경질이면 크게 주도록 한다.

18. 리머와 드릴의 관계를 설명한 것이다. 다음 중 옳은 것은?

㉮ 리머 절삭 속도는 드릴의 절삭 속도보다 빠르다.

㉯ 드릴의 절삭 속도는 리머의 절삭 속도와 같다.

㉰ 리머의 절삭 속도는 드릴의 절삭 속도보다 빠르거나 느릴 때도 있다.

㉱ 리머 절삭 속도는 드릴의 절삭 속도보다 느리다.

19. 드릴의 재료로 쓰이지 않는 것은?

㉮ 합금 공구강

㉯ 고속도강

㉰ 절삭날에만 초경합금을 붙인 것

㉱ 연강

[해설] 드릴의 재질은 탄소 공구강, 합금 공구강, 고속도강, 초경합금을 경납땜한 것도 사용된다.

20. 드릴이 부러지는 원인이 아닌 것은?

㉮ 공작물의 고정이 불량한 경우

㉯ 여유각이 큰 경우

㉰ 드릴의 날끝이 무딜 경우

㉱ 드릴의 수동 이송 때 보내기가 지나치게 큰 때

21. 치즐 포인트의 파손 원인은?

㉮ 절삭 속도가 빠른 때

㉯ 테이퍼가 잘 맞지 않은 때

㉰ 절삭제가 불충분한 때

㉱ 여유각이 너무 크거나 보내기가 지나칠 때

22. 다음 중 가장 많이 쓰이는 것은?

㉮ 기름구멍 드릴 ㉯ 센터 드릴

㉰ 트위스트 드릴 ㉱ 갱 드릴

23. 다음 중 정밀 측정 기구가 달린 기계는?

㉮ 레이디얼 드릴링 머신

㉯ 만능 연삭기

㉰ 만능 밀링 머신

㉱ 지그 보링 머신

24. 구멍 뚫기에서 구멍이 거의 뚫렸을 경우에 이송은 어떻게 하는가?

㉮ 빠르게 한다. ㉯ 느리게 한다.

㉰ 동일하게 한다. ㉱ 잠시 멈춘다.

25. 다음 중 드릴과 리머의 차이점은?

㉮ 절삭 속도에서 드릴이 빠르다.

㉯ 절삭 속도에서 드릴이 느리다.

㉰ 사용하는 동력이 드릴이 세다.

㉱ 사용하는 동력이 드릴이 약하다.

26. 주축을 이동시키면서 대형의 공작물을 가공하기 편리한 드릴 머신은 어느 것인가?

㉮ 탁상 드릴 머신 ㉯ 직립 드릴 머신

㉰ 다축 드릴 머신 ㉱ 레이디얼 드릴 머신

27. 날끝각이 표준각 118°로 되어 있으면서도 날끝의 좌우 길이가 다르다면 파진 구멍치수는?

㉮ 더 커진다. ㉯ 변함 없다.

㉰ 타원형이 된다. ㉱ 작업이 안 된다.

28. 구멍뚫기 작업에서 사용하는 지그 중 부시(bush)의 길이는 드릴 지름에 비하여 어떠한가?

㉮ 같아야 한다. ㉯ 커야 한다.

㉰ 작아야 한다. ㉱ 상관없다.

29. 자콥스 드릴 척의 조의 잇수는?

㉮ 2개 ㉯ 3개 ㉰ 5개 ㉱ 12개

30. 드릴의 날끝에서 자루쪽으로 오면 약간의 경사가 있다. 이를 무엇이라 하는가?

㉮ 웨브 ㉯ 치즐 포인트

㉰ 백 테이퍼 ㉱ 프론트 테이퍼

31. 드릴로 가공한 구멍에 암나사를 내는 작업은?

(정답) **17.** ㉱ **18.** ㉱ **19.** ㉱ **20.** ㉯ **21.** ㉱ **22.** ㉰ **23.** ㉱ **24.** ㉯ **25.** ㉮ **26.** ㉱ **27.** ㉮ **28.** ㉯ **29.** ㉯ **30.** ㉰

31. ㉮

㉮ 탭 작업 ㉯ 보링 작업
㉰ 다이스 작업 ㉱ 카운터 싱킹 작업

32. 드릴 비틀림 홈은 바이트의 어떤 부분에 해당되는가?

㉮ 경사면 ㉯ 여유면
㉰ 날끝각 ㉱ 칩 브레이크각

33. 드릴링 머신의 종류를 열거한 것 중 한번에 많은 구멍을 뚫을 수 있는 것은?

㉮ 휴대용 전기 드릴링 머신
㉯ 레이디얼 드릴링 머신
㉰ 직접 드릴링 머신
㉱ 다축 드릴링 머신

34. 탄소강의 구멍 뚫기에 옳은 절삭 조건은?

㉮ 날끝 각을 크게 하고 회전수를 줄인다.
㉯ 날끝 각을 작게 하고 회전수를 줄인다.
㉰ 날끝 각을 크게 하고 회전수를 높인다.
㉱ 날끝 각을 작게 하고 회전수를 높인다.

35. 직립 드릴링 머신의 스핀들 구멍은 어떤 테이퍼로 되어 있는가?

㉮ 모스 테이퍼 ㉯ 브라운 샤프 테이퍼
㉰ 내셔널 테이퍼 ㉱ 자콥스 테이퍼

[해설] 주축 스핀들 구멍은 모스 테이퍼(M.T)이고, 자콥스 테이퍼는 드릴 척과 드릴 척 아버를 연결시키는 테이퍼이다.

36. 레이디얼 드릴링 머신에 가장 맞는 작업은?

㉮ 바이트에 의한 암나사 절삭
㉯ 대형 공작물의 구멍 뚫기
㉰ 소형 공작물의 구멍 뚫기
㉱ 여러 개의 구멍을 한꺼번에 뚫기

37. 드릴 머신에 직선 자루 드릴의 고정법으로 알맞은 것은?

㉮ 주축 테이퍼 구멍에 직접 끼운다.
㉯ 소켓이나 슬리브에 끼운다.
㉰ 드릴 척에 고정한다.
㉱ 바이스에 고정한다.

38. 드릴 작업 시 공작물을 잡는 방법으로 틀린 것은?

㉮ 손으로 잡는 방법

㉯ 클램프로 잡는 방법
㉰ 바이스로 잡는 방법
㉱ 드릴지그를 이용하는 방법

39. 다음 중 드릴을 시닝하는 이유는?

㉮ 보기 좋게 하기 위하여
㉯ 치즐 에지를 길게 하기 위하여
㉰ 여유각을 크게 하기 위하여
㉱ 드릴의 절삭성을 좋게 하기 위하여

40. 다음 중 테이퍼 섕크 드릴을 주축에 끼울 때 쓰이는 공구는?

㉮ 부시 ㉯ 드릴 게이지
㉰ 드릴 소켓 ㉱ 드릴링 필러

41. 드릴링 머신에 의한 가공 방법 중에서 육각 구멍 붙이 볼트, 둥근 머리 볼트의 머리를 공작물에 묻히게 하는 가공은?

㉮ 카운터 싱킹 ㉯ 리밍
㉰ 카운터 보링 ㉱ 스폿 페이싱

42. 비틀림 드릴(twist drill)에는 섕크 모양에 따라 스트레이트 섕크 드릴과 테이퍼 섕크 드릴이 있다. 다음 중 틀린 것은?

㉮ 스트레이트 섕크 드릴은 보통 지름이 0.5~13mm까지이다.
㉯ 테이퍼 섕크 드릴은 보통 지름이 13mm 이상이다.
㉰ 테이퍼 섕크 드릴은 모스 테이퍼이다.
㉱ 비틀림 드릴은 어느 것이나 드릴링 머신의 소켓에 끼워 사용한다.

43. 자콥스 드릴 척(Jacobs drill chuck)에서 드릴을 조이는 조(jaw)의 수는?

㉮ 2개 ㉯ 3개 ㉰ 4개 ㉱ 5개

44. 카운터 싱킹 드릴의 날끝 각은?

㉮ 60° ㉯ 90° ㉰ 118° ㉱ 135°

[해설] 카운터 싱킹은 접시 머리 나사의 머리 부분이 닿게 원추형으로 깎는 것이므로 접시 머리 나사의 머리 부분 각도는 90°이다.

45. 드릴 머신에서 스윙이란 무엇인가?

㉮ 주축단에서 테이블 윗면까지의 길이

㉯ 주축단에서 베이스 윗면까지의 길이
㉢ 주축 중심에서 직주면까지의 길이의 두 배
㉣ 주축 중심에서 직주 중심까지의 길이

46. 드릴의 지름 6mm, 회전수 400rpm일 때, 절삭 속도는?

㉮ 6.0m/min   ㉯ 6.5m/min
㉢ 7.0m/min   ㉣ 7.5m/min

[해설] $V = \dfrac{\pi d n}{1000} = \dfrac{3.14 \times 6 \times 400}{1000} = 7.536 \text{m/min}$

47. 드릴의 크기는 어떻게 표시하는가?

㉮ 전체의 길이   ㉯ 자루 부분의 길이
㉢ 지름   ㉣ 날 부분의 길이

48. 드릴 자루는 몇 mm 이상부터 테이퍼 섕크로 되었는가?

㉮ 6mm   ㉯ 13mm   ㉢ 18mm   ㉣ 25mm

49. 테이퍼 섕크 드릴에서 일반적으로 사용하는 테이퍼는?

㉮ B&S 테이퍼   ㉯ 내셔널 테이퍼
㉢ 모스 테이퍼   ㉣ 자노 테이퍼

50. 드릴의 연삭 방법 중 틀린 것은?

㉮ 날끝 형상이 좌우 대칭이 되도록 할 것
㉯ 여유각을 정확히 맞춰줄 것
㉢ 연마 후에는 날끝 형상을 검사 확인할 것
㉣ 드릴 날끝각 검사에는 센터 게이지를 사용할 것

[해설] 센터 게이지는 나사깎기 바이트의 각도를 검사할 때 쓰이며, 날끝각은 드릴 포인트 게이지를 쓴다.

51. 드릴의 웨이브는 어떻게 되어 있나?

㉮ 웨이브 전체 폭이 같다.
㉯ 자루쪽 폭이 크다.
㉢ 치즐 포인트쪽이 크다.
㉣ 드릴 크기에 따라 다르다.

[해설] 웨이브는 드릴에 강도를 주기 위한 것으로 드릴 작업 시 자루쪽에 많은 모멘트가 작용하므로 자루쪽이 크다.

52. 드릴에서 치즐 포인트를 짧게 하면 어떤 현상이 일어나는가?

㉮ 절삭력 감소   ㉯ 회전 속도 감소

㉢ 절삭 속도 감소   ㉣ 이송 속도 감소

53. 드릴 작업 시 지그를 이용하면 다음과 같은 특징이 있다. 잘못 설명한 것은?

㉮ 금긋기를 해야 한다.
㉯ 불량품이 거의 생기지 않는다.
㉢ 호환성이 좋아진다.
㉣ 제품의 정밀도가 향상된다.

54. 얇은 철판에 구멍을 뚫을 때 어떻게 하면 가장 좋은가?

㉮ 바이스에 확실히 고정한다.
㉯ 베이스에 확실히 고정한다.
㉢ 테이블에 확실히 고정한다.
㉣ 나무를 밑에 깔고 위에 공작물을 확실히 고정한다.

55. 드릴로 카운터 싱킹할 때 떨릴 경우, 그 원인이 아닌 것은?

㉮ 웨이브가 작다.   ㉯ 여유각이 크다.
㉢ 회전수가 빠르다.   ㉣ 절삭 깊이가 크다.

[해설] 드릴로 카운터 싱킹할 때 떨림은 드릴의 여유각이 크고 회전수가 빠르며 절삭 깊이가 클 경우에 발생한다.

56. 드릴의 비틀림각은 바이트의 어느 각에 해당되는가?

㉮ 경사각   ㉯ 여유각
㉢ 측면각   ㉣ 공구각

57. 리머 가공에 대한 설명으로 틀린 것은?

㉮ 날은 홀수로 하며 여유각은 3~5°이다.
㉯ 가공 시 떨림이 적도록 날의 간격은 같지 않게 되었다.
㉢ 낮은 절삭도와 다듬질 여유를 적게 하면서 이송을 크게 하면 가공면이 깨끗하다.
㉣ 리머 다듬질 여유는 ϕ10mm에 0.05mm 정도이다.

58. 드릴웨브(web)의 양쪽을 똑같이 갈아 치즐 포인트의 폭을 작게 하여 절삭저항을 작게 하는 것은 다음 중 어느 것인가?

㉮ 렌드   ㉯ 시닝
㉢ 래핑   ㉣ 버닝

---

59. 드릴 작업에서 모든 절삭 조건이 같을 경우, 회전수가 가장 커야 하는 경우의 드릴 지름은?

㉮ 3mm
㉯ 6mm
㉰ 12mm
㉱ 19mm

[해설] 모든 절삭 조건이 같을 경우, 절삭 속도도 같아야 하므로 드릴 지름이 작을수록 회전수가 커야 절삭 속도가 같아진다.

60. 다음 보링 머신 중에서 매우 빠른 절삭 속도를 주어 정밀도가 높은 가공면을 얻는 것은 어느 것인가?

㉮ 지그 보링 머신
㉯ 정밀 보링 머신
㉰ 수평 보링 머신
㉱ 수직 보링 머신

61. 다음은 보링 바에 대한 설명이다. 틀린 것은?

㉮ 보링 바는 튼튼하게 만들어 구부러지지 않게 한다.
㉯ 보링 바의 재질은 경강을 사용하며, 연삭하여 다듬는다.
㉰ 보링 바는 주축 또는 보링 헤드에 끼워 사용한다.
㉱ 보링 바는 주축에 끼우고 다른 끝은 보링 헤드를 지지하여 사용한다.

62. 보링 작업에서 주로 사용하는 절삭공구는?

㉮ 커터
㉯ 탭
㉰ 드릴
㉱ 바이트

63. 구멍을 넓히거나 구멍을 깨끗하게 가공할 때 사용하는 기계는?

㉮ 드릴링 머신
㉯ 보링 머신
㉰ 브로칭 머신
㉱ 성형 롤러

64. 보링 머신의 크기 표시법 중 일반적으로 사용할 수 없는 것은?

㉮ 테이블의 크기
㉯ 주축의 이동 거리
㉰ 기계의 무게
㉱ 주축의 지름

65. 지그 보링 머신에서 구멍의 관계 위치 정밀도는 얼마 정도인가?

㉮ ±0.01~0.03
㉯ ±0.03~0.08
㉰ ±0.08~0.12
㉱ ±0.12~0.2

66. 보링 작업 시 지름이 큰 것을 가공할 때만 반드시 필요한 것은?

㉮ 보링 바
㉯ 보링 바이트
㉰ 보링 헤드
㉱ 보링 홀더

67. 지그 보링 머신을 설치한 작업장의 온도는 얼마 정도로 유지해야 하는가?

㉮ 12℃
㉯ 15℃
㉰ 20℃
㉱ 25℃

[해설] 지그 보링 머신은 기계 정밀도와 가공 정밀도를 위하여 항상 20℃를 유지해야 한다.

68. 보링 머신에서 할 수 없는 작업은?

㉮ 보링
㉯ 밀링 작업
㉰ 치핑
㉱ 단면 절삭

69. 보링 바이트로서 단점을 열거하였다. 잘못 설명한 것은?

㉮ 절삭 저항을 쉽게 받는다.
㉯ 진동이 발생하기 쉽다.
㉰ 바이트 수명이 짧다.
㉱ 막힌 구멍의 구석 다듬질에 불편하다.

70. 주축을 이동시키면서 대형의 공작물을 가공하기 편리한 드릴 머신은 어느 것인가?

㉮ 탁상 드릴 머신
㉯ 직립 드릴 머신
㉰ 다축 드릴 머신
㉱ 레디얼 드릴 머신

71. 각형 구멍, 키홈, 스플라인의 구멍 등을 다듬는 데 사용되고 제품 모양과 꼭 맞는 단면 모양을 한 공구를 한번 통과시켜 가공 완성하는 기계는?

㉮ 호빙 머신
㉯ 기어 셰이퍼
㉰ 브로칭 머신
㉱ 보링 머신

72. 수평형 브로칭 머신에서 절삭 속도(m/min)는 얼마인가?

㉮ 5~10
㉯ 10~15
㉰ 15~20
㉱ 20~25

73. 구멍뚫기 지그에는 부시를 사용하는데, 다음 설명 중 옳은 것은?

㉮ 드릴의 지름보다 부시가 짧아야 좋다.
㉯ 드릴의 지름보다 부시가 길어야 된다.
㉰ 아무 상관없다.
㉱ 드릴의 지름과 부시가 같아야 한다.

[정답] 59. ㉮ 60. ㉯ 61. ㉱ 62. ㉱ 63. ㉯ 64. ㉰ 65. ㉮ 66. ㉰ 67. ㉰ 68. ㉰ 69. ㉰ 70. ㉱ 71. ㉰ 72. ㉮
73. ㉯

74. 브로칭 머신에 대한 설명 중 옳은 것은?

㉮ 환봉의 외주를 만드는 기계이다.
㉯ 구멍 내면에 키 홈을 깎는 기계이다.
㉰ 브로칭 머신으로 가공하려면 고속 회전으로 해야 한다.
㉱ 큰 평면을 가공하는 기계이다.

75. 지그에 관한 설명 중 틀린 것은?

㉮ 리머 작업에 주로 사용한다.
㉯ 대량 생산에 적합하다.
㉰ 가공 기술을 별로 요하지 않는다.
㉱ 레이아웃의 필요가 없다.

76. 다음 수평 보링 머신의 크기를 나타낸 것 중 틀린 것은?

㉮ 테이블의 크기
㉯ 주축의 이동 거리
㉰ 주축과 지름
㉱ 테이블과 베드의 이동 거리

77. 박스 지그(box jig)는 어떤 작업을 하는 데 사용하는가?

㉮ 드릴 작업에서 대량 생산을 할 때
㉯ 선반 작업에서 크랭크 절삭을 할 때
㉰ 그라인딩에서 테이퍼 작업을 할 때
㉱ 보링 작업과 정밀한 구멍을 가공할 때

78. 지그를 사용하는 목적 중 틀린 것은?

㉮ 작업이 복잡하여 구멍의 위치가 부정확하다.
㉯ 제품이 정확하여 호환성이 있다.
㉰ 미숙련자도 작업이 가능하다.

㉱ 대량 생산에 적합하다.

79. 다음 중 보링 공구가 아닌 것은?

㉮ 보링 바이트 　　㉯ 보링 바
㉰ 보링 공구대 　　㉱ 보링 소

80. 드릴이 1회전할 때 이송을 s(mm), 드릴 끝 원뿔 높이를 h(mm), 공작물의 구멍 깊이를 t(mm), 드릴의 회전수를 n이라고 할 때, 이 구멍을 뚫는 데 소요되는 시간 T는 다음 중 어느 것인가?

㉮ $T = \dfrac{ns}{t+h}$ 　　㉯ $T = \dfrac{h+t}{ns}$

㉰ $T = \dfrac{s(t+h)}{n}$ 　　㉱ $T = \dfrac{t-h}{n-s}$

81. 브로치의 구조에 속하지 않는 것은 다음 중 어느 것인가?

㉮ 단체 브로치 　　㉯ 전기 브로치
㉰ 심은날 브로치 　　㉱ 조립식 브로치

82. 브로치 머신의 크기 표시는 어떻게 하는가?

㉮ 테이블의 최대 이동 거리
㉯ 최대 인장력과 슬라이드의 행정 길이
㉰ 브로치의 크기
㉱ 브로치의 폭과 길이

83. 브로칭 머신으로 가공할 수 없는 작업은?

㉮ 비대칭의 뒤틀림 홈 ㉯ 내면 키 홈
㉰ 스플라인 홈 　　㉱ 테이퍼 홈 가공

[해설] 브로칭 머신은 브로치라는 공구를 사용하여 소요의 형상을 고정밀도 또는 고능률적으로 가공하는 대량 생산에 알맞은 공작 기계로서, 대칭, 비대칭의 내외면, 뒤틀림 홈(브로치의 절삭 행정 중 브로치 또는 공작물의 일정한 회전비에 의함.) 등을 가공할 수 있다.

2. 셰이퍼 · 플레이너 · 슬로터

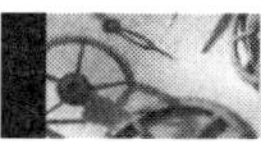

2-1 셰이퍼(shaper)

1 셰이퍼의 구조

① **급속 귀환 장치** : 절삭 행정 시보다 절삭을 하지 않는 귀환 행정 시 바이트가 빠르게 되돌아오는 장치로 [그림]과 같이 큰 기어는 일정한 회전수로 회전한다. 크랭크 핀은 큰 기어와 고정되었으므로 큰 기어가 회전하면 크랭크 핀도 회전하여 로커 암이 요동 운동을 한다. 이 때 $\theta>\beta$의 관계가 성립된다. 즉, 귀환 행정 시의 각도 β가 절삭 행정 시 θ보다 작으므로 급속 귀환하게 된다.

② **램의 행정 조절** : 큰 기어에 고정된 크랭크 핀의 위치가 큰 기어의 중심과 가까워지면 행정은 작아지고 멀어지면 커진다. 바이트의 행정 길이는 일감의 길이 l보다 20~30mm 정도 길게 조절한다. 또 a를 b보다 다소 길게 한다[그림].

③ **클래퍼(claper)** : 귀환 행정 시 바이트 뒷면과 공작물과의 충격을 적게 하기 위하여 바이트를 약간 위로 뜨게 한 장치이다.

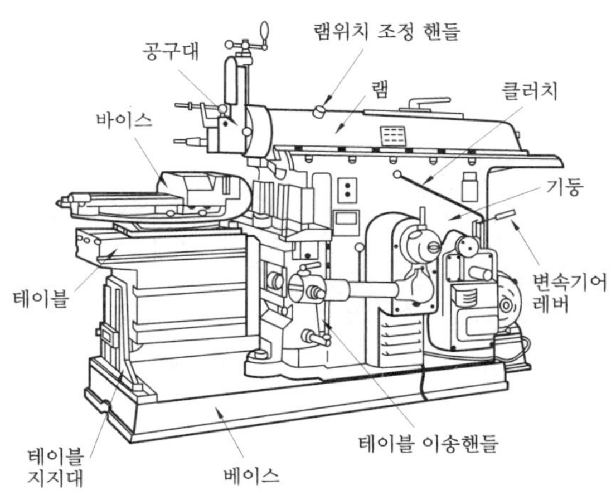

셰이퍼의 구조와 명칭

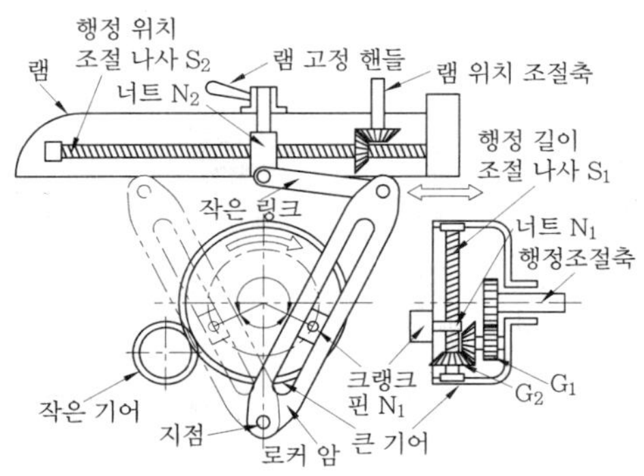

급속 귀환 장치

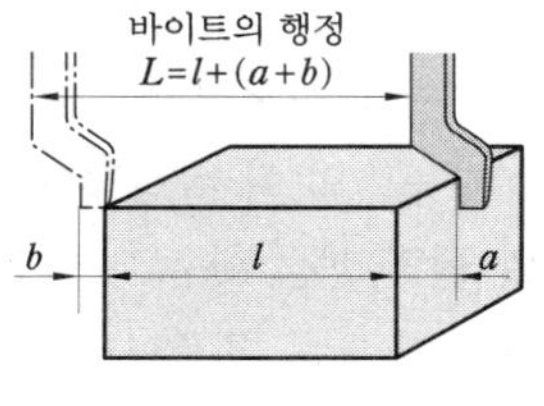

램의 행정(바이트 행정) 조절

④ **테이블 이송 기구** : 수동 이송과 자동 이송 장치가 있으며, 레칫 바퀴는 커넥팅 로드가 왕복 운동으로 레칫이 돌려지며 폴이 일정량씩 옮겨주게 된다. 수동 이송 시는 폴을 들어 올려주면 된다.

⑤ **공구대** : [그림]과 같은 공구대를 램 앞 끝에 고정한다. 위아래 방향으로 이동하며 선회하도록 되어 있다. 램의 복귀 행정 때 바이트 끝을 들어 올려 날끝과 가공면의 마찰을 방지한다.

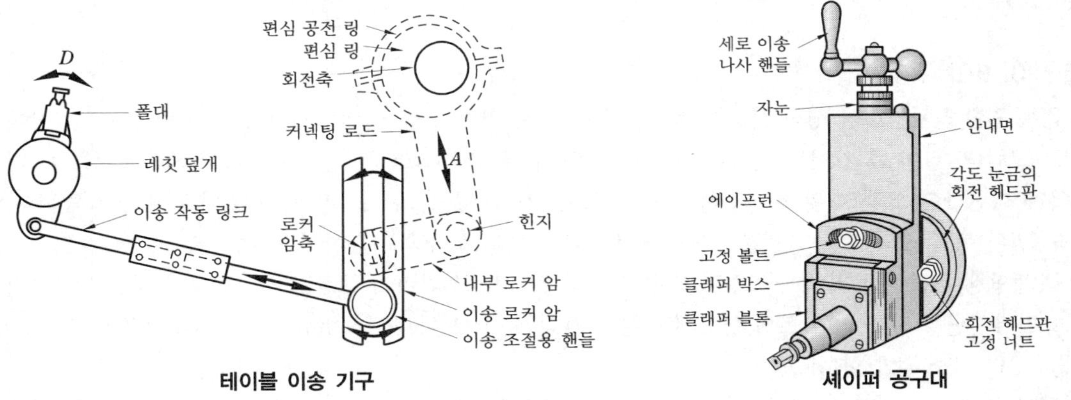

테이블 이송 기구   **셰이퍼 공구대**

❷ 셰이퍼 가공

일감을 테이블 위에 고정하고 좌우로 단속적으로 이송시키면서 램 끝에 바이트를 장치하여 왕복 운동을 하여 가공하는 기계로, 수평 · 수직 깎기, 각도 깎기, 홈파기 및 절단, 키홈 파기에 주로 쓰인다.

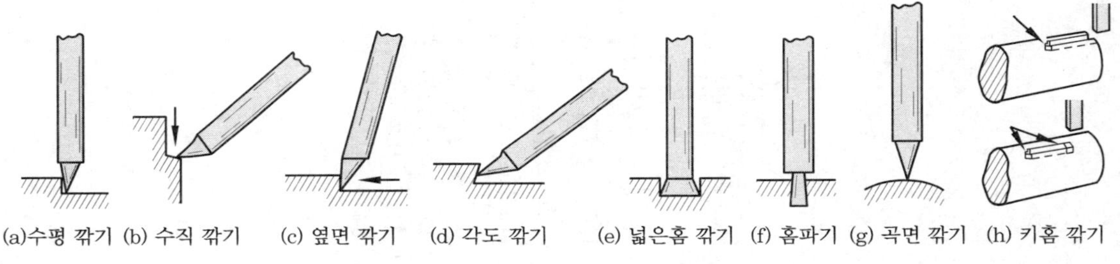

(a)수평 깎기 (b) 수직 깎기   (c) 옆면 깎기   (d) 각도 깎기   (e) 넓은홈 깎기 (f) 홈파기 (g) 곡면 깎기   (h) 키홈 깎기

셰이퍼 가공의 종류

❸ 셰이퍼의 크기

셰이퍼의 크기는 램이 움직일 수 있는 거리, 즉 램의 최대 행정, 테이블의 크기 등으로 표시한다.

❹ 셰이퍼 작업

① **셰이퍼 바이트** : 셰이퍼 바이트는 선반 바이트와 별 차이가 없으나 자루가 길어서 휠 위험성이 많으므로 [그림]과 같이 날끝이 자루 뒤쪽에 있어야 가공면의 치수 정밀도가 높고 바이트의 파손이 적다.

② **절삭 속도와 램의 행정 횟수** : 셰이퍼의 절삭 속도는 램의 절삭 행정에서 그 평균 속도로 표시한다. 절삭 속도는 절삭 깊이와 이송을 고려하여 적절한 값으로 정하여야 한다.

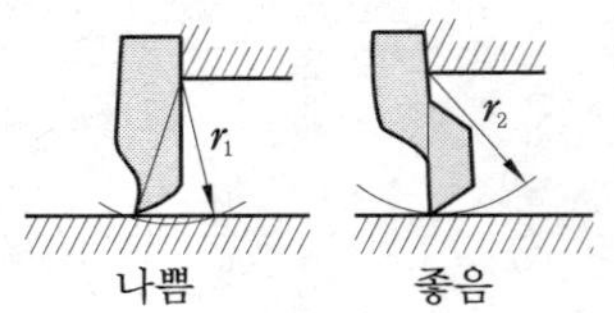

셰이퍼 바이트

절삭 속도 V[m/min] 및 바이트의 매분 왕복 횟수 n은 행정을 L[mm]라고 하면 다음 식으로 계산된다.

⑺ 절삭 속도 $(V) = \dfrac{Ln}{1000\,k}$ [m/min]

⑴ 행정 횟수 : $n = \dfrac{1000\,kV}{L}$ [stroke/min]

k : 절삭 행정과 귀환 행정의 비이며, 2/3~3/5으로 한다.

세이퍼 가공의 절삭 속도[m/min]

일감의 재질		고속도강 바이트	초경 합금 바이트
연 강		16~22	40~75
경 강		6~12	20~40
주철	무른 것	14~22	30~45
	굳은 것	8~14	25~40
황 동		30~40	기계의 최대 속도
청 동		20~30	기계의 최대 속도
알루미늄		40~60	기계의 최대 속도

2-2 플레이너 (planer)

플레이너는 비교적 큰 평면을 절삭하는 데 쓰이며 평삭기라고도 한다. 이것은 일감을 테이블 위에 고정시키고 수평 왕복 운동을 하며, 바이트는 일감의 운동 방향과 직각 방향으로 단속적으로 이송된다.

1 플레이너의 종류
① 쌍주식 플레이너 : 기둥이 2개가 있으며 대단히 견고하다. 그러나, 공작물의 폭에 제한을 받는다.
② 단주식 플레이너 : 기둥이 1개이며 쌍주식보다 견고하지 못하다. 절삭력은 약하지만 공작물의 제한을 받지 않는다.

2 플레이너의 구조
① 플레이너 크기 표시
  ⑺ 테이블의 크기(길이×나비)
  ⑴ 공구대의 수평 및 위·아래 이동 거리
  ⑶ 테이블 윗면부터 공구대까지의 최대 높이로 표시
② 테이블 구동 기구
  ⑺ 벨트에 의한 레크 피니언 방식
  ⑴ 전자 마찰 클러치(magnetic friction clutch) 방식
  ⑶ 워드 레오나드(ward leonard) 방식
  ⑷ 유압 구동(hydraulic driven) 방식 : 절삭 행정은 3~50m/min, 귀환 행정은 5~70m/min. 무단 변속이 되며 운전 중 충격 감소, 진동 흡수의 장점이 있다.

2-3 슬로터 (slotter)

1 슬로터 가공
슬로터(slotter)를 사용하여 바이트로 각종 일감의 내면을 가공하는 것이며, 수직 세이퍼라고도 한다. 슬로터 가공은 [그림]과 같다.

① 키 홈, 각으로 된 구멍을 가공하며 셰이퍼보다 능률이 좋다.

② 크기는 램의 최대 행정으로 나타낸다.

③ 운동 기구에는 로커 암과 크랭크를 사용한 것이 있다.

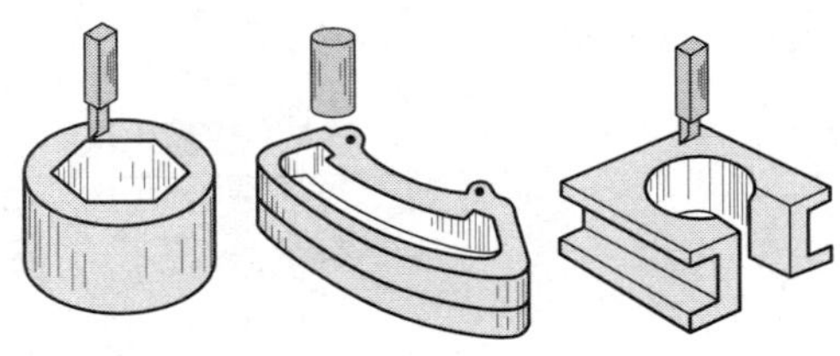

슬로터 가공의 보기

2 슬로터의 구조

① **크기 표시**

　㈎ 램의 최대 행정

　㈏ 테이블의 크기

　㈐ 테이블의 이동 거리 및 원형 테이블의 지름

② **구조** : 슬로터의 모양은 [그림]과 같고 램은 적당한 각도로 기울일 수 있으며, 경사면을 절삭할 수도 있다. 이송은 테이블에서 행하고, 테이블은 베이스 위에서 전후 좌우로 이송이 된다. 또, 원형 테이블은 선회하므로 분할 작업이 되며, 내접 기어 등의 분할 절삭이 가능하다.

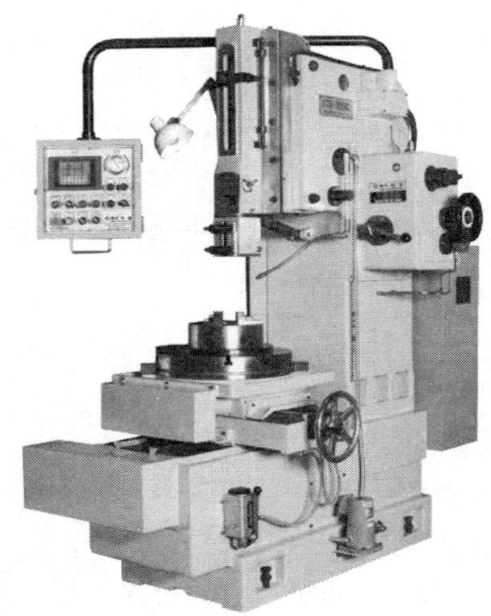

슬로터

예 상 문 제

1. 보통의 셰이퍼에서 절삭 속도(램의 운동 속도)를 몇 종류로 바꿀 수 있는가?

㉮ 4　　　㉯ 8　　　㉰ 12　　　㉱ 15

2. 셰이퍼에서 끝에 공구 헤드가 붙어 있고 급속 귀환 운동 시 왕복 운동하는 부분을 말하는 것은?

㉮ 크로스 레일　　　㉯ 램
㉰ 하우징　　　㉱ 테이블 폭

[해설] 램(ram) : 셰이퍼나 슬로터에서 플레임의 안내 면을 수평으로 또는 상하로 왕복 운동하는 부분으로서 공구대가 장치되며 급속 귀환 운동을 한다.

3. 크랭크식 셰이퍼의 절삭 효율은 몇 % 정도인가?

㉮ 20~25　㉯ 30~40　㉰ 50~55　㉱ 55~60

[해설] 전체 동력에 대하여 절삭에 소요된 동력의 비율을 절삭 효율이라 한다. 크랭크식 셰이퍼 및 플레이너의 절삭 효율은 20~25% 정도이다.

4. 셰이퍼의 램의 왕복 속도는 어떠한가?

㉮ 일정하다.
㉯ 다르다.
㉰ 귀환 행정 시가 늦다.
㉱ 절삭 행정 시가 빠르다.

5. 셰이퍼의 램은 어느 방향으로 운동하는가?

㉮ 길이와 좌우 방향　　㉯ 상하 및 전후
㉰ 길이 방향　　　㉱ 전후, 좌우 및 상하

6. 다음 중 셰이퍼에서 사용되는 절삭 공구는?

㉮ 평행대　　　㉯ 바이트
㉰ 고정판　　　㉱ 계단 블록

7. 플레이너, 셰이퍼에 사용하는 바이트는 아래 그림 중 어느 것이 가장 좋은가?

㉮ 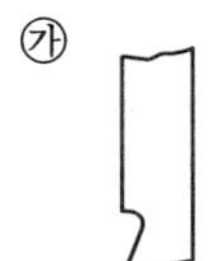　㉯ 　㉰ 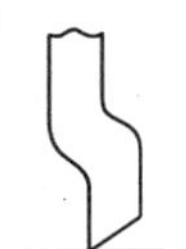　㉱ 

8. 램의 행정이 200mm, 일감의 폭이 80mm, 절삭 속도 50m/min, 행정 시간비가 2/3이고 바이트의 이송이 0.5mm/stroke일 때 1회전 절삭 소

요 가공 시간은 얼마인가?

㉮ 57초　　㉯ 61초　　㉰ 64초　　㉱ 72초

[해설] $n = \dfrac{1000kV}{L} = \dfrac{1000 \times 0.67 \times 50}{200} \fallingdotseq 168$(회/분)

$T = \dfrac{W}{nf} = \dfrac{80}{168 \times 0.5} \fallingdotseq 0.95$(분)$= 57$(초)

9. 셰이퍼 램의 행정 길이가 200mm이고, 행정수 30회/min일 때의 절삭 속도는?(단, 속도는 2/3)

㉮ 9m/min　　　㉯ 12m/min
㉰ 15m/min　　　㉱ 20m/min

[해설] $V = \dfrac{Ln}{1000k}$ 를 이용한다.

10. 셰이퍼에서 바이트의 날끝은 섕크의 뒷면과 동일 직선상에 오도록 맞추는 것이 좋다. 그 이유는?

㉮ 외관상 보기 좋게 하기 위하여
㉯ 휘거나 부러지는 것을 막기 위하여
㉰ 경사각을 맞추기 쉽게 하기 위하여
㉱ 여유를 절삭하지 않기 위하여

11. 셰이퍼에서 경사면을 깎을 때, 그 각도만큼 공구대를 기울인다. 이 때 클래퍼 박스는 어떻게 해야 하는가?

㉮ 어느 쪽으로든지 기울여야 한다.
㉯ 기울이지 않아도 된다.
㉰ 오른쪽 사면을 깎을 때는 오른쪽으로, 왼쪽 사면을 깎을 때는 왼쪽으로 기울인다.
㉱ 오른쪽 사면을 깎을 때는 왼쪽으로, 왼쪽 사 면을 깎을 때는 오른쪽으로 기울여야 한다.

12. 셰이퍼에서 가공할 수 없는 것은?

㉮ 수평 깎기　　　㉯ 키홈 깎기
㉰ 수직 깎기　　　㉱ 원형 깎기

13. 다음 공작 기계 중 가공물 고정용 T형 홈이 있 는 테이블이 사용되지 않는 것은?

㉮ 셰이퍼　　　㉯ 보링 머신
㉰ 밀링 머신　　　㉱ 드릴링 머신

14. 셰이퍼의 크기 표시법이 아닌 것은?

㉮ 램의 최대 행정　　㉯ 테이블의 크기
㉰ 테이블의 높이　　㉱ 테이블의 이동 거리

15. 플레이너와 셰이퍼의 절삭 효율은 20~25% 정도이다. 이때의 절삭 효율이란?

㉮ 전달된 전체 동력에 대한 절삭에 소요된 동력의 비율

㉯ 절삭에 소요된 동력에 대한 전달된 전체 동력의 비율

㉰ 단위 시간에 깎여나간 칩의 중량비

㉱ 단위 시간에 깎여나간 칩의 길이비

16. 셰이퍼로 공작물을 깎을 때 바이트 행정 길이를 공작물 길이보다 어느 정도 길게 하는가?

㉮ 20~30mm   ㉯ 10~15mm
㉰ 40~50mm   ㉱ 30~40mm

[해설] 바이트의 행정 길이는 공작물 길이보다 30mm 정도 길게 한다. 절삭 행정의 출발점은 공작물보다 20mm 정도 앞에 있도록 한다.

17. 셰이퍼에서 가공물의 길이가 250mm인 연강재료로서 125m/min의 절삭 속도로서 가공하고자 할 때 램은 1분간에 몇 번 왕복을 하는가?(단, 행정의 시간비는 3/5이다.)

㉮ 200회/min   ㉯ 300회/min
㉰ 400회/min   ㉱ 500회/min

[해설] 램의 매분 왕복 횟수를 구하려면 다음 식으로 계산한다.

$$n = \frac{1000kV}{L} = \frac{1000 \times 3/5 \times 125}{250} = 300$$

18. 셰이퍼에서 램 기구를 구동하는 방법은 다음 중 어느 것인가?

㉮ 기어 이용   ㉯ 크랭크와 링크
㉰ 래크와 피니언   ㉱ 단차 이용

[해설] 셰이퍼의 운전 기구로는 크랭크식이 주로 사용되었으나 최근에는 유압식 운전 방식이 점차 증가되어 가고 있다.

19. 셰이퍼에 사용하는 바이트에 대해서 맞는 것은?

㉮ 날에 가까운 부분을 굽히고, 날끝이 바이트 자루의 뒷면과 일직선상에 있게 하여야 한다.

㉯ 날에 가까운 부분을 굽혀야 하는데 날끝이 바이트 자루 윗면과 일직선이 되게 하여야 한다.

㉰ 밀링 커터와 같은 형이다.

㉱ 선반에서 사용하는 바이트와 같은 형이다.

20. 셰이퍼 작업 시 바이트를 어떻게 고정하는 것이 안전한가?

㉮ 길게 고정하는 것이 좋다.

㉯ 가능한 한 짧게 고정하고 날끝은 생크 뒤에 나오게 하는 것이 좋다.

㉰ 측면을 절삭할 때는 수직으로 고정한다.

㉱ 바이트의 날끝이 생크의 뒷면보다 뒤에 오게 하고 될 수 있는 한 짧게 물린다.

21. 셰이퍼를 사용하여 평면을 절삭할 때 다음과 같은 것을 조작한다. 옳은 것은?

㉮ 변환 기어를 계산하여 바꾸어 끼운다.

㉯ 램의 행정과 위치를 조절한다.

㉰ 스핀들의 회전 속도를 정한다.

㉱ 인덱스 헤드를 설치한다.

22. 셰이퍼 작업 시 일감 설치의 고려사항으로 옳지 않은 것은?

㉮ 일감이 바이스보다 낮을 때는 평행대를 밑에 놓는다.

㉯ 흑피면을 물릴 때는 경질 커버를 사용한다.

㉰ 얇은 판을 고정할 때는 평행대 위에 놓고 판으로 옆면을 눌러 고정한다.

㉱ 모서리 부분은 모따기를 해주어 모서리의 이빠짐을 방지한다.

[해설] 흑피 부분을 물릴 때는 연질이나 천을 대고 물려야 한다.

23. 커다란 평면 절삭 시 사용되며 공작물에 직선 운동을 주는 것은?

㉮ 셰이퍼(형삭반)   ㉯ 플레이너
㉰ 슬로터(종삭기)   ㉱ 연삭반

24. 지주 사이의 거리 관계로 공작물의 크기는 제한을 받지만 가공 정도가 높은 강력 절삭을 할 수 있는 것은?

㉮ 단주식 플레이너   ㉯ 핏식 플레이너
㉰ 쌍주식 플레이너   ㉱ 에지식 플레이너

25. 대형 철판의 끝을 절삭하는 데 쓰이며, 주로 용접하기 위하여 끝부분을 가공하는 데 소용되는 플레이너는?

㉮ 단주식   ㉯ 핏식   ㉰ 쌍주식   ㉱ 에지식

정답 15. ㉮ 16. ㉮ 17. ㉯ 18. ㉯ 19. ㉮ 20. ㉯ 21. ㉯ 22. ㉯ 23. ㉯ 24. ㉰ 25. ㉱

26. 기둥이 베드의 한 쪽에만 있어서 넓은 공작물의 가공에 적합한 플레이너는?

㉮ 단주식   ㉯ 핏식   ㉰ 쌍주식   ㉱ 에지식

27. 플레이너의 크기 표시 방법이 아닌 것은?

㉮ 테이블의 상하 이동 거리
㉯ 테이블의 행정 길이
㉰ 횡주의 상하 이동 거리
㉱ 테이블의 크기

28. 플레이너 테이블의 급속 귀환 운동에 사용되는 기구가 아닌 것은?

㉮ 래크와 피니언에 의한 것
㉯ 유압 운전 장치에 의한 것
㉰ 래크와 웜에 의한 것
㉱ 링크 장치에 의한 것

29. 견고하지만, 공작물의 폭에 제한을 받는 플레이너는?

㉮ 단주식 플레이너
㉯ 쌍주식 플레이너
㉰ 벨트식 기구의 플레이너
㉱ 유압식 플레이너

30. 플레이너의 종류에 들지 않는 것은?

㉮ 쌍주식 플레이너   ㉯ 핏식 플레이너
㉰ 만능식 플레이너   ㉱ 단주식 플레이너

31. 공작물 폭 1m, 길이 2.5m의 주철을 플레이너에서 절삭 속도 5회/min, 이송량 2mm/행정으로 절삭하면 절삭 소요 시간은?

㉮ 40분   ㉯ 60분   ㉰ 80분   ㉱ 100분

[해설] 1분간의 절삭량은 5회×2mm=10mm이므로 절삭 시간은 1000mm÷10mm/min=100min가 된다.

32. 플레이너의 테이블 행정 길이 1500mm, 절삭 속도 25m/min, 깊이 5mm로 절삭할 경우, 1분간의 왕복 횟수를 구하면?(단, 절삭 행정과 귀환 행정의 속도비는 5:8이다.)

㉮ 9.8회/min   ㉯ 10.3회/min
㉰ 11.0회/min   ㉱ 11.4회/min

[해설] $n = \dfrac{V}{CL}$ 에서 $V=25$m/min, $L=1.5$m,

$C = 1 + \dfrac{V_s}{V_r} = 1 + \dfrac{5}{8} = \dfrac{13}{8}$ 이므로

$n = \dfrac{25}{13/8 \times 1.5} = 10.26$회/min

33. 플레이너에서 고속도강 바이트를 사용하여 보통 강재를 절삭할 때 절삭 속도, 평균 속도를 구하여라. (단, 절삭 깊이는 3mm, 이송 1mm/stroke, 속도비는 4이며, $V_s = 23$m/min이다.)

㉮ 28.6m/min   ㉯ 36.8m/min
㉰ 39.4m/min   ㉱ 42.2m/min

[해설] $n = \dfrac{V_r}{V_s}$　$V_r = 4 \times 23 = 92$m/min

$V_m = \dfrac{2V_s}{1+1/n} = \dfrac{2 \times 23}{1+1/4} = 36.8$m/min

34. 플레이너 베드의 V홈에는 여러 개의 기름통이 설치되어 있다. 그 이유는?

㉮ 테이블에 기름을 공급하여 마찰을 적게 한다.
㉯ 테이블과 베드의 접촉면에 급유하여 마찰을 적게 한다.
㉰ 크로스 레일에 기름을 공급한다.
㉱ 기둥에 기름을 공급한다.

35. 직선 왕복 운동을 하는 테이블에 공작물을 고정하고 공구가 직선 이송을 하는 공작 기계는?

㉮ 셰이퍼   ㉯ 슬로터
㉰ 플레이너   ㉱ 밀링

36. 플레이너에서 공작물을 지지하는 부분은?

㉮ 베드   ㉯ 테이블
㉰ 바이스   ㉱ 크로스 레일

37. 다음 중 플레이너의 공작물 고정용 공구가 아닌 것은?

㉮ T슬로터와 클램프   ㉯ 스텝 블록
㉰ 만능 척   ㉱ 조정 블록

38. 플레이너에서 아이들 스트로크(idle stroke)는 무엇을 하는 것인가?

㉮ 공구대의 좌우 이송   ㉯ 급속 귀환 행정
㉰ 공구대의 상하 이송   ㉱ 절삭 행정

39. 플레이너에 사용되는 클램프가 아닌 것은?

㉮ V클램프   ㉯ 플레인 클램프

[다] C클램프 [라] 핑거 클램프

40. 플레이너의 베드 미끄름면의 윤활 방법은 어느 것이 좋은가?

[가] 유욕 윤활 [나] 강제 윤활
[다] 분무 윤활 [라] 링 윤활

41. 셰이퍼를 세로로 놓은 형태로서 공작 범위가 셰이퍼보다 넓은 것은?

[가] 플레이너 [나] 선반
[다] 연삭반 [라] 슬로터

42. 슬로터의 특징을 열거한 것 중 틀린 것은?

[가] 테이블의 전후, 좌우, 회전 이송이 가능하다.
[나] 절삭날이 상하 운동을 하므로 작업하기 쉽다.
[다] 절삭 저항이 하향이므로 강력 절삭이 가능하다.
[라] 절삭 운동은 공작물의 왕복 운동에 의한다.

43. 슬로터에 대한 설명 중 틀린 것은?

[가] 램은 적당한 각도로 기울일 수 있다.
[나] 슬로터의 크기는 램의 최대 행정, 테이블의 크기, 테이블의 이동 거리 등으로 정한다.
[다] 테이블은 베드 위에서 전후, 좌우로 이송된다.
[라] 슬로터는 급속 귀환 장치가 없다.

44. 슬로터의 급속 귀환 장치가 아닌 것은?

[가] 링크에 의한 방식
[나] 크랭크에 의한 방식
[다] 휘트워드에 의한 방식
[라] 클러치에 의한 방식

[해설] 슬로터에는 바이트를 상하 운동시키는 형식으로 크랭크식과 유압식이 있다. 보통 크랭크식은 링크에 의한 급속 귀환 장치를 사용하는 것과 휘트워드의 급속 귀환 장치를 사용하는 것으로 나눈다.

45. 셰이퍼를 직립형으로 만든 공작 기계는?

[가] 슬로터 [나] 밀링
[다] 플레이너 [라] 선반

46. 바이트에 직선 절삭 운동을 주어서 수직면을 깎는 기계는?

[가] 셰이퍼 [나] 플레이너
[다] 슬로터 [라] 연삭반

47. 슬로터 작업에 쓰이는 바이트의 재료로 알맞은 것은?

[가] 고속도강 [나] 초경합금
[다] 쾌삭강 [라] 세라믹

48. 슬로터에서 램의 상하 운동을 시키는 기구 중 급속 귀환 운동이 가능한 것은?

[가] 로커 암에 의한 것 [나] 크랭크를 사용하는 것
[다] 체인에 의한 것 [라] 벨트에 의한 것

[해설] 램의 왕복 운동 기구에는 [가], [나]항이 있으며, [나]항인 경우에는 급속 귀환 운동을 할 수 없다.

49. 슬로터에서 원주를 분할할 때 다음 중 주로 어느 부속 장치를 사용하는가?

[가] 만능 분할대 [나] 차동 장치
[다] 원형 테이블 [라] 만능 척

50. 다음 중 슬로터 크기의 표시법이 아닌 것은?

[가] 램의 왕복 운동 최대 길이
[나] 테이블의 크기
[다] 테이블의 이동 거리
[라] 깎을 수 있는 최대 폭 및 최대 높이

51. 다음 셰이퍼와 슬로터의 구조 중에서 슬로터만 가지고 있는 것은?

[가] 급속 귀환 장치 [나] 원형 테이블
[다] 공구대 [라] 램

52. 슬로터에서 할 수 있는 작업은?

[가] 드릴의 홈 가공
[나] 나사 절삭 가공
[다] 환봉의 바깥지름 가공
[라] 구멍의 내면 홈파기

53. 급속 귀환 운동을 하는 것이 아닌 것은?

[가] 셰이퍼 [나] 플레이너
[다] 슬로터 [라] 선반

54. 급속 귀환 운동 장치를 설치하는 목적은?

[가] 기계의 급정거 및 운전을 용이하게 하기 위해서이다.
[나] 후진 때는 절삭되지 않는 손실 시간을 줄이기 위해서이다.

[정답] 40. [나] 41. [라] 42. [라] 43. [라] 44. [라] 45. [가] 46. [다] 47. [가] 48. [가] 49. [다] 50. [라] 51. [나] 52. [라] 53. [라] 54. [나]

㉔ 기계의 진동을 막아서 제품의 정도를 높이기 위해서이다.
㉕ 공작물의 어긋남을 방지하기 위해서이다.

55. 공작물은 대체로 정지 상태이고 절삭 공구가 직선 운동을 하는 것은?

㉮ 셰이퍼
㉯ 플레이너(평삭반)
㉰ 선반
㉱ 연삭반

56. 일반적으로 셰이퍼 절삭 시 스트로크(램의 왕복 운동) 폭은 공작물의 치수에 비하여 어떤가?

㉮ 약 30mm 정도 크게 잡는다.
㉯ 약간(2~5mm) 작게 잡는다.
㉰ 공작물의 치수와 같게 한다.
㉱ 약 70mm 정도 크게 잡는다.

57. 셰이퍼에 관한 설명 중 맞는 것은?

㉮ 급속 귀환 운동은 클래퍼 블록에서 이루어진다.
㉯ 귀환 행정에 소요되는 시간과 절삭 행정에 소요되는 시간은 같다.
㉰ 귀환 행정에 소요되는 시간은 절삭 행정에 소요되는 시간보다 길다.
㉱ 귀환 행정에 소요되는 시간은 절삭 행정에 소요되는 시간보다 짧다.

58. 램의 귀환 행정 때 바이트를 들어올리는 이유 중 가장 맞는 것은?

㉮ 귀환 속도를 크게 하기 위하여
㉯ 뒤틈을 방지하기 위하여
㉰ 행정을 짧게 하기 위하여
㉱ 날끝과 가공면의 마찰을 방지하기 위하여

59. 셰이퍼의 램 왕복 기구의 크랭크식에 의한 램 이동 속도를 나타낸 것으로 옳은 것은?

㉮ 0에서 차차 빨라져서 행정의 중앙에서 최대가 되어 그 속도로 나아간다.
㉯ 0에서 차차 빨라져서 행정의 끝에서 최대가 된다.
㉰ 0에서 차차 빨라져서 행정의 중앙부에서 최대가 되었다가 다시 0이 되어 귀환 행정이 된다.
㉱ 램 이동은 거의 일정 속도이다.

60. 슬로터(slotter)의 고정용 공구들이다. 이 중 해당되지 않는 것은?

㉮ 맨드릴
㉯ 클램프
㉰ 앵글 플레이트
㉱ 계단 블록

61. 크랭크식 셰이퍼에서 램의 행정 길이를 바꾸면 절삭 속도와 귀환 속도의 비는 어떻게 되는가?

㉮ 램의 행정 길이가 길어지면 절삭 속도와 귀환 속도의 비는 작아진다.
㉯ 램의 행정 길이가 길어지면 절삭 속도와 귀환 속도의 비는 커진다.
㉰ 램의 행정 길이와 절삭 속도와는 관계가 없다.
㉱ 램의 행정 길이가 길어져도 절삭 속도와 귀환 속도의 비는 같다.

62. 셰이퍼에서 직사각형의 재료를 절삭할 때, 절삭 속도, 이송 속도가 일정하면 절삭 시간은?

㉮ 가공물의 재료에 따라 다르다.
㉯ 재료의 길이에 관계없이 시간은 같다.
㉰ 짧은 쪽으로 절삭하는 것이 시간이 빠르다.
㉱ 긴 쪽으로 절삭하는 것이 시간이 빠르다.

63. 램의 운동이 원활하려면?

㉮ 램의 무게와 웨이트(추)의 무게와의 차가 클수록 원활하다.
㉯ 램의 무게와 웨이트(추)의 무게와의 차가 작을수록 원활하다.
㉰ 램의 무게와 웨이트(추)의 무게가 같을 때 원활하다.
㉱ 급속 귀환 장치는 웨이트(추)의 무게와는 상관없다.

64. 슬로터의 주요 구성 요소가 아닌 것은 다음 중 어느 것인가?

㉮ 램
㉯ 칼럼
㉰ 테이블
㉱ 만능 분할대

정답 **55.** ㉮ **56.** ㉮ **57.** ㉱ **58.** ㉱ **59.** ㉰ **60.** ㉮ **61.** ㉯ **62.** ㉱ **63.** ㉰ **64.** ㉱

06 기어 가공

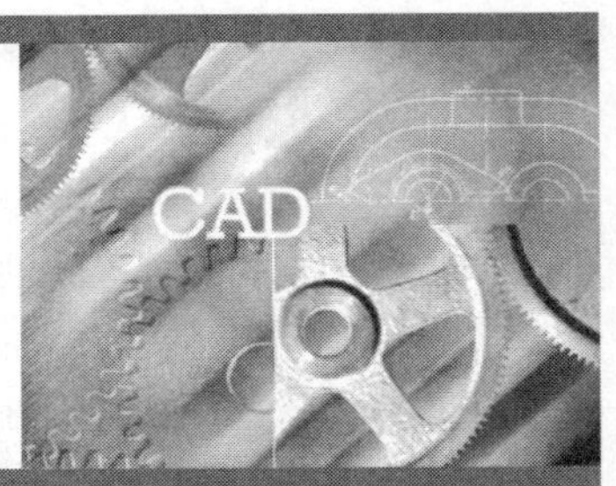

▶ 1. 기어 가공법

1-1 기어 가공법의 종류

1 총형 공구에 의한 법(formed cutter process)

성형법이라고도 하며 기어 치형에 맞는 공구를 사용하여 기어를 깎는 방법이며, 총형 바이트 사용법은 셰이퍼, 플레이너, 슬로터에서, 총형 커터에 의한 방법은 밀링에서 사용한다. 최근 전문 기어 절삭기의 등장으로 소규모 업체에서만 쓰인다.

2 형판(template)에 의한 법

모방 절삭법이라고도 하며 형판을 따라서 공구가 안내되어 절삭하는 방법으로 대형 기어 절삭에 쓰인다.

3 창성법

가장 많이 사용되고 있으며 인벌류트 곡선을 그리는 성질을 응용하여 기어를 깎는 방법으로 절삭할 기어와 같은 정확한 기어 절삭 공구인 호브, 래크 커터, 피니언 커터 등으로 절삭한다. 창성법에 의한 기어 절삭은 공구와 소재가 상대 운동을 하여 기어를 절삭한다.

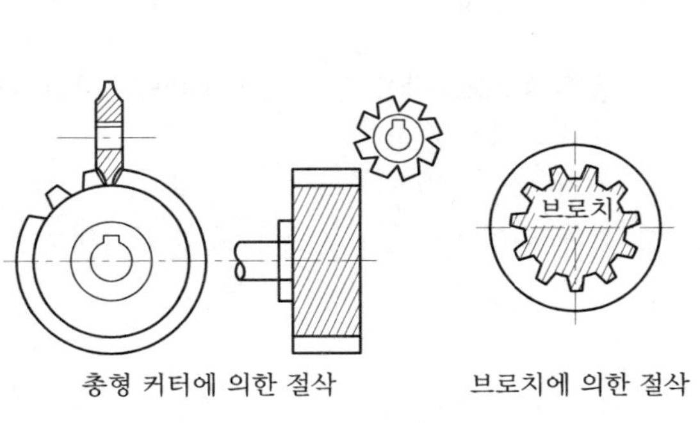

(a) 성형법(총형 공구 사용법)

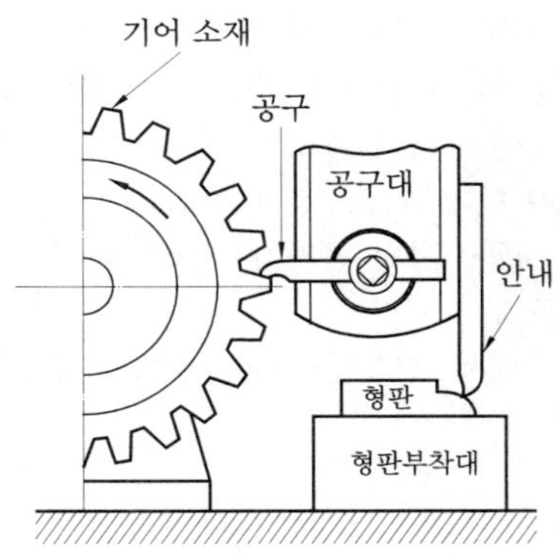

(b) 형판법

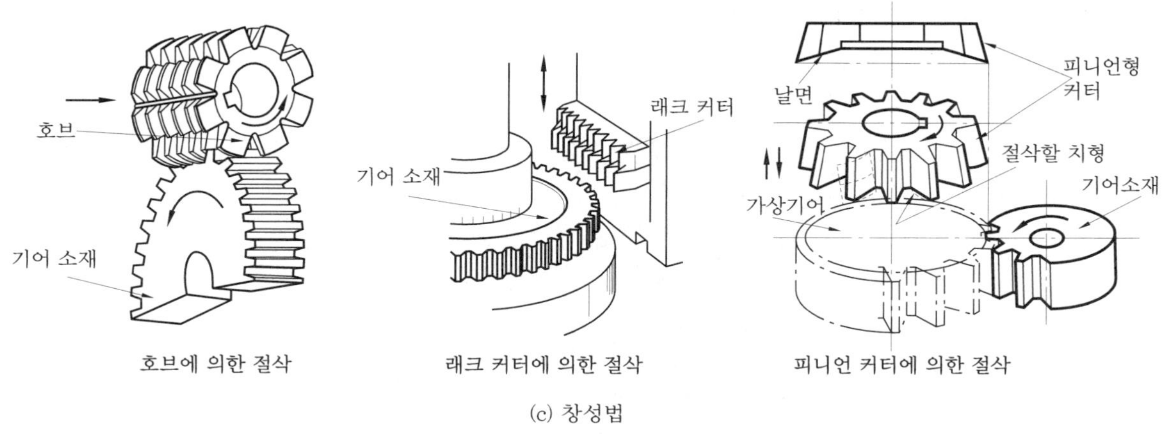

(c) 창성법

기어 가공법의 종류

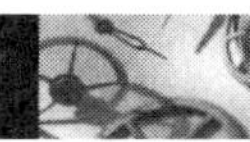 1-2 기어 절삭기의 종류

1 원통형 기어 절삭기

① **호빙 머신(hobbing machine)** : 절삭 공구인 호브(hob)와 소재를 상대 운동시켜 창성법으로 기어 이를 절삭한다. 호브의 운동에는 호브의 회전 운동, 소재의 회전 운동, 호브의 이송 운동이 있다.

호브에서 깎을 수 있는 기어는 스퍼 기어, 헬리컬 기어, 스플라인 축 등이며, 베벨 기어는 절삭할 수 없다.

② **기어 셰이퍼(gear shaper)** : 절삭 공구인 커터에 왕복 운동을 주어 기어를 창성법으로 절삭하는 기어 절삭이다. 이 기계는 커터에 따라 2가지가 있다. 즉 피니언 커터를 사용하는 펠로스 기어 셰이퍼(fellous gear shaper)와 래크 커터를 사용하는 마그식 기어 셰이퍼(maag gear shaper)가 있다. 또한 스퍼 기어만 절삭하는 것과 헬리컬 기어만 절삭하는 것이 있다.

⑺ 펠로스 기어 절삭기

  ㉮ 피니언 커터를 사용하는 대표적인 기어 절삭기이다.

  ㉯ 소재와 커터 사이에 기어가 물리는 것처럼 절삭(창성)된다(커터 축의 상하 운동으로 절삭).

  ㉰ 원주 방향 이송량과 소재에 깊이를 주는 반지름 방향 이송량이 변환 기어에 의해 주어진다.

  ㉱ 커터의 회전 운동 및 절삭 깊이 이송, 기어 소재의 회전, 소재와 커터의 분리 운동으로 각각 운동한다.

⑻ 사이크스 기어 셰이퍼

  ㉮ 두개의 수평한 피니언 커터에 의하여 기어 절삭이 된다.

  ㉯ 주로 더블 헬리컬 기어, 스퍼 기어 가공에 이용된다.

  ㉰ 창성 운동은 펠로스 기어 절삭기와 동일하다.

⑼ 마그식 기어 셰이퍼

  ㉮ 래크 커터 사용법에 의해 기어 절삭을 하는 기계이다.

  ㉯ 커터가 절삭을 위해 왕복 운동을 하며, 기어 소재는 회전 미끄럼 운동을 한다.

⑽ 선더랜드 기어 셰이퍼 : 수평형이고 두 개의 래크 커터를 사용하여 2중 헬리컬 기어 절삭에 사용된

다. 마그식 기어 셰이퍼와 원리는 비슷하다.

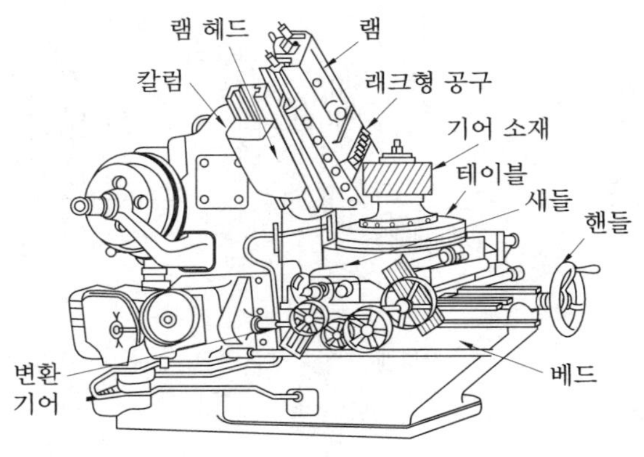

마그 기어 절삭기

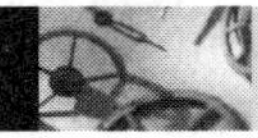

1-3 기어 셰이빙 머신

1 셰이빙 커터
① 칩이 다른 절삭 가공과 달리 대단히 작으며, 강제적인 창성 운동이 없다.
② 래크형과 피니언형이 있으며 잇면에는 가는 홈붙이 날이 새겨져 있다.

2 셰이빙 작업의 이점
① 치형과 편심이 수정된다.
② 피치가 고르며 물림이 정확해진다.
③ 기어의 내마멸성이 향상된다.

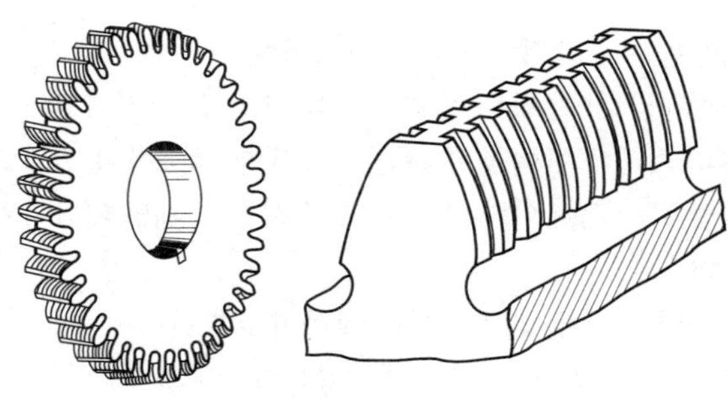

셰이빙 커터

예 상 문 제

1. 기어 절삭법 중 틀린 것은?
- ㉮ 성형법
- ㉯ 선반 절삭법
- ㉰ 창성법
- ㉱ 형판법

2. 다음 중 기어 절삭에 사용되는 공구가 아닌 것은?
- ㉮ 호브(hob)
- ㉯ 피니언 커터(pinion cutter)
- ㉰ 래크 커터(rack cutter)
- ㉱ 테이퍼 커터(taper cutter)

[해설] ㉮, ㉯, ㉰ 이외에 테이퍼 호브(taper hob), 단인 커터(single point tool), 크라운 커터(crown cutter), 더블 커터(double cutter) 등이 있다.

3. 다음 그림과 같은 요령으로 절삭하는 방법은?
- ㉮ 창성법
- ㉯ 형판법
- ㉰ 성형법
- ㉱ 선반 가공법

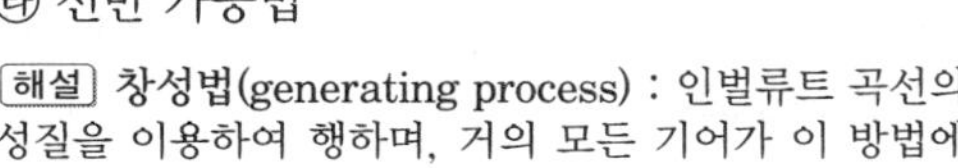

[해설] 창성법(generating process) : 인벌류트 곡선의 성질을 이용하여 행하며, 거의 모든 기어가 이 방법에 의한다.

4. 다음 중 차동 기구가 사용되는 공작 기계는?
- ㉮ 만능 밀링 머신
- ㉯ 터릿 선반
- ㉰ 기어 호빙 머신
- ㉱ 수직 드릴링 머신

[해설] 기어 호빙 머신 가공 시 헬리컬 기어나 웜기어 가공에만 차동 기구를 사용하고 평기어 가공 시에는 사용하지 않는다.

5. 가상 잇수는 다음 중 어느 기어를 절삭할 때 필요한가?
- ㉮ 스퍼 기어
- ㉯ 래크
- ㉰ 직선 베벨 기어
- ㉱ 헬리컬 기어

6. 밀링 머신에서 특정 기어를 가공할 때에는 오프셋을 한다. 어떠한 기어를 가공할 때인가?
- ㉮ 스퍼 기어
- ㉯ 베벨 기어
- ㉰ 헬리컬 기어
- ㉱ 래크

[해설] 오프셋은 밀링에서 베벨 기어를 절삭할 때 인덱스를 조정하는 방법이다.

7. 기어 전조기에서 제작된 기어의 장점이 아닌 것은?

- ㉮ 섬유조직이 파괴되지 않아서 인장강도가 좋다.
- ㉯ 피로강도 및 충격에 대하여 강하다.
- ㉰ 제작 시간이 빠르다.
- ㉱ 정밀한 기어 제작이 용이하다.

[해설] 기어 전조기에서 만든 기어는 정밀도가 낮아서 다듬질 가공을 행해야 하는 번거로움이 있다.

8. 호빙 머신으로 가공이 안 되는 것은?
- ㉮ 평기어
- ㉯ 베벨 기어
- ㉰ 웜기어
- ㉱ 헬리컬 기어

9. 기어와 관계없는 용어는?
- ㉮ 레이크 앵글
- ㉯ 모듈
- ㉰ 호브
- ㉱ 압력각

[해설] 레이크 앵글은 선반, 셰이퍼 등에 쓰이는 바이트의 윗면 경사각을 말한다.

10. 셰이빙 커터에 대한 설명 중 틀린 것은?
- ㉮ 보통 고속도강으로 만든다.
- ㉯ 커터의 잇면에 있는 홈의 폭은 0.7~1mm 정도이다.
- ㉰ 셰이빙 커터의 모든 형태는 피니언 형이다.
- ㉱ 셰이빙 커터의 피치와 치형은 정확해야 한다.

[해설] 셰이빙 커터 : 고속도강으로 만들고 열처리한 후 연삭하여 다듬는 것으로 피니언형과 래크형이 있다.

11. 베벨 기어 절삭기의 대표적인 것은?
- ㉮ 펠로스 기어 셰이퍼
- ㉯ 마그식 기어 셰이퍼
- ㉰ 기어 셰이빙 머신
- ㉱ 그리슨식 기어 절삭기

[해설] 그리슨식 기어 절삭기 : 창성법에 의하여 베벨 기어를 절삭하는 것으로서 기어 소재는 크라운 기어에 물려서 돌아가는 세그먼트 기어 축에 장치되어 왕복 운동하는 커터에 의하여 절삭된다.

12. 형판법으로 기어를 절삭하는 원리를 갖는 기계는?
- ㉮ 마그식
- ㉯ 슬로터
- ㉰ 기어 셰이퍼
- ㉱ 그리슨식

[해설] ㉮, ㉰, ㉱는 창성법의 대표적인 기어 절삭기이다.

13. 전조로 가공된 기어의 특징은?
- ㉮ 재료의 소모가 많다.

㉡ 가공 경화에 의해 표면이 단단하다.
㉢ 가공 시간이 길다.
㉣ 표면이 매끄럽다.

14. 인벌류트 곡선을 그리는 원리를 응용한 기어 절삭법은?

㉮ 총형 기어 절삭법 ㉯ 창성법
㉢ 형판법 ㉣ 래크 커터법

15. 기어 셰이퍼의 기어 절삭법은?

㉮ 성형법 ㉯ 형판법
㉢ 모형법 ㉣ 창성법

16. 피니언 커터를 사용하여 기어 절삭을 하는 대표적인 공작 기계는?

㉮ 펠로스 기어 셰이퍼
㉯ 그리슨식 기어 셰이퍼
㉢ 기어 셰이빙
㉣ 마그식 기어 셰이퍼

[해설] 피니언 커터를 사용하는 것은 펠로스식으로 외접 및 내접 기어도 절삭할 수 있고 커터와 공작물이 상대 운동을 한다.

17. 다음 중 기어의 절삭 가공법이 아닌 것은?

㉮ 혼(hone)에 의한 절삭
㉯ 창성법에 의한 절삭
㉢ 형판에 의한 절삭
㉣ 총형 커터에 의한 절삭

18. 기어를 절삭할 수 없는 공작 기계는?

㉮ 기어 셰이퍼 ㉯ 베벨 기어 절삭기
㉢ 호빙 머신 ㉣ 만능 드릴링 머신

19. 기어 셰이퍼에 사용되는 커터는?

㉮ 피니언 커터 ㉯ 단인 커터
㉢ 테이퍼 호브 ㉣ 호브

20. 대형의 기어나 정밀도가 낮은 기어 절삭에 가장 적당한 기계는?

㉮ 호빙 머신 ㉯ 기어 셰이빙 머신
㉢ 셰이퍼 ㉣ 기어 연삭기

21. 직선 베벨 기어 절삭 방법으로 옳지 않은 것은?

㉮ 형판법 ㉯ 창성법
㉢ 총형 커터법 ㉣ 바이트법

22. 셰이빙 커터에 대한 설명 중 틀린 것은?

㉮ 헬리컬 기어 잇면에 많은 홈을 한 것이다.
㉯ 이 홈과 치면 교선이 날 구실을 한다.
㉢ 칩이 대단히 적다.
㉣ 경제적인 창성 운동이 된다.

23. 치형을 절삭하는 방법에는 총형 커터에 의한 방법, 형판에 의한 방법, 창성법이 있다. 다음 중에서 창성법에 의한 것은?

㉮ 평삭기 ㉯ 호빙 머신
㉢ 형삭기 ㉣ 밀링 머신

24. 호빙 머신에서 사용하는 기어 절삭 방법은?

㉮ 창성법 ㉯ 총형 커터에 의한 법
㉢ 형판에 의한 법 ㉣ 래크 커터에 의한 법

25. 호빙 머신에서 호브 새들은 무엇에 의해 상하 운동을 하는가?

㉮ 칼럼의 안내면 ㉯ 상부 기어
㉢ 속도 변환 장치 ㉣ 이송 기어

● 2. 기어 절삭법

2-1 평기어(spur gear) 절삭법

1 기어 소재 준비
① 기어의 치수를 계산한다.
② 선반 가공으로 정확한 치수와 모양의 소재를 깎는다.
③ 소재의 외경 계산

$$d_k(\text{이끝원 지름}) = (Z+2)m \qquad \text{여기서, } m : \text{모듈}, Z : \text{잇수}$$

2 호브 선택
① 보통 오른나사 한줄 호브가 쓰인다.
② 제작도면 지시에 따라 모듈, 압력각, 리드 등이 맞는 것을 택한다.
③ 날의 수는 보통 9~12개가 많이 쓰인다.

3 호브의 기울기 및 위치 결정
① 호브 나선줄과 기어 잇줄 방향을 일치시킨다(γ각이 정확하지 않으면 호브의 앞뒷날의 간섭으로 홈의 나비가 넓어진다).
② 정밀도가 높은 기어나 잇수가 적은 기어를 가공할 때에는 호브의 위치를 정확히 선정한다.
③ 호브의 날 1개 중심이 기어 소재 중심과 일치해야 하는데, 이때 센터링 게이지가 사용된다.

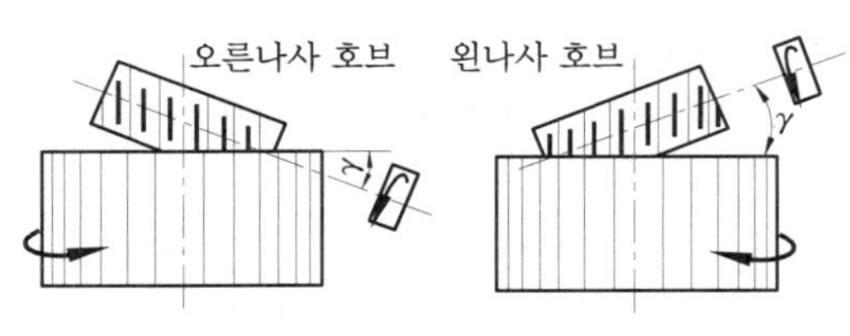

호브축의 기울기

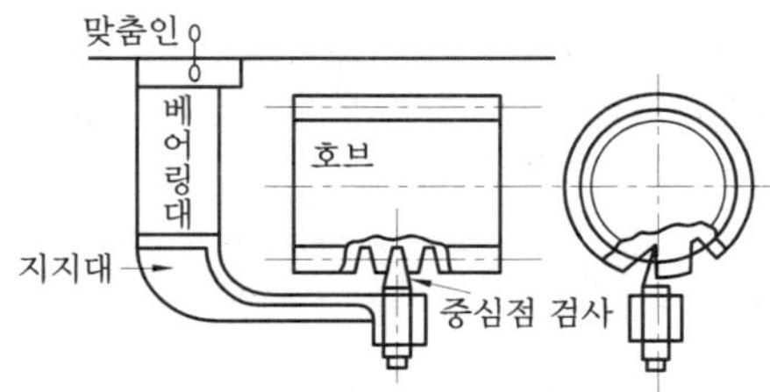

호브의 위치 결정

4 절삭 속도
호브의 절삭 속도는 호빙 머신의 강성, 기어 소재 재질, 호브 재질 등으로 결정된다.

$$V = \frac{\pi d n}{1000} (\text{m/min}) \qquad \text{여기서, } V : \text{절삭 속도(m/min)}, d : \text{호브 외경(mm)}, n : \text{호브 회전수(rpm)}$$

절삭 속도 (고속도강 호브 사용 시)

기어소재재질	인장강도 588MPa 이상의 강	인장강도 588MPa 이하의 강	주 철	황 동	베이클라이트
절삭 속도	20~30	25~35	16~24	40~60	25~40

1. 호브에 의한 평기어 절삭 시 호브의 날 수는 보통 몇 개가 사용되는가?

㉮ 3~4개　　　　　㉯ 5~8개
㉰ 9~12개　　　　㉱ 14~18개

2. 기어 가공 시 소재 준비에 대한 설명 중 틀린 것은?

㉮ 소재의 가공을 필요한 치수로 가공한다.
㉯ 이끝원은 조금 크게 하여도 관계없다.
㉰ 소재 재질에 따른 적당한 강도의 호브를 사용한다.
㉱ 소재는 선반 가공으로 하는 것이 보통이다.

3. 다음 중 평기어 절삭에 대한 설명으로 틀린 것은?

㉮ 호브날 1개의 중심과 기어 소재의 중심이 일치해야 한다.
㉯ 호브의 위치는 소재보다 약간 높게 한다.
㉰ 호브 나선과 기어 잇줄의 방향이 일치해야 한다.
㉱ 호브 비틀림 각이 맞지 않으면 간섭이 생긴다.

4. 호브의 회전수 N[rpm]을 나타내는 식은?

㉮ $N = \dfrac{\pi d V}{1000}$　　　　㉯ $N = \dfrac{1000}{\pi d V}$

㉰ $N = \dfrac{1000V}{\pi d}$　　　　㉱ $N = \dfrac{\pi d}{1000V}$

5. 호브에 의한 절삭에서 피치원의 접선과 기어가 서로 맞물려 회전할 때 힘의 작용 방향이 이루는 각은 다음 중 어느 것인가?

㉮ 압력각　　　　　㉯ 상 레이크 각
㉰ 횡 레이크 각　　㉱ 접촉각

6. 기어 소재가 주철인 경우 다음 중 호브의 절삭 속도(m/min)는?

㉮ 16~24　　　　㉯ 25~35
㉰ 20~30　　　　㉱ 40~60

[해설] ㉯항은 강(588MPa(N/mm²) 이하), ㉰항은 강(588MPa 이상), ㉱항은 황동이나 청동이 소재일 때의 절삭 속도이다.

7. 호브의 이송은 보통 얼마인가?

㉮ 0.5~1mm　　　㉯ 1~3mm
㉰ 3~5mm　　　　㉱ 5~10mm

8. 기어 연삭기(기어 셰이퍼)에 사용되는 커터는?

㉮ 피니언 커터　　㉯ 단인 커터
㉰ 테이퍼 호브　　㉱ 호브

[해설] 대표적인 것으로 펠로스 기어 셰이퍼가 있다.

9. 호빙 머신에서 이송에 대한 설명이 옳은 것은?

㉮ 테이블이 1회전할 동안의 호브의 회전수
㉯ 기어소재 1회전에 대하여 호브의 피드
㉰ 호브 1회전에 대하여 기어의 전진 잇수
㉱ 호빙 머신의 효율

10. 호빙 머신에서 반지름 방향 이송은 어느 기어를 가공할 때 이용되는가?

㉮ 내접 기어　　　㉯ 웜 기어
㉰ 테이퍼 기어　　㉱ 래크 기어

11. p_d(지름 피치) 8인 래크를 이송 나사가 4산/in 인 밀링 머신에서 절삭할 때 변환 기어 잇수를 구한 값은?

㉮ 88,56　　　　　㉯ 80,60
㉰ 64,84　　　　　㉱ 84,60

[해설] $\dfrac{12.5664}{p_d} = \dfrac{12.5664}{8} = \dfrac{125664}{80000} = 1\dfrac{45664}{80000}$

$\qquad = 1 + \dfrac{4}{7} = \dfrac{11}{7} = \dfrac{88}{56}$

12. 인벌류트 커터는 모듈이 같아도 잇수에 따라 이 모양이 다르다. 같은 모듈의 커터가 몇 개로 구분되어 있는가?

㉮ 4개　　㉯ 8개　　㉰ 10개　　㉱ 12개

[해설] 기어 커터의 잇수에 따른 번호는 8개가 있으며, 다음 표와 같다.
보다 정확하게 하기 위해서는 $\frac{1}{2}$의 번호($1\frac{1}{2}$, $2\frac{1}{2}$ 등) 7개가 또 있다.

커터번호	1	2	3	4	5	6	7	8
잇수	135~래크	55~134	35~54	26~34	21~25	17~20	14~16	12~13

13. 기어가 맞물려 있을 때 힘의 전달 방향을 나타내는 각은?

㉮ 압력각　　　　　㉯ 여유각
㉰ 맞물림각　　　　㉱ 경사각

[해설] 기준 압력각은 20° 이다.

정답　1. ㉰　2. ㉯　3. ㉯　4. ㉰　5. ㉮　6. ㉮　7. ㉯　8. ㉮　9. ㉯　10. ㉯　11. ㉮　12. ㉯　13. ㉮

14. 하향 호빙의 장점이 아닌 것은?

㉮ 가공면이 양호하다.
㉯ 백래시 제거 장치가 필요 없다.
㉰ 호브의 수명이 연장된다.
㉱ 마찰이 없어 마모가 적다.

15. 호빙 머신으로 기어를 절삭할 때 기어의 정밀도에 영향을 주는 것은?

㉮ 테이블 새들 ㉯ 호브의 모양
㉰ 칼럼 ㉱ 마스터 웜기어

[해설] 테이블을 회전시키는 마스터 웜기어의 정밀도가 좋으면 피치의 정밀도가 높은 기어가 된다.

16. 기어 셰이빙에서 절삭 깊이는 얼마 정도가 적당한가?

㉮ 0.02~0.04mm ㉯ 0.2~0.4mm
㉰ 0.5~1.0mm ㉱ 1.0~1.5mm

[해설] 호브나 기어 셰이퍼로 절삭된 기어를 고정밀도로 다듬는 기계이다. 절삭 깊이는 0.02~0.04mm이다.

17. 기어 절삭기로 가공된 기어의 면을 매끄럽고 정밀하게 다듬질하는 가공은?

㉮ 기어 호빙 ㉯ 기어 셰이빙
㉰ 드레싱 ㉱ 트루밍

18. 셰이빙 커터의 원주 속도는 얼마 정도인가?

㉮ 100~130m/min ㉯ 50~70m/min
㉰ 20~30m/min ㉱ 150~180m/min

19. 다음은 셰이빙 작업의 이점을 설명한 것이다. 틀린 것은?

㉮ 기어의 내마멸성이 향상된다.
㉯ 치형과 편심이 수정된다.
㉰ 피치가 고르며 물림이 정확해진다.
㉱ 기어의 이가 두꺼워진다.

20. 오프셋은 다음 어느 기어를 밀링 머신에서 깎을 때 사용하는가?

㉮ 헬리컬 기어 ㉯ 베벨 기어
㉰ 스퍼 기어 ㉱ 더블 헬리컬 기어

21. p_d가 6, 큰 기어의 잇수 70, 작은 기어의 잇수 20일 때, 2개의 베벨 기어의 피치원의 지름은?

㉮ 296.16mm, 116.6mm
㉯ 116mm, 84.58mm
㉰ 296.16mm, 84.58mm
㉱ 333mm, 116.2mm

[해설] 큰기어 $D_1 = \frac{Z_1}{p_d} = \frac{70}{6} = 11.66'' = 296.16\text{mm}$

작은기어 $D_2 = \frac{Z_2}{p_d} = \frac{20}{6} = 3.33'' = 84.58\text{mm}$

22. 헬리컬 기어의 외경 계산식으로 옳은 것은?

㉮ $d_k(\text{외경}) = (z+2)m$
㉯ $d_k = \left(\frac{Z}{\cos\beta} + 2\right)m_n$
㉰ $d_k(\text{외경}) = (d+2)m$
㉱ $d_k = \frac{2d}{\sin\beta} + 2m$

23. 총형 기어 절삭법에 의한 방법으로 치형을 절삭할 때 사용하는 커터는?

㉮ 래크 커터 ㉯ 사이클로이드 커터
㉰ 정면 커터 ㉱ 인벌류트 커터

24. 다음 호빙 머신의 분할 정수에 대한 설명 중 맞는 것은?

㉮ 호브 1회전에 대한 기어의 전진 잇수
㉯ 호빙 머신의 효율
㉰ 기어 소재의 1회전에 대한 호브의 이송
㉱ 테이블의 1회전 동안의 호브의 회전수

25. 다음 기어 절삭법 중 성형법에 속하는 것은?

㉮ 기어 셰이퍼 ㉯ 밀링 머신
㉰ 호빙 머신 ㉱ 기어 셰이빙

26. 다음 마그식 기어 셰이퍼에 관한 다음 설명 중 틀린 것은?

㉮ 피니언형 커터를 사용한다.
㉯ 테이블은 회전하면서 좌우로 직선 운동을 한다.
㉰ 커터가 위아래로 왕복 절삭 운동을 한다.
㉱ 스퍼 기어와 헬리컬 기어를 깎을 수 있다.

27. 잇수 42개의 기어를 가공할 때, 한 줄 호브 1회전에 대한 소재를 설치한 테이블의 회전수는?

㉮ $\frac{1}{21}$ ㉯ $\frac{1}{42}$
㉰ 21 ㉱ 42

[정답] 14. ㉯ 15. ㉱ 16. ㉮ 17. ㉯ 18. ㉮ 19. ㉱ 20. ㉯ 21. ㉰ 22. ㉯ 23. ㉱ 24. ㉱ 25. ㉯ 26. ㉮ 27. ㉯

28. 기어의 소재를 가공할 때 기어 소재의 중심과 아버의 중심은 어떻게 설치 고정해야 하는가?

㉮ 소재의 중심과 아버의 중심이 편심되게 고정한다.
㉯ 소재의 중심과 아버의 중심이 동심이 되게 고정한다.
㉰ 기어 소재의 중심과 아버의 중심은 별로 관계없다.
㉱ 소재의 중심 약간 옆에 고정한다.

[해설] 호빙 머신에서 기어 소재(素材)를 아버축에 고정할 때는 소재는 외주와 구멍이 바르게 동심원이고, 축심과 양끝면이 직각이 되어야 한다.

29. 가장 정밀한 기어를 만들 수 있는 기계는?

㉮ 기어 셰이퍼
㉯ 기어 연삭기
㉰ 호빙 머신
㉱ 밀링 머신

30. 마그식 기어 셰이퍼에 대한 설명으로 틀린 것은?

㉮ 래크형 커터 공구를 사용한다.
㉯ 래크 커터는 직선 운동을 한다.
㉰ 헬리컬 기어를 절삭할 수 있다.
㉱ 내접 기어의 절삭이 가능하다.

31. 다음 중 기어 절삭이나 연삭 시에 남은 자국을 없애는 것은?

㉮ 기어 셰이퍼
㉯ 기어 셰이빙
㉰ 기어 래핑 머신
㉱ 기어 모따기 기계

32. 기어를 창성법에 의해 치형을 절삭할 때 사용하는 커터가 아닌 것은?

㉮ 피니언 커터
㉯ 래크 커터
㉰ 엔드 밀
㉱ 호브

33. 피치원의 지름이 156mm와 58mm인 두 기어의 축간 거리는?

㉮ 101mm
㉯ 105mm
㉰ 107mm
㉱ 111mm

[해설] 평기어의 축간 거리는 두 기어의 피치원 지름을 합한 후에 둘로 나눈 값이다.

$$L = \frac{d_a + d_b}{2} = \frac{156 + 58}{2} = 107\text{mm}$$

34. 그리슨식 기어 절삭에 알맞은 기어는 다음 중 어느 것인가?

㉮ 스퍼 기어
㉯ 스파이럴 베벨 기어
㉰ 내접 기어
㉱ 장구형 웜 기어

07 정밀 입자 가공 및 특수 가공

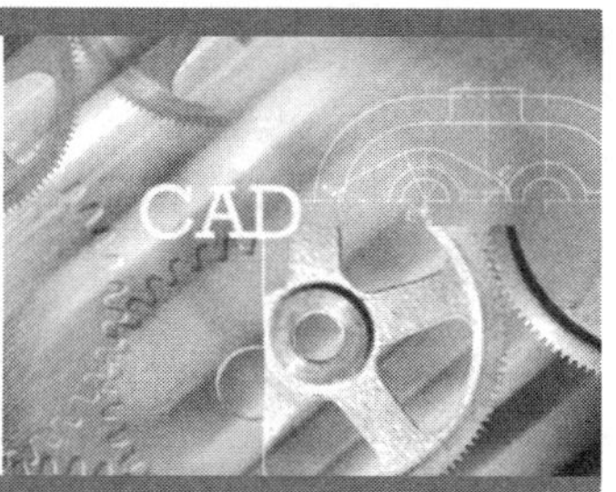

▶ 1. 정밀 입자 가공

1 호닝(honing)

보링, 리밍, 연삭 가공 등을 끝낸 원통 내면의 정밀도를 더욱 높이기 위하여 막대 모양의 가는 입자의 숫돌을 방사상으로 배치한 혼(hone)으로 다듬질하는 방법을 호닝(honing)이라 한다.

① **치수 정밀도** : $3\sim10\mu$ 정도이며 다듬질 호닝 여유는 $0.005\sim0.025$mm이다.

② **사용 숫돌** : GC 또는 WA의 숫돌 재질로 열처리강에는 J~M, 연강에는 K~N, 주철, 황동에는 J~N 정도의 결합도가 쓰인다.

③ **호닝 속도** : 원주 속도 $40\sim70$m/min, 왕복 속도 원주 속도의 $\dfrac{1}{2}\sim\dfrac{1}{5}$ 정도

④ **호닝 연삭액** : 등유에 돼지기름을 섞은 것 또는 황을 첨가한 것을 사용한다.

2 슈퍼 피니싱(super finishing)

숫돌 입자가 작은 숫돌로 일감을 가볍게 누르면서 축방향으로 진동을 주는 것으로 변질층 표면 깎기, 원통 외면, 내면, 평면을 다듬질할 수 있다.

① **특징** : 연삭 흠집이 없는 가공을 할 수 있다.

② **숫돌의 나비** : 일감 지름의 $60\sim70\%$ 정도이며 길이는 일감의 길이와 같은 정도로 한다.

③ **숫돌의 진폭과 진동수** : 진폭은 $1.5\sim5$mm이며 진동수는 진폭 1.5mm일 때 매초 500회, 진폭 5mm일 때 100회 정도이다.

④ **일감의 원주 속도** : 거친 다듬질은 $5\sim10$m/min, 정밀 다듬질에서는 $15\sim30$m/min 정도이다.

⑤ **가공 표면 정밀도** : 0.1μ 정도이며 $0.1\sim0.3\mu$ 정도가 보통이다.

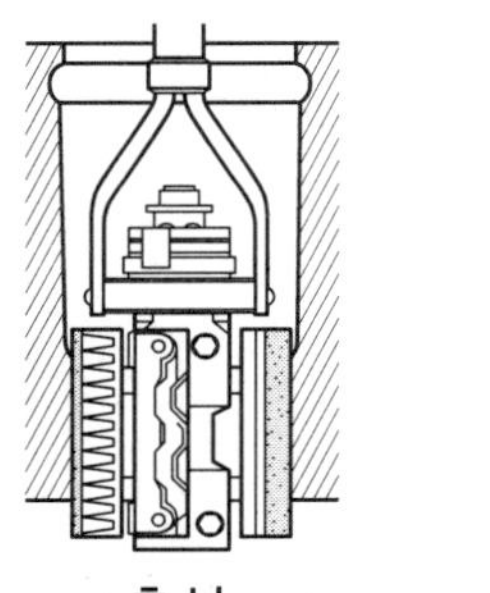

호닝

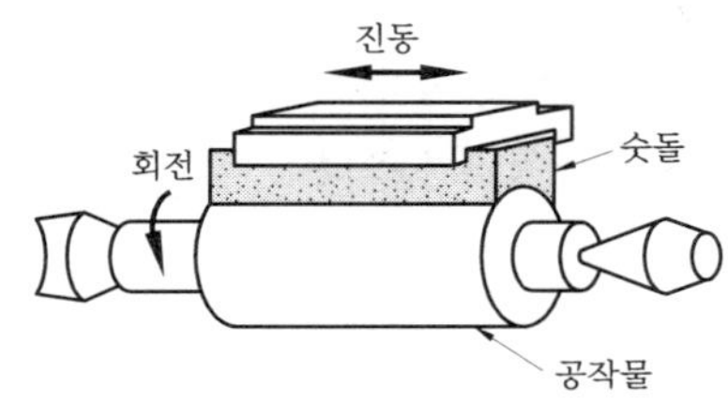

슈퍼 피니싱의 원리

❸ 랩 작업(lapping)

랩과 일감 사이에 랩제를 넣어 서로 누르고 비비면서 다듬는 방법이다.

① 랩제 : 탄화규소, 산화 알루미늄, 산화철, 다이아몬드 미분, 랩판의 재료이다.

② 랩 작업

  (가) 습식법 : 거친 래핑에 쓰이며 경유나 그리스 기계유, 중유 등에 랩제를 혼
    합하여 쓴다.

  (나) 건식법 : 래핑제를 래핑액과 함께 랩에 칠해서 사용한다. 흠이 있으면 흠이
    발생하는 원인이 되므로 흠이 없는 것을 사용해야 한다.

③ 특징 : 정밀도가 향상되며, 다듬질면은 내식성, 내마멸성이 높다.

④ 래핑 여유 0.01~0.02mm 정도, 가공 표면 거칠기 $0.025~0.0125\mu$ 정도. 랩은 저속에서 가공이 빠
르며, 고속에서 면이 아름답다.

래핑 머신

▶ 2. 특수 가공

❶ 전해 연마(electrolytic polishing)

전해액에 일감을 양극으로 전기를 통하면 표면이 용해 석출되
어 공작물의 표면이 매끈하도록 다듬질하는 것을 말한다.

① 장 점

  (가) 가공 표면의 변질층이 생기지 않는다.

  (나) 복잡한 모양의 연마에 사용한다.

  (다) 광택이 매우 좋으며, 내식 · 내마멸성이 좋다.

  (라) 면이 깨끗하고 도금이 잘 된다.

  (마) 설비가 간단하고 시간이 짧으며 숙련이 필요 없다.

② 단 점

  (가) 불균일한 가공 조직이나 두 종류 이상의 재질은 다듬질이 곤란하다.

  (나) 연마량이 적어 깊은 상처는 제거하기가 곤란하다.

③ 용 도 : 드릴 홈, 주사침, 반사경, 시계의 기어 등의 연마에 응용

❷ 전해 연삭

전해 연마에서 나타난 양극 생성물을 연삭 작업으로 갈아 없애는 가공법을 전해 연삭(electrolytic
grinding)이라 한다.

① 초경합금 등 경질 재료 또는 열에 민감한 재료 등의 가공에 적합하다.

② 평면, 원통, 내면 연삭도 할 수 있다.

③ 가공 변질이 적고 표면 거칠기가 좋다.

❸ 화학적 가공

① 용삭 가공

  (가) 일감을 가공액에 넣어 녹여내는 가공법이며 녹이지 않을 부분에는 방식 피막으로 씌워야 한다.

㈏ 가공액 : 염화제이철, 인산, 황산, 질산, 염산 등이 이용된다.

㈐ 방식 피막액 : 네오프렌, 경질염화비닐, 에폭시 레진이 들어 있는 래커를 사용한다.

㈑ 가공법 : 잘라내기, 살빼기, 눈금새기기 등의 방법이 있다.

② **화학 연마** : 공작물의 전면을 일정하도록 용해하여 두께를 얇게 하거나, 표면의 작은 요철부의 오목부를 녹이지 않고 볼록부를 신속히 용융시키는 방법이며, 경험과 숙련이 필요하다. 화학 연마가 가능한 금속은 구리, 황동, 니켈, 모넬 메탈, 알루미늄, 아연 등이다.

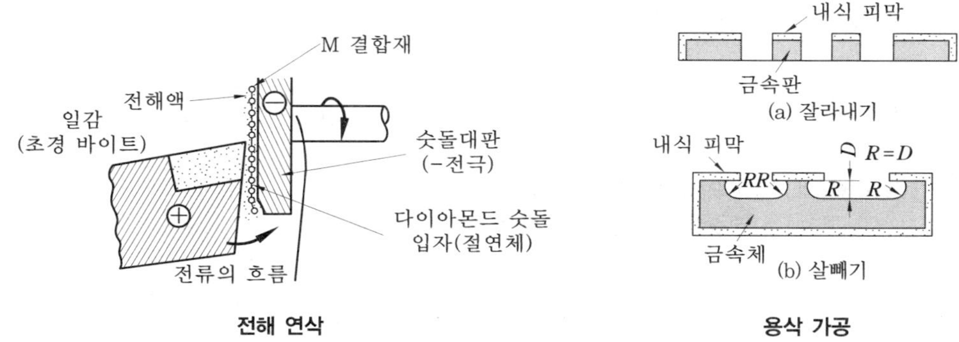

전해 연삭   용삭 가공

❹ 버핑(buffing)

직물, 피혁, 고무 등으로 만든 원판 버프를 고속 회전시켜 광택을 내는 가공법으로, 복잡한 모양도 연마할 수 있으나 치수, 모양의 정밀도는 더 이상 좋게 할 수 없다.

❺ 액체 호닝(liquid honing)

압축 공기를 사용하여 연마제를 가공액과 함께 노즐을 통해 고속 분사시켜 일감 표면을 다듬는 가공법이다.

액체 호닝의 장점은 다음과 같다.

① 단시간에 매끈하고 광택이 없는 다듬질면을 얻을 수 있다.

② 피닝 효과가 있고 피로한계를 높일 수 있다.

③ 복잡한 모양의 일감에 대해서도 간단히 다듬질할 수 있다.

④ 일감 표면에 잔류하는 산화피막과 거스러미를 간단히 제거할 수 있다.

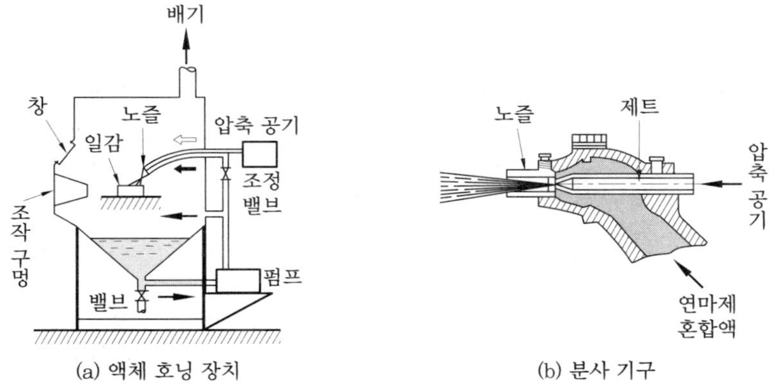

(a) 액체 호닝 장치   (b) 분사 기구

액체 호닝의 분사기구와 그 장치

6 초음파 가공(supersonic waves machining)

초음파 진동수로 기계적 진동을 하는 공구와 공작물 사이에 숫돌 입자, 물 또는 기름을 주입하면 숫돌 입자가 일감을 때려 표면을 다듬는 방법이다.

① **표면 거칠기** : 1μ, 10μ과 0.2μ 이하로 쉽게 가공할 수 있다.

② **공구의 재질** : 황동, 연강, 피아노선, 모넬 메탈 (monel metal)

③ **정압력의 크기** : $200 \sim 300 \mathrm{g/mm}^2$

7 방전 가공(electric spark machining)

일감과 공구 사이 방전을 이용해 재료를 조금씩 용해하면서 제거하는 가공법이다.

① **가공 재료** : 초경합금, 담금질강, 내열강 등의 절삭 가공이 곤란한 금속을 쉽게 가공할 수 있다.

② **가공액** : 기름, 물, 황화유

③ **가공 전극** : 구리, 황동, 흑연

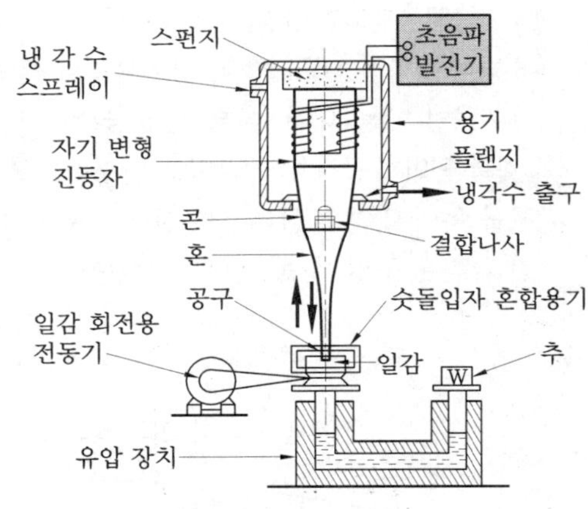

초음파 가공기의 구조

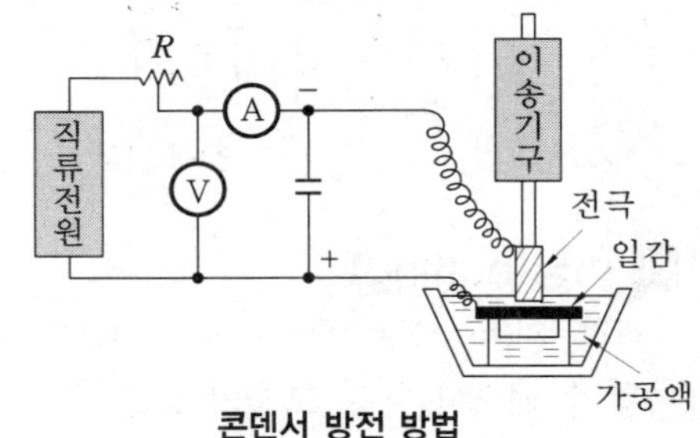

콘덴서 방전 방법

8 입자 벨트 가공

① **숫돌 입자** : 주철에는 A, 강철에는 WA, 비금속에는 C, 초경합금에는 GC 입자를 사용한다.

② **숫돌 입도** : 거친 가공은 100번 이하, 정밀 다듬질은 $200 \sim 400$번 정도이다.

③ **벨트 속도** : $1000 \sim 2000 \mathrm{m/min}$이다.

9 쇼트 피닝(shot peening)

① 쇼트 볼을 가공면에 고속으로 강하게 두드려 금속 표면층의 경도와 강도 증가로 피로한계를 높여주는 가공법이며, 피닝 효과라 한다.

② 스프링, 기어, 축 등 반복 하중을 받는 기계 부품에 효과적이다.

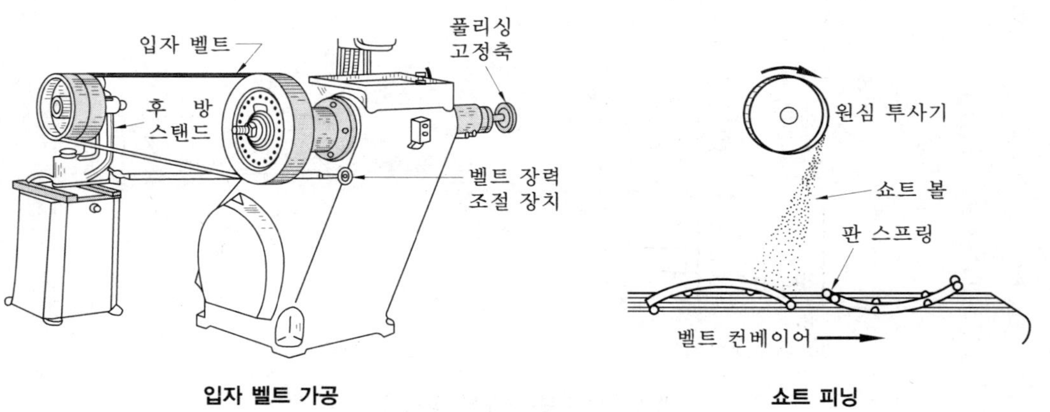

입자 벨트 가공   **쇼트 피닝**

예 상 문 제

1. 호닝의 설명 중 잘못된 것은?

㉮ 호닝은 일종의 마찰 작업이다.

㉯ 호닝 입자는 Al_2O_3와 SiC가 주로 쓰인다.

㉰ 입자는 분말 상태의 것으로 사용한다.

㉱ 호닝 작업은 내경과 외경 모두 가능하다.

2. 호닝 머신에서 내면 가공 시 공작물에 대해 혼은 어떤 운동을 하는가?

㉮ 직선 왕복 운동

㉯ 회전 운동

㉰ 상하 운동

㉱ 회전 및 직선 왕복 운동

3. 다음 중 연삭제(Al_2O_3, SiC)를 사용하지 않고 가공하는 기계는?

㉮ 호닝 머신

㉯ 연삭기

㉰ 래핑 머신

㉱ 호빙 머신

4. 호닝의 다듬질 가공 여유는 얼마가 적당한가?

㉮ 0.005～0.025mm

㉯ 0.025～0.05mm

㉰ 0.05～0.1mm

㉱ 0.1～0.3mm

5. 호닝에서 혼의 재질은?

㉮ Al_2O_3 및 SiC

㉯ SKT

㉰ SKH

㉱ STC

[해설] SKT(합금공구강), SKH(고속도강), STC(탄소공구강)

6. 호닝 작업의 특징이 아닌 것은?

㉮ 전 가공에서 나타난 테이퍼, 진원도는 수정할 수 없다.

㉯ 최소의 발열과 변형으로 신속한 정밀 가공을 한다.

㉰ 표면 정밀도를 향상시킬 수 있다.

㉱ 크기를 정확히 조절할 수 있다.

7. 다음 중 주철의 호닝 작업 시 공작액으로 무엇을 사용하는가?

㉮ 라드유

㉯ 모빌유

㉰ 석유＋황화유

㉱ 등유

[해설] 호닝에서 공작액을 사용하는 것은 칩과 숫돌 입

자의 제거, 발열 방지를 위해 쓰인다. 공작액으로는 주철은 등유, 강은 등유＋황화유, 청동은 라드유를 사용한다.

8. 호닝은 무엇으로 일감을 가공하는가?

㉮ 연삭 숫돌

㉯ 커터

㉰ 바이트

㉱ 사포

9. 호닝의 연삭액으로 사용하지 않는 것은?

㉮ 경유

㉯ 등유

㉰ 라드유

㉱ 기계유

10. 호닝의 원주 속도는 얼마인가?

㉮ 15～30m/min

㉯ 40～70m/min

㉰ 70～80m/min

㉱ 80～95m/min

11. 슈퍼 피니싱용 숫돌에서 숫돌의 결합도가 작은 것을 사용하는 경우는?

㉮ 가공물의 경도가 작을수록

㉯ 입자의 입도가 작을수록

㉰ 숫돌의 압력이 클수록

㉱ 상대 속도가 클수록

12. 슈퍼 피니싱에 주로 쓰이는 연삭액은?

㉮ 머신유

㉯ 올리브유

㉰ 경유

㉱ 스핀들유

13. 가공면에 기름숫돌을 접촉시킨 후 진동을 주어 가공하는 방법은?

㉮ 호닝

㉯ 래핑

㉰ 슈퍼 피니싱

㉱ 버핑

14. 슈퍼 피니싱의 최대 가공 정도는?

㉮ 0.1μ까지

㉯ 0.5μ까지

㉰ 0.8μ까지

㉱ 1.0mm까지

15. 블록 게이지를 최종 가공하는 기계는?

㉮ 래핑 머신

㉯ 슈퍼 피니싱

㉰ 평면 연삭기

㉱ 전해 연삭

16. 래핑에 대한 설명 중 잘못된 것은?

정답 1. ㉰ 2. ㉱ 3. ㉱ 4. ㉮ 5. ㉮ 6. ㉮ 7. ㉱ 8. ㉮ 9. ㉱ 10. ㉯ 11. ㉱ 12. ㉰ 13. ㉰ 14. ㉮ 15. ㉮ 16. ㉱

㉮ 랩은 공작물보다 부드러워야 한다.
㉯ 랩은 치밀해야 한다.
㉰ 랩 작업 시 서서히 압력을 주며 작업한다.
㉱ 랩은 표면이 약간 굴곡이 있어야 한다.

[해설] 랩은 랩제를 유지하는 역할을 하는데, 표면 형상이 정확하여 공작물에 접촉 상태가 좋아야 한다.

17. 랩제와 랩에 대한 설명이다. 잘못 설명한 것은?

㉮ 다듬질할 때 랩제는 다이아몬드가 제일 좋다.
㉯ 초경합금에는 주철제 랩이 좋다.
㉰ 주철에 포함된 흑연은 랩제를 유지하는 힘이 크다.
㉱ 랩제는 주로 A숫돌이 좋다.

[해설] 주철 랩은 래핑 입자의 예리한 날끝이 박히면 주철에 함유된 흑연을 유리시켜 이것이 랩제와 섞여서 랩 다듬질 면을 좋게 하는 특징이 있다. 또 흑연은 부드러워서 랩제가 깊게 박히므로 유지하는 힘이 커진다. 래핑 입자로는 다이아몬드나 GC 입자가 최적이며, 특히 다이아몬드분은 다듬질 래핑에 적합하다.

18. 랩(lap) 공구는 어떤 것을 사용하는가?

㉮ 공작물보다 단단한 것
㉯ 공작물보다 경도가 낮은 것
㉰ 공작물보다 전도율이 높은 것
㉱ 공작물보다 큰 것

19. 랩 정반의 재질은?

㉮ 주철　　　　　　㉯ 고급 주철
㉰ 강　　　　　　　㉱ 특수강

20. 인조산 랩제 중 탄화규소계로서 가장 많이 쓰이는 것은?

㉮ 일렉트론　　　　㉯ 탄화 실리콘
㉰ 카보런덤　　　　㉱ 사암

[해설] 카보런덤(carborundum) : 탄화규소(SiC)의 상품명이다. 규사와 코크스를 전기 저항로에서 약 2000℃로 가열해서 만든, 융점이 높고 단단한 결정체이다. 순수한 것은 녹색이지만 불순물이 섞이면 흑색이 된다. 연마재와 내화 재료로 쓰인다.

21. 다음 중 가공 후 가장 높은 정밀도를 얻을 수 있는 것은?

㉮ 호닝　　　　　　㉯ 슈퍼 피니싱
㉰ 래핑　　　　　　㉱ 버핑

22. 습식 래핑 여유는 어느 정도인가?

㉮ 0.01~0.02mm　　㉯ 0.05~0.07mm
㉰ 0.1~0.2mm　　　㉱ 0.5~1mm

23. 다음 표면 가공 중 가장 정밀도가 높은 것은?

㉮ 래핑　　　　　　㉯ 연삭
㉰ 버니싱　　　　　㉱ 슈퍼 피니싱

24. 전해 연마의 설명 중 맞는 것은?

㉮ 숫돌이나 숫돌 입자를 사용한다.
㉯ 전기 도금법을 말한다.
㉰ 교류를 사용하여 연마한다.
㉱ 인산이나 황산 등의 전해액 속에서 전기 도금의 반대 방법으로 한다.

25. 전해 연마의 단점은?

㉮ 가공에 의한 표면 균열이 생기기가 쉽다.
㉯ 모서리 부분이 둥글어진다.
㉰ 복잡한 면의 정밀 가공이 곤란하다.
㉱ 가공 시간이 길다.

[해설] 전기 도금의 반대 원리를 이용한 연마법으로서 모서리 부분에서 전자의 이동이 많으므로 용해가 심해서 둥글어진다.

26. 공작물을 양극으로 하고, 불용해성 Pb, Cu를 음극으로 하여 전해액 속에 넣으면 공작물 표면이 전기 분해되어 매끈한 면을 얻을 수 있는 방법은?

㉮ 전해 연삭　　　　㉯ 전해 가공
㉰ 방전 연삭　　　　㉱ 방전 가공

27. 금속 표면을 도금하는 방법과 반대되는 가공 방법은?

㉮ 전해 연삭　　　　㉯ 화학 연마
㉰ 초음파 가공　　　㉱ 방전 가공

28. 기계적 가공과 달리 방향성이 없는 매끈하고 내식성이 높은 면을 얻을 수 있는 가공법은 어느 것인가?

㉮ 버핑　　　　　　㉯ 전해 연삭
㉰ 덤블링　　　　　㉱ 액체 호닝

29. 다음 중 전해 연마할 때 전해액을 든 것이다. 틀린 것은?

정답 / **17.** ㉱　**18.** ㉯　**19.** ㉯　**20.** ㉰　**21.** ㉰　**22.** ㉮　**23.** ㉮　**24.** ㉱　**25.** ㉯　**26.** ㉯　**27.** ㉮　**28.** ㉯　**29.** ㉱

㉮ 인산　　　　　　㉯ 황산
㉰ 과염소산　　　　㉱ 초산

[해설] 전해 연마 시 사용하는 전해액으로는 과염소산($HClO_4$), 황산(H_2SO_4), 인산(H_3PO_4), 청화 알칼리, 불산 등이 있다.

30. 드릴의 홈이나 주사침의 구멍을 깨끗하게 다듬질하는 데 가장 좋은 방법은?

㉮ 액체 호닝　　　　㉯ 전해 가공
㉰ 전해 연마　　　　㉱ 초음파 가공

31. 전해 연삭의 장점이 아닌 것은?

㉮ 가공 속도가 크다.
㉯ 복잡한 면의 정밀 가공이 가능하다.
㉰ 가공에 의한 표면 균열이 생기지 않는다.
㉱ 치수 정밀도가 좋지 않다.

32. 차량, 차축, 저널과 같이 선삭 후 연삭 가공이 힘이 들 때 하는 가공법은?

㉮ 래핑　　　　　　㉯ 롤러 다듬질
㉰ 호닝　　　　　　㉱ 입자 벨트 가공

33. 용삭 가공에서 녹이지 않을 부분에는 어떻게 해야 하는가?

㉮ 진흙을 바른다.　　㉯ 아연을 입힌다.
㉰ 방식 피막을 한다.　㉱ 염산에 담근다.

34. 용삭 가공법으로 할 수 없는 가공은?

㉮ 잘라 내기　　　　㉯ 구멍 뚫기
㉰ 살 빼기　　　　　㉱ 눈금 새기기

35. 방식 피막액으로 쓰이는 것이 아닌 것은?

㉮ 네오프렌　　　　㉯ 경질염화비닐
㉰ 에폭시 레진　　　㉱ 인산

[해설] 인산은 염화제2철, 황산, 질산, 염산과 같이 용삭 가공액이다.

36. 다음 중 화학 연마가 가능한 금속으로 적당하지 않은 것은?

㉮ 구리　　　　　　㉯ 연강
㉰ 니켈　　　　　　㉱ 모넬 메탈

[해설] ㉯는 적당하지 않으며 ㉮, ㉰, ㉱ 외에 아연, 알루미늄이 있다.

37. 초음파 가공에서 연삭 입자의 재질로 사용하지 않는 것은?

㉮ 알루미나　　　　㉯ 산화동
㉰ 탄화규소　　　　㉱ 산화알루미늄

38. 초음파 가공의 혼 끝에 붙인 공구의 재질로서 알맞지 않은 것은?

㉮ 주철　　　　　　㉯ 황동
㉰ 모넬 메탈　　　　㉱ 피아노선

[해설] 초음파 가공에서 공구 재질은 황동, 연강, 피아노선, 모넬 메탈 등이 쓰인다.

39. 담금질된 강, 수정, 유리 등을 초음파로 가공하는 것을 무엇이라 하는가?

㉮ 방전 가공　　　　㉯ 전해 연마
㉰ 초음파 가공　　　㉱ 쇼트 피닝

40. 다음 중 방전 가공 시 전극 재질의 구비 조건이 아닌 것은?

㉮ 방전 시 안정성이 있을 것
㉯ 가공하기가 쉬울 것
㉰ 전극 소모가 많을 것
㉱ 가공 정밀도가 높을 것

41. 방전 가공을 할 때 전극 재질로 사용하기가 곤란한 것은?

㉮ 청동　　㉯ 아연　　㉰ 구리　　㉱ 황동

[해설] 전극 재질은 ㉮, ㉰, ㉱ 외에 흑연이 있으며, 가공액으로는 기름물, 황화유를 사용한다.

42. 다이아몬드, 루비, 사파이어 등의 가공에 알맞은 가공 방법은?

㉮ 방전 가공　　　　㉯ 호닝
㉰ 슈퍼 피니싱　　　㉱ 전해 연마

[해설] 방전 가공이 가능한 재료는 초경합금, 담금질강, 내열강 다이아몬드, 루비 등이다.

43. 입자 벨트 가공에서 다듬질을 할 때의 입도는 몇 #가 알맞은가?

㉮ 600∼800　　　　㉯ 400∼600
㉰ 200∼400　　　　㉱ 100∼200

[해설] 숫돌 입자는 주철에는 A, 강철에는 WA, 비금속에는 C, 초경합금에는 GC를 사용하며 거친 가공에는

#100 이하를 쓴다.

44. 다음 작업 중 복잡하고 작은 물건을 다량으로 연마하는 데 가장 적합한 것은?

㉮ 벨트 연마　　　　㉯ 버프 연마
㉰ 배럴 연마　　　　㉱ 랩 연마

45. 버핑 머신의 버프 재질은 무엇으로 되어 있는가?

㉮ 포목이나 가죽　　㉯ 연강
㉰ 산화철　　　　　㉱ 탄화규소

46. 버핑(buffing)의 사용 목적이 아닌 것은?

㉮ 녹 제거
㉯ 공작물 표면의 광택을 내기 위하여
㉰ 치수 정밀도를 높이기 위하여
㉱ 공작물 표면을 매끈하게 하기 위하여

47. 버핑 머신으로 가공이 적당한 것은?

㉮ 밀링 커터를 재연삭할 때
㉯ 금속에 조각 가공을 할 때
㉰ 방전 가공을 할 때
㉱ 녹을 제거하거나 광택 작업을 할 때

48. 쇼트 피닝은 다음과 같은 일감의 가공에 효과적이다. 잘못된 것을 고르면?

㉮ 기어의 구멍부와 이의 끝면
㉯ 열긴 압연에 의한 탈탄층
㉰ 열처리 후 변형이 생기는 복잡한 공작물
㉱ 압연이나 인발 가공한 공작물

[해설] 쇼트 피닝은 다음과 같은 일감에 효과가 있다.
① 열처리에 의해 심한 변형을 일으키는 복잡한 형상의 공작물
② 압연 및 인발 가공한 공작물
③ 기어의 치면 및 치저
④ 열간 압연 등에 의한 탈탄층
⑤ 침탄 부분 및 합금강의 열처리 후

49. 스프링이나 기어와 같이 반복 하중을 받는 기계 부품의 끝가공에 무엇이 이용되는가?

㉮ 액체 호닝　　　　㉯ 쇼트 피닝
㉰ 버니싱　　　　　㉱ 전해 연삭

50. 쇼트 피닝에 사용되는 쇼트의 재질은 무엇인가?

㉮ 칠드 주철이나 강　㉯ 구리

㉰ 산화철　　　　　㉱ 연삭 숫돌

51. 쇼트 피닝 가공을 하면 어떤 이점이 있는가?

㉮ 가공 시간 단축
㉯ 가공면에 광택이 생긴다.
㉰ 경도와 피로강도 증가
㉱ 정밀한 치수를 얻을 수 있다.

52. 쇼트 피닝과 관계가 없는 것은?

㉮ 금속의 표면 강도를 증가시킨다.
㉯ 피로 한도를 높여준다.
㉰ 강구를 표면에 때린다.
㉱ 표면을 연마한다.

53. 주로 구멍 내면을 주판알 형상의 공구 또는 강구를 공작물 구멍에 압입하여 구멍 표면을 매끈하게 다듬는 가공법은?

㉮ 방전 가공　　　　㉯ 버니싱
㉰ 액체 호닝　　　　㉱ 폴리싱

54. 소성 변형으로 표면층의 경도와 강도가 증가하여 피로한도를 높여주는 현상은 어느 것인가?

㉮ 시닝 효과　　　　㉯ 피닝 효과
㉰ 안전율　　　　　㉱ 응력 효과

55. 모래 입자를 분사시켜 가공하는 방법은?

㉮ 샌드 블라스팅　　㉯ 쇼트 피닝
㉰ 버니싱　　　　　㉱ 액체 호닝

[해설] 주물 표면이나 녹슨 면을 깨끗이 할 때 고압의 공기로 모래를 분사시켜 처리하는 것을 샌드 블라스팅이라 한다.

56. 쇼트 피닝의 공기 분사식에서 공기압이 몇 kPa 이상이면 표면 조직을 파괴하는가?

㉮ 392　　　　　　㉯ 784
㉰ 1470　　　　　㉱ 1960

57. 액체 호닝에 대한 설명 중 틀린 것은?

㉮ 짧은 시간에 광택이 나지 않는 매끈한 면을 얻을 수 있다.
㉯ 피닝 효과가 있고 공작물의 피로한도를 높일 수 있다.
㉰ 복잡한 모양의 공작물은 다듬질이 곤란하다.

㉣ 공작물 표면의 산화막과 거스러미를 간단히 제거할 수 있다.

58. 액체 호닝의 설명으로 적당한 것은?

㉮ 기어를 전문으로 다듬질하는 방법

㉯ 혼에 기름을 주어 호닝하는 방법

㉰ 연삭제에 기름을 넣어 만든 혼으로 가공하는 방법

㉱ 연삭제를 용액에 혼합하여 큰 속도로 가공면에 분사하는 방법

[해설] 연삭제(탄화규소, 산화크롬, 용융 알루미늄 등)를 용액에 섞어서 가공의 표면에 분사하여 가공하는 방법을 액체 호닝이라고 한다.

59. 액체 호닝에서 연삭제와 가공액과의 혼합비는 어느 정도로 하는가?

㉮ 1 : 1　　　　　㉯ 1 : 2

㉰ 1 : 4　　　　　㉱ 1 : 10

60. 호닝 가공에 관한 설명으로 틀린 것은?

㉮ 호닝 숫돌의 결합도로서, 연강에는 J–M 범위의 것이 쓰인다.

㉯ 원통 내면을 되도록 빨리, 그리고 정밀하게 다듬는 목적으로 이용되었다.

㉰ 호닝 속도는 혼의 회전 속도와 왕복 속도의 합성 속도이다.

㉱ 호닝 숫돌의 결합재에서 강재에는 WA 입자를 비트리파이드 결합재로 결합한다.

61. 호닝 작업에서 혼의 길이는 공작물 길이의 얼마 이하로 하는 것이 원칙인가?

㉮ $\dfrac{1}{2}$　　㉯ $\dfrac{1}{4}$　　㉰ $\dfrac{1}{6}$　　㉱ $\dfrac{1}{10}$

08 NC 공작 기계

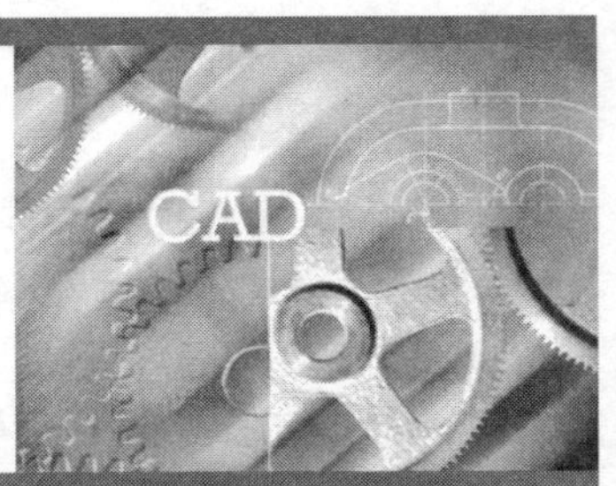

▶ 1. NC 공작 기계

1-1 NC 공작 기계의 개요

① NC의 정의

NC란 Numerical Control의 약자로서 수치 제어란 뜻으로 KS B 0125에 규정되어 있으며 숫자나 기호로써 정보를 매개 수단으로 하여 기계의 운전을 자동 제어하는 것을 말한다.

② NC 공작 기계의 역사

제품의 대량 생산과 가공상의 난이점 등으로 혁신적인 공작 기계의 개발이 절실히 요망되어 1940년 대 초에 미국의 Parsons가 수치 제어(NC : numerical control)를 밀링기에 응용함으로써 최초의 NC 공작 기계가 탄생되었다. 그 후 비행기나 미사일 등의 복잡한 부품에 보다 빠른 생산방법의 연구가 계속되어 오다가 MIT 공과대학에서는 1949년에 진일보된 NC 시스템을 개발했으며, 1950년대 초반에 제한된 오늘날의 NC 공작 기계의 원형이 실현되었다.

이와 같이 만들어진 NC 공작 기계는 NC 장치의 발달, 즉 전자 분야의 발달과 더불어 급속한 발전을 거듭하게 되었다.

NC의 발달 과정을 4단계로 분류하면 다음과 같다.

① **제1단계** : 공작 기계 1대를 NC 1대로 단순 제어하는 단계(NC)
② **제2단계** : 공작 기계 1대를 NC 1대로 제어하며 복합 기능을 수행하는 단계(CNC)
③ **제3단계** : 여러 대의 공작 기계를 컴퓨터 1대로 제어하는 단계(DNC)
④ **제4단계** : 여러 대의 공작 기계를 컴퓨터 1대로 제어하며 생산 관리를 수행하는 단계(FMS)

③ NC 가공의 특성

NC 가공의 특징은 소품종 다량 생산뿐만 아니라 다품종 소량 생산에도 그 이용도가 크다. 일반 범용 공작 기계에서 치공구를 사용해야 하는 가공품도 경우에 따라서 쉽게 프로그램할 수 있으며, 유연성이 광범위하므로 공장 자동화에도 한몫을 하고 있다.

이러한 NC 가공의 장점은 다음과 같다.

① 생산성이 향상된다.　　② 생산 제품의 균일화가 쉽다.
③ 다량 생산이 용이하다.　　④ 제조 원가 및 인건비를 절감할 수 있다.
⑤ 공구 관리비를 절감할 수 있다.　　⑥ 공장의 자동화 라인을 쉽게 구축할 수 있다.
⑦ 무인 가공이 가능하다.

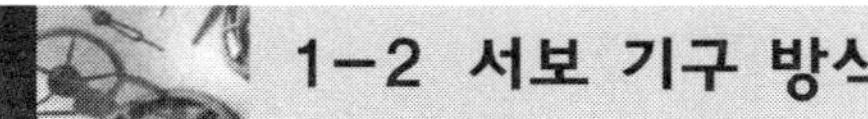

1-2 서보 기구 방식

1 개방 회로 방식

개방 회로 방식(open loop control)은 다음 그림과 같이 구동 전동기로 펄스 전동기를 이용하며, 제어 장치로부터 입력된 펄수 수만큼 움직인다. 검출기나 되먹임 회로가 없으므로 구조가 간단하며, 펄스 전동기의 회전 정밀도와 볼 나사의 정밀도 등에 직접적인 영향을 받는다.

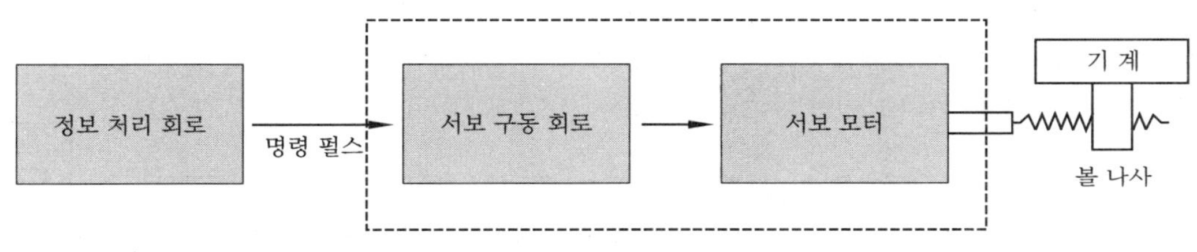

개방 회로 방식

2 반 폐쇄 회로 방식

반 폐쇄 회로 방식(semi-closed loop control)은 다음 그림과 같이 위치와 속도의 검출을 서보 모터의 축이나 볼 나사의 회전 각도로 검출하는 방식이다. 최근에는 고정밀도의 볼 나사 생산과 뒤틈 보정 및 피치 오차 보정이 가능하게 되어 대부분의 수치 제어 공작 기계에서 이 방식을 채택하고 있다.

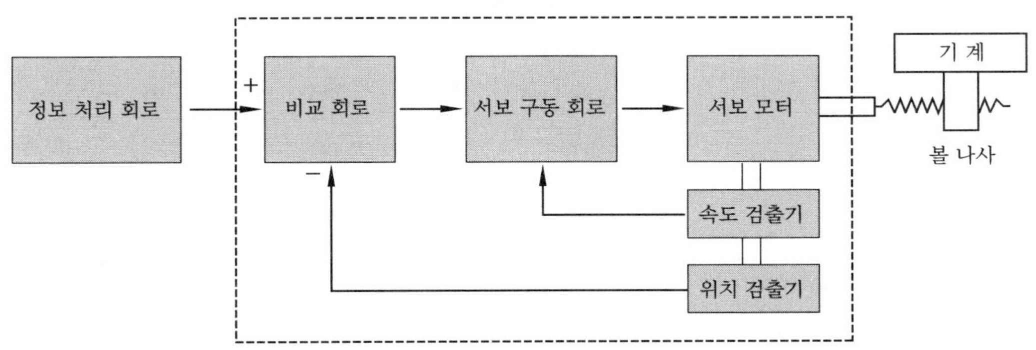

반 폐쇄 회로 방식

3 폐쇄 회로 방식

폐쇄 회로 방식(closed loop control)은 다음 그림과 같이 기계의 테이블 등에 직선자(linear scale)를 부착해 위치를 검출하여 되먹임하는 방식이다. 이 방식은 높은 정밀도를 요구하는 공작 기계나 대형의 기계에 많이 이용한다.

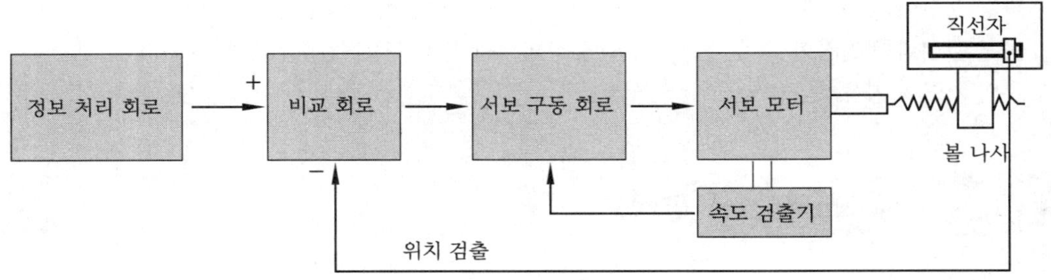

폐쇄 회로 방식

▲ 하이브리드 서보 방식

다음 그림과 같이 반 폐쇄 회로 방식과 폐쇄 회로 방식을 혼합하여 사용한 방식으로 높은 정밀도가 요구되며, 공작 기계의 중량이 커서 기계의 강성을 높이기 어려운 경우와 안정된 제어가 어려운 경우에 많이 이용된다. 그림에서 시뮬레이터부에는 폐쇄 회로 방식의 되먹임과 반 폐쇄 회로 방식의 되먹임의 차를 보정하는 회로를 가지고 있다.

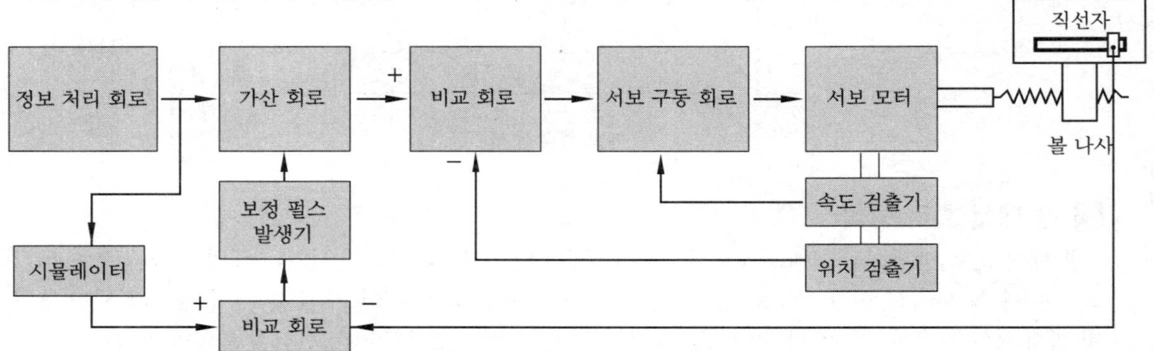

하이브리드 서보 방식

예상문제

1. NC 공작 기계 시스템은 크게 하드웨어(hardware), 소프트웨어(software) 등으로 구분되는데 다음 중 소프트웨어로 볼 수 있는 것은?

㉮ 구동 기구　㉯ 검출 기구
㉰ 제어 기구　㉱ NC 테이프

[해설] 하드웨어 부분은 공작 기계 본체와 제어 장치, 주변 장치 등의 구성 부품을 말하며 소프트웨어란 NC 테이프, 자기 테이프 또는 플로피 디스크(FD) 등이다.

2. 다음 중 직선 보간이나 원호 보간 등에 쓰이는 보간법이 아닌 것은?

㉮ MIT 방식　㉯ DDA 방식
㉰ 증분 절대 좌표 방식　㉱ 대수 연산 방식

3. NC에 사용되는 서보 기구의 위치 검출을 어떻게 하느냐에 따라 분류한 방식으로 볼 수 없는 것은?

㉮ 반 폐쇄 회로(semi-closed loop) 방식
㉯ 리졸버(resolver) 방식
㉰ 하이브리드 서보(hybrid servo) 방식
㉱ 폐쇄 회로(close loop) 방식

[해설] 서보 기구는 정보 처리 회로에서 보내온 신호를 기계의 동작으로 실행시켜 주는 역할을 한다. 오늘날은 기계의 정밀도 등의 이유로 다음 3가지 방식을 NC 공작 기계에서 채택하고 있다.

① **폐쇄 회로 방식** : 검출기를 기계 테이블에 직접 부착하여 피드백(feedback)을 행하는 고 정밀도 방식
② **반 폐쇄 회로 방식** : 서보 모터에서 위치 검출을 행하기 때문에 정밀도는 폐쇄 회로 방식보다 다소 떨어지나 고정도의 볼 스크루(ball screw) 등에 의해 실용상으로 정밀도 문제가 거의 해결되므로 오늘날 가장 널리 사용된다.
③ **하이브리드 방식** : 리졸버에 의한 반 폐쇄 회로와 검출 스케일에 의한 폐쇄 회로를 합한 것으로 이 방식은 조건이 좋지 않은 기계에서 고 정밀도를 필요로 할 때 사용된다.

4. 다음 중 NC 공작 기계를 사용함으로써 더욱 두드러지는 생산 방식은?

㉮ 다종 소량 생산　㉯ 소종 다량 생산
㉰ 단종 다량 생산　㉱ 단종 소량 생산

[해설] NC 공작 기계는 일반적으로 다종 소량 생산 및 항공기 부품과 같이 복잡한 형상의 부품 가공에 유리하다.

5. 절삭 가공 시 가공물과 공구와의 상대 속도를 지정하는 기능은?

㉮ 준비 기능(G 기능)　㉯ 이송 기능(F 기능)
㉰ 주축 기능(S 기능)　㉱ 보조 기능(M 기능)

[해설] **이송 기능(F)** : NC 공작 기계에서 가공물과 공구와의 상대 속도를 지정하는 것으로, 이송 속도(feedrate)라고 부른다. 이러한 이송 속도를 지령하는 코드로 어드레스 F를 사용하며, 최근에는 이송 속도 직접 지령 방식을 사용하여 F 다음에 필요한 이송 속도의 수치를 직접 기입하여 지령한다. 직접 수치를 기입하는 경우에 단위가 mm/min와 mm/rev의 2가지가 있어서 주의할 필요가 있다. 일반적으로 NC 선반에서는 mm/rev 단위를, NC 머시닝 센터에서는 mm/min 단위를 사용한다.

6. 주축의 회전수를 지정하는 기능은?

㉮ 준비 기능(G 기능)　㉯ 이송 기능(F 기능)
㉰ 주축 기능(S 기능)　㉱ 보조 기능(M 기능)

[해설] **주축 기능(S)** : 주축의 회전수를 지령하는 것으로, 어드레스 S(spindle speed function) 다음에 2자리나 4자리로 숫자를 지정한다. 종전에는 2자리 코드로 주축 회전수를 지정하는 방식을 사용해 왔으나 최근 DC 모터를 사용함으로써 무단 회전수를 직접 지령하는 방식이 사용된다. 또 선반에서는 공구의 인선 위치에 따라서 S 기능으로 일정한 절삭 속도가 되도록 회전수를 제어하는 공작물 원주 속도 일정 제어에 사용되기도 한다.

7. CNC 선반에서 작업이 가장 어려운 것은 어느 것인가?

㉮ 나사 가공　㉯ 노치 가공
㉰ 테이퍼 가공　㉱ 널링 가공

8. 한 개 또는 두 개의 블록 내의 정보에 의하여 공구의 운동을 원호에 따르도록 제어하는 윤곽 제어는?

㉮ 원호 보간(G02)　㉯ 위치 결정(G00)
㉰ 직선 보간(G01)　㉱ 드웰(G04)

[해설] 원호 보간(circular interpolation) 기능은 공구의 원호에 따라 움직이도록 하는 윤곽 제어이다.
[그림]에서 보는 바와 같이 원호 보간 기능 중 G02는 시계 방향(CW)의 원호 보간을 지령하는 코드로서 공구의 축과 가공면이 수직으로 만날 때 공구의 이동이 시계가 회전하는 방향으로 원호를 따라 움직이도록 하는 윤곽 제어이고, G03은 반 시계 방향(CCW)의 원호 보간 지령으로 G02와는 반대 방향으로 회전하도록 하는 윤곽 제어이다.

[정답] 1. ㉱　2. ㉰　3. ㉯　4. ㉮　5. ㉯　6. ㉰　7. ㉱　8. ㉮

좌표계	오른손 좌표계
표 시	
회전 방향	CW (시계 방향)
G 기능 지령	G02

좌표계	오른손 좌표계
표 시	
회전 방향	CCW (반 시계 방향)
G 기능 지령	G03

원호 보간의 방향

일반적인 원호보간 지령문은

$$\begin{Bmatrix} G02 \\ G03 \end{Bmatrix} X\_Y\_Z\_ \begin{Bmatrix} R\_ \\ I\_ \ J\_ \ K\_ \end{Bmatrix} F\_ :$$

과 같으며 이송 속도(F)도 함께 지정해야 한다.

9. 블록에 있어 제어 기능의 종류를 지시하며 그 기능을 발휘하기 위해 준비를 완료하는 기능은?

㉮ 준비 기능(G 기능) ㉯ 이송 기능(F 기능)
㉰ 주축 기능(S 기능) ㉱ 보조 기능(M 기능)

[해설] 준비 기능(G) : NC 지령 블록의 제어 기능을 준비시키기 위한 기능으로, G 다음에 2자리의 숫자를 붙여 지령한다(G00~G99). 이 지령에 의하여 제어 장치는 그 기능을 발휘하기 위한 동작을 준비하기 때문에 준비 기능이라 한다.

10. G코드 중 입력 자료가 인치(inch) 단위계인지 메트릭(metric) 단위인지를 지령하기 위한 코드는?

㉮ G00 G01 ㉯ G02 G03
㉰ G20 G21 ㉱ G96 G97

[해설] G00 : 위치 결정, G01 : 직선 보간, G96 : 정절삭 속도, G97 : 정절삭 속도의 취소

11. 수치 제어 장치를 이용한 최초 NC 공작 기계는?

㉮ 선반 ㉯ 밀링
㉰ 드릴링 머신 ㉱ 와이어 컷

[해설] 밀링에 수치 제어 장치를 설치한 것이 최초의 진공관식 NC 공작 기계이다.

12. NC 공작 기계에 있어서 범용 공작 기계에서 사람의 두뇌가 하던 일을 하는 것은?

㉮ 서보(servo) 기구 ㉯ 정보 처리 회로
㉰ 연산 회로 ㉱ 비교 회로

[해설] NC 공작 기계에서는 범용 공작 기계에서 사람의 두뇌가 하던 일을 정보 처리 회로에서 하며 사람의 손, 발이 하던 일을 서보 기구가 수행한다. 즉, 범용 공작 기계에 정보 처리 회로와 서보 기구를 결합시킨 것이 NC 공작 기계이다. 또한 NC 장치를 인체의 두뇌라고 볼 수도 있다.

13. 다음 중 NC의 장점이 아닌 것은?

㉮ 리드 타임이 단축된다.
㉯ 품질의 균일성이 유지된다.
㉰ 형상이 복잡한 부품 가공에 유리하다.
㉱ 대량 생산에 유리하다.

[해설] NC 공작 기계는 소량 및 중량 생산 정도에 적당하며, 대량 생산에는 전용기의 사용이 좋다. 또한 생산 비용과 수량의 관계를 나타내면 다음과 같다.

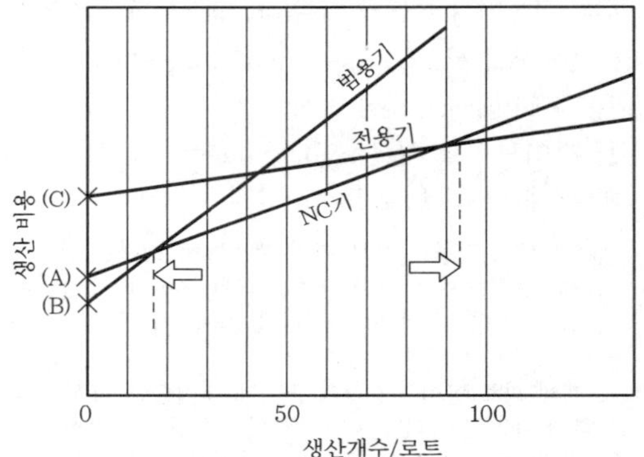

생산 비용과 수량의 관계

1로트의 제품 수량을 가로축, 생산 비용을 세로축으로 하여 작업 준비에 있어서의 비용과 공구의 비용을 수량이 0인 초기 비용으로 나타내면 그림과 같이 된다. 여기서 (A)는 NC 테이프의 천공과 프로그래밍의 비용 및 치공구 비용이다. (B)는 범용기에 대한 툴링(tooling) 설계와 제작 비용, 금긋기 및 준비 비용을 포함한 비용이다. (C)는 자동 기계와 같은 대량 생산용 기계의 툴링 설계와 제조, 비용 및 수동에 있어서의 준비나 조정 비용을 포함한 비용을 나타낸 것이다.

14. NC 공작 기계의 경제성 평가 방법 중 가장 많이 사용하는 방법은?

㉮ 페이백 방법 ㉯ 로트 방법
㉰ MAPI 방법 ㉱ FMS 방법

[해설] NC 공작 기계의 경제성을 평가하는 방법에는 페이백 방법과 MAPI 방식 2가지가 있다.

페이백 방법은 NC 공작 기계 도입에 따른 연간 절약 비용의 예측값을 투자액에 비교하여 투자액을 보상하는 데 필요한 햇수를 구하는 방법이다. 이것은 기계의 내용연수를 구할 수 있는 이점이 있고, 쉽게 못쓰게 되는 장치 등의 평가에 적합하나 정확성이 떨어진다. MAPI 방법은 구입을 계획하고 있는 NC 공작 기계에 의한 최초연도의 부품 생산 비용을 현재 가지고 있는 NC 공작 기계에 의한 비용과 비교하여 평가하는 방법으로 가장 많이 사용되고 있는 방법이다. 이것은 공작기계의 교체에 좋은 평가 방법이 되며, 또한 계산에 사용하는 인자를 변화시킬 수 있으므로, 어느 일정 기간의 경제성이 아니더라도 사용할 수 있는 평가 방법이다.

15. NC 기계의 움직임을 전기적인 신호로 표시하는 회전 피드백 장치는?

㉮ 볼 스크루 ㉯ 리졸버
㉰ 컨트롤러 ㉱ 서보 기구

[해설] 볼 스크루(ball screw)는 NC기계의 테이블을 직선 운동으로 만드는 일종의 나사로서 정밀도가 높다. 컨트롤러(controller)는 NC 테이프에 기록된 정보를 펄스화시켜 서보 기구에 전달하여 여러 가지 제어를 한다.

16. NC 공작 기계의 경제성 평가 방법 중 페이백 방법에 대한 설명이다. 틀린 것은?

㉮ 기계의 내용연수를 구할 수 있다.
㉯ 정확성이 떨어진다.
㉰ 가장 많이 사용하는 방법이다.
㉱ 쉽게 못쓰게 되는 장치 등의 평가에 적합하다.

17. 기계의 테이블에 직접 검출기를 설치하여 위치를 검출하여 피드백 시키는 방법은?

㉮ 폐쇄 회로 방식 ㉯ 하이브리드 방식
㉰ 개방 회로 방식 ㉱ 반 폐쇄 회로 방식

[해설] 폐쇄 회로 방식과 반 폐쇄 회로 방식과는 검출기 위치만 다르다. 또한 하이브리드 방식은 리졸버에 의한 반 폐쇄 회로 제어계와 다른 하나는 직선 스케일에 의한 폐쇄 회로 제어계이다.

18. 서보 기구 중 위치 검출 방법이 아닌 것은?

㉮ 개방 회로 방식 ㉯ 반 개방 회로 방식
㉰ 반 폐쇄 회로 방식 ㉱ 하이브리드 서보 방식

[해설] 서보 기구는 사람의 발에 해당되는 부분으로 위치 검출 방법에 따라 개방 회로(open-loop) 방식, 반 폐쇄 회로(semi-closed loop) 방식, 폐쇄 회로(close-loop) 방식, 하이브리드 서보(hybrid servo) 방식이 있다.

19. NC의 발달 과정을 4단계로 분류한 것 중 맞는 것은?

㉮ NC-CNC-DNC-FMS
㉯ CNC-NC-DNC-FMS
㉰ NC-CNC-FMS-DNC
㉱ CNC-NC-FMS-DNC

20. 서보 기구 중 가장 높은 정밀도를 얻을 수 있는 방식은?

㉮ 개방 회로 방식 ㉯ 반 개방 회로 방식
㉰ 반 폐쇄 회로 방식 ㉱ 하이브리드 서보 방식

[해설] 개방 회로 방식은 정밀도가 낮아 거의 사용하지 않으며, 일반적으로 반 폐쇄 회로 방식이 많이 사용된다.

21. NC에서 최소 설정 단위의 부호는 어느 것인가?

㉮ CPU ㉯ BLU
㉰ BPI ㉱ BIM

[해설] 최소 설정 단위란 NC 기계에 대한 이동 지령이 최소로 얼마까지 가능한가를 표시해 주는 단위이다.

22. 정보 처리 지령에 의하여 NC 기계를 움직이는 기구는?

㉮ 직류 모터 ㉯ 교류 모터
㉰ 자기 모터 ㉱ 서보 모터

[해설] 공구대를 구동하는 구동 모터를 서보 모터라 한다.

23. 정보 처리 회로에서 서보 기구로 보내는 신호의 형태는 무엇인가?

㉮ 전류 ㉯ 전압
㉰ 마이크로프로세서 ㉱ 펄스

[해설] NC 서보 기구에 지령은 정보 처리 회로에서 전기 펄스(purse) 신호를 발생하여 지정하게 되는데, 이것을 지령 펄스라고 한다.

24. NC 공작 기계에 있어서 백 래시(back lash)의 오차를 줄이기 위해 사용하는 NC 기구는?

㉮ 리드 스크루 ㉯ 볼 스크루
㉰ 세트 스크루 ㉱ 유니파이 스크루

[해설] NC 공작 기계는 높은 정밀도가 요구되는데 보통의 스크루와 너트는 면과 면의 접촉으로 이루어지기 때문에 마찰이 크고 회전을 하기 위해서는 큰 힘이 필요하다. 따라서 부하에 따른 마찰열에 의해 열 팽창이 크게 되므로 정밀도가 떨어진다. 이러한 단점을 해소하기 위해 개발된 볼 스크루(ball screw)는 마찰이 적고 또 너트를 조정함으로써 백 래시를 거의 0에 가깝도록 할 수 있다.

25. 10진수의 26을 2진수로 나타내면 얼마인가?

㉮ 11010 ㉯ 10010
㉰ 11001 ㉑ 10100

[해설] 26을 2로 나누어 간다.

```
2)26
2)13 — 0
2)16 — 1      (10)26 = (2)11010
2)13 — 0
    1 — 1
```

26. 대형 기계에서 고 정밀도가 요구될 때 사용하는 정보 처리 회로는?

㉮ 개방 회로 방식
㉯ 폐쇄 회로 방식
㉰ 반 폐쇄 회로 방식
㉑ 하이브리드 서보 방식

[해설] 리졸버에 의한 반 폐쇄 회로와 검출 스케일에 의한 폐쇄 회로를 합한 것으로 이 방식은 조건이 좋지 않은 기계에서 고 정밀도를 필요로 할 때 사용된다.

27. part program의 이점이 아닌 것은?

㉮ 작업이 용이하다.
㉯ 복잡한 형상 및 계산에 효율적이다.
㉰ 자동 프로그램에 걸리는 시간이 오래 걸린다.
㉑ 신뢰성 높은 NC 테이프를 작성할 수 있다.

28. 다음 중 block이 끝나는 것을 나타내는 것은?

㉮ EOB ㉯ PEND
㉰ AEND ㉑ JOG

[해설] EOB는 end of block의 약자로 블록이 끝남을 나타낸다.

29. NC에서 수동으로 데이터를 입력하여 가공하는 방법은?

㉮ TAPE ㉯ MDI
㉰ EDIT ㉑ READ

[해설] MDI는 manual data input의 약자로 NC 공작 기계에서 직접 입력하여 가공하는 방법이다.

30. 여러 대의 공작 기계를 1대의 컴퓨터에 결합시켜 제어하는 시스템은?

㉮ CNC ㉯ DNC
㉰ FMS ㉑ FA

[해설] DNC(direct numerical control)는 여러 대의 공작 기계에 부착되어 있는 NC 장치를 중앙 컴퓨터에 입력되는 데이터로써 한 개의 군 시스템을 구성하여 전

체적인 생산성을 향상시키는 데 목적이 있다.

31. NC용 DC 모터의 특성이 아닌 것은?

㉮ 가감속 특성 및 응답성이 우수하여야 한다.
㉯ 연속 운전 이외에 빈번한 가감속을 할 수 있어야 한다.
㉰ 진동이 적고 대형이며 견고하여야 한다.
㉑ 높은 회전각도를 얻을 수 있어야 한다.

[해설] DC모터의 특성은 ㉮, ㉯, ㉑ 외에도 큰 출력을 낼 수 있어야 하고 넓은 속도 범위에서 안정한 속도 제어가 이루어져야 하며 온도 상승이 적고 내열성이 있어야 하고 소형이어야 한다.

32. 다음 중 NC 공작 기계의 장점이 아닌 것은?

㉮ 리드 타임의 연장
㉯ 경영 관리의 유연성
㉰ 공구 수명의 연장
㉑ 사용기계수의 절감

[해설] NC의 장점으로는 리드 타임의 단축, 품질의 균일성 및 준비 시간의 절약 등이 있다.

33. NC 선반의 본체가 아닌 부분은?

㉮ 헤드스톡 ㉯ 서보 모터
㉰ 이송 장치 ㉑ 공구대

[해설] NC 선반의 서보 모터는 NC 장치이다.

34. 서보 기구에서 볼 스크루의 피치가 6mm일 때, 지령 펄스에 의해 0.03mm만큼 움직인다면 볼 스크루에 필요한 회전 각도는 얼마인가?

㉮ 0.6° ㉯ 1.2°
㉰ 1.5° ㉑ 1.8°

[해설] $360° \times \dfrac{\text{이동량}}{\text{볼 스크루의 피치}} = 360° \times \dfrac{0.03}{6} = 1.8°$

35. NC 기계의 안전에 관한 사항이다. 틀린 것은?

㉮ 먼지나 칩 등 불순물을 제거하기 위해 강전반 및 NC 유닛은 압축공기로 깨끗이 청소해야 한다.
㉯ 항상 비상 버튼을 누를 수 있도록 염두에 두어야 한다.
㉰ 기계 청소 후 측정기와 공구를 정리하고 전원을 차단한다.
㉑ 강전반 및 NC 유닛 문은 어떠한 충격도 주지 말아야 한다.

[해설] 먼지나 칩을 제거하기 위해 강전반 및 NC 유닛 주위에서는 압축 공기는 사용해서는 안된다.

36. NC 공작 기계에서 공구의 최종 위치만을 제어하는 기능을 가진 것은?

㉮ 위치 결정 제어 ㉯ 위치 결정 직선 제어
㉰ 윤곽 절삭 제어 ㉱ 중심 절삭 제어

37. NC 공작 기계 중에서 위치 결정 제어 기능만을 가진 것은?

㉮ 드릴링 ㉯ 선반
㉰ 밀링 ㉱ 셰이퍼

38. 윤곽 절삭 제어 기능을 이용하고 있는 NC 공작 기계는?

㉮ 드릴링 ㉯ 선반
㉰ 밀링 ㉱ 셰이퍼

39. NC 기계의 주요 구성 요소가 아닌 것은?

㉮ NC 테이프, 컨트롤러
㉯ 서보 기구, 인터페이스
㉰ 바이트와 마그네틱 척
㉱ 볼 스크루, 공작 기계

40. 다음은 NC 기계의 정보 흐름을 적은 것이다. 맞는 것은?

㉮ 컴퓨터–NC 테이프–서보 기구–NC 기계
㉯ 서보 기구–컴퓨터–NC 테이프–NC 기계
㉰ NC 테이프–컴퓨터–NC 기계–서보 기구
㉱ NC 테이프–NC 기계–컴퓨터–서보 기구

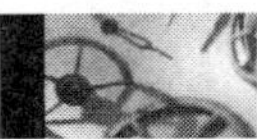 2. NC 프로그래밍

2-1 개 요

1 프로그램의 구성

① **블록(block)** : 몇 개의 단어(word)로 이루어지며 하나의 블록은 EOB(end of block)로 구별되고 한 블록에서 사용되는 최대 문자수는 제한이 없다.

다음 [그림]은 블록과 블록의 구분을 보여 주고 있다.

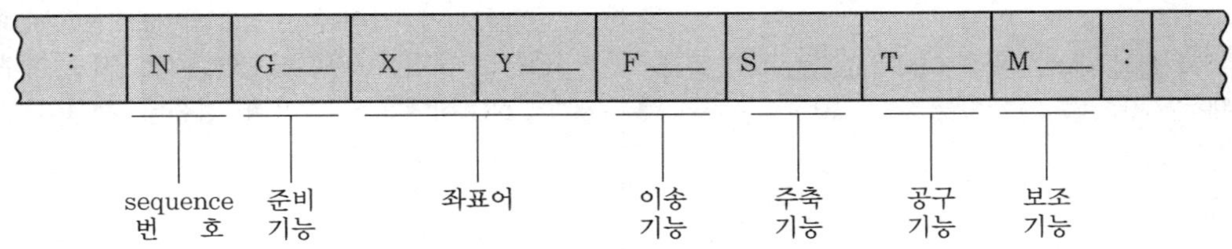

프로그램 블록

✿ EOB는 지령 EIA 방식에서는 CR, ISO 지령 방식에서는 LF로 표기하는데 편의상 " ; " 또는 " * "로 표기되기도 한다.

② **단어(word)** : 블록을 구성하는 가장 작은 단위가 단어이며 주소와 수치로 구성된다.

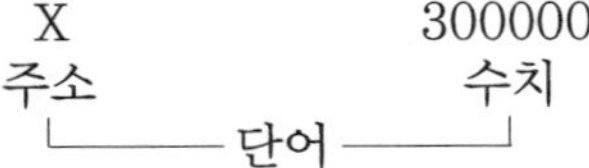

※ 어드레스(address)의 의미

• CNC 선반 기본 어드레스

어드레스	기 능	의 미
O	프로그램 번호	프로그램 번호
N	시퀀스 번호	시퀀스 번호
G	준비기능	동작의 조건을 지정
X,Z,U,W	좌표어	좌표축의 이동 지령
R	원호의 반경 좌표어	원호 반경
I, K	좌표어	좌표어
C	좌표어	면취량
F	이송기능	이송속도의 지정
S	주축기능	주축 회전속도 지정
T	공구기능	공구번호, 공구보정번호 지정
M	보조기능	기계의 보조장치 ON/OFF 제어 지령
P,U,X	정지시간 지정	정지시간 지정
P	보조프로그램 호출번호	보조프로그램 번호 및 회수 지정
P,Q,R	파라미터	고정 사이클 파라미터

• 머시닝 센터 기본 어드레스

어드레스	기 능	의 미
O	프로그램 번호	프로그램 번호
N	시퀀스 번호	시퀀스 번호
G	준비기능	동작의 조건을 지정
X,Y,Z	좌표어	좌표축의 이동 지령
A,B,C	부가축의 좌표어	부가축의 이동 지령
R	원호의 반경 좌표어	원호 반경
I,J,K	원호의 중심 좌표어	원호 중심까지의 거리
F	이송기능	이송속도의 지정
S	주축기능	주축 회전속도 지정
T	공구기능	공구번호 지정
M	보조기능	기계의 보조장치 ON/OFF 제어 지령
H,D	보정번호 지정	공구길이, 공구경 보정 번호
P,X	정지시간 지정	정지시간 지정
P	보조프로그램 호출번호	보조프로그램 번호 및 회수 지정
P,Q,R	파라미터	고정 사이클 파라미터

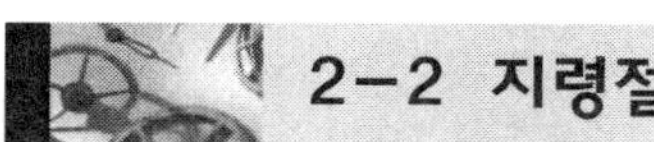

2-2 지령절

1 준비 기능(G)

준비 기능(G : preparation function)은 NC 지령 블록의 제어 기능을 준비시키기 위한 기능으로 G 다음에 2자리의 숫자를 붙여 지령한다(G00~G99). 이 지령에 의하여 제어 장치는 그 기능을 발휘하기 위한 동작을 준비하기 때문에 준비 기능이라 한다.

G코드는 다음의 2가지로 구분한다.

① 1회 유효 G코드(00그룹의 G코드) : 지령된 블록에서만 이 G코드가 의미를 갖는다.

② 연속 유효 G코드(00그룹 이외의 G코드) : 동일한 그룹 내에서 다른 G코드가 나올 때까지 지령된 G코드가 유효하다.

• CNC 선반 준비 기능

코드	그룹	기 능	코드	그룹	기 능
G00		위치결정(급속이송)	G50		가공물 좌표계 설정
G01	01	직선보간(절삭이송)	G52		지역 좌표계 설정
G02		원호보간 CW	G53		기계 좌표계 선택
G03		원호보간 CCW	G70		다듬 절삭 사이클
G04	00	드웰(dwell)	G71	00	내 · 외경 황삭 사이클
G09		Exact stop	G72		단면 황삭 사이클
G20	06	인치 입력	G73		형상 반복 사이클
G21		메트릭 입력	G74		Z 방향 팩 드릴링
G22	04	Stored stroke limit ON	G75		X 방향 홈 파기
G23		Stored stroke limit OFF	G76		나사 절삭 사이클
G27		원점 복귀 check	G90		절삭 사이클 A
G28	00	자동 원점에 복귀	G92	01	나사 절삭 사이클
G29		원점으로부터의 복귀	G94		절삭 사이클 B
G30		제2기준점으로 복귀	G96	02	절삭속도 일정 제어
G32	01	나사 절삭	G97		절삭속도 일정 제어 취소
G40		공구인선반지름 보정 취소	G98	05	분당 이송 지점 (m/min)
G41	07	공구인선반지름 보정 좌측	G99		회전당 이송 지점 (rom)
G42		공구인선반지름 보정 우측			

• 머시닝 센터 준비 기능

코드	그룹	기 능	코드	그룹	기 능
G00		위치결정(급속이송)	G54		가공물 좌표계 1번 설정
G01	01	직선보간(절삭이송)	G55		가공물 좌표계 2번 설정
G02		원호보간 CW	G56		가공물 좌표계 3번 설정
G03		원호보간 CCW	G57	12	가공물 좌표계 4번 설정
G04		드웰(dwell)	G58		가공물 좌표계 5번 설정
G09	00	Exact stop	G59		가공물 좌표계 6번 설정
G10		공구원점 오프셋량 설정	G60	00	한방향 위치 결정

G17		XY 평면지정	G61	13	Exact stop check mode
G18	02	ZX 평면지정	G64		연속 절삭 mode
G19		YZ 평면지정	G65	00	User macro 단순 호출
G20	06	인치 입력	G66	14	User macro modal 호출
G21		메트릭 입력	G67		User macro modal 호출 무시
G22	04	Stored stroke limit ON	G73		Peck drilling cycle
G23		Stored stroke limit OFF	G74		역 tapping cycle
G27		원점 복귀 check	G76		정밀 보링 사이클
G28		자동 원점에 복귀	G80		고정 사이클 취소
G29		원점으로부터의 복귀	G81		Drilling cycie, spot boring
G30		제2, 제3, 제4원점에 복귀	G82	09	Counter boring
G31		Skip 기능	G83		Peck drilling cycle
G33	01	헬리컬 절삭	G84		Tapping cycle
G40		공구지름 보정 취소	G85		Boring cycle
G41	07	공구지름 보정 좌측	G86		Boring cycle
G42		공구지름 보정 우측	G87		Back boring cycle
G43	08	공구길이 보정 + 방향	G88	09	Boring cycle
G44	08	공구길이 보정 − 방향	G89		Reaming cycle
G49		공구길이 보정 취소	G90	03	절대값 지령
G45		공구위치 오프셋 신장	G91		증분값 지령
G46	00	공구위치 오프셋 축소	G92	00	좌표계 설정
G47		공구위치 오프셋 2배 신장	G94	05	분당 이송
G48		공구위치 오프셋 2배 축소	G95		회전당 이송
			G98	10	초기점에 복귀(고정 cycle)
			G99		R점에 복귀(고정 cycle)

예 G□□(01~99까지 지정된 2자리수)

```
O0010
N0010  [G50]  X150.0  Z200.0  S1300  T0100  M41 :
N0011  [G96]  S130  M03 :
```

┌── 좌표계 설정(선반)의 준비 기능

└── 주축 속도 일정 제어의 준비 기능

❷ 보조 기능(M)

보조 기능(M:miscellaneous function)은 NC 공작 기계가 여러 가지 동작을 행할 수 있도록 하기 위하여 서보 모터를 비롯한 여러 가지 구동 모터를 ON/OFF하고 제어 조정하여 주는 것으로 지령 방법은 M 다음에 2자리 숫자를 붙여서 사용한다(M00~M99).

• CNC 선반 보조 기능

코드	기 능 내 용	코드	기 능 내 용
M00	프로그램 정지	M10	클램프 1(index clamp)
M01	옵셔널(optional) 정지	M11	언클램프 1(index unclamp)
M02	프로그램 종료	M13	주축 시계방향 회전 및 냉각제
M03	주축 시계방향 회전(CW)	M14	주축 반시계방향 회전 및 냉각제

코드	기 능 내 용	코드	기 능 내 용
M04	주축 반시계방향 회전(CCW)	M15	정방향 회전
M05	주축 정지	M16	부방향 회전
M06	공구 교환	M19	정회전 위치에 주축정지
M07	냉각제(coolant) 2	M30	엔드 오브 테이프(end of tape)
M08	냉각제(coolant) 1	M31	인터로크 바이 패스(interlock by pass)
M09	냉각제(coolant) 정지	M36	이송범위 1
M37	이송범위 2	M60	공작물 교환
M38	주축 속도 범위 1	M61	위치 1에서 공작물의 직선 이동
M39	주축 속도 범위 2	M62	위치 2에서 공작물의 직선 이동
M40~45	기어 교환	M68	클램프 2(2)
M48	오버라이드(override) 무시의 취소	M69	언클램프 2(2)
M49	오버라이드(override) 무시	M71	위치 1에서 공작물의 선회
M50	냉각제(coolant) 3	M72	위치 2에서 공작물의 선회
M51	냉각제(coolant) 4	M78	클램프 3(2)
M55	위치 1에서의 공구 직선 이동	M79	언클램프 3(2)
M56	위치 2에서의 공구 직선 이동	M90~99	이후에도 지정하지 않음

주 (2) : 이들의 기능이 공작기계에 없을 때는 '미지정' 으로 되고, 본 표에 지정되어 있지 않은 기능에 사용해도 좋다.

• 머시닝 센터 보조 기능

코드	기 능 내 용	코드	기 능 내 용
M00	프로그램 정지	M09	절삭유 OFF
M01	옵셔널(optional) 정지	M19	공구 정위치 정지(spindle orientation)
M02	프로그램 종료	M30	엔드 오브 테이프 & 리와인드(end of tape & rewind)
M03	주축 정회전(CW)	M48	주축 오버라이드(override) 취소 OFF
M04	주축 역회전(CCW)	M49	주축 오버라이드(override) 취소 ON
M05	주축 정지	M98	주프로그램에서 보조 프로그램으로 변환
M06	공구 교환	M99	보조 프로그램에서 주프로그램으로 변환, 보조 프로그램의 종료
M08	절삭유 ON		

예 M□□(01~99까지 지정된 2자리수)

    N0010   G50   X150.0   Z200.0   S1300   T0100   M41   ; 기어 교환(1단)
    N0011   G96   S130   M03   ; 주축 정회전
    N0012   G00   X62.0   Z0.0   T0100   M08   ; 절삭유 on

① **소수점 입력** : 소수점 입력이 가능한 어드레스(address)

    A, X, Y, W, I, K, R, F   **예** X2.5, R 2.0, F 0.15

② **프로그램 번호** : NC 기계의 제어 장치는 여러 개의 프로그램을 NC 메모리에 등록할 수 있다. 이때 프로그램과 프로그램을 구별하기 위하여 서로 다른 프로그램 번호를 붙이는데 프로그램 번호는 0 다음에 4자리로 숫자로 1~9999까지 임의로 정할 수 있으나 0은 불가능하며, leading 0은 생략할 수 있다. 프로그램은 이 번호로 시작하여 M02;, M30;, M99;로 끝난다.

예 O□□□□(0001~9999까지 임의의 4자리수)

    O0001 → 프로그램 번호

③ 전개 번호(sequence number) : 블록의 번호를 지정하는 번호로서 프로그램 작성자 또는 사용자가 알기 쉽도록 붙여놓는 숫자이다. 전개 번호는 어드레스 N 다음에 4자리 이내의 숫자로 구성된다.

예 N□□□□(0001~9999까지 임의의 4자리수)

④ 옵셔널 블록 스킵(optional block skip ; 지령절 선택 도약) : 앞머리에 빗금(/)으로 시작하는 지령절은 조작반 위의 이 기능 스위치가 커져 있을 경우에는 수행하지 않고 뛰어 넘는다.

3 좌표어

좌표치는 공구의 위치를 나타내는 어드레스와 이동 방향과 양을 지령하는 수치로 되어 있다. 또 좌표치를 나타내는 어드레스 중에서 X, Y, Z는 절대 좌표치에 사용되고 U, V, W, R, I, J, K는 증분 좌표치에 사용한다.

절대 좌표 방식은 운동의 목표를 나타낼 때 공구의 위치와는 관계없이 프로그램 원점을 기준으로 하여 현재의 위치에 대한 좌표값을 절대량으로 나타내는 방식으로 그림 (a)와 같다.

증분 좌표 방식은 공구의 바로 전 위치를 기준으로 목표 위치까지의 이동량을 증분량으로 표현하는 방법으로 그림 (b)와 같다.

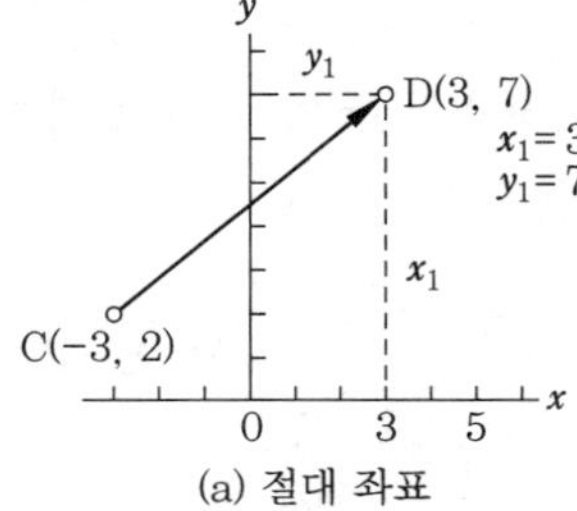

(a) 절대 좌표

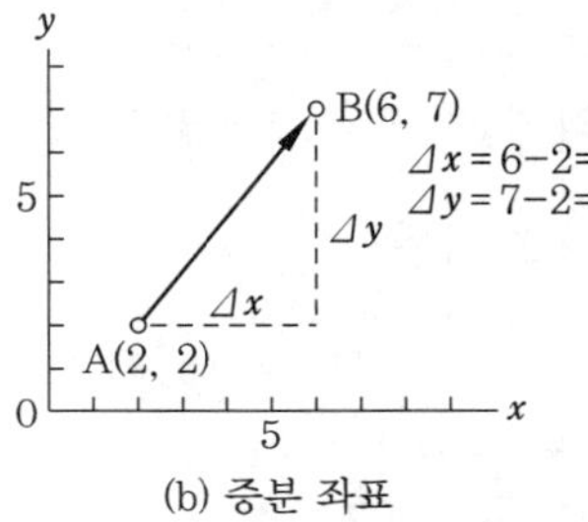

(b) 증분 좌표

절대 좌표와 증분 좌표 방식

4 이송 기능(F)

이송 기능이란 NC 공작 기계에서 가공물과 공구와의 상대 속도를 지정하는 것으로 이송 속도(feedrate)라고 부른다. 이러한 이송 속도를 지령하는 코드로 어드레스 F를 사용하며, 최근에는 이송 속도 직접 지령 방식을 사용하여 F 다음에 필요한 이송 속도의 수치를 직접 기입하여 지령한다. 직접 수치를 기입하는 경우에 단위가 mm/min와 mm/rev의 2가지가 있어서 주의할 필요가 있다.

일반적으로 NC 선반에서는 mm/rev 단위로, NC 머시닝 센터에서는 mm/min 단위를 사용한다. 또 mm 대신 인치 단위를 사용하는 기계도 있으므로 지령은 명시된 사양서에 따르도록 한다.

5 주축 기능(S)

주축 기능이란 주축의 회전수를 지령으로 하는 것으로 어드레스 S(spindle speed function) 다음에 2자리나 4자리로 숫자를 지정한다. 종전에는 2자리 코드로 주축 회전수를 지정하는 방식을 사용해 왔으나 최근 DC 모터를 사용함으로써 무단 회전수를 직접 지령하는 방식이 사용된다. 또 선반에서는 공구의 인선 위치에 따라서 S 기능으로 일정한 절삭 속도가 되도록 회전수를 제어하는 공작물 원주 속도 일정 제어에 사용되기도 한다.

DC 모터에는 파워(power) 일정 영역과 토크(torque) 일정 영역이 있어서, 그 특성을 발휘하기 위해서는 기계적인 변속을 행하기 위하여 M 기능과 함께 지령하는 것이 보통이다.

⑥ 공구 기능(T)

공구의 선택과 공구 보정을 하는 기능으로 어드레스 T(tool function) 다음에 4자리 숫자를 지정한다.

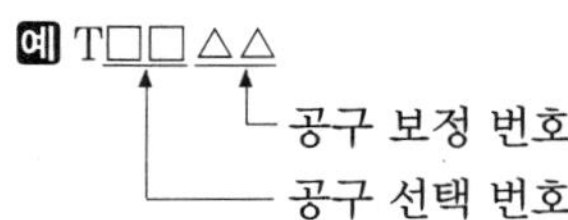

1. 프로그램된 시간 또는 정해진 시간만큼 다음의 블록에 들어가는 것을 늦추게 하는 모드는?

㉮ 드웰(G04)　　　㉯ 원호 보간(G02)
㉰ 가속(G08)　　　㉱ 감속(G09)

[해설] 프로그램에 지정된 시간 동안 기계의 이동 작업을 잠시 중지시키는 지령을 드웰(dwell : 휴지) 기능이라 한다. 구멍 가공 시 칩을 절단시키는 작업, 모서리부를 정밀 가공할 때 홈작업 등에 사용된다.

2. 다음 공구 기능(T Code ; T0505)을 가장 잘 설명한 것은?

㉮ 공구 보정 없이 #5 공구 선택
㉯ #5 공구의 #5 공구 보정 수행
㉰ #5 공구의 #5 공구 보정 취소
㉱ #5 공구의 #5번 반복 수행

[해설] T□□△△
　　　ㄴ 공구 보정 번호(#01~#16 #00이면 보정 취소)
　　　ㄴ 공구 선택 번호로서 #05이면 #5 공구 선택으로, 공구 보정 번호 #05이면 #5 공구 보정 수행의 뜻이다.

3. 지령된 위치에 최대 이송(예를 들면 급송 이송)으로 이동시키는 모드는?

㉮ 원호 보간(G02)　　㉯ 위치 결정(G00)
㉰ 직선 보간(G01)　　㉱ 드웰(G04)

4. 소수점을 사용할 수 있는 주소로 묶인 것은?

㉮ XZUWIKREF　　㉯ XZUWIKRPQ
㉰ XZUWIKRAD　　㉱ XZUWIKRGN

[해설] 좌표치를 나타내는 주소 XZUWIK.R 및 이송을 나타내는 주소 E. F는 소수점을 사용할 수 있다.

5. 전개 번호(sequence No)는 주소 N(address No) 다음에 4단 이내의 수치로 번호를 붙이는데 몇 번까지 가능한가?

㉮ 1~1000　　　㉯ 1~1111
㉰ 1~5555　　　㉱ 1~9999

[해설] 지령절의 머리에다 주소 N에 이어 1~9999까지 차례로 전개 번호를 부여하면 전개 번호를 탐색할 수 있어 편리해진다. 모든 지령절에 전개 번호를 부여하는 것이 원칙이나 특별히 중요한 지령에서만 부여해도 상관없다. 그러나 복합 반복 주기(G70~G73)를 사용할 때

에는 반드시 전개 번호를 사용해야 한다.

6. 좌표계 상에서 목적 위치를 지령하는 절대 지령 방식으로 지령한 것은?

㉮ X150.0 Z200.0　　㉯ U150.0 W200.0
㉰ X150.0 W200.0　　㉱ U150.0 Z200.0

[해설] X, Z → 절대 지령 방식이고 U, W → 중분 지령 방식이다. 그리고 X, W 및 U, Z를 혼합 지령 방식이라 하는데 절대 지령 방식과 혼합 지령 방식을 섞은 것이다.

7. 선반 가공에서 회전체에 적용하기 위해 프로그래밍시 지름 치수를 관리하는 데 편리한 방식은?

㉮ 반지름 지정 프로그래밍
㉯ 지름 지정 프로그래밍
㉰ 연속 이해 지령 프로그래밍
㉱ 1회 유효 지령 프로그래밍

[해설] 선반 가공은 회전체에 적용되기 때문에 실제 이동량의 2배로 X축 눈금을 주면 지름 치수가 편리하므로 관리하는데 대개의 선반은 지름 지정 방식으로 프로그래밍한다.

8. 일반적으로 지령되는 각 지령은 대개 어떠한 순서로 구성되는가?

㉮ N – G – X.Z – F – S – T – M – ;
㉯ N – G – X.Z – T – M – F – S – ;
㉰ G – N – X.Z – F – S – T – M – ;
㉱ G – N – X.Z – T – M – F – S – ;

[해설] 일반적으로 전개 번호를 제일 앞에 놓고 맨 마지막에는 반드시 하나의 블록(block)이 끝나는 EOB(end of block)를 둔다. N 0010 G 50 X 150.0 Z 200.0 S 1300 T 0100 M 41;

9. 프로그램에서 G96 S90 M03; 일 때 S90이 뜻하는 것은?

㉮ 주속 90m/min으로 일정 제어
㉯ 매분 이송 90m/min
㉰ 매회전 이송 90m/rev
㉱ 주속 900m/min으로 일정 제어

[해설] 단면이나 테이프 절삭에서는 지름이 절삭 과정에 따라 변하므로 절삭 속도도 이에 따라 달라지기 때문에 가공면의 표면 거칠기가 나빠진다. 이러한 문제를 해결하기 위하여 지름값의 변화에 대응하여 회전수를 제어하여 절삭 속도를 일정하게 유지시켜 주는 기능이 주축 속도 일정 제어(G96)이다. 이에 대해 주축 속도 일정 제

정답　1. ㉮　2. ㉯　3. ㉯　4. ㉮　5. ㉱　6. ㉮　7. ㉯　8. ㉮　9. ㉮

어 취소(주축 회전수 지정 기능)는 G97로서 지령하여 회전수만을 일정하게 제어하는 기능이다.

10. 드웰(G04)은 지령된 점에서 일정 시간 멈추기 위하여 사용하는데, 사용할 수 없는 어드레스는?

㉮ X ㉯ U ㉰ P ㉱ S

[해설] X, U는 소수점 프로그램이 가능하나 P는 0.001 단위를 사용한다. G04 X2.5; 또는 G04 U2.5; 또는 G04 P2500; 즉 2.5로 공구의 이송을 멈춘다.

11. 100rpm으로 회전하는 스핀들에서 2회전 드웰을 프로그래밍하려면 몇 초간 정지 지령을 사용하는가?

㉮ 0.8초 ㉯ 1.2초 ㉰ 1.5초 ㉱ 1.8초

[해설] 회전수 100rpm, 스핀들 회전수 2회전이므로

$\dfrac{60}{100} \times 2 = 1.2s$이다.

G04×1.2; G04 U1.2; 또는 G04 P1200;으로 지령한다.

12. 다음 M 기능 중 관계가 없는 것은?

㉮ M45 ㉯ M40 ㉰ M42 ㉱ M44

[해설] 기어 변환에서 M40은 중립 위치를 표시하며 M41은 저속으로 강력 절삭 및 저속 회전일 때 사용한다. 그리고 M42, M43, M44는 각각 2단, 3단, 4단의 위치를 나타낸다. 그러나 최근의 CNC 공작 기계는 M41, M42뿐인 것이 보통이다. 작업 개시 전, 또는 도중에 기어 변환 지령을 내리면 자동적으로 15rpm으로 회전하면서 변환되고 지령에 따라 회전, 또는 정지한다.

13. 단어의 구성으로 적당한 것은?

㉮ 주소＋지령절 ㉯ 주소＋수치
㉰ 주소＋주소 ㉱ 지령절＋수치

14. 운전 개시(cycle start) 신호가 무시될 경우가 아닌 것은?

㉮ 이송 중지 단추를 누를 때
㉯ 비상 정지 단추를 누를 때
㉰ 이상 경고 발생 시(alarm)
㉱ NC가 준비 상태에 있을 때

[해설] NC가 준비 상태에 있지 않을 때(not ready)는 운전 개시 신호가 무시된다.

15. NC 프로그래밍 언어가 아닌 것은?

㉮ APT ㉯ FMS
㉰ EXAPT ㉱ FAPT

[해설] NC 프로그래밍 언어
- APT : Automatically Programmed Tods의 약자로 미국에서 개발한 언어이다.
- EXAPT : Extended Subest of APT의 약자로 APT와 호환성을 가지고 있으며, 독일에서 개발한 언어이다.
- FAPT : FUNUC(일본) 회사에서 개발한 언어로 국내에 가장 많이 보급되어 있다.

16. 기계 조작반(operator's console)의 운전에서 ■와 O는 무엇을 뜻하는가?

㉮ 작동과 정지 ㉯ 자동 운전과 수동 운전
㉰ 급속 이송 절삭 이송 ㉱ 주기, 기억

17. 기준 공구 인선의 좌표와 해당 공구 인선의 좌표 차이를 무엇이라 하는가?

㉮ 공구 간섭 ㉯ 공구 보정
㉰ 공구 벡터(vector) ㉱ 공구 운동

[해설] 공구 보정이란 프로그램을 작성할 때 표시된 좌표치와 실제 공구의 이동량에서 발생하는 오차를 없애 주는 기능을 말한다.

18. 드릴 가공, 홈가공 등에서 간헐 이동에 의해 칩을 절단하거나, 홈가공 시 회전당 이송에 의해 단차량이 없는 전원 가공을 할 때 사용하는 기능은?

㉮ 드라이 런 ㉯ 드웰
㉰ 싱글 블록 ㉱ 옵셔널 블록 스킵

[해설] 일시 정지(휴지 ; dwell) 기능은 P, U 또는 X를 사용하여 공구의 이송을 잠시 멈추는 것이다.

19. 다음 보기 중 ( ) 안에 맞는 것은?

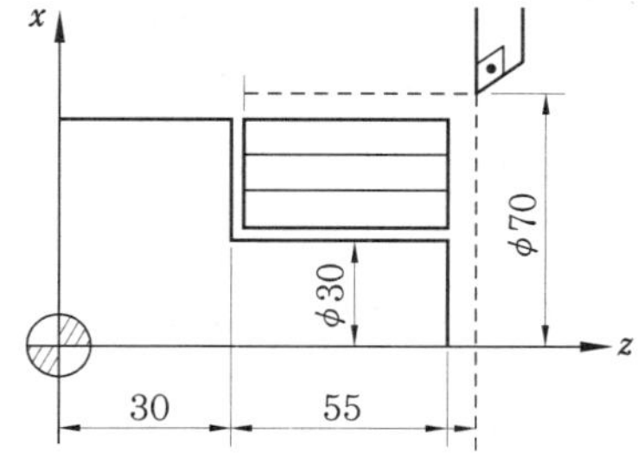

[보 기]

```
G00 X70. Z85.0. T0101;
(    ) X50. Z30. F0.5;
       X40.
       X30.
G00 X200. Z200. T0100;
```

㉮ G50　　㉯ G90　　㉰ G91　　㉱ G92

[해설] NC 선반에서 G90은 절삭 고정 사이클로 G90 X(U)_ Z(W)_ F_ ;로 프로그래밍한다.

20. NC 프로그램에서 보조 프로그램을 호출하는 보조 기능은?

㉮ M09　　㉯ M08　　㉰ M99　　㉱ M98

[해설] 보조 프로그램(sub-program)이란 프로그래밍에서 어떠한 고정 시퀀스(sequence) 또는 패턴(pattern)이 있을 때 미리 보조 프로그램의 메모리(memory)에 입력시켜서 필요할 때마다 호출하여 사용하는 것으로 프로그램을 간단히 할 수 있다.

* 보조 프로그램의 활용법

① 보조 프로그램에서 M99로 끝나는 마지막 지령절에 P를 사용하여 주 프로그램상의 지정된 지령절로 보낼 수 있다.(예 N50, M99 P0220→주 프로그램 220 지령절로 가라)
② 주 프로그램에서 M99가 지령되면 주 프로그램의 첫 머리로 되돌아가며 계속 반복 수행한다.
③ 선택적 정지 기능(optional block skip switch)을 사용하면 보조 프로그램은 호출되지 않고 주 프로그램만 실행된다.

21. G 04 X 2.0에 대한 설명이다. 맞는 것은?

㉮ 가공 후 2초 동안 정지하라는 뜻이다.
㉯ 가공 후 2/100만큼 후퇴하라는 뜻이다.
㉰ 가공 후 2/100만큼 전진하라는 뜻이다.
㉱ 가공 후 2분 동안 정지하라는 뜻이다.

[해설] G04는 드웰(dwell) 기능으로 P, U 또는 X를 사용하여 공구의 이송을 잠시 멈추는 것이다. 그리고 2초간 멈추기 위해서 U2.0 또는 P 2000을 사용할 수 있다.

22. 다음 G기능 중 사용 용도가 다른 것은?

㉮ G32　　㉯ G76　　㉰ G30　　㉱ G92

[해설] G30은 제2원점 설정 기능이고 나머지는 나사 가공 기능이다.

23. 다음 선반의 그림에서 맞는 프로그램은?

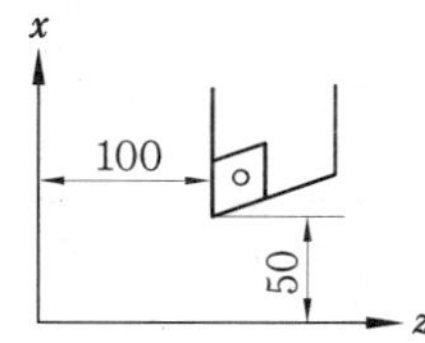

㉮ G50, X100, Z100　　㉯ G92, X100, Z100
㉰ G50, X50, Z100　　㉱ G92, X50, Z100

[해설] 선반의 X 방향은 지름 지령이므로 X100이다.

24. 다음 그림 중 G42를 쓸 수 있는 것은?

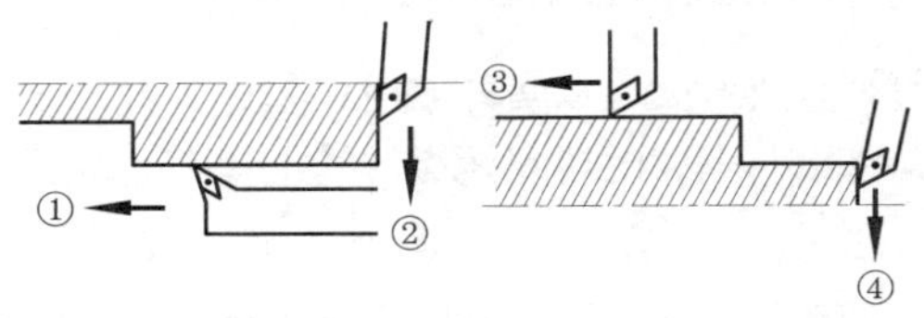

㉮ ①　　㉯ ②　　㉰ ③　　㉱ ④

[해설] G42는 공구 지름 보정 기능인데 공구의 상대적인 운동 방향에 접한 가공면의 우측을 공구 중심이 지나게 되는 공구 지름 보정이다.

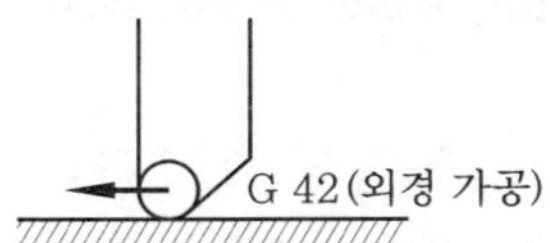

25. G04 기능에 사용할 수 없는 입력 단위는?

㉮ X　　㉯ U　　㉰ P　　㉱ Q

[해설] 입력 단위는 X와 U는 소수점을 사용하고 P는 0.001 단위를 사용한다. 예를 들어, 1.5초의 드웰은 G04 X1.5;, G04 U1.5;, G04 P1500;으로 지령한다.

26. 프로그램에서 절삭 속도가 120m/min으로 일정하고 가공 지름이 ϕ40일 때 주축의 회전수는?

㉮ 855rpm　　㉯ 905rpm
㉰ 955rpm　　㉱ 1005rpm

[해설] $V = \dfrac{\pi DN}{1000}$ m/min에서

$$N = \frac{1000 \times V}{\pi D} = \frac{1000 \times 120}{3.14 \times 40} = 955 \text{rpm}$$

27. 공구의 이동 형태를 지정하지 않는 코드는?

㉮ G00　　㉯ G03　　㉰ G32　　㉱ G97

[해설] G 97은 주축 속도 일정 제어 취소로 공구의 이동과는 관계가 없다.

28. 다음 코드 중 공구 기능에 속하는 것은?

㉮ G 코드　　㉯ M 코드　　㉰ F 코드　　㉱ T 코드

29. 지령치 X=60mm로서 소재를 가공한 후 측정한 결과 ϕ59.95이었다. 기존의 X축 보정치를 0.005라 하면 수정해야 할 공구 보정치는 총 얼마인가?

㉮ 0.05　　㉯ 0.055　　㉰ 0.01　　㉱ 0.001

[해설] 가공에 따른 X축 보정치는 60−59.95=0.05이

고 기존의 보정치는 0.005이므로 공구의 보정치는 0.05+0.005=0.055이다.

30. 좌표계 설정에 대한 설명이다. 틀린 것은?

㉮ 좌표계 설정 방법은 MDI, 프로그램 및 기계 원점에 의한 좌표계 설정 방법이 있다.

㉯ 좌표계 설정이란 프로그램 원점과 시작점을 일치시키는 것을 말한다.

㉰ 주축에서 심압대 쪽으로 멀어지는 방향이 $-Z$ 방향이다.

㉱ 프로그래밍을 할 때에는 반드시 좌표계의 원점이 설정되어야 한다.

[해설] 주축에서 심압대 쪽으로 멀어지는 방향은 $+Z$ 방향이다.

31. 다음 보기는 NC 선반의 프로그램이다. ( )에 들어갈 G 코드는 어느 것인가?

-----[보 기]-----
( ) X100.0 Z150.0 S1200 T0100 M41;

㉮ G30　　㉯ G50　　㉰ G70　　㉱ G90

[해설] G50은 좌표계 설정 G코드이다.

32. 정지 시간이 2초일 경우 G04 P( );에서 ( ) 안에 맞는 것은? (단, 주축 속도 일정 제어 방식)

㉮ 2.0　　㉯ 20　　㉰ 200　　㉱ 2000

[해설] P는 소수점 사용이 불가능하고 입력 단위를 0.001 로 지령해야 한다.

33. 다음 NC 선반의 프로그램에서 ( ) 안에 맞는 것은 어느 것인가? (단, 주축속도 일정 제어 방식)

-----[보 기]-----
G50 X150.0 Z200.0 (①)1300 T0100 M41;
(②) S130 M03;
G00 X62.0 Z0.0 T(③) M08;
G01 X-1.0 (④)0.15;

㉮ S, G96, 0101, F　　㉯ S, G97, 0101, F
㉰ S, G96, 0100, F　　㉱ S, G97, 0100, F

34. G 76 X_ Z_ I_ K_ D_ F_ A_;에서 K가 뜻하는 것은 무엇인가?

㉮ 나사산의 높이　　　㉯ 나사의 리드
㉰ 1회의 절입량　　　㉱ 나사골의 높이

[해설] G76은 나사 절삭 사이클인데 K는 나사산의 높

이를 의미하고 F는 피치를 뜻한다.

35. 전개 번호를 쓰지 않아도 되는 경우에 해당되는 것은 어느 것인가?

㉮ G71　　㉯ G72　　㉰ G73　　㉱ G74

[해설] 복합 반복 주기 G70~G73에는 반드시 전개 번호를 써야 한다.

36. CNC 머시닝 센터에서 프로그램의 좌표계를 설정하는 준비 기능 코드는?

㉮ G30　　㉯ G50　　㉰ G90　　㉱ G92

37. NC 기계의 제어에 사용되는 코드에서 주로 ON, OFF 기능을 행하는 기능은 무엇인가?

㉮ G　　㉯ T　　㉰ M　　㉱ F

[해설] M은 보조 기능인데, 예를 들어 절삭유 ON은 M 08이고 절삭유 OFF는 M 09이다.

38. 7bit의 NC 컨트롤러가 처리할 수 있는 영문, 숫자, 기호의 개수는?

㉮ 64　　㉯ 128　　㉰ 256　　㉱ 512

[해설] $2^7 = 2 \times 2 \times 2 \times 2 \times 2 \times 2 \times 2 = 128$

39. CNC 선반에서 가공할 수 없는 작업은?

㉮ 테이퍼 가공　　　㉯ 편심 가공
㉰ 나사 가공　　　㉱ 내경 가공

[해설] CNC 선반에서는 특별히 소프트 조(soft-jow)를 사용하지 않고서는 편심 가공은 할 수 없고 또한 널링 작업도 불가능하다.

40. NC 기계가 작동 중 이상이 생겼을 경우 응급처치해야 할 사항 중 틀린 것은?

㉮ 비상 스위치를 누르고 작업을 중지한다.
㉯ 경고등이 점등됐나 확인한다.
㉰ 작업을 멈추고 원인을 제거한다.
㉱ 강전반 내의 회로도를 조작하여 점검한다.

[해설] 강전반의 회로도는 A/S 전문업체에 연락하여 처리한다.

41. CNC 머시닝 센터에서 가공할 수 없는 작업은?

㉮ 선삭 작업　　　㉯ 드릴 작업
㉰ 보링 작업　　　㉱ 태핑 작업

[해설] 선삭 작업은 NC 선반에서 작업한다.

---

42. NC 공작기계의 작동에 컴퓨터와 기계의 제어반과 직접 RS-232C 인터페이스로 연결하여 기계를 제어하는 방법은?

㉮ CNC ㉯ DNC ㉰ FA ㉱ FMS

43. NC 공작 기계에서 MDI 패널에 전원을 투입한 후 기계 운전을 안전하게 하기 위한 첫 번째 조작은?

㉮ 기계 좌표계 설정 ㉯ 원점 복귀
㉰ 공구 보정 ㉱ 공작물 좌표계 설정

44. 다음 중 자동 공구 교환 장치(ATC)가 있는 NC 기계는?

㉮ NC 선반 ㉯ NC 와이어 컷
㉰ 머시닝 센터 ㉱ NC 연삭기

45. NC 선반의 프로그램에 있어서 복합 반복 주기를 이용한 드릴 작업을 할 수 있는 G 기능은?

㉮ G72 ㉯ G73 ㉰ G74 ㉱ G76

[해설] G72는 단면 황삭 사이클, G73은 유형 반복 사이클, G76은 나사 절삭 사이클 기능이다.

46. 다음 R 가공 프로그램이 맞는 것은?

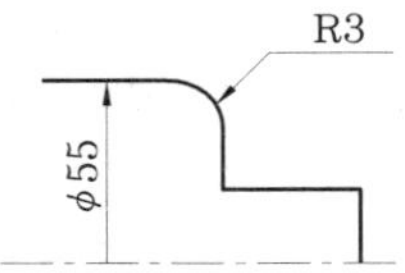

㉮ G02 X55.0 W-3.0 R3.0 F0.1;
㉯ G02 X22.5 W-3.0 R3.0 F0.1;
㉰ G03 X55.0 W-3.0 R3.0 F0.1;
㉱ G03 X22.5 W-3.0 R3.0 F0.1;

[해설] 반 시계 방향(CCW)이므로 G 03이고 NC 선반은 직경 지령이므로 X 55.0이다.

47. 다음 M 기능 중 다른 것과 관계없는 기능은?

㉮ M02 ㉯ M03 ㉰ M04 ㉱ M05

[해설] M03, M04, M05는 주축에 관계되는 M 기능이고 M02는 프로그램 끝을 의미하는 기능이다.

48. NC 선반에서 G92로 나사가공 시 피치를 나타내는 기호는?

㉮ M ㉯ F ㉰ S ㉱ D

[해설] G92 X(U)_Z(W)_ F ;로 나타내는데 이때 F는 피치를 의미한다.

49. CNC 머시닝 센터에서 지름이 $\phi20$인 엔드밀로 주철을 가공하고자 할 때 주축의 회전수는 얼마인가? (주철의 절삭 속도는 60m/min)

㉮ 855rpm ㉯ 955rpm
㉰ 1055rpm ㉱ 1155rpm

[해설] $V = \dfrac{\pi DN}{1000}$ (m/min)

$N = \dfrac{1000 \times V}{\pi D} = \dfrac{1000 \times 60}{3.14 \times 20} = 955$rpm

50. 다음 그림에서 절대 방식에 의한 이동을 지령하고자 한다. 올바른 지령은?

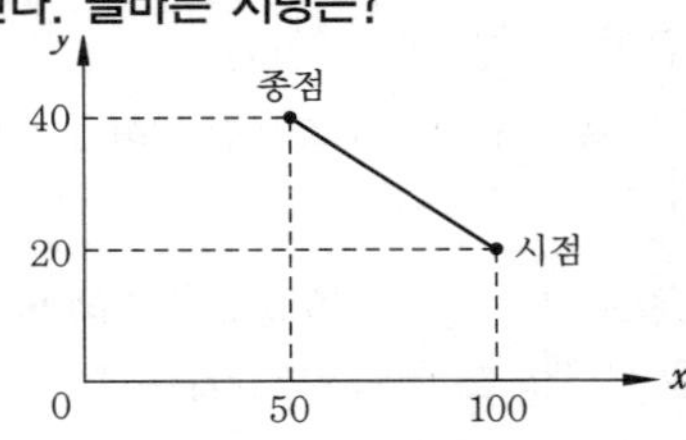

㉮ G90 X50 Y40; ㉯ G90 X-50 Y-40;
㉰ G91 X50 Y40; ㉱ G91 X-50 Y-40;

51. 테이퍼 절삭 사이클 지령 방법은?

㉮ G90 X(U)__Z(W)__F__;
㉯ G90 X(U)__Z(W)__R__F;
㉰ G94 X(U)__Z(W)__F__;
㉱ G92 X(U)__Z(W)__R__F__;

52. 공구 길이 보정에서 보정량 지정은 어떤 어드레스를 사용하는가?

㉮ Q ㉯ D ㉰ H ㉱ W

53. NC 선반에서 주축 최고 속도 2900rpm을 지령하는 방법은?

㉮ G92 F2900; ㉯ G50 F2700;
㉰ G50 S2900; ㉱ G92 S2900;

54. 기계상에 지정된 고정 위치는?

㉮ 공작물 좌표계 ㉯ 프로그램 원점
㉰ 기계 원점 ㉱ 좌표계 설정

55. 다음 중 NC 선반의 증분값 지령 방식으로 올바른 것은?

㉮ G00 U__ W__; ㉯ G00 X__ Z__;
㉰ G00 U__ Z__; ㉱ G00 X__ W__;

56. 다음 중 G96 S150 M03; 지령에서 S150의 의미는?

㉮ 매분 이송 S=150rpm
㉯ 매분 이송 S=150m/min
㉰ 주속 V=150m/min로 일정 제어
㉱ 매회전 이송 S=150rpm

57. 공구 지름 좌측 보정에 사용되는 G 코드는?

㉮ G41　　㉯ G42　　㉰ G43　　㉱ G44

58. 기계 원점에 자동 복귀할 수 있는 G 기능은?

㉮ G29　　㉯ G30　　㉰ G27　　㉱ G28

59. NC 선반에서 좌표계 설정에 쓰이는 G 코드는?

㉮ G28　　㉯ G30　　㉰ G50　　㉱ G92

[해설] NC 선반은 G50으로, NC 밀링은 G92로 좌표계를 설정한다.

60. NC 밀링(머시닝 센터)에서 R점 복귀 G 코드는?

㉮ G98　　㉯ G99　　㉰ G88　　㉱ G89

61. NC 밀링에서 XY 평면을 지정하는 G 코드는?

㉮ G17　　㉯ G18　　㉰ G19　　㉱ G20

62. NC 밀링에서 X축에 대한 부가축은?

㉮ A　　㉯ B　　㉰ C　　㉱ U

63. 머시닝 센터(machining center)의 설명으로 틀린 것은?

㉮ 제품의 정밀도가 우수하고 생산 능률이 높다.
㉯ 공작 기계의 대수가 증가한다.
㉰ 1회의 준비 작업으로 전가공을 할 수 있다.
㉱ 지그 및 고정구를 간략하게 할 수 있다.

64. 기계의 여러 가지 동작을 지령하기 위한 기능은 어느 것인가?

㉮ 준비 기능(G 기능)　㉯ 보조 기능(M 기능)
㉰ 주축 기능(S 기능)　㉱ 이송 기능(F 기능)

65. 공구의 이동 형태를 지정하지 않는 코드는?

㉮ G00　　㉯ G03　　㉰ G32　　㉱ G97

[해설] G97 : 주축 속도 일정 제어 취소

66. 좌표계 설정에 대한 설명으로 틀린 것은?

㉮ 프로그램을 편성 시에는 반드시 프로그램 원점을 설정하여야 한다.
㉯ 프로그램 원점은 주로 X축의 주축 중심선상에 많이 설정한다.
㉰ 심압대 쪽에서 주축대 쪽으로 전진하는 방향이 +Z 방향이다.
㉱ 프로그램 원점이란 좌표계의 기준점을 말한다.

67. 보조 기능(M)에서 절삭유의 공급을 지령하는 코드는?

㉮ M01　　㉯ M02　　㉰ M08　　㉱ M09

[해설] M09 : 절삭유 공급 중단

68. 주축 기능(S)은 주축 속도를 조절하는 기능이다. 주소 S 다음에 수치로 아라비아 숫자를 기입하는데 몇 단위까지 기입하는 것이 가능한가?

㉮ 백 단위(000)　　　㉯ 천 단위(0000)
㉰ 만 단위(00000)　　㉱ 십만 단위(000000)

[해설] 공작물의 지름이 작아질수록 속도가 커지는 G96 기능으로 최고 속도를 제한하지 않으면 기계에 무리가 되므로 천 단위의 숫자까지 입력하게 된다.

69. 다음의 좌표값 중에서 절대값 지령 방식으로 된 프로그램은?

㉮ X200.0 Z100.0　　㉯ U200.0 Z100.0
㉰ U200.0 W100.0　　㉱ W200.0 Z100.0

[해설] X~Z : 절대값 방식, U~W : 증분값 방식, 1~K : 원호 중심 좌표, R : 원호 반지름 등 4가지가 있다.

70. 보조 기능 중에서 주축을 정지시키는 지령은?

㉮ M04　　㉯ M05　　㉰ M30　　㉱ M38

71. NC 밀링이나 머시닝 센터에 쓰이는 좌표계 설정은?

㉮ G28　　㉯ G30　　㉰ G50　　㉱ G92

72. NC 밀링의 증분값 지령 방식은?

㉮ G90 X__ Z__;　　　㉯ G91 U__ W__;
㉰ G90 X__ Y__;　　　㉱ G91 X__ Y__;

정답 / 56. ㉰　57. ㉮　58. ㉱　59. ㉰　60. ㉯　61. ㉮　62. ㉮　63. ㉯　64. ㉯　65. ㉱　66. ㉰　67. ㉰　68. ㉯　69. ㉮
70. ㉯　71. ㉱　72. ㉯

09 정밀 측정(精密測定)

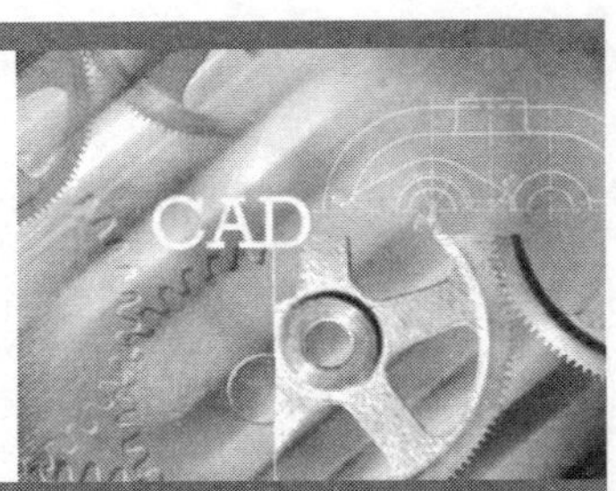

● 1. 측정의 기초

 1-1 측정 용어와 측정의 종류

◪ 측정 용어(measuring wording)

① **최소눈금(scale interval)**
 ㈎ 1눈금이 나타내는 측정량을 말한다.
 ㈏ 생물학 및 심리학적인 측정 정도 눈금선 길이는 0.7~2.5mm가 가장 좋다(1 눈금의 1/10을 눈가늠
  으로 읽을 수 있다).

② **오차(error)** : 측정치로부터 참값을 뺀 값(오차의 참값에 대한 비를 오차율이라 하고, 오차율을 %로
  나타낸 것을 오차의 백분율이라 한다.)을 말한다.

③ **편차(declination)** : 측정치로부터 모 평균을 뺀 값을 말한다.

④ **허용차(permission difference)** : 기준으로 잡은 값과 그에 대해서 허용되는 한계치와의 차를 말한다.

⑤ **공차(common difference)**
 ㈎ 규정된 최대치와 최소치와의 차　　　　　㈏ 허용차와 같은 뜻으로 사용한다.

◪ 측정의 종류

① **직접 측정(direct measurement)** : 측정기로부터 직접 측정치를 읽을 수 있는 방법이다. 눈금자,
  버니어 캘리퍼스, 마이크로미터 등이 있다.

② **비교 측정(relative measurement)** : 피측정물에 의한 기준량으로부터의 변위를 측정하는 방법이
  다. 다이얼 게이지, 내경 퍼스 등이 있다.

③ **절대 측정(absolute measurement)** : 피측정물의 절대량을 측정하는 방법이다.

④ **간접 측정(indirect measurement)** : 나사 또는 기어 등과 같이 형태가 복잡한 것에 이용되며, 기
  하학적으로 측정값을 구하는 방법이다. 측정하고자 하는 양과 일정한 관계가 있는 양을 측정하여 간
  접적으로 측정값을 구한다. 사인바에 의한 테이퍼 측정, 전류와 전압을 측정하여 전력을 구하는 방법
  이 있다.

⑤ **편위법** : 측정량의 크기에 따라 지침이 영점에서 벗어난 양을 측정하는 방법이다.

⑥ **영위법** : 지침이 영점에 위치하도록 측정량을 기준량과 똑같이 맞추는 방법이다.

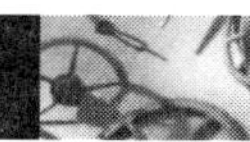

1-2 측정 오차

1 측정 오차

① **개인 오차** : 측정하는 사람에 따라서 생기는 오차는 숙련됨에 따라서 어느 정도 줄일 수 있다.

② **계기 오차**

  ㈎ 측정 기구 눈금 등의 불변의 오차 : 보통 기차(器差)라고 하며, 0점의 위치 부정, 눈금선의 간격 부정으로 생긴다.

  ㈏ 측정 기구의 사용 상황에 따른 오차 : 계측기 가동부의 녹, 마모로 생긴다.

③ **시차(視差)** : 측정기의 눈금과 눈 위치가 같지 않은 데서 생기는 오차로 측정시는 반드시 눈과 눈금의 위치가 수평이 되도록 한다.

④ **온도 변화에 따른 측정 오차** : KS에서는 표준온도 20℃, 표준습도 65%, 표준기압 1013mb(750mmHg)로 규정되어 있다.

⑤ **재료의 탄성에 기인하는 오차** : 자중 또는 측정압력에 의해 생기는 오차

⑥ **확대 기구의 오차** : 확대기구의 사용 부정으로 생긴다.

⑦ **우연의 오차** : 확인될 수 없는 원인으로 생기는 오차로서 측정치를 분산시키는 원인이 된다.

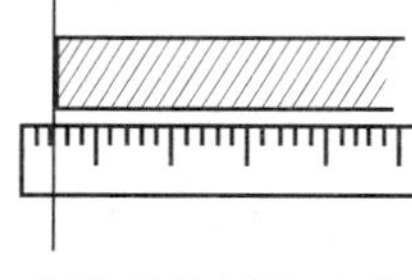

측정 위치 불량 오차

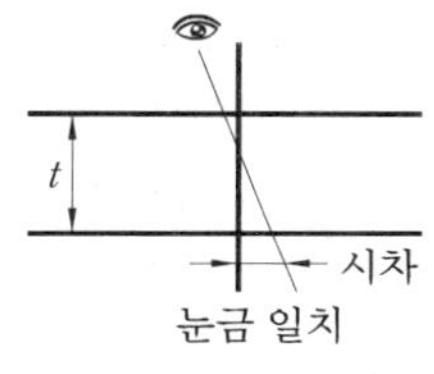

시 차

1. 다음 중 개인 오차에 속하는 것은?

㉮ 후퇴 오차 ㉯ 관측 오차
㉰ 계통 오차 ㉱ 우연 오차

2. 다음 중 오차란?

㉮ 측정치−참값
㉯ 기준치−측정치
㉰ 측정치−미디언 중앙치
㉱ 측정치−평균치

3. 측정 오차에 해당되지 않는 것은?

㉮ 측정 기구의 눈금, 기타 불변의 오차
㉯ 측정자(測定者)에 기인하는 오차
㉰ 조명도에 의한 오차
㉱ 측정 기구의 사용 상황에 따른 오차

[해설] ㉮, ㉯, ㉱ 이외에도 확대 기구의 오차, 온도 변화에 따른 오차 등이 존재한다.

4. 공업상 사용되는 1m가 정확한 것은?

㉮ $1m=1650763.73\lambda CdR$
㉯ $1m=0.64384696\mu$
㉰ $1m=1553164.13\lambda CdR$
㉱ $1m=1000mm$

[해설] $\lambda CdR=0.64384696\mu$, $1m=1553164.13\lambda CdR$

5. CGS 단위란 다음 중 어느 것인가?

㉮ 길이 : m, 무게 : kg, 시간 : 초
㉯ 길이 : m, 무게 : 톤, 시간 : 초
㉰ 길이 : cm, 무게 : g, 시간 : 분
㉱ 길이 : cm, 무게 : g, 시간 : 초

6. 다음 중 절대온도(K)란?

㉮ ℃에 ˚F를 합한 것
㉯ ℃에 273.15˚를 합한 것
㉰ ℃에 273.15˚를 뺀 것
㉱ ℃에 27.3˚를 뺀 것

[해설] 절대온도$(T)=t_c+273.15$[kelvin]

7. 다음 중 1μ(미크론)의 크기는?

㉮ $\dfrac{1}{10}$ mm ㉯ $\dfrac{1}{100}$ mm
㉰ $\dfrac{1}{1000}$ mm ㉱ $\dfrac{1}{10000}$ mm

[해설] 1μ(미크론)$=10^{-6}m=10^{-3}mm$

8. 다음 중 1m는 몇 피트인가?

㉮ 2.28 ㉯ 3
㉰ 3.28 ㉱ 4

[해설] $1m=3.28ft$, $1ft=12inch$, $1inch=25.4mm$

9. 공차란 무슨 뜻인가?

㉮ 최대 허용 치수−최소 허용 치수
㉯ 기준 치수−최소 허용 치수
㉰ 기준 치수−최대 허용 치수
㉱ 최대 허용 치수−기준 치수

10. 다음 중 오차의 종류가 아닌 것은?

㉮ 개인적인 오차
㉯ 시차(視差)
㉰ 측정 기구 사용 상황에 따른 오차
㉱ 재료 소성에 기인한 오차

[해설] 오차의 종류에는 측정 계기 오차, 개인 오차, 온도 관계 오차, 우연의 오차, 확대 기구의 오차, 재료의 탄성에 의한 오차 등이 있다.

[정답] 1. ㉯ 2. ㉮ 3. ㉰ 4. ㉰ 5. ㉱ 6. ㉯ 7. ㉰ 8. ㉰ 9. ㉮ 10. ㉱

● 2. 길이 측정

2-1 길이 측정의 분류

길이 측정은 측정의 기초이며, 측정 빈도가 가장 많다.
① **선도기** : 도구에 표시된 눈금선과 눈금선 사이의 거리로 측정
② **단도기** : 도구 자체의 면과 면 사이의 거리로 측정

길이 측정의 분류

길이 측정
- 선도기
  - 직접 측정기 : 강철자, 버니어 캘리퍼스, 마이크로미터, 하이트 게이지 등
  - 비교 측정기 : 다이얼 게이지, 미니미터, 옵티 미터, 전기 마이크로미터, 공기 마이크로미터, 오르토 테스터, 패소미터, 패시미터, 측미 현미경 등
- 단도기 : 블록 게이지, 한계 게이지, 틈새 게이지 등

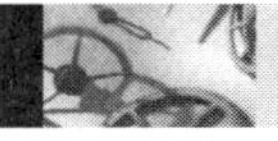

2-2 일반 측정기

① 자(scale)
① **강철자** : 15cm, 30cm, 50cm, 60cm, 1m 등의 종류가 있으며, 최소 측정 범위는 0.5~1mm이다. 철공용으로 많이 쓰인다.
② **줄자** : 릴 형상에 감아둔 것으로 천 또는 얇은 강판(탄성 강판)에 눈금을 새긴 것이다. 휴대가 편리하며, 일반 건축 목공에서 많이 쓰인다.
③ **접는 자** : 목공용으로 쓰이며, 15~20cm 간격으로 접도록 되어 있다.

② 퍼스(pers)
안지름을 측정하는 내경 퍼스와 바깥지름을 측정하는 외경 퍼스가 있다.
① **외경 퍼스** : 바깥지름이나 두께를 측정할 때 사용하는 측정기로서 측정한 것을 자로 재서 측정값을 구한다.
② **내경 퍼스** : 구멍의 지름, 홈 폭을 측정할 때 사용하며, 측정값은 외경 퍼스와 같은 방법으로 구한다.

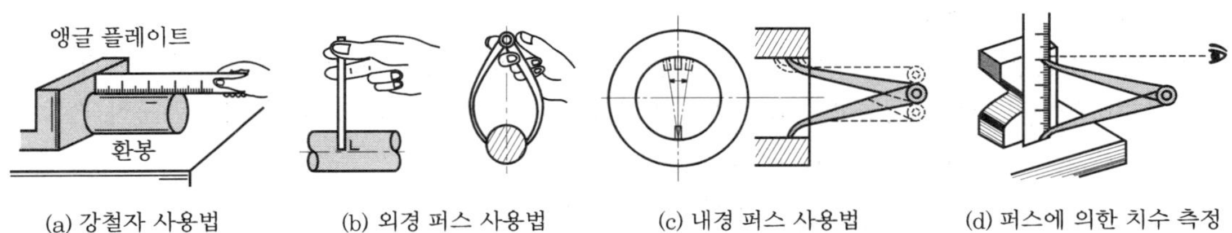

측정법

 2-3 정밀 측정기

■ 직접 측정기

① 버니어 캘리퍼스(vernier calipers) : 프랑스 수학자 버니어(P. Vernier)가 발명한 것이다. 일본 명칭으로 현장에서 노기스라고도 부른다. 이것으로 길이 측정 및 안지름, 바깥지름, 깊이, 두께 등을 측정할 수 있다. 측정 정도는 0.05 또는 0.02mm로 피측정물을 직접 측정하기에 간단하여 널리 사용된다.

⑺ 버니어 캘리퍼스의 종류

㉮ M1형 버니어 캘리퍼스

- 슬라이더가 홈형이며, 내측 측정용 조(jaw)가 있고 300mm 이하에는 깊이 측정자가 있다.
- 최초 측정치는 0.05mm, 또는 0.02mm(19mm를 20등분 또는 39mm를 20등분)이다.

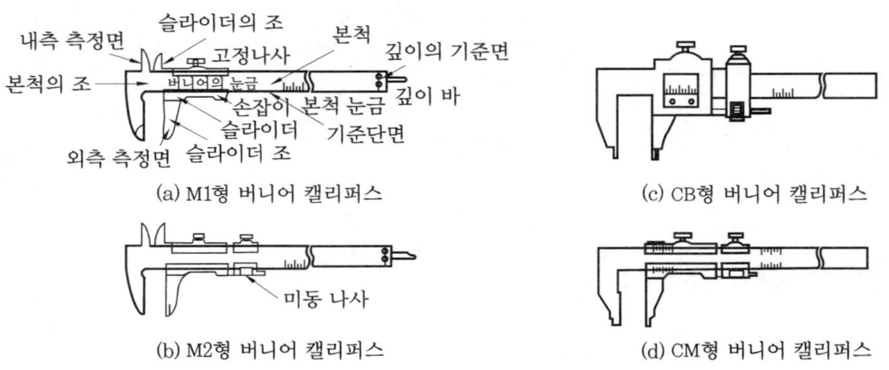

버니어 캘리퍼스의 종류 (KS 명시)

㉯ M2형 버니어 캘리퍼스

- M1형에 미동 슬라이더 장치가 붙어 있는 것이다.
- 최소 측정치는 0.02mm(24.5mm를 25등분) (1/50mm)이다.

㉰ CB형 버니어 캘리퍼스 : 슬라이더가 상자형으로 조의 선단에서 내측 측정이 가능하고 이송바퀴에 의해 슬라이더를 미동시킬 수 있다. CB형은 경량이지만 화려하기 때문에 최근에는 CM형이 널리 사용된다. 조의 두께로는 10mm 이하의 작은 안지름을 측정할 수 없다.

㉱ CM형 버니어 캘리퍼스 : 슬라이더가 홈형으로 조의 선단에서 내측 측정이 가능하고 이송바퀴에 의해 미동이 가능하다. 최소 측정치는 1/50=0.02mm로 CM형의 롱 조(long jaw) 타입은 조의 길이가 길어서 깊은 곳을 측정하는 것이 가능하다. 10mm 이하의 작은 안지름은 측정할 수 없다.

㉲ 기타 버니어 캘리퍼스의 종류 : 오프셋 버니어, 정압 버니어, 만능 버니어, 이 두께 버니어, 깊이 버니어 캘리퍼스 등이 있다.

⑻ 아들자의 눈금 : 어미자(본척)의 $n-1$개의 눈금을 n등분한 것이다. 어미자의 1눈금(최소눈금)을 A, 아들자(부척)의 최소 눈금을 B라고 하면, 어미자와 아들자의 눈금차 C는 다음 식으로 구한다.

$$(n-1)A=nB \text{ 이므로,}$$

$$C=A-B=A-\frac{n-1}{n}\times A=\frac{A}{n}$$

M형의 버니어 캘리퍼스와 같이 어미자 19mm를 20등분하였다면 $C=1/20$mm가 되어 최소 측정 가능한 길이가 되는 것이다.

㈐ 눈금 읽는 법 : 본척과 부척의 0점이 닿는 곳을 확인하여 본척을 읽은 후에 부척의 눈금과 본척의 눈금이 합치되는 점을 찾아서 부척의 눈금수에다 최소 눈금(**예** M형에서는 0.05mm)을 곱한 값을 더하면 된다.

합치점은 이웃하는 두 눈금의 안쪽에 있다.

(a) $1+0.35=1.35$mm
(M형 1/20에서)

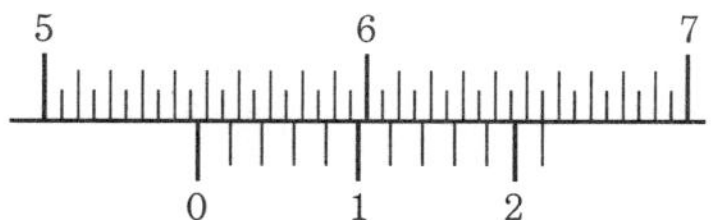

버니어 11번째 눈금이 합치되어 있다.

(b) 54.72mm의 판독(1/50mm에서)
$54.5+(0.02\times11)=54.72$mm

버니어 캘리퍼스 눈금읽기의 보기

다음 [표]는 KS B 5203에 규정된 각종 버니어 캘리퍼스의 호칭 치수와 눈금 방법을 나타낸 것이다.

각종 버니어 캘리퍼스의 호칭 치수와 눈금 방법

종 류	호칭 치수	눈 금			
		단 수	최소 측정 길이	어미자	아들자
M형	15cm(150mm) 20cm(200mm)	2	1/20mm (0.05mm)	1mm	어미자 19mm를 20등분했다.
CB형	15cm(150mm) 20cm(200mm) 30cm(300mm) 60cm(600mm) 1m(1000mm)	2	1/50mm (0.02mm)	1/2mm	어미자 12mm를 25등분했다.
CM형	15cm(150mm) 20cm(200mm) 30cm(300mm) 60cm(600mm) 1m (1000mm)	2	1/50mm (0.02mm)	1mm	어미자 49mm를 50등분했다.

㈑ 사용상의 주의점

㉠ 버니어 캘리퍼스는 아베의 원리에 맞는 구조가 아니기 때문에 가능한 한 조의 안쪽(본척에 가까운 쪽)을 택해서 측정해야 한다.

> **참고**
>
> ※ 아베의 원리(Abbe's principle) : "측정하려는 시료와 표준자는 측정 방향에 있어서 동일축 선상의 일직선 상에 배치하여야 한다."는 것으로서 콤퍼레이터의 원리라고도 한다.

㉡ 깨끗한 헝겊으로 닦아서 버니어가 매끄럽게 이동되도록 한다.

㉢ 측정할 때에는 측정면을 검사하고 본척과 부척의 0점이 일치되는가를 확인한다.

㉣ 피측정물은 내부의 측정면에 끼워서 오차를 줄인다.

㉤ 측정 시 무리한 힘을 주지 않는다.

㉑ 눈금을 읽을 때는 시차(parallex)를 없애기 위하여 눈금으로부터 직각의 위치에서 읽는다.

⒨ 정도 검사

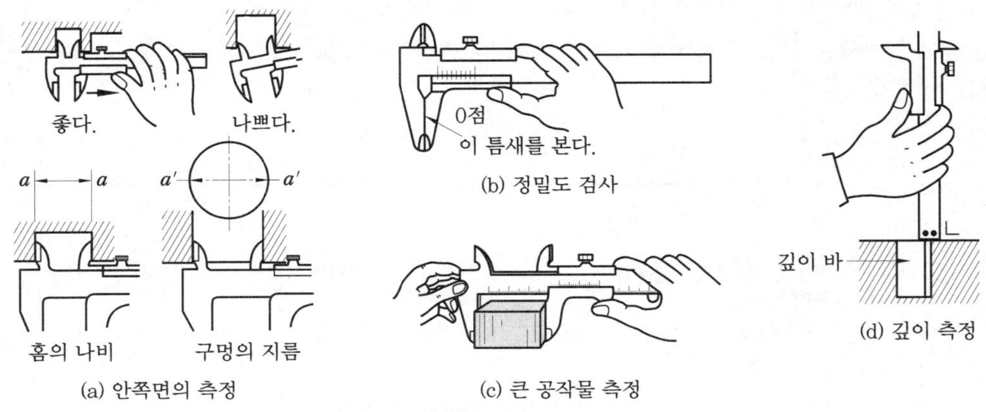

버니어 캘리퍼스에 의한 측정

㉮ 눈금면이 바른가, 조(jaw)의 선단 등 파손 여부 검사

㉯ 슬라이더의 작동이 원활한지의 여부 검사

㉰ 측정면과 측정 정도 검사

② **마이크로미터(micrometer)** : 마이크로 캘리퍼스 또는 측미기라고도 불리며, 나사가 1회전하면 1피치 전진하는 성질을 이용하여 프랑스의 파머가 발명한 것이다. 마이크로미터의 용도는 버니어 캘리퍼스와 같다.

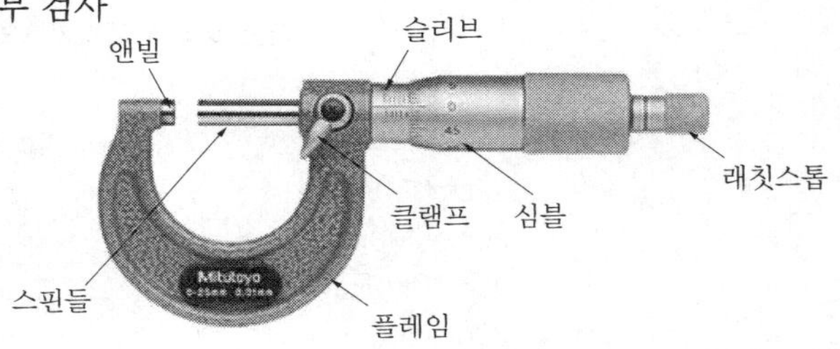

마이크로미터의 구조

⒢ 구조 : 위의 [그림]은 외경 마이크로미터로서 스핀들과 같은 축에 있는 1중 나사인 수나사(mm 식에서는 피치 0.5mm가 많음)와 암나사가 맞물려 있어서 스핀들이 1회전하면 0.5mm 이동한다.

㉮ 심블은 슬리브 위에서 회전하며, 50등분되어 있다.

㉯ 심블과 수나사가 있는 스핀들은 같은 축에 고정되어 있으며, 심블의 한 눈금은 $0.5(\text{mm}) \times \dfrac{1}{50} = \dfrac{1}{100} = 0.01\text{mm}$이다. 즉, 최소 0.01mm까지 측정할 수 있다.

⒣ 측정 범위 : 외경 및 깊이 마이크로미터는 0~25, 25~50, 50~75mm로 25mm 단위로 측정할 수 있으며, 내경 마이크로미터는 5~25mm, 25~50mm와 같이 처음 측정 범위만 다르다.

⒤ 마이크로미터의 종류

㉮ 표준 마이크로미터(standard micrometer)

㉯ 버니어 마이크로미터(vernier micrometer) : 최소 눈금을 0.001mm로 하기 위하여 표준 마이크로미터의 슬리브 위에 버니어의 눈금을 붙인 것이다.

㉰ 다이얼 게이지부 마이크로미터(dial gauge micrometer) : 0.01mm 또는 0.001mm의 다이얼 게이지를 마이크로미터의 앤빌측에 부착시켜서 동일 치수의 것을 다량으로 측정한다.

㉱ 지시 마이크로미터(indicating micrometer) : 인디케이트 마이크로미터라고도 하며, 측정력(測定力)을 일정하게 하기 위하여 마이크로미터 프레임의 중앙에 인디케이터(지시기)를 장치하였다. 이것은 지시부의 지침에 의하여 0.002mm 정도까지 정밀한 측정을 할 수 있다.

㉞ 기어 이 두께 마이크로미터(gear tooth micrometer) : 일명 디스크 마이크로미터라고도 하며 평기어, 헬리컬 기어의 이 두께를 측정하는 것으로서 측정 범위는 0.5~6모듈이다.

㉟ 나사 마이크로미터(thread micrometer) : 수나사용으로 나사의 유효 지름을 측정하며, 고정식과 앤빌 교환식이 있다.

㊱ 포인트 마이크로미터(point micrometer) : 드릴의 홈 지름과 같은 골경의 측정에 쓰이며, 측정 범위는 (0~25mm)~(75~100mm)이고, 최소 눈금 0.01mm, 측정자의 선단 각도는 15°, 30°, 45°, 60°가 있다.

㊲ 내측 마이크로미터(inside micrometer) : 단체형, 캘리퍼형, 삼점식이 있다.

㈘ 눈금 읽는 법 : 다음 [그림]에서와 같이 먼저 슬리브 기선상에 나타나는 치수를 읽은 후에, 심블의 눈금을 읽어서 합한 값을 읽으면 된다. 여기서는 최소 눈금을 0.01mm까지 읽은 것의 보기를 들었지만, 숙련에 따라서는 0.001mm까지 읽을 수 있다.

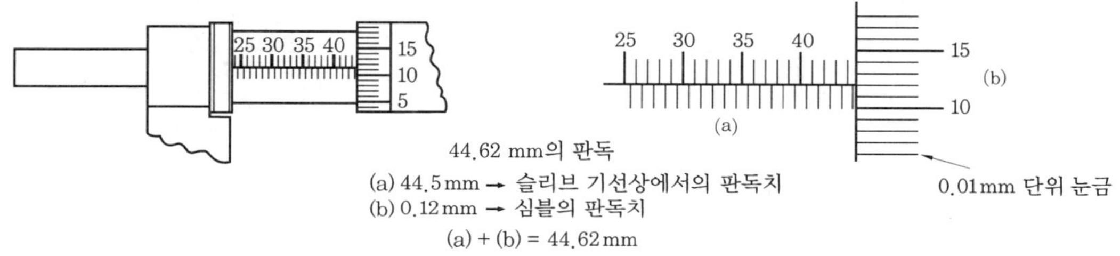

마이크로미터 판독법

㈙ 사용상의 주의점

㈎ 스핀들은 언제나 균일한 속도로 돌려야 한다.

㈏ 동일한 장소에서 3회 이상 측정하여 평균치를 내어서 측정값을 낸다.

㈐ 공작물에 마이크로미터를 접촉할 때에는 스핀들의 축선에 정확하게 직각 또는 평행하게 한다.

㈑ 장시간 손에 들고 있으면 체온에 의한 오차가 생기므로 신속히 측정한다(스탠드를 사용하면 좋음).

㈒ 사용 후의 보관 시에는 반드시 앤빌과 스핀들의 측정면을 약간 떼어 둔다.

㈓ 0점 조정 시에는 비품으로 딸린 스패너를 사용하여 슬리브의 구멍에 끼우고 돌려서 조정한다.

③ 하이트 게이지(hight gauge)

㈎ 구조 : 스케일(scale)과 베이스(base) 및 서피스 게이지(surface gauge)를 하나로 합한 것이 기본 구조이며, 여기에 버니어 눈금을 붙여 고정도로 정확한 측정을 할 수 있게 하였으며, 스크라이버로 금긋기에도 쓰인다. 일명 높이 게이지라고도 한다.

㈏ 하이트 게이지의 종류

㈎ HM형 하이트 게이지 : 견고하여 금긋기에 적당하며, 비교적 대형이다. 0점 조정이 불가능하다.

㈏ HB형 하이트 게이지 : 경량 측정에 적당하나 금긋기용으로는 부적당하다. 스크라이버의 측정면이 베이스면까지 내려가지 않는다. 0점 조정이 불가능하다.

㈐ HT형 하이트 게이지 : 표준형이며 본척의 이동이 가능하다.

㈑ 다이얼 하이트 게이지 : 다이얼 게이지를 버니어 눈금대신 붙인 것으로 최소 눈금은 0.01mm이다.

하이트 게이지

    ㉢ 디지트 하이트 게이지 : 스케일 대신 직주 2개로 슬라이더를 안내하며, 0.01mm까지의 치수가 숫자판으로 지시한다.

    ㉣ 퀵세팅 하이트 게이지 : 슬라이더와 어미자의 홈 사이에 인청동판이 접촉하여 헐거움 없이 상하 이동이 되며 클램프 박스의 고정이 불필요한 형으로 원터치 퀵세팅이 가능하고 0.02mm까지 읽을 수 있다.

    ㉤ 에어플로팅 하이트 게이지 : 중량 20kg, 호칭 1000mm 이상인 대형에 적용되는 형으로 베이스 내부에 노즐 장치가 있어 일정한 압축 공기가 정반과 베이스 사이에 공기막을 형성하여 가벼운 이동이 가능한 측정기이다.

④ **측장기(measuring machine)** : 마이크로미터보다 더 정밀한 정도를 요하는 게이지류의 측정에 쓰이며, 0.001mm(μ)의 정밀도로 측정된다. 일반적으로 1~2m에 달하는 치수가 큰 것을 고정밀도로 측정할 수 있다.

측장기의 구조와 종류는 다음과 같다.

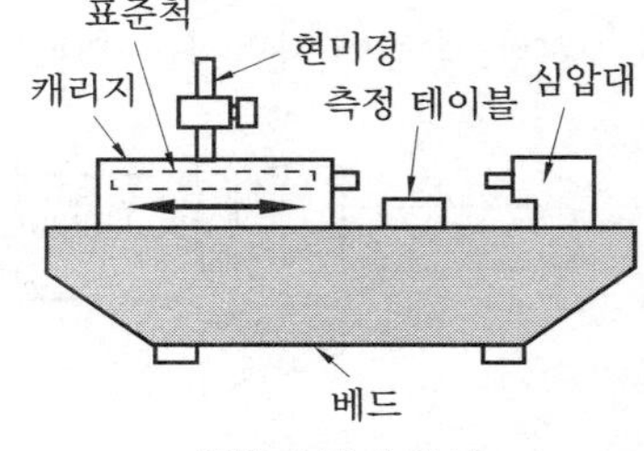

횡형 측장기 형식

    ㉠ 블록 게이지나 표준 게이지 등을 기준으로 피측정물의 치수를 비교 측정하여 그 치수를 구하는 비교 측장기(측미기, 콤퍼레이터)

    ㉡ 측장기 자체에 표준척을 가지고 이와 비교하여 치수를 직접 구할 수 있는 측장기

    ㉢ 빛의 파장을 기준으로 빛의 간섭에 의해 피측정물의 치수를 구하는 간섭계

2 비교 측정기(comparative measuring instrument)

① **다이얼 게이지(dial gauge)** : 기어 장치로서 미소한 변위를 확대하여 길이 또는 변위를 정밀 측정하는 비교 측정기이다.

  ㉮ 특 징

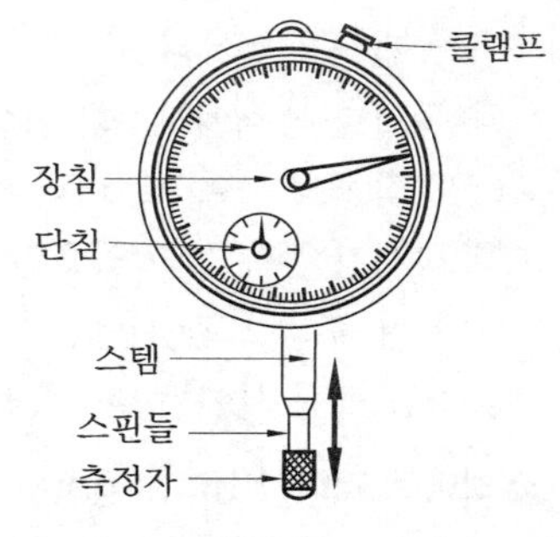

다이얼 게이지

    ㉠ 소형이고 경량이라 취급이 용이하며 측정 범위가 넓다.

    ㉡ 연속된 변위량의 측정이 가능하다.

    ㉢ 다원 측정(많은 곳 동시 측정)의 검출기로서 이용이 가능하다.

    ㉣ 읽음 오차가 적다.

    ㉤ 어태치먼트의 사용 방법에 따라서 측정 범위가 넓어진다.

② **기타 비교 측정기**

  ㉮ 측미 현미경(micrometer microscope) : 길이의 정밀 측정에 사용되는 것으로서 대물렌즈(對物 lens)에 의해서 피측정물의 상을 확대하여 그 하나의 평면 내에 실상을 맺게 해서 이것을 접안렌즈로 들여다보면서 측정한다.

  ㉯ 공기 마이크로미터(air micrometer, pneumatic micrometer) : 보통 측정기로는 측정이 불가능한 미소한 변화를 측정할 수 있는 것으로서 확대율 만 배, 정도 ±0.1~1μ이지만 측정 범위는 대단히 작다. 일정압의 공기가 두 개의 노즐을 통과해서 대기중으로 흘러 나갈 때의 유출부의 작은 틈새의 변화에 따라서 나타나는 지시압의 변화에 의해서 비교 측정이 된다. 공기 마이크로미터는 노즐 부분을 교환함으로써 바깥지름, 안지름, 진직도, 진원도, 평면도 등을 측정할 수 있다. 또 비접촉 측정이라서 마모에 의한 정도 저하가 없으며, 피측정물을 변형시키지 않으면서 신속한 측정이 가능하다.

㈐ 미니미터(minimeter) : 지렛대를 이용한 것으로서 지침에 의해 100~1000배로 확대 가능한 기구다. 부채꼴의 눈금 위를 바늘이 180° 이내에서 움직이도록 되어 있으며, 지침의 흔들림은 미소해서 지시범위는 60μ 정도이고, 최소눈금은 보통 1μ, 정도(精度)는 ±0.5μ 정도이다.

㈑ 오르토 테스터(ortho tester) : 지렛대와 1개의 기어를 이용하여 스핀들의 미소한 직선 운동을 확대하는 기구로서, 최소 눈금 1μ, 지시 범위 100μ 정도이지만 확대율을 배로 하여 지시 범위를 ±50μ으로 만든 것도 있다.

㈒ 전기 마이크로미터(electric micrometer) : 길이의 근소한 변위를 그에 상당하는 전기치로 바꾸고, 이를 다시 측정 가능한 전기 측정 회로로 바꾸어서 측정하는 장치로서 0.01μ 이하의 미소의 변위량도 측정 가능하다.

㈓ 패소미터(passometer) : 마이크로미터에 인디케이터를 조합한 형식으로서 마이크로미터부에 눈금이 없고, 블록 게이지로 소정의 치수를 정하여 피측정물과의 인디케이터로 읽게 되어 있다. 측정 범위는 150mm까지이며, 지시 범위(정도)는 0.002~0.005mm, 인디케이터의 최소 눈금은 0.002mm 또는 0.001mm이다.

㈔ 패시미터(passimeter) : 기계 공작에서 안지름을 검사 · 측정할 때 사용되며, 구조는 패소미터와 거의 같다. 측정두는 각 호칭 치수에 따라서 교환이 가능하다.

㈕ 옵티미터(optimeter) : 측정자의 미소한 움직임을 광학적으로 확대하는 장치로서 확대율은 800배이며 최소 눈금 1μ, 측정 범위 ±0.1mm, 정도(精度) ±0.25μ 정도이다. 원통의 안지름, 수나사, 암나사, 축 게이지 등과 같이 고 정도를 필요로 하는 것을 측정한다.

❸ 단도기

① 블록 게이지(block gauge) : 면과 면, 선과 선의 길이의 기준을 정하는 데 가장 정도가 높고 대표적인 것이며, 이것과 비교하거나 치수 보정을 하여 측정기를 사용한다.

㈎ 특 징

㉮ 광(빛) 파장으로부터 직접 길이를 측정할 수 있다.

㉯ 정도가 매우 높다(0.01μ 정도).

㉰ 손쉽게 사용할 수 있으며, 서로 밀착하는 특성이 있어 여러 치수로 조합할 수 있다.

㈏ 종류 : KS에서는 장방형 단면의 요한슨형(johansson type)이 쓰이지만, 이 밖에 장방형 단면(각면의 길이 0.95″)으로 중앙에 구멍이 뚫린 호크형(hoke type), 얇은 중공 원판 형상인 캐리형(cary type)이 있다.

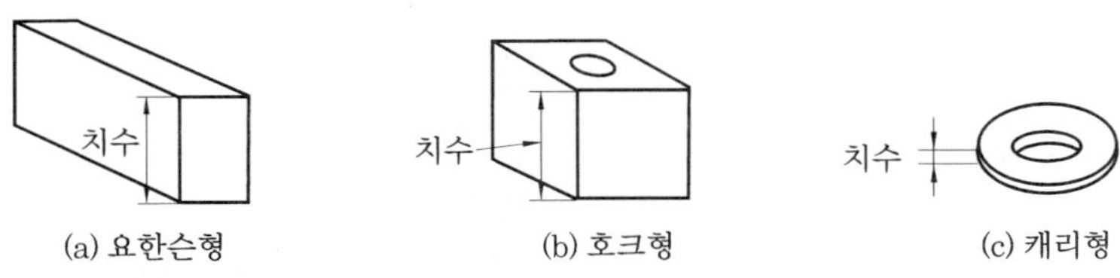

블록 게이지 종류

㈐ 치수 정도(dimension precision) : 블록 게이지의 정도를 나타내는 등급으로 K, 0, 1, 2급의 4등급을 KS에서 규정하고 있으며, 용도는 다음 [표]와 같다.

블록 게이지의 등급과 용도 및 검사 주기

등 급	용 도	검사 주기
K급(참조용, 최고기준용)	표준용 블록 게이지의 참조, 정도, 점검, 연구용	3년
0급(표준용)	검사용 게이지, 공작용 게이지의 정도 점검, 측정 기구의 정도 점검용	2년
1급(검사용)	기계 공구 등의 검사, 측정 기구의 정도 조정	1년
2급(공작용)	공구, 날공구의 정착용	6개월

㈑ 표준 조합(standard combination) : 블록 게이지의 조합에는 사용 목적에 알맞은 등급의 것을 선택하고 최소의 개수로서 소요의 길이를 구하도록 해야 한다. 다음 [표]는 KS B 5201에 규정된 표준 치수에 의한 표준 조합의 예를 나타낸 것이다.

블록 게이지의 표준 조합

명 칭	개 수	치수 단계(mm)	호칭 치수(mm)
103개조	1		1.005
	49	0.01	1.01, 1.02 ·········· 1.49 (0.01 단계로 계속)
	49	0.5	0.5, 1.0 ·········· 24.5 (0.5 단계로 계속)
	4	25	25, 50, 75, 100
76개조	1		1.005
	49	0.01	1.01, 1.02 ·········· 1.49 (0.01 단계로 계속)
	19	0.5	0.5, 1.0 ·········· 9.5 (0.5 단계로 계속)
	4	10	10, 20, 30, 40
	3	25	50, 75, 100
47개조	1		1.005
	9	0.01	1.01, 1.02 ·········· 1.09 (0.01 단계로 계속)
	9	0.1	1.1, 1.2 ·············· 1.9 (0.1 단계로 계속)
	24	1	1, 2 ·········· 24 (1단계로 계속)
	4	25	25, 50, 75, 100
32개조	1		1.005
	9	0.01	1.01, 1.02 ·········· 1.09 (0.01 단계로 계속)
	9	0.1	1.1, 1.2 ·········· 1.9 (0.1 단계로 계속)
	9	1	1, 2·················· 9 (1단계로 계속)
	3	10	10, 20, 30
	1		60
(+) 9개조	9	0.001(+)	1.001, 1.002 ········ 1.009 (0.001 단계로 계속)
(−) 9개조	9	0.001(−)	0.999, 0.998 ······ 0.991 (0.001 단계로 계속)
8개조	4	25	125, 150, 175, 200
	2	50	250, 300
	2	100	400, 500
8개조	8		1, 1.25, 1.5, 2, 3, 5(6), 10, 20

㈒ 밀착(wringing) : 측정면을 청결한 천으로 닦아낸 후 돌기나 녹의 유무를 검사한다.

 ㉮ 두꺼운 블록끼리의 밀착 : 측정면에 약간의 기름을 남긴 상태에서 [그림 (a)]와 같이 측정면의 중앙에서 직교되도록 놓고 조금 문지르면 흡착한다. 그 다음 두 블록을 눌러 붙이면서 회전시켜 두 개의 블록 게이지 방향을 맞춘다.

㉯ 두꺼운 것과 얇은 것의 밀착 : [그림 (b)]와 같이 얇은 것을 두꺼운 블록 게이지의 한 쪽 끝에 놓고 가볍게 밀어 넣어 흡착하여 눌러 붙으면 밀어 넣어 두 개의 블록 게이지를 합치시킨다. 2mm 이하의 얇은 것은 휨이 생겨 국부적으로 밀착되지 않은 곳은 뜨게 되므로 주의한다.

㉰ 얇은 것끼리의 밀착 : 같은 요령으로 우선 임의의 두꺼운 것에 소정의 얇은 것을 1장 밀착하여 확인한 다음 그 위에 얇은 것을 밀착시키고 두꺼운 것을 떼어내면 된다. 떼어낼 때는 십자형으로 회전시키면서 잡아당긴다[그림 (c)].

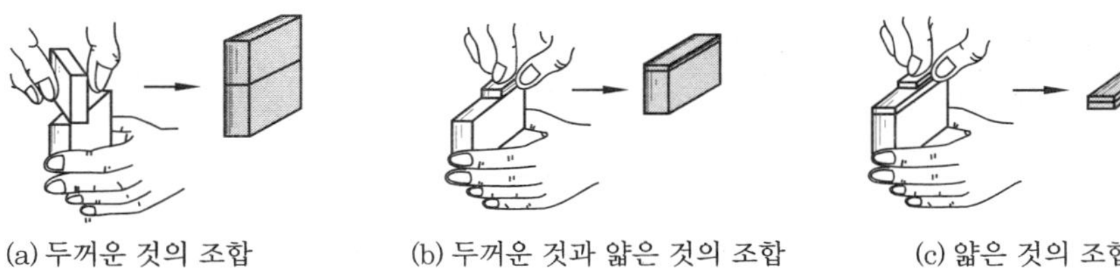

(a) 두꺼운 것의 조합   (b) 두꺼운 것과 얇은 것의 조합   (c) 얇은 것의 조합

블록 게이지 밀착

② **한계 게이지(limit gauge)** : 제품을 정확한 치수대로 가공한다는 것은 거의 불가능하므로 오차의 한계를 주게 되며 이 때의 오차 한계를 재는 게이지를 한계 게이지라고 한다. 한계 게이지는 통과측(go side)과 정지측(no go side)을 갖추고 있는데, 정지측으로는 제품이 들어가지 않고 통과측으로 제품이 들어가는 경우 제품은 주어진 공차 내에 있음을 나타내는 것이다.

한계 게이지에는 그 용도에 따라서 공작용 게이지, 검사용 게이지, 점검용 게이지가 있다.

㈎ 한계 게이지의 장단점

㉮ 제품 상호간에 교환성이 있다.

㉯ 완성된 게이지가 필요 이상 정밀하지 않아도 되기 때문에 공작이 용이하다.

㉰ 측정이 쉽고 신속하며 다량의 검사에 적당하다.

㉱ 최대한의 분업 방식이 가능하다.

㉲ 가격이 비싸다.

㉳ 특별한 것은 고급 공작 기계가 있어야 제작이 가능하다.

㈏ 종 류

㉮ 봉형 게이지(bar gauge)

• 블록 게이지로 재기 힘든 측정에 사용한다.

• 블록 게이지와 같이 단면에 의하여 길이 표시를 한다.

• 단면 형상은 양단 평면형, 곡면형이 있다.

• 블록 게이지와 병용하며 사용법도 거의 같다.

㉯ 플러그 게이지(plug gauge)와 링 게이지(ring gauge)

• 플러그 게이지는 구멍의 안지름을, 링 게이지는 구멍의 바깥지름을 측정하며, 플러그 게이지와 링 게이지는 서로 1조로 구성되어 널리 사용된다.

• 캘리퍼스나 공작물 지름 검사에 쓰인다.

㉰ 터보 게이지(tebo gauge) : 한 부위에 통과측과 불통과측이 동시에 있다.

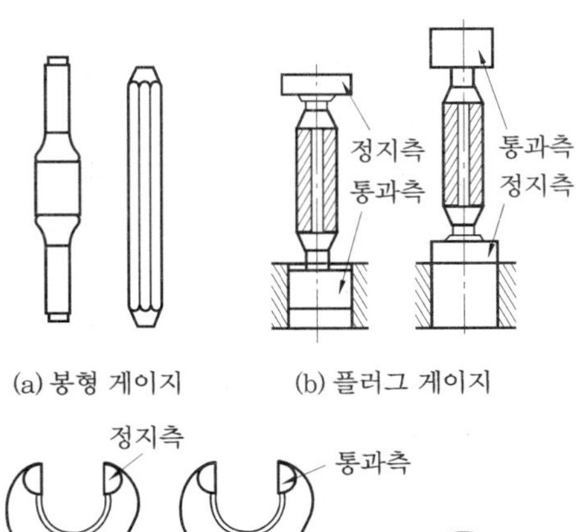

(a) 봉형 게이지   (b) 플러그 게이지

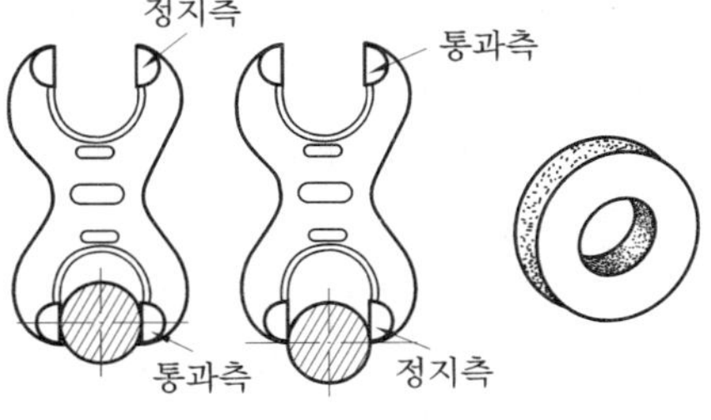

(c) 스냅 게이지   (d) 링 게이지

한계 게이지

㈐ 테일러의 원리(Taylor's theory) : 한계 게이지에 의해 합격된 제품에 있어서도 축의 약간 구부림 형
상이나 구멍의 요철, 타원 등을 가려내지 못하기 때문에 끼워 맞춤이 안되는 경우가 있다. 이러한
현상을 영국의 테일러(W.Taylor)가 처음으로 발표했는데 테일러의 원리를 요약하면 다음과 같다.
"통과측의 모든 치수는 동시에 검사되어야 하고, 정지측은 각 치수를 개개로 검사하여야 한다."

③ 기타 게이지류

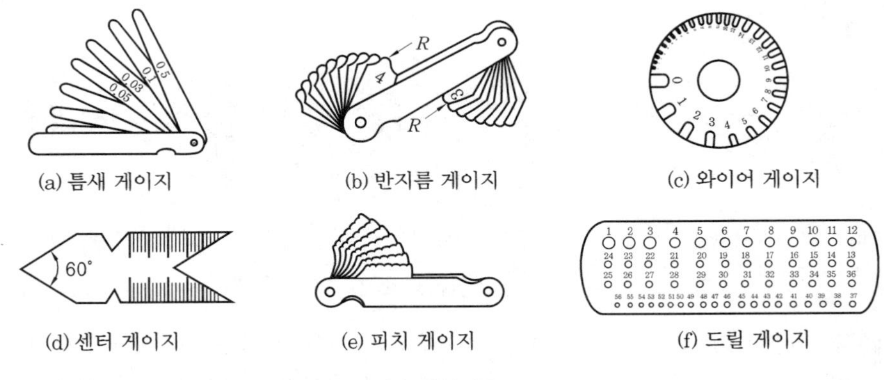

기타 게이지류

㈎ 틈새 게이지(thickness gauge, clearance gauge, feeler gauge)
　㉮ 미세한 간격, 틈새 측정에 사용된다[그림 (a)].
　㉯ 박강판으로 두께 0.02~0.7mm 정도를 여러 장 조합하여 1조로 묶은 것이다.
　㉰ 몇 가지 종류의 조합으로 미세한 간격을 비교적 정확히 측정할 수 있다.
㈏ 반지름 게이지(radius gauge)
　㉮ 모서리 부분의 라운딩 반지름 측정에 사용된다.
　㉯ 여러 종류의 반지름으로 된 것을 조합한다[그림 (b)].
㈐ 드릴 게이지(drill gauge) : 직사각형의 강판에 여러 종류의 구멍이 뚫려 있어서 여기에 드릴을 맞추
어 보고 드릴의 지름을 측정하는 게이지이다. 번호로 표시하거나 지름으로 표시하며, 번호 표시의
경우는 번호가 클수록 지름이 작아진다[그림 (f)].
㈑ 센터 게이지(center gauge)
　㉮ 선반의 나사 바이트 설치, 나사깎기 바이트 공구각을 검사하는 게이지이다.
　㉯ 미터 나사용(60°)과 휘트 워드 나사용(55°) 및 애크미 나사용이 있다[그림 (d)].
㈒ 피치 게이지(나사 게이지 : pitch gauge, thred gauge) : 나사산의 피치를 신속하게 측정하기 위하
여 여러 종류의 피치 형상을 한데 묶은 것이며 mm계와 inch계가 있다.
㈓ 와이어 게이지(wire gauge)
　㉮ 철사의 지름을 번호로 나타낼 수 있게 만든 게이지이다.
　㉯ 구멍의 번호가 커질수록 와이어의 지름은 가늘어진다[그림 (c)].
㈔ 테이퍼 게이지(taper gauge) : 테이퍼의 크기를 측정하는 게이지이다.

예 상 문 제

1. 다음 중에서 길이 측정기가 아닌 것은?

㉮ 마이크로미터 　　㉯ 내경 퍼스
㉰ 버니어 캘리퍼스 　㉱ 서피스 게이지

2. 다음 중 석정반의 장점이 아닌 것은?

㉮ 밀착이 잘 된다. 　㉯ 온도에 의한 변형이 크다.
㉰ 수명이 길다. 　　㉱ 경년 변화가 없다.

3. 외경 마이크로미터 측정 범위의 종류가 아닌 것은?

㉮ 0～25mm 　　㉯ 25～50mm
㉰ 50～75mm 　　㉱ 100～150mm

[해설] 마이크로미터의 측정 범위는 25mm 단위로 되어 있는 것이 보통이다.

4. 드릴의 홈 지름과 같은 골경의 측정에 쓰이는 것은?

㉮ 내측 마이크로미터
㉯ 포인트 마이크로미터
㉰ 지시 마이크로미터
㉱ 기어 이두께 마이크로미터

5. 다음은 마이크로미터의 사용상 주의점을 든 것이다. 옳지 않은 것은?

㉮ 마이크로미터는 눈금이 작으므로 천천히 정확히 측정해야 한다.
㉯ 동일한 장소에서 5회 이상 측정하여 평균치를 낸다.
㉰ 사용 전에 0점 확인을 한다.
㉱ 체온에 의한 오차를 줄이기 위해 스탠드 사용이 바람직하다.

6. 와이어 게이지는 번호가 높을수록 와이어 지름이 어떻게 되는가?

㉮ 커진다. 　　　㉯ 작아진다.
㉰ 불변한다. 　　㉱ 커졌다가 작아진다.

7. 다음 게이지에 대한 설명 중 틀린 것은?

㉮ 레이디어스 게이지 : 지름 측정
㉯ 피치 게이지 : 나사 피치 측정
㉰ 센터 게이지 : 선반의 나사 바이트 고정이나 나사 각도 측정
㉱ 티크니스 게이지 : 미세한 간격(두께) 측정

8. 틈새 게이지(간격 게이지)의 1조는 보통 몇 장인가?

㉮ 9～22장 　　㉯ 10～33장
㉰ 15～25장 　　㉱ 18～33장

[해설] 틈새 게이지는 mm식과 in식이 있으며, 제일 얇은 판의 두께가 0.04mm(0.015″)에서 1/100～1/10mm 간격으로 9～22장이 묶여 있다.

9. 반지름을 측정하는 것은?

㉮ 시크니스 게이지 　㉯ 레이디어스 게이지
㉰ 센터 게이지 　　㉱ 사인 바

10. 한계 게이지 마모 여유는 어디에다 두는가?

㉮ 정지측 　　　㉯ 여유 안둠
㉰ 통과측 　　　㉱ 양쪽 모두

11. 스냅 게이지가 측정하는 곳은?

㉮ 안지름 　　　㉯ 바깥지름
㉰ 두께 　　　　㉱ 틈새

12. 구멍의 안지름 측정에 쓰이는 것은?

㉮ 롤러 게이지 　　㉯ 플러그 게이지
㉰ 와이어 게이지 　㉱ 링 게이지

13. mm식 자는 눈금이 십진법으로 되어 있다. 인치식 자에는 1인치(25.4mm)를 몇 등분한 눈금이 새겨 있는가?

㉮ 5 　　㉯ 6 　　㉰ 8 　　㉱ 10

[해설] 인치식 자는 1인치를 8등분한 1/8인치를 기준 눈금으로 하기 때문에 읽기가 힘들다. 8등분된 1인치를 다시 16등분, 32등분, 64등분, 128등분하여 작은 눈금을 새겨서 재게 되어 있다. 예를 들어서 인치식 자에 16이라고 씌어 있다면 이는 최소의 1눈금이 1/16인치를 나타낸다는 뜻이다.

14. 다음 그림은 M형 버니어 캘리퍼스의 본척과 부척을 나타낸 것이다. 맞게 읽은 것은?

㉮ 7.1mm
㉯ 7.2mm
㉰ 7.3mm
㉱ 7.4mm

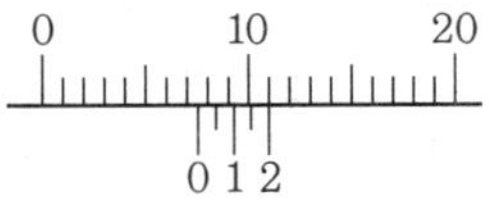

15. KS B 5203에 규정된 버니어 캘리퍼스의 종류

가 아닌 것은?

㉮ C형
㉯ M형
㉰ CB형
㉱ CM형

16. 버니어 캘리퍼스에 대한 설명 중 틀린 것은?

㉮ 아버의 원리에 맞는 구조가 아니다.
㉯ 정압장치가 없기 때문에 불필요한 측정력을 주어서는 안된다.
㉰ 조의 선단쪽으로 될 수 있는 한 피측정물을 물리는 것이 좋다.
㉱ 측정면의 돌기부는 오일 스톤(oil stone)으로 수정한다.

[해설] 조의 선단은 측정면으로서 마모가 크면 정밀도가 떨어지며, 선단은 오차가 생길 염려가 많다.

17. 버니어 캘리퍼스 부척의 한 눈금은 본척의 $n-1$개의 눈금을 n등분한 것이다. 본척의 한 눈금이 A라고 한다면 측정 가능한 최소치는?

㉮ $\dfrac{A}{n}$
㉯ $\dfrac{n}{A}$
㉰ $\dfrac{A}{A-1}$
㉱ $\dfrac{n-1}{A}$

18. M형 캘리퍼스는 본척 눈금이 1mm이며, 부척의 눈금은 19mm를 20등분한 것인데 측정 가능한 최소치는?

㉮ $\dfrac{1}{5}$ mm
㉯ $\dfrac{1}{10}$ mm
㉰ $\dfrac{1}{15}$ mm
㉱ $\dfrac{1}{20}$ mm

19. 버니어 캘리퍼스 중에서 CB형과 CM형은 몇 mm 이하의 안지름 측정이 불가능한가?

㉮ 5mm
㉯ 10mm
㉰ 12mm
㉱ 15mm

[해설] CB형은 10~20mm, CM형은 10mm 이하의 작은 안지름은 측정할 수 없다.

20. 부척을 사용하여 길이를 측정하며 1/20mm, 1/50mm까지 정밀 측정이 가능한 것은?

㉮ 버니어 캘리퍼스
㉯ 마이크로미터
㉰ 캘리퍼스
㉱ 다이얼 게이지

[해설] 캘리퍼스(calipers) : 두 다리의 끝을 공작물에 대고 그 벌어짐을 자에 맞추어 보고 환봉이나 구멍의 지름을 측정하는 기구로서 외경 퍼스와 내경 퍼스가 있다.

21. 원척의 한 눈금이 1mm일 때 0.05mm까지 측정하려고 한다. 부척의 눈금은?

㉮ 부척 눈금은 원척 20mm를 19등분
㉯ 부척 눈금은 원척 19mm를 20등분
㉰ 부척 눈금은 원척 1mm를 20등분
㉱ 부척 눈금은 원척 99mm를 100등분

22. M1형 버니어 캘리퍼스로서 지름이 작은 구멍을 측정할 때, 다음 중 맞는 것은?

㉮ 실제 지름보다 크게 측정된다.
㉯ 실제 지름보다 작게 측정된다.
㉰ 실제 지름과 같게 측정된다.
㉱ 측정하는 사람에 따라 다르다.

23. 버니어 캘리퍼스의 크기를 나타내는 것은?

㉮ 조의 길이
㉯ 측정 가능한 최대 길이
㉰ 어미자의 최소 눈금
㉱ 아들자의 최소 눈금

24. 버니어 캘리퍼스 사용 시 주의사항으로 옳지 않은 것은?

㉮ 측정 시 시차(parallex)를 없애기 위해 눈금과 직각 위치에서 읽는다.
㉯ 정압 장치가 있으므로 무리한 힘을 주어서는 안된다.
㉰ 깨끗한 헝겊으로 닦아서 슬라이딩이 좋게 한다.
㉱ 측정 전에 측정면 검사와 0점을 일치한다.

25. 마이크로미터 측정면의 평면도 검사 중 백색광에 의한 적색 간섭무늬 1개는 평면도의 오차를 얼마로 계산하는가?

㉮ 1μ
㉯ 0.52μ
㉰ 0.42μ
㉱ 0.32μ

26. 외측 마이크로미터에서 스핀들의 이송 오차는 $\pm2\mu$ 이하이어야 한다. 최대 측정 길이가 75mm 이하일 때 인정되는 종합 오차는?

㉮ $\pm2\mu$
㉯ $\pm3\mu$
㉰ $\pm4\mu$
㉱ $\pm5\mu$

[해설] 종합 오차는 KS B 5202에 규정되어 있으며 다음과 같다.

최대측정길이(mm)	종합오차(μ)	최대측정길이(mm)	종합오차(μ)
75이하	±2	300초과 375이하	±6
75초과 150이하	±3	375초과 450이하	±7
150초과 255초과	±4	450초과 500이하	±8
225초과 300이하	±5		

27. 마이크로미터의 원리를 설명한 것 중 맞는 것은?

㉮ 길이의 변화를 나사의 회전각과 지름에 의하여 확대시켜 만든 것이다.

㉯ 길이의 변화를 광파장의 주파수에 맞추어서 만든 것이다.

㉰ 길이의 변화를 나사의 피치 간격으로 나누어서 축소시켜 만든 것이다.

㉱ 길이의 변화를 나사의 회전각으로 바꾸어서 만든 것이다.

[해설] 마이크로미터는 길이의 변화를 나사의 회전각과 지름에 의해서 확대된 길이에 눈금을 붙여서 미소한 길이 변화를 측정할 수 있게 한 것이다.

28. 마이크로미터의 측정면의 평면도를 검사하는 기구는?

㉮ 투영기

㉯ 공구 현미경

㉰ 옵티컬 플랫

㉱ 하이트 마이크로미터

[해설] 옵티컬 플랫(optical flat : 광선 정반)을 이용해서 백색광에 의한 적색 간섭무늬의 수에 의해서 측정한다. 일반적으로 적색 간섭무늬 1개를 0.32μ(적색광의 반파장)으로 계산한다.

29. 마이크로미터에 사용되는 나사는?

㉮ 테이퍼 나사

㉯ 3각 나사

㉰ 관용 나사

㉱ 애크미 나사

30. 마이크로미터의 슬리브의 최소 눈금이 A이고, 딤블이 N등분 되어 있다면 최소 눈금 C를 나타내는 식은?

㉮ $C = N \times A$

㉯ $C = 2/N \times A$

㉰ $C = 1/N \times A$

㉱ $C = N/A$

31. 외측 마이크로미터에서 측정력을 주는 장치는?

㉮ 앤빌 　㉯ 래칫 　㉰ 심블 　㉱ 클램프

[해설] 피측정물에 스핀들을 접촉시킨 후에 래칫 슬리브를 1.5~2회전시키면 된다. 이때의 슬리브 1.5~2회전은 손가락으로 래칫을 3~4회 돌리는 것에 해당된다.

32. 외측 마이크로미터의 기준봉이나 블록 게이지

등의 양측 정면이 평행이 되도록 지지하는 점($a = 0.2113l$)을 무엇이라 하는가?

㉮ 베셀점(bassel point)

㉯ 에어리 점(airy point)

㉰ 사안점(change point)

㉱ 로트(lot)

[해설] • 베셀점 : 봉형의 내측 마이크로미터나 중립면 상에 눈금을 새긴 선도기와 같이 전장의 오차를 최소로 하도록 지지하는 점($a = 0.2203l$) / • 사안점 : 레버 크랭크 기구에서의 사안점 / • 로트 : 제품, 반제품, 원료 등의 단위체나 단위량

33. 마이크로미터의 측정 오차 중에서 구조상으로부터 오는 오차의 종류가 아닌 것은?

㉮ 아베의 원리에 의한 오차

㉯ 시차(parallax)에 의한 오차

㉰ 측정력에 의한 오차

㉱ 온도에 의한 오차

[해설] ㉱항은 사용상에서 오는 오차에 속하며, 자세에 의한 오차, 휨에 의한 오차, 먼지에 의한 오차 등이 있다.

34. 다음 중 아베의 원리에 맞는 구조를 가진 측정기는?

㉮ M1형 버니어 캘리퍼스

㉯ 캘리퍼스형 내측 마이크로미터

㉰ M2형 버니어 캘리퍼스

㉱ 단체형 내측 마이크로미터

35. 본척의 눈금의 이동이 가능하여 0점 조정을 할 수 있는 하이트 게이지는?

㉮ HB형

㉯ HM형

㉰ HT형

㉱ HA형

36. 마이크로미터의 설명 중 틀린 것은?

㉮ 나사의 회전에 따른 전진을 이용한 것이다.

㉯ 보통 1/100mm까지의 측정이 가능하다.

㉰ 래칫 스톱은 적어도 2회 이상 공전시킨 후 눈금을 읽는다.

㉱ 단 1회의 측정으로 참값을 얻을 수 있는 측정기이다.

37. 나사 마이크로미터가 측정하는 것은?

㉮ 나사 골지름

㉯ 나사 호칭 지름

㉰ 나사 유효 지름

㉱ 나사 바깥지름

38. 나사 피치가 0.5mm인 마이크로미터에서 심블의 원주 눈금이 100등분되었다면 측정 가능한 최소치는?

㉮ 0.01mm   ㉯ 0.001mm
㉰ 0.005mm   ㉱ 0.05mm

39. 1300~1500mm 정도의 안지름 측정 시 적당한 것은?

㉮ 한계 게이지
㉯ 바형 내측 마이크로미터
㉰ 마이크로미터
㉱ 버니어 캘리퍼스

40. 마이크로미터에서 45°의 시차에 의한 오차는 대강 얼마인가?

㉮ $\pm 0.2 \sim 1\mu$ ㉯ $\pm 1 \sim 2\mu$
㉰ $\pm 2 \sim 3\mu$ ㉱ $\pm 3 \sim 7\mu$

41. 측정 범위가 0~25mm인 마이크로미터의 측정력은 얼마인가?

㉮ 300~400g   ㉯ 400~600g
㉰ 600~800g   ㉱ 800~850g

42. 다음 마이크로미터에 나타난 측정값은?

㉮ 5.25
㉯ 7.28
㉰ 7.78
㉱ 5.35

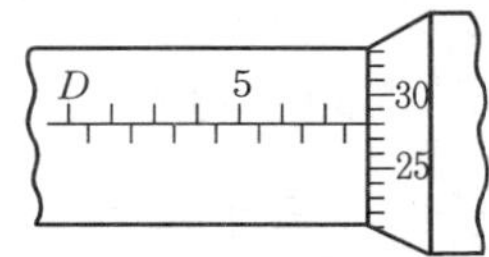

43. 마이크로미터 0점 조정 시 슬리브 기선과 심블의 눈금 차이가 하나 이하일 때는 무엇을 돌려야 하나?

㉮ 슬리브   ㉯ 심블
㉰ 래칫 스톱   ㉱ 클램프

44. 마이크로미터의 종합 정도 검사 시 기준이 되는 것은?

㉮ 다이얼 게이지   ㉯ 블록 게이지
㉰ 옵티컬 플레이트   ㉱ 버니어 캘리퍼스

45. 외경 마이크로미터에서 프레임의 우측에 있는 클램프의 역할은?

㉮ 스핀들 고정   ㉯ 앤빌의 고정
㉰ 래칫 스톱의 고정   ㉱ 심블의 고정

46. 하이트 게이지의 호칭치수가 아닌 것은?

㉮ 200mm   ㉯ 300mm
㉰ 600mm   ㉱ 1000mm

47. 하이트 게이지의 사용 목적 중 틀린 것은?

㉮ 실제 높이를 측정할 수 있다.
㉯ 금긋기를 할 수 있다.
㉰ 다이얼 게이지를 붙여 비교 측정할 수 있다.
㉱ 안지름을 측정할 수 있다.

48. 다음 중 가장 많이 사용되는 하이트 게이지는?

㉮ HT형   ㉯ HB형
㉰ HM형   ㉱ CB형

49. 측정기 본체에 표준자를 가지고 측정물을 이것과 비교하여 직접 치수를 측정할 수 있는 측정기를 무엇이라 하는가?

㉮ 측장기   ㉯ 콤퍼레이터
㉰ 다이얼 게이지   ㉱ 마이크로 인디케이터

50. 정밀 게이지 측정에 쓰이며 1~2m 되는 것도 높은 정밀도로 측정할 수 있는 것은?

㉮ 블록 게이지   ㉯ 5m 권척
㉰ 측장기   ㉱ 다이얼 게이지

51. 비교 측정기가 아닌 것은?

㉮ 미니미터   ㉯ 다이얼 게이지
㉰ 공기 마이크로미터   ㉱ 블록 게이지

52. 그림과 같이 테이퍼 1/30의 검사를 할 때 A에서 B까지 다이얼 게이지를 이동시키면 다이얼 게이지의 차이는 몇 mm인가?

㉮ 1.5mm
㉯ 2mm
㉰ 2.5mm
㉱ 3mm

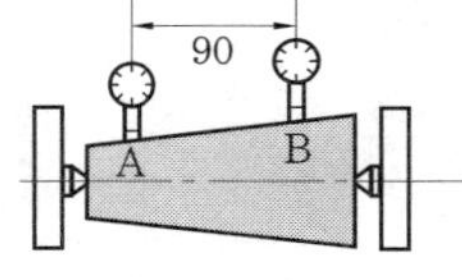

[해설] $\dfrac{1}{30} = \dfrac{a-b}{90}$, $a-b = \dfrac{90}{30} = 3$mm

a라는 것은 A점의 지름이고, b는 B점의 지름이므로 A점에서의 높이와 B점에서 높이의 차는 그 절반값이 된다. 그러므로 3÷2=1.5(mm)가 된다.

53. 1mm 이상을 측정하는 다이얼 게이지에서 장침이 1회전할 때 단침은 몇 눈금 움직이는가?

㉮ 1눈금 ㉯ 2눈금
㉰ 3눈금 ㉱ 4눈금

54. 1/100~10mm의 다이얼 게이지의 후퇴 오차는 얼마인가?

㉮ 1μ ㉯ 2μ ㉰ 2.5μ ㉱ 3μ

55. 다이얼 게이지에 의한 진원도 측정 방법이 아닌 것은?

㉮ 촉침법 ㉯ 3점법
㉰ 직경법 ㉱ 반경법

56. 다이얼 게이지의 보관 또는 취급 시 주의사항이 아닌 것은?

㉮ 충격에 주의해야 한다.
㉯ 방청유를 칠하여 보관한다.
㉰ 사용 후에는 깨끗한 헝겊으로 닦아서 보관한다.
㉱ 건조한 곳에 보관해야 한다.

57. 다이얼 게이지에 대한 설명 중 잘못된 것은?

㉮ 같은 급수에서는 측정 범위가 큰 쪽이 정밀도가 낮다.
㉯ 후퇴 오차는 규정하지 않는다.
㉰ 측정 범위가 같은 경우 특급 쪽의 정밀도가 가장 높다.
㉱ 최소 눈금 범위는 $\frac{1}{100}$mm~$\frac{1}{1000}$mm까지 읽을 수 있다.

[해설] 다이얼 게이지(0.01mm 눈금)의 정밀도

측정 범위	광범위 정밀도			후퇴 오차			중범위 정밀도	좁은범위 정밀도
	1급	2급	특급	1급	2급	특급		
5mm	10μ 이하	15μ 이하	5μ 이하	3μ 이하	3μ 이하	2μ 이하	7μ 이하	3μ 이하
10mm	15μ 이하	25μ 이하	10μ 이하					

58. 다이얼 게이지에 대한 설명 중 옳은 것은?

㉮ 스핀들의 급유는 동물유를 사용한다.
㉯ 레버식 다이얼 게이지쪽이 스핀들식보다 측정압이 크다.
㉰ 레버식은 좁은 장소의 측정에 적합하다.
㉱ 다이얼 게이지 단독으로 측정할 수 있다.

[해설] 레버식 다이얼 게이지는 측정 압력이 매우 작은 30g 정도로 최소 눈금은 0.01mm, 지시 범위는 ±0.4mm 정도가 많으나, 최근에는 최소 눈금이 2μ 정도의 것이 제작되고 있다. 이것은 스핀들식 다이얼 게이지가 사용될 수 없는 좁은 장소나 작은 구멍의 내부를 측정하는 데 매우 편리하여 테스트 인디케이터(test indicator)로도 많이 이용된다.

59. 표준편인 블록 게이지에 −2μ의 오차가 있는 것으로 세팅된 다이얼 게이지로 측정한 결과 25.035 mm를 얻었다면 실치수는?

㉮ 25.033mm ㉯ 25.035mm
㉰ 25.037mm ㉱ 25.039mm

60. 블록 게이지의 설명 중 틀린 것은?

㉮ 접속한 그대로 보관해야 표면이 상하지 않는다.
㉯ 접속 시 질이 좋은 기름을 얇게 바르면 좋다.
㉰ 측정기의 검사 및 기준용으로 널리 쓰인다.
㉱ 최소의 개수로 소요의 길이를 만드는 것이 좋다.

61. 블록 게이지를 완성시키는 것은?

㉮ 래핑 ㉯ 연삭
㉰ 호닝 ㉱ 슈퍼 피니싱

62. 블록 게이지의 열팽창 계수는 보통 얼마인가?

㉮ $(11.5\pm1.0)+10^{-6}/℃$
㉯ $(11.5\pm1.0)-10^{-6}/℃$
㉰ $(11.5\pm1.0)\times10^{-6}/℃$
㉱ $(11.5\pm1.0)\div10^{-6}/℃$

63. 슬립 게이지라고도 하며 정확한 치수로 제작된 수십 개의 조각으로 이루어진 측정기는?

㉮ 블록 게이지 ㉯ 버니어 캘리퍼스
㉰ 옵티 미터 ㉱ 콤비네이션 세트

64. 블록 게이지를 밀착시키는 세기의 힘은?

㉮ 10~30kg ㉯ 20~40kg
㉰ 40~60kg ㉱ 50~70kg

65. 블록 게이지의 세척제로서 부적당한 것은?

㉮ 벤젠 ㉯ 휘발유
㉰ 알코올 ㉱ 석유

66. 블록 게이지의 등급이 정밀한 것부터 나열된 것은?

[정답] 54. ㉯ 55. ㉮ 56. ㉯ 57. ㉯ 58. ㉰ 59. ㉮ 60. ㉮ 61. ㉮ 62. ㉰ 63. ㉮ 64. ㉯ 65. ㉱ 66. ㉱

㉮ 0-K-1-2　　　㉯ 2-1-0-K
㉰ 0-1-2-K　　　㉴ K-0-1-2

67. 표준용 블록 게이지의 등급은?

㉮ 2　　　㉯ 1　　　㉰ 0　　　㉴ K

68. 기계, 공구 등의 검사용 블록 게이지의 등급은?

㉮ K　　　㉯ 0　　　㉰ 1　　　㉴ 2

69. 블록 게이지 사용 시 링잉(wringing)이란?

㉮ 두 조각을 눌러 밀착시키는 것
㉯ 개수를 줄이는 것
㉰ 블록 게이지의 보호 장치
㉴ 여러 개를 조립하여 규정 치수로 만든 것

70. 블록 게이지 측정면의 평면도, 밀착 상태, 돌기의 유무를 알아보는 데 사용되는 것은 무엇인가?

㉮ 정반　　　　　㉯ 옵티컬 플레이트
㉰ 공구 현미경　　㉴ 옵티컬 패럴렐

71. 다음 중 블록 게이지의 종류가 아닌 것은?

㉮ 요한슨 형　　　㉯ 자이러 형
㉰ 호크 형　　　　㉴ 캐리형

72. 다음 중 블록 게이지의 윤활용 기름으로 사용되는 것은?

㉮ 극압유　　　　㉯ 알코올
㉰ 경유　　　　　㉴ 스핀들유

73. 블록 게이지의 취급사항 중 틀린 것은?

㉮ 먼지가 적고 습기가 있는 실내에서 사용할 것
㉯ 나무나 천 위에서 사용할 것
㉰ 측정면은 잘 세탁된 천으로 닦을 것
㉴ 사용 후에는 반드시 방청유를 발라 둘 것

74. 블록 게이지의 밀착력과 관계 있는 것은?

㉮ 측정면의 평행도　　㉯ 측정면의 평면도
㉰ 측정면의 경도　　　㉴ 치수 오차

75. 전기 마이크로미터의 장점이 아닌 것은?

㉮ 고 배율이 얻어진다.
㉯ 릴레이(relay) 신호 발생이 쉽다.
㉰ 유동적인 피측정물도 측정이 가능하다.

㉴ 디지털 표시가 용이하다.

76. 한계 게이지의 설명 중 맞는 것은?

㉮ 일감의 치수가 허용한계 내에 있는가를 재지만 마이크로미터 측정보다는 속도가 느리다.
㉯ 양쪽 모두 통과해야 공작물 측정이 가능하다.
㉰ 한계 게이지는 구멍용 게이지와 축용 게이지의 두 종류가 있다.
㉴ 스냅형의 한계 게이지에서는 최대 허용치수는 정지측으로 한다.

77. 다음 중 구멍용 한계 게이지가 아닌 것은?

㉮ 테보 게이지　　　㉯ 스냅 게이지
㉰ 플러그 게이지　　㉴ 판형 플러그 게이지

[해설] •축용 한계 게이지 : 링 게이지, 스냅 게이지류 등 / •구멍용 한계 게이지 : 원통형 플러그, 판형 플러그 게이지, 봉 게이지, 테보 게이지 등

78. 한계 게이지의 측정은?

㉮ 한 쪽은 통과하고 다른 한 쪽은 통과하지 않을 때 공차 내에 있음을 안다.
㉯ 양쪽 모두 통과하여야 공차 내에 있음을 안다.
㉰ 양쪽 모두 통과하지 않아야 공차 내에 있음을 안다.
㉴ 통과되는 쪽은 언제나 헐겁게 통과되어야 한다.

79. 다량의 제품이 치수 허용 범위에 있는가를 검사하는 데 적합한 것은?

㉮ 마이크로미터　　㉯ 다이얼 게이지
㉰ 곧은 자　　　　㉴ 한계 게이지

80. 한계 나사 게이지를 사용하여 나사를 검사할 때, 정지측이 최대 어느 정도 들어가면 합격하는가?

㉮ 1회전　　　　㉯ 2회전
㉰ 3회전　　　　㉴ 4회전

[해설] 정지측이 1회전만 하거나 들어가지 않으면 양호한 나사이다.

81. 플러그 게이지에 대한 설명 중 옳은 것은?

㉮ 진원도도 검사할 수 있다.
㉯ 통과측이 통과되지 않을 경우는 기준 구멍

보다 큰 구멍이다.

㉲ 이 게이지는 공차 내에 있고 없음만을 검사
할 수 있다.

㉳ 정지측 쪽이 통과측보다 마열이 심하다.

[해설] 한계 게이지는 제품의 한계 치수(최대 허용 치수
와 최소 허용 치수)를 양 단면에 마련한 한 쌍의 게이지
로 통과측과 정지측으로 되어 있다. 플러그 게이지에서
는 통과측의 원통부 쪽이 정지측의 원통부보다 작으므로
통과측이 들어가고 정지측이 정지하면 그 구멍은 최소 허
용 치수보다 크므로 공차 내에 있음을 보여 주고 있다.

82. 유량식 공기 마이크로미터에서 틈새와 유량과의
간격으로 적당한 것은?

㉮ 0.025∼0.5mm   ㉯ 0.1∼0.3mm
㉰ 0.015∼0.2mm   ㉱ 0.001∼0.005mm

83. 다음 게이지 명과 용도가 잘못 짝지어진 것은?

㉮ 반지름 게이지 : 지름 측정
㉯ 피치 게이지 : 나사 피치 측정
㉰ 센터 게이지 : 선반의 나사 바이트 고정이나
나사 각도 측정
㉱ 간격 게이지 : 미세한 간격(두께) 측정

84. 높이 게이지와 테스트 인디케이터로 높이를 측
정할 때 필요 없는 것은?

㉮ 블록 게이지   ㉯ 하이트 마스터
㉰ 정반   ㉱ V블록

85. 공기 마이크로미터의 종류와 관계없는 것은?

㉮ 배압식   ㉯ 유량식
㉰ 유속식   ㉱ 유출식

[해설] ㉮, ㉯, ㉰ 항 외에 진공식이 있다.

86. 지름이 큰 원을 그릴 때 사용하는 측정기는?

㉮ 콤비네이션 베벨   ㉯ 스트레이트 에지
㉰ 옵티컬 플레이트   ㉱ 트로멜

87. 공기 마이크로미터의 장점은 어느 것인가?

㉮ 안지름 측정이 편리하다.
㉯ 디지털 지시가 용이하다.
㉰ 측정력이 많이 필요하다.
㉱ 고장이 많다.

[해설] 공기 마이크로미터의 장·단점은 다음과 같다.
• 장점 : ① 배율이 높다. ② 정밀도가 좋다. ③ 측정력
은 0에 가깝다. ④ 안지름 측정이 용이하다. ⑤ 다원 측
정, 자동 제어가 가능하다. ⑥ 타원, 테이퍼, 진원도, 편
심, 평형도, 직각도 등의 측정을 간단히 할 수 있다. /
• 단점 : ① 응답 시간이 늦다. ② 디지털 지시가 불가
능하다. ③ 표면이 거칠면 측정값에 신빙성이 없다. ④
지시 범위가 작아 공차가 큰 것은 측정이 불가능하다.
⑤ 압축 공기원이 필요하다.

88. 배압식 공기마이크로미터의 0점 조정은 무엇으
로 하는가?

㉮ 압력 조정기   ㉯ 노즐
㉰ 조정 밸브   ㉱ 조리개

[해설] 조리개는 배율을 조정한다.

89. 다음 중 지침 측미기가 아닌 것은?

㉮ 복식 레버 지침 측미기
㉯ 기어 레버 측미기
㉰ 단일 레버 지침 측미기
㉱ 레버 기어식 지침 측미기

◉ 3. 각도, 평면 및 테이퍼 측정

3-1 각도 측정

① 분도기와 만능 분도기
① 분도기(protractor) : 가장 간단한 측정 기구로서 주로 강판제의 원형 또는 반원형으로 되어 있다.
② 만능 분도기(universal protractor) : 정밀 분도기라고도 하며, 버니어에 의하여 각도를 세밀히 측정할 수 있다. 최소 눈금은 어미자 눈금판의 23°를 12등분한 버니어가 있는 것이 5′이고, 19°를 20등분한 버니어가 붙은 것이 3′이다.

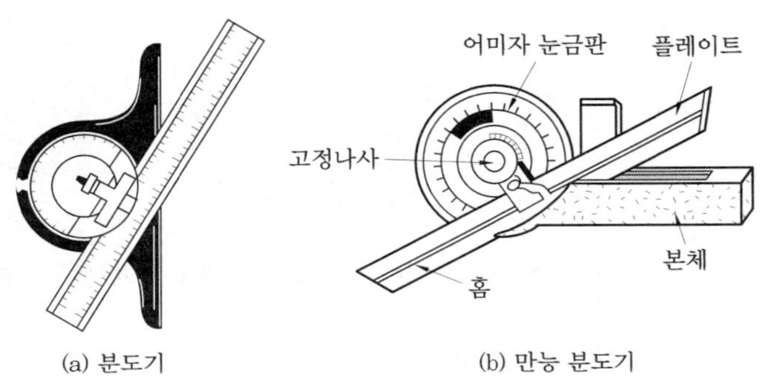

(a) 분도기　　　(b) 만능 분도기　　　(c) 아들자와 몸체의 눈금에 의한 각도 측정

분도기와 만능 분도기

③ 직각자(square) : 공작물의 직각도, 평면도 검사나 금긋기에 쓰인다.
④ 콤비네이션 세트(combination set) : 분도기에다 강철자, 직각자 등을 조합해서 사용하며, 각도의 측정, 중심내기 등에 쓰인다.

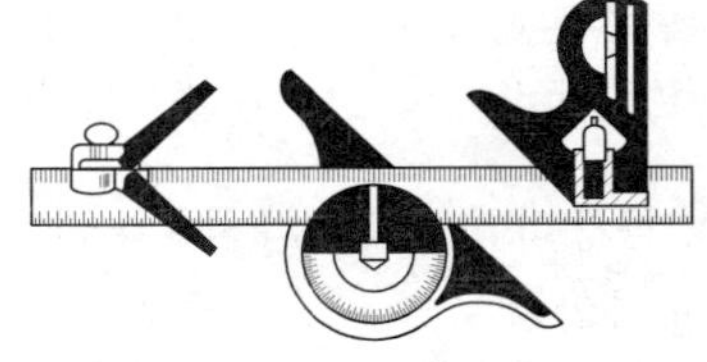

콤비네이션 세트

② 사인 바(sine bar)
사인 바는 블록 게이지 등을 병용하며, 삼각 함수의 사인(sine)을 이용하여 각도를 측정하고 설정하는 측정기이다.

① 각도 구하는 법
　(가) 본체 양단에 2개의 롤러를 조합한다. 이때 중심거리(사인 바의 호칭치수)는 일정하다. 즉, 사인 바의 길이(크기)는 양쪽 롤러의 중심거리로 한다.
　(나) 롤러 밑에 블록 게이지(block gauge)를 넣어서 양단의 높이를 H, h로 한다.
　(다) 각도 구하는 공식은

　　$\sin\phi = (H-h)/L, \quad H = L \cdot \sin\phi$ 　(여기서, H : 높은쪽 높이　h : 낮은쪽 높이　L : 사인 바의 길이)

　(라) 사인 바의 호칭치수는 100mm 혹은 200mm이다.

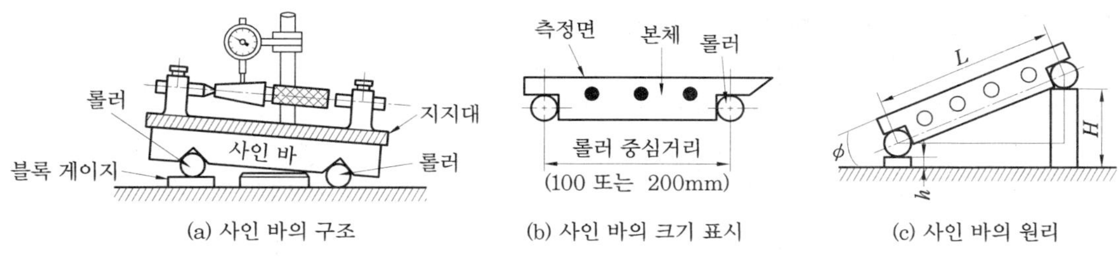

(a) 사인 바의 구조　　　(b) 사인 바의 크기 표시　　　(c) 사인 바의 원리

사인 바의 구조와 원리

② 각도 설정법

(가) 계산식에 의하여 블록 게이지 H와 h를 롤러 밑에 넣는다.

(나) 블록 게이지는 정확한 것을 선택한다.

(다) 각도 1°는 $H-h$를 1.75mm로 하면 된다.

③ 사인 바의 사용법

(가) 각도 ϕ가 45° 이상이면 오차가 커진다. 따라서 45° 이하의 각도 측정에 사용해야 한다.

(나) 사용 후엔 블록 게이지를 손질하여 원위치로 한다.

❸ 각도 게이지(angle gauge)

　길이 측정 기준으로 블록 게이지(block gauge)가 있는 것처럼 공업적인 각도 측정에는 각도 게이지가 있는데 이것은 폴리곤(polygon)경과 같이 게이지, 지그(jig), 공구 등의 제작과 검사에 쓰이며, 원주 눈금의 교정에도 편리하게 쓰인다.

① **요한슨식 각도 게이지(Johansson type angle gauge)** : 지그, 공구, 측정 기구 등의 검사에 없어서는 안되는 것이며, 박강판을 조합해서 여러 가지의 각도를 만들 수 있게 되어 있다.

(가) 길이 약 50mm, 폭 약 20mm, 두께 1.5mm 정도의 판 게이지 49개, 또는 85개가 한 조로 되어 있다.

(나) 이 중 한 개 또는 적당한 것을 2개 결합해서 임의의 각도로 만들어 쓴다.

(다) 각도 형성

　㉮ 85개 조는 0~10°와 350~360° 사이의 각도를 1° 간격으로, 그 외의 각도를 1분 간격으로 만들 수 있다.

　㉯ 49개 조는 0~10°와 350~360° 사이의 각도를 1° 간격으로, 그 외의 각도를 5분 간격으로 만들 수 있다. 다음 [그림]은 게이지의 조합 예이다.

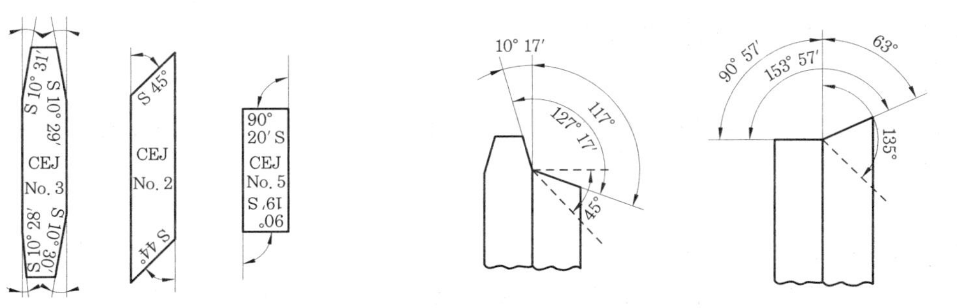

요한슨식 각도 게이지　　　　　**요한슨식 각도 게이지 조합 예**

② NPL식 각도 게이지(NPL type angle gauge)

(가) 길이 약 90mm, 폭 약 15mm의 측정면을 가진 쐐기형의 열 처리된 블록으로 각각 6초 · 18초 · 30초, 1분 · 3분 · 9분 · 27분, 1° · 3° · 9° · 27° · 41°의 각도를 가진 12개의 게이지를 한 조로 한다(고정도의 측정용으로는 6초, 18초, 30초 대신에 3초, 9초, 27초를 쓴다).

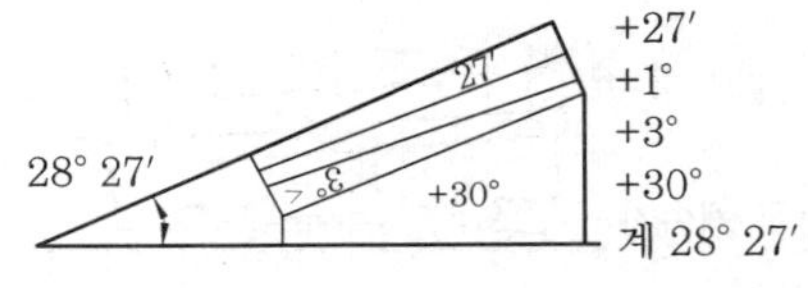

NPL식 각도 게이지의 조합 예

(나) 이들 게이지를 2개 이상 조합해서 6초부터 81° 사이를 임의로 6초 간격으로 만들 수 있다.

(다) NPL식 각도 게이지는 측정면이 요한슨식(Johansson type) 각도 게이지보다 크며, 몇 개의 블록을 조합하여 임의의 각도를 만들 수 있고, 그 위에 밀착이 가능하여(홀더가 불필요) 현장에서도 많이 쓰고 있다.

(라) 1초라고 하는 것은 대단히 작은 각이며, 값이다. 조합 후의 정도는 개수에 따라 2~3초 정도이다.

④ 수준기

수준기는 수평 또는 수직을 측정하는 데 사용한다. 수준기는 기포관 내의 기포 이동량에 따라서 측정하며, 감도는 특종(0.01mm/m(2초)), 제1종(0.02mm/m(4초)), 제2종(0.05mm/m(10초)), 제3종(0.1mm/m(20초)) 등이 있다.

⑤ 광학식 각도계(optical protracter)

[그림]은 광학식 각도계의 구조이며 원주 눈금은 베이스(base)에 고정되어 있고, 원판의 중심축의 둘레를 현미경이 돌며 회전각을 읽을 수 있게 되어 있다.

⑥ 오토콜리메이터(auto collimator)

(가) 오토콜리메이션 망원경이라고도 부르며 공구나 지그 취부구의 세팅과 공작 기계의 베드나 정반의 정도 검사에 정밀 수준기와 같이 사용되는 각도기이다.

(나) 각도, 진직도, 평면도 측정의 대표적인 것이다.

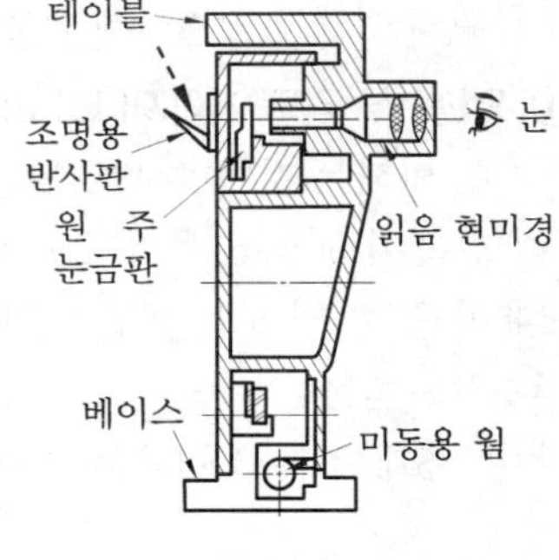

광학식 각도계

3-2 평면 측정

기계 가공 후 가공된 면이 울퉁불퉁한 것을 거칠기라고 한다. 이러한 거칠기가 작은 것은 평면도가 좋다고 할 수 있다.

① 평면도와 진직도의 측정

① **정반에 의한 방법** : 정반의 측정면에 광명단을 얇게 칠한 후 측정물을 접촉하여 측정면에 나타난 접촉점의 수에 따라서 판단하는 방법이다.

② **직선 정규에 의한 측정** : 진직도를 나이프 에지(knife edge)나 직각 정규로 재서 평면도를 측정한다.

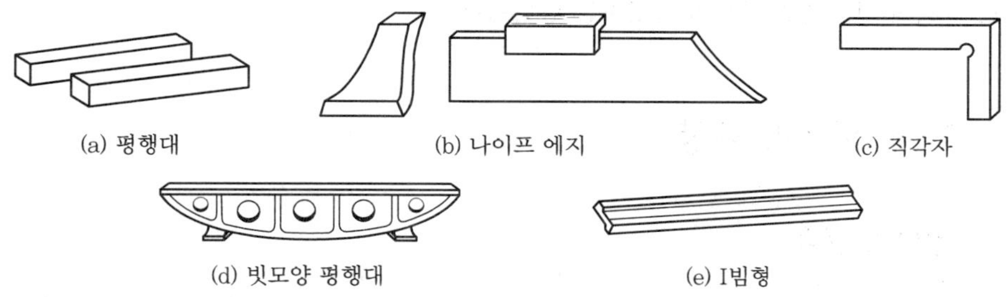

평면도 측정 공구

② 옵티컬 플랫(optical flat)

광학적인 측정기로서 비교적 작은 면에 매끈하게 래핑된 블록 게이지나 각종 측정자 등의 평면 측정에 사용하며, 측정면에 접촉시켰을 때 생기는 간섭무늬의 수로 측정한다.

① **간섭무늬에 의한 평면도 측정**

㈎ 완전한 평면은 간섭무늬가 없다.

㈏ 요철이 있는 경우 간섭무늬가 있으며 간섭무늬는 지도의 등고선과 같다.

㈐ 간섭무늬는 약 $0.32\mu(0.0032\text{mm})$마다 1개씩 나타난다.

㈑ 요철이 커지면 간섭무늬 간격이 좁게 나타난다.

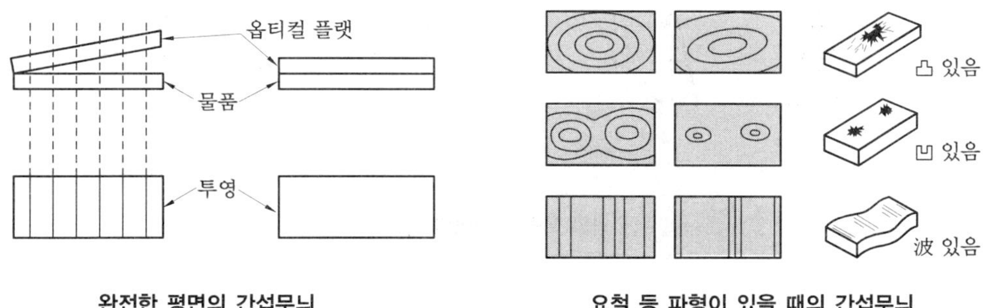

완전한 평면의 간섭무늬　　　　**요철 등 파형이 있을 때의 간섭무늬**

② **사용 주의**

㈎ 크라운 유리나 석영유리로 되어 있어 홈이 생기기 쉽다.

㈏ 바깥지름이 작기 때문에 같은 개소를 자주 쓰게 되어 마모가 심하므로 자주 점검한다.

㈐ 사용 전에 간섭무늬 형상, 홈, 돌기의 유무를 점검한 후 사용한다.

③ 공구 현미경(tool maker's microscope)

① **용도**

㈎ 현미경으로 확대하여 길이, 각도, 형상, 윤곽을 측정한다.

㈏ 정밀 부품 측정, 공구 치구류 측정, 각종 게이지 측정, 나사 게이지 측정 등에 사용한다.

② **종류** : 디지털(digital) 공구 현미경, 레이츠(leitz) 공구 현미경, 유니언(union) SM형, 만능 측정 현미경 등이 있다.

④ 투영기(profle projector)

광학적으로 물체의 형상을 투영하여 측정하는 방법이다.

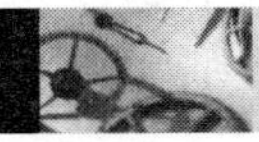

3-3 테이퍼 측정

① 테이퍼 측정법의 종류

테이퍼의 측정법에는 테이퍼 게이지(링 게이지와 플러그 게이지)·사인 바·각도 게이지에 의한 법,
접촉자에 의한 법, 공구 현미경 부분에 의한 법이 있다.

② 테이퍼 측정 공식

롤러와 블록 게이지를 접촉시켜서 M_1과 M_2를 마이크로미터로 측정하면 다음 식에 의하여 테이퍼 각
(α)을 구할 수 있다.

$$\tan \frac{\alpha}{2} = \frac{M_2 - M_1}{2H}$$

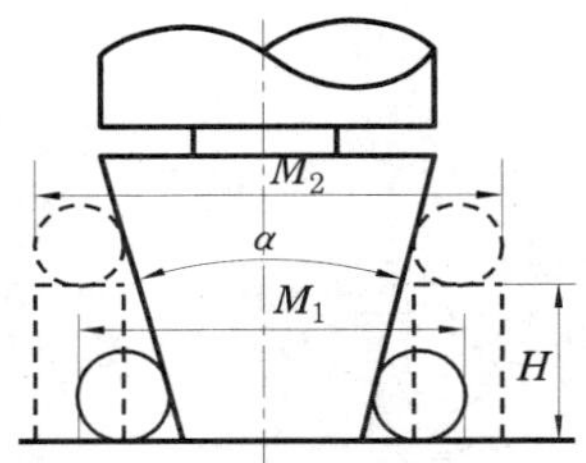

(a) 외경 테이퍼(롤러 사용)

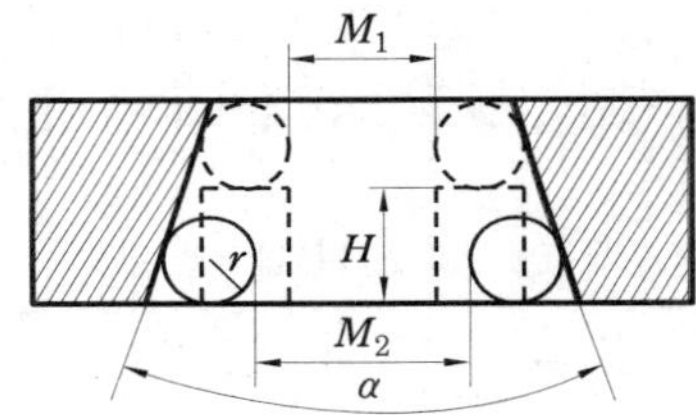

(b) 구멍 테이퍼(강구 사용)

롤러를 이용한 테이퍼 측정

1. 다음 중 사인 바의 크기는?

㉮ 양쪽에 달린 롤러 원주 길이
㉯ 전체 길이
㉰ 아래면의 길이
㉱ 양쪽 롤러의 중심거리

2. 사인 바로 각도 측정 시 오차가 심하게 되는 한계는?

㉮ 45°   ㉯ 30°
㉰ 20°   ㉱ 60°

3. 200mm의 사인 바에 의해서 30°를 만드는데 필요 없는 블록 게이지는?

㉮ 40   ㉯ 50   ㉰ 10   ㉱ 20

4. 콤비네이션 세트가 측정하는 것은?

㉮ 각도   ㉯ 평행도
㉰ 표면 거칠기   ㉱ 길이

5. 100mm의 사인 바에 의해서 30°를 만드는 데 필요한 블록 게이지가 다음과 같이 준비되어 있을 때 필요 없는 것은?

㉮ 40   ㉯ 20
㉰ 5.5   ㉱ 4.5

[해설] 사인 바에 의한 각도 측정은 $\sin\theta = \dfrac{H}{L}$ 이므로 $H = \sin\theta \times L = \sin30° \times 100 = 0.5 \times 100 = 50\text{mm}$ 이다. 그러므로 블록 게이지를 50mm가 되게 조합하면 된다.

6. 다음 각도의 단위에서 1rad(라디안)을 맞게 나타낸 것은?

㉮ $\dfrac{180°}{\pi}$ ㉯ $\dfrac{\pi}{180°}$ ㉰ $\dfrac{360°}{\pi}$ ㉱ $\dfrac{\pi}{360°}$

[해설] 라디안(radian) : 원의 반지름과 같은 길이의 호의 중심에 대한 각도로

$$1\text{rad} = \frac{r}{2\pi r} \times 360 = \frac{180°}{\pi} = 57.29577951°$$

7. 다음 중 각도 측정기가 아닌 것은?

㉮ 사인 바   ㉯ 센터 게이지
㉰ 분할대   ㉱ 피치 게이지

8. NPL식 앵글 게이지와 관계 없는 것은?

㉮ 9개조 또는 12개조

㉯ 길이 100mm, 폭 15mm의 쐐기 모양이다.
㉰ 웨지 블록 게이지라고도 한다.
㉱ 쐐기모양의 것을 더함으로써만 조합된다.

[해설] NPL식 각도 게이지(NPL type angle gauge) : 일명 웨지 블록 게이지라고도 하며, 6″, 18″, 30″, 1′, 3′, 9′, 27′, 1°, 3°, 9°, 27°, 41°의 각도를 가진 12개조(9개조도 있음.)가 1조로 되어 어느 것이나 결합하여 각도를 더하거나 빼서 사용한다.

9. 옵티컬 플랫에 의해 블록 게이지의 평면도를 측정하였더니 그림과 같은 간섭무늬가 나타났다. 이 블록 게이지의 평면도는 얼마인가? (단, $\dfrac{b}{a} = \dfrac{4}{5}$, $\lambda = 0.64\mu m$이다.)

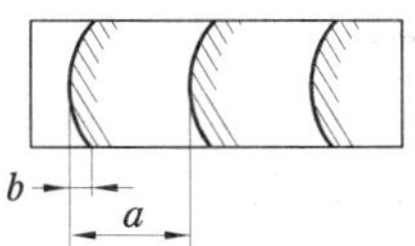

㉮ $0.03\mu m$ ㉯ $0.256\mu m$
㉰ $0.06\mu m$ ㉱ $0.543\mu m$

[해설] 평면도 $= \dfrac{b}{a} \times \dfrac{\lambda}{2}$ 로 구한다.

그러므로 $\dfrac{4}{5} \times \dfrac{0.64}{2} = 0.256\mu m$이다.

(a:무늬의 중심 간격, b:무늬의 휨량, λ:빛의 파장)

10. NPL식 각도 게이지의 정도는?

㉮ 1~2″   ㉯ 2~3″
㉰ 5″   ㉱ 7~9″

11. NPL식 각도 게이지와 관계 없는 것은?

㉮ 쐐기형 블록   ㉯ 12개조
㉰ 홀더   ㉱ 밀착이 가능

12. 각도를 측정하는 공구가 아닌 것은?

㉮ 수준기   ㉯ 오토콜리메이터
㉰ 한계 게이지   ㉱ 표준 테이퍼 게이지

13. 다음 테이퍼 값이 잘못된 것은?

㉮ 모스 테이퍼 : 약 1/20
㉯ 브라운 샤프 테이퍼 : 1/24
㉰ 자노 테이퍼 : 1/30
㉱ 내셔널 테이퍼 : 7/24

[해설] 자노 테이퍼 : 테이퍼 번호와 관계없이 항상 1/20

정답   **1.** ㉱   **2.** ㉮   **3.** ㉱   **4.** ㉮   **5.** ㉯   **6.** ㉮   **7.** ㉱   **8.** ㉱   **9.** ㉯   **10.** ㉮   **11.** ㉰   **12.** ㉰   **13.** ㉰

14. 가공면 측정에 사용되는 것이 아닌 것은?

㉮ 센터 게이지
㉯ 정반
㉰ 콤비네이션 세트
㉱ 옵티컬 플랫

15. 다음은 사인 바의 H값을 알아내는 공식이다. 알맞은 것은?

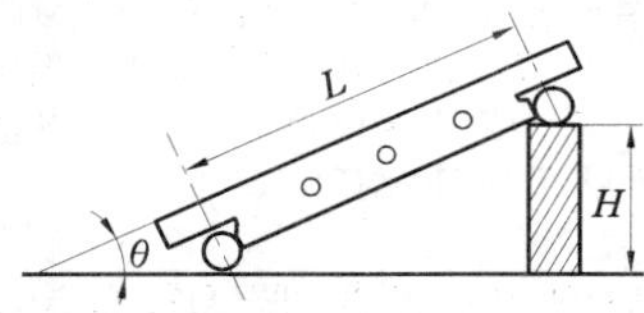

㉮ $H = L\sin\theta$

㉯ $H = \dfrac{L}{\sin\theta}$

㉰ $H = \dfrac{L\sin\theta}{2}$

㉱ $H = 2(L\sin\theta)$

16. 광선 정반을 측정면에 올려놓았더니 간섭무늬가 그림과 같이 나타났다. 이때 광선 정반을 가볍게 눌렀더니 화살표같이 간섭무늬가 가운데로 움직였다. 이때 중앙 부분의 상태는 어떠한가?

㉮ 양호한 평면이다.
㉯ 오목한 면이다.
㉰ 볼록한 면이다.
㉱ 중앙이 평면, 양단은 경사져 있다.

[해설] 광선 정반의 중심을 눌렀을 때 내측으로 움직이면 오목한 면, 외측으로 움직이면 볼록한 면을 나타낸다.

17. 옵티컬 플랫은 어느 원리를 이용한 것인가?

㉮ 빛의 직진 작용을 이용한 것이다.
㉯ 빛의 굴절을 이용한 것이다.
㉰ 빛의 간섭을 이용한 것이다.
㉱ 빛의 반사를 이용한 것이다.

18. 오토콜리메이터로 측정할 수 없는 것은?

㉮ 소음 측정
㉯ 진직도 측정
㉰ 미소 각도 측정
㉱ 평행도 측정

19. 평면의 측정 방법이 아닌 것은?

㉮ 오토콜리메이터에 의한 방법
㉯ 수준기에 의한 방법
㉰ 기준면에 의한 방법
㉱ 콤비네이션 세트에 의한 방법

[해설] ㉮, ㉯, ㉰항 이외에 시준기, 게이지, 측정 장치

의 6종류가 있다.

20. 옵티컬 플랫으로 측정한 측정면의 급수가 1급이면 다음 중 얼마인가?

㉮ 0.25μ
㉯ 0.05μ
㉰ 0.1μ
㉱ 0.2μ

[해설] 0급은 0.025μ, ㉰항은 2급, ㉱항은 3급으로 정해져 있다.

21. 옵티컬 플랫에서 평면도(F)를 구하는 식은?(단, a : 간섭무늬의 중심 간격(mm), b : 간섭무늬의 굽은 양(mm), λ : 사용하는 빛의 파장(μ))

㉮ $F = \dfrac{\lambda}{2} \times \dfrac{b}{a}[\mu]$

㉯ $F = \dfrac{a \cdot b \cdot \lambda}{2}[\mu]$

㉰ $F = \dfrac{2}{\lambda} \times \dfrac{b}{a}[\mu]$

㉱ $F = \dfrac{\lambda}{3} \times \dfrac{b}{a}[\mu]$

22. 공구 현미경과 투영기 가운데서 투영기를 사용하는 것이 좋은 것은?

㉮ 윤곽 곡선 측정
㉯ 나사의 측정
㉰ 절삭 공구의 측정
㉱ 기계 기구의 측정

[해설] 공구 현미경으로는 일반 치수와 각도 및 윤곽 검사를 하거나 각종 기계 기구의 부품이나 지그, 절삭 공구, 게이지류 등을 측정한다. 특히 나사의 각 요소를 측정하는 데는 투영기 대신 사용하나 윤곽을 측정하는 데는 투영기를 사용한다.

23. 다음 그림에서 수평인 평면은?(단, 수준기는 이상이 없다고 가정)

㉮ 　㉯
㉰ 　㉱

24. 평면도 측정에 사용되지 않는 것은?

㉮ 간격 게이지
㉯ 정반
㉰ 직선자
㉱ 나이프 에지

25. 비교용 표면 거칠기 표준편은 표면 거칠기 측정 시 무엇으로 사용되는가?

㉮ 표준용
㉯ 참조용
㉰ 검사용
㉱ 비교용

26. 감도에 따라 분류한 수준기의 종류가 아닌 것은?

㉮ 0종
㉯ 1종

(정답) **14.** ㉮ **15.** ㉮ **16.** ㉯ **17.** ㉰ **18.** ㉮ **19.** ㉱ **20.** ㉯ **21.** ㉮ **22.** ㉮ **23.** ㉮ **24.** ㉮ **25.** ㉱ **26.** ㉮

㉰ 2종 　　　　　㉱ 3종

[해설] ㉯, ㉰, ㉱항의 3종류가 있으며 제1종은 0.02 mm/m(4초), 제2종은 0.05mm/m(10초), 제3종은 0.1mm/m(20초)의 감도를 가지고 있다.

27. 다음 중 표준 게이지(standard gauge)에 속하지 않는 것은?

㉠ 표준 블록 게이지　　㉯ 표준 원통 게이지
㉰ 표준 나사 게이지　　㉱ 표준 사각 게이지

[해설] 표준 게이지의 종류에는 ㉠, ㉯, ㉰ 이외에 표준 테이퍼 게이지가 있다.

28. 분도기에다 강철자, 직각자 등을 조합하여 각도, 중심내기 등에 쓰이는 것은?

㉠ 만능 분도기　　　㉯ 버니어 캘리퍼스
㉰ 콤비네이션 세트　　㉱ 옵티컬 플랫

29. 빛의 간섭무늬의 유무를 광학적인 방법으로 찾아보는 데 쓰이는 평면도 측정기는?

㉠ 공구 현미경　　　㉯ 투영기
㉰ 오토콜리메이터　　㉱ 옵티컬 플랫

30. NPL식 각도 게이지를 그림과 같이 조합했을 때의 각도 θ는?

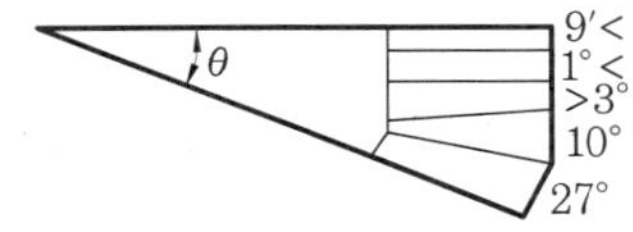

㉠ 35° 9′　㉯ 41° 9′　㉰ 38° 51′　㉱ 41° 91′

[해설] 27° +10° +1° +9′=38° 9′-3° =35° 9′

31. 테이퍼 측정법으로 맞지 않는 것은?

㉠ 테이퍼 게이지 사용
㉯ 각도 게이지에 의한 방법
㉰ 사인 바에 의한 방법
㉱ 마이크로미터에 의한 방법

32. 표면 거칠기를 작게 하면 다음과 같은 이점이 있다. 틀린 것은?

㉠ 공구의 수명이 연장된다.
㉯ 유밀, 수밀성에 큰 영향을 준다.
㉰ 내식성이 향상된다.
㉱ 반복 하중을 받는 교량의 경우 강도가 크다.

[해설] 표면 거칠기는 극히 작은 길이에 대하여 μ단위 길이나 높이로서 구분하고 있으며 교량 등에는 적용할 수 없다.

33. 표면 거칠기 측정법으로 틀린 것은?

㉠ 수준기를 사용하는 법
㉯ 광절단식 표면 거칠기 측정법
㉰ 비교용 표준편과 비교 측정하는 법
㉱ 촉침식 측정기 사용법

[해설] ㉯, ㉰, ㉱ 외에 현미 간섭식 표면 거칠기 측정법이 있다.

34. KS에 규정된 표면 거칠기 표시법이 아닌 것은?

㉠ 중심선 평균 거칠기(R_a)
㉯ 최대 높이 거칠기(R_{max})
㉰ 10점 평균 거칠기(R_z)
㉱ 제곱 평균 거칠기(R_s)

10 다듬질/기계조립 가공법

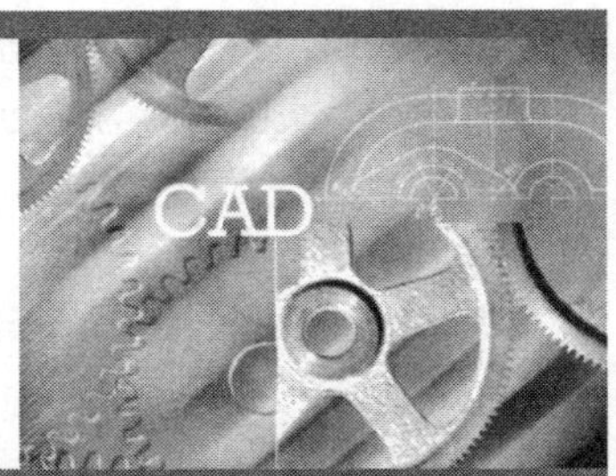

● 1. 다듬질 작업

1-1 손다듬질 (수기 가공)

■ 손다듬질용 설비와 공구

① **작업대** : 바이스를 고정하여 절단, 줄 작업 등을 할 수 있는 것으로 적당한 무게와 흔들림이 없어야 한다. 크기는 가로×세로×높이로 표시한다.

② **바이스(vise)** : 일감 고정을 할 때 사용하며, 수평 바이스와 수직 바이스가 있다. 수평 바이스는 금속 가공용으로, 수직 바이스는 목공용으로 주로 사용하며, 바이스의 크기는 바이스 조(jaw)의 폭으로 나타낸다.

③ **정반** : 주철이나 석재를 사용하며, 정밀 측정에는 석재가 사용된다. 크기는 가로×세로×높이로 표시한다.

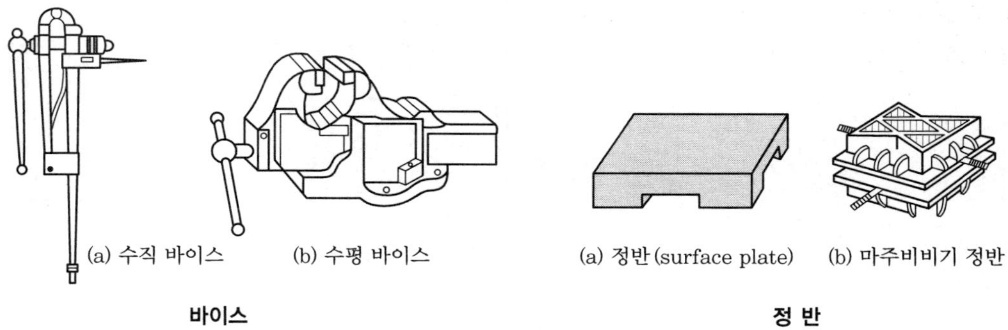

④ **C 클램프(squill vice ; C-clamp)** : 얇은 철판을 겹쳐서 가공하거나 공작물을 조립하기 전에 잠시 물릴 때 사용한다.

■ 금긋기 작업

① 금긋기 공구

㈎ 금긋기 바늘 : 직선이나 형판에 따라 금긋기할 때 사용하며, 크기는 전체 길이로 나타낸다.

⑷ 펀치 : 교점 표시나 드릴 구멍을 뚫기 전 펀치마크를 찍을 때 사용. 선단 각도는 $60\sim90°$이다.

⒟ 서피스 게이지 : 공작물의 평행선이나 환봉 중심내기에 사용. 크기는 높이로 나타낸다.

⒠ 중심내기 자 : 환봉, 구멍 등의 중심선 긋기에 사용하는 자이다.

⒨ 홈자 : 축이나 구멍에 중심선과 평행한 선이나 키 홈의 금긋기에 사용하는 자이다.

⒝ 직각자 : 직각으로 금긋기할 때, 가공면의 직각을 맞출 때 사용된다.

⒮ 브이 블록(V-block) : 주철 또는 강재이며 원통형 공작물이나 평행대 등을 고정하여 금긋기할 때, 기계 가공할 때 사용하는 것이다. 크기는 길이로 나타내고 50mm부터 200mm 정도의 것이 있으며, 같은 것 두 개가 한 조로 되어 있다.

⒪ 평행대와 앵글 플레이트 : 평행대는 평면 측정이나 금긋기할 때, 앵글 플레이트는 공작물을 볼트 등으로 홈에 고정하고 각도의 금긋기나 기계 가공할 때 사용한다.

⒥ 컴퍼스와 편퍼스 : 컴퍼스는 금긋기 선이나 선의 분할에, 편퍼스는 둥근 봉이나 구멍의 중심을 구할 때 사용된다.

⒳ 소형 스크루 잭(small screw jack) : 복잡한 공작물의 지지에 사용되며, 크기는 머리부분의 선단 최저와 최대의 높이(작동 유효 거리)로 표시한다.

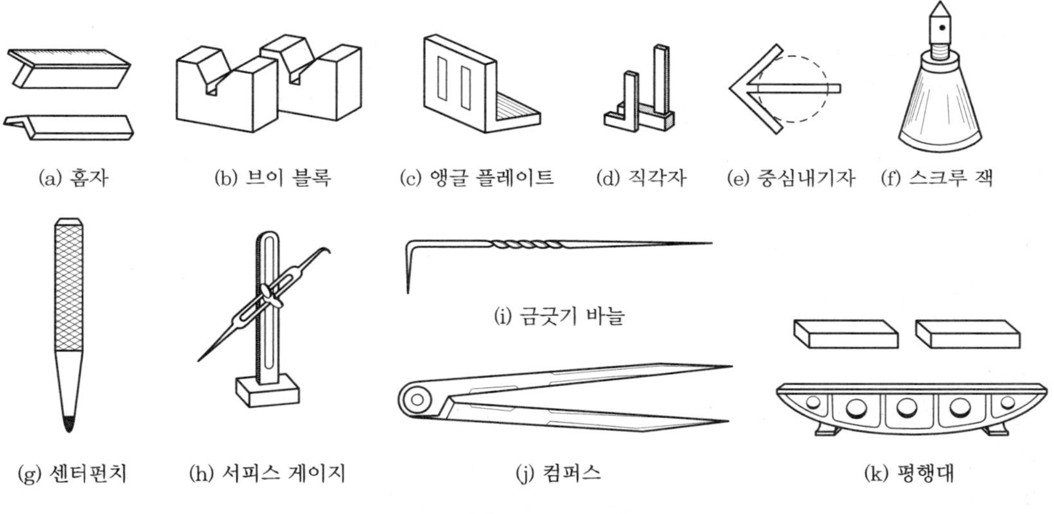

금긋기와 다듬질 공구의 종류

② 금긋기 작업

⑴ 환봉 중심내기법 : 서피스 게이지, 편퍼스, 콤비네이션 세트, 중심내기자, 하이트 게이지를 이용

⑵ 구멍 중심 구하기법 : 작은 구멍에는 아연이나 납을 넣으며, 큰 구멍의 경우 목재를 끼운 후 철판을 끼워서 환봉의 중심내기법으로 중심선을 긋는다.

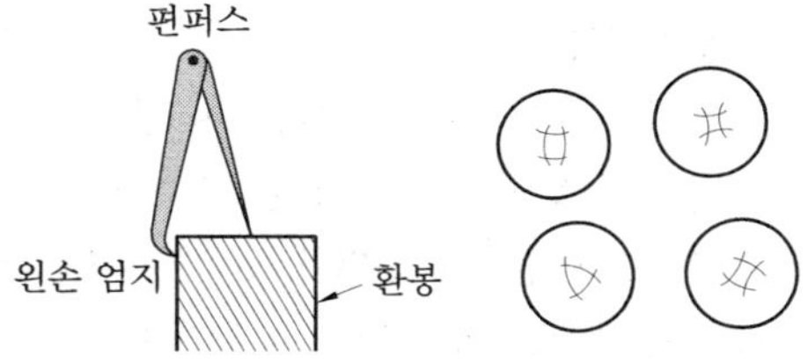

환봉의 중심 구하는 법(편퍼스를 이용한 중심내기법)

❸ 절단 작업

쇠톱(hack saw)은 금속 재료를 손으로 전달하는 톱으로 플레임에 톱날(hack saw blade)을 끼운 것이다.

① **톱날 재질** : 탄소 공구강(STC)이나 합금 공구강(STS) 7종, 고속도강(HSS)을 사용. 특수 열처리하여 쓴다.

② **각재, 판재의 절단** : [그림 (a)]와 같은 순서로 반복하며, 판재의 경우는 넓은 쪽에서부터 절단을 시작한다. 판금재는 [그림 (b)]와 같이 목재 사이에 끼우고 톱날을 30° 정도 기울인다.

③ **환봉, 파이프 절단** : [그림 (c), (d)]와 같이 절단하며, 파이프는 톱니가 빠져 들어가기 쉬우므로 파이프를 조금씩 회전시키며 절단한다. 절단 행정은 매분 50~60회 정도로 한다.

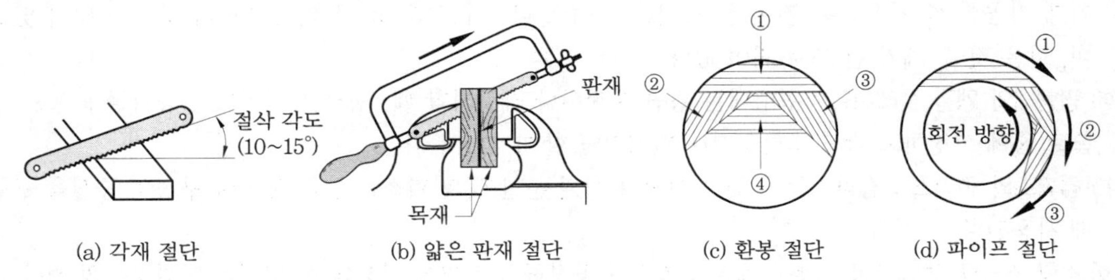

(a) 각재 절단　　(b) 얇은 판재 절단　　(c) 환봉 절단　　(d) 파이프 절단

톱 작업

4 정 작업(chipping)

① **정 작업 시 주의사항**

(가) 정과 해머를 잡은 손에 힘을 주지 않는다.

(나) 정 작업 시 장갑을 끼지 않는다.

(다) 담금질된 강에 정 작업을 해서는 안된다.

(라) 정 작업 시 칩의 비산에 주의한다.

(마) 사용 전에 결함이 있는지 검사한다.

(바) 연강의 경우 바이스의 수평면에 대해 25° 정도 기울인다. 일반적으로 정날의 공구각의 1/2 정도로 기울인다.

(사) 중요한 것은 눈의 주시 위치이며, 정의 날끝을 정확히 보아야 한다.

공작물 재질에 따른 정의 공구각

공작물의 재질	정날의 공구각
아　연 · 구 리	25~30°
황　동 · 청　동	40~60°
연　　　　강	50°
주　　　　철	60°
경　　　　강	60~70°

② **치핑 및 절단**

(가) 치핑 시는 1회 1~2mm 정도, 정밀 치핑 시는 0.2~0.5mm 정도이다.

(나) 봉재의 경우 전후 또는 사방에서 정을 대고 절단한다.

(다) 판금재는 (전단기가 없는 경우) 사용하는 쪽을 바이스 밑으로 하여 고정하고 가장자리부터 절단한다.

③ **손 해머 사용**

(가) 해머의 크기는 무게로 나타내며, 손 다듬질 시 0.45~0.9kg 정도가 쓰인다(몸에 적당한 것 선택).

(나) 재질은 탄소강이며, 담금질과 뜨임하여 사용한다.

(다) 손잡이 길이는 260~360mm가 사용된다.

(라) 해머는 쐐기를 박아 빠지지 않게 해야 한다.

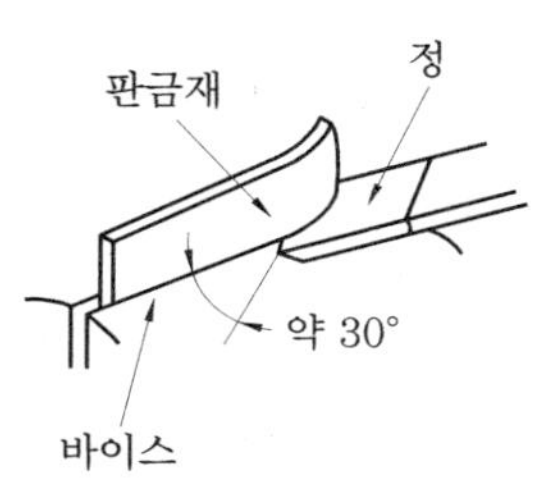

판금 절단

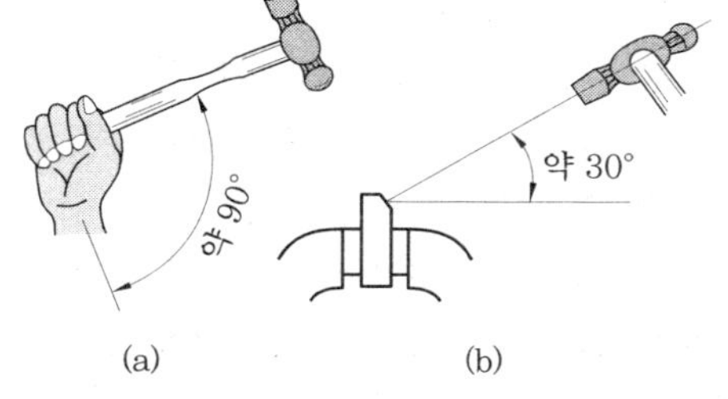

(a)   (b)

해머 사용법

⑤ 줄 작업

① 줄의 각부 명칭과 종류

㈎ 줄 단면의 모양 : [그림]과 같이 평줄, 반원줄, 둥근줄, 각줄, 삼각줄의 5가지가 있다.

㈏ 줄의 각부 명칭 : 줄의 각부는 자루부, 탱, 절삭날, 선단 등으로 되어 있다.

㈐ 줄눈의 크기 : 황목, 중목, 세목, 유목 순으로 눈이 작아진다.

㈑ 줄날의 방식 : 홑줄날, 두줄날(다듬질용), 라스프줄날, 곡선줄날 등이 있다.

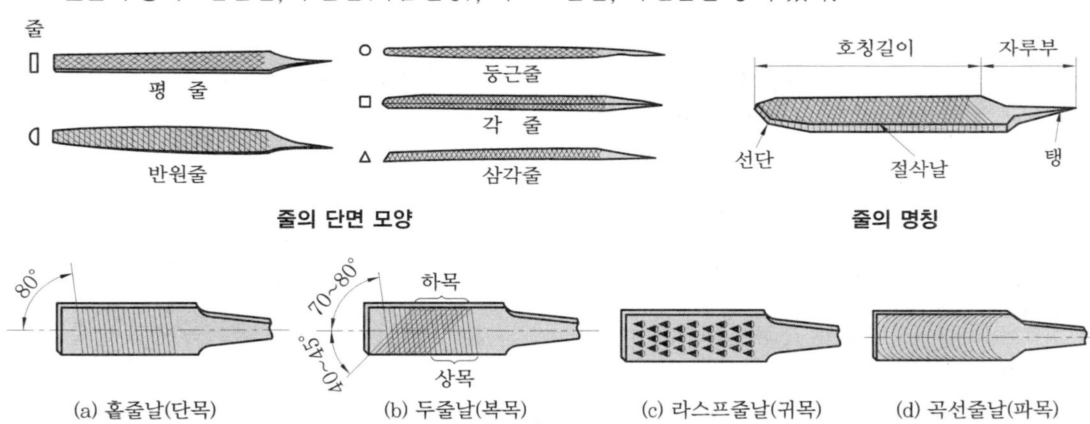

줄의 단면 모양   **줄의 명칭**

(a) 홑줄날(단목)   (b) 두줄날(복목)   (c) 라스프줄날(귀목)   (d) 곡선줄날(파목)

줄날의 모양

② 줄의 크기 표시 : 줄의 크기 표시는 자루 부분(tang)을 제외한 전체 길이를 호칭 치수로 한다.

③ 줄 작업

㈎ 줄을 잡는 법

  ㉮ 손바닥의 중앙에 자루의 끝을 댄다.

  ㉯ 엄지손가락을 위로 한다.

  ㉰ 다른 손가락은 전부 밑으로 오게 하여 가볍게 잡는다.

  ㉱ 왼손은 줄의 끝에 중지를 대고서 평행과 무게 중심을 잡는다.

㈏ 줄 작업 자세와 동작

  ㉮ 공작물의 중심에 줄의 끝이 오게 한다.

  ㉯ 오른쪽 팔꿈치를 공작물 높이와 같게 한다.

  ㉰ 반 오른쪽으로 향해서 왼발을 반보 가량 앞으로 낸다.

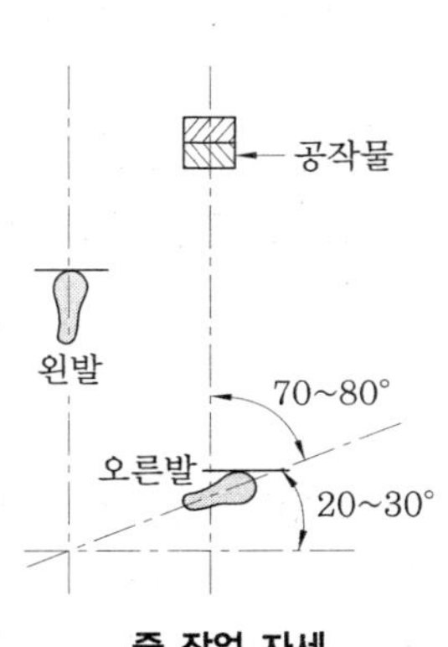

줄 작업 자세

    ㉣ 편한 자세를 취한다.

    ㉤ 상체의 중력은 그림[힘의 분배]과 같이 분배하는 기분으로 양팔에 올려 놓는다.

    ㉥ 1분에 30~40회 정도 왕복한다.

(다) 평면 줄 작업법의 종류

    ㉮ 직진법 : 줄을 길이 방향으로 직진시켜 절삭하는 방법으로 최종 다듬질 작업에 사용한다[그림 (a)].

    ㉯ 사진법 : 넓은 면 절삭에 적합하며, 절삭량이 많아 황삭 및 모따기에 적합하다[그림 (b)].

    ㉰ 횡진법 : 줄을 길이 방향과 직각 방향으로 움직여 절삭하는 법이다. 병진법이라고도 한다[그림 (c)].

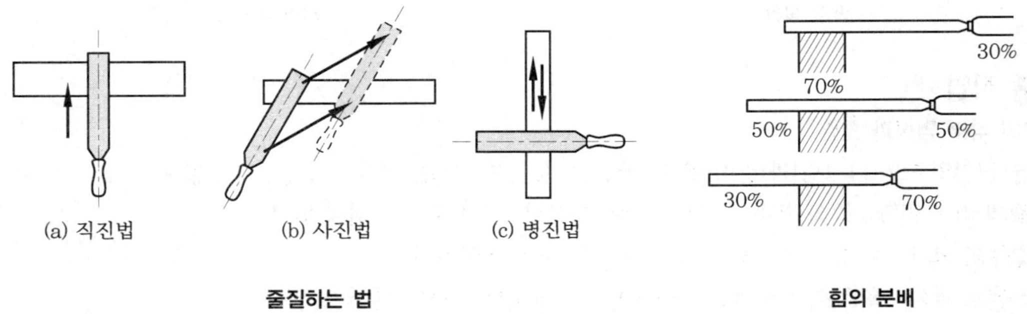

(a) 직진법   (b) 사진법   (c) 병진법

줄질하는 법   **힘의 분배**

(라) 곡면 줄 작업

    ㉮ 원을 만들기 위해서 우선 4각으로 만든 후 8각, 16각, 32각의 순으로 만들어 간다.

    ㉯ 둥근 것의 줄 작업은 [그림 (a), (b)]처럼 한다.

    ㉰ [그림 (c)]는 모따기 방법을 나타낸 것이다.

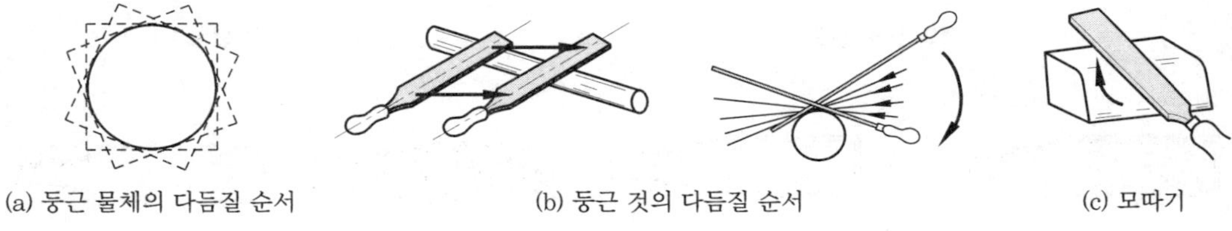

(a) 둥근 물체의 다듬질 순서   (b) 둥근 것의 다듬질 순서   (c) 모따기

곡면 줄 작업 방법

6 스크레이퍼 작업 (scraping)

① **스크레이퍼 종류** : 평면, 곡면, 훅, 반원, 빗면날 스크레이퍼 등이 있다. 스크레이퍼의 재질은 SKH 2(고속도강 2종)으로 만들며, 초경합금으로 하기도 한다.

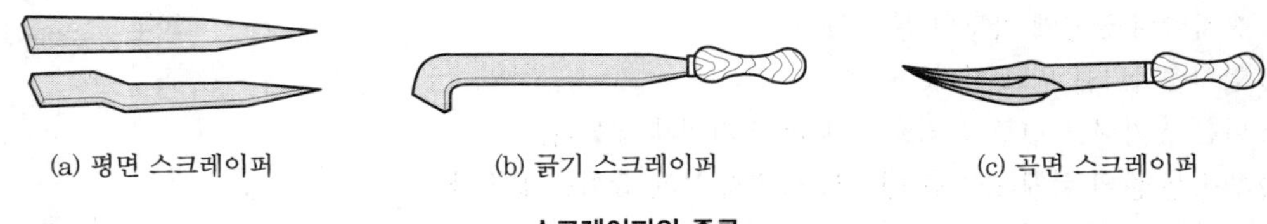

(a) 평면 스크레이퍼   (b) 긁기 스크레이퍼   (c) 곡면 스크레이퍼

스크레이퍼의 종류

② **스크레이퍼 작업** : 스크레이퍼 작업이란 셰이퍼나 플레이너, 선반 작업 등 기계 가공된 면을 더욱 정밀하게 다듬질하는 것을 말하며, 정반 위에 광명단을 바른 후 공작물을 문지르면 거칠기가 높은 면은 광명단이 묻게 된다. 이 광명단이 묻은 부분을 스크레이퍼 공구로 다듬어 주면 거칠기가 평활해지며

정밀도의 요구 정도에 따라 이 작업을 반복한다.

③ **스크레이퍼 날끝 각도** : 스크레이퍼의 날끝 각도는 다음 [표]와 같다.

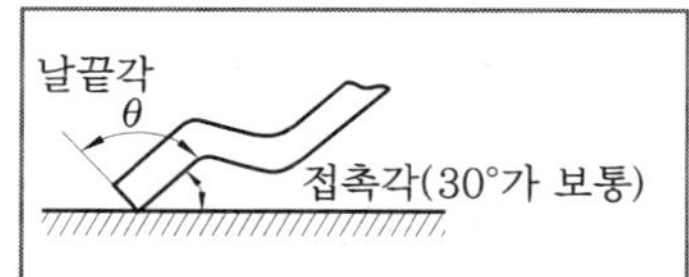

스크레이퍼의 날끝 각도

피삭재의 재질	거친다듬질용	본다듬질용
주철, 연강	70~90°	90~120°
동합금, 화이트메탈	60~75°	75~80°

④ **스크레이퍼 작업 시 주의사항**

㈎ 스크레이퍼를 대는 방향은 매회마다 90°로 바꾼다.

㈏ 광명단은 얼룩 없이 고르게 바른다.

㈐ 피삭재의 재질에 따라 적당한 크기의 스크레이퍼를 택한다.

㈑ 문지를 때 너무 세게 누르지 않는다.

㈒ 공작물의 표면은 깨끗이 닦아낸다.

⑤ **자동 스크레이핑 머신**

㈎ 가공면에 대면 작동, 떼면 즉시 정지하는 장치가 되어 있으며 소형으로 휴대가 가능하다.

㈏ 행정은 15mm까지이며 저속, 고속의 2단 변속이 가능하다.

7 리머 작업(reaming)

드릴에 의해 뚫린 구멍은 진원 진직 정밀도가 낮고 내면 다듬질의 정도가 불량하다. 따라서 리머 공구를 사용하여 이러한 구멍을 정밀하게 다듬질하는 것을 말한다.

① **리머의 모양과 종류**

㈎ 수동 리머

㉮ 리머는 보통 날 부분과 자루 부분으로 구분한다.

㉯ 모양에 따라 단체 리머(통형), 셸 리머(날과 자루 조합), 조정 리머(날 교환), 평행 리머, 테이퍼 리머(모스테이퍼 리머, 테이퍼 핀 리머), 파이프 리머가 있다.

㉰ 끝 부분에는 1단 모따기(30~45°), 2단 모따기(1~10°)를 하며 자루쪽이 선단쪽보다 지름이 조금 가늘게 되어 있는데 이것을 백 테이퍼(back taper)라 한다(0.01~0.03 mm/100mm에 대해).

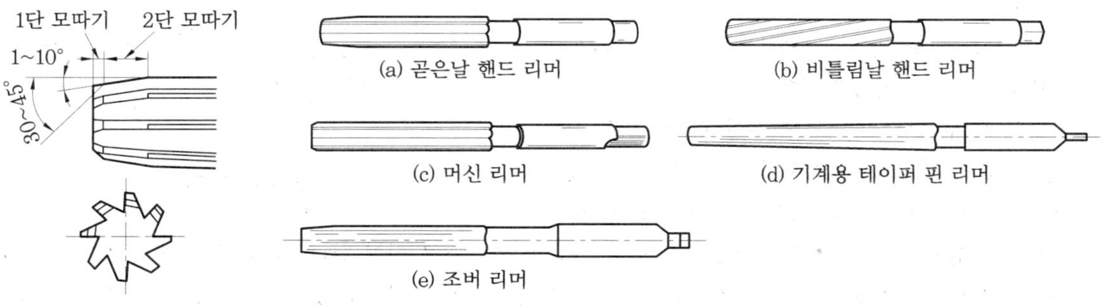

리머의 2단 모따기

리머의 종류

(나) 기계 리머

㉮ 드릴링 머신이나 선반 등에 붙여서 사용하는 것이며 수동용의 각진 부분에 모스테이퍼나 직선 생크가 붙어 있다.

㉯ 종류에는 체킹 리머(chacking reamer), 조버 리머, 브리지 리머 등이 있다.

(다) 기타 리머 : 센터 리머, 버링 리머(burring reamer), 밸브 시트 리머, 블록 리머 등이 있다.

② **리머 작업**

(가) 리머 작업 다듬질 공차 : 리머 작업을 할 경우는 드릴링을 할 때 리밍 여유를 정확히 남기고 구멍을 뚫어야 한다. 공차가 너무 많으면 절삭력이 많이 필요하며, 리머 수명이 감축된다.

(나) 리머 선택 : 공작물의 재질과 공작 조건에 따라 선택하고, 리머의 구멍 깊이는 지름의 2배 정도를 표준으로 하며 더 깊으면 가이드를 붙여 요동을 막아야 한다.

(다) 핸드 리머 작업 : 자루 부분의 사각부를 리머 핸들에 끼워 작업하며, 구멍의 중심을 잘 유지해야 한다.

(라) 테이퍼 리머 작업 : 드릴로 구멍을 계단지게 뚫은 후 테이퍼 리머를 사용하여 작업한다.

(마) 기계 리머 작업 : 리머 작업을 기계로 하는 방법으로 정밀도가 많이 필요할 경우에 쓴다.

리머 작업의 다듬질 공차

리머 지름	다듬질 공차
0.8~1.2	0.05
1.2~1.6	0.1
1.6~3	0.15
3~6	0.2
6~18	0.3
18~30	0.4
30~100	0.5

1-2 나사 내기 작업

나사는 원통의 외면과 내면에 나선 모양으로 절삭한 것이며, 탭 작업(tapping)이란 드릴로 뚫은 구멍에 탭과 탭 핸들에 의해 암나사를 내는 작업이다. 다이스 작업(dies working)이란 환봉 또는 관 바깥지름에 다이스(dies)를 사용하여 숫나사를 내는 작업이다.

1 탭(tap) 작업

① **탭의 모양**

(가) 탭은 보통 나사부와 샹크로 되어 있다.

(나) 선단의 테이퍼로 되어 있는 모따기부와 완전나사부, 그리고 자루부로 되어 있다.

(다) 다이스나 탭(핸드 탭)으로 낼 수 있는 나사의 바깥지름은 50mm까지이다.

② **핸드 탭의 종류** : 핸드 탭(수동 탭)은 등경 핸드 탭과 증경 핸드 탭이 있으며 1번, 2번, 3번 탭이 한 조로 되어 있다. 다음 그림과 같이 1번 탭은 탭

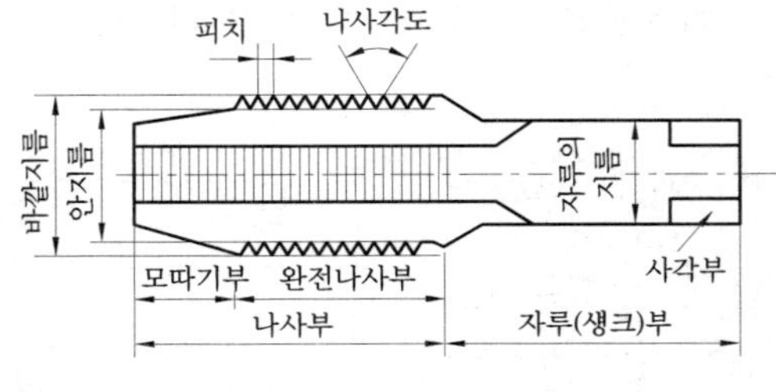

탭의 각부 명칭

의 끝 부분이 9산, 2번 탭은 5산, 3번 탭은 1.5산이 테이퍼로 되어 있다. 증경 핸드 탭도 3개가 1조로 되어 있으나, 1번 탭 나사부의 지름이 가장 작고 다음은 2번 탭이고 3번 탭에 이르러 완전한 나사가 형성된 것이다.

*탭의 가공률은 1번탭 : 55%, 2번탭 : 25%, 3번탭 : 20% 정도이다.

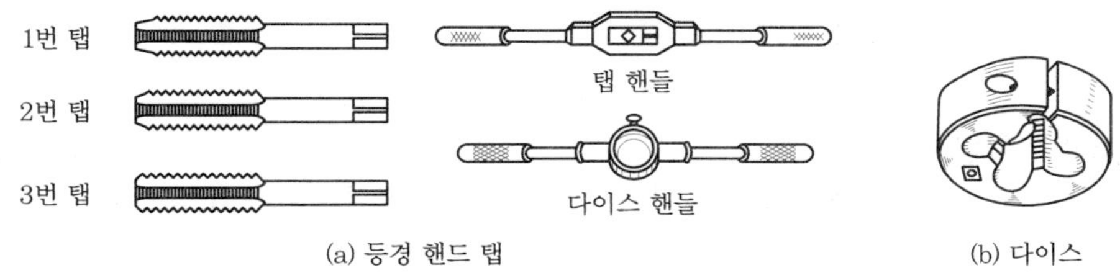

탭과 다이스

③ **기계 탭의 종류** : 기계 탭(machine tap)은 나사내기 머신이나 선반 등에 장치하여 나사를 내는 탭으로 한 개의 탭으로 탭을 내기 위해 수동 탭에 비하여 완전나사부가 길고 모따기부는 짧다.

(가) 테이퍼 탭(taper tap) : 자루부분의 지름을 너트의 구멍 지름보다도 가늘고 길게 만들고 챔퍼 부분의 테이퍼도 완만하게 한 것으로 너트의 대량생산에 사용한다.

(나) 마스터 탭(master tap) : 다이스나 체이서 등을 만드는 탭이다.

(다) 건 탭(gun tap) : 탭에 비틀림 홈(15°)이 있는 것으로 고속 절삭용이다.

(라) 벤드 탭(bend tap) : 자루가 구부러진 탭이다.

(마) 풀리 탭(pulley tap) : 풀리의 구멍에 나사를 내는 데 사용하는 탭으로 자루부분이 길고 자루의 지름과 나사의 바깥지름을 거의 같게 한 것이다.

(바) 드릴 탭(drill tap) : 드릴과 탭을 조합한 것으로 드릴로 구멍을 뚫고 그대로 이어서 나사내기를 할 수 있다.

(사) 스테이 볼트 탭(stay bolt tap) : 리머 붙임 탭으로 리머로 나사 구멍을 정확하게 다듬어 가며 나사내기를 한다. 보일러 등의 제관 작업에 쓰인다.

(아) 스파이럴 탭(spiral fluted tap) : 헬리컬 탭이라고도 하며 나사부가 스파이럴로 되어 있어 인성이 강한 강재에 절삭성이 좋고 절삭면이 깨끗하다.

④ **탭 구멍** : 탭 구멍의 지름은 다음과 같은 식으로 구할 수 있다.

$$미터나사 \quad d = D - p$$
$$인치나사 \quad d = 25.4 \times D - \frac{25.4}{N}$$

여기서, d:탭 구멍의 지름(mm), D:나사의 바깥지름(mm), p:나사의 피치(mm), N=1인치(25.4mm) 사이의 산수

⑤ **탭 작업 시 주의사항**

(가) 공작물을 수평으로 단단히 고정시킬 것

(나) 구멍의 중심과 탭의 중심을 일치시킬 것

(다) 탭 핸들에 무리한 힘을 가하지 말고 수평을 유지할 것

(라) 탭을 한쪽 방향으로만 돌리지 말고 가끔 역회전하여 칩을 배출시킬 것

(마) 기름을 충분히 넣을 것

⑥ **탭이 부러지는 원인**

(가) 구멍이 작을 때

(나) 탭이 구멍 바닥에 부딪혔을 때

⒟ 칩의 배출이 원활하지 못할 때

⒠ 구멍이 바르지 못할 때

⒡ 핸들에 무리한 힘을 주었을 때

❷ 다이스(dies) 작업

① **모양** : 외형에 따라 둥근 다이스, 스퀘어 다이스, 기능에 따라 조정식 다이스, 고정식 다이스가 있다.

② **다이스의 종류**

⒜ 분할 다이스 : 둥근 형의 몸체에 한쪽을 갈라놓은 것으로 조정나사가 붙어 있는 것과 조정나사가 없는 것이 있다. 날수는 3매, 4매, 5매, 6매 등으로 되어 있으며 합금 공구강의 SKS 2, SKS 3종이 쓰이고 있다.

⒝ 단체 다이스(solid dies) : 몸체에 갈라진 부분이 없으며 사각형과 원형이 있다.

⒞ 인서트 체이서 다이스(inserted chaser dies) : 다이스 렌치 외곽에 4개의 체이서(chaser : 다이스 날)를 끼워 지름을 조정할 수 있게 한 것이다.

⒟ 리틀 자이언트 다이스(little giant dies) : 앵글 다이스를 나사로 개폐 조정한 것이다.

⒠ 컨벤트리형 다이 헤드 : 기계용 다이스이며, 나사 절삭이 끝나면 자동적으로 체이서가 열려 제자리로 돌아오므로 역전할 필요가 없고 능률적이다.

③ **다이스 작업**

⒜ 다이스 렌치나 다이스 스토크를 사용한다.

⒝ 공작물은 바이스에 V형 구금 등을 사용해서 고정한다.

⒞ 절삭저항을 적게 하기 위해 2~3회 나누어서 절삭한다.

⒟ 다이스 스토크(핸들)를 두 손에 똑같게 힘을 주면서 돌린다.

⒠ 깎을 때 역전을 시켜 절삭을 주면서 한다.

⒡ 나사가 찌그러지는 것은 다이스 날이 마모되었거나 역전시키지 않아 날이 결손되었기 때문이다.

예 상 문 제

1. 줄의 거칠기 표시법 중 맞는 것은?

㉮ 줄의 길이에 관계없다.

㉯ 1mm에 대한 날수

㉰ 1인치에 대한 날수

㉱ 1cm에 대한 날수

[해설] 줄의 거칠기 표시는 길이 1인치에 대한 눈의 수로서 나타낸다. 100mm의 줄에서 황목은 36, 중목 45, 세목 70, 유목 110으로 되어 있다.

2. 새 줄을 사용할 때의 순서로서 좋은 것은?

㉮ 주철→합금→동→납

㉯ 동→동합금→납→주철

㉰ 경강→연강→동합금→주철

㉱ 납→동→동합금→연강

[해설] 새 줄의 수명을 오래 유지하기 위해서는 먼저 부드러운 재료에 사용하고 절삭성이 나빠졌을 때 굳은 재료에 사용한다. 납→동→동합금→연강→경강·합금강→주철의 순서로 사용하면 된다.

3. 줄눈의 크기에 따른 분류이다. 틀린 것은?

㉮ 거친 눈

㉯ 검줄 눈

㉰ 중간 눈

㉱ 가는 눈

4. 많은 절삭밥을 얻으려고 할 때 가장 적합한 줄 작업법은 다음 중 어느 것인가?

㉮ 줄에 닿는 면적을 적게 한다.

㉯ 체중은 이용하지 않고 손 힘만으로 한다.

㉰ 줄에 닿는 면적을 넓힌다.

㉱ 줄 눈이 가는 것을 사용한다.

5. 목재나 피혁 등을 줄질할 때 적당한 줄은?

㉮ 홑눈줄

㉯ 겹눈줄

㉰ 세눈줄

㉱ 라스프줄

6. 줄 손잡이를 끼울 때 가장 좋은 방법은?

㉮ 손잡이를 쥐고 줄 선단을 해머로 친다.

㉯ 줄날을 쥐고 손잡이를 해머로 친다.

㉰ 손잡이를 아래로 하고 테이블에 손잡이를 친다.

㉱ 줄날을 아래로 하고 테이블에 줄 선단을 친다.

7. 다음 중 줄의 눈금이 아닌 것은?

㉮ 홑줄 눈금

㉯ 겹줄 눈금

㉰ 3단 눈금

㉱ 4단 눈금

8. 다음은 줄 작업을 할 때의 요령이다. 틀린 것은?

㉮ 새 줄은 처음에 연한 금속에 사용한 다음 경한 것에 사용한다.

㉯ 평탄한 면을 만들기 위해서는 새 줄보다 헌 줄이 좋다.

㉰ 줄질 방향을 직각으로 하여 교대로 줄질해야 다듬는 면이 깨끗해진다.

㉱ 주물은 표면의 흑피를 벗겨내고 줄질하는 것이 좋다.

9. 그림에서 줄눈의 자국이 일반적으로 잘못된 것은?

㉮ 1

㉯ 2

㉰ 3

㉱ 4

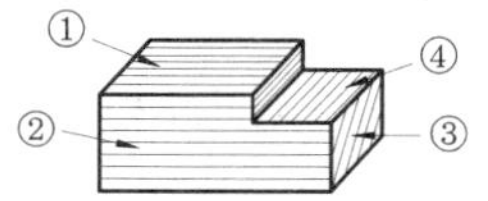

10. 5본조 조줄에 들어 있지 않은 줄의 단면은?

㉮ ⬤ ㉯ ▱ ㉰ ▱ ㉱ △

[해설] 5본조 조줄에는 ▭ ▱ ⬤ ▱ △ 이 들어 있고, 8본조에는 5본조 조줄 이외에 ▭ ⬤ ▱ 이 더 들어 있다. 이외에 10본조, 12본조 조줄이 있다.

11. 줄 눈이 막히는 것을 방지하려면?

㉮ 무른 재료를 줄질한다.

㉯ 연한 재료를 줄질한다.

㉰ 기름을 칠해서 사용한다.

㉱ 분필을 칠한다.

12. 다음 중 줄 작업법이 아닌 것은?

㉮ 사진법

㉯ 횡진법

㉰ 직진법

㉱ 각진법

13. 3날줄의 줄로 가공할 때 알맞은 용도는?

㉮ 톱의 날세우기 작업

㉯ 아연, 알루미늄 등 연질 금속

㉰ 일반 금속

㉱ 목재, 피혁 등과 연금속

[정답] 1. ㉰ 2. ㉱ 3. ㉯ 4. ㉰ 5. ㉱ 6. ㉰ 7. ㉱ 8. ㉰ 9. ㉰ 10. ㉮ 11. ㉱ 12. ㉱ 13. ㉮

14. 줄의 크기 표시는 무엇으로 나타내는가?

㉮ 줄 전체의 길이 ㉯ 줄의 폭
㉰ 줄의 두께 ㉱ 날 부분의 길이

[해설] 줄 자루 부분을 제외한 길이를 크기로 표시한다.

15. 줄은 담금질한 후의 경도는 얼마 이상인가?

㉮ $H_{RC}85$ ㉯ $H_{RC}60$
㉰ $H_{RC}50$ ㉱ $H_{RC}30$

16. 다듬질 작업에서 줄의 선택과 관계없는 것은?

㉮ 줄의 크기 ㉯ 줄의 모양
㉰ 줄의 두께 ㉱ 날 부분의 길이

17. 스크레이퍼 작업에 사용되지 않는 것은?

㉮ 광명단 ㉯ 스크레이퍼
㉰ 정반 ㉱ 해머

18. 스크레이퍼 연삭법 중 옳은 것은?

㉮ 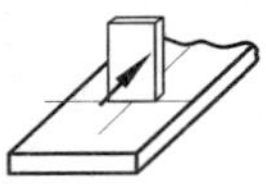
㉯ 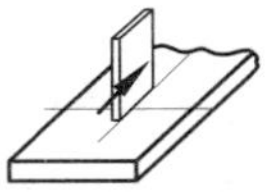
㉰ 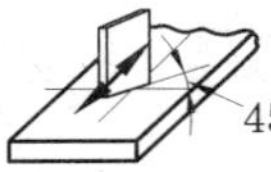

㉱ 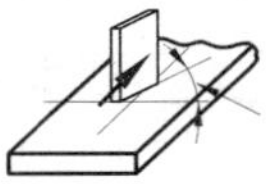

19. 일감과 스크레이퍼와의 각도는 어느 정도가 적당한가?

㉮ 10~15° ㉯ 15~30°
㉰ 30~50° ㉱ 50~70°

20. 스크레이퍼 작업 시 날끝이 떨리는 원인이 아닌 것은?

㉮ 날끝 각이 클 경우
㉯ 일감과 스크레이퍼와의 각도가 클 경우
㉰ 움직이는 속도가 늦을 경우
㉱ 스크레이퍼 날 폭이 클 경우

21. 광명단은 어떤 기름으로 반죽하여 사용하는가?

㉮ 머신유 ㉯ 돈유
㉰ 올리브유 ㉱ 고래기름

[해설] 광명단은 머신유를 가장 많이 사용하며, 잘 퍼지지 않을 때는 석유나 경유를 조금 섞으면 좋다.

22. 리머에서 리머 지름을 제일 많이 조절할 수 있는 것은?

㉮ 팽창 리머 ㉯ 조정 리머
㉰ 처킹 리머 ㉱ 기계 리머

23. 리머 작업의 설명 중 맞는 것은?

㉮ 다듬질 리밍 시 여유는 10mm에서 0.05mm 정도이다.
㉯ 리머의 가공 여유는 리머의 지름에 따라 변하지 않는다.
㉰ 리머 작업 시 절삭유는 사용하지 않는다.
㉱ 핸드 리머 쪽이 기계 리머보다 다듬질 여유를 크게 한다.

[해설] 리머 구멍 지름이 1~10mm에서는 거친 리머의 여유는 0.1~0.2, 다듬질 리밍의 여유는 0.05~0.15 정도이다.

24. 다음 중 스크레이퍼로 이상적인 것은?

㉮ 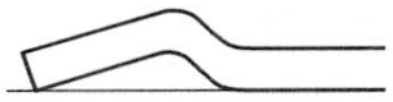
㉯ 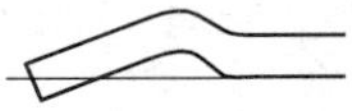
㉰ 
㉱ 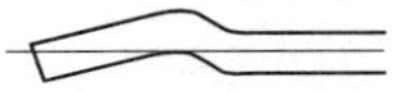

25. 스크레이퍼 작업 시 주의사항으로 틀린 것은?

㉮ 공작물의 표면을 깨끗이 닦아낸다.
㉯ 광명단을 얼룩없이 바른다.
㉰ 피삭재의 재질과 크기에 따라 선택한다.
㉱ 스크레이퍼를 대는 방향은 매회 45°로 바꾼다.

[해설] 스크레이퍼를 대는 방향은 매회 90°로 바꾼다.

26. 기계 리머 작업 시 구멍이 작아지는 원인은?

㉮ 가공 중 열 팽창에 의하여
㉯ 리머의 중심과 일감의 중심이 맞지 않을 때
㉰ 리머 날의 원주가 진원이 아닐 때
㉱ 드릴 구멍이 작을 때

[해설] 리머 구멍은 열 팽창에 의하여 작아지는 수가 많으므로 그 때는 회전수를 낮추거나, 랜드의 폭을 좁히거나 날 뒤를 재연삭하여야 한다.

27. 핸드 리머(직선 날)의 랜드 여유각은?

㉮ 1~3° ㉯ 5~10°
㉰ 10~14° ㉱ 15~18°

[정답] 14. ㉱ 15. ㉯ 16. ㉰ 17. ㉱ 18. ㉰ 19. ㉯ 20. ㉰ 21. ㉮ 22. ㉯ 23. ㉮ 24. ㉮ 25. ㉱ 26. ㉮ 27. ㉯

28. 핸드 리머의 크기는 얼마 정도의 것이 있는가?

㉮ 0.5~75mm   ㉯ 0.5~30mm

㉱ 1.5~75mm   ㉠ 1~25mm

29. 핸드 리머 작업 시 주의사항 중 잘못 설명한 것은?

㉮ 공작물을 바이스에 확실히 고정하도록 한다.

㉯ 리머와 구멍의 중심을 일치하게 한다.

㉱ 리머의 회전 방향은 항상 오른쪽으로 해야 한다.

㉠ 작업이 끝나면 리머를 역전시키며 뺀다.

30. 리머 작업에서 칩을 제거하는 방법 중 맞는 것은?

㉮ 자주 리머를 역전시키면서 칩이 빠지도록 한다.

㉯ 절삭유를 충분히 써서 유출시킨다.

㉱ 리밍을 중단하고 리머를 빼낸 다음 칩을 파낸다.

㉠ 리밍을 하면서 브러시로 쓸어낸다.

[해설] 리머 작업 시 리머를 역전시켜서는 안된다. 역전시키면 칩으로 인해 구멍의 내면에 홈이 생기거나 절삭날이 손상되므로 칩을 제거하기 위해 충분한 절삭유를 주유하여 유출시킨다.

31. 핸드 리머의 일반적인 재질은?

㉮ 탄소강   ㉯ 탄소 공구강

㉱ 주철   ㉠ 고속도강

32. 다음 중 손다듬질 작업이 아닌 것은?

㉮ 줄 작업   ㉯ 금긋기 작업

㉱ 호빙 작업   ㉠ 조립 작업

33. 곧은 날 리머에서 떨림 방지 방법으로 옳은 것은?

㉮ 여유각을 크게 한다.

㉯ 날의 길이를 다르게 한다.

㉱ 날의 간격을 다르게 한다.

㉠ 경사각을 크게 한다.

34. 손다듬질 순서가 바르게 된 것은?

> ─────[보 기]─────
> 1. 정 작업 2. 금긋기 작업 3. 줄 작업 4. 스크레이퍼 작업 5. 조립 작업

㉮ 1-3-2-4-5   ㉯ 1-2-4-3-5

㉱ 2-1-3-4-5   ㉠ 1-3-4-2-5

35. 다이스로 수나사를 절삭할 때 절삭유가 필요없는 것은?

㉮ 주철   ㉯ 황동

㉱ 쾌삭강   ㉠ 연강

36. 탭의 재질로 쓰이지 않는 것은?

㉮ 탄소 공구강   ㉯ 고속도강

㉱ 탄소강   ㉠ 합금 공구강

37. 탭에서 챔퍼(chamfer)란 무엇인가?

㉮ 도입 부분(불완전한 나사 부분)

㉯ 탱 부분

㉱ 완전한 나사 부분

㉠ 자루 부분

[해설] 챔퍼란 구멍의 중심과 탭의 중심을 맞추기 쉽게 하기 위한 탭 선단의 불완전한 나사 부분을 말한다.

38. 탭의 드릴 구멍을 d, 나사의 호칭 지름을 D, 피치를 p라고 할 때, d의 근사치를 구하는 식은?

㉮ $d = 2D - p$ ㉯ $d = D - 3p$

㉱ $d = D - 2p$ ㉠ $d = D - p$

39. 다음 중 탭이 부러지는 원인이 아닌 것은?

㉮ 드릴 구멍이 일정하지 않을 때

㉯ 소재보다 경도가 높을 때

㉱ 핸들에 과도한 힘을 주었을 때

㉠ 탭이 구멍 밑바닥에 부딪쳤을 때

40. 핸드 탭 완전 나사부의 바깥지름과 탭의 호칭 치수와의 관계는?

㉮ 같다.

㉯ 호칭 치수보다 작다.

㉱ 호칭 치수보다 크다.

㉠ 나사의 종류에 따라 다르다.

[해설] 암나사에 수나사를 끼우면 암나사의 골밑과 수나사의 산정 사이에 틈이 생긴다. 암나사의 호칭 치수는 수나사의 바깥지름이 호칭 치수가 되었으므로 암나사쪽을 크게 하고 있다. 그것만큼 탭의 바깥지름이 호칭 치수보다 크게 되어 있다.

41. 탭과 다이스로 나사를 만들 수 있는 최대한의 지름은 얼마 정도인가?

㉮ 10mm   ㉯ 25mm

㉱ 30mm   ㉠ 50mm

---

42. 1번, 2법, 3번 탭이 한 조로 되어있는 탭은?

㉮ 스파이럴 탭　　　㉯ 드릴 탭
㉰ 건 탭　　　㉱ 핸드 탭

43. 작은 공작물에 숫나사를 만들 때 필요 없는 것은?

㉮ 드릴　　　㉯ 다이스
㉰ 다이스 핸들　　　㉱ 바이스

44. 기계에서 탭으로 나사를 만들려고 할 때 탭 작업을 할 수 없는 기계는?

㉮ 드릴 머신　　　㉯ 선반
㉰ 호빙 머신　　　㉱ 태핑 머신

45. 증경 핸드 탭(serial hand tap)에서 나사부의 지름이 호칭치수와 같은 것은?

㉮ 1번 탭　　　㉯ 2번 탭
㉰ 3번 탭　　　㉱ 모두 같다

[해설] 증경(지름이 느는) 탭도 3개가 한 세트이나, 등경 탭과는 달리 각각 나사부의 치수가 다르다. 역시 1번 탭이 가장 작고, 2번 탭이 약간 크고, 3번 탭은 다듬질 탭으로 이것의 지름이 호칭 치수와 같다.

46. 다이스에는 앞쪽과 뒤쪽에 불완전 나사부가 있다. 앞쪽의 불완전 나사부는 몇 산 정도인가?

㉮ 1.5~산　　　㉯ 2~2.5산
㉰ 2.5~3.5산　　　㉱ 4~5산

[해설] 다이스의 앞쪽엔 2~2.5산, 뒤쪽에는 1~1.5산의 불완전 나사로 되어 있다.

47. 피치 1mm, 지름 10mm인 탭으로 암나사를 내려고 한다. 구멍은 몇 mm 드릴로 뚫어야 가장 이상적인가?

㉮ 8mm　　　㉯ 9mm
㉰ 10mm　　　㉱ 10.2mm

48. 다음 중 탄소강에 암나사를 낼 때 탭의 경사각은 얼마인가?

㉮ 1~6°　㉯ 2~4°　㉰ 7~10°　㉱ 16~30°

[해설] 탭의 경사각은 절삭성을 좋게 하기 위하여 주며 탄소강은 7~10°, 황동은 1~6°, 주철은 2~4°, 알루미늄은 16~30°이다.

49. 드릴로 뚫은 구멍에 암나사를 내는 데 쓰이는 공구는?

㉮ 나사다이　　　㉯ 탭
㉰ 리머　　　㉱ 다이스

50. 탭작업에서 1번 탭의 가공률은?

㉮ 44%　㉯ 55%　㉰ 25%　㉱ 20%

[해설] 2번 탭은 25%, 3번 탭은 20%의 가공률을 갖는다.

51. 단체형 다이스의 설명 중 옳은 것은?

㉮ 조정 나사가 있다.
㉯ 조정 나사는 없고 분할되었다.
㉰ 조정 나사도 없고 분할도 안되었다.
㉱ 4개의 날 부분을 각각 조정할 수 있다.

52. V블록의 크기를 옳게 표시한 것은?

㉮ 중량　　　㉯ 가로×세로×높이
㉰ 부피　　　㉱ 높이×세로×가로

53. 센터 펀치의 날끝 각도는 얼마가 적당한가?

㉮ 60~90°　　　㉯ 40~50°
㉰ 50~60°　　　㉱ 80~120°

[해설] 펀치는 용도에 따라 2가지로 구분이 된다. 금긋기 선에 찍는 펀치는 50°이하, 센터 펀치용은 60~90°

54. 탭 작업 시 주의사항으로 옳지 않은 것은?

㉮ 공작물을 수평으로 단단히 고정한다.
㉯ 구멍의 중심과 탭의 중심을 일치시킨다.
㉰ 기름을 충분히 넣는다.
㉱ 탭은 한쪽방향으로만 계속 돌린다.

[해설] 탭 핸들에 무리한 힘을 가하지 말고 수평으로 유지하며, 탭 핸들을 가끔 약간씩 역회전시켜 칩을 배출해야 한다.

55. 줄의 재질은 일반적으로 어떤 것을 사용하는가?

㉮ 고속도강　　　㉯ 초경질합금
㉰ 특수 합금강　　　㉱ 탄소 공구강

56. 센터 펀치 작업을 잘못 설명한 것은?

㉮ 금긋기 선상에 펀치를 수직으로 세워 잡는다.
㉯ 처음에 힘껏 펀칭한다.
㉰ 눈은 펀치의 끝을 주시한다.
㉱ 센터 펀치의 끝은 60°로 연삭한다.

57. 다음 [보기]의 사항을 가지고 금긋기 순서대로

(정답) 42. ㉱　43. ㉮　44. ㉰　45. ㉰　46. ㉯　47. ㉯　48. ㉰　49. ㉯　50. ㉯　51. ㉰　52. ㉯　53. ㉮　54. ㉱　55. ㉱
56. ㉯　57. ㉰

연결한 것으로 옳은 것은?

> ─────[보 기]─────
> ① 금긋기 도로 칠함 ② 금을 긋는다. ③ 기준면 또는 중심면을 잡는다. ④ 중심선 또는 잘 안 보이는 부분에는 센터 펀칭한다.

㉮ ①-②-③-④ ㉯ ②-①-④-③
㉰ ③-①-②-④ ㉱ ④-①-②-③

58. 얇은 철판을 바이스에 고정한 후, 톱으로 절단할 때 가장 안전한 방법은?

㉮ 바이스 조(jaw)에 보판을 댄다.
㉯ 바이스에 직접 고정한다.
㉰ 양쪽에 두꺼운 철판을 대고 고정한다.
㉱ 양쪽에 나무판을 대고 바이스로 고정한다.

59. 오른쪽 그림과 같은 환봉의 손톱 작업 시 절단 순서로 적당한 것은?

㉮ ①-②-③-④
㉯ ②-①-⑥-④
㉰ ①-⑥-④-②
㉱ ②-⑥-④-①

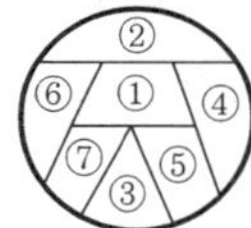

60. 정 작업 시 틀린 것은?

㉮ 정 작업 시 보호 안경을 사용한다.
㉯ 철재의 철편이 나르는 방향에 주의한다.
㉰ 담금질한 재료는 정으로 때리지 않는다.
㉱ 자르기 시작할 때와 끝날 때 강하게 때린다.

[해설] 정 작업 시 처음에는 절단선에 정의 위치를 정확하게 고정시키기 위하여 약하게 때려야 하며, 끝날 때 강하게 때리면 철편이 비산할 위험성이 있다.

61. 다음 중 '평평한' 면에 홈을 내기 위해 사용되는 공구는?

㉮ 스크레이퍼 ㉯ 정
㉰ 다이스   ㉱ 탭

62. 정반의 크기는?

㉮ 중량   ㉯ 표면적
㉰ 가로×세로×높이 ㉱ 높이

63. 바이스(vise)의 크기를 표시하는 것은 어느 것인가?

㉮ 공작물의 물릴 수 있는 길이
㉯ 바이스의 높이
㉰ 바이스 전체 중량
㉱ 조(jaw)의 폭

▶ 2. 기계조립 작업

2-1 조립 작업 내용

1 개 요

조립 작업은 기계 제작의 최종 공정이며, 조립도와 같이 완성하는 것이다. 기계 부품을 기계 가공 및 손 다듬질 작업에 의하여 정밀하게 가공하였다 하더라도 조립 과정에서 불량한 조립을 하였다면 조립 전의 모든 작업까지 헛수고를 한 결과가 되는 것이다.

조립 작업에는 나사 조임 작업, 부싱 끼우기, 베어링 끼우기, 끼워 맞춤 작업, 기타 등이 있으며 조립 방법은 다량 생산의 흐름 공정 작업인가 단일 공정 작업인가에 따라 다르다.

2 조립 작업의 내용

① **다량 생산과 조립 지그** : 다량 생산에서는 흐름 작업 방식을 채택하고 있으며 호환성이 있는 부품이 벨트 컨베이어 위에서 차례대로 조립되고 컨베이어의 끝에서 완성된 제품이 나오게 된다. 이러한 다량 생산을 위해서 필요한 것이 작업에 적합한 조립 지그(assembly jig)이다. 양호한 지그를 사용하면 조립은 간단하고 시간이 단축된다.

② **단일 생산과 현물 맞추기** : 이것은 기계가 정밀해질수록 필요하며 공작기계의 베드와 각 활동부 등의 조립, 복식 공구대의 조립 등 부품과 부품 1대 1 사이에 끼워 맞춤을 해 보면서 현물 맞추기를 하는 것을 말한다.

③ **운동 부분 조립** : 내연 기관의 크랭크축과 커넥팅 로드의 조립, 베어링 조립과 선반 베드의 끼워 맞춤 등 상호 운동하는 부분의 조립을 말하며, 정밀한 조립이란 어려우면서 세밀하고 조립을 게을리 할 수도 없는 중요한 작업이다.

④ **고착 조립** : 리베이팅, 압축 끼워 맞춤, 가열 끼워 맞춤 등과 같이 영구적으로 분해할 수 없는 조립이나 필요에 따라서 분해가 가능한 조립 작업도 있다.

3 끼워 맞춤

끼워 맞춤 작업은 작업 방법에 따라서 구멍과 축 사이에 치수 허용차가 항상 틈새가 있는 활동 끼워 맞춤(running fit : 헐거운 끼워 맞춤)과 항상 죔새만 있는 억지 끼워 맞춤(tight fit), 그리고 가공상태에 따라 틈새와 죔새가 있을 수 있는 중간 끼워 맞춤(sliding fit)이 있다.

이러한 끼워 맞춤에 대해서는 제 4편 제 4장의 2. 치수공차와 끼워 맞춤 단원에서 잘 설명하고 있으므로 참고하기 바란다.

4 끼워 맞춤의 선택

치수 공차를 부여한 구멍과 축을 조립할 때에 어느 부품을 조립해도 좋으나 치수 공차 내에 있는 큰 구멍과 큰 축, 또는 작은 구멍과 작은 축의 끼워 맞춤이 되지만 큰 구멍과 작은 축, 작은 구멍과 큰 축의 적합한 조합이 되기도 한다.

II

안전 관리

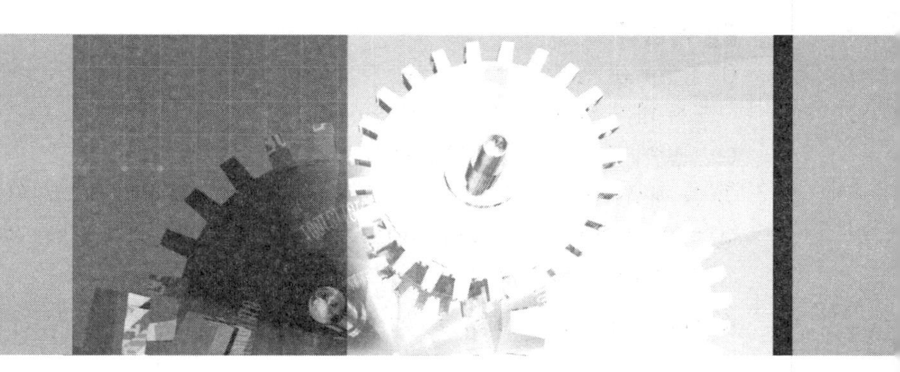

01 기계 안전(機械安全)

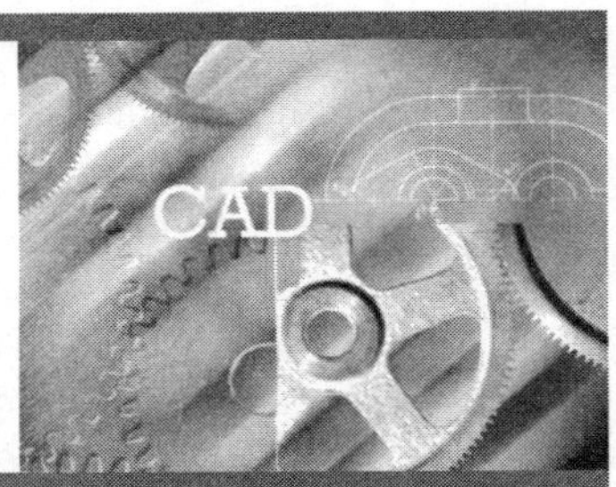

▶ 1. 일반적인 안전 사항

1-1 작업 복장

1 작업복

① 작업복은 신체에 맞고 가벼운 것으로서 때에 따라서는 상의의 끝이나 바지자락이 말려 들어가지 않도록 하기 위해 잡아매는 것도 좋다.

② 실밥이 풀리거나 터진 것은 즉시 꿰매도록 한다.

③ 늘 깨끗이 하고 특히 기름이 묻은 작업복은 불이 붙기 쉬우므로 위험하다.

④ 더운 계절이나 고온 작업 시에도 작업복을 벗지 않는다. 직장 규율 및 기강에도 좋지 않을 뿐만 아니라, 재해의 위험성이 크다.

⑤ 착용자의 연령, 직종 등을 고려해서 적절한 스타일을 선정한다.

2 작업모

① 기계의 주위에서 작업을 하는 경우에는 반드시 모자를 쓰도록 한다.

② 여자 및 장발자의 경우에는 모자나 수건으로 머리카락을 완전히 감싸도록 한다.

③ 여자의 경우에 일부러 앞 머리카락을 내놓고 모자를 착용하는 경우가 많으므로, 착용 방법에 대하여 잘 지도한다.

3 신 발

① 신발은 작업 내용에 잘 맞는 것을 선정하고, 샌들 등은 걸음걸이가 불안정해 넘어질 우려가 있으므로 착용하지 않는다.

② 맨발은 부상당하기 쉽고 고열 물체에 닿을 때도 위험하므로 절대로 금한다.

③ 신발은 안전화를 착용하는 것이 바람직하다.

4 보호구

① 작업에 필요한 적절한 보호구를 선정하고 올바른 사용 방법을 익혀 둔다.

② 필요한 수량의 비치, 정비, 점검 등 보호구의 관리를 철저히 한다.

③ 필요한 보호구는 반드시 착용한다.

  ㈎ 보안경 : 철분, 모래 등이 날리는 작업(연삭, 선반, 셰이퍼, 목공 기계 등)에 사용한다.

  ㈏ 차광 보호 안경 : 용접 작업과 같이 불티나 유해 광선이 나오는 작업에 사용한다.

  ㈐ 방진 마스크 : 먼지가 많은 장소와 해로운 가스(납, 비소)가 발생되는 작업에 사용한다. 산소가 16% 이하로 결핍되었을 때는 산소 마스크를 사용한다.

  ㈑ 장갑 : 선반 작업, 드릴, 목공 기계, 연삭, 해머, 정밀 기계 작업 등에는 장갑 착용을 금한다.

  ㈒ 귀마개 : 소음이 발생하는 작업, 제관, 조선, 단조, 직포 작업 등에는 귀마개를 사용한다.

  ㈓ 안전모

    ㉮ 물건이 떨어지거나 추락, 충돌 시 머리를 보호할 수 있는 안전모를 착용한다.

    ㉯ 안전모의 상부와 머리 상부 사이의 간격은 25mm 이상 유지해야 한다.

    ㉰ 턱 조리개는 반드시 졸라맨다.

1-2 통행과 운반

1 통행 시 안전 수칙

① 통행로 위의 높이 2m 이하에는 장해물이 없을 것

② 기계와 다른 시설물과의 사이의 통행로 폭은 80cm 이상으로 할 것

③ 뛰지 말 것

④ 한눈을 팔거나 주머니에 손을 넣고 걷지 말 것

⑤ 통로가 아닌 곳을 걷지 말 것

⑥ 좌측 통행 규칙을 지킬 것

⑦ 높은 작업장 밑을 통과할 때 조심할 것

⑧ 작업자나 운반자에게 통행을 양보할 것

⑨ 통행로에 설치된 계단은 다음 사항을 고려하여 설치할 것

  ㈎ 견고한 구조로 할 것

  ㈏ 경사는 심하지 않게 할 것

  ㈐ 각 계단의 간격과 너비는 동일하게 할 것

  ㈑ 높이 3m를 초과할 때에는 높이 3m 이내마다 계단참을 설치할 것

  ㈒ 적어도 한쪽에는 손잡이를 설치할 것

시야 방해

2 운반 시 안전 수칙

① 운반차는 규정속도를 지킬 것

② 운반 시 시야를 가리지 않게 쌓을 것

③ 승용석이 없는 운반차에는 승차하지 말 것

④ 빙판의 운반 시 미끄럼에 주의할 것

⑤ 긴 물건에는 끝에 표지를 단 후 운반할 것

통행로 방해

⑥ 통행로와 운반차, 기타의 시설물에는 안전 표지 색을 이용한 안전 표지를 할 것

❸ 작업장에서 작업을 시작하기 전 점검 사항

① 기계 공구의 기능이 정상적인가?
② 가스 사용 시 누설이나 폭발 위험이 없는가?
③ 전기 장치에 이상이 없는가?
④ 작업장 조명이 정상인가?
⑤ 정리 정돈이 잘 되어 있는가?
⑥ 주변에 위험물이 없는가?

▶ 2. 수공구류의 안전 수칙

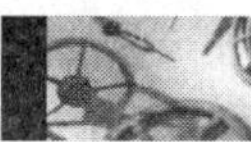

2-1 일반적인 안전 수칙

❶ 일반 수칙

① 손이나 공구에 묻은 기름, 물 등을 닦아낼 것(기름 묻은 공구를 사용하면 미끄럽다.)
② 주위를 정리 정돈할 것
③ 수공구는 그 목적 이외에는 사용하지 말 것
④ 좋은 공구를 사용할 것
⑤ 사용법에 알맞게 쓸 것

❷ 수공구류 안전 수칙

① 해머 작업

㈎ 보호안경을 착용할 것
㈏ 처음에는 서서히 칠 것
㈐ 장갑을 끼지 말 것
㈑ 해머를 자루에 꼭 끼울 것
㈒ 대형 해머를 사용 시 능력에 맞게 사용할 것
㈓ 좁은 곳에서 사용하지 말 것

② 정, 끌 작업

㈎ 머리가 빗겨진 정은 사용하지 말 것
㈏ 정은 기름을 깨끗이 닦은 후에 사용할 것
㈐ 따내기 작업을 할 때에는 보호안경을 착용할 것
㈑ 절단 시 조각의 비산에 주의할 것(반대편에 차폐막 설치)
㈒ 정을 잡은 손의 힘을 뺄 것
㈓ 날끝이 결손된 것이나 둥글어진 것은 사용하지 말 것
㈔ 정 작업은 처음에는 가볍게 두들기고 목표가 정해진 후에 차츰 세게 두들기며, 작업이 끝날 때는 타격을 약하게 할 것

㈎ 담금질한 재료를 정으로 치지 말 것
㈗ 절삭면을 손가락으로 만지거나 절삭칩을 손으로 제거하지 말 것

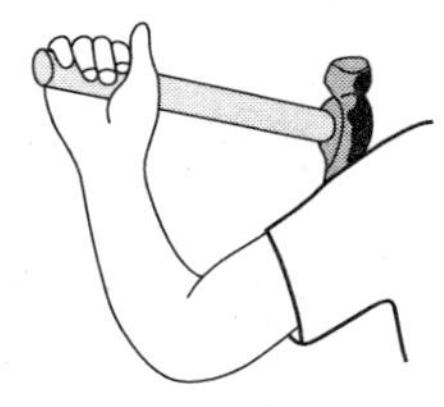

해머의 바른 파지법

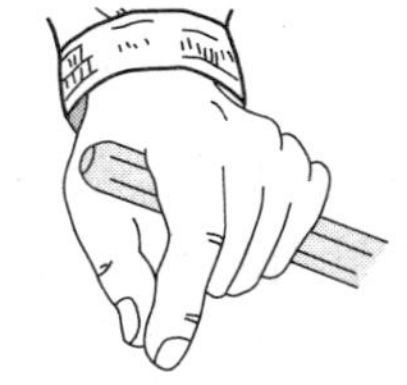
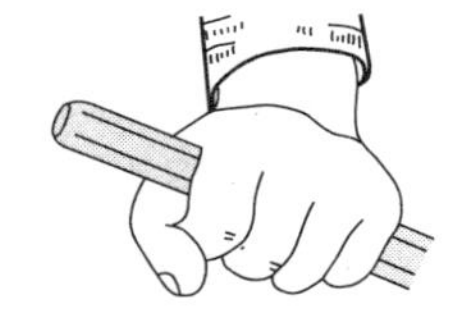

(a) 좋은 예(가볍게 잡는다.)　　(b) 나쁜 예(지나치게 강하게 잡는다.)

정을 잡는 법

③ **스패너, 렌치 작업**

㈎ 해머 대용으로 사용하지 말 것

㈏ 너트에 꼭 맞게 사용할 것

㈐ 조금씩 돌릴 것

㈑ 벗겨져도 손을 다치거나 넘어지지 않는 자세를 취할 것

㈒ 작은 볼트에 너무 큰 멍키 렌치를 쓰지 말 것

㈓ 스패너에 파이프를 끼우거나 해머로 두들겨서 돌리지 말 것

㈔ 몸앞으로 잡아 당길 것

㈕ 스패너와 너트 사이에 물림쇠를 끼우지 말 것

④ **드라이버 작업**

㈎ 드라이버는 홈에 맞는 것을 쓸 것

㈏ 드라이버의 이가 상한 것을 쓰지 말 것(날끝이 수평이어야 한다.)

㈐ 작업 중 드라이버가 빠지지 않도록 할 것

㈑ 전기 작업에서는 전열된 드라이버 또는 전기의 통전 점검 시는 검전 드라이버를 사용할 것

2-2 다듬질의 안전 수칙

1 바이스 작업

① 바이스는 이가 꼭 맞게 할 것

② 바이스대에 재료, 공구 등을 올려놓지 말 것

③ 작업 중 바이스를 자주 조일 것

④ 조(jaw)의 기름을 잘 닦아낼 것

⑤ 조(jaw)의 중심에 공작물이 오도록 고정할 것

⑥ 가공물에 체결한 다음에는 반드시 핸들을 밑으로 내릴 것

⑦ 둥근 가공물은 프리즘(prism)형 보조구를 이용하여 고정한다.

⑧ 불안정한 공작물, 무거운 공작물을 고정할 때는 공작물 밑에 나뭇조각 등의 대를 받쳐서 작업 중에 공작물이 낙하하지 않도록 한다.

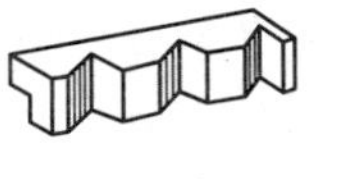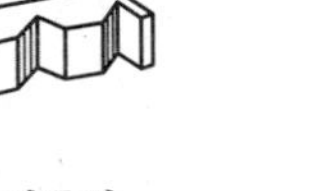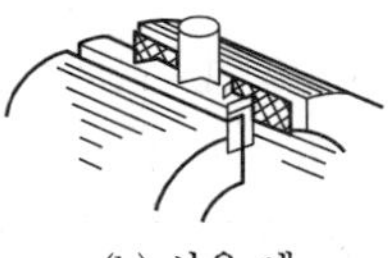

(a) 프리즘형　　　　(b) 사용 예
　　보조핀

프리즘형 보조구

2 줄 작업

① 줄에 담금질 균열이 있는 것은 사용 중에 부러질 우려가 있으므로 잘 점검한다.
② 줄자루는 소정의 크기의 것으로 튼튼한 쇠고리가 끼워진 것을 선택하고, 자루를 확실하게 고정하여 사용한다.
③ 칩은 입으로 불거나 맨손으로 털지 말고 반드시 브러시로 턴다.
④ 줄을 레버나 잭 핸들 또는 해머 대신 사용해서는 안 된다.
⑤ 줄질 후 쇠가루를 입으로 불어내지 않도록 한다.
⑥ 바른 손에 힘을 주고 왼손은 균형을 잡도록 한다.
⑦ 자루를 단단히 끼우고 사용한다.

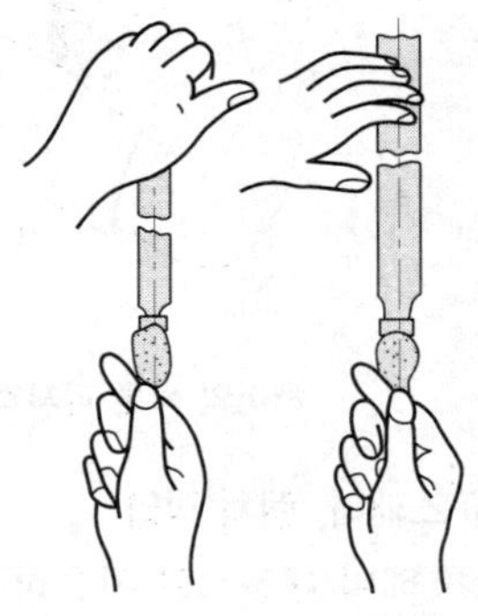

줄 잡는 방법

3 손톱 작업

① 작업 중 톱날이 부러져서 상처를 입지 않도록 한다.
② 쇠톱자루와 테의 선단을 잘 붙들고 좌우로 흔들리지 않도록 작업한다.
③ 절삭이 끝날 무렵에는 힘을 빼고 가볍게 사용한다.

4 스크레이핑 작업

① 스크레이퍼의 절삭날은 날카로우므로 특히 유의하여 취급한다.
② 작업을 할 때는 공작물이 미끄러지지 않도록 고정시킨다.
③ 허리로 스크레이퍼 작업을 할 때는 우측 배에 스크레이퍼를 댄다.

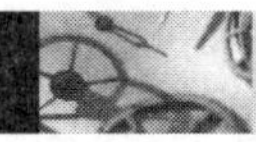

2-3 주요 기계 작업 시 안전 수칙

1 공작 기계의 안전 수칙

① 기계 위에 공구나 재료를 올려놓지 않는다.
② 이송을 걸어 놓은 채 기계를 정지시키지 않는다.
③ 기계의 회전을 손이나 공구로 멈추지 않는다.
④ 가공물, 절삭 공구의 설치를 확실히 한다.
⑤ 절삭 공구는 짧게 설치하고 절삭성이 나쁘면 일찍 바꾼다.
⑥ 칩이 비산할 때는 보안경을 사용한다.
⑦ 칩을 제거할 때는 브러시나 칩 클리너를 사용하고 맨손으로 하지 않는다.
⑧ 절삭 중 절삭면에 손이 닿아서는 안된다.
⑨ 절삭 중이나 회전 중에는 공작물을 측정하지 않는다.

2 선반 작업

① 가공물을 설치할 때에는 전원 스위치를 끄고 바이트를 충분히 뗀 다음 설치한다.
② 돌리개는 적당한 크기의 것을 선택하고 심압대 스핀들이 지나치게 나오지 않도록 한다.
③ 공작물의 설치가 끝나면 척, 렌치류는 곧 떼어 놓는다.

④ 편심된 가공물을 설치할 때에는 균형 추를 부착시킨다.

⑤ 바이트는 기계를 정지시킨 다음에 설치한다.

⑥ 줄 작업이나 사포로 연마할 때는 몸자세 · 손동작에 유의한다.

❸ 밀링 작업

① 절삭 공구 설치 시 시동 레버와 접촉하지 않도록 한다.

② 공작물 설치 시 절삭 공구의 회전을 정지시킨다.

③ 상하 이송용 핸들은 사용 후 반드시 벗겨 놓는다.

④ 가공 중에는 얼굴을 기계에 가까이 대지 않도록 한다.

⑤ 절삭 공구에 절삭유를 줄 때는 커터 위에서부터 주유한다.

⑥ 칩이 비산하는 재료는 커터 부분에 커버를 하거나 보안경을 착용한다.

❹ 연삭 작업

① 숫돌은 반드시 시운전에 지정된 사람이 설치해야 한다.

② 숫돌을 설치하기 전에 나무망치로 숫돌을 때려 조사한다(균열이 있으면
  탁한 소리가 난다).

③ 숫돌차는 기계에 규정된 것을 사용한다.

④ 숫돌차의 안지름은 축의 지름보다 0.05~0.15mm 정도 커야 한다.

⑤ 플랜지는 좌우 같은 것을 사용하고 숫돌 바깥지름의 1/3 이상의 것을
  사용한다.

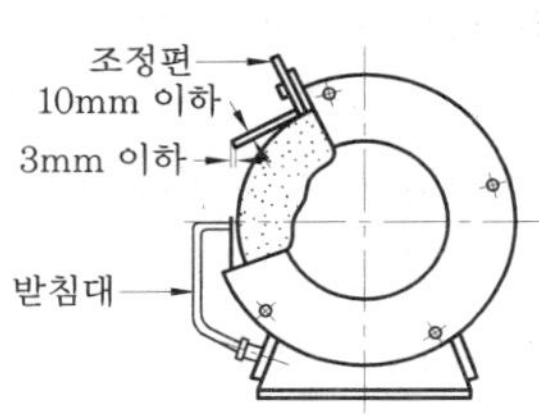

연삭 숫돌의 커버

⑥ 플랜지와 숫돌 사이에는 플랜지와 같은 크기의 패킹을 양쪽에 끼우고 너트를 너무 강하게 조이지 않
  도록 한다.

⑦ 숫돌은 3분 이상, 작업 개시 전에는 1분 이상 시운전한다. 그때, 숫돌의 회전 방향으로부터 몸을 피
  하여 안전에 유의한다.

⑧ 숫돌과 받침대의 간격은 항상 3mm(1.5mm 정도) 이하로 유지한다.

⑨ 공작물과 숫돌은 조용하게 접촉하고, 무리한 압력으로 연삭해서는 안 된다.

⑩ 공작물은 받침대로 확실하게 지지한다.

⑪ 소형 숫돌은 측압에 약하므로 컵형 숫돌 외에는 측면 사용을 피한다.

⑫ 숫돌의 커버를 벗겨 놓은 채 사용해서는 안 된다.

⑬ 안전 차폐막을 갖추지 않은 연삭기를 사용할 때는 방진 안경을 사용한다.

❺ 플레이너 작업

① 테이블의 행정에 따라서 미리 안전책을 배치한다.

② 테이블의 행정 내에 장애물이 없는가를 확인한 후 시동한다.

③ 작업 중 테이블에 발을 올려 놓지 않도록 한다.

❻ 셰이퍼 작업

① 운전 중 램의 운전 방향에 있어서는 안된다.

② 램의 행정 내에 장애물이 있어서는 안된다.

7 슬로팅 머신 작업

① 바이트의 행정은 미리 수동으로 조사한다.
② 운전 중에 구멍으로 들여다 보거나 필요 이상으로 얼굴을 가까이 하지 않는다.

8 기어 커팅 머신 작업

① 기어를 교환할 때는 스위치를 끊는다.
② 운전 중에는 기어 박스의 뚜껑을 닫는다.
③ 커터 박스는 무거우므로 낙하했을 경우에 손이 끼지 않도록 유의한다.

9 용접 시 안전 수칙

■ 산소 용접 시 안전 수칙
① 용접 작업 시 적당한 차광 안경을 사용한다.
② 점화 시 아세틸렌 밸브를 먼저 열고 점화한 뒤 산소 밸브를 연다.
③ 충전된 산소병은 직사광선이 직접 투사하는 곳에 놓지 않도록 한다.
④ 작업 후 산소 밸브를 먼저 닫고 아세틸렌 밸브를 닫는다.
⑤ 점화는 성냥불이나 담뱃불로 하지 않도록 한다.
⑥ 역화가 일어났을 때는 즉시 산소 밸브를 잠근다.
⑦ 산소 발생기에서 5m 이내, 발생기실에서 3m 이내의 장소에서 흡연과 화기를 사용하거나 불꽃이 일
   어나는 행위를 금한다.
⑧ 아세틸렌 사용 압력은 1kgf/cm²을 사용하고, 산소 용접기의 압력은 150kgf/cm² 이하로 사용한다.
⑨ 사용 중 용기의 개폐 밸브용 핸들은 만일에 대비하여 용기 가까이에 둔다.
⑩ 아세틸렌 누출 검사 시는 비눗물을 사용하여 검사한다.
⑪ 용접 작업 중 유해 가스, 연기, 분진 등의 발생이 심할 때에는 방진 마스크를 사용한다.
⑫ 실린더 저장소에는 '50피트 이내 금연' 이란 표지를 달아둔다.
⑬ 압축가스 실린더 저장소는 건물 또는 타 가연성 물질 저장소로부터 40피트 이상 떨어져 있어야 한다.

■ 전기 용접의 안전 수칙
① 용접 시에는 소화기 및 소화수를 준비한다.
② 우천 시 옥외 작업을 금한다.
③ 홀더는 항상 파손되지 않은 것을 사용한다.
④ 용접봉을 갈아 끼울 때는 홀더의 충전부에
   몸이 닿지 않도록 주의한다.
⑤ 작업 시에는 반드시 보호 장비를 착용한다.
⑥ 벗겨진 홀더는 사용하지 않도록 한다.
⑦ 작업 중단 시는 전원 스위치를 끄고 커넥터
   를 풀어준다.

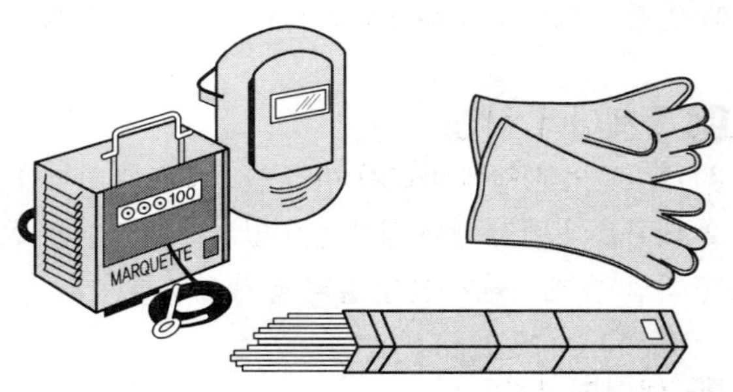

전기 용접기와 헬멧

⑧ 피용접물은 코드를 완전히 접지시킨다.
⑨ 환기 장치가 완전한 일정한 장소에서 용접한다.
⑩ 보호장갑 및 에이프런(앞치마), 정강이받이 등을 착용한다.

🔟 드릴 작업

① 회전하고 있는 주축이나 드릴에 손이나 걸레를 대거나 머리를 가까이 해서는 안된다.
② 드릴은 양호한 것을 사용하고, 섕크에 상처나 균열이 있는 것을 사용해서는 안된다.
③ 가공 중에는 드릴의 절삭성이 나빠지면 곧 드릴을 재연삭하여 사용한다.
④ 드릴을 고정하거나 풀 때는 주축이 완전히 멈춘 후에 한다.
⑤ 작은 물건은 바이스나 고정구로 고정하고 직접 손으로 잡지 말아야 한다.
⑥ 얇은 물건을 드릴 작업할 때는 밑에 나무 등을 놓고 구멍을 뚫어야 한다.
⑦ 드릴 끝이 가공물의 맨 밑에 나올 때, 가공물이 회전하기 쉬우므로 이 때는 이송을 늦춘다.
⑧ 가공 중 드릴이 가공물에 박히면 기계를 정지시키고 손으로 돌려서 드릴을 뽑아야 한다.
⑨ 드릴이나 소켓 등을 뽑을 때는 드릴 뽑게를 사용하며, 해머 등으로 두들겨 뽑지 않도록 한다.
⑩ 드릴 및 척을 뽑을 때는 주축과 테이블의 간격을 좁히고 테이블 위에 나무 조각을 놓고 받는다.

🔢 프레스(전단기) 작업

① 기계의 사용 방법을 완전히 익힐 때까지는 함부로 기계에 손대지 않는다.
② 작업 전에 급유하고 몇 번 운전하여 활동부의 움직임 및 작업 상태를 점검한다.
③ 형틀(die) 고정(교환) 후 시험 작업을 해 본다.
④ 안전 장치의 작동 상태를 점검하고 잘못된 것은 조정한다.
⑤ 운전 중 램 밑에 손이 들어가지 않게 주의한다.
⑥ 2명 이상이 작업할 때는 신호를 정확하게 하고 조작에 안전을 기한다.
⑦ 작업이 끝난 후엔 반드시 스위치를 내린다.
⑧ 페달을 불필요하게 밟지 않는다.
⑨ 손질, 수리, 조정 및 급유 시에는 기계를 멈추고 한다.
⑩ 이송 장치나 배출 장치를 사용하며, 손의 사용은 가급적 줄인다.
⑪ 다이의 구조를 고려하여 위험한 작업을 줄인다.

2-4 동력 전달 장치의 안전화

사업주는 기계의 원동기, 회전축, 기어, 풀리, 플라이휠, 벨트 및 체인 등 근로자에게 위험을 미칠 우려가 있는 부위에는 덮개, 울, 슬리브 및 건널다리 등을 설치해야 한다.

1 벨트의 안전 장치

① 벨트의 이음쇠는 돌기가 없는 구조로 한다.
② 벨트가 돌아가는 부분에는 커버, 울타리 등을 한다.

③ 바닥에서 2m 이내에 있는 벨트로서 통행 중 접근할 염려가 있는 것은 둘러싸거나 안전 울타리를 한다.

④ 통로나 작업 장소 위에 있는 벨트로서 측거리 3m 이상, 너비 15cm 이상, 속도 10m/s의 경우는 불시 단절로 인한 재해 방지를 위해 낙하 방지 장치를 해야 한다.

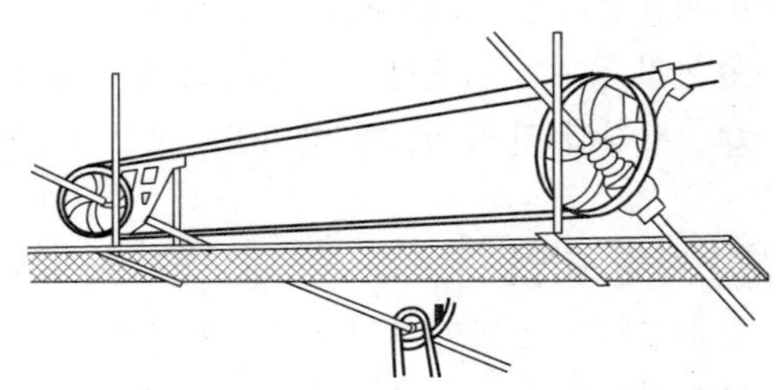

벨트 낙하 방지를 위한 장치

❷ 축(shaft)의 안전 장치

① 세트 볼트, 키 등의 머리가 튀어나온 것은 커버로 덮어준다.

② 돌출부가 없어도 지상 2m 이내에서는 의복, 머리카락 등이 감기지 않도록 장치를 한다.

❸ 기어 맞물림부의 안전 장치

① 기어는 가급적 전부 덮어야 한다.

② 맞물린 부분과 측면 부분은 특히 안전 커버를 한다.

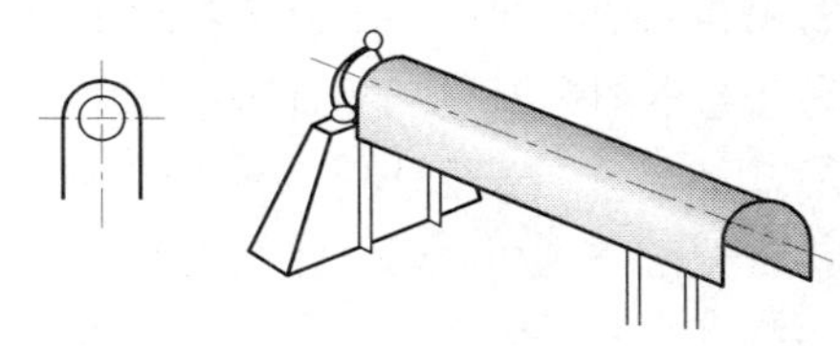

샤프트 안전 덮개

예 상 문 제

1. 작업장과 외부 온도의 차는?

  ㉮ 3℃   ㉯ 7℃   ㉰ 12℃   ㉱ 15℃

2. 작업장의 온도로 가장 적합한 것은?

  ㉮ 기계 작업 : 10~12   ㉯ 사무실 : 25~30

  ㉰ 조립 작업 : 25~30   ㉱ 도장 작업 : 5~10

  [해설] 각 작업장의 적당한 온도는 다음과 같다. 심한 육체 작업 7~9℃, 심한 기계 작업 10~12℃, 목공 작업 15~18℃, 도장 작업 24~26℃, 사무실 18~20℃, 식당 20~23℃이다.

3. 작업장의 부유하는 먼지량은 얼마 이하가 적당한가?

  ㉮ 0.01mg/m³   ㉯ 0.1mg/m³

  ㉰ 0.15mg/m³   ㉱ 0.4mg/m³

4. 통로의 채광과 조명은?

  ㉮ 정상적인 보행에 지장이 없으면 된다.

  ㉯ 100 lux 이상이어야 한다.

  ㉰ 150 lux 이상이어야 한다.

  ㉱ 근로자에게 조명구를 소지시키면 된다.

5. 다음 작업 중 보안경이 필요한 것은?

  ㉮ 리베팅 작업   ㉯ 선반 작업

  ㉰ 줄 작업   ㉱ 황산 제조 작업

  [해설] 칩이 비산하는 작업(선반, 밀링, 드릴 작업 등)에는 보안경을 사용한다.

6. 산업 공장에서 재해의 발생을 적게 하기 위한 방법 중 틀린 것은 어느 것인가?

  ㉮ 칩은 정해진 용기에 넣는다.

  ㉯ 공구는 소정의 장소에 보관한다.

  ㉰ 소화기 근처에 물건을 쌓아 놓는다.

  ㉱ 통로나 창문 등에 물건을 세워 놓지 않는다.

7. 다음 중 작업장에서 착용해서는 안되는 것은?

  ㉮ 작업모   ㉯ 안전모

  ㉰ 넥타이나 반지   ㉱ 작업화

  [해설] 안전모는 중량물을 입체적으로 취급할 때 사용하며, 작업모나 작업화도 안전을 위하여 작업 시 사용해야 한다. 넥타이는 회전체에 감기기 쉽고, 반지는 전기의 양도체이므로 위험하다.

[정답]   1. ㉯   2. ㉮   3. ㉰   4. ㉮   5. ㉯   6. ㉰   7. ㉰

8. 우리나라에서 가장 바람직한 상대 습도는?

㉮ 40~50%　　㉯ 50~60%
㉰ 60~70%　　㉱ 70~80%

9. 공장의 정리 정돈에 관하여 적당하지 않은 것은?

㉮ 폐품은 정해진 용기 속에 넣는다.
㉯ 공구, 재료 등은 일정한 장소에 놓는다.
㉰ 사용이 끝난 공구는 즉시 뒷정리를 한다.
㉱ 통로를 넓히기 위해 통로 한쪽에 물건을 세워 놓는다.

10. 둘 이상의 비상용 통로의 설치는 어떠한 때 하는가?

㉮ 30인 이상의 근로자가 취업하는 옥내 작업장
㉯ 50인 이상의 근로자가 취업하는 옥내 작업장
㉰ 70인 이상의 근로자가 취업하는 옥내 작업장
㉱ 100인 이상의 작업자가 취업하는 옥내 작업장

11. 둘 이상의 비상용 통로가 없어도 무방한 곳은 다음 중 어느 것인가?

㉮ 폭발성 물품을 제조하는 옥내 작업장
㉯ 발화성 물품을 취급하는 옥내 작업장
㉰ 인화성 물품을 취급하는 옥내 작업장
㉱ 중기 또는 절단기를 사용하는 옥내 작업장

12. 공장의 출입문은 안전을 위하여 어느 것이 안전한가?

㉮ 안 여닫이문　　㉯ 밖 여닫이문
㉰ 셔터　　㉱ 미닫이문

[해설] 화재 등이 발생했을 경우 셔터와 미닫이문은 열기가 곤란하고, 안 여닫이문은 문이 공장의 안쪽으로 열리기 때문에 사람이 빨리 밖으로 나올 수 없으므로, 밖 여닫이문이 좋다.

13. 추락의 위험이 있는 장소에는 높이 얼마 이상의 손잡이를 설치해야 하는가?

㉮ 50cm　㉯ 75cm　㉰ 100cm　㉱ 85cm

14. 작업장에서 재료는 어느 곳에 보관하는가?

㉮ 통로　　㉯ 작업장 입구
㉰ 재료 창고　　㉱ 기계 부근

15. 다음 중 작업 환경에 속하지 않는 것은?

㉮ 공구　㉯ 소음　㉰ 조명　㉱ 채광

16. 정밀 작업을 할 때는 작업면의 밝기를 얼마로 하는 것이 이상적인가?

㉮ 70럭스　　㉯ 150럭스
㉰ 220럭스　　㉱ 300럭스

17. 다음 중 가장 재해가 많은 동력 전달 장치는?

㉮ 기어　㉯ 커플링　㉰ 벨트　㉱ 차축

18. 사다리 작업 시 사다리의 경사 각도는?

㉮ 0°　㉯ 15°　㉰ 30°　㉱ 45°

19. 기계와 기계의 간격은 최소한 얼마 이상으로 해야 하는가?

㉮ 0.5m　㉯ 0.8m　㉰ 1.2m　㉱ 1.4m

20. 정차 또는 운반 중 앞차와의 간격은?

㉮ 1~1.5m 이상　　㉯ 2m 이상
㉰ 5m 이상　　㉱ 7m 이상

21. 운반 차량의 구내 속도는?

㉮ 5km/h　　㉯ 8km/h
㉰ 10km/h　　㉱ 20km/h

22. 안전 작업이 필요한 이유 중 틀린 것은?

㉮ 설비 손실의 감소　㉯ 인명 피해 예상
㉰ 생산성 감소　㉱ 생산재 손실 감소

23. 밀링 작업에서 주의할 점 중 잘못 설명한 것은?

㉮ 보호 안경을 사용한다.
㉯ 커터에 옷이 감기지 않도록 한다.
㉰ 절삭 중 측정기로 측정한다.
㉱ 일감은 기계가 정지한 상태에서 고정한다.

24. 밀링 작업 시 안전에 대한 설명이다. 잘못 설명한 것은?

㉮ 절삭 중 표면 거칠기를 손으로 검사한다.
㉯ 측정은 기계를 정지시킨 후 한다.
㉰ 작업 중에는 장갑을 끼지 않도록 한다.
㉱ 칩은 솔로 제거한다.

25. 밀링 작업에 대한 설명 중 틀린 것은?

[정답] 8. ㉯　9. ㉱　10. ㉯　11. ㉱　12. ㉯　13. ㉯　14. ㉰　15. ㉮　16. ㉱　17. ㉰　18. ㉯　19. ㉯　20. ㉰　21. ㉯
22. ㉰　23. ㉰　24. ㉮　25. ㉱

㉮ 일감의 고정과 제거는 기계 정지 후 실시한다.

㉯ 측정은 기계 정지 후 실시한다.

㉰ 기계 사용 후 이송 장치 핸들은 풀어 놓는다.

㉱ 절삭중 칩 제거는 칩 브레이커로 한다.

[해설] 선반 작업에서는 칩이 길게 연속적으로 나오기 때문에 칩 브레이커가 필요하나, 밀링 작업에서는 칩이 짧게 끊어져 나오기 때문에 칩 브레이커가 필요없다.

26. 밀링 커터를 바꿀 때의 주의 사항으로 옳은 것은?

㉮ 밑에 걸레를 깔고 바꾼다.

㉯ 밑에 종이를 깔고 바꾼다.

㉰ 그냥 바꾼다.

㉱ 밑에 목재 받침을 깔고 바꾼다.

27. 셰이퍼 작업 시 주의할 점 중 틀린 것은?

㉮ 일감을 바이스에 확실히 고정하도록 한다.

㉯ 절삭 중 일감에 손을 대지 않도록 한다.

㉰ 바이트를 항상 손으로 누르면서 작업을 한다.

㉱ 램 조정 핸들은 조정 후 빼놓도록 한다.

28. 셰이퍼 공구대가 셰이퍼의 칼럼에 부딪힐 위험성이 있는 작업은?

㉮ 평면 가공   ㉯ T홈 가공

㉰ 더브테일 홈 가공   ㉱ 직각 홈 가공

[해설] 더브테일 홈을 셰이퍼로 가공할 때 셰이퍼 공구대를 홈의 각도만큼 경사시켜야 하므로 셰이퍼의 직주에 부딪힐 위험성이 커짐에 따라 램이 귀환 행정 종료 시 칼럼의 앞쪽까지만 오도록 한다.

29. 셰이퍼 작업 시 공구의 설치에 대한 설명 중 잘못 설명한 것은?

㉮ 셰이퍼 공구대에 바이트 홀더를 확실히 고정한다.

㉯ 바이트는 잘 갈아서 사용한다.

㉰ 클램프 블록이 잘 작동되도록 한다.

㉱ 기계가 정지하면 바이트는 절삭 상태 그대로 둔다.

30. 다음은 셰이퍼의 주유법에 대한 것이다. 틀린 것은?

㉮ 셰이퍼 운전 중 다른 작업을 해도 무방하다.

㉯ 주유 시 기계 주위에서 장난을 해서는 안된다.

㉰ 기계 위나 바닥에 흘린 기름을 닦아야 한다.

㉱ 주유 중 기계에 기대어서도 안된다.

31. 셰이퍼 작업 시 규칙 중 틀린 것은?

㉮ 공작물을 단단하게 고정할 것

㉯ 바이트는 가급적이면 짧게 고정할 것

㉰ 운전 중 바이트가 이동하는 방향에 설 것

㉱ 보호 안경을 사용할 것

32. 셰이퍼 작업 시 작업자의 위치로 가장 부적당한 곳은?

㉮ 앞과 옆   ㉯ 뒤와 옆

㉰ 앞과 뒤   ㉱ 양 옆

[해설] 셰이퍼는 작동될 때 램이 앞뒤로 움직이기 때문에 앞이나 뒤는 작업자에게 매우 위험하다.

33. 셰이퍼에서 공작물 고정 시 주의할 점 중 틀린 것은?

㉮ 테이블을 깨끗이 한다.

㉯ 테이블 위의 칩은 완전히 제거한다.

㉰ 테이블에 바이스를 고정할 때 와셔는 필요 없다.

㉱ 무거운 물건은 타인의 도움을 청한다.

34. 셰이퍼 바이스에 일감을 정확히 고정하는 데는 어느 방법이 좋은가?

㉮ 핸들에 파이프를 넣어 고정한다.

㉯ 바이스 핸들을 해머로 때린다.

㉰ 바이스 핸들을 발로 찬다.

㉱ 바이스 핸들을 손으로 고정한다.

35. 다음 중 프레스 작업 전 안전에 유의할 점은?

㉮ 기계를 공회전시켜 클러치를 점검한다.

㉯ 상하 형틀의 치수를 점검한다.

㉰ 기계의 고장 유무를 점검한다.

㉱ 전원의 단절 유무를 점검한다.

36. 고압가스의 충전 용기 보관 시 유의할 점 중 틀린 것은 어느 것인가?

㉮ 전도하지 않도록 한다.

㉯ 전락하지 않도록 한다.

㉰ 충격을 방지하도록 한다.

㉱ 통풍이 안되는 곳에 보관한다.

37. 고압가스 용기 운반 시 주의할 점 중 틀린 것은 어느 것인가?

㉮ 운반 전에 밸브를 닫는다.
㉯ 용기의 온도는 35℃ 이하로 한다.
㉰ 종류가 다른 가스 용기도 함께 운반한다.
㉱ 적당한 운반차나 운반도구를 사용한다.

38. 인체에 전류가 10~15mA 정도 흘러 근육이 수축되고 신경의 마비가 오는 전류 상태를 무엇이라고 하는가?

㉮ 마비 한계 전류 ㉯ 고통 한계 전류
㉰ 최소 간지 전류 ㉱ 심실 세동 전류

39. 중량물을 운반하는 기중기 운반에 대한 주의점이다. 이 중 옳지 못한 것은 어느 것인가?

㉮ 규정된 제한 하중 이상을 매달지 말 것
㉯ 기중기 훅은 하물의 중심 직선상에 내릴 것
㉰ 와이어 로프로 훅의 중심에 걸고 매다는 각도를 작게 할 것
㉱ 감아올린 물건은 지상에서 30cm 정도로 들어올려 이동시킬 것

40. 와이어 로프로 물품을 달아 올릴 때 두 로프가 나란할 때의 장력을 1로 하면, 로프의 간격이 120°가 되었을 때의 장력은 얼마인가?

㉮ 1배   ㉯ 1.5배   ㉰ 2.0배   ㉱ 1.7배

41. 체인 블록 윈치 또는 호이스트로 물건을 운반할 때 같은 강도, 같은 굵기의 와이어나 체인을 사용할 경우 안전 하중을 가장 많이 택할 수 있는 것은?

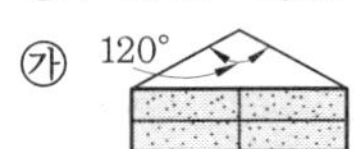

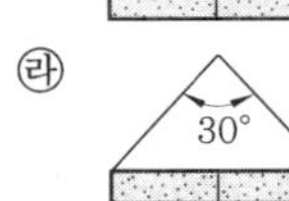

42. 중량품을 운반할 때 주의할 점이다. 잘못 설명한 것은?

㉮ 운반 기구를 사용한다.
㉯ 다리와 허리에 힘을 주어 물체를 들어 움직인다.
㉰ 운반차를 이용한다.
㉱ 운반차는 바퀴가 3개 이상인 것이 안전하다.

43. 와이어 로프로 물건을 달아 올릴 때 힘이 가장 적게 걸리는 로프의 각도는?

㉮ 30°   ㉯ 45°   ㉰ 60°   ㉱ 75°

44. 기중기 운반 시 가장 필요 없는 것은?

㉮ 행어   ㉯ 로프
㉰ 운반 상자   ㉱ 포크 리프트

45. 다음 중 안전한 해머는?

㉮ 머리가 깨진 것   ㉯ 쐐기가 없는 것
㉰ 타격면이 평탄한 것 ㉱ 타격면에 흠이 있는 것

46. 앞치마를 사용하는 작업은?

㉮ 밀링 작업   ㉯ 용접 작업
㉰ 형삭 작업   ㉱ 목공 작업

47. 직장 내에서 고무장화 착용이 허용되는 곳은?

㉮ 열처리 공장   ㉯ 화학약품 공장
㉰ 조선 공장   ㉱ 목공 작업

48. 안전모를 착용했을 때 머리의 윗부분과 안전모 내의 아래 부분과의 사이 간격은?

㉮ 10mm 이상   ㉯ 75mm 이상
㉰ 20mm 이상   ㉱ 25mm 이상

49. 다음 중 장갑을 끼고 해야 하는 작업은?

㉮ 드릴 작업   ㉯ 선반 작업
㉰ 해머 작업   ㉱ 중량물 운반

50. 장갑을 끼고 하여도 좋은 작업은 어느 것인가?

㉮ 드릴 작업   ㉯ 선반 작업
㉰ 용접 작업   ㉱ 판금 작업

51. 전 사고를 100%로 볼 때 신체적, 기계적 악조건에 기인된 사고는 몇 %인가?

㉮ 2%   ㉯ 10%   ㉰ 20%   ㉱ 88%

52. 다음은 드라이버 사용 시 주의할 점이다. 틀린 것은 어느 것인가?

㉮ 규격에 맞는 드라이버를 사용한다.
㉯ 드라이버는 지렛대 대신으로 사용하지 않는다.
㉰ 클립(clip)이 있는 드라이버는 옷에 걸고 다녀도 좋다.
㉱ 나사를 빼거나 박을 때 잘 풀리지 않으면 플라이어로 꽉 잡고 돌린다.

정답 38. ㉮ 39. ㉱ 40. ㉰ 41. ㉱ 42. ㉯ 43. ㉮ 44. ㉱ 45. ㉰ 46. ㉯ 47. ㉯ 48. ㉱ 49. ㉱ 50. ㉰ 51. ㉯
52. ㉱

53. 안전 작업이 필요한 이유 중 해당되지 않는 사항은?

㉮ 생산성이 감소된다.
㉯ 인명 피해를 예방할 수 있다.
㉰ 생산재의 손실을 감소할 수 있다.
㉱ 산업 설비의 손실을 감소시킬 수 있다.

54. 다음 중 보호구를 사용하지 않아도 무방한 작업은 어느 것인가?

㉮ 보일러를 수선하는 작업
㉯ 유해물을 취급하는 작업
㉰ 유해 방사선에 쬐는 작업
㉱ 증기를 발산하는 장소에서 행하는 작업

55. 작업장에서 작업복을 착용하는 이유는?

㉮ 방한을 위해서
㉯ 작업자의 복장 통일을 위해서
㉰ 작업 비용을 높이기 위해서
㉱ 작업 중 위험을 적게 하기 위해서

56. 다음은 공작 기계 작업 시 안전 사항이다. 잘못 설명한 것은?

㉮ 바이트는 약간 길게 설치한다.
㉯ 절삭 중에는 측정하지 않는다.
㉰ 공구는 확실히 고정한다.
㉱ 절삭 중 절삭면에 손을 대지 않는다.

57. 다음 중 안전 커버를 사용하지 않는 곳은?

㉮ 기어   ㉯ 풀리
㉰ 체인   ㉱ 선반의 주축

58. 취급 운반 재해의 안전 사항 중 틀린 것은?

㉮ 슈트를 설치하여 중력의 이용을 시도한다.
㉯ 취급 운반 작업을 단순화한다.
㉰ 작은 물건을 손으로 운반한다.
㉱ 작업장의 조명, 환기를 적절히 한다.

[해설] 작은 물건은 상자나 용기속에 넣어 운반한다.

59. 선반 작업할 때 바지가 감기기 쉬운 곳은?

㉮ 주축대   ㉯ 텀블러 기어
㉰ 리드 스크루   ㉱ 바이트

60. 선반 작업 시 유의할 점을 옳게 설명한 것은?

㉮ 회전 중 버니어 캘리퍼스로 측정한다.
㉯ 보링 중 구멍 속에 손가락을 넣지 않는다.
㉰ 보링 바이트는 가능한 한 길게 한다.
㉱ 회전 중에 칩은 장갑을 끼고 깨끗이 청소한다.

61. 선반에서 주축 변속은 언제 하는 것이 좋은가?

㉮ 절삭 중   ㉯ 저속 회전중
㉰ 정지 상태   ㉱ 어느때든 상관없다.

62. 기계 실습이 끝난 후에 해야 할 일이 아닌 것은?

㉮ 공구를 정비한다.
㉯ 기계 핸들 등을 정위치에 놓는다.
㉰ 기계를 시운전한다.
㉱ 기계를 청소한다.

63. 드릴 머신에서 얇은 판에 구멍을 뚫을 때 가장 좋은 방법은?

㉮ 손으로 잡는다.
㉯ 바이스에 고정한다.
㉰ 판 밑에 나무를 놓는다.
㉱ 테이블 위에 직접 고정한다.

[해설] 얇은 판에 구멍을 뚫을 때는 밑에 나무를 놓고 뚫으면 판이 갈라지거나 회전하는 일이 적다.

64. 다음은 드릴 작업 시 주의할 점이다. 잘못된 것은?

㉮ 작업복을 입고 작업한다.
㉯ 테이블 위에서 펀치질을 하지 않도록 한다.
㉰ 회전을 정지시킨 후 드릴을 고정한다.
㉱ 작은 일감은 손으로 붙잡고 작업한다.

65. 드릴 작업 중 사고가 날 우려가 있는 것은?

㉮ 드릴 작업 중 바이스가 회전하지 않도록 힘을 주어 잡거나 볼트로 테이블에 조정한다.
㉯ 드릴 작업 중 장갑을 끼지 않는다.
㉰ 드릴 작업 중 반드시 보호 안경을 사용한다.
㉱ 얇은 판은 테이블에 힘을 주어 누르고 드릴 작업을 한다.

66. 드릴 작업의 보안경 착용은?

㉮ 꼭 한다.   ㉯ 필요할 때만 한다.
㉰ 저속할 때만 한다. ㉱ 고속할 때만 한다.

67. 드릴 작업에서 구멍이 완전히 관통되었는지의

여부를 판정하는 방법 중 좋지 않은 것은?

㉮ 막대기를 넣어 본다. ㉯ 철사를 넣어 본다.
㉰ 손가락을 넣어 본다. ㉱ 빛에 비추어 본다.

68. 선반 바이트에 있는 안전 장치는 다음 중 어느 것인가?

㉮ 칩 브레이커 ㉯ 경사각
㉰ 여유각 ㉱ 절삭각

해설 초경합금으로 연강을 고속 절삭할 때는 칩의 처리가 곤란하다. 즉, 연속적으로 생성되는 칩을 적당한 길이로 절단하기 위하여 바이트의 경사면에 칩 브레이커를 설치한다.

69. 드릴링 머신 작업 시 안전 수칙 중 틀린 것은?

㉮ 공작물을 고정하지 않고 손으로 잡고 가공해서는 안된다.
㉯ 작업할 때 옷 소매가 길거나 찢어진 옷을 입으면 안된다.
㉰ 테이블 위에서는 공작물에 펀치질을 해서는 안된다.
㉱ 정확하게 공작물을 고정하고 작업 중 칩을 걸레로 닦아서 제거한다.

70. 드릴 작업 때 칩의 제거는 다음 중 어떤 방법이 가장 안전한가?

㉮ 회전을 중지시킨 후 손으로 제거
㉯ 회전시키면서 솔로 제거
㉰ 회전을 중지시킨 후 솔로 제거
㉱ 회전시키면서 막대로 제거

해설 칩은 예리하므로 제거해서는 안되며, 회전 중에 칩 제거는 매우 위험하므로 절대 금지해야 한다.

71. 기계 작업 중 정전되었을 때 책임자가 꼭 해야 할 일은?

㉮ 클립 등을 제거하여 작업의 능률을 향상시킨다.
㉯ 전원 스위치를 끈다.
㉰ 공작물의 치수, 공작의 진척 등을 살펴본다.
㉱ 기계 주위의 청소와 정돈을 한다.

72. 기계 작업의 작업복으로서 적당하지 않은 것은?

㉮ 계측기 등을 넣기 위해 호주머니가 많을 것
㉯ 소매를 손목까지 가릴 수 있을 것
㉰ 점퍼형으로서 상의 옷자락을 여밀 수 있을 것
㉱ 소매를 오무려 붙이도록 되어 있는 것

73. 선반 작업 시 일반적으로 심압축은 어느 정도 나와야 좋은가?

㉮ 10~20mm ㉯ 30~50mm
㉰ 50~70mm ㉱ 50mm 이상

74. 드릴 작업에서 드릴링할 때 공작물과 드릴이 함께 회전하기 쉬운 때는?

㉮ 작업이 처음 시작될 때
㉯ 구멍이 거의 뚫릴 무렵
㉰ 구멍을 중간쯤 뚫었을 때
㉱ 드릴 핸들에 약간의 힘을 주었을 때

75. 기계 가공 후 일감에 생기는 거스러미를 가장 안전하게 제거하는 것은?

㉮ 정 ㉯ 바이트
㉰ 줄 ㉱ 스크레이퍼

76. 다음은 다듬질 작업 시 안전 사항이다. 잘못 설명한 것은?

㉮ 줄 자루가 빠지지 않도록 한다.
㉯ 공작물은 바이스 조(jaw)의 중심에 고정한다.
㉰ 손톱은 부러지지 않게 한다.
㉱ 절삭이 끝날 때 손톱을 힘껏 민다.

해설 절삭이 끝날 무렵에 힘을 주면 톱날이 부러진다.

77. 드릴 머신 주축에서 드릴 소켓을 뺄 때 가장 적당한 것은?

㉮ 드릴 렌치 ㉯ 스패너
㉰ 파이프 렌치 ㉱ 드릴 뽑게

78. 다음 절삭 공구로 절삭했을 때 칩이 가장 가늘고 예리한 것은? (단, 절삭 깊이는 일정)

㉮ 엔드 밀 ㉯ 플라이 커터
㉰ 플레인 커터 ㉱ 메탈 소

79. 기계 작업에서 적당하지 않은 것은?

㉮ 구멍 깎기 작업 시에는 기계 운전 중에도 구멍 속을 청소해야 한다.
㉯ 운전 중에는 다듬면 검사를 하지 않는다.
㉰ 치수 측정은 운전 중에 하지 않는다.

정답 **68.** ㉮ **69.** ㉱ **70.** ㉰ **71.** ㉯ **72.** ㉮ **73.** ㉯ **74.** ㉯ **75.** ㉰ **76.** ㉱ **77.** ㉱ **78.** ㉰ **79.** ㉮

㉑ 베드 및 테이블의 면을 공구대 대용으로 쓰지 않는다.

80. 다음 중 작업장에서 통행의 우선권 순서가 맞는 항은 어느 것인가?

㉮ 기중기-부재를 운반하는 차-빈 차-보행자
㉯ 보행자-기중기-부재를 운반하는 차-빈 차
㉰ 부재를 운반하는 차-기중기-보행자-빈 차
㉱ 부재를 운반하는 차-빈 차-기중기-보행자

81. 다음 안전 장치에 관한 사항 중에서 틀린 것은?

㉮ 안전 장치는 효과있게 사용한다.
㉯ 안전 장치는 작업 형편상 부득이한 경우는 일시 제거해도 좋다.
㉰ 안전 장치는 반드시 작업 전에 점검한다.
㉱ 안전 장치가 불량할 때는 즉시 수정한 다음 작업한다.

82. 다음 일반 공구 사용법에서 안전 관리에 적합하지 않은 것은?

㉮ 공구는 작업에 적합한 것을 사용한다.
㉯ 공구는 사용 전에 점검하여 불안전한 공구는 사용하지 않는다.
㉰ 공구를 옆 사람에게 넘겨줄 때는 일의 능률을 위하여 던져주는 것이 좋다.
㉱ 손이나 공구에 기름이 묻었을 때에는 완전히 닦은 후에 사용하도록 한다.

83. 작업 중 특히 주의해야 할 사항을 서로 짝지었다. 잘못된 것은?

㉮ 드릴 작업-작업복이나 긴 머리가 감기기 쉽다.
㉯ 선반 작업-척, 척 렌치는 반드시 기계에서 떼어 놓는다.
㉰ 밀링 작업-칩이나 절삭날에 의한 상처가 없도록 한다.
㉱ 플레이너 작업-커터의 회전에 의한 재해를 방지해야 한다.

84. 스패너의 크기가 너트보다 클 때 끼움판을 사용하면?

㉮ 좋다.　　　　㉯ 나쁘다.
㉰ 경우에 따라 좋다.　㉱ 작은 너트에 무방하다.

85. 다음 중 귀마개가 필요한 작업은?

㉮ 전기 용접　　㉯ 연삭
㉰ 리베팅　　　㉱ 가스 용접

86. 둥근 봉을 바이스에 고정할 때 필요한 공구는?

㉮ V블록　　　㉯ 평행대
㉰ 받침대　　　㉱ 스퀘어 블록

87. 정 작업 시 정을 잡는 방법 중 옳은 것은?

㉮ 꼭 잡는다.　　㉯ 가볍게 잡는다.
㉰ 재질에 따라 다르다.　㉱ 두 손으로 잡는다.

88. 정으로 홈을 파내려고 할 때 안전 작업이 아닌 것은?

㉮ 장갑을 끼고 작업한다.
㉯ 파편이 튀지 않게 간막이를 한다.
㉰ 해머에 쐐기를 박는다.
㉱ 정의 거스러미를 제거하여 사용한다.

89. 정 작업을 하면 안 되는 재료는?

㉮ 연강　　　　㉯ 구리
㉰ 두랄루민　　㉱ 담금질된 강

90. 다음 사항 중 탭(tap)이 부러지는 원인이 아닌 것은?

㉮ 탭의 구멍이 일정하지 않을 때
㉯ 소재보다 경도가 높을 때
㉰ 핸들에 과도한 힘을 주었을 때
㉱ 구멍 밑바닥에 탭이 부딪혔을 때

91. 공작 기계에서 주축의 회전을 정지시키는 방법 중 옳은 것은?

㉮ 스스로 멈추게 한다.
㉯ 역회전시켜 멈추게 한다.
㉰ 손으로 잡아 정지시킨다.
㉱ 수공구를 사용하여 정지시킨다.

92. 다음은 작업복이 갖추어야 할 조건이다. 해당되지 않는 것은?

㉮ 바지는 반바지를 입도록 한다.
㉯ 작업복의 단추는 잠그도록 한다.
㉰ 호주머니는 너무 많이 달지 않도록 한다.
㉱ 용해 작업 시의 작업복은 면으로 만든 것을

착용하도록 한다.

93. 연삭 숫돌을 고정시킬 때 플랜지의 크기는 연삭 숫돌바퀴 바깥지름의 얼마로 하는 것이 안전한가?

㉮ $\frac{1}{2}$ 이상 ㉯ $\frac{1}{3}$ 이상

㉰ $\frac{1}{5}$ 이상 ㉱ $\frac{1}{10}$ 이상

94. 연삭용 플랜지의 좌우 모양은 어떤 것이 이상적인가?

㉮ 바깥쪽이 커야 한다.
㉯ 안쪽이 커야 한다.
㉰ 같아야 한다.
㉱ 숫돌 모양에 따라 다르다.

95. 숫돌바퀴를 교환할 때는 나무 해머로 숫돌의 무엇을 검사하는가?

㉮ 기공 ㉯ 크기 ㉰ 균열 ㉱ 입도

96. 연삭 숫돌바퀴는 제조 후 사용 원주 속도의 몇 배로 안전 시험을 하나?

㉮ 1.2배 ㉯ 1.5배 ㉰ 1.8배 ㉱ 2.0배

97. 연삭 숫돌바퀴에 부시를 끼울 때 주의해야 할 점 중 틀린 것은?

㉮ 부시의 구멍과 숫돌의 바깥둘레는 동심원이어야 한다.
㉯ 부시의 구멍은 축 지름보다 1mm 크게 하여야 한다.
㉰ 부시의 측면과 숫돌의 측면은 일치하여야 한다.
㉱ 부시의 빌릿 두께가 고른 것을 사용한다.

98. 양두 그라인더에서 숫돌과 받침대의 간격은 얼마로 해야 하는 것이 좋은가?

㉮ 3mm 이내 ㉯ 5mm 이내
㉰ 8mm 이내 ㉱ 10mm 이내

99. 숫돌바퀴의 교환 적임자는?

㉮ 관리자 ㉯ 숙련자
㉰ 기계 구조를 잘 아는 자 ㉱ 지정된 자

100. 탁상용 연삭기에서 공작물을 잡고 가공할 수 있는 크기는 얼마 이상이어야 하는가?

㉮ 50mm ㉯ 40mm ㉰ 30mm ㉱ 20mm

101. 숫돌은 연삭기에 장치한 후, 몇 분 동안 시운전을 해야 하는가?

㉮ 1분 ㉯ 3분 ㉰ 5분 ㉱ 8분

102. 양두 그라인딩 작업 시 작업자로서 가장 위험한 곳은?

㉮ 숫돌바퀴의 왼쪽 ㉯ 숫돌바퀴의 오른쪽
㉰ 숫돌의 회전 방향 ㉱ 숫돌의 후면

103. 양두 연삭기에서 바이트는 숫돌의 어느 곳에서 갈아야 하는가?

㉮ 우측면 ㉯ 좌측면
㉰ 원주면 ㉱ 아무 곳이나

104. 탁상 공구 연삭기의 안전 커버의 최대 노출 각도는?

㉮ 60° ㉯ 90° ㉰ 125° ㉱ 160°

105. 다음 연삭기 중 안전 커버의 노출 각도가 가장 큰 것은?

㉮ 평면 연삭기 ㉯ 휴대용 연삭기
㉰ 공구 연삭기 ㉱ 탁상 연삭기

106. 다음에서 회전 중 연삭 숫돌의 파괴 위험에 대비한 장치는?

㉮ 받침대 ㉯ 와셔 ㉰ 플랜지 ㉱ 커버

107. 연삭 숫돌이 작업 중에 파손되는 원인은?

㉮ 숫돌과 공작물의 재질이 맞지 않을 때
㉯ 입도가 작을 때
㉰ 숫돌 커버가 없을 때
㉱ 숫돌 회전수가 규정 이상일 때

108. 다음 중 새 연삭 숫돌을 취급하는 데 적합하지 않은 것은?

㉮ 숫돌 양편의 종이를 떼지 않고 고정한다.
㉯ 고정하기 전에 가볍게 때려 음향 검사를 한다.
㉰ 숫돌의 원주면에 공작물을 연삭한다.
㉱ 숫돌이 빠지는 것을 방지하기 위해 강하게 죄어 고정한다.

109. 연삭 숫돌 부시의 재질은 어느 것이 좋은가?

정답 93. ㉯ 94. ㉰ 95. ㉰ 96. ㉯ 97. ㉯ 98. ㉮ 99. ㉱ 100. ㉰ 101. ㉯ 102. ㉰ 103. ㉰ 104. ㉱ 105. ㉯
106. ㉱ 107. ㉱ 108. ㉱ 109. ㉰

㉮ 연강　　　　　㉯ 탄소강
㉰ 납　　　　　　㉱ 인청동

110. 그라인딩 작업에서 주의해야 할 사항 중 틀린 것은?

㉮ 작업 중 반드시 보호 안경을 착용한다.
㉯ 숫돌의 측면을 사용하면 좋은 가공면을 얻을 수 있다.
㉰ 회전 속도는 규정 이상으로 내지 않도록 한다.
㉱ 작업 중 진동이 심하면 즉시 중지해야 한다.

111. 다음은 연삭 작업 시 주의할 점이다. 틀린 것은?

㉮ 숫돌 커버를 반드시 장치한다.
㉯ 숫돌을 해머로 가볍게 두드려서 소리를 들어 균열을 확인한다.
㉰ 양 숫돌바퀴의 입도는 같게 하여야 한다.
㉱ 작업 전에 몇 분 동안 공회전시켜 이상 유무를 확인한다.

112. 연삭기의 숫돌을 축에 고정할 때 숫돌의 안지름은 축의 지름보다 어느 정도 커야 하는가?

㉮ 0.05~0.15mm　　㉯ 0.1~0.15mm
㉰ 0.20~0.25mm　　㉱ 0.15~0.2mm

113. 사용했던 숫돌을 재 사용할 때 작업 개시 전 몇 분 정도 시운전해야 하는가?

㉮ 1분　　㉯ 2분　　㉰ 3분　　㉱ 4분

114. 다이얼 게이지로 측정할 때 사용하는 위치는?

㉮ 공작물의 좌측으로 기울게 놓는다.
㉯ 공작물에 수직으로 놓는다.
㉰ 보기 좋은 위치에 놓는다.
㉱ 공작물의 우측으로 기울여 놓는다.

115. 마이크로미터를 보관할 때 주의할 점 중 틀린 것은?

㉮ 앤빌과 스핀들 사이에 간격을 둔다.
㉯ 습기가 없는 곳에 둔다.
㉰ 보기 좋은 위치에 놓는다.
㉱ 공작물의 우측으로 기울여 놓는다.

116. 블록 게이지를 보관할 때 주의해야 할 점 중 가장 옳은 방법은?

㉮ 철제 공구 상자에 블록을 하나하나 보관한다.
㉯ 기름이나 먼지를 깨끗이 닦고 보관함에 보관한다.
㉰ 블록을 깨끗이 닦은 후 서로 겹쳐 보관한다.
㉱ 칩과 먼지 등을 깨끗이 닦은 후 기름을 칠하여 보관 상자에 보관한다.

117. 다음 기계의 점검 중 운전 상태에서 할 수 없는 것은?

㉮ 기어의 물림 상태
㉯ 급유 상태
㉰ 베어링 부의 온도 상승
㉱ 이상음의 유무

118. 기계의 점검에 대한 사항을 설명한 것이다. 잘못 설명한 것은?

㉮ 운전 중 기계에서 이탈한다.
㉯ 고장 기계는 표시한다.
㉰ 청소, 주유 시 기계를 정지시킨다.
㉱ 걸레는 소정의 용기에 넣는다.

119. 다음 중 기계를 운전하기 전에 해야 할 일이 아닌 것은?

㉮ 급유　　　　　㉯ 기계 점검
㉰ 공구 준비　　　㉱ 정밀도 검사

120. 다음은 일반 공구 사용 시 안전 관리에 대한 설명이다. 적합하지 않은 것은?

㉮ 용도의 사용은 금한다.
㉯ 공구는 던져 줄 수도 있다.
㉰ 기름은 완전히 닦은 후 사용한다.
㉱ 위험한 것은 교환한다.

121. 공구는 사용한 후 어느 곳에 보관하는 것이 좋은가?

㉮ 공구 상자　　　㉯ 재료 위
㉰ 기계 위　　　　㉱ 관리실

122. 앤빌의 운반 작업 중 안전에 위배되는 행동은?

㉮ 혼자서 든다.
㉯ 타인의 협조를 얻는다.
㉰ 운반차를 이용한다.
㉱ 조용히 내려놓는다.

정답 **110.** ㉯　**111.** ㉰　**112.** ㉮　**113.** ㉮　**114.** ㉯　**115.** ㉱　**116.** ㉱　**117.** ㉯　**118.** ㉮　**119.** ㉱　**120.** ㉯　**121.** ㉮　**122.** ㉮

123. 해머 작업에서 주의할 사항이 아닌 것은?

㉮ 녹슨 것을 때릴 때 주의할 것
㉯ 해머는 처음부터 힘을 넣어 때릴 것
㉰ 쐐기를 박아 머리가 빠지지 않게 할 것
㉱ 장갑을 끼고 작업하지 말 것

124. 해머 작업 시 가장 안전한 장소는?

㉮ 좁은 통로
㉯ 기계 바로 옆
㉰ 행동에 불편이 없는 곳
㉱ 전동 장치가 있는 곳

125. 다음은 해머 작업 시 안전사항이다. 잘못 설명한 것은?

㉮ 머리에는 쐐기를 박는다.
㉯ 자루가 부러지지 않도록 한다.
㉰ 약간 무거운 것도 사용할 수 있다.
㉱ 좁은 장소에서는 주의해야 한다.

126. 해머 작업 시 장갑을 끼면 안되는 이유는?

㉮ 미끄러지기 쉬우므로
㉯ 주의력이 산만해지므로
㉰ 손에 상처를 적게 하기 위하여
㉱ 비산하는 파편에 상처를 입지 않기 위해

127. 바이스 조에 주물과 같은 거친 일감을 고정시킬 때 그 사이에 두꺼운 종이를 넣는 이유는?

㉮ 공작물을 확실히 고정하기 위하여
㉯ 공작물의 진동을 방지하기 위하여
㉰ 바이스의 조를 보호하기 위하여
㉱ 가공할 면의 평면을 유지하기 위하여

128. 다음은 스패너나 렌치 사용 시 주의사항이다. 잘못 설명한 것은?

㉮ 너트에 맞는 것을 사용할 것
㉯ 가동 조에 힘이 걸리게 할 것
㉰ 해머 대용으로 사용하지 말 것
㉱ 공작물을 확실히 고정할 것

129. 다음은 드라이버 사용 시 주의사항이다. 잘못 설명한 것은?

㉮ 홈의 폭과 같은 것을 사용할 것
㉯ 공작물을 고정할 것
㉰ 자루에 대하여 축이 수직일 것
㉱ 날 끝이 둥근 것을 사용할 것

130. 스패너 작업 중 가장 옳은 것은?

㉮ 스패너 자루에 파이프 등을 끼워서 사용한다.
㉯ 가동 조에 가장 큰 힘이 걸리도록 한다.
㉰ 고정 조에 힘이 많이 걸리도록 한다.
㉱ 볼트 머리보다 약간 큰 스패너를 사용하도록 한다.

131. 정의 머리에 거스러미가 생기면?

㉮ 해머가 미끄러져 손을 상하기 쉽다.
㉯ 해머로 타격할 때 정에 많은 힘이 작용한다.
㉰ 타격 면적이 커진다.
㉱ 금긋기 선에 따라서 쉽게 정 작업을 할 수 있다.

02 산업 안전(産業安全)

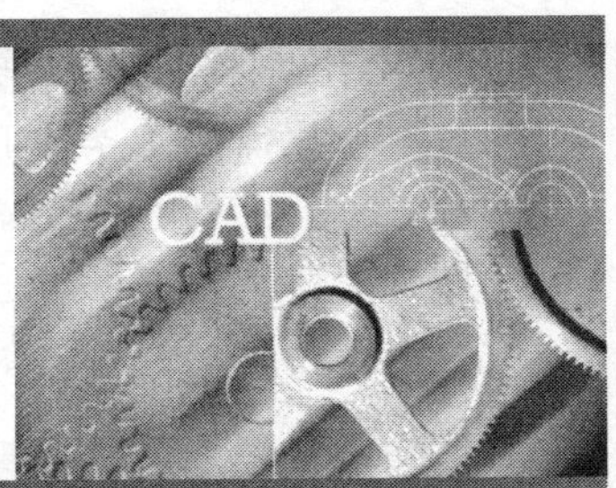

● 1. 산업 재해

1-1 산업 재해의 원인

1 인적 원인
① 심리적 원인 : 무리, 과실, 숙련도 부족, 난폭, 흥분, 소홀, 고의 등
② 생리적 원인 : 체력의 부작용, 신체 결함, 질병, 음주, 수면 부족, 피로 등
③ 기타 : 복장, 공동 작업 등

2 물적 원인
① 건물(환경) : 환기 불량, 조명 불량, 좁은 작업장, 통로 불량
② 설비 : 안전 장치 불량, 고장난 기계, 불량한 공구, 부적당한 설비

3 재해 원인과 상호 관계
① 불안전 행동 : 인간의 작업 행동의 결함(전체 재해의 54%), 무리한 행동(18%), 필요 이상 급한 행동(15%), 위험한 자세 · 위치 동작(8%), 작업 상태 미확인(6%)
② 불안전 상태 : 기계 설비의 결함(전체 재해의 46%), 보전 불비(17%), 안전을 고려하지 않은 구조(15%), 안전 커버가 없는 상태(6%), 통로 · 작업장 협소(7%)

4 재해의 경향
① 재해가 가장 많은 계절 : 여름(7~8월)
② 재해가 가장 많은 요일 : 토요일
③ 재해가 가장 많은 직업 : 운반 작업
④ 재해가 가장 많은 전동 장치 : 벨트
⑤ 나이별 재해 경향
(가) 50세 이상 : 6.1%   (나) 30~49세 : 49.5%(2.5%)
(다) 20~29세 : 33.3%(3.3%)   (라) 18~19세 : 7.7% (여기에서 (　) 안은 1년 단위로 환산한 %)

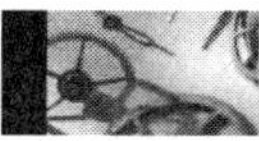 ## 1-2 산업 재해율

① 재해율
재해 발생의 빈도 및 손실의 정도를 나타내는 비율을 말한다.
① 재해 발생의 빈도 : 연천인율, 도수율
② 재해 발생에 의한 손실 정도 : 강도율

② 재해 발생 빈도
① **연천인율** : 근로자 1000명이 1년간 작업하는데 몇 사람의 비율로 산업 재해가 발생하였는가를 알아 보는 척도이다. 이때, 출석률, 작업 시간은 고려하지 않은 상태이다.

$$연천인율 = \frac{재해 \ 건수}{평균 \ 근로자 \ 수(재적 \ 인원)} \times 1000$$

예제1 근로자가 440명(재적자 수)이 있는 공장에서 1년 간에 휴업 재해 4건, 불휴 재해 6건이 발생하였을 때 연천인율은?

[해설] • 휴업 재해 연천인율 $= \dfrac{4}{440} \times 1000 = 9.1$

• 불휴 재해 연천인율 $= \dfrac{6}{440} \times 1000 = 13.6$

• 불휴를 포함한 전 재해의 연천인율 : $9.1 + 13.6 = 22.7$

☎ 연천인율의 산출에서는 근로자 수는 재적자 수로만 나타내고, 출근율이나 1일당 작업 시간은 계산에 넣지 않는다.

② **도수율(F.R)** : ILO(국제노동기구)에서 국제간 또는 국내 타 기업간의 산업 재해 빈도를 비교하는 척도로 채용하고 있다. 연 근로 시간 100만(10^6) 시간당 산업 재해가 몇 건 일어났는가를 알아보는 산출식은 다음과 같다.

$$도수율 = \frac{재해 \ 건수}{연 \ 근로 \ 시간 \ 수} \times 10^6$$

도수율과 연천인율 관계 : 연천인율 = 도수율 $\times 2.4$, 도수율 $= \dfrac{연천인율}{2.4}$

예제2 어떤 공장에서 근로자 수 440명, 작업 시간 7시간 30분, 가동일 수 300일, 평균 출근율 95%, 조출과 잔업 시간 10000시간, 지각과 조퇴의 시간 합계가 500시간이고 이 기간의 산업 재해는 휴업 1일 이상 4건, 불휴 6건이었다고 하면 이 공장의 도수율은?

[해설] 연 근로 시간 수 : $(440 \times 300) \times 0.95 \times 7.5 + 10000 - 500 = 940000$시간

따라서 • 휴업 재해 도수율 $= \dfrac{4}{940000} \times 1000000 = 4.26$

• 불휴 재해 도수율 $= \dfrac{6}{940000} \times 1000000 = 6.38$

• 불휴를 포함한 전 재해의 도수율 : $4.26 + 6.38 = 10.64$

③ 재해 발생 손실 정도

① **강도율** : 재해의 경중을 나타내는 것으로 쓰이며, 강도율은 도수율과 더불어 ILO(국제노동기구) 회의에서 채택한 재해의 손실 정도를 나타낸 것이다. 강도율 1.50이란 근로 시간 1000시간 중에 재해로 말미암아 1.5일의 손실이 있었다는 것의 표시이다.

$$\text{강도율} = \frac{\text{근로 손실일 수}}{\text{연 근로 시간 수}} \times 1000$$

예제3 어떤 공장의 휴업 재해 4건 중 1건은 1눈의 시력이 0.5로 되는 장해를 남기고, 다른 1건은 왼발의 둘째 발가락을 상실하였으며, 나머지 2건은 휴업 7일과 휴업 20일로서 신체장해는 남지 않았다. 이 경우 강도율은?

[해설] 이 경우, 신체장해 등급은 13급 및 14급에 해당되므로(근로기준법 시행령 제59조 참조) 근로 손실일 수는 100일＋200일＝300일이다.

또, 휴업일 수의 합계는 27일이므로 근로 손실일 수는 $27 \times \dfrac{300}{365} = 22.2$가 된다.

따라서, 강도율 $= \dfrac{300+22.2}{940000} \times 1000 = \dfrac{322.2}{940} = 0.34$

🈲 신체 장해를 수반하지 않는 불휴 재해는 강도율에 영향을 미치지 않는다.

▶ 2. 산업 안전과 그 대책

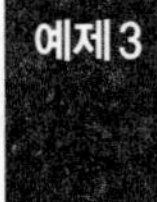

2-1 안전 표지와 색채

① 녹십자 표지

1964년 노동부 예규 제6호로 제정했으며, 그 목적은 다음과 같다.
① 각종 산업 재해로부터 근로자의 생명권 보장
② 국가 산업 발전에 기여

② 안전 표지와 색채 사용도

① **적색** : 방화 금지, 방향 표시, 규제, 고도의 위험 등에 사용
② **오렌지색(주황색)** : 위험, 일반 위험 등에 쓰임.
③ **황색** : 주의 표시(충돌, 장애물 등)
④ **녹색** : 안전지도, 위생 표시, 대피소, 구호소 위치, 진행 등에 쓰임.
⑤ **청색** : 주의 수리 중, 송전 중 표시
⑥ **진한 보라색** : 방사능 위험 표시(자주색)
⑦ **백색** : 글씨 및 보조색, 통로, 정리 정돈
⑧ **흑색** : 방향 표시, 글씨
⑨ **파랑색** : 출입 금지

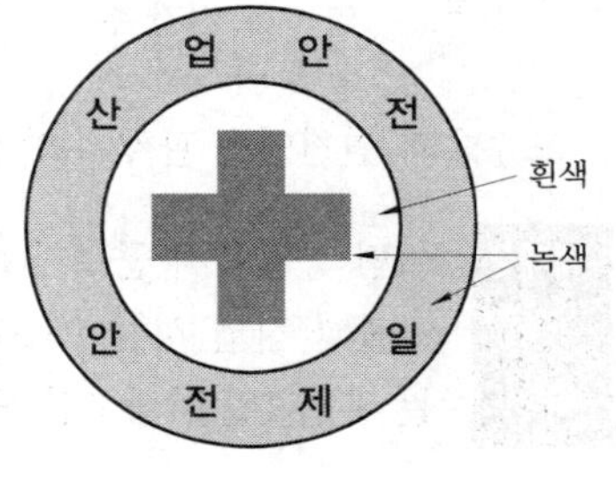

산업 안전의 상징인 녹십자 표시

예 산소(녹색), 수소(주황색), 액화 이산화탄소(파랑색), 액화 암모니아(흰색), 액화 염소(갈색), 아세틸렌(노란색), 기타(쥐색)

3 작업 환경

① **채광 및 조명** : 자연 광선인 태양광선(4500럭스)을 충분히 받아 조명하도록 한다.

조명도 값

공 장		사 무 실	
장 소	조명도 (럭스)	장 소	조명도 (럭스)
초정밀 작업	750 이상	정밀 사무	1500~700
정밀 작업	300 이상	일반 사무	7000~300
보통 작업	150 이상	응접실·서재	3000~150
그 밖의 작업	75 이상		

주 1럭스(lux)는 1촉광의 광원으로부터 1m 떨어진 장소의 조명도이다.

② **환기 통풍** : 우리 나라에서 가장 바람직한 온도, 습도, 기류는 다음과 같다.

(가) 온도 : 여름－25~27℃, 겨울－15~23℃

(나) 상대습도 : 50~60%

(다) 기류 : 1m/s (공기의 흐름)

환기 장치의 예

③ **재해와 습 · 온도와의 관계** : 작업 환경에 있어서의 온도 및 습도는 4계절을 통하여 변화한다. 온도가 17~23℃ 정도일 때 재해 발생 빈도가 적고, 그보다 온도가 낮아져도 증가하게 되며, 온도가 높아지면 그 증가는 더욱 현저하다.

(가) 감각 온도(ET) : 기온, 습도, 기류 3가지로 분류하며, 쾌적한 감각 온도는 다음과 같다.

㉮ 지적 작업 : 60~65ET

㉯ 경 작업 : 55~65ET

㉰ 근육 작업 : 50~62ET

(나) 불쾌지수 : 기온과 습도의 상승 작용에 의하여 인체가 느끼는 감각 정도를 측정하는 척도로서 불쾌지수가 쓰인다. 불쾌지수는 감각 온도를 변형한 것으로 다음과 같은 식에 의하여 산출된다.

$$RMR = \frac{\text{작업 소비 에너지} - \text{안정한 때의 소비 에너지}}{\text{기초 대사}}$$

㉮ 섭씨(℃)인 경우 불쾌지수 $= 0.72 \times (t_a + t_w) + 40.6$

㉯ 화씨(°F)인 경우 불쾌지수 $= 0.4 \times (t_a + t_w) + 15$

여기서, t_a : 건구 온도, t_w : 습구 온도

일반적으로 불쾌지수가 70 이하인 때 쾌적하고, 70 이상이면 불쾌감을 느끼기 시작하며, 75 이상이면 과반수의 사람들이 불쾌감을 호소하게 되고, 80 이상에서는 모든 사람이 불쾌감을 느낀다.

주 에너지 대사율은 RMR(relative metabolic rate)으로 표시되는데, 이는 작업의 강도를 나타내는 지수이다.

④ **소음** : 소음이란 일반적으로 듣는 사람에게 불쾌한 느낌을 주는 소리이며, 허용한계값은 학자에 따라 다르나 일반적으로 85~95dB(데시빌)로 정하고 있다.

주 dB : 음압을 나타내는 단위

4 작업 조건에 의한 병

소 음	방사선 및 광선	작업의 불규칙
• 난청 : 제관공, 조선공, 중기 운전자 등 • 위장 장애 : 제관공, 못질 직공 등	• 생식 불능 : X선 취급공 • 안염 : 용접공	• 불면증 : 야간 근로자 • 위장병 : 야간 근로자, 무리한 작업, 시간외 작업
분 진	유 해 가 스	이 상 온 도
• 규폐증 : 주물공, 채석공, 연마공 등 • 납 중독 : 인쇄공, 도장공, 축전지 취급공 등 • 피부염 또는 발열 : 철선공 등	• 금속 증기열 : 용접공, 주물공 등 • 벤젠 중독 : 염료 제조공, 도장공 등 • 일산화탄소 중독 : 자동차 운전자 및 정비공, 무연탄 사용자, 화부 및 제철공 등	• 신경통 : 냉동 작업자 • 심장병 : 화부, 제철공, 단조공 • 열사병 : 제철공, 조선공, 화부, 토목 인부, 농부 등

 **2-2 화재 및 폭발 재해**

1 화재 및 폭발의 방지 대책

① 인화성 액체의 반응 또는 취급은 폭발 범위 이외의 농도로 할 것
② 석유류와 같이 도전성이 나쁜 액체의 취급이나 수송 때에는 유동이나 마찰 기타에 의해 정전기가 발생하기 쉬우므로, 취급 배관이나 기기에 어스(earth, 地)나 본드를 하도록 하여 정전하(靜電荷)의 방전을 피할 것
③ 부근에 위험한 점화원이 존재하지 않도록 점화원의 관리를 적절히 할 것
④ 조업 중의 정전은 큰 혼란을 초래하거나 때로는 화재 발생의 위험을 가지고 있으므로, 예비 전원의 설치 등 필요한 조치를 할 것
⑤ 배관 또는 기기에서 가연성 가스나 증기의 누출 여부를 철저히 점검할 것
⑥ 기기의 오동작(誤動作)을 막기 위해 자동 제어 기구를 채용함과 동시에 혼동하기 쉬운 밸브의 배치를 피하고, 개폐 상태 등의 표시를 명확히 할 것
⑦ 화재 발생 시의 연소를 방지하기 위해 그 물질로부터 적절한 보유 거리를 확보할 것
⑧ 필요한 곳에 화재를 진화하기 위한 방화 설비를 설치할 것

2 작업상 화재

① 용 접

(가) 용접 작업장은 원칙으로 가연물에서 격리된 곳에서 한다.
(나) 인화성 물질이나 가연물의 곁에서는 절대로 작업을 하지 않는다.
(다) 마루 바닥이나 벽, 창 등의 갈라진 틈에 불꽃이 튀어 들어가는 경우가 있으므로 막을 수 있는 방법을 취해야 한다.
(라) 실내에서 할 때에는 가연물에서 가급적 떨어져서 가연물에 불연성 커버를 덮어 물 뿌리는 등의 방법을 취한다.
(마) 작업 중에는 완전한 소화기를 준비하는 등의 대책이 필요하다.

② **전기 설비**

(가) 전기로, 건조기 등의 전열기를 사용할 때에는 가연물과의 접촉이나 근접을 피하고, 특히 코드 절연, 열화가 생기기 쉬우므로 잘 점검한다.

(나) 기타의 전기 설비 배선 기구에 대해서는 기구 장치류를 청소 점검을 하고 발열이나 과열 아크 등이 일어나지 않게 주의한다.

3 소화 대책

① 소화기의 배치는 눈에 잘 띄는 장소에 하고, 예상되는 발화 장소에서 이용하기 쉬운 위치를 선택한다.

② 실외에 설치할 때는 상자에 넣어 둔다.

③ 위험물이나 타기 쉬운 물질에 가까이 두지 않는다.

④ 소화기는 정기적으로 점검하고 언제나 유효하도록 유지한다.

소화기 종류와 용도

종류 / 소화기	보통화재	기름화재	전기화재
포말소화기	적 합	적 합	부적합
분말소화기	양 호	적 합	양 호
CO_2 소화기	양 호	양 호	적 합

2-3 구급 조치

1 현장에 비치해야 할 구급용품

① 삼각수건 ② 붕대 ③ 거즈 ④ 반창고 ⑤ 탈지면
⑥ 솜(골절 시 부목 고정용) ⑦ 가위 ⑧ 핀셋 ⑨ 지혈용 고무줄 ⑩ 부목
⑪ 지혈대 ⑫ 알코올 ⑬ 요오드팅크 ⑭ 머큐로크롬액 ⑮ 붕산수
⑯ 암모니아수

2 구급 조치

① **창상(절창, 자창, 열창, 찰과창)**

(가) 불결한 종이나 수건을 대지 말 것

(나) 상처를 자극하지 말고 노출시킬 것

(다) 머큐로크롬액을 바른 후 붕대로 감을 것

(라) 상처 주위를 깨끗이 소독할 것

(마) 먼지, 토사가 붙어 있을 때 무리하게 떼어내지 말 것

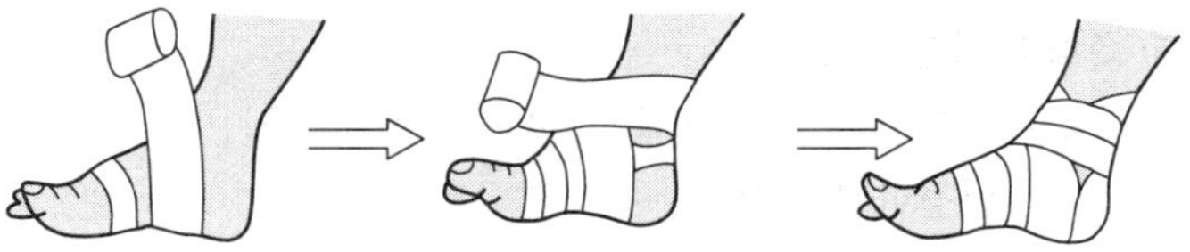

붕대 사용법

② **타박과 염좌**

(가) 요오드팅크를 바를 것(머큐로크롬과 혼용하면 안됨.)

(나) 냉찜질을 할 것

(다) 머리, 가슴, 배 부분은 의사의 치료를 받을 것

③ **출혈** : 혈액은 체중의 7.7%로서 30% 이상을 흘리면 위험하고 50% 이상을 흘리면 사망한다.

(가) 정맥 출혈(검붉은 색) 시는 압박붕대나 손에 거즈를 대고 누르면서 상처 부위를 높게 한다.

(나) 동맥 출혈(진분홍 색) 시는 의사의 조치를 받아야 하며, 응급 조치로는 지혈대나 압박붕대, 지압법, 긴급지혈법 등으로 지혈을 시킨다.

(다) 피하 출혈 시는 냉습포를 한 뒤에 온습포를 댄다.

④ **화 상**

(가) 제 1도 화상(피부가 붉게 되고 쑥쑥 아픈 정도) 시는 냉찜질이나 붕산수로 찜질할 것

(나) 제 2도 화상(피부가 빨갛게 되고 물집이 생긴다) 시는 1도 화상 시와 같은 조치를 하지만, 특히 물집을 터트리지 말 것

(다) 제 3도 화상(피하조직의 생활력 상실) 시는 2도 화상시의 응급 조치를 한 후 즉시 의사에게 보일 것

(라) 화상 부위가 전신의 30%에 달하면 1도 화상이라도 생명이 위험하니 주의할 것

2-4 기계 안전에 관한 법규

1 근로 안전 관리 법규

① **위험 기계의 안전 장치 의무화** : 위험한 기계와 기구는 필요한 규격 또는 안전 장치를 구비하지 않으면 양도, 대여, 또는 설치하지 못한다.

② **위험한 기계의 종류** : 연삭기, 프레스, 절단기, 전단기, 목공용 기계 톱, 기계 대패, 롤러 용접기 등에는 안전 장치를 해야 하며, 그 구조와 규격을 정하고 있다.

③ **안전기(安全機)의 종류** : 위험한 작업의 안전화를 위해서는 다음과 같은 안전기 등을 사용하게 된다.

(가) 양손 조작형 안전기   (나) 마그네트(magnet)형 안전기

(다) 스위프 가드(sweep-guard)형 안전기   (라) 게이트(gate)형 안전기

(마) 차폐판형(遮蔽板型) 안전기   (바) 풀 아웃(pull-out) 형 안전기

(사) 광선형(光線型) 안전기   (아) 전격 방지기

④ **위험 방지**

(가) 사용자는 직업상 위험 또는 보건상 유해한 시설에 대하여 위험 방지 시설을 해야 한다.

(나) 근로자는 위험 방지에 필요한 사항을 준수해야 한다.

⑤ **특히 위험한 작업**

(가) 특히 위험한 작업을 필요로 하는 기계, 기구는 미리 보건복지부 장관의 인가를 받지 않으면 제조, 설치, 변경하지 못한다.

(나) 대통령령으로 정한 기계, 기구로서 보건복지부 장관의 성능 검사를 받지 않은 것은 사용하지 못한다.

⑥ **위험 작업의 취업 제한**

(가) 사용자는 경험이 없거나 필요한 기능이 없는 근로자에게 위험한 업무를 시키면 안된다.

(나) 취업 제한 업무는 대통령령으로 정한다.

⑦ **기계의 동력 차단 장치**

(가) 동력으로 운전하는 기계에는 기계마다 필요한 동력 차단 장치를 하여야 한다.

(나) 롤러기 등에는 급정지 장치를 하여야 한다.

❷ 근로 안전 관리 규정

① 안전 장치

⑺ 용접기 제조 인가 : 노동부장관 인가

⑻ 기계 등의 설치 변경 인가 : 노동부장관 인가

② 성능 검사(유효 기간)

⑺ 기관 : 1년   ⑻ 양중기 : 2년   ⒟ 아세틸렌 용접 장치 : 3년   ⒠ 압력 용기 : 1년

③ 안전관리자를 두어야 할 사업체

⑺ 상시 50인 이상의 근로자를 사용하는 사업장과, 상시 50인 미만의 근로자를 사용하는 사업장으로 노동부령이 정하는 사업장에서는 안전관리자를 두어야 한다.

⑻ 교통안전법 제 7조의 규정에 의한 교통안전관리자도 안전관리자로 본다.

⒟ 안전관리자의 직무는 다음과 같다.

  ㉮ 건설물, 설비, 작업 장소 또는 작업 방법의 위험에 따른 응급 조치 또는 적절한 방지 조치

  ㉯ 안전 장치 및 안전에 관련되는 보호구의 구입 시 성능 확인

  ㉰ 안전 장치, 안전에 관련되는 보호구, 소화 설비 기타 위험 방지 시설의 정기 점검 및 정비

  ㉱ 작업의 안전에 관한 교육 및 훈련

  ㉲ 재해 원인의 조사와 대책 수립

  ㉳ 안전관리자의 동의가 있어야 할 근로자 배치에 관한 동의

  ㉴ 안전에 관한 보조자의 감독

  ㉵ 사업장의 안전에 관한 규정을 위반한 근로자에 대한 조치 의견의 제출

  ㉶ 안전에 관한 주요 사항의 기록 및 보존

  ㉷ 기타 근로자의 안전에 관한 사항

⒠ 위험 방지가 특히 필요한 작업에 있어서는 안전관리자를 보조하기 위하여 안전 담당자를 지정하여야 한다.

④ 통로 및 작업장

⑺ 옥내 통로는 통로 면으로부터 높이 2m 이내에는 장애물이 없도록 한다.

⑻ 기계 사이의 통로 너비는 80cm 이상으로 한다.

⒟ 비상용 통로 : 비상 시 피난할 수 있는 곳으로 2곳을 설치한다.

  ㉮ 폭발성, 발화성, 인화성 등의 물품을 제조. 취급하는 옥내에 설치한다.

  ㉯ 상시 50인 이상의 옥내 작업장에 설치한다.

⒠ 계 단

  ㉮ 계단은 높이 3m를 초과할 때는 높이 3m 이내마다 너비 1.2m 이상의 계단참을 설치한다.

  ㉯ 적어도 한쪽에는 손잡이를 설치한다.

⒡ 비상용 계단 : 지하층 또는 2층 이상에서 상시 20인 이상 근로자가 취업하는 경우, 옥외로 통하는 계단을 2개 이상 설치한다.

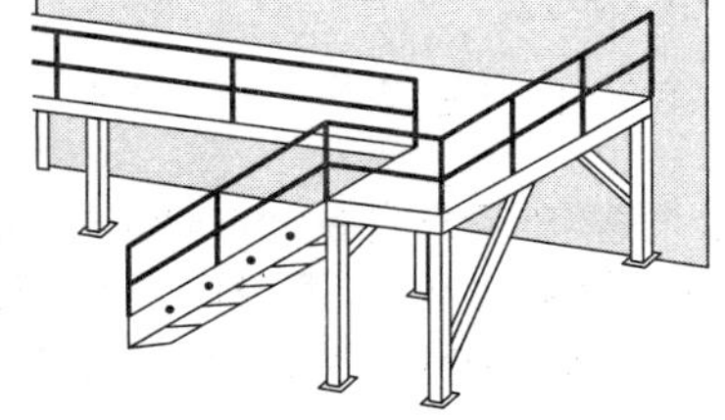

계 단

⒢ 가설 통로의 구조

  ㉮ 경사도 30° 이하로 하되 경사가 15°를 초과할 때에는 미끄러지지 아니하는 구조로 한다. 다만, 적

당한 계단을 설치하였거나 높이 2m 미만으로서 적당한 손잡이가 있는 것은 예외로 한다.
㉯ 추락의 위험이 있는 장소에는 안전 난간을 설치한다.
㉰ 수직갱 내의 가설 통로의 길이가 15m 이상일 때에는 10m 이내마다 계단참을 설치한다.
㉱ 건설 공사에 사용하는 높이 8m 이상의 비계다리에는 7m 이내마다 계단참을 설치한다.

1. 다음 중 재해 발생이 일반적으로 많은 사람은?

㉮ 기능자
㉯ 기술자
㉰ 같은 공장 장기 근속자
㉱ 취업 후 1년 미만자

2. 1년 중 산업 재해가 가장 많이 일어나는 계절은 언제인가?

㉮ 봄　　㉯ 여름　　㉰ 가을　　㉱ 겨울

3. 다음은 안전의 중요성을 열거한 것이다. 해당되지 않는 것은?

㉮ 근로자의 복지를 위하여
㉯ 산업 설비를 보호하기 위하여
㉰ 작업자들의 인화를 위하여
㉱ 인명 피해를 줄이기 위하여

4. 그림과 같은 '수리중'의 표식판 색깔은?

㉮ 녹색 바탕에 빨간 글씨
㉯ 흰 바탕에 흰 글씨
㉰ 청색 바탕에 흰 글씨
㉱ 빨간 바탕에 청색 글씨

5. 작업장에서 전기 유해 가스 및 위험한 물건이 있는 곳을 식별하기 위해 다음 어느 색으로 표시해야 하는가?

㉮ 황색　　㉯ 적색　　㉰ 녹색　　㉱ 청색

6. 기중기의 주요 부분이나 작업장의 위험 표시, 혹은 위험이 게재된 기둥 지주, 난간 및 계단을 표시하는 데 사용되는 색은 어느 것인가?

㉮ 황색과 보라색　　㉯ 적색
㉰ 흑색과 백색　　㉱ 녹색

7. 바닥에 통로를 표시할 때 사용하는 색깔은?

㉮ 적색　　㉯ 흑색　　㉰ 황색　　㉱ 백색

8. 작업장의 벽에는 어느 색이 좋은가?

㉮ 연초록색　　　　㉯ 노랑색
㉰ 파랑색　　　　　㉱ 검정색

[해설] 작업장의 색은 경우에 따라 다르나 다음 기준에 맞추는 것이 좋다.
① 벽 : 황색, 상아색, 연초록색　② 천장 : 흰색
③ 기계 : 플레임에는 회색 또는 녹색, 중요한 부분에는 밝은 회색

9. 나이프 스위치를 개폐하는 데 알맞은 것은?

㉮ 왼손으로 빨리 한다.
㉯ 오른손으로 빨리 한다.
㉰ 왼손이나, 오른손 어느 쪽이라도 좋다.
㉱ 막대기로 빨리 한다.

10. 안전 표지 중 응급 치료소, 응급 처치용 장비를 표시하는 색은?

㉮ 적색　　㉯ 백색　　㉰ 녹색　　㉱ 흑색

11. 작업장의 안전 표지 중 주의를 요할 때의 표시 색은?

㉮ 적색　　㉯ 노랑　　㉰ 주황　　㉱ 청색

12. 공기 중의 탄산가스의 농도가 몇 %이면 중독 사망을 일으키는가?

㉮ 30%　　㉯ 35%　　㉰ 25%　　㉱ 20%

13. 다음 중 보통 화재(종이, 목재)에 가장 적합한 소화기구는?

㉮ 포말 소화기　　　㉯ 분말 소화기
㉰ CO₂ 소화기　　　㉱ 모래

정답　1. ㉱　2. ㉯　3. ㉰　4. ㉰　5. ㉯　6. ㉮　7. ㉱　8. ㉮　9. ㉯　10. ㉰　11. ㉯　12. ㉮　13. ㉮

14. 다음 소화 작업에 대한 설명 중 틀린 것은 어느 것인가?

㉮ 전기 배선 시설에 주의하여 전기가 통하는가의 여부를 확인한다.

㉯ 유류, 카바이드에 붙은 불은 소화기로 소화한다.

㉰ 화재 시는 가스 밸브를 죄고 전기 스위치를 끈다.

㉱ 화재가 발생하면 화재 경보를 한다.

15. 소화기를 두어야 할 곳으로 적당하지 않은 곳은?

㉮ 적당한 구석

㉯ 눈에 잘 띄는 곳

㉰ 방화물을 놓아두는 곳

㉱ 인화 물질이 있는 바로 옆

16. 다음 중 물적 방화 대책이 아닌 것은?

㉮ 비상구 설치 ㉯ 방화벽 설치

㉰ 위험물 사용 금지 ㉱ 화재 경보기 정비

17. 다음 중 인화성 물질은 어느 것인가?

㉮ 황 ㉯ 황산 ㉰ 질소 ㉱ 알코올

18. 다음 중 인화성 물질이 아닌 것은 어느 것인가?

㉮ 알코올 ㉯ 가솔린 ㉰ 시너 ㉱ 산소

19. 유류 화재 시 다음의 소화 설비 중 부적당한 것은?

㉮ 이산화탄소 ㉯ 가마니

㉰ 모래 ㉱ 물

20. 화재에 대한 방화 조치로서 적당하지 않은 것은?

㉮ 화기는 정해진 장소에서 취급한다.

㉯ 유류 취급 장소에는 방화수를 준비한다.

㉰ 흡연은 정해진 장소에서만 한다.

㉱ 기름 걸레 등은 정해진 용기에 보관한다.

[해설] 기름 화재에 물(방화수)은 오히려 불을 더 크게 하고 증발 증기에 대한 위험이 더 커진다.

21. 소화 설비에 적용하여야 할 사항이 아닌 것은?

㉮ 작업의 성질 ㉯ 화재의 성질

㉰ 폭발의 상태 ㉱ 작업의 상태

22. 다음은 소화기 외의 소화 재료이다. 적절한 것은 어느 것인가?

㉮ 모래 ㉯ 흙 ㉰ 석회 ㉱ 시멘트

23. 폭발 인화성 위험물 취급에서 주의할 사항 중 틀린 것은 어느 것인가?

㉮ 위험물은 취급자 외에 취급해서는 안된다.

㉯ 위험물 부근에서는 화기를 사용하지 않는다.

㉰ 위험물은 습기가 없고 양지바르고 온도가 높은 곳에 둔다.

㉱ 위험물이 든 용기에 충격을 주거나 난폭하게 취급해서는 안된다.

24. 화재를 연소 물질에 따라 분류할 때 D급 화재에 속하는 것은?

㉮ 일반 화재 ㉯ 금속 화재

㉰ 전기 화재 ㉱ 유류 화재

25. 전기 화재 소화 시 가장 좋은 소화기는 다음 중 어느 것인가?

㉮ 분말 소화기 ㉯ 포말 소화기

㉰ 이산화탄소 ㉱ 모래

26. 포말 소화기의 사출 거리는 얼마인가?

㉮ 1~6m ㉯ 6~12m

㉰ 12~18m ㉱ 18~24m

[해설] 포말 소화기는 중탄산소다가 주성분이며 유류, 종이 등 일반 화재에 적당하다.

27. 방화 대책으로 구비하지 않아도 되는 것은?

㉮ 화재 경보기 · 소화기

㉯ 비상구 · 방화사

㉰ 스위치 판

㉱ 방화벽 · 스프링클러

28. 다음 중 진폐 현상을 일으키는 작업은?

㉮ 납땜 작업 ㉯ 도장 작업

㉰ 운전 ㉱ 버핑 작업

[해설] 진폐증의 위험이 있는 작업 시는 집진 장치를 가동시켜야 하고, 가능한 한 습식 작업을 하며, 연속 2시간 이상 작업을 하지 말며, 2시간마다 15분 정도 휴식을 취한다.

29. 다음 중 유해물이 아닌 것은?

㉮ 염소 ㉯ 염화수소

정답 **14.** ㉱ **15.** ㉮ **16.** ㉰ **17.** ㉱ **18.** ㉱ **19.** ㉱ **20.** ㉯ **21.** ㉱ **22.** ㉮ **23.** ㉰ **24.** ㉯ **25.** ㉰ **26.** ㉯ **27.** ㉰ **28.** ㉱ **29.** ㉱

㉰ 불소　　　　　　㉳ 산소

30. 상처를 입었을 때 전 혈액량의 얼마를 흘리면 사망을 하는가?

㉮ $\frac{1}{2}$　㉯ $\frac{1}{3}$　㉰ $\frac{1}{4}$　㉳ $\frac{1}{5}$

31. 몸 표면에 화상을 입었을 때 얼마 이상이면 생명이 위험한가?

㉮ $\frac{1}{2}$　㉯ $\frac{1}{3}$　㉰ $\frac{1}{4}$　㉳ $\frac{1}{5}$

32. 화상을 당했을 때 응급 조치로 옳은 것은?

㉮ 찬물에 담그고 아연화 연고를 바른다.
㉯ 옥시풀을 바른다.
㉰ 머큐로크롬을 바르고 붕대로 감는다.
㉳ 잉크를 바르면 효과 있다.

33. 큰 정맥에서 출혈 시 해야 할 사항 중 옳은 것은?

㉮ 압박 붕대 사용　　㉯ 냉습포를 한다.
㉰ 온습포를 한다.　　㉳ 그냥 둔다.

34. 안전관리자를 두어야 할 사업의 종류는?

㉮ 문화관광부령으로 정하는 사업체
㉯ 보건복지부령으로 정하는 사업체
㉰ 건설교통부령으로 정하는 사업체
㉳ 노동부령으로 정하는 사업체

[해설] 대통령령으로 정한 노동부령에 의한 사업체이다.
① 액화가스 저장 능력 50톤 초과~10톤 이하
② 전동기 마력수가 총 100HP이 넘는 사업체
③ 용기의 제조 시설
④ 공연장 및 사람이 많이 밀집하는 곳 등에는 안전관리자를 두어야 한다.

35. 다음 중 안전 관계 법령이 아닌 것은?

㉮ 안전 관리 규칙　　㉯ 건축 기준법
㉰ 유해 위험 작업　　㉳ 근로 보건 관리 규칙

36. 다음 중 안전관리자를 두어야 하는 업체는?

㉮ 상시 100인 이상의 근로자를 사용하는 업체
㉯ 일주간 100인 이상의 근로자를 사용하는 업체
㉰ 월간 100인 이상의 근로자를 사용하는 업체
㉳ 2개월 간 100인 이상의 근로자를 사용하는 업체

37. 재해 사고의 보고는 어디에 하는가?

㉮ 노동부장관　　　㉯ 건설교통부장관
㉰ 보건복지부장관　㉳ 재정경제부장관

[해설] 안전관리 규정은 노동부령으로 노동부장관에게 보고한다.

38. 안전관리자의 자격이 아닌 것은?

㉮ 고졸 후 2년 실무 경험자
㉯ 대졸 후 1년 실무 경험자
㉰ 중졸 후 7년 실무 경험자
㉳ 안전관리 기술 자격 취득자

39. 다음 중 안전관리자에 대한 것 중 틀린 것은?

㉮ 주 1회 이상 안전에 대해 점검한다.
㉯ 전 직원에게 안전 교육을 실시한다.
㉰ 안전에 대한 검사를 하고 안전일지에 기록한다.
㉳ 안전에 대해 검사하고 이상이 있을 때는 검사 기록부에 기록만 한다.

40. 우리나라 근로기준법에서 신체 장해 등급은 몇 등급으로 구분되어 있는가?

㉮ 7등급　　　　　　㉯ 8등급
㉰ 9등급　　　　　　㉳ 14등급

[해설] 근로기준법에서는 1등급에서부터 14등급으로 되어 있으며, 가장 심하게 신체에 재해가 있을 경우가 1급에 해당된다.

41. 다음 중 도수율을 계산하는 식은 어느 것인가?

㉮ $\dfrac{\text{재해 건수}}{\text{연 근로 시간 수}} \times 1000000$

㉯ $\dfrac{\text{재해 건수(연계)}}{\text{근로자 수(평균)}} \times 10000$

㉰ $\dfrac{\text{총 손실일 수}}{\text{연 근로 시간 수}} \times 1000$

㉳ $\dfrac{\text{재해 건수(연계)}}{\text{근로자 수(평균)}} \times 1000$

[해설] 상해의 정도를 표시하는 데는 상해 건수, 상해로 말미암아 휴양할 일수(손실일 수), 보상액 등은 숫자로 표시하는 경우가 있으나, 일반적으로 다음과 같은 공식에 의해서 계산된 재해 발생률이 흔히 쓰이고 있다.

- 천인율 $= \dfrac{\text{재해 건수}}{\text{재적 근로자 수}} \times 1000$

  (근로자 천 명에게서 발생하는 사고 건수)

- 도수율 $= \dfrac{\text{재해 건수}}{\text{연 근로 시간 수}} \times 1000000$

  (백만 근로 시간 중에 발생하는 사상자 수)

정답　**30.** ㉮　**31.** ㉯　**32.** ㉮　**33.** ㉮　**34.** ㉳　**35.** ㉯　**36.** ㉮　**37.** ㉰　**38.** ㉮　**39.** ㉳　**40.** ㉳　**41.** ㉮

- 강도율 $= \dfrac{\text{근로 손실일 수}}{\text{연 근로 시간 수}} \times 1000$

42. 산업 공장에서 재해 발생을 적게 하기 위한 방법이 아닌 것은?

㉮ 통로나 창문 등에 물건을 세워 놓지 않는다.
㉯ 칩은 정해진 용기에 넣는다.
㉰ 소화기 근처에는 아이들 손이 가지 않게 물건으로 가린다.
㉱ 공구는 공구 보관함에 둔다.

43. 전기 장치에 의한 재해 빈도가 가장 많은 것은?

㉮ 감전
㉯ 화상
㉰ 외상
㉱ 눈의 장애

44. 200V 3상 6HP 전동기의 표준 퓨즈 용량은?

㉮ 20A ㉯ 30A ㉰ 40A ㉱ 50A

[해설] 퓨즈는 주석, 납의 합금으로 정격 전류의 2배 이상이면 끊어지도록 되어 있다.

즉, $P=EI$에서 $I=\dfrac{P}{E}$

$P=0.476\text{kW} \times 6 = 4.476\text{kW}$

$E=200\text{V}$

$I=\dfrac{4.476\text{kW}}{200}=22\text{A}$

$\therefore 22 \times 2\text{배} = 44\text{A}$

45. 퓨즈가 끊어져 다시 끼웠을 때 또 끊어졌다면 그 원인은?

㉮ 다시 한번 끼워본다.
㉯ 좀더 굵은 것으로 끼운다.
㉰ 굵은 동선으로 바꾸는 것이 좋다.
㉱ 기계의 합선 여부를 점검한다.

46. 전류가 인체에 흐르면 치명적으로 사망하게 되는 전류는?

㉮ 10mA ㉯ 20mA
㉰ 50mA ㉱ 100mA

[해설] 10mA는 좀 고통을 느끼는 정도이고, 20mA는 심한 고통과 자기의사대로 행동이 안되고 근육 수축이 오며, 50mA 감전 시는 사망할 위험이 상당히 크다.

여기서 1mA는 $\dfrac{1}{1000}$A이며 인체에는 저항이 아주 커서 $1.2\text{k}\Omega \sim 3\text{k}\Omega$까지이므로 사람에 따라 같은 전기라도 감전 감도가 다르다.

47. 동력 스위치의 취급 방법으로 틀린 것은?

㉮ 물기 없는 손으로 한다.
㉯ 기계 운전 시는 작업자에게 연락하고 시동시킨다.
㉰ 기계 운전 중 정전이 되면 즉시 스위치를 끈다.
㉱ 스위치를 뺄 때는 왼손 사용이 편하다.

48. 50000V가 흐르는 전선에서는 몇 m까지 감전이 되는가?

㉮ 0.5m ㉯ 1.0m
㉰ 2.0m ㉱ 3.5m

[해설] 5000V 이하에서는 0.3m, 50000V에서는 1m 이내에서도 감전된다.

49. 전기 스위치는 오른손으로 개폐해야 한다. 이때, 왼손의 위치로 가장 좋은 것은?

㉮ 주위의 물체를 잡는다.
㉯ 주위의 기계를 잡는다.
㉰ 접지 부분을 잡는다.
㉱ 일체의 것을 잡지 않는다.

Ⅲ
기계 제도
(절삭 부분)

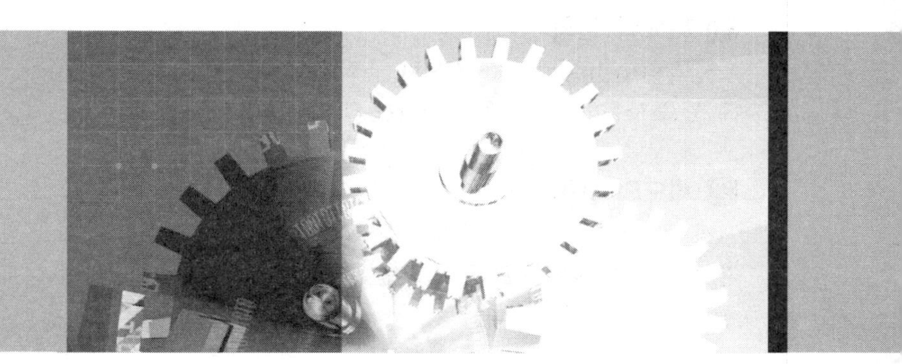

01 제도의 개요

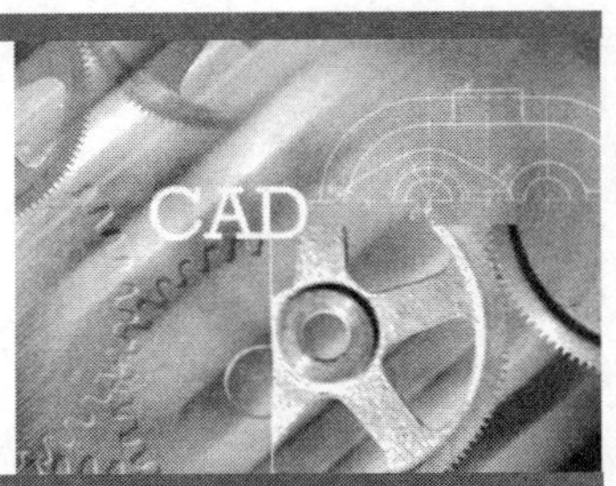

▶ 1. 제도 통칙 및 제도 용구

 1-1 제도 통칙

1 제도의 정의

제도(drawing)라 함은 기계나 구조물의 모양 또는 크기를 일정한 규격에 따라 점, 선, 문자, 숫자, 기호 등을 사용하여 도면을 작성하는 과정을 말한다.

2 제도의 목적

제도의 목적은 설계자의 의도를 도면 사용자에게 확실하고 쉽게 전달하는 데 있다. 그러므로 도면에 물체의 모양이나 치수, 재료, 표면 정도 등을 정확하게 표시하여 설계자의 의사가 제작 · 시공자에게 확실하게 전달되어야 한다.

3 제도의 규격

도면에 표현된 내용을 설계자가 직접 설명하지 않더라도 작업자가 정확하게 이해하기 위해서는 일정한 규약에 의하여 도면이 작성되어야 한다. 이러한 규약을 제도 규격이라 한다. 세계의 각국들은 제도 규격을 제정하여 도면을 작성하고 있으며, 점차 국제 규격(I.S.O)으로 통일되어 가고 있다.

다음 [표]는 각국의 표준 규격과 KS의 분류 기호를 표시한 것이다.

각국의 표준 규격

각국 명칭	표준 규격 기호
국제 표준화 기구 (International Organization for Standardization)	ISO
한국 산업 규격 (Korean Industrial Standards)	KS
영국 규격 (British Standards)	BS
독일 규격 (Deutsches Institute´fur Normung)	DIN
미국 규격 (American National Standard Industrial)	ANSI
스위스 규격 (Schweitzerish Normen–Vereinigung)	SNV
프랑스 규격 (Norme Francaise)	NF
일본 공업 규격 (Japanese Industrial Standards)	JIS

KS의 분류

기 호	부 문	기 호	부 문	기 호	부 문
KS A	기본(통칙)	KS F	토 건	KS M	화 학
B	기 계	G	일용품	P	의 료
C	전 기	H	식료품	R	수송기계
D	금 속	K	섬 유	V	조 선
E	광 산	L	요 업	W	항 공

> 참고
> ※ 1. 제도 통칙 : 1966년 KS A 0005로 제정, 1988. 12. 3 개정
>   2. 기계 제도 : 1967년 KS B 0001로 제정 공포, 1987. 12. 26 개정

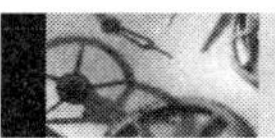

1-2 도면의 종류와 크기

1 도면의 종류

① 도면의 성질에 따른 분류

(가) 원도(original drawing) : 켄트지나 와트만지 위에 연필로 그린 도면을 말한다. 또한 컴퓨터로 작성된 최초의 도면으로, 트레이스도의 원본이 된다.

(나) 트레이스도(traced drawing) : 원도 위에 트레이싱 페이퍼나 미농지를 놓고 연필 또는 먹물로 그린 도면이다. 일명 사도(tracing)라고도 한다.

(다) 복사도(copy drawing) : 트레이스도를 원본으로 하여 복사한 도면으로, 청사진(blue print), 백사진(positive print) 및 전자 복사도 등이 있다.

② 사용 목적 및 내용에 따른 분류

분류 방법	도면의 종류	설 명
사용 목적에 따른 분류	계획도(scheme drawing)	설계자가 제작하고자 하는 물품의 계획을 나타내는 도면
	제작도(manufacture drawing)	요구하는 제품을 만들 때 사용되는 도면
	주문도(drawing for order)	주문서에 첨부되어 주문하는 물품의 모양, 정밀도, 기능도 등의 개요를 주문 받는 사람에게 제시하는 도면
	승인도(approved drawing)	주문자 또는 기타 관계자의 승인을 얻은 도면
	견적도(estimation drawing)	견적서에 첨부되어 주문자에게 제품의 내용과 가격 등을 설명하기 위한 도면
	설명도(explanation drawing)	사용자에게 제품의 구조, 기능, 작동 원리, 취급법 등을 설명하기 위한 도면
	공정도(process drawing)	제조 과정의 공정별 처리 방법, 사용 용구 등을 상세히 나타내는 도면
내용에 따른 분류	전체 조립도(assembly drawing)	물품의 전체 조립 상태를 나타내는 도면으로서 물품의 구조를 알 수 있다.
	부분 조립도(part assembly drawing)	전체 조립 상태를 몇 개의 부분으로 나누어 각 부분마다 자세한 조립 상태를 나타내는 도면
	부품도(part drawing)	부품을 개별적으로 상세하게 그린 도면
	접속도(connection diagram)	전기 기기의 내부, 상호간 접속 상태 및 기능을 나타내는 도면

	배선도(wiring diagram)	전기 기기의 크기와 설치 위치, 전선의 종별, 굵기, 배선의 위치 등을 나타내는 도면
	배관도(piping diagram)	펌프 및 밸브의 위치, 관의 굵기와 길이, 배관의 위치와 설치 방법 등을 나타내는 도면
	기초도(foundation drawing)	콘크리트 기초의 높이, 치수 등과 설치되는 기계나 구조물과의 관계를 나타내는 도면
	설치도(setting diagram)	보일러, 기계 등을 설치할 때 관계되는 사항을 나타내는 도면
	배치도(layout drawing)	건물의 위치나 기계 등의 설치 위치를 나타내는 도면
	장치도(plant layout drawing)	각 장치의 배치와 제조 공정 등의 관계를 나타내는 도면
표현 형식에 따른 분류	외형도(outside drawing)	기계나 구조물의 외형만을 나타내는 도면
	구조선도(skeleton drawing)	기계나 구조물의 골조를 나타내는 도면
	계통도(system diagram)	배관 전기 장치의 결선 등 계통을 나타내는 도면
	곡면선도(lines drawing)	자동차, 항공기, 배의 곡면 부분을 단면 곡선으로 나타내는 도면
	전개도(development drawing)	구조물, 물품 등의 표면을 평면으로 나타내는 도면

❷ 도면의 크기 및 양식

기계 제도에 사용되는 도면은 기계 제도(KS B 0001) 규격과 도면의 크기 및 양식(KS A 0106)에서 정한 크기를 사용하며, A열 사이즈를 사용한다. 단, 표시할 도형이 길 경우 연장 사이즈를 사용한다. 도면에는 반드시 도면의 윤곽, 표제란 및 중심 마크를 마련해야 한다. 또한, 도면의 크기는 가능한 한 작은 것을 사용해야 한다.

도면의 크기는 폭과 길이로 나타내는데, 그 비는 $1:\sqrt{2}$가 되며 A0~A4를 사용한다. 도면은 길이 방향을 좌, 우로 놓고 그리는 것이 바른 위치이나, A4 이하의 도면에서는 세로 방향을 좌, 우로 놓고서 사용하여도 좋다. 큰 도면을 접을 때에는 A4의 크기로 접는 것을 원칙으로 하되 도면 우측 하단부에 있는 표제란이 겉으로 나오게 접는 것을 원칙으로 한다.

도면 크기의 종류 및 윤곽의 치수

구분 사이즈	호칭 방법	치수 $a \times b$	c(최소)	d(최소) 철하지 않을 때	d(최소) 철할 때
A열 사이즈	A0	841×1189	20	20	25
	A1	594×841	20	20	25
	A2	420×594	10	10	25
	A3	297×420	10	10	25
	A4	210×297	10	10	25
연장 사이즈	A0×2	1189×1682	20	20	25
	A1×3	841×1783	20	20	25
	A2×3	594×1261	20	20	25
	A2×4	594×1682	20	20	25
	A3×3	420×891	10	10	25
	A3×4	420×1189	10	10	25
	A4×3	297×630	10	10	25
	A4×4	297×841	10	10	25
	A4×5	297×1051	10	10	25

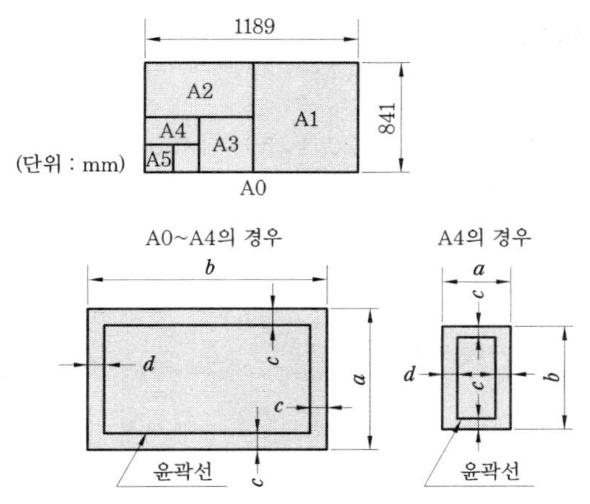

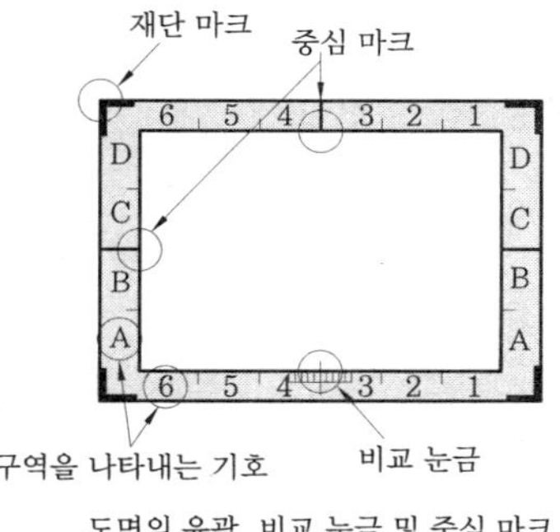

도면의 윤곽, 비교 눈금 및 중심 마크
(KS A 3007 ISO 5457)

a : 짧은 변의 길이, b : 긴변의 길이
c : 제도지의 각변에서 윤곽선까지의 거리(철하지 않을 때)
d : 제도지의 철하는 변에서 윤곽선까지의 거리(철할 때)

※ d의 부분은 도면을 접었을 때, 표제란의 좌측이 되는 쪽에 설치한다.

❸ 윤곽선, 표제란 및 부품란

제작도에서는 윤곽선을 긋고 그 안에 표제란과 부품란을 그려 넣는다.

① **윤곽선** : 도면에 담아 넣는 내용을 기재하는 영역을 명확히 하고, 또 용지의 가장자리에서 생기는 손상으로 기재 사항을 해치지 않도록 그리는 테두리선을 말한다. 선의 굵기는 도면의 크기에 따라 0.5mm 이상의 굵기인 실선으로 윤곽선을 긋는다.

② **표제란** : 도면의 오른쪽 아래에 표제란을 두어 여기에 도면 번호, 도명, 척도, 투상법, 제도한 곳, 도면 작성 연월일, 제도자 이름 등을 기입하도록 한다.

③ **부품란** : 부품란의 위치는 도면의 오른쪽 위의 부분, 또는 도면의 오른쪽 아래일 경우에는 표제란의 위에 위치하며, 품번, 품명, 재질, 수량, 무게, 공정, 비고란 등을 기입한다.

❹ 중심 마크

중심 마크는 윤곽선으로부터 도면의 가장자리에 이르는 굵기 0.5mm의 직선으로 표시한다. 이것은 도면을 마이크로 필름에 촬영, 복사할 때의 편의를 위하여 마련하는 것으로, 도면의 4변 각 중앙에 표시하며, 그 허용차는 ±0.5mm로 한다.

❺ 비교 눈금

도면을 축소 또는 확대했을 경우, 그 정도를 알기 위해 도면의 아래쪽에 10mm 간격의 눈금을 그려 놓은 것이다.

❻ 척 도

척도는 도면에서 그려진 길이와 대상물의 실제 길이와의 비율로 나타낸다. 도면에 그려진 길이와 대상물의 실제 길이가 같은 현척이 가장 보편적으로 사용되고, 실물보다 축소하여 그린 축척, 실물보다 확대하여 그린 배척이 있다.

축척, 현척 및 배척의 값

척도의 종류	란	값						
축 척	1	1 : 2		1 : 5 1 : 10 1 : 20 1 : 50 1 : 100 1 : 200				
	2	$1:\sqrt{2}$ 1 : 2.5 $1:2\sqrt{2}$	1 : 3	1 : 4 $1:5\sqrt{2}$		1 : 25		1 : 250
현 척	–	1 : 1						
배 척	1	2 : 1	5 : 1 10 : 1	20 : 1 50 : 1				
	2	$\sqrt{2}:1$ $2.5\sqrt{2}:1$		100 : 1				

※ 1란의 척도를 우선으로 사용한다.

① **척도의 표시 방법 :** 척도의 표시법은 다음과 같다.

A : B
   └─┴── 물체의 실제 크기
   └───── 도면에서의 크기

현척의 경우에는 A, B 모두를 1로 나타내고, 축척의 경우에는 A를 1, 배척의 경우에는 B를 1로 나타낸다.

② **척도 기입 방법 :** 척도는 표제란에 기입하는 것이 원칙이나, 표제란이 없는 경우에는 도명이나 품번의 가까운 곳에 기입한다. 같은 도면에서 서로 다른 척도를 사용하는 경우에는 각 그림 옆에 사용된 척도를 기입하여야 한다. 또, 그림의 형태가 치수와 비례하지 않을 때에는 치수 밑에 밑줄을 긋거나 '비례가 아님' 또는 NS(Not to Scale) 등의 문자를 기입하여야 한다.

7 재단 마크

복사한 도면을 재단하는 경우의 편의를 위해서 원도의 네 구석에 'ㄱ'자 모양으로 표시해 놓은 것이다.

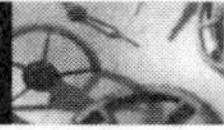 **1-3 제도기의 종류**

1 제도기

① **컴퍼스(compass) :** 원을 그리는 데 쓰이며, 크기에 따라 대형, 중형, 소형이 있다.

  (개) 특성에 의한 분류

    ㉮ 비례 컴퍼스 : 도형을 확대 또는 축소할 때 사용

    ㉯ 빔 컴퍼스 : 큰 원을 그릴 때 쓰는 특수형

    ㉰ 스프링 컴퍼스 : 반지름이 25mm 이하인 원을 그릴 때 사용

    ㉱ 드롭 컴퍼스 : 반지름이 2~5mm 정도인 아주 작은 원을 그릴 때 사용

  (내) 사용상 주의점

    ㉮ 원을 그릴 때에는 하부에서 시작하여 시계 방향으로 돌려서 그린다.

    ㉯ 컴퍼스의 연필심은 바늘 끝보다 0.5mm 정도 낮게 끼운다.

② **디바이더(divider) :** 선의 등분, 원의 등분 및 치수를 옮길 때 사용한다.

③ **먹줄펜(drawing pen) :** 도면에 잉킹을 할 때 먹물을 묻혀 직선, 곡선을 긋는 데 쓰이며, 일명 오구

(烏口)라고 한다. 최근에는 전용 잉크펜이 있어 먹줄펜의 사용이 거의 사라지고 있다.

2 자

① **T자** : 수평선을 긋거나 삼각자의 안내자로 사용된다. 몸체 길이는 450, 750, 900, 1200, 1800mm 의 것이 있으며, 그 중 900mm의 것이 가장 널리 쓰이고 있다.

② **삼각자(triangle)** : T자와 함께 수직선, 사선 등을 긋는 데 사용되는 제도 용구로서, 45°의 직각 이 등변 삼각형인 것과 30° 및 60°의 직각 삼각형 2개가 1쌍으로 되어 있다. 보통 제도에는 300mm 정 도의 것을 많이 사용한다.

③ **운형자(french curve)** : 컴퍼스로 그리기 어려운 원호나 곡선을 그릴 때 쓰이며, 3개, 6개 또는 12 개가 1조로 되어 있다.

④ **스케일(scale, 눈금자)** : 단면이 삼각형인 300mm의 것이 가장 널리 쓰이는데, m식의 경우 $\frac{1}{100}$ m 의 눈금부터 $\frac{1}{600}$ m까지의 눈금으로 나뉘어져 있다.

⑤ **자유곡선자(adjustable curve ruler)** : 여러 가지 곡선을 자유롭게 그리는 데 사용되는 용구로, 납 과 고무로 만들어져 자유롭게 구부릴 수 있다.

⑥ **형판(templet)** : 아크릴이나 얇은 셀룰로이드판에 작은 원, 원호, 화살표 등이 새겨져 있어 정확하 고 쉽게 그릴 수 있다.

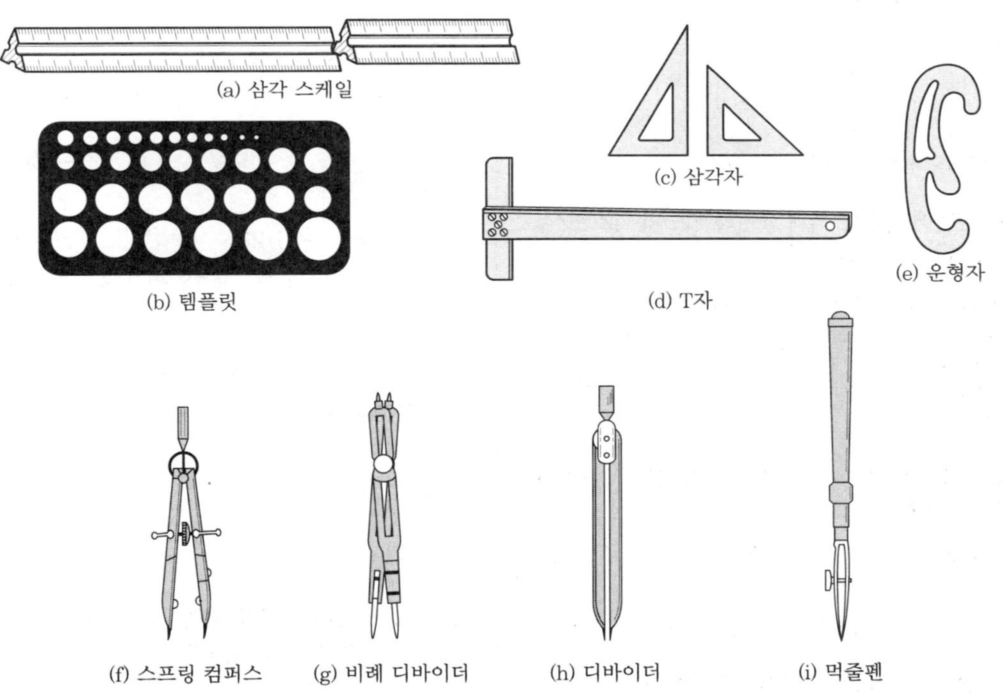

제도 용구

3 제도 기계(drafting machine)

T자, 삼각자, 눈금자, 각도기 등의 기능을 겸한 만능 제도기로서 최근에는 거의 이것을 사용하고 있다.

예 상 문 제

1. 다음 제도의 정의에 대한 설명 중 옳은 것은?

㉮ 기계를 설계하는 것

㉯ 자기만 알 수 있는 문자, 선, 기호 등을 이용하여 제도지 위에 표시하는 그림

㉰ 문자, 선, 기호 등을 이용하여 물체의 다듬질 정도, 재료 및 공정 등을 제도지에 작성하는 과정

㉱ 입체감을 주어 그린 그림

2. KS 규격의 필요성에 대한 설명은?

㉮ 도면을 보고 작업자가 의문이나 오해가 없도록 설계자의 뜻을 확실히 이해 및 전달시키기 위해

㉯ 대량 생산에 따른 문제점 때문에

㉰ 세계 여러 나라가 정하고 있으므로

㉱ KS 규격은 공업 전반에 필요치 않다.

3. KS 규격 중 기계 부분에 해당하는 것은?

㉮ KS D   ㉯ KS C   ㉰ KS B   ㉱ KS A

[해설] ① KS A : KS 규격에서 기본 사항
② KS B : KS 규격에서 기계 부분
③ KS C : KS 규격에서 전기 부분
④ KS D : KS 규격에서 금속 부분

4. 1947년에 창설된 국제 표준화 기구의 약호는?

㉮ ISA   ㉯ ISO   ㉰ USASI   ㉱ KSA

[해설] ① ISA : 만국 규격 통일 협회 ② ISO : 국제 표준화 기구 ③ USASI : 미합중국 규격 협회 ④ KSA : KS 규격의 기본 ⑤ BS : 영국 표준 규격 ⑥ JIS : 일본 공업 규격 ⑦ ANSI : 미국 표준 규격 ⑧ DIN : 독일 공업 규격

5. 도면의 종류 중 사용 목적에 따른 분류에 속하지 않는 것은?

㉮ 계획도   ㉯ 제작도   ㉰ 조립도   ㉱ 주문도

[해설] 용도에 따른 분류에 속하는 도면으로는 계획도, 제작도, 주문도, 승인도, 설명도, 견적도 등이 있다.

6. 내용에 따른 분류 중 조립도를 설명한 것은?

㉮ 기계나 구조물의 전체 조립 상태를 기초로 나타낸 도면이다.

㉯ 한 공정에서만 사용 목적으로 제작된 도면이다.

㉰ 기계나 구조물을 설치하기 위한 기초를 나타낸 도면이다.

㉱ 몇 개의 부분으로 나누어서 조립 상태를 표시한 도면이다.

[해설] ㉯는 공정도, ㉰는 기초도, ㉱는 부분 조립도를 설명한 것이다.

7. 도면을 접을 때의 크기는 어느 정도인가?

㉮ A1   ㉯ A2   ㉰ A3   ㉱ A4

8. A3 용지의 테두리 선은 외곽에서 얼마나 떨어지는가?

㉮ 20mm   ㉯ 15mm   ㉰ 10mm   ㉱ 5mm

[해설] A0~A1의 경우 20mm, A2~A5의 경우 10mm 떨어지게 표시한다.

9. 실물을 축소하여 그리는 것은 무엇인가?

㉮ 실척   ㉯ 배척   ㉰ 축척   ㉱ 현척

10. 다음 척도 중 실척(현척)은?

㉮ 1/1   ㉯ 5/1   ㉰ 1/5   ㉱ 1/25

11. 다음 척도 중 되도록 사용을 피하는 것이 좋은 것은?

㉮ 1/10   ㉯ 1/20   ㉰ 1/25   ㉱ 20/1

[해설] 되도록 사용을 피하는 것이 좋은 척도는 1/25, 1/250, 1/500이다.

12. 도면에 척도를 표시하는 기호로 "NS"로 나타낸 것은 무엇을 뜻하는가?

㉮ 실척(현척)

㉯ 비례척이 아닌 것을 표시

㉰ 축척

㉱ 배척

13. 제도 용지의 규격 중에서 "297×420"은 다음 중 어느 것에 해당하는가?

㉮ A1   ㉯ A2   ㉰ A3   ㉱ A4

14. 제도 용지가 아닌 것은?

㉮ 켄트지

㉯ 와트만지

(정답) **1.** ㉰ **2.** ㉮ **3.** ㉰ **4.** ㉯ **5.** ㉰ **6.** ㉮ **7.** ㉱ **8.** ㉰ **9.** ㉰ **10.** ㉮ **11.** ㉰ **12.** ㉯ **13.** ㉰ **14.** ㉱

㉡ 트레이싱 페이퍼 및 미농지
㉣ 화선지

[해설] 제도 용지 중 켄트지와 와트만지는 원도에 사용되고, 트레이싱 페이퍼 및 미농지는 먹물용 사도로 적당하다.

15. 각국의 공업 규격 중 잘못된 것은?

㉮ 한국 : KS   ㉯ 미국 : ANSI
㉰ 일본 : JIS   ㉱ 독일 : BS

[해설] 독일 : DIN, 영국 : BS, 스위스 : VSM, 국제 표준 규격 : ISO

16. 요즈음 우리나라에서 많이 쓰이는 제도기는 어느 것인가?

㉮ 영국식과 독일식   ㉯ 독일식과 프랑스식
㉰ 영국식과 프랑스식   ㉱ 독일식과 미국식

[해설] 제도기 형식에는 영국식, 독일식, 프랑스식이 있다.

17. 제도판의 규격에 해당되지 않는 것은?

㉮ 900mm×1200mm
㉯ 600mm×900mm
㉰ 450mm×600mm
㉱ 600mm×750mm

18. 제도기에 속하지 않는 것은?

㉮ 컴퍼스   ㉯ 먹물펜(오구)
㉰ 디바이더   ㉱ 삼각 스케일

19. 제도 용구 중 얇은 판에 작은 원호 등 여러 모양을 놓은 것으로 글자 등을 지우는 데 사용하는 것은?

㉮ 운형자   ㉯ 눈금자
㉰ 자유 곡선자   ㉱ 지우개판

20. 삼각자를 이용하여 나타낼 수 없는 각도는?

㉮ 45°   ㉯ 105°   ㉰ 85°   ㉱ 90°

[해설] 삼각자 2개를 이용하여 얻을 수 있는 각도는 (각도 수치÷15)일 때 나머지가 없이 떨어지는 것은 삼각자를 이용하여 얻을 수 있다.

21. 디바이더(divider)의 사용 용도가 아닌 것은?

㉮ 원을 그림   ㉯ 선의 등분
㉰ 치수를 옮김   ㉱ 원의 등분

22. 컴퍼스 사용 시 바늘끝과 연필심과의 관계에 대한 설명 중 옳은 것은?

㉮ 컴퍼스 바늘끝보다 연필심을 0.5mm~1mm 정도 짧게 한다.
㉯ 연필심보다 바늘끝을 1mm 정도 짧게 한다.
㉰ 바늘과 연필심의 길이는 같게 한다.
㉱ 바늘, 연필심 어느 쪽이 길어도 무방하다.

23. 먹물펜을 가는 방법 중 틀린 것은?

㉮ 날의 안쪽은 갈아서는 안 된다.
㉯ ∞ 모양으로 간다.
㉰ 날끝을 뾰족하게 한다.
㉱ 2개의 펜날을 맞추어 간다.

[해설] 기름 숫돌로 먹물펜을 ∞꼴로 날끝이 둥글게 갈며 날의 안쪽은 갈아서는 안 된다.

24. 제도용 연필을 깎는 법에 대한 설명 중 틀린 것은?

㉮ 심의 길이는 7mm 정도로 한다.
㉯ 나무 부분의 길이는 약 35mm 정도로 한다.
㉰ 문자용은 원추형으로 한다.
㉱ 선긋기용은 납작하게 끌모양으로 깎는다.

[해설] 연필의 나무 부분은 약 20mm 정도 깎는다.

25. 제도판의 설치 시 뒤쪽 수평선에 대하여 몇도 정도 높게 기울어진 것이 이상적인가?

㉮ 3~5°   ㉯ 5~10°   ㉰ 10~12°   ㉱ 12~15°

26. 제도 기계에는 암식(arm type)과 트랙식(track type)이 있다. X-Y 플로터를 이용한 제도기는 어디에 쓰이는가?

㉮ CAD   ㉯ CAM   ㉰ FMS   ㉱ CNC

27. 도면의 분류 중 형태상에 의한 분류가 아닌 것은?

㉮ 원도   ㉯ 외형도
㉰ 복사도   ㉱ 트레이스도

28. A3 제도 용지의 윤곽 치수에서 철할 때의 치수로 알맞은 것은?

㉮ 10mm   ㉯ 15mm   ㉰ 20mm   ㉱ 25mm

29. 트레이스도와 동일한 도면은 어느 것인가?

㉮ 사도   ㉯ 원도
㉰ 복사도   ㉱ 스케치도

[정답] 15. ㉱   16. ㉮   17. ㉱   18. ㉱   19. ㉱   20. ㉰   21. ㉮   22. ㉮   23. ㉰   24. ㉯   25. ㉯   26. ㉮   27. ㉯   28. ㉱
29. ㉮

[해설] ① 원도 : 제도 용지에 연필이나 잉크로 그린 그림 ② 사도 : 원도 위에 트레이싱 페이퍼를 놓고 잉크로 그린 그림 ③ 복사도 : 원도나 사도를 감광시킨 도면 *청사진 : 사도를 감광시킨 도면으로, 청색 바탕에 선이나 문자가 백색으로 나타나는 도면 *백사진 : 사도를 감광시킨 도면으로 백색 바탕에 선이나 문자가 청색, 흑색으로 나타나는 도면 ④ 스케치도 : 실물을 보고 프리 핸드로 그린 도면

30. 도면에 반드시 있어야 할 사항이 아닌 것은?

㉮ 윤곽선　　　　　㉯ 표제란
㉰ 중심 마크　　　　㉱ 비교 눈금

[해설] ① 도면에 반드시 마련해야 할 사항 : 윤곽선, 표제란, 중심 마크 ② 도면에 마련하는 것이 바람직한 사항 : 비교 눈금, 구역을 표시하는 구분선이나 기호, 재단 마크

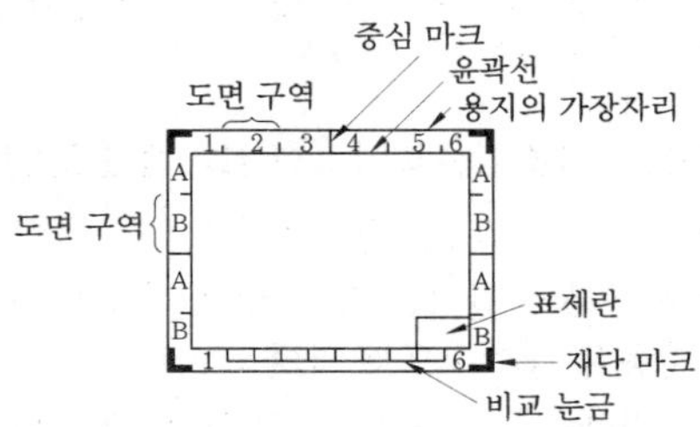

31. 아주 작은 원이나 원호를 그릴 때 사용하며, 반지름이 0.3~3mm의 범위에 사용하는 컴퍼스는?

㉮ 드롭 컴퍼스　　　㉯ 빔 컴퍼스
㉰ 스프링 컴퍼스　　㉱ 비례 컴퍼스

32. 도면의 축소, 확대 복사의 취급을 할 때 만드는 것으로 옳은 것은?

㉮ 도면 구역　　　　㉯ 중심 마크
㉰ 재단 마크　　　　㉱ 비교 눈금

[해설] ① 중심 마크 : 도면의 마이크로 필름 촬영, 복사 등의 편의를 위하여 마련 ② 비교 눈금 : 도면의 축소 또는 확대 복사 등의 복사 도면을 취급할 때의 편의를 위하여 마련(눈금선의 굵기는 0.5mm) ③ 도면 구역 : 도면 중의 특정 부분의 위치를 지시하는 편의를 위하여 마련 ④ 재단 마크 : 복사한 도면을 재단하는 경우의 편의를 위하여 마련

33. 불규칙한 곡선을 그릴 때 사용하는 것은?

㉮ 컴퍼스　　　　　㉯ 디바이더
㉰ 운형자　　　　　㉱ 레터링 세트

[해설] 레터링 세트(lettering set) : 좋은 글씨를 쓰기 위한 기구

● 2. 선과 문자

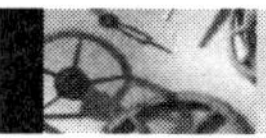

2-1 선(line)

1 선의 종류
선은 모양과 굵기에 따라 다른 기능을 갖게 된다. 따라서 제도에서는 선의 모양과 굵기를 규정하여 사용하고 있다.

① 모양에 따른 선의 종류
(가) 실선(continuous line)——— : 연속적으로 그어진 선

(나) 파선(dashed line)-------- : 일정한 길이로 반복되게 그어진 선(선의 길이 3~5mm, 선과 선의 간격 0.5~1mm 정도)

(다) 1점 쇄선(chain line)——·—— : 길고 짧은 길이로 반복되게 그어진 선(긴 선의 길이 10~30mm, 짧은 선의 길이 1~3mm, 선과 선의 간격 0.5~1mm)

(라) 2점 쇄선(chain double-dashed line)——··—— : 긴 길이, 짧은 길이 두 개로 반복되게 그어진 선(긴 선의 길이 10~30mm, 짧은 선의 길이 1~3mm, 선과 선의 간격 0.5~1mm)

② 굵기에 따른 선의 종류
(가) 가는 선 ——— : 굵기가 0.18~0.5mm인 선

(나) 굵은 선 ——— : 굵기가 0.35~1mm인 선(가는 선의 2배 정도)

(다) 아주 굵은 선 ▬▬ : 굵기가 0.7~2mm인 선(가는 선의 4배 정도)

③ 용도에 따른 선의 종류

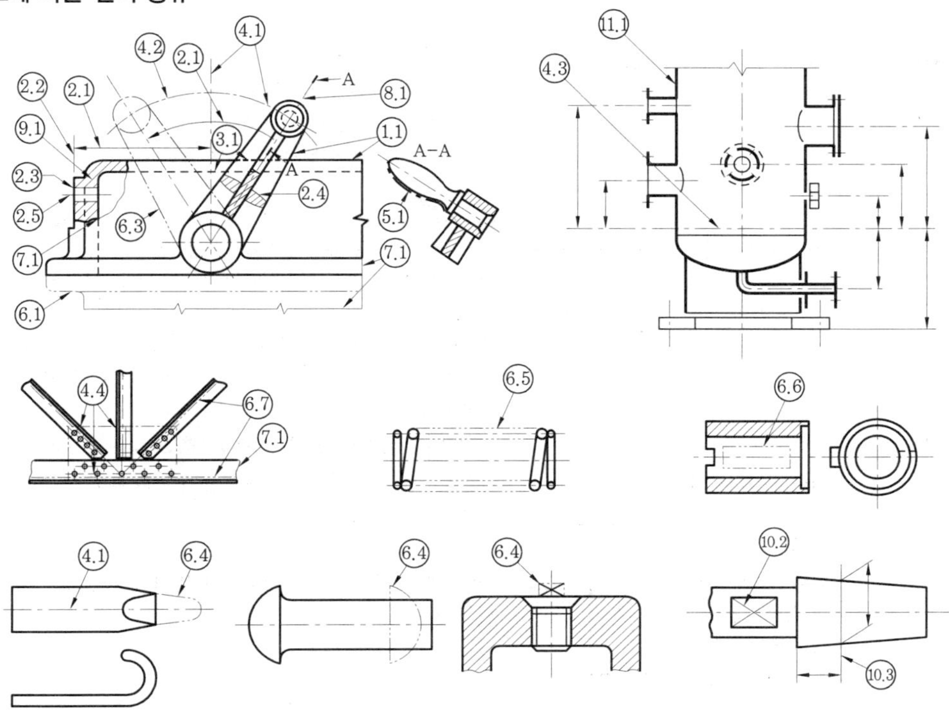

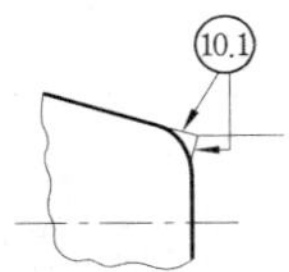
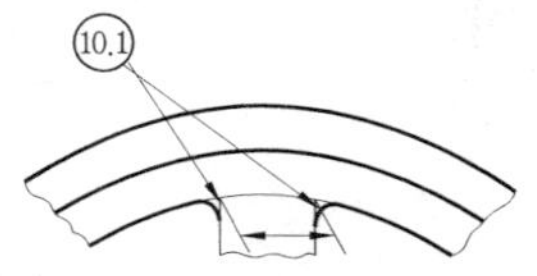
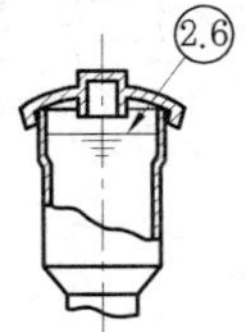
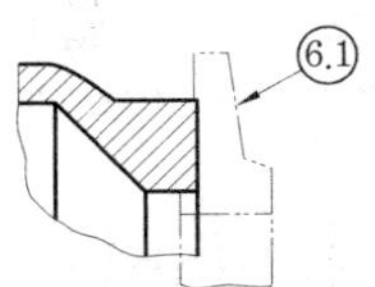
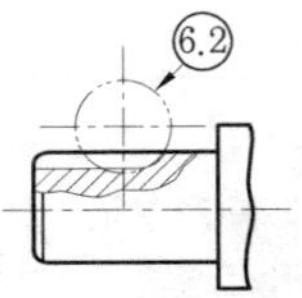

용도에 의한 명칭	선의 종류		선의 용도	그림 의 조합번호
외형선	굵은 실선	——————	대상물이 보이는 부분의 모양을 표시하는 데 쓰인다.	1.1
치수선	가는 실선	—————	치수를 기입하기 위하여 쓴다.	2.1
치수 보조선			치수를 기입하기 위하여 도형으로부터 끌어내는 데 쓰인다.	2.2
지시선			기술·기호 등을 표시하기 위하여 끌어내는 데 쓰인다.	2.3
회전 단면선			도형 내에 그 부분의 끊은 곳을 90° 회전하여 표시하는 데 쓰인다.	2.4
중심선			도형의 중심선(4.1)을 간략하게 표시하는 데 쓰인다.	2.5
수준면선[2]			수면, 유면 등의 위치를 표시하는 데 쓰인다.	2.6
숨은선	가는 파선 또는 굵은 파선	– – – – – – –	대상물의 보이지 않는 부분의 모양을 표시하는 데 쓰인다.	3.1
중심선	가는 1점 쇄선	—·—·—·—	(1) 도형의 중심을 표시하는 데 쓰인다. (2) 중심이 이동한 중심 궤적을 표시하는 데 쓰인다.	4.1 4.2
기준선			특히 위치 결정의 근거가 된다는 것을 명시할 때 쓰인다.	4.3
피치선			되풀이하는 도형의 피치를 취하는 기준을 표시하는 데 쓰인다.	4.4
특수 지정선	굵은 1점 쇄선	━·━·━	특수한 가공을 하는 부분 등 특별한 요구 사항을 적용할 수 있는 범위를 표시하는 데 사용한다.	5.1
가상선[3]	가는 2점 쇄선	—··—··—	(1) 인접 부분을 참고로 표시하는 데 사용한다. (2) 공구, 지그 등의 위치를 참고로 나타내는 데 사용한다. (3) 가동 부분을 이동 중의 특정한 위치 또는 이동 한계의 위치로 표시하는 데 사용한다. (4) 가공 전 또는 가공 후의 모양을 표시하는 데 사용한다. (5) 되풀이하는 것을 나타내는 데 사용한다. (6) 도시된 단면의 앞쪽에 있는 부분을 표시하는 데 사용한다.	6.1 6.2 6.3 6.4 6.5 6.6
무게 중심선			단면의 무게중심을 연결한 선을 표시하는 데 사용한다.	6.7
파단선	불규칙한 파형의 가는 실선 또는 지그재그선	∿	대상물의 일부를 파단한 경계 또는 일부를 떼어낸 경계를 표시하는 데 사용한다.	7.1
절단선	가는 1점 쇄선으로 끝부분 및 방향이 변하는 부분을 굵게 한 것[4]		단면도를 그리는 경우, 그 절단 위치를 대응하는 그림에 표시하는 데 사용한다.	8.1

해 칭	가는 실선으로 규칙적으로 줄을 늘어놓은 것		도형의 한정된 특정 부분을 다른 부분과 구별하는 데 사용한다. 보기를 들면 단면도의 절단된 부분을 나타낸다.	9.1
특수한 용도의 선	가는 실선		(1) 외형선 및 숨은 선의 연장을 표시하는 데 사용한다. (2) 평면이란 것을 나타내는 데 사용한다. (3) 위치를 명시하는 데 사용한다.	10.1 10.2 10.3
	아주 굵은 실선		얇은 부분의 단면을 도시하는 데 사용한다.	11.1

☼ (2) ISO 128(Technical drawings−General principles of presentation)에는 규정되어 있지 않다.

(3) 가상선은 투상법 상에서는 도형에 나타나지 않으나, 편의상 필요한 모양을 나타내는 데 사용한다. 또, 기능상·공작상의 이해를 돕기 위하여 도형을 보조적으로 나타내기 위해서도 사용한다.

(4) 다른 용도와 혼용할 염려가 없을 때는 끝부분 및 방향이 변하는 부분을 굵게 할 필요는 없다.

※ 가는 선, 굵은 선 및 극히 굵은 선의 굵기의 비율은 1:2:4로 한다.

② 선의 굵기

① 선의 굵기의 기준은 0.18mm, 0.25mm, 0.35mm, 0.5mm, 0.7mm 및 1mm로 한다.

② 도면에서 두 종류 이상의 선이 같은 장소에 겹치는 경우에는 다음에 나타낸 순위에 따라 우선되는 종류의 선으로 긋는다.

(개) 외형선   (내) 숨은선   (대) 절단선

(래) 중심선   (매) 무게중심선   (배) 치수 보조선

③ 선 긋는 법

① **수평선** : 왼쪽에서 오른쪽으로 단 한번에 긋는다.

② **수직선** : 아래에서 위로 긋는다.

③ **사선**

(개) 오른쪽 위로 향한 것 : 아래에서 위쪽으로 긋는다.

(내) 왼쪽 위로 향한 것 : 위쪽에서 아래로 긋는다.

2-2 문 자

도면에 사용하는 글자 및 문장의 쓰는 방법은 다음에 따른다.

① 글자는 명백히 쓰고 글자체는 고딕체로 하여 수직 또는 15° 경사로 씀을 원칙으로 한다.

② 문자의 크기는 문자의 높이로 나타낸다.

③ 한글의 크기는 호칭 2.24mm, 3.15mm, 4.5mm, 6.3mm, 9mm의 5종류로 한다. 단, 특히 필요할 경우에는 다른 치수를 사용하여도 좋으나, KS A 0107에 의거 12.5mm와 18mm의 사용도 가능하다.

☼ 호칭 2.24mm의 문자는 어떤 종류의 복사 방식에서는 적합하지 않다. 특히 연필로 그릴 경우는 주의할 것

쓰이는 곳에 따른 문자의 높이

구분	쓰이는 곳	높이(mm)
1	공차 치수 문자	2.24 ∼ 4.5
2	일반 치수 문자	3.15 ∼ 6.3
3	부품 번호 문자	6.3 ∼ 12.5
4	도면 번호 문자	9 ∼ 12.5
5	도면 이름 문자	9 ∼ 18

④ 아라비아 숫자의 크기는 호칭 2.24mm, 3.15mm, 4.5mm, 6.3mm, 9mm의 5종으로 한다. 다만, 특히 필요한 경우에는 이에 따르지 않아도 좋다(KS A 0107의 기준). 또 사체는 B형 사체와 J형 사체 중 어느 것을 사용하여도 좋으나 혼용은 불가하다.

⑤ 문장은 왼편에서 가로쓰기를 원칙으로 한다.

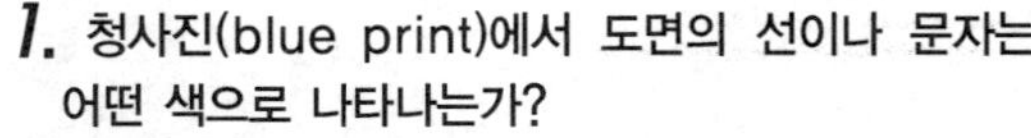

B형 사체의 아라비아 숫자 및 영자의 서체

J형 사체의 아라비아 숫자 및 영자의 서체

예 상 문 제

1. 청사진(blue print)에서 도면의 선이나 문자는 어떤 색으로 나타나는가?

㉮ 검정색 ㉯ 적색 ㉰ 흰색 ㉱ 청색

2. 다음 중 문자의 기입용으로 적당한 연필은?

㉮ 6B ㉯ HB 또는 H
㉰ 3~4H ㉱ 9H

3. 원과 원호를 그리는 방법 중 틀린 것은?

㉮ 시계 바늘의 회전 방향으로 돌린다.
㉯ 컴퍼스는 언제나 오른손으로 조작하는 것이 편리하다.
㉰ 출발은 원의 하부에서부터 한다.
㉱ 윗부분부터 시계 바늘 회전 방향으로 돌린다.

4. 제도용 문자의 크기는 무엇으로 나타내는가?

㉮ 글자의 나비 ㉯ 글자의 굵기
㉰ 글자의 높이 ㉱ 글자의 크기

5. 선의 종류에는 3가지가 있다. 이에 속하지 않는 것은?

㉮ 실선 ㉯ 치수선 ㉰ 파선 ㉱ 쇄선

6. 외형선은 무슨 선으로 표시하는가?

㉮ 굵은 실선 ㉯ 가는 실선
㉰ 파선 ㉱ 쇄선

7. 보이지 않는 외형선으로 사용되는 선은?

㉮ 이점 쇄선 ㉯ 파선
㉰ 굵은 실선 ㉱ 자유 실선(파단선)

정답 / 1. ㉰ 2. ㉯ 3. ㉱ 4. ㉰ 5. ㉯ 6. ㉮ 7. ㉯

8. 대칭선, 중심선을 나타내는 선은?

㉮ 가는 실선 ㉯ 가는 이점 쇄선
㉰ 가는 일점 쇄선 ㉱ 굵은 쇄선

[해설] 가는 1점 쇄선의 굵기는 0.3mm 이하이며, 기어나 체인의 피치선, 피치원의 표시에 쓰인다.

9. 가는 실선을 사용하지 않는 것은?

㉮ 치수선 ㉯ 해칭선
㉰ 회전 단면 외형선 ㉱ 은선

[해설] 은선은 물체가 보이지 않는 부분을 나타내는 선

10. 파단선의 설명 중 틀린 것은?

㉮ 불규칙한 실선
㉯ 프리핸드(free hand)로 그린다.
㉰ 굵기는 외형선과 같다.
㉱ 선의 굵기는 외형선의 1/2이다.

11. 굵은 실선의 굵기는 어느 것인가?

㉮ 0.35~1mm ㉯ 0.2mm 이하
㉰ 0.6~0.7mm ㉱ 0.2mm 이상

[해설] 중심선, 피치선, 치수선, 지시선 등의 굵기는 0.3mm 이하로 한다.

12. 로마 문자 쓰는 법 중 틀린 것은?

㉮ 75°의 경사 안내선을 긋는다.
㉯ 가늘게 쓴 다음 굵게 써서 완성한다.
㉰ 문자의 나비는 소문자인 경우 높이의 1/5로 한다.
㉱ 문자의 나비는 대문자인 경우 높이의 1/2로 한다.

13. 아라비아 숫자를 쓰는 방법 중 틀린 것은?

㉮ 나비는 높이의 1/2로 한다.
㉯ 75°로 경사진 안내선을 긋는다.
㉰ 나비와 높이는 같다.
㉱ 분수에 쓸 때는 정수 높이의 2배로 한다.

14. 사도(트레이스도 : traced drawing)를 그릴 때의 순서가 옳은 것은?

㉮ 큰 원호-작은 원호-직선
㉯ 작은 원호-직선-큰 원호
㉰ 작은 원호-큰 원호-직선
㉱ 직선-큰 원호-작은 원호

15. 표면 처리 부분을 나타내는 선은?

㉮ 굵은 실선 ㉯ 가는 실선
㉰ 굵은 일점 쇄선 ㉱ 가는 일점 쇄선

16. 원도를 그리는 순서에 맞게 표시한 것은?

㉮ 중심선, 외형선, 은선, 가상선, 치수선, 다듬질 기호
㉯ 중심선, 가상선, 외형선, 은선, 치수선, 다듬질 기호
㉰ 외형선, 중심선, 은선, 가상선, 치수선, 다듬질 기호
㉱ 중심선, 은선, 외형선, 가상선, 치수선, 다듬질 기호

17. 기어나 체인의 피치선 등은 어느 것으로 표시하는가?

㉮ 일점 쇄선 ㉯ 이점 쇄선
㉰ 가는 실선 ㉱ 굵은 일점 쇄선

18. 수평선을 긋는 방법에 대한 설명 중 틀린 것은?

㉮ 일정한 힘을 주어 두 번 긋는다.
㉯ 왼쪽에서 오른쪽으로 긋는다.
㉰ 연필은 수평선과 60°가량 눕혀서 긋는다.
㉱ 연필은 앞쪽으로 약간 기울인다.

19. 연필도를 그리는 순서 중 틀린 것은?

㉮ 중심선과 주요한 윤곽을 그린다.
㉯ 필요한 세부의 중심선과 부속되는 부분의 윤곽을 그린다.
㉰ 원호에 연결된 직선을 그린 다음 원호를 그린다.
㉱ 치수선을 그은 다음에 치수를 기입한다.

[해설] 원호와 직선이 연결되는 부분은 원호를 먼저 그린 다음 연결되는 직선 부분을 긋는다.

20. 빗금을 긋는 방법 중 맞는 것은?

㉮ 왼쪽 위로 향한 경사선은 위에서 아래로 긋는다.
㉯ 오른쪽 위로 향한 경사선은 위에서 아래로 긋는다.
㉰ 왼쪽을 향하든 오른쪽을 향하든 편리한 대로 긋는다.
㉱ 각도에 따라 편리한 대로 긋는다.

정답 **8.** ㉰ **9.** ㉱ **10.** ㉰ **11.** ㉮ **12.** ㉰ **13.** ㉰ **14.** ㉮ **15.** ㉰ **16.** ㉮ **17.** ㉮ **18.** ㉮ **19.** ㉰ **20.** ㉮

[해설] 오른쪽 위로 향한 경사선은 아래에서 위로 긋는다.

21. 수직선을 긋는 방법에 대한 설명 중 옳은 것은?

㉮ 위에서 아래로 긋는다.
㉯ 두 번에 나누어 긋는다.
㉰ 왼쪽에서 오른쪽으로 긋는다.
㉱ 아래에서 위로 긋는다.

[해설] 빗금선은 왼쪽 위로 향한 경사선은 위에서 아래로 긋는다.

22. 도면에 사용되는 문자가 아닌 것은?

㉮ 한글
㉯ 로마 글자
㉰ 아라비아숫자
㉱ 로마 숫자

23. 문자 쓰는 요령이 아닌 것은?

㉮ 분명해야 한다.
㉯ 고딕체로 쓴다.
㉰ 75° 경사체로 쓴다.
㉱ 쓰기 편리한 대로 쓴다.

24. 한글 쓰는 요령에 대한 설명이다. 틀린 것은?

㉮ 고딕체로 쓴다.
㉯ 나비는 높이의 80~100%로 한다.
㉰ 선과 선의 이음부가 끊기지 않도록 한다.
㉱ 나비는 높이의 1/2로 한다.

25. 선의 길이가 3~5mm, 선과 선의 간격이 0.5~1mm 정도의 모양으로 일정한 길이로 반복되게 그어진 선의 종류는 무엇인가?

㉮ 쇄선
㉯ 파선
㉰ 실선
㉱ 점선

26. 굵기에 따른 선의 종류 중 틀린 설명은?

㉮ 가는 선 : 굵기가 0.18~0.5mm
㉯ 굵은 선 : 굵기가 가는 선의 2배 정도인 선
㉰ 굵은 선 : 굵기가 0.35~1mm인 선
㉱ 아주 굵은 선 : 굵기가 0.7~1mm인 선

27. 다음 선의 모양 중 틀린 것은?

28. 문자의 기원은 어느 것인가?

㉮ 아라비아, 고딕
㉯ 명조, 고딕
㉰ 이탤릭, 라운드리
㉱ 케이브 드로잉, 이집트 상형

29. 한자의 글자 굵기는 글자 높이와 어떤 관계에 있는가?

㉮ $\frac{1}{9}$
㉯ $\frac{1}{10}$
㉰ $\frac{1}{12.5}$
㉱ $\frac{1}{14}$

30. 문자의 가로선과 세로선이 같은 굵기로 된 서체로 글자의 끝부분이 둥근 한글체는?

㉮ 한글 고딕체
㉯ 한글 그래픽체
㉰ 한글 명조체
㉱ 세고딕체

31. 다음 중에서 한글자의 서체로 알맞은 것은?

㉮ 표준 서체
㉯ J형 사체
㉰ B형 입체
㉱ 활자체

32. 숫자와 영자를 쓰는데 서체와 관계없는 것은?

㉮ J형 사체
㉯ B형 입체
㉰ B형 사체
㉱ 활자체

33. 다음 선의 우선 순위가 옳은 것은?

㉮ 외형선-숨은 선-절단선-중심선-무게중심선-치수 보조선
㉯ 외형선-중심선-무게중심선-숨은 선-절단선-치수 보조선
㉰ 외형선-숨은 선-중심선-절단선-무게중심선-치수 보조선
㉱ 외형선-절단선-숨은 선-중심선-무게중심선-치수 보조선

34. 제도실의 조명은 왼쪽 위에서 비추는 것이 좋다. 이때 밝기의 정도는 얼마가 적당한가?

㉮ 150~250lux
㉯ 200~500lux
㉰ 300~700lux
㉱ 400~1000lux

35. 제도에서 가는 선, 굵은 선 및 극히 굵은 선의 굵기의 비율은 얼마로 하는가?

㉮ 1:2:4
㉯ 1:3:4
㉰ 1:3:5
㉱ 1:3:6

정답 / **21.** ㉱ **22.** ㉱ **23.** ㉱ **24.** ㉱ **25.** ㉯ **26.** ㉱ **27.** ㉰ **28.** ㉱ **29.** ㉰ **30.** ㉯ **31.** ㉱ **32.** ㉱ **33.** ㉮ **34.** ㉰
35. ㉮

02 투상도 및 단면도법

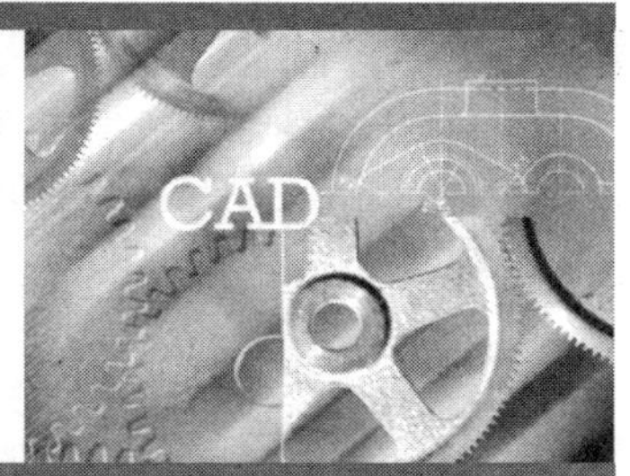

▶ 1. 투상법

1-1 투상법의 종류

어떤 입체물을 도면으로 나타내려면 그 입체를 어느 방향에서 보고 어떤 면을 그렸는지 명확히 밝혀야 한다. 공간에 있는 입체물의 위치, 크기, 모양 등을 평면 위에 나타내는 것을 투상법이라 한다. 이 때 평면을 투상면이라 하고, 투상면에 투상된 물건의 모양을 투상도(projection)라고 한다. 투상법의 종류는 다음과 같다.

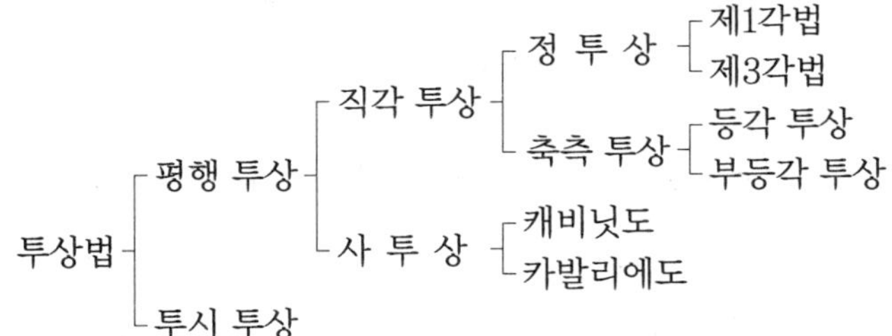

1 정투상법

물체를 네모진 유리상자 속에 넣고 바깥쪽에서 들여다보면 물체를 유리판에 투상하여 보고 있는 것과 같다. 이때 투상선이 투상면에 대하여 수직으로 되어 투상하는 것을 정투상법(orthographic projection)이라 한다. 물체를 정면에서 투상하여 그린 그림을 정면도(front view), 위에서 투상하여 그린 그림을 평면도(top view), 옆에서 투상하여 그린 그림을 측면도(side view)라 한다.

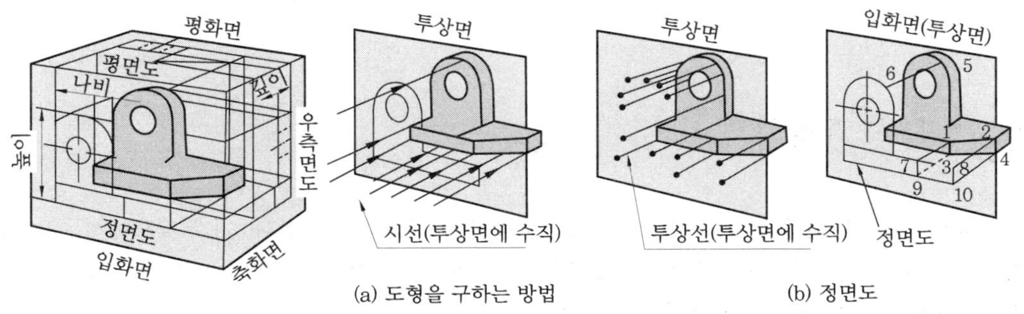

2 축측 투상법

정투상도로 나타내면 평행 광선에 의해 투상이 되기 때문에 경우에 따라서는 선이 겹쳐서 이해하기가 어려울 때가 있다. 이를 보완하기 위해 경사진 광선에 의해 투상하는 것을 축측 투상법이라 한다. 축측 투상법의 종류에는 등각 투상도, 부등각 투상도가 있다.

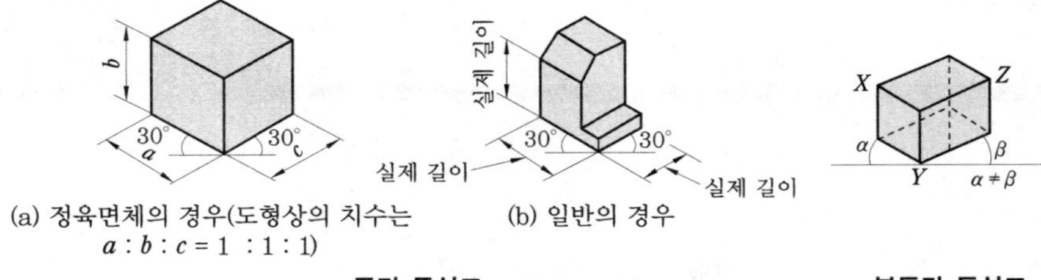

3 사투상법

정투상도에서 정면도의 크기와 모양은 그대로 사용하고, 평면도와 우측면도를 경사시켜 그리는 투상법을 사투상법이라 한다. 사투상법의 종류에는 카발리에도와 캐비닛도가 있다.

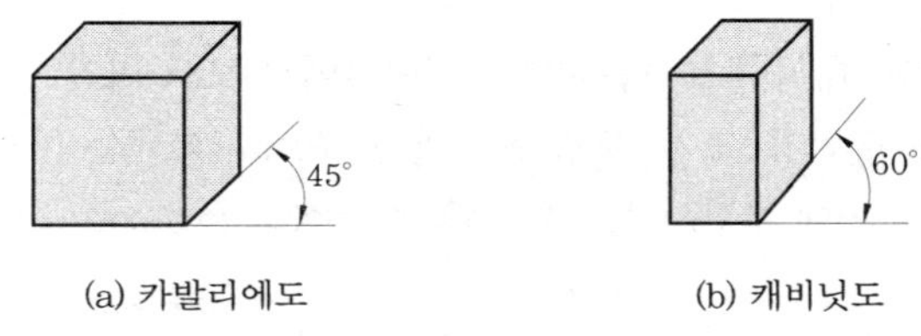

4 투시도법

시점과 물체의 각 점을 연결하는 방사선에 의하여 그리는 것으로, 원근감이 있어 건축 조감도 등 건축 제도에 널리 쓰인다.

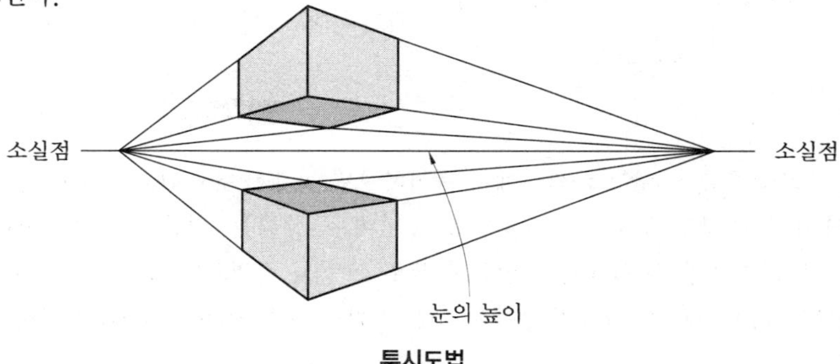

1-2 투상각

서로 직교하는 투상면의 공간을 그림과 같이 4등분한 것을 투상각이라 한다. 기계 제도에서는 3각법에 의한 정투상법을 사용함을 원칙으로 한다. 다만, 필요한 경우에는 제1각법에 따를 수도 있다. 그때 투상법의 기호를 표제란 또는 그 근처에 나타낸다.

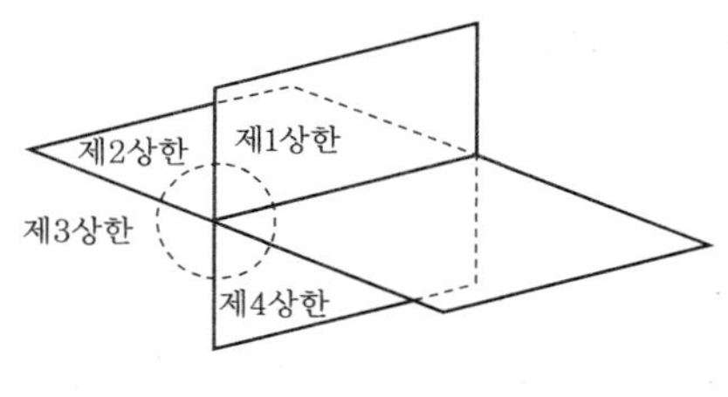

공간의 구분

① **제1각법** : 물체를 제1상한에 놓고 투상하며, 투상면의 앞쪽에 물체를 놓는다. 즉, 순서는 그림과 같이 눈 → 물체 → 화면이다.

② **제3각법** : 물체를 제3상한에 놓고 투상하며, 투상면의 뒤쪽에 물체를 놓는다. 즉, 순서는 그림과 같이 눈 → 화면 → 물체의 순서이다.

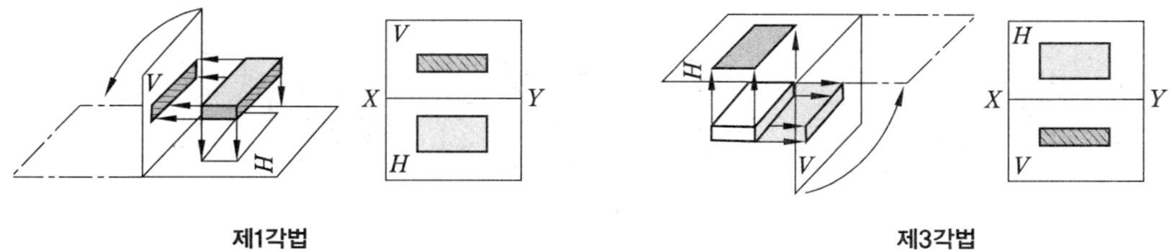

제1각법   **제3각법**

③ **제1각법과 제3각법의 비교와 도면의 기준 배치**

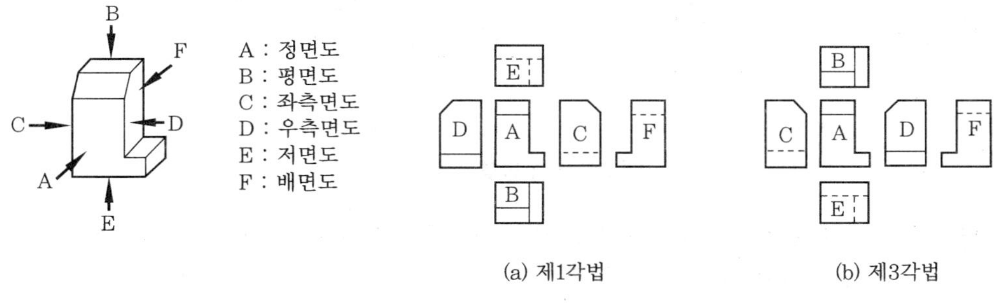

A : 정면도
B : 평면도
C : 좌측면도
D : 우측면도
E : 저면도
F : 배면도

(a) 제1각법   (b) 제3각법

도면의 표준 배치

[그림]에서와 같이 제1각법에서 평면도는 정면도의 바로 아래에 그리고 측면도는 투상체를 왼쪽에서 보고 오른쪽에 그리므로 비교·대조하기가 불편하지만, 제3각법은 평면도를 정면도 바로 위에 그리고 측면도는 오른쪽에서 본 것을 정면도의 오른쪽에 그리므로 비교·대조하기가 편리하다.

④ **투상각법의 기호** : 제1각법, 제3각법을 특별히 명시해야 할 때에는 표제란 또는 그 근처에 "1각법" 또는 는 "3각법"이라 기입하고 문자 대신 [그림]과 같은 기호를 사용한다.

(a) 제1각법   (b) 제3각법

투상각법의 기호

1-3 투상도 그리기

1 필요 투상도 선정 방법

투상도의 선택은 대상물의 모양을 간단하고 정확하게 나타낼 수 있는 수의 투상도이면 충분하다. 필요한 수 이상의 투상도를 그리는 것은 제도하는 데 시간이 많이 걸릴뿐만 아니라, 도면을 읽는 데에도 도움이 되지 않는다.

① **3면도** : 3개의 투상도로 완전하게 도시할 수 있는 것을 3면도라 하며 정면도, 평면도, 측면도(좌 또는 우)를 선정한다.

② **2면도** : 원통형 또는 평면형인 간단한 물체는 정면도와 평면도, 정면도와 우측면도의 두 개의 도면으로 완전하게 도시할 수 있는 것을 2면도라 한다.

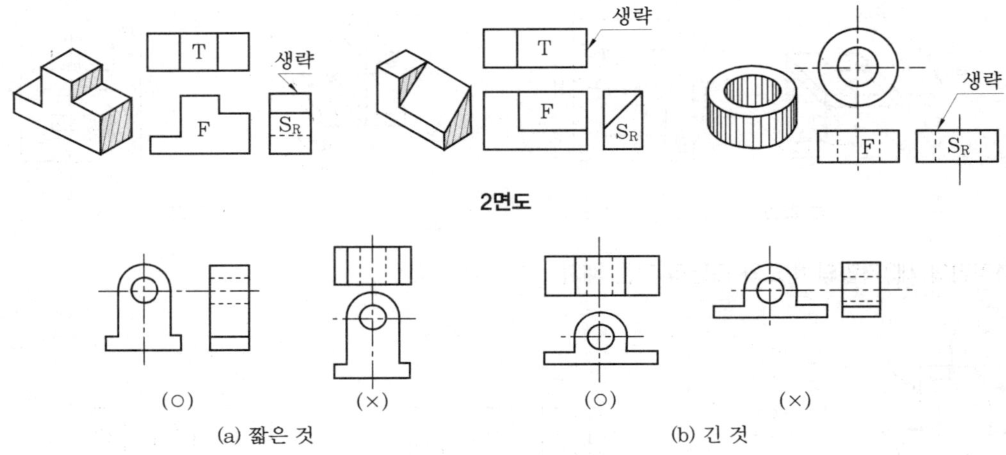

2면도

(a) 짧은 것   (b) 긴 것

2면도의 선택 방법

③ **1면도** : 정면도 한 면으로 충분히 도시할 수 있을 때는 1면도로 나타낸다. 원통, 각주, 평판처럼 단면형이 똑같은 형인 간단한 물체는 기호를 기입함에 따라 한 도면만으로 나타낼 수 있다.

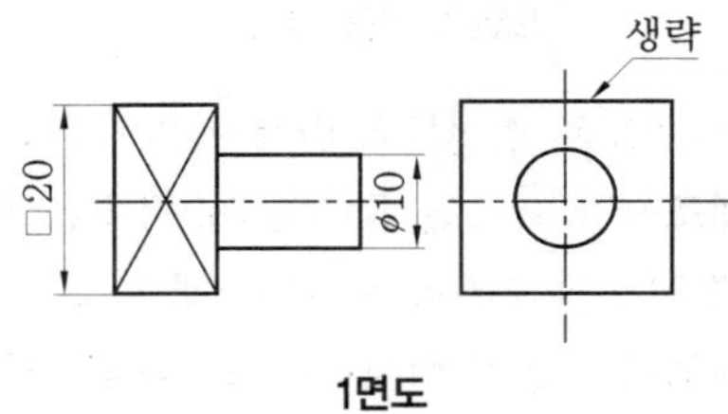

1면도

2 투상도의 선택 방법

① 주투상도에는 [그림]과 같이 대상물의 모양 기능을 가장 명확하게 표시하는 면을 그린다. 또한, 대상물을 도시하는 상태는 도면의 목적에 따라 다음 어느 것인가에 따른다.

㈎ 조립도와 같이 기능을 표시하는 도면에서는 대상물을 사용하는 상태

㈏ 부품도와 같이 가공하기 위한 도면에서는 가공에 있어서 도면을 가장 많이 이용하는 공정에서 대상물을 놓는 상태

㈐ 특별한 이유가 없는 경우, 대상물을 가로 길이로 놓은 상태

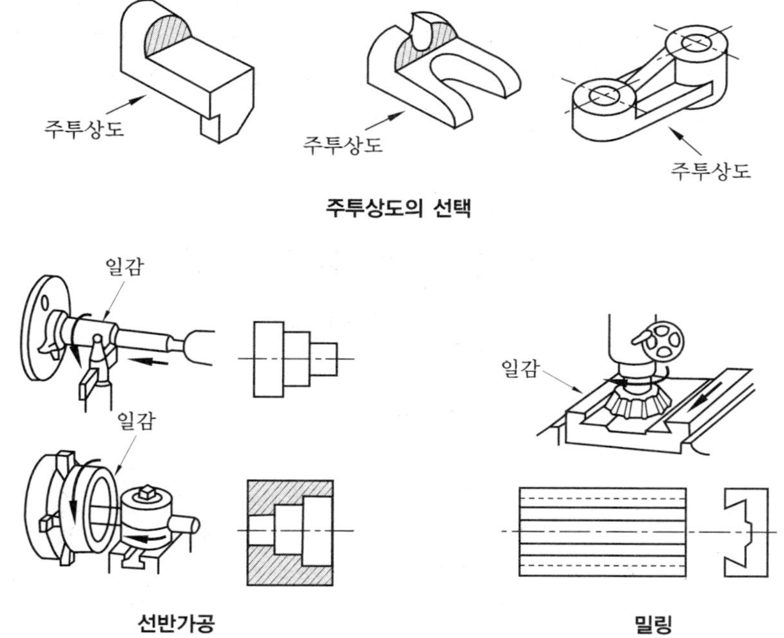

② 주투상도를 보충하는 다른 투상도는 되도록 적게 하고, 주투상도만으로 표시할 수 있는 것에 대하여
는 다른 투상도는 그리지 않는다.

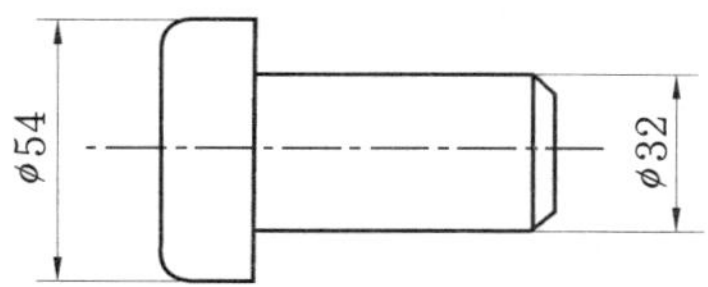

주투상도로만 표시한 보기

③ 서로 관련되는 그림의 배치는 되도록 숨은 선을 쓰지 않도록 한다[그림 (a)]. 다만, 비교·대조하기
불편할 경우에는 예외로 한다[그림 (b)].

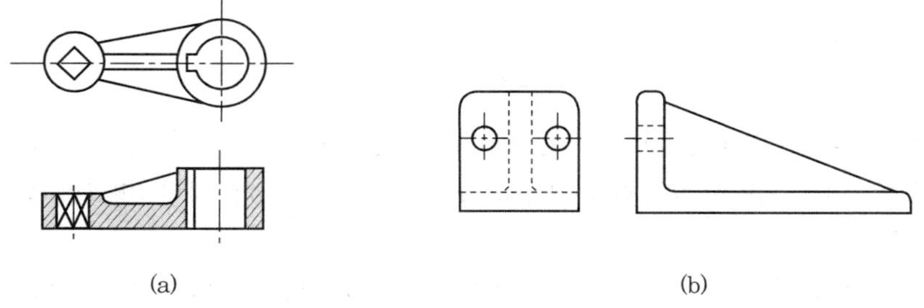

❸ 기타 보조적인 투상도

① **보조 투상도** : 경사면부가 있는 물체는 정투상도로 그리면 그 물체의 실형을 나타낼 수가 없으므로

그 경사면과 맞서는 위치에 보조 투상도를 그려 경사면의 실형을 나타낸다. 도면의 관계 등으로 보조 투상도를 경사면에 맞서는 위치에 배치할 수 없는 경우에는 그 뜻을 화살표와 영자의 대문자로 나타 낸다. 또한 [그림 (b)]와 같이 구부린 중심선에서 연결하여 투상 관계를 나타내도 좋다. 보조 투상도 (필요부분의 투상도 포함)의 배치 관계가 분명하지 않을 경우에는 [그림 (c)]와 같이 표시 글자의 각각 에 상대방 위치의 도면 구역의 구분 기호를 써 넣는다.

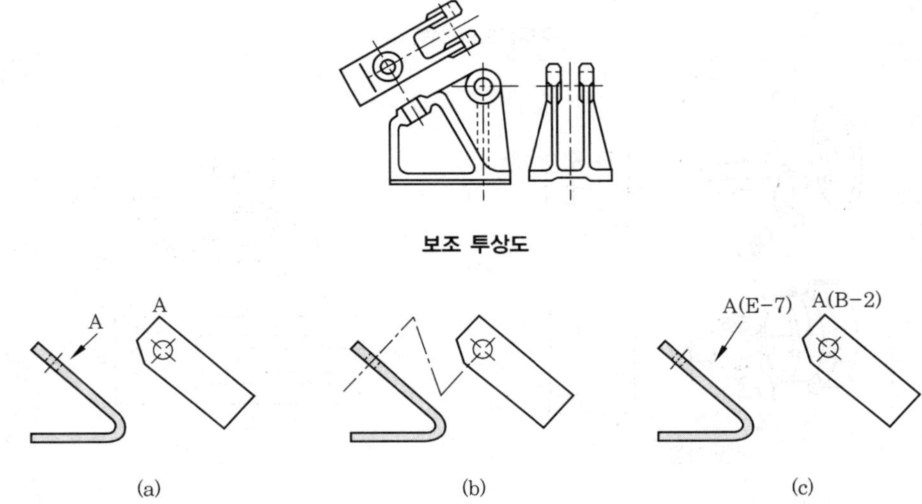

보조 투상도

(a)   (b)   (c)

② **회전 투상도** : 투상면이 어느 각도를 가지고 있기 때문에 그 실형을 표시하지 못할 때에는 그 부분을 회전해서 그 실형을 도시할 수 있다. 또한, 잘못 볼 우려가 있을 경우에는 작도에 사용한 선을 남긴다.

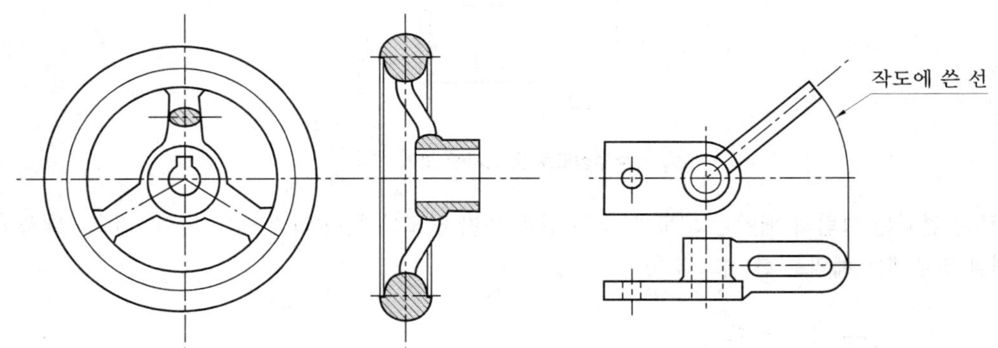

회전 투상도

③ **부분 투상도** : 그림의 일부를 도시하는 것으로 충분한 경우에는 그 필요 부분만을 부분 투상도로써 표시한다. 이 경우에는 생략한 부분과의 경계를 파단선으로 나타낸다. 다만, 명확한 경우에는 파단선 을 생략해도 좋다.

④ **국부 투상도** : 대상물의 구멍, 홈 등 한 국부만의 모양을 도시하는 것으로 충분한 경우에는 그 필요 부분을 국부 투상도로써 나타낸다. 투상 관계를 나타내기 위하여 원칙으로 주된 그림에 중심선, 기준 선, 치수 보조선 등으로 연결한다.

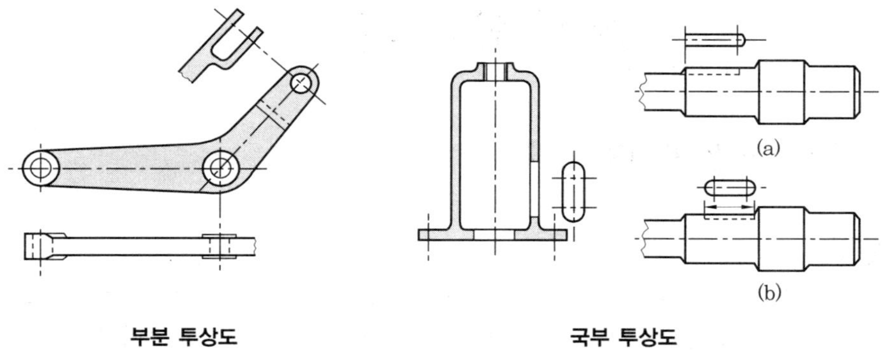

부분 투상도　　　　　　　　**국부 투상도**

⑤ **부분 확대도** : 특정 부분의 도형이 작아서 그 부분의 상세한 도시나 치수 기입을 할 수 없을 때에는 그 부분을 가는 실선으로 에워싸고, 영자의 대문자로 표시함과 동시에 그 해당 부분을 다른 장소에 확대하여 그리고, 표시하는 글자 및 척도를 기입한다. 다만, 확대한 그림의 척도를 나타낼 필요가 없는 경우에는 척도 대신 '확대도' 라고 부기하여도 좋다.

⑥ **전개 투상도** : 구부러진 판재를 만들 때는 공작상 불편하므로 실물을 정면도에 그리고 평면도에 전개도를 그린다.

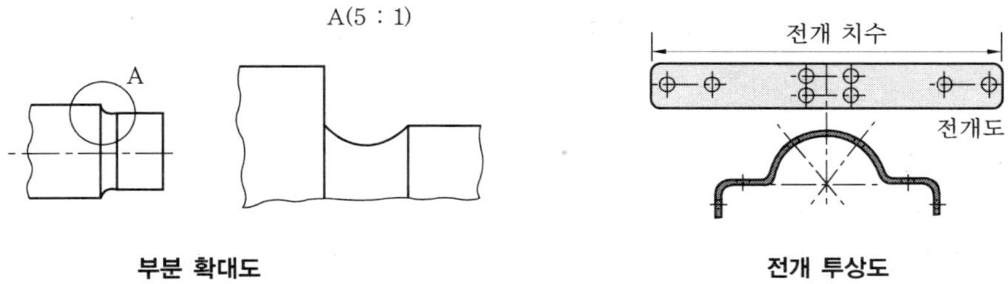

부분 확대도　　　　　　　　**전개 투상도**

⑦ **가상선에 의한 도형의 도시** : 이 도형은 상상을 암시하기 위하여 그리는 것으로, 도시된 물품의 인접부, 어느 부품과 연결된 부품, 또는 물품의 운동 범위, 가공 변화 등을 도면상에 표시할 필요가 있을 경우에 가상선을 사용하여 표시한다.

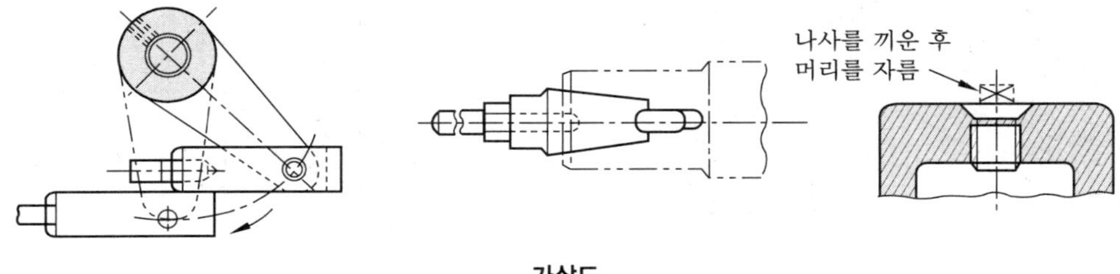

가상도

● 2. 단면도법

 **2-1 단면 표시와 종류**

1 단면 표시

단면도는 물체 내부와 같이 볼 수 없는 것을 도시할 때, 숨은 선으로 표시하면 복잡하므로 이와 같은 부분을 절단하여 내부가 보이도록 하면, 대부분의 숨은 선이 없어지고 필요한 곳이 뚜렷하게 도시된다. 이와 같이 나타낸 도면을 단면도(sectional view)라고 하며 다음 법칙에 따른다.

① 단면도와 다른 도면과의 관계는 정투상법에 따른다.

② 절단면은 기본 중심선을 지나고 투상면에 평행한 면을 선택하되, 같은 직선상에 있지 않아도 된다.

③ 투상도는 전부 또는 일부를 단면으로 도시할 수 있다.

④ 단면에는 절단하지 않은 면과 구별하기 위하여 해칭(hatching)이나 스머징(smudging)을 한다. 또한 단면도에 재료 등을 표시하기 위해 특수한 해칭 또는 스머징을 할 수 있다.

⑤ 단면 뒤에 있는 숨은 선은 물체가 이해되는 범위 내에서 되도록 생략한다.

⑥ 절단면의 위치는 다른 관계도에 절단선으로 나타낸다. 다만, 절단 위치가 명백할 경우에는 생략해도 좋다.

2 단면도의 종류

① **온 단면도(full sectional view)** : 물체를 기본 중심선에서 전부 절단해서 도시한 것으로 [그림]과 같다. 이때, 원칙적으로 절단면은 기본 중심선을 지나도록 한다. 또한, 기본 중심선이 아닌 곳에서 물체를 절단하여 필요 부분을 단면으로 도시할 수 있다. 이 경우에는 절단선에 의하여 절단 위치를 나타낸다. 또 단면을 보는 방향을 확실히 하기 위하여 화살표를 한다.

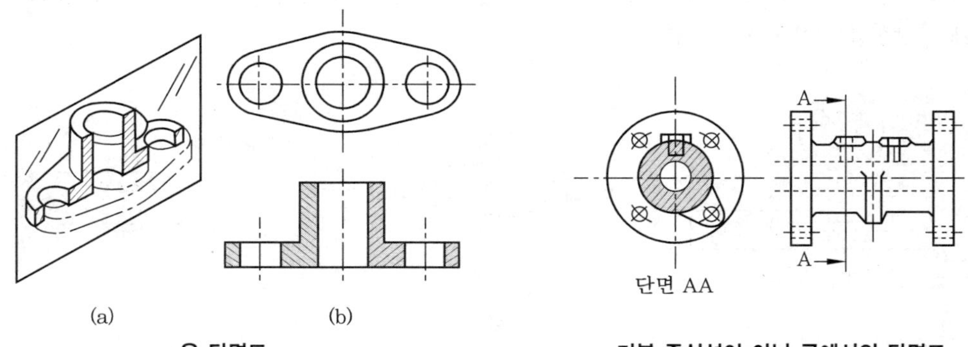

온 단면도	기본 중심선이 아닌 곳에서의 단면도

② **한쪽 단면도(half sectional view)** : 기본 중심선에 대칭인 물체의 1/4만 잘라내어 절반은 단면도로, 다른 절반은 외형도로 나타내는 단면법이다. 이 단면도는 물체의 외형과 내부를 동시에 나타낼 수가 있으며, 절단선은 기입하지 않는다.

③ **부분 단면도(local sectional view)** : 외형도에 있어서 필요로 하는 요소의 일부분만을 부분 단면도로 표시할 수 있다. 이 경우 파단선에 의하여 그 경계를 나타낸다.

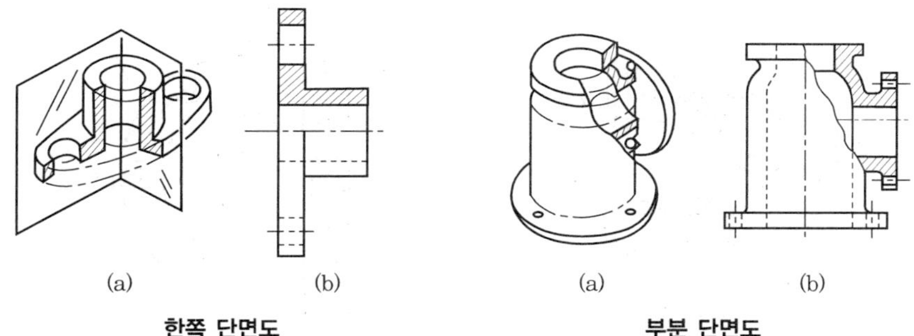

(a)   (b)   (a)   (b)

한쪽 단면도   **부분 단면도**

④ **회전 도시 단면도(revolved section)** : 핸들이나 바퀴 등의 암 및 림, 리브, 훅, 축, 구조물의 부재 등의 절단면은 다음에 따라 90° 회전하여 표시한다.

㈎ 절단할 곳의 전후를 끊어서 그 사이에 그린다[그림 (a)].

㈏ 절단선의 연장선 위에 그린다[그림 (b)].

㈐ 도형 내의 절단한 곳에 겹쳐서 가는 실선을 사용하여 그린다[그림 (c)].

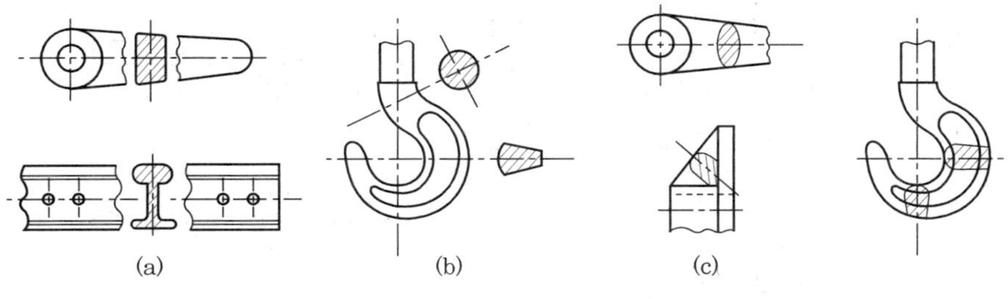

(a)   (b)   (c)

회전 단면

⑤ **조합에 의한 단면도**

㈎ 계단 단면(offset section) : 2개 이상의 평면을 계단 모양으로 절단한 단면이다. 계단 단면에서 절단선은 가는 1점 쇄선으로 표시하고 양끝과 중요 부분은 굵은 실선으로 나타낸다. 또 단면은 단면도에서 요철(凹凸)이 없는 것으로 가정하여 한 평면상에 나타낸다.

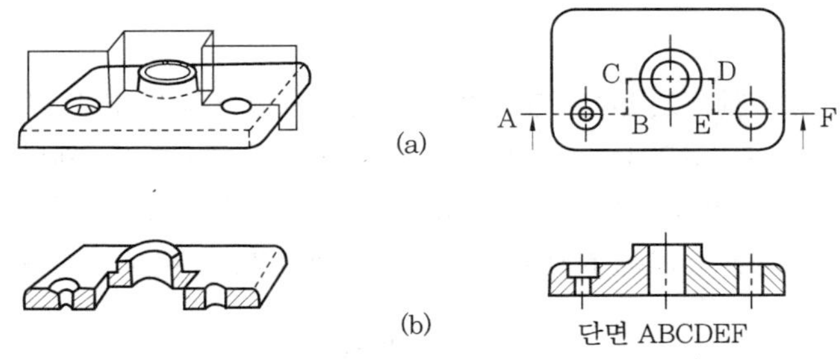

계단 단면

이 경우 필요에 따라서 단면을 보는 방향을 나타내는 화살표와 글자 기호를 붙인다.

㈏ 구부러진 관의 단면 : 구부러진 관 등의 단면을 표시하는 경우에는 구부러진 중심선에 따라 절단하고 그대로 투상할 수 있다.

㈐ 예각 및 직각 단면도 : [그림]은 직각(각 AOA)으로 절단한 직각 단면도로서, AOA선을 수직인 중심선 위치까지 회전시켜야 한다. 이때 절단선의 끝부분에 기호 AOA를 표시한다.

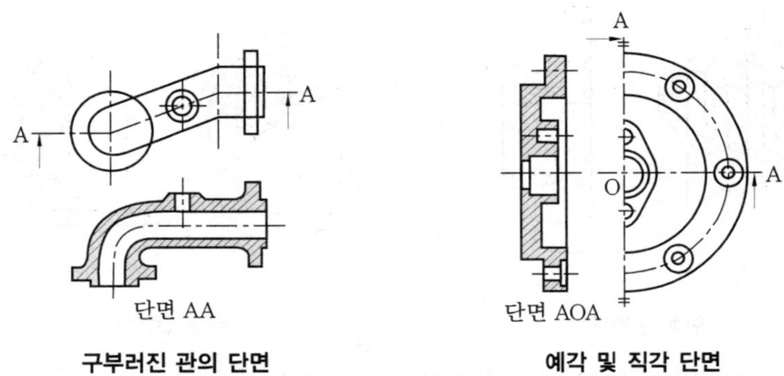

단면 AA

구부러진 관의 단면

단면 AOA

예각 및 직각 단면

⑥ 다수의 단면도에 의한 도시

(개) 복잡한 모양의 대상물을 표시하는 경우, 필요에 따라 다수의 단면도를 그려도 좋다.

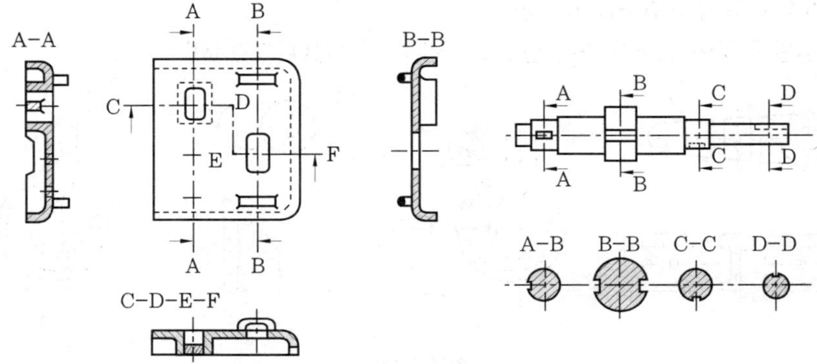

(내) 일련의 단면도는 치수의 기입과 도면의 이해에 편리하도록 투상의 방향을 맞추어서 그리는 것이 좋다. 이 경우 절단선의 연장선상 또는 주 중심선상에 배치하는 것이 좋다.

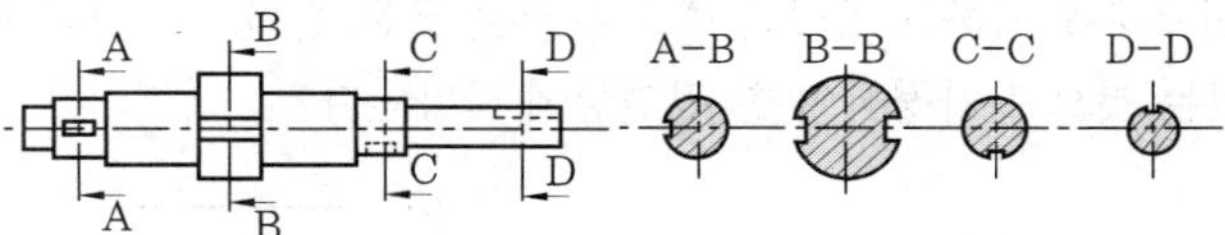

⑦ 얇은 두께 부분의 단면도 : 개스킷, 박판, 형강 등과 같이 절단면이 얇은 경우에는 [그림 (a), (b)]와 같은 절단면을 검게 칠하거나, [그림 (c), (d)]와 같은 실제 치수와 관계없이 1개의 아주 굵은 실선으로 표시한다. 절단면의 뚫린 구멍의 도시는 [그림 (d)]와 같이 나타낸다. 또한, 어떤 경우에도 이들의 단면이 인접되어 있을 경우에는 그것을 표시하는 도형 사이에 0.7mm 이상의 간격을 두어 구별한다.

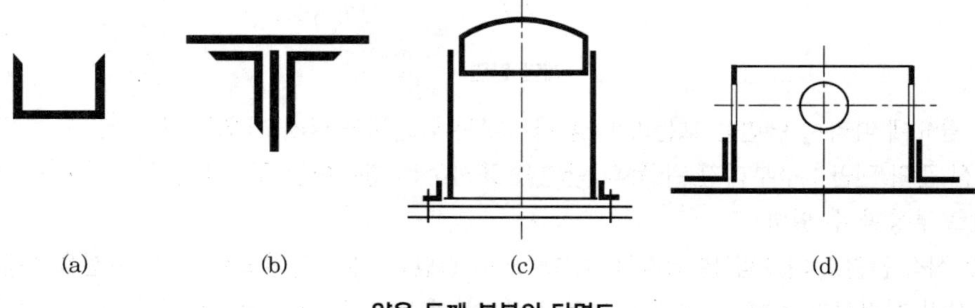

(a)   (b)   (c)   (d)

얇은 두께 부분의 단면도

❸ 해칭과 스머징

① 해칭(hatching)이란 단면 부분에 가는 실선으로 빗금선을 긋는 방법이며, 스머징(smudging)이란 단면 주위를 색연필로 엷게 칠하는 방법이다.

② 중심선 또는 주요 외형선에 45° 경사지게 긋는 것이 원칙이나, 부득이한 경우에는 다른 각도(30°, 60°)로 표시한다.

③ 해칭선의 간격은 도면의 크기에 따라 다르나, 보통 2~3mm의 간격으로 하는 것이 좋다.

④ 2개 이상의 부품이 인접할 경우에는 해칭의 방향과 간격을 다르게 하거나 각도를 틀리게 한다.

⑤ 간단한 도면에서 단면을 쉽게 알 수 있는 것은 해칭을 생략할 수 있다.

⑥ 동일 부품의 절단면 해칭은 동일한 모양으로 해칭하여야 한다.

⑦ 해칭 또는 스머징을 하는 부분 안에 문자, 기호 등을 기입하기 위하여 해칭 또는 스머징을 중단한다.

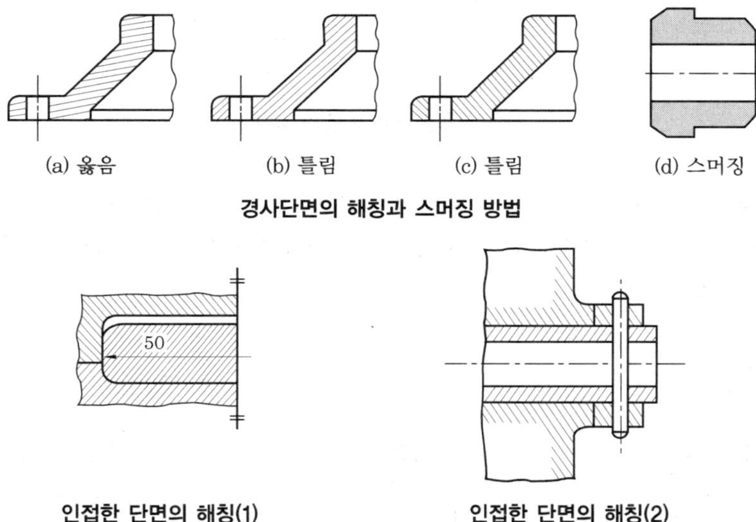

경사단면의 해칭과 스머징 방법

인접한 단면의 해칭(1)　　　　**인접한 단면의 해칭(2)**

❹ 절단하지 않은 부품

　[그림]과 같이 절단함으로써 이해에 지장이 있는 것([보기] 1) 또는 절단하여도 의미가 없는 것([보기] 2)은 긴쪽 방향으로 절단하여 도시하지 않는다.

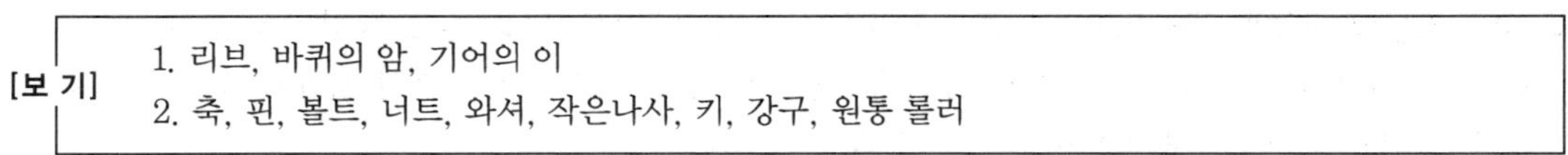

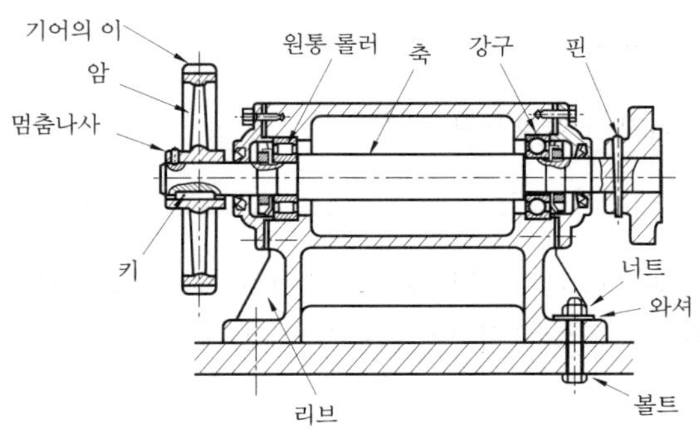

절단하지 않은 부품

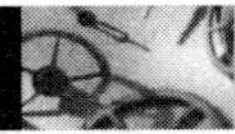

2-2 생략 도면과 특수 모양의 도시법

생략 도면이란 도형의 일부를 생략해도 도면을 이해할 수 있는 경우를 말한다.

① **숨은 선의 생략 도시법** : 숨은 선을 생략하여도 도면을 이해할 수 있으면 생략해도 된다.

② **연속된 같은 모양의 생략 도시법** : 같은 종류, 같은 크기의 리벳 구멍, 볼트 구멍, 파이프 구멍 등과 같은 것은 전부 표시하지 않고, 그 양단부 또는 주요 요소만 표시하고, 다른 것은 중심선 또는 중심선의 교차점으로 표시한다.

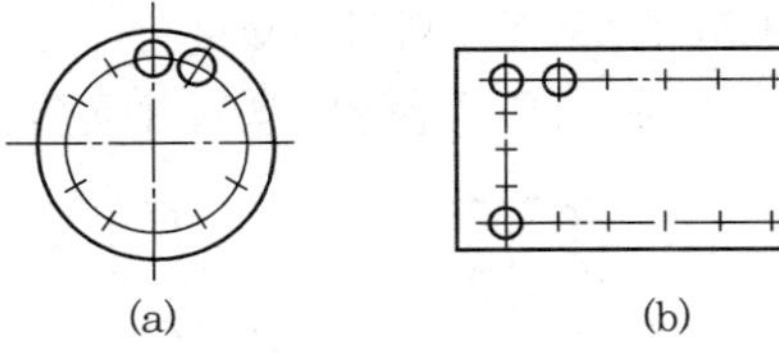

(a)　　　　　　　　(b)

연속된 같은 구멍의 생략 도법

③ **대칭 도형의 생략** : 도형이 대칭인 경우에는 대칭 중심선의 한 쪽을 생략할 수 있다. [그림]과 같이 대칭 중심선의 한 쪽 도형만을 그리고 그 대칭 중심선의 양 끝부분에 짧은 2개의 나란한 가는 선(대칭 도시 기호라 한다.)을 그린다.

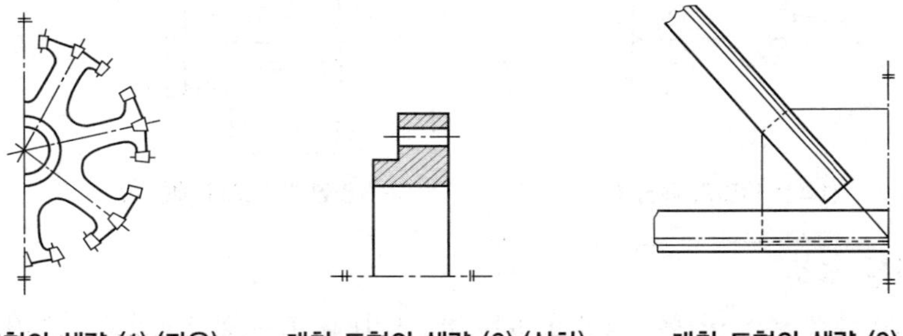

대칭 도형의 생략 (1) (좌우)　　　대칭 도형의 생략 (2) (상하)　　　대칭 도형의 생략 (3)

④ **중간 부분의 생략에 의한 도형의 단축** : 동일 단면형의 부분([보기] 1), 같은 모양이 규칙적으로 줄지어 있는 부분([보기] 2), 또는 긴 테이퍼 등의 부분([보기] 3)은 지면을 생략하기 위하여 중간 부분을 잘라 내서 그 긴요한 부분만을 가까이 하여 도시할 수가 있다.

[보 기]	1. 축, 막대, 파이프, 형강
	2. 래크, 공작 기계의 어미 나사, 교량의 난간, 사다리
	3. 테이퍼축

이 경우, 잘라낸 끝부분은 파단선으로 나타낸다. 또, 긴 테이퍼 부분 또는 기울기 부분을 잘라낸 도시에서는 경사가 완만한 것은 실제의 각도로 도시하지 않아도 좋다.

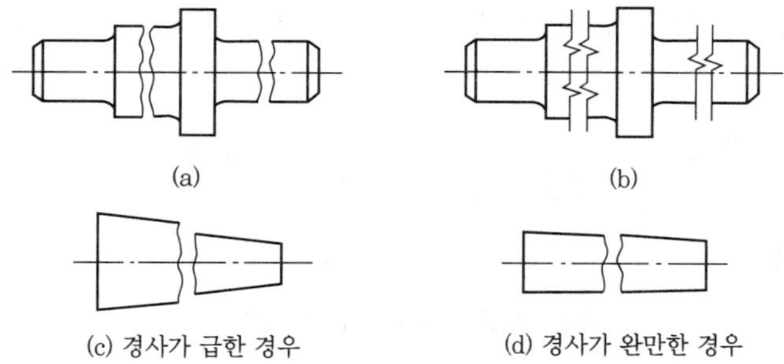

(a)　　　　　　　　　　　(b)

(c) 경사가 급한 경우　　　　　　(d) 경사가 완만한 경우

⑤ **2개 면의 교차 부분의 표시** : 교차 부분에 둥글기가 있는 경우, 이 둥글기의 부분을 도형에 표시할 필요가 있을 때에는 그림과 같이 교차선의 위치에 굵은 실선으로 표시한다. 또한 리브 등을 표시하는 선의 끝부분은 [그림 (c)]와 같이 직선 그대로 멈추게 한다. 또 관계있는 둥글기의 반지름이 아주 다를 경우에는 [그림 (d), (e)]와 같이 끝부분을 안쪽 또는 바깥쪽으로 구부려서 멈추게 하여도 좋다.

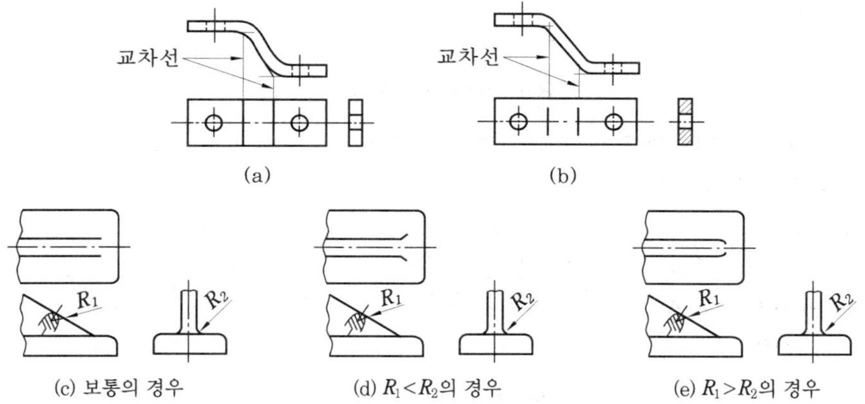

(a)　　　　　　　　　　　(b)

(c) 보통의 경우　　　(d) $R_1 < R_2$의 경우　　　(e) $R_1 > R_2$의 경우

⑥ 일부분에 특정한 모양을 가진 것은 그 부분이 그림의 위쪽에 나타나도록 그리는 것이 좋다. 보기를 들면 키 홈이 있는 보스 구멍, 벽에 구멍 또는 홈이 있는 관이나 실린더, 쪼개짐을 가진 링 등을 도시하는 경우에는 다음의 [그림]에 따르는 것이 좋다.

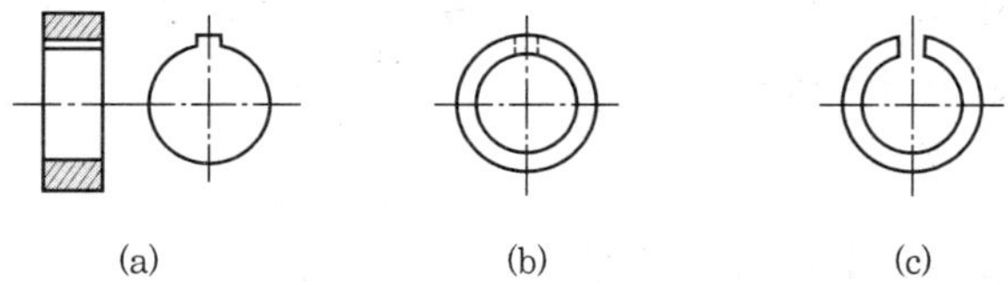

(a)　　　　　　　(b)　　　　　　　(c)

⑦ **평면의 표시** : 도형 내의 특정한 부분이 평면이란 것을 표시할 필요가 있을 경우에는 가는 실선으로 대각선을 기입한다.

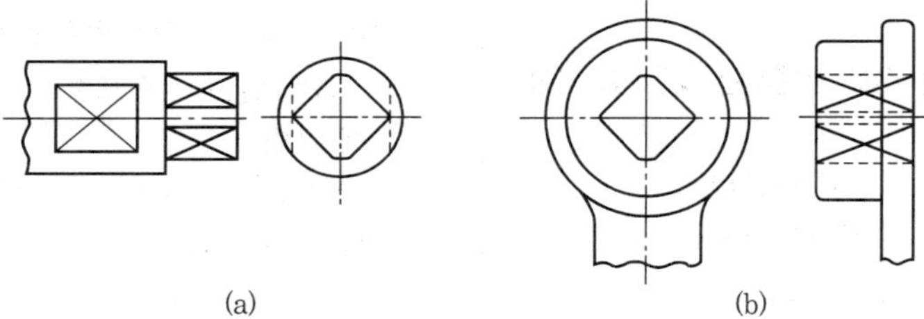

(a)　　　　　　　　　　　(b)

⑧ **무늬 등의 표시** : 널링 가공 부분, 철망, 줄무늬 있는 강판 등은 그 일부분에만 무늬나 모양을 넣어서 도시한다.

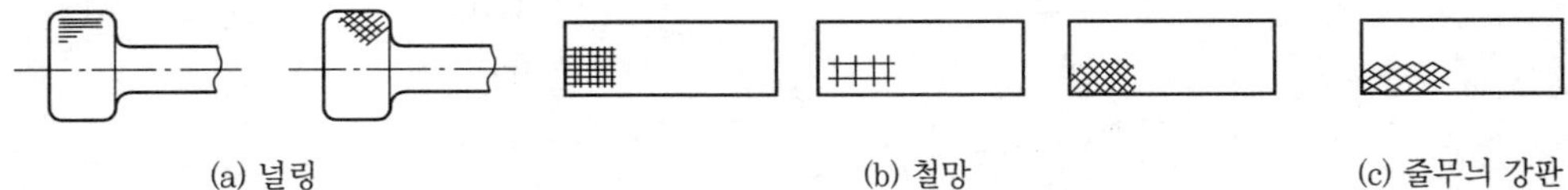

(a) 널링　　　　　　(b) 철망　　　　　　(c) 줄무늬 강판

널링, 철망, 줄무늬 강판의 도시법

⑨ **특수한 가공 부분의 표시** : 대상물의 면의 일부를 특수한 가공을 하는 경우에는 그 범위를 외형선에 평행하게 약간 떼어서 굵은 1점 쇄선으로 나타낼 수 있다.

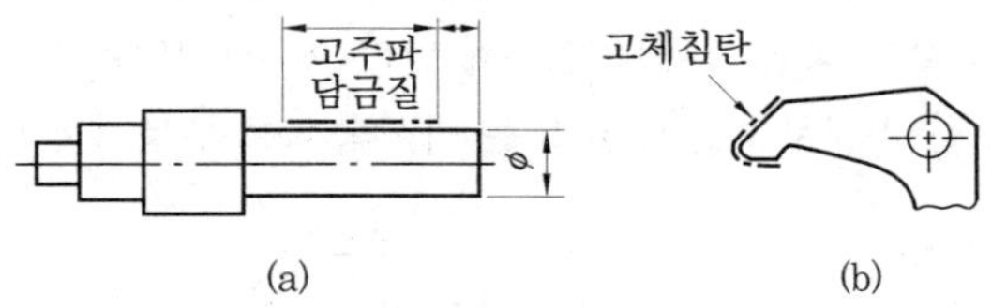

(a)　　　　　　(b)

특수 가공 부분의 도시법

⑩ 비금속 재료를 특별히 나타낼 필요가 있을 경우에는 [그림]과 같이 표시하며, 이 경우 부품도에는 별도로 재질을 글자로 기입한다.

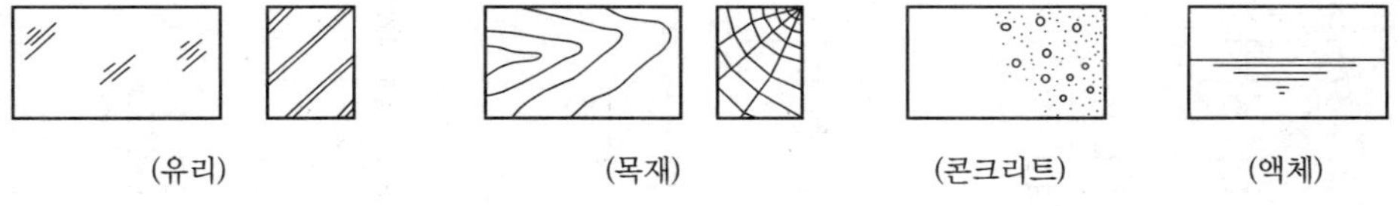

(유리)　　　　　　(목재)　　　　　　(콘크리트)　　　　　　(액체)

비금속 재료의 단면 표시

예 상 문 제

---

1. 회화적 투상법에 해당되지 않는 것은?
　㉮ 투시도　　　　　㉯ 등각 투상도
　㉰ 사투상도　　　　㉲ 정투상도

2. 투상도법에서 원근감을 갖도록 나타낸 그림을 무엇이라고 하는가?
　㉮ 등각 투상도　　　㉯ 투시도
　㉰ 정투상도　　　　㉲ 부등각 투상도

3. 건축, 선박 제도에서 주로 사용하는 것은 몇 각법인가?
　㉮ 제1각법　　　　㉯ 제2각법
　㉰ 제3각법　　　　㉲ 제4각법

4. 다음 투상도법 중 기계 제도에서는 어떤 방법을 쓰는가?
　㉮ 정투상도　　　　㉯ 등각 투상도
　㉰ 투시도　　　　　㉲ 회화식 투상도

[해설] 투상도 법은 정투상 도법과 회화식 투상 도법으로 크게 나눌 수 있으며, 회화식 투상 도법에는 사투상도, 등각 투상도, 부등각 투상도, 투시도 등이 있다.

5. 제1각법과 제3각법 설명 중 틀린 것은?
　㉮ 제3각법은 정면도를 기준으로 평면도를 위에 그린다.
　㉯ 제1각법은 정면도를 기준으로 평면도를 우측에 그린다.

㉰ 제3각법은 정면도를 기준으로 우측면도를 우측에 그린다.

㉰ 제1각법은 정면도를 기준으로 우측면도를 좌측에 그린다.

6. 제3각법에서 우측면도는 정면도의 어느 쪽에 위치하는가?

㉮ 좌측 ㉯ 우측 ㉰ 상부 ㉱ 하부

7. 다음 그림은 어떤 투상법인가?

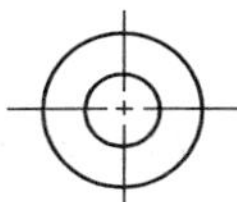 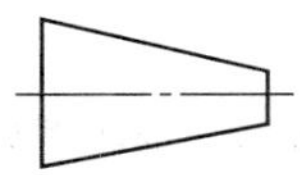

㉮ 제1각법 ㉯ 제2각법
㉰ 제3각법 ㉱ 제4각법

8. 제1각법에 대한 설명으로 적당하지 않은 것은?

㉮ 정면도는 평면도 위에 그린다.
㉯ 눈 → 물체 → 화면의 순서가 된다.
㉰ 좌측면도는 정면도의 좌측에 그린다.
㉱ 눈의 반대쪽에 화면이 나타난다.

9. 우리나라의 한국 산업 규격에서 정투상도법은 어느 것을 사용함을 원칙으로 하는가?

㉮ 제1각법 ㉯ 제2각법
㉰ 제3각법 ㉱ 제4각법

10. 제1각법에 대한 설명 중 옳은 것은 어느 것인가?

㉮ 평면도는 정면도의 밑에 그린다.
㉯ 우측면도의 위쪽에 평면도를 그린다.
㉰ 정면도의 오른쪽에 측면도를 그린다.
㉱ 평면도의 아래쪽에 정면도를 그린다.

11. 제3각법의 이점이 아닌 것은?

㉮ 정면을 기준으로 상하, 좌우에서 본 쪽에 그린다.
㉯ 도면 대조가 편리하다.
㉰ 국부 투상도를 그릴 때는 도면을 보기가 어렵다.
㉱ 실형을 상상하기 쉽다.

[해설] 3각법의 장점은 양 투상면의 비교·대조가 용이하고, 투상면의 중간에 상관된 치수를 나타낼 수 있어

이해하기 쉬우며 보조 투상도를 나타낼 때 1각보다 쉽게 이해할 수 있다는 것이다.

12. 다음 그림을 제1각법으로 투상했을 때, 각 그림과 투상도의 이름이 잘못된 것은?

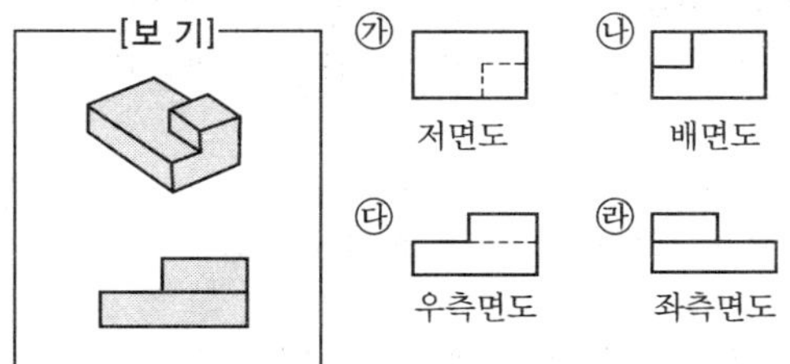

13. 다음 중 투상각 α, β가 같게 투상한 투상법은?

㉮ 등각 투상도 ㉯ 부등각 투상도
㉰ 정투상도 ㉱ 투시도

14. 등각 투상도법에서 쓰이지 않는 각도는?

㉮ 20° ㉯ 30° ㉰ 45° ㉱ 60°

15. 입화면과 평화면을 연장하면 이들 평면은 공간을 4개의 직각으로 구분한다. 이 각을 무슨 각이라고 하는가?

㉮ 투상각 ㉯ 사투각 ㉰ 투영각 ㉱ 지투각

16. 보기와 관계되는 평면도는 어느 것인가?

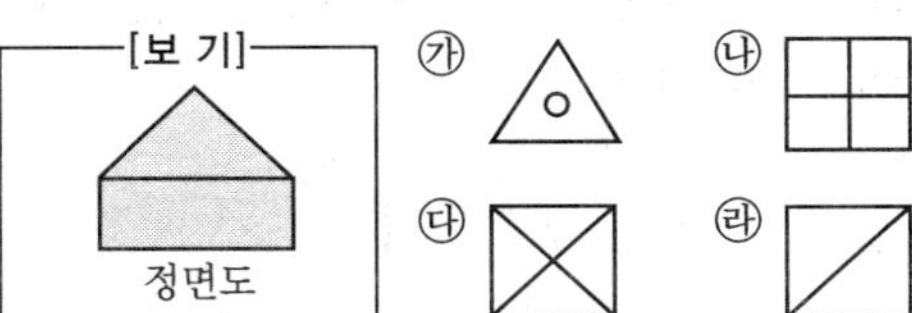

17. 보기와 같은 입체도를 보고 3각법으로 제도한 것 중 맞는 것은?

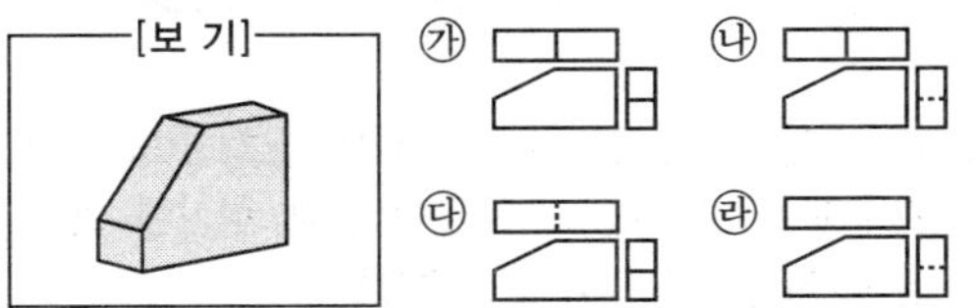

18. 다음은 직선의 투상이다. 직선이 평화면에 수직일 때를 나타낸 투상도는?(삼각법)

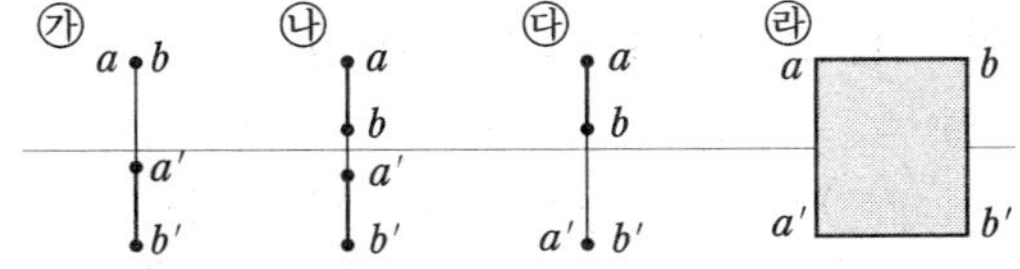

19. 다음 그림 중 ①과 같은 투상도는 어떤 투상도인가?

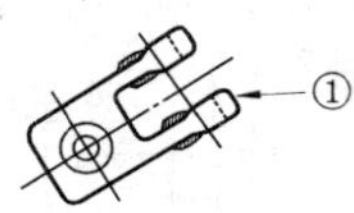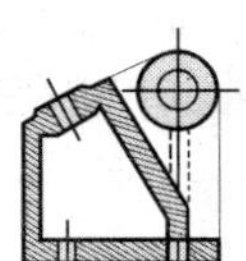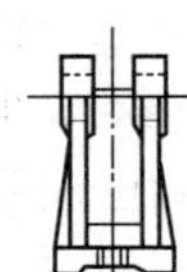

㉮ 측면도 ㉯ 가상도
㉰ 보조 투상도 ㉱ 전개 투상도

20. 다음 중 정투상도의 특징이 아닌 것은?

㉮ 형상이 간단하고 정확하게 나타낼 수 있다.
㉯ 내부 구조를 나타낼 수 있다.
㉰ 물체 전체를 나타낼 수 있다.
㉱ 물체를 실제의 길이로 나타낸다.

21. 보기에 나타낸 정면도에 해당되는 평면도는?

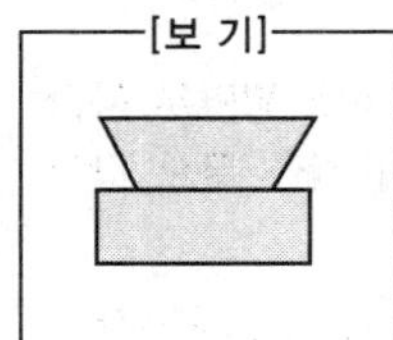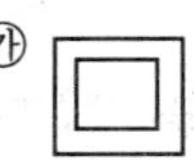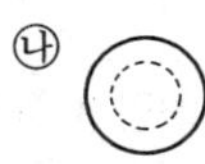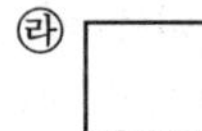

22. 다음 보기의 투상도는 오른쪽의 어느 입체도에 해당하는가?(3각법)

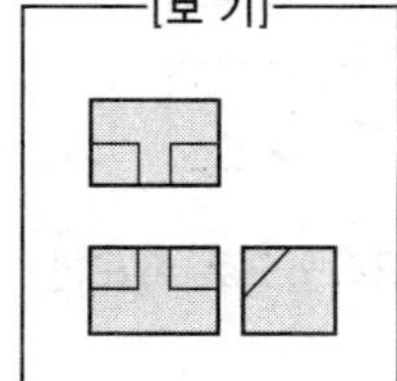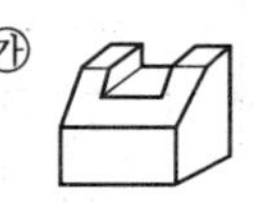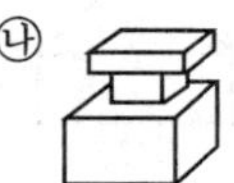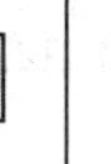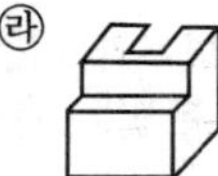

23. 한 개의 원기둥에 그보다 작은 원기둥이나 각기둥이 교차했을 때, 그 부분을 실제 투상에 의하지 않고 직선으로 나타내는 투상은?

㉮ 상관선의 투상 ㉯ 가상선의 투상
㉰ 보조선의 투상 ㉱ 직접 투상

24. 다음 그림 중 옳게 나타낸 것은?

25. 다음 그림에 대한 투상도로서 알맞은 것은?

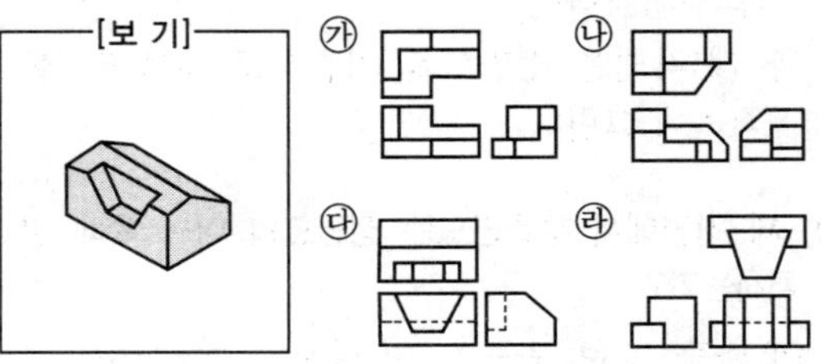

26. 정투상법에서 투상선과 투상면과의 관계는?

㉮ 수직 ㉯ 수평 ㉰ 평행 ㉱ 경사

27. 다음 보기와 같은 투상도는 어느 입체도에 해당하는가? (3각법)

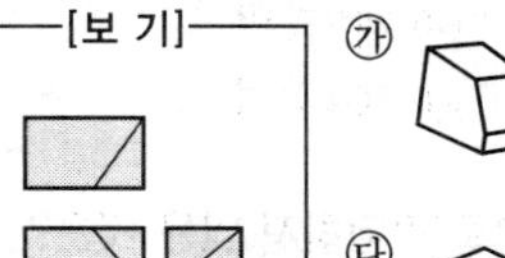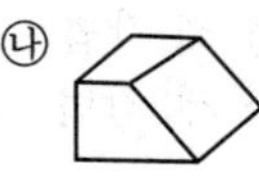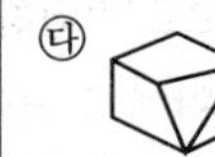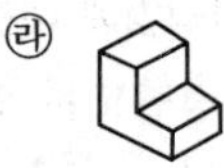

28. 투상도의 선택법 중 잘못된 것은?

㉮ 은선이 적게 나타나도록 한다.
㉯ 정면도를 중심이 되도록 한다.
㉰ 정면도 하나로 나타낼 수도 있다.
㉱ 2면도 이상을 선택해야 한다.

29. 가상선으로 나타낼 수 없는 것은?

㉮ 물품의 밑부분 ㉯ 가공 변형된 부분
㉰ 물품의 인접 부분 ㉱ 물품의 운동 범위

30. 다음 보기와 같은 그림은 어느 것에 속하는가?

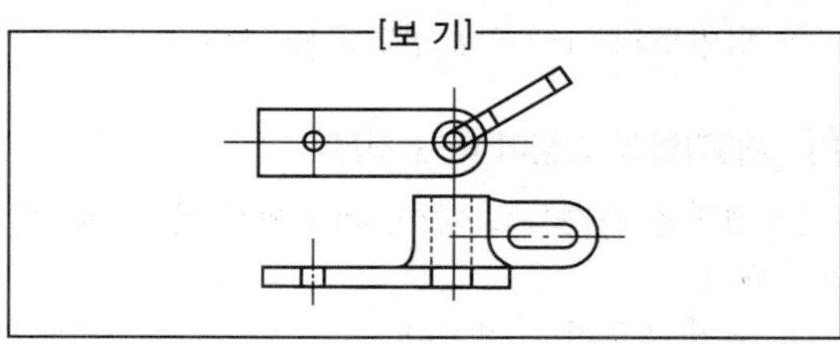

㉮ 보조 투상도 ㉯ 국부 투상도
㉰ 회전 투상도 ㉱ 관용도

31. 왼쪽 입체도에서 화살표 방향에서 본 것을 정면으로 할 때 평면도는?(3각법)

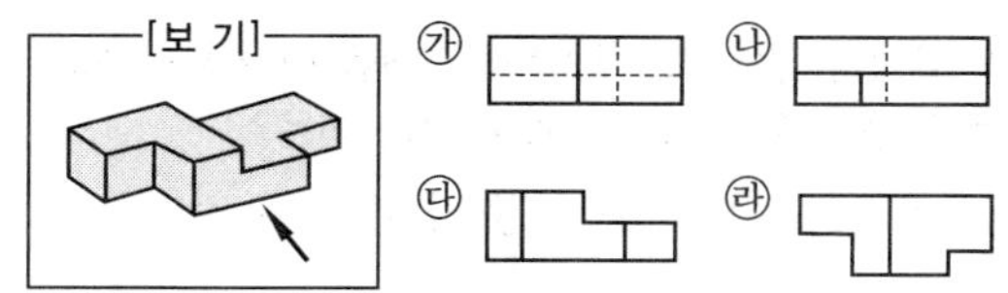

32. 정면도의 정의에 해당되는 것은?

㉮ 물체의 모양을 가장 잘 표시하고 물체의 특징을 잡기 쉬운 면을 그린다.
㉯ 물체의 정면에서 보고 그린 그림으로, 도면의 상부에 위치한다.
㉰ 물체의 각 면 중 가장 그리기 쉬운 면을 그린다.
㉱ 물체의 뒷면을 그린다.

33. 다음 그림 중 A와 같은 투상도를 무엇이라 하는가?

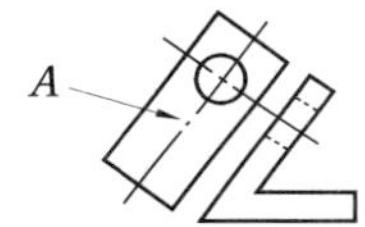

㉮ 보조 투상도　　㉯ 국부 투상도
㉰ 가상도　　㉱ 회전도법

34. 입체의 높이가 나타나지 않는 투상도는?

㉮ 정면도　㉯ 측면도　㉰ 입면도　㉱ 평면도

35. 부품의 일부분이 특수한 모양으로 되어 있으면 그 부분의 모양은 정면도만을 그려서 알 수 없을 경우가 있다. 이때 평면도를 다 그릴 필요가 없이 특정 부분의 모양만을 그리는 것은?

㉮ 부투상도　　㉯ 국부 투상도
㉰ 전개 도법　　㉱ 보조 투상도

36. 회전 도시 방법에 대한 설명 중 옳은 것은?

㉮ 경사 부분의 실장을 나타내는 데 좋은 방법이다.
㉯ 그림에 표시한 화살표나 회전을 표시하는 선은 설명을 위한 것이며 실제 제도에서는 그리지 않는다.
㉰ 보스에서 어느 각도만큼 기울어진 암이 붙어 있는 것과 같은 부품을 표시할 때 사용된다.
㉱ 회전하는 물체는 모두 이 방법을 이용한다.

37. 입체의 표면을 한 평면 위에 펼쳐서 그린 그림을 무엇이라고 하는가?

㉮ 입체도　㉯ 투시도　㉰ 전개도　㉱ 평면도

38. 기어나 벨트 풀리의 정면도는 어느 것인가?

㉮ 길이 방향으로 단면한 그림
㉯ 축과 직각 방향에서 본 그림
㉰ 어느 곳에서 본 형태이든 적당히 그린 그림
㉱ 축 방향에서 본 그림

39. 다음에서 점이 기선 위에 있을 때를 나타낸 투상도는 어느 것인가?

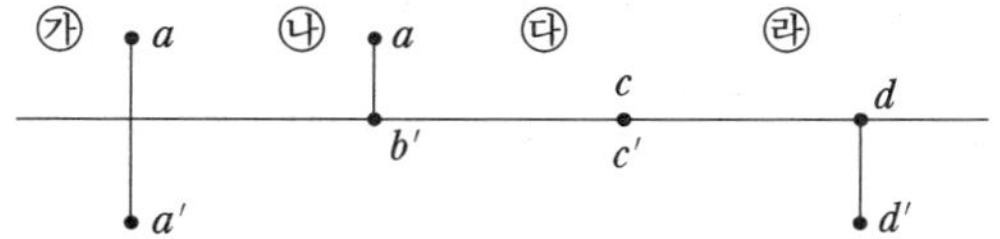

40. 얇은 물체의 단면을 표시하는 법 중 틀린 것은?

㉮ 굵은 실선과 실선 사이에 약간의 틈을 준다.
㉯ 굵은 실선 1개로 표시한다.
㉰ 패킹, 박판 등에 널리 쓰인다.
㉱ 얇은 물체는 단면을 표시할 수 없다.

41. 복각 투상도를 바르게 설명한 것은?

㉮ 도면에서 정면도 옆에 저면도를 나타낸다.
㉯ 도면에서 앞면과 뒷면을 동시에 나타낸다.
㉰ 도면에서 정면도를 2개로 나타낸다.
㉱ 도면에서 평면도를 2개로 나타낸다.

42. 도면에 표시된 투상법을 제3각법으로 표시할 필요가 있을 경우에 알맞은 것은?

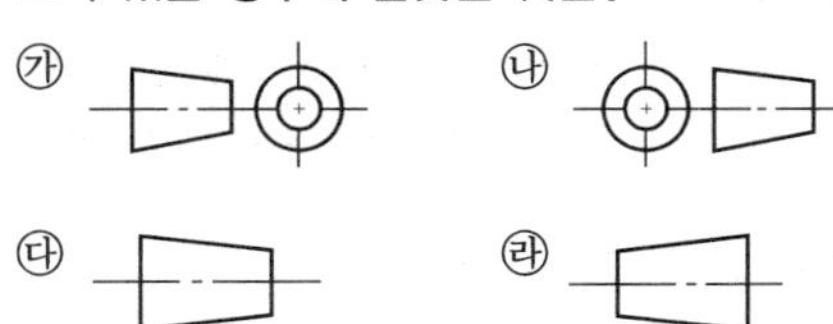

43. 다음 물체를 화살표 방향에서 볼 때 제3각법에서 그림 (b), (c)는?

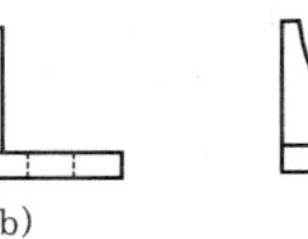
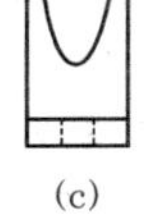

(b)　　　(c)

㉮ (b) : 우측면도, (c) : 저면도

정답 ▶ **32.** ㉮　**33.** ㉮　**34.** ㉱　**35.** ㉯　**36.** ㉰　**37.** ㉰　**38.** ㉯　**39.** ㉰　**40.** ㉱　**41.** ㉯　**42.** ㉮　**43.** ㉰

㉯ (b) : 좌측면도, (c) : 정면도
㉰ (b) : 우측면도, (c) : 정면도
㉱ (b) : 좌측면도, (c) : 정면도

44. 단면 부분을 표시하는 것은?
㉮ 외형선　　　　㉯ 점선
㉰ 이점 쇄선　　　㉱ 해칭선

[해설] 단면을 표시하는 것을 해칭선이라 하며 가는 실선으로 나타낸다. 해칭선의 굵기는 0.3mm 이하이다.

45. 도면에서 어떤 경우에 해칭(hatching)을 하는가?
㉮ 가상 부분을 표시할 경우
㉯ 절단 단면을 표시할 경우
㉰ 회전 부분을 표시할 경우
㉱ 부품이 겹치는 부분을 표시할 경우

46. 단면은 어느 경우에 표시되는가?
㉮ 물체의 내부를 분명하게 도시할 필요가 있을 경우
㉯ 물체의 내부를 도시할 필요가 없을 경우
㉰ 물체의 외부를 분명하게 도시할 필요가 있을 경우
㉱ 물체의 외부를 도시할 필요가 없을 경우

47. 다음 단면 도시 방법에 대한 설명 중 틀린 것은?
㉮ 단면 부분을 확실하게 표시하기 위하여 보통 해칭(hatching)을 한다.
㉯ 해칭을 하지 않아도 단면이라는 것을 알 수 있을 때는 해칭을 생략한다.
㉰ 단면은 필요로 하는 부분만을 파단하여 표시할 수 있다.
㉱ 상하, 좌우가 대칭인 물체에서 외형 단면을 동시에 나타낼 때는 전체를 단면으로 나타낸다.

48. 다음 설명 중 틀린 것은?
㉮ 단면은 기본 중심선에서 절단한 면으로서 표시하는 것을 원칙으로 한다.
㉯ 단면이 취해진 방향을 표시하는 화살표를 관찰하는 방향으로 표시한다.
㉰ 절단 평면의 기호는 정면도에 그 문자와 기호를 표시한다.
㉱ 절단 단면선의 위치는 그 부호를 편한대로 표시한다.

49. 물체의 일부 또는 단면의 경계를 나타내는 선으로 자를 쓰지 않고 자유로이 긋는 선은?
㉮ 파단선　㉯ 지시선　㉰ 가상선　㉱ 절단선

50. 해칭(hatching)을 하는 방법 중 틀린 것은?
㉮ 도면이나 재질을 고려하지 않을 때는 모두 가는 실선으로 한다.
㉯ 중심선 또는 기선에 대하여 45°의 경사로서 등간격(2~3mm)으로 긋는다.
㉰ 해칭을 간편하게 할 때는 외형선(굵은 실선)으로 표시해도 무방하다.
㉱ 2개 이상의 부품이 인접해 있을 때에는 해칭 방향 또는 간격을 다르게 한다.

51. 해칭을 할 때 지켜야 할 사항 중 틀린 것은?
㉮ 비금속 재료의 단면에 있어서 특히 재료를 나타낼 필요가 있을 경우는 단면 표시 방법을 쓴다.
㉯ 해칭선은 해칭 내부에 쓰여진 글자 부분을 피해야 한다.
㉰ 해칭은 가상 부분을 나타낼 때 30° 이점 쇄선으로 그린다.
㉱ 해칭을 한 부분에는 되도록 은선의 기입을 피한다.

52. 해칭선의 각도는 다음 중 어느 것을 원칙으로 하는가?
㉮ 수평선에 대하여 45°로 한다.
㉯ 수평선에 대하여 60°로 한다.
㉰ 수평선에 대하여 30°로 긋는다.
㉱ 수직 또는 수평으로 긋는다.

[해설] 해칭선은 원칙적으로 수평선에 대하여 45° 등간격(2~3mm)으로 긋는다. 그러나 45°로 넣기가 힘들거나 필요할 때는 ㉯, ㉰, ㉱항과 같이 쓰기로 하며, 단면의 주변을 색연필 등으로 엷게 칠하기도 한다.

53. 다음은 온 단면도에 대하여 설명한 것이다. 틀린 것은?
㉮ 물체의 전면을 절단한 것이다.
㉯ 물체의 전면을 단면도로 표시한 것이다.
㉰ 단면선은 30°로 긋는 것을 원칙으로 한다.
㉱ 중심선을 지나는 절단 평면으로 전면을 자르는 것이다.

[해설] 단면선은 해칭선을 말한다.

54. 다음 단면도 중 옳게 도시한 것은?

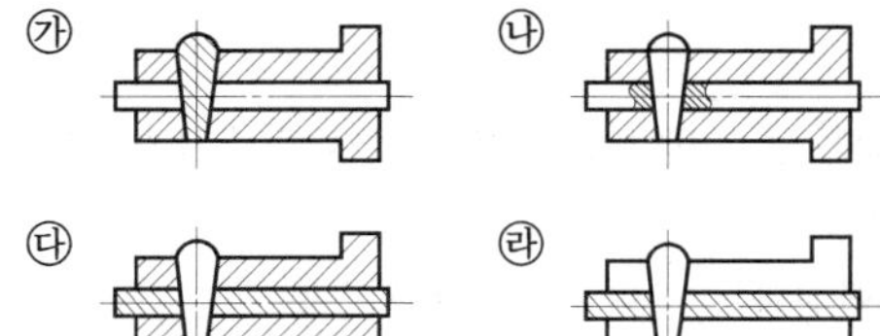

55. 그림과 같은 단면도는 어느 물체의 단면도인가?

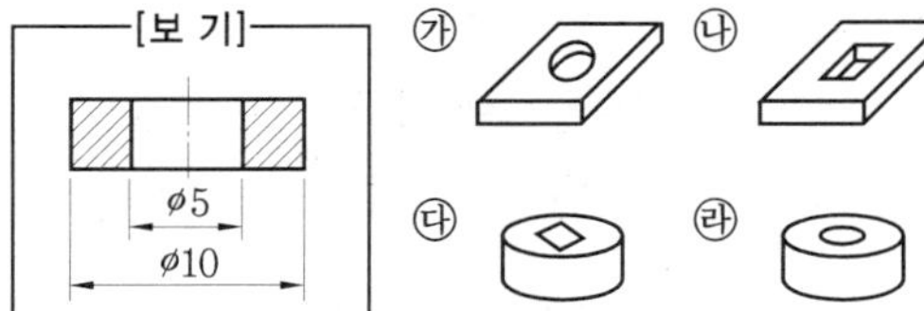

56. 다음 그림과 같은 단면도는 어느 것인가?

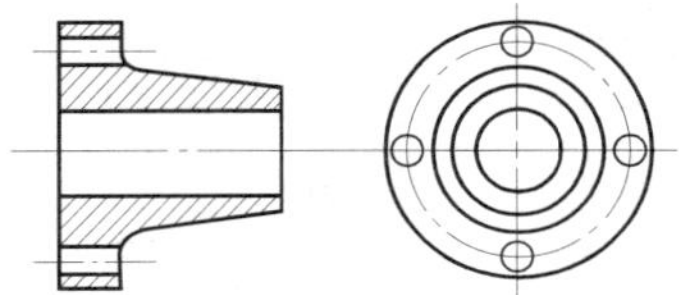

㉮ 온 단면도　　　　㉯ 부분 단면도
㉰ 한쪽 단면도　　　㉱ 계단 단면도

57. 다음 그림 중 해칭의 표시가 바르게 된 것은?

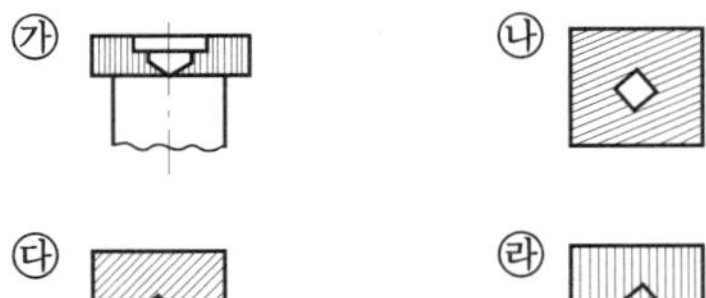

58. 다음 설명 중 한쪽 단면도에 대한 것은?

㉮ 중심선을 경계로 하여 대칭인 물체를 반쪽
　만 단면으로 표시한 것이다.
㉯ 실물의 1/2을 절단하여 단면으로 나타낸 것
　이다.
㉰ 도형 전체가 단면으로 표시된 것이다.
㉱ 물체의 필요한 부분만 단면으로 표시한 것
　이다.

[해설] ㉯, ㉰항은 전 단면도, ㉱항은 부분 단면도에 대

한 설명이다. 반단면은 실물의 형상이 대칭으로서 실물
의 1/4을 잘라낸 단면으로 나타낼 때의 도형이다.

59. 다음은 어떤 단면도를 나타내고 있는가?

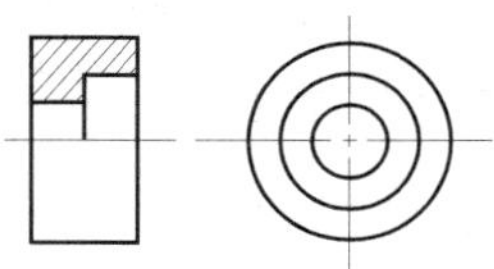

㉮ 온 단면도　　　　㉯ 한쪽 단면도
㉰ 부분 단면도　　　㉱ 계단 단면도

60. 중심선에 수평한 평면으로 절단했을 때 단면이
4각형인 것은?

㉮ 원기둥　　　　　㉯ 원뿔
㉰ 정4면체　　　　㉱ 4각뿔

61. 다음 중 밑면에 평행하게 절단했을 때 단면이
삼각형이 되는 것은?

㉮ 정사각뿔　　　　㉯ 정삼각뿔
㉰ 정육면체　　　　㉱ 원기둥

62. 부분 단면도에 대한 설명 중 틀린 것은?

㉮ 단면의 경계가 애매하게 될 염려가 없을 때
　사용한다.
㉯ 일부분의 단면을 필요로 할 때 사용된다.
㉰ 전체를 절단하면 필요한 부분의 외형을 표
　시할 수 없을 경우에 쓰인다.
㉱ 파단한 곳을 불규칙한 실선의 파단선으로
　표시한다.

[해설] 부분 단면 표시는 단면의 경계가 애매하고 단면
부가 좁을 때 쓰이며, 단면 경계선은 프리 핸드(자유 실
선)로 긋는다.

63. 다음은 단면을 표시한 것이다. 틀린 것은?

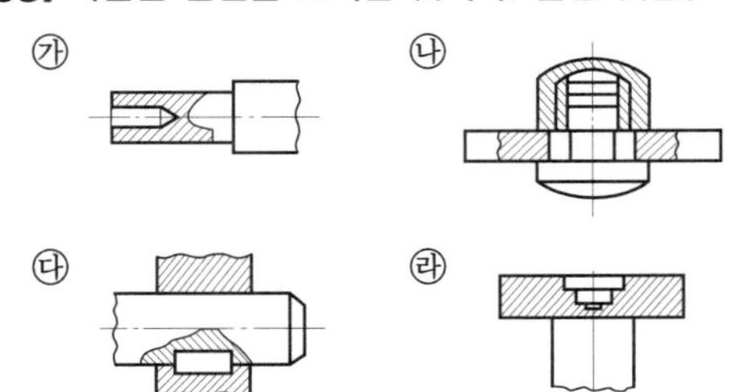

[해설] ㉮, ㉯, ㉰는 부분 단면도이며, ㉱는 단면 도시
의 어느 것에도 속하지 않는다.

64. 회전 도시 단면도에 관한 사항 중 틀린 것은?

㉮ 파단선을 써서 가운데를 자르고, 그 사이에 그린다.

㉯ 단면을 표시할 필요의 범위가 좁을 때 쓰인다.

㉰ 파단하지 않고 직접 도형 안에 가상선을 그린다.

㉱ 회전각도는 90°이다.

[해설] ㉯항은 부분 단면에 관한 설명이다.

65. 그림에서 나타내고 있는 단면의 종류는?

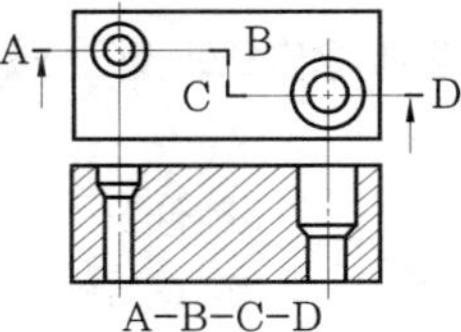

㉮ 온 단면도 ㉯ 계단 단면도

㉰ 한쪽 단면도 ㉱ 부분 단면도

66. 다음 그림 중 공통점이 아닌 것은?

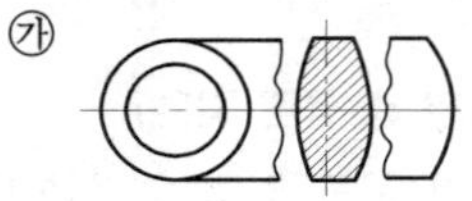
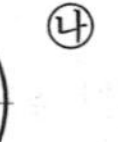
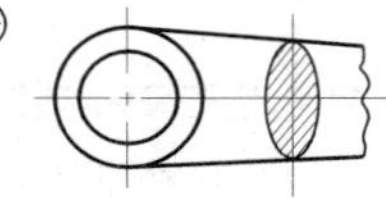
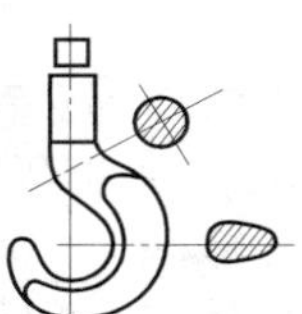
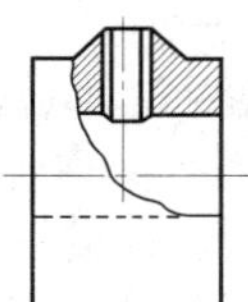

[해설] ㉮, ㉯, ㉰항은 회전 도시 단면도, ㉱항은 부분 단면을 표시하며, ㉮항은 파단선을 써서 가운데에 그려 넣는 경우, ㉯항은 파단하지 않고 직접 도형 안에 그려 넣는 경우, ㉰항은 절단선을 연장하여 그 위에 그려 넣는 경우이다.

67. 다음 중 회전 도시 단면도로 나타내기에 적당한 물체는?

㉮ 회전체 ㉯ 기어

㉰ 바퀴의 암 ㉱ 너트

68. 다음은 단차를 선반으로 가공할 투상도이다. 옳은 것은?

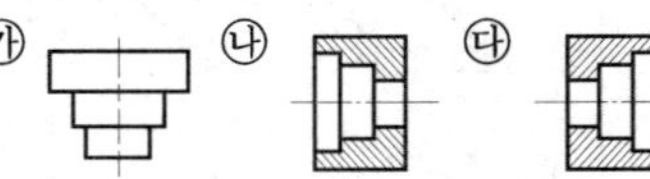

69. 다음 중 두 면이 만나는 부분이 둥근 면으로 될 때의 표시 방법으로 옳은 것은?

㉮ ㉯

㉰ ㉱

70. 패킹, 박판, 형강 등 얇은 물체의 단면 표시 방법으로 맞는 것은?

㉮ 1개의 굵은 실선 ㉯ 1개의 가는 실선

㉰ 은선 ㉱ 파선

03 치수 기입과 기계 재료의 표시

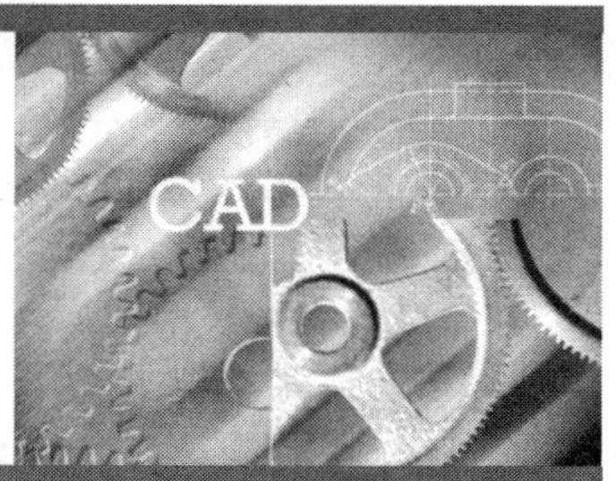

▶ 1. 치수 기입법

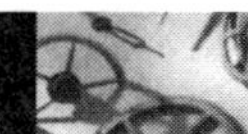

1-1 치수 기입의 원칙

　도면에서 치수 기입은 중요한 것 중의 하나이다. 작도자가 도면에 기입한 치수는 작업자가 가공 완성한 치수이다. 그러므로 정확한 치수를 기입해야 한다.

　도면에 치수를 기입하는 경우에는 다음 사항에 유의하여 기입한다.

① 대상물의 기능·제작·조립 등을 고려하여 필요하다고 생각되는 치수를 명료하게 도면에 지시한다.

② 치수는 대상물의 크기, 자세 및 위치를 가장 명확하게 표시하는 데 필요하고 충분한 것을 기입한다.

③ 도면에 나타내는 치수는 특별히 명시하지 않는 한, 그 도면에 도시한 대상물의 다듬질 치수를 표시한다.

④ 치수에는 기능상 필요한 경우 치수의 허용 한계를 기입한다. 다만, 이론적으로 정확한 치수는 제외한다.

⑤ 치수는 되도록 주투상도에 기입한다.

⑥ 치수는 중복 기입을 피한다.

⑦ 치수는 되도록 계산해서 구할 필요가 없도록 기입한다.

⑧ 치수는 필요에 따라 기준으로 하는 점, 선 또는 면을 기준으로 하여 기입한다.

⑨ 관련되는 치수는 되도록 한곳에 모아서 기입한다.

⑩ 치수는 되도록 공정마다 배열을 분리하여 기입한다.

⑪ 치수 중 참고 치수에 대하여는 치수 수치에 괄호를 붙인다.

1-2 치수 수치의 표시 방법

　치수 수치의 표시 방법은 다음에 따른다.

① 길이의 치수 수치는 원칙적으로 mm의 단위로 기입하고 단위 기호는 붙이지 않는다.

② 각도의 치수 수치는 일반적으로 도의 단위로 기입하고 필요한 경우에는 분 및 초를 병용할 수 있다.
　도, 분, 초를 표시하는 데에는 숫자의 오른쪽 어깨에 각각 °, ′, ″를 기입한다.

> **[보 기]**　90°, 22.5°, 6° 21′ 5″(또는 6° 21′ 05″), 8° 0′ 12″(또는 8° 00′ 12″), 3′ 21″

또, 각도의 치수 수치를 라디안의 단위로 기입하는 경우에는 그 단위 기호 rad를 기입한다.

> **[보 기]**　0.52rad $\frac{\pi}{3}$rad

③ 치수 수치의 소수점은 아래쪽의 점으로 하고 숫자 사이를 적당히 떼어서 그 중간에 약간 크게 쓴다.
또, 치수 수치의 자릿수가 많은 경우 3자리마다 숫자의 사이를 적당히 띄우고 콤마는 찍지 않는다.

> **[보 기]**　123.25, 12.00, 22 320

1-3 치수 기입 방법

치수 기입에는 [그림]과 같이 치수, 치수선, 치수 보조선, 지시선, 화살표, 치수 숫자 등이 쓰인다.

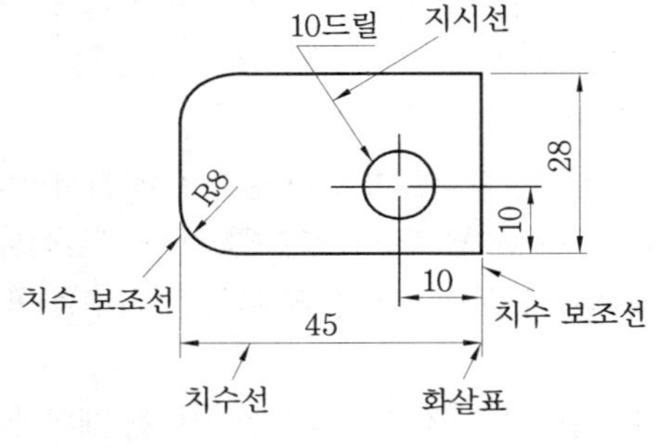

치수 기입에 관한 용어

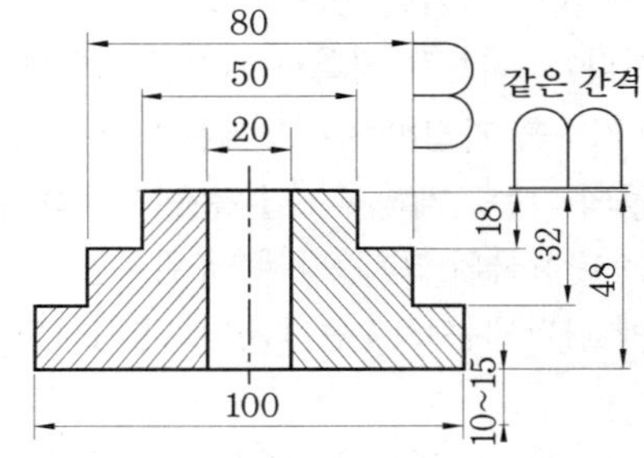

등 간격 기입

① **치수선** : 0.25mm 이하의 가는 실선으로 그어 외형선과 구별하고 양끝에는 끝부분 기호를 붙인다.
　㈎ 외형선으로부터 치수선은 약 10~15mm 떼어서 긋고, 계속될 때는 같은 간격으로 긋는다.
　㈏ 원호를 나타내는 치수선은 호 쪽에만 화살표를 붙인다.
　㈐ 원호의 지름을 나타내는 치수선은 수평선에 대해 45°의 직선으로 한다.
② **화살표** : 치수나 각도를 기입하는 치수선의 끝에 화살표를 붙여 그 한계를 표시한다. 한계를 표시하는 기호에는 그림 [치수선의 양단을 표시하는 방법]이 있으며, 화살표를 그릴 때는 길이와 폭의 비율이 조화를 이루게 한다. 한 도면에서는 될 수 있는 대로 화살표의 크기를 같게 한다.

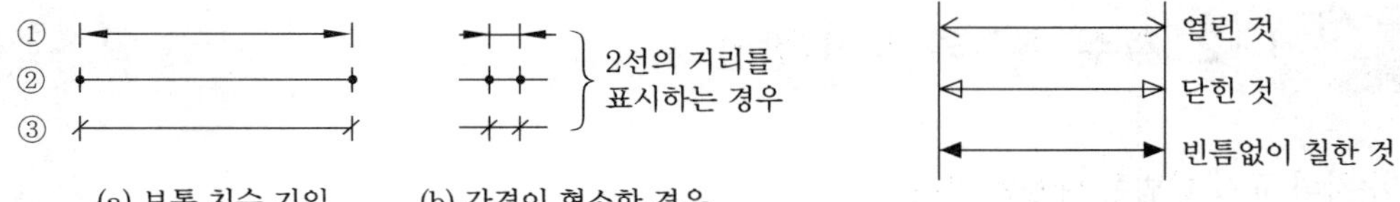

치수선의 양단을 표시하는 방법　　　　　**화살표**

③ **치수 보조선** : 0.2mm 이하의 가는 실선으로 치수선에 직각이 되게 긋고, 치수선의 위치보다 약간 길게 긋는다. 그러나 치수 보조선이 다음 [그림 (b)]와 같이 외형선과 근접하므로 선의 구별이 어려울 때

에는 치수선과 적당한 각도(60° 방향)를 가지게 한다. 한 중심선에서 다른 중심선까지의 거리를 나타낼 때에는 다음 [그림 (c)]와 같이 중심선으로 치수 보조선을 대신하며, 치수 보조선이 다른 선과 교차되어 복잡하게 될 경우, 또는 치수를 도형 안에 기입하는 것이 더 뚜렷할 경우에는 [그림 (d)]와 같이 외형선을 치수 보조선으로 사용할 수 있다.

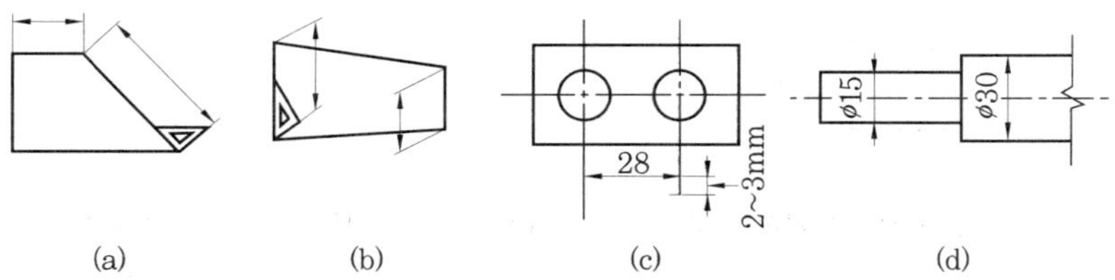

(a)   (b)   (c)   (d)

치수 보조선 긋는 방법

④ **지시선** : 구멍의 치수, 가공법 또는 품번 등을 기입하는 데 사용한다. 지시선은 수평선에 60°가 되도록 그으며, 지시되는 쪽에 화살표를 하고, 반대쪽은 수평으로 꺾어 그 위에 지시 사항이나 치수를 기입한다.

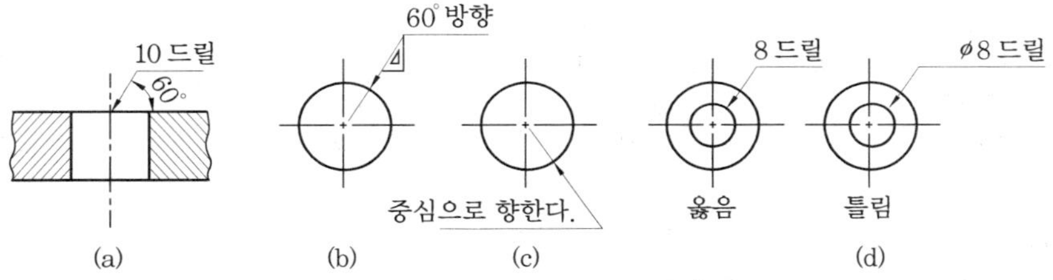

(a)   (b)   (c)   (d)

지시선 긋는 방법

⑤ **치수 숫자** : 치수 숫자는 다음과 같은 원칙에 따라 기입한다.

㈎ 치수 숫자의 크기는 도면의 크기와 조화되도록 작은 도면에서 2.24mm, 보통 도면에는 3.5mm, 큰 도면에는 4.5mm의 크기로 쓴다.

㈏ 치수 숫자의 방향은 수평 방향의 치수선에서는 위쪽으로 향하게 하고, 수직 방향의 치수선은 왼쪽으로 향하게 한다 (그림 [치수 숫자의 방향] 참고).

㈐ 경사 방향의 치수 기입도 ㈏항에 준하나 다음 그림 [경사진 치수선의 숫자 방향]과 같이 수직선에서 시계의 반대 방향으로 30° 범위 내에는 가능한 한 치수 기입을 피한다.

㈑ 도형이 치수 비례 대로 그려져 있지 않을 때는 다음 그림 [비례척이 아님의 표시 25 숫자 밑에 밑줄]과 같이 치수 밑에 밑줄을 친다.

치수 숫자의 방향   **경사진 치수선의 숫자 방향**   **비례척이 아님의 표시
25 숫자 밑에 밑줄**

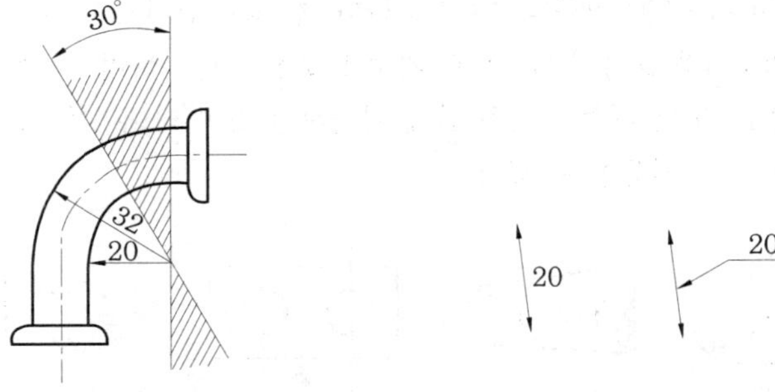

치수선 기입을 금하는 구역   **금지된 구역에 치수 기입이 꼭 필요한 경우**

⑥ 치수에 사용되는 기호

치수 숫자와 같이 쓰는 기호로는 다음 [표]와 같은 것이 있다.

치수에 사용되는 기호

기 호	설 명	기 호	설 명
ϕ	지름	$S\phi$	구면의 지름
R	반지름	SR	구면의 반지름
C	45° 모따기	□	정사각형
P	피치	t	두께

가공 방법의 간략 지시

가공 방법	간략 지시
주조한 대로	코어
프레스 펀칭	펀칭
드릴로 구멍 뚫기	드릴
리머 다듬질	리머

㉮ 치수 숫자와 같은 크기로 치수 숫자 앞에 기입한다.

㉯ 형태를 알 수 있는 것은 기호를 생략할 수 있다.

㉰ 평면을 나타낼 때는 가는 실선으로 대각선을 그어 표시한다.

㉱ 실형을 나타내지 않는 투상도에서 실제의 반지름 또는 전개한 상태의 반지름을 지시할 때는 치수 숫자 앞에 '실 R' '전개 R' 의 글자 기호를 기입한다.

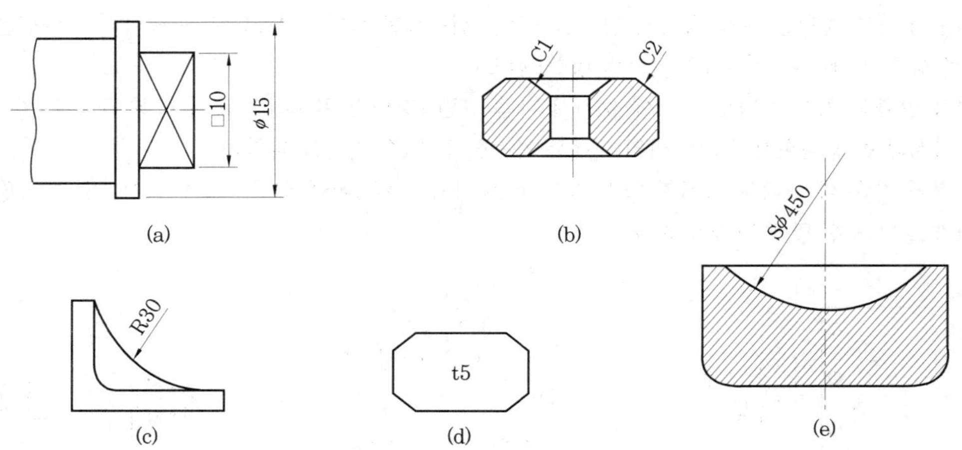

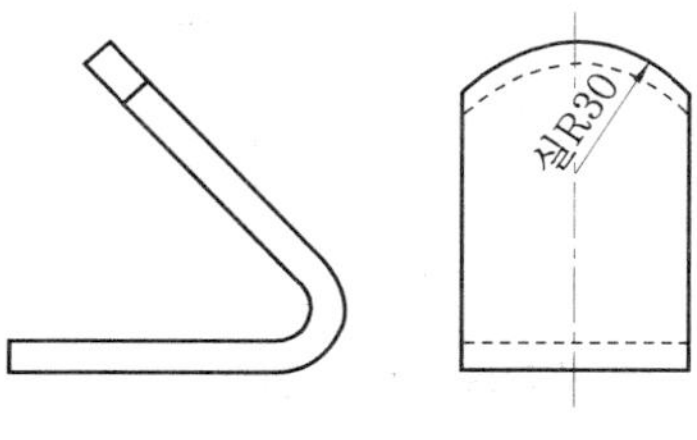

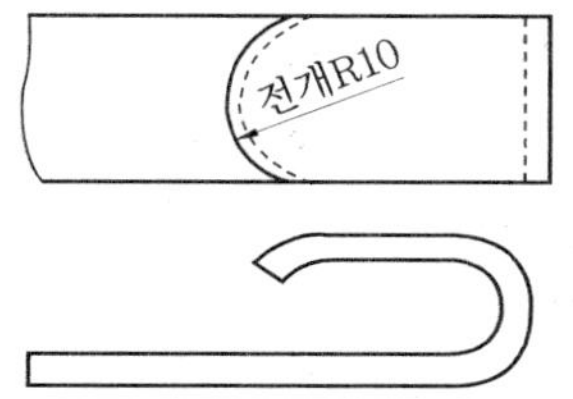

(f) 반지름의 실제 치수 표시   (g) 전개한 반지름의 표시

치수 숫자에 붙는 기호 사용 예

1-4 여러 가지 치수의 기입

① 지름, 반지름의 치수 기입

(가) 지름의 치수 기입

㉮ 지름의 치수를 기입할 때는 치수 수치의 앞에 지름의 기호 ϕ를 기입하여 표시한다. 그러나 원형의 그림에 지름의 치수를 기입할 때에는 기호 ϕ는 기입하지 않는다. 단, 원형의 일부가 그려지지 않아 치수선의 끝부분 기호가 한 쪽만 표시될 때에는 반지름의 치수와 혼동되지 않도록 ϕ를 기입한다.

㉯ 지름이 다른 원통이 연속되어 있고 치수 수치를 기입할 여유가 없을 때에는 [그림]과 같이 한 쪽에 치수선의 연장선과 화살표를 그리고 지름의 기호 ϕ와 치수 수치를 기입한다.

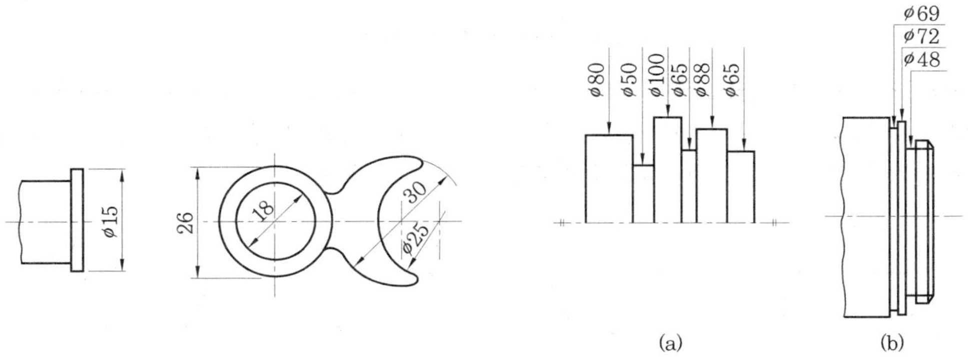

                                          (a)   (b)

지름의 치수 기입   원형 그림의 지름 치수 기입   지름이 다른 연속된 원통의 치수 기입

(나) 반지름의 치수 기입

㉮ 반지름의 치수는 반지름 기호 R을 치수 수치 앞에 기입하여 표시한다. 단, 반지름을 표시하는 치수선을 원호의 중심까지 긋는 경우에는 R을 생략해도 좋다.

㉯ 원호의 반지름을 표시하는 치수선에는 원호 쪽에만 화살표를 붙인다. 또한, 화살표나 치수 수치를 기입할 여유가 없을 때에는 다음 그림 [반지름이 작은 경우]에 따른다.

㉰ 원호의 중심 위치를 표시할 필요가 있을 때에는 +자 또는 검은 둥근점으로 표시한다.

㉱ 원호의 반지름이 클 때에는 중심을 옮겨 다음 [그림]과 같이 치수선을 꺾어 표시해도 좋다. 이때, 화살표가 붙은 치수선은 본래 중심 위치로 향해야 한다.

㉲ 같은 중심을 가진 반지름은 누진 치수 기입법을 사용하여 표시할 수 있다.

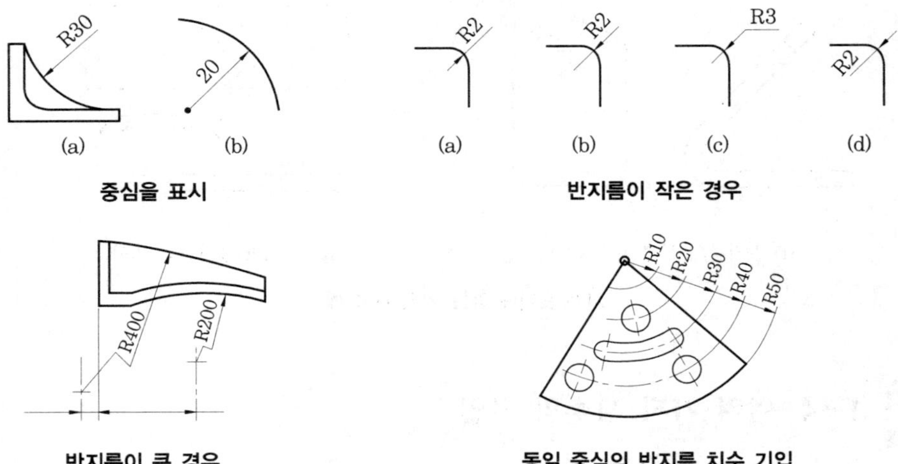

중심을 표시

반지름이 작은 경우

반지름이 큰 경우

동일 중심의 반지름 치수 기입

② **구의 지름 또는 반지름의 표시 방법** : 치수 수치 앞에 구의 기호 S∅ 또는 SR를 기입하여 표시한다.

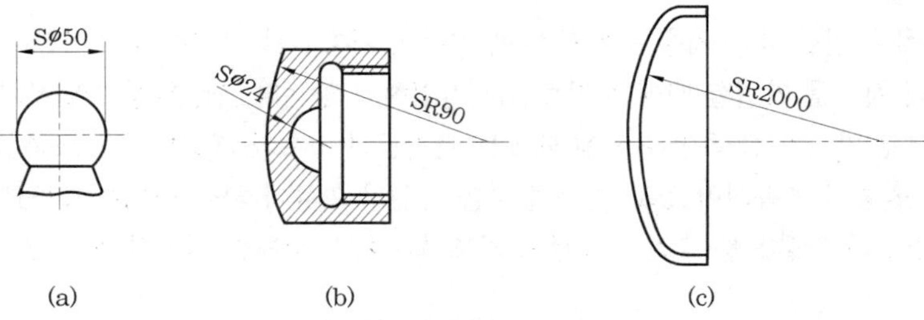

구의 지름 또는 반지름의 표시 방법

③ **현, 원호, 각도의 치수 기입** : 현의 길이는 현에 수직으로 치수 보조선을 긋고 현에 평행한 치수선을 사용하여 표시한다. 원호의 길이는 현과 같은 치수 보조선을 긋고 그 원호와 같은 중심의 원호를 치수선으로 하며, 치수 수치의 위에 원호를 표시하는 기호(⌒)를 붙인다.

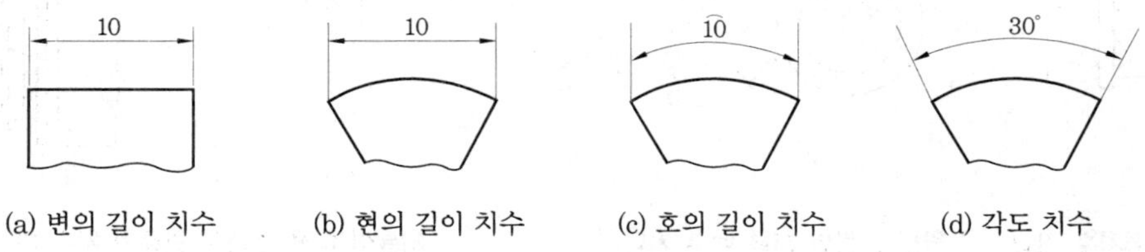

(a) 변의 길이 치수   (b) 현의 길이 치수   (c) 호의 길이 치수   (d) 각도 치수

현 원호 각도의 치수 기입

각도를 기입하는 치수선은 그 각을 구성하는 두 변 또는 연장선 사이에 원호를 나타낸다.

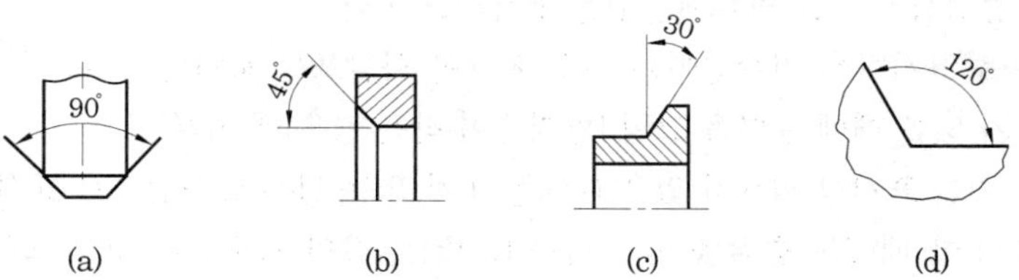

각도의 기입 방법

④ **곡선의 치수 기입 방법** : 곡선 치수는 다음 그림 [곡선의 치수 기입 방법], [좌표에 의한 곡선의 치수 기입 방법]과 같이 원호의 반지름과 중심 위치, 원호의 접선 위치 및 곡선 각 점의 좌표로써 나타낸다.

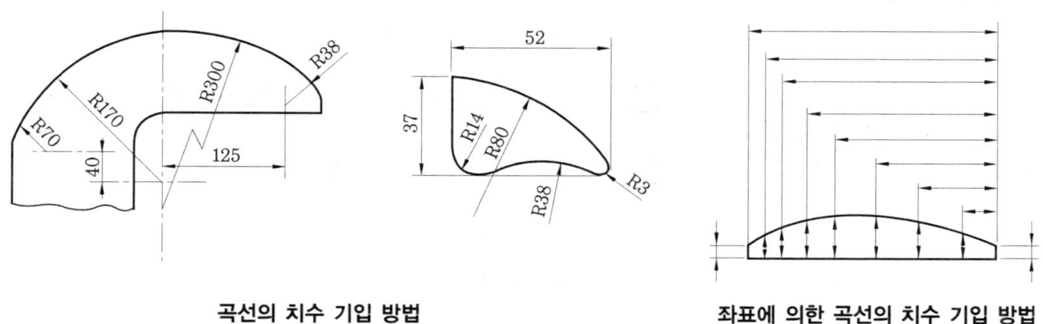

곡선의 치수 기입 방법   좌표에 의한 곡선의 치수 기입 방법

⑤ **테이퍼, 기울기의 기입 방법**

㉠ 테이퍼 : 중심선에 대하여 대칭으로 된 원뿔선의 경사를 테이퍼(taper)라 하며, 치수는 [그림]과 같이 나타낸다.

㉡ 기울기 : 기준면에 대한 경사면의 경사를 기울기(물매 또는 구배, slope)라 하며, 치수는 [그림]과 같이 나타낸다.

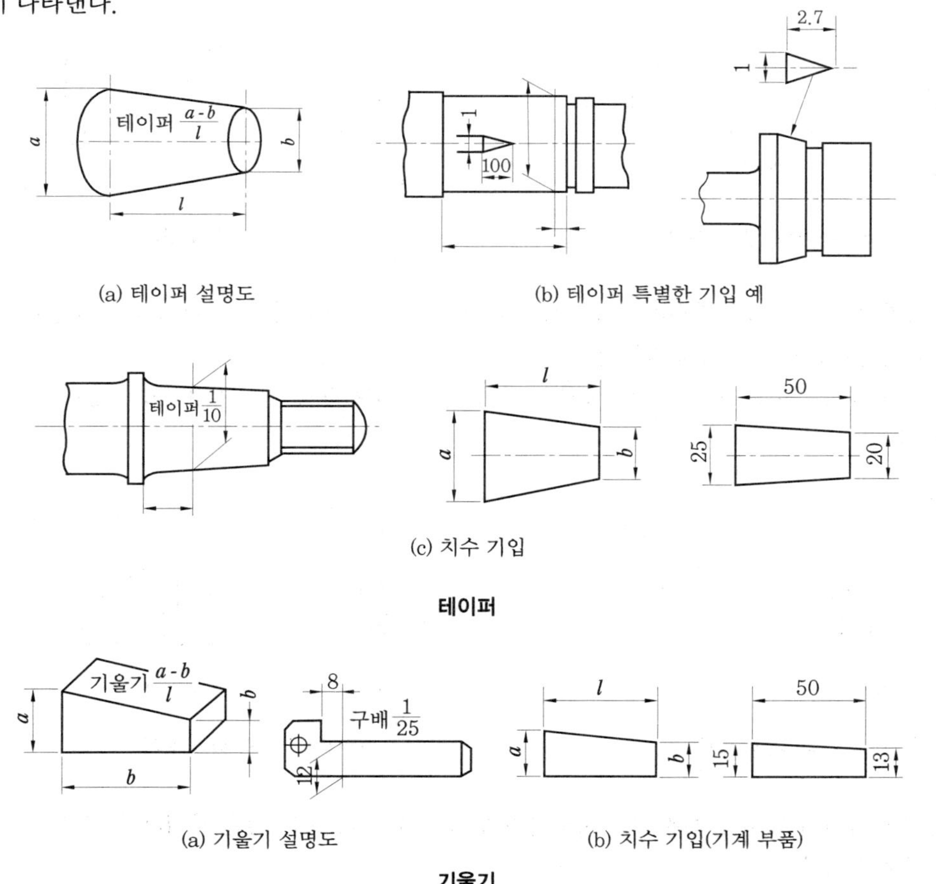

(a) 테이퍼 설명도   (b) 테이퍼 특별한 기입 예

(c) 치수 기입

테이퍼

(a) 기울기 설명도   (b) 치수 기입(기계 부품)

기울기

⑥ 구멍의 표시 방법 : 구멍의 표시는 다음에 따른다.

(가) 드릴 구멍, 펀칭 구멍, 코어 구멍 등 구멍의 가공 방법을 표시할 필요가 있을 때에는 치수 수치 뒤에 가공 방법의 용어를 표시한다.

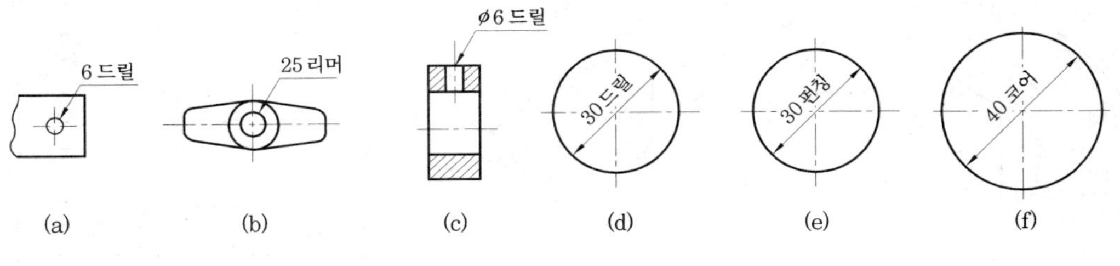

구멍의 표시

(나) 여러 개의 같은 치수의 볼트 구멍, 핀 구멍 등의 치수 표시는 그림 [같은 구멍의 숫자 표시]와 같이 구멍의 수를 나타내는 숫자 다음에 구멍의 치수를 기입한다.

(다) 구멍의 깊이를 지시할 때에는 구멍의 지름을 나타내는 치수 다음에 '깊이'라 쓰고 그 치수를 기입한다[그림 (a)]. 단, 구멍이 관통되었을 때에는 깊이를 기입하지 않는다[그림 (b)]. 구멍 깊이는 다음 [그림 (c)]의 H값이다.

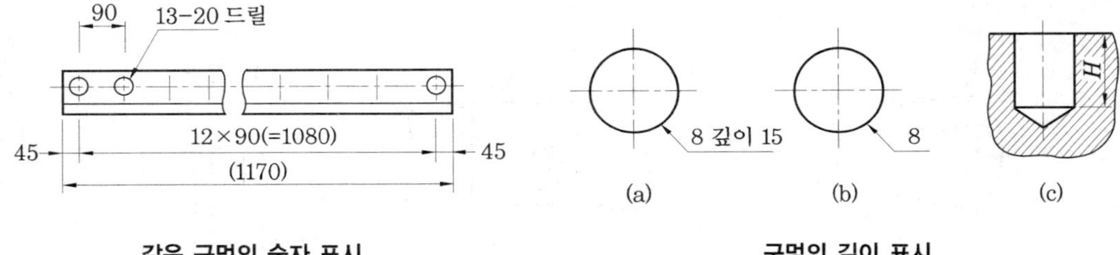

같은 구멍의 숫자 표시 **구멍의 깊이 표시**

(라) 자리파기의 표시 방법은 자리파기의 지름을 나타내는 치수 수치 다음에 '자리파기'라 쓴다. 자리파기를 표시하는 도형은 그리지 않는다.

(마) 경사진 구멍의 깊이는 구멍 중심선상의 깊이로 표시하거나[그림 (c)], 치수선을 이용하여 표시한다 [그림 (d)].

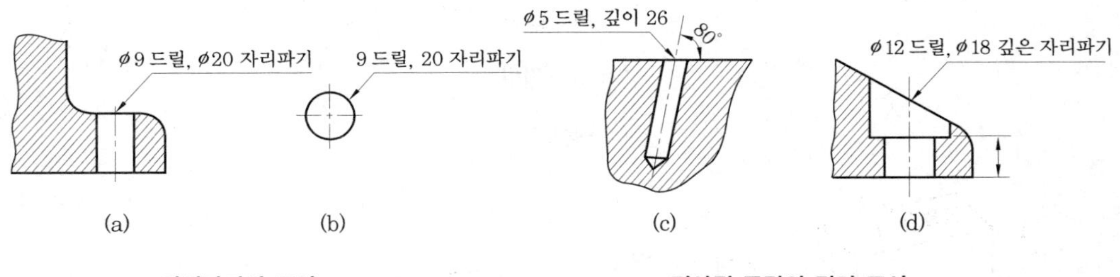

자리파기의 표시 **경사진 구멍의 깊이 표시**

(바) 깊은 자리파기의 표시 방법은 깊은 자리파기의 지름 치수 다음에 '깊은 자리파기'라 쓰고, 그 깊이를 수치로 표시한다.

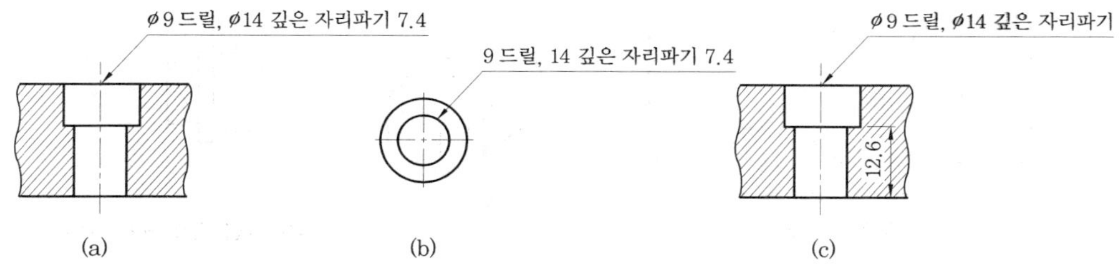

깊은 자리파기의 표시

⑷ [그림]과 같은 구멍은 그 구멍의 기능 또는 가공 방법에 따라 어느 한 가지 방법에 의해 치수를 기입한다.

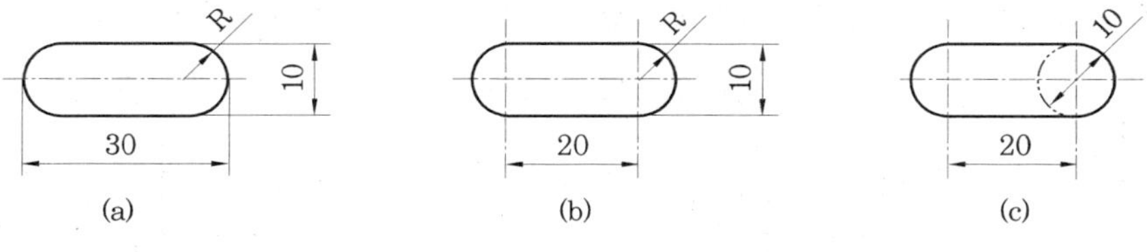

긴 구멍의 표시

⑦ **모따기, 두께, 정사각형의 면의 표시 방법**

⑺ 모따기의 표시 방법 : 일반적인 모따기는 보통 치수 기입 방법에 따라 표시한다. 45° 모따기의 경우에는 모따기의 치수 수치×45° 또는 모따기의 기호 C를 치수 수치 앞에 기입하여 표시한다.

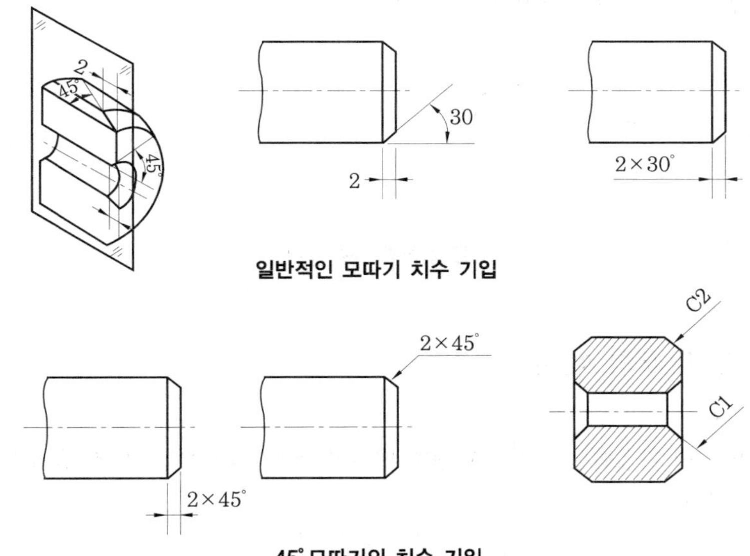

일반적인 모따기 치수 기입

45° 모따기의 치수 기입

⑻ 두께의 표시 방법 : 판의 주투상도에 그 두께의 치수를 표시하는 경우에는 그 도면의 부근 또는 그림 안쪽 보기 쉬운 위치의 수치 앞에 기호 t를 기입한다.

⑼ 정사각형 변의 표시 방법 : 물체의 단면이 정사각형일 때, 그 모양을 그림으로 그리지 않고 표시할 때에는 치수 수치 앞에 기호 □를 기입한다.

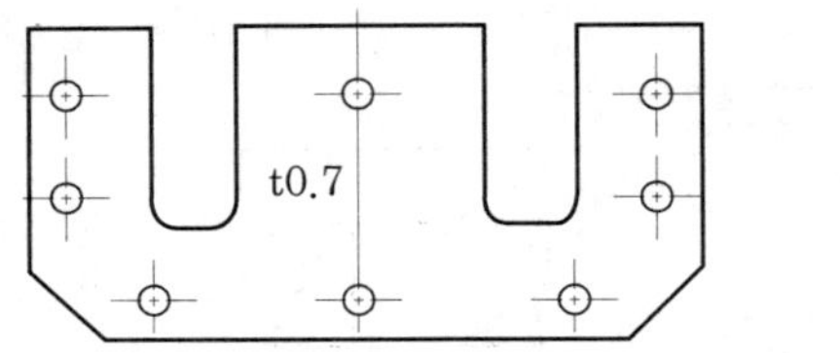

두께의 표시

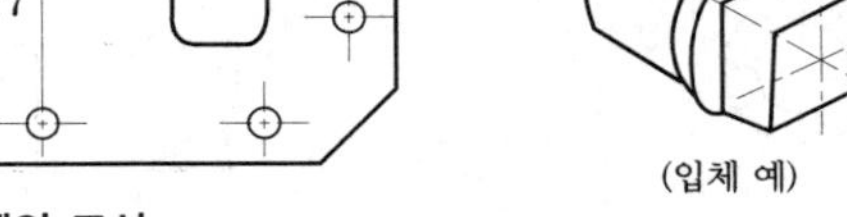

(입체 예)

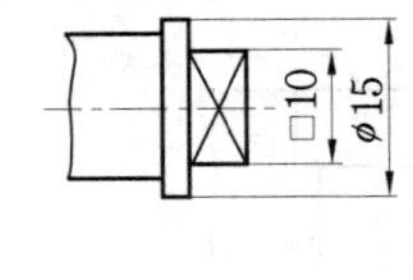

정사각형 기호 표시 방법

⑧ 좁은 곳에서의 치수 기입 방법 : 부분 확대도를 그려서 기입하든지, 다음 중 어느 한 방법을 사용한다.

　㈎ 지시선을 끌어내어 그 위쪽에 치수를 기입하고, 지시선 끝에는 아무것도 붙이지 않는다(그림 [지시선을 사용한 치수 기입] 참고).

　㈏ 치수선을 연장하여 그 위쪽 또는 바깥쪽에 기입해도 좋고 치수 보조선의 간격이 좁을 때에는 화살표 대신 검은 둥근점이나 경사선을 사용해도 좋다. (그림 [좁은 곳의 치수 표시]참고)

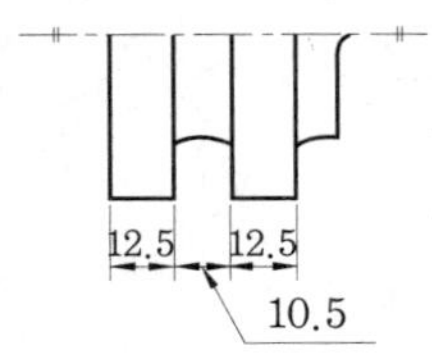

지시선을 사용한 치수 기입

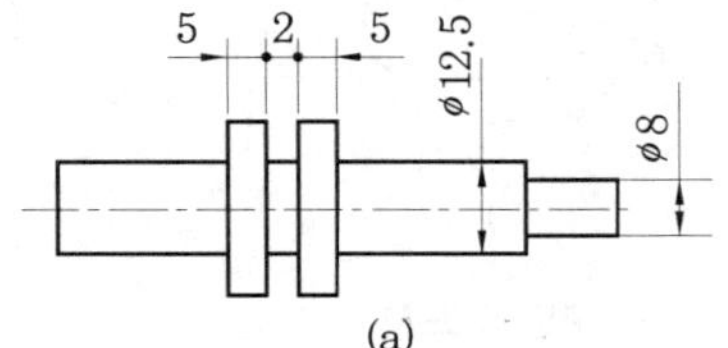

(a)

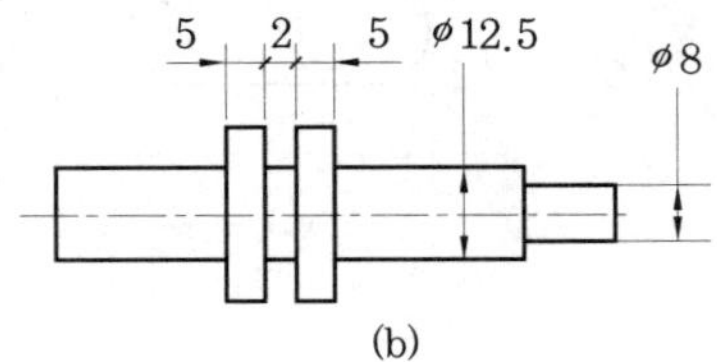

(b)

좁은 곳의 치수 표시

⑨ 얇은 두께 부분의 표시 방법 : 얇은 두께 부분의 단면을 굵은 선으로 그린 도형에 치수를 기입하는 경우에는 굵은 실선을 따라 짧고 가는 실선을 긋고, 여기에 치수선의 끝부분 기호가 닿게 그린다. 이 경우 수치는 가는 실선을 그려준 쪽까지의 치수를 의미한다.

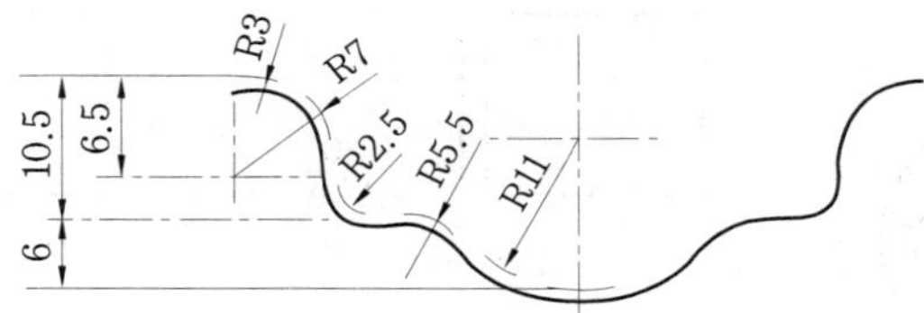

얇은 두께의 치수 표시

1-5 치수의 배치

① 직렬 치수 기입법 : 이 기입법은 직렬로 나란히 연결된 개개의 치수에 주어진 공차가 누적되어도 관계없는 경우에 사용한다.

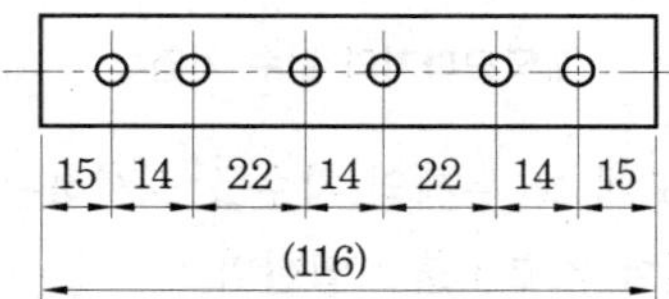

직렬 치수 기입

② 병렬 치수 기입법 : 이 방법에 따라 기입하는 개개의 치수 공차는 다른 치수의 공차에는 영향을 주지

않는다. 이 경우 기준이 되는 치수 보조선의 위치는 기능, 가공 등의 조건을 고려하여 적절히 선택한다.

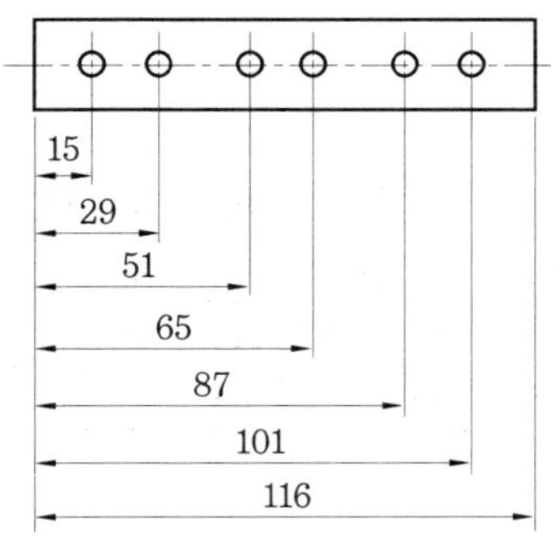

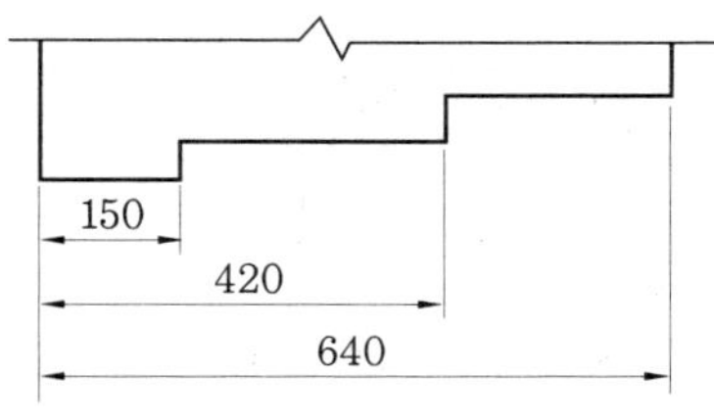

병렬 치수 기입(위치)　　　　　　　**병렬 치수 기입(길이)**

③ **누진 치수 기입법** : 치수 공차에 대해서는 병렬 치수 기입법과 같은 의미를 가지면서 한 개의 연속된
치수선으로 간단하게 표시할 수 있다. 이 경우 치수의 기준이 되는 위치는 기호(○)로 표시하고, 치수
선의 다른 끝은 화살표를 그린다. 치수 수치는 치수 보조선에 나란히 기입하거나 화살표 가까운 곳의
치수선 위쪽에 쓴다.

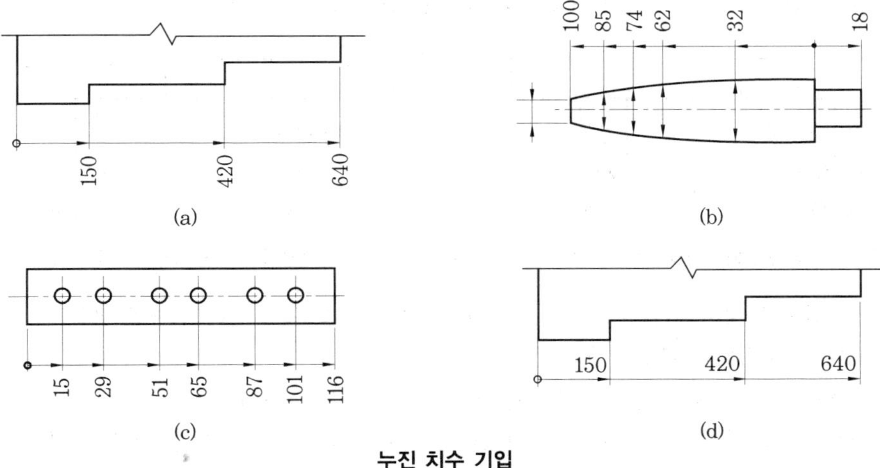

누진 치수 기입

④ **좌표 치수 기입법** : 구멍의 위치나 크기 등의 치수는 좌표를 사용하여 표로 기입하여도 좋다. 이때,
표에 표시한 X, Y 또는 β의 수치는 기준점에서의 수치이다. 기준점은 기능 또는 가공 조건을 고려하
여 적절히 선택한다.

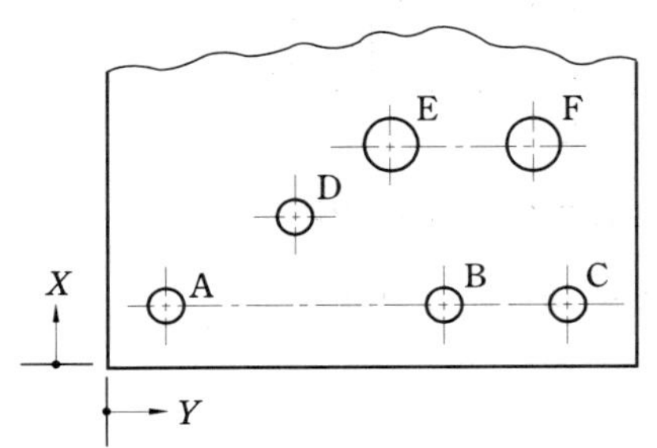

구분	X	Y	ϕ
A	20	20	13.5
B	140	20	13.5
C	200	20	13.5
D	60	60	13.5
E	100	90	26
F	180	90	26

좌표 치수 기입(위치)

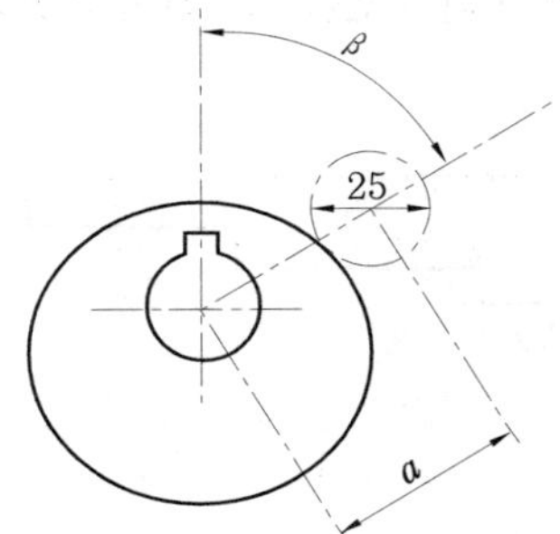

β	0°	20°	40°	60°	80°	100°	120～210°
α	50	52.5	57	63.5	70	74.5	76
β	230°	260°	280°	300°	320°	340°	
α	75	75	65	59.5	55	52	

좌표 치수 기입(각도)

 **1-6 치수 기입 상의 유의점**

치수는 다음 사항에 유의하여 기입한다.

① 치수 숫자는 도면에 그린 선에 의하여 분할되지 않는 위치에 쓰는 것이 좋다.

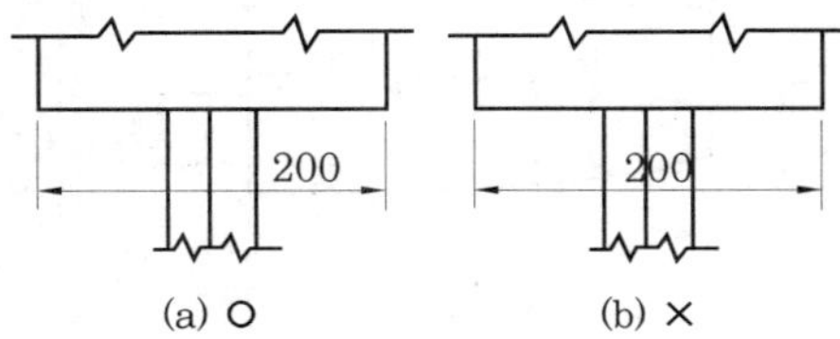

선에 의해 분할되지 않게 기입한다.

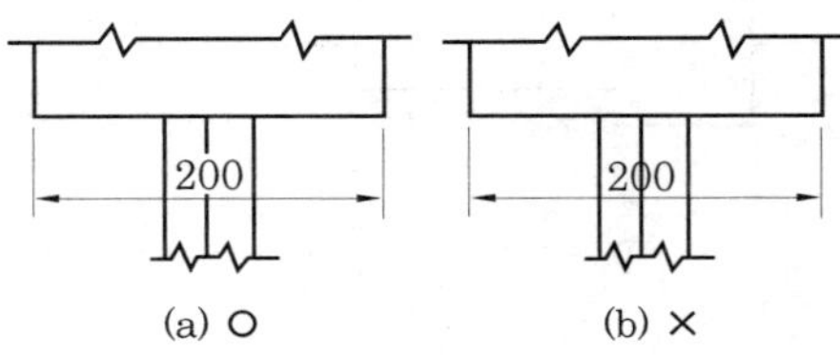

선을 일부 중단하고 기입한다.

② 치수 숫자는 선에 겹쳐서 기입하면 안 된다. 다만, 할 수 없는 경우에는 숫자와 겹쳐지는 선의 일부분을 중단하여 치수 수치를 기입한다.

③ 치수가 인접해서 연속될 때에는 되도록 치수선을 일직선이 되게 한다.

④ 치수선이 길어서 그 중앙에 치수 수치를 기입하면 알아보기 어려울 때에는 한 쪽 끝부분 기호 가까이에 기입할 수 있다.

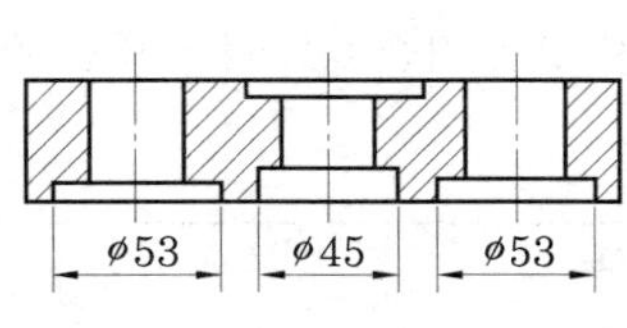

인접한 치수의 기입

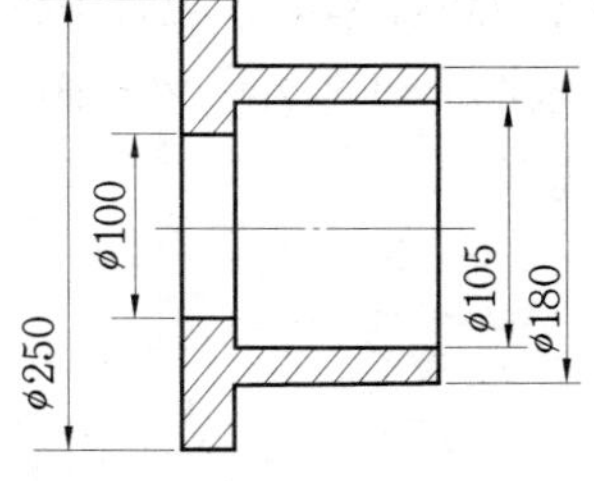

긴 치수선의 치수 기입

⑤ 치수 수치 대신 글자 기호를 사용해도 좋다. 이때에는 치수를 별도로 표시한다.

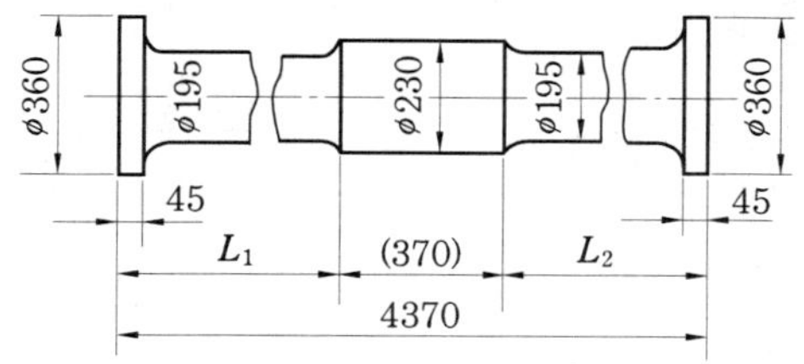

품번 기호	1	2	3
L_1	1915	2500	3110
L_2	2085	1500	885

글자 기호의 사용

⑥ 경사진 두 면의 만나는 부분이 둥글거나 모따기가 되어 있을 때, 두 면이 만나는 위치를 표시할 때에는 외형선으로부터 그은 연장선이 만나는 점을 기준으로 한다.

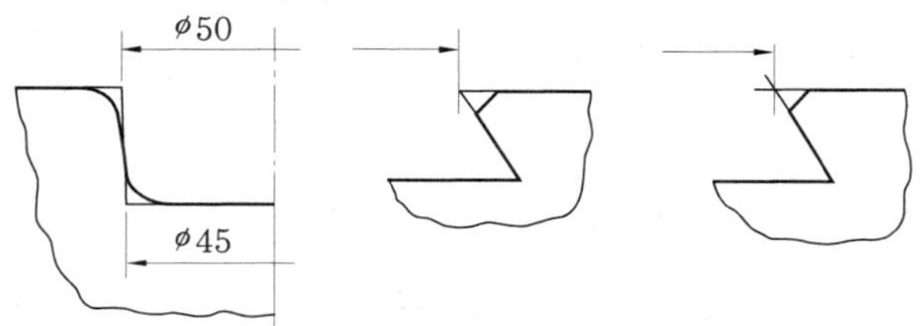

경사면의 치수 기입

⑦ 원호 부분의 치수는 180° 까지는 반지름으로 표시하고, 180°를 넘는 경우에는 지름으로 표시한다. 다만, 180° 이내라도 기능상 또는 가공상 특히 필요할 때에는 지름의 치수를 기입한다.

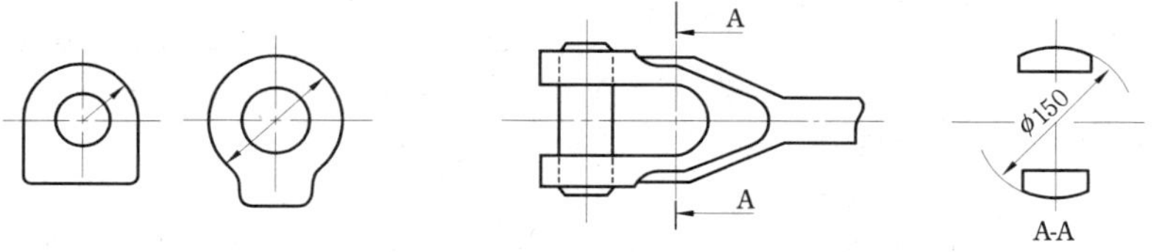

원호 부분의 치수 기입　　　　**특별한 경우의 지름 치수 기입**

⑧ 대칭의 도형에서 중심선의 한 쪽만을 표시한 그림에서는 치수선을 중심선을 넘게 적당히 연장한다. 이때, 연장한 치수선 끝에는 끝부분 기호를 붙이지 않는다. 다만, 오해할 염려가 없을 때에는 치수선이 중심선을 넘지 않아도 좋다.

⑨ 대칭 도형에서 여러 개의 지름 치수를 기입할 때에는 치수선의 길이를 더 짧게 하여 기입할 수 있다.

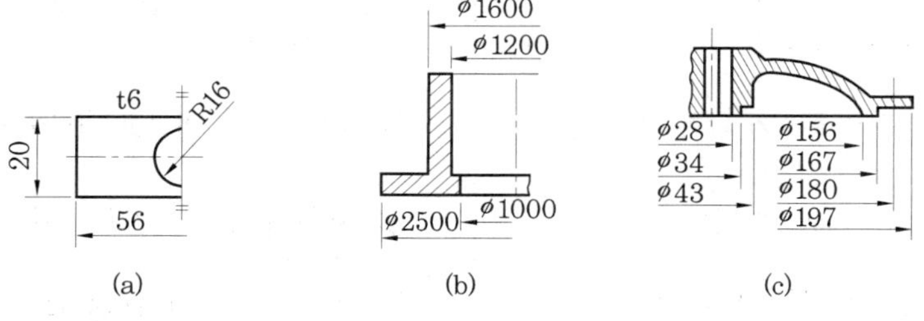

(a)　　　　　　(b)　　　　　　(c)

대칭 도형의 치수 기입

예 상 문 제

1. 다음 치수선에 관한 설명 중 틀린 것은?

㉮ 부품의 모양을 표시하는 외형선과 평행하게 긋는다.

㉯ 0.25mm 이하의 가는 실선을 이용한다.

㉰ 외형선으로부터 10~15mm 정도 띄어 긋는다.

㉱ 이웃하는 치수선은 되도록 계단식으로 긋는다.

2. 다음 중 도면에 기입되는 치수는?

㉮ 원자재 치수 ㉯ 소재 치수

㉰ 마무리 치수 ㉱ 최소 허용 공차 치수

3. 치수선에 관한 설명 중 맞는 것은?

㉮ 치수를 기입하기 위하여 외형선에 평행하게 그은 선

㉯ 치수를 기입하기 위하여 외형선에서 2~3mm 연장하여 그은 선

㉰ 치수를 기입하기 위하여 알맞은 각도(60°)로 직선을 그은 선

㉱ 중간 실선으로 프리 핸드로 그은 선

[해설] ㉯항은 치수 보조선, ㉰항은 지시선, ㉱항은 파단선을 설명하고 있다.

4. 치수 기입 시에 필요하지 않은 선은?

㉮ 치수선 ㉯ 치수 보조선

㉰ 지시선 ㉱ 이점 쇄선

5. 치수 보조선에 대한 설명 중 틀린 것은?

㉮ 치수선과 직각으로 긋되 치수선을 2~3mm 정도 넘도록 연장하여 긋는다.

㉯ 경사 부분에 긋는 치수 보조선은 치수선에 대하여 60° 정도로 긋는다.

㉰ 치수 보조선은 치수선과 마찬가지로 가는 실선(0.25mm 이하)으로 긋는다.

㉱ 외형선과 평행으로 긋는다.

6. 다음 중 다른 셋과 선의 굵기가 다른 것은?

㉮ 외형선 ㉯ 치수선

㉰ 치수 보조선 ㉱ 지시선

7. 다음 그림에서 A는 무슨 선을 표시하는가?

㉮ 치수선

㉯ 치수 보조선

㉰ 지시선

㉱ 화살표

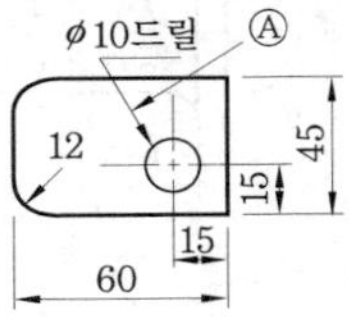

8. 다음 지시선에 대한 설명 중 틀린 것은?

㉮ 지시선은 물품의 크기, 구멍의 치수, 가공법을 기입하기 위해 쓰인다.

㉯ 지시된 곳과 같은 방향으로 화살표를 수평하게 붙인다.

㉰ 지시선은 수평선에 대하여 되도록 60°의 직선 또는 30°, 45°로 긋는다.

㉱ 수평선의 위쪽에 치수, 가공법 기타 필요 사항을 기입한다.

9. 치수 기입 상의 주의사항 중 틀린 것은?

㉮ 치수를 될 수 있는 대로 정면도에 집중 기입하며, 정면도에 기입이 어려울 경우 평면도나 측면도에 기입한다.

㉯ 치수는 될 수 있는 대로 도형의 오른쪽과 위쪽에 기입한다.

㉰ 치수는 될 수 있는 대로 일직선상에 기입한다.

㉱ 치수는 정면도, 측면도, 평면도에 적당히 기입한다.

10. 치수 기입 상의 주의사항 중 틀린 것은?

㉮ 치수는 계산을 하지 않아도 되게끔 기입한다.

㉯ 도형의 외형선이나 중심선을 치수선으로 대용해서는 안 된다.

㉰ 원형의 그림에서는 치수를 방사상으로 기입해도 좋다.

㉱ 서로 관련이 있는 치수는 될 수 있는 대로 한곳에 모아서 기입한다.

[해설] 치수 기입 시 특별 지시가 없는 한 마무리(완성) 치수로 기입한다.

11. 치수 숫자의 방향과 위치에 대한 설명 중 틀린 것은?

㉮ 치수 숫자의 기입은 치수선 중앙 상부에 표시한다.

㉯ 수평 치수선에 대해서는 숫자의 머리가 위쪽으로 향하도록 표시한다.

㉰ 수직 치수선에 대해서는 숫자의 머리가 왼쪽으로 향하도록 표시한다.
㉱ 치수 보조선 사이가 좁아서 치수 기입이 어렵더라도 반드시 그 부분에 표시해야 한다.

12. 화살표에 대한 설명 중 틀린 것은?

㉮ 화살표는 치수선의 양끝에 붙여서 그 한계(범위)를 명시한다.
㉯ 머리는 까맣게 칠하며, 크기는 폭과 길이의 비율이 같게 한다.
㉰ 화살표의 각도는 90°까지 가능하다.
㉱ 화살표는 프리 핸드로 그리고, 같은 도면에서는 되도록 크기를 같게 한다.

13. 치수선 양끝에 붙이는 화살표의 길이와 폭의 비율은 어느 것이 가장 적당한가?

㉮ 1.5:1 ㉯ 2:1 ㉰ 3:1 ㉱ 5:1

14. 그림 중 치수 기입법이 맞게 된 것은?

㉮
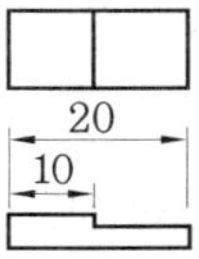

㉯
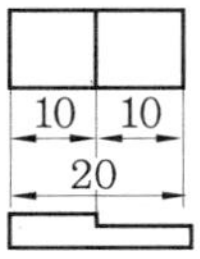

㉰
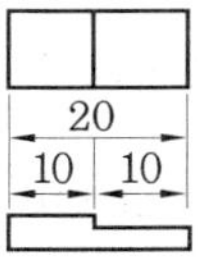

㉱
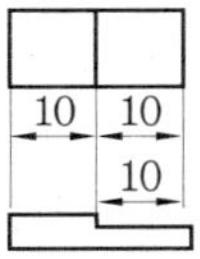

15. 다음 그림 중 치수 기입이 옳게 된 것은?

㉮
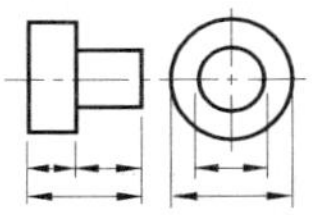

㉯
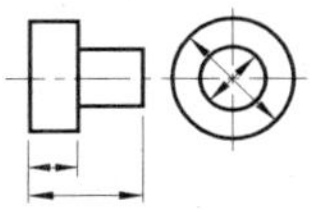

㉰
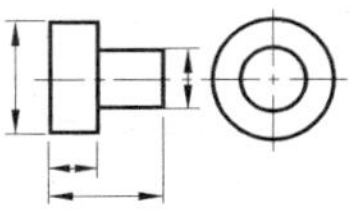

㉱
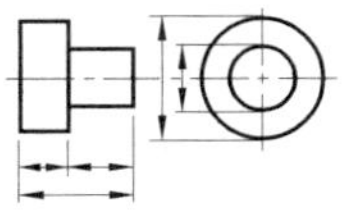

16. 다음 그림과 같은 L형강의 기호와 치수 표시법이 맞는 것은? (단, 길이는 L)

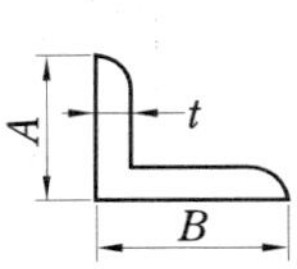

㉮ $A \times t - L$
㉯ $A \times B \times (t_1 / t_2) - L$
㉰ $A \times B \times t - L$ ㉱ $A \times B \times t \times L$

17. 다음은 원호의 치수 기입에 대한 것이다. 잘못 표시된 것은?

㉮

㉯
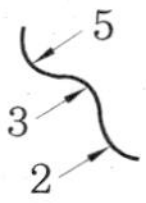

㉰
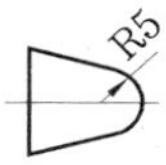

㉱

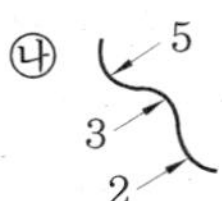

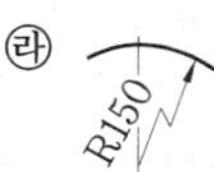

18. 다음 구멍의 치수 기입에 대한 것 중 잘못 표시된 것은?

㉮
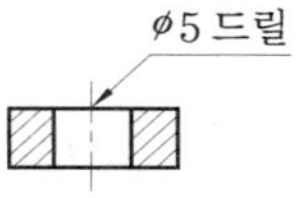

㉯
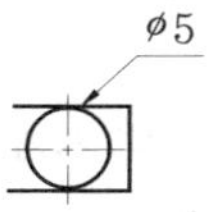

㉰
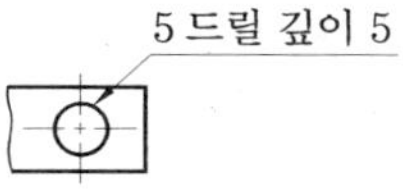

㉱
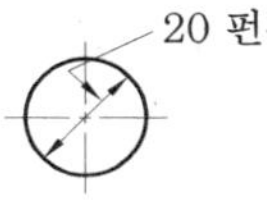

19. 다음 중 치수 기입법이 맞는 것은?

㉮
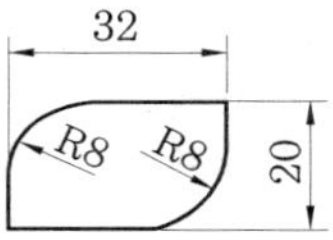

㉯
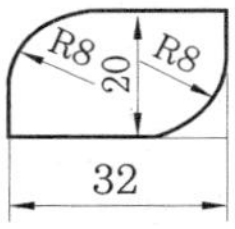

㉰
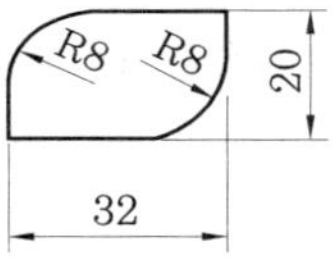

㉱
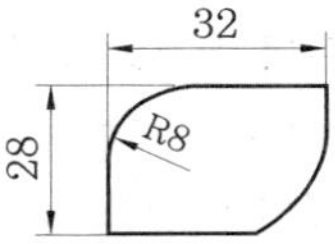

20. 다음 그림 중 호의 길이를 표시하는 치수 기입법이 옳게 된 것은?

㉮
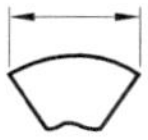

㉯
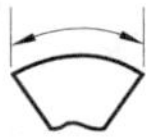

㉰
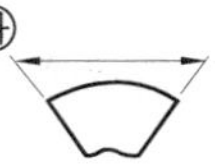

㉱
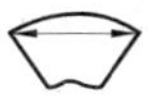

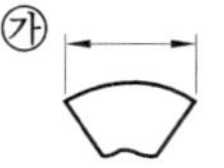

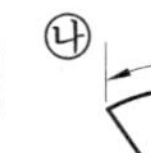

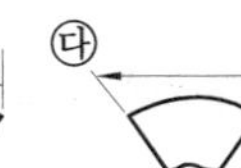

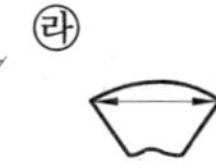

해설 ㉮항은 현의 기입법이다.

21. 그림을 보고 설명한 것이 맞는 것은?

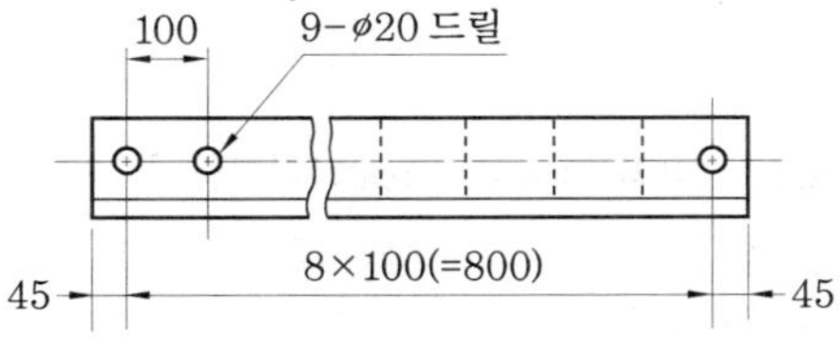

㉮ L형강에 양단 45mm 띄어서 100mm의 피

정답 12. ㉯ 13. ㉰ 14. ㉮ 15. ㉰ 16. ㉰ 17. ㉯ 18. ㉯ 19. ㉮ 20. ㉯ 21. ㉯

치를 지름 20mm, 깊이 9mm의 구멍을 8개 드릴로 뚫는다.
㉯ L형강의 양단 45mm 띄어서 800mm의 사이에 100mm의 피치로 지름 20mm의 구멍을 9개 드릴로 뚫는다.
㉰ L형강에 양단 45mm 띄어서 좌단은 또다시 100mm 띄어서 8mm의 피치로 800mm의 사이에 지름 20mm, 길이 9mm의 구멍을 100개 드릴로 뚫는다.
㉱ L형강에 양단 45mm 띄어서 8mm의 피치로 지름 20mm, 깊이 9mm 의 구멍을 100개 드릴로 뚫는다.

22. 치수와 같이 사용되는 기호는 치수 숫자의 어디에 기입하는가?

㉮ 치수 숫자 앞 ㉯ 치수 숫자 뒤
㉰ 치수 숫자 위 ㉱ 적당한 곳

23. 다음 기호 중 모따기(chamfering) 기호는 어느 것인가?

㉮ T ㉯ R ㉰ C ㉱ □

[해설] 라의 □의 기호는 평면을 나타내는 것으로서 치수 숫자와는 같이 써서는 안 된다. 모따기 기호 C는 각도가 45°일 때 쓰인다.

24. 모따기 기호 표시 중 C3은 무엇을 의미하는가?

㉮ 각의 꼭지점에서 가로, 세로 3mm의 길이를 잡아 빗면을 만든다는 의미
㉯ 삼각형의 높이가 3mm라는 의미
㉰ 삼각형 빗면의 길이가 3mm라는 의미
㉱ 적당히 3mm를 떼어낸다는 의미

25. 다음 그림 중 치수 기입을 바르게 한 것은?

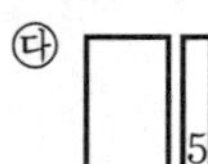
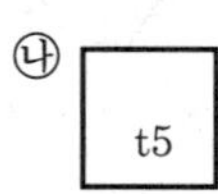
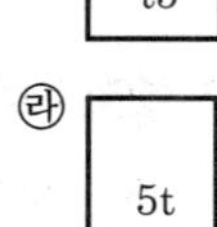

26. 모스 테이퍼(morse taper)의 값은?

㉮ 1/30 ㉯ 1/24
㉰ 3.5″/피트 ㉱ 약 1/20

[해설] 모스 테이퍼 값은 1/20이며, 직경에 따라 No 0,

No 1, No 2, No 3, No 4, No 5, No 6, No 7이 있다.

27. 다음 그림에서 테이퍼(taper)의 값은?

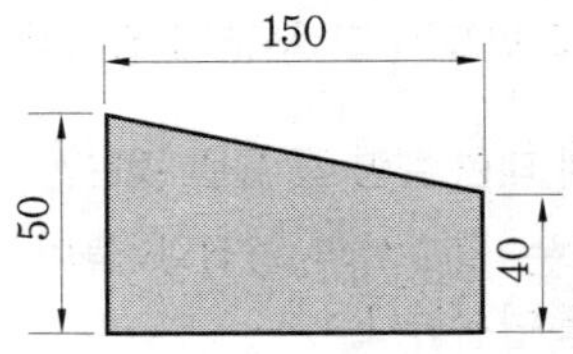

㉮ 1/10 ㉯ 1/15 ㉰ 1/50 ㉱ 1/100

[해설] $T = \dfrac{D-d}{l} = \dfrac{50-40}{150} = \dfrac{10}{150} = \dfrac{1}{15}$

28. 다음 설명 중 구배(기울기)에 관한 사항은 어느 것인가?

㉮ 한쪽만 기울어진 경우를 구배라 한다.
㉯ 양쪽 다 대칭으로 경사를 이루는 경우를 구배라 한다.
㉰ 양쪽 다 비대칭으로 경사를 이루는 경우를 구배라 한다.
㉱ 한쪽만 경사가 지든 양쪽이 경사가 지든 간에 구배라 한다.

29. 테이퍼(taper)에 대한 설명 중 틀린 것은?

㉮ 한쪽만 경사를 이룬 것을 말한다.
㉯ 중심선에 대하여 대칭으로 경사를 이룬 것을 말한다.
㉰ 도형 안에 표시할 때는 중심선 위에 기입한다.
㉱ 테이퍼를 특별히 명시할 필요가 있을 때에는 비율과 향하기 등을 중심선 위에 별도로 표시하거나 빗면에서 인출선을 끌어내어 기입한다.

30. 다음 테이퍼의 기입법 중 틀린 것은?

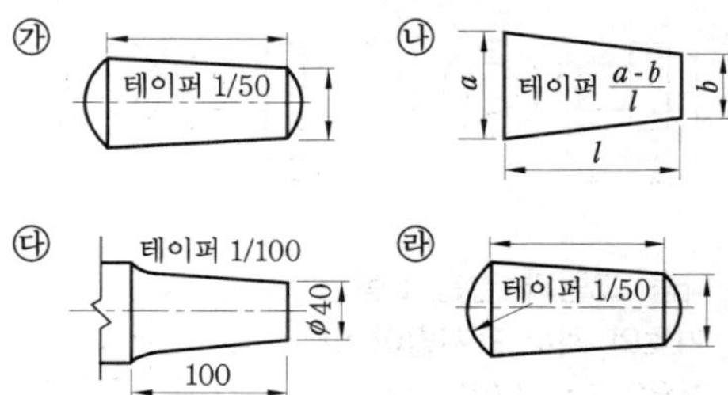

31. 브라운 엔드 샤프 테이퍼의 값은 얼마인가?

㉮ 1/20 ㉯ 1/24 ㉰ 3.5″/피트 ㉱ 1/25

▶ 2. 재료 표시법

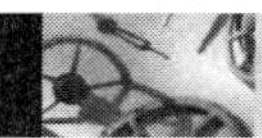 ## 2-1 재료 기호 및 표시 방법

1 기계 재료 기호

도면에서 부품의 금속 재료를 표시할 때 KS D에 정해진 기호를 사용하면 재질, 형상, 강도 등을 간단 명료하게 나타낼 수 있다.

2 재료 기호의 표시

① 제1위 문자 : 재질을 나타내는 기호이며, 영어 또는 로마자의 머리문자 또는 원소 기호를 표시한다.

② 제2위 문자 : 규격명과 제품명을 표시하는 기호로서 판, 봉, 관, 선, 주조품 등 제품의 형상별 종류 등 과 용도를 표시한다.

③ 제3위 문자 : 금속종별의 기호로서 최저 인장 강도 또는 재질 종류 기호를 숫자 다음에 기입한다.

④ 제4위 문자 : 제조법을 표시한다.

⑤ 제5위 문자 : 제품 형상 기호를 표시한다.

제1위 문자 (재질 기호)

기 호	재 질	비 고	기 호	재 질	비 고
Al	알루미늄	aluminium	F	철	ferrum
AlBr	알루미늄 청동	aluminium bronze	MS	연강	mild steel
Br	청동	bronze	NiCu	니켈 구리 합금	nickel–copper alloy
Bs	황동	brass	PB	인 청동	phosphor bronze
Cu	구리 또는 구리합금	copper	S	강	steel
HBs	고강도 황동	high strength brass	SM	기계 구조용강	machine structure steel
HMn	고망간	high manganese	WM	화이트 메탈	white metal

제2위 문자 (규격 또는 제품명)

기 호	제품명 또는 규격명	기 호	제품명 또는 규격명
B	봉 (bar)	MC	가단 철주품 (malleable iron casting)
BC	청동 주물	NC	니켈 크롬강 (nickel chromium)
BsC	황동 주물	NCM	니켈 크롬 몰리브덴강 (nickel chromium molybdenum)
C	주조품 (casting)	P	판 (plate)
CD	구상 흑연 주철	FS	일반 구조용관
CP	냉간 압연 연강판	PW	피아노선 (piano wire)
Cr	크롬강 (chromium)	S	일반 구조용 압연재
CS	냉간 압연 강대	SW	강선 (steel wire)
DC	다이 캐스팅 (die casting)	T	관 (tube)
F	단조품 (forging)	TB	고탄소 크롬 베어링강
G	고압 가스 용기	TC	탄소 공구강
HP	열간 압연 연강판	TKM	기계 구조용 탄소 강관
HR	열간 압연	THG	고압 가스 용기용 이음매 없는 강관
HS	열간 압연 강대	W	선 (wire)
K	공구강	WR	선재 (wire rod)
KH	고속도 공구강	WS	용접 구조용 압연강

제3위 문자(금속 기호의 말미에 특히 첨가하는 기호)

기 호	기호의 의미	보 기	기 호	기호의 의미	보 기
1	1종	PW 1	12A	12종 A	STKM 12A
2	2종	PW 2	400	최저 인장 강도	SS 400
A	A종	SW A	300	항복점	SD 300
B	B종	SW B	C	탄소 함량(0.10 ~ 0.15%)	SM 12C

제4위 문자(제조법)

구 분	기 호	기호의 의미	구 분	기 호	기호의 의미
조절도 기호	A	어닐링한 상태	열처리 기호	N	노멀라이징
	H	경질		Q	퀜칭, 템퍼링
	1/2H	1/2 경질		SR	시험편에만 노멀라이징
	S	표준 조질		TN	시험편에 용접 후 열처리
표면 마무리 기호	D	무광택 마무리(dull finishing)	기타	CF	원심력 주강판
	B	광택 마무리(bright finishing)		K	킬드강
				CR	제어 압연한 강판
				R	압연한 그대로의 강판

제5위 문자(제품 형상 기호)

기 호	제 품	기 호	제 품	기 호	제 품
P	강판	□	각재	▱	평강
⊘	둥근강	⬡	6각 강	I	I형강
◎	파이프	⑧	8각 강	⊏	채널(channel)

❸ 철강 및 비철금속 기계 재료의 기호

KS 분류번호	명 칭	KS 기호	KS 분류번호	명 칭	KS 기호
KS D 3501	열간 압연 연강판 및 강대	SPH	KS D 3710	탄소강 단강품	SF
KS D 3503	일반 구조용 압연 강재	SS	KS D 3751	탄소 공구강 강재	STC
KS D 3507	배관용 탄소 강관	SPP	KS D 3752	기계 구조용 탄소 강재	SM
KS D 3508	아크 용접봉 심선재	SWR	KS D 3753	합금 공구강 강재(주로 절삭, 내충격용)	STS
KS D 3509	피아노 선재	SWRS	KS D 3753	합금 공구강 강재(주로 내마멸성 불변형용)	STD
KS D 3510	경강선	SW	KS D 3753	합금 공구강 강재(주로 열간 가공용)	STF
KS D 3512	냉간 압연 강판 및 강대	SPC	KS D 3867	크롬강	SCr
KS D 3515	용접 구조용 압연 강재	SM	KS D 3867	니켈 크롬강	SNC
KS D 3517	기계 구조용 탄소 강관	STKM	KS D 3867	니켈 크롬 몰리브덴강	SNCM
KS D 3522	고속도 공구강 강재	SKH	KS D 3867	크롬 몰리브덴강	SCM
KS D 3533	고압 가스 용기용 강판 및 강대	SG	KS D 4101	탄소강 주강품	SC
KS D 3554	연강 선재	SWRM	KS D 4102	구조용 합금강 주강품	SCC
KS D 3556	피아노선	PW	KS D 4104	고망간강 주강품	SCMnH
KS D 3557	리벳용 원형강	SV	KS D 4301	회주철품	GC
KS D 3559	경강 선재	HSWR	KS D 4302	구상 흑연 주철품	GCD
KS D 3560	보일러 및 압력 용기용 탄소강	SB	KS D ISO 5922	백심 가단 주철품	GCMW(구WMC)
KS D 3566	일반 구조용 탄소 강관	STK		흑심 가단 주철품	GCMB(구BMC)
KS D 3701	스프링 강재	SPS	KS D 6006	다이캐스팅용 알루미늄 합금	ALDC

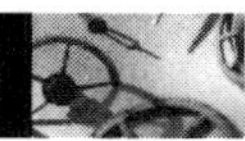

2-2 재료 기호의 적용 예

1 재료 기호의 보기

다음 [표]는 재료를 기호로 표시하는 것을 보기로 든 것이다.

기 호	첫째 자리	둘째 자리	셋째 자리
SS400(일반 구조용 압연 강재)	S(강)	S(일반 구조용 압연재)	400(최저 인장 강도)
SM45C(기계 구조용 탄소 강재)	S(강)	M(기계 구조용)	45C(탄소 함유량)
SF340A(탄소강 단강품)	S(강)	F(단조품)	340A(최저 인장 강도)
PW 1(피아노 선)	없음	PW(피아노 선)	1(1종)
SC410(탄소강 주강품)	S(강)	C(주조품)	410(최저 인장 강도)

2 재료 기호의 단면 표시

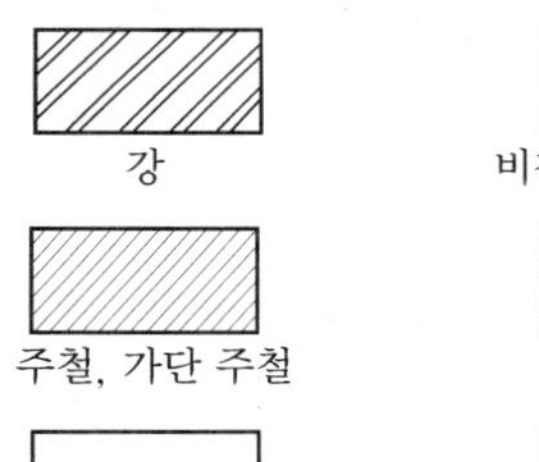

강

비철금속(황동, 구리)

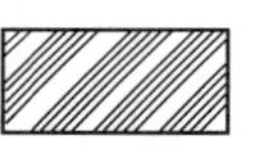

고무, 플라스틱

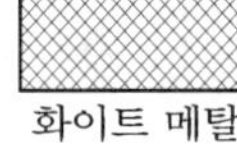

주철, 가단 주철

화이트 메탈

콘크리트

물, 액체

목재

유리

재료의 단면기호

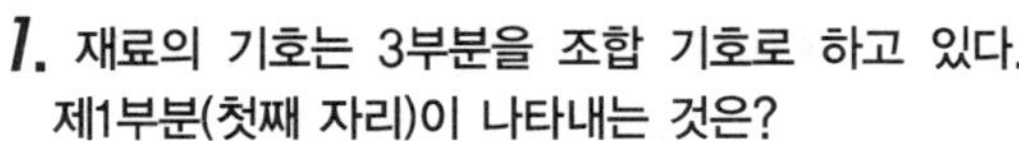

예 상 문 제

1. 재료의 기호는 3부분을 조합 기호로 하고 있다. 제1부분(첫째 자리)이 나타내는 것은?

㉮ 최저 인장 강도　　㉯ 재질
㉰ 규격 또는 제품명　　㉱ 재료의 종별

[해설] 재료 기호는 제1부분 재질, 제2부분 규격 또는 제품명, 제3부분은 재료의 종별 또는 최저 인장 강도를 표시한다.

2. 재료의 기호 중 SS400에서 400이 나타내는 것은?

㉮ 재질　　㉯ 재료의 종별
㉰ 최저 인장 강도　　㉱ 규격 또는 제품명

3. 다음 기호 중 인청동을 나타낸 것은?

㉮ BC　　㉯ PB　　㉰ W　　㉱ Cu

4. SB41에서 B는 무엇을 나타내는가?

㉮ 강철　　㉯ 봉 또는 보일러
㉰ 주조법　　㉱ 스프링강

5. 다음 기호 중 주철을 표시하는 것은?

㉮ GC　　㉯ SC　　㉰ SS　　㉱ BC

6. SM10C에서 10C는 무엇을 나타내는가?

정답　1. ㉯　2. ㉰　3. ㉯　4. ㉯　5. ㉮　6. ㉰

㉮ 최저 인장 강도　　㉯ 재료의 종별
㉰ 탄소 함유량　　㉱ 규격명

7. SPP 38H에서 H는 무엇을 나타내는가?

㉮ 재질　　㉯ 최저 인장 강도
㉰ 연질　　㉱ 경질

8. 백심 가단 주철의 기호는 어느 것인가?

㉮ GC　　㉯ DC　　㉰ WMC　　㉱ BMC

[해설] GC : 회주철, DC : 구상 흑연 주철, BMC : 흑심 가단 주철

9. 가공업에서 굽힘 기호를 나타내고 있는 것은?

㉮ PA　　㉯ PB　　㉰ PD　　㉱ PP

10. 다음에서 합금 공구강은?

㉮ STS　　㉯ SKH　　㉰ SKT　　㉱ SKO

[해설] 고속도 공구강 : SKH, 탄소 공구강 : STC, 합금 공구강 : STS

11. 열간 압연 강판의 KS 표시는?

㉮ SPH　　㉯ SBC　　㉰ PWR　　㉱ SM

12. 다음 재료 표시 기호에서 제4위 문자는 무엇을 표시하는가?

㉮ 제품 형상 기호　　㉯ 재질
㉰ 제조법을 표시　　㉱ 최저 인장 강도

13. 제품 형상 기호 표시는 제 몇 위의 문자인가?

㉮ 제1위 문자　　㉯ 제2위 문자
㉰ 제3위 문자　　㉱ 제5위 문자

14. 다음 중 재질 기호가 아닌 것은?

㉮ Al　　㉯ Bs　　㉰ Pb　　㉱ TB

[해설] TB는 고탄소 크롬 베어링강으로 규격 또는 제품명에 들어간다.

15. 다음 중 NBs의 재질 기호는?

㉮ 켈밋 합금　　㉯ 네이벌 황동
㉰ 인 청동　　㉱ 황동

[해설] 켈밋 합금 : K, 인청동 : Pb, 황동 : Bs

16. 다음 강(steel)의 재질 기호는?

㉮ HBs　　㉯ C　　㉰ F　　㉱ S

[해설] HBs : 고력황동, C : 주조품, F : 철

17. 다음 중 BF의 제품명은?

㉮ 주조품　㉯ 단조품　㉰ 공구강　㉱ 판

[해설] 주조품 C, 공구강 : K, 판 : P

18. 열간 압연 연강판의 기호는?

㉮ HSWR　㉯ SPH　　㉰ SPC　　㉱ SM

[해설] HSWR : 경강 선재, SPC : 냉간 압연 강판, SM : 용접 구조용 압연 강재

19. 다음 중 고속도강의 기호는?

㉮ NC　　㉯ PG　　㉰ SKH　　㉱ V

[해설] NC : 니켈크롬강, PG : 아연도금판, V : 리벳용 압연재

20. 다음 'WM'의 기호는?

㉮ 강선　　㉯ 화이트 메탈
㉰ 스프링강　　㉱ 연강

21. 다음 고압 가스 용기의 제품 기호는?

㉮ TM　　㉯ B　　㉰ G　　㉱ TW

22. 다음 금속 기호의 끝에 첨가하는 기호로서 알루미늄 합금 열처리 기호의 설명 중 틀린 것은?

㉮ A : 어닐링한 상태　㉯ N : 노멀라이징
㉰ Q : 퀜칭　　㉱ K : 경질

23. 다음 SF 34의 기호 설명 중 틀린 것은?

㉮ S : 강　　㉯ F : 단조품
㉰ 34 : 최저 인장 강도　㉱ 34 : 재료 탄소량

24. 다음 제5위의 문자 제품 형태 기호 중 파이프의 기호는 어느 것인가?

㉮ ⊘　　㉯ ◎　　㉰ □　　㉱ △(6)

[해설] ⊘: 둥근강, □: 각재, △(6) : 6각강

25. 다음 제5위의 문자 제품 형태 기호 중 '⊏'의 기호 설명은 어느 것인가?

㉮ 8각강　　㉯ I형강
㉰ 채널(channel)　　㉱ 평강

[정답] 7. ㉱　8. ㉰　9. ㉯　10. ㉮　11. ㉮　12. ㉰　13. ㉱　14. ㉱　15. ㉯　16. ㉱　17. ㉯　18. ㉯　19. ㉰　20. ㉯
21. ㉰　22. ㉱　23. ㉱　24. ㉯　25. ㉰

[해설] 8각강 : ⑧, 형강 : I, 평강 : ▱

26. 다음은 기계 재료의 표시 기호이다. 잘못된 것은?

㉮ SCr – 크롬 강재

㉯ SCM – 스프링 강재

㉰ SNC – 니켈 크롬 강재

㉱ SF – 탄소강 단조품

27. KS 재료 기호 BMC로 표시되는 금속 재료는?

㉮ 흑심 가단 주철   ㉯ 회주철

㉰ 구상 흑연 주철   ㉱ 백심 가단 주철

28. 재질 기호 SKH와 관계 깊은 것은?

㉮ SHS   ㉯ SBS   ㉰ BSS   ㉱ HSS

29. 다음 재료 기호 중 황동 주물의 KS 기호는?

㉮ BsCl   ㉯ PBRI

㉰ BsSl   ㉱ BsC

30. 기계 구조용 탄소강관의 기호는?

㉮ STKM   ㉯ SG

㉰ MSWR   ㉱ SNCM

[해설] SG : 고압 가스 용기용 강관, NSWR : 연강선재, SNCM : 니켈 크롬 몰리브덴강

31. 강인강으로 크랭크축 기어, 축 등에 사용되는 니켈–크롬강의 KS 표시 기호는?

㉮ SCr2   ㉯ SNC 2

㉰ SCM 2   ㉱ SPS 2

32. SM 55C를 설명한 것으로서 옳지 않은 것은?

㉮ SM은 기계 구조용 탄소강을 뜻한다.

㉯ 55는 인장 강도를 뜻한다.

㉰ C는 탄소를 뜻한다.

㉱ S는 강을 뜻한다.

33. 고망간 주강품의 기호는?

㉮ SCMnH   ㉯ GC

㉰ GCD   ㉱ WMC

[해설] GC : 회주철품, GCD : 구상 흑연 주철품, WMC : 백심 가단 주철품

34. 다음 재료 기호 중 탄소 공구강은?

㉮ STC   ㉯ SKH   ㉰ SPS   ㉱ SM

35. 일반 구조용 압연 강재 기호는?

㉮ SS   ㉯ PWR   ㉰ SBC   ㉱ SWS

36. 다음 합금 공구강의 기호는?

㉮ SM   ㉯ STC   ㉰ STS   ㉱ SNC

[해설] SM : 기계구조용 탄소강, STC : 탄소 공구강, SNC : 니켈크롬강

37. 다음 중 'STC'의 기호는 무엇을 의미하는가?

㉮ 탄소 공구강   ㉯ 합금 공구강

㉰ 탄소 주강품   ㉱ 스프링강

[해설] 합금 공구강 : STS, 탄소 주강품 : SC, 스프링강 : SPS

정답 26. ㉯ 27. ㉮ 28. ㉱ 29. ㉱ 30. ㉮ 31. ㉯ 32. ㉯ 33. ㉮ 34. ㉮ 35. ㉮ 36. ㉰ 37. ㉮

04 표면 거칠기와 끼워 맞춤

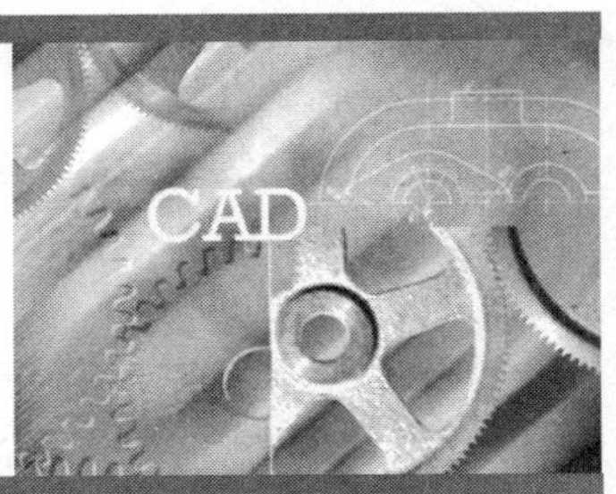

● 1. 표면 거칠기와 면의 지시 기호

1-1 표면 거칠기(surface roughness)

다듬질한 면을 수직한 피측정면으로 절단했을 때, 그 단면에 나타난 윤곽을 단면 곡선이라고 하며, 이 단면 곡선에 나타난 굴곡을 표면 거칠기라고 한다. 표면 거칠기는 중심선 평균 거칠기(R_a), 최대 높이(R_{max}) 및 10점 평균 거칠기(R_z)의 세 가지 표시법이 KS B 0161에 규정되어 있다. 표면 거칠기의 표시는 μm($=1/1000$mm)으로 표시한다.

1 중심선 평균 거칠기(Ra)

[그림]에서 중심선으로부터 아래쪽 면적의 합을 S_1, 중심선으로부터 위쪽 면적의 합을 S_2라 할 때, $S_1=S_2$가 되도록 그은 선을 중심선이라 한다. 다음 중심선 이하의 부분을 중심선 위로 올리면 파선과 같게 되고, 이들의 면적 S_1과 S_2의 합, 즉 $S_1+S_2=S$를 구하고, 이 S를 측정길이 l로 나눈 값이 R_a가 된다. 이를 수식으로 표시하면 $R_a=\dfrac{1}{l}\displaystyle\int_0^l |f(x)|\,dx$가 되고, 이는 중심선에 대한 산술평균 편차에 상당하는데, 이와 같은 계산은 모두 측정기에서 하게 되며, 결과값만을 지시계에서 직접 읽을 수 있게 되어 있다.

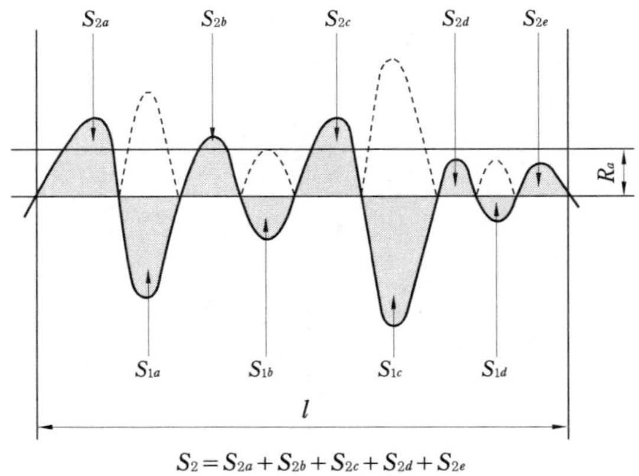

중심선 평균 거칠기

❷ 최대 높이(R_{max})

단면 곡선에서 기준길이만큼 채취한 부분의 가장 높은 봉우리와 가장 깊은 골밑을 통과하는 평행한 두 직선의 간격을 단면 곡선의 세로 배율 방향으로 측정하여 이 값을 μm 단위로 표시한 것이다.

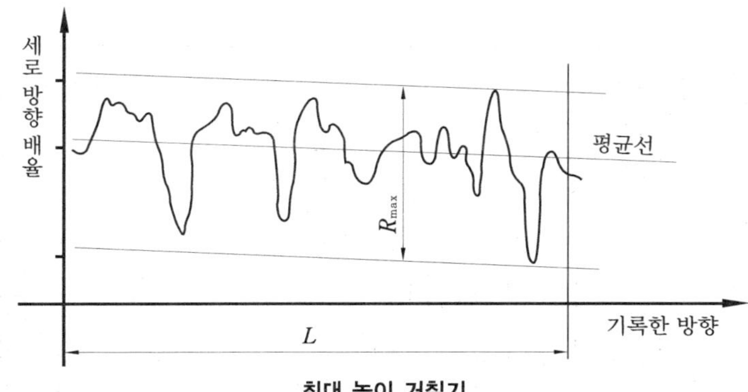

최대 높이 거칠기

❸ 10점 평균 거칠기(R_z)

단면 곡선에서 기준 길이만큼 채취한 부분에 있어서 평균선에 평행한 직선 가운데 측정한 가장 높은 곳으로부터 5번째까지 봉우리의 표고 평균값과 가장 낮은 곳으로부터 5번째까지의 골 밑의 표고 평균값과의 차이를 μm단위로 나타낸 것을 말한다.

$$R_z = \frac{(R_1 + R_3 + R_5 + R_7 + R_9) - (R_2 + R_4 + R_6 + R_8 + R_{10})}{5}$$

10점 평균 거칠기

거칠기의 표준값(표준 수열), 기준 길이, 컷오프값　　　　(KS B 0161)

중심선 평균 거칠기		최대 높이		10점 평균 거칠기	
표준값(R_a)	컷오프값	표준값(R_{max})	기준 길이(L)	표준값(R_z)	기준 길이(L)
0.013		0.05		0.05	
0.025		0.1		0.1	
0.05		0.2	0.25	0.2	0.25
0.1		0.4		0.4	
0.2		0.8		0.8	
0.4	0.8				
0.8		1.6		1.6	
1.6		3.2	0.8	3.2	0.8
3.2		6.3		6.3	
6.3		12.5	2.5	12.5	2.5
12.5		25		25	

296 :: Ⅲ. 기계 제도

25 50 100	2.5	50 100	8	50 100	8		
		200 400	0.25	200 400	0.25		

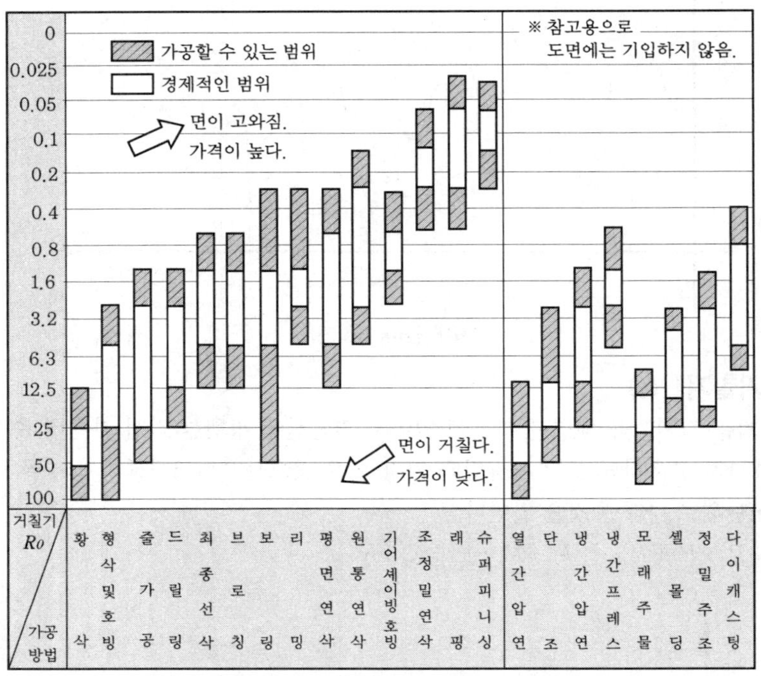

가공 방법에 따른 거칠기의 범위

1-2 표면 거칠기의 표시

1 대상면을 지시하는 기호

표면의 결을 도시할 때에 대상면을 지시하는 기호는 $60°$ 로 벌린, 길이가 다른 절선으로 하는 면의 지시 기호[그림 (a)]를 사용하며, 지시하는 대상면을 나타내는 선의 바깥에 붙여서 쓴다.

① 절삭 등 제거 가공의 필요 여부를 문제삼지 않는 경우에는 [그림 (a)]와 같이 면에 지시 기호를 붙여서 사용한다.

② 제거 가공을 필요로 한다는 것을 지시할 때에는 면의 지시 기호의 짧은 쪽의 다리 끝에 가로선을 부가한다[그림 (b)].

③ 제거 가공해서는 안된다는 것을 지시할 때에는 면의 지시 기호에 내접하는 원을 부가한다[그림 (c)].

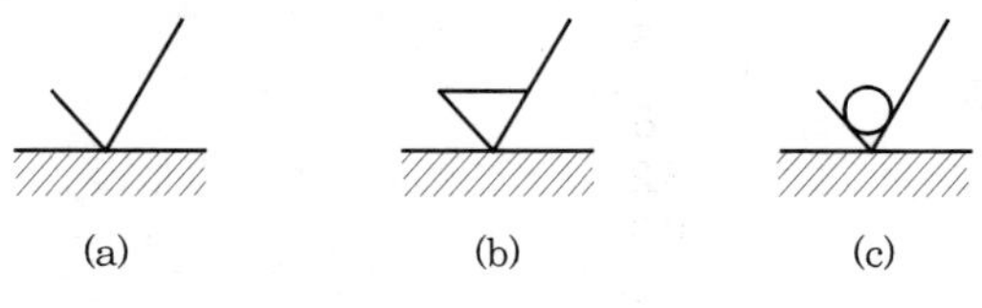

면의 지시 기호

2 표면 거칠기 값의 지시

중심선 평균 거칠기(R_a)로 지시하는 경우, 표면 거칠기는 KS B 0161에 규정하는 중심선 평균 거칠기의 표준 수열 중에서 선택하여 지시하는데 표 [거칠기의 표준값, 기준 길이, 컷오프값]에서 이 경우 첨자 'a'는 기입하지 않는다. 다만, 필요가 있어서 표준 수열에 따를 수 없는 경우, 허용할 수 있는 최대값을 '$R_a \leq 10$' 등과 같이 지시한다. 그리고 표면 거칠기의 지시값 기입 위치는 다음 중 어느 하나에 따른다.

① 표면 거칠기의 최대값만을 지시하는 경우에는 [그림]과 같이 기입한다.

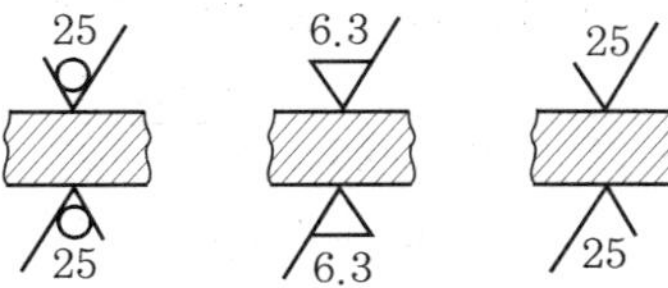

최대값만을 지시하는 경우

② 면의 지시 기호에 대한 각 지시 사항의 기입 위치는 [그림]과 같다.

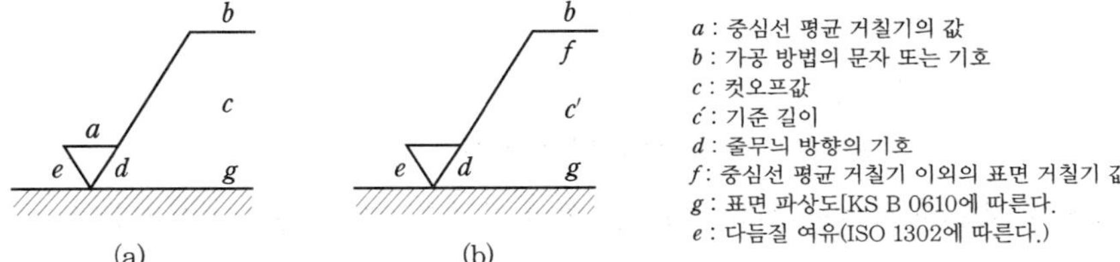

a : 중심선 평균 거칠기의 값
b : 가공 방법의 문자 또는 기호
c : 컷오프값
c' : 기준 길이
d : 줄무늬 방향의 기호
f : 중심선 평균 거칠기 이외의 표면 거칠기 값
g : 표면 파상도[KS B 0610에 따른다.
e : 다듬질 여유(ISO 1302에 따른다.)

면의 지시 기호에 대한 각 지시 사항의 위치

③ 표면 거칠기 값을 어느 구간으로 지시하는 경우에는 상한 값을 위로, 하한 값을 아래로 나란히 기입한다.

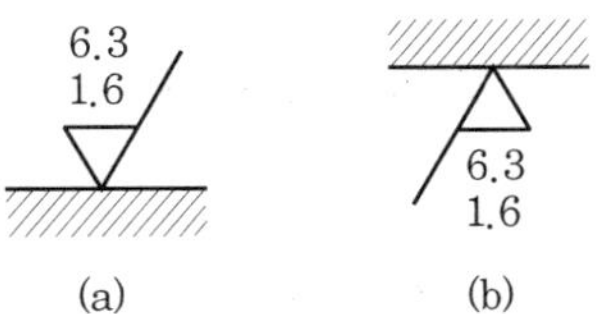

구분 구간으로 지시하는 경우

④ 표면 거칠기의 지시값에 대한 컷오프값을 지시할 필요가 있을 때에는 표 [거칠기의 표준값, 기준 길이, 컷오프값]에서 선택하여 면의 지시 기호의 긴쪽 다리에 붙인 가로선 아래에 표면 거칠기의 지시값을 대응시켜 기입한다.

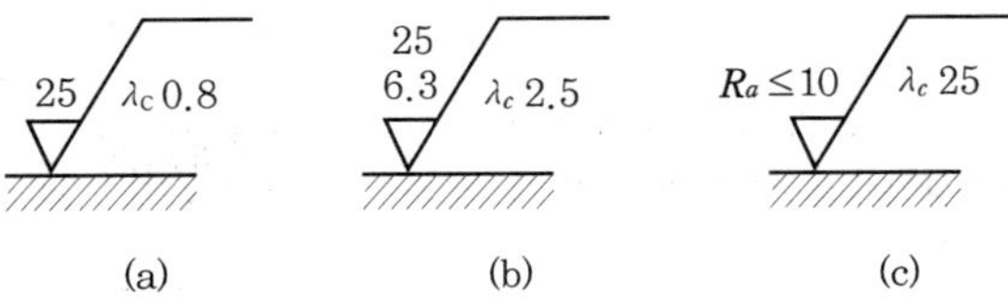

컷오프값을 지시하는 경우

⑤ 최대 높이(R_{max}) 또는 10점 평균 거칠기(R_z)로써 지시하는 경우는 면의 지시 기호의 긴쪽 다리에 가로선을 붙여, 그 아래쪽에 약호와 함께 기입한다.

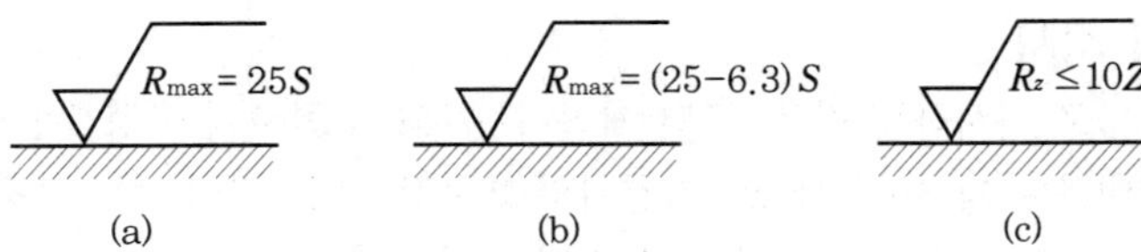

최대 높이, 10점 평균 거칠기로 지시하는 경우

⑥ 어떤 표면의 결을 얻기 위하여 특정한 가공 방법을 지시할 때에는 [그림 (a), (b)]와 같이 하고, 표면 처리 전과 후의 표면 거칠기를 지시할 때에는 [그림 (c)]와 같이 한다.

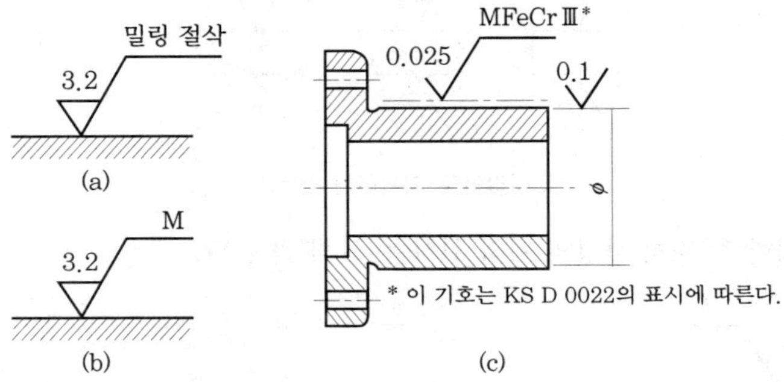

가공 방법의 지시

⑦ 줄무늬 영향을 지시할 때에는 규정하는 기호를 면의 지시 기호의 오른쪽에 부기한다.

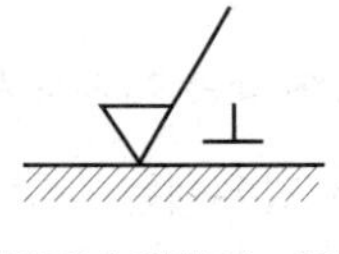

줄무늬 방향의 지시

줄무늬 방향의 기호

기 호	뜻	설 명 도
=	가공에 의한 커터의 줄무늬 방향이 기호를 기입한 그림의 투상면에 평행 보기 셰이핑 면 그림	커터의 줄무늬 방향
⊥	가공에 의한 커터의 줄무늬 방향이 기호를 기입한 그림의 투상면에 직각 보기 셰이핑 면(옆으로부터 보는 상태) 선삭, 원통 연삭면 그림	커터의 줄무늬 방향
×	가공에 의한 커터의 줄무늬 방향이 기호를 기입한 그림의 투상면에 경사지고 두 방향으로 교차 보기 호닝 다듬질면	커터의 줄무늬 방향
M	가공에 의한 커터의 줄무늬가 여러 방향으로 교차 또는 무방향 보기 래핑 다듬질면, 슈퍼 피니싱면, 가로 이송을 한 정면 밀링, 또는 엔드 밀 절삭면 그림	

C	가공에 의한 커터의 줄무늬가 기호를 기입한 면의 중심에 대하여 대략 동심원 모양 보기 끝면 절삭면 그림	
R	가공에 의한 커터의 줄무늬가 기호를 기입한 면의 중심에 대하여 대략 레이디얼 모양 그림	

3 도면 기입 방법

① 기호는 [그림]의 아래쪽 또는 오른쪽부터 읽을 수 있도록 기입한다.

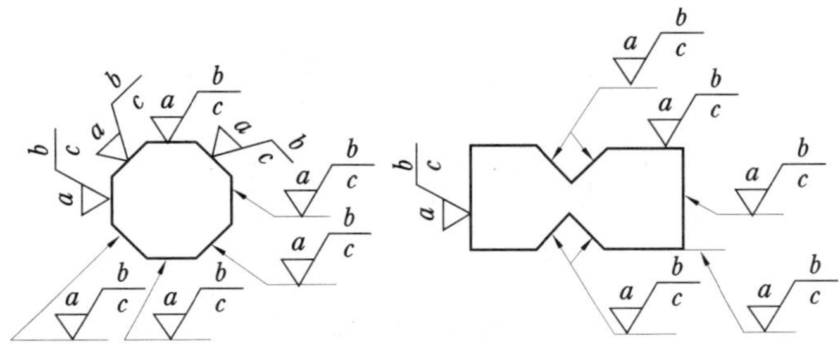

거칠기값의 기입 방법

② 중심선 평균 거칠기의 값만을 지시하는 경우에는 [그림]과 같이 한다.

③ 면의 지시 기호는 대상면을 나타내는 선, 그 연장선 또는 그로부터의 치수 보조선에 접하여 실체의 바깥쪽에 기입한다(①항 그림 포함).

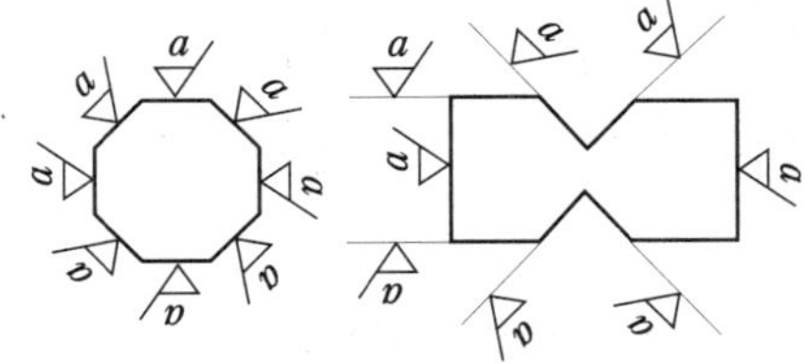

중심선 평균 거칠기 값만을 지시하는 경우

④ 그림의 형편상 ③항에 따를 수 없는 경우에는 대상면에서 끌어낸 지시선에 기입해도 좋다(①항 그림).

⑤ 둥글기부 또는 모따기부에 면의 지시 기호를 기입하는 경우에는 반지름 또는 모따기를 나타내는 치수선을 연장한 지시선에 기입한다.

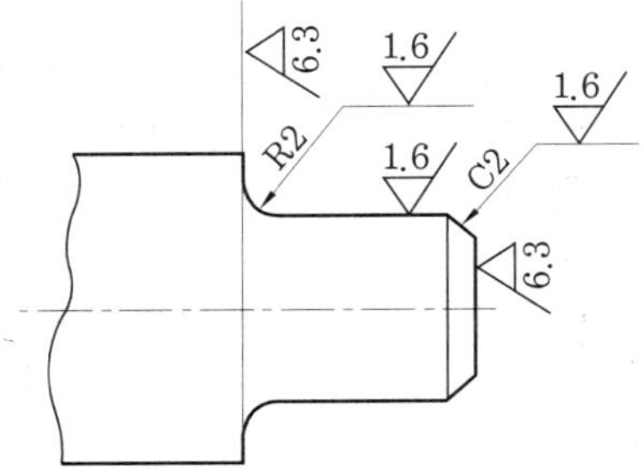

둥글기부, 모따기부에서의 면의 지시

⑥ 둥근 구멍의 지름 치수 또는 호칭을 지시선에 사용하여 표시하는 경우에는 그림과 같이 지름 치수 다음에 기입한다.

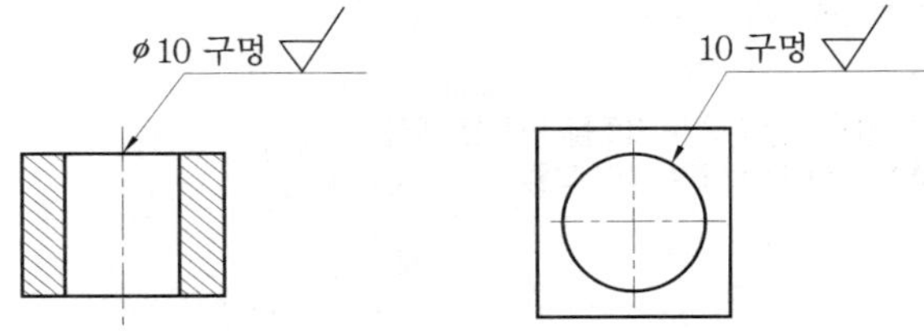

지시선을 사용할 경우

⑦ 표면의 거칠기 기호는 되도록 치수를 지시한 투상도에 기입한다.

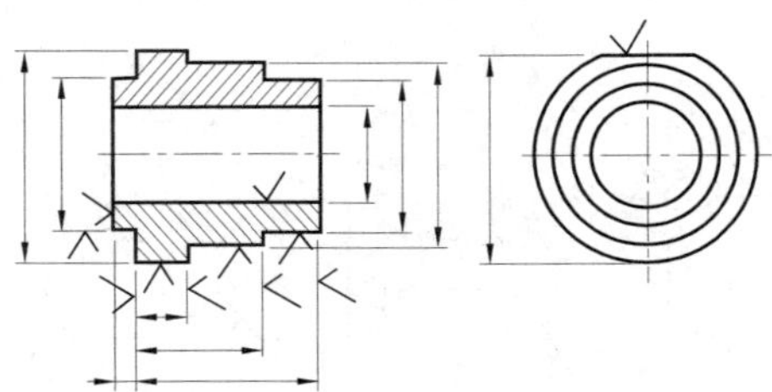

치수를 기입한 투상도에 기입

⑧ **도면 기입의 간략법**

㈎ 부품의 전체면을 동일한 거칠기로 지정하는 경우에는 [그림]과 같이 주투상도 위쪽 또는 부품 번호 옆에 기입한다.

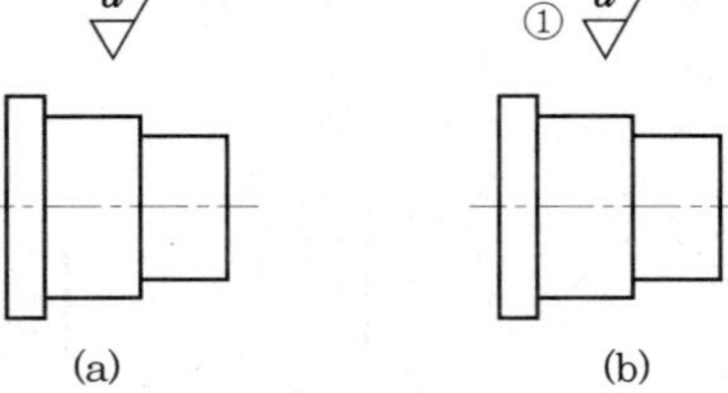

전체를 동일한 거칠기로 지시

㈏ 한 개 부품에서 대부분이 동일한 표면 거칠기이고 일부분만이 다를 경우에는 공통이 아닌 기호를 해당하는 면 위에 기입함과 동시에 공통인 거칠기 기호 다음에 묶음표를 붙여서 면의 지시 기호만을 기입하든지 [그림 (a)] 또는 공통이 아닌 기호를 나란히 기입한다.

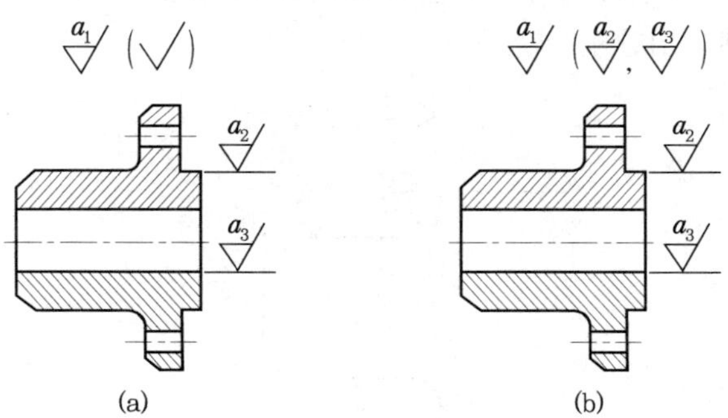

대부분이 같을 경우

㈐ 면의 지시 기호를 여러 곳에 반복해서 기입하는 경우 또는 기입하는 여지가 한정되어 있는 경우에
는 대상면에 면의 지시 기호와 알파벳의 소문자로 기입하고, 그 뜻을 주투상도, 부품 번호 또는 표
제란 곁에 기입한다.

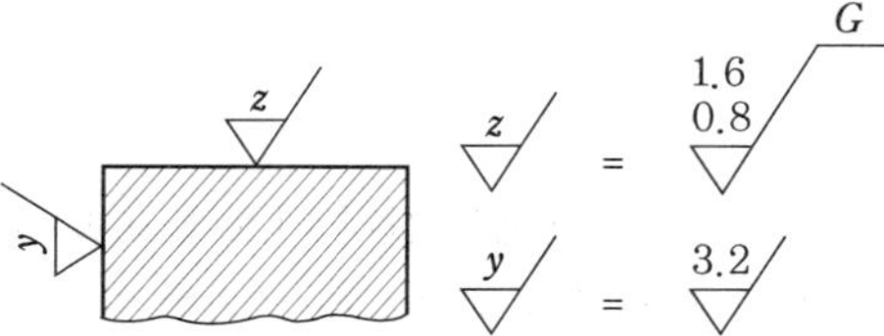

여러 곳에 반복 지시하는 경우

㈑ 둥글기부, 모따기부에 면의 지시 기호를 기입하는 경우, 이들 부분에 접속하는 두 개의 면 중에서
어느 것이든 한 쪽의 면과 같으면 되는 경우에는 이 기호는 생략해도 좋다.

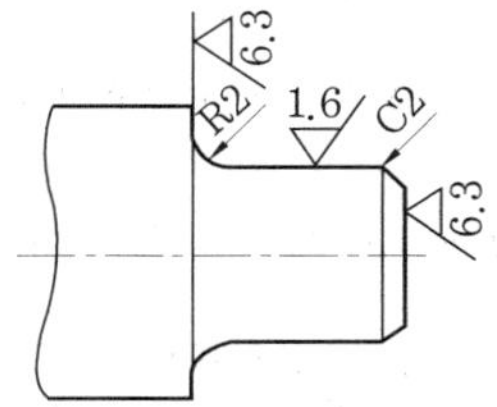

생략이 가능한 부분

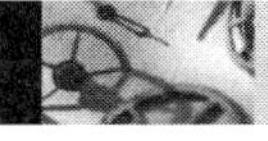

1-3 다듬질 기호

KS B 0617의 부속서에 의하면, 면의 지시 기호 대신 다듬질 기호를 사용할 수 있다고 규정하고 있다.
그러나 이 방법은 KS B 0617 원규격과 ISO 규격에는 맞지 않으므로 부득이한 경우가 아니고는 사용하
지 않는 것이 좋다.

1 다듬질 기호

다듬질 기호를 사용하여 표면 거칠기를 지시할 때는 삼각 기호(∇)의 수와 파형 기호($\sim$)로 표시한다.
다음 표[다듬질 기호의 표면 거칠기의 표준 수열]는 다듬질 기호에 대한 표면 거칠기의 표준값으로, 특
별히 지정하는 경우 이외에는 이 중 하나를 선택해서 사용한다.

다듬질 기호와 표면 거칠기의 표준 수열

다듬질 기호	표면 거칠기의 표준 수열		
	R_a	R_{max}	R_z
$\nabla\nabla\nabla\nabla$	0.2a	0.8S	0.8Z
$\nabla\nabla\nabla$	1.6a	6.3S	6.3Z
$\nabla\nabla$	6.3a	25S	25Z
∇	25a	100S	100Z
$\sim$	특별히 규정하지 않는다		

※ 1. 다듬질 기호의 삼각은 정삼각형으로 한다.
  2. 표의 표준 수열 이외의 값을 특히 지시할 필요가 있는 경우에는, 다듬질 기호에 그 값을 부기한다.
  3. 지시하는 표면 거칠기의 범위가 표의 서로 다른 구간에 걸치는 경우에는, 삼각의 수는 표면 거칠기의 상한에 맞춘다.

❷ 다듬질 기호의 사용

다듬질 기호를 사용하여 면의 결을 지시할 때에는 삼각 기호에 표면 거칠기의 표준값, 컷오프값, 기준 길이, 가공 방법, 줄무늬 방향의 기호 및 다듬질 여유값을 부기할 수 있다. 이때, 중심선 평균 거칠기는 a, 최고 높이는 S, 10점 평균 거칠기는 Z의 기호를 표면 거칠기의 표준값 다음에 기입한다.

다듬질 기호의 상용 보기

번 호	기 호	뜻
1	$\sim$	제거 가공을 하지 않는다.
2	$\underset{\sim}{100\,S}$	L8mm에 R_{max}가 100μm보다 작은 주조 등의 면
3	$\underset{\nabla}{50\,Z}$	L8mm에서 R_z가 최대 50μm인 제거 가공을 하는 면
4	$\nabla\nabla\nabla$	표 [다듬질 기호의 표면 거칠기의 표준 수열]에 표시하는 표면 거칠기의 범위에 들어가는 제거 가공을 하는 면(대략 1.6a)
5	$\underset{\nabla\nabla\nabla}{0.8\,a}$	λ_c 0.8mm에서 R_a가 최대 0.8μm인 제거 가공을 하는 면
6	$\underset{\nabla}{\quad}^{G}$	표 [다듬질 기호의 표면 거칠기의 표준 수열]에 표시하는 표면 거칠기의 범위에 들어가는 연삭 가공을 하는 면
7	$\underset{\nabla\nabla}{1.6\,a}{}^{G}\!/_{2.5}$	λ_c 2.5mm에서 R_a가 최대 1.6μm인 연삭 가공을 하는 면

※ 파형 기호 및 삼각 기호의 수에 상당한 표면 거칠기의 값을 표제란 또는 그 근처에 표시한 경우에는 기호 a, s, z는 생략해도 좋다.

❸ 도면 기입 방법

다듬질 기호를 도면에 기입할 때에는 [그림]과 같이 표시한다.

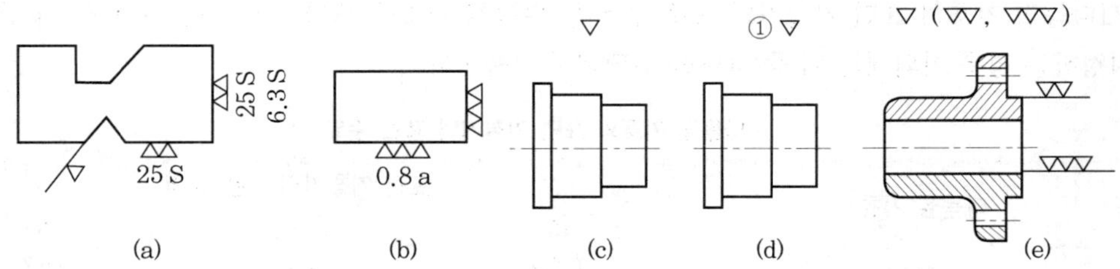

다듬질 기호의 기입 방법

1-4 가공 방법의 약호

가공 방법의 약호

가공 방법	약호 I	약호 II	가공 방법	약호 I	약호 II
선반 가공	L	선반	호닝 가공	GH	호닝
드릴 가공	D	드릴	액체 호닝 가공	SPL	액체 호닝
보링 머신 가공	B	보링	배럴 연마 가공	SPBR	배럴
밀링 가공	M	밀링	버프 다듬질	FB	버프
평삭반 가공	P	평삭	블라스트 다듬질	SB	블라스트
형삭반 가공	SH	형삭	랩핑 다듬질	FL	래핑
브로치 가공	BR	브로치	줄 다듬질	FF	줄
리머 가공	FR	리머	스크레이퍼 다듬질	FS	스크레이퍼
연삭 가공	G	연삭	페이퍼 다듬질	FCA	페이퍼
벨트 샌딩 가공	GR	포연	주 조	C	주조

예 상 문 제

1. 다듬질 기호와 다듬질 상태를 나타낸 것 중 틀린 것은?

㉮ ∿ : 보통 다듬질 ㉯ ▽ : 거치른 다듬질
㉰ ▽▽ : 중간 다듬질 ㉱ ▽▽▽ : 상 다듬질

[해설] ∿ 기호는 가공을 하지 않고 그대로 두거나 돌기 부만 약간 따내는 것으로 주물, 단조품면에 쓰인다. 비 절삭 가공 기호이다.

2. 줄가공, 플레이너, 선반 등에 의한 가공으로서 가공의 흔적이 남을 정도의 거치른 가공면을 나타내는 기호는 다음 중 어느 것인가?

㉮ ▽▽▽ ㉯ ▽▽ ㉰ ▽ ㉱ ∿

3. 공작 기계의 미끄럼면, 게이지의 측정면 등 가공의 흔적이 없는 가공면의 기호는 다음 중 어느 것인가?

㉮ ▽▽▽ ㉯ ▽▽ ㉰ ▽ ㉱ ∿

4. 다듬질 기호 ▽▽▽▽는 다음 중 어느 것에 해당하는가?

㉮ 0.1∼0.8S ㉯ 1.5∼6 S

㉰ 12∼25S ㉱ 35∼100S

[해설] ㉯항은 ▽▽, ㉰항은 ▽▽, ㉱항은 ▽에 해당한다.

5. 표면 거칠기의 표시 0.8S에 대한 설명 중 틀린 것은?

㉮ S는 서피스(surface : 표면)의 첫 자이다.
㉯ 0.8S는 0.8μ 이하의 조도로서 요철의 최대 높이가 0.8μ임을 표시한다.
㉰ S는 μ로 표시하는데 1/1000mm이다.
㉱ 0.8S는 0.08mm이다.

6. 표면 거칠기 중 일반적으로 쓰이는 것은?

㉮ 최대 높이[H_{max}]
㉯ 10점 평균 거칠기[R_z]
㉰ 중심선 평균 거칠기 [R_a]
㉱ 전체 평균 거칠기

7. 대상면의 표시 기호 중 제거 가공을 허용하지 않는 것을 지시하는 경우로 옳은 것은?

㉮  ㉯ 

정답 1. ㉮ 2. ㉰ 3. ㉮ 4. ㉮ 5. ㉱ 6. ㉰ 7. ㉯

㉓ 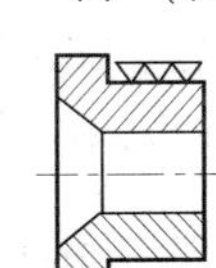   ㉘

8. 다음 표면 거칠기를 표시하는 기호가 서로 잘못 짝지어진 것은?

㉮ 최대 높이 거칠기 : R_{max}
㉯ 기준선 거칠기 : R_μ
㉰ 중심선 평균 거칠기 : R_a
㉱ 10점 평균 거칠기 : R_z

9. KS와 ISO 모두에 규정되어 있는 표면거칠기 방법은 어느 것인가?

㉮ 최대 높이 거칠기　　㉯ 10점 평균 거칠기
㉰ 중심선 평균 거칠기　㉱ 기준선 평균 거칠기

10. 다음 최대 거칠기를 표시한 것 중에서 가장 표면이 매끄러운 것은?

㉮ 1.6S　　㉯ 0.1Z　　㉰ 12.5a　　㉱ 0.1S

[해설] S는 최대 거칠기, a는 중심선 평균 거칠기, Z는 10점 평균 거칠기를 표시한다.

11. 그림에서 ▽▽(▽▽▽)에 대한 설명으로 옳은 것은?

㉮ ▽▽로 일부만 다듬질하고 ▽▽▽는 나머지 부분을 다듬질한다.
㉯ 일부는 ▽▽▽로 다듬질하고 ▽▽는 나머지 부분을 다듬질한다.
㉰ 전부 다듬질하되 ▽▽나 ▽▽▽을 선택해서 다듬질한다.

㉱ 전면을 ▽▽▽로 다듬질한다.

12. 가공 방법의 약호 중 주조를 표시한 것은?

㉮ FB　　　　　　㉯ C
㉰ B　　　　　　 ㉱ FL

13. 다음 가공 방법의 약호 중 선반 가공을 나타내는 것은?

㉮ FR　　　　　　㉯ L
㉰ B　　　　　　 ㉱ FL

[해설] ㉮는 리머 가공, ㉰는 보링, ㉱는 래핑 가공을 뜻한다. G : 연삭, F : 줄 가공, D : 드릴링.

14. 다음 가공 모양의 기호 중 가공으로 생긴 선이 거의 방사상을 표시하는 것은?

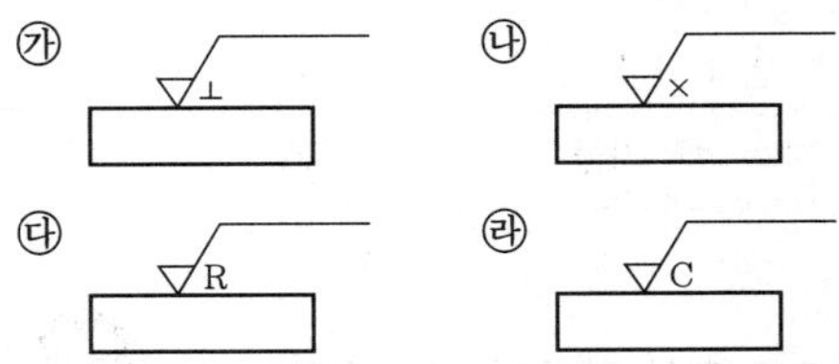

[해설] ㉮항은 가공으로 생긴 줄이 수직, ㉯항은 가공으로 생긴 줄이 교차, ㉱항은 가공으로 생긴 선이 거의 동심원, ⌵= 은 가공으로 생긴 줄이 평행, ⌵M 은 가공으로 생긴 줄이 다방면으로 되어 있는 것을 나타낸다.

15. 가공 방법의 약호 중 잘못된 것은?

㉮ FR－리머　　　　㉯ FS－스크레이퍼
㉰ M－밀링　　　　 ㉱ D－보링

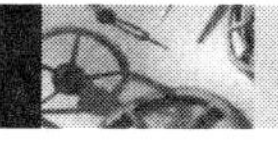 2. 치수 공차와 끼워 맞춤

2-1 공차

1 공차의 개요

대량 생산 방식에 의해서 제작되는 기계 부품은 호환성을 유지할 수 있도록 가공되어야 한다. 즉, 모든 부품은 확실하게 조립되고 요구되는 성능을 얻을 수 있어야 한다. 또한, 치수 공차와 기하학적 형상 공차 및 표면 거칠기는 상호 상관 관계를 갖도록 설정해야 하고, 이들 중 기본이 되는 것이 치수 공차이다.

이 치수 공차는 IT 공차에 따르며, KS B 0401에 규정되어 있다.

2 용어의 뜻

① **구멍** : 주로 원통형의 내측 형체를 말하나, 원형 단면이 아닌 내측 형체도 포함된다.

② **축** : 주로 원통형의 외측 형체를 말하나, 원형 단면이 아닌 외측 형체도 포함된다.

③ **기준 치수**(basic dimension) : 치수 허용 한계의 기본이 되는 치수이다. 도면상에는 구멍, 축 등의 호칭 치수와 같다.

④ **기준선**(zero line) : 허용 한계 치수와 끼워 맞춤과를 도시할 때 치수 허용차의 기준이 되는 선으로, 기준선은 치수 허용차가 0(zero)인 직선으로 기준 치수를 나타낼 때 사용한다.

⑤ **허용 한계 치수**(limits of size) : 형체의 실치수가 그 사이에 들어가도록 정한, 허용할 수 있는 대소 2개의 극한의 치수. 즉, 최대 허용 치수 및 최소 허용 치수

⑥ **실치수**(actual size) : 형체를 측정한 실측 치수

⑦ **최대 허용 치수**(maximum limits of size) : 형체의 허용되는 최대 치수

⑧ **최소 허용 치수**(minimum limits of size) : 형체의 허용되는 최소 치수

⑨ **공차**(tolerance) : 최대 허용 한계 치수와 최소 허용 한계 치수와의 차이며, 치수 허용차라고도 한다.

⑩ **치수 허용차**(deviation) : 허용 한계 치수에서 기준 치수를 뺀 값으로서 허용차라고도 한다.

⑪ **위 치수 허용차**(upper deviation) : 최대 허용 치수에서 기준 치수를 뺀 값

⑫ **아래 치수 허용차**(lower deviation) : 최소 허용 치수에서 기준 치수를 뺀 값

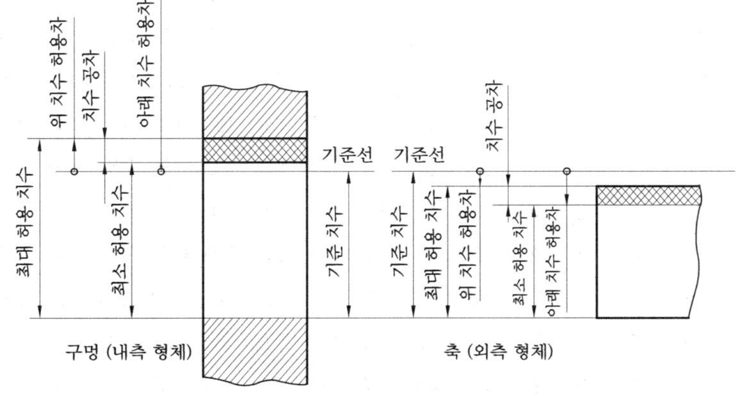

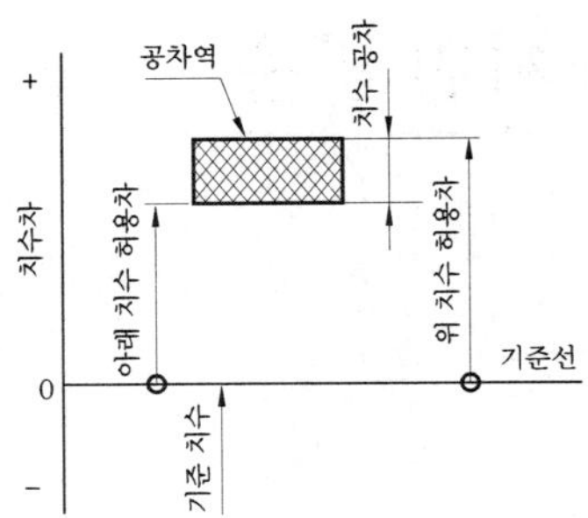

※ 이 그림은 공차역 · 치수 허용차 · 기준선
의 상호 관계만을 나타내기 위해 간단화한
것이다. 이와 같은 간단화된 그림에서 기준
선은 수평으로 하고 정(+)의 치수 허용차
는 그 위쪽에, 부(−)의 치수 허용차는 그
아래쪽에 나타낸다.

🔳 기본 공차

① **기본 공차의 구분 및 적용** : 기본 공차는 IT01부터 IT18까지 20등급으로 구분하여 규정되어 있으며, IT01과 IT0에 대한 값은 사용 빈도가 적으므로 별도로 정하고 있다. IT 공차를 구멍과 축의 제작 공차로 적용할 때 제작의 난이도를 고려하여 구멍에는 IT_n, 축에는 IT_{n-1}을 부여하며 다음과 같다.

기본 공차의 적용

용 도	게이지 제작 공차	끼워 맞춤 공차	끼워 맞춤 이외 공차
구멍	IT 01 ~ IT 5	IT 6 ~ IT 10	IT 11 ~ IT 18
축	IT 01 ~ IT 4	IT 5 ~ IT 9	IT 10 ~ IT 18

② **IT 공차의 수치** : 기준 치수가 500 이하인 경우와 500을 초과하여 3150까지 공차 등급 IT1부터 IT18에 대한 기본 공차의 수치를 표 [기본 공차의 수치]에 나타내고, IT01~IT0에 대한 수치는 표[기본 공차의 수치(공차 등급 IT01 및 IT0)]에 나타낸다.

기본 공차의 수치

기준치수의 구분(mm)		공차 등급																
초과	이하	1	2	3	4	5	6	7	8	9	10	11	12	13	14(′)	15(′)	16(′)	17(′)	18(′)
		기본 공차의 수치(μm)											기본 공차의 수치(mm)						
−	3(′)	0.8	1.2	2	3	4	6	10	14	25	40	60	0.10	0.14	0.26	0.40	0.60	1.00	1.40
3	6	1	1.5	2.5	4	5	8	12	18	30	48	75	0.12	0.18	0.30	0.48	0.75	1.20	1.80
6	10	1	1.5	2.5	4	6	9	15	22	36	58	90	0.15	0.22	0.36	0.58	0.90	1.50	2.20
10	18	1.2	2	3	5	8	11	18	27	43	70	110	0.18	0.27	0.43	0.70	1.10	1.80	2.70
18	30	1.5	2.5	4	6	9	13	21	33	52	84	130	0.21	0.33	0.52	0.84	1.30	2.10	3.30
30	50	1.5	2.5	4	7	11	16	25	39	62	100	160	0.25	0.39	0.62	1.00	1.60	2.50	3.90
50	80	2	3	5	8	13	19	30	46	114	120	190	0.30	0.46	0.74	1.20	1.90	3.00	4.60
80	120	2.5	4	6	10	15	22	35	54	87	140	220	0.35	0.54	0.87	1.40	2.20	3.50	5.40
120	180	3.5	5	8	12	18	25	40	63	100	160	250	0.40	0.63	1.00	1.60	2.50	4.00	6.30
180	250	4.5	7	10	14	20	29	46	72	115	185	290	0.46	0.72	1.15	1.85	2.90	4.60	7.20
250	315	6	8	12	16	23	32	52	81	130	210	320	0.52	0.81	1.30	2.10	3.20	5.20	8.10
315	400	7	9	13	18	25	36	57	89	140	230	360	0.57	0.89	1.40	2.30	3.60	5.70	8.90
400	500	8	10	15	20	27	40	63	97	155	250	400	0.63	0.97	1.55	2.50	4.00	6.30	9.70

		(8)																
500	630	9	11	16	22	30	44	70	110	175	280	440	0.70	1.10	1.75	2.80	4.40	7.00	11.00
630	800	10	13	18	25	35	50	80	125	200	320	500	0.80	1.25	2.00	3.20	5.00	8.00	12.50
800	100	11	15	21	29	40	56	90	140	230	360	560	0.90	1.40	2.30	3.60	5.60	9.00	14.00
1000	1250	13	18	24	34	46	66	105	165	260	420	660	1.05	1.65	2.60	4.20	6.60	10.50	16.50
1250	1600	15	21	29	40	54	78	125	195	310	500	780	1.25	1.95	3.10	5.00	7.80	12.50	19.50
1600	2000	18	25	35	48	65	92	150	230	370	600	920	1.50	2.30	3.70	6.00	9.20	15.00	23.00
2000	2500	22	30	41	57	77	110	175	280	440	700	1100	1.75	2.80	4.40	7.00	11.00	17.50	28.00
2500	3150	26	36	50	69	93	135	210	330	540	860	1350	2.10	3.30	5.40	8.60	13.50	21.00	33.00

주 (7) 공차 등급 IT14~IT18은 기준 치수 1mm 이하에는 적용하지 않는다.

(8) 500mm를 초과하는 기준 치수에 대한 공차 등급 IT1~IT5의 공차값은 실험적으로 사용하기 위한 잠정적인 것이다.

기본 공차의 수치(공차 등급 IT 01 및 IT 0)

기준 치수의 구분 (mm)	초과	–	3	6	10	18	30	50	80	120	180	250	315	400
	이하	3	6	10	18	30	50	80	120	180	250	315	400	500
기본 공차의 수치 (μm)	IT 01	0.3	0.4	0.4	0.5	0.6	0.6	0.8	1	1.2	2	2.5	3	4
	IT 0	0.5	0.6	0.6	0.8	1	1	1.2	1.5	2	3	4	5	6

2-2 끼워 맞춤

구멍과 축이 조립되는 관계를 끼워 맞춤(fitting)이라 한다.

① **틈새(clearance)** : 구멍의 지름이 축의 지름보다 큰 경우 두 지름의 차를 말한다.

② **죔새(interference)** : 축의 지름이 구멍의 지름보다 큰 경우 두 지름의 차를 말한다.

㈎ 최소 틈새 : 구멍의 최소 허용 치수－축의 최대 허용 치수

㈏ 최대 틈새 : 구멍의 최대 허용 치수－축의 최소 허용 치수

㈐ 최소 죔새 : 축의 최소 허용 치수－구멍의 최대 허용 치수

㈑ 최대 죔새 : 축의 최대 허용 치수－구멍의 최소 허용 치수

■ 끼워 맞춤에 사용되는 구멍과 축의 종류

끼워 맞춤에 사용되는 구멍과 축의 종류는 기초가 되는 치수 허용차의 수치와 방향에 의해서 결정되며, 이것은 공차역의 위치를 나타낸다. 구멍은 A부터 ZC까지 영문자의 대문자로 나타내고, 축은 a~zc까지 영문자의 소문자로 나타내며, 이들 구멍과 축의 위치는 기준선을 중심으로 대칭이다.

■ 끼워 맞춤의 종류

① **끼워 맞춤 방식에 따른 종류** : 끼워 맞춤 부분을 가공할 때 부품의 소재 상태와 가공의 난이도에 따라 구멍을 기준으로 할 것인지, 또는 축을 기준으로 할 것인지에 따라 구멍 기준식과 축 기준식으로 나

눈다.

㈎ 구멍 기준식 끼워 맞춤 : 아래 치수 허용차가 0인 H 기호 구멍을 기준 구멍으로 하고, 이에 적당한 축을 선정하여 필요한 죔새나 틈새를 얻는 끼워 맞춤이다.

H6~H10의 다섯 가지 구멍을 기준 구멍으로 사용한다.

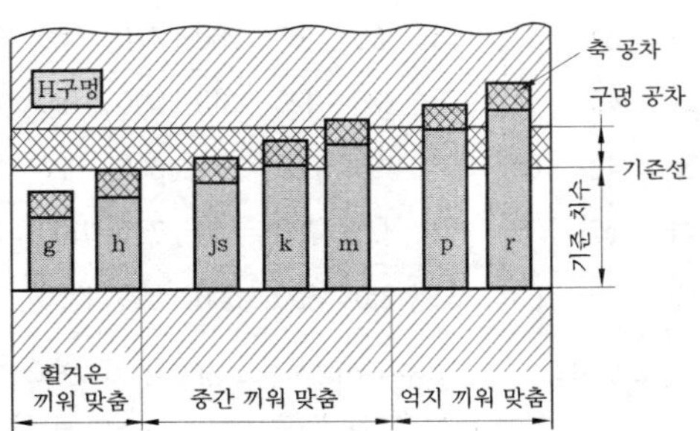

구멍 기준 끼워 맞춤

상용하는 구멍 기준 끼워 맞춤

기준 구멍	축의 공차역 클래스																
	헐거운 끼워 맞춤							중간 끼워 맞춤			억지 끼워 맞춤						
	b	c	d	e	f	g	h	js	k	m	n	p	r	s	t	u	x
H6						g5	h5	js5	k5	m5							
					f6	g6	h6	js6	k6	m6	n6[19]	p6[19]					
H7					f6	g6	h6	js6	k6	m6	n6	p6[19]	r6	s6	t6	u6	x6
				e7	f7		h7	js7									
H8					f7		h7										
				e8	f8		h8										
			d9	e9													
H9			d8	e8			h8										
		c9	d9	e9			h9										
H10	b9	c9	d9														

⊕ [19] 이들의 끼워 맞춤은 치수의 구분에 따라 예외가 생긴다.

㈏ 축 기준식 끼워 맞춤 : 위 치수 허용차가 0인 h축을 기준으로 하고, 이에 적당한 구멍을 선정하여 필요한 죔새나 틈새를 얻는 끼워 맞춤이다. h5~h9의 다섯 가지 축을 기준 축으로 사용한다.

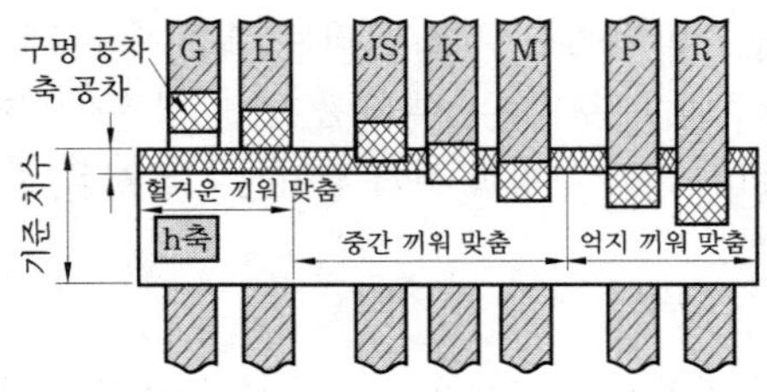

축 기준 끼워 맞춤

상용하는 축 기준 끼워 맞춤

기준축	헐거운 끼워 맞춤							중간 끼워 맞춤				억지 끼워 맞춤					
h5							H6	JS6	K6	M6	N6[20]	P6					
h6					F6	G6	H6	JS6	K6	M6	N6	P6[20]					
					F7	G7	H7	JS7	K7	M7	N7	P7[20]	R7	S7	T7	U7	K7
h7				E7	F7		H7										
					F8		H8										
h8			D8	E8	F8		H8										
			D9	E9			H9										
h9			D8	E8			H8										
		C9	D9	E9			H9										
	B10	C10	D10														

② 끼워 맞춤 상태에 따른 분류

㈎ 헐거운 끼워 맞춤 : 구멍의 최소 치수가 축의 최대 치수보다 큰 경우이며, 항상 틈새가 생기는 끼워 맞춤이다.

㈏ 억지 끼워 맞춤 : 구멍의 최대 치수가 축의 최소 치수보다 작은 경우이며, 항상 죔새가 생기는 끼워 맞춤이다.

㈐ 중간 끼워 맞춤 : 중간 끼워 맞춤은 축, 구멍의 치수에 따라 틈새 또는 죔새가 생기는 끼워 맞춤으로, 헐거운 끼워 맞춤이나 억지 끼워 맞춤으로 얻을 수 없는 더욱 작은 틈새나 죔새를 얻는 데 적용된다.

❸ 끼워 맞춤 방식의 선택

구멍이 축보다 가공하거나 측정하기가 어려우므로, 여러 가지 종류의 구멍을 가공해야 하는 축 기준 끼워 맞춤을 선택하는 것보다 1개의 구멍에 여러 가지 축을 가공하여 끼워 맞춤하는 구멍 기준 끼워 맞춤을 선택하는 것이 유리하다.

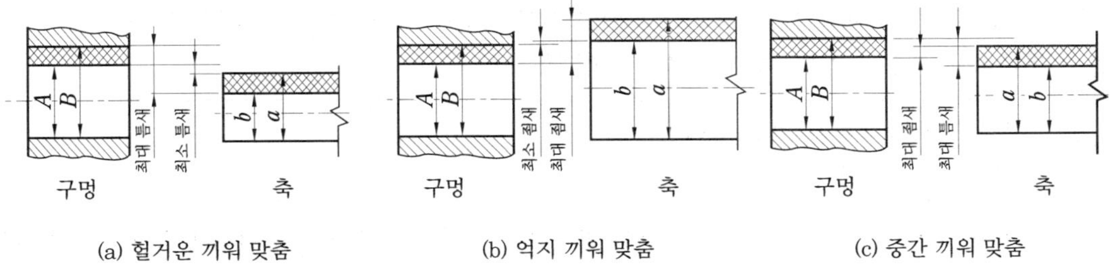

(a) 헐거운 끼워 맞춤　　(b) 억지 끼워 맞춤　　(c) 중간 끼워 맞춤

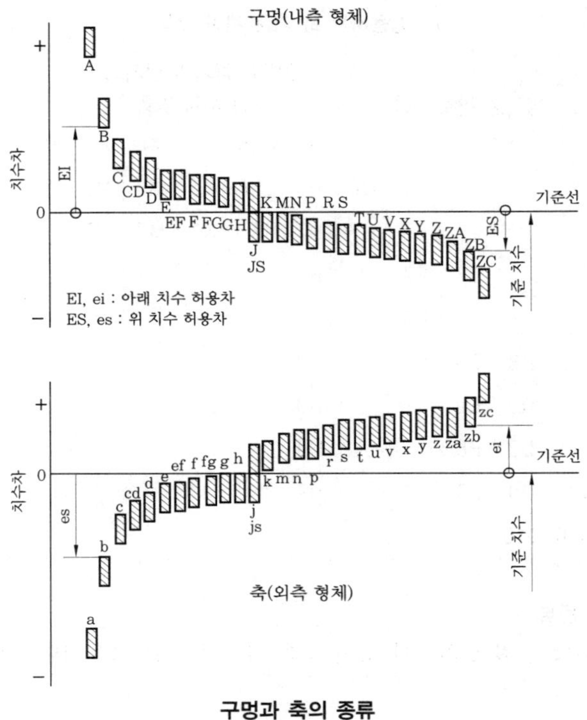

구멍과 축의 종류

2-3 치수 공차와 끼워 맞춤 기호의 기입법

1 치수 공차의 기입법

① 치수 공차는 공차의 클래스 기호(치수 공차 기호) 또는 공차값을 기준 치수에 계속하여 [보기]와 같이 기입한다.

[보 기]
- $\phi50H7$ 또는 $\phi50g6$
- $\phi50^{+0.0250}_{0}$ 또는 $\phi50^{-0.009}_{-0.025}$

② 텔렉스 등 한정된 문자수의 장치를 이용하여 통신할 경우에는 구멍과 축을 구별하기 위하여 구멍에는 H 또는 h, 축에는 S 또는 s를 기준 치수 앞에 붙인다.

[보 기]
- 50H7 구멍 : H50H7 또는 h50h7
- 50h6 축 : S50H6 또는 s50h6

③ 치수 공차를 허용 한계 치수로 나타낼 때에는 최대 치수를 위에, 최소 치수를 아래에 겹쳐서 기입한다.

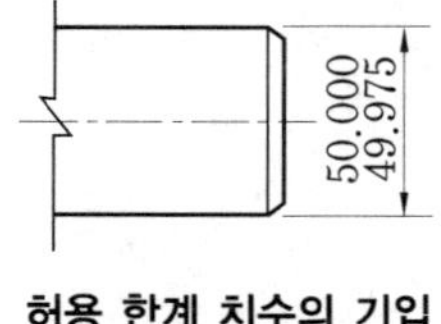

허용 한계 치수의 기입

④ 1개의 부품에서 서로 관련되는 치수를 기입하는 경우에는 [그림 A] 및 [그림 B]와 같이 기입한다. [그림 A]와 같이 기준면이 없이 직렬로 기입할 경우에는 공차 누적이 부품 기능에 관계되지 않을 때에 사용하는 것이 좋다.

치수 중 기능상 중요도가 적은 치수는 (　)를 붙여서 참고 치수로 나타낸다. [그림 B]의 (a)는 한 변을 기준으로 하여 병렬로 기입하는 방법이고, [그림 B]의 (b)는 누진 치수로 기입하는 방법으로, 이들은 다른 치수의 공차에 영향을 끼치지 않을 때 사용하는 것이 좋다.

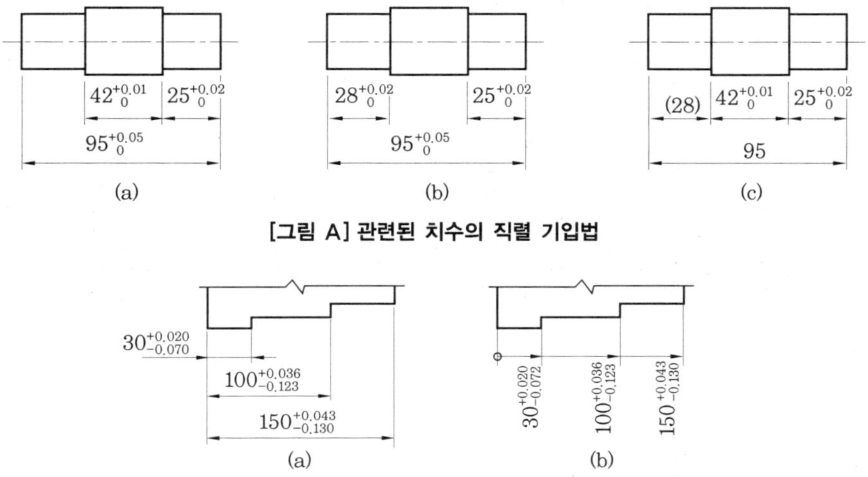

[그림 A] 관련된 치수의 직렬 기입법

[그림 B] 관련된 치수의 병렬 기입법

② 끼워 맞춤의 기입법

① **공차에 의한 기입법** : 끼워 맞춤은 구멍, 축의 공통 기준 치수에 구멍의 공차 기호와 축의 공차 기호를 계속하여 [보기]와 같이 표시한다.

> [보 기]
> · 50H7 구멍과 50g6 축의 끼워 맞춤 기입
> · 50H7/g6, 50H7-g6, $50\dfrac{H7}{g6}$

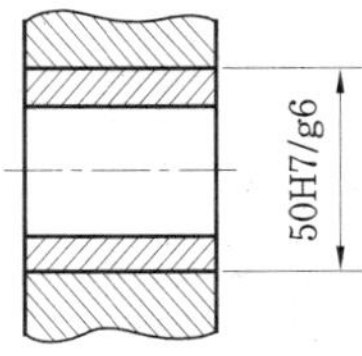

② **공차값에 의한 기입법** : 같은 기준 치수에 대하여 구멍 및 축에 대한 위·아래 치수 허용차를 명기할 필요가 있을 때에는 각각의 치수선 위에 기입하고, 또 구멍과 축의 기준 치수 앞에 '구멍', '축' 이라고 명기한다.

끼워 맞춤 선정 기준

적용역 분류				축의 종류	적 용(bate)	구멍, 축의 조합(구멍 기준)					대표적인 적용 예	주의 사항
						H6	H7	H8	H9	H10		
부품이 상대 운동	기능상 큰 틈새가 필요한 곳(팽창, 큰 위치 공차, 끼워 맞춤 길이가 긴 곳)			c	큰 틈새가 필요한 장소, 조립을 용이하게 하기 위한 움직이지 않는 부품, 고온에서 정상의 틈새를 필요로 하는 부품		(c8)	(c9) (c9)	c9	c9	농경기계의 먼지가 끼는 부분 내연 기관의 흡배기 밸브	
				d	큰 틈새가 필요한 움직이는 장소		(d8)	d9	d9	d9	심부, 느슨한 폴리	
	회전 또는 미끄럼 운동(윤활 상태 양호) 장소			e	일반적인 틈새가 요구되는 움직이는 장소 약간 큰 틈새가 필요한 윤활이 좋은 베어링부, 고속 중 하중의 베어링부 베어링 부	(e7)	e7 e7 e7	e9 e9 e89	e9		폭 넓은 분할 베어링, 일직선상의 여러 개 베어링 내연 기관의 크랭크 축, 주축, 캠, 베어링, 대형 발전기의 축수	
				f	일반적인 활동 부분(우수한 끼워 맞춤) 일반적인 그리스 윤활유(상온의 베어링부)	f6	f7 f8	f7 f8			기어 박스의 베어링, 소형 전동기나 펌프 베어링	비교적 가공 용이
	치우침이 없는 정밀한 움직임이 필요한 장소			g	경하중역 정밀 기기의 고속 운전 부분 정밀한 위치 결정 부분 정밀한 슬라이딩 부분	g5	g6 g6	(g7) (c7)			정밀한 링의 핀 커넥팅 로드 피스톤, 슬라이딩 밸브	일반적인 연속 회전부에는 부적합
상대적인 움직임이 없는 곳	결합할 수 있는 것 부품의 손상 없이 분해	전달 불가 끼워 맞춤으로 동력	손으로 조립	h	일반적인 위치 결정 부분 적당한 조건상에서 정밀한 슬라이딩 부분	h5	h6 h6	h78 b7	h8		내연기관의 밸브 가이드	평균적으로 약간의 틈새 발생
				js	조립이 용이한 고정도의 위치 결정 부분 약간의 틈새가 있어도 좋은 고정 부분	js5	js6 j56	(js7)			기어 휠의 허브, 웜 축	가끔 약간의 죔새가 생김.
			나무 망치로 조립	k	약간의 죔새가 있어도 좋은 고정 부분	k5	k6	(k7)			피스톤 핀, 클러치의 축	6mm 이하는 js축이 좋다. 평균적으로 틈새는 0이 됨.
				m	치우침이 없는 고정도의 위치 결정 부분	m5	m6	(m7)			캠 홀더, 리머 볼트 축	
				n	저정도의 고정 부분 고정도의 고정 부분	※ (n5)	n6	(n7)			커뮤테이터 셀 축 선풍기 팬 축	끼워 맞춤 길이가 길고 진직도가 나쁠 때에는 P축에 가깝다.
	분해, 결합이 안 된다. 부품의 손상이 없이	전달 가능 끼워 맞춤에 의해 동력	프레스에 의해 조립	p	철과 철, 황동과 강의 압입 고정(표준) 비철 부품간의 경압입 고정		※p6 ※p6				권상기의 드럼과 기어의 결합	경합금 등의 탄성 재료에서 죔새가 작아짐.
				i	비교적 적은 부품의 철 부품의 중압입 고정 비교적 적은 부품의 비철 부품의 경압입 고정		※r6 ※r6				펌프의 임펠러 샤프트 브러시, 슬리브	경압입 10mm 이하는 중간 끼워 맞춤
				s	철 부품의 영구, 반영구 조립 경합금의 압입 고정		s6 s6				크랭크 핀과 웨브의 결합	큰 치수에서는 열박음이 필요
				t	철 부품의 영구 결합		t6				밸브 시트 커플링 플랜지와 축의 열박음(큰 지름)	24mm 이하에서 사용 안함.
				u	중압입(윤활제 사용) 열박음, 냉각 박음] 표준적인 조합		u6				철도 차륜과 축의 결합	과대 응력이 되지 않도록 체크 요망

🔧 (1) 억지 끼워 맞춤 시에 다음 사항을 체크하여 허용차를 결정한다. 최소 죔새 : 전달 마력, 토크. 최대 죔새 : 허용 응력, 결합 분해에 필요한 힘
　(2) ※표를 한 것은 다음과 같은 작은 치수에서는 중간 끼워 맞춤이 된다.
　　　H6n5 : 6mm 이하, H7r6 : 3mm 이하, H7p6 : 18mm 이하

1. 다음 중 치수 공차(일명 공차)란 어느 것인가?
　㉮ 최대 허용 치수−기준 치수
　㉯ 최소 허용 치수−기준 치수
　㉰ 허용 한계 치수−기준 치수
　㉱ 최대 허용 치수−최소 허용 치수
　[해설] ㉮는 위 치수 허용차, ㉯는 아래 치수 허용차, ㉰는 허용차를 나타낸다.

2. 실제 치수(actual size)에 대하여 허용되는 최대의 치수는?
　㉮ 최소 허용 치수　　㉯ 최대 허용 치수
　㉰ 허용 한계 치수　　㉱ 호칭 치수

3. 부품의 정해진 치수를 다듬질하여 실제로 측정한 치수를 무엇이라 하는가?
　㉮ 기준 치수　　　　㉯ 치수 공차
　㉰ 실제 치수　　　　㉱ 최대 허용 치수

4. 대·소 2개의 허용할 수 있는 한계를 나타내는 치수를 무엇이라 하는가?
　㉮ 최대 허용 치수　　㉯ 허용 한계 치수
　㉰ 기준 치수　　　　㉱ 실제 치수

5. 기준 치수에 대한 설명 중 옳은 것은?
　㉮ 최대 허용 치수와 최소 허용 치수와의 차를 말한다.
　㉯ 실제 치수에 대해 허용되는 한계 치수를 말한다.
　㉰ 실제로 가공된 기계 부품의 치수를 말한다.
　㉱ 허용 한계 치수의 기준이 되며 호칭 치수라고도 한다.
　[해설] ㉮항은 치수 공차(tolerance), ㉯항은 허용 한계 치수, ㉰항은 실제 치수(tolernce)

6. 허용 한계 치수를 사용하면 여러 가지 면에서 좋다. 다음 중 틀린 것은?

　㉮ 대량 생산에 편리하다.
　㉯ 높은 정밀도를 얻을 수 있다.
　㉰ 도면이 필요 없다.
　㉱ 서로 호환성이 좋다.

※ 다음 [보기]를 보고 문제를 푸시오(7~8번).

7. 다음과 같은 구멍과 축에서 최소 틈새는 얼마인가?

보기	구　멍	축
최대 허용 치수	50.05	49.975
최소 허용 치수	50.00	49.950

　㉮ 0.05　　㉯ 0.025　　㉰ 0.01　　㉱ 0.075

8. 최대 틈새는 얼마인가?
　㉮ 0.05　　㉯ 0.025　　㉰ 0.1　　㉱ 0.075

9. 축의 지름이 $80^{+0.025}_{-0.020}$일 때, 공차는?
　㉮ 0.025　　㉯ 0.02　　㉰ 0.045　　㉱ 0.005

10. KS 규격에서 $\phi 90\,h\,6$은 다음 중 무엇을 뜻하는가?
　㉮ 축 기준식　　　㉯ 축과 구멍 기준식
　㉰ 구멍 기준식　　㉱ 억지 끼워 맞춤

11. 다음 중 호칭 치수와 같은 용어는 어느 것인가?
　㉮ 기준 치수　　　㉯ 실 치수
　㉰ 허용 한계 치수　㉱ 치수 허용차

12. $70^{+0.05}_{+0.04}$의 치수 공차 표시에서 공차(tolerance)는 얼마인가?
　㉮ 0.04　　㉯ 0.09　　㉰ 0.01　　㉱ 0.05

13. 70 ± 0.05의 치수 공차 표시에서 최대 허용 치수는?
　㉮ 70　　㉯ 70.05　　㉰ 69.95　　㉱ 71

(정답)　1. ㉱　2. ㉯　3. ㉰　4. ㉯　5. ㉱　6. ㉰　7. ㉯　8. ㉰　9. ㉱　10. ㉮　11. ㉮　12. ㉰　13. ㉯

14. 다음 중 공차가 가장 큰 것은?

㉮ 30 ± 0.02 ㉯ $40\,_{-0.03}^{\ \ 0}$

㉰ $30\,_{-0.02}^{+0.03}$ ㉱ $40\,_{\ \ 0}^{+0.04}$

15. 다음 보기는 어떤 끼워 맞춤인가?

보기	구　명	축
최 대 허 용 치 수	A=50.025	a=50.050
최 소 허 용 치 수	B=50.000	b=50.034

㉮ 억지 끼워 맞춤 ㉯ 중간 끼워 맞춤

㉰ 헐거운 끼워 맞춤 ㉱ 냉간 끼워 맞춤

16. 다음 중 억지 끼워 맞춤은?

㉮ F6h6 ㉯ G6h6 ㉰ H6h6 ㉱ S7h6

[해설] 축 기준식 h는 모두 같은데(일정한데), 대문자 기호인 구멍 기호는 Z쪽으로 갈수록 허용 치수가 작아지므로 억지 끼워 맞춤이 된다.

17. E6, H6, K6, N6의 공차의 범위는 어떻게 되는가?

㉮ E6이 크다. ㉯ K6이 크다.

㉰ N6이 크다. ㉱ 같다.

[해설] 같은 치수, 같은 등급에서는 공차가 같다.

18. ϕ50H7에 대한 설명 중 틀린 것은?

㉮ ϕ50−기준 치수 ㉯ H−축의 종류

㉰ 7−공차의 등급 ㉱ ϕ−지름 표시

[해설] H는 대문자이므로 구멍 기호이다.

19. 기준 치수가 50.00mm이고, 최소 허용 치수가 50.01mm일 때, 아래 치수 허용차는 얼마인가?

㉮ 0.09mm ㉯ 0.9mm

㉰ 0.01mm ㉱ 0.1mm

20. 틈새가 가장 큰 끼워 맞춤은?

㉮ H6f6 ㉯ H6g6 ㉰ H6k6 ㉱ H6m6

[해설] 구멍 H는 일정할 때 축 기호가 a쪽으로 갈수록 허용 치수가 작아진다.

21. 같은 등급의 공차라도 치수에 따라 공차의 범위는 다르다. 다음 설명 중 맞는 것은?

㉮ 기본 치수가 작아짐에 따라 공차 범위는 커진다.

㉯ 기본 치수가 커짐에 따라 공차 범위는 커

진다.

㉰ 기본 치수에 관계없이 일정하다.

㉱ 기본 치수에 따라 커지거나 작아진다.

22. 구멍의 최소 치수가 기준 치수와 일치하는 것은?

㉮ G7 ㉯ H7 ㉰ K7 ㉱ g7

[해설] 구멍과 축은 모두 H 구멍과 h축을 기준으로 한다.

23. 구멍 기호와 축 기호의 관계를 표시한 것 중 틀린 것은?

㉮ 구멍은 A쪽으로 갈수록 지름이 커진다.

㉯ 축은 a쪽으로 갈수록 지름이 작아진다.

㉰ 구멍은 X쪽으로 갈수록 지름이 커진다.

㉱ 축은 x쪽으로 갈수록 지름이 커진다.

24. 끼워 맞춤에서 축 기준식은 몇 등급으로 되어 있는가?

㉮ 4등급 ㉯ 5등급 ㉰ 6등급 ㉱ 7등급

[해설] 구멍 기준식은 H6~H10의 5등급, 축 기준식은 h5~h9의 5등급이다.

25. 치수 공차의 급수가 커짐에 따라 치수 공차의 절대값은?

㉮ 커진다.

㉯ 작아진다.

㉰ 구멍은 작아지고, 축은 커진다.

㉱ 변함없다.

26. 끼워 맞춤의 방식에 대한 설명 중 맞는 것은?

㉮ 구멍은 소문자, 축은 대문자로 쓴다.

㉯ 부품 번호에 대문자가 쓰이고 있으므로 구멍과 축은 다같이 소문자로 쓴다.

㉰ 구멍 기준식과 축 기준식을 구별하기 쉽게 구멍은 소문자, 축은 적당히 쓴다.

㉱ 구멍은 대문자, 축은 소문자로 표기한다.

27. 다음 중 최소 틈새를 나타낸 것은?

㉮ 축의 최대 치수−구멍의 최소 치수

㉯ 구멍의 최대 치수−축의 최소 치수

㉰ 축의 최소 치수−구멍의 최대 치수

㉱ 구멍의 최소 치수−축의 최대 치수

28. 최대 죔새를 나타내는 것은?

정답 **14.** ㉰ **15.** ㉮ **16.** ㉱ **17.** ㉱ **18.** ㉯ **19.** ㉰ **20.** ㉮ **21.** ㉯ **22.** ㉯ **23.** ㉰ **24.** ㉯ **25.** ㉮ **26.** ㉱ **27.** ㉱
28. ㉮

㉮ 축의 최대 치수−구멍의 최소 치수
㉯ 구멍의 최대 치수−축의 최소 치수
㉰ 축의 최소 치수−구멍의 최대 치수
㉱ 구멍의 최대 치수−축의 최대 치수

29. 다음은 끼워 맞춤을 표시한 것이다. 이 중 옳지 않은 것은?

㉮ 50H7/g6 ㉯ 50H7−g6

㉰ $50 \dfrac{H7}{g6}$ ㉱ 50g6H7

30. IT 기본 공차는 모두 몇 등급으로 나타내는가?

㉮ 18등급 ㉯ 19등급 ㉰ 20등급 ㉱ 21등급

31. IT 공차의 구멍 기본 공차에서 주로 게이지류에 적용되는 IT 공차는?

㉮ IT 5~IT 9 ㉯ IT 01~IT 4
㉰ IT 6~IT 10 ㉱ IT 01~IT 5

[해설] IT 기본 공차(I.S.O. Tolerance)의 등급은 IT 01급, IT 0급~IT 18등급의 모두 20등급으로 구분하며 구멍 기본 공차에서는 IT 01~IT 5등급은 게이지류, IT 6~IT 10급은 끼워 맞춤 부분, IT 11~IT 18급은 끼워 맞춤이 아닌 부분에 적용된다.

32. 다음은 허용 한계 치수의 계산법이다. 이 중 관계 없는 것은?

㉮ 위 치수 허용차=기초가 되는 치수 허용차일 때 아래 치수 허용차=위 치수 허용차−IT 공차값
㉯ 아래 치수 허용차=기초가 되는 치수 허용차일 때 위 치수 허용차=아래 치수 허용차+IT 공차값
㉰ 구멍에서 아래 치수 허용차=기초가 되는 치수 허용차=0일 때 위 치수 허용차=0+IT 공차값
㉱ 축에서 위 치수 허용차=기초가 되는 치수 허용차=0일 때 아래 치수 허용차=0+IT 공차값

▶ 3. 기하 공차의 표시 및 도시법

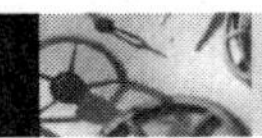 ## 3-1 기하 공차의 개요

최근에는 자동 공작 기계가 나오게 됨에 따라 기하학적으로 제품을 가공하고 치수를 측정할 수 있게 되었다. 기계 부품의 모양에 기하학적으로 정밀한 공차를 주어 높은 정밀도 및 호환성을 갖게 된 것이다. 따라서 부품의 모양을 구성하는 형체(feature : 평행 부분, 직선 부분, 원통 부분 등)와 위치 (position : 구멍의 중심 위치, 동일축 또는 동심의 위치 등)에 대하여 엄밀한 규제를 하게 되면 설계자가 요구하는 기하학적인 공차 범위로 가공할 수 있다.

1 기하 공차 도시 방법의 일반 사항

① 도면에 지정하는 대상물의 모양, 자세, 위치의 편차 및 흔들림의 허용값에 대해서는 원칙적으로 기하 공차에 의하여 도시한다.

② 형체에 지정한 치수의 허용 한계는 특별히 지시가 없는 한 기하 공차를 규제하지 않는다.

③ 기하 공차는 기능상의 요구, 호환성 등에 의거하여 불가결한 곳에만 지정한다.

④ 기하 공차의 지시는 생산 방식, 측정 방법 또는 검사 방법을 특정한 것에 한정하지 않는다. 다만, 특정한 경우에는 별도로 지시한다.

2 기하 공차의 기호

용 도		공차의 명칭	기 호
단독 형체	모양 공차	진직도 공차	—
		평면도 공차	▱
		진원도 공차	○
		원통도 공차	⌀
단독 형체 또는 관련 형체		선의 윤곽도 공차	⌒
		면의 윤곽도 공차	⌓
관련 형체	자세 공차	평행도 공차	∥
		직각도 공차	⊥
		경사도 공차	∠
	위치 공차	위치도 공차	⊕
		동축도 공차 또는 동심도 공차	◎
		대칭도 공차	═
	흔들림 공차	원주 흔들림 공차	↗
		온 흔들림 공차	↗↗

표시하는 내용		표시 방법
공차붙이 형체	직접 표시하는 경우	
	문자 기호에 의하여 표시하는 경우	
데이텀(datum)	직접 표시하는 경우	
	문자 기호에 의하여 표시하는 경우	
데이텀 타깃(target) 기입틀		
이론적으로 정확한 치수(데이텀 치수)		
돌출 공차역		
최대 실체 공차 방식		
대칭인 부품		

3-2 표시 방법

1 도면상의 표시 방법

① 정도 표시테로 두 칸 혹은 세 칸으로 된 직사각형으로 그린다. 직사각형의 칸에는 좌로부터 다음 순서에 의해 기입한다.

㈎ 공차의 종류를 나타내는 기호와 공차값은 [그림 (a)]와 같이 나타내며, 데이텀(datum, 기준선 또는 기준면)을 지시하는 문자 기호는 [그림 (b), (c)]와 같이 기입한다.

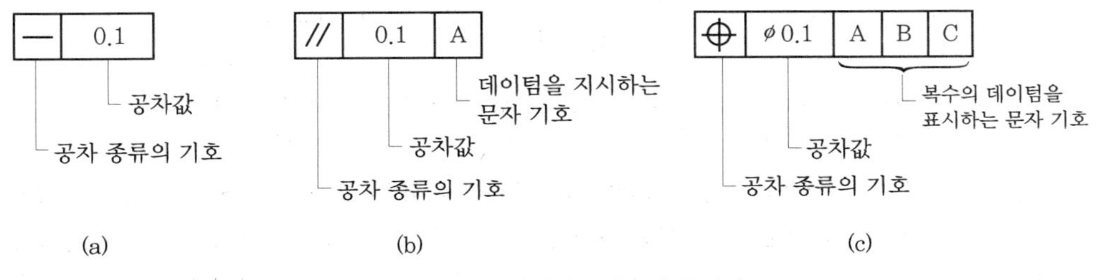

공차의 종류를 나타내는 기호와 공차값

㈏ '6구멍', '4면' 과 같이 형체의 공차에 연관시켜 지시할 때에는 [그림 (a)]와 같이 기입한다.

㈐ 1개의 형체에 2개 이상의 공차 표시를 할 때에는 [그림 (b)]와 같이 겹쳐서 기입한다.

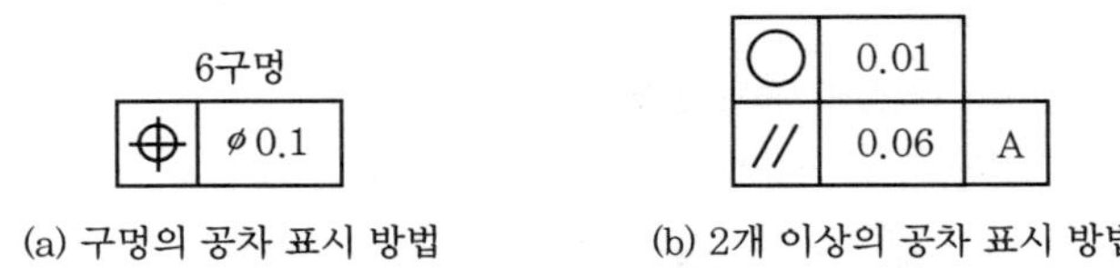

(a) 구멍의 공차 표시 방법　　(b) 2개 이상의 공차 표시 방법

형체의 공차 표시

② 공차에 의하여 규제되는 형체의 표시 방법

㈎ 선 또는 면 자체에 공차를 지정하는 경우에는 형체의 외형선 위 또는 외형선의 연장선 위에 (치수선의 위치를 피해서) 지시선의 화살표를 [그림 (a)] 및 [그림 (b)]와 같이 수직으로 한다.

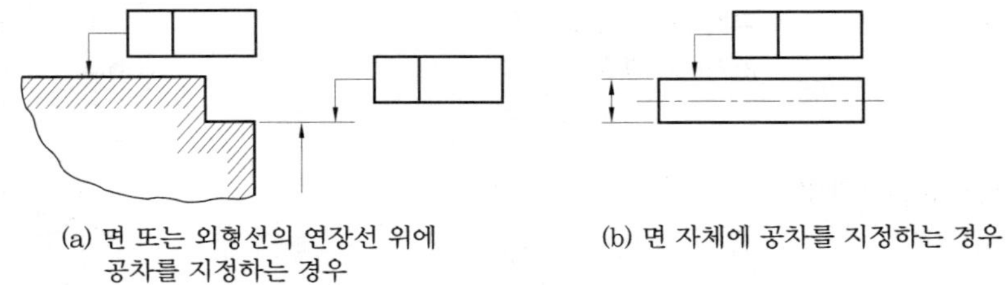

(a) 면 또는 외형선의 연장선 위에　　(b) 면 자체에 공차를 지정하는 경우
　　공차를 지정하는 경우

공차에 의하여 규제되는 형체의 표시 방법

㈏ 치수가 지정되어 있는 형체의 축선 또는 중심면에 공차를 지정하는 경우에는 치수선의 연장선이 공차 기입란으로부터 지시선이 되도록 [그림 (a), (b), (c)]와 같이 한다.

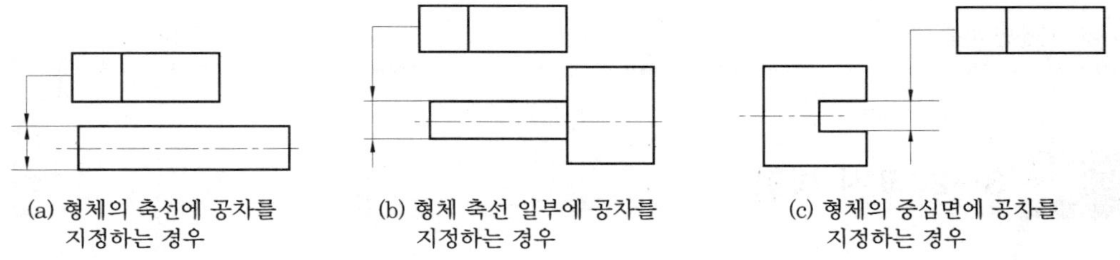

(a) 형체의 축선에 공차를　　(b) 형체 축선 일부에 공차를　　(c) 형체의 중심면에 공차를
　　지정하는 경우　　　　　　　지정하는 경우　　　　　　　지정하는 경우

㈐ 축선 또는 중심면이 형체의 공통일 경우에는 축선 또는 중심면을 나타내는 중심선에 수직으로, 공차 기입란으로부터 지시선의 화살표를 [그림 (a), (b), (c)]와 같이 그린다.

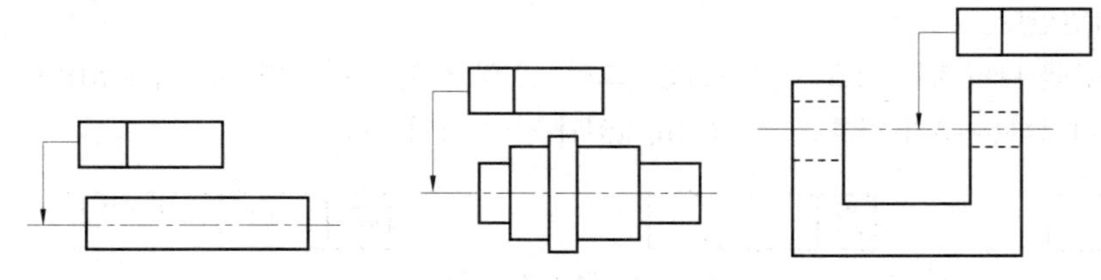

(a) 형체의 축선에 공차를 지정하는 경우,　　(b) 형체의 공통 축선에 공차를 지정하는 경우,
　　중심선에 수직으로 화살표를 그린다.　　　　중심선에 수직으로 화살표를 그린다.

㈑ 여러 개가 떨어져 있는 형체에 같은 공차를 지정하는 경우에는 형체 하나 하나에 각각의 공차를 기입하지 않고 공통의 공차 기입란으로부터 끌어낸 지시선을 [그림 (a)]와 같이 각각의 형체에 분기하거나, [그림 (b)]와 같이 각각의 형체를 문자 기호로 나타낸다(이때, 지시선의 분기점에는 둥근 흑점을 붙인다).

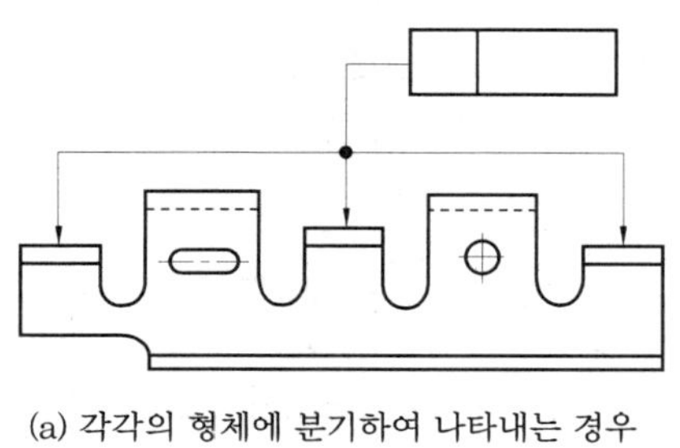

(a) 각각의 형체에 분기하여 나타내는 경우

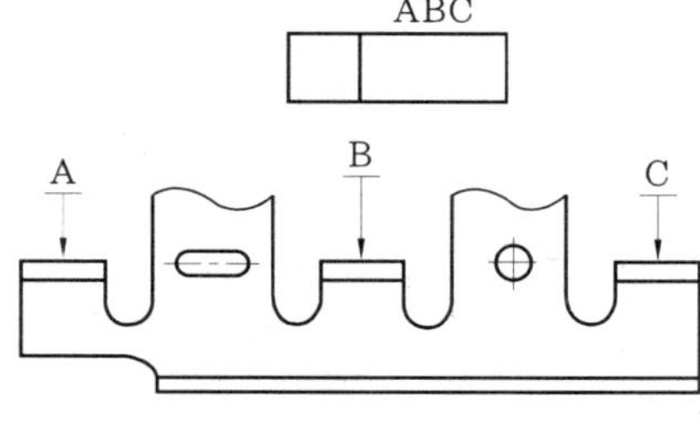

(b) 각각의 형체를 문자 기호로 나타내는 기호

③ 기하 공차의 도시 방법과 공차역의 관계

㈎ 공차값 앞에 ϕ가 있는 경우에 공차역은 원 또는 원통의 내부에 존재하는 것으로 [그림]과 같이 표시한다.

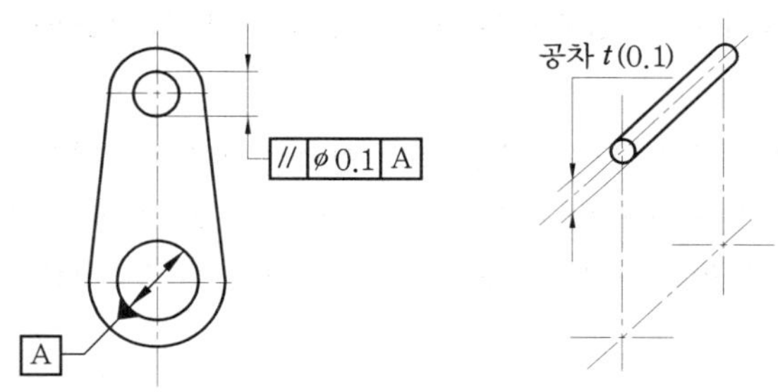

공차값 앞에 ϕ가 있는 경우, 공차의 도시 방법과 공차역의 관계

㈏ 공차역의 나비가 규제면에 대하여 법선 방향으로 존재하는 것으로 취급할 경우에는 [그림]과 같이 도시한다.

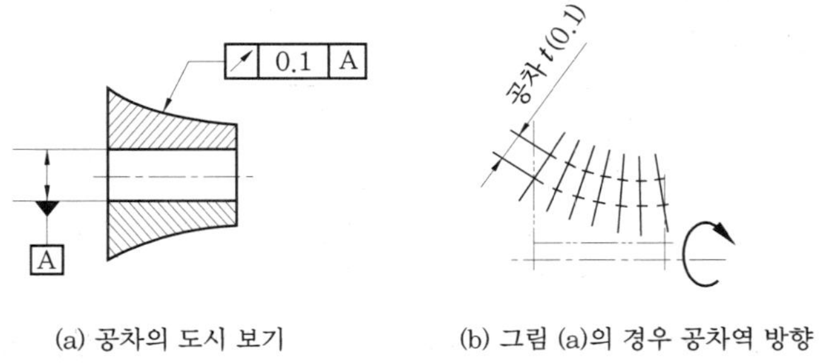

(a) 공차의 도시 보기   (b) 그림 (a)의 경우 공차역 방향

공차역의 나비가 규제면에 대하여 법선 방향으로 존재하는 것으로 취급할 경우

㈐ 여러 개가 떨어져 있는 형체에 공통의 영역을 갖는 공차값을 지정하는 경우에는 공통의 공차 기입란 위쪽에 '공통 공차역'이라고 기입한다.

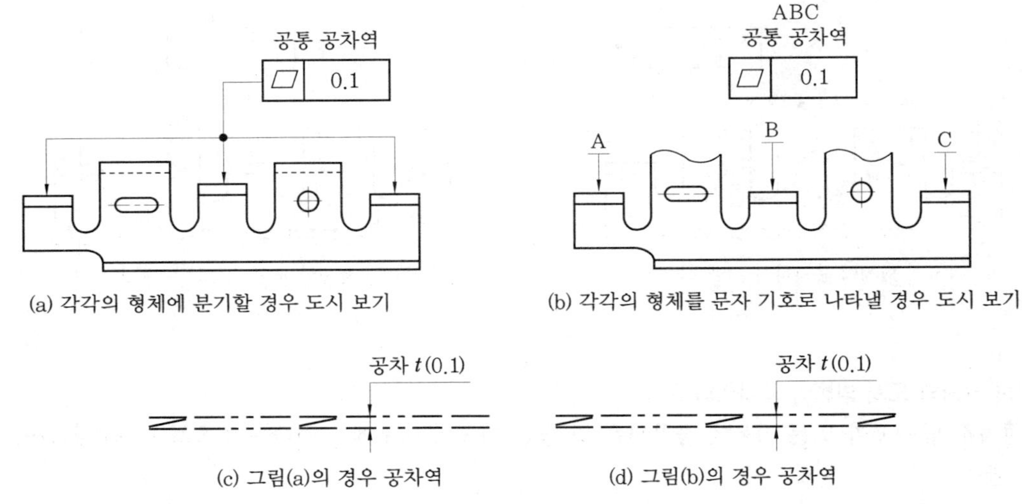

(a) 각각의 형체에 분기할 경우 도시 보기

(b) 각각의 형체를 문자 기호로 나타낼 경우 도시 보기

(c) 그림(a)의 경우 공차역

(d) 그림(b)의 경우 공차역

여러 개가 떨어져 있는 형체에 공통의 영역을 갖는 공차값을 지정하는 경우

④ 데이텀의 도시 방법

데이텀은 관련 형체에 기하 공차를 지시할 때 그 공차 영역을 규제하기 위하여 설정된 이론적으로 정확한 기하학적 기준인데, 보기를 들면 이 기준이 점, 직선, 축 직선, 평면 및 중심 평면인 경우에는 각각 데이텀 점, 데이텀 직선, 데이텀 축 직선, 데이텀 평면 및 데이텀 중심 평면이라고 부른다.

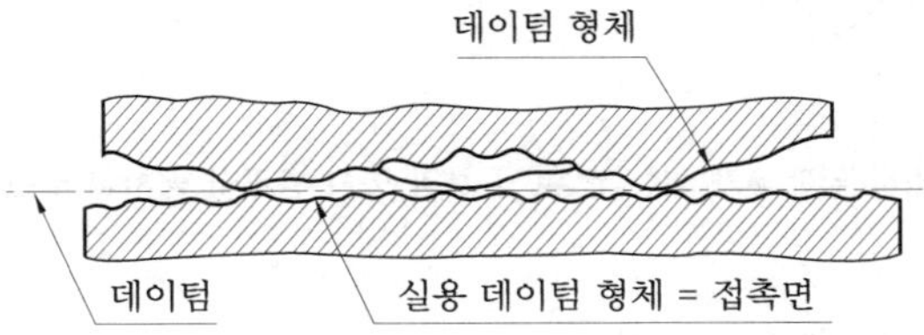

⑺ 형체에 지정하는 공차가 데이텀과 관련되는 경우에는 데이텀은 영문자의 대문자를 정사각형으로 둘러싸고, 이것과 데이텀 삼각 기호 지시선을 연결해서 나타낸다. 이때 데이텀 삼각 기호는 까맣게 칠해도 좋고 칠하지 않아도 좋다.

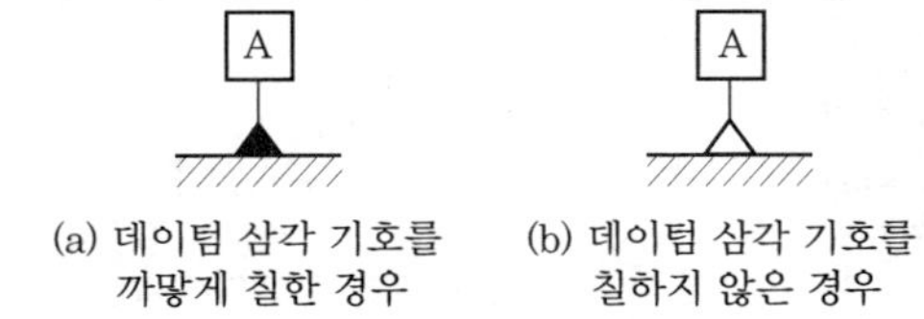

(a) 데이텀 삼각 기호를
까맣게 칠한 경우

(b) 데이텀 삼각 기호를
칠하지 않은 경우

⑻ 선 또는 면 자체가 데이텀 형체인 경우에는 형체의 외형선 위 또는 외형선을 연장한 가는 선 위에 (치수선의 위치를 피해서) 데이텀 삼각 기호를 붙인다.

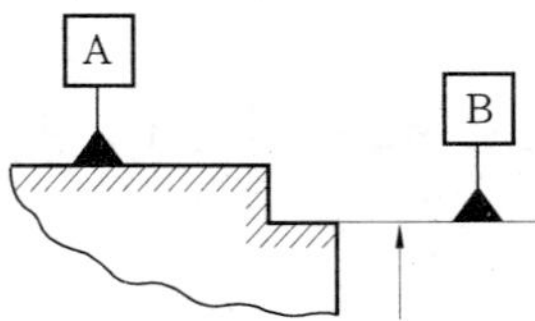

선 또는 면 자체가 데이텀 형체인 경우, 데이텀 삼각 기호 표시 방법

(대) 치수가 지정되어 있는 형체의 축 직선, 또는 중심 평면이 데이텀인 경우에는 치수선의 연장선을 데이텀의 지시선으로 사용하여 붙인다.

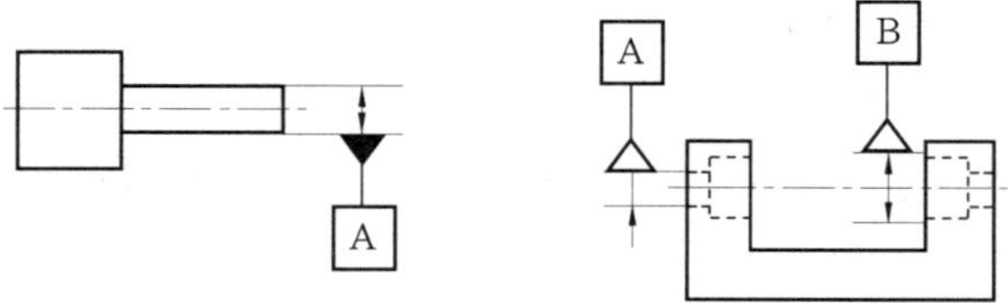

(a) 치수가 지정되어 있는 형체의
축 직선이 데이텀인 경우

(b) 치수선의 화살표를 치수 보조선 또는
외형선의 바깥쪽으로부터 기입한 경우

치수선의 연장선을 데이텀의 지시선으로 사용하여 나타내는 경우

(래) 축 직선 또는 중심 평면이 공통인 형체에 데이텀을 표시할 경우에는 축 직선, 또는 중심 평면을 나타내는 중심선에 데이텀 삼각 기호를 붙인다.

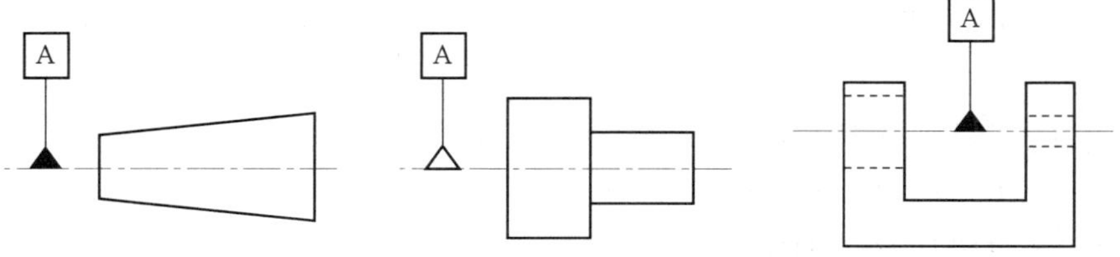

중심선에 데이텀 삼각 기호 도시 보기

(매) 잘못 볼 염려가 없는 경우에는 공차 기입란과 데이텀 삼각 기호를 직접 지시선에 연결하여 데이텀을 지시하는 문자 기호를 생략할 수 있다.

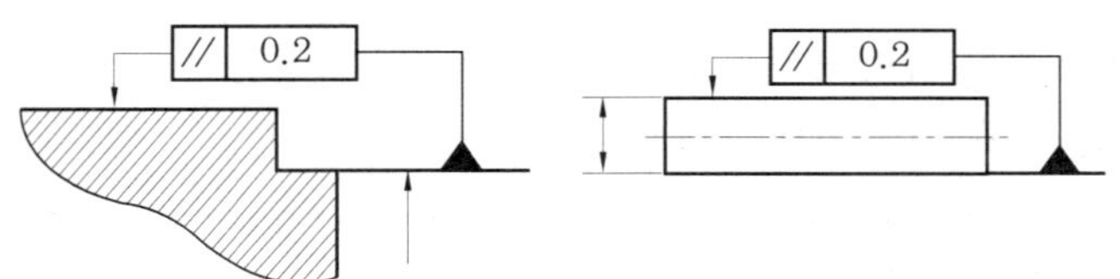

공차 기입란과 데이텀 삼각 기호를 직접 지시선에 도시한 보기

⑤ **공차 적용의 한정**

(개) 선 또는 면의 어느 한정된 범위에만 공차값을 적용할 때에는 [그림]과 같이 굵은 1점 쇄선으로 한정하는 범위를 나타내고 도시한다.

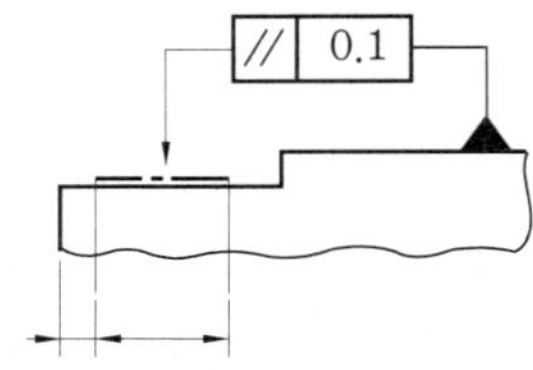

어느 한정된 범위에만 공차값을 적용할 경우

(내) 대상으로 한 형체의 임의의 위치에서 특정한 길이마다 공차를 지정할 경우에는 공차값 다음에 사선을 긋고 [보기]와 같이 그 길이를 기입한다.

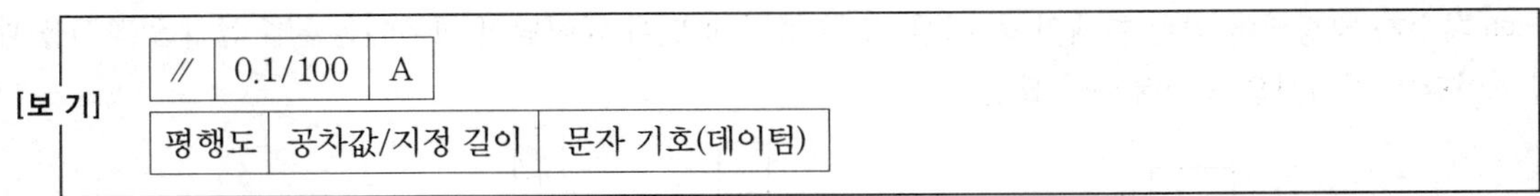

㈐ 대상으로 한 형체의 전체에 대한 공차값과 그 형체의 어느 길이마다에 대한 공차값을 동시에 지정
할 때에는 다음 [보기]와 같이 기입한다.

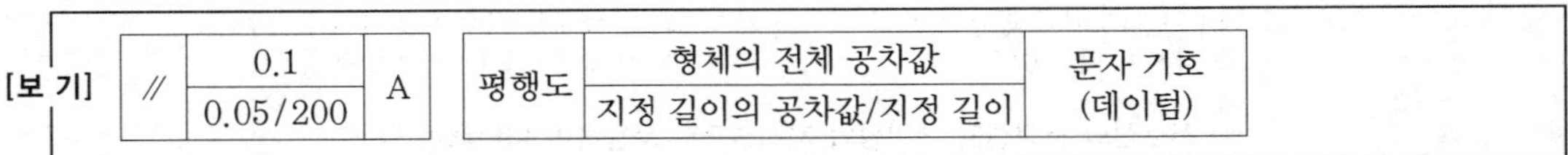

㈑ 공차역 내에서 형체의 성질을 특별히 지시하고 싶을 때에는 공차 기입란 부근에 [보기]와 같이 요
구사항을 기입하거나 또는 이것을 인출선으로 연결한다.

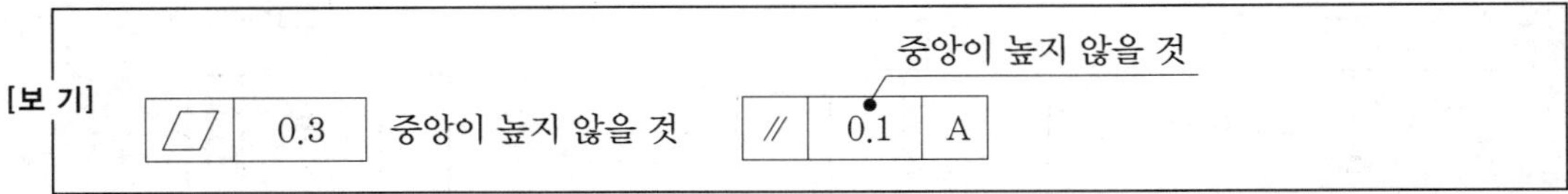

⑥ 최대 실체 공차 방식의 적용을 지시하는 방법

㈎ 최대 실체 공차 방식을 공차의 대상으로 적용하는 경우에는 공차값 뒤에 [보기]와 같이 Ⓜ을 기입한다.

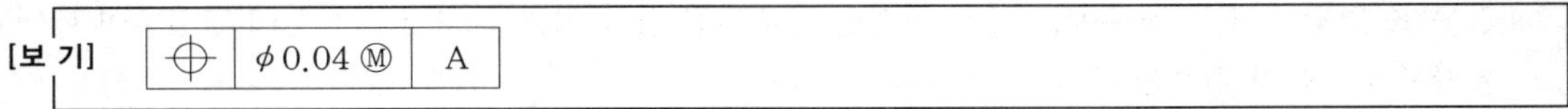

㈏ 최대 실체 공차 방식을 공차의 대상으로 데이텀 형체에 적용하는 경우에는 데이텀을 나타내는 문
자 기호 뒤에 [보기]와 같이 Ⓜ을 기입한다.

[보 기] ⊕ φ0.04 A Ⓜ

㈐ 최대 실체 공차 방식을 공차의 대상으로 공차붙이 형체와 그 데이텀 형체의 양자에 적용하는 경우
에는 공차값 뒤에 데이텀을 나타내는 문자 기호 뒤에 [보기]와 같이 Ⓜ을 기입한다.

[보 기] ⊕ φ0.04 Ⓜ A Ⓜ

❷ 형상 공차의 표시 방법과 해설

공차역의 위치란에서 사용하고 있는 선은 다음의 뜻을 나타낸다.

- 굵은 실선 또는 파선 : 형체
- 굵은 1점 쇄선 : 데이텀
- 가는 실선 또는 파선 : 공차역
- 가는 1점 쇄선 : 중심선
- 가는 2점 쇄선 : 보충하는 투상면 또는 절단면
- 굵은 2점 쇄선 : 보충하는 투상면 또는 절단면에의 형체의 투상

형상 공차	위　　치	표시 방법	해　　설
(1) 진직도 (─) • 이상 직선과의 차이 나는 정도를 뜻한다.	① 공차의 치수가 기호 ϕ 뒤에 있을 때의 공차역은 지름 t의 원통이 된다.		실제 원통 외주의 지름은 그 축심이 0.08mm의 원통상 내에 있지 않으면 안된다. ϕ 0.08 공차역
	② 공차가 1 평면 내에서만 규정되었을 때 공차역은 t 만큼 떨어진 평행 직선 사이가 된다.		화살표 한 원통이 이루는 0.08 mm만큼 떨어진 2개의 평행 직선 사이에 있어야 한다. 0.08 0.08
	③ 공차가 서로 수직한 두 평면 내에 규정될 경우의 공차역은 단면이 $t_1 \times t_2$인 평행 6면체가 된다.		육면체의 축심은 수직 방향에서 0.1mm, 수평 방향에 0.2mm 의 폭을 갖는 평행 육면체 내에 있어야 한다. 0.2 0.1
	④ 선의 진직도 공차 : 공차역은 1개의 평면에 투상되었을 때에는 t만큼 떨어진 2개의 평행한 직선 사이에 있는 영역이다.		지시선의 화살표로 나타낸 직선은 화살표 방향으로 0.1mm만큼 떨어진 2개의 평행한 평면 사이에 있어야 한다.
(2) 평면도 (▱) • 이상 평면에 대해서 차이 나는 정도를 뜻한다.	공차역은 t만큼 떨어져 있는 두 개의 평행 평면 사이가 된다.		지시된 면은 0.08mm만큼 떨어져 있는 두 개의 평행 평면 사이에 있어야 한다. 0.08 공차역
(3) 진원도 (○) • 이상적인 진원에 대해 벗어난 정도를 뜻한다.	진원도 공차역은 t만큼 떨어져 있는 2중의 동심원 사이가 된다.		원판의 원주는 0.03mm만큼 떨어진 2개의 동심원 사이에 있어야 한다. 0.03

(4) 원통도(⌀) • 원통 부분의 2개소 이상에서의 지름의 불균일한 차이를 뜻한다.	공차역은 t만큼 떨어져 있는 동일축의 원통 사이가 된다.	⌀0.05	대상이 되는 표면은 0.05만큼 반지름이 차이가 나는 2개의 동축원통 사이에 있어야 한다. 0.05 0.05 공차역
(5) 임의의 선의 윤곽도(⌒)	공차역은 정확한 기하학적 형상의 선 위에 중심을 두는 지름 t의 원이 이루는 두 개의 포락선 사이가 된다.	⌒0.04	투상면에 평행한 각 단면은 형상의 선을 중심으로 한 지름 0.04mm의 원을 이루는 두 개의 포락선 사이에 있어야 한다. 0.04 공차역
(6) 임의의 표면에 대한 윤곽도(◠)	공차역은 올바른 기하학적 형상의 표면을 중심으로 한 지름 t의 공이 이루는 두 개의 포락면 사이가 된다.	◠0.02	지시된 면은 올바른 기하학적 형상을 갖는 면을 중심으로 지름 0.02mm의 구를 이루는 두 개의 포락면 사이에 있어야 한다. 구⌀t

(7) 평행도(∥) : 직선과 직선, 직선과 평면, 평면과 평면 사이 중 어느 한 쪽을 이상 직선 또는 이상 평면으로 기준을 삼아 상대적인 직선 또는 평면 부분이 어느 정도 평행한가를 나타내는 것이다.

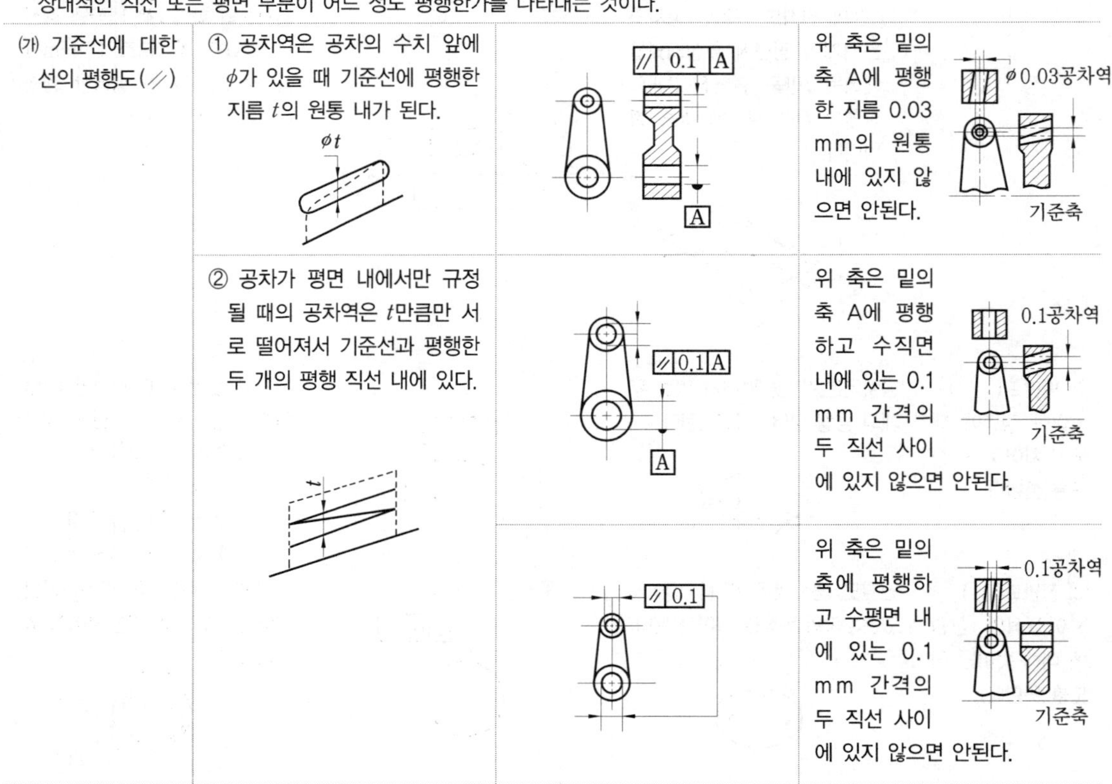

(가) 기준선에 대한 선의 평행도(∥)	① 공차역은 공차의 수치 앞에 ϕ가 있을 때 기준선에 평행한 지름 t의 원통 내가 된다. ϕt		위 축은 밑의 축 A에 평행한 지름 0.03 mm의 원통 내에 있지 않으면 안된다.
	② 공차가 평면 내에서만 규정될 때의 공차역은 t만큼만 서로 떨어져서 기준선과 평행한 두 개의 평행 직선 내에 있다.		위 축은 밑의 축 A에 평행하고 수직면 내에 있는 0.1 mm 간격의 두 직선 사이에 있지 않으면 안된다.
			위 축은 밑의 축에 평행하고 수평면 내에 있는 0.1 mm 간격의 두 직선 사이에 있지 않으면 안된다.

③ 서로 직각인 두 개에 규정되어 있을 경우는 $t_1 \times t_2$의 단면을 갖고 기준선에 평행한 평면 6면체가 된다.

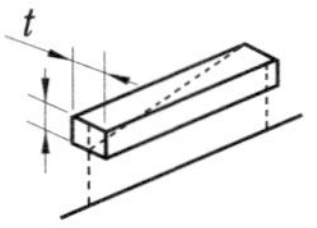

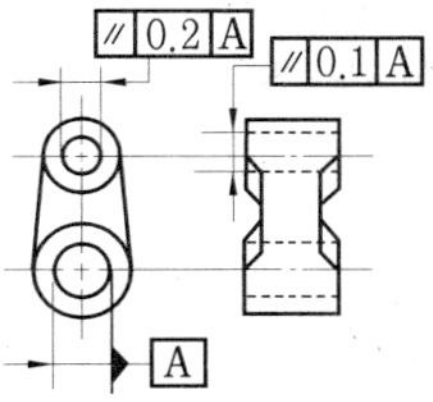

위 축은 수평 방향으로 0.2 mm, 수직 방향으로 0.1mm 의 폭을 갖고 기준축 A에 평행한 평행 육면체 내에 들어 있어야 한다.

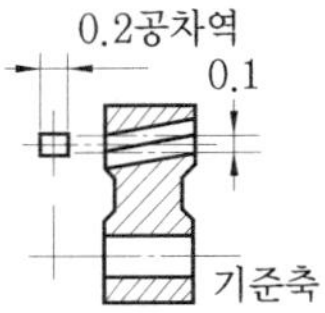

(나) 기준면에 대한 평행도(∥)

① 기준면에 대한 면의 평행도의 공차역은 t만큼 떨어지고 기준면에 평행한 2개의 평행 평면 사이에 있다.

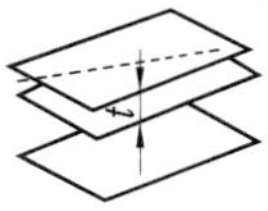

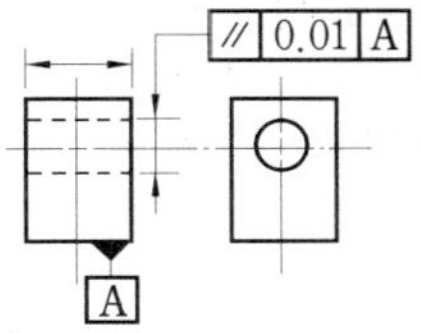

구멍의 축심은 기준면 A에 평행하고 0.01mm 떨어진 두 개의 평행면 사이에 있어야 한다.

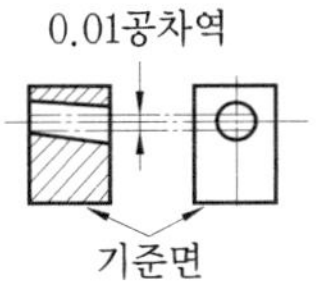

② 기준면과 선에 대한 면의 평행도 공차역은 기준면과 선에 평행하고 t만큼 떨어진 두 개의 평행면 사이가 된다.

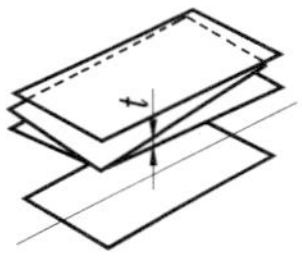

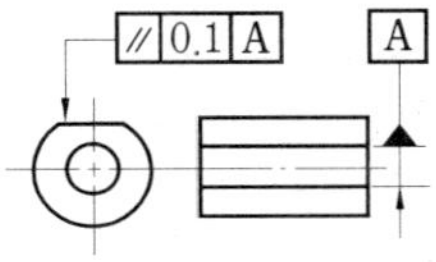

윗면은 구멍의 축(기준선)에 평행하고 0.1mm 만큼 떨어진 두 개의 평행면 사이에 있어야 한다.

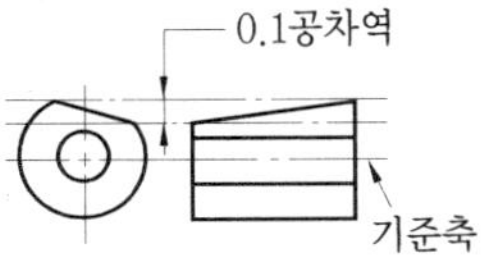

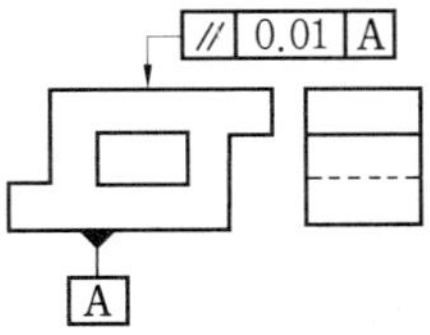

윗면은 밑면 A에 평행하고 0.01mm만큼 떨어진 두 개의 평행 평면 사이에 있어야 한다.

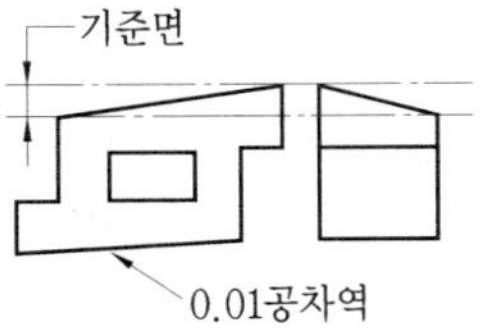

(8) 직각도(⊥) : 직선과 직선, 직선과 평면, 평면과 평면 사이 중 이상 직선 또는 이상 평면으로 기준을 삼아 상대적인 직선 또는 상대적인 평면 부분이 어느 정도 직각인가를 나타내는 것이다.

(가) 기준선에 대한 선의 직각도(⊥)

공차역이 기준선에 직각이고 t만큼 떨어진 두 개의 평행 평면 사이에 있는 경우

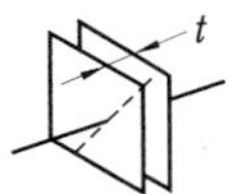
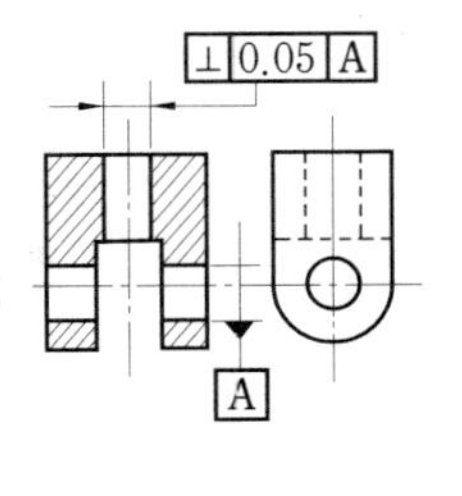
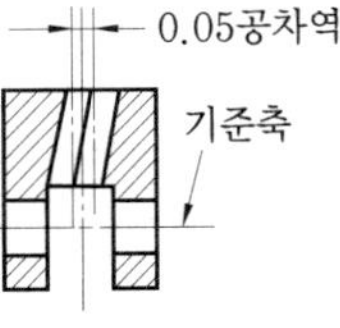

수직 방향의 구멍축심은 기준 구멍 A의 축심과 직각이고 0.05mm만큼 떨어진 두 개의 평행 평면 사이에 있어야 한다.

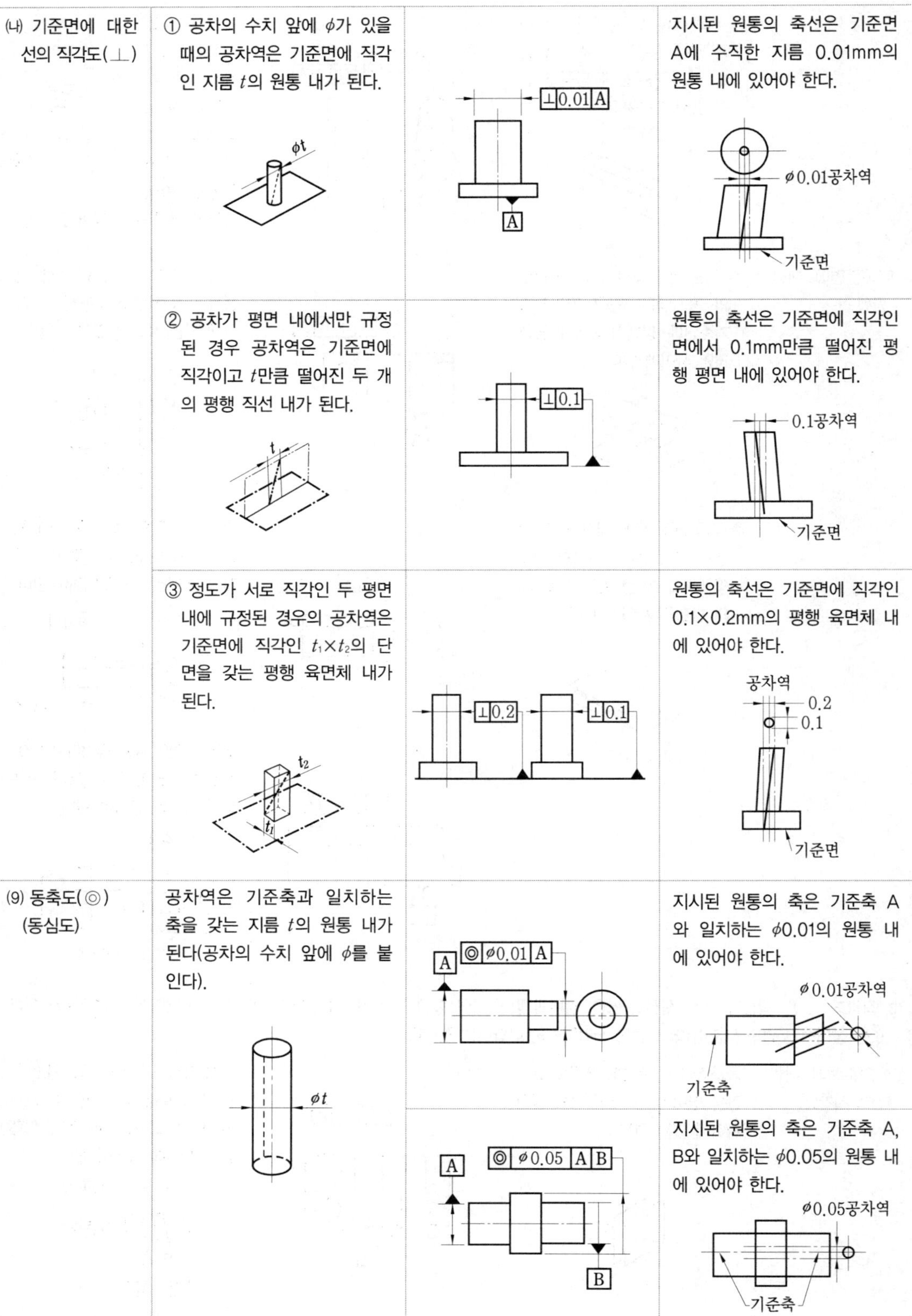

(나) 기준면에 대한 선의 직각도(⊥)	① 공차의 수치 앞에 ϕ가 있을 때의 공차역은 기준면에 직각인 지름 t의 원통 내가 된다.		지시된 원통의 축선은 기준면 A에 수직한 지름 0.01mm의 원통 내에 있어야 한다.
	② 공차가 평면 내에서만 규정된 경우 공차역은 기준면에 직각이고 t만큼 떨어진 두 개의 평행 직선 내가 된다.		원통의 축선은 기준면에 직각인 면에서 0.1mm만큼 떨어진 평행 평면 내에 있어야 한다.
	③ 정도가 서로 직각인 두 평면 내에 규정된 경우의 공차역은 기준면에 직각인 $t_1 \times t_2$의 단면을 갖는 평행 육면체 내가 된다.		원통의 축선은 기준면에 직각인 0.1×0.2mm의 평행 육면체 내에 있어야 한다.
(9) 동축도(◎) (동심도)	공차역은 기준축과 일치하는 축을 갖는 지름 t의 원통 내가 된다(공차의 수치 앞에 ϕ를 붙인다).		지시된 원통의 축은 기준축 A와 일치하는 $\phi 0.01$의 원통 내에 있어야 한다.
			지시된 원통의 축은 기준축 A, B와 일치하는 $\phi 0.05$의 원통 내에 있어야 한다.

⑽ 대칭도 ($\rightleftharpoons$) • 선의 대칭도	공차가 한 평면 내에서 규정될 경우 공차역은 기준축(혹은 기준면)에 대해서 대칭이고 t만큼 떨어져 있는 두 개의 평면 사이가 된다. 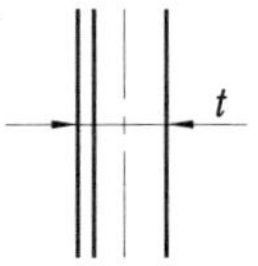	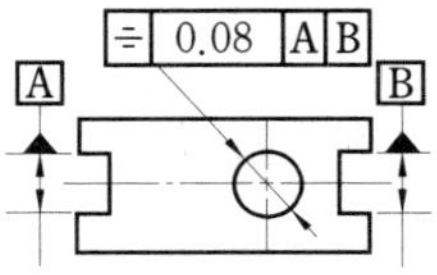	실제 구멍의 축은 기준이 되는 홈 A 및 B의 실제의 공통 중 양면에 대해서 대칭하고 0.08 만큼 떨어져 있는 두 개의 평행 평면 사이에 있어야 한다. 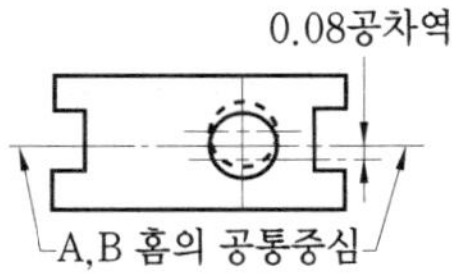
⑾ 경사도 공차 ($\angle$)	① 데이텀 직선에 대한 선의 경사도 공차 : 한 평면에 투상되었을 때의 공차역은 데이텀 직선에 대하여 지정된 각도로 기울고, t만큼 떨어진 2개의 평행한 직선 사이에 있는 영역이다. 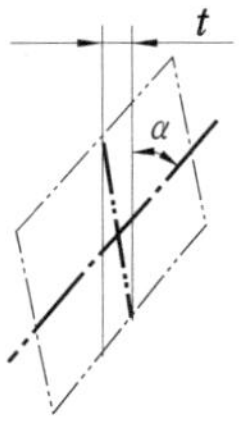	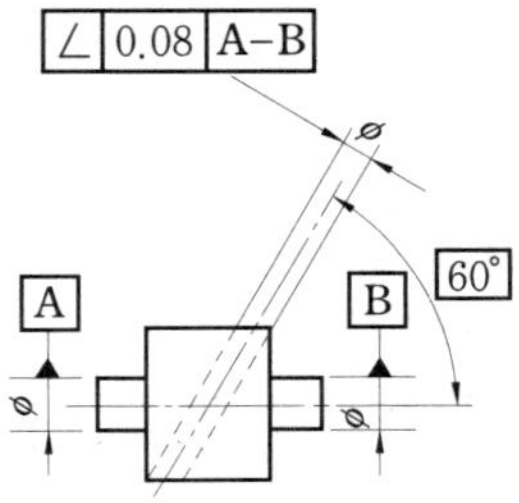	지시선의 화살표로 나타낸 구멍의 축선은 데이텀 축 직선 A–B에 대하여 이론적으로 정확하게 60° 기울고, 지시선의 화살표 방향으로 0.08mm만큼 떨어진 2개의 평행한 평면 사이에 있어야 한다. 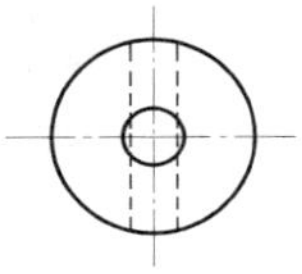
	② 데이텀 평면에 대한 선의 경사도 공차 : 한 평면에 투상된 공차역은 데이텀 평면에 대하여 지정된 각도로 기울고, t만큼 떨어진 2개의 평행한 직선 사이에 있는 영역이다. 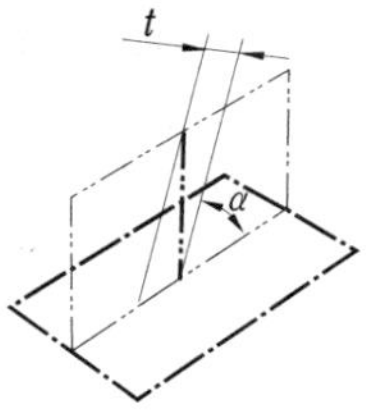	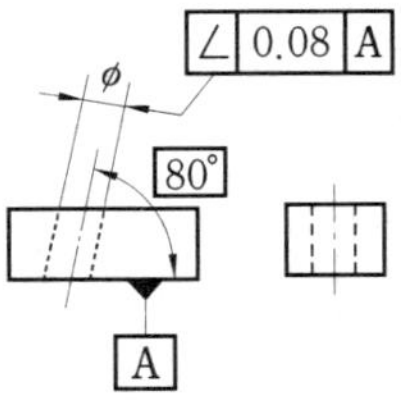	지시선의 화살표로 나타내는 원통의 축선은 데이텀 평면에 대하여 정확하게 80° 기울고, 지시선의 화살표 방향으로 0.08mm 만큼 떨어진 2개의 평행한 평면 사이에 있어야 한다.
⑿ 위치도 공차 ($\oplus$)	① 점의 위치도 공차 : 공차역은 대상으로 하고 있는 점의 정확한 위치(이하 전위차라 한다.)를 중심으로 하는 지름 t의 원 안 또는 구 안의 영역이다.  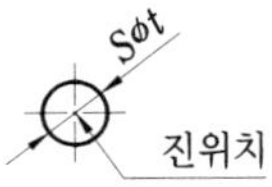	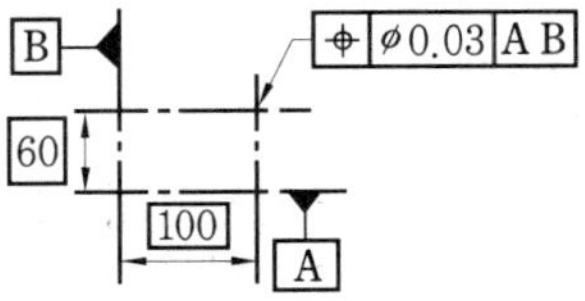	지시선의 화살표로 나타낸 점은 데이텀 직선 A로부터 60mm, 데이텀 직선 B로부터 100mm 떨어진 전위치를 중심으로 하는 지름 0.03mm의 원 안에 있어야 한다. 또한, 그림 보기에서 데이텀 직선 A, B의 우선 순위는 없다.

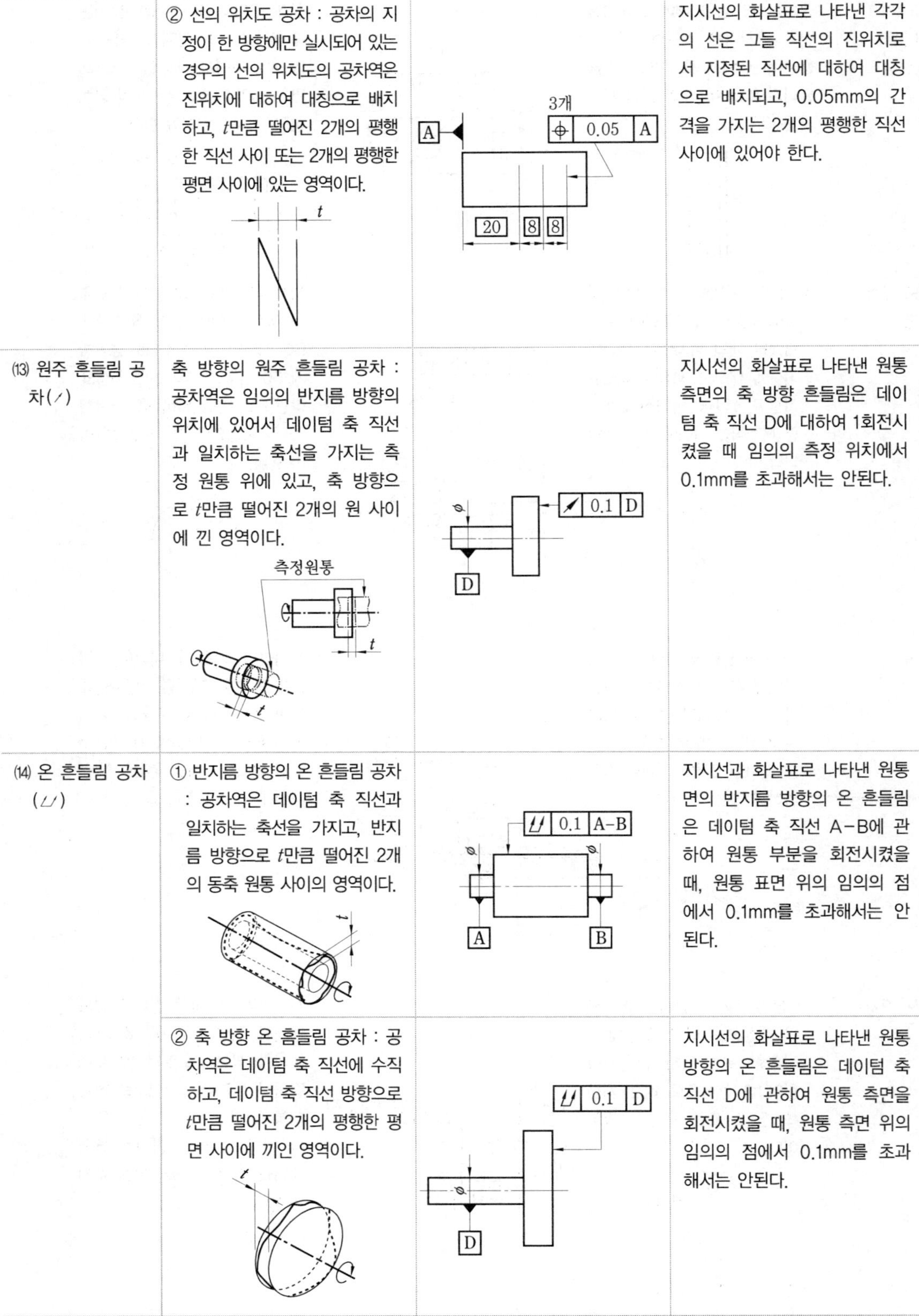

	② 선의 위치도 공차 : 공차의 지정이 한 방향에만 실시되어 있는 경우의 선의 위치도의 공차역은 진위치에 대하여 대칭으로 배치하고, *t*만큼 떨어진 2개의 평행한 직선 사이 또는 2개의 평행한 평면 사이에 있는 영역이다.		지시선의 화살표로 나타낸 각각의 선은 그들 직선의 진위치로서 지정된 직선에 대하여 대칭으로 배치되고, 0.05mm의 간격을 가지는 2개의 평행한 직선 사이에 있어야 한다.
⒀ 원주 흔들림 공차(∕)	축 방향의 원주 흔들림 공차 : 공차역은 임의의 반지름 방향의 위치에 있어서 데이텀 축 직선과 일치하는 축선을 가지는 측정 원통 위에 있고, 축 방향으로 *t*만큼 떨어진 2개의 원 사이에 낀 영역이다.		지시선의 화살표로 나타낸 원통 측면의 축 방향 흔들림은 데이텀 축 직선 D에 대하여 1회전시켰을 때 임의의 측정 위치에서 0.1mm를 초과해서는 안된다.
⒁ 온 흔들림 공차 (∕∕)	① 반지름 방향의 온 흔들림 공차 : 공차역은 데이텀 축 직선과 일치하는 축선을 가지고, 반지름 방향으로 *t*만큼 떨어진 2개의 동축 원통 사이의 영역이다.		지시선과 화살표로 나타낸 원통면의 반지름 방향의 온 흔들림은 데이텀 축 직선 A-B에 관하여 원통 부분을 회전시켰을 때, 원통 표면 위의 임의의 점에서 0.1mm를 초과해서는 안된다.
	② 축 방향 온 흠들림 공차 : 공차역은 데이텀 축 직선에 수직하고, 데이텀 축 직선 방향으로 *t*만큼 떨어진 2개의 평행한 평면 사이에 끼인 영역이다.		지시선의 화살표로 나타낸 원통 방향의 온 흔들림은 데이텀 축 직선 D에 관하여 원통 측면을 회전시켰을 때, 원통 측면 위의 임의의 점에서 0.1mm를 초과해서는 안된다.

※ 포락선(包絡線) : 어느 일정한 조건에 따라서 존재하는 일군(一群)의 곡선이 모든 것에 접하는 정곡선(定曲線)

1. 형체의 자세 편차, 위치 편차, 흔들림 등을 정하기 위하여 설정된, 이론적으로 정확한 기하학적 기준을 무엇이라 하는가?

㉮ 형체   ㉯ 관련 형체
㉰ 데이텀   ㉱ 단독 형체

2. 기하 공차를 두는 이유가 아닌 것은?

㉮ 대량 생산으로 원가를 절감하기 위하여
㉯ 고도의 정밀도를 갖는 제품을 만들기 위하여
㉰ 종래의 치수 공차만으로는 제품간의 호환성을 주기 어렵기 때문에
㉱ 고정도의 생산 제품을 설계하기 위하여

3. 어떤 동일 제품에 대한 치수 공차와 형상 공차, 표준 조도의 공차 값을 맞게 나타낸 것은?

㉮ 치수 공차 > 표면 조도 > 형상 공차
㉯ 치수 공차 > 형상 공차 > 표면 조도
㉰ 형상 공차 > 치수 공차 > 표면 조도
㉱ 형상 공차 > 표면 조도 > 치수 공차

4. 형상 공차의 기호의 연결이 틀린 것은?

㉮ ▱ : 평면도   ㉯ ○ : 원통도
㉰ ⌖ : 위치도   ㉱ ― : 진직도

[해설] ○ : 진원도, ⌀ : 원통도

5. 형상 공차의 기호(ISO) 중에서 원주의 흔들림을 나타내는 것은?

㉮ ◎   ㉯ ○
㉰ ⌒   ㉱ ↗

[해설] ㉮ 동축도, ㉯ 진원도, ㉰ 표면 윤곽도, ⊥ : 직각도, ∠ : 경사도, // : 평행도, ≐ : 대칭도

6. 최대 재료 조건(MMC)을 나타내는 형상 공차의 기호는?

㉮ Ⓜ   ㉯ Ⓝ
㉰ Ⓟ   ㉱ Ⓢ

7. 기하 공차의 기호(ISO)에서 나타내는 기호가 없는 항목이 아닌 것은?

㉮ 전체 흔들림
㉯ 형상 치수에 무관(RFS)
㉰ 기준점(datum target)
㉱ 기준 치수(datum limit)

[해설] 데이텀 리밋(기준 치수)에 관한 기호는 □과 같이 치수에 테두리를 하게 되어 있고, ㉮, ㉯, ㉰항의 기호는 없다.

8. 치수 정도가 전혀 정해져 있지 않은 경우의 형상 정도는?

㉮ 규정될 수 없다.
㉯ 규정될 수 있다.
㉰ 규정될 수도 있고, 없을 수도 있다.
㉱ 표면 조도가 주어져야만 규정될 수 있다.

9. ISO에서 나타내는 데이텀 기호는 어느 것인가?

㉮ A   ㉯ ─A─
㉰ ─A─▲   ㉱ A▲

10. 정도 표시테(기입란)는 몇 개까지의 직사각형의 칸막이를 할 수 있는가?

㉮ 2개   ㉯ 3개   ㉰ 4개   ㉱ 5개

11. 셋으로 칸막이 된 기입란의 첫째 칸에는 무엇을 기입하는가?

㉮ 정도의 치수(총계)   ㉯ 기준 형상의 문자
㉰ 구분 구간의 정도   ㉱ 정도를 규정한 기호

[해설] ㉮항은 둘째 칸, ㉯항은 셋째 칸에 기입한다.

12. `// | 0.02` 로 표시된 것의 뜻은?

㉮ 소정의 길이에 대하여 0.02mm의 평행도
㉯ 구분 구간의 평행도가 0.02mm이다.
㉰ 전체 길이에 대하여 0.02mm의 평행도
㉱ 전체 길이에 대하여 0.02mm의 평면도

[정답]   1. ㉰   2. ㉮   3. ㉯   4. ㉯   5. ㉱   6. ㉮   7. ㉱   8. ㉯   9. ㉱   10. ㉯   11. ㉱   12. ㉰

05 스케치도와 제작도 작성

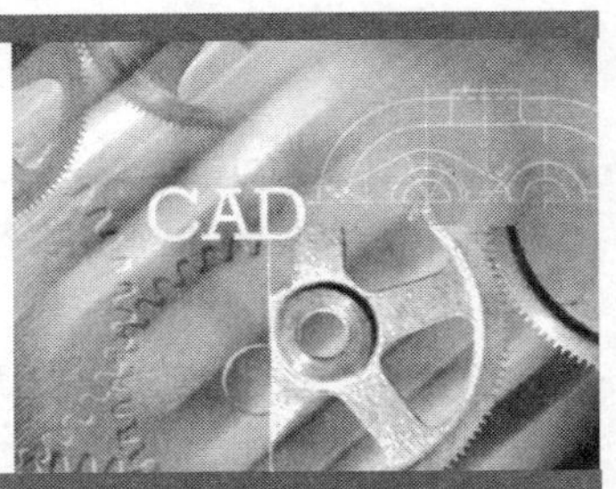

▶ 1. 스케치의 개요

1-1 스케치의 원칙과 용구

▣ 스케치의 필요성과 원칙

① 현재 사용 중인 기기나 부품과 동일한 모양을 만들 때
② 부품을 교환할 때(마모나 파손 시)
③ 실물을 모델로 하여 개량 기계를 설계할 때의 참고 자료를 그릴 때
④ 보통 3각법에 의한다.
⑤ 3각법으로 곤란한 경우는 사투상도나 투시도를 병용한다.
⑥ 자나 컴퍼스보다는 프리 핸드법에 의하여 그린다.
⑦ 스케치도는 제작도를 만드는 데 기초가 된다.
⑧ 스케치도가 제작도를 겸하는 경우도 있다(급히 기계를 제작하는 경우와 도면을 보존할 필요가 없을 때).

▣ 스케치의 용구

분　　류	용구 명칭	비　　　　고
항상 필요한 것	연 필	B, HB, H 정도의 것, 색연필
	용지(방안지, 백지, 모조지)	그림 그리고 본뜬다.
	마분지, 스케치도판	밑받침
	광명단	프린트법에서 사용하는 붉은 칠감
	강철자	길이 300mm, 눈금 0.5mm의 것
	접는자, 캘리퍼스	긴 물건 측정
	외경(내경) 캘리퍼스	외경(내경) 측정
	버니어 캘리퍼스	내경, 외경, 길이, 깊이 등의 정밀 측정
	깊이 게이지	구멍의 깊이, 홈의 정밀 측정
	외경(내경) 마이크로미터	외경(내경) 정밀 측정
	직각자	각도, 평면 정도의 측정
	정 반	각도, 평면 정도의 측정
	기 타	칼, 지우개, 샌드페이퍼, 종이집게, 압침 등

있으면 편리한 것	경도 시험기	경도, 재질 판정
	표면 거칠기 견본	표면 거칠기 판정
	기타	컴퍼스, 삼각자 등
특수 용구	피치 게이지	나사 피치나 산의 수 측정
	치형 게이지	치형 측정
	틈새 게이지	부품 사이의 틈새 측정
기 타	꼬리표	부품에 번호 붙임
	납선 또는 동선	본뜨기용
	기타	비누, 걸레, 기름, 풀 등

1-2 스케치 방법과 작성 순서

① 스케치 방법

① **프린트법** : 부품의 표면에 광명단을 칠한 후, 종이를 대고 눌러서 실제 모양을 뜨는 방법이다.

② **모양 뜨기** : 불규칙한 곡선을 가진 물체를 직접 종이에 대고 그리거나, 납선 또는 동선 등을 부품의 윤곽 곡선과 같이 만들어 종이에 옮기는 방법이다.

③ **사진 촬영** : 사진기로 직접 찍어서 도면을 그리는 방법이다.

④ **프리 핸드법** : 손으로 직접 그리는 방법이다.

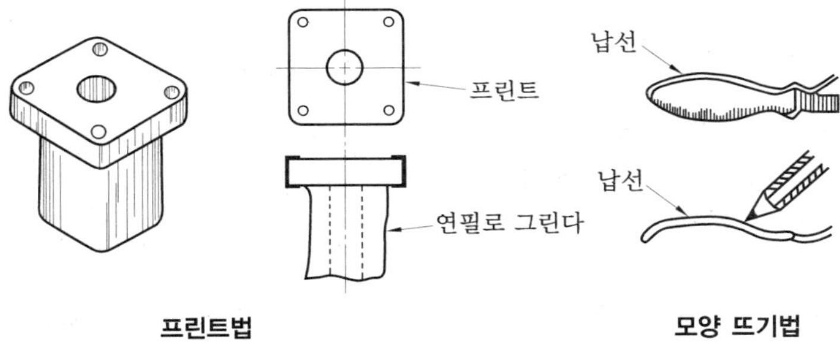

② 스케치의 작성 순서

① 기계를 분해하기 전에 조립도 또는 부분 조립도를 그리고 주요 치수를 기입한다.

② 기계를 분해하여 부품도를 그리고 세부 치수를 기입한다.

③ 분해한 부품에 꼬리표를 붙이고 분해 순서대로 번호를 기입한다.

④ 각 부품도에 가공법, 재질, 개수, 다듬질 기호, 끼워 맞춤 기호 등을 기입한다.

⑤ 완전한가를 검토하여 주요 치수 등의 틀림이나 누락을 살핀다.

③ 스케치할 때 주의할 점

① 필요한 스케치 용구를 잊지 않도록 한다.

② 스케치도는 간략하고 보기 쉽게 그려야 한다.

③ 정리 번호는 기초가 되는 것부터 기입해야 한다.

④ 표준 부품은 약도와 호칭 방법을 표시해야 한다.
⑤ 조합되는 부품에 대해서는 반드시 양쪽에 맞춤 표시를 해야 한다.
⑥ 대칭형인 것은 생략 화법으로 도시한다.

[예] [상] [문] [제]

1. **스케치도는 보통 어떤 도법에 의하여 그리는가?**

㉮ 회화법 ㉯ 제1각법
㉰ 제3각법 ㉱ 투시도법

2. **스케치의 필요성에 대한 설명 중 관계가 먼 것은?**

㉮ 기성품과 같은 기계를 제작할 경우
㉯ 기계를 개조할 필요가 있을 경우
㉰ 기계의 부품이 파손되어 바꿀 경우
㉱ 제작도를 오래 보존할 경우

3. **스케치에 의해 제작도를 완성할 경우의 순서를 나열한 것이다. 맞는 것은?**

㉮ 전체 조립도－부품도－부분 조립도
㉯ 부품도－조립도－부분 조립도
㉰ 부분 조립도－부품도－전체 조립도
㉱ 부분 조립도－조립도－부품도

4. **스케치할 때의 주의사항이 아닌 것은?**

㉮ 스케치할 물품의 기능을 잘 살펴야 한다.
㉯ 가공법, 재질, 개수, 다듬질 기호 등을 조사한다.
㉰ 표준 부품은 약도와 호칭 방법을 표시해야 한다.
㉱ 간단한 기계라도 분해하기 전에는 조립 도면은 필요 없다.

5. **스케치도 작성 순서에 대한 설명 중 틀린 것은?**

㉮ 기계를 분해하기 전에 조립도를 그린다.
㉯ 각 부품도에는 가공법, 재질 등은 기입하지 않는다.
㉰ 완성 후 치수를 재검토한다.
㉱ 부품도를 그려서 세부의 치수를 기입한다.

6. **스케치도에 대한 설명으로 틀린 것은?**

㉮ 프리 핸드로 그린다.
㉯ 측정한 치수를 기입한다.
㉰ 조립에 필요한 사항을 기입한다.
㉱ 재질, 가공법은 기입하지 않는다.

7. **스케치도 작성 시 알아둘 사항이 아닌 것은?**

㉮ 스케치에 필요한 공구
㉯ 능률적인 스케치법
㉰ 물체의 설치법과 가격
㉱ 정확한 치수를 측정하는 법

8. **청사진을 만들 때 필요 없는 것은?**

㉮ 연필 ㉯ 감광지
㉰ 원도 ㉱ 암모니아

9. **스케치할 때 치수 측정 용구가 아닌 것은?**

㉮ 캘리퍼스 ㉯ 피치 게이지
㉰ 마이크로미터 ㉱ 서피스 게이지

10. **스케치할 때 형을 뜨는 데 사용되는 것은 어느 것인가?**

㉮ 광명단 ㉯ 카메라 ㉰ 실 ㉱ 줄자

11. **스케치할 때 원호를 측정할 수 있는 것은 어느 것인가?**

㉮ 피치 게이지 ㉯ R 게이지
㉰ 깊이 게이지 ㉱ 마이크로미터

12. **다음 중 스케치할 때 깊이를 측정할 수 없는 용구는 어느 것인가?**

㉮ 버니어 캘리퍼스 ㉯ 깊이 게이지
㉰ 자 ㉱ 외경 퍼스

13. **불규칙한 곡선을 스케치하는 데 가장 편리한 것은 어느 것인가?**

㉮ 납선 ㉯ 철선
㉰ 황동선 ㉱ 화이트 메탈

[정답] 1. ㉰ 2. ㉱ 3. ㉰ 4. ㉱ 5. ㉯ 6. ㉱ 7. ㉰ 8. ㉮ 9. ㉱ 10. ㉮ 11. ㉯ 12. ㉱ 13. ㉮

14. 다음 중 스케치할 때 사용하지 않는 것은?

㉮ 연필　　　　　　　㉯ 납선
㉰ 광명단　　　　　　㉱ 드릴

15. 다음 중 분해, 조립 공구가 아닌 것은?

㉮ 해머　　　　　　　㉯ 직각자
㉰ 스패너　　　　　　㉱ 플라이어

16. 납선이나 동선을 사용하여 스케치하는 방법은 어느 것인가?

㉮ 프리 핸드법　　　　㉯ 프린트법
㉰ 모양 뜨기　　　　　㉱ 사진 촬영법

17. 다음 중 스케치할 물품을 직접 종이에 대고 그리는 방법은?

㉮ 사진 촬영법　　　　㉯ 모양 뜨기
㉰ 프린 핸드법　　　　㉱ 프린트법

18. 다음 중 스케치하는 방법이 아닌 것은?

㉮ 프리 핸드 방법　　　㉯ 청사진에 의한 방법
㉰ 모양 뜨기　　　　　㉱ 카메라에 의한 방법

19. 스케치에 의해 제작도를 완성할 때 제일 끝에 그리는 것은?

㉮ 부품 조립도　　　　㉯ 부품도
㉰ 전체 조립도　　　　㉱ 배치도

[해설] 스케치로 제작도를 완성할 때는 부분 조립도 → 부품도 → 전체 조립도의 순으로 그린다.

20. 부품의 표면에 광명단 또는 스템프 잉크를 칠한 다음 용지에 찍어 실제 형상으로 모양을 뜨는 방법은?

㉮ 프린트법　　　　　㉯ 모양뜨기법
㉰ 프리핸드법　　　　㉱ 청사진법

21. 다음 중 재질 식별법이 아닌 것은?

㉮ 색깔이나 광택에 의한 법
㉯ 피로 시험에 의한 법
㉰ 불꽃 검사에 의한 법
㉱ 경도 시험에 의한 법

22. 스케치할 때 필요 없는 것은?

㉮ 측정 기구　　　　　㉯ 방안지
㉰ 분해 공구　　　　　㉱ 제도기

[해설] 스케치를 할 때 필요한 것은 분해 기구·측정 기구·방안지·작도 용구·시험지·걸레·광명단 등이다.

23. 기계·기구의 스케치도 작성 시 일반적인 방법이 아닌 것은?

㉮ 제3각법에 의한 정투상도로 그린다.
㉯ 복잡한 것은 사투상도, 등각 투상도, 투시도 등의 방법에 혼용할 수 있다.
㉰ 사진을 첨부할 수도 있다.
㉱ 부분 조립도에서는 치수 기입을 하지 않는다.

24. 스케치도의 작성 시 연필을 잡는 손은 연필 끝에서 얼마 정도를 느슨하게 잡는가?

㉮ 10~20mm　　　　㉯ 20~30mm
㉰ 30~40mm　　　　㉱ 40~50mm

25. 프리 핸드법으로 스케치할 때의 방법 중 옳지 않은 것은?

㉮ 직선을 그을 때 연필은 약 50~60° 기울인다.
㉯ 직선이나 원을 그릴 때 연필끝으로 밀면서 그린다.
㉰ 필요에 따라 투시도를 그릴 수 있다.
㉱ 선을 그릴 때 시선은 끝점에 두는 것이 좋다.

26. 입체를 표현할 때 단선 표현법 중 입체 윤곽선은 어느 선을 이용하는가?

㉮ 가는 실선　　　　　㉯ 굵은 실선
㉰ 일점 쇄선　　　　　㉱ 이점 쇄선

27. 다음 중에서 자나 컴퍼스를 쓰지 않고 용지에 직접 그리는 방법은?

㉮ 형뜨기법　　　　　㉯ 직접 측정에 의한 법
㉰ 프린트법　　　　　㉱ 사진 촬영에 의한 법

▶ 2. 제작도

2-1 제작도, 표제란 및 부품란

1 제작도의 개요

제작도에 속하는 것은 부품도, 부분 조립도, 조립도를 통틀어 제작도라 한다. 제작도는 기계를 제작하는데 직접 사용되는 현장 도면으로서 용도 및 관리 방법에 따라 일품일엽식, 다품일엽식이 있다.

① **일품일엽식** : 1장의 도면에 1개의 부품을 그리는 양식이며, 공정 계획, 제작 작업, 원가 계산 등이나 도면 관리상 편리하다.

② **다품일엽식** : 1장의 도면에 2개 이상의 부품을 그리는 양식이며, 부품의 수가 적을 때, 부품을 대조할 때 편리하다.

③ 제작도에는 척도, 표제란, 부품란 등을 기입하여 완성한다.

2 제작도 작성의 순서

① 부분의 조립도를 그린다.
② 각 부분의 부품도를 그린다.
③ 조립도를 그린다.
④ 명세표를 만든다.

3 표제란

① **표제란에 기입되는 내용**

(가) 도명   (나) 도면번호   (다) 제도소명
(라) 척도   (마) 투상법   (바) 도면 작성 연월일
(사) 책임자의 서명란

② **위치** : 도면의 오른쪽 아래에 표제란을 설정한다.

③ 표제란의 크기는 일정하지 않다.

표제란 작성 예

(가) 도　　명	링크체인휠	(마) 투상법	3각투상법
(나) 도면번호	1 2 3	(바) 날　짜	2006.5.25
(다) 제도소명	한국기계	(사) 성　명	홍길동
(라) 척　　도	링크체인휠		

4 부품란

① **품명** : 부품의 명칭을 기입한다.

② **품번** : 도면의 부품 번호를 기입하고 부품란이 표제란 위에 있을 때에는 번호를 아래에서 위로 나열하고, 도면 위쪽에 부품란이 있으면 번호는 위에서 아래로 나열한다.

③ **재질** : 부품의 재료를 기호로 기입한다.

④ **수량** : 도명의 부품 1조분의 수량을 기입한다.

⑤ **중량** : 부품의 무게를 기입한다.

⑥ **공정** : 부품을 가공하는 공정을 공정의 약부호로 기입한다.

⑦ **비고** : 표준 부품 등의 규격 번호, 호칭 방법을 기입한다.

⑤ 부품 번호

기계는 다수의 부품으로 조립되어 있는 것이 보통이며, 이들 각 부품은 그 재질, 가공법, 열처리 등이 서로 다르다. 따라서, 각 부품의 제작이나 관리의 편리를 위해서는 각 부품에 번호를 붙인다. 이 번호를 부품 번호(part number) 또는 품번이라 한다. 부품 번호의 기입법은 다음과 같다.

① 부품 번호는 그 부품에서 지시선을 긋고, 그 끝에 원을 그리고 원 안에 숫자를 기입한다.

② 부품 번호의 숫자는 5~8mm 정도의 크기로 쓰고, 숫자를 쓰는 원의 지름은 10~16mm로 하며, 도형의 크기에 따라 알맞게 그 크기를 결정할 수 있으나, 같은 도면에서는 같은 크기로 한다.

③ 지시선은 치수선이나 중심선과 혼동되지 않도록 하기 위하여 수직 방향이나 수평 방향으로 긋는 것을 피한다. 지시선은 숫자를 쓰는 원의 중심을 향하여 긋는다.

④ 많은 부품 번호를 기입할 때에는 보기 쉽도록 배열한다.

⑤ 그 부품을 별도의 제작도로 표시할 때에는, 부품 번호 대신에 그 도면 번호를 기입하여도 된다.

2-2 원도, 트레이스도, 복사도

① 원 도

① **원도 그리는 순서** : 원도는 연필로 처음에 그린 도면으로써 물체의 크기, 투상도의 수 및 배치와 표제란, 부품란 테두리선 등을 고려하여 척도와 제도용지의 크기를 결정하며 도형은 대략 다음 순서에 따라 그린다.

㈎ 중심선이나 기준선을 가는 선으로 긋는다.

㈏ 물체의 윤곽선을 흐리게 긋는다.

㈐ 외형선을 긋는다(1개의 투상도마다 완성하지 않고 각 도형을 병행하여 능률적으로 그린다).

㈑ 외형선에 준하여 은선을 긋는다.

㈒ 절단선, 가상선, 파단선 등을 긋는다.

㈓ 불필요한 선을 지우고 도형을 완성한다.

㈔ 필요에 따라 해칭을 한다.

② **치수 기입**

㈎ 치수 보조선, 치수선, 지시선을 긋는다.

㈏ 치수선에 화살표를 그리고 치수를 기입한다.

③ **기호와 그밖의 설명 사항의 기입**

㈎ 다듬질 기호, 끼워 맞춤 기호, 부품 번호 등을 기입한다.

㈏ 설명 사항을 기입한다.

㈐ 표제란, 부품표를 만들고 필요한 사항을 기입한다.

㈑ 도면을 검사한다.

② 트레이스도(사도)

복사를 목적으로 원도나 그 밖의 도면 위에 트레이스 용지를 놓고 먹물이나 연필로 그린 도면을 말하며, 트레이스도는 대략 다음 순서로 그린다.

① 중심선을 긋는다.
② 원, 원호를 긋는다.
③ 직선의 굵은 실선을 그은 다음에 은선, 절단선, 가상선이 있으면 긋는다.
④ 치수 보조선, 치수선, 지시선을 긋는다.
⑤ 치수 숫자, 다듬질 기호, 끼워 맞춤 기호 등을 기입한다.

3 복사도

① **청사진** : 청색 바탕에 선이나 문자가 희게 나타나는 것이며, 음화 감광지를 사용하여 청사진 기계에서 구워낸다.
② **백사진** : 흰 바탕에 선이나 문자가 자색, 청색, 검정색, 갈색 등으로 나타나며 양화 감광지를 써서 복사기에서 구워낸다. 복사가 비교적 간단하고 추가 기입이나 정정 등이 편리하여 널리 이용된다.
③ **사진** : 트레이스 용지 이외에 켄트지에 그린 도면을 복사할 수 있으며 전자복사법, 마이크로 사진법 등이 있다.

2-3 도면의 관리

1 도면의 변경

① 물체의 모양, 치수 또는 가공 방법의 개선 등으로 도면의 일부를 변경하는 일이 있다.
② 도면을 변경할 경우 변경한 곳에 적당한 기호를 붙이고, 변경 전의 모양 및 숫자는 적당하게 보존하여 치수를 알아볼 수 있도록 한다.
③ 변경한 날짜, 이유 등을 기입한다.

2 도면의 활용

① 제작도는 부품을 제작하고 조립할 때 사용할 뿐만 아니라 재료의 준비, 공정의 계획, 재료비, 가공 시간, 공임의 견적, 목형, 특수 공구의 준비 등에도 필요하다.
② 주문에 따라 기계를 제작한 후 잘 보관하여 후일에 동일한 기계의 제작, 수리, 개량 등의 작업을 할 때 이용한다.
③ 도면은 언제나 이용하기 쉽도록 정리하여 보관한다.

3 도면 번호

① 도면 번호는 일정한 방법에 따라 결정하여 두면 다음과 같은 이점이 있다.
　㈎ 제품의 종류, 모양 등을 분류할 수 있다.
　㈏ 조립도, 부분 조립도, 부품도의 구분 및 도면의 크기 구분도 쉽게 할 수 있다.
　㈐ 목형이나 특수 지그(jig)의 번호도 정리할 수 있다.
② 도면 번호는 표제란에 기입하고 또 도면의 왼쪽 위 구석에 거꾸로 기입하여 두면 도면을 정리할 때 편리하며 표제란이 파손되었을 때 당황하지 않게 된다.

④ 도면 목록 및 도면 카드

① **도면 목록** : 모든 도면의 작성 날짜, 도면 번호, 도명 등을 기입하여 일람표의 역할을 하게 한다.
② **폐기된 도면** : 도면 목록에 폐기 날짜와 이유를 기입한다.
③ **도면 카드** : 도면마다 표제란 및 부품표와 같은 내용을 기재하는 카드로서 도면을 하나하나 보지 않고 카드로서 내용을 알 수 있게 한다.

⑤ 도면의 보관

① 트레이스도는 잘 정리하여 화재, 수해 등에 대비하여 보관고에 보관하고 필요에 따라 복사도를 만들어 사용할 수 있도록 한다.
② 트레이스도는 펼친 그대로나 또는 말아서 보관한다.
③ 복사도를 접어서 보관할 때 접은 치수가 A4로 되게 하고, 표제란이 표면에서 보이도록 접는다.
④ 마이크로 필름으로 촬영하여 보관하면 필요에 따라 신속하게 복사할 수 있으며, 장점은 다음과 같다.
　㈎ 트레이스를 모양 그대로 순간적으로 정확하게 기록할 수 있다.
　㈏ 보통 직선비 1/15~1/30로 축소할 수 있고 보관 장소를 적게 차지하며, 필요한 도면을 쉽게 찾을 수 있다.
　㈐ 복원력이 높고 크기를 자유롭게 할 수 있으며 복사 시간이 짧다.
　㈑ 복사할 때 통일된 크기로 할 수 있다.
　㈒ 트레이스도와 같은 종이에 비해 보존성이 높다.

1. 도면을 접었을 때 겉으로 나오게 되는 것은?
　㈎ 외형도가 있는 부분
　㈏ 조립도가 있는 부분
　㈐ 아무렇게나 해도 무방
　㈑ 표제란

2. 부품표에 표시하지 않는 것은?
　㈎ 개수　㈏ 무게　㈐ 품명　㈑ 척도

3. 도면의 부품 명세표의 품번 순서는? (단, 명세표는 도면 아래의 우단에 있다.)
　㈎ 아래에서 위로　㈏ 위에서 아래로
　㈐ 편리한 대로　㈑ 우로부터 좌로
　[해설] 명세표가 위의 우단에 있을 경우에는 위에서 아래로 써 내려온다.

4. 부품 번호는 대체로 지름이 얼마인 원에 기입하는가?
　㈎ 5~10mm　　㈏ 10~15mm
　㈐ 15~20mm　　㈑ 20~25mm

5. 스케치하여 얻은 도면을 기본으로 하여 공작도를 제도할 때 필요한 사항이 아닌 것은?
　㈎ 조립도　　㈏ 부품 번호
　㈐ 부품도　　㈑ 제품 수량

6. 도면을 정리하는 것 중 관계 없는 것은?
　㈎ 도면 형식　　㈏ 도면 목록
　㈐ 도면 번호　　㈑ 도면 카드
　[해설] 도면을 정리하는 데는 도면 목록, 도면 번호, 도면 카드가 있다.

7. 연필로 그린 원도 위에 트레이싱 페이퍼를 놓고 연필이나 먹물로 그린 도면을 무엇이라 하는가?
　㈎ 원도(orignal drawing)
　㈏ 트레이스도(사도 : traced drawing)
　㈐ 청사진(blue print)
　㈑ 외형도(outside drawing)

정답　**1.** ㉒　**2.** ㉒　**3.** ㉙　**4.** ㉛　**5.** ㉒　**6.** ㉙　**7.** ㉛

06 기계 요소의 제도

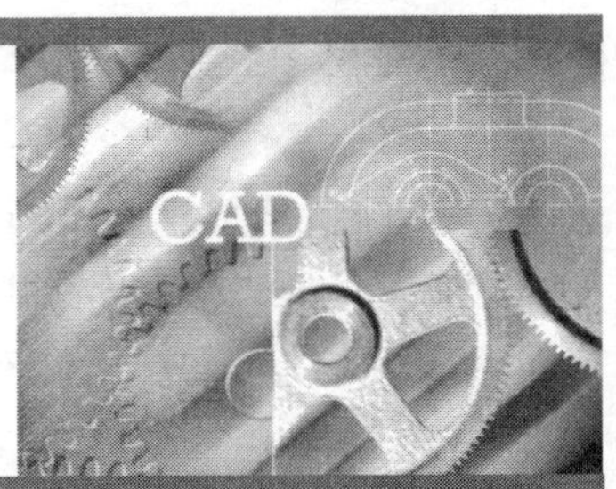

기계 요소는 결합용 기계 요소, 축용 기계 요소, 전동용 기계 요소, 관용 기계 요소 및 그 밖의 기계 요소로 구분된다.

● 1. 결합용 기계 요소의 제도

결합용 기계 요소에는 나사, 볼트와 너트, 키와 핀, 코터 이음 등이 있다.

1-1 나사(screw thread) 제도

1 나사의 제도법

① 수나사의 바깥지름과 암나사의 안지름을 나타내는 선은 굵은 실선으로 그린다.

② 수나사와 암나사의 골을 표시하는 선은 가는 실선으로 그린다.

③ 완전 나사부와 불완전 나사부의 경계선은 굵은 실선으로 그린다.

④ 불완전 나사부의 골 밑을 나타내는 선은 축선에 대하여 30°의 가는 실선으로 그린다.

⑤ 암나사 탭 구멍의 드릴 자리는 120°의 굵은 실선으로 그린다.

⑥ 가려서 보이지 않는 나사부의 산봉우리와 골을 나타내는 선은 같은 굵기의 파선으로 한다.

⑦ 수나사와 암나사의 결합부분은 수나사로 표시한다.

⑧ 수나사와 암나사의 측면 도시에서 각각의 골지름은 가는 실선으로 약 3/4만큼 그린다.

⑨ 단면시 나사부의 해칭은 수나사는 바깥지름, 암나사는 안지름까지 해칭한다.

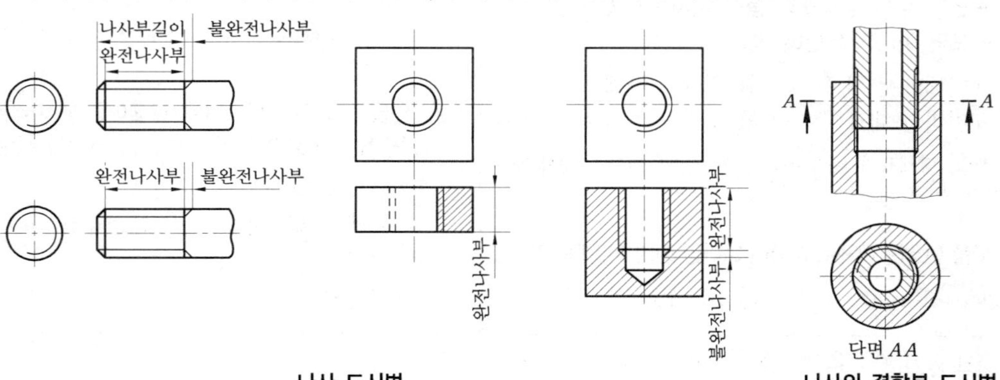

나사 도시법   나사의 결합부 도시법

❷ 나사의 호칭과 표기법

① 나사의 표시 방법

나사의 표시 방법은 나사의 호칭, 나사의 등급, 나사 산의 감김 방향 및 나사산의 줄의 수에 대하여 다음과 같이 구성한다.

| 나사산의 감김 방향 | 나사산의 줄의 수 | 나사의 호칭 | – | 나사의 등급 |

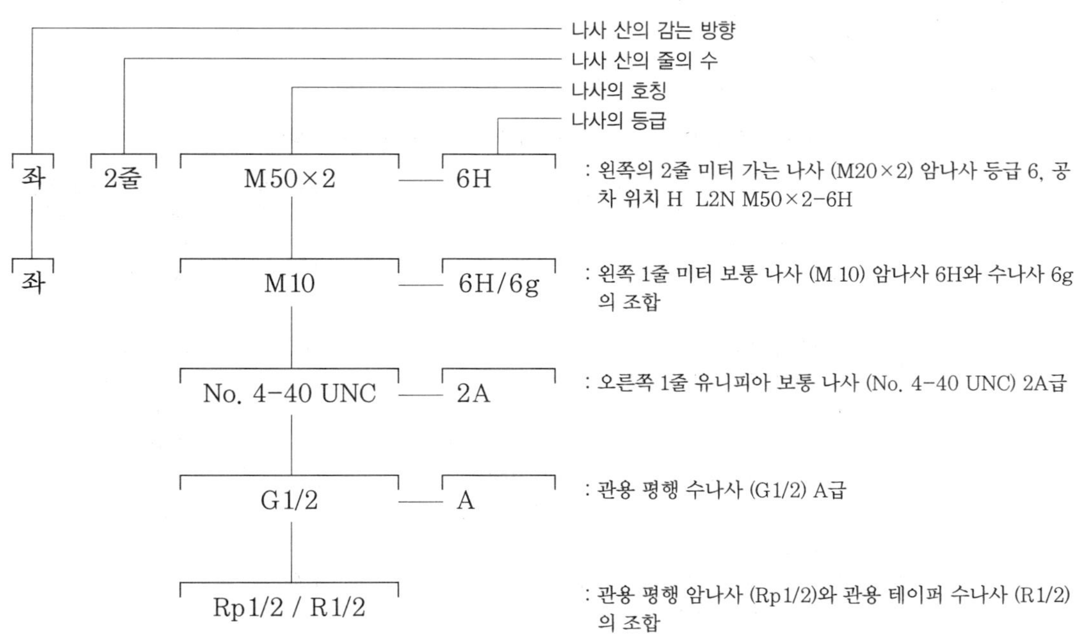

② 나사의 호칭 표시 방법 : 나사의 호칭은 나사의 종류를 표시하는 기호, 나사의 지름을 표시하는 숫자 및 피치 또는 25.4mm에 대한 나사산의 수(이하 산의 수라 한다)를 사용하여 다음과 같이 구성한다.

㈎ 피치를 밀리미터로 표시하는 나사의 경우

| 나사의 종류를 표시하는 기호 | 나사의 호칭 지름을 표시하는 숫자 | × | 피치 |

다만, 미터 보통 나사 및 미니추어 나사와 같이 동일한 지름에 대하여 피치가 하나만 규정되어 있는 나사에서는 원칙으로 피치를 생략한다.

㈏ 피치를 산의 수로 표시하는 나사(유니파이 나사를 제외)의 경우

| 나사의 종류를 표시하는 기호 | 나사의 지름을 표시하는 숫자 | 산 | 산의 수 |

다만, 관용 나사와 같이 동일한 지름에 대하여 산의 수가 단 하나만 규정되어 있는 나사에서는 원칙으로 산의 수를 생략한다. 또한, 혼동될 우려가 없을 때에는 '산' 대신에 하이픈 '–'을 사용할 수 있다.

㈐ 유니파이 나사의 경우

| 나사의 지름을 표시하는 숫자 또는 번호 | – | 산의 수 | 나사의 종류를 표시하는 기호 |

③ 나사 표시의 유의 사항

㈎ 나사의 방향 표시는 왼쪽 나사에만 표시한다. 표시는 '좌' 또는 'L'을 사용한다.

(나) 나사의 줄수 표시는 두 줄 이상인 경우만 표시한다. 표시는 '줄' 또는 'N'을 사용한다.

> 1. 나사 종류에 따라 좌에서 우로 갈수록 등급이 낮아진다.
> 2. 휘트워드 나사 등급은 KS에서 폐기되었다.

④ **나사의 등급과 기호** : 정도에 따라 표시하는 나사의 등급과 나사의 기호는 다음 [표]와 같다.

나사의 등급

나사 종류	미터 나사			유니파이드 나사			파이프용평행나사
암나사	5H	6H	7H	3B	2B	1B	B급
수나사	4h	6g	8g	3A	2A	1A	A

나사의 종류를 표시하는 기호 및 나사의 호칭에 대한 표시 방법의 보기

구 분		나사의 종류		나사의 종류를 표시하는 기호	나사의 호칭에 대한 표시 방법의 보기
일 반 용	ISO 규격에 있는 것	미터 보통 나사		M	M 8
		미터 가는 나사			M 8×1
		미니추어 나사		S	S 0.5
		유니파이 보통 나사		UNC	3/8−16 UNC
		유니파이 가는 나사		UNF	No. 8−36 UNF
		미터 사다리꼴 나사		Tr	Tr 10×2
		관용 테이퍼 나사	테이퍼 수나사	R	R 3/4
			테이퍼 암나사	Rc	Rc 3/4
			평행 암나사(1)	Rp	Rp 3/4
	ISO 규격에 없는 것	관용 평행 나사		G	G 1/2
		30도 사다리꼴 나사		TM	TM 18
		29도 사다리꼴 나사		TW	TW 20
		관용 테이퍼 나사	테이퍼 나사	PT	PT 7
			평행 암나사 (2)	PS	PS 7
		관용 평행 나사		PF	PF 7
특 수 용		후강 전선관 나사		CTG	CTG 16
		박강 전선관 나사		CTC	CTC 19
		자전거 나사	일반용	BC	BC 3/4
			스포츠용		BC 2.6
		미싱 나사		SM	SM 1/4 산 40
		전구 나사		E	E 10
		자동차용 타이어 밸브 나사		TV	TV 8
		자전거용 타이어 밸브 나사		CTV	CTV 8 산 30

> (1) 이 평행 암나사 Rp는 테이퍼 수나사 R에 대해서만 사용한다.
> (2) 이 평행 암나사 PS는 테이퍼 수나사 PT에 대해서만 사용한다.

⑤ **작은 나사의 호칭법(KS B 1322)**

-자 머리 작은 나사		종류 : 나사의 호칭×l, 재료, 지정 사항 [예] 둥근 머리 작은 나사 M 6×0.9×20×SWRW 3 　　　 납작 머리 작은 나사 M 6×40 Bs 2 황동선재
+자 머리 작은 나사		종류 : 나사의 호칭×l, 재료, 지정 사항 [예] +자머리 작은 나사 M 5×0.8×25 SUS 30 5

❸ 볼트, 너트의 도시법

볼트의 머리부나 너트의 모양을 규격의 치수와 같게 표시하려면 힘이 들기 때문에 다음 [그림]과 같이 약도로 그린다. [그림 (a), (b), (c)]는 제작도용 약도와 간략도를 나란히 그려놓은 것이다. 제작도에서는 불완전 나사부를 그리지만 간략도에서는 불완전 나사부를 그리지 않는다. 볼트 너트의 그리는 법은 그림[볼트, 너트의 육각부 그리는 법]과 같다.

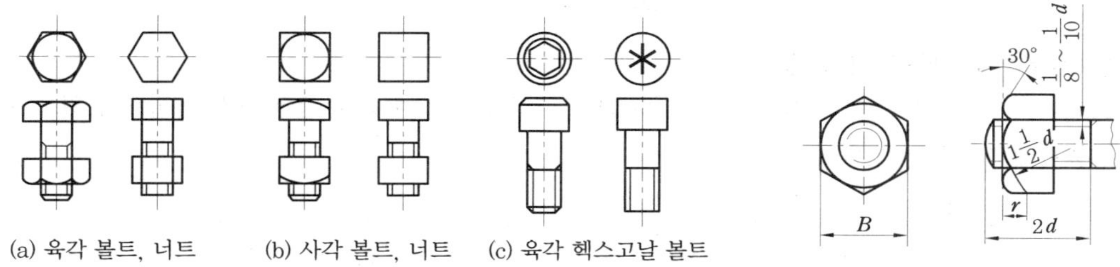

(a) 육각 볼트, 너트　　(b) 사각 볼트, 너트　　(c) 육각 헥스고날 볼트

너트의 도시법　　　　　　　　　　　　　**볼트, 너트의 육각부 그리는 법**

① 볼트, 너트의 등급 및 호칭법

㈎ 볼트, 너트의 등급 : 일반적으로 볼트, 너트는 그 다듬질 정도에 따라 상, 중, 보통의 3단계로, 나사의 정밀도에 따라 미터 나사는 1급, 2급, 3급으로 나뉜다.

㈏ 볼트, 너트의 호칭 : 볼트와 너트의 호칭법은 다음과 같다.

　㉮ 볼트의 경우

	규격 번호	종류	다듬질 정도	나사의 호칭×길이	–	나사의 등급	재료	지정 사항
[보 기]	KS B 1002	육각 볼트	중	M 42×150	–	2	SM 20C	둥근끝

　㉯ 너트의 경우

	규격 번호	종류	모양의 구별	다듬질 정도	나사의 호칭	–	나사의 등급	재료	지정 사항
[보 기]	KS B 1012	육각 너트	2종	상	M42	–	1	SM 25C	H=42

② 볼트 너트의 분류 : 사용 목적에 따라 다음 3가지로 분류한다.

㈎ 관통 볼트(through bolt) : 부품에 구멍을 뚫고 죄는 것으로 가장 많이 사용되고 있다.

㈏ 탭 볼트(tap bolt) : 구멍을 뚫을 수 없을 때 암나사를 만들어 끼워서 조여주는 볼트이다.

㈐ 스터드 볼트(stud bolt) : 부품을 자주 분해할 때 암나사 손상으로 볼트를 기계 몸체에 탭볼트와 같이 나사를 박고 너트를 죌 때 사용된다.

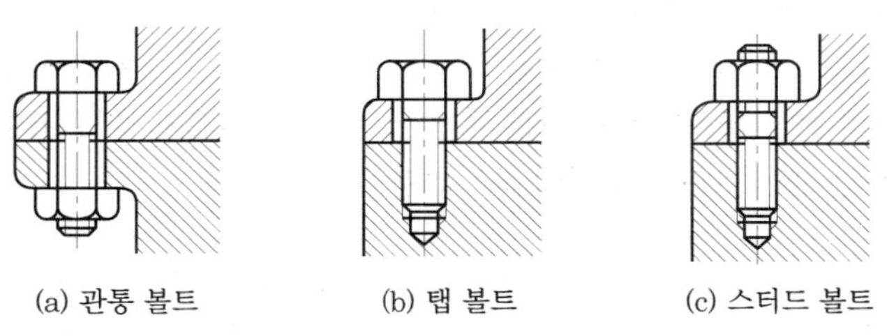

(a) 관통 볼트　　　　(b) 탭 볼트　　　　(c) 스터드 볼트

볼트의 분류

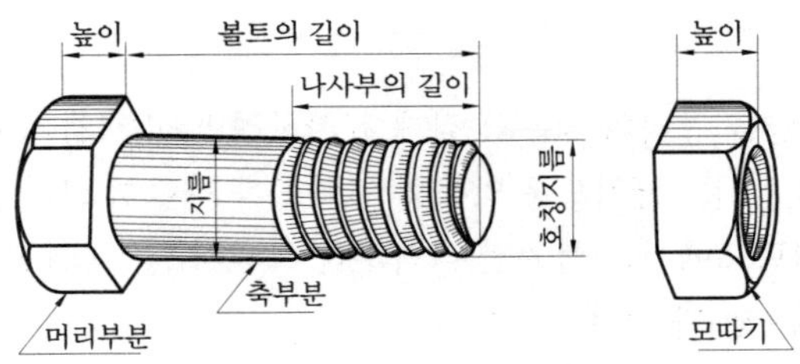

볼트 · 너트

④ 작은 나사와 나사못의 도시법

다음 [그림]과 같이 간략도를 그린다. 표준 부품이므로 조립도 이외에는 부품에 표시할 필요가 없으며 호칭만 부품란에 기입하면 된다.

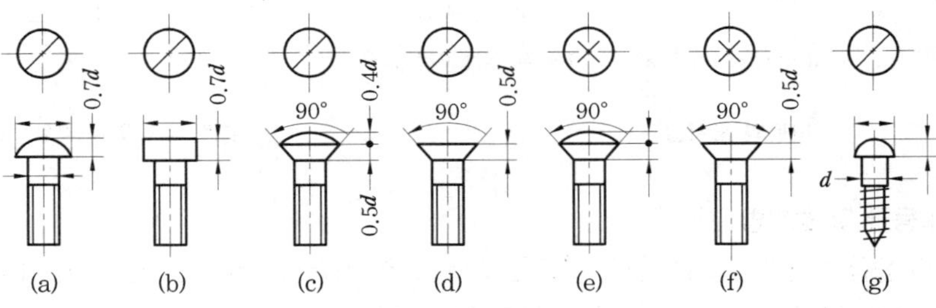

작은 나사와 나사못의 도시법

1-2 핀, 키, 코터의 제도

① 핀의 도시법

핀은 규격 부품이므로 부품도를 그리지 않고 다음과 같은 호칭법으로 표시해서 부품란에 기입한다.

핀의 호칭법 (KS B 1320, 1321, 1322, 1323)

명　칭	호　칭	보　기
테이퍼 핀(KS B 1322)	명칭, 등급, d×l, 재료	테이퍼 핀 2급 6×70 SM 20 C
슬롯 테이퍼 핀(KS B 1323)	명칭, d×l, 재료 지정사항	슬롯 테이퍼 핀 6×70 SM 35 C
평행 핀(KS B 1320)	명칭, 종류, 형식, d×l, 재료	평행 핀 h7 B-8×50 SM 5C
분할 핀(KS B 1321)	명칭, d×l, 재료 지정사항	분할 핀 2×30 SWRM 3 뾰족끝

② 키(key)의 도시법

기어, 벨트, 풀리 등을 회전축에 고정할 때 사용한다.

① **키의 호칭법** : 표준 치수로 만들어지므로 부품도에 도시하지 않고 부품표의 품명란에 그 호칭만 적는다. 그러나 표준 이외의 것은 도시하고 치수를 적는다. 키는 긴 쪽으로 절단하여 도시하지 않는다. 품명란에 기입하여 표시할 때에는 다음과 같이 표기한다.

[보 기]

규격 번호 또는 명칭	호칭 치수	×	길이	끝 모양의 특별 지정	재료
KS B 1313 또는 미끄럼 키	11×8	×	50	양끝 둥금	SM 45C
평행 키	25×14	×	90	양끝 모짐	SM 40C

② 키의 호칭 치수 : 폭×높이
③ 키 홈의 도시법 : 키 홈은 가능한 한 위쪽에 표시하고, 키 홈의 치수는 다음 [그림]과 같이 한다.

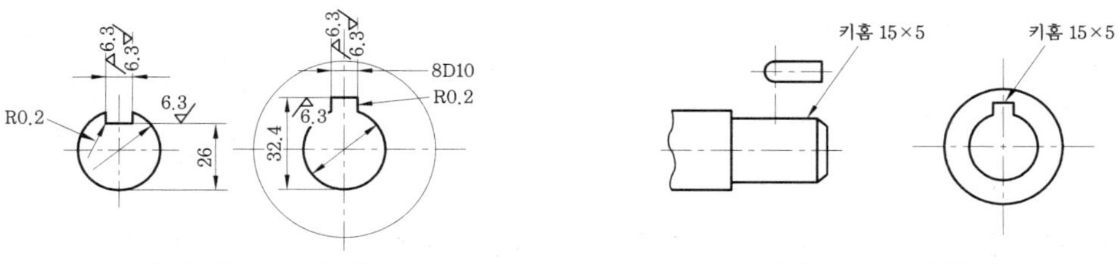

키 홈의 치수 기입법 (1)　　　　　　　키 홈의 치수 기입법 (2)

❸ 코터(cotter)의 도시법

키의 일종으로 축 방향으로 인장력이나 압축력이 작용하는 두 축을 연결하거나 풀 경우에 사용되며, 한 쪽에만 기울기를 만든 것과 양쪽 다 기울기를 만든 것이 2종이 있다. 기울기는 보통 $\frac{1}{20}$ 이 많이 쓰인다.

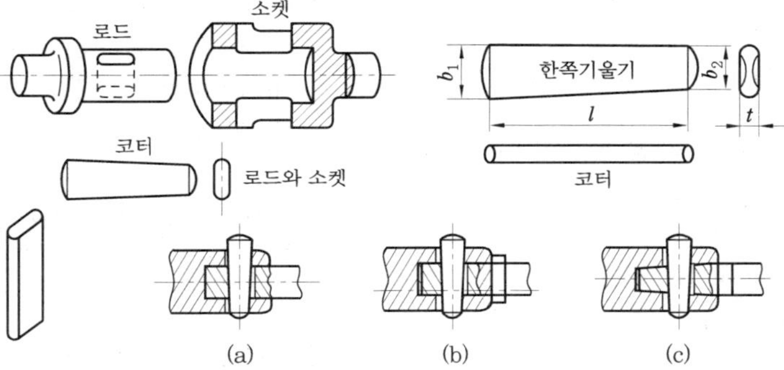

로드와 소켓 및 코터 이음

예 상 문 제

1. 다음 설명은 나사의 도법에 대한 설명이다. 관계가 없는 것은?

㉠ 완전 나사부와 불완전 나사부의 경계는 굵은 실선으로 표시한다.
㉡ 나사 부분 단면 표시의 경우는 나사산까지 해칭을 한다.
㉢ 보이지 않는 나사부의 표시는 파선으로 한다.
㉣ 수나사와 암나사의 결합부는 암나사로 도시한다.

2. 수나사와 암나사의 골은 어떻게 표시하는가?

㉠ 가는 실선으로 표시　㉡ 굵은 실선으로 표시
㉢ 파선으로 표시　　　 ㉣ 일점 쇄선으로 표시

3. 다음은 나사의 도시법에 대한 설명이다. 틀린 것은?

㉠ 수나사의 바깥지름은 굵은 실선으로 그린다.
㉡ 암나사의 안지름은 굵은 실선으로 그린다.
㉢ 수나사와 암나사의 결합부는 수나사로 그린다.
㉣ 완전 나사부와 불완전 나사부의 경계선은 가는 실선으로 그린다.

4. 미터 나사에 대한 설명 중 틀린 것은?

㉠ 나사산의 각도는 60°이다.
㉡ 애크미 나사보다 피치가 크다.
㉢ 산 끝은 판판하다.
㉣ 피치는 mm로 표시한다.

정답　**1.** ㉣　**2.** ㉠　**3.** ㉣　**4.** ㉡

5. 나사의 표시 중 M10에서 10은 무엇을 나타내는가?

㉮ 나사의 안지름이 10mm인 미터 나사
㉯ 나사산의 피치가 10mm인 미터 나사
㉰ 나사의 바깥지름이 10mm인 미터 나사
㉱ 나사의 호칭이 10mm인 미터 나사

6. 나사 부분을 단면했을 때, 해칭선은?

㉮ 수나사의 바깥지름과 암나사의 안지름까지 해칭한다.
㉯ 수나사의 안지름까지 해칭한다.
㉰ 암나사의 바깥지름까지 해칭한다.
㉱ 암나사의 구멍까지 해칭한다.

7. 불완전 나사부의 골을 표시하는 선은 축선에 대하여 몇 도의 가는 실선을 그리는가?

㉮ 90° ㉯ 60° ㉰ 45° ㉱ 30°

8. M15×1.5인 나사의 설명 중 틀린 것은?

㉮ 미터계 가는 나사이다.
㉯ 피치가 1.5mm이다.
㉰ 나사산은 각도가 55°이다.
㉱ 피치의 단위가 mm이다.

9. R1/2인 나사에서 1/2이 나타내는 것은?

㉮ 바깥지름 ㉯ 골지름
㉰ 유효지름 ㉱ 안지름

10. 암나사의 나사밑 구멍 부분의 표시법으로 옳은 것은?

㉮ 가는 실선으로 120° 되게 한다.
㉯ 가는 실선으로 90° 되게 한다.
㉰ 굵은 실선으로 120° 되게 한다.
㉱ 굵은 실선으로 90° 되게 한다.

11. 다음 그림의 각부를 설명한 것 중 틀린 것은?

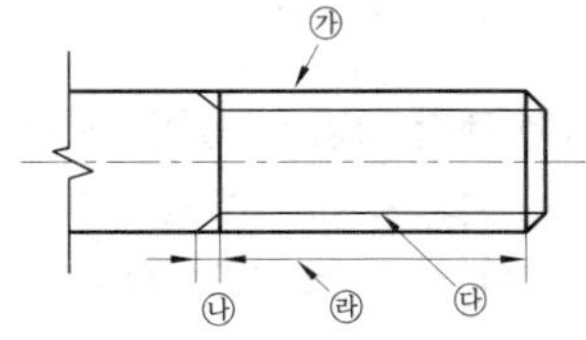

㉮ 완전 나사부 ㉯ 불완전 나사부
㉰ 골 지름 ㉱ 유효 지름

12. 유니파이드 가는 나사를 표시하는 것은?

㉮ UNC ㉯ UNF ㉰ UNS ㉱ U

[해설] UNC는 unified national course thread의 약자로 유니파이 거친 또는 보통 나사를, UNF는 unified national fine thread의 약자로 유니파이드 가는 나사를, UNS는 unified national special thread의 약자로 유니파이드 특수 나사를 나타낸다.

13. 다음 중 서로의 관계가 잘못 연결된 것은?

㉮ Rc 1/2 - 관용 나사
㉯ 3/8 - 16 UNC 유니파이드 보통 나사
㉰ Tr 10 - 사다리꼴 나사
㉱ E - 미싱용 나사

14. 사다리꼴 나사를 설명한 것 중 옳은 것은?

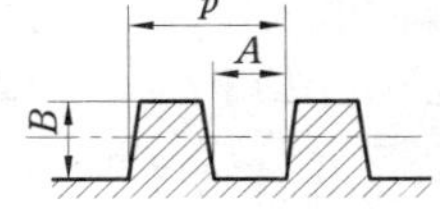

㉮ A는 1/2, B는 p
㉯ A는 $p/2$, B는 $p/2$
㉰ A는 p, B는 $p/2$
㉱ A는 $2p/3$, B는 $p/2$

[해설] 애크미 나사(사다리꼴 나사)는 TW(인치계)와 TM(미터계)이 있으며, 나사산 각도는 TW는 29°, TM은 30°이다.

15. 나사의 표시법에서 나사의 방향을 A, 나사의 줄 수를 B, 나사의 호칭을 C, 나사의 등급을 D라 할 때, 표기법이 맞는 것은?

㉮ A - BCD ㉯ AB - CD
㉰ ABC - D ㉱ ABCD

16. 3/8-16U-2B는 유니파이드 나사의 표시법이다. 틀린 것은?

㉮ 3/8 - 호칭 지름 ㉯ 16 - 피치
㉰ U - 나사의 종류 ㉱ 2B - 암나사 2급

[해설] 16은 나사산수/inch이다.

17. 관용 테이퍼 나사의 테이퍼는?

㉮ 1/6 ㉯ 1/10 ㉰ 1/16 ㉱ 1/20

18. 볼트의 종류 A, 등급 B, 나사의 호칭 C, 길이 D, 재료 E라 할 때, 볼트의 호칭 방법으로 맞는 것은?

㉮ ABC×DE ㉯ BCA×DE
㉰ C×DABE ㉱ BAC×DE

---

19. 볼트의 제도에서 머리 부분의 크기는 볼트 지름 (d)의 몇 배로 하는가?

㉮ d　　㉯ $1.5d$　　㉰ $2d$　　㉱ $2.5d$

20. 볼트(bolt), 너트(nut)를 다듬질 정도에 따라 나누면 몇 등급인가?

㉮ 2등급　㉯ 3등급　㉰ 4등급　㉱ 5등급

[해설] 볼트 너트는 다듬질 정도에 따라 상·중·보통 3등급으로 나눈다. 또 유니파이 나사는 6등급, 관용 평형 나사는 2등급으로 구분되어 있다.

21. M10−2/1와 같은 나사의 표시가 있다. 다음 중 틀린 것은?

㉮ M−미터 나사
㉯ 10−호칭 지름
㉰ 암나사 1급, 수나사 2급
㉱ 수나사 1급, 암나사 2급

[해설] 나사의 등급 표시는 분모에 수나사의 급수를, 분자에 암나사의 급수를 표시한다.

22. 다음 그림은 볼트를 그린 것이다. R의 크기는 볼트 지름(d)의 몇 배인가?

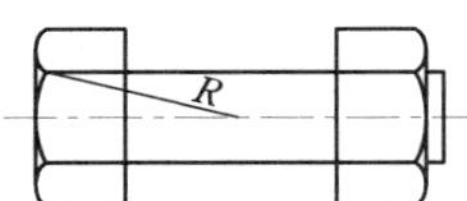

㉮ d　　㉯ $1.5d$　　㉰ $2d$　　㉱ $2.5d$

23. 일반용 너트 머리의 높이는 볼트 지름(d)의 얼마로 하는가?

㉮ d　　㉯ $1.5d$　　㉰ $2d$　　㉱ $2.5d$

24. 프랑스어로 비스(vis)라고도 부르는 것은 다음 중 어느 것인가?

㉮ 나사못(wood screw)
㉯ 작은 나사(machine screw)
㉰ 세트 스크루(set screw)
㉱ 아이 볼트(eye bolt)

25. 나사의 종류 표시 기호를 A, 나사의 지름을 표시하는 기호를 B, 피치를 C로 나타낼 때, 다음 중 옳은 것은?

㉮ AB×C　㉯ BA×C　㉰ B×CA　㉱ A×CB

26. 나사의 호칭 지름이 같을 때 미터 보통 나사와

관용 나사의 유효 지름은 어느 쪽이 더 큰가?

㉮ 미터 보통 나사　　㉯ 관용 평형 나사
㉰ 둘 다 같다.　　　　㉱ 경우에 따라 다르다.

[해설] 호칭 지름이 같을 경우 미터 보통 나사보다 관용 평행 나사가 산이 적으므로 유효 지름 ($d = \frac{d_1 + d_2}{2}$)은 관용 평행 나사가 크다.

27. 다음 중에서 키, 핀, 코터의 제도법에 대한 설명 중 틀린 것은?

㉮ 조립도에 있어서 길이 방향으로 절단하여 도시하지 않는다.
㉯ 테이퍼는 보통 중심선에 평행하게 분수로 적는다.
㉰ 기울기는 보통 기울기선에 평행하게 분수로 긋는다.
㉱ 아무리 큰 기울기라도 각도 또는 길이로 적을 수 없다.

28. 키의 종류 기호를 A, 폭 B, 높이 C, 길이 D, 재료 E라 표시할 때 키의 호칭법으로 옳은 것은?

㉮ ABC×DE　　㉯ AB×C×DE
㉰ ABC×D×E　　㉱ AB×CD×E

29. 키의 기울기는?

㉮ 1/20　㉯ 1/25　㉰ 1/50　㉱ 1/100

[해설] 코터의 기울기는 1/20, 키의 기울기는 1/100이고, 핀은 1/50이다.

30. 핀에서 명칭, 등급, $d×l$, 재료를 호칭으로 나타내는 핀은 무엇인가?

㉮ 평행 핀　　　㉯ 분할 핀
㉰ 테이퍼 핀　　㉱ 슬롯 테이퍼 핀

[해설] ① 평행 핀의 호칭 : 명칭, 종류, 형식 $d×l$, 재료
② 분할 핀, 슬롯 테이퍼 핀의 호칭 : 명칭, $d×l$, 재료

31. 테이퍼 핀의 호칭 지름을 표시하는 부분은?

㉮ 가는 부분
㉯ 굵은 부분
㉰ 가는 부분에서 1/3 부분
㉱ 굵은 부분에서 1/3 부분

32. 전구 등에 사용되는 둥근 나사의 나사산 각도는 얼마인가?

㉮ 29°　　㉯ 30°　　㉰ 45°　　㉱ 60°

● 2. 리벳 및 용접 제도

 2-1 리벳 제도

1 리벳의 제도

① 리벳의 위치만 나타내는 경우는 중심선만으로 표시한다[그림 (a)].

② 리벳은 키, 핀, 코터와 같이 길이 방향으로 절단하지 않는다[그림 (b)].

③ 같은 피치, 같은 종류의 구멍은

$\boxed{\text{피치의 수}} \times \boxed{\text{피치의 치수}}$ (= $\boxed{\text{합계 치수}}$)로 표시한다[그림 (c)].

④ 박판, 얇은 형강은 그 단면을 굵은 실선으로 표시한다[그림 (d)].

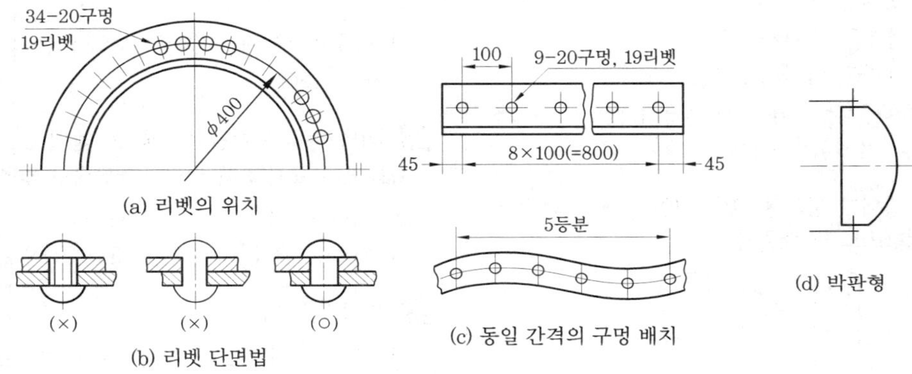

리벳의 제도

⑤ 평강 또는 형강의 치수 표시는 나비×나비×두께－길이로 표시하며 형강도면 위쪽에 기입한다.

⑥ 철골 구조와 건축물 구조도에서의 리벳은 치수선을 생략하고, 선도의 한쪽에 치수를 기입한다.

⑦ 리벳의 호칭은 $\boxed{\text{규격 번호}}$ $\boxed{\text{종류}}$ $\boxed{\text{호칭 지름}}$ × $\boxed{\text{길이}}$ $\boxed{\text{재료}}$

      KS B 1102   열간 둥근머리 리벳   16   ×   40   SBV 34

⑧ 리벳의 호칭 길이에서 접시머리 리벳만 머리를 포함한 전체의 길이로 호칭되고, 그 외의 리벳은 머리부의 길이는 포함되지 않는다.

2 리벳의 접합

① 리벳의 종류 : 다음 [그림]과 같으며 구조물에서는 약도로 표시하는 경우가 많다. 다음 [표]는 구조물에 쓰이는 리벳의 표시 기호이다.

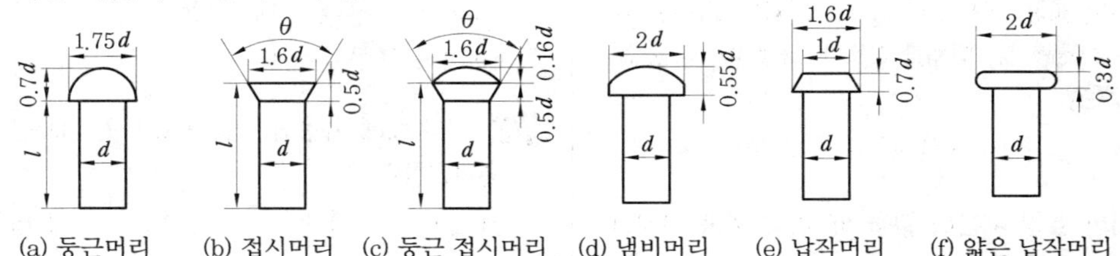

리벳의 종류

② 리벳 접합의 종류

㈎ 겹침 이음(lap joint) : 두 판을 겹쳐서 리베팅한 이음으로 [그림 (a)]와 같으나 [그림 (b)]와 같이 변형이 생기기 쉬우므로 피하는 것이 좋다.

㈏ 한면 덧판 맞대기 이음 : [그림 (d)]와 같으나 [그림 (e)]와 같이 변형이 일어나기 쉽다.

㈐ 양쪽 덧판 맞대기 이음 : [그림 (c)]와 같으며 편심에 의한 모멘트가 일어나지 않아 좋은 방법이다.

㈑ 중간 덧판 겹친 이음 : [그림 (f)]와 같으며 편심 모멘트가 일어나기 쉬워 잘 사용하지 않는다.

㈒ 리벳 배열에 따른 이음법 : 리벳의 배열에 따라 1열 맞대기 이음, 2열 양쪽 맞대기 이음, 2열 겹침 이음, 2열 지그재그 겹침 이음이 있다.

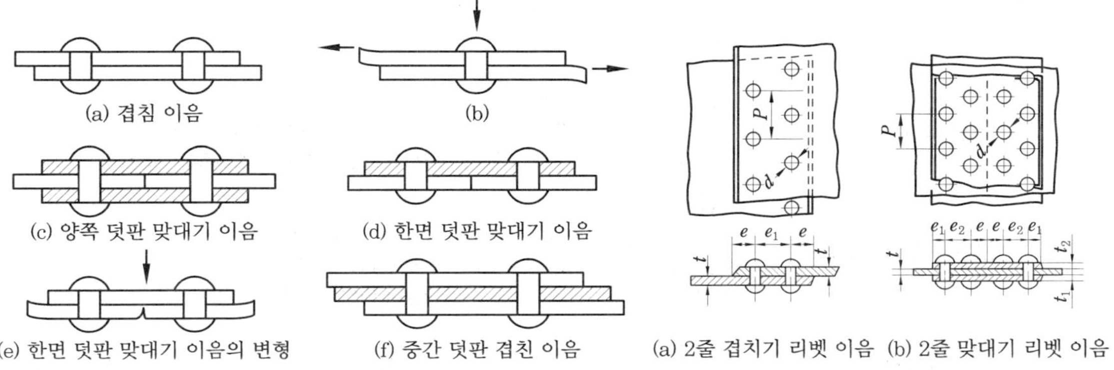

(a) 겹침 이음   (b)

(c) 양쪽 덧판 맞대기 이음   (d) 한면 덧판 맞대기 이음

(e) 한면 덧판 맞대기 이음의 변형   (f) 중간 덧판 겹친 이음

(a) 2줄 겹치기 리벳 이음   (b) 2줄 맞대기 리벳 이음

리벳 접합의 종류   **리벳 배열에 따른 이음**

2-2 용접 제도

■ 용접 기호(symbolic representation of welds)

용접부의 기호는 기본 기호 및 보조 기호로 구분되는데, 기본 기호는 원칙적으로 두 부재 사이의 용접부 모양을 표시하며, 보조 기호는 용접부의 표면 형상과 다듬질 방법, 혹은 시공 상의 주의사항을 표시하고 있다.

① 기본 기호

명 칭	기 호	명 칭	기 호
양쪽 플랜지형	∧	J형(양면 J형)	Ⴘ
한쪽 플랜지형	∣∧	U형, H형(양면 U형)	Ⴤ
I형	∥	플레어 V형, 플레어 X형	Ⴘ
V형, X형(양면 V형)	∨	플레어 V형, 플레어 K형	∣Ⴣ
V형, K형(양면 V형)	∣∨	필릿	◺

플러그, 슬로트	⌐⌐	비드, 살돋음	⌒
넓은 루트면이 있는 V형 맞대기 이음 용접	Y	넓은 루트면이 있는 한 면 개선형 맞대기 용접	Y
점(스폿) 용접	○	심(seam) 용접	⊖
가장자리 용접	‖‖	표면 육성	⌒⌒
표면 접합부	=	경사 접합부	∥

용접부의 표면 모양	평탄 볼록 오목	─ ⌒ ⌣	기선의 밖으로 향하여 볼록하게 한다. 기선의 밖으로 향하여 오목하게 한다.
용접부의 다듬질 방법	칩핑 연삭 절삭 지정없음	C G M F	그라인더 다듬질일 경우 기계 다듬질일 경우 다듬질 방법을 지정하지 않을 경우
현장 용접 전체 둘레 용접 전체 둘레 현장 용접		▶ ○ ⌀	전체 둘레 용접이 분명할 때는 생략하여도 좋다.

② 도면상의 용접 기호 기입법

기준선에 따른 기호의 위치

③ 보조 기호의 기재 방법

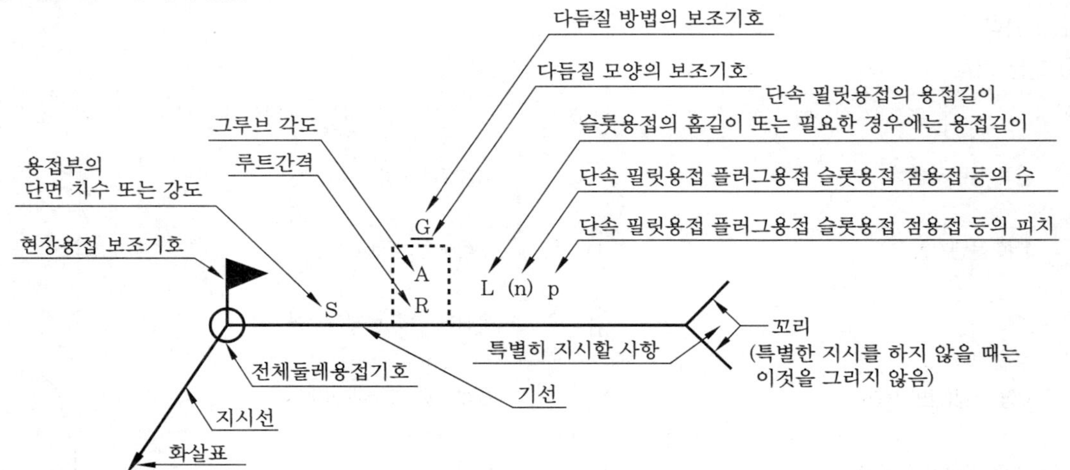

기준선에 따른 기호의 위치

> **참고**
>
> ※ 비파괴 시험방법
> - 방사선 투과시험 : RT
> - 초음파 탐상시험 : UT
> - 자기분말 탐상시험 : MT
> - 침투 탐상시험 : PT

예 상 문 제

1. 리벳(rivet)의 길이 표시 방법으로 옳은 것은?

㉮ 머리 부분을 포함한 전체 길이

㉯ 머리 부분을 제외한 길이

㉰ 머리 부분의 길이

㉱ 리벳 이음 후의 전체 길이

2. 다음 둥근머리 리벳 중 공장 리벳 이음 작업을 나타내는 것은?

3. 다음 리벳의 표시 기호 중 접시머리 리벳으로서 현장 리벳을 나타내는 것은?

㉮ ○   ㉯ ◉   ㉰ ⊘   ㉱ ⊘

4. 다음 중 2줄 맞대기 리벳 이음의 도면을 맞게 나타낸 것은?

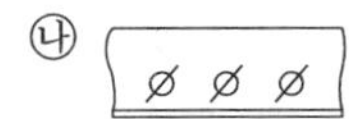
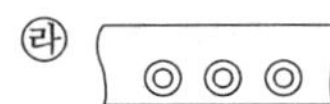
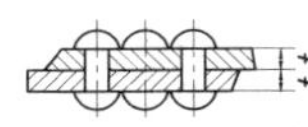
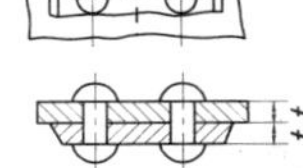
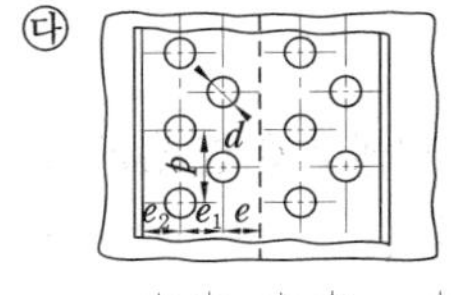
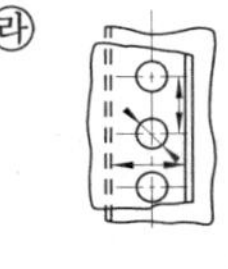
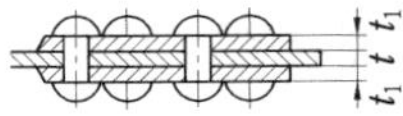

[해설] ㉮는 3줄 겹치기 리벳 이음, ㉯는 1줄 맞대기 리

벳 이음, ㉱는 1줄 겹치기 리벳 이음을 뜻한다.

5. 다음 중 필릿 용접을 나타내는 기호는?

㉮ ○   ㉯ ⌐   ㉰ ⊓   ㉱ ◺

6. 리벳 사용 목적에 의한 분류에서, 구조 리벳에 관한 설명에 해당되는 것은?

㉮ 주로 강도를 목적으로 하는 리벳 이음으로서 차량, 철교 등에 사용한다.

㉯ 주로 수밀을 중요시하는 리벳 이음으로서 저압 탱크 등에 사용한다.

㉰ 강도와 기밀을 모두 필요로 하는 리벳 이음으로서 보일러, 고압 탱크 등에 사용한다.

㉱ 주로 기밀을 중요시하는 리벳 이음으로서 압력 용기 등에 사용한다.

7. 다음 도면의 치수 기입에 대한 설명 중 틀린 것은?

㉮ 구멍의 수는 11개이다.

㉯ 구멍의 지름은 10mm이다.

㉰ 전체 길이는 600mm이다.

㉱ 구멍 사이의 피치는 50mm이다.

8. 다음 그림에서 A의 길이는 얼마인가?

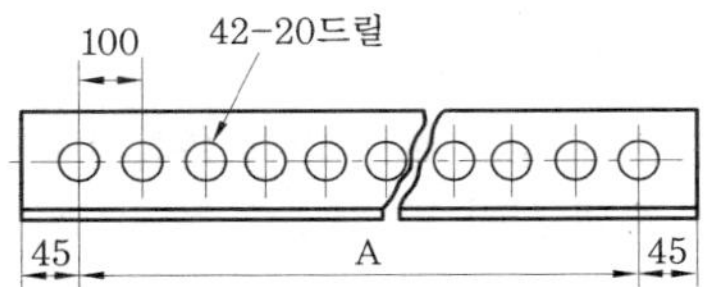

㉮ A=4200mm   ㉯ A=4300mm

정답 1. ㉯ 2. ㉰ 3. ㉯ 4. ㉰ 5. ㉱ 6. ㉮ 7. ㉰ 8. ㉰

④ A=4100mm　　　㉖ A=4500mm

9. 다음 용접 기호의 설명 중 옳지 못한 것은?

㉮ ○ : 스폿 용접　　㉯ ⊓ : 플러그 용접

㉰ ⊖ : 심 용접　　㉱ ⌒ : 뒷면 용접

10. 그림의 용접 표시 기호에서 L자는 무엇을 표시하는가?

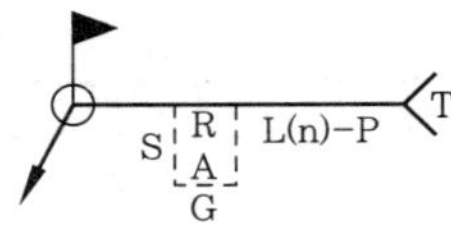

㉮ 루트의 간격　　㉯ 용접선의 길이

㉰ 점 용접의 수치　　㉱ 뜨임 용접의 피치

11. 용접 제품의 좋고 나쁨은 본 용접뿐만 아니라 용접 전의 여러 가지 준비에 좌우된다. 다음 사항 중 용접하기 전에 일반적으로 준비해야 할 사항이 아닌 것은?

㉮ 모재 재질의 확인　　㉯ 지그의 결정

㉰ 용접공의 선임　　㉱ 공수 절감

12. 용접 기호의 기입법에 대한 설명 중 틀린 것은?

㉮ 용접 기호와 치수는 설명선을 사용하여 기입한다.

㉯ 기타 특별히 지시할 사항이 있을 때는 꼬리를 그려 그 부분에 기입한다.

㉰ 기호 및 치수는 용접하는 그 쪽이 화살표 쪽인 경우에는 기선의 아래쪽에 기입한다.

㉱ 기호 및 치수는 용접하는 쪽이 화살표 반대인 경우 기선 좌측에 기입한다.

13. 아래 설명선 중 틀린 것은?

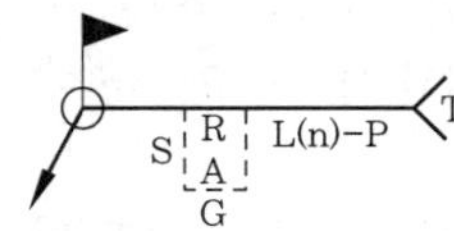

㉮ A-홈의 각도

㉯ S-치수 또는 강도

㉰ N-점 용접 또는 플러그 용접의 수

㉱ R-홈의 깊이

14. 용접 기호 중 '◺'의 용접 종류는?

㉮ 홈 용접　　㉯ 필릿 용접

㉰ 플러그 용접　　㉱ 점 용접

15. 다음 중 필릿 용접 기호는?

㉮ ⊓　㉯ ◺　㉰ ⊖　㉱ ⌒

16. 다음 용접 기호 중 틀린 것은?

㉮ 심 용접 : ⊖　　㉯ 스폿 용접 : ○

㉰ 필릿 용접 : ⌒　　㉱ 슬롯 용접 : ⊓

17. 다음 그림이 뜻하는 용접 기호는?

㉮ K형　　㉯ U형

㉰ J형　　㉱ H형

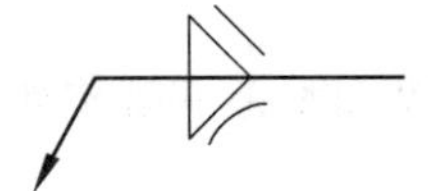

18. 다음 용접 기호는 무엇을 나타내는가?

㉮ 양면 필릿 용접

㉯ 양면 점 용접

㉰ 양면 필릿 용접으로 화살표 쪽은 평 비드, 반대쪽은 오목 비드

㉱ 양면 필릿 용접으로 화살표 쪽은 오목 비드, 반대쪽은 평 비드

19. 다음 용접 기호로서 틀리게 짝지은 것은?

㉮ ‖ : I형　　㉯ ㄷ : J형

㉰ ∨ : K형　　㉱ Y : Y형

20. 다음 용접 이음 중 맞대기 이음은 어느 것인가?

㉮ 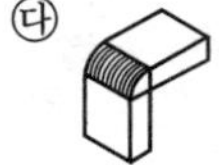　　㉯

㉰　　㉱ 

21. 용접부의 표면 상태를 나타낸 기호 중 틀린 것은?

㉮ —— : 편평한 것　㉯ ⌒ : 볼록한 것

㉰ ⌣ : 오목한 것　㉱ ∧∧∧ : 거친 것

▶ 3. 전동 장치의 제도

3-1 벨트 풀리 및 스프로킷 휠 제도

1 평벨트 풀리 호칭법 및 제도

① 호칭법

[보 기]

명칭	종류	호칭 지름	×	호칭 폭	재료
평벨트 풀리 일체형	1	125	×	25	주철

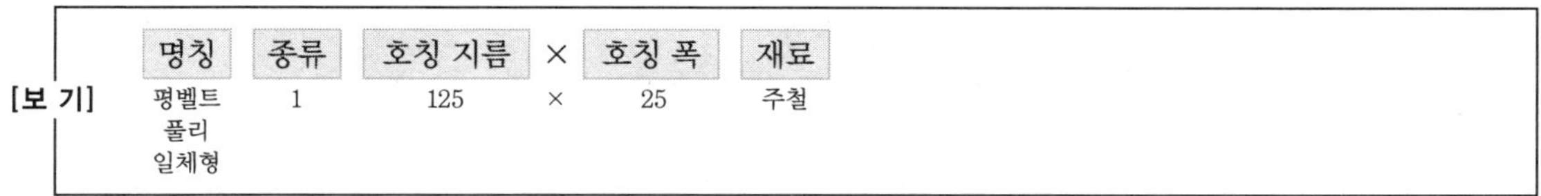

(a) 일체형　　　　(b) 분할형

평벨트 풀리의 모양과 치수

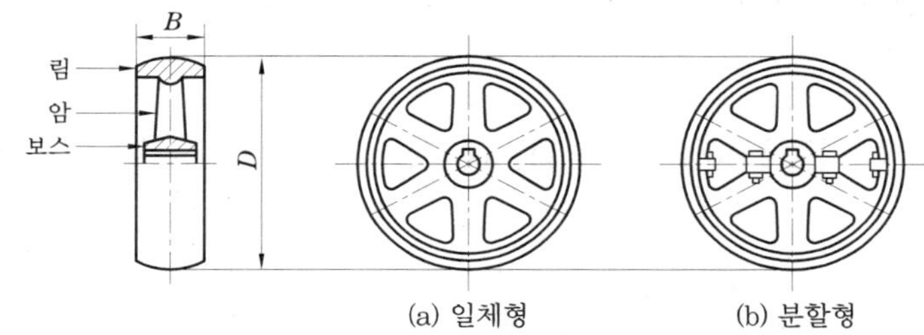

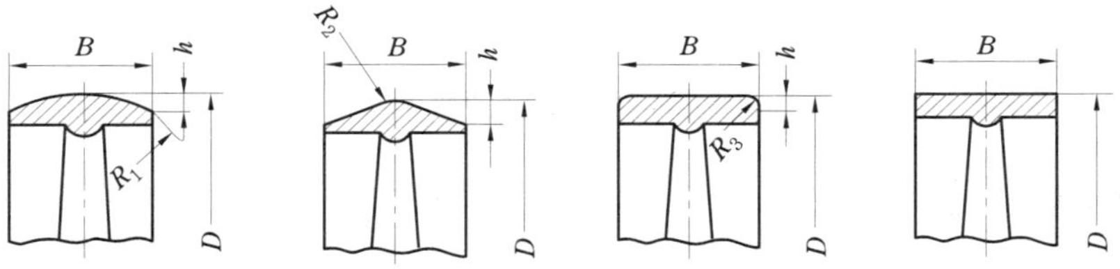

Ⅰ형　　　　Ⅱ형　　　　Ⅲ형　　　　Ⅳ형

평벨트 풀리의 종류

벨트 풀리의 호칭 지름 D(단위 mm)

50	55	65	70	90	90	100
115	125	140	150	180	205	230
255	280	305	405	455	455	510
560	610	660	710	760	810	865
915	960	1015	1120	1270	1525	

림의 폭 B와 라운딩의 높이 h(단위:mm)

B	라운딩의 높이 h(약)	B	라운딩의 높이 h(약)	B	라운딩의 높이 h(약)
25		90		255	
38	1	100	1.5	305	3
50		125		355	
65		150			
75		205	2		

※ 1. 평벨트 풀리의 림 가장자리는 적당한 모따기를 한다.

　 2. 암의 모양과 치수 및 수는 임의로 정한다.

　 3. R_1, R_2, R_3은 사용 목적에 따라 임의로 정한다.

② 제도법

(개) 벨트 풀리와 같이 대칭형인 것은 전체를 표시하지 않고, 그 일부분만을 표시할 수 있다.

(내) 암(arm)과 같은 방사형의 것은 수직 또는 수평 중심선까지 회전하여 투상한다.

(대) 암은 길이 방향으로 절단하여 도시하지 않는다.

(라) 암의 단면형은 도형의 밖이나 도형의 안에 회전 도시 단면도로 도시하고, 도형의 안에 도시할 경우
　에는 가는 실선으로 그린다. 단면형은 대개 타원이며 근사화법의 원호를 그린다.

(마) 테이퍼 부분의 치수를 기입할 때, 치수 보조선은 경사선(수평과 60° 또는 30°)으로 긋는다.

(바) 끼워 맞춤은 축 기준식인지 구멍 기준식인지를 명기한다.

(사) 벨트 풀리는 축직각 방향의 투상을 정면도로 한다.

❷ V벨트 풀리의 제도

① 호칭법

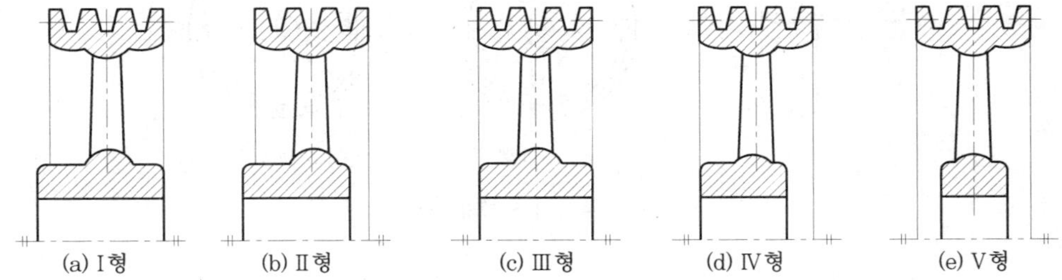

② **V벨트 풀리의 모양(골부분 제외)** : 보스의 위치에 대하여 Ⅰ~Ⅴ형까지 다섯 가지 형이 있는데, 이들은
각각 다음 [그림]과 같다.

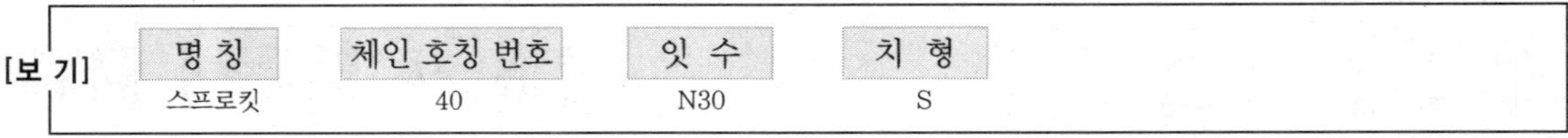

보스 위치에 의한 V벨트의 모양

③ **V벨트 풀리의 홈의 각도** : 34°, 36°, 38°의 3가지 종류가 있다.

❸ 스프로킷 휠 제도

① 호칭법

② 제도법

(가) 이끝원은 굵은 실선, 피치원은 가는 일점 쇄선, 이뿌리원은 가는 실선으로 긋고, 이 모양은 2~3개
　그린다.

(나) 이의 부분을 상세히 그릴 때에는 단면 부위를 나타내고 부분 확대도로 그린다.

(다) 간략하게 그릴 때에는 이끝원과 피치원만을 그린다.

(라) 요목표에는 톱니의 특성을 기입한다.

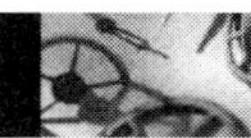

3-2 기어 제도

1 기어의 제도법

기어는 약도로 나타내되, 축에 직각인 방향에서 본 것을 정면도, 축 방향에서 본 것을 측면도로 하여 다음과 같이 도시한다.

① 이끝원은 굵은 실선으로 그린다.

② 피치원은 가는 1점 쇄선으로 그린다.

③ 이뿌리원은 가는 실선으로 그린다. 단, 정면도를 단면으로 도시할 때는 굵은 실선으로 그린다.

④ 이뿌리원은 측면도에서 생략해도 좋다.

⑤ 스퍼 기어의 표준 압력각 $\alpha=20°$ 로 규정하고 있다.

⑥ 맞물리는 한 쌍의 스퍼 기어를 그릴 때에는 측면도의 이끝원은 항상 굵은 실선으로 그린다. 그리고, 정면도를 단면도로 나타낼 때는 물리는 부분의 한쪽 이끝원을 파선으로 그린다.

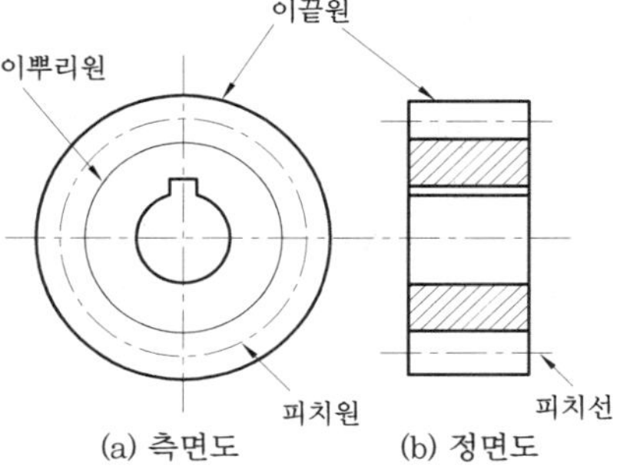

스퍼 기어의 도시법

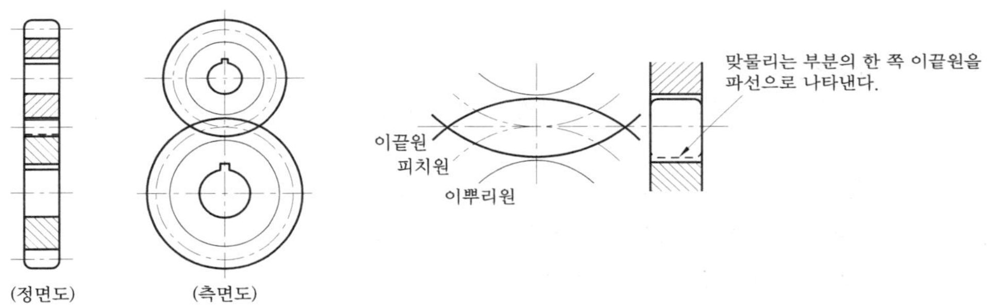

맞물리는 한 쌍의 스퍼 기어의 도시

스퍼 기어 요목표				
기어 치형		전위	다듬질 방법	호브 절삭
기준 래 크	치형	보통이	정밀도	KS B 1405 5급
	모듈	6	상대 기어 전위량	0
	압력각	20°	상대 기어 잇수	50
잇수		18	중심거리	207
기준 피치원의 지름		108	백래시	0.20~0.89
전위량		+3.16	* 재료	
전체 이높이		13.34	* 열처리	
이 두 께	벌림 이두께	47.96 −0.08 −0.38 (벌림 잇수 = 3)	* 경도	

주 *표를 붙인 사항은 필요에 따라 기입한다.

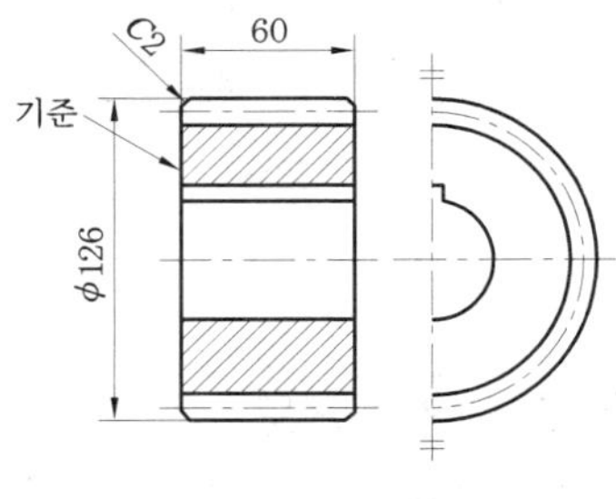

스퍼 기어의 제작도

2 헬리컬 기어의 제도

도시법은 스퍼 기어의 도시법과 같으나 잇줄의 비틀림을 그리는 것이 다르다.

헬리컬 기어 요목표	
기어 치형	표 준
치형 기준 단면	치 직 각
공구 치 형	보 통 이
공구 모 듈	4
공구 압력각	20°
공구 잇 수	19
비틀림각 및 방향	26° 42′ 왼쪽
기준 피치원 지름	85.071

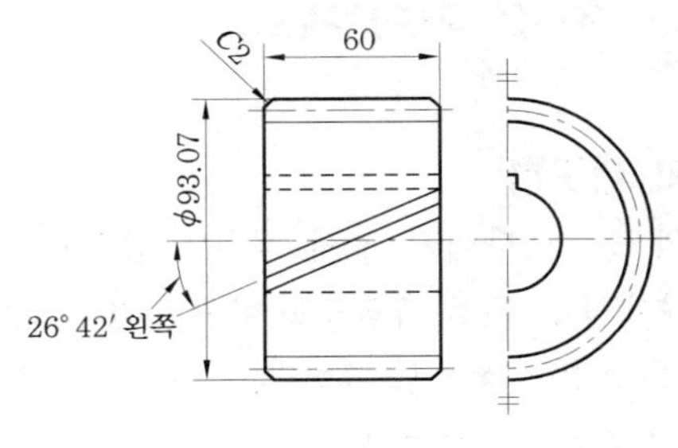

헬리컬 기어의 제도

① 요목표에 이 모양이 잇줄 직각 방식인지, 축 직각 방식인지 기입한다.
② 잇줄의 방향은 정면도에 항상 3줄의 가는 실선을 그린다. 정면도가 단면으로 표시되어 있을 때에는 3줄의 가는 2점 쇄선으로 그린다.
③ 잇줄의 비틀림각은 잇줄을 표시하는 3개의 평행선 중 중앙선을 연장하여 그 방향과 함께 기입한다.

❸ 베벨 기어의 제도

① 베벨 기어의 정면도의 단면도에서 이끝선과 이뿌리선은 굵은 실선, 피치선은 가는 1점 쇄선으로 그린다.
② 축 방향에서 본 베벨 기어의 측면도에서 이끝원은 외단부와 내단부를 모두 굵은 실선으로, 피치원은 외단부만 가는 1점 쇄선으로 그리며, 이뿌리원은 생략한다.
③ 한 쌍의 맞물리는 기어는 맞물리는 부분의 이끝원을 숨은 선으로 그린다.
④ 스파이럴 베벨 기어의 약도에서 잇줄을 나타내는 선은 한 줄의 굵은 실선으로 나타낸다.

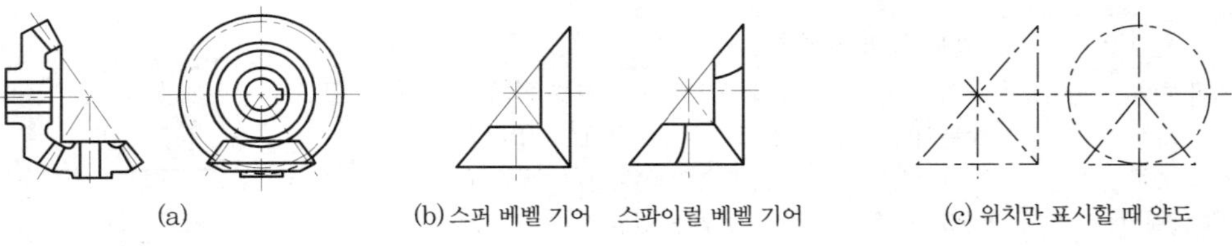

서로 물리는 베벨 기어의 제도

❹ 웜 기어의 제도

① 웜 기어의 잇줄 방향은 헬리컬 기어에 준하여 3줄의 가는 실선으로 그린다.
② 웜휠의 측면도는 기어의 바깥지름을 굵은 실선으로 그리고, 피치원은 가는 1점 쇄선으로 그리며, 이 뿌리원과 목부분의 원은 그리지 않는다.
③ 요목표에는 이 직각 방식인지 또는 축 직각 방식인지를 기입한다.

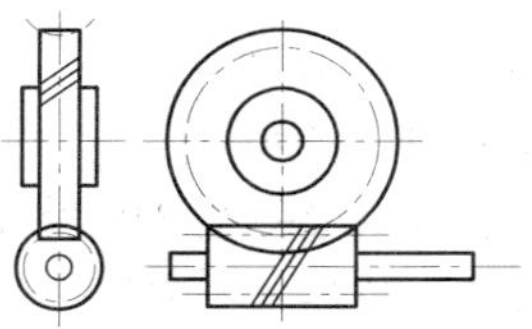
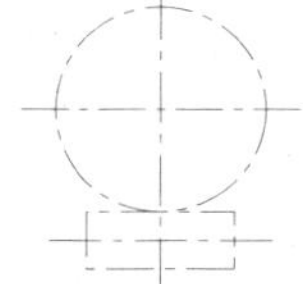

(a) 웜과 웜휠의 약도   (b) 위치만 표시할 때의 약도

웜 요목표	
치형 기준 단면	축 직 각
피 치	25.130
줄수 및 방향	1줄, 오른쪽
압 력 각	20°
피치원 지름	ϕ88.32

예 상 문 제

1. 다음 기어 제도법에 관계가 먼 것은?

㉮ 회전축과 직각 방향에서 본 형상(정면도)으로 대개의 형상 치수를 나타낸다.

㉯ 키홈의 치수를 나타내는 것 이외에 측면도로 나타내지 않는다.

㉰ 이끝원은 굵은 실선으로 나타낸다.

㉭ 피치원은 굵은 일점 쇄선으로 나타낸다.

2. 기어를 제도할 때 피치원의 지름, 바깥지름, 이의 나비, 이의 높이를 모두 나타내는 것은?

㉮ 헬리컬 기어   ㉯ 베벨 기어

㉰ 스퍼 기어   ㉭ 웜 기어

3. 기어 제도에서 잇줄 방향을 나타낼 때 1개의 굵은 실선으로 나타내는 것은?

㉮ 스퍼 기어   ㉯ 헬리컬 기어

㉰ 웜 기어   ㉱ 하이포이드 기어

4. 기어의 제도법 설명 중 틀린 것은?

㉮ 잇줄 방향을 표시하려면 보통 세 줄을 사용한다.

㉯ 서로 물려 있는 한 쌍의 기어는 물려 있는 부분의 이끝원을 굵은 실선으로 표시한다.

㉰ 베벨 기어 및 웜휠의 측면도에서 이뿌리원은 생략하는 것이 보통이다.

㉭ 이끝원은 가는 실선으로 표시한다.

5. 기어를 제도할 때 가는 일점 쇄선으로 나타내는 것은?

㉮ 이끝원   ㉯ 피치원   ㉰ 이뿌리원   ㉱ 기초원

6. 스퍼 기어의 도시법에 대한 설명 중 틀린 것은?

㉮ 정면도와 측면도의 위치를 정하고 수평 및 수직의 중심선을 긋는다.

㉯ 측면도의 피치원, 정면도의 피치선과 이 나비의 선을 긋는다.

㉰ 정면도의 이끝원, 이뿌리선, 측면도의 이끝원은 굵은 실선으로 그리고, 이뿌리원은 일점 쇄선으로 긋는다.

㉭ 기어 가공에 있어서 특히 기준면을 고려한 것은 기준이라 지시한다.

7. 기어의 약도에서 이뿌리원은 무슨 선으로 표시하는가?

㉮ 굵은 실선   ㉯ 가는 실선

㉰ 일점쇄선   ㉭ 이점 쇄선

[해설] ㉮는 이끝원을, ㉰는 피치원, 피치선을 나타낼 때 쓰인다.

8. 기어 제도 시 기어 요목표에 기입하지 않는 것은?

㉮ 압력각 ㉯ 모듈   ㉰ 기어의 폭 ㉱ 잇수

9. 일반적으로 스퍼 기어의 요목표에 기입하는 사항이 아닌 것은?

㉮ 치형   ㉯ 잇수

㉰ 피치원 지름   ㉭ 비틀림 각

10. 웜 기어의 제도법과 관계가 먼 것은?

㉮ 측면도의 이끝원은 굵은 실선, 피치원은 가는 일점 쇄선으로 한다.

㉯ 웜 기어의 표에는 잇줄이 이 직각에 의한 방식인가, 축 직각 방식인가를 명시한다.

㉰ 웜의 도면에는 비틀림의 방향을 기입한다.

㉱ 이끝과 이뿌리 원추선은 꼭지점에 오기 전에 마무리한다.

11. 다음은 기어의 간략도이다. 더블 헬리컬 기어를

나타내는 것은?

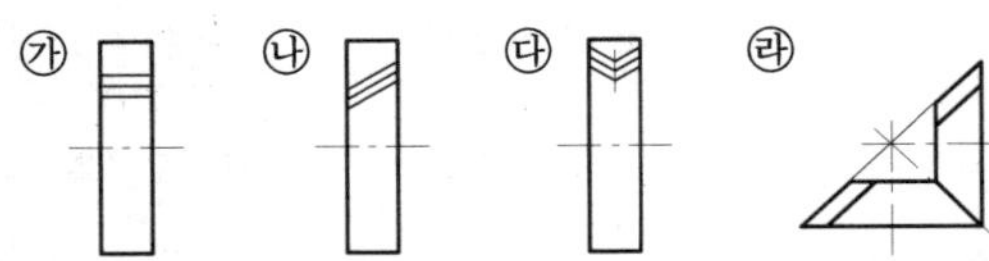

[해설] ㉮항은 스퍼 기어, ㉯항은 헬리컬 기어, ㉱항은 베벨 기어이다.

12. 기어를 도시할 때 정면도의 이끝선과 측면도의 이뿌리원은 무슨 선으로 그리는가?

㉮ 굵은 실선 ㉯ 가는 실선
㉱ 일점 쇄선 ㉲ 파선

13. 기어에서 모듈(m)과 잇수(z)를 알고 있을 때, 피치원의 지름(D)를 구하는 식은?

㉮ $D=\dfrac{m}{z}$ ㉯ $D=\dfrac{z}{m}$ ㉱ $D=mz$ ㉲ $D=2mz$

14. 스퍼기어의 이끝원 지름(D_k)을 구하는 식은?

㉮ $D_k=\dfrac{m}{z}$ ㉯ $D_k=\pi mz$
㉱ $D_k=mz$ ㉲ $D_k=m(z+2)$

15. 2개의 기어가 맞물려 있을 때, 각각의 잇수를 Z_1, Z_2라 하고, 모듈을 m이라 할 때, 두 기어의 중심 거리를 구하는 식은?

㉮ $C=(Z_1+Z_2)m$ ㉯ $C=\dfrac{(Z_1+Z_1)m}{2}$
㉱ $C=\dfrac{m}{Z_1+Z_2}$ ㉲ $C=(Z_1+Z_2)\div m$

16. 보통 기어의 압력각은 얼마인가?

㉮ $18°, 20°$ ㉯ $14.5°, 18°$
㉱ $18°, 25°$ ㉲ $14.5°, 20°$

17. 다음 중 기어의 이가 가장 큰 것은?

㉮ M=1 ㉯ M=3 ㉱ M=3.25 ㉲ M=5.5

18. 피치원 지름을 기어 그림에 기입할 때 치수 숫자 앞에 무엇을 기입하는가?

㉮ P ㉯ PCD ㉱ ※ ㉲ Σ

19. 기어의 요목표는 도면의 어디에 위치하는가?

㉮ 좌측 상단 ㉯ 적당한 위치
㉱ 기어 좌측 ㉲ 기어 우측

20. 기어의 요목표 중 '※'의 설명으로 틀린 것은?

㉮ 압력각이 $20°$라는 표시이다.
㉯ 이름 깎을 때 필요하다.
㉱ ※표를 붙인 사항은 필요에 따라 기입한다.
㉲ 다른 항목은 반드시 기입한다.

21. 스퍼 기어의 표준 압력각은 얼마로 규정되어 있는가?

㉮ $14.5°$ ㉯ $17°$
㉱ $20°$ ㉲ $22.5°$

22. 헬리컬 기어의 작도법 중 옳지 않은 것은?

㉮ 잇줄의 비틀림각은 잇줄을 표시하는 3개의 평행선 중 중앙선에 있는 선을 연장하여 그 방향과 함께 기입한다.
㉯ 요목표에는 기준 래크에 관한 난을 마련한다.
㉱ 정면도가 단면으로 표시될 때에는 3줄의 가는 2점 쇄선으로 그린다.
㉲ 정면도의 3줄은 경우에 따라 그리고 가는 실선을 사용한다.

23. 베벨 기어의 작도법 설명 중 틀린 것은?

㉮ 피치원은 일점 쇄선, 이뿌리원은 가는 실선으로 그린다.
㉯ 이끝, 이뿌리 원뿔각을 표시하는 선은 꼭지점까지 긋지 않는다.
㉱ 약도에서 잇줄선은 한 줄의 굵은 실선으로 나타낸다.
㉲ 요목표에는 필요에 따라 이 절삭 치수, 절삭 공구, 비틀림각과 그 방향을 기입한다.

24. 웜 기어의 제도법 중 틀린 것은?

㉮ 웜 기어의 잇줄 방향은 헬리컬 기어와 동일하다.
㉯ 진입각은 축에 평행인 면과 잇줄과의 각이다.
㉱ 측면도에는 이뿌리원과 목부분의 웜은 그리지 않는다.
㉲ 피치원은 상대 웜 축을 포함하여 단면 모양으로 그린다.

25. V벨트 풀리의 보스 구멍 가공을 지정할 경우에 붙이는 방법은?

㉮ 구멍의 기준 치수, 재질
㉯ 종류, 호칭 지름
㉱ 구멍의 기준 치수, 종류 및 등급
㉲ 호칭 지름, 종류 및 등급

정답 / 12. ㉮ 13. ㉱ 14. ㉲ 15. ㉯ 16. ㉲ 17. ㉲ 18. ㉯ 19. ㉯ 20. ㉮ 21. ㉱ 22. ㉲ 23. ㉮ 24. ㉯ 25. ㉱

▶ 4. 스프링(spring) 제도

 ## 4-1 스프링 제도의 일반 원칙

① 스프링 제도는 KS B 0005의 규격에 따르며, 이 규격에 정해져 있지 않은 것은 KS A 0005(제도 통칙)를 따라야 한다.

② 스프링 제도는 도면과 요목표를 병용하되, 다음 원칙에 따른다.

　(가) 코일 스프링, 벌류트 스프링, 스파이럴 스프링은 하중이 걸리지 않는 상태에서 그리고, 겹판 스프링은 상용 하중 상태에서 그리는 것을 표준으로 한다. 또, 하중이 걸려 있는 상태에서 치수를 기입할 경우에는 하중을 명기한다.

　(나) 하중과 높이(또는 길이) 또는 휨과의 관계를 표시할 필요가 있을 때에는 선도(diagram) 또는 표로써 나타낸다. 이 선도는 편의상 직선으로 표시해도 좋으며, 스프링의 모양을 나타내는 선과 같은 굵기로 한다.

　(다) 도면에 특별한 설명이 없는 코일 스프링 및 벌류트 스프링은 모두 오른쪽으로 잠긴 것을 나타낸다.

　(라) 그림에 기입하기 어려운 사항은 일괄하여 요목표로 나타낸다.

 ## 4-2 코일 스프링 제도

① 스프링 전체의 겉모양이나 전체 단면을 나타낸다.

② 코일 부분은 같은 나선이 되고, 피치는 유효 길이를 유효 감김수로 나눈 값으로 한다.

③ 중간 일부를 생략할 때에는 생략 부분을 가는 일점 쇄선 또는 가는 이점 쇄선으로 표시한다.

④ 스프링의 종류 및 모양만을 간략하게 그릴 때에는 스프링 소선의 중심선을 굵은 실선으로 그리며, 정면도만 그리면 된다.

⑤ 조립도나 설명도 등에는 단면만을 나타낼 수도 있다.

 예 상 문 제

1. 스프링의 제도법에 대한 설명 중 관계가 먼 것은?

　㉮ 겹판 스프링은 상용 하중 상태로 그린다.
　㉯ 스프링의 전부분을 간략히 표시할 때는 굵은 실선으로 표시한다.
　㉰ 도면에 기입하기 곤란한 사항은 적당한 곳에 적는다.
　㉱ 스프링의 종류, 형상만을 도시할 경우에는 스프링 소선의 중심선을 굵은 실선으로 그린다.

2. 겹판 스프링의 제도에서 무하중일 때는 무슨 선으로 표시하는가?

　㉮ 외형선　㉯ 가상선　㉰ 숨은선　㉱ 기준선

3. 코일 스프링을 제도할 때 필요한 도면은 다음 중 어느 것인가?

　㉮ 측면도와 정면도　　㉯ 정면도와 저면도
　㉰ 정면도와 끝면도　　㉱ 측면도와 끝면도

4. 스프링의 피치는 어떻게 표시하는가?

　㉮ 유효 감김수 ÷ 유효 길이
　㉯ 유효 길이 ÷ 유효 감김수
　㉰ 총 감김수 ÷ 유효 길이
　㉱ 유효 감김수 ÷ 자유 감김수

정답　1. ㉰　2. ㉯　3. ㉰　4. ㉯

● 5. 축에 관한 요소의 제도

5-1 축과 축이음

1 축의 종류
① **직선축** : 공작 기계 스핀들축, 차량축, 전동축 등이 있다.
② **곡선축** : 크랭크축과 같은 굽은 축을 말한다.
③ **플렉시블축** : 철사의 탄성을 이용한 축 또는 유니버설 커플링을 한 축 등이다.

2 축의 제도 방법
① 축의 단면이 균일하고 길이가 길 때는 파단하여 짧게 그린다.
② 치수는 실제 치수를 기입한다.
③ 축은 축 방향으로 절단하거나 단면 표시를 하여서
　는 안 된다.
④ 모떼기 및 평면 표시는 치수 기입법에 따른다.

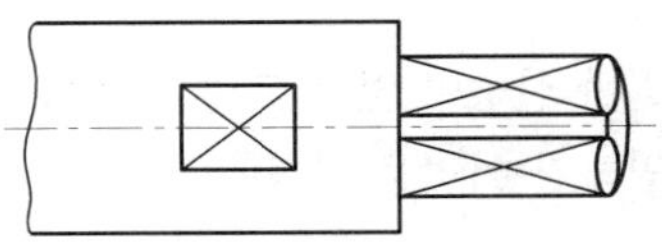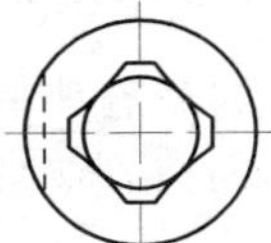

축 도시의 예

3 축 이음(shaft coupling)
　2개의 회전축을 연결하는 장치를 축 이음이라고 하며, 축 이음에는 고정식 축 이음, 플렉시블 커플링, 유니버설 커플링 및 클러치 등이 있다.

5-2 베어링(bearing)

　회전축을 지지하고 축에 작용하는 하중을 받쳐주는 기계 요소를 베어링이라고 하며, 베어링과 접촉하고 있는 축의 부분을 저널(journal)이라고 한다.

1 롤링 베어링의 호칭 번호와 치수

호칭 번호의 구성

베어링 계열 번호		안지름	접촉각	리테이너	실, 실드	궤도륜 모양	조합	내부 틈새	등급
						보 조 기 호			
형식번호	치수 계열	번호	기호	기호	기호	기호	기호	기호	기호

① 롤러 베어링은 KS B 2012 호칭 번호로 정해져 있다.

베어링 형식 번호	치수 계열 번호	안지름 번호	등급 기호

(가) 형식 번호(첫 번째 숫자)
　1 : 복렬 자동 조심형　　2, 3 : 복렬자동 조심형(큰 나비)　　5 : 스러스트 베어링　　6 : 단열 홈형
　7 : 단열 앵귤러 볼형　　　N : 원형 롤러형

(나) 치수 계열(두 번째 숫자)

0, 1 : 특별 경하중형   2 : 경하중형   3 : 중간 하중형   4 : 중하중형

㈐ 안지름 번호(세 번째, 네 번째 숫자)

00 : 안지름 10mm   01 : 안지름 12mm   02 : 안지름 15mm   03 : 안지름 17mm

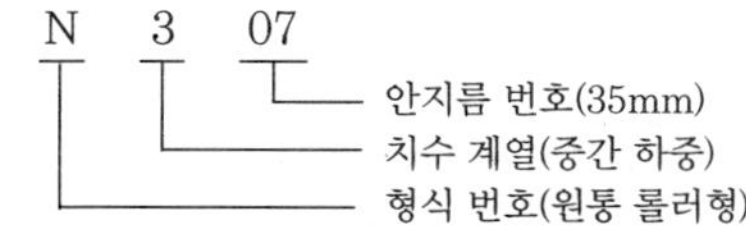

㈑ 등급 기호(다섯 번째 이후의 기호)

무기호 : 보통급   H : 상급   P : 정밀급   SP : 초정밀급

❷ 롤링 베어링의 도시법

① 약도법

㈎ 규격화된 제품은 호칭, 번호만 표시하면 된다.

㈏ 필요한 경우 윤곽 및 내부 구조를 간략하게 그린다.

② 간략도법
간략도는 우선 주요 치수에 따라 윤곽부터 그리고, 그 다음에 윤곽의 한 쪽에 베어링 기호를 다음 그림의 2.1~2.21의 요령으로 기입한다.

구름 베어링	깊은 홈 볼 베어링	앵귤러 볼 베어링	자동 조심 볼 베어링	원통 롤러 베어링				
				N.J	NU	NF	N	NN
1.1	1.2	1.3	1.4	1.5	1.6	1.7	1.8	1.9
2.1	2.2	2.3	2.4	2.5	2.6	2.7	2.8	2.9
3.1	3.2	3.3	3.4	3.5	3.6	3.7	3.8	3.9

니들 롤러 베어링		원뿔 롤러 베어링	자동 조심 롤러 베어링	평면자리형 스러스트 베어링		스러스트 자동조심 롤러 베어링	깊은 홈 볼 베어링
NA	RNA			단 식	복 식		
1.10	1.11	1.12	1.13	1.14	1.15	1.16	1.21
2.10	2.11	2.12	2.13	2.14	2.15	2.16	2.21

3.10	3.11	3.12	3.13	3.14	3.15	3.16	

③ **기호도법** : 기호도는 계통도 등에서 롤링 베어링임을 나타내는 데 쓰이는 도면으로, 축은 굵은 실선으로 긋고 축의 양쪽에 기호를 앞의 그림의 3.1~3.16과 같이 나타낸다.

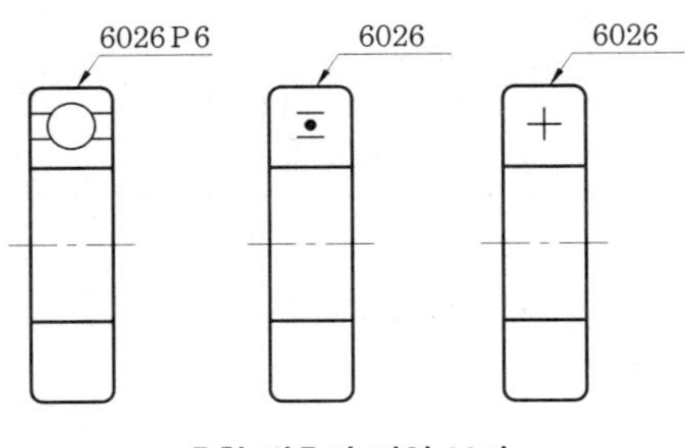

호칭 번호의 기입 보기

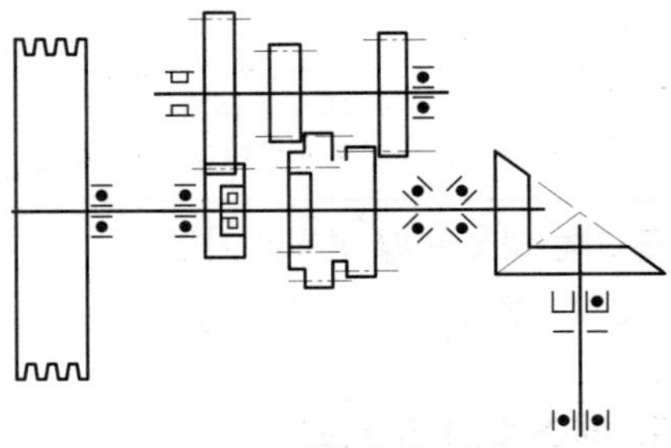

구름 베어링 계통도

예 상 문 제

1. 축 제도에 대하여 설명한 것 중 틀린 것은?

㉮ 긴 축은 중간을 파단하여 짧게 그린다.
㉯ 치수 기입은 실제 길이를 기입하여야 한다.
㉰ 축을 표시할 때는 횡방향으로 단면을 표시해서는 안 된다.
㉱ 축을 파단할 때는 파단선으로 나타낸다.

2. 축을 그릴 때 무슨 선을 사용하는가?

㉮ 굵은 실선　　㉯ 가는 실선
㉰ 파선　　㉱ 이점 쇄선

3. 축 이음의 방식에는 두 가지로 나뉜다. 옳은 것은?

㉮ 플랜지와 베어링
㉯ 플레이트와 리테이너
㉰ 클램프와 모터
㉱ 커플링과 클러치

4. 다음 축에 대한 설명 중 틀린 것은?

㉮ 축은 보통 길이 방향으로 절단하여 표시하지 않는다.
㉯ 긴 축은 단축하여 그리며, 치수는 단축한 치수를 기입한다.
㉰ 축의 끝을 45° 모떼기할 경우 C의 문자를 기입한다.
㉱ 축의 일부 또는 구멍의 일부가 평면임을 나

타낼 경우 가는 실선을 대각선으로 나타낸다.

5. 주로 공작 기계의 주축에 사용되는 축은?

㉮ 스핀들　　㉯ 차축
㉰ 선축　　㉱ 중간축

6. 다음 클러치 중 역회전을 할 수 없는 것은?

㉮ 　　㉯ 

㉰ 　　㉱

7. 다음 중 쐐기 작용으로 접촉 압력을 높여주는 클러치는?

㉮ 마찰 클러치　　㉯ 맞물림 클러치
㉰ 원뿔 클러치　　㉱ 유체 클러치

8. 베어링 제도의 설명 중 틀린 것은?

㉮ 롤링 베어링의 제도에는 부품도를 생략한다.
㉯ 베어링의 호칭 번호, 기호 등급 등은 기입하지 않는다.
㉰ 베어링의 볼과 롤러는 단면도로 절단하여 표시하지 않는다.
㉱ 베어링 케이스 등의 제도에서는 단면도로 절단하여 표시하지 않는다.

정답　1. ㉰　2. ㉮　3. ㉱　4. ㉯　5. ㉮　6. ㉯　7. ㉰　8. ㉯

9. 구름 베어링의 등급을 표시할 때 정밀 등급의 표시는?

㉮ H   ㉯ P
㉲ SP   ㉱ 표시 없음

[해설] 구름 베어링에서 보통급은 표시가 없고, 상급은 H, 초정밀급은 SP로 표시한다.

10. 다음 베어링에서 단열 깊은 홈형 레이디얼 볼 베어링은?

㉮   ㉯   ㉲   ㉱

[해설] ㉯항은 복열 자동 조시형, ㉲항은 단식 평면 스러스트 볼 베어링, ㉱항은 단열 앵귤러 콘택트 레이디얼 볼 베어링이다.

11. 베어링의 호칭 번호가 EL 6304 H일 때, 맞게 설명한 것은?

㉮ 단열 볼 베어링 특별 경하중 안지름 4mm이고, 정밀급이다.
㉯ 단열 볼 베어링 경하중 안지름은 20mm이고 상급이다.
㉲ 단열 볼 베어링 중간 하중 안지름은 20mm이고 상급이다.
㉱ 단열 볼 베어링 중간 하중 안지름은 4mm이고 정밀급이다.

12. 베어링의 끼워맞춤 정도를 정하는 조건이 못되는 것은?

㉮ 기계의 정밀도
㉯ 베어링의 형식, 축의 열팽창
㉲ 축의 회전수, 베어링이 수명
㉱ 치수 하우징이나 축의 두께와 재질

13. 옆 기호와 같은 베어링은 무슨 베어링인가?

㉮ 레이디얼 볼 베어링
㉯ 드러스트 볼 베어링
㉲ 구면 롤러 베어링
㉱ 원통 롤러베어링

14. 안지름이 65mm인 구름 베어링에서 안지름 번호가 맞게 표시된 것은?

㉮ 12   ㉯ 13   ㉲ 01   ㉱ 03

[해설] 베어링에서 안지름은 실제 치수(숫자)를 사용하

지 않고 안지름이 10mm인 경우 00이란 번호로, 12mm는 01, 15mm는 02, 17mm는 03으로 표시하며, 안지름이 20mm이상 500mm 미만은 안지름을 5로 나눈 수가 안지름의 번호(2자리)이다.

15. 구름 베어링의 경하중에서 지름 기호는?

㉮ 0   ㉯ 1   ㉲ 2   ㉱ 3

[해설] 0, 1은 특별 경하중, 3은 중간 하중을 표시한다.

16. 롤링 베어링의 제도법 중 옳지 않은 것은?

㉮ 베어링은 지장이 없는 한 간략하게 도시한다.
㉯ 인접부의 접하는 모따기 도시는 생략해도 좋다.
㉲ 호칭 번호의 기입은 인출선을 사용하여 기록한다.
㉱ 인출선의 화살표는 베어링의 윤곽 끝에 호칭 번호를 기입한다.

17. 볼 베어링의 볼 지름 d는 어떻게 결정되는가?

㉮ $\dfrac{\text{베어링 바깥지름} - \text{두께}}{2}$

㉯ 베어링 바깥지름 − 베어링 안지름

㉲ $\dfrac{\text{베어링 바깥지름} - \text{베어링 안지름}}{2}$

㉱ 베어링 바깥지름 − 두께

18. 다음 구름 베어링의 약화 도시법 중 틀린 설명은?

㉮ 안지름, 바깥지름, 나비 및 모따기 치수에 따라 윤곽을 그린다.
㉯ 볼, 롤러, 레이스홈의 모양을 비례 치수에 의한 작도법에 따라 그린다.
㉲ 기타 부분은 베어링의 종류 및 형식을 알 수 있을 정도로 그린다.
㉱ 불필요한 선은 지우지 않고 도면을 완성한다.

19. 구름 베어링에서 6020 P 6이라 표시되어 있다. 이에 해당되지 않는 것은?

㉮ 베어링 형식
㉯ 베어링의 안지름
㉲ 등급 번호
㉱ 사용할 윤활유의 점도

[해설] 6은 베어링 형식 번호이며, 깊은홈 볼 베어링을 나타내고 20은 안지름이 100mm(20×5)이고, P6은

등급 번호 6급을 나타낸다.

20. 다음 베어링에서 단열 홈형 레이디얼 볼 베어링은?

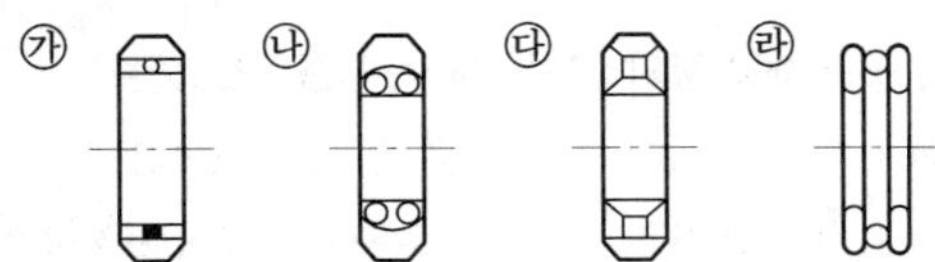

[해설] ㉯항은 복열 자동 조심형, ㉰항은 N형 원통 롤러 베어링, ㉰항은 단식 평면 좌형 스러스트 볼 베어링을 나타낸다.

21. 평벨트 풀리의 암 작도는 어떻게 단면을 나타내는가?

㉮ 가상도 ㉯ 회전 단면도
㉰ 부분 투상도 ㉰ 보조 단면도

22. 도면을 접을 때 어떤 규격이 되도록 하는가?

㉮ A3 ㉯ A4 ㉰ A5 ㉰ A6

23. 다음과 같은 베어링은 무슨 베어링인가?

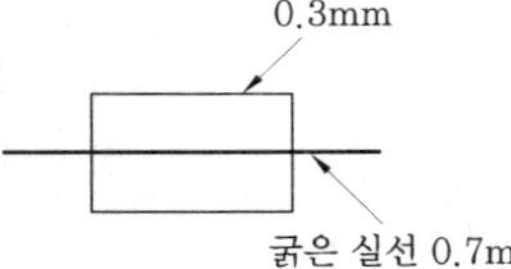

㉮ 원통 롤러 베어링 ㉯ 테이퍼 롤러 베어링
㉰ 니들 롤러 베어링 ㉰ 자동 조심 롤러 베어링

24. 베어링을 기호도로 표시할 때 스러스트 하중을 받는 방향은 몇 도가 되도록 표시하는가?

㉮ 15° ㉯ 30° ㉰ 45° ㉰ 60°

25. 그림에서와 같이 축을 제도할 때 R의 크기는 얼마로 하는가?

㉮ $\frac{1}{2}d$

㉯ $\frac{2}{3}d$

㉰ $\frac{3}{4}d$

㉰ $\frac{4}{5}d$

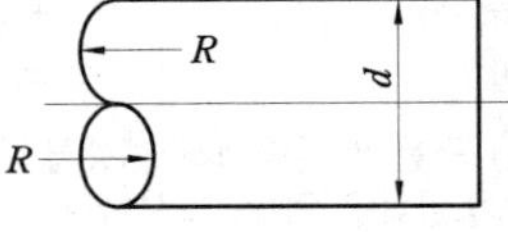

26. 그림은 무슨 베어링을 뜻하는가?

㉮ 구면 롤러 베어링
㉯ 구면 자리형 스러스트 볼 베어링
㉰ 자동 조심형 레이디얼 볼 베어링
㉰ 원통 롤러 베어링

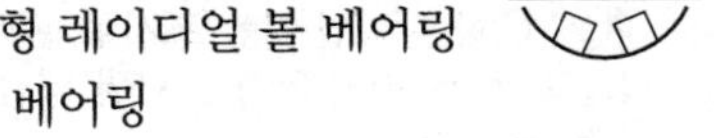

27. 스프로킷에서 호칭 번호를 A, 치형 B, 명칭 C, 잇수 D라 할 때 호칭 방법으로 옳은 것은?

㉮ ABCD ㉯ CADB
㉰ BDAC ㉰ DACB

28. 스프로킷 휠 제도에서 피치원은 어느 선으로 그리는가?

㉮ 일점 쇄선 ㉯ 가는 실선
㉰ 굵은 실선 ㉰ 파선

29. 스프로킷 휠을 제도할 때의 설명이다. 틀린 것은?

㉮ 이의 모양을 2~3개 그린다.
㉯ 간략하게 그릴 때에는 이뿌리원을 생략한다.
㉰ 이끝원은 가는 실선, 이뿌리원은 굵은 실선으로 그린다.
㉰ 이의 단면 부위를 나타내고 상세도로 그릴 수 있다.

▶ 6. 파이프 이음의 제도

6-1 파이프 이음쇠의 종류

파이프 접속구의 종류는 엘보, 티(T), Y관, 크로스(+자)관, 신축관, 유니언, 벤드 등이 있다.

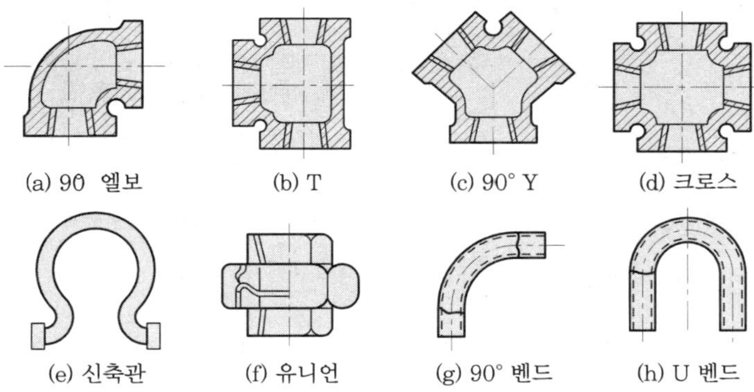

(a) 90° 엘보	(b) T	(c) 90° Y	(d) 크로스
(e) 신축관	(f) 유니언	(g) 90° 벤드	(h) U 벤드

파이프 이음쇠의 종류

1 관의 도시법

① **단선 도시법** : 하나의 실선으로 표시하며, 동일 도면에서 같은 관을 표시할 때는 같은 굵기로 나타낸다.

② **복선 도시법** : 관의 표시를 복선으로 하는 방법이며, 동일 도면에서는 관의 굵기가 다를 경우 지시선을 써서 표시한다.

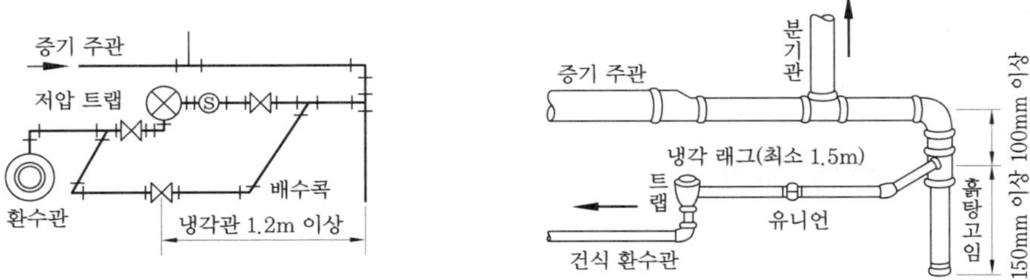

관의 도시법

2 관의 굵기 표시

관의 굵기 표시는 관 도시선 위에 나타내는 것이 원칙이며 관의 굵기 표시 문자, 관의 종류, 재질 등을 표시한다. 굵기 표시는 강관은 안지름으로 표시하며, 스테인리스 강관과 동관은 바깥지름으로 나타낸다.

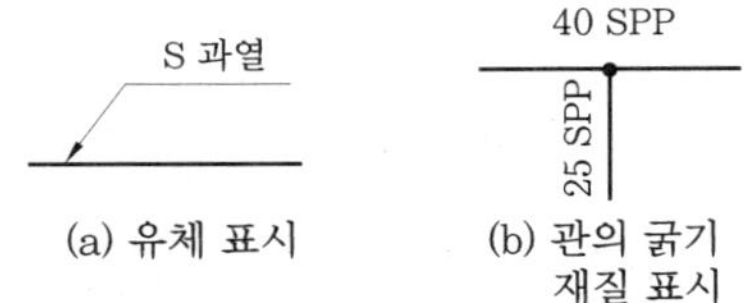

(a) 유체 표시	(b) 관의 굵기 재질 표시

유체와 관의 표시

3 유체의 종류 기호

관 속의 유체 종류를 나타낼 때는 유체 종류의 약자를 따서 표시하고 있다.

| [보 기] | ① 공기 : A(Air) | ② 가스 : G(Gas) | ③ 기름 : O(Oil) |
| | ④ 증기 : V(Vapor) | ⑤ 물 : W(Water) | ⑥ 수증기 : S(Steam) |

④ 관의 종류

재질과 용도에 따른 강관의 종류를 다음 [표]에 나타냈다.

관의 종류와 용도

구분	관의 종류	기 호	용 도 및 특 성
배관용	배관용 탄소강관	SGP	저압용의 물, 기름, 가스, 공기 수송관. 관의 치수 표시는 A(mm)와 B(in)가 쓰이며 25kgf/cm²로 수압 시험 후 사용. 흑관, 백관이 있음.
	압력 배관용 탄소강관	STPG	온도 350℃ 이하 압력에 사용(10~100kgf/cm²). 유압관, 수압관, 댐쿨러관, 등압 배관
	고압 배관용 탄소강관	STS	사용 압력 100kgf/cm² 이상의 내연 기관 연료 분사관, 화학공업용
	고온배관용 탄소강관	STPT	온도 350℃ 이상의 과열 증기 배관 킬드강으로 제조한 것
	배관용 합금강관	STPA	고온에서 사용. 내식성이 강하므로 석유 화학 공업에 사용
	배관용 스테인리스 강관	SUSXTP	저온 배관용, 내식성, 내열성 및 고온용으로 화학 공장, 실험실 등에 사용 25kgf/cm² 수압 시험 실시
	저온 배관용 강관	STPL	빙점 이하(−40~−100℃)에 사용 석유화학, LPG 탱크
수도용	수도용 아연도금 강관	SGPW	정수두 100m 이하 급수관, SGP 흑관에 아연 도금한 관. 10~300A
	수도용 주철관		내식성, 내압성 우수. 수도, 광산용, 양수관, 기타
구조물	기계 구조용 탄소강관	STKM	비교적 정밀 절삭하여 사용되며 기계, 항공기, 자전거, 기타 기계 부품
	일반 구조용 탄소강관	STK	토목, 건축, 발판, 철탑, 비계, 난간, 기타 구조물

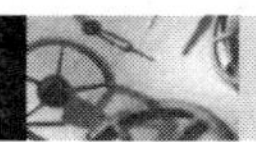

6-2 관의 도시 기호

① 관의 접속 상태 표시

관의 접속, 분기, 교차하고 있는 것을 도면에 나타내는 방법 기호와 관의 접속 굽음 관계를 다음 [표]에 나타내었다.

관의 접속 상태 표시

접속 상태	실제 모양	도시 기호	접속 상태	실제 모양	도시 기호
관과 관이 접속하고 있을 때			관 A가 도면에 직각으로 앞으로 구부러져 있을 때		
관과 관이 분기하고 있을 때			관 A가 뒤쪽으로 구부러져 있을 때		

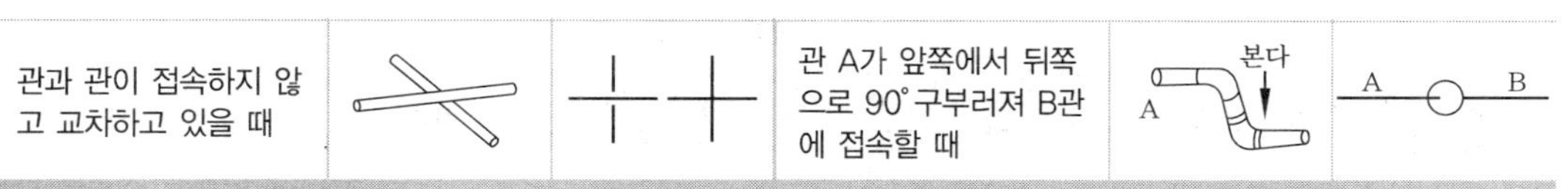

❷ 관 연결 방법 도시 기호

관과 관을 연결하는 방법에는 사용 장소와 용도, 크기, 형상에 따라서 여러 가지가 있으며, 도시 기호는 다음 [표]와 같다.

관 연결 방법 도시 기호

이음 종류	연결 방법	도시 기호	이음 종류	연결 방법	도시 기호
관이음	나사형		신축이음	루프형	
	용접형	또는		슬리브형	
	플랜지형			벨로스형	
	턱걸이형			스위블형	
	납땜형				
	유니언형				

① **나사 접합** : 관 끝에 관용 나사를 내고 나사 이음 관이음쇠를 사용하여 접합한다. 누수가 없도록 실이나 삼, 테이프 등을 감은 후 접합한다.

② **용접 접합** : 강관의 끝부분을 깎아 30°로 테이퍼 지게 하고 여기에 용접용 이음쇠를 사용하여 용접으로 접합한다. 이 방법은 우선 무게가 가볍고 접합 강도가 크며 크기에 관계없이 접합할 수 있다.

③ **플랜지 이음** : 주철관의 끝부분의 플랜지를 서로 맞추어 그 틈새에 패킹을 끼우고 볼트, 너트로 조인다. 패킹으로는 고무, 아스베스트, 마, 납 등이 주로 사용되며 특히 고온의 증기관에는 아스베스트, 연동판, 슈퍼하이트 패킹 등이 사용된다.

④ **메커니컬 조인트(mechanical joint : 기계적 이음)** : 이 방법은 소켓 접합과 플랜지 접합의 이점을 채택한 것으로 최근 150mm 이하의 수도관에 많이 사용된다.

⑤ **소켓 이음(socket joint)** : 관의 끝에 소켓을 만들어 납과 아연을 넣어 접합하는 방식이다.

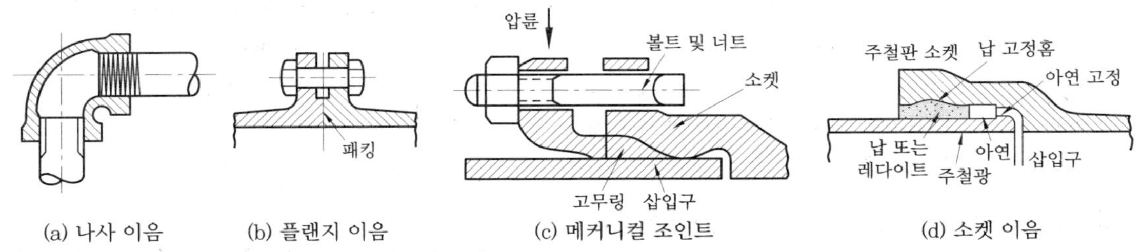

관 연결 방법

밸브 및 콕

밸브 및 콕의 종류	도시 기호	비 고	밸브 및 콕의 종류		도시 기호	비 고
밸브(일반)			조작 밸브	일반		1. 입력 끝에서 접속을 나타낼 때에는 다음과 같은 예가 된다. 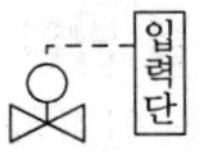
앵글 밸브	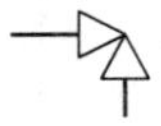			전동식	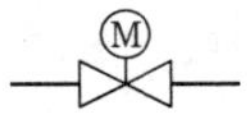	
체크 밸브	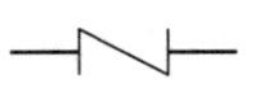	흐르는 방향을 명시하고 싶을 때에는 화살표로 나타낸다.		전자기식		2. 그 밖의 조작 밸브를 나타내는 경우에는 일반 조작 밸브를 나타내는 기호의 ○표 안에 문자 기호를 기입한다.
스프링 안전 밸브	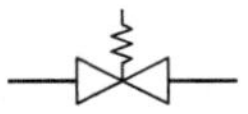		공기 릴리프 밸브(일반)		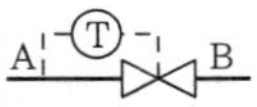	A관 내의 압력이 상승하였을 때 밸브가 열린다.
중력식 안전 밸브	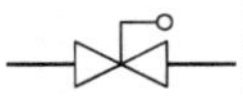		공기 릴리프 밸브		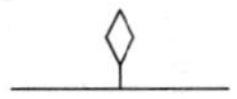	
수동 밸브			콕		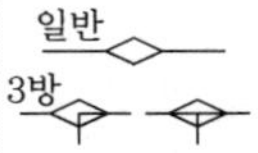	

예 상 문 제

1. 유체 문자 기호의 의미가 다른 것은?

㉮ 공기 : A 　　㉯ 가스 : G

㉰ 유류 : O 　　㉱ 물 : S

2. 파이프 속을 흐르는 유체가 가스임을 가리키는 기호는?

㉮ ──A──● 　　㉯ ──O──●

㉰ ──G──● 　　㉱ ──S──●

3. 다음 파이프 도시 기호에서 접속하지 않고 있는 상태는?

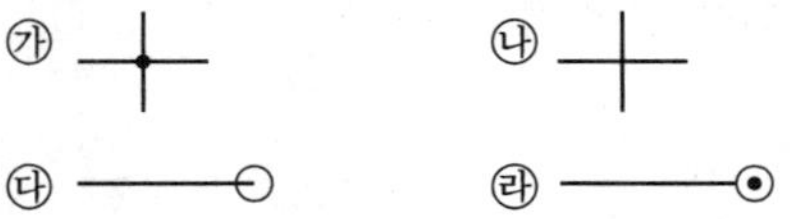

㉮ ┼ 　　㉯ ┼

㉰ ──○ 　　㉱ ──●

[해설] ㉮는 접속하고 있을 때, ㉰는 관의 앞쪽에서 도면에 직각으로 구부러져 있을 때이며, ㉱는 도면에 직각으로 구부러져 있을 때의 도시 기호이다.

4. 다음 관의 종류 및 굵기에 대한 표시 중 옳은 것은?

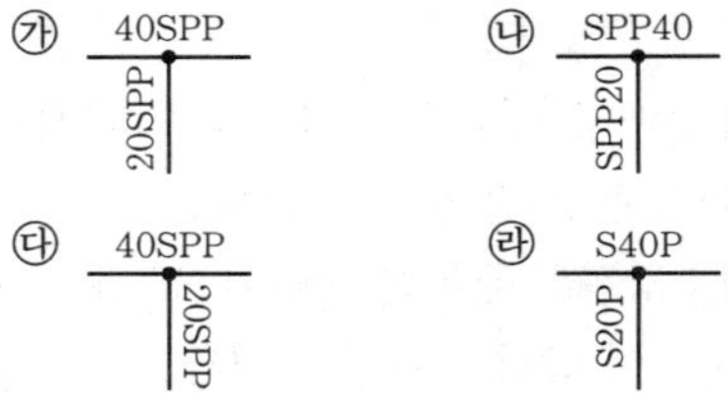

㉮ 40SPP / 20SPP 　　㉯ SPP40 / SPP20

㉰ 40SPP / 20SPP 　　㉱ S40P / S20P

5. 파이프 A가 앞으로 도면에 직각으로 굽혀 파이프 B에 접속되는 경우의 도시 기호는?

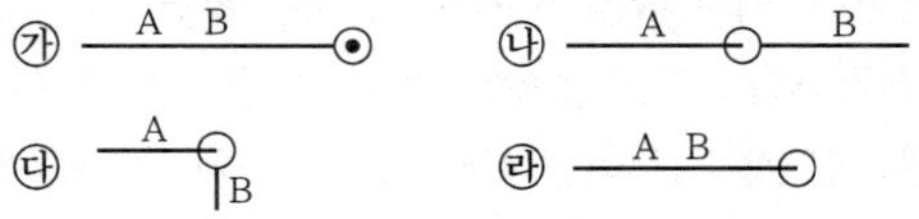

㉮ ──A B──● 　　㉯ ──A──○──B

㉰ ──A──○──B 　　㉱ ──A B──○

6. 파이프의 접속 상태 표시 중 파이프 A가 앞쪽으로 수직으로 구부러질 때는?

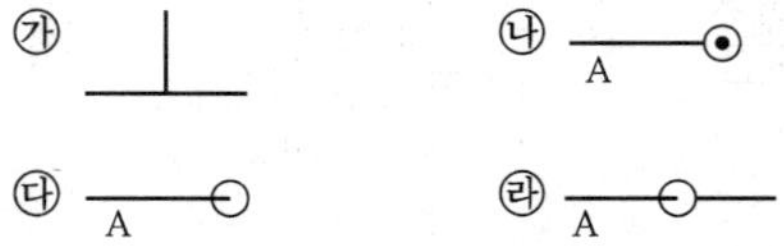

㉮ ┬ 　　㉯ ──○──● A

㉰ ──A──○ 　　㉱ ──A──○──

7. 접속해 있을 때의 관의 접속 상태 도시 기호는?

정답　1. ㉱　2. ㉰　3. ㉯　4. ㉮　5. ㉮　6. ㉯　7. ㉯

㉮ 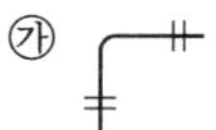   ㉯ 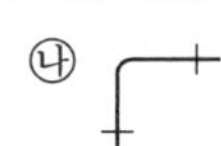

㉰ 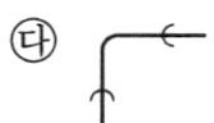   ㉱ 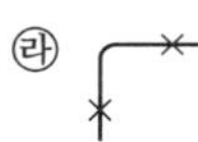

8. 관이 도면에 직각으로 뒤쪽으로 구부러졌을 때의 용접 이음을 나타낸 것은?

㉮ 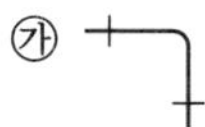   ㉯ 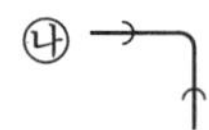

㉰ 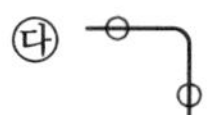   ㉱ 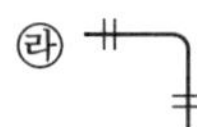

9. 다음 도시 기호 중 오는 T의 기호는?

㉮ 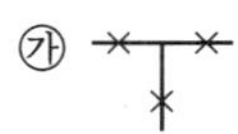   ㉯ 

㉰ ㉱ 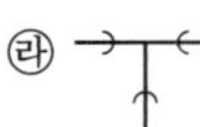

10. 다음 파이프 이음을 도시한 것 중 틀린 것은?

㉮ 일반형 : ————
㉯ 플랜지형 : ————
㉰ 턱걸이형 : ————
㉱ 유니언형 : ————

11. 다음 중 나사 이음 90° 엘보는?

㉮   ㉯

㉰   ㉱

12. 엘보를 턱걸이 이음으로 나타낸 기호는?

㉮   ㉯

㉰   ㉱

13. 용접 접합의 티(T)를 나타낸 것은?

㉮   ㉯

㉰   ㉱

14. 다음 신축 조인트의 도면 기호 중 틀린 것은?

㉮ 루프형 :   ㉯ 스위블형 :

㉰ 슬리브 형 :   ㉱ 벨로스형 :

15. 오는 엘보를 나사 이음으로 표시한 것은?

㉮   ㉯

㉰   ㉱

[해설] ㉯는 가는 엘보의 나사 이음, ㉰는 가는 엘보의 플랜지 이음, ㉱는 오는 엘보의 용접 이음을 나타낸다.

16. 가는 티(outlet down)의 플랜지 이음을 나타낸 기호는?

㉮   ㉯

㉰   ㉱

17. 관의 유니언 이음의 도시 기호는?

㉮   ㉯

㉰   ㉱

18. 다음은 배관 도면 상의 치수 표시법에 관한 설명이다. 틀린 것은?

㉮ 관은 일반적으로 1개의 선으로 그린다.
㉯ 치수는 mm를 단위로 하여 표시한다.
㉰ 배관 높이를 관의 중심을 기준으로 하여 표시할 때는 GL로 나타낸다.
㉱ 지름이 서로 다른 관의 높이를 표시할 때, 관 바깥지름의 아래면까지를 기준으로 하여 표시하는 EL 법을 BOP이라 한다.

[해설] 배관의 높이 표시 기호 중 TOP(top of pipe)은 관 바깥지름의 윗면을 기준으로 하여 표시하는 방법으로 가구류, 건물의 보 밑면을 이용하여 관을 지지할 때, 또는 지하에 매설 배관 시 관의 윗면의 높이를 정확하게 밝힐 필요가 있을 때 이용된다.

IV
기계 설계

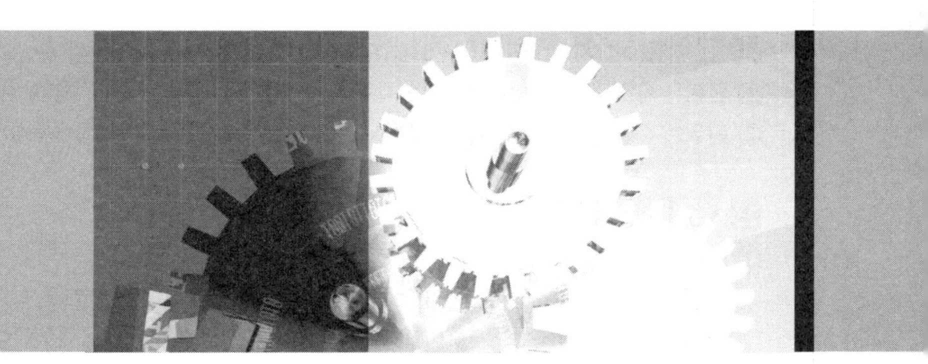

01 기계 요소 설계의 기초

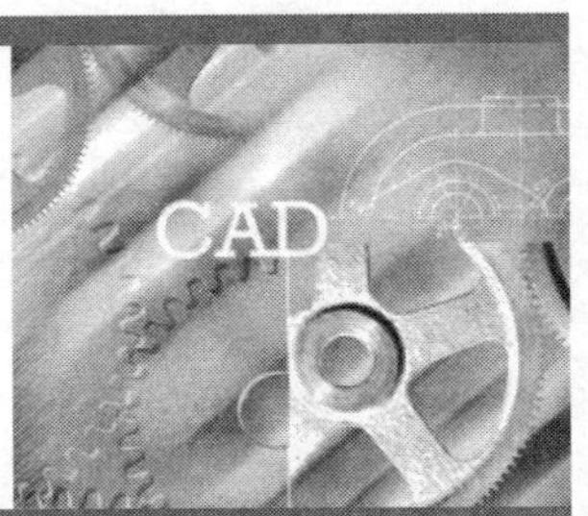

● 1. 단위와 물리량

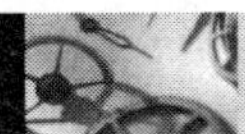

1-1 단위와 단위계

1 단위(unit)와 단위계(system of units)
① 단위 : 특정량을 정의하여 그와 같은 종류의 다른 양을 이 특정량과 비교하여 나타내도록 약정한 것
② 단위계 : 일정한 기본단위 및 그것으로 조립된 유도단위를 합쳐 계통적인 단위의 집합을 만들어 놓은 것

2 단위계의 종류
① 척관법
　㈎ 길이 : 자 [尺(척), 중국, 손가락을 벌린 모양＝10치]＝0.303m
　㈏ 질량 : 관[貫＝1000돈＝10000푼]＝3.75kg
② 야드파운드법
　㈎ 길이 : 야드[yd, 영국, 허리띠 길이＝3ft＝36in]＝0.9144m
　㈏ 질량 : 파운드[lb, libra(천칭)의 약어＝16 oz]＝0.4536kg
③ 미터법
　㈎ 길이 : 미터(m, 프랑스, 지구 자오선 길이의 1/40000000)
　㈏ 질량 : 그램(g)
　㈐ 부피 : 리터($1L＝1000cm^3＝1000cc＝1000mL$)
④ 국제단위계(SI, The International System of Units)
　㈎ 미터법을 발전시켜 1960년 국제도량형총회(CGPM)에서 채택
　㈏ 프랑스어 "Le Systeme International d' Unites"의 약어
⑤ MKS 단위계 : 길이 m, 질량 kg, 시간 s, 힘의 단위로 N 사용
⑥ CGS 단위계 : 길이 cm, 질량 g, 시간 s, 힘의 단위로 dyn(dyne) 사용
⑦ FPS 단위계 : 영국 단위계라고도 하며, 길이 ft, 질량 lb, 시간 s, 힘의 단위로 pdl(poundal) 사용

⑧ **절대단위계**

㈎ 힘의 단위로 SI단위인 1N을 기본단위로 사용

㈏ 1N : 질량 1kg에 $1m/s^2$의 가속도를 발생시키는 힘

⑨ **중력단위계**

㈎ 공학단위계라고도 함

㈏ 힘의 단위로 질량 1kg이 받는 중력(1kgf $=9.81N$)을 기본단위로 사용

㈐ 1kgf : 질량 1kg에 $9.81m/s^2$의 중력가속도가 작용하는 힘($=9.81N$)

구분	길이	질량	시간	힘
미터법	m	kg	s	kgf
파운드야드법	ft	1b	s	1bf

❸ 국제단위계(SI)

① **SI의 특징**

㈎ 전 세계가 공통으로 사용

㈏ 각 속성에 대하여 한 가지 단위만 사용

㈐ 과학, 기술, 상업 등 모든 활동분야에 적용

㈑ 수치적 인자가 없이 SI 단위만으로 조합

㈒ 배우기와 사용하기 용이

② **SI 기본단위(7개)** : 서로 독립된 차원을 가지는 단위로 정의

양	명칭	기호	양	명칭	기호
길이	미터	m	온도	켈빈	K
질량	킬로그램	kg	물질량	몰	mol
시간	초	s	광도	칸델라	cd
전류	암페어	A			

㈎ 길이(m)

㉮ 1889년 : 백금-이리듐 미터 원기를 표준으로 사용

㉯ 1960년 : 크립톤(Kr) 원자의 복사선 파장의 1650763.73배로 정의

㉰ 1983년 : "미터는 빛이 진공에서 299792458분의 1초 동안 진행한 경로의 길이이다"로 정의. 현재 우리나라에서는 국가 길이표준기로서 요오드 안정화 헬륨-네온 레이저 진공파장의 1579800.299 배를 사용

㈏ 질량(kg)

㉮ 1795년 : 0℃ 때 물 $1cm^3$에 해당하는 질량을 1g으로 정의

㉯ 1798년 : 4℃ 때 물 $1000cm^3$에 해당하는 질량을 1kg으로 정의

㉰ 1799년 : 백금 원기 제작

㉱ 1878년 : 백금-이리듐 원기(국제 킬로그램 원기) 제작

㉮ 1901년 : 국제 킬로그램 원기의 질량을 1kg으로 정의

(다) 시간(s) : 1967년, 온도가 0K인 세슘 133 원자의 바닥상태에 있는 두 초미세 준위 사이의 전이에 대응하는 복사선의 9192631770 주기의 지속시간을 1초로 정의

(라) 전류(A) : 1948년, 무한히 길고 무시할 수 있을 만큼 작은 원형 단면적을 가진 두 개의 평행한 직선 도체가 진공 중에서 1m의 간격으로 유지될 때, 두 도체 사이에 매 미터당 2×10^{-7}N의 힘을 생기게 하는 일정한 전류를 1암페어로 정의

(마) 온도

㉮ 1714년 : 화씨온도(°F), 물의 끓는점과 어는점 사이를 180°로 등분

㉯ 1742년 : 섭씨온도(℃), 물의 어는점과 끓는점 사이를 100°로 등분

㉰ 1848년 : 켈빈온도(K), 이론상의 최저온도를 0K으로 정의

㉱ 1954년 : 켈빈온도(K), 물의 삼중점을 273.16K(=0.01℃)으로 정의

㉲ 1976년 : 물의 삼중점 온도의 1/273.16을 1K으로 정의

- 화씨온도(°F)＝섭씨온도(℃)×180/100＋32
- 절대온도(K)＝섭씨온도(℃)＋273.15

(바) 물질량 : 1971년, 바닥상태에서 정지해 있으며 속박되어 있지 않은 탄소 12의 0.012kg에 있는 원자의 개수와 같은 수의 구성요소를 포함한 어떤 계의 물질량을 1몰(mol)로 정의

(사) 광도 : 1979년, 주파수 540×10^{12}Hz인 단색광을 방출하는 광원의 복사도가 어떤 주어진 방향으로 매 스테라디안 당 1/683W일 때 이 방향에 대한 광도를 1칸델라(cd)로 정의

③ SI 유도단위(32개)

(가) 물리적 원리에 따라 연결된 기본단위들의 조합

(나) 면적(m^2), 속도(m/s), 가속도(m/s^2), 각속도(rad/s), 힘(N) 등

(다) SI 유도단위 중 고유 명칭을 가진 것들(19개)

양	고유명칭	기 호	정 의	양	고유명칭	기 호	정 의
주파수	헤르츠	Hz	s^{-1}	자속	웨버	Wb	V · s
힘	뉴턴	N	$kg \cdot m/s^2$	자속밀도	테슬라	T	Wb/m^2
압력, 응력	파스칼	Pa	N/m^2	인덕턴스	헨리	H	Wb/A
에너지, 일량, 열량	줄	J	N · m	섭씨온도	섭씨도	℃	K−273.15
일률, 전력, 동력	와트	W	J/s	광속	루멘	lm	cd · sr
전기량, 전하	쿨롬	C	A · s	조도	럭스	lx	lm/m^2
전압, 전위	볼트	V	W/A	방사능	베크렐	Bq	s^{-1}
전기용량	패럿	F	C/V	흡수선량	그레이	Gy	J/kg
전기저항	옴	Ω	V/A	선량당량	시버트	Sv	J/kg
전기전도도(컨덕턴스)	지멘스	S	A/V				

④ SI 보조단위(2개)-무차원 단위

양	명 칭	기 호
평면각	라디안	rad
입체각	스테라디안	sr

⑤ SI 접두어(16개)

배 수	기 호	접두어	배 수	기 호	접두어
10^1	da	데카(deca)	10^{-1}	d	데시(deci)
10^2	h	헥토(hecto)	10^{-2}	c	센티(centi)
10^3	k	킬로(kilo)	10^{-3}	m	밀리(milli)
10^6	M	메가(mega)	10^{-6}	μ	마이크로(micro)
10^9	G	기가(giga)	10^{-9}	n	나노(nano)
10^{12}	T	테라(tera)	10^{-12}	p	피코(pico)
10^{15}	P	페타(peta)	10^{-15}	f	펨토(femto)
10^{18}	E	엑사(exa)	10^{-18}	a	아토(atto)

⑥ 단위기호 사용 규칙

㈎ 단위기호는 로마체(직립체)로 표기한다.　**예** m(길이), kg(질량), s(시간)

㈏ 양의 기호는 이탤릭체(사체)로 표기한다.　**예** m(질량), t(시간), F(힘)

㈐ 단위기호는 소문자로 표기한다.　**예** kg, s

㈑ 사람의 이름에서 유래하였으면 첫 글자만 대문자로 표기한다.　**예** Pa, kHz

㈒ 단위기호는 항상 단수로 표기한다.　**예** 5min(○), 5mins(×)

㈓ 수치와 단위기호는 한 칸 띈다.　**예** 35 mm(○), 35mm(×)

㈔ 수치와 퍼센트 기호는 한 칸 띈다.　**예** 25 %(○), 25%(×)

㈕ 평면각의 도, 분, 초는 수치와 붙인다.　**예** 25° 23′ 27″

⑦ 병용 단위 : 특수한 경우 병용하도록 CGPM에서 인정한 것

양	시 간	평면각	부 피	질 량
명 칭	분, 시간, 일	도, 분, 초	리터	톤
기호	min, h, d	°, ′, ″	L	t
정의	60s, 60min 24h	$\dfrac{\pi}{180}$ rad, $\dfrac{1}{60}^\circ$, $\dfrac{1}{60}^\prime$	$1dm^3$	10^3kg

⑧ 압력의 단위인 bar는 국제도량형총회(CGPM)에서 허용하고 있으나 SI 단위인 Pa을 사용하도록 권장한다.

1. 국제단위계(SI)의 기초가 된 것으로 길이의 단위로 m, 질량의 단위로 g을 사용하는 단위계는?

㉮ 척관법　　　　　㉯ 야드파운드법
㉰ 미터법　　　　　㉱ 인치법

2. CGS 단위계에서 사용되는 길이 단위는?

㉮ m　　　　　㉯ cm
㉰ ft　　　　　㉱ in

3. SI 단위계에서 사용되는 힘의 단위는?

㉮ N　　　　　㉯ dyn
㉰ pdl　　　　　㉱ W

4. 다음 중 SI 기본단위가 아닌 것은?

㉮ m　　　　　㉯ kg
㉰ N　　　　　㉱ A

[해설] N은 힘의 단위로 SI 유도단위이다.

5. 1in는 몇 m로 환산하여야 하는가?

㉮ 0.254　　　　　㉯ 0.0254
㉰ 2.54　　　　　㉱ 25.4

[해설] SI 단위계에서는 1in=1/36 yd=0.0254m로 환산하도록 규정하고 있다.

6. 공학단위계라고도 하며 힘의 단위로 질량 1kg이 받는 중력을 기본단위로 사용하는 단위계는?

㉮ 국제단위계　　　　　㉯ 절대단위계
㉰ 중력단위계　　　　　㉱ FPS 단위계

7. 다음 중 국제단위계(SI)의 특징이 아닌 것은?

㉮ 전 세계가 공통으로 사용
㉯ 각 속성에 대하여 한 가지 단위만 사용
㉰ 과학분야에만 사용
㉱ 수치적 인자 없음

8. 다음 중 SI 기본단위가 아닌 것은?

㉮ m　　　　　㉯ kg
㉰ s　　　　　㉱ Hz

[해설] Hz는 주파수(진동수)의 단위로 SI 유도단위이다.

9. 다음 중 단위에 대한 설명이 잘못된 것은?

㉮ 주파수−Hz　　　　　㉯ 에너지−J
㉰ 콘덴서−C　　　　　㉱ 압력−kgf/cm²

[해설] 전기용량의 단위는 F(패럿)이다.

10. 다음 중 유도단위인 것은?

㉮ 길이　　　　　㉯ 질량
㉰ 시간　　　　　㉱ 중량

11. 현재 국제단위계(SI)에서 정의하는 1m는?

㉮ 지구 자오선 길이의 1/40000000
㉯ 백금−이리듐 미터 원기의 길이
㉰ 크립톤 원자 복사선 파장의 1650763.73배
㉱ 빛의 진공에서 1/299792458초 동안 진행한 길이

12. 섭씨온도 20℃는 절대온도 몇 K인가?

㉮ 273.15　　　　　㉯ 293.15
㉰ 253.15　　　　　㉱ 303.15

[해설] 절대온도(T)＝섭씨온도(t)＋273.15
　　　　　＝20＋273.15
　　　　　＝293.15K

13. 다음 SI 단위 중 힘의 단위는?

㉮ Hz　　　　　㉯ Pa
㉰ W　　　　　㉱ N

14. 다음 SI 단위 중 압력의 단위는?

㉮ Pa　　　　　㉯ Wb
㉰ J　　　　　㉱ H

15. SI 유도단위 중 주파수를 나타내는 것은?

㉮ Hz　　　　　㉯ N
㉰ Pa　　　　　㉱ V

16. 다음 중 무차원 단위는?

㉮ rad　　　　　㉯ deg
㉰ K　　　　　㉱ lx

[해설] 평면각의 단위 라디안(rad)은 차원 해석상 무차원이다.

[정답]　1. ㉰　2. ㉯　3. ㉮　4. ㉰　5. ㉯　6. ㉰　7. ㉰　8. ㉱　9. ㉰　10. ㉱　11. ㉱　12. ㉯　13. ㉱
14. ㉮　15. ㉮　16. ㉮

17. SI 접두어 중 10^{-6}을 나타내는 기호는?

㉮ μ ㉯ M ㉰ p ㉱ n

18. $2.6m^2$는 몇 cm^2인가?

㉮ 0.026 ㉯ 260
㉰ 26000 ㉱ 2600000

[해설] $2.6m^2 = 2.6 \times 10^4 cm^2$

19. 35km는 몇 mm인가?

㉮ 35×10^3 ㉯ 35×10^6
㉰ 35×10^{-3} ㉱ 35×10^{-6}

[해설] $35km = 35 \times 10^3 m = 35 \times 10^6 mm$

20. 15kg은 몇 mg인가?

㉮ 15×10^2 ㉯ 15×10^3
㉰ 15×10^4 ㉱ 15×10^6

[해설] $15kg = 15 \times 10^6 mg$

21. 5h(시간)은 몇 s(초)인가?

㉮ 60 ㉯ 300

㉰ 3600 ㉱ 18000

[해설] $1h = 3600s$ 이므로, $5 \times 3600 = 18000s$

22. 8280초는 몇 시간 몇 분인가?

㉮ 1시간 9분 ㉯ 2시간 18분
㉰ 3시간 20분 ㉱ 4시간 26분

[해설] $8280s = 8280s \times (1h/3600s)$
$= 2.3h = 2h + 0.3h$
$0.3h = 0.3h \times (60min/1h) = 18min$
따라서, 8280초는 2시간 18분

23. $3000cm^3$는 몇 L인가?

㉮ 3 ㉯ 30
㉰ 300 ㉱ 3000

[해설] $3000cm^2 \times (1L/1000cm^3) = 3L$

24. 1kg의 질량은 4℃의 순수한 물 $1000cm^3$의 무게로 정의된다. 여기서, $1000cm^3$와 같은 부피를 나타낸 것은?

㉮ 1000cc ㉯ 10000cc
㉰ 10L ㉱ 100L

1-2 힘과 일

■ 힘(force)

① **힘의 정의** : 힘은 뉴턴의 운동 제 2 법칙에 의해 다음과 같은 관계식을 갖는다.

　(가) 힘＝질량×가속도

　(나) 힘, 작용력 : $F=ma$

　(다) 무게, 하중, 중력 : $W=mg$　(여기서, 중력가속도 $g=9.81\text{m/s}^2$)

> **참고**
>
> ※ 뉴턴의 운동 법칙
>
> - 운동 제1법칙(관성의 법칙) : 정지 또는 운동상태에 있는 물체에 힘이 작용하지 않는 한 그 물체는 정지 또는 등속직선운동을 유지하려는 성질을 지닌다.
> - 운동 제2법칙(가속도의 발생의 법칙) : 물체에 힘을 가하면 물체는 힘과 동일한 방향으로 힘의 크기와 비례하는 가속도를 지닌다.
> - 운동 제3법칙(작용반작용의 법칙) : 작용력은 항상 방향이 반대이고 크기가 동일한 반작용력을 유발한다.

② **힘의 단위**

　(가) $1\text{N}=1\text{kg}\times1\text{m/s}^2$　　　　　(나) $1\text{dyne}=1\text{g}\times1\text{cm/s}^2$

　(다) $1\text{kgf}=1\text{kg}\times9.81\text{m/s}^2=9.81\text{N}$　　(라) $1\text{lbf}=1\text{lb}\times32.174\text{ft/s}^2=32.174\text{slug}\cdot\text{ft/s}^2$

> **참고**
>
> $$1\text{slug}=\frac{1\text{lbf}}{1\text{ft/s}^2}=32.174\text{lb}=14.59\text{kg}$$

③ **힘의 3요소** : 힘을 표시할 때는 화살표로 나타내는데 화살표의 시작점은 힘의 작용점, 화살표의 길이는 힘의 크기, 화살촉은 힘의 방향을 나타내며 작용점, 크기, 방향을 힘의 3요소라 한다.

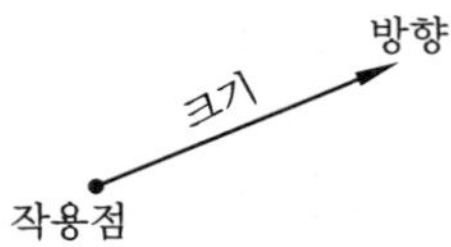

④ **힘의 합성**

$$F=\sqrt{F_1{}^2+F_2{}^2+2F_1F_2\cos\theta}$$

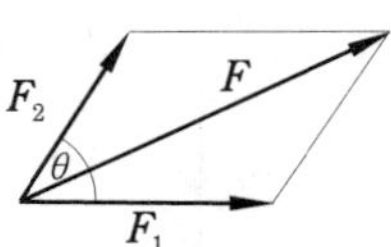

■ 일(work)

① **일의 정의** : 일＝물체가 이동한 방향으로 가해진 힘(F)×이동한 거리(S)

$$W=F\cdot S$$

② **일의 단위** : $1\text{J}=1\text{N}\cdot\text{m}$

③ **열량과의 관계** : 열은 일로 변환이 가능하며 다음과 같은 관계식을 갖는다.

$$1\text{cal}=4.18673\text{J}, \quad 1\text{kcal}=427\text{kgf} \cdot \text{m}$$

참고
> ※ 1kcal : 표준대기압에서 순수한 물 1kg의 온도를 1℃ 올리는 데 필요한 열량

④ 일의 계산

(개) 이동 방향과 θ의 각도로 가하는 힘에 의한 일

$$W=F\cos\theta \times S$$

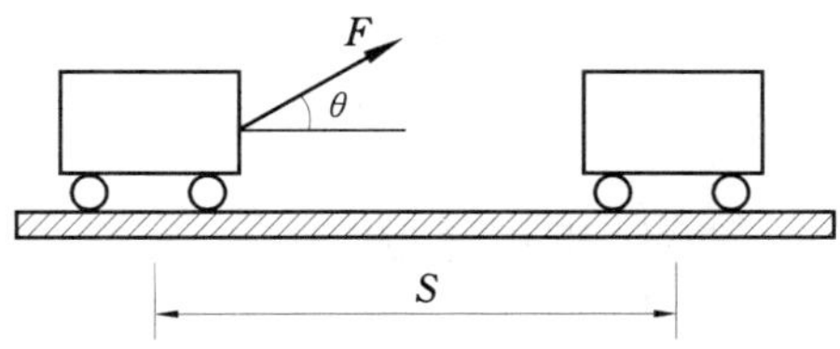

참고
> ※ 이동 방향의 힘을 구하여 이동한 거리에 곱한다.

(나) 이동 도르래에 의해 한 일

$$F=W/2$$
$$L_1=2 \times L_2$$
$$F \times L_1=W \times L_2$$

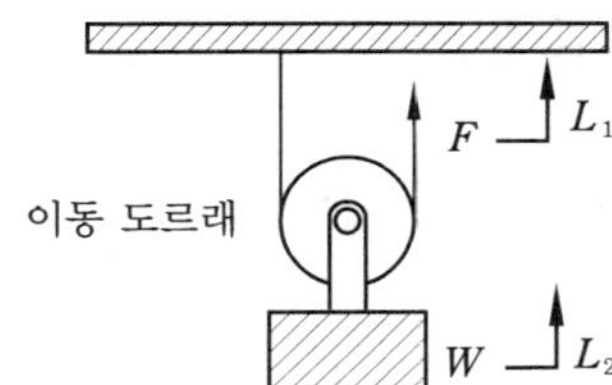

참고
> ※ 이동 도르래는 힘을 반으로 줄이는 역할을 하지만 작용거리(L_1)는 이동거리(L_2)의 두 배가 되므로 결국 일의 양은 직접 들어 올리는 양과 동일하다.

② 일률(power)

① 일률(또는 동력)의 정의

(개) 단위시간(t)당 행한 일(W) : $H=W/t$

$$H\,[\text{W}]=\frac{W\,[\text{J}]}{t\,[\text{s}]}$$

(나) 힘 F를 가해서 v의 속도로 일을 할 수 있는 능력 : $H=F \cdot v$

$$H\,[\text{kW}]=\frac{H\,[\text{kgf}] \cdot v\,[\text{m/s}]}{102}$$

$$H\,[\text{PS}]=\frac{F\,[\text{kgf}] \cdot v\,[\text{m/s}]}{75}$$

$$H\,[\text{kW}]=\frac{F\,[\text{N}] \cdot v\,[\text{m/s}]}{1000}$$

(다) 토크 T를 가해서 N의 회전속도로 일을 할 수 있는 능력 : $H=T \cdot N$

$$H\,[\text{kW}]=\frac{T\,[\text{N} \cdot \text{m}] \cdot \dfrac{2\pi}{60} N\,[\text{rpm}]}{1000}=\frac{T\,[\text{N} \cdot \text{m}] \times N\,[\text{rpm}]}{9550}$$

$$H\,[\text{kW}] = \frac{T\,[\text{kgf}\cdot\text{cm}]\times N\,[\text{rpm}]}{97400}$$

$$H\,[\text{PS}] = \frac{T\,[\text{kgf}\cdot\text{cm}]\times N\,[\text{rpm}]}{71620}$$

(라) p의 압력으로 Q의 유량을 토출할 수 있는 능력 : $L = p \cdot Q$

$$L\,[\text{kW}] = \frac{p\,[\text{kgf/m}^2]\times Q\,[\text{m}^3\text{/s}]}{102}$$

$$L\,[\text{PS}] = \frac{p\,[\text{kgf/m}^2]\times Q\,[\text{m}^3\text{/s}]}{75}$$

$$L\,[\text{kW}] = \frac{p\,[\text{kgf/cm}^2]\times Q\,[\text{L/min}]}{612}$$

$$L\,[\text{PS}] = \frac{p\,[\text{kgf/cm}^2]\times Q\,[\text{L/min}]}{450}$$

② **일률의 단위**

(가) $1\text{W} = 1\text{N}\cdot\text{m/s} = 1\text{J/s} = 10^{-3}\text{kW(kJ/s)}$

(나) $1\text{kW} = 102\text{kgf}\cdot\text{m/s} = 1\text{kJ/s} = 3600\text{kJ/h}$

(다) $1\text{HP} = 550\text{ft}\cdot\text{lbf/s}$

(라) $1\text{PS} = 75\text{kgf}\cdot\text{m/s} = 735.5\text{W}$

예 상 문 제

1. "물체에 힘을 가하면 물체는 힘과 동일한 방향으로 힘의 크기와 비례하는 가속도를 지닌다." 라고 정의되는 법칙은?

㉮ 관성의 법칙
㉯ 가속도 발생의 법칙
㉰ 작용 반작용의 법칙
㉱ 에너지 보존의 법칙

2. "정지 또는 운동상태에 있는 물체의 힘이 작용하지 않는 한 그 물체의 정지 또는 등속직선운동을 유지하려는 성질을 지닌다." 라고 정의되는 법칙은 다음 중 어느 것인가?

㉮ 질량의 법칙
㉯ 가속도 발생의 법칙
㉰ 관성의 법칙
㉱ 작용 반작용의 법칙

3. 다음 중 힘의 3요소가 아닌 것은?

㉮ 크기   ㉯ 방향   ㉰ 작용점   ㉱ 합성력

4. 물체의 질량을 m이라 하고 발생되는 가속도를 a라고 할 때 힘을 나타내는 식은?

㉮ $F=ma$
㉯ $F=\dfrac{a}{m}$
㉰ $F=\dfrac{m}{a}$
㉱ $F=\dfrac{1}{ma}$

5. 1slug는 14.59kg과 같은 질량이다. 35kg은 몇 slug인가?

㉮ 1.5   ㉯ 2.4   ㉰ 3.6   ㉱ 4.3

6. 다음 중 일을 했다고 할 수 있는 것을 모두 고른 것은?

[보 기]
① 가방을 들고 옆으로 걸어갔다.
② 가방을 바닥에 놓고 밀어서 이동했다.
③ 가방을 바닥에 놓고 밀었지만 움직이지 않았다.

㉮ ①   ㉯ ①, ②   ㉰ ②   ㉱ ②, ③

7. 다음 괄호 안에 들어갈 알맞은 단위를 순서대로 쓴 것은?

[보 기]
1N＝1(　　　)×1(　　　)

㉮ kg, m
㉯ m, s
㉯ kg, m/s²
㉱ m, s⁻¹

8. 1kgf은 몇 N인가?

㉮ 1   ㉯ 9.81
㉰ 102   ㉱ 9810

해설 $1\text{kgf}=1\text{kg}\times9.81\text{m/s}^2=9.81\text{N}$

9. 1kN은 몇 kgf인가?

㉮ 1000   ㉯ 9.81
㉰ 102   ㉱ 9800

해설 $1\text{kN}=1000\text{N}=1000\times\dfrac{1}{9.8}=102\text{kgf}$

10. 1MN은 몇 kgf인가?

㉮ 9.81×10^6 ㉯ 102×10^6
㉰ 9.81×10^3 ㉱ 1.02×10^5

해설 $1\text{MN}=10^6\text{N}=10^6\times\dfrac{1}{9.8}=1.02\times10^5\text{kgf}$

11. 0.5N은 몇 dyne인가?

㉮ 19.6   ㉯ 50
㉰ 0.196   ㉱ 50000

해설 $0.5\times10^5\text{dyne}=50000\text{dyne}$

12. 질량 5kg인 어떤 물체가 힘을 받아 3.4m/s² 만큼 가속되었다. 이 물체에 가해진 힘은 몇 N인가?

㉮ 5   ㉯ 15.7   ㉰ 17   ㉱ 49

해설 $F=m\cdot a=5\text{kg}\times3.4\text{m/s}^2=17\text{kg}\cdot\text{m/s}^2=17\text{N}$

13. 어떤 사람이 질량 2kg인 물체를 14N의 힘을 주어 밀고 있다. 마찰력을 무시할 때 이 물체가 갖게 되는 가속도는?

㉮ 1.42   ㉯ 7   ㉰ 19.6   ㉱ 28

해설 $a=\dfrac{F}{m}=\dfrac{14\text{N}}{2\text{kg}}=\dfrac{14\text{kg}\cdot\text{m/s}^2}{2\text{kg}}=7\text{m/s}^2$

14. 질량 20kg인 어떤 물체가 한 개의 로프에 매달려 있다. 이때 로프의 장력은 몇 N인가?

정답 1. ㉯   2. ㉰   3. ㉱   4. ㉮   5. ㉯   6. ㉰   7. ㉯   8. ㉯   9. ㉰   10. ㉱   11. ㉱   12. ㉰   13. ㉯   14. ㉱

㉮ 9.81 ㉯ 20
㉰ 19.62 ㉱ 196.2

[해설] $W = m \cdot g = 20\text{kg} \times 9.81\text{m/s}^2$
$= 196.2\text{kg} \cdot \text{m/s}^2 = 196.2\text{N}$

15. 그림과 같이 무게 400kgf인 물체가 중심각이 120°인 두 개의 로프에 매달려 있다. 각 로프의 장력은 몇 kgf인가?

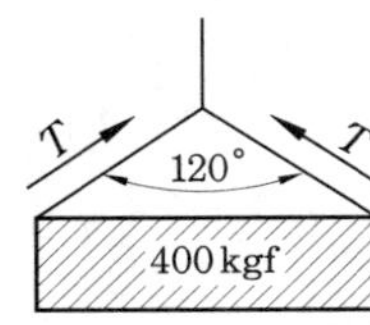

㉮ 100 ㉯ 200 ㉰ 400 ㉱ 800

[해설] $400\text{kgf} = T\cos(120°/2) \times 2$
$T = 400\text{kgf}/(\cos 60° \times 2) = 400\text{kgf}$

16. 1PS · h는 몇 kcal인가?

㉮ 425.1 ㉯ 632.3
㉰ 735.2 ㉱ 822.6

[해설] $1\text{PS} \cdot \text{h} = 75\text{kgf} \cdot \text{m/s} \times 3600\text{s}$
$\times 1\text{kcal}/427\text{kgf} \cdot \text{m} = 632.3\text{kcal}$

17. 어떤 물체를 8N의 힘을 가하여 10m를 이동시켰다. 행한 일은?

㉮ 0.08N/m^2 ㉯ 0.8N/m
㉰ $80\text{N} \cdot \text{m}$ ㉱ $800\text{N} \cdot \text{m}^2$

[해설] 일 = 힘 × 힘의 방향 이동 거리
따라서, 일 = $8\text{N} \times 10\text{m} = 80\text{N} \cdot \text{m}$

18. 무게 100kgf의 물체를 5m 들어 올렸다. 이때 행한 일은?

㉮ 51 ㉯ 500
㉰ 2500 ㉱ 4900

[해설] $1\text{kgf} = 9.8\text{N}$이므로 $100\text{kgf} = 980\text{N}$이다.
따라서, $980\text{N} \times 5\text{m} = 4900\text{N} \cdot \text{m} = 4900\text{J}$이다.

19. 어떤 물체를 그림과 같이 8N의 힘을 가하여 20m를 이동시켰다. 행한 일은 몇 J인가?

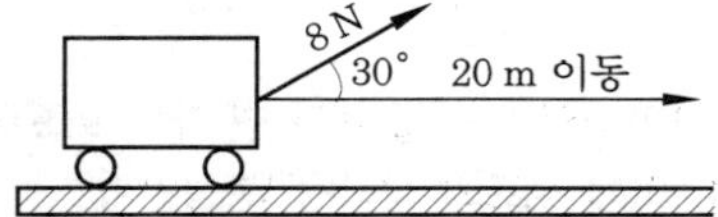

㉮ 40 ㉯ 80
㉰ $40\sqrt{3}$ ㉱ $80\sqrt{3}$

[해설] $F = 8\text{N} \times \cos 30° = 4\sqrt{3}\text{N}$
$W = 4\sqrt{3}\text{N} \times 20\text{m} = 80\sqrt{3}\text{N} \cdot \text{m} = 80\sqrt{3}\text{J}$

20. 질량 100kg의 물체를 전동기를 이용하여 8m를 들어 올렸다. 이 전동기가 한 일은 몇 J인가?

㉮ 7848 ㉯ 8426
㉰ 10423 ㉱ 27620

[해설] $F = 100\text{kg} \times 9.81\text{m/s}^2 = 981\text{N}$
$W = 981\text{N} \times 8\text{m} = 7848\text{N} \cdot \text{m} = 7848\text{J}$

21. 1마력(PS)은 몇 와트(W)인가?

㉮ 450 ㉯ 612 ㉰ 736 ㉱ 746

[해설] $1\text{PS} = 75\text{kgf} \cdot \text{m/s}$
$= 75\text{kg} \times 9.81\text{m/s}^2 \times 1\text{m/s}$
$= 736\text{N} \cdot \text{m/s} = 736\text{W}$

22. 어떤 기중기가 340kgf의 물체를 5초 동안에 4m 끌어 올렸다. 이 기중기의 일률은 몇 W인가?

㉮ 1700 ㉯ 2668
㉰ 6800 ㉱ 13341

[해설] $P = W/t = (340\text{kg} \times 9.81\text{m/s}^2 \times 4\text{m})/5\text{s}$
$= 2668\text{J/s} = 2668\text{W}$

23. 저수지의 물을 20m 높은 곳에 있는 5m^3의 탱크에 퍼 올려 1분 만에 가득 채우려 한다. 몇 마력(PS)의 양수기가 필요한가?

㉮ 22.2 ㉯ 26.7
㉰ 32.4 ㉱ 55.2

[해설] 탱크에 들어갈 물의 무게는 5000kgf이므로
$P = (5000\text{kgf} \times 20\text{m}/60\text{s})/75 = 22.2\text{PS}$

24. 이동 도르래를 1개 이용하여 지상에 있는 50kgf의 물체를 3m 높이까지 끌어 올리려 한다. 얼마의 힘(kgf)을 주어야 하며 또 로프는 얼마(m)를 당겨야 하는가?

㉮ 15, 3 ㉯ 25, 6
㉰ 25, 3 ㉱ 50, 6

[해설] 이동 도르래 1개는 힘의 이득이 두 배이며, 일의 양은 동일하므로 힘의 이득만큼 로프를 많이 잡아 당겨야 한다. 따라서, 힘은 25kgf, 로프는 6m를 끌어 올려야 한다.

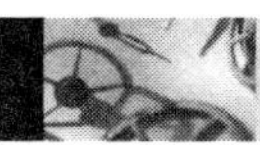

1-3 압력과 유량

1 압력(pressure)

① 압력의 정의

(가) 단위면적당 작용한 힘이다.

(나) 압력＝힘/면적　　$p=\dfrac{F}{A}$ [Pa(＝N/m²)]

(다) 밀도가 ρ인 액체가 깊이 h에서 작용하는 압력은 다음 식과 같다.

$$p=\rho gh\,[\text{Pa}(＝\text{N/m}^2)]$$

② 압력의 단위

(가) $1\text{Pa}=1\text{N/m}^2$

(나) $1\text{psi}=1\text{lbf/in}^2$

(다) $1\text{bar}=1000000\text{dyne/cm}^2=0.1\text{MPa}=14.5\text{psi}$

2 공기압

① **표준기압(atm)** : 1643년, 토리첼리(Torricelli)
는 해발 0m인 지표면에서의 대기압을 수은주
의 높이로 측정하였다.

(가) 수은주 높이 : $1\text{atm}=760\text{mmHg}$

(나) 수주 높이 : $1\text{atm}=10.33\text{mAq}$

(다) 절대단위계

$1\text{atm}=760\text{mmHg}$

$\qquad=101325\text{Pa(N/m}^2)=101.325\text{kPa}$

$\qquad=14.7\text{psi(lb/in}^2)$

$\qquad=10.33\text{mAg}$

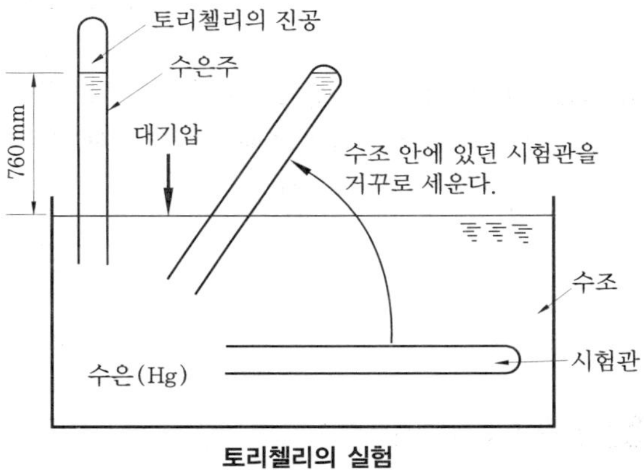

토리첼리의 실험

(라) 미터법 중력단위계

$1\text{atm}=\gamma_{\text{Aq}}\times h_{\text{Aq}}=1000\text{kgf/m}^3\times10.33\text{m}$

$\qquad=10330\text{kgf/m}^2=1.033\text{kgf/cm}^2 407\text{in}=14.7\text{psi}$

$1\text{kgf/cm}^2=14.22\text{psi}$

(마) 야드파운드법 중력단위계

$1\text{atm}=\gamma_{\text{Aq}}\times h_{\text{Aq}}=0.036\text{lbf/in}^3\times407\text{in}=14.7\text{psi}$

② **공학기압(at)** : 1kgf/cm^2의 압력을 기준

$1\text{at}=0.1\text{kgf/cm}^2=10.00\text{mAq}=735.5\text{mmHg}$

③ **진공** : 토리첼리의 실험에서 발견되었다.

$1\text{torr}=1\text{mmHg}=\dfrac{1}{760}\text{atm}$

$760\text{torr}=1013\text{mbar}$

$740\text{torr}=1013\times\dfrac{740}{760}=986.3\text{mbar}$

④ 절대압력

(가) 절대압력＝대기압＋게이지 압력

(나) 다음 그림에서 기압 ①의 경우는 주로 게이지 압력으로 표시하며 기압 ②는 진공인 경우이므로 주로 절대압력으로 표시한다.

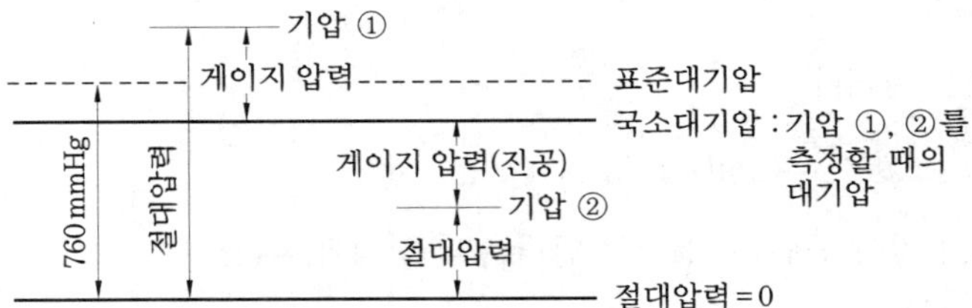

❸ 압력의 계산

① **파스칼의 원리(Pascal's principle)** : 정지상태의 유체 내부에 작용하는 압력은 작용하는 방향에 관계없이 일정하다. ($p_1=p_2$)

$$\frac{F_1}{A_1}=\frac{F_2}{A_2}$$

② **보일의 법칙(Boyle's law)** : 용기 내의 밀폐된 기체는 외부로부터 힘을 받게 되면 부피는 줄고 압력은 증가한다. 온도가 일정할 때 기체의 절대압력(p)과 비체적(V)은 반비례(역비례)한다.

$$pV=C \qquad p_1V_1=p_2V_2$$

❹ 유량(discharge)

① **유량의 정의** : 단위시간(t)당 흘러간 부피(V)이다.

$$Q=V/t\,[\mathrm{m^3/s}]$$

단면적이 A인 관로를 v의 속도로 흘러가는 유량은 다음 식과 같다.

$$Q=A \cdot v\,[\mathrm{m^3/s}]$$

② **유량의 단위**

(가) $1\mathrm{m^3/min}=1000\mathrm{L/min}≒35.3\mathrm{ft^3/min}$　　　　(나) $1\mathrm{cm^3/s}=1\mathrm{cc/s}$

(다) $1\mathrm{L/min}=10\mathrm{dL/min}=1000\mathrm{mL/min}$

③ **연속방정식(continuity equation)** : 질량보존의 법칙을 유체 유동에 적용한 방정식으로 관속을 유체가 가득 차서 흐른다면 단위시간 동안 유입된 질량과 유출된 질량은 같다.

$$A_1v_1=A_2v_2$$

질량보존의 법칙에 의해 질량유동률 $\dot{m}$은 일정하다.

$$\dot{m}=\rho_1A_1v_1=\rho_2A_2v_2$$

비압축성 유체에서 $\rho_1 = \rho_2$이므로, $Q = A_1 v_1 = A_2 v_2$

여기서, Q : 유량(m^3/s)

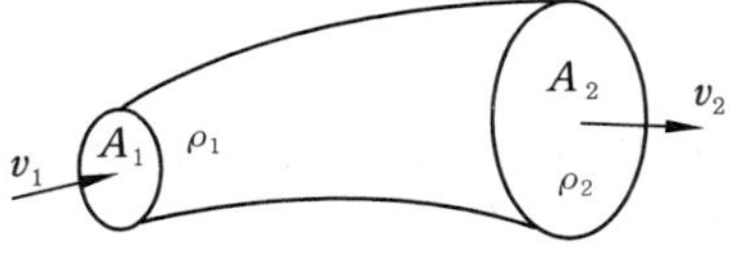

④ **베르누이 방정식(Bernoulli's equation)** : 유체에 대한 오일러의 운동방정식을 적분하여 얻은 것이며 이 방정식으로 점성이 없고 비압축성인 유체에서 에너지 보존의 법칙이 성립함을 알 수 있다.

$$\frac{p_1}{\gamma} + \frac{v_1^2}{2g} + h_1 = \frac{p_2}{\gamma} + \frac{v_2^2}{2g} + h_2 = H$$

다음 그림은 관로 속에 두 개의 피토관(pitot tube)을 사용하여 베르누이 방정식을 실험적으로 확인한 것이다. ①과 ③에서는 관로의 입구가 유체의 흐름에 직각이므로 속도의 영향은 없고 압력만 전달되며 ②와 ④에서는 유체의 압력도 전달되지만 구멍이 유체 흐름에 평행하므로 속도 에너지가 유입되어 직각으로 구부러진 부분에서 모두 속도를 잃고 압력으로 전환되어 압력 에너지에 더해지므로 속도와 압력 모두 전달된다. 관로에서 에너지 손실이 없을 때 H는 항상 일정하다.

> **참고**
>
> ※ **수두(water head)** : 유체가 갖는 압력, 속도, 위치 에너지의 크기를 물의 높이로 나타낸 것.

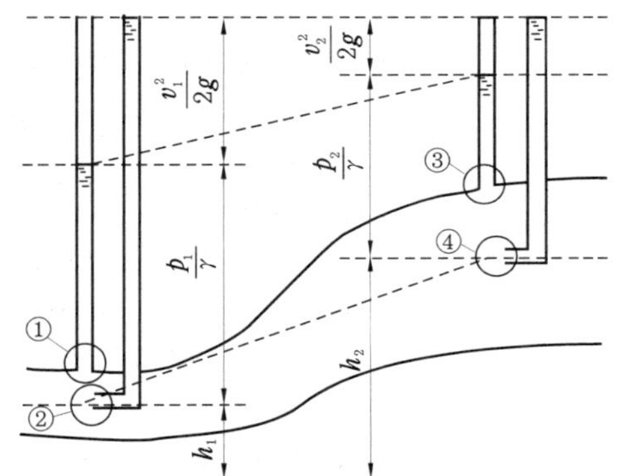

⑤ **토리첼리의 정리(Torricelli's theorem)** : 액체가 유출되는 속도를 에너지 보존법칙에 의해 구한 것이다. 액체의 높이 h의 변화가 작을 때, 액체의 유출속도 $v = \sqrt{2gh}$ 이다. 즉, 높이 h에서의 물이 중력에 의해 자유낙하 했을 때의 속도와 같다. ①에서 감소된 양과 ②에서 유출된 양은 같다. ①에서의 위치 에너지 감소와 ②에서의 운동 에너지는 같은 양을 가져야 하므로 $mgh = \frac{1}{2}mv^2$이 되고, 속도 v에 대해 정리하면 $v = \sqrt{2gh}$ 이 된다.

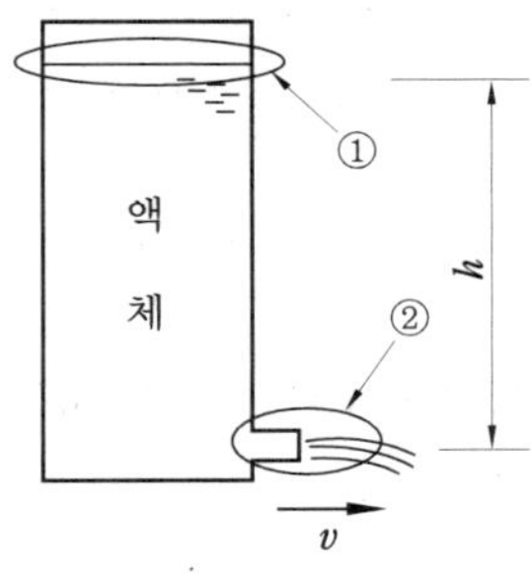

①에서의 위치 에너지 : mgh　　　　②에서의 운동 에너지 : $\frac{1}{2}mv^2$

⑥ **유속의 계산** : 관로의 입구와 출구의 단면적을 알고 입구의 유속을 알 때 다음 식에 의해 출구의 유속을 구한다.

$$Q = Av\,[\text{m}^3/\text{s}]$$

$A_1 v_1 = A_2 v_2$에서 $v_2 = v_1\left(\dfrac{A_1}{A_2}\right) = v_1\left(\dfrac{d_1}{d_2}\right)^2 [\text{m/s}]$

1. 밀폐된 액체의 일부에 힘을 가했을 때의 작용력으로 옳은 것은?

㉮ 모든 부분에 다르게 작용한다.
㉯ 모든 부분에 동일하게 작용한다.
㉰ 홈이 파진 부분에는 세게 작용한다.
㉱ 돌출부에는 세게 작용한다.

[해설] 파스칼의 원리 : 정지상태의 유체 내부에 작용하는 압력은 작용하는 방향에 관계없이 일정하다.

2. 절대압력의 표시는?

㉮ 절대압력＝대기압＋게이지 압력
㉯ 절대압력＝표준대기압＋게이지 압력
㉰ 절대압력＝대기압
㉱ 절대압력＝게이지 압력

[해설] 절대압력＝대기압＋게이지 압력

3. 완전한 진공을 0으로 하는 압력은?

㉮ 게이지 압력　　　㉯ 절대압력
㉰ 평균압력　　　㉱ 최고압력

[해설] 완전한 진공(진공도 100%)을 기준으로 한 압력은 절대압력이다.

4. 압력에 대한 설명 중 맞지 않는 것은?

㉮ 압력은 단위면적당 작용하는 힘이다.
㉯ 1표준기압＝1atm＝760mmHg
㉰ 1공학기압＝1at＝735.5mmHg
㉱ 대기압을 0으로 하는 압력을 절대 압력이라 한다.

[해설] 대기압을 0으로 하는 압력은 게이지 압력이다.

5. 압력의 단위로 사용하지 않는 것은?

㉮ bar　　　㉯ mmHg
㉰ Pa　　　㉱ mol

[해설] mol(몰)은 물질의 양(크기)을 나타내는 단위이다.

6. 1kgf/cm²는 몇 MPa인가?

㉮ 0.098　　　㉯ 9.81
㉰ 1000　　　㉱ 98100

[해설] $1\text{kgf/cm}^2 = 9.81\text{N/cm}^2 = 98100\text{N/m}^2$

$= 98100\text{Pa} = 0.098\text{MPa}$

7. 다음 중 압력에 대한 설명으로 맞는 것은?

㉮ 가한 힘에 비례한다.
㉯ 가한 힘에 반비례한다.
㉰ 힘을 받는 면적에 비례한다.
㉱ 힘을 받는 면적과 관계없다.

8. 사방이 밀폐된 액체에 가해진 압력은 그 크기가 변화없이 액체 내 모든 곳에 똑같은 크기로 전달된다는 원리는?

㉮ 보일의 법칙
㉯ 파스칼의 원리
㉰ 베르누이의 정리
㉱ 연속의 법칙

9. 파스칼의 원리에 어긋나는 것은?

㉮ 유체의 압력은 면에 대해 직각으로 작용한다.
㉯ 각 점의 압력은 면에 대해 모든 방향으로 같다.
㉰ 밀폐된 용기 속의 유체의 일부에 가해진 압력은 각 부분에 같은 세기를 가지고 있다.
㉱ 정지해 있는 유체에 힘을 가하면 단면적이 작은 곳은 속도가 느리게 전달된다.

10. 가하는 힘이 F, 힘을 받는 면적을 A라 할 때 압력을 나타내는 식은?

㉮ $F \cdot A$　　　㉯ F/A
㉰ $F \cdot A^2$　　　㉱ F/A^2

[해설] 압력 $= \dfrac{\text{힘}(F)}{\text{면적}(A)} \ [\text{Pa}(=\text{N/m}^2)]$

11. 밑면적이 3.4m²인 가공물이 작업대 위에 놓여 있다. 이 가공물의 무게가 34kgf이라면 작업대가 받는 압력은 몇 kgf/m²인가?

㉮ 0.1　　　㉯ 1
㉰ 10　　　㉱ 100

[해설] $p = \dfrac{F}{A} = \dfrac{34\text{kgf}}{3.4\text{m}^2} = 10\text{kgf/m}^2$

12. 759.62mmHg는 몇 mbar인가?

㉮ 1003.7　　　㉯ 1012.5

㉰ 1036.4 ㉱ 1042.3

[해설] $760 : 1013.25 = 759.62 : x$

$$x = \frac{759.62}{760} \times 1013.25 = 1012.5\text{mbar}$$

13. 4torr는 몇 Pa인가?

㉮ 400 ㉯ 430
㉰ 517 ㉱ 533

[해설] $1\text{torr} = 1\text{mmHg} = \dfrac{101325}{760}\text{Pa}(=\text{N/m}^2)$

$$\therefore\ 4 \times \frac{101325}{760} = 533\text{Pa}(=\text{N/m}^2)$$

14. 표준대기압에서 지표면 100cm²에 가해지는 공기의 무게는 몇 kgf인가?

㉮ 1.033 ㉯ 10.13
㉰ 103.3 ㉱ 1013

[해설] $F = pA = 1.0332 \times 100 = 103.3\text{kgf}$

15. 빌딩에 파이프로 물을 올리려고 한다. 바닥에서 파이프에 가해지는 압력이 250kPa이라면 물은 몇 m 올라갈 수 있는가?

㉮ 25.5 ㉯ 27.6
㉰ 28.7 ㉱ 30.2

[해설] $h = p/(\rho g)$
$$= (2.5 \times 10^5 \text{N/m}^2)/(1000\text{kg/m}^3 \times 9.81\text{m/s}^2)$$
$$= 25.5\text{m}$$

16. 그림과 같이 비커 안에 물이 8cm 담겨 있고 그 위에 기름이 1cm 두께로 떠 있다. 이 비커 바닥에 가해지는 압력은 몇 Pa인가? (단, 기름의 밀도는 0.8g/cc)이다.

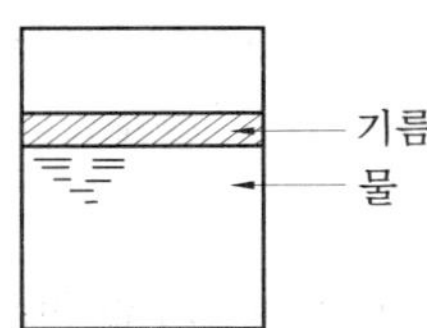

㉮ 562 ㉯ 726
㉰ 863 ㉱ 941

[해설] $p = \rho_1 g h_1 + \rho_2 g h_2$
$$= (800\text{kg/m}^3)(9.81\text{m/s}^2)(0.01\text{m})$$
$$+ (1000\text{kg/m}^3)(9.81\text{m/s}^2)(0.08\text{m})$$
$$= 78.48\text{kg/m} \cdot \text{s}^2 + 784.8\text{kg/m} \cdot \text{s}^2$$
$$= 863.3\text{kg/m} \cdot \text{s}^2 \fallingdotseq 863\text{Pa}$$

17. 공압 작동기의 속도를 조절하려면 무엇을 조정하여야 하는가?

㉮ 압력 ㉯ 유량
㉰ 온도 ㉱ 습도

[해설] 힘의 제어＝압력 제어, 속도 제어＝유량 제어

18. 수압기에서 큰 쪽 피스톤의 단면적은 100cm², 작은 쪽 피스톤의 단면적은 10cm²일 때 작은 피스톤에 40kgf의 힘이 가해지면 큰 피스톤은 몇 kgf의 힘을 만들 수 있겠는가?

㉮ 100 ㉯ 200
㉰ 300 ㉱ 400

[해설] $\dfrac{F_1}{A_1} = \dfrac{F_2}{A_2}$ 이므로

$$F_1 = F_2\left(\frac{A_1}{A_2}\right) = 40 \times \frac{100}{10} = 400\text{kgf}$$

19. 온도가 일정할 경우 가스의 처음 상태가 체적이 0.5m³, 압력이 19.6Pa일 때 압축 후의 체적이 0.2m³이다. 이때 압축 후의 압력은 몇 Pa인가?

㉮ 0.049 ㉯ 0.49
㉰ 4.9 ㉱ 49

[해설] 보일의 법칙 $p_1 V_1 = p_2 V_2$ 이므로,

$$p_2 = \frac{p_1 V_1}{V_2} = (19.6\text{Pa} \times 0.5\text{m}^3)/0.2\text{m}^3 = 49\text{Pa}$$

20. 다음 그림에서 2개의 피스톤 ①, ②의 단면적 A_1, A_2를 각각 10cm², 100cm²로 한다. F_1으로서 10kN의 힘을 가할 때 F_2는 얼마인가?

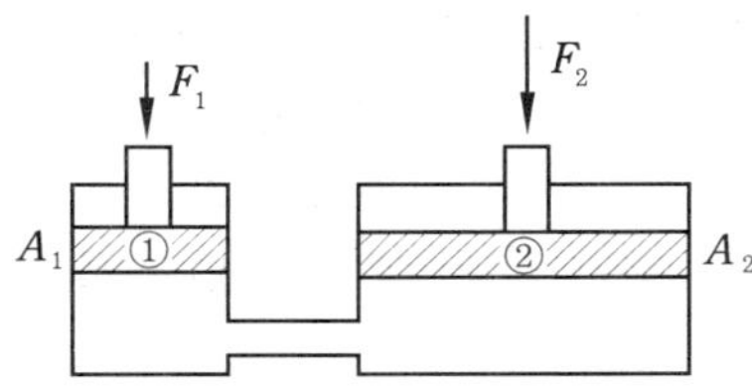

㉮ 100kN ㉯ 200kN
㉰ 300kN ㉱ 400kN

[해설] $\dfrac{F_1}{A_1} = \dfrac{F_2}{A_2}$ $(p_1 = p_2)$에서

$$F_2 = F_1\left(\frac{A_2}{A_1}\right) = 10 \times \frac{100}{10} = 100\text{kN}$$

21. 500cm³의 용기 내에 2.4ata의 압력을 갖는

어떤 가스를 1L의 용기로 옮기면 몇 ata의 압력을 갖게 되겠는가?

㉮ 0.4 ㉯ 1.2 ㉰ 1.4 ㉱ 1.6

[해설] $p_1V_1=p_2V_2$에서

$$p_2=p_1\left(\frac{V_1}{V_2}\right)=2.4\times\frac{500}{1000}=1.2\text{ata}$$

22. 1ata 대기 중에서 80L인 공기를 압축하여 부피가 40L인 밀폐용기에 넣으면 이 밀폐용기의 압력은 몇 ata이 되는가?

㉮ 1 ㉯ 2 ㉰ 4 ㉱ 8

[해설] $p_2=p_1\left(\frac{V_1}{V_2}\right)=1\times\frac{80}{40}=2\text{ata}$

23. 안지름이 16cm인 실린더가 5kN의 추력을 내기 위해 필요로 하는 최소유압은 몇 Pa인가?

㉮ 248680 ㉯ 342000
㉰ 359600 ㉱ 423500

[해설] $p=\dfrac{F}{A}$이므로, $\dfrac{5000\text{N}}{\frac{\pi}{4}\times(0.16\text{m})^2}$

$$=248680\text{N/m}^2=248680\text{Pa}$$

24. 단면적인 40cm²인 배관에 2m/s의 속도로 물이 흘러가고 있다면 유량은 몇 cm³/s인가?

㉮ 20 ㉯ 80
㉰ 8000 ㉱ 80000

[해설] $Q=Av=40\times200=8000\text{cm}^3/\text{s}$

25. 지름이 20cm인 관로 속에 흐르고 있는 액체의 평균속도가 5m/s일 때 유량은 몇 m³/s인가?

㉮ 0.157 ㉯ 0.635
㉰ 0.981 ㉱ 1.442

[해설] $Q=A\cdot v=\dfrac{\pi}{4}\times(0.2)^2\times5=0.157\text{m}^3/\text{s}$

26. 다음 그림에서 $D_1=4\text{cm}$, $D_2=2\text{cm}$, $v_1=4\text{m/s}$일 때 유량 $Q[\text{m}^3/\text{s}]$와 ②에서의 유속(m/s)은 각각 얼마인가?

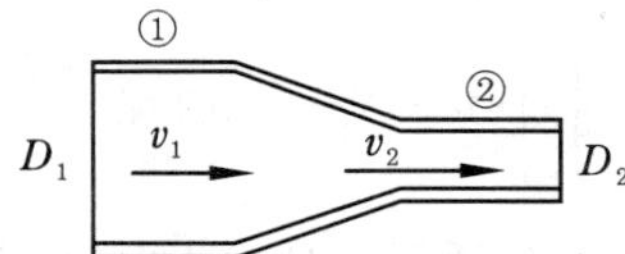

㉮ 0.00504, 16 ㉯ 0.0504, 16
㉰ 0.00504, 8 ㉱ 0.0504, 8

[해설] $A_1=\dfrac{\pi}{4}D_1{}^2=\dfrac{\pi}{4}(0.04)^2=0.00126\text{m}^2$이고,

$Q=A\cdot v$이므로,

$Q=0.00126\text{m}^2\times4\text{m/s}=0.00504\text{m}^3/\text{s}$

$$v_2=v_1\times\frac{A_1}{A_2}=4\times\left(\frac{4}{2}\right)^2=16\text{m/s}$$

27. 연속의 법칙에 대한 설명 중 옳지 않은 것은?

㉮ 유체의 흐름의 단면적이 큰 곳에서는 유속이 느리다.
㉯ 유체의 흐름의 단면적이 작은 곳은 유속이 빠르다.
㉰ 정상류일 때 임의의 단면을 통과하는 유량은 항상 일정하다.
㉱ 비정상류일 때 임의의 단면을 통과하는 유량은 항상 일정하다.

28. 유속 $v[\text{m/s}]$, 유량 $Q[\text{m}^3/\text{s}]$일 때 파이프 지름 $D[\text{cm}]$는 얼마인가?

㉮ $200\sqrt{\dfrac{Q}{\pi v}}$ ㉯ $100\sqrt{\dfrac{Q}{\pi v}}$

㉰ $200\sqrt{\dfrac{Q}{v}}$ ㉱ $100\sqrt{\dfrac{Q}{v}}$

29. 입구의 단면적이 80cm²이고 출구의 단면적은 20cm²일 때 입구에서 4m/s의 속도로 유체가 흘러 들어가고 있다면 출구에서의 유체의 속도(m/s)는 얼마인가?

㉮ 4 ㉯ 8
㉰ 12 ㉱ 16

[해설] 연속 방정식 $Q=Av$에서 $A_1v_1=A_2v_2$이므로,

$$v_2=v_1\left(\frac{A_1}{A_2}\right)=4\times\frac{80}{20}=16\text{m/s}$$

30. 입구의 단면적이 5m²인 어떤 관로 속을 액체가 2.5m/s의 속도로 흘러 들어가 관의 끝부분에서 12m/s의 속도로 흘러나오도록 하려면 출구의 단면적(m²)은?

㉮ 1.04 ㉯ 4.8
㉰ 12.5 ㉱ 30

[해설] $Q=Av$에서 $A_1v_1=A_2v_2$이므로,

$$A_2 = A_1\left(\frac{v_1}{v_2}\right) = 5 \times \frac{2.5}{12} = 1.04\text{m}^2$$

31. 저수탱크 밑에 구멍이 생겨 탱크 속의 물이 10m/s의 속도로 유출되고 있다. 이 탱크 속의 물의 높이(m)는?

㉮ 4.2　　㉯ 5.1　　㉰ 6.2　　㉱ 7.1

[해설] $v=\sqrt{2gh}$ 이므로, $h=\dfrac{v^2}{2g}=\dfrac{10^2}{2\times9.81}=5.1\text{m}$

32. 지름이 2cm이고 무게가 30kgf인 원기둥이 책상 위에 놓여 있다. 이때 책상이 받는 압력은?

㉮ 2.7kgf/cm^2　　　　㉯ 4.5kgf/cm^2

㉰ 9.5kgf/cm^2　　　　㉱ 10.3kgf/cm^2

[해설] $p=\dfrac{F}{A}=\dfrac{30}{\dfrac{\pi}{4}\times2^2}=9.5\text{kgf/cm}^2$

33. 수면의 높이가 1m인 수조의 바닥에 지름 5cm인 구멍이 생겼다. 이 구멍을 통해 유출되는 물의 속도는?

㉮ 4.43m/s　　　　㉯ 6.27m/s

㉰ 7.8m/s　　　　㉱ 9.95m/s

[해설] $v=\sqrt{2gh}=\sqrt{2\times9.81\times1}=4.43\text{m/s}$

34. 눈금이 표시된 투명한 실린더와 초시계를 가지고 유량을 측정하였다. 30초 동안 3L의 기름이 채워졌다면 유량은?

㉮ 3L/min　　　　㉯ 4L/min

㉰ 6L/min　　　　㉱ 8L/min

[해설] $Q=\dfrac{3\text{L}}{30\text{s}}=6\text{L/min}$

 ## 1-4 속도와 가속도

1 운동의 분류

① 이동 경로에 따른 분류

㈎ 직선운동 : 어떤 물체가 직선을 따라 이동하는 운동

㈏ 회전운동 : 어떤 물체가 반지름이 일정한 원을 그리면서 돌고 있는 운동

② 속도 변화에 따른 분류

㈎ 등속도 운동 : 어떤 물체의 운동속도 v가 시간이 흘러도 변함이 없는 운동

　예 일정한 속도로 달리는 자동차의 운동

　　t초 동안의 이동 거리$(S)=v \cdot t$

㈏ 가속도 운동 : 시간이 지남에 따라 속도가 변하는 운동

　예 출발하거나 정지하는 자동차의 운동

㈐ 등가속도 운동 : 시간이 흘러도 가속도가 일정한 운동

　예 낙하체의 운동

　　t초 후의 속도$(v)=a \cdot t$(초기속도가 0인 경우)

　　t초 동안의 이동 거리$(S)=\dfrac{1}{2} v \cdot t$(초기속도가 0인 경우)

2 속도(velocity)

① 속도의 정의

㈎ 평균속도 : 경과한 시간에 대한 위치의 변화

$$\overline{v} = \frac{\Delta x}{\Delta t} \ [\mathrm{m/s}]$$

㈏ 순간속도 : 매우 짧은 시간 동안의 위치 변화를 나타내며 일반적인 속도의 의미로 사용

$$v = \frac{dx}{dt} \ [\mathrm{m/s}]$$

② 회전체의 속도

㈎ 각속도(angular velocity) : 단위시간(t)당 각의 변화($\Delta\theta$)를 나타내며, 그리스 문자인 ω로 표시한다.

$$\omega = \frac{\Delta\theta}{t} \quad (\text{여기서, } \omega : \text{각속도}[\mathrm{rad/s}], \ \Delta\theta : \text{회전각}[\mathrm{rad}], \ t : \text{시간}[\mathrm{s}])$$

> **참고**
>
> ※ 각속도의 예
> - 1초 동안 180° 회전하는 물체의 각속도 : 180°/s = $\pi[\mathrm{rad/s}]$
> - 1초 동안 1회전(360°)하는 물체의 각속도 : 360°/s = $2\pi[\mathrm{rad/s}]$
> - 1초에 두 바퀴를 도는 물체의 각속도 : 2rev/s = $4\pi[\mathrm{rad/s}]$

㈏ 주파수(frequency) : 매 초당 반복횟수(cycle)를 나타내며, $f[\mathrm{Hz}]$로 표시한다.

$$f = \frac{\text{cycle}}{t} = \omega \times \frac{1\text{cycle}}{2\pi[\mathrm{rad}]} = \frac{\omega}{2\pi} \ [\mathrm{Hz}]$$

⒟ 회전수(rotative speed) : 매 분당 회전수(number of revolution)를 나타내며, N[rpm]으로 표시한다.

$$N = \frac{\text{rev}}{t} = f \times 60 \quad (N : \text{회전수[rpm], rev : 회전, } t : \text{시간[min]})$$

⒧ 선속도(linear velocity) : 각속도로 회전하는 물체의 중심에서 반지름에 위치한 부분의 직선속도

$$v = \omega r \quad (\text{여기서, } v : \text{선속도[m/s], } \omega : \text{각속도[rad/s], } r : \text{반지름[m]})$$

⒨ 원주속도(circumferential speed) : 터빈, 풀리 등의 외주의 선속도

$$v = \frac{\pi D N}{1000 \times 60} \quad (\text{여기서, } v : \text{원주속도[m/s], } D : \text{지름[mm], } N : \text{회전수[rpm]})$$

❷ 가속도(acceleration)

① **가속도의 정의** : 단위시간(t)당 속도의 변화(Δv)로 나타낸다.

$$a = \Delta v / t \quad (\text{여기서, } a : \text{가속도[m/s}^2\text{], } \Delta v : \text{속도변화[m/s], } t : \text{시간[s])}$$

회전운동에서는 구심가속도, 자유낙하운동 또는 물체의 중력을 계산할 때는 중력가속도를 사용한다.

② **회전체의 가속도**

⒢ 접선가속도

㉮ 회전운동에서 선속도의 변화 $\dfrac{dv}{dt}$ 를 말한다.

㉯ 회전속도의 변화가 없으면 0이 된다.

⒣ 법선가속도 : 구심가속도라고도 하며, 회전운동에서 운동 방향의 변화와 관계있고 속도 v와 반지름 r에 의해 정해진다.

$$a = \frac{v^2}{r}\,[\text{m/s}^2] \quad (\text{여기서, } v = \omega r), \qquad a = r\omega^2[\text{m/s}^2]$$

③ **중력가속도** : 중력만으로 물체가 가속될 때의 가속도이며 g로 표시한다.

$$\text{중력가속도}(g) = 9.8\text{m/s}^2 = 980\text{cm/s}^2$$

 예 상 문 제

1. 다음 중 운동 속도 v가 시간이 흘러도 변하지 않는 운동은 어느 것인가?

㉮ 등속도 운동
㉯ 가속도 운동
㉰ 등가속도 운동
㉱ 각가속도 운동

2. 등속도 운동에서 속도를 v라 하고 이동 시간을 t라 할 때 이동한 거리는?

㉮ $\dfrac{v}{t}$
㉯ vt
㉰ $\dfrac{1}{2}vt$
㉱ $\dfrac{1}{2}vt^2$

3. 등가속도 운동에서 가속도를 a라 할 때 시간 t초 후의 속도는? (단, 초기속도는 0이다.)

㉮ at
㉯ $\dfrac{a}{t}$
㉰ at^2
㉱ $\dfrac{1}{2}at^2$

4. 90km/h는 몇 m/s인가?

㉮ 5
㉯ 10
㉰ 20
㉱ 25

[해설] $v=\dfrac{90}{3.6}=25\text{m/s}$

5. 60Hz는 몇 rad/s인가?

㉮ 60π
㉯ 90π
㉰ 120π
㉱ 180π

[해설] $\omega=2\pi f=2\pi\times60=120\pi\ [\text{rad/s}]$

6. 어떤 자동차가 10분에 6km를 달렸다면 이 자동차의 속도는 몇 km/h인가?

㉮ 6
㉯ 12
㉰ 24
㉱ 36

[해설] $v=S/t=(6\text{km}/10\text{min})\times(60\text{min}/1\text{h})=36\text{km/h}$

7. 어느 철판에 대해 1cm/s로 자동 용접할 수 있는 잠호용접기가 있다. 같은 철판을 2분 동안에는 몇 m나 용접할 수 있겠는가?

㉮ 0.8
㉯ 1.2
㉰ 2.4
㉱ 2.8

[해설] $S=v\cdot t=1\text{cm/s}\times2\text{min}$
$\qquad=0.01\text{m/s}\times120\text{s}=1.2\text{m}$

8. 철판을 1초에 200mm를 가공하는 레이저 가공기가 있다. 이 기계의 가공속도는 몇 m/min인가?

㉮ 2
㉯ 9
㉰ 12
㉱ 20

[해설] $v=200\text{mm/s}=\dfrac{0.2\times60\text{m}}{\text{min}}=12\text{m/min}$

$(1\text{s}=\dfrac{1}{60}\text{mim})$

9. 벨트 풀리의 지름을 D[mm]라 하고 회전수를 N[rpm]이라 할 때 벨트의 속도(m/s)를 구하는 식은?

㉮ $v=\dfrac{\pi DN}{60}$

㉯ $v=\dfrac{\pi DN}{1000}$

㉰ $v=\dfrac{1000N}{\pi D}$

㉱ $v=\dfrac{\pi DN}{1000\times60}$

[해설] $v=\dfrac{\pi D}{1000}\times\dfrac{N}{60}\ [\text{m/s}]$

10. 지름이 80mm인 벨트 풀리가 750rpm으로 회전하고 있을 때 외주의 원주속도는 몇 m/s인가?

㉮ 3.14
㉯ 42.8
㉰ 72
㉱ 96

[해설] $v=\dfrac{\pi DN}{1000\times60}\times\dfrac{\pi\times80\times750}{1000\times60}=3.14\text{m/s}$

11. 다음 중 가속도의 단위는?

㉮ m/s
㉯ m/s^2
㉰ m^3/s
㉱ s^{-1}

[해설] 가속도$(a)=\dfrac{v}{t}=\dfrac{\text{m/s}}{\text{s}}=\text{m/s}^2$

12. 다음 중 가속도에 대한 설명으로 맞는 것은?

㉮ 단위시간당 속도의 변화이다.
㉯ 단위시간당 위치의 변화이다.

정답 ╱ **1.** ㉮ **2.** ㉯ **3.** ㉮ **4.** ㉱ **5.** ㉰ **6.** ㉱ **7.** ㉯ **8.** ㉰ **9.** ㉱ **10.** ㉮ **11.** ㉯ **12.** ㉮

㉐ 단위시간당 회전각의 변화이다.
㉑ 단위시간당 에너지의 변화이다.

[해설] 가속도는 단위시간당 속도의 변화이다.

13. 회전 중심에서 r만큼 떨어져서 원주속도가 v로 회전하고 있는 물체의 구심가속도를 구하는 식은?

㉮ rv 　　　　　㉯ rv^2

㉰ $\dfrac{v}{r}$ 　　　　　㉱ $\dfrac{v^2}{r}$

[해설] 구심가속도$(a)=rw^2=\dfrac{v^2}{r}$

14. 물체의 무게를 계산할 때 사용되는 중력가속도는 몇 m/s^2이 적절한가?

㉮ 2.54 　　　　　㉯ 3.14

㉰ 6.25 　　　　　㉱ 9.81

15. 어떤 사람의 속도가 시간 t 동안 v_1에서 v_2로 변했다면 가속도를 나타내는 식은?

㉮ $a=\dfrac{v_2-v_1}{t}$ 　　　　　㉯ $a=\dfrac{v_2+v_1}{t}$

㉰ $a=\dfrac{t}{v_2-v_1}$ 　　　　　㉱ $a=\dfrac{t}{v_2+v_1}$

[해설] $a=\dfrac{v_2-v_1}{t}$

16. 어느 지점을 지날 때 4m/s의 속도로 달리던 자동차가 20초 후 6m/s의 속도로 달리게 되었다. 이 자동차의 가속도는 몇 m/s^2인가?

㉮ 0.1 　　　　　㉯ 0.2

㉰ 0.3 　　　　　㉱ 0.4

[해설] $a=\dfrac{(6-4)m/s}{20s}=\dfrac{2m/s}{20s}=0.1m/s^2$

17. 어떤 물체가 5초 동안 속도가 20m/s에서 40m/s로 증가하였다. 이 물체의 가속도는 몇

m/s^2인가?

㉮ 2 　　　　　㉯ 4

㉰ 10 　　　　　㉱ 20

[해설] $a=\dfrac{(40-20)m/s}{5s}=\dfrac{20m/s}{5s}=4m/s^2$

18. 12000rpm은 몇 rev/s인가?

㉮ 12 　　　　　㉯ 120

㉰ 200 　　　　　㉱ 240

[해설] 12000rpm$=$12000rev/min$\times$(1min/60s)
　　　　$=$200rev/s

19. 어떤 비행기가 20m/s²의 가속도를 낼 수 있다. 활주로의 길이가 100m이면 활주로 끝에서 이 비행기가 낼 수 있는 최대의 속도는 몇 km/h인가?

㉮ 165.2 　　　　　㉯ 184.3

㉰ 227.5 　　　　　㉱ 360.8

[해설] 등가속도 운동이고 초기속도는 0이므로, t초 동안 이동한 거리를 $S=\dfrac{1}{2}vt$(식 ①), t초 후의 속도를 $v=at$(식 ②)라 할 때, 식 ②를 식 ①에 대입하면,
$S=\dfrac{1}{2}at^2=\dfrac{1}{2}\times20\times t^2=100$이 된다.
따라서, 100m를 이동할 때까지 걸린 시간은
$t=\sqrt{100\times\dfrac{2}{20}}=3.16$(초)이며, 이때 속도$(v)=at$
$=20\times3.16=63.2m/s=227.5km/h$이다.

20. 높이가 70m인 탑으로부터 공을 떨어뜨리면 2초 후에는 몇 m 떨어졌겠는가?

㉮ 9.81 　　　　　㉯ 19.62

㉰ 35 　　　　　㉱ 70

[해설] 중력가속도 $g=9.8m/s^2$의 등가속도 운동이므로 t초 후의 속도는 $v=at=9.81\times2=19.62m/s$이고, 이때 떨어진 거리는 $S=\dfrac{1}{2}vt=\dfrac{1}{2}\times19.62\times2=19.62m$이다.

정답 **13.** ㉱　**14.** ㉱　**15.** ㉮　**16.** ㉮　**17.** ㉯　**18.** ㉰　**19.** ㉰　**20.** ㉯

1-5 면적과 체적

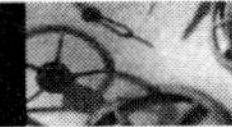

1 면적

삼각형	사각형
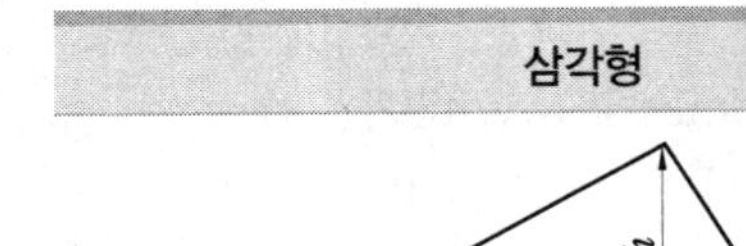	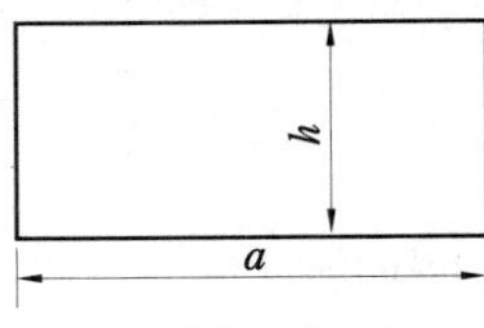
$A=\dfrac{1}{2}(a\times h)$	$A=a\times h$

사다리꼴	평행사변형
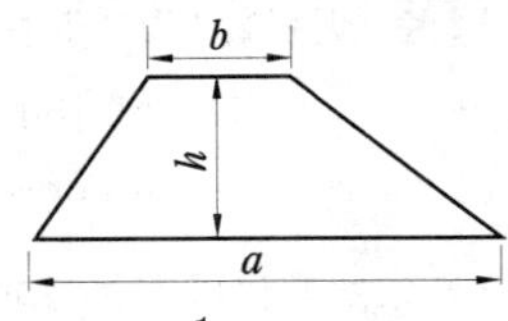	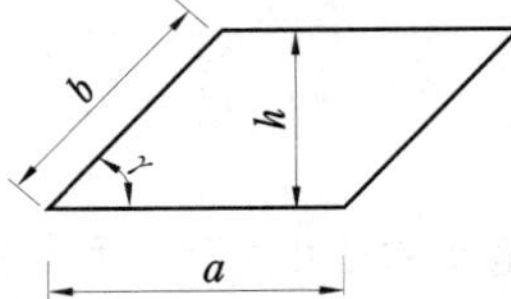
$A=\dfrac{1}{2}(a+b)\times h$	$A=a\times h=a\times b\times\sin\gamma$

원	중공원
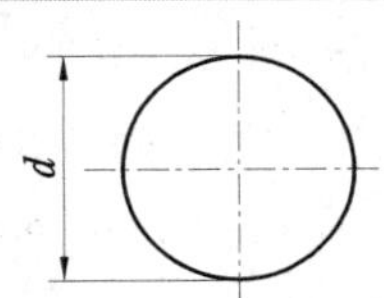	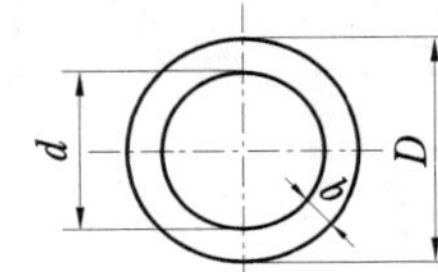
$A=\dfrac{\pi d^2}{4}$	$A=\dfrac{\pi(D^2-d^2)}{4}=\pi(D+d)\dfrac{b}{2}$

부채꼴	원호
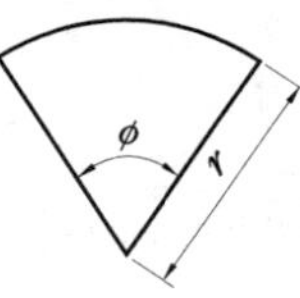	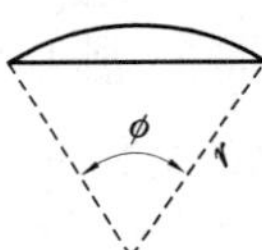
$A=\pi r^2\times\dfrac{\phi}{360}$	$A=\pi r^2\times\dfrac{\phi}{360}-\dfrac{1}{2}r^2\sin\phi$

육각형	타원형
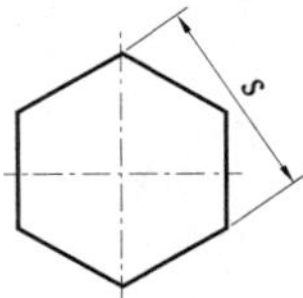	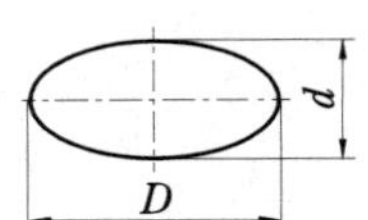
$A=\dfrac{\sqrt{3}}{2}s^2$	$A=\dfrac{1}{4}\pi Dd$

❷ 체적

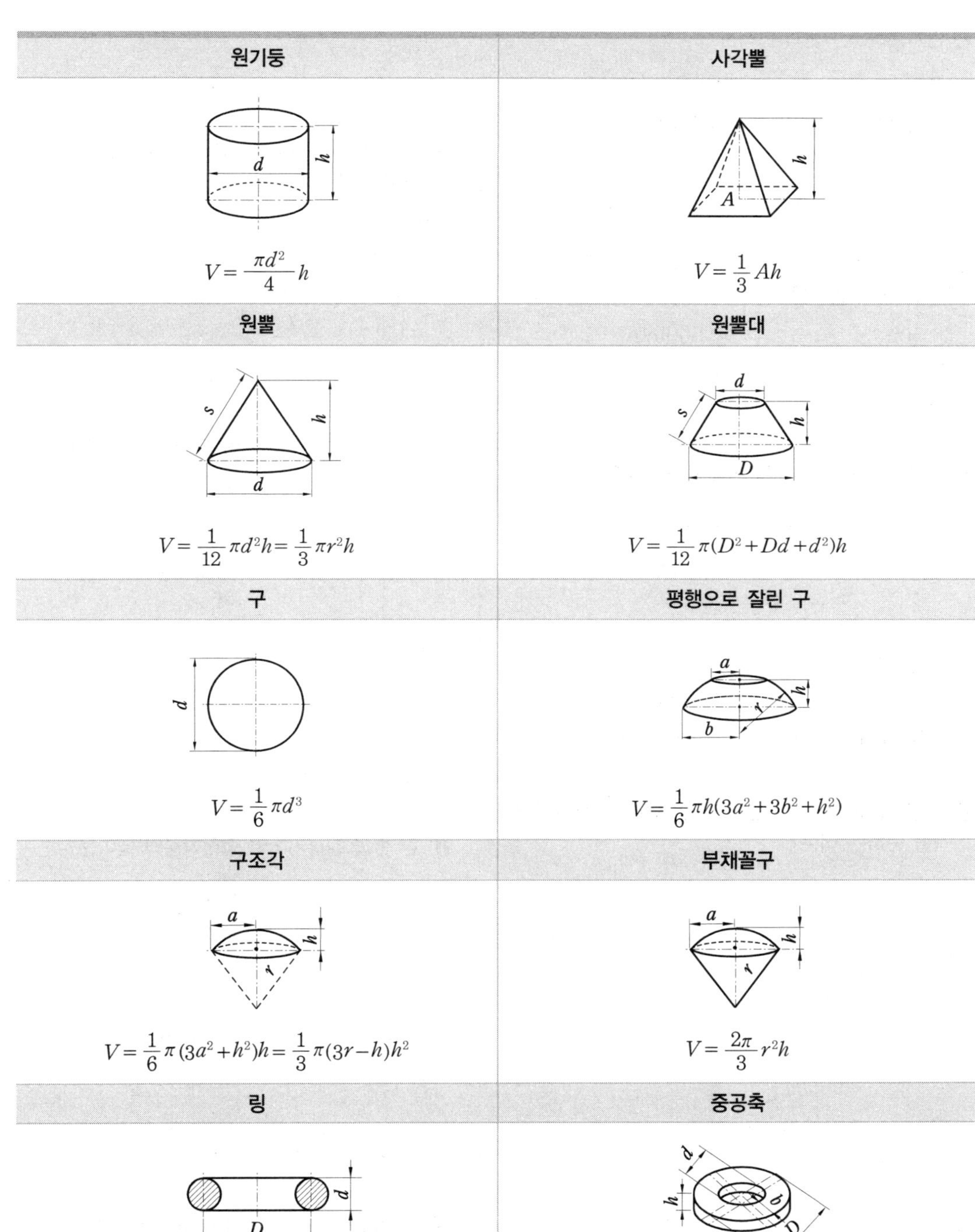

원기둥

$$V = \frac{\pi d^2}{4}h$$

사각뿔

$$V = \frac{1}{3}Ah$$

원뿔

$$V = \frac{1}{12}\pi d^2 h = \frac{1}{3}\pi r^2 h$$

원뿔대

$$V = \frac{1}{12}\pi(D^2 + Dd + d^2)h$$

구

$$V = \frac{1}{6}\pi d^3$$

평행으로 잘린 구

$$V = \frac{1}{6}\pi h(3a^2 + 3b^2 + h^2)$$

구조각

$$V = \frac{1}{6}\pi(3a^2 + h^2)h = \frac{1}{3}\pi(3r - h)h^2$$

부채꼴구

$$V = \frac{2\pi}{3}r^2 h$$

링

$$V = \frac{1}{4}\pi^2 Dd^2$$

중공축

$$V = \frac{\pi}{4}(D^2 - d^2) = \frac{\pi}{2}bh(D + d)$$

 예 상 문 제

1. 반지름이 r인 원의 면적은?

㉮ $2\pi r$ ㉯ πr^2

㉰ $\dfrac{1}{4}\pi r^2$ ㉱ $\dfrac{3}{4}\pi r^2$

[해설] $A=\pi r^2=\dfrac{\pi}{4}d^2$

2. 가로×세로의 길이가 각각 100mm, 50mm인 직사각형의 면적은?

㉮ 50mm^2 ㉯ 500mm^2

㉰ 1500mm^2 ㉱ 5000mm^2

[해설] $A=ah=100\times50=5000\text{mm}^2$

3. 다음 그림과 같은 사다리꼴의 면적은?

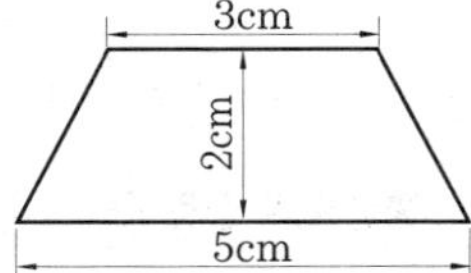

㉮ 2cm^2 ㉯ 4cm^2

㉰ 8cm^2 ㉱ 16cm^2

[해설] $A=\left(\dfrac{a+b}{2}\right)\times h=\left(\dfrac{5+3}{2}\right)\times2=8\text{cm}^2$

4. 바깥지름이 d_2, 안지름이 d_1인 속이 빈 축의 단면적을 구하는 식은?

㉮ $\dfrac{d_2+d_1}{2}$

㉯ $\dfrac{\pi(d_2-d_1)^2}{4}$

㉰ $\dfrac{\pi(d_2{}^2-d_1{}^2)}{4}$

㉱ $\dfrac{\pi}{32}\cdot\dfrac{(d_2{}^4-d_1{}^4)}{d_2}$

[해설] 중공축의 단면적(A)
$A=\dfrac{\pi(d_2{}^2-d_1{}^2)}{4}$

5. 지름이 40mm인 원형단면 봉에 축 방향으로 지름 10mm의 구멍을 뚫었을 때의 단면적은?

㉮ 11.8cm^2 ㉯ 16.2cm^2

㉰ 21.7cm^2 ㉱ 43.8cm^2

[해설] $A=\dfrac{\pi(D^2-d^2)}{4}=\dfrac{\pi\times(40^2-10^2)}{4}$
$=1177.5\text{mm}^2≒11.8\text{cm}^2$

6. 바깥지름이 20mm이고 두께가 1mm인 파이프의 단면적은?

㉮ 0.4cm^2 ㉯ 0.6cm^2

㉰ 0.8cm^2 ㉱ 1cm^2

[해설] 두께가 1mm이므로 안지름은 18mm이다.
따라서, $A=\dfrac{\pi(D^2-d^2)}{4}=\dfrac{\pi\times(20^2-18^2)}{4}$
$=59.66\text{mm}^2≒0.6\text{cm}^2$

7. 한 변의 길이가 a인 정삼각형의 높이는?

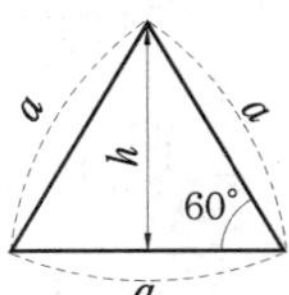

㉮ $\dfrac{2}{3}a$ ㉯ $\dfrac{1}{2}a$

㉰ $\dfrac{\sqrt{3}}{2}a$ ㉱ $\dfrac{3}{2}a$

[해설] $h=a\sin60°=\dfrac{\sqrt{3}}{2}a$

8. 한 변의 길이가 a인 정삼각형의 넓이는?

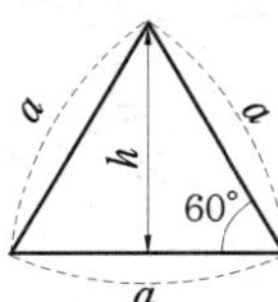

㉮ a^2 ㉯ $\sqrt{3}a^2$

㉰ $\dfrac{3}{4}a^2$ ㉱ $\dfrac{\sqrt{3}}{4}a^2$

[해설] $A=\dfrac{1}{2}ah=\dfrac{1}{2}\times a\times\dfrac{\sqrt{3}}{2}a=\dfrac{\sqrt{3}}{4}a^2$

9. 그림과 같이 반지름이 5cm, 중심각이 70°인 호의 넓이는?

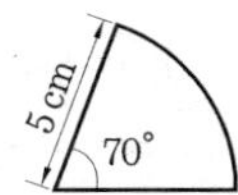

[정답] 1. ㉯ 2. ㉱ 3. ㉰ 4. ㉰ 5. ㉮ 6. ㉯ 7. ㉰ 8. ㉱ 9. ㉮

㉮ 15.3cm^2　　　　㉯ 30.5cm^2
㉰ 63.7cm^2　　　　㉱ 82.3cm^2

[해설] $A = \pi \times 5^2 \times \dfrac{70}{360} = 15.3\text{cm}^2$

10. 지름 4mm인 원의 $\dfrac{1}{4}$ 크기의 부채꼴의 넓이는?

㉮ 3.14mm^2　　　　㉯ 6.28mm^2
㉰ 12.56mm^2　　　　㉱ 16.56mm^2

11. 대변의 길이가 12mm인 육각형의 면적은?

㉮ 102.6mm^2　　　　㉯ 124.7mm^2
㉰ 180.4mm^2　　　　㉱ 204.4mm^2

[해설] $A = \dfrac{\sqrt{3}}{2} s^2 = \dfrac{\sqrt{3}}{2} \times 12^2 = 124.7\text{mm}^2$

12. 가로, 세로, 높이가 각각 2cm, 5cm, 3cm인 직육면체의 체적은?

㉮ 10cm^3　　　　㉯ 20cm^3
㉰ 30cm^3　　　　㉱ 40cm^3

[해설] $V = 2 \times 5 \times 3 = 30\text{cm}^3$

13. 그림과 같이 반지름이 3cm, 높이가 4cm, 빗변의 길이가 5cm인 원뿔의 체적은?

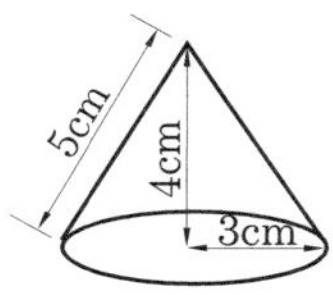

㉮ 6πcm^3　　　　㉯ 12πcm^3
㉰ 15πcm^3　　　　㉱ 20πcm^3

[해설] $V = \dfrac{1}{12} \pi d^2 h = \dfrac{1}{12} \pi \times 6^2 \times 4 = 12\pi\text{cm}^3$

14. 반지름이 r인 구의 부피는?

㉮ $\dfrac{1}{3} \pi r^2$　　　　㉯ $\dfrac{1}{3} \pi r^3$

㉰ $\dfrac{4}{3} \pi r^3$　　　　㉱ $\dfrac{4}{3} \pi r^4$

15. 지름이 8cm인 구의 체적은 몇 cm^{3}인가?

㉮ 268　　　　㉯ 277
㉰ 282　　　　㉱ 286

[해설] $V = \dfrac{1}{6} \pi \times 8^3 = 268\text{cm}^3$

16. 전개도가 그림과 같은 입체도형의 겉넓이는?

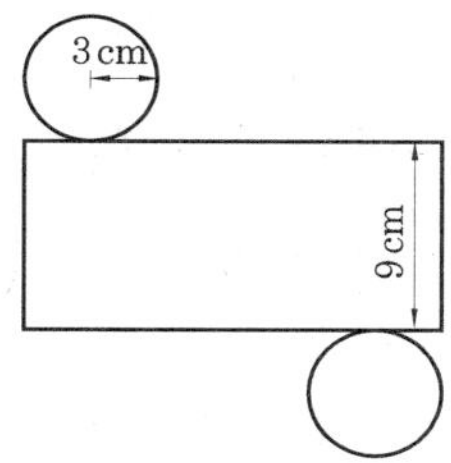

㉮ 72πcm^2　　　　㉯ 83πcm^2
㉰ 106πcm^2　　　　㉱ 120πcm^2

[해설] $A = 2 \times \pi r^2 + 2\pi r \times h$
$= 2 \times \pi \times 3^2 + 2 \times \pi \times 3 \times 9 = 72\pi\text{cm}^2$

17. 다음 전개도와 같은 입체도형의 체적은?

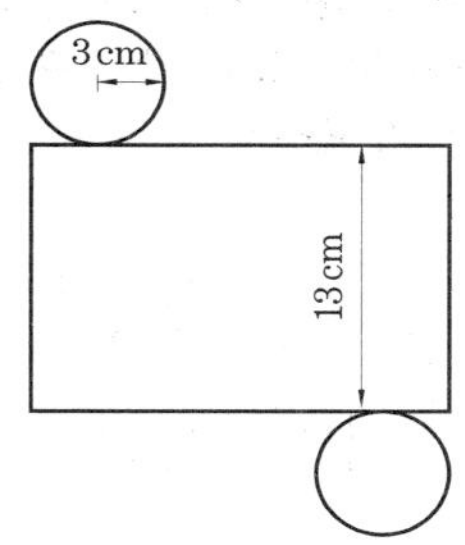

㉮ 235.2cm^3　　　　㉯ 322.7cm^3
㉰ 367.4cm^3　　　　㉱ 445.3cm^3

[해설] $V = \pi r^2 h = \pi \times 3^2 \times 13 = 367.4\text{cm}^3$

18. 밑면의 넓이가 10mm^{2}이고 높이가 15mm인 원뿔의 체적은?

㉮ 50mm^3　　　　㉯ 75mm^3
㉰ 150mm^3　　　　㉱ 300mm^3

[해설] $V = \dfrac{1}{3} \pi r^2 h = \dfrac{1}{3} \times 10 \times 15 = 50\text{mm}^3$

19. 밑면의 가로, 세로가 각각 50mm이고, 높이가 60mm인 사각뿔의 체적은?

㉮ 50cm^3　　　　㉯ 60cm^3
㉰ 70cm^3　　　　㉱ 80cm^3

[해설] $V = \dfrac{1}{3} Ah = \dfrac{1}{3} \times 50 \times 50 \times 60$

[정답] **10.** ㉮　**11.** ㉯　**12.** ㉰　**13.** ㉯　**14.** ㉰　**15.** ㉮　**16.** ㉮　**17.** ㉰　**18.** ㉮　**19.** ㉮

$$=50000\text{mm}^3=50\text{cm}^3$$

20. 그림과 같은 도형을 선분 $A-A'$ 를 중심으로 회전시킬 때 회전체의 부피는?

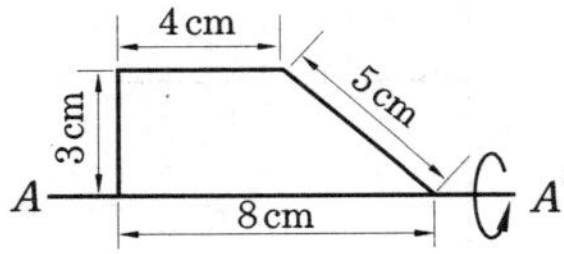

㉮ $12\pi\text{cm}^3$ ㉯ $24\pi\text{cm}^3$
㉰ $48\pi\text{cm}^3$ ㉱ $64\pi\text{cm}^3$

[해설] 부피＝원기둥의 부피＋원뿔의 부피

$$V=\pi r^2 h+\frac{1}{3}\pi r^2 h$$

$$=\pi\times 3^2\times 4+\frac{1}{3}\times\pi\times 3^2\times 4=48\pi\text{cm}^3$$

21. 그림과 같이 지름이 40mm, 길이가 65mm인 원기둥에 반지름이 36mm인 반구 형태가 양쪽에 붙어 있는 모양의 체적은?

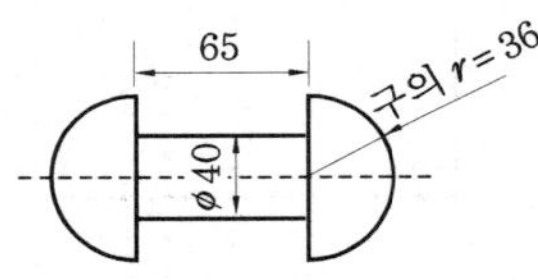

㉮ 85cm^3 ㉯ 91cm^3
㉰ 101cm^3 ㉱ 203cm^3

[해설] 체적(V)＝구의 체적＋원기둥의 체적

$$=\frac{4}{3}\pi r^3+\pi r^2 h$$

$$=\frac{4}{3}\pi\times 3.6^3+\pi\times 2^2\times 6.5$$

$$≒101\text{cm}^3$$

22. 가로－세로－높이가 각각 100mm, 100mm, 100mm인 사각기둥에 지름이 50mm인 구멍이 뚫려 있다면 체적은?

㉮ 803650mm^3 ㉯ 1607300mm^3
㉰ 2740300mm^3 ㉱ 3925000mm^3

[해설] $V=a^3-Aa=100^3-\dfrac{\pi}{4}\times 50^2\times 100$

$$=803650\text{mm}^3$$

23. 바깥지름이 60mm, 안지름이 30mm, 길이가 120mm인 중공축의 체적(cm^2)은?

㉮ 145.2cm^3 ㉯ 254.3cm^3
㉰ 430.6cm^3 ㉱ 523.3cm^3

[해설] $V=\dfrac{\pi}{4}(D^2-d^2)h=\dfrac{\pi}{4}\times(60^2-30^2)\times 120$

$$=254340\text{mm}^3=254.3\text{cm}^3$$

● 2. 재료의 응력(stress) 및 변형률(strain)

응력(stress)은 단위면적당 외력에 저항하는 내력(internal force)의 크기이고, 변형률(moduls of strain)은 단위 길이에 대한 변형량이다.

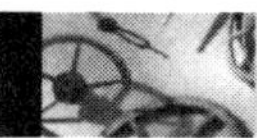

2-1 하중(load)의 종류

① 하중이 작용하는 방향에 따른 분류

① **인장(tension) 하중** : 재료를 축선 방향으로 늘어나게 작용하는 하중(P_t)

② **압축(compression) 하중** : 재료를 축 방향으로 수축(압축)되게 작용하는 하중(P_c)

③ **비틀림(torsion) 하중** : 재료를 비틀어서 파괴시키려는 하중으로 축(shaft)에서 중요시되며 전단 하중의 일종(P_{tor})

④ **휨(bending) 하중** : 재료를 휘어지게 하는 하중(P_b)=만곡 하중

⑤ **전단(shearing) 하중** : 재료를 가위로 자르려는 것 같은 하중으로 단면에 평행하게 작용되는 하중 [=접선 하중(tangential load)] : P_s

⑥ **좌굴(buckling) 하중** : 긴 기둥에서 기둥을 가로(횡) 방향으로 휘어지게 하는 하중(P_B)

② 하중이 걸리는 속도에 의한 분류

① **정 하중(static load)** : 시간에 따라서 크기가 변하지 않거나 변화를 무시할 수 있는 하중(사하중(dead load))

② **동 하중(dynamic load)** : 하중의 크기가 시간과 더불어 변화하는 하중으로, 계속적으로 반복되는 반복 하중(repeated load), 하중의 크기와 방향이 바뀌는 교번 하중(alternate load), 그리고 순간적으로 충격을 주는 충격 하중(impact load)이 있다.

③ 분포 상태에 의한 분류

① **집중 하중** : 전 하중이 부재의 한 곳에 작용하는 하중(P, W, Q) [kN]

② **분포 하중** : 전 하중이 부재의 특정 면적 위에 분포하여 걸리는 하중으로 등분포 하중과 부등 분포 하중이 있다.

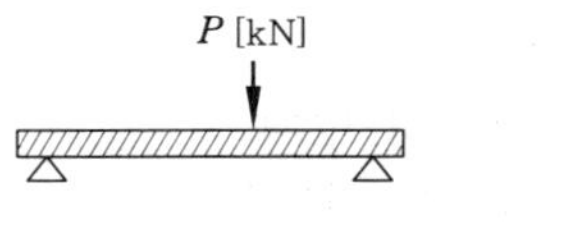

집중 하중

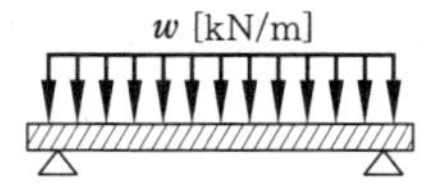

등분포 하중

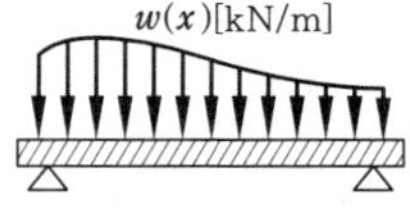

부등 분포 하중

2-2 응력 (stress)

응력은 내부에 생기는 저항력으로 단위 면적당 크기로 표시한다. 단위는 $N/m^2(Pa)$를 사용한다. 응력의 종류는 다음과 같다. ([참고] MPa(메가파스칼)$=10^3$kPa(킬로파스칼)$=10^6$Pa(파스칼))

① 인장 응력(tensile stress)=정응력(positive stress) : 인장력 P_t(N), 하중에 직각인 단면적을 $A[cm^2]$라 하면, 인장 응력 σ_t는 $\sigma_t = \dfrac{P_t}{A}[N/m^2(Pa)]$

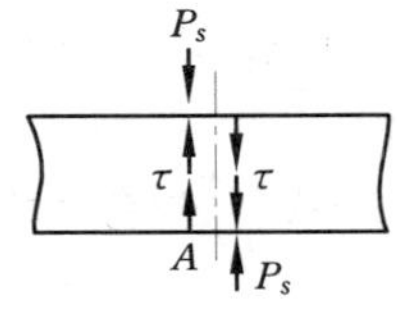

인장 응력

② 압축 응력(compression stress)=부(−)응력(negative stress) : 압축 응력 σ_c는 $\sigma_c = \dfrac{P_c}{A}$ $[N/m^2(Pa)]$

③ 전단 응력(shearing stress) : 전단력 P_s가 작용했을 때, 전단 응력 τ는 $\tau = \dfrac{P_s}{A}[N/m^2(Pa)]$

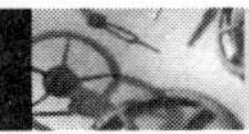

전단 응력

2-3 변형률 (strain)

변형률이란 단위 길이 및 부피에 대한 변형량을 말한다.

1 변형률의 종류

작용 하중에 따라서 인장·압축·전단 변형률이 있다.

① 세로 변형률(longitudinal strain) : 인장 하중(P_t) 또는 압축 하중(P_c)이 작용하면 하중의 방향으로 늘어나거나 줄어들어 변형이 생긴다.

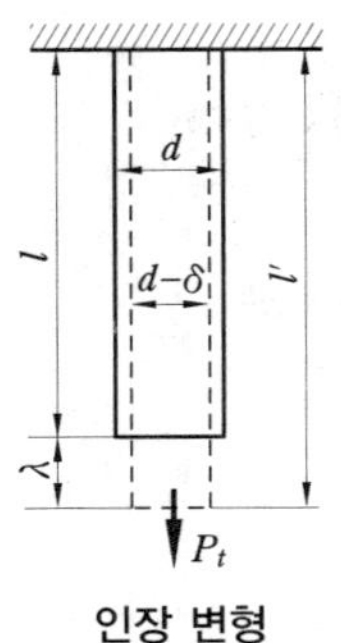

인장 변형

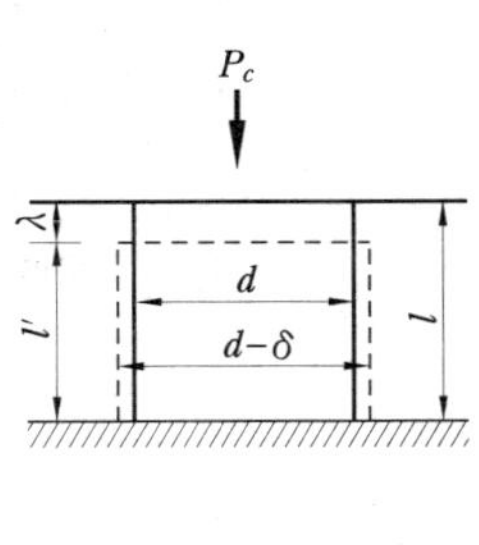

압축 변형

여기서, l : 최초 재료의 길이(mm)

l' : 변형 후 재료의 길이(mm)

λ : 변형량(늘어난 양)이라고 하면,

세로 변형률(ε)$= \dfrac{\lambda}{l} = \dfrac{l'-l}{l}$

변형률을 백분율로 표시한 것을 연신율이라고 하며,

연신율$= \dfrac{\lambda}{l} \times 100[\%]$

② **가로 변형률(lateral strain)** : 최초의 막대의 지름 d[mm], 지름의 변화량을 δ[mm]라고 하면 하중의 방향과 직각이 되는 방향의 변형률은 $\varepsilon' = \dfrac{\delta}{d}$가 된다. 여기서 직각 방향의 변형률을 가로 변형률(lateral strain)이라고 한다.

③ **전단 변형률** : 전단력(P_s)에 의하여 재료가 A′B′CD로 변형되었을 때, 즉 λ_s만큼 밀려났을 때 평행면의 거리 l의 단위 높이당의 밀려남을 전단 변형(shearing strain)이라고 한다.

$$\text{전단 변형률}(\gamma) = \frac{\lambda_s}{l} = \tan\phi \fallingdotseq \phi(\text{rad})$$

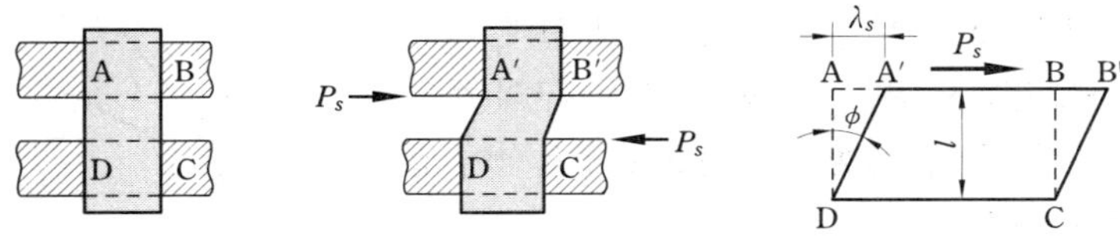

전단 변형률

④ **부피 변형률(bulk strain)** : 물체가 액체 속에 잠겨서 그 주위에서 압력을 받으면 부피에 변화가 생기는데, 부피의 변화량과 처음 부피와의 비를 부피 변형률이라고 한다.

하중을 받기 전의 부피를 V, 부피의 변화량을 ΔV라고 하면 부피 변형량 ε_v는

$$\varepsilon_v = \frac{\Delta V}{V}, \quad \varepsilon_v \fallingdotseq 3\varepsilon, \quad \varepsilon_v = \varepsilon(1-2\mu) = \frac{\sigma}{E}(1-2\mu) \quad (\text{여기서, } \mu\text{는 푸아송의 비이다.})$$

② 훅의 법칙과 탄성률

① **훅의 법칙(Hooke's law)** : 비례 한도 범위 내에서 응력과 변형률은 정비례하는데 이것을 훅의 법칙(정비례 법칙)이라 한다.

② **세로 탄성 계수 E[GPa]** : 축하중을 받는 재료에 생기는 수직응력을 σ[GPa], 그 방향의 세로 변형률을 ε이라 하면 훅의 법칙에 의하여 다음 식이 성립된다.

$$\frac{\text{응력 }(\sigma)}{\text{변형률 }(\varepsilon)} = E \text{ 또는 } \sigma = E \cdot \varepsilon [\text{GPa}] \quad (\boxed{\text{참고}}\ 1\text{GPa(기가파스칼)} = 1\text{GN/m}^2 = 10^9\text{Pa})$$

여기서, 비례상수 E는 세로 탄성 계수 또는 영률

$$E = \frac{\sigma}{\varepsilon} = \frac{P/A}{\lambda/l} = \frac{Pl}{A\lambda}[\text{GPa}] \quad \text{또는 } \lambda = \frac{Pl}{AE} = \frac{\sigma l}{E}[\text{cm}]$$

③ **가로 탄성 계수 G[GPa]** : 전단 하중을 받는 경우의 재료에서도 한도 이내에서는 훅의 법칙이 성립한다.

$$\text{즉, } \frac{\text{전단 응력 }(\tau)}{\text{전단 변형률 }(\gamma)} = G, \text{ 따라서, } \tau = G \cdot \gamma [\text{GPa}]$$

여기서, 비례상수 G는 가로 탄성 계수 또는 전단 탄성률

$$\gamma = \frac{\tau}{G} = \frac{P_s/A}{G} = \frac{P_s}{AG}[\text{radian}]$$

③ 응력과 변형률의 관계

시험편을 인장 시험기에 걸어 하중을 작용시키면 재료는 변형한다. 이와 같이 하중에 따른 응력과 변형률의 관계를 나타낸 것을 응력-변형률 선도라 한다.

① **비례한도(A점)** : OA는 직선부로 하중의 증가와 함께 변형이 비례(선

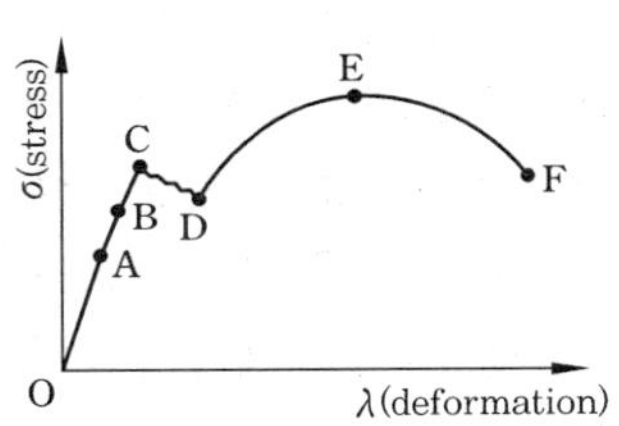

응력-변형률 선도

형)적으로 증가한다.

② **탄성한도(B)** : 응력을 제거했을 때 변형이 없어지는 한도를 탄성한도라 하며, B점 이상 응력을 가하면 응력을 제거해도 변형은 완전히 없어지지 않는다. 이 변형을 소성 변형이라 한다.

③ **항복점(C, D)** : 응력이 증가하지 않아도 변형이 계속해서 갑자기 증가하는 점이다. C점을 상항복점, D점을 하항복점이라 한다.

④ **인장 강도(E)** : E점은 최대응력점으로 E점에서의 하중을 변화하기 전의 단면적으로 나눈 값을 인장 강도로 한다.

⑤ **기타 재료의 응력 변형률 곡선** : 특수강, 주철, 구리 등의 재료를 인장 시험한 응력-변형률 곡선으로 항복점이 명확하지 않은 것이 특징이다.

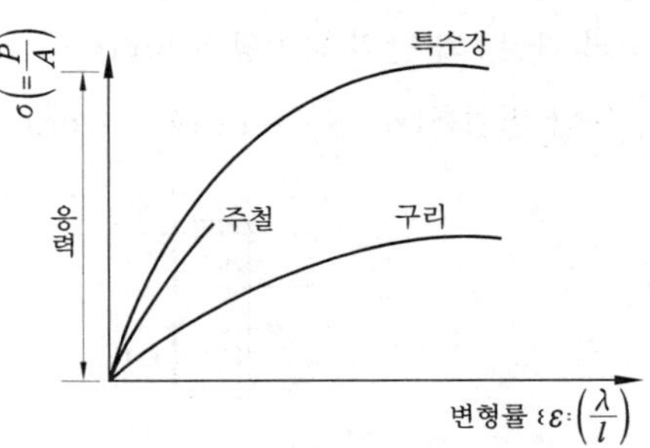

기타 재료의 응력-변형률 곡선

4 푸아송의 비(Poisson's ratio) : $\mu = \dfrac{1}{m}$

① **푸아송의 비** : 탄성한도 이내에서의 가로와 세로 변형률의 비는 재료에 관계없이 일정한 값이 된다. 이것을 푸아송의 비라 한다.

$$\text{푸아송의 비}(\mu) = \frac{\text{가로 변형률}(\varepsilon')}{\text{세로 변형률}(\varepsilon)} = \frac{1}{m}, \text{ 또는 } \frac{1}{m} = \frac{\varepsilon'}{\varepsilon} = \frac{\delta/d}{\lambda/l} = \frac{\delta l}{\lambda d}$$

여기서, $\dfrac{1}{m}$ 은 푸아송의 비로 항상 1보다 작으며, m을 푸아송의 수(푸아송 비(μ)는 m의 역수)라고 한다. m은 보통 $2 \sim 4$ 정도의 값이며, 연강에서는 $\dfrac{10}{3}$ 이다.

② **영률 E와 가로 탄성 계수 G, 푸아송 수와의 관계**

$$E = \frac{2G(m+1)}{m}, \quad G = \frac{mE}{2(m+1)} = \frac{E}{2(1+\mu)}\,[\text{GPa}]$$

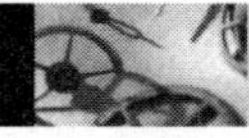
2-4 열응력(thermal stress)

1 열응력(thermal stress)

모든 물체는 온도가 상승하면 팽창하고 내려가면 수축한다. 그 수축량은 보통 온도 범위에서는 온도차에 비례한다. 이 때 신축이 방해되면 재료 내부에 응력이 생기는데 이것을 열응력이라고 한다. 이 응력을 이용한 것이 가열 끼우기(shrinkage fit)이며, 두 부품을 연결할 때 이용한다.

2 열응력에 의한 신축량

재료의 처음 온도를 $t_1[℃]$, 나중 온도를 $t_2[℃]$, 재료의 선팽창 계수를 α라고 하면, 열응력 $\sigma[\text{kPa}]$는 재료의 길이에 관계없이 다음과 같이 표시할 수 있다.

$$\sigma = E \cdot \varepsilon = E\alpha\,(t_2-t_1)\,[\text{kPa}]$$

또, 길이 l인 물체가 온도차 $(t_2-t_1)\,[℃]$에 의하여 늘어난 길이 λ는, $\lambda = l \cdot \alpha(t_2-t_1)\,[\text{cm}]$

[표]는 각종 재료의 선팽창 계수를 표시한 것이다.

금속 재료의 선팽창 계수 $\alpha \times 10^{-6}$

재 료		α
순	철	11.7
연	강	11.2~11.6
경	강	10.7~10.9
주	철	9.2~11.8
텅 스 텐		4.3
알 루 미 늄		23
7·3 황 동		19
구	리	1.65

예 상 문 제

1. 다음 그림과 같은 하중을 무슨 하중이라고 하는가?

㉮ 균일 분포 하중
㉯ 불균일 분포 하중
㉰ 집중 하중
㉱ 충격 하중

2. 그림은 연강의 응력 변형률 선도이다. 인장 강도를 표시하는 점은?

㉮ B점　　㉯ C점
㉰ E점　　㉱ F점

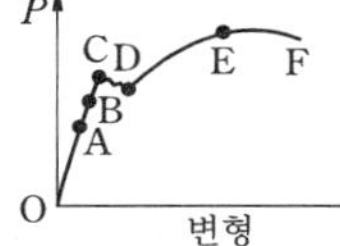

3. 막대강을 당겼을 때 생기는 변형량의 공식은?(단, λ : 변형량, P : 하중(인장력), l : 길이, E : 탄성계수, A : 단면적)

㉮ $\lambda = \dfrac{Pl}{EA}$　　㉯ $\lambda = \dfrac{Al}{PE}$

㉰ $\lambda = \dfrac{El}{PA}$　　㉱ $\lambda = \dfrac{PE}{AL}$

4. 다음 재료의 하중 변형 시험 선도 중 항복점이 나타나는 것은?

㉮ 구리　㉯ 주철　㉰ 특수강　㉱ 연강

5. 훅의 법칙이 성립되는 구간은?

㉮ 비례한도　　　　㉯ 탄성한도
㉰ 최대 강도점　　　㉱ 항복점

[해설] 훅의 법칙이란, 비례한도 범위 내에서 응력과 변형은 비례한다는 것이다.

즉, $\dfrac{응력(\sigma)}{변형률(\varepsilon)} = E$, 또는 $\sigma = E \cdot \varepsilon$이다.

6. 지름 13mm, 표점거리 150mm인 연강재 시험편을 인장시켰더니 154mm가 되었다면 연신율은?

㉮ 2.66%　㉯ 3.66%　㉰ 8.2%　㉱ 8.8%

[해설] 연신율 $= \dfrac{l'-l}{l} \times 100 = \dfrac{154-150}{150} \times 100 = 2.66\%$

7. 높이 30mm의 둥근봉이 압축되어 0.0003의 변형률이 생겼다면, 변형 후의 길이는 얼마인가?

㉮ 30.991mm　　　㉯ 29.991mm
㉰ 28.991mm　　　㉱ 27.991mm

[해설] 변형률 $= \dfrac{l-l'}{l}$ 에서 $0.0003 = \dfrac{30-l'}{30}$

$l' = 30 - 0.009 = 29.991\text{mm}$

8. 지름 8cm, 길이 2m의 연강봉에 130kN의 하중이 걸렸을 때, 재료의 늘음량은 몇 cm인가? (단, 탄성계수 $=205.8$GPa)

㉮ 0.035　㉯ 0.35　㉰ 0.25　㉱ 0.025

[해설] $\lambda = \dfrac{Pl}{AE} = \dfrac{130 \times 2}{\dfrac{3.14 \times (0.08)^2 \times 205.8 \times 10^6}{4}}$

$= 2.51 \times 10^{-4}\text{m} = 0.025\text{cm}$

9. 지름 5cm인 단면에 35kN의 힘이 작용할 때, 발생하는 응력을 구하면?

㉮ 16.8MPa　　　㉯ 17.8MPa
㉰ 168MPa　　　㉱ 178MPa

[해설] $\sigma = \dfrac{P}{A} = \dfrac{P}{\dfrac{\pi d^2}{4}} = \dfrac{35}{\dfrac{3.14 \times (0.05)^2}{4}} = 17834\text{kPa}$

$= 17.834\text{MPa}$

10. 정사각 막대에 8kN의 하중이 걸렸다. 재료의 허용 응력을 44.1MPa이라고 할 때, 이 하중에 견디기 위한 한 변의 길이를 구하면?

㉮ 1.35cm　　　　㉯ 2.35cm
㉰ 3.35cm　　　　㉱ 4.35cm

[해설] $\sigma = \dfrac{P}{A} = \dfrac{P}{a \times a}$, $a^2 = \dfrac{W}{\sigma} = \dfrac{8000}{44.1} = 181.41\text{mm}^2$

$\therefore a = \sqrt{181.41} = 13.46\text{mm} = 1.35\text{cm}$

11. 바깥지름 8.5cm의 원통에 축 방향으로 8kN의 압축 하중을 작용시켰을 때, 37.24MPa의 응력이 발생했다면 안지름의 크기는?

㉮ 5.85cm　　　　㉯ 6.25cm
㉰ 7.85cm　　　　㉱ 8.34cm

[해설] 안지름 d_1[cm], 바깥지름 d_2[cm], 단면적 A[cm²]라고 하면, $A = \dfrac{\pi}{4}(d_2{}^2 - d_1{}^2)$이므로,

$\sigma = \dfrac{P}{A} = \dfrac{4P}{\pi(d_2{}^2 - d_1{}^2)} = \dfrac{4 \times 8000}{3.14(0.085^2 - d_1{}^2)} = 37.24 \times 10^6\text{Pa}$

$\therefore d_1 = \sqrt{0.085^2 - \dfrac{4 \times 8000}{3.14 \times 37.24 \times 10^6}} = 0.0834\text{m} = 8.34\text{cm}$

12. 부피 변형률 ΔV와 세로 변형률 Δl와의 관계 가운데 옳은 것은?

㉮ $\Delta l = 1/3\, \Delta V$　　　㉯ $\Delta l = 2\, \Delta V$
㉰ $\Delta l = 4\, \Delta V$　　　　㉱ $\Delta l = 5\, \Delta V$

(정답)　1. ㉯　2. ㉰　3. ㉮　4. ㉱　5. ㉮　6. ㉮　7. ㉯　8. ㉱　9. ㉯　10. ㉮　11. ㉱　12. ㉮

▶ 3. 보의 휨 및 재료의 성질

막대가 그 축방향과 직각인 하중을 받으면 구부러지는데 이와 같이 휨 작용을 받는 막대를 보(beam)라 한다. 보를 받치고 있는 점을 받침점(supporting point)이라 하고, 두 받침점 사이의 거리를 스팬(span)이라 한다.

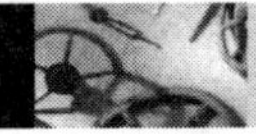 3-1 보의 휨

■ 보의 종류

종 류	정 정 보	부 정 정 보
내 용	① 외팔보 : 한 끝은 고정되고 다른 끝이 자유단인 보 ② 단순보 : 양단지지보라고도 하며, 보의 양 끝을 받치고 있는 보 ③ 내다지보 : 스팬(막대)이 지점 밖으로 돌출되어 있는 보	① 양단 고정보 : 양 끝이 모두 고정단으로 되어 있는 보 ② 연속보 : 지점이 3개 이상이고 스팬이 2개 연장인 보 ③ 일단 고정·타단 지지보(고정 지지보) : 한 끝을 고정하고 다른 한 끝을 받치고 있는 보

(a) 외팔보(cantilever beam)

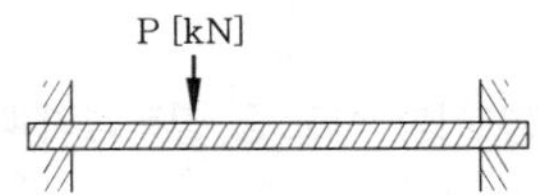

(d) 양단 고정보(both end fixed beam)

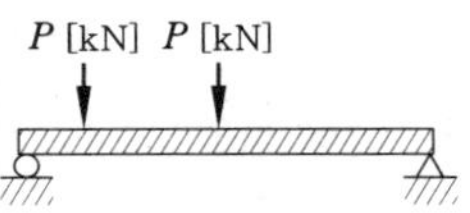

(b) 단순보(simple beam)

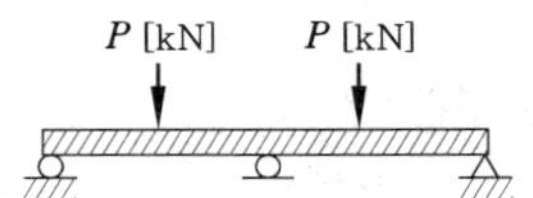

(e) 연속보(continuous beam)

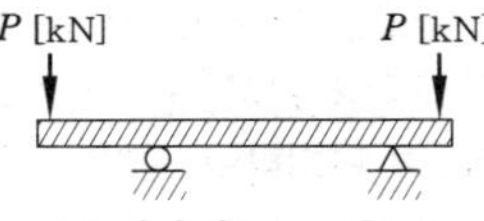

(c) 내다지보(=돌출보)
(overhanging beam)

(f) 고정 지지보(일단 고정, 타단 지지보)
(one end fixed beam & the other supported beam)

보의 종류

하중 및 보의 종류	최대 휨 모멘트(M)	전단력(F)	최대처짐(δ)	반 력 R_1	반 력 R_2
$M_{max}=Pl$	$F_{max}=P$	$\delta_{max}=\dfrac{Pl^3}{3EI}$	−	$R=P$

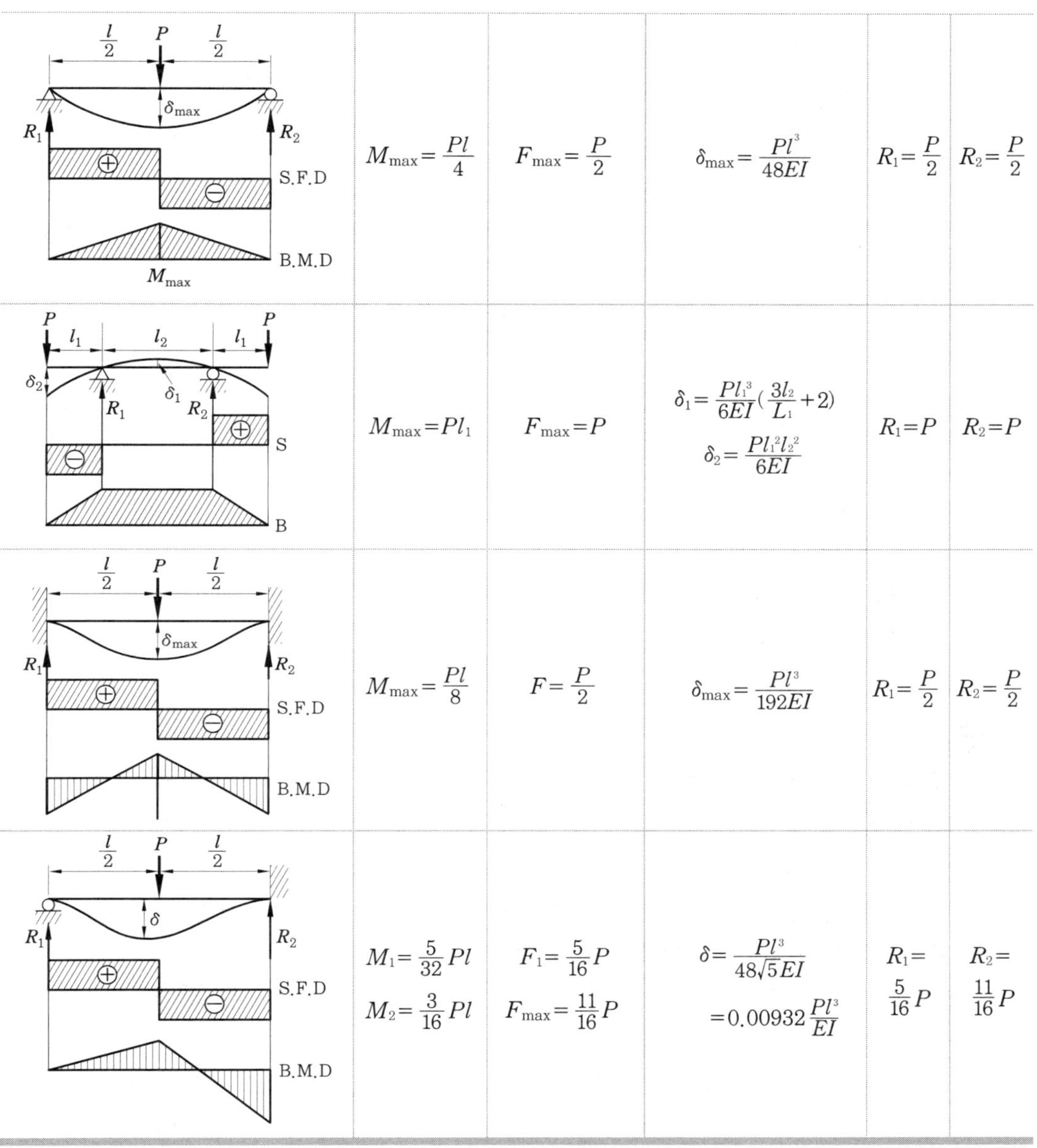

	M	F	δ	R_1	R_2
	$M_{max}=\dfrac{Pl}{4}$	$F_{max}=\dfrac{P}{2}$	$\delta_{max}=\dfrac{Pl^3}{48EI}$	$R_1=\dfrac{P}{2}$	$R_2=\dfrac{P}{2}$
	$M_{max}=Pl_1$	$F_{max}=P$	$\delta_1=\dfrac{Pl_1^3}{6EI}\left(\dfrac{3l_2}{L_1}+2\right)$ $\quad\delta_2=\dfrac{Pl_1^2l_2^2}{6EI}$	$R_1=P$	$R_2=P$
	$M_{max}=\dfrac{Pl}{8}$	$F=\dfrac{P}{2}$	$\delta_{max}=\dfrac{Pl^3}{192EI}$	$R_1=\dfrac{P}{2}$	$R_2=\dfrac{P}{2}$
	$M_1=\dfrac{5}{32}Pl$ $\quad M_2=\dfrac{3}{16}Pl$	$F_1=\dfrac{5}{16}P$ $\quad F_{max}=\dfrac{11}{16}P$	$\delta=\dfrac{Pl^3}{48\sqrt{5}\,EI}=0.00932\dfrac{Pl^3}{EI}$	$R_1=\dfrac{5}{16}P$	$R_2=\dfrac{11}{16}P$

여러 단면의 I 및 Z

단 면 형	면적(A)	관성 모멘트(I)	단면 계수(Z)
	bh	$I_x=\dfrac{bh^3}{12}$ $\quad I_y=\dfrac{bh^3}{12}$	$Z_x=\dfrac{bh^2}{6}$ $\quad Z_y=\dfrac{bh^2}{6}$
	$\dfrac{\pi}{4}d^2$	$\dfrac{\pi d^4}{64}$	$\dfrac{\pi d^3}{32}$
	$\dfrac{\pi}{4}(D^2-d^2)$	$\dfrac{\pi}{64}(D^4-d^4)$	$\dfrac{\pi}{32}\cdot\dfrac{D^4-d^4}{D}$

(타원)	πab	$\dfrac{\pi}{4}a^3b$	$\dfrac{\pi}{4}a^2b$
(삼각형)	$\dfrac{bh}{2}$	$\dfrac{bh^3}{36}$	$Z_1=\dfrac{bh^2}{24}$ $Z_2=\dfrac{bh^2}{12}$
(육각형)	$\dfrac{3\sqrt{3}}{2}b^2=2.598b$	$\dfrac{5\sqrt{3}}{16}b^4=0.5413b^4$	$\dfrac{5}{8}b^3=0.625b^3$
(육각형)	$\dfrac{3\sqrt{3}}{2}b^2=2.598b^2$	$\dfrac{5\sqrt{3}}{16}b^4=0.5413b^4$	$\dfrac{5\sqrt{3}}{16}b^3=0.5413b^3$
(I형)	$BH-bh$	$\dfrac{1}{12}(BH^3-bh^3)$	$\dfrac{1}{6}\cdot\dfrac{BH^3-bh^3}{H}$

❷ 기 둥

① 오일러의 식(Euler's formula)

기둥에서 좌굴 응력(buckling stress)이 탄성한도 이하일 때는 오일러의 식이 성립된다.

(가) 좌굴 하중 : $P_B=\dfrac{n\pi^2 EI}{l^2}$ [N]   (나) 좌굴 응력 : $\sigma_B=\dfrac{P_B}{A}=n\pi^2 E\left(\dfrac{k}{l}\right)^2 [\mathrm{Pa(N/m^2)}]$

여기서, E : 탄성 계수 A : 단면적 k : 단면의 회전 반지름 n : 기둥 끝의 조건에 따른 정수(단말 계수＝고정단 계수)

② 고든 랭킨의 식(Gordon-Rankine's formula)

좌굴 응력이 비례한도 이상일 때는 오일러의 식을 적용할 수 없고 고든 랭킨의 식을 사용하는데, 비교적 짧은 기둥의 계산에 이용된다.

(가) 좌굴 하중 : $P_B=\sigma_B\cdot A=\dfrac{\sigma_d\cdot A}{1+\dfrac{a}{n}\left(\dfrac{l}{k}\right)^2}$ [N]   (나) 좌굴 응력 : $\sigma_B=\dfrac{P_B}{A}=\dfrac{\sigma_C}{1+\dfrac{a}{n}\left(\dfrac{l}{k}\right)^2}$ [Pa(N/m²)]

여기서, σ_C : 파괴 최대 압축 응력[Pa], a : 재료에 따른 정수

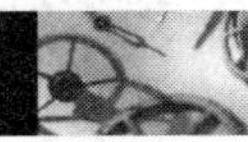

3-2 재료의 성질

❶ 피로(fatigue)

재료가 정하중보다 작은 반복 하중이나 교번 하중에 파단되는 현상을 피로라고 한다.

① **피로한도** : 재료가 어느 한도까지는 아무리 반복해도 피로 파괴 현상이 생기지 않는다. 이 응력의 한도를 피로한도라고 한다.

② **반복횟수** : $\sigma-N$ 곡선(응력 － 회수 곡선)에서 강철은 공기 중에서 $10^6 \sim 10^7$ 정도, 경합금은 10^8 정도

반복하여 하중을 작용시킨다.

③ **피로 현상에 영향을 미치는 요소** : 노치(notch)부는 응력 집중 현상으로 쉽게 피로 파괴가 생기며, 그 밖에 치수, 표면, 온도와 관계가 있다.

❷ 크리프(creep)

재료에 일정한 하중이 작용했을 때, 일정한 시간이 경과하면 변형이 커지는 현상을 말한다. 대개 10^4 시간 후의 변형량이 1%일 때를 크리프 한도라고 하며, 특히 고온에서 더욱 고려되어야 한다.

❸ 허용 응력(allowable stress) : σ_a

기계나 구조물에 실제로 사용하는 응력을 사용 응력(working stress)이라고 하며, 재료를 사용할 때 허용할 수 있는 최대 응력을 허용 응력(allowable stress)이라고 한다.

극한 강도$(\sigma_u) >$ 허용 응력$(\sigma_a) \geqq$ 사용 응력(σ_w)

❹ 안전율(safety factor) : S_f

재료의 극한 강도 σ_u와 허용 응력 σ_a와의 비를 안전율(S_f)이라고 한다.

$$S_f = \frac{\sigma_u}{\sigma_a} = \frac{\text{극한 강도}}{\text{허용 응력}}$$

예 상 문 제

1. 두께가 2mm인 연강판의 바깥지름이 100mm인 원통을 만들려면 마름질할 판의 길이는 얼마인가?

㉮ 205.75 ㉯ 307.72

㉰ 405.75 ㉭ 507.72

[해설] $L=(D-t)\times\pi=(100-2)\times3.14=307.72$mm

2. 그림 (a)와 (b), 두 보(beam)에 똑같은 하중 P가 가해지면 (a)의 최대 굽힘 모멘트는 (b)의 몇 배인가?

㉮ 1.5배 ㉯ 4배 ㉰ 3배 ㉭ 3.5배

[해설]

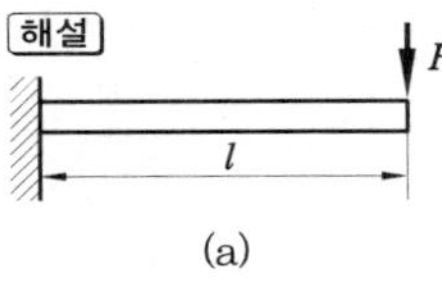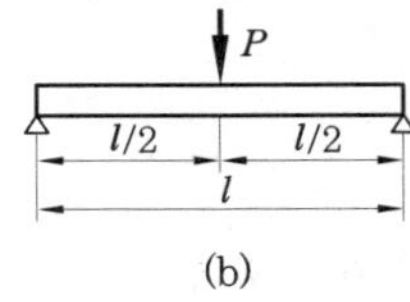

(a)   (b)

$M_a=Pl$, $M_b=\dfrac{Pl}{4}$ 에서

$\dfrac{M_a}{M_b}=Pl\times\dfrac{4}{Pl}=4$배

3. 안지름이 180mm, 판두께 8mm인 원통으로 연강판을 제작할 때 마름질할 판의 길이는 얼마인가?

㉮ 290.32 ㉯ 390.32

㉰ 490.32 ㉭ 590.32

[해설] $L=(D'+t)\times\pi=(180+8)\times3.14=590.32$mm

4. 인발 작업 시에 지름 6.5mm인 와이어를 4mm로 만들었다. 단면 수축률(가공도)은 얼마인가?

㉮ 62.13% ㉯ 75.15%

㉰ 50.11% ㉱ 42.13%

[해설] 단면 수축률$(\phi)=\dfrac{A_0-A_1}{A_0}\times100\%$이므로

$\phi=\dfrac{\dfrac{\pi}{4}\times6.5^2-\dfrac{\pi}{4}\times4^2}{\dfrac{\pi}{4}\times6.5^2}\times100\%$

$=\dfrac{33.17-12.56}{33.17}\times100=62.13\%$

5. 다음 중 방향이 변화하지 않고 일정한 방향에 반복적으로 연속하여 작용하는 하중은?

㉮ 반복 하중 ㉯ 분포 하중

㉰ 교번 하중 ㉭ 집중 하중

6. 압연 가공을 할 때에 롤러 통과 전의 두께가 20mm이었고, 통과 후의 두께가 15mm이었다면 압하율은 얼마인가?

㉮ 15% ㉯ 30%

㉰ 25% ㉭ 50%

[해설] 압하율$=\dfrac{H_0-H_1}{H_0}\times100=\dfrac{20-15}{20}\times100=25\%$

7. 길이가 10m인 단순보에 왼쪽 처짐에서부터 2m와 6m 되는 곳에 각각 1000kN 및 7000kN의 집중하중이 작용한다면 오른쪽 지점의 반력(R_B)은 몇 kN인가?

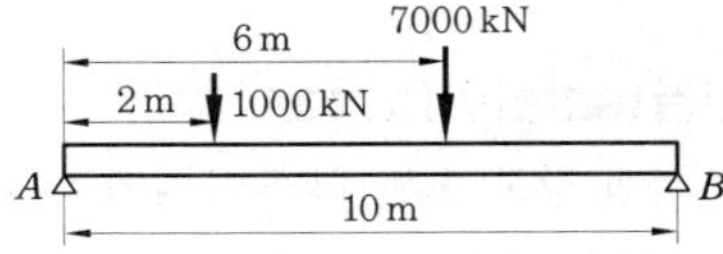

㉮ 4400kN ㉯ 2200kN

㉰ 4000kN ㉭ 3000kN

[해설] $\Sigma M_A=0$

$-R_B\times10+7000\times6+1000\times2=0$

$\therefore R_B=\dfrac{42000+2000}{10}=4400$kN

8. 다음 그림과 같은 하중을 받을 때 보의 양 지점에 있어서의 R_A, R_B 는?

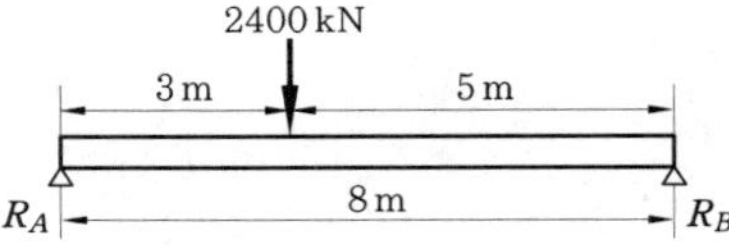

㉮ $R_A=12000$kN, $R_B=1200$kN

㉯ $R_A=900$kN, $R_B=1500$kN

㉰ $R_A=1400$kN, $R_B=1000$kN

㉭ $R_A=1500$kN, $R_B=900$kN

[해설] 집중하중(P)이 한 개 작용하는 단순보인 경우

$반력=\dfrac{하중\times구간\ 반대쪽\ 길이}{전체\ 길이}$

$R_A=\dfrac{2400\times5}{8}=1500$kN

$R_B=\dfrac{2400\times3}{8}=900$kN

9. 판두께 2mm의 연강판에서 지름 100mm의 원판

을 타출하는데 필요한 힘은 얼마인가?(단, 전단
응력은 20MPa이다.)

㉮ 11000N   ㉯ 12560N
㉰ 20325N   ㉱ 41225N

[해설] $P_s = \tau_s A = \tau_s (\pi d t) = 20 \times (\pi \times 100 \times 2) = 12560N$

10. 휨 모멘트 M, 비틀림 모멘트 T로 나타낼 때, 상당 휨 모멘트 M_e는 어떻게 나타내는가?

㉮ $M_e = \dfrac{1}{2}(M + \sqrt{M^2 + T^2})$

㉯ $M_e = \sqrt{M^2 + T^2}$

㉰ $M_e = \dfrac{1}{2}(M + \sqrt{M + T})$

㉱ $M_e = \sqrt{M + T}$

11. 양끝을 모두 받치고 있는 보는?

㉮ 단순보   ㉯ 내다지보
㉰ 고정보   ㉱ 외팔보

12. 그림과 같이 외팔보에 등분포 하중 w를 받는 보의 전단력선도는?

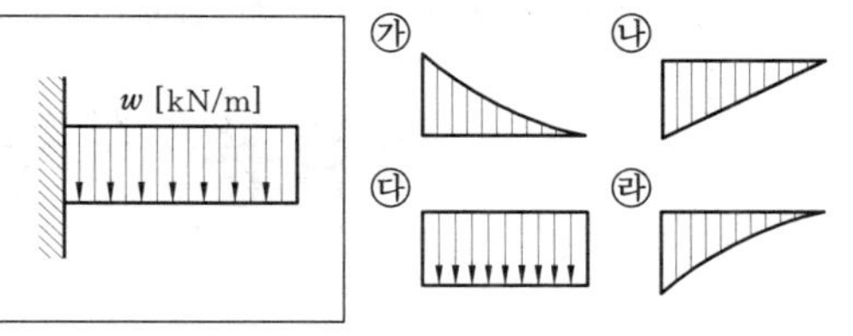

[해설] 균일 분포 하중을 받는 외팔보인 경우 전단력선도는 1차식(직선) 함수이다.

13. 정정보에 속하지 않는 보는?

㉮ 내다지보   ㉯ 외팔보
㉰ 연속보   ㉱ 단순보

[해설] 연속보는 부정정보이다.

14. I_p를 극단면 2차 모멘트, G를 가로 탄성 계수, l을 축의 길이, T를 비틀림 모멘트라고 할 때, 비틀림각 θ를 구하는 식은?

㉮ $\theta = \dfrac{Gl}{T I_p}$ ㉯ $\theta = \dfrac{I_p l}{TG}$

㉰ $\theta = \dfrac{G I_p}{TI}$ ㉱ $\theta = \dfrac{Tl}{G I_p}$

[해설] $\theta = \dfrac{Tl}{G I_p}$ [radian]

02 체결용 기계 요소

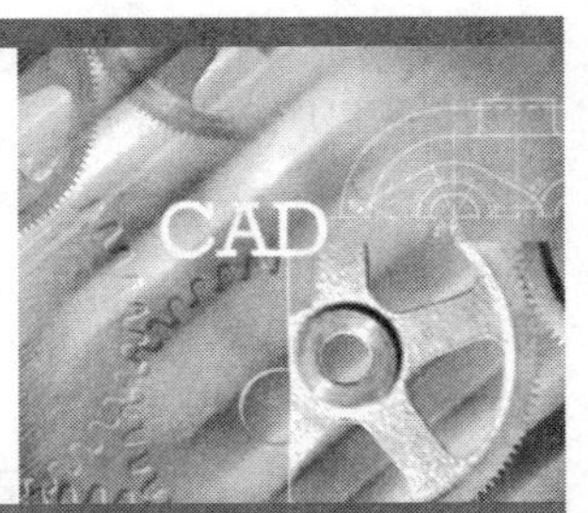

▶ 1. 나사(screw), 볼트와 너트(bolt & nut)

1-1 나사곡선(helix)과 각부의 명칭

1 나사곡선(helix)

원통면에 직각 삼각형을 감을 때 원통면에 나타나는 삼각형의 빗면이 만드는 선을 나사곡선(helix)이라 하며, 이 때의 나사곡선의 각 α를 나선각, 또는 리드각이라 한다.

$$\tan \alpha = \frac{l}{\pi d}, \quad \alpha = \tan^{-1}\left(\frac{l}{\pi d}\right)$$

여기서, d : 원통의 지름, l : 리드(lead)

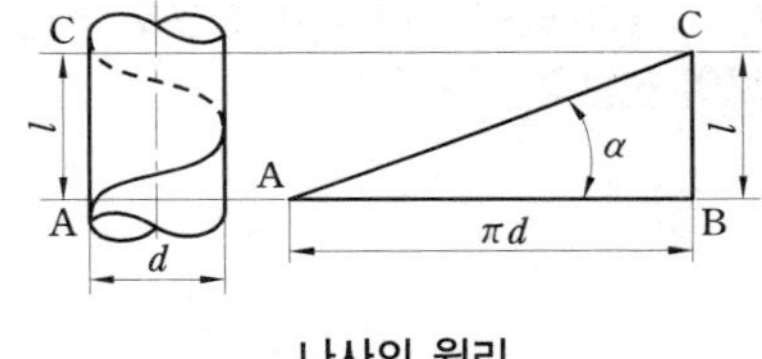

나사의 원리

2 나사 각부의 명칭

나사의 각부 명칭을 다음 [그림]에 나타낸다.

① 피치(pitch) : 일반적으로 같은 형태의 것이 같은 간격으로 떨어져 있을 때 그 간격을 말하며, 나사에서는 인접하는 나사산과 나사산의 축방향의 거리를 피치라 한다.

② 리드(lead) : 나사가 1회전하여 진행한 축방향의 거리를 말하며, 한줄 나사의 경우는 리드와 피치가 같지만 2줄 나사인 경우 1리드는 피치의 2배가 된다.

$$리드(l) = 줄수(n) \times 피치(p) \quad \therefore \ p = \frac{l}{n}$$

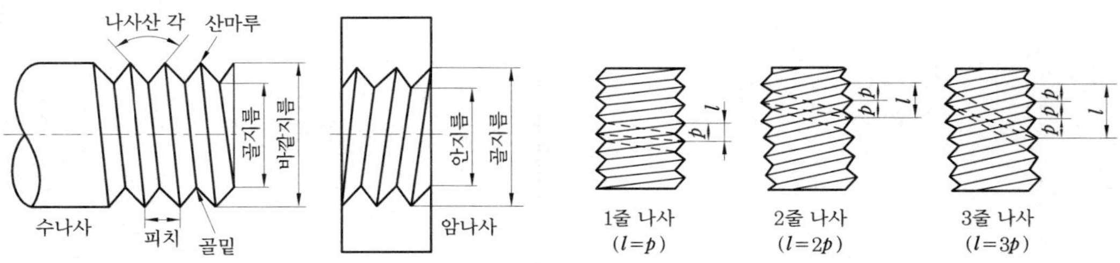

나사 각부의 명칭

1중 나사와 다중 나사

③ **유효 지름**(effective diameter) : 수나사와 암나사가 접촉하고 있는 부분의 평균 지름, 즉 나사산의 두께와 골의 틈새가 같은 가상 원통의 지름을 말하며, 바깥지름이 같은 나사에서는 피치가 작은 쪽의 유효 지름(유효 직경)이 크다.

④ **호칭 지름**(normal diameter) : 수나사는 바깥지름으로 나타내고, 암나사는 상대 수나사의 바깥지름으로 나타낸다.

⑤ **비틀림 각**(angle of torsion) : 직각에서 리드 각을 뺀 나머지 값을 비틀림 각이라 한다.

⑥ **플랭크 각**(flank angle)**과 나사산 각**(angle of thread) : 나사의 정상과 골을 잇는 면을 플랭크라 하고, 나사의 축선의 직각인 선과 플랭크가 이루는 각을 플랭크 각이라 하며, 2개의 프랭크가 이루는 각이 나사산 각이다.

❸ 나사의 종류

① **삼각 나사**(triangular screw) : 체결용으로 가장 많이 쓰이는 나사이며, 미터 나사가 있고 유니파이 나사는 미국, 영국, 캐나다의 세 나라 협정에 의하여 만들었기 때문에 ABC 나사라고도 한다.

삼각나사의 종류

구 분 　나사의 종류		미터 나사 (metric screw)	유니파이 나사(ABC나사) (unified screw)	관용 나사(파이프 나사) (pipe screw)
단 위		mm	inch	inch
호칭 기호		M	UNC : 보통 나사 UNF : 가는 나사	Rp : 평행 암나사, R : 테이퍼 수나사, Rc : 테이퍼 암나사
나사산의 크기 표시		피치	산수/인치	산수/인치
나사산의 각도		60°	60°	55°
나사의 모양	산	편편하다	편편하다	둥글다
	골	둥글다	둥글다	둥글다
호칭법	보통 나사 가는 나사	M 5 M 5×1 피치	5/8 UNC 5/8 - 24산수 UNF	Rp 1/4 - 평행 R 1/4 - 테이퍼

② **사각 나사**(square screw) : 나사산의 모양이 4각이며, 3각 나사에 비하여 풀어지긴 쉬우나 저항이 작아 동력 전달용 잭(jack), 나사 프레스, 선반의 피드(feed)에 쓰인다.

③ **사다리꼴 나사**(trapezoidal screw) : 애크미 나사(acme screw) 또는 제형 나사라고도 하며, 사각 나사보다 강력한 동력 전달용에 쓰인다. 나사산의 각도는 미터 계열(TM)은 30°, 휘트워드 계열(TW)은 29°이다. ISO 규정에는 기호 Tr로 되어 있다.

④ **톱니 나사**(buttress screw) : 축선의 한쪽에만 힘을 받는 곳에 사용(잭, 프레스, 바이스)되며, 힘을 받는 면은 축에 직각이고, 받지 않는 면은 30°의 각도로 경사져 있다.

⑤ **둥근 나사**(round screw) : 너클 나사라고도 하며, 나사산과 골이 다같이 둥글기 때문에 먼지, 모래가 끼기 쉬운 전구, 호스 연결부 등에 쓰인다.

⑥ **볼 나사**(ball screw) : 수나사와 암나사의 홈에 강구(steel ball)가 들어 있어서 일반 나사보다 매우 마찰계수가 작고 운동 전달이 가볍기 때문에 NC 공작 기계(수치 제어 공작 기계)나 자동차용 스티어링 장치에 쓰인다.

⑦ **셀러 나사**(seller's screw) : 아메리카 나사 또는 U.S 표준 나사라고도 하며, 1868년 미국 표준 나사로 제정한 삼각 나사이며, 산의 각도는 60°, 피치는 1인치에 대한 나사산 수로 표시한다.

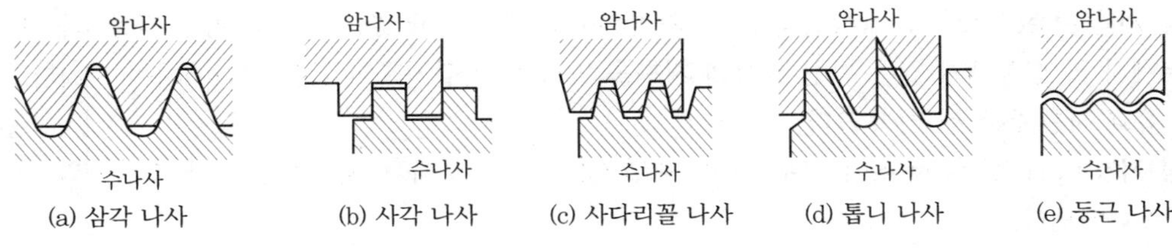

(a) 삼각 나사 (b) 사각 나사 (c) 사다리꼴 나사 (d) 톱니 나사 (e) 둥근 나사

각종 나사의 종류

4 나사의 등급

다음 [표]는 각종 나사의 등급 표시법을 나타낸다.

나사의 등급 표시

나사의 종류	미터 나사			유니파이 나사						관용 평행 나사	
				수나사			암나사				
등급 표시법	1	2	3	3A	2A	1A	3B	2B	1B	A	B
비 고	급수의 숫자가 작을수록 등급의 정도가 높다.			수나사는 A, 암나사는 B로 표시되며, 급수의 숫자가 클수록 등급의 정도가 높다.						A급과 B급으로 구분된다.	

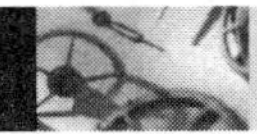

1-2 볼트와 너트(bolt & nut)

1 볼트의 종류

① **다듬질 정도에 따라 분류** : 흑피 볼트, 반다듬질 볼트, 다듬질 볼트로 분류한다.

② **보통 볼트의 종류**

(개) **관통 볼트(through bolt)** : 가장 널리 쓰이며, 맞뚫린 구멍에 볼트를 넣고 너트를 조이는 것이다.

(내) **탭 볼트(tap bolt)** : 너트를 사용하지 않고 직접 암나사를 낸 구멍에 죄어 넣는다.

(대) **스터드 볼트(stud bolt)** : 환봉의 양끝에 나사를 낸 것으로 기계 부품에 한쪽 끝을 영구 결합시키고 너트를 풀어 기계를 분해하는 데 쓰인다.

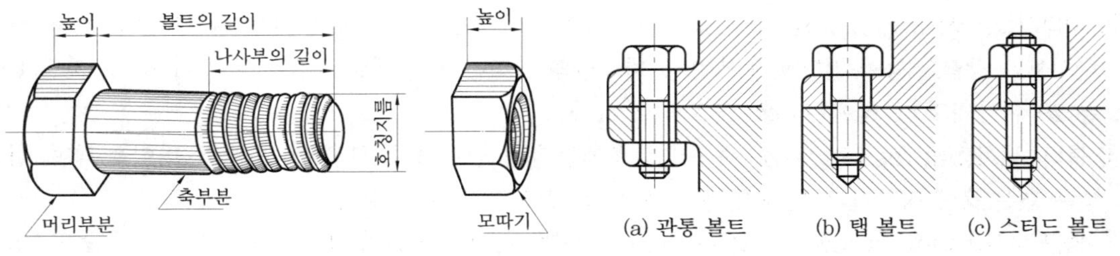

볼트와 너트   (a) 관통 볼트 (b) 탭 볼트 (c) 스터드 볼트

보통 볼트

3 특수 볼트의 종류

(개) **스테이 볼트(stay bolt)** : 부품의 간격을 유지하기 위하여 턱을 붙이거나 격리 파이프를 넣는다.

(내) **기초 볼트(foundation bolt)** : 기계 구조물을 설치할 때 쓰인다.

(대) **T 볼트(T-bolt)** : 공작기계 테이블의 T홈 등에 끼워서 공작물을 고정시키는 데 쓰인다.

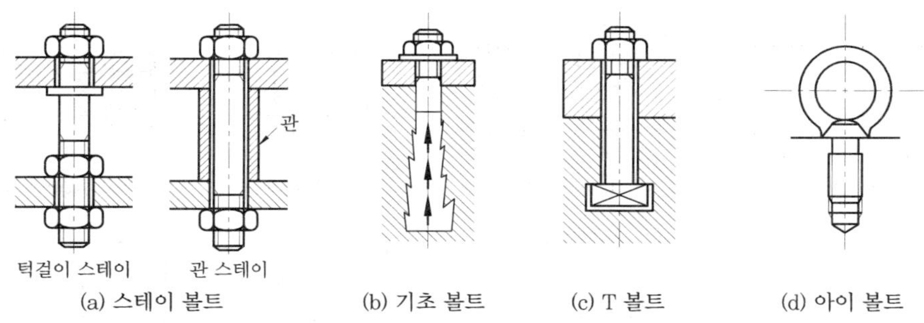

특수 볼트

㈜ 아이 볼트(eye bolt) : 부품을 들어올리는 데 사용되며, 링 모양이나 구멍이 뚫려 있다.

㈐ 충격 볼트(shock bolt) : 볼트에 걸리는 충격 하중에 견디게 만들어진 것이다.

㈑ 리머 볼트(reamer bolt) : 정밀 가공된 리머 구멍에 중간 끼워 맞춤 또는 억지 끼워 맞춤하여 사용하며 볼트에 걸리는 전단 하중에 견디게 만들어진 것이다.

② 너트의 종류

① **보통 너트** : 머리 모양에 따라 4각, 6각, 8각이 있으며, 6각이 가장 많이 쓰인다.

② **특수 너트의 종류**

㈎ 사각 너트(square nut) : 외형이 4각으로서 주로 목재에 쓰이며, 기계에서는 간단하고 조잡한 것에 사용된다.

㈏ 둥근 너트(circular nut) : 자리가 좁아서 육각 너트를 사용하지 못하는 경우나 너트의 높이를 작게 했을 때 쓴다.

㈐ 모따기 너트(chamfering nut) : 중심 위치를 정하기 쉽게 축선이 조절되어 있으며, 밑면인 경우는 볼트에 휨 작용을 주지 않는다.

㈑ 캡 너트(cap nut) : 유체의 누설을 막기 위하여 위가 막힌 것이다.

㈒ 아이 너트(eye nut) : 물건을 들어올리는 고리가 달려 있다.

㈓ 홈붙이 너트(castle nut) : 너트의 풀림을 막기 위하여 분할 핀을 꽂을 수 있게 홈이 6개 또는 10개 정도 있는 것이다.

㈔ T 너트(T-nut) : 공작 기계 테이블의 T홈에 끼워지도록 모양이 T형이며, 공작물 고정에 쓰인다.

㈕ 나비 너트(fly nut) : 손으로 돌릴 수 있는 손잡이가 있다.

㈖ 턴 버클(turn buckle) : 오른나사와 왼나사가 양끝에 달려 있어서 막대나 로프를 당겨서 조이는 데 쓰인다.

㈗ 플랜지 너트(flange nut) : 볼트 구멍이 클 때, 접촉면이 거칠거나 큰 면압을 피하려 할 때 쓰인다.

㈘ 슬리브 너트(sleeve nut) : 머리 밑에 슬리브가 달린 너트로서 수나사의 편심을 방지하는 데 사용한다.

㈙ 플레이트 너트(plate nut) : 암나사를 깎을 수 없는 얇은 판에 리벳으로 설치하여 사용한다.

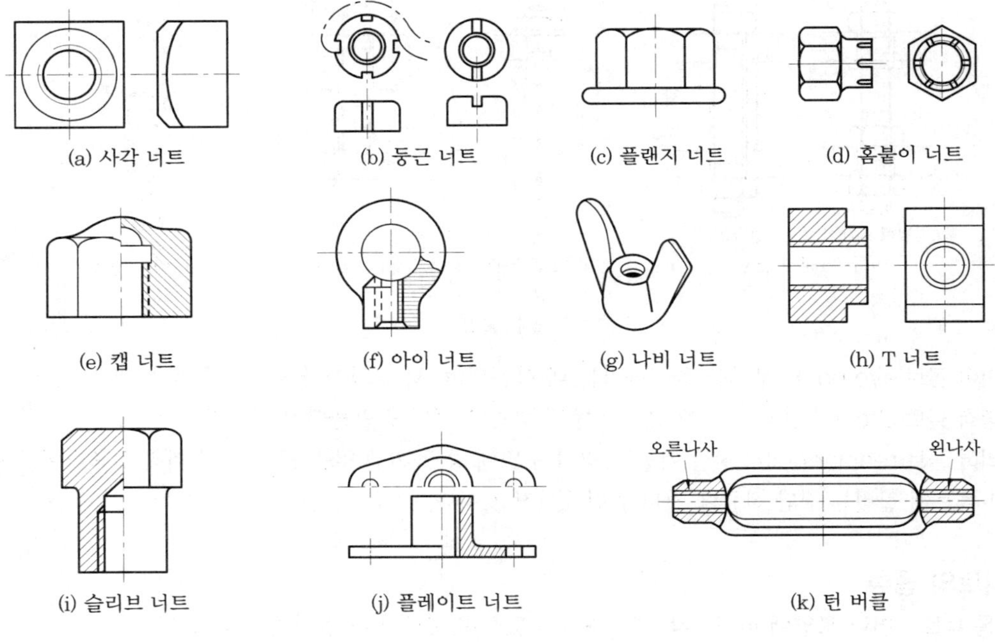

(a) 사각 너트   (b) 둥근 너트   (c) 플랜지 너트   (d) 홈붙이 너트

(e) 캡 너트   (f) 아이 너트   (g) 나비 너트   (h) T 너트

(i) 슬리브 너트   (j) 플레이트 너트   (k) 턴 버클

특수 너트

3 작은 나사와 세트 스크루

① **작은 나사**(machine screw) : 일명 기계 나사, 태핑 나사라고도 하며, 호칭 지름 8mm 이하에서 사용된다. 머리부의 형상에 따라 다르게도 불린다.

② **세트 스크루**(set screw, 멈춤 나사) : 나사의 끝을 이용하여 축에 바퀴를 고정시키거나 위치를 조정할 때 쓰이는 작은 나사로 홈형, 6각 구멍형, 머리형 등이 있다. 키(key)의 대용으로도 쓰이며, 끝의 마찰, 걸림 등에 의하여 정지 작용한다.

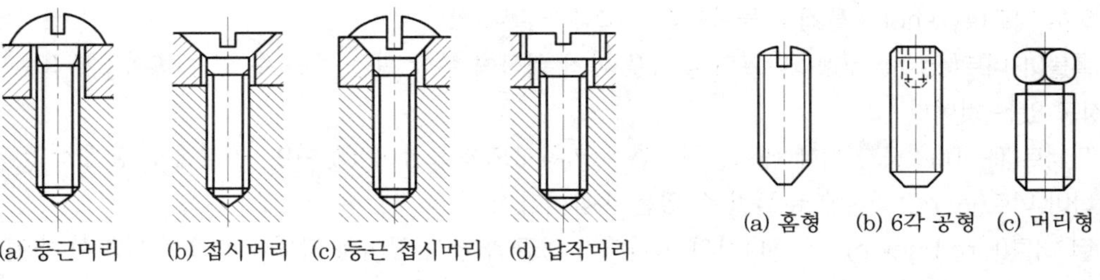

(a) 둥근머리   (b) 접시머리   (c) 둥근 접시머리   (d) 납작머리

작은 나사의 종류

(a) 홈형   (b) 6각 공형   (c) 머리형

세트 스크루

4 와셔(washer)

와셔가 사용되는 경우는 다음과 같다.

① 볼트 머리의 지름보다 구멍이 클 때　　② 접촉면이 바르지 못하고 경사졌을 때

③ 자리가 다듬어지지 않았을 때　　④ 너트가 재료를 파고 들어갈 염려가 있을 때

⑤ 너트의 풀림을 방지할 때

와셔의 재료로서는 연강이 널리 쓰이지만 경강, 황동, 인청동도 쓰이며, 스프링 와셔, 이붙이 와셔, 갈

퀴붙이 와셔, 혀붙이 와셔 등이 있다.

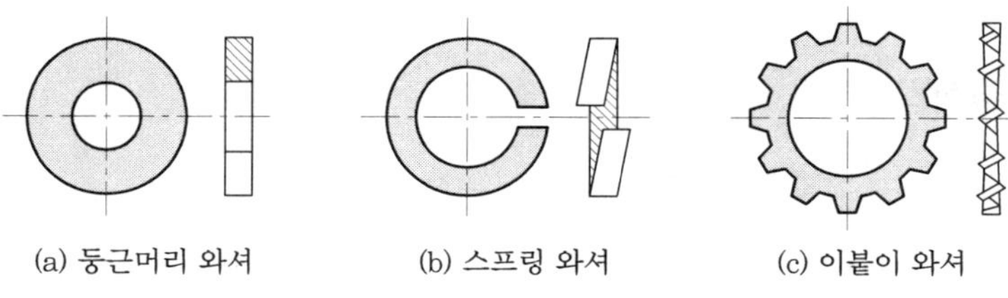

각종 와셔

5 너트의 풀림 방지법

① **탄성 와셔에 의한 법** : 주로 스프링 와셔가 쓰이며, 와셔의 탄성에 의한다.

② **로크너트(locknut)에 의한 법** : 가장 많이 사용되는 방법으로서 2개의 너트를 조인 후에 아래의 너트를 약간 풀어서 마찰 저항면을 엇갈리게 하는 것이다.

③ **핀 또는 작은 나사를 쓰는 법** : 볼트, 홈붙이 너트에 핀이나 작은 나사를 넣는 것으로 가장 확실한 고정 방법이다.

④ **철사에 의한 법** : 철사로 잡아맨다.

⑤ **너트의 회전 방향에 의한 법** : 자동차 바퀴의 고정 나사처럼 반대 방향(축의 회전 방향에 대한)으로 너트를 조이면 풀림 방지가 된다.

⑥ **자동죔 너트에 의한 법**

⑦ **세트 스크루에 의한 법**

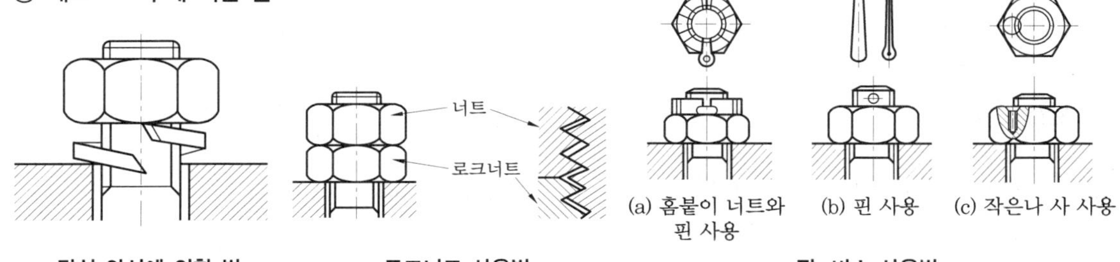

탄성 와셔에 의한 법　　　　**로크너트 사용법**　　　　**핀, 비스 사용법**

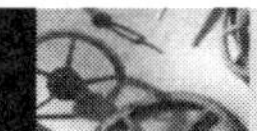

1-3 나사의 강도

1 나사의 효율

① **하중을 밀어 올릴 때**

$$\text{나사의 효율}(\eta) = \frac{\text{마찰이 없는 경우의 회전력}}{\text{마찰이 있는 경우의 회전력}} = \frac{\tan\alpha}{\tan(\rho+\alpha)}$$

여기서, α : 리드각, ρ : 나사면의 마찰각

② **하중을 밀어 내릴 때** : 나사의 효율$(\eta) = \dfrac{\tan\alpha}{\tan(\rho-\alpha)}$

2 볼트의 지름

축 방향 하중(W)만을 받는 hook(훅) eye bolt(아이 볼트)의 호칭 지름(외경)

$$볼트의\ 지름(d) = \sqrt{\frac{2W}{\sigma_t}}\ (mm)$$

여기서, W : 하중, σ_t : 허용 인장 응력(kPa)

❸ 너트의 높이 결정법

$$H = np = \frac{Wp}{\pi D_2 h_1 q_a} = \frac{Wp}{\pi(d_2{}^2 - d_1{}^2)q_a}\ (mm)$$

여기서, H :너트의 높이(mm),　　　n : 나사산 수,　　　　　h_1 : 결합된 나사산의 높이 $= \frac{d_2 - d_1}{2}$[mm]

　　　　p : 피치,　　　　　　D_2 : 유효 지름 $= \frac{d_1 + d_2}{2}$[mm],　q_a : 허용 접촉면 압력(kPa)

[예제] 연강으로 만든 훅이 하중 5000N을 받칠 때, 훅 나사부의 지름은? (단, 허용 인장 응력 $\sigma_a = 6$MPa)

[해설] 축방향 하중만을 받는 경우 나사의 바깥지름(호칭지름) $d = \sqrt{\dfrac{2W}{\sigma_a}}$ 에서 $W = 5000$N, $\sigma_a = 6$MPa이면,

$$d = \sqrt{\frac{2 \times 5000}{6}} = 41mm$$

규격의 미터 나사를 채택하면 $d = 41$mm에 가장 가까운 $d = 42$mm로 결정하면 된다.

1. 나사의 호칭 기호 중 틀린 것은?

㉮ 미터 나사 : M
㉯ 휘트워드 나사 : W
㉰ 유니파이 나사 : UND
㉱ 테이퍼 수나사 : R

[해설] 유니파이 나사 { 보통 나사(UNC) / 가는 나사(UNF)

2. 나사 줄수 n, 피치 p일 때의 리드 l은?

㉮ $l = np$　㉯ $l = \dfrac{n}{p}$　㉰ $l = \dfrac{p}{n}$　㉱ $l = n + p$

[해설] 리드(l) = 나사줄수(n) × 피치(p)

3. 미터 작은 나사가 사용되는 범위의 호칭 지름은?

㉮ 6mm 이하　　　㉯ 8mm 이하
㉰ 10mm 이하　　㉱ 12mm 이하

4. 관용 테이퍼 나사의 테이퍼 값은?

㉮ 1/4　㉯ 1/8　㉰ 1/16　㉱ 1/20

5. 볼트의 호칭 지름이 25mm일 때 너트의 높이로 적당한 것은?

㉮ 10mm　㉯ 22mm　㉰ 30mm　㉱ 35mm

[해설] $H = (0.8 \sim 1.0)d$의 범위이므로 $20 \sim 25$mm 정도가 적당하다.

6. 나사산의 크기를 나타내는 방법이 틀린 것은?

㉮ 미터 나사: 피치
㉯ 휘트워드 나사 : 산수/인치
㉰ 유니파이 나사 : 피치
㉱ 관용 나사 :산수/인치

[해설] 유니파이 나사의 단위는 인치(inch)이며, 그 크기는 산수/인치로 나타낸다.

7. 관용 나사의 산의 각도는?

㉮ 60°　㉯ 55°　㉰ 30°　㉱ 29°

[해설] 미터 나사와 유니파이 나사는 60°, 휘트워드 나사와 관용 나사는 55°, 사다리꼴(애크미) 나사는 30°이다.

8. 나사의 호칭 지름은?

㉮ 유효지름　　　　㉯ 피치
㉰ 암나사의 안지름　㉱ 숫나사의 바깥지름

9. ABC 나사는?

㉮ 미터 나사　　　㉯ 휘트워드 나사
㉰ 유니파이 나사　㉱ 애크미 나사

10. 톱니 나사의 나사산의 각도는?

㉮ 30°　㉯ 45°　㉰ 55°　㉱ 60°

[정답] **1.** ㉰ **2.** ㉮ **3.** ㉯ **4.** ㉰ **5.** ㉯ **6.** ㉰ **7.** ㉯ **8.** ㉱ **9.** ㉰ **10.** ㉮

11. 백 래시(back lash)를 고려하지 않아도 되는 나사는?

㉮ 미터 나사 ㉯ 휘트워드 나사
㉰ 톱니 나사 ㉱ 볼 나사

[해설] 백 래시란, 나사를 돌릴 때 다시 반대 방향으로 돌리면 겉도는 현상이 일어나게 되는데 볼 나사의 경우는 암·수나사의 홈에 베어링용 강구를 일렬로 넣어 미끄럼 접촉을 하게 한 것으로, 마찰계수가 극히 작다.

12. 관용 나사의 제작 시 강도의 감소를 막기 위해서는?

㉮ 유효 지름에 비하여 산의 높이를 낮게 한다.
㉯ 유효 지름에 비하여 산의 높이를 높게 한다.
㉰ 호칭 지름에 비하여 산의 높이를 낮게 한다.
㉱ 호칭 지름에 비하여 산의 높이를 높게 한다.

13. 삼각 나사가 쓰이는 곳은?

㉮ 선반의 주축 ㉯ 가스 파이프 연결
㉰ 프레스 ㉱ 바이스

14. 유니파이 나사 등급에서 수나사를 나타내는 것은?

㉮ A ㉯ B ㉰ S ㉱ T

[해설] A는 수나사, B는 암나사를 나타낸다.

15. 미터 나사의 나사산의 높이는? (p : 피치)

㉮ $0.5p$ ㉯ $0.541p$ ㉰ $0.600p$ ㉱ $0.6495p$

16. 셀러 나사(seller screw)의 나사산 각도는?

㉮ $60°$ ㉯ $55°$ ㉰ $30°$ ㉱ $29°$

[해설] 셀러 나사는 미국의 표준 나사이며 인치식으로, 산의 각도는 $60°$이다.

17. 체결용 기계 요소로 적당하지 않은 것은?

㉮ 핀 ㉯ 리벳 ㉰ 래칫 ㉱ 키

18. 다음은 나사의 호칭 지름을 나타낸 것이다. 옳은 것은?

㉮ 암나사의 골지름 ㉯ 수나사의 바깥지름
㉰ 유효 지름 ㉱ 피치×25.4mm

19. 호칭 지름이 일정할 경우 인치당 산수가 많아지면 산의 높이는 어떻게 되는가?

㉮ 일정하다. ㉯ 높아진다.
㉰ 낮아진다. ㉱ 나사에 따라 다르다.

20. 나사의 바깥지름을 d_2, 골지름을 d_1이라고 하면 유효 지름은?

㉮ $\dfrac{d_1+d_2}{2}$ ㉯ d_1+d_2

㉰ $\dfrac{d_2-d_1}{2}$ ㉱ d_1-d_2

21. 다음은 나사의 측정부위에 적당한 측정기를 연결한 것이다. 잘못된 것은?

㉮ 유효 지름 : 나사 마이크로미터, 삼침법
㉯ 산의 각도 : 공구 현미경, 센터 게이지
㉰ 바깥지름 : 버니어 캘리퍼스, 마이크로미터
㉱ 피치 : 피치 게이지, 마이크로미터

[해설] 피치 측정에는 피치 게이지와 공구 현미경을 사용한다.

22. 다음 중 리드가 가장 큰 나사는?

㉮ 24산 3줄의 휘트워드 보통 나사
㉯ 피치 2mm의 2줄 미터 보통 나사
㉰ 10산 2줄의 유니파이 보통 나사
㉱ 피치 12mm의 1줄 미터 보통 나사

23. 리드와 피치는 어떤 관계가 있는가?

㉮ 피치=리드 ㉯ 피치＞리드
㉰ 피치＜리드 ㉱ 피치≦리드

24. 나사에서 리드(lead)란?

㉮ 나사가 1회전했을 때 축 방향으로 이동한 거리
㉯ 나사가 1회전했을 때 나사산의 1점이 이동한 거리
㉰ 암나사가 2회전했을 때 축 방향으로 이동한 거리
㉱ 나사산의 높이

25. 수나사의 유효 지름을 정확히 측정하는 방법이 아닌 것은?

㉮ 캘리퍼스 ㉯ 공구 현미경
㉰ 삼침법 ㉱ 투영기

[해설] 3침법이란, 3개의 침을 나사의 골에 넣고 외경 마이크로미터로 측정하여 나사의 유효 지름을 측정하는 방법이다.

26. 나사의 유효 길이를 나타내는 것은?

㉮ 머리 부분에서 선단까지의 길이
㉯ 선단에서 불완전 나사부까지의 길이

정답 **11.** ㉱ **12.** ㉰ **13.** ㉯ **14.** ㉮ **15.** ㉯ **16.** ㉮ **17.** ㉰ **18.** ㉯ **19.** ㉮ **20.** ㉮ **21.** ㉱ **22.** ㉱ **23.** ㉱ **24.** ㉮
25. ㉮ **26.** ㉱

㉢ 머리 부분을 제외한 전체의 길이
㉣ 선단에서 완전 나사부까지의 길이

27. 작은 나사의 호칭 지름은?

㉮ 5mm
㉯ 8mm 이하
㉰ 9mm
㉱ 10mm 이하

28. 나사의 리드각 α, 마찰각 ρ일 때, 자립 상태 유지 조건은?

㉮ $\rho > \alpha$
㉯ $\rho < \alpha$
㉰ $\rho = \alpha$
㉱ $\rho > 2\alpha$

29. 다음에서 관용 평행 나사는?

㉮ M 50×3−2
㉯ U 3/8−16−2A
㉰ G 1/2−A
㉱ 36UNF

30. 유니파이 가는 나사의 호칭법과 관계 있는 것은?

㉮ 3/8−36 UNF
㉯ TW 53/4
㉰ PS 3/8
㉱ UNC 3/8

31. 피치 2mm인 세줄나사를 1회전 시켰을 때의 리드는?

㉮ 2mm
㉯ 3mm
㉰ 6mm
㉱ 12mm

[해설] $l = np$에서 $l = 3 \times 2 = 6$mm

32. 유니파이 나사 호칭법으로서 가는 나사를 나타낸 것은?

㉮ 3/8 PT
㉯ 3/8−24 UNF
㉰ 3/8 UNC
㉱ M 3×1피치

[해설] ㉮는 관용 나사, ㉯는 유니파이 보통 나사, ㉱는 미터 가는 나사이다.

33. 나사에서 피치(pitch)란?

㉮ 나사산과 그 인접한 나사산 사이의 간격
㉯ 나사산의 높이
㉰ 나사산의 넓이
㉱ 나사가 1회전하여 진행한 거리

[해설] 피치(pitch)란 인접한 나사산과 나사산 사이의 수평 거리를 말한다.

34. 동력 전달용 나사가 아닌 것은?

㉮ 삼각 나사
㉯ 톱니 나사
㉰ 애크미 나사
㉱ 사각 나사

[해설] 삼각 나사는 체결용 나사이다.

35. 나사가 스스로 풀어지지 않는 나사의 효율은?

㉮ 30% 이하
㉯ 50% 이하
㉰ 60% 이하
㉱ 80% 이하

[해설] 자립 상태 시 나사의 효율은 반드시 50% 이하이다.

36. 너트의 풀림 방지법이 아닌 것은?

㉮ 와셔에 의한 방법
㉯ 로크 너트에 의한 방법
㉰ 핀, 작은 나사를 쓰는 방법
㉱ 부시를 사용하는 방법

37. 파이프 테이퍼 수나사의 호칭법 중 맞는 것은?

㉮ G 3/4　㉯ R 3/4　㉰ TW 3/4　㉱ PF 3/4

38. Tr 20은 나사를 표시한 것이다. 맞게 나타낸 것은?

㉮ 미터 표시로 호칭 지름 20의 30° 사다리꼴 나사다.
㉯ 인치 표시로 호칭 지름 20의 29° 사다리꼴 나사다.
㉰ 미터 표시로 바깥지름 20의 60° 사각 나사다.
㉱ 인치 표시로 바깥지름 20의 60° 사다리꼴 나사다.

39. 3000N의 전단 하중이 작용하는 볼트가 있다. 허용 전단 응력이 15MPa일 때 볼트의 지름은?

㉮ 11mm
㉯ 16mm
㉰ 17.5mm
㉱ 18mm

[해설] $\tau = \dfrac{P_s}{A} = \dfrac{P_s}{\dfrac{\pi d^2}{4}}$

$d = \sqrt{\dfrac{4P_s}{\pi \tau}} = \sqrt{\dfrac{4 \times 3000}{\pi \times 15}} = 16$mm

40. 진동이나 충격으로 일어나는 풀림 현상을 막는 너트는?

㉮ 아이 너트
㉯ 로크 너트
㉰ 둥근 너트
㉱ 캡 너트

41. 볼트에 인장 하중만이 작용할 경우 볼트의 강도를 구하는 식은? (단, W는 볼트에 걸리는 인장 하중(N), d_1 : 나사의 골지름(mm), d : 나사의 바깥지름(mm), σ_t : 나사의 허용 인장 응력(MPa))

㉮ $W = 4 \pi d_1^2 \sigma_t$
㉯ $W = 0.5 d^2 \sigma_t$
㉰ $W = 4 \pi d^2 \sigma_t$
㉱ $W = 4/3 \pi d^2 \sigma_t$

정답 27. ㉯　28. ㉮　29. ㉰　30. ㉮　31. ㉰　32. ㉯　33. ㉮　34. ㉮　35. ㉯　36. ㉱　37. ㉯　38. ㉮　39. ㉯　40. ㉯
41. ㉯

[해설] 볼트에 인장력만 작용할 경우, W는 $\sigma_t = \dfrac{W}{A}$에서

$W = \sigma_t \cdot A = \dfrac{\pi}{4} d_1^2 \sigma_t ≒ 0.8 d_1^2 \sigma_t$[N]가 된다. 여기서 나사의 호칭 지름은 d로 표시하므로 d_1 대신 d로 나타내면

$W = \dfrac{\pi}{4} \left(\dfrac{d_1}{d}\right)^2 d^2 \sigma_t$[N]

단, $\left(\dfrac{d_1}{d}\right)$은 일반적으로 0.8을 취하면 안전하다.

따라서, $W = \pi/4 \cdot 0.63 \cdot d^2 \sigma_t ≒ 0.5 d^2 \sigma_t$이 된다. 또 볼트에 인장력과 비틀림을 동시에 받을 경우에는 위 식의 3/4 정도가 된다.

42. 2kN의 기중기용 훅의 나사부의 치수를 구하라 (단, 허용 인장 응력은 480MPa이다).

㉮ 25mm ㉯ 30mm ㉰ 87mm ㉱ 90mm

[해설] $W = 0.5 d^2 \sigma_t$에서

$d = \sqrt{\dfrac{W}{0.5 \sigma_t}} = \sqrt{\dfrac{2000}{0.5 \times 480}} = 2.89$cm

따라서, $M = 30$mm

43. μ가 나사면의 마찰계수, ρ가 마찰각이라고 할 때, μ는 어떻게 표시되는가?

㉮ $\mu = \sin \rho$ ㉯ $\mu = \cos \rho$

㉰ $\mu = \cot \rho$ ㉱ $\mu = \tan \rho$

44. 기계의 뚜껑을 자주 분해하거나 기계를 자주 옮겨야 하는 중량물에 적당한 볼트는?

㉮ 스테이 볼트   ㉯ 아이 볼트

㉰ 탭 볼트   ㉱ 기초 볼트

45. 분할핀과 같이 사용되는 너트는?

㉮ 홈붙이 너트   ㉯ 모떼기 너트

㉰ 아이 너트   ㉱ T 너트

46. 볼트의 한쪽끝을 영구 박음할 때에 사용하는 볼트는?

㉮ T 볼트   ㉯ 아이 볼트

㉰ 스테이 볼트   ㉱ 스터드 볼트

47. 나사를 풀 때 사용할 수 없는 것은?

㉮ 키   ㉯ 훅 스패너

㉰ L−렌치   ㉱ 복스 스패너

48. 볼트의 허용 전단 응력이 7.8MPa이고 볼트의 지름이 38mm일 때 이 볼트가 견딜 수 있는 힘은 얼마인가?

㉮ 4954N   ㉯ 8842N

㉰ 6437N   ㉱ 7328N

[해설] $\tau_a = \dfrac{P_S}{A}$에서 $P_S = \tau_a A = 7.8 \times \dfrac{\pi}{4} \times (38)^2$
$= 8842$N

49. 그림과 같은 실린더의 안지름이 300mm, 증기 압력 15kPa의 실린더 커버의 죔 볼트의 호칭 지름을 구하라(단, 볼트는 8개 사용하고, 인장 응력은 850kPa이다).

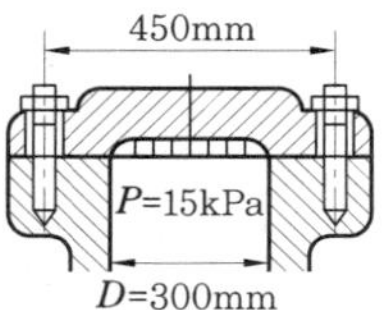

㉮ M 20   ㉯ M 22   ㉰ M 25   ㉱ M 26

[해설] 볼트 전체에 걸리는 총 하중

$W_1 = \dfrac{\pi}{4} D^2 \cdot P = \dfrac{3.14}{4} \times (300)^2 \times 15 \times 10^{-3} = 1059.75$N

볼트 1개에 걸리는 하중

$W = \dfrac{1059.75}{8} = 132.47$N

$W = 0.5 d^2 \sigma_t \times \dfrac{3}{4} = 0.38 d^2 \sigma_t$이다.

d는 볼트의 호칭 지름이다. 따라서,

$d = \sqrt{\dfrac{W}{0.38 \sigma_t}} = \sqrt{\dfrac{132.47}{0.38 \times 0.85}} = 20.25$mm

볼트의 지름은 안전을 고려하여 M 22로 한다.

50. 좌우 나사가 있어서 막대나 로프 등을 조이는 데 쓰는 너트는?

㉮ 홈붙이 너트   ㉯ 나비 너트

㉰ 턴버클   ㉱ T 너트

51. 다음 중 가장 널리 쓰이는 와셔의 명칭은?

㉮ 둥근 와셔   ㉯ 이붙이 와셔

㉰ 스프링 와셔   ㉱ 사각 와셔

52. 관용 평행 암나사 Rp는 어떤 수나사에만 사용하는가?

㉮ CTG   ㉯ CTC   ㉰ E   ㉱ R

[해설] • CTG : 후강 전선관 나사
• CTC : 박강 전선관 나사
• E : 전구 나사   • R : 관용 테이퍼 수나사

53. ISO 규정의 미터 사다리꼴 나사 Tr과 같은 나사는?

㉮ S   ㉯ TM   ㉰ Rc   ㉱ Rp

[해설] • S : 미니추어 나사   • Rc : 테이퍼 암나사
• Rp : 평행 암나사

● 2. 키(key), 핀(pin), 리벳(rivet), 용접

 **2-1 키(key)**

▌1 키의 종류

벨트 풀리나 기어, 차륜을 고정시킬 때 홈을 파고 홈에 끼우는 것으로서 다음 [표]에 나타낸다.

키의 종류와 특성

키의 명칭		형 상	특 징
① 묻힘 키 (성크 키) (sunk key)	때려박음 키(드라이빙 키)		• 축과 보스에 다같이 홈을 파는 것으로, 가장 많이 쓰인다. • 머리붙이와 머리 없는 것이 있으며, 해머로 때려 박는다. • 테이퍼(1/100)가 있다.
	평행키		• 축과 보스에 다같이 홈을 파는 가장 많이 쓰는 종류다. • 키는 축심에 평행으로 끼우고 보스를 밀어 넣는다. • 키의 양쪽면에 조임 여유를 붙여 상하 면은 약간 간격이 있다.
② 평 키(플랫 키) (flat key)			• 축은 자리만 편편하게 다듬고 보스에 홈을 판다. • 경하중에 쓰이며, 키에 테이퍼(1/100)가 있다. • 안장 키보다는 강하다.
③ 안장 키(새들 키) (saddle key)			• 축은 절삭하지 않고 보스에만 홈을 판다. • 마찰력으로 고정시키며, 축의 임의의 부분에 설치 가능하다. • 극경하중용으로 키에 테이퍼(1/100)가 있다.
④ 반달 키 (woodruff key)			• 축의 원호상의 홈을 판다. • 홈에 키를 끼워 넣은 다음 보스를 밀어 넣는다. • 축이 약해지는 결점이 있으나 공작 기계 핸들 축과 같은 테이퍼 축에 사용된다.
⑤ 페더 키(미끄럼 키) (feather key)			• 묻힘 키의 일종으로 키는 테이퍼가 없이 길다. • 축 방향으로 보스의 이동이 가능하며, 보스와 간격이 있어 회전중 이탈을 막기 위해 고정하는 수가 많다. • 미끄럼 키라고도 한다.
⑥ 접선 키 (tangential key)			• 축과 보스에 축의 접선 방향으로 홈을 파서 서로 반대의 테이퍼(1/60 ~ 1/100)를 가진 2개의 키를 조합하여 끼워 넣는다. • 중하중용이며 역전하는 경우는 120° 각도로 두 군데 홈을 판다. • 정사각형 단면의 키를 90°로 배치한 것을 케네디 키(kennedy key)라고 한다.
⑦ 원뿔 키 (cone key)			• 축과 보스에 홈을 파지 않는다. • 한 군데가 갈라진 원뿔통을 끼워넣어 마찰력으로 고정시킨다. • 축의 어느 곳에도 장치 가능하며 바퀴가 편심되지 않는다.
⑧ 둥근 키(핀키) (round key, pin key)			• 축과 보스에 드릴로 구멍을 내어 홈을 만든다. • 구멍에 테이퍼 핀을 끼워 넣어 축 끝에 고정시킨다. • 경하중에 사용되며 핸들에 널리 쓰인다.

⑨ 스플라인(spline)		• 축의 둘레에 4~20개의 턱을 만들어 큰 회전력을 전달할 경우에 쓰인다.
⑩ 세레이션(serration)		• 축에 작은 삼각형의 작은 이를 만들어 축과 보스를 고정시킨 것으로 같은 지름의 스플라인에 비해 많은 이가 있으므로 전동력이 크다. • 주로 자동차의 핸들 고정용, 전동기나 발전기의 전기자 축 등에 이용된다.

❷ 키의 호칭법

종류, 호칭 치수(폭×높이×길이), 끝모양의 지정, 재료

[보 기]　　묻힘 키 10×6×50 한쪽 둥근 SM 45C

❸ 성크 키(sunk key)의 강도 계산

① 키의 전단 강도

$$\tau_s = \frac{W}{A} = \frac{W}{bl} = \frac{2T}{\dfrac{d}{bl}} = \frac{2T}{bld} \ [\text{kPa}]$$

여기서, W : 키에 작용하는 접선력(kN), b : 키의 나비(mm)

$\quad\quad\quad l$: 키의 길이(mm), d : 축 지름(mm)

$\quad\quad\quad \tau$: 전단 응력(kPa), T : 회전축 토크(kJ)

② 키의 압축 강도

$$\sigma_c = \frac{W}{A} = \frac{W}{t_2 l} \fallingdotseq \frac{W}{\dfrac{h}{2} l} = \frac{2W}{hl} = \frac{4T}{hld} \ [\text{kPa}]$$

여기서, σ_c : 압축 응력(kPa), h : 키의 높이

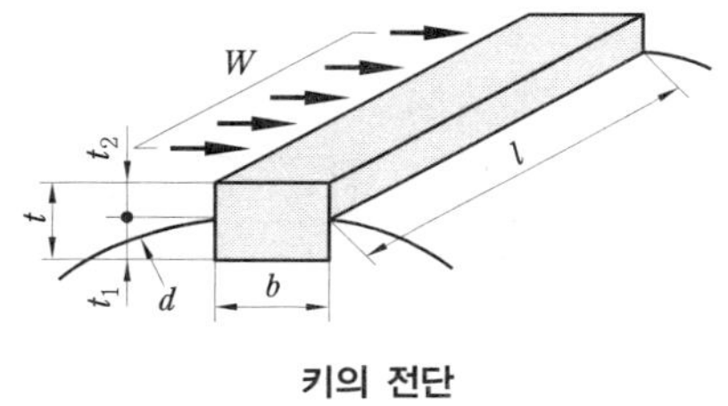

키의 전단

❹ 스플라인(spline)

축의 둘레에 많은 키를 깎아 붙인 것과 같은 것으로 키보다 훨씬 큰 토크를 전달할 수 있으며, 내구력이 크다. 또한, 축과 보스의 중심축을 정확하게 맞출 수 있는 특성이 있다. 자동차, 공작기계, 항공기 발전용 증기 터빈에 널리 쓰이며, 축 쪽을 스플라인 축, 보스 쪽을 스플라인이라 한다. 턱의 수는 4~20개로 원주를 등분하여 만들고, 보스도 같은 모양으로 만들어 준다.

❺ 코 터

코터는 평평한 키의 일종이고 한쪽 기울기와 양쪽 기울기의 것이 있으나 한쪽 기울기의 코터가 많이 사용된다.

기울기는 빼기 쉽게 하기 위해 $\dfrac{1}{5} \sim \dfrac{1}{10}$ 로 하고, 보통은 $\dfrac{1}{20}$ 이나 반영구적으로 부착시킬 때에는 $\dfrac{1}{100}$ 로 한다.

2-2 핀(pin)

핀(pin)은 2개 이상의 부품을 결합시키는데 주로 사용하며, 나사 및 너트의 이완 방지, 핸들을 축에 고정하거나 힘이 적게 걸리는 부품을 설치할 때, 분해 조립할 부품의 위치를 결정하는 데에 많이 사용한다. 핀은 강재로 만드나 황동, 구리, 알루미늄 등으로 만들기도 한다.

1 핀의 종류

핀의 종류에는 용도에 따라 평행 핀, 테이퍼 핀, 분할 핀, 스프링 핀 등이 있다.

① **테이퍼 핀(taper pin)** : 1/50의 테이퍼가 있다. 호칭지름은 작은 쪽의 지름으로 표시한다.

② **평행 핀(dowel pin)** : 분해 조립을 하게 되는 부품의 맞춤면의 관계 위치를 항상 일정하게 유지하도록 안내하는 데 사용한다.

③ **분할 핀(split pin)** : 두 갈래로 갈라지기 때문에 너트의 풀림 방지 등에 쓰인다.

④ **코터 핀(cotter pin)** : 두 부품 결합용 핀으로 양끝에 분할용 핀의 구멍이 있다.

⑤ **스프링 핀(spring pin)** : 세로 방향으로 쪼개져 있어 구멍의 크기가 정확하지 않을 때 해머로 때려 박을 수가 있다.

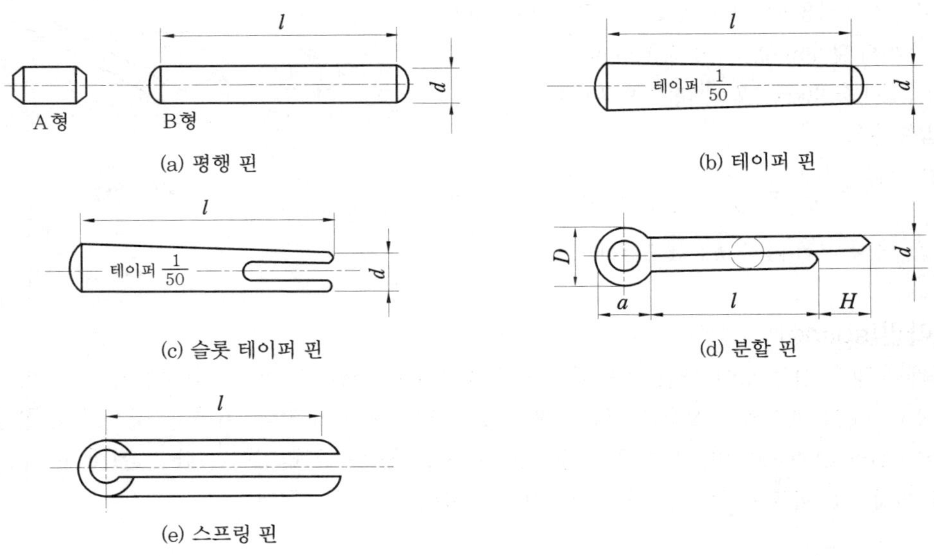

핀의 종류

2 핀의 호칭법

명칭, 등급, [지름(d)×길이(l)], 재료

[보 기]　평행핀　2급　8×80　SM20C

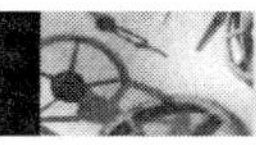

2-3 리벳(rivet)

1 리벳 이음의 작업

 보일러, 철교, 구조물, 탱크와 같은 영구 결합에 널리 쓰인다. 리벳 이음 작업은 다음과 같다.

① 리벳 이음할 구멍은 20mm까지 대개 펀치로 뚫는다 (단, 정밀을 요할 때는 드릴을 사용).

② 리벳 구멍의 지름 (d_1)은 리벳 지름 (d)보다 약간 크다 (1~1.5mm).

③ 구멍을 지나 빠져나온 리벳의 여유 길이는 지름의 (1.3~1.6)d배이다.

④ 지름 10mm 이하는 상온에서, 10mm 이상의 것은 열간 리베팅한다.

⑤ 지름 25mm까지는 해머로 치고, 그 이상은 리베터(riveting machine)를 쓴다.

⑥ 유체의 누설을 막기 위하여 코킹이나 풀러링을 하며, 이 때의 판 끝은 75~85°로 깎아준다.

⑦ 코킹(caulking)이나 풀러링(fullering)은 판재 두께 5mm 이상에서 행한다.

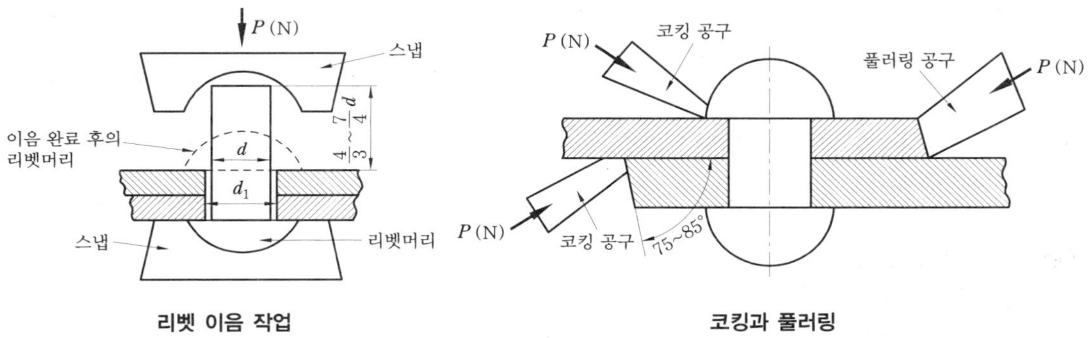

리벳 이음 작업　　　　　　　**코킹과 풀러링**

2 리벳 이음의 특징

 리벳 이음은 용접 이음에 비해 다음과 같은 특징이 있다.

① 초응력에 의한 잔류 변형률이 생기지 않으므로 취약 파괴가 일어나지 않는다.

② 구조물 등에서 현지 조립할 때는 용접 이음보다 쉽다.

③ 경합금과 같이 용접이 곤란한 재료에는 신뢰성이 있다.

④ 강판의 두께에 한계가 있으며, 이음 효율이 낮다.

3 리벳의 종류와 호칭법

① **용도에 따른 분류** : 일반용, 보일러용, 선박용

② **머리 모양에 따른 분류** : 리벳의 종류를 머리 모양에 따라 구분하면 [그림]과 같다.

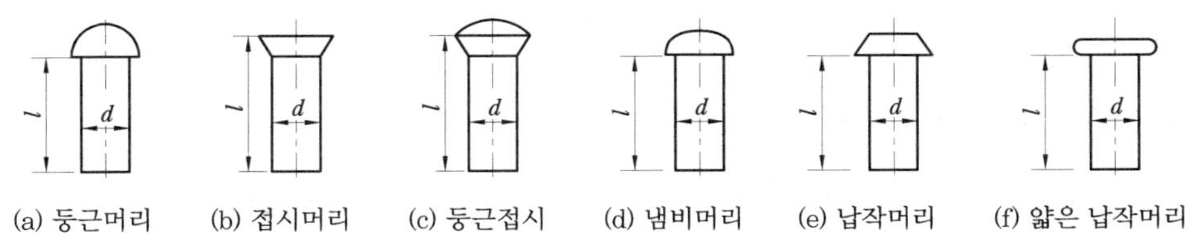

(a) 둥근머리　　(b) 접시머리　　(c) 둥근접시　　(d) 냄비머리　　(e) 납작머리　　(f) 얇은 납작머리

리벳의 종류

③ **리벳의 호칭** : 리벳의 호칭은 리벳 종류, 지름(d)×길이(l), 재료로 표시한다.

[보 기]　　열간 접시머리 리벳　16×40　SBV 34

---

④ **리벳의 크기 표시**

(가) 머리 부분을 제외한 길이 : 둥근머리 리벳, 납작머리 리벳, 냄비머리 리벳

(나) 머리 부분을 포함한 전체 길이 : 접시머리 리벳

⑤ **리벳의 길이** : 리벳을 끼운 후 머리 부분을 만들기 위한 리벳 길이는 리벳 지름에 대해 $l=(1.3\sim1.6)d$로 한다.

4 리벳 이음의 종류

① **겹침 이음(lap joint)** : 2개의 판을 겹쳐서 리베팅하는 방법이다. 또 리벳의 배열은 리벳의 열수에 따라 1열, 2열, 3열이 있으며, 지그재그형과 평행형 이음이 있다.

② **맞대기 이음(butt joint)** : 겹판(strap)을 대고 리베팅하는 방법이다.

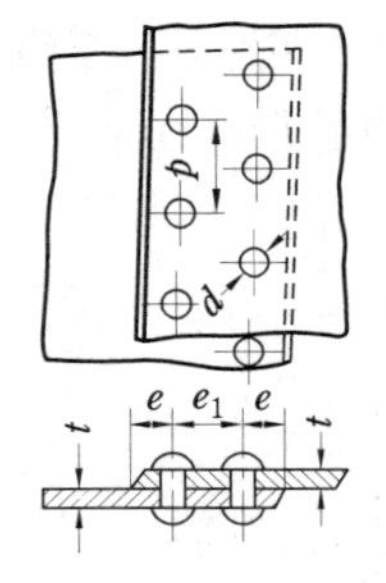
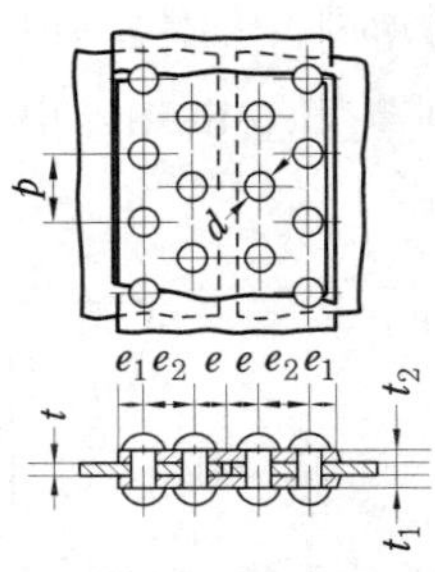

지그재그 겹침 이음　　　　양쪽 2열 맞대기 이음

5 리벳 이음의 강도 계산

① **리벳 이음의 파괴의 종류**

(가) 리벳 자체의 전단　　　　(나) 구멍 사이의 판의 파단

(다) 판의 균열　　　　　　　(라) 판의 압괴

(마) 판의 전단

② **강도 계산**

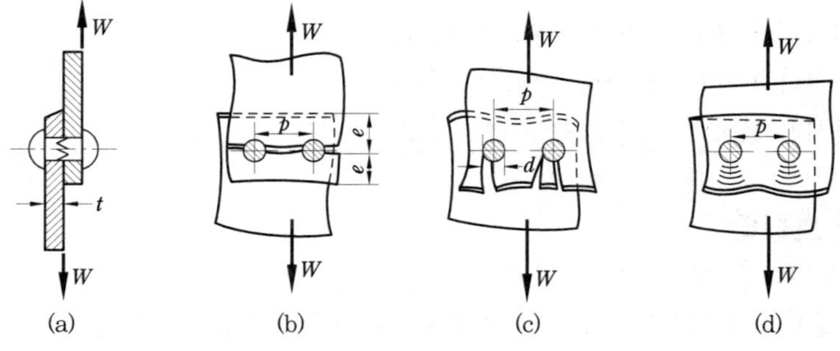

리벳의 파괴 상태

(a) 리벳이 전단될 경우 : $W=A\tau=\dfrac{\pi}{4}d^2\tau$ [kN], $\tau=\dfrac{4W}{\pi d^2}$ [kPa]

(b) 리벳 사이의 판이 인장 파괴될 경우 : $W=(p-d)t\sigma_t$ [kN], $\sigma_t=\dfrac{W}{(p-d)t}$ [kPa]

(c) 판의 앞쪽이 전단될 때 : 전단 면적은 $2\,et$이므로 $W=2et\cdot\tau_p$ [kN], $\tau_p=\dfrac{W}{2et}$ [kPa]

(d) 리벳 또는 판이 압축 파괴될 때 : $W = dt\sigma_c$ [kN] $\sigma_c = \dfrac{W}{dt}$ [kPa]

여기서, W : 1피치당 하중(kN), t : 판 두께(mm), p : 리벳의 피치(mm)
d : 리벳 구멍의 지름(mm), σ_t : 판에 생기는 인장 응력(kPa)
e : 리벳 중심에서 판 끝까지의 거리(mm) $e \geqq 1.5d$, 박판이나 경합금은 $e \geqq 3d$
σ_c : 리벳 또는 판의 압축 응력(kPa), τ : 리벳에 생기는 전단 응력(kPa)
τ_p : 판에 생기는 전단 응력(kPa)

③ **경험식** : 바하에 의하면 $d = \sqrt{50t} - C$ [mm] (C : 리벳 이음의 상수)

(가) 겹치기 리벳 이음의 경우 : $C = 4$일 때 $d = \sqrt{50t} - 4$ [mm]

(나) 양쪽 덮개판 리벳 이음의 경우

1열일 때 $d = \sqrt{50t} - 5$ [mm]

2열일 때 $d = \sqrt{50t} - 6$ [mm]

3열일 때 $d = \sqrt{50t} - 7$ [mm]

④ **보일러용 리벳 이음** : 보일러 원통 안의 압력을 P [kPa], 원통의 지름을 D [mm], 강판의 두께를 t [mm]라 하면,

(가) 축 방향의 인장 응력(원주 이음 리벳에 대한 인장 응력)

$$\sigma_t = \frac{PD}{4t} \ [\text{kPa}]$$

(나) 원주 방향의 인장 응력(세로 이음 리벳에 대한 인장 응력)

$$\sigma_t = \frac{PD}{2t} \ [\text{kPa}]$$

즉, 세로 이음은 원주 이음보다 2배가 강해야 한다.

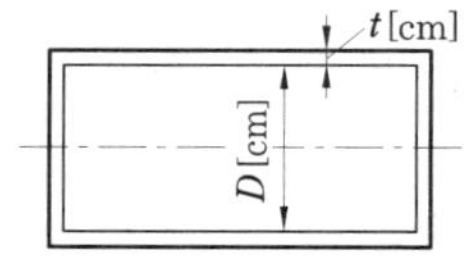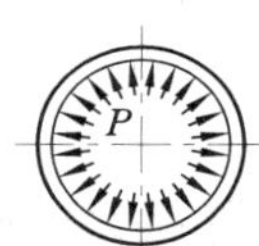

보일러의 강도

2-4 용접

1 용접 이음의 장점

① 사용 재료의 두께에 제한이 없다.

② 기밀 유지에 용이하다.

③ 이음 효율을 100%까지 할 수 있다.

④ 사용 기계가 간단하다.

⑤ 다른 이음에 비해 제작물의 무게를 경감시킬 수 있다.

⑥ 작업할 때 소음이 작다.

⑦ 작업의 자동화가 용이하다.

2 용접 이음의 단점

① 수축, 변형 및 잔류 응력으로 인한 변형 위험이 있다.

② 사용 재료에 제한이 있다.

③ 용접 부분이 취성 파손될 수 있다.

④ 용접 부분의 강도가 저하될 수 있다.

⑤ 작업 시 고열에 대한 안전 대책이 필요하다.
⑥ 작업자의 기능에 따라 용접부의 강도가 좌우된다.
⑦ 진동을 감쇠하는 능력이 부족하다.

❸ 용접의 분류

① 융접(fusion welding)
② 압접(pressure welding)
③ 경납 땜(brazing)

❹ 용접법의 종류

① **가스 용접** : 가스의 연소열을 이용하여 용접, 얇은 강판, 구리 합금 등에 이용
② **아크 용접** : 고전류의 전기를 이용해 아크를 발생, 특수강 강판, 형강 등에 이용
③ **전자 빔 용접** : 금속에 전자선을 투사하여 발생되는 열을 이용, 금속의 정밀 용접에 이용
④ **레이저 용접** : 레이저를 집광시켜 고에너지 밀도의 열원으로 용접, 금속, 세라믹스 등에 이용
⑤ **플라스마 용접** : 플라스마를 이용하여 금속의 접합부를 국부적으로 급속 가열, 스테인리스강, 내열
　강, 티탄 합금, 세라믹스 등의 고융해점 재료에 이용

❺ 용접부의 분류

① **그루브 용접** : 접합할 모재를 맞대어 놓고 그 사이에 홈을 만든다.
② **필릿 용접** : 직교하는 두 면을 결합하는 용접을 필릿 용접이라 한다.
③ **비드 용접** : 모재에 용접 홈을 가공하지 않고, 두 판을 맞대어 그 위에 비드를 용착한다.
④ **플러그 용접** : 접합할 모재의 한쪽에 구멍을 뚫고 판재의 표면까지 차게 용접한다.
⑤ **덧살올림 용접** : 부재 표면이 마멸되었거나 치수가 부족할 때 비드를 쌓아 올리는 용접이다.

❻ 용접 이음의 종류

① **맞대기 용접 이음** : 모재를 일정한 간격으로 놓고 그 양 끝에 홈을 판 후 비드를 쌓아 접합

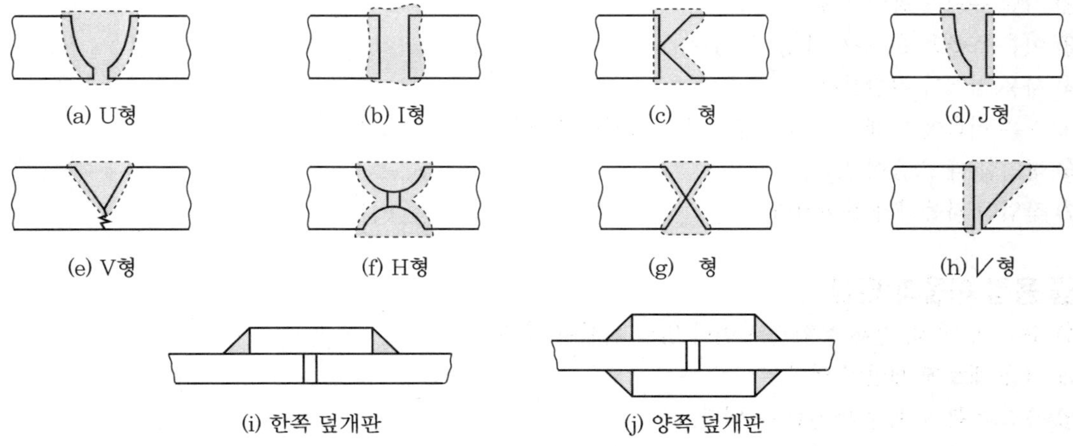

맞대기 용접 이음의 종류

② **겹치기 용접 이음** : 2개의 모재를 겹쳐 놓고 접합

(a)　　　　　　　　　(b)

겹치기 용접 이음의 종류

③ **T형 용접 이음** : 2개의 모재를 수직 방향으로 놓고 접합

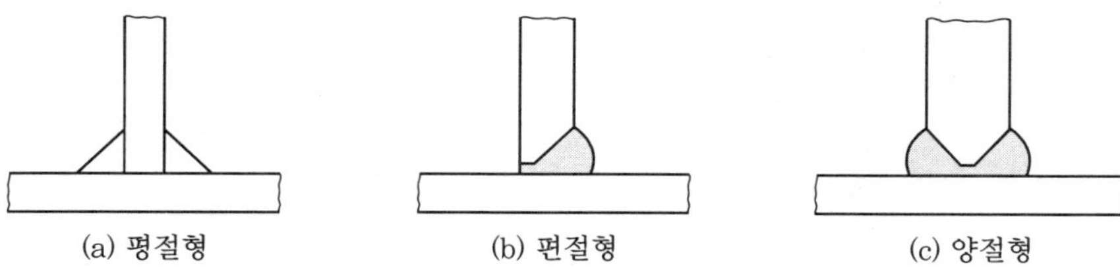

(a) 평절형　　　　　(b) 편절형　　　　　(c) 양절형

T형 용접 이음의 종류

④ **모서리 용접 이음** : 2개의 모재를 모서리와 모서리끼리 접합

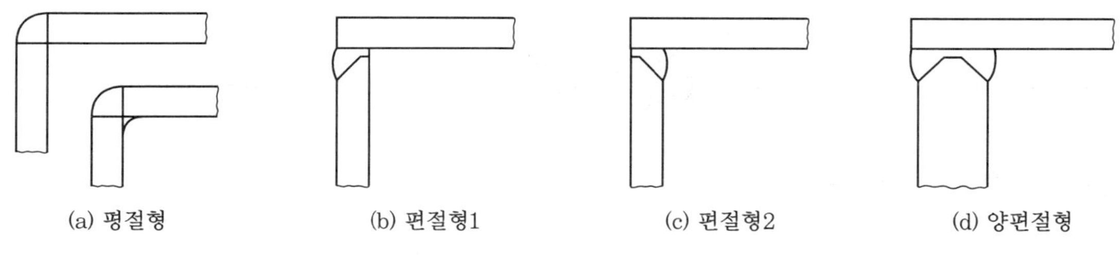

(a) 평절형　　　(b) 편절형1　　　(c) 편절형2　　　(d) 양편절형

모서리 용접 이음의 종류

⑤ **가장자리 용접 이음** : 2개 이상의 모재를 가장자리끼리 서로 접합

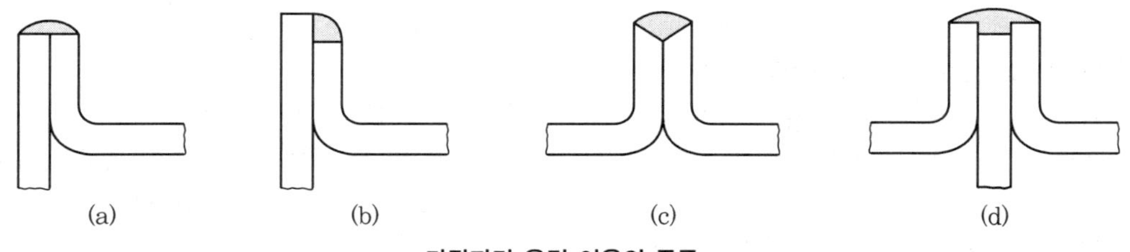

(a)　　　　　(b)　　　　　(c)　　　　　(d)

가장자리 용접 이음의 종류

▰ 용접 이음의 강도

① 맞대기 용접 이음의 강도

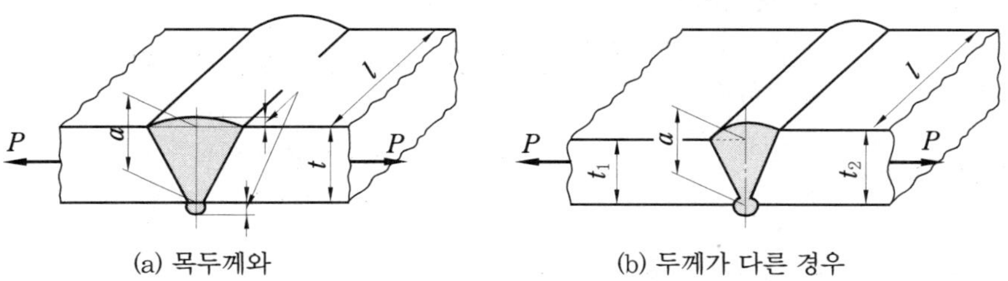

(a) 목두께와　　　　　　　　　(b) 두께가 다른 경우

(a)의 경우 : $P=\sigma_t tl=\sigma_t al$ (여기서, P : 인장 하중, t : 판두께, a : 목두께, σ_t : 인장 응력, l : 용접 길이)

(b)의 경우 : $P=\sigma_t t_1 l=\sigma_t al$ (여기서, P : 인장 하중, t_1 : 판두께, a : 목두께, σ_t : 인장 응력, l : 용접 길이)

② 필릿 용접 이음의 강도

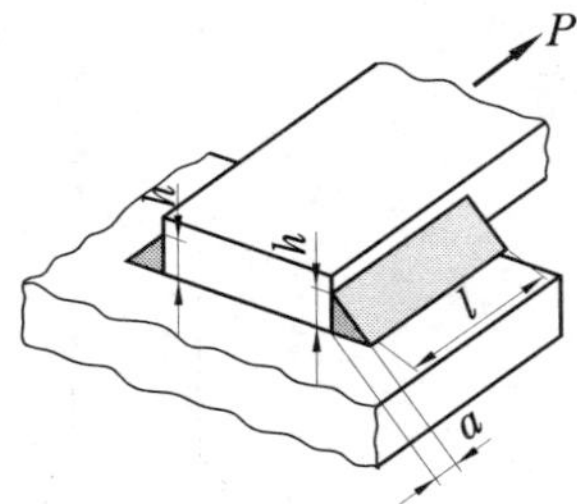
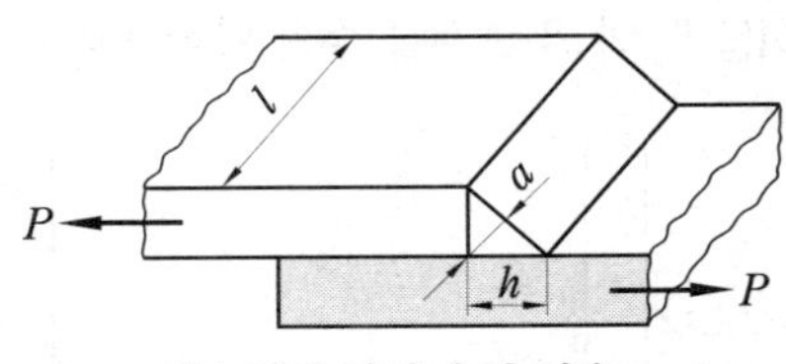

(a) 측면 필릿 용접 이음   (b) 전면 필릿 용접 이음

(a)의 경우 : $P=A\tau=2al\tau=2\times h\cos45°\,l\tau=1.414hl\tau$

(여기서, P : 인장 하중, τ : 전단 응력, a : 목두께, h : 용접 다리 길이, l : 용접부 길이)

(b)의 경우 : $P=\dfrac{\sigma_t lh}{1.414}$ (여기서, P : 인장 하중, σ_t : 용접부의 인장 응력, l : 용접부 길이, h : 용접 다리 길이)

예 상 문 제

1. 다음 중 접선 키의 중심각은?

㉮ 30°   ㉯ 90°

㉰ 120°   ㉱ 180°

[해설] 중심각이 120°되도록 두 곳에 끼우게 되며, 케네디 키는 중심각 90°로 정사각형의 단면을 가진 키를 두 곳에 끼운다.

2. 때려박음 키(드라이빙 키)의 테이퍼 값은?

㉮ 1/16   ㉯ 1/50

㉰ 1/80   ㉱ 1/100

3. 코터의 재질은 로드나 소켓에 비하여 어떠한가?

㉮ 약간 단단하다.   ㉯ 매우 단단하다.

㉰ 같다.   ㉱ 약간 무르다.

4. 코터 이음에서 지브(jib)를 쓰는 경우는?

㉮ 소켓의 균열 방지   ㉯ 로드의 균열 방지

㉰ 중하중용 이음   ㉱ 경하중용 이음

5. 코터 핀의 굵기의 종류는?

㉮ 3가지   ㉯ 6가지

㉰ 8가지   ㉱ 10가지

[해설] 코터 핀의 굵기는 4, 5, 6, 8, 10, 12, 14, 16mm의 8종류가 있다.

6. 큰 하중이 걸리는데 사용되는 키는?

㉮ 새들 키   ㉯ 묻힘 키

㉰ 둥근 키   ㉱ 평 키

7. 키 홈의 설명 중 틀린 것은?

㉮ 어떤 작은 홈일지라도 끝에는 R을 붙인다.

㉯ 새들 키에서는 축은 절삭하지 않고 보스에만 홈을 판다.

㉰ 평 키에서는 축에만 홈을 파고 보스에는 평평하게 절삭한다.

㉱ 접선 키에서는 축과 보스 양쪽에 홈을 파며, 접선각은 120°이다.

8. 테이퍼 핀의 호칭 지름은?

㉮ 굵은 부분의 지름

㉯ 중간 부분의 지름

㉰ $\dfrac{굵은\ 부분+가는\ 부분}{2}$

정답   **1.** ㉰   **2.** ㉱   **3.** ㉮   **4.** ㉮   **5.** ㉰   **6.** ㉯   **7.** ㉰   **8.** ㉱

[라] 가는 부분의 지름

9. 리벳 작업에서 불필요한 것은?

[가] 스냅 [나] 드릴
[다] 펀치 [라] 스패너

[해설] 리베팅에서 스냅은 2개가 필요하다.

10. 코킹이나 풀러링 대신에 패킹을 끼워 유체의 누설을 막는 리벳 작업의 판 두께는?

[가] 3mm 이하 [나] 5mm 이하
[다] 7mm 이하 [라] 10mm 이하

11. 분해할 수 없는 결합 요소는?

[가] 리벳 [나] 키
[다] 볼트 [라] 코터

12. 리벳의 호칭법에 속하는 사항이 아닌 것은?

[가] 종류 [나] 지름
[다] 끝모양의 지정 [라] 재료

[해설] 끝모양의 지정은 키의 호칭에 사용된다.

13. 그림과 같은 1줄 겹치기 리벳 이음에 2000N의 인장 하중이 작용하고 있을 때, 강판의 두께(t) 10mm, 폭(b) 50mm, 리벳 구멍의 지름을 16.8mm라 하면 리벳에 생기는 전단 응력은?

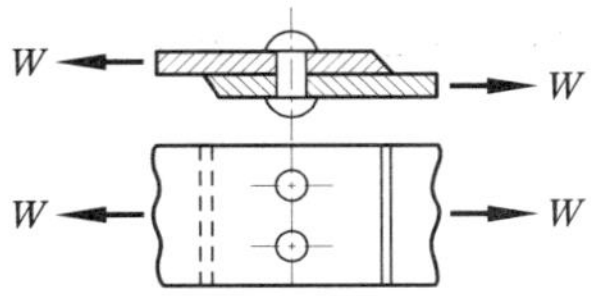

[가] 4.51MPa [나] 5.51MPa
[다] 6.61MPa [라] 7.61MPa

[해설] 리벳은 2개이므로 하중을 받는 것도 2개이다. 따라서, 리벳의 전단 응력(τ)은

$$\tau=\frac{\frac{W}{2}}{\frac{\pi d^2}{4}}=\frac{2W}{\pi d^2}=\frac{2\times 2000}{\pi\times 16.8^2}=\frac{4000}{886.23}\fallingdotseq 4.51\text{ MPa}$$

($1\text{MPa}=1\text{MN/m}^2=1\text{N/mm}^2$)

14. 강도와 기밀을 필요로 하는 압력 용기에 쓰이는 리벳은?

[가] 접시머리 리벳 [나] 둥근머리 리벳
[다] 납작머리 리벳 [라] 얇은 납작머리 리벳

15. 한쪽에서만 작업해도 리베팅이 가능한 것은?

[가] 폭발 리벳 [나] 열간 성형 리벳
[다] 하크 리벳 [라] 냉간 성형 리벳

16. 냉각 리베팅을 하지 않는 것은?

[가] 교량 [나] 조선
[다] 보일러 [라] 항공기

17. 리벳 이음이 쓰이지 않는 곳은?

[가] 철교 [나] 보일러
[다] 송유관 [라] 구조물

18. 리벳 이음에서 강판 효율을 표시하는 식은? (단, p : 피치, d : 리벳 지름)

[가] $\eta=\frac{d-p}{p}\times 100(\%)$ [나] $\eta=\frac{p-d}{p}\times 100(\%)$
[다] $\eta=\frac{p}{d-p}\times 100(\%)$ [라] $\eta=\frac{p}{p-d}\times 100(\%)$

[해설] 강판의 안정 저항을 R이라 하면 $R=pt\sigma$이므로,

• 강판의 효율(η_1) $=\frac{\text{리벳 구멍을 뚫은 강판의 강도}}{\text{구멍을 뚫기 전의 강판의 강도}}$

$$=\frac{t(p-d)\sigma}{tp\sigma}=\frac{p-d}{p}=1-\frac{d}{p}$$

• 리벳의 효율(η_2) $=\frac{\text{리벳의 강도}}{\text{구멍을 뚫기 전의 강판의 강도}}$

$$=\frac{\frac{z\pi}{4}d^2\tau}{tp\sigma}$$

단, z : 1피치 내에 있는 리벳의 전단 면수

19. 냉간 성형 리벳을 머리모양으로 분류하면?

[가] 5종류 [나] 6종류
[다] 8종류 [라] 10종류

[해설] 둥근머리 리벳, 접시머리 리벳, 얇은 납작머리 리벳, 냄비머리 리벳, 소형 둥근머리 리벳 등의 5종류가 있다.

20. 리벳 구멍은 리벳 지름보다 얼마나 커야 하는가?

[가] 0.3~0.8mm [나] 1~1.5mm
[다] 2~3mm [라] 지름의 1/2

21. 코킹이나 풀러링을 하기 위하여 깎아주는 판의 끝 각도는?

[가] 50~60° [나] 60~70°
[다] 75~85° [라] 80~90°

[정답] 9. [라] 10. [나] 11. [가] 12. [다] 13. [가] 14. [나] 15. [다] 16. [라] 17. [다] 18. [나] 19. [가] 20. [나] 21. [다]

22. 테이퍼 핀의 테이퍼 값은?

㉮ 1/16　　　　　㉯ 1/20
㉰ 1/50　　　　　㉱ 1/100

23. 테이퍼 핀의 정밀도 및 다듬질 정도에 따른 등급이 옳게 된 것은?

㉮ 1, 2급　　　　　㉯ 1, 2, 3급
㉰ 상, 중, 보통　　　㉱ A, B, C급

24. 원뿔 키의 테이퍼 값은 대략 얼마로 해주는가?

㉮ 1/15　　　　　㉯ 1/25
㉰ 1/40　　　　　㉱ 1/50

25. 리벳의 종류 중 전체를 호칭 길이로 표시하는 것은 무엇인가?

㉮ 납작머리 리벳　　㉯ 접시머리 리벳
㉰ 둥근머리 리벳　　㉱ 냄비머리 리벳

26. 키의 종류 중 가장 큰 토크를 전달할 수 있는 것은?

㉮ 세레이션　　　　㉯ 접선 키
㉰ 둥근 키　　　　㉱ 반달 키

27. 테이퍼 축이나 축 지름이 50mm 이하인 곳에 사용되는 키는?

㉮ 반달 키　　　　　㉯ 원뿔 키

㉰ 평 키　　　　　㉱ 안장 키

28. 양쪽 기울기의 코터에서 자립 조건은? (단, 경사각은 α, 마찰각은 ρ)

㉮ $\alpha < 2\rho$　　　　㉯ $\alpha > 2\rho$
㉰ $\alpha \leqq \rho$　　　　㉱ $\alpha \geqq \rho$

29. 다음 중 용접 이음의 특징이 아닌 것은?

㉮ 기밀 유지가 곤란하다.
㉯ 사용 기계가 간단하다.
㉰ 잔류 응력으로 인한 변형 위험이 있다.
㉱ 사용 재료에 제한이 있다.

30. 직교하는 두 면을 결합하는 용접은?

㉮ 그루브 용접　　　㉯ 필릿 용접
㉰ 비드 용접　　　　㉱ 플러그 용접

31. 용접 다리 길이가 10mm인 전면 필릿 용접에서 용접선에 직각 방향으로 50kN의 힘으로 인장할 때 용접부에 생기는 응력(MPa)은?(단, 용접 길이는 100mm이다.)

㉮ 25.5　　　　　㉯ 50.5
㉰ 70.7　　　　　㉱ 83.4

[해설] $\sigma_t = \dfrac{1.414P}{hl} = \dfrac{1.414 \times 50000}{10 \times 100}$

$$= 70.7 \text{N/mm}^2 = 70.7 \text{MPa}$$

03 전달용 기계 요소

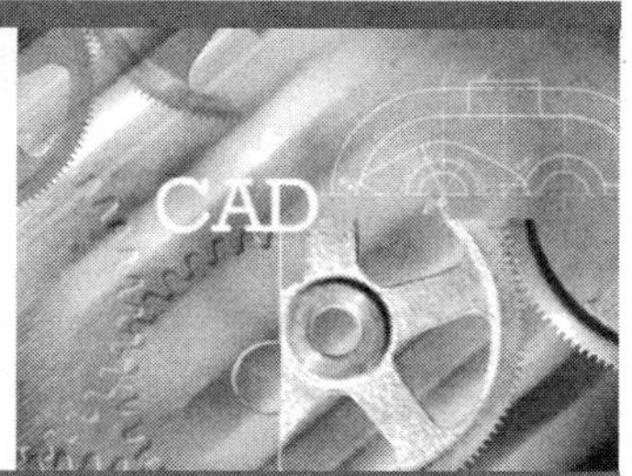

▶ 1. 축(shaft)

1-1 축의 종류

1 작용하는 힘에 의한 분류

① **차축**(axle) : 주로 휨을 받는 정지 또는 회전 축을 말한다.

② **스핀들**(spindle) : 주로 비틀림을 받으며 길이가 짧다. 모양, 치수가 정밀하고 변형량이 적어 공작 기계의 주축에 쓰인다.

③ **전동축**(transmission shaft) : 주로 비틀림과 휨을 받으며 동력 전달이 주목적이다. 전동축에는 주축, 선축, 중간축의 3 가지가 있다.

㈎ **주축**(main shaft)

㈏ **선축**(line shaft)

㈐ **중간축**(counter shaft)

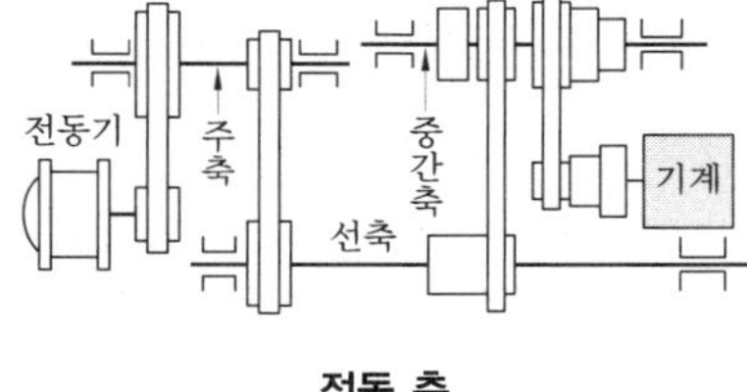

전동 축

2 모양에 의한 분류

① **직선축**(straight shaft) : 흔히 쓰이는 곧은 축을 말한다.

② **크랭크 축**(crank shaft) : 왕복 운동을 회전 운동으로 전환시키고, 크랭크핀에 편심륜이 끼워져 있다.

③ **플렉시블 축**(flexible shaft) : 가요축이라고도 하며, 전동축에 가요성(휨성)을 주어서 축의 방향을 자유롭게 변경할 수 있는 축을 말한다.

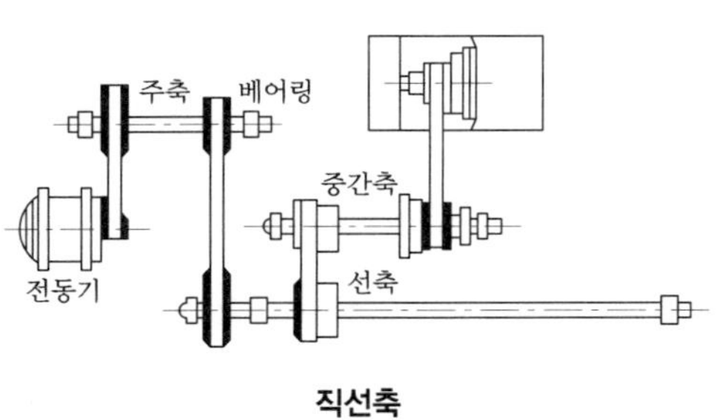

직선축

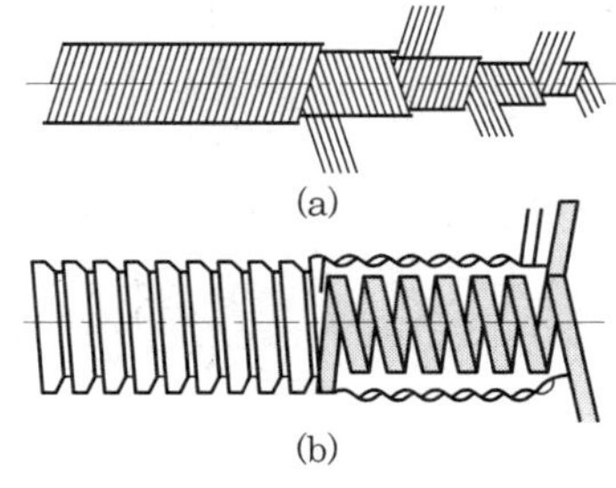

플렉시블 축

 1-2 축의 재료 및 강도

1 축의 재료
① 탄소 성분 : C 0.1~0.4%
② 중하중 및 고속 회전용 : 니켈, 니켈 크롬강
③ 마모에 견디는 곳 : 표면 경화강
④ 크랭크 축 : 단조강, 미하나이트 주철

2 축의 강도
① 굽힘 모멘트(M)만을 받는 축

(개) 둥근 축의 경우

$$M = \sigma_b Z = \sigma_b \frac{\pi d^3}{32}, \quad d = \sqrt[3]{\frac{10.2M}{\sigma_b}} \ [\mathrm{cm}]$$

(내) 중공축의 경우 : 내·외경비$(x) = \dfrac{d_1}{d_2}$라 하면,

$$M = \sigma_b Z = \sigma_b \frac{\pi d_2^{\,3}}{32}(1-x^4) = \sigma_b \frac{\pi}{32 d_2}(d_2^{\,4} - d_1^{\,4}) \ [\mathrm{kJ}]$$

$$\therefore d_2 = \sqrt[3]{\frac{10.2M}{\sigma_b(1-x^4)}} \ [\mathrm{cm}], \quad \text{또는} \quad d_1 = \sqrt[4]{d_2^{\,4} - \frac{10.2Md_2}{\sigma_b}} \ [\mathrm{cm}]$$

여기서, d : 둥근축의 지름, M : 축에 작용하는 휨 모멘트(kJ), d_1 : 중공축의 안지름(cm)
   d_2 : 중공축의 바깥지름(cm), σ_b : 축에 생기는 휨 응력(kPa), Z : 축의 단면 계수(cm³)

② 비틀림 모멘트(T)만을 받는 축

(개) 둥근 축의 경우

$$T = \tau Z_p = \tau \frac{\pi}{16} d^3 = \tau \frac{d^3}{5.1} = 7.02 \frac{\mathrm{PS}}{\mathrm{N}} [\mathrm{kJ}] \text{에서}$$

$$d \fallingdotseq \sqrt[3]{\frac{5.1T}{\tau}} \ [\mathrm{cm}] \ \text{또는} \ d = 15.3 \sqrt[3]{\frac{H[\mathrm{PS}]}{\tau n}} \ [\mathrm{cm}]$$

여기서, T : 축에 작용하는 토크[kJ]
  H : 전달 마력(PS)
  τ : 축에 생기는 전단 응력[kPa]
  n : 축의 매분 회전수[rpm]
  Z_p : 축의 극단면 계수[cm³]

(내) 중공축의 경우

$$d_2 \fallingdotseq \sqrt[3]{\frac{5.1T}{\tau(1-x^4)}} \ [\mathrm{cm}], \ \text{또는} \ d_2 = 15.3 \sqrt[3]{\frac{H[\mathrm{PS}]}{\tau n(1-x^4)}} \ [\mathrm{cm}]$$

여기서, $x = \dfrac{d_1}{d_2}$ (내·외경비)

$$d_2 = 16.95 \sqrt[3]{\frac{H[\mathrm{kW}]}{(1-x^4)\tau n}} \ [\mathrm{cm}]$$

③ 굽힘과 비틀림을 동시에 받는 축 : 상당 굽힘 모멘트 M_e 또는 상당 비틀림 모멘트 T_e를 생각하여 축의 지름을 계산하여 큰 쪽의 값을 취한다.

$$T_e = \sqrt{M^2 + T^2} = M\sqrt{1 + \left(\frac{T}{M}\right)^2} \ [\mathrm{kJ}]$$

$$M_e = \frac{1}{2}(M + \sqrt{M^2 + T^2}) = \frac{1}{2}(M + T_e)[\mathrm{kJ}]$$

$$d = \sqrt[3]{\frac{5.1T_e}{\tau_a}} \ [\mathrm{cm}] \ \text{또는} \ d = \sqrt[3]{\frac{10.2M_e}{\sigma_a}} \ [\mathrm{cm}]$$

④ 전동축

$$d = K\sqrt[3]{\frac{H}{n}} \ [\mathrm{cm}] \qquad \text{여기서,} \ K = 71.5\sqrt[3]{\tau}$$

⑤ 비틀림 각의 제한으로 인한 축 지름 : 지름에 비하여 긴 전동축은 적당한 강도와 강성(rigidity)이 필요하다. 특히 동기적 또는 확실한 전동을 필요로 할 때에는 축의 비틀림 각의 크기를 1/4°로 제한하여 축 지름을 정한다.

$$\theta° = \frac{180°}{\pi}\frac{Tl}{GI_p} = 57.3°\frac{Tl}{GI_p}\,[\text{degree}]$$

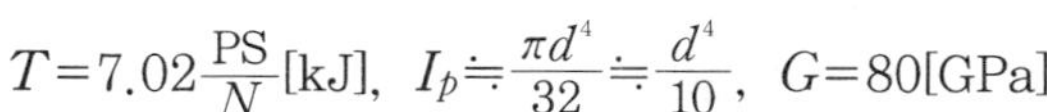

축의 비틀림

둥근 연강축에 대하여

$$T = 7.02\frac{PS}{N}\,[\text{kJ}],\quad I_p ≒ \frac{\pi d^4}{32} ≒ \frac{d^4}{10},\quad G = 80\,[\text{GPa}]$$

바하의 축 공식(Bach's shaft fomula)에 의하여 $l = 1m$에 대하여 $\theta ≤ \frac{1}{4}°$로 설계할 때는 축 지름을 다음과 같이 구한다.

$$d = 12\sqrt[4]{\frac{H[\text{PS}]}{n}}\,[\text{cm}]\ (실체축),\quad d_2 = 12\sqrt[4]{\frac{H[\text{PS}]}{n(1-x^4)}}\,[\text{cm}]\ (중공축)$$

$$d = 13\sqrt[4]{\frac{H[\text{kW}]}{n}}\,[\text{cm}]\ (실체축),\quad d_2 = 13\sqrt[4]{\frac{H[\text{kW}]}{n(1-x^4)}}\,[\text{cm}]\ (중공축)$$

여기서, $x = \dfrac{d_1}{d_2}$(내외경비)
d_1 : 중공축의 내경
d_2 : 중공축의 외경

❸ 축 설계 시 고려할 사항

① **강도(strength)** : 여러 가지 하중의 작용에 충분히 견딜 수 있는 강함의 크기
② **강성도(stiffness)** : 충분한 강도 이외에 처짐이나 비틀림의 작용에 견딜 수 있는 능력
③ **진동(vibration)** : 회전 시 고유 진동과 강제 진동으로 인하여 공진 현상이 생길 때 축이 파괴된다. 이때 축의 회전 속도를 임계 속도라 한다.
④ **부식(corrosion)** : 방식(防蝕) 처리를 하거나 또는 굵게 설계한다.
⑤ **온도** : 고온의 열을 받는 축은 크리프와 열팽창을 고려해야 한다.

예 상 문 제

1. 다음 중 차축에서의 힘은?

㉮ 주로 굽힘만을 받는다.
㉯ 주로 비틀림만을 받는다.
㉰ 압축만을 받는다.
㉱ 굽힘과 비틀림을 동시에 받는다.

[해설] 차축은 주로 굽힘을 받고, 스핀들은 주로 비틀림을 받으며, 전동축은 비틀림과 굽힘을 동시에 받는다.

2. 축에 사용하는 재료 중 관계없는 것은?

㉮ 구리 합금　　　　㉯ 탄소강
㉰ Ni　　　　㉱ Ni-Cr강

3. 중하중과 고속 회전에 적당한 축은?

㉮ 주철　　　　㉯ Ni-Cr강

㉰ 주강　　　　㉱ 단조강

4. 전동축의 안전율은?

㉮ 3~5　㉯ 5~7　㉰ 8~10　㉱ 12~14

5. 터빈축에서 발생되는 진동은?

㉮ 비틀림 진동　　　㉯ 휨 진동
㉰ 수직 진동　　　　㉱ 수평 진동

6. 축의 치수를 정하는데 불필요한 것은?

㉮ 하중　　　　㉯ 축간 거리
㉰ 재료　　　　㉱ 축의 단면 형상

7. 크랭크 축의 재료는?

㉮ 연강　　　　㉯ 알루미늄 합금

[정답] 1. ㉮　2. ㉮　3. ㉯　4. ㉰　5. ㉮　6. ㉰　7. ㉱

㉓ 합금강   ㉔ 단조강

[해설] 축에 쓰이는 탄소강의 탄소 함유량은 0.1~0.4% 정도가 쓰인다.

8. 임계 속도(critical speed)란?

㉮ 축의 회전 속도가 어느 값이 되면 갑자기 진동을 일으키는 때의 회전수

㉯ 축이 회전 가능한 최대의 회전수

㉰ 축의 이음 부분이 마찰에 의하여 마모되기 시작하는 때의 회전수

㉱ 전동축에서 안전율 8~10일 때의 회전수

[해설] 임계 속도 : 위험 속도라고도 하며, 축이 이에 이르면 진동으로 인하여 사용 응력이 탄성 한계를 넘어 파괴되는 수가 있다.

9. 확실한 전동을 요할 때 허용되는 최대 축의 비틀림 각은?

㉮ $\dfrac{1}{4}°$ ㉯ $\dfrac{1}{3}°$ ㉰ $\dfrac{1}{2}°$ ㉱ $1°$

10. 축이 자유로이 휠 수 있는 축은?

㉮ 전동축   ㉯ 크랭크 축

㉰ 중공축   ㉱ 플렉시블 축

11. 플렉시블 축은 무엇으로 만드는가?

㉮ 고무   ㉯ 가죽   ㉰ 철사   ㉱ 강봉

12. 전동 축이 굽힘 하중을 받을 때 최대 처짐은 축 길이 1m에 대해서 얼마로 제한하는가?

㉮ 1/2mm/m   ㉯ 1/3mm/m

㉰ 1/4mm/m   ㉱ 1/5mm/m

13. 굽힘 모멘트를 900J 받는 둥근 축의 지름을 구하라(단, 축의 굽힘 응력은 5MPa이다).

㉮ 35.5mm   ㉯ 57.5mm

㉰ 82.3mm   ㉱ 121.6mm

[해설] $d=\sqrt[3]{\dfrac{10.2M}{\sigma_b}}=\sqrt[3]{\dfrac{10.2\times900000}{5}}=121.6\text{mm}$

14. 비틀림 모멘트가 1000N·mm인 둥근 축의 지름을 구하라 (단, 축의 허용 전단 응력은 5MPa 이다).

㉮ 10mm   ㉯ 100mm

㉰ 15mm   ㉱ 150mm

[해설] $T=\tau_a\cdot Z_p=\tau_a\dfrac{\pi d^3}{16}$에서

$d=\sqrt[3]{\dfrac{16T}{\pi\tau_a}}=\sqrt[3]{\dfrac{16\times1000}{\pi\times5}}=10.06\text{mm}$

15. 4500N·m의 비틀림 모멘트가 작용하는 지름 8cm의 둥근 막대기에 생기는 비틀림 응력을 구하라.

㉮ 336.2MPa   ㉯ 33.6MPa

㉰ 448MPa   ㉱ 44.8MPa

[해설] 비틀림 모멘트 : $T=\tau\cdot Z_p$ (단, Z_p는 극단면 계수임.)에서 원형의 극단면 계수 $Z_p=\dfrac{\pi d^3}{16}$이므로,

$T=\tau\cdot\dfrac{\pi d^3}{16}$

따라서, $\tau=\dfrac{16T}{\pi d^3}=\dfrac{16\times4500\times10^3}{3.14\times(80)^3}=44.8\text{MPa}$

16. 비틀림 모멘트가 4.8kN·m(kJ), 회전수가 300rpm인 전동축의 마력수를 구하라.

㉮ 100   ㉯ 120   ㉰ 185   ㉱ 205

[해설] 비틀림 모멘트 $(T)=7.02\dfrac{\text{PS}}{N}$[kJ]에서

$\text{PS}=\dfrac{T\cdot N}{7.02}=\dfrac{4.8\times300}{7.02}=205\text{PS}$

17. 회전수 2800rpm인 축으로 2PS를 전달할 때, 비틀림 모멘트를 구하라.

㉮ 501N·cm   ㉯ 501kN·cm

㉰ 716N·cm   ㉱ 716kN·cm

[해설] 비틀림 모멘트 $(T)=7.02\times\dfrac{\text{PS}}{N}$

$=7.02\times\dfrac{2}{2800}=5.01\times10^{-3}(\text{kJ})=5.01\text{J}(=\text{N·m})$

$=501\text{N·cm}$

18. 축에서 상당 휨 모멘트 M_e는?

㉮ $M_e=\dfrac{M+T_e}{2}$ ㉯ $M_e=\sqrt{T^2+M^2}$

㉰ $M_e=M+T_e$ ㉱ $M_e=\dfrac{\sqrt{T^2+M^2}}{2}$

19. 전동축의 동력 전달 순서가 옳게 된 것은?

㉮ 주축－중간축－선축

㉯ 선축－중간축－주축

㉰ 주축－선축－중간축

㉱ 선축－주축－중간축

정답／ **8.** ㉮ **9.** ㉮ **10.** ㉱ **11.** ㉰ **12.** ㉯ **13.** ㉱ **14.** ㉮ **15.** ㉱ **16.** ㉱ **17.** ㉮ **18.** ㉮ **19.** ㉰

◉ ▶ 2. 축 이음 (coupling & clutch)

 2-1 축 이음의 종류

1 커플링

커플링의 종류와 특성

형 식		형 상	특 징
고정식이음	플랜지 커플링 (flange coupling)		• 가장 널리 쓰이며 주철, 주강, 단조 강재의 플랜지를 이용한다. • 플랜지의 연결은 볼트 또는 리머 볼트로 조인다. • 축지름 50~150mm에서 사용되며 강력전달용이다. • 플랜지 지름이 커져서 축심이 어긋나면 원심력으로 인하여 진동되기 쉽다.
	슬리브 커플링 (sleeve coupling)		• 제일 간단한 방법으로 주철제의 원통 또는 분할 원통 속에 양축을 끼워놓고 키로 고정한다. • 30mm 이하의 작은 축에 사용된다. • 축 방향으로 인장이 걸리는 것에는 부적당하다.
	플렉시블 커플링 (flexible coupling)		• 두 축의 중심선을 완전히 일치시키기 어려운 경우, 고속 회전으로 진동을 일으키는 경우, 내연 기관 등에 사용된다. • 가죽, 고무, 연철금속 등을 플랜지 중간에 끼워 넣는다. • 탄성체에 의해 진동, 충격을 완화시킨다. • 양축의 중심이 다소 엇갈려도 상관없다.
	올덤 커플링 (Oldham's coupling)		• 두 축의 거리가 짧고 평행이며 중심이 어긋나 있을 때 사용한다. • 진동과 마찰이 많아서 고속엔 부적당하며 윤활이 필요하다.
	유니버설 조인트 (universal joint)		• 두 축이 서로 만나거나 평행해도 그 거리가 멀 때 사용한다. • 회전하면서 그 축의 중심선의 위치가 달라지는 것에 동력을 전달하는 데 사용한다. • 원동축이 등속 회전해도 종동축은 부등속 회전한다. • 축각도는 30° 이내이다.

2 클러치

① **맞물림 클러치(claw clutch)** : 턱을 가진 한 쌍의 플랜지를 원동축과 종동축의 끝에 붙여서 만든 것으로, 종동축의 플랜지를 축 방향으로 이동시켜 단속하는 클러치이다.

② **마찰 클러치** : 원동축과 종동축에 설치된 마찰 면을 서로 밀어 그 마찰력으로 회전을 전달시키는 클러치로서 축 방향 클러치와 원주 방향 클러치로 크게 나누고, 마찰 면의 모양에 따라 원판 클러치, 원뿔 클러치, 원통 클러치, 밴드 클러치 등으로 나눈다.

③ **유체 클러치** : 원동축의 회전에 따라 중간 매체인 유체가 회전하여 그 유압에 의하여 종동축이 회전하는 클러치이다.

④ **일방향 클러치** : 원동 축의 속도보다 늦게 되었을 경우, 종동 축이 자유 공전할 수 있도록 한 것으로 한 방향으로만 회전력을 전달하고 반대 방향으로는 전달시키지 못하는 비역전 클러치이다.

예 롤러 클러치, 래칫 클러치 등

맞물림 클러치	원판 클러치	원뿔 클러치

2-2 축 이음 설계 시 유의점

① 센터의 맞춤이 완전히 이루어질 것　　② 회전 균형이 완전하도록 할 것

③ 설치 분해가 용이하도록 할 것　　④ 전동에 의해 이완되지 않을 것

⑤ 토크 전달에 충분한 강도를 가질 것　　⑥ 회전부에 돌기물이 없도록 할 것

예 상 문 제

1. 두 축의 이음을 임의로 단속할 수 있는 축이음은?

㉮ 클러치　　　　　㉯ 특수 커플링
㉰ 플랜지 커플링　　㉱ 플렉시블 커플링

2. 클러치 물림턱의 모양이 아닌 것은?

㉮ 직사각형　　　㉯ 사다리꼴형
㉰ 톱날형　　　　㉱ 반원형

[해설] ㉮, ㉯, ㉰항 이외에 큰 톱날형에 속하는 덩굴형이 있으며 ㉮, ㉯의 형은 어느 방향이든지 회전이 가능하지만, 톱날형과 덩굴형은 한 쪽 방향으로만 회전이 가능하다.

3. 클러치의 톱날형 턱에서 톱날의 수직면에 해당되는 면은 축심에서 몇 도 기울어져 있는가?

㉮ 1°　　㉯ 2°　　㉰ 3°　　㉱ 5°

4. 원뿔 클러치의 원뿔각의 제한은?

㉮ 7~10°　㉯ 12~15°　㉰ 29°　　㉱ 30~45°

5. 마찰 클러치의 마찰제가 아닌 것은?

㉮ 플라스틱　　㉯ 고무
㉰ 금속　　　　㉱ 가죽

6. 공작기계의 주축과 같이 주로 비틀림을 받는 축은?

㉮ 차축　　　㉯ 스핀들
㉰ 전동축　　㉱ 플렉시블 축

7. 원동축의 회전 운동을 종동축에 전달할 때에 회전을 단속시킬수 있는 축 이음은?

㉮ 유니버설 조인트　　㉯ 올덤 커플링
㉰ 플렉시블 커플링　　㉱ 클러치

8. 다음 중 플렉시블 커플링에 속하지 않는 것은?

㉮ 고무 또는 가죽 이용
㉯ 강철 또는 스프링 이용
㉰ 올덤 커플링
㉱ 유니버설 조인트

[해설] 플렉시블 커플링의 종류

정답 　1. ㉮　2. ㉱　3. ㉰　4. ㉯　5. ㉮　6. ㉯　7. ㉱　8. ㉱

① 고무 또는 가죽을 이용한 것(조이델 호이스 커플링)
② 강철, 스프링을 이용한 것(포크 커플링, 너톨 커플링)
③ 올덤 커플링
④ 기어 체인을 이용한 것(기어 커플링, 체인 커플링)

9. 슬리브 커플링에 속하지 않는 것은?

㉮ 원통 커플링 　　㉯ 분할 원통 커플링
㉱ 샐러스 커플링 　　㉰ 너톨 커플링

[해설] 너톨 커플링은 플렉시블 커플링의 일종으로서 스프링의 탄력을 이용한 것이다.

10. 커플링의 설명 중 맞는 것은?

㉮ 올덤 커플링은 두 축이 평행으로 있으면서 축심이 어긋났을 때 사용한다.
㉯ 플랜지 커플링은 축심이 어긋나서 진동하기 쉬운 때 사용한다.
㉱ 원통 커플링의 지름은 플랜지 커플링보다 크다.
㉰ 플렉시블 커플링은 양축의 중심선이 일치하는 경우에만 사용한다.

11. 축 이음의 위치는?

㉮ 베어링에 멀리 둔다.
㉯ 베어링에 가까이 둔다.
㉱ 주축과 선축 중간에 둔다.
㉰ 선축과 중간축 중간에 둔다.

12. 다음 중 가장 널리 이용되는 축 이음은?

㉮ 슬리브 커플링 　　㉯ 플랜지 커플링
㉱ 플렉시블 커플링 　　㉰ 올덤 커플링

13. 플랜지 커플링은 지름 몇 mm 이상의 축에 널

리 쓰이는가?

㉮ 20mm 이상 　　㉯ 30mm 이상
㉱ 50mm 이상 　　㉰ 100mm 이상

14. 다음 중 주철로 된 원통 속에서 키로 고정시키는 축이음은?

㉮ 슬리브 커플링 　　㉯ 플랜지 커플링
㉱ 유니버설 조인트 　　㉰ 올덤 커플링

15. 유니버설 조인트에서 축의 각 속도를 같게 하려면 필요한 조인트 수는?

㉮ 1개 　　㉯ 2개 　　㉱ 3개 　　㉰ 5개

[해설] 유니버설 조인트에서 축이음 1개로는 원동축이 등속 회전해도 종동축은 부등속 회전을 하므로, 조인트 2개를 사용하여 원동축과 종동축이 평행 또는 대칭이 되게 하면 양측 모두 같은 속도의 회전을 한다. 최근에는 등속 볼 조인트가 고안되어 자동차에 많이 쓰이고 있다.

16. 유니버설 조인트의 허용축 각도는 얼마 이내인가?

㉮ 15° 　　㉯ 30° 　　㉱ 45° 　　㉰ 60°

17. 윤활유가 충분히 있어야 작동되는 클러치는 어느 것인가?

㉮ 마찰 클러치 　　㉯ 맞물림 클러치
㉱ 전자 클러치 　　㉰ 유체 클러치

18. 축이음 설계 시 고려할 사항이 아닌 것은?

㉮ 센터 맞춤이 충분할 것
㉯ 진동에 강할 것
㉱ 대형일 것
㉰ 조립, 고정, 분해가 용이할 것

▶ 3. 저널(journal)과 베어링(bearing)

회전축 또는 왕복 운동하는 축을 지지하여 축에 작용하는 하중을 부담하는 요소를 베어링(bearing)이라 하고, 한편 베어링에 접촉된 축 부분을 저널(journal)이라 한다.

 3-1 저널과 베어링의 종류

◪ 저널의 종류

① 레이디얼 저널(radial journal) : 하중이 축의 중심선에 직각으로 작용한다(반경 방향 하중을 받는다).

② 스러스트 저널(thrust journal) : 축선 방향으로 하중이 작용한다(축 방향 하중을 받는다).

  ㈎ 피벗 저널(pivot journal)   ㈏ 칼라 저널(collar journal)

③ 원뿔 저널(cone journal)과 구면 저널(spherical journal) : 원뿔은 축선과 축선의 직각 방향에 동시에 하중이 작용하는 것이고, 구면은 축을 임의의 방향으로 기울어지게 할 수 있다.

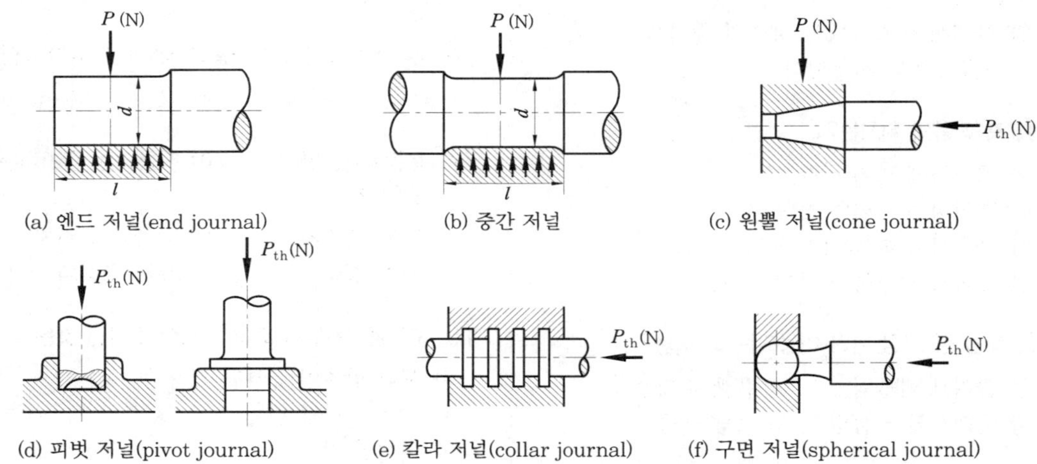

저널의 종류

◪ 베어링의 종류

① 하중의 작용에 따른 분류

  ㈎ 레이디얼 베어링(radial bearing) : 하중을 축의 중심에 대하여 직각으로 받는다.

  ㈏ 스러스트 베어링(thrust bearing) : 축의 방향으로 하중을 받는다.

  ㈐ 원뿔 베어링(cone bearing) : 합성 베어링이라고도 하며, 하중의 받는 방향이 축 방향과 축의 직각 방향의 합성으로 받는다.

② 접촉면에 따른 분류

  ㈎ 미끄럼 베어링(sliding bearing) : 저널 부분과 베어링이 미끄럼 접촉을 하는 것으로 슬라이딩 베어링이라고도 한다.

  ㈏ 구름 베어링(rolling bearing) : 저널과 베어링 사이에 볼이나 롤러를 넣어서 구름 마찰을 하게 한 베어링으로 롤링 베어링이라고도 한다.

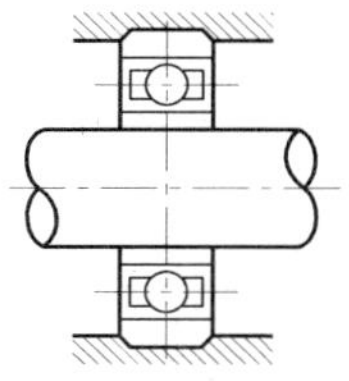 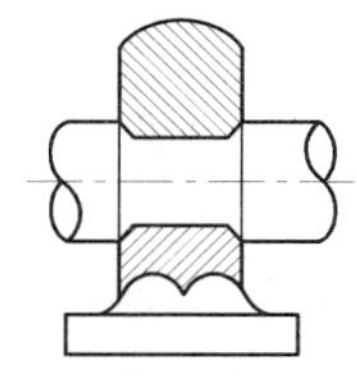 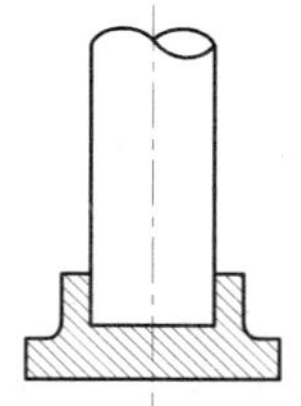 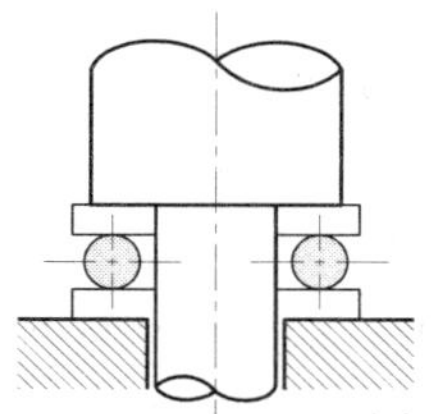

(a) 레이디얼 구름 베어링　(b) 레이디얼 미끄럼 베어링　(c) 스러스트 미끄럼 베어링　(d) 스러스트 구름 베어링

베어링의 종류

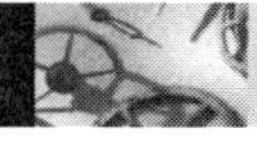
3-2 슬라이딩 베어링 (sliding bearing)

1 저널 베어링(journal bearing)
① 일체 베어링(solid bearing) : 주철제 한덩어리로서 베어링 면에 부시를 끼우기도 한다.
② 분할 베어링(split bearing) : 본체와 캡으로 되어 있다.

2 스러스트 베어링(thrust bearing)
① 피벗 베어링(pivot bearing) : 절구 베어링(foot step bearing)이라고도 하며, 축 끝이 원추형으로 그 끝이 약간 둥글게 되어 있다.
② 칼라 스러스트 베어링(collar thrust bearing) : 칼라는 여러 장 겹쳐 있으며, 칼라 저널을 만드는 베어링으로서 베어링이 길다.

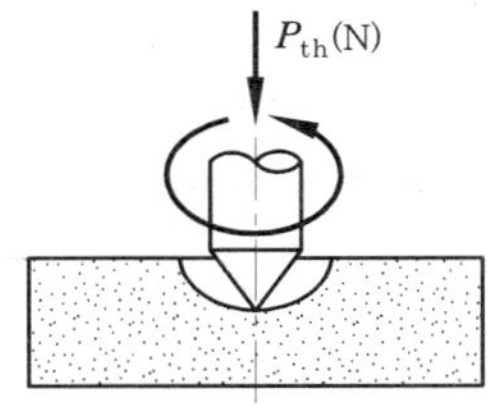

피벗 베어링

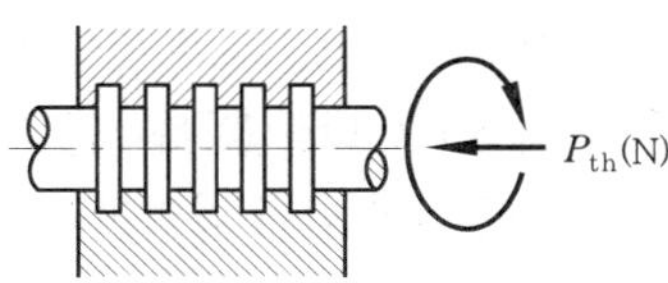

칼라 스러스트 베어링

③ 킹스버리 베어링(kingsbury bearing) : 미첼 베어링(michell bearing)이라고도 하며, 가동편형의 베어링으로서, 큰 스러스트를 받는 베어링에 쓰인다.

3 원뿔 베어링(cone bearing)과 구면 베어링(spherical bearing)
원뿔 베어링은 공작 기계의 메인 베어링으로 응용되며, 다소의 스러스트도 받을 수 있다. 구면 베어링은 극히 저속에 쓰이며 기계에는 별로 쓰이지 않는다.

4 슬라이딩 베어링의 재료
① 베어링 메탈의 구비 조건
　(가) 축의 재료보다 연하면서 마모에 견딜 것　　(나) 축과의 마찰 계수가 작을 것
　(다) 내식성이 클 것　　(라) 마찰열의 발산이 잘 되도록 열전도가 좋을 것
　(마) 가공성이 좋으며 유지 및 수리가 쉬울 것

② 베어링 메탈

(가) 화이트 메탈(white metal) : 가장 널리 쓰이는 것으로 주석계와 납계 그리고 아연계 화이트 메탈이 있다.

(나) 구리 합금 : 화이트 메탈에 비하여 강도가 크며 청동, 납청동, 인청동, 켈밋 등이 쓰인다.

(다) 트리 메탈(tri-metal) : 디젤 기관의 메인 베어링으로 쓰이며, 연강의 백 메탈의 안쪽에 켈밋이나 화이트 메탈을 입혀 세 층으로 만든 것이다.

(라) 비금속 재료 : 함유 베어링(oilless bearing)을 만드는 것으로서 목재, 합성수지 등의 다공질 물질이다.

⑤ 슬라이딩 베어링의 특징

① 회전 속도가 비교적 느린 경우에 사용한다.　② 베어링에 작용하는 하중이 큰 경우에 사용한다.

③ 베어링에 충격 하중이 걸리는 경우에 사용한다.　④ 진동, 소음이 작다.

⑤ 구조가 간단하며, 값이 싸고 수리가 쉽다.　⑥ 구름 베어링보다 정밀도가 높은 가공법이다.

⑦ 시동 시 마찰 저항이 큰 결점이 있다.　⑧ 윤활유 급유에 신경을 써야 한다.

3-3 롤링 베어링(rolling bearing)

전동체에 따라 볼 베어링과 롤러 베어링으로 나눈다.

① 볼 베어링(ball bearing)

① 단열 깊은 홈형 레이디얼 볼 베어링 : 레이디얼 하중과 스러스트 하중에 받으며, 구조가 간단하다.

② 단열 볼 베어링 : 고속용엔 작은 것이 쓰이며, 스러스트 하중에도 견딜 수 있다.

③ 복렬 자동 조심형 레이디얼 볼 베어링 : 전동 장치에 많이 사용하며 외륜의 내면이 구면이므로 축심이 자동 조절되며, 무리한 힘이 걸리지 않는다.

④ 단식 스러스트 볼 베어링 : 스러스트 하중만 받으며, 고속에 곤란하고 충격에 약하다.

② 롤러 베어링(roller bearing)

① 원통 롤러 베어링 : 레이디얼 부하 용량이 매우 크다. 중하중용. 충격에 강하다.

② 니들 베어링 : 롤러 길이가 길고 가늘며 내륜없이 사용이 가능하다. 마찰 저항이 크며, 중하중용이고 충격 하중에 강하다.

③ 원뿔 롤러 베어링 : 스러스트 하중과 레이디얼 하중에도 분력이 생긴다. 내·외륜 분리가 가능하며, 공작 기계 주축에 쓰인다.

④ 구면 롤러 베어링 : 고속 회전은 곤란하며, 자동 조심형으로 쓸 경우 복력으로 쓴다.

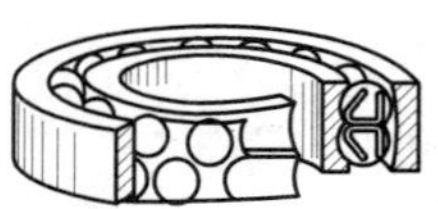
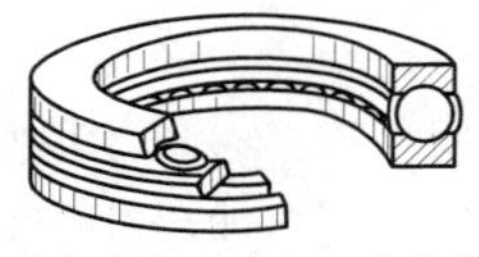
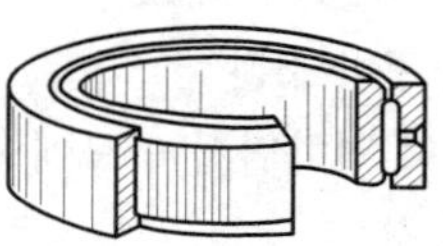

(a) 복렬 자동 조심형　　　(b) 단식 스러스트 베어링　　　(c) 니들 베어링

 (d) 원통 베어링

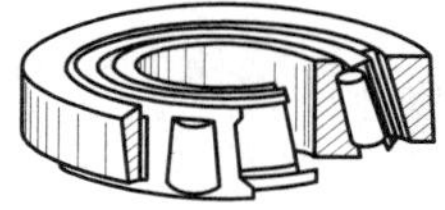 (e) 원뿔 베어링

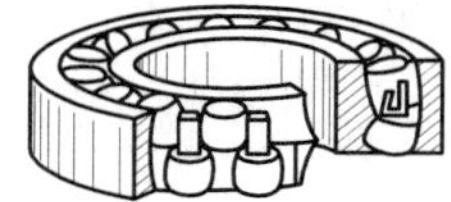 (f) 구면 롤러 베어링

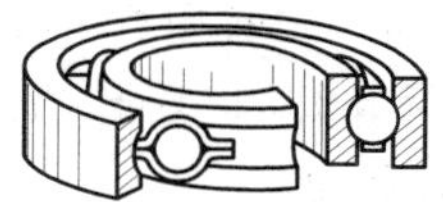 (g) 단열 깊은홈 고정형 볼 베어링

베어링의 종류

③ 볼 베어링과 롤러 베어링의 비교

비교항목＼종류	볼 베 어 링	롤 러 베 어 링
하 중	비교적 작은 하중에 적당하다.	비교적 큰 하중에 적당하다.
마 찰	작다.	비교적 크다.
회전수	고속회전에 적당하다.	비교적 저속 회전에 적당하다.
충격성	작다.	작지만 볼 베어링보다는 크다.

④ 롤링 베어링의 장 · 단점(슬라이딩 베어링과 비교할 때)

① 마찰 저항이 적고 동력이 절약된다.　　② 마멸이 적고 정밀도가 높다.

③ 고속 회전이 가능하며 과열이 없다.　　④ 윤활유가 적게 들고 급유가 쉽다.

⑤ 수명이 짧다.　　⑥ 가격이 비싸다.

⑦ 충격에 약하다.　　⑧ 조립하기가 어렵다.

⑨ 외경이 커지기 쉽다.　　⑩ 베어링의 길이가 짧아 기계가 소형화된다.

⑪ 제품이 규격화되어 있어 사용이 편리하다.

⑤ 롤링 베어링의 호칭 번호

롤링 베어링의 주요 치수는 국제적으로 ISO(international federation of the national standardizing ossociation)에 규정되어 있으며 일반적으로 계열 기호와 안지름으로 나타낸다.

① 롤링 베어링의 호칭법

형식 번호	치수 기호(나비와 지름 기호)	안지름 번호	등급 기호

② 호칭법에 쓰이는 숫자의 의미

㈎ 첫 번째 숫자 : 형식 번호

1 : 복렬 자동 조심형　 2, 3 : 복렬 자동 조심형(큰나비),　 6 : 단열 홈형,　 N : 원통 롤러형

7 : 단열 앵글러 콘택트형(경사 접촉형)　 5 : 스러스트 베어링

㈏ 두 번째 숫자 : 치수 기호(폭 기호+지름 기호)

0, 1 : 특별 경하중형　 2 : 경하중형,　 3 :중간형

㈐ 세 번째 숫자와 네 번째 숫자 : 안지름 기호

00 : 안지름 10mm,　 01 : 안지름 12mm,　 02 : 안지름 15mm,　 03 : 안지름 17mm

안지름 치수 9mm 이하의 한자리 숫자는 그대로 표시하고 10mm 이상 500mm까지는 그 1/5의 수값 (두자리 숫자)으로 표시한다. 단, 위에 적은 10, 12, 15, 17mm만은 예외이다. 500mm 이상의 것과 10mm 미만은 안지름 그대로를 써서 500(안지름 500mm), /630(안지름 630mm)과 같이 표시한다.

㈜ 다섯 번째 이후의 기호 : 베어링의 등급 기호

무기호 : 보통급,   H : 상급,   P : 정밀급,   SP : 초정밀급

③ 사용 보기

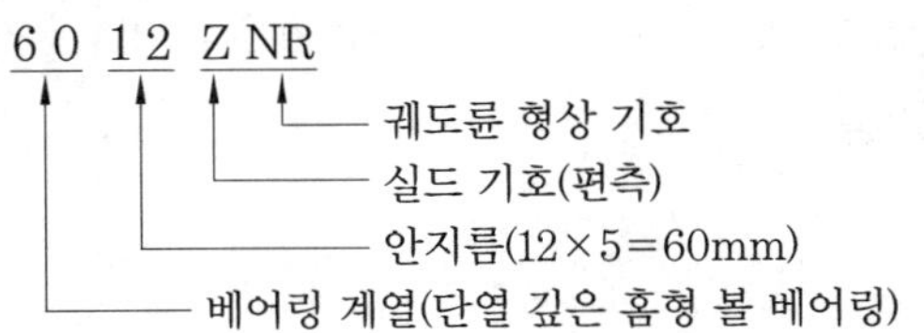

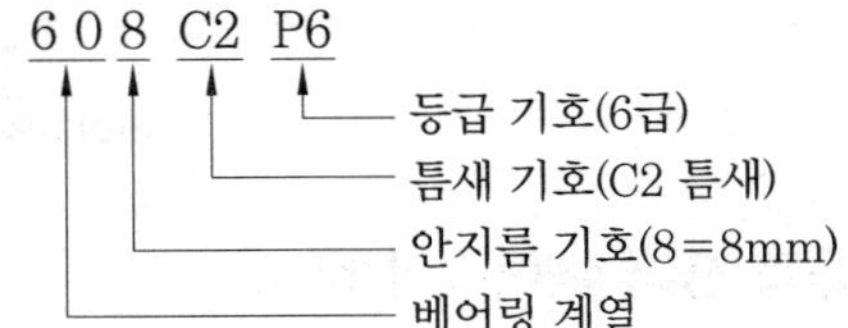

6 롤링 베어링의 수명 계산식

① $L_n = \left(\dfrac{C}{P}\right)^r \times 10^6$ [rev]

② $L_n = N \times 60 \times L_h$

③ $L_h = 500 \left(\dfrac{C}{P}\right)^r \dfrac{33.3}{N} = 500 f_h^{\,r}$ [시간]

여기서, L_n : 베어링 수명(10^6 회전 단위) L_h : 베어링 수명 시간(h)

P : 베어링 하중(kN) C : 기본 동정격 하중(kN)

N : 회전수

r : 베어링 내외륜과 전동체와의 접촉 상태에서 결정되는 정수

f_h : 수명 계수 $f_h = f_n \cdot \dfrac{C}{P} = \sqrt[r]{\dfrac{33.3}{N}} \cdot \dfrac{C}{P}$

볼 베어링$(r) = 3$

롤러 베어링$(r) = \dfrac{10}{3}$

속도 계수$(f_n) = \left(\dfrac{33.3}{N}\right)^{\frac{1}{r}} = \sqrt[r]{\dfrac{33.3}{N}}$

7 베어링 윤활

베어링의 윤활과 윤활유 윤활 방법의 적정 여부는 기계의 장기적 사용과 원활한 회전을 위해서 매우 중요하다.

예 상 문 제

1. 저널(journal)이란?

㉮ 축에 접촉되지 않는 베어링의 부분

㉯ 베어링에 접촉되는 축의 부분

㉰ 전동축을 지지하는 부품

㉱ 축의 맨 가장자리

[해설] 저널이란 베어링에 접촉되는 축 부분을 말한다.

2. 베어링에 대한 설명 중 틀린 것은?

㉮ 슬라이딩 베어링은 미끄럼 접촉이다.

㉯ 레이디얼 베어링은 세로 방향의 하중을 받는다.

㉰ 롤링 베어링은 구름 접촉이다.

㉱ 구름 마찰이 미끄럼 마찰보다 마찰 계수가 작다.

[해설] 레이디얼 베어링의 하중의 방향은 축에 대하여 직각이다.

3. 다음 중 저널의 종류가 아닌 것은?

㉮ 롤링 저널　　　　㉯ 레이디얼 저널
㉰ 스러스트 저널　　㉲ 원뿔 저널

4. 피벗 저널(pivot journal)이 속하는 것은?

㉮ 구면 저널　　　　㉯ 레이디얼 저널
㉰ 스러스트 저널　　㉲ 원뿔 저널

[해설] 스러스트 저널은 축선 방향으로 하중을 받으며, 피벗 저널과 칼라 저널(collar journal)이 이에 속한다.

5. 축선과 축선의 직각 방향으로 동시에 하중이 걸리는 것은?

㉮ 피벗 저널　　　　㉯ 원뿔 저널
㉰ 칼라 저널　　　　㉲ 구면 저널

6. 축이 임의의 방향으로 기울어질 수 있는 것은?

㉮ 피벗 저널　　　　㉯ 원뿔 저널
㉰ 칼라 저널　　　　㉲ 구면 저널

7. 레이디얼 저널 설계 시 주의사항이 아닌 것은?

㉮ 하중에 대한 충분한 강도 유지
㉯ 저널과 베어링 사이는 일정 압력 이하로 유지
㉰ 베어링의 온도가 높지 않을 것
㉲ 축선과 동일 방향으로 하중 유지

8. 레이디얼 저널에서 베어링의 온도는?

㉮ 60℃ 이하　　　　㉯ 80℃ 이하
㉰ 90℃ 이하　　　　㉲ 127℃ 이하

9. 저널과 베어링 사이의 미끄럼 속도 V[m/s]는? (단, d : 저널의 지름 (cm), n : 저널의 회전수 (rpm))

㉮ $V = \dfrac{\pi dn}{1000}$　　　　㉯ $V = \dfrac{\pi dn}{8000}$

㉰ $V = \dfrac{\pi dn}{6000}$　　　　㉲ $V = \dfrac{\pi dn}{5000}$

10. 피벗 저널(pivot journal)의 중심부를 깎아서 바깥부분에 접촉시키는 이유는?

㉮ 압력 분포가 중심부에서 크고 밖으로 향하면서 낮아진다.
㉯ 압력 분포가 중심부에서 낮고 밖으로 향하면서 커진다.
㉰ 축이 끼워져서 빠지지 않게 하기 위하여
㉲ 중심부를 깎지 않으면 베어링을 끼울 수 없기 때문에

[해설] 축 끝에서 하중을 받는 피벗 베어링은 중심에서

의 반지름에 비례하여 미끄럼 속도가 커져서 마멸량이 많아지므로 어느 시간 동안 회전이 되면 압력 분포는 중심부에서 매우 크고 밖으로 향하면서 압력이 낮아진다. 그렇기 때문에 저널의 중심부를 깎아 주어 바깥 부분에서 접촉하게 하여야 한다.

11. 다음 중 저널 베어링의 종류가 아닌 것은?

㉮ 일체 베어링　　　　㉯ 분할 베어링
㉰ 자동 조절 베어링　㉲ 스러스트 베어링

[해설] 슬라이딩 베어링은 저널의 종류에 따라서 저널 베어링, 스러스트 베어링, 특수형 베어링으로 나눈다.

12. 롤러를 이용한 베어링의 종류가 아닌 것은?

㉮ 원통 롤러 베어링　㉯ 니들 베어링
㉰ 구면 롤러 베어링　㉲ 볼 베어링

[해설] 롤링 베어링은 전동체에 따라 볼 베어링과 롤러 베어링으로 나눈다.

13. 보통 볼 베어링보다 접촉각이 커서 레이디얼 하중 이외 스러스트 하중에도 견디는 볼 베어링은?

㉮ 자동 조심형 볼 베어링
㉯ 마그네트 볼 베어링
㉰ 앵글러 콘택트 볼 베어링
㉲ 밀봉 플레이트붙이 볼 베어링

14. 축선 방향의 스러스트(thrust)를 받는 베어링이 아닌 것은?

㉮ 피벗 베어링　　　　㉯ 레이디얼 베어링
㉰ 킹스버리 베어링　　㉲ 원뿔 베어링

15. 미첼 베어링(michell bearing)은?

㉮ 피벗 베어링　　　　㉯ 킹스버리 베어링
㉰ 칼라 스러스트 베어링　㉲ 절구 베어링

[해설] 킹스버리 베어링은 큰 스러스트를 받는 대마력 세로형 수차축에 쓰인다.

16. 롤링 베어링의 적정 온도는?

㉮ 120℃ 이상　　　　㉯ 100~110℃
㉰ 80~100℃　　　　㉲ 60~70℃

[해설] 베어링의 온도가 120℃ 이상이 되면 경도가 낮아져 수명이 짧아지고 윤활유의 질이 나빠지므로 60~70℃를 넘지않게 열의 발산에 유의해야 한다.

17. 니들 베어링의 설명 중 틀린 것은?

㉮ 리테이너는 붙이지 않는다.

---

④ 지름 2~5mm의 가는 롤러를 사용한다.
⑤ 레이디얼 하중을 받는 능력이 크다.
⑥ 다른 베어링보다 부피와 무게가 크다.

18. 롤러 지름이 2~5mm로 길이에 비하여 지름이 작은 베어링으로서 보통 리테이너가 없는 베어링은?

㉮ 원뿔 롤러 베어링　㉯ 구면 롤러 베어링
㉰ 원통 롤러 베어링　㉱ 니들 베어링

[해설] 원뿔 롤러 베어링-내륜, 롤러, 외륜 분해 가능. 충격 하중이나 합성 하중에 적합. 구면 롤러 베어링- 극히 큰 부하용량이 있고 축의 플렉시블이나 축심이 정확하게 나오지 않을 때에도 적합. 원통 롤러 베어링- 내외륜에 컬러가 있는가 없는가에 따라 구분.

19. 롤링 베어링의 내륜이 고정되는 곳은?

㉮ 저널　㉯ 하우징　㉰ 리테이너 ㉱ 니들

[해설] 내륜은 저널, 외륜은 하우징(housing)에 고정된다.

20. 롤링 베어링에서 전동체가 접촉되지 않고 일정 간격을 유지할 수 있게 하는 것은?

㉮ 내륜(inner-race)　㉯ 외륜(outer-race)
㉰ 하우징(housing)　㉱ 리테이너(retainer)

21. 공작 기계의 메인 베어링에 쓰이는 것은?

㉮ 원뿔 베어링　㉯ 구면 베어링
㉰ 피벗 베어링　㉱ 분할 베어링

22. 베어링 메탈의 구비 조건이 아닌 것은?

㉮ 열전도가 좋을 것
㉯ 유지 및 수리가 용이할 것
㉰ 되도록 마찰 저항이 클 것
㉱ 충분한 강도가 있을 것

23. 화이트 메탈의 장점이 아닌 것은?

㉮ 연하며 다듬질이 쉽다.
㉯ 유막이 생기지 않는다.
㉰ 마찰 계수가 작다.
㉱ 윤활성이 좋다.

24. 가장 널리 쓰이는 베어링 메탈은?

㉮ 트리 메탈　㉯ 합성수지
㉰ 켈밋　㉱ 화이트 메탈

25. 중하중에 견디고 열전도가 좋아서 고속 기관용에 적당한 것은?

㉮ 주석계 화이트 메탈　㉯ 납계 화이트 메탈
㉰ 아연계 화이트 메탈　㉱ 합성수지

[해설] 주석계 화이트 메탈 : 주석이 주성분이고, 구리 3~10%, 안티몬 3~15%를 포함한 합금으로 점성, 인성이 커서 파손이 안되며, 고속 기관용에 쓰인다.

26. 함유 베어링의 재료가 아닌 것은?

㉮ 연강　㉯ 구리
㉰ 생장 주철　㉱ 합성수지

27. 플렉시블 롤러 베어링의 재료는?

㉮ Cr-Ni강　㉯ Cr-V강
㉰ Cr강　㉱ Ni강

28. 일체 베어링(solid bearing)의 몸체 재료는?

㉮ 황동　㉯ 청동
㉰ 화이트 메탈　㉱ 주철

29. 부시(bush)의 재료는?

㉮ 청동　㉯ 황동
㉰ 화이트 메탈　㉱ 주철

30. 리그넘바이티(lignumvitae)가 쓰이는 곳은?

㉮ 수중 베어링
㉯ 항공기 가솔린 기관 베어링
㉰ 디젤 기관 베어링
㉱ 고속 기관 베어링

31. 베어링 메탈과 저널과의 틈 s[cm]과 저널 지름 d[cm]의 관계는 얼마가 적당한가?

㉮ $\dfrac{s}{d}=0.41\sim0.1$　㉯ $\dfrac{s}{d}=0.041\sim0.1$

㉰ $\dfrac{s}{d}=0.0041\sim0.001$　㉱ $\dfrac{s}{d}=0.00041\sim0.0001$

32. 베어링 메탈이 맞닿는 면의 모서리를 따주는 이유는?

㉮ 접촉이 정확하게 되게 하려고
㉯ 유막이 끊기지 않게 하려고
㉰ 외관상 보기 좋게 하려고
㉱ 하중의 방향을 분산시키려고

33. 스러스트 베어링이 고속 회전에 적당하지 않은 이유는?

㉮ 원심력으로 볼 또는 롤러가 밀려나가 마찰 저항이 커지므로

정답 **18.** ㉱　**19.** ㉮　**20.** ㉱　**21.** ㉮　**22.** ㉰　**23.** ㉯　**24.** ㉱　**25.** ㉮　**26.** ㉮　**27.** ㉯　**28.** ㉱　**29.** ㉮　**30.** ㉮　**31.** ㉰
32. ㉯　**33.** ㉮

④ 충격에 약하기 때문
④ 레이디얼 하중까지 받기 때문에
④ 외륜과 내륜을 3점이나 4점에서 접촉하고
  있는 베어링이기 때문에

34. 롤링 베어링의 보통 하중용은 같은 축지름의 경하중용보다 얼마쯤 큰 하중에 견딜 수 있는가?

⑦ 약 10% ④ 약 20% ④ 약 30% ④ 약 45%

35. 롤링 베어링 호칭법에 쓰이는 숫자의 의미가 틀린 것은?

⑦ 첫 번째 숫자는 형식 번호이다.
④ 두 번째 숫자는 치수 기호이다.
④ 세 번째 숫자는 바깥지름 기호이다.
④ 세 번째와 네 번째 숫자는 안지름 기호이다.

36. 롤링 베어링의 호칭 번호가 6301이다. 다음 설명 중 틀린 것은?

⑦ 6의 뜻은 단열 홈형이다.
④ 3의 뜻은 중간 하중형이다.
④ 01의 뜻은 안지름 12mm이다.
④ 0의 뜻은 규정하지 않는다는 것이다.

[해설] 안지름을 나타내는 숫자는 끝에서 2개 자리이며, 00 : 안지름 10mm, 01 : 12mm, 02 : 15mm, 03 : 17mm를 나타내며, 04부터는 숫자×5=안지름(mm)이다.

37. 롤링 베어링의 호칭 번호가 나타내는 것은?

⑦ 재질을 나타내는 숫자나 문자, 안지름 치수
④ 형식을 나타내는 숫자나 문자, 안지름 치수
④ 크기를 나타내는 숫자나 문자, 바깥지름 치수
④ 구조를 나타내는 숫자나 문자, 안지름 치수

38. 롤링 베어링 번호 표시에서 안지름 치수를 그대로 표시하는 한계는?

⑦ 10mm 이하와 500mm 이상
④ 9mm 이하와 500mm 이상
④ 12mm 이하와 500mm 이상
④ 11mm 이하와 500mm 이상

39. 롤링 베어링의 호칭 번호에서 등급은 다섯째 이후의 기호로 나타낸다. "H"가 나타내는 등급은?

⑦ 보통급 ④ 상급 ④ 정밀급 ④ 초정밀급

40. 롤링 베어링의 dn 값이란?

⑦ 안지름×회전수
④ 계산 수명×계산 회전 수명
④ 베어링 하중×기본 부하 용량
④ 속도 계수×베어링 수명

41. 롤링 베어링의 부하 용량(carring capacity)이란?

⑦ 한 롤링 베어링에 대하여 걸 수 있는 최소 하중
④ 한 롤링 베어링에 대하여 걸 수 있는 최대 하중
④ 레이디얼 및 스러스트 양 중의 합성 하중 양
④ 등가 베어링 하중

42. 롤링 베어링에서 기본 부하 용량(basic dynamic capacity)이란?

⑦ 레이디얼 및 스러스트의 양 하중의 합성 하중
④ 한 롤링 베어링에 대하여 걸 수 있는 최대 하중
④ 정하중, 내륜 회전의 경우 50만 회전의 수명을 유지할 수 있는 순 하중
④ 정하중, 내륜 회전의 경우 100만 회전의 수명을 유지할 수 있는 순 하중

43. 롤링 베어링의 수명은?

⑦ 하중의 세제곱에 정비례한다.
④ 하중의 두제곱에 정비례한다.
④ 하중의 세제곱에 반비례한다.
④ 하중의 두제곱에 반비례한다.

44. 롤링 베어링의 수명 계수(life factor) f_h는?

⑦ $\dfrac{기본\ 부하\ 용량(kg)}{베어링\ 하중(kg)}$ ④ $\dfrac{베어링\ 하중(kg)}{기본\ 부하\ 용량(kg)}$

④ $\dfrac{베어링\ 하중(kg)}{계산\ 수명(시간)}$ ④ $\dfrac{베어링\ 하중(kg)}{계산\ 회전\ 수명(회전)}$

45. 롤링 베어링의 계산 수명 L_h와 수명 계수 f_h와의 관계식은?

⑦ $L_h = f_h \times 500(시간)$ ④ $L_h = f_h^3 \times 500(시간)$
④ $L_h = f_h \times 400(시간)$ ④ $L_h = f_h^3 \times 400(시간)$

46. 볼(ball) 베어링의 속도 계수 f_n과 매분 회전수 n과의 관계식은?

⑦ $f_n = \sqrt{\dfrac{33.3}{N}}$ ④ $f_n = \dfrac{33.3}{N}$

④ $f_n = \sqrt[2]{\dfrac{33.3}{N}}$ ④ $f_n = \sqrt[3]{\dfrac{33.3}{N}}$

정답 34. ④ 35. ④ 36. ④ 37. ④ 38. ④ 39. ④ 40. ⑦ 41. ④ 42. ④ 43. ④ 44. ⑦ 45. ④ 46. ④

47. 볼 베어링에서 중간 정도의 충격 하중을 받을 때의 안전율은?

㉮ 1.0   ㉯ 1.5   ㉰ 2.0   ㉱ 2.5

48. 접촉면의 윤활유가 밀려 나와 유막이 생기지 않는 경우는?

㉮ 베어링의 압력이 너무 작다.
㉯ 베어링의 압력이 너무 크다.
㉰ 축의 압력이 너무 작다.
㉱ 축이 필요 이상으로 길다.

49. 접촉면의 재료가 강과 주철일 때 베어링 재료의 표준 허용 압력은?

㉮ 2.94MPa   ㉯ 3.43MPa
㉰ 5.88MPa   ㉱ 6.86MPa

[해설] ㉯항은 강과 Pb계 화이트 메탈, ㉰항은 강과 Sn계 화이트 메탈, ㉱항은 강과 황동의 표준 허용 압력이다.

50. 고속 경하중에 쓰이는 베어링의 윤활유 점도는?

㉮ 아주 높은 것   ㉯ 높은 것
㉰ 중간 것   ㉱ 낮은 것

51. 롤링 베어링에서 한번에 그리스를 케이스 공간에 얼마나 채우는가?

㉮ 1/2~1/3   ㉯ 1/2
㉰ 1/3~2/3   ㉱ 1/4~1/2

52. 차량의 차축에서 적당한 급유법은?

㉮ 적하 급유법   ㉯ 링 급유법
㉰ 패드 급유법   ㉱ 담금 급유법

53. 롤링 베어링에 그리스가 사용되는 이유가 아닌 것은?

㉮ 그리스 보유량이 대단히 많다.
㉯ 한번 담으면 6개월~1년 정도 간다.
㉰ 밀봉법이 간단하다.
㉱ 베어링 박스가 간단하다.

54. 윤활유의 점도지수가 높아지면 윤활유의 질은 어떻게 되는가?

㉮ 좋아진다.
㉯ 나빠진다.
㉰ 좋아질 수도 있고, 나빠질 수도 있다.

㉱ 점도지수와 윤활유의 질은 관계없다.

55. 다음 중 밀봉 효과가 가장 큰 윤활제는?

㉮ 유압작동유   ㉯ 그리스
㉰ 기어유   ㉱ 스핀들유

56. 베어링에서 오일 실을 사용하는 것은?

㉮ 기름이 새는 것의 방지와 물이나 먼지 침입을 방지하기 위해서
㉯ 열 발산을 좋게 하기 위해서
㉰ 축 방향의 스러스트를 방지하기 위해서
㉱ 베어링이 빠져나오는 것을 방지하기 위해서

57. 칼라 저널에서 칼라의 지름을 작게 하려면 어떤 방법을 사용하면 되는가?

㉮ 윤활이 잘되도록 한다.
㉯ 저널의 길이를 길게 한다.
㉰ 칼라의 수를 많게 한다.
㉱ 칼라의 두께를 두껍게 한다.

58. 베어링의 압력을 구하는 식은?

㉮ $\dfrac{\text{하 중}}{\text{저널의 높이} \times \text{저널의 넓이}}$

㉯ $\dfrac{\text{하 중}}{\text{저널의 안지름} \times \text{저널의 바깥지름}}$

㉰ $\dfrac{\text{하 중}}{\text{저널의 높이} \times \text{저널의 지름}}$

㉱ $\dfrac{\text{하 중}}{\text{저널의 길이} \times \text{저널의 지름}}$

59. 볼 베어링에서 베어링의 하중이 1/2로 되면 수명은 몇 배로 되겠는가?

㉮ $\dfrac{1}{8}$배   ㉯ $\dfrac{1}{3}$배   ㉰ 3배   ㉱ 8배

60. 엔드 저널에 1500N의 하중이 가해진다고 하면 저널의 지름은 얼마로 하면 좋은가? (단, l/d=1.8, σ_a=4.5MPa이라고 한다.)

㉮ 45mm ㉯ 55mm ㉰ 65mm ㉱ 75mm

[해설] $M_{\max}=\sigma Z$에서

$$\frac{Wl}{2}=\sigma\frac{\pi d^3}{32}$$

$$\frac{W(1.8)d}{2}=\sigma\frac{d^3}{10.2}$$

$$\therefore d=\sqrt{\frac{5.1\times1.8\times W}{\sigma}}=\sqrt{\frac{5.1\times1.8\times1500}{4.5}}=55.32\text{mm}$$

▶ 4. 전동 장치

전동 장치(transmission gear)란 회전하는 두 축 사이에서 동력을 전달해 주는 장치를 말한다.

 4-1 전동 장치의 종류

1 직접 전달 장치
기어나 마찰차와 같이 직접 접촉으로 전달하는 것으로 축 사이가 비교적 짧은 경우에 쓰인다.

2 간접 전달 장치
벨트, 체인, 로프 등을 매개로 한 전달 장치로 축간 사이가 클 경우에 쓰인다.

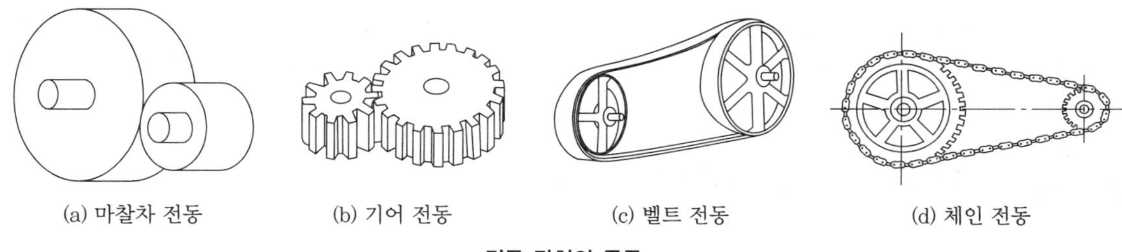

| (a) 마찰차 전동 | (b) 기어 전동 | (c) 벨트 전동 | (d) 체인 전동 |

전동 장치의 종류

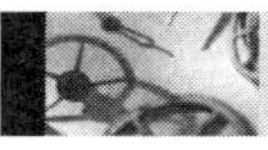 4-2 마찰차 전동

1 마찰차 종류
① **원통 마찰차** : 두 축이 평행하며, 마찰차 지름에 따라 속도비가 다르다(외접하는 경우와 내접하는 경우가 있다).
② **원뿔 마찰차** : 두 축이 서로 교차하며, 동력을 전달할 때 사용된다.
③ **홈붙이 마찰차** : 마찰차에 홈을 붙인 것이며, 두 축이 평행한다.
④ **무단 변속 마찰차** : 속도 변환을 위한 특별한 마찰차로서 원판 마찰차, 원뿔 마찰차, 구면 마찰차 등이 있다.

2 마찰차의 응용 범위
① 속도비가 중요하지 않은 경우
② 회전 속도가 커서 보통의 기어를 사용하지 못하는 경우
③ 전달 힘이 크지 않아도 되는 경우
④ 두 축 사이를 단속할 필요가 있는 경우

3 마찰차의 전달력
① 다음 [그림]에서 2개의 마찰차를 P힘으로 누르면 접촉점에는 $F=\mu P$의 마찰력이 생긴다.

② 이 힘 F로서 피동차를 회전시킬 수 있다.

③ $H \leqq 0.7 \times 10^{-5} \mu P D_1 n_1 = 0.7 \times 10^{-5} \mu P D_2 n_2$

여기서, μ : 마찰 계수, H : 전달 마력, P : 누르는 힘

$\quad\quad n_1,\ n_2$: 원동차와 피동차의 회전수(rpm)

$\quad\quad D_1,\ D_2$: 원동차와 피동차의 지름(mm)

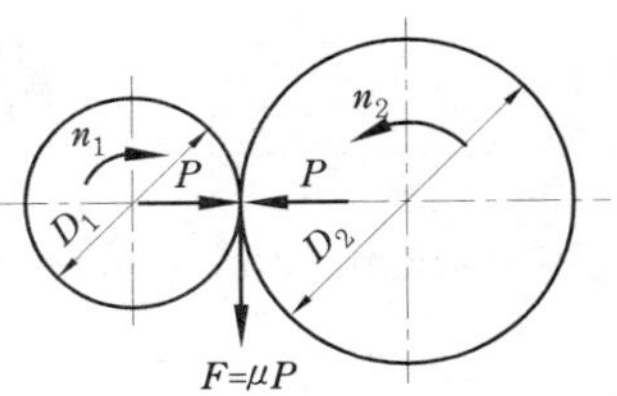

(가) 속도비 $(i) = \dfrac{n_2}{n_1} = \dfrac{D_1}{D_2}$

(나) 2축간 중심 거리 $(C) = \dfrac{D_1 \pm D_2}{2}$ (+는 외접, −는 내접)

(다) 원주 속도 $(v) = \dfrac{\pi D_1 n_1}{60 \times 10^3} = \dfrac{\pi D_2 n_2}{60 \times 10^3}$ [m/s]

(라) 전달 마력 (PS) $= \dfrac{Fv}{75} = \dfrac{\mu P v}{75}$ [PS], (kW) $= \dfrac{Fv}{102} = \dfrac{\mu P v}{102}$ [kW], SI단위 : (kW) $= \dfrac{Fv}{1000} = \dfrac{\mu P v}{1000}$ [kW]

(마) 전동 효율 : 원통 마찰차의 전동 효율은 주철 마찰차와 비금속 마찰차에서는 90%, 2개가 주철 마찰차일 경우에는 80%가 된다.

④ μ값을 크게 하기 위해 피동차에는 금속을, 원동차에는 나무, 생가죽, 파이버(fiber), 고무, 베이클라이트 등을 쓴다. 피동차에 연한 것을 쓰면 마찰면이 부분적으로 마멸되어 울퉁불퉁해질 우려가 있다.

4-3 기어(gear) 전동

1 기 어

마찰면을 피치원으로 하여 여기에 이(tooth)를 만들어 미끄럼없이 일정한 속도비로 큰 동력을 전달하는 것이다. 한 쌍의 회전비는 1~1/10 정도이며, 잇수가 많은 것을 기어(gear), 작은 것을 피니언(pinion)이라 한다.

① 큰 동력을 일정한 속도비로 전할 수 있다. ② 사용 범위가 넓다.

③ 전동 효율이 좋고 감속비가 크다. ④ 충격에 약하고 소음과 진동이 발생한다.

2 기어의 종류

① 두 축이 만나는 경우

(가) 베벨 기어(bevel gear) : 원뿔면에 이를 만든 것으로 이가 직선인 것을 베벨 기어라고 한다.

(나) 마이터 기어(miter gear) : 잇수가 같은 한 쌍의 베벨 기어이다.

(다) 스파이럴 베벨 기어(spiral bevel gear) : 이가 구부러진 기어이다.

다음은 각종 기어의 종류와 축간 관계를 표시한 것이다.

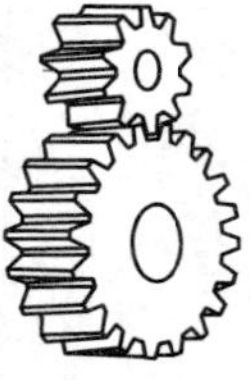

(a) 스퍼 기어

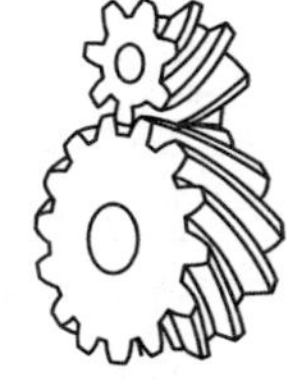

(b) 헬리컬 기어

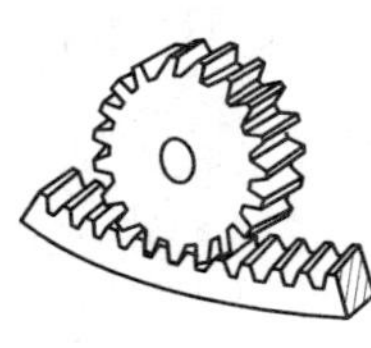

(c) 인터널 기어

(d) 래크

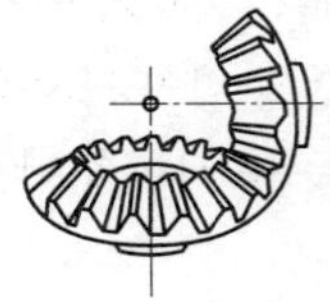

(e) 베벨 기어

(f) 스파이럴 베벨 기어

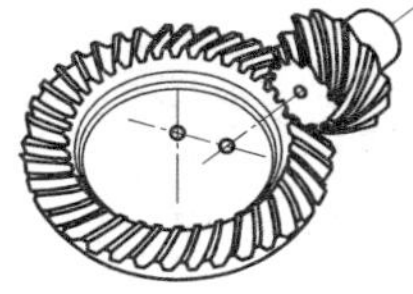
(g) 하이포이드 기어

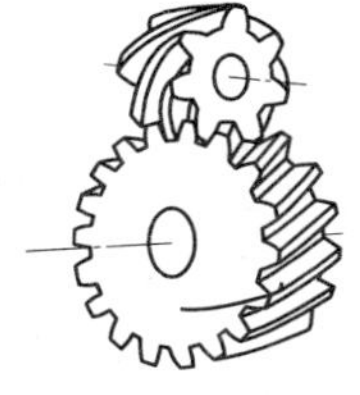
(h) 스크루 기어

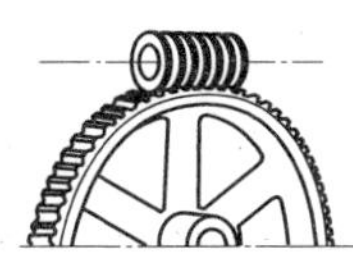
(i) 웜 기어

각종 기어

② 두 축이 서로 평행한 경우

㈎ 스퍼 기어(spur gear) : 이가 축에 평행하다.

㈏ 헬리컬 기어(helical gear) : 이를 축에 경사시킨 것으로 물림이 순조롭고 축에 스러스트가 발생한다.

㈐ 더블 헬리컬 기어(double helical gear) : 방향이 반대인 헬리컬 기어를 같은 축에 고정시킨 것으로 축에 스러스트가 발생하지 않는다.

㈑ 인터널 기어(internal gear) : 맞물린 2개 기어의 회전 방향이 같다.

㈒ 래크(rack) : 피니언과 맞물려서 피니언이 회전하면 래크는 직선 운동한다.

③ 두 축이 만나지도 않고 평행하지도 않은 경우

㈎ 하이포이드 기어(hypoid gear) : 스파이럴 베벨 기어와 같은 형상이고 축만 엇갈린 기어이다.

㈏ 스크루 기어(screw gear) : 비틀림 각이 서로 다른 헬리컬 기어를 엇갈리는 축에 조합시킨 것이다. 헬리컬 기어가 구름 전동을 하는 데 반해 스크루 기어(나사 기어)는 미끄럼 전동을 하여 마멸이 많은 결점이 있다.

㈐ 웜 기어(worm gear) : 웜과 웜 기어를 한 쌍으로 사용하며, 큰 감속비를 얻을 수 있고, 원동차를 웜으로 한다.

❸ 기어의 각부 명칭과 이의 크기

① 기어 각부 명칭

㈎ 피치원(pitch circle) : 피치면의 축에 수직한 단면상의 원

㈏ 원주 피치(circle pitch) : 피치원 주위에서 측정한 2개의 이웃에 대응하는 부분간의 거리

㈐ 이끝 원(addendum circle) : 이 끝을 지나는 원

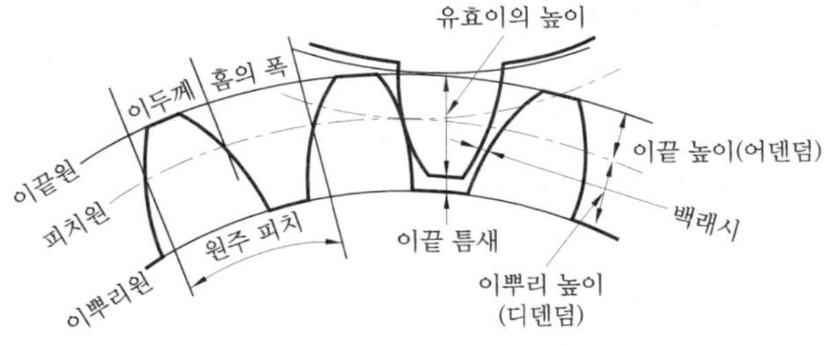

기어의 각부 명칭

㈑ 이뿌리 원(dedendum circle) : 이 밑을 지나는 원

㈒ 이 폭 : 축 단면에서의 이의 길이

㈓ 이의 두께 : 피치상에서 잰 이의 두께

㈔ 총 이높이 : 이 끝 높이와 이 뿌리의 높이의 합, 즉 이의 총 높이

㈕ 이끝 높이(addendum) : 피치원에서 이끝 원까지의 거리

㈖ 이뿌리 높이(dedendum) : 피치원에서 이뿌리 원까지의 거리

② 이의 크기

모듈 (module, m)	지름 피치 (p_d)	원주 피치 (p)
피치원의 지름 D(mm)를 잇수 Z로 나눈 값, 미터 단위 사용	잇수 Z를 피치원의 지름 D(inch)로 나눈 값으로 인치 단위 사용	피치원의 원주를 잇수로 나눈 것으로 근래에는 많이 사용하지 않음.
$m = \dfrac{\text{피치원의 지름}}{\text{잇수}} = \dfrac{D}{Z}[\text{mm}]$	$p_d = \dfrac{\text{잇수}}{\text{피치원의 지름}} = \dfrac{Z}{D}[\text{inch}]$	$p = \dfrac{\text{피치원의 둘레}}{\text{잇수}} = \dfrac{\pi D}{Z}[\text{mm}]$

따라서 모듈과 지름 피치 및 원주 피치 사이에는 다음과 같은 관계가 있다.

$$p = \pi m, \quad p_d = \frac{25.4}{m}[\text{mm}]$$

모듈과 지름 피치에서 이의 크기는 m값이 클수록 커지며, 지름 피치는 그 반대이다.

４ 기어 열(gear train)과 속도비

① 기어 열(gear train) : 기어의 속도비가 6 : 1 이상 되면 전동 능력이 저하되므로 원동차와 피동차 사이에 1개 이상의 기어를 넣는다. 이와 같은 것을 기어 열(gear train)이라고 한다.

　(가) 아이들 기어(idle gear) : 두 기어 사이에 있는 기어로 속도비에 관계없이 회전 방향만 변한다.

　(나) 중간 기어 : 3개 이상의 기어 사이에 있는 기어로 회전 방향과 속도비도 변한다.

② 기어의 속도비 : 원동차, 종동차의 회전수를 각각 n_A, n_B[rpm], 잇수를 Z_A, Z_B, 피치원의 지름을 D_A, D_B[mm]라고 하면,

　(가) 속도비 $(i) = \dfrac{n_B}{n_A} = \dfrac{D_A}{D_B} = \dfrac{m Z_A}{m Z_B} = \dfrac{Z_A}{Z_B}$ 　　(나) 중심거리 $(C) = \dfrac{D_A + D_B}{2} = \dfrac{m(Z_A + Z_B)}{2}$ (mm)

　단, m은 모듈(module)이며, $D = mZ$가 된다.

５ 치형 곡선

① 인벌류트(involute) 곡선

　(가) 원 기둥에 감은 실을 풀 때 실의 한 점이 그리는 원의 일부 곡선으로 일반적으로 많이 사용한다.

　(나) 압력각이 일정하고 중심거리가 다소 어긋나도 속도비는 불변한다.

　(다) 맞물림이 원활하며 공작이 쉽다.

　(라) 호환성이 있고 이 뿌리가 튼튼하다.

　(마) 결점은 마멸이 많다.

② 사이클로이드(cycloid) 곡선

　(가) 기준 원 위에 원판을 굴릴 때 원판상의 한 점이 그리는 궤적으로 외전 및 내전 사이클로이드 곡선으로 구분한다.

　(나) 피치원이 완전히 일치해야 바르게 물린다.

　(다) 기어 중심거리가 맞지 않으면 물림이 나쁘다. 이 뿌리가 약하다.

　(라) 효율이 높고 소음 및 마멸이 적다.

６ 이의 간섭과 언더 컷, 압력각

① 이의 간섭(interference of tooth) : 2개의 기어가 맞물려 회전 시에 한쪽의 이 끝 부분이 다른 쪽 이 뿌리 부분을 파고 들어 걸리는 현상이다.

② **언더 컷(under cut)** : 이의 간섭에 의하여 이 뿌리가 파여진 현상으로 잇수가 몹시 적은 경우나 잇수비가 매우 클 경우에 생기기 쉽다.

③ **압력각(pressure angle)** : 피치원 상에서 치형의 접선과 기어의 변경선이 이루는 각으로 $14.5°$, $15°$, $17.5°$, $20°$, $22.5°$가 있으며 $14.5°$와 $20°$가 가장 많이 사용된다.

언더 컷의 한계 잇수는 다음 [표]와 같다.

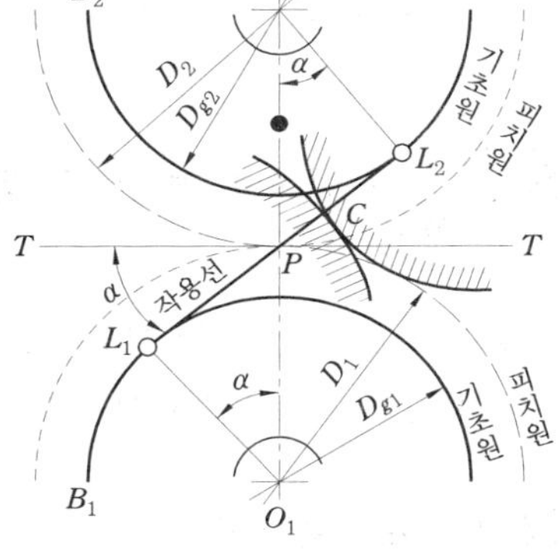

압력각

언더컷의 한계 잇수

압력각	$14.5°$	$15°$	$20°$
이론적 잇수	32	30	17
실용적 잇수	26	25	14

④ **이의 간섭을 막는 법**

(가) 이의 높이를 줄인다.

(나) 압력각을 증가시킨다($20°$ 또는 그 이상으로 크게 한다).

(다) 피니언의 반경 방향의 이뿌리면을 파낸다.

(라) 치형의 이끝면을 깎아낸다.

7 표준 기어와 전위 기어

① **표준 기어** : 피치원에 따라 잰 이의 두께가 기준 피치의 1/2인 기어이다.

② **전위 기어** : 언더 컷을 방지하기 위해서 기준 래크 공구의 기준 피치선을 기어의 피치원으로부터 적당량만큼 이동하여 절삭한 기어이다.

8 기어의 설계

① **기어의 강도**

(가) 기어의 굽힘 강도

$$F=\frac{102P}{v}[\text{N}] \quad \text{여기서, } P : \text{기어의 전달 동력[kW]}, v : \text{피치원 위의 원주 속도[m/s]}$$

$$M=Fl, \quad Z=\frac{bs^2}{6}, \quad M=\sigma_b Z \qquad \therefore F=\frac{\sigma_b bs^2}{6l} \text{이 된다.}$$

여기서, M : 기어의 굽힘 모멘트, Z : 단면계수, b : 이의 나비, s : 위험 단면

σ_b : 기어 재료의 허용 굽힘 응력, F : F_n의 수평분력

이에 작용하는 힘

각 ABE가 직각이면 $\left(\dfrac{s}{2}\right)^2=x \cdot l$이고 $y=\dfrac{2}{3} \cdot \dfrac{x}{P}$라고 하면 $F=\sigma_b \cdot b \cdot P \cdot y$이 된다.

$P=\pi m$이고 $y_o=\pi y$라고 하면 $F=\sigma_b bmy_o$가 된다.

이 식을 루이스의 기본 설계 공식이라 한다.

(나) 잇면 압력 강도

$$F=f_v kbD_1 \frac{2Z_2}{Z_1+Z_2}[\text{N}] \quad \text{여기서, } D_1 : \text{기어의 피치원 지름}, f_v : \text{속도 계수}$$

$$Z_2 : \text{큰 기어의 잇수}, Z_1 : \text{작은 기어의 잇수}, k : \text{접촉면의 응력 계수}$$

② **헬리컬 기어의 설계**

(가) 헬리컬 기어의 치형 : 이 직각 방식에 의한 치형과 축 직각 방식에 의한 치형이 있다.

(나) 상당 스퍼 기어 $(Z_e) = \dfrac{Z}{cos^3\beta}$ 여기서, Z : 실제 잇수, Z_e : 상당 잇수

③ 베벨 기어의 설계

상당 스퍼 기어 $(Z_e) = \dfrac{Z}{cos\delta}$ 여기서, δ : 피치 원뿔각

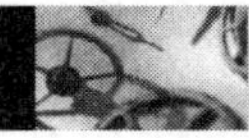

4-4 벨트 전동 장치

축간 거리가 10m 이하이고 속도비는 1 : 6 정도, 속도는 10~30m/s이다. 벨트의 전동 효율은 96~98%이며, 충격 하중에 대한 안전 장치의 역할이 되어 원활한 전동이 가능하다.

1 평벨트(flat belt)

① **벨트의 재질** : 가죽 벨트, 고무벨트, 천 벨트, 띠강 벨트 등이 있으며, 가죽 벨트는 마찰 계수가 크며 마멸에 강하고 질기다(가격이 비쌈). 고무 벨트는 인장 강도가 크고 늘어남이 적으며 수명이 길고 두께가 고르나 기름에 약하다.

② **벨트 거는 법**

 (가) 두 축이 평행한 경우

  ㉮ 평행 걸기(open belting) : 동일 방향으로 회전한다.

  ㉯ 엇 걸기(cross belting) : 반대 방향으로 회전하며, 십자 걸기라고도 한다.

 (나) 두 축이 수직인 경우 : [그림]과 같은 요령으로 벨트를 걸면 되는데, 이 경우는 역회전이 불가능하다. 역회전을 가능하게 하기 위하여는 안내 풀리(guide pulley)를 사용하면 된다.

③ **벨트의 접촉 중심각** : 벨트의 미끄러짐을 적게 하려면 풀리와 벨트의 접촉각을 크게 하면 된다. 접촉각을 크게 하는 방법은 이완 쪽이 원동차의 위가 되게 하거나 인장 풀리(tension pulley)를 사용하면 된다.

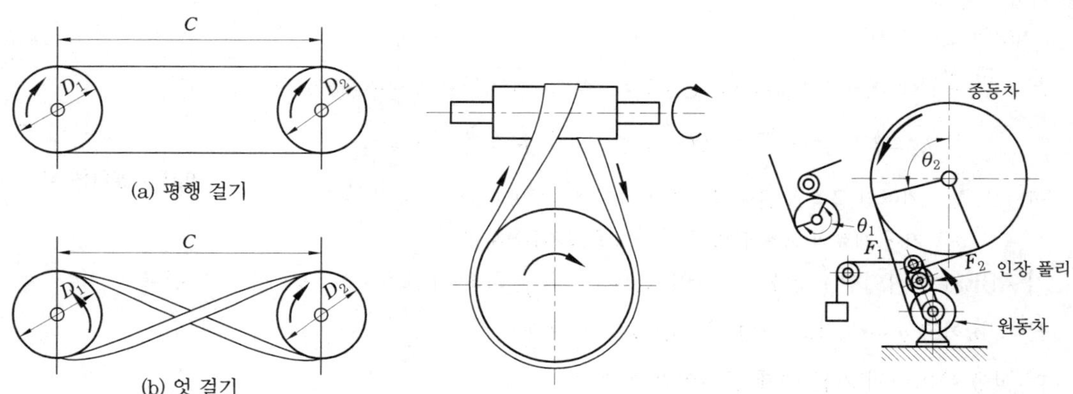

두 축이 평행한 경우의 벨트 거는 방법　　**두 축이 수직인 때의 벨트 걸기**　　**인장풀리**

④ **벨트의 길이** : 두 풀리의 지름을 D_1, D_2[cm], 중심 거리를 C[cm], 벨트의 길이를 L[cm]이라 하면

 (가) 평행 걸기의 경우 : $L ≒ 2C + \dfrac{\pi(D_2+D_1)}{2} + \dfrac{(D_2-D_1)^2}{4C}$ [mm]

(나) 엇 걸기(cross belt)의 경우 : $L \fallingdotseq 2C + \dfrac{\pi(D_2+D_1)}{2} + \dfrac{(D_2+D_1)^2}{4C}$ [mm]

⑤ **벨트 풀리(belt pulley)** : 보통 주철제(원주 속도 20m/s 이하)로 하며, 암의 수는 4~8개를 달지만 지름 18cm 이하에서나 고속용은 원판으로 한다. 벨트 풀리의 외주의 중앙부는 벨트의 벗겨짐을 막기 위하여 볼록하게 되어 있다.

⑥ **벨트 풀리에 의한 변속 장치**

(가) 단차에 의한 변속 : 지름이 다른 벨트 풀리 몇 개를 한몸으로 묶은 것을 단차(stepped pulley)라 하며, 서로 반대 방향으로 놓아서 평 벨트를 건다.

(나) 원뿔 벨트 풀리(cone pulley)에 의한 방법 : 종동 풀리의 속도를 연속적으로 바꾸려고 할 때 사용한다.

2 V벨트

축간 거리 5m 이하, 속도비 1 : 7, 속도 10~15m/s에 사용되며, 단면이 V형 이음매가 없다. 전동 효율은 95~99% 정도이며, 홈밑에 접촉하지 않게 되어 있으므로 홈의 빗변으로 벨트가 먹혀 들어가기 때문에 마찰력이 큰데 이것을 쐐기 작용이라 한다.

① **V벨트의 형상** : 다음 [그림]에서 나타냄과 같으며, 고무를 입힌 면포로 싸주고 있다.

② **V벨트의 표준 치수** : V벨트의 표준 치수는 M, A, B, C, D, E의 6종류가 있으며, M에서 E쪽으로 가면 단면이 커진다. V벨트의 표준 치수는 다음과 같다.

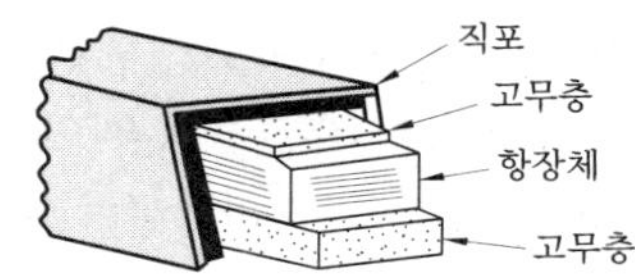

V벨트의 형상

V벨트의 표준 치수

단면형	형의 종류	폭(a)	높이(b)	단면적
	M	10.0mm	5.5mm	40.4mm^2
	A	12.5m	9.0mm	83.0mm^2
	B	16.5mm	11.0mm	137.5mm^2
	C	22.0mm	14.0mm	236.7mm^2
	D	31.5mm	19.0mm	461.1mm^2
	E	38.0mm	25.5mm	732.3mm^2

③ **V벨트의 특징**

(가) 허용 인장 응력은 약 1.764MPa(N/mm^2)이다.

(나) 풀리의 지름이 작아지면 풀리의 홈 각도는 40° 보다 작게 한다(34°, 36°, 38° 의 3종류가 있다).

(다) 속도비는 1 : 7이다.

(라) 미끄럼이 적고 전동 회전비가 크다.

(마) 수명이 길다.

(바) 운전이 조용하고 진동, 충격의 흡수 효과가 있다.

(사) 축간 거리가 짧은 데 쓴다(5m 이하).

④ **V벨트의 전달 동력**

V벨트의 전달 동력 P(kW)는 다음 식으로 구한다.

$$P = Z \cdot \frac{P_e v}{102} = Z\left(T_1 - \frac{wv^2}{g}\right) \cdot \frac{v}{102} \cdot \frac{e^{\mu\theta}-1}{e^{\mu\theta}} \text{ [kW]}, \quad P = Z \cdot \frac{P_e v}{75} = Z\left(T_1 - \frac{wv^2}{g}\right) \cdot \frac{v}{75} \cdot \frac{e^{\mu\theta}-1}{e^{\mu\theta}} \text{ [PS]}$$

여기서 μ : 예상 마찰 계수, Z : 사용 V벨트의 수, P_e : 유효전달력 $(P_e = T_1 - T_2)$N

참고 국제단위(SI단위)에서는 동력이 Watt(J/sec, N·m/sec)이므로

$$\text{kW} = \frac{ZP_eV}{1000} = Z\left(T_1 - \frac{wv^2}{g}\right) \times \frac{V}{1000} \times \frac{e^{\mu\theta}-1}{e^{\mu\theta}} \, [\text{kW}]$$

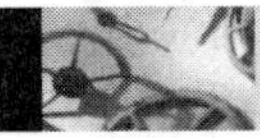

4-5 로프 전동

섬유 또는 와이어 등으로 만든 로프를 2개의 바퀴에 감아 이들 사이의 마찰력에 의하여 동력을 전달하는 장치를 로프 전동장치라 하며, 이 장치에 쓰이는 바퀴를 로프 풀리(rope pulley 또는 rope sheeve)라 한다.

로프 구동은 먼 거리 또는 큰 동력을 전달할 때에 수십 개를 연이어 걸어서 사용할 수 있으므로 경제적이며, 로프는 그 폭이 작아 1개의 원동 풀리에 여러 개의 종동 풀리에 회전을 전달하는 데 편리하며, 풀리에 홈이 패어 있기 때문에 풀리는 정확히 조립할 필요가 없으며, 로프의 속도는 매우 높아서 25m/s 정도의 속도가 매우 효과적이다. 그러나 수명이 짧고, 이음이 곤란하다.

마 로프의 전동 효율은 영국식일 경우 85~90%, 미국식일 경우에는 90~95% 정도이다. 이 장치는 권양기, 크레인, 엘리베이터 등의 동력 전달 장치로 쓰인다.

① 로프 전동의 장점

(개) 큰 동력 전달에 벨트보다 유리하다.

(내) 와이어 로프는 50~100m, 섬유질 로프는 10~30m 정도로 상당히 먼거리 동력 전달이 가능하다.

(대) 원동축에 종동축으로 동력을 분배하는 경우에 적합하다.

(래) 벨트에 비하여 미끄럼이 적다.

(매) 고속 운전에 적합하다.

(배) 전동경로가 직선이 아닌 경우에도 사용이 가능하다.

② 로프 전동의 단점

(개) 장치가 복잡하여 벨트와 같이 자유로이 로프를 감아걸거나 벗길 수 없다.

(내) 조정이 어렵고 절단되었을 때 수리가 곤란하다.

(대) 미끄럼은 적으나 전동이 불확실하다.

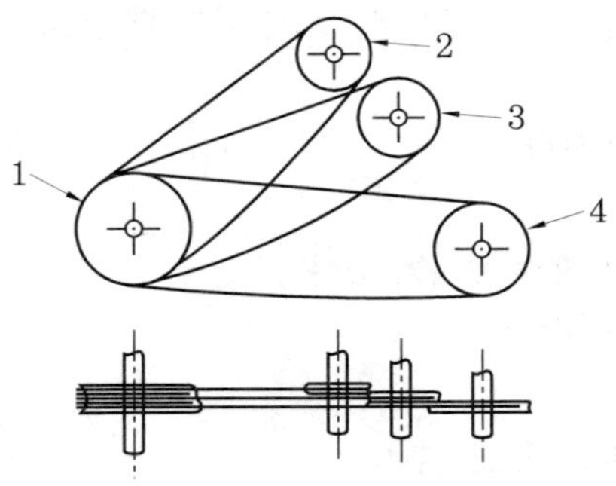

여러 개의 종동 풀리 구동 로프

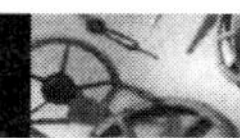 **4-6 체인(chain) 전동**

1 체인의 종류

① **롤러 체인(roller chain)** : 강철제의 링크를 핀으로 연결하고 핀에는 부시와 롤러를 끼워서 만든 것이다. 고속에서 소음이 나는 결점이 있다.

② **사일런트 체인(silent chain)** : 링크의 바깥면이 스프로킷(sprocket : 사슬 톱니바퀴)의 이에 접촉하여 물리며, 다소 마모가 생겨도 체인과 바퀴 사이에 틈이 없어서 조용한 전동이 된다.

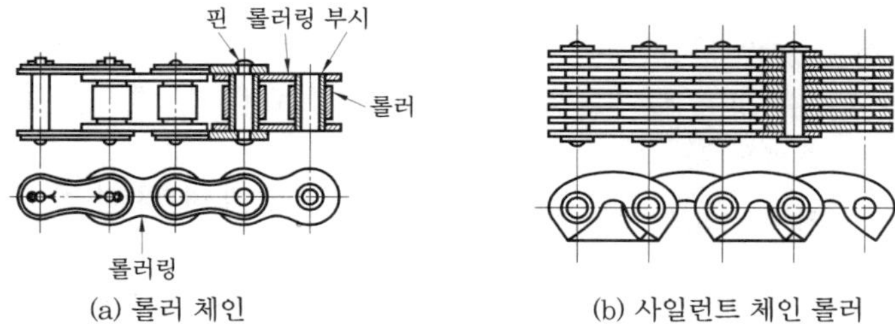

체인의 종류

2 체인 전동의 특징

① 미끄럼이 없다.
② 속도비가 정확하다.
③ 큰 동력이 전달된다(효율 95% 이상).
④ 수리 및 유지가 쉽다.
⑤ 체인의 탄성으로 어느 정도 충격이 흡수된다.
⑥ 내열, 내유, 내습성이 있다.
⑦ 진동, 소음이 심하다.
⑧ 고속 회전엔 부적당하다.

3 체인 전동의 주요 공식

① **속도비**

$$i = \frac{N_2}{N_1} = \frac{Z_1}{Z_2}$$ 여기서, N_1, N_2 : 원동차, 종동차의 회전수(rpm), Z_1, Z_2 : 원동차, 종동차의 잇수

② **체인의 평균 속도 v[m/s]**

$$v = \frac{pZ_1N_1}{60 \times 1000} = \frac{pZ_2N_2}{60 \times 1000} \text{ [m/s]}$$ 여기서, p : 체인의 피치(mm)

③ **전달 동력**

$$\text{kW} = \frac{F_1 v}{102}[\text{kW}], \quad \text{PS} = \frac{F \cdot v}{75}[\text{PS}]$$ 여기서, F_1 : 체인의 인장측 장력(N), v : 체인의 평균 속도(m/s)

SI 단위인 경우 $\text{kW} = \dfrac{Fv}{1000}[\text{kW}]$

예 상 문 제

1. 전동 장치에 대한 설명이 바른 것은?

㉮ 회전하는 두 축 사이에서 전동한다.
㉯ 반드시 구름 접촉을 해야 한다.
㉰ 반드시 미끄럼 접촉을 해야 한다.
㉱ 연결부에는 핀을 쓴다.

[해설] 전동 장치(transmission gear) : 회전하는 두 축 사이에서 동력을 전달해 주는 장치

2. 전동 장치의 종류가 아닌 것은?

㉮ 마찰차 ㉯ 기어
㉰ 체인 ㉱ 베어링

[해설] 전동 장치의 종류 : 기어, 마찰차, 벨트, 체인, 로프 등

3. 마찰차의 종류가 아닌 것은?

㉮ 홈붙이 마찰차 ㉯ 변속 마찰차
㉰ 이붙이 마찰차 ㉱ 원통 마찰차

4. 마찰차에 대한 설명 중 틀린 것은?

㉮ 원통 마찰차는 두 축이 직교한다.
㉯ 홈붙이 마찰차는 두 축이 평행한다.
㉰ 원뿔 마찰차는 두 축이 만난다.
㉱ 변속 마찰차는 변속이 가능하다.

5. 마찰차의 마찰 계수가 가장 큰 것은?

㉮ 주철과 가죽 ㉯ 주철과 목재
㉰ 주철과 종이 ㉱ 주철과 주철

[해설] 마찰 계수는 금속과 비금속 사이의 마찰 계수가 금속과 금속의 마찰 계수보다 훨씬 크다. 마찰차의 재질은 주철, 청동, 황동 및 목재, 가죽 등이다.

6. 마찰차의 바깥지름이 600mm 이하일 때의 암의 수는?

㉮ 1~3개 ㉯ 4~5개
㉰ 5~6개 ㉱ 9~10개

[해설] 바깥지름이 600~1500mm인 경우 : 5~6개

7. 홈붙이 마찰차의 홈의 각도 2α는?

㉮ 20~30° ㉯ 30~40°

㉰ 40~50° ㉱ 50~60°

[해설] 홈의 깊이는 10~20mm, 홈의 수는 5가닥 정도로 한다.

8. 마찰차의 전달 마력을 크게 하는 방법이 아닌 것은?

㉮ 미는 힘을 크게 한다.
㉯ 마찰 계수를 크게 한다.
㉰ 지레(lever) 장치를 쓴다.
㉱ 접촉 압력을 작게 한다.

[해설] $kW = \dfrac{Fv}{1000} = \dfrac{\mu Pv}{1000}$ [kW]

9. 부정 회전비 마찰차의 뜻을 간단히 설명한 것은?

㉮ 양 바퀴의 접촉면이 두 축의 중심 연결선 위에 있으면서 접촉점의 위치만 변하도록 한 것
㉯ 양 바퀴의 접점이 중심 연결선 밖에 있고 간혹 그 위치가 변하는 것
㉰ 양 바퀴의 윤곽은 진원이며 회전비가 일정한 것
㉱ 양 바퀴가 타원으로 되어 있으며 접점이 변하는 것

10. 다음 마찰차 중 실용성이 적은 것은?

㉮ 쌍곡선 회전차 ㉯ 원통 마찰차
㉰ 원뿔 마찰차 ㉱ 변속 마찰차

11. 포물선 차의 피동차는 어떤 운동을 하는가?

㉮ 곡선 운동 ㉯ 회전 운동
㉰ 직선 운동 ㉱ 나선 운동

12. 다음 중 마찰차의 전동 마력과 관계가 먼 것은?

㉮ 축 방향의 압력 ㉯ 축간 거리
㉰ 원주 속도 ㉱ 마찰차의 크기

13. 다음 중 회전비가 일정하지 않은 마찰차는?

㉮ 타원차 ㉯ 원판 마찰차
㉰ 원뿔 마찰차 ㉱ 스쿠 마찰차

14. 축 압력이 일정할 때 홈 붙임 마찰차는 보통 마찰차의 몇 배의 회전력을 얻을 수 있는가?

정답 **1.** ㉮ **2.** ㉱ **3.** ㉰ **4.** ㉮ **5.** ㉯ **6.** ㉯ **7.** ㉯ **8.** ㉱ **9.** ㉮ **10.** ㉮ **11.** ㉰ **12.** ㉯ **13.** ㉮ **14.** ㉰

㉮ 약 5배 이상　　　㉯ 약 4배 이상
㉰ 약 3배 이상　　　㉱ 약 2배 이상

15. 마찰차의 응용 범위가 아닌 것은?

㉮ 속도비가 중요하지 않을 때
㉯ 전달할 힘이 클 때
㉰ 회전 속도가 클 때
㉱ 두 축 사이를 단속할 필요가 있을 때

16. 마찰차를 이용하여 양축의 회전비를 어떤 범위 내에서 임의로 변경시킬 수 있는 장치로 이용될 수 없는 것은?

㉮ 원판과 원판　　　㉯ 구형과 구형
㉰ 원뿔과 원뿔　　　㉱ 원뿔과 롤러

17. 마찰차의 접선력을 F[N], 원주 속도를 v[m/s]라 할 때, 전달 동력 kW를 구하는 식은? (단, μ : 마찰 계수)

㉮ $kW=\frac{Fv}{1000}$　　　㉯ $kW=\frac{Fv}{102}$
㉰ $kW=\frac{Fv}{75}$　　　㉱ $kW=\frac{Fv}{7.5}$

18. 마찰차의 전동력이 3200N이고 원주 속도가 40m/s일 경우, 전달 마력은?

㉮ 16PS　　　㉯ 174.08PS
㉰ 160PS　　　㉱ 17.1PS

[해설] $kW=\frac{Fv}{1000}=\frac{3200\times40}{1000}=128kW$
kW=1.36PS이므로, 따라서 128×1.36=174.08PS

19. 마찰차에서 축의 지름을 d[mm]라 할 때, 보스의 바깥지름 d_b[mm]를 구하는 식은?

㉮ $d_b=1.5d+20$　　　㉯ $d_b=18d+20$
㉰ $d_b=1.8d+15$　　　㉱ $d_b=1.8d+20$

20. 원동차의 지름이 90mm, 종동차의 지름이 140 mm, 원동차의 회전수가 300rpm일 때, 종동차의 회전수는?

㉮ 375rpm　　　㉯ 340rpm
㉰ 245rpm　　　㉱ 193rpm

[해설] 회전비 $i=\frac{n_2}{n_1}=\frac{D_1}{D_2}$에서
$n_2=\frac{D_1}{D_2}\times n_1=\frac{90}{140}\times300=192.8rpm$

21. 축간 거리가 C=240mm이고, n_1=120, n_2=60인 마찰차의 D_1, D_2는? (단, $D_1=\frac{1}{2}D_2$)

㉮ D_1=400mm, D_2=200mm
㉯ D_1=160mm, D_2=320mm
㉰ D_1=150mm, D_2=300mm
㉱ D_1=250mm, D_2=500mm

[해설] $C=\frac{D_1+D_2}{2}$, $i=\frac{n_2}{n_1}=\frac{D_1}{D_2}$에서
$D_1=\frac{n_2}{n_1}=D_1=\frac{60}{120}\times D_2=\frac{1}{2}\times D_2$를 C에 대입하여
$C=\frac{\frac{1}{2}D_2+D_2}{2}=\frac{3D_2}{4}$에서
$D_2=\frac{4}{3}C\times\frac{4}{3}\times240=320$이 된다.
$D_1=2C-D_2=(2\times240)-320=160mm$이다.

22. 지름이 30cm이고, 1분간에 250회전하는 원통 마찰차를 3200N의 힘으로 누르면, 몇 kW를 전달할 수 있는가? (단, μ=0.2)

㉮ 18.8　　　㉯ 2.52
㉰ 23.5　　　㉱ 2.35

[해설] $v=\frac{\pi DN}{60}=\frac{\pi\times0.3\times250}{60}=3.93m/s$
$kW=\frac{\mu Pv}{1000}=\frac{0.2\times3200\times3.93}{1000}=2.52kW$

23. 다음 중 1마력(PS)을 옳게 표시한 것은?

㉮ 75Watt　　　㉯ 735Watt
㉰ 1000Watt　　　㉱ 102Watt

24. 기어 전동의 특징을 설명한 것이다. 잘못 설명한 것은?

㉮ 속도비가 일정하다.
㉯ 감속비가 크다.
㉰ 충격에 강하다.
㉱ 큰 동력을 전달할 수 있다.

[해설] 기어 전동은 충격에 약하고, 소음과 진동이 발생한다.

25. 보통 기어의 구성을 옳게 표시한 것은?

㉮ 이, 림, 보스, 암
㉯ 이, 림, 보스, 플레임
㉰ 이, 보스, 암, 플레임

[정답] 15. ㉯ 16. ㉯ 17. ㉮ 18. ㉯ 19. ㉱ 20. ㉱ 21. ㉯ 22. ㉯ 23. ㉯ 24. ㉰ 25. ㉮

㉑ 림, 보스, 암, 플레임

26. 두 축이 평행하지 않은 경우에 쓰이는 기어는?
㉮ 스퍼 기어　　　　㉯ 헬리컬 기어
㉰ 인터널 기어　　　　㉱ 웜 기어

27. 두 축이 만나는 경우에 쓰이는 기어는?
㉮ 웜 기어　　　　㉯ 나사 기어
㉰ 베벨 기어　　　　㉱ 하이포이드 기어

28. 기어 잇수가 같은 한 쌍의 베벨 기어가 90°로 교차하는 기어명은?
㉮ 크라운 기어　　　　㉯ 마이터 기어
㉰ 스파이럴 기어　　　　㉱ 예각 베벨 기어

29. 원뿔면에 이를 낸 기어는?
㉮ 베벨 기어　　　　㉯ 헬리컬 기어
㉰ 스퍼 기어　　　　㉱ 나사 기어

30. 회전 운동을 직선 운동으로 바꿀 수 있는 기어는?
㉮ 스퍼 기어　　　　㉯ 래크 기어
㉰ 사이클로이드 기어　　㉱ 베벨 기어

31. 웜 기어의 특징이 아닌 것은?
㉮ 큰 속도비를 얻을 수 있다.
㉯ 마멸이 크다.
㉰ 물림이 조용하다.
㉱ 효율이 높다.

32. 전위 기어의 장점이 아닌 것은?
㉮ 언더 컷을 방지한다.
㉯ 물림이 좋아진다.
㉰ 이 밑이 굵고 튼튼해진다.
㉱ 베어링의 마모가 적어진다.

33. 원통에 감긴 실을 잡아당기면서 풀 때 실이 그리는 곡선은?
㉮ 사이클로이드 곡선
㉯ 에피 사이클로이드 곡선
㉰ 하이포 사이클로이드 곡선

㉱ 인벌류트 곡선

34. 인벌류트 치형이 사이클로이드 치형보다 우수한 점이 아닌 것은?
㉮ 제작이 쉽다.　　　　㉯ 이뿌리가 튼튼하다.
㉰ 소음이 적다.　　　　㉱ 기어가 바르게 물린다.
[해설] 사이클로이드 치행형의 장점은 효율이 높고 소음 및 마멸이 적다는 것이다.

35. 인벌류트 치형 기어는 어떤 곳에 많이 쓰이는가?
㉮ 동력 전달용　　　　㉯ 정밀 기기용
㉰ 작은 기어용　　　　㉱ 시계용

36. 인벌류트 표준 치형의 피치원상의 원호의 이 두께는 다음 중 어느 것과 같은가?
㉮ 원주 피치　　　　㉯ 이 두께×2
㉰ 원주 피치÷2　　　㉱ 이 두께÷2

37. 기준원 위에 원판을 굴릴 때 원판상의 1점이 그리는 궤적으로 나타내는 곡선은?
㉮ 사이클로이드 곡선
㉯ 인벌류트 곡선
㉰ 하이포 사이클로이드 곡선
㉱ 에피 사이클로이드 곡선

38. 사이클로이드 치형의 장점이 아닌 것은?
㉮ 미끄럼이 작다.　　　　㉯ 효율이 좋다.
㉰ 소음이 적다.　　　　㉱ 이뿌리가 튼튼하다.

39. 사이클로이드 치형에서 다음 중 어느 것이 정확히 일치되어야 물림을 정확히 하는가?
㉮ 피치원　　　　㉯ 이끝원
㉰ 이뿌리원　　　　㉱ 기초원

40. 사이클로이드 치형 기어는 어떤 곳에 많이 사용되는가?
㉮ 대형 기계용　　　　㉯ 정밀한 소형 기계용
㉰ 동력 전달용　　　　㉱ 정밀하지 못한 기계용

41. 에피 사이클로이드는 치형의 어느 부분에 쓰이는가?

정답　26. ㉱　27. ㉰　28. ㉯　29. ㉮　30. ㉯　31. ㉱　32. ㉱　33. ㉱　34. ㉰　35. ㉮　36. ㉰　37. ㉮　38. ㉱　39. ㉮
　40. ㉯　41. ㉮

㉮ 이끝면　　　　　　㉯ 이뿌리면
㉰ 이의 옆면　　　　　㉱ 이의 홈 부분

42. 사이클로이드 기어의 압력각은?

㉮ 20°　　　　　　　　㉯ 22.5°
㉰ 30°　　　　　　　　㉱ 45°

43. 압력각 20°의 표준 기어의 실용적인 언더 컷 방지 한계 잇수는?

㉮ 8　　　　　　　　　㉯ 12
㉰ 14　　　　　　　　　㉱ 24

[해설] KS에서는 20°만을 규정하고 있으며, 실제로도 20°가 널리 쓰인다. 20°일 때 이론적 잇수는 17개, 실용적인 잇수는 14개이며, 14.5°일 때 이론적 잇수는 32개, 실용적인 잇수는 26개이다.

44. 기어의 간섭은 어느 때 생기는가?

㉮ 양 기어의 축간 거리가 맞지 않을 때
㉯ 잇수가 아주 적은 경우나 잇수비가 아주 큰 경우
㉰ 기어 절삭이 잘못 되었을 때
㉱ 양 기어의 이의 피치가 맞지 않을 때

45. 실제 기어에서 접촉률은 어느 정도인가?

㉮ 0.8~1.2　　　　　　㉯ 1.2~2.5
㉰ 2.5~3.0　　　　　　㉱ 3.0~4.0

46. 한 쌍의 기어가 맞물려 회전하고 있을 때, 이가 물리기 시작한 점과 물림이 끝난 점까지의 회전각은?

㉮ 접촉각　　　　　　　㉯ 압력각
㉰ 나선각　　　　　　　㉱ 마찰각

47. 접촉호의 깊이와 원주 피치와의 비를 무엇이라고 하는가?

㉮ 물림률　　　　　　　㉯ 접촉 효율
㉰ 전동 효율　　　　　　㉱ 접근율

48. 웜 기어에서의 동력 전달은?

㉮ 반드시 웜에서 웜 휠쪽으로 전한다.
㉯ 반드시 웜 휠에서 웜쪽으로 전한다.
㉰ 양쪽에서 모두 전한다.
㉱ 제3의 기구를 통하여 전한다.

49. 다음 설명 중 틀린 것은?

㉮ 표준 기어의 이끝 높이는 모듈과 같다.
㉯ 모듈의 대소에 따라 백 래시는 달라진다.
㉰ 전위한 기어는 표준 기어보다 이 밑이 굵다.
㉱ 유성 기어 장치는 작은 감속비를 위하여 특별히 만든다.

[해설] 유성 기어 장치란, 큰 감속비를 얻기 위하여 큰 기어의 주위에 몇 개의 작은 기어가 자전 또는 공전하게 한 장치로서, 운반용 호이스트 등의 감속 기구에 쓰인다.

50. 모듈이란?(단, D : 피치원의 지름, Z : 기어의 수)

㉮ $m = \dfrac{Z}{D}$　　　　　　㉯ $m = \dfrac{D}{Z}$

㉰ $m = 1 + \dfrac{Z}{D}$　　　　㉱ $m = 1 + \dfrac{D}{Z}$

[해설] $D = mZ$에서 $m = \dfrac{D}{Z}$

51. 모듈의 값이 커지면?

㉮ 기어의 이가 커진다.
㉯ 틈새가 커진다.
㉰ 이가 작아진다.
㉱ 이의 나비가 커진다.

52. 다음 중 모듈과 같은 크기는?

㉮ 이 높이　　　　　　　㉯ 이끝 높이
㉰ 이뿌리 높이　　　　　㉱ 이의 두께

[해설] 이끝 높이를 어덴덤(addendum)이라고도 한다.

53. 원주 피치를 나타내는 식은? (단, D : 피치원의 지름, Z : 기어의 잇수)

㉮ $p = \dfrac{D}{Z}$　　　　　　㉯ $p = \dfrac{\pi Z}{D}$

㉰ $p = \dfrac{\pi D}{Z}$　　　　　㉱ $p = \dfrac{Z}{\pi D}$

[해설] $\pi D = pZ$에서 $p = \dfrac{\pi D}{Z} = \pi m$

54. 원주 피치를 모듈로 나타내는 관계식은?

㉮ $p = \pi m$　　　　　　㉯ $p = \dfrac{\pi}{m}$

㉰ $p = \dfrac{m}{\pi}$　　　　　㉱ $p = 1 - \dfrac{\pi}{m}$

55. 잇수 40개, 모듈 3인 기어의 바깥지름은? (단위 : mm)

㉠ 111 ㉡ 126
㉢ 184 ㉣ 204

[해설] 기어의 바깥지름 $(D_0)=(Z+2)m$ 에서
$D_0=(40+2)\times3=126$mm

56. 모듈(m)의 단위를 바르게 표시한 것은?

㉠ mm ㉡ inch
㉢ cm ㉣ mm, inch

[해설] 모듈(m)의 단위는 mm이다.

57. 잇수 32, 피치원의 지름 320mm인 기어의 모듈은?

㉠ $m=5$ ㉡ $m=6$
㉢ $m=7$ ㉣ $m=10$

[해설] $m=\dfrac{D}{Z}=\dfrac{320}{32}=10$ 즉, m은 10이다.

58. 모듈 3, 잇수가 각각 38, 72인 두 개의 기어가 맞물려 있을 때, 축간 거리는 얼마인가?

㉠ 150mm ㉡ 165mm
㉢ 250mm ㉣ 300mm

[해설] 중심거리$(C)=\dfrac{M(Z_A+Z_B)}{2}=\dfrac{3(38+72)}{2}=165$mm

59. 원동차의 잇수 28, 종동차의 잇수 112인 한 쌍의 스퍼 기어의 속도비는 얼마인가?

㉠ $i=1/3$ ㉡ $i=1/4$
㉢ $i=1/6$ ㉣ $i=1/8$

[해설] 속도비 $i=\dfrac{n_B}{n_A}=\dfrac{D_A}{D_B}=\dfrac{Z_A}{Z_B}=\dfrac{28}{112}=\dfrac{1}{4}$

60. 2줄 웜의 회전수 2750rpm을 웜 휠로 50rpm으로 감속하려면 웜 휠의 잇수는?

㉠ 40 ㉡ 80
㉢ 90 ㉣ 110

[해설] 웜과 웜 휠의 회전수와 잇수를 각각 n_1, n_2, Z_1, Z_2라고 하면 $\dfrac{n_2}{n_1}=\dfrac{Z_1}{Z_2}$ 이 된다.
따라서, $n_1=2,750$rpm, $n_2=50$rpm
웜의 줄수 $Z_1=2$이므로 Z_2는,
$Z_2=\dfrac{n_1}{n_2}\times Z_1=\dfrac{2750}{50}\times2=110$

61. 두 줄 웜의 회전수 1200rpm을 웜 휠에서 50rpm으로 만들려고 할 때 웜 휠의 잇수는?

㉠ 24 ㉡ 48
㉢ 52 ㉣ 64

[해설] 감속비$(i)=\dfrac{\text{웜휠 회전수}(N_2)}{\text{웜의 회전수}(N_1)}=\dfrac{\text{웜의 줄수}(Z_1)}{\text{웜휠 잇수}(Z_2)}$ 이므로
$Z_2=\dfrac{N_2}{N_1}\times Z_1=\dfrac{1200}{50}\times2=48$

62. 다음 중 기어의 회전비는?

㉠ $1\sim\dfrac{1}{10}$ ㉡ $1\sim\dfrac{1}{15}$
㉢ $1\sim\dfrac{1}{20}$ ㉣ $1\sim\dfrac{1}{30}$

63. 백 래시가 기어에서 필요한 이유가 아닌 것은?

㉠ 열팽창에 대한 여유 ㉡ 기어축의 변형
㉢ 축간 거리의 공차 ㉣ 기어의 소음

64. 두 축이 만나지도 평행하지도 않을 경우에 사용하는 기어가 아닌 것은?

㉠ 스크루 기어 ㉡ 웜 기어
㉢ 하이포이드 기어 ㉣ 베벨 기어

[해설] 베벨 기어는 두 축이 만나는 경우에 쓰인다.

65. 지름 피치(p_d)를 나타내는 식은? (단, D : 피치원의 지름, Z : 기어의 잇수)

㉠ $p_d=\dfrac{D}{Z}$ ㉡ $p_d=\dfrac{Z}{D}$
㉢ $p_d=\dfrac{\pi Z}{D}$ ㉣ $p_d=\dfrac{\pi D}{Z}$

66. 압력각이 적어지면 맞물림 잇수는?

㉠ 적어진다. ㉡ 많아진다.
㉢ 변함 없다. ㉣ 상관없다.

67. 표준 기어에서 이뿌리 높이와 모듈 m의 관계는 어떠한가?

㉠ $1.25m$ ㉡ $2.157m$
㉢ $0.5m$ ㉣ $2m$

68. 로프 전동의 장점이 아닌 것은?

㉠ 축간 거리가 먼 경우에 쓴다.
㉡ 전동 경로가 구부러져도 쓸 수 있다.

정답 55. ㉡ 56. ㉠ 57. ㉣ 58. ㉡ 59. ㉡ 60. ㉣ 61. ㉡ 62. ㉠ 63. ㉣ 64. ㉣ 65. ㉡ 66. ㉡ 67. ㉠ 68. ㉣

㉐ 큰 동력에도 벨트 전동보다 풀리의 지름을 작게 할 수 있다.
㉑ 미끄럼이 적어 전동 효율이 좋다.

69. 로프의 가닥과 로프의 꼬인 방향이 같은 것을 무슨 꼬임이라 하는가?

㉮ 보통 꼬임　　　㉯ 랭 꼬임
㉰ 오른 꼬임　　　㉑ 왼 꼬임

[해설] 로프 가닥과 로프 꼬인 방향이 반대인 경우를 보통 꼬임이라 한다.

70. 로프 전동의 전동 효율은 얼마인가?

㉮ 80~90%　　　㉯ 90~96%
㉰ 95~98%　　　㉑ 98~99%

71. 벨트 전동 장치가 쓰이는 곳은?

㉮ 축간 거리가 가까울 때
㉯ 축간 거리가 멀 때
㉰ 축의 크기가 작을 때
㉑ 축의 크기가 클 때

72. 벨트 전동 효율은?

㉮ 60~70%　　　㉯ 70~80%
㉰ 85~95%　　　㉑ 96~98%

73. 벨트 전동의 장점이 아닌 것은?

㉮ 원동축의 진동, 충격을 피동축에 전달하지 않는다.
㉯ 미끄럼이 안전 장치의 역할을 하여 원활한 전동이 가능하다.
㉰ 축간 거리가 먼 경우에도 동력 전달이 가능하다.
㉑ 일정한 속도비를 얻을 수 있어 정확한 전동이 된다.

74. 두 축이 평행한 평 벨트에 대한 설명 중 틀린 것은?

㉮ 인장측이 항상 아래쪽이 되어야 한다.
㉯ 오픈 벨팅과 크로스 벨팅이 있다.
㉰ 크로스 벨팅은 오픈 벨팅보다 접촉각이 크다.
㉑ 오픈 벨팅에서의 회전 방향은 서로 반대이다.

75. 엇걸기(크로스 벨팅)의 설명 중 틀린 것은?

㉮ 평 벨트에서만 사용이 가능하다.
㉯ 회전 방향이 서로 반대이다.
㉰ 벨트가 비틀려 마모되기 쉽다.
㉑ 인장측이 항상 아래쪽이 된다.

[해설] 엇걸기에서는 인장측과 이완측이 없다.

76. 인장차(tension pulley)를 써야 하는 경우가 아닌 것은?

㉮ 두 축이 평행해도 같은 평면상에 있지 않을 때
㉯ 원동차와 피동차의 지름비가 1/6 이하가 되는 경우
㉰ 아래쪽을 인장측으로 할 수 없는 경우
㉑ 접촉각이 작아 충분한 전동이 어려운 경우

[해설] ㉮의 경우는 안내차(guide pulley)를 사용하여 벨트가 벗겨지는 것을 방지한다.

77. 벨트 이음쇠의 형식이 아닌 것은?

㉮ 가죽끈이나 철사　　㉯ 엘리게이터 이음
㉰ 클립 이음　　　　　㉑ 리벳 이음

78. 접촉각을 크게 하여 충분한 전동이 되게 하기 위하여 설치하는 것은?

㉮ 인장차　　　　㉯ 안내차
㉰ 기어　　　　　㉑ 이완차

[해설] 안내차는 역회전이 필요한 경우에 설치한다(두 축이 수직인 경우에).

79. 원동차와 피동차 사이에서 이완측에 인장차를 설치했을 때 회전 방향은?

㉮ 변함 없다.　　　㉯ 역회전이 된다.
㉰ 반대로 돈다.　　㉑ 어느 쪽이든 자유다.

80. 오픈 벨트에서 중심거리 3m, 원동차의 지름 0.4m, 피동차의 지름 0.6m일 때, 벨트의 길이 (L)는?

㉮ 705cm　　　　㉯ 757cm
㉰ 778cm　　　　㉑ 786cm

[해설] $L = 2C + \dfrac{\pi}{2}(D_2 + D_1) + \dfrac{(D_2 - D_1)^2}{4C}$

$= 2 \times 300 + \dfrac{3.14(60+40)}{2} + \dfrac{(60-40)^2}{4 \times 300} ≒ 757\text{cm}$

(정답) **69.** ㉯　**70.** ㉮　**71.** ㉯　**72.** ㉑　**73.** ㉑　**74.** ㉑　**75.** ㉑　**76.** ㉮　**77.** ㉑　**78.** ㉮　**79.** ㉮　**80.** ㉯

81. 오픈 벨트에서 풀리의 지름은 D_1, D_2[cm], 중심거리 C[cm]이라 하면, 벨트의 길이 L[cm]은?

㉮ $L \fallingdotseq 2C + \dfrac{\pi(D_2+D_1)}{2} + \dfrac{(D_2-D_1)^2}{4C}$

㉯ $L \fallingdotseq 2C + \dfrac{\pi(D_2+D_1)}{2} + \dfrac{(D_2+D_1)^2}{4C}$

㉰ $L \fallingdotseq 2C - \dfrac{\pi(D_2+D_1)}{2} + \dfrac{(D_2-D_1)^2}{4C}$

㉱ $L \fallingdotseq 2C - \dfrac{\pi(D_2+D_1)}{2} + \dfrac{(D_2+D_1)^2}{4C}$

[해설] ㉯항의 관계식은 크로스 벨트 경우의 벨트 길이를 계산하는 것이다.

82. 벨트 인장측의 장력을 T_1, 이완측의 장력을 T_2라고 하면 유효 장력은?

㉮ $T_2 - T_1$　　　　㉯ $T_1 - T_2$
㉰ $T_1 + T_2$　　　　㉱ T_2 / T_1

[해설] 유효 장력은 인장측 장력에서 이완측 장력을 빼주어야 한다.
유효 장력(P_e)＝인장측 장력(T_1)－이완측 장력(T_2)[N]

83. 벨트 풀리의 암의 수는 보통 몇 개인가?

㉮ 2～3개　　　　㉯ 3～5개
㉰ 4～8개　　　　㉱ 8～12개

84. 벨트 풀리 외주의 중앙부는?

㉮ 평평하다.　　　　㉯ 높다.
㉰ 낮다.　　　　㉱ 요철형이다.

85. 기름에 약한 벨트는?

㉮ 가죽 벨트　　　　㉯ 고무 벨트
㉰ 천 벨트　　　　㉱ 띠강 벨트

86. 띠강 벨트의 두께는?

㉮ 0.1～0.3mm　　　　㉯ 0.3～1.1mm
㉰ 0.8～1.3mm　　　　㉱ 0.1～1.5mm

87. A30이라는 V벨트는?

㉮ 단면이 A형이고 유효 높이가 30인치이다.
㉯ 단면이 A형이고 유효 둘레가 30인치이다.
㉰ 단면이 A형이고 유효 둘레가 30cm이다.
㉱ 단면이 A형이고 단면 두께가 30mm이다.

88. V벨트에서 단면이 가장 큰 치수의 기호는?

㉮ M　　　　㉯ A
㉰ D　　　　㉱ E

[해설] V벨트는 그 단면이 사다리꼴이며 M, A, B, C, D, E순으로 치수가 크다.

89. 다음 중 체인의 특성이 아닌 것은?

㉮ 초장력이 필요하다.
㉯ 내유, 내습성이 크다.
㉰ 충격 하중을 흡수한다.
㉱ 속도비가 일정하다.

90. 체인의 사용이 적당하지 않은 것은?

㉮ 무거운 것을 들어 올릴 때
㉯ 일정한 회전비의 큰 동력을 얻을 때
㉰ 컨베이어(conveyer)
㉱ 고속 운전과 축간 거리가 멀 때

91. 링크 체인이 쓰이는 곳이 아닌 것은?

㉮ 컨베이어　　　　㉯ 체인 블록
㉰ 닻　　　　㉱ 동력 전달용

[해설] 동력 전달용으로 쓰이는 것은 롤러 체인과 사일런트 체인이다.

92. 롤러 체인의 연결에서 링크의 수가 홀수일 때 꼭 사용되어야 하는 링크는?

㉮ 핀 링크　　　　㉯ 오프셋 링크
㉰ 부시　　　　㉱ 롤러

93. 저속 소용량의 컨베이어나 엘리베이터에 사용되는 체인은?

㉮ 롤러 체인　　　　㉯ 링크 체인
㉰ 엇걸이 체인　　　　㉱ 사일런트 체인

[해설] 위의 4종류가 체인의 종류이다.

94. 체인 휠의 피치가 14mm, 잇수가 40, 회전수 500rpm이면 체인의 평균 속도는?

㉮ 3.5m/s　　　　㉯ 4.7m/s
㉰ 5.3m/s　　　　㉱ 6.7m/s

[해설] $V_m = \dfrac{PZN}{60000} = \dfrac{14 \times 40 \times 500}{60000} = 4.7$m/s

95. 평균 속도 3.0m/s, 동력 4.5kW일 때, 체인에 걸리는 하중은?

㉮ 0.015kN   ㉯ 0.15kN

㉰ 1.5kN   ㉱ 15.4kN

[해설] $kW = FV$에서 $F = \dfrac{kW}{V} = \dfrac{4.5}{3} = 1.5kN$

96. 벨트 풀리의 원동차의 지름이 200mm, 회전수가 240rpm, 피동축의 지름이 480mm이다. 이 때의 피동차의 회전수를 구하라(단, 마찰면의 미끄럼은 없는 것으로 한다).

㉮ 80rpm   ㉯ 90rpm

㉰ 100rpm   ㉱ 110rpm

[해설] 속도비$(i) = \dfrac{\text{종동차(피동차) 회전수}(N_2)}{\text{원동차(구동차) 회전수}(N_1)}$

$= \dfrac{\text{원동차 지름}(D_1)}{\text{피동차 지름}(D_2)}$

$N_2 = N_1 \dfrac{D_1}{D_2} = 240 \times \dfrac{200}{480} = 100rpm$

97. 체인의 전동 효율은 얼마인가?

㉮ 20% 이상   ㉯ 50% 이상

㉰ 90% 이상   ㉱ 100% 이상

98. 체인 휠의 잇수는?

㉮ 5～50   ㉯ 10～50

㉰ 10～70   ㉱ 20～90

[해설] 롤러 체인 휠의 잇수는 너무 적으면 나쁘기 때문에 17장 이상으로 하며, 홀수로 하는 것이 좋다. 그러나 사일런트 체인의 경우는 잇수는 17장 이상이고, 링크의 수는 짝수이어야 한다.

99. 롤러 체인 휠의 두 축의 중심거리는 체인 피치 원의 몇 배가 좋은가?

㉮ 10～30   ㉯ 30～50

㉰ 70～90   ㉱ 70～100

[해설] 사일런트 체인의 경우는 20～30배 정도가 좋다.

04 제동용 기계 요소

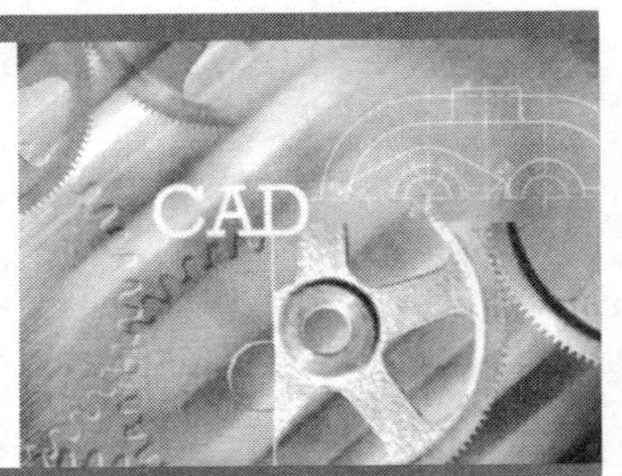

▶ 1. 제어용 요소

1-1 캠, 링크, 스프링, 브레이크, 플라이 휠

1 캠(cam)

캠은 미끄럼면의 접촉으로 운동을 전달한다. 특히 링크 장치로 얻을 수 없는 왕복 운동이나 간헐적인 운동을 종동절에 전하는 데 사용한다.

① 캠의 종류

(가) 평면 캠 : 원동절과 종동절의 궤적이 한 평면상에 있는 캠이다.

⑦ 판 캠(plate cam) : 평면 곡선을 윤곽으로 하는 캠 C가 등속 회전을 하면 F가 등속 왕복 운동을 하는 판상의 캠이다. 캠의 모양에 따라 하트 캠, 원판 캠, 접선 캠 등이 있다.

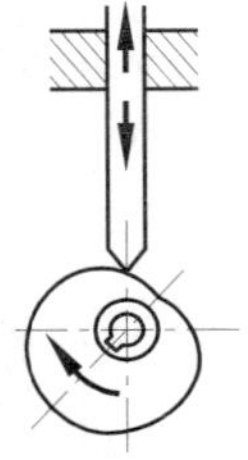 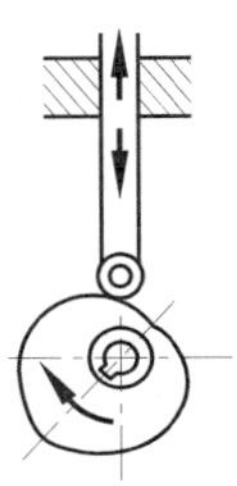 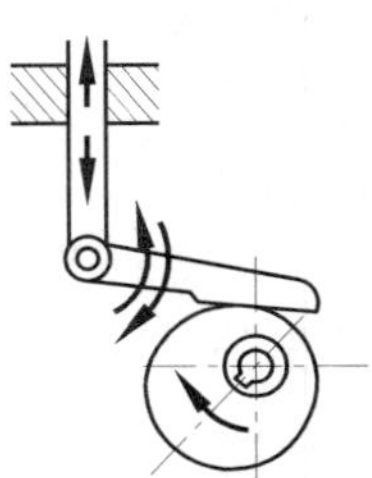 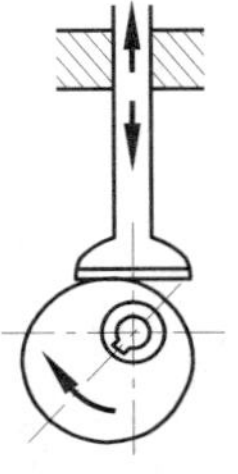 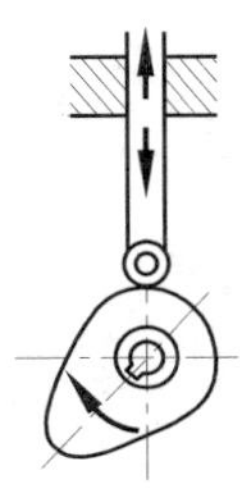 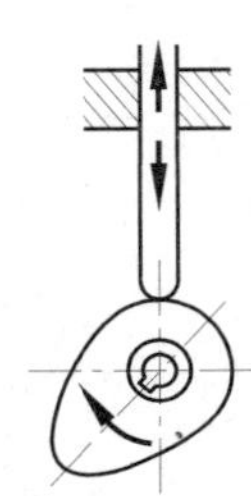

(a) 하트 캠(나이프에지) (b) 하트 캠(롤러) (c) 원호 캠(평면) (d) 원판 캠(평면) (e) 접선 캠(롤러) (f) 원호 캠(나이프에지)

판 캠의 종류

④ 정면 캠(확동 캠) : 판의 정면에 캠의 윤곽 곡선에 해당하는 홈을 파고 이 곳에 종동절의 롤러를 끼운 캠이다.

⑤ 직동 캠(translation cam) : 주동절의 직선 왕복 운동으로 종동절의 왕복 운동을 시키는 크랭크 기구에 의한 캠이다.

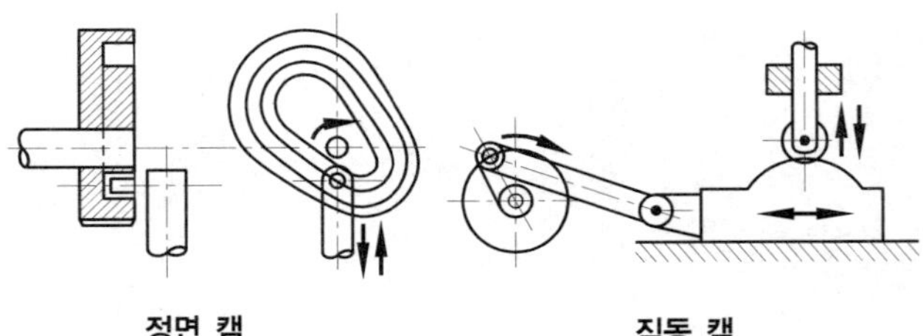

정면 캠　　　　**직동 캠**

(나) 입체 캠 : 주동절과 원동절의 윤곽 곡선이 공간 곡선으로 된 캠이다.

㉮ 실체 캠 : 캠의 축선을 중심으로 한 회전체의 표면 위에 폐곡선의 홈을 파고 이 홈에 따라서 종동절이 규정된 운동을 하는 캠이다.

㉯ 단면 캠 : 원통의 한 끝면의 폐곡선에 따라서 종동절을 왕복 운동시키는 캠이다.

㉰ 경사판 캠 : 회전축에 경사시킨 원판을 붙이고 종동절의 선단에 판을 접촉시켜 종동절을 왕복 운동시키는 캠이다.

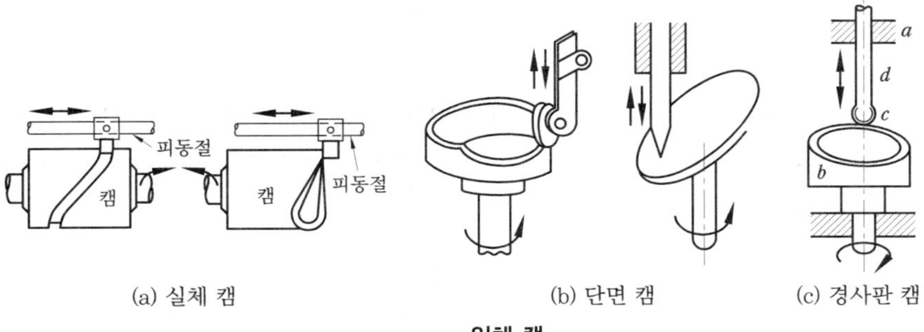

(a) 실체 캠   (b) 단면 캠   (c) 경사판 캠

입체 캠

② 캠의 피치원

(가) 피치점(pitch point) : 종동절의 접촉침의 끝이나 롤러 핀의 중심점을 말하며, 이 피치점이 운동하여 남긴 궤적의 곡선을 피치곡선(pitch curve)이라 한다.

(나) 피치원(pitch circle) : 압력각이 최대로 되는 점을 지나는 캠축 중심원을 말한다.

(다) 리프트(lift travel) : 종동절의 최대 변위량을 나타낸다.

(라) 압력각(pressure angle) : 피치곡선 위의 한 점에 세운 법선과 종동축선과의 교차각이며, 압력각이 커지면 전동이 원활하지 못하므로 압력각의 허용값은 100rpm 이하 저속에서는 45° 까지, 그 이상에서는 30° 이하로 제한한다.

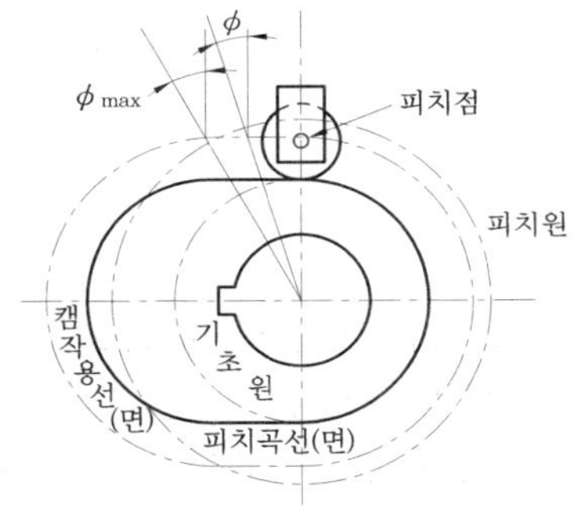

캠의 운동

③ 캠의 선도 : 캠의 윤곽을 설계할 경우 유의할 점은 돌고 있는 캠의 각 순간에 대한 위치, 속도, 가속도의 3요소이고, 특히 종동절의 각 순간의 위치를 정하는 것이 중요하다.

캠 선도에는 등가속도 캠 선도, 등속도 캠 선도, 단현 운동 캠 선도가 있다.

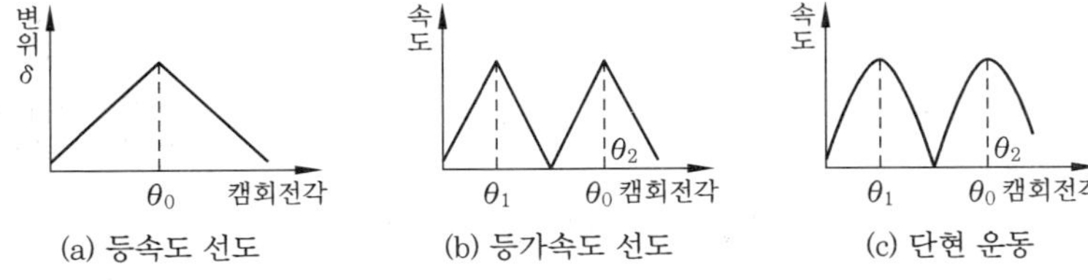

(a) 등속도 선도   (b) 등가속도 선도   (c) 단현 운동

변위 선도의 종류

❷ 링크(link)

강성의 막대를 서로 회전할 수 있도록 핀으로 연결시킨 기구를 링크 장치라 한다. 링크 장치의 링크는 최소한 4개가 있어야 한다.

① 4절 회전 링크의 종류

(가) 레버 크랭크 기구(lever crank mechanism) : 4개의 링크를 사용하여 D를 고정하였을 때, A+B> C+D 및 (B−A)+C>D의 조건이 필요하다.

링크 A와 중개절(connector) B가 일직선이나 겹치게 되면 C에 힘을 주어도 A는 회전을 못하는데 이 점을 사점(dead point)이라 하며, 사안점(change point)과는 동일 직선상에 있지만 그 뜻은 다르다.

(나) 이중 크랭크 기구(double crank mechanism) : 4절 회전 링크 중에서 가장 짧은 링크를 고정하여 B와 D를 완전하게 회전시키는 기구이다. 이중 크랭크 기구는 인봉 기구(drag link mechanism)라 고도 한다.

(다) 이중 레버 기구(double lever mechanism) : 4개의 링크 중에서 가장 짧은 A와 이와 마주 보는 C 를 고정하여 B와 D가 레버가 되어 왕복 운동을 하는 것으로, 수동식 절단기와 자동차 앞바퀴의 방 향을 하는 애커먼(ackerman) 기구가 있다.

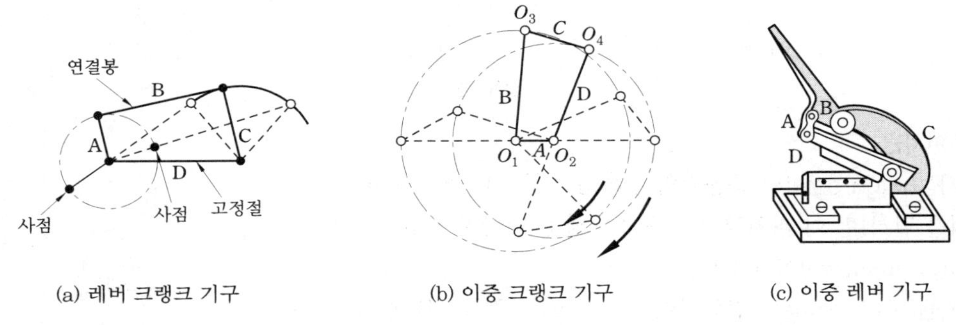

(a) 레버 크랭크 기구　　(b) 이중 크랭크 기구　　(c) 이중 레버 기구

4절 회전 링크의 종류

② 슬라이더 회전 링크(slider crank mechanism)의 종류 : 미끄럼짝 1개를 가지는 4절 회전 링크를 말하며, 4개 중 어느 것을 고정 링크로 하느냐에 따라 다른 기구를 얻는 것을 기구의 교체(inversion of mechanism)라고 하고, 이에는 다음 4종류가 있다.

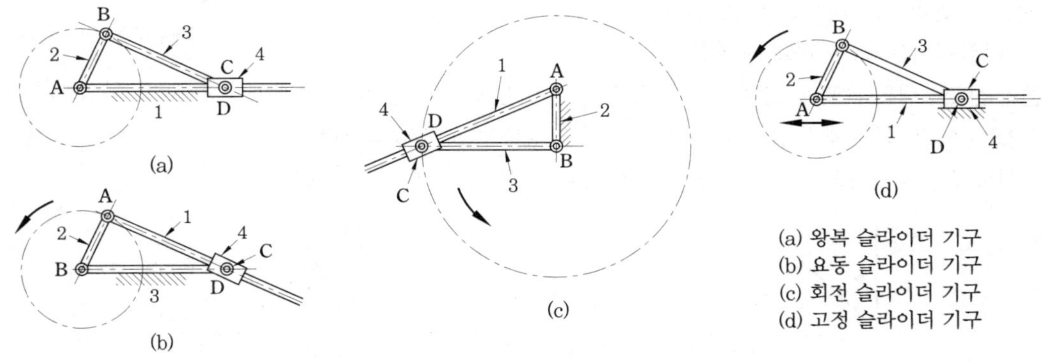

슬라이더 회전 링크의 기구

(가) 왕복 슬라이더 크랭크 기구(reciprocating block slider mechanism) : 링크 1을 고정 링크로 한 경우

(나) 회전 슬라이더 크랭크 기구(turning block slider mechanism) : 링크 2를 고정 링크로 한 경우

(다) 요동 슬라이더 크랭크 기구(oscillating block slider mechanism) : 링크 3을 고정 링크로 한 경우

(라) 고정 슬라이더 크랭크 기구(fixed block slider mechanism) : 링크 4를 고정 링크로 한 경우

③ 이중 슬라이더 크랭크 기구(double slider crank mechanism) : 슬라이더 크랭크 기구에 미끄럼짝

을 추가하여 링크로 연결한 기구로서 다음과 같은 것이 있다.

㈎ 스코치 요크(scotch yoke) : 크랭크 A가 등속 회전을 할 때 로드 C는 단진동을 하는 기구로 왕복 이중 슬라이더 크랭크 기구라 한다.

㈏ 타원 컴퍼스 : 서로 직각으로 만나는 홈 속을 슬라이더 A와 C가 링크 B로 연결하여 이동할 때 링크 B의 연장선 위의 1점 P의 궤적은 타원이 된다.

㈐ 올덤 커플링 : I 축과 II 축의 중심이 편심되어 있을 때 나란히 두 축에 동력을 전달하는 기구이다.

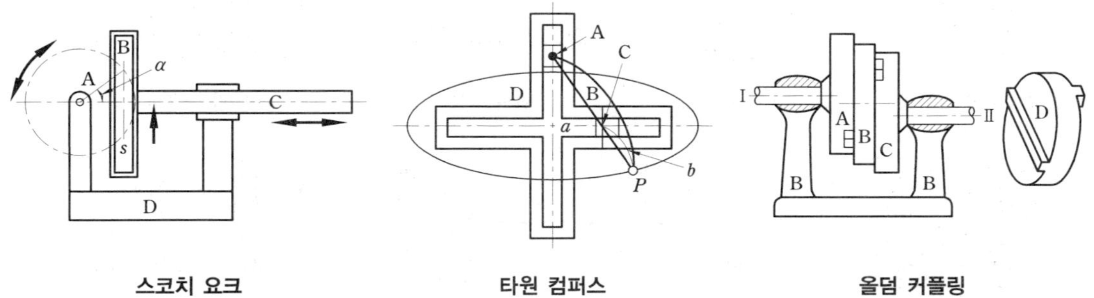

스코치 요크 **타원 컴퍼스** **올덤 커플링**

④ **평행 운동 기구(parallel motion mechanism)** : 두 개 이상의 부분이 항상 평행 운동을 하는 기구이다.

㈎ 평행자 : D 링크를 고정하고 B 링크를 움직이면, 임의의 간격인 평행선을 그릴 수 있으며, 만능 제도기의 원리이다.

㈏ 팬토그래프 : 도면을 확대하거나 축소할 때에 사용하는 두 크랭크 기구를 말한다.

⑤ **구면 운동 기구(spheric crank mechanism)** : 4절 회전 기구를 구면 위에 구성하고 링크 A, B, C가 구면을 따라서 운동을 할 수 있도록 각 링크를 연결하는 축을 구의 중심에서 교차시킨 장치이다.

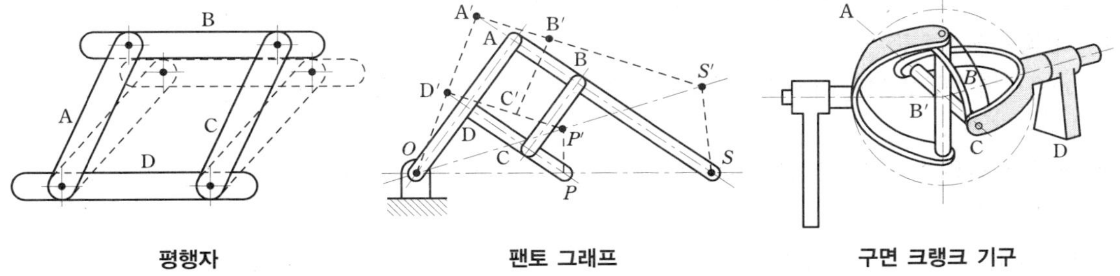

평행자 **팬토 그래프** **구면 크랭크 기구**

❸ 스프링(spring)

① 스프링의 용도

㈎ 진동 흡수, 충격 완화(철도, 차량)

㈏ 에너지 저축(시계 태엽)

㈐ 압력의 제한(안전 밸브) 및 힘의 측정(압력 게이지, 저울)

㈑ 기계 부품의 운동 제한 및 운동 전달(내연 기관의 밸브 스프링)

② 스프링의 종류

㈎ 재료에 의한 분류 : 금속 스프링, 비금속 스프링, 유체 스프링

㈏ 하중에 의한 분류 : 인장 스프링, 압축 스프링, 토션 바 스프링, 구부림을 받는 스프링

㈐ 용도에 의한 분류 : 완충 스프링, 가압 스프링, 측정용 스프링, 동력 스프링

(라) 모양에 의한 분류 : 코일 스프링(coil spring), 스파이럴 스프링(spiral spring), 겹판 스프링(leaf spring), 링 스프링(ring spring), 원반 스프링 또는 접시 스프링(disk spring), 토션 바 스프링(torsion bar spring) 등이 있다. 스프링 단면의 형상에는 원형, 직사각형, 사다리꼴 등이 널리 쓰인다.

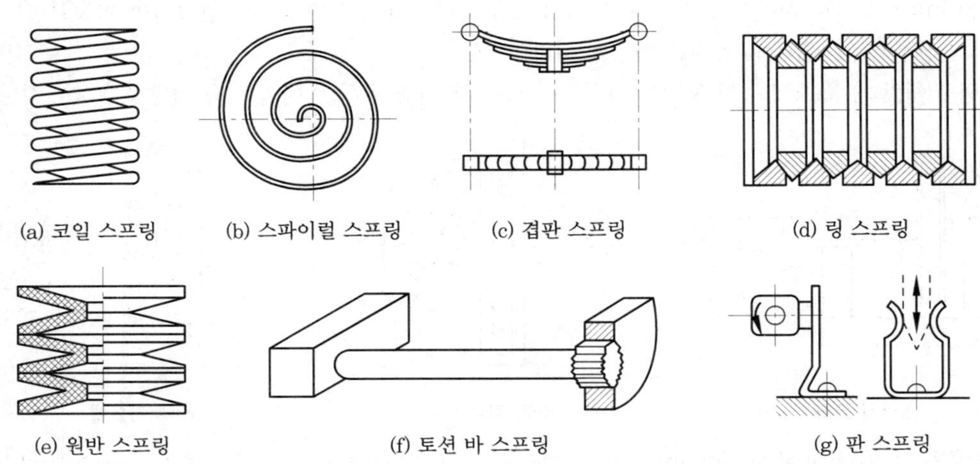

(a) 코일 스프링　　(b) 스파이럴 스프링　　(c) 겹판 스프링　　(d) 링 스프링

(e) 원반 스프링　　(f) 토션 바 스프링　　(g) 판 스프링

스프링의 종류

③ **스프링의 재료** : 탄성 계수가 크고 탄성 한계나 피로, 크리프 한도가 높아야 하며, 내식성, 내열성 혹은 비자성이나 비전도성 등이 좋아야 된다.

(가) 금속 재료 : 스프링강, 피아노선, 인청동선, 황동선이 널리 쓰이며 특수용으로 스테인리스강, 고속도강이 쓰인다.

(나) 비금속 재료 : 고무, 공기, 기름 등이 완충 스프링에 쓰인다.

④ **스프링의 휨과 하중**

(가) 스프링에 하중을 걸면 하중에 비례하여 인장 또는 압축, 휨 등이 일어난다.

$$W = K\delta \text{ [kN]}$$

(나) 하중에 의해 이루어진 일 $U\,[\text{kJ}]$은 $W = K\delta$의 직선과 가로축 사이의 면적으로 표시한다.

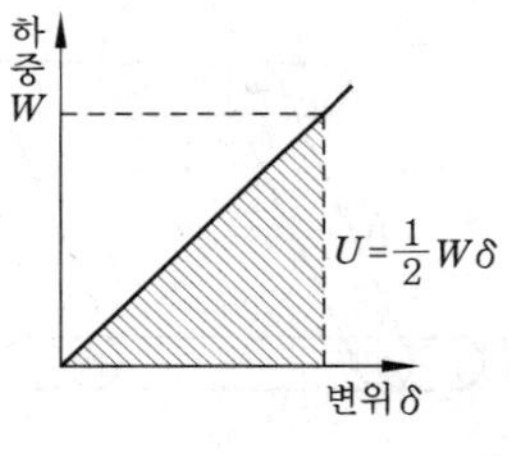

$$U = \frac{1}{2}W\delta = \frac{1}{2}K\delta^2 \qquad \text{여기서, } W : \text{하중}, \ \delta : \text{늘어난 변위량}, \ K : \text{스프링 상수}, \ U : \text{일량}$$

(다) 스프링 상수 K_1, K_2의 2개를 접속시켰을 때 스프링 상수는

㉮ 병렬의 경우 : $K = K_1 + K_2$ [그림 (a), (b)]

㉯ 직렬의 경우 : $\dfrac{1}{K} = \dfrac{1}{K_1} + \dfrac{1}{K_2}$ [그림 (c)]

⑤ **코일 스프링의 강도**

(가) 스프링의 소선에 작용하는 비틀림 모멘트 : $T = \tau Z_P = \dfrac{\pi}{16}d^3\tau \text{ [kJ]}$

(나) 스프링의 소선이 받는 전단 응력 : $\tau = \dfrac{8Wd}{\pi d^3}\text{[Pa]}$

(다) $\delta = \dfrac{8nD^3W}{Gd^4} = \dfrac{64nR^3W}{Gd^4}$

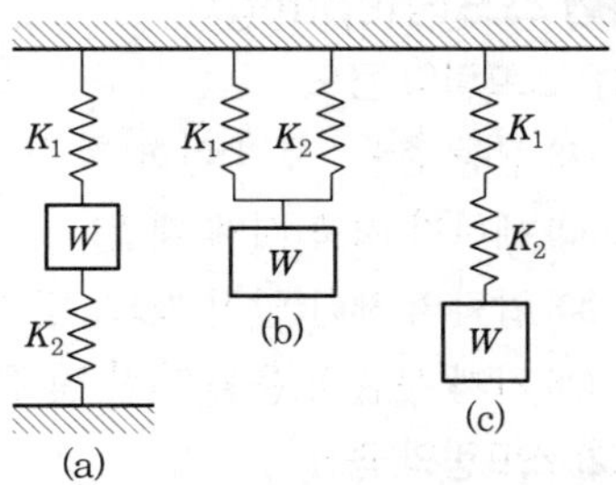

스프링 상수

(라) 스프링 상수

$$K = \frac{W}{\delta} = \frac{Gd^4}{8nD^3} = \frac{GD}{8nC^4} = \frac{Gd^4}{64R} \text{ [N/m]}$$

여기서, τ : 전단 응력(Pa), W : 하중(N), δ : 스프링의 처짐(mm)

G : 가로 탄성 계수(GPa), R : 코일의 평균 반지름, n : 감김 수, C : 스프링 지수

D : 코일의 평균 지름(mm), d : 소선의 지름(mm), T : 토크[kJ]

⑥ 코일 스프링의 용어

(가) 지름 : 재료의 지름(=소선의 지름 : d), 코일의 평균 지름(D), 코일의 안지름(D_1), 코일의 바깥 지름(D_2)이 있다.

(나) 스프링의 종횡비 : 하중이 없을 때의 스프링 높이를 자유 높이(H_f)라 하는데, 그 자유 높이와 코일의 평균 지름의 비이다.

$$종횡비(\lambda) = \frac{H}{D} [보통\ 0.8 \sim 4]$$

(다) 피치 : 서로 이웃하는 소선의 중심간 거리(P)이다.

(라) 코일의 감김 수

㉮ 총 감김 수 : 코일 끝에서 끝까지의 감김 수

㉯ 유효 감김 수 : 스프링의 기능을 가진 부분의 감김 수

㉰ 자유 감김수 : 무하중일 때 압축 코일 스프링의 소선이 서로 접하지 않는 부분의 감김 수

(마) 스프링 지수 : 코일의 평균 지름(D)과 재료의 지름(d)의 비이다.

$$스프링\ 지수(C) = \frac{D}{d} [보통\ 4 \sim 10]$$

(바) 스프링 상수(K) : 훅의 법칙에 의한 스프링의 비례 상수 · 스프링의 세기를 나타내며,

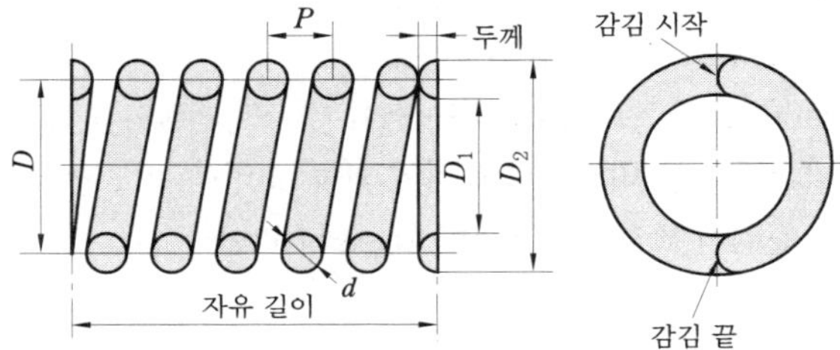

코일 스프링의 각부 명칭

스프링 상수가 크면 잘 늘어나지 않는다. 스프링 상수는 작용 하중과 변위량의 비이다.

$$스프링\ 상수(K) = \frac{작용\ 하중[N]}{변위량[mm]} = \frac{W}{\delta}\ [N/mm]$$

⑦ 탄성에 의한 진동

(가) 진동(vibration) : 물체가 평형 상태를 중심으로 일정한 시간에 일정한 운동을 반복하는 것을 진동이라 하고, 그 일정한 시간을 주기(period)라 한다.

㉮ 스프링 진자 : 추를 잡아당겼다 놓았을 때 추가 위아래로 진동하는 것을 말한다.

㉯ 비틀림 진자 : 축의 한 끝을 고정하고 다른 끝에 원판을 달아 축둘레로 비틀었다가 놓으면 원판이 흔들이 운동을 반복하는 것을 말한다.

(나) 기계의 진동

㉮ 자유 진동과 강제 진동

• 자유 진동(free vibration) : 진동체에 저항이 없다면 외부로부터 받은 힘에 의하여 진동하는 물체는 외력을 제거하여도 진동을 계속한다.

• 감쇠 진동(damped vibration) : 자유 진동이 저항에 의하여 시간이 지남에 따라 진폭이 점점 작아져 마침내 정지한다.

• 강제 진동(forced vibration) : 외부로부터 주기적인 힘에 의하여 물체가 진동한다.

• 공진(resonance) : 강제 진동에 의한 진동수와 진동체의 고유 진동수가 일치하는 것을 공진이라 한다.

㉯ 진동의 원인과 방지 : 기계 장치에 생기는 진동은 힘의 균형을 이루지 못할 때 원심력과 충격력에 의하여 생기며, 그 방지 방법은 다음과 같다.
- 회전체는 원심력의 영향을 받지 않도록 가볍고 균형이 잡힌 모양으로 한다.
- 스프링 또는 유압을 이용하여 외부로부터의 강제 진동을 단절하도록 한다.
- 진동의 에너지를 흡수하여 진동을 적게 하는 댐퍼(damper)를 사용한다.

㉰ 회전축의 위험 속도 : 전동축의 회전수를 증대시켜 가면 어느 회전수에서 공진을 일으켜 급격한 진동을 일으키는 경우가 있다. 이 때 회전수를 임계 속도(critical speed) n_c라 하며, 축의 고유 진동수와 같다.

$$n_c = \frac{60}{2\pi}\sqrt{\frac{k}{m}}$$ 여기서, m : 물체의 질량, k : 스프링 상수

❹ 브레이크(brake)

브레이크는 기계의 운동 부분의 에너지를 흡수해서 속도를 낮게 하거나 정지시키는 장치이다.

① 브레이크의 종류

㈎ 반지름 방향으로 밀어붙이는 형식 : 블록 브레이크(block brake), 밴드 브레이크(band brake), 팽창 브레이크(expansion brake)

㈏ 축 방향으로 밀어붙이는 형식 : 원판 브레이크(disc brake), 원추 브레이크(cone brake)

㈐ 자동 브레이크 : 웜 브레이크(worm brake), 나사 브레이크(screw brake). 캠 브레이크(cam brake), 원심력 브레이크(centrifugal brake)

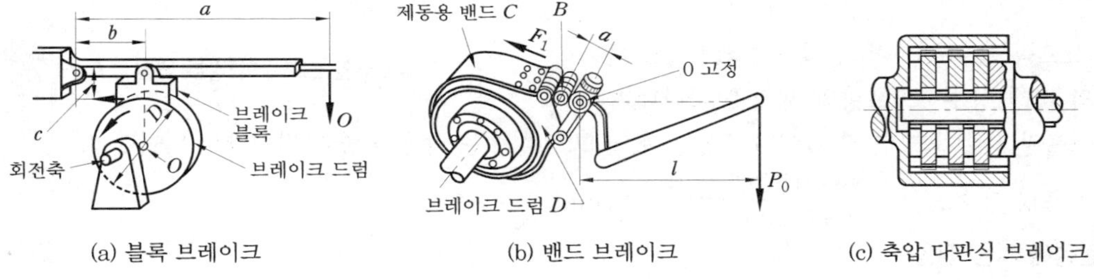

(a) 블록 브레이크　　　　(b) 밴드 브레이크　　　　(c) 축압 다판식 브레이크

브레이크의 종류

② 마찰 브레이크의 역학 : 마찰 브레이크는 마찰 계수 μ인 마찰면에 수직으로 작용하는 드럼이 블록(block)을 밀어붙이는 힘 P[N]에 의하여 생기는 제동력(마찰력) f[N]가 브레이크 작용을 하는 것이다.

이 때, f를 제동력(brake force)이라 하면, $f = \mu P$[N]

브레이크를 조작하는 외력 F와 제동력 f의 관계는 브레이크의 종류나 형식에 따라 다음과 같이 구별된다.

㈎ 단식 블록 브레이크 : 조작력 F [N]와 브레이크 힘 f [N]와의 관계는 다음 쪽 [표]와 같이 브레이크 레버(brake lever)의 회전 지점의 위치에 따라 정해진다.

㈏ 복식 블록 브레이크(double block brake) : 브레이크 블록이 브레이크 드럼의 안쪽에서 밀어붙이는 안쪽 브레이크(internal brake)에 작용하는 힘의 관계는,

$$F_1 = \frac{P}{l_1}(l_2 - \mu l_3) \ [\text{N}]$$

$$F_2 = \frac{P}{l_1}(l_2 + \mu l_3) \ [\text{N}]$$

㈐ 브레이크 용량 : 드럼의 원주 속도를 v[m/s], 드럼을 블록이 P[N]으로 밀어붙이고, 블록의 접촉 면적을 A[mm²]라 하면, 브레이크의 단위 면적당의 마찰일 w_f는 다음 식과 같이 된다.

$$w_f = \frac{\mu P v}{A} = \mu p v \ \text{[N/mm}^2 \cdot \text{m/s]}$$

$$p = \frac{P}{A} = \frac{P}{eb} \ \text{[Pa]}$$

여기서, $\mu p v$: 브레이크 용량(break capacity), p : 제동 압력

단식 블록 브레이크의 브레이크 힘

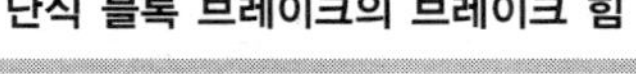
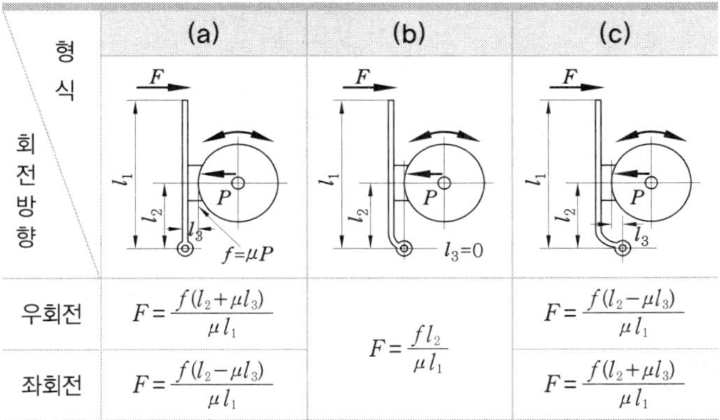

형식	(a)	(b)	(c)
우회전	$F = \dfrac{f(l_2+\mu l_3)}{\mu l_1}$	$F = \dfrac{fl_2}{\mu l_1}$	$F = \dfrac{f(l_2-\mu l_3)}{\mu l_1}$
좌회전	$F = \dfrac{f(l_2-\mu l_3)}{\mu l_1}$		$F = \dfrac{f(l_2+\mu l_3)}{\mu l_1}$

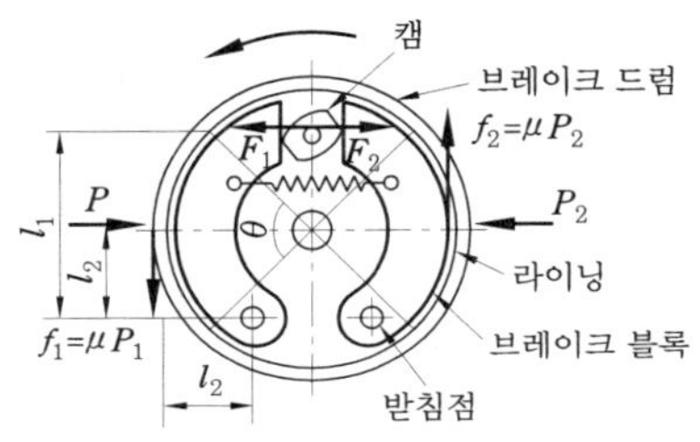

안쪽 브레이크

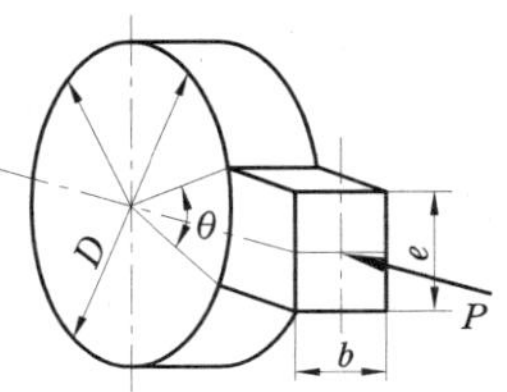

브레이크의 용량

㈑ 밴드 브레이크 : 브레이크 드럼의 둘레에 강철 밴드를 감아 놓고 레버로 밴드를 잡아당겼을 때 생기는 접촉면 사이의 마찰력에 의하여 제동하는 장치를 밴드 브레이크라 하며, 레버에 작용하는 힘 F는 다음 [표]와 같다.

브레이크 밴드에 생기는 인장 응력을 σ[kPa], 밴드 두께를 t[m], 나비를 b[m], 밴드의 인장쪽 장력을 T_1[kN]라 하면

$$\sigma = \frac{T_1}{tb} \ \text{[kPa]}$$

밴드 브레이크의 브레이크 힘

형식	(a)	(b)	(c)
우회전	$F = \dfrac{f}{l} \cdot \dfrac{l_2}{e^{\mu\theta}-1}$	$F = \dfrac{f}{l} \cdot \dfrac{(l_2-l_1 e^{\mu\theta})}{(e^{\mu\theta}-1)}$	$F = \dfrac{f}{l} \cdot \dfrac{(l_2+l_1 e^{\mu\theta})}{(e^{\mu\theta}-1)}$
좌회전	$F = \dfrac{f}{l} \cdot \dfrac{l_2 e^{\mu\theta}}{e^{\mu\theta}-1}$	$F = \dfrac{f}{l} \cdot \dfrac{(l_2 e^{\mu\theta}-l_1)}{(e^{\mu\theta}-1)}$	$F = \dfrac{f}{l} \cdot \dfrac{(l_2 e^{\mu\theta}+l_1)}{(e^{\mu\theta}-1)}$

㈒ 원판 브레이크 : 브레이크의 평균 지름 위에 작용하는 마찰력을 f, 접촉면의 수를 n, 제동 토크를 T_f라 하면,

$$f = \mu F n = \mu p A n = \mu p \frac{\pi(d_2{}^2 - d_1{}^2)}{4} n \ \text{[kN]}$$

$$T_f = f \frac{d}{2} = f \frac{d_1+d_2}{4} = \mu F n \frac{d_1+d_2}{4} = \mu p \frac{\pi(d_2{}^2 - d_1{}^2)}{4} n \frac{d_1+d_2}{4} \ \text{[kJ]}$$

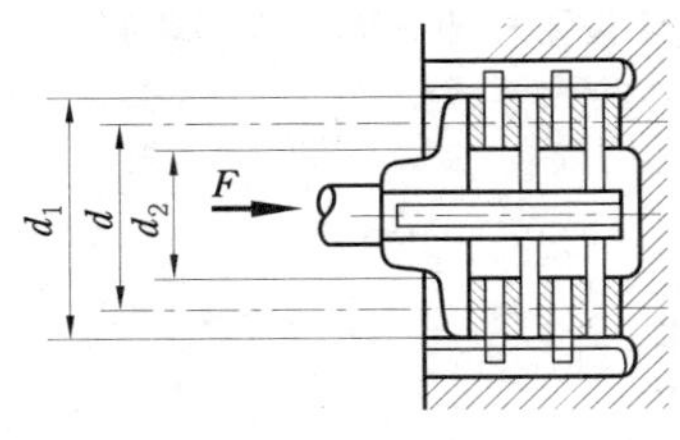

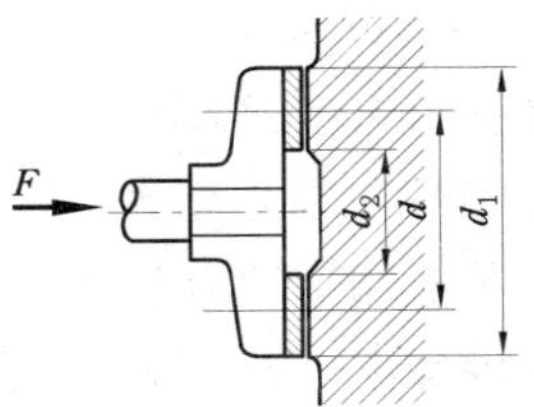

(a) 다판 원판 브레이크   (b) 단판 원판 브레이크

원판 브레이크의 종류

5 플라이 휠

플라이 휠은 속도조절장치의 하나로서 운동에너지를 저축하거나 방출함으로써 기계의 회전속도의 변동을 어느 한정된 범위 내로 유지하는 작용을 한다.

1사이클 중의 토크가 역방향으로 작용하는 경우에도 운전을 가능하도록 하며 각속도의 변동을 억제하는 기능을 갖는다.

① 운동에너지 변화량

$$\Delta E = \frac{1}{2} I(\omega_1{}^2 - \omega_2{}^2) = I\omega^2\delta, \ I = \frac{\gamma\pi t}{2g}(R_2{}^4 - R_1{}^4)$$

여기서, I : 플라이 휠의 관성 모멘트$(kg \cdot m^2)$

ω : 평균 각속도

ω_1 : 최대 각속도

ω_2 : 최소 각속도

$$\omega = \frac{\omega_1 + \omega_2}{2}$$

δ : 속도변동률$\left(\dfrac{\omega_1 - \omega_2}{\omega}\right)$

② 1사이클당 얻을 수 있는 에너지

$$E = 4\pi T_m \quad \text{(여기서, } T_m : \text{평균 토크)}$$

③ 에너지 변동률

$$\xi = \frac{\Delta E}{E}$$

④ 플라이 휠의 강도(회전하는 얇은 원판)

$$\sigma = \frac{r}{g}v^2 = \frac{r}{g}(r \cdot \omega)^2 = \frac{r}{g}r^2 \cdot \omega^2 \, [kg/mm^2]$$

예 상 문 제

1. 다음 중 래칫 휠을 이용한 것은?

㉮ 밀링 머신 ㉯ 셰이퍼
㉰ 연삭기 ㉱ 선반

[해설] 셰이퍼 외에 플레이너와 측정기인 마이크로미터 등이 있다.

2. 다음 중 입체 캠에 해당하는 것은?

㉮ 판 캠 ㉯ 정면 캠
㉰ 직동 캠 ㉱ 경사판 캠

3. 원통의 둘레에 많은 볼트 구멍을 만들고 특수 판을 볼트로 붙인 캠은?

㉮ 조정 캠 ㉯ 실체 캠
㉰ 반대 캠 ㉱ 단면 캠

[해설] 실체 캠은 회전체의 표면 위에 폐곡선의 홈을 파고 홈에 따라서 종동절이 운동하는 것이며, 실체 캠에는 원뿔 캠, 쌍곡선 캠, 원호 회전체 캠, 원통 캠이 있다.

4. 판의 정면에 캠의 윤곽 곡선에 해당하는 홈을 파고 이곳에 종동절의 롤러를 끼운 형식의 캠은?

㉮ 직동 캠 ㉯ 확동 캠
㉰ 와이퍼 캠 ㉱ 반대 캠

5. 다음 중 평면 캠에 해당하는 것은?

㉮ 판 캠 ㉯ 실체 캠
㉰ 단면 캠 ㉱ 경사판 캠

[해설] 캠에는 평면 캠과 윤곽 곡선이 공간에 있는 입체 캠(단면 캠, 실체 캠, 경사판 캠 등)이 있으며, 판 캠은 가장 많이 사용된다.

6. 평면 캠의 종류가 아닌 것은?

㉮ 판 캠 ㉯ 직동 캠
㉰ 와이퍼 캠 ㉱ 경사판 캠

7. 원동절, 피동절이 모두 직선 왕복 운동을 하는 캠은?

㉮ 직동 캠 ㉯ 반대 캠
㉰ 정면 캠 ㉱ 확동 캠

8. 종동절이 캠으로 되어 있는 캠은?

㉮ 반대 캠 ㉯ 판 캠
㉰ 원통 캠 ㉱ 확동 캠

9. 판 캠의 종류가 아닌 것은?

㉮ 하트 캠 ㉯ 쌍곡선 캠
㉰ 요동 캠 ㉱ 접선 캠

10. 캠의 운동과 종동절의 운동 상태를 표시한 선도를 무엇이라고 하는가?

㉮ 캠 선도 ㉯ 기초 곡선
㉰ 윤곽 곡선 ㉱ 단현 운동 캠 선도

11. 캠 설계의 3요소에 해당되지 않는 것은?

㉮ 종동절의 위치 ㉯ 종동절의 속도
㉰ 주동절의 회전수 ㉱ 종동절의 가속도

12. 캠 선도의 변위 곡선이 사인 곡선으로 나타나는 것은?

㉮ 단현 운동 ㉯ 등가속도 운동
㉰ 등속도 운동 ㉱ 왕복 직선 운동

13. 캠의 회전각, 피동절의 변위량, 속도 혹은 가속도를 나타낸 그래프를 무엇이라고 하는가?

㉮ 변위 선도 ㉯ 캠 선도
㉰ 속도 선도 ㉱ 가속도 선도

14. 캠 선도에서 2개의 포물선으로 나타나는 것은?

㉮ 등가속도 운동 ㉯ 등속 운동
㉰ 회전 운동 ㉱ 단현 운동

15. 캠 선도에서 직선으로 나타날 때는?

㉮ 단현 운동 ㉯ 등속도 운동
㉰ 등가속도 운동 ㉱ 등감속도 운동

16. 직동 캠은 주동절의 왕복 직선 운동을 종동절에 어떤 운동으로 전동하는가?

㉮ 등가속 운동 ㉯ 등속 운동
㉰ 단현 운동 ㉱ 직선 왕복 운동

17. 다음 중 캠이 하는 운동이 아닌 것은?

[정답] **1.** ㉯ **2.** ㉱ **3.** ㉮ **4.** ㉯ **5.** ㉮ **6.** ㉱ **7.** ㉮ **8.** ㉮ **9.** ㉯ **10.** ㉱ **11.** ㉮ **12.** ㉮ **13.** ㉯ **14.** ㉮
15. ㉯ **16.** ㉱ **17.** ㉱

㉮ 주기적인 운동
㉯ 상하, 좌우의 직선 운동, 왕복 운동
㉰ 부등속 운동
㉱ 제동 운동

18. 캠 선도에서 가로축이 나타내는 것은?

㉮ 속도
㉯ 캠의 회전각
㉰ 가속도
㉱ 종동절의 변위량

19. 캠이 일반적으로 사용되지 않는 곳은?

㉮ 양두 그라인더
㉯ 방직기
㉰ 인쇄기
㉱ 내연기관의 밸브

20. 캠을 설계할 때 필요하지 않은 것은?

㉮ 기초 곡선의 종류
㉯ 종동절의 가속도
㉰ 종동절의 변위
㉱ 종동절의 속도

21. 캠에 대한 설명 중 틀린 것은?

㉮ 각종 수동 기계에 사용한다.
㉯ 마찰 손실이 적다.
㉰ 전동이 확실하다.
㉱ 기구가 간단하다.

22. 캠은 다음 어느 경우에 가장 많이 사용하는가?

㉮ 왕복 운동을 직선 운동으로 할 때
㉯ 회전 운동을 직선 운동으로 할 때
㉰ 왕복 운동을 회전 운동으로 할 때
㉱ 왕복 운동을 요동 운동으로 할 때

23. 캠의 각 속도가 100rpm 이하의 저속일 경우, 캠의 압력각은 몇 도 정도인가?

㉮ 15°
㉯ 30°
㉰ 45°
㉱ 60°

24. 경사판 캠에서 피동절은 어떤 운동을 하는가?

㉮ 왕복 운동
㉯ 전후 왕복 직선 운동
㉰ 요동 운동
㉱ 상하 왕복 직선 운동

25. 링크 장치 중에서 운동을 시키는 링크는?

㉮ 주동절
㉯ 종동절
㉰ 피동절
㉱ 꺾음절

[해설] 주동절에 의하여 운동을 받는 링크를 종동절(피동절)이라 한다.

26. 4절 회전 링크 중에서 가장 짧은 쪽의 링크를 고정한 것은?

㉮ 지레 크랭크 기구
㉯ 이중 크랭크 기구
㉰ 이중 레버 기구
㉱ 변환 기구

27. 레버 크랭크 기구를 이용한 것은?

㉮ 발 재봉틀
㉯ 송풍기
㉰ 수동 절단기
㉱ 수동 타공기

28. 급속 귀환 운동을 하는 기구에 쓰이는 기구는?

㉮ 이중 크랭크 기구
㉯ 이중 레버 기구
㉰ 피스톤 크랭크 기구
㉱ 레버 크랭크 기구

29. 링크 장치의 특징이 아닌 것은?

㉮ 조합에 제한이 없으며 제작이 쉽다.
㉯ 복잡한 운동도 간단한 장치로 가능하다.
㉰ 전동이 확실하며 장력, 압력에 대한 저항력이 크다.
㉱ 운동은 가볍고 경쾌하지만 동력이 마찰로 인하여 많이 손실된다.

30. 올덤 커플링이 이용한 기구는?

㉮ 고정 슬라이더 크랭크 기구
㉯ 요동 슬라이더 크랭크 기구
㉰ 더블 슬라이더 크랭크 체인
㉱ 왕복 슬라이더 크랭크 기구

31. 링크 장치의 요소가 아닌 것은?

㉮ 레버
㉯ 크랭크
㉰ 슬라이더
㉱ 사점

32. 요동 슬라이더 크랭크 기구를 사용한 것은?

㉮ 선반
㉯ 밀링 머신
㉰ 연삭기
㉱ 셰이퍼

33. 반대 캠 장치의 한 종류로 이용되는 것은?

정답 **18.** ㉯ **19.** ㉮ **20.** ㉮ **21.** ㉮ **22.** ㉯ **23.** ㉰ **24.** ㉱ **25.** ㉮ **26.** ㉯ **27.** ㉮ **28.** ㉱ **29.** ㉱
30. ㉰ **31.** ㉱ **32.** ㉱ **33.** ㉮

㉮ 더블 슬라이더 크랭크 체인
㉯ 고정 슬라이더 크랭크 기구
㉱ 회전 슬라이더 크랭크 기구
㉲ 요동 슬라이더 크랭크 기구

34. 원동축의 회전 운동을 종동축의 직선 운동으로 바꾸는 링크 기구는?

㉮ 슬라이더 크랭크 체인
㉯ 레버 크랭크
㉱ 이중 크랭크 체인
㉲ 경사 크랭크 체인

35. 12개의 링크로 된 체인(연쇄)에서 순간 중심의 총수는?

㉮ 12
㉯ 24
㉱ 55
㉲ 66

[해설] 순간 중심의 수$(N) = \dfrac{n(n-1)}{2}$ (단, n : 링크의 수)

$$N = \dfrac{12(12-1)}{2} = 66$$

36. 링크의 설계상 주의점이 아닌 것은?

㉮ 마찰열이나 진동
㉯ 하중이나 온도 변화에 따른 링크의 변형
㉱ 사용되는 플라이 휠의 크기
㉲ 사용 전류의 전압

[해설] 링크가 받는 힘은 원동절로부터 전달되는 것만이 아니고 운동 부분의 관성력의 영향을 무시할 수 없기 때문에 마찰열이나 진동을 고려해야 한다. 왕복 증기 기관이나 내연 기관 등은 크랭크의 원활한 회전을 위하여 플라이 휠을 쓰는데, 이는 토크 변동에 의한 회전 속도나 에너지의 변동을 적게 하기 위하여 되도록 크게 설계한다.

37. 레버 크랭크 기구에서의 사점(dead point)을 옳게 설명한 것은?

㉮ 크랭크와 커넥팅 로드가 일직선이 되어 크랭크를 돌릴 수 없는 점
㉯ 한정된 운동의 중간에서 불안정을 일으키는 점
㉱ 4절 회전 링크의 회전 속도가 최하로 떨어져서 천천히 회전하는 지점
㉲ 크랭크와 커넥팅 로드가 하중에 견디지 못하고 파괴되는 점

38. 레버 크랭크 기구에서 사안점(change point)을 옳게 설명한 것은?

㉮ 레버 크랭크 기구의 회전 속도를 변화시킬 수 있는 변환점
㉯ 레버 크랭크 기구에서 운동의 방향을 변화시킬 수 있는 변환점
㉱ 레버 크랭크 기구에서 크랭크 회전 각도의 변환점
㉲ 레버 크랭크 기구에서 사용 전류 교체

39. 포슬리에(peaucellier)기구에 해당되는 것은?

㉮ 평행 운동 기구
㉯ 직선 운동 기구
㉱ 간헐 기구
㉲ 토터링 기구

[해설] 포슬리에 기구는 참 직선 운동을 하고, 스콧 러셀(scott russel) 기구는 근사 직선 운동을 한다.

40. 타원 컴퍼스(elliptic trammels)에 이용되는 기구는?

㉮ 고정 슬라이더 크랭크 기구
㉯ 더블 슬라이더 크랭크 체인
㉱ 회전 슬라이더 크랭크 기구
㉲ 요동 슬라이더 크랭크 기구

41. 도형의 확대나 축소에 쓰이는 팬토 그래프가 이용하는 것은?

㉮ 평행 운동 기구
㉯ 직선 운동 기구
㉱ 간헐 기구
㉲ 토터링 기구

42. 스프링을 이용해서 할 수 없는 것은?

㉮ 힘 측정
㉯ 진동 흡수
㉱ 압력 측정
㉲ 분해용

43. 스프링의 기능이 아닌 것은?

㉮ 진동, 충격의 완화
㉯ 운동의 제한
㉱ 에너지 저축
㉲ 동력 전달

44. 스프링의 재료가 아닌 것은?

㉮ 인청동
㉯ 주철
㉱ 스프링강
㉲ 황동

45. 스프링 재료의 구비 조건이 아닌 것은?

㉮ 내식성이 클 것
㉯ 크리프 한도가 높을 것
㉰ 전연성이 풍부할 것
㉱ 탄성 한계가 높을 것

46. 스프링 재료를 쇼트 피닝(shot peening)하는 이유는?

㉮ 피로 한계를 높이기 위해서
㉯ 인장 강도를 높이기 위해서
㉰ 탄성 한계를 높이기 위해서
㉱ 경도를 증가시키기 위해서

47. 다음 중 스프링의 표면 가공법은?

㉮ 쇼트 피닝   ㉯ 텀블링
㉰ 호닝   ㉱ 버핑

48. 스프링을 충격이나 진동을 흡수하는 곳에 사용하는 경우는?

㉮ 철도 차량   ㉯ 시계 태엽
㉰ 압력 게이지   ㉱ 안전 밸브

49. 진동이나 충격 에너지의 흡수나 감쇠를 목적으로 쓰는 것은?

㉮ 완충 스프링   ㉯ 가압 스프링
㉰ 동력 스프링   ㉱ 인장 스프링

50. 축적한 에너지를 원동력으로 쓰는 것은?

㉮ 가압 스프링   ㉯ 완충 스프링
㉰ 동력 스프링   ㉱ 토션 바 스프링

51. 막대 스프링에 속하는 것은?

㉮ 겹판 스프링   ㉯ 스파이럴 스프링
㉰ 링 스프링   ㉱ 토션 바 스프링

52. 모양에 따라 분류한 코일 스프링 중 맞지 않는 것은?

㉮ 압축 스프링   ㉯ 스파이럴 스프링
㉰ 코일 스프링   ㉱ 링 스프링

53. 스프링을 하중에 따라 분류한 것이 아닌 것은?

㉮ 인장 스프링   ㉯ 가압 스프링

㉰ 토션 바 스프링   ㉱ 압축 스프링

54. 에너지 축적용으로서 시계의 원동력, 계기류의 조정용으로 쓰이는 스프링은?

㉮ 박판 스프링   ㉯ 코일 스프링
㉰ 스파이럴 스프링   ㉱ 링 스프링

55. 자동차의 차체에 사용되는 스프링은?

㉮ 스파이럴 스프링   ㉯ 겹판 스프링
㉰ 평판 스프링   ㉱ 코일 스프링

56. 토션 바 스프링은 다음 어느 곳에 사용하는가?

㉮ 볼트 이음   ㉯ 리벳 이음
㉰ 가열 끼워 맞춤   ㉱ 승용차

57. 토션 바 스프링을 붙이는 곳에 쓰이는 것은?

㉮ 볼트 이음   ㉯ 리벳 이음
㉰ 가열 끼워 맞춤   ㉱ 스플라인

58. 브레이크의 능력을 나타내는 것이 아닌 것은?

㉮ 브레이크 블록   ㉯ 브레이크 용량
㉰ 브레이크 마력   ㉱ 브레이크 토크

59. 태엽 스프링에 이용되는 곡선은?

㉮ 인벌류트 곡선   ㉯ 사이클로이드 곡선
㉰ 아르키메데스 곡선   ㉱ 쌍곡선

[해설] 아르키메데스 곡선(Archemedes spiral) : 중심에서 거리가 회전각에 비례하여 커지는 곡선이다.

60. 코일 스프링을 인장 스프링으로 사용하지 않는 이유가 아닌 것은?

㉮ 압축 스프링만큼 가공이 간단하지 않다.
㉯ 과하중이 되기 쉽고, 제작비가 많이 든다.
㉰ 스프링 재료를 구입하기 곤란하다.
㉱ 끊어지면 다시 사용할 수 없다.

61. 주로 굽힘 하중을 받는 스프링은?

㉮ 인장 코일 스프링   ㉯ 압축 코일 스프링
㉰ 겹판 스프링   ㉱ 원판 스프링

62. 스프링 지수는?

㉮ $\dfrac{\text{코일의 지름}}{\text{소선의 지름}}$ ㉯ $\dfrac{\text{소선의 지름}}{\text{코일의 지름}}$

㉰ $\dfrac{\text{소선의 지름}}{\text{코일의 평균 지름}}$ ㉱ $\dfrac{\text{코일의 평균 지름}}{\text{소선의 지름}}$

[해설] 스프링 지수(spring index) : C

$$C = \dfrac{\text{코일 평균 지름}(D)}{\text{소선 지름}(d)} = \dfrac{2R}{d}$$

63. 일반적으로 쓰이지 않는 코일 스프링의 무효 감김 수는?

㉮ 1/2 감김 ㉯ 3/4 감김

㉰ 1 감김 ㉱ 1.5 감김

[해설] 무효 감김 수 : 압축 스프링의 밑바닥에 닿는 코일 스프링은 작용을 하지 않으므로 이 부분의 감김 수를 말한다.

64. 압축 코일 스프링의 끝부분을 연삭할 때에 끝부분의 두께는 코일 선재 지름의 얼마인가?

㉮ 1/2 ㉯ 1/3

㉰ 1/4 ㉱ 1/5

65. 압축 코일 스프링의 높이 H, 코일의 평균 반지름 R일 때, H/R의 값은 얼마 이하인가?

㉮ 5 ㉯ 6

㉰ 7 ㉱ 8

66. 코일 스프링 상수 6N/cm의 경우에 80N의 하중을 걸면 늘어남은 얼마인가?

㉮ 10.3cm ㉯ 11.3cm

㉰ 12.3cm ㉱ 13.3cm

[해설] 스프링 상수 $K = \dfrac{W}{\delta}$ $\delta = \dfrac{W}{K} = \dfrac{80}{6} = 13.3$cm

67. 길이 130mm의 스프링에 W[N]의 추를 달았더니 135mm가 되었다. 추의 무게는 얼마인가?(단, 스프링 정수는 11.76N/mm으로 한다.)

㉮ 58.8N ㉯ 68.5N

㉰ 70.5N ㉱ 86.5N

[해설] 복원력 $(W) = K(l'-l) = 11.76(135-130) = 58.8$N

68. 그림과 같은 스프링에서 스프링의 상수가 $K_1 = 2.94$N, $K_2 = 4.41$N일 때, 합성 스프링 정수는 얼마인가?

㉮ 0.18N/cm

㉯ 0.18N/mm²

㉰ 0.28N/cm

㉱ 0.28N/cm²

[해설] 그림과 같이 직렬로 연결했을 때, 전체 스프링 정수는

$$\dfrac{1}{K_{eq}} = \dfrac{1}{K_1} + \dfrac{1}{K_2}$$

$$K_{eq} = \dfrac{1}{\dfrac{1}{K_1} + \dfrac{1}{K_2}} = \dfrac{K_1 \cdot K_2}{K_1 + K_2} = \dfrac{2.94 \times 4.41}{2.94 + 4.41}$$

$$= 1.764\text{N/mm} \fallingdotseq 0.18\text{N/cm}$$

69. 그림에서 스프링 정수 $K_1 = 3.92$N/mm, $K_2 = 1.96$N/mm일 때, 전체 스프링 상수는 얼마인가?

㉮ 2.44N/mm

㉯ 3.88N/mm

㉰ 4.44N/mm

㉱ 5.88N/mm

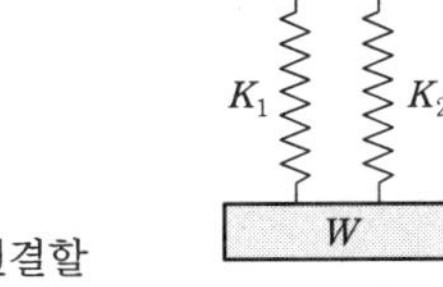

[해설] 병렬로 스프링을 연결할 경우의 전체 스프링 상수
$K = K_1 + K_2$이므로
$K = K_1 + K_2 = 3.92 + 1.96 = 5.88$N/mm

70. 마찰 브레이크를 구조에 따라 분류한 종류가 아닌 것은?

㉮ 블록 브레이크 ㉯ 밴드 브레이크

㉰ 축압 브레이크 ㉱ 전자 브레이크

71. 냉각이 쉽고 큰 회전력의 제동이 가능한 브레이크는?

㉮ 원판 브레이크 ㉯ 복식 블록 브레이크

㉰ 밴드 브레이크 ㉱ 자동 하중 브레이크

[해설] 원판 브레이크는 축압 브레이크로서 마찰면을 원판으로 하여 나사나 지레를 이용하여 축을 미는 형식이다.

72. 복식 블록 브레이크의 설명 중 틀린 것은?

㉮ 브레이크 드럼을 양쪽에서 누른다.

㉯ 축에 구부림이 작용하지 않는다.

㉰ 큰 회전력의 전달에 적당하다.

㉱ 주로 윈치나 크레인 등에 쓰인다.

[해설] ㉱항에 쓰이는 것은 자동 하중 브레이크이다.

73. 밴드 브레이크의 다른 이름은?

㉮ 축압 브레이크　　㉯ 원판 브레이크
㉰ 차동 브레이크　　㉱ 블록 브레이크

74. 지름 350mm인 브레이크 드럼에 180kN의 브레이크 힘이 작용했을 때의 브레이크 토크는? (단, $\mu=0.2$이다.)

㉮ 63kJ　　　　　　㉯ 6.3kJ
㉰ 6300kJ　　　　　㉱ 630kJ

[해설] $T=f\dfrac{D}{2}=\mu W\dfrac{D}{2}=0.2\times180\times\dfrac{0.35}{2}$
$\qquad=6.3\mathrm{kN\cdot mm\ (kJ)}$

75. 브레이크 블록과 브레이크 드럼 사이의 틈새의 최대값은?

㉮ 2~3mm　　　　　㉯ 0.2~0.3mm
㉰ 0.02~0.03mm　　㉱ 0.002~0.003mm

76. 브레이크 밴드를 감아 붙이는 각은?

㉮ 60~90°　　　　　㉯ 90~180°
㉰ 180~270°　　　　㉱ 270~360°

[해설] 브레이크 밴드는 강철띠를 사용하며, 두께 2~4mm, 나비 150mm 이하, 허용 인장 응력 6~8kgf/mm² 정도이다.

77. 마찰 브레이크의 마찰력(f)을 구하는 식은?(단, P : 마찰차를 밀어붙이는 힘(N), μ : 마찰계수)

㉮ $f=\dfrac{P}{\mu}$　　　　　㉯ $f=\mu P$
㉰ $f=\dfrac{\mu P}{2}$　　　　㉱ $f=\dfrac{\mu}{P}$

V

기계 재료

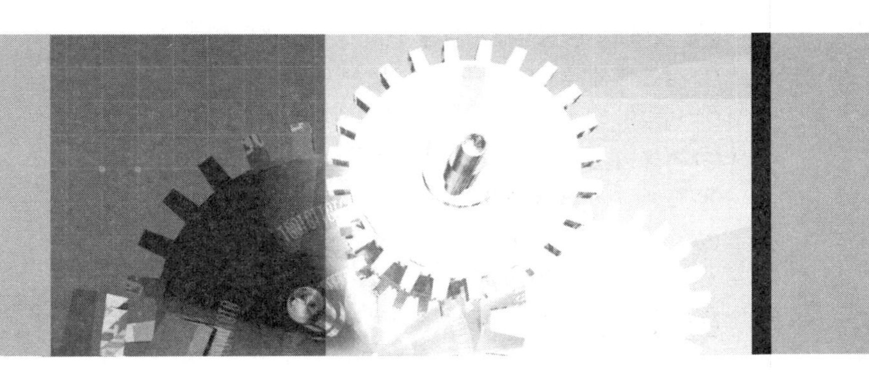

01 기계 재료의 성질과 분류

▶ 1. 기계 재료의 일반적 성질

 1-1 금속과 합금

❶ 금속의 공통적인 성질
① 상온에서 고체이며 결정체(Hg 제외)이다.
② 비중이 크고 고유의 광택을 갖는다.
③ 가공이 용이하고, 연·전성이 좋다.
④ 열과 전기의 양도체이다.
⑤ 이온화하면 양(+)이온이 된다.

❷ 경금속과 중금속
비중 5를 기준으로 하여 비중이 5 이하인 것을 경금속이라 하고, 5 이상인 것을 중금속이라 한다.
① **경금속(light metal)** : Al(알루미늄), Mg(마그네슘), Be(베릴륨), Ca(칼슘), Ti(티탄), Li(리튬 : 비중 0.53으로 금속 중 가장 가벼움.) 등
② **중금속(heavy metal)** : Fe(철 : 비중 7.87), Cu(구리), Cr(크롬), Ni (니켈), Bi(비스무트), Cd(카드뮴), Ce(세륨), Co(코발트), Mo(몰리브덴), Pb(납), Zn(아연), Ir(이리듐 : 비중 22.5로 가장 무거움.) 등

❸ 합 금
합금은 금속의 성질을 개선하기 위하여 단일 금속에 한 가지 이상의 금속이나 비금속 원소를 첨가한 것으로 단일 금속(순금속)에서 볼 수 없는 특수한 성질을 가지며, 원소의 개수에 따라 이원 합금, 삼원 합금 등이 있다.
① **철 합금** : 탄소강, 특수강, 주철, 합금강
② **구리 합금** : 황동, 청동, 특수구리 합금
③ **경합금** : 알루미늄 합금, 마그네슘 합금, 티탄 합금
④ **원자로용 합금** : 우라늄, 토륨
⑤ **기타 합금** : 납-주석 합금, 베어링 합금, 저용융 합금

④ 준금속, 귀금속, 희유 금속

① **준금속** : 금속적 성질과 비금속적 성질을 같이 갖는 것으로 B(붕소), Si(규소) 등이 있다.

② **귀금속** : 자체의 광택이 아름다우며, 산출량이 적고 화학약품에 대한 저항력이 크다(Pt, Ag, Au).

③ **희유 금속** : 채취가 힘들고 특수한 목적에 사용한다(U, Th, Hf, Ge).

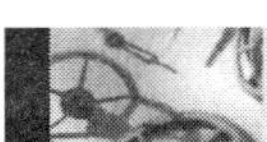 ## 1-2 기계 재료의 물리적 성질과 기계적 성질

① 물리적 성질

금속 원소와 물리적 성질

원소기호	금속명	원소번호	원자량	비중 20(℃)	용융점(℃)	비등점(℃)	비열(cal/g℃)	원소기호	금속명	원소번호	원자량	비중 20(℃)	용융점(℃)	비등점(℃)	비열(cal/g℃)
Ag	은	47	107.880	10.497	960.5	2,210	0.056(℃)	Mg	마그네슘	12	24.32	1.743	650	1,110	0.2475
Al	알루미늄	13	26.98	2.699	660.2	2,060	0.223	Mn	망간	25	54.93	7.40	1,245±10	1,900	0.1211
Au	금	79	192.10	19.32	1,063.0	2,970	0.131	Mo	몰리브덴	42	95.95	10.218	2,025±50	3,700	0.059(0°)
Ba	바륨	56	137.36	3.78	704±20	1,640	0.068	Na	나트륨	11	22.99	0.971	97.9	882.9	0.295
Be	베릴륨	4	9.013	1.84	1,278±5	1,500	0.4246	Ni	니켈	28	58.68	8.85	1,455	2,450~2,900	0.2079
Bi	비스무스	83	209.00	9.80	271	1,420	0.0303	Pb	납	82	207.21	11.341	327.43	1,540±15	0.031
Ca	칼슘	20	40.08	1.55	850±20	1,440	0.149	Pd	팔라듐	46	106.70	12.03	1,554	4,000	0.058(0°)
Nb	니오브	41	92.91	8.569	2,415	3,300	0.065	Pt	백금	78	195.23	21.43	1,773.5	4,410	0.032
Cd	카드뮴	48	112.41	8.65	320.9	767	0.0559	Rh	로듐	45	102.91	12.44	1,966±3	4,500	0.059
Ce	세륨	58	140.13	6.90	600±50	1,400	0.042	Sb	안티몬	51	121.76	6.62	630.5	1,440	0.0502
Co	코발트	27	58.94	8.90	1,495	2,375±40	0.1042	Se	셀렌	34	78.96	4.81	220±5	680	0.084
Cr	크롬	24	52.04	7.09	1.553	2,220	0.1178	Si	규소	14	28.09	2.33	1,414	3,500	0.162(0°)
Cu	구리	29	63.54	8.96	1,083.0	2,310	0.0931	Sn	주석	50	118.70	7.298	231.84	2,270	0.551
Fe	철	26	55.85	7.871	1,538±3	2,450	0.1172	Te	텔루르	52	127.61	6.235	450±10	1,390	0.047
Ca	칼륨	31	69.72	5.91	29.78	2,070	0.079	Th	토륨	90	232.12	11.50	1,800±150	3,000	0.034
Ge	게르마늄	32	72.60	5.36	958±10	2,700	0.073	Ti	티탄	22	47.90	4.54	1,800±22	3,400	0.1125
Hg	수은	80	200.61	13.55	−38.89	357	0.03326	U	우라늄	92	238.07	18.70	1,133±2	–	0.028
In	인듐	49	114.76	7.31	156.4	1,450	0.057	V	바나듐	23	50.95	5.82	1,725±50	3,400	0.1153
Ir	이리듐	77	193.50	22.50	2,454±3	5,300	0.031	W	텅스텐	74	183.92	19.26	3,410±20	5,930	0.0338
K	칼륨	19	39.090	0.862	63±1	762.2	0.182	Zn	아연	30	65.38	7.133	419.46	906	0.0944
Li	리튬	3	0.940	0.534	180±5	1,400	0.092	Zr	지르코늄	40	91.22	6.50	1,530	2,900	0.066

① **비중(specific gravity)** : 4℃의 순수한 물을 기준으로 몇 배 무거운가, 가벼운가를 수치로 표시한다.

② **용융점(melting point)** : 고체에서 액체로 변화하는 온도점이며, 금속 중에서 텅스텐은 3,410℃로 가장 높고, 수은은 −38.8℃로서 가장 낮다. 순철의 용융점은 1530℃이다.

③ **비열(specific heat)** : 단위 질량의 물체의 온도를 1℃ 올리는 데 필요한 열량으로 비열 단위는 kJ/kg · ℃이다.

④ **선팽창 계수(coefficient of linear expansion)** : 물체의 단위 길이에 대하여 온도가 1℃ 만큼 높아지는 데 따라 막대의 길이가 늘어나는 양이다. 단위는 cm/cm · ℃(=1/℃)

⑤ **열전도율(thermal conductivity)** : 거리 1m에 대하여 1℃의 온도차가 있을 때 $1m^2$의 단면을 통하여 1시간에 전해지는 열량으로 단위는 kJ/m · h · ℃이며, 열전도율이 좋은 금속은 은>구리>백

금>알루미늄 등의 순서이다.

⑥ **전기 전도율(electric conductivity)** : 물질 내에서 전류가 잘 흐르는 정도를 나타내는 양으로, 전기 전도율은 은>구리>금>알루미늄>마그네슘>아연>니켈>철>납>안티몬 등의 순서로 좋아진다.

⑦ **색(color)** : 금, 황동 및 청동은 황색을 띠고, 구리 및 구리를 주성분으로 하는 합금은 황적색을 띤다. 금속 색깔은 탈색력이 큰 주석>니켈>알루미늄>철>구리>아연>백금>은>금 등의 순서로 탈색된다.

② 기계적 성질

① **항복점(yielding point)** : 금속 재료의 인장 시험에서 하중을 0으로부터 증가시키면 응력의 근소한 증가나 또는 증가 없이도 변형이 급격히 증가하는 점에 이르게 되는데, 이 점을 항복점이라 하며 연강에는 존재하지만 경강이나 주철의 경우는 거의 없다.

② **연성(ductility)** : 물체가 탄성한도를 초과한 힘을 받고도 파괴되지 않고 늘어나서 소성 변형이 되는 성질로서 금, 은, 알루미늄, 구리, 백금, 납, 아연, 철 등의 순으로 좋다.

③ **전성(malleability)** : 가단성과 같은 말로서 금속을 얇은 판이나 박(箔)으로 만들 수 있는 성질로서 금, 은, 알루미늄, 철, 니켈, 구리, 아연 등의 순으로 좋다.

④ **인성(toughness)** : 굽힘이나 비틀림 작용을 반복하여 가할 때 이 외력에 저항하는 성질, 즉 끈기 있고 질긴 성질을 말한다.

⑤ **인장 강도(tensile strength)** : 인장 시험에서 인장 하중을 시험편 평행부의 원단면적으로 나눈 값이다.

⑥ **취성(brittleness)** : 물체가 약간의 변형에도 견디지 못하고 파괴되는 성질로서 인성에 반대된다.

⑦ **가공 경화(work hardening)** : 금속이 가공에 의하여 강도, 경도가 커지고 연율이 감소되는 성질이다.

⑧ **강도(strength)** : 물체에 하중을 가한 후 파괴되기까지의 변형 저항을 총칭하는 말로서 보통 인장 강도가 표준이 된다.

⑨ **경도(hardness)** : 물체의 기계적인 단단함의 정도를 수치로 나타낸 것이다.

⑩ **가단성(malleability)** : 전성과 같다.

⑪ **가주성(castability)** : 가열하면 유동성이 좋아져서 주조 작업이 가능한 성질을 말한다.

⑫ **피로(fatigue)** : 재료에 인장과 압축 하중을 오랜 시간 동안 연속적으로 되풀이하면 파괴되는 현상을 말한다.

1. 다음 금속 중 경금속이 아닌 것은?

㉮ Al   ㉯ Mg   ㉰ Ti   ㉱ Pb

2. 금속재료 중 단일 금속으로 사용되지 않는 것은?

㉮ Ni   ㉯ Cu   ㉰ Al   ㉱ Zn

3. 기계적 성질과 관계 없는 것은?

㉮ 인장 강도   ㉯ 비중
㉰ 연신율   ㉱ 경도

4. 단위 질량의 물체의 온도를 1℃ 올리는 데 필요한 열량을 무엇이라 하는가?

㉮ 비중   ㉯ 용융점
㉰ 비열   ㉱ 열전도율

5. 다음은 선팽창 계수가 큰 것들이다. 선팽창 계수가 가장 작은 것은?

㉮ Ir   ㉯ Zn   ㉰ Pb   ㉱ Mg

정답   1. ㉱   2. ㉮   3. ㉯   4. ㉰   5. ㉮

6. 열전도율이 가장 좋은 것은?

㉮ Ag　　㉯ Cu　　㉰ Au　　㉱ Al

7. 가공 경화와 관계가 없는 작업은?

㉮ 인발　　㉯ 단조　　㉰ 주조　　㉱ 압연

[해설] 가공 경화(work hardening) : 금속이 가공되면서 더욱 단단해지고 부서지기 쉬운 성질을 갖게 되는 것으로, 대부분의 금속은 상온 가공에서 가공 경화 현상을 일으킨다.

8. 금속의 조직이 성장되면서 불순물은 어느 곳에 모이는가?

㉮ 결정의 중앙　　　㉯ 결정립 경계
㉰ 결정의 모서리　　㉱ 결정의 표면

[해설] 금속 중의 불순물은 용융 상태에 있어서 금속 중에 잘 녹아 들어가며 결정립 경계에 많이 집합된다.

9. 다음 금속 중 비중이 제일 큰 것은?

㉮ Ir　　㉯ Ce　　㉰ Ca　　㉱ Li

[해설] 비중 : 물질의 단위 용적의 무게와 표준 물질(4℃의 물)의 무게와의 비를 말한다.
Ir : 22.5, Ce : 6.9, Ca : 1.6, Li : 0.53이다.

10. 다음 중 비중이 큰 순서로 나열된 것은?

㉮ Ir–Ba–Ca–Cd　　㉯ Co–Bi–Fe–Zn
㉰ Ir–Pt–W–V　　　㉱ Mg–Hg–Na–Ni

11. 다음 중 물보다 가벼운 비중을 갖는 금속은?

㉮ Li　　㉯ Ni　　㉰ Fe　　㉱ Cu

12. 다음 중 순금속이 아닌 것은?

㉮ 구리　　　　㉯ 알루미늄
㉰ 니켈　　　　㉱ 강

13. 다음 설명 중 틀린 것은?

㉮ 열전도율이란 길이 1cm에 대하여 1℃의 온도차가 있을 때 1cm²의 단면적을 통하여 1초간에 전해지는 열량을 말한다.
㉯ 비중이란 어떤 물체와의 무게와 같은 체적의 4℃ 때의 물의 무게와의 비를 말한다.
㉰ 베어링 재료는 열전도율이 낮은 것이 좋다.
㉱ 바이메탈이란 팽창계수가 다른 2개의 금속을 이용한 것이다.

14. 다음 금속의 색깔을 탈색하는 힘이 큰 것부터 작은 순서로 나타낸 것은?

㉮ Al→Ni→Sn→Mn→Cu→Fe→Au
㉯ Sn→Ni→Al→Mn→Fe→Cu→Au
㉰ Mn→Fe→Al→Ni→Sn→Pt→Au
㉱ Ag→Au→Cu→Zn→Mn→Fe→Al

[해설] Sn→Ni→Al→Mn→Fe→Cu→Zn→Pt→Ag→Au 순이다.

15. Fe의 비중은?

㉮ 6.9　　㉯ 7.9　　㉰ 8.9　　㉱ 10.4

[해설] Fe의 비중은 7.871이고, 재결정 온도는 450℃이다.

16. 다음 중 선팽창 계수가 큰 순서로 나열된 것은?

㉮ Mg–Zn–Pb　　㉯ Pb–Mg–Zn
㉰ Zn–Pb–Mg　　㉱ Mg–Pb–Zn

[해설] 선팽창 계수 : 물체의 단위 길이에 대하여 온도가 1℃만큼 높아지는 데 따라 막대의 길이가 늘어나는 양(cm/cm · ℃=1/℃)

17. 다음 중 기계적 성질이 아닌 것은?

㉮ 경도　　㉯ 비중　　㉰ 피로　　㉱ 충격

[해설] *기계적 성질 : 경도, 피로, 충격, 탄성율, 항장력, 항복점, 신율
*물리적 성질 : 비중, 비열, 융점, 팽창 계수, 열전도도

18. 다음 중 용융점이 가장 높은 것은?

㉮ 구리(Cu)　　　㉯ 크롬(Cr)
㉰ 알루미늄(Al)　　㉱ 은(Ag)

[해설] Cu : 1083℃, Cr : 1553℃, Al : 660℃, Ag : 960℃이다.

19. 다음 중 비열이 가장 큰 것은?

㉮ Mg　　㉯ Mn　　㉰ Au　　㉱ Fe

[해설] Mg : 0.247, Mn : 0.121, Au : 0.131, Fe : 0.117

20. 경금속과 중금속의 구분점이 되는 비중은?

㉮ 6　　㉯ 1　　㉰ 5　　㉱ 8

21. 기계적 성질 중 부서지기 쉬운 성질은?

㉮ 전성　　㉯ 인성　　㉰ 소성　　㉱ 취성

정답　6. ㉮　7. ㉰　8. ㉯　9. ㉮　10. ㉰　11. ㉮　12. ㉱　13. ㉰　14. ㉯　15. ㉯　16. ㉯　17. ㉯　18. ㉯　19. ㉮
　　20. ㉰　21. ㉱

● 2. 금속의 결정과 합금 조직

2-1 금속의 결정

결정체 : 물질을 구성하는 원자가 3차원 공간에서 규칙적으로 배열되어 있는 것을 말한다.
① **결정의 성장 순서** : 핵 발생(온도가 낮은 곳) → 결정의 성장(수지상) → 결정 경계 형성(불순물이 집합)

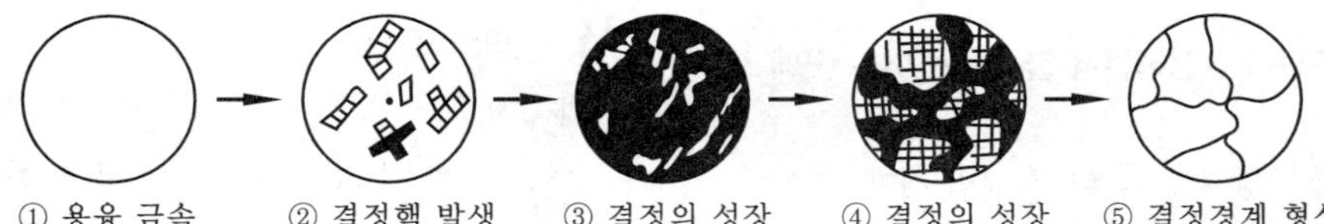

결정의 성장 과정

② **결정의 크기** : 냉각 속도에 영향을 받음(냉각 속도가 빠르면 핵 발생 증가 → 결정 입자가 미세해짐).
③ **주상정(columnar)** : 금속 주형에서 표면의 빠른 냉각으로 중심부를 향하여 방사상으로 이루어지는 결정
④ **수지상 결정(dendrite)** : 용융 금속이 냉각 시 금속 각부에 핵이 생겨 가지가 되어 나뭇가지와 같은 모양을 이루는 결정
⑤ **편석** : 금속의 처음 응고부와 차후 응고부의 농도차가 있는 것(불순물이 주원인)

1 결정의 구조

① **결정 격자** : 결정 입자 내의 원자가 금속 특유의 형태로 배열되어 있는 것(결정형 : 7종, 격자형 : 14종)

결정 격자의 비교

격 자	기 호	성 질	원 소	귀속 원자수	배위수	원자충 전율(%)	비 고
체심 입방 격자	B·C·C body centered cubic lattice	• 전연성이 적다. • 융점이 높다. • 강도가 크다.	Fe(α-Fe·δ-Fe) • Cr·W·Mo·V • Li·Na·Ta·K	2	8	68	순철의 경우 1400℃ 이상과 910℃ 이하에서 이 구조를 갖는다.
면심 입방 격자	F·C·C face centered cubic lattice	• 많이 사용된다. • 전연성과 전기 전도도가 크다. • 가공이 우수하다.	Al·Ag·Au·Fe(r)· Cu·Ni·Pb·Pt· Ca·β-Co·Rh· Pd·Ce·Th	4	12	74	순철에는 γ구역 (1400℃~910℃)에서 생긴다.
조밀 육방 격자	H·C·P hexagonal close-packed lattice	• 전연성이 불량하다. • 접착성이 적다. • 가공성이 좋지 않다.	Mg·Zn·Ti·Be· Hg·Zr·Cd·Ce· Os	2	12	70.45	

② **단위포** : 결정 격자 중 금속 특유의 형태를 결정짓는 원자의 모임, 기본 격자 형태
③ **격자 상수** : 단위포 한 모서리의 길이(금속의 격자 상수 크기 : 2.5~3.3Å, Fe=2.86Å)
④ **결정립의 크기** : 고체 상태에서 0.01~0.1mm

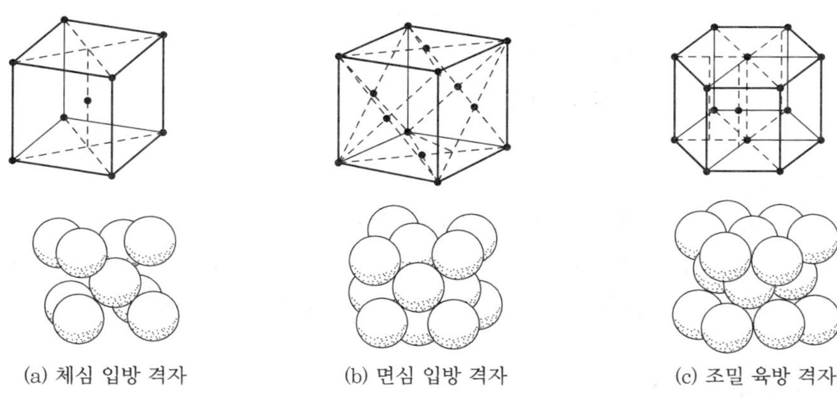

(a) 체심 입방 격자   (b) 면심 입방 격자   (c) 조밀 육방 격자

중요한 금속 격자형

② 금속의 변태

① **동소 변태** : 고체 내에서 원자 배열이 변하는 것

  ㈎ 성질의 변화가 일정 온도에서 급격히 발생

  ㈏ 동소 변태의 금속 : Fe, Co, Ti, Sn

② **자기 변태** : 원자 배열은 변화가 없고, 자성만 변하는 것

  ㈎ 성질의 변화가 점진적이고 연속적으로 발생

  ㈏ 자기 변태의 금속 : Fe, Ni, Co

  ㈐ 전기 저항의 변화는 자기 크기와 반비례한다.

    ☗ 히스테리시스(이력 현상) : 강자성 재료를 교류로서 자화할 때 발생하는 에너지

③ **변태점 측정 방법**

  ㈎ 열 분석법   ㈏ 열 팽창법   ㈐ 전기 저항법   ㈑ 자기 분석법

    ☗ 열전쌍 : 열 분석법에서 온도 측정 막대(텅스텐, 몰리브덴 : 1800℃, 백금－로듐 : 1600℃, 크로멜－알루멜
      : 1200℃, 철－콘스탄탄 : 800℃, 구리－콘스탄탄 : 600℃)

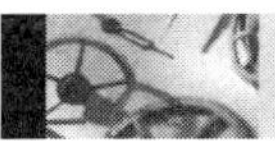

2-2 합금의 조직

① 특 징

① 경도가 증가한다.

② 색이 변하며 주조성이 커진다.

③ 용융점이 낮아진다.

④ 성분을 이루는 금속보다 우수한 성질을 나타내는 경우가 많다.

② 상태도

  합금 성분의 고체 및 액체 상태에서의 융합 상태는(공정, 고용체, 금속간 화합물이 대표적) 여러 가지가 있다.

① **상률** : 어떤 상태에서 온도가 자유로이 변할 수 있는가를 알아냄($F=0$일 때는 불변 상태).

　$F=c+1-P$ (여기서, F : 자유도, c : 성분수, P : 상수, 금속일 경우)

② **평형 상태도** : 공존하고 있는 물질의 상태를 온도와 성분의 변화에 따라 나타낸 것

❸ 공정(eutectic)

　두 개의 성분 금속이 용융 상태에서 균일한 액체를 형성하나 응고 후에는 성분 금속이 각각 결정으로 분리, 기계적으로 혼합된 것을 말한다(액체 ⇄ 고체 A+고체 B). 미세한 입상, 층상을 형성하며, 분리가 가능한 상태로 존재하고, 철강에서는 4.3%C점에서 공정이 나타나며, 이 공정을 레데부라이트라 부른다.

❹ 고용체(solid solution)

　고체 A+고체 B ⇄ 고체 C(성분 금속이 완전히 융합되어 기계적 방법으로는 분리할 수 없는 상태로 존재)

① **고용체의 종류**

　(개) 전율 고용체 : 전 농도에 걸친 고용체, AB 두 성분의 50%점에서 경도, 강도가 최대이다.

　(내) 한율 고용체 : 농도에 따라 공정을 만드는 고용체이며, 공정점에서 경도, 강도가 최대이다.

② **고용체의 결정 격자**

　(개) 침입형 고용체 : $Fe-C$

　(내) 치환형 고용체 : $Ag-Cu$, $Cu-Zn$

　(대) 규칙 격자형 고용체 : Ni_3-Fe, Cu_3-Au, Fe_3-Al

③ 고용체 성분 원자 지름의 차가 15% 이내이어야 한다.

❺ 금속간 화합물(intermetallic compound)

　성분 물질과는 성질이 전혀 다른 독립된 화합물(친화력이 클 때 생긴다.)을 생성한 것. Fe_3C, Cu_4Sn, $CuAl_2$, Mg_2Si 등

❻ 공석(eutectoid)

　고체 상태에서 공정과 같은 현상으로 생성되며, 철강의 경우 0.86%C점에서 오스테나이트(α)와 시멘타이트(Fe_3C)의 공석을 석출(펄라이트 조직)한다.

❼ 포정 반응

고체 A+액체 ⇄ 고체 B로 변화(편정 반응 : 고체+액체 A ⇄ 액체 B)

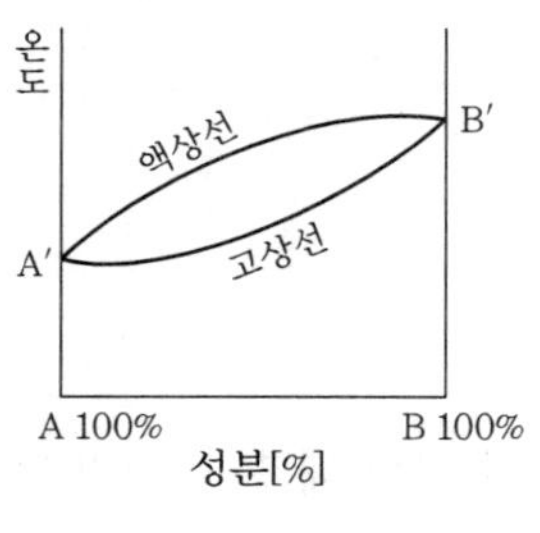

고용체

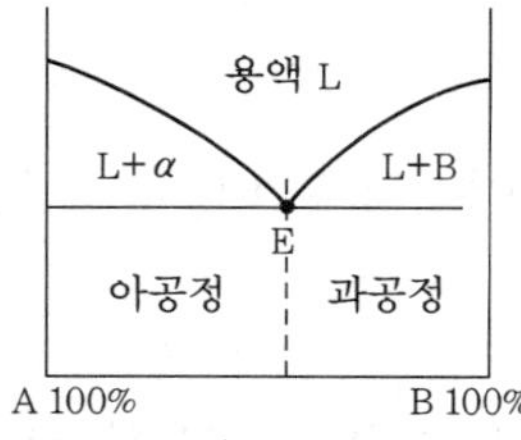

공정형 상태도

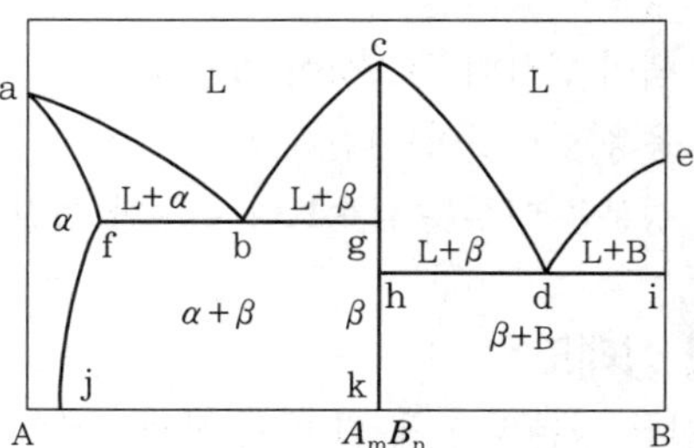

금속간 화합물의 상태도

예상문제

1. 대표적인 결정 격자와 관계없는 것은?

㉮ 체심 입방 격자　㉯ 면심 입방 격자
㉰ 조밀 육방 격자　㉱ 결정 입방 격자

2. 체심 입방 격자의 귀속 원자수는 몇 개인가?

㉮ 1개　㉯ 2개　㉰ 3개　㉱ 4개

3. 면심 입방 격자의 원자 반경은?

㉮ $\frac{\sqrt{2}}{4}a$　㉯ $\frac{\sqrt{3}}{4}a$　㉰ $\frac{\sqrt{3}}{5}a$　㉱ $\frac{\sqrt{2}}{5}a$

[해설] 원자 반지름 $4r=\sqrt{2}a$이므로 $r=\frac{\sqrt{2}}{4}a$이다.

4. 조밀 육방 격자의 중요 금속 원소가 아닌 것은?

㉮ Co　㉯ Mg　㉰ Zn　㉱ Ag

5. 동소 변태에서 $\alpha-Fe \rightleftarrows \gamma-Fe$일 때의 변태 온도는?

㉮ 477℃　㉯ 910℃
㉰ 1400℃　㉱ 1500℃

6. 다음은 자기 변태를 일으키는 중요 금속이다. 잘못된 것은?

㉮ Fe－768℃　㉯ Ni－358℃
㉰ Co－1160℃　㉱ W－500℃

7. 상자성체인 금속 중 강자성체 금속은?

㉮ Cr　㉯ Pt　㉰ Mn　㉱ Co

8. 열전쌍과 사용 온도이다. 관계가 없는 것은?

㉮ W－Mo : 1800℃
㉯ Pt－Pt · Ro : 1600℃
㉰ Fe－콘스탄탄 : 800℃
㉱ Cu－콘스탄탄 : 1000℃

9. 변태점 측정법이다. 관련이 없는 것은?

㉮ 열 분석법　㉯ 열 팽창법
㉰ 침열법　㉱ 시차 열 분석법

10. 다음은 고용체의 결정 격자의 종류이다. 관계가 없는 것은?

㉮ 공정형 고용체　㉯ 침입형 고용체
㉰ 치환형 고용체　㉱ 규칙 격자형 고용체

11. 원자의 크기가 서로 다른 금속이고 고용체를 형성할 때 나타나는 조직 중 아닌 것은?

㉮ 인성이 감소한다.
㉯ 큰 변형이 생긴다.
㉰ 가공 변형이 어렵다.
㉱ 강도, 경도가 증가한다.

12. 금속간 화합물이 아닌 것은?

㉮ 탄소강　㉯ 청동
㉰ 니켈　㉱ 알루미늄 합금

13. 고온에서 균일한 고용체로 된 것이 고체 내부에서 공정과 같은 조직으로 분리되는 경우를 무엇이라 하는가?

㉮ 공정 반응　㉯ 포정 반응
㉰ 공석 반응　㉱ 고용체

14. Mo의 결정격자는?

㉮ 체심 입방 격자　㉯ 면심 입방 격자
㉰ 면심 육방 격자　㉱ 조밀 육방 격자

15. 합금이 순금속보다 우수한 점은?

㉮ 강도가 감소하고 연신율이 증가된다.
㉯ 열처리가 잘된다.
㉰ 용융점이 높아진다.
㉱ 열전도도가 높아진다.

[해설] 순금속보다 합금이 되면 다음 성질이 개선된다. ① 열처리가 잘 된다. ② 강도, 경도가 증가된다. ③ 내식성, 내마모가 증가된다. ④ 용융점이 낮아지는 등의 성질이 개선되지만 연성, 전성 가단성이 나빠지고, 전기 및 열의 전도도가 떨어지기도 한다.

16. α－Fe의 결정 격자는?

㉮ 체심 입방 격자　㉯ 면심 입방 격자
㉰ 조밀 육방 격자　㉱ 정방 격자

17. 텅스텐의 용융 온도는?

㉮ 3804℃　㉯ 1800℃　㉰ 1966℃　㉱ 3400℃

[해설] 텅스텐(tungsten) : 비중 19.24, 융점 3400℃인 중금속으로 강회색이다. 초경합금의 주요 성분이며, 내열강과 고속도강에도 없어서는 안될 요소이다. 전구의 필라멘트 제조 등에 널리 쓰인다.

[정답] 1. ㉱　2. ㉯　3. ㉮　4. ㉱　5. ㉯　6. ㉱　7. ㉱　8. ㉱　9. ㉰　10. ㉮　11. ㉮　12. ㉰　13. ㉰　14. ㉮　15. ㉯　16. ㉮　17. ㉱

18. 합금의 특성 중 틀린 것은?

㉮ 강도, 경도가 증가 ㉯ 내열, 내산성이 증가
㉰ 용융점이 높아짐. ㉱ 전기 저항이 증가

19. 금속의 응고 순서가 맞는 것은?

㉮ 결정핵 발생→결정의 성장→결정 경계 형성
㉯ 결정핵 발생→결정 경계 형성→결정의 성장
㉰ 결정 경계 형성→결정핵 발생→결정의 성장
㉱ 결정의 성장→결정핵 발생→결정 경계 형성

20. 금속의 변태에서 온도의 변화에 따라 원자 배열의 변화 즉, 결정 격자가 바뀌는 것은?

㉮ 자기 변태 ㉯ 동소 변태
㉰ 동소 변화 ㉱ 자기 변화

21. 슬립에 대한 설명이다. 관계가 없는 것은?

㉮ 재료에 인장력이 작용할 때 미끄럼 변화를 일으킴.
㉯ 슬립면은 원자 밀도가 조밀한 면 또는 그것에 가까운 면에서 일어나며, 슬립 방향은 원자 간격이 작은 방향이다.
㉰ 재료에 인장력이 작용해서 변형 전과 변형 후의 위치가 어떤 면을 경계로 대칭적으로 변형한 것
㉱ 소성 변형이 진행되면 저항이 증가하고 강도, 경도가 증가함.

22. 쌍정(twin)이 생기기 쉬운 원소로 알맞은 것은?

㉮ Sn ㉯ Sb ㉰ Bi ㉱ Cu

[해설] 특정면을 경계로 하여 처음의 결정과 대칭적 관계에 있는 원자 배열을 갖는 결정을 쌍정이라 한다.

23. 전위에 관한 설명이다. 잘못된 것은?

㉮ 금속의 결정 격자가 불완전하거나 결함이 있을 때 외력에 작용하면 이곳으로부터 이동이 생기는 현상이다.
㉯ 전위에 의해 소성 변형이 생긴다.
㉰ 전위에는 칼날 전위와 나사 전위 등이 있다.
㉱ 황동을 풀림했을 때나 연강을 저온에서 변형시켰을 때 흔히 나타난다.

24. 결정 격자를 이루면서 나뭇가지 같은 형상으로 성장하는 것을 무엇이라고 하는가?

㉮ 재결정 ㉯ 수지상 결정
㉰ 결정 경계 ㉱ 결정 격자

25. 결정 입자의 크기에 영향을 주는 것이 아닌 것은?

㉮ 금속의 종류 ㉯ 불순물의 포함량
㉰ 냉각속도 ㉱ 시간의 경과

26. 결정 입자의 크기는 얼마 정도인가?

㉮ 0.1~0.01mm ㉯ 0.01~0.05mm
㉰ 0.05~0.07mm ㉱ 0.07~0.09mm

27. 주형에 쇳물을 주입할 때 나타나는 결정은?

㉮ 주상 결정 ㉯ 수상 결정
㉰ 결정체 ㉱ 결정 경계

28. 물질을 구성하고 있는 원자가 규칙적으로 배열되어 있는 것은?

㉮ 결정체 ㉯ 결정 입자
㉰ 결정 격자 ㉱ 결정 경계

29. 단위포의 입체적인 3축 방향의 길이 a, b, c를 무엇이라 하는가?

㉮ 격자 상수 ㉯ 단위포
㉰ 결정 격자 ㉱ 결정 경계

[해설] 결정 경계란 결정 입자 사이의 경계를, 결정 격자란 결정 입자의 배열을, 격자 상수란 결정 격자의 각 모서리의 길이를 말한다.

30. 다음 중 색깔이 은백색이 아닌 것은?

㉮ Mg ㉯ Ni 다. Zn ㉱ Fe

[해설] Zn의 색깔은 회백색이다.

31. 다음 중 금속 및 합금의 상률 표시 방법이 옳은 것은?

㉮ $F=c-1+P$ ㉯ $F=c+2-P$
㉰ $F=c+1-P$ ㉱ $F=c-2+P$

32. 다음 중 변태점이 있는 금속은?

㉮ Mn ㉯ Pt ㉰ Na ㉱ Co

33. A_0 변태란?

㉮ 시멘타이트의 자기변태점(210℃)
㉯ δ철의 변태점

[정답] 18. ㉰ 19. ㉮ 20. ㉯ 21. ㉰ 22. ㉱ 23. ㉱ 24. ㉯ 25. ㉱ 26. ㉮ 27. ㉮ 28. ㉮ 29. ㉮ 30. ㉰ 31. ㉰ 32. ㉱ 33. ㉮

㉰ α철의 자기 변태점(768℃)
㉱ γ고용체의 자기 변태점

34. 평형 상태(equilibrium state)에서 평형을 지배하는 것은?

㉮ 태   ㉯ 상   ㉰ 상률   ㉱ 원

35. 퀴리점(curie point)이란?

㉮ 자기 변태점   ㉯ 동소 변태점
㉰ 공정점   ㉱ 공석점

36. 다음 중 포정 반응은?

㉮ A고용체 → 용융 A+용액 B
㉯ 용액 → 고용체 A+고용체 B
㉰ 용액+고용체 A → 고용체 B
㉱ 용액 A+고용체 B → 고용체 A

37. 원자의 크기가 서로 다른 금속이 고용체를 만들 때 원자들이 서로 침입하거나 또는 치환하여 합금으로 되었을 때의 결정은 단일 금속의 결정에 비하여 변형은 어떻게 되는가?

㉮ 큰 변형(strain)이 생긴다.
㉯ 작은 변형(strain)이 생긴다.
㉰ 같은 변형(strain)이 생긴다.
㉱ 변화하지 않는다.

[해설] 큰 변화가 생기기 때문에 가공 변형이 어렵고, 또 합금으로서 강도, 경도가 크게 되는 것이다.

※ 다음 금속간 화합물의 상태도를 보고서 물음 (38~40)에 답하여라.

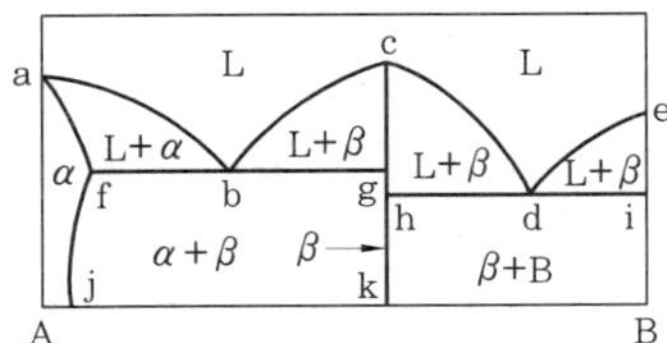

38. 공정선을 나타낸 것은?

㉮ abc와 cde   ㉯ afj와 chk
㉰ fg와 hi   ㉱ fi와 hk

[해설] 여기에서는 고상선도 동일하다.

39. 금속간 화합물을 나타낸 것은?

㉮ cg와 hk   ㉯ af와 ch
㉰ fg와 jk   ㉱ hd와 fb

40. 융해 한도선을 나타낸 것은?

㉮ abc   ㉯ ck   ㉰ gk   ㉱ fj

41. 순철에는 몇 개의 동소체가 있는가?

㉮ 5개   ㉯ 2개   ㉰ 6개   ㉱ 3개

[해설] 순철의 동소체로는 α철, γ철, δ철이 있다.

42. 금속의 가공성이 가장 좋은 격자는?

㉮ 조밀 육방 격자   ㉯ 체심 입방 격자
㉰ 면심 육방 격자   ㉱ 면심 입방 격자

[해설] 가공성이 좋은 순서는 면심 입방 격자, 체심 입방 격자, 조밀 육방 격자의 순이다.

43. 금속의 공통적인 성질이 아닌 것은?

㉮ 상온에서 고체이며 결정체이다.
㉯ 금속적 광택을 가지고 있다.
㉰ 일반적으로 비중이 작다.
㉱ 전기 및 열의 양도체이다.

[해설] 금속은 일반적으로 비중이 크다.

44. 고용체 상태에서 찾아 볼 수 없는 것은?

㉮ 강도 증가   ㉯ 경도 증가
㉰ 전연성 증가   ㉱ 변형 증가

45. 침입형 고용체에 용해되는 원소가 아닌 것은?

㉮ Si   ㉯ C   ㉰ Cr   ㉱ H

[해설] 침입형 고용체에 용해되는 원소로는 Si, C, H, N, B가 있다.

46. 고체 금속 생산법 중 틀린 것은?

㉮ 금속과 용재의 단련법
㉯ 전기 분해법
㉰ 고체에서 액체, 액체를 다시 고체로 응고시키는 법
㉱ 승화에 의한 농축법

[해설] ㉮에 해당되는 것으로 연철이 있고 ㉯의 방법으로 전동기 전기너클이 있으며, ㉱는 아연을 얻는 법이다. 액체 응고에 의한 방법은 주물이나 강괴를 다시 기계적으로 처리하여 소재로 만든 것으로 공업용 금속 재료를 얻는 가장 보편적인 방법이다.

47. 다음 중 회백색을 한 금속은?

㉮ Ni   ㉯ Fe   ㉰ Pb   ㉱ Cu

정답 **34.** ㉰ **35.** ㉮ **36.** ㉰ **37.** ㉮ **38.** ㉰ **39.** ㉮ **40.** ㉱ **41.** ㉱ **42.** ㉱ **43.** ㉰ **44.** ㉱ **45.** ㉰ **46.** ㉰ **47.** ㉰

[해설] Ni, Fe는 은백색이고 Cu는 적색이다.

48. 금속과 금속 사이의 친화력이 클 때에는 화학적으로 결합하여 성분 금속과는 다른 성질을 가지는 독립된 화합물을 만드는 것을 무엇이라 하는가?

㉮ 공정 상태 ㉯ 고용체 상태
㉰ 금속간 화합물 ㉱ 공석 상태

49. 금속을 현미경으로 보면 작은 알맹이의 모임으로 되어 있다. 이 작은 알맹이를 무엇이라 하는가?

㉮ 결정립 ㉯ 단위포
㉰ 격자 상수 ㉱ 원자

50. 결정 격자가 조밀 육방 격자로 묶여진 것은?

㉮ Fe, Cr, Mo ㉯ Al, Ni, Cu
㉰ Au, Pt, Pb ㉱ Mg, Zn, Ti

51. 금속 기호의 표기법 중 틀린 것은?

㉮ MMg : 마그네슘 합금
㉯ AlB : 알루미늄 청동
㉰ SiMn : 실리콘 망간
㉱ ZnA : 아연 합금

[해설] 재료 기호는 KS ① 재질, ② 규격명 또는 제조방법 ③ 종별의 3개 부분으로 되어 있다.

52. 결정의 핵(nucleus)이 1개로 크게 성장한 것은?

㉮ 수상정 ㉯ 주상정 ㉰ 수정 ㉱ 접종

53. 금속의 결정 격자는 규칙적으로 배열되어 있는 것이 정상적이지만, 불완전한 것 또는 결함이 있을 때 외력이 작용하면 불완전한 곳 및 결함이 있는 곳에서부터 이동이 생기는 현상은?

㉮ 쌍정 ㉯ 전위 ㉰ 슬립 ㉱ 가공

[해설] ① 슬립(slip) : 외력이 작용하여 탄성한도를 초과하여 소성 변형을 할 때, 금속이 갖고 있는 고유의 방향으로 결정 내부에서 미끄럼 이동이 생기는 현상을 말한다. ② 쌍정(twin) : 슬립 중의 한 개의 양상에 속하는 것으로 변형 후에 어떤 경계선을 기준으로 하여 대칭으로 놓이게 되는 현상을 말한다. ③ 전위(dislocation) : 금속의 결정 격자 중 결함이 있는 상태에서 외력을 가했을 때, 결함이 있는 곳으로부터 격자의 이동이 생기는 현상이다.

54. 금속에 고온으로 장시간 일정한 인장 하중을 가하면 시간과 더불어 변형도가 증가되는 현상을 무엇이라 하는가?

㉮ 석출 ㉯ 공석
㉰ 공정 ㉱ 크리프 현상

55. 다음 금속 중 비중이 가장 낮은 것은?

㉮ Ag ㉯ Al ㉰ Co ㉱ Mg

56. Al의 재결정 온도는?

㉮ 150~240℃ ㉯ 200~350℃
㉰ 90~140℃ ㉱ 360~414℃

57. 고용체를 형성하는 결정격자가 아닌 것은?

㉮ 침입형 ㉯ 치환형
㉰ 규칙 격자형 ㉱ 배치형

58. 포정 반응이란?

㉮ 하나의 고체에서 다른 액체가 작용하여 다른 고체를 형성하는 반응
㉯ 2종 이상의 물질이 고체 상태로 완전히 융합되는 것
㉰ 하나의 액체에서 고체와 다른 종류의 액체를 동시에 형성하는 반응
㉱ 하나의 액체를 어떤 온도로 냉각시키면서 동시에 2개 또는 그 이상의 종류의 고체를 생기게 하는 반응

59. 액체로부터 고체의 결정이 생성되는 현상은?

㉮ 포정 ㉯ 석출 ㉰ 응고 ㉱ 정출

60. 결정 입자의 크기와 형상에 관한 설명 중 틀린 것은?

㉮ 결정 입자의 크기는 금속의 종류와 불순물의 함량에 따라서 다르다.
㉯ 냉각 속도가 빠르면 결정핵의 수가 많아진다.
㉰ 결정핵의 수는 각각의 결정핵 간의 간격, 결정축의 방향 등이 있는 각각의 장소에 따라서 다르다.
㉱ 불순물의 결정을 방지하기 위하여 모서리를 직각이 되게 한다.

61. 금속과 전해질 사이에서 이온의 치환 또는 금속의 국부적인 전위차로 생기는 부식은?

㉮ 물리적 부식 ㉯ 화학적 부식

[정답] 48. ㉰ 49. ㉮ 50. ㉱ 51. ㉮ 52. ㉰ 53. ㉯ 54. ㉱ 55. ㉱ 56. ㉮ 57. ㉱ 58. ㉮ 59. ㉱ 60. ㉱ 61. ㉯

㉰ 인공 부식   ㉱ 자연 부식

62. 격자 상수란?

㉮ 격자를 이루고 있는 분자의 수
㉯ 격자의 단위 체적상의 원자의 수
㉰ 결정체
㉱ 단위포 한 모서리의 길이

[해설] 격자 상수(lattice constant) : 결정 내에서 이루어지고 있는 원자 배열 중 소수의 원자를 택해서 그 중심을 연결하여 간단한 기하학적 형태를 만들어 이것을 단위 격자 또는 단위포라 하며, 이것의 한 변의 길이를 격자 상수라 한다.

63. 순철의 A_2(자기 변태점)는?

㉮ 910℃   ㉯ 768℃   ㉰ 1400℃   ㉱ 721℃

64. 다음 중 금속의 색깔을 탈색하는 힘이 제일 큰 것은?

㉮ Zn   ㉯ Sn   ㉰ Fe   ㉱ Cu

65. 다음 중 신금속이란?

㉮ 특수목적용 금속   ㉯ 합금강
㉰ 불변강   ㉱ 비철금속

66. 결정핵이 1개로 크게 성장하여 수정과 같이 되는 것은?

㉮ 수지상정   ㉯ 단기포
㉰ 단결정   ㉱ 다결정

67. 금속의 변태점 측정법이 아닌 것은?

㉮ 열 분석법   ㉯ 전기 저항법
㉰ 비열법   ㉱ 비등점법

68. 고용체로부터 고체가 나오는 것은?

㉮ 석출   ㉯ 정출   ㉰ 공정   ㉱ 공석

69. 금속을 용융 상태에서 서랭했을 때 응고하면서 나타나는 결정의 형태는?

㉮ 구상   ㉯ 판상   ㉰ 주상   ㉱ 수지상

[해설] 용융금속을 서랭하면 나무가지 모양의 수지상 결정이 되어 규칙적인 배열을 갖지만 금형 내에서 급랭하면 금형면에 대하여 직각으로 결정이 성장하여 기둥 모양인 주상 결정이 된다.

70. 금속의 슬립(slip)에 대한 설명 중 틀린 것은?

㉮ 슬립선은 변형이 진행됨에 따라 그 수가 많아진다.
㉯ 슬립은 금속 고유의 슬립면에 따라 이동이 생긴다.
㉰ 소성 변형이 진행되면 슬립에 대한 저항이 점점 증가하고 그 저항이 증가하면 경도는 감소된다.
㉱ 슬립의 방향은 원자밀도가 제일 큰 방향이다.

71. 다음 그림은 순금속의 냉각 곡선을 나타낸 것이다. 액체 상태로 냉각되는 구간을 나타내는 것은?

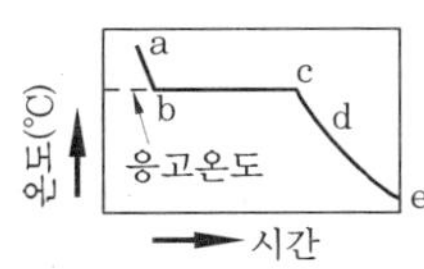

㉮ ab   ㉯ bc   ㉰ cd   ㉱ de

[해설] bc 사이의 수평 부분은 응고 시작부터 끝날 때까지의 일정 온도를 나타낸 것이고, ce 사이에서는 c점에서 응고가 끝난 후에 고체 상태에서 냉각되는 것을 나타내는 곡선이다.

72. 다음 중에서 가장 널리 이용되는 이원합금은?

㉮ 철   ㉯ 청동
㉰ Al   ㉱ 두랄루민

73. 금속이 응고할 때 농도의 차를 일으키는 현상은?

㉮ 공정   ㉯ 포정   ㉰ 편석   ㉱ 평형

74. 자기풀림 현상이 일어나지 않는 금속은?

㉮ Fe   ㉯ Sn   ㉰ Zn   ㉱ Pb

75. 다음 그림에서 A금속+(A+B) 공정의 결정이 존재하는 구역은?

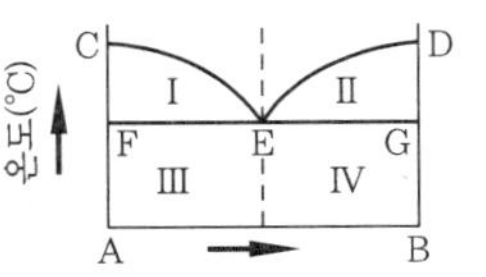

㉮ Ⅰ구역   ㉯ Ⅱ구역   ㉰ Ⅲ구역   ㉱ Ⅳ구역

76. 다음 그림은 금속 AB의 공정형 상태도이다. 공정점은 어느 것인가?

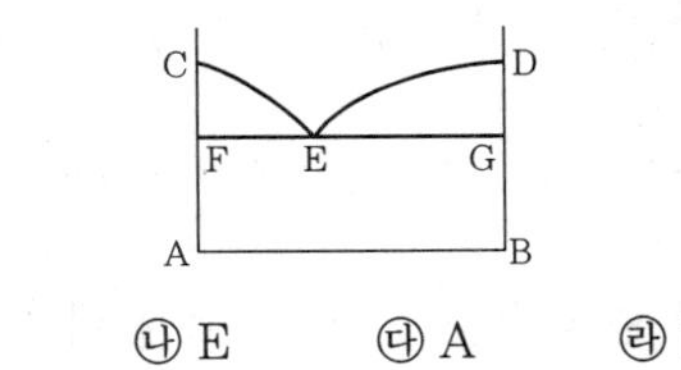

㉮ C   ㉯ E   ㉰ A   ㉱ D

77. 다음 상태도에서 액상선은?

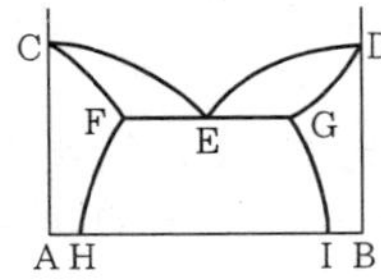

㉮ CFH   ㉯ CED   ㉰ FEG   ㉱ DGI

78. 상온 가공에서의 변화 중 틀린 것은?

㉮ 연신율 증가   ㉯ 항복점이 높아짐.
㉰ 인장 강도 증가   ㉱ 경도 증가

79. 다음 그림은 AB 두 금속의 무슨 상태도인가?

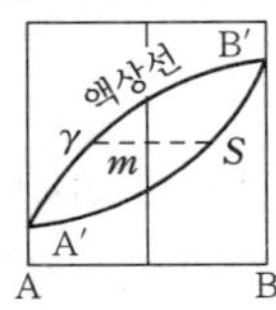

㉮ 공정형 상태도   ㉯ 고용체형 상태도
㉰ 편정형 상태도   ㉱ 포정형 상태도

80. 다음 중 편정 반응은?

㉮ 액체 A $\underset{냉각}{\overset{가열}{\rightleftarrows}}$ 고체+액체 B

㉯ 고체 A $\underset{냉각}{\overset{가열}{\rightleftarrows}}$ 고체 B+액체

㉰ 액체 A $\underset{냉각}{\overset{가열}{\rightleftarrows}}$ 액체 B+고체 A

㉱ 고체 A $\underset{냉각}{\overset{가열}{\rightleftarrows}}$ 액체+고체 B

81. 다음 중 틀린 설명은?

㉮ 금속은 온도가 상승하면 팽창한다.
㉯ 물질의 상에 변화가 생기면 성질의 변화가 생긴다.
㉰ 금속의 전기 저항은 온도 상승에 따라 감소하고 변태점에서는 변화가 없다.
㉱ 결정 격자의 변화 또는 자성의 변화를 변태라고 한다.

82. γ(고상) $\rightleftarrows$ α(고상)+β(고상)의 반응을 무슨 반응이라 하는가?

㉮ 공석 반응   ㉯ 포정 반응
㉰ 공정 반응   ㉱ 재융 반응

83. 다음은 스테인리스강의 부식 시험 방법을 연결한 것이다. 이 중에서 널리 쓰이지 않는 것은?

㉮ 휴이(huey)   ㉯ 스트라우스 아본
㉰ HNO_3-HF ㉱ H_3PO_4

[해설] 스테인리스강의 대표적인 부식 시험은 다음 [표]와 같으며 이 중에서도 특히 ①항과 ②항의 시험이 널리 쓰인다.

시험 방법	용액의 조정	시험 온도	시험주기 (시간)	통상의 부식 측정법
① 휴이	65% HNO_3	비등점	5~48	중량 감소
② 스트라우스 아본	① 50g $CuSO_4 \cdot 5H_2O$ 50cc H_2SO_4 420cc 증류수 ② 13g $CuSO_4 \cdot 5H_2O$ 47cc H_2SO_4를 증류수에 의하여 1L로 희석	비등점	72~1000	굽힘 시험
③ HNO_3 $-HF$	10~15% HNO_3+3% HF	약80℃	1.2~4	중량 감소
④ H_3PO_4	85% H_3PO	비등점	24	중량 감소

▶ 3. 재료의 시험 및 검사

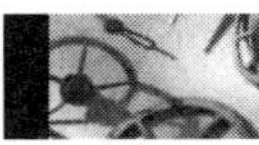

3-1 정적 시험

1 인장 시험(tensile test)

① **항복점** : 하중이 일정한 상태에서 하중의 증가 없이 연신율이 증가되는 점

  • 항복 강도(응력) $= \dfrac{\text{비철금속의 항복점}}{\text{원래의 단면적}}$ MPa (N/mm^2)

② **영률(세로 탄성 계수)** : 탄성한도 이하에서 응력과 연신율은 비례(훅의 법칙)하는데 응력을 연신율로 나눈 상수

③ **인장 강도(σ_B)** $= \dfrac{\text{최대 하중}}{\text{원단면적}} = \dfrac{P_{max}}{A_o}$ MPa (N/mm^2)

④ **변형률(ε)** $= \dfrac{\text{시험 후 늘어난 길이}}{\text{표점 거리}} = \dfrac{l - l_o}{l_o} \times 100(\%)$

⑤ **내력** : 주철과 같이 항복점이 없는 재료에서는 0.2%의 영구 변형이 일어날 때의 응력값을 내력으로 표시한다.

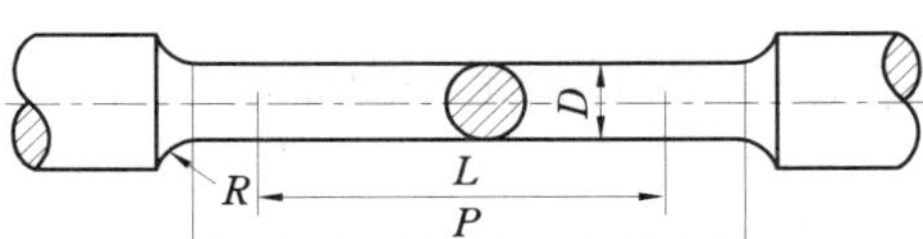

4호 시험관

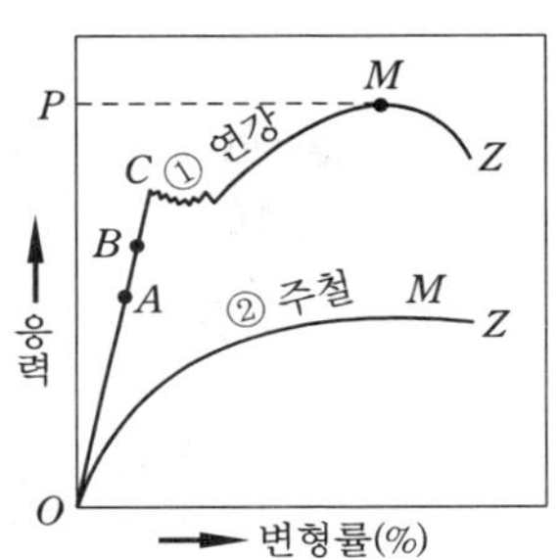

응력－변형률 선도

2 경도 시험(hardness test)

경도는 기계적 성질 중 대단히 중요하며, 단단한 정도를 시험하는 것이다. 경도 값을 알면 내마모성을 알 수 있으며, 단단한 재료일수록 신율, 드로잉률이 작다. 다음 [표]는 경도 시험기의 종류에 따른 특징과 구조를 설명한 것이다.

경도 시험기

시험기의 종 류	브리넬 경도 (brinell hardness)	비커스 경도 (vickers hardness)	로크웰 경도 (rockwell hardness)	쇼 경도 (shore hardness)
기 호	H_B	H_V	$H_R(H_R B, H_R C)$	H_S
시험법의 원 리	압입자에 하중을 걸어 자국의 크기로 경도를 조사한다. $H_B = \dfrac{P}{\pi D t}$ $= \dfrac{2P}{\pi D(D - \sqrt{D^2 - d^2})}$	압입자에 하중을 작용시켜 자국의 대각선 길이로서 조사한다. $H_V = \dfrac{\text{하중}}{\text{자국의 표면적}}$ $= \dfrac{1.8544P}{d^2}$	압입자에 하중을 걸어 홈의 깊이로 측정한다. 예비 하중은 10kg이고, B 스케일은 하중이 100kg, C 스케일은 150kg이다. $H_R B = 130 - 500h$ $H_R C = 100 - 500h$	추를 일정한 높이에서 낙하시켜, 이때 반발한 높이로 측정한다.
압입자의 원 리	P D t d 압입자는 강구	136° d 압입자는 선단이 4각뿔인 다이아몬드	120° 1.588mm 강구 B 스케일의 입자 / 다이아몬드 C 스케일의 입자 압입자는 강구(B 스케일)와 다이아몬드(C 스케일)	다이아몬드 $H_S = \dfrac{10000}{65} \times \dfrac{h}{h_o}$

경도 시험에는 이외에도 긁힘 시험(scratch test), 진자 시험(pendulum test), 마이어 경도(meyer hardness) 시험 방법이 있다.

3-2 동적 시험

1 충격 시험(impact test)

시험편 노치부에 동적 하중을 가하여 재료의 인성과 취성을 알아낸다. 충격 시험이라 함은 충격 굽힘 시험을 말하며, 샤르피(sharpy) 충격 시험과 아이조드(izod) 충격 시험이 있다.

시험편 파괴에 필요한 충격 에너지 $E = WR (\cos\beta - \cos\alpha)$

$$충격강도 \; (U) = \frac{WR}{A} (\cos\beta - \cos\alpha)$$

여기서, W : 해머의 무게
A : 노치부의 단면적
R : 해머 길이
β : 파괴 후 각도
α : 낙하 전 각도

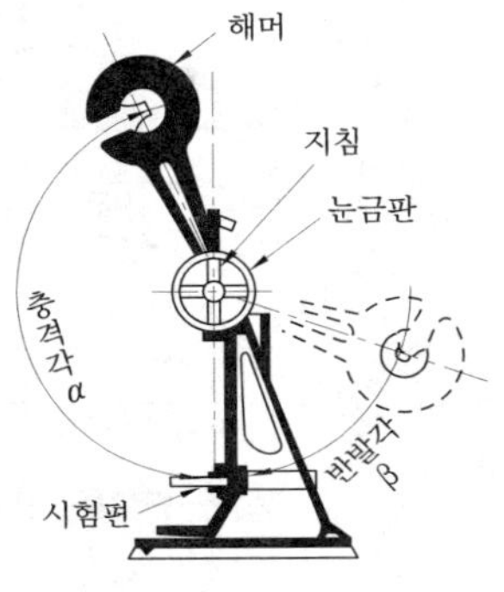

샤르피 시험

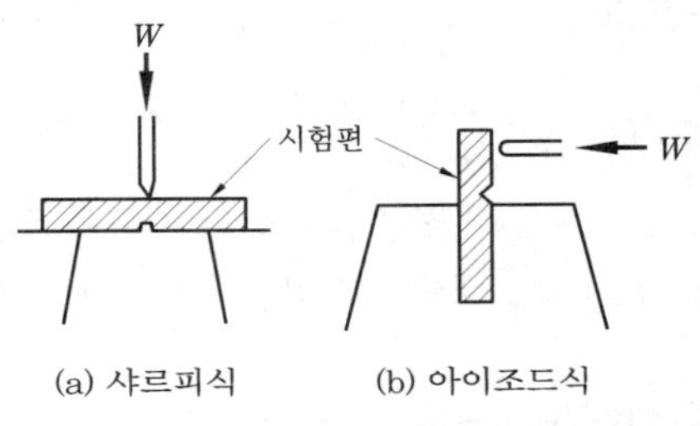

충격 시험 방지 방식

2 피로 시험(fatigue test)

반복되어 작용하는 하중 상태에서의 성질을 알아낸다.

① **피로한도** : 반복 하중을 받아도 파괴되지 않는 한계

② S-N **곡선** : 피로한도를 구하기 위하여 반복횟수를 알아내는 곡선($\log S - \log N$ 곡선)

③ **강철의 반복횟수** : $10^6 \sim 10^7 N$. 비철금속 또는 피로한도를 알 수 없는 것은 $10^7 N$ 이상으로 본다.

3 비파괴 검사(non-destructive inspection)

시간의 단축, 재료의 절약, 완성된 제품의 검사가 가능함을 알아낸다.

① **자분 탐상 시험(MT)** : 상자성체에서만 시험 가능. 재료를 자화시켜 자속선의 흐트러짐으로 결함을 검출한다.

② **침투 탐상 시험(PT)** : 침투제로 결합부 검사. 유침법과 형광 침투법(현상액 MgO, $BaCO_3$, 자외선으로 검출)이 있다.

③ **와전류 탐상 시험(ET)** : 와전류를 이용하여 소재 속에 섞여 있는 서로 다른 소재의 선별, 열처리 상태 체크, 치수 변화 등을 측정한다.

④ **초음파 탐상 시험(NT)** : 투과법, 임펄스법, 공진법. 초음파를 재료에 통과시켜 그 반사파나 진동으로 결함을 검출한다.

⑤ **방사선 투과 시험(RT)** : X선(5″ 이하의 재료에 사용, 필름의 명암으로 결함 검출), γ선(Co^{60} 사용, 파장이 짧으므로 투과율이 큼. 5″ 이상의 재료에 사용)을 사용한다.

⑥ **누설 검사(LT)** : 압력 용기 및 각종 부품 등의 관통 균열 여부를 검사하는 시험

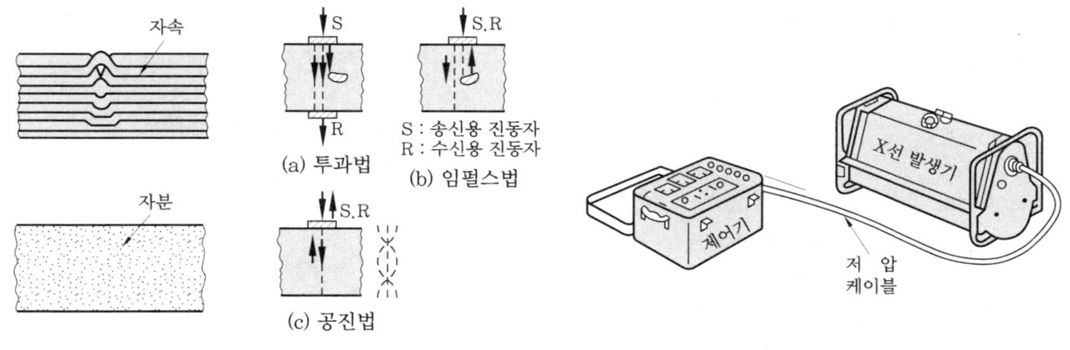

자분 탐상 시험　　　　초음파 탐상 시험　　　　방사선(X선) 검사 장치(가반식)

4 조직 검사

재료의 중앙부와 끝부분을 육안이나 현미경으로 검사하여 결함 유무를 알아낸다.

① **매크로(육안) 조직 시험** : 육안이나 10배 정도의 확대경 사용(파단면, 매크로 부식, 설퍼프린트법)

② **마이크로(현미경) 조직 시험** : 금속 현미경 사용(1500~40000배까지 확대)

③ **조직 시험의 순서** : 시편 채취(10mm의 각이나 환봉) → 마운팅 → 연마 → 부식 → 검사

④ **부식제**

㈎ 철강 및 주철용 : 5% 초산 또는 피크르산 알코올 용액

㈏ 탄화철용 : 피크르산 가성소다 용액

㈐ 동 및 동합금용 : 염화제2철 용액

㈑ 알루미늄 합금용 : 불화수소 용액

예 상 문 제

1. 브리넬 경도(H_B) 시험에서 일반적인 하중 작용 시간은?

㉮ 30s 이상　　　㉯ 15~30s
㉰ 5~10s　　　㉱ 30~45s

2. 피로 시험과 관계없는 것은?

㉮ 인장 강도 및 항복점으로부터 계산한 안전 하중 상태에서도 작은 힘이 계속적으로 반복하여 작용했을 때 파괴되는 것
㉯ 반복 하중이 작용하여도 재료가 영구히 파단되지 않을 때의 응력 중에서 가장 큰 값을 피로한도라 한다.

㉰ $S-N$ 곡선은 충격과 반복횟수의 관계를 나타낸 것이다.
㉱ 피로한도는 탈탄으로 감소되나 강의 표면에 침탄 질화 혹은 냉간 가공, 쇼트 피닝으로 증가

[해설] $S-N$곡선은 응력과 반복횟수와의 관계를 나타낸다.

3. 다이아몬드 원추를 사용한 경도시험은?

㉮ 브리넬 경도　　　㉯ 로크웰 경도
㉰ 비커스 경도　　　㉱ 쇼 경도

4. 쇼 경도에 대한 설명이다. 관계없는 것은?

정답　1. ㉯　2. ㉰　3. ㉯　4. ㉰

㉮ 중량이 1/12 온스인 작은 다이아몬드 해머를 사용한다.

㉯ 해머를 10″ 높이에서 자유 낙하시켜 반발된 높이로 경도를 산출한다.

㉰ 압입체를 대면각 $\theta=136°$의 원뿔형 다이아몬드를 사용한다.

㉱ 자국이 눈에 잘 띄지 않아 완성 제품 시험에 널리 사용한다.

5. 충격 시험과 관계없는 것은?

㉮ 충격적인 힘을 가하여 시험편이 파괴될 때 필요한 에너지를 충격값이라 한다.

㉯ 재료의 인성과 취성을 알아 볼 수 있다.

㉰ 충격시험기에는 아이조드식과 샤르피식이 있다.

㉱ 하중 100kg과 1/16″ 의 강구를 사용하고 주로 연한 재료를 사용한다.

6. 브리넬 경도 시험에서의 경도값은? (단, D: 강구 지름, P: 하중, t: 홈 깊이)

㉮ $\dfrac{Pt}{D\pi}$ ㉯ $\dfrac{\pi D}{Pt}$ ㉰ $\dfrac{P}{\pi Dt}$ ㉱ $\dfrac{\pi DP}{P}$

7. 충격 시험은 무엇을 알기 위함인가?

㉮ 인장 강도   ㉯ 경도
㉰ 인성과 취성   ㉱ 압축 강도

8. 충격적으로 한 물체에 다른 물체를 낙하시켰을 때 반발되어 오르는 높이에 의하여 측정할 수 있는 경도기는?

㉮ 비커스 경도기   ㉯ 브리넬 경도기
㉰ 쇼 경도기   ㉱ 로크웰 경도기

9. 암슬러 만능 시험기로 시험할 수 있는 것은?

㉮ 굽힘 시험   ㉯ 조직 시험
㉰ 경도 시험   ㉱ 충격 시험

[해설] 암슬러 만능 재료 시험기(Amsler's universal material testing machine) : 유압식으로서 인장 시험(tensile test), 압축 시험(compressive test), 전단 시험(shearing test), 굽힘 시험(bending test) 등을 할 수 있다.

10. 항복점이 없는 재료는 항복점 대신에 무슨 용어를 쓰는가?

㉮ 내력   ㉯ 비례한도
㉰ 탄성한계점   ㉱ 인장 강도

11. 인장 시험편 절취 시 고려 사항이 아닌 것은?

㉮ 평행부 길이   ㉯ 표점 거리
㉰ 평행부 단면적   ㉱ 시험편 무게

12. 재료의 강도는 무엇으로 표시하는가?

㉮ 인장 응력   ㉯ 비례한도
㉰ 항복점   ㉱ 탄성한도

13. 연신율을 구하는 식은? (단, L_0 : 시험 전의 원 길이, L_1 : 시험 후의 변형된 길이)

㉮ $\dfrac{L_0-L_1}{L_0} \times 100(\%)$ ㉯ $\dfrac{L_1-L_0}{L_0} \times 100(\%)$

㉰ $\dfrac{L_1-L_0}{L_1} \times 100(\%)$ ㉱ $\dfrac{L_0-L_1}{L_1} \times 100(\%)$

14. 블로 홀(blow hole)의 유무를 검사하는데 적당한 방법은?

㉮ 인장 시험   ㉯ 굽힘 시험
㉰ 외관 시험   ㉱ X선 투과 시험

15. 시험 자국이 나타나지 않아야 할 완성된 제품의 경도 시험에 적당한 방법은?

㉮ 로크웰 경도   ㉯ 쇼 경도
㉰ 비커스 경도   ㉱ 브리넬 경도

16. 인장 시험으로 알 수 없는 것은?

㉮ 충격치   ㉯ 인장강도
㉰ 항복점   ㉱ 연신율

17. 비커스 경도기의 다이아몬드 사각추의 꼭지각은?

㉮ 120°   ㉯ 136°   ㉰ 90°   ㉱ 145°

18. 쇼 경도를 나타내는 식은? (h_0 : 낙하 높이, h : 반발하는 높이)

㉮ $H_S = \dfrac{10000}{65} \times \dfrac{h}{h_0}$ ㉯ $H_S = \dfrac{1000}{65} \times \dfrac{h}{h_0}$

㉰ $H_S = \dfrac{10000}{65} \times \dfrac{h_0}{h}$ ㉱ $H_S = \dfrac{1000}{65} \times \dfrac{h_0}{h}$

19. 다음 경도기 중 압입체를 사용하지 않는 것은?

㉮ 로크웰   ㉯ 브리넬

정답 5. ㉱ 6. ㉰ 7. ㉰ 8. ㉰ 9. ㉮ 10. ㉮ 11. ㉱ 12. ㉮ 13. ㉯ 14. ㉱ 15. ㉯ 16. ㉮ 17. ㉯ 18. ㉮
19. ㉰

㉐ 쇼   ㉑ 비커스

20. 경도 표시 기호가 틀린 것은?

㉮ 브리넬 경도: H_B ㉯ 로크웰 경도: H
㉐ 비커스 경도: H_V ㉑ 쇼 경도: H_s

21. 얇은 판이나 정밀도가 높은 부품 등의 경도 시험에 적당한 것은?

㉮ 비커스 경도   ㉯ 브리넬 경도
㉐ 쇼 경도   ㉑ 로크웰 경도

22. 로크웰 경도 시험기의 다이아몬드 추의 꼭지각과 뿔의 형상은?

㉮ $136°$, 사각뿔   ㉯ $136°$, 원뿔
㉐ $120°$, 사각뿔   ㉑ $120°$, 원뿔

[해설] 로크웰 경도기에는 B 스케일과 C 스케일이 있으며, B 스케일은 지름이 1/16″인 강구이고, C 스케일은 꼭지각이 $120°$의 원뿔형인 다이아몬드 제품이다.

23. 인장 시험에서 하중을 제거하면 변형이 없어지고 원래의 상태로 돌아가는 최고 응력값을 무엇이라 하는가?

㉮ 내력   ㉯ 항복점
㉐ 탄성한도   ㉑ 비례한도

24. 다음 중 비파괴 시험법이 아닌 것은?

㉮ 초음파 탐상 시험   ㉯ 자분 탐상 시험
㉐ X선 투과 시험   ㉑ 충격 시험

25. 금속 재료의 연신율을 조사하기 위한 시험기는?

㉮ 샤르피   ㉯ 암슬러
㉐ 쇼어   ㉑ 아이조드

26. 금속 재료에 일정한 하중을 가했을 때 시간의 경과에 따라서 변형도가 증가하는 현상을 무엇이라 하는가?

㉮ 피로한도   ㉯ 크리프
㉐ 인장 변율   ㉑ 시효경화

[해설] 크리프(creep)는 고온에서 나타나는 현상인데 이에 대한 저항 또는 나타나는 온도를 측정하는 시험으로 크리프 시험(creep test)이 있으며, 고온에서 사용하는 재료에는 중요한 시험으로 시간이 오래 걸린다.

27. 다음 중 물체를 긁어서 긁힌 흠집으로 경도를 측정하는 것은?

㉮ 아이조드기   ㉯ 브리넬기
㉐ 마텐스기   ㉑ 암슬러기

[해설] 마텐스 시험기는 도금이나 도장층의 경도 시험에 쓰인다.

28. 충격 시험을 하기 위한 것은?

㉮ 마텐스   ㉯ 유니버설
㉐ 아이조드   ㉑ 로크웰

29. 계속적인 반복 하중을 받는 부분의 최대 반복 응력을 측정하는 시험은?

㉮ 충격 시험   ㉯ 피로 시험
㉐ 경도 시험   ㉑ 굽힘 시험

30. 시험편을 따로 준비하지 않고 제품에 시험할 수 있는 것은?

㉮ 쇼 경도기   ㉯ 로크웰 경도기
㉐ 비커스 경도기   ㉑ 마텐스 경도기

31. 로크웰에 쓰이는 B 스케일인 강구의 지름은?

㉮ $\dfrac{1''}{4}$ ㉯ $\dfrac{1''}{8}$ ㉐ $\dfrac{1''}{16}$ ㉑ $\dfrac{1''}{32}$

32. 인장 시험에서 하중의 증가 없이 변형만이 급격히 증가하는 경우는?

㉮ 탄성한도   ㉯ 항복점
㉐ 연신율   ㉑ 파괴점

33. 단면 수축률을 내는 식은? (단, A_0 : 시험 전 단면적, A_1 : 시험 후 축소 단면적)

㉮ $\dfrac{A_0 - A_1}{A_0} \times 100(\%)$ ㉯ $\dfrac{A_0 - A_1}{A_1} \times 100(\%)$

㉐ $\dfrac{A_1 - A_0}{A_0} \times 100(\%)$ ㉑ $\dfrac{A_1 - A_0}{A_1} \times 100(\%)$

34. 브리넬 경도 측정 시 고려할 사항이 아닌 것은?

㉮ 브리넬 경도 값이 450 이상이 될 경우는 사용하지 않는다.
㉯ 시편의 두께는 압입 깊이의 10배 이상 되어야 한다.
㉐ 강구의 가압 시간은 30초 정도가 적당하다.
㉑ 시편의 나비는 강구 지름의 1.5배 이상 되어야 한다.

35. $S-N$ 곡선의 설명으로 맞는 것은?

㉮ 반복 응력의 진폭과 반복횟수의 관계를 표시한 선도

㉯ 항온 변태 속도를 곡선으로 표시한 선도

㉰ 탄소 함유량과 응력과의 관계를 표시한 선도

㉱ 자석에서 N과 R의 관계를 표시한 선도

[해설] $S-N$곡선 : 피로한도를 측정할 때 사용되며 재료가 파괴되기까지의 반복횟수 N은 최대 응력과 응력 범위에 따라서 많은 차이가 있으며, 작용한 응력 S와 반복횟수 N을 탄소 0.83%의 탄소강에 대하여 무어(Moore)가 그림과 같은 $S-N$ 곡선을 그렸다.

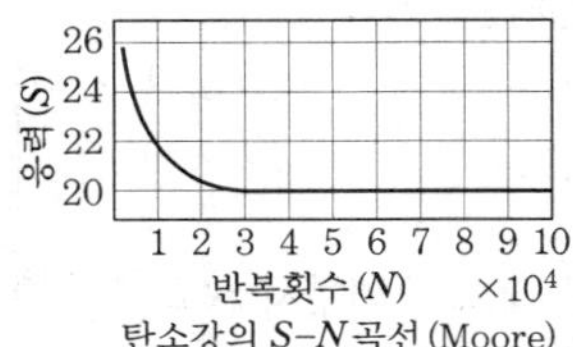

탄소강의 $S-N$곡선 (Moore)

응력이 적으면 반복회수가 증가되고 어떤 한계에서 곡선이 수평으로 된다. 이것을 수식으로 표시하면 다음과 같다.(단, K와 N은 실험상수).

$$S = KN^{-n}$$

무어의 $S-N$곡선에서 수평에 대한 점근선(漸近線)이 존재한다고 가정하며 이 선 이하의 응력에서는 아무리 많은 반복횟수를 가하여도 파괴되지 않는다는 뜻이며, 이 점근선에 해당되는 응력이 내구 한도가 되는 것이다.

36. 다음은 금속의 재료 시험에서 얻은 인장 강도를 나타낸 곡선이다. 사용된 재료 금속은?

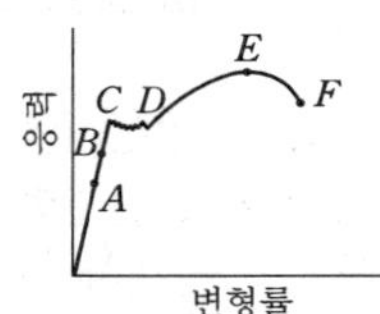

㉮ 황동　　㉯ 순철　　㉰ 납　　㉱ 연강

37. 위의 그림에서 B점이 나타낸 것은?

㉮ 비례 한계　　　㉯ 상항복점

㉰ 탄성 한계　　　㉱ 인장 강도

38. 10mm의 강구와 3000kgf의 하중에 의하여 생긴 강구 자국의 지름에 의하여 측정하는 경도 시험기는?

㉮ 비커스　　　㉯ 로크웰

㉰ 마텐스　　　㉱ 브리넬

39. 압축 강도의 측정은 어떤 강재에 많이 하는가?

㉮ 주철과 같이 여린 재료

㉯ 연강과 같이 무른 재료

㉰ 구리와 같이 연한 재료

㉱ 경강과 같이 단단한 재료

40. 만능 재료 시험기를 이용한 인장 시험으로 알 수 없는 것은?

㉮ 비례한도　　　㉯ 탄성한도

㉰ 피로한도　　　㉱ 항복점

41. 구리 및 그 합금의 현미경 조작 시험에서 사용되는 부식제는?

㉮ 피크르산 알코올 용액

㉯ 염화제2철 용액

㉰ 수산화나트륨 용액

㉱ 질산초산용액

42. 현미경 조직 시험에 쓰이는 철강재의 부식제는?

㉮ 피크르산 알코올 용액

㉯ 염화제2철 용액

㉰ 수산화나트륨 용액

㉱ 질산초산용액

43. 다음 중 동적 하중에 의한 시험을 하는 것은?

㉮ 비커스　　　㉯ 아이조드

㉰ 로크웰　　　㉱ 브리넬

44. 강재의 결정 조직 상태나 가공 방향 등을 검사할 때 가장 좋은 방법은?

㉮ 설퍼 프린트법　　㉯ 초음파 탐상법

㉰ 매크로 검사법　　㉱ X선 투과법

45. 충격 시험기의 특성 중 틀린 것은?

㉮ 정적 하중에 대한 시험이다.

㉯ 동적 하중에 대한 시험이다.

㉰ 취성 파괴가 일어나는 경우도 있다.

㉱ 시편의 노치 효과를 많이 받으며, 하중 속도의 영향이 크다.

46. 최대 응력과 최소 응력의 비를 무엇이라 하는가?

㉮ 변형도　　　㉯ 안전율

정답╱ **35.** ㉮ **36.** ㉱ **37.** ㉰ **38.** ㉱ **39.** ㉮ **40.** ㉰ **41.** ㉯ **42.** ㉮ **43.** ㉯ **44.** ㉰ **45.** ㉮ **46.** ㉯

㉓ 하중   ㉔ 연신율

[해설] 안전율(安全率 ; factor of safety) : 안전 계수라고도 하며 구조물의 안전을 유지하는 정도로서 하중과 재료의 종류에 따라서 다르며, 파괴 강도를 허용 응력으로 나눈 값이다.

47. 다음은 금속 재료의 인장 강도 곡선(stress strain curve)을 나타낸 그림이다. ②번 곡선이 나타내는 금속은?

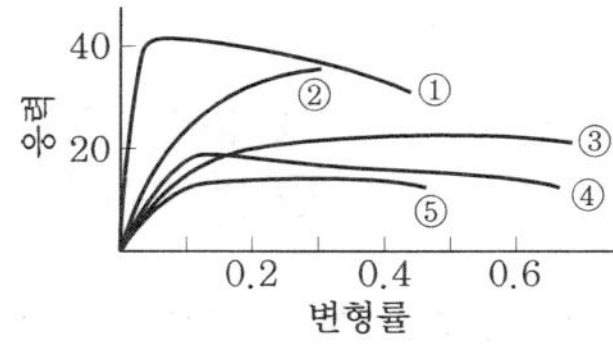

㉓ 인청동   ㉔ 구리
㉕ 황동   ㉖ 알루미늄

[해설] ①은 인청동, ②는 황동, ③은 구리, ④는 아연, ⑤는 알루미늄의 인장 강도 곡선(stress-strain curve)이다.

48. 현상제(MgO, $BaCO_3$)를 이용하여 결함을 검사하는 시험은?

㉓ 자분 탐상 시험   ㉔ 침투 탐상 시험
㉕ 초음파 탐상 시험   ㉖ 방사선 탐상 시험

49. 파면 검사, 매크로 부식, 설퍼 프린트법을 이용한 시험은?

㉓ 현미경 조사   ㉔ 조직 시험
㉕ 초음파 탐상 시험   ㉖ 침투 탐상 시험

50. 작용점의 크기와 방향이 항상 일정한 하중은?

㉓ 정하중   ㉔ 동하중
㉕ 교번 하중   ㉖ 반복 하중

[해설] ① 정하중(static load) : 사하중(dead load)이라고도 하며 정지하고 있어 변화가 없는 하중으로 서서히 작용하는 하중이다. ② 동하중(dinamic load) : 활하중(live load)이라고도 하며 변화하는 하중으로 급격히 작용하는 하중이다. ③ 교번 하중(alternate load) : 크기가 변하는 동시에 같은 방향에서 작용하는 하중으로 열차가 레일 위를 통과할 때 레일의 기초면에 작용하는 하중과 같다. ④ 반복 하중(repeated load) : 크기가 변하는 동시에 같은 방향에서 작용하는 하중으로 인장 하중과 압축 하중이 교대로 작용하는 하중과 같다. ⑤ 충격 하중(impact load, impulsive load) : 비교적 단시간에 충격적으로 작용하는 하중이다.

51. 화학 시험법 중 유황의 함량이나 분포 상태를 측정하는 데 좋은 방법은?

㉓ 화학 분석법   ㉔ 설퍼 프린트법
㉕ 매크로 검사법   ㉖ 마텐스법

[해설] 설퍼 프린트법(sulphur print) : 강철 중에 함유된 탄화물의 함량이나 분포 상태를 검출하는 방법으로서, 2%의 희유산액(稀硫酸液)에 적신 사진용 브로마이드지를 단면에 붙였다가 떼어내면 유황의 편석부에 상당하는 부분이 갈색으로 변색되어 묻어 나오는 것을 보고서 측정한다.

52. 만능 재료 시험기의 형식이 아닌 것은?

㉓ 암슬러(amsler)   ㉔ 백톤(backton)
㉕ 모어(mohr)   ㉖ 샤르피(sharpy)

[해설] ㉓, ㉔, ㉕ 항 중에서 암슬러식이 가장 널리 쓰이고 있다.

53. 차량의 차축은 회전하면서 항상 일정한 하중을 받는 관계로 안전 하중보다도 훨씬 낮은 하중에서 파괴가 일어나는데 이때의 파괴를 무엇이라 하는가?

㉓ 피로(fatigue)   ㉔ 탄성(elastic)
㉕ 노치(notch)   ㉖ 충격(impact)

[해설] 피로(fatigue) : 전차의 모터의 축이나 차축에서와 같이 정하중에서는 아주 강하더라도 반복 하중이나 교번 하중에서는 하중이 작아도 파괴를 초래하는 현상을 피로라고 하며, 재료가 어떠한 반복 하중이나 교번 하중에도 파단되지 않는 한계(응력의 최대치)를 피로한계(fatigue limit)라고 한다.

54. 탄소강이나 주철이 만드는 금속간 화합물의 원자비는?

㉓ FeC ㉔ Fe_2C
㉕ Fe_3C ㉖ Fe_3C_2

55. 공업상 널리 사용되는 성질이 아닌 것은?

㉓ 강도(strength)   ㉔ 연성(ductility)
㉕ 경도(hardness)   ㉖ 전성(malleability)

56. 인장 시험에서 인장 강도를 계산하는 식은?

㉓ $\dfrac{\text{단면적}}{\text{하 중}}$ ㉔ $\dfrac{\text{변형률}}{\text{하 중}}$

㉕ $\dfrac{\text{최대하중}}{\text{단면적}}$ ㉖ $\dfrac{\text{하 중}}{\text{변형률}}$

57. 기계나 구조물에서 반복 하중을 받는 횟수가 아

[정답] **47.** ㉕   **48.** ㉔   **49.** ㉔   **50.** ㉓   **51.** ㉔   **52.** ㉖   **53.** ㉓   **54.** ㉕   **55.** ㉖   **56.** ㉕   **57.** ㉖

주 많을 때에 재료 내부에 생기는 피로(fatigue) 현상에 대한 설명으로 옳은 것은?

㉮ 재료는 극한 강도보다 훨씬 큰 값으로 파괴되는 수가 있다.

㉯ 재료는 극한 강도보다 훨씬 작은 값으로 파괴되는 수가 있다.

㉰ 재료는 최저 강도보다 훨씬 큰 값으로 파괴되는 수가 있다.

㉱ 재료는 최저 강도보다 훨씬 작은 값으로 파괴되는 수가 있다.

58. 연신율이 20%이고, 파괴되기 직전의 늘어난 길이가 30cm일 때, 이 시편의 본래의 길이는?

㉮ 20cm ㉯ 25cm ㉰ 30cm ㉱ 35cm

59. 만능 재료 시험기로서 할 수 없는 시험은?

㉮ 인장 시험 ㉯ 전단 시험
㉰ 굽힘 시험 ㉱ 충격 시험

60. 다음 재료 시험의 방법 중에서 기계적 시험은?

㉮ 비파괴 시험 ㉯ 강도 시험
㉰ 현미경 조직 검사 ㉱ 화학 분석

61. 다음 중 정적 시험이 아닌 것은?

㉮ 충격 시험 ㉯ 인장 시험
㉰ 경도 시험 ㉱ 굽힘 시험

62. 인장 시험으로 나타낼 수 없는 것은?

㉮ 인장 강도 ㉯ 단면 수축률
㉰ 비틀림 강도 ㉱ 연신율

63. 인장 시험에서 시험편 평행부가 하중의 증가로 연신이 시작하는 처음의 최대 하중을 평행부의 원 단면적으로 나눈 값은?

㉮ 인장 강도 ㉯ 항복 강도
㉰ 단면 수축률 ㉱ 연신율

64. 연강은 탄성 한계 내에서 응력과 무엇이 비례하는가?

㉮ 연신율 ㉯ 인장력
㉰ 항복점 ㉱ 탄성 계수

65. 로크웰 경도(H_R) 시험에서 연질 재료 시험에 적합한 것은?

㉮ H_{RA} ㉯ H_{RB} ㉰ H_{RC} ㉱ H_{RD}

[해설] 연강, 황동, 알루미늄 등의 연질 재료에는 1.588 mm(H_{RB})를, 단단한 재료 시험편에는 꼭지각이 120°인 원뿔형 다이아몬드 콘(H_{RA} H_{RC})을 사용한다.

● 4. 금속의 가공과 풀림

4-1 금속 가공

1 소성 가공
금속에 외력을 주어 영구 변형(소성 변형)을 시켜 가공하는 것이며, 조직의 미세화로 기계적 성질이 향상된다. 단점으로는 내부 응력의 발생과 잔류 응력이 생긴다.

2 소성 가공 원리
① 슬립(slip) : 결정 내의 일정면이 미끄럼을 일으켜 이동하는 것
② 쌍정(twin) : 결정의 위치가 어떤 면을 경계로 대칭으로 변하는 것
③ 전위(dislocation) : 결정 내의 불완전한 곳, 결함이 있는 곳에서부터 이동이 생기는 것

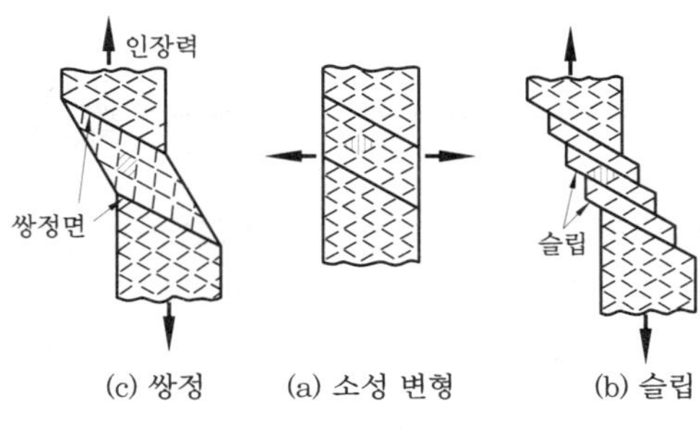

소성 변형 설명도

3 가공 방법
① 냉간 가공 : 재결정 온도 이하의 가공(가공 경화로 강도·경도가 커지고 연신율 저하)
② 열간 가공 : 재결정 온도 이상의 가공(내부 응력이 없으므로 가공이 용이)
　☞ 냉간 가공을 하는 이유는 치수의 정밀, 매끈한 표면을 얻을 수 있기 때문이다.
　㈎ 가공 경화 : 가공도의 증가에 따라 내부 응력이 증가되어 경도·강도가 커지고 연신율이 작아지는 현상
　㈏ 시효 경화 : 가공이 끝난 후 시간의 경과와 더불어 경화 현상이 일어나는 것
　　☞ 시효 경화를 일으키는 금속 : 두랄루민, 강철, 황동
　㈐ 인공 시효 : 가열로써 시효 경화를 촉진시키는 것(100~200℃).
③ 회복 : 가열로써 원자 운동을 활발하게 해주어 경도를 유지하나 내부 응력을 감소시켜 주는 것

4-2 재결정과 풀림

1 재결정(recrystallization)
냉간 가공으로 소성 변형된 금속을 적당한 온도로 가열하면 가공으로 인하여 일그러진 결정 속에 새로운 결정이 생겨나 이것이 확대되어 가공물 전체가 변형이 없는 본래의 결정으로 치환되는 과정을 재결정이라 하며, 재결정을 시작하는 온도가 재결정 온도이다. 다음 [표]는 각종 금속에 따른 재결정 온도다.

금속의 재결정 온도

금속 원소	재결정 온도(℃)	금속 원소	재결정 온도(℃)
Au	200	Al	150~240
Ag	200	Fe	350~450
W	1000	Pb	-3
Cu	200~300	Mg	150
Ni	530~660	Sn	-7~25

② 재결정이 시작되는 온도

① 금속의 순도가 높을수록 낮아진다.

② 가열 시간이 길수록 낮아진다.

③ 가공도가 클수록 낮아진다.

④ 가공 전 결정 입자의 크기가 미세할수록 낮아진다.

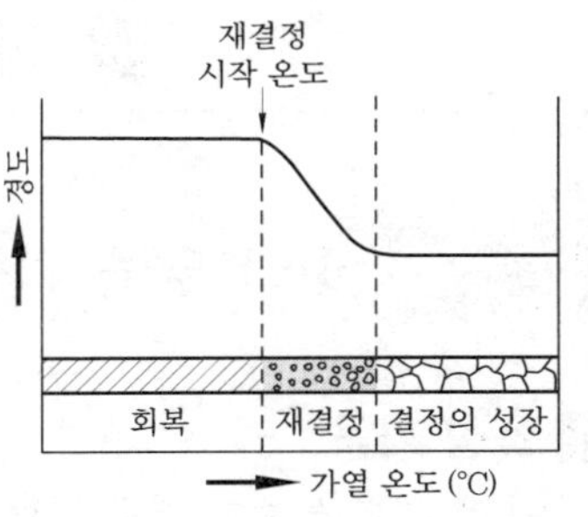

재결정 온도

③ 풀림(annealing)

재결정 온도 이상으로 가열하여 가공 전의 연한 상태로 만드는 것

㊀ 피니싱 온도 : 열간 가공이 끝나는 온도(재결정이 끝나는 온도 바로 위)

<h2 align="center">예 상 문 제</h2>

1. 냉간 가공재의 기계적 성질 중 감소하는 것은?

㉮ 인장강도　　　　㉯ 경도
㉰ 연신율　　　　㉱ 피로한도

2. 금속 및 합금이 가공 후 시간의 경과와 더불어 기계적 성질이 변화하는 현상을 무엇이라 하는가?

㉮ 시효 경화　　　　㉯ 인공 시효
㉰ 냉간 가공　　　　㉱ 열간 가공

[해설] 인공 시효란 시효 경화의 기간이 너무 길게 되므로 인공으로 시효 경화를 속히 완료시키기 위하여 약 100~200℃로 높여 주는 방법이다.

3. 재결정 온도 이상에서 소성 가공하는 것을 무엇이라 하는가?

㉮ 냉간 가공　　　　㉯ 열간 가공
㉰ 상온 가공　　　　㉱ 저온 가공

[해설] 금속 가공에 있어 재결정 온도를 기준으로 재결정 온도 이하의 가공을 냉간 가공, 그 이상의 온도에서 가공하는 것을 열간 가공이라 한다.

4. 피니싱 온도는 무엇이 끝나는 온도인가?

㉮ 열처리　　　　㉯ 재결정
㉰ 고온 가공　　　　㉱ 상온 가공

5. 다음 중 시효 경화성이 있는 것은?

㉮ 두랄루민　　　　㉯ Co
㉰ Ag　　　　㉱ Au

6. 프레스 가공에서 중요한 성질은?

㉮ 취성　　㉯ 전성　　㉰ 연성　　㉱ 소성

7. 다음 중 소성 가공이 아닌 것은?

㉮ 단조　　㉯ 압출　　㉰ 주조　　㉱ 인발

8. 금속 재료의 가공도와 재결합 온도와의 관계 중 맞는 것은?

㉮ 재결합 온도가 높으면 가공도도 높다.
㉯ 가공도가 큰 것은 재결정 온도가 높아진다.
㉰ 가공도는 재결합 온도와는 관계없고 가공 형식에 따라 달라진다.
㉱ 가공도가 큰 것은 재결정 온도가 낮아진다.

9. 다음 중 재결정 온도가 가장 낮은 것은?

㉮ Au　　㉯ Ag　　㉰ Pb　　㉱ Pt

10. 저온 가공에 의하여 내부 변형된 결정립이 가열에 의하여 모양은 바뀌지 않고 변형이 제거되는 현상은?

㉮ 편석　　　　㉯ 회복
㉰ 재결정　　　　㉱ 조질

11. 금속 재료를 냉간 가공하는 경우 기계적 성질에 대한 설명 중 틀린 것은?

㉮ 경도가 증가된다.
㉯ 연신율이 증가된다.
㉰ 인장 강도가 증가된다.
㉱ 항복점이 높아진다.

[정답]　1. ㉰　2. ㉮　3. ㉯　4. ㉰　5. ㉮　6. ㉱　7. ㉰　8. ㉱　9. ㉰　10. ㉯　11. ㉯

12. 다음 중 재결정에 대한 설명으로 옳지 않은 것은?

㉮ 변형된 결정 입자가 완전한 재결정 조직이 되기 위해서는 특정한 온도에서 일정 시간 동안 유지되어야 한다.

㉯ 금속 및 합금의 재결정 온도는 종류에 따라 다르다.

㉰ 가중도가 클수록 재결정 온도는 높다.

㉱ 가공 전의 결정 입자가 미세할수록 재결정 온도는 낮아진다.

13. 열간 가공과 냉간 가공의 한계를 결정짓는 것은?

㉮ 풀림 온도

㉯ 변태 온도

㉰ 재결정 온도

㉱ 결정 입자의 성장 온도

14. 철의 재결정 온도는 몇 ℃인가?

㉮ 250~350℃   ㉯ 350~450℃

㉰ 530~600℃   ㉱ 200℃

15. 알루미늄의 재결정 온도는?

㉮ 150~240℃   ㉯ 250~300℃

㉰ 300~350℃   ㉱ 350~400℃

16. 가중 경화된 재료를 어떤 온도까지 가열하면 가공 전의 연한 상태로 돌아가는 현상을 무엇이라 하는가?

㉮ 풀림   ㉯ 재결정   ㉰ 조질   ㉱ 편석

17. 황동을 풀림하거나 또는 연강을 저온에서 변형시켰을 때 흔히 볼 수 있는 것은?

㉮ 회복   ㉯ 슬립   ㉰ 쌍정   ㉱ 전위

18. 냉간 가공재의 기계적 성질에 대하여 설명한 것 중 틀린 것은?

㉮ 결정 내부의 저항이 증가된다.

㉯ 강도나 경도가 증가된다.

㉰ 연신율이 감소된다.

㉱ 강도가 커 표면이 깨끗하지 못하다.

19. 금속은 가공 경화할 직후부터 시간의 경과와 더불어 기계적 성질이 변화하나 나중에는 일정한 값을 나타낸다. 이런 현상은 무엇인가?

㉮ 가공 경화   ㉯ 시효 경화

㉰ 인공 시효   ㉱ 재결정

20. 다음 중 시효 경화를 일으키기 쉬운 금속이 아닌 것은?

㉮ 니켈   ㉯ 강철

㉰ 황동   ㉱ 두랄루민

21. 가열함으로써 시효 경화를 촉진시키는 것을 무엇이라 하는가?

㉮ 가공 시효   ㉯ 자연 시효

㉰ 인공 시효   ㉱ 청열 시효

02 철강 재료(鐵鋼材料)

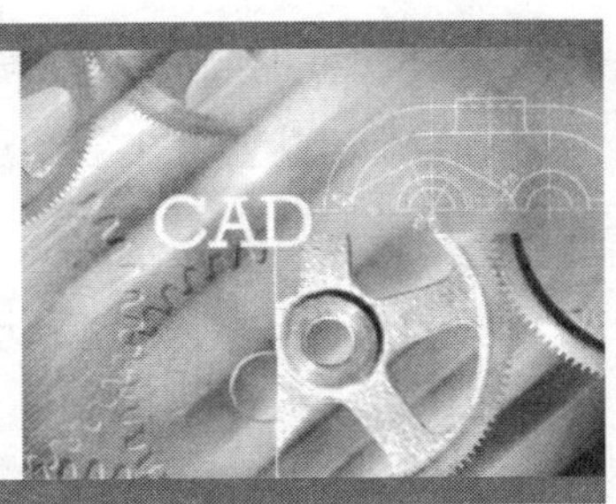

1. 철과 강

1-1 제철법 및 제강법

[1] 제철법

① 선철(pig iron) : 철강의 원료인 철광석을 용광로(고로)에서 철분만 분리시킨 것

(가) 선철의 용도 : 90%강 제조(선철을 제강로에서 탈탄 및 탈산), 10% 주철 제조(선철을 용선로 용해)

(나) 선철의 탄소량 : 2.5～4.5%C

(다) 선철의 종류 : 백 · 회 · 반선철(탄소의 존재 형태에 따라)

(라) 용광로 : 내부에서 생기는 화학 변화는 다음과 같다.

㉮ $3Fe_2O_3 + CO \longrightarrow 2Fe_3O_4 + CO_2$

㉯ $Fe_3O_4 + CO \longrightarrow 3FeO + CO_2$

㉰ $FeO + CO \longrightarrow Fe + CO_2$

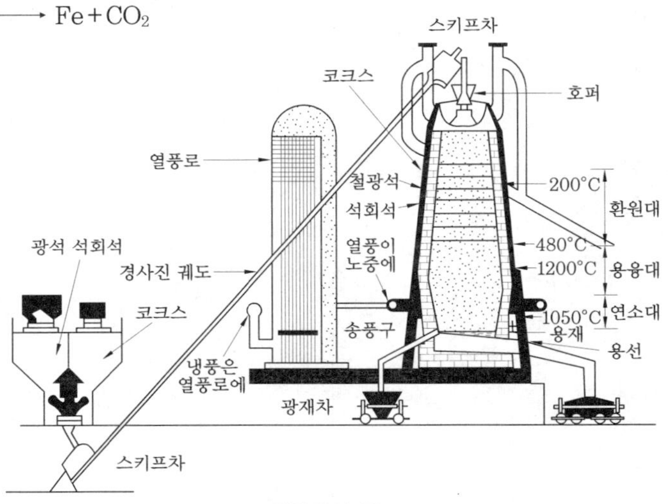

용광로의 구조

② 제철 재료

(가) 철광석 : 자 · 적 · 갈 · 능철광(철분 40% 이상), 사철(砂鐵)

⒃ 코크스(cokes) : 연료 및 환원제

⒟ 용제(flux) : 석회석(CaC), 형석 등

❷ 제강법

강을 만드는 방법을 말하며, 선철의 단점인 메짐과 불순물 혼입, 과잉 탄소 함유인 점을 탈산과 불순물 제거를 하여 강을 만든다. 강 제조에 쓰이는 노(爐)에 따라 다음과 같다.

① **평로 제강법** : 선철, 철광석을 용해시켜 탈산(Mn, Si, Al)하여 제조. 대규모, 장시간 필요하다.

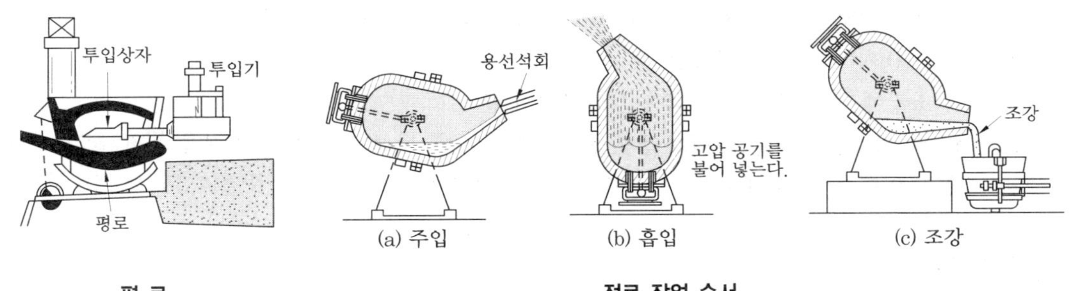

⒂ 불순물 제거 : C, Si, Mn − 산화에 의하여, S − 슬래그에 의하여 제거

⒃ 종류

　⒢ 염기성법 : 저급 재료 사용(불순물 제거됨), 일반적인 제조 방법

　⒣ 산성법 : 고급 재료 사용(불순물 제거 못함), 가격이 비싸고 양질임.

② **전로 제강법** : 용해된 선철 주입 후 공기, 산소로 불순물을 산화시켜 제조하는 방법

　🔑 조업 시간이 짧고 일관 작업 가능, 연료 불필요, 품질조절 곤란, 재료 엄선 필요

⒂ 토마스(염기성)법 : 저급 재료(고인, 저규소), 선철 주입 전 석회 공급, 돌로마이트 내화물을 사용하므로 인(P)과 황(S)을 제거한다.

⒃ 베세머(산성)법 : 고급 재료(저인, 고규소), 규소 내화물을 사용하므로 P, S을 제거하지 못한다.

③ **전기로 제강법** : 전기열을 이용하여 선철, 고철을 용해하여 제조. 합금강 제조에 사용한다.

⒂ 온도 조절이 쉽고 탈산, 탈황이 쉽다. 정련 중 슬래그 성질 변화가 가능하며, 가격이 비싸고 양질이다.

⒃ 종류 : 아크식(에루 전기로), 유도식(고주파 유도로), 저항식이 있다.

④ **도가니로 제강법** : 선철, 비철금속을 석탄가스, 코크스 등으로 가열하여 고순도 처리한다.

⑤ **퍼들(puddle)로** : 연소 가스의 반사열을 이용한 일종의 반사로이며, 연철을 반 용융 상태에서 제조한다.

⑥ **각종 노(爐)의 용량**

⒂ 용광로 : 1일 산출 선철의 무게를 톤(ton)으로 표시한다.

⒃ 용선로 : 1시간당 용해량을 톤(ton)으로 표시한다.

⒟ 전로, 평로, 전기로 : 1회에 용해·산출되는 무게를 kgf(Newton) 또는 톤으로 표시한다.

⒠ 도가니로 : 1회 용해하는 구리의 무게를 번호로 표시. 예를 들면 1회에 구리 200kgf(1.96kN)을 녹일 수 있는 도가니를 200번 도가니라고 부른다.

 1-2 철강의 분류와 성질

1 철강의 5원소

탄소(C), 규소(Si), 망간(Mn), 인(P), 황(S)(탄소가 철강 성질에 가장 큰 영향을 준다.)

2 철강의 분류

① 순철(pure iron) : 탄소 0.03% 이하를 함유한 철
② 강(steel) : 아공석강(0.85%C 이하), 공석강(0.85%C), 과공석강(0.85~1.7%C)
 (가) 탄소강 : 탄소 0.03~2.0%를 함유한 철
 (나) 합금강 : 탄소강에 한 종류 이상의 금속을 합금시킨 철
③ 주철(cast iron) : 탄소 2.0~6.68%를 함유한 철이나 보통 탄소 4.5%까지의 것을 쓰며, 보통 주철과 특수 주철이 있다. 아공정 주철(1.7~4.3%C), 공정 주철(4.3%C), 과공정 주철(4.3%C 이상) 등

3 철강의 성질

순 철	강	주 철
① 전기분해로 제조	① 제강로에서 제조	① 큐폴라에서 제조
② 담금질이 안됨.	② 담금질이 잘됨.	② 담금질이 안됨.
③ 연하고 약함.	③ 강도, 경도가 큼.	③ 경도는 크나 잘 부서짐
④ 전기 재료로 사용	④ 기계 재료로 사용	④ 주물 재료로 사용

4 강괴(steel ingot)

정련이 끝난 용해된 강은 주형(mould)에 주입하게 되는데, 이때 용강의 탈산 정도에 따라 다음과 같이 분류한다.

① 림드(rimmed)강
 (가) 평로, 전로에서 제조된 것을 Fe−Mn으로 불완전 탈산시킨 강
 (나) 과잉 산소와 탄소가 반응하여 리밍 액션이 있고, 기공, 편석이 생기며, 질이 나쁘다. 0.3%C 이하의 저탄소강 제조. 제조비가 저렴하고, 림부는 순철에 가깝다(핀, 봉, 파이프 등에 쓰임).
 (다) 리밍 액션(rimming action) : 림드 강 제조 시 O_2와 C가 반응하여 CO가 생성되는데, 이 가스가 대기중으로 빠져나오는 현상이다(끓는 것처럼 보임).

② 킬드(killed)강(진정강)
 (가) 평로, 전기로에서 제조된 용강을 Fe−Mn, Fe−Si, Al 등으로 완전 탈산시킨 강
 (나) 조용히 응고, 수축관이 생기나 질은 양호하고, 고탄소강, 합금강 제조에 쓰이며 가격이 비싸다.
 (다) 헤어 크랙(hair crack) : H_2 가스에 의해서 머리카락 모양으로 미세하게 갈라진 균열

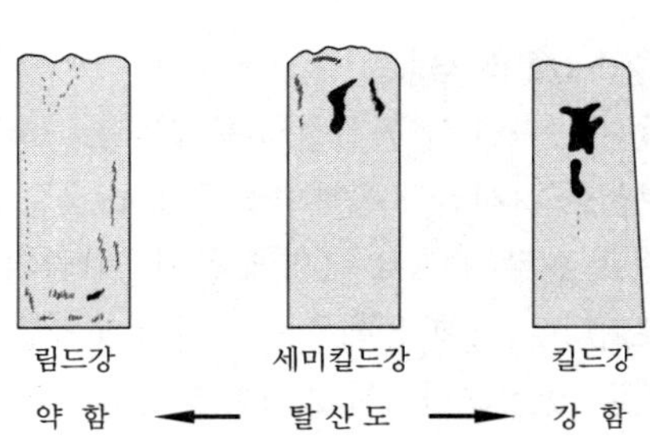

탈산 정도에 따른 강괴의 종류

☞ 백점(flake) : H_2 가스에 의해서 금속 내부에 백색의 점상으로 나타난다.

③ 세미 킬드(semi-killed)강 : Al으로 림드와 킬드의 중간 탈산. 림드, 킬드의 중간 성질 유지로 용접 구조물에 많이 사용되며, 기포나 편석이 없다.

1. 다음 중 철광석, 코크스, 석회석, 망간, 광석 등을 써서 선철을 제조하는 데 쓰이는 것은?

㉮ 고로 ㉯ 평로 ㉰ 전로 ㉱ 용선로

2. 다음 광물 중 우리나라에서 가장 많이 나는 철광석은?

㉮ 능철광 ㉯ 자철광
㉰ 적철광 ㉱ 갈철광

3. 제철 시 용광로에 주입되지 않는 것은?

㉮ 철광석 ㉯ 석회석
㉰ 코크스 ㉱ 석탄 가스

[해설] 용광로에 철광석, 석회석, 코크스를 투입하며 파쇄는 사용하지 않는다.

4. 다음 중 철광석이 갖추어야 할 성분으로 옳은 것은?

㉮ 철분이 40% 이상, 인과 황이 0.1% 이하
㉯ 철분이 40% 이상, 인과 황이 0.3% 이상
㉰ 철분이 40% 이하, 인과 황이 0.3% 이하
㉱ 철분이 40% 이하, 인과 황이 0.1% 이상

5. 철광석을 용해할 때, 사용되는 용제에 대한 설명 중 틀린 것은?

㉮ 철과 불순물이 분리가 잘 되도록 하기 위해서 첨가한다.
㉯ 용제로 석회석 또는 형석이 쓰인다.
㉰ 탈산제로 사용한다.
㉱ 용제는 제철할 때 염기성 슬래그가 되도록 하는 성분 조성이다.

[해설] 탈산제에는 페로실리콘, 페로망간(Fe-Mn)이 있다.

6. 용광로의 용량은?

㉮ 기계의 전 중량
㉯ 10시간 제철 능력
㉰ 1일의 제철 능력
㉱ 아침에서 저녁까지의 제철 능력

[해설] 용광로는 용량을 1일 제철능력으로 나타내며 ton/1일로 나타낸다.

7. 다음 중 제강법이 아닌 것은?

㉮ 평로 제강법 ㉯ 전로 제강법
㉰ 전기로 제강법 ㉱ 용광로 제강법

8. 다음 중 평로 제강에 사용되는 탈산제는?

㉮ 암모니아수
㉯ 코크스 · 석회석 · 규산
㉰ 산화철 · 석회석 · 철광석
㉱ 망간철 · 규산철 · 알루미늄

[해설] 평로 제강에 사용되는 탈산제는 망간철·규산철·알루미늄 등이다. 강의 탈산제로는 페로망간, 페로실리콘 등이 쓰인다.

9. 강을 제조법에 의해 분류할 때 해당되지 않는 것은?

㉮ 림드강 ㉯ 킬드강
㉰ 세미 림드강 ㉱ 세미 킬드강

[해설] 강을 제조할 때, 탈산 정도에 따라 구분하면 ㉮, ㉯, ㉱와 같다.

10. 제강로에서 선철을 많이 용해하는 노(爐)는?

㉮ 전로 ㉯ 평로
㉰ 전기로 ㉱ 도가니로

11. 평로의 용량은?

㉮ 1시간에 용해할 수 있는 용선의 무게
㉯ 1회당 용해할 수 있는 용선의 무게
㉰ 10시간에 용해할 수 있는 용선의 무게
㉱ 1일에 용해할 수 있는 용선의 무게

12. 강철을 만드는 법 중 베세머법(bessemer process)에 해당하는 것은?

[정답] 1. ㉮ 2. ㉱ 3. ㉱ 4. ㉮ 5. ㉰ 6. ㉰ 7. ㉱ 8. ㉱ 9. ㉰ 10. ㉯ 11. ㉯ 12. ㉮

㉮ 전로 제강법 ㉯ 평로 제강법
㉰ 도가니로 제강법 ㉱ 고주파로 제강법

13. 강을 제강하는데 가장 좋은 제품을 얻을 수 있는 노는?

㉮ 전로 ㉯ 평로
㉰ 전기로 ㉱ 도가니로

14. 전기로 제강법에서 틀린 것은?

㉮ 산성 조업을 할 수 없다.
㉯ 고온을 쉽게 얻을 수 있다.
㉰ 제강 원료를 선택할 필요가 없다.
㉱ 온도 조절을 쉽게 할 수 있다.

15. 노에서 페로실리콘, 알루미늄 등의 탈산제로 충분히 탈산시킨 강을 무슨 강이라 하는가?

㉮ 킬드강 ㉯ 림드강
㉰ 탄소강 ㉱ 세미 킬드강

[해설] 용광로에서 산출된 선철은 탄소량이 많아 주조성은 우수하나, 메짐성(취성)을 가지고 있으므로 강인성을 가지도록 충분히 탈산시켜 주강을 만든다.

16. 강철의 온도가 상온보다 낮아지면 충격값이 감소되는데 이러한 현상을 무엇이라고 하는가?

㉮ 청열 취성 ㉯ 저온 취성
㉰ 상온 취성 ㉱ 적열 취성

17. 인이나 황이 포함된 강괴를 압연하면 불순물이 긴 띠 모양으로 늘어난다. 부식이나 파손이 원인이 되는 이 긴 띠를 무엇이라고 하는가?

㉮ 헤어 크랙 ㉯ 수축관
㉰ 고스트 라인 ㉱ 헤어 라인

18. 석회석은 제철할 때 다음 어느 성질이 되도록 성분 조절을 하는가?

㉮ 염기성 ㉯ 중성
㉰ 산성 ㉱ 휘발성

19. 강철을 만드는 법 중 지멘스－마탱법에 해당하는 것은 어느 것인가?

㉮ 고주파로 제강법 ㉯ 전로 제강법
㉰ 평로 제강법 ㉱ 도가니로 제강법

20. 제강법 중 토머스법(Thomas process)과 관계없는 것은 어느 것인가?

㉮ 페로 망간으로 산화
㉯ 노의 내면을 염기성 내화물을 이용
㉰ 원료는 저규소선
㉱ 전로 제강법

[해설] 전로 제강법 중에는 산성법과 염기성법이 있으며, 산성법은 노의 내면을 규소 산화물이 많은 산성 산화물을 이용한 것(베세머법)이고, 염기성법은 고인, 저규소를 선재로 사용, 내화물을 염기성으로 하여 제강하는 것(Thomas법)이다.

21. 다음의 전기로 제강법에 관한 내용 중 관계 없는 것은 어느 것인가?

㉮ 고온 정련이 가능하다.
㉯ 정련 중에 슬래그의 성질은 변화가 불가능하다.
㉰ 산화성 및 환원성에 적당하다.
㉱ 온도 조절이 가능하다.

[해설] 전기로에서는 정련 중에 슬래그의 성질을 변화시킬 수 있다.

22. 다음 원소와 철강재에 미치는 영향과 관계가 없는 것은 어느 것인가?

㉮ S : 고온 가공성이 나쁘고 절삭성이 증가된다.
㉯ Mn : 황의 해를 막는다.
㉰ H_2 : 유동성을 좋게 한다.
㉱ P : 편석을 일으키기 쉽다.

[해설] H_2(수소)는 철강에서 헤어 크랙(hair crack)의 원인이 된다. 이것은 머리카락 같이 미세한 균열이다.

23. 기계 구조용 탄소강의 기호 표시 중에 S45C라고 기입된 것이 있다. 이 중에서 45는 무엇을 뜻하는가?

㉮ 탄소함유량 ㉯ 경도
㉰ 항복점 ㉱ 인장 강도

[해설] 45의 숫자는 탄소 함유량을 뜻하며, 0.42%~0.48%C의 평균치를 나타낸다.

24. 강에 Mn을 첨가하면 어떤 성질이 생기는가?

㉮ 내식성 증가 ㉯ 내산성 증가
㉰ 인장 강도 증가 ㉱ 내마멸성 증가

[해설] 강 중에 Mn은 0.2~0.8% 함유되어 있는데,

Mn은 유황의 해를 제거하며 내마멸성 및 절삭성을 증가시킨다.

25. 철강의 분류는 무엇에 의해서 하는가?

㉮ 성질
㉯ 탄소 함유량
㉰ 조직
㉱ 제작 방법

26. 탄소강은 탄소 함유량이 얼마인가?

㉮ 0.006~2.0%
㉯ 0.03~2.0%
㉰ 0.86~2.0%
㉱ 2.5~4.5%

27. 강과 주철의 한계를 탄소 함유량으로 구분하면 얼마인가?

㉮ 0.035%
㉯ 0.85%
㉰ 2.0%
㉱ 2.5%

28. 주철의 탄소 함유량은 몇 %인가?

㉮ 0.85~2.0%
㉯ 0.5~4.5%
㉰ 2.0~6.68%
㉱ 0.035~2.0%

29. 킬드강을 제조할 때 사용하는 탈산제는?

㉮ Al · Si
㉯ Mn · Mg
㉰ C · Si
㉱ Mg · Si

30. 다음의 강 중 탈산이 충분히 된 것은?

㉮ 림드강
㉯ 세미 킬드강
㉰ 탈산강
㉱ 킬드강

31. 노 안에서 충분히 탈산을 시킨 강으로 기공, 편석은 없으나 표면에 헤어 크랙(hair crack)과 수

축공이 생기는 강괴는?

㉮ 림드강
㉯ 킬드강
㉰ 세미 림드
㉱ 세미 킬드강

32. 다음 중 철광석이 아닌 것은?

㉮ 적철광
㉯ 자철광
㉰ 능철광
㉱ 휘철광

33. 노 안에 녹인 선철을 주입하고 공기를 불어넣어 탄소, 규소, 그 밖의 불순물을 산화 제거하여 강을 만드는 방법은?

㉮ 평로 제강법
㉯ 전로 제강법
㉰ 도가니 제강법
㉱ 전기로 제강법

34. 다음 제강로에서 공기를 필요로 하지 않는 노는?

㉮ 용선로
㉯ 전로
㉰ 평로
㉱ 전기로

35. 선철을 만드는 과정에서 철분과 불순물을 분리하는 것은?

㉮ 석회석
㉯ 망간
㉰ 내화물
㉱ 코크스

36. 제철을 하는데 용제(flux)로서 가장 적당한 것은?

㉮ 형석 · 석회석
㉯ 석회석 · 장석
㉰ 석회석 · 화강암
㉱ 형석 · 석영

37. 킬드강이란 무엇인가?

㉮ 탈산하지 않은 강
㉯ 미완전 탈산강
㉰ 캡을 씌워 만든 강
㉱ 완전 탈산한 강

▶ 2. 순철과 탄소강

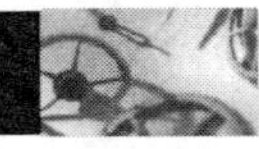 2-1 순철(pure iron)

1 순철의 성질

탄소 함량(0.03% 이하)이 낮아서 기계 재료로서는 부적당하지만 항장력이 낮고 투자율(透磁率)이 높기 때문에 변압기, 발전기용의 박철판으로 사용된다.

순철의 물리적 성질 중 융점(1530℃), 비중(7.86~7.88), 열전도율(0.18)과 기계적 성질 중 경도는 H_B로 60~65 정도이다.

2 순철의 변태

순철의 변태에는 A_2(768℃), A_3(910℃), A_4(1400℃) 변태가 있으며 A_3, A_4 변태를 동소 변태라 하고 A_2 변태를 자기 변태라 한다. 순철은 변태에 따라서 α철, γ철, δ철의 3개 동소체가 있으며, α철은 910℃ 이하에서 체심 입방 격자(B.C.C) 원자 배열이고, γ철은 910~1400℃ 사이에서 면심 입방 격자(F.C.C)로 존재하며, 1400℃ 이상에서는 δ철이 체심 입방 격자(B.C.C)로 존재한다. 순철의 표준 조직은 대체로 다각형 입자로 되어 있으며, 상온에서 체심 입방 격자 구조인 α조직(ferrite structure)이다.

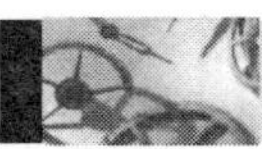 2-2 탄소강(carbon steel)

1 강의 표준 조직(normal structure)

강을 A_3선 또는 A_3선 이상, 10~50℃까지 가열한 후 서랭시켜서 조직의 평준화를 기한 것을 말하며, 이때의 작업을 풀림(annealing)이라 한다.

① **페라이트(ferrite)** : 일명 지철(地鐵)이라고도 하며, 강의 현미경 조직에 나타나는 조직으로서 α철이 녹아 있는 가장 순철에 가까운 조직이다. 극히 연하고 상온에서 강자성체인 체심 입방 격자 조직이다.

② **펄라이트(pearlite)** : 726℃에서 오스테나이트가 페라이트와 시멘타이트의 층상의 공석정으로 변태한 것으로서 탄소 함유량은 0.85%이다. 강도, 경도는 페라이트보다 크며, 자성이 있다.

③ **시멘타이트(cementite)** : 고온의 강 중에서 생성하는 탄화철(Fe_3C)을 말하며, 경도가 높고 취성이 많으며 상온에선 강자성체이다.

강의 표준 조직의 기계적 성질

성질 　　　　조직	페라이트	펄라이트	시멘타이트
인장 강도(MPa)	343	785	34 이하
연신율(%)	40	10~15	0
브리넬 경도(H_B)	80~90	200	800

조직과 결정 구조

기 호	명 칭	결정 구조 및 내용
α	α-페라이트(α-ferrite)	B.C.C(체심 입방 격자)
γ	오스테나이트(austenite)	F.C.C(면심 입방 격자)
δ	δ-페라이트(δ-ferrite)	B.C.C(체심 입방 격자)
Fe_3C	시멘타이트(cementite) 또는 탄화철	금속간 화합물
$\alpha+Fe_3C$	펄라이트(pearlite)	α와 Fe_3C의 기계적 혼합
$\gamma+Fe_3C$	레데부라이트(ledeburite)	γ와 Fe_3C의 기계적 혼합

❷ 탄소강 중에 함유된 성분과 그 영향 [Mn, Si, P, S, 가스(O_2, N_2, H_2)]

① 0.2~0.8% Mn : 강도·경도·인성·점성 증가, 연성 감소, 담금질성 향상. 황(S)의 양과 비례한 다. 황의 해를 제거하며, 고온 가공으로 용해한다($FeS \rightarrow MnS$로 슬래그화).

② 0.1~0.4% Si : 강도·경도·주조성 증가(유동성 향상), 연성·충격치 감소. 단접성 및 냉간 가공 성을 저하시킨다.

③ 0.06% 이하 S : 강도·경도·인성·절삭성 증가(MnS로), 변형률·충격치 저하. 용접성을 저하시 키며, 적열 메짐이 있으므로 고온 가공성을 저하시킨다(FeS가 원인).

④ 0.06% 이하 P : 강도·경도 증가, 연신율 감소. 편석 발생(담금 균열의 원인). 결정립을 거칠게 하 며, 냉간 가공을 저하시킨다(Fe_3P가 원인). 상온 메짐(취성)의 원인이 된다.

⑤ H_2 : 헤어 크랙(백점) 발생

⑥ Cu : 부식 저항 증가, 압연 시 균열 발생

❸ 탄소강의 종류와 용도

① 저탄소강(0.3%C 이하) : 가공성 위주, 단접 양호, 열처리 불량

② 고탄소강(0.3%C 이상) : 경도 위주, 단접 불량, 열처리 양호

③ 기계 구조용 탄소 강재(SM) : 저탄소강(0.08~0.23%C), 구조물, 일반 기계 부품으로 사용

④ 탄소 공구강(탄소 : STC, 합금 : STS, 스프링강 : SPS) : 고탄소강(0.6~1.5%C), 킬드강으로 제조

⑤ 주강(SC) : 수축률은 주철의 2배. 융점(1600℃)이 높고 강도가 크나 유동성이 작다. 응력, 기포가 많 고 조직이 억세므로 주조 후 풀림 열처리가 필요하다(주강 주입 온도 : 1450~1530℃).

⑥ 쾌삭강(free cutting steel) : 강에 S, Zr, Pb, Ce를 첨가하여 절삭성을 향상시킨 강이다(S의 양 : 0.25% 함유).

⑦ 침탄강(표면경화강) : 표면에 C를 침투시켜 강인성과 내마멸성을 증가시킨 강이다.

탄소강의 종류와 용도

종 별	C (%)	인장 강도 (MPa)	연신율(%)	용 도
극연강	0.12 미만	370 미만	25	강판, 강선, 못, 강관, 리벳
연 강	0.13~0.20	370~430	22	강관, 강봉, 강판, 볼트, 리벳
반연강	0.20~0.30	430~490	20~18	기어, 레버, 강판, 볼트, 너트, 강관
반경강	0.30~0.40	490~540	18~14	강판, 차축
경 강	0.40~0.50	540~590	14~10	차축, 기어, 캠, 레일
최경강	0.50~0.70	590~690	10~7	축, 기어, 레일, 스프링, 단조 공구, 피아노선
탄소공구강	0.60~1.50	690~490	7~2	각종 목공구, 석공구, 절삭 공구, 게이지
표면경화강	0.08~0.2	490~440	15~20	기어, 캠, 축류

4 Fe-C계 상태도

철과 탄소의 평행 상태도이며, 다음 [그림]과 같다.

A : 1538℃ 순철의 용융점

D : 시멘타이트의 용융점, 1430℃, 6.68%

N : 1400℃ 순철의 A_4 변태점

    ＊$\delta Fe \rightleftarrows \gamma Fe$(동소 변태)

G : 910℃ 순철의 A_3 변태점

    ＊$\gamma Fe \rightleftarrows \alpha Fe$(동소 변태)

A_0 : 210℃ 강의 A_0 변태(Fe_3C의 자기 변태)

    6.68%C : Fe_3C 100% 점

    (Fe이 C를 최대로 고용함.)

C : 공정점, 1130℃, 4.3%C 공정(레데부라이트) ($\gamma + Fe_3C$)

E : 포화점, 1148℃, 2.11%C 강과 주철의 분리점(γ가 C를 최대로 고용함.)

S : 공석점, 723℃, 0.86%C 공석(펄라이트) ($\alpha + Fe_3C$)

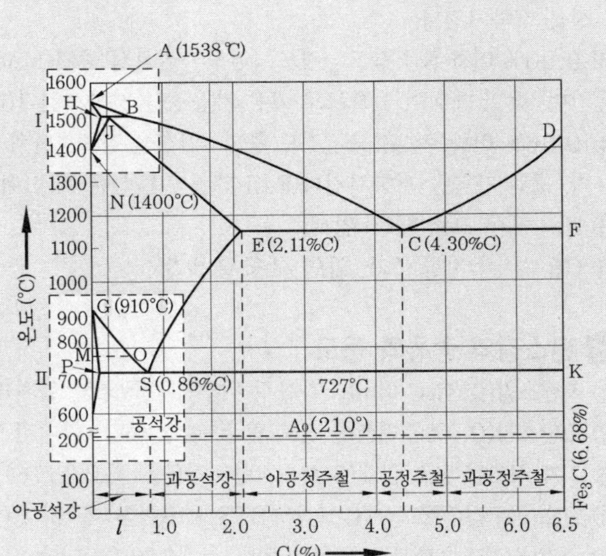

B : 0.51%C 포정 반응을 하는 액체

J : 1495℃, 0.16%C 포정점

H : 0.10%C 포정 반응을 하는 고체(δ가 C를 최대로 고용함.)

P : 0.03%C : α가 C를 최대로 고용함.

AB : δ고용체가 정출하기 시작하는 액상선

AH : δ고용체가 정출을 끝내는 고상선

HJB : 1492℃ 포정선＝B(용액)＋H(δ고용체) $\rightleftarrows$ J(γ고용체)

BC : γ고용체를 정출하기 시작하는 액상선

CD : Fe_3C(시멘타이트)를 정출하기 시작하는 액상선

JE : γ고용체가 정출을 끝내는 고상선

GP : γ고용체로부터 α고용체로 석출되기 시작되는 선(A_3선)

PQ : α고용체에 대한 시멘타이트의 용해도 곡선

HN : δ고용체가 γ고용체로 변화하기 시작하는 온도, 즉 강철의 A_4 변태가 시작하는 온도(A_4 변태선)

JN : δ고용체가 γ고용체로 변화가 끝나는 온도, 즉 강철의 A_4 변태가 끝나는 온도

ECF : 1148℃ 공정선＝E(γ고용체)＋F(Fe_3C) $\rightleftarrows$ (용액)

ES : Fe_3C의 초석선, γ고용체에서 Fe_3C가 석출하기 시작하는 온도(A_{cm}선)

MO : 768℃ α고용체의 자기 변태점(A_2 변태선)

GS : α고용체의 초석선(γ고용체에서 α고용체가 석출되기 시작하는 온도(A_3선))

PSK : 727℃ 공석선＝P(α고용체)＋K(Fe_3C) $\rightleftarrows$ S($\alpha + Fe_3C$, 펄라이트)

5 탄소강의 성질

함유원소, 가공, 열처리 상태에 따라 다르나 표준 상태에서는 주로 탄소 함유량에 따라 결정된다.

황<0.05%, 인<0.04%, 규소<0.5%, 망간<0.8%이며 그 밖의 불순물이 탄소강에 미치는 영향은 실질적으로 무시된다.

① **물리적 성질(탄소 함유량의 증가에 따라)** : 비중, 선팽창률, 온도 계수, 열전도도는 감소하나 비열, 전기저항, 항자력은 증가한다.

② **기계적 성질** : 표준 상태에서 탄소가 많을수록 인장 강도, 경도는 증가하다가 공석 조직에서 최대가 되나 연신율과 충격값은 감소한다.

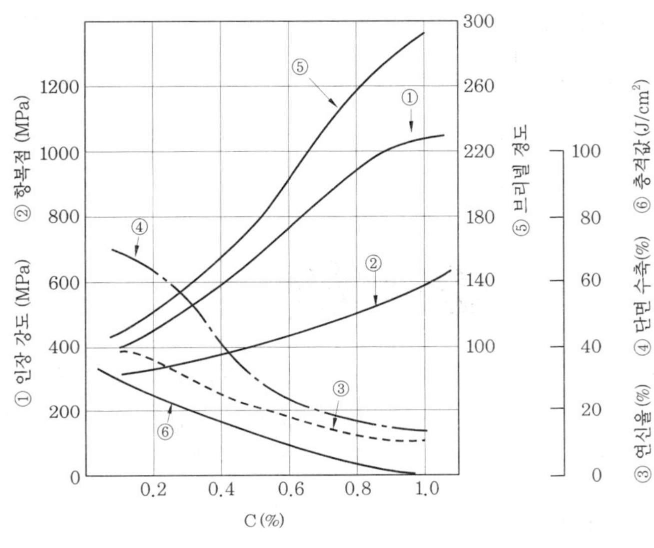

탄소강의 기계적 성질

(가) 과공석강이 되면 망상의 초석 시멘타이트가 생겨 경도는 증가하고, 인장 강도는 급격히 감소한다.

(나) 청열 메짐(blue shortness) : 강이 200~300℃ 가열되면 경도, 강도가 최대로 되고 연신율, 단면 수축은 줄어들어 메지게 되는 것으로 이때 표면에 청색의 산화 피막이 생성된다. 이것은 인 때문인 것으로 알려져 있다.

(다) 적열 메짐(red shortness) : 황이 많은 강으로 고온(900℃ 이상)에서 메짐(강도는 증가, 연신율은 감소)이 나타난다.

(라) 저온 메짐 : 상온 이하로 내려갈수록 경도, 인장 강도는 증가하나 연신율은 감소하여 차차 여리며 약해진다. −70℃에서는 연강에서도 취성이 나타나며 이런 현상을 저온 메짐 또는 저온 취성이라 한다.

③ **화학적 성질**

(가) 강은 알칼리에 거의 부식되지 않지만 산에는 약하다.

(나) 0.2% 이하 탄소 함유량은 내식성에 관계되지 않으나, 그 이상에는 많을수록 부식이 쉽다.

(다) 담금질된 강은 풀림 및 불림 상태보다 내식성이 크다.

(라) 구리를 0.15~0.25% 가함으로써 대기중 부식이 개선된다.

⑥ 강재의 KS 기호

강재의 KS 기호

기 호	설 명	기 호	설 명
SM	기계 구조용 탄소 강재	SBB	보일러용 압연 강재
SBV	리벳용 압연 강재	SEH	내열강
SKH	고속도 공구 강재	BMC	흑심 가단 주철
WMC	백심 가단 주철	SS	일반 구조용 압연 강재
DC	구상 흑연 주철	SK	자석강
SNC	Ni–Cr 강재	SF	단조품
GC	회주철	STC	탄소 공구강
SC	주강	STS	합금 공구강
SWS	용접 구조용 압연 강재	SPS	스프링강

1. 순철은 3개의 동소체가 있는데, 여기에 해당되지 않는 것은?

㉮ α철 ㉯ β철 ㉰ γ철 ㉱ δ철

2. 순철의 변태점에서 알맞은 것은?

㉮ 체심 입방 격자 910℃ 면심 입방 격자
㉯ 면심 입방 격자 910℃ 체심 입방 격자
㉰ 체심 입방 격자 1401℃ 면심 입방 격자
㉱ 면심 입방 격자 1100℃ 체심 입방 격자

3. 탄소강에서 탄소량이 증가할 경우 알맞은 사항은?

㉮ 경도 감소, 연성 감소
㉯ 경도 감소, 연성 증가
㉰ 경도 증가, 연성 증가
㉱ 경도 증가, 연성 감소

[해설] 탄소 함유량이 증가하면 강도·경도와 전기 저항은 증가하며 연성, 단면 수축률은 저하한다.

4. 다음 중 강의 표준 조직이 아닌 것은?

㉮ 트루스타이트 ㉯ 페라이트
㉰ 시멘타이트 ㉱ 펄라이트

[해설] 강의 표준 조직에는 α(페라이트)와 Fe_3C(시멘타이트), $\alpha+Fe_3C$의 펄라이트가 있다.

5. 탄소강이 가열되어 200~300℃ 부근에서 상온

일 때보다 메지게 되는 현상을 무엇이라 하는가?

㉮ 적열 메짐 ㉯ 청열 메짐
㉰ 고온 메짐 ㉱ 상온 메짐

[해설] 강은 상온일 때보다 200~300℃에서는 연신율이 저하되고 강도는 높아지며 부스러지기 쉬운데 이것을 청열 메짐이라 한다. 보통 P(인)이 원인이 된다.

6. 레일을 만드는 탄소강으로서 탄소의 함유량은 어느 것이 적당한가?

㉮ 0.40~0.50 ㉯ 0.15~0.3
㉰ 0.85~0.95 ㉱ 0.15~2.15

7. 다음 조직 중 가장 순철에 가까운 것은?

㉮ 페라이트 ㉯ 소르바이트
㉰ 펄라이트 ㉱ 마텐자이트

[해설] 페라이트 조직이 가장 순철에 가깝고 조직이 매우 연하다.

8. 탄소강 중에서 고온 취성(high temperature shortness) 즉, 적열 취성 (hot-shortness)의 원인이 되는 원소는?

㉮ Si ㉯ Mn ㉰ S ㉱ P

[해설] 강이 고온(900℃ 이상)이 되면 유화철이 되어서 유황(S)은 결정립계에 분포하여 취성(brittleness)을 갖게 된다.

[정답] 1. ㉯ 2. ㉮ 3. ㉱ 4. ㉮ 5. ㉯ 6. ㉮ 7. ㉮ 8. ㉰

9. 강철의 조직 중에서 오스테나이트 조직은 어느 것인가?

㉮ α 고용체 ㉯ γ 고용체
㉰ Fe_3C ㉱ δ 고용체

[해설] 오스테나이트 → $\gamma-Fe+Fe_3C$ 고용체
마텐자이트 → $\alpha-Fe+Fe_3C$ 고용체
트루스타이트 → $\alpha-Fe+Fe_3C$ 혼합물
펄라이트 → $\alpha-Fe+Fe_3C$ 혼합물
소르바이트 → $\alpha-Fe+Fe_3C$ 혼합물

10. 1.5%C가 들어 있는 강의 표준 현미경 조직은?

㉮ 펄라이트
㉯ 펄라이트＋시멘타이트
㉰ 펄라이트＋페라이트
㉱ 페라이트＋시멘타이트

11. 탄소강에 인(P)이 주는 영향이 아닌 것은?

㉮ 연신율(ductility) 증가
㉯ 충격치(impact value) 감소
㉰ 가공 시 균열
㉱ 강도, 경도(hardness) 증가

[해설] 인은 제강 시 편석을 일으키고, 이 때문에 담금 균열이 생기며, 연신율(ductilitv)을 감소시키고 조직을 거칠게 하여 강을 메지게 하므로 함량을 최대로 줄여야 한다.

12. 다음 중 레데부라이트(ledeburite)는 어느 것인가?

㉮ 시멘타이트의 용해 및 응고점
㉯ δ 고용체가 석출을 끝내는 고상선
㉰ γ 고용체로부터 α 고용체와 시멘타이트가 동시에 석출하는 점
㉱ 포화되고 있는 2.1%C의 γ 고용체와 6.67%C의 Fe_3C와의 공정

[해설] 금속 조직학적으로 $Fe-C$ 평형 상태도에서 탄소 함유량 4.3%에서는 $\gamma-Fe+Fe_3C$의 공정으로 이 공정을 레데부라이트라 한다.

13. 다음 중 시멘타이트(cementite) 조직이란?

㉮ Fe와 C의 화합물 ㉯ Fe와 S의 화합물
㉰ Fe와 P의 화합물 ㉱ Fe와 O의 화합물

[해설] 시멘타이트는 C6.7%와 Fe와의 금속간의 화합물이며 경도가 가장 높다.

14. 다음 중 A₀ 변태는 어느 것인가?

㉮ α 고용체가 자기 변태로 변하는 점
㉯ γ 고용체가 탄소를 최대로 고용하는 점
㉰ 오스테나이트에서 펄라이트가 생기는 변태
㉱ 시멘타이트의 자기 변태에서 탄소량에 관계없이 210℃에서 일어나는 점

15. 빙점(0℃) 이하의 온도에서 사용되는 내한강의 탄소강 조직은 다음 중 어느 것이 가장 좋은가?

㉮ 소르바이트 ㉯ 트루스타이트
㉰ 마텐자이트 ㉱ 펄라이트

16. 탄소량이 0.85%C 이하인 강을 무슨 강이라고 하는가?

㉮ 자석강 ㉯ 공석강
㉰ 아공석강 ㉱ 과공석강

[해설] 0.85%C의 강을 공석강, 0.85%C 이하의 강을 아공석강, 0.85%C 이상의 강을 과공석강이라 한다. 아공석강의 조직은 페라이트＋펄라이트이다.

17. 변압기 철심에 쓰이는 강은?

㉮ Ni강 ㉯ Cr강 ㉰ Mo강 ㉱ Si강

[해설] 규소는 단접성 및 냉간 가공성을 해치고 또 탄소강의 충격 저항을 감소시키므로 저 탄소강에는 0.2% 이하로 제한하여 전기 자기 재료에 사용하는 규소강에는 망간이 적은 편이 좋다.

18. 순철의 동소 변태와 변태 온도를 올바르게 나타낸 것은?

㉮ A₀ 변태－210℃ ㉯ A₁ 변태－723℃
㉰ A₂ 변태－770℃ ㉱ A₃ 변태－910℃

19. 순철에는 α, γ, δ의 3개의 동소체가 있다. 그 중 γ철은 910℃～1400℃ 사이에서 결정 격자가 어떤 상태인가?

㉮ 체심 입방 격자 ㉯ 수지상 결정
㉰ 면심 입방 격자 ㉱ 조밀 육방 격자

20. 다음 중 순철의 비중은?

㉮ 5.5 ㉯ 7.8
㉰ 9.5 ㉱ 11.5

21. 다음 중 순철의 용융 온도는?

㉮ 1400℃ ㉯ 1538℃
㉰ 1769℃ ㉱ 2610℃

[정답] **9.** ㉯ **10.** ㉯ **11.** ㉮ **12.** ㉱ **13.** ㉮ **14.** ㉱ **15.** ㉰ **16.** ㉰ **17.** ㉱ **18.** ㉱ **19.** ㉰ **20.** ㉯ **21.** ㉯

22. 다음 중 탄소량이 0.86% 이하인 강은?

㉮ 자석강 ㉯ 공석강
㉰ 아공석강 ㉱ 초공석강

23. 다음 중 탄소량이 0.86%인 강은?

㉮ 자석강 ㉯ 공석강
㉰ 초공석강 ㉱ 아공석강

24. Fe-C 평형 상태도에 의하여 α철은 910℃ 이하에서 어떠한 원자 배열을 가지고 있는가?

㉮ 면심 입방 격자 ㉯ 체심 입방 격자
㉰ 조밀 육방 격자 ㉱ 정방 격자

25. 탄소강의 조직 중 연하고 연성이 크며 자성을 갖고 있는 것은?

㉮ 오스테나이트 ㉯ 페라이트
㉰ 펄라이트 ㉱ 시멘타이트

26. 다음 중에서 강 중의 펄라이트 조직이라 하는 것은 어느 것인가?

㉮ α 고용체와 Fe_3C의 혼합물
㉯ γ 고용체와 Fe_3C의 혼합물
㉰ α 고용체와 γ 고용체의 혼합물
㉱ δ 고용체와 α 고용체의 혼합물

27. 다음 설명 중 규소의 영향으로 옳은 것은?

㉮ 강의 유동성을 증가시킨다.
㉯ 상온 메짐을 크게 일으킨다.
㉰ 강의 유동성을 해치고 고온 메짐을 일으킨다.
㉱ 담금성을 현저하게 증가시킨다.

▶ 3. 열처리

금속 재료를 각종 사용 목적에 따라 기능을 충분히 발휘하려면 합금만으로는 되지 않는다. 그러므로 충분한 기능을 발휘시키기 위해서 금속을 적당한 온도로 가열 및 냉각시켜 특별한 성질을 부여하는 것을 열처리(heat treatment)라 한다.

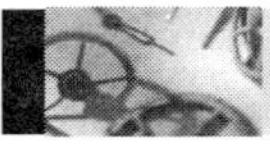

3-1 일반 열처리

1 담금질(quenching)

강($鋼$)을 A_3 변태 및 A_1 선 이상 30~50℃로 가열한 후 수랭 또는 유랭으로 급랭시키는 방법이며, A_1 변태가 저지되어 경도가 큰 마텐자이트로 된다.

① **담금질 목적** : 경도와 강도를 증가시킨다.

② **담금질 조직**

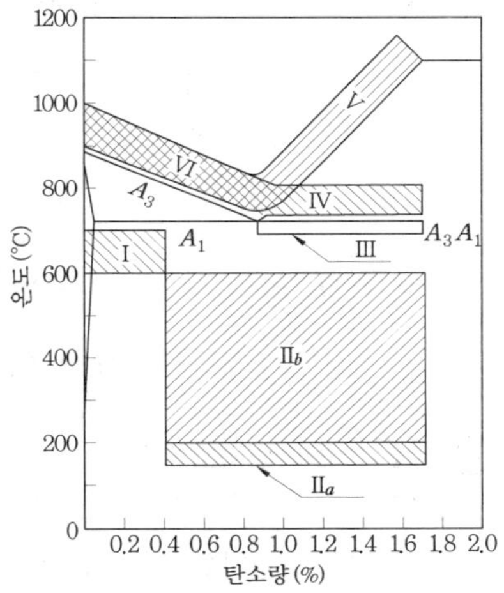

(개) 마텐자이트(martensite)

⑦ 수랭으로 인하여 오스테나이트에서 C를 과포화된 페라이트로 된 것이다.

㉯ 침상의 조직으로 열처리 조직 중 경도가 최대이고, 부식에 강하다.

⑭ Ar'' 변태 : 마텐자이트가 얻어지는 변태이다.

⑭ M_s, M_f점 : 마텐자이트 변태의 시작되는 점과 끝나는 점이다.

(나) 트루스타이트(troostite)

⑦ 유랭(수랭보다 냉각속도가 더디다.)으로 얻어진다.

⑭ 마텐자이트보다 경도는 작으나 강인성이 있어 공업상 유용하고 부식에 약하다.

⑭ Ar' 변태 : 트루스타이트가 얻어지는 변태이다.

(다) 소르바이트(sorbite)

⑦ 트루스타이트보다 냉각이 느릴 때 (공랭) 얻어진다.

⑭ 트루스타이트보다 경도는 작으나 강도, 탄성이 함께 요구되는 구조 강재에 사용 : 스프링 등

(라) 오스테나이트(austenite)

⑦ 냉각 속도가 지나치게 빠를 때 A_1 이상에 존재하는 오스테나이트가 상온까지 내려온 것(경도가 낮고 연신율이 큼. 전기 저항이 크나 비자성체임. 고탄소강에서 발생. 제거 방법 : 서브 제로 처리)

㉯ 서브 제로(심랭) 처리 : 담금질 직후(조직 성질 저하, 뜨임 변형 유발하는) 잔유 오스테나이트를 없애기 위하여 0℃ 이하로 냉각하는 것(액체 질소, 드라이아이스로 −80℃까지 냉각함.)

③ **담금질 질량 효과** : 재료의 크기에 따라 내·외부의 냉각 속도가 달라져 경도가 차이나는 것[질량 효과가 큰 재료 : 담금질 정도가 작다(경화능이 작다).]

④ **각 조직의 경도 순서** : 시멘타이트(H_B 800) > 마텐자이트(600) > 트루스타이트(400) > 소르바이트

I : 풀림 (600~700℃)
II$_a$, II$_b$: 뜨임 (150~200℃, 200~600℃)
III : 풀림 (700~720℃)
IV : 풀림 (A_3 이상 30~50℃)
V : 담금질 (A_3 이상 30~50℃)
VI : 불림 (A_3와 A_{cm} 이상 30~60℃)

강의 열처리와 온도

(230) > 펄라이트(200) > 오스테나이트 (150) > 페라이트(100)

⑤ **냉각 속도에 따른 조직 변화 순서** : $M_{(수랭)} > T_{(유랭)} > S_{(공랭)} > P_{(노랭)}$

- 펄라이트(pearlite) : 노(爐) 안에서 서랭한 조직(열처리 조직이 아님.)

⑥ **담금질액**

(가) 소금물 : 냉각 속도가 가장 빠름.

(나) 물 : 처음에는 경화능이 크나 온도가 올라갈수록 저하한다(C강, Mn강, W강의 간단한 구조).

(다) 기름 : 처음에는 경화능이 작으나 온도가 올라갈수록 커진다(20℃까지 경화능 유지).

2 뜨임(tempering)

담금질된 강을 A_1 변태점 이하로 가열 후 냉각시켜 담금질로 인한 취성을 제거하고 강도를 떨어뜨려 강인성을 증가시키기 위한 열처리이다.

① **저온 뜨임** : 내부 응력만 제거하고 경도 유지 (150℃)

② **고온 뜨임** : 소르바이트(sorbite) 조직으로 만들어 강인성 유지 (500∼600℃)

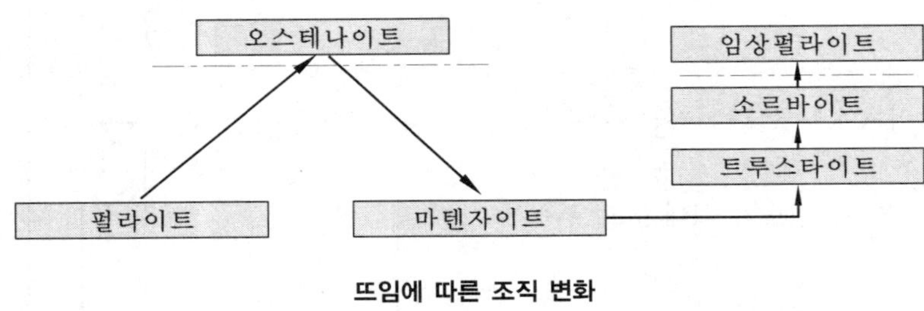

뜨임에 따른 조직 변화

뜨임 조직의 변태

온도(℃)	변 태
100∼200	A → M
200∼400	M → T
400∼600	T → S
600∼700	S → P

3 불림(normalizing)

① **목적** : 결정 조직의 균일화(표준화), 가공 재료의 잔류 응력 제거

② **방법** : A_3, A_{cm} 이상 30∼50℃로 가열 후 공기 중 방랭. 미세한 소르바이트(sorbite) 조직이 얻어짐.

4 풀림(annealing)

① **목적** : 재질의 연화

② **종류**

(가) 완전 풀림 : A_3, A_1 이상, 30∼50℃로 가열 후 노(爐)내에서 서랭-넓은 의미에서의 풀림

(나) 저온 풀림 : A_1 이하(650℃) 정도로 노내에서 서랭-재질의 연화

(다) 시멘타이트 구상화 풀림 : A_3, $A_{cm} \pm 20 \sim 30$℃로 가열 후 서랭-시멘타이트 연화가 목적

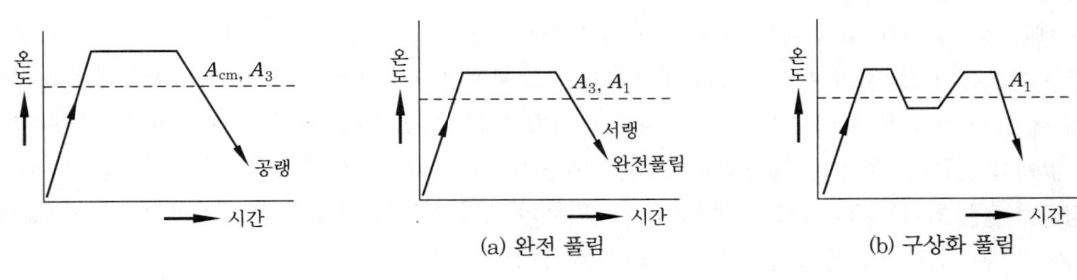

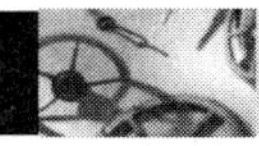 ## 3-2 항온 열처리

강은 A_{c1} 변태점 이상으로 가열한 후 변태점 이하의 어느 일정한 온도로 유지된 항온 담금질욕 중에 넣어 일정한 시간 항온 유지 후 냉각하는 열처리이다.

① 항온 열처리의 특징
① 계단 열처리보다 균열 및 변형이 감소하고 인성이 좋아진다.
② Ni, Cr 등의 특수강 및 공구강에 좋다.
③ 고속도강의 경우 1250~1300℃에서 580℃의 염욕에 담금하여 일정 시간 유지 후 공랭한다.

② 항온 열처리의 종류
① **오스템퍼(austemper)** : 베이나이트 담금질 · 오스테나이트 상태에서 A_r' 와 $A_r''(M_s)$ 변태점간 염욕 담금질하여 점성이 큰 베이나이트 조직을 얻을 수 있으며, 뜨임이 불필요하고, 담금 균열과 변형이 없다.
② **마템퍼(martemper)** : 오스테나이트 상태에서 M_s점과 M_f점 사이에서 항온 변태 후 열처리하여 얻은 마텐자이트와 베이나이트의 혼합 조직과 충격치가 높아진다.
③ **마퀜칭(marquenching)** : S곡선의 코 아래서 항온 열처리 후 뜨임으로 담금 균열과 변형 적은 조직이 된다.

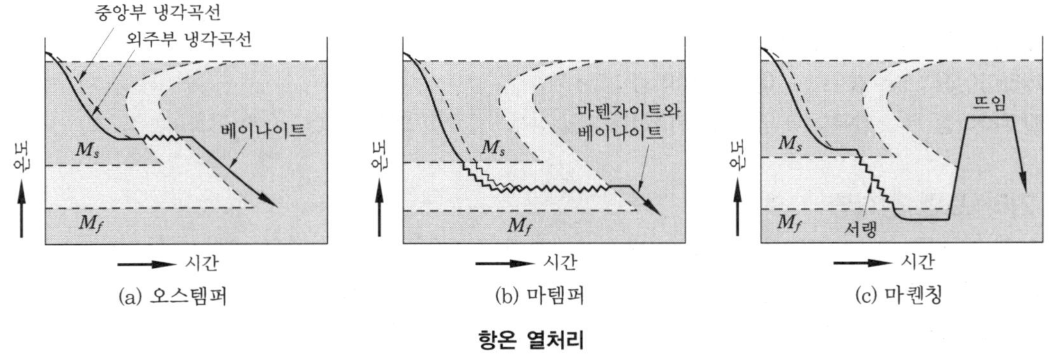

항온 열처리

 ## 3-3 표면 경화법

① 침탄법(carburizing)
0.2% 이하의 저탄소강을 침탄제와 침탄 촉진제를 함께 넣어 가열하면 침탄층이 형성된다.
① **고체 침탄법** : 침탄제인 목탄이나 코크스 분말과 침탄 촉진제($BaCO_3$, 적혈염, 소금 등)를 소재와 함께 침탄 상자에서 900~950℃로 3~4시간 가열하여 표면에서 0.5~2mm의 침탄층을 얻는 방법이다.
② **액체 침탄법** : 침탄제($NaCN$, KCN)에 염화물($NaCl$, KCl, $CaCl_2$ 등)과 탄화염(Na_2CO_3, K_2CO_3 등)을 40~50% 첨가하고 600~900℃에서 용해하여 C와 N가 동시에 소재의 표면에 침투하게 하여 표면을 경화시키는 방법. 침탄 질화법이라고도 하며, 침탄과 질화가 동시에 된다.
③ **가스 침탄법** : 이 방법은 탄화수소계 가스(메탄 가스, 프로판 가스 등)를 이용한 침탄법이다.

❷ 질화법(nitriding)

NH_3(암모니아) 가스를 이용하여 520℃에서 50~100시간 가열하면 Al, Cr, Mo 등이 질화되며, 질화가 불필요하면 Ni, Sn 도금을 한다.

침탄과 질탄의 비교

침탄법	질화법
① 경도가 작음.	① 경도가 큼.
② 침탄 후 열처리가 큼.	② 열처리 불필요
③ 침탄 후 수정 가능함.	③ 질화 후 수정이 불가능
④ 단시간 표면 경화	④ 시간 길다.
⑤ 변형 생김.	⑤ 변형 적음.
⑥ 침탄층 단단함.	⑥ 여리다.

질화층과 시간과의 관계

시간(h)	깊이(mm)
10	0.15
20	0.30
50	0.50
80	0.60
100	0.65

❸ 청화법(cyaniding, 침탄 질화법, 시안화법)

침탄 소재 CN 화합물을 주성분으로 한 시안화나트륨(NaCN), 시안화칼륨(KCN)과 유동성을 좋게 하고 융점을 강하시키기 위해서 NaCl, KCl, Na_2CO_3, $BaCl_2$, $BaCl_3$ 등을 첨가하여 600~900℃로 용해시킨 염욕 중에 일정 시간을 유지하여 탄소와 질소가 소재 표면으로 침투하게 하는 침탄법 및 액체 침탄법(침지법)과 살포법이 있다.

❹ 금속 침투법(cementation)

① **세라다이징** : Zn 침투 ② **크로마이징** : Cr 침투
③ **칼로라이징** : Al 침투 ④ **실리코나이징** : Si 침투 ⑤ **보로나이징** : B의 침투

❺ 기타 표면 경화법

① **화염 경화법** : 0.4%C 전후의 강을 산소-아세틸렌 화염으로 표면만 가열 냉각시키는 방법. 경화층 깊이는 불꽃 온도, 가열 시간, 화염의 이동 속도에 의하여 결정된다.
② **고주파 경화법** : 고주파 열로 표면을 열처리하는 법으로 경화 시간이 짧고 탄화물을 고용시키기가 쉽다.

1. 다음 중 강철의 담금질 성질을 높이기 위한 원소가 아닌 것은?

㉮ 니켈 ㉯ 망간 ㉰ 텅스텐 ㉱ 크롬

[해설] 니켈·크롬·텅스텐은 강철의 담금질 성질을 높여준다.

2. 다음 철의 조직 중에서 항장력 또는 내마모성이 강한 특성을 나타내는 조직은?

㉮ 페라이트(ferrite)
㉯ 시멘타이트(cementite)
㉰ 오스테나이트(austenite)
㉱ 펄라이트(pearlite)

3. 질화법에 대한 것이 아닌 것은?

㉮ 사용재료는 NH_3가스이다.
㉯ 경도는 침탄법보다 크지만 여리다.
㉰ 경화층의 두께는 0.5~0.8mm이다.
㉱ 가열 온도는 1150℃이다.

[해설] 가열온도는 암모니아 가스 중에서 500℃ 정도로 18 ~ 19시간 가열하여 서랭시킨다.

4. 강을 담금질(quenching)할 때 가장 냉각 효과가 빠른 냉각액은?

㉮ 소금물　㉯ 기름　㉰ 비눗물　㉱ 물

[해설] 냉각액의 냉각 속도 : 소금물＞물＞기름＞공기

5. 담금질한 강의 기계적 성질은?

㉮ 연신율 증가　　　㉯ 전연성 증가
㉰ 경도 증가　　　㉱ 충격치 증가

6. 열처리가 불가능한 재료는?

㉮ 주철　　㉯ 단철　　㉰ 경강　　㉱ 순철

7. 침탄을 방지할 목적으로 도금할 때의 도금재는?

㉮ 니켈　　㉯ 아연　　㉰ 크롬　　㉱ 구리

8. 키나 캠의 표면에 사용하는 경화법은?

㉮ 청화법　　　　　㉯ 침탄법
㉰ 고주파 경화법　　㉱ 불꽃 담금질

9. 질화강의 질화층 생성을 방해하는 금속은?

㉮ Al　　㉯ Mo　　㉰ Ni　　　㉱ Cr

[해설] 질화강(nitriding steel) : Al, Cr, Mo 등의 원소가 질화를 빠르게 하고 질화층의 경도를 높이는 성질을 이용하여 이들을 포함했기 때문에 표면을 질화하는 데 적당한 강이다.

10. 고체 침탄법에 사용하는 침탄제인 것은?

㉮ 질소(N)　　　　　㉯ Na_2CO_3(탄산나트륨)
㉰ 목탄　　　　　　　㉱ $BaCO_3$(탄산바륨)

11. 금속침투법 중 알루미늄을 침투시키는 것은?

㉮ 칼로라이징(calorizing)
㉯ 세라다이징(sheradizing)
㉰ 클로마이징(chromizing)
㉱ 실리코나이징(siliconizing)

[해설] ① 칼로라이징 → Al 침투　② 세라다이징 → Zn 침투　③ 클로마이징 → Cr 침투　④ 실리코라이징 → Si 침투

12. 고속도강(H.S.S)의 담금질 온도는?

㉮ 800 ~ 900℃　　　㉯ 910 ~ 1200℃
㉰ 1250 ~ 1300℃　　㉱ 1530℃ 이상

13. 다음 중 표면 경화법과 관계 없는 것은?

㉮ 침투법　㉯ 침탄법　㉰ 질화법　㉱ 청화법

[해설] ㉮, ㉯, ㉰, ㉱ 항 모두가 경화법으로 쓰이는데 침탄, 질화, 청화법은 표면 경화를 목적으로 하지만, 침투법(금속침투법)은 타 금속을 침투시켜 내산성, 내부식성, 내마모성을 갖게 함으로써 이에 따라 표면 경화를 수반하는 정도이며, 이를 금속 시멘테이션(metal cementation)이라 한다.

14. 강의 조직을 표준 상태로 하기 위한 열처리는?

㉮ 담금질　㉯ 풀림　㉰ 불림　㉱ 뜨임

15. 강의 내부 응력을 제거하고 조직을 균일하게 하는 열처리는?

㉮ 담금질　㉯ 뜨임　　㉰ 불림　　㉱ 풀림

16. 표면 경화용 강재로서 적당한 C의 함량은?

㉮ 0.15 ~ 0.18%　　㉯ 0.20 ~ 0.30%
㉰ 0.30 ~ 0.35%　　㉱ 0.35 ~ 0.40%

17. 다음 중 담금질 조직이 아닌 것은?

㉮ 소르바이트　　　㉯ 레데부라이트
㉰ 마텐자이트　　　㉱ 트루스타이트

[해설] 레데부라이트(ledeburite) : 공정 반응에서 생긴 공정 조직을 말하며 탄소 함량은 4.3%이며 오스테나이트와 시멘타이트의 공정이다.

18. 시안화칼륨(KCN)이나 시안화나트륨(NaCN)을 주성분으로 한 분말제를 적열된 강재 표면에 뿌려서 급랭시키는 표면 경화법은?

㉮ 질화법　　　　　㉯ 침탄법
㉰ 화염 담금질　　　㉱ 청화법

19. 금속 재료의 연화 및 균열 방지 등을 목적으로 고온으로 가열한 후 천천히 냉각시키는 열처리는?

㉮ 담금질　㉯ 풀림　㉰ 불림　㉱ 뜨임

20. 탄소강을 담금질할 때 내부와 외부에 담금질 효과가 다르게 나타나는 현상은?

㉮ 노치 효과　　　　㉯ 담금질 효과
㉰ 질량 효과　　　　㉱ 비중 효과

21. 뜨임은 보통 어떤 강재에 하는가?

정답　**4.** ㉮　**5.** ㉰　**6.** ㉱　**7.** ㉱　**8.** ㉯　**9.** ㉰　**10.** ㉰　**11.** ㉮　**12.** ㉰　**13.** ㉮　**14.** ㉰　**15.** ㉱　**16.** ㉮　**17.** ㉯
18. ㉱　**19.** ㉯　**20.** ㉰　**21.** ㉯

㉮ 가공경화된 강 ㉯ 담금질경화된 강
㉰ 용접응력이 생긴 강 ㉱ 풀림연화된 강

22. 담금질에 의한 경화 능력을 크게 하는 원소로 적당한 것은?
㉮ Cr ㉯ Al ㉰ Si ㉱ P

23. 탄소강의 담금질에서의 냉각법은?
㉮ 노랭 ㉯ 유랭 ㉰ 공랭 ㉱ 열풍로냉

24. 크랭크축과 같이 복잡하고 큰 재료의 표면을 경화시키는 데 이용되는 방법은?
㉮ 침탄법 ㉯ 청화법
㉰ 질화법 ㉱ 불꽃 담금질

25. 질화법이 많이 쓰이는 것은?
㉮ 캠 ㉯ 기어 ㉰ 키 ㉱ 연료 밸브

26. 선반 주축의 표면 경화법은?
㉮ 질화법 ㉯ 침탄법
㉰ 청화법 ㉱ 화염 경화법

27. 다음의 결정 형상 중 담금질이 잘 되는 경우는?
㉮ 강의 결정 입자가 작은 것
㉯ 강의 결정 입자가 없는 것
㉰ 강의 결정 입자가 큰 것
㉱ 강의 결정 입자가 중간인 것

28. 고속도강의 풀림 온도는?
㉮ 800~850℃ ㉯ 850~900℃
㉰ 950~1050℃ ㉱ 1250℃

29. 침탄층의 깊이와 관계없는 것은?
㉮ 침탄로의 종류 ㉯ 원재료의 성분
㉰ 가열 온도와 시간 ㉱ 침탄제의 종류

30. 침탄강으로 사용되지 않는 재료는?
㉮ 저Ni강 ㉯ 저Ni-Cr강
㉰ 저Cr강 ㉱ 저탄소강

31. 질화법에 쓰이는 기계는?
㉮ 아황산가스 ㉯ 암모니아가스
㉰ 탄산가스 ㉱ 석탄가스

32. 질화법에 의한 표면 경화 시 가열 온도는?
㉮ 500~550℃ ㉯ 600~660℃
㉰ 700~770℃ ㉱ 800~880℃

33. 마텐자이트의 설명 중 틀린 것은?
㉮ 탄소강의 수중 냉각 시 나타난다.
㉯ 침상 조직이며 내식성, 경도, 인장 강도가 매우 크다.
㉰ 강의 담금질에서 나타나며 전연성이 매우 적다.
㉱ 비중이 오스테나이트나 펄라이트보다 크다.

34. 기어의 표면만을 경화시킬 경우에 적당한 방법은?
㉮ 풀림 ㉯ 고주파 경화법
㉰ 불림 ㉱ 뜨임

35. 담금질한 후 시간이 경과함에 따라 경도가 높아지는 현상은?
㉮ 표면 경화 ㉯ 시효 경화
㉰ 가공 경화 ㉱ 담금질

36. 담금질한 강에 뜨임을 하는 목적은?
㉮ 조대화된 조직을 정상화하려고
㉯ 재질이 단단하면서도 점성을 갖게 하려고
㉰ 재질을 더욱더 단단하게 하려고
㉱ 재질의 화학 성분을 보충하여 주려고

37. 담금질과 가장 관계가 깊은 것은?
㉮ 변태점 ㉯ 고용체
㉰ 금속간 화합물 ㉱ 열전대

38. 청화법에서 침탄제로 사용되지 않는 것은?
㉮ 탄산소다 ㉯ 염화소다
㉰ 코크스 ㉱ 염화칼륨

39. 고속도강의 담금질 조직은?
㉮ 소르바이트 ㉯ 트루스타이트
㉰ 시멘타이트 ㉱ 마텐자이트

40. 항온 열처리와 관계가 없는 것은?
㉮ 베이나이트 ㉯ 솔트베스
㉰ 오스템퍼 ㉱ 오스어닐링

[정답] 22. ㉮ 23. ㉯ 24. ㉱ 25. ㉱ 26. ㉮ 27. ㉰ 28. ㉯ 29. ㉮ 30. ㉰ 31. ㉯ 32. ㉮ 33. ㉱ 34. ㉯ 35. ㉯ 36. ㉯ 37. ㉮ 38. ㉰ 39. ㉱ 40. ㉱

41. 질화법과 침탄법을 비교 설명한 것이 아닌 것은?

㉮ 침탄법은 질화법보다 경도가 높다.
㉯ 침탄법은 질화법보다 시간이 짧으나 질화층
보다 여리지 않다.
㉰ 침탄층은 침탄 후 수정이 가능하지만, 질화
층은 수정이 불가능하다.
㉱ 침탄층은 침탄 후 열처리가 필요하지만, 질
화층은 열처리가 필요없다.

42. 질화법의 장점이 아닌 것은?

㉮ 경화층은 얇고, 경도는 침탄층보다 크다.
㉯ 담금질할 필요가 없다.
㉰ 마모 및 부식에 대한 저항이 크다.
㉱ NH₃ 가스 분위기 중에서의 작업 시간이 18
~19시간 정도 걸린다.

43. 강을 오스테나이트 범위로 가열하여 공기 중에
서 서랭하는 열처리는?

㉮ 담금질 ㉯ 풀림 ㉰ 뜨임 ㉱ 불림

해설 불림과 풀림은 비슷한 조직이지만, 가열 온도가
불림은 변태점 이상 30~50℃이고 풀림은 변태점 이상
20~30℃로 약간 낮은 것이 다르며, 냉각 방법에서도
불림은 공기 중에서 서랭하지만 풀림은 노랭한다는 점
이 다르다.

44. 다음 중 강의 표준 조직이 아닌 것은?

㉮ 펄라이트   ㉯ 시멘타이트
㉰ 트루스타이트   ㉱ 페라이트

해설 트루스타이트는 오스테나이트, 마텐자이트, 소
르바이트와 함께 담금질 4대 조직의 하나이다.

45. 다음 중 풀림의 목적이 될 수 없는 것은?

㉮ 가공 후 변형 제거
㉯ 가공 중 균열 제거
㉰ 점성 제거
㉱ 재료 내부의 변형 제거

46. 주철의 열처리 설명 중 틀린 것은?

㉮ 열처리 방법은 강과 거의 같다.
㉯ 사용하기 전에 담금질과 뜨임을 하면 주철
에 연성이 늘어나 좋다.
㉰ 주철의 내부 응력 제거는 500℃ 부근에서
장시간 풀림 처리로 한다.
㉱ 담금질, 뜨임 처리는 특수 주철의 강도와 내

마모성 개선 시에만 한다.

47. 침탄법에서 침탄강의 가열 온도와 가열 시간은?

㉮ 950~1000℃에서 4~7시간
㉯ 850~900℃에서 8~10시간
㉰ 750~800℃에서 12~15시간
㉱ 650~700℃에서 18~19시간

48. 고온 뜨임 온도는?

㉮ 300~400℃   ㉯ 400~500℃
㉰ 500~600℃   ㉱ 600~700℃

49. 담금질에 의한 변형 방지법 중 틀린 것은?

㉮ 소재를 대칭되는 축방향으로 냉각액 속에
넣는다.
㉯ 소재를 냉각액 속에 가라앉지 않도록 한다.
㉰ 가열된 소재를 냉각액 속에서 재빨리 흔들
어 준다.
㉱ 중공의 소재는 냉각액 속에 오래도록 담가둔다.

50. 침탄 후에 담금질된 것의 성질은?

㉮ 내부와 표면이 동일하게 강인함.
㉯ 내부와 표면이 균일하게 경화됨.
㉰ 내부는 경화, 외부는 연화됨.
㉱ 외부는 경화, 내부는 인성을 얻음.

51. 다음 중 경도가 가장 낮은 조직은?

㉮ 마텐자이트   ㉯ 트루스타이트
㉰ 소르바이트   ㉱ 오스테나이트

해설 경도가 낮은 것부터의 순서는 다음과 같다. 페라
이트(90~100), 오스테나이트(150~155), 펄라이트
(200~225), 소르바이트(270~275), 트루스타이트
(400~500), 마텐자이트(600~720), 시멘타이트
(800~920)

52. 강철의 담금질에 있어서 잔유 오스테나이트를
소멸시키기 위하여 0℃ 이하의 냉각제 중에서 처
리하는 담금질 작업은?

㉮ 심랭 처리   ㉯ 염욕 처리
㉰ 항온 변태 처리   ㉱ 오스템퍼링

53. 강재의 화학 조성을 변화시키지 않고 행하는 경
화법은?

㉮ 금속 침투법   ㉯ 침탄 질화법

ⓒ 질화법   ⓡ 쇼트 피닝법

[해설] 쇼트 피닝법이란 쇼트를 강재 표면에 분사하여 표면을 강화시키는 방법으로 스프링, 샤프트, 핀 등의 표면 가공에 널리 사용한다.

54. 탄소강의 시효 경화가 가장 잘 되는 온도는?

ⓐ 500~700℃   ⓑ 300~400℃
ⓒ 100~200℃   ⓡ 상온(0~30℃)

55. 담금질 조직 중에서 가장 경도가 큰 것은?

ⓐ 오스테나이트   ⓑ 마텐자이트
ⓒ 트루스타이트   ⓡ 소르바이트

56. 강의 침탄 시 사용하지 않는 침탄제는?

ⓐ 목탄   ⓑ CO가스
ⓒ 청화칼륨   ⓡ 암모니아 가스

57. 침탄과 질화가 동시에 일어나는 표면 경화법은?

ⓐ 고주파 담금질   ⓑ 금속 침투법
ⓒ 청화법   ⓡ 불꽃 담금질

58. 스프링의 휨, 뒤틀림 등의 반복 응력에서 피로 한도를 향상시키는 데 이용되는 방법은?

ⓐ 고주파 경화법   ⓑ 쇼트 피닝법
ⓒ 침탄법   ⓡ 오스템퍼링

59. 강재 표면에 금속을 침투시킬 때 향상되지 않는 성질은?

ⓐ 내마모성   ⓑ 전연성
ⓒ 내열성   ⓡ 내식성

60. 중심부는 질기고 표면은 단단하여 내마모성이 있으며 충격에 견디어야 할 재료의 열처리법이 아닌 것은?

ⓐ 도장법   ⓑ 질화법
ⓒ 고주파 열처리법   ⓡ 도금법

61. 강재 표면에 Cr을 침투시키는 법은?

ⓐ 세라다이징   ⓑ 칼로라이징
ⓒ 크로마이징   ⓡ 실리코나이징

62. 강재 표면에 Zn을 침투 확산시키는 방법을 세라다이징이라 한다. 이것은 어떤 성질을 개선하기 위함인가?

ⓐ 내식성   ⓑ 내열성   ⓒ 전연성   ⓡ 내충격성

63. 강재를 M_s점까지 급랭시키고 강재가 그 온도로 되었을 때 이것을 공랭하는 방법은?

ⓐ 노치 효과   ⓑ 마퀜칭
ⓒ 질량 효과   ⓡ 심랭 처리

64. 탄소강을 고온에서 열처리할 때 수증기는 몇 ℃에서 가장 산화력이 왕성한가?

ⓐ 250~450℃   ⓑ 450~600℃
ⓒ 700~900℃   ⓡ 900~1100℃

65. 담금질을 뜨임할 때 온도 상승에 따른 조직의 변화 순서는?(단, A : 오스테나이트, T : 트루스타이트, M : 마텐자이트, S : 소르바이트)

ⓐ A→S→T→M   ⓑ S→T→M→A
ⓒ M→T→A→S   ⓡ M→T→S→A

[해설] 보통의 강을 열처리하려고 가열하는 경우와 혼동하기 쉽다. ① 가열 시의 조직 변화 : A→M→T→S ② 담금질강의 뜨임에서의 조직 변화 : M→T→S→A

66. 냉간 가공의 공정 도중에 실시하며 가공성의 향상, 가공 후의 균열 방지를 위한 풀림 작업은?

ⓐ 중간 풀림   ⓑ 항온 풀림
ⓒ 구상화 풀림   ⓡ 저온 풀림

67. 고속도강을 물에 급랭시켰을 때의 변화는?

ⓐ 균열   ⓑ 경도 감소
ⓒ 탄화물 석출   ⓡ 결정의 조대화

68. 침탄법 중에서 가장 널리 쓰이는 것은?

ⓐ 가스 침탄법   ⓑ 고체 침탄법
ⓒ 액체 침탄법   ⓡ 질화법

69. 저온 뜨임의 온도는?

ⓐ 50℃   ⓑ 100℃   ⓒ 150℃   ⓡ 200℃

70. 일반 열처리에 속하지 않는 것은?

ⓐ 담금질   ⓑ 노멀라이징 처리
ⓒ 풀림   ⓡ 마템퍼

71. 금속의 표면 경화법이 아닌 것은?

ⓐ 고주파 경화법   ⓑ 침탄법
ⓒ 질화법   ⓡ 담금질법

정답 54. ⓒ 55. ⓑ 56. ⓡ 57. ⓒ 58. ⓑ 59. ⓑ 60. ⓐ 61. ⓒ 62. ⓐ 63. ⓑ 64. ⓒ 65. ⓡ 66. ⓐ 67. ⓐ 68. ⓑ 69. ⓒ 70. ⓡ 71. ⓡ

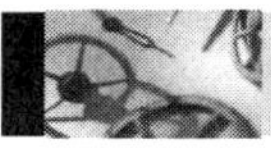 4. 합금강

4-1 합금강의 개요

1 합금강의 종류
합금강은 탄소강에 다른 원소를 첨가하여 강의 기계적 성질을 개선한 강을 말하며, 특수한 성질을 부여하기 위하여 사용하는 특수 원소로서는 Ni, Mn, W, Cr, Mo, Co, V, Al 등이 있다(5% 기준 : 저고합금).

용도별 합금강의 분류

분 류	종 류
구조용 합금강	강인강, 표면 경화용 강(침탄강, 질화강), 스프링강, 쾌삭강
공구용 합금강(공구강)	합금 공구강, 고속도강, 다이스강, 비철 합금 공구 재료
특수 용도 합금강	내식용 합금강, 내열용 합금강, 자성용 합금강, 전기용 합금강, 베어링 강, 불변강

2 첨가 원소의 영향
① Ni : 강인성, 내식, 내마멸성 증가
② Si : 내열성 증가, 전자기적 특성
③ Mn : Ni과 비슷, 내마멸성 증가, 황(S)의 메짐 방지
④ Cr : 탄화물 생성(경화 능력 향상) 내식, 내마멸성 증가
⑤ W : Cr과 비슷, 고온 강도, 경도 증가
⑥ Mo : W효과의 두 배, 뜨임 메짐 방지, 담금질 깊이 증가
⑦ V : Mo과 비슷, 경화성은 더욱 커지나 단독으로 사용 안됨.

3 자경성
특수 원소 첨가로 가열 후 공랭하여도 자연히 경화하여 담금질 효과를 얻는 것(Cr, Ni, Mn, W, Mo)

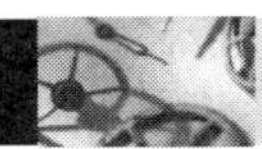 4-2 구조용 합금강

구조용으로 강도가 큰 것이 필요할 때 사용하면 좋은 것으로 다음과 같은 것이 있다.

1 강인강
① Ni강(1.5 ~ 5% Ni 첨가) : 표준 상태에서 펄라이트 조직. 자경성, 강인성이 목적
② Cr강(1 ~ 2% Cr 첨가) : 상온에서 펄라이트 조직. 자경성, 내마모성이 목적
　　㈜ 830~880℃에서 담금질, 550~680℃에서 뜨임(급랭하여 뜨임 취성 방지)
③ Ni-Cr강(SNC) : 가장 널리 쓰이는 구조용 강. Ni강에 Cr 1% 이하의 첨가로 경도를 보충한 강임.

❄ 850℃ 담금질, 600℃에서 뜨임하여 소르바이트 조직 얻음(급랭하여 뜨임 취성 방지). 백점, 뜨임 취성 발생이 심하다(뜨임 취성 방지제 : W, Mo, V).

④ **Ni-Cr-Mo강** : 가장 우수한 구조용 강. SNC에 0.15~0.3% Mo 첨가로 내열성, 담금질성 증가

❄ 뜨임 취성 감소(고온 뜨임 기능). Cr-Mo강(SCM)은 SNC의 대용품이며, 값이 싸다. Ni 대신 0.01% Mo 첨가로 용접성, 고온강도 증가

⑤ **Mn-Cr강** : Ni-Cr강의 Ni 대신 Mn을 넣은 강

⑥ **Cr-Mn-Si** : 차축에 사용하며 값이 싸다.

⑦ **Mn강** : 내마멸성, 경도가 크므로 광산기계, 레일 교차점, 칠드 롤러, 불도저 앞판에 사용. 1000~1100℃에서 유랭 또는 수랭하여 완전 오스테나이트 조직으로 만듦(유인, 수인법).

　㉮ 저 Mn강(1~2% Mn) : 펄라이트 Mn강, 듀콜(ducol)강, 구조용

　㉯ 고 Mn강(10~14% Mn) : 오스테나이트 Mn강, 하드필드(hardfield) 강, 수인(水靭)강

② 표면 경화강

① **침탄용 강** : Ni, Cr, Mo 함유강　　　　② **질화용 강** : Al, Cr, Mo 함유강

③ 스프링강

탄성한계, 항복점이 높은 Si-Mn강이 사용됨(정밀·고급품에는 Cr-V강 사용).

4-3 공구용 합금강

① 합금 공구강(STS)

탄소 공구강의 결점인 담금질 효과, 고온 경도를 개선하기 위하여 Cr, W, Mo, V 첨가

❄ 고탄소 고크롬강은 다이, 펀치용. (W)-Cr-Mn강은 게이지 제조용(200℃ 이상 장기 뜨임)

② 공구 재료의 조건

① 고온 경도, 내마멸성, 강인성이 클 것

② 열처리, 공작이 쉽고 가격이 쌀 것

③ 고속도강(SKH)

　㉮ 대표적인 절삭용 공구 재료　　　　　　㉯ 일명 HSS-하이스

　㉰ 표준형 고속도강 : 18W-4Cr-1V. 탄소량은 0.8%

① **특성** : 600℃까지 경도가 유지되므로 고속 절삭이 가능하고 담금질 후 뜨임으로 2차 경화

② **종류**

　㉮ W 고속도강(표준형)

　㉯ Co 고속도강 : Co_3~20% 첨가로 경도, 점성 증가, 중절삭용

　㉰ Mo 고속도강 : 5~8% Mo 첨가로 담금질성 향상, 뜨임 메짐 방지

③ **열처리**

　㉮ 예열(800~900℃) : W의 열전도율이 나쁘기 때문

㈏ 급가열(1250~1300℃ 염욕) : 담금질 온도는 2분간 유지

㈐ 냉각(유랭) : 300℃에서부터 공기 중에서 서랭(균열 방지)−1차 마텐자이트

㈑ 뜨임(550~580℃로 가열) : 20~30분 유지 후 공랭, 300℃에서 더욱 서냉−2차 마텐자이트

> 주 고속도강은 뜨임으로 더욱 경화된다(2차 마텐자이트=2차 경화). 풀림은 850~900℃

④ 주조경질합금

Co−Cr−W(Mo)을 금형에 주조 연마한 합금

① **대표적인 주조경질합금** : 스텔라이트(stellite)는 Co−Cr−W. Co가 주성분(40%)

② **특성** : 열처리 불필요, 절삭 속도 SKH의 2배, 800℃까지 경도 유지, SKH보다 인성, 내구력이 작다.

③ **용도** : 강철, 주철, 스테인리스강의 절삭용

⑤ 초경합금

금속 탄화물을 프레스로 성형·소결시킨 합금으로 분말 야금 합금

① **금속 탄화물의 종류** : WC, TiC, TaC(결합재 : Co 분말)

② **제조 방법** : ㈎ 분말을 금형에서 성형 후 800~1000℃로 예비 소결

㈏ H_2 분위기에서 1400~1500℃로 소결

③ **특성** : 열처리 불필요, 고온 경도가 가장 우수

④ **용도** : 구리 합금, 유리, PVC의 정밀 절삭용

⑤ **종류** : S종(강절삭용), D종(다이스), G종(주철용)

⑥ 세라믹 공구(ceramics)

알루미나(Al_2O_3)를 주성분으로 소결시킨 일종의 도기

① **제조 방법** : 산화물 Al_2O_3를 1600℃ 이상에서 소결 성형

② **특성** : 내열성이 가장 크며, 고온경도. 내마모성이 크다. 비자성, 비전도체. 충격에 약함(항절력=초경합금의 1/2).

③ **용도** : 고온 절삭, 고속 정밀 가공용, 강자성 재료의 가공용

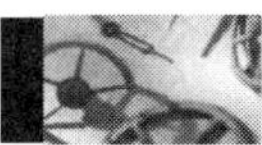

4-4 특수 용도용 합금강

① 스테인리스강(STS : stainless steel)

강에 Cr, Ni 등을 첨가하여 내식성을 갖게 한 강

① **13Cr 스테인리스** : 페라이트계 스테인리스강, 열처리됨(담금질로 마텐자이트 조직을 얻음).

② **18Cr−8Ni 스테인리스** : 오스테나이트계, 담금질 안됨, 연전성이 크고 비자성체, 13Cr보다 내식·내열 우수

㈎ Cr 12% 이상을 스테인리스(불수)강, 이하를 내식강이라 함.

㈏ Cr Ni량이 증가할수록 내식성 증가

❷ 내열강

① **내열강의 조건** : 고온에서 조직. 기계적 · 화학적 성질이 안정할 것
② **내열성을 주는 원소** : Cr(고크롬강), Al(Al_2O_3), Si(SiO_2)
③ **Si-Cr강** : 내연 기관 밸브 재료로 사용
④ **초내열합금** : 탐켄, 하스텔로이, 인코넬, 서미트

❸ 자석강(SK)

① **자석강의 조건** : 잔류자기, 항장력이 클 것. 자기강도의 변화가 없을 것
② **종류** : Si강 : 1~4% Si 함유(변압기 철심용)
　　🔑 비자성강 : 비자성인 오스테나이트 조직의 강(오스테나이트강, 고 Mn강, 고 Ni강, 18-8 스테인리스강)

❹ 베어링강

고탄소크롬강(C=1%, Cr=1.2%) : 내구성이 큼. 담금질 후 반드시 뜨임 필요

❺ 불변강(고Ni강)

비자성강 : Ni 26%에서 오스테나이트 조직을 갖는다.
① **인바(invar)** : Ni 36%. 줄자, 정밀 기계 부품으로 사용. 길이 불변
② **슈퍼인바(super invar)** : Ni 29~40%, Co 5% 이하. 인바보다 열팽창률이 작음.
③ **엘린바(elinvar)** : Ni 36%, Cr 12%. 시계 부품, 정밀 계측기 부품으로 사용. 탄성 불변
④ **코엘린바** : 엘린바에 Co 첨가
⑤ **퍼멀로이(permalloy)** : Ni 75~80%. 장하코일용
⑥ **플래티나이트(platinite)** : Ni 42~46%, Cr 18%의 Fe-Ni-Co 합금. 전구, 진공관 도선용

1. 다음 중 흑연화를 방해하는 원소는?

　㉮ Ti　　㉯ Cr　　㉰ Al　　㉱ Ni

　[해설] 크롬(Cr)은 흑연화를 방지하며 탄화물을 안정시킨다.

2. 다음 중 합금의 공통적인 성질은?

　㉮ 경도는 감소한다.
　㉯ 용융점은 내려간다.
　㉰ 주조성은 일반적으로 감소한다.
　㉱ 압축력은 약해진다.

　[해설] 합금은 순금속보다 용융점이 내려간다.

3. 다음은 고탄소강의 결점을 든 것이다. 틀린 것은

어느 것인가?

　㉮ 담금질 효과가 나쁘다.
　㉯ 고온에서 경도가 저하된다.
　㉰ 담금질 균열과 변형이 많이 생긴다.
　㉱ 고속 절삭이나 강력 절삭용 공구로 적합하다.

4. 구조용 특수강인 Ni-Cr강에서 Ni 함유량은 몇 %인가?

　㉮ 5% 이하　　　　　㉯ 10~20%
　㉰ 20~30%　　　　　㉱ 30% 이상

5. 규소강의 용도는 어느 것인가?

　㉮ 버니어 캘리퍼스　　㉯ 줄, 해머

　㉗ 선반용 바이트　　㉘ 변압기 철심

[해설] 규소강의 용도는 규소의 함유량에 따라 다르나 대체로 다음과 같다.

① 0.5~1.5% : 발전기 또는 전동기 철심
② 1.5~2.5% : 발전기의 발전자
③ 2.5~3.5% : 변압기의 철심 또는 전화기 등
④ 3.5~4.5% : 변압기의 철심 또는 전화기 등

6. 내열강의 주요 성분은?

㉮ Cr　　㉯ Ni　　㉰ Co　　㉱ Mn

[해설] 고크롬강은 내열강으로 높은 온도에서 크롬의 산화 피막이 나타나며 내부로 산화되는 것을 막는다. 알루미늄, 규소도 내열성을 주는 성분이다.

7. 다이스·드릴·게이지 등을 만드는 재료는?

㉮ SK 7(0.06~0.70%C)
㉯ SK 4(0.90~1.00%C)
㉰ SK 3(1.00~1.10%C)
㉱ SK 1(1.30~1.50%C)

8. 게이지강 재료로 적당한 것은 어느 것인가?

㉮ Cr−Mn 강　　　㉯ Si 강
㉰ B 강　　　　　㉱ Cr−Ni 강

[해설] 게이지강으로서 실용되는 것의 성분은 Co 85~1.2%, W 0.5~3%, Cr 0.5~3.6%, Mn 0.9~1.45%이다.

9. 시계용 스프링을 만드는 재질은?

㉮ 인청동
㉯ 엘린바(elinvar)
㉰ 미하나이트(meehanite)
㉱ 애드미럴티(admiralty)

[해설] 엘린바(elinvar)는 시계용 스프링을 만드는 재료로 많이 쓰인다.

10. 불변강인 엘린바(elinvar)의 성분 원소가 아닌 것은 어느 것인가?

㉮ Ni　　㉯ Cr　　㉰ Fe　　㉱ P

[해설] 불변강에는 인바(invar), 엘린바(elinvar), 플래티나이트(platinite)가 있다. 인바는 C, Ni, Mn의 조성이고, 엘린바는 Ni, Cr, Fe의 조성으로 시계의 전자, 지진계, 저울의 스프링 등에 쓰인다. 또 플래티나이트는 Ni, Fe의 조성으로 전구 내에 도입하는 전선의 재료로서 유리, 백금선의 대용품이 된다.

11. 다음 강철 중에서 불변강으로서 줄자, 표준자의 재료가 되는 것은?

㉮ 엘린바(elinvar)
㉯ 스텔라이트(stellite)
㉰ 인바(invar)
㉱ 플래티나이트(platinite)

[해설] 인바(invar)는 불변강으로서 줄자, 표준자의 재료로 많이 사용된다(Fe 64%, Ni 36%의 합금).

12. 전자기용으로 사용되는 특수강 중 철심 재료가 아닌 것은?

㉮ 규소강판　　　㉯ 센더스트
㉰ 퍼멀로이　　　㉱ 코엘린바

13. 다음에서 스프링강(spring steel)이 갖추어야 할 성질 중 틀린 것은 어느 것인가?

㉮ 탄성 한도가 커야 한다.
㉯ 피로 한도가 작아야 한다.
㉰ 항복 강도가 커야 한다.
㉱ 충격값이 커야 한다.

14. 스프링강에 함유된 탄소량은 대략 몇 %인가?

㉮ 0.2~0.5%　　　㉯ 0.4~0.8%
㉰ 0.6~1.0%　　　㉱ 1.2~2.0%

15. P이나 S을 첨가하여 절삭성을 향상시킨 특수강을 무엇이라 하는가?

㉮ 내열강　　　㉯ 내부식강
㉰ 쾌삭강　　　㉱ 내마모강

[해설] 강의 절삭성을 향상시키기 위하여 인, 납, 황, 망간 등을 첨가하여 쾌삭강으로 만들어 사용한다.

16. MK강, KS강이란 무엇인가?

㉮ 공구강　㉯ 불변강　㉰ 내열강　㉱ 자석강

[해설] 자석강에는 KS 자석강, MT 자석강, 신KS 자석강, MK 자석강 등이 있다.

17. 특수강인 플래티나이트(platinite)의 성질이 아닌 것은?

㉮ 상온 부근에서 탄성률이 변하지 않는다.
㉯ 유리와 거의 동등한 탄성률을 갖는다.
㉰ 열팽창률이 높다.
㉱ 백금과 같은 팽창계수를 갖는다.

[해설] 플래티나이트(platinite)는 46% Ni과 0.15% C의 Ni 강으로 백금이나 유리의 팽창 계수를 지니고 있으므로 진공관 등에 쓰인다.

정답　6. ㉮　7. ㉰　8. ㉮　9. ㉯　10. ㉱　11. ㉰　12. ㉱　13. ㉯　14. ㉰　15. ㉰　16. ㉱　17. ㉰

18. C 0.9~1.3%, Mn 10~14%인 고망간강으로 마모에 견디는 것은?

㉮ 듀콜강 ㉯ 스테인리스강
㉰ 하드필드강 ㉱ 마그네트강

[해설] 고망간강은 내마멸성강의 대표적인 것으로 Mn 대 C의 비율은 약 1:10으로 C 1.0~1.2%, Mn 11~13% 정도가 많이 사용된다. Mn 12% 정도의 고망간강은 발명자의 이름을 따서 하드필드(hard-field)강이라 한다.

19. 고망간강의 특성은?

㉮ 내마모성 ㉯ 전연성강
㉰ 내부식강 ㉱ 전성, 연성강

[해설] 탄소 1.2%, 망간 13%, 규소 <0.1%를 표준으로 하는 강으로 내마멸성이 우수하고 경도가 크므로 각종 광산 기계, 기차 레일의 교차점, 불도저 등에 쓰인다.

20. 다음의 저망간강에 대한 설명 중 틀린 것은?

㉮ Mn을 2~5% 함유한 강이다.
㉯ 듀콜강이라고도 한다.
㉰ 펄라이트 Mn강이라고도 한다.
㉱ 선박, 교량, 차량, 건축 등의 구조용에 사용된다.

[해설] 저망간강은 Mn 1~2%, C 0.2~1.0%이며, 펄라이트 망간강 또는 듀콜강이라고 한다.

21. WC 분말과 Co 분말을 약 1400℃로 소결하여 만든 금속명은?

㉮ 고속도강 ㉯ 초경질 합금
㉰ 모넬 메탈 ㉱ 화이트 메탈

[해설] 초경합금의 주성분은 WC, TaC, TiC이며 Co를 결합재로 쓴다.

22. 고속도강의 표준 성분은?

㉮ W 18%, Cr 4%, V 1%
㉯ W 18%, V 14%, Cr 1%
㉰ Cr 8%, W 14%, V 1%
㉱ V 18%, W 14%, Cr 1%

23. 고속도강에 함유된 탄소량은 대략 몇 %인가?

㉮ 0.03~0.07% ㉯ 0.2~0.5%
㉰ 0.65~0.85% ㉱ 1.2~1.7%

24. 텅스텐 고속도강(18-4-1형)의 뜨임 온도 및 담금질 온도는?

㉮ 150~200℃, 760~820℃
㉯ 550~580℃, 1250~1300℃
㉰ 420~480℃, 820~860℃
㉱ 150~200℃, 850~900℃

25. 주조 초경합금의 대표적인 것은?

㉮ 위디아(widia)
㉯ 트리디아(tridia)
㉰ 텅갈로이(tungalloy)
㉱ 스텔라이트(stellite)

[해설] 주조 초경합금의 대표적인 것은 스텔라이트 (stellite)이다. 주성분은 Co-Cr-W-C로서 단단하며 담금질이 필요 없고, 주조 그대로 사용한다.

26. 절삭 능력은 고속도강의 2배의 속도에 견디며 700℃ 이상의 고온에서도 경도를 유지하는 주조 합금은?

㉮ 세라믹 ㉯ 스텔라이트
㉰ 합금 공구강 ㉱ 탄소 공구강

27. 스테인리스강을 조직상으로 분류한 것 중 옳지 않은 것은?

㉮ 마텐자이트계 ㉯ 페라이트계
㉰ 오스테나이트계 ㉱ 시멘타이트계

28. 다음 중 스테인리스강에 가장 많이 함유되는 원소는?

㉮ 아연 ㉯ 텅스텐 ㉰ 코발트 ㉱ 크롬

[해설] 스테인리스강의 성분 원소는 Cr 17~20%, Ni 7~10%, C 0.2% 이하이다.

29. 비자성체이며 자석에 붙지 않는 것은?

㉮ 연강
㉯ 경강
㉰ Cr 13%인 스테인리스강
㉱ Cr 18%, Ni 8%로 합금된 스테인리스강

30. 스테인리스강에서 합금의 주성분은?

㉮ Cr ㉯ Ti ㉰ Co ㉱ Mo

[해설] 스테인리스강의 주성분은 Fe-Cr-Ni-C이다.

31. 줄의 재질로는 보통 어떤 강을 사용하는가?

㉮ 고속도강 ㉯ 고탄소강
㉰ 초경합금강 ㉱ 특수 합금강

32. 탄소가 1.0∼1.5% 함유된 탄소 공구강의 풀림 온도로서 가장 적당한 것은?

㉮ 650℃ ㉯ 800℃ ㉰ 950℃ ㉱ 1200℃

33. 합금 공구강의 금속 기호는?

㉮ SK ㉯ STS ㉰ SKH ㉱ SCr

[해설] SK는 JIS 규격으로서 KS 규격의 STC이며 탄소 공구강을, SKH는 고속도강, SCr은 크롬강을 나타낸다.

34. 강의 자경성을 높여 주는 원소는?

㉮ Cr ㉯ Si ㉰ Co ㉱ P

[해설] 담금질 효과에서 적당한 양의 니켈·크롬 등을 포함한 강은 고온에서 공기 중에 방치해 두는 것만으로도 충분히 경화된다. 이와 같은 성질을 자경성(self hardening)이라고 한다.

35. 강에 적당한 원소를 첨가하면 기계적 성질을 개선할 수 있는데, 특히 강인성, 저온 충격 저항을 증가시키기 위하여 어떤 원소를 첨가하는 것이 좋은가?

㉮ W ㉯ Cr ㉰ Mn ㉱ Ni

36. 초경질 합금이 아닌 것은?

㉮ 비디아 ㉯ 카볼로이
㉰ 다이아몬드 ㉱ 텅갈로이

[해설] 초경질 합금은 금속 탄화물의 분말형 금속 원소를 프레스로 성형하고 이것을 소결하여 만든 합금으로 비디아, 텅갈로이, 카볼로이 등의 상품명이 있다.

37. 초경질 합금 공구에는 S, G, D의 세 종류가 있다. S종류에 해당되는 사항은?

㉮ 강철의 절삭용
㉯ 주물·비철금속·비금속 등의 절삭용
㉰ 인성 공구용
㉱ 텅스텐·티타늄·코발트 및 탄소를 성분으로 한 것

[해설] S에 해당되는 것은 강철의 절삭용, G종은 주철, D종은 다이스 용이다.

38. 인코넬(inconel)의 주요 성분에 속하지 않는 금속 원소는 어느 것인가?

㉮ Cr ㉯ Ni ㉰ Fe ㉱ Mn

[해설] 인코넬은 내식성 및 내열성이 우수하고, Ni에 Cr 13∼21%와 Fe 6.5%를 함유한 강으로서 염류, 알칼리, 탄산가스에 우수한 내식성을 가지고 있으며, 질산은($AgNO_3$) 용액에 침식되지 않는다.

39. 게이지강의 구비 조건을 가장 잘못 설명한 것은?

㉮ 내마멸성, 내식성이 클 것
㉯ 고온에서 기계적 성질이 좋을 것
㉰ 열처리에 의한 변형이 적을 것
㉱ 치수의 변화가 적을 것

40. 특수강인 인바의 성질은?

㉮ 열팽창률이 낮다.
㉯ 백금과 같은 팽창 계수를 갖는다.
㉰ 유리와 같은 팽창 계수를 갖는다.
㉱ 상온에서 탄성률이 변하지 않는다.

41. 불변강이 갖추어야 할 첫째 조건은?

㉮ 열팽창 계수가 작을 것
㉯ 내식성, 내마멸성이 클 것
㉰ 자기 감응도가 낮을 것
㉱ 산이나 알칼리에 강할 것

42. 영구 자석강이 갖추어야 할 조건이 아닌 것은 어느 것인가?

㉮ 탄화물, 붕화물이 많을 것
㉯ 잔류 자기 및 항자력이 클 것
㉰ 온도 등에 의하여 강도가 감소되지 말 것
㉱ 인성이 크고 가공이 쉬울 것

● 5. 주철과 주강

주철은 탄소 함유량이 1.7~6.68%(보통 2.5~4.5% 함유)까지이며, Fe, C 이외에 Si, Mn, P, S 등의 원소를 포함한다.

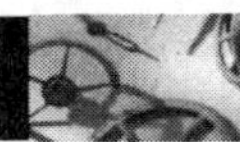 5-1 주철의 개요

■ 주철의 장·단점

장　　점		단　　점
① 용융점이 낮고 유동성이 좋다.	② 주조성이 양호하다.	① 인장강도가 작다.
③ 마찰 저항이 좋다.	④ 가격이 저렴하다.	② 충격값이 작다.
⑤ 절삭성이 우수하다.		③ 소성 가공이 안된다.
⑥ 압축 강도가 크다(인장 강도의 3~4배)		

■ 주철의 조직

바탕조직(펄라이트, 페라이트)과 흑연으로 구성되어 있다.

주철 중의 탄소는 일반적으로 흑연 상태로 존재한다(Fe_3C는 1000℃ 이하에서는 불안정하다).

① **주철 중 탄소의 형상** 〔 유리 탄소(흑연)－Si가 많고 냉각 속도가 느릴 때 : 회주철
　　　　　　　　　　　　 화합 탄소(Fe_3C)－Mn이 많고 냉각 속도가 빠를 때 : 백주철

종　류	탄소의 형태	발생 원인	주괴의 위치	조　　　직		용　도
회주철 (경도 소)	흑연 상태	Si가 많을 때	중심(회색)	펄라이트＋흑연	강력 펄라이트	보통·고급 합금, 구상 흑연 주철용
		냉각이 느릴 때		펄라이트＋페라이트＋흑연	보통 주철	
		주입 온도가 높을 때		페라이트＋흑연	연질 주철	
백주철(대)	Fe_3C상태	Mn이 많고 냉각이 빠를 때	표면(백색)	펄라이트＋Fe_3C	극경질 주철	칠, 가단 주철용
반주철(중)	흑연＋Fe_3C		중간(반회색)	펄라이트＋Fe_3C＋흑연	경질 주철	

　🔁 펄라이트(강력) : 주철－C는 2.8~3.2%, Si는 1.5~2.0%. 기계 구조용으로 가장 우수한 주철

② **흑연화** : Fe_3C가 안정한 상태인 3Fe와 C(탄소)로 분리되는 것

③ **흑연의 영향**

　㈎ 용융점을 낮게 한다(복잡한 형상의 주물 기능).

　㈏ 강도가 작아진다(회주철로 되므로).

④ **마우러 조직도** : 주철 중의 C, Si의 양, 냉각 속도에 따른 조직의 변화를 표시한 것

　마우러 조직도에서 점 A는 Fe-C계의 공정점 4.3% C에 해당하며, 점 B는 1% C에 있어서의 백주철과 회주철의 경계로서 2% Si의 점에 해당한다. 즉, AB 선은 백주철과 흑연을 함유하는 주철의 경계선이 된다. 점 C는 1% C, 7% Si에 해당하고, AB선은 펄라이트의 유무를 나타내는 경계이며, AC선

은 펄라이트를 함유하는 주철과 페라이트와 흑연만을 함유하는 주철과의 경계선이 된다.

또, 1.7% C가 강과 주철의 경계점이라 생각하여 XY를 긋고, 이것에 점 B에서 수선을 세워 점 B_0를 구하여 AB' 선을 긋고, D에서 수선을 내리고 점 D'를 구하여 AD' 선을 그으면 전체가 I(백주철), II(펄라이트 주철), II_a(반주철), II_b(회주철), III(페라이트 주철)의 다섯 구역으로 구분된다. 빗금친 부분은 2.8~3.2% C, 1.5~2.0% Si의 조성으로 우수한 퍼라이트 주철의 범위를 나타낸 것이다.

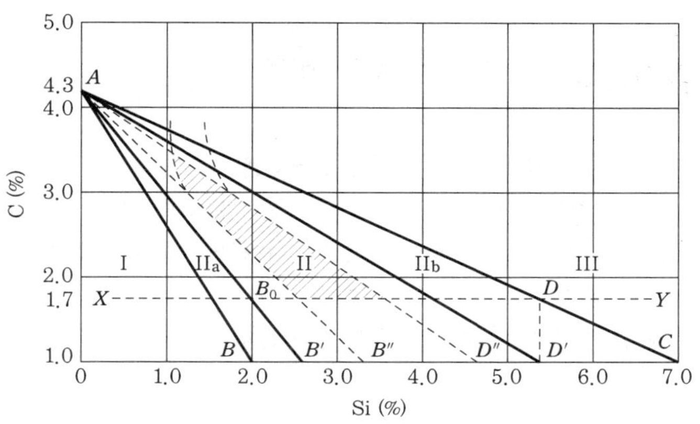

마우러의 조직도

⑤ **스테다이트** : $Fe-Fe_3C-Fe_3P$의 3원 공정 조직(주철 중 P에 의한 공정 조직)

🔒 스테다이트가 함유된 주철은 내마모성이 강해지나 다량일 때는 오히려 취약해진다.

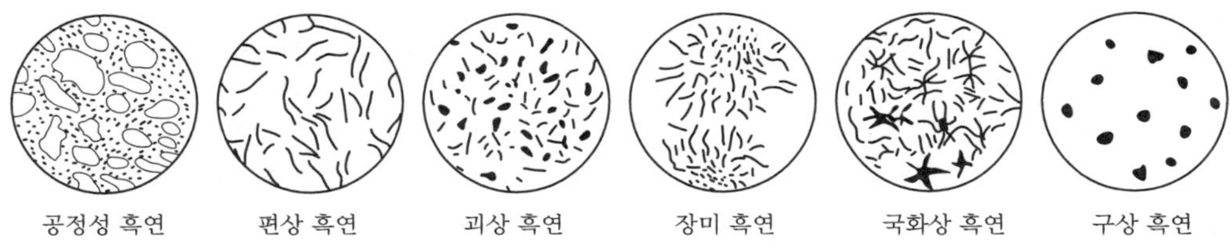

공정성 흑연　　편상 흑연　　괴상 흑연　　장미 흑연　　국화상 흑연　　구상 흑연

주철 조직의 흑연형상 종류

③ 주철의 성질

전·연성이 작고 가공이 안된다(점성은 C, Mn, P이 첨가되면 낮아진다).

① **비중** : 7.1~7.3(흑연이 많을수록 작아진다.)

② **열처리** : 담금질, 뜨임이 안되나 주조 응력 제거의 목적으로 풀림 처리는 가능(500~600℃, 6~10시간)

③ **자연 시효(시즈닝)** : 주조 후 장시간(1년 이상) 방치하여 주조 응력을 없애는 것

④ **주철의 성장** : 고온에서 장시간 유지 또는 가열 냉각을 반복하면 주철의 부피가 팽창하여 변형, 균열이 발생하는 현상

㈎ 성장 원인 : Fe_3C의 흑연화에 의한 팽창, A_1 변태에 따른 체적의 변화, 페라이트 중의 Si의 산화에 의한 팽창, 불균일한 가열로 균열에 의한 팽창

㈏ 방지법 : 흑연의 미세화(조직 치밀화), 흑연화 방지제, 탄화물 안정제 첨가

🔒 • 흑연화 촉진제 : Si, Ni, Ti, Al　　• 흑연화 방지제 : Mo, S, Cr, V, V, Mn

④ 주철의 평형 상태도

① **전탄소량** : 유리 탄소(흑연)+화합 탄소(Fe_3C)

② **공정점** : 공정 주철 4.3%C, 1145℃, 아공정 주철 1.7~4.3%C, 과공정 주철 4.3%C 이상

🔒 공정점은 Si가 증가함에 따라 저탄소 쪽으로 이동한다(이동된 거리=탄소당량(CE)).

 5-2 주철의 종류

1 보통 주철(회주철 : GC 1~3종)

① 인장 강도 : 98~196MPa   ② 성분 : C=3.2~3.8%, Si=1.4~2.5%

③ 조직 : 페라이트＋흑연(편상)   ④ 용도 : 주물 및 일반 기계 부품(주조성이 좋고, 값이 싸다.)

2 고급 주철(회주철 : GC 4~6종)

펄라이트 주철을 말한다.

① 인장 강도 : 250MPa 이상   ② 성분 : 고강도를 위하여 C, Si량을 작게 함(특수 원소 첨가 않음).

③ 조직 : 펄라이트＋흑연   ④ 용도 : 강도를 요하는 기계 부품

⑤ 종류 : 란츠, 에멜, 코살리, 파워스키, 미하나이트 주철

주철의 종류와 기계적 성질 (KS D 4301)

종 류	기 호	주조된 상태의 지름(mm)	인장 강도(MPa)	항절 시험 최대 하중(N)	항절 시험 휨(mm)	경도(Hg)	
1종	GC 100	30	100 이상	7000 이상	3.5 이상	201 이하	보통주철
2종	GC 150	30	150 이상	8000 이상	4.0 이상	212 이하	보통주철
3종	GC 200	30	200 이상	9000 이상	4.5 이상	223 이하	보통주철
4종	GC 250	30	250 이상	10000 이상	5.0 이상	241 이하	고급주철
5종	GC 300	30	300 이상	11000 이상	5.5 이상	262 이하	고급주철
6종	GC 350	30	350 이상	12000 이상	5.5 이상	277 이하	고급주철

3 미하나이트 주철 (meehanite cast iron)

흑연의 형상을 미세, 균일하게 하기 위하여 Si, Ca-Si 분말을 첨가하여 흑연의 핵 형성을 촉진(接種)시킨 주철

① 인장 강도 : 343~441MPa

② 조직 : 펄라이트＋흑연(미세)

③ 용도 : 고강도, 내마멸, 내열, 내식성 주철로 공작 기계의 안내면, 내연 기관의 실린더 등에 쓰이며, 담금질이 가능하다.

4 특수 합금 주철

특수 원소의 첨가로 기계적 성질을 개선한 주철이며, 각종 원소의 영향은 다음과 같다.

- Ni : 흑연화 촉진(복잡한 형상의 주물 가능). Si의 1/2~1/3의 능력
- Ti : 소량일 때 흑연화 촉진, 다량일 때 흑연화 방지(흑연의 미세화), 강탈산제
- Cr : 흑연화 방지, 탄화물 안정, 내열·내식성 향상
- Mo : 흑연화 다소 방지, 두꺼운 주물의 조직을 미세·균일하게 함.
- V : 강력한 흑연화 방지(흑연의 미세화)

① **고합금 주철**

　(가) 내열 주철 : 크롬 주철(Cr 34~40%), Ni 오스테나이트 주철(Ni 12~18%, Cr 2~5%)

　(나) 내산 주철 : 규소 주철(Si 14~18%) (절삭이 안되므로 연삭 가공하여 사용)

② **구상 흑연주철(D.C)** : 용융 상태에서 Mg, Ce, Mg-Cu 등을 첨가하여 흑연을 편상 → 구상화로 석출시킴.

　(가) 기계적 성질

　　㉮ 주조 상태 : 인장 강도 390~690MPa, 연신율 2~6%

　　㉯ 풀림 상태 : 인장 강도 440~540MPa, 연신율 12~20%

　(나) 조직 : 시멘타이트형, 페라이트형, 펄라이트형

　　☀ 불스 아이(bulls eye) 조직 : 펄라이트를 풀림 처리하여 페라이트로 변할 때 구상 흑연 주위에 나타나는 조직−경도, 내마멸성, 압축 강도 증가

　(다) 특성 : 풀림 열처리 기능, 내마멸 · 내열성이 크고 성장이 작다.

③ **칠드(냉경) 주철** : 용융 상태에서 금형에 주입하여 접촉면을 백주철로 만든 것(칠 부분−Fe_3C 조직)

　(가) 표면 경도 : H_S=60~75, H_B=350~500

　(나) 칠의 깊이 : 10~25mm

　(다) 용도 : 각종 용도의 롤러, 기차바퀴

　(라) 성분 : Si가 적은 용선에 Mn을 첨가하여 금형에 주입

④ **가단 주철** : 백주철을 풀림 처리하여 탈탄 또는 흑연화에 의하여 가단성을 준 것(연신율 : 5~12%)

　(가) 백심 가단 주철(WMC) : 탈탄이 주목적. 산화철(탈탄제)을 가하여 950℃에서 70~100시간 가열

　(나) 흑심 가단 주철(BMC) : Fe_3C의 흑연화가 목적

　　산화철을 가하여 1단계 850~950℃(유리 Fe_3C → 흑연화), 2단계 680~730℃(펄라이트 중의 Fe_3C → 흑연화)로 풀림(가열 시간 : 각 30~40시간)

　(다) 고력(펄라이트) 가단 주철(PMC) : 흑심 가단 주철의 2단계를 생략한 것(풀림 흑연＋펄라이트 조직)

　　☀ 가단 주철의 탈탄제 : 철광석, 밀 스케일, 헤어 스케일 등의 산화철을 사용

⑤ **애시큘러 주철**(acicular cast iron) : 보통 주철에 1~1.5% Mo, 0.5~4.0% Ni, 소량의 Cu, Cr 등을 첨가한 것으로 흑연은 편상이나 조직은 침상이며, 인장 강도 440~640MPa, 경도(H_B)가 300 정도이다. 이때 강인성과 내마멸성이 우수하여 크랭크축, 캠축 등에 쓰인다.

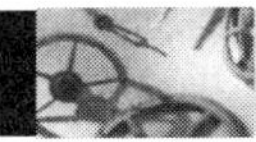

5-3 주 강

　주강은 주조할 수 있는 강을 말하는데, 단조강보다 가공 공정을 감소시킬 수 있으며 균일한 재질을 얻을 수 있다.

종　　류	특　　성
① 0.20%C 이하인 저탄소 주조강	① 대량 생산에 적합하다.
② 0.20~0.50%C의 중탄소강	② 주철에 비하여 용융점이 낮아 주조하기 힘들다.
③ 0.5%C 이상의 고탄소 주강	

예 상 문 제

1. 주철의 기계적 성질로서 틀린 것은?

㉮ 압축 강도가 크다. ㉯ 경도가 높다.
㉰ 절삭성이 크다. ㉴ 연성 및 전성이 크다.

[해설] 연성 및 전성이 작고 취성이 크다. 주철의 변태점은 5개이다.

2. 다음 주철에 대한 설명 중 틀린 것은?

㉮ 흑연량이 많으면 약하므로 규소량을 적게 한다.
㉯ 탄소의 흑연화는 규소량이 많을수록 촉진된다.
㉰ 탄소와 규소의 함유량이 증가할수록 경도가 증가한다.
㉴ 흑연량을 적게 하고 시멘타이트를 증가시키면 강해진다.

3. 다음 주철에 대한 설명 중 틀린 것은?

㉮ 담금질 효과가 좋다.
㉯ 융점이 강에 비해 낮고, 주조성이 우수하다.
㉰ 주조성은 탄소량과 기타 성분의 함량에 따라 다르다.
㉴ 주철 중의 탄소는 흑연(유리 탄소)과 화합 탄소(Fe_3C)로 존재한다.

4. 주철은 다음 조건에 의하여 회주철과 백주철로 나누어진다. 옳지 않은 것은?

㉮ 탄소, 규소의 함유량 ㉯ 용해 조건
㉰ 냉각 속도의 차이 ㉴ 뜨임 온도

[해설] 주철을 냉각 응고시키면 탄소는 화합 탄소로 되거나 또는 흑연으로 분해된다. 그 어느 쪽이 되는가 하는 것은 냉각 속도와 성분 등에 따라 달라지나 특히 용용 금속 중의 탄소나 규소의 분량에 따라 크게 좌우된다.

5. KS에서 주철의 기호 GC 20과 같이 GC 다음의 숫자가 뜻하는 것은?

㉮ 인장 강도 ㉯ 탄소 함유량
㉰ 주철 규격 일련 번호 ㉴ 주철 20종

6. 보통 주철 조성의 화학 성분 중에 가장 적게 들어 있는 원소는?

㉮ S ㉯ P ㉰ Mn ㉴ C

7. 보통 주철의 화학 성분과 관계가 없는 것은?

㉮ Mn ㉯ Si ㉰ P ㉴ Al

8. 주물 속에 기포가 생기게 하는 원소는?

㉮ 산소 ㉯ 질소 ㉰ 수소 ㉴ 황

9. 규소를 특별히 적게 하고 냉각 속도를 크게 함으로써 주철 중의 탄소가 Fe_3C의 화합 상태로 존재하는 주철은?

㉮ 회주철 ㉯ 백주철 ㉰ 반주철 ㉴ 합금주철

10. 상온에서 백주철의 조직은?

㉮ 시멘타이트와 흑연
㉯ 오스테나이트와 흑연
㉰ 페라이트와 펄라이트
㉴ 펄라이트와 시멘타이트

[해설] 백주철의 조직은 펄라이트+시멘타이트, 반주철의 조직은 펄라이트+시멘타이트+흑연, 강력 주철의 조직은 펄라이트+흑연, 보통 주철의 조직은 펄라이트+페라이트+흑연, 연질 주철의 조직은 페라이트+흑연이다.

11. 다음 중 경도가 가장 큰 것은?

㉮ 백주철 ㉯ 얼룩 주철
㉰ 펄라이트 주철 ㉴ 페라이트 주철

[해설] 얼룩 주철은 반주철이라고도 하는데, 회주철과 백주철이 섞여 얼룩얼룩한 파면이 형성되며 경도는 백주철이 가장 크고 다음이 얼룩 주철이다.

12. 주철은 용융 상태에서 함유 탄소가 전부 철 중에 균일하게 용해되어 있으나, 용액이 응고될 때 탄소는 시멘타이트나 흑연으로 되어 분리된다. 즉, 급랭 시는 시멘타이트로, 서랭 시는 흑연이 되어 석출된다. 흑연이 석출될 때의 상태를 무엇이라고 하는가?

㉮ 평형 상태 ㉯ 안정 평형 상태
㉰ 준안정 평형 상태 ㉴ 불안정 평형 상태

[해설] Fe-C계 복평형 상태도에서 흑연이 나오는 경우를 안정 평형 상태라 하고, 시멘타이트가 나오는 경우를 준안정 평형 상태라 한다.

13. 다음 중 보통 주철의 주성분은 어느 것인가?

㉮ Fe-C-Si ㉯ C-Mn-Ni
㉰ Fe-Mn-Cr ㉴ Fe-C-Co

14. Fe-C계가 평형 상태도에서 규소가 증가함에 따라 공정점 C는 어떻게 변하는가?

㉮ 고탄소 쪽으로 이동 ㉯ 변동이 없다.
㉰ 저탄소 쪽으로 이동 ㉴ Si에는 관계가 없다.

[정답] 1. ㉴ 2. ㉰ 3. ㉮ 4. ㉴ 5. ㉮ 6. ㉮ 7. ㉴ 8. ㉰ 9. ㉯ 10. ㉴ 11. ㉮ 12. ㉯ 13. ㉮ 14. ㉰

15. Fe-C-Si계의 3성분 평형도에서 Si가 1.8%일 때 공정점 C의 탄소량을 계산식에 의해 구하면 얼마 정도가 되겠는가?

㉮ 5.5% ㉯ 4.32% ㉰ 3.75% ㉱ 2.78%

16. 실용 주철의 탄소 함유량은 몇 %인가?

㉮ 1.7~2.5% ㉯ 2.5~4.5%

㉰ 4.5~5.5% ㉱ 5.5~6.67%

[해설] 실용 주철의 성분은 C 2.5~4.5%, Si 0.5~1.3%, Mn 0.5~1.5%, P 0.05~1.0%, S 0.05~0.15% 정도이다.

17. 다음 주철 중 기계 구조용 주물로서 우수하여 널리 사용되는 것으로 강력 주철(고급 주철)이라고도 하는 것은?

㉮ 백주철 ㉯ 펄라이트 주철

㉰ 얼룩 주철 ㉱ 페라이트 주철

18. 주철의 조직 중에서 시멘타이트가 많이 나타나면 절삭성이 현저히 저하된다. 시멘타이트가 많이 나타나는 것은?

㉮ 규소가 많을 때

㉯ 규소가 많은 주철을 서랭시킬 때

㉰ 규소가 적고 급랭시킬 때

㉱ 탄소가 많을 때

19. 주철의 기계적 성질은 주철 중의 흑연의 모양에 따라 다르다. 다음 중 가장 좋은 흑연 조직은?

㉮ 편상 흑연 ㉯ 괴상 흑연

㉰ 공정상 흑연 ㉱ 국화 무늬 흑연

20. 주철의 성장 원인이 되는 것 중 틀린 것은 어느 것인가?

㉮ Si의 산화에 의한 팽창

㉯ Fe_3C의 흑연화에 의한 팽창

㉰ 빠른 냉각 속도에 의한 시멘타이트의 석출로 인한 팽창

㉱ A_1 변태에서 체적의 변화로 생기는 미세한 균열로 인한 팽창

[해설] 주철은 600℃ 이상의 온도로 가열, 냉각을 반복하면 그 체적이 점차 증가하여 나중에는 균열이 생기거나 강도가 저하되는데, 이를 주철의 성장이라 한다.
① 주철의 성장 원인
㈎ Fe_3C의 흑연화에 의한 팽창
㈏ 고용 원소인 Si의 산화에 의한 팽창
㈐ 불균일한 가열에 의해 생기는 파열 팽창

㈑ A_1 변태에서 체적 변화에 의한 팽창
㈒ 흡수한 가스에 의한 팽창
② 주철 성장 방지
㈎ 조직을 치밀하게 할 것
㈏ 특수 원소를 첨가해서 Fe_3C의 분해를 방지한다. Cr, W, Mo 등은 방지 원소이다.
㈐ 산화하기 쉬운 Si량을 적게 하고, 내산화성 원소인 Ni로 치환시킬 것

21. 마우러의 조직도를 바르게 설명한 것은 어느 것인가?

㉮ C와 Si량에 따른 주철의 조직 관계를 표시한 것

㉯ 탄소와 Fe_3C량에 따른 주철의 조직 관계를 표시한 것

㉰ 탄소와 흑연량에 따른 주철의 조직 관계를 표시한 것

㉱ Si와 Mn량에 따른 주철의 조직 관계를 표시한 것

22. 특수 주철은 강도 내마멸성을 향상하기 위하여 담금질을 한다. 담금질 온도로 적당한 것은?

㉮ 700~800℃ 공랭 ㉯ 800~900℃ 유랭

㉰ 180~400℃ 수랭 ㉱ 500℃ 공랭

23. 내산·내알칼리 내열성이 크고 비자성이며 전기 저항이 크고 연성, 강인성이 있는 주물로 니켈을 많이 함유한 주철은?

㉮ 오스테나이트 주철 ㉯ 두리론

㉰ 고크롬 주철 ㉱ 칠드 주철

24. 진한 황산, 황산구리 용액, 황산과 질산의 혼합 용액에 잘 견디나 절삭할 수 없으며 메지는 성질이 결점인 주철은?

㉮ 오스테나이트 주철 ㉯ 두리론

㉰ 고크롬 주철 ㉱ 칠드 주철

25. 주철을 두께를 가진 판과 둥근 로드의 강도를 비교할 수 있다면 어떠한 관계가 성립되는가?

㉮ 로드의 상당지름 2배에 상당하는 강도의 세기와 판의 강도가 강하다.

㉯ 판과 봉의 강도 비교가 곤란하다.

㉰ 지름 12mm봉과 판 6mm는 같은 세기의 강도를 가진다.

㉱ 지름이 클수록 강력하게 된다.

26. 주철의 풀림온도로 적당한 것은?

㉮ 300℃ 약 1시간 ㉯ 700℃ 장시간
㉰ 500℃ 장시간   ㉱ 400℃ 단시간

27. 주강을 만들 때 사용되지 않는 탈산제는 어느 것인가?

㉮ 알루미늄(Al)   ㉯ 망간강(Fe−Mn)
㉰ 산화철   ㉱ 규소강(Fe−Si)

28. 주강의 주조 온도는 몇 ℃인가?

㉮ 500∼800℃   ㉯ 800∼1000℃
㉰ 1000∼1500℃   ㉱ 1500∼1550℃

29. 주강에 망간, 황 등이 많이 들어 있는데 이 원인은?

㉮ 주철보다 기포가 많아서
㉯ 다량의 탈산제를 첨가하므로
㉰ 풀림 처리를 해서
㉱ 조직이 억세고 메지기 때문

[해설] 주강품에는 기포의 발생을 방지하기 위하여 다량의 탈산제를 사용하므로 망간, 황 등이 많게 된다.

30. 주철의 전 탄소량(total carbon)이란?

㉮ 유리 탄소와 흑연을 합한 것
㉯ 화합 탄소와 유리 탄소를 합한 것
㉰ 화합 탄소와 구상 흑연을 합한 것
㉱ 탄화철과 편상 흑연을 합한 것

[해설] 일반적으로 주철이라 함은 회주철을 말하며, 탄소를 흑연화하여 회주철을 하는 데는 전탄소량 및 규소량 등이 대단히 큰 영향을 미친다.

31. 주철을 현미경 조직으로 보면 그의 상은 모두 몇 개인가?

㉮ 2개   ㉯ 3개   ㉰ 4개   ㉱ 5개

[해설] 주철의 현미경 조직은 페라이트와 시멘타이트, 흑연으로 구분되며 흑연은 흑색을 띤다.

32. 조직은 흑연이 미세하고 균일하게 분포된 미세한 조직이고, 바탕은 펄라이트 조직으로 된 주철로서 보통 주철보다 강도가 큰 주철은?

㉮ 펄라이트 주철   ㉯ 미하나이트 주철
㉰ 가단 주철   ㉱ 구상 흑연 주철

33. 접종(inoculation)에 대한 가장 올바른 설명은 어느 것인가?

㉮ 주철에 내산성을 주기 위하여 Si를 첨가하는 조작
㉯ 주철을 금형에 주입하여 주철의 표면을 경화시키는 조작
㉰ 용융선에 Ce이나 Mg을 첨가하여 흑연의 모양을 구상화시키는 조작
㉱ 흑연을 미세화시키기 위해서 규소 등을 첨가하여 흑연의 씨를 얻는 조작

34. 미하나이트 주철 제조 시 첨가 원소는?

㉮ 칼슘−규소   ㉯ 망간−규소
㉰ 규소−크롬   ㉱ 크롬−몰리브덴

[해설] 미하나이트(meehanite) 주철은 일종의 상품명으로서 미하나이트 회사에서 만든 것이다. 이것은 C+Si%가 적은 백주철 또는 얼룩 주철로 될 용융 금속에 칼슘−규소를 첨가하여 미세한 흑연을 균등하게 석출시킨 주철이다.

35. 고급 주철의 인장 강도는 어느 정도인가?

㉮ 15kg/mm^2 이상 ㉯ 40kg/mm^2 이상
㉰ 55kg/mm^2 이상 ㉱ 25kg/mm^2 이상

36. 주철에 소량의 망간·니켈·크롬·몰리브덴·알루미늄 등을 첨가한 주철은?

㉮ 가단 주철   ㉯ 보통 주철
㉰ 고급 주철   ㉱ 합금 주철

[해설] 합금 주철은 주철에 소량의 망간·니켈·크롬·몰리브덴·알루미늄 등을 첨가한 것으로, 기계적 성질이 좋고 마멸과 열에 잘 견디는 특성이 있다.

37. 다음 중 인장 강도가 가장 큰 주철은 어느 것인가?

㉮ 미하나이트 주철   ㉯ 구상 흑연 주철
㉰ 칠드 주철   ㉱ 가단주철

38. 주입에 앞서 용융 금속에 마그네슘, 세륨, 칼륨 실리사이드 등을 첨가하여 제조된 주철을 무엇이라고 하는가?

㉮ 강력 주철   ㉯ 가단 주철
㉰ 구상 흑연 주철 ㉱ 펄라이트 주철

[해설] 구상 흑연 주철의 유해 성분은 주석, 납, 비스무트이며 구리는 아니다.

39. 불스 아이 조직(bulls eye structure)이란 어느 주철에 나타나는 조직인가?

㉮ 구상 흑연 주철   ㉯ 가단 주철

(정답) **26.** ㉰ **27.** ㉰ **28.** ㉱ **29.** ㉯ **30.** ㉯ **31.** ㉯ **32.** ㉯ **33.** ㉱ **34.** ㉮ **35.** ㉱ **36.** ㉱ **37.** ㉯ **38.** ㉰ **39.** ㉮

㉰ 고급 주철　　　㉴ 칠드 주철

40. 다음의 구상 흑연 주철에 관한 설명 중 맞지 않는 것은?

㉮ 니켈－마그네슘 합금을 첨가해서 흑연의 구상화를 만든다.

㉯ 구상 흑연 주철의 조직은 주조된 상태에서 시멘타이트형, 펄라이트형, 페라이트형으로 분류된다.

㉰ 탄소, 규소의 양이 많아지면 바탕은 페라이트형이 된다.

㉴ 일반적으로 가장 많이 사용되는 것은 시멘타이트 형이다.

41. 기차의 차륜은 어떤 주철로 만드는가?

㉮ 구상 흑연 주철　　　㉯ 가단 주철
㉰ 미하나이트 주철　　　㉴ 칠드 주철

[해설] 기차의 바퀴는 칠드 주철로 만드는데, 칠드 주철의 표면은 매우 단단하여 내마모성이 있는 시멘타이트 조직이며 이것을 금형에 주입함으로써 금형에 닿는 부분은 급랭이 되어 칠층이 형성된다. 칠드 주철을 냉경 주철이라고도 한다. 칠 층을 깊게 하는 원소는 Cr, V, W, Mo 등이다.

42. 고니켈 오스테나이트 주철을 설명한 것 중 관계가 없는 것은?

㉮ 내산 주철이다.　　　㉯ 내열 주철이다.
㉰ 내마모 주철이다.　　　㉴ 내알칼리 주철이다.

43. 합금 주철에서 니켈의 흑연화 능력은 규소와 비교하여 어느 정도인가?

㉮ 규소의 1/2～1/3 정도
㉯ 규소의 1/5～1/6 정도
㉰ 규소의 1/8～1/9 정도
㉴ 규소의 1/10～1/20 정도

[해설] Ni의 흑연화 능력은 Si＝1이라고 할 때, Ni＝0.3～0.4이다.

44. 내산 주철에서 페라이트계에 함유되는 원소는 어느 것인가?

㉮ Ni　　　㉯ Mn　　　㉰ Cu　　　㉴ Cr

[해설] 내산 주철은 페라이트계와 오스테나이트계로 구별되는데 페라이트계는 Si, Cr을 다량 함유한 조직이며, 오스테나이트계는 Ni을 함유한 조직이다. 페라이트계 Si 11～17% 합금은 내산, 내열성이 강하며 단단하

고 취약하다. Cr 15～30% 합금은 산이나 유황 가스에 강하며, 단단하고 절삭이 불가능하여 그라인딩(grinding) 작업을 하여야 한다.

45. 다음 서로 짝지어진 것 중 관계가 없는 것은 어느 것인가?

㉮ 애시큘러(acicular)－내마모용 주철
㉯ 미하나이트(meehanite)－고급 주철
㉰ 노듈러(nodular)－구상 흑연 주철
㉴ 칠드(chilled)－고급 주철

46. 주철의 여린 결점을 보충한 주철로서 철도 및 자동차용의 작은 부품, 각종 이음 부품, 조선용 부품 등에 널리 쓰이는 주철은 어느 것인가?

㉮ 칠드 주철　　　㉯ 가단 주철
㉰ 구상 흑연 주철　　　㉴ 펄라이트 주철

47. 백선 주물을 산화제를 써서 열처리하여 만들어진 주철을 무엇이라 하는가?

㉮ 흑연화 주철　　　㉯ 구상화 주철
㉰ 가단 주철　　　㉴ 칠드 주철

[해설] 가단 주철의 대표적인 것에는 백주철을 풀림 열처리하여 탈탄시켜 제조하는 백심 가단 주철과 흑연화를 목적으로 하는 흑심 가단 주철 및 흑연화를 목적으로 하나 일부의 탄소를 Fe_3C로 남게 하는 펄라이트 가단 주철이 있다.

48. 다음에서 가단 주철에 대한 설명이 잘못된 것은 어느 것인가?

㉮ 백심 가단 주철의 강도가 흑심 가단 주철보다 크다.

㉯ 백심 가단 주철은 내부로 들어갈수록 연한 조직이 된다.

㉰ 밀 스케일(mill scale)이란 압연 작업에서 나오는 산화 표피를 말한다.

㉴ 온도가 너무 높으면 산화제의 산화력에 의해 제품 표면의 산화층이 두꺼워진다.

49. 다음 중 백심 가단 주철에 주로 쓰이는 탈탄제는 어느 것인가?

㉮ 철광석, 밀 스케일　　　㉯ 철광석, 탄소 가루
㉰ 산화철, 알루미늄　　　㉴ Fe－Mn, Fe－Si

[해설] 백심 가단 주철의 기호는 WMC, 흑심 가단 주철의 기호는 BMC이다. GC는 회주철의 기호이다.

[정답] **40.** ㉴　**41.** ㉴　**42.** ㉰　**43.** ㉮　**44.** ㉴　**45.** ㉴　**46.** ㉯　**47.** ㉰　**48.** ㉯　**49.** ㉮

03 비철금속 재료

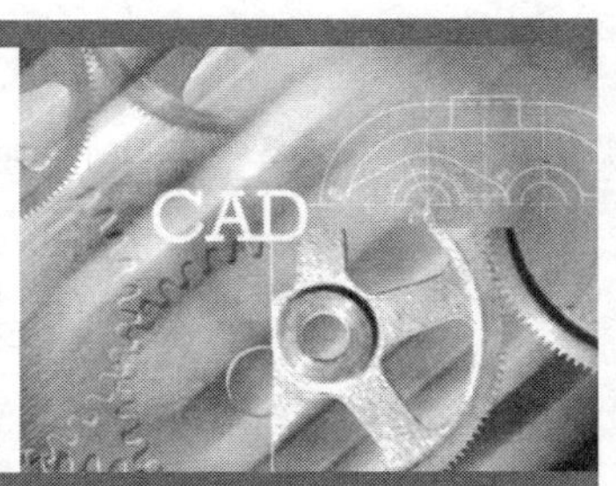

◎ 1. 알루미늄과 그 합금

 **1-1 알루미늄**

1 Al의 성질

① 물리적 성질

(개) 비중 2.7, 경금속, 용융점 660℃, 변태점이 없다.

(내) 열 및 전기의 양도체이며, 내식성이 좋다.

② 기계적 성질

(개) 전연성이 풍부하며, 400~500℃에서 연신율이 최대이다.

(내) 가공에 따라 경도 · 강도 증가, 연신율 감소, 수축률이 크다.

(대) 풀림 온도 250~300℃이며 순 Al은 주조가 안된다.

알루미늄 가공재의 기계적 성질

냉간가공도 (%)	순도 99.4%		순도 99.6%		순도 99.8%	
	인장강도 (GPa)	연신율 (%)	인장강도 (GPa)	연신율 (%)	인장강도 (GPa)	연신율 (%)
0	80	46	108	49	69	48
33	115	12	104	17	91	20
67	139	8	141	9	114	10
80	151	7	146	9	125	9

③ 화학적 성질 : 무기산, 염류에 침식되며, 대기 중에서 안정한 산화 피막을 형성한다.

2 Al의 특성과 용도

① Cu, Si, Mg 등과 고용체를 형성하며, 열처리로 석출 경화, 시효 경화시켜 성질을 개선함.

② **용도 :** 송전선, 전기 재료, 자동차, 항공기, 폭약 제조 등에 사용

> 쥐 ① 석출 경화(Al의 열처리법)−급랭으로 얻은 과포화 고용체에서 과포화된 용해물을 석출시켜 안정화시킴 (석출 후 시간경과와 더불어 시효 경화됨).
>
> ② 인공 내식 처리법−알루마이트법, 황산법, 크롬산법

1-2 알루미늄 합금
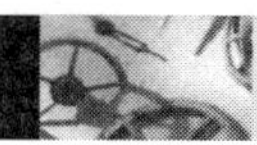

1 주조용 알루미늄 합금
- 요구되는 성질 : • 유동성이 좋을 것
  - 열간취성이 좋을 것
  - 응고 수축에 대한 용탕 보급성이 좋을 것
  - 금형에 대한 점착성이 좋지 않을 것

① **Al-Cu계 합금** : Cu 8% 첨가. 주조성·절삭성이 좋으나 고온 메짐, 수축 균열이 있다.

② **Al-Si계 합금**

㈎ 실루민(silumin)이 대표적이며, 주조성이 좋으나 절삭성은 나쁘다.

㈏ 열처리 효과가 없고, 개질 처리로 성질을 개선한다.

㈐ 개질 처리(개량 처리)란 Si의 결정을 미세화하기 위하여 특수 원소를 첨가시키는 조작이며, 방법은 다음과 같다.

  ㉮ 금속 Na 첨가법 – 제일 많이 사용하는 방법이다. Na량 : 0.05 ~ 0.1% 또는 Na 0.05% + K 0.05%

  ㉯ F(불소) 첨가법 – F 화합물과 알칼리토 금속을 1:1로 혼합하여 1 ~ 3% 첨가

  ㉰ NaOH 첨가법(수산화나트륨, 가성소다)

㈑ 로엑스(Lo-EX) 합금 : Al-Si에 Mg을 첨가한 특수 실루민으로 열팽창이 극히 작음. Na 개질 처리한 것이며, 내연 기관의 피스톤에 사용한다.

③ **Al-Mg계 합금** : Mg 12% 이하로서 하이드로날륨이라고도 한다.

④ **Al-Cu-Si계 합금** : 라우탈(lautal)이 대표적이며, Si 첨가로 주조성을 향상시키고, Cu 첨가로 절삭성을 향상시킨다.

⑤ **Y합금(내열 합금)** : Al(92.5%) − Cu(4%) − Ni(2%) − Mg(1.5%) 합금이며, 고온 강도가 크므로(250℃에서도 상온의 90% 강도 유지) 내연 기관 실린더에 사용한다.

⑥ **다이캐스트용 합금** : 유동성이 좋고 1000℃ 이하의 저온 용융 합금이며, Al−Cu계, Al−Si계 합금을 사용하여 금형에 주입시켜 만든다.

2 가공용 알루미늄 합금
① **두랄루민(duralumin)** : 주성분은 Al−Cu−Mg−Mn으로 Si는 불순물로 함유되어 있다. 고온에서 물에 급랭하여 시효 경화시켜 강인성을 얻는다(시효 경화 증가=Cu, Mg, Si).
- 기계적 성질 : 비강도가 연강의 3배나 된다.
  - 풀림한 상태 : 인장 강도는 177~245MPa, 연신율은 10~14%, 경도(H_B) 39.2~58.8
  - 시효 경화 상태 : 인장 강도는 294~440MPa, 연신율은 20~25%, 경도(H_B) 88.2~117.6

  주 시효 경화 상태의 기계적 성질은 0.2% 탄소강과 비슷하나 비중이 2.9이다.
  복원 현상 – 시효 경화가 일단 완료된 것은 상온에서 변화가 없으나 200℃에서 수분간 가열하면 다시 연화되어 시효 경화 전의 상태로 되는 현상이다.

② **초두랄루민(super-duralumin)** : 두랄루민에 Mg를 증가시키고 Si를 감소시킨 것. 시효 경화 후 인장 강도는 490MPa 이상이다. 항공기 구조재, 리벳 재료로 사용한다.

③ **Y합금** : Al−Cu−Ni계 내열 합금이며, Ni의 영향으로 300~450℃에서 단조된다.

예 상 문 제

1. 다음 Al에 대한 설명 중 틀린 것은?

㉮ 비중 2.7, 융점 660℃이며 면심 입방 격자이다.
㉯ 전기 및 열의 전도율이 매우 불량하다.
㉰ 산화 피막 때문에 대기 중에서는 잘 부식이 안되나 해수 또는 산, 알칼리에 부식된다.
㉱ 경금속에 속한다.

2. 다음 중 알루미늄의 내식성을 더욱 향상시키고 아름다운 피막을 얻는 방법이 아닌 것은?

㉮ 알루마이트법　　㉯ 두랄루민법
㉰ 크롬산법　　㉱ 황산법

[해설] 알루미늄 표면을 적당한 전해액으로 양극 산화 처리하면 치밀한 피막이 생기며, 이것을 다시 높은 온도의 수증기 중에 가열하면 내식성이 더욱 향상되고 아름다운 피막이 얻어진다. 이 방법에는 알루마이트법, 황산법, 크롬산법 등이 있다.

3. Y합금이 개발되어 주로 쓰이는 것은?

㉮ 펌프용　　㉯ 도금용
㉰ 내연 기관용　　㉱ 공구용

4. Y(와이) 합금은?

㉮ 구리, 니켈, 마그네슘, 알루미늄
㉯ 구리, 아연, 납, 알루미늄
㉰ 구리, 주석, 니켈, 망간
㉱ 구리, 납, 주석, 아연

5. 금속 중 시효 경화가 일어나는 것은 어느 것인가?

㉮ 황동　　㉯ 청동
㉰ 두랄루민　　㉱ 화이트 메탈

[해설] 두랄루민(duralumin)은 알루미늄－구리－마그네슘계 합금이며 열처리에 의해 재질 개선이 가능한 합금이다. 이 합금은 담금질을 한 후에는 그다지 경화되지 않는다. 시효성이 있으면서도 기계적 성질이 우수하여 항공기의 주요 구조나 차량 부속품 등에 많이 사용한다.

6. 3% 이하의 니켈을 구리, 마그네슘, 규소 등과 함께 가한 합금으로 규소 함유량이 많아서 가벼운 것과 내열성이 있어 피스톤 등에 사용하는 주조용 알루미늄 합금은 어느 것인가?

㉮ 로엑스　　㉯ 실루민
㉰ 로탈　　㉱ 하이드로날륨

7. 알루미늄의 표면에 인공적으로 얇은 산화 피막을 만들어 내식성을 갖게 해 준 것은?

㉮ 실루민　　㉯ 두랄루민
㉰ 알루마이트　　㉱ 하이드로날륨

8. 실루민(silumin)은 Al의 합금으로 보통 주물에 많이 사용하는데 어떤 것과의 합금인가?

㉮ Al과 Cu의 합금　　㉯ Al과 Mg의 합금
㉰ Al과 Si의 합금　　㉱ Al, Cu, Ni, Mg 합금

[해설] 실루민에는 알루미늄 이외에 Si(10~13%)가 함유되어 있다.

9. 다음은 실루민(silumin)의 기계적 성질을 열거한 것이다. 이 중 틀린 것은 어느 것인가?

㉮ 내마모성이 작다.
㉯ 내식성이 풍부하다.
㉰ 고온에서 강도가 크다.
㉱ 개량 처리 효과가 크다.

[해설] 실루민은 알팩스(alpax)라고도 하며 Al, Si 12%, FeO 3% 이하의 합금으로 다이캐스트용, 선박, 철도, 차량 부속품, 자동차의 피스톤 등에 쓰인다.

10. 알루미늄 합금으로서 내식성이 가장 큰 것은 어느 것인가?

㉮ 하이드로날륨　　㉯ 실루민
㉰ 알드리　　㉱ 알민

[해설] 하이드로날륨(hydronalium)은 Al에 약 10%까지 Mg를 첨가한 합금으로 내식성, 강도, 연신율이 우수하며 비중은 작다. 이것은 화학 장치, 선박에 이용된다. Al 합금에 내식성을 증가시키기 위하여 첨가되는 원소는 Mg, Mn, Si이며, 내식성을 악화시키는 원소는 Cu, Ni, Fe이다.

11. KS D에서는 단련용 알루미늄 합금을 용도에 따라 A_2, A_3, A_4 등으로 규정하고 있다. A_2는 무엇인가?

㉮ 고력 알루미늄 합금　㉯ 내식 알루미늄 합금
㉰ 내열 알루미늄 합금　㉱ 인공 시효 처리

[해설] KS D에서는 용도에 따라 내식 알루미늄 합금(A_2), 고력 알루미늄 합금(A_3), 내열 알루미늄 합금(A_4)으로 규정하고 있다.

12. 다음 중 Mn 26.3%, Al 13%, 나머지가 구리인 합금으로 강자성체인 것은?

㉮ 호이슬러 합금　　㉯ 스테인리스강
㉰ 고망간강　　㉱ 포금

[정답] 1. ㉯　2. ㉯　3. ㉰　4. ㉮　5. ㉰　6. ㉮　7. ㉰　8. ㉰　9. ㉮　10. ㉮　11. ㉯　12. ㉮

13. 알루미늄 합금의 열처리에 속하지 않는 것은?

㉮ 고용체화 처리 ㉯ 인공 시효 처리
㉰ 항온 열처리 ㉱ 풀림

14. 알루미늄, 구리, 규소계 합금의 주조성을 개선하고 절삭성을 향상시키기 위해 첨가되는 합금 원소는?

㉮ Si ㉯ Sb ㉰ Ti ㉱ Mg

[해설] 라우탈에는 규소를 3~8% 합금하여 주조성 절삭성을 향상시킨다.

15. 다음 중 두랄루민(duralumin)의 합금은?

㉮ Al+Cu+Ni+Fe ㉯ Al+Cu+Mg+Mn
㉰ Al+Cu+Sn+Zn ㉱ Al+Cu+Si+Mn

[해설] 두랄루민은 단조용 알루미늄의 대표적 합금으로서 구리 3.5~4.5%, 마그네슘 1~1.5%, 규소 0.5%, 망간 0.5~1%, 나머지는 알루미늄으로 되어 있다.

16. 알루미늄의 재결정 온도는?

㉮ 150℃ ㉯ 160℃ ㉰ 170℃ ㉱ 180℃

17. 다이캐스팅용 합금에서 주석 합금의 용도와 특성은 어느 것인가?

㉮ 점성이 크고 가볍다.
㉯ 주형에 손상을 줄 우려가 있다.
㉰ 복잡한 것에 적합하다.
㉱ 주형의 수명이 짧다.

18. 실루민의 개량 처리에 사용되는 것은?

㉮ Ag ㉯ Na ㉰ Mg ㉱ Mo

19. 실루민에 나트륨을 첨가하여 조직을 미세화하고 기계적 성질을 개량하는 것을 무엇이라 하는가?

㉮ 시효 경화 ㉯ 항온 처리
㉰ 마템퍼 ㉱ 개량 처리

20. 시효 경화성이 있는 합금은?

㉮ Fe-Ni ㉯ Cu-Zn ㉰ Al-Cu ㉱ Cu-Si

21. 알루미늄-구리-규소계 합금은?

㉮ 실루민 ㉯ 로엑스
㉰ 하이드로날륨 ㉱ 라우탈

22. 알루미늄-규소계 합금으로서 규소 함유량이 높으므로 주조성이 좋고 개질처리에 의하여 기계적

성질이 향상되는 주조용 알루미늄 합금은?

㉮ 실루민 ㉯ 라우탈
㉰ 하이드로날륨 ㉱ 로엑스

23. 다음 중 알루미늄의 용도가 아닌 것은?

㉮ 송전선, 리벳 재료
㉯ 항공기, 자동차, 구조용 재료
㉰ 약품, 과자류의 포장재
㉱ 절삭날, 키

24. 열처리 중에서 시간의 경과와 더불어 강도와 경도가 증가되는 현상을 무엇이라 하는가?

㉮ 인공 경화 ㉯ 시효 경화
㉰ 장기 경화 ㉱ 항온 경화

25. 알루미늄 합금의 특징이 아닌 것은?

㉮ 알루미늄은 변태가 있다.
㉯ 알루미늄의 열처리 효과는 시효 경화로 얻어진다.
㉰ 알루미늄의 기계적 성질 개선은 석출 경화로 얻어진다.
㉱ 순금속 상태에서 강도는 약하다.

26. 알루미늄 합금의 열처리는 무엇을 이용하는가?

㉮ 자기 풀림 ㉯ 시효 경화
㉰ 항온 열처리 ㉱ 마템퍼

27. 실루민 합금의 개량 처리를 하기 위하여 금속 나트륨을 첨가하면 어떤 변화가 생기는가?

㉮ 알루미늄 입자가 미세화된다.
㉯ 규소가 미세한 공정으로 된다.
㉰ 주조성이 좋아진다.
㉱ α-고용체 구역이 넓어진다.

28. 알루미늄-구리계 합금에서 α-고용체를 급랭에 의하여 공정 조직을 얻어 시효 경화로 재질을 개선한다. 이 때 공정 조직은?

㉮ $CuAl_2$ ㉯ β-고용체
㉰ $LiCl$ ㉱ Al_2O_3

29. 알루미늄 합금 중에서 열팽창 계수가 가장 작은 것은?

㉮ 실루민 ㉯ 두랄루민 ㉰ 로엑스 ㉱ 와이합금

[정답] **13.** ㉰ **14.** ㉮ **15.** ㉯ **16.** ㉮ **17.** ㉰ **18.** ㉯ **19.** ㉱ **20.** ㉰ **21.** ㉱ **22.** ㉮ **23.** ㉱ **24.** ㉯ **25.** ㉮ **26.** ㉯
27. ㉯ **28.** ㉮ **29.** ㉰

▶ 2. 구리와 그 합금

2-1 구 리

1 구리의 종류
① **전기동** : 조동을 전해 정련하여 99.96% 이상의 순동으로 만든 동
② **무산소 구리** : 전기동을 진공 용해하여 산소 함유량을 0.006% 이하로 탈산한 구리
③ **정련 구리** : 전기동을 반사로에서 정련한 구리

2 구리의 성질
① **물리적 성질**
 (가) 구리의 비중은 8.96, 용융점 1083℃이며, 변태점이 없다.
 (나) 비자성체이며 전기 및 열의 양도체이다.
② **기계적 성질**
 (가) 자연성이 풍부하며, 가공 경화로 경도가 증가한다.
 (나) 경화 정도에 따라 연질, 1/4경질, 1/2경질로 구분하며 O, 1/4H, 1/2H, H로 표시한다.
 (다) 인장 강도는 가공도 70%에서 최대이며, 600~700℃에서 30분간 풀림하면 연화된다.
③ **화학적 성질**
 (가) 황산·염산에 용해되며, 습기, 탄산가스, 해수에 녹이 생긴다.
 (나) 수소병 : 환원 여림의 일종이며, 산화 구리를 환원성 분위기에서 가열하면 H_2가 동 중에 확산 침투
  하여 균열이 발생하는 것이다.

2-2 구리 합금

1 구리 합금의 특징
 고용체를 형성하여 성질을 개선하며, α 고용체는 연성이 커서 가공이 용이하나, β, δ 고용체로 되면 가공성이 나빠진다.

2 황동(Cu-Zn)
① **황동의 성질** : 구리와 아연의 합금. 가공성, 주조성, 내식성, 기계성이 우수하다.

 (가) Zn의 함유량
  30% : 7·3 황동(α 고용체)은 연신율 최대, 상온 가공성 양호, 가공성을 목적
  40% : 6·4 황동($\alpha+\beta$ 고용체)은 인장 강도 최대, 상온 가공성 불량(600~800℃ 열간 가공), 강도 목적
  50% 이상 : γ 고용체는 취성이 크므로 사용 불가

 (나) 자연 균열 : 냉간 가공에 의한 내부 응력이 공기 중의 NH_3, 염류로 인하여 입간 부식을 일으켜 균열
  이 발생하는 현상이다[방지책 : 도금법, 저온 풀림(200~300℃, 20~30분간)].

(다) 탈아연 현상 : 해수에 침식되어 Zn이 용해 부식되는 현상. ZnCl이 원인이다(방지책 : Zn편을 연결).

(라) 경년 변화 : 상온 가공한 황동 스프링이 사용 시간의 경과와 더불어 스프링의 특성을 잃는 현상

② **황동의 종류**

5% Zn	15% Zn	20% Zn	30% Zn	35% Zn	40% Zn
길딩 메탈	래드 브라스	로 브라스	카트리지 브라스	하이, 옐로 브라스	문츠 메탈 6·4
화폐·메달용	소켓·체결구용	장식용·톰백	탄피 가공용 7·3	7·3 황동보다 값쌈.	값싸고 강도 큼.

🔑 톰백(tombac) : 8~20% Zn 함유. 금에 가까운 색이며 연성이 크다. 금 대용품, 장식품에 사용한다.

③ **특수 황동**

(가) 연황동(leaded brass, 쾌삭 황동) : 황동(6·4)에 Pb 1.5~3% 첨가하여, 절삭성을 개량한다. 대량 생산, 정밀 가공품에 사용

(나) 주석 황동(tin brass) : 내식성 목적(Zn의 산화, 탈아연 방지)으로 Sn 1% 첨가

　㉮ 애드미럴티 황동 : 7·3 황동에 Sn 1%를 첨가한 것이며, 콘덴서 튜브에 사용

　㉯ 네이벌 황동 : 6·3 황동에 Sn 1%를 첨가한 것이며, 내해수성이 강해 선박 기계에 사용

(다) 철황동(델타 메탈) : 6·4 황동에 Fe 1~2% 첨가. 강도, 내식성 우수(광산, 선박, 화학 기계에 사용)

　🔑 두라나 메탈 : 7·3 황동에 Fe 1~2%를 첨가시킨 황동

(라) 강력 황동(고속도 황동) : 6·4 황동에 Mn, Al, Fe, Ni, Sn 등을 첨가하여 주조와 가공성을 향상시킨 것. 열간 단련성, 강인성이 뛰어남(선박 프로펠러, 펌프 축에 사용).

(마) 양은(german silver, nickel silver) : 7·3 황동에 Ni 15~20% 첨가. 주단조 가능. 양백, 백동, 니켈, 청동, 은 대용품으로 사용되며, 전기저항선, 스프링 재료, 바이메탈용으로 쓰인다.

(바) 규소 황동 : Si 4~5% 첨가. 실진(silzin)이라 한다.

(사) Al 황동 : 알부락(albrac)이라 한다. 금 대용품

❸ 청동(Cu-Sn)

① **청동의 성질**

(가) 주조성, 강도, 내마멸성이 좋다.

(나) Sn의 함유량 ⎰ 4%에서 연신율 최대
　　　　　　　　⎱ 15% 이상에서 강도, 경도 급격히 증대(Sn 함량에 비례하여 증가)

　🔑 포금(건메탈) : 청동의 예전 명칭, 청동 주물(BC)의 대표이다. 유연성, 내식·내수압성이 좋다. 성분=Cu+Sn 10%+Zn 2%

② **특수 청동**

(가) 인청동

　㉮ 성분 : Cu+Sn 9%+P 0.35%(탈산제)

　㉯ 성질 : 내마멸성이 크고 냉간 가공으로 인장 강도, 탄성한계가 크게 증가

　㉰ 용도 : 스프링제(경년 변화가 없다), 베어링, 밸브 시트

　　🔑 두랄플렉스(duralflex) : 미국에서 개발한 5% Sn의 인청동으로 성형성, 강도가 좋다.

(나) 베어링용 청동

　㉮ 성분 : Cu+Sn 13~15%

　㉯ 성질 : $\alpha+\delta$ 조직으로 P를 가하면 내마멸성이 더욱 증가한다.

　㉯ 용도 : 외측의 경도가 높은 δ 조직으로 이루어졌기 때문에 베어링 재료로 적합하다.

(다) 납청동

　㉮ 성분 : Cu＋Sn 10%＋Pb 4～16%

　㉯ 성질 및 용도 : Pb은 Cu와 합금을 만들지 않고 윤활 작용을 하므로 베어링에 적합하다.

(라) 켈밋(kelmet)

　㉮ 성분 : Cu＋Pb 30～40%(Pb 성분이 증가될수록 윤활 작용이 좋다.)

　㉯ 성질 및 용도 : 열전도, 압축 강도가 크고 마찰 계수가 작다. 고속 고하중 베어링에 사용한다.

(마) Al 청동

　㉮ 성분 : Cu＋Al 8～12%

　㉯ 성질 : 내식, 내열, 내마멸성 큼. 강도는 Al 10%에서 최대, 가공성은 Al 8%에서 최대. 주조성 나쁨.

　㉰ 자기 풀림(self－annealing) 현상이 발생 : $\beta \rightarrow \alpha+\delta$로 분해하여 결정이 커짐.

　　🔢 암스 청동(arms bronze) : Mn, Fe, Ni, Si, Zn을 첨가한 강력 Al 청동

(바) Ni 청동

　㉮ 어드밴스 : Cu 54%＋Ni 44%＋Mn 1%(Fe＝0.5%). 정밀 전기 기계의 저항선에 사용

　㉯ 콘스탄탄 : Cu＋Ni 45%의 합금. 열전대용, 전기 저항선에 사용

　㉰ 코슨(corson) 합금 : Cu＋Ni 4%＋Si 1%. 통신선, 전화선으로 사용

　㉱ 쿠니알(kunial) 청동 : Cu＋Ni 4～6%＋Al 1.5～7%. 뜨임 경화성이 크다.

(사) 호이슬러 합금 : 강자성 합금. Cu 61%＋Mn 26%＋Al 13%

(아) 오일리스 베어링 : 다공질의 소결 합금 즉, 베어링 합금의 일종으로 무게의 20～30% 기름을 흡수시켜 흑연 분말 중에서 700～750℃ H_2 기류로 소결시킨 것으로 Cu＋Sn＋흑연 분말이 주성분임.

1. 구리의 용도는 전선, 전기용품 이외에 어디에 많이 쓰이는가?

　㉮ 축　　　　　　　㉯ 기름, 가스 등 도관
　㉰ 볼트, 너트　　　㉱ 전기 배전반, 커버

2. 구리판의 경화 정도 표시로서 틀린 것은?

　㉮ 연질－Cu Pl－O　　㉯ 경질－Cu Pl－I
　㉰ 경질－Cu Pl－$\frac{1}{2}$H　㉱ 경질－Cu Pl－$\frac{1}{4}$H

　[해설] O : 연질, H : 경질, $\frac{1}{2}$경질 : $\frac{1}{2}$H 등으로 표시한다. Pl은 판을 나타낸다.

3. 다음 구리의 물리적 성질 중 틀린 것은?

　㉮ 비중이 8.96, 용융점이 1083℃이다.
　㉯ 강자성체이다.
　㉰ 전기 전도율은 은 다음으로 크다.
　㉱ 불순물들은 전기 전도율을 저하시킨다.

　[해설] 구리는 비자성체이며 용융점이 1083℃이며 철보다 무겁다. 비중은 8.96이고, 전기는 은 다음으로 잘 통한다.

4. 구리의 변태점에 대한 설명 중 맞는 것은?

　㉮ 융점 이외에 변태점이 없다.
　㉯ 융점 이외에 변태점이 1개 있다.
　㉰ 융점 이외에 변태점이 2개 있다.
　㉱ 융점 이외에 변태점이 3개 있다.

5. 조동(粗銅)을 반사로나 전기로에서 전기 분해하여 정련시킨 구리를 무엇이라고 하는가?

　㉮ 순구리　　　　　㉯ 탈산 구리
　㉰ 전기 구리　　　　㉱ 무산소 구리

6. 황동에 Pb 1.5～3.0% 첨가한 합금을 무엇이라고 하는가?

정답　1. ㉯　2. ㉯　3. ㉯　4. ㉮　5. ㉰　6. ㉮

㉮ 쾌삭 황동　　　　㉯ 강력 황동
㉰ 문츠 메탈　　　　㉱ 톰백

[해설] 황동의 절삭성을 높이기 위하여 황동에 Pb 1.5~3.0%를 첨가한 것을 쾌삭 황동이라 하며, 대량 생산하는 부속품 또는 시계용 기어와 같은 정밀 가공을 요하는 부품에 사용된다.

7. 다음 구리의 화학적 성질에 대한 설명 중 틀린 것은?

㉮ 고유한 색은 담적색이나, 공기 중에서 산화 되면 암적색이 된다.
㉯ 탄산가스, 습기 중에서는 표면에 동녹(녹청 색으로 유독함.)이 생긴다.
㉰ 청수에는 변치 않으나, 해수(염수)에 부식된다.
㉱ 질산, 황산 등에도 용해되지 않는다.

8. 다음은 구리에 포함된 불순물들이다. 이들 중에서 특히 전기 전도도를 감소시키는 것들은?

㉮ As, Sb　㉯ Bi, Pb　㉰ Fe, Si　㉱ Cu_2O

[해설] 구리는 은 다음으로 전기 전도도가 높으나 티탄, 인, 철, 규소, 비소 등이 아주 조금 함유되어도 전기 전도도가 급격히 저하된다.

9. 구리의 열간 가공에 적당한 온도 범위는?

㉮ 550~650℃　　　㉯ 650~750℃
㉰ 750~850℃　　　㉱ 850~950℃

10. 상온 가공에서 경화된 동의 완전 풀림 온도 범위는?

㉮ 400~450℃　　　㉯ 500~550℃
㉰ 600~650℃　　　㉱ 700~750℃

[해설] 구리의 열간 가공은 750~850℃에서 행하며, 상온 가공으로 강하게 된 것은 100~150℃에서 다소 연하게 되며 150~200℃에서 재결정 현상이 생겨 연화 된다. 350℃에서는 가공 전의 상태로 복귀되나 완전한 풀림은 600~650℃ 정도에서 생긴다.

11. 황동의 연신율은 Zn 몇 %에서 최대가 되는가?

㉮ 40%　㉯ 30%　㉰ 20%　㉱ 50%

[해설] 황동(brass)의 기계적 성질은 30% 아연(Zn) 부근에서 최대의 연신율을 나타내며, 인장 강도는 45% 아연 부근에서 최대치를 나타내고, 그것을 초과하면 급격하게 감소한다.

12. 구리의 고온 취성 원인이 되는 금속 원소로 맞는 것은?

㉮ Bi, Pb　㉯ Si, As　㉰ Fe, Ti　㉱ Mn

13. 황동의 자연 균열 방지법이 아닌 것은?

㉮ 수은과 합금　　　㉯ 도금
㉰ 도장　　　　　　㉱ 응력 제거 풀림

[해설] 자연 균열이란 황동이 공기 중의 암모니아, 기타 염류에 의해서 입간 부식을 일으켜 상온 가공에 의한 내 부 응력 때문에 생기는 것이다. 방지법은 도금, 기타 방 법으로 표면을 보호하나 200~300℃로 20~30분간 저 온 풀림하여 잔류 응력을 제거하여 두면 좋다.

14. 다음 중 황동을 불순한 물이나 해수 중에서 사용할 때 발생하는 결함은?

㉮ 자연 균열　　　㉯ 탈아연 부식
㉰ 경년 변화　　　㉱ 방치 갈림

15. 구리, 구리 합금에서 발생하는 현상이 아닌 것은?

㉮ 수소 메짐　　　㉯ 저온 뜨임 경화
㉰ 경년 변화　　　㉱ 탈아연 부식

16. 색깔이 아름답고 장식품에 많이 쓰이는 황동은?

㉮ 문츠메탈　　　㉯ 포금
㉰ 톰백　　　　　㉱ 7 · 3 황동

[해설] 구리에 아연을 5~20%를 가한 황동을 톰백 (tombac)이라 하는데, 전연성이 좋고 색깔도 금에 가 까우므로 모조 금으로 사용된다.

17. 황동의 재결정 풀림 온도는?

㉮ 700~730℃　　　㉯ 800~830℃
㉰ 900~930℃　　　㉱ 1000~1030℃

[해설] 황동의 재결정 풀림 온도는 700~730℃ 정도이다.

18. 다음은 황동의 합금명이다. 6 · 4 황동은 어느 것인가?

㉮ 문츠 메탈　　　㉯ 로 브라스
㉰ 레드 브라스　　㉱ 톰백(tombac)

19. 다음 중에서 황동에 속하지 않는 것은?

㉮ 델타 메탈　　　㉯ 문츠 메탈
㉰ 톰백　　　　　㉱ 포금(gun metal)

20. 황동에 어떤 원소를 첨가하면 취약하지 않고 강력하며 부식성, 내해수성이 큰 고강도 황동을 만들 수 있는가?

㉮ Fe　㉯ Cu　㉰ Sn　㉱ Co

[해설] 6 · 4 황동에 Fe, Mn, Ni, Al을 첨가하면 고강

도 황동을 만들 수 있다.

21. 다음 중 특수 황동이 아닌 것은?

㉮ 델타 메탈 ㉯ 퍼멀로이
㉰ 주석 황동 ㉱ 연황동

[해설] 특수 황동에는 Pb을 넣은 연황동, Sn을 넣은 주석 황동, Fe을 첨가한 델타 황동, Mn, Al, Fe, Ni, Sn을 첨가한 강력 황동이 있다. 퍼멀로이는 20~75% Ni, 5~40% Co, 나머지 Fe의 Ni-Fe 합금이다.

22. 다음 중 600~700℃에서 고온 가공하면 메지므로 냉간 가공하는 것은?

㉮ 7·3 황동 ㉯ 6·4 황동
㉰ 양은 ㉱ 델타 메탈

23. 다음 중 네이벌 황동(naval brass)이란?

㉮ 7·3 황동에 1%의 주석을 첨가한 것이다.
㉯ 6·4 황동에 1%의 주석을 첨가한 것이다.
㉰ 6·4 황동에 3.5%의 망간을 첨가한 것이다.
㉱ 황동에 Pb 1.5~3%를 첨가한 것이다.

[해설] ㉮는 애드미럴티 황동이다.

24. 순동에 납을 주입한 베어링 합금은?

㉮ 코슨 합금 ㉯ 켈밋
㉰ 네이벌 황동 ㉱ 암스 브론즈

25. 내마멸성, 내식성이 우수하고 탄성이 있어 스프링 재료에 쓰이는 청동은 어느 것인가?

㉮ 알루미늄 청동 ㉯ 규소 청동
㉰ 망간 청동 ㉱ 인청동

26. 구리 합금류에서 Cu=70%, Zn=29%, Sn=1%인 내식성 합금은 어느 것인가?

㉮ 델타 황동 ㉯ 켈밋(kelmet)
㉰ 애드미럴티 황동 ㉱ 6·4 황동

[해설] 함석 황동(naval brass)은 6·4 황동을 개량한 것을 말한다. 이것은 해수에 대한 내수성이 강하므로 선박용의 기계, 기구, 냉각용 콘덴서 등에 사용된다.

27. 다음 중 특수 알루미늄 청동은 어느 것인가?

㉮ 켈밋 ㉯ 에버듀르
㉰ 코슨 합금 ㉱ 암스 청동

[해설] 켈밋 : Cu-Pb합금, 코슨 합금 : Cu-Ni-Si합금, 에버듀르 : Cu-Si합금, 암스 청동:Cu-Ni-Al합금

28. Cu-Ni 합금에 소량의 Si를 첨가하여 강도와 전기 전도율을 좋게 한 합금은 어느 것인가?

㉮ 네이벌 황동 ㉯ 암스 청동
㉰ 코슨 합금 ㉱ 켈밋

[해설] Cu-Ni계 합금에 소량의 Si를 첨가한 것으로 탄소 합금 또는 코슨(corson) 합금이 있으며, 강도가 103GPa에 달하고 전기 전도율이 크므로 전선으로 쓰이며 스프링으로도 사용된다.

29. 마찰 계수가 작고 고온, 고압에 잘 견디는 주석을 주성분으로 한 베어링 메탈의 합금 명칭은 어느 것인가?

㉮ 알루미늄 청동 ㉯ 배빗 메탈
㉰ 청동 ㉱ 켈밋

[해설] Sn, Cu 5%, Sb 5%의 합금으로 Pb 계통의 것보다 마찰 계수가 작으며, 고온·고압에서 점도가 크고 내식성이 풍부하며 주조가 용이하다. 고속 베어링에 사용된다.

30. 다음은 배빗 메탈의 장점이 아닌 것은?

㉮ 충격과 진동에 잘 견딘다.
㉯ 비열이 작고 열전도도가 크다.
㉰ 고온도에서도 성능이 좋고, 중하중의 기계용으로 적합하다.
㉱ 유동성과 주조성이 좋지 않다.

31. 청동의 성질을 설명한 것으로 틀린 것은?

㉮ 인장 강도가 크다.
㉯ 내식성이 크다.
㉰ 황동보다 주조하기 어렵다.
㉱ 내마멸성이 좋다.

32. 다음 금속 중 '에밀레종'은 어느 합금으로 만든 것인가?

㉮ 청동 ㉯ 구리 ㉰ 황동 ㉱ 주철

33. 화이트 메탈의 주성분은 어느 것인가?

㉮ Pb, Al, Sn ㉯ Zn, Sn, Cr
㉰ Sn, Sb, Cu ㉱ Al, Sn, Cu

[해설] Pb, Zn, Sn, Sb, Bi 등의 융점이 낮은 백색의 합금을 화이트 메탈(white metal)이라 하는데, 항압력, 점성, 인성 등이 커서 베어링에 적합하다.

34. 다음 중 오일리스 베어링 금속의 주요 합금 원

소가 아닌 것은?

㉮ Cu, Sn, Si   ㉯ Cu, Sn, C
㉰ Cu, Sn, Pb   ㉱ Cu, Pb, C

[해설] 오일리스 베어링은 다공질 재료에 윤활유가 들어 있어 항상 급유할 필요가 없으며, 구리 분말과 주석, 흑연 분말을 혼합하여 휘발성 물질을 가한 후 가압 성형한 것이다. 이것은 너무 큰 하중이나 고속 회전부에는 부적당하다.

35. 오일리스 베어링에 대한 설명이다. 틀린 것은?

㉮ 다공질 재료에 윤활유를 함유하게 하여 항상 급유가 필요없다.
㉯ 주로 분말 야금법으로 제조된다.
㉰ 가장 많이 사용되는 것은 철계 오일리스 베어링이다.
㉱ 400℃에 비소결 후 800℃로 다시 소결시킨다.

[해설] 강인성이 낮으나 급유 횟수를 줄일 수 있으며, 급유에 의하여 오염되거나 손상될 염려가 있는 베어링이다. 면하중 주변 속도가 크지 않을 때 사용한다.

36. 다음 중 배빗 메탈(babbit metal)이란?

㉮ Sb를 기지로 한 화이트 메탈
㉯ Sn을 기지로 한 화이트 메탈
㉰ Pb를 기지로 한 화이트 메탈
㉱ Zn을 기지로 한 화이트 메탈

[해설] 주석을 기지로 한 화이트 메탈(white metal)을 배빗 메탈(babbit metal)이라 하며, 우수한 베어링 합금이다.

37. 알루미늄 청동이 황동이나 청동에 비해 우수한 점이 아닌 것은?

㉮ 내식성   ㉯ 내열성   ㉰ 내마멸성 ㉱ 주조성

38. 다음 중 자기 풀림 현상이 일어나는 것은?

㉮ 인청동   ㉯ 납청동
㉰ 베어링용 청동   ㉱ 알루미늄 청동

39. 암스 청동과 관계가 있는 것은?

㉮ 청동 주물   ㉯ 납청동
㉰ 인청동   ㉱ 알루미늄 청동

40. 알루미늄 청동에 철, 망간, 니켈, 규소, 아연 등을 첨가한 강력한 알루미늄 청동은?

㉮ 청동 주물   ㉯ 암스 청동
㉰ 납청동   ㉱ 켈밋

41. 다음 중 구리에 납을 주입한 베어링 합금은?

㉮ 켈밋(kelmet)
㉯ 코슨(corson)
㉰ 암스 청동(arms bronze)
㉱ 네이벌 황동(neval brass)

42. 황동에 대한 설명 중에서 틀린 것은?

㉮ 아연이 30% 내외인 α-고용체를 7·3 황동이라 한다.
㉯ 아연이 40% 내외인 α와 β의 것을 6·4 황동이라 한다.
㉰ 아연이 20% 이상인 것이 δ-고용체이며 연성이 크다.
㉱ 아연이 50% 이상인 것이 γ-고용체이며 메짐이 크다.

43. 청동은 주석이 몇 % 이상일 때 경도가 급격히 커지는가?

㉮ 5%   ㉯ 10%   ㉰ 15%   ㉱ 20%

44. 청동에서 연신율은 주석이 몇 %일 때 최대가 되는가?

㉮ 4%   ㉯ 12%   ㉰ 18%   ㉱ 24%

45. 청동을 나타내는 재료의 기호는?

㉮ BsC   ㉯ BMC   ㉰ DC   ㉱ BC

46. 구리에 주석 10%, 아연 2% 정도를 함유한 합금은?

㉮ 톰백   ㉯ 델타 메탈
㉰ 문츠 메탈   ㉱ 포금

47. 다음 중 인청동의 특징이 아닌 것은?

㉮ 탄성이 크다.   ㉯ 내산성이 크다.
㉰ 내마멸성이 크다.   ㉱ 내식성이 크다.

48. 합금을 냉간 가공한 것으로 탄성 및 내피로성이 높으므로 스프링 재료로 쓰이는 것은?

㉮ 청동   ㉯ 연황동   ㉰ 인청동   ㉱ 황동

49. 청동 원소의 주요 성분은?

㉮ Cu-Sn ㉯ Cu-Zn ㉰ Cu-Pb ㉱ Cu-Ni

[정답] **35.** ㉰ **36.** ㉯ **37.** ㉱ **38.** ㉱ **39.** ㉱ **40.** ㉯ **41.** ㉮ **42.** ㉰ **43.** ㉰ **44.** ㉮ **45.** ㉱ **46.** ㉱ **47.** ㉯ **48.** ㉰
49. ㉮

▶ 3. 기타 비철금속과 그 합금

3-1 마그네슘과 그 합금

1 Mg의 제법

마그네사이트($MgCO_3$), 소금 앙금 $\xrightarrow{\text{전기분해 또는 환원처리}}$ $MgCl_2$, MgO $\xrightarrow{\text{용융전해}}$ Mg

2 Mg의 성질

① **물리적 성질** : 비중 1.74(실용 금속 중 최소), 용융점 650℃, 조밀육방격자, 산화 연소가 잘 된다.

② **기계적 성질** : 인장 강도 17kgf/mm²(166.6MPa), 연신율 6%, 경도(H_B) 33, 재결정 온도 150℃, 냉간 가공성이 나쁘므로 300℃ 이상에서 열간 가공한다.

③ **화학적 성질** : 산, 염류에 침식되나 알칼리에는 강하다. 습한 공기 중에서 산화막 형성 내부 보호. 해수에는 특히 약하여 H_2를 방출하며 용해된다(Mn으로 방지).

④ **Mg의 용도** : Al합금용, 구상흑연주철 재료, Ti제련용, 사진용 플래시 등이 있다.

⑤ **Mg 합금의 특징** : 인장 강도 15~33kgf/mm²(147~323.4MPa), 절삭성이 뛰어나다. Al, Zn, Mn 등을 첨가하여 내식성, 연신율을 개선한다.

⑥ **Mg 합금(Al이 주축)의 종류**

  ㈎ Mg-Al계 합금(Al 4~6% 첨가) : 다우메탈(Daw-metal)이 대표, 주조, 단조, 용해가 쉽다.

   ㉮ 인장강도 : Al 6%에서 최대

   ㉯ 연신율 : Al 4%에서 최대

   ㉰ 경도 : Al 10%에서 급격히 증가

  ㈏ Mg-Al-Zn계 합금(Al+Zn : 10% 이하 첨가) : 일렉트론(electron)이 대표로 Al이 많은 것은 고온 내식성 향상, Al+Zn이 많은 것은 주물용 재료 주조용으로 사용, 내열성이 크므로 내연기관 피스톤에 사용한다.

3-2 니켈, 티탄과 그 합금

1 니켈(Ni)의 성질

① **물리적 성질** : 비중 8.9, 용융점 1455℃, 면심입방격자, 은백색, 전기 저항이 크다. 상온에서 강자성체(360℃에서 자기 변태로 고온에서는 자성을 잃는다.)

② **기계적 성질** : 연성이 크고 냉간 및 열간 가공이 쉽다.(열간 가공 : 1000~1200℃, 재결정 : 530~660℃, 풀림 상태의 인장 강도 : 40~50kgf/mm²(392~490MPa), 연신율 : 30~45%, 경도(H_B) : 80~100)

③ **화학적 성질** : 내식성, 내열성이 우수하다.

2 니켈(Ni)의 용도

화학 및 식품 공업용, 진공관, 화폐, 도금 등에 사용한다.

❸ Ni 합금

기계 구조용, 전기 저항용, 불변 계수용, 내식 및 내열용으로 분류한다.

① Ni-Cu계 합금

(가) 콘스탄탄(constantan) : Ni 45%, 열전대, 전기 저항선에 사용한다.

(나) 어드밴스(advance) : Ni 44%, Mn 1%, 정밀 전기의 저항선이다.

(다) 모넬 메탈(monel metal) : Ni 65~70%, Cu · Fe 1~3%, 화학공업용, 강도와 내식성 탁월하다.

② Ni-Fe계 합금

(가) 인바(invar) : Ni 36%, 길이가 불변, 표준자, 바이메탈용

(나) 엘린바(elinvar) : Ni 36%, Cr 12%, 탄성 불변, 시계 부품, 소리굽쇠용

(다) 플래티나이트(platinite) : Ni 42~46%, Cr 18%, 열팽창이 작음, 전구, 진공관 도선용

(라) 퍼멀로이(permalloy) : Ni 75~80%, 투자율이 큼, 지심재료, 장하 코일용

(마) 니칼로이(nickalloy) : Ni 50%, 자기유도계수가 큼, 해저 송전선에 사용

③ 내식, 내열용 합금

(가) 인코넬(inconel) : Ni에 Cr, Fe 첨가
(나) 하스텔로이(hastelloy) : Ni에 Mo, Fe 첨가 } 내식성 우수, 내열용으로도 쓰인다.

(다) 크로멜(cromel) : Ni에 Cr 10% 첨가
(라) 알루멜(alumel) : Ni에 Al 2% 첨가 } 열전대 재료, 소량의 Mn, Si를 첨가한다.

(마) 니크롬(nicrom)선 : Ni에 Cr 15~20% 첨가, 내열성 우수, 전열선으로 사용한다.

❹ 티타늄(Ti)의 성질 및 용도

① **성질** : 비중 4.5, 용융점 1800℃, 인장 강도 490MPa, 비강도가 가장 크다.

② **장점** : 고온 강도, 내식성, 내열성 우수.

  단점 : 절삭성, 주조성 나쁘다.

③ **용도** : 비강도가 크므로 초음속 항공기 외판, 송풍기의 프로펠러 등에 사용한다.

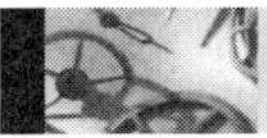

3-3 아연, 주석, 납과 그 합금

❶ 아연(Zn)과 그 합금

① **Zn의 성질** : 비중 7.13, 용융점 419℃, 조밀육방격자, 염기성 표면 산화막 형성

② **Zn의 용도** : 황동, 철제도금(아연도금판), 인쇄판, 다이캐스트용

③ **Zn 합금** : 다이캐스트 합금(Zn-Al, Zn-Al-Cu계 사용), 특히 Al 4% 첨가한 것을 마작(mazak) 또는 자막(zamak)이라 한다.

❷ 주석(Sn)과 그 합금

① **Sn의 성질** : 비중 7.3, 용융점 232℃, 인체에 독성이 없으므로 식기에 사용, 내식성 우수

② **Sn의 용도** : 청동, 철제도금(함석 또는 양철판), 땜납, 선박용, 베어링 메탈용

❸ 납(Pb)과 그 합금

① **Pb의 성질** : 비중 11.35, 용융점 327℃, 연신율 50%, 면심입방격자, 가공경화가 안 된다.
② **Pb의 용도** : 수도관(피막 형성), 내산용 기구, 방사선 방어용, 땜납, 활자 합금 등에 사용

❹ 베어링용 합금

화이트 메탈(WM)은 Sn-Cu-Sb-Zn의 합금(저속기관의 베어링으로 사용)

❺ 저융점 합금

Sn보다 융점이 낮은 합금. 퓨즈, 활자, 정밀 모형에 사용한다.
저융점 합금의 종류는 크게 Bi-Pb-Sn-Cd로 구분하며, 명칭은 우드메탈, 뉴톤합금, 로즈합금, 리포위츠 합금이 있다.

❻ 땜납 합금

① **연납** : Pb-Sn 합금 (Sn 40~50%가 주로 사용), 용제는 $ZnCl$, NH_3Cl, 송진 등
② **경납** : 427℃ 이상의 융점을 갖는 납. 황동납, 동납, 금납, 은납 등

3-4 귀금속, 희유금속, 신금속

❶ 귀금속

금, 은, 백금(면심입방격자)은 비중이 크고 연전성 및 가공성이 우수하며, 화학적 성질이 뛰어나다.

❷ 희유금속

① 고순도 Ge(반도체 재료)　② 고순도 Si(트랜지스터 재료)　③ Se 반도체 및 정류기용
④ Te(쾌삭성 최대)　⑤ In(항공기용 재료)　⑥ 기타 : U, Th, Li, Ta, Bi, Cd, Hg 등

❸ 신금속

신금속이라 함은 신개발 금속, 또는 기존 금속이라도 고순도 및 특수 목적으로 사용되는 것을 말하며 대부분 희유금속에 속하는 것이 많다.
■ 용도 : 항공 및 우주항행용, 원자로형, 전자 공업용, 특수 합금용 등

예 상 문 제

1. 니켈, 철, 구리 합금으로 내식성이 우수하고 주조성, 단련성이 풍부하여 화학공업용으로 널리 사용되는 합금은?

㉮ 퍼멀로이 　　　㉯ 텅갈로이
㉰ 모넬 메탈 　　　㉱ 문츠 메탈

2. 니켈 합금의 종류이다. 화폐, 자동차 방열기 등에 사용되는 니켈 구리 합금은 Ni 함유량이 얼마 정도 되는가?

㉮ 15% 　　　㉯ 20%
㉰ 25% 　　　㉱ 32%

[해설] ㉮ 베네딕트 메탈 ㉯ 큐브로이 니켈 : 관류 제조 ㉰ 백동 ㉱ 양백 : 전기 저항선

3. 다음 중 배빗 메탈(babbitt metal)이란?

㉮ Sb를 기지로 한 화이트 메탈
㉯ Sn을 기지로 한 화이트 메탈
㉰ Pb를 기지로 한 화이트 메탈
㉱ Zn을 기지로 한 화이트 메탈

[해설] 주석을 기지로 한 화이트 메탈(white metal)은 배빗 메탈(babbitt metal)이라 하며, 우수한 베어링 합금이다.

4. 마그네슘에 대한 성질들이다. 이에 속하지 않는 것은 어느 것인가?

㉮ 알칼리성에는 견디나, 산이나 염류에는 침식된다.
㉯ 비중이 1.74이며, 실용 금속 중 제일 가볍다.
㉰ 면심입방격자로 되어 있다.
㉱ 고온에서 발화하기 쉽다.

[해설] Mg은 조밀육방격자이며, Mg 합금은 항공기, 전기 기기, 광학 기계 등에 사용한다.

5. 다음 중 마그네슘의 원료가 아닌 것은 어느 것인가?

㉮ 보크사이트 　　　㉯ 마그네사이트
㉰ 마그네시아 　　　㉱ 간수

6. 다음 중 Mg−Al−Zn계 합금의 대표적인 것은?

㉮ 다우메탈 　　　㉯ 일렉트론(electron)
㉰ 하이드로날륨 　　　㉱ 라우타

[해설] 마그네슘 합금에는 알루미늄을 첨가한 다우메탈(dowmetal)과 알루미늄, 아연을 첨가한 일렉트론(electron)이 있다.

7. 니켈에 대한 설명 중 틀린 것은?

㉮ 아름다운 흰색의 금속으로 내식성, 전연성이 풍부하다.
㉯ 비중 8.85, 융점이 1455℃인 면심입방격자이다.
㉰ 전기 저항이 크다.
㉱ 상온 및 고온 가공이 용이하며 상온에서 강자성체이다.

[해설] ① 비중 8.9, 융점 1455℃
② 가공성이 좋고 내식성(염류)이 좋은 은백색의 금속이다.
③ 순수한 니켈로 쓰이는 일은 거의 없고 주로 구조용 특수강, 스테인리스강, 내열강 등의 합금 원소로 가장 많이 사용된다.

8. Ni은 몇 ℃ 이상에서 자성(磁性)을 잃게 되는가?

㉮ 200℃ 　　　㉯ 260℃
㉰ 300℃ 　　　㉱ 360℃

9. 다음 중 진공관의 필라멘트 재료로 많이 이용되는 것은?

㉮ 크로멜(chromel)
㉯ 인코넬(inconel)
㉰ 니크롬(nichrome)
㉱ 모넬 메탈(monel metal)

[해설] 니켈 합금의 내식용 및 내열용 합금에는 니켈에 크롬, 철을 함유한 인코넬과 철 및 몰리브덴을 첨가한 하스텔로이(hastelloy)가 있다. 이외에 니켈−크롬에 망간, 규소를 다소량 첨가한 크로멜(chromel)이 있어 열전대 재료로 쓰인다.

10. 니켈 합금이 아닌 것은?

㉮ 콘스탄탄 　　　㉯ 백동
㉰ 인코넬 　　　㉱ 에버듀르

정답　1. ㉰　2. ㉰　3. ㉯　4. ㉰　5. ㉮　6. ㉯　7. ㉮　8. ㉮　9. ㉰　10. ㉱

04 비금속 기계 재료

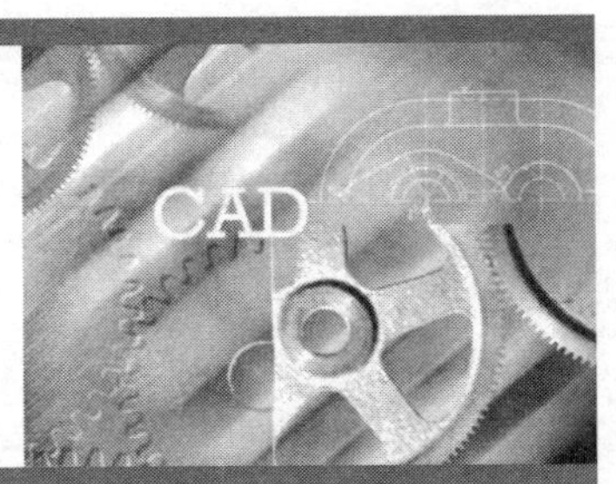

▶ 1. 무기 재료

1-1 무기 재료의 정의

비금속 무기질의 분체(粉體)를 성형, 소결하여 얻을 수 있는 다결정질의 소결체이다.

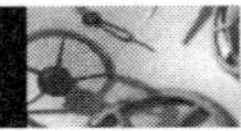

1-2 무기 재료의 특징

① 융점이 높고 실온 및 고온에서 변형 저항이 크다.
② 내열성, 내식성이 높다.
③ 밀도와 선팽창계수가 작다.
④ 자유전자가 없으므로 전기 절연체이다.
⑤ 열전도율이 낮다.
⑥ 유리처럼 빛을 투과하는 것이 많다.
⑦ 취성 파괴의 특성이 있다.

1-3 무기 재료의 원료

① **실리카(규석, 珪砂)**
 ㈎ 이산화규소(규산, SiO_2)라고도 한다.
 ㈏ 모래의 주요 성분이다.
 ㈐ 비가소성이다.
 ㈑ 육각기둥 모양의 결정 형태를 갖는 것은 석영(石英)이라고 부른다.
② **점토 광물**
 ㈎ 점토의 주성분이다.

㈏ Al, Mg, Fe 등을 함유한 규산염이다.

㈐ 물을 혼합하면 가소성과 점착성을 가지므로 성형이 용이하다.

③ 장석(長石)

㈎ 지구의 표층에 가장 많은 알루민규소로 이루어진 점토 광물이다.

㈏ 도자기를 만들 때 규석질과 점토질을 서로 잘 붙게 하는 원료이다.

④ 석고(石膏)

㈎ 황산칼슘($CaSO_4 \cdot 2H_2O$)을 주성분으로 하는 황산염 광물이다.

㈏ 장식품이나 미술품에 사용된다.

㈐ 시멘트의 응결 시간을 조절할 목적으로 사용된다.

⑤ 석회(石灰)

㈎ 산화칼슘(CaO)의 통칭이다.

㈏ 수산화칼슘(소석회), 탄화칼슘(석회석)을 포함한 말이다.

㈐ 석회석을 950~1100℃에서 태워 만든다.

㈑ 포틀랜드 시멘트의 주원료이다.

 1-4 유리

고온의 액체 상태인 무기질 재료를 냉각할 때 결정화하지 않고 점차 점성이 증가되어 유동성을 잃어 비정질의 고체가 된 것을 유리(glass)라고 부른다.
- 열역학적으로 비평형한 상태의 망목형 고체이다.
- 무정형 상태, 즉 어모포스(amorphous)의 대표적인 물질이다.

1 유리의 분류

유리 명칭	주요 성분	특징 및 용도
소다석회 유리(크라운 유리)	$SiO_2 - Na_2O - CaO$	창유리, 범용 유리
석영 유리(수정 포함)	SiO_2	진동자, 장식품
붕규산 유리	$SiO_2 - H_3BO_3$	이화학, 의료 기구, 약품 용기
납유리(크리스탈 유리)	$SiO_2 - PbO$	광학 유리, 이화학용, 장식품
유약	–	도자기의 유약

2 신유리(new galss)

① **신유리의 정의** : 무정형 물질이 가진 기능 중 특정의 기능에 주목해서 그 기능을 최대한 발휘하도록 화학 조성, 순도, 미세 조직, 형태를 제어하여 제조 가공된 무기질의 무정형 재료 및 무정형 재료의 결정화에 의해 얻을 수 있는 재료를 말한다.

② **신유리의 용도** : 통신용 유리, 레이저용 유리, 평면 디스플레이용 기판 유리, 메모리 디스크 기판용 유리, 고강도 결정화 유리, 강화 유리, 유리 섬유

1-5 시멘트

① 시멘트는 석회석과 규산질 점토를 기본 원료로 한다.
② 기본 조성은 $CaO-SiO_3-Al_2O_3$이다.
③ 물과 골재를 혼합한 콘크리트 형태로 사용된다.
④ 시멘트에 물만 더하여 응고시킨 것은 모르타르(mortar)라 한다.

1-6 도자기

① 도자기는 넓은 의미에서의 세라믹스이다.
② 점토를 주원료로 하고 규산질 장석과 석영을 배합한 재료를 성형, 소성한 소결 제품의 총칭이다.
③ 조성, 유약 및 소성 온도의 차이에 의해 토기, 도기, 석기, 자기 등으로 분류된다.
④ 내화물이나 건축용 제품은 제외한다.

1-7 파인 세라믹스

1 파인 세라믹스의 정의
고도로 정선된 원료를 이용해 정밀하게 제어된 화학 조성을 부여하고, 우수한 제어 공업의 제조 기술에 의해 제조 가공함으로써, 정확히 설계된 구조와 우수한 특성을 가지는 세라믹스를 말한다.

2 파인 세라믹스의 제조
일반적인 세라믹스는 점토, 도석, 석회석 등의 천연 소재로 만들어지는 반면 파인 세라믹스는 인공적인 재료를 치밀하게 제어하여 소성된다.

3 파인 세라믹스의 기능별 분류
① **구조용 세라믹스**
  (가) 엔지니어링 세라믹스 : 내열 재료, 내마모 재료(절삭 공구)
  (나) 일렉트로닉스 세라믹스 : 반도체, 자성체
② **기능성 세라믹스**
  (가) 바이오 세라믹스 : 인공 뼈, 인공 치아
  (나) 광학 세라믹스 : 광섬유
  (다) 초전도 세라믹스

4 파인 세라믹스의 성분별 분류
① **산화물계** : 연마제, 도가니, 단열재

② 비산화물계

　㉮ 탄화물계 : 절삭 공구, 연마제

　㉯ 질화물계 : 고온 기계 부품, 연마제, LSI 기판

　㉰ 보론화물계

▶ 2. 유기 재료

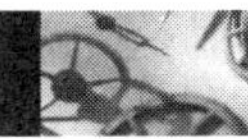 ## 2-1 유기 재료의 정의

① 고분자 재료와 거의 같은 의미로 사용되는 말이다.

② 유기 고분자 재료라고도 불린다.

③ 고분자 재료란 C, H, O, N을 주성분으로 하는 고분자 화합물의 총칭이다.

④ 분자의 주결합이 공유 결합을 하고 있는 화합물을 말한다.

⑤ 넓은 의미에서는 어모포스(무정형) 재료의 일종이다.

⑥ 플라스틱(합성수지), 고무, 섬유, 도료, 접착제 등이 있다.

2-2 플라스틱

1 플라스틱의 정의

① 플라스틱은 합성수지(synthetic resin) 또는 단순히 수지를 뜻하는 말이다.

② 고분자 화합물로서 인공적으로 유용한 형상으로 성형된 고체라고 정의된다.

③ 가열 · 성형하여 만들어지는 재료를 말한다.

2 플라스틱의 기계적 성질

① 인장강도가 약 98MPa로서 금속에 비해 작다.

② 비중이 0.91~2.3으로 금속이나 세라믹스에 비해 작다.

③ 비중에 비해 강도가 높다.(비강도(比强度)가 높다.)

④ 표면 경도가 낮아 내마모성, 내구성이 떨어진다.

⑤ 가공 및 성형이 용이하고 대량 생산이 가능하다.

3 플라스틱의 열적 성질

① 열전도성 : 금속에 비해 매우 낮다.

② 비열 : 0.2~0.6

③ 열안정성 : 열팽창은 금속보다 크다.

④ 일반적으로 내화성, 내열성이 나쁘다.

◢4 플라스틱의 화학적 성질
① 내식성, 내약품성, 전기 절연성 등이 우수하다.
② 연소할 때 유독 가스가 방출되는 것이 많다.
③ 태양 광선 등에 의해 열화하는 것이 많다.

◢5 플라스틱의 분류
① 범용 플라스틱
(가) 열가소성 플라스틱

종 류		기 호	특 징	용 도
폴리에틸렌		PE	무독성, 유연성	포장성 필름(지퍼백, 랩)
고밀도 폴리에틸렌		HDPE	경질 PE	샴푸 용기, 세제 용기
저밀도 폴리에틸렌		LDPE	연질 PE	마요네즈 용기, 롤비닐 봉투
폴리프로필렌		PP	가볍고, 열에 약함	로프, 섬유, 케이스
오리엔티드폴리프로필렌		OPP	투명성, 방습성	투명 테이프, 방습 포장
폴리염화비닐		PVC	내수성, 전기 절연성	수도관, 배수관, 전선 피복
스티롤계	폴리스티렌	PS	굳지만 충격에 약함	컵, 케이스
	아크릴니트릴스티렌	AS	인장 강도 우수, 내유성	선풍기 날개
	아크릴니트로부타디엔스티렌	ABS	내충격성	가전성형품, 자동차 부품
	발포 폴리스티렌	EPS	경량, 보온, 방음	건축용 단열재, 스티로폼
폴리메틸메타아크릴레이트		PMMA	빛의 투과율이 높음	광섬유
폴리사불화에틸렌		PTFE	발수성, 내약품성	테플론
폴리초산비닐		PVA	접착성	접착제, 껌

(나) 열경화성 플라스틱

종 류		기 호	특 징	용 도
페놀 수지		PF	강도가 크고, 내열성이 우수함	전기 부품, 베크라이트
불포화 폴리에스테르		UP	유리 섬유에 함침 가능	FRP용
아미노계	요소 수지	UF	접착성 우수	접착제
	멜라민 수지	MF	표면 경도가 크고, 내열성이 우수함	테이블 상판
폴리우레탄		PU	탄성, 내유성, 내한성	우레탄 고무, 합성 피혁
에폭시		EP	금속과의 접착력 우수	실링, 절연 니스, 도료
실리콘(silicone)			열안정성, 전기 절연성	그리스, 내열 절연재

② 엔지니어링 플라스틱

(가) 열가소성 엔지니어링 플라스틱

종 류	기 호	특 징	용 도
폴리옥시메틸렌	POM	강도가 크고, 내피로성, 내약품성이 우수함	가전품, 자동차 용품
폴리아미드	PA	경량, 고강도	나일론, 나사, 자동차 용품
폴리카보네이트	PC	내충격성 우수	차량의 창유리, 헬멧, CD
폴리페닐렌옥사이드	PPO/PPE	난연성	의료 기구, 전기 제품
폴리에틸렌테레프탈레이트	PET	기계적·전기적 특성 양호, 투명, 인장파열 저항성	사출성형품, 가전품
폴리부틸렌테레프탈레이트	PBT	고내열성, 고강도	전기, 전자 부품, 기계 부품

(나) 열경화성 엔지니어링 플라스틱 : 범용 플라스틱 중의 열경화성 플라스틱과 같은 종류의 플라스틱이 사용된다.

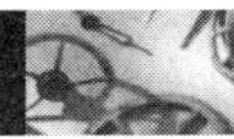

2-3 기타 유기 재료

목재, 섬유, 고무, 피혁, 접착제 등

▶ 3. 공구 재료

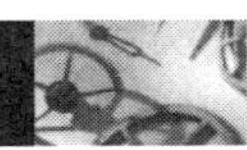

3-1 기어용 재료

플라스틱제 치차는 내마모성이 우수하고, 충격에 강하며 가볍고 소음이 적다. 윤활제가 필요 없으며 내식성이 양호하다. 페놀계 제품은 기계 및 자동차의 무소음 기어에 사용된다.

3-2 베어링용 재료

플라스틱제 베어링은 마찰 계수가 작고, 내식성과 내마모성이 우수하다. 가볍고 윤활성이 양호하며, 부식이 없다. 원료로는 요소 수지, 페놀계 수지, 아세탈 수지 등이 사용된다.

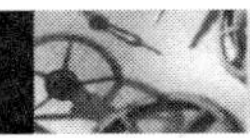

3-3 하우징용 재료

하우징용으로 사용되는 원료는 요소 수지, 페놀계 수지, 폴리카보네이트, 폴리에스테르 등이 사용된다. 충격 저항이 크고 가볍고 강하여 항공기 부품, 선체, 자동차 부품, 기계 장치 커버 등에 사용된다.

예 상 문 제

1. 다음 중 비금속 재료에 해당되지 않는 것은?
㉮ 고무 ㉯ 모르타르
㉰ 톰백 ㉳ 수지

2. 합성수지의 공통적 성질이 아닌 것은?
㉮ 가볍고 튼튼하다.
㉯ 성형성이 나쁘다.
㉰ 전기 절연성이 좋다.
㉳ 단단하나 열에 약하다.

[해설] ① 가볍고 튼튼하다(비중 1~1.5).
② 가공성이 크고 성형이 간단하다.
③ 전기 절연성이 좋다.
④ 산, 알칼리, 유류, 약품 등에 강하다.
⑤ 단단하나 열에 약하다.
⑥ 투명한 것이 많으며 착색이 자유롭다.
⑦ 비중과 강도의 비인 비강도가 비교적 높다.

3. 전기 기구, 식기, 판재 등에 사용되는 것은?
㉮ 페놀 수지 ㉯ 요소 수지
㉰ 멜라민 수지 ㉳ 실리콘 수지

4. 가소성 재료로서 화학적으로 합성시킨 수지를 무엇이라고 하는가?
㉮ 모르타르 ㉯ 플라스틱
㉰ 베이클라이트 ㉳ 래커

5. 플라스틱의 비중은 얼마 정도인가?
㉮ 0.5~1.2 ㉯ 1.0 이하
㉰ 0.9~2.3 ㉳ 1.9~5.0

6. 열경화성 수지가 아닌 것은?
㉮ 페놀 수지 ㉯ 요소 수지
㉰ 멜라민 수지 ㉳ 아크릴 수지

7. 열경화성 수지 중에서 경질성, 내식성이 있는 수지는?
㉮ 페놀 수지 ㉯ 요소 수지
㉰ 멜라민 수지 ㉳ 에포사이드 수지

[해설] 페놀 수지는 베이클라이트라고도 하며, 기계적 성질, 전기 절연성, 내식성이 우수하며 가격이 싸다.

8. 강도가 크고 투명도가 특히 좋은 수지는?

㉮ 스티롤 수지 ㉯ 염화 비닐
㉰ 폴리에틸렌 ㉳ 아크릴 수지

9. 열가소성 수지의 종류가 아닌 것은?
㉮ 폴리아미드 수지 ㉯ 페놀 수지
㉰ 폴리 염화비닐 수지 ㉳ 폴리에틸렌 수지

[해설] 열가소성 수지에는 폴리에틸렌 수지, 폴리 염화비닐 수지, 폴리아미드 수지, 폴리아세틸 수지 등이 있다.

10. 다음 중 베어링에 사용되지 않는 것은 어느 것인가?
㉮ 테플론 ㉯ 베이클라이트
㉰ 경질고무 ㉳ 모르타르

[해설] 모르타르란 시멘트와 모래를 물로 혼합한 것이다.

11. 기어, 등산용 기구용품, 뛰어난 전기 특성을 이용한 코드 커넥터 등은 사출 금형으로 만들어진다. 이 때 사용되는 합성수지는?
㉮ 페놀 수지 ㉯ 폴리에틸렌
㉰ 폴리에스테르 수지 ㉳ 에폭시 수지

12. 다음 중 무색·투명하여 내수성, 전기 절연성이 좋고 산·알칼리에도 강하며 120~180℃로 가열하면 끈끈한 액체가 되어 사출 성형 재료로 사용되는 수지는?
㉮ 폴레에스테르 수지 ㉯ 페놀 수지
㉰ 아크릴 수지 ㉳ 요소 수지

13. 다음 중 주로 선 모양의 고분자로 이루어진 것으로 가열하면 부드럽게 되어 가소성을 나타내는 열가소성 수지가 아닌 것은?
㉮ 폴리스티렌 ㉯ 아크릴 수지
㉰ 폴리에틸렌 ㉳ 페놀 수지

14. 다음 중 기계적 강도가 크고 내열성이 좋아 기어 베어링 케이스 등에 사용되는 열경화성 재료가 아닌 것은?
㉮ 아크릴 수지 ㉯ 페놀 수지
㉰ 요소 수지 ㉳ 실리콘 수지

15. 열경화성 플라스틱으로 요리도구의 손잡이, 브

정답 1. ㉰ 2. ㉯ 3. ㉮ 4. ㉯ 5. ㉰ 6. ㉳ 7. ㉮ 8. ㉳ 9. ㉯ 10. ㉳ 11. ㉮ 12. ㉮ 13. ㉳ 14. ㉮
15. ㉰

레이크 부품 등에 사용되는 것은 어느 것인가?

㉮ PVC
㉯ 아크릴
㉰ 멜라민
㉱ 폴리에틸렌

16. 다음 중 무기 재료의 특징이 아닌 것은?

㉮ 융점이 낮다.
㉯ 선팽창계수가 작다.
㉰ 전기 절연체이다.
㉱ 열전도율이 낮다.

[해설] 무기 재료의 특징
① 융점이 높고 실온 및 고온에서 변형 저항이 크다.
② 밀도와 선팽창계수가 작다.
③ 자유전자가 없으므로 전기 절연체이다.
④ 열전도율이 낮다.
⑤ 취성 파괴의 특성이 있다.

17. 무기 재료의 원료 중 이산화규소라고도 하며 모래의 주요 성분인 것은?

㉮ 실리카
㉯ 점토 광물
㉰ 장석
㉱ 석고

[해설] 실리카
① 이산화규소(규산, SiO_2)라고도 한다.
② 모래의 주요 성분이다.
③ 비가소성이다.
④ 육각기둥 모양의 결정 형태를 갖는 것은 석영이라고 부른다.

18. 다음 중 무기 재료가 아닌 것은?

㉮ 유리
㉯ 시멘트
㉰ 파인 세라믹스
㉱ 에폭시

19. 다음 중 진동자로 사용되는 유리의 종류는?

㉮ 소다석회 유리
㉯ 석영 유리
㉰ 붕규산 유리
㉱ 납유리

20. 파인 세라믹스의 종류 중 인공 뼈나 인공 치아에 사용되는 것은?

㉮ 엔지니어링 세라믹스
㉯ 일렉트로닉스 세라믹스
㉰ 바이오 세라믹스
㉱ 광학 세라믹스

21. 다음 중 유기 재료가 아닌 것은?

㉮ 플라스틱
㉯ 고무
㉰ 석회
㉱ 섬유

[해설] 유기 재료에는 플라스틱, 고무, 섬유, 도료, 접착제 등이 있다.

22. 플라스틱의 기계적 성질 중 잘못된 것은?

㉮ 비강도가 낮다.
㉯ 표면 경도가 낮다.
㉰ 성형이 용이하다.
㉱ 대량 생산이 가능하다.

[해설] 플라스틱은 비중에 비해 강도가 높다.

23. 플라스틱 중 내수성과 전기 절연성이 우수하므로 주로 배수관이나 전선 피복에 사용되는 것은?

㉮ PE
㉯ PP
㉰ PVC
㉱ PS

24. 다음 중 열가소성 플라스틱이 아닌 것은?

㉮ PP
㉯ PMMA
㉰ PVA
㉱ PU

25. 엔지니어링 플라스틱 중 내충격성이 우수하여 차량의 창유리나 헬멧에 사용되는 것은?

㉮ POM
㉯ PA
㉰ PC
㉱ PET

05 신소재

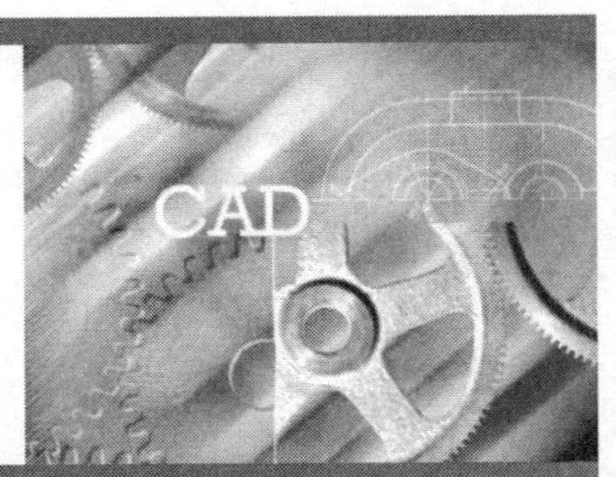

 신소재

① **형상 기억 합금(shape memory alloy)** : 형상 기억 합금에는 Ti-Ni, Cu-Zn-Si, Cu-Zn-Al 등이 있으며, 이를 이용한 제품은 다음과 같다.

형상 기억 합금	용　　　　도
Ti-Ni	기록계용 펜 구동 장치, 치열 교정용, 안경테, 각종 접속관, 에어컨 풍향 조절 장치, 전자 레인지용 개폐기, 온도 경보기
Cu-Zn-Si	직접 회로 접착 장치
Cu-Zn-Al	온도 제어 장치

② **제진 합금(damping alloy)** : 기계 장치의 표면에 접착하여 그 진동을 제어하기 위한 재료로서 Mg-Zr, Mn-Cu, Ti-Ni, Cu-Al-Ni, Al-Zn, Fe-Cr-Al 등이 있다.

③ **복합 재료(composite material)** : 2종 이상의 소재를 복합하여 물리적, 화학적으로 다른 상을 형성하여 다른 기능을 발휘하는 재료이다.

④ **초전도 재료** : 어떤 재료를 냉각하였을 때 임계 온도에 이르러 전기 저항이 0이 되는 것으로 초전도 상태에서 재료에 전류가 흘러도 에너지의 손실이 없고, 전력 소비 없이 대전류를 보낼 수 있다. 선재료로는 Nb-Zr계 합금과 Nb-Ti계 합금이 있다.

⑤ **자성 재료** : 자기 특성상 경질 자성 재료와 연질 자성 재료로 구분한다.

분　　　류	용　　　　　도
경질 자성 재료(영구 자석 재료)	희토류-Co계 자석, 페라이트 자석, 알니코 자석, 자기 기록 재료, 반경질 자석
연질 자성 재료(고투자율 재료)	연질 페라이트, 전극 연철, 규소강, 45 퍼멀로이, 78 퍼멀로이, Mo 퍼멀로이

⑥ **초소성 합금** : 고온 크리프의 일종으로 고압을 걸지 않는 단순 인장 시점에서 변형되지 않고 정상적으로 수백 퍼센트(%) 연신되는 합금을 말한다.

⑦ 반도체

반도체 재료와 종류

분　류	족	종　　류
원소 반도체	IV	Si (트랜지스터, 태양 전지, IC), Ge (트랜지스터)
	VI	Se (광전 소자, 정류 소자)
화합물 반도체	II~VI	ZnO (광전 소자), ZnS (광전 소자), BaO, CdS, CdSe
	III~V	GaAs (레이저), InP (레이저), InAs, InSb (광전 소자)
	IV~VI	GeTe (발전 소자), PbS (광전 소자), PbSe, PbTe (광전 소자, 열전 소자)
	V~VI	Se_2Te_3 (발전 소자), $BiSe_3$ (발전 소자), VO_2
	기　타	Gs_3Sb, Cu_2O (정류 소자), ZnSb, SiC, $AsSbTe_2$, $AsBiS_2$

1. 다음 중 실용 형상 기억 합금이 아닌 것은?

　㉮ Ti−Ni　　　　　㉯ Cu−Zn−Si
　㉰ Cu−Zn−Al　　　㉱ 탄소강

2. 온도 제어 장치에 실용되는 형상 기억 합금은?

　㉮ Ti−Ni　　　　　㉯ Cu−Zn−Si
　㉰ Cu−Zn−Al　　　㉱ Al−Cu−Mg−Ni

3. 다음 중 제진 합금의 종류가 아닌 것은?

　㉮ Mg−Zr　　　　　㉯ Mn−Cu
　㉰ Ti−Ni　　　　　㉱ Cu−Zn

4. 다음 중 최근 절삭 공구 지지용으로 사용되는 제진 합금은?

　㉮ 젠달로이　　　　㉯ 소노스톤
　㉰ 사일렌탈로이　　㉱ 인크라뮤트

5. 형상 기억 합금과 관련된 설명으로 틀린 것은?

　㉮ 외부의 응력에 의해 소성 변형된 것이 특정 온도 이상으로 가열되면 원래의 상태로 회복되는 현상을 형상 기억 효과라 한다.
　㉯ 형상 기억 효과를 나타내는 합금을 형상 기억 합금이라 한다.
　㉰ 형상 기억 효과에 의해서 회복할 수 있는 변형량에는 일정한 한도가 있다.

　㉱ Ti−Ni계 합금의 특징은 Ti과 Ni의 원자비를 1:1로 혼합한 금속간 화합물이지만 소성 가공이 불가능하다는 특성이 있다.

　[해설] Ti−Ni계 합금은 Ti과 Ni의 원자비를 1:1로 혼합한 금속간 화합물이지만, 소성 가공이 가능하다는 특성이 있다.

6. 형상 기억 합금으로 가장 대표적인 합금은?

　㉮ Ti−Ni　　　　　㉯ Ti−Cu
　㉰ Fe−Al　　　　　㉱ Fe−Cu

　[해설] 대표적인 형상 기억 합금으로는 Ti−Ni계 합금이 있다.

7. 형상 기억 합금은 어떤 성질을 이용한 것인가?

　㉮ 전기　　　　　　㉯ 자기
　㉰ 하중　　　　　　㉱ 온도

　[해설] 형상 기억 합금은 가열에 의해 원래의 성질로 돌아가는 성질을 말한다.

8. 형상 기억 합금은 다음 중 금속의 어떤 성질을 이용한 것인가?

　㉮ 탄성 변형　　　　㉯ 확산
　㉰ 질량 효과　　　　㉱ 마텐자이트 변태

　[해설] 마텐자이트의 정변태, 역변태의 원리를 이용한 것이다.

9. 처음에 주어진 특정 모양의 것을 인장하거나 소성

변형된 것이 가열에 의하여 원래의 모양으로 되돌 아가는 합금은 다음 중 어느 것인가?

㉮ 초탄성 합금 ㉯ 형상 기억 합금
㉰ 초소성 합금 ㉱ 비정질 합금

[해설] 형상 기억 합금 : 일정 온도 이상의 범위로 가열 하면 변형 전의 상태로 돌아가는 특성을 가지고 있다.

10. 다음 중 기능성 특성 재료가 아닌 것은?

㉮ 형상 기억 합금 ㉯ 초소성 합금
㉰ 제진 합금 ㉱ 초경합금

[해설] 초경합금은 분말 합금 재료이다.

11. 내식성, 내마모성, 내피로성 등이 좋은 형상 기 억 합금은 어느 것인가?

㉮ Ni-Si ㉯ Ti-Ni
㉰ Ti-Zn ㉱ Ni-Si

[해설] Ti-Ni 합금은 내식성, 내마모성, 내피로성 등 은 우수하나 값이 비싸고 제조하기 어렵다.

12. 초소성(SPF) 재료에 대한 다음 설명 중 틀린 것은?

㉮ 금속 재료가 유리질처럼 늘어나며 $300 \sim 500\%$ 이상의 연성을 갖는다.
㉯ 초소성은 일정한 온도 영역에서만 일어난다.
㉰ 초소성의 재질은 결정 입자 크기가 클 때 잘 일어난다.
㉱ 니켈계 초합금의 항공기 부품 제조 시 이 성 질을 이용하면 우수한 제품을 만들 수 있다.

[해설] 초소성 재료는 초소성 온도 영역에서 결정 입자 크기를 미세하게 유지해야 한다.

13. 초소성 합금의 성질은?

㉮ 잘 늘어난다. ㉯ 경도가 크다.
㉰ 취성이 크다. ㉱ 보자력이 크다.

[해설] 초소성은 금속 재료가 유리질처럼 잘 늘어나는 성질이다.

14. 초소성 재료는 일정 온도 영역과 변형 속도에서

유리질처럼 $300 \sim 500\%$ 이상의 인성을 가지게 된다. 이러한 초소성을 얻기 위한 조직의 조건 중 맞지 않는 것은?

㉮ 약 $10^{-4}\mathrm{s}^{-1}$의 변형 속도로 초소성을 기대한다 면 결정립의 크기는 수 μ이어야 한다.
㉯ 초소성 온도에서 변형 중의 미세 조직을 유 지하려면 모상의 결정 성장을 억제하기 위해 제2상이 수%~50% 존재하는 것이 좋다.
㉰ 제2상의 강도는 원칙적으로 모상보다 높아 야 한다.
㉱ 제2상이 단단하면 모상 입계에서 공공이 생 기기 쉽고, 입계슬립이나 전위 밀도는 원자 의 확산 이동이 저지된다.

[해설] 제2상의 강도는 원칙적으로 모상과 같은 정도인 것이 좋다.

15. 초소성 재료의 특징을 열거한 것이다. 이 중 맞 지 않는 것은 어느 것인가?

㉮ 초소성은 일정한 온도 영역과 변형 속도의 영역에서만 나타난다.
㉯ $300 \sim 500\%$ 이상의 연성을 가질 수 없다.
㉰ 결정 입자가 극히 미세하며 외력을 받았을 때 슬립 변형이 쉽게 일어난다.
㉱ 결정 입자는 10μ 이하의 크기로서 등방성이다.

[해설] 초소성 재료는 $300 \sim 500\%$ 이상의 연성을 갖는다.

16. 다음 중 금속 재료가 유리질처럼 늘어나는 특수 한 성질을 가진 재료는?

㉮ 초소성 재료 ㉯ 초탄성 재료
㉰ 형상 기억 합금 ㉱ 수소 저장 합금

[해설] 초소성 재료 : 금속 재료가 유리질처럼 늘어나는 특수한 성질을 가진 재료

17. 고순도의 규소 반도체를 얻는 물리적 정제법은?

㉮ 플로팅존법 ㉯ 존레벨링법
㉰ 브리지 벤법 ㉱ 인상법

[해설] Si는 불순물의 농도가 높아 다시 물리적인 정제 법으로 고순도의 반도체를 얻는데, 이에는 플로팅존법 (floating zone method)이 주로 이용된다.

VI
CAD 일반

제1장 CAD 시스템

제2장 CAD 시스템에 의한 도형 처리

01 CAD 시스템

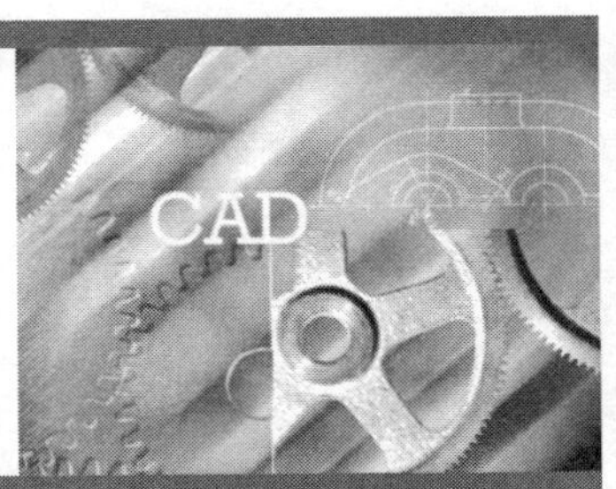

▶ 1. CAD란 무엇인가?

1-1 CAD란?

CAD란 computer aided design 의 약어로 컴퓨터를 이용한 설계, 컴퓨터 지원 설계, 컴퓨터에 의한 설계(컴퓨터 설계), 전산 응용 설계 등으로 번역되고 있다. 이것은 컴퓨터의 신속한 계산 능력이나 많은 기억 능력, 해석 능력을 이용해서 설계 작업을 하거나 제도 작업을 하는 것을 말한다. 초기의 CAD는 컴퓨터 등의 계산 능력이 떨어지고, 단순 도면 작성 기능밖에 할 수 없었던 것을 computer aided drafting의 약어로 CAD라 부르기도 하였다. 또 유능한 조수로서의 의미로 clever assistant designer의 약어로 쓰기도 하였다.

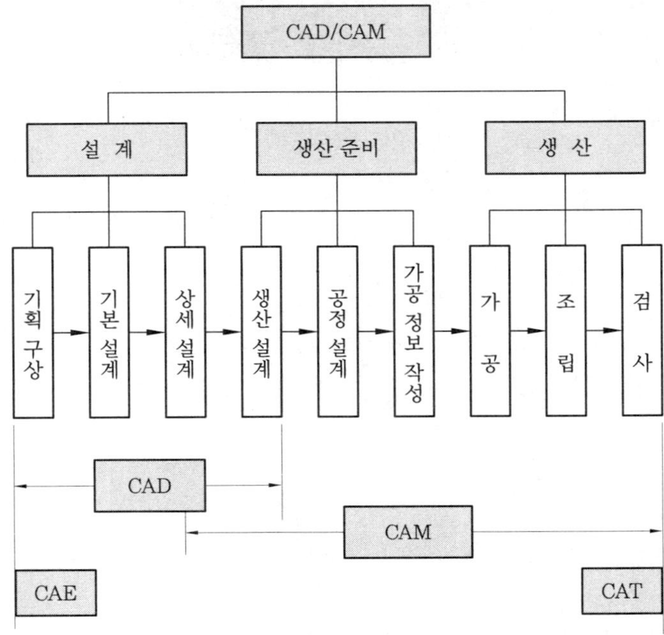

CAD/CAM의 적용 범위

1-2 설계 작업의 기본 단계

① 설계자의 이미지를 도면상에 구체화하여 구상을 정리하는 단계 : 기획 구상 · 기본 설계
② 역학적인 계산, 해석 및 시뮬레이션 등을 통하여 설계의 타당성을 상세하게 검토하는 단계 : 상세 설계
③ 상세 설계의 결과를 토대로 하여 도면 또는 시방서 등에 작성하는 단계 : 제도, 시방서 작성
④ 제조 부문에서 사용하는 데이터를 작성하는 단계 : 생산 데이터 작성

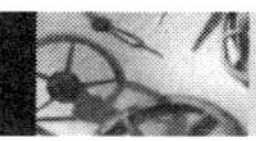

1-3 관련 용어 설명

① CAM(computer aided manufacturing) : 생산 계획, 제품 생산 등 생산에 관련된 일련의 작업을 컴퓨터를 통하여 직 · 간접적으로 제어하는 것
② CAE(computer aided engineering) : 컴퓨터를 통하여 엔지니어링 부분 즉, 기본 설계, 상세 설계에 대한 해석, 시뮬레이션 등을 하는 것
③ CAP(computer aided planning) : NC 가공에 필요한 정보, 생산 및 검사를 위한 계획 등의 리스트를 작성하는 것
④ CIM(computer integrated manufacturing) : 제품의 사양, 개념 사양의 입력만으로 최종 제품이 완성되는 자동화 시스템의 CAD/CAM/CAE에 관리 업무를 합한 통합 시스템
⑤ CAT(computer aided testing) : 제조 공정에 있어서 검사 공정의 자동화에 대한 것으로 CAM의 일부분으로 볼 수 있다.
⑥ FMS(flexible manufacturing system) : 생산 시스템을 모듈화하여 처리하는 지능화된 기계군, 기계 공정 간을 자동적으로 결합하는 반송 시스템, 그리고 이들 모두를 생산 관리 정보로 결합하는 정보 네트워크 시스템으로 구성되는 공장 자동화 시스템
⑦ FA(factory automation) : 생산 시스템과 로봇, 반송 기기, 자동 창고 등을 컴퓨터에 의해 집중 관리하는 공장 전체의 자동화 · 무인화 등을 이루는 것

1-4 CAD의 역사

① 1959년 MIT에서 CAD 프로젝트에서 설계자와 컴퓨터와의 대화, 도형을 통한 대화, 컴퓨터에 의한 시뮬레이션을 제안하면서부터 시작하였다.
② 1963년 MIT의 D.T. Ross와 S.A. Coons의 공동 아이디어를 당시 MIT의 학생이었던 I.E. Sutherland가 도형 처리를 취급하는 소프트웨어인 SKETCHPAD를 발표하였다. 이것은 대화 방식에 의한 도형 처리의 시초라 할 수 있으며 컴퓨터 그래픽의 실질적인 시작이었다.
③ 1964년 GM(general motors)사와 IBM의 공동 개발에 의해 DAC-I(design augmented by computer)이 발표되었다. 이것은 대화형 도형 처리에 의한 자동차의 전면 유리 설계용으로 개발된 것이므로 실용상 CAD의 원형이라 할 수 있다.

④ 1967년 록히드사가 항공기 제조용으로서 CADAM(computer graphics augmented design and manufacturing)을 개발. 실용 시판 CAD 시스템의 효시라 할 수 있는 것으로는 Applicon 사의 AGS, Computer Vision 사의 CADDS 등이다.

⑤ 1973년에는 턴키(turnkey) 시스템의 원조라 부르는 ADAM 시스템을 발표하였다. 턴키 시스템은 제도, NC 자동 프로그래밍용, 치공구 설계용 등 특수 목적에 적합하도록 하드웨어와 소프트웨어가 구성되어 있는 것을 말한다.

⑥ 1980년대에는 DB(database)를 이용하여 설계에서 가공까지 일관된 처리가 가능한 CAD/CAM 시스템이 주된 것이었으며, 3차원 데이터를 취급하는 것이 많아지게 되었다.

⑦ 한국에서는 1970년대에 들어와 미니컴퓨터를 호스트로 한 단독형에서 턴키 베이스의 CAD/CAM 시스템이 도입되면서부터 급격하게 확산되었다.

 1-5 CAD 시스템 선정 시 유의 사항

시스템을 선정, 도입한다는 것은 대단히 중요하다. 최적의 시스템을 선정하여 도입하게 되면, 그 담당자에게는 전혀 다른 분야의 수많은 지식과 능력이 요구된다.

시스템을 잘 활용하기 위해서는 대상 제품의 생산 공정에 있어서 무엇이 문제가 되는가를 명백하게 알고, 거기에 대해 어떤 효과를 추구하여 도입할 것인가를 명확히 해야 한다.

시스템 선정 시 유의 사항을 요약하면 다음과 같다.

① 시스템의 이면성
② 시스템의 기능과 효과(도형 처리 기능 등)
③ 전체 기술 시스템에 대한 위치 부여
④ 용이성
⑤ 응답성
⑥ 조작성
⑦ 신뢰성(이상 시의 데이터 복원 기능)
⑧ 데이터베이스 기능
⑨ 확장성
⑩ 생산성과 경제성
⑪ 국내외 공급자의 판매 실적과 지원 능력, 유사 업종의 이용 사례
⑫ 가격 및 자금의 융통성

1-6 CAD 시스템의 도입 효과

시스템의 도입에 따라 각 부문별로 나타나는 효과는 각양각색이겠으나 일반적인 공통 효과를 요약하면 다음과 같다.

① 품질 향상　　　　　　　② 원가 절감　　　　　　　③ 납기 단축

④ 신뢰성 향상   ⑤ 표준화   ⑥ 경쟁력 강화

1-7 CAD 적용 업무

① **개념 설계** : 스케치도, 초기 설계 계산, 요구하는 성능 특성 등
② **기본 설계** : 기기나 부품의 형상 정의, 크기, 해석 계산, 구조 설계, 배치 설계 등
③ **상세 설계** : 조립 설계, 해석, 작도, 상세도, 중량 계산, 배치도 등
④ **생산 설계** : 계획 설계, 치공구 설계, 형 설계, NC 프로그램 설계 등
⑤ **품질 관리** : 자료 집계, 설계 표준화, 성능 특성, 강도 해석 등
⑥ **생산 보조** : 부품 교환, 기술 데이터 변경 등

1-8 CAD 시스템 도입 시 문제점

① 시스템의 가격이 고가이다.
② 시스템의 효율적인 운용에 대한 불안
③ 스프트웨어 및 하드웨어의 기능·성능에 대한 불안
④ 시스템 도입에 따라 회사에서 정비할 부분이 많게 된다.
⑤ 시스템 공급업체로부터 받을 서비스에 대한 불안

▶ 2. 컴퓨터의 기능과 구성

1 컴퓨터의 3대 장치
① 입출력 장치
② 중앙 처리 장치(CPU : central processing unit)
③ 기억 장치

2 컴퓨터의 5대 기능과 장치
① **입력 기능과 입력 장치** : 컴퓨터가 외부로부터 필요한 정보를 받아들이는 기능과 장치
② **기억 기능과 기억 장치** : 처리될 자료나 처리된 중간·최종 결과 및 프로그램을 기억하는 기능과 장치. 컴퓨터 내부의 기억부를 주기억 장치(main memory)라 하고, 외부의 기억부를 보조 기억 장치 또는 외부 기억 장치라 한다.
③ **연산 기능과 연산 장치** : 기억된 정보를 토대로 계산, 비교, 판단, 조합하는 등 산술 및 논리 연산으로 실행하는 기능과 장치

④ **출력 기능과 출력 장치** : 연산 처리한 결과와 기억된 데이터 및 프로그램을 숫자나 문자로 변환시켜 사람이 취급할 수 있는 형태로 외부에 송출하는 기능과 장치

⑤ **제어 기능과 제어 장치** : 기억된 프로그램을 순서적으로 처리하기 위하여 주기억 장치로부터의 명령을 해독·분석하여 필요에 따른 회로를 설정함으로써 각 장치에 제어 신호를 보내는 기능과 장치. 크게 해독기와 제어기로 구성하고 있다.

이상의 다섯 장치 중 사람의 두뇌에 해당하는 제어 장치, 주기억 장치, 연산 장치를 보통 한 묶음으로 하여 중앙 처리 장치 또는 CPU(central processing unit)라 부르며 입력 장치와 출력 장치를 입·출력 장치라 부른다.

❸ 컴퓨터의 기본 구성

컴퓨터를 구성하는 기본 구성은 하드웨어(hardware)와 소프트웨어(software)로 대별한다. 하드웨어란 시스템을 구성하는 기계 장치이고, 소프트웨어는 시스템을 효율적으로 운영하기 위한 프로그램과 그 절차에 관한 명령문들로 구성되어 있다.

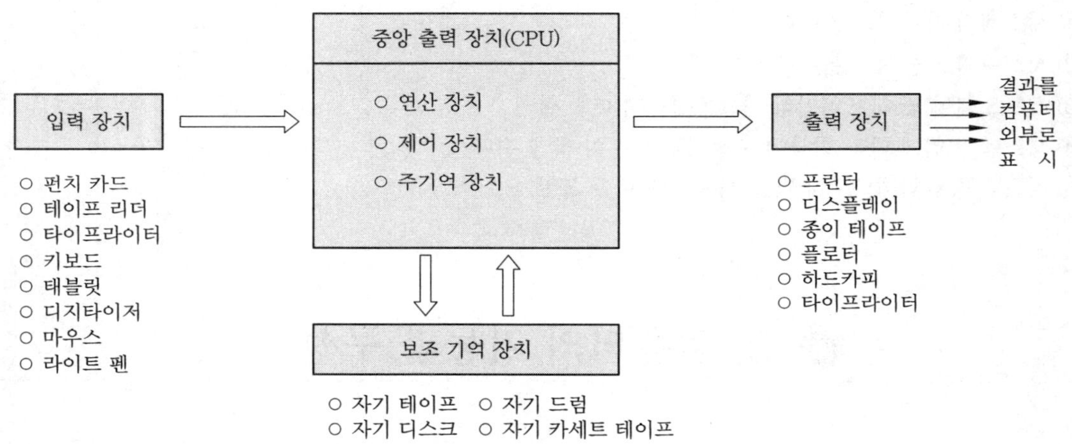

컴퓨터의 기본 구성

※ 컴퓨터 기억 용량 단위(1byte)

1bit : 정보를 나타내는 최소 단위   1B=1byte=8bit

$1KB=1kilo\ byte=2^{10}byte$ $1MB=1Mega\ byte=2^{20}byte$

$1GB=1giga\ byte=2^{30}byte$

※ 컴퓨터 처리 시간 단위(second)

MILLI : 10^{-3}(1세대)   MICRO : 10^{-6}(2세대)

NANO : 10^{-9}(3세대)   PICO : 10^{-12}(3세대)

FEMTO : 10^{-15}(미래형)   ATTO : 10^{-18}(미래형)

● 3. CAD 시스템의 입력 장치

입력 장치는 외부의 데이터를 컴퓨터 내부로 보내주는 역할을 하는 장치로서 데이터의 입력, 커서의 제어, 기능의 선택을 수행하게 된다.

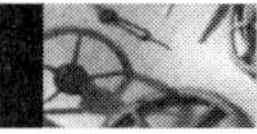 3-1 물리적 입력 장치

1 키보드 (keyboard)

키보드는 영문 · 숫자, 특수 문자 등의 데이터를 입력하는 알파 뉴메릭 키(alphanumeric key) 외에 사용상의 편의를 위하여 특수한 기능을 갖고 있는 기능키(function key)나 워드 프로세서를 위한 키패드(keypad) 등을 따로 갖고 있다.

다른 입력 장치와의 차이는 키마다 ASCII 코드에 따른 고유한 값이 정해져 있으며, 데이터의 입력이나 명령어의 입력에 주로 사용된다.

키보드

2 태블릿 (tablet)

태블릿은 주로 좌표 입력, 메뉴의 선택, 커서의 제어 등에 사용되며, 보통 50cm 이하의 소형의 것을 말한다. 대형의 것은 디지타이저(digitizer)라 부르며, 태블릿과는 구분하고 있으나 기능은 동일하다.

디지타이저는 사용 가능한 액티브 영역(active area)과 해상도(resolution)로 그 성능을 표시한다. 해상도는 단위 길이당 점의 개수로 표현하는데 고해상도는 0.001인치의 정확도를 갖는다. 디지타이저는 2차원의 x, y 좌표값 입력에 국한하므로 3차원용으로는 부적당하다.

태블릿의 종류에는 자외식, 메가롤(megaroll)식, 자계 위상식, 전자 유도식, 유도 전압식, 전자 수수식, 초음파식 등이 있는데 현재 전자 유도식이 널리 이용되고 있다.

초음파식은 온도, 습도 등의 영향을 받게 되므로 이용도가 낮다. 코드가 없는 형(codeless type)은 전자 수수식으로 펜(pen)/커서(cursor)는 전원을 필요로 하지 않고 탱크(tank) 회로에서 되돌아 오는 전자파의 위상이 각각 다른 복수의 회로를 구성하면 코드가 없는 형을 구성할 수 있다.

3 마우스 (mouse)

마우스는 손에 넣을 수 있을 만한 크기로 테이블(table) 위에서 이를 이동시키면 디스플레이 화면 중의 십자 마크(커서)를 이동시켜 그래픽 디스플레이에 표시된 도형이나 스크린 상의 메뉴를 일치시켜 버튼을 살짝 누르면 도형 데이터가 인식되거나 명령어가 입력된다. 또 그래픽적인 좌표 입력도 가능하다.

마우스

마우스의 구조는 밑면 중앙에 볼(ball)이 있으며, 볼의 회전을 검지하여 rotary encoder에서 x방향이나 y방향의 이동량을 산출하여 화면 중앙 십자 마크(커서)를 이동시키게 된다. 이에는 기계식과 광학식이 있는데 기계식 마우스가 많이 사용된다.

4 조이스틱 (joystick)

마우스와 같이 화면 상의 도형 인식이나 메뉴를 지시하는 데 사용되며, 스틱(stick)을 움직이는 방향에 대응하여 십자 마크(커서)가 화면 중에 이동한다.

조이스틱에는 스틱을 돌리면 도형이 확대 축소되는 것이 있고, 스틱을 움직이는 방향으로 스크롤링(scrolling) 할 수 있도록 되어 있는 것이 있다.

조이스틱

5 컨트롤 다이얼 (control dial)

도형을 확대 · 축소하거나, 이동 · 회전하는 경우에 손쉽게 사용할 수 있도록 되어 있다. 각각의 다이얼에 x방향 이동, y방향 이동, z방향 이동, x축 회전, y축 회전, z축 회전, 확대 · 축소 등의 기능을 갖고 있다.

6 기능키 (function key)

10개에서 30개의 버튼이 나란히 배열되어 있으며 각 버튼은 각각의 기능을 갖고 있다. 버튼을 누르면 도형의 작성이나 이동, 복사 등의 명령을 손쉽게 CAD 시스템에 내릴 수 있다. 영문 · 숫자, 특수 문자의 입력이나 도형의 인식 등은 기능 키를 이용할 수 없다.

7 트랙 볼 (track ball)

마우스와 같은 기능을 갖고 있으며, 볼을 손으로 회전시키면 그에 대응하여 디스플레이상의 십자가 마크(커서)가 이동하게 된다.

8 라이트 펜 (light pen)

라이트 펜은 그래픽 스크린 상에서 특정의 위치나 도형을 지정하거나 자유로운 스케치, 그래픽 스크린 상의 메뉴를 통한 커맨드(command) 선택이나 데이터 입력 등에 사용되며 그래픽 스크린 상에 접촉한 자리의 빛을 인식하는 장치로 광 다이오드나 광 트랜지스터 또는 광선 감지기(light sensor)를 사용한다.

라이트 펜은 그래픽 디스플레이의 종류 중 랜덤 스캔(random scan)형과 래스터 스캔(raster scan)형 등의 리프레시(refresh)형에만 사용할 수 있다.

3-2 논리적 입력 장치

① **실렉터(selector)** : 스크린 상의 특정 물체를 지시하는 데 사용하는 장치. light pen
② **로케이터(locator)** : 좌표를 지정하는 역할을 하는 장치. digitizer, joy stick, stylus / tablet, track ball, mouse
③ **밸류에이터(valuator)** : 스크린 상에서 물체를 평행 이동 또는 회전시킬 경우 그 양을 조절하는 등 특정의 파라미터 값을 변화시키는 데 사용하는 장치. rotary potentiometer, slider potentiometer

④ **버튼(botton)** : 키보드와 조합된 형태로 각 버튼마다 프로그램된 기능에 의해 작동되는 장치.
programed function keyboard

● 4. CAD 시스템의 출력 장치

출력 장치는 CAD 시스템 내부에 수학적인 데이터로 저장되어 있는 정보를 인간이 쉽게 파악할 수 있도록 나타내는 장치로 다음과 같이 분류한다.

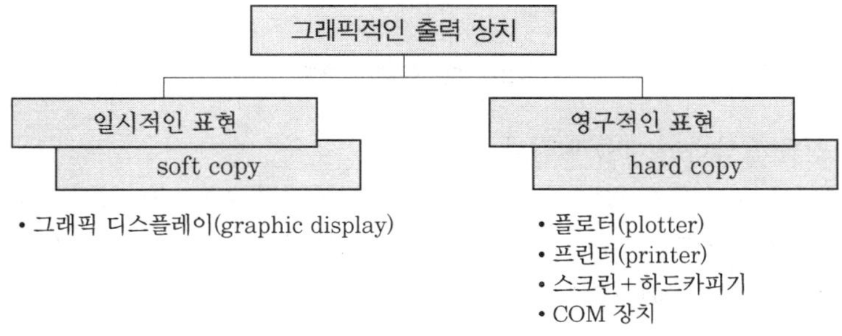

4-1 일시적인 표현 장치 = 그래픽 디스플레이

그래픽 디스플레이는 도형을 고속으로 표시하는 기기로 CRT(음극선관 : cathode ray tube)를 많이 사용하는데, CRT는 인간과 컴퓨터를 연결하는 장치 중에서 사람과 접하는 시간이 가장 많은 장치이다.

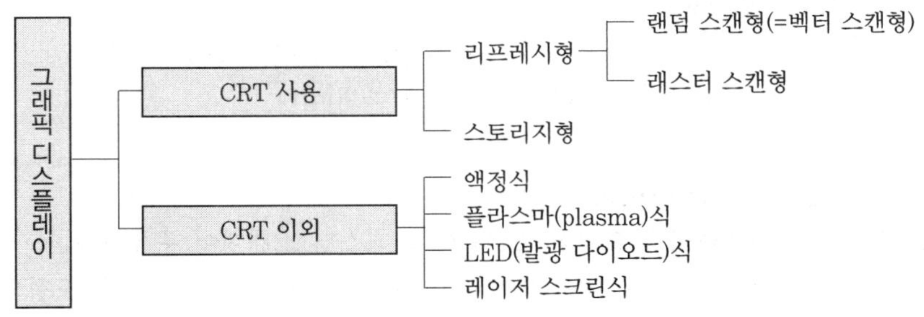

그래픽 디스플레이는 형광 물질의 종류, 픽셀(pixel)의 수, 사용하는 메모리의 양 등에 따라 다양하게 구분하며, 디스플레이 모드에 따라 스토리지 튜브 디스플레이(DVST : direct view storage tube display), 랜덤 스캔 디스플레이(random scan display), 래스터 스캔 디스플레이(raster scan display)의 세 종류로 분류한다.

역사적으로는 랜덤 스캔 디스플레이, 스토리지 튜브 디스플레이, 래스터 스캔 디스플레이 순으로 사용되어 왔다.

1 랜덤 스캔형 (random scan type)

3종류의 디스플레이 중에서 최초로 개발된 디스플레이로 벡터 스캔(vector scan)형이라고도 부르며, 현재에도 많이 사용되고 있는 기종이다. 그러나 값이 비싸기 때문에 점차 저가격인 래스터 스캔 디스플레이에 밀려나고 있다.

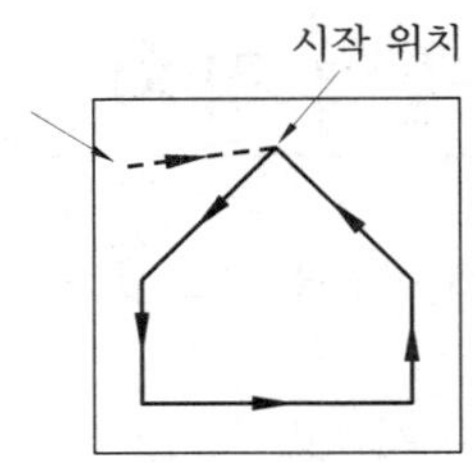

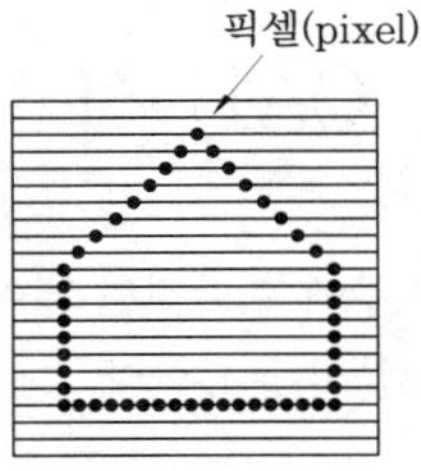

CRT 디스플레이 모드

랜덤 스캔형의 특징을 요약하면 다음과 같다.

① 고 정밀도의 화면을 표시할 수 있다. ② 애니메이션(animation)이 가능하다.

③ 라이트 펜을 사용할 수 있다. ④ 도형의 표시량에 한계가 있다.

⑤ 플리커가 발생하는 경우가 있다(매초 30회 이상의 리프레시가 필요하다).

⑥ 가격이 비싸다.

2 스토리지형 (direct view storage tube type)

랜덤 스캔형의 비싼 가격에 대항해서, 스토리지형은 1970년대 초 무렵부터 급속도로 보급이 진전되었다. 형상을 표시하면 랜덤 스캔형과는 달리 길면 2~3시간이나 표시가 유지되는 경우가 있다. 즉, 도형의 형상을 CRT 화면상에 저장(storage) 할 수가 있다.

스토리지형의 특징을 요약하면 다음과 같다.

① 표시할 수 있는 도형의 양에 제한이 없다. ② 플리커가 발생하지 않는다.

③ 고 정밀도이다. ④ 저 콘트라스트(contrast)이다.

⑤ 디스플레이된 도형의 부분적인 삭제가 어렵다. ⑥ 흑백(단색)이다.

3 래스터 스캔형 (raster scan type)

1970년대 후반에 래스터 스캔형이 발표되어 오늘날에는 래스터 스캔형이 주류가 되어가고 있다. 랜덤 스캔 디스플레이와는 차이가 있으며, 전자 빔의 주사 방법은 텔레비전과 같으며, 도형의 유무에 관계없이 항상 수평 방향으로 주사시켜 상을 형성하는 방식이다.

래스터 스캔형의 특징을 요약하면 다음과 같다.

① 컬러 표시가 가능하다. ② 표시할 수 있는 도형의 양에 제한이 없다.

③ 가격이 저렴하다. ④ 플리커가 발생하지 않는다.

⑤ 고 정밀도를 내기가 어렵다. ⑥ 표시 속도가 약간 느리다.

4 화면 표시 장치의 특성 비교

화면 표시 장치를 디스플레이 모드에 따라 특성을 비교하면 다음과 같다.

화면 표시 장치의 특성 비교

구 분	스토리지형 (DVST type)	랜덤 스캔형 (random scan type)	래스터 스캔형 (raster scan type)
해상도 (resolution)	우 수	양 호	빈 약
동태성 (dynamic)	불가능	우 수	좋 음
공간성 (area fill)	없 음	없 음	좋 음
편집성 (edit)	선택 불가능	가 능	가 능
강도 (intensity)	없 음	있 음	있 음
가격 (cost)	싼 편	비 쌈	적 당
색 (color)	–	가 능	광범위함
화면 복사 (screen copy)	가 능	광범위함	가 능
깜박거림 (flicker)	없 음	문제점	없 음
속도 (processing velocity)	늦 음	매우 빠름	빠 름

⑤ 컬러 디스플레이 (color display)

컬러 CRT에는 현재 섀도 마스크 방식, 그리드 편향 방식, 페너트레이션 방식의 3가지가 있다. 컬러 CRT를 사용하면 가정용 텔레비전과 같이 도형을 컬러로 표현할 수 있으며, 컬러의 종류는 비디오 메모리와 컬러 고정 테이블에 따라 정해진다.

4-2 영구적인 표현 장치

그래픽 디스플레이에는 빠른 응답성, 컬러 표시 및 움직이는 화상 표시 등에 큰 위력을 발휘하지만 기록의 보존이라는 용도에는 적합하지 않다.

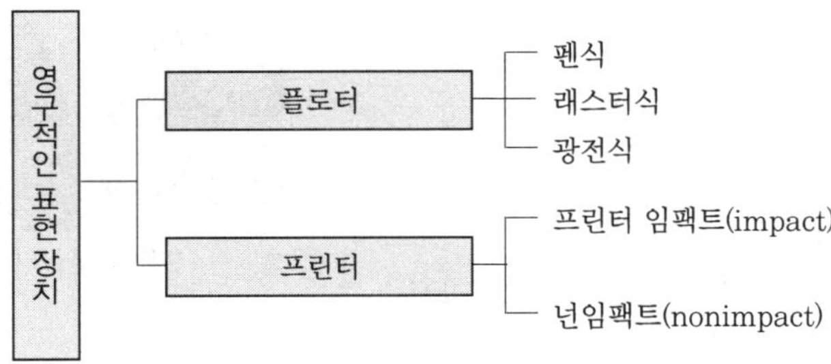

4-3 플로터 (plotter)

① 플랫 베드형 (flat bed type)

플랫 베드형은 편평한 테이블(table) 위에 막대(bar)가 있고, 그 막대에 펜 헤드(pen head)가 놓여 있어 막대가 좌우로, 펜 헤드가 막대 위를 전후로 움직이며 펜이 상하로 움직이면서 테이블 위에 놓인 용지 위에 도형을 그리게 된다. 플랫 베드형의 특징은 다음과 같다.
① 고밀도, 고정도의 작화가 가능하다.
② 작화 중의 모니터가 용이하다.
③ 용지의 선정이 비교적 자유롭다.
④ 설치 면적이 넓다.
⑤ 정비 보수가 까다롭다.
⑥ 가격이 비싸다.
⑦ 용지의 교환이 번거롭다.
⑧ 테이블과 용지의 밀착성이 요구된다.

2 드럼형 (drum type)

드럼형 플로터는 원리적으로 플랫 베드형의 베드를 원통(drum)으로 만든 것이다. 원통으로 함으로써 x방향으로는 작화 길이가 무한대로 되는 동시에 설치 면적이 좁게 된다.

작도 용지는 롤(roll)로 되어 있는 길이가 긴 것을 사용하고, 용지를 드럼에 걸어 진공(vacuum)으로 양측을 잡아 당긴다. 드럼형은 길이가 긴 용지를 사용할 수 있으므로 장시간 무인 운전이 가능하다. 플로터로서 제도의 성능을 결정하는 3요소는 작화 속도·작화 정밀도·선질이다. 이 3가지 요소의 적절한 조화로서 소정의 성능을 얻어야 한다. 드럼형 플로터의 특징을 요약하면 다음과 같다.
① 기구가 비교적 간단하다.
② 적은 비용으로 가동한다.
③ 설치 면적이 좁다.
④ 고속 작화가 가능하다.
⑤ 용지의 길이에 제한이 없다(연속 작화가 가능하다).
⑥ 작화 중의 모니터가 어렵다.
⑦ 고 정밀도가 아니다.
⑧ 제도 용지가 한정되어 작화 후에 도면을 1장씩 전단하지 않으면 안된다.

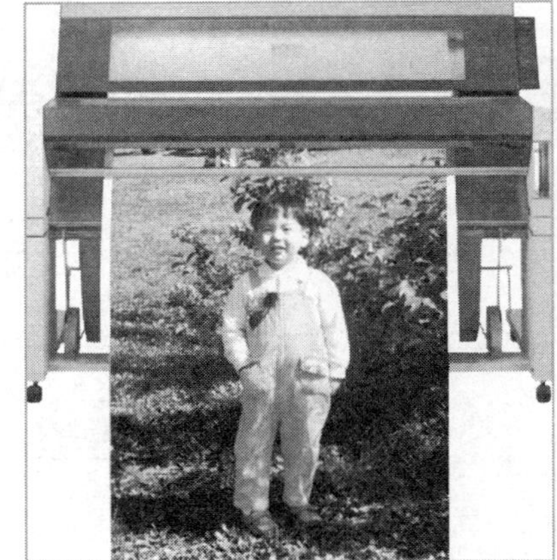

드럼형 플로터

3 벨트 베드형 (belt bed type)

플랫 베드형과 드럼형과의 융합형으로서, 구조적으로는 설치 면적이 좁고, 긴 용지나 규격 용지도 사용할 수 있는 장점이 있다.

4 리니어 모터형 (linear motor type)

드럼형과 플랫 베드형의 플로터들은 $X-Y$축에 2개로 된 각각의 독립된 회전 모터를 움직여 2차원의 좌표를 설정한 기구를 가지고 있지만, 리니어 모터형은 소야의 원리에 의한 2축 동시 리니어 모터를 사용하여 1개의 모터에 의하여 2차원의 좌표를 설정하여 작화를 하게 된다.

5 퍼스널 플로터 (personal plotter)

지금까지의 플로터는 초고속, 고 정밀도 및 대형화에 치우쳐 발전되어 온 경향이 있으나, 퍼스널 플로터는 어디서든지 손쉽게 사용할 수 있는 개인 전용 플로터이다.

6 잉크 제트식(ink-jet type)

그래픽 디스플레이에 나타난 화상을 그대로 받아 도면으로 표현하는 기기이다. 이것은 잉크를 품어내는 노즐(nozzle)을 갖고 있는 헤드(head)가 좌우로 움직여, 소정의 위치에서 잉크를 불어내어 도형을 그리는 것이다.

7 정전식(electrostatic type)

지금까지의 플로터는 펜이 움직여 작도를 했으나, 정전식 플로터는 펜 대신 전극이 8본/mm의 간격으로 1열로 나란하게 구성되어 있는 종이에 음전하를 발생시키고 양전하를 띤 검정색의 토너를 흘려서 도면을 작성한다.

정전식 플로터의 단점은 도형 정보를 래스터 데이터로 변환해야 하는 것이다. 그러나 작도에 요하는 시간은 A1 용지에 30초 정도 소요된다. 현재 보급되고 있는 것은 단색(흑색)형과 전 컬러(full color) 기종이 있으며 도면 내의 데이터량에 구애받지 않고 단시간에 작도하기 때문에 사용 빈도가 높다.

정전식 플로터의 특징은 다음과 같다.

① 작화 속도가 빠르다. 용지의 가로 1열을 동시에 그리기 때문에 거의 용지의 조출 시간이면 그릴 수 있다.

② 펜 플로터용 작화 데이터를 그대로 사용할 수 있다.

③ 자동 레이아웃 기능과 용지의 자동 절단 기구에 의하여 용지의 유효 이용과 작화된 도면의 정리를 위한 인력을 생략할 수 있다.

④ 고화질이다.

⑤ 저소음이다.

⑥ 토너와 기록 용지의 호환성이 적다.

⑦ 벡터 데이터를 래스터 데이터로 변환해 주어야 한다.

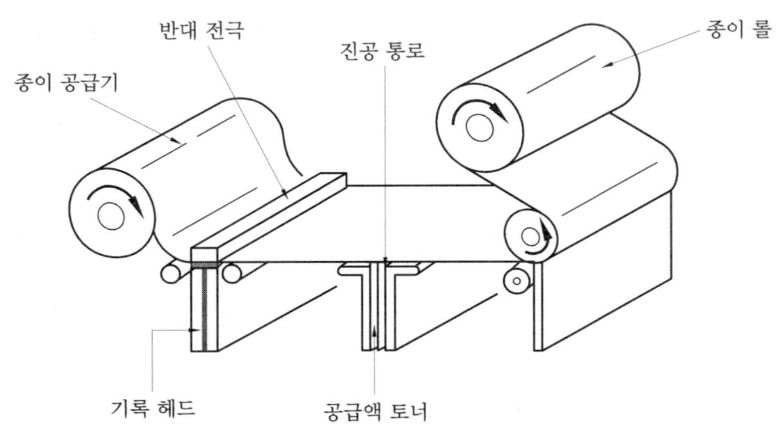

정전식 플로터

🔟8 열전사식

열전사 방식은 필름에 도포한 잉크(color의 경우 yellow, cyan, magenta, black)를 발열 저항체로 배열한 서멀 헤드로 녹여 기록지에 전사하는 방식이다. 해상도를 올리기 위해서는 헤드에 가는 발열 저항체를 배열하면 된다. 열전사 방식은 용융열 전사 방식과 승화열 전사 방식이 있다. 이는 A3 사이즈 정도까지 가능하다.

9 광전식

광전식 플로터는 주로 프린트 기판용 패턴 필름(pattern film)을 작성할 때 사용한다. X-Y 플로터보다도 더 높은 정밀도를 요구하므로 볼 스크루(ball screw)의 피치 오차를 보정하기 위한 기기를 설치하고 있다. 또 감광 필름에 소요되는 광량을 항상 검출하여 광량 제어를 하고 있다.

🔟 레이저 빔식(raser beam type)

레이저 빔 방식 플로터는 복사기와 같은 원리로 레이저 광을 회전경으로 주사하고 감광 드럼에 비추면 레이저 광의 ON/OFF 에 의하여 감광 드럼상에 정전기의 잠상이 만들어지는데, 여기에 토너를 흡착시켜 현상한다.

레이저 빔 방식의 특징은 다음과 같다.

① 고품질의 도면을 얻을 수 있다.
② 보통의 종이를 사용할 수 있어 사용 시 가격이 싸다.
③ 작화 속도가 빠르다.
④ A2 이상의 사이즈를 사용할 수 없다.
⑤ 광학계의 기구가 복잡하다.

1️⃣1️⃣ 플로터의 특성 비교

각 플로터의 특성을 비교하면 다음과 같다.

플로터의 특성 비교

내용 \ 종류	기계식	정전식	레이저식	잉크제트식	열전사식	감열식
치 수	대	대	소	중	소	소
분해능	고	고(16본/mm)	중(10본/mm)	저	저	저(8본/mm)
정 도	고	중	중	중	소	소
묘화 속도	저	고	고	중	고	고
종 이	보통지	특수지	보통지	보통지	특수·보통지	특수지
가 격	고	중	저	중	저	저
색	여러 가지 색	단색	단색	다색	다색	단색
보존성	양	양	양	중	양	난
신뢰성	난	중	중	난	양	양

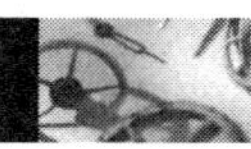 **4-4 프린터(printer)**

1 프린터의 종류

프린터를 기구면에서 분류하면 임팩트(impact) 방식과 넌임팩트(nonimpact) 방식으로 나눈다.

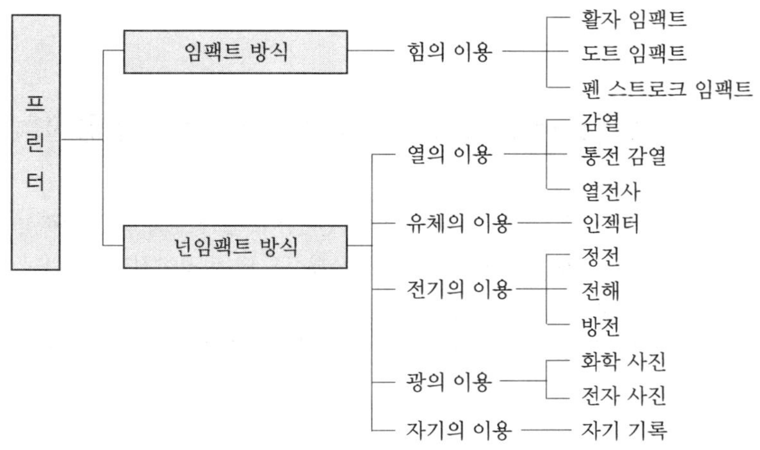

가장 오래 전부터 사용되고 있는 것은 활자 임팩트 방식으로 라인 프린터와 시리얼 프린터가 각각 용도에 맞게 사용되고 있다.

시리얼 프린터는 활자를 한 자마다 각각 선택하여 인자부의 캐리지와 용지 이송에 의하여 인자하는 위치를 결정하여 인쇄하게 된다.

라인 프린터는 연속적으로 움직이는 활자를 1행분마다 조정한 후에 1행씩 인자하게 된다.

시리얼 프린터는 라인 프린터에 비해서 경량이고 염가이기 때문에, 문자와 숫자를 주로 출력하는 경우에 많이 사용하고 있다.

도트 프린터는 도트(dot)의 수에 따라 어느 정도의 그래픽 처리가 가능하고 문자를 도트의 조합으로 표시한다.

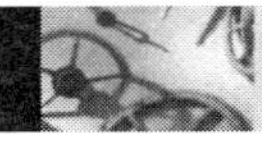 **4-5 하드 카피 장치(hard copy unit)**

하드 카피 장치는 CRT 화면에 나타난 영상을 그대로 복사하는 기기이다. 컴퓨터를 이용한 설계 작업 시 신속하게 변하는 중간중간의 결과를 관찰하기에는 편리하나 플로터에 비해 해상도가 나쁘므로 최종 도면의 출력용으로는 적합하지 않으며, 기록 방식으로는 비디오 기록 방식, 감열 기록 방식, 정전 파괴 기록 방식, 레이저 빔 방식이 사용되고 있다.

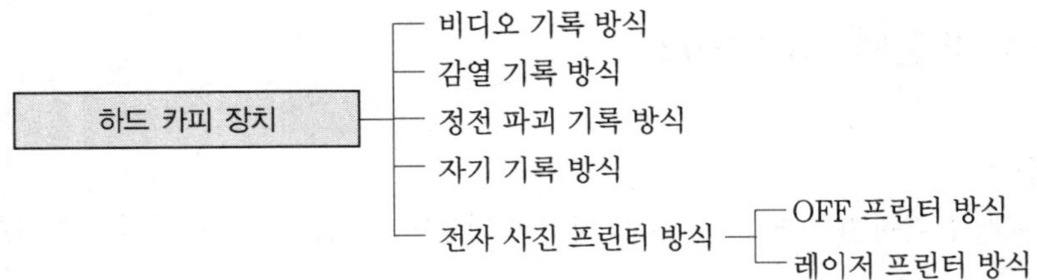

4-6 COM(computer output microfilm) 장치

COM 장치는 플로터가 종이 위에 영상을 표현하는 대신 마이크로필름으로 출력하는 기기이다. 따라서 종이처럼 필름에 수정을 할 수가 없으며, 플로터보다 해상도도 뒤떨어진다. 그러나 마이크로필름으로 보관된 내용은 언제든지 확대해서 볼 수 있을 뿐만 아니라 크기가 작아 보관하기 쉬우며, 다른 출력 장치에 비해 처리 속도가 상당히 빠르다. 이와 같은 COM 장치의 특성으로 자동 제도 및 설계 분야에서 많이 사용되고 있다.

▶ 5. CAD 시스템의 저장 장치

주기억 장치는 중앙 처리 장치와 직접 자료를 교환할 수 있는 장치이고, 보조 기억 장치는 중앙 처리 장치와 직접 자료를 교환할 수 없고 주기억 장치를 통해서만 자료 교환이 가능한 기억 장치이다. 보조 기억 장치에는 자기 테이프, 자기 디스크, 자기 드럼, 플로피 디스크가 있다.

1 자기 테이프 (magnetic tape)
① 컴퓨터에서 가장 많이 사용되는 입출력 매체이다.
② 처리의 중간 결과나 원장 파일 등을 기록해 놓을 수 있다.
③ 자기 테이프의 두께는 약 $40\mu m$, 폭은 1/2~3/4인치 정도이다.
④ 폴리에스테르를 기재로 하여 산화철의 미세분자를 엷게 도포한 것이다.
⑤ 자기 테이프의 길이는 1 reel 당 1200, 2400 피트 등이 많이 사용된다.
⑥ 7트랙(BCDIC)이나 9트랙(EBCDIC)이 사용된다.
⑦ 처리 속도는 4m/s 정도, 처리 방법은 SAM(sequential access method)이다.
⑧ 고속 입출력이 가능하고, 반복 사용이 가능하다.
⑨ 기록 밀도(용량)가 크며, 값이 저렴하다.
⑩ 단점은 파일 수정 시 전체를 갱신하여야 하며 자기 디스크보다 입출력이 느리다는 것이다.

2 자기 디스크 (magnetic disk)
① 자기 테이프처럼 차례로 처리할 수 있을 뿐만 아니라 필요한 위치를 직접 찾을 수 있다.

② 모양은 레코드판과 같고, 원리는 마그네틱 드럼과 같다.

③ 자기 디스크에는 수천 개의 트랙이 있으며 데이터가 트랙을 따라 입출력된다.

④ 대부분 회전 속도는 3600rpm 정도이며, 6~11개의 디스크로 묶은 디스크 팩(disk pack)이 한 개의 기억 단위로 취급된다.

⑤ 처리 속도가 빠르며, 기록 밀도가 높고 반복 사용이 가능하다.

⑥ 다양한 처리 방법으로 사용 가능하고, 파일 내의 균일한 시간에 개개의 레코드에 접근할 수 있다.

⑦ 단점은 값이 비싸고 취급 시 항상 주의하여야 한다는 것이다.

- access time : 선택된 트랙의 데이터를 입출력하는 데 걸리는 시간
- seek time : 헤드가 선택된 트랙에 위치하기까지의 시간
- latency or delay time : 해당 트랙에 도착한 이후에 실제 데이터의 위치까지 도달하는 데 걸리는 시간

③ 자기 드럼 (magnetic drum)

① 알루미늄 합금제의 원통 표면에 자성 재료를 도포한 것이다.

② 하나의 트랙 비트를 직렬로 배열해서 기록하는 비트 직렬식과 축 방향의 몇 트랙을 사용하여 병렬로 배열시켜 기록하는 비트 병렬식이 있다. 또 이를 혼합한 비트 직·병렬식이 있다.

③ 드럼의 기억 장치는 I/O 정보를 증폭하는 회로, 제어 회로, 선택 회로, 계수 회로, 일치 회로로 구성되어 있다.

④ 플로피 디스크 (floppy disk, diskette)

① 플로피 디스크는 퍼스널 컴퓨터와 마이크로컴퓨터에서 보조 기억 장치로 많이 사용되고 있다.

② 어드레스와 관계없이 호출 시간이 일정하고 랜덤 액세스가 가능한 보조 기억 장치로서 값이 싸고 누구나 쉽게 이용할 수 있다.

③ 지름이 8인치인 표준 플로피, 5.25인치인 미니 플로피, 3.5인치인 마이크로 플로피가 있다.

④ 2D($5\frac{1}{4}''$) : double density

　　40(한 면의 트랙 수)×9(섹터 수)×512(섹터당 기억하는 byte 수)×2(양면)

　　$=360\times2^{10}$byte$=360$Kbyte

⑤ 2HD($5\frac{1}{4}''$) : double high density

　　80(한 면의 트랙 수)×15(섹터 수)×512(섹터당 기억하는 byte 수)×2(양면)

　　$=1200\times2^{10}$byte$=1.2$Mbyte

예상문제

1. CAD 시스템의 최초 탄생은 언제쯤인가?

㉮ 1963년 ㉯ 1975년
㉰ 1980년 ㉱ 1950년

[해설] 대화 방식에 의한 도형 처리가 가능한 CAD 시스템이 탄생한 것은 1963년이다. 미국 MIT의 D.T Ross와 S.A Coons의 공동 아이디어로 당시 학생이었던 I.E Sutherland가 SKETCHPAD를 발표하였으며 라이트 펜을 사용하였다.

2. CAD/CAM 시스템의 탄생 연대로 볼 수 있는 것은 어느 것인가?

㉮ 1950년대 ㉯ 1960년대
㉰ 1970년대 ㉱ 1980년대

3. 대화용 도형 처리의 개념을 도입한 CAD 시스템의 원조라 할 수 있는 것은?

㉮ Auto CAD ㉯ SKETCHPAD
㉰ CADAM ㉱ CADD

[해설] 우리나라에는 1970년대 CAD 시스템이 처음으로 도입되었다.

4. IGES 데이터 포맷은 몇 바이트로 고정되어 있는가?

㉮ 32 Byte ㉯ 64 Byte
㉰ 80 Byte ㉱ 132 Byte

5. 래스터 스캔형 그래픽 디스플레이의 출현은 다음 중 어느 연대인가?

㉮ 1960년대 후반 ㉯ 1970년대 후반
㉰ 1980년대 후반 ㉱ 1950년대 후반

6. CAD/CAM 시스템에서 분산형의 장점이 아닌 것은 어느 것인가?

㉮ 하나의 분산 시스템 고장이 다른 시스템에 영향을 주지 않는다.
㉯ 초기 투자 비용이 비교적 적게 든다.
㉰ S/W나 DB가 독립되어 있어 가볍게 사용할 수 있다.
㉱ 다른 DB를 검사하는데 시간이 걸리지 않는다.

[해설] 분산형에서는 다른 DB를 검사하는데 시간이 걸리는 단점이 있다.

7. 컨트롤 다이얼(control dial)은 주로 다음과 같은 곳의 작업에 편리하게 사용되고 있다. 틀린 것은 어느 것인가?

㉮ 모델의 회전(rotation)
㉯ 모델의 주밍(zoomming)
㉰ 모델의 패닝(panning)
㉱ 모델의 트리밍(trimming)

8. 플로터(plotter)의 분류 방법이다. 틀리다고 생각되는 것은 어느 것인가?

㉮ 펜식 ㉯ 임팩트식
㉰ 래스터식 ㉱ 광전식

[해설] 플로터는 크게 펜식, 래스터식, 광전식으로 나눈다.

9. CAD 시스템에서 작성한 기하학적 도형의 크기가 플로터의 최대 출력 용지 크기보다 클 때 취할 수 있는 최선의 조치는 다음 중 어느 것인가?

㉮ 다시 작성한다. ㉯ 할 수 없다.
㉰ 수치를 작게 한다. ㉱ 스케일을 조정한다.

[해설] CAD S/W 상의 플로팅 스케일을 조정하거나 plotter 자체에서 스케일을 조정하면 된다.

10. 자기 테이프의 레코드의 크기가 80자로서 블록의 크기가 2400자일 경우 블록 인수(block factor)는 어느 것인가?

㉮ 30 ㉯ 40 ㉰ 50 ㉱ 20

11. 컬러 모니터에서 전자총 3개 중 red가 빠졌을 때 나타나지 않는 색은 다음 중 어느 것인가?

㉮ magenta ㉯ green
㉰ blue ㉱ cyan

12. CAD 시스템의 출력 장치 중 도면을 작성할 수 없는 것은 어느 것인가?

㉮ 하드 카피(hard copy)
㉯ 플로터(plotter)
㉰ 프린터(printer)
㉱ 라이트 펜(light pen)

[해설] 라이트 펜은 그래픽 스크린상에서 특정 위치나 물체를 지정하고 자유로운 스케치를 하며, 메뉴를 통하여 명령어나 데이터를 입력할 때 사용한다.

13. 다음 장치에서 서로 다르다고 생각되는 것은 어느 것인가?

[정답] 1. ㉮ 2. ㉮ 3. ㉯ 4. ㉰ 5. ㉯ 6. ㉱ 7. ㉱ 8. ㉯ 9. ㉱ 10. ㉮ 11. ㉮ 12. ㉱ 13. ㉱

⑦ mouse, dizitizer, keyboard
④ 자기 디스크, 자기 테이프
⑤ 프린트, 플로터, 하드 카피기
⑥ 그래픽 터미널, 플로피 디스크, 라이트 펜

14. "COM : 2400"에서 전송 속도는 얼마인가?

⑦ 2400CPS
④ 2400BPI
⑤ 2400BPS
⑥ 2400MIPS

15. IBM PC의 color monitor의 보더(border)에서 나타낼 수 있는 색의 수는?

⑦ 4
④ 8
⑤ 16
⑥ 32

16. 컬러 모니터(color monitor)의 전자총의 개수는?

⑦ 2
④ 3
⑤ 4
⑥ 5

17. CAD 시스템의 입력 장치 중 화면에 접촉하여 명령어 선택이나 좌표 입력이 가능한 것은 어느 것인가?

⑦ 마우스(mouse)
④ 조이스틱(joystick)
⑤ 라이트 펜(light pen)
⑥ 태블릿(tablet)

[해설] ① 조이스틱-화면의 도형이나 메뉴 지시
② 태블릿-좌표 입력, 메뉴의 선택, 커서의 제어 등에 사용하며 50cm 이하의 소형의 것을 말한다. 대형의 것은 디지타이저라 한다.

18. 기존에 작성한 도면의 좌표값을 입력하기에 편리한 입력 장치는 다음 중 어느 것인가?

⑦ 디지타이저(dizitizer)
④ 마우스(mouse)
⑤ 스타일러스 펜(stylus pen)
⑥ 조이스틱(joystick)

[해설] 스타일러스 펜-태블릿에서 위치를 선택하는 커서

19. CAD 시스템의 입력 장치이다. 서로 잘못 짝지어진 것은 어느 것인가?

⑦ CRT-light pen
④ tablet-stylus pen
⑤ keyboard-joystick
⑥ dizitizer-thumwheel

[해설] thumwheel은 keyboard상에 있다.

20. 다음 중 프린터의 인자 속도를 나타내는 것은 어느 것인가?

⑦ BPS
④ IPS
⑤ CPS
⑥ BPI

[해설] 프린터의 출력 속도는 CPS(character per second)로 표시한다.

21. 컬러 표시용 CRT의 한 방식이 아닌 것은 어느 것인가?

⑦ 섀도 마스크(shadow mask) 방식
④ 그리드 편향 방식
⑤ 페너트레이션(penetration) 방식
⑥ 블링킹(blinking) 방식

[해설] 컬러 표시용 CRT에는 섀도 마스크 방식, 페너트레이션 방식, 그리드 편향 방식이 있다.

22. 플리커(flicker)와 관계가 없는 것은 어느 것인가?

⑦ 화상이 어른거리는 현상이다.
④ 1초당 최저 30회 이상 리프레시해야 한다.
⑤ 표시 데이터의 길이 및 계산량이 너무 많으면 관계가 있다.
⑥ 해상도와 관계가 있다.

23. 턴키(turnkey) 시스템의 설명 중 틀린 것은 어느 것인가?

⑦ 전원 키를 돌리면 그대로 사용할 수 있는 시스템이다.
④ 시스템적으로 클로즈드 되어 있다.
⑤ 유저 소프트웨어가 없어도 사용할 수 있다.
⑥ 초기의 턴키 시스템은 설계 해석을 중심으로 개발되었다.

24. CAD 시스템 출력 장치가 아닌 것은?

⑦ 플로터(plotter)
④ 프린터(printer)
⑤ 디스플레이(display)
⑥ 조이스틱(joystick)

[해설] CAD 시스템의 출력 장치는 일시적인 출력과 영구적인 출력으로 구분하며, 디스플레이와 플로터, 프린터, 하드 카피기가 있다.

25. CRT 터미널에서 화면에 디스플레이되는 원리는 전자 빔이 인으로 코팅된 스크린과 부딪히면서 빛을 내게 된다. 이때 충돌에 사용되는 전자 빔이 방출되는 곳을 무엇이라 하는가?

⑦ grid
④ deflector
⑤ cathod
⑥ generator

26. CRT에 관한 설명이다. 틀린 것은 어느 것인가?

㉮ 밝고 풍부한 컬러 표시를 할 수 있으며 인텔리전트 기능이 뛰어난 것은 래스터 스캔형이다.
㉯ 스토리지형은 화면이 어둡고 컬러 표시를 할 수 없는 단점이 있다.
㉰ 랜덤 스캔형은 리프레시를 할 수 있는 고화질과 높은 응답성을 가진다.
㉱ 래스터 스캔형은 잔광 기간이 길 때 플리커라 불리는 어지러운 현상이 나타난다.

27. color CRT 화면 뒤에 사용되는 인(phosphor)의 색상이 아닌 것은 어느 것인가?

㉮ blue   ㉯ green
㉰ orange   ㉱ white

28. 플로터(plotter)가 그림을 그릴 때의 속도 단위는 다음 중 어느 것인가?

㉮ LPM   ㉯ DPS   ㉰ CPS   ㉱ IPS

29. 플로터를 시리얼 포트(serial port)에 연결하여 사용하고 있을 때 전송 속도의 단위는 어느 것인가?

㉮ CPS   ㉯ BPM   ㉰ BPS   ㉱ IPS

30. 디스플레이가 래스터 스캔 방식이어야 출력이 가능한 출력 장치는 어느 것인가?

㉮ electro static plotter
㉯ pen plotter
㉰ line printer
㉱ 3D plotter

31. 다음 중 플로터 중 헤드(head)가 x, y 축으로 이동하면서 결과를 출력하게 되는 것이 아닌 것은?

㉮ belt-bed type plotter
㉯ flat-bed type plotter
㉰ electronic plotter
㉱ drum type plotter

[해설] 정전식 플로터는 펜 대신 전극이 종이에 음전하를 발생시키고 양전하를 띤 검정색의 토너(toner)를 흘려서 도면을 작성한다.

32. 기억 장치 중에서 순차 처리 방식에 의해서만 운용되는 기억 장치는 다음 중 어느 것인가?

㉮ magnetic tape storage
㉯ magnetic disk storage
㉰ magnetic drum storage
㉱ babble storage

33. 다음 프린터 종류 중 non-impact 프린터는 어느 것인가?

㉮ 활자 프린터   ㉯ 도트 프린터
㉰ 펜 스트로크 프린터 ㉱ 레이저 빔 프린터

[해설] 프린터는 impact 방식과 non-impact 방식으로 구분하고 impact 방식에는 ① 활자 프린터 ② 도트 프린터 ③ 펜 스트로크 프린터가 있으며, 레이저 빔 프린터는 후자에 속한다.

34. 래스터 스캔(raster scan) 방식의 디스플레이의 장점이 아닌 것은 다음 중 어느 것인가?

㉮ TV와 연결이 가능   ㉯ animation이 가능
㉰ color가 가능   ㉱ resolution이 우수

35. 플로터에 대한 설명 중 틀린 것은 어느 것인가?

㉮ flat bed 형식은 펜과 종이의 움직임으로 선을 그린다.
㉯ drum 형식은 random 방식의 플로터이다.
㉰ 정전식 플로터는 프린트의 기능도 갖추고 있다.
㉱ 정전식 플로터는 일반적으로 펜 플로터보다 속도가 빠르다.

[해설] flat-bad 형식은 헤드가 x, y축으로 이동하면서 출력하는 방식이다.

36. 디스플레이 중 DVST 형식의 특성이 아닌 것은 어느 것인가?

㉮ animation이 불가능하다.
㉯ 도형의 부분 삭제가 가능하다.
㉰ 영상의 깜박임이 없다.
㉱ 라이트 펜의 사용이 불가능하다.

[해설] DVST 형식의 특징은 다음과 같다.
① 표시할 수 있는 도형의 양에 제한이 없다.
② 플리커 프리(flicker free)이다.
③ 고 정밀도이다.
④ 저 콘트라스트(contrast)이다.
⑤ 화면 중의 부분 삭제가 곤란하다.
⑥ 흑백(단색)이다.

37. 다음은 CRT에 대한 설명이다. 틀린 것은 어느 것인가?

㉮ 랜덤 스캔형은 라이트 펜을 사용할 수 있다.

㉯ 스토리지형은 화면상에 도형을 직접 저장할 수 없으나 가격이 저렴하고 질이 우수하다.
㉰ 래스터 스캔형이나 랜덤 스캔형은 깜박임을 방지하기 위하여 리프레시를 한다.
㉱ 래스터 스캔형은 TV 화면과 같이 전체를 빔으로 주사한다.

38. 다음은 CAD 시스템에서 그래픽적인 입력 장치이다. 서로 다른 것은?

㉮ mouse
㉯ tablet-stylus pen
㉰ touch screen, touch pad
㉱ joystick

39. 다음 중 병렬 포트에 주로 연결하는 것은?

㉮ 플로터 ㉯ 프린터
㉰ 키보드 ㉱ 마우스

40. 다음 중 LAN의 형태가 아닌 것은?

㉮ 링형 ㉯ 델타형
㉰ 버스형 ㉱ 스타형

41. 96KB의 파일을 4800bps로 전송하는 데 걸리는 시간은?

㉮ 15.36분 ㉯ 20.48분
㉰ 150초 ㉱ 20초

42. 9판인 프린터로 24판인 프린터의 문자 모양을 인쇄하려면 한 줄을 몇 번 프린트해야 하는가?

㉮ 1 ㉯ 2 ㉰ 3 ㉱ 4

43. 일반적인 CAD 시스템에 대한 설명 중 틀린 것은 어느 것인가?

㉮ 정보는 베이스가 되는 것만을 일원화된 형식으로 가지고 하류에서 철저하게 이용하며 형상에 대한 정보를 가장 밑에 둘 것
㉯ 각종 해석 및 관련 작업을 포함한 시스템일 것
㉰ 상호 의존형의 병행 처리 작업에서 유효하게 정보 전달을 하는 구조로 되어 있을 것
㉱ 설계, 제조에 수반하는 각종 정보는 일원화된 형태로 유지할 것

44. 드럼형 플로터의 설명 중 틀린 것은 어느 것인가?

㉮ 고 정밀도이다.
㉯ 콤팩트(compact)하게 설치할 수 있다.
㉰ 기구가 비교적 간단하다.
㉱ 작화 중의 모니터가 곤란하다.

해설 드럼형 플로터의 특징은 다음과 같다.
① 적은 비용으로 가동이 가능하다.
② 기구가 비교적 간단하다.
③ 콤팩트하게 설치할 수 있다.
④ 용지의 길이에 제한이 없다.
⑤ 작화 중의 모니터가 어렵다.
⑥ 제도 용지가 한정되어 있다.

45. 리니어 모터형 플로터의 설명 중 틀린 것은 어느 것인가?

㉮ 고 정밀도이다.
㉯ 작화 중의 모니터가 쉽다.
㉰ 신뢰성이 높다.
㉱ 가동 부분이 경량이다.

해설 리니어 모터형 플로터의 특징은 다음과 같다.
① 가동 부분이 경량이다.
② 신뢰성이 높다.
③ 설치 면적이 넓다.
④ 작화 중의 모니터가 어렵다.
⑤ 고 정밀도이다.
⑥ 오버슈트(overshoot)의 가능성이 높다.

46. 플랫 베드(flat bed)형 플로터의 설명 중 틀린 것은 어느 것인가?

㉮ 고 정밀도의 작화가 곤란하다.
㉯ 작화 중의 모니터가 쉽다.
㉰ 설치 면적이 넓어야 한다.
㉱ 용지 선정이 비교적 자유롭다.

해설 플랫 베드형 플로터의 특징은 다음과 같다.
① 고밀도, 고정도의 작화가 가능하다.
② 작화 중의 모니터가 용이하다.
③ 용지의 선정이 비교적 자유롭다.
④ 설치 면적이 넓다.
⑤ 정비, 보수가 까다롭다.
⑥ 가격이 고가이다.

47. 다음 중 최초로 개발된 플로터의 형식(type)은 어느 것인가?

㉮ drum type plotter
㉯ belt type plotter
㉰ flatbed type plotter
㉱ liner moter type plotter

정답 38. ㉰ 39. ㉯ 40. ㉯ 41. ㉱ 42. ㉰ 43. ㉮ 44. ㉮ 45. ㉯ 46. ㉮ 47. ㉰

48. 프린터를 기구면에서 분류하면 임팩트(impact) 방식과 넌 임팩트(non-impact) 방식으로 나눈다. 넌 임팩트 방식이 아닌 것은?

㉮ 유체의 이용   ㉯ 광의 이용
㉰ 자기의 이용   ㉱ 힘의 이용

[해설] non-impact 방식은 유체, 자기, 광, 전기 등을 이용하고 있다.

49. 컴퓨터 시스템의 기본 3요소로 바르게 된 것은 어느 것인가?

㉮ input-output-process
㉯ process-control-input
㉰ control-input-output
㉱ process-I/O-control

[해설] 컴퓨터 시스템의 주요 구성 장치는 입력, 처리, 출력 장치이다.

50. 넌 임팩트(non-impact) 방식의 프린터에서 열의 이용 방법이 아닌 것은 어느 것인가?

㉮ 통전 감열   ㉯ 감열
㉰ 열 전사   ㉱ 전해열

51. 넌 임팩트 방식에서 이용하는 물리적 현상으로 틀린 것은 어느 것인가?

㉮ 광   ㉯ 전기   ㉰ 자기   ㉱ 공기

52. 컴퓨터에 음성 입력 시 한정 단어 인식에 있어서 사용되는 식별 방식이 아닌 것은?

㉮ 패턴 매칭 방식
㉯ DP(dynamic programming) 매칭 방식
㉰ 식별 함수 방식
㉱ 넌 패턴 매칭 방식

53. 640×80의 해상도를 출력 장치가 8×6인 폰트를 사용한다면 화면에 해당하는 문자 수는?

㉮ 9200   ㉯ 6400   ㉰ 3200   ㉱ 7800

54. 비트 플레인이 3개인 터미널에서 화면에 몇 가지 색깔을 사용할 수 있는가?

㉮ 8   ㉯ 16   ㉰ 256   ㉱ 32

55. 다음 중 내용이 서로 다르다고 생각되는 것은 어느 것인가?

㉮ interlacing-printer
㉯ duplex-modem
㉰ DAC-CRT
㉱ PFX-keyboard

56. CAD 시스템의 하드웨어 중 단위 dpi를 표시할 수 있는 것은 어느 것인가?

㉮ 본체(CPU)   ㉯ 입력 장치
㉰ 출력 장치   ㉱ 기억 장치

57. 그래픽 터미널을 연결한 선이 3가닥일 때 다음 중 관계가 없는 것은?

㉮ GND   ㉯ TD   ㉰ RD   ㉱ CTS

58. 다음 중 고속 프린터로 널리 사용되는 프린터는 어느 것인가?

㉮ 자동 프린터(automatic printer)
㉯ 레이저 프린터(laser printer)
㉰ 문자 프린터(character printer)
㉱ 라인 프린터(line printer)

[해설] 고속 프린터는 글자 대신 줄 단위로 인쇄하는 충격 프린터로 보통 라인 프린터라고 한다.

59. PC용 컬러 모니터가 text mode에서 한 문자에 2byte가 필요하다면 80×50의 문자를 디스플레이하려면 buffer의 크기는 어느 정도이어야 하는가?

㉮ 4K   ㉯ 8K   ㉰ 16K   ㉱ 32K

60. 다음 중 커서(cursor)의 제어 장치는 어느 것인가?

㉮ plotter   ㉯ hard copy unit
㉰ COM unit   ㉱ stylus pen

61. CAD 시스템의 하드웨어를 선택할 때 중요한 사항이 아닌 것은?

㉮ 응답 시간   ㉯ 정확도
㉰ 데이터 안전   ㉱ 사용 시간

62. 그래픽 터미널(graphic terminal)의 해상도와 직접적인 관계가 있는 것은 어느 것인가?

㉮ pen plotter   ㉯ hard copy unit
㉰ electrostatic   ㉱ dizitizer

[정답] **48.** ㉱   **49.** ㉮   **50.** ㉱   **51.** ㉱   **52.** ㉱   **53.** ㉯   **54.** ㉮   **55.** ㉮   **56.** ㉰   **57.** ㉱   **58.** ㉱   **59.** ㉯   **60.** ㉱   **61.** ㉱
62. ㉰

63. RS-232-C 포트(port)에서 접지선은 몇 번으로 되어 있는가?

㉮ 2 ㉯ 3 ㉰ 7 ㉱ 8

64. CAD 시스템의 도입 효과가 아닌 것은?

㉮ 경쟁력 강화
㉯ 신뢰성 향상
㉰ 생산성 행상과 코스트 절감
㉱ 설계의 정밀성

[해설] CAD 시스템의 도입 효과는 ① 품질 향상 ② 설계 시간 단축 ③ 납기 단축 ④ 표준화 등이다.

65. CAD 적용 업무에서 조립 설계, 해석, 작도, 중량 계산 등을 할 때의 설계는?

㉮ 기본 설계 ㉯ 상세 설계
㉰ 생산 설계 ㉱ 개념 설계

66. CAD 시스템을 선정할 때 유의 사항이 아닌 것은?

㉮ 응답성 ㉯ 확장성
㉰ 용이성 ㉱ 조작성

[해설] CAD 시스템의 하드웨어 선정 시 유의 사항은 정확도, 응답 시간, 데이터 안전 등이다.

67. 수주로부터 설계, 제조, 출하에 이르는 모든 기능과 공정을 컴퓨터로 통합해 최종 제품이 완성되는 자동화 시스템을 무엇이라 하는가?

㉮ CAE ㉯ CAD ㉰ CIM ㉱ CAT

68. NC 가공에 필요한 정보, 생산 및 검사를 위한 계획 등의 리스트를 작성하는 것을 무엇이라 하는가?

㉮ CAM ㉯ CAE ㉰ CAP ㉱ CIM

69. 기본 설계·상세 설계에 대한 해석과 시뮬레이션을 하는 것은?

㉮ CAE ㉯ CAT ㉰ CAD ㉱ CIM

70. 최초로 실용화된 CAD 시스템은?

㉮ CADAM ㉯ SKETCHPAD
㉰ DAC-I ㉱ CADRA

71. CAD의 요소(element)라 할 수 없는 것은?

㉮ 근사선 ㉯ 위치
㉰ 자유곡선 ㉱ 연속선

72. 그래픽 터미널에 대한 설명이다. 틀린 것은?

㉮ 랜덤 스캔형은 화상의 부분 소거를 할 수 있으며 회화성이 우수하다.
㉯ 스토리지형은 화면에 플리커가 생기지 않으며 고정도이다.
㉰ 래스터 스캔형은 표시할 수 있는 벡터 수는 무제한이며 정도가 높다.
㉱ 랜덤 스캔형은 표시할 수 있는 벡터 수에 제한이 있다.

73. 그래픽 터미널에서 스토리지형의 장점이 아닌 것은?

㉮ 고정도이다.
㉯ 화면에 플리커가 생기지 않는다.
㉰ 표시할 수 있는 벡터 수는 무제한이다.
㉱ 라이트 펜을 사용할 수 있다.

74. 깜박거림을 방지하기 위하여 리프레시(refresh)는 1초에 어느 정도가 적당한가?

㉮ 10~30회 ㉯ 30~60회
㉰ 60~90회 ㉱ 90~120회

75. 그래픽 시스템의 소프트웨어 구성을 3가지로 분류할 때 해당되지 않는 것은?

㉮ 그래픽 처리 장치 ㉯ 그래픽 패키지
㉰ 응용 프로그램 ㉱ 응용 데이터베이스

76. 그래픽 터미널에 대한 설명이다. 틀린 것은?

㉮ 래스트 스캔형은 화상을 부분 소거할 수 있다.
㉯ 스토리지형은 컬러 표시가 곤란하다.
㉰ 랜덤 스캔형은 고정도이나 가격이 비싸다.
㉱ 스토리지형은 동화(animation) 표시가 가능하다.

[해설] 스토리지형은 동화 표시를 할 수 없으며 회화성이 나쁘다.

77. CAD 시스템의 입력 장치 중 화면에 접촉하여 명령어 선택이나 좌표 입력이 가능한 것은?

㉮ 트랙 볼 ㉯ 라이트 펜
㉰ 태블릿 ㉱ 조이스틱

[해설] 라이트 펜은 화면상에 직접 특정 위치 지정, 도형 인식 및 자유로운 스케치가 가능하다.

(정답) **63.** ㉰ **64.** ㉱ **65.** ㉯ **66.** ㉱ **67.** ㉰ **68.** ㉰ **69.** ㉮ **70.** ㉰ **71.** ㉯ **72.** ㉰ **73.** ㉱ **74.** ㉰ **75.** ㉮ **76.** ㉱
77. ㉯

78. 평면상 임의의 점을 해독하여 그 좌표를 입력시키는 것으로 대형이며 분해도가 우수한 입력 장치는?

㉮ 디지타이저 ㉯ 마우스
㉰ 태블릿 ㉱ 조이스틱

[해설] 디지타이저는 기존 도면이나 도형의 좌표값을 입력하는 데 사용한다.

79. 디지타이저와 태블릿의 구분에서 어느 정도의 크기를 태블릿이라 하는가?

㉮ 25cm 이하 ㉯ 50cm 이하
㉰ 75cm 이하 ㉱ 100cm 이하

80. 태블릿에 대한 설명이다. 틀린 것은?

㉮ 전자 유도식이 가장 많이 사용된다.
㉯ 좌표 입력이나 커서의 제어 등에 사용된다.
㉰ 태블릿의 해상도는 단위 길이당 점의 개수로 표시한다.
㉱ 코드가 없는 형은 초음파식이다.

[해설] 코드가 없는 형은 전자 수수식이며 태블릿의 성능은 액티브 영역과 해상도로 표시한다.

81. IBM PC의 컬러 모니터의 보더(border)에서 나타낼 수 있는 색의 수는?

㉮ 4 ㉯ 8 ㉰ 12 ㉱ 16

[해설] IBM PC의 키보드에서 각각의 키를 구별하기 위하여 사용하는 코드는 SCAN 코드이다.

82. 다음 중 래스터 스캔형의 장점이 아닌 것은?

㉮ 화면을 칠하여 매울 수 있다.
㉯ 표시할 수 있는 벡터 수는 무제한이다.
㉰ 일반적으로 정도가 낮다.
㉱ 화상을 부분 소거할 수 있다.

83. CRT 화면에서 충돌에 사용되는 전자 빔(beam)이 방출되는 곳은?

㉮ deflection ㉯ cathode
㉰ flicker ㉱ grid

84. 랜덤 스캔 디스플레이 방식의 특징이 아닌 것은?

㉮ 라이트 펜 사용이 가능하다.
㉯ flicker 현상이 없다.
㉰ 가격이 고가이며 표시할 수 있는 벡터 수에 제한이 있다.

㉱ 화상의 부분 소거를 할 수 있다.

[해설] 벡터 수가 증가하면 플리커(flicker)를 일으킨다. 또한 플리커는 리프레시 기능에 의해 일어나는 현상이다.

85. 다음 중 CAD 시스템의 하드웨어 중 dpi를 표시할 수 있는 것은 어느 것인가?

㉮ 입력 장치 ㉯ 출력 장치
㉰ 기억 장치 ㉱ 중앙 처리 장치

86. 다음 중 LAN의 형태가 아닌 것은?

㉮ 버스형 ㉯ 링형
㉰ 스타형 ㉱ 리프레시형

[해설] CAD에서는 버스형, 링형, 스타형이 많이 사용된다.

87. 턴키(turnkey) 시스템의 설명 중 틀린 것은?

㉮ 유저 소프트웨어가 없어도 사용할 수 있다.
㉯ 초기의 턴키 시스템은 응력 해석 중심으로 개발하였다.
㉰ 시스템적으로 클로즈드되어 있다.
㉱ 전원 키를 ON 하면 그대로 사용할 수 있다.

[해설] 턴키 시스템의 단점은 시스템 메이커 간의 공통성이 없으며 데이터베이스 관리가 빈약하다는 것이다.

88. COM 장치에서 도형 처리에 주로 쓰이는 필름은?

㉮ 8밀리 ㉯ 16밀리
㉰ 35밀리 ㉱ 70밀리

89. 다음 중 일시적 출력 장치는 어느 것인가?

㉮ COM 장치
㉯ 플로터
㉰ 그래픽 디스플레이
㉱ 프린터

90. 다음 중 래스터 스캔형의 장점이 아닌 것은?

㉮ 공간성 ㉯ 해상도
㉰ 동태성 ㉱ 컬러

91. 플로터를 크게 분류한 것이 아닌 것은?

㉮ 펜식 ㉯ 잉크제트식
㉰ 정전식 ㉱ 플랫 베드식

92. 컴퓨터 하드웨어(hardware)의 구성 요소로 맞

정답 **78.** ㉮ **79.** ㉯ **80.** ㉱ **81.** ㉱ **82.** ㉱ **83.** ㉯ **84.** ㉯ **85.** ㉯ **86.** ㉱ **87.** ㉯ **88.** ㉰ **89.** ㉰ **90.** ㉯ **91.** ㉱
92. ㉮

게 짝지어진 것은 어느 것인가?

㉮ 입출력 장치, 기억 장치, 중앙 처리 장치
㉯ 제어 장치, 연산 논리 장치, 기억 장치
㉰ 입력 장치, 출력 장치, 제어 장치
㉱ 기억 장치, 입·출력 장치, 연산 장치

[해설] CAD 시스템의 구성 요소는 하드웨어(hardware)와 소프트웨어(software)이다. 하드웨어는 입력 장치, 기억 장치, 처리 장치, 출력 장치로 구성되고, 소프트웨어는 처리 프로그램(process program)과 운영 체제 프로그램(operating system program)이 있다.

93. 보조 기억 장치가 아닌 것은 어느 것인가?

㉮ 자기 디스크　　　　㉯ 자기 테이프
㉰ 집적 회로　　　　　㉱ 자기 드럼

[해설] 보조 기억 장치에는 자기 테이프 장치, 자기 디스크 장치, 플로피 디스크 장치, 자기 드럼이 있다.

94. 다음 중 입력 장치, 출력 장치로 모두 이용되고 있는 것은 어느 것인가?

㉮ 마우스
㉯ 플로터
㉰ CRT
㉱ 디지타이저와 스타일러스 펜

[해설] line printer, 플로터는 출력 장치이고 디지타이저와 스타일러스 펜은 입력 장치이다.

95. 다음에서 가장 빠른 기억 장치는 어느 것인가?

㉮ disk　　　　　　　㉯ tape
㉰ core　　　　　　　㉱ drum

96. 다음 중 여러 장치를 통제하는 기능을 갖는 장치는 어느 것인가?

㉮ I/O unit　　　　　㉯ ALU
㉰ memory unit　　　㉱ control unit

[해설] 제어 장치(control unit)는 컴퓨터 시스템 전체를 지시, 감독, 조정하는 역할을 한다.

97. 다음 중 CPU의 기능이라 할 수 없는 것은 어느 것인가?

㉮ 정보의 기억　　　　㉯ 동작의 제어
㉰ 사용자와의 대화　　㉱ 정보의 연산

[해설] CPU는 제어 장치와 연산 장치로 구성되어 있다. 제어 장치는 주기억 장치에 대한 입·출력 작동을 포함하여 전 컴퓨터 시스템을 조정, 조절한다. 연산 장

치는 데이터에 대한 산술과 논리 연산을 수행한다.

98. 다음 중 자기 테이프(magnetic tape)와 관계가 먼 것은 어느 것인가?

㉮ IBG(inter block gap)
㉯ track
㉰ blocking
㉱ sector

[해설] ① IBG는 테이프에 수록된 레코드들의 블록간 간격을 말하며 테이프의 시동과 정지 기능이 있다.
② blocking은 블록 안의 각 레코드를 두 개 이상 결합하는 것이다.

99. 보조 기억 장치에 관한 설명이다. 틀린 것은 어느 것인가?

㉮ 자기 드럼은 자료의 입·출력이 빠르고 기억 용량이 큰 장치이나 실제로 흔히 이용되고 있지는 않다.
㉯ 자기 디스크는 randum access도 가능하다.
㉰ 자기 테이프의 처리 속도와 기억 용량면에서 자기 디스크보다 이용 가치가 훨씬 높다.
㉱ 자기 테이프는 sequential access만을 할 수 있다.

100. 평균 액세스 시간(access time)이 가장 긴 것은 어느 것인가?

㉮ 자기 디스크　　　　㉯ 자기 드럼
㉰ 자기 테이프　　　　㉱ 자기 기억 장치

101. 인쇄 속도가 최대 2000LPM이며, 라인에 132자를 인쇄할 수 있는 라인 프린터가 5분간 인쇄할 수 있는 글자 수는 얼마인가?

㉮ 132000　　　　　　㉯ 1320000
㉰ 2640000　　　　　㉱ 26400

102. 자기 디스크(magnetic disk) 장치의 주 구성 요소가 아닌 것은 어느 것인가?

㉮ disk　　　　　　　㉯ raed/write head
㉰ access arm　　　　㉱ inter record gap

103. 컴퓨터실을 설치할 때 고려하여야 할 사항 중 가장 거리가 먼 것은 어느 것인가?

㉮ 온도 및 습도

㉯ 전압 및 주파수 이상 변동
㉰ 정전
㉱ 스프링클러 설치

[해설] ① 온도 및 습도는 보관 중에는 13~35℃, 20~
80%, 사용할 때는 18~24℃, 40~60%로 유지하는 것
이 좋다.
② 전압은 90~132VAC, 주파수는 47.5~66Hz를 유지
하는 것이 좋다.

104. 보조 기억 장치에 기록된 내용을 주기억 장치
에 재현하는 것을 무엇이라 하는가?

㉮ roll-out   ㉯ roll-in
㉰ load   ㉱ reload

105. 주기억 장치에서 기억 장소의 지정은 무엇에
따라 행하여지는가?

㉮ record   ㉯ field
㉰ address   ㉱ block

[해설] address의 표시 단위는 byte이다.

106. 자기 디스크에서 데이터가 기록되는 위치는
다음 중 어느 것에 의하여 정해지는가?

㉮ 트랙과 레코드 번호
㉯ 실린더 번호와 레코드 번호
㉰ 파일과 레코드 번지
㉱ 실린더 번호와 트랙 번호

107. 보조 기억 장치의 특정 위치를 선택 또는 위치
시킴으로써 접근할 수 있도록 하는 데 걸리는 시
간을 무엇이라 하는가?

㉮ seek time   ㉯ run time
㉰ turnaround time   ㉱ idle time

108. 자기 테이프의 BPI란 무엇을 뜻하는가?

㉮ 파일의 크기   ㉯ 자료의 기록 밀도
㉰ 자료의 전송 속도   ㉱ 레코드의 간격

[해설] BPI(bytes per inch)는 테이프 1인치당 저장될
수 있는 문자 혹은 바이트 수를 나타내는 단위로 테이
프 밀도를 의미한다.

109. 다음은 자기 테이프에 관한 설명이다. 틀린 것
은 어느 것인가?

㉮ 순차 처리(sequential access)만 가능하다.
㉯ 데이터는 7또는 9트랙으로 기록한다.

㉰ IBG는 블록과 블록 사이의 데이터가 기록되
지 않는 곳이다.
㉱ BPI는 데이터 전송 속도이다.

[해설] 자기 테이프의 특징
① 순차 처리만 가능하다. ② 보조 기억 장치이다.
③ IBG(inter block gap) : 블록과 블록 사이에 데이터
가 기록되지 않는 공백
④ BPI(byte per inch) : 기록 밀도

110. 기억 장치에서 디스크가 6장일 때 사용할 수
있는 면의 수는 몇 개인가?

㉮ 12   ㉯ 10   ㉰ 8   ㉱ 6

111. 마그네틱 테이프와 관계가 없는 것은?

㉮ magnetic head   ㉯ track
㉰ ring   ㉱ parity bit

112. 보조 기억 장치의 특징이 아닌 것은 어느 것인가?

㉮ 대용량 기억 장치이다.
㉯ 대형 프로그램을 기억시킬 수 있다.
㉰ 주기억 장치보다 비트당 가격이 싸다.
㉱ 주기억 장치보다 정보를 읽는 속도가 빠르다.

113. 입·출력 장치와 기억 장치 사이의 가장 중요
한 동작의 차이점은 무엇인가?

㉮ 동작 속도   ㉯ 동작의 자율성
㉰ 정보의 단위   ㉱ 착오 발생률

114. 다음 중에서 보조 기억 장치로 사용될 수 없는
것은 어느 것인가?

㉮ magnetic disk
㉯ floppy disk
㉰ magnetic character
㉱ magnetic core

[해설] 자기 코어는 주기억 장치이다.

115. 프로그램을 통한 입·출력 방식에서 입·출력
장치 인터페이스에 포함되어야 하는 하드웨어가 아
닌 것은 어느 것인가?

㉮ 단어 계수기
㉯ 장치 번호 디코더
㉰ 장치의 동작 상태를 나타내는 flag
㉱ 데이터 레지스터

(정답) **104.** ㉯ **105.** ㉰ **106.** ㉰ **107.** ㉮ **108.** ㉯ **109.** ㉱ **110.** ㉯ **111.** ㉯ **112.** ㉱ **113.** ㉰ **114.** ㉱ **115.** ㉯

116. 기억 장치에서 디스크 팩이 12매로 되어 있는 경우 1면에 199트랙을 사용한다면 사용 가능한 실린더(cylinder) 수는 얼마인가?

㉮ 201 ㉯ 202 ㉰ 199 ㉴ 198

[해설] disk pack에서는 track 번호와 cylinder 번호가 같다.

117. 캐시(cache) 메모리에서 정보의 주소를 찾는 방법을 매핑(mapping)이라 한다. 가장 빠른 방법은 어느 것인가?

㉮ associative memory(연관 기억 장치 방식)
㉯ direct mapping(직접 매핑 방식)
㉰ program mapping(프로그램 매핑 방식)
㉴ harsh mapping(하시 매핑 방식)

118. 다음 기억 소자 중 read/write를 임의로 할 수 없는 소자는 어느 것인가?

㉮ PROM ㉯ core memory
㉰ static RAM ㉴ dynamic RAM

119. 다음 메모리의 내용으로 어드레스할 수 있는 메모리는 어느 것인가?

㉮ RAM ㉯ ROM
㉰ virtual memory ㉴ associative memory

120. 다음 cache memory에 대한 설명 중 틀린 것은 어느 것인가?

㉮ 캐시를 가진 컴퓨터의 성능을 나타내는 척도의 하나로 적중률(hitrate)을 사용하며 높을수록 좋다.
㉯ 캐시 기억 장치를 사용할 경우 명령어의 수행 속도는 중앙 처리 장치의 속도와 거의 비슷하게 할 수 있다.
㉰ 새로운 명령어를 수행할 때마다 그 명령어와 필요한 데이터를 주기억 장치에서 캐시 기억 장치로 옮긴 후 수행한다.
㉴ 중앙 처리 장치의 속도와 주기억 장치의 속도 차이가 현저할 때 사용한다.

121. 디스크에서 지정된 트랙의 해당 레코드까지 액세스 암(access arm)이 찾아가는 소요 시간을 무엇이라 하는가?

㉮ search time ㉯ real time

㉰ cycle time ㉴ run time

122. 다음 중 데이터를 기억시켜 두는 방법이 다른 것은 어느 것인가?

㉮ 레지스터 ㉯ 버퍼
㉰ 1차 기억 장치 ㉴ 자기 디스크

123. 다음 캐시 메모리(cache memory)에 관한 설명 중 틀린 것은 어느 것인가?

㉮ 메모리 액세스 시간을 감소시키기 위하여 사용한다.
㉯ 프로그램의 실행 시간을 단축할 수 있다.
㉰ 캐시 메모리는 주기억 장치와 CPU 사이에서 정보 교환을 담당한다.
㉴ 캐시 메모리는 CPU와 주변 장치에 위치하고 있다.

124. 컴퓨터의 3대 장치는?

㉮ 입력 장치, 출력 장치, 중앙 처리 장치
㉯ 입출력 장치, 기억 장치, 중앙 처리 장치
㉰ 입력 장치, 출력 장치, 연산 장치
㉴ 입출력 장치, 기억 장치, 연산 장치

125. 디스켓의 쓰기 방지 홈(write protect notch)이 막혀져 있을 때의 설명이다. 틀린 것은?

㉮ 디스크에 저장되어 있는 자료를 지울 수 있다.
㉯ 포맷 명령으로 포맷은 가능하다.
㉰ 새로운 자료의 저장이 허용되지 않는다.
㉴ 디스크에 저장되어 있는 자료를 읽어낼 수 있다.

[해설] 디스켓의 쓰기 방지 홈의 용도는 디스크에의 정보 기록 가능 여부를 지정할 수 있는 홈이다.

126. 해당 트랙에 도착한 이후에 실제 데이터의 위치까지 도달하는 데 걸리는 시간은?

㉮ access time ㉯ latency time
㉰ distance time ㉴ seek time

127. video card 중 문자 모드로만 사용되며 단색 출력만 가능한 것은?

㉮ VGA ㉯ CGA ㉰ HGC ㉴ MDA

[해설] video card란 컴퓨터의 화면에 그림이나 문자를 나타나게 해주는 것이다.

정답 **116.** ㉰ **117.** ㉮ **118.** ㉮ **119.** ㉴ **120.** ㉰ **121.** ㉮ **122.** ㉴ **123.** ㉴ **124.** ㉯ **125.** ㉯ **126.** ㉯ **127.** ㉴

02 CAD 시스템에 의한 도형 처리

● 1. CAD 시스템의 좌표계

1-1 직교 좌표계(Rectangular coordinate system)

서로 직교하는 X축, Y축, Z축으로 정의한다. 직교 좌표계의 개념을 확립한 프랑스의 수학자 데카르트의 이름을 따서 데카르트 좌표계(Cartesian coodinate system)라고 부르기도 한다.

① 2차원 직교 좌표계 : x, y로 표시

② 3차원 직교 좌표계 : x, y, z로 표시

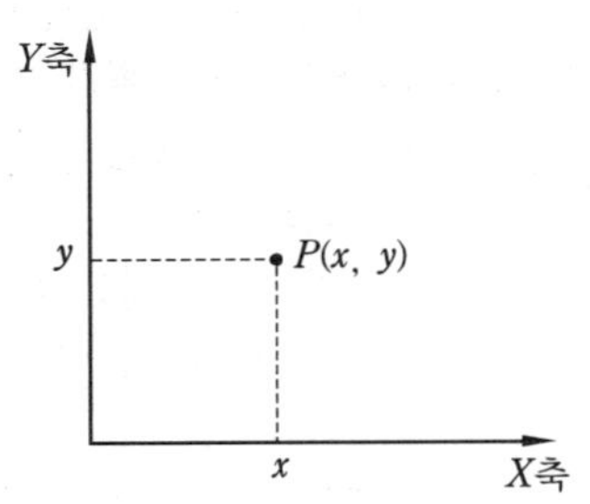

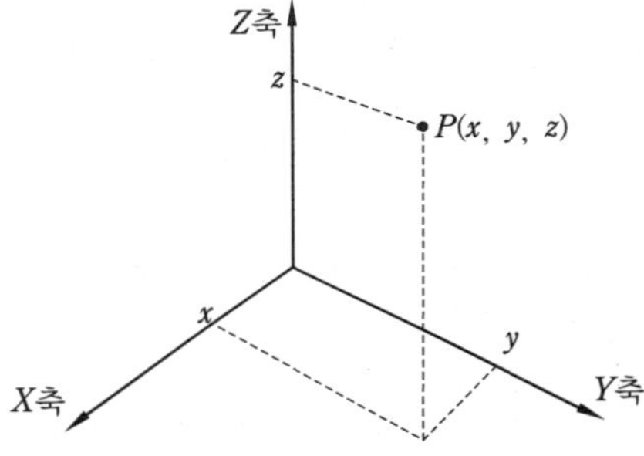

1-2 극좌표계(Polar coordinate system)

1개의 반지름 r과 기준벡터들과 이루는 각으로 정의된다.

① 평면 극좌표계 : r, θ로 표시

$$x = r\cos\theta$$
$$y = r\sin\theta$$

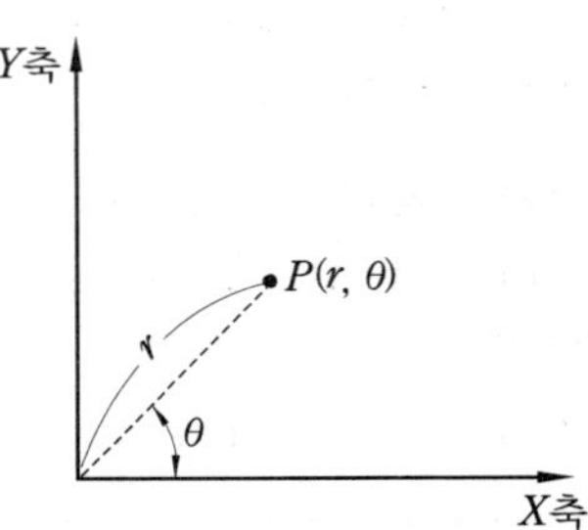

② 원통 좌표계 : r, θ, h로 표시

$$x = r \cos \theta$$
$$y = r \sin \theta$$
$$z = h$$

③ 구면 좌표계 : ρ, ϕ, θ로 표시

$$x = \rho \sin \phi \cos \theta$$
$$y = \rho \sin \phi \sin \theta$$
$$z = \rho \cos \phi$$

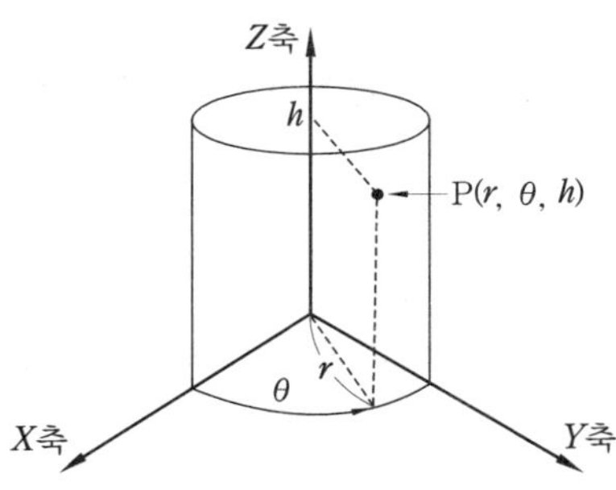

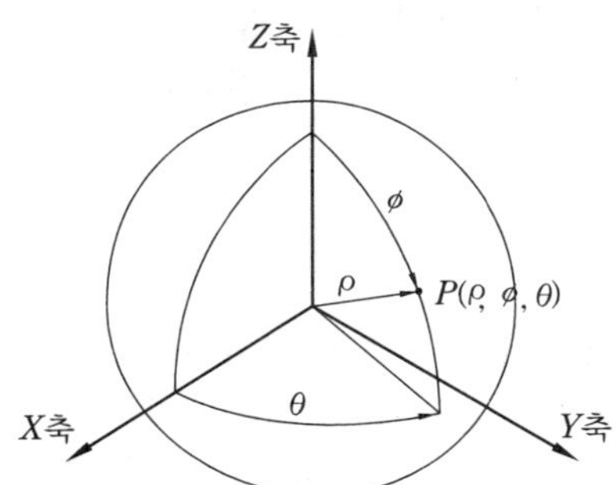

● 2. 도형의 좌표 변환

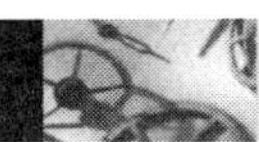 ## 2-1 행렬 (matrix)

행렬이란 다음과 같이 수의 배열을 양쪽에 괄호를 붙여 한 묶음으로 나타낸 것이다. 행렬을 이루는 각각의 수나 문자를 이 행렬의 원 또는 원소라 한다. 행렬의 원은 경우에 따라 개수, 방정식의 계수, 경우의 수, 확률 등 여러 가지 수학적인 양을 나타낸다.

$$\begin{bmatrix} 4 & 5 & 6 \\ 3 & 2 & 4 \end{bmatrix} \quad \begin{bmatrix} 10 & 12 & 17 \end{bmatrix} \quad \begin{bmatrix} 8 \\ -4 \\ 2 \end{bmatrix}$$

행렬의 가로줄을 행(row)이라 하고 위에서부터 차례로 제1행, 제2행, 제3행,…이라 한다. 또, 행렬의 세로줄을 열(column)이라 하고 왼쪽에서부터 차례로 제1열, 제2열, 제3열,…이라 한다.

일반적으로 m개의 행과 n개의 열로 된 행렬을 m행 n열의 행렬 또는 $m \times n$행렬이라 하며, 위의 행렬은 차례로 2×3행렬, 1×4행렬, 3×1행렬이다.

특히 행의 수와 열의 수가 같은 행렬을 정방행렬이라 하고, 행의 수와 열의 수가 모두 n인 $n \times n$ 행렬을 n차 정방행렬이라 한다.

행렬 A의 i행과 j열의 교점에 있는 원소(성분) 즉 ij성분을 a_{ij}라고 쓰고 행렬 A를 다음과 같이 표시한다.

$$A = \begin{bmatrix} a_{11} & a_{12} & a_{13} & \cdots\cdots & a_{1j} & \cdots\cdots & a_{1n} \\ a_{21} & a_{22} & a_{23} & \cdots\cdots & a_{2j} & \cdots\cdots & a_{2n} \\ a_{i1} & a_{i2} & a_{i3} & \cdots\cdots & a_{ij} & \cdots\cdots & a_{in} \\ a_{m1} & a_{m2} & a_{m3} & \cdots\cdots & a_{mj} & \cdots\cdots & a_{mn} \end{bmatrix} = [a_{ij}]$$

이를테면 행렬 Q가 2×3행렬일 때

$$Q = \begin{bmatrix} a_{11} & a_{12} & a_{13} \\ a_{21} & a_{22} & a_{23} \end{bmatrix}$$

또는 $Q = [a_{ij}]$, $i=1, 2\ j=1, 2, 3$이라 쓰기도 한다.

1 행렬의 덧셈, 뺄셈, 실수배

① A, B가 같은 꼴의 행렬일 때 A와 B의 대응하는 원소의 합을 원소로 하는 행렬을 A와 B의 합이라 하고 A+B로 나타낸다.

$$A = \begin{bmatrix} a_{11} & a_{12} \\ a_{21} & a_{22} \end{bmatrix} \qquad B = \begin{bmatrix} b_{11} & b_{12} \\ b_{21} & b_{22} \end{bmatrix} \qquad A+B = \begin{bmatrix} a_{11}+b_{11} & a_{12}+b_{12} \\ a_{21}+b_{21} & a_{22}+b_{22} \end{bmatrix}$$

② A, B 가 같은 꼴의 행렬일 때 A의 원소에서 이에 대응하는 B의 원소를 뺀 차를 원소로 하는 행렬을 A에서 B를 뺀 차라 하고 A−B로 나타낸다.

$$A-B = \begin{bmatrix} a_{11}-b_{11} & a_{12}-b_{12} \\ a_{21}-b_{21} & a_{22}-b_{22} \end{bmatrix}$$

③ 실수 k에 대하여 행렬 A의 모든 원소를 k배 한 것을 원소로 하는 행렬을 A의 k배라 하고 kA라 쓴다

$$kA = \begin{bmatrix} ka_{11} & ka_{12} \\ ka_{21} & ka_{22} \end{bmatrix}$$

한 행렬 A에 대해서 A−A의 모든 원소는 0이다. 이와 같은 행렬을 영행렬이라 하고 0으로 표시한다.

행렬 A, B, C 가 임의의 $m×n$ 행렬이고 h, k가 임의의 수일 때 다음 식이 성립한다.

① A+B=B+A   (교환 법칙)

② (A+B)+C=A+(B+C)   (결합 법칙)

③ A+0=0+A=A (덧셈에 대한 항등원은 0)

   A+(−A)=0 (덧셈에 관한 A의 역원은 −A)

④ k(hA)=(kh)A   (결합 법칙)

⑤ (k+h)A=kA+hA, k(A+B)=kA+kB   (분배 법칙)

2 행렬의 곱

행렬 A의 열의 개수와 행렬 B의 행의 개수가 같을 때, 즉 $A = [a_{ij}]_{m×l}$, $B = [b_{ij}]_{l×n}$일 때

$$AB = [c_{ij}]_{m×n} \ (\text{단}, \ c_{ij} = \Sigma a_{ik} b_{kj} = a_{i1} b_{1j} + a_{i2} b_{2j} + a_{i3} b_{3j} + \cdots\cdots a_{il} b_{lj})$$

즉, c_{ij}는 A의 i행 벡터와 B의 j열 벡터의 내적이다.

2×2 행렬 사이의 곱을 다음과 같이 정의한다.

$$\begin{bmatrix} a & b \\ c & d \end{bmatrix} \begin{bmatrix} x & u \\ y & v \end{bmatrix} = \begin{bmatrix} ax+by & au+bv \\ cx+dy & cu+dv \end{bmatrix}$$

이와 같은 행렬의 곱을 다음과 같이 생각하면 기억하기가 쉽다.

$$\begin{bmatrix} ① \rightarrow \\ ② \rightarrow \end{bmatrix} \begin{bmatrix} ① \downarrow & ② \downarrow \end{bmatrix} = \begin{bmatrix} ①×① & ①×② \\ ②×① & ②×② \end{bmatrix}$$

행렬의 곱에서는 수의 곱에서와 같이 결합 법칙, 배분 법칙이 성립한다. 그러나 수의 곱에서와는 달리 교환 법칙은 성립하지 않는다.

① $AB \neq BA$

② $(AB)C = A(BC)$ (결합 법칙)

③ $A(B+C) = AB+AC$, $(A+B)C = AC+BC$ (분배 법칙)

④ $(kA)B = A(kB) = k(AB)$

❸ 행렬의 거듭제곱

실수의 거듭제곱과 같이, 정방 행렬 A에 대해서도

$$A^1 = A, \; A^2 = AA, \; A^3 = A^2A \cdots\cdots A^m = A^{m-1}A$$

로 행렬의 거듭제곱을 정의한다. A가 정방 행렬이고 m, n이 자연수일 때

$$A^m A^n = A^{m+n}, \; (A^m)^n = A^{mn} \text{ 로 정의한다.}$$

❹ 역행렬의 존재, 역행렬을 구하는 공식

행렬 $A = \begin{bmatrix} a & b \\ c & d \end{bmatrix}$ 에서 $D = ad - bc$로 놓을 때

① A의 역행렬이 존재할 조건은 $D \neq 0$

② $D \neq 0$이면 $A^{-1} = \dfrac{1}{D} \begin{pmatrix} d & -b \\ -c & a \end{pmatrix}$

③ $D = 0$이면 A의 역행렬은 존재하지 않는다.

같은 치수의 두 정방 행렬 A, B의 역행렬이 존재할 때 다음의 성질이 있다.

① $(A^{-1})^{-1} = A$ ② $E^{-1} = E$

③ $(AB)^{-1} = B^{-1} A^{-1}$ ④ $(A^m)^{-1} = (A^{-1})^m$ (단, m은 자연수)

❺ 일차 연립 방정식과 행렬

행렬의 이론이 발달하게 된 동기는 연립 방정식의 해를 구하는 문제로부터 시작되었으며, 연립 방정식을 행렬을 이용하여 나타내면 다음과 같다.

① $\begin{bmatrix} ax+by = p \\ cx+dy = q \end{bmatrix} \leftrightarrow \begin{bmatrix} a & b \\ c & d \end{bmatrix} \begin{bmatrix} x \\ y \end{bmatrix} = \begin{bmatrix} p \\ q \end{bmatrix}$

② $\begin{bmatrix} ax+by+cz = p \\ dx+ey+fz = q \\ gx+hy+iz = r \end{bmatrix} \leftrightarrow \begin{bmatrix} a & b & c \\ d & e & f \\ g & h & i \end{bmatrix} \begin{bmatrix} x \\ y \\ z \end{bmatrix} = \begin{bmatrix} p \\ q \\ r \end{bmatrix}$

2-2 점의 표현

❶ 공간상의 한 점 표현

n차원의 공간상에서의 한 점은 임의의 n차원 벡터로 표현할 수 있다.

2차원 좌표계 : $[x\ y]$ 또는 $\begin{bmatrix} x \\ y \end{bmatrix}$, 즉 $(1{\times}2)$ 또는 $(2{\times}1)$ 행렬

3차원 좌표계 : $[x\ y\ z]$ 또는 $\begin{bmatrix} x \\ y \\ z \end{bmatrix}$, 즉 $(1{\times}3)$ 또는 $(3{\times}1)$ 행렬

❷ x축 방향으로 m, y축 방향으로 n만큼 이동한 표현

2차원 좌표계상에서의 한 점 $P(x,\ y)$를 x축 방향으로 m, y축 방향으로 n만큼 평행 이동시킨 점 P' $(x',\ y')$는 다음과 같이 표현된다.

$$x'=x+m \qquad y'=y+m$$

이를 벡터로 표현하면

$$[x'\ y']=[x\ y]+[m\ n]$$

❸ x축 방향으로 S_x, y축 방향으로 S_y 비율로 늘인 표현

점 $P(x,\ y)$를 x축 방향으로 S_x, y축 방향으로 S_y 비율로 늘인(scaled or stretched) 점 $P'(x',\ y')$는 다음과 같다.

$$[x'\ y']=\begin{bmatrix} S_x & 0 \\ 0 & S_y \end{bmatrix}$$

여기서 $S_x=+1$, $S_y=-1$이면 x축에 대칭인 변환, $S_x=S_y<0$이면 원점에 대칭인 변환이다.

❹ 원점을 중심으로 회전시킨 표현

점 $P(x,\ y)$를 원점을 중심으로 반시계 방향의 각도θ만큼 회전시킨 점 $P'(x',\ y')$는 다음과 같다.

$$x'=r\cos(\theta+\phi)=r\cos\phi\ \cos\theta-r\sin\phi\ \sin\theta=x\cos\theta-y\sin\theta$$
$$y'=r\sin(\theta+\phi)=r\cos\phi\ \sin\theta+r\sin\phi\ \cos\theta=x\sin\theta+y\cos\theta$$
$$[x'\ y']=[x\ y]\begin{bmatrix} \cos\theta & \sin\theta \\ -\sin\theta & \cos\theta \end{bmatrix}$$
$$=[x\cos\theta-y\sin\theta \quad x\sin\theta+y\cos\theta]$$

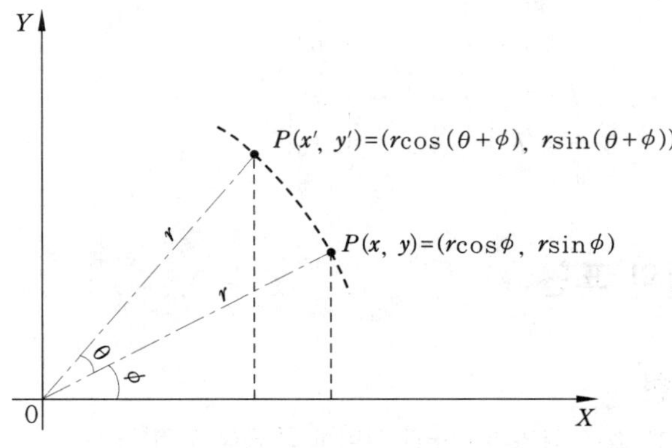

점의 회전 변환

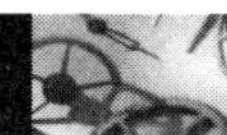

2-3 동차 좌표(HC)에 의한 표현

■ 2차원에서 동차 좌표에 의한 행렬

2차원에서 HC의 일반적인 행렬은 3×3 변환 행렬이 되며 다음과 같이 쓸 수 있다.

$$T_H = \left[\begin{array}{cc|c} a & b & p \\ c & d & q \\ \hline m & n & s \end{array}\right]$$

여기서 a, b, c, d는 스케일링(scaling), 회전(rotation) 및 전단(shearing) 등에 관계되고 m과 n은 이동(translation), p, q는 투사(projection), s는 전체적인 스케일링(overall scaling)에 관계된다.

■ 3차원에서 동차 좌표에 의한 행렬

3차원 변환은 2차원 변환에 z축에 대한 개념을 추가하여 다음과 같이 쓸 쑤 있다.

$$T_H = \left[\begin{array}{ccc|c} a & d & g & 0 \\ b & e & h & 0 \\ c & f & i & 0 \\ \hline j & k & l & s \end{array}\right]$$

- $a, b, c, d, e, f, g, h, i$: 회전과 개별 스케일링
- j, k, l : x축, y축 및 z축의 평행 이동
- s : 전체 스케일링

2-4 동차 좌표에 의한 2차원 좌표 변환 행렬

■ 이동(translation) 변환

$$[x'\ y'\ 1] = [x\ y\ 1] \begin{bmatrix} 1 & 0 & 0 \\ 0 & 1 & 0 \\ m & n & 1 \end{bmatrix}$$

■ 스케일링(scaling) 변환

$$[x'\ y'\ 1] = [x\ y\ 1] \begin{bmatrix} S_x & 0 & 0 \\ 0 & S_y & 0 \\ 0 & 0 & 1 \end{bmatrix}$$

■ 반전(reflection) 또는 대칭 변환

$$[x'\ y'\ 1] = [x\ y\ 1] \begin{bmatrix} -1 & 0 & 0 \\ 0 & 1 & 0 \\ 0 & 0 & 1 \end{bmatrix} \qquad [x'\ y'\ 1] = [x\ y\ 1] \begin{bmatrix} 1 & 0 & 0 \\ 0 & -1 & 0 \\ 0 & 0 & 1 \end{bmatrix}$$

$\qquad\qquad\quad$ (y축에 대칭인 변환) $\qquad\qquad\qquad\qquad\quad$ (x축에 대칭인 변환)

④ 회전(rotation) 변환

$$[x'\ y'\ 1]=[x\ y\ 1]\begin{bmatrix}\cos\theta & \sin\theta & 0\\ -\sin\theta & \cos\theta & 0\\ 0 & 0 & 1\end{bmatrix} \qquad [x'\ y'\ 1]=[x\ y\ 1]\begin{bmatrix}\cos\theta & -\sin\theta & 0\\ \sin\theta & \cos\theta & 0\\ 0 & 0 & 1\end{bmatrix}$$

(반시계방향 회전)   (시계방향 회전)

 2-5 동차 좌표에 의한 3차원 좌표 변환 행렬

① 평행 이동(translation) 변환

$$[X\ Y\ Z\ H]=[x\ y\ z\ 1]\left[\begin{array}{ccc|c}1 & 0 & 0 & 0\\ 0 & 1 & 0 & 0\\ 0 & 0 & 1 & 0\\ \hline l & m & n & 1\end{array}\right]$$

$$=[(x+l)\ (y+m)\ (z+n)\ 1]$$

② 스케일링(scaling) 변환

① 국부적인 스케일링 변환

$$[X\ Y\ Z\ H]=[x\ y\ z\ 1]\left[\begin{array}{ccc|c}a & 0 & 0 & 0\\ 0 & e & 0 & 0\\ 0 & 0 & j & 0\\ \hline 0 & 0 & 0 & 1\end{array}\right]$$

$$=[ax\ ey\ jz\ 1]$$

② 전체적인 스케일링 변환

$$[X\ Y\ Z\ H]=[x\ y\ z\ 1]\left[\begin{array}{ccc|c}1 & 0 & 0 & 0\\ 0 & 1 & 0 & 0\\ 0 & 0 & 1 & 0\\ \hline 0 & 0 & 0 & s\end{array}\right]$$

$$=[x\ y\ z\ s]=\left[\frac{x}{s}\ \frac{y}{s}\ \frac{z}{s}\ 1\right]$$

③ 전단(shearing) 변환

$$[X\ Y\ Z\ H]=[x\ y\ z\ 1]\left[\begin{array}{ccc|c}1 & b & c & 0\\ d & 1 & f & 0\\ h & i & 1 & 0\\ \hline 0 & 0 & 0 & 1\end{array}\right]$$

④ 반전(reflection) 변환(대칭 변환)

3차원 공간에서의 평면에 대한 오브젝트의 반전을 동차 좌표로 기술하면 xy평면, yz평면, xz평면에 대한 그 변환 행렬은 다음과 같다.

$$T_{xy}=\begin{bmatrix} 1 & 0 & 0 & 0 \\ 0 & 1 & 0 & 0 \\ 0 & 0 & -1 & 0 \\ 0 & 0 & 0 & 1 \end{bmatrix} \qquad T_{yz}=\begin{bmatrix} -1 & 0 & 0 & 0 \\ 0 & 1 & 0 & 0 \\ 0 & 0 & 1 & 0 \\ 0 & 0 & 0 & 1 \end{bmatrix} \qquad T_{xz}=\begin{bmatrix} 1 & 0 & 0 & 0 \\ 0 & -1 & 0 & 0 \\ 1 & 0 & 1 & 0 \\ 0 & 0 & 0 & 1 \end{bmatrix}$$

5 회전(rotation) 변환

회전각 θ는 양의 x축 상의 한 점에서 원점을 볼 때 반시계 방향(counter clockwise)을 +, 시계 방향(clockwise)을 −로 한다. x, y, z축에 대하여 θ만큼 회전한 경우의 변환 행렬은 다음과 같다.

$$T_x=\begin{bmatrix} 1 & 0 & 0 & 0 \\ 0 & \cos\theta & \sin\theta & 0 \\ 0 & -\sin\theta & \cos\theta & 0 \\ 0 & 0 & 0 & 1 \end{bmatrix} \qquad T_y=\begin{bmatrix} \cos\theta & 0 & -\sin\theta & 0 \\ 0 & 1 & 0 & 0 \\ \sin\theta & 0 & \cos\theta & 0 \\ 0 & 0 & 0 & 1 \end{bmatrix} \qquad T_z=\begin{bmatrix} \cos\theta & \sin\theta & 0 & 0 \\ -\sin\theta & \cos\theta & 0 & 0 \\ 0 & 0 & 1 & 0 \\ 0 & 0 & 0 & 1 \end{bmatrix}$$

1. 2차원 CAD에서 최대 변환 매트릭스는 얼마인가?

㉮ 2×2　　㉯ 3×3　　㉰ 4×4　　㉱ $n\times n$

[해설] 2차원 CAD에서 동차 좌표에서의 일반적인 변환 행렬은 3×3이다.

2. 3차원 CAD에서 최대 변환 매트릭스는 얼마인가?

㉮ 2×2　　㉯ 3×3　　㉰ 4×4　　㉱ $n\times n$

[해설] 3차원 CAD에서 동차 좌표에서의 일반적인 변환 행렬은 4×4이다.

3. 점 $P_1(2, 4)$을 원점을 중심으로 반시계 방향으로 30° 회전시킬 때 회전한 점의 좌표는?

㉮ $(\sqrt{3}-2,\ 1+2\sqrt{3}\ )$　　㉯ $(\sqrt{3}+1,\ 2+\sqrt{3}\ )$

㉰ $(2\sqrt{3},\ 4\sqrt{3}\ )$　　㉱ $(4\sqrt{3}+1,\ \sqrt{3}+1)$

[해설] $[x'\ y']\,[x\ y]=\begin{bmatrix} \cos\theta & \sin\theta \\ -\sin\theta & \cos\theta \end{bmatrix}$

$\therefore \begin{cases} x'=x\cos\theta-y\sin\theta \\ y'=x\sin\theta+y\cos\theta \end{cases}$

4. 점 $P_1(4, 2)$을 원점을 중심으로 반시계 방향으로 90° 회전시킬 때 회전한 점의 좌표는?

㉮ $(-2, 4)$　　㉯ $(4, -2)$

㉰ $(-4, -2)$　　㉱ $(0, 2)$

[해설] $[x'\ y']=[4\ 2]\begin{bmatrix} \cos90° & \sin90° \\ -\sin90° & \cos90° \end{bmatrix}$

$\qquad\quad=[-2, 4]$

5. 다음 좌표점 $(2, 2)$, $(4, 5)$, $(6, 2)$를 점 $(1, 1)$을 기준으로 2배 확대할 때 이의 결과는?

㉮ $(4, 4)$, $(8, 10)$, $(12, 4)$

㉯ $(1, 1)$, $(3, 4)$, $(5, 1)$

㉰ $(3, 3)$, $(7, 9)$, $(11, 3)$

㉱ $(2, 2)$, $(4, 10)$, $(12, 4)$

6. 다음의 행렬에서 x축으로 1배, y축으로 2배 확대하려고 할 때 d의 값은?

$$T=\begin{bmatrix} a & b & c & 0 \\ d & e & f & 0 \\ i & j & k & 0 \\ l & m & n & 1 \end{bmatrix}$$

㉮ 0　　㉯ 1　　㉰ 2　　㉱ $-\sin\theta$

7. 다음의 행렬에서 $x-y$평면에 대하여 mirror 기능을 사용하려면 l, m, n의 값은?

$$T=\begin{bmatrix} a & b & c & 0 \\ d & e & f & 0 \\ i & j & k & 0 \\ l & m & n & 1 \end{bmatrix}$$

㉮ 1, −1, 1　　㉯ 1, 1, −1

㉰ 0, 0, 0　　㉱ −1, 1, 1

[해설] mirror 기능과 관계 있는 것은 a, e, k이다.

8. 임의의 점에 대하여 35° 회전시키고자 할 때 곱해야 할 좌표 변환 행렬의 수는?

㉮ 1 ㉯ 2 ㉰ 3 ㉱ 4

9. 2차원에서 반시계 방향으로 회전시킬 때 회전 변환 행렬은?

㉮ $\begin{bmatrix} \cos\theta & \sin\theta \\ -\sin\theta & \cos\theta \end{bmatrix}$ ㉯ $\begin{bmatrix} \cos\theta & -\sin\theta \\ \sin\theta & \cos\theta \end{bmatrix}$

㉰ $\begin{bmatrix} \sin\theta & \cos\theta \\ -\sin\theta & \sin\theta \end{bmatrix}$ ㉱ $\begin{bmatrix} \sin\theta & -\cos\theta \\ \cos\theta & \sin\theta \end{bmatrix}$

10. CAD작업할 때 다음을 입력하여 하나의 오브젝트(object)를 대칭 변환시키고자 한다. 틀린 것은 어느 것인가?

㉮ 교차되는 두 선의 교차점(point)
㉯ 직선(straight line)
㉰ 평면(plane)
㉱ 곡면(surface)

11. 3차원 물체의 기하학적 변환은 일반적으로 4×4 변환 행렬로 다음과 같이 정의된다. x축에 대해 회전할 경우 관계되는 것은?

$$T = \begin{bmatrix} a & b & c & p \\ d & e & f & q \\ i & j & k & r \\ l & m & n & s \end{bmatrix}$$

㉮ a, b, d, e ㉯ l, m, n, s
㉰ p, q, r, s ㉱ e, f, i, j

12. 변환 행렬(transformation matrix)과 관계가 없는 것은 어느 것인가?

㉮ mirror ㉯ rotate
㉰ copy ㉱ scale

13. 3차원 공간에서 z축을 중심으로 회전시켰을 때 변환 행렬은 어느 것인가?

㉮ $\begin{bmatrix} \cos\theta & \sin\theta & 0 \\ -\sin\theta & \cos\theta & 0 \\ 0 & 0 & 1 \end{bmatrix}$ ㉯ $\begin{bmatrix} \cos\theta & 0 & \sin\theta \\ 0 & 1 & 0 \\ -\sin\theta & 0 & \cos\theta \end{bmatrix}$

㉰ $\begin{bmatrix} \cos\theta & \sin\theta & 0 \\ -\sin\theta & \cos\theta & 0 \\ 0 & 1 & 1 \end{bmatrix}$ ㉱ $\begin{bmatrix} 1 & 0 & 0 \\ 0 & \cos\theta & -\sin\theta \\ 0 & \sin\theta & \cos\theta \end{bmatrix}$

14. 다음은 2차원 데이터 변환 행렬이다. x축에 대한 대칭의 결과를 얻기 위한 행렬은?

㉮ $\begin{bmatrix} 1 & 0 & 0 \\ 0 & 1 & 0 \\ 0 & -1 & 1 \end{bmatrix}$ ㉯ $\begin{bmatrix} 1 & 0 & 0 \\ 0 & -1 & 0 \\ 0 & 0 & 1 \end{bmatrix}$

㉰ $\begin{bmatrix} -1 & 0 & 0 \\ 0 & -1 & 0 \\ 0 & 0 & 1 \end{bmatrix}$ ㉱ $\begin{bmatrix} -1 & -1 & 0 \\ 0 & 1 & 0 \\ 0 & 0 & 1 \end{bmatrix}$

15. 플로팅 작업에서 도면을 시계 방향으로 90° 회전시킨 결과를 얻으려면 변환 행렬 T의 값은 어떻게 되는가?

㉮ $\begin{bmatrix} 0 & -1 \\ 1 & 0 \end{bmatrix}$ ㉯ $\begin{bmatrix} 0 & 1 \\ -1 & 0 \end{bmatrix}$

㉰ $\begin{bmatrix} 1 & 0 \\ 0 & 1 \end{bmatrix}$ ㉱ $\begin{bmatrix} -1 & 0 \\ 0 & 1 \end{bmatrix}$

16. 2차원 변환 행렬이 다음과 같을 때 좌표 변환은?

$$H = \begin{bmatrix} 2 & 0 & 0 \\ 0 & 2 & 0 \\ 0 & 0 & 1 \end{bmatrix}$$

㉮ 이동 ㉯ 회전 ㉰ 확대 ㉱ 대칭

17. (4×4)변환 행렬을 구성할 때 이동에 관한 내용이 위치하는 곳은?

㉮ 1st row ㉯ 2nd row
㉰ 3rd row ㉱ 4th row

18. 다음은 2차원에서의 변환 행렬이다. 틀린 것은 어느 것인가?

$$T_H = \left[\begin{array}{cc|c} a & b & p \\ c & d & q \\ \hline m & n & s \end{array}\right]$$

㉮ p, q는 대칭 변환에 관계된다.
㉯ a, b, c, d는 회전, 스케일링에 관계된다.
㉰ m, n은 이동에 관계된다.
㉱ s는 전체적인 스케일링에 영향을 미친다.

19. 다음 중 회전이 가능한 행렬은 어느 것인가?

㉮ $\begin{bmatrix} 0.8 & 0.7 \\ -0.7 & 0.8 \end{bmatrix}$ ㉯ $\begin{bmatrix} 0.6 & 0.8 \\ -0.85 & 0.6 \end{bmatrix}$

㉰ $\begin{bmatrix} 0.8 & -0.6 \\ 0.6 & 0.8 \end{bmatrix}$ ㉱ $\begin{bmatrix} 0.6 & -0.3 \\ 0.3 & 0.6 \end{bmatrix}$

20. 점(10, 20, 1)을 원점을 중심으로 시계 방향으

[정답] 8. ㉰ 9. ㉮ 10. ㉱ 11. ㉱ 12. ㉰ 13. ㉮ 14. ㉯ 15. ㉮ 16. ㉰ 17. ㉱ 18. ㉮ 19. ㉰ 20. ㉮

로 45° 회전시킬 때의 좌표값은?

㉮ (21.2, 7.1, 1)   ㉯ (20, 40, 1)
㉰ (7.1, 21.2, 1)   ㉱ (10.2, 20.1, 1)

[해설]
$$[10\ 20\ 1]\begin{bmatrix} \cos45° & -\sin45° & 0 \\ \sin45° & \cos45° & 0 \\ 0 & 0 & 1 \end{bmatrix}$$
$$=[21.2\ 7.1\ 1]$$

21. 다음 중 점 $P(2,\ 3)$를 원점을 중심으로 반시계 방향(counter clockwise)으로 $\pi/6$ 라디안 (radian) 회전시킬 때 회전된 점 P'는?

㉮ 0.232, 3.598   ㉯ 2.32, 35.98
㉰ 6, 4   ㉱ 3.598, 0.232

[해설]
$$[2\ 3]\begin{bmatrix} \cos(\pi/6) & \sin(\pi/6) \\ -\sin(\pi/6) & \cos(\pi/6) \end{bmatrix}$$
$$=[2\ 3]\begin{bmatrix} 0.866 & 0.5 \\ -0.5 & 0.866 \end{bmatrix}$$
$$=[0.232\ \ 3.598]$$

22. 한 행렬 A에 대해서 A−A의 값은?

㉮ 0   ㉯ 1   ㉰ A   ㉱ A−A

23. 어떤 도형을 가로축으로 2배, 세로축으로 1배 하려고 할 때 변환 행렬은 어느 것인가?

㉮ $\begin{bmatrix} 2 & 0 \\ 0 & 1 \end{bmatrix}$ ㉯ $\begin{bmatrix} 1 & 2 \\ 0 & 0 \end{bmatrix}$

㉰ $\begin{bmatrix} 2 & 1 \\ 1 & 1 \end{bmatrix}$ ㉱ $\begin{bmatrix} 0 & 1 \\ 2 & 0 \end{bmatrix}$

24. 다음은 행렬식의 성질이다. 틀린 것은?

㉮ 2개의 행을 교환하면 행렬식의 값은 변하지 않는다.
㉯ 행과 열을 서로 바꾸어도 행렬식의 값은 변 하지 않는다.
㉰ 2개의 행이 같거나 비례하면 행렬식의 값은 0개이다.
㉱ 1개의 행의 각 원소에 같은 수를 곱하여 다 른 행의 대응하는 원소에 더하여도 행렬식의 값은 변하지 않는다.

25. 행렬의 데이터 구조는 다음의 어느 구조에 속하 는가?

㉮ list 구조   ㉯ array 구조
㉰ sequentian 구조   ㉱ linked list 구조

26. 원점을 중심으로 점(4, 2)을 −60° 회전시킬 때 의 좌표값은?

㉮ $2+\sqrt{3},\ -2\sqrt{3}+1$ ㉯ $2,\ -2\sqrt{3}$
㉰ $-2-\sqrt{3},\ 2\sqrt{3}+1$ ㉱ $-2\sqrt{3},\ 2\sqrt{3}$

[해설]
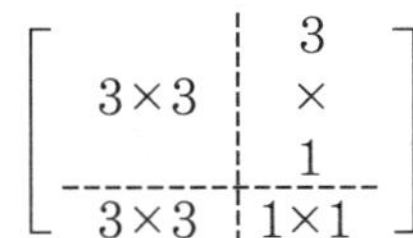
$$\begin{bmatrix} \cos(-60°) & -\sin(-60°) \\ \sin(-60°) & \cos(90°) \end{bmatrix}\begin{bmatrix} 4 \\ 2 \end{bmatrix}$$
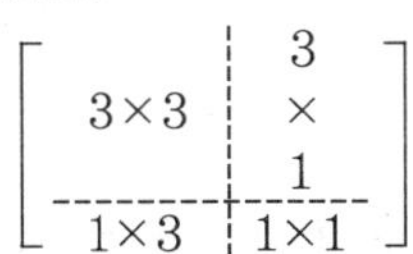
$$=\begin{bmatrix} 1/2 & \sqrt{3}/2 \\ -\sqrt{3}/2 & 1/2 \end{bmatrix}\begin{bmatrix} 4 \\ 2 \end{bmatrix}$$
$$=\begin{bmatrix} 2+\sqrt{3} \\ -2\sqrt{3}+1 \end{bmatrix}$$

27. 다음과 같은 3차원의 동차 좌표에서 1×3 행렬 에 관계되는 것은?

$$\begin{bmatrix} 3\times3 & \begin{array}{c} 3 \\ \times \\ 1 \end{array} \\ \hline 3\times3 & 1\times1 \end{bmatrix}$$

㉮ 이동   ㉯ 회전   ㉰ 전단   ㉱ 대칭

28. 다음과 같은 3차원 동차 좌표에서 3×3 행렬과 관계 없는 것은?

$$\begin{bmatrix} 3\times3 & \begin{array}{c} 3 \\ \times \\ 1 \end{array} \\ \hline 1\times3 & 1\times1 \end{bmatrix}$$

㉮ reflection   ㉯ shearing
㉰ rotation   ㉱ perspective

29. 다음과 같은 2차원의 동차 좌표에서 $a,\ b,\ c,\ d$ 와 관련이 없는 것은?

$$\begin{bmatrix} a & b & p \\ c & d & q \\ \hline m & n & s \end{bmatrix}$$

㉮ scaling   ㉯ rotation
㉰ shaering   ㉱ projection

30. 3차원 공간상에서 T_{yz} 평면에 대한 반전 변환 행렬은?

㉮ $\begin{bmatrix} -1 & 0 & 0 & 0 \\ 0 & 1 & 0 & 0 \\ 0 & 0 & 1 & 0 \\ 0 & 0 & 0 & 1 \end{bmatrix}$ ㉯ $\begin{bmatrix} 1 & 0 & 0 & 0 \\ 0 & 1 & 0 & 0 \\ 0 & 0 & -1 & 0 \\ 0 & 0 & 0 & 1 \end{bmatrix}$

㉰ $\begin{bmatrix} 1 & 0 & 0 & 0 \\ 0 & -1 & 0 & 0 \\ 0 & 0 & -1 & 0 \\ 0 & 0 & 0 & 1 \end{bmatrix}$ ㉱ $\begin{bmatrix} 1 & 0 & 0 & 0 \\ 0 & 1 & 0 & 0 \\ 0 & 0 & -1 & 0 \\ 0 & 0 & 0 & -1 \end{bmatrix}$

[정답] 21. ㉮ 22. ㉮ 23. ㉮ 24. ㉮ 25. ㉰ 26. ㉮ 27. ㉮ 28. ㉱ 29. ㉱ 30. ㉮

해설 ㈐는 T_{xz} 평면에 대한 반전 변환 행렬이다.

31. 어떤 도형을 가로축으로 1배, 세로축으로 2배 하려고 할 때 변환 행렬은?

㈎ $\begin{bmatrix} 1 & 0 \\ 0 & 2 \end{bmatrix}$ ㈏ $\begin{bmatrix} 0 & 1 \\ 2 & 0 \end{bmatrix}$

㈐ $\begin{bmatrix} 1 & 2 \\ 2 & 1 \end{bmatrix}$ ㈑ $\begin{bmatrix} 2 & 1 \\ 1 & 2 \end{bmatrix}$

32. 다음의 변환 행렬은 어느 축으로 회전시켰을 때의 회전인가?

$$\begin{bmatrix} \cos\theta & \sin\theta & 0 \\ -\sin\theta & \cos\theta & 0 \\ 0 & 0 & 1 \end{bmatrix}$$

㈎ x축   ㈏ y축   ㈐ z축   ㈑ xz축

33. 변환에서 변환 함수와 관계가 적은 것은?

㈎ 회전   ㈏ 이동   ㈐ 귀환   ㈑ 축적

34. CAD 작업에서 반전(reflection)시키고자 할 때 입력 데이터로 허용되지 않는 것은?

㈎ 면   ㈏ 선   ㈐ 곡면   ㈑ 점

35. $\begin{bmatrix} 2 & 4 \\ 3 & 1 \end{bmatrix}$ 인 직선을 x방향으로 −1, y방향으로 3만큼 이동시킨 결과는?

㈎ $\begin{bmatrix} 1 & 3 \\ 4 & 2 \end{bmatrix}$ ㈏ $\begin{bmatrix} 1 & 7 \\ 2 & 4 \end{bmatrix}$

㈐ $\begin{bmatrix} 1 & 3 \\ -4 & -2 \end{bmatrix}$ ㈑ $\begin{bmatrix} 1 & 7 \\ -1 & -4 \end{bmatrix}$

36. 다음의 행렬 법칙에서 틀린 것은?

㈎ $A+(-A)=0$

㈏ $(A+B)+C=A+(B+C)$

㈐ $A*B=B*A$

㈑ $k(AB)=(kA)B$

37. CAD 시스템에서 이동이나 회전 기능과 복사 이동과 복사 회전 기능의 차이는?

㈎ 오브젝트의 변위   ㈏ 오브젝트의 위치

㈐ 오브젝트의 수   ㈑ 오브젝트의 변환

해설 CAD 시스템에서 좌표 변환이 될 수 없는 기능은 redraw이다.

38. 2차원에서 (3×3) 변환 행렬을 구성할 때 이동에 관한 내용이 위치하는 곳은?

㈎ 1st row   ㈏ 2nd row

㈐ 3rd row   ㈑ 4th row

39. 다음의 3차원 동차 좌표계에서 국부적 스케일링과 관계있는 원소는?

$$\begin{bmatrix} 3\times3 & 1\times3 \\ 3\times1 & 1\times1 \end{bmatrix}$$

㈎ 1×1 ㈏ 2×2 ㈐ 3×3 ㈑ 1×3

40. $[a\ b]\begin{bmatrix} 2 & 3 \\ 3 & -1 \end{bmatrix}=[8\ 1]$일 때 $a-b$의 값은?

㈎ −1   ㈏ 1   ㈐ −2   ㈑ 2

41. 점 P의 좌표가 $x=5$, $y=3$일 때 원점을 중심으로 90° 회전시킨 점 P'는?

㈎ (3, 5)   ㈏ (−3, −5)

㈐ (−3, 5)   ㈑ (3, −5)

42. 다음 2차원 동차 좌표에서 m, n과 관계있는 것은?

$$\left[\begin{array}{cc|c} a & b & p \\ c & d & q \\ \hline m & n & s \end{array}\right]$$

㈎ rotation   ㈏ reflection

㈐ translation   ㈑ scaling

43. 3차원 동차 좌표계에서 A(2×2)와 관련이 없는 것은?

$$\begin{bmatrix} A(2\times2) & B(2\times1) \\ C(1\times2) & D(1\times1) \end{bmatrix}$$

㈎ rotation   ㈏ shearing

㈐ translation   ㈑ scaling

▶ 3. 형상 모델링

형상 모델링이란 우리들이 실체로서 인식하는 물건의 형상을 컴퓨터 속에 구조적인 기술로서 부여하는 것을 말하며 좁게는 도형 처리 기술, 넓게는 CAD 기술 속에 정착한다는 뜻을 갖고 있다. 이러한 것을 실현하는 구조는 컴퓨터 자체 속에 시스템적으로 구축되는 것이 일반적이며, 모델링 시스템 또는 모델러라고도 한다.

형상 모델링(geometric modeling)은 기하 모델링, 기하학적 도형의 모델링이라고도 하며 다음과 같이 분류한다.

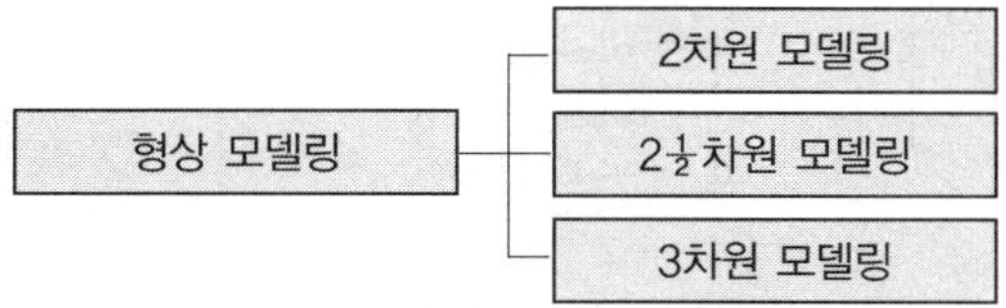

3-1 2차원 · $2\frac{1}{2}$차원 모델링

2차원 모델링은 xy평면, yz평면, zx평면에 물체를 투상시켜 평면 형상을 취급한다. $2\frac{1}{2}$차원 모델링은 평면 형상의 평행 또는 회전에 의하여 3차원 형상으로 모델화한다. 이는 완전한 3차원의 데이터 베이스의 형식을 갖지 않으면서도 2차원에서 얻지 못하는 3차원의 도형 데이터의 정보를 갖게 된다. $2\frac{1}{2}$차원 모델을 회전시켜 보면 3차원 모델과 쉽게 구별할 수 있다.

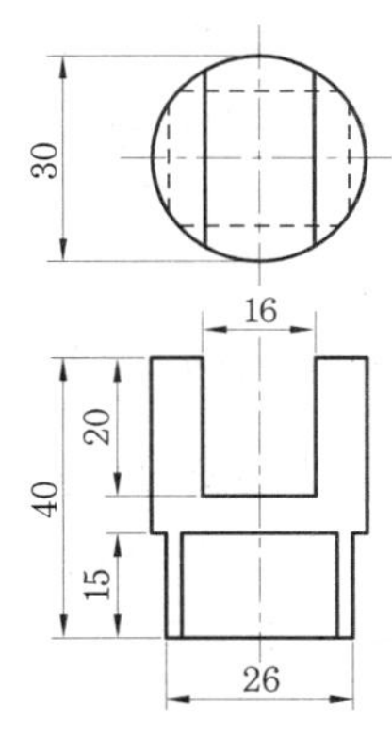

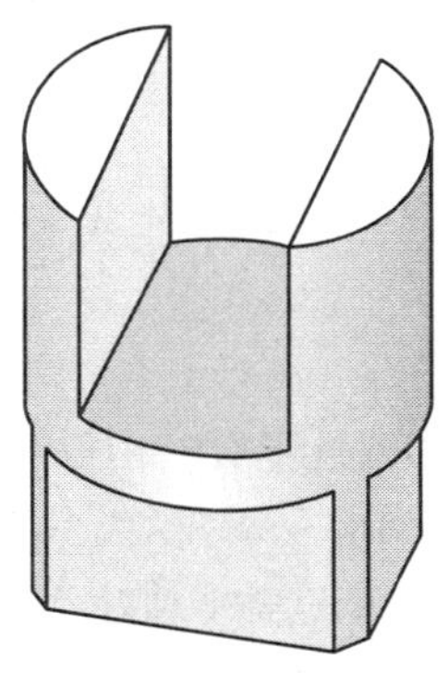

3-2 3차원 모델링

3차원적인 물체의 형상 표현 방법은 다음과 같다.

① 공간 격자에 의한 방법 ② 프리미티브에 의한 방법 ③ 메시 분할에 의한 방법

④ 반 공간에 의한 방법 ⑤ 시브에 의한 방법 ⑥ 경계 표현에 의한 방법

3차원적인 물체의 모델링 방법은 다음과 같다.

① 와이어 프레임 모델링(wire frame modeling)

② 서피스 모델링(surface modeling)

③ 솔리드 모델링(solid modeling)

1 와이어 프레임 모델링

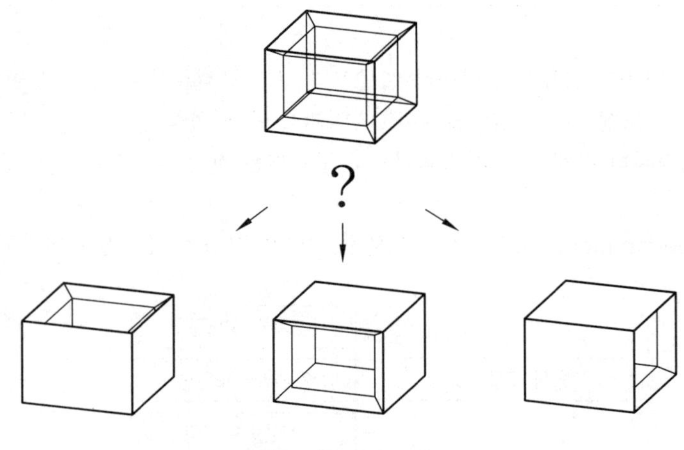

와이어 프레임 모델

　3차원적인 형상을 면과 면이 만나는 에지(edge)로 나타내는 것이다. 즉, 공간상의 선으로 표현하게 되며, 점과 선으로 구성된다. 와이어 프레임 모델은 점과 선으로 구성되기 때문에 실체감이 나타나지 않으며 디스플레이된 형상을 보는 견지에 따라 서로 다른 해석이 될 수도 있다.

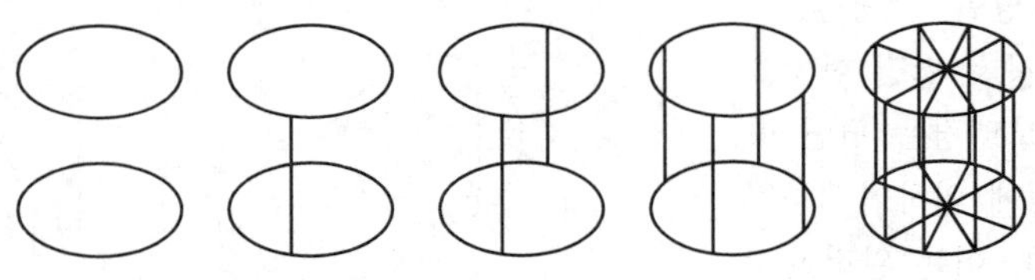

실린더의 와이어 프레임 표현의 예

　그림에서와 같이 실린더나 구(sphere)상의 형상 표현은 약간 곤란한 점이 있다. 와이어 프레임 모델은 데이터 구조가 간단하다는 장점이 있으나 물리적 성질의 계산(질량, 관성 모멘트 등)에 대한 정보가 부족하고 단면에 대한 정보를 갖지 못하여 은선 처리가 불가능하다. 와이어 프레임 모델의 특징을 요약하면 다음과 같다.

　① 데이터의 구성이 간단하다.
　② 모델 작성을 쉽게 할 수 있다.
　③ 처리 속도가 빠르다.
　④ 3면 투시도의 작성이 용이하다.
　⑤ 은선 제거가 불가능하다.
　⑥ 단면도 작성이 불가능하다.
　⑦ 물리적 성질의 계산이 불가능하다.
　⑧ 내부에 관한 정보가 없어 해석용 모델로 사용되지 못한다.

2 서피스 모델링

　서피스 모델은 와이어 프레임 모델의 선으로 둘러싸인 면을 정의한 것으로 와이어 프레임 모델에서 나타나는 시각적인 장애는 극복되며, 에지(edge) 대신에 면을 사용하므로 은선 처리가 가능하고, 면의 구분이 가능하므로 가공면을 자동적으로 처리할 수 있어서 NC 가공이 가능하다.

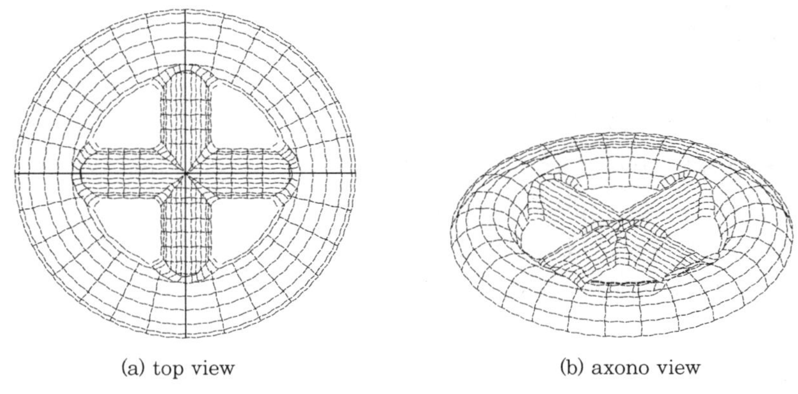

(a) top view   (b) axono view

서피스 모델

또한, 회전에 의한 곡면(surface of revolution), 룰드 곡면(ruled surface), 테이퍼 곡면(tapered surface), 경계 곡면, 스위프 곡면, Lofted 곡면 등을 사용하여 Boolean 연산을 함으로써 복잡하고 새로운 하나의 형상을 표현할 수 있다. 서피스 모델의 특징을 요약하면 다음과 같다.

① 은선 제거가 가능하다.
② 단면도를 작성할 수 있다.
③ 복잡한 형상 표현이 가능하다.
④ 2개면의 교선을 구할 수 있다.
⑤ NC 가공 정보를 얻을 수 있다.
⑥ 물리적 성질을 계산하기가 곤란하다.
⑦ 유한 요소법(FEM)의 적용을 위한 요소 분할이 어렵다.

❸ 솔리드 모델링

솔리드 모델은 1973년 부다페스트의 PROLAMAT 국제 회의에서 케임브리지 대학의 브레이드(I. C. Braid)가 BUILD를 발표한 후 다수의 대학, 연구소 및 소프트웨어 개발 회사에서 참여하기 시작하였다. 솔리드 모델은 가장 고급 모델로서 물리적 성질(체적, 무게중심, 관성 모멘트 등)을 제공할 수 있다는 장점이 있다.

솔리드 모델링은 일반적으로 입체의 경계면을 평면에 근사시킨 다면체로서 취급하게 되고 컴퓨터는 이 면과 변, 꼭지점의 수를 관리하게 된다. 다면체에서 오일러 지수는 다음과 같다.

오일러 지수＝꼭지점의 수－변의 수－면의 수

솔리드 모델의 특징은 요약하면 다음과 같다.
① 은선 제거가 가능하다.
② 물리적 성질 등의 계산이 가능하다.
③ 간섭 체크가 용이하다.

④ Boolean 연산(합, 차, 적)을 통하여 복잡한 형상 표현도 가능하다.

⑤ 형상을 절단한 단면도 작성이 용이하다.

⑥ 컴퓨터의 메모리량이 많아진다.

⑦ 데이터의 처리가 많아진다.

⑧ 이동 · 회전 등을 통하여 정확한 형상 파악을 할 수 있다.

⑨ FEM을 위한 메시 자동 분할이 가능하다.

솔리드 모델링은 상업적으로 널리 알려진 CAD 시스템에서는 아래의 방식을 채택하고 있다.

- B-Rep(boundary representation) 방식(경계 표현)
- CSG(constructive solid geometry) 방식(기본 입체의 집합 연산 표현)
- Hybrid 방식(경계 표현과 집합 연산 표현을 혼용)

① B-Rep 방식

바운더리 리프레젠테이션(boundary representation) 방식은 하나의 입체를 둘러싸고 있는 면을 표현한 것이다. 즉, 형상을 구성하고 있는 면과 면 사이의 위상기하학적인 결합 관계를 정의함으로써 3차원 물체를 표현하는 방법이다.

B-Rep의 장점은 형상을 표시하거나 도면을 작성하는 경우에 형상 처리가 용이하다는 것이다. 즉, 표시해야 될 에지(edge) 등이 실제 수치로서 명시적으로 기억되어 있기 때문에 3면도, 투시도, 전개도의 작성 또는 입체의 표면적 계산, 입체 표면에 있어 메시 생성 등이 쉽다. 반면에 체적 계산은 적분법에 의하기 때문에 약간 곤란하다. 또, 해석하기 위해서 입체의 내무까지 유한 요소법을 적용하기 때문에 메시를 끊는 것은 곤란하다.

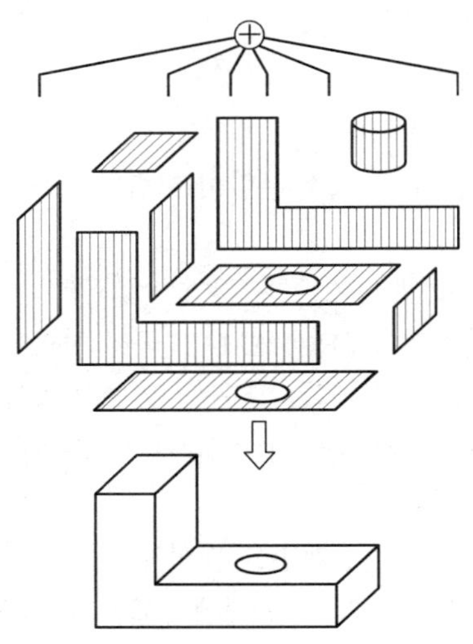

B-Rep에 의한 모델링

② CSG(Constructive Solid Geometry) 방식

CSG 방식은 데이터를 아주 압축한 형상, 즉 기본 입체인 실린더, 직육면체 등의 집합 연산 관계만을 데이터로 기억하고, 실제 처리 결과인 꼭지점, 변, 면에 대한 데이터 처리는 필요에 따라 하는 방식이다. CSG 방식에서는 입체의 형상을 표현하는데 데이터를 아주 콤팩트(compact)하게 처리할 수 있으나, 디스플레이 체적, 체적 및 면적의 계산 등에서는 처리 시간이 걸리는 단점이 있다. CSG 방식 모델을 반 공간 영역 집합 방식 모델이라고도 하며, 이는 몇 개의 영역을 닫은 곱 집합으로서 솔리드화하고, 이것에 집합 연산을 실시하여 새로운 3차원 형상을 작성한다. CAD 시스템에서는 다음의 연산이 제공되고 있다.

- 차(差 : cut or subtration)
- 합(合 : fusion or union or addition)
- 적(積 : common or product)

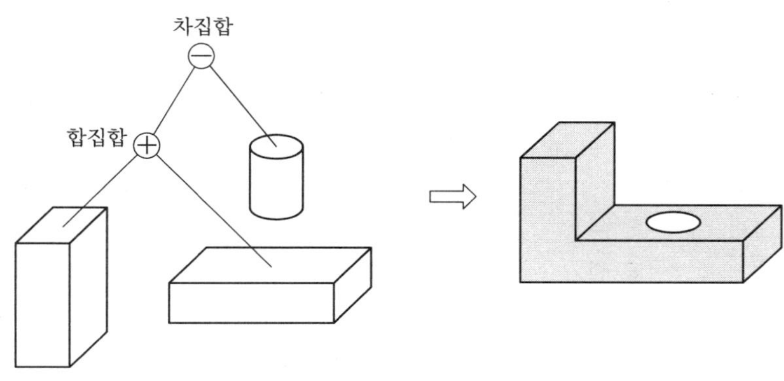

CSG 방식에 의한 모델링

③ B-Rep 방식과 CSG 방식의 비교

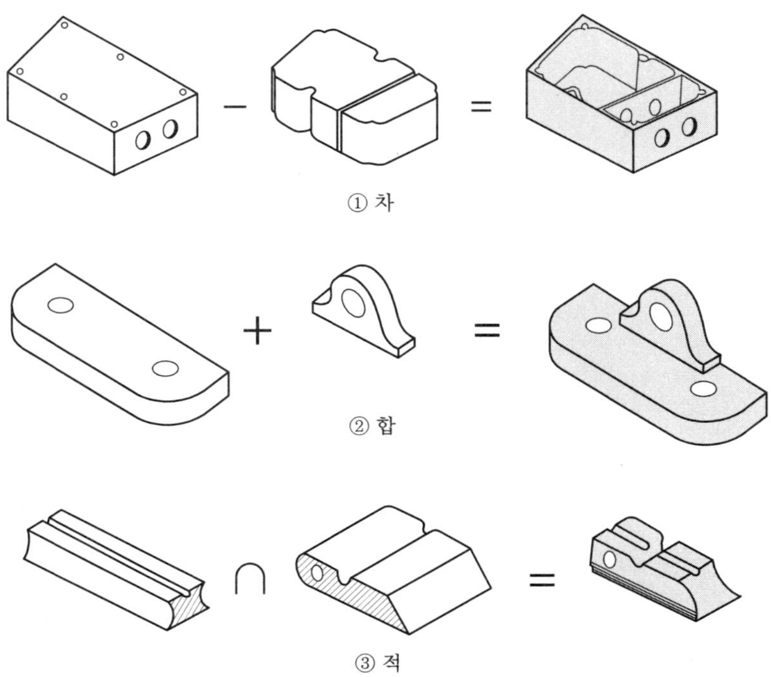

집합 연산에 의한 새로운 형상 모델링

B-Rep와 CSG의 특성 비교

구 분		B-Rep	CSG
데이터의 특성	데이터 작성	곤 란	용이(프리미티브 직접 입력)
	데이터 구조	복 잡	단 순
	필요 메모리 영역	용량이 큼(복잡한 토포로지컬 구조)	용량이 적음
	데이터 수정	약간 곤란	용 이
사용자의 적용 기능	3면도, 투시도 작성	비교적 용이	곤 란
	전개도 작성	용 이	곤 란
	면화의 작성	비교적 용이	용 이
	중량 계산	약간 곤란(적분 계산법)	용이(몬테카를로법)
	표면적 계산	용 이	곤 란
	유한 요소법의 적용 — 솔리드	곤 란	용 이
	유한 요소법의 적용 — 표 면	용 이	곤 란
	패턴의 인식을 수반하는 응용	곤 란	비교적 용이
	NC 테이프의 작성	비교적 용이	용 이

예 상 문 제

1. 다음 중 3차원의 기하학적 형상 모델링이 아닌 것은 어느 것인가?

㉮ 서피스 모델링
㉯ 솔리드 모델링
㉰ 와이어 프레임 모델링
㉱ 시스템 모델링

[해설] 3차원의 기하학적 형상 모델은 와이어 프레임 모델링(wire frame modeling), 서피스 모델링(surface modeling), 솔리드 모델링(solid modeling)으로 나눈다.

2. 다음은 CAD에 사용되고 있는 명령어들이다. 서로 다르다고 생각하는 것은 어느 것인가?

㉮ TRIM
㉯ BREAK
㉰ RELIMIT
㉱ ARC

[해설] ARC는 CREATION(도형 작성)에 해당되며 TRIM, BREAK, RELIMIT 등은 도형의 편집에 해당된다.

3. 임의의 점을 지정할 때 원점을 기준으로 좌표를 지정하는 방법은?

㉮ 상대 좌표
㉯ 절대 좌표
㉰ 증분 좌표
㉱ 직교 좌표

4. 서피스(surface) 모델링에서 곡면을 절단하였을 때 나타나는 요소는?

㉮ 곡선(curve)
㉯ 곡면(surface)
㉰ 점(point)
㉱ 면(plane)

[해설] 서피스 모델링을 Topological operation에 의하여 절단하면 곡선(curve)을 얻는다.

5. 4면체를 와이어 프레임 모델(wire frame model)로 모델링 하였을 때 능선(edges)의 개수는 몇 개인가?

㉮ 3
㉯ 4
㉰ 5
㉱ 6

6. 다음 그림과 같은 와이어 프레임 모델링(wire frame modeling)에서 윤곽선(contourline)은 몇 개인가?

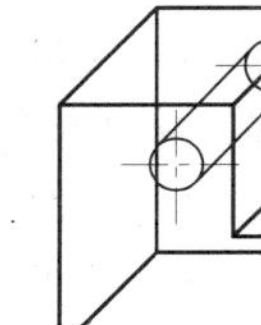

㉮ 18
㉯ 20
㉰ 22
㉱ 24

7. 육면체를 와이어 프레임 모델(wire frame model)로 모델링하였을 때 능선(edges)의 개수는 몇 개인가?

㉮ 4
㉯ 6
㉰ 12
㉱ 10

8. 원뿔 곡선(conic curve)과 관계 없는 것은 어느 것인가?

㉮ 원(circle)
㉯ 타원(ellipse)
㉰ 포물선(parabola)
㉱ 원호(arc)

9. 다음 중 그래픽적 관점에서 곡선(curve)이라 할 수 없는 것은 어느 것인가?

㉮ Bezier curve
㉯ Spline
㉰ Polygonal line
㉱ Arc

10. 다음은 그래픽 터미널에서 사용되는 용어로 pixel 수를 나타낸다. 이 pixel과 관계되지 않는 것은 어느 것인가?

㉮ color intensity
㉯ resolution
㉰ frame buffer
㉱ refresh buffer

11. 모델링의 방법 중 CGS 방식 데이터의 특성이 아닌 것은?

㉮ 데이터의 작성 방법이 용이하다.
㉯ 기억 용량이 적어도 된다.
㉰ 데이터의 수정이 용이하다.
㉱ 3면도 및 투시도의 작성이 쉽다.

[해설] CGS 방식의 데이터의 특성은 데이터 작성 방법으로 프리미티브로 직접 입력하게 되며, 구조가 간단하기 때문에 필요 메모리 용량이 적어도 된다. 또한 데이터의 수정이 용이하다. 3면도 투시도 작성에서 모서리선, 교선, 윤곽선 등의 경계 작성이 필요하게 된다.

12. 모델링의 방법 중 B-Rep 방식의 특성이 아닌 것은?

㉮ 삼면도, 투시도 작성에서 모서리선 교선은 이미 곡면의 경계로서 주어지므로 윤곽선만 구하면 된다.
㉯ 전개도 작성이 어렵다.
㉰ 표면적 계산이 용이하다.
㉱ NC 테이프의 작성이 용이하다.

[해설] 전개도 작성이 CGS 방식에서는 곤란하나 B-Rep 방식에서는 용이하다.

정답　1. ㉱　2. ㉱　3. ㉯　4. ㉮　5. ㉱　6. ㉰　7. ㉰　8. ㉱　9. ㉱　10. ㉰　11. ㉱　12. ㉯

13. 다음 모델링의 기법 중 완벽한 3차원 형상을 표현하기 위해서는 어떤 기법을 사용하는 것이 적당한가?

㉮ 와이어 프레임 모델링(wire frame modeling)
㉯ 서피스 모델링(surface modeling)
㉰ 솔리드 모델링(solid modeling)
㉱ 어느 것이나 같다.

14. 자유 곡면을 정의할 때 parameter space (domain)를 knots에 의해 분할하여 해석하는 것이 편리하다. 이렇게 분할된 단위 구간의 곡면을 무엇이라 하는가?

㉮ 세그먼트(segment)
㉯ 엘리먼트(element)
㉰ 패치(patch)
㉱ 프리미티브(primitive)

15. 이미 정의된 두 곡면을 매끄럽게 연결하는 것을 무엇이라 하는가?

㉮ blending ㉯ smoothing
㉰ remeshing ㉱ shading

16. 모델링에 대한 설명 중 틀린 것은 어느 것인가?

㉮ 와이어 프레임 모델은 점과 선소 등으로 은선을 지우거나 체적을 구할 수 없다.
㉯ 솔리드 모델은 시스템이 대형이 되며 속이 차 있는 물체로서의 개념이 도입된다.
㉰ 서피스 모델은 곡면을 기본으로 하여 3차원의 이형 가공용의 면 구축이 용이하다.
㉱ 3차원 형상 모델링 중 어느 것이나 기하학적 계산 이외에 구조 해석, 시뮬레이션이 가능하다.

17. 다음 중 B-Rep 방식에 의한 모델링에서 정점이 4개, 면이 4개이면 에지(edges)의 수는 얼마인가?

㉮ 4 ㉯ 6 ㉰ 8 ㉱ 10

18. CAD 시스템에서 솔리드 모델링 작성 방법이 아닌 것은 어느 것인가?

㉮ 면(fili opaque line)으로부터 회전
㉯ 기본적인 프리미티브(육면체, 실린더)로부터의 합 또는 차
㉰ 기본적인 프리미티브(육면체, 실린더)로부

터의 공통 부분(common)
㉱ 면으로부터 이동

19. 원통(cylinder)의 와이어 프레임(wire frame) 모델 중 틀린 것은?

㉮ 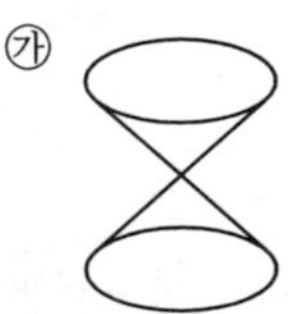 ㉯ 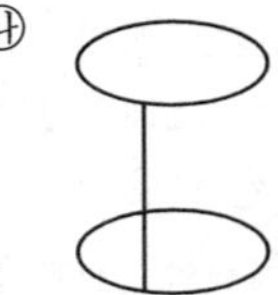

㉰ 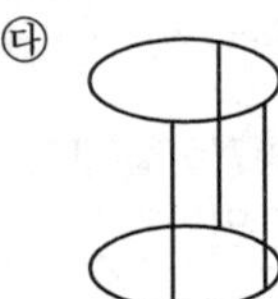 ㉱ 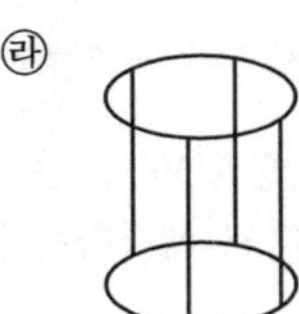

20. 3차원 형상의 솔리드 모델링에서 CSG 방식과 B-Rep 방식을 비교한 것이다. 틀린 것은?

㉮ B-Rep 방식은 CSG 방식에 비해 데이터 구조가 상호 결합을 가진 복잡한 네트워크 구조이다.
㉯ CSG 방식은 B-Rep 방식보다 메모리의 용량이 많이 필요하게 된다.
㉰ CSG 방식은 B-Rep 방식보다 유한 요소법 (FEM) 적용이 용이하다.
㉱ B-Rep 방식은 CSG 방식에 비해 전개도의 작성이 용이하다.

[해설] CSG 방식은 B-Rep 방식보다 데이터 구조가 간단하기 때문에 메모리 용량이 적어도 된다.

21. 다음 곡선 중 주어진 점을 지나도록 고안한 곡선(curve)은 어느 것인가?

㉮ Bezier ㉯ spline
㉰ B-spline ㉱ Q-spline

22. 다음 중 3차원적인 물체의 형상 표현 방법이 아닌 것은?

㉮ 공간 격자에 의한 방법
㉯ 프리미티브에 의한 방법
㉰ 공간 회전에 의한 방법
㉱ 경계 표현에 의한 방법

[해설] 일반적으로 3차원 물체의 표현에는 다음과 같은 방법이 있다.

정답 ╱ **13.** ㉰ **14.** ㉰ **15.** ㉮ **16.** ㉱ **17.** ㉯ **18.** ㉱ **19.** ㉮ **20.** ㉯ **21.** ㉯ **22.** ㉰

① 공간 격자에 의한 방법
② 메시 분할에 의한 방법
③ 프리미티브(primitive)에 의한 방법
④ 반 공간에 의한 방법
⑤ 시브(sheve)에 의한 방법
⑥ 경계 표현에 의한 방법

23. 다음은 와이어 프레임 모델의 특징이다. 틀린 것은?

㉮ 데이터의 구성이 간단하다.
㉯ 물적 성질의 계산이 용이하다.
㉰ 은선 제거가 불가능하다.
㉱ 처리 속도가 빠르다.

[해설] 와이어 프레임 모델의 특징
① 데이터 구성이 간단하다.
② 모델 작성이 쉽다.
③ 처리 속도가 빠르다.
④ 3면 투시도 작성이 용이하다.
⑤ 은선 제거가 불가능하다.
⑥ 단면도 작성이 불가능하다.
⑦ 내부에 관한 정보가 없다.
⑧ 해석용 모델로 사용할 수 없다.
⑨ 간섭 체크가 어렵다.

24. 다음은 서피스 모델(surface madel)의 특징이다. 틀린 것은?

㉮ NC 가공 정보를 얻기가 용이하다.
㉯ 복잡한 형상 표현이 가능하다.
㉰ 유한 요소법 적용을 위한 요소 분할이 쉽다.
㉱ 은선 제거가 가능하다.

[해설] 서피스 모델의 특징
① 복잡한 형상 표현이 가능하다.
② 단면도를 작성할 수 있다.
③ 은선 제거가 가능하다.
④ 2개 면의 교선을 구할 수 있다.
⑤ NC 가공 정보를 얻을 수 있다.
⑥ 물리적 성질을 계산하기가 어렵다.
⑦ FEM의 적용을 위한 요소 분할이 어렵다.

25. 다음은 솔리드 모델(solid model)의 특징이다. 틀린 것은?

㉮ 두 모델 간의 간섭 체크가 용이하다.
㉯ 컴퓨터의 메모리 용량이 많아진다.
㉰ 물리적 성질 등의 계산이 가능하다.
㉱ 이동·회전 등을 통한 정확한 형상 파악이 곤란하다.

[해설] 솔리드 모델의 특성
① 은선 제거가 가능하다.

② 물리적 성질 계산이 가능하다.
③ 간섭 체크가 용이하다.
④ Boolean 연산(합, 차, 적)을 통하여 복잡한 형상 표현도 가능하다.
⑤ 단면도 작성이 용이하다.
⑥ 이동·회전 등을 통하여 정확한 형상 파악이 가능하다.
⑦ 데이터의 처리가 많아진다.
⑧ 컴퓨터의 메모리량이 많아진다.
⑨ FEM을 위한 메시 자동 분할이 가능하다.

26. 다음은 모델링에 관한 설명이다. 틀린 것은?

㉮ 와이어 프레임 모델은 점과 선에 의하여 구성되기 때문에 실체감이 나지 않는다는 결점이 있다.
㉯ 와이어 프레임 모델은 데이터의 구성이 단순하여 모델을 쉽게 작성할 수 있고 처리 속도가 빠르다는 장점이 있다.
㉰ 서피스 모델은 둘러싸인 면을 정의해 주고 선과 면의 집합체에 의하여 설계 대상을 표현하게 되므로 유한 요소법의 적용을 위한 요소 분할이 쉽다.
㉱ 솔리드 모델은 Boolean 연산(합, 차, 적)을 통하여 복잡한 형상 표현도 가능하다.

[해설] 완벽한 3차원 형상을 표현하기 위해서는 솔리드 모델이 좋다.

27. 다음 중 오일러 지수를 바르게 나타낸 것은?

㉮ 오일러 지수＝꼭지점의 수−변의 수−면의 수
㉯ 오일러 지수＝변의 수−꼭지점의 수−면의 수
㉰ 오일러 지수＝면의 수−변의 수−꼭지점의 수
㉱ 오일러 지수＝변의 수−면의 수−꼭지점의 수

28. 다음 중 CAD에 있어 애플리케이션 소프트웨어에 해당되지 않는 것은?

㉮ 기하학적 특성 해석을 위한 프로그램(모델화한 도형의 체적, 중심, 모멘트 등 계산)
㉯ 유한 요소법에 의한 해석 프로그램(구조 해석 등)
㉰ NC 가공용 프로그램 작성 지원(모델화한 도형을 바탕으로 한 NC 가공 정보)
㉱ 제표 작성 프로그램(생산 관리, 인사 관리, 보고서 작성, 가격 조사 등 제반 사항의 제표 작성)

29. 다음은 곡선(curve)에 대한 설명이다. 틀린 것은 어느 것인가?

㉮ B-spline은 1점의 변경에 의한 곡선 전체에 주는 영향이 작다.
㉯ Bezier 곡선은 반드시 주어진 시작점과 끝점을 통과한다.
㉰ Bezier 곡선은 1점의 변경에 의한 곡선 전체에 주는 영향이 적다.
㉱ B-spline은 곡선 전체의 연속성도 spline의 성격을 받아 이루어지기 때문에 좋다.

30. 다음 그림과 같은 서피스 모델링(surface modeling)에서 닫혀진 면의 수는?

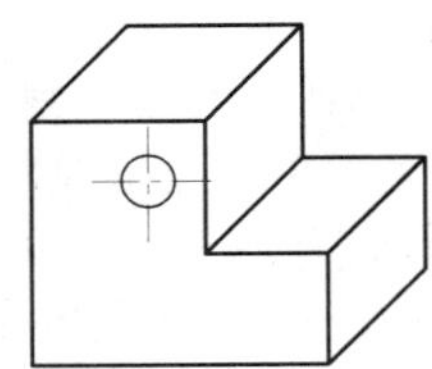

㉮ 7　　㉯ 8　　㉰ 9　　㉱ 10

31. CAD 시스템에 제공하는 솔리드 모델의 프리미티브가 아닌 것은?

㉮ CYLINDER　　㉯ CONE
㉰ ENTITY　　㉱ BOX

32. CAD 시스템에서 서피스 모델을 할 수 있는 기능이 아닌 것은?

㉮ boundary surface　㉯ element surface
㉰ rulled surface　　㉱ projected surface

33. 다음 중 3차원적인 물체의 형상 표현 방법이 아닌 것은?

㉮ 경계 표현에 의한 방법
㉯ 프리미티브에 의한 방법
㉰ 시브(sheve)에 의한 방법
㉱ FEM에 의한 방법

34. 다음 중 3차원 모델링 기법이 아닌 것은?

㉮ 프리미티브 모델링
㉯ 솔리드 모델링
㉰ 서피스 모델링
㉱ 와이어 프레임 모델링

35. 다음 내용은 형상 모델링에 대한 설명이다. 틀린 것은?

㉮ PC급에서 $2\frac{1}{2}$차원과 3차원 형상 모델의 구분은 모델을 회전시켜 비교한다.
㉯ EWS급에서 채택하고 있는 형상 모델링은 3차원이다.
㉰ 완벽한 3차원 형상을 표현하기 위해서는 솔리드 모델링을 사용한다.
㉱ 서피스 모델링에서 곡면을 절단하였을 때 나타나는 요소는 곡면이다.

36. 솔리드 모델링 기법 중 CSG와 B-Rep 방식에 대한 설명이다. 틀린 것은?

㉮ CSG 방식은 중량 계산은 용이하나 표면적 계산은 곤란하다.
㉯ CSG 방식은 데이터 작성 및 수정이 용이하다.
㉰ B-Rep 방식은 전개도 작성은 용이하나 3면도 · 투시도 작성은 곤란하다.
㉱ B-Rep 방식은 데이터 구조는 복잡하나 FEM 적용은 용이하다.

 4. CAD 시스템의 소프트웨어와 도형 처리

4-1 CAD용 소프트웨어

하드웨어가 눈에 보이는 도구라면 소프트웨어는 눈에 보이지 않는 도구라고 말할 수 있다. 소프트웨어는 CAD 시스템 중에서 입력 데이터의 해석, 연산, 출력의 제어라는 중추적 역할을 하는 중요한 부분으로 인간의 두뇌에 해당한다.

CAD용 소프트웨어는 어떤 소프트웨어든지 반드시 가지고 있는 기본 기능과 사용자의 편의에 따라 선택하게 되는 옵션 기능으로 나누게 되며, 옵션 기능은 각 시스템마다 차이가 있다.

❶ 기본 기능
① **요소 작성 기능** : 점, 선, 원, 원호, 곡선, 곡면 등 CAD 시스템에서 형상을 구성하는 최소 단위를 요소(element)라 부르고, 요소가 모여 구성된 형상을 모델(model)이라 부른다.
② **요소 편집 기능** : 작성한 요소를 부분적으로 삭제하거나, 반대되는 원호를 찾거나 시작점과 끝점의 방향을 바꾸거나 또는 라운딩, 모따기, 3차원 모델의 수정 등을 하는 기능이다.
③ **요소 변환 기능** : 작성한 요소를 이동, 회전, 대칭, 복사, 유사, 상사, 변형하는 등 요소의 변환에 관한 기능이다.
④ **도면화 기능** : 만들어진 모델을 도면이 될 수 있도록 하는 기능으로 치수 기입, 주서 기입, 마무리 기호 기입, 용접 기호 기입 등이 있다.
⑤ **디스플레이 제어 기능** : 디스플레이 되는 도형을 전체 또는 부분만 확대 · 축소하거나, 표시 부분의 이동(shift), 그리드, 은선 처리 등을 하는 기능이다.
⑥ **데이터 관리 기능** : 작성한 모델을 등록, 삭제, 복사, 검색하거나 이름을 변경하는 등의 기능이다.
⑦ **물리적 특성 해석 기능** : 작성한 모델의 면적, 길이, 도심, 체적, 관성 모멘트 등을 계산하는 기능이다.
⑧ **플로팅 기능** : 도면화된 데이터를 플로터에 출력하는 기능이다. 이에는 척도 설정, 선의 굵기나 색의 지정, 복수 도면의 자동 배치 등의 기능이 포함된다.

❷ 옵션 기능
① **비도형 정보 처리 기능** : 도형의 선의 종류, 도형의 계층, 도형에 부여하는 재질, 밀도, 주기 등의 정보를 입출력하여 계산이나 표를 만드는 데 이용하는 기능이다.
② **파라메트릭 도형 기능** : 형상은 같으나 치수가 다른 도형 등을 작성할 때 가변되는 기본 도형을 작성하여 놓고 필요에 따라 치수를 입력하여 비례되는 도형을 작성하는 기능이다.
③ **도형 처리 언어** : 형상 및 치수가 변경되는 가변 도형 처리나 해석, 판정 처리, 반복 처리 등을 조합한 전용 명령어를 작성할 수 있는 CAD 전용 언어이다.
④ **메뉴 관리 기능** : 매크로화 기능이나 도형 처리 전용 언어를 이용하여 작성한 전용 명령어를 메뉴에 배치해서 이용할 수 있도록 하는 기능이다.
⑤ **데이터 호환 기능** : CAD 시스템간의 모델 데이터(model data)를 서로 주고 받기 위한 기능이다.

⑥ NC 정보 기능 : CAD에 의한 모델링을 포스트 프로세서를 통하여 NC 가공 정보 데이터를 출력하는 기능이다.

4-2 도형의 방정식

1 직선의 방정식

$$\frac{x}{a} + \frac{y}{b} = 1$$

2 원의 방정식

$$x^2 + y^2 = r^2$$

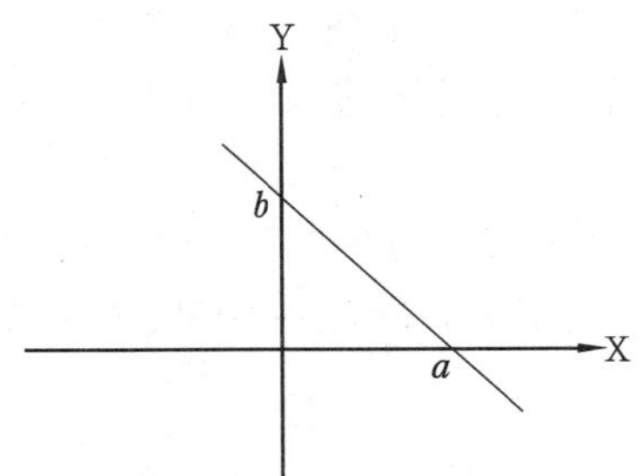

직선의 방정식

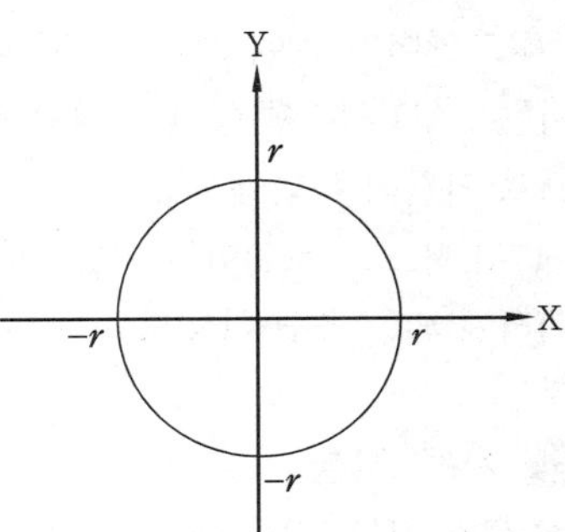

원의 방정식

3 타원의 방정식

$$\frac{x^2}{a^2} + \frac{y^2}{b^2} = 1$$

4 쌍곡선의 방정식

$$\frac{x^2}{a^2} - \frac{y^2}{b^2} = 1$$

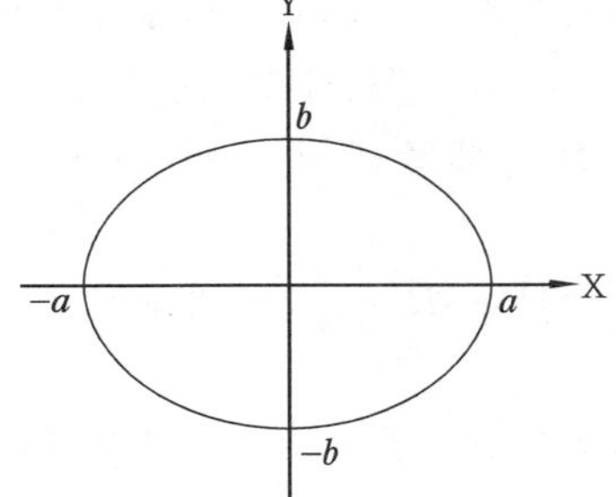

타원의 방정식

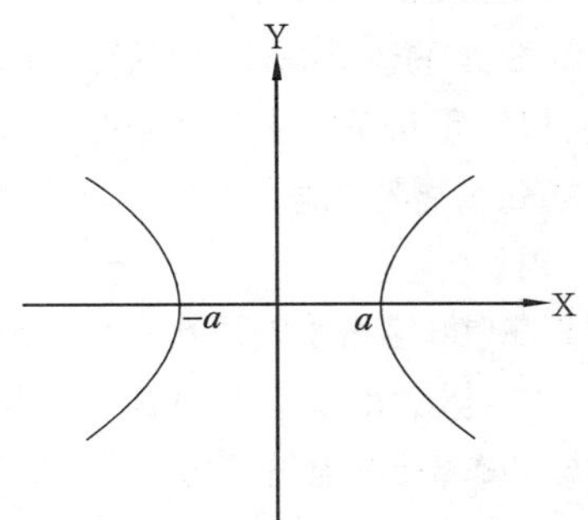

쌍곡선의 방정식

5 포물선의 방정식

$$y^2 - 4ax = 0$$

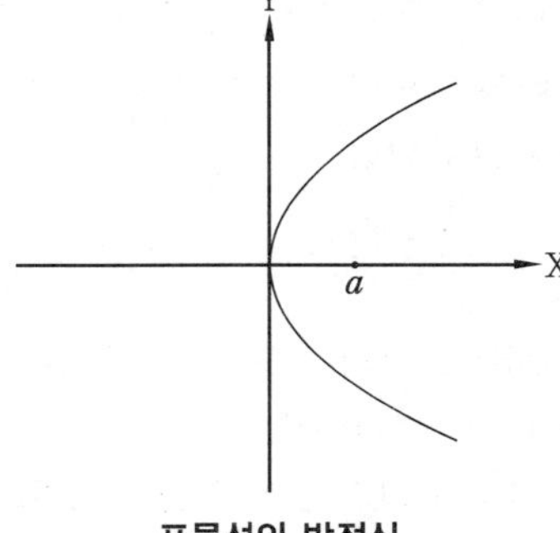

포물선의 방정식

 4-3 도형의 작성

1 점의 작성(create of points)

CAD 시스템에 의한 기본적인 도형 발생의 조건을 요약하면 다음과 같다.

절대좌표값 입력에 의한 점	$x=,\ y=,\ z=$ $\bullet\,P\,(x,\,y,\,z)$
증분좌표값 입력에 의한 점	$dx=,\ dy=,\ dz=$ $\bullet\,P\,(x,\,y,\,z)$
스크린 상에 임의의 위치 지정에 의한 점	$\bullet\,P$ (화면상에서)
요소의 끝점 인식에 의한 점	
요소의 중간점 인식에 의한 점	
2요소의 교차점 지정에 의한 점	
요소상의 기 존재하는 점 인식에 의한 점	
요소상의 투영점 지정에 의한 점	
극좌표값 입력에 의한 점	

② 직선의 작성(create of lines)

기계 제도에서 사용되는 통상적인 도면은 수많은 직선으로 그려져 있듯이, 직선은 가장 많이 사용되는 도형 요소이다.

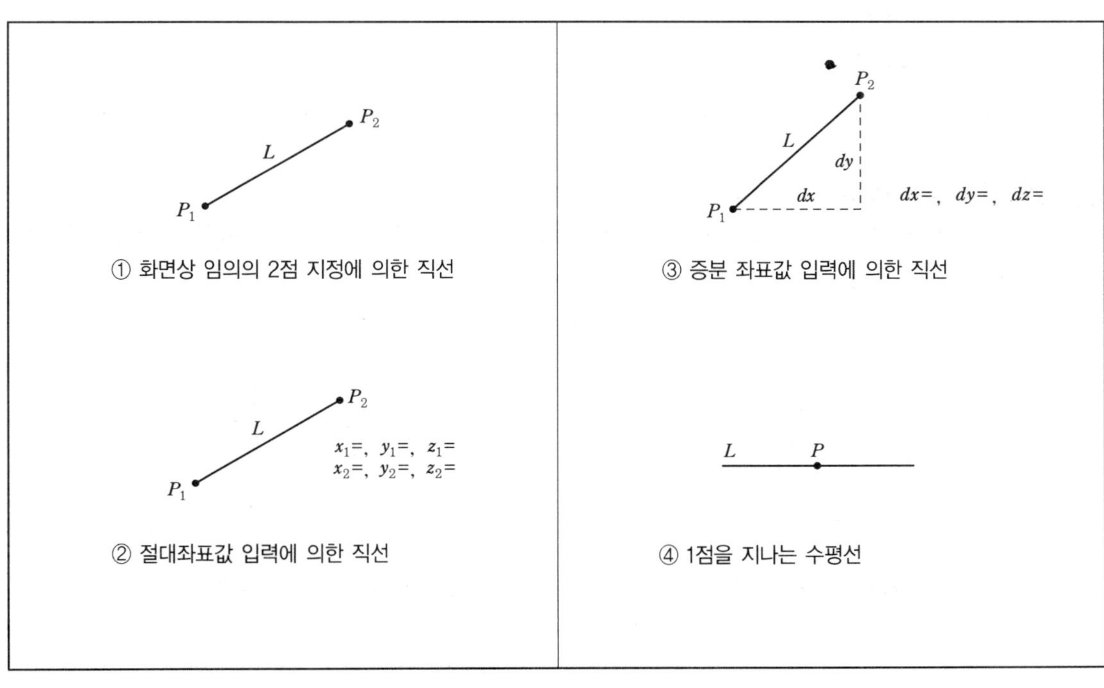

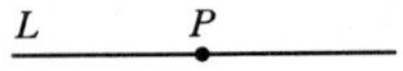

④ 1점을 지나는 수평선

⑤ 1점을 지나는 수직선

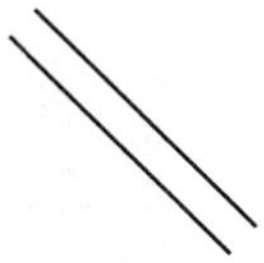

⑥ 간격 지정에 의한 평행선

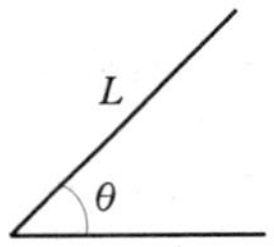

⑦ 극좌표값(반지름, 각도) 지정선

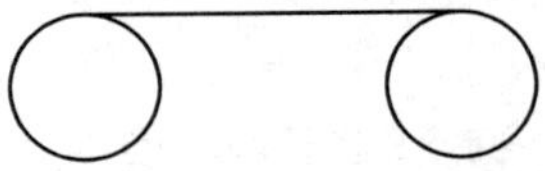

⑧ 2요소의 접선

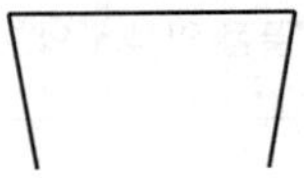

⑨ 임의의 2요소의 끝점 연결선

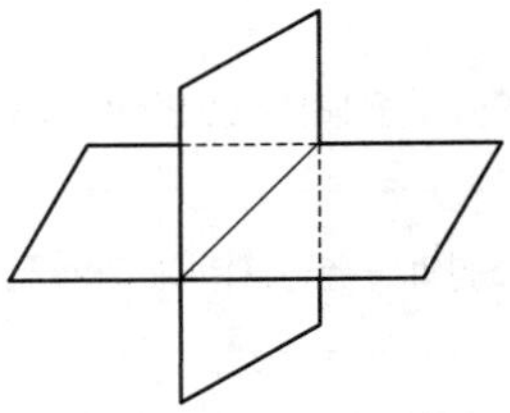

⑩ 수평면의 교차선

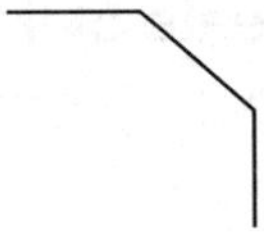

⑪ 모떼기(chamfer)선

❸ 원의 작성 (create of circles)

CAD 시스템에서 원은 CIRCLE 명령에 의하여 작성할 수 있으며, 각 시스템에 따라 제공되는 방법이 약간씩 다르다.

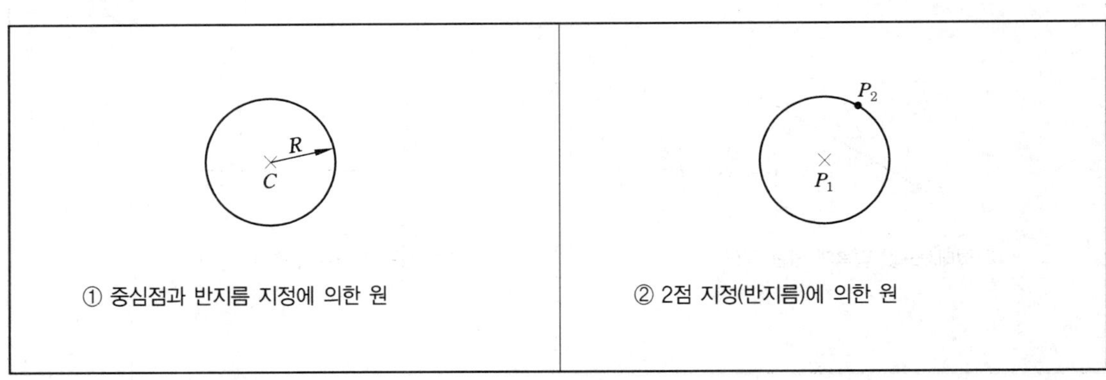

① 중심점과 반지름 지정에 의한 원

② 2점 지정(반지름)에 의한 원

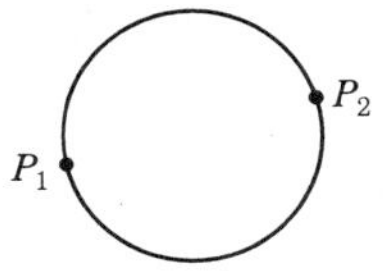

③ 2점 지정(지름)에 의한 원

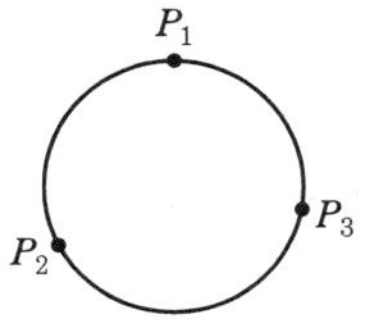

④ 3점 지정에 의한 원

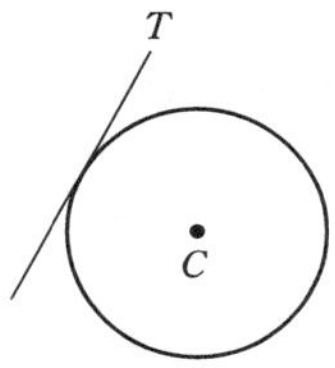

⑤ 중심점과 1요소의 접선 지정

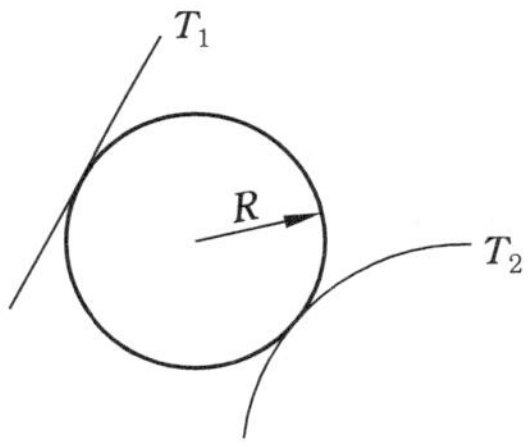

⑥ 2요소의 접선과 반지름 지정에 의한 원

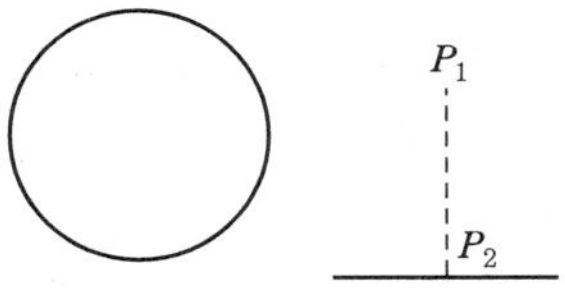

⑦ 2점 지정(반지름이면서 중심축)에 의한 원

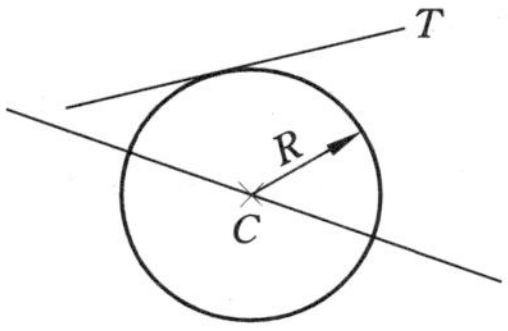

⑧ 1요소의 접선과 1요소의 중심점, 반지름 지정에 의한 원

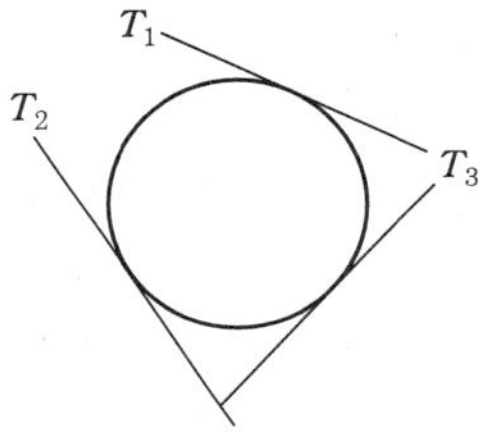

⑨ 3요소의 접선 지정에 의한 원

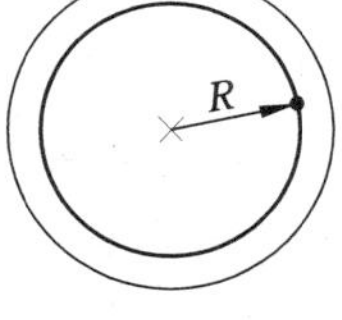

⑩ 기존 원의 중심점 인식과 반지름 지정(동심원)에 의한 원

4 자유 곡선(curve)의 작성

① 스플라인(spline) 곡선

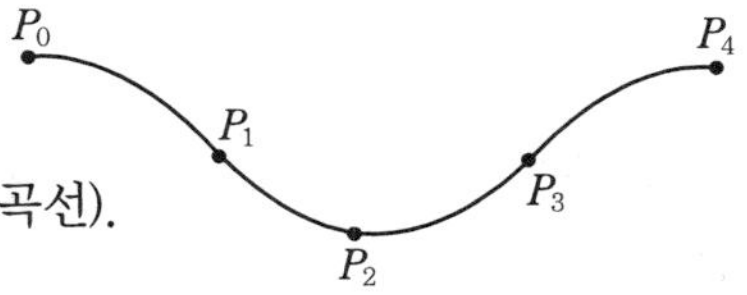

- 가늘고 긴 박판을 의미하는 말이다.
- 좌표상의 점들을 모두 지나도록 연결한 부드러운 곡선이다(보간곡선).
- 운형자를 사용하여 점들을 연결해 놓은 것과 같다.
- 곡선식은 구간별로 3차 다항식이 사용된다.
- 연결점에서 위치, 접선, 곡률이 연속적이다.
- 공학 시스템의 시뮬레이션과 같이 데이터 값이 정확하고 양이 많을 때 사용된다.

② 베지에 (Bézier) 곡선
- 곡선을 근사화하는 조정점(control point)들을 이용한다(근사곡선).
- 조정점들을 이용하여 곡선을 조절할 수 있다.
- 곡선식은 조정점의 개수보다 1이 적은 차수의 다항식으로 되어 있다.
- 유연성을 향상시키기 위해 조정점을 증가시키면 곡선의 차수가 높아져 곡선에 진동이 생긴다.
- 곡선 전체가 조정점에 의해 생성된 다각형인 복록포(convex hull)의 내부에 위치한다. 곡선은 양 끝 조정점을 통과한다.
- 중간 조정점들은 곡선을 자신의 방향으로 당기는 역할을 한다.
- 첫 두 조정점과 마지막 두 조정점을 각각 잇는 직선에 접한다.
- 한 개의 조정점의 움직임이 곡선 전 구간에 영향을 미친다(전역 조정 특성).

③ B-스플라인 곡선
- 베지에 곡선과 같이 곡선을 근사화하는 조정점(control point)들을 이용한다.
- 전역 조정 특성을 없애기 위해 베지에 곡선을 여러 개의 세그먼트로 나누고 각 절점(knot)에서 연속성을 준 것이다.
- 한 개의 조정점이 움직여도 몇 개의 곡선 세그먼트만 영향을 받는다(국부 조정 특성).
- 곡선식의 차수에 따라 곡선의 형태가 변한다.
- 곡선식의 차수는 조정점의 개수와 관계없이 연속성에 따라 결정된다.
- 주기적 B-스플라인 곡선 : 양 끝점을 통과하지 않는다.
  비주기적 B-스플라인 곡선 : 양 끝점을 통과한다.

④ NURBS(Non-Uniform Rational B-Spline)
- 3차원 곡선을 수학적으로 표현하는 가장 진보된 방식이다.
- 모든 베지에 곡선과 B-스플라인 곡선을 표현할 수 있다.
- 원이나 타원과 같은 2차 곡선(원뿔곡선)을 정확히 표현할 수 있다.
- 절점의 간격이 불균일하다.
- 조정점들의 가중치에 따라 곡선의 형태가 변한다.
- 공간상의 NURBS 곡선을 평면에 원근 투영시킨 곡선은 평면상에 투영된 조정점으로 그린 NURBS 곡선과 일치한다(투영 불변성).
- 비주기적 B-스플라인 곡선과 유사하므로 양 끝점을 통과한다.

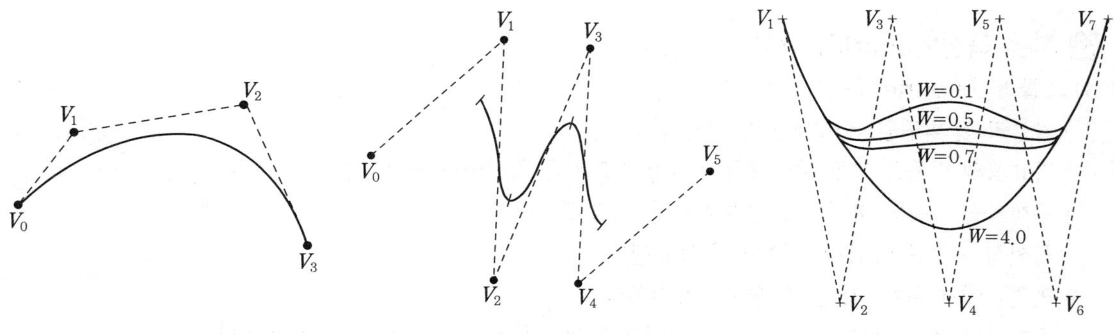

베지에 곡선	B-스플라인 곡선	NURBS 곡선

5 곡면(surface)의 작성

곡면의 작성은 CAD 시스템의 종류에 따라 다르다. 기초적인 곡면의 작성은 다음과 같다.

곡면 종류	인식 방법	결 과
룰드 곡면 (ruled surface)	곡선 C_1, C_2를 지정	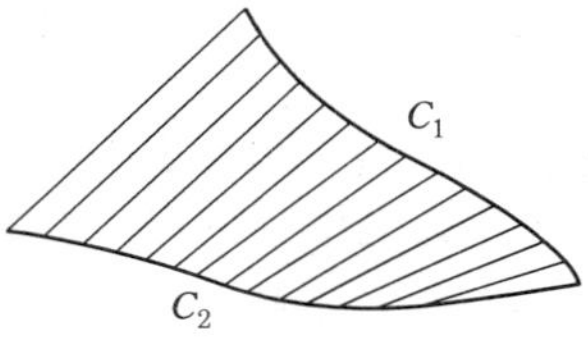
회전 곡면 (surface of revolution)	경선(meridian)과 회전축(axis) 지정	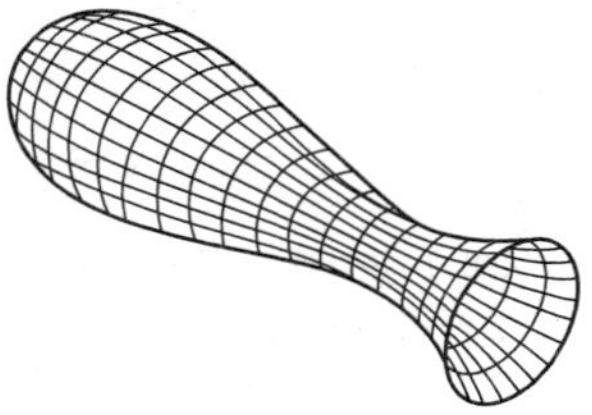
경계 곡면 (surface of boundries)	곡선 C_1, C_2, C_3를 지정	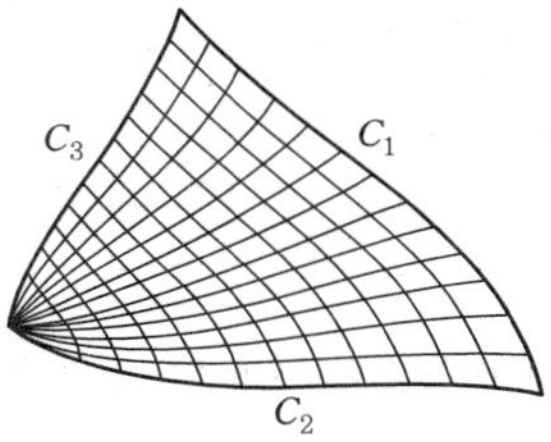
HOGS 곡면 (그라데이션)	기 존재면 SUR 1, 2, 3의 지정	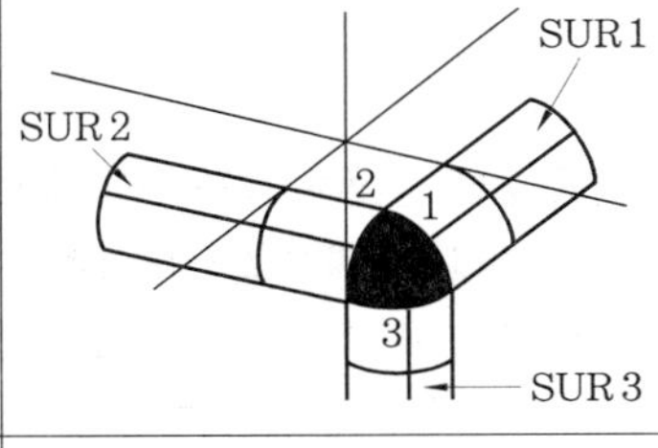
변형 스위프 곡면	원, 다각선 지정	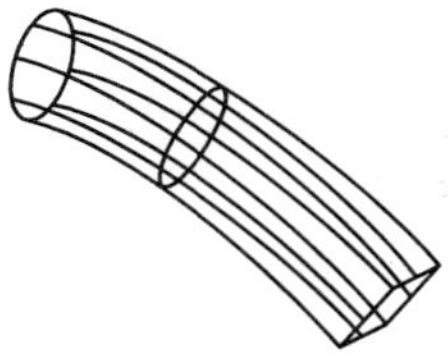
테이퍼 곡면 (tapered surface)	어떤 선, 곡선, 원의 요소에 진행 방향과 길이, 각도 지정	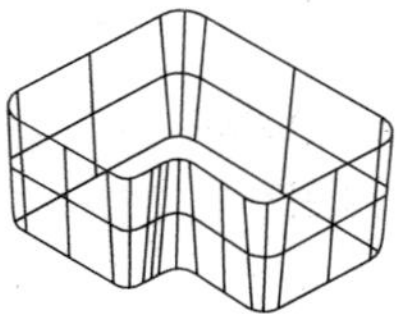

예 상 문 제

1. 다음 중 주어진 점들을 모두 통과하는 곡선(curve)은 어느 것인가?

㉮ arc ㉯ spline
㉰ Bézier ㉱ B-spline

2. 원(circle)을 일반적인 CAD 시스템에서 작성하는 방법 중 틀린 것은 어느 것인가?

㉮ 2개의 점(지름)의 지정에 의한 원
㉯ 중심점과 반지름의 지정에 의한 원
㉰ 3개의 선 요소에 접하는 원
㉱ 중심점과 두점(반지름)의 지정에 의한 원

[해설] 일반적인 CAD 시스템에서 원의 작성 방법은 다음과 같다.
① 중심점과 반지름을 지정하여 작성하는 방법
② 2점을 지정하여(반지름) 작성하는 방법
③ 2점을 지정하여 (지름) 작성하는 방법
④ 3점을 지정하여 작성하는 방법
⑤ 중심점과 1요소의 접선을 지정하여 작성하는 방법
⑥ 2요소의 접선과 반지름을 지정하여 작성하는 방법
⑦ 3요소의 접선을 지정하여 작성하는 방법
⑧ 1요소의 접선과 1요소의 중심점, 반지름을 지정하여 작성하는 방법

3. 리프레시(refresh)를 함에 따른 방지 효과는?

㉮ focusing ㉯ deflection
㉰ flicker ㉱ acceleration

4. 다음 설명 중 틀린 것은 어느 것인가?

㉮ 서로 다른 3개의 직선에 접하는 원은 하나이다.
㉯ 2점과 반지름에 의한 호는 2개이다.
㉰ 3점을 지나는 호는 방향을 지정해야 한다.
㉱ 중심과 원주상의 한 점으로 원이 정의된다.

5. 다음 중 원(circle)과 원호(arc)를 정의할 수 있는 경우는?

㉮ 2개의 점을 지정하는 경우
㉯ 한 곡선에 접하고, 한 직선에 평행한 경우
㉰ 반지름 지정과 두 직선에 접하는 경우
㉱ 한 점 지정과 수평선과 각도가 있는 경우

6. PC-CAD에서 서로 데이터 교환이 가능하도록 하는 파일은?

㉮ LISP 파일 ㉯ DXF 파일
㉰ GKS 파일 ㉱ DGS 파일

7. 깜박거림을 방지하기 위하여 리프레시(refresh)는 어느 정도 해주는 것이 적당한가?

㉮ 1분에 30~60회 ㉯ 1초에 30~60회
㉰ 1분에 90~120회 ㉱ 1초에 90~120회

8. 다음 중 서로 관련이 없는 것은 어느 것인가?

㉮ GKS ㉯ IGES ㉰ DXF ㉱ GTE

9. 다음 중 CAD 도면 작업의 유용성에 해당되지 않는 것은?

㉮ 반복 작업의 번거로움
㉯ 대칭 도면의 처리
㉰ 복잡한 도면의 출력과 선의 굵기
㉱ 자유 곡선, 자유 곡면의 처리

10. 다음 중에서 컵이나 병 등의 오브젝트(object)를 작성할 때 가능한 방법은 어느 것인가?

㉮ REVOLUTION ㉯ TRANSLATION
㉰ SWEEP ㉱ TAPERED

11. 곡선(curve), 곡면(surface)을 수직으로 표현하면 단지 점의 열로 표현한 것에 비하여 이점이 아닌 것은?

㉮ 경사와 곡률 등의 계산으로 정확히 구해진다.
㉯ 데이터량이 많아진다.
㉰ 모든 점은 계산에 의하여 필요에 따라 구해진다.
㉱ 도면으로 표시하는 것이 쉽다.

12. 각 꼭지점의 위치에서 벡터의 크기만으로 곡선 제어를 쉽게 할 수 있는 대화적인 곡면 설계에 적합할 것은 어느 것인가?

㉮ Bezier 곡면 ㉯ Coons 곡면
㉰ 퍼구 곡면 ㉱ Elastic 곡면

13. 일반적인 CAD 시스템에서 직선의 작성 방법이 아닌 것은?

㉮ 임의의 2점 지정에 의한 방법
㉯ 증분 좌표값 지정에 의한 방법
㉰ 극좌표값 지정에 의한 방법

정답 1. ㉯ 2. ㉱ 3. ㉰ 4. ㉰ 5. ㉰ 6. ㉯ 7. ㉯ 8. ㉱ 9. ㉰ 10. ㉮ 11. ㉯ 12. ㉮ 13. ㉱

㈏ 곡면의 교차에 의한 방법

[해설] 직선은 가장 많이 사용되는 도형 요소로서 다음과 같은 작성 방법이 있다.
① 임의의 2점 지정에 의하여 작성하는 방법
② 절대 좌표값 입력에 의하여 작성하는 방법
③ 증분 좌표값 입력에 의하여 작성하는 방법
④ 1점을 지나는 수평선에 의하여 작성하는 방법
⑤ 1점을 지나는 수직선에 의하여 작성하는 방법
⑥ 간격 지정에 의한 평행선에 의하여 작성하는 방법
⑦ 극좌표값(반지름, 각도) 지정에 의하여 작성하는 방법
⑧ 2요소의 접선에 의하여 작성하는 방법
⑨ 임의의 2요소의 끝점의 연결선으로 작성하는 방법
⑩ 수평면의 교차선으로 작성하는 방법
⑪ 모떼기(chamfer)선으로 작성하는 방법

14. 다음 중 DXF 데이터 교환 파일의 섹션 구성이 아닌 것은?

㉮ HEADER ㉯ OPEN
㉰ TABLES ㉱ BLOCKS

15. 다음과 같은 두 원에 접하는 선분의 개수는?

㉮ 1
㉯ 2
㉰ 3
㉱ 4

16. ISO에서 CAD/CAM에서 사용되는 가공 정의 데이터를 표준화하기 위하여 만든 데이터의 교환 파일은?

㉮ DXF ㉯ STEP
㉰ APT ㉱ DPT

17. IGES 데이터 포맷은 몇 바이트로 고정되어 있는가?

㉮ 32byte ㉯ 64byte
㉰ 80byte ㉱ 132byte

18. IGES 파일의 구성 요소가 아닌 것은?

㉮ 기하학적 요소(점, 직선, 원 등)
㉯ 표기 요소(치수, 주기 등)
㉰ 주조 요소(결합 관계, 매크로 명령 등)
㉱ 물리적 특성 요소(면적, 체적, 모멘트 등)

19. IGES 데이터 형식에서 순서가 맞게 연결된 것은 어느 것인가?

[보 기]
① start section ② terminate ③ parameter
④ global section ⑤ directory section

㉮ ①-④-⑤-③-② ㉯ ①-②-③-④-⑤
㉰ ③-②-①-④-⑤ ㉱ ①-③-④-⑤-②

20. IGES는 다음과 같은 형식으로 이루어졌다. 틀린 것은 어느 것인가?

㉮ start section ㉯ global section
㉰ local section ㉱ directory section

[해설] IGES는 개시부(start section), 글로벌부(global section), 디렉토리부(directory section), 파라미터부(parameter section), 종료부(terminate section)로 구성되어 있다.

21. IGES(initial graphics exchange specification)에 관한 설명 중 틀린 것은?

㉮ 서로 다른 CAD/CAM 시스템 사이에서 데이터를 상호 교환하기 위한 규약이다.
㉯ 1982년 9월 ANSI 규격으로 승인되었다.
㉰ 데이터 포맷은 80byte로 고정되어 있다.
㉱ 3차원 솔리드 모델로 정의하고 있다.

22. 임의의 점을 지정할 때 원점의 기준으로 좌표를 지정하는 방법은?

㉮ 절대 좌표 ㉯ 증분 좌표
㉰ 상대 좌표 ㉱ 머신 좌표

23. 임의의 점을 키보드에 입력하고자 할 때 바로 전에 작성한 점을 기준으로 좌표값을 입력하게 되는 것은?

㉮ 절대 좌표 ㉯ 증분 좌표
㉰ 극 좌표 ㉱ 직교 좌표

24. CAD의 도형 작성에 대한 설명이다. 틀린 것은?

㉮ 원호는 세 요소에 접하고 반지름을 입력하여 작성할 수 있다.
㉯ 선(line)은 시작점의 방향 벡터를 입력하여 그릴 수 있다.
㉰ 기준 선분에 대한 평행선은 시작점과 끝점 및 간격을 입력한다.
㉱ 연속선(string)은 직사각형의 dx, dy 입력으로 작성한다.

정답 / 14. ㉯ 15. ㉱ 16. ㉯ 17. ㉰ 18. ㉱ 19. ㉮ 20. ㉰ 21. ㉱ 22. ㉮ 23. ㉯ 24. ㉯

국가기술자격검정필기시험문제

▶ 2012년 3월 4일 시행

자격종목 및 등급(선택분야)	종목코드	시험시간	문제지형별	수험번호	성 명
기계설계 산업기사	2031	2시간	A		

제 1 과목 : 기계가공법 및 안전관리

1. 드릴의 날끝각이 118°로 되어 있으면서도 날끝의 좌우길이가 다르다면 날끝의 좌우 길이가 같을 때보다 가공 후의 구멍치수 변화는?

㉮ 더 커진다.　　　㉯ 변함없다.

㉰ 타원형이 된다.　　㉱ 더 작아진다.

2. 연삭숫돌에서 눈메움 현상의 발생 원인이 아닌 것은?

㉮ 숫돌의 원주 속도가 느린 경우

㉯ 숫돌의 입자가 너무 큰 경우

㉰ 연삭 깊이가 큰 경우

㉱ 조직이 너무 치밀한 경우

[해설] 입자가 너무 작을 경우 눈메움 현상이 발생될 수 있다.

3. 보통 선반 작업 시의 안전사항으로 올바른 것은 어느 것인가?

㉮ 칩에 의한 상처를 방지하기 위해 소매가 긴 작업복과 장갑을 끼도록 한다.

㉯ 칩이 공작물에 걸려 회전할 때는 즉시 기계를 정지시키고 칩을 제거한다.

㉰ 거친 절삭일 경우는 회전 중에 측정한다.

㉱ 측정 공구는 주축대 위나 베드 위에 놓고 사용한다.

4. 전기 스위치를 취급할 때 틀린 것은?

㉮ 정전시에는 반드시 끈다.

㉯ 스위치가 습한 곳에 설비되지 않도록 한다.

㉰ 기계운전 시 작업자에게 연락 후 시동한다.

㉱ 스위치를 끌 때는 부하를 크게 한다.

[해설] 스위치를 끌 때는 부하를 가능한 작게 해야 한다.

5. 다음은 정밀입자 가공을 나타낸 것이다. 이에 속하지 않는 것은?

㉮ 슈퍼피니싱　　　㉯ 배럴 가공

㉰ 호닝　　　　　　㉱ 래핑

[해설] 배럴 가공은 가공물 표면의 요철을 제거하기 위한 가공이며 정밀도를 요하는 가공은 아니다.

6. 시준기와 망원경을 조합한 것으로 미소 각도를 측정할 수 있는 광학적 각도 측정기는?

㉮ 베벨 각도기　　　㉯ 오토 콜리메이터

㉰ 광학식 각도기　　㉱ 광학식 클리노미터

7. 기어 가공에서 창성에 의한 절삭법이 아닌 것은 어느 것인가?

㉮ 형판에 의한 방법

㉯ 래크 커터에 의한 방법

㉰ 호브에 의한 방법

㉱ 피니언 커터에 의한 방법

[해설] 창성법이란 절삭공구와 기어 소재를 맞물려 돌리며 가공함으로써 점차적으로 기어 치형이 형성되도록 하는 방법이다. 그러나 형판에 의한 방법은 맞물려 돌리는 과정 없이 하나의 기어 치형과 동일한 모양의 형판을 사용하여 가공하는 방법이다.

8. 텔레스코핑 게이지로 측정할 수 있는 것은?

㉮ 진원도 측정　　　㉯ 안지름 측정

[해답]　1. ㉮　　2. ㉯　　3. ㉯　　4. ㉱　　5. ㉯　　6. ㉯　　7. ㉮　　8. ㉯

딴 높이 측정   랜 깊이 측정

9. 밀링 머신에 사용되는 부속장치가 아닌 것은?

꺄 아버   댄 어댑터

딴 바이스   랜 방진구

해설 방진구는 선반에서 긴 공작물의 진동을 방지할 목적으로 사용되는 부속장치이다.

10. 다음 나사산의 각도측정 방법으로 틀린 것은 어느 것인가?

꺄 공구 현미경에 의한 방법

댄 나사 마이크로미터에 의한 방법

딴 투영기에 의한 방법

랜 만능 측정현미경에 의한 방법

11. 초경합금의 사용선택 기준을 표시하는 내용 중 ISO 규격에 해당되지 않는 공구는?

꺄 M계열   댄 N계열

딴 K계열   랜 P계열

해설 초경합금은 피삭재의 종류와 작업조건 등에 따라 선택되어 사용될 수 있도록 P계열, M계열, K계열로 분류되어 있다.

12. 다음 연삭숫돌의 입자 중 주철이나 칠드주물과 같이 경하고 취성이 많은 재료의 연삭에 적합한 것은?

꺄 A입자   댄 B입자

딴 WA입자   랜 C입자

해설 C입자 : 제품명이 카보런덤(carborundum)인 탄화규소로된 입자를 의미하며 다이아몬드에 가까운 매우 높은 경도를 가지고 있으므로 주철, 칠드주철, 석재, 유리의 연삭에도 사용된다.

13. 선반의 나사절삭 작업 시 나사의 각도를 정확히 맞추기 위하여 사용되는 것은?

꺄 플러그 게이지   댄 나사 피치 게이지

딴 한계 게이지   랜 센터 게이지

14. 1인치에 4산의 리드 스크루를 가진 선반으로 피치 4 mm의 나사를 깎고자 할 때, 변환기어 잇수를 구하면? (단, A는 주축기어의 잇수, B는

리드 스크루의 잇수이다.)

꺄 A : 80, B : 137   댄 A : 120, B : 127

딴 A : 40, B : 127   랜 A : 80, B : 127

해설 주축 쪽 기어의 잇수를 A, 리드 스크루 쪽 기어의 잇수를 B, 공작물의 피치를 p, 리드 스크루의 피치를 P 라고 하면
변환기어의 잇수 비

$$\frac{A}{B} = \frac{p}{P} = \frac{4}{25.4/4} = \frac{16}{25.4} = \frac{16 \times 5}{25.4 \times 5} = \frac{80}{127}$$

15. 테이블의 이동거리가 전후 300 mm, 좌우 850 mm, 상하 450 mm인 니형 밀링 머신의 호칭번호로 옳은 것은?

꺄 1호   댄 2호   딴 3호   랜 4호

해설 밀링 머신의 호칭번호는 테이블 상에 설치한 공작물의 이송 가능 거리에 따라 구분된다.

호칭번호	0호	1호	2호	3호	4호	5호
전후이송	150	200	250	300	350	400
좌우이송	450	550	700	850	1050	1250
상하이송	300	400	400	450	450	500

16. 스패너 작업 시 안전사항으로 옳은 것은?

꺄 너트의 머리치수보다 약간 큰 스패너를 사용한다.

댄 꼭 조일 때는 스패너 자루에 파이프를 끼워 사용한다.

딴 고정 조(jaw)에 힘이 많이 걸리는 방향에서 사용한다.

랜 너트를 조일 때는 스패너를 깊게 물려서 약간씩 미는 식으로 조인다.

17. 밀링 분할대로 3°의 각도를 분할하는데, 분할 핸들을 어떻게 조작하면 되는가? (단, 브라운 샤프형 No.1의 18열을 사용한다.)

꺄 5구멍씩 이동   댄 6구멍씩 이동

딴 7구멍씩 이동   랜 8구멍씩 이동

해설 $D°$의 각도로 분할하기 위한 분할 핸들의 회전수 $n = \dfrac{D°}{9°}$ 이다.

$D° = 3°$ 라면 분할 핸들을 $\dfrac{3°}{9°}$ 씩 회전해야 하

므로 18구멍 열을 사용한다면 6구멍씩 이동해야
한다.

18. 보통 선반에서 테이퍼나사를 가공하고자 할 때 절삭방법으로 틀린 것은?

㋑ 바이트의 높이는 공작물의 중심선보다 높게 설치하는 것이 편리하다.

㋐ 심압대를 편위시켜 절삭하면 편리하다.

㋒ 테이퍼 절삭장치를 사용하면 편리하다.

㋓ 바이트는 테이퍼부에 직각이 되도록 고정한다.

19. 절삭유제에 관한 설명으로 틀린 것은?

㋑ 극압유는 절삭공구가 고온, 고압상태에서 마찰을 받을 때 사용한다.

㋐ 수용성 절삭유제는 점성이 낮으며, 윤활작용은 좋으나 냉각작용이 좋지 못하다.

㋒ 절삭유제는 수용성과 불수용성, 그리고 고체윤활제로 분류한다.

㋓ 불수용성 절삭유제는 광물성인 등유, 경유, 스핀들유, 기계유 등이 있으며 그대로 또는 혼합하여 사용한다.

[해설] 수용성 절삭유제는 비수용성보다는 윤활작용이 좋지 않지만 냉각작용이 좋다.

20. CNC 공작기계 서보기구의 제어방식에서 틀린 것은?

㋑ 단일회로 ㋐ 개방회로

㋒ 폐쇄회로 ㋓ 반폐쇄회로

제 2 과목 : 기계제도

21. 물품의 일부를 파단한 곳을 표시하는 선 또는 끊어낸 부분을 표시하는 선으로 불규칙한 파형의 가는 실선은?

㋑ 절단선 ㋐ 파단선 ㋒ 해칭선 ㋓ 파선

22. 다음 그림의 평면도 우측면도에 가장 적합한 정면도는?

23. 그림과 같이 우측의 입체도를 3각법으로 정투상한 도면(정면도, 평면도, 우측면도)에 대한 설명으로 옳은 것은?

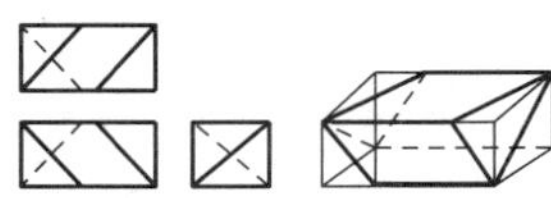

㋑ 정면도만 틀림 ㋐ 평면도만 틀림

㋒ 우측면도만 틀림 ㋓ 모두 맞음

24. 다음 그림에서 지시선에 기입된 12-7 드릴과 2-3 드릴은 무엇을 뜻하는가?

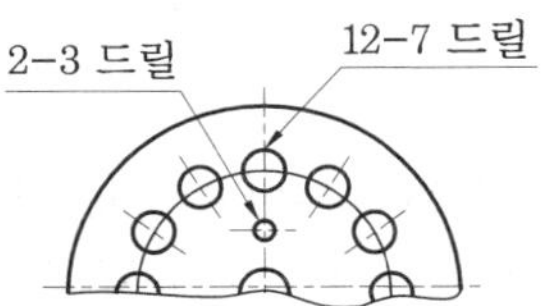

㋑ 지름 7 mm의 구정 12개와 지름 3 mm의 구멍 2개를 각각 드릴로 뚫는다.

㋐ 지름 12 mm의 구멍 7개와 지름 2 mm의 구멍 3개를 각각 드릴로 뚫는다.

㋒ 지름 12 mm, 깊이 7 mm의 구멍과 지름 2 mm, 깊이 3 mm의 구멍을 1개씩 각각 뚫는다.

㋓ 지름 12 mm의 구멍을 7 mm 간격으로, 지름 2 mm의 구멍을 수평중심선을 대칭으로 하여 3 mm 간격으로 뚫는다.

25. 다음 중 가상선을 사용하는 경우에 해당하지 않는 것은?

㋑ 도시된 단면의 앞쪽에 있는 부분을 나타내는 경우

㋐ 되풀이하는 것을 나타내는 경우

해답 18. ㋑ 19. ㋐ 20. ㋑ 21. ㋐ 22. ㋐ 23. ㋓ 24. ㋑ 25. ㋓

다 가공 전 또는 가공 후의 모양을 나타내는 경우

라 위치 결정의 근거가 된다는 것을 명시하는 기준선을 나타내는 경우

해설 가상선은 가는 2점 쇄선을 사용하지만 기준선은 가는 1점 쇄선을 사용한다.

26. 다음 그림과 같은 KS 용접 도시기호에 가장 적합한 용접부의 실제 모양은?

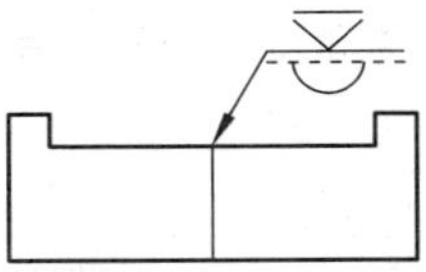

가 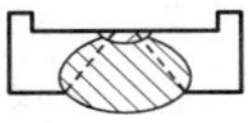
나 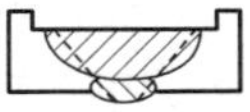
다 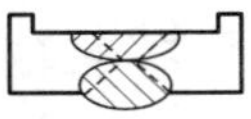
라 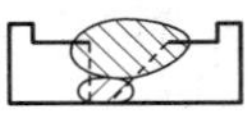

해설 실선에 기입한 기호는 화살표가 붙은 쪽 면에 대한 지시기호이고 점선에 기입한 기호는 화살표가 붙은 쪽의 반대쪽 면에 대한 지시기호이다.

27. 최대 허용치수 50.007 mm, 최소 허용치수 49.982 mm, 기준치수 50.000 mm일 때 위 치수허용차, 아래 치수허용차는?

	위 치수허용차	아래 치수허용차
가	+0.007 mm	−0.018 mm
나	−0.007 mm	+0.018 mm
다	−0.025 mm	+0.007 mm
라	+0.025 mm	−0.018 mm

28. 표면의 결을 도시할 때 제거가공을 허용하지 않는다는 것을 지시하는 기호는?

가 
나 

다 
라 

해설 가는 제거가공을 허용하지 않는다는 것을 지시하는 기호이고, 다는 제거가공의 필요 여부를 문제 삼지 않는다는 것을 지시하는 기호이다.

29. 다음 그림과 같이 두 원기둥이 만나는 상관체의 정투상도에서 상관선은 어느 것인가?

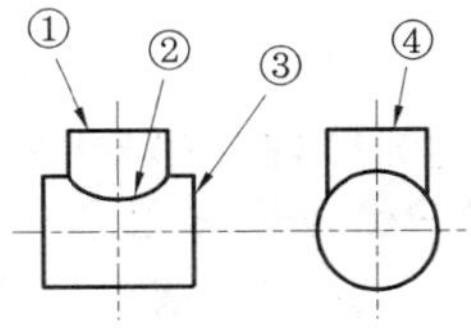

가 ① 나 ② 다 ③ 라 ④

30. 다음 그림과 같이 핸들이나 바퀴 등의 암 및 림, 리브, 훅, 축, 구조물의 부재 등을 나타낼 때에 사용할 수 있는 단면도는?

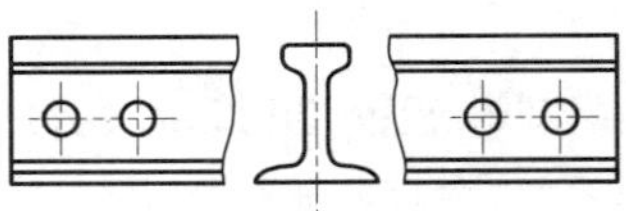

가 온 단면도 나 한쪽 단면도
다 계단 단면도 라 회전도시 단면도

31. 나사가 "M50×2−6H"로 표시되었을 때 이 나사에 대한 설명 중 틀린 것은?

가 미터가는나사이다.

나 왼나사이다.

다 피치 2 mm이다.

라 암나사 등급 6이다.

해설 나사의 방향에 대한 특별한 지시가 없으면 오른나사이다. 왼나사임을 나타낼 때는 호칭 앞에 "좌" 또는 "L"로 표시한다.

32. 기준치수가 ϕ50인 구멍기준식 끼워 맞춤에서 구멍과 축의 공차 값이 다음과 같을 때 틀린 것은?

구멍 − 위 치수허용차 +0.025	
아래 치수허용차 0.000	
축 − 위 치수허용차 +0.050	
아래 치수허용차 +0.034	

가 최소 틈새는 0.009 이다.

나 최대 죔새는 0.050 이다.

다 축의 최소 허용치수는 50.034 이다.

라 구멍과 축의 조립 상태는 억지 끼워 맞춤이다.

해답 26. 나 27. 가 28. 가 29. 나 30. 라 31. 나 32. 가

33. KS 재료기호 "SM 10C"에서 10C는 무엇을 의미하는가?

㉮ 최저 인장강도 ㉯ 탄소함유량
㉰ 제작 방법 ㉱ 종별 번호

[해설] 10C는 탄소함유량이 약 0.1%임을 의미한다.

34. 나사의 종류를 표시하는 기호 중 미터 사다리꼴나사의 기호는?

㉮ M ㉯ SM ㉰ TM ㉱ Tr

35. 그림과 같은 도면의 기하공차 설명으로 가장 적합한 것은?

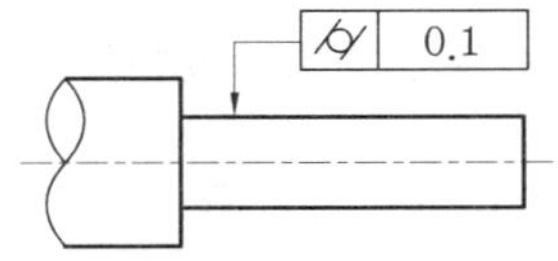

㉮ 대상으로 하고 있는 원통의 축선은 $\phi 0.1$ mm의 원통 안에 있어야 한다.

㉯ 대상으로 하고 있는 면은 0.1 mm 만큼 떨어진 두 개의 동축 원통면 사이에 있어야 한다.

㉰ 대상으로 하고 있는 원통의 축선은 0.1 mm 만큼 떨어진 두 개의 평행한 평면 사이에 있어야 한다.

㉱ 대상으로 하고 있는 면은 0.1 mm 만큼 떨어진 두 개의 평행한 평면 사이에 있어야 한다.

36. 다음 그림과 같은 정면도가 투상될 수 없는 평면도는?

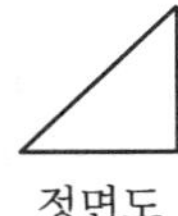

정면도

㉮ 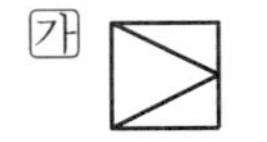 ㉯  ㉰  ㉱ 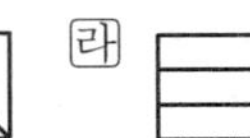

37. 나사의 도시법을 설명한 것으로 틀린 것은?

㉮ 수나사의 바깥지름과 암나사의 골지름은 굵은 실선으로 표시한다.

㉯ 완전 나사부 및 불완전 나사부의 경계선은 굵은 실선으로 표시한다.

㉰ 보이지 않는 나사부분은 가는 파선으로 표시한다.

㉱ 수나사 및 암나사의 조립 부분은 수나사 기준으로 표시한다.

[해설] 암나사의 골지름은 가는 실선으로 표시해야 한다.

38. 다음 그림과 같은 물체를 제3각법으로 투상하여 정면도, 평면도, 우측면도로 나타냈을 때 가장 적합한 것은?

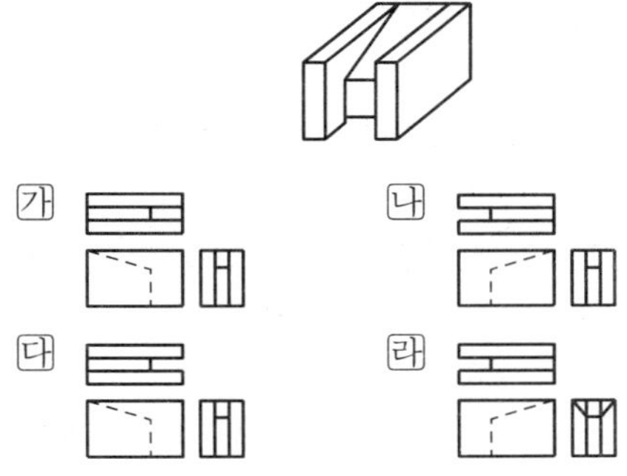

39. 기어의 부품도는 그림과 병용하여 항목표를 작성하는데 표준 스퍼 기어와 헬리컬 기어 항목표에 모두 기입하는 것은?

㉮ 리드 ㉯ 비틀림 방향
㉰ 비틀림 각 ㉱ 기준 래크 압력각

[해설] 리드, 비틀림 방향, 비틀림 각은 스퍼 기어에는 해당되지 않는다.

40. 다음 그림과 같은 부등변 형강의 치수 표시 기호로 옳은 것은?

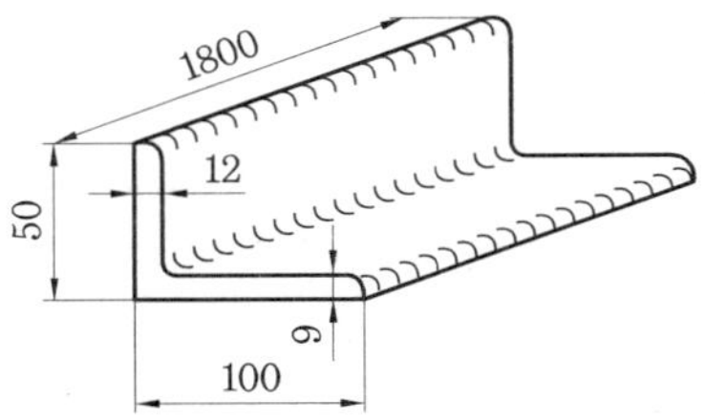

㉮ $L\,1800 - 50 \times 100 \times 9 \times 12$
㉯ $L\,1800 - 50 \times 100 \times 12 \times 9$

㉰ $L50 \times 100 \times 9 \times 12 - 1800$

㉱ $L50 \times 100 \times 12 \times 9 - 1800$

제 3 과목 : 기계설계 및 기계재료

41. 다음 중 뜨임의 목적이 아닌 것은?

㉮ 탄화물의 고용강화
㉯ 인성 부여
㉰ 담금질 후 응력 제거
㉱ 내마모성의 향상

42. 마그네슘(Mg)에 대한 설명으로 틀린 것은?

㉮ 비중은 상온에서 1.74이다.
㉯ 열전도율과 전기전도율은 Cu, Al보다 낮다.
㉰ 해수에 대해 내식성이 풍부하다.
㉱ 절삭성이 우수하다.

해설 마그네슘은 해수에 대해 내식성이 약하다.

43. 단일금속의 결정에 비해 고용체 상태에 있는 금속의 기계적 성질의 변화를 나타낸 것 중 틀린 것은?

㉮ 변형 증가 ㉯ 연성 증가
㉰ 강도 증가 ㉱ 탄성계수 증가

44. Fe-C 평형상태도에서 공석강의 탄소함유량은 얼마 정도인가?

㉮ 6.67 % ㉯ 4.3 % ㉰ 2.11 % ㉱ 0.77 %

45. 오일리스 베어링(oilless bearing)의 특징을 설명한 것으로 틀린 것은?

㉮ 다공질이므로 강인성이 높다.
㉯ 기름 보급이 곤란한 곳에 적당하다.
㉰ 너무 큰 하중이나 고속 회전부에는 부적당하다.
㉱ 대부분 분말 야금법으로 제조한다.

해설 기름을 포함하고 있기 위한 공간을 많이 가진 재료를 다공질 재료라고 한다. 다공질 재료는 일반적으로 강도가 낮지만 최근에는 강도를 개선한 다공질 재료도 나오고 있다.

46. 공구재료로써 구비해야 할 조건들 중 틀린 것은?

㉮ 내마멸성과 강인성이 클 것
㉯ 가열에 의한 경도 변화가 클 것
㉰ 상온 및 고온에서 경도가 높을 것
㉱ 열처리와 공작이 용이할 것

해설 공구재료는 고온에서도 떨어지지 않아야 한다.

47. 섬유강화 복합재료의 일반적인 성질이 아닌 것은?

㉮ 높은 강도와 강성 ㉯ 높은 감쇄 특성
㉰ 높은 열팽창계수 ㉱ 이방성

48. 금속재료가 일정한 온도 영역과 변형속도의 영역에서 유리질처럼 늘어나는 특수한 현상은?

㉮ 형상기억 ㉯ 초소성
㉰ 초탄성 ㉱ 초전도

49. 순철의 성질을 설명한 것으로 틀린 것은?

㉮ 융점은 1539℃ 정도이다.
㉯ 비중은 7.86 정도이다.
㉰ 인장강도가 20~28 kgf/mm^{2}이다.
㉱ 연신율은 12~14 %이다.

해설 순철의 연신율은 80~85 %로 대단히 크다. 연강은 24~36 %, 경강은 14~26 %이다.

50. 탄소강에서 적열메짐을 방지하고, 주조성과 담금질 효과를 향상시키기 위하여 첨가하는 원소는?

㉮ 황 (S) ㉯ 인 (P)
㉰ 규소 (Si) ㉱ 망간 (Mn)

51. M22볼트(골지름 19.294 mm)가 그림과 같이 2장의 강판을 고정하고 있다. 체결 볼트의 허용전단응력이 39.25 MPa라 하면 최대 몇 kN까

해답 41. ㉮ 42. ㉰ 43. ㉯ 44. ㉱ 45. ㉮ 46. ㉯ 47. ㉰ 48. ㉯ 49. ㉱ 50. ㉱ 51. ㉰

지의 하중을 받을 수 있는가?

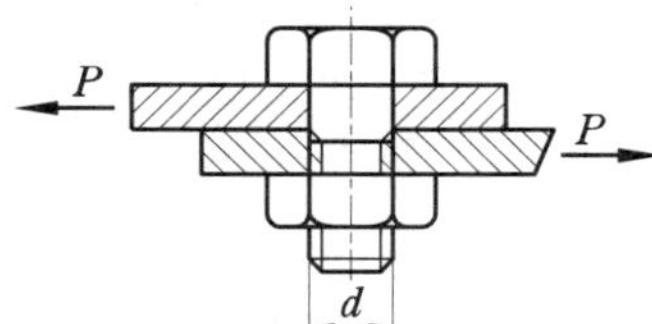

㉮ 3.21 ㉯ 7.54 ㉰ 11.48 ㉱ 22.96

[해설] ① 허용전단응력을 N/mm^{2}로 환산한다.

$$39.25\,\text{MPa} = 39.25 \times 10^6\,\text{Pa}$$
$$= 39.25 \times 10^6\,\text{N/mm}^2$$
$$= \frac{39.25 \times 10^6}{1 \times 10^6}\,\text{N/mm}^2$$
$$= 39.25\,\text{N/mm}^2$$

② 하중을 구한다.

$$W = \tau \cdot A = \tau \times \frac{\pi d^2}{4}$$
$$= 39.25 \times \frac{\pi \times 19.294^2}{4} = 11.48\,\text{N}$$

52. 중공축의 안지름과 바깥지름의 비를 $x(<1)$ 라 할 때, 동일한 비틀림 모멘트에 대해서 동일한 비틀림 응력이 발생하기 위한 중실축 지름 (d)과 중공축의 바깥지름 (d_2)의 비 d_2/d는? (단, 중실축과 중공축의 재질은 같다.)

㉮ $\sqrt[3]{1-x^4}$ ㉯ $\sqrt[4]{1-x^4}$

㉰ $\dfrac{1}{\sqrt[3]{1-x^4}}$ ㉱ $\dfrac{1}{\sqrt[4]{1-x^4}}$

53. 그림과 같은 스프링 장치에서 $W = 150\,\text{N}$의 하중을 매달면 처짐은 몇 cm가 되는가? (단, 스프링 상수 $k_1 = 20\,\text{N/cm}$, $k_2 = 40\,\text{N/cm}$이다.)

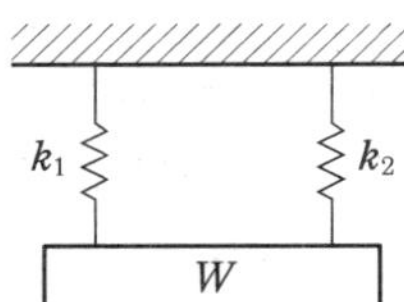

㉮ 1.25 ㉯ 2.50 ㉰ 5.68 ㉱ 11.25

[해설] 병렬연결인 경우

$$k = k_1 + k_2 = 20 + 40 = 60\,\text{N/cm}$$
$$\delta = \frac{W}{k} = \frac{150}{60} = 2.5\,\text{cm}$$

54. 800 rpm으로 회전하고 1 kN의 하중을 받고 있는 단열 레이디얼 볼베어링의 수명이 20000 시간이라 하면, 다음 중 어느 베어링을 사용하는 것이 가장 적당한가? (단, C는 기본 동정격하중이다.)

㉮ 6202 (C=6 kN) ㉯ 6203 (C= 8kN)

㉰ 6205 (C=10 kN) ㉱ 6206 (C= 15kN)

[해설] 구름 베어링의 정격 수명을 구하는 식은

$$L_h = \frac{10^6}{60n}\left(\frac{C}{P}\right)^3 \text{이다.}$$

여기에, L_h, n, P를 대입하면

$$20000 = \frac{10^6}{60 \times 800} \times \left(\frac{C}{1000}\right)^3$$

이 식을 정리하면

$$\frac{20000 \times 60 \times 800}{10^6} = \frac{C^3}{1000^3}$$
$$\frac{96 \times 10^7}{10^6} \times 1000^3 = C^3$$
$$960 \times 10^9 = C^3$$
$$C = \sqrt[3]{960 \times 10^9} = 9.9 \times 10^3\,\text{N} \fallingdotseq 10\,\text{kN}$$

55. 단식 블록 브레이크에서 브레이크 드럼의 지름이 450 mm, 블록을 브레이크 드럼에 밀어 붙이는 힘이 1.96 kN인 경우 브레이크 드럼에 작용하는 제동 토크는 몇 N·m인가? (단, 마찰계수는 0.2이다.)

㉮ 52.4 ㉯ 88.2 ㉰ 176.4 ㉱ 441.0

[해설] $T = \mu P \times \dfrac{D}{2}$

$$= 0.2 \times (1.96 \times 10^3) \times \frac{450}{2 \times 1000}$$
$$= 88.2\,\text{N·m}$$

56. 압력각이 20°인 표준 스퍼기어에서 언더컷을 방지하기 위한 이론적인 최소 잇수는 몇 개인가?

㉮ 17 ㉯ 25 ㉰ 30 ㉱ 32

57. 인장 하중과 압축 하중이 교대로 반복하여 작용하는 하중으로 크기와 방향이 동시에 변화하는 하중은?

㉮ 반복하중 ㉯ 교번하중

㉰ 충격하중 ㉱ 전단하중

해답 52. ㉰ 53. ㉯ 54. ㉰ 55. ㉯ 56. ㉮ 57. ㉯

58. 다음 중 다른 전동방식과 비교하여 체인전동 방식의 일반적인 특징에 해당하지 않는 것은?

㉮ 미끄럼이 없는 일정한 속도비를 얻을 수 있다.

㉯ 초장력이 필요 없으므로 베어링의 마멸 손실이 적다.

㉰ 고속회전에 적당하다.

㉱ 전동 효율이 95% 이상으로 좋다.

[해설] 체인전동은 고속에서 진동과 소음이 생기기 쉽다.

59. 지름 500 mm인 마찰차가 350 rpm의 회전 수로 동력을 전달한다. 이때 바퀴를 밀어붙이는 힘이 1.96 kN일 때 몇 kW의 동력을 전달할 수 있는가? (단, 접촉부 마찰계수는 0.35로 하고, 미끌림은 없다고 가정한다.)

㉮ 4.5 ㉯ 5.1 ㉰ 5.7 ㉱ 6.3

[해설] ① 마찰차를 돌리는 토크를 구한다.

$$T = \mu Q \cdot \frac{D}{2}$$

$$= 0.35 \times 1960 \times \frac{0.5}{2} = 171.5 \text{ N} \cdot \text{m}$$

② 위에서 구한 토크를 유지하며 350 rpm으로 돌리기 위한 동력을 구한다.

$$H = \frac{2\pi NT}{60}$$

$$= \frac{2\pi \times 350 \times 171.5}{60} = 6286 \text{ W} ≒ 6.3 \text{ kW}$$

60. 판의 두께 12 mm, 리벳의 지름 19 mm, 피치 50 mm인 1줄 겹치기 리벳 이음을 하고자 한다. 한 피치당 12.26 kN의 하중이 작용할 때 생기는 인장응력과 리벳이음의 판의 효율은 각각 얼마인가?

㉮ 32.96 MPa, 76% ㉯ 32.96 MPa, 62%

㉰ 16.98 MPa, 76% ㉱ 16.98 MPa, 62%

[해설] ① 인장응력을 구한다.

1 피치마다의 하중을 P, 리벳의 피치를 p, 리벳 구멍의 지름을 d_0, 판의 두께를 t라고 하고, 리벳 구멍의 지름을 리벳의 지름과 같다고 하면,

$$\sigma_t = \frac{P}{(p-d_0)t} = \frac{12260}{(0.05-0.019) \times 0.012}$$

$$≒ 32960000 = 32.96 \times 10^6 = 32.96 \text{ MPa}$$

② 판의 효율을 구한다.

$$\eta = \frac{p-d}{p} = \frac{50-19}{50} = 0.62 = 62\%$$

제 4 과목 : 컴퓨터응용설계

61. 이미 정의된 두 개 이상의 곡면을 부드럽게 연결되게 하는 곡면 처리를 무엇이라 하는가?

㉮ 블랜딩(blending)

㉯ 셰이딩(shading)

㉰ 스키닝(skinning)

㉱ 리드로잉(redrawing)

62. 다음 그림과 같이 2개의 경계곡선(위 그림) 에 의해서 하나의 곡면(아래 그림)을 구성하는 기능을 무엇이라고 하는가?

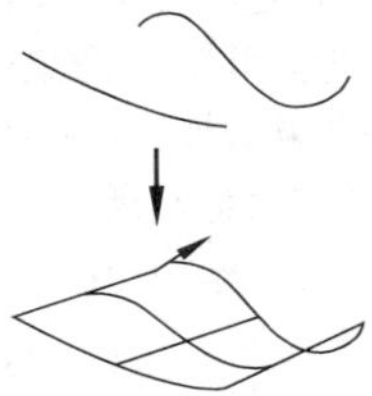

㉮ revolution ㉯ twist

㉰ loft ㉱ extrude

63. 솔리드 모델링에서 토플로지 요소 간에는 오일러—포앙카레 공식이 만족해야 하는데, 이 식으로 옳은 것은? (단, v는 꼭지점의 개수, e는 모서리 개수, f는 면 혹은 외부루프의 개수, h는 면상에 구멍 루프의 개수, s는 독립된 셀의 개수, p는 입체를 관통하는 구멍의 개수이다.)

㉮ $v + e - f - h = 3(s-p)$

㉯ $v + e - f - h = 2(s-p)$

㉰ $v - e + f - h = 3(s-p)$

㉱ $v - e + f - h = 2(s-p)$

64. 동차좌표를 이용하여 2차원 좌표를 $p = [x, y, 1]$으로 표현하고, 동차변환 매트릭스 연산을

$p' = pT$로 표현할 때 다음 변환 매트릭스의 설명으로 옳은 것은?

$$T = \begin{bmatrix} 1 & 0 & 0 \\ 0 & 1 & 0 \\ 1 & 1 & 1 \end{bmatrix}$$

㉮ x축으로 1만큼 이동

㉯ y축으로 1만큼 이동

㉰ x축으로 1만큼, y축으로 1만큼 이동

㉱ x축으로 2만큼, y축으로 2만큼 이동

65. CAD 관련 용어 중 요구된 색상의 사용이 불가능할 때 다른 색상들을 섞어서 비슷한 색상을 내기 위해 컴퓨터 프로그램에 의해 시도되는 것을 의미하는 것은?

㉮ 플리커(flicker)

㉯ 디서링(dithering)

㉰ 섀도 마스크(shadow mask)

㉱ 라운딩(rounding)

66. 다음 그림과 같이 곡면 모델링 시스템에 의해 만들어진 곡면을 불러들여 기존 모델의 평면을 바꿀 수 있는데, 이를 무엇이라고 하는가?

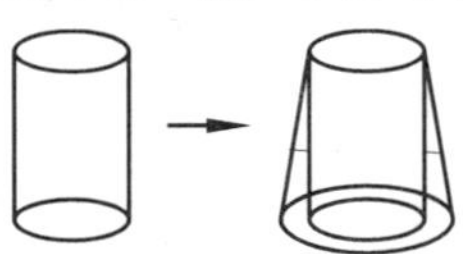

㉮ 네스팅(nesting)

㉯ 트위킹(tweaking)

㉰ 돌출하기(extruding)

㉱ 스위핑(sweepimg)

67. 2차원상의 한 점 $p = [x, y, 1]$을 x축 방향으로 전단(shear) 변환하여 $p' = [x', y, 1]$이 되기 위한 3×3 동차변환행렬(T)로 옳은 것은? (단, $p' = pT$이고, α는 상수이다.)

㉮ $T = \begin{bmatrix} 1 & 0 & 0 \\ a & 1 & 0 \\ 0 & 0 & 1 \end{bmatrix}$ ㉯ $T = \begin{bmatrix} 1 & a & 0 \\ 0 & 1 & 0 \\ 0 & 0 & 1 \end{bmatrix}$

㉰ $T = \begin{bmatrix} 1 & 0 & 0 \\ 0 & 1 & 0 \\ a & 0 & 1 \end{bmatrix}$ ㉱ $T = \begin{bmatrix} 1 & 0 & 0 \\ 0 & 1 & 0 \\ 0 & a & 1 \end{bmatrix}$

해설 x축 방향으로의 전단 변환

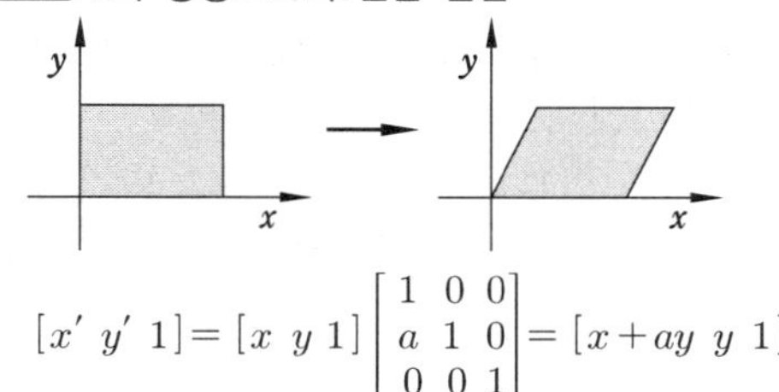

$$[x' \; y' \; 1] = [x \; y \; 1] \begin{bmatrix} 1 & 0 & 0 \\ a & 1 & 0 \\ 0 & 0 & 1 \end{bmatrix} = [x + ay \; y \; 1]$$

68. CAD의 디스플레이 기능 중 줌(zoom) 기능을 사용 시 화면에서 나타나는 현상으로 맞는 것은 어느 것인가?

㉮ 도형 요소의 치수가 변화한다.

㉯ 도형 형상이 반대로 나타난다.

㉰ 도형 요소가 시각적으로 확대, 축소되어진다.

㉱ 도형 요소가 회전한다.

69. 그래픽 장치 중 하난인 래스터(raster) 그래픽 장치에 관한 설명으로 틀린 것은?

㉮ 래스터 그래픽 장치는 TV 기술의 발달과 함께 1970년대 중반에 출연하였다.

㉯ 디스플레이 프로세서가 응용 프로그램으로부터 그래픽 명령을 받아 그것을 래스터 이미지로 변환한 다음 프레임 버퍼 메모리에 저장한다.

㉰ 그림의 복잡성에 따라 리프레시에 소요되는 시간이 가변적이다.

㉱ 화소(pixels)의 크기가 해상도를 결정한다.

70. 솔리드 모델링에서 모델을 구현하는 자료구조가 몇 가지 있는데, 복셀 표현(voxel representation)은 어느 자료구조에 속하는가?

㉮ CGS 트리구조

㉯ B-rep 자료구조

㉰ 날개 모서리(wingged-edge) 자료구조

㉱ 분해모델을 저장하는 자료구조

71. 기본 입체에 적용한 Boolean 연산 과정을 트리 구조로 저장하는 CSG (constructive solid

---

geometry) 구조에 대한 설명으로 틀린 것은?

[가] 자료 구조가 간단하고 데이터의 양이 적어 데이터의 관리가 용이하다.

[나] 내부와 외부가 분명하게 구분되지 않는 입체라도 구현이 가능하다.

[다] 항상 대응되는 B-rep 모델로 치환 가능하다.

[라] 파라메트릭(parametric) 모델링의 구현이 쉽다.

72. 다음 모델링 기법 중에서 숨은선 제거가 불가능한 모델링 기법은?

[가] CSG 모델링

[나] B-rep 모델링

[다] wire frame 모델링

[라] surface 모델링

73. 다음 중 숨은선 또는 숨은면을 제거하기 위한 방법에 속하지 않는 것은?

[가] x-버퍼에 의한 방법

[나] z-버퍼에 의한 방법

[다] 후방향 제거 알고리즘

[라] 깊이 분류 알고리즘

74. 네 개의 경계곡선을 선형 보간하여 얻어지는 곡면은?

[가] 선형 곡면 [나] 쿤스 곡면

[다] Bezier 곡면 [라] 그리드 곡면

75. 다음 그림에서 점 P의 극좌표 값이 $r=10$, $\theta=30°$일 때 이것을 직교 좌표계로 변환한 P $(x,\ y)$를 구하면?

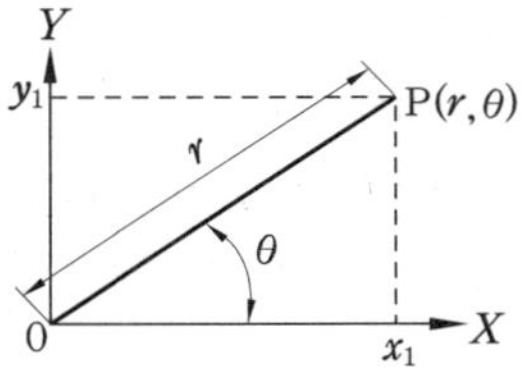

[가] P(8.66, 4.21) [나] P(8.66, 5)

[다] P(5, 8.66) [라] P(4.21, 8.66)

[해설] $x=10\cos30°=8.66$
$y=10\sin30°=5$

76. CAD 모델링 방법 중 형상 구속 조건과 치수 조건을 이용하여 형태를 모델링하는 방식은?

[가] feature-based modeling

[나] parametric modeling

[다] hybrid modeling

[라] assembly modeling

77. 공학에서 컴퓨터를 이용한 해석방법 중 가장 널리 사용되는 방법으로 응력, 변형, 열전달, 유체유동 및 기타 연속체의 해석에 이용되는 방법은 어느 것인가?

[가] FEM (finite element method)

[나] MAM (modal analysis method)

[다] FBA (feature based analysis)

[라] GMA (geometry modeling analysis)

78. 일반적인 B-spline 곡선의 특징을 설명한 것으로 틀린 것은?

[가] 곡선의 차수는 조정점의 개수와 무관하다.

[나] 곡선의 형상을 국부적으로 수정할 수 있다.

[다] 원, 타원, 포물선과 같은 원추곡선을 정확하게 표현할 수 있다.

[라] 첫 번째 조정점과 마지막 조정점은 반드시 통과한다.

79. CAD 데이터의 교환 표준 중 하나로 국제표준화기구(ISO)가 국제표준으로 지정하고 있으며, CAD의 형상 데이터뿐만 아니라, NC 데이터나 부품표, 재료 등도 표준 대상이 되는 규격은 어느 것인가?

[가] IGES [나] DXF [다] STEP [라] GKS

80. DXF(data exchange file) 파일의 섹션 구성에 해당되지 않는 것은?

[가] header section [나] library section

[다] tables section [라] entities section

[해답] 72. [다] 73. [가] 74. [나] 75. [나] 76. [나] 77. [가] 78. [다] 79. [다] 80. [나]

▶ 2012년 9월 15일 시행

자격종목 및 등급(선택분야)	종목코드	시험시간	문제지형별	수험번호	성 명
기계설계 산업기사	**2031**	**2시간**	**A**		

제1과목 : 기계가공법 및 안전관리

1. 물체의 길이, 각도, 형상 측정이 가능한 측정기는 어느 것인가?

㉠ 표면거칠기 측정기

㉡ 3차원 측정기

㉢ 사인 센터

㉣ 다이얼게이지

2. 다음 그림과 같은 공작물의 테이퍼를 선반의 공구대를 회전시켜 가공하려고 한다. 이 때 복식 공구대의 회전각은?

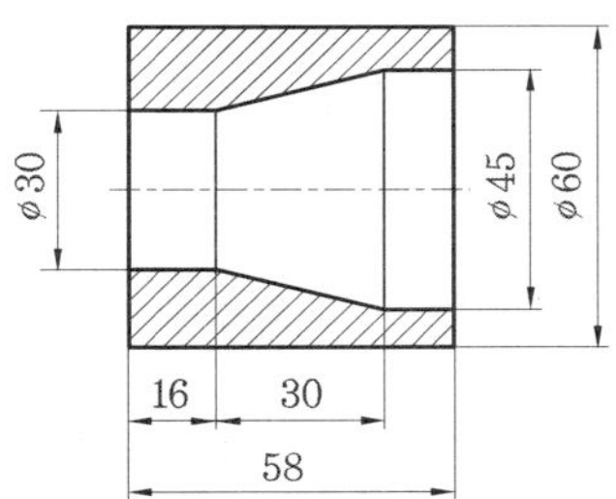

㉠ 약 10도

㉡ 약 12도

㉢ 약 14도

㉣ 약 18도

[해설] $\tan\theta = \dfrac{D-d}{2L}$ 이므로

$$\theta = \tan^{-1}\left(\dfrac{D-d}{2L}\right)$$
$$= \tan^{-1}\left(\dfrac{45-30}{2\times30}\right) = 14.04°$$

3. 일반적으로 밀링 머신의 크기는 호칭번호로 표시하는데 그 기준은 무엇인가?

㉠ 기계의 중량

㉡ 기계의 설치면적

㉢ 테이블의 이동거리

㉣ 주축모터의 크기

4. 연한 갈색으로 일반 강의 연삭에 사용하는 연삭숫돌의 재질은?

㉠ A 숫돌

㉡ WA 숫돌

㉢ C 숫돌

㉣ GC 숫돌

5. CNC 프로그래밍에서 좌표계 주소(address)와 관련이 없는 것은?

㉠ X, Y, Z

㉡ A, B, C

㉢ I, J, K

㉣ P, U, X

[해설] ① X, Y, Z : 일반적인 3축의 절대좌표 지령 방식의 주소

② U, V, W : 일반적인 3축의 상대좌표 지령방식의 주소

③ A, B, C : X, Y, Z축에 회전축이 부가적으로 붙어 있을 때 사용되는 좌표계 주소이며, 5축가공기와 같은 머시닝센터에서 사용된다.

④ I, J, K : 원호보간에 사용되는 좌표계 주소

6. 피측정물과 표준자와는 측정방향에 있어서 1직선 위에 배치하여야 한다는 것은?

㉠ 헤르츠의 법칙

㉡ 훅의 법칙

㉢ 에어리점

㉣ 아베의 원리

7. 벨트를 풀리에 걸 때는 어떤 상태에서 해야 안전한가?

㉠ 저속 회전 상태

㉡ 중속 회전 상태

㉢ 회전 중지 상태

㉣ 고속 회전 상태

8. 밀링에서 상향절삭과 하향절삭의 비교 설명으로 맞는 것은?

㉠ 상향절삭은 절삭력이 상향으로 작용하여 가공물 고정이 유리하다.

㉡ 상향절삭은 기계의 강성이 낮아도 무방

[해답] 1. ㉡ 2. ㉢ 3. ㉢ 4. ㉠ 5. ㉣ 6. ㉣ 7. ㉢ 8. ㉡

하다.

　㉯ 하향절삭은 상향절삭에 비하여 공구 마모가 **빠르다**.

　㉰ 하향절삭은 백래시(back lash)를 제거할 필요가 없다.

　해설　① 상향절삭은 공구의 회전 방향과 가공물의 이송이 반대 방향인 경우이다. 공구가 가공물을 들어 올리는 힘이 발생되므로 고정을 확실하게 해야 한다.
　② 하향절삭은 공구의 회전 방향과 가공물의 이송이 같은 방향인 경우이다. 공구와 가공물의 상대적인 속도가 상향절삭에 비해 느리므로 상향절삭보다 마모가 느리다. 이송시킨 거리 이외에 공구에 의해 더 당겨지므로 백래시 만큼의 오차가 발생한다. 백래시 제거 장치가 필요하다.

9. 연삭숫돌의 입자 중 천연입자가 아닌 것은?

　㉮ 석영　　　　　　㉯ 코런덤
　㉰ 다이아몬드　　　㉱ 알루미나

10. 판재 또는 포신 등의 큰 구멍 가공에 적합한 보링 머신은?

　㉮ 코어 보링 머신　　㉯ 수직 보링 머신
　㉰ 보통 보링 머신　　㉱ 지그 보링 머신

　해설　코어 보링 머신은 구멍의 내부를 모두 제거하는 것이 아니라 가운데는 남기고 원 둘레만 제거하여 큰 구멍을 내는 방식의 보링 머신이다.

11. 어미자의 1눈금이 0.5 mm이며 아들자의 눈금이 12 mm를 25 등분한 버니어 캘리퍼스의 최소 측정값은?

　㉮ 0.01 mm　　　　㉯ 0.05 mm
　㉰ 0.02 mm　　　　㉱ 0.1 mm

12. 방전가공에서 전극재료의 조건으로 맞지 않는 것은?

　㉮ 방전이 안전하고 가공속도가 클 것
　㉯ 가공에 따른 가공전극의 소모가 적을 것
　㉰ 공작물보다 경도가 높을 것
　㉱ 기계가공이 쉽고 가공정밀도가 높을 것

　해설　방전가공은 흑연과 같은 약한 재료를 이용하여 초경합금이나 담금질한 고속도강 등과 같은 경도가 매우 높은 재료를 가공할 수 있다.

13. 다음 중 다이얼 게이지(dial gauge)의 특징이 아닌 것은?

　㉮ 다원측정의 검출기로서 이용할 수 있다.
　㉯ 눈금과 지침에 의해서 읽기 때문에 오차가 적다.
　㉰ 연속된 변위량의 측정이 가능하다.
　㉱ 측정범위가 넓고, 직접 제품의 수치를 읽을 수 있다.

　해설　다이얼 게이지는 직접 제품의 치수를 읽을 수 없는 비교측정기로서 측정 부위를 변경하며 변위를 측정하거나 게이지 블록의 높이와 비교하여 치수를 읽을 수 있다.

14. 연삭숫돌을 고무 해머로 때려 검사한 결과 울림이 없거나 둔탁한 소리가 나는 것은?

　㉮ 완전한 숫돌
　㉯ 균열이 생긴 숫돌
　㉰ 두께가 두꺼운 숫돌
　㉱ 두께가 얇은 숫돌

　해설　연삭숫돌의 균열 검사 방법이다.

15. 브로칭 머신에서 브로치를 인발 또는 압입하는 방법에 속하지 않는 것은?

　㉮ 나사식　　　　　㉯ 기어식
　㉰ 유압식　　　　　㉱ 압출식

16. 연성 재료를 고속 절삭할 때 생기는 칩의 형태는?

　㉮ 유동형(flow type)
　㉯ 균열형(crack type)
　㉰ 열단형(tear type)
　㉱ 전단형(shear type)

17. 밀링작업에서 일감의 가공면에 떨림(chattering)이 나타날 경우 그 방지책으로 적합하지 않는 것은?

해답　9. ㉱　10. ㉮　11. ㉰　12. ㉰　13. ㉱　14. ㉯　15. ㉱　16. ㉮　17. ㉱

㉮ 밀링커터의 정밀도를 좋게 한다.

㉯ 일감의 고정을 확실히 한다.

㉰ 절삭 조건을 개선한다.

㉱ 회전 속도를 빠르게 한다.

[해설] 회전속도를 무조건 빠르게 하는 것은 좋지 않다. 적절히 조정해야 한다.

18. 바이트의 여유각을 주는 가장 큰 이유는?

㉮ 바이트의 날끝과 공작물 사이의 마찰을 줄이기 위하여

㉯ 공작물의 깎이는 깊이를 적게 하고 바이트의 날 끝이 부러지지 않도록 보호하기 위하여

㉰ 바이트가 공작물을 깎는 쇳가루의 흐름을 잘되게 하기 위하여

㉱ 바이트의 재질이 강한 것이기 때문에

19. 면판붙이 주축대 2대를 마주 세운 구조형으로 된 선반은?

㉮ 차축 선반   ㉯ 차륜 선반

㉰ 공구 선반   ㉱ 직립 선반

20. 절삭 속도가 140 m/min, 이송이 0.25 mm/rev인 절삭 조건을 사용하여 ϕ80 mm인 환봉을 ϕ75 mm로 1회 절삭하려고 할 때 소요되는 가공시간은 약 몇 분인가? (단, 절삭 길이는 300 mm 이다.)

㉮ 2분   ㉯ 4분

㉰ 6분   ㉱ 8분

[해설] ① 전체 절삭 거리를 구한다.

전체 절삭 거리＝공작물 둘레 길이×공작물 회전 횟수

$$= \pi D \times \frac{L}{f} = 3.14 \times 75 \times \frac{300}{0.25}$$

$$= 282600 \text{ mm}$$

② 단위를 m로 환산하고 절삭시간을 구한다.

$$절삭시간 = \frac{전체절삭거리}{절삭속도}$$

$$= \frac{282.6}{140} = 2.02 \text{ min}$$

21. 다음 도면에서 A~D선의 용도에 의한 명칭이 잘못된 것은?

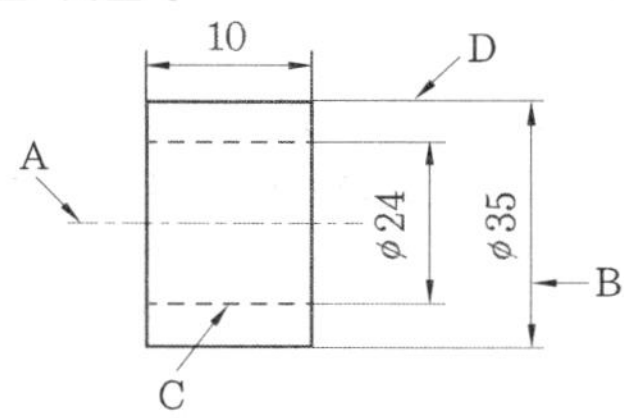

㉮ A : 중심선   ㉯ B : 치수선

㉰ C : 숨은선(은선)   ㉱ D : 지시선

[해설] D : 치수보조선

22. 다음 재료 기호 중 회주철품의 KS 기호는?

㉮ FC   ㉯ DC   ㉰ GC   ㉱ SC

[해설] GC : 회주철품(gray cast iron)

23. 3줄 M20×2와 같은 나사 표시 기호에서 리드는 얼마인가?

㉮ 5 mm   ㉯ 2 mm   ㉰ 3 mm   ㉱ 6 mm

[해설] 리드＝줄수×피치＝3×2＝6 mm

24. 다음 그림에서 ϕ20 부분의 최대 실체 공차 방식에 의한 실효치수는 몇 mm인가?

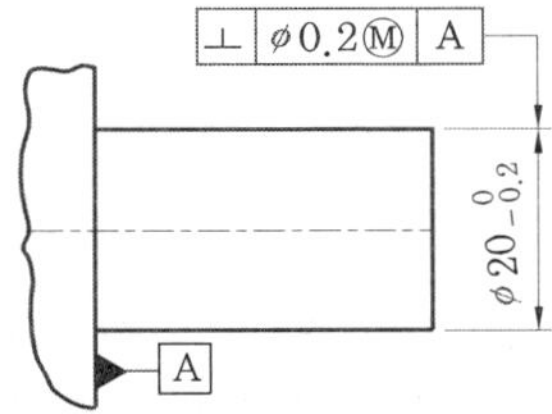

㉮ ϕ19.6   ㉯ ϕ19.8

㉰ ϕ20.2   ㉱ ϕ20.4

[해설] ① 최대 실체 공차 방식(maximum meteril condition, MMC) : 형체의 체적이 최대가 될 때를 고려하여 형상공차 또는 위치공차를 적용하는 방법이다. 최대 실체 치수는 MMS (maximum material size)라고 한다.

② Ⓜ : MMC를 적용하는 형체의 공차나 데이텀의 문자 뒤에 붙인다.

---

③ 실효치수 : 구멍과 축의 조립이 가능하기 위한 구멍의 최소 치수 또는 축의 최대 치수이다.
$$\begin{cases} \text{구멍의 실효치수} = \text{축의 MMS} + \text{기하공차} \\ \text{축의 실효치수} = \text{구멍의 MMS} - \text{기하공차} \end{cases}$$
따라서, 그림의 축이 조립되기 위한 실효치수는 20.0+0.2=20.2 mm이다.

25. KS 기계제도에 의한 다음 그림과 같은 부등변 ㄱ형강의 표시방법으로 가장 적합한 것은?

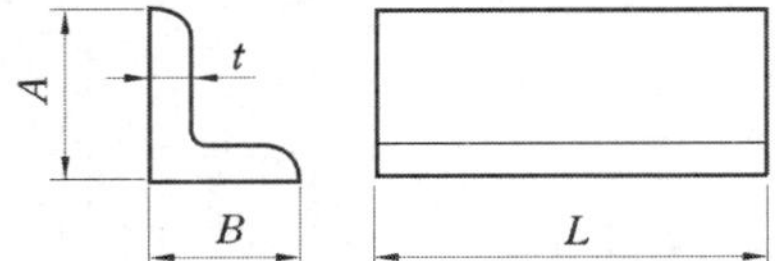

- ㉮ $Lt \times A \times L - B$
- ㉯ $LA \times B \times t - L$
- ㉰ $Lt \times B \times L - A$
- ㉱ $LA \times L \times B - t$

26. 다음 그림과 같은 정면도와 평면도에 가장 적합한 우측면도는?

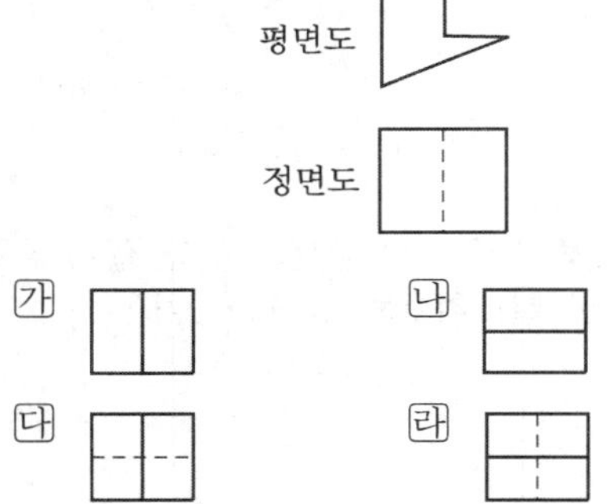

27. 강구조물(steel structure) 등의 치수 표시에 관한 KS 기계 제도 규격에 관한 설명으로 틀린 것은?

- ㉮ 구조선도에서 절점 사이의 치수를 표시할 수 있다.
- ㉯ 치수는 부재를 나타내는 선에 연하여 직접 기입할 수 있다.
- ㉰ 절점이란 구조선도에 있어서 부재의 단순 중심점이다.
- ㉱ 형강, 각강 등의 치수는 각각의 표시 방법

에 의해서 도형에 연하여 기입할 수 있다.

[해설] 강 구조물 등을 축척하여 가는 실선으로 표시하는 구조선도에 있어서 절점이란 부재의 무게 중심선의 교점이다.

28. 용접 기호 중에서 필릿 용접 기호는?

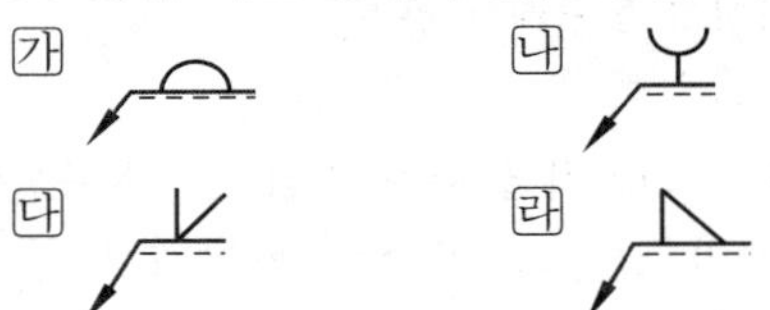

29. 가공방법의 약호 중 래핑가공을 나타낸 것은 어느 것인가?

- ㉮ FL
- ㉯ FR
- ㉰ FS
- ㉱ FF

30. 리벳의 호칭법으로 가장 적합한 것은?

- ㉮ (종류)×(길이) (지름) (재료)
- ㉯ (종류) (지름) × (길이) (재료)
- ㉰ (종류) (재료) (지름) × (길이)
- ㉱ (종류) (재료) × (지름) (길이)

31. 다음은 치수 공차와 끼워 맞춤 공차에 사용하는 용어의 설명이다. 용어의 설명이 잘못된 것은 어느 것인가?

- ㉮ 틈새 : 구멍의 치수가 축의 치수보다 클 때의 구멍과 축의 치수 차
- ㉯ 위 치수 허용차 : 최대 허용치수에서 기준 치수를 뺀 값
- ㉰ 헐거운 끼워 맞춤 : 항상 틈새가 있는 끼워 맞춤
- ㉱ 치수공차 : 기준 치수에서 아래 치수 허용차를 뺀 값

[해설] 치수공차=최대 허용치수−최소 허용치수

32. 다음 그림과 같은 입체도에서 화살표 방향이 정면일 경우 평면도로 적합한 것은?

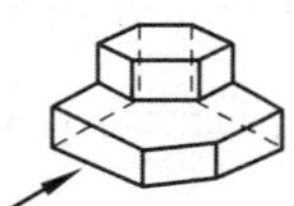

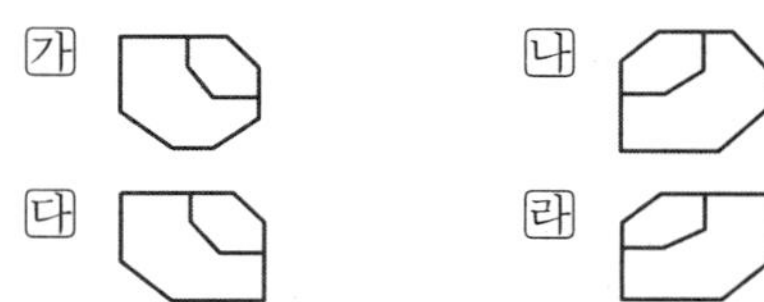

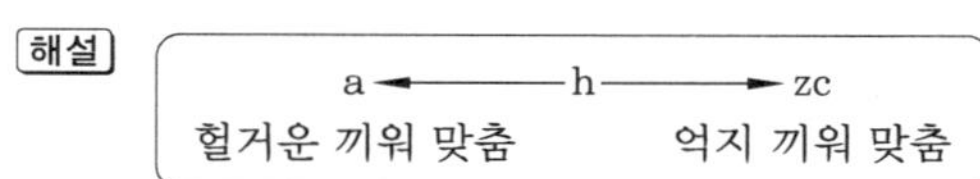

가 $\phi40n6$ **나** $\phi40p6$
다 $\phi40t6$ **라** $\phi40g6$

[해설]

a	←—— h ——→	zc
헐거운 끼워 맞춤		억지 끼워 맞춤

h를 중심으로 a 쪽에 가까우면 헐거운 끼워 맞춤이고, zc에 가까우면 억지 끼워 맞춤이다.

33. 일반적으로 해칭선을 그릴 때 사용하는 선의 명칭은?

가 굵은 2점 쇄선   **나** 굵은 1점 쇄선
다 가는 실선   **라** 가는 1점 쇄선

[해설] 해칭선은 단면된 면을 나타낼 때 사용되는 선이며 주로 가는 실선을 경사지게 긋는다.

34. 다음 그림과 같이 절단된 편심 원뿔의 전개법으로 가장 적합한 것은?

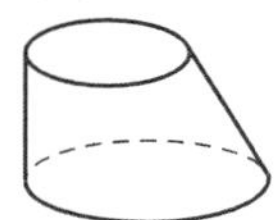

가 삼각형법   **나** 평행선법
다 사각형법   **라** 동심원법

35. 다음 그림과 같이 스퍼 기어의 주투상도를 부분 단면도로 나타낼 때, "A"가 지시하는 곳의 선의 모양은?

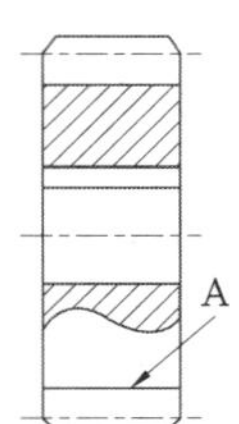

가 굵은 실선   **나** 굵은 파선
다 가는 실선   **라** 가는 파선

[해설] 기어의 이뿌리선을 그리는 방법은 두 가지가 있다.
① 단면된 부분의 이뿌리선은 굵은 실선으로 그린다.
② 단면되지 않은 부분의 이뿌리선은 가는 실선으로 그린다.

36. $\phi40H7$의 구멍에 헐거운 끼워 맞춤이 되는 축의 치수는?

37. "A"와 같은 형상을 "B"에 조립시킬 때 "?"에 필요한 기하공차 기호는? (단, A의 형상은 이상적으로 정확한 형상이라 가정한다.)

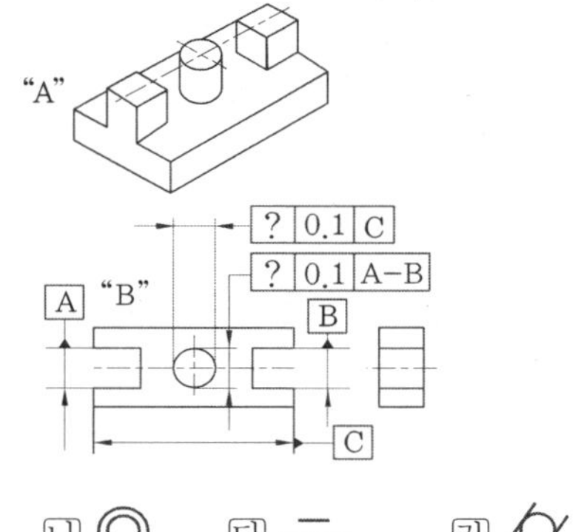

가 // **나** ◎ **다** = **라** ∠

38. 구름 베어링의 호칭 번호가 6000일 때 안지름은 몇 mm인가?

가 5   **나** 8   **다** 10   **라** 50

[해설] ① 00 : 10mm   ② 01 : 12mm
③ 02 : 15mm   ④ 03 : 17mm

39. 다음 중 도면이 전체적으로 치수에 비례하지 않게 그려졌을 경우에 표시 방법으로 올바른 것은 어느 것인가?

가 치수를 적색으로 표시한다.
나 치수에 괄호를 한다.
다 척도에 NS로 표시한다.
라 치수에 ※ 표를 한다.

[해설] NS는 "None Scale(비례척이 아님)"의 약자이다.

40. 다음 중 복렬 자동 조심 볼 베어링의 약식 도시 기호가 바르게 표기된 것은?

[해답] 33. **다**   34. **가**   35. **다**   36. **라**   37. **다**   38. **다**   39. **다**   40. **나**

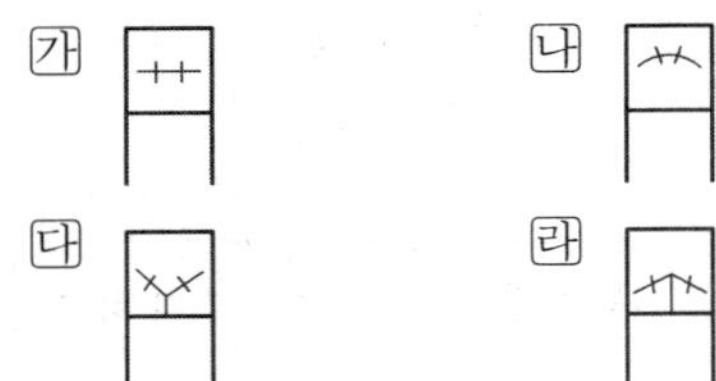

제 3 과목 : 기계설계 및 기계재료

41. 백주철을 고온에서 장시간 열처리하여 시멘타이트 조직을 분해하거나 소실시켜 인성 또는 연성을 개선한 주철은?
- ㉮ 가단 주철
- ㉯ 칠드 주철
- ㉰ 구상흑연 주철
- ㉱ 합금 주철

42. 줄(file)의 재질로는 보통 어떤 강을 사용하는가?
- ㉮ 고속도강
- ㉯ 탄소공구강
- ㉰ 초경합금강
- ㉱ 톰백

43. 구리합금 중 6 : 4 황동에 약 0.8% 정도의 주석을 첨가하여 내해수성이 강하기 때문에 선박용 부품에 사용하는 특수 황동은?
- ㉮ 네이벌 황동
- ㉯ 강력 황동
- ㉰ 납 황동
- ㉱ 애드미럴티 황동

44. 일반적으로 금속재료에 비하여 세라믹 특징으로 옳은 것은?
- ㉮ 인성이 풍부하다.
- ㉯ 내산화성이 양호하다.
- ㉰ 성형성 및 기계가공성이 좋다.
- ㉱ 내충격성이 높다.

[해설] 세라믹은 경도가 높고 내산화성이 우수하지만 인성이 적고 충격에 약하다.

45. 다음 중 아공석강에서 탄소강의 탄소함유량이 증가할 때 기계적 성질을 설명한 것으로 틀린 것은?
- ㉮ 인장강도가 증가한다.
- ㉯ 경도가 증가한다.
- ㉰ 항복점이 증가한다.
- ㉱ 연신율이 증가한다.

[해설] 탄소함유량을 증가시키면 연신율은 감소한다.

46. 풀림 처리의 목적으로 가장 적합한 것은?
- ㉮ 연화 및 내부응력 제거
- ㉯ 경도의 증가
- ㉰ 조직의 오스테나이트화
- ㉱ 표면의 경화

47. 일반적인 합금의 성질을 설명한 것으로 틀린 것은?
- ㉮ 전기전도율이나 열전도율이 낮아진다.
- ㉯ 강도와 경도가 커지고 전성과 연성이 작아진다.
- ㉰ 용해점이 높아진다.
- ㉱ 담금질 효과가 크다.

[해설] 일반적으로 합금을 하면 용해점이 낮아진다.

48. Al-Cr-Mo강을 가스질화할 때 처리 온도로 적당한 것은?
- ㉮ 370~450℃
- ㉯ 500~550℃
- ㉰ 650~700℃
- ㉱ 850~900℃

49. 탄소강을 담금질할 때 이용하는 냉각제 중에서 냉각 성능이 큰 것부터 나열된 것은?
- ㉮ 10 % 식염수＞기름＞물
- ㉯ 물＞기름＞10 % 식염수
- ㉰ 10 % 식염수＞물＞기름
- ㉱ 기름＞물＞10 % 식염수

50. 금반지를 18(K)금으로 만들었다. 순금(Au)은 몇 %가 함유된 것인가?
- ㉮ 18
- ㉯ 34
- ㉰ 75
- ㉱ 100

51. 다음 중 전달할 수 있는 회전력의 크기가 가장 큰 키(key)는?
- ㉮ 접선 키
- ㉯ 안장 키

　㉲ 평행 키　　　　　㉱ 둥근 키

52. 축의 지름에 비하여 길이가 짧은 축을 말하며, 비틀림과 굽힘을 동시에 받는 축으로 공작기계의 주축 및 터빈 축 등에 사용하는 것은?

　㉮ 차축 (axle shaft)

　㉯ 전동축 (transmission shaft)

　㉰ 스핀들 (spindle)

　㉱ 유연성 축 (flexible shaft)

53. 표준 스퍼 기어에서 모듈 5, 잇수 17개, 압력각이 20°라고 할 때, 법선치피(p_n)은 약 몇 mm인가?

　㉮ 18.2　㉯ 14.8　㉰ 15.6　㉱ 12.4

해설 법선피치란 같은 방향을 향하는 이웃하는 두 개의 인벌류트 치형 사이의 간격이다. 즉, 치면에 대해 수직한 방향의 피치라는 의미이다.

$$p_n = p\cos\alpha = \frac{\pi D}{Z}\cos\alpha$$
$$= \frac{3.14 \times (5 \times 17)}{17}\cos 20° = 14.75\,\text{mm}$$

54. 구름 베어링 중에서 가장 널리 사용되는 것으로 구조가 간단하고 정밀도가 높아서 고속 회전용으로 적합한 베어링은 어느 것인가?

　㉮ 깊은 홈 볼 베어링

　㉯ 마그네토 볼 베어링

　㉰ 앵귤러 볼 베어링

　㉱ 자동 조심 볼 베어링

55. 리벳이음에서 리벳 지름을 d, 피치를 p라 할 때 강판의 효율 η로 옳은 것은?(단, 1줄 리벳 겹치기 이음이다.)

　㉮ $\eta = 1 - \dfrac{d}{p}$　　㉯ $\eta = \dfrac{p}{d} - 1$

　㉰ $\eta = 1 - \dfrac{p}{d}$　　㉱ $\eta = 1 + \dfrac{d}{p}$

56. 풀리의 지름 200 mm, 회전수 1600 rpm으로 4 kW의 동력을 전달할 때 벨트의 유효 장력은 약 몇 N인가? (단, 원심력과 마찰은 무시한다.)

　㉮ 24　㉯ 93　㉰ 239　㉱ 527

해설
$$v = \frac{\pi DN}{60 \times 1000}$$
$$= \frac{3.14 \times 200 \times 1600}{60 \times 1000} = 16.75\,\text{m/s}$$
$$T_e = \frac{H}{v} = \frac{4000}{16.75} = 238.8\,\text{N}$$

57. 이론적으로 사각나사의 효율을 최대로 하는 리드각(λ)은 얼마인가? (단, ρ는 마찰각이다.)

　㉮ $\lambda = 45° + \dfrac{\rho}{2}$　　㉯ $\lambda = 45° - \dfrac{\rho}{2}$

　㉰ $\lambda = 45° + \rho$　　㉱ $\lambda = 45° - \rho$

58. 다음 중 자동 하중 브레이크에 속하는 것은?

　㉮ 밴드 브레이크 (band brake)

　㉯ 블록 브레이크 (block brake)

　㉰ 웜 브레이크 (worm brake)

　㉱ 원추 브레이크 (cone brake)

해설 자동하중 브레이크란 하물을 올릴 때는 제동 작용을 하지 않고 하물을 아래로 내릴 때는 하물 자중에 의한 제동 작용으로 하물의 속도를 조절하거나 정지시키는 장치이다. 웜 브레이크, 나사 브레이크, 원심 브레이크 등이 있다.

59. 지름이 2 cm의 봉재에 인장하중이 400 N이 작용할 때 발생하는 인장응력은 약 얼마인가?

　㉮ 127.3 N/cm^2　　㉯ 127.3 N/mm^2

　㉰ 172.8 N/cm^2　　㉱ 172.8 N/mm^2

해설
$$\sigma = \frac{\text{하중}}{\text{단면적}} = \frac{W}{\pi d^2/4}$$
$$= \frac{400}{\pi \times 2^2/4} = 127.3\,\text{N/cm}^2$$

60. 스프링 코일의 평균지름 60 mm, 유효권수 10, 소재 지름 6 mm, 가로탄성계수(G)는 78.48 GPa이고, 이 스프링에 하중 490 N을 받을 때 코일 스프링의 처짐은 약 몇 mm가 되는가?

　㉮ 6.67　　　　㉯ 83.2

　㉰ 8.3　　　　㉱ 66.7

해설 가로탄성계수 (G) = 78.49 GPa

해답 52. ㉰　53. ㉯　54. ㉮　55. ㉮　56. ㉰　57. ㉯　58. ㉰　59. ㉮　60. ㉯

$$= 78.49 \times 10^9 \, \text{Pa} = 78.49 \times 10^9 \, \text{N/m}^2$$

$$= \frac{78.49 \times 10^9}{1 \times 10^6} \, \text{N/mm}^2$$

$$= 78.49 \times 10^3 \text{N/mm}^2 \text{ 이므로}$$

$$\delta = \frac{8nD^3 P}{Gd^4}$$

$$= \frac{8 \times 10 \times 60^3 \times 490}{78.48 \times 10^3 \times 6^4} = 83.2 \text{ mm}$$

제 4 과목 : 컴퓨터응용설계

61. 다음 중 기존의 제품에 대한 치수를 측정하여 도면을 만드는 작업을 부르는 말로 적절한 것은 어느 것인가?

㉮ RE (reverse engineering)

㉯ FMS (flexible manufacturing system)

㉲ EDP (electronic data processing)

㉴ ERP (enterprise resource planning)

62. 자체 발광기능을 가진 형광체 유기 화합물을 사용하는 발광형 디스플레이로서 색감을 떨어뜨리는 백라이트, 즉 후광장치가 필요 없는 디스플레이 장치는?

㉮ CRT (cathode ray tub) 디스플레이

㉯ TFT−LCD (thin film transistor−liquid crystal display)

㉲ OLED (organic light emitting diode) 디스플레이

㉴ PDP (plasma display panel)

63. 특징 형상 모델링(feature−based modeling)의 특징으로 거리가 먼 것은?

㉮ 기본적인 형상 구성 요소와 형상 단위에 관한 정보를 함께 포함하고 있다.

㉯ 전형적인 특징 형상으로 모떼기(chamfer), 구멍(hole), 슬롯(slot) 등이 있다.

㉲ 특징 형상 모델링 기법을 응용하여 모델로부터 공정계획을 자동으로 생성시킬 수

있다.

㉴ 주로 트위킹(tweaking) 기능을 이용하여 모델링을 수행한다.

64. 이미 정의된 두 곡면을 부드럽게 연결하는 것을 뜻하는 용어는?

㉮ Blending

㉯ Remeshing

㉲ Sweep

㉴ Smoothing

65. 2차원 좌표상에서의 동차변환행렬이 다음과 같을 때, a, b, c, d와 관계가 없는 것은? (단, 동차변환식은 $P' = PT_H$이다.)

$$T_H = \begin{bmatrix} a & b & p \\ c & d & q \\ m & n & s \end{bmatrix}$$

㉮ 전단변환 (shearing)

㉯ 회전변환 (rotation)

㉲ 스케일링변환 (scaling)

㉴ 이동변환 (translation)

[해설] 이동변환은 m, n과 관계 있다.

66. 점 P(3, 5)의 원점을 중심으로 반시계방향으로 90° 회전시킬 때 회전한 점의 좌표는? (단, 반시계 방향을 양(+)의 각으로 한다.)

㉮ (3, −5)

㉯ (−5, 3)

㉲ (−3, 5)

㉴ (5, −3)

[해설] 2차원 회전변환을 위한 변환 행렬

$$[x' \, y' \, 1] = [x \, y \, 1] \begin{bmatrix} \cos\theta & \sin\theta & 0 \\ -\sin\theta & \cos\theta & 0 \\ 0 & 0 & 1 \end{bmatrix}$$

$$\begin{cases} x' = x\cos\theta - y\sin\theta \\ y' = x\sin\theta + y\cos\theta \end{cases}$$

$$x' = 3\cos 90 - 5\sin 90 = -5$$

$$y' = 3\sin 90 + 5\cos 90 = 3$$

67. 원뿔을 임의의 평면으로 교차시킨 경우에 나타나는 원추단면곡선에 해당하지 않는 것은?

㉮ 사각형(rectangle)

㉯ 원(circle)

㉲ 타원(ellipse)

㉴ 쌍곡선(hyperbola)

68. 모델링에서 은선과 은면을 제거하는 방법 중

해답 61. ㉮ 62. ㉲ 63. ㉴ 64. ㉮ 65. ㉴ 66. ㉯ 67. ㉮ 68. ㉴

하나로 z-버퍼 방법이 있는데 이와 관련한 설명으로 틀린 것은?

㉮ z-버퍼 방법은 수많은 화소들만큼 많은 실수 변수들을 저장하기 위한 매우 많은 메모리 공간을 요구한다.

㉯ 임의의 스크린의 영역이 관찰자에게 가장 가까운 요소들에 의해 차지된다는 깊이 분류 알고리즘과 동일한 원리에 기초를 둔다.

㉰ 깊이 분류 알고리즘과 다른 점은 면이 무작위 순서로 투영된다.

㉱ z-버퍼를 이용한 은면 제거에서 법선벡터가 관찰자로부터 먼 쪽을 향하고 있는 면은 가시적(visible)이다.

69. CAD 용어에 관한 설명으로 틀린 것은?

㉮ 표시하고자 하는 화면상의 영역을 벗어나는 선들을 잘라 버리는 것을 트리밍(trimming)이라고 한다.

㉯ 물체를 완전히 관통하지 않는 홈을 형성하는 특징 형상을 포켓(pocket)이라고 한다.

㉰ 명령의 실행 또는 마우스 클릭 시마다 On 또는 Off가 번갈아 나타나는 세팅을 토글(toggle)이라고 한다.

㉱ 모델을 명암이 포함된 색상으로 처리한 솔리드로 표시하는 작업을 셰이딩(shading)이라 한다.

70. 컴퓨터에서 최소의 입출력 단위로 물리적으로 읽기를 할 수 있는 레코드에 해당하는 것은?

㉮ block   ㉯ field   ㉰ word   ㉱ bit

71. 다음 중 지정된 모든 점을 통과하면서 부드럽게 연결한 곡선은?

㉮ spline 곡선   ㉯ Bezier 곡선

㉰ B-spline 곡선   ㉱ NURBS 곡선

72. 솔리드 모델링에서 CSG 데이터 구조에 대한 일반적인 설명으로 틀린 것은?

㉮ 데이터 구조가 간단하고 데이터의 양이 적다.

㉯ CSG 구조로 저장된 데이터는 B-rep 데이터로 치환할 수 없다.

㉰ CSG 데이터 구조를 사용할 경우 모델링 입력방법으로 Boolean 작업만 사용해야 한다.

㉱ 저장된 입체로부터 경계면이나 경계선의 정보를 유도해내는데 많은 계산이 요구된다.

73. 컴퓨터 하드웨어 중 수학적 계산과 논리적인 처리가 수행되어지는 것은?

㉮ disc drive   ㉯ CPU

㉰ monitor   ㉱ printer

74. 다음 중 서로 다른 기종의 CAD 데이터를 호환하기 위한 데이터 포맷으로 적절하지 않은 것은 어느 것인가?

㉮ DXF   ㉯ IGES

㉰ STEP   ㉱ OpenGL

75. 좌표계의 원점이 중심이고 경도 u, 위도 v로 표시되는 구(sphere)의 매개변수식으로 옳은 것은? (단, 구의 반지름은 R로 가정하고 $\hat{i}$, $\hat{j}$, $\hat{k}$는 각각 x, y, z축 방향의 단위벡터이며, $0 \leq u \leq 2\pi$, $-\pi/2 \leq v \leq \pi/2$ 이다.)

㉮ $\vec{r}(u,\ v) = R\cos(u)\cos(v)\hat{i}$
$+ R\cos(u)\sin(v)\hat{j} + R\sin(v)\hat{k}$

㉯ $\vec{r}(u,\ v) = R\cos(v)\cos(u)\hat{i}$
$+ R\cos(v)\sin(u)\hat{j} + R\sin(v)\hat{k}$

㉰ $\vec{r}(u,\ v) = R\cos(u)\cos(v)\hat{i}$
$+ R\cos(u)\sin(v)\hat{j} + R\cos(v)\hat{k}$

㉱ $\vec{r}(u,\ v) = R\cos(v)\cos(u)\hat{i}$
$+ R\cos(v)\sin(u)\hat{j} + R\cos(v)\hat{k}$

76. 일반적으로 3차원 좌표계에서 사용되는 동차변환 행렬(homogeneous transformation matrix)의 크기는?

해답   69. ㉮   70. ㉮   71. ㉮   72. ㉯   73. ㉯   74. ㉱   75. ㉯   76. ㉰

[가] (2×2) [나] (3×3)
[다] (4×4) [라] (5×5)

77. 직육면체, 원통, 구 등의 기본도형에 대한 집합 연산을 통하여 형상 모델을 구축해 나가는 방식은?

[가] 스윕 방식 [나] CSG 방식
[다] B-rep 방식 [라] 서비스 모델 방식

78. 디지털 목업(digital mock-up)에 관한 설명으로 거리가 먼 것은?

[가] 실물 mock-up의 사용 빈도를 줄일 수 있는 대안이다.
[나] 간섭검사, 기구학적 검사 그리고 조립체 속을 걸어다니는 듯한 효과 등을 낼 수 있다.
[다] 적어도 surface나 solid model로 제품이 모델링되어야 한다.
[라] 조립체 모델링에는 아직 적용되지 않는다.

79. 곡선의 양 끝점을 P_0과 P_1, 양 끝점에서의 접선 벡터를 P_0과 P_1이라고 할 때, 아래와 같은 식으로 표현되는 곡선은?

$$P(u) = [1-3u^2+2u^3 \quad 3u^2-2u^3 \quad u-2u^2+u^3 \quad -u^2+u^3] \begin{bmatrix} P_0 \\ P_1 \\ P_0 \\ P_1 \end{bmatrix}$$

[가] Bezier 곡선 [나] B-spline 곡선
[다] Hermite 곡선 [라] NURBS 곡선

80. 공간상에서 선을 이용하여 3차원 물체를 표시하는 와이어 프레임 모델의 특징을 설명한 것 중 틀린 것은?

[가] 3면 투시도 작성이 용이하다.
[나] 단면도 작성이 불가능하다.
[다] 물리적 성질의 계산이 가능하다.
[라] 은선 제거가 불가능하다.

해답 77. [나] 78. [라] 79. [다] 80. [다]

국가기술자격검정필기시험문제

▶ 2013년 3월 10일 시행

	수험번호	성 명

자격종목 및 등급(선택분야)	종목코드	시험시간	문제지형별
기계설계 산업기사	2031	2시간	A

제1과목 : 기계가공법 및 안전관리

1. 연삭숫돌의 자생작용이 잘되지 않아 입자가 납작해져서 날이 둔화되는 무딤 현상은?

㉮ 글레이징(glasing)

㉯ 로딩(loading)

㉰ 드레싱(dressing)

㉱ 트루잉(truing)

2. 3침법이란 수나사의 무엇을 측정하는 방법인가?

㉮ 골지름

㉯ 피치

㉰ 유효지름

㉱ 바깥지름

[해설] 삼침법(三針法) : 나사의 유효지름을 측정하는 데 사용된다. 나사의 골에 3개의 와이어를 대고 와이어의 바깥쪽을 마이크로미터로 읽고 계산식을 이용해서 유효지름을 구한다.

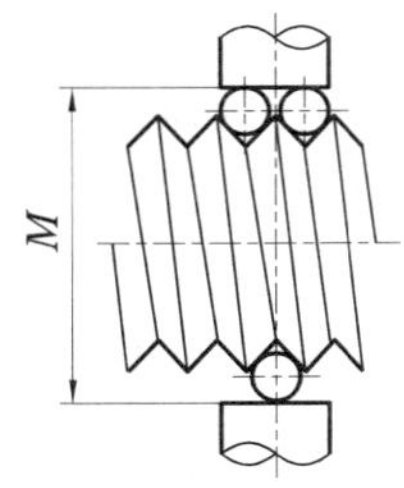

나사의 유효지름을 d_2, 마이크로미터의 읽음값을 M, 측정에 사용된 와이어의 지름을 d, 나사의 피치를 P라고 하면
$d_2 = M - 3d + 0.866025P$이 된다.

3. 초경합금 공구에 내마모성과 내열성을 향상시키기 위하여 피복하는 재질이 아닌 것은?

㉮ TiC

㉯ TiAl

㉰ TiN

㉱ TiCN

4. 광물성유를 화학적으로 처리하여 원액에 80% 정도의 물을 혼합하여 사용하며, 점성이 낮고 비열과 냉각효과가 큰 절삭유는?

㉮ 지방질유

㉯ 광유

㉰ 유화유

㉱ 수용성 절삭유

5. 다음 중 선반의 규격을 가장 잘 나타낸 것은?

㉮ 선반의 총 중량과 원동기의 마력

㉯ 깎을 수 있는 일감의 최대지름

㉰ 선반의 높이와 베드의 길이

㉱ 주축대의 구조와 베드의 길이

6. 밀링 작업에서 스핀들의 앞면에 있는 24 구멍의 직접 분할판을 사용하여 분할하며 이 때 웜을 아래로 내려 스핀들의 웜 휠과 물림을 끊는 분할법은?

㉮ 간접 분할법

㉯ 직접 분할법

㉰ 차동 분할법

㉱ 단식 분할법

[해설] 직접 분할법은 웜 기어를 사용하지 않고 분할대의 스핀들에 있는 24개의 구멍을 이용하여 분할하므로 24의 약수인 2, 3, 4, 6, 8, 12, 24의 분할만 가능하다.

7. +4 μm 의 오차가 있는 호칭치수 30 mm의 게이지 블록과 다이얼 게이지를 사용하여 비교 측정한 결과 30.274 mm를 얻었다면 실제 치수는?

㉮ 30.278 mm

㉯ 30.270 mm

㉰ 30.266 mm

㉱ 30.282 mm

8. 작업장에서 무거운 짐을 들고 운반 작업을 할

때의 설명으로 부적합한 것은?

㉮ 짐은 가급적 몸 가까이 가져온다.

㉯ 가능한 상체를 곧게 세우고 등을 반듯이 하여 들어 올린다.

㉰ 짐을 들어 올릴 때 충격이 없어야 한다.

㉱ 짐은 무릎을 굽힌 자세에서 들고 편 자세에서 내려놓는다.

9. 구성인선(built up edge) 방지대책으로 잘못된 것은?

㉮ 이송량을 감소시키고 절삭 깊이를 깊게 한다.

㉯ 공구경사각을 크게 주고 고속절삭을 실시한다.

㉰ 세라믹 공구(ceramic tool)를 사용하는 것이 좋다.

㉱ 공구면의 마찰계수를 감소시켜 칩의 흐름을 원활하게 한다.

[해설] 구성인선이란 연한 재료를 절삭할 때 절삭되는 재료의 일부가 미세하게 공구의 날 끝에 압착 또는 융착되는 현상이다. 구성인선이 발생한다면 절삭 깊이를 적게 하는 대신 절삭속도를 크게 하는 것이 좋다.

10. 다음 수기가공 시 작업안전 수칙에 맞는 것은 어느 것인가?

㉮ 드라이버의 날 끝은 뾰족한 것이어야 하며, 이가 빠지거나 동그랗게 된 것은 사용 않는다.

㉯ 정을 잡은 손은 힘을 주고 처음에는 가볍게 때리고 점차 힘을 가하도록 한다.

㉰ 스패너는 가급적 손잡이가 짧은 것을 사용하는 것이 좋으며, 스패너의 자루에 파이프 등을 연결하여 사용하는 것이 좋다.

㉱ 톱날은 틀에 끼워 두세 번 사용한 후 다시 조정을 하고 절단한다.

11. 전기도금과 반대 현상을 이용한 가공으로 알루미늄 소재 등 거울과 같이 광택 있는 가공 면을 비교적 쉽게 가공할 수 있는 것은?

㉮ 방전가공　　　㉯ 전해연마

㉰ 액체호닝　　　㉱ 레이저가공

12. 니 컬럼형 밀링 머신에서 테이블의 상하 이동거리가 400 mm이고, 섀들의 전후 이동거리는 200 mm라면 호칭번호는 몇 번에 해당하는가? (단, 테이블의 좌우 이동거리는 550mm이다.)

㉮ 1번　　　　　㉯ 2번

㉰ 3번　　　　　㉱ 4번

[해설]

호칭번호	0호	1호	2호	3호	4호	5호
전후이송	150	200	250	300	350	400
좌우이송	450	550	700	850	1050	1250
상하이송	300	400	400	450	450	500

13. 다음 중 기어를 절삭하는 공작기계는?

㉮ 호빙 머신

㉯ CNC 선반

㉰ 지그 그라인딩 머신

㉱ 래핑 머신

14. 슈퍼 피니싱(super finishing)의 특징과 거리가 먼 것은?

㉮ 진폭이 수 mm이고 진동수가 매분 수백에서 수천의 값을 가진다.

㉯ 가공열의 발생이 적고 가공 변질층도 작으므로 가공면 특성이 양호하다.

㉰ 다듬질 표면은 마찰계수가 작고, 내마멸성, 내식성이 우수하다.

㉱ 입도가 비교적 크고, 경한 숫돌에 고압으로 가압하여 연마하는 방법이다.

[해설] 슈퍼 피니싱은 입자가 작은 숫돌로 일감을 가볍게 누르면서 축 방향으로 진동을 주어 다듬질하는 가공이다.

15. 주축이 수평이며 컬럼, 니, 테이블 및 오버암 등으로 되어 있고 섀들 위에 선회대가 있어 테이블을 수평면 내에서 임의의 각도로 회전할 수 있는 밀링 머신은?

㉮ 모방 밀링 머신　　㉯ 만능 밀링 머신

해답　9. ㉮　10. ㉱　11. ㉯　12. ㉮　13. ㉮　14. ㉱　15. ㉯

㉲ 나사 밀링 머신   ㉴ 수직 밀링 머신

16. 선반 작업에서 공구 절인의 선단에서 바이트 밑면에 평행한 수평면과 경사면이 형성하는 각도는?

㉮ 여유각 ㉯ 측면 절인각 ㉲ 측면 여유각 ㉴ 경사각

17. 투영기에 의해 측정을 할 수 있는 것은?

㉮ 진원도 측정 ㉯ 진직도 측정 ㉲ 각도 측정 ㉴ 원주 흔들림 측정

[해설] 투영기는 물체의 형상을 투영렌즈에 의해 확대하여 검사하는 기구이다. 물체가 투영된 스크린에 템플릿을 겹쳐서 검사하면 복잡한 모양의 오차도 쉽게 측정할 수 있다. 스크린의 십자선을 회전시켜 투영상과 겹쳐놓고 각도를 읽으면 쉽게 각도 측정도 할 수 있다.

18. 드릴 작업에서 너트나 볼트 머리에 접하는 면을 편평하게 하여 그 자리를 만드는 작업은?

㉮ 카운터 싱킹 ㉯ 스폿 페이싱 ㉲ 태핑 ㉴ 라밍

19. 나사의 피치나 나사산의 반각과 유효지름 등을 광학적으로 쉽게 측정할 수 있는 것은?

㉮ 공구현미경 ㉯ 오토콜리메이터 ㉲ 촉침식 측정기 ㉴ 옵티컬 플랫

20. 다음 센터리스 연삭기의 장·단점에 대한 설명 중 틀린 것은?

㉮ 센터가 필요하지 않아 센터 구멍을 가공할 필요가 없고, 속이 빈 가공물을 연삭할 때 편리하다.

㉯ 긴 홈이 있는 가공물이나 대형 또는 중량물의 연삭이 가능하다.

㉲ 연삭숫돌 폭보다 넓은 가공물을 플랜지 컷 방식으로 연삭할 수 없다.

㉴ 연삭숫돌의 폭이 크므로, 연삭숫돌 지름의 마멸이 적고 수명이 길다.

[해설] 센터리스 연삭기는 원통 가공물을 센터로 지지하는 대신 가공물 지지대로 받치고 연삭하므로 키 홈과 같은 긴 홈이 있는 가공물이나 직경이 큰 대형 가공물에는 적당하지 않다.

제 2 과목 : 기계제도

21. 베어링 호칭 번호가 6301인 구름베어링의 안지름은 몇 mm인가?

㉮ 5 ㉯ 10 ㉲ 12 ㉴ 15

22. 축의 치수가 $\phi 30^{+0.03}_{+0.02}$이고, 구멍의 치수가 $\phi 30^{+0.01}_{0}$일 때 어떤 끼워맞춤인가?

㉮ 중간 끼워맞춤 ㉯ 헐거운 끼워맞춤 ㉲ 보통 끼워맞춤 ㉴ 억지 끼워맞춤

[해설] 축의 최대허용치수와 최소허용치수가 모두 구멍의 최대허용치수보다 크므로 억지 끼워맞춤이다.

23. 냉간 성형 리벳의 호칭 표시가 다음과 같이 호칭된 경우 "40"의 뜻은?

> "둥근 머리 리벳 16×40 SWAM10 앞붙이"

㉮ 리벳의 종류 ㉯ 리벳의 재질 ㉲ 리벳의 지름 ㉴ 리벳의 길이

24. 다음 그림과 같은 등각 투상도를 제 3각법으로 투상하였을 때 가장 적합한 것은?

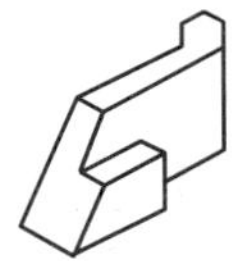

㉮ 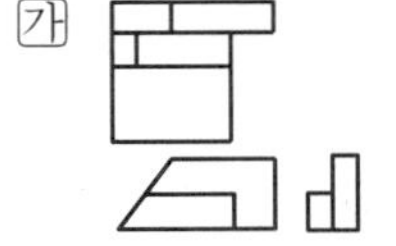

㉯ 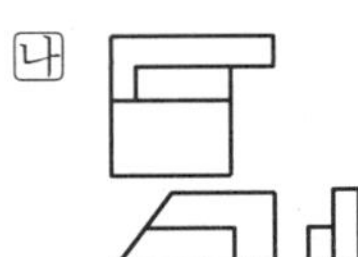

㉲ 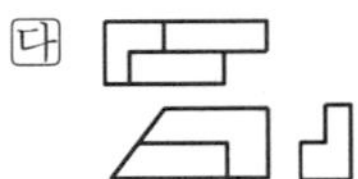

㉴ 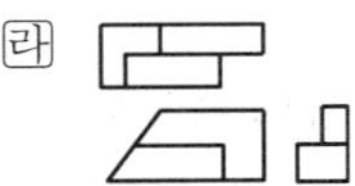

[해답] 16. ㉴ 17. ㉲ 18. ㉯ 19. ㉮ 20. ㉯ 21. ㉲ 22. ㉴ 23. ㉴ 24. ㉮

25. "용접할 부분이 화살표의 반대쪽인 필릿 용접"이라는 의미로 도시된 것은?

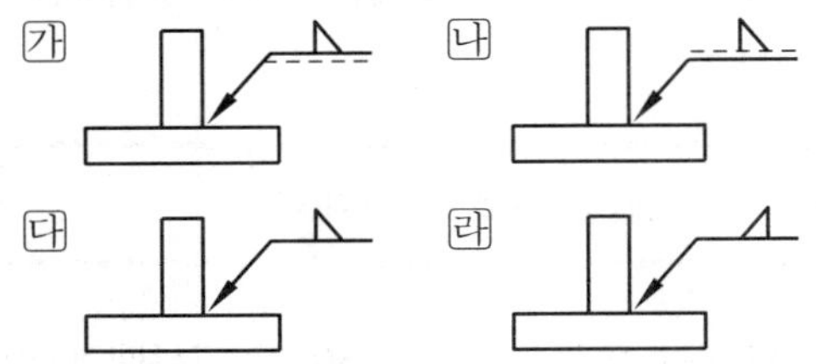

[해설] 용접기호를 점선 상에 도시하면 용접할 부분이 화살표의 반대쪽이라는 의미이다.

26. 다음 중 광명단을 발라 실형을 뜨는 스케치법은?

㉮ 프린트법   ㉯ 본뜨기법
㉰ 사진 촬영법   ㉱ 프리핸드법

27. 다음 중 죔새가 가장 큰 억지 끼워맞춤은?

㉮ $100\dfrac{H7}{h6}$ ㉯ $100\dfrac{H7}{g6}$

㉰ $100\dfrac{H7}{x6}$ ㉱ $100\dfrac{H7}{m6}$

[해설] 대문자는 구멍에 대한 공차의 종류이고 소문자는 축에 대한 공차의 종류이다. 구멍과 축 중 H 또는 h로 되어 있는 쪽이 기준이다. 보기는 모두 구멍이 H로 되어 있으므로 구멍기준 끼워 맞춤이다. 축의 공차의 종류가 h를 중심으로 a 쪽에 가까우면 헐거운 끼워맞춤이고 zc에 가까우면 억지 끼워맞춤이다. 보기 중에서는 x가 가장 큰 억지 끼워맞춤이다.

28. 다음 그림에서 "A"에 가장 적합한 기하공차 기호는?

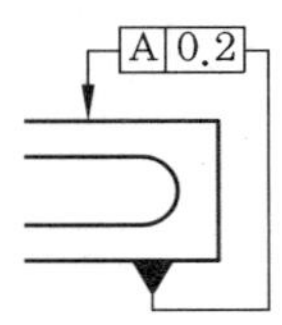

㉮ ▱   ㉯ ∥   ㉰ ⊥   ㉱ ≡

29. 끼워맞춤에서 구멍이 $\phi 50^{+0.025}_{0}$, 축은 $\phi 50^{+0.050}_{+0.034}$ 일 때 최소 죔새는?

㉮ 0.009   ㉯ 0.034   ㉰ 0.059   ㉱ 0.075

[해설] 최소 죔새＝축의 최소허용치수－구멍의 최대허용치수
$$=50.034-50.025=0.009\text{ mm}$$

30. 치수 수치를 기입할 공간이 부족하여 인출선을 이용하는 방법으로 가장 올바른 것은?

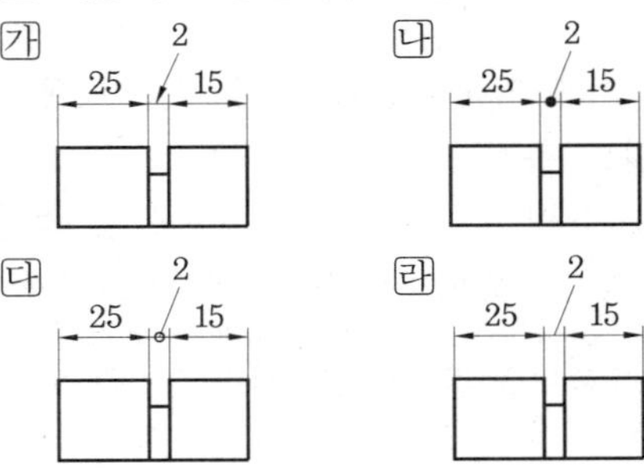

31. 제3각법에 대한 설명으로 틀린 것은?

㉮ 눈→투상면→물체의 순으로 나타난다.
㉯ 좌측면도는 정면도의 좌측에 그린다.
㉰ 저면도는 우측면도의 아래에 그린다.
㉱ 배면도는 우측면도의 우측에 그린다.

[해설] 저면도(底面圖)는 정면도의 아래에 그려야 한다.

32. 판금이나 제관 전개 작업에서 주로 나타나는 상관선에 대한 설명으로 가장 적합한 것은?

㉮ 두 개의 직선이 교차하는 선
㉯ 두 점 사이를 연결하는 선
㉰ 곡면과 곡면 또는 곡면과 평면이 만나는 선
㉱ 두 곡선 사이의 중심을 이루는 선

33. KS 재료기호에서 "SM 40C"의 재료명은?

㉮ 고속도 공구강 강재
㉯ 기계구조용 탄소 강재
㉰ 기단주철
㉱ 용접구조용 압연 강재

34. 그림과 같은 표면 거칠기 지시기호에서 λ_c 2.5의 값은 어떤 값을 의미하는가?

[해답]   25. ㉯   26. ㉮   27. ㉰   28. ㉯   29. ㉮   30. ㉱   31. ㉰   32. ㉰   33. ㉯   34. ㉮

가 컷 오프 값

나 거칠기 지시값 상한값

다 최대높이 거칠기 값

라 거칠기 지시값 하한값

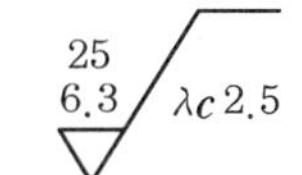

35. 그림과 같은 I형 형강의 표시방법으로 옳은 것은?

가 $IB \times H - t - L$

나 $IB \times H \times t - L$

다 $IH \times B - t - L$

라 $IH \times B \times t - L$

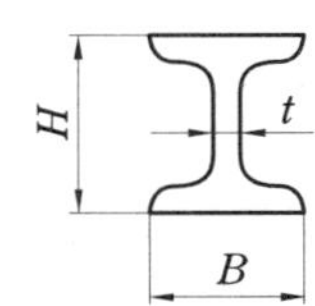

36. 그림과 같이 제 3각법으로 나타낸 정면도와 평면도에 가장 적합한 우측면도는?

(정면도)

가   나

다   라

37. 제 3각법으로 나타낸 그림과 같은 정투상도에 해당하는 입체도는?

가   나

다   라

38. 표준 스퍼 기어의 항목표에서는 기입되지 아니하나 헬리컬 기어 항목표에는 기입되는 것은?

가 모듈   나 비틀림 각

다 잇수   라 기준 피치원 지름

39. 다음 도면에서 센터의 길이가 l로 표시된 부분의 길이는? (단, 테이퍼는 $\frac{1}{20}$ 이고 단위는 mm임)

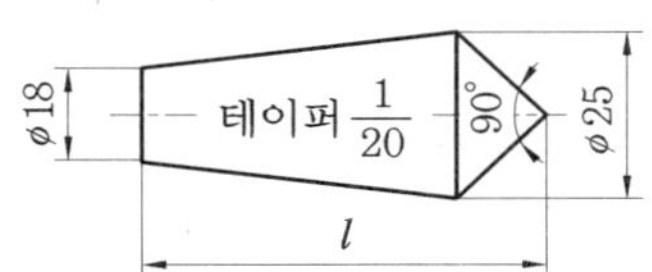

가 50   나 82.5   다 140   라 152.5

해설

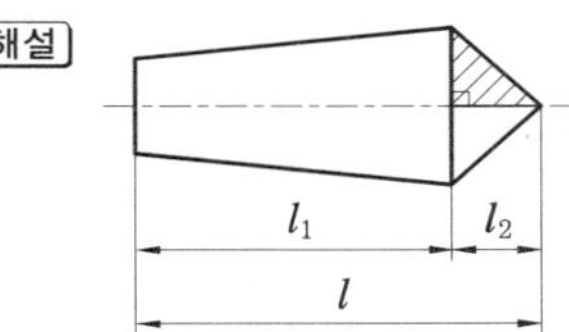

$$\frac{1}{20} = \frac{25-18}{l_1} \text{ 이므로}$$

$$l_1 = (25-18) \times 20 = 140$$

$$l_2 = \frac{25}{2} = 12.5$$

$$l = l_1 + l_2 = 152.5$$

40. 그림과 같은 입체도의 제3각 투상도로 가장 적합한 것은 어느 것인가? (단, 화살표 방향을 정면으로 한다.)

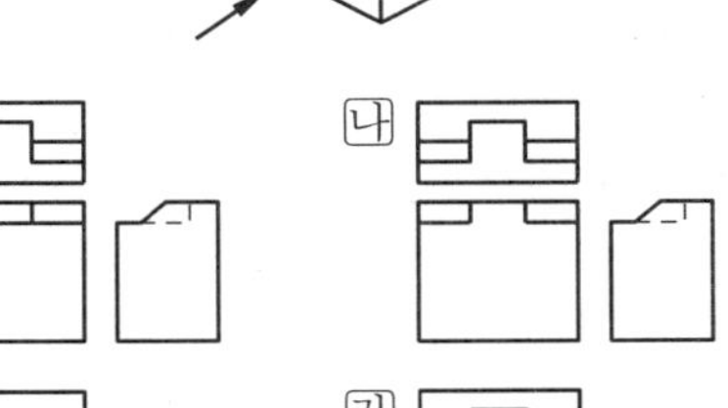

가   나

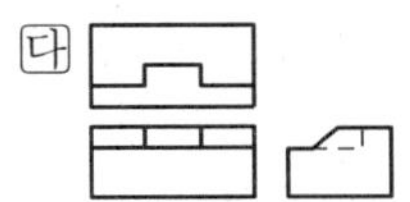
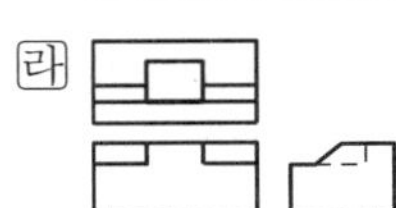

다   라

제 3 과목 : 기계설계 및 기계재료

41. 담금질 조직 중에 냉각속도가 가장 빠를 때 나타나는 조직은?

가 소르바이트   나 마텐자이트

해답   35. 라   36. 나   37. 라   38. 나   39. 라   40. 가   41. 나

　　圄 오스테나이트　　圉 트루스타이트

42. 연성이 큰 것으로부터 순서대로 되어 있는 것은?

　　㉮ Al → Cu → Ag → Zn → Ni
　　㉯ Fe → Pb → Cu → Ag → Pt
　　㉰ Au → Cu → Pb → Zn → Fe
　　㉱ Al → Fe → Ni → Cu → Zn

43. 다음 중 두랄루민 합금과 관계없는 것은?

　　㉮ Al-Cu-Mg-Mn계 합금이다.
　　㉯ 시효경화 처리하면 인장강도가 연강과 같은 정도가 된다.
　　㉰ 가볍고 강인하여 단조용으로 사용된다.
　　㉱ Y-합금이라고도 한다.

　　[해설] Y합금도 두랄루민과 같은 알루미늄 합금이지만 두랄루민은 고강도용 합금으로서 주로 항공기 재료로 사용되고, Y합금은 내열용 합금으로서 주로 내연기관의 피스톤에 사용된다.

44. 다음 중 절상 공구용 특수강은?

　　㉮ Ni-Cr강　　　　㉯ 불변강
　　㉰ 내열강　　　　㉱ 고속도강

45. 주철의 마우러 조직도를 바르게 설명한 것은?

　　㉮ Si와 Mn량에 따른 주철의 조직 관계를 표시한 것이다.
　　㉯ C와 Si량에 따른 주철의 조직 관계를 표시한 것이다.
　　㉰ 탄소와 흑연량에 따른 주철의 조직 관계를 표시한 것이다.
　　㉱ 탄소와 Fe_3C량에 따른 주철의 조직 관계를 표시한 것이다.

46. 냉간 가공한 재료를 풀림 처리 시 나타나는 현상으로 틀린 것은?

　　㉮ 회복　　　　㉯ 재결정
　　㉰ 결정립 성장　　㉱ 응고

47. 알루미늄(Al) 합금의 특징을 잘못 설명한 것은 어느 것인가?

　　㉮ 가볍고 전연성이 좋아 성형가공이 용이하다.
　　㉯ 우수한 전기 및 열의 양도체이다.
　　㉰ 용융점이 1083℃로 고온가공성이 높다.
　　㉱ 대기 중에서는 일반적으로 내식성이 양호하다.

　　[해설] 알루미늄은 660℃에서 녹는다.

48. 공작기계 및 자동차 등에 사용되는 소결 마찰 부품의 구비조건으로 맞지 않은 것은?

　　㉮ 내마모성, 내열성이 낮을 것
　　㉯ 마찰계수가 크고 안정될 것
　　㉰ 가격이 저렴할 것
　　㉱ 열전도성, 내유성이 좋을 것

49. 형상기억합금의 내용과 관계가 먼 것은?

　　㉮ 형상기억 효과를 나타내는 합금은 오스테나이트 변태를 한다.
　　㉯ 어떠한 모양을 기억할 수 있는 합금이다.
　　㉰ 소성변형된 것이 특정 온도 이상으로 가열하면 변형되기 이전의 원래 상태로 돌아가는 합금이다.
　　㉱ 형상기억합금의 대표적인 합금은 Ni-Ti 합금이다.

　　[해설] 형상기억 효과를 나타내는 합금은 마텐자이트 변태를 한다.

50. 탄소 공구강 및 일반 공구재료의 구비 조건으로 틀린 것은?

　　㉮ 내마모성이 클 것
　　㉯ 강인성 및 내충격성이 우수할 것
　　㉰ 가공이 어려울 것
　　㉱ 가격이 저렴할 것

51. 지름이 50 mm이고 길이가 100 mm인 저널 베어링에서 5.9 kN의 하중을 지탱하고 있을 때 저널면에 작용하는 압력은 약 몇 MPa인가?

　　㉮ 0.21　　㉯ 0.59　　㉰ 1.18　　㉱ 1.65

[해답] 42. ㉰　43. ㉱　44. ㉱　45. ㉯　46. ㉱　47. ㉰　48. ㉮　49. ㉮　50. ㉰　51. ㉰

[해설] MPa은 $10^6\,\text{N/m}^2$의 단위이므로 먼저 단위를 환산하고 계산한다.

$$50\,\text{mm} = 0.05\text{m}$$
$$100\,\text{mm} = 0.1\text{m}$$
$$5.9\,\text{kN} = 0.0059\,\text{MN}$$
$$\sigma = \frac{W}{d \times l} = \frac{0.0059}{0.05 \times 0.1} = 1.18\,\text{MPa}$$

52. 드럼의 지름 500 mm인 브레이크 드럼축에 98.1 N·m의 토크가 작용하고 있는 블록 브레이크에서 블록을 브레이크 바퀴에 밀어 붙이는 힘은 약 몇 kN인가? (단, 접촉부 마찰계수는 0.2이다.)

㉮ 0.54 ㉯ 0.98 ㉰ 1.51 ㉱ 1.96

[해설] $T = F \cdot \dfrac{D}{2} = \mu Q \cdot \dfrac{D}{2}$

$$Q = \frac{2T}{\mu D} = \frac{2 \times 98.1}{0.2 \times 0.5} = 1962\,\text{N} \fallingdotseq 1.96\,\text{kN}$$

53. 다음 중 나사의 효율에 관한 식으로 맞는 것은 어느 것인가?

㉮ 나사의 효율 $= \dfrac{\text{마찰이 없는 경우 회전력}}{\text{마찰이 있는 경우 회전력}}$

㉯ 나사의 효율 $= \dfrac{\text{마찰이 있는 경우 회전력}}{\text{마찰이 없는 경우 회전력}}$

㉰ 나사의 효율 $= \dfrac{\text{나사의 1피치}}{\text{나사의 1리드}}$

㉱ 나사의 효율 $= \dfrac{\text{나사의 1리드}}{\text{나사의 1피치}}$

54. 용접 이음의 장점에 해당하지 않는 것은?

㉮ 열에 의한 잔류응력이 거의 발생하지 않는다.

㉯ 공정수를 줄일 수 있고, 제작비가 싼 편이다.

㉰ 기밀 및 수밀성이 양호하다.

㉱ 작업의 자동화가 용이하다.

[해설] 용접은 용접 모재가 가열에 의해 팽창된 상태에서 접합되므로 상온으로 냉각되면 잔류응력이 발생된다.

55. 다음 중 두 축의 상대위치가 평행할 때 사용되는 기어는?

㉮ 베벨 기어 ㉯ 나사 기어
㉰ 웜과 웜기어 ㉱ 래크와 피니언

56. 하중이 4 kN 작용하였을 대 처짐이 100 mm 발생하는 코일 스프링의 소선 지름은 20 mm이다. 이 스프링의 유효 감김수는 약 몇 권인가? (단, 스프링 지수(C)는 10이고, 스프링 선재의 전단탄성계수는 80 GPa이다.)

㉮ 3 ㉯ 4 ㉰ 5 ㉱ 6

[해설] 스프링 지수 $C = \dfrac{D}{d}$이므로

$$D = Cd = 10 \times 20 = 200\,\text{mm}$$

스프링의 처짐 $\delta = \dfrac{8nD^3P}{Gd^4}$이므로

$$n = \frac{\delta G d^4}{8D^3P} = \frac{0.1 \times (80 \times 10^9) \times 0.02^4}{8 \times 0.2^3 \times (4 \times 10^3)} = 5$$

57. 평벨트 풀리의 지름이 600 mm, 축의 지름이 50 mm라 하고, 풀리를 폭(b)×높이(h) = 8 mm×7 mm의 묻힘키로 축에 고정하고 벨트 장력에 의해 풀리의 외주에 2 kN의 힘이 작용한다면, 키의 길이는 몇 mm 이상이어야 하는가? (단, 키의 허용전단응력은 50 MPa로 하고, 전단응력만을 고려하여 계산한다.)

㉮ 50 ㉯ 60 ㉰ 70 ㉱ 80

[해설] ① 키에 가해지는 전단력을 구한다.

$$F = \frac{600}{50} \times 2 \times 10^3 = 24000$$

② 키가 전단되는 단면적을 구한다.

$$A = bl = 8 \times l$$

③ 전단응력의 계산식으로부터 키의 길이를 구한다.

$$\tau = \frac{F}{A} = \frac{F}{bl}$$

$$l = \frac{F}{\tau b} = \frac{24000}{(50 \times 10^6) \times 0.008}$$
$$= 0.06\text{m} = 60\,\text{mm}$$

58. 다음 중 동력의 단위에 해당되지 않는 것은?

㉮ erg/s ㉯ N·m ㉰ PS ㉱ J/s

59. 전동축에 큰 휨(deflection)을 주어서 축의

방향을 자유롭게 바꾸거나 충격을 완화시키기 위해 사용하는 축은?

㉮ 직선 축
㉯ 크랭크 축
㉰ 플렉시블 축
㉱ 중공 축

60. 벨트 전동에서 긴장측의 장력 T_1과 이완측의 장력 T_2 사이의 관계식으로 옳은 것은? (단, 원심력은 무시하고, μ는 접촉부 마찰계수, θ는 벨트와 풀리의 접촉각(rad)이다.)

㉮ $e^{\mu\theta}\dfrac{T_2}{T_1}$
㉯ $e^{\mu\theta} = \dfrac{T_1}{T_2}$

㉰ $e^{\mu\theta} = \dfrac{T_2}{T_1 + T_2}$
㉱ $e^{\mu\theta} = \dfrac{T_1}{T_1 + T_2}$

제 4 과목 : 컴퓨터응용설계

61. 다음 행렬의 계산은 어떤 변환을 의미하는가?

$$[x'\,y'\,z'\,1] = [x\,y\,z\,1]\begin{bmatrix} S_x & 0 & 0 & 0 \\ 0 & S_y & 0 & 0 \\ 0 & 0 & S_z & 0 \\ 0 & 0 & 0 & 1 \end{bmatrix}$$

㉮ 이동 변환
㉯ 크기 변환
㉰ 회전 변환
㉱ 전단 변환

[해설] 행렬식을 계산하면

$x' = S_x x$
$y' = S_y y$
$z' = S_z z$

이 되므로 위의 행렬은 x, y, z에 각각 상수가 곱해지는 크기 변환 행렬이다.

62. 솔리드 모델의 CSG 표현 방식에 대한 설명으로 거리가 먼 것은?

㉮ 기본 입체의 조합으로 물체를 표현한다.
㉯ 불 연산 (Boolean operation)을 이용한다.
㉰ B-rep 표현방식에 대비하여 전개도 작성이 쉽다.
㉱ 중량계산을 할 수 있다.

63. 2차원 평면에서 두 개의 점이 정의되었을 때 이 두 점을 포함하는 원은 몇 개 정의할 수 있는가?

㉮ 1개
㉯ 2개
㉰ 3개
㉱ 무수히 많다.

[해설] 두개의 점을 포함하는 원은 무수히 많다.

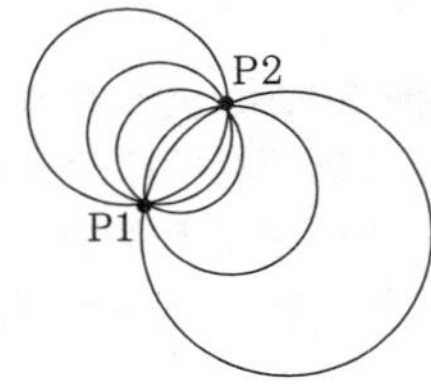

64. 다음 중 원추 단면 곡선에 해당하지 않는 것은 어느 것인가?

㉮ 포물선
㉯ 스플라인 곡선
㉰ 타원
㉱ 원

[해설] 원추 단면 곡선(conic section curve)이란 원추를 임의의 방향에서 절단하였을 때 생성되는 곡선을 의미한다. 원, 타원, 포물선, 쌍곡선이 있다.

65. 양궁 과녁과 같이 일정 간격을 가진 여러 개의 동심원으로 구성되는 형상을 만들려고 한다. 다음 중 가장 적절하게 사용될 수 있는 기능은?

㉮ zoom   ㉯ move   ㉰ offset   ㉱ trim

66. 다음 중 베지어 곡면의 특징이 아닌 것은?

㉮ 곡면을 부분적으로 수정할 수 있다.
㉯ 곡면의 코너와 코너 조정점이 일치한다.
㉰ 곡면이 조정점들의 볼록포(convex hull) 내부에 포함된다.
㉱ 곡면이 일반적인 조정점의 형상에 따른다.

[해설] 베지어 곡면은 베지어 곡선에서 발전한 것으로서 1개의 정점변화가 곡면 전체에 영향을 미친다.

67. 설계해석 프로그램의 결과에 따라 응력, 온도 등의 분포도나 변형도를 작성하거나, CAD 시스템으로 만들어진 형상 모델을 바탕으로 NC 공작기계의 가공 data를 생성하는 소프트웨어 프로그램이나 절차를 뜻하는 것은 무엇인가?

[해답] 60. ㉯ 61. ㉯ 62. ㉰ 63. ㉱ 64. ㉯ 65. ㉰ 66. ㉮ 67. ㉯

㉮ Pre-processor ㉯ Post-processor
㉰ Multi-processor ㉱ Co-processor

68. $x^2 + y^2 - 25 = 0$인 원이 있다. 원 상의 점 (3, 4)에서 접선의 방정식으로 옳은 것은?
㉮ $3x + 4y - 25 = 0$
㉯ $3x + 4y - 50 = 0$
㉰ $4x + 3y - 25 = 0$
㉱ $4x + 3y - 50 = 0$

69. 그림과 같이 실린더 형상에 빼기구배(draft angle)를 주기 위해 실린더 곡면을 변형시키는 모델링 기법으로 옳은 것은?

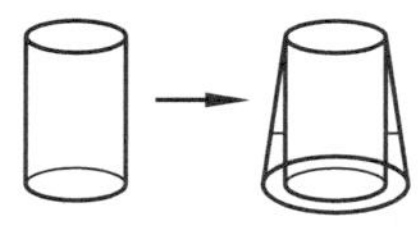

㉮ 스키닝(skinning)
㉯ 리프팅(lifting)
㉰ 스위핑(sweeping)
㉱ 트위킹(tweaking)

70. CAD에서 곡선을 표현하기 위한 방법 중 고전적인 보간법과 관계가 먼 것은?
㉮ 선형 보간
㉯ 3차 스플라인 보간
㉰ Lagrange 다항식에 의한 보간
㉱ Bernstein 다항식에 의한 보간

71. 전자발광형 디스플레이 장치(혹은 EL 패널)에 대한 설명으로 틀린 것은?
㉮ 스스로 빛을 내는 성질을 가지고 있다.
㉯ 백라이트를 사용하여 보다 선명한 화질을 구현한다.
㉰ TFT-LCD보다 시야각에 제한이 없다.
㉱ 응답시간이 빨라 고화질 영상을 자연스럽게 처리할 수 있다.

72. 기하학적인 도형의 표현방법 중 가장 기본적인 형태로서 점과 선만을 이용하여 화면에 표현하는 방식은?
㉮ wire frame modeling 방식
㉯ solid modeling 방식
㉰ boundary modeling 방식
㉱ finite modeling 방식

73. 그림과 같이 여러 개의 단면형상을 생성하고 이들을 덮어 싸는 곡면을 생성하였다. 이는 어떤 모델링 방법인가?

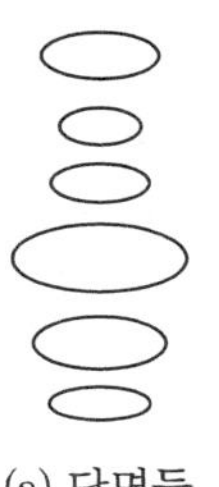

(a) 단면들   (b) 생성된 입체

㉮ 스위핑 ㉯ 리프팅
㉰ 블랜딩 ㉱ 스키닝

해설 스키닝(skinning) : 단면형상을 덮어 싸서 피부를 만드는 방법이다.

74. 평면에서 x축과 이루는 각도가 $150°$이며 원점으로부터 거리가 1인 직선의 방정식은?
㉮ $\sqrt{3}x + y = 2$ ㉯ $\sqrt{3}x + y = 1$
㉰ $x + \sqrt{3}y = 2$ ㉱ $x + \sqrt{3}y = 1$

75. 플로터 형식에 있어서 펜(pen)식과 래스터(raster)식으로 구분할 때 다음 중 펜식 플로터에 속하는 것은?
㉮ 정전식 ㉯ 잉크제트식
㉰ 리니어 모터식 ㉱ 열전사식

76. 곡면을 모델링하는 방식 중 4개의 경계곡선을 선형 보간하여 형성되는 곡면은 무엇인가?
㉮ 로프트 (loft) 곡면
㉯ 쿤스 (coons) 곡면
㉰ 스윕 (sweep) 곡면
㉱ 회전 (revolve) 곡면

해설 쿤스 곡면 : 1964년 MIT대학의 S. A 쿤스가

해답 68. ㉮ 69. ㉱ 70. ㉱ 71. ㉯ 72. ㉮ 73. ㉱ 74. ㉮ 75. ㉰ 76. ㉯

발표한 방법이다. 4개의 모서리 점과 4개의 경계 곡선을 부드럽게 연결한 곡면으로서 곡면의 표현이 간결하다.

77. CAD/CAM 시스템의 자료를 교환하는 표준 규격에 해당되지 않는 것은?

㉮ STEP ㉯ DXF ㉰ XLS ㉱ IGES

78. 3차원 솔리드 모델링을 구성하는 요소 중에서 프리미티브(primitive)라고 볼 수 없는 것은?

㉮ 에지(edge) ㉯ 원기둥(cylinder)

㉰ 콘(cone) ㉱ 구(sphere)

[해설] 프리미티브(primitive) : CSG(constructive solid geometry)방법에 사용되는 단순 형상(구, 실린더, 직육면체, 원추 등)

79. 2차원 공간을 동차 좌표계의 변환행렬식으로 변환하고자 할 때 그 행렬의 크기는?

㉮ 2×2 ㉯ 2×3

㉰ 3×2 ㉱ 3×3

80. CAD 소프트웨어의 도입효과로 가장 거리가 먼 것은?

㉮ 제품 개발기간 단축

㉯ 설계 생산성 향상

㉰ 업무 표준화 촉진

㉱ 부서간 의사 소통 최소화

해답 77. ㉰ 78. ㉮ 79. ㉱ 80. ㉱

▶ 2013년 6월 2일 시행

자격종목 및 등급(선택분야)	종목코드	시험시간	문제지형별	수험번호	성 명
기계설계 산업기사	2031	2시간	A		

제 1 과목 : 기계가공법 및 안전관리

1. 내연기관의 실린더 내면에 진원도, 진직도, 표면 거칠기 등을 더욱 향상시키기 위한 가공방법은?

㉮ 래핑　　　　　㉯ 호닝
㉰ 슈퍼피니싱　　㉱ 버핑

[해설] 호닝 : 숫돌을 방사선으로 배치한 혼(horn)으로 회전 및 직선왕복운동으로 다듬질 가공하는 방법이다.

2. 연삭숫돌의 결합제와 기호를 짝지은 것이 잘못된 것은?

㉮ 레지노이드 – G　　㉯ 비트리파이드 – V
㉰ 셸락 – E　　　　　㉱ 고무 – R

[해설] 레지노이드 – B

3. 선반에서 지름 125 mm, 길이 350 mm인 연강봉을 초경합금 바이트로 절삭하려고 한다. 분당 회전수(r/min = rpm)는 약 얼마인가? (단, 절삭속도는 150 m/min이다.)

㉮ 720　　㉯ 382　　㉰ 540　　㉱ 1200

[해설] $V = \dfrac{\pi d N}{1000}$ 에서

$$N = \frac{1000\,V}{\pi d} = \frac{1000 \times 150}{\pi \times 125} = 382 \text{ rpm}$$

4. 밀링머신에서 할 수 없는 가공은?

㉮ 총형 가공　　㉯ 기어 가공
㉰ 널링 가공　　㉱ 나선홈 가공

[해설] 널링 가공은 선반가공이다.

5. 스핀들이 수직이며, 스핀들은 안내면을 따라 이송되며, 공구위치는 크로스 레일 공구대에 의해 조절되는 보링머신은?

㉮ 수직 보링 머신　　㉯ 정밀 보링 머신
㉰ 지그 보링 머신　　㉱ 코어 보링 머신

6. 허용한계치수의 해석에서 "통과 측에는 모든 치수 또는 결정량이 동시에 검사되고 정지 측에는 각각의 치수가 개개로 검사되어야 한다."는 무슨 원리인가?

㉮ 아베(Abbe)의 원리
㉯ 테일러(Taylor)의 원리
㉰ 헤르츠(Hertz)의 원리
㉱ 후크(Hook)의 원리

[해설] 테일러(Taylor)의 원리 : 구멍의 허용한계 치수에 의해 허용되는 극단적인 형상오차이다.

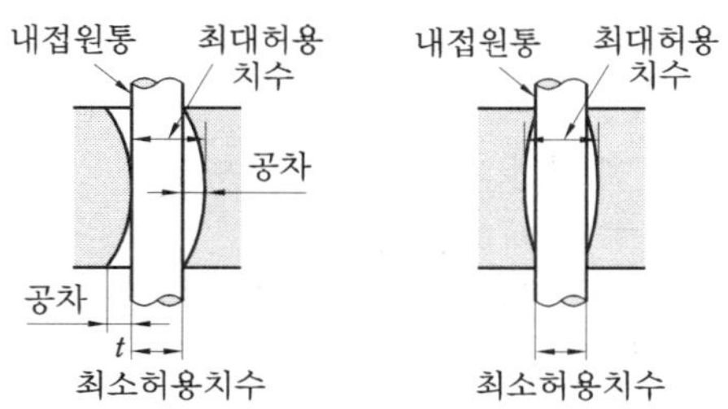

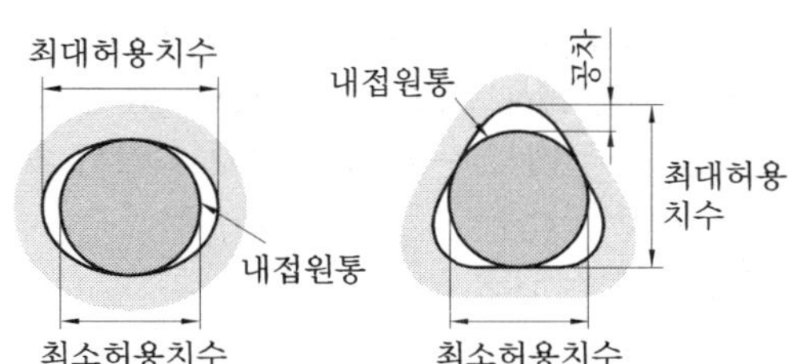

7. 직접 측정의 장점에 해당되지 않는 것은?

㉮ 측정기의 측정범위가 다른 측정법에 비하여 넓다.
㉯ 측정물의 실제치수를 직접 읽을 수 있다.
㉰ 수량이 적고, 많은 종류의 제품 측정에 적합하다.

[해답]　1. ㉯　2. ㉮　3. ㉯　4. ㉰　5. ㉮　6. ㉯　7. ㉱

㉣ 측정자의 숙련과 경험이 필요 없다.

[해설] 측정자의 숙련과 경험이 필요하다.

8. 회전 중에 연삭숫돌이 파괴될 것을 대비하여 설치하는 안전 요소는?

㉮ 덮개　　　　　㉯ 드레서
㉰ 소화 장치　　　㉱ 절삭유 공급 장치

[해설] 덮개 : 숫돌 파손 시 비산을 방지한다.

9. 일반적으로 요구되는 절삭공구의 조건으로 적합하지 않은 것은?

㉮ 고마찰성　　　㉯ 고온경도
㉰ 내마모성　　　㉱ 강인성

[해설] 공구재료는 저마찰성으로 열 발생이 억제되어야 한다.

10. 다음 중 일반적으로 표면정밀도가 낮은 것부터 높은 순서로 바른 것은?

㉮ 래핑 → 연삭 → 호닝
㉯ 연삭 → 호닝 → 래핑
㉰ 호닝 → 연삭 → 래핑
㉱ 래핑 → 호닝 → 연삭

[해설] 기계적 가공방법으로 가장 매끈한 가공법은 래핑이다.

11. 가공물이 대형이거나, 무거운 중량제품을 드릴 가공할 때에, 가공물을 고정시키고 드릴 스핀들을 암 위에서 수평으로 이동시키면서 가공할 수 있는 것은?

㉮ 직립 드릴링 머신
㉯ 레디얼 드릴링 머신
㉰ 터릿 드릴링 머신
㉱ 만능 포터블 드릴링 머신

12. 선반 작업에서 발생하는 재해가 아닌 것은?

㉮ 칩에 의한 것
㉯ 정밀 측정기에 의한 것
㉰ 가공물의 회전부에 휘감겨 들어가는 것

㉱ 가공물과 절삭 공구와의 사이에 휘감기는 것

[해설] 정밀 측정기는 재해와는 무관한 장비이다.

13. 윤활방법 중 무명이나 털 등을 섞어 만든 패드의 일부를 기름통에 담가 저널의 아랫면에 모세관 현상을 이용하여 급유하는 것은?

㉮ 적하 급유(drop feed oiling)
㉯ 비말 급유(splash oiling)
㉰ 패드 급유(pad oiling)
㉱ 강제 급유(oil bath oiling)

[해설] ㉮ 적하 급유 : 마찰면이 넓은 곳에 적합하다.
　㉯ 비말 급유 : 튀김 급유법으로 윤활유를 비산시켜 급유하는 방식이다.
　㉰ 패드 급유 : 패드의 일부를 기름통에 담가 모세관 현상을 이용하여 급유하는 방식이다.
　㉱ 강제 급유 : 고속회전 시 냉각 효과를 얻을 때 자동 급유하는 방식이다.

14. 다이얼 게이지의 사용상 주의사항이 아닌 것은 어느 것인가?

㉮ 스핀들이 원활히 움직이는가를 확인한다.
㉯ 스탠드를 앞뒤로 움직여 지시값의 차를 확인한다.
㉰ 스핀들을 갑자기 작동시켜 반복 정밀도를 본다.
㉱ 다이얼 게이지의 편차가 클 때는 교환 또는 수리가 불가능하므로 무조건 폐기시킨다.

[해설] 가벼운 고장일 경우 다이얼 게이지를 분해하여 고장 난 부분을 수리하여 사용한다.

15. 사인바로 각도를 측정할 때 몇 도를 넘으면 오차가 가장 심하게 되는가?

㉮ 10°　　㉯ 20°　　㉰ 30°　　㉱ 45°

[해설] 사인바로 45° 이상 측정은 오차가 크다.

16. 밀링작업에서 상향절삭과 하향절삭의 특징을 비교했을 때 상향절삭에 해당하는 것은?

㉮ 동력의 소비가 적다.

[해답] 8. ㉮　9. ㉮　10. ㉯　11. ㉯　12. ㉯　13. ㉰　14. ㉱　15. ㉱　16. ㉯

㉯ 마찰열의 작용으로 가공면이 거칠다.

㉰ 가공할 때 충격이 있어 높은 강성이 필요하다.

㉱ 뒤틈(backlash) 제거장치가 없으면 가공이 곤란하다.

[해설] 상향절삭은 칩을 퍼 올리는 형태가 되어 가공면이 뜨이는 현상으로 거칠다.

17. 선반에서 원형 단면을 가진 일감의 지름 100 mm인 탄소강을 매분 회전수 314 r/min(= rpm)으로 가공할 때, 절삭저항력이 736 N이었다. 이때 선반의 절삭효율을 80 %라 하면 필요한 절삭동력은 약 몇 PS인가?

㉮ 1.1 ㉯ 2.1 ㉰ 4.4 ㉱ 6.2

[해설] 원주속도 $V = \dfrac{\pi d N}{1000}$

$$= \frac{\pi \times 100 \times 314}{1000 \times 60} = 1.64 \text{ m/s}$$

$$P = 736 \div 9.8 = 75 \text{ kgf}$$

$$\therefore H = \frac{PV}{75\eta} = \frac{75 \times 1.64}{75 \times 0.8}$$

$$\fallingdotseq 2.1 \text{ PS}$$

18. 드릴링 머신의 안전 사항에서 틀린 것은?

㉮ 장갑을 끼고 작업을 하지 않는다.

㉯ 가공물을 손으로 잡고 드릴링하지 않는다.

㉰ 얇은 판의 구멍 뚫기에는 나무 보조판을 사용한다.

㉱ 구멍 뚫기가 끝날 무렵은 이송을 빠르게 한다.

[해설] 구멍 뚫기가 끝날 무렵은 이송을 천천히 하여 급낙하를 방지한다.

19. 전해연삭 가공의 특징이 아닌 것은?

㉮ 경도가 낮은 재료일수록 연삭능률이 기계연삭보다 높다.

㉯ 박판이나 형상이 복잡한 공작물을 변형 없이 연삭할 수 있다.

㉰ 연삭저항이 적으므로 연삭열 발생이 적고, 숫돌 수명이 길다.

㉱ 정밀도는 기계연삭보다 낮다.

[해설] 전해연삭은 경도가 높은 재료일수록 연삭능률이 기계연삭보다 높다.

20. 선반에서 이동용 방진구를 설치하는 곳은?

㉮ 새들 ㉯ 주축대

㉰ 심압대 ㉱ 베드

[해설] 이동용 방진구는 새들 위에 설치, 공구와 이송을 같이하게 한다.

제 2 과목 : 기계제도

---

21. 다음과 같은 치수 120 숫자 위의 기호가 뜻하는 것은?

$$\overset{\frown}{120}$$

㉮ 원호의 길이 ㉯ 참고 치수

㉰ 현의 길이 ㉱ 각도 치수

[해설]

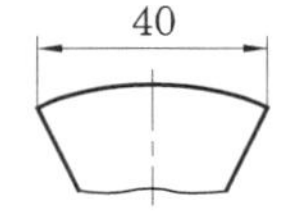
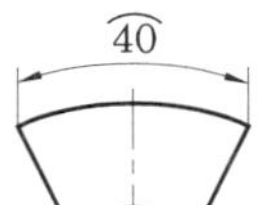

현의 치수기입 방법   호의 치수기입 방법

22. 다음 중 $\phi 50H7$의 기준구멍에 가장 헐거운 끼워맞춤이 되는 축의 공차 기호는?

㉮ $\phi 50\,f6$ ㉯ $\phi 50\,n6$

㉰ $\phi 50\,m6$ ㉱ $\phi 50\,p6$

[해설] ① 헐거운 끼워맞춤 : 문자 a쪽으로 가까울수록

② 억지 끼워맞춤 : 문자 z쪽으로 가까울수록

23. 그림과 같이 외경 50 mm인 파이프를 용접 기호와 같이 용접했을 때 총 용접선의 길이는?

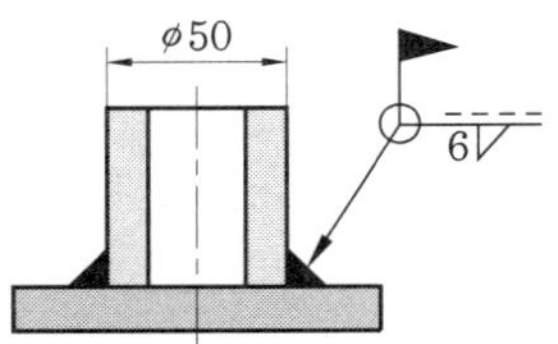

㉮ 약 50 mm ㉯ 약 157 mm

㉲ 약 100 mm   ㉴ 약 142 mm

[해설] 용접 길이＝원둘레 길이
　　　　＝3.14×지름＝3.14×50＝157 mm

24. 그림과 같이 여러 개의 구멍이 일정한 간격으로 배치된 경우, 전체 길이값 "A"는 얼마인가?

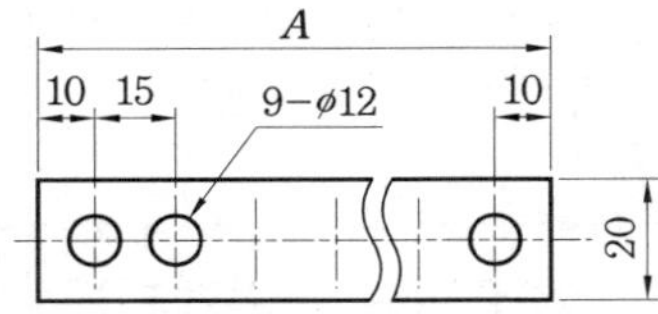

㉮ 120　　　　　㉯ 135

㉲ 140　　　　　㉴ 155

[해설] $A = 10 + 15 \times (9 - 1) + 10 = 140$ mm

25. 나사의 호칭지름이 $\frac{3}{8}$ in이고 1 in 사이에 24 산의 유니파이 가는 나사의 도시법으로 올바른 것은?

㉮ $\frac{3}{8} UNC - 24$

㉯ $\frac{3}{8} UNF - 24$

㉲ $\frac{3}{8} - 24 UNC$

㉴ $\frac{3}{8} - 24 UNF$

[해설] UNC(유니파이 보통 나사), UNF(유니파이 가는 나사)

26. 다음 제3각법에 대한 설명 중 올바른 것은?

㉮ 배면도로 저면도 아래에 그린다.

㉯ 정면도는 평면도 위에 그린다.

㉲ 눈→투상면→물체의 순서가 된다.

㉴ 좌측면도는 정면도의 우측에 위치한다.

[해설] ㉮ 배면도는 측면도 옆에 그린다.
　　㉯항, ㉴항은 제1각법이다.

27. 다음 도면에서 L에 들어갈 치수값으로 옳은 것은?

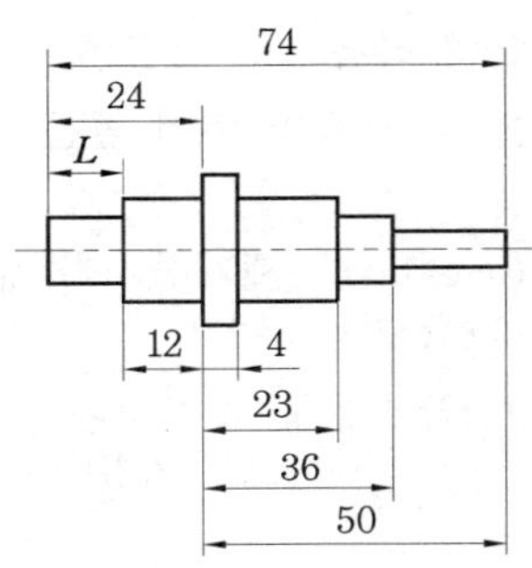

㉮ 7　　　　㉯ 12　　　　㉲ 17　　　　㉴ 13

[해설] $24 - 12 = 12$ mm

28. 선의 용도가 기술, 기호 등을 표시하기 위하여 끌어내는 데 쓰이는 선의 명칭은?

㉮ 기준선　　　　　㉯ 가상선

㉲ 지시선　　　　　㉴ 절단선

[해설] 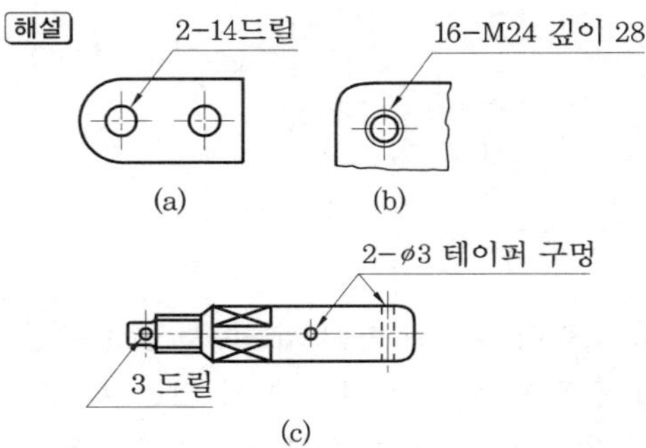

지시선의 기입 방법

29. 기계 가공면에 다음과 같은 기호가 표시되어 있을 때 이 기호의 의미는?

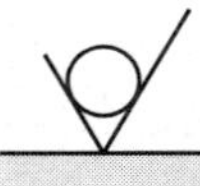

㉮ 물체의 표면에 제거가공을 허락하지 않는 것을 지시하는 기호

㉯ 물체의 표면에 제거가공을 필요로 한다는 것을 지시하는 기호

㉲ 물체 표면의 결을 도시할 때에 대상면을 지시하는 기호

㉴ 제거 가공의 필요 여부를 문제 삼지 않는다는 것을 지시하는 기호

[해답]　24. ㉲　25. ㉴　26. ㉲　27. ㉯　28. ㉲　29. ㉮

[해설] ▽ : 제거가공을 필요로 한다는 것을 지시하는 기호로 상단에 선을 그어 삼각형 형태이다.

30. 표준 평기어의 피치원 지름을 D, 모듈을 m, 잇수를 z이라 할 때 피치원 지름을 나타내는 공식은?

㉮ $D = zm$　　㉯ $D = \dfrac{zm}{2}$

㉰ $D = \dfrac{m}{z}$　　㉱ $D = \dfrac{z}{m}$

[해설] 모듈의 크기는 피치원의 지름을 잇수로 나눈 값이다.

$$m = \frac{D}{z}$$

$$\therefore\ D = zm$$

31. 그림과 같은 제3각 정투상도에서 나타난 정면도와 평면도에 가장 적합한 우측면도는?

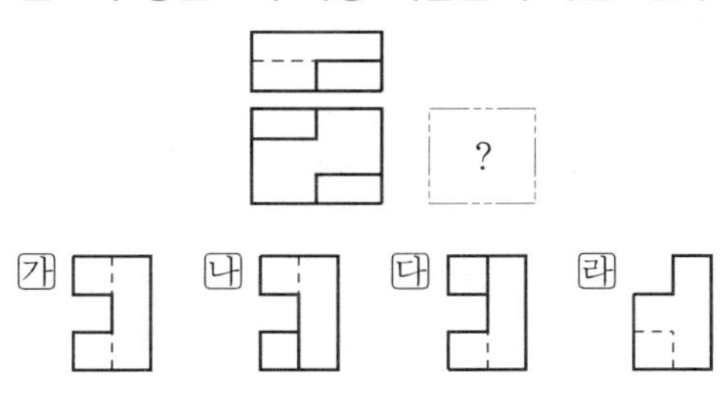

32. 다음 그림은 정면도와 측면도 모두 좌우 대칭인 열교환기 지지철물의 도면이다. 소요되는 모든 ㄱ형강의 중량은 약 몇 kgf인가? (단, ㄱ형강 $L-65 \times 65 \times 6$의 단위 길이당 중량은 5.91 kgf/m이고, 조립을 위한 볼트, 너트는 무시한다.)

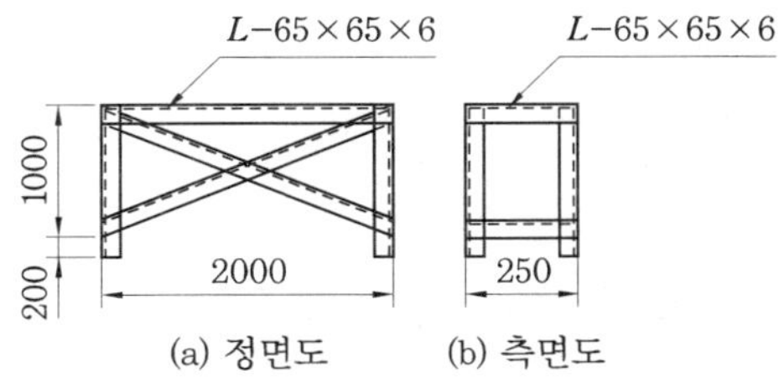

㉮ 99　　㉯ 111　　㉰ 133　　㉱ 155

[해설] 총무게 = ㄱ형강의 총길이/1000(m) × 단위 길이당 중량

$$\frac{\{(1200 \times 4) + (2000 \times 2) + (250 \times 4) + (\sqrt{1000^2 + 2000^2} \times 4)\}}{1000} \times 5.91 = 111\,\mathrm{kgf}$$

33. 금속 재료 기호가 SS400일 때 그 설명으로 옳은 것은?

㉮ 탄소함유량이 0.40 %인 기계 구조용 탄소 강재

㉯ 탄소함유량이 0.40 %인 일반 구조용 압연 강재

㉰ 최저인장강도가 400 kg/cm^{2}인 기계 구조용 탄소 강재

㉱ 최저인장강도가 400 N/mm^{2}인 일반 구조용 압연 강재

34. 억지 끼워맞춤에서 조립 전의 구멍의 최대 허용치수와 축의 최소 허용치수와의 차를 무엇이라고 하나?

㉮ 최대 틈새　　㉯ 최소 틈새

㉰ 최대 죔새　　㉱ 최소 죔새

[해설] 억지 끼워맞춤에서
① 최대 죔새 = 축의 최대 허용치수 − 구멍의 최소 허용치수
② 최소 죔새 = 축의 최소 허용치수 − 구멍의 최대 허용치수

35. 그림과 같이 용접기호가 도시되었을 경우 그 의미로 옳은 것은?

㉮ 양면 V형 맞대기 용접으로 표면 모두 평면 마감처리

㉯ 이면 용접이 있으며 표면 모두 평면 마감 처리한 V형 맞대기 용접

㉰ 토우를 매끄럽게 처리한 V형 용접으로 제거 가능한 이면 판재 사용

㉱ 넓은 루트면이 있고 이면 용접된 필릿 용접이며 윗면을 평면 처리함

36. 베어링 호칭번호가 다음과 같이 나타났을 경우 이 베어링에서 알 수 없는 항목은?

[해답] 30. ㉮　31. ㉰　32. ㉯　33. ㉱　34. ㉱　35. ㉯　36. ㉰

> "F684C2P6"

㉮ 궤도륜 모양　　㉯ 베어링 계열
㉰ 실드 기호　　　㉱ 정밀도 등급

[해설] ① 베어링 계열 : F6
　② 안지름 기호 : 84
　③ 궤도륜 모양 : C2
　④ 정밀도 등급 : P6

37. 그림의 입체도에서 화살표 방향이 정면일 때 평면도로 적합한 것은?

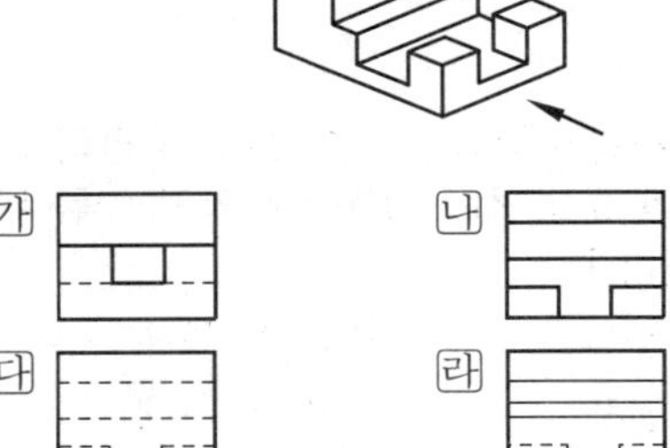

㉮

㉯

㉰

㉱

38. 단면의 표시와 단면도의 해칭에 관한 설명으로 올바른 것은?

㉮ 단면 면적이 넓은 경우에는 그 외형선을 따라 적절한 범위에 해칭 또는 스머징을 한다.

㉯ 해칭선의 각도는 주된 중심선에 대하여 60°로 하여 굵은 실선을 사용하여 등간격으로 그린다.

㉰ 인접한 부품의 단면은 해칭선의 방향이나 간격을 변경하지 않고 동일하게 사용한다.

㉱ 해칭 부분에 문자, 기호 등을 기입할 때는 해칭을 중단할 수 없다.

[해설] 해칭선 : 45° 각도로 가는 실선을 사용하고, 문자 부분은 끊어 그린다. 인접 물체는 방향을 반대로 한다.

39. 기계제도에서 사용하는 척도에 대한 설명 중 틀린 것은?

㉮ 공통적으로 사용한 주요 척도는 표제란에 기입한다.

㉯ 축척으로 제도한 경우에 치수 기입은 실제 치수가 아닌 실물의 실제 치수에 축척 비율이 적용된 값으로 기입한다.

㉰ 그림의 일부를 확대하여 그려야 할 경우에는 배척값을 선택하여 그릴 수 있다.

㉱ 같은 도면에서 서로 다른 척도를 사용한 경우에는 해당 부품 번호의 참조 문자 부근에 척도를 기입한다.

[해설] 축척비율과 상관없이 실제 치수를 기입한다.

40. 다음 끼워맞춤 중에서 헐거운 끼워맞춤인 것은 어느 것인가?

㉮ 50 G7/h6　　㉯ 25 N6/h5
㉰ 20 P6/h5　　㉱ 6 JS7/h6

[해설] 헐거운 끼워맞춤 : 문자 A(a)쪽으로 가까울수록

제 3 과목 : 기계설계 및 기계재료

41. 내식성과 내산화성이 크고, 성형성이 다른 것에 비해 좋은 비자성의 스테인리스강은?

㉮ 페라이트계　　㉯ 마텐자이트계
㉰ 오스테나이트계　㉱ 석출경화형

[해설] 오스테나이트계 스테인리스강 : 18(Cr)−8(Ni)이고 비자성체이다.

42. 다음 중 복합재료에서 섬유강화금속은?

㉮ GFRP　　㉯ CFRP
㉰ FRS　　　㉱ FRM

[해설] ① FRM : 섬유강화금속
　② FRP : 섬유강화플라스틱

43. 다음 중 경금속이 아닌 것은?

㉮ 알루미늄　　㉯ 마그네슘
㉰ 백금　　　　㉱ 티타늄

[해설] 비중이 5 이하인 것을 경금속이라고 한다. 백금은 비중(21.5)이 매우 무거운 중금속이다.

[해답]　37. ㉯　38. ㉮　39. ㉯　40. ㉮　41. ㉰　42. ㉱　43. ㉰

44. 두랄루민은 Al에 어떤 원소를 첨가한 합금을 말하는가?

㉮ Cu + Mo + Mn ㉯ Fe + Mo + Mn

㉰ Zn + Ni + Mn ㉱ Pb + Sn + Mn

[해설] 두랄루민은 Al에 Cu + Mo + Mn을 첨가한 합금으로 절삭성이 양호하다.

45. 표면 경화법에서 금속 침투법이 아닌 것은?

㉮ 세라다이징 ㉯ 크로마이징

㉰ 칼로라이징 ㉱ 방전 경화법

[해설] 금속 침투법
① 세라다이징 : Zn 침투
② 크로마이징 : Cr 침투
③ 칼로라이징 : Al 침투
④ 실리코나이징 : Si 침투

46. 황동에서 잔류응력에 의해서 발생하는 현상은 어느 것인가?

㉮ 탈아연 부식 ㉯ 고온 탈아연

㉰ 저온 풀림경화 ㉱ 자연균열

[해설] 자연균열 : 시간이 지남에 따라 균열이 발생하는 현상으로 잔류응력이 주요인이다.

47. 주철에 대한 설명으로 바르지 못한 것은?

㉮ 시멘타이트 + 펄라이트의 회주철과, 페라이트 + 펄라이트의 백주철이 있다.

㉯ 백주철을 열처리하여 연성을 부여한 주철을 가단주철이라 한다.

㉰ 주철 중의 Si는 공정점을 저탄소강영역으로 이동시키는 역할을 한다.

㉱ 용융점이 낮고 주조성이 좋다.

[해설] ① 회주철(GC) : 페라이트 + 흑연(편상)
② 백주철(WC) : 펄라이트 + 시멘타이트(편상)

48. Fe–C계 상태도에서 3개소의 반응이 있다. 옳게 설명한 것은?

㉮ 공정 – 포정 – 편정

㉯ 포석 – 공정 – 공석

㉰ 포정 – 공정 – 공석

㉱ 공석 – 공정 – 편정

[해설] 탄소함유량 : 포정(0.51 %) – 공정(4.3 %) – 공석(0.86 %)

49. 다음 중 뜨임처리의 목적으로 틀린 것은?

㉮ 담금질 응력 제거

㉯ 치수의 경년 변화 방지

㉰ 연마 균열의 방지

㉱ 내마멸성 저하

[해설] 뜨임처리의 목적 : 강인성 증가, 경도 유지

50. 다음 중 강의 5대 원소에 속하지 않는 것은?

㉮ C ㉯ Mn

㉰ Cr ㉱ Si

[해설] 강의 5대 원소 : C, Mn, Si, P, S

51. 3.68 kW의 동력으로 회전하는 드럼을 블록 브레이크를 이용하여 제동하고자 할 때 브레이크의 용량(brake capacity)은 약 몇 MPa · m/s 인가? (단, 브레이크 블록의 길이가 100 mm, 너비 30 mm이고, 접촉부 마찰계수는 0.2이다.)

㉮ 0.12 ㉯ 0.25

㉰ 0.64 ㉱ 1.23

[해설] 브레이크 용량 $\mu pv = \dfrac{1000H}{A}$

$$= \dfrac{1000 \times 3.68(\text{kW})}{100(\text{mm}) \times 30(\text{mm})} = 1.226 \text{ MPa} \cdot \text{m/s}$$

52. 2줄 나사의 리드(lead)가 3 mm인 경우 피치는 몇 mm인가?

㉮ 1.5 ㉯ 3 ㉰ 6 ㉱ 12

[해설] 리드(l) = 줄수(n) × 피치(P)

$$\therefore \text{피치}(P) = \dfrac{\text{리드}(l)}{\text{줄수}(n)} = \dfrac{3}{2} = 1.5 \text{mm}$$

53. 리벳 이음의 장점에 해당하지 않는 것은?

㉮ 열응력에 의한 잔류응력이 생기지 않는다.

㉯ 경합금과 같이 용접이 곤란한 재료의 결합에 적합하다.

㉰ 리벳 이음한 구조물에 대해서 분해 조립이 간편하다.

라 구조물 등에 사용할 때 현장조립의 경우 용접작업보다 용이하다.

[해설] 리벳 이음한 구조물에 대해서 분해가 불가능하다.

54. 롤러체인 전동에서 체인의 파단하중이 1.96 kN이고, 체인의 회전속도가 3 m/s이며, 안전율(safety factor)을 10으로 할 때 전달 동력은 약 몇 W인가?

　가 467　　　나 588　　　다 712　　　라 843

[해설] ① 부하동력 $H = PV = 1960 \times 3 = 5880\,\text{W}$

② 허용동력 $H_a = \dfrac{H}{S} = \dfrac{5880}{10} = 588\,\text{W}$

55. 스프링의 용도로 거리가 먼 것은?

　가 진동 또는 충격에너지를 흡수

　나 에너지를 저축하여 동력원으로 작용

　다 힘의 측정에 사용

　라 동력원의 제동

[해설] 동력원의 제동은 브레이크의 용도이다.

56. 베어링의 설계 시 주의사항으로 옳지 않은 것은?

　가 마모가 적을 것

　나 구조가 간단하여 유지보수가 쉬울 것

　다 마찰저항이 크고 손실동력이 감소할 것

　라 강도를 충분히 유지할 것

[해설] 마찰저항이 작아야 손실동력이 감소한다.

57. 축의 원주에 여러 개의 키를 가공한 것으로 큰 토크를 전달할 수 있고 내구력이 크며 축과 보스와의 중심축을 정확하게 맞출 수 있는 것은?

　가 스플라인　　　　나 미끄럼 키

　다 묻힘 키　　　　　라 반달 키

[해설]

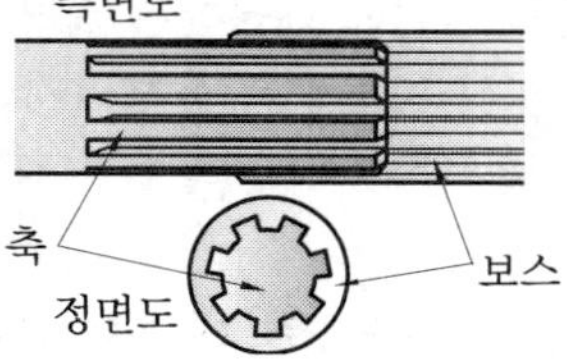

58. 원주속도가 4 m/s로 18.4 kW의 동력을 전달하는 헬리컬기어에서 비틀림 각이 30일 때 축방향으로 작용하는 힘(추력)은 약 몇 kN인가?

　가 1.8　　　나 2.3　　　다 2.7　　　라 4.0

[해설] $H = P_s V$ 에서

$$P_s = \frac{H}{V} = \frac{18.4}{4} = 4.6\,\text{kN}$$

$$P_x = P_s \times \tan\alpha = 4.6 \times \tan 30° = 2.7\,\text{kN}$$

59. 일정한 주기 및 진폭으로 반복하여 계속 작용하는 하중으로 편진하중을 의미하는 것은?

　가 변동하중(variable load)

　나 반복하중(repeated load)

　다 교번하중(alternate load)

　라 충격하중(impact load)

[해설] 가 변동하중(variable load) : 시간에 따라 변하는 하중

　나 반복하중(repeated load) : 주기가 일정한 하중

　다 교번하중(alternate load) : 스프링과 같이 인장과 압축을 번갈아 받는 하중

　라 충격하중(impact load) : 짧은 시간에 큰 힘을 받는 하중

60. 지름이 20 mm인 축이 114 rpm으로 회전할 때 최대 약 몇 kW의 동력을 전달할 수 있는가? (단, 축 재료의 허용전단응력은 39.2 MPa이다.)

　가 0.74　　　나 1.43　　　다 1.98　　　라 2.35

[해설] $T = \dfrac{\pi d^3}{16}\tau = \dfrac{\pi \times 20^3}{16} \times \left(\dfrac{392}{9.8}\right)$

$= 62830\,\text{kgf} \cdot \text{mm}$

$$H = \frac{TN}{9.55 \times 10^6} = \frac{62830 \times 114}{9.55 \times 10^6} = 0.74\,\text{kW}$$

제 4 과목 : 컴퓨터응용설계

61. 곡면을 모델링하는 여러 방법들 중에서 평면도, 정면도, 측면도상에 나타난 곡면의 경계곡선들로부터 비례적인 관계를 이용하여 곡면을 모델링(modeling)하는 방법은?

　가 점 데이터에 의한 방식

　　㉯ 쿤스(coons) 방식

　　㉰ 비례 전개법에 의한 방식

　　㉱ 스위프(sweep)에 의한 방식

62. 2차원 직교좌표계상의 점(3, 4)은 원래 좌표계를 원점을 기준으로 반시계방향으로 30도 회전시킨 새로운 좌표계에서 어떤 좌표값을 가지는가?

　　㉮ $\left(2 + \dfrac{3\sqrt{3}}{2},\ 2\sqrt{3} - \dfrac{3}{2}\right)$

　　㉯ $\left(2 + \dfrac{3\sqrt{3}}{2},\ 2\sqrt{3} + \dfrac{3}{2}\right)$

　　㉰ $\left(2 - \dfrac{3\sqrt{3}}{2},\ 2\sqrt{3} - \dfrac{3}{2}\right)$

　　㉱ $\left(2 - \dfrac{3\sqrt{3}}{2},\ 2\sqrt{3} + \dfrac{3}{2}\right)$

[해설] 원점에 대한 회전이므로

$$[x'\ y'] = [3\ 4]\begin{pmatrix} \cos 30 & \sin 30 & 0 \\ -\sin 30 & \cos 30 & 0 \\ 0 & 0 & 1 \end{pmatrix}$$

$$x' = 3\cos 30 - 4\sin 30 = 2 + \frac{3\sqrt{3}}{2}$$

$$y' = 3\sin 30 + 4\cos 30 = 2\sqrt{3} - \frac{3}{2}$$

63. IGES(initial graphics exchange specification)에 대한 설명으로 옳은 것은?

　　㉮ 널리 쓰이는 자동 프로그래밍 system의 일종이다.

　　㉯ wire frame 모델에 면의 개념을 추가한 data format이다.

　　㉰ 서로 다른 CAD 시스템 간의 데이터의 호환성을 갖기 위한 표준 데이터 교환 형식이다.

　　㉱ CAD와 CAM을 종합한 운영 프로그램의 일종이다.

[해설] 표준 데이터 교환 형식 종류 : IGES, DXF, SAT, STEP

64. 화면에 CAD 모델들을 현실감 있게 나타내기 위하여 채색이나 음영 등을 주는 작업은 무엇인가?

　　㉮ animation　　㉯ simulation

　　㉰ modelling　　㉱ rendering

[해설] rendering : 평면에 현실감을 나타내기 위한 여러 가지 방법을 이용하여 모델들을 입체적으로 보이게 하는 작업을 말한다.

65. 솔리드 모델링(solid modeling)에서 면의 일부 혹은 전부를 원하는 방향으로 당겨서 물체를 늘어나도록 하는 모델링 기능은?

　　㉮ 트위킹(tweaking)　　㉯ 리프팅(lifting)

　　㉰ 스위핑(sweeping)　　㉱ 스키닝(skinning)

[해설] 리프팅(lifting) : 원래 성형의 용어로 전체적 모형은 그대로 두고 특정 부분의 면을 이루는 조정점을 조정하여 일부 형상을 바꾸는 작업을 말한다.

66. 다음 설명에 해당하는 것은?

> 이미 제작된 제품에서 3차원 데이터를 측정하여 CAD 모델로 만드는 작업

　　㉮ reverse engineering

　　㉯ feature-based modeling

　　㉰ digital mock-up

　　㉱ virtual manufacturing

[해설] 역설계(reverse engineering) : 기존 부품을 3차원 스캐닝하여 모델링 변환하는 작업이다.

67. 이미 정의된 두 곡면을 매끄럽게 연결하는 것을 무엇이라 하는가?

　　㉮ 스위핑(sweeping)　　㉯ 스키닝(skinning)

　　㉰ 블랜딩(blending)　　㉱ 리프팅(lifting)

[해설] 블랜딩(blending) : 주어진 형상을 국부적으로 변화시키는 방법으로 접하는 곡면을 부드러운 모서리로 처리하는 것이다.

68. 형상모델링 방법 중 솔리드 모델링(solid modeling)의 특징이 잘못 설명된 것은?

　　㉮ 은선 제거가 가능하다.

해답　62. ㉮　63. ㉰　64. ㉱　65. ㉯　66. ㉮　67. ㉰　68. ㉯

㉯ 단면도 작성이 어렵다.

㉰ 불(boolean) 연산에 의하여 복잡한 형상도 표현할 수 있다.

㉱ 명암, 컬러 기능 및 회전, 이동 등의 기능을 이용하여 사용자가 명확히 물체를 파악할 수 있다.

[해설] 솔리드 모델링은 단면도 작성이 쉽다.

69. 다음 중 무게중심을 구할 수 있는 모델은?

㉮ 와이어프레임 모델

㉯ 서피스 모델

㉰ 솔리드 모델

㉱ 쿤스 모델

[해설] 솔리드 모델링에서 체적, 무게, 무게중심 등 물리량을 계산할 수 있다.

70. 다음 설명의 특징을 가진 곡면에 해당하는 것은?

- 평면상의 곡선뿐만 아니라 3차원 공간에 있는 형상도 간단히 표현할 수 있다.
- 곡면의 일부를 표현하고자 할 때는 매개변수의 범위를 두므로 간단히 표현할 수 있다.
- 곡면의 좌표변환이 필요하면 단순히 주어진 벡터만을 좌표 변환하여 원하는 결과를 얻을 수 있다.

㉮ 원추(cone) 곡면

㉯ 퍼거슨(ferguson) 곡면

㉰ 베지어(bezier) 곡면

㉱ 스플라인(spline) 곡면

71. 다음 중 bezier 곡선이 갖는 특징으로 옳지 않은 것은?

㉮ 조정점(control point)의 개수와 곡선식의 차수가 직결되어 실제로 모든 조정점이 곡선의 형상에 영향을 준다.

㉯ 복잡한 형상의 곡선 생성을 위해 조정점의 수가 증가하게 되고 곡선 형상의 진동 등의 문제를 일으킬 수 있다.

㉰ 두 개의 인접한 bezier 곡선의 연결점에서 접선 연속성과 곡률 연속성을 동시에 만족시키는 것은 불가능하다.

㉱ 모든 조정점이 곡선의 형상에 영향을 주므로 부분적 형상 변경을 위해 조정점을 옮기면 곡선 전체의 형상이 변경되는 문제가 발생한다.

[해설] 두 개의 인접한 bezier 곡선의 연결점에서 접선 연속성과 곡률 연속성을 갖는다.

72. 그림과 같은 선분 A의 양 끝점에 대한 행렬값 $\begin{bmatrix} 1 & 1 \\ 2 & 4 \end{bmatrix}$ 를 원점 기준으로 하여 x 방향과 y 방향으로 각각 3배만큼 스케일링(scaling)할 때 그 행렬값으로 옳은 것은?

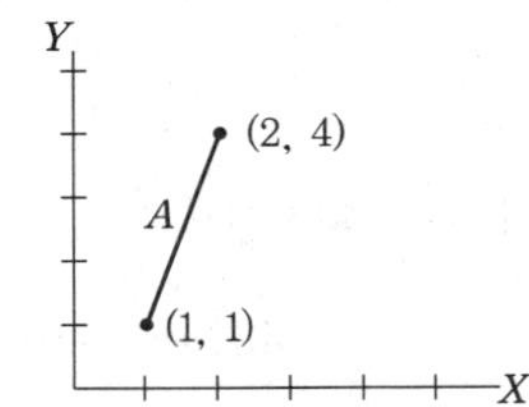

㉮ $\begin{bmatrix} 3 & 3 \\ 3 & 6 \end{bmatrix}$ ㉯ $\begin{bmatrix} 3 & 3 \\ 6 & 12 \end{bmatrix}$ ㉰ $\begin{bmatrix} 4 & 1 \\ 2 & 7 \end{bmatrix}$ ㉱ $\begin{bmatrix} 3 & 12 \\ 6 & 3 \end{bmatrix}$

[해설] 스케일 행렬식 적용하면

$$[x' \, y'] = \begin{bmatrix} 1 & 1 \\ 2 & 4 \end{bmatrix} \begin{bmatrix} 3 & 0 & 0 \\ 0 & 3 & 0 \\ 0 & 0 & 1 \end{bmatrix} = \begin{bmatrix} 3 & 3 \\ 6 & 12 \end{bmatrix}$$

73. 솔리드 모델링에서 CSG 방식과 비교한 B-rep 방식의 특성이 아닌 것은?

㉮ 저장 메모리가 적음

㉯ 전개도 작성 용이

㉰ 표면적 계산 쉬움

㉱ 화면의 재생시간이 적게 걸림

[해설] B-rep 방식이 메모리를 많이 사용한다.

74. 2차원 데이터에 대한 변환 매트릭스 중 X축에 대한 대칭의 결과를 얻기 위한 변환매트릭스는 어느 것인가?

㉮ $\begin{bmatrix} 1 & 0 & 0 \\ 0 & 1 & 0 \\ 0 & -1 & 1 \end{bmatrix}$ ㉯ $\begin{bmatrix} 1 & 0 & 0 \\ 0 & -1 & 0 \\ 0 & 0 & 1 \end{bmatrix}$

$$\text{다} \begin{bmatrix} -1 & 0 & 0 \\ 0 & -1 & 0 \\ 0 & 0 & 1 \end{bmatrix} \quad \text{라} \begin{bmatrix} -1 & -1 & 0 \\ 0 & 1 & 0 \\ 0 & 0 & 1 \end{bmatrix}$$

[해설] • x축 대칭 : $\begin{bmatrix} 1 & 0 & 0 \\ 0 & -1 & 0 \\ 0 & 0 & 1 \end{bmatrix}$

• y축 대칭 : $\begin{bmatrix} -1 & 0 & 0 \\ 0 & 1 & 0 \\ 0 & 0 & 1 \end{bmatrix}$

75. CAD 소프트웨어에서 명령어를 아이콘으로 만들어 아이템별로 묶어 명령을 편리하게 이용할 수 있도록 한 것은?

㉮ 툴바 ㉯ 스크롤바
㉰ 스크린 메뉴 ㉱ 풀다운 메뉴바

[해설] ㉮ 툴바 : 명령어를 아이콘으로 만들어 아이템별로 묶은 메뉴
㉯ 스크롤바 : 영역 밖의 화면으로 이동하기 위한 조종 메뉴
㉰ 스크린 메뉴 : 화면상에 text 형태의 메뉴
㉱ 풀다운 메뉴바 : 클릭 시 하단으로 메뉴그룹이 펼쳐지게 한 메뉴

76. 어떤 디스플레이 장치에 대한 설명인가?

> • 작고 가벼우며 완전 평면이다.
> • 전자파 발생과 전력 소비가 적다.
> • 일반적으로는 별도의 광원(백라이트)이 필요하다.
> • 구동방법에 따라 TN, STN, TFT 등으로 나누어진다.

㉮ OLED 디스플레이
㉯ 액정 디스플레이
㉰ 플라즈마 디스플레이
㉱ 래스터 디스플레이

[해설] 액정 디스플레이(liquid crystal display)

77. CAD 소프트웨어에서 형상 모델러가 하는 역할은?

㉮ 컴퓨터 내에 저장되어 있는 형상정보를 인쇄하는 기능
㉯ 물체의 기하학적인 형상을 컴퓨터 내에

서 표현하는 기능
㉰ 물체의 3차원 위상정보를 컴퓨터에 입력하는 기능
㉱ 컴퓨터 내에 저장되어 있는 형상을 다른 소프트웨어로 보내는 기능

78. 구멍(hole), 슬롯(slot), 포켓(pocket) 등의 형상단위를 라이브러리(library)에 미리 갖추어 놓고 필요 시 이들의 치수를 변화시켜 설계에 사용하는 모델링 방식은?

㉮ parametric modeling
㉯ feature-based modeling
㉰ boundary modeling
㉱ boolean operation modeling

[해설] 특징형상 모델링(feature-based modeling) : 설계자들이 빈번하게 사용하는 임의 형상을 정의해 놓고, 변숫값만 입력하여 원하는 형상을 쉽게 얻게 하는 기법이다.

79. 래스터 스캔 디스플레이에 직접적으로 관련된 용어가 아닌 것은?

㉮ flicker ㉯ refresh
㉰ frame buffer ㉱ RISC

[해설] ㉮ flicker : 화면이 깜박거리는 현상이다.
㉯ refresh : 다시 화면을 재생 작업하는 것이다.
㉰ frame buffer : 데이터를 한 곳에서 다른 한 곳으로 전송하는 동안 일시적으로 그 데이터를 보관하는 메모리 영역이다.
㉱ RISC : reduced instruction set computer의 약어로 CPU에 관한 사항이다.

80. 데이터 표시 방법 중 3개의 Zone Bit와 4개의 Digit Bit를 기본으로 하며, Parity Bit 적용 여부에 따라 총 7 Bit 또는 8 Bit로 한 문자를 표현하는 코드 체계는?

㉮ FPDF ㉯ EBCDIC
㉰ ASCII ㉱ BCD

[해설] ASCII : 미국 정보 교환 표준 부호로, 소형 컴퓨터에서 문자 데이터(문자, 숫자, 문장 부호)와 비입력 장치 명령(제어문자)을 나타내는 데 사용되는 표준 데이터 전송 부호이다.

해답 75. ㉮ 76. ㉯ 77. ㉯ 78. ㉯ 79. ㉱ 80. ㉰

▶ 2013년 8월 18일 시행

자격종목 및 등급(선택분야)	종목코드	시험시간	문제지형별	수험번호	성 명
기계설계 산업기사	2031	2시간	A		

제1과목 : 기계가공법 및 안전관리

1. 선반에서 각도가 크고 길이가 짧은 테이퍼를 가공하기에 가장 적합한 방법은?

㉮ 심압대의 편위 방법

㉯ 백기어 사용 방법

㉰ 모방 절삭 방법

㉱ 복식 공구대 사용 방법

[해설] 테이퍼 절삭 방법

① 복식 공구대 사용 방법 : 각도가 크고 길이가 짧을 때

② 심압대의 편위 방법 : 공작물이 길고 테이퍼가 작을 때

2. 절삭공구가 가공물을 절삭하는 칩의 두께(mm)로 이것의 증가는 온도 상승과 절삭저항의 증가, 공구수명의 감소를 가져오는 것은?

㉮ 절삭동력

㉯ 절삭속도

㉰ 이송속도

㉱ 절삭깊이

[해설] 절삭깊이(절입깊이)는 칩의 두께를 결정하며, 절삭깊이가 클수록 가공능률은 오르나 공구수명이 단축된다.

3. 기어, 회전축, 코일 스프링, 판 스프링 등의 가공에 적합한 쇼트 피닝(shot peening)은 무슨 하중에 가장 효과적인가?

㉮ 압축 하중

㉯ 인장 하중

㉰ 반복 하중

㉱ 굽힘 하중

[해설] 쇼트 피닝(shot peening) : 강구를 공작물 표면에 분사시켜 조직을 치밀하게 하고 내마모성과 반복 하중에 의한 피로특성을 향상시키는 가공법이다.

4. 선반 가공면의 표면 거칠기 이론값 최대 높이

공식은? (단, r : 바이트 끝의 반지름, s : 이송이다.)

㉮ $H_{\max} = \dfrac{s^2}{8r}$ mm

㉯ $H_{\max} = \dfrac{2r}{8s}$ mm

㉰ $H_{\max} = \dfrac{s^2}{r}$ mm

㉱ $H_{\max} = \dfrac{r^2}{s}$ mm

[해설] 선삭에서 이론적 거칠기 높이는 $H_{\max} = \dfrac{s^2}{8r}$ mm로 구한다.

5. 삼침법은 나사의 무엇을 측정하는가?

㉮ 골지름

㉯ 유효지름

㉰ 바깥지름

㉱ 나사의 길이

[해설] 삼침법 : 나사의 유효지름을 측정하는 데 사용된다. 나사의 골에 3개의 와이어를 대고 와이어의 바깥지름을 마이크로미터로 읽고 계산식을 이용하여 유효지름을 구한다.

6. 정밀 입자 가공에 대한 설명으로 옳지 않은 것은 어느 것인가?

㉮ 래핑은 매끈한 면을 얻는 가공법의 하나이며, 습식법과 건식법이 있다.

㉯ 호닝은 몇 개의 혼(hone)이라는 숫돌을 일감의 축 방향으로 작은 진동을 주어 가공하는 방법이다.

㉰ 슈퍼 피니싱은 축의 베어링 접촉부를 고정밀도 표면으로 다듬는 가공에 활용한다.

㉱ 호닝의 혼(hone) 결합제는 일반적으로 비트리파이드를 사용한다.

[해설] 호닝은 몇 개의 혼(hone)이라는 숫돌을 일감의 축 직각 방향으로 작은 진동을 주어 가공하는 방법이다.

7. 선반가공에서 다듬질 표면 거칠기에 직접 영향을 주는 요소가 아닌 것은?

해답 1. ㉱ 2. ㉱ 3. ㉰ 4. ㉮ 5. ㉯ 6. ㉯ 7. ㉮

㉮ 릴리빙　　　　　㉯ 절삭 속도
㉰ 경사각　　　　　㉱ 노즈 반지름

[해설] 릴리빙 장치 : 선반에서 총형 바이트를 이용하여 구석진 부분을 가공하는 장치의 일종으로 질문과 무관한 내용이다.

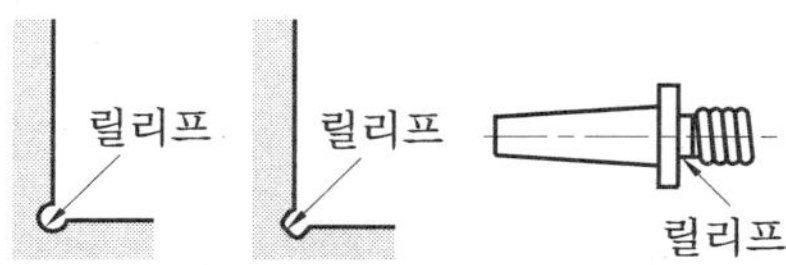

8. 연삭 작업에서 연삭 숫돌의 입자가 무디어지거나 눈메움이 생기면 연삭 능력이 저하되므로 숫돌의 예리한 날이 나타나도록 가공하는 작업은 어느 것인가?

㉮ 버니싱　　　　　㉯ 드레싱
㉰ 글레이징　　　　㉱ 로딩

[해설] 드레싱 : 글레이징이나 로딩 현상이 생길 때 드레서로 새 입자를 노출시키는 작업이다.

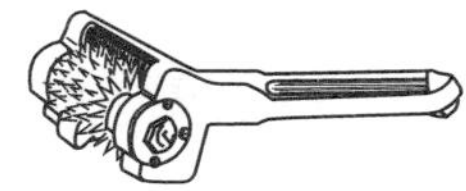

숫돌 드레서

9. 드릴링 머신으로 구멍 가공작업을 할 때 주의해야 할 사항이 아닌 것은?

㉮ 드릴은 흔들리지 않게 정확하게 고정해야 한다.
㉯ 드릴을 고정하거나 풀 때는 주축이 완전히 정지된 후 작업한다.
㉰ 구멍 가공작업이 끝날 무렵은 이송을 천천히 한다.
㉱ 크기가 작은 공작물은 손으로 잡고 드릴링한다.

[해설] 크기가 작은 공작물은 반드시 클램핑 장치에 고정한 후 가공한다.

10. 선반에서 가로 이송대에 나사 피치가 8 mm이고 100등분된 눈금이 달려 있을 때 30 mm를 26 mm로 가공하려면 핸들을 몇 눈금 돌리면 되는가?

㉮ 20　　　㉯ 25　　　㉰ 32　　　㉱ 50

[해설] 절입깊이$(t) = \dfrac{(30-26)}{2} = 2$ mm

$$이동눈금량 = \dfrac{등분수}{피치} \times t = \dfrac{100}{8} \times 2 = 25$$

11. 밀링 머신에서 가공이 어려운 것은?

㉮ 더브테일 홈 가공
㉯ T홈 가공
㉰ 널링 가공
㉱ 나선 홈 가공

[해설] 널링 가공은 선반가공이다.

12. 선반의 새들 위에 고정시켜 일감의 처짐이나 휨을 방지하는 부속장치는?

㉮ 곡형 돌리개　　　㉯ 마그네틱 척
㉰ 이동 방진구　　　㉱ 센터 드릴

[해설] 방진구

13. 밀링 머신의 주요 구조 중 상면에 T홈이 파져 있는 것은?

㉮ 새들(saddle)　　　㉯ 오버암(over arm)
㉰ 테이블(table)　　　㉱ 칼럼(column)

[해설] 밀링 테이블 : 공작물을 고정하기 위한 바이스를 설치하기 위해 T홈이 파져 있다.

14. 드릴의 각부 명칭 중에서 드릴의 홈을 따라서 만들어진 좁은 날로, 드릴을 안내하는 역할을 하는 것은?

㉮ 마진　　㉯ 랜드　　㉰ 시닝　　㉱ 탱

[해설] 마진 : 드릴 끝단에서 바라볼 때 그림과 같은 날 부분으로 드릴이 수직 가공되도록 안내한다.

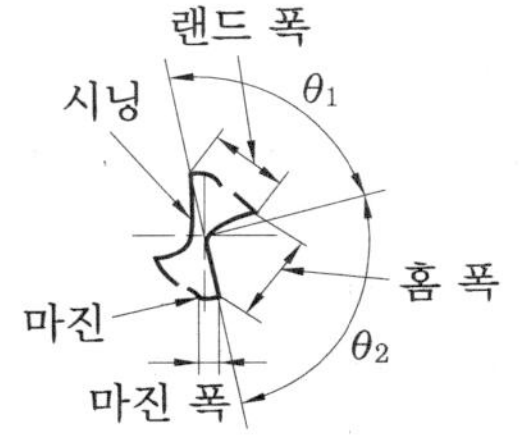

---

15. 절삭공구를 보관 및 사용 시 적합한 관리방법이 아닌 것은?

㉮ 절삭공구의 날 마모 상태를 자주 점검한다.

㉯ 중(重) 절삭 시 가능한 한 절삭공구의 날 끝을 최대한 예리하고 뾰족하게 세워서 사용한다.

㉰ 작업 후 절삭공구는 보관용 공구함에 보관한다.

㉱ 절삭공구의 보관함은 청결을 유지하고, 종류별로 구분하여 항상 사용에 편리하게 분류한다.

[해설] 최종 다듬질 가공에서 절삭공구의 날끝을 최대한 예리하고 뾰족하게 세워서 사용한다.

16. 기계부품의 가공 시 최소의 경비로 가장 단순하게 사용할 수 있는 지그는?

㉮ 박스 지그   ㉯ 분할 지그

㉰ 샌드위치 지그   ㉱ 템플릿 지그

[해설] 템플릿 지그 : 1회 소모성 지그 형태로 제작비를 절감하기 위한 간단한 지그의 일종이다.

17. 편심량이 2.2 mm로 가공된 선반 가공물을 다이얼 게이지로 측정할 때 다이얼 게이지 눈금의 변위량은 몇 mm인가?

㉮ 1.1   ㉯ 2.2   ㉰ 4.4   ㉱ 22

[해설] 선반에서 편심량은 다이얼 게이지로 세팅 시 눈금량이 2배가 되므로 $2.2 \times 2 = 4.4$ mm이다.

18. 연삭 작업 시 주의할 점에 대한 설명으로 틀린 것은?

㉮ 숫돌 커버를 반드시 설치하여 사용한다.

㉯ 숫돌을 나무해머로 가볍게 두드려 음향 검사를 한다.

㉰ 연삭 작업 시에는 보안경을 꼭 착용하여야 한다.

㉱ 양 숫돌차의 입도는 항상 같게 하여야 한다.

[해설] 양두 그라인더에서 숫돌은 서로 다른 종류로 정착하여 다양한 연마의 효율성을 높여 사용한다.

19. 센터리스 연삭기에서 조정 숫돌의 지름을 d [mm], 조정 숫돌의 경사각을 α[도], 조정 숫돌의 회전수를 n[rpm]이라고 할 때 일감의 이송속도 f [mm/min]는?

㉮ $f = \dfrac{\pi d n}{\sin \alpha}$ ㉯ $f = \pi d n \cos \alpha$

㉰ $f = \dfrac{\pi d n}{\cos \alpha}$ ㉱ $f = \pi d n \sin \alpha$

[해설] 센터리스 연삭기에서 일감의 이송속도 f [mm/min]는 조정 숫돌의 경사각 $\sin \alpha$에 비례한다.

20. 밀링 커터의 날수가 10, 지름이 100 mm, 절삭속도 100 m/min 1날당 이송을 0.1 mm로 하면 테이블 1분간 이송량은 약 얼마인가?

㉮ 420 mm/min   ㉯ 318 mm/min

㉰ 218 mm/min   ㉱ 120 mm/min

[해설] $n = \dfrac{1000 V}{\pi d} = \dfrac{1000 \times 100}{\pi \times 100} = 318$ rpm

$f = f_z \cdot z \cdot n = 0.1 \times 10 \times 318 = 318$ mm/min

제 2 과목 : 기계제도

21. 다음 용접의 기본 기호 중 플러그 용접 기호는 어느 것인가?

㉮ ⌒   ㉯ ✳

㉰ ◺   ㉱ ⊓

[해설] ㉮ 비드 용접, ㉯ : 점 용접, ㉰ : 필릿 용접, ㉱ : 플러그 용접

22. KS 재료 기호 중 기계 구조용 탄소 강재는?

㉮ SM20C   ㉯ SC37

㉰ SHP1   ㉱ SF34

[해설] SM20C : 기계 구조용 탄소 강재

SC37 : 탄소강 주강품

SF34 : 탄소강 단강품

23. 보기 도면과 같이 강판에 구멍을 가공할 경우 가공할 구멍의 크기와 개수는?

[해답] 15. ㉯   16. ㉱   17. ㉰   18. ㉱   19. ㉱   20. ㉯   21. ㉱   22. ㉮   23. ㉰

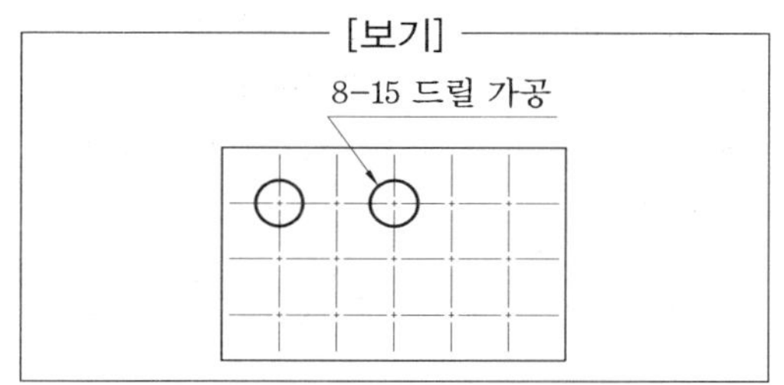

㉮ 지름 8 mm, 구멍 2개

㉯ 지름 8 mm, 구멍 15개

㉰ 지름 15 mm, 구멍 8개

㉱ 지름 15 mm, 구멍 2개

[해설] 드릴 가공 지시선 : 구멍 수-크기

24. 도면에서 표면의 줄무늬 방향 지시 그림 기호 M은 무엇을 뜻하는가?

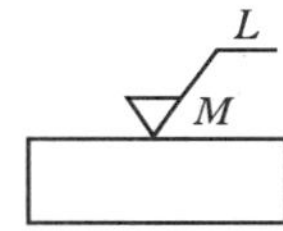

㉮ 가공에 의한 커터의 줄무늬가 기호를 기입한 그림의 투영면에 비스듬하게 두 방향으로 교차

㉯ 가공에 의한 커터의 줄무늬가 기호를 기입한 면의 중심에 대하여 거의 동심원 모양

㉰ 가공에 의한 커터의 줄무늬가 기호를 기입한 면의 중심에 대하여 거의 방사 모양

㉱ 가공에 의한 커터의 줄무늬가 여러 방향으로 교차 또는 무방향

[해설] ㉮ X, ㉯ C, ㉰ R, ㉱ M

25. 도면에서 2종류 이상의 선이 같은 곳에 겹치는 경우 다음 선 중에서 우선순위가 가장 높은 선은 어느 것인가?

㉮ 중심선 ㉯ 무게 중심선

㉰ 숨은선 ㉱ 치수 보조선

[해설] 선 우선순위 : 외형선 > 숨은선 > 중심선 > 치수 보조선

26. 제3각법으로 정투상한 그림과 같은 투상도에

서 누락된 정면도로 가장 적합한 것은?

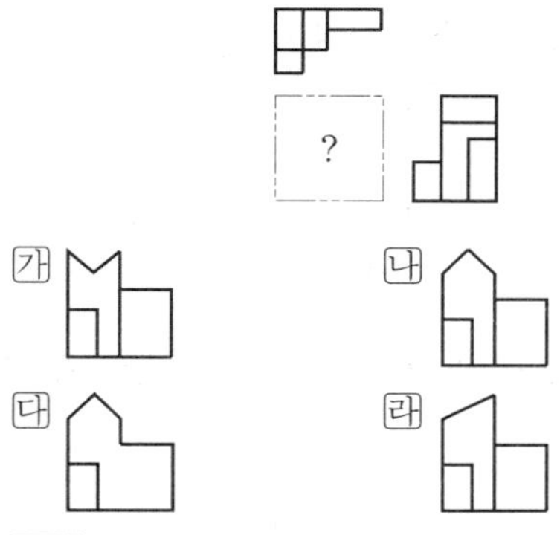

[해설] 투상도 문제는 보기의 그림을 서로 비교하여 틀린 곳을 분석하면 오류를 방지할 수 있다.

27. 크기(폭×높이×길이)가 20 mm×50 mm×100 mm인 육면체 제품의 질량을 계산하면 약 몇 kg인가? (단, 재질은 SM45C이고, 비중은 7.85이다.)

㉮ 0.0785 ㉯ 0.785

㉰ 7.85 ㉱ 78.5

[해설] $W = \gamma(비중) \times 체적$
$= 7.85 \times 10^{-6} \times (20 \times 50 \times 100)$
$= 0.785 \text{ kg}$

28. 빗줄 널링(knurling)의 표시 방법으로 가장 올바른 것은?

㉮ 축선에 대하여 일정한 간격으로 평행하게 도시한다.

㉯ 축선에 대하여 일정한 간격으로 수직으로 도시한다.

㉰ 축선에 대하여 30°로 엇갈리게 일정한 간격으로 도시한다.

㉱ 축선에 대하여 80°로 하여 일정한 간격으로 평행하게 도시한다.

[해설] 축선에 30°로 엇갈려 도면에 일부 그린다.

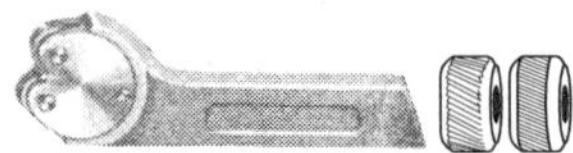

29. 기하공차 중 단독 형체에 관한 것들로만 짝지어진 것은?

[해답] **24.** ㉱ **25.** ㉰ **26.** ㉯ **27.** ㉯ **28.** ㉰ **29.** ㉰

㉮ 진직도, 평면도, 경사도
㉯ 진직도, 동축도, 대칭도
㉰ 평면도, 진원도, 원통도
㉱ 진직도, 동축도, 경사도

[해설] 단독 형체 : 진직도, 평면도, 진원도, 원통도 등으로 데이텀이 필요하지 않은 곳이다.

30. 구름 베어링의 안지름이 8인 베어링 호칭번호는?

㉮ 608 ㉯ 6008 ㉰ $\dfrac{60}{18}$ ㉱ 6080

[해설] 베어링 호칭 앞 두 자리는 베어링 계열(예 : 60), 뒤 두 자리는 안지름 번호를 나타낸다. 안지름이 10 mm 이하인 경우, 한 자리수로 크기를 표기한다.
※ ① 608 : 안지름 8 mm
  ② 6008 : 안지름 $5 \times 8 = 40$ mm

31. 다음과 같은 표면 거칠기 지시 방법에서 λc 2.5의 의미는?

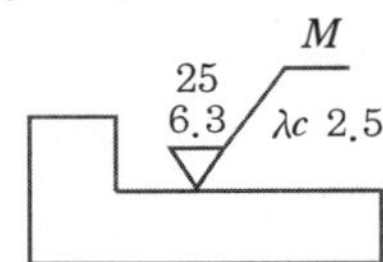

㉮ 평가 길이 2.5 mm
㉯ 컷오프값 2.5 mm
㉰ 평가 길이 2.5 μm
㉱ 컷오프값 2.5 μm

[해설] ① M : 가공 방법 문자
  ② 25 : 거칠기 상한값 25 μm
  ③ 6.3 : 거칠기 하한값 6.3 μm
  ④ λc 2.5 : 컷오프값 2.5 mm

32. 그림과 같은 원뿔을 전개하였을 때 전개도의 중심각이 120°가 되려면 L의 치수는 얼마인가?(단, 원뿔 밑면의 지름이 100 mm이다.)

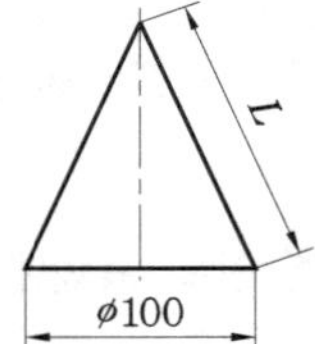

㉮ 150 mm ㉯ 200 mm
㉰ 120 mm ㉱ 180 mm

[해설] 밑면 원 원주 길이＝원뿔 전개 시 부채꼴 호의 길이

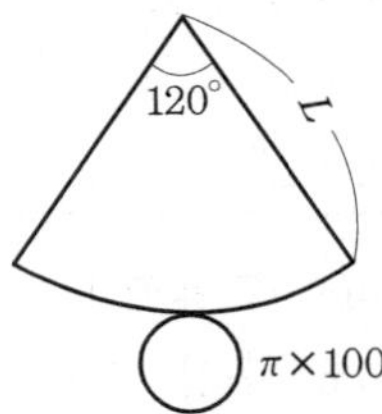

$$\pi \times 100 = \pi \times 2L \times \dfrac{120°}{360°}$$

$$\therefore L = \dfrac{100}{2} \times \dfrac{360}{120} = 150 \text{ mm}$$

33. 그림과 같은 부등변 ㄱ형강의 치수 표시방법은?(단, 형강의 길이는 L이고, 두께는 t로 동일하다.)

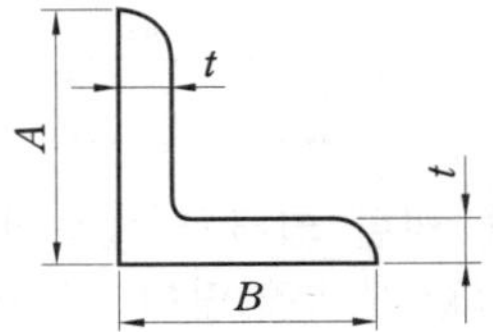

㉮ $LA \times B \times t - L$
㉯ $Lt \times A \times B \times L$
㉰ $LB \times A + 2t - L$
㉱ $LA + B \times \dfrac{t}{2} - L$

[해설] 부등변 ㄱ형강 치수 표기법 : L 높이×폭×두께 −길이

34. 그림과 같은 입체도의 화살표 방향 투상도로 가장 적합한 것은?

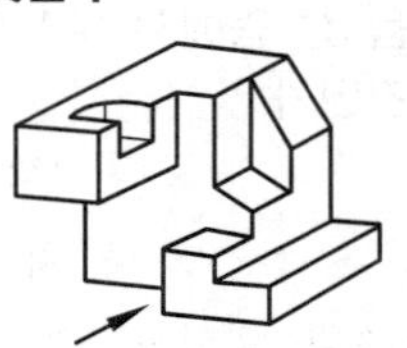

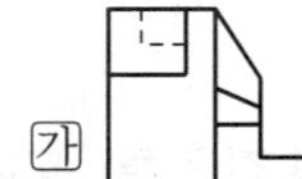
㉮

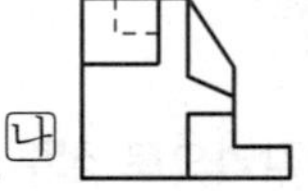
㉯

[해답] 30. ㉮ 31. ㉯ 32. ㉮ 33. ㉮ 34. ㉯

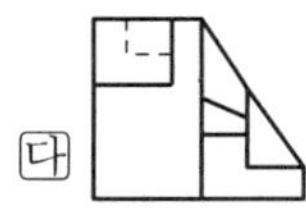 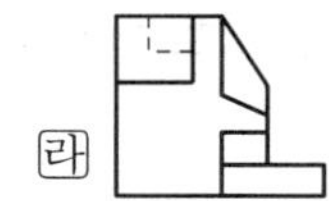

35. 도면의 부품란에 기입할 수 있는 항목만으로 짝지어진 것은?

㉮ 도면 명칭, 도면 번호, 척도, 투상법

㉯ 도면 명칭, 도면 번호, 부품 기호, 재료명

㉰ 부품 명칭, 부품 번호, 척도, 투상법

㉱ 부품 명칭, 부품 번호, 수량, 부품 기호

[해설] ① 부품란 : 부품 명칭, 부품 번호, 수량, 부품 기호, 무게 등 부품에 관한 정보 기입
② 표제란 : 도명, 도번, 설계자, 각법, 척도, 제작일 등 도면의 정보 기입

36. 그림과 같은 도면에서 가는 실선이 교차하는 대각선 부분은 무엇을 의미하는가?

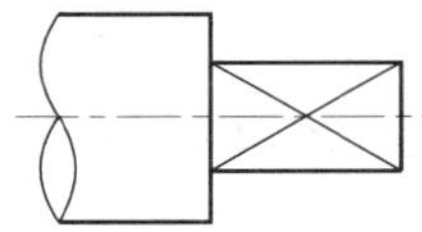

㉮ 평면이라는 뜻

㉯ 나사산 가공하라는 뜻

㉰ 가공에서 제외하라는 뜻

㉱ 대각선의 홈이 파여 있다는 뜻

[해설] 축에서 평면 가공 부위는 가는 실선으로 대각선으로 그린다.

37. 입체도의 화살표 방향이 정면일 경우 평면도로 가장 적합한 투상은?

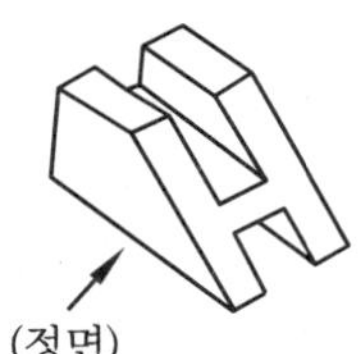

(정면)

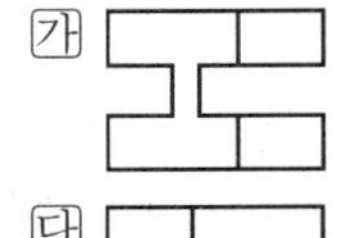 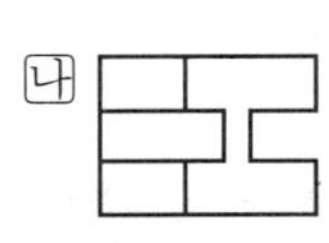
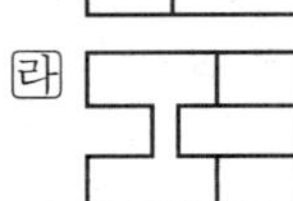

38. 도면에 표시된 재료 기호가 "SF390A"로 되었을 때 "390"이 뜻하는 것은?

㉮ 재질 표시

㉯ 탄소 함유량

㉰ 최저 인장 강도

㉱ 제품명 또는 규격명 표시

[해설] 재료 기호 "SF390A"에서 S는 재질, F는 제품명 또는 규격명, 390A는 최저 인장 강도를 나타낸다.

39. 구멍과 축의 끼워맞춤에서 G7/h6은 무엇을 뜻하는가?

㉮ 축 기준식 억지 끼워맞춤

㉯ 축 기준식 헐거운 끼워맞춤

㉰ 구멍 기준식 억지 끼워맞춤

㉱ 구멍 기준식 헐거운 끼워맞춤

[해설] 구멍 기준식 : H, 축 기준식 : h
※ a(A)에 가까울수록 헐거운 끼워맞춤, z(Z)에 갈수록 억지 끼워맞춤이다.

40. 관용 테이퍼 암나사를 나타내는 나사기호는 어느 것인가?

㉮ R ㉯ Rc ㉰ Rs ㉱ Rf

[해설] ㉮ R : 관용 테이퍼 수나사
㉯ Rc : 관용 테이퍼 암나사
※ Rp : 관용 평행 암나사

제 3 과목 : 기계설계 및 기계재료

41. 다음 중 황동 합금의 주성분은?

㉮ Cu-Si ㉯ Cu-Al

㉰ Cu-Zn ㉱ Cu-Sn

[해설] 황동 : Cu-Zn, 청동 : Cu-Sn

42. 6.67 %의 탄소(C)를 함유한 백색 침상의 금속 간 화합물로서 대단히 단단하고(HB 820 정도) 취약하며, 상온에서는 강자성체이나 210℃가 넘으면 상자성체로 변하여 A_0 변태를 하는 것은?

[해답] 35. ㉱ 36. ㉮ 37. ㉰ 38. ㉰ 39. ㉯ 40. ㉯ 41. ㉰ 42. ㉮

[가] 시멘타이트 [나] 흑연
[다] 오스테나이트 [라] 페라이트

[해설] 철에서 금속 간 화합물은 Fe_3C이고 매우 단단한 시멘타이트 조직을 갖는다.

43. 다음 중 Ni, C, Mn 및 F의 합금으로 바이메탈시계진자, 줄자, 계측기의 부품 등에 사용되는 불변강의 종류는?

[가] 인바 [나] 엘린바
[다] 코엘린바 [라] 플라티나이트

[해설] [가] 인바 : 온도에 따른 길이 변화가 거의 없는 강이다.
[나] 엘린바 : 탄성이 거의 변하지 않는 강이다.
[다] 코엘린바 : 엘린바에 Co가 첨가된 강이다.
[라] 플라티나이트 : 전구, 진공관, 도선 등에 사용하는 강이다.

44. 양은 또는 양백으로 불리는 합금은?

[가] Fe-Ni-Mn계 합금
[나] Ni-Cu-Zn계 합금
[다] Fe-Ni계 합금
[라] Ni-Cr계 합금

[해설] 양은 : Cu-Zn(황동)에 Ni(니켈)을 첨가한 것으로 일상 냄비 등에 많이 사용된다.

45. 알루미늄 합금의 열처리 방법과 관계없는 것은 어느 것인가?

[가] 용체화 처리 [나] 인공 시효 처리
[다] 어닐링 [라] 세라다이징

46. 담금질 온도에서 냉각액 속에 재료를 담금하여 일정한 시간을 유지시킨 후 인상하여 서랭시키는 담금질 조작이 아닌 것은?

[가] 시간 담금질 [나] 인상 담금질
[다] 분사 담금질 [라] 2단 담금질

[해설] 분사 담금질은 급랭 방식이다.

47. 합금효과가 없더라도 결정의 핵생성을 촉진시키는 레이들 첨가법이며, 주철에서는 칠드(chill)화 방지, 흑연형상의 개량, 기계적 성질 향상 등을 목적으로 하는 것은?

[가] 접종 [나] 구상화
[다] 상률 [라] 금속의 이온화

48. 주조 조직을 미세화하고 냉간 가공, 단조 등에 의해 생긴 내부응력을 제거하며, 결정 조직, 기계적 성질, 물리적 성질 등을 표준화시키는 데 목적이 있는 열처리법은?

[가] 담금질 [나] 침탄법
[다] 뜨임 [라] 불림

[해설] [가] 담금질 : 강의 경도와 강도를 증가시킬 목적
[나] 침탄법 : 저탄소강에 침탄제를 넣어 가열 표면을 경화시킬 목적
[다] 뜨임 : 강의 취성을 제거하고 인성을 주기 위한 목적
[라] 불림 : 조직을 미세화, 내부응력을 제거하기 위한 목적

49. 탄소강의 항온 열처리 방법 중 최종 조직이 베이나이트 조직으로 나타나는 열처리 방법은?

[가] 고주파 열처리 [나] 마퀜칭
[다] 담금질 [라] 오스템퍼링

[해설] 오스템퍼링 : 소금물에서 담금질하는 방법(염욕)으로 베이나이트 조직이 된다.

50. 다음 중 주강과 주철의 설명으로 바르지 못한 것은?

[가] 주강의 종류에는 저탄소 주강, 중탄소 주강, 고탄소 주강이 있다.
[나] 주강은 주철에 비해 용융점이 높다.
[다] 주철 중에 함유되는 탄소량은 보통 2.5~4.5% 정도이다.
[라] 주철은 주강에 비하여 기계적 성질에 월등하게 좋고, 용접에 의한 보수가 용이하다.

[해설] 주철은 담금질 열처리가 불가능하여 주강에 비하여 기계적 성질이 좋다고 볼 수 없다.

51. 브레이크 드럼축에 554 N · m의 토크가 작용하면 축을 정지하는 데 필요한 제동력은 몇 N인가? (단, 브레이크 드럼의 지름은 400 mm이다.)

[가] 1920 [나] 2770 [다] 3310 [라] 3660

[해답] 43. [가] 44. [나] 45. [라] 46. [다] 47. [가] 48. [라] 49. [라] 50. [라] 51. [나]

[해설] 제동력 $F = \mu P = \dfrac{2T}{d}$

$$= \dfrac{2 \times 554}{0.4} = 2770 \text{ N}$$

52. 그림과 같은 형태의 볼트로서 전단력이 많이 작용하는 곳에 주로 사용하는 볼트는?

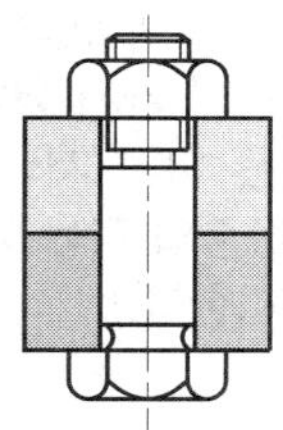

㉮ 스터드 볼트(stud bolt)

㉯ 탭 볼트(tap bolt)

㉰ 리머 볼트(reamer bolt)

㉱ 스테이 볼트(stay bolt)

[해설] ㉮ 스터드 볼트(stud bolt) : 볼트 머리가 없고 양쪽이 수나사로 된 형태

㉯ 탭 볼트(tap bolt) : 조립할 부품에 탭으로 암나사를 내고 육각 머리 볼트를 조립한 것

㉰ 리머 볼트(reamer bolt) : 정밀한 위치 조립을 하기 위해 볼트와 끼워맞춤한 형태

㉱ 스테이 볼트(stay bolt) : 일정하게 거리를 두고 조립하기 위해 부시를 넣고 조립한 것

53. 재료의 파손이론(failure theory) 중 재료에 조합하중이 작용할 때 최대 주응력이 단순인장 또는 단순압축 하중에 대한 항복강도, 또는 인장강도나 압축강도에 도달하였을 때 재료의 파손이 일어난다는 이론을 말하는 것으로 주철과 같은 취성재료에 잘 일치하는 이론은?

㉮ 변형률 에너지설(strain energy theory)

㉯ 최대 주변형률설(maximum principal strain theory)

㉰ 최대 전단응력설(maximum shear stress theory)

㉱ 최대 주응력설(maximum principal stress theory)

[해설] ① 최대 주응력(평면응력)

$$\sigma_1 = \frac{1}{2}(\sigma_x + \sigma_y) + \frac{1}{2}\sqrt{(\sigma_x - \sigma_y)^2 + 4\tau_{xy}^2}$$

② 최소 주응력(평면응력)

$$\sigma_2 = \frac{1}{2}(\sigma_x + \sigma_y) - \frac{1}{2}\sqrt{(\sigma_x - \sigma_y)^2 + 4\tau_{xy}^2}$$

③ 최대 전단응력

$$\tau_{\max} = \frac{1}{2}\sqrt{(\sigma_x - \sigma_y)^2 + 4\tau_{xy}^2}$$

④ 최대 주변형률

$$\epsilon_1 = \frac{1}{2}(\epsilon_x + \epsilon_y) + \frac{1}{2}\sqrt{(\epsilon_x - \epsilon_y)^2 + \gamma_{xy}^2}$$

⑤ 최소 주변형률

$$\epsilon_2 = \frac{1}{2}(\epsilon_x + \epsilon_y) - \frac{1}{2}\sqrt{(\epsilon_x - \epsilon_y)^2 + \gamma_{xy}^2}$$

⑥ 최대 전단변형률

$$\gamma_{\max} = \sqrt{(\epsilon_x - \epsilon_y)^2 + \gamma_{xy}^2}$$

54. 다음과 같은 스프링 장치에서 각각의 스프링 상수는 $k_1 = 20$ N/mm, $k_2 = 30$ N/mm일 때 이 장치의 조합 스프링 상수는 약 몇 N/mm인가?

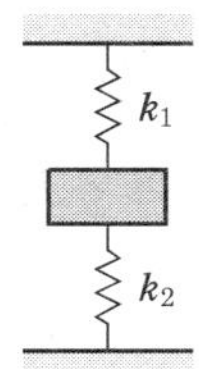

㉮ 25

㉯ 6

㉰ 50

㉱ 12

[해설] 스프링이 상하면에 접지된 형태로 병렬연결 상태이다. 그러므로 조합한 스프링 상수값은

$$\Sigma k = k_1 + k_2 = 20 + 30 = 50 \text{ N/mm}$$

55. 코터의 두께를 b, 폭을 h라 하고, 축방향의 힘 F를 받을 때 코터 내에 생기는 전단응력(τ)에 대한 식으로 옳은 것은? (단, 축방향의 힘에 의해 2개의 전단면이 발생한다.)

㉮ $\tau = \dfrac{F}{bh}$ ㉯ $\tau = \dfrac{hb}{F}$

㉰ $\tau = \dfrac{F}{2bh}$ ㉱ $\tau = \dfrac{2bh}{F}$

[해설] 코터의 경우 전단면이 2곳에서 일어나므로

$$\tau = \frac{\text{힘}}{2 \times \text{단면적}} = \frac{F}{2bh}$$

[해답] 52. ㉰ 53. ㉱ 54. ㉰ 55. ㉰

56. 회전속도가 7 m/s로 전동되는 평벨트 전동 장치에서 가죽 벨트의 폭(b)×두께(t)=116 mm×8 mm인 경우, 최대전달동력은 약 몇 kW 인가? (단, 벨트의 허용인장응력은 2.35 MPa, 장력비($e^{\mu\theta}$)는 2.5이며, 원심력은 무시하고 벨트의 이음효율은 100 %이다.)

㉮ 7.45 ㉯ 9.16 ㉰ 11.08 ㉱ 13.46

[해설] ① 인장력
$$T_1 = \sigma \times A = (2.35 \times 10^6) \times (0.116 \times 0.008)$$
$$= 2180.8 \text{ N} = 222.5 \text{ kgf} \ (※ \ 9.8 \text{ N} = 1 \text{ kgf})$$

② 유효전달장력
$$P_e = T_1 \frac{e^{\mu\theta} - 1}{e^{\mu\theta}}$$
$$= 222.5 \times \frac{2.5 - 1}{2.5} = 133.5 \text{ kgf}$$

③ 전달동력
$$H = \frac{P_e V}{102} = \frac{133.5 \times 7}{102} = 9.16 \text{ kW}$$

57. 한 쌍의 표준 스퍼 기어에서 지름피치가 5 이고, 잇수가 각각 20, 63일 때 기어 간 중심거리는 약 몇 mm인가? (단, 1 inch는 25.4 mm 이다.)

㉮ 210.82 ㉯ 421.64
㉰ 16.3 ㉱ 163

[해설] 지름피치 $D.P = \dfrac{25.4}{m}$ ∴ $m = 5.08$

중심거리 $C = \dfrac{m(Z_1 + Z_2)}{2}$
$$= \frac{5.08(20 + 63)}{2} = 210.82 \text{ mm}$$

58. 그림과 같이 양쪽에 옆면 필릿 용접 이음을 한 용접 구조물에서 용접부의 허용전단응력이 49.05 MPa이라 할 때 약 몇 kN의 힘(P)에 견딜 수 있는가? (단, 판의 두께는 5 mm이고, 용접 길이(l)는 100 mm이다.)

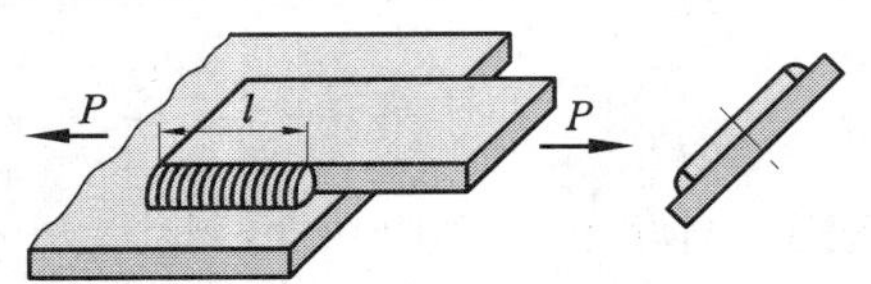

㉮ 34.7 ㉯ 48.6 ㉰ 60.4 ㉱ 72.9

[해설] 용접부의 단면적 $A = \dfrac{5}{\sqrt{2}} \times 100 \times 2$ (양쪽)
$$= 707 \text{ mm}^2 = 0.707 \text{m}^2$$

허용 힘 $P = \tau \times A$
$$= 49.05 \times 10^6 \times 0.707$$
$$= 34678.35 \text{ N} ≒ 34.7 \text{ kN}$$

59. 일반적으로 저널 베어링은 장착 형태와 하중의 방향에 따라 여러 가지 형태로 분류되는데 그림과 같은 저널은 어떤 저널에 속하는가? (단, 그림에서 P는 하중의 작용을 나타내고, d는 저널의 지름을 의미한다.)

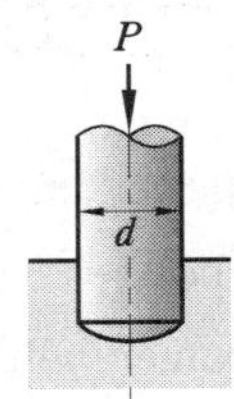

㉮ 칼라 저널 ㉯ 피벗 저널
㉰ 중간 저널 ㉱ 엔드 저널

[해설] 피벗 저널 : 수직축 축방향 끝단 지지 형태

60. 유체 클러치의 일종인 유체 커플링(fluid coupling)의 특징을 설명한 것 중 틀린 것은?

㉮ 원동기의 시동이 쉽다.
㉯ 과부하에 대하여 원동기를 보호할 수 있다.
㉰ 자동변속을 하기 어렵다.
㉱ 다수의 원동기에서 1개의 부하, 또는 1개의 원동기에서 다수의 부하작용이 쉽다.

[해설] 유체 커플링(fluid coupling) : 밀폐된 공간 안에 회전날개가 있는 두 개의 축 사이에 유체를 채워 회전력을 전달하는 커플링으로 자동변속을 하기 자유롭다.

제 4 과목 : 컴퓨터응용설계

61. CAD시스템의 출력장치로 볼 수 없는 것은?

㉮ 플로터(plotter)
㉯ 프린터(printer)

㉰ 라이트 펜(light pen)
㉱ 래피드 프로토타이핑(rapid prototyping)

해설 라이트 펜(light pen) : 입력장치의 하나이다.

62. 다음 중 3차원 공간상의 점 좌표를 표현하기 위해, 평면 극좌표계(원점으로부터의 거리 r, 수평축과 이루는 각도 θ)에 평면으로부터의 높이 z를 더해 좌표값을 표현하는 좌표계는?

㉮ 공간 극좌표계 ㉯ 원통 좌표계
㉰ 구면 좌표계 ㉱ 직교 좌표계

해설 원통 좌표계 : 원기둥 공간형태의 좌표계로 단면 극좌표계(거리, 각도)+높이(직교) 형식의 좌표계이다.

63. CAD 용어 중 회전 특징 형상 모양으로 잘려 나간 부분에 해당하는 특징 형상을 무엇이라고 하는가?

㉮ 홀(hole) ㉯ 그루브(groove)
㉰ 챔퍼(chamfer) ㉱ 라운드(round)

해설 ㉮ 홀(hole) : 물체에 진원으로 파인 구멍 형상
㉯ 그루브(groove) : 회전 특징 형상 모양으로 잘려 나간 형상
㉰ 챔퍼(chamfer) : 모서리 부분을 45° 면취 처리한 형상
㉱ 라운드(round) : 모서리 부분을 둥글게 처리한 형상

64. IGES 파일 구조가 가지는 section이 아닌 것은?

㉮ directory section ㉯ global section
㉰ start section ㉱ local section

해설 local section이라는 파일 구조는 없다.
※ IGES 파일 구조 : start section, global section, directory section, parameter section, terminate section이다.

65. 폐쇄된 평면 영역이 단면이 되어 직진 이동 혹은 회전 이동시켜 솔리드 모델을 만드는 모델링 기법은?

㉮ 스키닝(skinning) ㉯ 리프팅(lifting)
㉰ 스위핑(sweeping) ㉱ 트위킹(tweaking)

해설 스위핑(sweeping) : 단면을 윤곽궤적을 따라 이동하면서 솔리드 모델을 형성한다.

66. 다음과 같은 2차원 좌표 변환 행렬에서 데이터의 이동에 관련되는 요소는?

$$\begin{bmatrix} A & B & 0 \\ C & D & 0 \\ L & M & 1 \end{bmatrix}$$

㉮ A, B ㉯ C, D
㉰ L, M ㉱ A, D

해설 ① L : x축 이동거리값
② M : y축 이동거리값

67. 다음은 베지어(Bezier) 곡선의 특징을 설명한 것이다. 이 중 잘못된 것은 무엇인가?

㉮ 곡선은 조정점(control point)을 통과시킬 수 있는 다각형의 바깥쪽에 위치한다.
㉯ 곡선은 양 끝점의 조정점을 통과한다.
㉰ 1개의 조정점 변화는 곡선 전체에 영향을 미친다.
㉱ n개의 조정점에 의하여 정의되는 곡선은 $(n-1)$차 곡선이다.

해설 베지어(Bezier) 곡선 : 조정점을 통과시킬 수 있는 다각형의 내부에 위치한다.

68. 21인치 1600×1200 픽셀 해상도 래스터모니터를 지원하는 그래픽보드가 트루컬러(24비트)를 지원하기 위해 다음과 같은 메모리를 검토하고자 한다. 이때 적용할 수 있는 가장 작은 메모리는 어느 것인가?

㉮ 1 MB ㉯ 4 MB ㉰ 8 MB ㉱ 32 MB

해설 8 bit=1 byte이고 트루컬러(24 bit)=24/8=3 Byte가 필요하다. 사용 메모리 용량=해상도 크기(1600×1200)×3 Byte ≒ 5.76 MB이다. 따라서 사용 메모리보다 큰 표준 메모리 8 MB가 요구된다.

69. CAD/CAM 시스템을 개발하여 공급하는 회사들은 세계적으로 여러 곳이 있다. 이러한 여러

해답 62. ㉯ 63. ㉯ 64. ㉱ 65. ㉰ 66. ㉰ 67. ㉮ 68. ㉰ 69. ㉯

가지 CAD/CAM 시스템을 사용하다 보면 각 시스템별 호환성에서 많은 문제점이 나타나게 된다. 이러한 문제점들을 해결하기 위하여 서로 시스템의 데이터를 상호 교환하기 위해 사용하는 데이터 교환 표준이 아닌 것은?

㉮ PHIGS   ㉯ DIN
㉰ DXF   ㉱ STEP

[해설] 데이터 교환 표준 파일 : DXF, IGES, STEP, PHIGS

70. 리프레시(refresh) CRT에서 화면이 흐려지고 밝아지는 현상이 반복되는 과정에서 화면이 흔들리는 현상을 나타내는 용어는?

㉮ 플리커   ㉯ 굴절
㉰ 증폭   ㉱ 레지스터

71. 이미 정해진 두 곡선 또는 곡면을 부드럽게 채우는 곡선 또는 곡면을 생성하는 것을 무엇이라고 하는가?

㉮ 리프팅   ㉯ 블랜딩
㉰ 스키닝   ㉱ 리프레싱

[해설] 블랜딩 : 떨어져 있는 두 곡선 또는 곡면을 부드럽게 연결해 가는 모델링 기법

72. 다음 중 솔리드 모델링 시스템에서 사용하는 일반적인 기본형상(primitive)이 아닌 것은?

㉮ 곡면   ㉯ 실린더
㉰ 구   ㉱ 원추

[해설] 기본형상(primitive) : CSG(constructive solid geometry)의 솔리드 구조모델은 기본형상을 기하학적 불 연산을 통해 복잡한 형상으로 구현해 가는데 직육면체, 구, 원추, 원통 등이다. 곡면은 B-REP 방식이다.

73. 다음 CAD 시스템 기능 중에서 모델의 속성(attribute)을 관리하는 기능에 해당하는 것은?

㉮ 자료 확대, 축소하는 기능
㉯ 선의 종류, 굵기 등을 정의하는 기능
㉰ 만들어진 모델을 합치기 하는 기능
㉱ 트리구조로 표현되는 도면 디자인 이력을 보여주는 기능

74. CAD 시스템을 구성하여 운영할 때 각각의 단위별로 구성된 자료를 근거리에서 저렴하고 효율적으로 관리하기 위한 시스템 구성 방식으로 가장 적합한 것은?

㉮ 각각의 단위를 Modem을 이용하여 구성한다.
㉯ 각각의 단위를 FAX를 이용하여 구성한다.
㉰ 각각의 단위를 Teletype를 이용하여 구성한다.
㉱ 각각의 단위를 LAN을 이용하여 구성한다.

[해설] LAN : local area network의 약자로 근거리 통신망의 형태를 말한다.

75. 체적이나 무게중심을 구할 수 있는 가장 좋은 형상처리 방법은?

㉮ wireframe modeling
㉯ system modeling
㉰ surface modeling
㉱ solid modeling

[해설] ① wireframe modeling : 골격만 3차원 형태이다.
② surface modeling : 표면만 있고 속이 빈 형태(NC가공)이다.
③ solid modeling : 속까지 꽉 찬 상태로 체적, 무게 계산이 가능하다.

76. NURBS 곡선에 대한 설명으로 틀린 것은?

㉮ 일반적인 B-spline 곡선에서는 원, 타원, 포물선, 쌍곡선 등의 원추곡선을 근사적으로밖에 표현하지 못하지만, NURBS 곡선은 이들 곡선을 정확하게 표현할 수 있다.
㉯ 일반 베지어 곡선과 B-spline 곡선을 모두 표현할 수 있다.
㉰ NURBS 곡선에서 각 조정점은 x, y, z 좌표 방향으로 하여 3개의 자유도를 가진다.
㉱ NURBS 곡선은 자유 곡선은 물론 원추곡선까지 통일된 방정식의 형태로 나타낼 수 있으므로, 프로그램 개발 시 그 작업량을 줄여준다.

[해설] NURBS 곡선 : 4개의 자유도를 가진다.

---

77. B-spline 곡선의 설명으로 옳은 것은?

㉮ 각 조정점(control vertex)들이 전체 곡선의 형상에 영향을 준다.

㉯ 곡선의 형상을 국부적으로 수정하기 어렵다.

㉰ 곡선의 차수는 조정점의 개수와 무관하다.

㉱ Hermite 곡선식을 사용한다.

[해설] B-spline 곡선 : 곡선의 형상을 변화시키기 위하여 다각형의 한 점을 이동하였다고 해도 곡선의 수학적 연속성은 계속 보장되며, 수정된 조정점에 접한 곡선에만 형상에 영향을 주고 조정점의 개수와는 무관하다.

78. 3차원 공간에서 X축을 중심으로 반시계방향으로 θ만큼 회전시키는 변환행렬에서 ⓐ, ⓑ 부분에 각각 들어갈 항목으로 옳은 것은? (단, 반시계방향을 ＋방향으로 한다.)

$$\begin{bmatrix} 1 & 0 & 0 & 0 \\ 0 & \cos\theta & \sin\theta & 0 \\ 0 & ⓐ & ⓑ & 0 \\ 0 & 0 & 0 & 1 \end{bmatrix}$$

㉮ ⓐ $= \cos\theta$, ⓑ $= \sin\theta$

㉯ ⓐ $= \sin\theta$, ⓑ $= \cos\theta$

㉰ ⓐ $= -\sin\theta$, ⓑ $= \cos\theta$

㉱ ⓐ $= -\cos\theta$, ⓑ $= \sin\theta$

[해설] 반시계방향으로 θ만큼 회전시킨 행렬식이다.

$$\begin{bmatrix} 1 & 0 & 0 & 0 \\ 0 & \cos\theta & \sin\theta & 0 \\ 0 & -\sin\theta & \cos\theta & 0 \\ 0 & 0 & 0 & 1 \end{bmatrix}$$

79. CAD 소프트웨어가 반드시 갖추고 있어야 할 기능으로 거리가 먼 것은?

㉮ 화면 제어 기능   ㉯ 치수 기입 기능

㉰ 도형 편집 기능   ㉱ 인터넷 기능

[해설] 인터넷 기능은 제조회사의 옵션 사항으로 CAD 기능과는 무관하다.

80. 일방적인 3차원 표현방법 중 와이어 프레임 모델의 특징을 설명한 것으로 틀린 것은?

㉮ 은선 제거가 불가능하다.

㉯ 유한 요소법에 의한 해석이 가능하다.

㉰ 저장되는 정보의 양이 적다.

㉱ 3면 투시도의 작성이 용이하다.

[해설] 유한 요소법에 의한 해석은 솔리드 모델링에서 가능하다.

국가기술자격검정필기시험문제

▶ 2014년 3월 2일 시행

자격종목 및 등급(선택분야)	종목코드	시험시간	문제지형별	수험번호	성 명
기계설계 산업기사	2031	2시간	B		

제1과목 : 기계가공법 및 안전관리

1. 기어가 회전운동을 할 때 접촉하는 것과 같은 상대운동으로 기어를 절삭하는 방법은?

㉮ 창성식 기어 절삭법

㉯ 모형식 기어 절삭법

㉰ 원판식 기어 절삭법

㉱ 성형공구 기어 절삭법

[해설] 창성식 기어 절삭법 : 커터는 절삭 회전, 소재는 상대운동 회전을 한다.

2. 공기 마이크로미터를 그 원리에 따라 분류할 때 이에 속하지 않는 것은?

㉮ 유량식 ㉯ 배압식

㉰ 광학식 ㉱ 유속식

[해설] 공기 마이크로미터 : 공기의 흐름과 압력차를 이용한 원리로 광학식과는 무관하다.

3. 고속가공의 특성에 대한 설명이 옳지 않은 것은 어느 것인가?

㉮ 황삭부터 정삭까지 한 번의 셋업으로 가공이 가능하다.

㉯ 열처리된 소재는 가공할 수 없다.

㉰ 칩(chip)에 열이 집중되어, 가공물은 절삭열 영향이 적다.

㉱ 절삭저항이 감소하고, 공구 수명이 길어진다.

[해설] 열처리된 소재 등 난삭재도 가공할 수 있다.

4. 연삭액의 구비조건으로 틀린 것은?

㉮ 거품 발생이 많을 것

㉯ 냉각성이 우수할 것

㉰ 인체에 해가 없을 것

㉱ 화학적으로 안정될 것

[해설] 거품이 많이 발생할수록 냉각 효과가 떨어지므로 적합하지 않다.

5. 밀링머신에서 단식분할법을 사용하여 원주를 5등분하려면 분할크랭크를 몇 회전씩 돌려가면서 가공하면 되는가?

㉮ 4 ㉯ 8 ㉰ 9 ㉱ 16

[해설] 회전수 $n = \dfrac{40}{N} = \dfrac{40}{5} = 8$회전

6. 길이가 짧고 지름이 큰 공작물을 절삭하는 데 사용되는 선반으로 면판을 구비하고 있는 것은?

㉮ 수직선반 ㉯ 정면선반

㉰ 탁상선반 ㉱ 터릿선반

[해설] ㉮ 수직선반 : 무거운 공작물을 절삭하는 데 적합하다.

㉯ 정면선반 : 길이가 짧고 지름이 큰 공작물을 절삭하는 데 적합하다.

㉰ 탁상선반 : 소형 부품을 절삭하는 데 적합하다.

㉱ 터릿선반 : 터릿에 여러 공구를 부착하여 다양하고 종합적인 가공을 하는 데 적합하다.

7. 주축대의 위치를 정밀하게 하기 위하여 나사식 측정장치, 다이얼 게이지, 광학적 측정장치를 갖

해답 1. ㉮ 2. ㉰ 3. ㉯ 4. ㉮ 5. ㉯ 6. ㉯ 7. ㉰

추고 있는 보링머신은?

㉮ 수직 보링머신

㉯ 보통 보링머신

㉰ 지그 보링머신

㉱ 코어 보링머신

[해설] 지그 보링머신은 정확한 보링 위치를 결정하기 위한 측정장치가 부착되어 있다.

8. 서멧(cermet) 공구를 제작하는 가장 적합한 방법은?

㉮ WC(텅스텐 탄화물)을 Co로 소결

㉯ Fe에 Co를 가한 소결초경 합금

㉰ 주성분이 W, Cr, Co, Fe로 된 주조 합금

㉱ Al_2O_3 분말에 TiC 분말을 혼합 소결

[해설] 서멧(cermet)은 세라믹(ceramic)과 메탈(metal)의 합성어로 세라믹은 Al_2O_3이다.

9. 센터리스 연삭작업의 특징이 아닌 것은?

㉮ 센터구멍이 필요 없는 원통 연삭에 편리하다.

㉯ 연속작업을 할 수 있어 대량생산에 적합하다.

㉰ 대형 중량물도 연삭이 용이하다.

㉱ 가늘고 긴 가공물의 연삭에 적합하다.

[해설] 센터리스 연삭작업은 심압대 지지를 할 수 없어 대형 중량물의 연삭이 곤란하다.

10. 측정기, 피측정물, 자연 환경 등 측정자가 파악할 수 없는 변화에 의하여 발생하는 오차는?

㉮ 시차   ㉯ 우연오차

㉰ 계통오차   ㉱ 후퇴오차

11. 절삭공구의 구비조건으로 틀린 것은?

㉮ 고온 경도가 높아야 한다.

㉯ 내마모성이 좋아야 한다.

㉰ 마찰계수가 적어야 한다.

㉱ 충격을 받으면 파괴되어야 한다.

[해설] 충격을 받아 파괴된다면 파편이 비산되어 위험하다.

12. 기계 작업 시 안전 사항으로 가장 거리가 먼 것은?

㉮ 기계 위에 공구나 재료를 올려놓는다.

㉯ 선반 작업 시 보호안경을 착용한다.

㉰ 사용 전 기계·기구를 점검한다.

㉱ 절삭공구는 기계를 정지시키고 교환한다.

[해설] 기계는 모터 등에 의해 진동이 발생하므로 그 위에 공구나 재료를 올려놓으면 떨어질 위험이 있다.

13. 기어 피치원의 지름이 150 mm, 모듈(module)이 5인 표준형 기어의 잇수는? (단, 비틀림각은 30°이다.)

㉮ 15개   ㉯ 30개   ㉰ 45개   ㉱ 50개

[해설] 모듈(module) $m = \dfrac{D}{Z}$ 에서

$$Z = \frac{D}{m} = \frac{150}{5} = 30개$$

14. 선반에서 가공할 수 있는 작업이 아닌 것은 어느 것인가?

㉮ 기어 절삭   ㉯ 테이퍼 절삭

㉰ 보링   ㉱ 총형 절삭

[해설] 기어 절삭은 밀링이나 호빙머신에서 한다.

15. 초음파 가공에 주로 사용하는 연삭입자의 재질이 아닌 것은?

㉮ 산화알루미나계   ㉯ 다이아몬드 분말

㉰ 탄화규소계   ㉱ 고무분말계

[해설] 고무분말계는 경도가 약해 연삭입자로 적합하지 않다.

16. 일반적으로 각도 측정에 사용되는 것이 아닌 것은?

㉮ 콤비네이션 세트

㉯ 나이프 에지

㉰ 광학식 클리노미터

㉱ 오토 콜리메이터

[해설] 나이프 에지는 하이트 게이지에 부착하여 높이 측정, 금긋기 작업에 사용한다.

[해답] 8. ㉱   9. ㉰   10. ㉯   11. ㉱   12. ㉮   13. ㉯   14. ㉮   15. ㉱   16. ㉯

17. 마이크로미터 측정면의 평면도 검사에 가장 적합한 측정기기는?

㉮ 옵티컬 플랫
㉯ 공구 현미경
㉰ 광학식 클리노미터
㉱ 투영기

[해설] 옵티컬 플랫 : 측정면에 생기는 간섭무늬의 수를 측정하여 평면도 검사를 한다.

18. 해머 작업의 안전수칙에 대한 설명으로 틀린 것은?

㉮ 해머의 타격면이 넓어진 것을 골라서 사용한다.
㉯ 장갑이나 기름이 묻은 손으로 자루를 잡지 않는다.
㉰ 담금질된 재료는 함부로 두드리지 않는다.
㉱ 쐐기를 박아서 해머의 머리가 빠지지 않는 것을 사용한다.

[해설] 해머의 타격면이 변형되면 정확한 타격을 가할 수 없어 위험하다.

19. 선반의 심압대가 갖추어야 할 조건으로 틀린 것은?

㉮ 베드의 안내면을 따라 이동할 수 있어야 한다.
㉯ 센터는 편위시킬 수 있어야 한다.
㉰ 베드의 임의의 위치에서 고정할 수 있어야 한다.
㉱ 심압축은 중공으로 되어 있으며 끝부분은 내셔널 테이퍼로 되어 있어야 한다.

[해설] 심압축은 센터를 끼울 수 있게 끝부분이 모스 테이퍼 중공축으로 되어 있다.

20. 밀링머신에 관한 설명으로 옳지 않은 것은?

㉮ 테이블의 이송속도는 밀링커터 날 1개당 이송거리×커터의 날수×커터의 회전수로 산출한다.
㉯ 플레이너형 밀링머신은 대형 공작물 또는 중량물의 평면이나 홈 가공에 사용한다.

㉰ 하향절삭은 커터의 날이 일감의 이송방향과 같으므로 일감의 고정이 간편하고 뒤틈 제거장치가 필요 없다.
㉱ 수직 밀링머신은 스핀들이 수직방향으로 장치되며 엔드밀로 홈 깎기, 옆면 깎기 등을 가공하는 기계이다.

[해설] 하향절삭은 뒤틈 제거장치가 필요하다.

제 2 과목 : 기계제도

21. 나사의 표시가 "L 2줄 M50×3−H6"로 나타났을 때 이 나사에 대한 설명으로 틀린 것은?

㉮ 나사의 감김 방향이 왼쪽이다.
㉯ 수나사 등급이 6H이다.
㉰ 미터나사이고, 피치는 3 mm이다.
㉱ 2줄 나사이다.

[해설] 등급 : 수나사는 소문자, 암나사는 대문자를 사용한다. 따라서 암나사 등급이 6H이다.

22. 다음 기하 공차 중에서 자세 공차를 나타내는 것은?

㉮ ─   ㉯ ▱   ㉰ ◯   ㉱ ⊥

[해설] 자세 공차는 단독 형체가 아니고 데이텀이 있어야 하는 관련 형체이므로 직각도(⊥)이다.

23. 베어링의 호칭번호가 6026일 때 이 베어링의 안지름은 몇 mm인가?

㉮ 6   ㉯ 60   ㉰ 26   ㉱ 130

[해설] 베어링의 호칭번호의 앞 두 자리는 베어링의 종류를 나타내고 뒤 두 자리는 안지름 크기이다. 00 : 10 mm, 01 : 12 mm, 02 : 15 mm, 03 : 17 mm 04부터는 ×5(배) 하면 된다. ∴ 26×5 = 130 mm

24. 다음 입체도의 정면도(화살표 방향)로 적합한 것은?

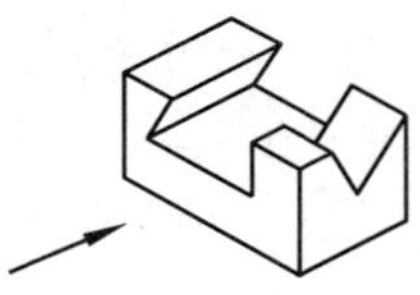

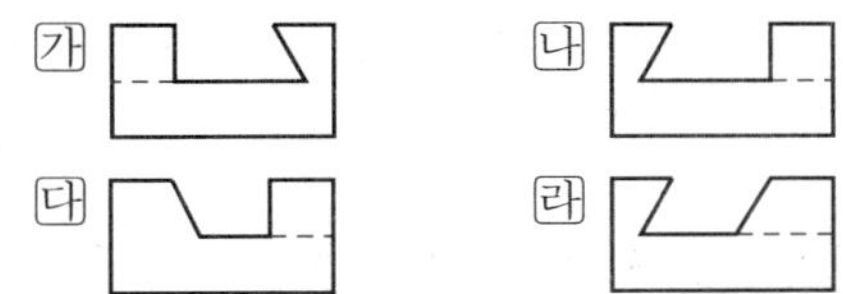

[해설] 외형선과 숨은선의 구간에 유의하여 보기를
비교하며 답을 고른다.

25. 그림과 같은 등각투상도에서 화살표 방향이 정면일 때 우측면도로 가장 적합한 것은?

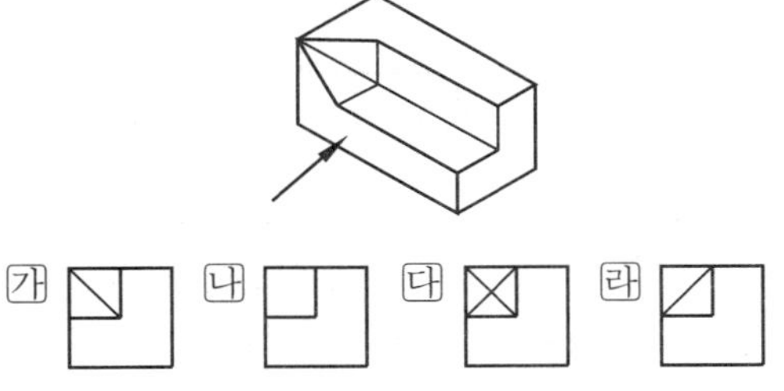

26. 구름 베어링의 안지름 번호에 대하여 베어링의 안지름 치수를 잘못 나타낸 것은?

가 안지름번호 : 01 – 안지름 : 12 mm

나 안지름번호 : 02 – 안지름 : 15 mm

다 안지름번호 : 03 – 안지름 : 18 mm

라 안지름번호 : 04 – 안지름 : 20 mm

[해설] 00 : 10 mm, 01 : 12 mm, 02 : 15 mm, 03 : 17
mm, 04부터는 ×5(배) 하면 된다.

27. 부등변 ㄱ형강의 기호 표시가 올바르게 된 것은? (단 A와 B는 형강의 높이와 폭이고, t는 두께, L은 형강의 길이이다.)

가 $L\ A \times B \times t - L$

나 $L\ A \times B \times t \times L$

다 $L\ A - B - t \times L$

라 $L\ A - B - t - L$

[해설] 부등변 ㄱ형강 표기법 : L 높이×폭×두께−길이

28. 다음 KS 재료 기호 중 니켈 크로뮴 몰리브데넘강에 속하는 것은?

가 SMn 420

나 SCr 415

다 SNCM 420

라 SFCM 590S

[해설] 니켈 : Ni, 크로뮴(크롬) : Cr, 몰리브데넘(몰
리브덴) : Mo, 강 : S의 연상 기호를 살핀다.

29. 그림과 같이 제3각법으로 투상한 도면에서 "?" 부분의 평면도로 가장 적합한 것은?

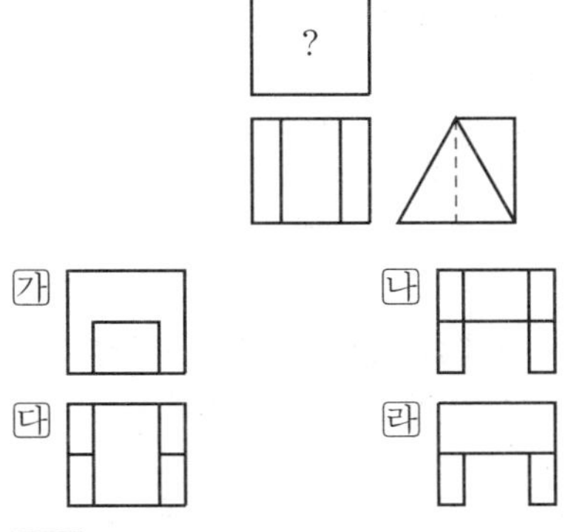

[해설] 경사면과 안쪽으로 들어간 곳의 상관선을
살피면 쉽게 답을 구할 수 있다.

30. 그림과 같이 표시된 기호에서 Ⓜ은 무엇을 나타내는가?

⌖	0.01	A Ⓜ

가 A의 원통 정도를 나타낸다.

나 기계 가공을 나타낸다.

다 최대 실체 공차 방식을 나타낸다.

라 A의 위치를 나타낸다.

[해설] 위치도 기하 공차로 데이텀 A에 대해 최대
실체 공차 방식을 규정하고 있다.

31. 원의 반지름을 나타내고자 할 때 지시선을 가장 옳게 나타낸 것은?

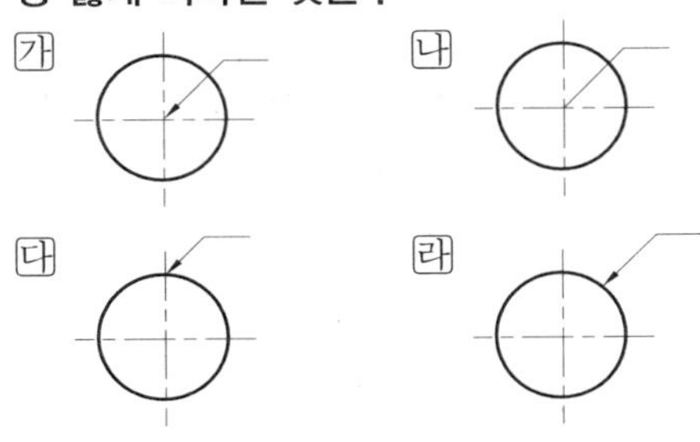

[해설] 지시선은 원주선상 화살표가 오고 중심을 향
하게 한다.

---

32. 나사 표기가 TM18이라 되어 있을 때 이는 무슨 나사인가?

㉮ 관용 평행나사

㉯ 29° 사다리꼴나사

㉰ 관용 테이퍼나사

㉱ 30° 사다리꼴나사

[해설] ㉮ 관용 평행나사 : Rp
㉯ 29° 사다리꼴나사 : TW
㉰ 관용 테이퍼나사 : R
㉱ 30° 사다리꼴나사 : TM

33. 기계제도에서 특수한 가공을 하는 부분(범위)을 나타내고자 할 때 사용하는 선은?

㉮ 굵은 실선

㉯ 가는 1점 쇄선

㉰ 가는 실선

㉱ 굵은 1점 쇄선

[해설] 열처리 구간 또는 특수표면처리(도금) 구간 등 특수한 가공을 하는 부분은 굵은 1점 쇄선으로 표기한다.

34. 다음 (   ) 안에 공통으로 들어갈 내용은?

> ① 나사의 불완전 나사부는 기능상 필요한 경우 또는 치수 지시를 하기 위하여 필요한 경우 경사된 (   )으로 도시한다.
> ② 단면도가 아닌 일반 투영도에서 기어의 이골원은 (   )으로 도시한다.

㉮ 가는 실선

㉯ 가는 파선

㉰ 가는 1점 쇄선

㉱ 가는 2점 쇄선

[해설] 가는 실선 : 불완전 나사부, 수나사 골, 기어의 이뿌리원(이골원), 치수선, 치수 보조선, 해칭선 등이다.

35. 다음 용접기호에 대한 설명으로 틀린 것은?

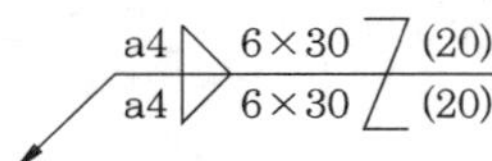

㉮ 지그재그 필릿 용접이다.

㉯ 목 두께는 4 mm이다.

㉰ 한쪽 면의 용접부 개소는 30개이다.

㉱ 인접한 용접부 간격은 20 mm이다.

[해설] 6×30에서 6은 용접 개소, 30은 1개소당 용접 길이를 말한다.

36. 그림과 같은 도면에서 참고 치수를 나타내는 것은?

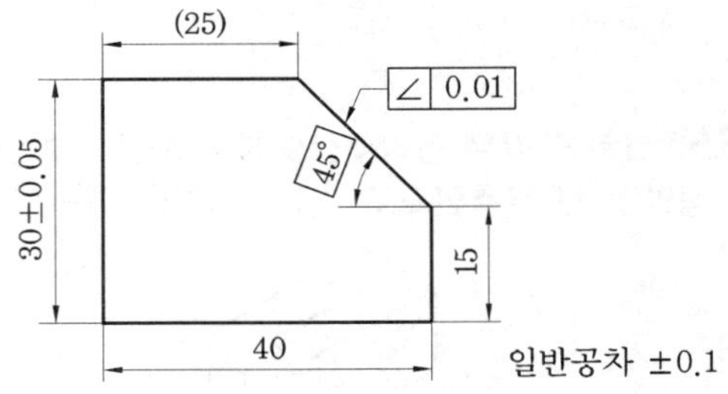

일반공차 ±0.1

㉮ (25)

㉯ ∠ 0.01

㉰ 45°

㉱ 일반공차 ±0.1

[해설] 도면에서 참고 치수는 괄호 안의 치수이다.

37. 그림과 같은 도면에서 "가" 부분에 들어갈 가장 적절한 기하 공차 기호는?

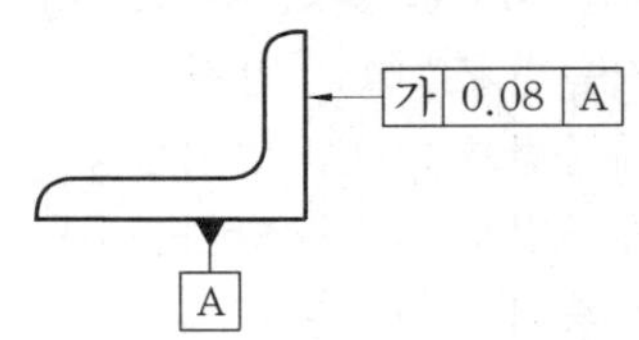

㉮ //

㉯ ⊥

㉰ □

㉱ ⌖

[해설] 밑면 데이텀 A에 대해 수직면의 직각 자세를 규제함으로 직각도 기호를 넣어야 한다.

38. 래핑 다듬질 면 등에 나타나는 줄무늬로서 가공에 의한 커터의 줄무늬가 여러 방향으로 교차 또는 무방향일 때 줄무늬 방향 기호는?

㉮ R

㉯ C

㉰ X

㉱ M

[해설] ㉮ R : 가공에 의한 커터의 줄무늬가 기호를 기입한 면의 중심에 대하여 거의 방사 모양
㉯ C : 가공에 의한 커터의 줄무늬가 기호를 기입한 면의 중심에 대하여 거의 동심원 모양
㉰ X : 가공에 의한 커터의 줄무늬가 기호를 기입한 그림의 투영면에 비스듬하게 두 방향으로 교차
㉱ M : 가공에 의한 커터의 줄무늬가 여러 방향으로 교차 또는 무방향

해답 32. ㉱ 33. ㉱ 34. ㉮ 35. ㉰ 36. ㉮ 37. ㉯ 38. ㉱

39. $\phi 100e7$인 축에서 치수공차가 0.035이고, 위치수 허용차가 -0.072라면 최소허용치수는 얼마인가?

㉮ 99.893 ㉯ 99.928

㉰ 99.965 ㉱ 100.035

[해설] $\phi 100e7$에서 기준치수가 100 mm이고,
- 아래치수 허용차
  = 위치수 허용차(-0.072) - 치수공차(0.035)
  = -0.107
- 최소허용치수
  = 기준치수 + 아래치수 허용차 = $100 - 0.107$
  = 99.893 mm

40. 그림과 같은 입체도에서 화살표 방향이 정면일 때 평면도로 가장 적합한 것은?

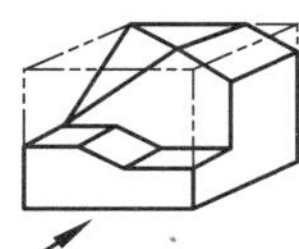

㉮ ㉯

㉰ ㉱

제 3 과목 : 기계설계 및 기계재료

41. 다음 구조용 복합재료 중에서 섬유 강화 금속은 어느 것인가?

㉮ FRTP ㉯ SPF

㉰ FRM ㉱ FRP

[해설] ① fiber reinforced metals(FRM) : 연성기지(軟性基地)의 금속에 미세한 섬유를 혼합시켜 고강도의, 특히 강도 대 무게비를 크게 만든 재료
② fiber reinforced plastics(FRP) : 섬유 강화 플라스틱

42. 금속의 냉각속도가 빠르면 조직은 어떻게 되는가?

㉮ 조직이 치밀해진다.

㉯ 조직이 거칠어진다.

㉰ 불순물이 적어진다.

㉱ 냉각속도와 조직은 아무 관계가 없다.

[해설] 금속의 냉각속도가 빠르면 조직이 잘게 쪼개져 치밀해진다.

43. 특수강에서 합금원소의 주요한 역할이 아닌 것은?

㉮ 기계적, 물리적, 화학적 성질의 개선

㉯ 황 등의 해로운 원소 제거

㉰ 소성 가공성의 감소

㉱ 오스테나이트 입자 조정

[해설] 합금원소를 첨가하면 소성 가공성이 증가한다.

44. 형상기억합금인 니티놀(nitinol)의 성분은?

㉮ Cu – Zn ㉯ Ti – Ni

㉰ Ni – Cr ㉱ Al – Cu

[해설] 니켈(Ni)과 티탄(Ti)의 어원으로 힌트를 찾는다.

45. 일정한 온도 영역과 변형속도 영역에서 유리질처럼 늘어나며, 이때 강도가 낮고, 연성이 크므로 작은 힘으로 복잡한 형상의 성형이 가능한 기능성 재료는?

㉮ 형상기억 합금 ㉯ 초소성 합금

㉰ 초탄성 합금 ㉱ 초인성 합금

[해설] 초소성 합금 : 연신율이 수백~수천 배에 이르는 신소재 합금

46. 아연을 5~20 % 첨가한 것으로 금색에 가까워 금박 대용으로 사용하며 특히 화폐, 메달 등에 주로 사용되는 황동은?

㉮ 톰백 ㉯ 실루민

㉰ 문츠메탈 ㉱ 고속도강

47. 인청동에서 인(P)의 영향이 아닌 것은?

㉮ 쇳물의 유동을 좋게 한다.

㉯ 강도와 인성을 증가시킨다.

㉰ 탄성을 나쁘게 한다.

[해답] 39. ㉮ 40. ㉮ 41. ㉰ 42. ㉮ 43. ㉰ 44. ㉯ 45. ㉯ 46. ㉮ 47. ㉰

<u>라</u> 내식성을 증가시킨다.

[해설] 인청동에서 인(P)은 쇳물의 유동성, 강도 증가, 탄성 및 내식성을 개선한다.

48. 4 % Cu, 2 % Ni, 1.5 % Mg이 함유된 Al 합금으로서 내열성이 크고, 기계적 성질이 우수하여 실린더 헤드나 피스톤 등에 적합한 합금은?

<u>가</u> 실루민 <u>나</u> Y – 합금
<u>다</u> 로엑스 <u>라</u> 두랄루민

[해설] Y – 합금 : 내열성이 큰 대표적인 알루미늄 합금으로 비교적 작은 2사이클 엔진의 실린더 헤드나 피스톤을 제작하는 데 사용된다.

49. 다음 중 합금강을 제조하는 목적으로 적당하지 않은 것은?

<u>가</u> 내식성을 증대시키기 위하여
<u>나</u> 단접 및 용접성 향상을 위하여
<u>다</u> 결정입자의 크기를 성장시키기 위하여
<u>라</u> 고온에서의 기계적 성질 저하를 방지하기 위하여

[해설] 결정입자의 크기를 미세화하기 위하여 합금강을 제조한다.

50. 다음 중 구리의 특성에 대한 설명으로 틀린 것은?

<u>가</u> 전기 및 열의 전도성이 우수하다.
<u>나</u> 전연성이 좋아 가공이 용이하다.
<u>다</u> 화학적 저항력이 작아 부식이 잘된다.
<u>라</u> 아름다운 광택과 귀금속적 성질이 우수하다.

[해설] 화학적 저항력이 커서 부식이 잘 안 된다.

51. 지름 4 cm의 봉재에 인장하중이 1000 N 작용할 때 발생하는 인장응력은 약 얼마인가?

<u>가</u> 127.3 N/cm^2 <u>나</u> 127.3 N/mm^2
<u>다</u> 80 N/cm^2 <u>라</u> 80 N/mm^2

[해설] 인장응력 $\sigma = \dfrac{P}{A} = \dfrac{P}{\dfrac{\pi d^2}{4}} = \dfrac{1000}{\dfrac{\pi 4^2}{4}}$
$$= 80 \text{ N/cm}^2$$

52. 10 kN의 축하중이 작용하는 볼트에서 볼트 재료의 허용인장응력이 60 MPa일 때 축하중을 견디기 위한 볼트의 최소 골지름은 약 몇 mm인가?

<u>가</u> 14.6 <u>나</u> 18.4 <u>다</u> 22.5 <u>라</u> 25.7

[해설] 골지름 $d_1 = \sqrt{\dfrac{4P}{\pi\sigma}} = \sqrt{\dfrac{4 \times 10000}{\pi \times 60 \times 10^6}}$
$$= 0.0146 \text{ m} = 14.6 \text{ mm}$$

53. 속도비 3 : 1, 모듈 3, 피니언(작은 기어)의 잇수 30인 한 쌍의 표준 스퍼 기어의 축간 거리는 몇 mm인가?

<u>가</u> 60 <u>나</u> 100 <u>다</u> 140 <u>라</u> 180

[해설] $D_1 = Z_1 \times m = 3 \times 30 = 90 \text{ mm}$
$D_2 = D_1 \times 3배 = 270 \text{ mm}$
$$C = \dfrac{D_1 + D_2}{2} = \dfrac{90 + 270}{2} = 180 \text{ mm}$$

54. 400 rpm으로 전동축을 지지하고 있는 미끄럼 베어링에서 저널의 지름은 6 cm, 저널의 길이는 10 cm이고, 4.2 kN의 레이디얼 하중이 작용할 때, 베어링 압력은 약 몇 MPa인가?

<u>가</u> 0.5 <u>나</u> 0.6 <u>다</u> 0.7 <u>라</u> 0.8

[해설] 베어링 압력 $p = \dfrac{W}{dl} = \dfrac{420}{0.06 \times 0.01}$
$$= 700000 \text{ Pa} = 0.7 \text{ MPa}$$

55. 어느 브레이크에서 제동동력이 3 kW이고, 브레이크 용량(brake capacity)을 $0.8 \text{ N/mm}^2 \cdot \text{m/s}$라고 할 때 브레이크 마찰면적의 크기는 약 몇 mm^2인가?

<u>가</u> 3200 <u>나</u> 2250 <u>다</u> 5500 <u>라</u> 3750

[해설] 브레이크 용량 $w_f = \dfrac{\mu P v}{A}$에서
$$A = \dfrac{\mu P v}{w_f} = \dfrac{3000}{0.8} = 3750 \text{ mm}^2$$

56. 허용전단응력 60 N/mm^2의 리벳이 있다. 이 리벳에 15 kN의 전단하중을 작용시킬 때 리벳의 지름은 약 몇 mm 이상이어야 안전한가?

[해답] 48. <u>나</u> 49. <u>다</u> 50. <u>다</u> 51. <u>다</u> 52. <u>가</u> 53. <u>라</u> 54. <u>다</u> 55. <u>라</u> 56. <u>가</u>

⑦ 17.85 ④ 20.50
⑤ 25.25 ④ 30.85

[해설] $d = \sqrt{\dfrac{4P}{\pi\tau}} = \sqrt{\dfrac{4 \times 15000}{\pi \times 60}} = 17.85$ mm

57. 고무 스프링의 일반적인 특징에 관한 설명으로 틀린 것은?

⑦ 1개의 고무로 2축 또는 3축 방향의 하중에 대한 흡수가 가능하다.

④ 형상을 자유롭게 할 수 있고, 다양한 용도가 가능하다.

⑤ 방진 및 방음 효과가 우수하다.

④ 특히 인장하중에 대한 방진효과가 우수하다.

[해설] 고무 스프링은 압축하중에 대한 방진효과가 우수하다.

58. 다음 중 유연성 커플링(flexible coupling)이 아닌 것은?

⑦ 기어 커플링 ④ 셀러 커플링
⑤ 롤러 체인 커플링 ④ 벨로스 커플링

[해설] 셀러 커플링은 지름이 다른 두 축을 연결할 때 사용한다.

59. 평벨트 전동장치와 비교하여 V-벨트 전동장치에 대한 설명으로 옳지 않은 것은?

⑦ 접촉 면적이 넓으므로 비교적 큰 동력을 전달한다.

④ 장력이 커서 베어링에 걸리는 하중이 큰 편이다.

⑤ 미끄럼이 작고 속도비가 크다.

④ 바로걸기로만 사용이 가능하다.

[해설] ④항은 평벨트의 특징이다.

60. 볼트 이음이나 리벳 이음 등과 비교하여 용접 이음의 일반적인 장점으로 틀린 것은?

⑦ 잔류응력이 거의 발생하지 않는다.

④ 기밀 및 수밀성이 양호하다.

⑤ 공정수를 줄일 수 있고, 제작비가 싼 편이다.

④ 전체적인 제품 중량을 적게 할 수 있다.

[해설] 용접 이음은 잔류응력이 남는다.

제 4 과목 : 컴퓨터응용설계

61. CAD 시스템에서 곡선을 표시하는 데 3차식을 사용하는 이유로 가장 적당한 것은?

⑦ 곡면을 생성할 때 고차식에 비해 시간이 적게 걸린다.

④ 4차로는 부드러운 곡선을 표현할 수 없기 때문이다.

⑤ CAD 시스템은 3차를 초과하는 차수의 곡선방정식을 지원할 수 없다.

④ 3차식이 아니면 곡선의 연속성이 보장되지 않는다.

[해설] 차수가 높아지면 계산을 더 많이 하게 되고 출력속도가 떨어지게 된다.

62. CAD(computer-aided design) 소프트웨어의 가장 기본적인 역할은?

⑦ 기하 형상의 정의

④ 해석결과의 가시화

⑤ 유한요소 모델링

④ 설계물의 최적화

[해설] CAD 소프트웨어의 가장 기본적인 역할은 형상을 정의하여 정확한 도형을 그리는 것이다.

63. 3차원 형상을 표현하는 데 있어서 사용하는 Z-buffer 방법은 무엇을 의미하는가?

⑦ 음영을 나타내기 위한 방법

④ 은선 또는 은면을 제거하기 위한 방법

⑤ view-port에 모델을 나타내기 위한 방법

④ 두 곡면을 부드럽게 연결하기 위한 방법

64. 다음 중 Bezier 곡선에 관한 특징으로 잘못된 것은?

⑦ 곡선을 국부적으로 수정하기 용이하다.

④ 생성되는 곡선은 다각형의 시작점과 끝

[해답] 57. ④ 58. ④ 59. ④ 60. ⑦ 61. ⑦ 62. ⑦ 63. ④ 64. ⑦

점을 통과한다.

㉰ 곡선은 주어진 조정점들에 의해 만들어지는 볼록껍질(convex hull) 내부에 존재한다.

㉱ 다각형 꼭지점의 순서를 거꾸로 하여 곡선을 생성해도 동일한 곡선이 생성된다.

[해설] Bezier 곡선은 인근점에 영향을 미치기 때문에 국부적으로 수정하기 곤란하다.

65. 분산처리형 CAD 시스템이 갖추어야 할 기본 성능에 해당하지 않는 것은?

㉮ 사용자별로 단일 프로세서를 사용하거나 혹은 정보통신망으로 각자의 시스템별로 상호 간에 연결되어 중앙에서 제어받는 것과 같은 방식으로도 사용할 수 있어야 한다.

㉯ 어떤 시스템에서 작성된 자료나 프로그램을 다른 사용자가 사용하고자 할 때 언제라도 해당 자료를 사용하거나 보내줄 수 있어야 한다.

㉰ 자료의 정합성을 담보하기 위해 일부 시스템에 고장이 발생하면, 다른 시스템에서도 자료의 이동 및 교환을 막아야 한다.

㉱ 분산처리 시스템의 주 시스템과 부 시스템에서 각각 별도의 자료 처리 및 계산 작업이 이루어질 수 있어야 한다.

[해설] 분산처리형은 자료의 이동 및 교환이 용이해야 한다.

66. 다음 중 4개의 꼭지점을 선형 보간하여 생성하는 곡면은?

㉮ 선형 곡면(bilinear surface)

㉯ 쿤스 패치(coon's patch)

㉰ 허밋 패치(hermite patch)

㉱ F-패치(ferguson's patch)

[해설] 4개의 꼭짓점을 선형 보간하는 곡면은 선형 곡면(bilinear surface)이고, 참고적으로 쿤스 패치(coon's patch)는 4개의 모서리와 4개의 점으로 이루어진다.

67. 브라운관에서 전자빔이 pannel의 제 위치에 도착하도록 3색의 전자빔을 선별해주는 역할을 하는 부품은?

㉮ scan board   ㉯ frame plate

㉰ shadow mask   ㉱ frame buffer

68. 공간의 한 물체가 세계 좌표계의 x축에 평행하면서 세계 좌표 (0, 2, 4)를 통과하는 축에 관하여 90° 회전된다. 그 물체의 한 점이 모델 좌표 (0, 1, 1)을 가지는 경우, 회전 후에 같은 점의 세계 좌표를 구하는 식으로 적절한 것은?

㉮
$$\begin{bmatrix} X_w\,Y_w\,Z_w\,1 \end{bmatrix}^T = \begin{bmatrix} 1000 \\ 0102 \\ 0014 \\ 0001 \end{bmatrix}\begin{bmatrix} \cos90° & 0 & \sin90° & 0 \\ 0 & 1 & 0 & 0 \\ -\sin90° & 0 & \cos90° & 0 \\ 0 & 0 & 0 & 1 \end{bmatrix}\begin{bmatrix} 100\ 0 \\ 010-2 \\ 001-4 \\ 000\ 1 \end{bmatrix}\begin{bmatrix} 0 \\ 1 \\ 1 \\ 1 \end{bmatrix}$$

㉯
$$\begin{bmatrix} X_w\,Y_w\,Z_w\,1 \end{bmatrix}^T = \begin{bmatrix} 100\ 0 \\ 010-2 \\ 001-4 \\ 000\ 1 \end{bmatrix}\begin{bmatrix} \cos90° & 0 & \sin90° & 0 \\ 0 & 1 & 0 & 0 \\ -\sin90° & 0 & \cos90° & 0 \\ 0 & 0 & 0 & 1 \end{bmatrix}\begin{bmatrix} 1000 \\ 0102 \\ 0014 \\ 0001 \end{bmatrix}\begin{bmatrix} 0 \\ 1 \\ 1 \\ 1 \end{bmatrix}$$

㉰
$$\begin{bmatrix} X_w\,Y_w\,Z_w\,1 \end{bmatrix}^T = \begin{bmatrix} 1000 \\ 0102 \\ 0014 \\ 0001 \end{bmatrix}\begin{bmatrix} 1 & 0 & 0 & 0 \\ 0 & \cos90° & -\sin90° & 0 \\ 0 & \sin90° & \cos90° & 0 \\ 0 & 0 & 0 & 1 \end{bmatrix}\begin{bmatrix} 100\ 0 \\ 010-2 \\ 001-4 \\ 000\ 1 \end{bmatrix}\begin{bmatrix} 0 \\ 1 \\ 1 \\ 1 \end{bmatrix}$$

㉱
$$\begin{bmatrix} X_w\,Y_w\,Z_w\,1 \end{bmatrix}^T = \begin{bmatrix} 100\ 0 \\ 010-2 \\ 001-4 \\ 000\ 1 \end{bmatrix}\begin{bmatrix} 1 & 0 & 0 & 0 \\ 0 & \cos90° & -\sin90° & 0 \\ 0 & \sin90° & \cos90° & 0 \\ 0 & 0 & 0 & 1 \end{bmatrix}\begin{bmatrix} 1000 \\ 0102 \\ 0014 \\ 0001 \end{bmatrix}\begin{bmatrix} 0 \\ 1 \\ 1 \\ 1 \end{bmatrix}$$

[해설] 보기에서 아래 형태의 행렬식을 추적한다.
[최종 변환식]=[초기 좌표식][회전 변환식][x축 평행이동 변환식][단위 행렬식]

69. 유한 요소법에 의한 공학해석에 사용하기 가장 적절한 모델링은?

㉮ 솔리드 모델링

㉯ 와이어 프레임 모델링

㉰ 입체 모델링

㉱ 서피스 모델링

[해설] 공학해석(CAE)을 하려면 솔리드 모델링이 되어야 한다.

---

70. 모든 유형의 곡선(직선, 스플라인, 원호 등) 사이를 경사지게 자른 코너를 말하는 것으로 각진 모서리나 꼭지점을 경사 있게 깎아 내리는 작업은?

㉮ hatch　　　　㉯ fillet
㉰ rounding　　　㉱ chamfer

[해설] ① fillet : 모서리나 꼭짓점을 둥글게 깎는 것
② chamfer : 모서리나 꼭짓점을 경사지게 평면으로 깎아 내리는 것

71. 다음 2차원 데이터 변환행렬은 어떠한 변환을 나타내는가? (단, s_x 는 1보다 크다.)

$$[x'\,y'\,1] = [x\,y\,1]\begin{bmatrix} s_x & 0 & 0 \\ 0 & s_x & 0 \\ 0 & 0 & 1 \end{bmatrix}$$

㉮ 이동(translation) 변환
㉯ 스케일링(scaling) 변환
㉰ 반사(reflection) 변환
㉱ 회전(rotation) 변환

[해설] S_x 인자는 x축 스케일링에 관여하고 S_y 인자는 y축 스케일링에 관여한다.

72. 일반적으로 컴퓨터의 주기억장치로 사용되는 것은?

㉮ 자기테이프　　㉯ ROM
㉰ USB 메모리　　㉱ 플로피 디스크

[해설] 자기테이프, USB 메모리, 플로피 디스크는 보조기억장치이다.

73. 다음 중 "어떤 위치의 모서리에 대하여 A 크기의 모떼기를 해라"와 같은 명령을 사용하여 모델링을 수행하는 형상모델링 방법으로 적절한 것은?

㉮ 와이어 프레임 모델링
㉯ 특징형상 모델링
㉰ 경계 모델링
㉱ 스위핑 모델링

74. 솔리드 모델링에서 표면을 몇 개의 분할 가능한 부분으로 나누고 각각의 표면의 결합구조에 의해서 입체를 표현하는 방식은?

㉮ CSG 방식　　　㉯ CYLINDER 방식
㉰ FEM 방식　　　㉱ B-REP 방식

[해설] 참고적으로 CSG 방식은 기본 형상(primitive)을 불 연산(합·차·교집합)하는 방식이다.

75. 서피스 모델링에서 할 수 없는 작업은?

㉮ 면을 모델링한 후 공구이송경로를 정의
㉯ 두 면의 교차선이나 단면도를 구함
㉰ 모델링한 후 은선의 제거
㉱ 무게, 체적, 모멘트의 계산

[해설] 무게, 체적, 모멘트의 계산은 솔리드 모델링에서 가능하다.

76. 2차원 평면에서 원(circle)을 정의하고자 할 때 필요한 조건으로 틀린 것은?

㉮ 중심점과 원주상의 한 점으로 정의
㉯ 원주상의 3개의 점으로 정의
㉰ 두 개의 접선으로 정의
㉱ 중심점과 하나의 접선으로 정의

[해설] 두 개의 접선으로 정의는 무수히 많은 원이 존재하므로 반지름 또는 지름 크기가 주어져야 한다.

77. CAD 시스템을 활용하는 방식에 따라 3가지로 구분한다고 할 때 이에 해당하지 않는 것은?

㉮ 중앙통제형 시스템(host based system)
㉯ 분산처리형 시스템(distributed based system)
㉰ 연결형 시스템(connected system)
㉱ 독립형 시스템(stand alone system)

[해설] CAD 시스템을 활용하는 방식
중앙통제형, 분산처리형, 독립형으로 나눈다.

78. 주어진 물체를 윈도에 디스플레이할 때 윈도 내에 포함되는 부분만을 추출하기 위하여 사용되는 2차원 절단 코헨-서더랜드 알고리즘은 윈도를 포함한 2차원 평면을 9개의 영역으로 구분

[해답] 70. ㉱　71. ㉯　72. ㉯　73. ㉯　74. ㉱　75. ㉱　76. ㉰　77. ㉰　78. ㉯

하여 각 영역을 비트 스트링(bit string)으로 표현한다. 모든 영역을 최소의 수의 비트로 표현하기 위하여 이 알고리즘에서 사용되는 코드의 길이는?

㉮ 3-비트 ㉯ 4-비트

㉰ 5-비트 ㉱ 6-비트

[해설] 코헨-서더랜드 클리핑 알고리즘

① 클리핑의 정의 : 윈도에 표시될 라인 전체가 보이는지, 부분적으로 보이는지, 숨겨졌는지를 검사하고 윈도에 표시될 부분(좌표)을 결정하는 것이다.

② 지역 코드는 9개의 영역으로 분할되며 각 영역은 4비트 코드로 할당된다.

1001	1000	1010
0001	0000	0010
0101	0100	0110

T_4	B_4	R_4	L_4

79. 3차원 직교좌표계상의 세 점 A(1, 1, 1), B(2, 1, 4), C(5, 1, 3)가 이루는 삼각형의 면적은 얼마인가?

㉮ 4 ㉯ 5 ㉰ 8 ㉱ 10

[해설] ① 먼저 세 점 A, B, C의 좌표를 분석하면 y축 성분은 1이므로 xz평면상에 삼각형이 수직으로 바라보게 됨을 알 수 있다.

② 삼각형 면적=밑변×높이×$\dfrac{1}{2}$ 이므로

③ 밑변 $AB = \sqrt{(4-1)^2 + (5-1)^2} = 5$
높이 $BC = \sqrt{(5-4)^2 + (4-3)^2} = 2$
∴ $\triangle ABC = 5 \times 2 \times 1/2 = 5$

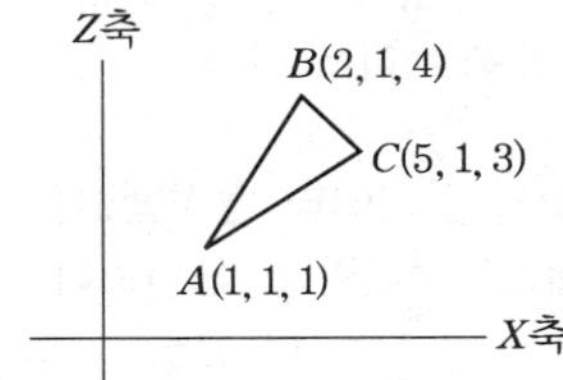

80. CAD 시스템 간에 상호 데이터를 교환할 수 있는 표준이 아닌 것은?

㉮ DWG ㉯ IGES

㉰ DXF ㉱ STEP

[해설] DWG는 Auto CAD 작업 파일 형태이다.

▶ **2014년 5월 25일 시행**

자격종목 및 등급(선택분야)	종목코드	시험시간	문제지형별	수험번호	성 명
기계설계 산업기사	**2031**	**2시간**	**B**		

제1과목 : 기계가공법 및 안전관리

1. 대표적인 수평식 보링 머신은 구조에 따라 몇 가지 형으로 분류되는데 다음 중 맞지 않는 것은 어느 것인가?

㉮ 플로어형(floor type)
㉯ 플레이너형(planer type)
㉰ 베드형(bed type)
㉱ 테이블형(table type)

[해설] 베드(bed)는 이송 레일의 일종이다.

2. 공구가 회전하고 공작물은 고정되어 절삭하는 공작기계는?

㉮ 선반(lathe)
㉯ 밀링 머신(milling)
㉰ 브로칭 머신(broaching)
㉱ 형삭기(shaping)

[해설] ㉮ 선반(lathe) : 공작물 회전, 공구 이송
　　㉯ 밀링 머신(milling) : 공작물 고정, 공구 회전
　　㉰ 브로칭 머신(broaching) : 공작물 고정, 공구 직선 왕복 운동
　　㉱ 형삭기(shaping) : 공구 윤곽 이송

3. 선반작업에서 절삭저항이 가장 적은 분력은?

㉮ 내분력　　　　㉯ 이송 분력
㉰ 주분력　　　　㉱ 배분력

[해설] 절삭 저항의 3분력
　　주분력 > 배분력 > 이송 분력

4. 범용 밀링에서 원주를 10° 30′ 분할할 때 맞는 것은?

㉮ 분할판 15구멍열에서 1회전과 3구멍씩 이동

㉯ 분할판 18구멍열에서 1회전과 3구멍씩 이동
㉰ 분할판 21구멍열에서 1회전과 4구멍씩 이동
㉱ 분할판 33구멍열에서 1회전과 4구멍씩 이동

[해설] 최소 요구 분할 각도 30′ = 0.5°이므로

$$\frac{360}{0.5} = 720\text{등분}$$

단식분할 $\dfrac{40}{N} = \dfrac{40}{720} = \dfrac{1}{18}$

∴ 18구멍열임을 알 수 있다.

5. 선반작업 시 절삭속도 결정의 조건 중 거리가 가장 먼 것은?

㉮ 가공물의 재질
㉯ 바이트의 재질
㉰ 절삭유제의 사용유무
㉱ 칼럼의 강도

[해설] 칼럼의 강도는 절삭속도와는 무관하며, 선반의 내구성과 관계가 있다.

6. 바이트 중 날과 자루(shank)가 같은 재질로 만든 것은?

㉮ 스로어웨이 바이트
㉯ 클램프 바이트
㉰ 팁 바이트
㉱ 단체 바이트

[해설] 스로어웨이 바이트, 클램프 바이트, 팁 바이트는 팁(tip) 교환방식이다.

7. 연삭숫돌의 입자 중 천연입자가 아닌 것은?

㉮ 석영　　　　　㉯ 코런덤
㉰ 다이아몬드　　㉱ 알루미나

[해설] 알루미나(Al_2O_3)는 인조석 재료이다.

[해답]　1. ㉰　2. ㉯　3. ㉯　4. ㉯　5. ㉱　6. ㉱　7. ㉱

8. 기계의 안전장치에 속하지 않는 것은?

㉮ 리미트 스위치(limit switch)

㉯ 방책(防柵)

㉰ 초음파 센서

㉱ 헬멧(helmet)

[해설] 헬멧(helmet)은 작업자 보호구에 속한다.

9. 표면거칠기 표기방법 중 산술 평균 거칠기를 표기하는 기호는?

㉮ Rp   ㉯ Rv

㉰ Rz   ㉱ Ra

[해설] Rp는 나사의 호칭, Rz는 10점 평균 거칠기, Ra는 중심선 평균 거칠기(산술 평균 거칠기)

10. 지름 50 mm, 날수 10개인 페이스커터로 밀링 가공할 때 주축의 회전수가 300 rpm, 이송속도가 매분당 1500 mm였다. 이때의 커터날 하나당 이송량(mm)은?

㉮ 0.5   ㉯ 1

㉰ 1.5   ㉱ 2

[해설] 이송속도 $f = f_z ZN$

$$f_z = \frac{f}{ZN} = \frac{1500}{10 \times 300} = 0.5 \, mm$$

11. 쇼트 피닝(shot peening)과 관계없는 것은?

㉮ 금속 표면 경도를 증가시킨다.

㉯ 피로 한도를 높여 준다.

㉰ 표면 광택을 증가시킨다.

㉱ 기계적 성질을 증가시킨다.

[해설] 표면 광택을 내는 가공법은 버핑이다.

12. NC공작기계의 특징 중 거리가 가장 먼 것은?

㉮ 다품종 소량 생산가공에 적합하다.

㉯ 가공조건을 일정하게 유지할 수 있다.

㉰ 공구가 표준화되어 공구수를 증가시킬 수 있다.

㉱ 복잡한 형상의 부품가공 능률화가 가능하다.

[해설] 공구가 표준화되어 공구수를 줄일 수 있고 공구비가 절감된다.

13. 전해연마 가공의 특징이 아닌 것은?

㉮ 연마량이 적어 깊은 홈은 제거가 되지 않으며 모서리가 라운드된다.

㉯ 가공면에 방향성이 없다.

㉰ 면은 깨끗하나 도금이 잘되지 않는다.

㉱ 복잡한 형상의 공작물 연마도 가능하다.

[해설] 전해연마 가공은 도금과 무관하다.

14. 빌트업 에지(built-up edge)의 발생을 방지하는 대책으로 옳은 것은?

㉮ 바이트의 윗면 경사각을 작게 한다.

㉯ 절삭깊이, 이송속도를 크게 한다.

㉰ 피가공물과 친화력이 많은 공구 재료를 선택한다.

㉱ 절삭속도를 높이고, 절삭유를 사용한다.

[해설] 빌트업 에지 발생 방지책
① 바이트의 윗면 경사각을 크게 한다.
② 절삭깊이, 이송속도를 작게 한다.
③ 절삭속도를 높이고, 절삭유를 사용한다.

15. 각도 측정을 할 수 있는 사인바(sine bar)의 설명으로 틀린 것은?

㉮ 정밀한 각도측정을 하기 위해서는 평면도가 높은 평면에서 사용해야 한다.

㉯ 롤러의 중심거리는 보통 100 mm, 200 mm로 만든다.

㉰ 45° 이상의 큰 각도를 측정하는 데 유리하다.

㉱ 사인바는 길이를 측정하여 직각 삼각형의 삼각함수를 이용한 계산에 의하여 임의각의 측정 또는 임의각을 만드는 기구이다.

[해설] 사인바(sine bar)는 큰 각도를 측정하는 데 부적합하다.

16. 측정기에서 읽을 수 있는 측정값의 범위를 무엇이라 하는가?

㉮ 지시 범위   ㉯ 지시 한계

㉰ 측정 범위   ㉱ 측정 한계

17. 연삭에 관한 안전사항 중 틀린 것은?

해답 8. ㉱   9. ㉱   10. ㉮   11. ㉰   12. ㉰   13. ㉰   14. ㉱   15. ㉰   16. ㉰   17. ㉮

㉮ 받침대와 숫돌은 5 mm 이하로 유지해야
　한다.

㉯ 숫돌바퀴는 제조 후 사용할 원주 속도의
　1.5~2배 정도의 안전검사를 한다.

㉰ 연삭숫돌 측면에 연삭하지 않는다.

㉱ 연삭숫돌을 고정 후 3분 이상 공회전시킨
　후 작업을 한다.

[해설] 받침대와 숫돌은 5 mm 이하로 할 경우 충돌
　위험이 발생한다.

18. NC밀링 머신의 활용에서 장점을 열거하였
다. 타당성이 없는 것은?

㉮ 작업자의 신체상 또는 기능상 의존도가
　적으므로 생산량의 안정을 기할 수 있다.

㉯ 기계의 운전에는 고도의 숙련자를 요하지
　않으며 한 사람이 몇 대를 조작할 수 있다.

㉰ 실제 가동률을 상승시켜 능률을 향상시
　킨다.

㉱ 적은 공구로 광범위한 절삭을 할 수 있고
　공구 수명이 단축되어 공구비가 증가한다.

[해설] 공구 수명이 증가되어 공구비가 절감한다.

19. 연삭에서 원주속도가 V [m/min], 숫돌바퀴
의 지름이 d [mm]라면, 숫돌바퀴의 회전수(N)
를 구하는 식은?

㉮ $N = \dfrac{1000d}{\pi V}$ [rpm]

㉯ $N = \dfrac{1000 V}{\pi d}$ [rpm]

㉰ $N = \dfrac{\pi V}{1000d}$ [rpm]

㉱ $N = \dfrac{\pi d}{1000 V}$ [rpm]

[해설] 회전수 N은 숫돌바퀴 지름(d)에 반비례, 원
주속도(V)에 비례 관계이다.

20. 원형의 측정물을 V 블록 위에 올려놓은 뒤
회전하였더니 다이얼 게이지의 눈금에 0.5 mm
의 차이가 있었다면 그 진원도는 얼마인가?

㉮ 0.125 mm　　　㉯ 0.25 mm

㉰ 0.5 mm　　　㉱ 1.0 mm

[해설] 진원도 측정은 반지름값이므로 게이지 눈금
의 절반, 즉 $0.5 \div 2 = 0.25$ mm이다.

제 2 과목 : 기계제도

21. 보기 입체도에서 화살표 방향이 정면일 경우
평면도로 가장 적합한 것은?

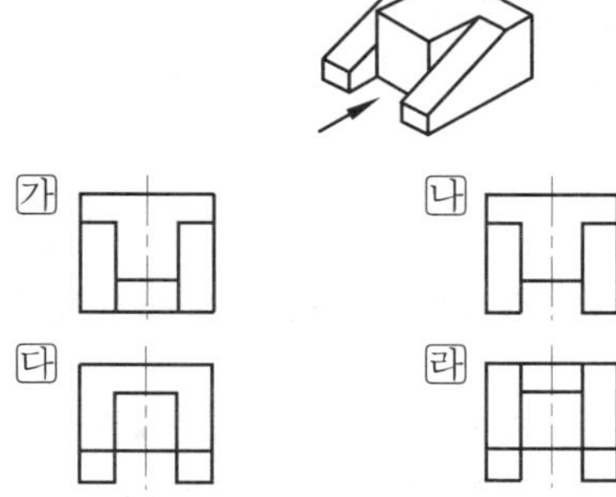

22. 그림과 같이 하나의 그림으로 정육면체의 세
면 중의 한 면만을 중점적으로 엄밀, 정확하게
표현하는 것으로 캐비닛도가 이에 해당하는 투
상법은?

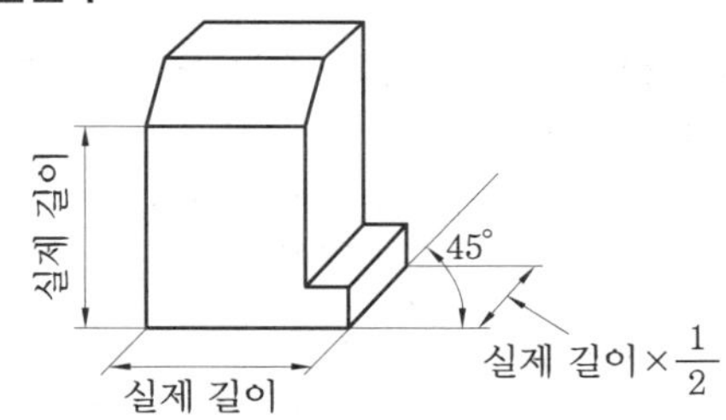

㉮ 사투상법　　　　㉯ 등각투상법

㉰ 정투상법　　　　㉱ 투시도법

[해설] ① 사투상법 : 캐비닛도, 카발리에도
　② 정투상법 : 제1각법, 제3각법
　③ 축측투상법 : 등각투상도, 부등각투상도

23. 다음 입체도를 제3각법으로 나타낸 3면도 중
가장 옳게 투상한 것은?

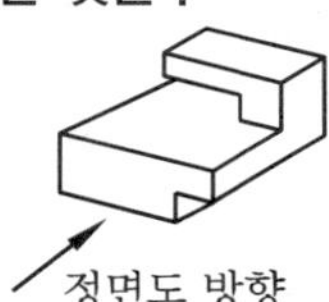

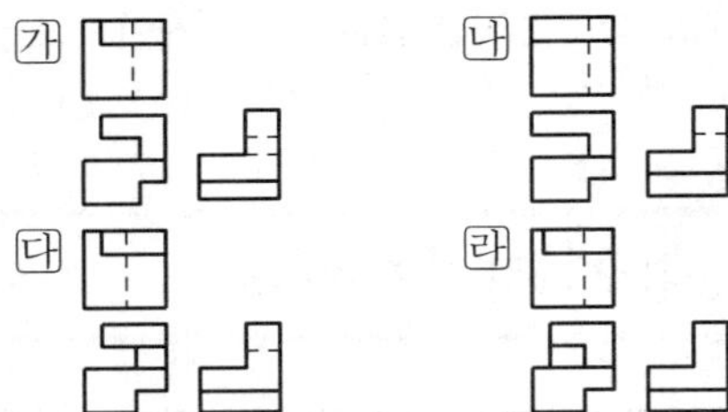

24. 스퍼기어에서 피치원의 지름이 150 mm이고, 잇수가 50일 때 모듈(module)은?

㉮ 5 ㉯ 4 ㉰ 3 ㉱ 2

[해설] $m = \dfrac{D}{Z} = \dfrac{150}{50} = 3$

25. 다음 KS 재료 기호 중 탄소 공구강 강재의 기호는?

㉮ STC ㉯ STS ㉰ SF ㉱ SPS

[해설] STC : Steel(강), Tool(공구), Carbon(탄소)

26. 줄 다듬질 가공을 나타내는 약호는?

㉮ FL ㉯ FF ㉰ FS ㉱ FR

[해설] FL : 래핑, FF : 줄, FS : 스크레이퍼, FR : 리머

27. 용접 기호가 그림과 같이 도시되었을 경우 설명으로 틀린 것은?

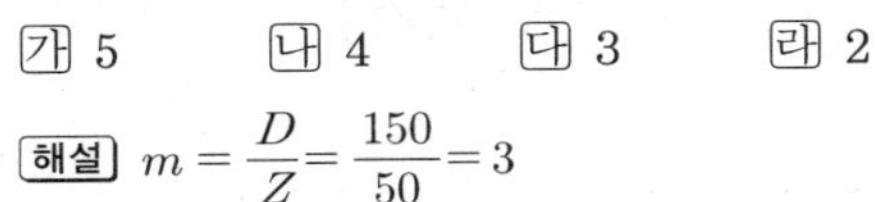

㉮ 지그재그 용접이다.

㉯ 인접한 용접부 간격은 100 mm이다.

㉰ 목 길이가 5 mm인 필릿 용접이다.

㉱ 용접부 길이는 200 mm이다.

[해설] 5×200 : 용접부의 개수 5, 용접부의 길이 200 mm

28. 축 중심의 센터구멍 표현법으로 옳지 않은 것은?

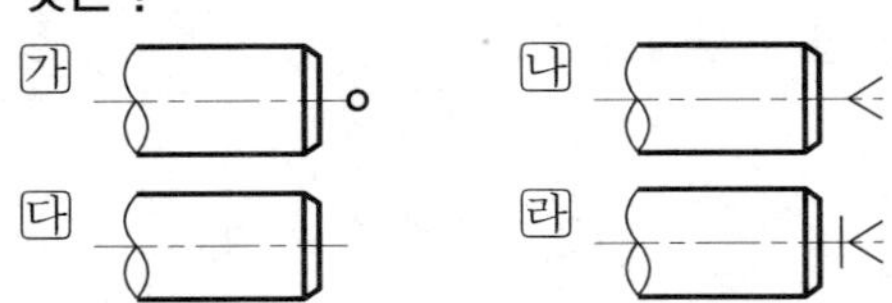

[해설] V형태를 옆으로 또는 무기호로 표시한다.

29. 다음 입체도를 3각법에 의해 3면도로 옳게 투상한 것은 어느 것인가? (단, 화살표 방향을 정면으로 한다.)

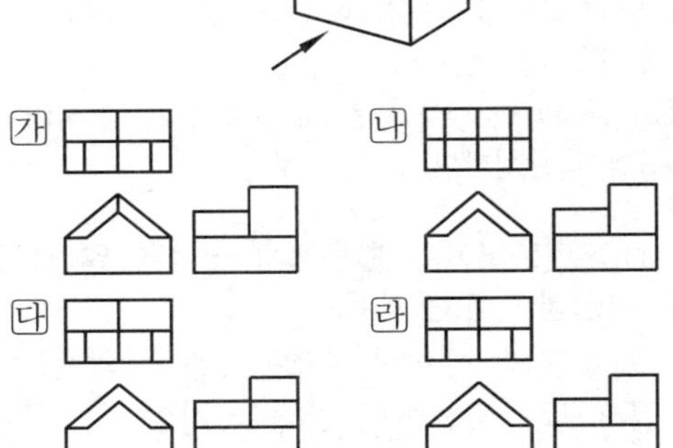

30. 기계 재료 중 기계 구조용 탄소 강재에 해당하는 것은?

㉮ SS 400 ㉯ SCr 410

㉰ SM 40C ㉱ SCS 55

[해설] SS 400(일반 구조용 압연 강재), SCr 410(크롬 강재), SM 40C(기계 구조용 탄소 강재)

31. "SPP"로 나타내는 재질의 명칭은?

㉮ 일반 구조용 탄소 강관

㉯ 냉간 압연 강재

㉰ 일반 배관용 탄소 강관

㉱ 보일러용 압연 강재

[해설] 일반 구조용 탄소 강관(STK), 냉간 압연 강판 및 강재(SPC), 일반 배관용 탄소 강관(SPP), 보일러용 압연 강재(SB)

32. 3각법에 의하여 나타낸 그림과 같은 투상도에서 좌측면도로 가장 적합한 것은?

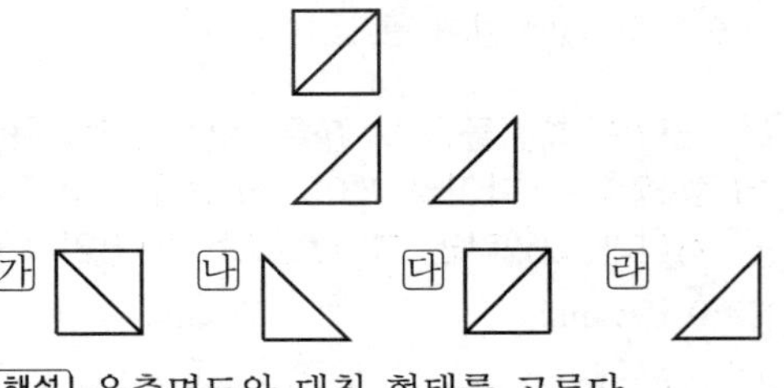

[해설] 우측면도와 대칭 형태를 고른다.

[해답] 24. ㉰ 25. ㉮ 26. ㉯ 27. ㉰ 28. ㉮ 29. ㉱ 30. ㉰ 31. ㉰ 32. ㉯

33. 다음과 같이 치수가 도시되었을 경우 그 의미로 옳은 것은?

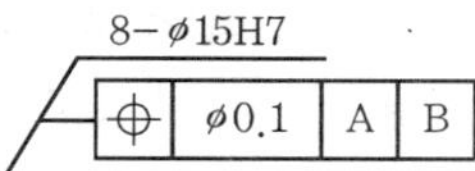

㉮ 8개의 축이 $\phi15$에 공차등급이 H7이며, 원통도가 데이텀 A, B에 대하여 $\phi0.1$을 만족해야 한다.

㉯ 8개의 구멍이 $\phi15$에 공차등급이 H7이며, 원통도가 데이텀 A, B에 대하여 $\phi0.1$을 만족해야 한다.

㉰ 8개의 축이 $\phi15$에 공차등급이 H7이며, 위치도가 데이텀 A, B에 대하여 $\phi0.1$을 만족해야 한다.

㉱ 8개의 구멍이 $\phi15$에 공차등급이 H7이며, 위치도가 데이텀 A, B에 대하여 $\phi0.1$을 만족해야 한다.

34. 철골 구조물 도면에 $2-L75\times75\times6-1800$으로 표시된 형강을 올바르게 설명한 것은?

㉮ 부등변 부등두께 ㄱ형강이며 길이는 1800 mm이다.

㉯ 형강의 개수는 6개이다.

㉰ 형강의 두께는 75 mm이며 그 길이는 1800 mm이다.

㉱ ㄱ형강 양변의 길이는 75 mm로 동일하며 두께는 6 mm이다.

[해설] 형강 호칭(일반적) : 수량–기호×높이×폭×두께–길이

35. 그림에서 ⊠로 표시한 부분의 의미로 올바른 것은?

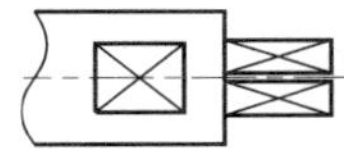

㉮ 정밀 측정 부분   ㉯ 평면 자리 부분
㉰ 가공 금지 부분   ㉱ 단조 가공 부분

[해설] 축 등 원통 부분 중 일부 평면 가공이 있는 경우 대각선의 가는 실선으로 표시한다.

36. 평행도가 데이텀 B에 대하여 지정길이가 100 mm마다 0.05 mm 허용값을 가질 때 그 기하공차 기호를 옳게 나타낸 것은?

㉮ $\boxed{\,//\,\mid\,0.05/100\,\mid\,B\,}$

㉯ $\boxed{\,\diagup\!\!\!\!\square\,\mid\,0.05/100\,\mid\,B\,}$

㉰ $\boxed{\,=\,\mid\,0.05/100\,\mid\,B\,}$

㉱ $\boxed{\,\nearrow\,\mid\,0.05/100\,\mid\,B\,}$

[해설] ㉮ 평행도, ㉯ 평면도 ㉰ 대칭도, ㉱ 흔들림

37. 기계제도에서 단면도 해칭에 관한 설명 중 틀린 것은?

㉮ 같은 절단면상에 나타나는 같은 부품의 단면에는 같은 해칭을 한다.

㉯ 해칭은 주된 중심선에 대하여 45°로 하는 것이 좋다.

㉰ 인접한 단면의 해칭은 선의 방향 또는 각도를 변경하든지 그 간격을 변경하여 구별한다.

㉱ 해칭을 하는 부분에 글자 또는 기호를 기입할 경우에는 해칭선을 중단하지 말고 그 위에 기입해야 한다.

[해설] 해칭을 하는 부분에 문자, 기호 등을 기입할 경우에는 해칭을 중단하고 그 위에 기입한다.

38. 그림과 같이 지름이 50 mm이고, 길이가 60 mm인 원통 외부의 표면적은 약 몇 mm²인가? (단, 상하 뚜껑은 없다.)

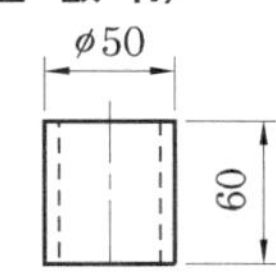

㉮ 2400   ㉯ 5637   ㉰ 7540   ㉱ 9425

[해설] 전개 원주 길이 $L=\pi d=\pi\times50=157$
면적 $A=L\cdot H=157\times60=9425\ \mathrm{mm}^2$

39. 기준 치수가 50 mm이고, 최대 허용 치수 50.015 mm이며, 최소 허용 치수 49.990 mm일 때 치수 공차는 몇 mm인가?

해답 33. ㉱   34. ㉱   35. ㉯   36. ㉮   37. ㉱   38. ㉱   39. ㉮

㉮ 0.025 ㉯ 0.015
㉰ 0.005 ㉴ 0.010

[해설] 치수 공차 = 최대 허용 치수 50.015 mm − 최소 허용 치수 49.990 mm = 0.025 mm

40. 그림과 같이 3각법으로 정투상한 도면에서 A의 치수는?

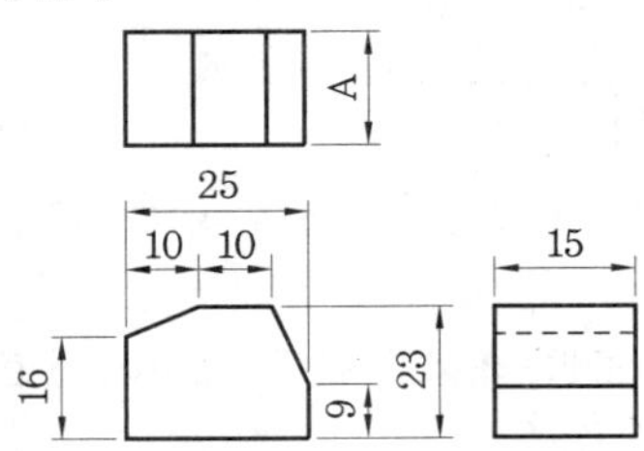

㉮ 15 ㉯ 16 ㉰ 23 ㉴ 25

[해설] 우측면의 폭 치수와 동일하다.

제 3 과목 : 기계설계 및 기계재료

41. 철에 탄소가 고용되어 α철로 될 때의 고용체의 형태는?

㉮ 침입형 고용체 ㉯ 치환형 고용체
㉰ 고정형 고용체 ㉴ 편석 고용체

[해설] ① 침입형 고용체 : Fe−C
  ② 치환형 고용체 : Ag−Cu, Cu−Zn
  ※ 고정형 고용체, 편석 고용체란 용어는 없다.

42. 땜납(solder)의 합금원소로 주로 사용되는 것은?

㉮ Sn − Pb ㉯ Pt − Al
㉰ Fe − Pb ㉴ Cd − Pb

[해설] 주석과 납의 합금

43. 다음 담금질 조직 중에서 경도가 가장 큰 것은 어느 것인가?

㉮ 페라이트 ㉯ 펄라이트
㉰ 마텐자이트 ㉴ 트루스타이트

[해설] 각 조직의 경도 순서 : 시멘타이트 > 마텐자이트 > 트루스타이트 > 펄나이트 > 오스테나이트 > 페라이트

44. 텅스텐(W)은 우리나라의 부존자원 중 순도나 매장량의 면에서 매우 중요한 금속이다. 다음 중 텅스텐의 용도에 적합하지 않은 것은?

㉮ 초경합금공구 ㉯ 필라멘트
㉰ 연질자성재료 ㉴ 내열강합금재료

[해설] 텅스텐(W)은 비자성체이다.

45. 탄화텅스텐(WC)을 소결한 합금으로 내마모성이 우수하여 대량 생산을 위한 다이 제작용으로 사용되는 재료는?

㉮ 주철 ㉯ 초경합금
㉰ 합금 공구강 ㉴ 다이스강

[해설] 초경합금 : W, Ti, Ta, Mo, Co를 주성분으로 하여 고온에서 소결한 합금으로 절삭공구, 다이 등에 사용한다.

46. 냉간 가공과 열간 가공을 구별할 수 있는 온도를 무슨 온도라고 하는가?

㉮ 포정 온도 ㉯ 공석 온도
㉰ 공정 온도 ㉴ 재결정 온도

[해설] 재결정 온도 : 냉간 가공으로 소성 변형된 금속을 적당한 온도로 가열하면 일그러진 결정 속에서 새로운 결정이 생성되는 온도대이다.

47. 다음 중 철강표면에 알루미늄(Al)을 확산 · 침투시키는 방법에 해당하는 것은?

㉮ 세라다이징 ㉯ 크로마이징
㉰ 칼로라이징 ㉴ 실리코나이징

[해설] ㉮ 세라다이징 : Zn 침투
  ㉯ 크로마이징 : Cr 침투
  ㉰ 칼로라이징 : Al 침투
  ㉴ 실리코나이징 : Si 침투

48. 철의 동소체로서 A_3 변태와 A_4 변태 사이에 있는 철의 조직은?

㉮ $\alpha - Fe$ ㉯ $\beta - Fe$
㉰ $\gamma - Fe$ ㉴ $\delta - Fe$

49. 다음 담금질 조직 중에서 용적변화(팽창)가 가장 큰 조직은?

해답 40. ㉮ 41. ㉮ 42. ㉮ 43. ㉰ 44. ㉰ 45. ㉯ 46. ㉴ 47. ㉰ 48. ㉰ 49. ㉰

㉮ 펄라이트 ㉯ 오스테나이트
㉰ 마텐자이트 ㉱ 소르바이트

[해설] 담금질의 경도가 큰 조직일수록 미세해져 용적변화가 크다.

50. 탄소강이 공석 변태할 때 펄라이트 조직량이 최대가 되는 탄소함량(%)은?

㉮ 0.2 ㉯ 0.5 ㉰ 0.8 ㉱ 1.2

[해설] 공석점 탄소함유량 : C 0.8 %(α +Fe₃C)

51. 지름 300 mm인 브레이크 드럼을 가진 밴드 브레이크의 접촉 길이가 706.5 mm, 밴드의 폭이 20 mm일 때, 제동동력 3.7 kW라면 이 밴드 브레이크의 용량(brake capacity)은 약 몇 N/mm² · m/s인가?

㉮ 26.50 ㉯ 0.324 ㉰ 0.262 ㉱ 32.40

[해설] 브레이크 용량 $\mu pv = \dfrac{1000H}{A}$

$$= \dfrac{1000 \times 3.7}{706.5 \times 20} = 0.262 \text{ N/mm}^2 \cdot \text{m/s}$$

52. 미끄럼 베어링 재료에 요구되는 성질로 거리가 먼 것은?

㉮ 하중 및 피로에 대한 충분한 강도를 가질 것

㉯ 내부식성이 강할 것

㉰ 유막의 형성이 용이할 것

㉱ 열전도율이 작을 것

[해설] 열전도율이 클수록 마찰열을 빠르게 발산할 수 있다.

53. 웜을 구동축으로 할 때 웜의 줄수를 3, 웜 휠의 잇수를 60이라고 하면 이 웜기어 장치의 감속 비율은?

㉮ $\dfrac{1}{10}$ ㉯ $\dfrac{1}{20}$ ㉰ $\dfrac{1}{30}$ ㉱ $\dfrac{1}{60}$

[해설] 감속비 $i = \dfrac{n}{Z} = \dfrac{3}{60} = \dfrac{1}{20}$

54. 그림과 같은 스프링 장치에서 $W = 200$ N의 하중을 매달면 처짐은 몇 cm가 되는가? (단, 스프링 상수 $K_1 = 15$ N/cm, $K_2 = 35$ N/cm이다.)

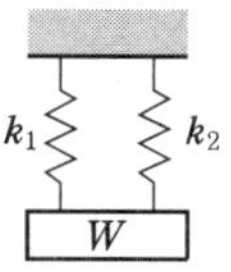

㉮ 1.25 ㉯ 2.50 ㉰ 4.00 ㉱ 4.50

[해설] 병렬연결에서

$$\Sigma k = k_1 + k_2 = 15 + 35 = 50\text{N/cm}$$

$$\therefore \lambda = \dfrac{W}{k} = \dfrac{200}{50} = 4 \text{ cm}$$

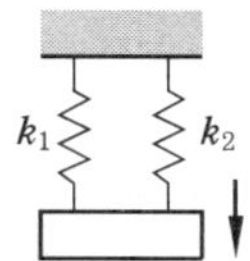

55. 다음 중 용접이음의 단점에 속하지 않는 것은 어느 것인가?

㉮ 내부 결함이 생기기 쉽고 정확한 검사가 어렵다.

㉯ 용접공의 기능에 따라 용접부의 강도가 좌우된다.

㉰ 다른 이음작업과 비교하여 작업 공정이 많은 편이다.

㉱ 잔류응력이 발생하기 쉬워서 이를 제거해야 하는 작업이 필요하다.

[해설] 용접이음은 리벳이음에 비해 작업 공정이 적다.

56. 키 재료의 허용전단응력 60 N/mm², 키의 폭×높이가 16 mm×10 mm인 성크 키를 지름이 60 mm인 축에 사용하여 250 rpm으로 40 kW를 전달시킬 때, 성크 키의 길이는 몇 mm 이상이어야 하는가?

㉮ 51 ㉯ 54 ㉰ 78 ㉱ 93

[해설] 전달토크 $T = 9.55 \times 10^6 \dfrac{H}{n} = 1528000$ N·mm

전단응력 $\tau = \dfrac{2T}{bld}$ 에서

$$l = \dfrac{2T}{\tau bd} = \dfrac{2 \times 1528000}{60 \times 16 \times 60} = 53.05 \text{mm}$$

$\therefore$ 54 mm 이상으로 한다.

[해답] 50. ㉰ 51. ㉰ 52. ㉱ 53. ㉯ 54. ㉰ 55. ㉰ 56. ㉯

57. 6000 N · m의 비틀림 모멘트만을 받는 연강 제 중실축의 지름은 몇 mm 이상이어야 하는가? (단, 축의 허용전단응력은 30 N/mm²로 한다.)

㉮ 81   ㉯ 91   ㉰ 101   ㉱ 111

[해설] $d = \sqrt[3]{\dfrac{5.1\,T}{\tau}} = \sqrt[3]{\dfrac{5.1 \times 6000}{30}}$

$\quad\quad = 0.101\,\text{m} = 101\,\text{mm}$

58. 사각형 단면(100 mm×60 mm)의 기둥에 1 N/mm² 압축응력이 발생할 때 압축하중은 약 얼마인가?

㉮ 6000 N   ㉯ 600 N

㉰ 60 N   ㉱ 60000 N

[해설] $\sigma_c = \dfrac{P}{A}$ 에서

$\quad P = \sigma_c \times A = 1 \times 100 \times 60 = 6000\,\text{N}$

59. 미끄럼을 방지하기 위하여 접촉면에 치형을 붙여 맞물림에 의하여 전동하도록 조합한 벨트는 어느 것인가?

㉮ 평벨트   ㉯ V벨트

㉰ 가는 너비 V벨트   ㉱ 타이밍벨트

[해설] 타이밍벨트는 V벨트와 기어의 장점을 복합한 벨트로 미끄럼이 없다.

60. 볼나사(ball screw)의 장점에 해당되지 않는 것은?

㉮ 미끄럼 나사보다 내충격성 및 감쇠성이 우수하다.

㉯ 예압에 의하여 치면놀이(backlash)를 작게 할 수 있다.

㉰ 마찰이 매우 적고, 기계 효율이 높다.

㉱ 시동 토크, 또는 작동 토크의 변동이 적다.

[해설] 볼나사(ball screw)는 충격에 취약하다.

제 4 과목 : 컴퓨터응용설계

61. 빛을 편광시키는 특성을 가진 유기화합물을 이용하여 투과된 빛의 특성을 수정하여 디스플

레이하는 방식으로 CRT 모니터에 비해서는 두께가 얇은 모니터를 만들 수 있으나 시야각이 다소 좁고 백라이트가 필요하여 어느 정도 두께 이상은 줄일 수 없는 단점을 가진 디스플레이 장치는 어느 것인가?

㉮ 플라즈마 판(plasma panel)

㉯ 전자 발광 디스플레이(electroluminescent display)

㉰ 액정 디스플레이(liquid crystal display)

㉱ 래스터 스캔 디스플레이(raster scan display)

[해설] 액정 디스플레이(LCD) : 상기 설명 외에도 구동 방법에 따라 TN, STN, TFT 등으로 나뉜다.

62. 점(1, 1)과 점(3, 2)을 잇는 선분에 대한 y축 대칭인 선분이 지나는 두 점은?

㉮ $(-1,\ -1)$과 $(3,\ 2)$

㉯ $(1,\ 1)$과 $(-3,\ -2)$

㉰ $(-1,\ 1)$과 $(-3,\ 2)$

㉱ $(1,\ -1)$과 $(3,\ 2)$

[해설] ① y축에 대칭이므로 x값 요소의 부호만 바뀐 좌표값이 나온다.

② $[x'y'] = [1\,1] = \begin{bmatrix} -1 & 0 & 0 \\ 0 & 1 & 0 \\ 0 & 0 & 1 \end{bmatrix} = [-1\ 1]$

$\quad [x''\,y''] = [3\,2] = \begin{bmatrix} -1 & 0 & 0 \\ 0 & 1 & 0 \\ 0 & 0 & 1 \end{bmatrix} = [-3\ 2]$

63. 솔리드 모델을 정육면체와 같은 간단한 입체의 집합으로 대략 근사적으로 표현하는 모델을 분해 모델(decomposition model)이라고 하는데, 다음 중 이러한 분해 모델의 표현에 해당하지 않는 것은?

㉮ 복셀(voxel) 표현

㉯ 콤파운드(compound) 표현

㉰ 옥트리(octree) 표현

㉱ 세포(cell) 표현

64. CAD를 이용한 설계 과정이 종래의 일반적인 설계과정과 다른 점에 해당하지 않는 것은?

[해답] 57. ㉰ 58. ㉮ 59. ㉱ 60. ㉮ 61. ㉰ 62. ㉰ 63. ㉯ 64. ㉮

[가] 개념 설계 단계를 거치는 점
[나] 전산화된 데이터베이스를 활용한다는 점
[다] 컴퓨터에 의한 해석을 용이하게 할 수 있다는 점
[라] 형상을 수치 데이터화하여 데이터베이스에 저장한다는 점

[해설] 개념 설계는 종래의 설계과정에서도 거쳐야 하는 단계이다.

65. 다음 중 CAD용 데이터 교환을 위한 표준에 해당하지 않는 것은?

[가] IGES [나] DXF
[다] STEP [라] CAE

[해설] CAE라는 용어는 파일형식이 아니고 해석공학을 칭하는 용어이다.

66. 3차원 그래픽스 처리를 위한 ISO 국제표준의 하나로서 ISO-IEC TTC 1/SC 24에서 제정한 국제표준으로 구조체 개념을 가지고 있는 것은 어느 것인가?

[가] PHIGS [나] DTD
[다] SGML [라] SASIG

[해설] PHIGS : programmer's hierarchical interactive graphics system으로 3차원 모델링, 가시화에 중점을 둔 CAD 개념이 도입되었다.

67. 모델링과 관계된 용어의 설명으로 잘못된 것은 어느 것인가?

[가] 스위핑(sweeping) : 하나의 2차원 단면형상을 입력하고 이를 안내곡선을 따라 이동시켜 입체를 생성하는 것
[나] 스키닝(skinning) : 원하는 경로상에 여러 개의 단면형상을 위치시키고 이를 덮는 입체를 생성하는 것
[다] 리프팅(lifting) : 주어진 물체의 특정면의 전부 또는 일부를 원하는 방향으로 움직여서 물체가 그 방향으로 늘어난 효과를 갖도록 하는 것
[라] 블랜딩(blending) : 주어진 형상을 국부적으로 변화시키는 방법으로 접하는 곡면을 예리한 모서리로 처리하는 것

[해설] 블랜딩(blending) : 주어진 형상을 국부적으로 변화시키는 방법으로 접하는 곡면을 부드러운 모서리로 처리하는 것

68. 모떼기(chamfer), 구멍(hole), 필릿(fillet) 등의 존재여부, 크기 및 위치에 대한 정보가 있어 솔리드 모델로부터 공정계획을 자동으로 생성시키는 것이 용이한 모델링 방법은?

[가] 특징형상 모델링 [나] 파라메트릭 모델링
[다] 비다양체 모델링 [라] CSG 모델링

[해설] 특징형상 모델링 : 설계자들이 빈번하게 사용하는 임의 형상을 정의해 놓고, 변숫값만 입력하여 원하는 형상을 쉽게 얻게 하는 기법이다.

69. 형상모델링에서 서피스 모델링(surface modeling)의 특징을 잘못 설명한 것은?

[가] 복잡한 형상을 표현할 수 있다.
[나] 단면도 작성이 가능하다.
[다] NC 데이터를 생성할 수 없다.
[라] 2개 면의 교선을 구할 수 있다.

[해설] NC 데이터를 생성할 수 있다.

70. 컴퓨터 그래픽스에서 3D 형상정보를 화면상에 표현하기 위해서는 필요한 부분의 3D 좌표가 2D 좌표 정보로 변환되어야 한다. 이와 같이 3D 형상에 대한 좌표 정보를 2D 평면좌표로 변환해 주는 것을 무엇이라 하는가?

[가] 점 변환 [나] 축척 변환
[다] 투영 변환 [라] 동차 변환

71. 덕트(duct)형 곡면을 생성할 때 주로 사용하는 방법으로 단면 곡선과 스플라인(spline)으로 정의되는 곡면을 모델링하는 데 가장 적합한 방식은?

[가] sweep 방법
[나] 비례 전개법
[다] point-data fitting법
[라] curve-net interpolation법

[해답] 65. [라] 66. [가] 67. [라] 68. [가] 69. [다] 70. [다] 71. [가]

[해설] sweep 방법 : 단면형상을 입력하고 이를 경로곡선을 따라 이동시켜 모델링하는 방식이다.

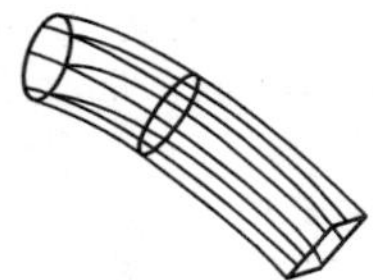

72. 컴퓨터를 이용한 형상 모델링에 대한 일반적인 설명 중 틀린 것은?

㉮ 형상모델링(geometric modeling)은 물체의 모양을 완전히 수학적으로 표현하는 과정이라고 할 수 있다.

㉯ 컴퓨터 그래픽스(computer graphics)는 시각적 디스플레이를 통하여 부품의 설계나 복잡한 형상을 표현하는 데 이용될 수 있다.

㉰ 3차원 모델링 및 설계는 현실감 있는 3차원 모델링과 시뮬레이션을 가능하게 하지만, 물리적 모델(목업 등)에 비해 비용이 많이 소요되는 단점이 있다.

㉱ 구조물의 응력해석, 열전달, 변형 및 다른 특성들도 시각적 기법들로 잘 표현될 수 있다.

[해설] 3차원 모델링 및 설계는 목업(mock-up) 제작이 불필요하여 제작비가 절감되는 효과가 있다.

73. 다음 중 CAD 시스템에서 사용하는 모델링 구성 방식에 해당하지 않는 것은?

㉮ 솔리드 모델링(solid modeling)

㉯ 서피스 모델링(surface modeling)

㉰ 솔리드-스테이트 모델링(solid-state modeling)

㉱ 와이어프레임 모델링(wireframe modeling)

[해설] 솔리드-스테이트 모델링는 기본 모델링과 무관하다.

74. xy 평면상의 직선의 방정식 $y = mx + d$에 대한 설명 중 틀린 것은?

㉮ m은 이 직선의 기울기이다.

㉯ 이 직선이 x축과 이루는 각을 a라고 하면

$m = \cos(a)$이다.

㉰ 이 직선과 y축과의 교점의 좌표는 $(0, d)$이다.

㉱ 이 직선과 x축과의 교점의 좌표는 $(-d/m, 0$이다.)

[해설] 기울기는 $m = \tan(a)$이다.

75. bezier 곡선을 이루기 위한 블렌딩 함수의 성질에 대한 설명으로 틀린 것은?

㉮ 생성되는 곡선은 다각형의 시작점과 끝점을 반드시 통과해야 한다.

㉯ 시작점이나 끝점에서 n번 미분한 값은 그 점을 포함하여 인접한 $n-1$개의 꼭지점에 의해 결정된다.

㉰ bezier 곡선을 이루는 다각형의 첫 번째 선분은 시작점에서 접선벡터와 같은 방향이고, 마지막 선분은 끝점에서의 접선벡터와 같은 방향이어야 한다.

㉱ 다각형의 꼭지점 순서가 거꾸로 되어도 같은 곡선이 생성되어야 한다.

[해설] $B_{i,n}(u) = {}_nC_i\, u^i (1-u)^{n-1}$

여기서 ${}_nC_i = \dfrac{n!}{i!(n-i)!}$

bezier 곡선의 차수는 조정점의 개수(n-i)에 의해 좌우된다.

76. 다음 중 NURBS 곡선의 방정식으로 알맞은 것은? (단, $\vec{V}$는 조정점, h_1는 동차 좌표, $N_{i,k}$는 블렌딩 함수를 각각 의미한다.)

㉮ $\vec{r}(u) = \displaystyle\sum_{i=0}^{n} \vec{V_i} N_{i,k}(u)$

㉯ $\vec{r}(u) = \dfrac{\displaystyle\sum_{i=0}^{n} \vec{V_i} N_{i,k}(u)}{\displaystyle\sum_{i=0}^{n} h_i N_{i,k}(u)}$

㉰ $r(u) = \dfrac{\displaystyle\sum_{i=0}^{n} \vec{V_i} h_i N_{i,k}(u)}{\displaystyle\sum_{i=0}^{n} h_i N_{i,k}(u)}$

$$\text{라} \quad \vec{r}(u) = \frac{\displaystyle\sum_{i=0}^{n} \vec{V_i} h_i N_{i,\,k}(u)}{\displaystyle\sum_{i=0}^{n} N_{i,\,k}(u)}$$

77. 컴퓨터의 중앙처리장치(CPU)의 주요 구성 요소가 아닌 것은?

㉮ 주기억장치

㉯ 보조기억장치

㉰ 연산논리장치

㉱ 제어장치

[해설] 중앙처리장치(CPU)는 연산논리장치와 제어장치로 구성된다.

78. 한 물체가 모델 좌표계와 함께 세계 좌표계의 x축을 기준으로 동시에 θ만큼 회전되는 경우, 새로운 위치에서 물체상의 한 점의 세계 좌표 $(X_w,\ Y_w,\ Z_w)$와 원래 좌표$(X_m,\ Y_m,\ Z_m)$ 관계를 바르게 나타낸 것은?

$$\text{㉮} \quad \begin{bmatrix} X_w \\ Y_w \\ Z_w \\ 1 \end{bmatrix} = \begin{bmatrix} 1 & 0 & 0 & 0 \\ 0 & 1 & 0 & 0 \\ 0 & 0 & 1 & 0 \\ 0 & 0 & 0 & 1 \end{bmatrix} \begin{bmatrix} X_m \\ Y_m \\ Z_m \\ 1 \end{bmatrix}$$

$$\text{㉯} \quad \begin{bmatrix} X_w \\ Y_w \\ Z_w \\ 1 \end{bmatrix} = \begin{bmatrix} 1 & 0 & 0 & 0 \\ 0 & \cos\theta & -\sin\theta & 0 \\ 0 & \sin\theta & \cos\theta & 0 \\ 0 & 0 & 0 & 1 \end{bmatrix} \begin{bmatrix} X_m \\ Y_m \\ Z_m \\ 1 \end{bmatrix}$$

$$\text{㉰} \quad \begin{bmatrix} X_w \\ Y_w \\ Z_w \\ 1 \end{bmatrix} = \begin{bmatrix} \cos\theta & 0 & -\sin\theta & 0 \\ 0 & 1 & 0 & 0 \\ \sin\theta & 0 & \cos\theta & 0 \\ 0 & 0 & 0 & 1 \end{bmatrix} \begin{bmatrix} X_m \\ Y_m \\ Z_m \\ 1 \end{bmatrix}$$

$$\text{㉱} \quad \begin{bmatrix} X_w \\ Y_w \\ Z_w \\ 1 \end{bmatrix} = \begin{bmatrix} \cos\theta & -\sin\theta & 0 & 0 \\ \sin\theta & \cos\theta & 0 & 0 \\ 0 & 0 & 1 & 0 \\ 0 & 0 & 0 & 1 \end{bmatrix} \begin{bmatrix} X_m \\ Y_m \\ Z_m \\ 1 \end{bmatrix}$$

79. 반경이 R이고 피치(pitch)가 p인 나사의 나선(helix)을 나선의 회전각(x축과 이루는 각) θ에 대한 매개변수식으로 나타낸 것으로 옳은 것은? (단, $\widehat{i}$, $\widehat{j}$, $\widehat{k}$는 각각 x, y, z축 방향의 단위벡터이다.)

$$\text{㉮} \quad \vec{r}(\theta) = R\sin\theta\,\widehat{i} + R\tan\theta\,\widehat{j} + \frac{p\theta}{\pi}\widehat{k}$$

$$\text{㉯} \quad \vec{r}(\theta) = R\sin\theta\,\widehat{i} + R\tan\theta\,\widehat{j} + \frac{p\theta}{2\pi}\widehat{k}$$

$$\text{㉰} \quad \vec{r}(\theta) = R\cos\theta\,\widehat{i} + R\sin\theta\,\widehat{j} + \frac{p\theta}{\pi}\widehat{k}$$

$$\text{㉱} \quad \vec{r}(\theta) = R\cos\theta\,\widehat{i} + R\sin\theta\,\widehat{j} + \frac{p\theta}{2\pi}\widehat{k}$$

[해설] 나선벡터 $\vec{r}(\theta)$ = 수평벡터(코사인성분) + 수직벡터(사인성분) + 높이벡터

$$= R\cos\theta\,\widehat{i} + R\sin\theta\,\widehat{j} + \frac{p\theta}{2\pi}\widehat{k}$$

80. 속도가 빠른 중앙처리장치(CPU)와 이에 비하여 상대적으로 속도가 느린 주기억장치 사이에서 원활한 정보의 교환을 위하여 주기억장치의 정보를 일시적으로 저장하는 기능을 가진 것은?

㉮ cache memory

㉯ coprocessor

㉰ BIOS(basic input output system)

㉱ channel

[해설] cache memory : RAM에 비해 메모리용량이 적다. 중앙처리장치(CPU)와 주기억장치 사이에서 속도를 높이기 위해 사용된다.

▶ 2014년 8월 17일 시행

수험번호	성 명

자격종목 및 등급(선택분야)	종목코드	시험시간	문제지형별
기계설계 산업기사	2031	2시간	A

제1과목 : 기계가공법 및 안전관리

1. 선삭에서 바이트의 윗면 경사각을 크게 하고 연강 등 연한 재질의 공작물을 고속 절삭할 때 생기는 칩(chip)의 형태는?

㉮ 유동형   ㉯ 전단형
㉰ 열단형   ㉱ 균열형

[해설] 유동형(flow type) 발생 원인
① 연신율이 크고 소성변형이 잘되는 재료
② 바이트 윗면 경사각이 클 때
③ 절삭 속도가 클 때
④ 절삭 깊이가 적을 때
⑤ 윤활성이 좋은 절삭유를 사용할 경우

2. 밀링 머신에서 분할 및 윤곽가공을 할 때 이용되는 부속장치는?

㉮ 밀링 바이스   ㉯ 회전 테이블
㉰ 모방 밀링장치   ㉱ 슬로팅 장치

[해설] 회전 테이블 : 원판도 가공할 수 있고, 또한 테이블의 좌우 및 전후 이송을 사용하면 윤곽가공도 할 수 있다.

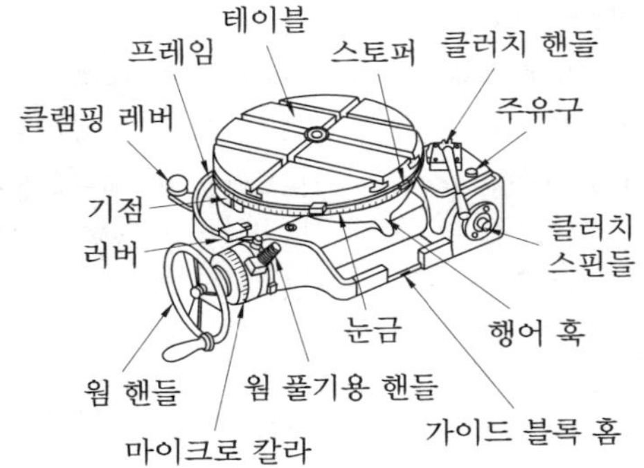

3. 표면 거칠기 측정법에 해당되지 않는 것은?

㉮ 다이얼 게이지 이용 측정법
㉯ 표준편과의 비교 측정법
㉰ 광절단식 표면 거칠기 측정법
㉱ 현미 간섭식 표면 거칠기 측정법

[해설] 다이얼 게이지 이용 측정법은 길이 측정에 사용된다.

4. 브로치 절삭날 피치를 구하는 식은? (단, $P=$ 피치, $L=$ 절삭날의 길이, C는 가공물 재질에 따른 상수이다.)

㉮ $P = C\sqrt{L}$ ㉯ $P = C \times L$
㉰ $P = C \times L^2$ ㉱ $P = C^2 \times L$

[해설] 브로치 절삭날의 길이는 날의 피치 제곱에 비례한다.

5. 결합제의 주성분은 열경화성 합성수지 베크라이트로 결합력이 강하고 탄성이 커서 고속도강이나 광학유리 등을 절단하기에 적합한 숫돌은 어느 것인가?

㉮ vitrified계 숫돌   ㉯ resinoid계 숫돌
㉰ silicate계 숫돌   ㉱ rubber계 숫돌

[해설] 결합제의 종류
① 비트리파이드(vitrified)
  (개) 기호 : V
  (내) 재질 : 장석점토
  (대) 용도 : 숫돌 전체의 80 %를 차지하며, 거의 모든 재료를 연삭
② 실리케이트(silicate)
  (개) 기호 : S
  (내) 재질 : 규산소다
  (대) 용도 : 윤활성이 있으며 대형 숫돌을 만들고 절삭공구나 연삭 균열이 잘 일어나는 재료의 연삭
③ 탄성 숫돌
  (개) 고무(rubber)
   • 기호 : R
   • 재질 : 생·인조고무
   • 용도 : 얇은 숫돌, 유리면의 다듬질에 사용

[해답] 1. ㉮   2. ㉯   3. ㉮   4. ㉮   5. ㉯

(나) 레지노이드(resinoid)
- 기호 : B
- 재질 : 합성수지
- 용도 : 강도가 커지고 안전 숫돌, 주물의 덧쇠떼기, 빌릿의 흠 없애기, 석재의 연삭

6. 선반의 양 센터 작업에서 주축의 회전을 공작물에 전달하기 위하여 사용되는 것은?

㉮ 센터 드릴 ㉯ 돌리개
㉰ 면판 ㉱ 방진구

[해설] 돌리개

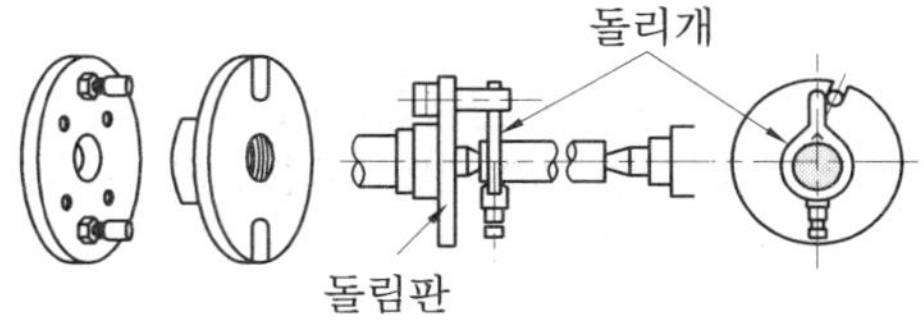

7. 밀링가공에서 커터의 날수 6개, 1날당의 이송 0.2 mm, 커터의 외경 40 mm, 절삭 속도 30 m/min일 때 테이블의 이송속도는 약 몇 mm/min인가?

㉮ 274 ㉯ 286 ㉰ 298 ㉱ 312

[해설] 회전수 $N = \dfrac{1000\,V}{\pi d} = \dfrac{1000 \times 30}{\pi \times 40} = 238.7\,\text{rpm}$

$\therefore f = f_z \times Z \times N = 0.2 \times 6 \times 238.7 = 286\,\text{mm/min}$

8. NC선반의 절삭사이클 중 내·외경 복합 반복 사이클에 해당하는 것은?

㉮ G40 ㉯ G50 ㉰ G71 ㉱ G96

[해설] ㉮ G40 : 공구인선반지름 보정 취소
㉯ G50 : 공작물 좌표계 설정
㉰ G71 : 내·외경 황삭 복합 사이클
㉱ G96 : 절삭 속도 일정 제어

9. 연삭작업에서 글레이징(glazing) 원인이 아닌 것은?

㉮ 결합도가 너무 높다.
㉯ 숫돌바퀴 원주 속도가 너무 빠르다.
㉰ 숫돌 재질과 일감 재질이 적합하지 않다.
㉱ 연한 일감 연삭 시 발생한다.

[해설] 경도가 큰 일감 연삭 시 발생한다.

10. 사고발생이 많이 일어나는 것에서 점차로 적게 일어나는 것에 대한 순서로 옳은 것은?

㉮ 불안전한 조건 → 불가항력 → 불안전한 행위
㉯ 불안전한 행위 → 불가항력 → 불안전한 조건
㉰ 불안전한 행위 → 불안전한 조건 → 불가항력
㉱ 불안전한 조건 → 불안전한 행위 → 불가항력

[해설] 사고 발생 건수 통계
불안전한 행위 > 불안전한 조건 > 불가항력

11. 밀링 머신의 크기를 번호로 나타낼 때 옳은 설명은?

㉮ 번호가 클수록 기계는 크다.
㉯ 호칭번호 No.0(0번)은 없다.
㉰ 인벌류트 커터의 번호에 준하여 나타낸다.
㉱ 기계의 크기와는 관계가 없고 공작물 종류에 따라 번호를 붙인다.

[해설] 밀링 머신의 규격

호칭 번호	테이블 이동거리(mm)		
	좌우	전후	상하
No.0	450	150	300
No.1	550	200	400
No.2	700	250	400
No.3	850	300	450
No.4	1050	350	450
No.5	1250	400	500

12. 환봉을 황삭 가공하는데 이송을 0.1 mm/rev로 하려고 한다. 바이트의 노즈 반경이 1.5 mm라고 한다면 이론상의 최대 표면 거칠기는?

㉮ 8.3×10^{-4} mm ㉯ 8.3×10^{-3} mm
㉰ 8.3×10^{-5} mm ㉱ 8.3×10^{-2} mm

[해설] $H = \dfrac{S^2}{8r} = \dfrac{0.1^2}{8 \times 1.5} = 8.3 \times 10^{-4}$ mm

13. 끼워맞춤에서 H6g6은 무엇을 뜻하는가?

㉮ 축 기준 6급 헐거운 끼워맞춤
㉯ 축 기준 6급 억지 끼워맞춤
㉰ 구멍 기준 6급 헐거운 끼워맞춤
㉱ 구멍 기준 6급 중간 끼워맞춤

해답 6. ㉯ 7. ㉯ 8. ㉰ 9. ㉱ 10. ㉰ 11. ㉮ 12. ㉮ 13. ㉰

[해설] ① H6 : 대문자 H이므로 구멍 기준식이고 IT 공차 6등급
② g6 : 소문자 g가 알파벳 앞쪽에 있으므로 헐거운 끼워맞춤

14. 액체 호닝의 특징으로 잘못된 것은?

㉮ 가공 시간이 짧다.

㉯ 가공물의 피로강도를 저하시킨다.

㉰ 형상이 복잡한 가공물도 쉽게 가공한다.

㉱ 가공물 표면의 산화막이나 거스러미를 제거하기 쉽다.

[해설] 가공물의 피로강도를 증가시킨다.

15. 한계 게이지에 대한 설명 중 맞는 것은?

㉮ 스냅 게이지는 최소 치수측을 통과측, 최대 치수측을 정지측이라 한다.

㉯ 양쪽 모두 통과하면 그 부분은 공차 내에 있다.

㉰ 플러그 게이지는 최대 치수측을 정지측, 최소 치수측을 통과측이라 한다.

㉱ 통과측이 통과되지 않을 경우는 기준구멍보다 큰 구멍이다.

[해설] 스냅 게이지는 축용, 플러그 게이지는 구멍용으로 최대 치수측을 정지측, 최소 치수측을 통과측이라 한다.

16. 측정기에 대한 설명으로 옳은 것은?

㉮ 일반적으로 버니어 캘리퍼스가 마이크로미터보다 측정 정밀도가 높다.

㉯ 사인 바(sine bar)는 공작물의 내경을 측정한다.

㉰ 다이얼 게이지는 각도 측정기이다.

㉱ 스트레이트 에지(straight edge)는 평면도의 측정에 사용된다.

[해설] 스트레이트 에지(straight edge)는 하이트 게이지에 부착하여 높이 측정 및 금긋기 작업에 사용한다.

17. 드릴지그의 분류 중 상자형 지그에 포함되지 않는 것은?

㉮ 개방형 지그   ㉯ 조립형 지그

㉰ 평판형 지그   ㉱ 밀폐형 지그

[해설] 평판형 지그는 공작물을 평판에 직접 고정시키는 형태이다.

18. 바깥지름이 200 mm인 밀링커터를 100 rpm으로 회전시키면 절삭속도는 약 몇 m/min 정도인가?

㉮ 1.05   ㉯ 2.08   ㉰ 31.4   ㉱ 62.8

[해설] $V = \dfrac{\pi DN}{1000} = \dfrac{\pi \times 200 \times 100}{1000} = 62.8 \text{ m/min}$

19. 어떤 도면에서 편심량이 4 mm로 주어졌을 때, 실제 다이얼 게이지의 눈금의 변위량은 얼마로 나타나야 하는가?

㉮ 2 mm   ㉯ 4 mm   ㉰ 8 mm   ㉱ 0.5 mm

[해설] 선반에서 공작물의 편심량은 다이얼 게이지의 눈금이 2배로 나타나므로 $2 \times 4 = 8$ mm

20. 트위스트 드릴의 인선각(표준각 또는 날끝각)은 연강용에 대해서 몇 도(°)를 표준으로 하는가?

㉮ 110°   ㉯ 114°   ㉰ 118°   ㉱ 122°

[해설] 연강용 인선각은 118°로 표준화되어 있다.

제 2 과목 : 기계제도

21. 다음 필릿 용접부 기호의 설명으로 틀린 것은 어느 것인가?

$$a \, \triangle \, n \times l(e)$$

㉮ l : 용접부의 길이

㉯ (e) : 인접한 용접부 간격

㉰ n : 용접부의 개수

㉱ a : 용접부 목 길이

[해설] a : 용접부의 단면 치수 또는 강도

22. 구름 베어링의 호칭 번호가 6001일 때 안지름은 몇 mm인가?

㉮ 12   ㉯ 11   ㉰ 10   ㉱ 13

[해답] 14. ㉯   15. ㉰   16. ㉱   17. ㉰   18. ㉱   19. ㉰   20. ㉰   21. ㉱   22. ㉮

[해설] 베어링의 호칭 번호 앞 두 자리는 베어링의
종류를 나타내고 뒤 두 자리는 안지름 크기이다.
00 : 10 mm, 01 : 12 mm, 02 : 15 mm, 03 : 17 mm,
04부터는 ×5(배) 하면 된다.

23. 핸들이나 차바퀴 등의 암, 림, 리브 및 훅 등
을 나타낼 때의 단면으로 가장 적합한 것은?

㉮ 한쪽 단면도 ㉯ 회전도시 단면도
㉰ 부분 단면도 ㉱ 온단면도

[해설] 회전도시 단면도 : 핸들이나 차바퀴 등의 암,
림, 리브 등은 90° 돌려서 단면을 그리고 해칭
을 한다.

24. 축의 치수가 $\phi 20 \pm 0.1$ 이고 그 축의 기하공
차가 다음과 같다면 최대실체공차방식에서 실효
치수는 얼마인가?

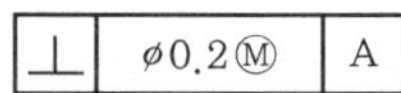

㉮ 19.6 ㉯ 19.7 ㉰ 20.3 ㉱ 20.4

[해설] 실효치수 계산
① 축 = 최대허용치수 + 기하공차
  = 20.1 + 0.2 = 20.3 mm
② 구멍 = 최소허용치수 − 기하공차

25. 그림과 같은 입체도에서 제3각법에 의해 3면
도로 적합하게 투상한 것은?

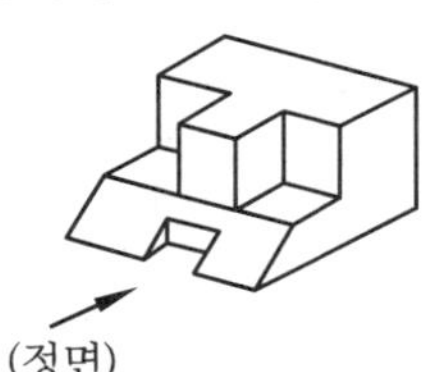

(정면)

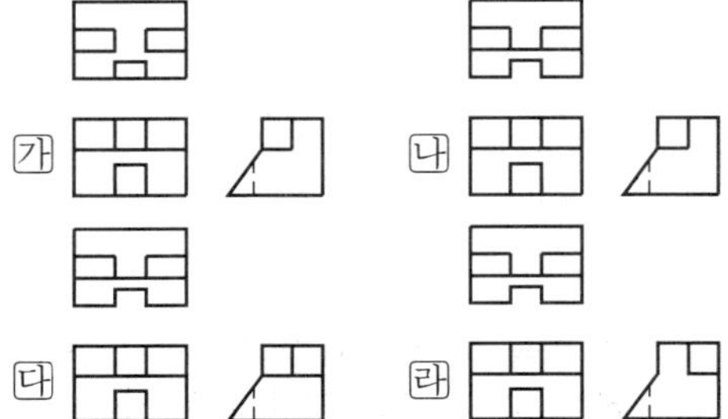

[해설] 평면도 투상을 비교하여 투상선의 상태를 살
핀다.

26. 제3각법으로 투상한 정면도와 우측면도가
그림과 같을 때 평면도로 가장 적합한 것은?

(정면도)

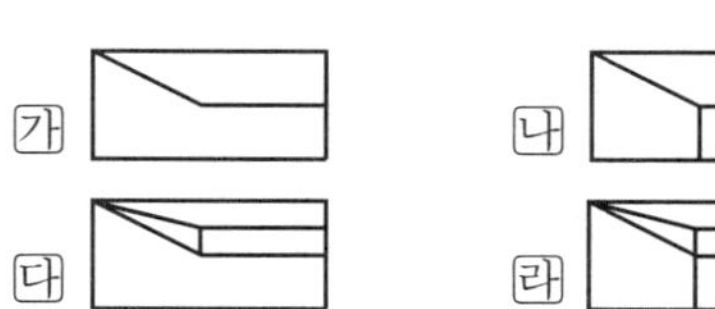

㉮ ㉯
㉰ ㉱

27. 기어의 제도에 관하여 설명한 것으로 잘못된
것은?

㉮ 잇봉우리원은 굵은 실선으로 표시한다.
㉯ 피치원은 가는 1점 쇄선으로 표시한다.
㉰ 이골원은 가는 실선으로 표시한다.
㉱ 잇줄방향은 통상 3개의 가는 1점 쇄선으
로 표시한다.

[해설] 헬리컬 기어에서 잇줄방향은 통상 3개의 가
는 실선으로 표시한다.

28. 배관의 도시 방법에서 도급 계약의 경계를
나타낼 때 사용하는 선은?

㉮ 가는 1점 쇄선
㉯ 가는 2점 쇄선
㉰ 매우 굵은 1점 쇄선
㉱ 매우 굵은 2점 쇄선

[해설] 경계를 나타낼 때 사용하는 선 : 매우 굵은 1점
쇄선

29. 구름 베어링의 상세한 간략 도시방법에서 복
렬 자동 조심 볼 베어링의 도시기호는?

㉮ 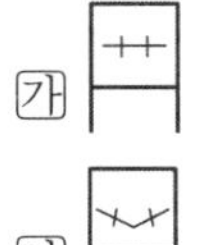 ㉯
㉰ 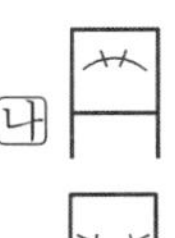 ㉱

[해설] 복렬(2개의 크로스 선), 자동 조심(외륜이 원호)

30. 그림과 같은 표면의 상태를 기호로 표시하

기 위한 표면의 결 표시 기호에서 d는 무엇을 표시하는가?

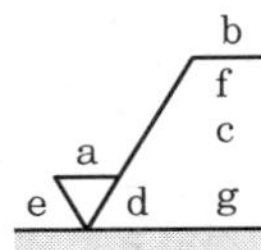

㉮ a에 대한 기준길이 또는 컷오프값

㉯ 기준 길이 · 평가 길이

㉰ 줄무늬 방향의 기호

㉱ 가공방법 기호

[해설] ① a : 표면 거칠기 크기
② f, c : 기준길이 또는 컷오프값
③ d : 줄무늬 방향의 기호
④ b : 가공방법 기호

31. 줄무늬 방향의 기호에 대한 설명으로 틀린 것은?

㉮ = : 가공에 의한 컷의 줄무늬 방향이 기호를 기입한 그림의 투영면에 평행

㉯ X : 가공에 의한 컷의 줄무늬 방향이 다방면으로 교차 또는 무방향

㉰ C : 가공에 의한 컷의 줄무늬가 기호를 기입한 면의 중심에 대하여 거의 동심원 모양

㉱ R : 가공에 의한 컷의 줄무늬가 기호를 기입한 면의 중심에 대하여 거의 방사 모양

[해설] X : 가공에 의한 컷의 줄무늬 방향이 두 방향으로 교차 또는 무방향

32. 구멍에 끼워 맞추기 위한 구멍, 볼트, 리벳의 기호 표시에서 가까운 면에 카운터 싱크가 있는 구멍에 현장에서 드릴 가공 및 끼워맞춤을 할 때의 기호에 해당하는 것은?

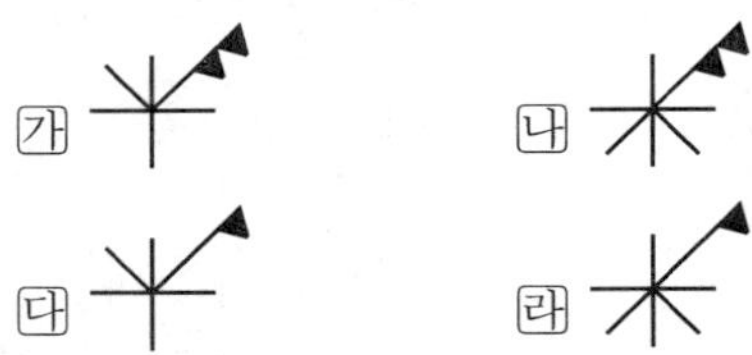

[해설] ① 카운터 싱크 방향으로 V마크
② 드릴 가공 및 끼워맞춤 두 번이므로 현장 용접 기호 깃발 2개 표시

33. 재료 기호가 "STC 140"으로 되어 있을 때 이 재료의 명칭으로 옳은 것은?

㉮ 합금 공구강 강재

㉯ 탄소 공구강 강재

㉰ 기계 구조용 탄소 강재

㉱ 탄소강 주강품

[해설] STC : steel(강), tool(공구), carbon(탄소)

34. 기준치수가 30, 최대 허용치수가 29.98, 최소 허용치수가 29.95일 때 아래 치수 허용차는 얼마인가?

㉮ $+0.05$ ㉯ $+0.03$ ㉰ -0.05 ㉱ -0.03

[해설] 아래 치수 허용차 = 최소 허용치수 - 기준치수
$$= 29.95 - 30 = -0.05$$

35. 끼워맞춤의 치수가 $\phi 40H7$과 $\phi 40G7$일 때 치수 공차값을 비교한 설명으로 옳은 것은?

㉮ $\phi 40H7$이 크다. ㉯ $\phi 40G7$이 크다.

㉰ 치수 공차는 같다. ㉱ 비교할 수 없다.

[해설] ① $\phi 40H7$: 구멍 기준식, IT 공차 7등급
② $\phi 40G7$: 구멍 기준식, 헐거운 끼워맞춤, IT 공차 7등급
③ 기준 치수와 공차 등급이 같으면 치수 공차값도 같다.

36. 그림과 같은 I형강의 표시방법으로 올바르게 된 것은? (단 L은 형강의 길이이다.)

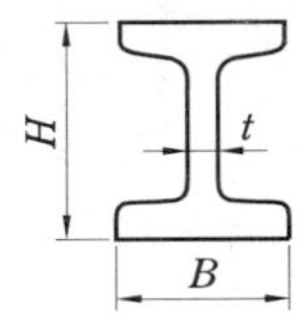

㉮ $IH \times B \times t \times L$ ㉯ $IB \times H \times t - L$

㉰ $IB \times H \times t \times L$ ㉱ $IH \times B \times t - L$

[해설] 형강 호칭 방법 : 형상기호 높이×폭×두께-길이

37. 나사의 종류 중 ISO 규격에 있는 관용 테이퍼 나사에서 테이퍼 암나사를 표시하는 기호는 어느 것인가?

㉮ PT ㉯ PS ㉰ Rp ㉱ Rc

[해설] ① R, PT : 관용 테이퍼 수나사
② Rc : 관용 테이퍼 암나사
③ Rp, PS : 관용 평행 암나사

38. KS기계 재료 기호 중 스프링 강재인 것은?

㉮ SPS ㉯ SBC ㉰ SM ㉱ STS

[해설] SPS(스프링 강재), SBC(보일러 압력용기 탄소강), SM(기계 구조용 탄소 강재), STS(합금 공구 강재)

39. 그림과 같은 3각법으로 정투상한 정면도와 평면도에 대한 우측면도로 가장 적합한 것은?

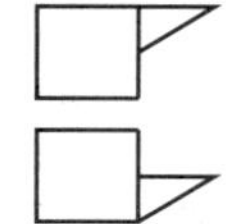

㉮ 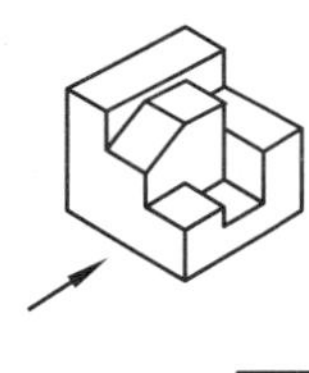 ㉯ ㉰ ㉱

[해설] 경사면을 유의한다.

40. 그림과 같은 입체도에서 화살표 방향의 투상도가 정면도일 경우 평면도로 가장 적합한 것은 어느 것인가?

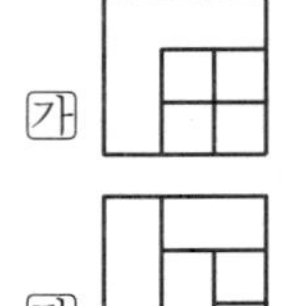

㉮  ㉯

㉰ 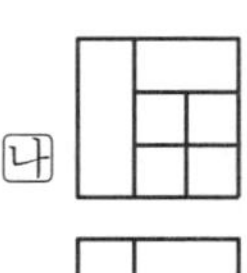 ㉱

제 3 과목 : 기계설계 및 기계재료

41. Ni−Fe계 실용합금이 아닌 것은?

㉮ 엘린바 ㉯ 인바

㉰ 미하나이트 ㉱ 플라티나이트

[해설] 미하나이트는 주철의 한 종류이다.

42. 강을 표준상태로 하기 위하여 가공조직의 균일화, 결정립의 미세화, 기계적 성질의 향상을 목적으로 오스테나이트가 되는 온도까지 가열하여 공랭시키는 열처리 방법은?

㉮ 뜨임 ㉯ 담금질

㉰ 오스템퍼 ㉱ 노멀라이징

[해설] ① 뜨임(템퍼링) : 담금질 후 취성 제거를 목적으로 하는 열처리
② 불림(노멀라이징) : 결정 조직의 균일화 및 잔류 응력 제거를 목적으로 하는 열처리

43. 알루미늄 주조 합금으로 내열용으로 사용되는 합금이 아닌 것은?

㉮ Y합금 ㉯ 로엑스

㉰ 코비탈륨 ㉱ 실루민

[해설] 실루민 : si(규소)를 첨가한 다이캐스팅용 알루미늄 합금
내열용 Al 합금 : Y합금, 로엑스, 코비탈륨

44. 친화력이 큰 성분 금속이 화학적으로 결합하여, 다른 성질을 가지는 독립된 화합물을 만드는 것은?

㉮ 금속 간 화합물 ㉯ 고용체

㉰ 공정 합금 ㉱ 동소 변태

[해설] 금속 간 화합물 : 금속이 화학적으로 결합하여, 다른 성질을 가지는 독립된 화합물 생성(예 : Fe_3C), 고체 A + 고체 B : 고체 C

45. 강의 표면을 고온산화에 견디기 위한 시멘테이션법이 아닌 것은?

㉮ 보로나이징 ㉯ 칼로라이징

㉰ 실리코나이징 ㉱ 나이트라이징

[해설] 시멘테이션(금속 침투법)의 종류
① 세라다이징 : Zn 침투
② 크로마이징 : Cr 침투
③ 칼로라이징 : Al 침투
④ 실리코나이징 : Si 침투
⑤ 보로나이징 : B 침투

46. 7−3 황동에 Sn을 1 % 첨가한 것으로 전연성이 좋아 관 또는 판을 만들어 증발기와 열교환

해답 38. ㉮ 39. ㉮ 40. ㉯ 41. ㉰ 42. ㉱ 43. ㉱ 44. ㉮ 45. ㉱ 46. ㉮

기 등에 사용되는 주석황동은?

㉮ 애드미럴티 황동   ㉯ 네이벌 황동

㉰ 알루미늄 황동   ㉲ 망간 황동

[해설] 참고적으로 네이벌 황동 : 6-3 황동 + Sn 1 %

47. 18-8 스테인리스강(stainless steel)에서 용접 취약성을 일으키는 가장 큰 원인은?

㉮ 입계탄화물의 석출

㉯ 자경성 발생

㉰ 뜨임 메짐성

㉲ 균열의 생성

[해설] 스테인리스강은 용접에 의한 열을 받으면 입계탄화물($Cr_{23}C_6$)이 생성되어 부식을 일으킨다.

48. α-Fe, γ-Fe과 같은 상(相)이 온도 그 밖의 외적 조건에 의해 결정격자형이 변하는 것을 무엇이라 하는가?

㉮ 열변태   ㉯ 자기변태

㉰ 동소변태   ㉲ 무확산변태

[해설] 동소변태 : 고체 내에서 원자 배열이 변하는 것 (결정격자형이 변하는 것)

49. 입방체의 각 모서리에 한 개씩의 원자와 입방체의 중심에 한 개의 원자가 존재하는 매우 간단한 결정격자로서 Cr, Mo 등이 속하는 결정격자는?

㉮ 면심입방격자   ㉯ 체심입방격자

㉰ 조밀육방격자   ㉲ 자기입방격자

[해설]

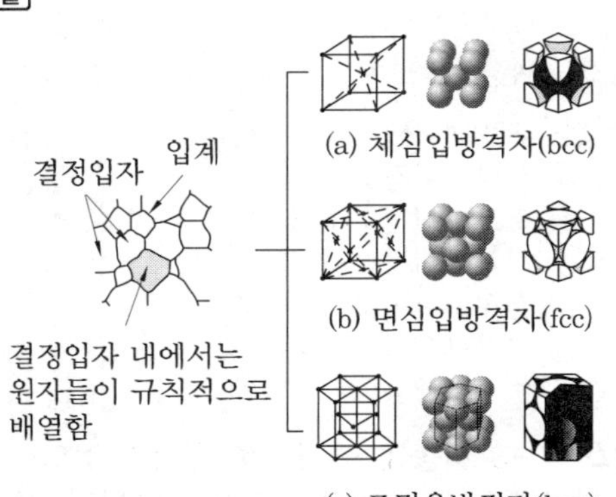

50. 아래 그림에서 Austenite강을 재결정 온도 이하, Ms점 이상의 온도범위에서 소성가공을 한 후 소입(quenching)하는 열처리는?

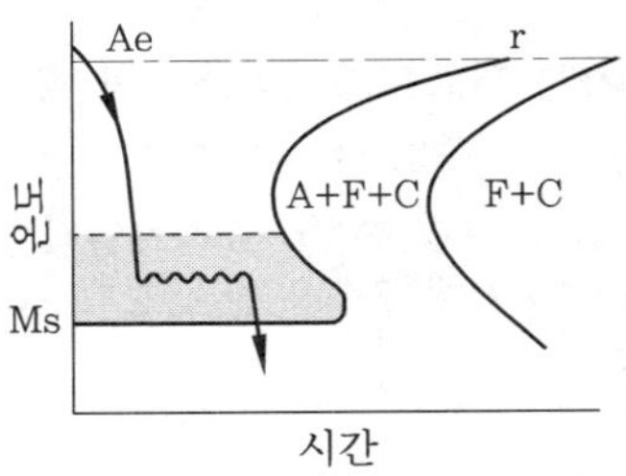

㉮ austempering   ㉯ ausforming

㉰ marquenching   ㉲ time quenching

[해설] ㉮ austempering : Ms점 이하에서 열처리

㉯ ausforming : 소성가공 후 열처리

㉰ marquenching : 열처리 후 뜨임

㉲ time quenching : 냉각제 속에 적당 시간 유지한 후 담금질 중인 재료를 끌어올리는 계단식 담금질

51. 볼 베어링에서 수명에 대한 설명 중 맞는 것은 어느 것인가?

㉮ 베어링에 작용하는 하중의 3승에 비례한다.

㉯ 베어링에 작용하는 하중의 3승에 반비례한다.

㉰ 베어링에 작용하는 하중의 10/3승에 비례한다.

㉲ 베어링에 작용하는 하중의 10/3승에 반비례한다.

[해설] 베어링 수명식에서 베어링에 작용하는 하중의 3승에 반비례함을 알 수 있다.

볼 베어링 $T = \left(\dfrac{C}{P}\right)^3$

롤 베어링 $T = \left(\dfrac{C}{P}\right)^{10/3}$

52. 그림과 같은 맞대기 용접 이음에서, 인장하중 W [N], 강판의 두께 h [mm]라 할 때 용접길이 l [mm]를 구하는 식으로 가장 옳은 것은? (단, 상하의 용접부 목두께가 각각 t_1 [mm], t_2 [mm]이고, 용접부에서 발생하는 인장응력 σ_t [N/mm^2]이다.)

[해답] 47. ㉮   48. ㉰   49. ㉯   50. ㉯   51. ㉯   52. ㉲

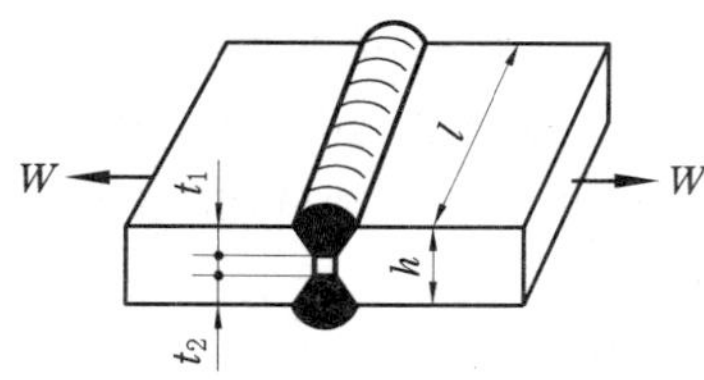

㉮ $l = \dfrac{0.707\,W}{h\sigma_t}$ ㉯ $l = \dfrac{0.707\,W}{(t_1+t_2)\sigma_t}$

㉰ $l = \dfrac{W}{h\sigma_t}$ ㉱ $l = \dfrac{W}{(t_1+t_2)\sigma_t}$

[해설] $\sigma_t = \dfrac{하중}{용접면적} = \dfrac{W}{l\cdot(t_1+t_2)}$

$$\therefore l = \dfrac{W}{\sigma_t(t_1+t_2)}$$

53. 묻힘 키(sunk key)에서 키의 폭 10 mm, 키의 유효 길이 54 mm, 키의 높이 8 mm, 축의 지름 45 mm일 때 최대 전달 토크는 약 몇 N·m 인가? (단, 키(Key)의 허용전단응력 35 N/mm^2 이다.)

㉮ 425 ㉯ 643 ㉰ 846 ㉱ 1024

[해설] $\tau = \dfrac{2T}{bld}$ 에서

$$T = \dfrac{\tau b l d}{2} = \dfrac{35\times10\times54\times45}{2}$$
$$= 425000\ \text{N·mm} = 425\ \text{N·m}$$

54. 공기 스프링에 대한 설명으로 거리가 먼 것은 어느 것인가?

㉮ 공기량에 따라 스프링 계수의 크기를 조절할 수 있다.

㉯ 감쇠특성이 크므로 작은 진동을 흡수할 수 있다.

㉰ 측면방향으로의 강성도 좋은 편이다.

㉱ 구조가 복잡하고 제작비가 비싸다.

[해설] 공기 스프링은 측면방향으로 하중 발생 시 실링(밀폐)이 어려워 취약하다.

55. 평벨트 전동에서 유효장력이란 무엇인가?

㉮ 벨트 긴장측 장력과 이완측 장력과의 차를 말한다.

㉯ 벨트 긴장측 장력과 이완측 장력과의 비를 말한다.

㉰ 벨트 긴장측 장력과 이완측 장력을 평균한 값이다.

㉱ 벨트 긴장측 장력과 이완측 장력의 합을 말한다.

[해설] 유효장력(T) = 긴장측 장력(Tt) − 이완측 장력(Ts)

56. 다음 중 자동하중 브레이크가 아닌 것은?

㉮ 웜 브레이크 ㉯ 나사 브레이크

㉰ 원통 브레이크 ㉱ 캠 브레이크

[해설] 자동하중 브레이크 종류 : 웜 브레이크, 나사 브레이크, 캠 브레이크, 원심 브레이크

57. 이끝원 지름이 104 mm, 잇수는 50인 표준 스퍼기어의 모듈은 얼마인가?

㉮ 5 ㉯ 4 ㉰ 3 ㉱ 2

[해설] 이끝원 $D_t = (Z+2)m$ 에서

$$m = \dfrac{D_t}{Z+2} = \dfrac{104}{50+2} = 2$$

58. 리드각이 α, 마찰계수 $\mu(=\tan\rho)$인 나사의 자립조건으로 옳은 것은? (단, ρ는 마찰각이다.)

㉮ $2\alpha < \rho$ ㉯ $\alpha < \rho$

㉰ $\alpha < 2\rho$ ㉱ $\alpha > \rho$

[해설] 나사의 자립조건
마찰각이 리드각보다 커야 한다. 즉 $\alpha < \rho$

59. 굽힘 모멘트만을 받는 중공축(中空軸)의 허용 굽힘응력 σ_b, 중공축의 바깥지름 D, 여기에 작용하는 굽힘 모멘트 M일 때, 중공축의 안지름 d를 구하는 식으로 옳은 것은?

㉮ $d = \sqrt[4]{\dfrac{D\left(\pi\sigma_b D^3 - 16M\right)}{\pi\sigma_b}}$

㉯ $d = \sqrt[4]{\dfrac{D\left(\pi\sigma_b D^3 - 32M\right)}{\pi\sigma_b}}$

㉰ $d = \sqrt[3]{\dfrac{\pi\sigma_b D^3 - 16M}{\pi\sigma_b}}$

해답 53. ㉮ 54. ㉰ 55. ㉮ 56. ㉰ 57. ㉱ 58. ㉯ 59. ㉯

$$\text{㉱ } d = \sqrt[3]{\dfrac{\pi\sigma_b D^3 - 32M}{\pi\sigma_b}}$$

[해설] $D = \sqrt[3]{\dfrac{32M}{\pi\sigma_b(1-x^4)}}$ $x = \dfrac{d}{D}$ 에서

안지름 d로 이항 정리하면 된다.

$$d = \sqrt[4]{\dfrac{D(\pi\sigma_b D^3 - 32M)}{\pi\sigma_b}}$$

60. 다음 중 인장응력을 구하는 식으로 맞는 것은?(단, σ는 인장응력, A는 단면적, P는 인장하중이다.)

㉮ $\sigma = \dfrac{P}{A}$ ㉯ $\sigma = P \times A$

㉰ $\sigma = \dfrac{A}{P}$ ㉱ $\sigma = \dfrac{P}{A^2}$

[해설] 인장응력 기초 계산식 $\sigma = \dfrac{P}{A}$

제 4 과목 : 컴퓨터응용설계

61. 퍼거슨(Ferguson) 곡면의 방정식에는 경계조건으로 16개의 벡터가 필요하다. 그 중에서 곡면 내부의 볼록한 정도에 영향을 주는 것은 무엇인가?

㉮ 꼭지점 벡터 ㉯ U방향 접선 벡터
㉰ V방향 접선 벡터 ㉱ 꼬임 벡터

[해설] 퍼거슨(Ferguson) 곡면 : 1960년대 초에 보잉 항공사의 J. C. 퍼거슨(J. C. Ferguson)이 고안한 방법으로 초창기에 널리 쓰이던 방법이다.

62. CAD 정보를 이용한 공학적 해석분야와 가장 거리가 먼 것은?

㉮ 질량 특성 분석 ㉯ 정밀한 도면 제도
㉰ 공차 분석 ㉱ 유한 요소 해석

[해설] ㉯항 정밀한 도면 제도는 해석 분야(CAE)가 아니고 CAD 분야이다.

63. IGES 파일 포맷에서 엔티티들에 관한 실제 데이터가 기록되어 있는 부분은?

㉮ 스타트 섹션(start section)
㉯ 글로벌 섹션(global section)
㉰ 디렉토리 엔트리 섹션(directory entry section)
㉱ 파라미터 데이터 섹션(parameter data section)

64. 정보단위의 개념이 작은 단위에서 큰 단위로 바르게 나열된 것은?

㉮ field < record < file < data base
㉯ file < data base < field < record
㉰ file < data base < record < field
㉱ field < file < record < data base

[해설] bit < byte < field < record < file < data base

65. NC 데이터에 의한 NC 가공작업을 하기 쉬운 모델링은?

㉮ 와이어 프레임(wire frame) 모델링
㉯ 서피스(surface) 모델링
㉰ 솔리드(solid) 모델링
㉱ 윈도(window) 모델링

[해설] CAM 프로그램은 서피스(surface) 모델링으로 하여 NC 데이터를 추출한다.

66. 3차원 형상의 모델링 방식에서 CSG(constructive solid geometry) 방식을 설명한 것은?

㉮ 투시도 작성이 용이하다.
㉯ 전개도의 작성이 용이하다.
㉰ 기본 입체형상을 만들기 어려울 때 사용되는 모델링 방법이다.
㉱ 기본 입체형상의 불 연산(boolean operation)에 의해 모델링한다.

[해설] ㉮, ㉯, ㉰항은 B-REP 방식이다.

67. 점 P (1, 1)을 x방향으로 2 이동, y방향으로 -1 이동한 후에 원점을 중심으로 30도 회전시켰을 때 좌표는?

㉮ $x = \dfrac{3\sqrt{3}}{2}$, $y = \dfrac{3}{2}$

$$\text{나}\quad x=\frac{3}{2}\,,\ y=\frac{3\sqrt{3}}{2}$$

$$\text{다}\quad x=3\sqrt{3}\,,\ y=3$$

$$\text{라}\quad x=3\,,\ y=3\sqrt{3}$$

[해설] ① 이동변환

$$x'=x+m=1+2=3$$
$$y'=y+n=1-1=0$$

② 회전변환

$$[x\ y]=[x'\ y']\begin{bmatrix}\cos\theta & \sin\theta \\ -\sin\theta & \cos\theta\end{bmatrix}$$
$$=[x'\cos\theta-y'\sin\theta \quad x'\sin\theta+y'\cos\theta]$$
$$=[3\times\cos30-0\times\sin0 \quad 3\times\sin30+0\times\cos30]$$
$$=\begin{bmatrix}\dfrac{3\sqrt{3}}{2} & \dfrac{3}{2}\end{bmatrix}$$

68. 3차원 CAD에서 최대 변환 매트릭스는?

㉮ 2×3 ㉯ 3×2 ㉰ 3×3 ㉱ 4×4

[해설] ① 2차원 CAD에서 최대 변환 매트릭스 3×3
② 3차원 CAD에서 최대 변환 매트릭스 4×4

69. 다음 식에 의해서 정의되는 도형 요소는 무엇인가?

$$(x_2-x_1)(y-y_1)=(y_2-y_1)(x-x_1)$$

㉮ 원 ㉯ 직선 ㉰ 곡선 ㉱ 점

[해설] $x_1\,x_2\ y_1\,y_2$는 두 개의 점을 통과하는 1차식 꼴이다. 따라서 직선이다.

70. 변환(transformation)에서 변환함수와 관계가 적은 것은?

㉮ 이동(translation) ㉯ 축척(scaling)
㉰ 생산(production) ㉱ 회전(rotation)

[해설] 생산(production)은 변환과 무관한 내용이다.

71. 도면상 중심이 (10, 10)인 2차원의 도형을 PC의 CRT상에 나타내기 위하여, 일련의 좌표 변환을 통하여 CRT 중심에 실물크기로 그리기 위한 작업이 아닌 것은?

㉮ 도형의 중심점이 원점이 되도록 이동변환
㉯ CRT 좌표와 도면 좌표의 비율에 따라 축척변환

㉰ 관측변환을 통하여 관측 좌표계를 물체 좌표계와 일치
㉱ 변환된 도형을 CRT 좌표계의 중심으로 이동

[해설] ㉰항의 관측 좌표계란 용어는 없다.

72. 제시된 단면곡선을 안내곡선에 따라 이동하면서 생기는 궤적을 나타낸 곡면은?

㉮ 룰드 곡면 ㉯ 스위프 곡면
㉰ 보간 곡면 ㉱ 블랜드 곡면

[해설] 스위프 곡면 : 단면을 윤곽 궤적을 따라 이동하면서 곡면 모델을 형성한다.

73. 다음은 파라메트릭 모델링을 이용한 형상 모델링 과정들을 정리한 것이다. 가장 적절한 순서로 나열된 것은?

> 가. 바람직한 형상이 얻어질 때까지 형상 구속조건과 치수조건의 수정을 통해 물체의 형상을 조정하는 과정을 반복한다.
> 나. 형상 구속조건과 치수조건을 대화식으로 입력하고, 이를 만족하는 2차원 형상이 생성된다.
> 다. 대강의 스케치로 2차원 형태를 입력한다.
> 라. 작성된 2차원 형상을 스위핑하거나 스윙잉하여 3차원 물체를 만들어낸다.

㉮ 다 - 가 - 나 - 라 ㉯ 나 - 다 - 가 - 라
㉰ 다 - 나 - 가 - 라 ㉱ 가 - 다 - 나 - 라

[해설] 모델링 작업 순서
스케치 → 형상 구속조건과 치수조건 입력 → 수정 → 3차원 물체 형성

74. 컴퓨터이용자동공정계획(CAPP)에 가장 적합한 모델링 방법은?

㉮ 특징형상 모델링
㉯ 투영 모델링
㉰ 와이어 프레임 모델링
㉱ 곡면 모델링

---

75. 데이터 변환 파일 중 대표적인 표준파일 형식이 아닌 것은?

㉮ IGES　　　　㉯ ASCII

㉰ DXF　　　　㉱ STEP

[해설] ASCII코드는 128문자 표준 지정코드이다.

76. 2차 Bezier 곡선은?

㉮ 직선　　　　㉯ 원

㉰ 타원　　　　㉱ 포물선

[해설] 2차 Bezier 곡선은 시작과 끝이 있는 곡선형태이다.

77. CAD 시스템의 출력장치(플로터)를 구분하는 요인이라고 할 수 없는 것은?

㉮ 플로팅 헤드 제어 방식에 의한 구분

㉯ 출력되는 그림 및 도형의 해상도로 구분

㉰ 출력할 수 있는 도형(그림)의 크기로 구분

㉱ 출력장치(플로터)의 사용 전압에 의한 구분

[해설] ㉱항 전압에 의한 구분은 억지로 만든 보기 항목이다.

78. CAD 용어에 대한 설명 중 틀린 것은?

㉮ pan : 도면의 다른 영역을 보기 위해 디스플레이 윈도를 이동시키는 행위

㉯ zoom : 화면상의 이미지를 실제 사이즈를 포함하여 확대 또는 축소

㉰ clipping : 필요 없는 요소를 제거하는 방법, 주로 그래픽에서 클리핑 윈도로 정의된 영역 밖에 존재하는 요소들을 제거하는 것을 의미

㉱ toggle : 명령의 실행 또는 마우스 클릭 시마다 on 또는 off가 번갈아 나타나는 세팅

[해설] Zoom : 화면상의 도면요소(개체)를 실제 사이즈를 포함하여 확대 또는 축소한다.

79. B-rep 모델링 방식의 특성이 아닌 것은?

㉮ 화면 재생시간이 적게 소요된다.

㉯ 3면도, 투시도, 전개도 작성이 용이하다.

㉰ 데이터의 상호 교환이 쉽다.

㉱ 입체의 표면적 계산이 어렵다.

[해설] 입체의 표면적 계산이 쉽다.

80. 3차원 공간상의 3점 $\vec{r_0}$, $\vec{r_1}$, $\vec{r_2}$에 의해 정의되는 평면에 수직인 단위 법선벡터의 표현으로 옳은 것은? (단, •는 벡터내적, ×는 벡터외적을 나타냄)

㉮ $\dfrac{|(\vec{r_1}-\vec{r_0})\times(\vec{r_2}-\vec{r_0})|}{(\vec{r_1}-\vec{r_0})\times(\vec{r_2}-\vec{r_0})}$

㉯ $\dfrac{(\vec{r_1}-\vec{r_0})\times(\vec{r_2}-\vec{r_0})}{|(\vec{r_1}-\vec{r_0})\times(\vec{r_2}-\vec{r_0})|}$

㉰ $\dfrac{|(\vec{r_1}-\vec{r_0})\cdot(\vec{r_2}-\vec{r_0})|}{(\vec{r_1}-\vec{r_0})\cdot(\vec{r_2}-\vec{r_0})}$

㉱ $\dfrac{(\vec{r_1}-\vec{r_0})\cdot(\vec{r_2}-\vec{r_0})}{|(\vec{r_1}-\vec{r_0})\cdot(\vec{r_2}-\vec{r_0})|}$

[해설] 식 전체를 외우려고 하지 말고 형태를 분석하여 해답을 찾는다.

$$\frac{\text{벡터외적}(\times)\text{꼴}}{|\text{벡터외적}(\times)\text{꼴}|}$$

[해답]　75. ㉯　76. ㉱　77. ㉱　78. ㉰　79. ㉱　80. ㉯

국가기술자격검정필기시험문제

▶ 2015년 3월 8일 시행

				수험번호	성 명
자격종목 및 등급(선택분야)	종목코드	시험시간	문제지형별		
기계설계 산업기사	2031	2시간	B		

제1과목 : 기계가공법 및 안전관리

1. 공작 기계에서 절삭을 위한 세 가지 기본 운동에 속하지 않는 것은?

㉮ 절삭 운동　　　㉯ 이송 운동
㉰ 회전 운동　　　㉱ 위치 조정 운동

[해설] 공작 기계의 기본 운동
　① 절삭 운동 : 절삭 시 칩의 길이 방향으로 절삭 공구가 움직이는 운동
　② 이송 운동 : 공작물과 절삭 공구가 절삭 방향으로 이송하는 운동
　③ 위치 조정 운동 : 공구와 공작물 간의 절삭 조건에 따른 절삭 깊이 조정 및 일감, 공구의 설치 및 제거 운동

2. 중량 가공물을 가공하기 위한 대형 밀링 머신으로 플레이너와 유사한 구조로 되어 있는 것은?

㉮ 수직 밀링 머신　　㉯ 수평 밀링 머신
㉰ 플래노 밀러　　　　㉱ 회전 밀러

[해설] 플래노 밀러는 플레이너형 밀링 머신이라고도 하며 중량물 및 대형 가공물의 중절삭에 사용된다.

3. 선반에서 나사 가공을 위한 분할 너트(half nut)는 어느 부분에 부착되어 사용하는가?

㉮ 주축대　　　㉯ 심압대
㉰ 왕복대　　　㉱ 베드

[해설] 왕복대 : 베드 안내면 상에 놓여져 있으며, 공구를 부착시켜서 이송 운동에 의해 공작물을 절삭하는 부분이다. 나사 절삭 시 이송용 너트로 분할 너트를 사용한다.

4. 게이지 종류에 대한 설명 중 틀린 것은?

㉮ pitch 게이지 : 나사 피치 측정
㉯ thickness 게이지 : 미세한 간격(두께) 측정
㉰ radius 게이지 : 기울기 측정
㉱ center 게이지 : 선반의 나사 바이트 각도 측정

[해설] radius 게이지는 곡면의 둥글기를 측정할 때 사용된다.

5. 중량물의 내면 연삭에 주로 사용되는 연삭 방법은?

㉮ 트래버스 연삭　　㉯ 플랜지 연삭
㉰ 만능 연삭　　　　㉱ 플래니터리 연삭

[해설] 플래니터리(유성형) 연삭은 내면 연삭에 주로 사용되는 연삭 방식으로 공작물은 정지하고 숫돌축은 회전 연삭 운동과 동시에 공전 운동을 하는 방식이다.

6. 재해 원인별 분류에서 인적 원인(불안전한 행동)에 의한 것으로 옳은 것은?

㉮ 불충분한 지지 또는 방호
㉯ 작업 장소의 밀집
㉰ 가동 중인 장치를 정비
㉱ 결함이 있는 공구 및 장치

[해설] ① 물적 원인 : 작업 계획 미비, 불충분한 지지 또는 방호, 작업 장소의 밀집, 결함이 있는 공구 및 장치
　② 인적 원인 : 보호안경 미착용, 작업 신발 미착용, 선반 밀링 작업 시 장갑을 끼고 작업, 장비 정비 시 가동 상태에서 실시

7. 특정한 제품을 대량 생산할 때 적합하지만, 사

[해답]　1. ㉰　2. ㉰　3. ㉰　4. ㉰　5. ㉱　6. ㉰　7. ㉯

용 범위가 한정되며 구조가 간단한 공작 기계는?

㉮ 범용 공작 기계   ㉯ 전용 공작 기계

㉰ 단능 공작 기계   ㉱ 만능 공작 기계

[해설] ㉮ : 가공할 수 있는 기능이 다양하고 절삭 및 이송 속도의 범위가 크다.

㉯ : 특정한 모양이나 치수의 제품을 대량 생산할 때 사용하고 사용 범위가 한정되며 구조가 간단하다.

㉰ : 한 가지 가공만을 할 수 있는 공작 기계

㉱ : 다양한 가공을 할 수 있도록 제작된 공작 기계

8. −18 μm의 오차가 있는 블록 게이지에 다이얼 게이지를 영점 세팅하여 측정하였더니, 측정값이 46.78 mm이었다면 참값(mm)은?

㉮ 46.960   ㉯ 46.798

㉰ 46.762   ㉱ 46.603

[해설] 참값＝측정값＋오차

$$= 46.78 - 0.018 = 46.762$$

9. 표준 맨드릴(mandrel)의 테이퍼 값으로 적합한 것은?

㉮ $\dfrac{1}{10} \sim \dfrac{1}{20}$ 정도   ㉯ $\dfrac{1}{50} \sim \dfrac{1}{100}$ 정도

㉰ $\dfrac{1}{100} \sim \dfrac{1}{1000}$ 정도   ㉱ $\dfrac{1}{200} \sim \dfrac{1}{400}$ 정도

[해설] 표준 맨드릴은 $\dfrac{1}{100} \sim \dfrac{1}{1000}$ 의 테이퍼로 비교적 간단하고 확실하게 공작물을 고정한다.

10. 수준기에서 1눈금의 길이를 2 mm로 하고, 1눈금이 각도 5″(초)를 나타내는 기포관의 곡률 반지름은?

㉮ 7.26 m   ㉯ 72.6 m

㉰ 8.23 m   ㉱ 82.5 m

[해설] $R = 206265 \times \dfrac{0.002}{5} = 82.5$ m

11. 분할대에서 분할 크랭크 핸들을 1회전하면 스핀들은 몇 도(°)회전하는가?

㉮ 36°   ㉯ 27°   ㉰ 18°   ㉱ 9°

[해설] 각도 분할법 : 분할대 주축 1회전당 360°에 해당하며, 크랭크 핸들과 분할대 주축의 회전비는 40 : 1이므로 주축의 회전 각도는 $\dfrac{360°}{40} = 9°$

12. 블록 게이지의 부속 부품이 아닌 것은?

㉮ 홀더

㉯ 스크레이퍼

㉰ 스크라이버 포인트

㉱ 베이스 블록

[해설] 기계 가공한 면을 다시 정밀하게 가공 작업하는 것을 스크레이핑이라고 하며, 이때 사용되는 공구를 스크레이퍼라고 한다. 스크레이퍼는 공작 기계의 베드, 미끄럼면, 측정용 정밀 정반 등의 최종 마무리 가공에 사용된다.

13. 드릴링 머신에서 회전수 160 rpm, 절삭 속도 15 m/min일 때 드릴 지름(mm)은 약 얼마인가?

㉮ 29.8   ㉯ 35.1

㉰ 39.5   ㉱ 15.4

[해설] $v = \dfrac{\pi DN}{1000}$ 에서

$$D = \dfrac{1000v}{\pi N} = \dfrac{1000 \times 15}{\pi \times 160} = 29.84 \text{ mm}$$

14. 절삭 온도와 절삭 조건에 관한 내용으로 틀린 것은?

㉮ 절삭 속도를 증대하면 절삭 온도는 상승한다.

㉯ 칩의 두께를 크게 하면 절삭 온도가 상승한다.

㉰ 절삭 온도는 열팽창 때문에 공작물 가공 치수에 영향을 준다.

㉱ 열전도율 및 비열값이 작은 재료가 일반적으로 절삭이 용이하다.

[해설] ① 절삭 속도를 고속으로 하면 온도 상승에 의한 재료의 연화로 절삭 저항이 작아진다.

② 절삭 온도가 높으면 날끝 온도가 상승하여 공구는 빨리 마멸되고 공구 수명이 짧아진다.

③ 절삭 온도가 상승하면 열팽창으로 가공 치수가 나쁜 영향을 받게 된다.

[해답] 8. ㉰ 9. ㉰ 10. ㉱ 11. ㉱ 12. ㉯ 13. ㉮ 14. ㉱

④ 열전도율 및 비열값이 클수록 절삭이 용이
하다.

15. 목재, 피혁, 직물 등 탄성이 있는 재료로 바퀴
표면에 부착시킨 미세한 연삭 입자로서 버핑하기
전 가공물 표면을 다듬질하는 가공 방법은?

㉮ 폴리싱　　　　　㉯ 롤러 가공
㉰ 버니싱　　　　　㉱ 쇼트 피닝

16. 연삭 숫돌 바퀴의 구성 3요소에 속하지 않는
것은?

㉮ 숫돌 입자　　　　㉯ 결합제
㉰ 조직　　　　　　㉱ 기공

[해설] ① 연삭 숫돌 3요소 : 입자, 결합제, 기공
　　② 연삭 숫돌 5인자 : 입자의 종류, 조직, 입도,
　　　결합제의 종류, 결합도

17. 가공물을 절삭할 때 발생되는 칩의 형태에
미치는 영향이 가장 적은 것은?

㉮ 공작물 재질　　　㉯ 절삭 속도
㉰ 윤활유　　　　　㉱ 공구의 모양

[해설] 절삭 공구의 모양, 공작물 재질, 절삭 속도,
절삭 깊이, 이송 등이 칩의 형태에 영향을 미친다.

18. 선반 가공에서 양 센터 작업에 사용되는 부
속품이 아닌 것은?

㉮ 돌림판　　　　　㉯ 돌리개
㉰ 맨드릴　　　　　㉱ 브로치

[해설] 양 센터 작업
　① 돌림판 : 주축 끝 나사부에 고정한다.
　② 돌리개 : 돌림판과 공작물의 회전 전달에 사
　　용된다.
　③ 심봉(mandrel) : 구멍이 있는 공작물을 고정,
　　가공 시 심봉 자체는 양 센터로 지지한다.

19. 지름이 100 mm인 가공물에 리드 600 mm
의 오른나사 헬리컬 홈을 깎고자 한다. 테이블
이송나사의 피치가 10 mm인 밀링 머신에서 테
이블 선회각을 $\tan\alpha$로 나타낼 때 옳은 값은?

㉮ 31.41　　　　　㉯ 1.90
㉰ 0.03　　　　　㉱ 0.52

[해설] $\tan\alpha = \dfrac{\pi D}{L} = \dfrac{\pi \times 100}{600} = 0.52$

20. 지름 50 mm인 연삭 숫돌을 7000 rpm으로
회전시키는 연삭 작업에서 지름 100 mm인 가공
물을 연삭 숫돌과 반대 방향으로 100 rpm으로
원통 연삭할 때 접촉점에서 연삭의 상대 속도는
약 몇 m/min인가?

㉮ 931　　㉯ 1099　　㉰ 1131　　㉱ 1161

[해설] 상대 속도 $v = \dfrac{\pi DN}{1000} + $ 원주 속도

$= \dfrac{\pi \times 50 \times 7000}{1000} + \dfrac{\pi \times 100 \times 100}{1000} = 1131$

제 2 과목 : 기계제도

21. 다음 도면에서 X 부분의 치수는 얼마인가?

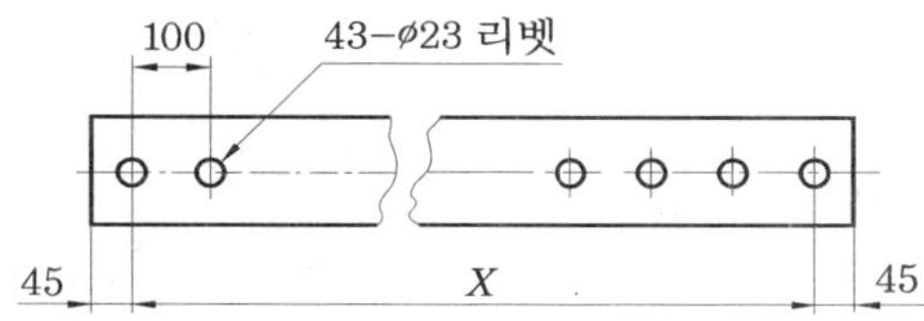

㉮ 2200　　　　　㉯ 2300
㉰ 4100　　　　　㉱ 4200

[해설] $42 \times 100 = 4200$

22. 그림과 같이 우측의 입체도를 3각법으로 정
투상한 도면(정면도, 평면도, 우측면도)에 대한
설명으로 옳은 것은?

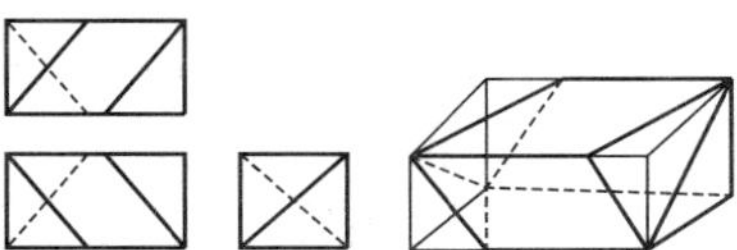

㉮ 정면도만 틀림　　㉯ 모두 맞음
㉰ 우측면도만 틀림　㉱ 평면도만 틀림

23. 다음 치수 중 치수 공차가 0.1이 아닌 것은?

㉮ $50^{+0.1}_{\ 0}$　　　　　㉯ 50 ± 0.05

다 $50^{+0.07}_{-0.03}$　　　　라 50 ± 0.1

해설 치수 공차 = 위 치수 허용차 − 아래 치수 허용차

가 +0.1 − 0 = +0.1
나 +0.05 − (−0.05) = +0.1
다 +0.07 − (−0.03) = +0.1
라 +0.1 − (−0.1) = +0.2

24. 재료 기호 SS 400에 대한 설명 중 맞는 항을 모두 고른 것은? (단, KS D 3503을 적용한다.)

> ㄱ. SS의 첫 번째 S는 재질을 나타내는 기호로 강을 의미한다.
> ㄴ. SS의 두 번째 S는 재료의 이름, 모양, 용도를 나타내며 일반 구조용 압연재를 의미한다.
> ㄷ. 끝 부분의 400은 재료의 최저 인장강도이다.

가 ㄱ　　　　나 ㄱ, ㄴ
다 ㄱ, ㄷ　　　　라 ㄱ, ㄴ, ㄷ

해설 SS 400
① 첫 번째 S : steel(강)의 약자로 재질을 의미한다.
② 두 번째 S : 일반 구조용 압연재로 재료의 이름, 모양, 용도를 의미한다.
③ 400 : 최저 인장 강도(400 N/mm^2)

25. 다음 그림과 같은 평면도 A, B, C, D와 정면도 1, 2, 3, 4가 올바르게 짝지어진 것은? (단, 제3각법을 적용)

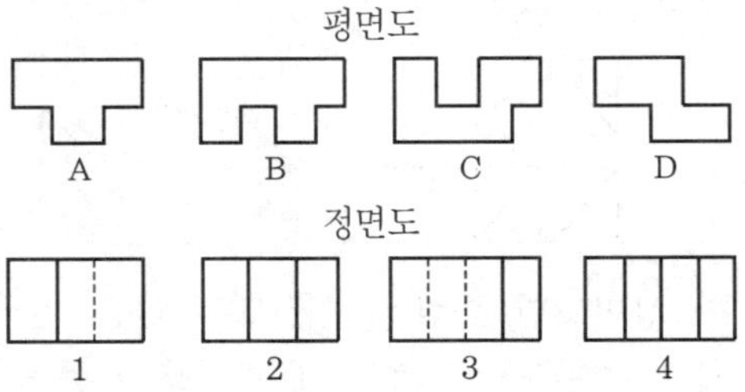

가 A−2, B−4, C−3, D−1
나 A−1, B−4, C−2, D−3
다 A−2, B−3, C−4, D−1
라 A−2, B−4, C−1, D−3

해설 평면도와 정면도를 비교하여 보이지 않는 곳은 숨은선(점선), 보이는 곳은 실선이다.

26. 다음 중 데이텀(datum)에 관한 설명으로 틀린 것은?

가 데이텀을 표시하는 방법은 영어의 소문자를 정사각형으로 둘러싸서 나타낸다.
나 지시선을 연결하여 사용하는 데이텀 삼각기호는 빈틈없이 칠해도 좋고, 칠하지 않아도 좋다.
다 형체에 지정되는 공차가 데이텀과 관련되는 경우, 데이텀은 원칙적으로 데이텀을 지시하는 문자 기호에 의하여 나타낸다.
라 관련 형체에 기하학적 공차를 지시할 때, 그 공차 영역을 규제하기 위하여 설정한 이론적으로 정확한 기하학적 기준을 데이텀이라 한다.

해설 데이텀은 영어의 대문자를 정사각형으로 둘러싸서 나타낸다. [A]

27. 끼워 맞춤 중에서 구멍과 축 사이에 가장 원활한 회전 운동이 일어날 수 있는 것은?

가 H7/f6　　　　나 H7/p6
다 H7/n6　　　　라 H7/t6

해설 헐거운 끼워 맞춤일 때 가장 원활한 회전 운동이 일어난다.

기준 구멍	축의 공차역 클래스								
	헐거운			중간			억지		
H6		g5	h5	js5	k5	m5			
	f6	g6	h6	js6	k6	m6	n6	p6	
H7	f6	g6	h6	js6	k6	m6	n6	p6	r6
	f7		h7	js7					

28. KS에서 정의하는 기하 공차 기호 중에서 관련 형체의 위치 공차 기호들만으로 짝지어진 것은 어느 것인가?

가 ⏥ ○ —　　　　나 ∠ ⊥ ⌭
다 ⌖ ◎ ⌯　　　　라 ↗ ⌒ ◎

해답 24. 라　25. 가　26. 가　27. 가　28. 다

[해설] 위치 공차

① 위치도 공차 : ⊕

② 동심(축)도 공차 : ◎

③ 대칭도 공차 : ═

29. 다음 중 나사의 제도 방법을 설명한 것으로 틀린 것은?

㉮ 수나사에서 골지름은 가는 실선으로 도시한다.

㉯ 불완전 나사부를 나타내는 골지름 선은 축선에 대해서 평행하게 표시한다.

㉰ 암나사의 측면도에서 호칭경에 해당하는 선은 가는 실선이다.

㉱ 완전 나사부란 산봉우리와 골 밑 모양의 양쪽 모두 완전한 산형으로 이루어지는 나사부이다.

[해설] 불완전 나사부의 골 밑을 나타내는 선은 축선에 대해 30°의 가는 실선으로 그린다.

30. 다음 도면과 같은 이음의 종류로 가장 적합한 설명은?

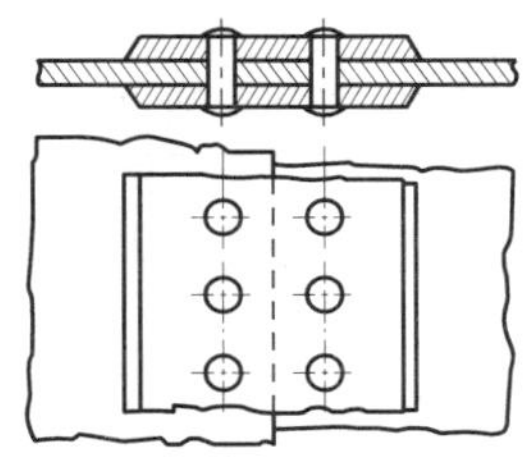

㉮ 2열 겹치기 평행형 둥근머리 리벳 이음

㉯ 양쪽 덮개판 1열 맞대기 둥근머리 리벳 이음

㉰ 양쪽 덮개판 2열 맞대기 둥근머리 리벳 이음

㉱ 1열 겹치기 평행형 둥근머리 리벳 이음

[해설] ① 겹치기 이음(lap joint) : 2개의 판을 겹쳐서 리베팅하는 방법으로 리벳의 배열은 리벳의 열수에 따라 1열, 2열, 3열이 있으며, 지그재그형과 평행형 이음이 있다.

② 맞대기 이음(butt joint) : 겹판(strap)을 대고 리베팅하는 방법이다.

31. 그림과 같은 도면에서 치수 20 부분의 "굵은

1점 쇄선 표시"가 의미하는 것으로 가장 적합한 설명은?

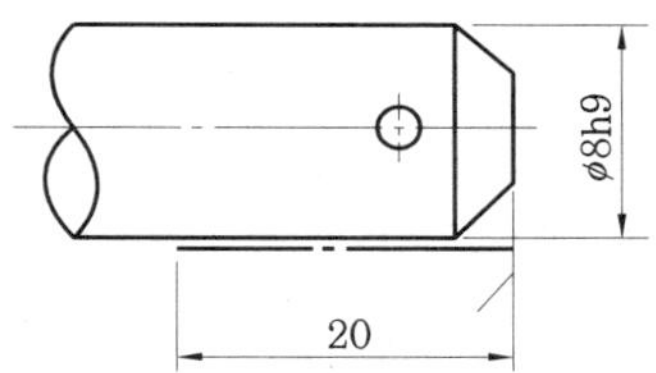

㉮ 공차가 φ8h9보다 약간 적게 한다.

㉯ 공차가 φ8h9 되게 축 전체 길이 부분에 필요하다.

㉰ 공차 φ8h9 부분은 축 길이 20 mm 되는 곳까지만 필요하다.

㉱ 치수 20 부분을 제외하고 나머지 부분은 공차가 φ8h9 되게 가공한다.

32. 보기와 같은 입체도를 제3각법으로 투상할 때 가장 적합한 투상도는?

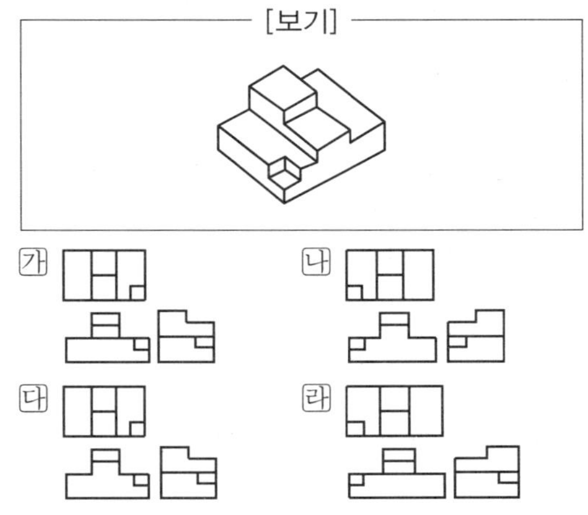

33. 보기와 같이 지시된 표면의 결 기호의 해독으로 올바른 것은?

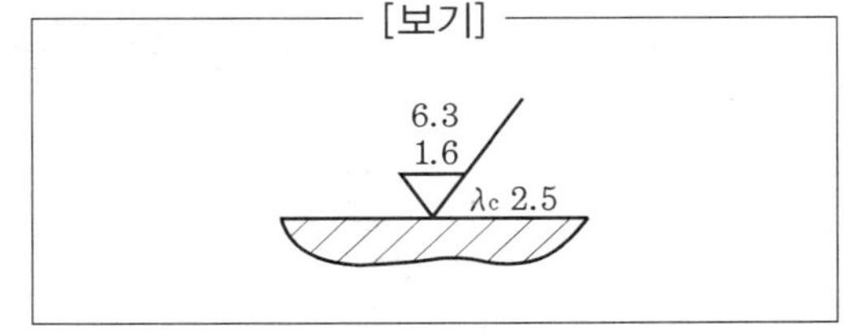

㉮ 제거 가공 여부를 문제 삼지 않을 경우

[해답] **29.** ㉯   **30.** ㉯   **31.** ㉰   **32.** ㉯   **33.** ㉱

이다.

㉯ 최대 높이 거칠기 하한값이 $6.3\,\mu$m이다.

㉰ 기준 길이는 $1.6\,\mu$m이다.

㉱ 2.5는 컷오프 값이다.

[해설] 제거 가공을 필요로 하는 가공면으로 가공 흔적이 거의 없는 중간 또는 상 다듬질이다. 가공면의 하한값 $1.6\,\mu$m, 상한값 $6.3\,\mu$m이며 컷오프 값은 2.5이다.

34. 베어링 호칭 번호 NA 4916 V의 설명 중 틀린 것은?

㉮ NA 49는 니들 롤러 베어링 치수 계열 49

㉯ V는 리테이너 기호로서 리테이너가 없음

㉰ 베어링 안지름은 80 mm

㉱ A는 실드 기호

[해설] ① NA 49 : 베어링 계열 기호(니들 롤러 베어링, 치수 계열 49)

　② 16 : 안지름 번호(호칭 베어링 안지름은 16×5 = 80 mm)

　③ V : 리테이너 기호(리테이너 없음)

35. 도면(위치도)에 치수가 다음과 같이 표시되어 있는 경우, 치수의 외곽에 표시된 직사각형은 무엇을 뜻하는가?

$\boxed{30}$

㉮ 다듬질 전 소재 가공 치수

㉯ 완성 치수

㉰ 이론적으로 정확한 치수

㉱ 참고 치수

[해설] 치수 수치에 ( )를 붙이면 참고 치수를 의미하고, 치수를 직사각형으로 둘러싸면 이론적으로 정확한 치수를 의미한다.

36. 도면의 KS 용접 기호를 가장 올바르게 설명한 것은?

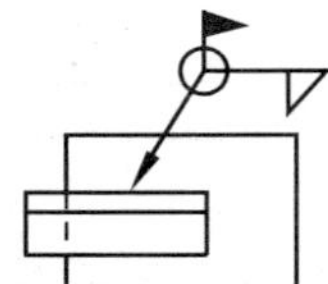

㉮ 전체 둘레 현장 연속 필릿 용접

㉯ 현장 연속 필릿 용접(화살표 있는 한 변만 용접)

㉰ 전체 둘레 현장 단속 필릿 용접

㉱ 현장 단속 필릿 용접(화살표 있는 한 변만 용접)

[해설] 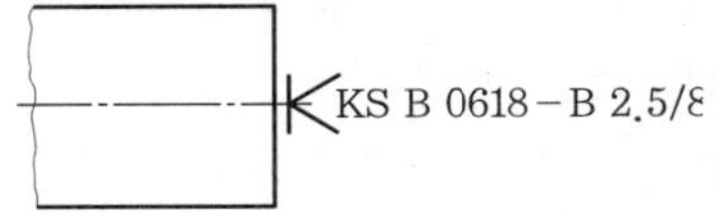

37. 축을 가공하기 위한 센터 구멍의 도시 방법 중 그림과 같은 도시 기호의 의미는?

㉮ 센터의 규격에 따라 다르다.

㉯ 다듬질 부분에서 센터 구멍이 남아 있어도 좋다.

㉰ 다듬질 부분에서 센터 구멍이 남아 있어서는 안 된다.

㉱ 다듬질 부분에서 반드시 센터 구멍을 남겨둔다.

[해설] 센터 구멍을 다음의 세 가지 경우로 표현한다.

38. 다음 코일 스프링의 제도에 대한 설명 중 틀린 것은?

㉮ 원칙적으로 하중이 걸리지 않은 상태로 그린다.

㉯ 특별한 단서가 없는 한 모두 오른쪽 감기로 도시하고, 왼쪽 감기로 도시할 때에는 "감긴 방향 왼쪽"이라고 표시한다.

㉰ 그림 안에 기입하기 힘든 사항은 일괄하여 요목표에 표시한다.

㉱ 부품도 등에서 동일 모양 부분을 생략하는 경우에는 생략된 부분을 가는 파선 또는 굵은 파선으로 표시한다.

[해답] **34.** ㉱　**35.** ㉰　**36.** ㉮　**37.** ㉰　**38.** ㉱

[해설] 코일의 중간 일부를 생략할 때에는 가는 1점 쇄선 또는 가는 2점 쇄선으로 표시한다.

39. 그림과 같이 화살표 방향이 정면일 경우 우측면도로 가장 적합한 투상도는?

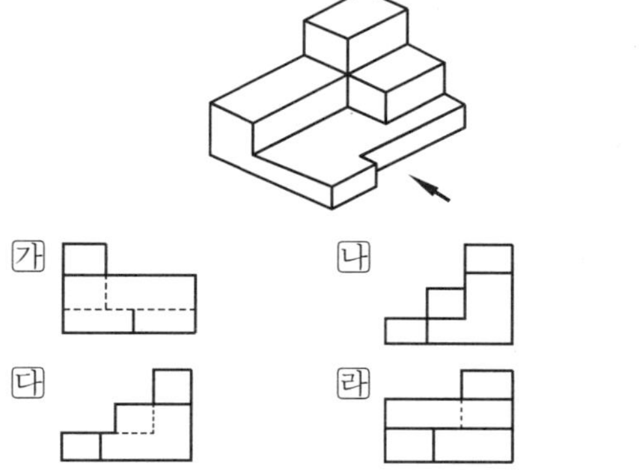

⑦ ④ ⑤ ⑥

40. 다음 그림은 리벳 이음 보일러의 간략도와 부분 상세도이다. ㉠판의 두께는?

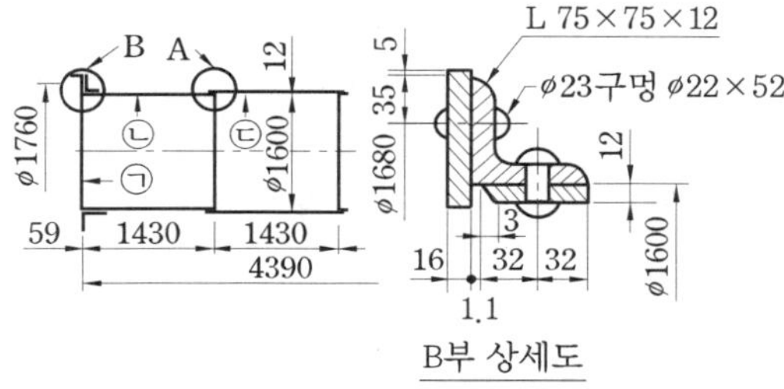

B부 상세도

⑦ 11 mm ④ 12 mm ⑤ 16 mm ⑥ 32 mm

[해설] B부 상세도에서 ㉠의 두께는 16 mm, ㉡은 L75×75×12로 가로 75 mm, 세로 75 mm, 두께 12 mm이다.

제 3 과목 : 기계설계 및 기계재료

41. 복합 재료에 널리 사용되는 강화재가 아닌 것은?

⑦ 유리 섬유   ④ 붕소 섬유
⑤ 구리 섬유   ⑥ 탄소 섬유

[해설] 복합 재료의 섬유 재료 : 유리 섬유, 붕소 섬유, 탄소 섬유, 흑연 섬유, 알루미늄 섬유, 티타늄 섬유, 베릴륨 섬유, 강 섬유

42. 항온 열처리의 종류가 아닌 것은?

⑦ 마퀜칭   ④ 마템퍼링
⑤ 오스템퍼링   ⑥ 오스드로잉

[해설] 항온 열처리 : 강을 변태점 이상으로 가열한 후 변태점 이하의 어느 일정한 온도로 유지된 항온 담금질욕 중에 넣어 일정한 시간 항온 유지 후 냉각하는 열처리로 종류에는 오스템퍼링, 마템퍼링, 마퀜칭 등이 있다.

43. 담금질한 강의 잔류 오스테나이트를 제거하고 마텐자이트를 얻기 위하여 0℃ 이하에서 처리하는 열처리는?

⑦ 심랭 처리   ④ 염욕 처리
⑤ 오스템퍼링   ⑥ 항온 변태 처리

[해설] 심랭 처리(sub zero treatment) : 담금질 후 경도 증가 및 시효 변형 방지를 목적으로 0℃ 이하의 온도로 냉각하여 잔류 오스테나이트를 마텐자이트로 만드는 처리 방법

44. 켈밋(kelmet) 합금이 주로 쓰이는 곳은?

⑦ 피스톤   ④ 베어링
⑤ 크랭크 축   ⑥ 전기 저항 용품

[해설] 켈밋 합금 : 베어링에 사용하는 대표적인 구리 합금으로 구리 : 납(=7 : 3)이며 종류에는 포금, 인청동, 연청동, Al청동이 있다.

45. α-Fe가 723℃에서 탄소를 고용하는 최대한도는 몇 %인가?

⑦ 0.025   ④ 0.1
⑤ 0.85   ⑥ 4.3

[해설] 723℃ 공석점에서 α고용체(페라이트)의 탄소 최대고용한도는 0.025 %이다.

46. 구리의 성질을 설명한 것으로 틀린 것은?

⑦ 전기 및 열전도도가 우수하다.
④ 합금으로 제조하기 곤란하다.
⑤ 구리는 비자성체로 전기전도율이 크다.
⑥ 구리는 공기 중에는 표면이 산화되어 암적색으로 된다.

[해답] 39. ⑤ 40. ⑤ 41. ⑤ 42. ⑥ 43. ⑦ 44. ④ 45. ⑦ 46. ④

[해설] 구리의 성질
① 전기 및 열전도성이 우수하다.
② 전연성이 좋아 가공이 용이하다.
③ 내식성이 강해 부식이 안 된다.
④ 아름다운 광택과 귀금속적 성질이 우수하다.
⑤ Zn, Sn, Ni, Ag 등을 사용해 용이하게 합금을 만들 수 있다.

47. 주철의 결점을 없애기 위하여 흑연의 형상을 미세화, 균일화하여 연성과 인성의 강도를 크게 하고, 강인한 펄라이트 주철을 제조한 고급 주철은?

㉠ 가단 주철 ㉡ 칠드 주철
㉢ 미하나이트 주철 ㉣ 구상 흑연 주철

[해설] 미하나이트 주철 : 탄소 약 3 %와 규소 1.5 %인 쇳물에 페로실리콘(Si-Fe), 칼슘실리케이트(Ca-Si) 분말을 접종시켜 탈산제의 효과에 의해 미세한 흑연을 균일하게 분포시킨 펄라이트 주철

48. 다음 중 고주파 경화법 시 나타나는 결함이 아닌 것은?

㉠ 균열 ㉡ 변형
㉢ 경화층 이탈 ㉣ 결정 입자의 조대화

[해설] 고주파 경화법 : 고주파 열로 표면을 열처리하는 법으로 경화 시간이 짧고 탄화물을 고용시키기가 쉽다. 표면의 탈탄 및 결정 입자의 조대화가 일어나지 않는다.

49. 공석강을 오스템퍼링 하였을 때 나타나는 조직은?

㉠ 베이나이트 ㉡ 소르바이트
㉢ 오스테나이트 ㉣ 시멘타이트

[해설] ① 오스템퍼링 : 베이나이트 조직
② 마템퍼링 : 마텐자이트+베이나이트 조직
③ 마퀜칭 : 마텐자이트 조직

50. 스테인리스강의 기호로 옳은 것은?

㉠ STC3 ㉡ STD11
㉢ SM20C ㉣ STS304

[해설] ① STC : 탄소 공구강
② STD : 합금 공구강

③ SM : 기계 구조용 탄소강
④ STS : 스테인리스강

51. 코일 스프링에서 유효 감김수를 2배로 하면 같은 축하중에 대하여 처짐량은 몇 배가 되는가?

㉠ 0.5 ㉡ 2 ㉢ 4 ㉣ 8

[해설] 스프링 소선 지름을 d, 코일 평균 지름을 D, 작용하중을 P, 스프링의 전단탄성계수를 G, 유효 감김수를 n이라고 하면, 코일 스프링의 처짐량 $\delta = \dfrac{8PD^3n}{Gd^4}$ 이므로 유효 감김수를 2배로 하면 처짐량도 2배가 된다.

52. 커플링의 설명으로 옳은 것은?

㉠ 플랜지 커플링은 축심이 어긋나서 진동하기 쉬운 데 사용한다.
㉡ 플렉시블 커플링은 양축의 중심선이 일치하는 경우에만 사용한다.
㉢ 올덤 커플링은 두 축이 평행으로 있으면서 축심이 어긋났을 때 사용한다.
㉣ 원통 커플링의 지름은 축 중심선이 임의의 각도로 교차되었을 때 사용한다.

[해설] ① 플랜지 커플링 : 축과 축을 일직선상에 조립하여 연결한 것
② 플렉시블 커플링 : 두 축이 동일선 상에 있는 것을 원칙으로 하며, 두 축 사이에 약간의 상호 이동을 허용할 수 있는 축이음이다.
③ 올덤 커플링 : 두 축이 평행하고 축의 중심선이 약간 어긋났을 때 각 속도의 변동 없이 토크를 전달하는 데 사용되는 축이음이다.
④ 유니버설 커플링 : 유니버설 조인트라고 하며, 두 축의 중심선이 어느 각도로 교차되고, 그 사이의 각도가 운전 중 다소 변하여도 자유롭게 운동을 전달할 수 있는 축이음이다.

53. 재료를 인장 시험할 때 재료에 작용하는 하중을 변형 전의 원래 단면적으로 나눈 응력은?

㉠ 인장 응력 ㉡ 압축 응력
㉢ 공칭 응력 ㉣ 전단 응력

[해설] 공칭 응력 : 재료에 작용하는 하중을 최초의 단면적으로 나눈 응력 값으로 복잡한 응력 분포나 변형을 고려하지 않고 단면적 변화를 무시한다.

해답 47. ㉢ 48. ㉣ 49. ㉠ 50. ㉣ 51. ㉡ 52. ㉢ 53. ㉢

54. 3000 kgf의 수직 방향 하중이 작용하는 나사 잭을 설계할 때, 나사 잭 볼트의 바깥지름은 얼마인가? (단, 허용되는 응력은 6 kgf/mm², 골지름은 바깥지름의 0.8배이다.)

㉮ 12 mm ㉯ 32 mm
㉰ 74 mm ㉱ 126 mm

[해설] ① 골지름 $d_1 \geq \sqrt{\dfrac{4P}{\pi\sigma_a}} = \sqrt{\dfrac{4 \times 3000}{\pi \times 6}}$

$$= 25.23 \, \text{mm}$$

② 골지름 d_1과 바깥지름 d의 관계식

$d_1 = 0.8d$에서,

$$d = \frac{d_1}{0.8} = \frac{25.23}{0.8} = 31.54 = 32 \, \text{mm}$$

55. 다음 중 축 중심선에 직각 방향과 축 방향의 힘을 동시에 받는 데 쓰이는 베어링으로 가장 적합한 것은?

㉮ 앵귤러 볼 베어링
㉯ 원통 롤러 베어링
㉰ 스러스트 볼 베어링
㉱ 레이디얼 볼 베어링

[해설] ① 레이디얼 베어링 : 축 중심에 직각 방향으로 하중이 작용하는 경우
② 스러스트 베어링 : 하중의 방향이 축과 평행인 경우
③ 앵귤러 볼 베어링 : 축 방향 및 축과 직각 방향의 하중을 동시에 받는 경우

56. 다음 중 브레이크 용량을 표시하는 식으로 옳은 것은? (단, μ는 마찰계수, p는 브레이크 압력, v는 브레이크륜의 주속이다.)

㉮ $Q = \mu p v$ ㉯ $Q = \mu p v^2$

㉰ $Q = \dfrac{\mu p}{v}$ ㉱ $Q = \dfrac{\mu}{pv}$

57. 다음 중 용접 이음의 장점으로 틀린 것은?

㉮ 사용 재료의 두께에 제한이 없다.
㉯ 용접 이음은 기밀 유지가 불가능하다.
㉰ 이음 효율을 100 %까지 할 수 있다.
㉱ 리벳, 볼트 등의 기계 결합 요소가 필요 없다.

[해설] 용접 이음은 기밀 유지에 용이하고, 이음 효율을 100 %까지 올릴 수 있다.

58. 표준 스퍼 기어에서 모듈 4, 잇수 21개, 압력 각이 20°라고 할 때 법선 피치(p_n)는 약 몇 mm인가?

㉮ 11.8 ㉯ 14.8
㉰ 15.6 ㉱ 18.2

[해설] 법선 피치(p_n) $= \pi m \cos\theta = \pi \times 4 \times \cos 20°$

$$= 11.8 \, \text{mm}$$

59. 평벨트와 비교하여 V 벨트의 특징으로 틀린 것은?

㉮ 전동 효율이 좋다.
㉯ 고속 운전이 가능하다.
㉰ 정숙한 운전이 가능하다.
㉱ 축간거리를 더 멀리 할 수 있다.

[해설] V 벨트의 특징
① 고속 운전이 가능하며 속도비(i)가 크다($i = 7\sim10$).
② 짧은 거리(2~5 m)의 운전이 가능하다.
③ 미끄럼이 적고 효율이 보통 90~95 %로 높다.
④ 운전이 원활하고 정숙하며 충격이 적다.
⑤ 이음이 없어 전체가 균일한 강도를 가지나, 끊어지면 접합이 불가능하다.
⑥ V 벨트 단면의 형상은 M, A, B, C, D, E형의 6종류가 있으며 E로 갈수록 단면이 커진다.

60. 지름 50 mm의 연강축을 사용하여 350 rpm으로 40 kW를 전달할 수 있는 묻힘 키의 길이는 몇 mm 이상인가? (단, 키의 허용 전단 응력은 49.05 MPa, 키의 폭과 높이는 $b \times h = 15 \, \text{mm} \times 10 \, \text{mm}$이며, 전단 저항만 고려한다.)

㉮ 38 ㉯ 46
㉰ 60 ㉱ 78

[해설] ① $T = 9.55 \times 10^6 \times \dfrac{H}{N} = 9.55 \times 10^6 \times \dfrac{40}{350}$

$$= 1091429 \, \text{N} \cdot \text{mm}$$

② $l = \dfrac{2T}{b\tau d} = \dfrac{2 \times 1091429}{15 \times 49.05 \times 50} = 59.34$

[해답] 54. ㉯ 55. ㉮ 56. ㉮ 57. ㉯ 58. ㉮ 59. ㉱ 60. ㉰

제 4 과목 : 컴퓨터응용설계

61. 다음 중 중앙처리장치(CPU)와 메인 메모리(RAM) 사이에서 처리될 자료를 효율적으로 이송할 수 있도록 하는 기능을 수행하는 것은?

㉮ BIOS ㉯ 캐시 메모리
㉰ CISC ㉱ 코프로세서

[해설] 캐시 메모리 : 중앙처리장치와 메인 메모리 사이에서 자주 사용되는 명령이나 데이터를 일시적으로 저장하는 보조기억장치

62. 일반적인 CAD 시스템에서 원을 정의하는 방법으로 틀린 것은?

㉮ 정점과 초점
㉯ 중심과 반지름
㉰ 원주상의 3점
㉱ 중심과 원주상의 한 점

[해설] 원을 정의하는 방법
① 중심점과 반지름을 지정하여 작성하는 방법
② 2점을 지정하여작성하는 방법
③ 3점을 지정하여 작성하는 방법
④ 중심점과 1요소의 접선을 지정하여 작성하는 방법
⑤ 2요소의 접선과 반지름을 지정하여 작성하는 방법
⑥ 3요소의 접선을 지정하여 작성하는 방법
⑦ 1요소의 접선과 1요소의 중심점, 반지름을 지정하여 작성하는 방법

63. 일반적으로 CAM은 생산 계획과 통제에 컴퓨터 기술을 효과적으로 사용하는 것을 말한다. 다음 중 CAM의 응용 영역과 가장 거리가 먼 것은?

㉮ 컴퓨터 이용 공정 계획
㉯ 컴퓨터 이용 제품 공차 분석
㉰ 컴퓨터 이용 NC 프로그래밍
㉱ 컴퓨터 이용 자재 소요 계획

[해설] CAM은 컴퓨터 이용 제품의 공학적 해석에 응용된다.

64. 컴퓨터 그래픽 장치 중 입력장치가 아닌 것은?

㉮ 음극관(CRT)
㉯ 키보드(keyboard)
㉰ 스캐너(scanner)
㉱ 디지타이저(digitizer)

[해설] 출력장치 : 음극관(CRT), 평판 디스플레이, 플로터, 프린터 등

65. 2차원 평면에서 (1, 1)과 (5, 9)를 지나는 직선을 매개 변수 t의 곡선식 $\vec{r}(t)$로 표현한 것으로 알맞은 것은? (단, $\hat{i}$, $\hat{j}$는 각각 x, y축 방향의 단위 벡터이다.)

㉮ $\vec{r}(t) = t\hat{i} + (2t+1)\hat{j}$

㉯ $\vec{r}(t) = 2t\hat{i} + (4t+1)\hat{j}$

㉰ $\vec{r}(t) = \left(\dfrac{1}{\sqrt{2}}t+1\right)\hat{i} + \left(\dfrac{2}{\sqrt{2}}t-1\right)\hat{j}$

㉱ $\vec{r}(t) = \left(\dfrac{1}{\sqrt{5}}t+1\right)\hat{i} + \left(\dfrac{2}{\sqrt{5}}t+1\right)\hat{j}$

[해설] $\vec{r}(t) = t\hat{i} + (2t+1)\hat{j}$ 에서
$x = x_1 + at(a = \cos\theta)$
$y = y_1 + bt(b = \sin\theta)$
$a = \cos\theta = \dfrac{4}{4\sqrt{5}} = \dfrac{1}{\sqrt{5}}$,
$b = \sin\theta = \dfrac{8}{4\sqrt{5}} = \dfrac{2}{\sqrt{5}}$
$x = x_1 + \dfrac{1}{\sqrt{5}}t, \quad y = y_1 + \dfrac{2}{\sqrt{5}}t$
$(x_1, y_1) = (1, 1)$ 이면,
$\vec{r}(t) = (\dfrac{1}{\sqrt{5}}t+1)\hat{i} + (\dfrac{2}{\sqrt{5}}t+1)\hat{j}$
$(x_1, y_1) = (5, 9)$ 이면,
$\vec{r}(t) = (\dfrac{1}{\sqrt{5}}t+5)\hat{i} + (\dfrac{2}{\sqrt{5}}t+9)\hat{j}$

66. 다음 중 형상 구속 조건과 치수 조건을 입력하여 모델링하는 기법으로 옳은 것은?

㉮ 파라메트릭 모델링
㉯ wire frame 모델링
㉰ B－rep(boundary representation)
㉱ CSG(constructive solid geometry)

[해설] 파라메트릭 모델링 : 사용자가 형상 구속 조건과 치수 조건을 이용하여 형상을 모델링하는

방식으로 특정 값이나 변수로 표현된 수식을 입력하여 형상을 생성하는 방식이다.

67. 모델링 기법 중에서 실루엣(silhouette)을 구할 수 없는 것은?

㉮ CSG 방식

㉯ surface model 방식

㉰ B-rep 방식

㉱ wire frame model 방식

[해설] wire frame model 방식은 점과 선으로 이루어져 실루엣 표현이 안 되며 해석용으로 사용 불가하다.

68. $y = 3x^2$ 로 표시된 곡선에 대하여 점 (1, 3) 에서 접선의 기울기는?

㉮ 1　　㉯ 3　　㉰ 6　　㉱ 9

[해설] $y = 3x^2$, $y' = 6x$,
$x = 1$ 이면 $y' = 6 \times 1 = 6$

69. 그림과 같이 평면상의 두 벡터($\vec{a}$, $\vec{b}$)로 이루어진 평행사변형의 넓이를 구한 식으로 옳은 것은 어느 것인가?

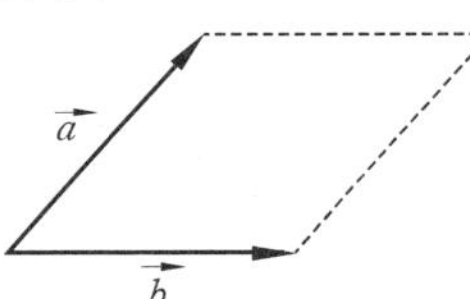

㉮ $\vec{a} + \vec{b}$　　　㉯ $|\vec{a} \times \vec{b}|$

㉰ $\vec{a} \cdot \vec{b}$　　　㉱ $|\vec{a} \cdot \vec{b}|$

[해설] 평행사변형 넓이 $= |\vec{a} \times \vec{b}| = |\vec{a}||\vec{b}| \sin\theta$

70. 다음 중 일반적으로 3차원 CAD가 필요하지 않은 분야는?

㉮ 금형 설계　　　㉯ 건축 설계

㉰ 신발 설계　　　㉱ 전기회로 설계

[해설] 전기회로는 2차원(2D)으로 설계 가능하다.

71. 다음 중 하나의 타원을 구성하기 위한 설명으로 틀린 것은?

㉮ 서로 대각선을 이루는 두 점에 의한 타원

㉯ 타원의 중심, 장축 지정 점, 단축 지정 점을 알고 있는 경우

㉰ 타원의 중심, 장축 지정 점, 장축과 수직한 직선을 알고 있는 경우

㉱ 세 점 중 두 점은 일직선상에 존재하고 남은 한 점은 나머지 두 점에 의한 직선과 수직 관계를 성립하는 경우

72. 다음 중 3차원 형상을 표현하는 것으로 틀린 것은?

㉮ 곡선 모델링

㉯ 서피스 모델링

㉰ 솔리드 모델링

㉱ 와이어 프레임 모델링

73. 솔리드 모델링에서 CSG와 비교한 B-rep의 특징으로 옳은 것은?

㉮ 표면적 계산이 곤란하다.

㉯ 복잡한 topology 구조를 가지고 있다.

㉰ data base의 memory를 적게 차지한다.

㉱ primitive를 이용하여 직접 형상을 구성한다.

[해설] B-rep : 형상을 구성하고 있는 면과 면 사이의 위상기하학적인 결합 관계를 정의함으로써 3차원 물체를 표현하는 방법

구 분		CSG	B-rep
데이터 작성		용이	곤란
데이터 구조		단순	복잡
메모리 영역		적음	많음
데이터 수정		약간 곤란	용이
3면도, 투시도 작성		곤란	용이
패턴의 응용		비교적 용이	곤란
전개도 작성		곤란	용이
중량 계산		용이	약간 곤란
유한 요소	솔리드	용이	곤란
	표면	곤란	용이

74. 플로터(plotter)의 일반적인 분류 방식으로

가장 거리가 먼 것은?

㉮ 펜(pen)식 ㉯ 충격(impact)식
㉰ 래스터(raster)식 ㉱ 포토(photo)식

[해설] 플로터는 일반적으로 펜식, 래스터식, 광전식으로 분류한다.

75. 다음 모델링 기법 중에서 숨은선 제거가 불가능한 모델링 기법은?

㉮ CSG 모델링 ㉯ B-rep 모델링
㉰ surface 모델링 ㉱ wire frame 모델링

[해설] 와이어 프레임 모델링 : 공간상의 선으로 표시되는 3차원의 기본적인 표현 방식으로, 형상을 만나는 모서리로 표현하며 점, 직선, 곡선으로 구성된다. 데이터 구성이 단순하고, 모델 작성을 쉽게 할 수 있으며 처리 속도가 빠르고 숨은선 제거가 불가능하다.

76. 형상을 구성하기 위해서 추출한 형상 제어점들을 전부 통과하는 도형 요소로 옳은 것은?

㉮ 쿤스(Coons) 곡면
㉯ 베지어(Bezier) 곡면
㉰ 스플라인(spline) 곡선
㉱ B-스플라인(B-spline) 곡선

[해설] 스플라인 곡선 : 지정된 모든 점을 통과하면서 부드럽게 연결되는 곡선

77. 기하학적 형상 모델링에서 Bezier 곡선의 성질에 대한 설명으로 틀린 것은?

㉮ 곡선은 양단의 끝점을 반드시 통과한다.
㉯ 1개의 정점 변화가 곡선 전체에 영향을 준다.
㉰ n개의 정점에 의해 생성된 곡선은 $(n+1)$차 곡선이다.
㉱ 곡선은 정점을 통과시킬 수 있는 다각형의 내측에만 존재한다.

[해설] n개의 정점에 의해 생성된 곡선은 $(n-1)$차 곡선이다.

78. CAD 시스템에서 이용되는 2차 곡선 방정식에 대한 설명으로 거리가 먼 것은?

㉮ 매개 변수식으로 표현하는 것이 가능하기도 하다.
㉯ 곡선식에 대한 계산 시간이 3차, 4차식보다 적게 걸린다.
㉰ 연결된 여러 개의 곡선 사이에서 곡률의 연속이 보장된다.
㉱ 여러 개 곡선을 하나의 곡선으로 연결하는 것이 가능하다.

[해설] 2차 곡선 방정식은 연결된 여러 개의 곡선 사이에서 곡률의 연속이 보장되지 않는다.

79. IGES(initial graphics exchange specification)를 설명한 것으로 옳은 것은?

㉮ 그래픽 정보 교환용 기계장치
㉯ 초기 생성된 그래픽을 수정하기 위한 기능
㉰ 장비에서 그래픽 정보를 생성하기 위한 초기화 상태에 관한 규칙
㉱ 서로 다른 시스템 간의 그래픽 정보를 상호 교류하기 위한 파일 구조

[해설] IGES는 서로 다른 CAD/CAM 프로그램 사이에서 도형 정보를 옮기거나 공동 사용할 수 있도록 하기 위한 데이터 표준 방식이다.

80. 그래픽 디스플레이 장치 중에서 랜덤 주사형(random scan type)을 설명한 것 중 틀린 것은?

㉮ 가격이 고가이다.
㉯ 고밀도를 표시할 수 있어 화질이 좋다.
㉰ 도형의 동적 표현이 가능하여 애니메이션에 사용할 수 있다.
㉱ 컬러화에 제한 없이 자유로운 색상의 애니메이션이 가능하다.

[해설] 랜덤 주사형은 컬러 표시에 제한이 있고 도형의 표시량에 한계가 있다.

[해답] 75. ㉱ 76. ㉰ 77. ㉰ 78. ㉰ 79. ㉱ 80. ㉱

▶ **2015년 5월 31일 시행**

자격종목 및 등급(선택분야)	종목코드	시험시간	문제지형별	수험번호	성 명
기계설계 산업기사	**2031**	**2시간**	**A**		

제1과목 : 기계가공법 및 안전관리

1. 마찰면이 넓은 부분 또는 시동 횟수가 많을 때 사용하고 저속 및 중속 축의 급유에 사용되는 급유 방법은?

㉮ 담금 급유법 ㉯ 패드 급유법
㉰ 적하 급유법 ㉱ 강제 급유법

[해설] ① 담금 급유법 : 마찰부 전체를 기름 속에 담가서 급유하는 방식
② 패드 급유법 : 무명과 털을 섞어서 만든 패드의 일부를 기름통에 담가 저널의 아랫면에 모세관 현상으로 급유하는 방법
③ 강제 급유법 : 고속 회전에 베어링의 냉각 효과를 원할 때, 경제적으로 대형 기계에 자동 급유할 때 사용한다.

2. 척에 고정할 수 없으며 불규칙하거나 대형 또는 복잡한 가공물을 고정할 때 사용하는 선반 부속품은?

㉮ 면판(face plate) ㉯ 맨드릴(mandrel)
㉰ 방진구(work rest) ㉱ 돌리개(dog)

[해설] 면판 : 주축의 나사에 고정하며, 돌리개를 사용하여 공작물 가공에 사용한다. 대형 공작물이나 복잡한 형상의 공작물 가공에 사용된다.

3. 다음 센터 구멍의 종류로 옳은 것은?

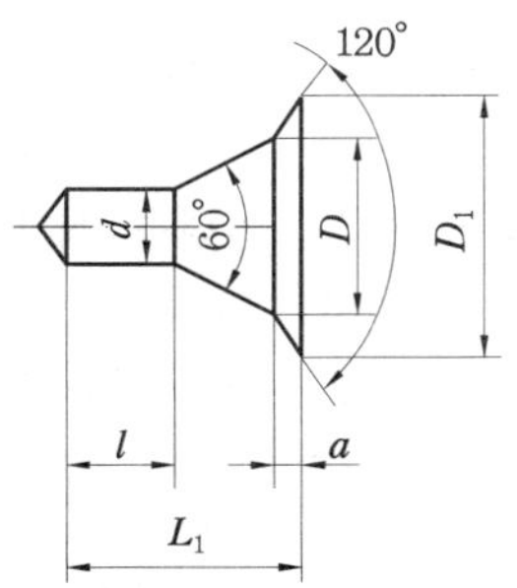

㉮ A형 ㉯ B형 ㉰ C형 ㉱ D형

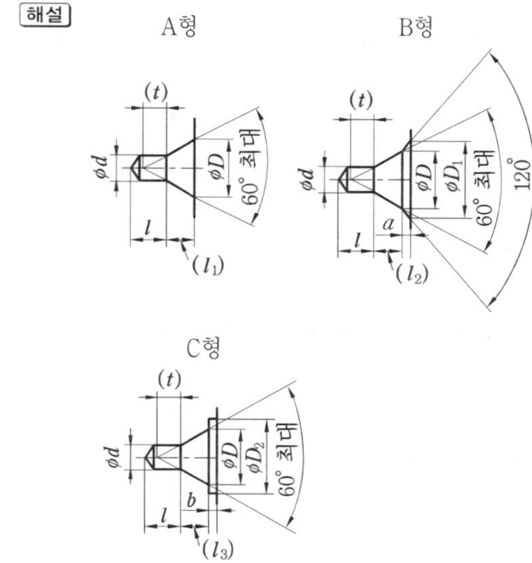

4. 절삭날 부분을 특정한 형상으로 만들어 복잡한 면을 갖는 공작물의 표면을 한 번에 가공하는 데 적합한 밀링 커터는?

㉮ 총형 커터 ㉯ 엔드 밀
㉰ 앵귤러 커터 ㉱ 플레인 커터

[해설] ① 총형 커터 : 윤곽을 갖는 커터이며 기어, 커터, 리머, 탭 등 윤곽을 가공 시 사용된다.
② 엔드 밀 : 일반적으로 가공물의 외측 홈부 또는 좁은 평면 등의 가공에 사용된다.
③ 앵귤러 커터 : 원추의 일부에 절인이 있는 형태의 공구로서 공작물의 각 절삭 및 커터, 리머 홈 등의 가공에 사용된다.
④ 플레인 커터 : 원통의 외주면에만 절인을 가지며 평면가공에 사용된다.

5. 일반적으로 지름(바깥지름)을 측정하는 공구로서 가장 거리가 먼 것은?

㉮ 강철자
㉯ 그루브 마이크로미터

[해답] 1. ㉰ 2. ㉮ 3. ㉯ 4. ㉮ 5. ㉯

때 버니어 캘리퍼스

라 지시 마이크로미터

[해설] 그루브 마이크로미터 : 스핀들에 플랜지가 부착되어 있어 구멍과 바깥지름 내외부에 있는 홈의 너비, 깊이, 위치 측정이 가능하다.

6. 절삭제의 사용 목적과 거리가 먼 것은?

㉮ 공구의 온도 상승 저하

㉯ 가공물의 정밀도 저하 방지

㉰ 공구 수명 연장

㉱ 절삭 저항의 증가

[해설] 절삭제는 절삭 저항을 감소시킨다.

7. 다음과 같이 표시된 연삭 숫돌에 대한 설명으로 옳은 것은?

> "WA 100 K 5 V"

㉮ 녹색 탄화규소 입자이다.

㉯ 고운 눈 입도에 해당된다.

㉰ 결합도가 극히 경하다.

㉱ 메탈 결합제를 사용했다.

[해설] ① WA : 백색 산화알루미늄 입자
② 100 : 고운 눈 입도
③ K : 연한 결합도
④ 5 : 중간 조직
⑤ V : 비트리파이드 결합제

8. 탁상 연삭기 덮개의 노출 각도에서 숫돌 주축 수평면 위로 이루는 원주의 최대 각은?

㉮ 45°   ㉯ 65°   ㉰ 90°   ㉱ 120°

9. 사인 바(sine bar)의 호칭 치수는 무엇으로 표시하는가?

㉮ 롤러 사이의 중심거리

㉯ 사인 바의 전장

㉰ 사인 바의 중량

㉱ 롤러의 지름

[해설] 사인 바 : 삼각함수의 사인(sine)을 이용하여 임의의 각도를 설정 및 측정하는 측정기로서, 호칭 치수는 롤러 중심 간의 거리로 표시한다.

10. 절삭 공구를 연삭하는 공구 연삭기의 종류가 아닌 것은?

㉮ 센터리스 연삭기   ㉯ 초경공구 연삭기

㉰ 드릴 연삭기   ㉱ 만능공구 연삭기

[해설] 공구 연삭기는 절삭 공구를 정확히 연삭할 목적으로 사용하며, 센터리스 연삭기는 내경을 연삭할 때 사용된다.

11. 비교 측정에 사용되는 측정기가 아닌 것은?

㉮ 다이얼 게이지

㉯ 버니어 캘리퍼스

㉰ 공기 마이크로미터

㉱ 전기 마이크로미터

[해설] 비교 측정 : 피측정물에 의한 기준량으로부터의 변위를 측정하는 방법으로 다이얼 게이지, 내경 퍼스, 미니미터, 옵티미터, 전기 마이크로미터, 공기 마이크로미터, 패소미터, 패시미터, 측미현미경, 지침측미기 등이 있다.

12. 선반 가공에서 ϕ100×400인 SM45C 소재를 절삭 깊이 3 mm, 이송 속도 0.2 mm/rev, 주축 회전수 400 rpm으로 1회 가공할 때, 가공 소요 시간은 약 몇 분인가?

㉮ 2   ㉯ 3   ㉰ 5   ㉱ 7

[해설] $T = \dfrac{L}{Nf} i = \dfrac{400}{400 \times 0.2} \times 1 = 5분$

13. 수공구를 사용할 때 안전 수칙 중 거리가 먼 것은?

㉮ 스패너를 너트에 완전히 끼워서 뒤쪽으로 민다.

㉯ 멍키렌치는 아래턱(이동 jaw) 방향으로 돌린다.

㉰ 스패너를 연결하거나 파이프를 끼워서 사용하면 안 된다.

㉱ 멍키렌치는 웜과 랙의 마모에 유의하고 물림 상태 확인 후 사용한다.

[해설] 스패너의 입은 너트에 맞게 사용하고, 너트에 스패너를 깊이 물려서 조금씩 앞으로 당기는 식으로 풀고 조이는 작업을 한다.

해답 6. ㉱   7. ㉯   8. ㉯   9. ㉮   10. ㉮   11. ㉯   12. ㉰   13. ㉮

14. 견고하고 금긋기에 적당하며, 비교적 대형으로 영점 조정이 불가능한 하이트 게이지로 옳은 것은?

㉮ HT형   ㉯ HB형
㉰ HM형   ㉱ HC형

[해설] ① HT형 : 정반으로부터 높이를 측정할 수 있으며, 눈금자가 별도로 스탠드 홈을 따라 상하로 이동하기 때문에 0점 조정을 할 수 있고, 슬라이더를 조금씩 앞으로 이동시킬 수 있는 장치가 있다.
② HM형 : 견고하여 금긋기 작업에 적당하고, 0점 조정을 할 수 없으며 슬라이더를 조금씩 이동시킬 수 있다.
③ HB형 : 슬라이더가 상자 모양으로 되어 있으며, 스크라이버의 밑면은 정반면까지 내려갈 수 없으나 슬라이더의 이동 거리가 곧 높이가 된다.

15. 기계 가공법에서 리밍 작업 시 가장 옳은 방법은?

㉮ 드릴 작업과 같은 속도와 이송으로 한다.
㉯ 드릴 작업보다 고속에서 작업하고 이송을 작게 한다.
㉰ 드릴 작업보다 저속에서 작업하고 이송을 크게 한다.
㉱ 드릴 작업보다 이송만 작게 하고 같은 속도로 작업한다.

[해설] 리밍 작업은 구멍의 정밀도를 높이기 위한 작업으로 드릴 작업 rpm의 2/3~3/4으로 하며, 이송은 같거나 빠르게 한다.

16. 호브(hob)를 사용하여 기어를 절삭하는 기계로서, 차동 기구를 갖고 있는 공작 기계는?

㉮ 레이디얼 드릴링 머신
㉯ 호닝 머신
㉰ 자동 선반
㉱ 호빙 머신

[해설] 호빙 머신 : 래크 커터의 변형으로 호브를 이용하여 잇수에 대응하는 회전 이송을 기어 소재에 주어 기어의 이를 절삭하는 기어 전용 공작 기계

17. 밀링 머신에서 절삭 속도 20 m/min, 페이스 커터의 날 수 8개, 지름 120 mm, 1날당 이송 0.2 mm일 때 테이블 이송 속도는?

㉮ 약 65 mm/min   ㉯ 약 75 mm/min
㉰ 약 85 mm/min   ㉱ 약 95 mm/min

[해설]
$$f = f_z \times Z \times n = 0.2 \times 8 \times \frac{1000 \times 20}{\pi \times 120}$$
$$= 84.9 \text{ mm/min}$$

18. 선반의 주축을 중공축으로 한 이유로 틀린 것은?

㉮ 굽힘과 비틀림 응력의 강화를 위하여
㉯ 긴 가공물 고정이 편리하게 하기 위하여
㉰ 지름이 큰 재료의 테이퍼를 깎기 위하여
㉱ 무게를 감소하여 베어링에 작용하는 하중을 줄이기 위하여

[해설] 선반의 주축을 중공축으로 한 이유
① 무게가 감소하여 주축 베어링에 작용하는 하중을 줄여준다.
② 중공축은 중실축 대비 굽힘과 비틀림 응력에 강하여 강성을 가진다.
③ 긴 공작물 고정에 편리하다.
④ 고정된 센터를 쉽게 분리할 수 있으며, 콜릿 척을 사용할 수 있다.

19. 연삭 숫돌의 원통도 불량에 대한 주된 원인과 대책으로 옳게 짝지어진 것은?

㉮ 연삭 숫돌의 눈메움 – 연삭 숫돌의 교체
㉯ 연삭 숫돌의 흔들림 – 센터 구멍의 홈 조정
㉰ 연삭 숫돌의 입도가 거침 – 굵은 입도의 연삭 숫돌 사용
㉱ 테이블 운동의 정도 불량 – 정도 검사, 수리, 미끄럼면의 윤활을 양호하게 할 것

[해설] 연삭 숫돌의 원통도 불량은 테이블 운동의 정도가 벗어날 때 생기는데, 이에 대한 대책으로 테이블의 정도를 검사하고 고장 시 수리를 하며 공작물과 맞닿는 미끄럼면의 윤활을 좋게 한다.

20. 일반적으로 방전 가공 작업 시 사용되는 가공액의 종류 중 가장 거리가 먼 것은?

㉮ 변압기유   ㉯ 경유
㉰ 등유   ㉱ 휘발유

[해답] 14. ㉰   15. ㉰   16. ㉱   17. ㉰   18. ㉰   19. ㉱   20. ㉱

[해설] 방전 가공시 가공액으로 절연도가 높은 유전 체액, 경유, 등유, 탈이온수(물), 스핀들유, 실리콘 오일, 변압기유가 사용된다.

제 2 과목 : 기계제도

21. 호칭 번호가 "NA 4916 V"인 니들 롤러 베어링의 안지름 치수는 몇 mm인가?

㉮ 16　　㉯ 49　　㉰ 80　　㉱ 96

[해설] 호칭 베어링 안지름은 $16 \times 5 = 80$ mm이다.

22. 그림과 같이 가공된 축의 테이퍼 값은 얼마인가?

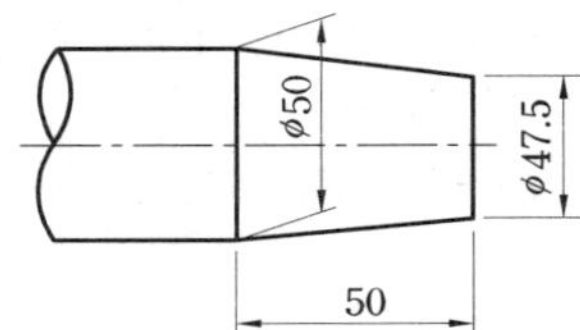

㉮ $\dfrac{1}{5}$　　㉯ $\dfrac{1}{10}$　　㉰ $\dfrac{1}{20}$　　㉱ $\dfrac{1}{40}$

[해설] $\dfrac{a-b}{L} = \dfrac{50-47.5}{50} = \dfrac{1}{20}$

23. 지름이 60 mm, 공차가 +0.001~+0.015인 구멍의 최대 허용 치수는?

㉮ 59.85　　㉯ 59.985

㉰ 60.15　　㉱ 60.015

[해설] • 구멍의 최대 허용 치수 : 60.015
• 구멍의 최소 허용 치수 : 60.001

24. 지름이 10 cm이고, 길이가 20 cm인 알루미늄 봉이 있다. 비중량이 2.7일 때 중량(kg)은?

㉮ 0.4242 kg　　㉯ 4.242 kg

㉰ 42.42 kg　　㉱ 4242 kg

[해설] 중량(W) = 체적(V) × 비중량(γ)

$$V = \frac{\pi d^2}{4} \times l = \frac{\pi \times 10^2}{4} \times 20 = 1571 \text{ cm}^3$$

$$W = 1571 \text{ cm}^3 \times 2.7 \text{ g/cm}^3 = 4241.7 \text{ g}$$

25. 이면 용접의 KS 기호로 옳은 것은?

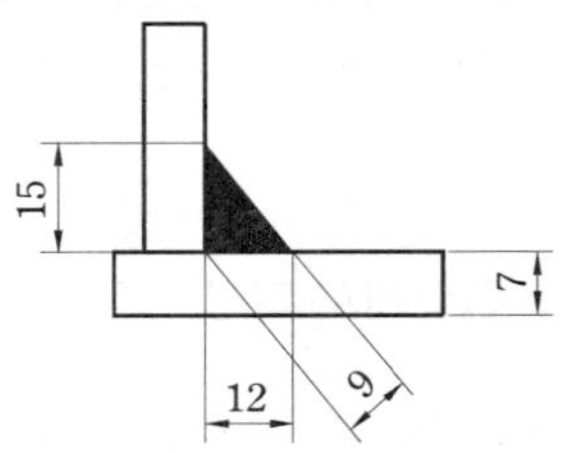

[해설] ㉮ : 이면 용접, ㉯ : 필릿 용접, ㉰ : 플러그 용접, ㉱ : 점 용접

26. 다음 중 전개도를 그리는 데 가장 중요한 것은 어느 것인가?

㉮ 투시도　　　　　㉯ 축척도
㉰ 도형의 중량　　㉱ 각부의 실제 길이

27. 그림은 필릿 용접 부위를 나타낸 것이다. 필릿 용접의 목 두께를 나타내는 치수는?

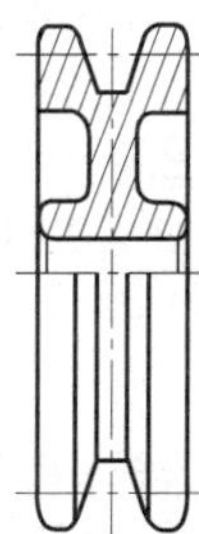

㉮ 7　　㉯ 9　　㉰ 12　　㉱ 15

[해설] 목 길이 15 mm, 목 두께 9 mm

28. 그림과 같은 단면도의 형태는?

㉮ 온 단면도　　　　㉯ 한쪽 단면도
㉰ 부분 단면도　　　㉱ 회전 도시 단면도

[해설] 한쪽 단면도 : 대칭형의 대상물을 외형도의 절반과 온 단면도의 절반을 조합하여 표시한 단면도

29. 핸들이나 바퀴 등의 암 및 리브, 훅, 축 등의 절단면을 나타내는 도시법으로 가장 적합한 것은?

[해답]　21. ㉰　22. ㉰　23. ㉱　24. ㉯　25. ㉮　26. ㉱　27. ㉯　28. ㉯　29. ㉱

㉮ 계단 단면도   ㉯ 부분 단면도
㉰ 한쪽 단면도   ㉱ 회전 도시 단면도

[해설] ① 계단 단면도 : 절단면이 투상면에 평행 또는 수직하게 계단 형태로 절단된 단면도
② 부분 단면도 : 일부분을 잘라내고 필요한 내부 모양을 그리기 위한 방법이며 파단선을 그어서 단면 부분의 경계를 표시한다.
③ 회전 도시 단면도 : 핸들이나 바퀴 등의 암 및 림, 리브, 훅, 축, 구조물의 부재 등의 절단면을 90° 회전하여 표시한다.

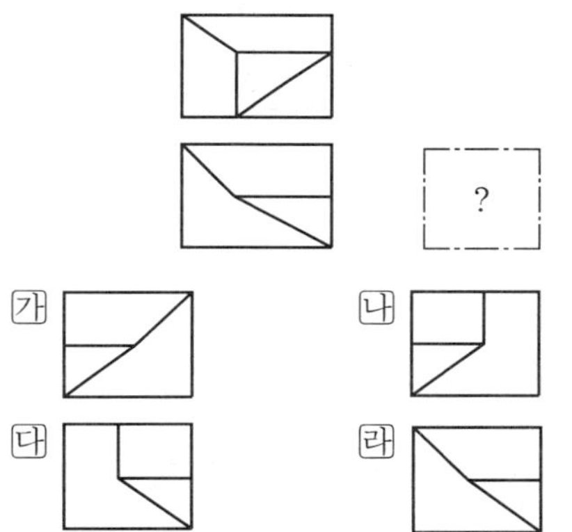

부분 단면도   회전 도시 단면도

30. 제3각 투상법으로 정면도와 평면도를 그림과 같이 나타낼 경우 가장 적합한 우측면도는?

㉮   ㉯

㉰   ㉱

31. 그림과 같은 기하 공차 기입 틀에서 "A"에 들어갈 기하 공차 기호는?

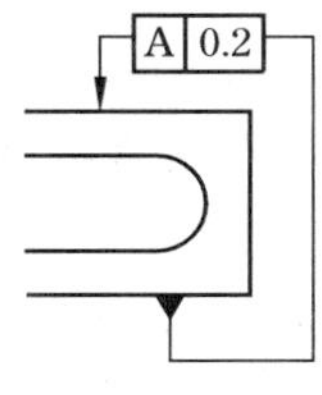

㉮ ▱   ㉯ ∥
㉰ ⊥   ㉱ ═

[해설] ㉮ : 평면도, ㉯ : 평행도, ㉰ : 직각도, ㉱ : 대칭도이며, 그림에서 A에 들어갈 기하 공차는

바닥면 기준으로 평행한 평행도가 알맞다. ㉮ 평면도는 데이텀 없이 사용한다.

32. 보기와 같은 공차 기호에서 최대 실체 공차 방식을 표시하는 기호는?

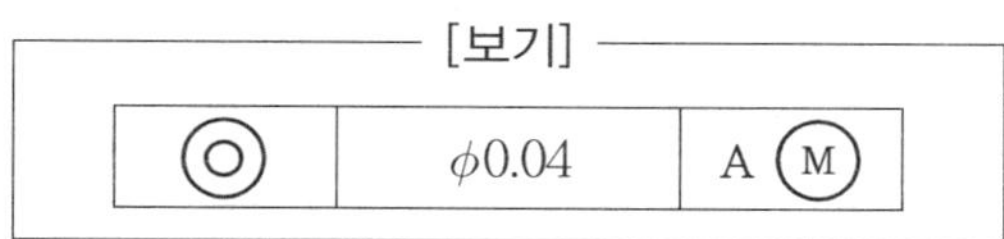

㉮ ◎   ㉯ A   ㉰ Ⓜ   ㉱ φ

[해설] ① ◎ : 동축도 공차 또는 동심도 공차
② φ0.04 : 공차값
③ A : 데이텀 기호
④ Ⓜ : 최대 실체 공차 방식

33. KS 재료 기호 중 합금 공구강 강재에 해당하는 것은?

㉮ STS   ㉯ STC
㉰ SPS   ㉱ SBS

[해설] ㉮ : 합금 공구강 강재, ㉯ : 탄소 공구강 강재, ㉰ : 스프링 강재

34. 제3각법으로 투상한 보기의 도면에 가장 적합한 입체도는?

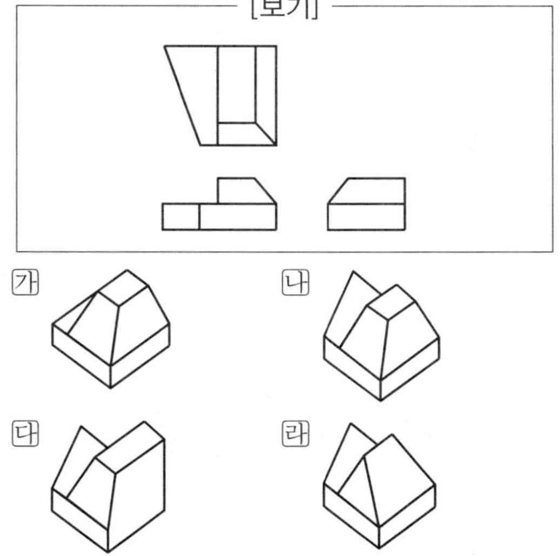

㉮   ㉯

㉰   ㉱

35. 그림과 같은 기호에서 "1.6" 숫자가 의미하는 것은?

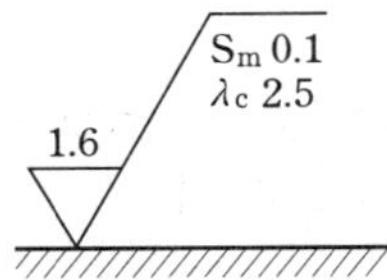

㉠ 컷오프 값

㉡ 기준 길이 값

㉢ 평가 길이 표준값

㉣ 평균 거칠기의 값

[해설] ① 산술 평균 거칠기(R_a) : 1.6
 ② 컷오프 값 : 2.5
 ③ 요철의 평균 간격(S_m) : 0.1

36. 그림과 같은 입체도에서 화살표 방향을 정면도로 할 경우에 우측면도로 가장 적절한 것은?

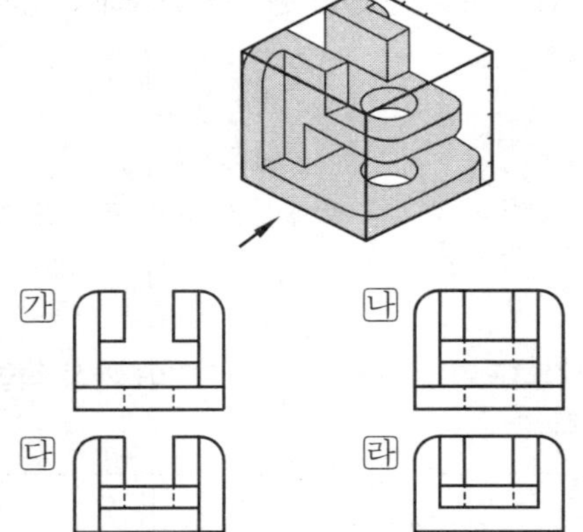

37. 표준 스퍼 기어의 항목표에서는 기입되지 아니하나 헬리컬 기어 항목표에는 기입되는 것은?

㉠ 모듈

㉡ 비틀림 각

㉢ 잇수

㉣ 기준 피치원 지름

[해설] 헬리컬 기어 요목표에는 비틀림 각, 치형 기준면, 리드, 방향을 추가로 기입한다.

38. 제3각 정투상법으로 그린 보기에 알맞은 우측면도는?

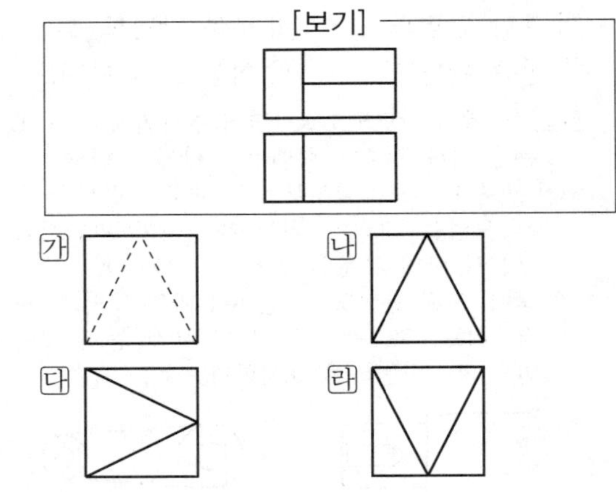

39. 그림과 같이 암나사를 단면으로 표시할 때 가는 실선으로 도시하는 부분은?

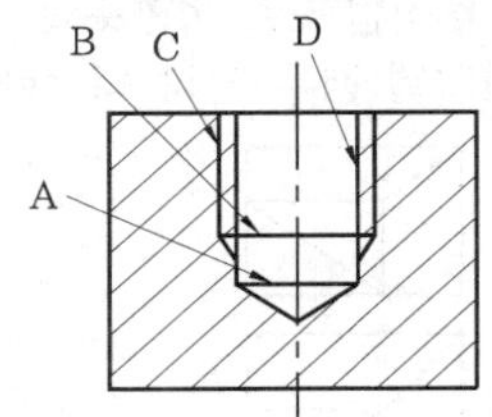

㉠ A 　 ㉡ B 　 ㉢ C 　 ㉣ D

[해설] 암나사 도시법 : 암나사에서 C는 가는 실선, A, B, D는 굵은 실선으로 표시한다.

40. 일반 구조용 압연 강재의 KS 재료 기호는?

㉠ SPS 　　　　 ㉡ SBC

㉢ SS 　　　　 ㉣ SM

[해설] ㉠ : 스프링 강재, ㉢ : 일반 구조용 압연 강재), ㉣ : 용접 구조용 압연 강재

제 3 과목 : 기계설계 및 기계재료

41. 어떤 종류의 금속이나 합금을 절대영도 가까이 냉각하였을 때 전기 저항이 완전히 소멸되어 전류가 감소하지 않은 상태는?

㉠ 초소성 　　　　 ㉡ 초전도

㉢ 감수성 　　　　 ㉣ 고상 접합

[해설] ① 초전도 : 금속은 전기 저항이 있기 때문

에 전류가 흐르면 전류가 소모된다. 그러나 어떤 금속이나 합금을 초저온(4K, -269℃) 근방으로 냉각하면 특정 온도에서 갑자기 전기 저항이 영(0)이 된다.
② 초소성 : 금속을 어떠한 특정한 온도, 변형 조건하에서 인장 변형하면, 국부적인 수축을 일으키지 않은 커다란 연성을 보이는 현상이다.

42. 풀림의 목적을 설명한 것 중 틀린 것은?

㉮ 강의 경도가 낮아져서 연화된다.

㉯ 담금질된 강의 취성을 부여한다.

㉰ 조직이 균일화, 미세화, 표준화된다.

㉱ 가스 및 불순물의 방출과 확산을 일으키고, 내부 응력을 저하시킨다.

[해설] 풀림의 목적
① 단조, 주조, 기계 가공에서 생긴 내부 응력 제거
② 열처리로 인하여 경화된 재료의 연화
③ 금속 결정 입자의 조직을 미세화
④ 인성 향상, 조직 개선

43. 전연성이 좋고 색깔이 아름다우므로 장식용 악기 등에 사용되는 5~20 % Zn이 첨가된 구리 합금은?

㉮ 톰백(tombac)

㉯ 백동

㉰ 6-4 황동(muntz metal)

㉱ 7-3 황동(cartridge brass)

[해설] ① 백동(양은, 양백) : 7-3 황동에 Ni 15~20 %를 첨가하여 전기 저항이 높고, 내열성, 내식성이 우수하며 은(Ag) 대용으로 사용한다.
② 6-4 황동 : Cu 60 %, Zn 40 %로 인장 강도가 최대이고 냉간 가공성은 불량하며, 600~800℃로 가열하면 유연성이 회복되므로 열간 가공성이 좋다.
③ 7-3 황동 : Cu 70 %, Zn 30 %로 가공성을 목적으로 한 황동이며, 인장 강도가 크고 전연성이 좋다.

44. 용광로의 용량으로 옳은 것은?

㉮ 1회 선철의 총생산량

㉯ 10시간 선철의 총생산량

㉰ 1일 선철의 총생산량

㉱ 1개월 선철의 총생산량

45. 다음 중 18-8형 스테인리스강의 설명으로 틀린 것은?

㉮ 담금질에 의하여 경화되지 않는다.

㉯ 1000~1100℃로 가열하여 급랭하면 가공성 및 내식성이 증가된다.

㉰ 고온으로부터 급랭한 것을 500~850℃로 재가열하면 탄화크롬이 석출된다.

㉱ 상온에서는 자성을 갖는다.

[해설] 18-8 스테인레스강 : 상온에서 오스테나이트 조직으로 비자성체이며 담금질에 의해 경화되지 않는다. 1000~1100℃로 가열하여 급랭하면 더욱 연화하고 가공성, 내식성이 증가하며, 인성이 높고 가공이 용이하다.

46. 탄소강의 상태도에서 공정점에서 발생하는 조직은?

㉮ pearlite, cementite

㉯ cementite, austenite

㉰ ferrite, cementite

㉱ austenite, pearlite

[해설] 탄소강의 공정점은 1132℃로 탄소량은 4.3 %이며, 시멘타이트와 오스테나이트 조직이 발생한다.

47. 뜨임의 목적이 아닌 것은?

㉮ 탄화물의 고용 강화

㉯ 인성 부여

㉰ 담금질할 때 생긴 내부 응력 감소

㉱ 내마모성의 향상

[해설] 뜨임 : 담금질한 강을 적당한 온도(A_1점 이하, 723℃ 이하)로 재가열하여 담금질로 인한 내부 응력을 감소시키고 취성을 제거하며 경도를 낮추어 인성을 증가시켜 내마모성을 향상시킨다.

48. 내열용 알루미늄 합금이 아닌 것은?

㉮ Y - 합금

㉯ 로엑스(Lo - Ex)

㉰ 두랄루민

㉱ 코비탈륨

[해답] 42. ㉯ 43. ㉮ 44. ㉰ 45. ㉱ 46. ㉯ 47. ㉮ 48. ㉰

[해설] 두랄루민은 고강도 Al 합금(Al–Cu–Mg–Mn)으로 시효 경화 처리한 대표적인 단련용 합금이다.

49. 담금질한 강을 재가열할 때 600℃ 부근에서의 조직은?

㉮ 소르바이트 ㉯ 마텐자이트

㉰ 트루스타이트 ㉱ 오스테나이트

[해설] 뜨임 조직의 변태

조직명	온도 범위(℃)
오스테나이트 → 마텐자이트	150~300
마텐자이트 → 트루스타이트	350~500
트루스타이트 → 소르바이트	550~650
소르바이트 → 펄라이트	700

50. 주철 용해용 고주파 유도 용해로(전기로)의 크기 표시는?

㉮ 매 시간당 용해톤(ton) 수

㉯ 1일 총 용해톤(ton) 수

㉰ 1회 최대 용해톤(ton) 수

㉱ 8시간 조업 용해톤(ton) 수

51. 다음 나사산의 각도 중 틀린 것은?

㉮ 미터 보통 나사 60°

㉯ 관용 평행 나사 55°

㉰ 유니파이 보통 나사 60°

㉱ 미터 사다리꼴 나사 35°

[해설] 사다리꼴 나사는 애크미 나사라고 하며, 나사산의 각도는 미터계(TM) 30°, 인치계(TW) 29°이다.

52. 너클 핀 이음에서 인장력이 50 kN인 핀의 허용 전단 응력을 50 MPa이라고 할 때 핀의 지름 d는 몇 mm인가?

㉮ 22.8 ㉯ 25.2

㉰ 28.2 ㉱ 35.7

[해설] $d = \sqrt{\dfrac{2P}{\pi\tau}} = \sqrt{\dfrac{2 \times 50000}{\pi \times 50}} = 25.2 \text{ mm}$

53. 보통 운전으로 회전수 300 rpm, 베어링 하중 110 N을 받는 단열 레이디얼 볼 베어링의 기본 동정격 하중은? (단, 수명은 6만 시간이고, 하중계수는 1.50이다.)

㉮ 1693 N ㉯ 169.3 N

㉰ 1650 N ㉱ 165.0 N

[해설] 기본 동정격 하중을 C, 베어링 하중을 P_{th}, 하중계수를 f_w, 회전수를 N이라 하면,

수명 $L_h = \left(\dfrac{C}{P_{th} \times f_w}\right)^r \cdot \dfrac{10^6}{60N}$

볼 베어링이므로 $r = 3$을 적용하면,

$60000 = \left(\dfrac{C}{110 \times 1.5}\right)^3 \cdot \dfrac{10^6}{60 \times 300}$

$C = \sqrt[3]{\dfrac{60000 \times 60 \times 300}{10^6}} \times 110 \times 1.5$

$= 1693 \text{ N}$

54. 1줄 리벳 겹치기 이음에서 강판의 효율(η_1)을 나타내는 식은? (단, p : 리벳의 피치, d : 리벳 구멍의 지름, t : 강판의 두께, σ_t : 강판의 인장 응력이다.)

㉮ $\dfrac{d-p}{p}$ ㉯ $\dfrac{p-d}{p}$

㉰ $pt\sigma_t$ ㉱ $(p-d)t\sigma_t$

[해설] 강판의 효율(η_1) $= \dfrac{p-d}{p} = 1 - \dfrac{d}{p}$

55. 어떤 축이 굽힘 모멘트 M과 비틀림 모멘트 T를 동시에 받고 있을 때, 최대 주응력설에 의한 상당 굽힘 모멘트 M_e는?

㉮ $M_e = \dfrac{1}{2}(M + \sqrt{M+T})$

㉯ $M_e = \dfrac{1}{2}(M^2 + \sqrt{M+T})$

㉰ $M_e = \dfrac{1}{2}(M + \sqrt{M^2+T^2})$

㉱ $M_e = \dfrac{1}{2}(M^2 + \sqrt{M^2+T^2})$

[해설] 최대 주응력설 : 최대 주응력이 인장 또는 압축의 한계에 이를 때 파손된다는 랭킨의 학설

[해답] 49. ㉮ 50. ㉰ 51. ㉱ 52. ㉯ 53. ㉮ 54. ㉯ 55. ㉰

① 상당 굽힘 모멘트 $M_e = \dfrac{1}{2}(M + \sqrt{M^2 + T^2})$

② 상당 비틀림 모멘트 $T_e = \sqrt{M^2 + T^2}$

56. V 벨트의 사다리꼴 단면의 각도(θ)는 몇 도인가?

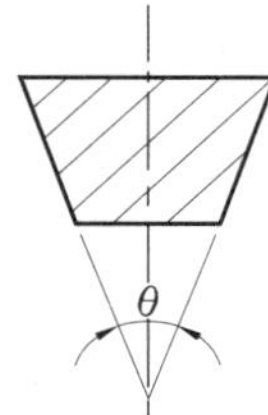

㉮ 30°
㉯ 35°
㉰ 40°
㉱ 45°

[해설] V 벨트의 형상은 V 벨트 풀리와 밀착성을 높이기 위한 사다리꼴($\theta = 40° \pm 1.0°$)로 되어 있다.

57. 자전거의 래칫휠에 사용되는 클러치는?

㉮ 맞물림 클러치
㉯ 마찰 클러치
㉰ 일방향 클러치
㉱ 원심 클러치

[해설] 일방향 클러치 : 구동축이 종동축보다 속도가 늦어졌을 때 종동축이 자유로이 공전할 수 있도록 한 것으로 일방향에만 동력을 전달시키고, 역방향에는 전달시키지 못하는 클러치

58. 축간거리 55 cm인 평행한 두 축 사이에 회전을 전달하는 한 쌍의 스퍼 기어에서 피니언이 124회전할 때 기어를 96회전시키려면 피니언의 피치원 지름은?

㉮ 48 cm
㉯ 62 cm
㉰ 96 cm
㉱ 124 cm

[해설] $C = \dfrac{D_1 + D_2}{2} = 55$ cm에서 $D_1 = 110 - D_2$

$N_1 D_1 = N_2 D_2$에서 $D_1 = \dfrac{N_2}{N_1} \times D_2$

D_1을 같다고 놓으면,

$110 - D_2 = \dfrac{N_2}{N_1} \times D_2$, $110 - D_2 = \dfrac{96}{124} \times D_2$

D_2에 대해서 풀면 $D_2 = 62$ cm, $D_1 = 48$ cm 이다.
피니언은 소기어이므로 48 cm가 피니언 지름이다.

59. 각속도가 30 rad/s인 원운동을 rpm 단위로 환산하면 얼마인가?

㉮ 157.1 rpm
㉯ 186.5 rpm
㉰ 257.1 rpm
㉱ 286.5 rpm

[해설] 각속도$(\omega) = \dfrac{2\pi N}{60}$ 에서

$N = \dfrac{60\omega}{2\pi} = \dfrac{60 \times 30}{2\pi} = 286.5$ rpm

60. 스프링의 자유 높이 H와 코일의 평균 지름 D의 비를 무엇이라 하는가?

㉮ 스프링 지수
㉯ 스프링 변위량
㉰ 스프링 상수
㉱ 스프링 종횡비

[해설] 스프링의 종횡비 : 하중이 없을 때의 스프링 높이를 자유 높이(H)라 할 때, 그 자유 높이와 코일의 평균 지름(D)의 비

종횡비$(\lambda) = \dfrac{H}{D}$

제 4 과목 : 컴퓨터응용설계

61. CAD 데이터 교환 규격인 IGES에 대한 설명으로 틀린 것은?

㉮ CAD/CAM/CAE 시스템 사이의 데이터 교환을 위한 최초의 표준이다.
㉯ 1개의 IGES 파일은 6개의 섹션(section)으로 구성되어 있다.
㉰ directory entry 섹션은 파일에서 정의한 모든 요소(entity)의 목록을 저장한다.
㉱ 제품 데이터 교환을 위한 표준으로서 CALS에서 채택되어 주목받고 있다.

[해설] IGES(intial graphic exchange specification)는 서로 다른 CAD/CAM 프로그램 사이에서 도형 정보를 옮기거나 공동 사용할 수 있도록 하기 위한 데이터 표준 방식이다.

62. 다음 중 잉크젯 프린터 등의 해상도를 나타내는 단위는?

㉮ LPM
㉯ PPM
㉰ DPI
㉱ CPM

해답 56. ㉰ 57. ㉰ 58. ㉮ 59. ㉱ 60. ㉱ 61. ㉱ 62. ㉰

[해설] ① LPM : 분당 인쇄 라인수
② PPM : 1분 동안 출력 가능한 컬러-흑백 인쇄의 최대 매수
③ DPI : 출력 밀도(해상도)
④ CPM : 출력 속도(분당 카드)

63. 솔리드 모델링에서 기본 형상에 불리언 연산 (Boolean operation)을 적용하여 형상을 만드는 방법은?

㉮ CSG
㉯ fairing
㉰ B-rep
㉱ remeshing

[해설] CSG : 데이터를 아주 압축한 형상, 즉 기본 입체인 실린더, 직육면체 등의 집합 연산 관계만을 데이터로 기억하고, 실제 처리 결과인 꼭짓점, 변, 면에 대한 데이터 처리는 필요에 따라 하는 방식

64. 심미적 곡면 중 단면이 안내 곡선을 따라 이동하여 형성하는 형태의 곡면은?

㉮ sweep 곡면
㉯ grid 곡면
㉰ patch 곡면
㉱ blending 곡면

[해설] ① sweep 곡면 : 안내 곡선을 따라 이동 곡선이 이동되면서 생성된 곡면
② grid 곡면 : 삼차원 측정기 등에서 얻은 점의 정보를 이용하여 근사적으로 연결하는 곡면
③ patch 곡면 : 경계 곡선의 내부를 형성하는 곡면
④ blending 곡면 : 두 곡면이 만나는 부분을 부드럽게 만들 때 생성되는 곡면

65. 반지름 3, 중심점(6, 7)인 원을 반지름 6, 중심점(8, 4)의 원으로 변환하는 변환 행렬로 알맞은 것은? (단, 변환 전, 후 원상의 점좌표는 동차좌표를 사용하여 각각 $\vec{r} = \begin{bmatrix} x \\ y \\ 1 \end{bmatrix}$, $\vec{r'} = \begin{bmatrix} x' \\ y' \\ 1 \end{bmatrix}$ 로 표시된다.)

㉮ $\begin{bmatrix} x' \\ y' \\ 1 \end{bmatrix} = \begin{bmatrix} 1 & 0 & 8 \\ 0 & 1 & 4 \\ 0 & 0 & 1 \end{bmatrix} \begin{bmatrix} 2 & 0 & 0 \\ 0 & 2 & 0 \\ 0 & 0 & 1 \end{bmatrix} \begin{bmatrix} 1 & 0 & -6 \\ 0 & 1 & -7 \\ 0 & 0 & 1 \end{bmatrix} \begin{bmatrix} x \\ y \\ 1 \end{bmatrix}$

㉯ $\begin{bmatrix} x' \\ y' \\ 1 \end{bmatrix} = \begin{bmatrix} 1 & 0 & -8 \\ 0 & 1 & -4 \\ 0 & 0 & 1 \end{bmatrix} \begin{bmatrix} 2 & 0 & 0 \\ 0 & 2 & 0 \\ 0 & 0 & 1 \end{bmatrix} \begin{bmatrix} 1 & 0 & 6 \\ 0 & 1 & 7 \\ 0 & 0 & 1 \end{bmatrix} \begin{bmatrix} x \\ y \\ 1 \end{bmatrix}$

㉰ $\begin{bmatrix} x' \\ y' \\ 1 \end{bmatrix} = \begin{bmatrix} 1 & 0 & 6 \\ 0 & 1 & 7 \\ 0 & 0 & 1 \end{bmatrix} \begin{bmatrix} 2 & 0 & 0 \\ 0 & 2 & 0 \\ 0 & 0 & 1 \end{bmatrix} \begin{bmatrix} 1 & 0 & -8 \\ 0 & 1 & -4 \\ 0 & 0 & 1 \end{bmatrix} \begin{bmatrix} x \\ y \\ 1 \end{bmatrix}$

㉱ $\begin{bmatrix} x' \\ y' \\ 1 \end{bmatrix} = \begin{bmatrix} 1 & 0 & -6 \\ 0 & 1 & -7 \\ 0 & 0 & 1 \end{bmatrix} \begin{bmatrix} 2 & 0 & 0 \\ 0 & 2 & 0 \\ 0 & 0 & 1 \end{bmatrix} \begin{bmatrix} 1 & 0 & 8 \\ 0 & 1 & 4 \\ 0 & 0 & 1 \end{bmatrix} \begin{bmatrix} x \\ y \\ 1 \end{bmatrix}$

[해설] $\begin{bmatrix} x' \\ y' \\ 1 \end{bmatrix} = \begin{bmatrix} 1 & 0 & x \\ 0 & 1 & y \\ 0 & 1 & 1 \end{bmatrix} \begin{bmatrix} Sx & 0 & 0 \\ 0 & Sy & 0 \\ 0 & 0 & 1 \end{bmatrix} \begin{bmatrix} 1 & 0 & -x \\ 0 & 1 & -y \\ 0 & 1 & 1 \end{bmatrix} \begin{bmatrix} x \\ y \\ 1 \end{bmatrix}$

$= \begin{bmatrix} 1 & 0 & 8 \\ 0 & 1 & 4 \\ 0 & 0 & 1 \end{bmatrix} \begin{bmatrix} 2 & 0 & 0 \\ 0 & 2 & 0 \\ 0 & 0 & 1 \end{bmatrix} \begin{bmatrix} 1 & 0 & -6 \\ 0 & 1 & -7 \\ 0 & 0 & 1 \end{bmatrix} \begin{bmatrix} x \\ y \\ 1 \end{bmatrix}$

$= \begin{bmatrix} 2 & 0 & 8 \\ 0 & 2 & 4 \\ 0 & 0 & 1 \end{bmatrix} \begin{bmatrix} 1 & 0 & -6 \\ 0 & 1 & -7 \\ 0 & 0 & 1 \end{bmatrix} \begin{bmatrix} x \\ y \\ 1 \end{bmatrix} = \begin{bmatrix} 2 & 0 & -4 \\ 0 & 2 & -10 \\ 0 & 0 & 1 \end{bmatrix} \begin{bmatrix} x \\ y \\ 1 \end{bmatrix}$

66. CGS 트리 자료 구조에 대한 설명으로 틀린 것은?

㉮ 자료 구조가 간단해서 데이터 관리가 용이하다.
㉯ 특히 리프팅이나 라운딩과 같이 편리한 국부 변형 기능들을 사용하기에 좋다.
㉰ CGS 표현은 항상 대응되는 B-rep 모델로 치환이 가능하다.
㉱ 파라메트릭 모델링을 쉽게 구현할 수 있다.

[해설] CGS 방식은 리프팅이나 라운딩과 같이 편리한 국부 변형의 기능 사용이 어렵다.

67. 다음이 설명하는 것은 어떤 모델링 방식을 말하는가?

어떤 축의 지름을 변경하였을 때 이와 조립된 구멍의 지름도 같이 변하게 하는 모델링 방식을 말한다.

㉮ 복셀 모델링
㉯ 비 다양체 모델링
㉰ B-rep 모델링
㉱ 조립체 모델링

[해설] 조립체 모델링 : 서로 상관된 모델끼리 조립 관계로 되어 있어 한쪽의 치수를 변경 시 다른 쪽도 연계되어 변경 가능하다.

68. 다음 중 2차원 컴퓨터 그래픽스의 window/viewport 변환을 위해 반드시 필요한 것이 아닌 것은?

[해답] 63. ㉮ 64. ㉮ 65. ㉮ 66. ㉯ 67. ㉱ 68. ㉰

㉮ window 중심점의 좌표

㉯ viewport 중심점의 좌표

㉰ X 및 Y 방향의 변환각도

㉱ X 및 Y 방향의 축척

69. 원점에 중심이 있는 타원이 있는데, 이 타원 위에 2개의 점 $P(x, y)$가 각각 P1 (2, 0), P2 (0, 1) 있다고 할 때 이 점들을 지나는 타원의 식으로 옳은 것은?

㉮ $(x-2)^2 + y^2 = 1$ ㉯ $x^2 + (y-1)^2 = 1$

㉰ $x^2 + \dfrac{y^2}{4} = 1$ ㉱ $\dfrac{x^2}{4} + y^2 = 1$

[해설] P1(2,0), P2(0,1)일 때 타원의 방정식

$$\frac{x^2}{a^2} + \frac{y^2}{b^2} = 1, \ \frac{x^2}{2^2} + \frac{y^2}{1^2} = 1$$

$$\therefore \ \frac{x^2}{4} + y^2 = 1$$

70. CAD 시스템에서 많이 사용한 Hermite 곡선 방정식에서 일반적으로 몇 차식을 많이 사용하는가?

㉮ 1차식 ㉯ 2차식

㉰ 3차식 ㉱ 4차식

[해설] Hermit 곡선 : 양 끝점의 위치와 양 끝점에서의 도함수를 이용해 구한 3차원 곡선

71. 다음 중 원추면을 하나의 평면으로 절단할 때 얻을 수 있는 곡선(원추 곡선)을 모두 고른 것은?

㉠ 원	㉡ 타원
㉢ 포물선	㉣ 쌍곡선

㉮ ㉡, ㉣ ㉯ ㉠, ㉡, ㉣

㉰ ㉡, ㉢, ㉣ ㉱ ㉠, ㉡, ㉢, ㉣

[해설] 원추를 임의의 방향에서 절단하였을 때 생성되는 원추 단면 곡선에는 원, 타원, 포물선, 쌍곡선이 있다.

72. 비트(bit)에 대한 설명으로 틀린 것은?

㉮ binary digit의 약자이다.

㉯ 0과 1을 동시에 나타내는 정보 단위이다.

㉰ 2진수로 표시된 정보를 나타내기에 알맞다.

㉱ 컴퓨터에서 데이터를 나타내는 최소 단위이다.

[해설] 비트(bit)는 자료 표현의 최소 단위로 0 또는 1을 나타내는 정보 단위이다.

73. 다음 중 원호를 정의하는 방법으로 틀린 것은?

㉮ 시작점, 중심점, 각도를 지정

㉯ 시작점, 중심점, 끝점을 지정

㉰ 시작점, 중심점, 현의 길이를 지정

㉱ 시작점, 끝점, 현의 길이를 지정

[해설] 원호를 정의하는 방법
① 3점
② 시작점, 중심점, 끝점
③ 시작점, 중심점, 각도
④ 시작점, 중심점, 길이
⑤ 시작점, 끝점, 각도
⑥ 시작점, 끝점, 방향
⑦ 시작점, 끝점, 반지름

74. 솔리드 모델링의 특징에 관한 설명 중 틀린 것은?

㉮ 은선 제거가 가능하다.

㉯ 물리적 성질 등의 계산이 불가능하다.

㉰ 간섭 체크가 용이하다.

㉱ 와이어 프레임 모델링에 비해 데이터 처리양이 많다.

[해설] 솔리드 모델링 특징
① 은선 제거가 가능하다.
② 간섭 체크가 용이하다.
③ 형상을 절단하여 단면도를 작성하기가 쉽다.
④ 불리언 연산(합, 차, 적)에 의하여 복잡한 형상도 표현할 수 있다.
⑤ 물리적 성질의 계산이 가능하다.
⑥ 복잡한 데이터로 컴퓨터 사용량이 증가하여 와이어 프레임 모델링에 비해 메모리 용량이 많이 요구된다.

75. 3차 베지어 곡면을 정의하기 위하여 최소 몇 개의 점이 필요한가?

해답 69. ㉱ 70. ㉰ 71. ㉱ 72. ㉯ 73. ㉱ 74. ㉯ 75. ㉱

$$\boxed{가}\ 4 \qquad \boxed{나}\ 8 \qquad \boxed{다}\ 12 \qquad \boxed{라}\ 16$$

76. CAD 시스템으로 구축한 형상 모델에서 설계 해석을 위한 각종 정보를 추출하거나, 추가로 필요로 하는 정보를 입력하고 편집하여 필요한 형식으로 재구성하는 소프트웨어 프로그램이나 처리 절차를 뜻하는 용어는?

　가 pre – processor

　나 post – processor

　다 multi – processor

　라 multi – programming

77. 다음 중 B-rep 모델링에서 토폴로지 요소 간에 만족해야 하는 오일러–포앙카레 공식으로 옳은 것은? (단, V는 꼭짓점의 개수, E는 모서리의 개수, F는 면 또는 외부 루프의 개수, H는 면상에 구멍 루프의 개수, C는 독립된 셀의 개수, G는 입체를 관통하는 구멍의 개수이다.)

　가 $V + F + E + H = 2(C + G)$

　나 $V + F - E + H = 2(C + G)$

　다 $V + F - E - H = 2(C - G)$

　라 $V - F + E - H = 2(C - G)$

[해설] B-rep : 형상을 구성하고 있는 면과 면 사이의 위상기하학적인 결합 관계를 정의함으로써 3차원 물체를 표현하는 방법으로 정점의 개수 + 면의 개수 - 모서리의 개수=2의 관계식을 만족하며 $V - E + F - H = 2(C - G)$로 나타낸다.

78. 3차원 직교 좌표계 상의 세 점 A(1, 1, 1), B(2, 2, 3), C(5, 1, 4)가 이루는 삼각형에서 변 AB, AC가 이루는 각은 얼마인가?

　가 $\cos^{-1}\left(\dfrac{2}{\sqrt{5}}\right)$ 　　나 $\cos^{-1}\left(\dfrac{3}{\sqrt{5}}\right)$

　다 $\cos^{-1}\left(\dfrac{2}{\sqrt{6}}\right)$ 　　라 $\cos^{-1}\left(\dfrac{3}{\sqrt{6}}\right)$

[해설] ① 좌표계에 각 점을 선정한 후 각 변의 길이를 구한다.

$$\overline{AB} = \sqrt{(x_2-x_1)^2+(y_2-y_1)^2+(z_2-z_1)^2}$$
$$= \sqrt{(2-1)^2+(2-1)^2+(3-1)^2}$$
$$= \sqrt{1+1+4} = \sqrt{6}$$

② 동일한 방법으로 구하면,

$$\overline{BC} = \sqrt{11}\ , \quad \overline{AC} = \sqrt{25} = 5$$

③ $\overline{AB}$와 $\overline{BC}$ 사이의 각을 θ로 하면,

$$\overline{AB}^2 + \overline{AC}^2 - 2\overline{AB}\times\overline{AC}\cos\theta = \overline{BC}^2$$

$$\cos\theta = \frac{\overline{AB}^2 + \overline{AC}^2 - \overline{BC}^2}{2\overline{AB}\times\overline{AC}}$$

$$= \frac{6+25-11}{2\times\sqrt{6}\times5} = \frac{2}{\sqrt{6}}$$

④ θ에 대해서 식을 풀면,

$$\theta = \cos^{-1}\left(\frac{2}{\sqrt{6}}\right)$$

79. 곡면 편집 기법 중 인접한 두 면을 둥근 모양으로 부드럽게 연결하도록 처리하는 것은?

　가 fillet 　　나 smooth

　다 mesh 　　라 trim

[해설] ① fillet : 인접한 부위를 연결하여 일정한 반지름의 둥근 모양을 갖도록 처리

② smooth : 화면에 표현된 심한 굴곡면을 평활한 곡면으로 재계산하여 처리

③ mesh : 유한 요소 해석의 전처리 단계에서 사용하며 곡선과 면을 그물망처럼 나누어 다각형으로 처리

④ trim : 기준선이나 곡선을 기준으로 필요 없는 부분을 자르는 처리

80. 다음 중 변환 행렬과 관계가 없는 것은?

　가 이동 　　나 확대

　다 회전 　　라 복사

[해설] 동차 좌표에 의한 좌표 변환 행렬에는 이동, 확대, 대칭, 회전이 있다.

▶ **2015년 8월 16일 시행**

자격종목 및 등급(선택분야)	종목코드	시험시간	문제지형별	수험번호	성 명
기계설계 산업기사	**2031**	**2시간**	**A**		

제1과목 : 기계가공법 및 안전관리

1. 다음 중 전해 연마에 이용되는 전해액으로 틀린 것은?

㉮ 인산 　　　　　 ㉯ 황산

㉰ 과염소산 　　　 ㉱ 초산

[해설] 전해 연마 시 사용하는 전해액으로는 과염소산($HClO_4$), 황산(H_2SO_4), 인산(H_3PO_4), 청화 알칼리, 불산 등이 있다.

2. 정밀 측정에서 아베의 원리에 대한 설명으로 옳은 것은?

㉮ 내측 측정 시는 최댓값을 택한다.

㉯ 눈금선의 간격은 일치되어야 한다.

㉰ 단도기의 지지는 양끝 단면이 평행하도록 한다.

㉱ 표준자와 피측정물은 동일 축선상에 있어야 한다.

[해설] 아베의 원리
　① 측정하는 길이를 표준자의 눈금의 연장선에 놓는다.
　② 피측정물과 표준자는 측정 방향에 있어 동일 직선상에 배치한다.

3. 다음 중 일반적인 선반 작업의 안전 수칙으로 틀린 것은?

㉮ 회전하는 공작물을 공구로 정지시킨다.

㉯ 장갑, 반지 등은 착용하지 않도록 한다.

㉰ 바이트는 가능한 짧고 단단하게 고정한다.

㉱ 선반에서 드릴 작업 시 구멍 가공이 거의 끝날 때에는 이송을 천천히 한다.

[해설] 선반 작업 시 공작물을 정지시킬 때는 선반의 브레이크를 사용한다.

4. 액체 호닝에서 완성 가공면의 상태를 결정하는 일반적인 요인이 아닌 것은?

㉮ 공기 압력

㉯ 가공 온도

㉰ 분출 각도

㉱ 연마제의 혼합비

[해설] 액체 호닝은 공작물 표면에 액체(물)와 미세 연삭 입자와의 혼합비 1 : 2로 혼합액을 압축 후 공기로 분사하는 습식 다듬질 가공이다. 액체 호닝에서 가공면 상태는 공기압, 분출 각도, 연마제와의 혼합비에 의해 결정된다.

5. 선반 가공에서 이동 방진구에 대한 설명 중 틀린 것은?

㉮ 베드의 상면에 고정하여 사용한다.

㉯ 왕복대의 새들에 고정시켜 사용한다.

㉰ 두 개의 조(jaw)로 공작물을 지지한다.

㉱ 바이트와 함께 이동하면서 공작물을 지지한다.

[해설] ① 고정식 방진구 : 베드에 설치하며, 3개의 조로 구성된다.
　② 이동식 방진구 : 왕복대의 새들에 설치하며, 2개의 조로 구성된다. 바이트와 함께 이동하면서 공작물을 지지한다.

6. 그림에서 X는 18 mm, 핀의 지름이 $\phi 6$ mm이면 A값은 약 몇 mm인가?

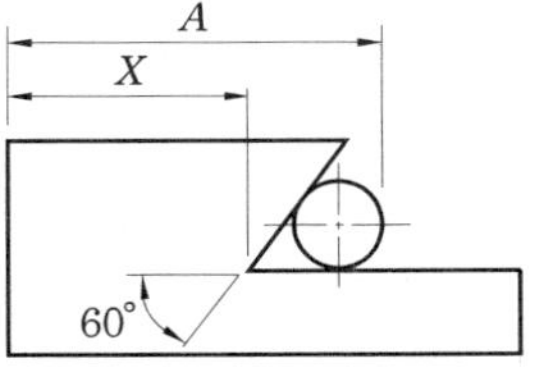

㉮ 23.196 　　　　 ㉯ 26.196

㉰ 31.392 　　　　 ㉱ 34.392

해답 1. ㉱　2. ㉱　3. ㉮　4. ㉯　5. ㉮　6. ㉯

[해설] A에서 X를 뺀 길이를 l이라고 하면,

$$l = \frac{3}{\tan 30°} + 3 = 8.196$$
$$A = X + l = 18 + 8.196 = 26.196$$

7. 다음 중 스패너 작업의 안전 수칙으로 거리가 먼 것은?

㉮ 몸의 균형을 잡은 다음 작업을 한다.

㉯ 스패너는 너트에 알맞은 것을 사용한다.

㉰ 스패너의 자루에 파이프를 끼워 사용한다.

㉱ 스패너를 해머 대용으로 사용하지 않는다.

[해설] 가급적 스패너 손잡이가 긴 것을 사용하고, 작업 시 자루에 파이프를 끼우거나 해머로 두들겨서 사용하지 않도록 한다.

8. 공작물을 절삭할 때 절삭 온도의 측정 방법으로 틀린 것은?

㉮ 공구 현미경에 의한 측정

㉯ 칩의 색깔에 의한 측정

㉰ 열량계에 의한 측정

㉱ 열전대에 의한 측정

[해설] 절삭 온도 측정법
① 칩의 색깔에 의한 측정법
② 칼로리미터(열량계)에 의한 방법
③ 공구에 열전대를 삽입하는 방법
④ 시온 도료를 사용하는 방법
⑤ 공구와 일감을 열전대로 사용하는 방법
⑥ 복사 고온계에 의한 방법

9. 다음 중 측정 오차에 관한 설명으로 틀린 것은?

㉮ 계통 오차는 측정값에 일정한 영향을 주는 원인에 의해 생기는 오차이다.

㉯ 우연 오차는 측정자와 관계없이 발생하고, 반복적이고 정확한 측정으로 오차 보정이 가능하다.

㉰ 개인 오차는 측정자의 부주의로 생기는 오차이며, 주의해서 측정하고 결과를 보정하면 줄일 수 있다.

㉱ 계기 오차는 측정 압력, 측정 온도, 측정기 마모 등으로 생기는 오차이다.

[해설] 우연 오차는 측정 과정에서 측정자의 심리적 변화, 측정기의 성능 등에 의해 우발적으로 발생하는 오차이다. 이러한 오차를 줄이기 위해 반복 측정에 의한 산술 평균으로 측정값을 결정한다.

10. 일반적으로 한계 게이지 방식의 특징에 대한 설명으로 틀린 것은?

㉮ 대량 측정에 적당하다.

㉯ 합격, 불합격의 판정이 용이하다.

㉰ 조작이 복잡하므로 경험이 필요하다.

㉱ 측정 치수에 따라 각각의 게이지가 필요하다.

[해설] 한계 게이지 : 초보자도 사용 가능한 측정기로, 조작이 간단하여 경험을 요하지 않는다.

11. 연삭 작업에서 주의해야 할 사항으로 틀린 것은?

㉮ 회전 속도는 규정 이상으로 해서는 안 된다.

㉯ 작업 중 숫돌의 진동이 있으면 즉시 작업을 멈춰야 한다.

㉰ 숫돌 커버를 벗겨서 작업을 한다.

㉱ 작업 중에는 반드시 보안경을 착용하여야 한다.

[해설] 연삭 작업 시 숫돌 커버가 규정에 맞고 안전하게 설치되어 있는지 확인 점검한 후 커버를 닫고 작업한다.

12. 선반 가공에서 지름 102 mm인 환봉을 300 rpm으로 가공할 때 절삭 저항력이 981 N이었다. 이때 선반의 절삭 효율을 75 %라 하면 절삭 동력은 약 몇 kW인가?

㉮ 1.4　　㉯ 2.1　　㉰ 3.6　　㉱ 5.4

[해설]
$$H = \frac{PV}{102 \times 60 \times \eta}$$
$$= \frac{981 \times 96}{102 \times 60 \times 0.75 \times 9.81} = 2.1 \text{ kW}$$
$$V = \frac{\pi DN}{1000} = \frac{\pi \times 102 \times 300}{1000} = 96 \text{ m/min}$$

13. 절삭 공구의 수명 판정 방법으로 거리가 먼 것은?

㉮ 날의 마멸이 일정량에 달했을 때

㉯ 완성된 공작물의 치수 변화가 일정량에 달했을 때

㉰ 가공면 또는 절삭한 직후의 면에 광택이 있는 무늬 또는 점들이 생길 때

㉱ 절삭 저항의 주분력, 배분력이나 이송 방향 분력이 급격히 저하되었을 때

[해설] 절삭 공구 수명 판정 방법
① 가공 후 표면에 광택이 있는 색조, 무늬, 반점이 발생할 때
② 공구 인선의 마모가 일정할 때
③ 완성 가공된 치수의 변화가 일정량에 달할 때
④ 주분력에는 변화가 없더라도 이송 분력, 배분력이 급격히 증가할 때

14. 압축 공기를 이용하여, 가공액과 혼합된 연마재를 가공물 표면에 고압·고속으로 분사시켜 가공하는 방법은?

㉮ 버핑　　　　　　㉯ 초음파 가공

㉰ 액체 호닝　　　　㉱ 슈퍼 피니싱

[해설] 액체 호닝 : 압축 공기를 사용하여 연마제를 가공액과 함께 노즐을 통해 고속 분사시켜 일감 표면을 다듬는 가공법

15. 다음 연삭 숫돌의 표시 방법 중에서 "5"는 무엇을 나타내는가?

"WA 60 K 5 V"

㉮ 조직　　　　　　㉯ 입도

㉰ 결합도　　　　　㉱ 결합제

[해설] 연삭 숫돌 표시 방법 : WA(입자의 종류), 60(입도), K(결합도), 5(조직), V(결합제)

16. 절삭 가공을 할 때 절삭 조건 중 가장 영향을 적게 미치는 것은?

㉮ 가공물의 재질　　㉯ 절삭 순서

㉰ 절삭 깊이　　　　㉱ 절삭 속도

[해설] 절삭 가공 시 큰 영향을 주는 절삭 조건으로는 절삭 속도, 이송, 절삭 깊이, 공작물의 재질, 공구각, 절삭 면적 등이 있다.

17. 밀링 작업의 절삭 속도 선정에 대한 설명 중

틀린 것은?

㉮ 공작물의 경도가 높으면 저속으로 절삭한다.

㉯ 커터날이 빠르게 마모되면 절삭 속도를 낮추어 절삭한다.

㉰ 거친 절삭은 절삭 속도를 빠르게 하고, 이송 속도를 느리게 한다.

㉱ 다듬질 절삭에서는 절삭 속도를 빠르게, 이송을 느리게, 절삭 깊이를 작게 한다.

[해설] 밀링 작업 시 거친 절삭은 절삭 속도를 느리게 하고, 이송 속도를 빠르게 한다.

18. 절삭 저항의 3분력에 해당되지 않는 것은?

㉮ 주분력　　　　　　㉯ 배분력

㉰ 이송 분력　　　　㉱ 칩분력

[해설] 절삭 저항의 3분력
① 주분력(P_1) : 절삭 방향으로 작용하는 분력
② 배분력(P_2) : 공구의 축 방향으로 작용하는 분력
③ 이송 분력(P_3) : 이송 방향(평행)으로 작용하는 분력

19. 볼트 머리나 너트가 닿는 자리면을 만들기 위하여 구멍 축에 직각 방향으로 주위를 평면으로 깎는 작업은?

㉮ 카운터 싱킹　　　㉯ 카운터 보링

㉰ 스폿 페이싱　　　㉱ 보링

[해설] 스폿 페이싱 : 볼트 또는 너트의 구멍과 직각이 되게 머리가 접촉되는 부분을 깎아서 만드는 작업으로 일명 '흑피 제거'라고 한다.

20. 트위스트 드릴의 각부에서 드릴 홈의 골 부위(웨브 두께)를 측정하기에 가장 적합한 것은?

㉮ 나사 마이크로미터

㉯ 포인트 마이크로미터

㉰ 그루브 마이크로미터

㉱ 다이얼 게이지 마이크로미터

[해설] 포인트 마이크로미터 : 드릴의 홈 지름과 같은 골경의 측정에 쓰이며, 측정 범위는 (0~25mm)~(75~100mm)이고, 최소 눈금 0.01mm, 측정자의 선단 각도는 15°, 30°, 45°, 60°가 있다.

해답　14. ㉰　15. ㉮　16. ㉯　17. ㉰　18. ㉱　19. ㉰　20. ㉯

제 2 과목 : 기계제도

21. 그림과 같은 제3각 정투상도의 입체도로 가장 적합한 것은?

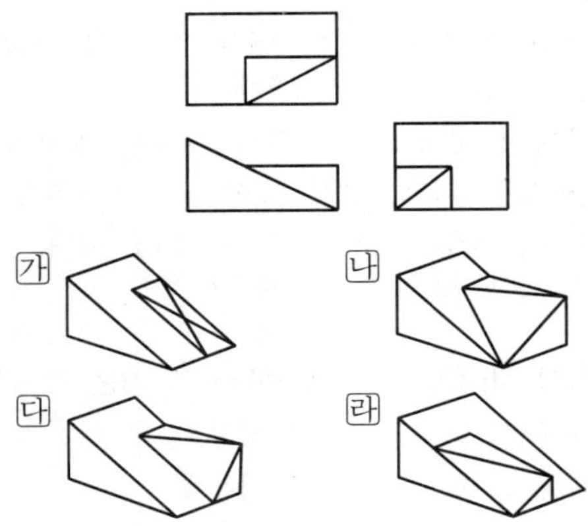

22. 그림에서 도시한 기어는?

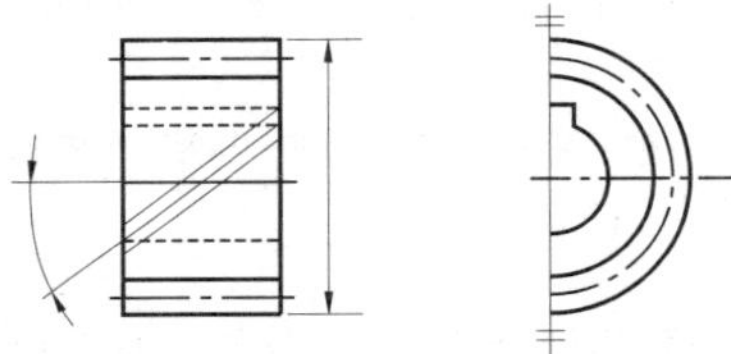

㉮ 베벨 기어 　㉯ 웜 기어
㉰ 헬리컬 기어 　㉱ 하이포이드 기어

[해설] 그림은 비틀림각이 있는 헬리컬 기어이다.

23. 그림과 같이 기입된 KS 용접 기호의 해석으로 옳은 것은?

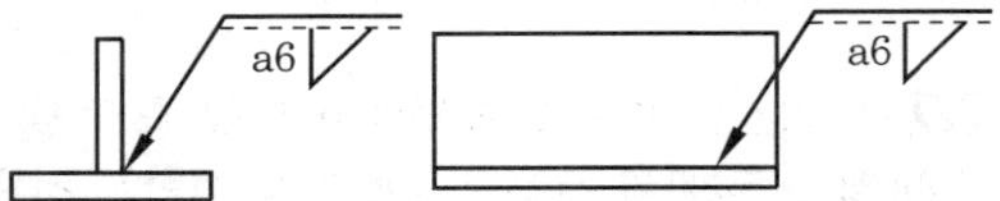

㉮ 화살표 쪽 필릿 용접 목 두께가 6 mm
㉯ 화살표 반대쪽 필릿 용접 목 두께가 6 mm
㉰ 화살표 쪽 필릿 용접 목 길이가 6 mm
㉱ 화살표 반대쪽 필릿 용접 목 길이가 6 m

[해설] ①

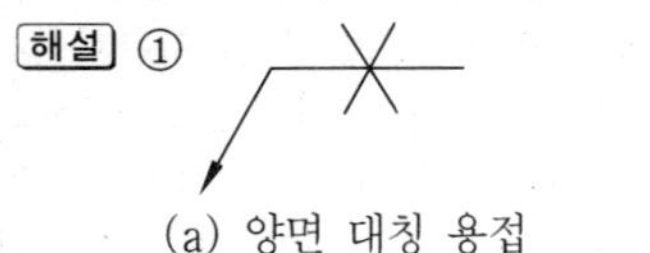

(a) 양면 대칭 용접

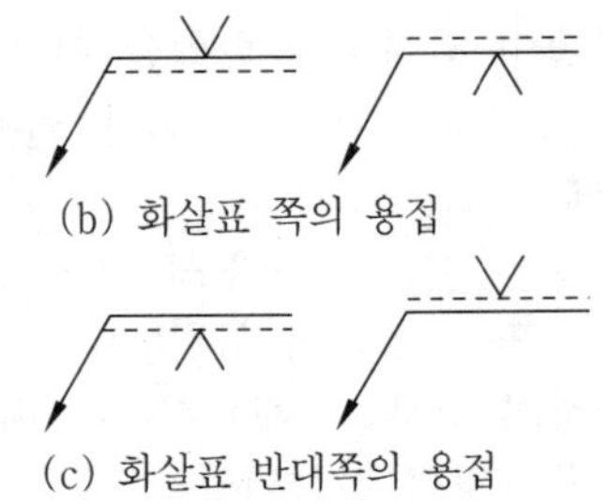

(b) 화살표 쪽의 용접

(c) 화살표 반대쪽의 용접

② 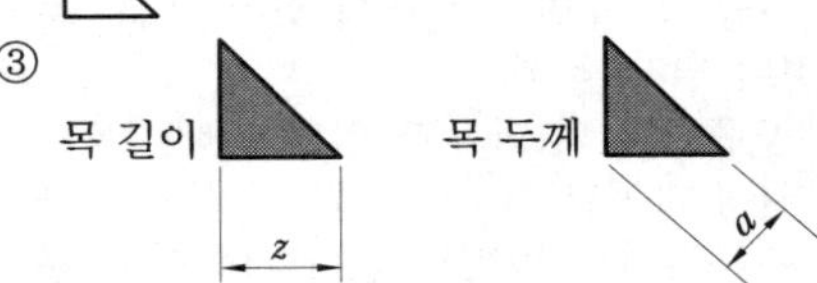 : 필릿 용접

③

목 길이　　　　목 두께

따라서, 그림은 화살표 반대쪽 필릿 용접 목 두께가 6 mm임을 나타낸다.

24. 그림과 같이 3각법으로 투상한 도면에 가장 적합한 입체도 형상은?

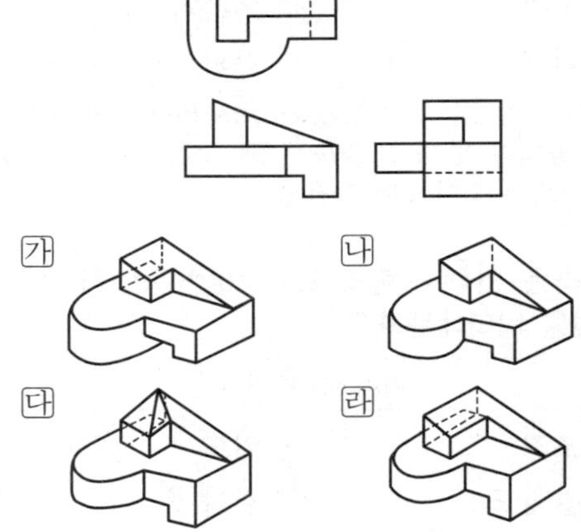

25. 3각법으로 투상한 그림과 같은 도면의 입체도는?

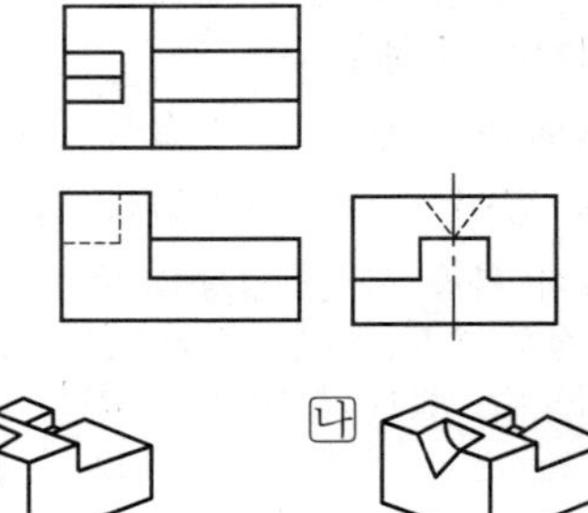

 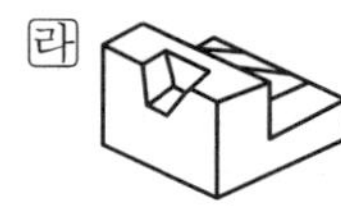

26. 그림과 같은 표면의 결 지시 기호에서 각 항목별 설명 중 옳지 않은 것은?

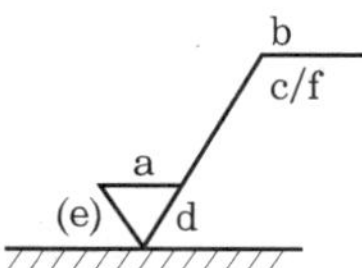

㉮ a : 거칠기 값
㉯ b : 가공 방법
㉰ c : 가공 여유
㉱ d : 표면의 줄무늬 방향

해설 ① c : 컷오프 값
② f : 산술 평균 거칠기 이외의 표면 거칠기 값

27. 다음 기하 공차 기호 중 돌출 공차역을 나타내는 기호는?

㉮ Ⓟ   ㉯ Ⓜ   ㉰ A   ㉱ Ⓐ

해설 ① Ⓟ : 돌출 공차역
② Ⓜ : 최대 실체 공차 방식
③ A : 데이텀

28. 그림과 같은 입체도에서 화살표 방향이 정면일 때 정투상법으로 나타낸 투상도 중 잘못된 도면은?

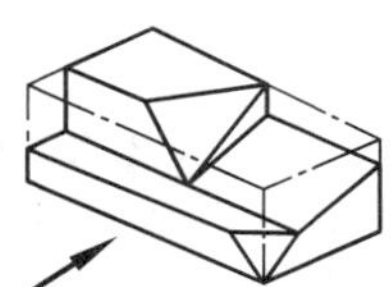

㉮ 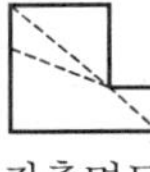
좌측면도

㉯ 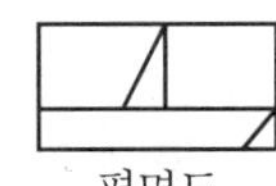
평면도

㉰ 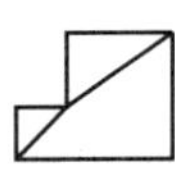
우측면도

㉱ 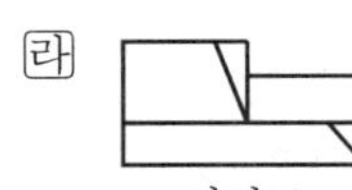
정면도

29. 도면에서 가는 실선으로 표시된 대각선 부분의 의미는?

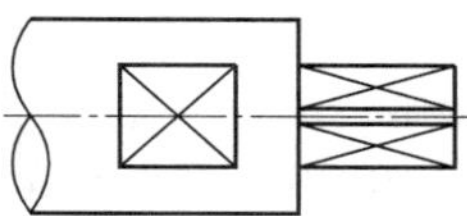

㉮ 평면   ㉯ 곡면
㉰ 홈부분   ㉱ 라운드 부분

해설 평면 도시 : 도형 내 평면이란 것을 나타낼 때는 가는 실선으로 대각선을 표시한다.

30. 그림과 같은 기하 공차 기호에 대한 설명으로 틀린 것은?

▱	0.2
	0.1/100×100

㉮ 평면도 공차를 나타낸다.
㉯ 전체 부위에 대해 공차값 0.2 mm를 만족해야 한다.
㉰ 지정 넓이 100 mm×100 mm에 대해 공차값 0.1 mm를 만족해야 한다.
㉱ 이 기하 공차 기호에서는 두 가지 공차 조건 중 하나만 만족하면 된다.

해설 평면도 기하 공차로 100 mm×100 mm에 대해 공차값 0.1 mm 이내이며 전체 부위 공차값은 0.2 mm로 두 가지 공차값에 대해 모두 만족해야 한다.

31. 체결품의 부품 조립 간략 표시에 있어서 양쪽 면에 카운터 싱크가 있고 현장에서 드릴 가공 및 끼워 맞춤을 나타내는 기호는?

㉮ ✛   ㉯ ✳
㉰ ✳   ㉱ ✳

32. 기계 구조용 탄소 강재의 KS 재료 기호로 옳은 것은?

㉮ SM40C   ㉯ SS330
㉰ AIDC1   ㉱ GC100

해설 ① SM : 기계 구조용 탄소 강재
② SS : 일반 구조용 압연 강판

해답 26. ㉰ 27. ㉮ 28. ㉰ 29. ㉮ 30. ㉱ 31. ㉱ 32. ㉮

③ AlDC : 다이캐스팅용 알루미늄 합금 지금
④ GC : 회주철

33. 구멍 70H7$(70^{+0.030}_{0})$, 축 70g6$(70^{-0.010}_{-0.029})$ 의 끼워 맞춤이 있다. 끼워 맞춤의 명칭과 최대 틈새를 바르게 설명한 것은?

㉮ 중간 끼워 맞춤이며 최대 틈새는 0.01이다.

㉯ 헐거운 끼워 맞춤이며 최대 틈새는 0.059 이다.

㉰ 억지 끼워 맞춤이며 최대 틈새는 0.029 이다.

㉱ 헐거운 끼워 맞춤이며 최대 틈새는 0.039 이다.

[해설] 구멍의 최소 허용 치수가 축의 최대 허용 치수보다 크므로 항상 틈새가 발생하는 헐거운 끼워 맞춤이다.

구 분	구멍	축
최대 허용 치수	70.030	69.990
최소 허용 치수	70.000	69.971
최대 틈새	70.030 − 69.971 = 0.059	
최소 틈새	70.000 − 69.990 = 0.01	

34. 보기와 같이 축 방향으로 인장력이나 압축력 이 작용하는 두 축을 연결하거나 풀 필요가 있을 때 사용하는 기계요소는 무엇인가?

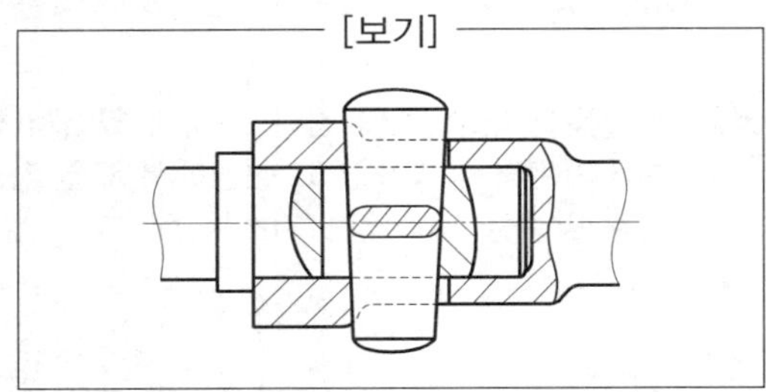

㉮ 핀   ㉯ 키   ㉰ 코터   ㉱ 플랜지

[해설] 코터 이음 : 축 방향에 하중이 작용하는 축과 여기에 끼워지는 소켓(socket)을 체결하는데 사용한다.

35. Tr 40×7−6H로 표시된 나사의 설명 중 틀린 것은?

㉮ Tr : 미터 사다리꼴 나사

㉯ 40 : 나사의 호칭 지름

㉰ 7 : 나사산의 수

㉱ 6H : 나사의 등급

[해설] Tr은 미터 사다리꼴 나사, 40은 호칭 지름 40 mm, 7은 피치, 6H는 암나사 등급을 의미한다.

36. 다음 용접 보조 기호 중 전체 둘레 현장 용접 기호인 것은?

㉮ 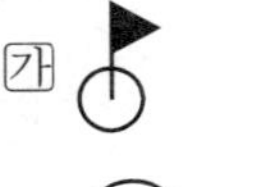   ㉯ 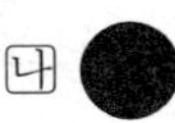

㉰    ㉱ 

[해설] ▶ : 현장 용접, ◯ : 전체 둘레 용접

◖ : 전체 둘레 현장 용접

37. 피아노 선재의 KS 재질 기호는?

㉮ HSWR   ㉯ STSY

㉰ MSWR   ㉱ SWRS

[해설] HSWR : 경강 선재, SWRM : 연강 선재, SWRS : 피아노 선재

38. 다음 중 복렬 깊은 홈 볼 베어링의 약식 도시 기호가 바르게 표시된 것은?

㉮ 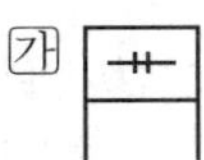   ㉯ 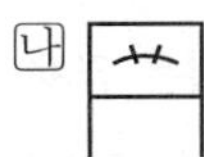

㉰ 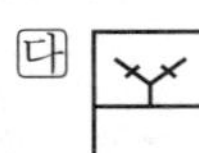   ㉱ 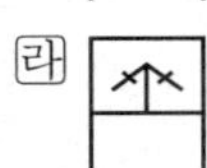

[해설] ㉮ : 복렬 깊은 홈 볼 베어링
㉯ : 복렬 자동 조심 볼 베어링
㉰ : 복렬 앵귤러 콘택트 볼 베어링

39. 2개의 입체가 서로 만날 경우 두 입체 표면에 만나는 선이 생기는데 이 선을 무엇이라고 하나?

㉮ 분할선   ㉯ 입체선

㉰ 직립선   ㉱ 상관선

[해설] 상관선 : 2개 이상의 입체 면과 면이 만나는 경계선

---

40. 금속 재료의 표시 기호 중 탄소 공구강 강재를 나타낸 것은?

㉮ SPP 　　　　㉯ STC

㉰ SBHG 　　　㉱ SWS

[해설] ① SPP : 일반 배관용 탄소 강관

② STC : 탄소 공구강 강재

③ SBHG : 아연도강판

④ SWS : 용접 구조용 압연 강재

제3과목 : 기계설계 및 기계재료

41. 다음 중 선팽창계수가 큰 순서로 올바르게 나열된 것은?

㉮ 알루미늄 > 구리 > 철 > 크롬

㉯ 철 > 크롬 > 구리 > 알루미늄

㉰ 크롬 > 알루미늄 > 철 > 구리

㉱ 구리 > 철 > 알루미늄 > 크롬

[해설] Al > Cu > Fe > Cr

① 선팽창계수 큰 것 : Pb, Mg, Sn

② 선팽창계수 작은 것 : Ir, Mo, W

42. 탄소강에서 적열 메짐을 방지하고, 주조성과 담금질 효과를 향상시키기 위하여 첨가하는 원소는?

㉮ 황(S) 　　　　㉯ 인(P)

㉰ 규소(Si) 　　　㉱ 망간(Mn)

[해설] 망간(Mn) : 황과 화합하여 MnS로 되어 황의 해를 제거하며, 고온 가공을 용이하게 한다. 강의 경도, 강도, 인성을 증가시키고 연성은 감소시킨다. 소성 및 주조성을 증가시키고 담금질성을 향상시키며 탈산제 역할을 한다.

43. 철-탄소(Fe-C) 평형 상태도에 대한 설명으로 틀린 것은?

㉮ 강의 A_2 변태점은 약 768℃이다.

㉯ 탄소량이 0.8 % 이하의 경우 아공석강이라고 한다.

㉰ 탄소량이 0.8 % 이상의 경우 시멘타이트 양이 적어진다.

㉱ α - 고용체와 시멘타이트의 혼합물을 펄라이트라고 한다.

[해설] 탄소량이 0.8 % 이상의 경우 시멘타이트 양이 많아진다.

44. 다음 순금속 중 열전도율이 가장 높은 것은? (단, 20℃에서의 열전도율이다)

㉮ Ag 　　㉯ Au 　　㉰ Mg 　　㉱ Zn

[해설] 열전도율 순서

Ag > Cu > Au > Pt > Al > Mg > Zn > Ni > Fe > Pb

45. 다음 중 불변강이 아닌 것은?

㉮ 인바 　　　　㉯ 엘린바

㉰ 인코넬 　　　㉱ 슈퍼인바

[해설] 불변강의 종류에는 인바, 슈퍼인바, 엘린바, 플래티나이트, 코엘린바 등이 있다.

46. 구리 합금 중 6 : 4 황동에 약 0.8 % 정도의 주석을 첨가하며 내해수성에 강하기 때문에 선박용 부품에 사용하는 특수 황동은?

㉮ 네이벌 황동 　　　㉯ 강력 황동

㉰ 납 황동 　　　　　㉱ 애드미럴티 황동

[해설] ① 강력 황동 : 4-6 황동에 Mn, Al, Fe, Ni, Sn 등을 첨가하여 한층 강력하게 한 황동

② 납 황동(연 황동) : 3 % 이하의 납을 6-4 황동에 첨가하여 절삭성을 향상시킨 쾌삭 황동

③ 애드미럴티 황동 : 7-3 황동에 Sn 1%를 첨가한 것이며 파이프, 관으로 가공하여 증발기, 열교환기에 사용된다.

47. 한 변의 길이가 150~300 mm로 분괴 압연된 각형 대강편은 무엇인가?

㉮ bloom 　　　㉯ board

㉰ billet 　　　　㉱ slab

[해설] ① bloom : 금속 주괴를 분괴하여 얻어지는 대형 금속편(대강편)을 말한다(일반적으로 길이가 130 mm 이상 또는 단면적 16900 mm^2 이상인 것).

② billet : 소강편이라고도 하며, 변의 길이가 120 mm 이하의 단면으로 되어 있는 강편이다.

③ slab : 두꺼운 강편을 만들기 위한 반제품의 강재이고, 두께의 2배 폭을 갖는 주괴와 평

해답　40. ㉯　41. ㉮　42. ㉱　43. ㉰　44. ㉮　45. ㉰　46. ㉮　47. ㉮

판의 중간 상태에 있는 강재이다.

48. 인청동의 적당한 인 함량(%)은?

- ㉮ 0.05~0.5
- ㉯ 6.0~10.0
- ㉰ 15.0~20.0
- ㉱ 20.5~25.5

[해설] 인청동 : 청동 용해 주조 시 탈산제로 사용하는 P의 첨가량이 많아 합금 중에 0.05~0.5 % 정도 남게 하면 용탕의 유동성이 좋아지고, 합금의 경도, 강도가 증가하며 내마모성, 탄성이 개선된다.

49. 풀림에 대한 설명으로 틀린 것은?

- ㉮ 기계적 성질을 개선하기 위한 것이 구상화 풀림이다.
- ㉯ 응력 제거 풀림은 재료의 내부의 잔류응력을 제거하기 위한 것이다.
- ㉰ 강을 연하게 하여 기계 가공성을 향상시키기 위한 것은 완전 풀림이다.
- ㉱ 풀림 온도는 과공석강인 경우에는 A_3 변태점보다 30~50℃로 높게 가열하여 방랭한다.

[해설] 완전 풀림 : 탄소강을 고온으로 가열하면 결정 입자가 커지고 재질이 약해진다. 이 결점을 제거하기 위해 A_1~A_3 변태점보다 30~50℃ 높은 온도에서 가열하고 노랭한다.

50. 강을 표준 상태로 하고, 가공 조직의 균일화, 결정립의 미세화 등을 목적으로 하는 열처리는?

- ㉮ 풀림
- ㉯ 불림
- ㉰ 뜨임
- ㉱ 담금질

[해설] 불림 : 단조된 재료, 주조된 재료 내부에 생긴 내부 응력을 제거하고 결정 조직의 균일화(표준화), 결정 입자의 미세화, 기계적 성질의 단순화를 위하여 A_3점 또는 A cm점보다 30~50℃ 높게 가열한 후 대기 중에서 공랭하는 조작

51. 다음 중 두 축이 서로 교차하면서 회전력을 전달하는 기어는?

- ㉮ 스퍼 기어(spur gear)
- ㉯ 헬리컬 기어(helical gear)
- ㉰ 랙과 피니언(rack and pinion)
- ㉱ 스파이럴 베벨 기어(spiral bevel gear)

[해설] ① 두 축이 평행한 기어 : 스퍼 기어, 헬리컬 기어, 랙과 피니언, 안 기어와 바깥 기어
② 두 축이 서로 교차하는 기어 : 스퍼 베벨 기어, 헬리컬 베벨 기어, 스파이럴 베벨 기어, 크라운 기어, 앵귤러 베벨 기어
③ 두 축이 어긋난 경우 사용하는 기어 : 나사(스크루) 기어, 하이포이드 기어, 웜 기어, 헬리컬 크라운 기어

52. 지름 5 cm의 축이 300 rpm으로 회전할 때, 최대로 전달할 수 있는 동력은 약 몇 kW인가? (단, 축의 허용 비틀림 응력은 39.2 MPa이다.)

- ㉮ 8.59
- ㉯ 16.84
- ㉰ 30.23
- ㉱ 181.38

[해설]
$$\frac{\pi d^3}{16}\tau = 9.55 \times 10^6 \times \frac{H}{N}$$
$$H = \frac{\pi d^3 \tau N}{9.55 \times 10^6 \times 16} = \frac{\pi (50)^3 \times 39.2 \times 300}{9.55 \times 10^6 \times 16}$$
$$= 30.23 \text{ kW}$$

53. 유니파이 보통 나사 "$\frac{1}{4} - 20\,UNC$"의 바깥지름은?

- ㉮ 0.25 mm
- ㉯ 6.35 mm
- ㉰ 12.7 mm
- ㉱ 20 mm

[해설] 바깥지름 $= \frac{1}{4}$ 인치 $= \frac{25.4}{4}$ mm $= 6.35$ mm

54. 원형 봉에 비틀림 모멘트를 가하면 비틀림 변형이 생기는 원리를 이용한 스프링은?

- ㉮ 겹판 스프링
- ㉯ 토션 바
- ㉰ 벌류트 스프링
- ㉱ 래칫 휠

[해설] ① 겹판 스프링 : 여러 장의 판재를 겹쳐서 사용하는 것으로 자동차 현가장치에 사용된다.
② 벌류트 스프링 : 태엽 스프링을 축 방향으로 감아올려 사용하는 것으로 압축용으로 사용한다(오토바이 차체 완충용).
③ 래칫 휠 : 기계의 역회전을 방지하고, 한쪽 방향 가동 클러치 및 분할 작업 시에 사용된다.

55. 판의 두께 15 mm, 리벳의 지름 20 mm, 피치 60 mm인 1줄 겹치기 리벳 이음을 하고자 할

때, 강판의 인장 응력과 리벳 이음 판의 효율은 각각 얼마인가? (단, 12.26 kN의 인장 하중이 작용한다.)

㉠ 20.43 MPa, 66 %   ㉡ 20.43 MPa, 76 %

㉢ 32.96 MPa, 66 %   ㉣ 32.96 MPa, 76 %

[해설] ① 강판의 인장 응력

$$\sigma_t = \frac{w}{t(p-d)} = \frac{12.26 \times 1000}{15(60-20)} = 20.43 \text{ MPa}$$

② 강판의 이음 효율

$$\eta = 1 - \frac{d}{p} = 1 - \frac{20}{60} = 0.66 = 66 \%$$

56. 일반용 V 고무 벨트(표준 V-벨트)의 각도는?

㉠ 30°   ㉡ 40°   ㉢ 60°   ㉣ 90°

57. 지름 60 mm의 강 축에 350 rpm으로 50 kW를 전달하려고 할 때 허용 전단 응력을 고려하여 적용 가능한 묻힘 키(sunk key)의 최소 길이(l)는 약 몇 mm인가? (단, 키의 허용 전단 응력 τ = 40 N/mm², 키의 규격(폭×높이) = 12 mm ×10 mm이다.)

㉠ 80   ㉡ 85   ㉢ 90   ㉣ 95

[해설] $T = 9.55 \times 10^6 \times \dfrac{H}{N} = 9.55 \times 10^6 \times \dfrac{50}{350}$

$$= 1364286 \text{ N} \cdot \text{mm}$$

$$l = \frac{2T}{bd\tau} = \frac{2 \times 1364286}{12 \times 60 \times 40} = 94.742 ≒ 95 \text{ mm}$$

58. 다음 중 자동 하중 브레이크의 종류로 틀린 것은?

㉠ 웜 브레이크   ㉡ 밴드 브레이크

㉢ 나사 브레이크   ㉣ 캠 브레이크

[해설] 자동 하중 브레이크 종류에는 웜 브레이크, 나사 브레이크, 캠 브레이크, 원심 브레이크 등이 있다.

59. 재료의 기준 강도(인장 강도)가 400 N/mm²이고 허용 응력이 100 N/mm²일 때 안전율은?

㉠ 0.25   ㉡ 1.0   ㉢ 4.0   ㉣ 16.0

[해설] 안전율 $= \dfrac{극한 강도}{허용 응력}$

$$= \frac{인장 강도(기준 강도)}{허용 응력} = \frac{400}{100} = 4$$

60. 반경 방향 하중 6.5 kN, 축 방향 하중 3.5 kN을 받고, 회전수 600 rpm으로 지지하는 볼 베어링이 있다. 이 베어링에 30000시간의 수명을 주기 위한 기본 동정격 하중으로 가장 적합한 것은? (단, 반경 방향 동하중계수(X)는 0.35, 축 방향 동하중계수(Y)는 1.8로 한다.)

㉠ 43.3 kN   ㉡ 54.6 kN

㉢ 65.7 kN   ㉣ 88.0 kN

[해설] $P = XF_r + YF_a$

$$= 0.35 \times 6500 + 1.8 \times 3500 = 8575 \text{ N}$$

$$L_n = \frac{60NL_h}{10^6} = \frac{60 \times 600 \times 30000}{10^6} = 1080$$

$$C = P \sqrt[3]{L_n} = 8575 \sqrt[3]{1080} = 88 \text{ kN}$$

제 4 과목 : 컴퓨터응용설계

61. 좌표계의 원점이 중심이고 경도 u, 위도 v로 표시되는 구(sphere)의 매개변수식($\vec{r}(u, v)$)으로 옳은 것은? (단, 구의 반경은 R로 가정하고, $\hat{i}$, $\hat{j}$, $\hat{k}$는 각각 x, y, z축 방향의 단위 벡터이며, $0 \leq u \leq 2\pi$, $-\dfrac{\pi}{2} \leq v \leq \dfrac{\pi}{2}$ 이다.)

㉠ $R\cos(u)\cos(v)\hat{i} + R\cos(u)\sin(v)\hat{j}$ $+ R\sin(v)\hat{k}$

㉡ $R\cos(v)\cos(u)\hat{i} + R\cos(v)\sin(u)\hat{j}$ $+ R\sin(v)\hat{k}$

㉢ $R\cos(u)\cos(v)\hat{i} + R\cos(u)\sin(v)\hat{j}$ $+ R\cos(v)\hat{k}$

㉣ $R\cos(v)\cos(u)\hat{i} + R\cos(v)\sin(u)\hat{j}$ $+ R\cos(v)\hat{k}$

[해설] 구의 방정식 $x^2 + y^2 + z^2 = R^2$의 x, y, z에 $R\cos(v)\cos(u)$, $R\cos(v)\sin(u)$, $R\sin(v)$를 대입하면,

$R^2\cos^2(v)\cos^2(u) + R^2\cos^2(v)\sin^2(u) +$ $R^2\sin^2(v) = R^2$

$R^2\cos^2(v)[\cos^2(u)+\sin^2(u)]+R^2\sin^2(v)=R^2$
$\cos^2(u)+\sin^2(u)=1$이므로,
$R^2\cos^2(v)+R^2\sin^2(v)=R^2$
$\cos^2(u)+\sin^2(u)=1$이므로,
결국, $R^2=R^2$으로 식이 성립된다.
따라서 매개 변수식은 ⓝ이다.

62. 다음 중 솔리드 모델링의 특징에 속하지 않는 것은?

㉮ 은선 제거가 가능하다.

㉯ 물리적 성질 등의 계산이 가능하다.

㉰ 간섭 체크가 불가능하다.

㉱ 와이어 프레임 모델링에 비해서는 메모리 용량이 많이 요구된다.

[해설] 솔리드 모델링의 특징
① 은선 제거가 가능하다.
② 간섭 체크가 가능하다.
③ 형상을 절단하여 단면도를 작성하기가 쉽다.
④ 불리언 연산(합, 차, 적)에 의하여 복잡한 형상도 표현할 수 있다.
⑤ 물리적 성질의 계산이 가능하다.
⑥ 복잡한 데이터로 컴퓨터 사용량이 증가하여 와이어 프레임 모델링에 비해 메모리 용량이 많이 요구된다.

63. 솔리드 모델링에 있어서 사각 블럭, 정육면체, 구, 원통, 피라미드 등과 같은 기본 입체를 사용하여 이들 형상을 불연산에 따라 일정한 순서로 조합하는 방식은?

㉮ CSG 방식　　　㉯ B-rep 방식

㉰ NURBS 방식　　㉱ assembly 방식

[해설] 복잡한 형상을 단순한 형상(구, 실린더, 직육면체, 원추 등)의 조합으로 생성하는 경우 불리언 연산자(합, 차, 적)를 사용한다.

64. 블렌딩 함수로 Bernstein 다항식을 사용한 곡선 방정식은?

㉮ 퍼거슨(Ferguson) 곡선

㉯ 베지어(Bezier) 곡선

㉰ B-스플라인(spline) 곡선

㉱ NURBS 곡선

[해설] 베지어 곡선 : 번스타인(Bernstein) 다항식에 의해 주어진 점들을 표현하는 형상에 가깝도록 자유로이 형상을 제어할 수 있는 곡선으로 국부 변형이 불가하고 폐곡선은 조정 다각형의 두 끝 점을 연결시켜 간단하게 생성 가능하다.

65. CAD 시스템의 입력장치 중 좌표 정보를 찾아내는 데 사용하는 로케이터(locator) 장치에 속하지 않는 것은?

㉮ 조이스틱(joystick)

㉯ 마우스(mouse)

㉰ 라이트 펜(light pen)

㉱ 트랙볼(track ball)

[해설] 라이트 펜(light pen) : 커서 제어 기구로 그래픽 스크린(CRT) 상에 접촉한 빛을 인식하는 장치이며, CRT나 태블릿 등의 디스플레이에 부속된 장치이다.

66. 디지털 목업(digital mock-up)에 관한 설명으로 거리가 먼 것은?

㉮ 실물 mock-up의 사용 빈도를 줄일 수 있는 대안이다.

㉯ 간섭 검사, 기구학적 검사 그리고 조립체 속을 걸어 다니는 듯한 효과 등을 낼 수 있다.

㉰ 적어도 surface나 solid model로 제품이 모델링 되어야 한다.

㉱ 조립체 모델링에는 아직 적용되지 않는다.

[해설] 디지털 목업은 조립체 모델링이 가능하다.

67. 면과 면이 만나서 이루어지는 모서리(edge)만으로 모델을 표현하는 방법으로 점, 직선 그리고 곡선으로 구성되는 모델링은?

㉮ 와이어 프레임 모델링

㉯ 솔리드 모델링

㉰ 윈도 모델링

㉱ 서피스 모델링

[해설] 와이어 프레임 모델링 : 3차원적인 형상을 면과 면이 만나는 모서리로 나타내는 것이다. 즉,

[해답]　62. ㉰　63. ㉮　64. ㉯　65. ㉰　66. ㉱　67. ㉮

공간상의 선으로 표현하게 되며, 점과 선으로 구성된다.

68. 평면에서 x축과 이루는 각도가 150°이며 원점으로부터 거리가 1인 직선의 방정식은?

㉮ $\sqrt{3}\,x + y = 2$　　㉯ $\sqrt{3}\,x + y = 1$

㉰ $x + \sqrt{3}\,y = 2$　　㉱ $x + \sqrt{3}\,y = 1$

[해설] ① x축과의 각도 150° : $\tan 150° = -\dfrac{\sqrt{3}}{3}$

② 원점에서 거리가 1로 $(2,0)$을 통과

$-\dfrac{\sqrt{3}}{3}(2) + a = 0$에서 $a = \dfrac{2\sqrt{3}}{3}$

③ 직선의 방정식은 $y = -\dfrac{\sqrt{3}}{3}x + \dfrac{2\sqrt{3}}{3}$

$\therefore x + \sqrt{3}\,y = 2$

69. CAD 시스템에서 점을 정의하기 위해 사용되는 좌표계가 아닌 것은?

㉮ 직교 좌표계　　㉯ 원통 좌표계

㉰ 구면 좌표계　　㉱ 벡터 좌표계

[해설] CAD/CAM 시스템을 이용하여 가장 기본적인 공간상의 점을 정의하는 데 직교 좌표계, 극좌표계, 원통 좌표계, 구면 좌표계가 사용된다.

70. Bezier 곡선의 특징에 관한 설명으로 옳지 않은 것은?

㉮ 곡선은 첫 번째 조정점(control point)과 마지막 조정점을 통과한다.

㉯ 곡선은 조정점(control point)을 연결하는 다각형의 외측에 존재한다.

㉰ 1개의 조정점(control point) 변화만으로도 곡선 전체의 형상에 영향을 미친다.

㉱ n개의 조정점(control point)에 의해 정의되는 곡선은 $(n-1)$차 곡선이다.

[해설] 베지어 곡선은 정점을 통과시킬 수 있는 다각형의 내측에 존재한다.

71. 솔리드 모델링(solid modeling)에서 면의 일부 혹은 전부를 원하는 방향으로 당겨서 물체를 늘어나도록 하는 모델링 기능은?

㉮ 트위킹(tweaking)　　㉯ 리프팅(lifting)

㉰ 스위핑(sweeping)　　㉱ 스키닝(skinning)

[해설] 리프팅 : 주어진 물체의 특정면의 전부 또는 일부를 원하는 방향으로 움직여서 물체가 그 방향으로 늘어난 효과를 갖도록 하는 것

72. 특징 형상 모델링(feature-based modeling)의 특징으로 거리가 먼 것은?

㉮ 기본적인 형상 구성 요소와 형상 단위에 관한 정보를 함께 포함하고 있다.

㉯ 전형적인 특징 형상으로 모떼기(chamfer), 구멍(hole), 슬롯(slot) 등이 있다.

㉰ 특징 형상 모델링 기법을 응용하여 모델로부터 공정 계획을 자동으로 생성시킬 수 있다.

㉱ 주로 트위킹(tweaking) 기능을 이용하여 모델링을 수행한다.

[해설] 특징 형상 모델링

① 구멍, 슬롯, 포켓 등의 형상 단위를 라이브러리에 미리 갖추어 놓고 필요시 이들 치수를 변화시켜 설계에 사용하는 모델링 방식이다.

② 기하학적 정보뿐만 아니라 가공 정보를 가지고 있으므로 모델로부터 제작 순서, 툴링 정보를 추출 가능(구멍→드릴링, 슬롯→밀링)하다.

73. B-spline 곡선이 Bezier 곡선에 비해서 갖는 특징을 설명한 것으로 옳은 것은?

㉮ 곡선을 국소적으로 변형할 수 있다.

㉯ 한 조정점을 이동하면 모든 곡선의 형상에 영향을 준다.

㉰ 자유 곡선을 표현할 수 있다.

㉱ 곡선은 반드시 첫 번째 조정점과 마지막 조정점을 통과한다.

[해설] B-spline 곡선은 꼭짓점을 움직여도 연속성이 보장되며, 국부적으로 변형 가능하다.

74. CAD 용어에 관한 설명으로 틀린 것은?

㉮ 표시하고자 하는 화면상의 영역을 벗어나는 선들을 잘라버리는 것을 트리밍(trimming)이라고 한다.

㉯ 물체를 완전히 관통하지 않는 홈을 형성하는 특징 형상을 포켓(pocket)이라고 한다.

[해답]　68. ㉰　69. ㉱　70. ㉯　71. ㉯　72. ㉱　73. ㉮　74. ㉮

㉰ 명령의 실행 또는 마우스 클릭 시마다 On 또는 Off가 번갈아 나타나는 세팅을 토글(toggle)이라고 한다.

㉲ 모델을 명암이 포함된 색상으로 처리한 솔리드로 표시하는 작업을 셰이딩(shading)이라 한다.

[해설] 트리밍 : 화면상이 아니라 기준이 되는 선이나 원, 호로 인해 생기는 교차점을 기준으로 객체를 실제로 자르는 명령어

75. 좌표값 (x, y)에서 x, y가 다음과 같은 식으로 주어질 때 그리는 궤적의 모양은? (단, r은 일정한 상수이다.)

$$x = r\cos\theta, \quad y = r\sin\theta$$

㉮ 원　　　　　　㉯ 타원
㉰ 쌍곡선　　　　㉲ 포물선

[해설] $x = r\cos\theta, \ y = r\sin\theta$를
원의 방정식 $x^2 + y^2 = r^2$에 대입하면
$r^2\cos^2\theta + r^2\sin^2\theta = r^2$
$\cos^2\theta + \sin^2\theta = 1$이므로 $r^2 = r^2$으로 성립된다.

76. 행렬 $A = \begin{bmatrix} 1 & 2 \\ 0 & 1 \\ 1 & 1 \end{bmatrix}$와 $B = \begin{bmatrix} 0 & 1 & 2 \\ 1 & 0 & 3 \end{bmatrix}$의 곱 AB는?

㉮ $\begin{bmatrix} 1 & 1 \\ 0 & 0 \\ 1 & 2 \end{bmatrix}$　㉯ $\begin{bmatrix} 1 & 2 & 0 \\ 3 & 1 & 1 \end{bmatrix}$　㉰ $\begin{bmatrix} 2 & 3 \\ 3 & 5 \end{bmatrix}$　㉲ $\begin{bmatrix} 2 & 1 & 8 \\ 1 & 0 & 3 \\ 1 & 1 & 5 \end{bmatrix}$

[해설] $A \times B$

$= \begin{bmatrix} 1\times0+2\times1 & 1\times1+2\times0 & 1\times2+2\times3 \\ 0\times0+1\times1 & 0\times1+1\times0 & 0\times2+1\times3 \\ 1\times0+1\times1 & 1\times1+1\times0 & 1\times2+1\times3 \end{bmatrix}$

$= \begin{bmatrix} 2 & 1 & 8 \\ 1 & 0 & 3 \\ 1 & 1 & 5 \end{bmatrix}$

77. 설계 해석 프로그램의 결과에 따라 응력, 온도 등의 분포도나 변형도를 작성하거나, CAD 시스템으로 만들어진 형상 모델을 바탕으로 NC 공작기계의 가공 data를 생성하는 소프트웨어 프로그램이나 절차를 뜻하는 것은 무엇인가?

㉮ pre - processor　　㉯ post - processor
㉰ multi - processor　㉲ co - processor

78. 다음 중 IGES 파일의 구조에 해당하지 않는 것은?

㉮ start section
㉯ local section
㉰ directory entry section
㉲ parameter data section

[해설] IGES 파일의 구조
① 개시 섹션(start section)
② 글로벌 섹션(Global section)
③ 디렉토리 섹션(directory section)
④ 파라미터 섹션(parameter section)
⑤ 종결 섹션(terminate section)
⑥ 플래그 섹션(flag section)

79. 중앙처리장치(CPU) 구성 요소에서 컴퓨터 내부장치 간의 상호 신호 교환과 입·출력장치 간의 신호를 전달하고 명령어를 수행하는 장치는?

㉮ 기억장치　　　　㉯ 입력장치
㉰ 제어장치　　　　㉲ 출력장치

[해설] 제어장치 : 컴퓨터 시스템 전체를 지시, 감독, 조정하는 역할을 한다.

80. 정전기식 플로터에 대한 설명으로 옳지 않은 것은?

㉮ 래스터식으로 운영되는 대표적인 플로터이다.
㉯ 도형의 복잡 유무와 관계없이 작화 속도가 거의 일정하다.
㉰ 펜식 플로터와 비교하여 작화 속도가 빠르다.
㉲ 주로 마이크로 필름에 출력하는 장치로 사용된다.

[해설] 정전기식 플로터 : 래스터식으로 운영되며, 종이에 음전하를 발생시키고 양전하를 띤 검정색의 토너를 흘려서 그림을 그리는 방식이다. 도형의 복잡 유무와 상관없이 작화 속도가 일정하고, 작화 속도가 빠르고 소음이 적은 편이다. 고화질로 자동 레이아웃 기능과 자동 절단 기구가 있으며, 벡터 데이터를 래스터 데이터로 변환해 주어야 하고 펜 플로터용 작화 데이터를 그대로 사용 가능하다.

해답 75. ㉮　76. ㉲　77. ㉯　78. ㉯　79. ㉰　80. ㉲

국가기술자격검정필기시험문제

▶ **2016년 3월 6일 시행**

자격종목 및 등급(선택분야)	종목코드	시험시간	문제지형별	수험번호	성 명
기계설계 산업기사	2031	2시간	B		

제1과목 : 기계가공법 및 안전관리

1. 공작물의 표면 거칠기와 치수 정밀도에 영향을 미치는 요소로 거리가 먼 것은?

㉮ 절삭유 ㉯ 절삭 깊이

㉰ 절삭 속도 ㉱ 칩 브레이커

[해설] 칩 브레이커는 절삭 속도 증가에 따라 장시간 연속 절삭 시 적절히 처리하기 위해 제어하고, 적당한 크기로 잘게 부서지게 하기 위해 공구 경사면을 변형시키는 것이다.

2. 총형 커터에 의한 방법으로 치형을 절삭할 때 사용하는 밀링 커터는?

㉮ 베벨 밀링 커터

㉯ 헬리컬 밀링 커터

㉰ 인벌류트 밀링 커터

㉱ 하이포이드 밀링 커터

[해설] 총형 커터는 윤곽을 그대로 두고, 그 곡선대로 만드는 밀링 커터이다. 기어, 커터, 리머, 탭 등 윤곽을 가공 시 사용하며, 인벌류트 밀링 커터에서 기어의 이 모양을 가공할 수 있다.

3. 밀링 작업 시의 안전 수칙으로 틀린 것은?

㉮ 칩을 제거할 때 기계를 정지시킨 후 브러시로 털어낸다.

㉯ 주축 회전 속도를 변환할 때에는 회전을 정지시키고 변환한다.

㉰ 칩가루가 날리기 쉬운 가공물의 공작 시에는 방진 안경을 착용한다.

㉱ 절삭유를 공급할 때 커터에 감겨들지 않도록 주의하고, 공작 중 다듬질 면은 손을 대어 거칠기를 점검한다.

[해설] 공작 중 다듬질 면 확인 시에는 기계를 정지시킨 후 검사한다.

4. 크레이터 마모에 관한 설명 중 틀린 것은?

㉮ 유동형 칩에서 가장 뚜렷이 나타난다.

㉯ 절삭 공구의 상면 경사각이 오목하게 파여지는 현상이다.

㉰ 크레이터 마모를 줄이려면 경사면 위의 마찰계수를 감소시킨다.

㉱ 처음에 빠른 속도로 성장하다가 어느 정도 크기에 도달하면 느려진다.

[해설] 크레이터 마모 : 칩에 의하여 공구의 경사면이 움푹 패이는 마모로서 처음에는 더디게 성장하다가 어느 정도 크기가 되면 빨라진다.

5. 다듬질 면 상태의 평면 검사에 사용되는 수공구는?

㉮ 트러멜 ㉯ 나이프 에지

㉰ 실린더 게이지 ㉱ 앵글 플레이트

[해설] 나이프 에지 : 정밀 기계나 기기에 사용되는 베어링의 일종으로, 평면, 凹면, V형 날자리에 50~120°의 쐐기각을 가진 날 끝을 대고 사용하는 것이다.

6. 리머의 모양에 대한 설명 중 틀린 것은?

㉮ 조정 리머 : 절삭날을 조정할 수 있는 것

㉯ 솔리드 리머 : 자루와 절삭날이 다른 소재로 된 것

㉰ 셀 리머 : 자루와 절삭날 부위가 별개로 되어 있는 것

[해답] 1. ㉱ 2. ㉰ 3. ㉱ 4. ㉱ 5. ㉯ 6. ㉯

㉺ 팽창 리머 : 가공물의 치수에 따라 조금 팽창할 수 있는 것

[해설] 솔리드 리머는 자루와 절삭날이 같은 소재로 된 일체형 리머이다.

7. 선반 작업 시 공구에 발생하는 절삭 저항 중 가장 큰 것은?

㉮ 배분력 　　㉯ 주분력

㉰ 마찰 분력 　　㉱ 이송 분력

[해설] 절삭 저항의 3분력 : 주분력(P_1) 10, 배분력(P_2) 2~4, 이송 분력(P_3) 1~2

8. 한계 게이지의 종류에 해당되지 않는 것은?

㉮ 봉 게이지 　　㉯ 스냅 게이지

㉰ 다이얼 게이지 　　㉱ 플러그 게이지

[해설] 한계 게이지 : 정지측과 통과측의 두 게이지를 이용하여 제품의 합격 여부를 확인하는 게이지로서 초보자도 쉽게 사용이 가능하다. 종류에는 플러그 게이지, 테보 게이지, 봉 게이지, 스냅 게이지, 링 게이지가 있다.

9. 절삭 공구 재료 중 소결 초경합금에 대한 설명으로 옳은 것은?

㉮ 진동과 충격에 강하며 내마모성이 크다.

㉯ Co, W, Cr 등을 주조하여 만든 합금이다.

㉰ 충분한 경도를 얻기 위해 질화법을 사용한다.

㉱ W, Ti, Ta 등의 탄화물 분말을 Co를 결합제로 소결한 것이다.

[해설] 초경합금의 특징

① W-Ti-Ta 등의 탄화물 분말을 Co 또는 Ni과 결합하여 1400℃ 이상에서 소결시킨 것이다.

② 경도 및 고온 경도가 높다.

③ 내마모성과 취성이 크다.

④ 피복 초경합금은 내열성, 내마모성, 내용착성이 우수하고 일반 초경합금에 비해 2~5배 공구 수명이 증대된다.

10. CNC 선반 프로그래밍에 사용되는 보조 기능 코드와 기능이 옳게 짝지어진 것은?

㉮ M01 : 주축 역회전

㉯ M02 : 프로그램 종료

㉰ M03 : 프로그램 정지

㉱ M04 : 절삭유 모터 가동

[해설] ① M01 : 선택 정지

② M02 : 프로그램 끝

③ M03 : 주축 정회전

④ M04 : 주축 역회전

11. 편심량이 2.2 mm로 가공된 선반 가공물을 다이얼 게이지로 측정할 때, 다이얼 게이지 눈금의 변위량은 몇 mm인가?

㉮ 1.1 　㉯ 2.2 　㉰ 4.4 　㉱ 6.6

[해설] 편심량이 2.2 mm이면 다이얼 게이지로 측정 시 1회전으로 2배 값인 4.4 mm가 된다.

12. 1차로 가공된 가공물의 안지름보다 다소 큰 강구(steel ball)를 압입 통과시켜서 가공물의 표면을 소성 변형으로 가공하는 방법은?

㉮ 래핑(lapping) 　　㉯ 호닝(honing)

㉰ 버니싱(burnishing) 　㉱ 그라인딩(grinding)

[해설] 버니싱 : 원통 내면 및 외면을 강구 또는 롤러로 공작물에 압입하여 표면을 매끈하게 다듬는 일종의 소성 가공

13. 다음 중 직접 측정용 길이 측정기가 아닌 것은?

㉮ 강철자 　　㉯ 사인 바

㉰ 마이크로미터 　㉱ 버니어 캘리퍼스

[해설] 사인 바(sine bar)는 삼각함수 sine을 이용하여 각도를 측정하거나 또는 임의의 각도를 설정하기 위한 것이다.

14. 연삭 숫돌 입자의 종류가 아닌 것은?

㉮ 에머리 　　㉯ 커런덤

㉰ 산화규소 　　㉱ 탄화규소

[해설] 연삭 숫돌의 입자의 종류에는 다이아몬드, 금강석, 커런덤, 사암, 석영, 알루미나, 탄화규소, 탄화붕소, 지르코늄옥시드 등이 있다.

15. 다음 중 밀링작업에서 판캠을 절삭하기에 가장 적합한 밀링 커터는?

[해답]　7. ㉯　8. ㉰　9. ㉱　10. ㉯　11. ㉰　12. ㉰　13. ㉯　14. ㉰　15. ㉮

㉮ 엔드밀 ㉯ 더브테일 커터
㉰ 메탈 슬리팅 소 ㉱ 사이드 밀링 커터

[해설] 엔드밀은 일반적으로 가공물의 외측 홈부 또는 좁은 평면 등의 가공에 사용된다.

16. 열경화성 합성수지인 베이클라이트(bakelite)를 주성분으로 하며 각종 용제, 기름 등에 안정된 숫돌로서 절단용 숫돌 및 정밀 연삭용으로 적합한 결합제는?

㉮ 고무 결합제 ㉯ 비닐 결합제
㉰ 셸락 결합제 ㉱ 레지노이드 결합제

[해설] 레지노이드 결합제(인조수지 결합제) : 베이클라이트를 200℃ 정도로 숙성하여 만들며, 비트리파이드 연삭 숫돌에 비하여 인장 강도나 굽힘 강도가 크다. 연삭 능률과 절삭성이 좋으며 다듬질 면이 양호하다.

17. 지름 10 mm, 원추 높이 3 mm인 고속도강 드릴로 두께가 30 mm인 연강판을 가공할 때 소요시간은 약 몇 분인가? (단, 이송은 0.3 mm/rev, 드릴의 회전수는 667 rpm이다.)

㉮ 6 ㉯ 2 ㉰ 1.2 ㉱ 0.16

[해설] 드릴링 가공 시간
$$T = \frac{t+h}{Nf} = \frac{30+3}{667 \times 0.3} = 0.16\,분$$

18. 밀링 머신에서 원주를 단식 분할법으로 13등분하는 경우의 설명으로 옳은 것은?

㉮ 13구멍 열에서 1회전에 3구멍씩 이동한다.
㉯ 13구멍 열에서 3회전에 3구멍씩 이동한다.
㉰ 40구멍 열에서 1회전에 13구멍씩 이동한다.
㉱ 40구멍 열에서 3회전에 13구멍씩 이동한다.

[해설] 밀링 단식 분할법 : 웜과 웜 휠의 기어 비는 1 : 40(분할크랭크 1회전은 웜 휠 1/40 회전시킴)
$$\frac{h}{H} = \frac{40}{N} = \frac{40}{13} = 3\frac{1}{13}$$
분할판 13공(열)을 사용해 3회전에 3구멍씩 이동한다.

19. 밀링 머신에서 기어의 치형에 맞춘 기어 커터를 사용하여 기어 소재 원판을 같은 간격으로 분할 가공하는 방법은?

㉮ 래크법 ㉯ 창성법
㉰ 총형법 ㉱ 형판법

[해설] 총형법 : 기어 이 홈의 모양대로 만든 밀링 커터를 사용하여 기어 소재를 1피치만큼씩 회전시켜서 차례로 기어를 절삭하는 방법

20. 선반의 부속품 중에서 돌리개(dog)의 종류로 틀린 것은?

㉮ 곧은 돌리개 ㉯ 브로치 돌리개
㉰ 굽은(곡형) 돌리개 ㉱ 평행(클램프) 돌리개

[해설] 돌리개는 양 센터 작업 시 사용하는 것으로 종류에는 곧은(직선) 돌리개, 굽은(곡형) 돌리개, 평행(클램프) 돌리개가 있으며, 굽힌 돌리개를 가장 많이 사용한다.

제 2 과목 : 기계제도

21. 다음 입체도의 화살표 방향 투상도로 가장 적합한 것은?

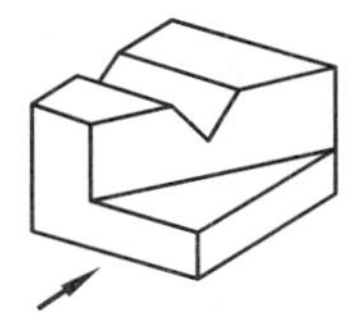

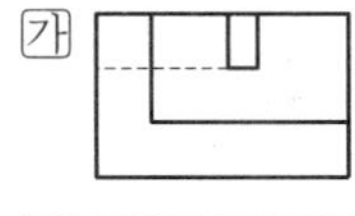
㉮

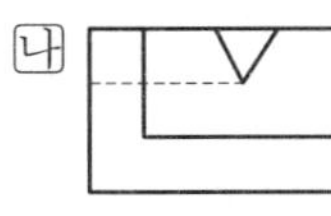
㉯

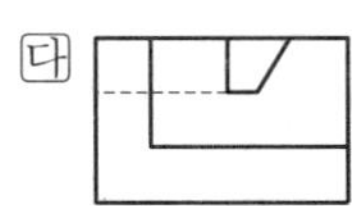
㉰

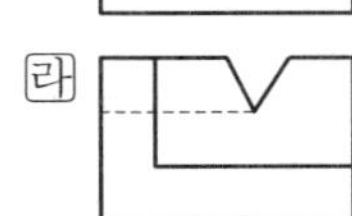
㉱

22. 도면에 그림과 같은 기하 공차가 도시되어 있을 때 이에 대한 설명으로 옳은 것은?

//	0.1	A
	0.05/100	

㉮ 경사도 공차를 나타낸다.

㉯ 전체 길이에 대한 허용값은 0.1이다.

㉰ 지정 길이에 대한 허용값은 $\frac{0.05}{100}$ mm이다.

㉱ 이 기하 공차는 데이텀 A를 기준으로 100

---

mm 이내의 공간을 대상으로 한다.

[해설] 기하 공차 기입 틀의 해독

평행도	형체의 전체 공차값	문자 기호 (데이텀)
	지정 길이의 공차값/지정 길이	

23. 다음 중 호의 치수 기입을 나타낸 것은?

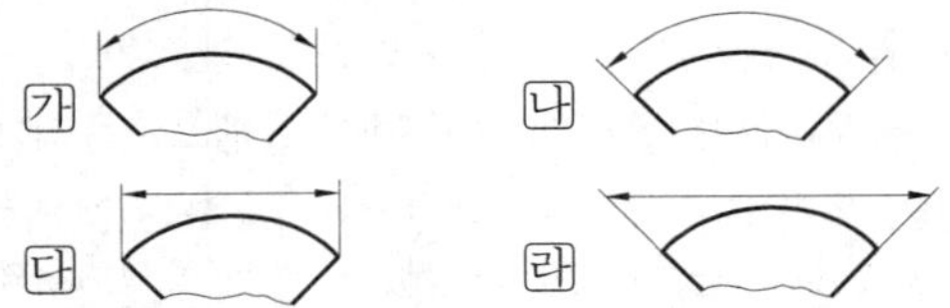

[해설] ㉮ : 호의 치수 기입, ㉯ : 각도 치수 기입
㉰ : 현의 치수 기입

24. 그림과 같은 입체도에서 화살표 방향을 정면으로 할 때 정투상도를 가장 옳게 나타낸 것은?

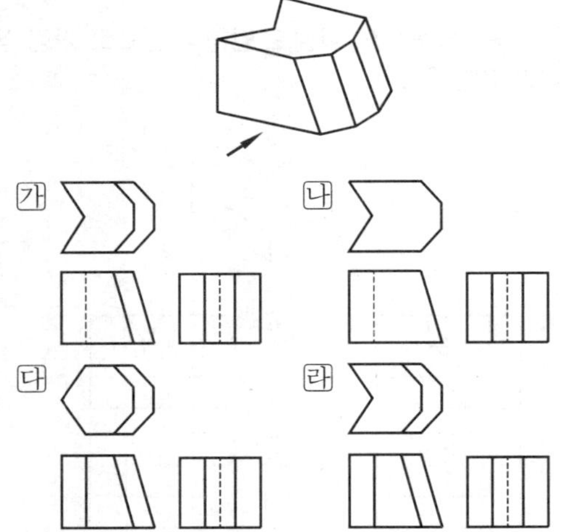

25. 다음 구름 베어링 호칭 번호 중 안지름이 22 mm인 것은?

㉮ 622　　㉯ 6222　　㉰ 62/22　　㉱ 62-22

[해설] 구름 베어링 호칭 번호
① 안지름 번호 1~9 및 / 표시 : 수치가 안지름
② 00 : 10 mm, 01 : 12 mm, 02 : 15 mm, 03 : 17 mm
③ 04 이상 : 수치의 5배가 안지름

26. 나사의 도시법에 관한 설명 중 옳은 것은?

㉮ 암나사의 골지름은 가는 실선으로 표현한다.

㉯ 암나사의 안지름은 가는 실선으로 표현한다.

㉰ 수나사의 바깥지름은 가는 실선으로 표현한다.

㉱ 수나사의 골지름은 굵은 실선으로 표현한다.

[해설] 수나사의 골지름은 가는 실선으로 표시하고, 바깥지름은 굵은 실선으로 표시한다. 암나사의 골지름은 가는 실선으로 표시하고, 안지름은 굵은 실선으로 표시한다.

27. 크롬 몰리브덴강 단강품의 KS 재질 기호는?

㉮ SCM　　　　㉯ SNC
㉰ SFCM　　　　㉱ SNCM

[해설] ① SCM : 크롬 몰리브덴강
② SNC : 니켈 크롬강
③ SFCM : 크롬 몰리브덴강 단강품
④ SNCM : 니켈 크롬 몰리브덴강 단강품

28. 다음 제3각법으로 투상된 도면 중 잘못된 투상도가 있는 것은?

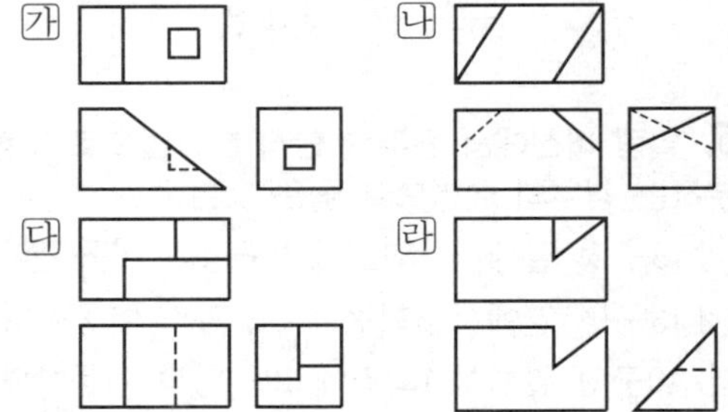

29. 그림과 같은 KS 용접 기호 해독으로 올바른 것은?

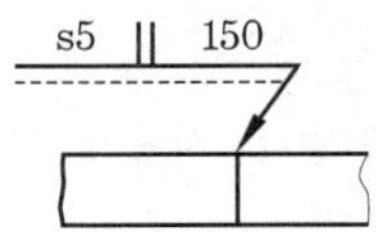

㉮ 루트 간격은 5 mm

㉯ 홈 각도는 150°

㉰ 용접 피치는 150 mm

[해답]　23. ㉮　24. ㉮　25. ㉰　26. ㉮　27. ㉰　28. ㉰　29. ㉱

라 화살표쪽 용접을 의미함

[해설] 화살표쪽 용접을 의미하며 용접부 표면에서 용입 바닥까지 최소 거리 5 mm, 용접 길이 150 mm를 의미한다.

30. 다음 그림에서 "C2"가 의미하는 것은?

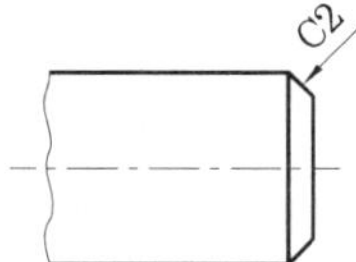

가 크기가 2인 15° 모따기

나 크기가 2인 30° 모따기

다 크기가 2인 45° 모따기

라 크기가 2인 60° 모따기

[해설] C는 모따기(chamfer)를 나타내며, 대칭 구조로 45°이다. 기호 뒤의 숫자는 크기를 나타낸다.

31. 파단선에 대한 설명으로 옳은 것은?

가 대상물의 일부분을 가상으로 제외했을 경우의 경계를 나타내는 선

나 기술, 기호 등을 나타내기 위하여 끌어낸 선

다 반복하여 도형의 피치를 잡는 기준이 되는 선

라 대상물이 보이지 않는 부분의 형태를 나타낸 선

[해설] 파단선은 불규칙한 파형의 가는 실선 또는 지그재그선으로 나타내고 대상물의 일부를 파단한 경계 또는 일부를 떼어낸 경계를 표시한다.

32. 기준 치수가 ϕ50인 구멍 기준식 끼워 맞춤에서 구멍과 축의 공차값이 다음과 같을 때 틀린 것은?

> 구멍 : 위 치수 허용차 +0.025
>
> 아래 치수 허용차 0000
>
> 축 : 위 치수 허용차 −0.025
>
> 아래 치수 허용차 −0.050

가 축의 최대 허용 치수 : 49.975

나 구멍의 최소 허용 치수 : 50.000

다 최대 틈새 : 0.050

라 최소 틈새 : 0.025

[해설] 구멍의 최소 허용 치수가 축의 최대 허용 치수보다 크므로 항상 틈새가 발생하는 헐거운 끼워 맞춤이다.

구 분	구멍	축
최대 허용 치수	50.025	49.975
최소 허용 치수	50.000	49.950
최대 틈새	50.025 − 49.950 = 0.075	
최소 틈새	50.000 − 49.975 = 0.025	

33. 다음 중 기어 제도에 관한 설명으로 옳지 않은 것은?

가 잇봉우리원은 굵은 실선으로 표시하고 피치원은 가는 1점 쇄선으로 표시한다.

나 이골원은 가는 실선으로 표시한다. 다만 축에 직각인 방향에서 본 그림을 단면으로 도시할 때는 이골의 선은 굵은 실선으로 표시한다.

다 잇줄 방향은 통상 3개의 가는 실선으로 표시한다. 다만 주 투영도를 단면으로 도시할 때 외접 헬리컬 기어의 잇줄 방향을 지면에서 앞의 이의 잇줄 방향을 3개의 가는 2점 쇄선으로 표시한다.

라 맞물리는 기어의 도시에서 주 투영도를 단면으로 도시할 때는 맞물림부의 한쪽 잇봉우리 원을 표시하는 선은 가는 1점 쇄선 또는 굵은 1점 쇄선으로 표시한다.

[해설] 맞물리는 한 쌍의 기어의 도시에서는 맞물림부를 굵은 실선으로 표시한다.

34. 그림과 같은 입체도에서 화살표 방향에서 본 정면도를 가장 올바르게 나타낸 것은?

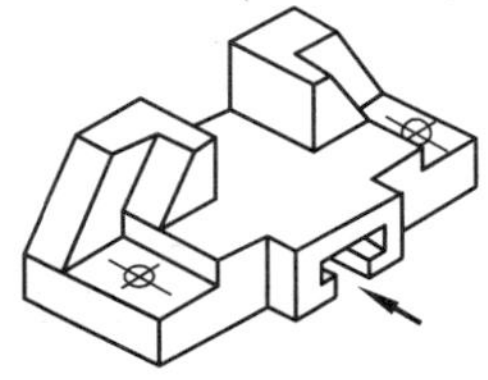

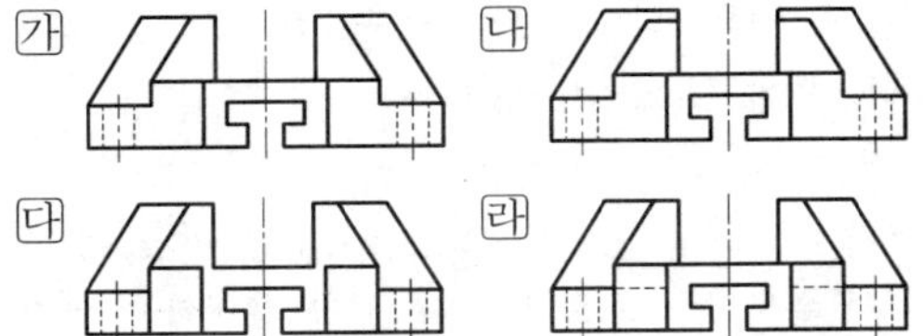

35. 다음 원뿔을 전개하면 오른쪽의 전개도와 같을 때 θ는 약 몇 도($^\circ$)인가? (단, $r = 20\,\text{mm}$, $h = 100\,\text{mm}$이다.)

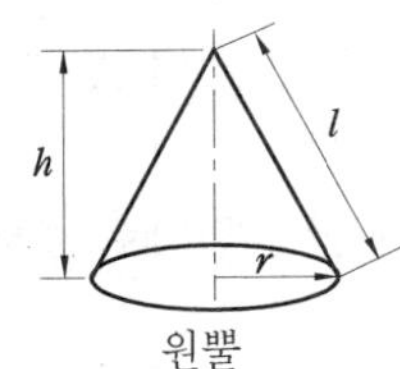

원뿔

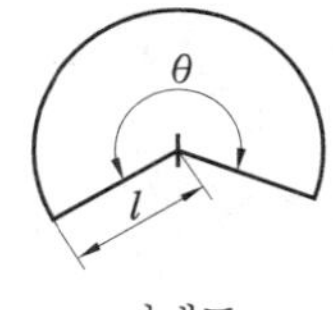

전개도

㉮ 약 130°   ㉯ 약 110°

㉰ 약 90°   ㉱ 약 70°

[해설] $l = \sqrt{h^2 + r^2}$, $360^\circ : \theta = 2\pi l : 2\pi r$

$$\theta = \frac{r}{l} \times 360^\circ$$

$$\theta = \frac{r}{\sqrt{h^2 + r^2}} \times 360^\circ = \frac{20 \times 360^\circ}{\sqrt{100^2 + 20^2}} = 70.6^\circ$$

36. h6 공차인 축에 중간 끼워 맞춤이 적용되는 구멍의 공차는?

㉮ R7   ㉯ K7   ㉰ G7   ㉱ F7

[해설] 축 기준 h6에서 중간 끼워 맞춤은 K7이다.

기준 축	구멍의 공차역 클래스								
	헐거운			중간			억지		
h5			H6	JS6	K6	M6	N6	P6	
h6	F6	G6	H6	JS6	K6	M6	N6	P6	
	F7	G7	H7	JS7	K7	M7	N7	P7	R7

37. 그림과 같은 I 형강의 표시법으로 옳은 것은? (단, 형강의 길이는 L이다.)

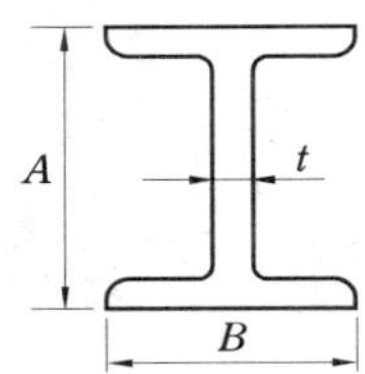

㉮ $IA \times B \times t - L$ ㉯ $It \times B \times A - L$

㉰ $IB \times A \times t - L$ ㉱ $IB \times A \times t \times L$

[해설] 형강 표시법은 세로 높이×가로 너비×두께 −전체 길이로 나타낸다.

38. 다음 도면에서 A의 길이는 얼마인가?

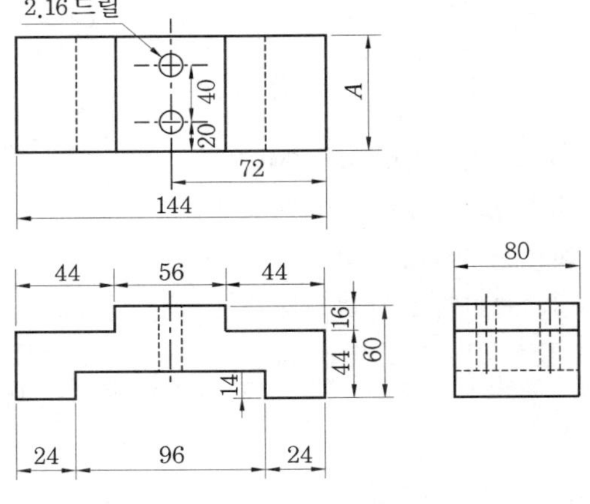

㉮ 44   ㉯ 80

㉰ 96   ㉱ 144

[해설] 그림에서 A의 길이는 우측면도의 폭과 같다.

39. 그림과 같은 정면도와 평면도에 가장 적합한 우측면도는?

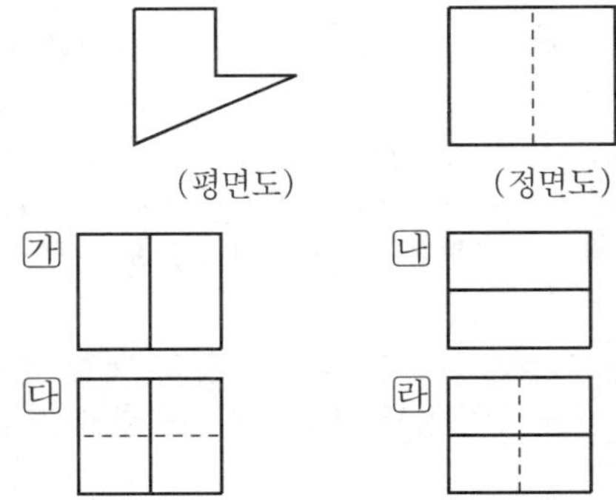

㉮   ㉯

㉰   ㉱

40. 다음 중 평면도를 나타내는 기호는?

㉮ ▱   ㉯ //

㉰ ○   ㉱ ⊠

[해설] ㉮: 평면도, ㉯: 평행도, ㉰: 진원도

제 3 과목 : 기계설계 및 기계재료

41. 스프링강이 갖추어야 할 특성으로 틀린 것은?

㉮ 탄성한도가 커야 한다.

㉯ 마텐자이트 조직으로 되어야 한다.

㉰ 충격 및 피로에 대한 저항력이 커야 한다.

㉱ 사용 도중 영구 변형을 일으키지 않아야 한다.

[해설] 스프링강은 소르바이트 조직으로 탄성한도와 항복점이 높은 Si-Mn강을 사용하고 정밀 고급용에는 주로 Cr-V강을 사용한다.

42. 탄소 공구강의 재료 기호로 옳은 것은?

㉮ SPS   ㉯ STC   ㉰ STD   ㉱ STS

[해설] ㉮ : 스프링강, ㉰ : 합금 공구강, ㉱ : 스테인리스강

43. 초소성을 얻기 위한 조직의 조건으로 틀린 것은?

㉮ 결정립은 미세화되어야 한다.

㉯ 결정립 모양은 등축이어야 한다.

㉰ 모상의 입계는 고경각인 것이 좋다.

㉱ 모상 입계가 인장 분리되기 쉬워야 한다.

[해설] 초소성 조직은 특정 온도, 변형 조건에서 인장 변형 시 국부적인 수축이 일어나지 않아야 하기 때문에 모상 입계가 인장 분리되기 쉬워서는 안 된다.

44. 다음 중 원소가 강재에 미치는 영향으로 틀린 것은?

㉮ S : 절삭성을 향상시킨다.

㉯ Mn : 황의 해를 막는다.

㉰ H_2 : 유동성을 좋게 한다.

㉱ P : 결정립을 조대화시킨다.

[해설] H_2는 백점(flake)과 헤어 크랙(hair crack)의 원인이 되며, 유동성을 좋게 하는 원소는 Si이다.

45. 알루미늄 합금 중 주성분이 Al-Cu-Ni-Mg계 합금인 것은?

㉮ Y 합금   ㉯ 알민(almin)

㉰ 알드리(aldrey)   ㉱ 알클래드(alclad)

[해설] Y 합금 : Al(92.5 %)-Cu(4 %)-Ni(2 %)-Mg(1.5 %)으로 조성된 내열 합금이며, 고온 강도가 크므로(250℃에서도 상온의 90 % 강도 유지) 내연기관의 실린더, 피스톤, 실린더 헤드에 사용된다.

46. 백주철을 열처리로에 넣어 가열해서 탈탄 또는 흑연화하는 방법으로 제조된 것은?

㉮ 회주철   ㉯ 반주철

㉰ 칠드 주철   ㉱ 가단 주철

[해설] 가단 주철 : 회주철의 취약점인 메짐성, 연신율을 보충하기 위하여 백주철을 고온에서 장시간 풀림 처리하여 시멘타이트를 분해 또는 감소시켜서 인성, 연성을 증가시킨 주철

47. 애드미럴티(admiralty) 황동의 조성은?

㉮ 7 : 3 황동 + Sn(1 % 정도)

㉯ 7 : 3 황동 + Pb(1 % 정도)

㉰ 6 : 4 황동 + Sn(1 % 정도)

㉱ 6 : 4 황동 + Pb(1 % 정도)

[해설] 애드미럴티 황동은 7 : 3 황동에 Sn 1 % 정도를 첨가한 것으로, 전연성이 좋아 관, 판, 증발기, 열교환기 등에 사용한다.

48. 탄성한도를 넘어서 소성 변형을 시킨 경우에도 하중을 제거하면 원래 상태로 돌아가는 성질을 무엇이라 하는가?

㉮ 신소재 효과   ㉯ 초탄성 효과

㉰ 초소성 효과   ㉱ 시효 경화 효과

[해설] 초탄성 : 형상기억효과와 같이 특정한 모양의 것을 인장하여 탄성한도를 넘어서 소성 변형시킨 경우에도 하중을 제거하면 원상태로 돌아가는 현상

49. 자성 재료를 연질과 경질로 나눌 때 경질 자석에 해당되는 것은?

㉮ Si 강판   ㉯ 퍼멀로이

㉰ 센더스트   ㉱ 알니코 자석

[해설] 알니코 자석 : 자성 재료가 경질로서 대표 구성 성분인 Al계 자석(MK 자석), Ni, Co의 원소

해답 41. ㉯   42. ㉯   43. ㉱   44. ㉰   45. ㉮   46. ㉱   47. ㉮   48. ㉯   49. ㉱

기호를 붙여 명명하였고 영구자석으로 고급 스피커, 모터, 전화기, 발전기 등에서 사용한다.

50. 다음 중 열처리의 목적을 설명한 것으로 옳은 것은?

㉮ 담금질 : 강을 A_1 변태점까지 가열하여 연성을 증가시킨다.

㉯ 뜨임 : 소성 가공에 의한 내부 응력을 증가시켜 절삭성을 향상시킨다.

㉰ 풀림 : 강의 강도, 경도를 증가시키고, 조직을 마텐자이트 조직으로 변태시킨다.

㉱ 불림 : 재료의 결정 조직을 미세화하고, 기계적 성질을 개량하여 조직을 표준화한다.

[해설] ① 담금질 : 강을 경도와 강도를 증가시킬 목적으로 A_3 변태 및 A_1선 이상(A_3 또는 A_1 + 30~50℃)으로 가열한 다음, 물이나 기름에 급랭시킨 열처리

② 뜨임 : 담금질한 강을 적당한 온도(A_1점 이하, 723℃ 이하)로 재가열하여 담금질로 인한 내부 응력, 취성을 제거하고 경도를 낮추어 인성을 증가시키기 위한 열처리

③ 풀림 : 강의 재질을 연화시킬 목적으로 일정 온도에서 일정 시간 동안 가열한 후 서랭시키는 조작

51. 지름 20 mm, 피치 2 mm인 3줄 나사를 1/2 회전하였을 때 이 나사의 진행 거리는 몇 mm인가?

㉮ 1　　㉯ 3　　㉰ 4　　㉱ 6

[해설] 1회전 시 진행 거리인 리드 $l = np = 3 \times 2 = 6\,mm$이므로 1/2회전 시 진행 거리는 3 mm이다.

52. 942 N·m의 토크를 전달하는 지름 50 mm인 축에 사용할 묻힘 키(폭×높이＝12 mm×8 mm)의 길이는 최소 몇 mm 이상이어야 하는가? (단, 키의 허용 전단 응력은 78.48 N/mm²이다.)

㉮ 30　　㉯ 40　　㉰ 50　　㉱ 60

[해설] 키의 길이 $l = \dfrac{2T}{b\tau d}$

$$l = \frac{2 \times 942000}{12 \times 78.48 \times 50} = 40 \text{ mm}$$

53. 원통 롤러 베어링 N206 (기본 동정격 하중 14.2 kN)이 600 rpm으로 1.96 kN의 베어링 하중

을 받치고 있다. 이 베어링의 수명은 약 몇 시간인가? (단, 베어링 하중계수(f_w)는 1.5를 적용한다.)

㉮ 4200　　㉯ 4800　　㉰ 5300　　㉱ 5900

[해설] $L_h = \left(\dfrac{14.2}{1.96 \times 1.5}\right)^{\frac{10}{3}} \times \dfrac{10^6}{60 \times 600} \fallingdotseq 5300$

54. 하중의 크기 및 방향이 주기적으로 변화하는 하중으로서 양진 하중을 의미하는 것은?

㉮ 변동 하중(variable load)

㉯ 반복 하중(repeated load)

㉰ 교번 하중(alternate load)

㉱ 충격 하중(impact load)

[해설] 교번 하중 : 반복 하중 중 크기뿐만 아니라 방향도 변하는 하중으로 인장과 압축이 교대로 작용하는 경우, 굽힘 또는 비틀림이 교대로 작용하는 경우에 작용한다.

55. 다음 중 정숙하고 원활한 운전을 하고, 특히 고속 회전이 필요할 때 적합한 체인은?

㉮ 사일런트 체인(silent chain)

㉯ 코일 체인(coil chain)

㉰ 롤러 체인(roller chain)

㉱ 블록 체인(block chain)

[해설] 사일런트 체인 : 스프로킷의 휠의 치와의 접촉 면적이 크므로 운전이 원활하고 전동 효율이 98 % 이상까지 도달하며 가격이 고가이다.

56. 2.2 kW의 동력을 1800 rpm으로 전달시키는 표준 스퍼 기어가 있다. 이 기어에 작용하는 회전력은 약 몇 N인가? (단, 스퍼 기어 모듈은 4이고, 잇수는 25이다.)

㉮ 163　　㉯ 195　　㉰ 233　　㉱ 289

[해설] $D = m \times Z = 4 \times 25 = 100\,mm$

$$v = \frac{\pi DN}{60 \times 1000} = \frac{\pi \times 100 \times 1800}{60 \times 1000} = 9.42\,m/s$$

$$F = \frac{102H}{v} = \frac{102 \times 2.2}{9.42} = 23.8\,kgf = 233\,N$$

57. 맞대기 용접 이음에서 압축 하중을 W, 용접부의 길이를 l, 판 두께를 t 라 할 때 용접부의 압축 응력을 계산하는 식으로 옳은 것은?

[해답] 50. ㉱　51. ㉯　52. ㉯　53. ㉰　54. ㉰　55. ㉮　56. ㉰　57. ㉯

$$\boxed{가}\ \sigma = \frac{Wl}{t} \qquad \boxed{나}\ \sigma = \frac{W}{tl}$$

$$\boxed{다}\ \sigma = Wtl \qquad \boxed{라}\ \sigma = \frac{tl}{W}$$

58. 밴드 브레이크에서 밴드에 생기는 인장 응력과 관련하여 다음 중 옳은 관계식은? (단, σ : 밴드에 생기는 인장 응력, F_1 : 밴드의 인장측 장력, t : 밴드 두께, b : 밴드의 너비이다.)

$$\boxed{가}\ \sigma = \frac{b}{F_1 \times t} \qquad \boxed{나}\ b = \frac{t \times \sigma}{F_1}$$

$$\boxed{다}\ b = \frac{F_1}{t \times \sigma} \qquad \boxed{라}\ \sigma = \frac{F_1 \times t}{b}$$

59. 300 rpm으로 2.5 kW의 동력을 전달시키는 축에 발생하는 비틀림 모멘트는 약 몇 N·m인가?

$\boxed{가}$ 80 $\qquad \boxed{나}$ 60 $\qquad \boxed{다}$ 45 $\qquad \boxed{라}$ 35

$\boxed{해설}$ $T = 9.55 \times 10^6 \times \dfrac{H}{N}$

$$= 9.55 \times 10^6 \times \frac{2.5}{300} = 79583 \text{ N·mm} = 80 \text{ N·m}$$

60. 판 스프링(leaf spring)의 특징에 관한 설명으로 거리가 먼 것은?

$\boxed{가}$ 판 사이의 마찰에 의해 진동을 감쇠한다.

$\boxed{나}$ 내구성이 좋고, 유지 보수가 용이하다.

$\boxed{다}$ 트럭 및 철도 차량의 현가장치로 주로 이용된다.

$\boxed{라}$ 판 사이의 마찰 작용으로 인해 미소 진동의 흡수에 유리하다.

$\boxed{해설}$ 판 스프링 : 너비가 좁고 얇은 긴 보로서, 하중을 지지하고, 여러 장 겹쳐서 사용하며 판과 판 사이의 마찰에 의한 큰 진동 감쇠를 한다.

제 4 과목 : 컴퓨터응용설계

61. 다음 중 공학적 해석을 위한 물리적인 성질(부피 등)을 제공할 수 있는 모델링은?

$\boxed{가}$ 2차원 모델링

$\boxed{나}$ 서피스(surface) 모델링

$\boxed{다}$ 솔리드(solid) 모델링

$\boxed{라}$ 와이어 프레임(wire frame) 모델링

$\boxed{해설}$ 솔리드 모델링은 물리적 성질(부피·무게중심·관성모멘트 등)의 계산이 가능하다.

62. CAD/CAM 시스템의 데이터 교환을 위한 중간 파일(neutral file)의 형식이 아닌 것은?

$\boxed{가}$ IGES $\qquad \boxed{나}$ DXF

$\boxed{다}$ STEP $\qquad \boxed{라}$ CALS

$\boxed{해설}$ 서로 다른 CAD/CAM 시스템 사이에서 데이터를 상호교환하기 위한 데이터 교환 방식에는 IGES, STEP, DXF, GKS 등이 있다.

63. 다음 중 CAD 시스템의 출력장치로 볼 수 없는 것은?

$\boxed{가}$ 플로터 $\qquad \boxed{나}$ 디지타이저

$\boxed{다}$ PDP $\qquad \boxed{라}$ 프린터

$\boxed{해설}$ 디지타이저는 태블릿 기능을 겸하여 스타일러스 펜과 함께 사용하며, 주로 좌표 입력, 메뉴 선택, 커서 제어를 하는 입력장치에 해당한다.

64. 그림과 같이 곡면 모델링 시스템에 의해 만들어진 곡면을 불러들여 기존 모델의 평면을 바꿀 수 있는 모델링 기능은 무엇인가?

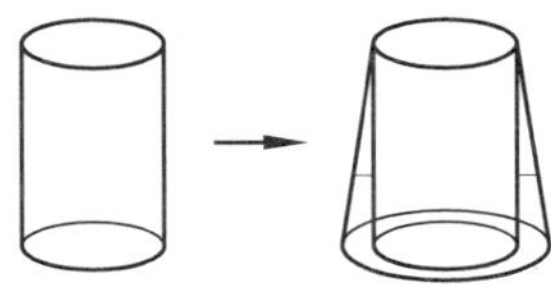

$\boxed{가}$ 네스팅(nesting) $\qquad \boxed{나}$ 트위킹(tweaking)

$\boxed{다}$ 돌출하기(extruding) $\qquad \boxed{라}$ 스위핑(sweeping)

65. 다음 중 CAD용 그래픽 터미널 스크린의 해상도를 결정하는 요소는?

$\boxed{가}$ 컬러(color)의 표시 가능 수

$\boxed{나}$ 픽셀(pixel)의 수

$\boxed{다}$ 스크린의 종류

$\boxed{라}$ 사용 전압

$\boxed{\textbf{해답}}$ 58. $\boxed{다}$ 59. $\boxed{가}$ 60. $\boxed{라}$ 61. $\boxed{다}$ 62. $\boxed{라}$ 63. $\boxed{나}$ 64. $\boxed{나}$ 65. $\boxed{나}$

66. CRT 그래픽 디스플레이 종류가 아닌 것은 ?

㉮ 액정형 ㉯ 스토리지형

㉰ 랜덤 스캔형 ㉱ 래스터 스캔형

[해설] CRT 그래픽 디스플레이 종류에는 스토리지형, 랜덤 스캔형(벡터 스캔형), 래스터 스캔형이 있다.

67. 다음 중 숨은선 또는 숨은면을 제거하기 위한 방법에 속하지 않는 것은 ?

㉮ X - 버퍼에 의한 방법

㉯ Z - 버퍼에 의한 방법

㉰ 후방향 제거 알고리즘

㉱ 깊이 분류 알고리즘

[해설] 숨은선 제거 방법에는 Z - 버퍼에 의한 방법과 후방향 제거 알고리즘, 깊이 분류 알고리즘이 있다. Z - 버퍼는 관찰자가 보는 물체의 근접도를 나타내는데 사용되며, 숨은선 제거에 중요한 역할을 한다.

68. 다음 중 CAD에서의 기하학적 데이터(점, 선 등)의 변환 행렬과 관계가 먼 것은 ?

㉮ 이동 ㉯ 회전

㉰ 복사 ㉱ 반사

[해설] 동차 좌표에 의한 좌표 변환 행렬에는 이동, 확대, 대칭, 회전이 있다.

69. 다음 중 CAD의 형상 모델링에서 곡면을 나타낼 수 있는 방법이 아닌 것은 ?

㉮ Coons - 곡면(surface)

㉯ Bezier - 곡면(surface)

㉰ B - spline - 곡면(surface)

㉱ Repular - 곡면(surface)

70. 전자 발광형 디스플레이 장치(혹은 EL 패널)에 대한 설명으로 틀린 것은 ?

㉮ 스스로 빛을 내는 성질을 가지고 있다.

㉯ 백라이트를 사용하여 보다 선명한 화질을 구현한다.

㉰ TFT - LCD보다 시야각에 제한이 없다.

㉱ 응답 시간이 빨라 고화질 영상을 자연스럽게 처리할 수 있다.

[해설] 전자 발광형 디스플레이 장치는 발광 재료로 망간이 첨가된 아연황화물을 사용하기 때문에 노란색을 띠고 있다.

71. 생성하고자 하는 곡선을 근사하게 포함하는 다각형의 꼭짓점들을 이용하여 정의되는 베지어(Bezier) 곡선에 대한 설명으로 틀린 것은 ?

㉮ 생성되는 곡선은 다각형의 양 끝점을 반드시 통과한다.

㉯ 다각형의 첫째 선분은 시작점에서의 접선 벡터와 반드시 같은 방향이다.

㉰ 다각형의 마지막 선분은 끝점에서의 접선 벡터와 반드시 같은 방향이다.

㉱ n개의 꼭짓점에 의해서 생성된 곡선은 n차 곡선이 된다.

[해설] 베지어 곡선에서 n개의 정점에 의해 생성된 곡선은 $(n-1)$차 곡선이다.

72. 다음 행렬의 곱(AB)을 옳게 구한 것은 ?

$$A = \begin{bmatrix} 2 & 4 \\ 1 & 3 \end{bmatrix} \quad B = \begin{bmatrix} 6 & -1 \\ 3 & 5 \end{bmatrix}$$

㉮ $\begin{bmatrix} 24 & 18 \\ 14 & 15 \end{bmatrix}$ ㉯ $\begin{bmatrix} 18 & 24 \\ 15 & 14 \end{bmatrix}$

㉰ $\begin{bmatrix} 24 & 18 \\ 15 & 14 \end{bmatrix}$ ㉱ $\begin{bmatrix} 18 & 24 \\ 14 & 15 \end{bmatrix}$

[해설] $A \times B = \begin{bmatrix} 2 & 4 \\ 1 & 3 \end{bmatrix} \times \begin{bmatrix} 6 & -1 \\ 3 & 5 \end{bmatrix}$

$= \begin{bmatrix} 2\times6+4\times3 & 2\times(-1)+4\times5 \\ 1\times6+3\times3 & 1\times(-1)+3\times5 \end{bmatrix}$

$= \begin{bmatrix} 24 & 18 \\ 15 & 14 \end{bmatrix}$

73. 각 도형 요소를 하나씩 지정하거나 하나의 폐다각형을 지정하여 안쪽이나 바깥쪽에 있는 모든 도형 요소를 하나의 단위로 묶어 한번에 조작할 수 있는 기능은 ?

㉮ 그룹(group)화 기능

㉯ 데이터베이스 기능

㉰ 다층구조(layer) 기능

㉱ 라이브러리(library) 기능

---

74. CSG 모델링 방식에서 불 연산(Boolean operation)이 아닌 것은?

㉮ union(합)   ㉯ subtract(차)
㉰ intersect(적)   ㉱ project(투영)

[해설] CSG 방법에 의한 불리언 연산 작업에는 합(∪), 적(∩), 차(−)가 있다.

75. 일반적인 CAD 시스템의 2차원 평면에서 정해진 하나의 원을 그리는 방법이 아닌 것은?

㉮ 원주상의 세 점을 알 경우
㉯ 원의 반지름과 중심점을 알 경우
㉰ 원주상의 한 점과 원의 반지름을 알 경우
㉱ 원의 반지름과 2개의 접선을 알 경우

[해설] 원의 작성 방법에는 ㉮, ㉯, ㉱ 외에 중심점과 1요소의 접선을 지정하여 작성하는 방법, 2요소의 접선과 반지름을 지정하여 작성하는 방법 등이 있다.

76. 3차원 변환에서 Z축을 기준으로 다음의 변환식에 따라 P점을 P'으로 임의의 각도(θ)만큼 변환할 때 변환 행렬식(T)으로 옳은 것은? (단, 반시계 방향으로 회전한 각을 양(+)의 각으로 한다.)

$$P' = PT$$

㉮ $\begin{bmatrix} \cos\theta & 0 & -\sin\theta & 0 \\ 0 & 1 & 0 & 0 \\ \sin\theta & 0 & \cos\theta & 0 \\ 0 & 0 & 0 & 1 \end{bmatrix}$

㉯ $\begin{bmatrix} \cos\theta & \sin\theta & 0 & 0 \\ -\sin\theta & \cos\theta & 0 & 0 \\ 0 & 0 & 1 & 0 \\ 0 & 0 & 0 & 1 \end{bmatrix}$

㉰ $\begin{bmatrix} 1 & 0 & 0 & 0 \\ 0 & \cos\theta & \sin\theta & 0 \\ 0 & -\sin\theta & \cos\theta & 0 \\ 0 & 0 & 0 & 1 \end{bmatrix}$

㉱ $\begin{bmatrix} \cos\theta & 0 & -\sin\theta & 0 \\ \sin\theta & 0 & \cos\theta & 0 \\ 0 & 0 & 1 & 0 \\ 0 & 0 & 0 & 1 \end{bmatrix}$

[해설] 동차 좌표에 의한 3차원 좌표 변환 행렬 회전 (rotation) 변환

$$T_x = \begin{bmatrix} 1 & 0 & 0 & 0 \\ 0 & \cos\theta & \sin\theta & 0 \\ 0 & -\sin\theta & \cos\theta & 0 \\ 0 & 0 & 0 & 1 \end{bmatrix}$$

$$T_y = \begin{bmatrix} \cos\theta & 0 & -\sin\theta & 0 \\ 0 & 1 & 0 & 0 \\ \sin\theta & 0 & \cos\theta & 0 \\ 0 & 0 & 0 & 1 \end{bmatrix}$$

77. 정육면체 같은 간단한 입체의 집합으로 물체를 표현하는 분해 모델(decomposition model) 표현이 아닌 것은?

㉮ 복셀(voxel) 표현   ㉯ 옥트리(octree) 표현
㉰ 세포(cell) 표현   ㉱ 셀(shell) 표현

[해설] 3차원 형상 모델을 분해 모델로 저장할 때 종류에는 복셀 모델, 옥트리 모델, 세포 분해 모델이 있다.

78. 3차원 형상의 모델링 방식에서 B−rep 방식과 비교하여 CSG 방식의 장점으로 옳은 것은?

㉮ 투시도 작성이 용이하다.
㉯ 전개도의 작성이 용이하다.
㉰ B-rep 방식보다는 복잡한 형상을 나타내는 데 유리하다.
㉱ 중량을 계산하는 데 용이하다.

[해설] CSG 방식은 투시도, 전개도의 작성이 곤란하며 데이터 구조가 단순하다.

79. 임의의 4개 점이 공간상에 구성되어 있다. 4개의 점으로 한 개의 베지어(Bezier) 곡선을 구성한다면, 베지어 곡선을 구성하기 위한 블렌딩 함수는 몇 차식인가?

㉮ 2차식   ㉯ 3차식   ㉰ 4차식   ㉱ 5차식

[해설] 4개의 조정점 P_1, P_2, P_3, P_4는 베지어 곡면 내부의 볼록한 정도를 나타내며, 베지어 곡선을 구성하기 위한 블렌딩 함수는 3차식 곡면을 사용하면 4개의 꼬임 막대와 같은 역할을 한다.

80. 원추를 평면으로 잘랐을 때 생기는 단면 곡선(conic section curve)이 아닌 것은?

㉮ 타원   ㉯ 포물선
㉰ 쌍곡선   ㉱ 사이클로이드 곡선

[해설] 원추를 평면으로 잘랐을 때 생성되는 단면 곡선에는 원, 타원, 포물선, 쌍곡선이 있다.

[해답] 74. ㉱   75. ㉰   76. ㉯   77. ㉱   78. ㉱   79. ㉯   80. ㉱

▶ **2016년 5월 8일 시행**

자격종목 및 등급(선택분야)	종목코드	시험시간	문제지형별	수험번호	성 명
기계설계 산업기사	2031	2시간	A		

제1과목 : 기계가공법 및 안전관리

1. 수기 가공에 대한 설명으로 틀린 것은?

㉮ 서피스 게이지는 공작물에 평행선을 긋거나 평행면의 검사용으로 사용된다.

㉯ 스크레이퍼는 줄 가공 후 면을 정밀하게 다듬질 작업하기 위해 사용된다.

㉰ 카운터 보어는 드릴로 가공된 구멍에 대하여 정밀하게 다듬질하기 위해 사용된다.

㉱ 센터 펀치는 펀치의 끝이 각도가 60~90° 원뿔로 되어 있고 위치를 표시하기 위해 사용된다.

[해설] 카운터 보링 : 작은 나사, 볼트의 머리부가 돌출되지 않도록 머리가 들어갈 자리 부분을 단이 있게 구멍을 뚫는 작업

2. 다음 중 드릴의 파손 원인으로 가장 거리가 먼 것은?

㉮ 이송이 너무 커서 절삭 저항이 증가할 때

㉯ 시닝(thinning)이 너무 커서 드릴이 약해졌을 때

㉰ 얇은 판의 구멍 가공 시 보조판 나무를 사용할 때

㉱ 절삭칩이 원활하게 배출되지 못하고 가득 차 있을 때

[해설] 얇은 판의 구멍 드릴 작업 시 보조판 나무를 사용하여 드릴 날의 파손 가능성을 방지한다.

3. 밀링 머신에서 육면체 소재를 이용하여 다음과 같이 원형 기둥을 가공하기 위해 필요한 장치는?

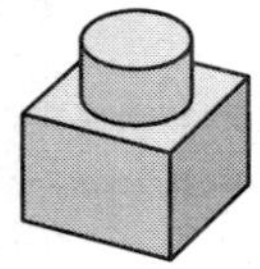

㉮ 다이스   ㉯ 각도 바이스
㉰ 회전 테이블   ㉱ 슬로팅장치

4. 터릿 선반의 설명으로 틀린 것은?

㉮ 공구를 교환하는 시간을 단축할 수 있다.

㉯ 가공 실물이나 모형을 따라 윤곽을 깎아낼 수 있다.

㉰ 숙련되지 않은 사람이라도 좋은 제품을 만들 수 있다.

㉱ 보통 선반의 심압대 대신 터릿대(turret carrige)를 놓는다.

[해설] 터릿 선반 : 보통 선반의 심압대 대신 터릿으로 불리는 선회 공구대를 가진 것으로 너트, 와셔, 나사, 핀 등 모양이 간단한 제품을 대량 생산하는 선반이다. 터릿이 있어 공구 교환 시간이 단축되고 숙련되지 않은 사람도 좋은 제품을 만들 수 있다.

5. 연삭 숫돌에 대한 설명으로 틀린 것은?

㉮ 부드럽고 전연성이 큰 연삭에는 고운 입자를 사용한다.

㉯ 연삭 숫돌에 사용되는 숫돌 입자에는 천연산과 인조산이 있다.

㉰ 단단하고 치밀한 공작물의 연삭에는 고운 입자를 사용한다.

㉱ 숫돌과 공작물의 접촉 면적이 작은 경우에는 고운 입자를 사용한다.

[해설] 거친 연삭일 때, 절삭 깊이와 이송량이 많을 때, 접촉 면적이 클 때, 공작물이 연성, 점성, 질긴 성질일 때 거친 입자의 연삭 숫돌을 사용한다.

6. 다음 중 초음파 가공으로 가공하기 어려운 것은 어느 것인가?

㉮ 구리   ㉯ 유리

해답 1. ㉰ 2. ㉰ 3. ㉰ 4. ㉯ 5. ㉮ 6. ㉮

　　団 보석　　　　　　　라 세라믹

[해설] 초음파 가공 : 가공 재료의 제한이 매우 적으나 납, 구리, 연강 등 무른 재료의 가공은 곤란하다.

7. 다음 중 나사를 측정할 때 삼침법으로 측정 가능한 것은?

　　가 골지름　　　　　　　나 유효지름
　　団 바깥지름　　　　　　라 나사의 길이

[해설] 삼침법 : 지름이 같은 3개의 와이어를 이용하여 나사의 유효지름을 측정하는 방법으로 정밀도가 가장 높은 측정법이다.

8. 피치 3 mm의 3줄 나사가 2회전하였을 때 전진 거리는?

　　가 8 mm　　　　　　　나 9 mm
　　団 11 mm　　　　　　라 18 mm

[해설] $2l = 2np = 2 \times 3 \times 3 = 18$

9. 드릴로 구멍을 뚫은 이후에 사용되는 공구가 아닌 것은?

　　가 리머　　　　　　　　나 센터 펀치
　　団 카운터 보어　　　　라 카운터 싱크

[해설] 카운터 보어, 카운터 싱크, 리머는 먼저 드릴로 구멍을 뚫은 후 사용하나 센터 펀치는 드릴 작업 없이 센터 구멍을 바로 뚫을 때 사용한다.

10. 선반 가공에 영향을 주는 조건에 대한 설명으로 틀린 것은?

　　가 이송이 증가하면 가공 변질층은 증가한다.
　　나 절삭각이 커지면 가공 변질층은 증가한다.
　　団 절삭 속도가 증가하면 가공 변질층은 감소한다.
　　라 절삭 온도가 상승하면 가공 변질층은 증가한다.

[해설] 절삭 온도가 상승하면 가공 변질층은 감소한다.

11. 수기 가공에 대한 설명 중 틀린 것은?

　　가 탭은 나사부와 자루 부분으로 되어 있다.
　　나 다이스는 수나사를 가공하기 위한 공구이다.
　　団 다이스는 1번, 2번, 3번 순으로 나사 가공을 수행한다.
　　라 줄의 작업 순서는 황목→중목→세목 순으로 한다.

[해설] 다이스 가공이란 둥근 봉 또는 관 바깥지름에 다이스(dies)를 이용하여 수나사를 내는 작업이다. 団는 암나사 탭을 낼 때 작업 순서이다.

12. 밀링 머신에서 테이블 백래시(back lash) 제거장치의 설치 위치는?

　　가 변속 기어　　　　　나 자동 이송 레버
　　団 테이블 이송 나사　라 테이블 이송 핸들

[해설] 밀링 머신의 테이블 이송 나사에 볼 스크루를 설치하면 나사에서 발생하는 백래시를 줄일 수 있다.

13. 칩 브레이커(chip breaker)에 대한 설명으로 옳은 것은?

　　가 칩의 한 종류로서 조각난 칩의 형태를 말한다.
　　나 스로 어웨이(throw away) 바이트의 일종이다.
　　団 연속적인 칩의 발생을 억제하기 위한 칩 절단장치이다.
　　라 인서트 팁 모양의 일종으로서 가공 정밀도를 위한 장치이다.

[해설] 칩 브레이커는 절삭 속도 증가에 따라 장시간 연속 절삭 시 적절히 처리하기 위해 제어하고, 적당한 크기로 잘게 부서지게 하기 위해 공구 경사면을 변형시키는 것이다.

14. 다음 중 연삭 숫돌의 결합제에 따른 기호가 틀린 것은?

　　가 고무－R　　　　　　나 셸락－E
　　団 레지노이드－G　　라 비트리파이드－V

[해설] 레지노이드는 B이다.

15. 200 rpm으로 회전하는 스핀들에서 6회전 휴지(dwell) NC 프로그램으로 옳은 것은?

---

⑦ G01 P1800 ;　　나 G01 P2800 ;

다 G04 P1800 ;　　라 G04 P2800 ;

[해설] G04는 드웰 기능으로 P, U 또는 X를 사용하여 공구의 이송을 잠시 멈추는 것이다. X, U 는 소수점 프로그램이 가능하나 P는 0.001 단위를 사용한다. 정지 시간 $= \dfrac{60}{200} \times 6 = 1.8$초이므로 G04 P1800 ; 이다.

16. 기어 절삭에 사용되는 공구가 아닌 것은?

⑦ 호브　　　　　나 래크 커터

다 피니언 커터　　라 더브테일 커터

[해설] 더브테일 커터는 더브테일 홈 가공 시 사용하는 밀링용 공구이다.

17. 그림과 같이 더브테일 홈 가공을 하려고 할 때 X의 값은 약 얼마인가? (단, $\tan 60°$ $= 1.7321$, $\tan 30° = 0.5774$이다.)

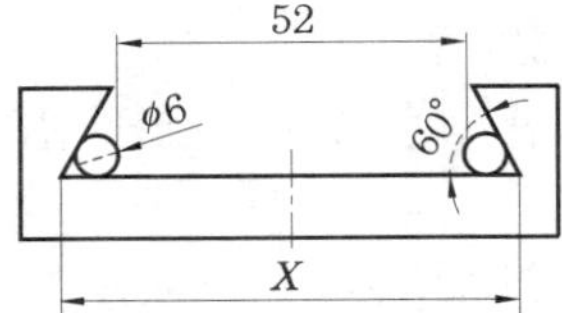

⑦ 60.26　나 68.39　다 82.04　라 84.86

[해설] $X = 52 + \left(6 + \dfrac{3}{\tan 30°} \times 2\right) = 68.39$

18. 절삭 속도 150 m/min, 절삭 깊이 8 mm, 이송 0.25 mm/rev로 75 mm 지름의 원형 단면봉을 선삭할 때의 주축 회전수(rpm)는?

⑦ 160　　나 320　　다 640　　라 1280

[해설] $N = \dfrac{1000\,V}{\pi D} = \dfrac{1000 \times 150}{\pi \times 75} ≒ 640\,\text{rpm}$

19. 연삭 작업 안전 사항으로 틀린 것은?

⑦ 연삭 숫돌의 측면 부위로 연삭 작업을 수행하지 않는다.

나 숫돌은 나무 해머나 고무 해머 등으로 음향 검사를 실시한다.

다 연삭 가공할 때, 안전을 위하여 원주 정면에서 작업을 한다.

라 연삭 작업할 때, 분진의 비산을 방지하기 위해 집진기를 가동한다.

[해설] 연삭 가공 시 안전을 위해 원주 방향은 피하도록 한다.

20. 피복 초경합금으로 만들어진 절삭 공구의 피복 처리 방법은?

⑦ 탈탄법　　　　나 경납땜법

다 점용접법　　　라 화학증착법

[해설] 피복 초경합금은 물리적 증착법(PVD)과 화학적 증착법(CVD)로 피복 처리하며, 고온에서 증착되므로 접착력이 강하여 강, 주강, 주철, 비철금속 절삭에 사용된다.

제 2 과목 : 기계제도

21. 그림과 같이 제3각법으로 나타낸 정면도와 우측면도에 가장 적합한 평면도는?

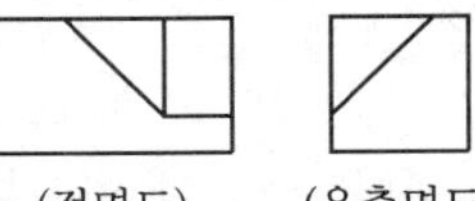

(정면도)　　　　(우측면도)

⑦　　　　　　　나

다　　　　　　　라

22. 모듈이 2인 한 쌍의 외접하는 표준 스퍼 기어 잇수가 각각 20과 40으로 맞물려 회전할 때 두 축 간의 중심거리는 척도 1 : 1 도면에는 몇 mm로 그려야 하는가?

⑦ 30 mm　　　　나 40 mm

다 60 mm　　　　라 120 mm

[해설] 기어의 중심거리

$C = \dfrac{m(Z_1 + Z_2)}{2} = \dfrac{2(20 + 40)}{2} = 60\,\text{mm}$

23. 다음 중 KS 용접 기호 표시와 용접부 명칭이 틀린 것은?

⑦ □ : 플러그 용접

[해답]　16. 라　17. 나　18. 다　19. 다　20. 라　21. 나　22. 다　23. 다

나 ○ : 점 용접

다 || : 가장자리 용접

라 ◣ : 필릿 용접

[해설] 가장자리 용접 : |||

24. 나사의 표시가 "No.8−36UNF"로 나타날 때 나사의 종류는?

가 유니파이 보통 나사

나 유니파이 가는 나사

다 관용 테이퍼 수나사

라 관용 테이퍼 암나사

[해설] ① 유니파이 가는 나사 : UNF
② 유니파이 보통 나사 : UNC

25. I 형강의 치수 기입이 옳은 것은? (단, B : 폭, H : 높이, t : 두께, L : 길이)

가 $IB \times H \times t - L$ 나 $IH \times B \times t - L$

다 $It \times H \times B - L$ 라 $IL \times H \times B - t$

[해설] I 형강 치수는 세로 높이×가로 너비×두께 − 전체 길이로 나타낸다.

26. 그림과 같은 정면도와 우측면도에 가장 적합한 평면도는?

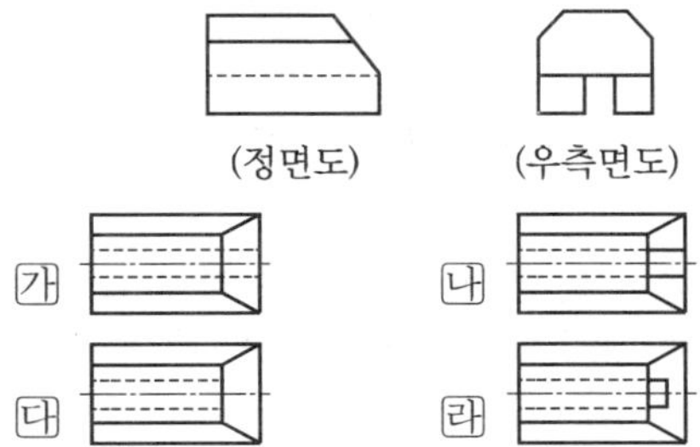

27. 다음 중 투상도법의 설명으로 올바른 것은?

가 제1각법은 물체와 눈 사이에 투상면이 있는 것이다.

나 제3각법은 평면도가 정면도 위에, 우측면도는 정면도 오른쪽에 있다.

다 제1각법은 우측면도가 정면도 오른쪽에 있다.

라 제3각법은 정면도 위에 배면도가 있고 우측면도는 왼쪽에 있다.

[해설] 가 제1각법은 눈 → 물체 → 투상면의 순서로 나타낸다.
다 제1각법은 우측면도가 정면도 왼쪽에 있다.
라 제3각법은 정면도 위에 평면도가 있고 우측면도는 오른쪽에 있다.

28. 다음 정면도와 우측면도에 가장 적합한 평면도는?

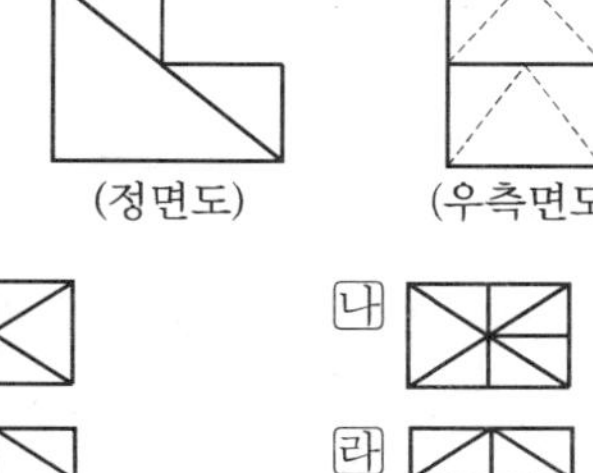

29. 최대 틈새가 0.075 mm이고, 축의 최소 허용 치수가 49.950 mm일 때 구멍의 최대 허용 치수는 얼마인가?

가 50.075 mm 나 49.875 mm

다 49.975 mm 라 50.025 mm

[해설] 최대 틈새 = 구멍 최대 허용 치수 − 축의 최소 허용 치수이므로 구멍 최대 허용 치수 = 최대 틈새+축의 최소 허용 치수 = 0.075+49.950 = 50.025 mm

30. 베어링 기호 608C2P6에서 P6이 뜻하는 것은 무엇인가?

가 정밀도 등급 기호 나 계열 기호

다 안지름 번호 라 내부 틈새 기호

[해설] ① 60 : 깊은 홈 볼 베어링 계열 기호
② 8 : 안지름 번호(안지름 치수 8 mm)
③ C2 : 내부 틈새 기호
④ P6 : 정밀도 등급 기호

31. 다음 중 탄소 공구 강재에 해당하는 KS 재료 기호는?

가 STS 나 STF 다 STD 라 STC

[해답] 24. 나 25. 나 26. 가 27. 나 28. 가 29. 라 30. 가 31. 라

해설 ① STS : 합금 공구강(절삭, 내충격용)
② STF : 합금 공구강(열간 가공용)
③ STD : 합금 공구강(내마멸성 불변형용)
④ STC : 탄소 공구강 강재

32. 두께 5.5 mm인 강판을 사용하여 그림과 같은 물탱크를 만들려고 할 때 필요한 강판의 질량은 약 몇 kg인가? (단, 강판의 비중은 7.85로 계산하고 탱크는 전체 6면의 두께가 동일함)

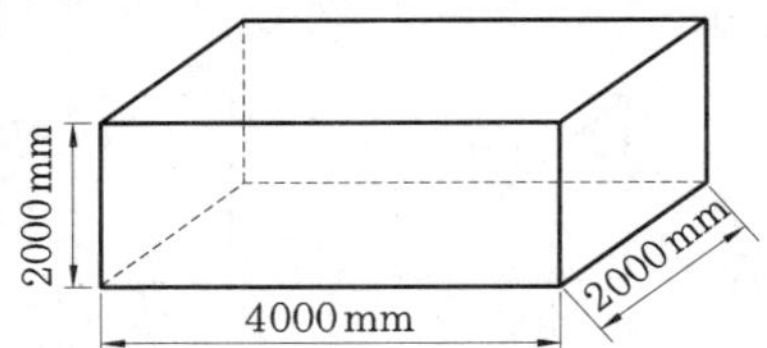

㉮ 1638　　㉯ 1727　　㉰ 1836　　㉱ 1928

해설 앞뒤 강판 부피 $= 400 \times 200 \times 0.55 \times 2$
좌우 강판 부피 $= 200 \times 200 \times 0.55 \times 2$
위·아래 강판 부피 $= 400 \times 200 \times 0.55 \times 2$
강판의 전체 부피 $= 220000 \text{ cm}^3$
무게(중량) = 전체 부피 × 비중
$= 220000 \text{ cm}^3 \times 7.85 \text{g/cm}^3$
$= 1727000 \text{ g} = 1727 \text{ kg}$

33. 재료의 제거 가공으로 이루어진 상태든 아니든 앞의 제조 공정에서의 결과로 나온 표면 상태가 그대로라는 것을 지시하는 것은?

㉮ 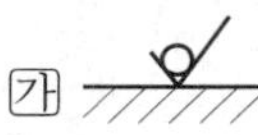　　㉯ 
㉰ 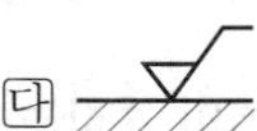　　㉱ 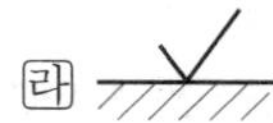

해설 ㉮ : 제거 가공을 허용하지 않는다는 것을 지시할 때
㉯ : 제거 가공을 필요로 한다는 것을 지시할 때
㉱ : 제거 가공의 필요 여부를 문제 삼지 않을 때

34. 제3각법으로 도시한 3면도 중 각 도면 간의 관계를 가장 옳게 나타낸 것은?

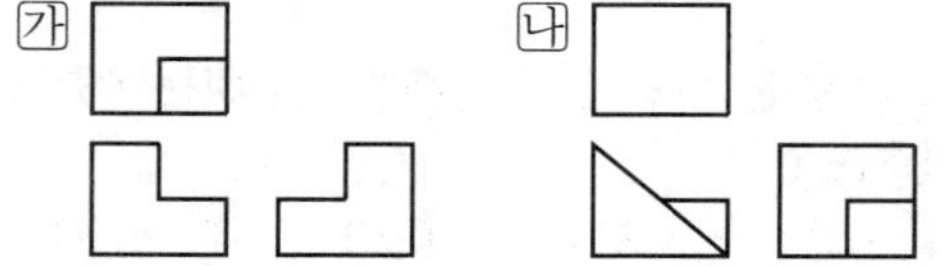

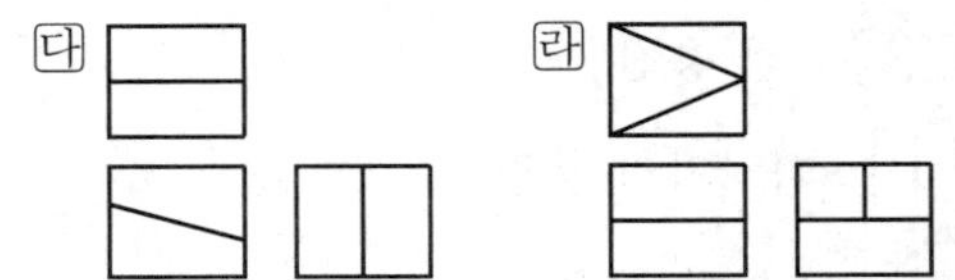

35. 기하 공차 기호 중 위치 공차를 나타내는 기호가 아닌 것은?

㉮ 　㉯ ◎　㉰ ⌀　㉱ 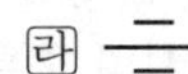

해설 ㉮ : 위치도, ㉯ : 동축도(동심도), ㉰ : 원통도, ㉱ : 대칭도이다. 원통도는 모양 공차를 나타내는 기호이다.

36. 그림과 같은 도면의 기하 공차 설명으로 가장 옳은 것은?

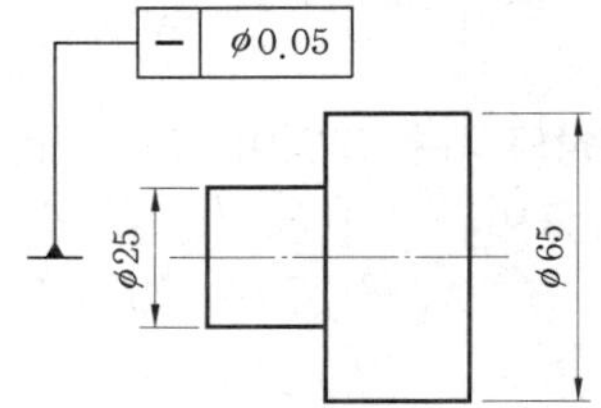

㉮ ϕ25 부분만 중심축에 대한 평면도가 ϕ0.05 이내
㉯ 중심축에 대한 전체의 평면도가 ϕ0.05 이내
㉰ ϕ25 부분만 중심축에 대한 진직도가 ϕ0.05 이내
㉱ 중심축에 대한 전체의 진직도가 ϕ0.05 이내

해설 기호 — 는 진직도 공차를 나타내며, 중심축에 대한 전체의 진직도가 ϕ0.05 이내임을 의미한다.

37. 다음 KS 재료 기호 중 니켈 크롬 몰리브덴강에 속하는 것은?

㉮ SMn 420　　　　㉯ SCr 415
㉰ SNCM 420　　　　㉱ SFCM 590S

해설 ① SMn : 망간강
② SCr : 크롬강
③ SNCM : 니켈 크롬 몰리브덴강
④ SFCM : 크롬 몰리브덴 단강품

해답　32. ㉯　33. ㉮　34. ㉱　35. ㉰　36. ㉱　37. ㉰

38. 그림에서 사용된 단면도의 명칭은?

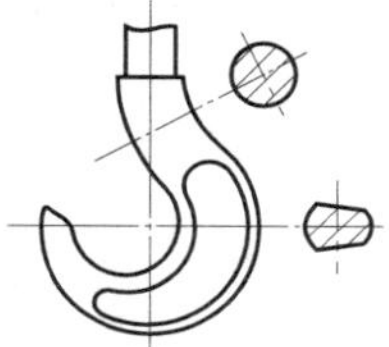

㉮ 한쪽 단면도　　　㉯ 부분 단면도
㉰ 회전 도시 단면도　㉱ 계단 단면도

[해설] 회전 도시 단면도 : 핸들이나 바퀴 등의 암 및 림, 리브, 훅, 축, 구조물의 부재 등의 절단면을 90° 회전하여 표시한다.

39. 다음 중 코일 스프링 제도에 대한 설명으로 틀린 것은?

㉮ 스프링은 원칙적으로 하중이 걸린 상태로 그린다.

㉯ 특별한 단서가 없으면 오른쪽으로 감은 것을 나타낸다.

㉰ 스프링의 종류 및 모양만을 간략도로 나타내는 경우에는 스프링 재료의 중심선만을 굵은 실선으로 그린다.

㉱ 그림 안에 기입하기 힘든 사항은 일괄적으로 요목표에 나타낸다.

[해설] 스프링은 원칙적으로 무하중인 상태를 도시한다.

40. 가공에 의한 커터의 줄무늬가 여러 방향일 때 도시하는 기호는?

㉮ ＝　　㉯ X　　㉰ M　　㉱ C

[해설] 가공에 의한 줄무늬 방향
① ＝ : 평행, ② × : 두 방향, ③ ⊥ : 직각
④ M : 여러 방향, ⑤ C : 원형

제 3 과목 : 기계설계 및 기계재료

41. 강을 오스테나이트화 한 후, 공랭하여 표준화된 조직을 얻은 열처리는?

㉮ 퀜칭(quenching)

㉯ 어닐링(annealing)

㉰ 템퍼링(tempering)

㉱ 노멀라이징(normalizing)

[해설] 노멀라이징 : 단조된 재료, 주조된 재료 내부에 생긴 내부 응력을 제거하며 결정 조직의 균일화 (표준화), 결정 입자의 미세화, 기계적 성질의 단순화를 위하여 A_3점 또는 Acm점보다 30~50℃ 높게 가열한 후 대기 중에서 공랭하는 조작

42. 금속간 화합물에 관하여 설명한 것 중 틀린 것은?

㉮ 경하고 취약하다.

㉯ Fe_3C는 금속간 화합물이다.

㉰ 일반적으로 복잡한 결정 구조를 갖는다.

㉱ 전기 저항이 작으며, 금속적 성질이 강하다.

[해설] 금속간 화합물 : 금속으로 구성되어 있으나, 일반적으로 전기 저항이 크다.

43. 담금질 조직 중 경도가 가장 높은 것은?

㉮ 펄라이트　　　㉯ 마텐자이트
㉰ 소르바이트　　㉱ 트루스타이트

[해설] 담금질 조직의 경도 순서 : 마텐자이트 > 트루스타이트 > 소르바이트 > 오스테나이트

44. 다음 구조용 복합 재료 중에서 섬유 강화 금속은?

㉮ SPF　　　　㉯ FRM
㉰ FRP　　　　㉱ GFRP

[해설] FRM(fiber reinforced metal) : 기지(매트릭스)로 Al, Ti, Ag, Ni, Co, Pb 등을 이용하고 강화 섬유로서 탄화규소, 붕소, 알루미나, 텅스텐 등의 휘스커(whisker)를 균일하게 배열시켜 복합화한 재료를 섬유 강화 금속 복합 재료라 한다.

45. 알루미늄 및 그 합금의 질별 기호 중 가공 경화한 것을 나타내는 것은?

㉮ O　　㉯ W　　㉰ F^a　　㉱ H^b

[해설] 알루미늄 합금 질별 기호
① F : 제조된 그대로의 것
② O : 소둔이나 재결정한 것

---

③ H : 가공 경화한 것
④ T : F, O, H 이외의 안정 조질을 위하여 열 처리한 것

46. 다음 원소 중 중금속이 아닌 것은?

㉮ Fe　　㉯ Ni　　㉰ Mg　　㉱ Cr

해설　① 경금속 : Al(2.7), Mg(1.74), Na(0.97), Si(2.33), Li(0.53)
② 중금속 : Cr(7.19), Fe(7.87), Ni(8.92), Cu(8.96), Au(19.32), Ag(10.5), Sn(7.3)

47. 금속 침투법에서 Zn을 침투시키는 것은?

㉮ 크로마이징　　　㉯ 세라다이징
㉰ 칼로라이징　　　㉱ 실리코나이징

해설　금속 침투법
① 세라다이징 : Zn 침투
② 크로마이징 : Cr 침투
③ 칼로라이징 : Al 침투
④ 실리코나이징 : Si 침투

48. 순철에서 나타나는 변태가 아닌 것은?

㉮ A_1　　㉯ A_2　　㉰ A_3　　㉱ A_4

해설　① A_1 변태(723℃) : 강철의 공석 변태
② A_2 변태(768℃) : 순철의 자기 변태
③ A_3 변태(910℃) : 순철의 동소 변태
④ A_4 변태(1400℃) : 순철의 동소 변태

49. 특수강에 들어가는 합금 원소 중 탄화물 형성과 결정립을 미세화하는 것은?

㉮ P　　㉯ Mn　　㉰ Si　　㉱ Ti

해설　결정립을 미세화하는 원소에는 V, Al, Ti 등이 있다.

50. 동합금에서 황동에 납을 1.5~3.7 %까지 첨가한 합금은?

㉮ 강력 황동　　　㉯ 쾌삭 황동
㉰ 배빗 메탈　　　㉱ 델타 메탈

해설　쾌삭 황동(연황동) : 6-4 황동에 Pb(1.5~3.0 %)을 첨가하여 절삭성을 개선한 것으로 대량 생산, 정밀 가공을 요하는 기어, 나사 등에 사용된다.

51. 30° 미터 사다리꼴 나사(1줄 나사)의 유효지

름이 18 mm이고, 피치는 4 mm이며 나사 접촉부 마찰계수는 0.15일 때 이 나사의 효율은 약 몇 % 인가?

㉮ 24 %　　㉯ 27 %　　㉰ 31 %　　㉱ 35 %

해설　$\tan\alpha = \dfrac{p}{\pi d_2}$ 에서

$$\alpha = \tan^{-1}\frac{p}{\pi d_2} = \tan^{-1}\frac{4}{\pi \times 18} = 4.05°$$

$$\rho = \tan^{-1}\frac{\mu}{\cos\dfrac{\theta}{2}} = \tan^{-1}\frac{0.15}{\cos\dfrac{30°}{2}} = 8.83°$$

나사의 효율(η)

$$= \frac{\tan\alpha}{\tan(\alpha+\rho)} = \frac{\tan(4.05°)}{\tan(4.05°+8.83°)}$$
$$= 0.31 = 31\%$$

52. 두께 10 mm 강판을 지름 20 mm 리벳으로 한 줄 겹치기 리벳 이음을 할 때 리벳에 발생하는 전단력과 판에 작용하는 인장력이 같도록 할 수 있는 피치는 약 몇 mm인가? (단, 리벳에 작용하는 전단 응력과 판에 작용하는 인장 응력은 동일하다고 본다.)

㉮ 51.4　　　　　㉯ 73.6
㉰ 163.6　　　　㉱ 205.6

해설　① 리벳이 전단력에 의해 파괴되는 경우 전단력 : $P_s = \dfrac{\pi}{4}d^2\tau$
② 리벳 구멍 사이의 강판이 찢어지는 경우의 인장력 : $P_t = (p-d)t\sigma_t$
③ 전단력과 인장력이 같고, 이때 전단 응력과 인장 응력이 같다고 하면, 위 식은 다음과 같다.
$$\frac{\pi}{4}d^2 = (p-d)t$$
④ 피치 p에 관한 식으로 정리하면
$$p = \frac{\pi}{4t}d^2 + d = \frac{\pi \times 20^2}{4 \times 10} + 20 = 51.4 \text{ mm}$$

53. 벨트의 접촉각을 변화시키고 벨트의 장력을 증가시키는 역할을 하는 풀리는?

㉮ 원동 풀리　　　㉯ 인장 풀리
㉰ 종동 풀리　　　㉱ 원추 풀리

해설　인장 풀리 : 벨트 전동 또는 체인 전동에 있

해답　46. ㉰　47. ㉯　48. ㉮　49. ㉱　50. ㉯　51. ㉰　52. ㉮　53. ㉯

어서 적당한 장력을 유지하며 접촉각을 변화시켜 원동차와 종동차 중간에 다른 풀리(바퀴)를 설치하고 스프링이나 추로 벨트나 체인의 일부를 누른다.

54. 블록 브레이크의 드럼이 20 m/s의 속도로 회전하는데 블록을 500 N의 힘으로 가압할 경우 제동 동력은 약 몇 kW인가? (단, 접촉부 마찰계수는 0.3이다.)

㉮ 1.0　　㉯ 1.7　　㉰ 2.3　　㉱ 3.0

해설 제동 동력(H)

$$= \frac{\mu P v}{1000} = \frac{0.3 \times 500 \times 20}{1000} = 3\,\text{kW}$$

55. 피치원 지름이 무한대인 기어는?

㉮ 래크(rack) 기어
㉯ 헬리컬(helical) 기어
㉰ 하이포이드(hypoid) 기어
㉱ 나사(screw) 기어

해설 래크 기어 : 원통 기어의 피치원의 반지름을 무한대로 한 직선 기어

56. 구름 베어링에서 실링(sealing)의 주목적으로 가장 적합한 것은?

㉮ 구름 베어링에 주유를 주입하는 것을 돕는다.
㉯ 구름 베어링의 발열을 방지한다.
㉰ 윤활유의 유출 방지와 유해물의 침입을 방지한다.
㉱ 축에 구름 베어링을 끼울 때 삽입을 돕는다.

해설 베어링의 실링은 내부 베어링 윤활유가 외부로 빠져 나가는 것과 외부 이물질이 내부로 유입되는 것을 막는 것이 목적이다.

57. 300 rpm으로 3.1 kW의 동력을 전달하고, 축 재료의 허용 전단 응력은 20.6 MPa인 중실축의 지름은 약 몇 mm 이상이어야 하는가?

㉮ 20　　㉯ 29　　㉰ 36　　㉱ 45

해설 $T = 9.55 \times 10^6 \times \dfrac{H}{N} = 9.55 \times 10^6 \times \dfrac{3.1}{300}$

$$= 98683.33 \text{ N} \cdot \text{mm}$$

$T = \tau_a Z_p = \tau_a \times \dfrac{\pi d^3}{16}$ 에서,

$$d = \sqrt[3]{\frac{16\,T}{\pi \tau_a}} = \sqrt[3]{\frac{5.1\,T}{\tau_a}}$$

$$= \sqrt[3]{\frac{5.1 \times 98683.33}{20.6}} = 28.6 \fallingdotseq 29 \text{ mm}$$

58. 다음 중 제동용 기계요소에 해당하는 것은?

㉮ 웜　　　　　　　㉯ 코터
㉰ 래칫 휠　　　　　㉱ 스플라인

해설 완충 및 제동용 기계요소에는 스프링, 브레이크, 래칫 등이 있다.

59. 다음 중 축에는 가공을 하지 않고 보스 쪽에만 홈을 가공하여 조립하는 키는?

㉮ 안장 키(saddle key)
㉯ 납작 키(flat key)
㉰ 묻힘 키(sunk key)
㉱ 둥근 키(round key)

해설 안장 키 : 새들 키라고도 하며, 보스에 홈을 내고 축에는 홈을 내지 않은 곳에 끼우는 키를 말한다. 보스에만 키 홈을 만들어 고정하므로 마찰에 의해 회전력을 전달하며, 작은 힘을 전달하는 곳에 쓰인다.

60. 하중이 2.5 kN 작용하였을 때 처짐이 100 mm 발생하는 코일 스프링의 소선 지름은 10 mm이다. 이 스프링의 유효 감김수는 약 몇 권인가? (단, 스프링 지수(C)는 10이고, 스프링 선재의 전단 탄성계수는 80 GPa이다.)

㉮ 3　　㉯ 4　　㉰ 5　　㉱ 6

해설 스프링 지수 $C = \dfrac{D}{d}$ 에서

$$D = Cd = 10 \times 10 = 100 \text{ mm}$$

스프링의 처짐 $\delta = \dfrac{8nD^3 W}{Gd^4}$ 에서

$$n = \frac{\delta G d^4}{8D^3 W}$$

$$= \frac{100\,\text{mm} \times 80 \times 10^3\,\text{N/mm}^2 \times (10\,\text{mm})^4}{8 \times (100\,\text{mm})^3 \times 2500\,\text{N}}$$

$$= 4$$

해답　54. ㉱　55. ㉮　56. ㉰　57. ㉯　58. ㉰　59. ㉮　60. ㉯

제 4 과목 : 컴퓨터응용설계

61. 2차원 스케치 평면에서 임의의 사각형을 정의하기 위해 필요한 형상 구속 조건 및 치수 조건을 합치면 총 몇 개인가? (단, 직사각형의 네 꼭짓점 좌표를 (x_1, y_1), (x_2, y_2), (x_3, y_3), (x_4, y_4)으로 표시할 때 $x_1 = 3$으로 표시한다면 치수 조건을 준 경우이고, $x_1 = x_2$과 같이 표현한다면 형상 구속 조건을 준 경우이다. 또한 각 조건은 x방향과 y방향을 별개로 한다.)

② 2개 ④ 4개 ⑤ 6개 ⑥ 8개

[해설] 사각형을 정의하기 위해서는 치수 2개(수평 치수, 수직 치수)와 형상 구속 6개(평행 4개, 수평 1개, 수직 1개)가 필요하다.

62. 그림과 같이 여러 개의 단면 형상을 생성하고 이들을 덮어 싸는 곡면을 생성하였다. 이는 어떤 모델링 방법인가?

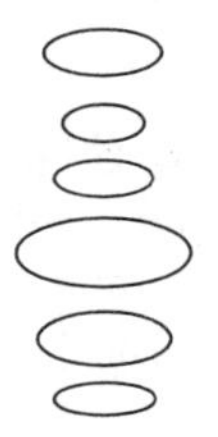 

(a) 단면들   (b) 생성된 입체

② 스위핑   ④ 리프팅
⑤ 블렌딩   ⑥ 스키닝

[해설] 스키닝 : 미리 정해진 연속된 단면을 덮는 표면 곡면을 생성시켜 닫혀진 부피 영역 또는 솔리드 모델을 만드는 모델링 방법

63. 솔리드 모델의 데이터 구조 중 CSG와 비교한 경계 표현(boundary representation) 방식의 특징은?

② 파라메트릭 모델링을 쉽게 구현할 수 있다.

④ 데이터 구조의 관리가 용이하다.

⑤ 경계면 형상을 화면에 빠르게 나타낼 수 있다.

⑥ 데이터 구조가 간단하고 기억 용량이 적다.

[해설] 경계 표현 방식은 경계면 형상을 화면에 빠르게 나타낼 수 있고 3면도, 투시도, 전개도의 작성 및 표면적 계산이 용이하나 중량 계산이 곤란하고 데이터 구조 관리가 어렵다.

64. 3차원 변환에서 Y축을 중심으로 α의 각도만큼 회전한 경우의 변환 행렬(T)은? (단, 변환식은 $P' = PT$이고, P'은 회전 후 좌표, P는 회전하기 전 좌표이다.)

② $\begin{bmatrix} 1 & 0 & 0 & 0 \\ 0 & \cos\alpha & -\sin\alpha & 0 \\ 0 & \sin\alpha & -\cos\alpha & 0 \\ 0 & 0 & 0 & 1 \end{bmatrix}$

④ $\begin{bmatrix} \cos\alpha & 0 & -\sin\alpha & 0 \\ 0 & 1 & 0 & 0 \\ \sin\alpha & 1 & \cos\alpha & 0 \\ 0 & 0 & 0 & 1 \end{bmatrix}$

⑤ $\begin{bmatrix} \cos\alpha & -\sin\alpha & 0 & 0 \\ \sin\alpha & \cos\alpha & 0 & 0 \\ 0 & 0 & 1 & 0 \\ 0 & 0 & 0 & 1 \end{bmatrix}$

⑥ $\begin{bmatrix} 0 & \cos\alpha & \sin\alpha & 0 \\ 0 & 0 & 0 & 0 \\ \cos\alpha & \sin\alpha & 1 & 0 \\ 0 & 0 & 0 & 1 \end{bmatrix}$

[해설] 동차 좌표에 의한 3차원 좌표 변환 행렬 : 회전(rotation) 변환

$$T_x = \begin{bmatrix} 1 & 0 & 0 & 0 \\ 0 & \cos\alpha & \sin\alpha & 0 \\ 0 & -\sin\alpha & \cos\alpha & 0 \\ 0 & 0 & 0 & 0 \end{bmatrix}$$

$$T_y = \begin{bmatrix} \cos\alpha & 0 & -\sin\alpha & 0 \\ 0 & 1 & 0 & 0 \\ \sin\alpha & 0 & \cos\alpha & 0 \\ 0 & 0 & 0 & 1 \end{bmatrix}$$

$$T_z = \begin{bmatrix} \cos\alpha & \sin\alpha & 0 & 0 \\ -\sin\alpha & \cos\alpha & 0 & 0 \\ 0 & 0 & 1 & 0 \\ 0 & 0 & 0 & 1 \end{bmatrix}$$

65. 다음 중 CAD 시스템에서 일반적인 선의 속성(attribute)으로 거리가 먼 것은?

② 선의 굵기(line thickness)

④ 선의 색상(line color)

⑤ 선의 밝기(line brightness)

⑥ 선의 종류(line type)

해답 61. ⑥ 62. ⑥ 63. ⑤ 64. ④ 65. ⑤

66. CAD 소프트웨어의 도입 효과로 가장 거리가 먼 것은?

㉮ 제품 개발 기간 단축

㉯ 설계 생산성 향상

㉰ 업무 표준화 촉진

㉱ 부서 간 의사소통 최소화

[해설] CAD 시스템 도입 시 설계 해석 오류가 감소되어 부서 간 밀접한 업무 협의가 가능하다.

67. 다음 중 기존의 제품에 대한 치수를 측정하여 도면을 만드는 작업을 부르는 말로 적절한 것은 어느 것인가?

㉮ RE(reverse engineering)

㉯ FMS(flexible manufacturing system)

㉰ EDP(electronic data processing)

㉱ ERP(enterprise resource planning)

[해설] 역공학(reverse engineering) : 완성된 제품을 상세하게 분석하여 제품의 기본적인 설계 개념과 적용 기술들을 파악하고 재현하는 것

68. CAD 용어 중 회전 특징 형상 모양으로 잘려 나간 부분에 해당하는 특징 형상을 무엇이라고 하는가?

㉮ 홀(hole) 　㉯ 그루브(groove)

㉰ 챔퍼(chamfer) 　㉱ 라운드(round)

[해설] ㉮ 홀(hole) : 물체에 진원으로 파인 구멍 형상

㉯ 그루브(groove) : 회전 특징 형상 모양으로 잘려 나간 형상

㉰ 챔퍼(chamfer) : 모서리 부분을 45° 면취 처리한 형상

㉱ 라운드(round) : 모서리 부분을 둥글게 처리한 형상

69. $(x,\ y)$ 좌표계에서 선의 방정식이 "$ax+by+c=0$"으로 나타났을 때의 선은? (단, a, b, c는 상수이다.)

㉮ 직선(line)

㉯ 스플라인 곡선(spline curve)

㉰ 원(circle)

㉱ 타원(ellipse)

[해설] 직선 방정식의 일반형은 $ax+by+c=0$으로 표현된다.

70. 3차원 좌표계를 표현하는 데 있어서 P(r, θ, z_1)로 표현되는 좌표계는 무엇인가? (단, r은 $(x,\ y)$ 평면에서의 직선 거리, θ는 $(x,\ y)$ 평면에서의 각도, z_1은 z축 방향 거리이다.)

㉮ 직교좌표계 　㉯ 극좌표제

㉰ 원통좌표계 　㉱ 구면좌표계

[해설] 원통 좌표계 : 원기둥 공간 형태의 좌표계로 단면 극좌표계(거리, 각도)＋높이(직교) 형식의 좌표계이다.

71. 다음 중 CAD 소프트웨어와 가장 관계가 먼 것은?

㉮ AutoCAD 　㉯ EXCEL

㉰ Solid Works 　㉱ CATIA

72. 다음 중 주어진 조정점(기준점)을 모두 통과하는 곡선은?

㉮ Bezier 곡선 　㉯ B-spline 곡선

㉰ spline 곡선 　㉱ NURBS 곡선

[해설] 스플라인 곡선 : 주어진 조정점을 모두 통과하면서 부드럽게 연결하는 곡선으로 $(n+1)$개의 점을 지나며, 각 노드점에서 일정한 치수의 n개의 아크로 구성된 복합 곡선이다.

73. 서로 만나는 2개의 평면 혹은 곡면에서 서로 만나는 모서리를 곡면으로 바꾸는 작업을 무엇이라고 하는가?

㉮ blending 　㉯ sweeping

㉰ remeshing 　㉱ trimming

[해설] blending : 이미 정의된 두 개 이상의 곡면을 부드럽게 연결되게 하는 곡면 처리

74. CSG 방식 모델링에서 기초 형상(primitive)에 대한 가장 기본적인 조합 방식에 속하지 않는 것은?

해답 66. ㉱ 67. ㉮ 68. ㉯ 69. ㉮ 70. ㉰ 71. ㉯ 72. ㉰ 73. ㉮ 74. ㉱

[가] 합집합 [나] 차집합
[다] 교집합 [라] 여집합

[해설] CSG 방식 모델링은 합, 차, 적(교차)으로 형상에 대한 조합을 한다.

75. 래스터(raster) 그래픽 장치의 frame buffer에서 1화소당 24 bit를 사용한다면 몇 가지의 색을 동시에 나타낼 수 있는가?

[가] 256 [나] 65536
[다] 1048576 [라] 16777216

[해설] 24 bit이므로 $2^{24}=16777216$이다.

76. 제품 도면 정보가 컴퓨터에 저장되어 있는 경우에 공정 계획을 컴퓨터를 이용하여 빠르고 정확하게 수행하고자 하는 기술은?

[가] CAPP(computer-aided process planning)
[나] CAE(computer-aided engineering)
[다] CAI(computer-aided inspection)
[라] CAD(computer-aided design)

77. 경계 표현 방식(B-rep)에 의해서 물체 형상을 표현하고자 할 때 기본적인 구성 요소라고 할 수 없는 것은?

[가] 꼭짓점(vertice)
[나] 면(face)
[다] 모서리(edge)
[라] 벡터(vector)

[해설] 경계 표현 방식은 형상을 구성하고 있는 면과 면 사이의 위상기하학적인 결합 관계를 정의함으로써 3차원 물체를 표현하는 방법으로 기본적인 구성 요소는 정점(vertex), 면(face), 모서리(edge)이다.

78. B-spline 곡선의 설명으로 옳은 것은?

[가] 각 조정점(control vertex)들이 전체 곡선의 형상에 영향을 준다.
[나] 곡선의 형상을 국부적으로 수정하기 어렵다.
[다] 곡선의 차수는 조정점의 개수와 무관하다.
[라] Hermite 곡선식을 사용한다.

[해설] B-스플라인 곡선 : 곡선의 연결성과 조작성에 특징이 있고, 꼭짓점의 위치를 이동하여 곡선의 형태를 수정하여도 연결성이 보장된다.

79. 다음 중 Bezier 곡선의 설명으로 틀린 것은?

[가] 곡선은 조정 다각형(control polygon)의 시작점과 끝점을 반드시 통과한다.
[나] n차 Bezier 곡선의 조정점(control vertex)들의 개수는 $n-1$개이다.
[다] 조정 다각형의 첫 번째 선분은 시작점에서의 접선 벡터와 같은 방향이다.
[라] 조정 다각형의 꼭짓점의 순서가 거꾸로 되어도 같은 Bezier 곡선이 만들어진다.

[해설] Bezier 곡선에서 n개의 정점에 의해 생성된 곡선은 $(n-1)$차 곡선이다.

80. CAD에서 사용되는 모델링 방식에 대한 설명 중 잘못된 것은?

[가] wire frame model : 음영 처리하기가 용이하다.
[나] surface model : NC data를 생성할 수 있다.
[다] solid model : 정의된 형상의 질량을 구할 수 있다.
[라] surface model : tool path를 구할 수 있다.

[해설] wireframe model은 면의 형상이 없어 음영 처리가 불가하고 단면도의 작성이 불가하다.

[해답] 75. [라] 76. [가] 77. [라] 78. [다] 79. [나] 80. [가]

▶ 2016년 8월 21일 시행

자격종목 및 등급(선택분야)	종목코드	시험시간	문제지형별	수험번호	성 명
기계설계 산업기사	2031	2시간	A		

제 1 과목 : 기계가공법 및 안전관리

1. 호환성이 있는 제품을 대량으로 만들 수 있도록 가공 위치를 쉽고 정확하게 결정하기 위한 보조용 기구는?

㉮ 지그 ㉯ 센터
㉰ 바이스 ㉱ 플랜지

[해설] 지그 : 제품을 제작 시 대량 생산이 가능하도록 가공 위치를 쉽고 정확하게 결정하기 위한 보조용 기구로 검사 지그, 조립 지그, 용접 지그 등이 있다.

2. 다음 중 소재의 두께가 0.5 mm인 얇은 박판에 가공된 구멍의 내경을 측정할 수 없는 측정기는?

㉮ 투영기 ㉯ 공구 현미경
㉰ 옵티컬 플랫 ㉱ 3차원 측정기

[해설] 옵티걸 플랫은 평면도를 측정할 때 사용한다.

3. 밀링 작업의 안전 수칙에 대한 설명으로 틀린 것은?

㉮ 공작물의 측정은 주축을 정지하여 놓고 실시한다.
㉯ 급속 이송은 백래시 제거장치가 작동하고 있을 때 실시한다.
㉰ 중절삭할 때에는 공작물을 가능한 바이스에 깊숙이 물려야 한다.
㉱ 공작물을 바이스에 고정할 때 공작물이 변형이 되지 않도록 주의한다.

[해설] 급속 이송은 백래시 제거장치가 정지되어 있을 때 실시한다.

4. 테이퍼 플러그 게이지(taper plug gage)의 측정에서 다음 그림과 같이 정반 위에 놓고 핀을 이

용해서 측정하려고 한다. M을 구하는 식으로 옳은 것은?

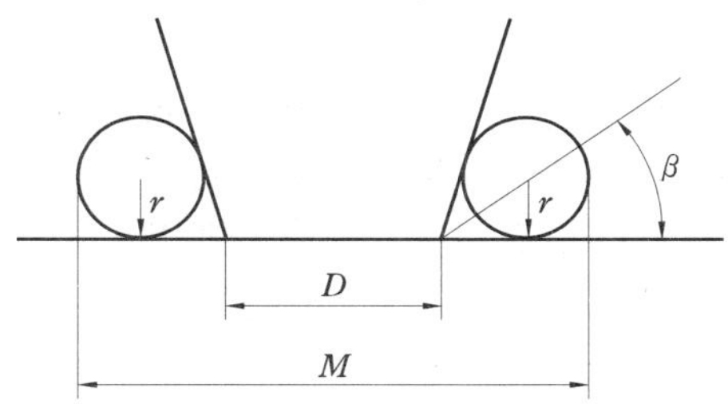

㉮ $M = D + r + r \cdot \cot\beta$
㉯ $M = D + r + r \cdot \tan\beta$
㉰ $M = D + 2r + 2r \cdot \cot\beta$
㉱ $M = D + 2r + 2r \cdot \tan\beta$

[해설] $M = D + 2r + 2r \cdot \tan(90 - \beta)$
$= D + 2r + 2r \cdot \cot\beta$

5. 드릴의 자루(shank)를 테이퍼 자루와 곧은 자루로 구분할 때 곧은 자루의 기준이 되는 드릴 지름은 몇 mm인가?

㉮ 13 ㉯ 18
㉰ 20 ㉱ 25

[해설] 드릴 지름 13 mm 이하는 곧은 자루, 13 mm 이상은 테이퍼 자루이다.

6. 리밍(reaming)에 관한 설명으로 틀린 것은?

㉮ 날 모양에는 평행 날과 비틀림 날이 있다.
㉯ 구멍의 내면을 매끈하고 정밀하게 가공하는 것을 말한다.
㉰ 날 끝에 테이퍼를 주어 가공할 때 공작물에 잘 들어가도록 되어 있다.
㉱ 핸드 리머와 기계 리머는 자루 부분이 테이퍼로 되어 있어서 가공이 편리하다.

[해설] 리밍에서 핸드 리머와 기계 리머는 자루 부분이 평행으로 되어 있다.

[해답] 1. ㉮ 2. ㉰ 3. ㉯ 4. ㉰ 5. ㉮ 6. ㉱

7. 축용으로 사용되는 한계 게이지는?

㉮ 봉 게이지　　　㉯ 스냅 게이지

㉰ 블록 게이지　　㉱ 플러그 게이지

[해설] 한계 게이지 : 가공 부품의 실제로 마무리된 치수가 2개의 허용 한계 치수의 사이에 있는가의 여부를 검사하는 데 사용하는 게이지이다. 구멍용으로 플러그 게이지, 축용으로 링 게이지, 스냅 게이지 등이 있다.

8. 유막에 의해 마찰면이 완전히 분리되어 윤활의 정상적인 상태를 말하는 것은?

㉮ 경계 윤활　　　㉯ 고체 윤활

㉰ 극압 윤활　　　㉱ 유체 윤활

[해설] 유체 윤활 : 완전 윤활이라고도 하며 충분한 양의 윤활유가 존재할 때 접촉면에 두 금속면이 분리되는 경우를 말한다.

9. 선삭에서 지름 50 cm, 회전수 900 rpm, 이송 0.25 mm/rev, 길이 50 mm를 2회 가공할 때 소요되는 시간은 약 얼마인가?

㉮ 13.4초　　　㉯ 26.7초

㉰ 33.4초　　　㉱ 46.7초

[해설] $T = \dfrac{L}{Nf}i = \dfrac{50}{900 \times 0.25} \times 2 = 0.444$분
$= 26.7$초

10. 밀링 가공에서 공작물을 고정할 수 있는 장치가 아닌 것은?

㉮ 면판　　　㉯ 바이스

㉰ 분할대　　㉱ 회전 테이블

[해설] ① 면판 : 선반에서 공작물 가공 시 사용된다.
② 바이스 : 공작물을 테이블에 설치하기 위한 장치이다.
③ 분할대 : 주축대와 심압대 한 쌍으로 테이블 위에 설치하고 공작물을 분할대의 스핀들과 심압대 센터 사이에 지지한다.
④ 회전 테이블 : 공작물을 직접 고정하는 부분이며, 새들 상부의 안내면에 장치되어 수평면을 좌우로 이동한다.

11. 다음 중 선반 가공에서 절삭 저항의 3분력이

아닌 것은?

㉮ 배분력　　　㉯ 주분력

㉰ 이송 분력　　㉱ 절삭 분력

[해설] 절삭 저항의 3분력
① 주분력(P_1) : 절삭 방향으로 작용하는 분력
② 배분력(P_2) : 공구의 축 방향으로 작용하는 분력
③ 이송 분력(P_3) : 이송 방향(평행)으로 작용하는 분력

12. 윤활제의 급유 방법으로 틀린 것은?

㉮ 강제 급유법　　㉯ 적하 급유법

㉰ 진공 급유법　　㉱ 핸드 급유법

[해설] 윤활제의 급유 방법에는 강제 급유법, 적하 급유법, 핸드 급유법, 분무 급유법, 패드 급유법 등이 있다.

13. 보통형(conventional type)과 유성형(planetary type)방식이 있는 연삭기는?

㉮ 나사 연삭기　　㉯ 내면 연삭기

㉰ 외면 연삭기　　㉱ 평면 연삭기

[해설] 내면 연삭기 : 원통이나 테이퍼의 내면을 연삭하는 기계로서 구멍의 막힌 내면을 연삭하며, 단면 연삭도 가능하다. 보통형과 플래니터리형이 있다.

14. 원하는 형상을 한 공구를 공작물의 표면에 눌러대고 이동시켜 표면에 소성변형을 주어 정도가 높은 면을 얻기 위한 가공법은?

㉮ 래핑(lapping)

㉯ 버니싱(burnishing)

㉰ 폴리싱(polishing)

㉱ 슈퍼피니싱(super-finishing)

[해설] 버니싱 : 원통 내면 및 외면을 강구(steel ball) 또는 롤러로 공작물에 압입하여 표면을 매끈하게 다듬는 일종의 소성 가공

15. 그림과 같은 공작물을 양 센터 작업에서 심압대를 편위시켜 가공할 때 편위량은? (단, 그림의 치수 단위는 mm이다.)

[해답]　7. ㉯　8. ㉱　9. ㉯　10. ㉮　11. ㉱　12. ㉰　13. ㉯　14. ㉯　15. ㉱

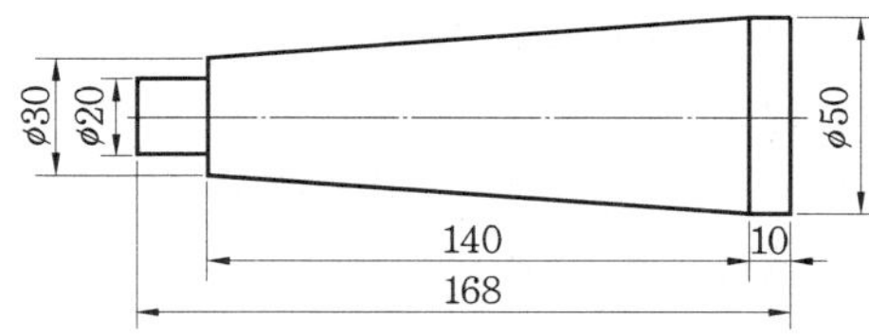

㉮ 6 mm ㉯ 8 mm
㉰ 10 mm ㉱ 12 mm

[해설] $x = \dfrac{(D-d)L}{2l} = \dfrac{(50-30)\times 168}{2\times 140} = 12$ mm

16. 창성식 기어 절삭법에 대한 설명으로 옳은 것은?

㉮ 밀링 머신과 같이 총형 밀링 커터를 이용하여 절삭하는 방법이다.

㉯ 셰이퍼 등에서 바이트를 치형에 맞추어 절삭하여 완성하는 방법이다.

㉰ 셰이퍼의 테이블에 모형과 소재를 고정한 후 모형에 따라 절삭하는 방법이다.

㉱ 호빙 머신에서 절삭 공구와 일감을 서로 적당한 상대 운동을 시켜서 치형을 절삭하는 방법이다.

[해설] 창성식 기어 절삭법 : 가장 많이 사용되고 있으며 인벌류트 곡선을 그리는 성질을 응용하여 기어를 깎는 방법으로 절삭할 기어와 같은 정확한 기어 절삭 공구인 호브, 래크 커터, 피니언 커터 등으로 절삭한다. 창성법에 의한 기어 절삭은 공구와 소재가 상대 운동을 하여 기어를 절삭한다.

17. 보링 머신의 크기를 표시하는 방법으로 틀린 것은?

㉮ 주축의 지름

㉯ 주축의 이송 거리

㉰ 테이블의 이동 거리

㉱ 보링 바이트의 크기

[해설] 보링 머신의 크기는 주축의 지름, 이송 거리, 테이블의 이동 거리로 나타낸다.

18. 평면도 측정과 관계없는 것은?

㉮ 수준기 ㉯ 링 게이지

㉰ 옵티컬 플랫 ㉱ 오토콜리메이터

[해설] 링 게이지 : 바깥지름 치수를 재는 데 사용하는 한계 게이지

19. 밀링 머신 호칭 번호를 분류하는 기준으로 옳은 것은?

㉮ 기계의 높이

㉯ 주축 모터의 크기

㉰ 기계의 설치 면적

㉱ 테이블의 이동 거리

20. 센터리스 연삭기의 특징으로 틀린 것은?

㉮ 긴 홈이 있는 가공물이나 대형 또는 중량물의 연삭이 가능하다.

㉯ 연삭 숫돌 폭보다 넓은 가공물을 플랜지 컷 방식으로 연삭할 수 없다.

㉰ 연삭 숫돌의 폭이 크므로, 연삭 숫돌 지름의 마멸이 적고 수명이 길다.

㉱ 센터가 필요하지 않아 센터 구멍을 가공할 필요가 없고, 속이 빈 가공물을 연삭할 때 필요하다.

[해설] 센터리스 연삭기의 특징
① 연삭에 숙련을 요하지 않는다.
② 중공물의 원통 연삭에 편리하다.
③ 가늘고 긴 가공물의 연삭에 알맞다.
④ 연삭 숫돌의 너비가 크므로 지름의 마멸이 적고 수명이 길다.
⑤ 연속 작업으로 대량 생산에 적합하다.
⑥ 지름이 크고 길이가 긴 대형 일감은 연삭하기가 어렵다.

제 2 과목 : 기계제도

---

21. 그림과 같은 입체도의 제3각 정투상도로 가장 적합한 것은?

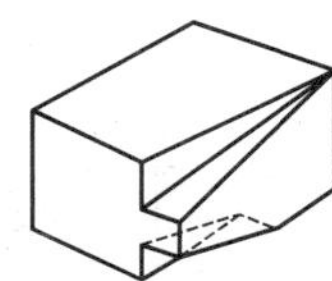

[해답] 16. ㉱ 17. ㉱ 18. ㉯ 19. ㉱ 20. ㉮ 21. ㉰

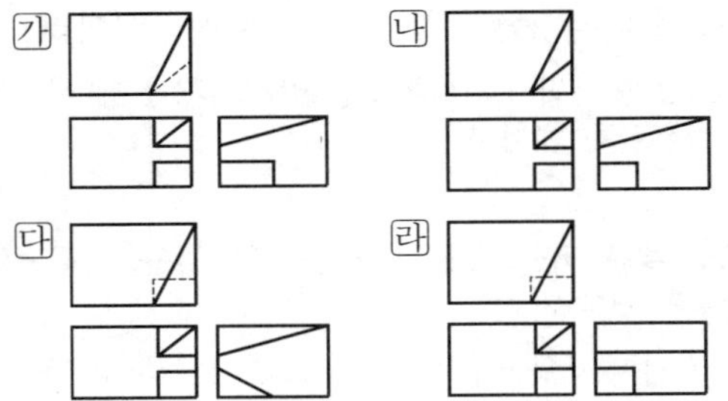

22. 베어링 호칭 번호 "6308 Z NR"에서 "08"이 의미하는 것은?

㉮ 실드 기호 ㉯ 안지름 번호
㉰ 베어링 계열 기호 ㉱ 레이스 형상 기호

[해설] 08은 안지름 번호이며, 베어링 안지름 치수는 8×5 = 40 mm이다.

23. 표면의 결 지시 방법에서 "제거 가공을 허용하지 않는다"를 나타내는 것은?

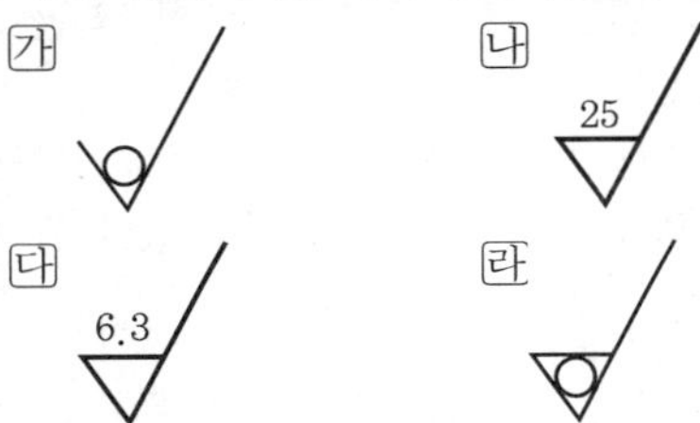

[해설] 제거 가공해서는 안 된다는 것을 지시할 때에는 ㉮와 같이 면의 지시 기호에 내접하는 원을 부가한다.

24. 나사의 종류를 표시하는 기호 중 미터 사다리꼴 나사의 기호는?

㉮ M ㉯ SM ㉰ PT ㉱ Tr

[해설] ① M : 미터 나사
② SM : 미싱 나사
③ PT : 관용 테이퍼 나사
④ Tr : 미터 사다리꼴 나사

25. 그림에서 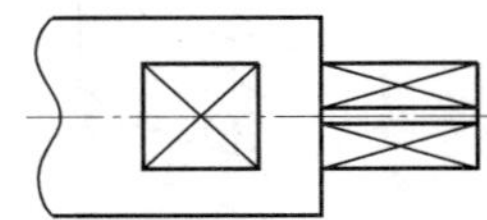로 표시한 부분의 의미로 올바른 것은?

㉮ 정밀 가공 부위를 지시
㉯ 평면임을 지시
㉰ 가공을 금지함을 지시
㉱ 구멍임을 지시

[해설] 평면 도시 : 도형 내 평면이란 것을 나타낼 때는 가는 실선으로 대각선을 표시한다.

26. 다음 형상 공차의 종류별 기호 표시가 틀린 것은?

㉮ 평면도 : ㉯ 위치도 :
㉰ 진원도 : ㉱ 원통도 :

[해설] ㉱의 기호는 동축도(동심도)를 나타낸다.

27. 가공부에 표시하는 다듬질 기호 중 줄 다듬질의 기호는?

㉮ FF ㉯ FL
㉰ FS ㉱ FR

[해설] ① FF : 줄 다듬질
② FS : 스크레이핑
③ FL : 래핑
④ FR : 리밍

28. 도면에 표시된 재료 기호가 "SF 390A"로 되었을 때 "390"이 뜻하는 것은?

㉮ 재질 번호 ㉯ 탄소 함유량
㉰ 최저 인장 강도 ㉱ 제품 번호

[해설] S : 강(steel), F : 단강품(forging)
390 : 최저 인장 강도(N/mm^2)

29. KS 나사가 다음과 같이 표시될 때 이에 대한 설명으로 옳은 것은?

"왼 2줄 M50×2−6H"

㉮ 나사산의 감긴 방향은 왼쪽이고, 2줄 나사이다.
㉯ 미터 보통 나사로 피치가 6 mm이다.
㉰ 수나사이고, 공차 등급은 6급, 공차 위치는 H이다.

라 이 기호만으로는 암나사인지 수나사인지를 알 수 없다.

해설 나사산의 감긴 방향은 왼쪽이고 2줄 나사이 며 피치가 2인 미터 가는 나사로 암나사이다.

30. 단면도의 절단된 부분을 나타내는 해칭선을 그리는 선은?

가 가는 2점 쇄선   나 가는 파선

다 가는 실선   라 가는 1점 쇄선

해설 단면도의 절단 부위를 나타내는 해칭선은 가는 실선으로 나타낸다.

31. 그림과 같은 입체도를 제3각법으로 올바르게 나타낸 것은?

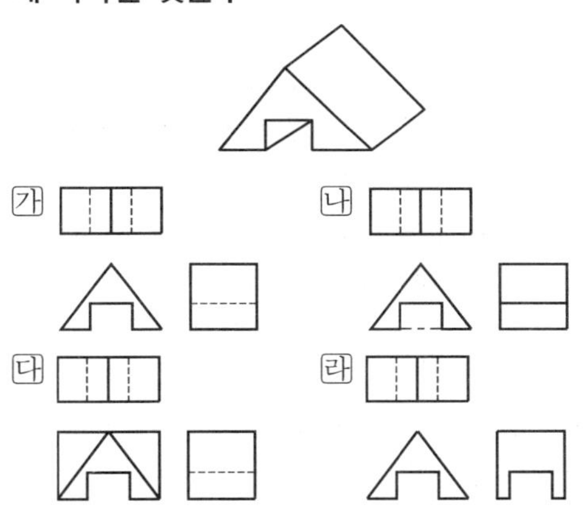

32. 다음 중 니켈 크롬강의 KS 기호는?

가 SCM 415   나 SNC 415

다 SMnC 420   라 SNCM 420

해설 ① SCM : 크롬 몰리브덴강

② SNC : 니켈 크롬강

③ SMnC : 망간 크롬강

④ SNCM : 니켈 크로뮴 몰리브덴강

33. 구멍의 치수가 $\phi 50 {}^{+0.05}_{\ 0}$, 축의 치수가 $\phi 50 {}^{\ 0}_{-0.02}$일 때, 최대 틈새는 얼마인가?

가 0.02   나 0.03

다 0.05   라 0.07

해설

구 분	구멍	축
최대 허용 치수	50.05	50.00
최소 허용 치수	50.00	49.98
최대 틈새	50.05−49.98=0.07	
최소 틈새	50.00−50.00=0	

34. 철골 구조물 도면에 2−L75×75×6−1800 으로 표시된 형강을 올바르게 설명한 것은?

가 부등변 부등두께 ㄱ 형강이며 길이는 1800 mm이다.

나 형강의 개수는 6개이다.

다 형강의 두께는 75 mm이며 그 길이는 1800 mm이다.

라 ㄱ 형강 양변의 길이는 75 mm로 동일하며 두께는 6 mm이다.

해설 형강은 세로 높이×가로 너비×두께−전체 길이로 나타낸다. ㄱ 형강으로 세로와 가로가 동일하게 75 mm이고 두께 6 mm, 길이 1800 mm 이며 개수가 2개이다.

35. 다음 중 위치 공차를 나타내는 기호가 아닌 것은?

해설 위치 공차

① 위치도 :

② 동심(축)도 :

③ 대칭도 :

36. 다음과 같이 투상된 정면도와 우측면도에 가장 적합한 평면도는?

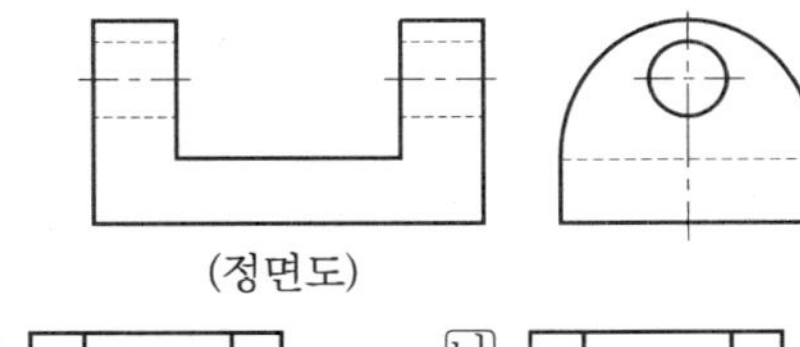

(정면도)

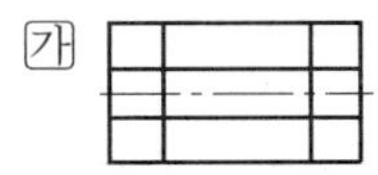

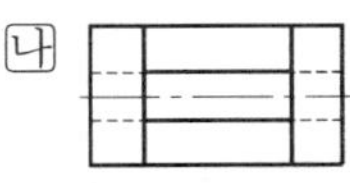

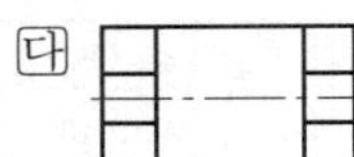 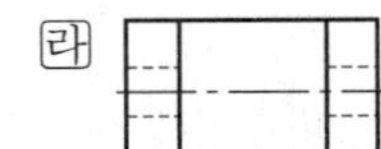

37. 그림과 같은 입체도의 제3각 정투상도에서 누락된 우측면도로 가장 적합한 것은?

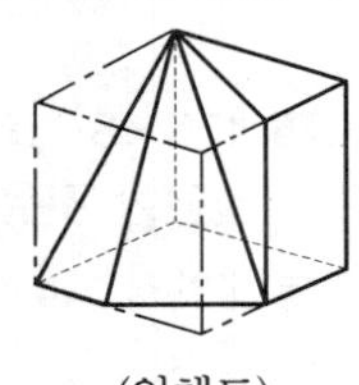

(입체도)　　　(정면도)　　　(우측면도)

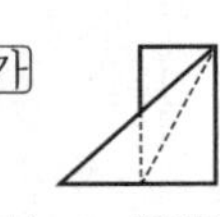 ㉮　　　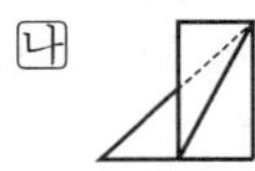 ㉯

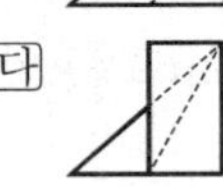 ㉲　　　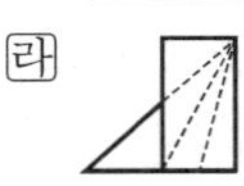 ㉰

38. 다음과 같이 용접 기호가 도시될 때 이에 대한 설명으로 잘못된 것은?

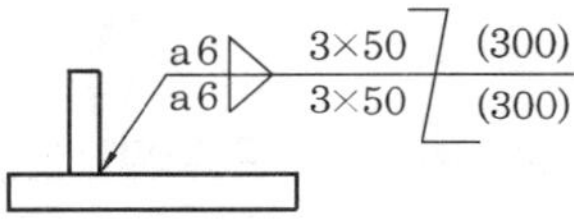

㉮ 양쪽의 용접 목 두께는 모두 6 mm이다.

㉯ 용접부의 개수(용접수)는 양쪽에 3개씩이다.

㉲ 피치는 양쪽 모두 50 mm이다.

㉰ 지그재그 단속 용접이다.

[해설] 양쪽 용접으로 각각 면의 용접부 길이는 50 mm, 용접부 개수는 3개이다.

39. 다음 중 다이캐스팅용 알루미늄 합금에 해당하는 기호는?

㉮ WM 1　　　㉯ ALDC 1

㉲ BC 1　　　㉰ ZDC 1

[해설] ① WM 1 : 화이트 메탈 1종
② ALDC 1 : 다이캐스팅용 알루미늄 합금 1종
③ ZDC 1 : 아연 합금 다이캐스팅 1종

40. 그림과 같은 물탱크의 측면도에서 원통 부분

을 6 mm 두께의 강판을 사용하여 판금 작업하고자 전개도를 작성하려고 한다. 이 원통의 바깥지름이 600 mm일 때 필요한 마름질 판의 길이는 약 몇 mm인가? (단, 두께를 고려하여 구한다.)

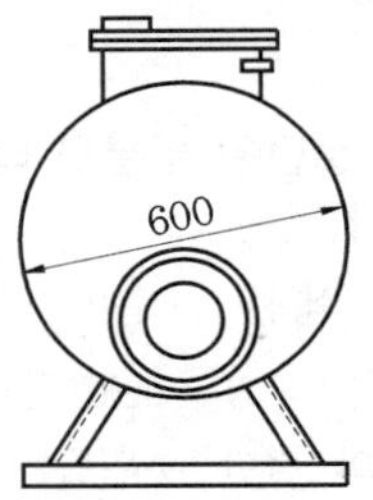

㉮ 1903.8　　　㉯ 1875.5

㉲ 1885　　　㉰ 1866.1

[해설] 마름질 판의 길이
$$= \pi(D-t) = \pi(600-6) = 1866.1 \, mm$$

제 3 과목 : 기계설계 및 기계재료

41. 구리에 아연 5 %를 첨가하여 화폐, 메달 등의 재료로 사용되는 것은?

㉮ 델타 메탈　　　㉯ 길딩 메탈

㉲ 문츠 메탈　　　㉰ 네이벌 황동

[해설] 길딩 메탈 : 구리 95~97 %와 아연 3~5 %로 이루어진 구리 합금으로 값싼 모조금, 동전, 메달 등을 만들 때 사용된다.

42. 공구강에서 경도를 증가시키고 시효에 의한 치수 변화를 방지하기 위한 열처리 순서로 가장 적합한 것은?

㉮ 담금질 → 심랭 처리 → 뜨임 처리

㉯ 담금질 → 불림 → 심랭 처리

㉲ 불림 → 심랭 처리 → 담금질

㉰ 풀림 → 심랭 처리 → 담금질

[해설] ① 담금질 : 강을 경도와 강도를 증가시킬 목적으로 A_3 변태 및 A_1선 이상(A_3 또는 A_1+ 30~50℃)으로 가열한 다음 물이나 기름에 급랭시킨 열처리
② 심랭 처리 : 게이지 등 정밀 기계 부품의 조직을 안정화시키고 형상 및 치수의 변형(시

해답　37. ㉲　38. ㉲　39. ㉯　40. ㉰　41. ㉯　42. ㉮

효변형)을 방지한다.

③ 뜨임 : 담금질한 강을 적당한 온도(A_1점 이하, 723℃ 이하)로 재가열하여 담금질로 인한 내부 응력, 취성을 제거하고 경도를 낮추어 인성을 증가시키기 위한 열처리

43. 금속의 이온화 경향이 큰 금속부터 나열한 것은?

㉮ Al > Mg > Na > K > Ca
㉯ Al > K > Ca > Mg > Na
㉰ K > Ca > Na > Mg > Al
㉱ K > Na > Al > Mg > Ca

[해설] 금속의 이온화 경향 : K > Ca > Na > Mg > Al > Zn > Fe > Co > Pb > (H) > Cu > Hg > Ag > Au

44. 분말 야금에 의하여 제조된 소결 베어링 합금으로 급유하기 어려운 경우에 사용되는 것은?

㉮ Y 합금
㉯ 켈밋(kelmet)
㉰ 화이트 메탈(white metal)
㉱ 오일리스 베어링(oilless bearing)

[해설] 오일리스 베어링 : Cu+Sn+흑연 분말을 가압·성형하여 700~750℃의 수소 기류 중에서 소결하여 만든다. 급유가 곤란한 곳에 사용하나 큰 하중, 고속 회전부에는 부적합하다.

45. 탄소강 및 합금강을 담금질(quenching)할 때 냉각 효과가 가장 빠른 냉각액은?

㉮ 물   ㉯ 공기   ㉰ 기름   ㉱ 염수

[해설] 냉각효과 순서 : 소금물(염수) > 물 > 기름
① 보통물 : 40℃ 이상이 되면 냉각 효과의 변화가 크다.
② 기름 : 식물성이 좋다. 120℃까지 상승하여도 열처리 효과에 변화가 없다.
③ 소금물(염수) : 냉각효과가 가장 좋다.

46. Ni-Cr강에 첨가하여 강인성을 증가시키고 담금질성을 향상시킬 뿐만 아니라 뜨임 메짐성을 완화시키기 위하여 첨가하는 원소는?

㉮ 망간(Mn)   ㉯ 니켈(Ni)
㉰ 마그네슘(Mg)   ㉱ 몰리브덴(Mo)

[해설] 몰리브덴(Mo) : 강인성, 고온 강도를 증가시키고, 담금질성을 향상시키며 뜨임 취성을 완화시키고 고가이다.

47. Mn강 중 고온에서 취성이 생기므로 1000~1100℃에서 수중 담금질하는 수인법(water toughening)으로 인성을 부여한 오스테나이트 조직의 구조용강은?

㉮ 붕소강
㉯ 듀콜(ducol)강
㉰ 하드필드(hadfield)강
㉱ 크로만실(chromansil)강

[해설] 하드필드강 : Mn 10~14 %의 고 Mn강으로 상온에서 오스테나이트 조직이며 성분 C 1.2 %, Mn 13 %, Si 0.1 % 이하이다. 광산 기계, 기차 레일의 교차점, 칠드 롤러, 불도저 앞판에 사용된다.

48. 다음 재료 중 기계 구조용 탄소 강재를 나타낸 것은?

㉮ STS4   ㉯ STC4
㉰ SM45C   ㉱ STD11

[해설] ① STS : 스테인리스강
② STC : 탄소 공구강
③ SM : 기계 구조용 탄소 강재
④ STD : 합금 공구강

49. 탄소강에서 공석강의 현미경 조직은?

㉮ 초석페라이트와 레데부라이트
㉯ 초석시멘타이트와 레데부라이트
㉰ 레데부라이트와 주철의 혼합 조직
㉱ 페라이트와 시멘타이트의 혼합 조직

[해설] ① 탄소강의 공석강(펄라이트) = 페라이트+시멘타이트
② 아공석강 = 페라이트+펄라이트
③ 과공석강 = 펄라이트+시멘타이트

50. 다음 가스 질화법의 특징을 설명한 것 중 틀린 것은?

㉮ 질화 경화층은 침탄층보다 경하다.
㉯ 가스 질화는 NH_3의 분해를 이용한다.

[해답] 43. ㉰ 44. ㉱ 45. ㉱ 46. ㉱ 47. ㉰ 48. ㉰ 49. ㉱ 50. ㉱

대 질화를 신속하게 하기 위하여 글로 방전을 이용하기도 한다.

라 질화용강은 질화 전에 담금질, 뜨임 등 조질 열처리가 필요 없다.

[해설] 가스 질화법 : 강을 500~550℃의 암모니아(NH₃) 가스 중에서 장시간(50~100시간) 가열 시 분해된 질소가 강에 흡수되어 Fe_4N, Fe_2N 등의 질화물이 형성되게 하는 방법이다. 즉, 강 표면에 질소를 침투시켜 표면을 경화하는 것이다. 질화용강은 질화 전에 담금질, 뜨임 등 조질 열처리가 필요하다.

51. 벨트의 형상을 치형으로 하여 미끄럼이 거의 없고 정확한 회전비를 얻을 수 있는 벨트는?

㉮ 직물 벨트   ㉯ 강 벨트

㉰ 가죽 벨트   ㉱ 타이밍 벨트

[해설] 타이밍 벨트 : 미끄럼을 방지하기 위하여 안쪽 표면에 이가 있는 벨트로서, 정확한 속도가 요구되는 경우의 전동 벨트로 사용된다.

52. 잇수는 54, 바깥지름은 280 mm인 표준 스퍼 기어에서 원주 피치는 약 몇 mm인가?

㉮ 15.7   ㉯ 31.4

㉰ 62.8   ㉱ 125.6

[해설] 피치원 지름 $D = mZ$

이끝지름(바깥지름) $Do = D + 2m$

$m = \dfrac{D}{Z}$ 이므로, $Do = D + \dfrac{2D}{Z} = 280$ 에

잇수 54를 대입하면 $D + \dfrac{2D}{54} = 280$ 이므로

피치원 지름 $D = 270$ mm

스퍼 기어에서 $\pi D = pZ$

원주 피치 $p = \dfrac{\pi D}{Z} = \dfrac{\pi \times 270}{54} = 15.7$ mm

53. 둥근 봉을 비틀 때 생기는 비틀림 변형을 이용하여 스프링으로 만든 것은?

㉮ 코일 스프링   ㉯ 토션 바

㉰ 판 스프링   ㉱ 접시 스프링

[해설] 토션 바 : 원형 봉에 비틀림 모멘트를 가하면 비틀림이 생기는 원리를 이용한 스프링으로 주로 자동차의 현가장치에 사용된다.

54. 미끄럼 베어링의 재질로서 구비해야 할 성질이 아닌 것은?

㉮ 눌러 붙지 않아야 한다.

㉯ 마찰에 의한 마멸이 적어야 한다.

㉰ 마찰계수가 커야 한다.

㉱ 내식성이 커야 한다.

[해설] 미끄럼 베어링의 재료는 제작, 수리가 용이해야 하고, 재료의 특성을 충분히 발휘할 수 있도록 성분이 고르게 분포되어야 하며, 마찰계수가 작아야 한다.

55. 피치가 2 mm인 3줄 나사에서 90° 회전시키면 나사가 움직인 거리는 몇 mm인가?

㉮ 0.5   ㉯ 1   ㉰ 1.5   ㉱ 2

[해설] 90°이므로 이동 거리는 리드값의 $\dfrac{1}{4}$에 해당한다.

$$\dfrac{l}{4} = \dfrac{np}{4} = \dfrac{3 \times 2}{4} = 1.5 \text{ mm}$$

56. 1줄 겹치기 리벳 이음에서 리벳 구멍의 지름은 12 mm이고, 리벳의 피치는 45 mm일 때 판의 효율은 약 몇 %인가?

㉮ 80   ㉯ 73   ㉰ 55   ㉱ 42

[해설] $\eta = 1 - \dfrac{d}{p} = 1 - \dfrac{12}{45} = 0.73 = 73 \%$

57. 폴(pawl)과 결합하여 사용되며, 한쪽 방향으로는 간헐적인 회전 운동을 주고 반대쪽으로는 회전을 방지하는 역할을 하는 장치는?

㉮ 플라이 휠(fly wheel)

㉯ 드럼 브레이크(drum brake)

㉰ 블록 브레이크(block brake)

㉱ 래칫 휠(rachet wheel)

[해설] 래칫 휠 : 휠의 주위에 특별한 형태의 이를 갖고 이것에 스토퍼를 물려 축의 역회전을 막기도 하고, 간헐적으로 축을 회전시키기도 한다.

58. 400 rpm으로 4 kW의 동력을 전달하는 중실 축의 최소 지름은 약 몇 mm인가?(단, 축의 허용 전단 응력은 20.60 MPa이다.)

[가] 22　　[나] 13
[다] 29　　[라] 36

[해설] $T = 9.55 \times 10^6 \times \frac{H}{N} = 9.55 \times 10^6 \times \frac{4}{400}$

$= 95500\ \text{N} \cdot \text{mm}$

$T = \tau_a Z_p = \tau_a \times \frac{\pi d^3}{16}$ 에서

$d = \sqrt[3]{\frac{16T}{\pi \tau_a}} = \sqrt[3]{\frac{5.1T}{\tau_a}}$

$= \sqrt[3]{\frac{5.1 \times 95500}{20.6}} = 28.70 ≒ 29\ \text{mm}$

59. 지름이 4 cm인 봉재에 인장 하중이 1000 N이 작용할 때 발생하는 인장 응력은 약 얼마인가?

[가] 127.3 N/cm^2　　[나] 127.3 N/mm^2
[다] 80 N/cm^2　　[라] 80 N/mm^2

[해설] $\sigma_t = \frac{4W}{\pi d^2} = \frac{4 \times 1000}{\pi \times 4^2} = 79.57 ≒ 80\ \text{N/cm}^2$

60. 묻힘 키에서 키에 생기는 전단 응력을 τ, 압축 응력을 σ_c라 할 때, $\frac{\tau}{\sigma_c} = \frac{1}{4}$이면, 키의 폭 b와 높이 h와의 관계식은? (단, 키 홈의 높이는 키 높이의 $\frac{1}{2}$이라고 한다.)

[가] $b = h$　　[나] $b = 2h$
[다] $b = \frac{h}{2}$　　[라] $b = \frac{h}{4}$

[해설] 키에 발생하는 전단 응력 $\tau = \frac{2T}{bld}$,

키에 발생하는 압축 응력 $\sigma_c = \frac{4T}{dhl}$일 때

$\frac{\tau}{\sigma_c} = \frac{2T}{bld} \div \frac{4T}{dhl} = \frac{2T}{bld} \times \frac{dhl}{4T} = \frac{h}{2b}$이다.

전단 응력과 압축 응력의 비가 $\frac{1}{4}$이므로

$\frac{1}{4} = \frac{h}{2b}$이고, b에 관해 정리하면 $b = 2h$

제 4 과목 : 컴퓨터응용설계

61. 21인치 1600×1200 픽셀 해상도 래스터 모니터를 지원하는 그래픽보드가 트루컬러(24 bit)를 지원하기 위해 다음과 같은 메모리를 검토하고자 한다. 이때 적용할 수 있는 가장 작은 메모리는 어느 것인가?

[가] 1 MB　　[나] 4 MB
[다] 8 MB　　[라] 32 MB

[해설] 8 bit=1 byte이고, 트루컬러(24 bit)를 지원하기 위해 $\frac{24}{8} = 3$byte가 필요하다. 사용 메모리 용량은 해상도 크기(1600×1200)×3byte≒5.76 MB이다. 따라서 사용 메모리보다 큰 표준 메모리 8 MB가 요구된다.

62. 컬러 래스터 스캔 디스플레이에서 기본이 되는 3색이 아닌 것은?

[가] 적색(R)　　[나] 황색(Y)
[다] 청색(B)　　[라] 녹색(G)

[해설] 컬러 래스터 스캔에서 전자빔의 주사 방법은 텔레비전과 같으며 도형의 유무에 관계없이 항상 수평 방향으로 주사시켜 상을 형성한다. 이때 기본 3색은 적색, 청색, 녹색이다.

63. 모든 유형의 곡선(직선, 스플라인, 원호 등) 사이를 경사지게 자른 코너를 말하는 것으로 각진 모서리나 꼭짓점을 경사 있게 깎아 내리는 작업은?

[가] hatch　　[나] fillet
[다] rounding　　[라] chamfer

[해설] ① fillet : 모서리나 꼭짓점을 둥글게 깎는 것
② chamfer : 모서리나 꼭짓점을 경사지게 평면으로 깎아 내리는 것

64. CAD 데이터의 교환 표준 중 하나로 국제표준화기구(ISO)가 국제표준으로 지정하고 있으며, CAD의 형상 데이터뿐만 아니라 NC 데이터나 부품표, 재료 등도 표준 대상이 되는 규격은?

[가] IGES　　[나] DXF
[다] STEP　　[라] GKS

65. 곡면 모델링 시스템에서 일반적으로 요구되는 기능으로 거리가 먼 것은?

[해답] 59. [다]　60. [나]　61. [다]　62. [나]　63. [라]　64. [다]　65. [가]

㉮ 가공(machining) 기능
㉯ 변환(transformation) 기능
㉰ 라운딩(rounding) 기능
㉱ 오프셋(offset) 기능

[해설] 가공은 모델링이 완성된 후 NC DATA를 생성하여 CAM으로 가능하다.

66. 3차원 좌표를 변환할 때 4×4 동차 변환 행렬을 사용한다. 그런데 다음과 같이 3×3 변환 행렬을 사용할 경우 표현할 수 없는 것은?

$$[x'\,y'\,z'] = [x\,y\,z]\begin{bmatrix} a & b & c \\ d & e & f \\ g & h & i \end{bmatrix}$$

㉮ 이동 변환
㉯ 회전 변환
㉰ 스케일링 변환
㉱ 반사 변환

[해설] 3차원에서 일반적인 변환 행렬은 4×4이며 다음과 같다.

$$T_H = \begin{bmatrix} a & b & c & d \\ d & e & f & q \\ h & i & j & r \\ l & m & n & s \end{bmatrix} = \begin{bmatrix} & & & 3 \\ 3\times3 & & \times \\ & & & 1 \\ 1\times3 & 1\times1 \end{bmatrix}$$

여기서, $\begin{bmatrix} a & b & c \\ d & e & f \\ h & i & j \end{bmatrix}$ (3×3) : 스케일링, 회전, 전단, 대칭

$l,\ m,\ n\,(1\times3)$: 이동

67. 꼭짓점 개수 v, 모서리 개수 e, 면 또는 외부 루프의 개수 f, 면상에 있는 구멍 루프의 개수 h, 독립된 셀의 개수 s, 입체를 관통하는 구멍(passage)의 개수 p인 B-rep 모델에서 이들 요소 간의 관계를 나타내는 오일러-포앙카레 공식으로 옳은 것은?

㉮ $v - e + f - h = (s - p)$
㉯ $v - e + f - h = 2(s - p)$
㉰ $v - e + f - 2h = (s - p)$
㉱ $v - e + f - 2h = 2(s - p)$

[해설] 오일러-포앙카레 공식은 일반적으로 정점의 개수 + 면의 개수 - 모서리의 개수=2의 관계식을 만족하며 $v - e + f - h = 2(s - p)$로 나타낸다.

68. PC가 빠르게 발전하고 성능이 강력해짐에 따라 1990년대 중반부터 윈도우 기반의 CAD 시스템의 사용이 시작되었다. 다음 중 윈도우 기반 CAD 시스템의 일반적인 특징에 관한 설명으로 틀린 것은?

㉮ Windows XP, Windows 2000 등 윈도우의 기능들을 최대한 이용하며 사용자 인터페이스(user interface)가 마이크로소프트사의 다른 프로그램들과 유사하다.

㉯ 구성 요소 기술(component technology)이라는 접근 방식을 사용하여 사용자가 요소의 형상을 직접 변형시키지 않고, 구속 조건(constraints)을 사용하여 형상을 정의 또는 수정한다.

㉰ 객체 지향 기술(object-oriented technology)을 사용하여 다양한 기능에 따라 프로그램을 모듈화시켜 각 모듈을 독립된 단위로 재사용한다.

㉱ 엔지니어링 협업을 위한 인터넷 지원 기능 등을 가지고, 서로 떨어져 있는 설계자들끼리 의견을 교환할 수 있는 기능도 적용이 가능하다.

[해설] 파라메트릭 모델링에서 구성 요소 기술 접근 방식은 형상 요소를 만들 때 수식을 입력하며 직접 변형시키지 않고 조건식을 이용하여 수정하는 것이다.

69. 3D CAD 데이터를 사용하여 레이아웃이나 조립성 등을 평가하기 위하여 컴퓨터상에서 부품을 설계하고 조립체를 생성하는 것은?

㉮ rapid prototyping
㉯ part programming
㉰ reverse engineering
㉱ digital mock-up

[해설] digit mock-up의 특징
① 실물 mock-up의 사용 빈도를 줄일 수 있는 대안이다.
② 간섭검사, 기구학적 검사 그리고 조립체 속을 걸어다니는 듯한 효과 등을 낼 수 있다.
③ 적어도 surface나 solid model로 제품이 모델링되어야 한다.

해답 66. ㉮   67. ㉯   68. ㉯   69. ㉱

70. (x, y) 평면에서 두 점 $(-5, 0)$, $(4, -3)$을 지나는 직선의 방정식은?

㉮ $y = -\dfrac{2}{3}x - \dfrac{5}{3}$

㉯ $y = -\dfrac{1}{2}x - \dfrac{5}{2}$

㉰ $y = -\dfrac{1}{3}x - \dfrac{5}{3}$

㉱ $y = -\dfrac{3}{2}x - \dfrac{4}{3}$

[해설] 두 점 (x_1, y_1), (x_2, y_2)를 지나는 직선의 방정식은 $x_1 \neq x_2$일 때,

$$y - y_1 = \frac{y_2 - y_1}{x_2 - x_1}(x - x_1)$$ 이다.

$$y - 0 = \frac{-3 - 0}{4 - (-5)}(x - (-5))$$

$$y = -\frac{1}{3}x - \frac{5}{3}$$

71. 다음 중 CAD 시스템의 입력장치가 아닌 것 것은?

㉮ light pen

㉯ joystick

㉰ track ball

㉱ electrostatic plotter

[해설] 정전기식 플로터는 출력장치이다.

72. CAD 시스템에서 곡선을 표시하는 데 3차식을 사용하는 이유로 가장 적당한 것은?

㉮ 곡면을 생성할 때 고차식에 비해 시간이 적게 걸린다.

㉯ 4차로는 부드러운 곡선을 표현할 수 없기 때문이다.

㉰ CAD 시스템은 3차를 초과하는 차수의 곡선 방정식을 지원할 수 없다.

㉱ 3차식이 아니면 곡선의 연속성이 보장되지 않는다.

[해설] 차수가 높아지면 계산을 더 많이 하게 되고 출력속도가 떨어지게 된다. 따라서 곡면을 표시할 때 고차식에 비해 시간이 적게 걸리는 3차

식을 사용한다,

73. 다음과 같은 특징을 가진 곡선은?

> 1. 조정점의 양 끝점을 통과한다.
> 2. 국부적인 곡선 조정이 가능하다.
> 3. 원이나 타원 등의 원추 곡선은 근사적으로만 나타낼 수 있다.

㉮ Bezier 곡선　　㉯ Ferguson 곡선

㉰ NURBS 곡선　　㉱ B-spline 곡선

[해설] B-spline 곡선의 특징

① 베지어 곡선과 같이 곡선을 근사화하는 조정점들을 이용한다.

② 전역 조정 특성을 없애기 위해 베지어 곡선을 여러 개의 세그먼트로 나누고 각 절점에서 연속성을 준 것이다.

③ 한 개의 조정점이 움직여도 몇 개의 곡선 세그먼트만 영향을 받는다(국부 조정 특성).

④ 곡선식의 차수에 따라 곡선의 형태가 변한다.

⑤ 곡선식의 차수는 조정점의 개수와 관계없이 연속성에 따라 결정된다.

74. 폐쇄된 평면 영역이 단면이 되어 직진 이동 혹은 회전 이동시켜 솔리드 모델을 만드는 모델링 기법은?

㉮ 스키닝(skinning)

㉯ 리프팅(lifting)

㉰ 스위핑(sweeping)

㉱ 트위킹(tweaking)

[해설] 스위핑 : 하나의 2차원 단면 형상을 입력하고 이를 안내 곡선을 따라 이동시켜 입체를 생성하는 것

75. CAD(computer-aided design) 소프트웨어의 가장 기본적인 역할은?

㉮ 기하 형상의 정의

㉯ 해석 결과의 가시화

㉰ 유한 요소 모델링

㉱ 설계물의 최적화

[해설] CAD 소프트웨어의 가장 기본적인 역할은 형상을 정의하여 정확한 도형을 그리는 것이다.

해답　70. ㉰　71. ㉱　72. ㉮　73. ㉱　74. ㉰　75. ㉮

76. 다음 중 Coon's patch에 대한 설명으로 가장 옳은 것은?

㉮ 주어진 네 개의 점이 곡면의 네 개의 꼭짓점이 되도록 선형 보간하여 얻어지는 곡면을 말한다.

㉯ 조정 다면체(control polyhedron)에 의해 정의되는 곡면을 말한다.

㉰ 네 개의 경계 곡선을 선형 보간하여 생성되는 곡면을 말한다.

㉱ B-spline 곡선을 확장하여 유도되는 곡면을 말한다.

[해설] Coon's 곡면 : 4개의 모서리 점과 4개의 경계 곡선을 부드럽게 연결한 곡면으로 4개의 모서리 점과 그 점에서 양방향 접선 벡터를 주고 3차식을 이용한 것이다. 4개의 경계 곡선을 선형 보간하여 생성되는 곡면으로 곡면 내부의 볼록한 정도를 직접 조절하기 어렵다.

77. 솔리드 모델링에서 모델을 구현하는 자료 구조가 몇 가지 있는데, 복셀 표현(voxel representation)은 어느 자료 구조에 속하는가?

㉮ CGS 트리 구조

㉯ B-rep 자료 구조

㉰ 날개 모서리(winged-edge)

㉱ 분해 모델을 저장하는 자료 구조

[해설] 분해 모델링 : 임의의 3차원 입체 형상을 그보다 작은 정육면체 등과 같이 기본적인 입체 요소의 집합으로 잘게 분할, 근사한 형상으로 대체하여 표현하는 기법으로 유한 요소(FEM)에서 주로 사용된다. 3차원 형상 모델을 분해 모델로 저장할 때 종류에는 복셀 모델, 옥트리 모델, 세포 분해 모델이 있다.

78. $f(x, y) = ax^2 + bxy + cy^2 + dx + ey + g = 0$ 식에 표시된 계수에 의해서 정의되는 도형으로 옳은 것은?

㉮ 원 : $b = 0$, $a = c$

㉯ 타원 : $b^2 - 4ac > 0$

㉰ 포물선 : $b^2 - 4ac \neq 0$

㉱ 쌍곡선 : $b^2 - 4ac < 0$

[해설] $f(x, y) = ax^2 + bxy + cy^2 + dx + ey + g = 0$에서 $b = 0$, $a = c$이면 $f(x, y) = ax^2 + ay^2 + dx + ey + g = 0$으로 이 식은 원의 방정식 일반형에 해당한다.

79. 서피스 모델에 관한 설명 중 틀린 것은?

㉮ 단면도를 작성할 수 있다.

㉯ 2면의 교선을 구할 수 있다.

㉰ 질량과 같은 물리적 성질을 구하기 쉽다.

㉱ NC 데이터를 생성할 수 있다.

[해설] 서피스 모델의 특징
① 은선 제거가 가능하다.
② 단면도를 작성할 수 있다.
③ 복잡한 형상 표현이 가능하다.
④ 2개면의 교선을 구할 수 있다.
⑤ NC 가공 정보를 얻을 수 있다.
⑥ 물리적 성질을 계산하기가 곤란하다.
⑦ 유한 요소법(FEM)의 적용을 위한 요소 분할이 어렵다.

80. 2차원 평면에서 두 개의 점이 정의되었을 때 이 두 점을 포함하는 원은 몇 개로 정의할 수 있는가?

㉮ 1개　　　　㉯ 2개

㉰ 3개　　　　㉱ 무수히 많다.

[해설] 원을 정의하는 방법은 다음과 같다.
① 중심점과 반지름(R)
② 중심점과 지름(D)
③ 2점
④ 3점
⑤ 접선과 접선 사이의 반지름
⑥ 세 접선을 만나는 원
두 점만 주어졌을 때, 원은 무수히 많이 생성 가능하다.

[해답]　76. ㉰　77. ㉱　78. ㉮　79. ㉰　80. ㉱

국가기술자격검정필기시험문제

▶ **2017년 3월 5일 시행**

자격종목 및 등급(선택분야)	종목코드	시험시간	문제지형별	수험번호	성 명
기계설계 산업기사	2031	2시간	B		

제1과목 : 기계가공법 및 안전관리

1. 기어 절삭기에서 창성법으로 치형을 가공하는 공구가 아닌 것은?

㉮ 호브(hob)

㉯ 브로치(broach)

㉰ 랙 커터(rack cutter)

㉱ 피니언 커터(pinion cutter)

[해설] 브로치라는 공구를 사용하여 1회 공정으로 표면 또는 내면을 절삭 가공하는 기계이다.

2. 다음 중 드릴작업에 대한 설명으로 적절하지 않은 것은?

㉮ 드릴작업은 항상 시작할 때보다 끝날 때 이송을 빠르게 한다.

㉯ 지름이 큰 드릴을 사용할 때는 바이스를 테이블에 고정한다.

㉰ 드릴은 사용 전에 점검하고 마모나 균열 이 있는 것은 사용하지 않는다.

㉱ 드릴이나 드릴 소켓을 뽑을 때는 전용공구 를 사용하고 해머 등으로 두드리지 않는다.

[해설] 구멍 뚫기가 끝날 무렵 이송을 천천히 한다.

3. 다음 중 절삭공구의 절삭면에 평행하게 마모 되는 현상은?

㉮ 치핑(chiping)

㉯ 플랭크 마모(flank wear)

㉰ 크레이터 마모(crater wear)

㉱ 온도 파손(temperature failure)

[해설] 플랭크 마모(flank wear) : 바이트와 일감과의 마찰 증가로 절삭면에 평행하게 마모된다. 주철 과 같이 분말상 칩이 생길 때 주로 발생한다. 소 리가 나며 진동이 생길 수 있다.

4. CNC 기계의 움직임을 전기적인 신호로 속도 와 위치를 피드백하는 장치는?

㉮ 리졸버(resolver)

㉯ 컨트롤러(controller)

㉰ 볼 스크루(ball screw)

㉱ 패리티 체크(parity-check)

[해설] 리졸버는 CNC 공작기계의 움직임을 전기적 인 신호로 표시하는 회전 피드백 장치이다.

5. 연삭숫돌의 표시에 대한 설명이 옳은 것은?

㉮ 연삭입자 C는 갈색 알루미나를 의미한다.

㉯ 결합제 R은 레지노이드 결합제를 의미한다.

㉰ 연삭숫돌의 입도 #100이 #300보다 입자의 크기가 크다.

㉱ 결합도 K 이하는 경한 숫돌, L~O는 중간 정도 숫돌, P 이상은 연한 숫돌이다.

[해설] ① 연삭입자 C는 흑색 탄화규소질(SiC)을 의 미한다.
② 결합제 R은 고무 결합제를 의미한다.
③ 결합도 K 이하는 연한 숫돌, L~O는 중간 정 도 숫돌, P 이상은 단단한 숫돌이다.

6. 드릴 머신으로서 할 수 없는 작업은?

㉮ 널링

㉯ 스폿 페이싱

㉰ 카운터 보링

㉱ 카운터 싱킹

[해설] 널링은 선반에서 작업하는 소성 가공이다.

해답 1. ㉯ 2. ㉮ 3. ㉯ 4. ㉮ 5. ㉰ 6. ㉮

7. 나사 연삭기의 연삭방법이 아닌 것은?

㉑ 다인 나사 연삭방법

㉯ 단식 나사 연삭방법

㉰ 역식 나사 연삭방법

㉱ 센터리스 나사 연삭방법

8. 20℃에서 20 mm인 게이지 블록이 손과 접촉 후 온도가 36℃가 되었을 때, 게이지 블록에 생긴 오차는 몇 mm인가?(단, 선팽창계수는 1.0×10^{-6}/℃이다.)

㉑ 3.2×10^{-4}

㉯ 3.2×10^{-3}

㉰ 6.4×10^{-4}

㉱ 6.4×10^{-3}

[해설] $\delta l = l \cdot \alpha \cdot \delta t$
$= 20 \times (1.0 \times 10^{-6}) \times (36° - 20°)$
$= 3.2 \times 10^{-4}$

9. 절삭 공작 기계가 아닌 것은?

㉑ 선반

㉯ 연삭기

㉰ 플레이너

㉱ 굽힘 프레스

[해설] 소성 가공에는 단조, 인발, 프레스 가공, 압연, 압출, 판금 가공 등이 있다.

10. 다음 중 선반에서 맨드릴(mandrel)의 종류가 아닌 것은?

㉑ 갱 맨드릴

㉯ 나사 맨드릴

㉰ 이동식 맨드릴

㉱ 테이퍼 맨드릴

[해설] 맨드릴의 종류에는 표준 맨드릴, 갱 맨드릴, 팽창 맨드릴, 나사 맨드릴, 테이퍼 맨드릴, 조립식 맨드릴이 있다.

11. 구멍 가공을 하기 위해서 가공물을 고정시키고 드릴이 가공 위치로 이동할 수 있도록 제작된 드릴링 머신은?

㉑ 다두 드릴링 머신

㉯ 다축 드릴링 머신

㉰ 탁상 드릴링 머신

㉱ 레이디얼 드릴링 머신

[해설] 레이디얼 드릴링 머신 : 큰 공작물을 테이블에 고정시켜 놓고 주축을 이동시키며 구멍의 중심을 맞추어 구멍을 뚫는다.

12. 일감에 회전 운동과 이송을 주며, 숫돌을 일감표면에 약한 압력으로 눌러 대고 다듬질할 면에 따라 매우 작고 빠른 진동을 주어 가공하는 방법은?

㉑ 래핑

㉯ 드레싱

㉰ 드릴링

㉱ 슈퍼 피니싱

[해설] 슈퍼 피니싱은 입자가 작은 숫돌로 일감을 가볍게 누르면서 축 방향으로 진동을 주어 다듬질하는 가공이다.

13. 다음 중 선반을 설계할 때 고려할 사항으로 틀린 것은?

㉑ 고장이 적고 기계효율이 좋을 것

㉯ 취급이 간단하고 수리가 용이할 것

㉰ 강력 절삭이 되고 절삭 능률이 클 것

㉱ 기계적 마모가 높고 가격이 저렴할 것

[해설] 기계적 마모가 적고 내구력이 클 것

14. 선반의 주요 구조부가 아닌 것은?

㉑ 베드

㉯ 심압대

㉰ 주축대

㉱ 회전 테이블

[해설] 회전 원형 테이블 : 가공물에 회전 운동이 필요할 때 사용하며, 가공물을 테이블에 고정시키고 원호의 분할 작업, 원형 기둥 가공, 연속 절삭 등 광범위하게 사용된다.

15. 그림에서 플러그 게이지의 기울기가 0.05일 때, M_2의 길이[mm]는?(단, 그림의 치수 단위는 mm이다.)

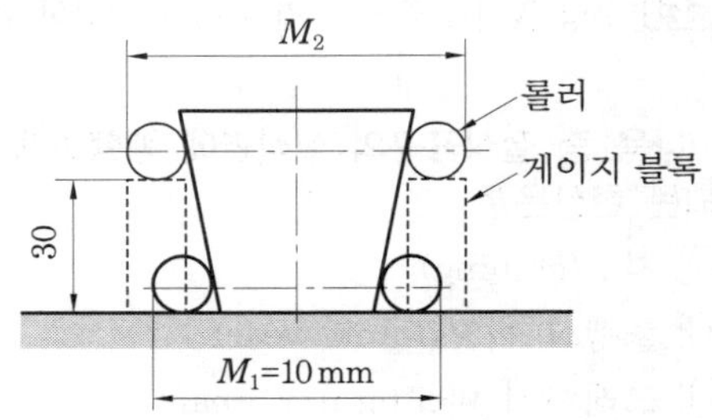

㉑ 10.5

㉯ 11.5

㉰ 13

㉱ 16

[해설] $\tan\dfrac{\alpha}{2}=\dfrac{M_2-M_1}{2H}$, $0.05=\dfrac{M_2-10}{2\times30}$,

$0.05\times60=M_2-10$ $\therefore$ $M_2=3+10=13$

16. 삼각함수에 의하여 각도를 길이로 계산하여 간접적으로 각도를 구하는 방법으로, 블록게이지와 함께 사용하는 측정기는?

㉮ 사인 바

㉯ 베벨 각도기

㉰ 오토 콜리메이터

㉱ 콤비네이션 세트

[해설] 사인 바 : 삼각함수의 사인(sine)을 이용하여 각도를 측정하고 설정하는 측정기이다. 크기는 롤러 중심 간의 거리로 표시하며, KS 규격에서 호칭치수는 100 mm, 200 mm로 규정하고 있다.

17. 상향 절삭과 하향 절삭에 대한 설명으로 틀린 것은?

㉮ 하향 절삭은 상향 절삭보다 표면 거칠기가 우수하다.

㉯ 상향 절삭은 하향 절삭에 비해 공구의 수명이 짧다.

㉰ 상향 절삭은 하향 절삭과는 달리 백래시 제거장치가 필요하다.

㉱ 상향 절삭은 하향 절삭할 때보다 가공물을 견고하게 고정하여야 한다.

[해설] 상향 절삭과 하향 절삭의 비교

구분	상향 절삭	하향 절삭
칩 배출	절삭을 방해하지 않는다.	절삭을 방해한다.
백래시 제거	불필요	필요
공작물 고정	확실히 고정해야 한다.	안정된 고정이 된다.
공구 수명	짧다.	길다.
소비 동력	크다.	작다.
가공면	거칠다.	깨끗하다.
기계 강성	낮아도 된다.	높아야 한다.

18. 주축의 회전 운동을 직선 왕복 운동으로 변화시킬 때 사용하는 밀링 부속장치는?

㉮ 바이스

㉯ 분할대

㉰ 슬로팅 장치

㉱ 랙 절삭 장치

[해설] 슬로팅 장치 : 수평 밀링 머신이나 만능 밀링 머신의 주축 회전 운동을 직선 운동으로 변화시켜 슬로터 작업을 할 수 있다. 슬로팅 장치는 주축을 중심으로 좌우 $90°$씩 선회할 수 있다.

19. 밀링작업의 단식 분할법에서 원주를 15등분 하려고 한다. 이때 분할대 크랭크의 회전수를 구하고, 15구멍열 분할판을 몇 구멍씩 보내면 되는가?

㉮ 1회전에 10구멍씩

㉯ 2회전에 10구멍씩

㉰ 3회전에 10구멍씩

㉱ 4회전에 10구멍씩

[해설] 밀링 단식 분할법 : 크랭크를 1회전시키면 웜 휠이 1/40회전한다.

$\dfrac{h}{H}=\dfrac{40}{N}=\dfrac{40}{15}=2\dfrac{10}{15}$

분할판 15구멍(열)을 사용하여 2회전에 10구멍씩 이동한다.

20. 일반적인 손다듬질 작업 공정순서로 옳은 것은 어느 것인가?

㉮ 정 → 줄 → 스크레이퍼 → 쇠톱

㉯ 줄 → 스크레이퍼 → 쇠톱 → 정

㉰ 쇠톱 → 정 → 줄 → 스크레이퍼

㉱ 스크레이퍼 → 정 → 쇠톱 → 줄

제 2 과목 : 기계제도

21. 그림과 같이 수직 원통을 $30°$ 정도 경사지게 일직선으로 자른 경우의 전개도로 가장 적합한 형상은?

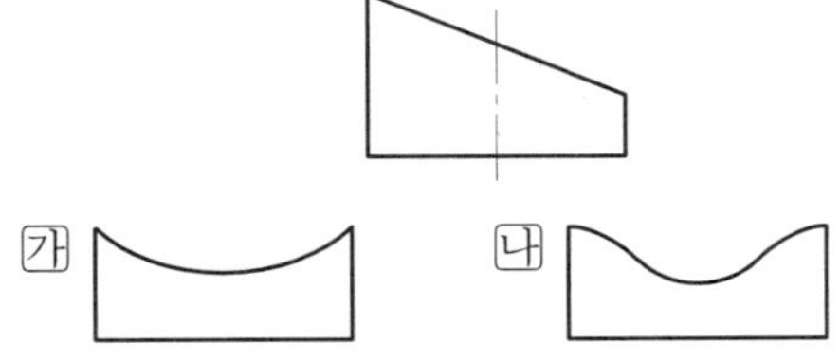

[다] 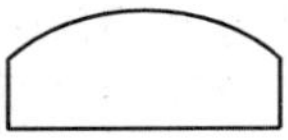　　[라] 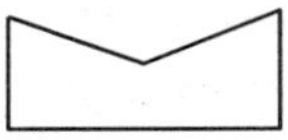

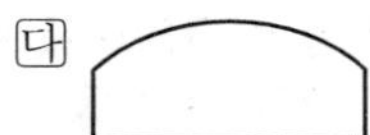

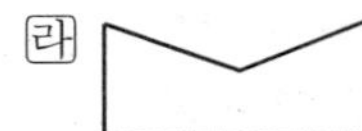

22. SM20C의 재료기호에서 탄소 함유량은 몇 % 정도인가?

[가] 0.18~0.23 %　　[나] 0.2~0.3 %

[다] 2.0~3.0 %　　[라] 18~23 %

[해설] 기계구조용 탄소강 강재 도면의 재질 예시

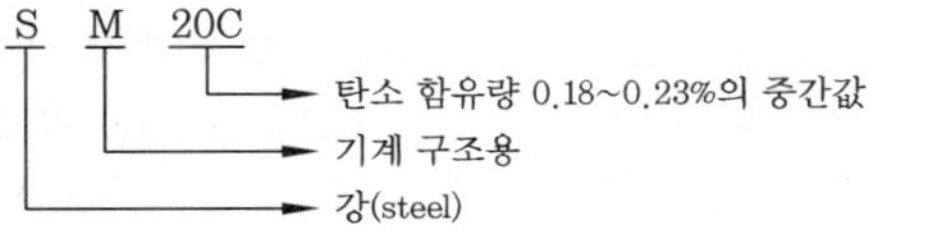

23. 다음 그림에서 "A"의 치수는 얼마인가?

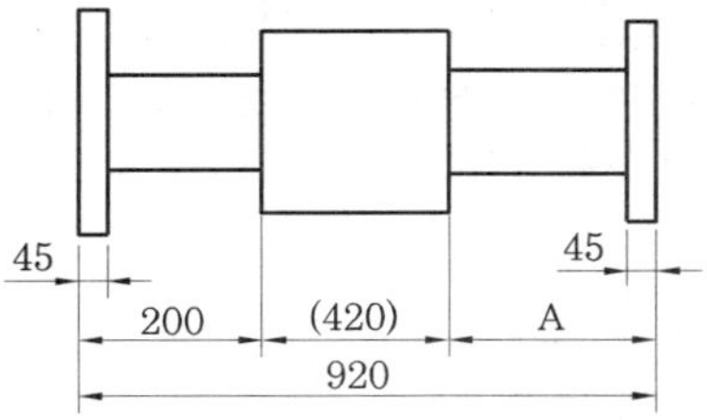

[가] 200　[나] 225　[다] 250　[라] 300

[해설] A = 920−200−420 = 300

24. 대상물의 일부를 파단한 경계 또는 일부를 떼어낸 경계를 표시하는 선으로 옳은 것은?

[가] 가는 1점 쇄선

[나] 가는 2점 쇄선

[다] 가는 1점 쇄선으로 끝부분 및 방향이 변하는 부분을 굵게 한 선

[라] 불규칙한 파형의 가는 실선

[해설] 파단선 : 대상물의 일부를 파단한 경계 또는 일부를 떼어낸 경계를 표시할 때 사용한다.

25. 그림은 제3각법 정투상도로 그린 그림이다. 정면도로 가장 적합한 투상도는?

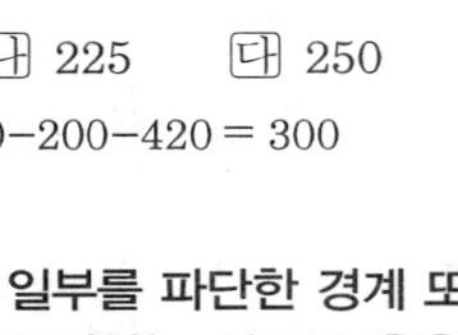

[가] 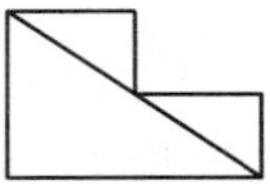　　[나] 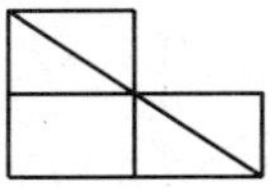

[다] 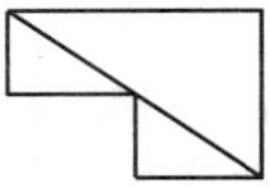　　[라] 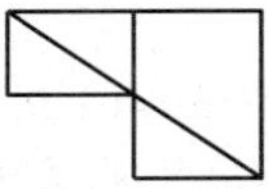

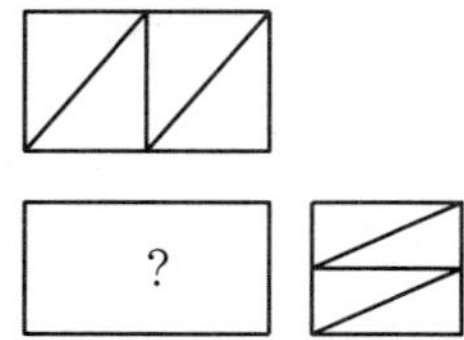

26. 도면 작성 시 가는 실선을 사용하는 경우가 아닌 것은?

[가] 특별히 범위나 영역을 나타내기 위한 틀의 선

[나] 반복되는 자세한 모양의 생략을 나타내는 선

[다] 테이퍼가 진 모양을 설명하기 위해 표시하는 선

[라] 소재의 굽은 부분이나 가공 공정을 표시하는 선

[해설] 가는 실선의 용도

치수선	치수를 기입할 때
치수 보조선	치수를 기입하기 위하여 도형으로부터 끌어낼 때
지시선	기술·기호 등을 표시하기 위하여 끌어낼 때
회전 단면선	도형 내에 그 부분의 끊은 곳을 90° 회전하여 표시할 때
중심선	도형의 중심선을 간략하게 표시할 때
수준면선	수면, 유면 등의 위치를 표시할 때

27. 그림은 맞물리는 어떤 기어를 나타낸 간략도이다. 이 기어는 무엇인가?

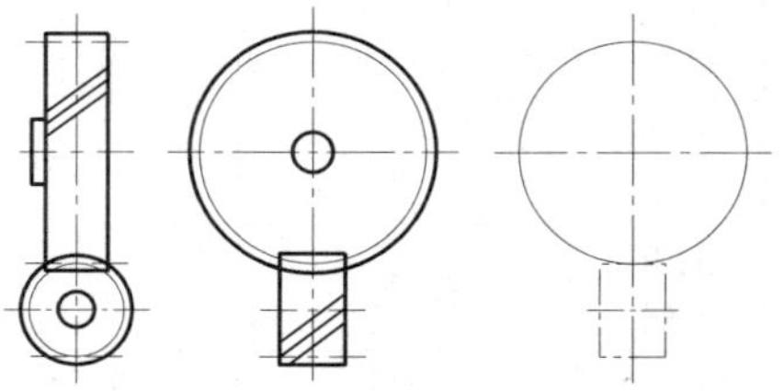

[가] 스퍼 기어　　[나] 헬리컬 기어

[다] 나사 기어　　[라] 스파이럴 베벨기어

[해답] 22. [가]　23. [라]　24. [라]　25. [가]　26. [가]　27. [다]

28. 최대 실체 공차방식을 적용할 때 공차붙이형체와 그 데이텀 형체 두 곳에 함께 적용하는 경우로 옳게 표현한 것은?

㉮ ⊕ | ⌀0.04 Ⓜ | A

㉯ ⊕ | ⌀0.04 | AⓂ

㉰ ⊕ | ⌀0.04 Ⓜ | A

㉱ ⊕ | ⌀0.04 Ⓜ | AⓂ

[해설] ① 최대 실체 공차 방식 MMS(maximum material size) : 형체의 체적이 최소가 될 때를 고려하여 형상공차 또는 위치 공차를 적용하는 방법이다.
② Ⓜ : MMC를 적용하는 형체의 공차나 데이텀의 문자 뒤에 붙인다.

29. 나사의 표시법 중 관용 평행나사 "A"급을 표시하는 방법으로 옳은 것은?

㉮ Rc 1/2 A   ㉯ G 1/2 A
㉰ A Rc 1/2   ㉱ A G 1/2

[해설] 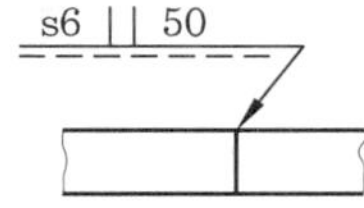
  G 1/2 A : 관용 평행 수나사(G 1/2) A급
  → 나사의 등급
  → 나사의 호칭

30. 다음과 같은 용접 기호의 설명으로 옳은 것은 어느 것인가?

s6 ‖ 50

㉮ 화살표 쪽에서 50 mm 용접 길이의 맞대기 용접
㉯ 화살표 반대쪽에서 50 mm 용접 길이의 맞대기 용접
㉰ 화살표 쪽에서 두께가 6 mm인 필릿 용접
㉱ 화살표 반대쪽에서 두께가 6 mm인 필릿 용접

31. 가공 방법의 표시 기호에서 "SPBR"은 무슨 가공인가?

㉮ 기어 셰이빙   ㉯ 액체 호닝

㉰ 배럴 연마   ㉱ 숏 블라스팅

[해설]

가공 방법	약호
호닝 가공	GH
액체 호닝 가공	SPL
배럴 연마 가공	SPBR
버프 다듬질	FB
벨트 샌딩 가공	GR
주조	C
용접	W
압연	R

32. "2줄 M20 × 2"와 같은 나사 표시 기호에서 리드는 얼마인가?

㉮ 5 mm   ㉯ 2 mm
㉰ 3 mm   ㉱ 4 mm

[해설] $l = np = 2 \times 2 = 4$ mm

33. 바퀴의 암(arm), 형강 등과 같은 제품의 단면을 나타낼 때, 절단면을 90° 회전하거나 절단할 곳의 전후를 끊어서 그 사이에 단면도를 그리는 방법은?

㉮ 전단면도   ㉯ 부분 단면도
㉰ 계단 단면도   ㉱ 회전도시 단면도

[해설] 회전도시 단면도 : 물체의 절단면을 그 자리에서 90° 회전시켜 투상하는 단면법을 말한다. 주로 바퀴, 리브, 형강, 훅 등의 단면 기법이다.

34. 합금 공구강의 재질 기호가 아닌 것은?

㉮ STC 60   ㉯ STD 12
㉰ STF 6   ㉱ STS 21

[해설] 합금 공구강(STS), 합금 공구강(STF), 합금 공구강(STD), 탄소 공구강 강재(STC)

35. 다음 중 가는 실선으로 나타내지 않는 선은?

㉮ 지시선   ㉯ 치수선
㉰ 해칭선   ㉱ 피치선

[해설] 피치선은 가는 1점 쇄선으로 되풀이하는 도형의 피치를 취하는 기준을 표시하는 데 쓰인다.

[해답] 28. ㉱   29. ㉯   30. ㉮   31. ㉰   32. ㉱   33. ㉱   34. ㉮   35. ㉱

36. 그림과 같은 입체도에서 화살표 방향 투상도로 가장 적합한 것은?

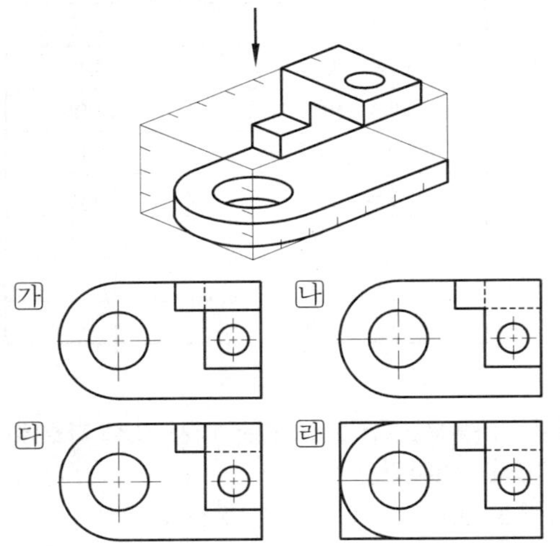

37. 다음은 제3각법 정투상도로 그린 그림이다. 우측면도로 가장 적합한 것은?

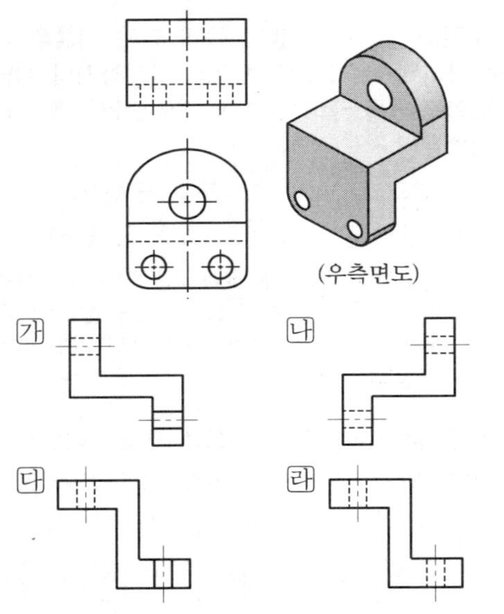

38. 다음과 같은 I 형강 재료의 표시법으로 옳은 것은?

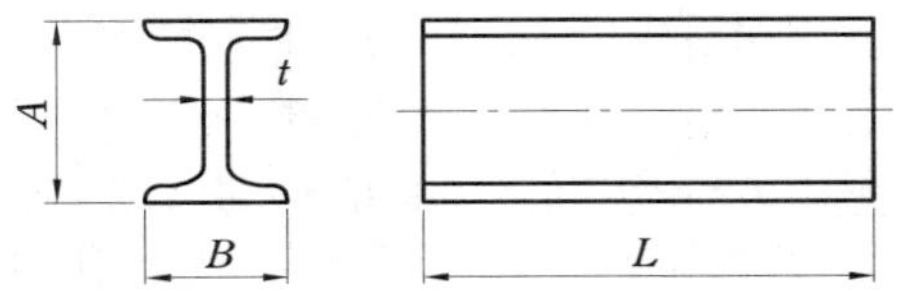

㉮ $IA \times B \times t - L$ ㉯ $t \times IA \times B - L$
㉰ $L - I \times A \times B \times t$ ㉱ $IB \times A \times t - L$

39. 체인 스프로킷 휠의 피치원 지름을 나타내는 선의 종류는?

㉮ 가는 실선 ㉯ 가는 1점 쇄선
㉰ 가는 2점 쇄선 ㉱ 굵은 1점 쇄선

[해설] 피치원 선은 가는 1점 쇄선으로 되풀이하는 도형의 피치를 취하는 기준을 표시하는 데 쓰인다.

40. 구멍의 치수는 $\phi 35 {}^{+0.003}_{-0.001}$, 축의 치수는 $\phi 35 {}^{+0.001}_{-0.004}$일 때, 최대 틈새는?

㉮ 0.004 ㉯ 0.005 ㉰ 0.007 ㉱ 0.009

[해설] 최대 틈새
= 구멍의 최대 허용치수 − 축의 최소 허용치수
= 35.003 − 34.996 = 0.007

제 3 과목 : 기계설계 및 기계재료

41. 담금질한 강재의 잔류 오스테나이트를 제거하며, 치수 변화 등을 방지하는 목적으로 0℃ 이하에서 열처리하는 방법은?

㉮ 저온 뜨임 ㉯ 심랭 처리
㉰ 마템퍼링 ㉱ 용체화 처리

[해설] 심랭 처리 : 게이지 등 정밀 기계 부품의 조직을 안정화시키고 형상 및 치수의 변형(시효변형)을 방지한다.

42. 열간 가공과 냉간 가공을 구별하는 온도는?

㉮ 포정 온도 ㉯ 공석 온도
㉰ 공정 온도 ㉱ 재결정 온도

[해설] 금속 가공에 있어 재결정 온도를 기준으로 재결정 온도 이하의 가공을 냉간 가공, 그 이상의 온도에서 가공하는 것을 열간 가공이라 한다.

43. 소결합금으로 된 공구강은?

㉮ 초경합금 ㉯ 스프링강
㉰ 탄소공구강 ㉱ 기계구조용강

[해답] 36. ㉰ 37. ㉯ 38. ㉮ 39. ㉯ 40. ㉰ 41. ㉯ 42. ㉱ 43. ㉮

[해설] 소결은 초경질 합금 공구 등을 제조할 때 사용되는 방법이다. 경질 탄화물의 분말을 소량의 연성금속, 예를 들어 Co 또는 Ni 분말과 섞어서 이를 압축 성형한 후 높은 온도로 가열하여 굳히는 방법이다.

44. 공구 재료가 갖추어야 할 일반적 성질 중 틀린 것은?

㉮ 인성이 클 것   ㉯ 취성이 클 것
㉰ 고온경도가 클 것   ㉱ 내마멸성이 클 것

[해설] 상온 및 고온에서 경도가 높고 취성이 적으며 강인성이 커야 한다.

45. 플라스틱 재료의 일반적인 성질을 설명한 것 중 틀린 것은?

㉮ 열에 약하다.
㉯ 성형성이 좋다.
㉰ 표면 경도가 높다.
㉱ 대부분 전기 절연성이 좋다.

[해설] 플라스틱은 단단하고 질기고 부드러우며 유연하게 만들 수 있기 때문에 금속 제품으로 만드는 것보다 가공비가 저렴하다. 열에 약하고 표면 경도가 낮은 단점이 있다.

46. 주철에서 탄소강과 같이 강인성이 우수한 조직을 만들 수 있는 흑연 모양은?

㉮ 편상흑연   ㉯ 괴상흑연
㉰ 구상흑연   ㉱ 공정상흑연

[해설] 구상흑연주철 : 용융 상태에서 Mg, Ce, Mg-Cu 등을 첨가하여 흑연을 편상→구상화로 석출시킨다.

47. 구리 합금 중 최고의 강도를 가진 석출 경화성 합금으로 내열성, 내식성이 우수하여 베어링 및 고급 스프링 재료로 이용되는 청동은?

㉮ 납청동   ㉯ 인청동
㉰ 베릴륨 청동   ㉱ 알루미늄 청동

[해설] 구리에 베릴륨 1~2.5%를 첨가한 합금으로, 담금질하여 시효 경화시키면 기계적 성질이 합금강 못지않게 우수하며, 내식성도 풍부하여 기어, 베어링, 판 스프링 등에 사용된다.

48. 발전기, 전동기, 변압기 등의 철심 재료에 가장 적합한 특수강은?

㉮ 규소강   ㉯ 베어링강
㉰ 스프링강   ㉱ 고속도 공구강

[해설] 철에 1~5%의 규소를 첨가한 합금으로, 전기 저항이 높으며 자기 이력 손실이 적어 발전기, 변압기, 회전 기기 등의 철심으로 사용된다.

49. 알루미늄의 성질로 틀린 것은?

㉮ 비중이 약 7.8이다.
㉯ 면심입방격자 구조이다.
㉰ 용융점은 약 660℃이다.
㉱ 대기 중에서는 내식성이 좋다.

[해설] 알루미늄의 비중은 약 2.7이다.

50. 담금질 조직 중 냉각 속도가 가장 빠를 때 나타나는 조직은?

㉮ 소르바이트   ㉯ 마텐자이트
㉰ 오스테나이트   ㉱ 트루스나이트

[해설] 시멘타이트 > 마텐자이트 > 트루스타이트 > 펄라이트 > 오스테나이트 > 페라이트

51. 잇수 32, 피치 12.7 mm, 회전수 500 rpm의 스프로킷 휠에 50번 롤러 체인을 사용하였을 경우 전달동력은 약 몇 kW인가? (단, 50번 롤러 체인의 파단하중은 22.10 kN, 안전율은 15이다.)

㉮ 7.8   ㉯ 6.4   ㉰ 5.6   ㉱ 5.0

[해설] 체인의 평균 속도 v

$$= \frac{pZ_1 N_1}{60 \times 1000} = \frac{(12.7 \times 32 \times 500)}{60000} ≒ 3.39 \text{ m/s}$$

부하동력 $H = PV = 22.1 \times 3.39 ≒ 74.92 \text{ kW}$

전달동력 $H_a = \dfrac{H}{S} = \dfrac{74.92}{15} ≒ 5.0 \text{ kW}$

52. 0.45 t의 물체를 지지하는 아이볼트에서 볼트의 허용인장응력이 48 MPa라 할 때, 다음 미터나사 중 가장 적합한 것은? (단, 나사 바깥지름은 골지름의 1.25배로 가정하고, 적합한 사양 중 가장 작은 크기를 선정한다.)

㉮ M14   ㉯ M16   ㉰ M18   ㉱ M20

[해답] 44. ㉯ 45. ㉰ 46. ㉰ 47. ㉰ 48. ㉮ 49. ㉮ 50. ㉯ 51. ㉱ 52. ㉮

[해설] $d = \sqrt{\dfrac{4W}{\pi\sigma}} = \sqrt{\dfrac{4 \times 450 \times 9.8}{\pi \times 48 \times 10^6}} \fallingdotseq 0.0108$ m

$\therefore D = 1.25 \times d = 0.0135$ m $= 13.5$ mm

53. 원형 봉에 비틀림 모멘트를 가할 때 비틀림 변형이 생기는데, 이때 나타나는 탄성을 이용한 스프링은?

㉮ 토션 바 ㉯ 벌류트 스프링

㉰ 와이어 스프링 ㉱ 비틀림 코일스프링

[해설] 토션 바는 원형 봉에 비틀림 모멘트를 가할 때 비틀림 변형이 생기는 원리를 이용한 스프링이다.

54. 용접 이음의 단점에 속하지 않는 것은?

㉮ 내부 결함이 생기기 쉽고 정확한 검사가 어렵다.

㉯ 용접공의 기능에 따라 용접부의 강도가 좌우된다.

㉰ 다른 이음작업과 비교하여 작업 공정이 많은 편이다.

㉱ 잔류응력이 발생하기 쉬워서 이를 제거하는 작업이 필요하다.

[해설] 용접 이음의 장점
① 사용 재료의 두께에 제한이 없다.
② 기밀 유지에 용이하며 이음 효율이 좋다.
③ 작업할 때 소음이 적고 자동화가 용이하다.
④ 사용 기계가 간단하다.
⑤ 다른 이음에 비해 제작물의 무게를 경감시킬 수 있다.

55. 볼 베어링에서 수명에 대한 설명으로 옳은 것은?

㉮ 베어링에 작용하는 하중의 3승에 비례한다.

㉯ 베어링에 작용하는 하중의 3승에 반비례한다.

㉰ 베어링에 작용하는 하중의 10/3승에 비례한다.

㉱ 베어링에 작용하는 하중의 10/3승에 반비례한다.

[해설] $L_h = 500\left(\dfrac{C}{P}\right)^r \dfrac{33.3}{N} = 500 f_h^r$ [시간]

볼 베어링 : $r = 3$

롤러 베어링 : $r = \dfrac{10}{3}$

56. 전달동력 2.4 kW, 회전수 1800 rpm을 전달하는 축의 지름은 약 몇 mm 이상으로 해야 하는가? (단, 축의 허용전단응력은 20 MPa이다.)

㉮ 20 ㉯ 12 ㉰ 15 ㉱ 17

[해설] $T = 9740000 \times \dfrac{H_{kW}}{N} = 9740000 \times \dfrac{2.4}{1800}$

$\fallingdotseq 12986.67$

$\therefore d = \sqrt[3]{\dfrac{5.1\,T}{\tau}} = \sqrt[3]{\dfrac{5.1 \times 12986.67}{20}} \fallingdotseq 14.9$

57. 묻힘 키(sunk key)에 생기는 전단응력을 τ, 압축응력을 σ_c라고 할 때, $\dfrac{\tau}{\sigma_c} = \dfrac{1}{2}$이면 키 폭 b와 높이 h의 관계식으로 옳은 것은? (단. 키 홈의 높이는 키 높이의 1/2이다.)

㉮ $b = h$ ㉯ $h = \dfrac{b}{4}$

㉰ $b = \dfrac{h}{2}$ ㉱ $b = 2h$

[해설] 키에 발생하는 전단응력 $\tau = \dfrac{2T}{bld}$,

키에 발생하는 압축응력 $\sigma_c = \dfrac{4T}{dhl}$이므로

$\dfrac{\tau}{\sigma_c} = \dfrac{2T}{bld} \div \dfrac{4T}{dhl} = \dfrac{2T}{bld} \times \dfrac{dhl}{4T} = \dfrac{h}{2b}$이다.

전단응력과 압축응력의 비가 $\dfrac{1}{2}$이므로 $\dfrac{1}{2} = \dfrac{h}{2b}$이고, b에 관해 정리하면 $b = h$이다.

58. 기어의 피치원 지름이 무한대로 회전 운동을 직선 운동으로 바꿀 때 사용하는 기어는?

㉮ 베벨 기어 ㉯ 헬리컬 기어

㉰ 랙과 피니언 ㉱ 웜 기어

[해설] 원통 기어의 피치 원통의 반지름이 무한대로 피니언과 맞물려서 피니언이 회전하면 랙은 직선 운동한다.

59. 주로 회전 운동을 왕복 운동으로 변환시키는데 사용하는 기계요소로서 내연기관의 밸브 개폐

기구 등에 사용되는 것은?

㉮ 마찰차(friction wheel)

㉯ 클러치(clutch)

㉰ 기어(gear)

㉱ 캠(cam)

[해설] 캠은 미끄럼면의 접촉으로 운동을 전달한다. 특히 링크 장치로 얻을 수 없는 왕복 운동이나 간헐적인 운동을 종동절에 전하는 데 사용한다.

60. 드럼의 지름 600 mm인 브레이크 시스템에서 98.1 N·m의 제동 토크를 발생시키고자 할 때 블록을 드럼에 밀어붙이는 힘은 약 몇 kN인가? (단, 접촉부 마찰계수는 0.3이다.)

㉮ 0.54 ㉯ 1.09

㉰ 1.51 ㉱ 1.96

[해설] $Q = \dfrac{2T}{\mu D} = \dfrac{2 \times 98.1}{0.3 \times 600} = 1.09 \text{ kN}$

제 4 과목 : 컴퓨터응용설계

61. 다음 중 기본적인 2차원 동차 좌표 변환으로 볼 수 없는 것은?

㉮ extrusion ㉯ translation

㉰ rotation ㉱ reflection

[해설] 동차 좌표에 의한 좌표 변환 행렬에는 평행이동(translation) 변환, 스케일링(scaling) 변환, 전단(shearing) 변환, 반전(reflection) 변환(대칭 변환), 회전(rotation) 변환이 있다.

62. CAD 소프트웨어가 반드시 갖추고 있어야 할 기능으로 거리가 먼 것은?

㉮ 화면 제어 기능 ㉯ 치수 기입 기능

㉰ 도형 편집 기능 ㉱ 인터넷 기능

[해설] 인터넷 기능은 제조회사의 옵션 사항으로 CAD 기능과는 무관하다.

63. $x^2 + y^2 - 25 = 0$인 원이 있다. 원 위의 점 (3, 4)에서 접선의 방정식으로 옳은 것은?

㉮ $3x + 4y - 25 = 0$ ㉯ $3x + 4y - 50 = 0$

㉰ $4x + 3y - 25 = 0$ ㉱ $4x + 3y - 50 = 0$

[해설] $x^2 + y^2 = r^2$인 원 위의 점 $(x_1,\ y_1)$을 지나는 접선의 방정식은 $x_1 x + y_1 y = r^2$이다.

$x^2 + y^2 = 25$인 원 위의 점 (3, 4)를 지나는 접선의 방정식은 $3x + 4y = 25$이다.

64. $(x + 7)^2 + (y - 4)^2 = 64$인 원의 중심좌표와 반지름을 구하면?

㉮ 중심좌표 (−7, 4), 반지름 8

㉯ 중심좌표 (7, −4), 반지름 8

㉰ 중심좌표 (−7, 4), 반지름 64

㉱ 중심좌표 (7, −4), 반지름 64

[해설] 원의 방정식의 기본형

$(x - a)^2 + (y - b)^2 = r^2$

65. 솔리드 모델링 방식 중 B-rep과 비교한 CSG의 특징이 아닌 것은?

㉮ 불 연산자 사용으로 명확한 모델 생성이 쉽다.

㉯ 데이터가 간결하여 필요 메모리가 적다.

㉰ 형상수정이 용이하고 체적, 중량을 계산할 수 있다.

㉱ 투상도, 투시도, 전개도, 표면적 계산이 용이하다.

[해설] ① B-rep 방식 : 경계 표현, 즉 형상을 구성하고 있는 면과 면 사이의 위상기하학적인 결합 관계를 정의함으로써 3차원 물체를 표현하는 방법이다.
② CSG 방식 : 기본 입체의 집합 연산의 표현, 즉 합, 차, 적의 연산이 제공되고 있다.

66. 서피스 모델에서 사용되는 기본곡면의 종류에 속하지 않는 것은?

㉮ Revolved surface ㉯ Topology surface

㉰ Sweep surface ㉱ Bezier surface

[해설] 서피스 모델에서 사용되는 기본곡면은 회전에 의한 곡면, 테이퍼 곡면, 경계 곡면, 스위프 곡면 등을 사용하여 불 연산을 함으로써 복잡하고 새로운 하나의 형상을 표현할 수 있다. 그러나 면으로만 구성되어 물성값을 계산할 수 없는 단점이 있다.

해답 60. ㉯ 61. ㉮ 62. ㉱ 63. ㉮ 64. ㉮ 65. ㉱ 66. ㉯

67. 솔리드 모델링 기법의 일종인 특징형상 모델링 기법에 대한 설명으로 옳지 않은 것은?

㉮ 모델링 입력을 설계자 또는 제작자에게 익숙한 형상 단위로 하자는 것이다.

㉯ 각각의 형상단위는 주요 치수를 파라미터로 입력하도록 되어 있다.

㉰ 전형적인 특징현상은 모따기(chamfer), 구멍(hole), 필릿(fillet), 슬롯(slot) 등이 있다.

㉱ 사용 분야와 사용자에 관계없이 특징형상의 종류가 항상 일정하다는 것이 장점이다.

[해설] 특징형상 모델링 : 설계자들이 빈번하게 사용하는 임의 형상을 정의해 놓고, 변숫값만 입력하여 원하는 형상을 쉽게 얻는 기법이다.

68. 곡선들 중에서 원추단면 곡선(conic section curve)이 아닌 것은?

㉮ 포물선(parabola)

㉯ 타원(ellipse)

㉰ 대수 곡선(algebraic curve)

㉱ 쌍곡선(hyperbola)

[해설] ① 원(circle) : 원추를 일정한 높이에서 절단하여 생기는 곡선
② 타원(ellipse) : 원추를 비스듬하게 절단하여 생기는 곡선
③ 포물선(parabola) : 원추를 경사와 평행하게 절단하여 생기는 곡선
④ 쌍곡선(hyperbola) : 원추를 x축 방향으로 절단하여 생기는 곡선

69. 동차좌표(Homogeneous coordinate)에 의한 표현을 바르게 설명한 것은?

㉮ N차원의 벡터를 N-1차원의 벡터로 표현한 것이다.

㉯ N차원의 벡터를 N+1차원의 벡터로 표현한 것이다.

㉰ N차원의 벡터를 $N^{(N-1)}$차원의 벡터로 표현한 것이다.

㉱ N차원의 벡터를 $N^{(N+1)}$차원의 벡터로 표현한 것이다.

70. 플로터 형식에 있어서 펜(pen)식과 래스터(raster)식으로 구분할 때 다음 중 펜식 플로터에 속하는 것은?

㉮ 정전식

㉯ 잉크젯식

㉰ 리니어 모터식

㉱ 열전사식

[해설] ① 펜식 플로터 : 플랫 베드형, 드럼형, 리니어 모터식, 벨트형, 페이퍼 프리
② 래스터식 플로터 : 정전식, 잉크젯식, 열전사식
③ 포토식 플로터 : 포토 플로터

71. 3차원 형상을 표현하는데 있어서 사용하는 Z-buffer 방법은 무엇을 의미하는가?

㉮ 음영을 나타내기 위한 방법

㉯ 은선 또는 은면을 제거하기 위한 방법

㉰ view-port에 모델을 나타내기 위한 방법

㉱ 두 곡면을 부드럽게 연결하기 위한 방법

72. 공학적 해석(부피, 무게중심, 관성모멘트 등의 계산)을 적용할 때 쓰는 가장 적합한 모델은?

㉮ 솔리드 모델

㉯ 서피스 모델

㉰ 와이어 프레임 모델

㉱ 데이터 모델

[해설] 솔리드 모델링은 물리적 성질(부피, 무게중심, 관성모멘트 등)의 계산이 가능하다.

73. 컬러 잉크젯 플로터에 사용되는 기본적인 색상이 아닌 것은?

㉮ magenta

㉯ black

㉰ cyan

㉱ green

[해설] 컬러 잉크젯 플로터에 사용되는 기본색으로 CYMB(cyan, yellow, magenta, black)를 사용한다.

74. 반지름이 R이고 피치(pitch)가 p인 나사의 나선(helix)을 나선의 회전각(x축과 이루는 각) θ에 대한 매개변수식으로 나타낸 것으로 옳은 것은? (단, $\hat{i}$, $\hat{j}$, $\hat{k}$는 각각 x, y, z축 방향의 단위벡터이다.)

㉮ $\vec{r}(\theta) = R\sin\theta\,\hat{i} + R\tan\theta\,\hat{j} + \dfrac{p\theta}{\pi}\hat{k}$

[해답] 67. ㉱ 68. ㉰ 69. ㉯ 70. ㉰ 71. ㉯ 72. ㉮ 73. ㉱ 74. ㉱

$$\boxed{나}\quad \vec{r}(\theta) = R\sin\theta\,\hat{i} + R\tan\theta\,\hat{j} + \frac{p\theta}{2\pi}\hat{k}$$

$$\boxed{다}\quad \vec{r}(\theta) = R\cos\theta\,\hat{i} + R\sin\theta\,\hat{j} + \frac{p\theta}{\pi}\hat{k}$$

$$\boxed{라}\quad \vec{r}(\theta) = R\cos\theta\,\hat{i} + R\sin\theta\,\hat{j} + \frac{p\theta}{2\pi}\hat{k}$$

[해설] 나선벡터 $\vec{r}(\theta)$
= 수평벡터(코사인성분) + 수직벡터(사인성분)
+ 높이벡터
$$= R\cos\theta\,\hat{i} + R\sin\theta\,\hat{j} + \frac{p\theta}{2\pi}\hat{k}$$

75. 지정된 점(정점 또는 조정점)을 모두 통과하도록 고안된 곡선은?

㉮ Bezier curve ㉯ B-spline curve
㉰ Spline curve ㉱ NURBS curve

[해설] 스플라인 곡선 : 지정된 모든 점을 통과하면서 부드럽게 연결되는 곡선

76. CAD를 이용한 설계과정이 종래의 제도판에서 제도기를 이용하여 2차원적으로 작업하는 설계과정과의 차이점에 해당하지 않는 것은?

㉮ 개념 설계단계를 거치는 점
㉯ 전산화된 데이터베이스를 활용한다는 점
㉰ 컴퓨터에 의한 해석을 용이하게 할 수 있다는 점
㉱ 형상을 수치로 데이터화하여 데이터베이스에 저장한다는 점

[해설] 개념 설계는 종래의 설계과정에서도 거쳐야 하는 단계이다.

77. 베지어(Bezier) 곡선에 관한 설명 중 옳지 않은 것은?

㉮ 곡선은 양단의 끝점을 통과한다.
㉯ 1개의 정점 변화는 곡선 전체에 영향을 미친다.
㉰ n개의 정점에 의해서 정의된 곡선은 (n+1)차 곡선이다.
㉱ 곡선은 정점을 연결하는 다각형의 내측에 존재한다.

[해설] 베지어 곡선에서 n개의 정점에 의해 생성된 곡선은 $(n-1)$차 곡선이다.

78. 다음과 같은 특징을 가진 디스플레이는?

> - 빛을 편광시키는 특성을 가진 유기화합물을 사용한다.
> - 전자총이 없어서 두께가 얇은 모니터를 만들 수 있다.
> - 백라이트가 필요하고 시야각이 좁은 단점이 있다.

㉮ PDP ㉯ TFT-LCD
㉰ CRT ㉱ OLED

[해설] TFT-LCD : thin film transistor-liquid crystal display

79. 다음 중 모델링과 관련된 용어의 설명으로 잘못된 것은?

㉮ 스위핑(sweeping) : 하나의 2차원 단면 형상을 입력하고 이를 안내곡선을 따라 이동시켜 입체를 생성하는 것
㉯ 스키닝(skinning) : 원하는 경로상에 여러 개의 단면 형상을 위치시키고 이를 덮는 입체를 생성하는 것
㉰ 리프팅(lifting) : 주어진 물체의 특정면 전부 또는 일부를 원하는 방향으로 움직여서 물체가 그 방향으로 늘어난 효과를 갖도록 하는 것
㉱ 블렌딩(blending) : 주어진 형상을 국부적으로 변화시키는 방법으로, 접하는 곡면을 예리한 모서리로 처리하는 것

[해설] 블랜딩(blending) : 주어진 형상을 국부적으로 변화시키는 방법으로, 서로 만나는 모서리를 부드러운 곡면으로 연결되게 처리하는 것

80. 다음 중 데이터의 전송속도를 나타내는 단위는 어느 것인가?

㉮ BPS ㉯ MIPS
㉰ DPI ㉱ RPM

[해설] BPS(bits per second) : 통신 속도의 단위로, 1초간 송수신할 수 있는 비트 수를 나타낸다.

[해답] 75. ㉰ 76. ㉮ 77. ㉰ 78. ㉯ 79. ㉱ 80. ㉮

▶ **2017년 5월 8일 시행**

자격종목 및 등급(선택분야)	종목코드	시험시간	문제지형별	수험번호	성 명
기계설계 산업기사	**2031**	**2시간**	**A**		

제1과목 : 기계가공법 및 안전관리

1. 다이얼 게이지 기어의 백래시(back lash)로 인해 발생하는 오차는?

㉮ 인접 오차   ㉯ 지시 오차

㉰ 진동 오차   ㉱ 되돌림 오차

2. 트위스트 드릴은 절삭날의 각도가 중심에 가까울수록 절삭작용이 나쁘게 되기 때문에 이를 개선하기 위해 드릴의 웨브부분을 연삭하는 것은?

㉮ 시닝(thinning)   ㉯ 트루잉(truing)

㉰ 드레싱(dressing)   ㉱ 글레이징(glazing)

[해설] ① 트루잉(truing), 드레싱(dressing) : 연삭 숫돌을 수정하는 작업
② 글레이징(glazing) : 자생 작용이 잘 되지 않아 입자가 납작해지는 현상

3. 다음 중 공기 마이크로미터에 대한 설명으로 틀린 것은?

㉮ 압축 공기원이 필요하다.

㉯ 비교 측정기로 1개의 마스터로 측정이 가능하다.

㉰ 타원, 테이퍼, 편심 등의 측정을 간단히 할 수 있다.

㉱ 확대 기구에 기계적 요소가 없기 때문에 장시간 고정도를 유지할 수 있다.

[해설] 공기 마이크로미터는 비교 측정기로, 원리에 따라 분류하면 배압식, 유량식, 유속식, 진공식이 있다.

4. 그림과 같이 피측정물의 구면을 측정할 때 다이얼 게이지의 눈금이 0.5 mm 움직이면 구면의 반지름(mm)은 얼마인가? (단, 다이얼 게이지 측정자로부터 구면계의 다리까지의 거리는 20 mm이다.)

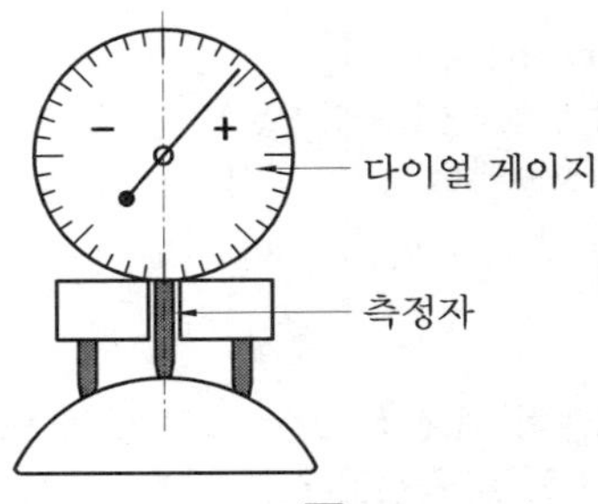

㉮ 100.25   ㉯ 200.25

㉰ 300.25   ㉱ 400.25

[해설] $\tan^{-1}\dfrac{0.5}{20} = 1.432°$, $\tan\alpha = \dfrac{y}{20}$

$\alpha = 88.568° - 1.432° = 87.136°$

$y = \tan 87.136° \times 20 = 399.75$

$\therefore R = 399.75 + 0.5 = 400.25$

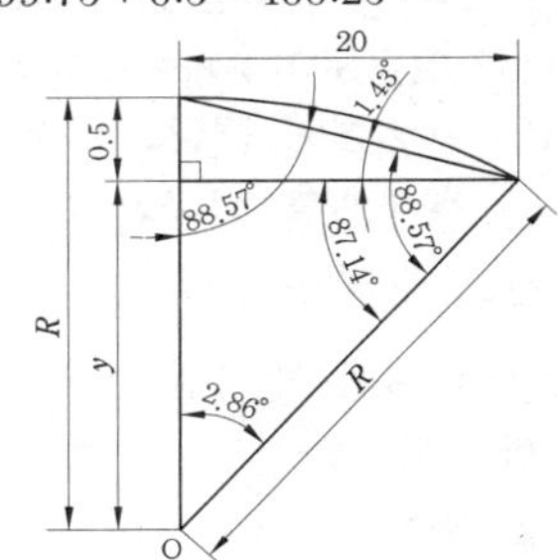

5. 일반적으로 센터 드릴에서 사용되는 각도가 아닌 것은?

㉮ 45°   ㉯ 60°

㉰ 75°   ㉱ 90°

[해설] 센터 드릴 각도는 일반적으로 60°이며 중량물 지지 시 75, 90°이다.

6. 산화알루미늄 분말을 주성분으로 마그네슘(Mg), 규소(Si) 등의 산화물과 소량의 다른 원소를 첨가하여 소결한 절삭공구의 재료는?

㉮ CBN   ㉯ 서멧

㉰ 세라믹   ㉱ 다이아몬드

해답   1. ㉱   2. ㉮   3. ㉯   4. ㉱   5. ㉮   6. ㉰

7. 밀링 머신에서 절삭공구를 고정하는데 사용되는 부속장치가 아닌 것은?

㉮ 아버(arbor) ㉯ 콜릿(collet)

㉰ 새들(saddle) ㉱ 어댑터(adapter)

[해설] 니형 밀링 머신의 새들은 테이블을 지지하며, 니의 상부에 있어 그 위를 전후 방향으로 이동한다.

8. 밀링 머신에서 테이블의 이송 속도(f)를 구하는 식으로 옳은 것은? (단, f_z : 1개의 날당 이송(mm), z : 커터의 날 수, n : 커터의 회전수(rpm)이다.)

㉮ $f = f_z \times z \times n$ ㉯ $f = f_z \times \pi \times z \times n$

㉰ $f = \dfrac{f_z \times z}{n}$ ㉱ $f = \dfrac{(f_z \times z)^2}{n}$

9. 풀리(pulley)의 보스(boss)에 키 홈을 가공하려 할 때 사용되는 공작기계는?

㉮ 보링 머신 ㉯ 호빙 머신

㉰ 드릴링 머신 ㉱ 브로칭 머신

[해설] 브로칭 머신(broaching) : 브로치 공구를 사용하여 표면 또는 내면을 필요한 모양으로 절삭가공하는 기계이다. 키 홈, 스플라인 구멍, 다각형 구멍 등에 작업을 한다.

10. 범용 밀링 머신으로 할 수 없는 가공은?

㉮ T홈 가공 ㉯ 평면 가공

㉰ 수나사 가공 ㉱ 더브테일 가공

[해설] 수나사 가공은 범용 선반에서 한다.

11. 박스 지그(box jig)의 사용처로 옳은 것은?

㉮ 드릴로 대량 생산을 할 때

㉯ 선반으로 크랭크 절삭을 할 때

㉰ 연삭기로 테이퍼 작업을 할 때

㉱ 밀링으로 평면 절삭 작업을 할 때

12. 선반에서 할 수 없는 작업은?

㉮ 나사 가공 ㉯ 널링 가공

㉰ 테이퍼 가공 ㉱ 스플라인 홈 가공

[해설] 선반 작업에는 바깥지름 절삭, 안지름 절삭, 테이퍼 절삭, 단면 절삭, 총형 절삭, 드릴링, 절단, 나사 절삭, 측면 절삭, 널링 작업 등이 있다.

13. 다음 중 수기 가공을 할 때 작업 안전수칙으로 옳은 것은?

㉮ 바이스를 사용할 때는 조에 기름을 충분히 묻히고 사용한다.

㉯ 드릴 가공을 할 때는 장갑을 착용하여 단단하고 위험한 칩으로부터 손을 보호한다.

㉰ 금긋기 작업을 하는 이유는 주로 절단을 할 때 절삭성이 좋아지기 위함이다.

㉱ 탭 작업 시에는 칩이 원활하게 배출이 될 수 있도록 후퇴와 전진을 번갈아가면서 점진적으로 수행한다.

14. 비교 측정하는 방식의 측정기는?

㉮ 측장기 ㉯ 마이크로미터

㉰ 다이얼 게이지 ㉱ 버니어 캘리퍼스

15. 미끄러짐을 방지하기 위한 손잡이나 외관을 좋게 하기 위하여 사용되는 다음 그림과 같은 선반 가공법은?

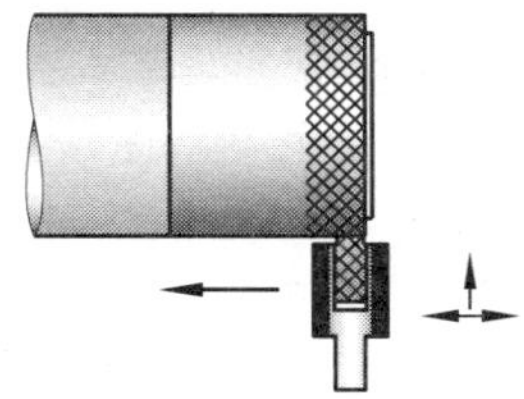

㉮ 나사 가공 ㉯ 널링 가공

㉰ 총형 가공 ㉱ 다듬질 가공

16. 다음 중 연삭작업에 대한 설명으로 적절하지 않은 것은?

㉮ 거친 연삭을 할 때는 연삭 깊이를 얕게 주도록 한다.

㉯ 연질 가공물을 연삭할 때는 결합도가 높은 숫돌이 적합하다.

㉰ 다듬질 연삭을 할 때는 고운 입도의 연삭 숫돌을 사용한다.

해답 7. ㉰ 8. ㉮ 9. ㉱ 10. ㉰ 11. ㉮ 12. ㉱ 13. ㉱ 14. ㉰ 15. ㉯ 16. ㉮

라 강의 거친 연삭에서 공작물 1회전마다 숫돌바퀴 폭의 1/2~3/4으로 이송한다.

[해설] 마무리 다듬질 연삭을 할 때는 연삭 깊이를 얕게 주도록 한다.

17. 심압대의 편위량을 구하는 식으로 옳은 것은? (단, X : 심압대 편위량이다.)

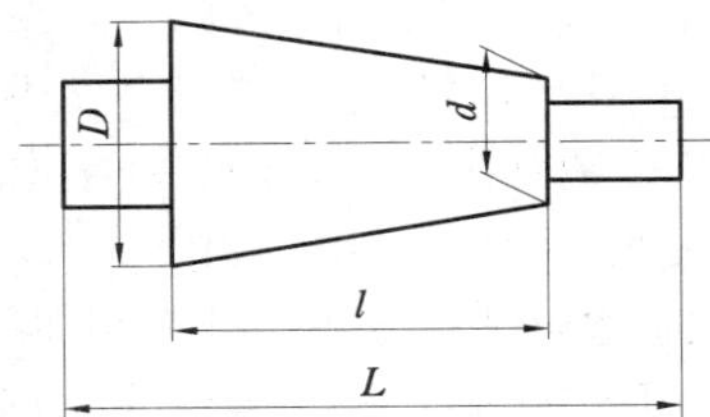

㉮ $X = \dfrac{D-dL}{2l}$ ㉯ $X = \dfrac{L(D-d)}{2l}$

㉰ $X = \dfrac{l(D-d)}{2L}$ ㉱ $X = \dfrac{2L}{(D-d)l}$

18. 센터리스 연삭에 대한 설명으로 틀린 것은?

㉮ 가늘고 긴 가공물의 연삭에 적합하다.

㉯ 긴 홈이 있는 가공물의 연삭에 적합하다.

㉰ 다른 연삭기에 비해 연삭 여유가 적어도 된다.

㉱ 센터가 필요하지 않으므로 센터 구멍을 가공할 필요가 없다.

[해설] 센터리스 연삭기
① 연속 작업이 가능하다.
② 공작물의 해체·고정이 필요 없어 고정에 따른 변형이 적다.
③ 가늘고 긴 핀, 원통, 중공축 등을 연삭하기 쉽다.
④ 기계의 조정이 끝나면 초보자도 작업을 할 수 있다.
⑤ 센터 구멍이 필요 없는 원통 연삭에 편리하다.

19. 다음 중 래핑작업에 사용하는 랩제의 종류가 아닌 것은?

㉮ 흑연 ㉯ 산화크롬

㉰ 탄화규소 ㉱ 산화알루미나

[해설] 랩제 : 탄화규소나 알루미나가 주로 사용되며 산화철, 산화크로뮴, 탄화붕소, 알루미늄 분말 등도 사용된다.

20. 입자를 이용한 가공법이 아닌 것은?

㉮ 래핑 ㉯ 브로칭

㉰ 배럴 가공 ㉱ 액체 호닝

[해설] 브로칭 : 브로치 공구를 사용하여 표면 또는 내면을 필요한 모양으로 절삭 가공하는 절삭공구이다.

제 2 과목 : 기계제도

21. KS 기계제도에서 특수한 용도의 선으로 아주 굵은 실선을 사용해야 하는 경우는?

㉮ 나사, 리벳 등의 위치를 명시하는 데 사용한다.

㉯ 외형선 및 숨은선의 연장을 표시하는 데 사용한다.

㉰ 평면이라는 것을 나타내는 데 사용한다.

㉱ 얇은 부분의 단면도시를 명시하는 데 사용한다.

[해설] 특수한 용도의 선으로 아주 굵은 실선을 사용하며, 이는 얇은 부분의 단선 도시를 명시하는 데 사용한다.

22. KS 용접 기호 중 현장 용접을 뜻하는 기호가 포함된 것은?

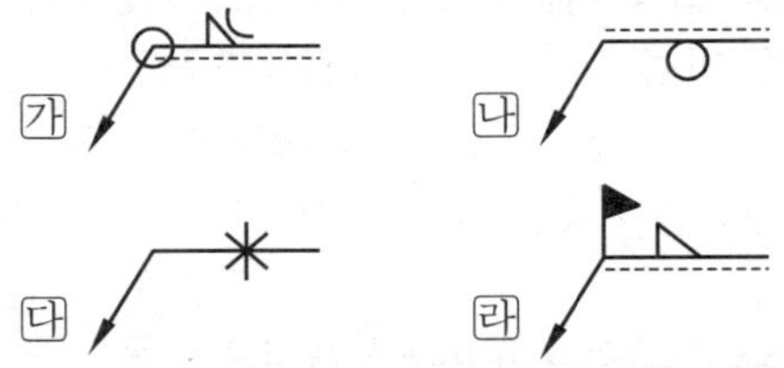

[해설]

명칭	기호
현장 용접	▶
전체 둘레 용접	○
전체 둘레 현장 용접	▶○

23. 제3각법으로 나타낸 그림에서 정면도와 우측면도를 고려하여 가장 적합한 평면도는?

해답 17. ㉯ 18. ㉯ 19. ㉮ 20. ㉯ 21. ㉱ 22. ㉱ 23. ㉰

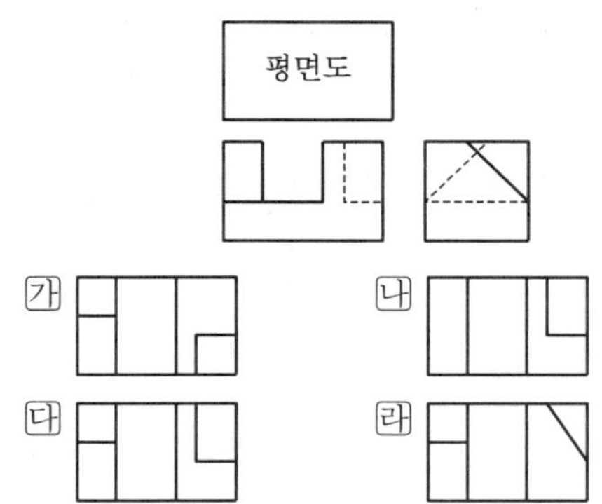

24. 스프링용 스테인리스 강선의 KS 재료 기호로 옳은 것은?

㉠ STC ㉡ STD ㉢ STF ㉣ STS

[해설] 탄소 공구강 강재(STC), 합금 공구강(STF), 합금 공구강(STD)이다. 스프링용 스테인리스 강선(STS)은 KS D 3535, 합금 공구 강재(STS)는 KS D 3735에 규정되어 있다.

25. 그림과 같은 물체(끝이 잘린 원추)를 전개하고자 할 때 방사선법을 사용하지 않는다면 다음 중 가장 적합한 방법은?

㉠ 삼각형법

㉡ 평행선법

㉢ 종합선법

㉣ 절단법

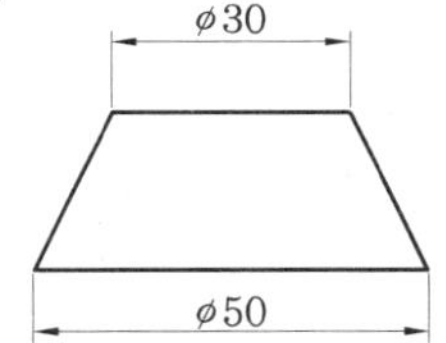

[해설] 끝이 잘린 원추는 꼭짓점이 너무 멀리 있어 방사선을 이용한 전개도법으로 그리기 어려운 경우나 또는 전개용 공구가 부족하여 적합하지 않을 때 이용한다.

26. 다음과 같이 치수가 도시되었을 경우 그 의미로 옳은 것은?

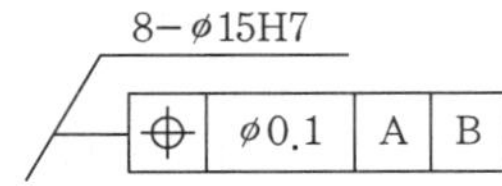

㉠ 8개의 축이 φ15에 공차등급 H7이며, 원통도가 데이텀 A, B에 대하여 φ0.1을 만족해야 한다.

㉡ 8개의 구멍이 φ15에 공차등급 H7이며, 원통도가 데이텀 A, B에 대하여 φ0.1을 만족

해야 한다.

㉢ 8개의 축이 φ15에 공차등급 H7이며, 위치도가 데이텀 A, B에 대하여 φ0.1을 만족해야 한다.

㉣ 8개의 구멍이 φ15에 공차등급 H7이며, 위치도가 데이텀 A, B에 대하여 φ0.1을 만족해야 한다.

[해설] H는 구멍, h는 축 기준 끼워 맞춤이며, 위치도 공차값은 φ0.1이다.

27. 다음의 그림에서 A, B, C, D를 보고 화살표 방향에서 본 투상도를 옳게 짝지은 것은?

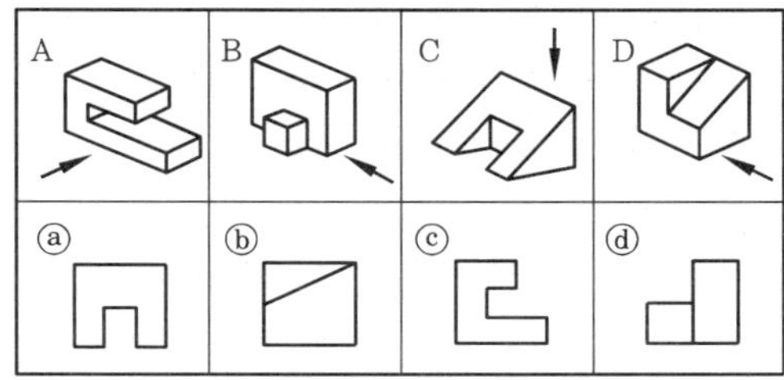

㉠ A-ⓐ, B-ⓒ, C-ⓑ, D-ⓓ

㉡ A-ⓒ, B-ⓓ, C-ⓐ, D-ⓑ

㉢ A-ⓐ, B-ⓑ, C-ⓓ, D-ⓒ

㉣ A-ⓓ, B-ⓒ, C-ⓐ, D-ⓑ

28. 베어링의 호칭번호가 62/28일 때 베어링 안지름은 몇 mm인가?

㉠ 28 ㉡ 32 ㉢ 120 ㉣ 140

[해설] 62/28의 62는 깊은 홈 볼 베어링, 28은 안지름이 28 mm이다.

29. 다음 V벨트의 종류 중 단면의 크기가 가장 작은 것은?

㉠ M형 ㉡ A형 ㉢ B형 ㉣ E형

[해설] V벨트 단면의 모양과 치수

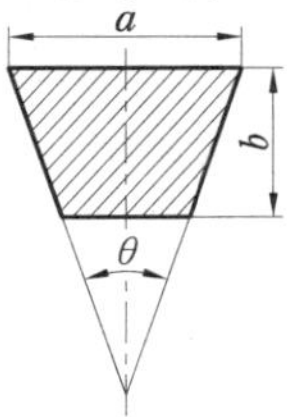

V벨트의 종류 및 치수(KS M 6535)　(단위 : mm)

종류	a	b	$\theta(°)$
M	10.0	5.5	
A	12.5	9.0	
B	16.5	11.0	40
C	22.0	14.0	
D	31.5	19.0	
E	38.0	24.0	

30. 치수 보조 기호의 설명으로 틀린 것은?

㉮ R15 : 반지름 15

㉯ t15 : 판의 두께 15

㉰ (15) : 비례척이 아닌 치수 15

㉱ SR15 : 구의 반지름 15

[해설] (15) : 참고 치수
　50 : 척도와 다름(비례척이 아님)

31. 그림과 같은 입체도에서 화살표 방향이 정면일 경우 평면도로 가장 적합한 투상도는?

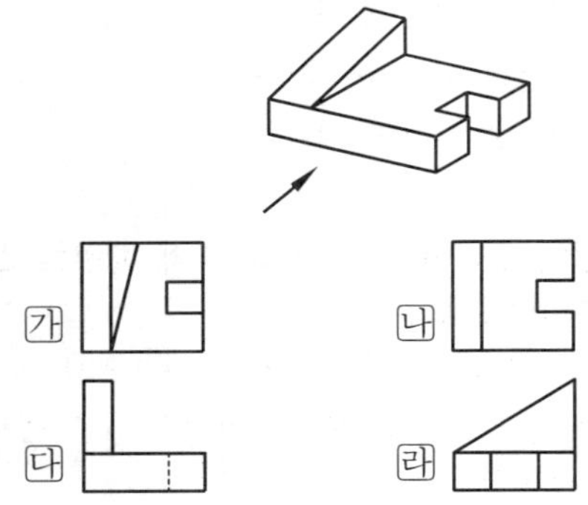

32. 제3각법에 대한 설명으로 틀린 것은?

㉮ 눈 → 투상면 → 물체의 순으로 나타난다.

㉯ 좌측면도는 정면도의 좌측에 그린다.

㉰ 저면도는 우측면도의 아래에 그린다.

㉱ 배면도는 우측면도의 우측에 그린다.

[해설] 제3각법은 물체를 제3상한 공간에 놓고 정투상하는 방법으로, 눈과 물체 사이에 투상면이 있다. 위에서 본 평면도는 정면도 위에, 아래에서 본 저면도는 정면도 아래에, 왼쪽에서 본 좌측면도는 정면도 왼쪽에, 오른쪽에서 본 우측면도는

정면도 오른쪽에, 뒤쪽에서 본 배면도는 우측면도의 오른쪽이나 좌측면도의 왼쪽에 배치한다.

33. 가공 방법의 약호 중에서 래핑 가공을 나타낸 것은?

㉮ FL　　　　㉯ FR

㉰ FS　　　　㉱ FF

[해설] FL : 래핑, FF : 줄, FS : 스크레이퍼, FR : 리머

34. 다음 중 스프링 도시 방법에 대한 설명으로 틀린 것은?

㉮ 코일 스프링, 벌류트 스프링은 일반적으로 무하중 상태에서 그린다.

㉯ 겹판 스프링은 일반적으로 스프링 판이 수평인 상태에서 그린다.

㉰ 요목표에 단서가 없는 코일 스프링 및 벌류트 스프링은 모두 왼쪽으로 감긴 것을 나타낸다.

㉱ 스프링 종류 및 모양만을 간략도로 나타내는 경우에는 스프링 재료의 중심선만을 굵은 실선으로 그린다.

[해설] 스프링 도시 방법
① 코일 스프링, 벌류트 스프링, 스파이럴 스프링은 하중이 걸리지 않는 상태에서 그리고, 겹판 스프링은 상용 하중 상태에서 그린다.
② 하중과 높이, 휨의 관계를 표시할 필요가 있을 때에는 선도 또는 표로 나타낸다.
③ 도면에 특별한 설명이 없는 코일 스프링 및 벌류트 스프링은 오른쪽으로 감긴 것이다.
④ 그림에 기입하기 어려운 사항은 일괄하여 요목표로 나타낸다.
⑤ 중간을 생략할 때는 생략 부분을 가는 일점 쇄선 또는 가는 이점 쇄선으로 그린다.
⑥ 스프링의 종류 및 모양만을 간략하게 그릴 때에는 스프링 소선의 중심선을 굵은 실선으로 그리며, 정면도만 그린다.

35. 기하 공차를 나타내는 데 있어서 대상면의 표면은 0.1 mm만큼 떨어진 두 개의 평행한 평면 사이에 있어야 한다는 것을 나타내는 것은?

㉮ | — | 0.1 |　　　　㉯ | ⁄⁄ | 0.1 |

[해답]　**30.** ㉰　**31.** ㉯　**32.** ㉰　**33.** ㉮　**34.** ㉰　**35.** ㉯

<table>
<tr><td>다</td><td>⟨ ⟩   0.1</td><td></td><td>라</td><td>⊥   0.1   A</td></tr>
</table>

[해설] 평면도는 공차역만큼 떨어진 두 개의 평행한 평면 사이에 끼인 영역이다.

36. 배관 결합 방식의 표현으로 옳지 않은 것은?

㉮ ──┼── 일반 결합
㉯ ──✕── 용접식 결합
㉰ ──╫── 플랜지식 결합
㉱ ──╫── 유니언식 결합

[해설] 관의 결합 방법의 도시 기호

연결 상태	도시 기호
이음	──┼──
용접식 이음	──●──
플랜지 이음	──╫──
턱걸이식 이음	──●──
유니언식 이음	──╫──

37. 도면에 치수를 기입하는 방법을 설명한 것 중 옳지 않은 것은?

㉮ 특별히 명시하지 않는 한, 그 도면에 도시된 대상물의 다듬질 치수를 기입한다.
㉯ 길이의 단위는 mm이고, 도면에는 반드시 단위를 기입한다.
㉰ 각도의 단위로는 일반적으로 도(˚)를 사용하고, 필요한 경우 분(′) 및 초(″)를 병용할 수 있다.
㉱ 치수는 될 수 있는 대로 주투상도에 집중해서 기입한다.

[해설] 길이 치수는 원칙적으로 mm의 단위로 기입하고 단위 기호는 붙이지 않는다.

38. 기준 치수가 50 mm이고, 최대 허용치수가 50.015 mm이며, 최소 허용치수가 49.990 mm일 때 치수 공차는 몇 mm인가?

㉮ 0.025
㉯ 0.015
㉰ 0.005
㉱ 0.010

[해설] 치수 공차 = 최대 허용 치수 − 최소 허용 치수
= 50.015 − 49.990 = 0.025 mm

39. 가는 1점 쇄선의 용도가 아닌 것은?

㉮ 도형의 중심을 표시하는 데 쓰인다.
㉯ 수면, 유면 등의 위치를 표시하는 데 쓰인다.
㉰ 중심이 이동한 중심궤적을 표시하는 데 쓰인다.
㉱ 되풀이하는 도형의 피치를 취하는 기준을 표시하는 데 쓰인다.

[해설] 가는 1점 쇄선의 용도
① 중심선 : 도형의 중심을 표시하거나 중심이 이동한 중심 궤적을 표시할 때 쓰인다.
② 기준선 : 특히 위치 결정의 근거가 된다는 것을 명시할 때 쓰인다.
③ 피치선 : 되풀이하는 도형의 피치를 취하는 기준을 표시할 때 쓰인다.

40. 나사가 "M50×2-6H"로 표시되었을 때 이 나사에 대한 설명 중 틀린 것은?

㉮ 미터 가는 나사이다.
㉯ 암나사 등급이 6이다.
㉰ 피치가 2 mm이다.
㉱ 왼나사이다.

[해설]
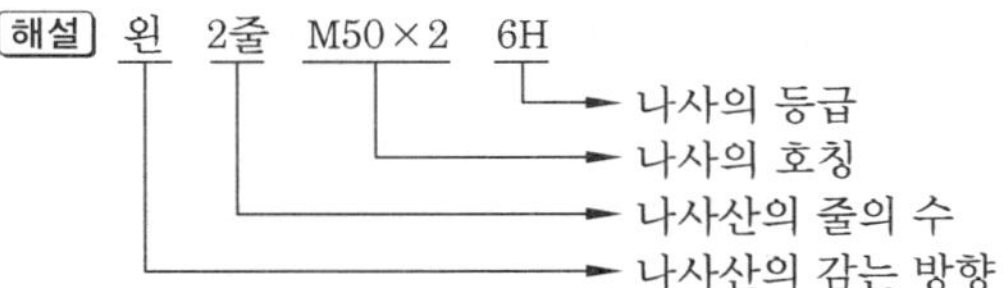

제 3 과목 : 기계설계 및 기계재료

---

41. 상온에서 순철(α철)의 격자구조는?

㉮ FCC
㉯ CPH
㉰ BCC
㉱ HCP

[해설] 페라이트 : 강의 현미경 조직에 나타나는 조직으로, α철이 녹아 있는 가장 순철에 가까운 조직이다. 극히 연하고 상온에서 강자성체인 체심입방격자 조직이다.

42. 백주철을 고온에서 장시간 열처리하여 시멘타이트 조직을 분해하거나 소실시켜 인성 또는

연성을 개선한 주철은?

㉮ 가단주철 ㉯ 칠드주철
㉰ 합금주철 ㉱ 구상흑연주철

43. 강의 표면에 붕소(B)를 침투시키는 처리 방법은?

㉮ 세라다이징 ㉯ 칼로라이징
㉰ 크로마이징 ㉱ 보로나이징

[해설] 금속 침투법(cementation)
  ㉮ 세라다이징 : Zn 침투
  ㉯ 칼로라이징 : Al 침투
  ㉰ 크로마이징 : Cr 침투
  ㉱ 실리코나이징 : Si 침투

44. 다음 중 구리 및 구리 합금에 관한 설명으로 틀린 것은?

㉮ Cu의 용융점은 약 1083℃이다.
㉯ 문츠 메탈은 60 %Cu+40 %Sn 합금이다.
㉰ 유연하고 전연성이 좋으므로 가공이 용이하다.
㉱ 부식성 물질이 용존하는 수용액 내에 있는 황동은 탈아연 현상이 나타난다.

45. 고속도강을 담금질 한 후 뜨임하게 되면 일어나는 현상은?

㉮ 경년현상이 일어난다.
㉯ 자연균열이 일어난다.
㉰ 2차경화가 일어난다.
㉱ 응력부식균열이 일어난다.

46. 플라스틱 성형재료 중 열가소성 수지는?

㉮ 페놀 수지 ㉯ 요소 수지
㉰ 아크릴 수지 ㉱ 멜라민 수지

[해설] 아크릴 수지 : 아크릴산, 메탈 아크릴산 유도체의 중합물이다. 내수성, 내산성, 내알칼리성, 내유성 등이 뛰어나지만 열에 약하다.

47. 일반적으로 탄소강에서 탄소량이 증가할수록 증가하는 성질은?

㉮ 비중 ㉯ 열팽창계수
㉰ 전기저항 ㉱ 열전도도

[해설] ① 물리적 성질 : 비중, 선팽창률, 온도계수, 열전도도는 감소하나 비열, 전기저항, 항자력은 증가한다.
  ② 기계적 성질 : 인장강도, 경도는 증가하다가 공석 조직에서 최대가 되나 연신율과 충격값은 감소한다.

48. 다음 중 알루미늄 합금이 아닌 것은?

㉮ 라우탈 ㉯ 실루민
㉰ 두랄루민 ㉱ 화이트메탈

[해설] Pb-Sn-Sb계, Sn-Sb계 합금의 총칭으로, 융점이 낮고 유연한 백색 합금이다. 베어링 합금, 활자, 납 합금 및 다이캐스트 합금에 사용된다.

49. 금속의 일반적인 특성이 아닌 것은?

㉮ 연성 및 전성이 좋다.
㉯ 열과 전기의 부도체이다.
㉰ 금속적 광택을 가지고 있다.
㉱ 고체 상태에서 결정구조를 갖는다.

[해설] 열 및 전기의 양도체이다.

50. 오일리스 베어링(oilless bearing)의 특징을 설명한 것으로 틀린 것은?

㉮ 단공질이므로 강인성이 높다.
㉯ 무급유 베어링으로 사용한다.
㉰ 대부분 분말 야금법으로 제조한다.
㉱ 동계에는 Cu-Sn-C 합금이 있다.

[해설] 기름을 포함하기 위한 공간을 많이 가진 재료를 다공질 재료라 한다. 다공질 재료는 일반적으로 강도가 낮지만 최근에는 강도를 개선한 다공질 재료도 나오고 있다.

51. 지름 45 mm의 축이 200 rpm으로 회전하고 있다. 이 축은 길이 1 m에 대하여 1/4°의 비틀림 각이 발생한다고 할 때 약 몇 kW의 동력을 전달하고 있는가? (단, 축 재료의 가로탄성계수는 84 GPa이다.)

㉮ 2.1 ㉯ 2.6 ㉰ 3.1 ㉱ 3.6

[해답] 43. ㉱ 44. ㉯ 45. ㉰ 46. ㉰ 47. ㉰ 48. ㉱ 49. ㉯ 50. ㉮ 51. ㉰

[해설] $\theta = 57.3 \times \dfrac{32\,Tl}{G\pi d^4} \fallingdotseq 584\,\dfrac{Tl}{Gd^4}\,[\,^\circ\,]$

$$0.25 = 584 \times \dfrac{9.55 \times 10^6 \times \dfrac{H}{200} \times 1000}{84 \times 10^3 \times 45^4}$$

$$\therefore\ H = \dfrac{0.25 \times 84 \times 10^3 \times 45^4 \times 200}{584 \times 9.55 \times 10^6 \times 1000}$$

$$\fallingdotseq 3.1\ \text{kW}$$

52. 어느 브레이크에서 제동동력이 3 kW이고 브레이크 용량(brake capacity)이 0.8 N/mm² · m/s 라고 할 때, 브레이크 마찰면적의 크기는 약 몇 mm²인가?

㉠ 3200 ㉡ 2250 ㉢ 5500 ㉣ 3750

53. 스프링에 150 N의 하중을 가했을 때 발생하는 최대전단응력이 400 MPa이다. 스프링 지수(C)가 10이라 할 때 스프링 소선의 지름은 약 몇 mm인가? (단, 응력수정계수 $K = \dfrac{4C-1}{4C-4} + \dfrac{0.615}{C}$ 를 적용한다.)

㉠ 3.3 ㉡ 4.8 ㉢ 7.5 ㉣ 12.6

54. 420 rpm으로 16.20 kN의 하중을 받고 있는 엔드 저널의 지름(d)과 길이(l)는? (단, 베어링 작용압력은 1 N/mm², 폭 지름비 $l/d = 2$이다.)

㉠ $d = 90$ mm, $l = 180$ mm

㉡ $d = 85$ mm, $l = 170$ mm

㉢ $d = 80$ mm, $l = 160$ mm

㉣ $d = 75$ mm, $l = 150$ mm

[해설] 저널 베어링 압력 $P = \dfrac{W}{dl}$ 에서

$\therefore\ dl = W/P = 16200/1 = 16200 = 90 \times 180$

55. 지름이 10 mm인 시험편에 600 N의 인장력이 작용한다고 할 때, 이 시험편에 발생하는 인장응력은 약 몇 MPa인가?

㉠ 95.2 ㉡ 76.4 ㉢ 7.64 ㉣ 9.52

[해설] 인장응력

$$\sigma = \dfrac{P}{A} = \dfrac{P}{\dfrac{\pi d^2}{4}} = \dfrac{600 \times 4}{3.14 \times 100} \fallingdotseq 7.64$$

56. 정(chisel) 등의 공구를 사용하여 리벳머리의 주위와 강판의 가장자리를 두드리는 작업을 코킹(caulking)이라 한다. 이러한 작업을 실시하는 목적으로 적절한 것은?

㉠ 리베팅 작업에 있어서 강판의 강도를 크게 하기 위하여

㉡ 리베팅 작업에 있어서 기밀을 유지하기 위하여

㉢ 리베팅 작업 중 파손된 부분을 수정하기 위하여

㉣ 리벳이 들어갈 구멍을 뚫기 위하여

[해설] ① 유체의 누설을 막기 위하여 코킹이나 풀러링을 하며, 이때의 판 끝은 75~85°로 깎아준다.

② 코킹이나 풀러링은 판재 두께 5 mm 이상에서 행한다.

57. 축 방향으로 보스를 미끄럼 운동시킬 필요가 있을 때 사용하는 키는?

㉠ 페더(feather) 키 ㉡ 반달(woodruff) 키

㉢ 성크(sunk) 키 ㉣ 안장(saddle) 키

[해설] 페더 키

① 묻힘 키의 일종으로 테이퍼가 없이 길다.

② 축 방향으로 보스의 이동이 가능하며, 보스와 간격이 있어 회전 중 이탈을 막기 위해 고정하는 경우가 많다.

③ 미끄럼 키라고도 한다.

58. 맞물린 한 쌍의 인벌류트 기어에서 피치원의 공통접선과 맞물리는 부위에 힘이 작용하는 작용선이 이루는 각도를 무엇이라 하는가?

㉠ 중심각 ㉡ 접선각

㉢ 전위각 ㉣ 압력각

[해설] 기어 잇면의 한 점에서 그 반지름과 치형으로의 접선이 이루는 각으로, 보통은 피치점 압력각을 말한다.

59. M22볼트(골지름 19.294 mm)가 그림과 같이 2장의 강판을 고정하고 있다. 체결 볼트의 허용전단응력이 36.15 MPa라 하면 최대 몇 kN까지의 하중(P)을 견딜 수 있는가?

[해답] 52. ㉣ 53. ㉠ 54. ㉠ 55. ㉢ 56. ㉡ 57. ㉠ 58. ㉣ 59. ㉢

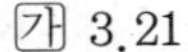

㉮ 3.21

㉯ 7.54

㉲ 10.57

㉴ 11.48

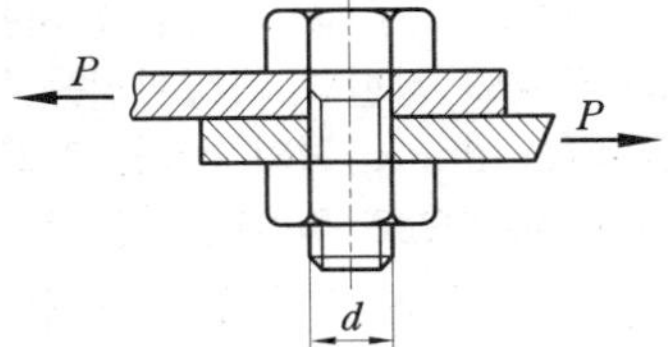

[해설] $\tau = \dfrac{4 \times W}{\pi \times d^2}$, $W = \dfrac{\pi \times d^2 \times \tau}{4}$

$$\therefore W = \frac{3.14 \times 19.294^2 \times 36.15}{4}$$

$$\fallingdotseq 10570 \, N = 10.57 \, kN$$

60. 평벨트 전동장치와 비교하여 V-벨트 전동장치에 대한 설명으로 옳지 않은 것은?

㉮ 접촉 면적이 넓으므로 비교적 큰 동력을 전달한다.

㉯ 장력이 커서 베어링에 걸리는 하중이 큰 편이다.

㉲ 미끄럼이 적고 속도비가 크다.

㉴ 바로걸기로만 사용이 가능하다.

[해설] V-벨트의 특징
① 속도비는 1 : 7이다.
② 미끄럼이 적고 전동 회전비가 크다.
③ 수명이 길다.
④ 운전이 조용하고 진동, 충격의 흡수 효과가 있다.
⑤ 축간 거리가 짧은 데 쓴다(5 m 이하).

제 4 과목 : 컴퓨터응용설계

61. 순서가 정해진 여러 개의 점들을 입력하면 이 모두를 지나는 곡선을 생성하는 것을 무엇이라고 하는가?

㉮ 보간(interpolation)

㉯ 근사(approximation)

㉲ 스무딩(smoothing)

㉴ 리메싱(remeshing)

62. 플로터(plotter)의 일반적인 분류 방식에 속하지 않는 것은?

㉮ 펜(pen)식

㉯ 충격(impact)식

㉲ 래스터(raster)식

㉴ 포토(photo)식

[해설] 플로터는 일반적으로 펜식, 래스터식, 광전식으로 분류한다.

63. NURBS(non-uniform rational b-spline)에 관한 설명으로 가장 옳지 않은 것은?

㉮ NURBS 곡선식은 B-spline 곡선식을 포함하는 일반적인 형태라고 할 수 있다.

㉯ B-spline에 비하여 NURBS 곡선이 보다 자유로운 변형이 가능하다.

㉲ 곡선의 변형을 위하여 NURBS 곡선에서는 각각의 조정점에서 x, y, z방향에 대한 3개의 자유도가 허용된다.

㉴ NURBS 곡선은 자유 곡선뿐만 아니라 원추 곡선까지 하나의 방정식 형태로 표현이 가능하다.

[해설] NURBS 곡선 : 4개의 자유도를 가진다.

64. 다음 중 3차원 형상의 솔리드 모델링 방법에서 CSG 방식과 B-Rep 방식을 비교한 설명 중 틀린 것은?

㉮ B-rep 방식은 CSG 방식에 비해 보다 복잡한 형상의 물체(비행기 동체 등)를 모델링하는 데 유리하다.

㉯ B-rep 방식은 CSG 방식에 비해 3면도, 투시도 작성이 용이하다.

㉲ B-rep 방식은 CSG 방식에 비해 필요한 메모리의 양이 적다.

㉴ B-rep 방식은 CSG 방식에 비해 표면적 계산이 용이하다.

65. 그림과 같이 중간에 원형 구멍이 관통되어 있는 모델에 대하여 토폴로지 요소를 분석하고자 한다. 여기서 면(face)은 몇 개로 구성되어 있는가?

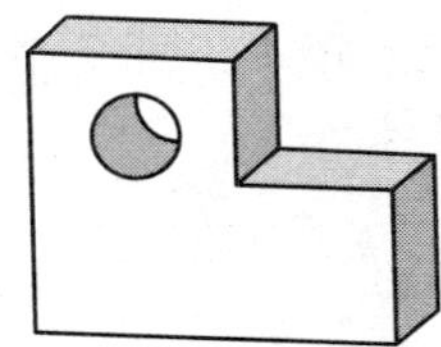

[해답] 60. ㉯ 61. ㉮ 62. ㉯ 63. ㉲ 64. ㉲ 65. ㉲

㉮ 7 ㉯ 8
㉰ 9 ㉱ 10

[해설] 육면체의 면은 6개이며 모서리는 12개이다.

66. 쾌속조형(rapid prototyping) 등에 사용되는 STL 파일의 특징에 대한 설명으로 틀린 것은?

㉮ 평면 삼각형들의 목록만을 담고 있기 때문에 구조가 간단하다.

㉯ 데이터 양이 많으며 데이터를 중복해서 가지고 있기도 하다.

㉰ 굴곡진 곡면도 실제와 같이 정확하게 표현할 수 있다.

㉱ 모델의 위상정보를 가지고 있지 않다.

[해설] STL 파일은 모델링 된 곡면을 정확하게 삼각형 다면체로 표현할 수 없다.

67. 래스터 스캔 디스플레이에 직접적으로 관련된 용어가 아닌 것은?

㉮ flicker ㉯ refresh
㉰ frame buffer ㉱ RISC

[해설] ㉮ flicker : 화면이 깜박거리는 현상이다.
㉯ refresh : 화면을 다시 재생 작업하는 것이다.
㉰ frame buffer : 데이터를 다른 곳으로 전송하는 동안 일시적으로 그 데이터를 보관하는 메모리 영역이다.
㉱ RISC : reduced instruction set computer의 약어로 CPU에 관련된 사항이다.

68. CAD 시스템의 3차원 공간에서 평면을 정의할 때 입력 조건으로 충분하지 않은 것은?

㉮ 한 개의 직선과 이 직선의 연장선 위에 있지 않은 한 개의 점

㉯ 일직선상에 있지 않은 세 점

㉰ 평면의 수직벡터와 그 평면 위의 한 개의 점

㉱ 두 개의 직선

69. 3차원에서 이미 구성된 도형자료의 확대 또는 축소를 나타내는 변환행렬로 옳은 것은? (단, 행렬에서 S_x, S_y, S_z는 각각 X, Y, Z방향으로의 확대 또는 축소되는 크기이다.)

㉮ $T_y = \begin{bmatrix} S_x & 0 & 0 & 0 \\ 0 & 1 & 0 & 0 \\ 0 & 0 & S_y & 0 \\ S_z & 0 & 0 & 1 \end{bmatrix}$ ㉯ $T_y = \begin{bmatrix} 0 & 0 & 0 & S_x \\ 0 & 0 & S_y & 0 \\ 0 & S_z & 0 & 0 \\ 1 & 0 & 0 & 1 \end{bmatrix}$

㉰ $T_y = \begin{bmatrix} 0 & 0 & 0 & 1 \\ 0 & S_x & 0 & 0 \\ 0 & 0 & S_y & 0 \\ 1 & 0 & 0 & S_z \end{bmatrix}$ ㉱ $T_y = \begin{bmatrix} S_x & 0 & 0 & 0 \\ 0 & S_y & 0 & 0 \\ 0 & 0 & S_z & 0 \\ 1 & 0 & 0 & 1 \end{bmatrix}$

[해설] $\begin{bmatrix} x \\ y \\ z \\ 1 \end{bmatrix} \begin{bmatrix} S_x & 0 & 0 & 0 \\ 0 & S_y & 0 & 0 \\ 0 & 0 & S_z & 0 \\ 0 & 0 & 0 & 1 \end{bmatrix} = \begin{bmatrix} S_x x \\ S_y y \\ S_z z \\ 1 \end{bmatrix}$ 이므로 확대, 축소를 나타내는 변환행렬은 $\begin{bmatrix} S_x & 0 & 0 & 0 \\ 0 & S_y & 0 & 0 \\ 0 & 0 & S_z & 0 \\ 0 & 0 & 0 & 1 \end{bmatrix}$ 이다.

70. 다음 중 출력용 프린터의 해상도(resolution)를 나타내는 단위는?

㉮ DPI ㉯ BPC
㉰ LCD ㉱ CPS

[해설] DPI : 출력 밀도(해상도)

71. 미리 정해진 연속된 단면을 덮는 표면 곡면을 생성시켜 닫혀진 부피영역 혹은 솔리드 모델을 만드는 모델링 방법은?

㉮ 트위킹(tweaking) ㉯ 리프팅(lifting)
㉰ 스위핑(sweeping) ㉱ 스키닝(skinning)

[해설] 스키닝 : 미리 정해진 연속된 여러 개의 단면 형상을 생성하고 이들을 덮어 싸는 곡면 모델링 방법이다.

72. CAD 시스템에서 두 개의 곡선을 연결하여 복잡한 형태의 곡선을 만들 때, 양쪽 곡선의 연결점에서 2차 미분까지 연속하게 구속조건을 줄 수 있는 최소 차수의 곡선은?

㉮ 2차 곡선 ㉯ 3차 곡선
㉰ 4차 곡선 ㉱ 5차 곡선

73. 그림과 같이 P₁(2, 1), P₂(5, 2) 점을 지나는 직선의 방정식은?

해답 66. ㉰ 67. ㉱ 68. ㉱ 69. ㉱ 70. ㉮ 71. ㉱ 72. ㉯ 73. ㉮

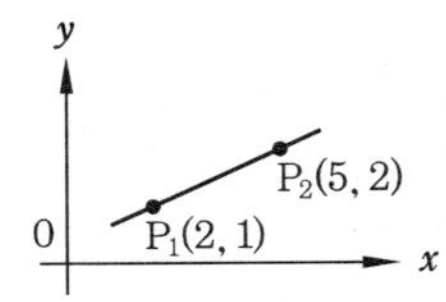

㉮ $y = \dfrac{1}{3}x + \dfrac{1}{3}$ ㉯ $y = -\dfrac{1}{3}x + \dfrac{1}{3}$

㉰ $y = \dfrac{1}{3}x - \dfrac{1}{3}$ ㉱ $y = -\dfrac{1}{3}x - \dfrac{1}{3}$

74. 10진수로 표시된 11을 2진수로 옳게 나타낸 것은?

㉮ 1011   ㉯ 1100

㉰ 1110   ㉱ 1101

[해설] $11 = (2^3 \times 1) + (2^2 \times 0) + (2^1 \times 1) + (1 \times 1)$

75. 다음과 같은 원추 곡선(conic curve) 방정식을 정의하기 위해 필요한 구속조건의 수는?

$$f(x,\ y) = ax^2 + bxy + cy^2 + dx + ey + g = 0$$

㉮ 3개   ㉯ 4개

㉰ 5개   ㉱ 6개

76. CAD 시스템에서 서로 다른 CAD 시스템 간의 데이터 교환을 위한 대표적인 표준파일 형식이 아닌 것은?

㉮ IGES   ㉯ ASCII

㉰ DXF   ㉱ STEP

[해설] ASCII 코드는 128문자 표준 지정코드이다.

77. 베지어(Bezier) 곡선의 특징에 대한 설명으로 옳지 않은 것은?

㉮ 곡선은 첫 조정점과 마지막 조정점을 지난다.

㉯ 곡선은 조정점들을 연결하는 다각형의 내측에 존재한다.

㉰ 1개의 조정점의 변화는 곡선 전체에 영향을 미친다.

㉱ n개의 조정점에 의해서 정의되는 곡선은 $(n+1)$차 곡선이다.

[해설] 베지어 곡선에서 n개의 정점에 의해 생성된 곡선은 $(n-1)$차 곡선이다.

78. CAD 프로그램 내에서 3차원 공간상의 하나의 점을 화면상에 표시하기 위해 사용되는 3개의 기본 좌표계에 속하지 않는 것은?

㉮ 세계 좌표계(world coordinate system)

㉯ 벡터 좌표계(vector coordinate system)

㉰ 시각 좌표계(viewing coordinate system)

㉱ 모델 좌표계(model coordinate system)

79. IGES 파일 포맷에서 엔티티들에 관한 실제 데이터, 즉 직선 요소의 경우 두 끝점에 대한 6개의 좌푯값이 기록되어 있는 부분(section)은 어느 것인가?

㉮ 스타트 섹션(start section)

㉯ 글로벌 섹션(global section)

㉰ 디렉토리 엔트리 섹션(directory entry section)

㉱ 파라미터 데이터 섹션(parameter data section)

[해설] IGES 파일의 구조는 start, global, directory, parameter, terminate, flag의 6개 섹션(section)으로 구성되어 있다.

80. 형상모델링 방법 중 솔리드 모델링(solid modeling)의 특징에 대한 설명으로 옳지 않은 것은?

㉮ 은선 제거가 가능하다.

㉯ 단면도 작성이 어렵다.

㉰ 불(Boolean) 연산에 의하여 복잡한 형상도 표현할 수 있다.

㉱ 명암, 컬러 기능 및 회전, 이동 등의 기능을 이용하여 사용자가 명확히 물체를 파악할 수 있다.

[해설] 솔리드 모델링은 단면도 작성이 쉽다.

▶ 2017년 8월 26일 시행

자격종목 및 등급(선택분야)	종목코드	시험시간	문제지형별	수험번호	성 명
기계설계 산업기사	**2031**	**2시간**	**A**		

제1과목 : 기계가공법 및 안전관리

1. 선반의 가로 이송대에 4 mm 리드로 100등분이 달려 있을 때 지름 38 mm의 환봉을 지름 32 mm로 절삭하려면 핸들의 눈금은 몇 눈금으로 돌리면 되겠는가?

㉮ 35 ㉯ 70 ㉰ 75 ㉱ 90

[해설] (핸들의 1눈금) = 4÷100 = 0.04 mm
(절삭 깊이의 반지름) = (38−32)÷2 = 6÷2 = 3 mm
∴ (핸들의 눈금) = 3÷0.04 = 75눈금

2. 연삭 가공에서 내면 연삭에 대한 설명으로 틀린 것은?

㉮ 바깥지름 연삭에 비하여 숫돌의 마모가 많다.
㉯ 바깥지름 연삭보다 숫돌축의 회전수가 느려야 한다.
㉰ 연삭숫돌의 지름은 가공물의 지름보다 작아야 한다.
㉱ 숫돌축은 지름이 작기 때문에 가공물의 정밀도가 다소 떨어진다.

[해설] 숫돌의 바깥지름이 작으므로 소정의 연삭 속도를 얻으려면 숫돌축의 회전수를 높여야 한다.

3. 동일 지름 3개의 핀을 이용하여 수나사의 유효지름을 측정하는 방법은?

㉮ 광학법 ㉯ 삼침법
㉰ 지름법 ㉱ 반지름법

[해설] 삼침법 : 3개의 핀 게이지를 나사산의 골에 끼운 상태에서 외측 마이크로미터로 측정하여 계산한다. 유효지름을 측정하는 방법 중 정밀도가 가장 높은 측정법이다.

4. 비교측정 방법에 해당되는 것은?

㉮ 사인 바에 의한 각도 측정
㉯ 버니어 캘리퍼스에 의한 길이 측정
㉰ 롤러와 게이지 블록에 의한 테이퍼 측정
㉱ 공기 마이크로미터를 이용한 제품의 치수 측정

[해설] 공기 마이크로미터는 비교 측정기이다.

5. 호닝작업의 특징으로 틀린 것은?

㉮ 정확한 치수 가공을 할 수 있다.
㉯ 표면 정밀도를 향상시킬 수 있다.
㉰ 호닝에 의하여 구멍의 위치를 자유롭게 변경하여 가공이 가능하다.
㉱ 전 가공에서 나타난 테이퍼, 진원도 등에 발생한 오차를 수정할 수 있다.

[해설] 호닝에서는 전 가공에서 발생한 오차를 수정할 수 있으며, 구멍의 위치를 변경하여 가공할 수 없다.

6. 주축(spindle)의 정지를 수행하는 NC-code는 어느 것인가?

㉮ M02 ㉯ M03 ㉰ M04 ㉱ M05

[해설] M02(프로그램 종료), M03(주축 절회전), M04(주축 역회전), M05(주축 정지)

7. 합금 공구강에 대한 설명으로 틀린 것은?

㉮ 탄소 공구강에 비해 절삭성이 우수하다.
㉯ 저속 절삭용, 총형 절삭용으로 사용된다.
㉰ 탄소 공구강에 Ni, Co 등의 원소를 첨가한 강이다.
㉱ 경화능을 개선하기 위해 탄소 공구강에 소량의 합금원소를 첨가한 강이다.

[해설] 합금 공구강(STS)은 탄소 공구강의 결점인 담금질 효과, 고온 경도를 개선하기 위하여 Cr, W, Mo, V를 첨가한 강이다.

해답 1. ㉰ 2. ㉯ 3. ㉯ 4. ㉱ 5. ㉰ 6. ㉱ 7. ㉰

8. 측정자와 미소한 움직임을 광학적으로 확대하여 측정하는 장치는?

㉮ 옵티미터(optimeter)

㉯ 미니미터(minimeter)

㉰ 공기 마이크로미터(air micrometer)

㉱ 전기 마이크로미터(electrical micrometer)

[해설] 옵티미터는 측정자의 미소한 움직임을 광학적으로 확대하는 장치로서 확대율은 800배이며 최소 눈금 1μ, 측정 범위 ±0.1 mm이다.

9. TiC 입자를 Ni 혹은 Ni과 Mo을 결합제로 소결한 것으로, 구성인선이 거의 발생하지 않아 공구 수명이 긴 절삭공구 재료는?

㉮ 서멧　　　　　㉯ 고속도강

㉰ 초경합금　　　㉱ 합금 공구강

[해설] 서멧(cermet)은 세라믹(ceramic)과 메탈(metal)의 합성어로, 세라믹은 Al_2O_3 분말에 TiC 입자를 Ni 혹은 Ni과 Mo를 결합제로 소결한 것이다.

10. 연삭 깊이를 깊게 하고 이송 속도를 느리게 함으로써 재료 제거율을 대폭적으로 높인 연삭 방법은 어느 것인가?

㉮ 경면(mirror) 연삭

㉯ 자기(magnetic) 연삭

㉰ 고속(high speed) 연삭

㉱ 크리프 피드(creep feed) 연삭

[해설] 크리프 피드 연삭 : 강성이 큰 강력 연삭기로, 한번에 연삭 깊이를 약 1~6 mm 정도까지 크게 하여 가공 능률을 높인 연삭이다.

11. 가연성 액체(알코올, 석유, 등유류)의 화재등급은?

㉮ A급　　㉯ B급　　㉰ C급　　㉱ D급

[해설] ㉮ A급화재(일반화재) : 목재, 종이, 천 등 고체 가연물의 화재

㉯ B급화재(기름화재) : 인화성 액체 및 고체 유지류 등의 화재

㉰ C급화재(전기화재) : 통전되고 있는 전기설비의 화재

㉱ D급화재(금속화재) : 마그네슘, 나트륨, 칼륨, 지르코늄과 같은 금속화재

12. 선반의 주축을 중공축으로 할 때의 특징으로 틀린 것은?

㉮ 굽힘과 비틀림 응력에 강하다.

㉯ 마찰열을 쉽게 발산시켜 준다.

㉰ 길이가 긴 가공물 고정이 편리하다.

㉱ 중량이 감소되어 베어링에 작용하는 하중을 줄여준다.

[해설] 주축을 중공축으로 하는 이유
① 굽힘과 비틀림 응력에 강하다.
② 센터를 쉽게 분리할 수 있다.
③ 길이가 긴 공작물 고정이 편리하다.
④ 중량이 감소되어 베어링에 작용하는 하중을 줄여준다.

13. 기어 절삭법이 아닌 것은?

㉮ 배럴에 의한 법(barrel system)

㉯ 형판에 의한 법(templet system)

㉰ 창성에 의한 법(generated tool system)

㉱ 총형 공구에 의한 법(formed tool system)

[해설] 배럴 가공은 가공물 표면의 요철을 제거하기 위하여 상자 속에 공작물과 미디어, 콤파운드, 공작액을 넣고 회전과 진동을 주어 표면을 다듬질하는 방법이다.

14. 지름 75 mm 탄소강을 절삭 속도 150 m/min으로 가공하고자 한다. 가공 길이 300 mm, 이송 0.2 mm/rev로 할 때 1회 가공 시 가공 시간은 약 얼마인가?

㉮ 2.4분　㉯ 4.4분　㉰ 6.4분　㉱ 8.4분

[해설] 전체 절삭거리 = 공작물 둘레 길이×회전 횟수

$$= \pi D \times \frac{L}{f} = 3.14 \times 75 \times \frac{300}{0.2} = 353250$$

단위를 m로 환산하고 절삭 시간을 구한다.

$$\therefore \ 절삭\ 시간 = \frac{전체\ 절삭거리}{절삭\ 속도}$$

$$\fallingdotseq \frac{353250}{150 \times 1000} = 2.4분$$

15. 표면 거칠기의 측정법으로 틀린 것은?

㉮ NPL식 측정　　　㉯ 촉침식 측정

㉰ 광절단식 측정　　㉱ 현미 간섭식 측정

[해답]　8. ㉮　9. ㉮　10. ㉱　11. ㉯　12. ㉯　13. ㉮　14. ㉮　15. ㉮

[해설] NPL식 측정은 각도 게이지 이용 측정법이며, 표면 거칠기 측정법에는 광절단식 측정법, 현미 간섭식 측정법, 촉침식 측정법이 있다.

16. 수직 밀링 머신의 주요 구조가 아닌 것은?

㉮ 니 ㉯ 칼럼
㉰ 방진구 ㉱ 테이블

[해설] 방진구는 선반의 부속장치로 이동 방진구와 고정 방진구가 있다.

17. 드릴을 가공할 때, 가공물과 접촉에 의한 마찰을 줄이기 위하여 절삭날 면에 주는 각은?

㉮ 선단각 ㉯ 웨브각
㉰ 날 여유각 ㉱ 홈 나선각

[해설] 날 여유각 : 드릴을 가공할 때, 가공물과 접촉에 의한 마찰을 줄이기 위하여 절삭날에 주어진 여유각을 절삭날각이라 하며, 보통 $10{\sim}15°$ 정도이다.

18. 밀링 머신의 테이블 위에 설치하여 제품의 바깥부분을 원형이나 윤곽 가공을 할 수 있도록 사용하는 부속장치는?

㉮ 더브테일 ㉯ 회전 테이블
㉰ 슬로팅 장치 ㉱ 랙 절삭 장치

[해설] 회전 원형 테이블 : 가공물에 회전 운동이 필요할 때 사용한다. 가공물을 테이블에 고정시키고 원호의 분할 작업, 원형 기둥 가공, 연속 절삭 등 광범위하게 쓰인다.

19. 높은 정밀도를 요구하는 가공물, 각종 지그 등에 사용하며 온도 변화에 영향을 받지 않도록 항온항습실에 설치하여 사용하는 보링 머신은?

㉮ 지그 보링 머신(jig boring machine)
㉯ 정밀 보링 머신(fine boring machine)
㉰ 코어 보링 머신(core boring machine)
㉱ 수직 보링 머신(vertical boring machine)

[해설] 지그 보링 머신 : 오차가 $2{\sim}5\,\mu\mathrm{m}$로 정밀도가 높은 지그를 가공할 수 있다.

20. 밀링 머신 테이블의 이송 속도 720 mm/min, 커터의 날수 6개, 커터 회전수 600 rpm일 때, 1날당 이송량은 몇 mm인가?

㉮ 0.1 ㉯ 0.2 ㉰ 3.6 ㉱ 7.2

[해설] 이송 속도 $f=f_z ZN$

$$\therefore\ f_z=\frac{f}{ZN}=\frac{720}{6\times600}=0.2\ \mathrm{mm}$$

제 2 과목 : 기계제도

21. 강 구조물(steel structure) 등의 치수 표시에 관한 KS 기계제도 규격에 관한 설명으로 틀린 것은?

㉮ 구조선도에서 절점 사이의 치수를 표시할 수 있다.
㉯ 형강, 강관 등의 치수를 각각의 도형에 연하여 기입할 때 길이의 치수도 반드시 나타내야 한다.
㉰ 구조선도에서 치수는 부재를 나타내는 선에 연하여 직접 기입할 수 있다.
㉱ 등변 ㄱ형강의 경우 "L 100×100×5−1500" 과 같이 나타낼 수 있다.

[해설] 형강, 각강 등의 치수는 각각의 표시 방법에 의해서 도형에 연하여 기입할 수 있다.

22. 그림에서 나타난 기하 공차 도시에 대해 가장 올바르게 설명한 것은?

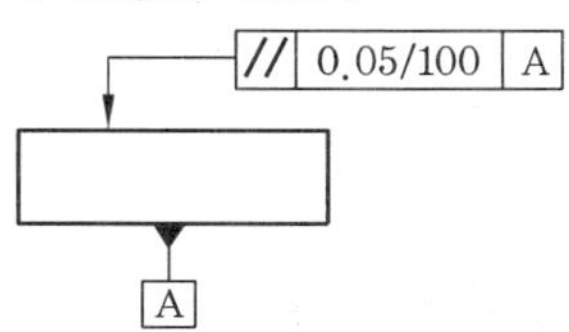

㉮ 임의의 평면에서 평행도가 기준면 A에 대해 $\dfrac{0.05}{100}$ mm 이내에 있어야 한다.

㉯ 임의의 평면 100 mm×100 mm에서 평행도가 기준면 A에 대해 $\dfrac{0.05}{100}$ mm 이내에 있어야 한다.

㉰ 지시하는 면 위에서 임의로 선택한 길이 100 mm에서 평행도가 기준면 A에 대해

0.05 mm 이내에 있어야 한다.
라 지시한 화살표를 중심으로 100 mm 이내에서 평행도가 기준면 A에 대해 0.05 mm 이내에 있어야 한다.

23. 다음 중 헬리컬 기어의 제도에 대한 설명으로?
가 잇봉우리원은 굵은 실선으로 그린다.
나 피치원은 가는 1점 쇄선으로 그린다.
다 이골원은 단면 도시가 아닌 경우 가는 실선으로 그린다.
라 축에 직각인 방향에서 본 정면도에서 단면 도시가 아닌 경우 잇줄 방향은 경사진 3개의 가는 2점 쇄선으로 나타낸다.
[해설] 헬리컬 기어에서 잇줄 방향은 통상 3개의 가는 실선으로 표시한다.

24. 그림과 같은 환봉의 "A"면을 선반 가공할 때 생기는 표면의 줄무늬 방향 기호로 가장 적합한 것은?

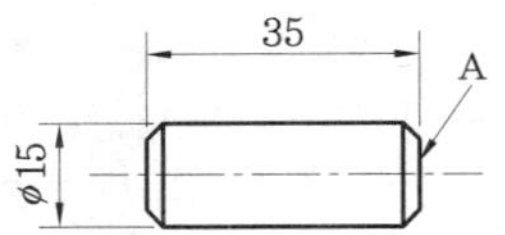

가 C   나 M   다 R   라 X
[해설] 줄무늬 방향 기호 C는 기호가 적용되는 표면의 중심에 대해 대략 동심원 모양을 의미한다.

25. 구름 베어링의 상세한 간략 도시 방법에서 복렬 자동 조심 볼 베어링의 도시 기호는?

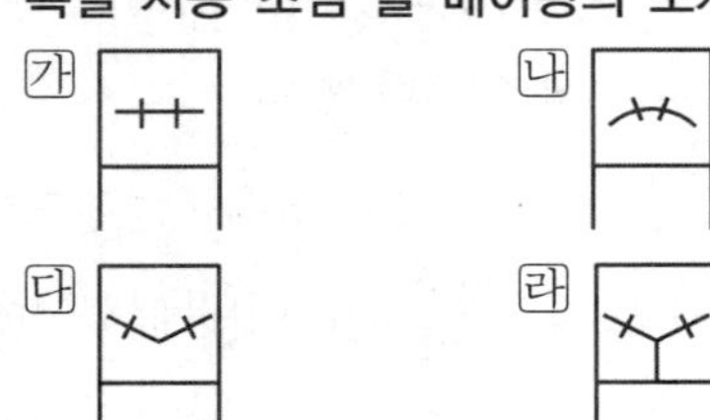

[해설] 복렬 : 2개의 크로스 선
자동 조심 : 바깥 둘레가 원호

26. 기하 공차의 도시 방법에서 위치도를 나타내는 것은?

[해설] 가 원통도, 나 진원도,
다 동심(축)도, 라 위치도

27. 그림과 같이 제3각법으로 나타낸 정면도와 평면도에 가장 적합한 우측면도는?

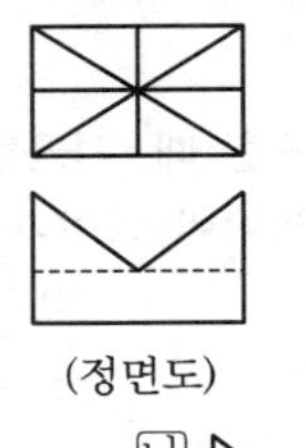

(정면도)

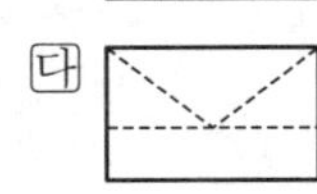

가   나

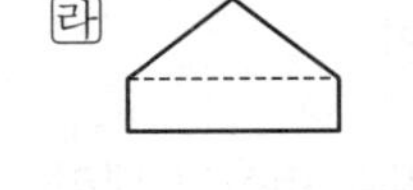

다   라

28. 도면에 마련되는 양식의 종류 중 작성부서, 작성자, 승인자, 도면 명칭, 도면 번호 등을 나타내는 양식은?
가 표제란   나 부품란
다 중심마크   라 비교눈금
[해설] ① 중심 마크는 재단된 용지의 수평 및 수직인 2개의 대칭축으로 구역 표시 경계에서 시작하여 도면의 윤곽선을 지나 10 mm가 되는 곳까지 0.7 mm의 굵은 실선으로 그린다.
② 비교 눈금은 도면을 축소 또는 확대 복사했을 때 실제 도면과 크기를 비교하기 위해 도면의 아래쪽에 중심 마크를 중심으로 좌우 10 mm 간격으로 그린다.
③ 부품란은 부품 명칭, 부품 번호, 수량, 부품 기호, 무게 등 부품에 관한 정보를 기입한다.

29. 그림과 같은 정투상도(정면도와 평면도)에서 우측면도로 가장 적합한 것은?

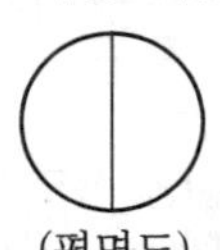

(평면도)   (정면도)

해답 23. 라   24. 가   25. 나   26. 라   27. 나   28. 가   29. 나

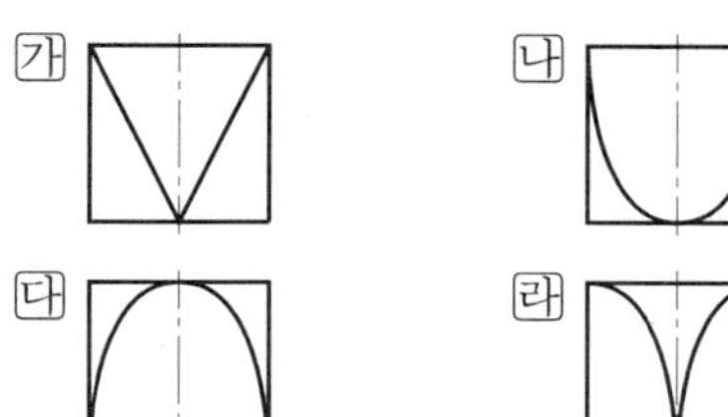

30. 기하학적 형상의 특성을 나타내는 기호 중 자유 상태 조건을 나타내는 기호는?

㉮ Ⓟ   ㉯ Ⓜ   ㉰ Ⓕ   ㉱ Ⓛ

[해설] ㉮ Ⓟ : 돌출 공차역

  ㉯ Ⓜ : 최대 실체 공차방식

  ㉰ Ⓕ : 최소 실체 공차방식

  ㉱ Ⓛ : 자유 상태 조건

31. 필릿 용접 기호 중 화살표 반대쪽에 필릿 용접을 지시하는 것은?

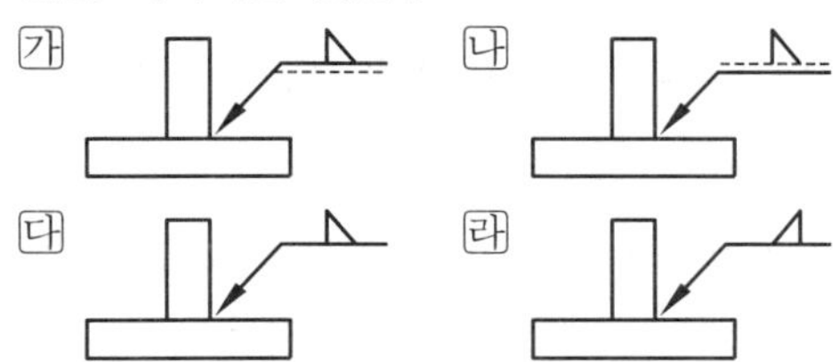

[해설] 용접 기호를 점선상에 도시하면 용접할 부분이 화살표의 반대쪽이라는 의미이다.

32. $\phi 40^{-0.021}_{-0.037}$의 구멍과 $\phi 40^{\ 0}_{-0.016}$ 축 사이의 최소 죔새는?

㉮ 0.053   ㉯ 0.037   ㉰ 0.021   ㉱ 0.005

[해설] 최소 죔새

  = 축의 최소 허용치수 – 구멍의 최대 허용치수

  = 39.984 – 39.979 = 0.005

33. 그림과 같은 도면에서 가는 실선이 교차하는 대각선 부분은 무엇을 의미하는가?

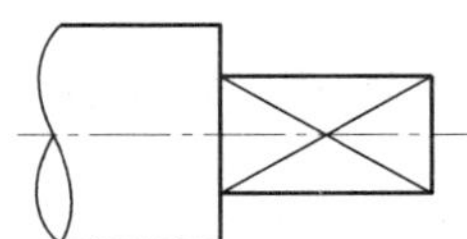

㉮ 평면이라는 뜻

㉯ 나사산 가공하라는 뜻

㉰ 가공에서 제외하라는 뜻

㉱ 대각선의 홈이 파여 있다는 뜻

[해설] 평면 도시 : 원통 면을 깎아 평면이 된 부분은 가는 실선을 사용하여 대각선으로 그린다.

34. V–블록을 제3각법으로 정투상한 그림과 같은 도면에서 "A" 부분의 치수는?

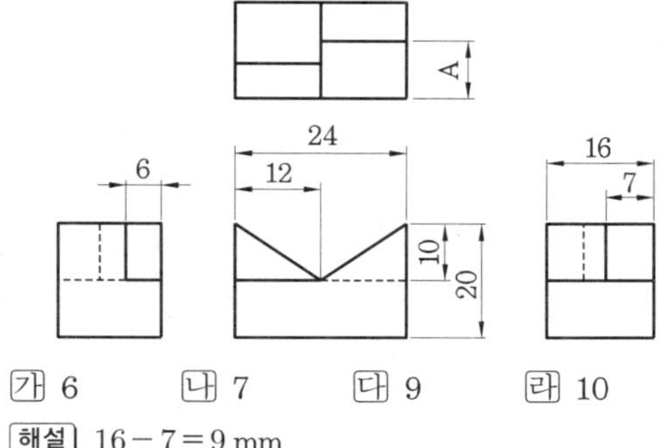

㉮ 6   ㉯ 7   ㉰ 9   ㉱ 10

[해설] 16 – 7 = 9 mm

35. 재료기호가 "SS275"로 나타났을 때, 이 재료의 명칭은?

㉮ 탄소강 단강품

㉯ 용접 구조용 주강품

㉰ 기계 구조용 탄소 강재

㉱ 일반 구조용 압연 강재

[해설] ① SM20C : 기계 구조용 탄소 강재

  ② SC37 : 탄소강 주강품

  ③ SF34 : 탄소강 단강품

  ④ SS275 : 일반 구조용 압연 강재

36. 치수 기입의 원칙에 관한 설명으로 옳지 않은 것은?

㉮ 치수는 되도록 주 투상도에 집중하여 기입한다.

㉯ 치수는 되도록 공정마다 배열을 분리하여 기입한다.

㉰ 치수는 기능, 제작, 조립을 고려하여 명료하게 기입한다.

㉱ 중요 치수는 확인하기 쉽도록 중복하여 기

[해답] 30. ㉰   31. ㉯   32. ㉱   33. ㉮   34. ㉰   35. ㉱   36. ㉱

입한다.

[해설] 치수는 중복되지 않게 기입한다.

37. 다음 용접 기호가 나타내는 용접 작업의 명칭은?

㉮ 가장자리 용접
㉯ 표면 육성
㉰ 개선 각이 급격한 V형 맞대기 용접
㉱ 표면 접합부

38. 도면에서 부분 확대도를 그리는 경우로 가장 적합한 것은?

㉮ 특정한 부분의 도형이 작아서 그 부분의 상세한 도시나 치수 기입이 어려울 때 사용한다.
㉯ 도형의 크기가 클 경우에 사용한다.
㉰ 물체의 경사면을 실제 길이로 투상하고자 할 때 사용한다.
㉱ 대상물의 구멍, 홈 등과 같이 그 부분의 모양을 도시하는 것으로 충분한 경우에 사용한다.

[해설] ㉯ 축척, ㉰ 보조투상법, ㉱ 부분단면도

39. 그림과 같은 입체도의 정면도(화살표 방향)로 가장 적합한 것은?

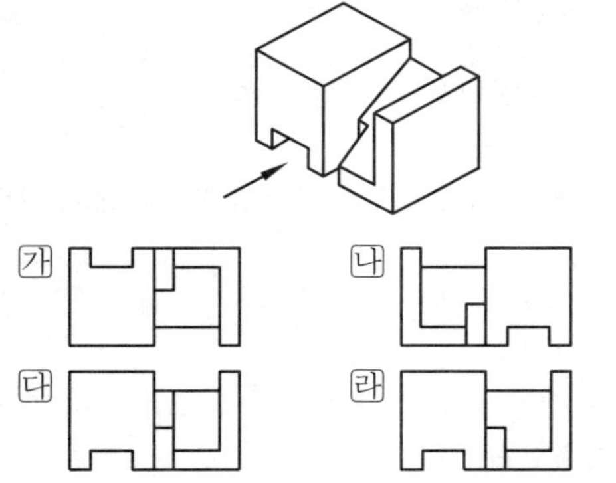

40. 다음 공·유압 장치의 조작 방식을 나타낸 그림 중에서 전기 조작에 의한 기호는?

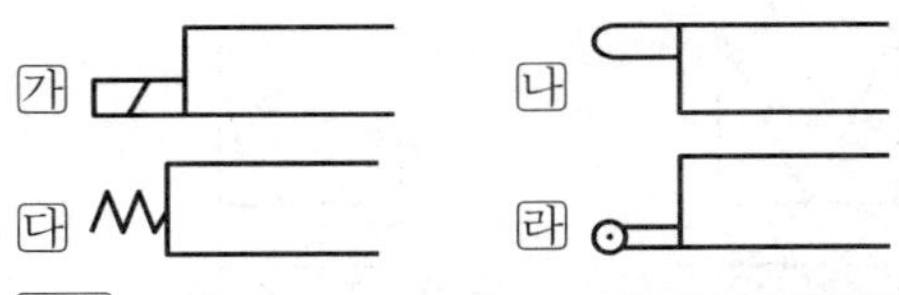

[해설]

기계 조작	플런저	
	가변 행정 제한 기구	
	스프링	
	롤러	
전기 조작	단동 솔레노이드	
	단동 가변식 전자 액추에이터	
	회전형 전기 액추에이터	

제3과목 : 기계설계 및 기계재료

41. 아연을 소량 첨가한 황동으로 빛깔이 금색에 가까워 모조금으로 사용되는 것은?

㉮ 톰백(tombac)
㉯ 델타 메탈(delta metal)
㉰ 하드 브라스(hard brass)
㉱ 문츠 메탈(muntz metal)

[해설] 톰백 : 8~20 %Zn을 함유하며, 금에 가까운 색으로 연성이 크다. 금 대용품이나 장식품에 사용한다.

42. 열가소성 재료의 유동성을 측정하는 시험방법은?

㉮ 로크웰 시험법
㉯ 브리넬 시험법
㉰ 멜트 인덱스법
㉱ 샤르피 시험법

43. 금속의 결정 구조 중 체심입방격자(BCC)인 것은?

㉮ Ni   ㉯ Cu   ㉰ Al   ㉱ Mo

[해답] 37. ㉯   38. ㉮   39. ㉱   40. ㉮   41. ㉮   42. ㉰   43. ㉱

[해설] 체심입방격자의 특징

기호	성질	원소
BCC	• 전연성이 적다. • 융점이 높다. • 강도가 크다.	Fe(α-Fe, δ-Fe) • Cr, W, Mo, V • Li, Na, Ta, K

44. 담금질한 후 치수의 변형 등이 없도록 심랭 처리를 해야 하는 강은?

㉮ 실루민　　　　㉯ 문츠 메탈

㉰ 두랄루민　　　　㉱ 게이지강

[해설] 서브 제로(심랭) 처리 : 담금질 직후 잔유 오스 테나이트를 없애기 위하여 0℃ 이하의 온도로 냉각하여 마텐자이트로 만드는 처리 방법이다. 기계적 성질 개선, 조직 안정화, 게이지강의 자 연시효 및 경도 증대를 위해 심랭한다.

45. 탄소 함유량이 약 0.85~2.0 %C에 해당하는 강은?

㉮ 공석강　　　　㉯ 아공석강

㉰ 과공석강　　　　㉱ 공정주철

[해설] 탄소강 : 0.0218~2.11%C
아공석강(0.0218~0.85 %C) < 공석강(0.85 %C) < 과공석강(0.85~2.11 %C)

46. 진동에너지를 흡수하는 능력이 우수하여 공 작 기계의 베드 등에 가장 적합한 재료는?

㉮ 회주철

㉯ 저탄소강

㉰ 고속도 공구강

㉱ 18-8 스테인리스강

[해설] 주철은 기계 부품, 수도관, 가정용품, 농기구, 공작 기계의 베드, 기계 구조물의 몸체 등에 사 용한다.

47. 비정질 합금에 관한 설명으로 틀린 것은?

㉮ 전기 저항이 크다.

㉯ 구조적으로 장거리의 규칙성이 있다.

㉰ 가공 경화현상이 나타나지 않는다.

㉱ 균질한 재료이며 결정 이방성이 없다.

48. 노 내에서 Fe-Si, Al 등의 강력한 탈산제를 첨가하여 완전히 탈산시킨 강은?

㉮ 킬드강(killed steel)

㉯ 림드강(rimmed steel)

㉰ 세미 킬드강(semi-killed steel)

㉱ 세미 림드강(semi-rimmed steel)

[해설] ㉮ 킬드강 : 평로, 전기로에서 제조된 용강 을 Fe-Mn, Fe-Si, Al 등으로 완전 탈산시 킨 강
㉯ 림드강 : 평로, 전로에서 제조된 것을 Fe-Mn 으로 불완전 탈산시킨 강
㉰ 세미 킬드강 : Al으로 림드와 킬드의 중간 탈 산시킨 강이다. 림드와 킬드의 중간 성질을 가지며 기포나 편석이 없다.

49. 강의 표면에 Al을 침투시키는 표면 경화법은?

㉮ 크로마이징　　　　㉯ 칼로라이징

㉰ 실리코나이징　　　　㉱ 보로나이징

[해설] 금속 침투법
① 세라다이징 : Zn 침투
② 크로마이징 : Cr 침투
③ 칼로라이징 : Al 침투
④ 실리코나이징 : Si 침투

50. 항공기 재료에 많이 사용되는 두랄루민의 강 화기구는?

㉮ 용질 경화　　　　㉯ 시효 경화

㉰ 가공 경화　　　　㉱ 마텐자이트 변태

[해설] 시효 경화 : 열처리는 500~510℃에서 용체화 처리를 한 후 급랭하여 상온에 방치하면 시효 경화한다. 인장 강도는 294~440 MPa, 연신율은 20~25 %, 경도(HB)는 88.2~117.6, 비중은 2.9 이다.

51. 폭(b)×높이(h) = 10×8 mm인 묻힘 키가 전 동축에 고정되어 0.25 kN·m의 토크를 전달할 때, 축지름은 약 몇 mm 이상이어야 하는가? (단, 키의 허용 전단 응력은 36 MPa이며, 키의 길이는 47 mm이다.)

㉮ 29.6　　　　㉯ 35.3

㉰ 41.7　　　　㉱ 50.2

[해답]　44. ㉱　45. ㉰　46. ㉮　47. ㉯　48. ㉮　49. ㉯　50. ㉯　51. ㉮

[해설] $\tau = \dfrac{2T}{bld}$ 에서

$$d = \dfrac{2T}{\tau bl} = \dfrac{2 \times 0.25}{36 \times 10 \times 47} \times 10^6 = 29.55$$

52. 랙 공구로 모듈이 5, 압력각은 20°, 잇수는 15인 인벌류트 치형의 전위 기어를 가공하려 한다. 이때 언더컷을 방지하기 위하여 필요한 이론 전위량은 약 몇 mm인가?

㉮ 0.124　　　　　㉯ 0.252

㉰ 0.510　　　　　㉱ 0.613

[해설] $x = 1 - \dfrac{Z}{2}\sin^2\alpha$

$$= 1 - \dfrac{15}{2}\sin^2 20° = 1 - \dfrac{15}{2} \times (0.3420)^2$$

$$\fallingdotseq 0.1227$$

$$\therefore m \times x = 5 \times 0.1227 = 0.6135$$

53. 베어링 설치 시 고려해야 하는 예압(preload)에 관한 설명으로 옳지 않은 것은?

㉮ 예압은 축의 흔들림을 적게 하고 회전 정밀도를 향상시킨다.

㉯ 베어링 내부 틈새를 줄이는 효과가 있다.

㉰ 예압량이 높을수록 예압 효과가 커지고, 베어링 수명에 유리하다.

㉱ 적절한 예압을 적용할 경우 베어링의 강성을 높일 수 있다.

[해설] 예압을 크게 하면 베어링의 수명이 단축되고, 베어링 온도가 상승된다.

54. 평벨트 전동에서 유효장력이란 무엇인가?

㉮ 벨트 긴장측 장력과 이완측 장력과의 차를 말한다.

㉯ 벨트 긴장측 장력과 이완측 장력과의 비를 말한다.

㉰ 벨트 긴장측 장력과 이완측 장력의 평균값을 말한다.

㉱ 벨트 긴장측 장력과 이완측 장력의 합을 말한다.

[해설] 유효장력(T)
= 긴장측 장력(T_t) − 이완측 장력(T_s)

55. 두 축의 중심선이 어느 각도로 교차되고, 그 사이의 각도가 운전 중 다소 변하여도 자유로이 운동을 전달할 수 있는 축 이음은?

㉮ 플랜지 이음　　　　㉯ 셀러 이음

㉰ 올덤 이음　　　　　㉱ 유니버설 이음

[해설] 유니버설 이음

① 두 축이 서로 만나거나 평행해도 그 거리가 멀 때 사용한다.

② 회전하면서 그 축의 중심선의 위치가 달라지는 것에 동력을 전달할 때 사용한다.

③ 원동축이 등속 회전해도 종동축은 부등속 회전한다.

④ 축각도는 30° 이내이다.

56. 공업 제품에 대한 표준화 시행 시 여러 장점이 있다. 다음 중 공업 제품 표준화와 관련한 장점으로 거리가 먼 것은?

㉮ 부품의 호환성이 유지된다.

㉯ 능률적인 부품생산을 할 수 있다.

㉰ 부품의 품질향상이 용이하다.

㉱ 표준화 규격 제정 시에 소요되는 시간과 비용이 적다.

[해설] 표준화 규격 제정 시 생산 능률과 품질이 향상되므로 시간과 비용이 적게 소요된다.

57. 두께 10 mm의 강판에 지름 24 mm의 리벳을 사용하여 1줄 겹치기 이음할 때 피치는 약 몇 mm인가?(단, 리벳에서 발생하는 전단응력은 35.5 MPa이고, 강판에 발생하는 인장응력은 42.2 MPa이다.)

㉮ 43　　　㉯ 62　　　㉰ 55　　　㉱ 4

[해설] ① 리벳이 전단될 경우

$$W = A\tau = \dfrac{\pi}{4}d^2\tau = \dfrac{3.14}{4} \times 24^2 \times 35.5$$

$$= 16051.68$$

② 리벳 사이의 판이 인장 파괴될 경우

$W = (p - d)t\sigma_t$ 에서

$$p = \dfrac{W}{t\sigma_t} + d = \dfrac{16051.68}{10 \times 42.2} + 24 \fallingdotseq 62$$

58. 10 kN의 물체를 수직 방향으로 들어올리기 위해서 아이볼트를 사용하려 할 때, 아이볼트 나

사부의 최소 골지름은 약 몇 mm인가?(단, 볼트의 허용인장응력은 50 MPa이다.)

㉮ 14   ㉯ 16   ㉰ 20   ㉱ 22

[해설] d_1(골지름) $= 0.8\,d$

$$d = \sqrt{\frac{2W}{\sigma}} = \sqrt{\frac{2 \times 10000}{50}} = 20$$

$$\therefore\ d_1 = 20 \times 0.8 = 16$$

59. 드럼 지름이 300 mm인 밴드 브레이크에서 1 kN·m의 토크를 제동하려고 한다. 이때 필요한 제동력은 약 몇 N인가?

㉮ 667   ㉯ 5500   ㉰ 6667   ㉱ 795

[해설] $F = \dfrac{2T}{D} = \dfrac{2 \times 1}{300} \times 10^6 ≒ 6667\,\text{N}$

60. 그림과 같은 스프링 장치에서 전체 스프링 상수 K는?

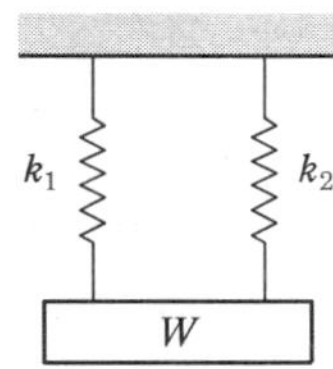

㉮ $K = k_1 + k_2$

㉯ $K = \dfrac{1}{k_1} + \dfrac{1}{k_2}$

㉰ $K = \dfrac{k_1 \times k_2}{k_1 + k_2}$

㉱ $K = k_1 \times k_2$

제 4 과목 : 컴퓨터응용설계

61. 매개변수 u방향으로 3차 곡선, v방향으로 2차 곡선으로 이루어진 Bezier 곡면을 정의하기 위해 필요한 조정점의 개수는?

㉮ 6   ㉯ 12   ㉰ 24   ㉱ 48

[해설] 베지어 곡면은 4개의 조정점에 곡면 내부의 볼록한 정도를 나타내며, 3차 곡면 패치 4개의 꼬임 막대와 같은 역할을 하므로 16개의 점이 필요하다.

62. CAD 용어에 대한 설명 중 틀린 것은?

㉮ Pan : 도면의 다른 영역을 보기 위해 디스플레이 윈도를 이동시키는 행위

㉯ Zoom : 대상물의 실제 크기(치수 포함)를 확대하거나 축소하는 행위

㉰ Clipping : 필요 없는 요소를 제거하는 방법으로, 주로 그래픽에서 클리핑 윈도로 정의된 영역 밖에 존재하는 요소들을 제거하는 것을 의미

㉱ Toggle : 명령의 실행 또는 마우스 클릭 시마다 on 또는 off가 번갈아 나타나는 세팅

[해설] Zoom : 그래픽 화면의 외관상의 배율을 줄이거나 늘이는 것

63. 다음 중 CAD 소프트웨어가 갖추어야 할 기능으로 가장 거리가 먼 것은?

㉮ 제조 공정 제어   ㉯ 데이터 변환
㉰ 화면 제어   ㉱ 그래픽 요소 생성

64. 4개의 경계곡선이 주어진 경우, 그 경계곡선을 선형보간하여 만들어지는 곡면은?

㉮ Coon's 곡면   ㉯ Bezier 곡면
㉰ Blending 곡면   ㉱ Sweep 곡면

[해설] 쿤스 곡면 : 4개의 모서리 점과 4개의 경계 곡선을 부드럽게 연결한 곡면으로서 곡면의 표현이 간결하다.

65. CAD 시스템을 활용하는 방식에 따라 크게 3가지로 구분한다고 할 때, 이에 해당하지 않는 것은 무엇인가?

㉮ 연결형 시스템(connected system)

㉯ 독립형 시스템(stand alone system)

㉰ 중앙통제형 시스템(host based system)

㉱ 분산처리형 시스템(distributed based system)

[해설] CAD 시스템을 활용하는 방식은 중앙통제형, 분산처리형, 독립형으로 구분한다.

66. 와이어 프레임 모델의 장점에 해당하지 않는 것은?

㉮ 데이터의 구조가 간단하다.

나 모델 작성이 용이하다.

다 투시도의 작성이 용이하다.

라 물리적 성질(질량)의 계산이 가능하다.

[해설] 와이어 프레임 모델의 특징

① 처리 속도가 빠르다.
② 숨은선 제거가 불가능하다.
③ 데이터 구성이 간단하다.
④ 단면도 작성이 불가능하다.
⑤ 모델 작성을 쉽게 할 수 있다.
⑥ 3면 투시도 작성이 용이하다.
⑦ 물리적 성질의 계산이 가능하다.

67. 벡터의 성질과 관련하여 다음 중 틀린 것은?
(단, $\vec{a}$, $\vec{b}$, $\vec{c}$는 공간상의 벡터를 나타내고 λ, μ, ν는 스칼라 양을 타나낸다.)

가 $\vec{a} + (\vec{b} + \vec{c}) = (\vec{a} + \vec{b}) + \vec{c}$

나 $\lambda(\mu\vec{a}) = \lambda\mu\vec{a}$

다 $\vec{a} \times \vec{b} = \vec{b} \times \vec{a}$

라 $(\mu + \nu)\vec{a} = \mu\vec{a} + \nu\vec{a}$

[해설] 벡터의 외적은 교환법칙이 성립되지 않는다.

68. (x, y)좌표 기반의 2차원 평면에서 다음 직선의 방정식 중 기울기의 절댓값이 가장 큰 것은?

가 수평축에서 135도 기울어져 있는 직선

나 점 (10, 10), (25, 55)를 지나는 직선

다 직선의 방정식이 $4y = 2x + 7$인 직선

라 x축 절편이 3, y축 절편이 15인 직선

69. 다음 중 CAD(computer aided design) 시스템을 사용함으로써 얻을 수 있는 효과로 가장 거리가 먼 것은?

가 제품 설계 시간의 단축

나 구조해석, 응력해석 등이 가능

다 제품 가공 시간의 단축

라 설계 검증의 용이

[해설] CAD 시스템의 도입 효과 : 시스템의 도입에 따라 각 부문별로 나타나는 효과는 각양각색이겠으나 품질 향상, 원가 절감, 납기 단축, 신뢰성 향상, 표준화, 경쟁력 강화 등의 일반적인 공통 효과가 있다.

70. 빛을 편광시키는 특성을 가진 유기화합물을 이용하여 투과된 빛의 특성을 수정하여 디스플레이 하는 방식으로, CRT 모니터에 비해 두께가 얇은 모니터를 만들 수 있으나 시야각이 다소 좁고 백라이트가 필요하여 어느 정도의 두께 이상은 줄일 수 없는 단점을 가진 디스플레이 장치는?

가 플라스마 패널(plasma panel)

나 액정 디스플레이(liquid crystal display)

다 전자 발광 디스플레이(electroluminescent display)

라 래스터 스캔 디스플레이(raster scan dis-play)

[해설] 액정 디스플레이(LCD) : 상기 설명 외에도 구동 방법에 따라 TN, STN, TFT 등으로 나뉜다.

71. 다음 중 B-rep 모델링에서 토폴로지 요소간에 만족해야 하는 오일러-포앙카레 공식으로 옳은 것은? (단, V는 꼭짓점의 개수, E는 모서리의 개수, F는 면 또는 외부 루프의 개수, H는 면상의 구멍 루프의 개수, C는 독립된 셀의 개수, G는 입체를 관통하는 구멍의 개수이다.)

가 $V + F + E + H = 2(C + G)$

나 $V + F - E + H = 2(C + G)$

다 $V + F - E - H = 2(C - G)$

라 $V - F + E - H = 2(C - G)$

[해설] B-rep : 형상을 구성하고 있는 면과 면 사이의 위상기하학적인 결합 관계를 정의함으로써 3차원 물체를 표현하는 방법이다. 정점의 개수+면의 개수−모서리의 개수=2의 관계식을 만족하며 $V - E + F - H = 2(C - G)$로 나타낸다.

72. 다음 중 서로 다른 CAD 시스템 간의 데이터 상호 교환을 위한 표준화 파일형식을 모두 고른 것은?

(가) IGES	(나) GKS	(다) PRT	(라) STL

가 (가), (나), (다)

나 (가), (다), (라)

다 (가), (나), (라)

라 (나), (다), (라)

[해설] 데이터 교환의 표준은 IGES, STEP, DXF, GKS, CGI, CGM, NAPLPS, GKS-3D, PHIGS 등이 있다. 데이터 교환을 위한 표준은 IGES, DXF, STEP, STL 등이다.

해답 67. 다 68. 라 69. 다 70. 나 71. 다 72. 다

73. 서피스 모델링(surface modeling)의 일반적인 특징으로 거리가 먼 것은?

㉮ NC 데이터를 생성할 수 있다.

㉯ 은선 제거가 불가능하다.

㉰ 질량 등 물리적 성질 계산이 곤란하다.

㉱ 복잡한 형상표현이 가능하다.

[해설] 솔리드 모델링과 서피스 모델링은 은선 제거가 가능하며, 와이어 프레임 모델링은 은선 제거가 불가능하다.

74. 공간상에서 곡면을 작성하고자 한다. 안내선(guide line)과 단면모양(section)으로 만들어지는 곡면은?

㉮ Revolve 곡면　　㉯ Sweep 곡면

㉰ Blending 곡면　　㉱ Grid 곡면

75. 래스터 그래픽 장치의 프레임 버퍼(frame buffer)에서 8bit plane을 사용한다면 몇 가지 색상을 동시에 낼 수 있는가?

㉮ 32　　㉯ 64　　㉰ 128　　㉱ 256

76. 솔리드 모델링의 데이터 구조 중 CSG(constructive solid geometry) 트리구조의 특징에 대한 설명으로 틀린 것은?

㉮ 데이터 구조가 간단하고 데이터 양이 적어 데이터 구조의 관리가 용이하다.

㉯ CSG 트리로 저장된 솔리드는 항상 구현이 가능한 입체를 나타낸다.

㉰ 화면에 입체의 형상을 나타내는 시간이 짧아 대화식 작업에 적합하다.

㉱ 기본형상(primitive)의 파라미터만 간단히 변경하여 입체 형상을 쉽게 바꿀 수 있다.

77. CAD 시스템에서 원호를 정의하고자 한다. 다음 중 하나의 원호를 정의내릴 수 없는 경우는?

㉮ 중심점과 원호의 시작점과 끝점, 그리고 시작점에서 원호가 그려지는 방향이 주어질 때

㉯ 중심점과 원호의 시작점, 현의 길이, 그리고 시작점에서 원호가 그려지는 방향이

주어질 때

㉰ 원호를 이루는 각각의 시작점, 중간점, 끝점이 주어질 때

㉱ 중심점과 원호 반지름의 크기, 그리고 시작점에서 원호가 그려지는 방향이 주어질 때

[해설] 원호를 정의하는 방법
① 3점
② 시작점, 중심점, 끝점
③ 시작점, 중심점, 각도
④ 시작점, 중심점, 길이
⑤ 시작점, 끝점, 각도
⑥ 시작점, 끝점, 방향
⑦ 시작점, 끝점, 반지름

78. 3차원 그래픽스 처리를 위한 ISO 국제표준의 하나로서 ISO-IEC TTC 1/SC 24에서 제정한 국제 표준으로 구조체 개념을 가지고 있는 것은?

㉮ PHIGS　　㉯ DTD

㉰ SGML　　㉱ SASIG

[해설] PHIGS(programmer's hierarchical interactive graphics system) : 3차원 모델링, 가시화에 중점을 두어 개발된 표준

79. 그림과 같은 꽃병 형상의 도형을 그리기에 가장 적합한 방법은?

㉮ 오프셋 곡면

㉯ 원추 곡면

㉰ 회전 곡면

㉱ 필릿 곡면

[해설] 꽃병과 같은 형상의 도형은 축을 기준으로 회전하는 모델링이다.

80. 벡터 $\vec{a} = (a_1,\ a_2,\ a_3)$가 존재한다. a_1, a_2, a_3는 x, y, z축 방향의 변위일 때 벡터의 크기 $|\vec{a}|$는?

㉮ $|\vec{a}| = \sqrt{a_1^2 + a_2^2 + a_3^2}$

㉯ $|\vec{a}| = a_1^2 + a_2^2 + a_3^2$

㉰ $|\vec{a}| = \sqrt{a_1 + a_2 + a_3}$

㉱ $|\vec{a}| = \sqrt[3]{a_1^3 + a_2^3 + a_3^3}$

해답　73. ㉰　74. ㉯　75. ㉱　76. ㉰　77. ㉱　78. ㉮　79. ㉰　80. ㉮

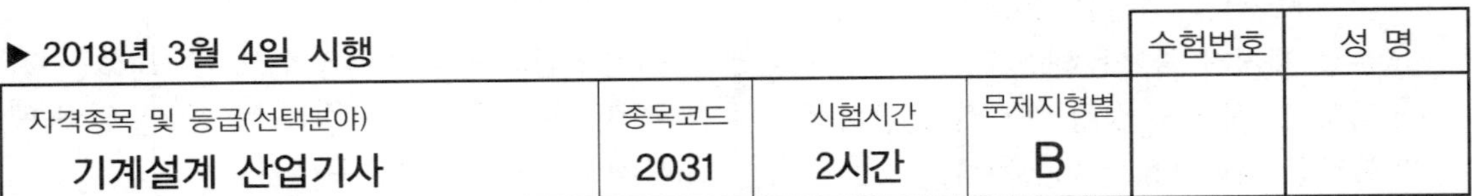

국가기술자격검정필기시험문제

▶ 2018년 3월 4일 시행

자격종목 및 등급(선택분야)	종목코드	시험시간	문제지형별	수험번호	성 명
기계설계 산업기사	2031	2시간	B		

제 1 과목 : 기계가공법 및 안전관리

1. W, Cr, V, Co들의 원소를 함유하는 합금강으로 600℃까지 고온 경도를 유지하는 공구 재료는?

㉮ 고속도강

㉯ 초경합금

㉰ 탄소 공구강

㉱ 합금 공구강

[해설] ① 초경합금 : W, Ti, Ta, Mo, Co가 주성분이며 고속 절삭에 널리 쓰인다.
② 탄소 공구강 : 탄소량이 0.6~1.5 % 정도이고 탄소량에 따라 1~7종으로 분류한다.
③ 합금 공구강 : 탄소강에 합금 성분인 W, Cr, W−Cr 등을 1종 이상 첨가한 것으로 STS 3, STS 5, STS 11이 많이 사용된다.

2. 기어 절삭 가공 방법에서 창성법에 해당하는 것은?

㉮ 호브에 의한 기어 가공

㉯ 형판에 의한 기어 가공

㉰ 브로칭에 의한 기어 가공

㉱ 총형 바이트에 의한 기어 가공

[해설] 창성법은 인벌류트 곡선을 그리는 성질을 응용하여 기어를 깎는 방법으로, 절삭할 기어와 같은 기어 절삭 공구인 호브, 래크 커터, 피니언 커터 등으로 절삭한다.

3. 밀링 절삭 방법 중 상향 절삭과 하향 절삭에 대한 설명으로 틀린 것은?

㉮ 하향 절삭은 상향 절삭에 비해 공구 수명이 길다.

㉯ 상향 절삭은 가공면의 표면 거칠기가 하향 절삭보다 나쁘다.

㉰ 상향 절삭은 절삭력이 상향으로 작용하여 가공물의 고정이 유리하다.

㉱ 커터의 회전 방향과 가공물의 이송이 같은 방향인 가공 방법을 하향 절삭이라 한다.

[해설] 상향 절삭과 하향 절삭의 비교

상향 절삭	하향 절삭
• 백래시 제거 불필요	• 백래시 제거 필요
• 공작물 고정이 불리	• 공작물 고정이 유리
• 공구 수명이 짧다.	• 공구 수명이 길다.
• 소비 동력이 크다.	• 소비 동력이 작다.
• 가공면이 거칠다.	• 가공면이 깨끗하다.
• 기계 강성이 낮아도 된다.	• 기계 강성이 높아야 한다.

4. 테일러의 원리에 맞게 제작되지 않아도 되는 게이지는?

㉮ 링 게이지   ㉯ 스냅 게이지

㉰ 테이퍼 게이지   ㉱ 플러그 게이지

[해설] 테일러의 원리 : 한계 게이지로 제품을 측정할 때 통과측의 모든 치수는 동시에 검사되어야 하고, 정지측은 각 치수가 개개로 검사되어야 한다는 원리이다.

5. 터릿 선반에 대한 설명으로 옳은 것은?

㉮ 다수의 공구를 조합하여 동시에 순차적으로 작업이 가능한 선반이다.

㉯ 지름이 큰 공작물을 정면 가공하기 위해 스윙을 크게 만든 선반이다.

㉰ 작업대 위에 설치하고 시계 부속 등 작고

정밀한 가공물을 가공하기 위한 선반이다.

㉲ 가공하고자 하는 공작물과 같은 실물이나 모형을 따라 공구대가 자동으로 모형과 같은 윤곽을 깎아내는 선반이다.

[해설] ㉯ 정면 선반, ㉰ 탁상 선반, ㉲ 모방 선반

6. 연삭기의 이송 방법이 아닌 것은?

㉮ 테이블 왕복식

㉯ 플런지 컷 방식

㉰ 연삭숫돌대 방식

㉲ 마그네틱 척 이동 방식

[해설] 바깥지름 연삭의 이송 방법은 테이블 왕복형, 숫돌대 왕복형, 플런지 컷형이 있다.

7. 선반에서 긴 가공물을 절삭할 경우 사용하는 방진구 중 이동식 방진구는 어느 부분에 설치하는가?

㉮ 베드 ㉯ 새들

㉰ 심압대 ㉲ 주축대

[해설] 이동식 방진구는 새들에 설치하고 고정식 방진구는 베드에 설치한다.

8. 머시닝 센터에서 드릴링 사이클에 사용되는 G-코드로만 짝지어진 것은?

㉮ G24, G43 ㉯ G44, G65

㉰ G54, G92 ㉲ G73, G83

[해설] ① G43 : 공구 길이 보정(+방향)
② G44 : 공구 길이 보정(-방향)
③ G54 : 공작물 좌표계 1번 선택
④ G65 : 매크로 호출
⑤ G73 : 고속 심공 드릴링 사이클
⑥ G83 : 심공 드릴링 사이클
⑦ G92 : 좌표계 설정

9. 탭으로 암나사 가공 작업 시 탭의 파손 원인으로 적절하지 않은 것은?

㉮ 탭이 경사지게 들어간 경우

㉯ 탭 재질의 경도가 높은 경우

㉰ 탭의 가공 속도가 빠른 경우

㉲ 탭이 구멍 바닥에 부딪혔을 경우

[해설] 탭 작업 시 탭이 부러지는 이유
① 구멍이 작거나 바르지 못할 때
② 탭이 구멍 바닥에 부딪혔을 때
③ 칩의 배출이 원활하지 못할 때
④ 핸들에 무리한 힘을 주었을 때
⑤ 소재보다 탭의 경도가 낮을 때

10. 연삭숫돌 기호에 대한 설명이 틀린 것은?

WA 60 K m V

㉮ WA : 연삭숫돌 입자의 종류

㉯ 60 : 입도

㉰ m : 결합도

㉲ V : 결합제

[해설] K : 결합도, m : 조직

11. 래핑에 대한 설명으로 틀린 것은?

㉮ 습식 래핑은 주로 거친 래핑에 사용한다.

㉯ 습식 래핑은 연마 입자를 혼합한 랩 액을 공작물에 주입하면서 가공한다.

㉰ 건식 래핑의 사용 용도는 초경질 합금, 보석 및 유리 등 특수 재료에 널리 쓰인다.

㉲ 건식 래핑은 랩제를 랩에 고르게 누른 다음, 이를 충분히 닦아내고 주로 건조 상태에서 래핑을 한다.

[해설] 래핑은 랩과 일감 사이에 랩제를 넣어 서로 누르고 비비면서 마모시켜 표면을 다듬는 방법이다. 게이지 블록의 측정면이나 광학 렌즈 등의 다듬질용으로 사용한다.

12. 측정자의 직선 또는 원호 운동을 기계적으로 확대하여 그 움직임을 지침의 회전변위로 변환시켜 눈금으로 읽을 수 있는 측정기는?

㉮ 수준기 ㉯ 스냅 게이지

㉰ 게이지 블록 ㉲ 다이얼 게이지

13. 금속의 구멍 작업 시 칩의 배출이 용이하고 가공 정밀도가 가장 높은 드릴 날은?

㉮ 평드릴 ㉯ 센터 드릴

㉰ 직선 홈 드릴 ㉲ 트위스트 드릴

해답 6. ㉲ 7. ㉯ 8. ㉲ 9. ㉯ 10. ㉰ 11. ㉰ 12. ㉲ 13. ㉲

[해설] 트위스트 드릴 : 비틀림 홈 드릴의 단면이 둥 글고 끝부분에 날카로운 날이 있으며 몸체에는 비틀림 홈이 있다. 이 홈을 따라 절삭유제가 공 급되며 동시에 절삭 가공 시 발생하는 칩이 배 출된다.

14. 밀링 머신에서 사용하는 바이스 중 회전과 상하로 경사시킬 수 있는 기능이 있는 것은?

㉮ 만능 바이스　　㉯ 수평 바이스

㉰ 유압 바이스　　㉱ 회전 바이스

15. 연삭 작업에 관련된 안전사항 중 틀린 것은?

㉮ 연삭숫돌을 정확하게 고정한다.

㉯ 연삭숫돌 측면에 연삭을 하지 않는다.

㉰ 연삭 가공 시 원주 정면에 서 있지 않는다.

㉱ 연삭숫돌의 덮개 설치보다 작업자의 보안 경 착용을 권장한다.

[해설] 연삭 작업의 안전을 위해 연삭숫돌의 덮개 를 설치하고 작업자의 보안경도 착용해야 한다.

16. 절삭 공구 수명을 판정하는 방법으로 틀린 것은?

㉮ 공구 인선의 마모가 일정량에 달했을 경우

㉯ 완성 가공된 치수의 변화가 일정량에 달 했을 경우

㉰ 절삭 저항의 주분력이 절삭을 시작했을 때 와 비교하여 동일할 경우

㉱ 완성 가공면 또는 절삭 가공한 직후 가공 표면에 광택이 있는 색조 또는 반점이 생 길 경우

[해설] ㉰ 절삭 저항의 주분력, 배분력, 이송 분력이 절삭을 시작했을 때와 비교하여 변화할 경우

17. 드릴의 속도가 V(m/min), 지름이 d(mm)일 때 드릴의 회전수 n(rpm)을 구하는 식은?

㉮ $n = \dfrac{1000}{\pi d V}$　　㉯ $n = \dfrac{1000 V}{\pi d}$

㉰ $n = \dfrac{\pi d V}{1000}$　　㉱ $n = \dfrac{\pi d}{1000 V}$

18. 절삭제의 사용 목적과 거리가 먼 것은?

㉮ 공구 수명 연장

㉯ 절삭 저항의 증가

㉰ 공구의 온도 상승 방지

㉱ 가공물의 정밀도 저하 방지

[해설] 절삭유를 사용하면 절삭 저항이 감소한다.

19. 다음 중 각도를 측정할 수 있는 측정기는?

㉮ 사인 바　　㉯ 마이크로미터

㉰ 하이트 게이지　　㉱ 버니어 캘리퍼스

[해설] 사인 바 : 삼각함수의 사인(sine)을 이용하여 각도를 측정하고 설정하는 측정기이다. 크기는 롤러 중심 간의 거리로 표시하며 호칭 치수는 100 mm, 200 mm이다.

20. 밀링 가공에서 일반적인 절삭 속도 선정에 관한 내용으로 틀린 것은?

㉮ 거친 절삭에서는 절삭 속도를 빠르게 한다.

㉯ 다듬질 절삭에서는 이송 속도를 느리게 한다.

㉰ 커터의 날이 빠르게 마모되면 절삭 속도 를 낮춘다.

㉱ 적정 절삭 속도보다 약간 낮게 설정하는 것이 커터의 수명 연장에 좋다.

제 2 과목 : 기계제도

21. 기준치수가 $\phi 50$인 구멍 기준식 끼워맞춤에 서 구멍과 축의 공차값이 다음과 같을 때 옳지 않은 것은?

구멍	위 치수 허용차	+ 0.025
	아래 치수 허용차	+ 0.000
축	위 치수 허용차	+ 0.050
	아래 치수 허용차	+ 0.034

㉮ 최소 틈새는 0.009이다.

㉯ 최대 죔새는 0.050이다.

㉰ 축의 최소 허용치수는 50.034이다.

[해답]　14. ㉮　15. ㉱　16. ㉰　17. ㉯　18. ㉯　19. ㉮　20. ㉮　21. ㉮

라 구멍과 축의 조립 상태는 억지 끼워맞춤이다.

[해설] 억지 끼워맞춤에서

① 최대 죔새 = 축의 위 치수 허용차
  − 구멍의 아래 치수 허용차
  $= 0.050 - 0 = 0.050$

② 최소 죔새 = 축의 아래 치수 허용차
  − 구멍의 위 치수 허용차
  $= 0.034 - 0.025 = 0.009$

22. 호칭 지름이 3/8인치이고, 1인치 사이에 나사산이 16개인 유니파이 보통나사의 표시로 옳은 것은?

가 UNF 3/8 − 16 나 3/8 − 16 UNF
다 UNC 3/8 − 16 라 3/8 − 16 UNC

[해설] 3/8 − 16 UNC
  ① 3/8 : 나사의 지름
  ② 16 : 산의 수
  ③ UNC : 나사의 종류(유니파이 보통나사)

23. 도면 재질란에 "SPCC"로 표시된 재료기호의 명칭으로 옳은 것은?

가 기계 구조용 탄소 강관
나 냉간 압연 강판 및 강대
다 일반 구조용 탄소 강관
라 열간 압연 강판 및 강대

[해설] ① 일반 구조용 탄소 강관 : STK
  ② 열간 압연 강판 및 강대 : SPHC

24. 그림에서 오른쪽에 구멍을 나타낸 것과 같이 측면도의 일부분만을 그리는 투상도의 명칭은?

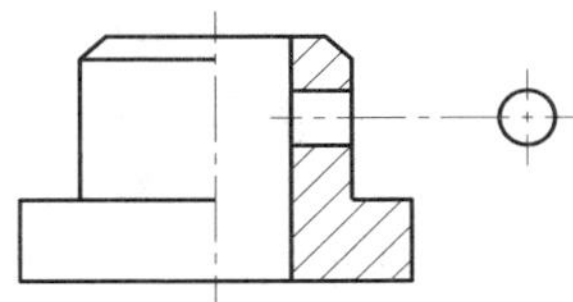

가 보조 투상도 나 부분 투상도
다 국부 투상도 라 회전 투상도

[해설] 국부 투상도 : 물체의 구멍이나 홈 등 일부분의 모양은 특정 부분만 그려서 나타낼 수 있다. 이때 국부 투상도는 중심선이나 치수 보조선으로 주 투상도에 연결한다.

25. 다음 도면과 같은 데이텀 표적 도시기호의 의미 설명으로 올바른 것은?

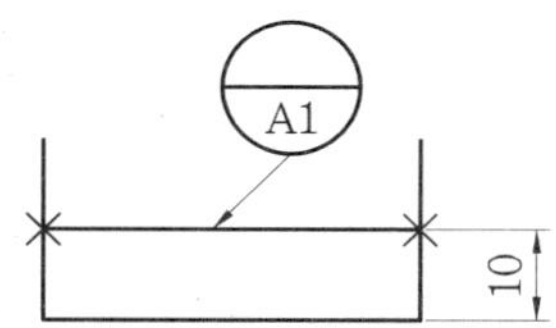

가 점의 데이텀 표적
나 선의 데이텀 표적
다 면의 데이텀 표적
라 구형의 데이텀 표적

26. 현대 사회는 산업 구조의 거대화로 대량 생산 체제가 이루어지고 있다. 이런 대량 생산화의 추세에서 기계 제도와 관련된 표준규격의 방향으로 옳은 것은?

가 이익 집단 중심의 단체 규격화
나 민족 중심의 보수 규격화
다 대기업 중심의 사내 규격화
라 국제 교류를 위한 통용된 규격화

27. 가공으로 생긴 커터의 줄무늬 방향이 기호를 기입한 그림의 투영면에 비스듬하게 2방향으로 교차하는 것을 의미하는 기호는?

가 ⊥   나 ×   다 C   라 =

[해설] 표면의 결 지시 기호

기 호	커터의 줄무늬 방향
=	투상면에 평행
⊥	투상면에 수직
×	투상면에 대해 2개의 경사면에 수직
M	여러 방향으로 교차
C	중심에 대해 대략 동심원 모양
R	중심에 대해 대략 반지름 방향

28. 그림과 같이 제3각 정투상도로 나타낸 정면도와 우측면도에 가장 적합한 평면도는?

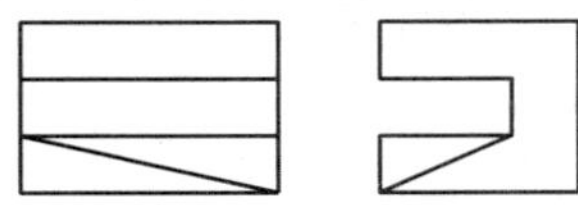

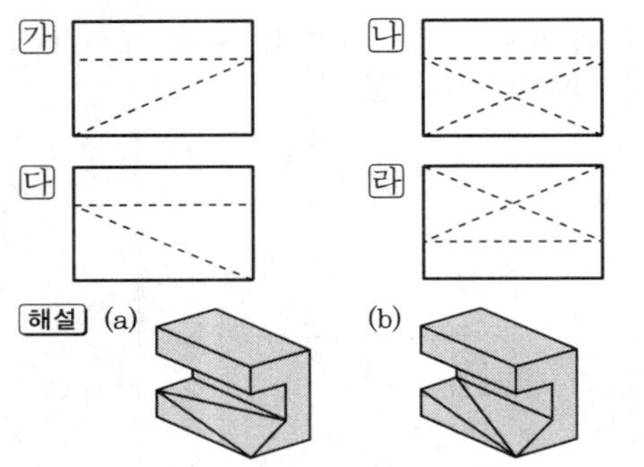

[해설] (a)   (b)

3D 형상이 그림 (a)와 같다면 ㉮가 정답이 되지만, 동일한 조건하에서 3D 형상이 그림 (b)와 같다면 ㉰도 정답이 된다.

29. 그림과 같은 도면에서 참고 치수를 나타내는 것은?

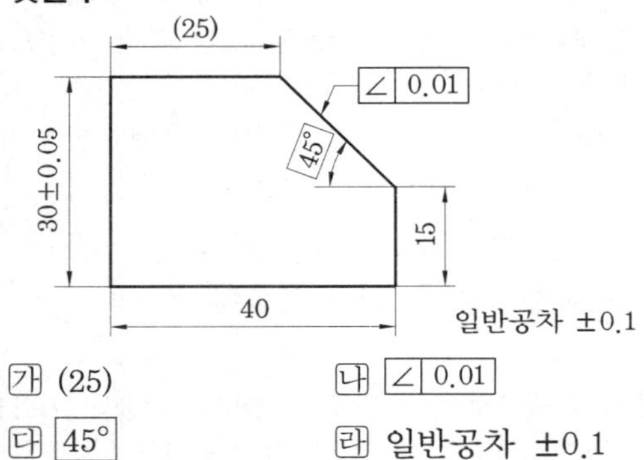

㉮ (25)   ㉯ ∠ 0.01

㉰ 45°   ㉱ 일반공차 ±0.1

30. 다음 투상도 중 KS 제도 표준에 따라 가장 올바르게 작도된 투상도는?

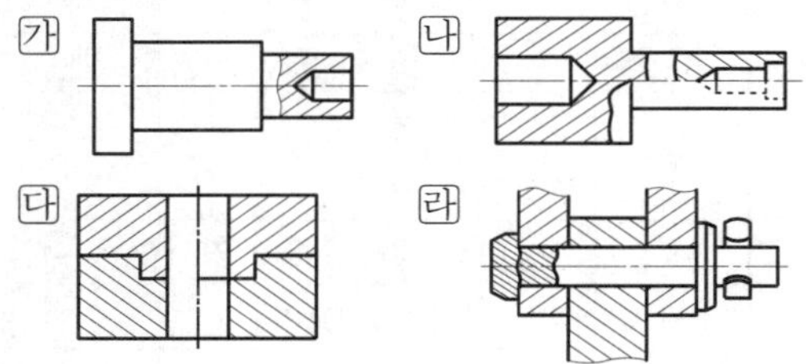

31. 다음 그림과 같은 도면에서 구멍 지름을 측정한 결과 10.1 mm일 때 평행도 공차의 최대 허용치는?

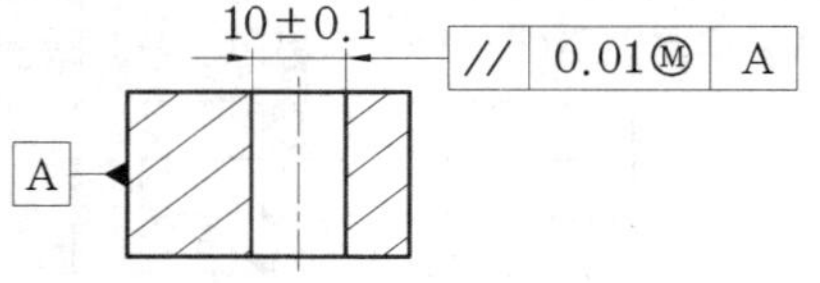

㉮ 0   ㉯ 0.1

㉰ 0.2   ㉱ 0.3

[해설] 이용 가능한 치수 공차 = 10.1 − 9.9 = 0.2
∴ 이용 가능한 평행도 공차
= 이용 가능한 치수 공차 + 평행도 공차
= 0.2 + 0.1
= 0.3

32. 치수 기입에 있어서 누진 치수 기입 방법으로 올바르게 나타낸 것은?

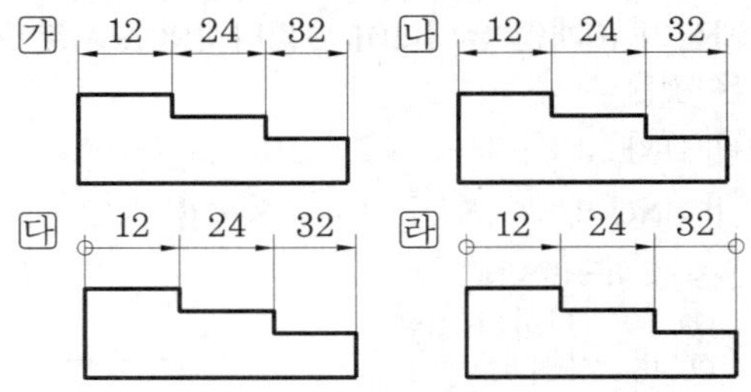

33. 다음 그림과 같은 도면에서 'L' 치수는 몇 mm인가?

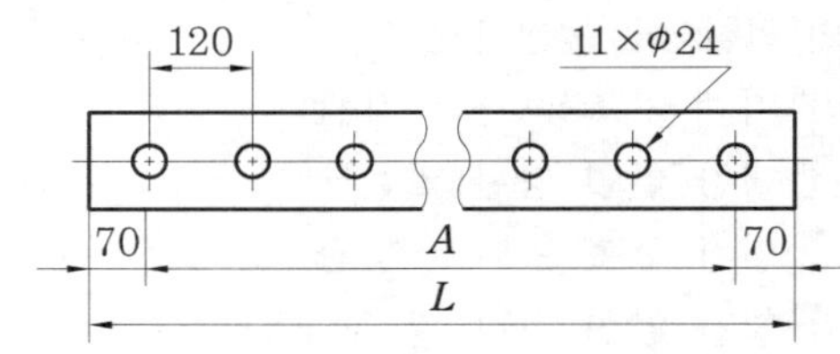

㉮ 1200   ㉯ 1320

㉰ 1340   ㉱ 1460

[해설] $L = A + (70 \times 2) = 120 \times 10 + 140 = 1340$

34. 기어 제도에서 선의 사용법으로 틀린 것은?

㉮ 피치원은 가는 1점 쇄선으로 표시한다.

㉯ 축에 직각인 방향에서 본 그림을 단면도로 도시할 때는 이골(이뿌리)의 선은 굵은 실선으로 표시한다.

㉰ 잇봉우리원은 굵은 실선으로 표시한다.

㉱ 내접 헬리컬 기어의 잇줄 방향은 2개의 가는 실선으로 표시한다.

[해설] 잇줄의 방향은 정면도에 항상 3줄의 가는 실선으로 그리며, 정면도가 단면으로 표시되어 있을 때는 3줄의 가는 2점 쇄선으로 그린다.

---

35. 그림과 같은 등각투상도에서 화살표 방향이 정면일 경우 3각법으로 투상한 평면도로 가장 적합한 것은?

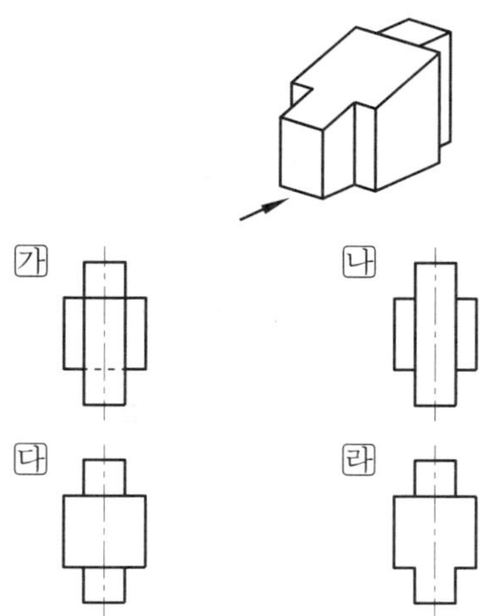

㉮

㉯

㉰

㉱

36. 기계 제도에서 특수한 가공을 하는 부분(범위)을 나타내고자 할 때 사용하는 선은?

㉮ 굵은 실선 ㉯ 가는 1점 쇄선

㉰ 가는 실선 ㉱ 굵은 1점 쇄선

[해설] 굵은 1점 쇄선은 특수한 가공을 하는 부분이나 특별한 요구사항을 적용할 수 있는 범위를 표시하는 데 사용한다.

37. 구멍 기준식 억지 끼워맞춤을 올바르게 표시한 것은?

㉮ $\phi 50$ X7/h6 ㉯ $\phi 50$ H7/h6

㉰ $\phi 50$ H7/s6 ㉱ $\phi 50$ F7/h6

[해설] 구멍 기준식 끼워맞춤

기준 구멍	억지 끼워맞춤					
H7	p6	r6	s6	t6	u6	x6

38. 구름 베어링의 안지름 번호에 대하여 베어링의 안지름 치수를 잘못 나타낸 것은?

㉮ 안지름 번호 : 01 – 안지름 : 12 mm

㉯ 안지름 번호 : 02 – 안지름 : 15 mm

㉰ 안지름 번호 : 03 – 안지름 : 18 mm

㉱ 안지름 번호 : 04 – 안지름 : 20 mm

[해설] 안지름 번호 : 03 – 안지름 : 17 mm

39. 그림과 같이 용접기호가 도시되었을 경우 그 의미로 옳은 것은?

㉮ 양면 V형 맞대기 용접으로 표면 모두 평면 마감 처리

㉯ 이면 용접이 있으며 표면 모두 평면 마감 처리한 V형 맞대기 용접

㉰ 토를 매끄럽게 처리한 V형 용접으로 제거 가능한 이면 판재 사용

㉱ 넓은 루트면이 있고 이면 용접된 필릿 용접이며 윗면을 평면 처리

[해설] ① ⎯ : 평탄 기호

② ⌣ : 이면 용접 기호

③ ∨ : V형 맞대기 용접 기호

40. 빗줄 널링(knurling)의 표시 방법으로 가장 올바른 것은?

㉮ 축선에 대하여 일정한 간격으로 평행하게 도시한다.

㉯ 축선에 대하여 일정한 간격으로 수직으로 도시한다.

㉰ 축선에 대하여 30°로 엇갈리게 일정한 간격으로 도시한다.

㉱ 축선에 대하여 80°가 되도록 일정한 간격으로 평행하게 도시한다.

제 3 과목 : 기계설계 및 기계재료

41. 뜨임 취성(temper brittleness)을 방지하는 데 가장 효과적인 원소는?

㉮ Mo ㉯ Ni

㉰ Cr ㉱ Zr

[해설] Mo : W 효과의 2배, 뜨임 취성 방지, 담금질 깊이 증가

42. 95 % Cu−5 % Zn 합금으로 연하고 코이닝

[해답] 35. ㉱ 36. ㉱ 37. ㉰ 38. ㉰ 39. ㉯ 40. ㉰ 41. ㉮ 42. ㉱

(coining)하기 쉬워 동전, 메달 등에 사용되는 황동의 종류는?

㉮ Naval brass
㉯ Cartridge brass
㉰ Muntz metal
㉱ Gilding metal

[해설] 황동의 종류

5 % Zn	30 % Zn	40 % Zn	8~20 % Zn
길딩 메탈	카트리지 브라스	문츠 메탈	톰백
화폐·메달용	탄피 가공용	값싸고 강도가 큼	금 대용, 장식품

43. Kelmet의 주요 합금 조성으로 옳은 것은?

㉮ Cu − Pb계 합금   ㉯ Zn − Pb계 합금
㉰ Cr − Pb계 합금   ㉱ Mo − Pb계 합금

[해설] 켈밋의 성분 및 특징
① 성분 : Cu 60~70 % + Pb 30~40 %
(Pb 성분이 증가될수록 윤활 작용이 좋다.)
② 열전도, 압축 강도가 크고 마찰계수가 작아 고속, 고하중 베어링에 사용한다.

44. 다음 중 Fe−C 평형 상태도에서 나타나지 않는 반응은?

㉮ 공정반응   ㉯ 편정반응
㉰ 포정반응   ㉱ 공석반응

[해설] Fe−C계 상태도에서 3개소의 반응
포정−공정−공석

45. 쾌삭강에서 피삭성을 좋게 만들기 위해 첨가하는 원소로 가장 적합한 것은?

㉮ Mn   ㉯ Si
㉰ C   ㉱ S

[해설] 쾌삭강은 강에 S, Zr, Pb, Ce을 첨가하여 절삭성을 향상시킨 강이다.

46. 반도체 재료에 사용되는 주요 성분 원소는?

㉮ Co, Ni   ㉯ Ge, Si
㉰ W, Pb   ㉱ Fe, Cu

[해설] 반도체 재료와 종류

분 류	종 류
원소 반도체	Si, IC, Ge
	Se
화합물 반도체	ZnO, ZnS, BaO, CdS, CdSe
	GaAs, InP, InAs, InSb
	GeTe, PbS, PbSe, PbTe
	Se_2Te_3, $BiSe_3$, VO_2
	Gs_3Sb, Cu_2O, ZnSb, SiC

47. 블랭킹 및 피어싱 펀치로 사용되는 금형재료가 아닌 것은?

㉮ STD11   ㉯ STS3
㉰ STC3   ㉱ SM15C

48. 주조 시 주형에 냉금을 삽입하여 주물 표면을 급랭시킴으로써 백선화하고, 경도를 증가시킨 내마모성 주철은?

㉮ 구상 흑연 주철
㉯ 가단(malleable)주철
㉰ 칠드(chilled)주철
㉱ 미하나이트(meehanite)주철

[해설] ① 구상 흑연 주철 : 용융 상태에서 Mg−Cu, Mg, Ce 등을 첨가하여 흑연을 편상→구상화로 석출시킨다.
② 가단주철 : 주철의 취약성을 개량하기 위해 백주철을 풀림 처리하고 탈탄 또는 흑연화에 의해 가단성을 주어 강인성을 부여시킨 주철이다(연신율 : 5~12 %).
③ 미하나이트주철 : 흑연의 형상을 미세하고 균일하게 하기 위해 Si, Ca−Si 분말을 첨가하여 흑연의 핵 형성을 촉진시킨 주철이다.

49. 불변강의 종류가 아닌 것은?

㉮ 인바   ㉯ 엘린바
㉰ 코엘린바   ㉱ 스프링강

[해설] 불변강의 종류에는 인바, 슈퍼인바, 엘린바, 코엘린바, 퍼멀로이, 플래티나이트가 있다.

50. 성형 수축이 적고 성형 가공성이 양호한 열가소성 수지는?

해답 43. ㉮ 44. ㉯ 45. ㉱ 46. ㉯ 47. ㉱ 48. ㉰ 49. ㉱ 50. ㉱

[가] 페놀 수지 [나] 멜라민 수지
[다] 에폭시 수지 [라] 폴리스티렌 수지

[해설] 폴리스티렌 수지는 성형 수축이 적고 성형 가공이 양호하며 투명도가 큰 열가소성 수지이다.

51. 4 kN · m의 비틀림 모멘트를 받는 전동축의 지름은 약 몇 mm인가?(단, 축에 작용하는 전단 응력은 60 MPa이다.)

[가] 70 [나] 80
[다] 90 [라] 100

[해설] $d=\sqrt[3]{\dfrac{5.1T}{\tau}}=\sqrt[3]{\dfrac{5.1\times4000000}{60}}$
$\fallingdotseq 70\text{ mm}$

52. 양쪽 기울기를 가진 코터에서 저절로 빠지지 않기 위한 자립조건으로 옳은 것은?(단, α는 코터 중심에 대한 기울기 각도이고, ρ는 코터와 로드엔드와의 접촉부 마찰계수에 대응하는 마찰각이다.)

[가] $\alpha\le\rho$ [나] $\alpha\ge\rho$
[다] $\alpha\le2\rho$ [라] $\alpha\ge2\rho$

[해설] 코터의 자립 조건
① 양쪽 구배 : $\alpha\le\rho$
② 한쪽 구배 : $\alpha\le2\rho$

53. 용접 가공에 대한 일반적인 특징 설명으로 틀린 것은?

[가] 공정 수를 줄일 수 있어서 제작비가 저렴하다.
[나] 기밀 및 수밀성이 양호하다.
[다] 열 영향에 의한 재료의 변질이 거의 없다.
[라] 잔류 응력이 발생하기 쉽다.

[해설] 용접 이음은 열에 의한 수축, 변형 및 잔류 응력으로 인한 변형 위험이 있다.

54. 그림과 같은 스프링 장치에서 각 스프링 상수 k_1 = 40 N/cm, k_2 = 50 N/cm, k_3 = 60 N/cm 이다. 하중 방향의 처짐이 150 mm일 때 작용하는 하중 P는 약 몇 N인가?

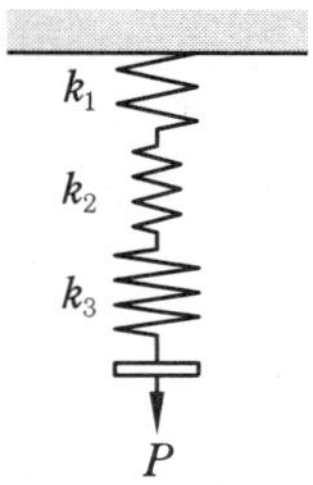

[가] 2250 [나] 964
[다] 389 [라] 243

[해설] $\dfrac{1}{k}=\dfrac{1}{k_1}+\dfrac{1}{k_2}+\dfrac{1}{k_3}$
$=\dfrac{1}{40}+\dfrac{1}{50}+\dfrac{1}{60}=\dfrac{37}{600}$
$\delta=\dfrac{P}{k},\ k=\dfrac{600}{37}$
$\therefore\ P=\delta k=15\times\dfrac{600}{37}\fallingdotseq 243\text{ N}$

55. 작용 하중의 방향에 따른 베어링 분류 중에서 축선에 직각으로 작용하는 하중과 축선 방향으로 작용하는 하중이 동시에 작용하는 데 사용하는 베어링은?

[가] 레이디얼 베어링(radial bearing)
[나] 스러스트 베어링(thrust bearing)
[다] 테이퍼 베어링(taper bearing)
[라] 칼라 베어링(collar bearing)

56. 회전 속도가 8 m/s로 전동되는 평벨트 전동장치에서 가죽 벨트의 폭(b)×두께(t) = 116 mm×8 mm인 경우 최대 전달 동력은 약 몇 kW인가?(단, 벨트의 허용 인장 응력은 2.35 MPa, 장력비($e^{\mu\theta}$)는 2.5이며, 원심력은 무시하고 벨트의 이음 효율은 100 %이다.)

[가] 7.45 [나] 10.47
[다] 12.08 [라] 14.46

[해설] $T_1=\sigma A=2.35\times116\times8=2180.8\text{ N}$
$\therefore\ H=\dfrac{T_1V}{102\times9.81}\times\dfrac{e^{\mu\theta}-1}{e^{\mu\theta}}$
$=\dfrac{2180.8\times8}{102\times9.81}\times\dfrac{2.5-1}{2.5}\fallingdotseq 10.47\text{ kW}$

해답 51. [가] 52. [가] 53. [다] 54. [라] 55. [다] 56. [나]

57. 그림과 같은 블록 브레이크에서 막대 끝에 작용하는 조작력 F와 브레이크의 제동력 Q와의 관계식은? (단, 드럼은 반시계 방향의 회전을 하고 마찰계수는 μ이다.)

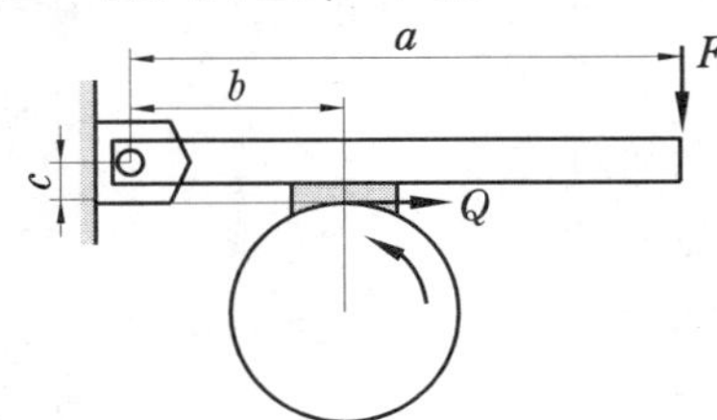

㉮ $F = \dfrac{Q}{a}(b - \mu c)$　　㉯ $F = \dfrac{Q}{\mu a}(b - \mu c)$

㉰ $F = \dfrac{Q}{\mu a}(b + \mu c)$　　㉱ $F = \dfrac{Q}{a}(b + \mu c)$

58. 안지름 300 mm, 내압 100 N/cm^{2}이 작용하고 있는 실린더 커버를 12개의 볼트로 체결하려고 한다. 볼트 1개에 작용하는 하중 W는 약 몇 N인가?

㉮ 3257　　　　　㉯ 5890

㉰ 8976　　　　　㉱ 11245

[해설] $P = \dfrac{\pi \times (300)^2}{4} = 70650 \, \text{N}$

$\therefore \; W = \dfrac{P}{12} = \dfrac{70650}{12} \fallingdotseq 5890 \, \text{N}$

59. 응력-변형률 선도에서 재료가 저항할 수 있는 최대의 응력을 무엇이라 하는가? (단, 공칭 응력을 기준으로 한다.)

㉮ 비례 한도(proportional limit)

㉯ 탄성 한도(elastic limit)

㉰ 항복점(yield point)

㉱ 극한 강도(ultimate strength)

60. 기어에서 이의 크기를 나타내는 방법이 아닌 것은?

㉮ 피치원 지름　　　㉯ 원주 피치

㉰ 모듈　　　　　　㉱ 지름 피치

[해설] 피치원 지름은 기어를 제작할 원통의 값에 대한 척도이며, 이의 크기에 관한 내용이 아니다.

제 4 과목 : 컴퓨터응용설계

61. OLED(유기발광다이오드) 디스플레이의 일반적인 장점으로 옳지 않은 것은?

㉮ LCD와 달리 자체 발광이라 백라이트가 필요 없다.

㉯ CRT와 달리 발광 소자의 수명이 길어서 번인(burn-in) 현상과 같은 단점이 없다.

㉰ 박막화가 가능하고 무게를 가볍게 설계할 수 있다.

㉱ TFT-LCD보다 시야각이 넓어 어느 방향에서나 동일한 화질로 볼 수 있다.

[해설] OLED : 유기 화합물에 전류가 흐르면 스스로 빛을 내는 자체 발광형 디스플레이 장치를 말하며, 최근에는 출력장치로 많이 사용된다.

62. IGES 파일 구조가 가지는 5가지 section이 아닌 것은?

㉮ directory entry section

㉯ global section

㉰ start section

㉱ local section

[해설] IGES 파일은 start, global, directory, parameter, terminate의 5개 섹션으로 구성되어 있다.

63. 그림과 같이 $x^2 + y^2 - 2 = 0$인 원이 있다. 점 P(1, 1)에서의 접선의 방정식은?

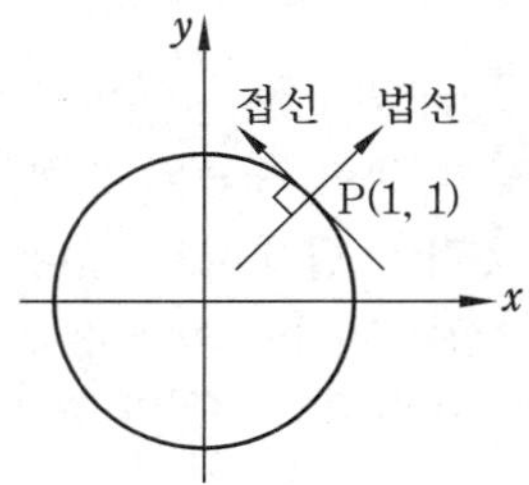

㉮ $2(x-1) + 2(y-1) = 0$

㉯ $(x-1) - (y-1) = 0$

㉰ $2(x+1) + 2(y-1) = 0$

㉱ $(x+1) + (y+1) = 0$

[해설] 원의 방정식 : $x^2 + y^2 = (\sqrt{2})^2$
접점 P가 (1, 1)이므로 $x + y = 2$이다.

64. 제시된 단면 곡선을 안내 곡선에 따라 이동하면서 생기는 궤적을 나타낸 곡면은?

㉮ 룰드(ruled) 곡면

㉯ 스윕(sweep) 곡면

㉰ 보간 곡면

㉱ 블렌딩(blending) 곡면

[해설] sweeping : 단면이 안내 곡선을 따라 이동하면서 새 곡면이나 솔리드를 생성하는 것이다.

65. 솔리드 모델링에서 모델링 결과 알 수 있는 물리적 성질(property)이 아닌 것은?

㉮ 부피　　　　　㉯ 표면적

㉰ 비틀림 모멘트　㉱ 부피 중심

[해설] 솔리드 모델링은 물리적 성질(부피, 무게중심, 관성 모멘트 등)의 계산이 가능하다.

66. 와이어 프레임 모델의 특징을 잘못 설명한 것은?

㉮ 데이터의 구성이 간단하다.

㉯ 처리 속도가 빠르다.

㉰ 물리적 성질의 계산이 불가능하다.

㉱ 은선 제거가 가능하다.

[해설] 와이어 프레임 모델링의 특징
① 데이터의 구성이 간단하다.
② 모델 작성을 쉽게 할 수 있다.
③ 처리 속도가 빠르다.
④ 3면 투시도 작성이 용이하다.
⑤ 은선 제거가 불가능하다.
⑥ 단면도 작성이 불가능하다.
⑦ 물리적 성질의 계산이 불가능하다.
⑧ 해석용 모델로 사용되지 못한다.

67. 컴퓨터 그래픽스에서 3D 형상 정보를 화면상에 표현하기 위해서는 필요한 부분의 3D 좌표가 2D 좌표 정보로 변환되어야 한다. 이와 같이 3D 형상에 대한 좌표 정보를 2D 평면 좌표로 변환하는 것을 무엇이라 하는가?

㉮ 점 변환　　　　㉯ 축척 변환

㉰ 투영 변환　　　　㉱ 동차 변환

68. 프린터의 해상도를 나타내는 단위인 "DPI"의 원어는?

㉮ digit per increment

㉯ digit per inch

㉰ dot per increment

㉱ dot per inch

[해설] ① LPM : 분당 인쇄 라인 수
② PPM : 1분 동안 출력 가능한 컬러(흑백 인쇄의 최대 매수)
③ DPI : 출력 밀도(해상도)
④ CPM : 출력 속도(분당 카드)

69. 2차원 평면에서 $y = 3x + 4$인 직선에 직교하면서 점 (3, 1)인 지점을 지나는 직선의 방정식은?

㉮ $y = -\dfrac{1}{3}x + 2$　　㉯ $y = 3x + 10$

㉰ $y = 3x - 8$　　　　㉱ $y = \dfrac{1}{3}x + 1$

70. 컴퓨터를 이용한 형상 모델링에 대한 일반적인 설명 중 틀린 것은?

㉮ 형상 모델링(geometric modeling)은 물체의 모양을 완전히 수학적으로 표현하는 과정이라고 할 수 있다.

㉯ 컴퓨터 그래픽스(computer graphics)는 시각적 디스플레이를 통하여 부품의 설계나 복잡한 형상을 표현하는 데 이용될 수 있다.

㉰ 3차원 모델링 및 설계는 현실감 있는 3차원 모델링과 시뮬레이션을 가능하게 하지만, 물리적 모델(목업 등)에 비해 비용이 많이 소요되는 단점이 있다.

㉱ 구조물의 응력 해석, 열전달, 변형 및 다른 특성들도 시각적 기법들로 잘 표현될 수 있다.

[해설] 3차원 모델링 및 설계는 목업(mock-up) 제작이 불필요하여 제작비가 절감되는 효과가 있다.

[정답]　64. ㉯　65. ㉰　66. ㉱　67. ㉰　68. ㉱　69. ㉮　70. ㉰

71. 주어진 물체를 윈도에 디스플레이할 때 윈도 내에 포함되는 부분만을 추출하기 위하여 사용되는 2차원 절단 코헨–서더랜드 알고리즘은 윈도를 포함한 2차원 평면을 9개의 영역으로 구분하여 각 영역을 비트 스트링(bit string)으로 표현한다. 모든 영역을 최소 비트 수로 표현하기 위해 이 알고리즘에서 사용되는 코드의 길이는?

㉮ 3 – 비트   ㉯ 4 – 비트
㉰ 5 – 비트   ㉱ 6 – 비트

[해설] 코헨–서더랜드 클리핑 알고리즘
① 클리핑 : 윈도에 표시될 라인이 전체가 보이는지, 부분적으로 보이는지, 숨겨졌는지를 검사하고 윈도에 표시될 부분(좌표)을 결정하는 것이다.
② 지역 코드 : 9개의 영역으로 분할되며 각 영역은 4비트 코드로 할당된다.

1001	1000	1010
0001	0000	0010
0101	0100	0110

T4	B4	R4	L4

72. CAD 모델링 방법 중 형상 구속 조건과 치수 조건을 이용하여 형태를 모델링하는 방식은?

㉮ Feature – based modeling
㉯ Parametric modeling
㉰ Hybrid modeling
㉱ Non – manifold modeling

[해설] 파라메트릭 모델링 : 사용자가 형상 구속 조건과 치수 조건을 입력하여 형상을 모델링하는 방식이다.

73. 베지어 곡면의 특징이 아닌 것은?

㉮ 곡면을 부분적으로 수정할 수 있다.
㉯ 곡면의 코너와 코너 조정점이 일치한다.
㉰ 곡면이 조정점들의 볼록 껍질(convex hull) 내부에 포함된다.
㉱ 곡면이 일반적인 조정점의 형상에 따른다.

[해설] 베지어 곡면은 베지어 곡선에서 발전한 것으로 1개의 정점 변화가 곡면 전체에 영향을 준다.

74. 다음 모델링 기법 중 컴퓨터를 이용한 자동 공정 계획(CAPP)에 가장 적합한 모델링 기법은?

㉮ 특징 형상 모델링
㉯ 경계 모델링
㉰ 와이어 프레임 모델링
㉱ 조립 모델링

75. 솔리드 모델링 방법 중 CSG 방식과 비교할 때 B–rep 방식의 특징에 해당하는 것은?

㉮ 메모리 용량이 작다.
㉯ 파라메트릭 모델링을 쉽게 구현할 수 있다.
㉰ 3면도, 투시도, 전개도의 작성이 용이하다.
㉱ 자료 구조가 단순하다.

76. 반지름이 3이고 중심점이 (1, 2)인 원의 방정식은?

㉮ $(x-1)^2 + (y-2)^2 = 3$
㉯ $(x-3)^2 + (y-1)^2 = 2$
㉰ $x^2 - 2x + y^2 - 4y + 4 = 0$
㉱ $x^2 - 2x + y^2 - 4y - 4 = 0$

[해설] $(x-1)^2 + (y-2)^2 = 3^2$
$x^2 - 2x + 1 + y^2 - 4y + 4 = 9$
$\therefore\ x^2 - 2x + y^2 - 4y - 4 = 0$

77. 일반적인 CAD 소프트웨어의 기본적인 기능으로 볼 수 없는 것은?

㉮ 문자나 데이터의 편집 기능
㉯ 디스플레이 제어 기능
㉰ 도면 작성 기능
㉱ 가공 정보 제어 기능

78. 일반적인 B–spline 곡선의 특징을 설명한 것으로 틀린 것은?

㉮ 곡선의 차수는 조정점의 개수와 무관하다.
㉯ 곡선의 형상을 국부적으로 수정할 수 있다.
㉰ 원, 타원, 포물선과 같은 원추 곡선을 정확하게 표현할 수 있다.
㉱ 조정점의 수가 오더(k)와 같은 비주기적 균일 B–spline 곡선은 베지어 곡선과 같다.

---

79. 2차원 평면에서 원(circle)을 정의하고자 할 때 필요한 조건으로 틀린 것은?

㉮ 중심점과 원주상의 한 점으로 정의

㉯ 원주상의 3개의 점으로 정의

㉰ 두 개의 접선으로 정의

㉱ 중심점과 하나의 접선으로 정의

[해설]

두 개의 접선으로 정의하면 무수히 많은 원이 존재하므로 반지름 또는 지름의 크기가 주어져야 한다.

80. 누산기(accumulator)에 대하여 올바르게 설명한 것은?

㉮ 레지스터의 일종으로 산술연산 혹은 논리 연산의 결과를 일시적으로 기억하는 장치이다.

㉯ 연산 명령이 주어지면 연산 준비를 하는 장소이다.

㉰ 연산 명령의 순서를 기억하는 장소이다.

㉱ 연산 부호를 해독하는 장치이다.

[해설] 누산기는 CPU 내에서 계산의 중간 결과를 저장하는 레지스터이다.

▶ 2018년 4월 28일 시행

자격종목 및 등급(선택분야)	종목코드	시험시간	문제지형별	수험번호	성 명
기계설계 산업기사	2031	2시간	A		

제1과목 : 기계가공법 및 안전관리

1. 공작물을 센터에 지지하지 않고 연삭하며, 가늘고 긴 가공물의 연삭에 적합한 특징을 가진 연삭기는?

㉮ 나사 연삭기　　㉯ 내경 연삭기

㉰ 외경 연삭기　　㉱ 센터리스 연삭기

[해설] 센터리스 연삭기는 원통 연삭기의 일종으로, 센터 없이 연삭숫돌과 조정 숫돌 사이를 지지판으로 지지하면서 연삭하는 것이다. 주로 원통면의 바깥면에 회전과 이송을 주어 연삭한다.

2. 화재를 A급, B급, C급, D급으로 구분했을 때 전기화재에 해당하는 것은?

㉮ A급　　㉯ B급　　㉰ C급　　㉱ D급

[해설] 소화기의 종류와 용도

종류　　소화기	보통화재 (A급)	기름화재 (B급)	전기화재 (C급)
포말소화기	적합	적합	부적합
분말소화기	양호	적합	양호
CO_2 소화기	양호	양호	적합

3. 절삭유의 사용 목적으로 틀린 것은?

㉮ 절삭열의 냉각

㉯ 기계의 부식 방지

㉰ 공구의 마모 감소

㉱ 공구의 경도 저하 방지

[해설] 절삭 가공 후 기계에 튀어 있는 절삭유를 닦아내지 않으면 오히려 기계가 부식될 수 있다.

4. 원형 부분을 두 개의 동심의 기하학적 원으로 취했을 경우, 두 원의 간격이 최소가 되는 두 원의 반지름의 차로 나타내는 형상 정밀도는?

㉮ 원통도　　㉯ 직각도

㉰ 진원도　　㉱ 평행도

[해설] 진원도는 모양 공차로서 공통원의 중심점으로부터 진원 상태의 허용 범위에서 벗어난 크기를 말하며, 원통도는 규제하는 원통 형체의 모든 표면의 공통 축선으로부터 같은 거리에 있는 두 개의 원통 표면에 들어가는 공차를 말한다.

5. 도금을 응용한 방법으로 모델을 음극에 전착시킨 금속을 양극에 설치하고, 전해액 속에서 전기를 통전하여 적당한 두께로 금속을 입히는 가공 방법은?

㉮ 전주 가공　　㉯ 전해 연삭

㉰ 레이저 가공　　㉱ 초음파 가공

[해설] ① 전해 연삭 : 전해 연마에서 나타난 양극의 생성물을 연삭 작업으로 갈아 없애는 가공법
② 레이저 가공 : 레이저 빛을 한 점에 집중시켜 고도의 에너지 밀도로 가공하는 방법
③ 초음파 가공 : 초음파 진동수로 기계적 진동을 하는 공구와 공작물 사이에 숫돌 입자, 물 또는 기름을 주입하면 숫돌 입자가 일감을 때려 표면을 다듬는 방법

6. 밀링 가공에서 분할대를 사용하여 원주를 6° 30′씩 분할하고자 할 때 옳은 방법은?

㉮ 분할 크랭크를 18공열에서 13구멍씩 회전시킨다.

㉯ 분할 크랭크를 26공열에서 18구멍씩 회전시킨다.

㉰ 분할 크랭크를 36공열에서 13구멍씩 회전시킨다.

㉱ 분할 크랭크를 13공열에서 1회전하고 5구멍씩 회전시킨다.

[해설] $n = \dfrac{\theta}{9°} = \dfrac{6}{9} = \dfrac{12}{18}$

$n = \dfrac{\theta}{540'} = \dfrac{30}{540} = \dfrac{1}{18}$

[해답]　1. ㉱　2. ㉰　3. ㉯　4. ㉰　5. ㉮　6. ㉮

∴ 분할 크랭크를 18공열에서 13(= 12 + 1)구멍
씩 회전시킨다.

7. 윤활제의 구비 조건으로 틀린 것은?

㋑ 사용 상태에 따라 점도가 변할 것

㋓ 산화나 열에 대하여 안정성이 높을 것

㋒ 화학적으로 불활성이며 깨끗하고 균질할 것

㋔ 한계 윤활 상태에서 견딜 수 있는 유성이
있을 것

[해설] 윤활제의 구비 조건
  ① 열이나 산에 강해야 한다.
  ② 금속의 부식성이 적어야 한다.
  ③ 열전도가 좋고 내하중성이 커야 한다.
  ④ 가격이 저렴하고 적당한 점성이 있어야 한다.
  ⑤ 온도 변화에 따른 점도 변화가 작아야 한다.
  ⑥ 양호한 유성을 가진 것으로 카본 생성이 적어
    야 한다.

8. 드릴링 머신 작업 시 주의해야 할 사항 중 틀
린 것은?

㋑ 가공 시 면장갑을 착용하고 작업한다.

㋓ 가공물이 회전하지 않도록 단단하게 고정
한다.

㋒ 가공물을 손으로 지지하여 드릴링하지 않
는다.

㋔ 얇은 가공물을 드릴링할 때에는 목편을
받친다.

[해설] 회전하고 있는 주축이나 드릴에 면장갑을 착
용하고 작업하거나 걸레를 대거나 머리를 가까이
해서는 안 된다.

9. 연삭 작업에서 숫돌 결합제의 구비 조건으로
틀린 것은?

㋑ 성형성이 우수해야 한다.

㋓ 열이나 연삭액에 대하여 안전성이 있어
야 한다.

㋒ 필요에 따라 결합 능력을 조절할 수 있어
야 한다.

㋔ 충격에 견뎌야 하므로 기공 없이 치밀해
야 한다.

[해설] 결합제의 구비 조건
  ① 열이나 연삭액에 안정할 것
  ② 원심력이나 충격에 대한 기계적 강도가 있을 것
  ③ 적당한 기공과 균일한 조직으로 성형성이 좋
    을 것

10. 선반 작업에서 구성 인선(built-up edge)의
발생 원인에 해당하는 것은?

㋑ 절삭 깊이를 적게 할 때

㋓ 절삭 속도를 느리게 할 때

㋒ 바이트의 윗면 경사각이 클 때

㋔ 윤활성이 좋은 절삭유제를 사용할 때

[해설] 절삭 속도를 120 m/min 이상으로 크게 하여
구성 인선의 발생을 방지할 수 있다.

11. CNC 프로그램에서 보조 기능에 해당하는 어
드레스는?

㋑ F ㋓ M ㋒ S ㋔ T

[해설] ① F : 이송 기능
  ② S : 주축 기능
  ③ T : 공구 기능

12. 드릴 작업 후 구멍의 내면을 다듬질하는 목
적으로 사용하는 공구는?

㋑ 탭 ㋓ 리머

㋒ 센터 드릴 ㋔ 카운터 보어

[해설] ① 탭 : 드릴을 사용하여 뚫은 구멍의 내면
  에 암나사를 가공하는 공구
  ② 센터 드릴 : 선반에서 작업을 하기 위해 센터
    구멍을 가공하는 공구
  ③ 카운터 보어 : 볼트 머리 부분을 묻히게 하
    기 위해 자리를 파는 공구

13. 3차원 측정기에서 사용되는 프로브 중 광학
계를 이용하여 얇거나 연한 재질의 피측정물을
측정하기 위한 것으로 심출 현미경, CMM 계측
용 TV 시스템 등에 사용되는 것은?

㋑ 전자식 프로브

㋓ 접촉식 프로브

㋒ 터치식 프로브

㋔ 비접촉식 프로브

[해답] 7. ㋑ 8. ㋑ 9. ㋔ 10. ㋓ 11. ㋓ 12. ㋓ 13. ㋔

14. 4개의 조가 90° 간격으로 구성 배치되어 있으며, 보통 선반에서 편심 가공을 할 때 사용되는 척은?

㉮ 단동척 ㉯ 연동척
㉰ 유압척 ㉱ 콜릿척

[해설] 단동척은 원, 사각, 팔각 조임 시 용이하여 가장 많이 사용하며, 조가 4개 있어 4번 척이라고도 한다. 조가 각각 움직이므로 중심을 잡는 데 시간이 걸린다.

15. 밀링 머신에 포함되는 기계 장치가 아닌 것은?

㉮ 니 ㉯ 주축
㉰ 칼럼 ㉱ 심압대

[해설] 심압대는 선반이나 원통 연삭기의 기계 장치이다.

16. 가늘고 긴 일정한 단면 모양을 가진 공구를 사용하여 가공물의 내면에 키 홈, 스플라인 홈, 원형이나 다각형의 구멍 형상과 외면에 세그먼트 기어, 홈, 특수한 외면 형상을 가공하는 공작 기계는?

㉮ 기어 셰이퍼(gear shaper)

㉯ 호닝 머신(honing machine)

㉰ 호빙 머신(hobbing machine)

㉱ 브로칭 머신(broaching machine)

[해설] 브로칭 머신 : 브로치 공구를 사용하여 표면 또는 내면을 필요한 모양으로 절삭 가공하는 기계로 키 홈, 스플라인 구멍, 다각형 구멍 등을 작업한다.

17. 밀링 작업에서 분할대를 사용하여 직접 분할할 수 없는 것은?

㉮ 3등분 ㉯ 4등분
㉰ 6등분 ㉱ 9등분

[해설] 직접 분할법 : 주축의 앞부분에 있는 구멍 24개를 이용하여 2, 3, 4, 6, 8, 12, 24로 등분할 수 있는 방법이다.

18. 표면 프로파일 파라미터의 정의에 대한 연결이 틀린 것은?

㉮ Rt – 프로파일의 전체 높이

㉯ RSm – 평가 프로파일의 첨도

㉰ Rsk – 평가 프로파일의 비대칭도

㉱ Ra – 평가 프로파일의 산술평균 높이

[해설] RSm : 프로파일 요소의 평균 높이

19. 나사의 유효 지름 측정 방법 중 정밀도가 가장 높은 방법은?

㉮ 삼침법을 이용한 방법

㉯ 피치 게이지를 이용한 방법

㉰ 버니어 캘리퍼스를 이용한 방법

㉱ 나사 마이크로미터를 이용한 방법

[해설] 삼침법 : 3개의 핀 게이지를 나사산의 골에 끼운 상태에서 외측 마이크로미터로 측정하며 유효 지름을 측정하는 방법이다.

20. 일반적인 보통 선반 가공에 관한 설명으로 틀린 것은?

㉮ 바이트 절입량의 2배로 공작물의 지름이 작아진다.

㉯ 이송 속도가 빠를수록 표면 거칠기가 좋아진다.

㉰ 절삭 속도가 증가하면 바이트의 수명이 짧아진다.

㉱ 이송 속도는 공작물의 1회전당 공구의 이동 거리이다.

[해설] 다듬질 절삭에서는 이송 속도를 느리게 하며, 이송 속도가 빠를수록 표면 거칠기는 거칠어진다.

제 2 과목 : 기계제도

---

21. 다음은 제3각법으로 나타낸 정면도와 우측면도이다. 이에 대한 평면도를 가장 올바르게 나타낸 것은?

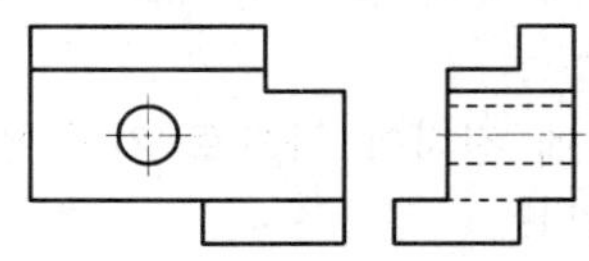

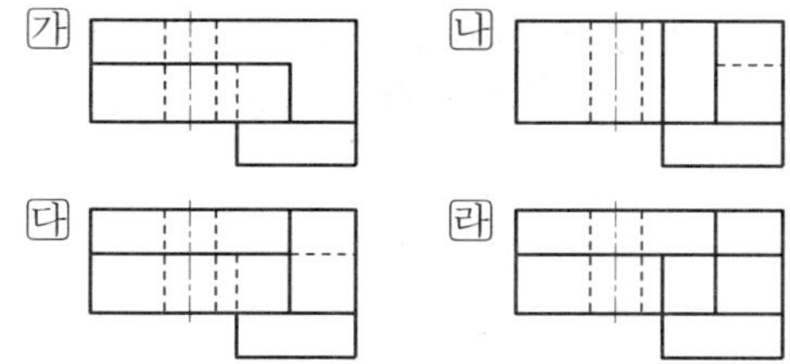

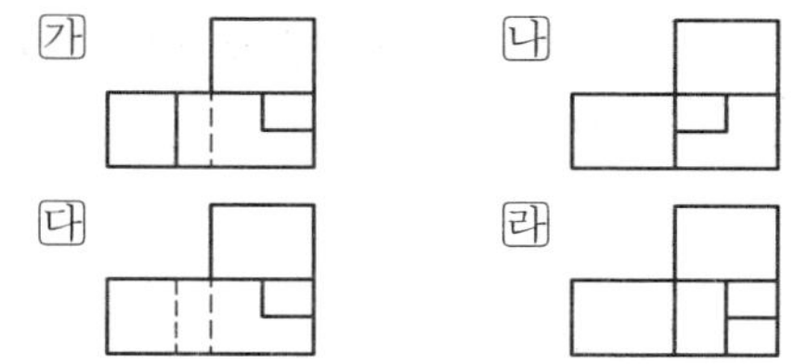

22. 개스킷, 박판, 형강 등과 같이 절단면이 얇은 경우 이를 나타내는 방법으로 옳은 것은?

㉮ 실제 치수와 관계없이 1개의 가는 1점 쇄선으로 나타낸다.

㉯ 실제 치수와 관계없이 1개의 극히 굵은 실선으로 나타낸다.

㉰ 실제 치수와 관계없이 1개의 굵은 1점 쇄선으로 나타낸다.

㉱ 실제 치수와 관계없이 1개의 극히 굵은 2점 쇄선으로 나타낸다.

23. 다음 그림에서 23 부위만을 데이텀 A로 지정하고자 한다. 이때 특정한 선을 사용하여 데이텀 부위를 지정할 수 있는데, 이 선은 무엇인가?

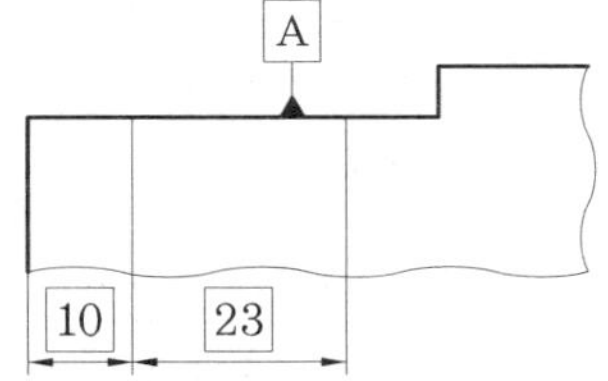

㉮ 가는 1점 쇄선 ㉯ 굵은 1점 쇄선

㉰ 가는 2점 쇄선 ㉱ 굵은 2점 쇄선

해설 굵은 1점 쇄선은 특수한 가공을 하는 부분이나 특별한 요구사항을 적용할 수 있는 범위를 표시하는 데 사용한다.

24. 그림의 입체도에서 화살표 방향이 정면일 경우 정면도로 가장 적합한 것은?

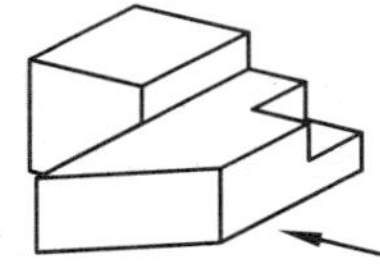

25. 다음 중 H7 구멍과 가장 억지로 끼워지는 축의 공차는?

㉮ f6   ㉯ h6   ㉰ p6   ㉱ g6

해설 구멍 기준식 끼워맞춤

기준 구멍	억지 끼워맞춤					
H7	p6	r6	s6	t6	u6	x6

26. 그림은 제3각 정투상도로 나타낸 정면도와 우측면도이다. 이에 대한 평면도로 가장 적합한 것은?

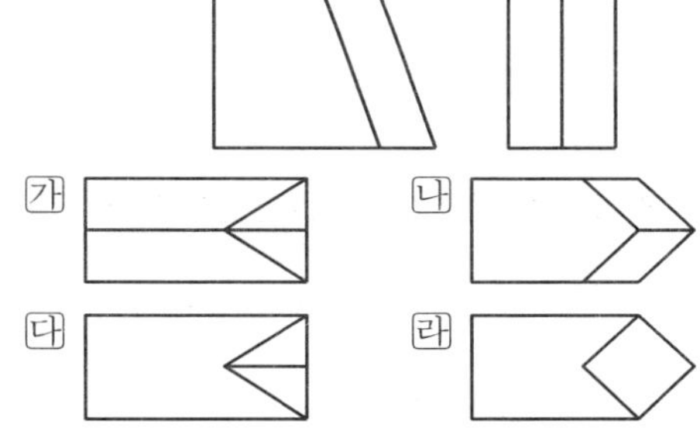

27. 구멍 기준식 끼워맞춤에서 구멍은 $\phi 50^{+0.025}_{0}$, 축은 $\phi 50^{+0.050}_{+0.034}$일 때 최소 죔새값은?

㉮ 0.009   ㉯ 0.034

㉰ 0.050   ㉱ 0.075

해설 최소 죔새 = 축의 최소 허용 치수
 − 구멍의 최대 허용 치수
 $= 50.034 - 50.025 = 0.009$

28. 수면, 유면 등의 위치를 표시하는 수준면 선에 사용하는 선의 종류는?

㉮ 가는 파선   ㉯ 가는 1점 쇄선

㉰ 굵은 파선   ㉱ 가는 실선

해설 가는 실선은 치수선, 치수 보조선, 지시선, 회전 단면선, 중심선, 수준면선에 사용한다.

해답 22. ㉯   23. ㉯   24. ㉮   25. ㉰   26. ㉯   27. ㉮   28. ㉱

29. 베어링의 호칭번호가 6026일 때, 이 베어링의 안지름은 몇 mm인가?

㉮ 6
㉯ 60
㉰ 26
㉱ 130

[해설] 베어링의 안지름 크기
00 : 10 mm, 01 : 12 mm, 02 : 15 mm, 03 : 17 mm 이며, 04부터는 ×5를 하면 된다.
∴ 26×5 = 130 mm

30. 구멍의 최대 치수가 축의 최소 치수보다 작은 경우에 해당하는 끼워맞춤의 종류는?

㉮ 헐거운 끼워맞춤
㉯ 억지 끼워맞춤
㉰ 틈새 끼워맞춤
㉱ 중간 끼워맞춤

[해설] 구멍과 축을 조립했을 때 주어진 허용 한계 치수 범위 내에서 구멍이 최소이고 축이 최대일 때에도 죔새가 생겨 억지로 끼워맞춰지는데, 이를 억지 끼워맞춤이라 한다.

31. 다음 용접기호에 대한 설명으로 틀린 것은?

$$a4 \triangleright 6 \times 30 \; (20)$$
$$a4 \triangleright 6 \times 30 \; (20)$$

㉮ 지그재그 필릿 용접이다.
㉯ 목 두께는 4 mm이다.
㉰ 한쪽 면의 용접부 개소는 30개이다.
㉱ 인접한 용접부 간격은 20 mm이다.

[해설] 6×30에서 6은 용접 개소, 30은 1개소당 용접 길이를 말한다.

32. 표준 스퍼 기어의 모듈이 2이고 이끝원 지름이 84 mm일 때, 이 스퍼 기어의 피치원 지름(mm)은?

㉮ 76
㉯ 78
㉰ 80
㉱ 82

[해설] 이끝원(D_0) : 이의 끝을 연결하는 원
$D_0 = $ 피치원 지름 $+ 2\,m$
∴ 피치원 지름 $= D_0 - 2m$
$\quad\quad\quad\quad = 84 - (2 \times 2) = 80$ mm

33. 지름이 같은 원기둥이 그림과 같이 직교할 때 상관선의 표현으로 가장 적합한 것은?

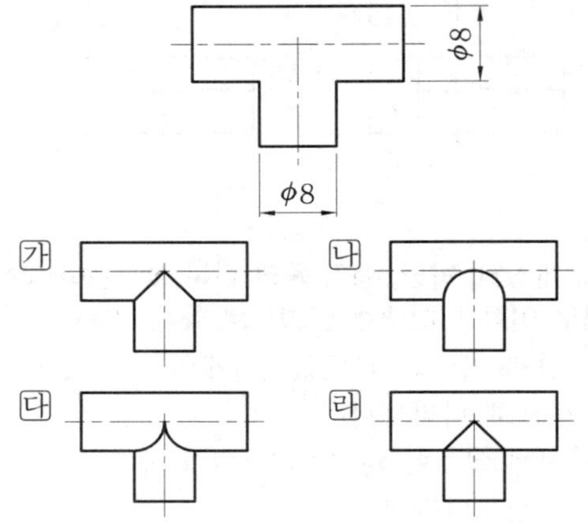

㉮ ㉯ ㉰ ㉱

34. 기계 구조용 탄소 강재의 KS 재료 기호로 옳은 것은?

㉮ SM40C
㉯ SS235
㉰ ALDC1
㉱ GC100

[해설] ① SS : 일반 구조용 압연 강재
② ALDC : 다이캐스팅용 알루미늄 합금
③ GC : 주철

35. 그림과 같이 축 방향으로 인장력이나 압축력이 작용하는 두 축을 연결하거나 풀 필요가 있을 때 사용하는 기계요소는?

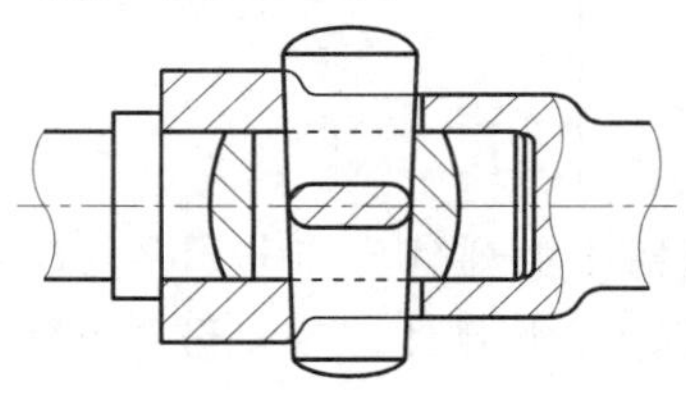

㉮ 핀
㉯ 키
㉰ 코터
㉱ 플랜지

[해설] 코터는 평평한 쐐기 모양의 부품으로, 인장력 또는 압축력이 축 방향으로 작용하는 축과 여기에 조립되는 소켓을 연결하는 데 사용하는 기계요소이다.

36. 다음 중 스파이럴 스프링의 치수나 요목표에 기입하지 않아도 되는 사항은?

㉮ 판 두께
㉯ 재료

田 전체 길이   回 최대 하중

[해설] 벌류트 스프링, 스파이럴 스프링, 접시 스프링은 무하중 상태에서 그린다.

37. 기하 공차의 종류에서 위치 공차에 해당하지 않는 것은?

㉮ 동축도 공차   ㉯ 위치도 공차
㉰ 평면도 공차   ㉱ 대칭도 공차

[해설] 평면도 공차는 모양 공차이다.

38. 나사의 도시법을 설명한 것으로 틀린 것은?

㉮ 수나사의 바깥지름과 암나사의 골지름은 굵은 실선으로 표시한다.
㉯ 완전 나사부 및 불완전 나사부의 경계선은 굵은 실선으로 표시한다.
㉰ 보이지 않는 나사 부분은 가는 파선으로 표시한다.
㉱ 수나사 및 암나사의 조립 부분은 수나사 기준으로 표시한다.

[해설] 나사의 도시법
① 굵은 실선 : 수나사의 바깥지름, 암나사의 안지름, 완전 나사부와 불완전 나사부의 경계선
② 가는 실선 : 골지름, 불완전 나사부
③ 가는 파선 : 숨겨진 나사 표시
④ 나사 부품 단면도의 해칭은 암나사의 안지름, 수나사의 바깥지름까지 긋는다.

39. 래핑 다듬질면 등에 나타나는 줄무늬로, 가공에 의한 컷의 줄무늬가 여러 방향일 때 줄무늬 방향의 기호는?

㉮ R   ㉯ C
㉰ X   ㉱ M

[해설] 줄무늬 방향의 지시 기호

기 호	커터의 줄무늬 방향
=	투상면에 평행
⊥	투상면에 수직
×	투상면에 대해 2개의 경사면에 수직
M	여러 방향으로 교차
C	중심에 대해 대략 동심원 모양
R	중심에 대해 대략 반지름 방향

40. 도면에서 2종류 이상의 선이 같은 장소에서 겹치게 될 경우 우선순위로 알맞은 것은?

㉮ 외형선 > 숨은선 > 절단선 > 중심선
㉯ 외형선 > 절단선 > 숨은선 > 중심선
㉰ 외형선 > 중심선 > 숨은선 > 절단선
㉱ 외형선 > 절단선 > 중심선 > 숨은선

[해설] 겹치는 선의 우선순위
외형선 > 숨은선 > 절단선 > 중심선 > 무게중심선 > 치수 보조선

제 3 과목 : 기계설계 및 기계재료

41. 0.8 % C 이하의 아공석강에서 탄소 함유량의 증가에 따라 감소하는 기계적 성질은?

㉮ 경도   ㉯ 항복점
㉰ 인장 강도   ㉱ 연신율

[해설] 탄소 함유량의 증가에 따라
① 물리적 성질 : 비중, 선팽창률, 온도계수, 열전도도는 감소하나 비열, 전기 저항, 항자력은 증가한다.
② 기계적 성질 : 인장 강도, 경도는 증가하다가 공석 조직에서 최대가 되나 연신율과 충격값은 감소한다.

42. 노에 들어가지 못하는 대형 부품의 국부 담금질, 기어, 톱니나 선반의 베드면 등의 표면을 경화시키는 데 가장 많이 사용하는 열처리 방법은?

㉮ 화염 경화법   ㉯ 침탄법
㉰ 질화법   ㉱ 청화법

[해설] 화염 경화법 : 탄소 함유량 0.4 % C 전후의 강을 산소-아세틸렌 화염으로 표면만 가열 냉각시켜 표면층만 경화시키는 열처리 방법이다.

43. 주철의 접종(inoculation) 및 그 효과에 대한 설명으로 틀린 것은?

㉮ Ca-Si 등을 첨가하여 접종을 한다.
㉯ 핵 생성을 용이하게 한다.
㉰ 흑연의 형상을 개량한다.
㉱ 칠(chill)화를 증가시킨다.

[해답] 37. ㉰   38. ㉮   39. ㉱   40. ㉮   41. ㉱   42. ㉮   43. ㉱

44. 알루미늄 합금인 Al−Mg−Si의 강도를 증가시키기 위한 가장 좋은 방법은?

㉮ 시효 경화(age−hardening) 처리한다.

㉯ 냉간 가공(cold work)을 실시한다.

㉰ 담금질(quenching) 처리한다.

㉱ 불림(normalizing) 처리한다.

[해설] 500~510℃에서 용체화 처리를 한 후 급랭하여 상온에 방치하면 시효 경화한다. 인장 강도는 294~440 MPa, 연신율은 20~25 %, 경도(HB)는 88.2~117.6, 비중은 2.9이다.

45. 황동계 실용 합금인 톰백에 관한 설명으로 틀린 것은?

㉮ 전연성이 우수하다.

㉯ 5~20 %의 Sn을 함유하는 황동이다.

㉰ 코이닝하기 쉬워 메달, 동전 등에 사용된다.

㉱ 색깔이 금색에 가까워 모조금으로 사용된다.

[해설] 톰백 : 8~20 % Zn을 함유하며, 금에 가까운 색으로 연성이 크다. 금 대용품이나 장식품에 사용한다.

46. 마텐자이트(martensite) 및 그 변태에 대한 설명으로 틀린 것은?

㉮ 경도가 높고 취성이 있다.

㉯ 상온에서 준안정 상태이다.

㉰ 마텐자이트 변태는 확산 변태를 한다.

㉱ 강을 수중에 담금질하였을 때 나타나는 조직이다.

[해설] 담금질 : 강을 A₃ 변태 및 A₁선 이상 30~50℃로 가열한 후 수랭, 유랭, 공랭시키는 방법으로, A₁ 변태가 저지되어 경도가 큰 마텐자이트가 된다.

47. 금속 재료 중 일정 온도에서 갑자기 전기저항이 0(zero)이 되는 현상은?

㉮ 공유   ㉯ 초전도

㉰ 이온화   ㉱ 형상기억

[해설] 초전도 : 어떤 재료를 냉각했을 때 임계 온도에 이르러 전기 저항이 0이 되는 현상으로, 초전도 상태에서는 재료에 전류가 흘러도 에너지의 손실

이 없고 전력 소비 없이 대전류를 보낼 수 있다.

48. 고속도 공구강(SKH 2)의 표준 조성으로 옳은 것은?

㉮ 18 % W − 4 % Cr − 1 % V

㉯ 17 % Cr − 9 % W − 2 % Mo

㉰ 18 % Co − 4 % Cr − 1 % V

㉱ 18 % W − 4 % V − 1 % Cr

49. 플라스틱 재료의 특성을 설명한 것 중 틀린 것은?

㉮ 대부분 열에 약하다.

㉯ 대부분 내구성이 높다.

㉰ 대부분 전기 절연성이 우수하다.

㉱ 금속 재료보다 부피당 가격이 저렴하다.

[해설] 플라스틱은 단단하고 질기며 부드럽고 유연하게 만들 수 있기 때문에 금속 제품으로 만드는 것보다 가공비가 저렴하다. 열에 약하고 표면 경도가 낮다는 단점이 있다.

50. 섬유강화 금속(FRM)의 특성을 설명한 것 중 틀린 것은?

㉮ 비강도 및 비강성이 높다.

㉯ 섬유축 방향의 강도가 작다.

㉰ 2차 성형성, 접합성이 있다.

㉱ 고온의 역학적 특성 및 열적 안정성이 우수하다.

[해설] FRM : 섬유강화 금속(모재의 종류가 금속)은 최고 사용 온도가 377~527℃ 범위이며 비강성, 비강도가 큰 것을 목적으로 한다.

51. 일반적으로 안전율을 가장 크게 잡는 하중은? (단, 동일 재질에서 극한 강도 기준의 안전율을 대상으로 한다.)

㉮ 충격 하중   ㉯ 편진 반복 하중

㉰ 정하중   ㉱ 양진 반복 하중

[해설] 충격 하중 : 비교적 단시간에 충격적으로 작용하는 하중으로, 순간적으로 작용하는 하중이다.

52. 축의 홈 속에서 자유로이 기울어질 수 있어

키가 자동적으로 축과 보스에 조정되는 장점이 있지만, 키 홈의 깊이가 커서 축의 강도가 약해지는 단점이 있는 키는?

㉮ 반달키 ㉯ 원뿔 키
㉰ 묻힘 키 ㉱ 평행키

[해설] ① 원뿔 키 : 축과 보스에 홈을 파지 않고 갈라진 원뿔통의 마찰력으로 고정한다.
② 묻힘 키 : 축과 보스에 다 같이 홈을 파는 것으로, 가장 많이 사용한다.
③ 평행키 : 축은 자리만 편편하게 다듬고 보스에 홈을 판다.

53. 브레이크 드럼축에 754 N·m의 토크가 작용하면 축을 정지하는 데 필요한 제동력은 약 몇 N인가? (단, 브레이크 드럼의 지름은 400 mm이다.)

㉮ 1920 ㉯ 2770
㉰ 3310 ㉱ 3770

[해설] $Q = \dfrac{2T}{D} = \dfrac{2 \times 754}{400} = 3.77\,\text{N·m}$

$\qquad = 3770\,\text{N·mm}$

54. 리벳 이음의 특징에 대한 설명으로 옳은 것은?

㉮ 용접 이음에 비해 응력에 의한 잔류 변형이 많이 생긴다.

㉯ 리벳 길이 방향으로의 인장 하중을 지지하는 데 유리하다.

㉰ 경합금에서 용접 이음보다 신뢰성이 높다.

㉱ 철골 구조물, 항공기 동체 등에는 적용하기 어렵다.

[해설] 리벳 이음의 특징
① 잔류 변형률이 생기지 않으므로 취약 파괴가 일어나지 않는다.
② 구조물 등에서 현지 조립할 때는 용접 이음보다 쉽다.
③ 경합금과 같이 용접이 곤란한 재료에는 용접 이음보다 신뢰성이 높다.
④ 강판의 두께에 한계가 있으며 이음 효율이 낮다.

55. 압축 코일 스프링의 소선 지름이 5 mm, 코일의 평균 지름이 25 mm이고, 200 N의 하중이 작용할 때 스프링에 발생하는 최대 전단 응력은 약 몇 MPa인가? (단, 스프링 소재의 가로탄성계수

(G)는 80 GPa이고 다음의 Wahl의 응력수정계수식을 적용한다.)

$$K = \frac{4C-1}{4C-4} + \frac{0.615}{C}, \ C\text{는 스프링지수}$$

㉮ 82 ㉯ 98
㉰ 133 ㉱ 152

[해설] $C = \dfrac{D}{d} = \dfrac{25}{5} = 5$

$K = \dfrac{4C-1}{4C-4} + \dfrac{0.615}{C}$

$\quad = \dfrac{4 \times 5 - 1}{4 \times 5 - 4} + \dfrac{0.615}{5} \fallingdotseq 1.31$

$\therefore \tau = K\dfrac{8WD}{\pi d^3} = 1.31 \times \dfrac{8 \times 200 \times 25}{\pi \times 5^3}$

$\quad \fallingdotseq 133\,\text{MPa}$

56. 연강제 볼트가 축 방향으로 8 kN의 인장 하중을 받고 있을 때, 이 볼트의 골지름은 약 몇 mm 이상이어야 하는가? (단, 볼트의 허용 인장 응력은 100 MPa이다.)

㉮ 7.4 ㉯ 8.3
㉰ 9.2 ㉱ 10.1

[해설] $d = \sqrt{\dfrac{2W}{\sigma_t}} = \sqrt{\dfrac{2 \times 8000}{100}} \fallingdotseq 12.65$

$\therefore d_1 = 0.8d = 0.8 \times 12.65 \fallingdotseq 10.1\,\text{mm}$

57. 긴장측의 장력이 3800 N, 이완측의 장력이 1850 N일 때 전달 동력은 약 몇 kW인가? (단, 벨트의 속도는 3.4 m/s이다.)

㉮ 2.3 ㉯ 4.2
㉰ 5.5 ㉱ 6.6

[해설] $e^{\mu\theta} = \dfrac{T_1}{T_2} = \dfrac{3800}{1850} \fallingdotseq 2.054$

$\therefore H = \dfrac{T_1 v}{102 \times 9.81} \times \dfrac{e^{\mu\theta} - 1}{e^{\mu\theta}}$

$\quad = \dfrac{3800 \times 3.4}{102 \times 9.81} \times \dfrac{2.054 - 1}{2.054}$

$\quad \fallingdotseq 6.6\,\text{kW}$

58. 볼 베어링에서 작용 하중은 5 kN, 회전수는 4000 rpm이며, 이 베어링의 기본 동정격 하중

이 63 kN이라면 수명은 약 몇 시간인가?

㉮ 6300시간   ㉯ 8300시간

㉰ 9500시간   ㉱ 10200시간

[해설] $L_h = 500 \left(\dfrac{C}{P}\right)^r \times \dfrac{33.3}{N}$

$= 500 \times \left(\dfrac{63 \times 10^3}{5 \times 10^3}\right)^3 \times \dfrac{33.3}{4000} \fallingdotseq 8300$시간

59. 유체 클러치의 일종인 유체 토크 컨버터 (fluid torque converter)의 특징을 설명한 것 중 틀린 것은?

㉮ 부하에 의한 원동기의 정지가 없다.

㉯ 장치 내에 스테이터가 있을 경우 작동 효율을 97 % 수준까지 올릴 수 있다.

㉰ 무단 변속이 가능하다.

㉱ 진동 및 충격을 완충하기 때문에 기계에 무리가 없다.

[해설] 토크 컨버터는 유체 클러치의 일종이나 구조가 펌프, 터빈 외에 날개바퀴로 구성되어 있다. 펌프에서 유출되는 액체가 터빈을 통해 날개바퀴를 지나 펌프로 되돌아가는 원리이며, 토크의 변환이 수반되는 변속장치이다.

60. 헬리컬 기어에서 잇수가 50, 비틀림각이 20° 일 경우 상당평 기어의 잇수는 약 몇 개인가?

㉮ 40   ㉯ 50   ㉰ 60   ㉱ 70

[해설] $Z_e = \dfrac{Z}{\cos^3 \beta} = \dfrac{50}{\cos^3 20°} \fallingdotseq 60$개

제 4 과목 : 컴퓨터응용설계

61. CAD 시스템에서 주로 사용하는 Hermite 곡선 방정식에서 일반적으로 몇 차식을 많이 사용하는가?

㉮ 1차식   ㉯ 2차식

㉰ 3차식   ㉱ 4차식

[해설] hermite 곡선 : 양 끝점의 위치와 양 끝점에서의 도함수를 이용하여 구하는 3차원 곡선식이다.

62. 원통좌표계에서 표시된 점의 위치가 (r, θ, z) 이다. 이를 직교 좌표계로 나타내고자 할 때 x, y로 옳은 것은?

㉮ $x = r\cos\theta,\ y = r\sin\theta$

㉯ $x = r\sin\theta,\ y = r\cos\theta$

㉰ $x = r\sin\theta,\ y = -r\cos\theta$

㉱ $x = -r\cos\theta,\ y = r\sin\theta$

[해설] $x = r\cos\theta,\ y = r\sin\theta,\ z = z$

63. 공간상에서 선을 이용하여 3차원 물체를 표시하는 와이어 프레임 모델의 특징을 설명한 것 중 틀린 것은?

㉮ 3면 투시도 작성이 용이하다.

㉯ 단면도 작성이 어렵다.

㉰ 물리적 성질의 계산이 가능하다.

㉱ 은선 제거가 불가능하다.

64. 다음은 곡면 모델링에 관한 설명이다. 빈칸에 알맞은 말로 짝지어진 것은?

> 주어진 점들이 곡면 상에 놓이도록 피팅 (fitting)하는 것을 [①](이)라고 하며, 점들이 곡면으로부터 조금 떨어져 있는 것을 허용하는 경우를 [②](이)라고 부른다.

㉮ ① : 보간(interpolation)
    ② : 근사(approximation)

㉯ ① : 근사(approximation)
    ② : 보간(interpolation)

㉰ ① : 블렌딩(blending)
    ② : 스무싱(smoothing)

㉱ ① : 스무싱(smoothing)
    ② : 블렌딩(blending)

65. 공간의 한 물체가 세계 좌표계의 x 축에 평행하면서 세계 좌표 (0, 2, 4)를 통과하는 축에 관하여 90° 회전된다. 그 물체의 한 점이 모델 좌표 (0, 1, 1)을 가지는 경우, 회전 후에 같은 점의 세계 좌표를 구하는 식으로 적절한 것은?

㉮ $[X_w\, Y_w\, Z_w]^T$

$$= \begin{bmatrix} 1 & 0 & 0 & 0 \\ 0 & 1 & 0 & 2 \\ 0 & 0 & 1 & 4 \\ 0 & 0 & 0 & 1 \end{bmatrix} \begin{bmatrix} \cos 90° & 0 & \sin 90° & 0 \\ 0 & 1 & 0 & 0 \\ -\sin 90° & 0 & \cos 90° & 0 \\ 0 & 0 & 0 & 1 \end{bmatrix} \begin{bmatrix} 1 & 0 & 0 & 0 \\ 0 & 1 & 0 & -2 \\ 0 & 0 & 1 & -4 \\ 0 & 0 & 0 & 1 \end{bmatrix} \begin{bmatrix} 0 \\ 1 \\ 1 \\ 1 \end{bmatrix}$$

㉯ $[X_w\, Y_w\, Z_w]^T$

$$= \begin{bmatrix} 1 & 0 & 0 & 0 \\ 0 & 1 & 0 & -2 \\ 0 & 0 & 1 & -4 \\ 0 & 0 & 0 & 1 \end{bmatrix} \begin{bmatrix} \cos 90° & 0 & \sin 90° & 0 \\ 0 & 1 & 0 & 0 \\ -\sin 90° & 0 & \cos 90° & 0 \\ 0 & 0 & 0 & 1 \end{bmatrix} \begin{bmatrix} 1 & 0 & 0 & 0 \\ 0 & 1 & 0 & 2 \\ 0 & 0 & 1 & 4 \\ 0 & 0 & 0 & 1 \end{bmatrix} \begin{bmatrix} 0 \\ 1 \\ 1 \\ 1 \end{bmatrix}$$

㉰ $[X_w\, Y_w\, Z_w]^T$

$$= \begin{bmatrix} 1 & 0 & 0 & 0 \\ 0 & 1 & 0 & 2 \\ 0 & 0 & 1 & 4 \\ 0 & 0 & 0 & 1 \end{bmatrix} \begin{bmatrix} 1 & 0 & 0 & 0 \\ 0 & \cos 90° & -\sin 90° & 0 \\ 0 & \sin 90° & \cos 90° & 0 \\ 0 & 0 & 0 & 1 \end{bmatrix} \begin{bmatrix} 1 & 0 & 0 & 0 \\ 0 & 1 & 0 & -2 \\ 0 & 0 & 1 & -4 \\ 0 & 0 & 0 & 1 \end{bmatrix} \begin{bmatrix} 0 \\ 1 \\ 1 \\ 1 \end{bmatrix}$$

㉱ $[X_w\, Y_w\, Z_w]^T$

$$= \begin{bmatrix} 1 & 0 & 0 & 0 \\ 0 & 1 & 0 & -2 \\ 0 & 0 & 1 & -4 \\ 0 & 0 & 0 & 1 \end{bmatrix} \begin{bmatrix} 1 & 0 & 0 & 0 \\ 0 & \cos 90° & -\sin 90° & 0 \\ 0 & \sin 90° & \cos 90° & 0 \\ 0 & 0 & 0 & 1 \end{bmatrix} \begin{bmatrix} 1 & 0 & 0 & 0 \\ 0 & 1 & 0 & 2 \\ 0 & 0 & 1 & 4 \\ 0 & 0 & 0 & 1 \end{bmatrix} \begin{bmatrix} 0 \\ 1 \\ 1 \\ 1 \end{bmatrix}$$

[해설] [최종 변환식]
= [초기 좌표식][회전 변환식][x축 평행이동 변환식][단위 행렬식]

66. CAD 용어에 관한 설명으로 틀린 것은?

㉮ 표시하고자 하는 화면상의 영역을 벗어나는 선들을 잘라버리는 것을 트리밍(trimming)이라고 한다.

㉯ 물체를 완전히 관통하지 않는 홈을 형성하는 특징 형상을 포켓(pocket)이라고 한다.

㉰ 명령의 실행 또는 마우스 클릭 시마다 On 또는 Off가 번갈아 나타나는 세팅을 토글(toggle)이라고 한다.

㉱ 모델을 명암이 포함된 색상으로 처리한 솔리드로 표시하는 작업을 셰이딩(shading)이라 한다.

[해설] 트리밍 : 기준이 되는 선이나 원, 호로 인해 생기는 교차점을 기준으로 객체를 자르는 명령어이다.

67. 3차원 뷰잉(viewing) 연산에서 투영 중심이 투영면으로부터 유한한 거리에 위치한다고 가정

하는 투영법은?

㉮ 경사(oblique) 투영

㉯ 원근(perspective) 투영

㉰ 직교(orthographic) 투영

㉱ 축측(axonometric) 투영

68. 3차원 형상모델 중 B-rep과 비교한 CSG 방식의 특징을 설명한 것으로 옳은 것은?

㉮ 데이터의 작성에 필요한 메모리가 많이 요구된다.

㉯ 불 연산을 통한 모델링 기법을 적용하기 곤란하다.

㉰ 화면 재생에 필요한 연산과정이 적게 소요된다.

㉱ 3면도, 투시도, 전개도 등의 작성이 곤란하다.

[해설] B-rep 방식과 CSG 방식의 비교

구분		B-rep	CSG
데이터 작성		곤란	용이
데이터 구조		복잡	단순
필요 메모리 영역		용량이 큼	용량이 작음
데이터 수정		약간 곤란	용이
3면도, 투시도 작성		비교적 용이	곤란
전개도 작성		용이	곤란
중량 계산		약간 곤란	용이
표면적 계산		용이	곤란
유한 요소 법의 적용	솔리드	곤란	용이
	표면	용이	곤란
NC 테이프의 작성		비교적 용이	용이

69. LAN 시스템의 주요 특징으로 가장 거리가 먼 것은?

㉮ 자료의 전송 속도가 빠르다.

㉯ 통신망의 결합이 용이하다.

㉰ 신규 장비를 전송매체로 첨가하기가 용이하다.

㉱ 장거리 구역에서의 정보통신에 용이하다.

[해설] LAN : 근거리 통신망

[해답] 66. ㉮ 67. ㉯ 68. ㉱ 69. ㉱

70. 데이터 표시 방법 중 3개의 Zone bit와 4개의 Digit bit를 기본으로 하며, Parity bit 적용 여부에 따라 총 7 bit 또는 8 bit로 한 문자를 표현하는 코드 체계는?

㉮ FPDF
㉯ EBCDIC
㉱ ASCII
㉰ BCD

[해설] ASCII : 미국 정보 교환 표준 부호로, 소형 컴퓨터에서 문자 데이터(문자, 숫자, 문장 부호)와 입출력 장치 명령(제어문자)을 나타내는 데 사용되는 표준 데이터 전송 부호이다.

71. 솔리드 모델링에서 일반적으로 사용되는 기본 입체로 보기 어려운 것은?

㉮ block
㉯ sphere
㉱ wedge
㉰ swing

72. 곡면(surface)으로 기하학적 형상을 정의하는 과정에서 곡면 구성 종류가 아닌 것은?

㉮ 쿤스 곡면(Coons surface)
㉯ 회전 곡면(Revolved surface)
㉱ 베지어 곡면(Bezier surface)
㉰ 트위스트 곡면(Twist surface)

[해설] ① 쿤스 곡면 : 4개의 모서리 점과 4개의 경계 곡선을 부드럽게 연결한 곡면
② 회전 곡면 : 회전축을 중심으로 곡선을 회전할 때 생성되는 곡면
③ 베지어 곡면 : 베지어 곡선에서 발전한 것으로, 1개의 정점 변화가 곡면 전체에 영향을 미치는 곡면

73. 솔리드 모델의 일반적인 특징을 설명한 것 중 틀린 것은?

㉮ 질량 등 물리적 성질의 계산이 곤란하다.
㉯ Boolean 연산(더하기, 빼기, 교차)을 통해 복잡한 형상 표현이 가능하다.
㉱ 와이어 프레임 모델에 비해 데이터 처리 시간이 많아진다.
㉰ 은선 제거가 가능하다.

[해설] 솔리드 모델링은 물리적 성질의 계산이 가능하며, 형상을 절단한 단면도 작성이 용이하다.

74. CAD 관련 용어 중 요구된 색상의 사용이 불가능할 때 다른 색상들을 섞어서 비슷한 색상을 내기 위해 컴퓨터 프로그램에 의해 시도되는 것을 의미하는 것은?

㉮ 플리커(flicker)
㉯ 디더링(dithering)
㉱ 새도우 마스크(shadow mask)
㉰ 라운딩(rounding)

75. 2차원 평면에서 $x^2 + y^2 - 25 = 0$인 원이 있다. 원 위의 점 (3, 4)를 지나는 원의 법선의 방정식으로 옳은 것은?

㉮ $4x + 3y = 0$
㉯ $3x + 4y = 0$
㉱ $4x - 3y = 0$
㉰ $3x - 4y = 0$

[해설] ① (3, 4)를 지나는 원의 접선의 방정식 : $3x + 4y = 25$
② (3, 4)를 지나는 원의 법선의 방정식 : $4x - 3y = 0$

76. CAD 시스템으로 구축한 형상 모델에서 설계 해석을 위한 각종 정보를 추출하거나, 추가로 필요로 하는 정보를 입력하고 편집하여 필요한 형식으로 재구성하는 소프트웨어 프로그램이나 처리 절차를 뜻하는 용어는?

㉮ Pre - processor
㉯ Post - processor
㉱ Multi - processor
㉰ Multi - programming

77. 3차 베지어 곡면을 정의하기 위하여 최소 몇 개의 점이 필요한가?

㉮ 4
㉯ 8
㉱ 12
㉰ 16

[해설] 베지어 곡면은 4개의 조정점에 곡면 내부의 볼록한 정도를 나타내며, 3차 곡면 패치 4개의 꼬임 막대와 같은 역할을 하므로 최소 16개의 점이 필요하다.

78. LCD 모니터에 대한 설명 중 틀린 것은?

㉮ 일반 CRT 모니터에 비해 전력 소모가 적다.

[해답] 70. ㉱ 71. ㉰ 72. ㉰ 73. ㉮ 74. ㉯ 75. ㉱ 76. ㉮ 77. ㉰ 78. ㉯

㉯ 전자총으로 색상을 표현한다.

㉰ 액정의 전기적 성질을 광학적으로 응용한 것이다.

㉱ 액정의 배열 방법에 따라 TN(Twisted Nematic), IPS(In-Plane Switching) 등으로 분류한다.

79. 단면 곡선을 경로 곡선을 따라 이동시켜서 곡면을 만드는 기능을 의미하는 것은?

㉮ sweep ㉯ extrude

㉰ pattern ㉱ explode

해설 sweep : 이동 곡선(단면 곡선)을 미리 정해진 안내 곡선을 따라 이동시키거나 임의의 회전축을 중심으로 회전시켜 입체를 생성한다.

80. CAD 소프트웨어에서 명령어를 아이콘으로 만들고 아이템 별로 묶어 명령을 편리하게 이용할 수 있도록 한 것은?

㉮ 스크롤바 ㉯ 툴 바

㉰ 스크린 메뉴 ㉱ 상태(status) 바

해설 ① 스크롤바 : 영역 밖의 화면으로 이동하기 위한 메뉴

② 스크린 메뉴 : 화면상에서 text 형태의 메뉴

③ 상태 바 : 화면에 열려있는 파일의 정보를 제공하는 메뉴

▶ 2018년 8월 19일 시행

자격종목 및 등급(선택분야)	종목코드	시험시간	문제지형별	수험번호	성 명
기계설계 산업기사	2031	2시간	A		

제1과목 : 기계가공법 및 안전관리

1. 측정 오차에 관한 설명으로 틀린 것은?

㉮ 기기 오차는 측정기의 구조상에서 일어나는 오차이다.

㉯ 계통 오차는 측정값에 일정한 영향을 주는 원인에 의해 생기는 오차이다.

㉱ 우연 오차는 측정자와 관계없이 발생하며, 반복적이고 정확한 측정으로 오차 보정이 가능하다.

㉲ 개인 오차는 측정자의 부주의로 생기는 오차이며, 주의하여 측정하고 결과를 보정하면 줄일 수 있다.

[해설] 우연 오차 : 확인될 수 없는 원인으로 생기는 오차로, 측정치를 분산시키는 원인이 된다.

2. 선반 작업 시 절삭 속도의 결정조건으로 가장 거리가 먼 것은?

㉮ 베드의 형상

㉯ 가공물의 경도

㉱ 바이트의 경도

㉲ 절삭유의 사용 유무

3. 센터 펀치 작업에 관한 설명으로 틀린 것은?

㉮ 선단은 45° 이하로 한다.

㉯ 드릴로 구멍을 뚫을 자리 표시에 사용된다.

㉱ 펀치의 선단을 목표물에 수직으로 펀칭한다.

㉲ 펀치의 재질은 공작물보다 경도가 높은 것을 사용한다.

[해설] 센터 펀치의 선단 각도는 60°이다.

4. 절삭 공구 재료가 갖추어야 할 조건으로 틀린 것은?

㉮ 조형성이 좋아야 한다.

㉯ 내마모성이 커야 한다.

㉱ 고온 경도가 높아야 한다.

㉲ 가공 재료와 친화력이 커야 한다.

5. CNC 선반에서 나사 절삭 사이클의 준비 기능 코드는?

㉮ G02 ㉯ G28 ㉱ G70 ㉲ G92

[해설] ① G02 : 원호 보간(시계 방향)
② G28 : 자동 원점 복귀
③ G70 : 다듬 절삭
④ G92 : 좌표계 설정(밀링), 나사 절삭(선반)

6. 전해 가공의 특징으로 틀린 것은?

㉮ 전극을 양극(+)에, 가공물을 음극(−)으로 연결한다.

㉯ 경도가 크고 인성이 큰 재료도 가공 능률이 높다.

㉱ 열이나 힘의 작용이 없으므로 금속학적인 결함이 생기지 않는다.

㉲ 복잡한 3차원 가공도 공구 자국이나 버(burr)가 없이 가공할 수 있다.

[해설] 전해 가공은 전기 분해의 원리를 이용한 것으로, 전극을 음극(−)으로 하고 가공물을 양극(+)으로 한다.

7. 바깥지름 원통 연삭에서 연삭숫돌이 숫돌의 반지름 방향으로 이송하면서 공작물을 연삭하는 방식은?

㉮ 유성형 ㉯ 플런지 컷형

㉱ 테이블 왕복형 ㉲ 연삭숫돌 왕복형

[해설] ① 연삭 방식에는 공작물을 회전시키고 좌우로 왕복운동을 하는 트래버스 연삭과 공작물을 회전시키고 깊이(숫돌의 반지름)방향으로 이

해답 1. ㉱ 2. ㉮ 3. ㉮ 4. ㉲ 5. ㉲ 6. ㉮ 7. ㉯

송하는 플랜지 컷 방식이 있다.
② 바깥지름 연삭기의 이송 방법에는 테이블 왕복형, 숫돌대 왕복형, 플런지 컷형이 있다.

8. 나사를 1회전시킬 때 나사산이 축 방향으로 움직인 거리를 무엇이라 하는가?

㉮ 각도(angle) ㉯ 리드(lead)
㉰ 피치(pitch) ㉱ 플랭크(flank)

9. 리머에 관한 설명으로 틀린 것은?

㉮ 드릴 가공에 비하여 절삭 속도를 빠르게 하고 이송을 적게 한다.
㉯ 드릴로 뚫은 구멍을 정확한 치수로 다듬질하는 데 사용한다.
㉰ 절삭 속도가 느리면 리머의 수명은 길게 되나 작업 능률이 떨어진다.
㉱ 절삭 속도가 너무 빠르면 랜드(land)부가 쉽게 마모되어 수명이 단축된다.

10. 공작기계의 메인 전원 스위치 사용 시 유의 사항으로 적합하지 않는 것은?

㉮ 반드시 물기 없는 손으로 사용한다.
㉯ 기계 운전 중 정전이 되면 즉시 스위치를 끈다.
㉰ 기계 시동 시에는 작업자에게 알리고 시동한다.
㉱ 스위치를 끌 때는 반드시 부하를 크게 한다.

[해설] 스위치를 끌 때는 반드시 부하를 적게 한다.

11. 밀링 가공에서 커터의 날수는 6개, 1날 당의 이송은 0.2 mm, 커터의 바깥지름은 40 mm, 절삭 속도는 30 m/min일 때 테이블의 이송 속도는 약 몇 mm/min인가?

㉮ 274 ㉯ 286 ㉰ 298 ㉱ 312

[해설] $f = f_z \times Z \times N$

$$= 0.2 \times 6 \times \frac{1000 \times 30}{\pi \times 40}$$

$$\fallingdotseq 286 \, mm/min$$

12. 1대의 드릴링 머신에 다수의 스핀들이 설치

되어 1회에 여러 개의 구멍을 동시에 가공할 수 있는 드릴링 머신은?

㉮ 다두 드릴링 머신
㉯ 다축 드릴링 머신
㉰ 탁상 드릴링 머신
㉱ 레이디얼 드릴링 머신

13. 정밀 입자 가공 중 래핑(lapping)에 대한 설명으로 틀린 것은?

㉮ 가공면의 내마모성이 좋다.
㉯ 정밀도가 높은 제품을 가공할 수 있다.
㉰ 작업 중 분진이 발생하지 않아 깨끗한 작업환경을 유지할 수 있다.
㉱ 가공면에 랩제가 잔류하기 쉽고, 제품을 사용할 때 잔류한 랩제가 마모를 촉진시킨다.

[해설] 건식 태핑 작업 중 분진이 발생하며, 랩제가 남아 있으면 지속적인 마모가 발생하는데, 이것이 래핑작업의 단점이다.

14. 절삭 공구의 측면과 피삭재의 가공면과의 마찰에 의하여 절삭 공구의 절삭면에 평행하게 마모되는 공구 인선의 파손현상은?

㉮ 치핑 ㉯ 크랙
㉰ 플랭크 마모 ㉱ 크레이터 마모

[해설] 플랭크 마모 : 바이트와 일감과의 마찰 증가로 절삭면에 평행하게 마모된다. 주철과 같이 분말상 칩이 생길 때 주로 발생한다.

15. 밀링 가공을 할 때 하향 절삭과 비교한 상향 절삭의 특징으로 틀린 것은?

㉮ 절삭 자취의 피치가 짧고 가공 면이 깨끗하다.
㉯ 절삭력이 상향으로 작용하여 가공물 고정이 불리하다.
㉰ 절삭 가공을 할 때 마찰열로 인해 접촉면의 마모가 커서 공구 수명이 짧다.
㉱ 커터의 회전 방향과 가공물의 이송이 반대이므로 이송 기구의 백래시(back lash)가 자연히 제거된다.

[해설] 상향 절삭과 하향 절삭의 비교

상향 절삭	하향 절삭
• 백래시 제거 불필요	• 백래시 제거 필요
• 공작물 고정이 불리	• 공작물 고정이 유리
• 공구 수명이 짧다.	• 공구 수명이 길다.
• 소비 동력이 크다.	• 소비 동력이 작다.
• 가공면이 거칠다.	• 가공면이 깨끗하다.
• 기계 강성이 낮아도 된다.	• 기계 강성이 높아야 한다.

16. 수직 밀링 머신에서 좌우 이송을 하는 부분의 명칭은?

㉮ 니(knee) ㉯ 새들(saddle)
㉰ 테이블(table) ㉱ 컬럼(column)

[해설] ① 니 : 상하 이송
② 새들 : 전후 이송

17. 다음 중 나사의 유효지름을 측정하는 방법이 아닌 것은?

㉮ 삼침법에 의한 측정
㉯ 투영기에 의한 측정
㉰ 플러그 게이지에 의한 측정
㉱ 나사 마이크로미터에 의한 측정

[해설] 수나사의 유효지름을 측정하는 방법은 삼침법, 나사 마이크로미터에 의한 방법, 광학적인 방법 등이 있다.

18. 선반에서 지름 100 mm의 저탄소 강재를 이송 0.25 mm/rev, 길이 50 mm로 2회 가공했을 때 소요된 시간이 80초라면 회전수는 약 몇 rpm인가?

㉮ 150 ㉯ 300 ㉰ 450 ㉱ 600

[해설] 80초 ≒ 1.33분, $T = \dfrac{L}{Nf} i$

$$\therefore N = \frac{L}{Tf} \times i = \frac{50}{1.33 \times 0.25} \times 2 ≒ 300 \text{ rpm}$$

19. 절삭유를 사용함으로써 얻을 수 있는 효과가 아닌 것은?

㉮ 공구 수명 연장 효과

㉯ 구성 인선 억제 효과
㉰ 가공물 및 공구의 냉각 효과
㉱ 가공물의 표면 거칠기값 상승 효과

20. 센터리스 연삭기에 필요하지 않은 부품은?

㉮ 받침판 ㉯ 양 센터
㉰ 연삭숫돌 ㉱ 조정 숫돌

[해설] 센터리스 연삭기는 양 센터(센터나 척)가 없으며, 연삭숫돌과 조정 숫돌 사이를 지지판으로 지지하면서 연삭한다.

제 2 과목 : 기계제도

21. 축의 치수가 20±0.1이고, 그 축의 기하 공차가 다음과 같다면 최대 실체 공차방식에서 실효 치수는 얼마인가?

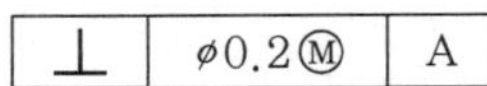

㉮ 19.6 ㉯ 19.7
㉰ 20.3 ㉱ 20.4

[해설] 실효치수 = 최대 허용치수 + 직각도 공차
= 20.1 + 0.2 = 20.3

22. 앵글 구조물을 그림과 같이 한쪽 각도가 30°인 직각 삼각형으로 만들고자 한다. A의 길이가 1500 mm일 때 B의 길이는 약 몇 mm인가?

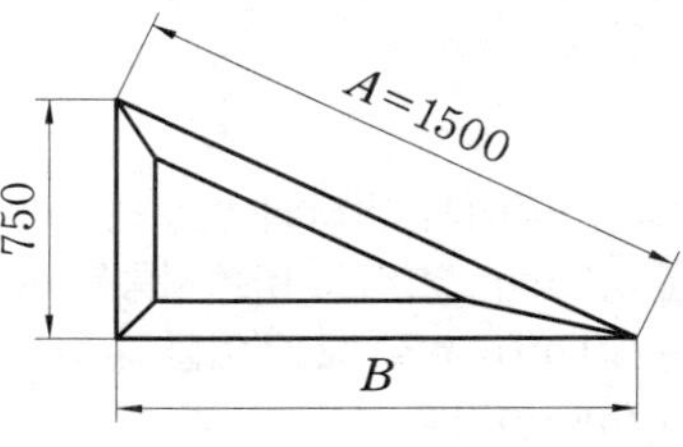

㉮ 1299 ㉯ 1100
㉰ 1131 ㉱ 1185

[해설] $1500^2 = 750^2 + B^2$
$B^2 = 1500^2 - 750^2 = 1687500$
$\therefore B ≒ 1299 \text{ mm}$

23. 다음과 같이 도면에 지시된 베어링 호칭 번

[해답] 16. ㉰ 17. ㉰ 18. ㉯ 19. ㉱ 20. ㉯ 21. ㉰ 22. ㉮ 23. ㉰

호의 설명으로 옳지 않은 것은?

> 6312 Z NR

㉮ 단열 깊은 홈 볼 베어링
㉯ 한쪽 실드붙이
㉰ 베어링 안지름 312 mm
㉱ 멈춤 링 붙이

[해설] 6312 Z NR
① 63 : 베어링 계열 번호
　(단열 깊은 홈 볼 베어링)
② 12 : 안지름 번호(12×5 = 60 mm)
③ Z : 실드 기호(편측)
④ NR : 궤도륜 형식 번호

24. 다음 기하 공차 중 자세 공차에 속하는 것은?
㉮ 평면도 공차　　㉯ 평행도 공차
㉰ 원통도 공차　　㉱ 진원도 공차

25. 다음과 같은 입체도에서 화살표 방향 투상도로 가장 적합한 것은?

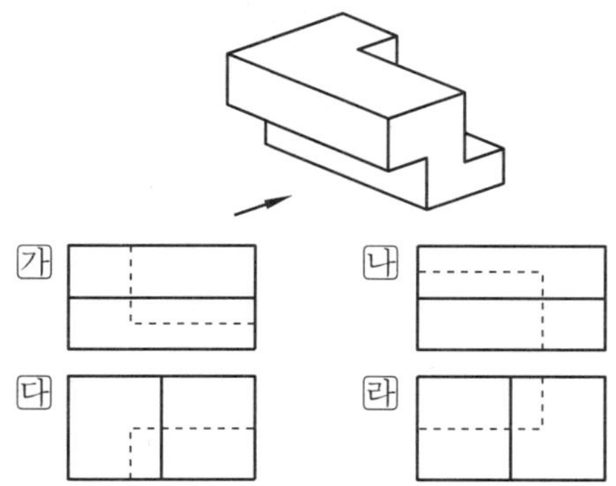

26. 끼워맞춤 치수 ϕ20H6/g5는 어떤 끼워맞춤에 해당하는가?
㉮ 중간 끼워맞춤
㉯ 헐거운 끼워맞춤
㉰ 억지 끼워맞춤
㉱ 중간 억지 끼워맞춤

27. 금속 재료의 표시 기호 중 탄소 공구강 강재를 나타낸 것은?
㉮ SPP　　　　　㉯ STC

㉰ SBHG　　　　㉱ SWS

[해설] ① SPP : 배관용 탄소 강판
② SBHG : 아연도강판
③ SWS : 용접 구조용 강재

28. 나사의 표시가 다음과 같이 나타날 때, 이에 대한 설명으로 틀린 것은?

> L 2N M10 – 6H/6g

㉮ 나사의 감김 방향은 오른쪽이다.
㉯ 나사의 종류는 미터나사이다.
㉰ 암나사 등급은 6H, 수나사 등급은 6g이다.
㉱ 2줄 나사이며 나사의 바깥지름은 10 mm이다.

[해설] ① L : 왼나사
② 2N : 2줄 나사
③ M10 : 미터나사, 바깥지름은 10 mm
④ 6H/6g : 암나사 등급은 6H, 수나사 등급은 6g

29. 그림과 같은 입체도를 제3각법으로 나타낸 정투상도로 가장 적합한 것은?

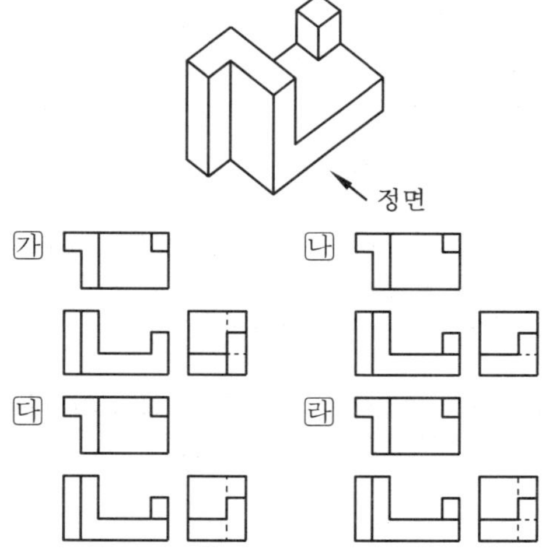

30. 물체의 경사진 부분을 그대로 투상하면 이해가 곤란하므로 경사면에 평행한 별도의 투상면을 설정하여 나타낸 투상도의 명칭을 무엇이라고 하는가?
㉮ 회전 투상도　　㉯ 보조 투상도
㉰ 전개 투상도　　㉱ 부분 투상도

해답　24. ㉯　25. ㉮　26. ㉯　27. ㉯　28. ㉮　29. ㉱　30. ㉯

[해설] 보조 투상도 : 경사면이 있는 물체를 정투상도로 나타내면 실제 형상이 그대로 나타나지 않으므로 필요한 부분만 실제 형상으로 나타내는 투상도이다.

31. 그림과 같이 가공된 축의 테이퍼값은?

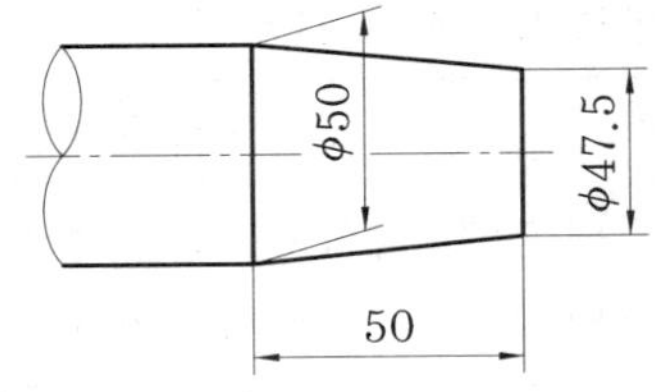

㉮ $\dfrac{1}{5}$　　㉯ $\dfrac{1}{10}$　　㉰ $\dfrac{1}{20}$　　㉱ $\dfrac{1}{40}$

[해설] $\dfrac{a-b}{L} = \dfrac{50-47.5}{50} = \dfrac{1}{20}$

32. 그림과 같이 도면에 기입된 기하 공차에 관한 설명으로 옳지 않은 것은?

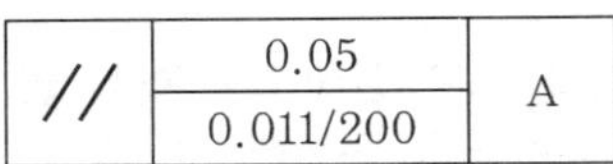

㉮ 제한된 길이에 대한 공차값이 0.011이다.
㉯ 전체 길이에 대한 공차값이 0.05이다.
㉰ 데이텀을 지시하는 문자 기호는 A이다.
㉱ 공차의 종류는 평면도 공차이다.

[해설] 데이텀 A를 기준으로 단위 평행도는 기하 공차이며, 200 mm에 대해 공차값이 0.011 mm 이내이다. 전체 부위 공차값은 0.05 mm로 두 가지 공차값에 대해 모두 만족해야 한다.

33. 지름이 동일한 두 원통을 90°로 교차시킬 경우 상관선을 옳게 나타낸 것은?

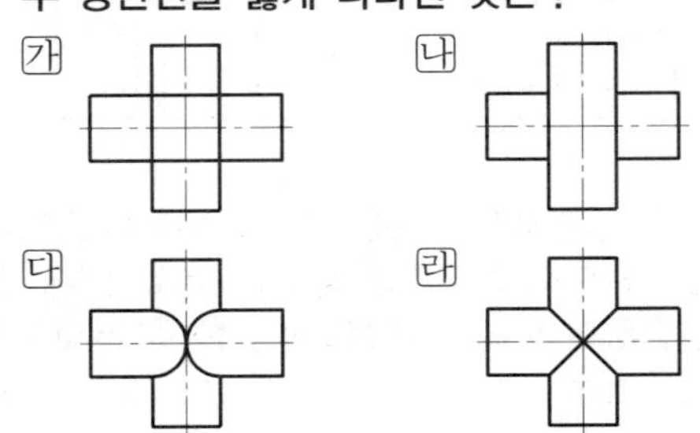

[해설] 상관체 : 2개의 입체가 서로 상대방의 입체를 꿰뚫은 것처럼 놓여 있을 때, 두 입체 표면에

만나는 선이 생긴다. 이 선을 상관선이라 하며, 이와 같은 상태에 있는 입체를 상관체라 한다.

34. 복렬 깊은 홈 볼 베어링의 약식 도시 기호가 바르게 표기된 것은?

[해설] ㉯ 복렬 자동 조심 볼 베어링
　　　㉰ 복렬 앵귤러 콘택트 볼 베어링

35. 다음과 같은 입체도를 제3각법으로 투상한 투상도로 가장 적합한 것은?

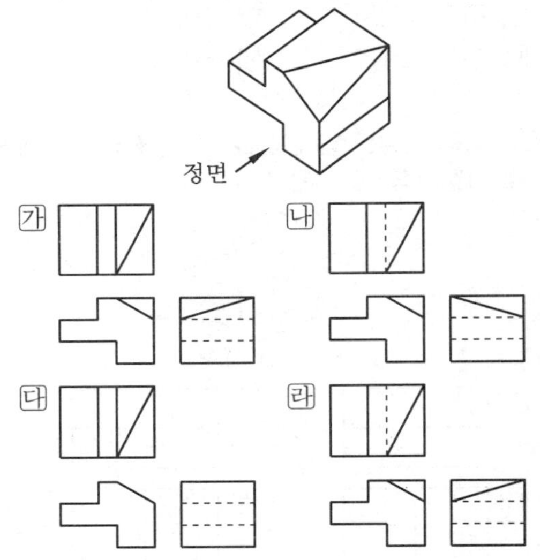

36. 다음 그림과 같이 도시된 용접기호의 설명이 옳은 것은?

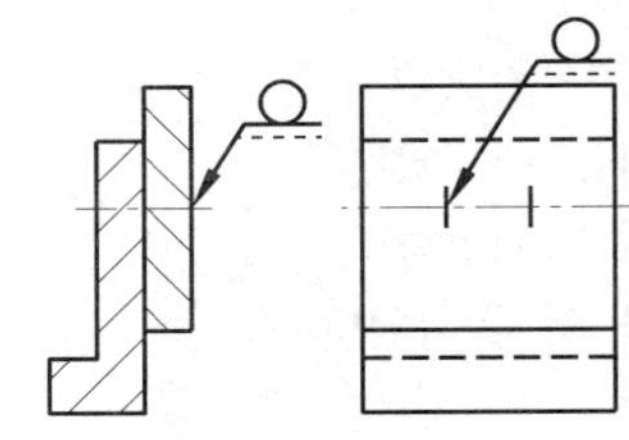

㉮ 화살표 쪽의 점 용접
㉯ 화살표 반대쪽의 점 용접
㉰ 화살표 쪽의 플러그 용접

라 화살표 반대쪽의 플러그 용접

37. 축에 센터 구멍이 필요한 경우의 그림 기호로 올바른 것은?

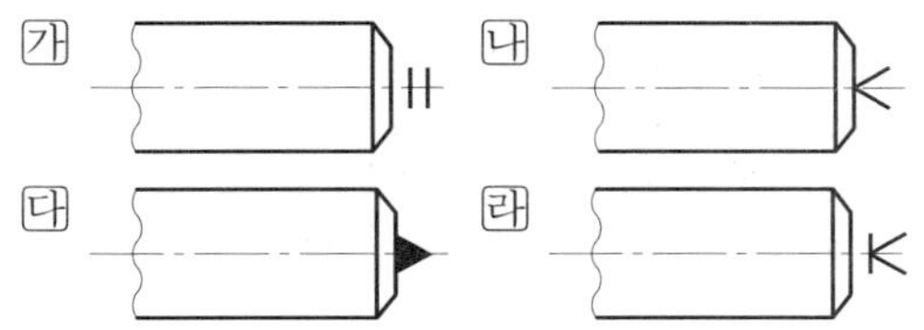

38. 다음 나사 기호 중 관용 평행 나사를 나타내는 것은?

가 Tr　　나 E　　다 R　　라 G

해설 관용 나사의 종류 및 기호

		테이퍼 수나사	R
IOS 표준에 있는 것	관용 테이퍼 나사	테이퍼 암나사	Rc
		평행 암나사	Rp
	관용 평행 나사		G
IOS 표준에 없는 것	관용 테이퍼 나사	테이퍼 나사	PT
		평행 암나사	PS
	29° 사다리꼴나사		TW
	30° 사다리꼴나사		TM
	관용 평행 나사		PF

39. 가상선의 용도에 해당되지 않는 것은?

가 가공 전 또는 가공 후의 모양을 표시하는 데 사용

나 인접 부분을 참고로 표시하는 데 사용

다 대상의 일부를 생략하고 그 경계를 나타내는 데 사용

라 되풀이되는 것을 나타내는 데 사용

40. 가공 방법에 따른 KS 가공 방법 기호가 바르게 연결된 것은?

가 방전 가공 : SPED

나 전해 가공 : SPU

다 전해 연삭 : SPEC

라 초음파 가공 : SPLB

해설 ① 전해 가공 : SPEC

② 전해 연삭 : SPEG

③ 초음파 가공 : SPU

제3과목 : 기계설계 및 기계재료

41. 철강에 합금 원소를 첨가하였을 때 일반적으로 나타나는 효과와 가장 거리가 먼 것은?

가 소성 가공성이 개선된다.

나 순금속에 비해 용융점이 높아진다.

다 결정립의 미세화에 따른 강인성이 향상된다.

라 합금 원소에 의한 기지의 고용 강화가 일어난다.

해설 합금은 순금속에 비해 용융점이 낮아진다.

42. 니켈-크롬강(Ni-Cr)에서 뜨임 취성을 방지하기 위하여 첨가하는 원소는?

가 Mn　　나 Si　　다 Mo　　라 Cu

해설 Ni-Cr강에 1% 이하의 몰리브데넘(Mo)을 첨가하면 강인성을 증가시키고 뜨임 취성을 감소시킨다.

43. 다음 중 비정질 합금의 특징을 설명한 것 중 틀린 것은?

가 전기 저항이 크다.

나 가공 경화를 매우 잘 일으킨다.

다 균질한 재료이고 결정 이방성이 없다.

라 구조적으로 장거리의 규칙성이 없다.

해설 비정질 합금은 신소재로 전기 저항이 크고 균질한 재료이다.

44. 금속 침투법 중 철강 표면에 Al을 확산 침투시켜 표면 처리하는 방법은?

가 세라다이징　　나 크로마이징

다 칼로라이징　　라 실리코나이징

해설 금속 침투법

① 세라다이징 : Zn의 침투

② 크로마이징 : Cr의 침투

해답 37. 나　38. 라　39. 다　40. 가　41. 나　42. 다　43. 나　44. 다

③ 칼로라이징 : Al의 침투
④ 실리코나이징 : Si의 침투
⑤ 보로나이징 : B의 침투

45. 다음 금속 재료 중 용융점이 가장 높은 것은?

㉮ W 　㉯ Pb 　㉰ Bi 　㉱ Sn

[해설] 용융점 : 고체에서 액체로 변화하는 온도점으로, 금속 중에서는 텅스텐이 3410℃로 가장 높고 수은이 −38.8℃로 가장 낮다. 순철의 용융점은 1530℃이다.

46. 다음 철강 조직 중 가장 경도가 높은 것은?

㉮ 펄라이트 　㉯ 소르바이트
㉰ 마텐자이트 　㉱ 트루스타이트

[해설] 조직의 경도
시멘타이트 > 마텐자이트 > 트루스타이트 > 베이나이트 > 소르바이트 > 펄라이트 > 오스테나이트 > 페라이트

47. 다음 중 Cu+Zn계 합금이 아닌 것은?

㉮ 톰백 　㉯ 문츠 메탈
㉰ 길딩 메탈 　㉱ 하이드로날륨

[해설] 황동의 종류

5 % Zn	30 % Zn	40 % Zn	8~20 % Zn
길딩 메탈	카트리지 브라스	문츠 메탈	톰백
화폐·메달용	탄피 가공용	값싸고 강도가 큼	금 대용, 장식품

48. 세라믹 공구의 주성분으로 가장 적합한 것은?

㉮ Cr_2O_3 　㉯ Al_2O_3
㉰ MnO_2 　㉱ Cu_3O

[해설] 세라믹 공구는 산화물 Al_2O_3를 1600℃ 이상에서 소결 성형시킨 일종의 도기이다.

49. 펄라이트의 구성 조직으로 옳은 것은?

㉮ $\alpha - Fe + Fe_3S$ 　㉯ $\alpha - Fe + Fe_3C$
㉰ $\alpha - Fe + Fe_3P$ 　㉱ $\alpha - Fe + Fe_3Na$

50. 복합 재료 중 FRP는 무엇인가?

㉮ 섬유 강화 목재
㉯ 섬유 강화 금속
㉰ 섬유 강화 세라믹
㉱ 섬유 강화 플라스틱

[해설] ① FRS : 섬유 강화 초합금
② FRM : 섬유 강화 금속
③ FRC : 섬유 강화 세라믹
④ GFRP : 플라스틱 + 유리섬유

51. 스프링의 용도로 거리가 먼 것은?

㉮ 하중과 변형을 이용하여 스프링 저울에 사용
㉯ 에너지를 축적하고 이것을 동력으로 이용
㉰ 진동이나 충격을 완화하는 데 사용
㉱ 운전 중인 회전축의 속도 조절이나 정지에 이용

[해설] 스프링의 용도
① 진동 흡수, 충격 완화(철도, 차량)
② 에너지 저축(시계 태엽)
③ 압력의 제한(안전밸브) 및 힘의 측정(압력 게이지, 저울)
④ 기계 부품의 운동 제한 및 운동 전달(내연기관의 밸브 스프링)

52. 리베팅 후 코킹(caulking)과 풀러링(fullering)을 하는 이유는?

㉮ 기밀을 좋게 하기 위해
㉯ 강도를 높이기 위해
㉰ 작업을 편리하게 하기 위해
㉱ 재료를 절약하기 위해

[해설] 리벳 이음 작업은 유체의 누설을 막기 위해 코킹이나 풀러링을 하며, 이때 판 끝은 75~85°로 깎아준다. 코킹이나 풀러링은 판재 두께 5 mm 이상에서 행한다.

53. 두 축이 평행하거나 교차하지 않으며 자동차 차동 기어 장치의 감속 기어로 주로 사용되는 것은 어느 것인가?

㉮ 스퍼 기어
㉯ 래크와 피니언
㉰ 스파이럴 베벨 기어

[해답] 45. ㉮ 　46. ㉰ 　47. ㉱ 　48. ㉯ 　49. ㉯ 　50. ㉱ 　51. ㉱ 　52. ㉮ 　53. ㉱

④ 하이포이드 기어

[해설] ① 두 축이 서로 평행한 경우 : 스퍼 기어, 헬리컬 기어, 더블 헬리컬 기어, 내접 기어, 래크와 피니언
② 두 축이 교차하는 경우 : 베벨 기어, 스파이럴 베벨 기어
③ 두 축이 만나지도 않고 평행하지도 않는 경우 : 하이포이드 기어, 스크루 기어, 웜 기어

54. 그림과 같이 외접하는 A, B, C 3개의 기어 잇수는 각각 20, 10, 40이다. 기어 A가 매분 10회전하면 C는 매분 몇 회전하는가?

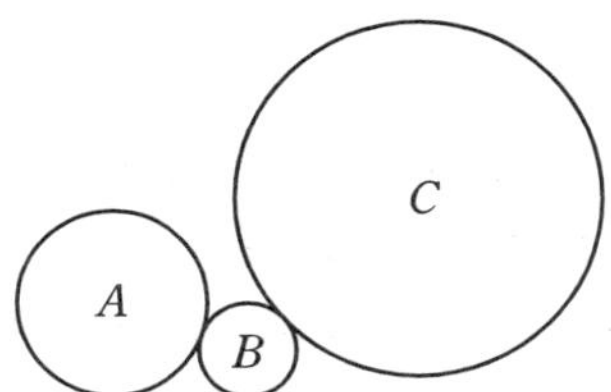

㉮ 2.5 ㉯ 5 ㉰ 10 ㉱ 12.5

[해설] 기어 잇수와 회전수는 반비례하므로
$$A : C = x : 10$$
$$20 : 40 = x : 10$$
$$\therefore x = \frac{20 \times 10}{40} = 5 \text{회전}$$

55. 체결용 기계요소로 거리가 먼 것은?

㉮ 볼트, 너트 ㉯ 키, 핀, 코터
㉰ 클러치 ㉱ 리벳

[해설] 클러치는 동력 전달용 기계요소이다.

56. 다음 중 체인 전동 장치의 일반적인 특징이 아닌 것은?

㉮ 미끄럼이 없는 일정한 속도비를 얻을 수 있다.
㉯ 진동과 소음이 없고 회전각의 전달 정확도가 높다.
㉰ 초기 장력이 필요 없으므로 베어링 마멸이 적다.
㉱ 전동 효율이 대략 95 % 이상으로 좋은 편이다.

[해설] 체인 전동의 특징

① 미끄럼이 없어 속도비가 정확하다.
② 내열, 내유, 내습성이 있다.
③ 체인의 탄성으로 어느 정도 충격이 흡수된다.
④ 수리 및 유지가 쉽다.
⑤ 고속 회전에는 적합하지 않으며 진동, 소음이 심하다.

57. 2405 N·m의 토크를 전달시키는 지름 85 mm의 전동축이 있다. 이 축에 사용되는 묻힘키 (sunk key)의 길이는 전단과 압축을 고려하여 최소 몇 mm 이상이어야 하는가? (단, 키의 폭은 24 mm, 높이는 16 mm, 키 재료의 허용 전단 응력은 68.7 MPa, 허용 압축 응력은 147.2 MPa이며, 키 홈의 깊이는 키 높이의 1/2로 한다.)

㉮ 12.4 ㉯ 20.1 ㉰ 28.1 ㉱ 48.1

[해설] $$P = \frac{2T}{d} = \frac{2 \times 2405000}{85} ≒ 56588.23$$
$$\therefore l = \frac{P}{h\sigma} \times 2 = \frac{56588.23}{16 \times 147.2} \times 2 ≒ 48.1 \text{ mm}$$

58. 4000 rpm으로 회전하고 기본 동정격 하중이 32 kN인 볼 베어링에서 2 kN의 레이디얼 하중이 작용할 때, 이 베어링의 수명은 약 몇 시간 인가?

㉮ 9048 ㉯ 17066
㉰ 34652 ㉱ 54828

[해설] $$L_h = 500\left(\frac{C}{P}\right)^r \frac{33.3}{N}$$
$$= 500 \times \left(\frac{32}{2}\right)^3 \times \frac{33.3}{4000}$$
$$≒ 17066 \text{시간}$$

59. 사각나사의 유효지름이 63 mm, 피치가 3 mm 인 나사잭으로 5 t의 하중을 들어올리려면 레버의 유효 길이는 약 몇 mm 이상이어야 하는가? (단, 레버의 끝에 작용시키는 힘은 200 N이며 나사 접촉부 마찰계수는 0.1이다.)

㉮ 891 ㉯ 958 ㉰ 1024 ㉱ 1168

60. 그림과 같은 단식 블록 브레이크에서 드럼을 제동하기 위해 레버(lever) 끝에 가할 힘(F)을 비교하고자 한다. 드럼이 좌회전할 경우 필요한

힘을 F_1, 우회전할 경우 필요한 힘을 F_2라고 할 때, 두 힘의 차이($F_1 - F_2$)는? (단, P는 블록과 드럼 사이에서 블록의 접촉면에 수직 방향으로 작용하는 힘이며, μ는 접촉부 마찰계수이다.)

㉮ $F_1 - F_2 = -\dfrac{\mu Pc}{a}$

㉯ $F_1 - F_2 = \dfrac{\mu Pc}{a}$

㉰ $F_1 - F_2 = -\dfrac{2\mu Pc}{a}$

㉱ $F_1 - F_2 = \dfrac{2\mu Pc}{a}$

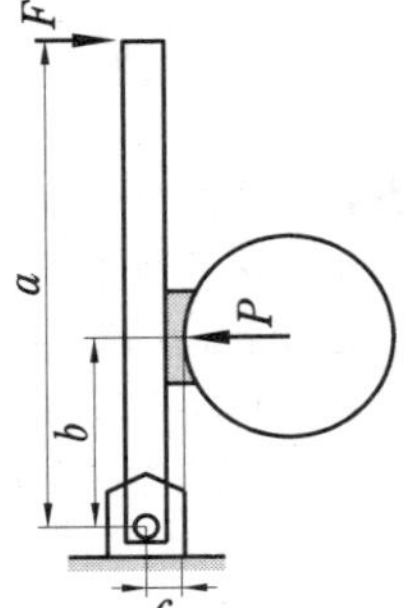

제 4 과목 : 컴퓨터응용설계

61. 번스타인 다항식(Bernstein polynomial)을 근본으로 하여 만들어낸 표면은?

㉮ 이차식 표면(Quadratic surface)

㉯ 베지어 표면(Bezier surface)

㉰ 스플라인 표면(Spline surface)

㉱ 헤르밋 표면(Hermite surface)

62. 컴퓨터의 구성 요소 중 중앙처리장치(CPU)의 3가지 주요 요소가 아닌 것은?

㉮ 제어장치(control unit)

㉯ 연산장치(ALU)

㉰ 기억장치(memory unit)

㉱ 입출력장치(input output unit)

63. 8비트 ASCII 코드는 몇 개의 패리티 비트를 사용하는가?

㉮ 1개   ㉯ 2개   ㉰ 3개   ㉱ 4개

[해설] 8비트 ASCII 코드는 1개의 패리티 비트, 3개의 존 비트, 4개의 숫자 비트를 사용한다.

64. 지구의 중심에 원점을 설정한 구면 좌표계(spherical coordinate system)에서 경도 30°

(동경), 위도 60°(북위)에 있는 점을 직교 좌표 계값으로 변환한 것으로 옳은 것은? (단, 지구의 반지름은 1로 가정하고, x축은 위도와 경도가 모두 0인 축으로 한다.)

㉮ $\left(\dfrac{\sqrt{3}}{4},\ \dfrac{1}{4},\ \dfrac{\sqrt{3}}{2}\right)$

㉯ $\left(\dfrac{\sqrt{3}}{4},\ -\dfrac{1}{4},\ \dfrac{\sqrt{3}}{2}\right)$

㉰ $\left(-\dfrac{\sqrt{3}}{4},\ \dfrac{1}{4},\ \dfrac{\sqrt{3}}{2}\right)$

㉱ $\left(-\dfrac{\sqrt{3}}{4},\ -\dfrac{1}{4},\ \dfrac{\sqrt{3}}{2}\right)$

65. CAD에서 사용하는 기하학적 형상의 3차원 모델링 방법이 아닌 것은?

㉮ 와이어 프레임(wire frame) 모델링

㉯ 서피스(surface) 모델링

㉰ 솔리드(solid) 모델링

㉱ 윈도(window) 모델링

66. 서피스 모델링의 특징으로 거리가 먼 것은?

㉮ 관성 모멘트값을 계산할 수 있다.

㉯ 표면적 계산이 가능하다.

㉰ NC data를 생성할 수 있다.

㉱ 은선이 제거될 수 있고 면의 구분이 가능하다.

[해설] 서피스 모델링은 물리적 성질(부피, 관성 모멘트 등)을 계산하기 곤란하다.

67. 화면에 영상을 구성하기 위해서는 최소한 1픽셀(pixel)당 1비트가 소요된다. 이와 같이 하나의 화면을 구성하는 데 소요되는 메모리를 무엇이라고 하는가?

㉮ 룩업(look up) 테이블

㉯ DAC

㉰ 비트 플레인(bit plane)

㉱ 버퍼(buffer)

[해설] 픽셀 : LCD 화면의 화상을 구성하는 최소단위, 즉 화소이다.

해답 61. ㉯ 62. ㉱ 63. ㉮ 64. ㉮ 65. ㉱ 66. ㉮ 67. ㉰

68. 자동차 차체 곡면과 같이 곡면 모델링 시스템을 활용하여 곡면을 생성하고자 한다. 이를 생성하기 위해 주로 사용하는 방법 3가지로 가장 거리가 먼 것은?

㉮ 곡면상의 점들을 입력받아 보간 곡면을 생성한다.

㉯ 곡면상의 곡선들을 그물 형태로 입력받아 보간 곡면을 생성한다.

㉰ 주어진 단면 곡선을 직선 또는 회전 이동하여 곡면을 생성한다.

㉱ 곡면의 경계에 있는 꼭짓점만을 입력받아 보간 곡면을 생성한다.

69. 곡면을 모델링하는 여러 방법들 중에서 평면도, 정면도, 측면도상에 나타난 곡면의 경계 곡선들로부터 비례적인 관계를 이용하여 곡면을 모델링(modeling)하는 방법은?

㉮ 점 데이터에 의한 방식

㉯ 쿤스(coons) 방식

㉰ 비례 전개법에 의한 방식

㉱ 스윕(sweep)에 의한 방식

[해설] 비례 전개법은 곡면의 경계 곡선들로부터 비례적인 관계를 이용하여 곡면을 모델링하는 방법이다.

70. PC가 빠르게 발전하고 성능이 발달됨에 따라 윈도 기반 CAD 시스템이 발달되었다. 다음 중 윈도 기반 CAD 시스템의 일반적인 특징으로 보기 어려운 것은?

㉮ 컴퓨터 장치의 발전에 따라 대형 컴퓨터가 중앙에서 관리하는 중앙 집중 관리 방식의 CAD 시스템이 발전되었다.

㉯ 구성 요소 기술(component technology)을 사용하여 기검증된 구성 요소들을 결합시켜 시스템을 개발할 수 있다.

㉰ 객체 지향 기술(object-oriented technology)을 사용하여 다양한 기능에 따라 프로그램을 모듈화시켜 각 모듈을 독립된 단위로 재사용한다.

㉱ 파라메트릭 모델링(parametric modeling)

기능을 제공하여 사용자가 요소의 형상을 직접 변형시키지 않고, 구속 조건(constraints)을 사용하여 형상을 정의 또는 수정한다.

71. 설계 해석 프로그램의 결과에 따라 응력, 온도 등의 분포도나 변형도를 작성하거나, CAD 시스템으로 만들어진 형상 모델을 바탕으로 NC 공작기계의 가공 data를 생성하는 소프트웨어 프로그램이나 절차를 뜻하는 것은?

㉮ Post-processor ㉯ Pre-processor

㉰ Multi-processor ㉱ Co-processor

72. 다음 중 잉크젯 프린터 등의 해상도를 나타내는 단위는?

㉮ LPM ㉯ PPM

㉰ DPI ㉱ CPM

[해설] ㉮ LPM : 분당 인쇄 라인 수
㉯ PPM : 1분 동안 출력 가능한 컬러
 (흑백 인쇄의 최대 매수)
㉰ DPI : 출력 밀도(해상도)
㉱ CPM : 출력 속도(분당 카드)

73. 점 $P(x, y, z)$가 xy 평면에 직교 투영되는 경우 나타내는 투영 P^*를 생성하는 변환행렬식으로 옳은 것은?

㉮ $[x^* \, 0 \, z^* \, 1] = [x \, y \, z \, 1]\begin{bmatrix} 1&0&0&0 \\ 0&0&0&0 \\ 0&0&1&0 \\ 0&0&0&1 \end{bmatrix}$

㉯ $[x^* \, y^* \, 0 \, 1] = [x \, y \, z \, 1]\begin{bmatrix} 1&0&0&0 \\ 0&1&0&0 \\ 0&0&0&0 \\ 0&0&0&1 \end{bmatrix}$

㉰ $[0 \, y^* \, z^* \, 1] = [x \, y \, z \, 1]\begin{bmatrix} 0&0&0&0 \\ 0&1&0&0 \\ 0&0&1&0 \\ 0&0&0&1 \end{bmatrix}$

㉱ $[x^* \, y^* \, z^* \, 1] = [x \, y \, z \, 1]\begin{bmatrix} 1&0&0&0 \\ 0&1&0&0 \\ 0&0&1&0 \\ 0&0&0&1 \end{bmatrix}$

해답 68. ㉱ 69. ㉰ 70. ㉮ 71. ㉮ 72. ㉰ 73. ㉯

74. 산업현장에서 컴퓨터를 활용한 제품 설계 (CAD)와 컴퓨터를 활용한 제품 생산(CAM)이 많이 활용되고 있다. 다음 중 CAD의 응용 분야에 속하는 것은?

㉮ 컴퓨터 이용 공정 계획
㉯ 컴퓨터 이용 제품 공차 해석
㉰ 컴퓨터 이용 NC 프로그래밍
㉱ 컴퓨터 이용 자재 소요계획

75. 그림과 같은 선분 A의 양 끝점에 대한 행렬 값 $\begin{bmatrix} 1 & 1 \\ 2 & 4 \end{bmatrix}$ 를 원점을 기준으로 하여 x방향과 y방향으로 각각 3배만큼 스케일링(scaling)할 때 그 행렬값으로 옳은 것은?

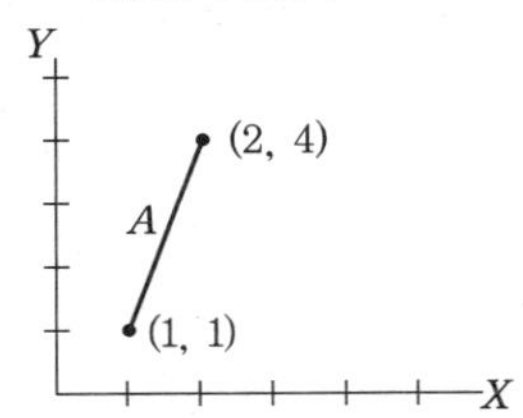

㉮ $\begin{bmatrix} 3 & 3 \\ 3 & 6 \end{bmatrix}$ ㉯ $\begin{bmatrix} 3 & 3 \\ 6 & 12 \end{bmatrix}$ ㉰ $\begin{bmatrix} 4 & 1 \\ 2 & 7 \end{bmatrix}$ ㉱ $\begin{bmatrix} 3 & 12 \\ 6 & 3 \end{bmatrix}$

76. CAD 시스템에서 이용되는 2차 곡선 방정식에 대한 설명으로 거리가 먼 것은?

㉮ 매개변수식으로 표현하는 것이 가능하기도 하다.
㉯ 곡선식에 대한 계산 시간이 3차, 4차식보다 적게 걸린다.
㉰ 연결된 여러 개의 곡선 사이에서 곡률의 연속이 보장된다.
㉱ 여러 개 곡선을 하나의 곡선으로 연결하는 것이 가능하다.

[해설] 3차 곡선 방정식 이상일 때만 곡률의 연속성이 보장된다.

77. 3차원 공간에서 y축을 중심으로 θ만큼 회전했을 때의 변환행렬(4×4)로 옳은 것은? (단, 변환행렬식은 다음과 같다.)

$$[x'\,y'\,z'\,1] = [x\ y\ z\ 1] \times (변환행렬)$$

㉮ $\begin{bmatrix} \cos\theta & -\sin\theta & 0 & 0 \\ \sin\theta & \cos\theta & 0 & 0 \\ 0 & 0 & 1 & 0 \\ 0 & 0 & 0 & 1 \end{bmatrix}$

㉯ $\begin{bmatrix} \cos\theta & 0 & -\sin\theta & 0 \\ 0 & 1 & 0 & 0 \\ \sin\theta & 0 & \cos\theta & 0 \\ 0 & 0 & 0 & 1 \end{bmatrix}$

㉰ $\begin{bmatrix} 1 & 0 & 0 & 0 \\ 0 & \cos\theta & \sin\theta & 0 \\ 0 & -\sin\theta & \cos\theta & 0 \\ 0 & 0 & 0 & 1 \end{bmatrix}$

㉱ $\begin{bmatrix} \cos\theta & 0 & \sin\theta & 0 \\ 0 & 1 & 0 & 0 \\ -\sin\theta & 0 & \cos\theta & 0 \\ 0 & 0 & 1 & 0 \end{bmatrix}$

78. 2차원 도형을 임의의 선을 따라 이동시키거나 임의의 회전축을 중심으로 회전시켜 입체를 생성하는 것을 나타내는 용어는?

㉮ 블렌딩 ㉯ 스위핑
㉰ 스키닝 ㉱ 라운딩

[해설] 하나의 2차원 단면 형상을 입력하고, 이를 안내 곡선을 따라 이동시켜 입체를 생성하는 것을 스위핑이라 한다.

79. 공간상의 한 점을 표시하기 위해 사용되는 좌표계로 xy 평면으로 한 점을 투영했을 때 원점으로부터 투영점까지의 거리(r), x축과 원점과 투영점이 지나는 직선과의 각도(θ), xy 평면과 그 점의 높이(z)로 나타내어지는 좌표계는?

㉮ 직교 좌표계 ㉯ 극좌표계
㉰ 원통 좌표계 ㉱ 구면 좌표계

[해설] 원통 좌표계 : xy 평면에서 원점으로부터 한 점까지의 거리, 이 거리가 x축과 이루는 각도, 높이에 의해 표시되는 좌표계이다.

80. CSG 모델링 방식에서 불 연산(boolean operation)이 아닌 것은?

㉮ Union(합) ㉯ Subtract(차)
㉰ Intersect(적) ㉱ Project(투영)

[해설] CSG 방법에 의한 불 연산 작업에는 합($\cup$), 차($-$), 적($\cap$)이 있다.

[해답] **74.** ㉯ **75.** ㉱ **76.** ㉰ **77.** ㉯ **78.** ㉯ **79.** ㉰ **80.** ㉱

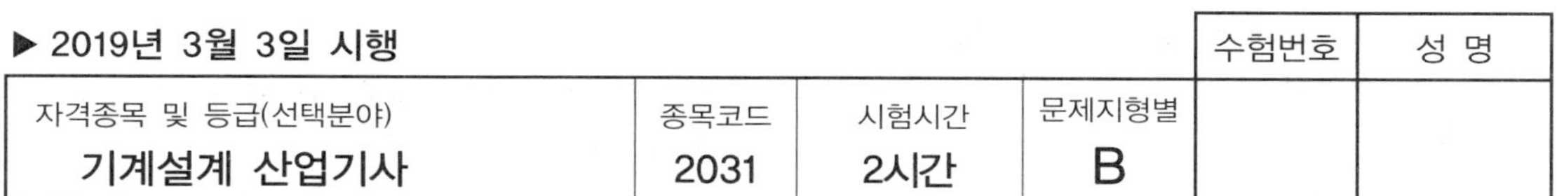

국가기술자격검정필기시험문제

▶ 2019년 3월 3일 시행

자격종목 및 등급(선택분야)	종목코드	시험시간	문제지형별	수험번호	성 명
기계설계 산업기사	2031	2시간	B		

제1과목 : 기계가공법 및 안전관리

1. 주성분이 점토와 장석이고 균일한 기공을 나타내며 많이 사용하는 숫돌의 결합제는?

㉮ 고무 결합제(R)

㉯ 셀락 결합제(E)

㉰ 실리케이트 결합제(S)

㉱ 비트리파이드 결합제(V)

[해설] 비트리파이드 결합제(V)는 숫돌 전체의 80 %를 차지하며, 거의 모든 재료를 연삭한다.

2. 밀링 머신에서 커터 지름이 120 mm, 한 날당 이송이 0.1 mm, 커터 날수가 4날, 회전수가 900 rpm일 때, 절삭 속도는 약 몇 m/min인가?

㉮ 33.9

㉯ 113

㉰ 214

㉱ 339

[해설] $V = \dfrac{\pi DN}{1000} = \dfrac{\pi \times 120 \times 900}{1000} ≒ 339 \text{ m/min}$

3. 가공 능률에 따라 공작 기계를 분류할 때 가공할 수 있는 기능이 다양하고, 절삭 및 이송 속도의 범위도 크기 때문에 제품에 맞추어 절삭 조건을 선정하여 가공할 수 있는 공작 기계는?

㉮ 단능 공작 기계

㉯ 만능 공작 기계

㉰ 범용 공작 기계

㉱ 전용 공작 기계

[해설] 범용 공작 기계 : 선반, 수평 밀링, 레이디얼 드릴링 머신 등

4. 게이지 블록 구조 형상의 종류에 해당되지 않는 것은?

㉮ 호크형

㉯ 캐리형

㉰ 레버형

㉱ 요한슨형

[해설] 게이지 블록에는 장방형 단면의 요한슨형, 장방형 단면으로 중앙에 구멍이 뚫린 호크형, 얇은 중공 원판 형상인 캐리형이 있다.

5. 절삭 공구에서 칩 브레이커(chip breaker)의 설명으로 옳은 것은?

㉮ 전단형이다.

㉯ 칩의 한 종류이다.

㉰ 바이트 섕크의 종류이다.

㉱ 칩이 인위적으로 끊어지도록 바이트에 만든 것이다.

[해설] 칩 브레이커는 유동형 칩이 공구, 공작물, 공작 기계(척) 등과 서로 엉키는 것을 방지하기 위해 칩이 인위적으로 짧게 끊어지도록 만든 안전 장치이다.

6. 윤활유의 사용 목적이 아닌 것은?

㉮ 냉각

㉯ 마찰

㉰ 방청

㉱ 윤활

[해설] 윤활제는 윤활작용, 냉각작용, 밀폐작용, 청정작용을 목적으로 한다.

7. 마이크로미터의 나사 피치가 0.2 mm일 때 심의 원주를 100등분 하였다면 심 1눈금의 회전에 의한 스핀들의 이동량은 몇 mm인가?

㉮ 0.005

㉯ 0.002

㉰ 0.01

㉱ 0.02

[해설] 이동량 $= 0.2 \times \dfrac{1}{100} = 0.002 \text{ mm}$

[해답] 1. ㉱ 2. ㉱ 3. ㉰ 4. ㉰ 5. ㉱ 6. ㉯ 7. ㉯

8. 드릴링 머신의 안전사항으로 틀린 것은?

㉮ 장갑을 끼고 작업을 하지 않는다.

㉯ 가공물을 손으로 잡고 드릴링 한다.

㉰ 구멍 뚫기가 끝날 무렵은 이송을 천천히 한다.

㉱ 얇은 판의 구멍 가공에는 보조판 나무를 사용하는 것이 좋다.

[해설] 가공물을 손으로 잡고 드릴링하면 위험하므로 공작물을 고정시킨 후 드릴링 한다.

9. 방전 가공용 전극 재료의 구비 조건으로 틀린 것은?

㉮ 가공 정밀도가 높을 것

㉯ 가공 전극의 소모가 적을 것

㉰ 방전이 안전하고 가공 속도가 빠를 것

㉱ 전극을 제작할 때 기계 가공이 어려울 것

[해설] 방전 가공용 전극 재료의 구비 조건
① 기계 가공이 쉬워야 한다.
② 가공 정밀도가 높아야 한다.
③ 가공 전극의 소모가 적어야 한다.
④ 구하기 쉽고 가격이 저렴해야 한다.
⑤ 방전이 안전하고 가공 속도가 빨라야 한다.

10. 드릴 가공에서 깊은 구멍을 가공하고자 할 때 다음 중 가장 좋은 드릴 가공 조건은?

㉮ 회전수와 이송을 느리게 한다.

㉯ 회전수는 빠르게, 이송은 느리게 한다.

㉰ 회전수는 느리게, 이송은 빠르게 한다.

㉱ 회전수와 이송은 정밀도와는 관계 없다.

11. 연삭숫돌의 입도(grain size) 선택의 일반적인 기준으로 가장 적합한 것은?

㉮ 절삭 깊이와 이송량이 많고 거친 연삭은 거친 입도를 선택

㉯ 다듬질 연삭 또는 공구를 연삭할 때는 거친 입도를 선택

㉰ 숫돌과 일감의 접촉 넓이가 작을 때는 거친 입도를 선택

㉱ 연성이 있는 재료는 고운 입도를 선택

[해설] 입도 : 연삭 입자의 크기로, 연삭면의 거칠기에 영향을 준다. 연하고 연성이 있는 재료는 눈메움이 쉽게 발생하므로 거친 입도를 사용해야 한다.

12. 밀링 분할판의 브라운 샤프형 구멍열을 나열한 것으로 틀린 것은?

㉮ No.1-15, 16, 17, 18, 19, 20

㉯ No.2-21, 23, 27, 29, 31, 33

㉰ No.3-37, 39, 41, 43, 47, 49

㉱ No.4-12, 13, 15, 16, 17, 18

[해설] 밀링 분할판의 브라운 샤프형 구멍열

종류	분할판	구멍 수					
브라운 샤프형	No.1	15,	16,	17,	18,	19,	20
	No.2	21,	23,	27,	29,	31,	33
	No.3	37,	39,	41,	43,	47,	49

13. φ13 이하의 작은 구멍 뚫기에 사용하며 작업대 위에 설치하여 사용하고, 드릴 이송은 수동으로 하는 소형 드릴링 머신은?

㉮ 다두 드릴링 머신

㉯ 직립 드릴링 머신

㉰ 탁상 드릴링 머신

㉱ 레이디얼 드릴링 머신

14. 서보 기구의 종류 중 구동 전동기로 펄스 전동기를 이용하며 제어장치로 입력된 펄스 수만큼 움직이고 검출기나 피드백 회로가 없으므로 구조가 간단하며, 펄스 전동기의 회전 정밀도와 볼나사의 정밀도에 직접적인 영향을 받는 방식은?

㉮ 개방회로 방식

㉯ 폐쇄회로 방식

㉰ 반폐쇄회로 방식

㉱ 하이브리드 서보 방식

[해설] 개방회로 방식

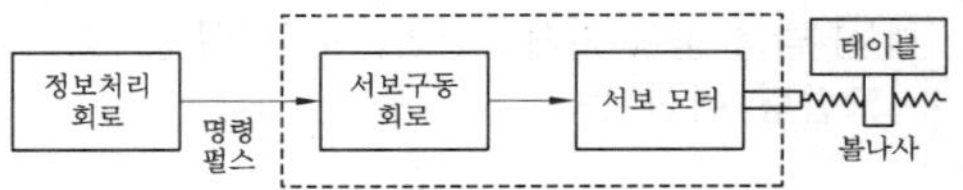

15. 일반적인 밀링 작업에서 절삭 속도와 이송에

관한 설명으로 틀린 것은?

㉮ 밀링 커터의 수명을 연장하기 위해서는 절삭 속도는 느리게, 이송은 작게 한다.

㉯ 날끝이 비교적 약한 밀링 커터에 대해서 절삭 속도는 느리게 이송은 작게 한다.

㉰ 거친 절삭에서는 절삭 깊이를 얇게, 이송은 작게, 절삭 속도는 빠르게 한다.

㉱ 일반적으로 너비와 지름이 작은 밀링 커터에 대해서는 절삭 속도를 빠르게 한다.

[해설] 거친 절삭에서는 절삭 깊이를 깊게, 이송은 크게, 절삭 속도는 빠르게 한다.

16. 구성 인선의 방지 대책으로 틀린 것은?

㉮ 경사각을 작게 할 것

㉯ 절삭 깊이를 적게 할 것

㉰ 절삭 속도를 빠르게 할 것

㉱ 절삭 공구의 인선을 날카롭게 할 것

[해설] 구성 인선의 방지책
① 바이트의 윗면 경사각을 크게 한다.
② 절삭 깊이와 이송 속도를 작게 한다.
③ 절삭 속도를 높이고 절삭유를 사용한다.

17. 측정에서 다음 설명에 해당하는 원리는?

> 표준자와 피측정물은 동일 축 선상에 있어야 한다.

㉮ 아베의 원리　　　㉯ 버니어의 원리

㉰ 에어리의 원리　　㉱ 헤르cm의 원리

[해설] 아베의 원리 : 피측정물과 표준자는 측정 방향에 있어서 일직선 위에 배치하여야 한다는 원리이다.

18. 호칭 치수가 200 mm인 사인 바로 21°30′의 각도를 측정할 때 낮은 쪽 게이지 블록의 높이가 5 mm라면 높은 쪽은 얼마인가? (단, sin21°30′ = 0.3665이다.)

㉮ 73.3 mm　　　㉯ 78.3 mm

㉰ 83.3 mm　　　㉱ 88.3 mm

[해설] $\sin\alpha = \dfrac{H}{L}$

$H = L\sin\alpha = 200 \times \sin21°30′ ≒ 200 \times 0.3665$
$= 73.3 \text{ mm}$

∴ 높은 쪽 높이 $= 73.3 + 5 = 78.3 \text{ mm}$

19. 다음 중 슬로터(slotter)에 관한 설명으로 틀린 것은?

㉮ 규격은 램의 최대 행정과 테이블의 지름으로 표시된다.

㉯ 주로 보스(boss)에 키 홈을 가공하기 위해 발달된 기계이다.

㉰ 구조가 셰이퍼(shaper)를 수직으로 세워 놓은 것과 비슷하여 수직 셰이퍼라고도 한다.

㉱ 테이블이 수평 길이 방향 왕복 운동과 공구의 테이블 가로 방향 이송에 의해 비교적 넓은 평면을 가공하므로 평삭기라고도 한다.

20. 절삭 공구에서 크레이터 마모(crater wear)의 크기가 증가할 때 나타나는 현상이 아닌 것은?

㉮ 구성 인선(built up edge)이 증가한다.

㉯ 공구의 윗면 경사각이 증가한다.

㉰ 칩의 곡률 반지름이 감소한다.

㉱ 날끝이 파괴되기 쉽다.

[해설] 크레이터 마모의 크기 증가로 나타나는 현상
① 칩의 꼬임이 작아져서 나중에는 가늘게 비산한다.
② 칩의 색이 변하고 불꽃이 생긴다.
③ 시간이 경과하면 날의 결손이 된다.
④ 칩에 의해 공구의 경사면이 움푹 패이는 마모

제 2 과목 : 기계제도

21 스퍼 기어의 도시 방법에 대한 설명으로 틀린 것은?

㉮ 잇봉우리원은 굵은 실선으로 그린다.

㉯ 피치원은 가는 2점 쇄선으로 그린다.

㉰ 이골원은 가는 실선으로 그린다.

㉱ 축에 직각 방향으로 단면 투상할 경우, 이골원은 굵은 실선으로 그린다.

해설 기어를 그릴 때 이끝원은 굵은 실선으로, 피치원은 가는 1점 쇄선으로, 이뿌리원은 가는 실선으로, 특수 지시선(열처리 지시선)은 굵은 1점 쇄선으로 그린다.

22. 표시해야 할 선이 같은 장소에 중복될 경우 선의 우선순위가 가장 높은 것은?

㉮ 무게중심선 ㉯ 중심선

㉰ 치수 보조선 ㉱ 절단선

해설 겹치는 선의 우선순위 : 외형선＞숨은선＞절단선＞중심선＞무게중심선＞치수 보조선

23. 그림과 같은 입체도를 제3각법으로 투상할 때 가장 적합한 투상도는?

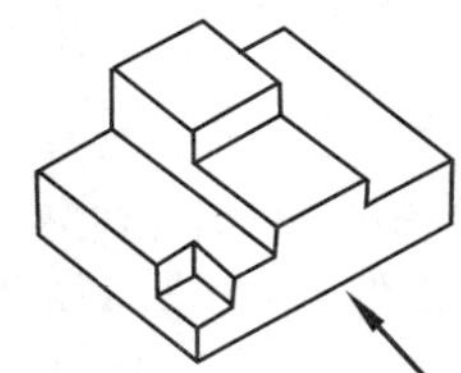

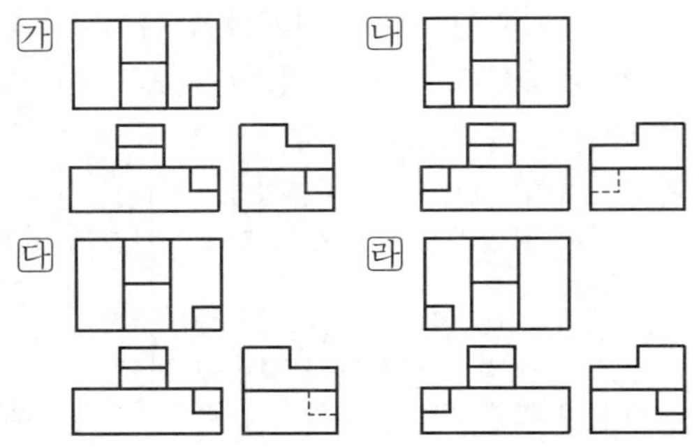

24. 그림은 축과 구멍의 끼워맞춤을 나타낸 도면이다. 다음 중 중간 끼워맞춤에 해당하는 것은?

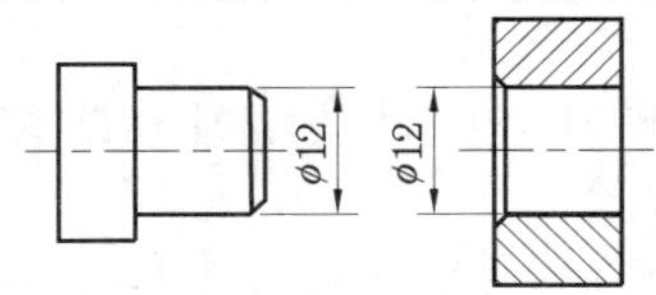

㉮ 축－ϕ12k6, 구멍－ϕ12H7

㉯ 축－ϕ12h6, 구멍－ϕ12G7

㉰ 축－ϕ12e8, 구멍－ϕ12H8

㉱ 축－ϕ12h5, 구멍－ϕ12N6

해설 구멍 기준식 끼워맞춤

기준 구멍	헐거운 끼워맞춤			중간 끼워맞춤			억지 끼워맞춤		
H7	f6	f6	h6	js6	k6	m6	n6	p6	r6
	f7		h7	js7					

25. 최대 실체 공차 방식으로 규제된 축의 도면이 다음과 같다. 실제 제품을 측정한 결과 축 지름이 49.8 mm일 경우 최대로 허용할 수 있는 직각도 공차는 몇 mm인가?

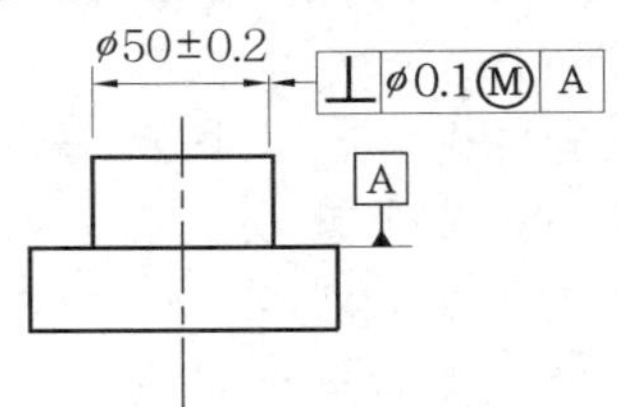

㉮ ϕ0.3 mm ㉯ ϕ0.4 mm

㉰ ϕ0.5 mm ㉱ ϕ0.6 mm

해설 최대로 허용할 수 있는 직각도 공차
= 치수 공차＋기하 공차
＝0.4＋0.1＝0.5 mm

26. 다음 제3각법으로 그린 투상도 중 옳지 않은 것은?

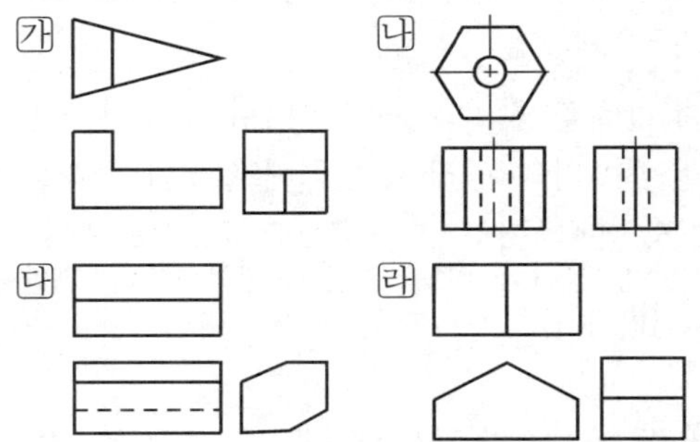

27. 다음 그림에 대한 설명으로 가장 올바른 것은?

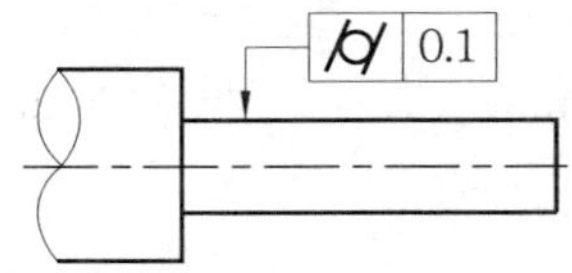

해답 22. ㉱ 23. ㉯ 24. ㉮ 25. ㉰ 26. ㉮ 27. ㉮

㉮ 대상으로 하고 있는 면은 0.1 mm만큼 떨어진 두 개의 동축 원통면 사이에 있어야 한다.

㉯ 대상으로 하고 있는 원통의 축선은 $\phi 0.1$ mm의 원통 안에 있어야 한다.

㉰ 대상으로 하고 있는 원통의 축선은 0.1 mm만큼 떨어진 두 개의 평행한 평면 사이에 있어야 한다.

㉱ 대상으로 하고 있는 면은 0.1 mm만큼 떨어진 두 개의 평행한 평면 사이에 있어야 한다.

[해설] 원통도는 진직도, 평행도, 진원도의 복합 공차로, 규제하는 원통 형체의 모든 표면의 공통 축선으로부터 같은 거리에 있는 두 개의 원통 표면에 들어가야 하는 공차이다.

28. KS 나사에서 ISO 표준에 있는 관용 테이퍼 암나사에 해당하는 것은?

㉮ R 3/4   ㉯ Rc 3/4

㉰ PT 3/4   ㉱ Rp 3/4

[해설] ① R : 관용 테이퍼 수나사
② PT : 관용 테이퍼 나사
③ Rp : 관용 평행 암나사

29. 다음 설명에 적합한 기하 공차 기호는?

구 형상의 중심은 데이텀 평면 A로부터 30 mm, B로부터 25 mm 떨어져 있고, 데이텀 C의 중심선 위에 있는 점의 위치를 기준으로 지름 0.3 mm 구 안에 있어야 한다.

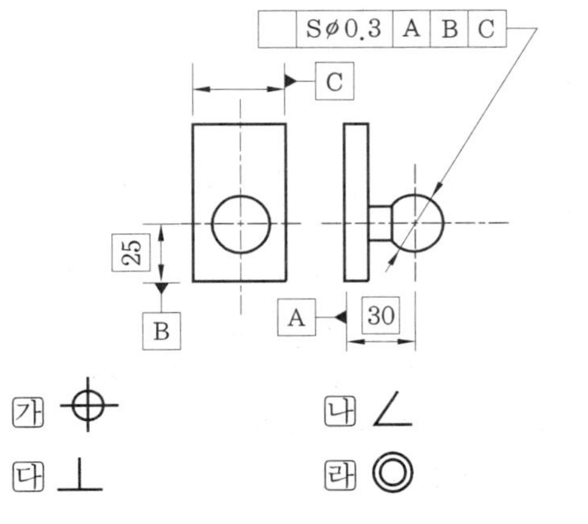

㉮ ⊕   ㉯ ∠

㉰ ⊥   ㉱ ◎

[해설]
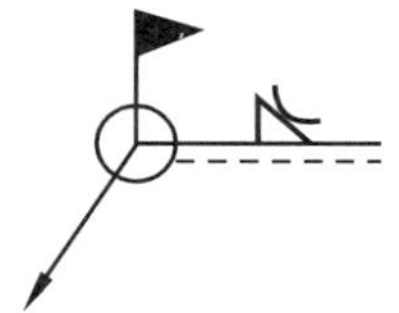
• 위치도 : ⊕   • 경사도 : ∠
• 직각도 : ⊥   • 동심도 : ◎

30. 그림과 같은 도시 기호에 대한 설명으로 틀린 것은?

㉮ 용접하는 곳이 화살표 쪽이다.

㉯ 온둘레 현장 용접이다.

㉰ 필릿 용접을 오목하게 작업한다.

㉱ 한쪽 플랜지형으로 필릿 용접 작업한다.

[해설] KS 용접 기호

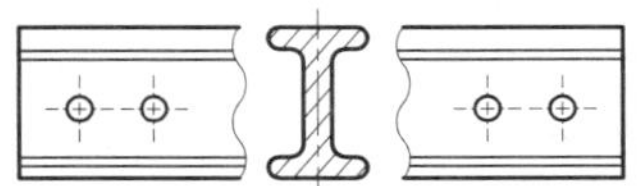

현장 용접	필릿 용접	전체 둘레 용접
⚑	◿	○

31. 암, 리브, 핸들 등의 전단면을 그림과 같이 나타내는 단면도를 무엇이라 하는가?

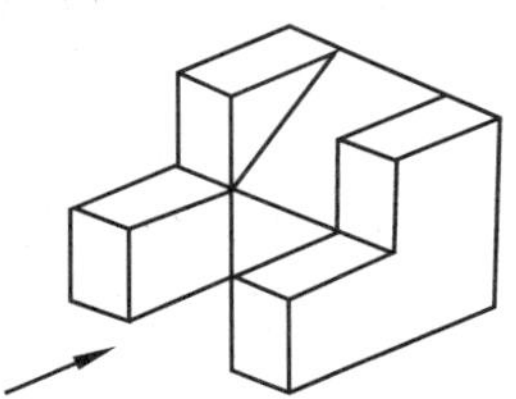

㉮ 온 단면도   ㉯ 회전 도시 단면도

㉰ 부분 단면도   ㉱ 한쪽 단면도

[해설] 회전 도시 단면도 : 물체의 절단면을 그 자리에서 90° 회전시켜 투상하는 단면법으로, 바퀴, 리브, 형강, 훅 등의 단면 기법을 말한다.

32. 그림과 같은 입체도를 화살표 방향에서 본 투상 도면으로 가장 적합한 것은?

[해답]   28. ㉰   29. ㉮   30. ㉱   31. ㉯   32. ㉰

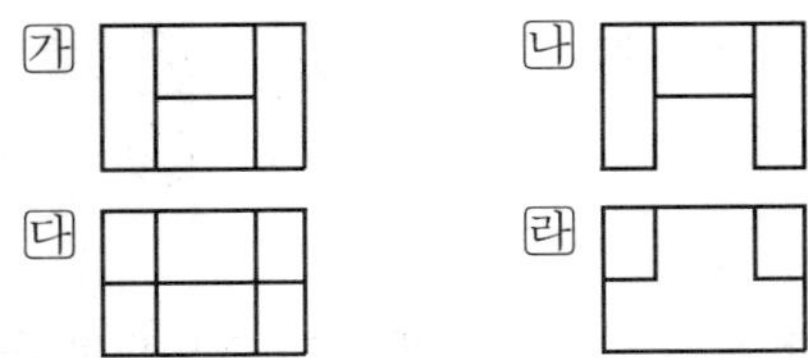

33. 다음 도면에 대한 설명으로 옳은 것은?

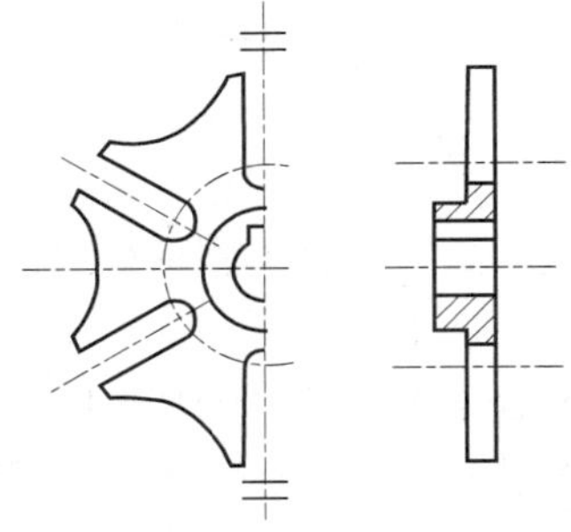

㉮ 부분 확대하여 도시하였다.
㉯ 반복되는 형상을 모두 나타냈다.
㉰ 대칭되는 도형을 생략하여 도시하였다.
㉱ 회전 도시 단면도를 이용하여 키 홈을 표현하였다.

34. 다음 끼워맞춤 중에서 헐거운 끼워맞춤인 것은?

㉮ 25N6/h5   ㉯ 20P6/h5
㉰ 6JS7/h6   ㉱ 50G7/h6

해설 구멍 기준식 끼워맞춤

기준 축	헐거운 끼워맞춤		중간 끼워맞춤			억지 끼워맞춤			
h6	G6	H6	JS6	K6	M6	N6	P6		
	G7	H7	JS	K7	M7	N7	P7	R7	S7

35. 절단면 표시 방법인 해칭에 대한 설명으로 틀린 것은?

㉮ 같은 절단면상에 나타나는 같은 부품의 단면에는 같은 해칭을 한다.
㉯ 해칭은 주된 중심선에 대하여 45°로 하는 것이 좋다.

㉰ 인접한 단면의 해칭은 선의 방향 또는 각도를 변경하든지 그 간격을 변경하여 구별한다.
㉱ 해칭을 하는 부분에 글자 또는 기호를 기입할 경우에는 해칭선을 중단하지 말고 그 위에 기입해야 한다.

해설 치수, 문자, 기호는 해칭선보다 우선이므로 해칭이나 스머징을 중단하거나 피해서 기입한다.

36. 나사의 제도 방법을 설명한 것으로 틀린 것은?

㉮ 수나사에서 골지름은 가는 실선으로 도시한다.
㉯ 불완전 나사부를 나타내는 골지름 선은 축선에 대해서 평행하게 표시한다.
㉰ 암나사를 축 방향으로 본 측면도에서 호칭지름에 해당하는 선은 가는 실선이다.
㉱ 완전 나사부란 산봉우리와 골밑 모양의 양쪽 모두 완전한 산형으로 이루어지는 나사부이다.

해설 불완전 나사부를 나타내는 골지름 선은 축선에 대해 30°의 가는 실선으로 그린다.

37. KS 용접 기호 표시와 용접부 명칭이 틀린 것은?

㉮ □ : 플러그 용접
㉯ ○ : 점 용접
㉰ || : 가장자리 용접
㉱ ◣ : 필릿 용접

해설 가장자리 용접 : |||

38. 다음 치수 보조 기호에 대한 설명으로 옳지 않은 것은?

㉮ (50) : 데이터 치수 50 mm를 나타낸다.
㉯ $t = 5$: 판재의 두께 5 mm를 나타낸다.
㉰ ⌒20 : 원호의 길이 20 mm를 나타낸다.
㉱ SR30 : 구의 반지름 30 mm를 나타낸다.

해설 (50) : 참고 치수 50 mm

해답 33. ㉰   34. ㉱   35. ㉱   36. ㉯   37. ㉰   38. ㉮

39. 가공 방법의 기호 중에서 다듬질 가공인 스크레이핑 가공 기호는?

㉮ FS ㉯ FSU
㉰ CS ㉱ FSD

해설 • FS : 스크레이핑 가공
• CS : 사형 주조

40. 도면에 나사의 표시가 "M50×2−6H"로 기입되어 있을 때 이에 대한 올바른 설명은?

㉮ 감김 방향은 왼나사이다.
㉯ 나사의 피치는 알 수 없다.
㉰ M50×2의 2는 수량 2개를 의미한다.
㉱ 6H는 암나사의 등급 표시이다.

해설 M50×2은 오른나사, 나사의 바깥지름이 50 mm, 나사의 피치는 2 mm를 나타내며, 6H는 암나사의 등급 표시이다.

제 3 과목 : 기계설계 및 기계재료

---

41. 금속 표면에 스텔라이트, 초경합금 등을 용착시켜 표면 경화층을 만드는 방법은?

㉮ 침탄처리법 ㉯ 금속침투법
㉰ 숏피닝 ㉱ 하드페이싱

42. 다음 중 합금 공구강에 해당되는 것은?

㉮ SUS 316 ㉯ SC 40
㉰ STS 5 ㉱ GCD 550

해설 • STS : 합금 공구강 1~17종
• STD : 합금 공구강 18~39종

43. 플라스틱의 일반적인 특성에 대한 설명으로 옳은 것은?

㉮ 금속 재료에 비해 강도가 높다.
㉯ 전기절연성이 있다.
㉰ 내열성이 우수하다.
㉱ 비중이 크다.

해설 플라스틱은 금속 재료에 비해 부드럽고 유연하게 만들 수 있기 때문에 금속 제품으로 만드는 것보다 가공비가 저렴하나, 열에 약하고 강도와 표면 경도가 낮은 단점이 있다.

44. 철강 소재에서 일어나는 다음 반응은 무엇인가?

$$\gamma \text{고용체} \rightarrow \alpha \text{고용체} + Fe_3C$$

㉮ 공석 반응 ㉯ 포석 반응
㉰ 공정 반응 ㉱ 포정 반응

45. 기계 가공으로 소성 변형된 제품이 가열에 의하여 원래의 모양으로 돌아가는 것과 관련 있는 것은?

㉮ 초전도 효과 ㉯ 형상기억 효과
㉰ 연속 주조 효과 ㉱ 초소성 효과

해설 형상기억 합금은 소성 변형된 것이 특정 온도 이상으로 가열되면 변형되기 이전의 원래 상태로 돌아가는 합금으로, 형상기억 효과를 나타내는 합금은 마텐자이트 변태를 한다.

46. 다음 중 강자성체 금속에 해당되지 않는 것은?

㉮ Fe ㉯ Ni
㉰ Sb ㉱ Co

해설 강자성체 : 자화 강도가 큰 물질로 철, 코발트, 니켈 등이 있다.

47. 다음 중 열처리 방법과 목적이 서로 맞게 연결된 것은?

㉮ 담금질−서랭시켜 재질에 연성을 부여한다.
㉯ 뜨임−담금질한 것에 취성을 부여한다.
㉰ 풀림−재질을 강하게 하고 불균일하게 한다.
㉱ 불림−재료의 결정 입자를 미세하게 하고 조직을 균일하게 한다.

해설 열처리의 방법과 목적
① 담금질 : 재질을 경화한다.
② 뜨임 : 담금질한 재질에 인성을 부여한다.
③ 풀림 : 재질을 연하고 균일하게 한다.
④ 불림 : 조직을 미세화하고 균일하게 한다.

---

48. Al을 침투시켜 내식성을 향상시키는 금속침투법은?

㉮ 보로나이징 ㉯ 칼로라이징
㉰ 세라다이징 ㉱ 실리코나이징

[해설] • 보로나이징 : B 침투
• 세라다이징 : Zn 침투
• 실리코나이징 : Si 침투
• 크로마이징 : Cr 침투

49. 두랄루민의 구성 성분으로 가장 적절한 것은?

㉮ Al+Cu+Mg+Mn
㉯ Al+Fe+Mo+Mn
㉰ Al+Zn+Ni+Mn
㉱ Al+Pb+Sn+Mn

[해설] 두랄루민 : 주성분은 Al－Cu－Mg－Mn으로, 고온에서 물에 급랭하여 시효 경화시켜 강인성을 얻는다.

50. 일반적인 청동 합금의 주요 성분은?

㉮ Cu－Sn ㉯ Cu－Zn
㉰ Cu－Pb ㉱ Cu－Ni

[해설] • 청동 성분 : Cu－Sn
• 황동 성분 : Cu－Zn

51. 체인 피치가 15.875 mm, 잇수가 40, 회전수가 500 rpm이면 체인의 평균 속도는 약 몇 m/s인가?

㉮ 4.3 ㉯ 5.3
㉰ 6.3 ㉱ 7.3

[해설] $V = \dfrac{ZPN}{60000} = \dfrac{40 \times 15.875 \times 500}{60000}$
$\doteqdot 5.3\,\text{m/s}$

52. 10 kN의 인장 하중을 받는 1줄 겹치기 이음이 있다. 리벳의 지름이 16 mm라 하면 몇 개 이상의 리벳을 사용해야 되는가? (단, 리벳의 허용 전단 응력은 6.3 MPa이다.)

㉮ 5 ㉯ 6
㉰ 7 ㉱ 8

[해설] $\tau = \dfrac{P}{A} = \dfrac{P}{\dfrac{\pi d^2}{4}} = \dfrac{4P}{\pi d^2}$, $10 = \dfrac{4P}{\pi 16^2}$

$P = \dfrac{10 \times 16^2 \times \pi}{4} \doteqdot 2009.6\,\text{MPa}$

$\therefore$ 리벳 수$(n) = \dfrac{10000}{2009.6 \times 6.3} \doteqdot 8$개

53. 응력－변형률 선도에서 재료가 파괴되지 않고 견딜 수 있는 최대 응력은? (단, 공칭 응력을 기준으로 한다.)

㉮ 탄성한도 ㉯ 비례한다.
㉰ 극한 강도 ㉱ 상항복점

[해설] • 재료의 극한 강도와 허용 응력과의 비를 안전율이라고 한다.
• 안전율 $= \dfrac{\text{극한 강도(인장 강도)}}{\text{허용 응력}}$
$= $ 기준 강도

54. 950 N·m의 토크를 전달하는 지름 50 mm인 축에 안전하게 사용할 키의 최소 길이는 약 몇 mm인가? (단, 묻힘 키의 폭과 높이는 모두 8 mm이고, 키의 허용 전단 응력은 80 N/mm² 이다.)

㉮ 45 ㉯ 50
㉰ 65 ㉱ 60

[해설] $\tau = \dfrac{2T}{bld}$, $l = \dfrac{2T}{b\tau d}$
$\therefore l = \dfrac{2 \times 950000}{8 \times 80 \times 50} \doteqdot 60\,\text{mm}$

55. 다음 커플링의 종류 중 원통 커플링에 속하지 않는 것은?

㉮ 머프 커플링 ㉯ 올덤 커플링
㉰ 클램프 커플링 ㉱ 셀러 커플링

[해설] 원통 커플링 : 구조가 가장 간단하여 외형이 원통형으로 된 커플링으로 머프 커플링, 마찰 원통 커플링, 셀러 커플링, 반중첩 커플링, 분할 원통(클램프) 커플링의 다섯 종류가 있다.

56. 길이에 비해 지름이 5 mm 이하로 아주 작은 롤러를 사용하는 베어링이며, 일반적으로 리테

해답 48. ㉯ 49. ㉮ 50. ㉮ 51. ㉯ 52. ㉱ 53. ㉰ 54. ㉱ 55. ㉯ 56. ㉮

이너가 없으면 단위 면적당 부하 용량이 큰 베어링은?

㉮ 니들 롤러 베어링

㉯ 원통 롤러 베어링

㉰ 구면 롤러 베어링

㉱ 플렉시블 롤러 베어링

57. 기어 감속기에서 소음이 심하여 분해해보니 이뿌리 부분이 깎여 나가 있음을 발견하였다. 이것을 방지하기 위한 대책으로 틀린 것은?

㉮ 압력각이 작은 기어로 교체한다.

㉯ 깎이는 부분의 치형을 수정한다.

㉰ 이끝을 깎아 이의 높이를 줄인다.

㉱ 전위 기어를 만들어 교체한다.

58. 다음 중 마찰력을 이용하는 브레이크가 아닌 것은?

㉮ 블록 브레이크

㉯ 밴드 브레이크

㉰ 폴 브레이크

㉱ 내부 확장식 브레이크

59. 코일 스프링에서 코일의 평균 지름은 32 mm, 소선의 지름은 4 mm이다. 스프링 소재의 허용 전단 응력이 340 MPa일 때 지지할 수 있는 최대 하중은 약 몇 N인가? (단, Wahl의 응력 수정계수(K)는 $K = \dfrac{4C-1}{4C-4} + \dfrac{0.615}{C}$, C : 스프링 지수이다.)

㉮ 174

㉯ 198

㉰ 225

㉱ 246

[해설] $C = \dfrac{D}{d} = \dfrac{32}{4} = 8$

$$K = \frac{4C-1}{4C-4} + \frac{0.615}{C} = \frac{4\times 8-1}{4-8-4} + \frac{0.615}{8}$$
$$\fallingdotseq 1.19$$

$$\tau = K\frac{8WD}{\pi d^3}$$

$$\therefore W = \frac{\tau \times \pi \times d^3}{K \times 8 \times D} = \frac{340 \times \pi \times 4^3}{1.19 \times 8 \times 32} \fallingdotseq 225\,\text{N}$$

60. 축 방향으로 32 MPa의 인장 응력과 21 MPa의 전단 응력이 동시에 작용하는 볼트에서 발생하는 최대 전단 응력은 약 몇 MPa인가?

㉮ 23.8

㉯ 26.4

㉰ 29.2

㉱ 31.4

[해설] $Z_{\max} = \dfrac{\sqrt{\sigma^2 + 4Z}}{2}$

$$= \frac{\sqrt{32^2 + 4\times 21^2}}{2} \fallingdotseq 26.4\,\text{MPa}$$

제 4 과목 : 컴퓨터응용설계

61. 래스터 방식의 그래픽 모니터에서 수직, 수평선을 제외한 선분들이 계단 모양으로 표시되는 현상은?

㉮ 플리커

㉯ 언더컷

㉰ 클리핑

㉱ 에일리어싱

[해설] 에일리어싱 : 그래픽 제작 시 주파수를 추출할 때 올바른 주파수와 그릇된 주파수가 함께 생성되는 것을 말한다.

62. 컴퓨터에서 최소의 입출력 단위로 물리적으로 읽기를 할 수 있는 레코드에 해당하는 것은?

㉮ block

㉯ field

㉰ word

㉱ bit

63. 일반적으로 3차원 기하학적 형상 모델링이 아닌 것은?

㉮ 서피스 모델링

㉯ 솔리드 모델링

㉰ 시스템 모델링

㉱ 와이어 프레임 모델링

64. 퍼거슨(Ferguson) 곡면의 방정식에는 경계 조건으로 16개의 벡터가 필요하다. 그 중에서 곡면 내부의 볼록한 정도에 영향을 주는 것은?

㉮ 꼭짓점 벡터

㉯ U 방향 접선 벡터

㉰ V 방향 접선 벡터

㉰ 꼬임 벡터

65. Bezier 곡선을 이루기 위한 블렌딩 함수의 성질에 대한 설명으로 틀린 것은?

㉮ 시작점이나 끝점에서 n번 미분한 값은 그 점을 포함하여 인접한 $n-1$개의 꼭짓점에 의해 결정된다.

㉯ 생성되는 곡선은 다각형의 시작점과 끝점을 반드시 통과해야 한다.

㉰ Bezier 곡선을 이루는 다각형의 첫 번째 선분은 시작점에서의 접선 벡터와 같은 방향이고, 마지막 선분은 끝점에서의 접선 벡터와 같은 방향이어야 한다.

㉰ 다각형의 꼭짓점 순서가 거꾸로 되어도 같은 곡선이 생성되어야 한다.

[해설] n개의 정점에 의해 생성된 곡선은 $(n-1)$차 곡선이며, 시작점과 끝점과는 관련이 없다.

66. 화면에 나타난 데이터를 확대하여 데이터의 일부분만을 스크린에 나타낼 때 상당부분이 viewport를 벗어나는데, 이와 같이 일정한 영역을 벗어나는 부분을 잘라버리는 것을 무엇이라고 하는가?

㉮ 윈도잉(windowing)

㉯ 클리핑(clipping)

㉰ 매핑(mapping)

㉰ 패닝(panning)

[해설] 클리핑 : 화면상에서 데이터의 일부분을 스크린에 나타낼 때 viewport를 벗어나는 일정한 영역을 잘라버리는 작업을 말한다.

67. CAD에서 곡선을 표현하기 위한 방법 중 고전적인 보간법과 관계가 먼 것은?

㉮ 선형 보간

㉯ 3차 스플라인 보간

㉰ Lagrange 다항식에 의한 보간

㉰ Bernstein 다항식에 의한 보간

68. 형상 구속 조건과 치수 조건을 입력하여 모델링 하는 기법은?

㉮ 파라메트릭 모델링

㉯ Wire frame 모델링

㉰ B-rep(Boundary representation)

㉰ CSG(Constructive Solid Geometry)

[해설] 파라메트릭 모델링 : 사용자가 형상 구속 조건과 치수 조건을 입력하여 형상을 모델링하는 방식이다.

69. 3차원 직교 좌표계 상의 세 점 A(1, 1, 1), B(2, 1, 4), C(5, 1, 3)이 이루는 삼각형의 넓이는?

㉮ 4　　　㉯ 5

㉰ 8　　　㉰ 10

[해설]

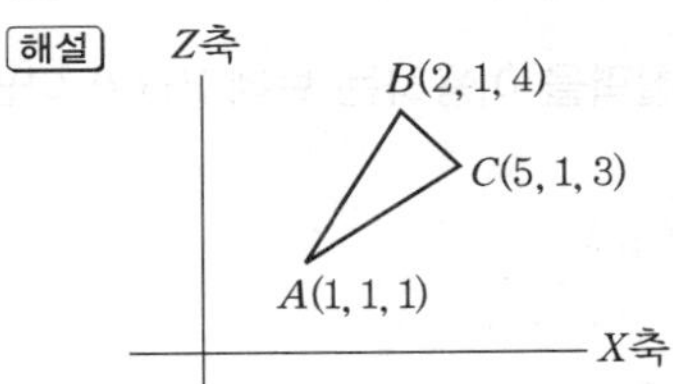

$a_1 = 2-1 = 1,\ a_2 = 1-1 = 0,\ a_3 = 4-1 = 3$
$b_1 = 5-1 = 4,\ b_2 = 1-1 = 0,\ b_3 = 3-1 = 2$

$\therefore$ 넓이 $= \dfrac{\sqrt{(0-0)^2 + (0-0)^2 + (12-2)^2}}{2}$

$\qquad = \dfrac{\sqrt{100}}{2} = 5$

※ $A(x_1,\ y_1,\ z_1),\ B(x_2,\ y_2,\ z_2),$
　 $C(x_3,\ y_3,\ z_3)$

세 점이 이루는 삼각형의 넓이

$= \dfrac{\sqrt{(a_1 b_2 - a_2 b_1)^2 + (a_2 b_3 - a_3 b_2)^2 (a_3 b_1 - a_1 b_3)^2}}{2}$

여기서, $a_1 = x_2 - x_1,\ a_2 = y_2 - y_1,\ a_3 = z_2 - z_1$
　　　　 $b_1 = x_3 - x_1,\ b_2 = y_3 - y_1,\ b_3 = z_3 - z_1$

70. m행과 n열을 가진 행렬을 $m \times n$ 행렬이라고 한다. 3×2 행렬과 2×3 행렬을 서로 곱했을 때 행(row)의 개수는?

㉮ 2　　　㉯ 3

㉰ 5　　　㉰ 6

[해답]　65. ㉮　66. ㉯　67. ㉰　68. ㉮　69. ㉯　70. ㉯

[해설] 3×2 행렬과 2×3 행렬의 곱의 예

$$\begin{bmatrix}1&1\\1&1\\1&1\end{bmatrix}\begin{bmatrix}1&0&0\\0&0&1\end{bmatrix}=\begin{bmatrix}1&0&1\\1&0&1\\1&0&1\end{bmatrix}$$

∴ 행의 개수는 3이다.

71. 솔리드 모델을 정육면체와 같은 간단한 입체의 집합으로 대략 근사적으로 표현하는 모델을 분해 모델(decomposition model)이라고 하는데, 이러한 분해 모델의 표현에 해당하지 않는 것은?

㉮ 복셀(voxel) 표현

㉯ 콤파운드(compound) 표현

㉰ 옥트리(octree) 표현

㉱ 세포(cell) 표현

72. 공간상에 존재하는 2개의 곡면이 서로 교차하는 경우, 교차되는 부분에서 모서리(edge)가 발생하는데, 이 모서리를 주어진 반지름으로 부드럽게 처리하는 기능을 무엇이라 하는가?

㉮ intersecting ㉯ projecting

㉰ blending ㉱ stretching

[해설] 블렌딩(blending) : 주어진 형상을 국부적으로 변화시키는 방법으로, 서로 만나는 모서리를 부드러운 곡면 모서리로 연결되게 하는 곡면 처리를 말한다.

73. 다음 모델링에 관한 설명 중 틀린 것은?

㉮ 솔리드 모델링은 3차원 형상 정보를 명확하게 표현하는 표현 방식이다.

㉯ 솔리드 모델의 표현 방식에는 CSG (Constructive Solid Geometry) 방식과 B-rep(Boundary representation) 방식 등이 있다.

㉰ B-rep 방식은 경계가 잘 정의되는 단위 형상(primitive)의 조합으로 솔리드를 표현하는 방법이다.

㉱ 모따기(chamfer), 필릿(fillet), 포켓(pocket) 등 전형적인 특징 형상을 시스템에 기억하고 있다가 불러내어 모델링 하는 방법도 있다.

74. 전자발광형 디스플레이 장치(혹은 EL 패널)에 대한 설명으로 틀린 것은?

㉮ 스스로 빛을 내는 성질을 가지고 있다.

㉯ TFT-LCD보다 시야각에 제한이 없다.

㉰ 백라이트를 사용하여 보다 선명한 화질을 구현한다.

㉱ 응답시간이 빨라 고화질 영상을 자연스럽게 처리할 수 있다.

[해설] 전자 발광형 디스플레이 장치는 AC나 DC가 나타날 때 발광 재료에서 빛이 발광되도록 되어 있으며, 발광 재료로 망간이 첨가된 아연황화물을 사용하기 때문에 노란색을 띠고 있다.

75. CAD 활용의 확장과 관련하여 공정의 계획, 운용, 공장 자원과의 직·간접적인 인터페이스를 통한 생산운전 제어를 위해 컴퓨터를 활용하는 기술은?

㉮ CAP(Computer-Aided Planning)

㉯ CAM(Computer-Aided Manufacturing)

㉰ CAE(Computer-Aided Engineering)

㉱ CAI(Computer-Aided Inspection)

[해설] • CAP : NC 가공에 필요한 정보, 생산 및 검사를 위한 계획 등의 리스트를 작성하는 것
• CAM : 생산 계획, 제품 생산 등 생산에 관련된 일련의 작업을 컴퓨터를 통해 직·간접적으로 제어하는 것
• CAE : 컴퓨터를 통해 기본 설계, 상세 설계에 대한 해석, 시뮬레이션 등을 하는 것
• CIM : 제품의 사양 입력만으로 최종 제품이 완성되는 자동화 시스템의 통합 시스템
• CAT : 제조 공정에 있어서 검사 공정의 자동화에 대한 것(CAM의 일부분)

76. 일반적인 CAD 시스템에서 2차원 평면에서 정해진 하나의 원을 그리는 방법이 아닌 것은?

㉮ 원주상의 세 점을 알 경우

㉯ 원의 반지름과 중심점을 알 경우

㉰ 원주상의 한 점과 원의 반지름을 알 경우

㉱ 원의 반지름과 2개의 접선을 알 경우(단, 2개의 접선은 만나는 점을 기준으로 한쪽으로만 무한히 연장되는 경우로 가정을 한다.)

[해답] 71. ㉯ 72. ㉰ 73. ㉰ 74. ㉰ 75. ㉯ 76. ㉰

77. CAD 시스템을 활용하기 위한 주변 장치 중 입력장치는?

㉮ 프린터(printer)　　㉯ LCD

㉰ 모니터(monitor)　　㉱ 마우스(mouse)

[해설] • 출력장치 : 음극관(CRT), 평판 디스플레이, 플로터, 프린터 등
• 입력장치 : 키보드, 태블릿, 마우스, 조이스틱, 컨트롤 다이얼, 트랙볼, 라이트 펜 등

78. 다음 그림에서 벡터 $\vec{a}$의 크기가 5, 벡터 $\vec{b}$의 크기가 3이고 $\theta = 30°$라면 두 벡터의 내적은 얼마인가?

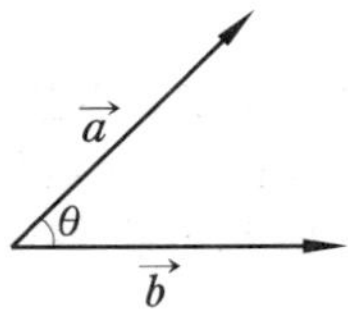

㉮ 7.50　　　　㉯ 10.58

㉰ 12.99　　　　㉱ 15.39

[해설] $\vec{a} \cdot \vec{b} = [\vec{a}][\vec{b}]\cos\theta$
$= 5 \times 3 \times \cos 30°$
$= 5 \times 3 \times \dfrac{\sqrt{3}}{2} \fallingdotseq 12.99$

79. 다음은 CAD 시스템에서 사용되고 있는 출력장치들이다. 이 중 래스터 방식을 이용한 장치가 아닌 것은?

㉮ 펜 플로터

㉯ 정전식 플로터

㉰ 열전사식 플로터

㉱ 잉크 제트식 플로터

[해설] • 펜식 플로터 : 플랫 베드형, 드럼형, 리니어 모터식, 벨트형
• 래스터식 플로터 : 정전식, 잉크젯식, 열전 사식
• 포토식 플로터 : 포토 플로터

80. 다음 설명에 해당하는 것은?

> 이미 제작된 제품에서 3차원 데이터를 측정하여 CAD 모델로 만드는 작업

㉮ reverse engineering

㉯ feature-based modeling

㉰ digital mock-up

㉱ virtual manufacturing

[해설] 역설계(reverse engineering) : 기존 부품을 3차원 스캐닝하여 모델링 변환을 하는 작업이다.

▶ 2019년 4월 27일 시행

자격종목 및 등급(선택분야)	종목코드	시험시간	문제지형별	수험번호	성 명
기계설계 산업기사	2031	2시간	A		

제1과목 : 기계가공법 및 안전관리

1. 기어 가공의 절삭법이 아닌 것은?

㉮ 형판을 이용하는 절삭법

㉯ 다인 공구를 이용하는 절삭법

㉰ 총형 공구를 이용하는 절삭법

㉱ 창성을 이용하는 절삭법

[해설] 기어 가공의 절삭법
 ① 총형 공구를 이용한 가공(성형법)
 ② 형판에 의한 가공
 ③ 창성식 가공

2. 일반적으로 니형 밀링 머신의 크기 또는 호칭을 표시하는 방법으로 틀린 것은?

㉮ 콜릿척의 크기

㉯ 테이블 작업면의 크기(길이×폭)

㉰ 테이블 이동거리(좌우×전후×상하)

㉱ 테이블 전후 이송을 기준으로 한 호칭번호

[해설] 밀링 머신의 호칭번호는 테이블상에 설치된 공작물의 이송 가능 거리에 따라 구분한다.

3. 구성 인선(built-up edge)이 생기는 것을 방지하기 위한 대책으로 틀린 것은?

㉮ 절삭 속도를 높인다.

㉯ 절삭 깊이를 깊게 한다.

㉰ 절삭유를 충분히 공급한다.

㉱ 공구의 윗면 경사각을 크게 한다.

[해설] 구성 인선의 방지책
 ① 바이트의 윗면 경사각을 크게 한다.
 ② 절삭 깊이와 이송 속도를 작게 한다.
 ③ 절삭 속도를 높이고 절삭유를 사용한다.

4. 허용할 수 있는 부품의 오차 정도를 결정한 후 각각 최대 및 최소 치수를 설정하여 부품의 치수가 그 범위 내에 드는지를 검사하는 게이지는?

㉮ 다이얼 게이지

㉯ 게이지 블록

㉰ 간극 게이지

㉱ 한계 게이지

[해설] 한계 게이지는 두 개의 게이지를 짝지어 한 쪽은 최대 치수로, 다른 쪽은 최소 치수로 설정하여, 제품이 이 한도 내에서 제작되는지를 검사하는 게이지이다.

5. 선반 가공에 영향을 주는 절삭조건에 대한 설명으로 틀린 것은?

㉮ 이송이 증가하면 가공 변질층은 깊어진다.

㉯ 절사각이 커지면 가공 변질층은 깊어진다.

㉰ 절삭 속도가 증가하면 가공 변질층은 얕아진다.

㉱ 절삭 온도가 상승하면 가공 변질층은 깊어진다.

[해설] 절삭열은 대부분 칩에 의해 열의 형태로 소모되기 때문에 절삭 온도가 상승하면 가공 변질층은 얕아진다.

6. 드릴로 구멍 가공을 한 다음에 사용하는 공구가 아닌 것은?

㉮ 리머

㉯ 센터 펀치

㉰ 카운터 보어

㉱ 카운터 싱크

[해설] 리머, 카운터 보어, 카운터 싱크는 먼저 드릴로 구멍을 뚫은 후 사용하나 센터 펀치는 드릴작업 없이 센터 구멍을 바로 뚫을 때 사용한다.

[해답] 1. ㉯ 2. ㉮ 3. ㉯ 4. ㉱ 5. ㉱ 6. ㉯

7. 다음 중 수용성 절삭유에 속하는 것은?

㉮ 유화유

㉯ 혼성유

㉰ 광유

㉱ 동식물유

[해설] 유화유 : 냉각작용 및 윤활작용이 좋아 절삭 작업에 널리 사용하는 것으로 광유에 비눗물을 첨가하여 유화한 것이다. 물에 녹인 것으로 유백색을 띠고 있다.

8. 도면에 편심량이 3 mm로 주어졌다. 이때 다이얼 게이지 눈금의 변위량이 얼마로 나타나도록 편심시켜야 하는가?

㉮ 3 mm ㉯ 4.5 mm

㉰ 6 mm ㉱ 7.5 mm

[해설] 다이얼 게이지의 눈금 변위량은 편심량의 2배이다.

$$\therefore 변위량 = 2 \times 3 = 6 \text{ mm}$$

9. 다음 중 대형이며 중량의 공작물을 가공하기 위한 밀링 머신으로 중절삭이 가능한 것은 어느 것인가?

㉮ 나사 밀링 머신(thread milling machine)

㉯ 만능 밀링 머신(universal milling machine)

㉰ 생산형 밀링 머신(production milling machine)

㉱ 플레이너형 밀링 머신(planer type milling machine)

[해설] 플레이너형 밀링 머신은 대형 공작물 또는 중량물의 평면이나 홈 가공에 사용한다.

10. 게이지 블록 중 표준용(calibration grade)으로서 측정기류의 정도 검사 등에 사용되는 게이지의 등급은?

㉮ 00(AA)급 ㉯ 0(A)급

㉰ 1(B)급 ㉱ 2(C)급

[해설] 블록 게이지의 등급 및 용도

구분	사용 용도	등급
공작용 (2급)	공구, 절삭 공구 설치	C
	게이지 제작, 측정기류 조정	B 또는 C
검사용 (1급)	기계 부품, 공구 검사	B 또는 C
	게이지 정도 점검	A 또는 B
표준용 (0급)	측정기류 정도 검사	A 또는 B
	공작용 블록 게이지 정도 점검	
	검사용 블록 게이지 정도 점검	
참조용 (00급)	표준용 블록 게이지 정도 점검	AA 또는 A
	연구용	

11. 원주를 단식 분할법으로 32등분하고자 할 때, 다음과 같이 준비된 〈분할판〉을 사용하여 작업하는 방법으로 옳은 것은?

> 〈분할판〉
>
> No.1 : 20, 19, 18, 17, 16, 15
>
> No.2 : 33, 31, 29, 27, 23, 21
>
> No.3 : 49, 47, 43, 41, 39, 37

㉮ 16구멍열에서 1회전과 4구멍씩

㉯ 20구멍열에서 1회전과 10구멍씩

㉰ 27구멍열에서 1회전과 18구멍씩

㉱ 33구멍열에서 1회전과 18구멍씩

[해설] $n = \dfrac{40}{N} = \dfrac{40}{32} = 1\dfrac{8}{32} = 1\dfrac{4}{16}$

$\therefore$ 16구멍열에서 1회전에 4구멍씩 이동한다.

12. 산화알루미늄(Al_2O_3) 분말을 주성분으로 소결한 절삭 공구 재료는?

㉮ 세라믹 ㉯ 고속도강

㉰ 다이아몬드 ㉱ 주조경질합금

[해설] 세라믹은 산화알루미늄(Al_2O_3) 분말을 주성분으로 마그네슘(Mg), 규소(Si) 등의 산화물과 소량의 다른 원소를 첨가하여 소결한 절삭 공구 재료이다.

해답 7. ㉮ 8. ㉰ 9. ㉱ 10. ㉯ 11. ㉮ 12. ㉮

13. 연삭 가공 중 가공 표면의 표면 거칠기가 나빠지고 정밀도가 저하되는 떨림현상이 나타나는 원인이 아닌 것은?

㉮ 숫돌의 평형상태가 불량할 경우

㉯ 숫돌축이 편심되어 있을 경우

㉰ 숫돌의 결합도가 너무 작을 경우

㉱ 연삭기 자체에 진동이 있을 경우

14. 고속도강 절삭 공구를 사용하여 저탄소 강재를 절삭할 때 가장 일반적인 구성 인선(built-up edge)의 임계 속도(m/min)는?

㉮ 50 ㉯ 120

㉰ 150 ㉱ 170

15. CNC 선반에 대한 설명으로 틀린 것은?

㉮ 축은 공구대가 전후좌우의 2방향으로 이동하므로 2축을 사용한다.

㉯ 휴지(dwell) 기능은 지정한 시간 동안 이송이 정지되는 기능을 의미한다.

㉰ 좌표치의 지령방식에는 절대지령과 증분지령이 있고, 한 블록에 2가지를 혼합하여 지령할 수 없다.

㉱ 테이퍼나 원호 절삭 시, 임의의 인선 반지름을 가지는 공구의 인선 반지름에 의한 가공 경로의 오차를 CNC 장치에서 자동으로 보정하는 인선 반지름 보정 기능이 있다.

[해설] 좌표치의 지령방식에는 절대지령방식과 증분지령방식이 있고, 한 블록에 2가지를 혼합하여 지령하는 혼합지령방식이 있다.

16. 선반에서 테이퍼의 각이 크고 길이가 짧은 테이퍼를 가공하기에 가장 적합한 방법은 어느 것인가?

㉮ 백기어 사용 방법

㉯ 심압대의 편위 방법

㉰ 복식 공구대를 경사시키는 방법

㉱ 테이퍼 절삭장치를 이용하는 방법

[해설] 테이퍼 절삭 방법

① 복식 공구대 사용 방법 : 각도가 크고 길이가 짧을 때

② 심압대의 편위 방법 : 공작물이 길고 테이퍼가 작을 때

17. 다음 중 밀링 머신에 관한 안전사항으로 틀린 것은?

㉮ 장갑을 끼지 않도록 한다.

㉯ 가공 중에 손으로 가공면을 점검하지 않는다.

㉰ 칩 받이가 있기 때문에 보호안경은 필요 없다.

㉱ 강력 절삭을 할 때는 공작물을 바이스에 깊게 물린다.

[해설] 밀링 작업 시 보호안경을 착용해야 한다.

18. 탭(tap)이 부러지는 원인이 아닌 것은?

㉮ 소재보다 경도가 높은 경우

㉯ 구멍이 바르지 못하고 구부러진 경우

㉰ 탭 선단이 구멍 바닥에 부딪혔을 경우

㉱ 탭의 지름에 적합한 핸들을 사용하지 않는 경우

[해설] 탭 작업 시 탭이 부러지는 이유

① 구멍이 작거나 바르지 못할 때

② 탭이 구멍 바닥에 부딪혔을 때

③ 칩의 배출이 원활하지 못할 때

④ 핸들에 무리한 힘을 주었을 때

⑤ 소재보다 탭의 경도가 낮을 때

19. 가늘고 긴 일정한 단면 모양을 가진 공구에 많은 날을 가진 절삭 공구가 사용되며, 공작물의 홈을 빠르게 가공할 수 있어 대량생산에 적합한 가공 방법은?

㉮ 보링(boring) ㉯ 태핑(tapping)

㉰ 셰이핑(shaping) ㉱ 브로칭(broaching)

[해설] 브로칭 가공은 브로치라는 공구를 사용하여 1회 공정으로 표면 또는 내면을 절삭 가공하는 기계이므로 빠르게 가공할 수 있어 대량생산에 적합하다.

해답 13. ㉰ 14. ㉯ 15. ㉰ 16. ㉰ 17. ㉰ 18. ㉮ 19. ㉱

20. 연삭 균열에 관한 설명으로 틀린 것은?

㉮ 열팽창에 의해 발생된다.

㉯ 공석강에 가까운 탄소강에서 자주 발생된다.

㉰ 연삭 균열을 방지하기 위해서는 결합도가 연한 숫돌을 사용한다.

㉱ 이송을 느리게 하고 연삭액을 충분히 사용하여 방지할 수 있다.

제 2 과목 : 기계제도

21. 다음 도면의 크기 중 A1 용지의 크기를 나타내는 것은? (단, 치수 단위는 mm이다.)

㉮ 841×1189 ㉯ 594×841

㉰ 420×594 ㉱ 297×420

해설 용지의 크기
- A0 용지 : 841×1189
- A2 용지 : 420×594
- A3 용지 : 297×420
- A4 용지 : 210×297

22. 다음과 같은 표면의 결 도시기호에서 C가 의미하는 것은?

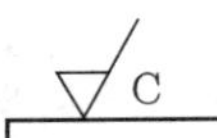

㉮ 가공에 의한 컷의 줄무늬가 투상면에 평행

㉯ 가공에 의한 컷의 줄무늬가 투상면에 경사지고 두 방향으로 교차

㉰ 가공에 의한 컷의 줄무늬가 투상면의 중심에 대하여 동심원 모양

㉱ 가공에 의한 컷의 줄무늬가 투상면에 대해 여러 방향

해설 줄무늬 방향 지시 기호
- = : 투상면에 평행
- × : 투상면에 경사지고 두 방향으로 교차
- M : 투상면에 대해 여러 방향으로 교차

23. 그림과 같은 용접 기호의 명칭으로 맞는 것은?

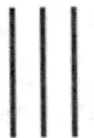

㉮ 개선 각이 급격한 V형 맞대기 용접

㉯ 개선 각이 급격한 일면 개선형 맞대기 용접

㉰ 가장자리(edge) 용접

㉱ 표면 육성

24. 다음과 같은 치수 120 숫자 위의 기호가 뜻하는 것은?

㉮ 원호의 길이 ㉯ 참고 치수

㉰ 현의 길이 ㉱ 각도 치수

해설 원호의 길이를 나타내는 기호가 숫자 앞에 오도록 KS 규격이 개정되었다(⌒120).

25. 그림과 같은 3각법으로 정투상한 정면도와 평면도에 대한 우측면도로 가장 적합한 것은?

㉮ ㉯

㉰ ㉱

해설

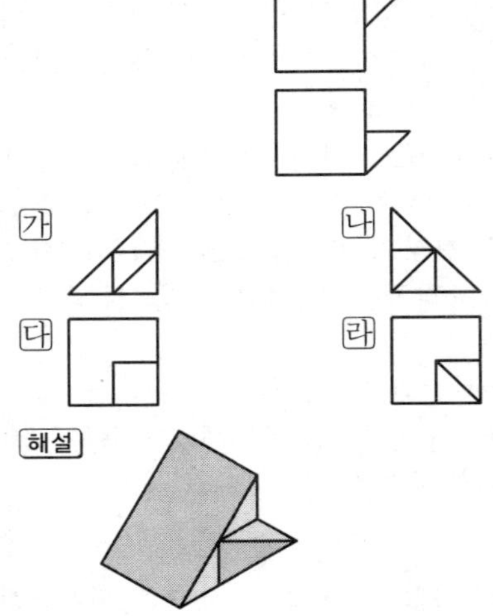

26. 지름이 10 cm이고 길이가 20 cm인 알루미늄 봉이 있다. 이 알루미늄의 비중이 2.7일 때 질량(kg)은?

㉮ 0.424 kg ㉯ 4.24 kg

㉰ 1.70 kg ㉱ 17.0 kg

해답 20. ㉱ 21. ㉯ 22. ㉰ 23. ㉰ 24. ㉮ 25. ㉮ 26. ㉯

[해설] $V = \dfrac{\pi \times 10^2}{4} \times 20 = 1570 \text{ cm}^3$

$\therefore$ 질량$(m) = $ 부피$(V) \times$ 비중(ρ)
$= 1570 \times 2.7 \fallingdotseq 4240 \text{ g} = 4.24 \text{ kg}$

27. KS에서 정의하는 기하 공차 기호 중에서 관련 형체의 위치 공차 기호들만으로 짝지어진 것은?

[해설] 위치 공차

- 위치도 :
- 동축도(동심도) :
- 대칭도 :

28. 구름 베어링 기호 중 안지름이 10 mm인 것은?

㉮ 7000 ㉯ 7001
㉰ 7002 ㉱ 7010

[해설] 00 : 10 mm, 01 : 12 mm, 02 : 15 mm, 03 : 17 mm, 04부터는 5배

29. 다음 중 가는 1점 쇄선으로 표시하지 않는 선은?

㉮ 피치선 ㉯ 기준선
㉰ 중심선 ㉱ 숨은선

30. 그림과 같은 기하 공차의 해석으로 가장 적합한 것은?

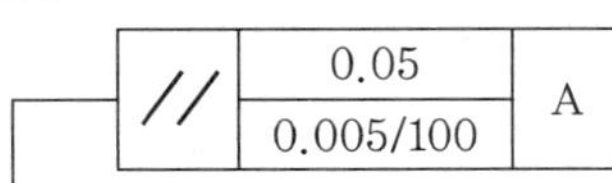

㉮ 지정 길이 100 mm에 대하여 0.05 mm, 전체 길이에 대해 0.005 mm의 대칭도

㉯ 지정 길이 100 mm에 대하여 0.05 mm, 전체 길이에 대해 0.005 mm의 평행도

㉰ 지정 길이 100 mm에 대하여 0.005 mm, 전체 길이에 대해 0.05 mm의 대칭도

㉱ 지정 길이 100 mm에 대하여 0.005 mm, 전체 길이에 대해 0.05 mm의 평행도

31. 끼워맞춤 관계에 있어서 헐거운 끼워맞춤에 해당하는 것은?

㉮ $\dfrac{\text{H7}}{\text{g6}}$ ㉯ $\dfrac{\text{H7}}{\text{n6}}$

㉰ $\dfrac{\text{P6}}{\text{h6}}$ ㉱ $\dfrac{\text{N6}}{\text{h6}}$

[해설] • 구멍 기준식 : H
• 축 기준식 : h
A(a)에 가까울수록 헐거운 끼워맞춤, Z(z)에 가까울수록 억지 끼워맞춤이다.

32. 다음 중 단열 앵귤러 볼 베어링의 간략 도시 기호는?

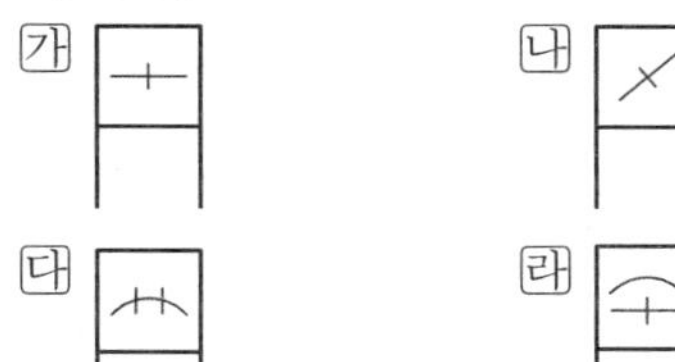

[해설] ㉮ 단열 깊은 홈 볼 베어링
㉰ 복렬 자동 조심 볼 베어링
㉱ 자동 조심 니들 롤러 베어링

33. KS 나사의 표시 기호에 대한 설명으로 잘못된 것은?

㉮ 호칭 기호 M은 미터나사이다.
㉯ 호칭 기호 UNF는 유니파이 가는 나사이다.
㉰ 호칭 기호 PT는 관용 평행 나사이다.
㉱ 호칭 기호 TW는 29° 사다리꼴나사이다.

[해설] PT : 관용 테이퍼 나사

34. 다음 용접 기호에 대한 설명으로 옳지 않은 것은?

㉮ : 매끄럽게 처리한 필릿 용접

㉯ : 넓은 루트면이 있고 이면 용접된 V형 맞대기 용접

㉠ ▽ : 평면 마감 처리한 V형 맞대기 용접

㉣ ◿ : 볼록한 필릿 용접

35. 크로뮴 몰리브데넘강의 KS 재료 기호는 ?

㉮ SMn   ㉯ SMnC

㉰ SCr   ㉱ SCM

[해설] • SMn : 망간강
  • SMnC : 망간 크로뮴강
  • SCr : 크로뮴강

36. 그림과 같이 스퍼 기어의 주투상도를 부분 단면도로 나타낼 때 "A"가 지시하는 곳의 선의 모양은 ?

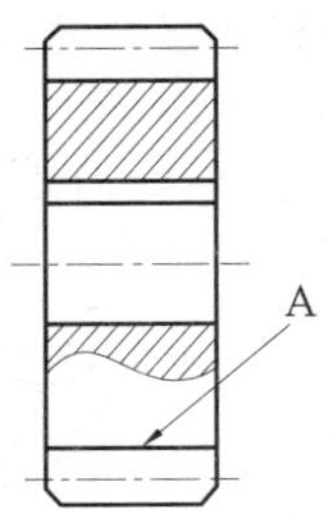

㉮ 가는 실선   ㉯ 굵은 파선

㉰ 굵은 실선   ㉱ 가는 파선

[해설] 단면된 부분의 이뿌리선은 굵은 실선으로 그리며, 단면되지 않은 부분의 이뿌리선은 가는 실선으로 그린다.

37. 기계 제도에서 도면이 구비해야 할 기본요건으로 거리가 먼 것은 ?

㉮ 대상물의 도형과 함께 필요로 하는 크기, 모양, 자세 등의 정보를 포함하여야 하며, 필요에 따라 재료, 가공 방법 등의 정보를 포함하여야 한다.

㉯ 무역 및 기술의 국제 교류의 입장에서 국제성을 가져야 한다.

㉰ 도면 표현에 있어서 설계자의 독창성이 잘 나타나야 한다.

㉱ 마이크로필름 촬영 등을 포함한 복사 및 도면의 보존, 검색, 이용이 확실히 되도록 내용과 양식이 구비되어야 한다.

38. 그림과 같은 제3각법 정투상도면의 입체도로 가장 적합한 것은 ?

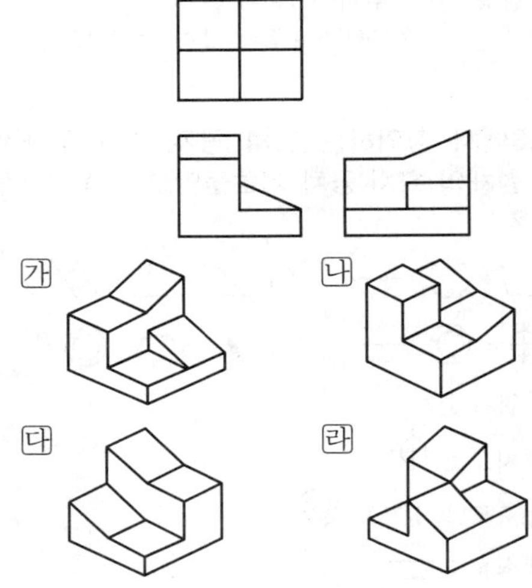

39. 그림과 같이 크기와 간격이 같은 여러 구멍의 치수 기입에서 (A)에 들어갈 치수로 옳은 것은 ?

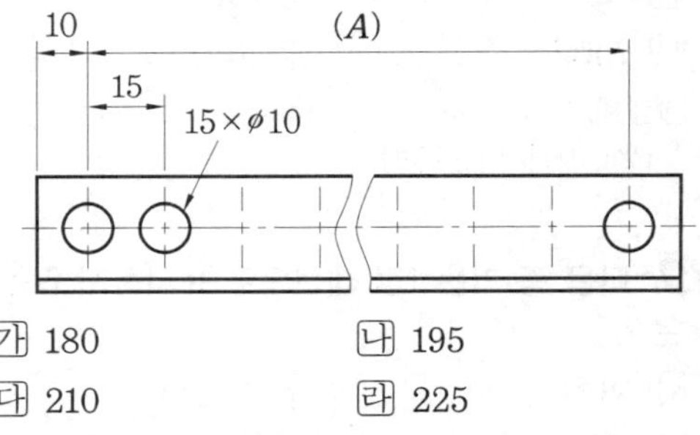

㉮ 180   ㉯ 195

㉰ 210   ㉱ 225

[해설] A = 간격×(개수 − 1)
    = $15 × (15 − 1) = 210$

40. 그림은 제3각법으로 투상한 정면도와 평면도를 나타낸 것이다. 여기에 가장 적합한 우측면도는 ?

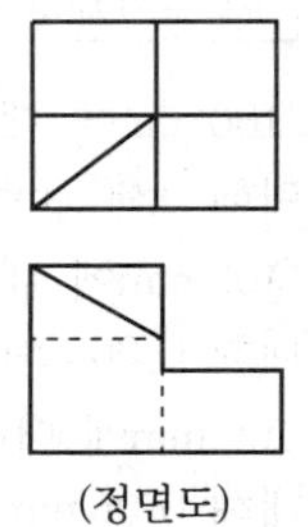

[해답]   35. ㉱   36. ㉮   37. ㉰   38. ㉮   39. ㉰   40. ㉯

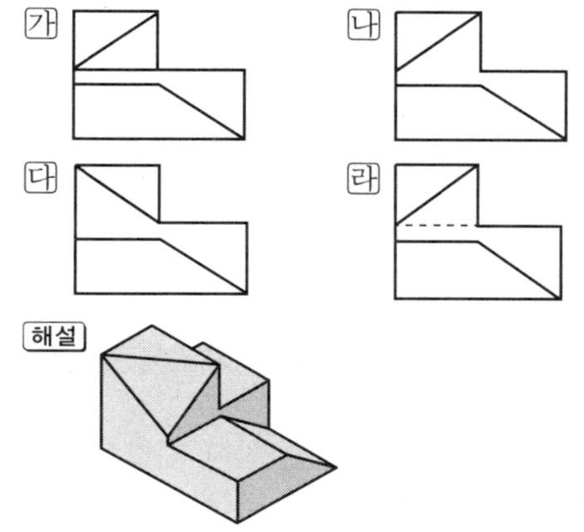

제 3 과목 : 기계설계 및 기계재료

41. 다음 중 철-탄소 상태도에서 나타나지 않는 불현점은?

㉮ 공정점   ㉯ 포석점

㉰ 공석점   ㉱ 포정점

[해설] 탄소 함유량에 따라 포정점(0.51 %), 공정점 (4.3 %), 공석점(0.85 %)이 나타난다.

42. 강의 표면 경화법에 대한 설명으로 틀린 것은?

㉮ 침탄법에는 고체 침탄법, 액체 침탄법, 가스 침탄법 등이 있다.

㉯ 질화법은 강 표면에 질소를 침투시켜 경화하는 방법이다.

㉰ 화염 경화법은 일반 담금질법에 비해 담금질 변형이 적다.

㉱ 세라다이징은 철강 표면에 Cr을 확산 침투시키는 방법이다.

[해설] 세라다이징은 Zn을 확산 침투시키는 방법이다.

43. 구리에 아연이 5~20 % 정도 첨가되어 전연성이 좋고 색깔이 아름다워 장식용 악기 등에 사용되는 것은?

㉮ 톰백   ㉯ 백동

㉰ 6-4 황동   ㉱ 7-3 황동

[해설] 톰백 : 8~20 % Zn을 함유하며, 금에 가까운 색이고 연성이 크다. 금 대용품이나 장식품에 사용한다.

44. 결정격자가 면심입방격자인 금속은?

㉮ Al   ㉯ Cr

㉰ Mo   ㉱ Zn

[해설] • 면심입방격자(FCC) : Al, Ag, Cu, Ni
 • 체심입방격자(BCC) : Cr, Mo, W, V
 • 조밀육방격자(HCP) : Zn, Mg, Co, Be

45. 아공석강에서 탄소의 함량이 증가함에 따른 기계적 성질의 변화에 대한 설명으로 틀린 것은?

㉮ 인장 강도가 증가한다.

㉯ 경도가 증가한다.

㉰ 항복 강도가 증가한다.

㉱ 연신율이 증가한다.

[해설] 탄소 함유량을 증가시키면 인장 강도, 항복 강도와 경도는 증가하고 연신율과 충격값은 감소한다.

46. 금속재료와 비교한 세라믹의 일반적인 특징으로 옳은 것은?

㉮ 인성이 크다.

㉯ 내충격성이 높다.

㉰ 내산화성이 양호하다.

㉱ 성형성 및 기계 가공성이 좋다.

[해설] 세라믹은 경도가 높고 내산화성이 우수하지만 인성이 적고 충격에 약하다.

47. 다음 구조용 복합재료 중에서 섬유강화 금속은?

㉮ SPF   ㉯ FRTP

㉰ FRM   ㉱ GFRP

[해설] • SPF : 구조목(Spruce, Pine, Fir)
 • FRTP : 섬유강화 내열 플라스틱
 • GFRP : 유리 섬유강화 플라스틱

해답 41. ㉯   42. ㉱   43. ㉮   44. ㉮   45. ㉱   46. ㉰   47. ㉰

48. 공구재료가 구비해야 할 조건으로 틀린 것은?

㉮ 내마멸성과 강인성이 클 것

㉯ 가열에 의한 경도 변화가 클 것

㉰ 상온 및 고온에서 경도가 높을 것

㉱ 열처리와 공작이 용이할 것

[해설] 공구재료는 고온에서도 경도가 떨어지지 않아야 한다.

49. 다음 중 열가소성 수지로 나열된 것은?

㉮ 페놀, 폴리에틸렌, 에폭시

㉯ 알키드 수지, 아크릴, 페놀

㉰ 폴리에틸렌, 염화비닐, 폴리우레탄

㉱ 페놀, 에폭시, 멜라민

50. 다음 중 구리에 대한 설명과 가장 거리가 먼 것은?

㉮ 전기 및 열의 전도성이 우수하다.

㉯ 전연성이 좋아 가공이 용이하다.

㉰ 건조한 공기 중에서는 산화하지 않는다.

㉱ 광택이 없으며 귀금속적 성질이 나쁘다.

51. 레이디얼 볼 베어링 '6304'에서 한계속도계수(dN, mm · rpm)값을 120000이라 하면, 이 베어링의 최고 사용 회전수는 약 몇 rpm인가?

㉮ 4500   ㉯ 6000   ㉰ 6500   ㉱ 8000

52. 그림과 같은 기어열에서 각각의 잇수가 Z_A는 16, Z_B는 60, Z_C는 12, Z_D는 64인 경우 A 기어가 있는 Ⅰ축이 1500 rpm으로 회전할 때, D 기어가 있는 Ⅲ축의 회전수는 얼마인가?

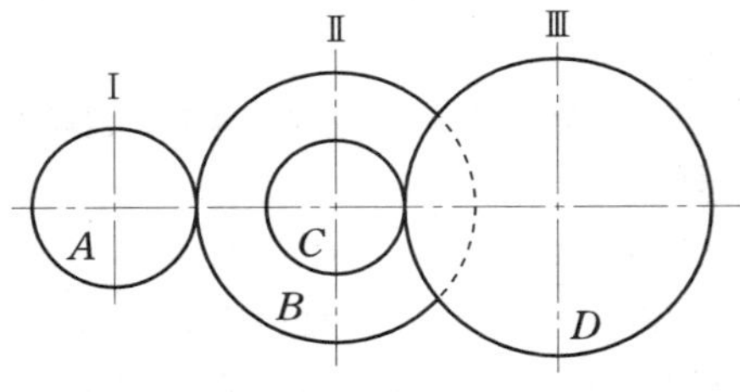

㉮ 56 rpm   ㉯ 60 rpm

㉰ 75 rpm   ㉱ 85 rpm

[해설] $\dfrac{Z_A}{Z_B} = \dfrac{N_B}{N_A}$ 이므로 $\dfrac{16}{60} = \dfrac{N_B}{1500}$

$\therefore N_B = 400$ rpm

$\dfrac{Z_C}{Z_D} = \dfrac{N_D}{N_C}$ 이므로 $\dfrac{12}{64} = \dfrac{N_D}{400}$

$\therefore N_D = 75$ rpm

53. 재료의 파손이론 중 취성 재료에 잘 일치하는 것은?

㉮ 최대 주응력설   ㉯ 최대 전단응력설

㉰ 최대 주변형률설   ㉱ 변형률 에너지설

54. 두 축을 주철 또는 주강제로 이루어진 2개의 반원통에 넣고 두 반원통의 양쪽을 볼트로 체결하며 조립이 용이한 커플링은?

㉮ 클램프 커플링   ㉯ 셀러 커플링

㉰ 퍼프 커플링   ㉱ 플랜지 커플링

[해설] 클램프 커플링은 두 개로 분할한 원통을 두 축의 연결 단에 덮어씌우고 볼트로 체결하며 토크를 전달하는 커플링으로, 분할 원통 커플링이라고도 한다.

55. 너클 핀 이음에서 인장 하중(P) 20 kN을 지지하기 위한 핀의 지름(d_1)은 약 몇 mm 이상이어야 하는가? (단, 핀의 전단 응력은 50 N/mm^{2}이며 전단 응력만 고려한다.)

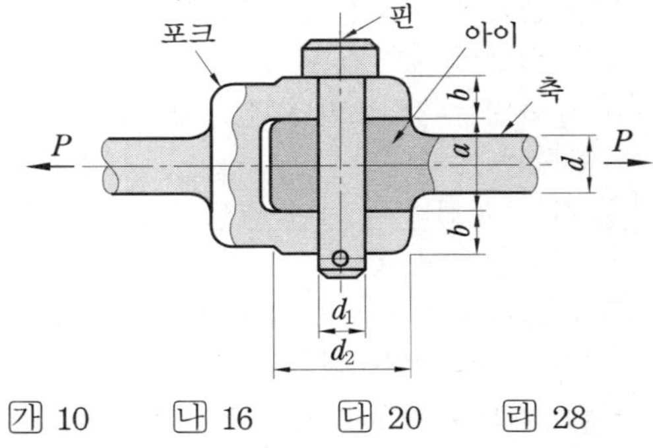

㉮ 10   ㉯ 16   ㉰ 20   ㉱ 28

[해설] $d_1 = \dfrac{\sqrt{2 \times 20000}}{\pi \times 50} ≒ 16$ mm

56. 원주 속도는 5 m/s로 22 kW의 동력을 전달하는 평벨트 전동장치에서 긴장측 장력은 약 몇

N인가? (단, 벨트의 장력비($e^{\mu\theta}$)는 2이다.)

㉮ 450 ㉯ 660 ㉰ 750 ㉱ 880

[해설]
$$H = \frac{T_1 v}{102 \times 9.81} \times \frac{e^{\mu\theta} - 1}{e^{\mu\theta}}$$

$$2.2 = \frac{5\,T_1}{102 \times 9.81} \times \frac{1}{2}$$

$$\therefore T_1 = \frac{2.2 \times 2 \times 102 \times 9.81}{5} \fallingdotseq 880\,\text{N}$$

57. 접합할 모재의 한쪽에 구멍을 뚫고 판재의 표면까지 용접하여 다른 쪽 모재와 접합하는 용접 방법은?

㉮ 그루브 용접 ㉯ 필릿 용접
㉰ 비드 용접 ㉱ 플러그 용접

58. 스프링의 용도와 거리가 먼 것은?

㉮ 하중의 측정 ㉯ 진동 흡수
㉰ 동력 전달 ㉱ 에너지 축적

[해설] 스프링의 용도
① 진동 흡수, 충격 완화
② 에너지 저축(시계 태엽)
③ 압력의 제한 및 힘의 측정
④ 기계 부품의 운동 제한 및 운동 전달

59. 기계의 운동 에너지를 마찰에 따른 열에너지 등으로 변환·흡수하여 속도를 감소시키는 장치는?

㉮ 기어 ㉯ 브레이크
㉰ 베어링 ㉱ V-벨트

[해설] 브레이크는 기계의 운동 에너지를 흡수하여 속도를 느리게 하거나 정지시키는 장치이다.

60. 축 방향으로 10000 N의 인장 하중이 작용하는 볼트에서 골지름은 약 몇 mm 이상이어야 하는가? (단, 볼트의 허용 인장 응력은 48 N/mm^2 이다.)

㉮ 13.2 ㉯ 14.6 ㉰ 15.4 ㉱ 16.3

[해설] $d = \sqrt{\dfrac{2W}{\sigma}} = \sqrt{\dfrac{2 \times 10000}{48}} \fallingdotseq 20.4$

$\therefore d_1 = 0.8d \fallingdotseq 16.3\,\text{mm}$

제 4 과목 : 컴퓨터응용설계

61. 다음 중 베지어(Bezier) 곡선의 특징이 아닌 것은?

㉮ 다각형의 양 끝의 선분은 시작점과 끝점의 접선 벡터와 다른 방향이다.
㉯ 곡선은 정점을 통과시킬 수 있는 다각형의 내측에 존재한다.
㉰ 1개의 정점 변화가 곡선 전체에 영향을 미친다.
㉱ 곡선은 양단의 끝점을 반드시 통과한다.

[해설] 베지어 곡선은 1개의 정점 변화가 곡면 전체에 영향을 주며, 시작점과 끝점과는 관련이 없다.

62. 컴퓨터 하드웨어의 기본적인 구성 요소라고 할 수 없는 것은?

㉮ 중앙처리장치(CPU)
㉯ 기억장치(memory unit)
㉰ 운영체제(operating system)
㉱ 입출력 장치(input – output device)

[해설] 운영체제는 소프트웨어이다.

63. 중심점이 (1, 2, 3)이고 반지름이 5인 구면(spherical surface)의 점 (4, 2, 7)에서 단위 법선 벡터 $\vec{n}$을 계산한 것으로 옳은 것은? (단, $\hat{i}$, $\hat{j}$, $\hat{k}$는 각각 x, y, z축 방향의 단위 벡터이다.)

㉮ $\vec{n} = 0.6\hat{i} + 0.8\hat{j}$ ㉯ $\vec{n} = 0.6\hat{i} + 0.8\hat{k}$
㉰ $\vec{n} = 0.8\hat{i} + 0.6\hat{j}$ ㉱ $\vec{n} = 0.8\hat{i} + 0.6\hat{k}$

64. 국제표준화기구(ISO)에서 제정한 제품모델의 교환과 표현의 표준에 관한 줄인 이름으로 형상 정보뿐만 아니라 제품의 가공, 재료, 공정, 수리 등 수명주기 정보의 교환을 지원하는 것은?

㉮ IGES ㉯ DXF ㉰ SAT ㉱ STEP

[해설] STEP : 제품 데이터의 표현 및 교환을 위한 국제 표준 규격으로, 이때 제품 데이터는 개념설계에서 상세설계, 시제품, 생산지원 등 제품 관련 모든 부분에 적용이 되는 데이터를 의미한다.

해답 57. ㉱ 58. ㉰ 59. ㉯ 60. ㉱ 61. ㉮ 62. ㉰ 63. ㉯ 64. ㉱

65. 다음 설명의 특징을 가진 곡면에 해당하는 것은?

> - 평면상의 곡선뿐만 아니라 3차원 공간에 있는 형상도 간단히 표현할 수 있다.
> - 곡면의 일부를 표현하고자 할 때는 매개변수의 범위를 두므로 간단히 표현할 수 있다.
> - 곡면의 좌표변환이 필요하면 단순히 주어진 벡터만을 좌표변환하여 원하는 결과를 얻을 수 있다.

㉮ 원뿔(cone) 곡면

㉯ 퍼거슨(ferguson) 곡면

㉰ 베지어(bezier) 곡면

㉱ 스플라인(spline) 곡면

66. 미국 표준협회에서 제정한 코드로 기계와 기계 또는 시스템과 시스템 사이의 상호 정보 교환을 목적으로 개발된 7비트 혹은 8비트로 한 문자를 표현하며, 총 128가지의 문자를 표현할 수 있는 코드는?

㉮ BCD ㉯ ELA

㉰ EBCDIC ㉱ ASCII

[해설] ASCII : 미국 정보 교환 표준 부호로, 소형 컴퓨터에서 문자 데이터(문자, 숫자, 문장 부호)와 입출력 장치 명령(제어문자)을 나타내는데 사용되는 표준 데이터 전송 부호이다.

67. 변환 행렬(matrix)을 사용할 필요가 없는 작업은?

㉮ scaling ㉯ erasing

㉰ rotation ㉱ reflection

68. 솔리드 모델링 기법에서 B-rep 방식을 사용하는 경우 물체를 형성하는 데 사용되는 기본요소로서 위상요소가 아닌 것은?

㉮ 면(face) ㉯ 공간(space)

㉰ 모서리(edge) ㉱ 꼭짓점(vertex)

69. 다음 행렬의 곱(AB)을 옳게 구한 것은?

$$A = \begin{bmatrix} 2 & 4 \\ 1 & 3 \end{bmatrix} \quad B = \begin{bmatrix} 6 & -1 \\ 3 & 5 \end{bmatrix}$$

㉮ $\begin{bmatrix} 24 & 18 \\ 14 & 15 \end{bmatrix}$ ㉯ $\begin{bmatrix} 18 & 24 \\ 15 & 14 \end{bmatrix}$

㉰ $\begin{bmatrix} 24 & 18 \\ 15 & 14 \end{bmatrix}$ ㉱ $\begin{bmatrix} 18 & 24 \\ 14 & 15 \end{bmatrix}$

[해설] $AB = \begin{bmatrix} 2 & 4 \\ 1 & 3 \end{bmatrix} \begin{bmatrix} 6 & -1 \\ 3 & 5 \end{bmatrix}$
$= \begin{bmatrix} 12+12 & -2+20 \\ 6+9 & -1+15 \end{bmatrix} = \begin{bmatrix} 24 & 18 \\ 15 & 14 \end{bmatrix}$

70. 다음은 3차원 모델링에 대한 설명으로 틀린 것은?

㉮ 와이어 프레임 모델링은 구조가 간단하여 도형 처리가 용이하다.

㉯ 서피스 모델링은 은선 제거가 가능하다.

㉰ 솔리드 모델링은 데이터를 처리하는 데 소요되는 시간이 상대적으로 짧다.

㉱ 서피스 모델링은 내부에 관한 정보가 없어 해석용 모델로는 사용하지 못한다.

71. CAD 용어 중 회전 특징 형상 모양으로 잘려나간 부분에 해당하는 특징 형상은?

㉮ 그루브(groove) ㉯ 챔퍼(chamfer)

㉰ 라운드(round) ㉱ 홀(hole)

[해설] • 챔퍼 : 모서리를 45° 모따기하는 형상
• 라운드 : 모서리를 둥글게 블렌드하는 형상
• 홀 : 물체에 진원으로 파인 구멍 형상

72. 제품 도면 정보가 컴퓨터에 저장되어 있는 경우 공정계획을 컴퓨터를 이용하여 빠르고 정확하게 수행하고자 하는 기술은?

㉮ CAPP(Computer-Aided Process Planning)

㉯ CAE(Computer-Aided Engineering)

㉰ CAI(Computer-Aided Inspection)

㉱ CAD(Computer-Aided Design)

[해설] CAPP : CAD 및 CAM 등 사람이 해 오던 공정계획을 컴퓨터의 발달과 더불어 이를 이용하여 좀 더 빠르고 정확하게 공정계획을 세우고자 하는 분야이다.

해답 65. ㉯ 66. ㉱ 67. ㉯ 68. ㉯ 69. ㉰ 70. ㉰ 71. ㉮ 72. ㉮

73. 기본 입체에 적용한 불리안(Boolean) 연산 과정을 트리구조로 저장하는 CSG 구조에 대한 설명으로 틀린 것은?

㉮ 내부와 외부가 분명하게 구분되지 않는 입체라도 구현이 가능하다.

㉯ 자료구조가 간단하고 데이터 양이 적어 데이터의 관리가 용이하다.

㉰ CSG 표현은 대응되는 B-rep 모델로 치환 가능하다.

㉱ 파라메트릭(Parametric) 모델링의 구현이 쉽다.

74. 화면에 CAD 모델들을 현실감 있게 나타내기 위해 채색이나 음영 등을 주는 작업은 무엇인가?

㉮ animation   ㉯ simulation
㉰ modelling   ㉱ rendering

[해설] 렌더링 : 평면에 현실감을 나타내기 위해 여러 가지 방법을 이용하여 모델들을 입체적으로 보이게 하는 작업이다.

75. 분산 처리형 CAD 시스템이 갖추어야 할 기본 성능에 해당하지 않는 것은?

㉮ 사용자별로 단일 프로세서를 사용하거나 혹은 정보통신망으로 각자의 시스템별로 상호 간에 연결되어 중앙에서 제어받는 것과 같은 방식으로도 사용할 수 있어야 한다.

㉯ 어떤 시스템에서 작성된 자료나 프로그램을 다른 사용자가 사용하고자 할 때 언제라도 해당 자료를 사용하거나 보내줄 수 있어야 한다.

㉰ 분산 처리 시스템의 주 시스템과 부 시스템에서 각각 별도의 자료 처리 및 계산 작업이 이루어질 수 있어야 한다.

㉱ 자료의 정합성을 담보하기 위해 일부 시스템에 고장이 발생하면 다른 시스템에서도 자료의 이동 및 교환을 막아야 한다.

[해설] 분산 처리형은 일부 시스템에서 고장이 나더라도 다른 시스템에는 영향을 주지 않는다.

76. CAD 시스템의 입력장치 중 미리 작성된 문자나 도형의 이미지 입력에 사용되는 장치는?

㉮ 프린터   ㉯ 키보드
㉰ 스캐너   ㉱ 섬휠

77. 평면 좌푯값 (x, y)에서 x, y가 다음과 같은 식으로 주어질 때 그리는 궤적의 모양은? (단, r은 일정한 상수이다.)

$$x = r\cos\theta, \; y = r\sin\theta \, (-\pi \leq \theta \leq \pi)$$

㉮ 원   ㉯ 타원   ㉰ 쌍곡선   ㉱ 포물선

[해설] $x = r\cos\theta, \; y = r\sin\theta$를
원의 방정식 $x^2 + y^2 = r^2$에 대입하면
$r^2\cos^2\theta + r^2\sin^2\theta = r^2$
$r^2(\cos^2\theta + \sin^2\theta) = r^2$
$r^2 = r^2$으로 식이 성립한다.
따라서 알맞은 자취(궤적)의 모양은 원이다.

78. 일반적으로 CAD 도면에서 형상 정보로 분류될 수 있는 것은?

㉮ 부품의 수량   ㉯ 부품의 재질
㉰ 부품 간의 위치   ㉱ 부품의 제작 방법

79. 솔리드 모델을 구성하는 면의 일부 혹은 전부를 원하는 방향으로 당겨서 결과적으로 물체가 늘어나도록 하는 모델링 작업은?

㉮ 스키닝(skinning)   ㉯ 리프팅(lifting)
㉰ 스위핑(sweeping)   ㉱ 트위킹(tweaking)

80. 다음에서 설명하고 있는 모델링 방식은?

- CSG 등의 물체 표현 방식이 있다.
- 표면적, 부피, 관성 모멘트 계산이 가능하다.

㉮ 와이어 프레임 모델   ㉯ 서피스 모델
㉰ 솔리드 모델   ㉱ 지오메트릭 모델

[해설] 솔리드 모델링의 특징
① 은선 제거가 가능하다.
② 물리적 성질의 계산이 가능하다.
③ 간섭 체크가 용이하다.
④ 불 연산을 통해 복잡한 형상 표현이 가능하다.
⑤ 형상을 절단한 단면도 작성이 용이하다.
⑥ 이동·회전 등을 통하여 정확한 형상을 파악할 수 있다.

[해답] 73. ㉮ 74. ㉱ 75. ㉱ 76. ㉰ 77. ㉮ 78. ㉰ 79. ㉯ 80. ㉰

기계설계 산업기사

1999년 4월 20일 1판 1쇄
2021년 1월 20일 5판 8쇄

저   자 : 국가기술시험연구회
펴낸이 : 이정일

펴낸곳 : 도서출판 **일진사**
　　　　www.iljinsa.com
(우) 04317 서울시 용산구 효창원로 64길 6
전화 : 704-1616 / 팩스 : 715-3536
등록 : 제1979-000009호 (1979.4.2)

값 32,000 원

ISBN : 978-89-429-1216-2